Claude Deschamps | François Moulin | Yoann Gentric
Maxime Bourrigan | Emmanuel Delsinne | François Lussier
Chloé Mullaert | Serge Nicolas | Jean Nougayrède
Claire Tête | Michel Volcker

l'intégrale

MATHS PTSI

TOUT-EN-UN

2e édition

DUNOD

Couverture : création Hokus Pokus, adaptation Studio Dunod

Retrouvez nos ouvrages pour les prépas scientifiques ici

http://dunod.link/prepassc

NOUS NOUS ENGAGEONS EN FAVEUR DE L'ENVIRONNEMENT :

PAPIER CERTIFIÉ

Nos livres sont imprimés sur des papiers certifiés pour réduire notre impact sur l'environnement.

Le format de nos ouvrages est pensé afin d'optimiser l'utilisation du papier.

Depuis plus de 30 ans, nous imprimons 70 % de nos livres en France et 25 % en Europe et nous mettons tout en œuvre pour augmenter cet engagement auprès des imprimeurs français.

Nous limitons l'utilisation du plastique sur nos ouvrages (film sur les couvertures et les livres).

11 rue Paul Bert, 92240 Malakoff
www.dunod.com
ISBN 978-2-10-087956-4

Table des matières

Partie V : Algèbre

Avant-propos

Comme la précédente, cette édition du TOUT-EN-UN de mathématiques est adaptée au programme entré en vigueur en classe préparatoire PTSI en septembre 2021. Suite aux précieux retours ayant été faits par nos lecteurs, des améliorations ont été apportées par rapport à l'édition précédente.

Rappelons l'ambition de ce livre : faire tenir, en un seul volume, cours complet et exercices corrigés.

Lors de l'élaboration de cet ouvrage, l'équipe d'auteurs ne s'est pas contentée d'adapter l'ancien livre au nouveau programme, mais a repensé chaque chapitre en profondeur, dans un souci permanent de clarté et de concision.

Il nous tient à cœur de préciser quelques éléments clés de la structure du livre :

- Plutôt que de faire figurer systématiquement, à la suite de l'énoncé d'une proposition ou d'un théorème, sa démonstration entièrement rédigée, nous préférons parfois donner un principe de démonstration (la démonstration complète étant alors reléguée en fin de chapitre). L'objectif est double :
  - rendre l'exposé du cours plus concis et plus facile à lire lorsque l'étudiant ne souhaite pas s'attarder sur les démonstrations ;
  - l'étudiant, ayant à sa disposition un principe de démonstration, peut soit (en cas de première lecture) tenter de réfléchir par lui même à la manière d'élaborer la preuve complète, soit (en cas de lecture ultérieure) se souvenir rapidement de cette preuve.
- Chaque chapitre se conclut par une série d'exercices permettant à l'étudiant de s'entraîner. Chacun de ces exercices est entièrement corrigé.
  - Certains de ces exercices ont pour mission de faire appliquer de manière ciblée un théorème ou une méthode ; sous le numéro de l'exercice est alors indiqué le numéro de la page du cours associée. Inversement, ces exercices sont signalés dans la marge, à l'endroit concerné du cours.

    S'il n'est pas totalement indispensable de traiter ces exercices lors d'une première lecture du cours, leur lien étroit avec celui-ci les rend particulièrement intéressants pour assimiler les nouvelles notions et méthodes.
  - L'étudiant trouvera également des exercices d'entraînement un peu plus ambitieux, demandant plus de réflexion. Certains, plus difficiles, sont étoilés.

Bien entendu nous sommes à l'écoute de toute remarque dont les étudiants, nos collègues, tout lecteur... pourraient nous faire part (à l'adresse électronique ci dessous). Cela nous permettra, le cas échéant, de corriger certaines erreurs nous ayant échappé et surtout ce contact nous guidera pour une meilleure exploitation des choix pédagogiques que nous avons faits aujourd'hui dans cet ouvrage.

FRANÇOIS MOULIN ET YOANN GENTRIC
touten1maths@gmail.com

« Mode d'emploi » d'un chapitre

Une introduction présente le sujet traité.

Calculs algébriques et trigonométrie

4

Nous introduisons dans ce chapitre des outils de calculs algébriques (les symboles $\sum$ et $\prod$, les coefficients binomiaux et la formule du binôme, les systèmes linéaires et la méthode du pivot), ainsi que des notions de trigonométrie.

Les encadrés correspondent soit à des théorèmes, propositions ou corollaires, qui partagent le même système de numérotation, soit à des définitions, qui ont leur propre numérotation.

Proposition 2

Pour tout $z \in \mathbb{C}$, on a : $\operatorname{Re} z = \dfrac{z + \bar{z}}{2}$ $\quad \operatorname{Im} z = \dfrac{z - \bar{z}}{2i}$ $\quad$ et $\quad \overline{\bar{z}} = z$.

Corollaire 3

Un complexe z est réel si, et seulement si, $z = \bar{z}$. Un complexe z est imaginaire pur si, et seulement si, $z = -\bar{z}$.

Définition 3

Pour tout réel θ, on note $e^{i\theta}$ le nombre complexe défini par $e^{i\theta} = \cos\theta + i \sin\theta$.

La démonstration de chaque résultat encadré, lorsqu'elle ne suit pas directement celui-ci, est indiquée par un renvoi.

Proposition 6

Pour tout $z \in \mathbb{C}^*$ on a $\dfrac{1}{z} = \dfrac{\bar{z}}{|z|^2}$. De plus, $|z| = 1$ équivaut à $\dfrac{1}{z} = \bar{z}$.

Démonstration page 178

Les points de méthode apparaissent sur fond grisé.

Point méthode Les règles de calcul précédentes permettent de calculer des conjugués souvent bien plus efficacement qu'en utilisant les parties réelle et imaginaire.

Les points auxquels il faut faire particulièrement attention sont signalés par un filet vertical sur la gauche.

> **Attention** Quand on utilise la relation de Chasles, il faut bien prendre garde à ne pas compter deux fois le terme a_r !

Des renvois vers des exercices peuvent apparaître en marge au sein du cours.

Exo 26.3

Exo 26.4

Proposition 9

Si A et B sont des ensembles finis, alors $A \cup B$ est fini et l'on a :
$$\operatorname{card}(A \cup B) = \operatorname{card}(A) + \operatorname{card}(B) - \operatorname{card}(A \cap B).$$
Démonstration page 916

Les exemples sont repérés par deux coins.

Ex. 2. La fonction $x \mapsto \dfrac{x^2}{2}$ est une primitive sur $\mathbb{R}$ de la fonction $f : x \mapsto x$ donc les primitives sur $\mathbb{R}$ de f sont les fonctions $x \mapsto \dfrac{x^2}{2} + C$ avec $C \in \mathbb{K}$.

Des exercices sont proposés en fin de chapitre, avec éventuellement un rappel du numéro de la page de cours où se trouve la notion dont l'exercice est une application.

S'entraîner et approfondir

12.1 $\to$453 Soit $f \in \mathcal{C}([0,1], \mathbb{R})$ telle que $f([0,1]) \subset [a,b]$ et $\displaystyle\int_{[0,1]} f = 0$.

En remarquant que $(f-a)(b-f)$ est une fonction positive, montrer que $\displaystyle\int_{[0,1]} f^2 \leqslant -ab$.

Certains exercices bénéficient d'indications, et les plus difficiles sont étoilés.

$\star$ **11.28** Soit f l'application définie sur $[0,1[$ par $f(x) = \dfrac{1}{\sqrt{1-x^2}}$.

Démontrer, pour tout entier naturel n et pour tout $x \in [0,1[$, que $f^{(n)}(x) \geqslant 0$.

Indication. *On pourra chercher une relation entre f' et f, puis une seconde relation donnant $f^{(n+1)}$ en fonction des $f^{(k)}$ avec $k \leqslant n$.*

Tous les exercices sont entièrement corrigés.

Solutions des exercices

12.1 Posons $g : x \mapsto (f(x)-a)(b-f(x))$. Avec les hypothèses de l'énoncé, g est une fonction continue et positive. Par positivité et linéarité de l'intégrale, on obtient :
$$0 \leqslant \int_{[0,1]} g = \int_{[0,1]} (bf + af - ab - f^2) = (a+b)\int_{[0,1]} f - ab - \int_{[0,1]} f^2 = -ab - \int_{[0,1]} f^2.$$
Cela donne l'inégalité demandée.

Certains passages, balisés comme suit,

$\bigstar$ ***ne concernent que les étudiants ayant choisi l'option PSI en deuxième année.*** $\bigstar$

Chapitre 0 : Vocabulaire, notations

Vocabulaire, notations 0

I Ensembles de nombres

Parmi les nombres que nous utilisons, nous pouvons distinguer les catégories suivantes.

Les entiers naturels : $0,\ 1,\ 2,\ \ldots$.

L'ensemble des entiers naturels est noté $\mathbb{N}$.

Les entiers relatifs : il s'agit des entiers naturels et de leurs opposés.

L'ensemble des entiers relatifs est noté $\mathbb{Z}$.

Les décimaux : il s'agit des nombres de la forme $\frac{k}{10^n}$ avec $k \in \mathbb{Z}$ et $n \in \mathbb{N}$.

L'ensemble des nombres décimaux est noté $\mathbb{D}$.

Les rationnels : ce sont les quotients d'entiers $\frac{p}{q}$ avec $p \in \mathbb{Z}$ et $q \in \mathbb{N}^*$.

L'ensemble des nombres rationnels est noté $\mathbb{Q}$.

Les réels : nous supposons connu l'ensemble $\mathbb{R}$ des nombres réels, ainsi que ses opérations usuelles $+$, $-$, $\times$ et $/$.

Nous étudierons les principales propriétés de $\mathbb{R}$ aux chapitres 3 et 9.

152

Les complexes : nous étudierons au chapitre 5 l'ensemble $\mathbb{C}$ des nombres complexes, c'est-à-dire l'ensemble des nombres qui s'écrivent $a + ib$, avec $(a, b) \in \mathbb{R}^2$, où i est un nombre (non réel !) dont le carré vaut -1.

Ces ensembles privés de 0 sont respectivement notés $\mathbb{N}^*$, $\mathbb{Z}^*$, $\mathbb{D}^*$, $\mathbb{Q}^*$, $\mathbb{R}^*$ et $\mathbb{C}^*$.

Un élément de $\mathbb{R}$ ou de $\mathbb{C}$ est aussi appelé un **scalaire**.

II Comparaison des réels

Inégalités

L'ensemble $\mathbb{R}$ est muni des relations de comparaison $\leqslant$ et $<$. Si $x \in \mathbb{R}$ et $y \in \mathbb{R}$, on dispose de :

- la relation $x \leqslant y$, qui se lit « x est **inférieur** (ou égal) à y » ou « x est **plus petit** que y » ; on peut aussi écrire $y \geqslant x$ qui se lit « y est **supérieur** (ou égal) à x » ou encore « y est **plus grand** que x » ;
- la relation $x < y$, qui se lit « x est **strictement inférieur** à y » ou « x est **strictement plus petit** que y » ; on peut aussi écrire $y > x$ qui se lit « y est **strictement supérieur** à x » ou encore « y est **strictement plus grand** que x ».

On a naturellement $x < y$ si, et seulement si, $x \leqslant y$ et $x \neq y$.

Il y a une terminologie propre à la comparaison avec 0 :

- un réel x est **positif** (respectivement **strictement positif**) si $x \geqslant 0$ (respectivement $x > 0$) ;
- un réel x est **négatif** (respectivement **strictement négatif**) si $x \leqslant 0$ (respectivement $x < 0$).

Notations

- $\mathbb{R}_+$ et $\mathbb{Q}_+$ désignent respectivement les ensembles des réels positifs et des rationnels positifs.
- $\mathbb{R}_+^*$ et $\mathbb{Q}_+^*$ désignent respectivement les ensembles des réels strictement positifs et des rationnels strictement positifs.
- $\mathbb{R}_-$, $\mathbb{Q}_-$ et $\mathbb{Z}_-$ désignent respectivement les ensembles des réels négatifs, des rationnels négatifs et des entiers négatifs.
- $\mathbb{R}_-^*$, $\mathbb{Q}_-^*$ et $\mathbb{Z}_-^*$ désignent respectivement les ensembles des réels strictement négatifs, des rationnels strictement négatifs et des entiers strictement négatifs.

Intervalles de $\mathbb{R}$

Soit a et b deux réels tels que $a \leqslant b$. On note[1] :

$$[a,b] = \{x \in \mathbb{R} \,:\, a \leqslant x \leqslant b\} \qquad [a,+\infty[= \{x \in \mathbb{R} \,:\, a \leqslant x\}$$
$$[a,b[= \{x \in \mathbb{R} \,:\, a \leqslant x < b\} \qquad]-\infty,b] = \{x \in \mathbb{R} \,:\, x \leqslant b\}$$
$$]a,b] = \{x \in \mathbb{R} \,:\, a < x \leqslant b\} \qquad]a,+\infty[= \{x \in \mathbb{R} \,:\, a < x\}$$
$$]a,b[= \{x \in \mathbb{R} \,:\, a < x < b\} \qquad]-\infty,b[= \{x \in \mathbb{R} \,:\, x < b\}$$

Ces ensembles, ainsi que $\mathbb{R} =]-\infty,+\infty[$, sont appelés **intervalles** de $\mathbb{R}$.

Remarques

- L'ensemble $\mathbb{R}$ est aussi appelé la **droite réelle** ou **droite numérique**.
- L'ensemble vide est un intervalle puisque, par exemple, $\varnothing =]2,2[$.
- Les quatre intervalles de la colonne de droite sont appelés **demi-droites**.
- Dans chacun des cas précédents, le réel a (respectivement b) est appelé **extrémité inférieure** (respectivement **extrémité supérieure**) de l'intervalle.

  Si I est la demi-droite $[a,+\infty[$ ou la demi-droite $]a,+\infty[$, alors $+\infty$ est l'extrémité supérieure de I.

  De même, $-\infty$ est l'extrémité inférieure des demi-droites $]-\infty,b]$ et $]-\infty,b[$.

  Si $I = \mathbb{R}$, alors ses extrémités sont $-\infty$ et $+\infty$.
- Si $a \leqslant b$, l'intervalle $[a,b]$ est appelé **segment** $[a,b]$.

1. Une double inégalité du type $a \leqslant x \leqslant b$ signifie $a \leqslant x$ et $x \leqslant b$.

- Par définition, les **intervalles ouverts** de $\mathbb{R}$ sont les intervalles de la forme :

  $]a,+\infty[$ ou $]-\infty,a[$ (avec $a \in \mathbb{R}$) et $]a,b[$ (avec $a < b$ dans $\mathbb{R}$)

  ainsi que $\mathbb{R}$ et l'ensemble vide.

- Les **intervalles fermés** sont les intervalles de la forme $[a,+\infty[$ ou $]-\infty,a]$ (avec $a \in \mathbb{R}$), les segments, ainsi que $\mathbb{R}$ et l'ensemble vide.

  On remarque que $\mathbb{R}$ et $\varnothing$ sont à la fois ouverts et fermés et que ce sont les seuls intervalles qui vérifient cette propriété.

- Les intervalles de la forme $[a,b[$ ou $]a,b]$, avec $a < b$ sont dits **semi-ouverts** ou **semi-fermés**.

- L'**intérieur** d'un intervalle I est l'intervalle ouvert qui a les mêmes extrémités que I. Ainsi, pour $a \leqslant b$, l'intérieur des intervalles $[a,b]$, $[a,b[$, $]a,b]$ et $]a,b[$ est l'intervalle ouvert $]a,b[$.

  Un *point intérieur* d'un intervalle I est donc un point de l'intérieur de I.

  Dans la suite de ce livre, on utilisera souvent l'expression : « soit I un intervalle d'intérieur non vide ». Cela signifie que les extrémités de I sont distinctes, et permet de dire que I contient deux points distincts ou encore que I contient une infinité d'éléments. Dans ce cas, on dit aussi qu'il s'agit d'un intervalle « **non trivial** ».

Partie entière

Définition 1

La **partie entière** d'un réel x est le plus grand entier relatif n tel que $n \leqslant x$. On le note $\lfloor x \rfloor$.

On a donc, pour tout $x \in \mathbb{R}$:

$$\lfloor x \rfloor \leqslant x < \lfloor x \rfloor + 1 \qquad \text{ou encore} \qquad x - 1 < \lfloor x \rfloor \leqslant x.$$

Remarque On peut parfois rencontrer la notation $\lceil x \rceil$ qui désigne le plus petit entier relatif n tel que $x \leqslant n$, appelé aussi **partie entière supérieure**.

- Pour $x \in \mathbb{Z}$, on a naturellement $\lceil x \rceil = x = \lfloor x \rfloor$.
- Sinon, on a $\lfloor x \rfloor < x < \lceil x \rceil$ et $\lceil x \rceil = \lfloor x \rfloor + 1$.

Droite numérique achevée

Définition 2

On appelle **droite numérique achevée** l'ensemble $\overline{\mathbb{R}} = \mathbb{R} \cup \{-\infty, +\infty\}$.

On étend la relation $\leqslant$ à $\overline{\mathbb{R}}$ en posant $-\infty \leqslant x \leqslant +\infty$ pour tout $x \in \overline{\mathbb{R}}$.

Remarque L'ensemble $\mathbb{R}_+ \cup \{+\infty\}$ se note aussi $[0,+\infty]$.

III Le cas particulier des entiers

Propriétés

Nous admettons les propriétés fondamentales suivantes des entiers.

- Si a et b sont deux entiers (relatifs), on a $a < b$ si, et seulement si, $a \leqslant b - 1$.
- Toute partie non vide A de $\mathbb{N}$ possède un plus petit élément a, c'est-à-dire un élément a de A tel que $a \leqslant n$ pour tout n dans A.

Une partie A de $\mathbb{Z}$ est dite **minorée** s'il existe a dans $\mathbb{Z}$ tel que $a \leqslant n$ pour tout n de A. On définit de même les parties **majorées**. La deuxième propriété ci-dessus se généralise :

- toute partie non vide et minorée de $\mathbb{Z}$ admet un plus petit élément ;
- toute partie non vide et majorée de $\mathbb{Z}$ admet un plus grand élément.

Intervalles d'entiers

Soit a et b deux entiers relatifs vérifiant $a \leqslant b$. On note :

$$\llbracket a, b \rrbracket = \{n \in \mathbb{Z} \ : \ a \leqslant n \leqslant b\},$$

$$\llbracket a, +\infty \llbracket = \{n \in \mathbb{Z} \ : \ a \leqslant n\},$$

$$\rrbracket -\infty, a \rrbracket = \{n \in \mathbb{Z} \ : \ n \leqslant a\}.$$

Remarques

- Pour a et b entiers relatifs, on a :

$$\llbracket a, b \rrbracket = [a, b] \cap \mathbb{Z}, \quad \llbracket a, +\infty \llbracket = [a, +\infty[\cap \mathbb{Z} \quad \text{et} \quad \rrbracket -\infty, b \rrbracket =]-\infty, b] \cap \mathbb{Z}.$$

- On n'a pas donné de notation pour des intervalles ouverts d'entiers, car, par exemple, pour a et b entiers, on a :

$$\{n \in \mathbb{Z} \ : \ a < n \leqslant b\} = \llbracket a + 1, b \rrbracket.$$

- Lorsque $a > b$, l'intervalle $\llbracket a, b \rrbracket$ est vide. Ainsi, par exemple, pour $n \in \mathbb{N}$, l'intervalle $\llbracket 1, n \rrbracket$ est vide si, et seulement si, $n = 0$.

Chapitre 1 : Logique et raisonnement

Logique et raisonnement

1

I Assertions et modes de raisonnement

1 Assertions

La notion d'**assertion** est une notion première. Intuitivement, une assertion est une phrase mathématique qui est soit vraie soit fausse.

Ex. 1. « 2 est un entier impair » est une assertion (fausse).

Ex. 2. « Tout entier naturel pair supérieur ou égal à 4 est la somme de deux nombres premiers » est une assertion dont on ne sait pas actuellement si elle est vraie ou fausse [1].

Une assertion peut dépendre de paramètres.

Ex. 3. L'assertion « n est premier » est une assertion dont la véracité dépend de n.

Remarque Pour souligner la dépendance en n de cette assertion, on peut la noter $P(n)$.

Ex. 4. L'assertion « $f(x) = 3$ » dépend de f et de x.

Ex. 5. L'assertion « $(x+1)^2 = x^2 + 2x + 1$ » est vraie pour tout réel x.

Ex. 6. L'assertion « $\sqrt{x^2} = x$ » est vraie pour tout réel x positif et fausse pour tout réel x strictement négatif.

Convention Soit P une assertion. On dit et l'on écrit la plupart du temps :

« supposons P » au lieu de « supposons que P soit vraie »

« montrons P » au lieu de « montrons que P est vraie ».

1. On pense néanmoins qu'elle est vraie (conjecture de Goldbach).

2 Connecteurs

Définition 1

Soit P et Q deux assertions. On appelle :

- **négation** de P, et l'on note NON P, toute assertion qui est vraie lorsque P est fausse et fausse sinon ;
- **conjonction** de P et Q, et l'on note P ET Q, toute assertion qui est vraie lorsque les assertions P, Q sont toutes les deux vraies, et fausse sinon ;
- **disjonction** de P et Q, et l'on note P OU Q, toute assertion qui est vraie lorsqu'au moins l'une des deux assertions P, Q est vraie, et fausse sinon ;
- **équivalence** entre P et Q, et l'on note $P \Leftrightarrow Q$, toute assertion qui est vraie lorsque les assertions P, Q sont toutes les deux vraies ou toutes les deux fausses, et fausse sinon ;
- **implication** de Q par P, et l'on note $P \Rightarrow Q$, toute assertion qui est fausse lorsque P est vraie et Q est fausse, et vraie dans tous les autres cas.

Remarque On peut visualiser ces définitions à l'aide de tables de vérité :

P	Q	NON P	P ET Q	P OU Q	$P \Leftrightarrow Q$	$P \Rightarrow Q$
fausse	fausse	vraie	fausse	fausse	vraie	vraie
fausse	vraie	vraie	fausse	vraie	fausse	vraie
vraie	fausse	fausse	fausse	vraie	fausse	fausse
vraie	vraie	fausse	vraie	vraie	vraie	vraie

Notation Dans le texte de ce chapitre nous noterons les trois premiers connecteurs « NON », « ET », « OU », pour les distinguer de ceux du langage courant, mais dans les chapitres suivants nous utiliserons les graphismes classiques « non », « et », « ou ».

Attention Le connecteur OU n'est pas exclusif comme il l'est parfois dans le langage courant (dans la locution « fromage ou dessert » par exemple).

Remarques

- Lorsque l'on a $P \Leftrightarrow Q$, on dit que les assertions P et Q sont **équivalentes**.
- Lorsque l'on a $P \Rightarrow Q$, on dit que P **implique** Q.
- Par abus on dit « la » négation de P ; bien qu'une assertion puisse avoir plusieurs négations, toutes ces négations sont équivalentes. Par exemple, si x est un réel, alors la négation de « $x = 0$ » peut s'écrire « $x \neq 0$ », mais aussi « $x^2 > 0$ ».

Ex. 7. Soit x un réel.

- La négation de « $x \geqslant -1$ » est « $x < -1$ ».
- La négation de « $x \leqslant 1$ » est « $x > 1$ ».
- L'assertion « $x^2 - 1 = 0$ » est équivalente à « $(x = 1)$ OU $(x = -1)$ ».
- L'assertion « $-1 \leqslant x \leqslant 1$ » est équivalente à « $(-1 \leqslant x)$ ET $(x \leqslant 1)$ ».

Propriétés élémentaires sur les conjonctions et les disjonctions

Soit P, Q et R trois assertions. On a les propriétés intuitives suivantes qui peuvent se vérifier facilement à l'aide d'une table de vérité :

- l'assertion P ET (NON P) est fausse ;
- l'assertion P OU (NON P) est vraie (*principe du tiers exclu*) ;
- si deux assertions sont équivalentes, alors leurs négations le sont aussi ;
- les assertions NON (NON P) et P sont équivalentes ;
- les assertions NON (P ET Q) et (NON P) OU (NON Q) sont équivalentes ;
- les assertions NON (P OU Q) et (NON P) ET (NON Q) sont équivalentes ;
- les assertions (P ET Q) ET R et P ET (Q ET R) sont équivalentes ;
- les assertions (P OU Q) OU R et P OU (Q OU R) sont équivalentes.

Les deux dernières propriétés nous permettent de noter P ET Q ET R sans parenthèses et de même pour P OU Q OU R.

Ex. 8. Soit x, y et z trois réels.

- Comme l'assertion $x = y = z$ est équivalente à $(x = y)$ ET $(y = z)$, sa négation est $(x \neq y)$ OU $(y \neq z)$.
- De même, comme l'assertion $x < y \leqslant z$ est équivalente à $(x < y)$ ET $(y \leqslant z)$, sa négation est $(y \leqslant x)$ OU $(z < y)$.

Proposition 1

Soit P, Q et R trois assertions.

- Les assertions P ET (Q OU R) et (P ET Q) OU (P ET R) sont équivalentes.
- Exo 1.1 Les assertions P OU (Q ET R) et (P OU Q) ET (P OU R) sont équivalentes.

Démonstration. Il suffit de faire une table de vérité à 8 lignes. □

Propriétés élémentaires sur l'implication et l'équivalence

Soit P et Q deux assertions. Les propriétés suivantes se démontrent à l'aide d'une table de vérité :

- l'assertion $P \Rightarrow Q$ est équivalente à (NON P) OU Q ;
- la négation de $P \Rightarrow Q$ est donc P ET (NON Q) ;
- les assertions $P \Rightarrow Q$ et (NON Q) $\Rightarrow$ (NON P) sont équivalentes ;
- les assertions $P \Leftrightarrow Q$ et $Q \Leftrightarrow P$ sont équivalentes ;
- les assertions $P \Leftrightarrow Q$ et (NON P) $\Leftrightarrow$ (NON Q) sont équivalentes ;
- les assertions $P \Leftrightarrow Q$ et ($P \Rightarrow Q$) ET ($Q \Rightarrow P$) sont équivalentes.

Remarque Par définition, l'assertion $P \Rightarrow Q$ est fausse lorsque P est vraie et Q fausse, et uniquement dans ce cas. Donc :

- si P est fausse alors $P \Rightarrow Q$ est vraie ;
- si $P \Rightarrow Q$ est vraie et si P est vraie, alors Q est vraie, ce qui donne le sens intuitif habituel de l'implication : si P est vraie, alors Q est vraie.

Ainsi, pour démontrer $P \Rightarrow Q$:

- si P est fausse, alors il n'y a rien à faire ;
- si P est vraie, alors on doit prouver que Q est vraie.

Point méthode (pour démontrer $P \Rightarrow Q$)

Pour montrer que l'assertion $P \Rightarrow Q$ est vraie, on peut commencer par supposer P et essayer de prouver Q, ce qui se rédige : *« Supposons P et montrons Q ».*

Ex. 9. Soit P, Q et R trois assertions telles que $P \Rightarrow Q$ et $Q \Rightarrow R$. Montrons que $P \Rightarrow R$. Pour cela, supposons P et montrons R. Comme $P \Rightarrow Q$ et que P est vraie, on en déduit que Q est vraie. Puis, comme $Q \Rightarrow R$, on en déduit que R est vraie.

Remarques

- L'assertion $P \Rightarrow Q$ peut donc être vraie même lorsque Q est fausse. Cela peut paraître bizarre à première vue, surtout si l'on a la mauvaise habitude d'utiliser ce symbole « $\Rightarrow$ » comme une abréviation pour un « donc ».
- Écrire « P donc Q » ou « P implique Q » ne signifie pas la même chose. Dans la première version l'assertion P est vraie alors que dans la seconde, elle ne l'est pas forcément.

Ex. 10. L'assertion « $(1 = 2) \Rightarrow (6 = 8)$ » est vraie puisque « $1 = 2$ » est fausse.

Attention

- Ne jamais utiliser le symbole $\Rightarrow$ comme abréviation d'un « donc ».
- Écrire « On a $P \Rightarrow Q$ » ne prétend pas que P est vraie, mais que si P est vraie, alors Q aussi.

Autre formulations Soit P et Q deux assertions.

- Au lieu de dire « on a $P \Rightarrow Q$ », on peut dire indifféremment :
    * pour que Q soit vraie, il suffit que P le soit ;
    * pour que P soit vraie, il faut que Q le soit ;
    * P est une condition suffisante pour que Q soit vraie ;
    * Q est une condition nécessaire pour que P soit vraie.
- Au lieu de dire « on a $P \Leftrightarrow Q$ », on peut dire indifféremment :
    * P est vraie si, et seulement si, Q l'est ;
    * pour que Q soit vraie, il faut et il suffit que P le soit ;
    * P est une condition nécessaire et suffisante pour que Q soit vraie.

3 Modes de raisonnement

Raisonnement par contraposée

Définition 2

Soit P et Q deux assertions. L'assertion NON $Q \Rightarrow$ NON P est appelée la **contraposée** de l'implication $P \Rightarrow Q$.

On a vu dans les propriétés élémentaires de la page 10 qu'une implication et sa contraposée sont équivalentes.
Pour montrer qu'une implication $P \Rightarrow Q$ est vraie, il suffit donc de montrer sa contraposée. On dit alors que l'on raisonne **par contraposée.**

Ex. 11. Soit n un entier. Montrons que si n^2 est pair, alors n l'est aussi.
Pour cela, raisonnons par contraposée en montrant l'implication : (n impair) $\Rightarrow$ (n^2 impair).
Supposons n impair et montrons que n^2 l'est aussi. Puisque n est impair, il existe un entier k tel que $n = 2k + 1$. On a alors :

$$n^2 = 4k^2 + 4k + 1 = 2 \times (2k^2 + 2k) + 1$$

donc n^2 est impair. D'où le résultat.

Raisonnement par double implication

Pour montrer que deux assertions P et Q sont équivalentes, on peut montrer $P \Rightarrow Q$ et $Q \Rightarrow P$. On dit alors que l'on raisonne par **double implication.**

Ex. 12. Soit n un entier. Montrons que n^2 est pair si, et seulement si, n l'est.

- On a déjà prouvé l'implication (n^2 pair) $\Rightarrow$ (n pair). Montrons sa réciproque.
- Si n est pair, alors il existe un entier k tel que $n = 2k$. On a alors $n^2 = 4k^2 = 2 \times (2k^2)$ qui est pair.

Ainsi, n^2 est pair si, et seulement si, n l'est aussi, autrement dit n et n^2 ont la même parité.

Terminologie $Q \Rightarrow P$ est appelée l'**implication réciproque** de $P \Rightarrow Q$.

Raisonnement par disjonction de cas

Exo 1.2 Pour démontrer un résultat, il peut être intéressant d'étudier séparément les différents cas de figure.

Ex. 13. Redémontrons que n et n^2 ont la même parité en raisonnant par disjonction de cas selon la parité de n.

- Si n est pair, alors il existe un entier k tel que $n = 2k$. On a alors $n^2 = 4k^2 = 2 \times (2k^2)$ qui est pair.
- Si n est impair, alors il existe un entier k tel que $n = 2k+1$. On a alors $n^2 = 4k^2 + 4k + 1$ qui est impair.

Cela conclut car, dans les deux cas, on a obtenu que n et n^2 ont la même parité.

Remarque Nous avons utilisé ici les mêmes arguments que dans l'exemple 12. Ce n'est que la façon de les présenter qui est différente.

Ex. 14. Soit P, Q et R trois assertions. Montrons que les assertions :

$$A = (P \text{ ET } (Q \text{ OU } R)) \qquad \text{et} \qquad B = (P \text{ ET } Q) \text{ OU } (P \text{ ET } R)$$

sont équivalentes, sans faire de table de vérité à 8 lignes.
Procédons par disjonction de cas sur la véracité de P :

- si P est vraie, alors A et B sont toutes les deux équivalentes à $(Q \text{ OU } R)$;
- sinon, A et B sont toutes les deux fausses.

Dans les deux cas, A et B sont équivalentes.

Raisonnement par l'absurde

Pour prouver qu'une assertion P est vraie, on peut supposer qu'elle est fausse et en déduire une contradiction.

Ex. 15. Montrons que $\sqrt{2}$ est un irrationnel.
Raisonnons par l'absurde en supposant que $\sqrt{2}$ est rationnel. Il existe alors deux entiers p et q, avec q non nul, tels que $\sqrt{2} = \frac{p}{q}$.
Quitte à simplifier la fraction, on peut supposer que p et q ne sont pas tous les deux pairs.
En élevant au carré l'égalité précédente, on obtient :

$$2q^2 = p^2.$$

Par suite, l'entier p^2 est pair et il en est donc de même de p. On peut ainsi trouver un entier k tel que $p = 2k$. En remplaçant dans l'égalité $2q^2 = p^2$, on obtient $2q^2 = 4k^2$ et donc :

$$q^2 = 2k^2,$$

ce qui prouve que q^2 est pair. On en déduit que q est pair, ce qui contredit le fait que p et q ne sont pas tous les deux pairs.
L'hypothèse de départ est donc fausse, ce qui montre que $\sqrt{2}$ est irrationnel.

Raisonnement par analyse-synthèse

Lorsque l'on cherche l'ensemble des éléments x de E vérifiant une propriété $P(x)$, on peut procéder par analyse-synthèse.

- Dans la phase d'analyse, on considère un élément x de E vérifiant $P(x)$ et l'on en déduit des propriétés sur x. Grâce à ces conditions nécessaires, on limite la liste des candidats.
- Dans la synthèse, on détermine, parmi les candidats obtenus dans l'analyse, lesquels vérifient $P(x)$.

Ex. 16. Déterminons les réels x tels que $1 + x \geqslant 0$ et $1 - x^2 = \sqrt{1+x}$.

Analyse. Supposons que x soit un réel vérifiant $1 + x \geqslant 0$ et $1 - x^2 = \sqrt{1+x}$.
Alors $(1-x^2)^2 = 1 + x$, ce qui s'écrit aussi $(1+x)^2(1-x)^2 = 1 + x$, ou encore :

$$(1+x)\big((1+x)(1-x)^2 - 1\big) = 0 \quad \text{et enfin} \quad (1+x)x(x^2 - x - 1) = 0.$$

On en déduit que $x \in \left\{ -1, 0, \frac{1+\sqrt{5}}{2}, \frac{1-\sqrt{5}}{2} \right\}$.

Synthèse.

- On vérifie facilement que -1 et 0 sont solutions.
- Si $x = \dfrac{1-\sqrt{5}}{2}$, alors en remontant les calculs ci-dessus, on obtient $(1-x^2)^2 = 1+x$. Donc, comme $1+x \geqslant 0$ et $1-x^2 \geqslant 0$, on a $1-x^2 = \sqrt{1+x}$, *i.e.* x est solution.
- Si $x = \dfrac{1+\sqrt{5}}{2}$, alors $1-x^2 < 0$ donc x n'est pas solution.

Conclusion. Il y a 3 solutions : -1 et 0 et $\dfrac{1-\sqrt{5}}{2}$.

II Quantificateurs

Les notions d'**ensemble** et d'**élément** sont ici considérées comme des notions premières ; un ensemble correspond intuitivement à une « collection d'objets » qui sont les « éléments » de cet ensemble. Cette notion sera détaillée au chapitre suivant.
Si a est un élément et E un ensemble :

- l'assertion $a \in E$, qui se lit « a appartient à E » ou « E contient a », est vraie si a est un élément de E, et fausse dans le cas contraire ;
- lorsque a n'est pas élément de E, on écrit $a \notin E$.

On admet qu'il existe un ensemble, appelé **ensemble vide** et noté $\varnothing$, qui ne contient aucun élément.

1 Quantificateurs universel et existentiel

Définition 3

Soit $P(x)$ une assertion dépendant d'une variable x appartenant à un ensemble E.

- On note « $\forall x \in E \quad P(x)$ » l'assertion qui est vraie si, pour tout élément x de E, l'assertion $P(x)$ est vraie.
- On note « $\exists x \in E \quad P(x)$ » l'assertion qui est vraie s'il existe un élément x appartenant à E tel que l'assertion $P(x)$ soit vraie.
- On note « $\exists!\, x \in E \quad P(x)$ » l'assertion qui est vraie s'il existe un *unique* élément x appartenant à E tel que l'assertion $P(x)$ soit vraie.

Terminologie Le symbole « $\forall$ » est appelé **quantificateur universel** et le symbole « $\exists$ » est appelé **quantificateur existentiel**.

Remarques

- L'assertion « $\forall x \in E \quad P(x)$ » se lit « pour tout x dans E, on a $P(x)$ ».
- L'assertion « $\exists x \in E \quad P(x)$ » se lit « il existe x dans E tel que $P(x)$ soit vraie ».
- L'assertion « $\exists!\, x \in E \quad P(x)$ » se lit « il existe un unique x dans E tel que $P(x)$ soit vraie » et est équivalente à :

$$\exists x \in E \quad \Big(P(x) \text{ ET } \big(\forall y \in E \quad P(y) \Rightarrow y = x\big)\Big).$$

Convention Si E est l'ensemble vide, alors l'assertion « $\forall x \in E \quad P(x)$ » est vraie.

Ex. 17. $\exists x \in \mathbb{R} \quad 2x+1=0$ est une assertion vraie.

Ex. 18. $\exists n \in \mathbb{Z} \quad 2n+1=0$ est une assertion fausse.

Ex. 19. L'assertion $\forall n \in \mathbb{Z} \quad (n > 3 \Leftrightarrow n \geqslant 4)$ est vraie.

Ex. 20. L'assertion $\forall x \in \mathbb{R} \quad (x > 3 \Leftrightarrow x \geqslant 4)$ est fausse.

Attention

- Malgré les apparences, l'assertion « $\forall x \in E \quad P(x)$ » ne dépend pas de x.

  La lettre x figurant dans cette assertion a le statut de **variable muette**. En effet cette assertion peut aussi être écrite : « $\forall y \in E \quad P(y)$ », ou encore « $\forall z \in E \quad P(z)$ », sans en modifier le sens et peut d'ailleurs être énoncée sans la moindre lettre x, y ou z : « tous les éléments de E vérifient P ».
- Il en est de même des assertions « $\exists x \in E \quad P(x)$ » et « $\exists!\, x \in E \quad P(x)$ ».

Ex. 21. Soit f une fonction de $\mathbb{R}$ dans $\mathbb{R}$.

- L'assertion « $\forall x \in \mathbb{R} \quad f(x) \geqslant 0$ » signifie que la fonction f est positive.
- L'assertion « $\exists x \in \mathbb{R} \quad f(x) = 0$ » signifie que la fonction f s'annule.

Dans les deux cas, la traduction en français ne fait pas intervenir la variable muette x.

Ex. 22. À partir de l'assertion « $x+y^2=0$ » on peut en former d'autres :

- « $\forall x \in \mathbb{R} \quad x+y^2=0$ » est une assertion qui ne dépend que de la variable y. On peut la noter $P(y)$. Cette assertion n'est vérifiée pour aucune valeur de y car s'il existait un réel y tel que $P(y)$ soit vraie, on aurait $1+y^2=0$, ce qui est absurde.
- « $\exists x \in \mathbb{R} \quad x+y^2=0$ » est une assertion qui dépend de la variable y, et qui est vraie pour toute valeur de y (il suffit de prendre $x=-y^2$).
- « $\exists y \in \mathbb{R} \quad x+y^2=0$ » est une assertion qui dépend de la variable x, et qui est vraie si, et seulement si, la variable réelle x est négative.

Notation Par abus, et lorsqu'il n'y a pas d'ambiguïté, on note « $\forall x \geqslant 0 \quad P(x)$ » au lieu de « $\forall x \in \mathbb{R}_+ \quad P(x)$ ».
De même, on note « $\forall n \geqslant 1 \quad P(n)$ » au lieu de « $\forall n \in \mathbb{N}^* \quad P(n)$ ».

Méthodes et rédaction

Pour démontrer une assertion du type : $\forall x \in E \quad P(x)$

La façon la plus élémentaire de procéder est de fixer un élément x quelconque dans E puis de démontrer que $P(x)$ est vraie.
La rédaction est alors : « *Soit* $x \in E$. *Montrons* $P(x)$ ».

Ex. 23. Soit f la fonction de $\mathbb{R}$ dans $\mathbb{R}$ définie par : $f(x)=x^2+x+1$.
Démontrons que : $\forall x \in \mathbb{R} \quad f(x) > 0$.
Soit $x \in \mathbb{R}$. Montrons que $f(x)>0$. On a :

$$f(x) = \left(x+\frac{1}{2}\right)^2 + \frac{3}{4},$$

et donc $f(x) \geqslant \frac{3}{4} > 0$. D'où le résultat.

Remarque Dans le cas particulier où $E = \mathbb{N}$, pour prouver une assertion du type :

$$\forall n \in \mathbb{N} \quad P(n),$$

on peut évidemment penser à utiliser une démonstration par récurrence. Ce type de raisonnement est détaillé à la fin de ce chapitre.

Pour démontrer une assertion du type : $\exists x \in E \quad P(x)$

- Si l'on dispose d'un candidat évident, alors il suffit de l'exhiber.
- Si un tel élément n'est pas évident à trouver, on peut commencer par une phase d'analyse. L'idée est de supposer qu'un tel élément x existe, d'en déduire certaines de ses propriétés pour déterminer un élément qui convienne. À ce stade, on trouve donc des conditions nécessaires pour qu'un élément vérifie P. Cette phase d'analyse peut rester au brouillon.

  On vérifie ensuite si le(s) élément(s) obtenu(s) vérifie(nt) bien P. Dès que l'un d'entre eux convient, l'assertion est démontrée.

Ex. 24. Soit f la fonction de $\mathbb{R}$ dans $\mathbb{R}$ définie par $f(x) = x^2 + x + 1$. Pour démontrer l'assertion $\exists x \in \mathbb{R} \quad f(x) > 2$, il suffit de constater qu'en prenant $x = 1$, on a $f(x) = 3 > 2$.

Ex. 25. Montrons qu'il existe un rationnel x tel que $3x^3 + 4x^2 + 4x + 1 = 0$.

Analyse (formellement non nécessaire, mais permettant de cerner les solutions éventuelles).

Soit x un tel rationnel que l'on écrit sous forme de fraction irréductible $x = \frac{p}{q}$.

En multipliant par q^3 la relation $3x^3+4x^2+4x+1 = 0$, on obtient $3p^3+4p^2q+4pq^2+q^3 = 0$, ce qui peut s'écrire :

$$p(3p^2 + 4pq + 4q^2) = -q^3 \qquad \text{et} \qquad 3p^3 = -q(4p^2 + 4pq + q^2).$$

Le caractère irréductible de la fraction $\frac{p}{q}$ et le fait que p divise q^3 et q divise $3p^3$ nous laissent penser que $p = \pm 1$ et $q = \pm 1$ ou $q = \pm 3$ (ce que l'on pourrait montrer rigoureusement à l'aide d'arguments arithmétiques). D'autre part, il est clair qu'un tel x est nécessairement négatif. Il ne reste donc plus que deux candidats -1 et $-\frac{1}{3}$.

Synthèse. Il est facile de voir que -1 n'est pas solution (malheureusement, c'était le premier qu'on avait envie d'essayer !) et un calcul rapide montre que $-\frac{1}{3}$ convient.

Bien entendu, cette toute dernière vérification suffirait pour obtenir le résultat souhaité, la partie d'analyse pouvant rester au brouillon.

Pour démontrer une assertion du type : $\exists ! x \in E \quad P(x)$

- Pour démontrer la partie « unicité », on peut considérer deux éléments a et b tels que $P(a)$ et $P(b)$ soient vraies, et montrer que $a = b$.
- Pour la partie existence, si l'on n'a pas de candidat évident, on peut toujours faire une analyse-synthèse dans laquelle, la plupart du temps, la partie « analyse » permettra d'identifier un unique candidat et donc de montrer l'unicité.

Exo 1.3

Ex. 26. Soit a, b, c et d quatre réels tels que $a \neq b$.

Montrons qu'il existe une unique fonction affine f de $\mathbb{R}$ dans $\mathbb{R}$ telle que $f(a) = c$ et $f(b) = d$.

Analyse. Supposons que f soit une fonction affine telle que $f(a) = c$ et $f(b) = d$. Il existe alors deux réels α et β tels que : $\forall x \in \mathbb{R} \quad f(x) = \alpha(x - a) + \beta$.

En évaluant f en a et en b, on obtient $\beta = c$ et $\alpha(b-a)+\beta = d$. Comme $a \neq b$, on en déduit que $\alpha = \dfrac{d-c}{b-a}$ et donc :

$$\forall x \in \mathbb{R} \quad f(x) = \frac{d-c}{b-a}(x-a)+c.$$

Cela montre l'unicité : il y a au plus une fonction affine valant c et a et d en b.

Synthèse. Soit f la fonction de $\mathbb{R}$ dans $\mathbb{R}$ définie par :

$$\forall x \in \mathbb{R} \quad f(x) = \frac{d-c}{b-a}(x-a)+c.$$

La fonction f est clairement affine et vérifie évidemment $f(a) = c$ et $f(b) = d$.

Conclusion. Il existe une unique fonction affine $f : \mathbb{R} \to \mathbb{R}$ telle que $f(a) = c$ et $f(b) = d$.

Pour utiliser une hypothèse du type : $\forall x \in E \quad P(x)$

Si l'on sait que « $\forall x \in E \quad P(x)$ » est vraie, alors on peut évidemment utiliser $P(x)$ avec n'importe quel élément $x \in E$. La plupart du temps, il suffit de choisir un bon élément, dépendant du but que l'on veut atteindre.

Ex. 27. Soit a et b deux réels et f la fonction de $\mathbb{R}$ dans $\mathbb{R}$ définie par $f(x) = a\,x^2 + b$.
Montrons que si l'on a $\forall x \in \mathbb{R} \quad f(x) = 0$, alors on a $a = b = 0$.
Supposons donc $\forall x \in \mathbb{R} \quad f(x) = 0$.

- En utilisant cette hypothèse avec $x = 0$, on obtient $b = 0$.
- Puis, en utilisant alors l'hypothèse avec $x = 1$, on obtient $a = 0$.

On en déduit $a = b = 0$, ce qui termine la démonstration.

Remarque Parmi l'infinité des valeurs possibles pour x, on n'en a utilisé que deux ; mais cela a suffi pour établir ce que l'on voulait !

Pour utiliser une hypothèse du type : $\exists x \in E \quad P(x)$

Si l'on sait que « $\exists x \in E \quad P(x)$ » est vraie, alors on peut prendre un élément $x \in E$ tel que $P(x)$ soit vraie, mais il est indispensable d'introduire un tel élément par une phrase du type « *Prenons $x \in E$ tel que $P(x)$* » ; il faut alors faire avec cet élément qui nous est donné, et l'on ne peut pas, sans justification supplémentaire, lui attribuer d'autres propriétés.

Ex. 28. Soit a et b deux réels non nuls et $f : \begin{array}{ccc} \mathbb{R} & \longrightarrow & \mathbb{R} \\ x & \longmapsto & ax^2+b. \end{array}$

Montrons que si la fonction f s'annule, alors les réels a et b vérifient $a\,b < 0$.

Supposons que f s'annule. Autrement dit : $\exists x \in \mathbb{R} \quad f(x) = 0$.

On peut alors fixer un réel x tel que $f(x) = 0$, *i.e.* $ax^2 + b = 0$.

- Comme $b \neq 0$, on a $x \neq 0$.
- En multipliant par a l'égalité $ax^2 + b = 0$, on obtient $(ax)^2 + ab = 0$, *i.e.* $ab = -(ax)^2$.

Or $a \neq 0$ et $x \neq 0$, donc $ax \neq 0$. Par suite, on a $(ax)^2 > 0$, d'où $ab < 0$. Cela termine la démonstration.

Remarque Le nombre réel x fourni par l'hypothèse « $\exists x \in \mathbb{R} \quad f(x) = 0$ » étant, *a priori*, quelconque, nous avons dû justifier $x \neq 0$ pour pouvoir affirmer $(ax)^2 > 0$.

Ex. 29. Soit a et b deux entiers naturels. On suppose :

$$(\exists n \in \mathbb{N} \quad a = bn) \quad \text{et} \quad (\exists n \in \mathbb{N} \quad b = an). \qquad (*)$$

Montrons que $a = b$.

- L'assertion $\exists n \in \mathbb{N} \quad a = bn$ est vraie. Prenons donc $n_1 \in \mathbb{N}$ tel que $a = bn_1$.
- On peut, de même, prendre $n_2 \in \mathbb{N}$ tel que $b = an_2$.

On en déduit immédiatement $a = an_2n_1$. Raisonnons maintenant par disjonction de cas.

- Si $a = 0$, alors la relation $b = an_2$ donne $b = 0$, et donc $a = b$.
- Sinon, on peut alors simplifier $a = an_2n_1$ par a, ce qui donne $1 = n_2n_1$. Comme n_1 et n_2 sont entiers naturels, on en déduit $n_1 = n_2 = 1$, et donc $a = b$.

Dans les deux cas, on a $a = b$.

Attention L'hypothèse $(*)$ ci-dessus nous dit qu'il existe un entier n tel que $a = bn$ et qu'il existe un entier n tel que $b = an$, mais rien ne dit qu'il s'agit du même entier. La variable n figurant dans $(*)$ est muette, et $(*)$ aurait pu aussi s'écrire :

$$(\exists n_1 \in \mathbb{N} \quad a = bn_1) \quad \text{et} \quad (\exists n_2 \in \mathbb{N} \quad b = an_2).$$

On ne peut donc pas commencer la résolution de l'exercice précédent en disant : « Fixons un entier n tel que $a = bn$ et $b = an$ ».

2 Propriétés élémentaires sur les quantificateurs

Négation de quantificateurs

Ex. 30. L'assertion « $\forall x \in \mathbb{R} \quad x^2 - 1 = 0$ » peut se traduire en français par la phrase : « pour tout réel x, on a $x^2 - 1 = 0$ ». Elle est évidemment fausse.

Sa négation, « on peut trouver un réel x tel que $x^2 - 1 \neq 0$ », qui est donc vraie (par exemple $x = 0$), s'écrit mathématiquement « $\exists x \in \mathbb{R} \quad x^2 - 1 \neq 0$ ».

Ex. 31. Soit f une fonction de $\mathbb{R}$ dans $\mathbb{R}$.

- Pour écrire que f est la fonction nulle, on écrit « $\forall x \in \mathbb{R} \quad f(x) = 0$ ».
- La négation de cette affirmation est « la fonction f prend au moins une valeur non nulle », ce qui s'écrit « $\exists x \in \mathbb{R} \quad f(x) \neq 0$ ».
- Attention à ne pas confondre cette assertion avec « $\forall x \in \mathbb{R} \quad f(x) \neq 0$ »
  - qui exprime que f ne s'annule pas,
  - dont la négation, « f s'annule », s'écrit « $\exists x \in \mathbb{R} \quad f(x) = 0$ ».

Plus généralement, si $P(x)$ est une assertion dépendant d'une variable $x \in E$, alors :

- la négation de « $\forall x \in E \quad P(x)$ » est « $\exists x \in E \quad \text{NON}\, P(x)$ » ;
- la négation de « $\exists x \in E \quad P(x)$ » est « $\forall x \in E \quad \text{NON}\, P(x)$ ».

Ex. 32. La négation de « $\forall x \in E \quad A(x) \Rightarrow B(x)$ » est :

$$\exists x \in E \quad A(x) \text{ ET } \big(\text{NON}\, B(x)\big).$$

puisque l'assertion $A(x) \Rightarrow B(x)$ s'écrit $\big(\text{NON}\, A(x)\big)$ OU $B(x)$.

Ex. 33. La négation de $\forall x \in E \quad \big(A(x) \Leftrightarrow B(x)\big)$ est :

$$\exists x \in E \quad \Big(A(x) \text{ ET } \big(\text{NON } B(x)\big)\Big) \text{ OU } \Big(B(x) \text{ ET } \big(\text{NON } A(x)\big)\Big).$$

Ex. 34. Soit x un réel positif tel que $\forall \varepsilon > 0 \quad x \leqslant \varepsilon$. Montrons que $x = 0$.
Raisonnons par l'absurde : supposons $x > 0$. En prenant $\varepsilon = \dfrac{x}{2}$ (qui est un réel strictement positif), on obtient, en utilisant l'hypothèse, $x \leqslant \dfrac{x}{2}$, ce qui donne $x \leqslant 0$ et contredit le fait que x soit strictement positif. D'où le résultat.

Action des quantificateurs sur une conjonction ou une disjonction

Soit $P(x)$ et $Q(x)$ deux assertions dépendant d'une variable $x \in E$. On a les équivalences suivantes :

- $\big(\forall x \in E \quad P(x) \text{ ET } Q(x)\big) \iff \big(\forall x \in E \quad P(x)\big) \text{ ET } \big(\forall x \in E \quad Q(x)\big)$,
- $\big(\exists x \in E \quad P(x) \text{ OU } Q(x)\big) \iff \big(\exists x \in E \quad P(x)\big) \text{ OU } \big(\exists x \in E \quad Q(x)\big)$.

On a aussi les implications suivantes :

Exo 1.4

- $\big(\forall x \in E \quad P(x)\big) \text{ OU } \big(\forall x \in E \quad Q(x)\big) \implies \big(\forall x \in E \quad P(x) \text{ OU } Q(x)\big)$,
- $\big(\exists x \in E \quad P(x) \text{ ET } Q(x)\big) \implies \big(\exists x \in E \quad P(x)\big) \text{ ET } \big(\exists x \in E \quad Q(x)\big)$.

mais leurs réciproques ne sont pas nécessairement vraies ; elles sont par exemple fausses si l'on prend $E = \mathbb{R}$, avec $P(x)$: « $x \leqslant 0$ » et $Q(x)$: « $x > 0$ ».

Succession de quantificateurs

Lorsqu'une assertion dépend de plusieurs variables, on peut quantifier successivement chacune de ces variables.

Ex. 35. Soit f une fonction de $\mathbb{R}$ dans $\mathbb{R}$.
L'assertion $f(x) \geqslant f(a)$ dépend des deux variables réelles a et x.

- Soit a un réel donné.
  - Pour exprimer « f présente un minimum en a », on écrit :

$$\forall x \in \mathbb{R} \quad f(x) \geqslant f(a).$$

  - L'assertion « f ne présente pas de minimum en a » est la négation de l'assertion précédente, et s'écrit « $\exists x \in \mathbb{R} \quad f(x) < f(a)$ ».
- Si l'on veut exprimer « f possède un minimum », c'est-à-dire « il existe (au moins) une valeur de a telle que $f(a)$ soit minimum », on écrit :

$$\exists a \in \mathbb{R} \quad \forall x \in \mathbb{R} \quad f(x) \geqslant f(a).$$

- Pour exprimer « f ne possède pas de minimum », on peut dire en français « il n'existe aucun point où f présente un minimum » ou encore « en a, réel quelconque, f ne présente pas de minimum », ce qui s'écrit :

$$\forall a \in \mathbb{R} \quad \exists x \in \mathbb{R} \quad f(x) < f(a).$$

Remarques

- L'assertion « $\forall x \in \mathbb{R} \quad f(x) \geqslant f(a)$ », où l'on a quantifié x (*i.e.* on a fait précéder x d'un quantificateur), nous donne une assertion de la seule variable a, exprimant que « f présente un minimum en a ».

Exo 1.5

Exo 1.6

- L'assertion « $\exists a \in \mathbb{R} \quad \forall x \in \mathbb{R} \quad f(x) \geqslant f(a)$ » utilise une succession de deux quantificateurs (ce qui a rendu muettes les deux variables x et a) et exprime le fait que « f possède un minimum ».

Ex. 36. L'assertion « tout entier naturel est le carré d'un entier naturel » s'écrit :

$$\forall n \in \mathbb{N} \quad \exists p \in \mathbb{N} \quad n = p^2.$$

- Sa négation est donc : $\exists n \in \mathbb{N} \quad \forall p \in \mathbb{N} \quad n \neq p^2$.
- Pour démontrer que l'affirmation initiale est fausse, autrement dit que sa négation est vraie, on peut par exemple remarquer que $n = 2$ n'est le carré d'aucun entier (on a même prouvé à l'exemple 15 de la page 13 que ce n'était le carré d'aucun rationnel).

Inversion de quantificateurs

Soit $P(x, y)$ une assertion dépendant de deux variables $x \in E$ et $y \in F$. On a les équivalences suivantes :

- $\big(\forall x \in E \quad \forall y \in F \quad P(x,y)\big) \iff \big(\forall y \in F \quad \forall x \in E \quad P(x,y)\big)$;
- $\big(\exists x \in E \quad \exists y \in F \quad P(x,y)\big) \iff \big(\exists y \in F \quad \exists x \in E \quad P(x,y)\big)$.

On dit que deux quantificateurs $\forall$ successifs commutent et que deux quantificateurs $\exists$ successifs commutent.

Attention En général, on ne peut pas intervertir deux quantificateurs différents. Plus précisément, l'implication suivante est vraie mais sa réciproque ne l'est pas nécessairement :

$$\big(\exists x \in E \quad \forall y \in F \quad P(x,y)\big) \implies \big(\forall y \in F \quad \exists x \in E \quad P(x,y)\big).$$

Dans le membre de gauche, on cherche un x qui convient pour tous les y, alors qu'à droite on demande simplement que pour chaque y on puisse trouver un x (qui dépende éventuellement de y).

Ex. 37.

- L'assertion « $\exists x \in \mathbb{R} \quad \forall y \in \mathbb{R} \quad y = x + 1$ » est fausse. En effet, s'il existait un réel x_0 tel que $\forall y \in \mathbb{R} \quad y = x_0 + 1$, on aurait en particulier $0 = x_0 + 1$ et $1 = x_0 + 1$, ce qui est absurde.
- En revanche, l'assertion « $\forall y \in \mathbb{R} \quad \exists x \in \mathbb{R} \quad y = x + 1$ » est vraie car pour tout réel y, le réel $x = y - 1$ vérifie $y = x + 1$.

III Récurrence

- Les nombres entiers naturels, et leur ensemble $\mathbb{N}$, sont à la base de toutes les mathématiques, la première activité mathématique des humains ayant certainement été de compter. C'est pourquoi la plupart des propriétés de $\mathbb{N}$ paraissent naturelles et n'ont, jusqu'à une période relativement récente, soulevé aucune question, même parmi les plus grands mathématiciens.
- Il a fallu attendre le XIXe siècle pour que le problème de la construction de $\mathbb{N}$ soit abordé. Une construction rigoureuse de l'ensemble des entiers sort du cadre de ce cours et nous ferons comme le mathématicien Kronecker qui disait : « Dieu nous a donné les entiers et l'homme a fait le reste ».

Nous admettons en particulier la propriété suivante :

Proposition 2

Toute partie non vide de $\mathbb{N}$ possède un plus petit élément.

1 Raisonnement par récurrence

Dans ce qui suit, nous dirons que P est une propriété définie sur $\mathbb{N}$ pour signifier que $P(n)$ est une assertion pour tout $n \in \mathbb{N}$.

Théorème 3

Soit P une propriété définie sur $\mathbb{N}$. Si $P(0)$ est vraie et si :

$$\forall n \in \mathbb{N} \quad P(n) \Rightarrow P(n+1), \qquad (*)$$

alors la propriété $P(n)$ est vraie pour tout entier naturel n.

Démonstration.

Raisonnons par l'absurde en supposant que P ne soit pas vérifiée sur tout $\mathbb{N}$.

L'ensemble A des entiers n pour lesquels $P(n)$ est fausse est alors une partie non vide de $\mathbb{N}$, qui admet donc un plus petit élément n_0.

- Comme $P(0)$ est vraie, on a $0 \notin A$ et donc $n_0 > 0$, *i.e.* $n_0 - 1 \in \mathbb{N}$.
- L'entier $n_0 - 1$ n'appartient donc pas à A, ce qui prouve que $P(n_0 - 1)$ est vraie. La relation $(*)$ entraîne alors que $P(n_0)$ est vraie et contredit donc l'appartenance de n_0 à A.

L'hypothèse que P n'est pas vérifiée sur tout $\mathbb{N}$ est donc absurde. □

Point méthode Un raisonnement par récurrence se déroule en trois temps :

1. on explicite la propriété $P(n)$ faisant l'objet de la récurrence ;
2. on prouve que $P(0)$ est vraie ; cette phase s'appelle **initialisation** ;
3. on prouve que $\forall n \in \mathbb{N} \quad P(n) \Rightarrow P(n+1)$; cette phase s'appelle **hérédité**.

Attention Ne pas oublier, dans une démonstration par récurrence, de vérifier l'initialisation. À titre d'exemple, en oubliant de vérifier $P(0)$, on peut « montrer » que tous les entiers naturels sont égaux, puisque la propriété $P(n)$: « $n = n + 1$ » vérifie :

$$\forall n \in \mathbb{N} \quad P(n) \Rightarrow P(n+1).$$

Ex. 38. Soit f une application strictement croissante de $\mathbb{N}$ dans $\mathbb{N}$.
Montrons par récurrence que : $\forall n \in \mathbb{N} \quad f(n) \geqslant n$.
Pour $n \in \mathbb{N}$, notons $P(n)$ la propriété « $f(n) \geqslant n$ ».
Initialisation. $P(0)$ est vraie puisque, par hypothèse, on a $f(0) \in \mathbb{N}$ et donc $f(0) \geqslant 0$.
Hérédité. Soit $n \in \mathbb{N}$ tel que $P(n)$ soit vraie. On a donc $f(n) \geqslant n$.

Comme f est strictement croissante, on a $f(n+1) > f(n) \geqslant n$.

Étant donné que $f(n+1) \in \mathbb{N}$, on en déduit $f(n+1) \geqslant n+1$, ce qui prouve $P(n+1)$ et termine la récurrence.

Remarque Dans l'hérédité, on préfère parfois, pour simplifier certains calculs ou certaines expressions, montrer que :

$$\forall n \in \mathbb{N}^* \quad P(n-1) \Rightarrow P(n).$$

Ex. 39. Soit $(u_n)_{n\in\mathbb{N}}$ la suite définie par :

$$u_0 = 0 \qquad \text{et} \qquad \forall n \in \mathbb{N} \quad u_{n+1} = u_n + n + 1.$$

Montrons que, pour tout $n \in \mathbb{N}$, on a $u_n = \dfrac{n(n+1)}{2}$; notons $P(n)$ cette propriété au rang n.
Initialisation. Comme $\dfrac{0(0+1)}{2} = 0 = u_0$, la propriété $P(0)$ est vraie.
Hérédité. Soit $n \in \mathbb{N}^*$ tel que $P(n-1)$ soit vraie. Montrons $P(n)$. On a, en utilisant le fait que $P(n-1)$ est vraie :

$$u_n = u_{n-1} + n = \frac{(n-1)n}{2} + n = \frac{n(n+1)}{2},$$

ce qui montre $P(n)$ et termine la récurrence.

L'objet de ce qui suit est de présenter quelques variantes du raisonnement par récurrence.

Récurrence à partir d'un certain rang

Corollaire 4

Soit n_0 un entier et P une propriété définie sur $[\![n_0, +\infty[\![$. Si $P(n_0)$ est vraie et si :

$$\forall n \geqslant n_0 \quad P(n) \Rightarrow P(n+1),$$

alors la propriété $P(n)$ est vraie pour tout entier $n \geqslant n_0$.

Démonstration. Appliquer le théorème 3 de la page précédente à la propriété $P(n_0+n)$. □

Ex. 40. Montrons qu'à partir d'un certain rang, on a $n! \geqslant 2^{n+1}$.

- En calculant les premiers termes, il semble que, pour les entiers supérieurs ou égaux à 5, on ait bien $2^{n+1} \leqslant n!$; montrons-le par récurrence.
- Notons $P(n)$ la propriété « $n! \geqslant 2^{n+1}$ » et montrons par récurrence que $P(n)$ est vraie pour tout $n \geqslant 5$.

  Initialisation. On a $5! = 120$ et $2^6 = 64$ donc $P(5)$ est vraie.

Hérédité. Soit $n \geqslant 5$ tel que $P(n)$ soit vraie.

D'après $P(n)$, on a $2^{n+1} \leqslant n!$ et, comme on a aussi $2 \leqslant n+1$ (puisque $n \geqslant 5$), on obtient $P(n+1)$ par produit d'inégalités entre nombres positifs.

On a donc prouvé que $P(n)$ est vraie à partir du rang $n = 5$.

2 Récurrence double

Il arrive parfois que la justification de $P(n)$ nécessite l'utilisation de $P(n-1)$ et de $P(n-2)$. On fait alors ce que l'on appelle une **récurrence double**, ou encore **récurrence d'ordre 2**, fondée sur le résultat suivant.

Corollaire 5 (Récurrence double)

Exo 1.7

Soit P une propriété définie sur $\mathbb{N}$. Si $P(0)$ et $P(1)$ sont vraies et si :

$$\forall n \in \mathbb{N} \quad \big(P(n) \text{ ET } P(n+1)\big) \Rightarrow P(n+2),$$

alors la propriété $P(n)$ est vraie pour tout $n \in \mathbb{N}$.

Démonstration. Appliquer le théorème 3 à la propriété $H(n)$: « $P(n)$ ET $P(n+1)$ ». □

Ex. 41. Soit $(u_n)_{n \in \mathbb{N}}$ la suite définie par $u_0 = 2$, $u_1 = 3$ et :

$$\forall n \in \mathbb{N} \quad u_{n+2} = 3u_{n+1} - 2u_n.$$

On peut calculer les premières valeurs prises par cette suite :

n	0	1	2	3	4	5	6
u_n	2	3	5	9	17	33	65

Ce tableau nous suggère que : $\forall n \in \mathbb{N} \quad u_n = 2^n + 1$.
Pour le prouver, posons $P(n)$: « $u_n = 2^n + 1$ » et montrons par récurrence double que $P(n)$ est vraie pour tout $n \in \mathbb{N}$.

Initiatlisation. $P(0)$ et $P(1)$ sont vraies puisque $u_0 = 2$ et $u_1 = 3$.

Hérédité. Soit $n \in \mathbb{N}$; supposons $P(n)$ et $P(n+1)$. Alors, d'après la définition de la suite :

$$u_{n+2} = 3 \times (2^{n+1} + 1) - 2 \times (2^n + 1) = 2^{n+2} + 1.$$

Cela prouve $P(n+2)$ et achève la récurrence.

Attention Dans le cas d'utilisation d'une récurrence double, ne surtout pas oublier de procéder à la double initialisation $P(0)$ et $P(1)$.

3 Récurrence forte

Il arrive parfois que la justification de $P(n)$ nécessite l'utilisation de toutes les propriétés $P(k)$ pour $k \in [\![0, n-1]\!]$. On fait alors une **récurrence forte.**

Corollaire 6 (Récurrence forte)

Soit P une propriété définie sur $\mathbb{N}$. Si $P(0)$ est vraie et si :

$$\forall n \in \mathbb{N}^* \quad \big(P(0) \text{ ET } \cdots \text{ ET } P(n-1)\big) \Rightarrow P(n),$$

alors la propriété $P(n)$ est vraie pour tout $n \in \mathbb{N}$.

Démonstration. On montre, par une récurrence simple à partir du rang 1 que la propriété :

$$H(n) \ : \ \text{« } \forall k \in [\![0, n]\!] \quad P(k) \text{ »}$$

est vraie pour tout $n \in \mathbb{N}^*$. □

Remarque Comme l'illustre l'exemple suivant, on peut bien sûr faire une récurrence forte à partir d'un certain rang.

Ex. 42. Démontrons que tout entier naturel supérieur ou égal à 2 possède (au moins) un diviseur premier. Pour tout $n \geqslant 2$, posons $P(n)$: « n possède un diviseur premier ».

Montrons par récurrence forte que $P(n)$ est vraie pour tout entier $n \geqslant 2$.

Initialisation. La propriété $P(2)$ est vraie, puisque 2 est premier.

Hérédité. Soit $n \geqslant 3$. Supposons $P(2), \ldots, P(n-1)$ vraies, et montrons $P(n)$. Procédons par disjonction de cas selon le caractère premier ou non de n.

- Si n est premier, alors n est un diviseur premier de lui-même.
- Si n n'est pas premier, alors il possède un diviseur d compris entre 2 et $n-1$. Or, d'après l'hypothèse de récurrence, $P(d)$ est vraie. Ainsi, d possède un diviseur premier, qui est aussi un diviseur premier de n.

Exo 1.8

Cela montre $P(n)$ et achève par récurrence.

Ex. 43. Soit u une suite réelle telle que : $\forall n \in \mathbb{N} \quad (n+1)u_{n+1} = u_0 + u_1 + \cdots + u_n$. Montrons que u est constante.

Posons $P(n)$: « $u_n = u_0$ », et montrons par récurrence forte que $P(n)$ est vraie pour tout $n \in \mathbb{N}$.

Initialisation. L'assertion $P(0)$ est trivialement vraie.

Hérédité. Soit $n \in \mathbb{N}$. Supposons $P(0), \ldots, P(n)$ vraies, et montrons $P(n+1)$. On a, en utilisant $P(1), \ldots, P(n)$:

$$(n+1)u_{n+1} = u_0 + u_1 + \cdots + u_n = \underbrace{u_0 + u_0 + \cdots + u_0}_{(n+1) \text{ termes}} = (n+1)u_0$$

et donc $u_{n+1} = u_0$. Cela prouve $P(n+1)$ et achève la récurrence.

4 Récurrences finies

Corollaire 7 (Récurrence finie)

Exo 1.9

Soit $r \in \mathbb{N}$ et P une propriété définie sur $[\![0,r]\!]$. Si $P(0)$ est vraie et si :

$$\forall n \in [\![0,r-1]\!] \quad P(n) \Rightarrow P(n+1),$$

alors $P(n)$ est vraie pour tout $n \in [\![0,r]\!]$.

Démonstration. Appliquer le théorème 3 à la propriété $H(n)$: « $(n > r)$ OU $P(n)$ ». □

Corollaire 8 (Récurrence finie descendante)

Soit $r \in \mathbb{N}$ et P une propriété définie sur $[\![0,r]\!]$. Si $P(r)$ est vraie et si :

$$\forall n \in [\![1,r]\!] \quad P(n) \Rightarrow P(n-1),$$

alors $P(n)$ est vraie pour tout $n \in [\![0,r]\!]$.

Démonstration. Appliquer le résultat précédent à la propriété $H(n) = P(r-n)$. □

Remarque Comme l'illustrent les deux exemples suivants, on peut combiner le principe de récurrence finie avec celui de récurrence double/forte/à partir d'un certain rang.

Ex. 44. *(Récurrence finie forte)*

Soit $n \in \mathbb{N}^*$ et $i_1, \ldots, i_n$ des entiers distincts entre 1 et n vérifiant : $\forall k \in [\![1,n]\!] \quad i_k \leqslant k$.

Montrons que $\forall k \in [\![1,n]\!] \quad i_k = k$. Posons $P(k)$: « $i_k = k$ » et montrons par récurrence finie forte que $P(k)$ est vraie pour tout $k \in [\![1,n]\!]$.

Initialisation. On a $i_1 \leqslant 1$ et $i_1 \in [\![1,n]\!]$ donc $i_1 = 1$, ce qui prouve $P(1)$.

Hérédité. Soit $k \in [\![1,n-1]\!]$. Supposons $P(1), \ldots, P(k)$ et montrons $P(k+1)$.

- D'après $P(1), \ldots, P(k)$, on a $\{i_1, \ldots, i_k\} = [\![1,k]\!]$.
- D'autre part, $i_1, \ldots, i_n$ étant distincts, on a $i_{k+1} \notin \{i_1, \ldots, i_k\}$, *i.e.* $i_{k+1} \notin [\![1,k]\!]$.
- On a donc $i_{k+1} \in [\![1,k+1]\!] \setminus [\![1,k]\!]$, c'est-à-dire $i_{k+1} = k+1$.

Cela prouve $P(k+1)$ et achève la récurrence.

Ex. 45. *(Récurrence finie descendante forte)*

Soit $n \in \mathbb{N}^*$ et $i_1, \ldots, i_n$ des entiers distincts entre 1 et n vérifiant : $\forall k \in [\![1,n]\!] \quad i_k \geqslant k$.

Montrons que $\forall k \in [\![1,n]\!] \quad i_k = k$. Posons $P(k)$: « $i_k = k$ » et montrons par récurrence finie forte descendante que $P(k)$ est vraie pour tout $k \in [\![1,n]\!]$.

Initialisation. On a $i_n \geqslant n$ et $i_n \in [\![1,n]\!]$ donc $i_n = n$, ce qui prouve $P(n)$.

Hérédité. Soit $k \in [\![2,n]\!]$. Supposons $P(k), \ldots, P(n)$ et montrons $P(k-1)$.

- D'après $P(k), \ldots, P(n)$, on a $\{i_k, \ldots, i_n\} = [\![k,n]\!]$.
- D'autre part, $i_1, \ldots, i_n$ étant distincts, on a $i_{k-1} \notin \{i_k, \ldots, i_n\}$, *i.e.* $i_{k-1} \notin [\![k,n]\!]$.
- On a donc $i_{k-1} \in [\![k-1,n]\!] \setminus [\![k,n]\!]$, c'est-à-dire $i_{k-1} = k-1$.

Cela prouve $P(k-1)$ et achève la récurrence.

S'entraîner et approfondir

Assertions, logique

1.1 Soit A, B et C trois points du plan formant un triangle $\mathcal{T}$.
→10

1. Écrire une assertion, portant sur les longueurs AB, BC et AC, exprimant que $\mathcal{T}$ est un triangle équilatéral.
2. En déduire une assertion exprimant que $\mathcal{T}$ n'est pas équilatéral.
3. Comment exprimer que $\mathcal{T}$ n'est pas isocèle ?

1.2 Soit n un entier relatif. Prouver que $\dfrac{n(n+1)}{2}$ est un entier.
→12

1.3 Soit f une application de $\mathbb{R}$ dans $\mathbb{R}$. Montrer qu'il existe un unique couple (f_1, f_2) tel que l'on ait $f = f_1 + f_2$ avec f_1 une fonction impaire et f_2 une fonction paire de $\mathbb{R}$ dans $\mathbb{R}$. La fonction f_1 est appelée la **partie impaire** de f et f_2 sa **partie paire**.
→16

1.4 1. Déterminer les fonctions g de $\mathbb{R}$ dans $\mathbb{R}$ telles que :
→19

$$\forall x \in \mathbb{R} \quad \big(g(x) \geqslant 0 \text{ OU } g(x) \leqslant 0\big).$$

2. Déterminer les fonctions g de $\mathbb{R}$ dans $\mathbb{R}$ telles que :

$$(\forall x \in \mathbb{R} \quad g(x) \geqslant 0) \text{ OU } (\forall x \in \mathbb{R} \quad g(x) \leqslant 0).$$

1.5 1. Soit $E = \{1, 2, 3, 4, 5\}$.
→20

Pour chacune des assertions suivantes, dire si elle est vraie ou fausse, et le justifier.

(i) $\forall x \in E \quad \exists y \in E \quad x \leqslant y$ (iii) $\forall x \in E \quad \exists y \in E \quad x < y$

(ii) $\exists y \in E \quad \forall x \in E \quad x \leqslant y$ (iv) $\forall y \in E \quad \forall x \in E \quad x \leqslant y$

2. Reprendre les questions avec $E = \mathbb{R}$.

1.6 Soit f une fonction de $\mathbb{R}$ dans $\mathbb{R}$.
→20

1. Soit M un réel. Écrire une assertion exprimant que f est majorée par M.
2. Écrire une assertion exprimant que f est majorée.
3. Écrire une assertion exprimant que f n'est pas majorée.

Récurrence

1.7 Soit $(u_n)_{n\in\mathbb{N}}$ une suite vérifiant :
→23

$$\forall n \in \mathbb{N} \quad u_{n+2} = 4u_{n+1} - 4u_n.$$

Montrer qu'il existe un unique couple (a, b) de réels tel que $\forall n \in \mathbb{N} \quad u_n = (an + b)\, 2^n$.

1.8 Montrer que tout entier $n \geqslant 2$ est un produit de nombres premiers.
→24

1.9 Soit $n \in \mathbb{N}^*$. Montrer que :
→25

$$\forall k \in [\![1, n]\!] \quad \left(1 + \frac{1}{n}\right)^k \leqslant 1 + \frac{k}{n} + \frac{k^2}{n^2}.$$

Solutions des exercices

1.1 1. Le triangle $\mathcal{T}$ est équilatéral si, et seulement si, $AB = BC = AC$.

2. Comme le triangle $\mathcal{T}$ est équilatéral si, et seulement si, $(AB = AC)$ ET $(AB = BC)$, il n'est pas équilatéral si, et seulement si, :

$$(AB \neq AC) \text{ OU } (AB \neq BC).$$

3. Le triangle $\mathcal{T}$ est isocèle lorsqu'il a deux côtés égaux, ce qui s'écrit :

$$(AB = AC) \text{ OU } (AB = BC) \text{ OU } (AC = BC).$$

Pour exprimer que $\mathcal{T}$ n'est pas isocèle, on nie la relation précédente, ce qui donne :

$$(AB \neq AC) \text{ ET } (AB \neq BC) \text{ ET } (AC \neq BC).$$

1.2 Raisonnons par disjonction de cas.

- Si n est pair, alors il existe un entier k tel que $n = 2k$.
  On a alors $\dfrac{n(n+1)}{2} = \dfrac{2k(2k+1)}{2} = k(2k+1)$.
- Si n est impair, alors il existe un entier k tel que $n = 2k+1$.
  On a alors $\dfrac{n(n+1)}{2} = \dfrac{(2k+1)(2k+2)}{2} = (2k+1)(k+1)$.

Dans les deux cas, $\dfrac{n(n+1)}{2}$ est un entier comme produit d'entiers.

1.3 **Analyse.** Supposons qu'il existe $f_1 : \mathbb{R} \to \mathbb{R}$, impaire, et $f_2 : \mathbb{R} \to \mathbb{R}$, paire, telles que $f = f_1 + f_2$, c'est-à-dire $\forall x \in \mathbb{R} \quad f(x) = f_1(x) + f_2(x)$.

On obtient immédiatement :

$$\forall x \in \mathbb{R} \quad f(-x) = f_1(-x) + f_2(-x) = -f_1(x) + f_2(x),$$

ce qui, par somme et différence, donne :

$$\forall x \in \mathbb{R} \quad f_1(x) = \frac{f(x) - f(-x)}{2} \quad \text{et} \quad f_2(x) = \frac{f(x) + f(-x)}{2}.$$

Par suite il existe au plus un couple (f_1, f_2) répondant au problème.

Synthèse. Pour tout $x \in \mathbb{R}$, posons :

$$f_1(x) = \frac{f(x) - f(-x)}{2} \quad \text{et} \quad f_2(x) = \frac{f(x) + f(-x)}{2}.$$

Il est alors immédiat de vérifier que, pour tout $x \in \mathbb{R}$:

$$f(x) = f_1(x) + f_2(x), \quad f_1(-x) = -f_1(x) \quad \text{et} \quad f_2(-x) = f_2(x),$$

ce qui prouve que le couple (f_1, f_2) répond au problème.

1.4 1. L'assertion « $\forall x \in \mathbb{R} \quad \big(g(x) \geqslant 0 \text{ OU } g(x) \leqslant 0\big)$ » affirme que, pour tout nombre réel x, le nombre réel $g(x)$ est positif ou négatif, ce qui est vrai. Ainsi, toutes les fonctions g de $\mathbb{R}$ dans $\mathbb{R}$ vérifient la propriété étudiée.

2. L'assertion « $(\forall x \in \mathbb{R} \quad g(x) \geqslant 0)$ OU $(\forall x \in \mathbb{R} \quad g(x) \leqslant 0)$ » signifie que g est positive ou que g est négative. Les fonctions cherchées sont donc celles qui ne changent pas de signe.

1.5 1.
- L'assertion (i) est vraie : pour chaque élément x choisi dans E, l'élément $y = x$ vérifie bien $x \leqslant y$.
- L'assertion (ii) est vraie : en effet, l'élément $y = 5$ est bien tel que, pour tout élément x de E, on ait $x \leqslant y$. Elle exprime que E admet un plus grand élément.
- L'assertion (iii) est fausse : en effet, pour l'élément $x = 5$, on ne peut pas trouver d'élément y de E vérifiant $5 < y$.
  On pourrait aussi, en utilisant un raisonnement similaire à celui du point précédent, dire que sa négation « $\exists x \in E \quad \forall y \in E \quad x \geqslant y$ » est vraie.
- L'assertion (iv) est fausse : en effet, l'élément $y = 1$ de E ne vérifie évidemment pas $\forall x \in E \quad x \leqslant y$.
  On pourrait aussi dire que sa négation « $\exists y \in E \quad \exists x \in E \quad x > y$ » est vraie en prenant par exemple $x = 2$ et $y = 1$.

2. Avec $E = \mathbb{R}$.
- L'assertion (i) reste vraie (même justification qu'à la question précédente).
- L'assertion (ii) est fausse car $\mathbb{R}$ n'admet pas de plus grand élément.
- L'assertion (iii) est vraie car, si x est un nombre réel quelconque, alors le réel $y = x+1$ vérifie $x < y$.
- L'assertion (iv) est fausse (même justification qu'à la question précédente).

1.6 1. L'affirmation « f est majorée par M » s'écrit :

$$\forall x \in \mathbb{R} \quad f(x) \leqslant M.$$

2. La fonction f est majorée si l'on peut trouver un réel M qui la majore, ce qui s'écrit :

$$\exists M \in \mathbb{R} \quad \forall x \in \mathbb{R} \quad f(x) \leqslant M.$$

3. On en déduit automatiquement la négation :

$$\forall M \in \mathbb{R} \quad \exists x \in \mathbb{R} \quad f(x) > M,$$

qui exprime le fait que f n'est pas majorée.

1.7 Procédons par analyse-synthèse.

Analyse. Supposons que (a, b) soit un couple de réels tel que $\forall n \in \mathbb{N} \quad u_n = (an + b)\, 2^n$.

On a alors $b = u_0$ et $u_1 = 2(a + b)$ donc $a = \dfrac{u_1 - 2u_0}{2}$.

Cela prouve qu'en cas d'existence, il y a unicité.

Synthèse. Posons $a = \dfrac{u_1 - 2u_0}{2}$ et $b = u_0$ et montrons par récurrence que la propriété $P(n)$: « $u_n = (an + b)\, 2^n$ » est vraie pour tout $n \in \mathbb{N}$.

Initialisation. On a $(a \times 0 + b)\, 2^0 = b = u_0$ et $(a \times 1 + b)\, 2^1 = 2a+2b = u_1$ donc $P(0)$ et $P(1)$ sont vraies.

Hérédité. Soit $n \in \mathbb{N}$. Supposons $P(n)$ et $P(n+1)$ vraies, et montrons $P(n+2)$. On a, en utilisant $P(n)$ et $P(n+1)$:

$$\begin{aligned} u_{n+2} = 4u_{n+1} - 4u_n &= 4\big(a(n+1)+b\big)\,2^{n+1} + 4(an+b)\,2^n \\ &= 2^{n+2}\Big(2\big(a(n+1)+b\big) - (an+b)\Big) \\ &= 2^{n+2}\big(a(n+2)+b\big), \end{aligned}$$

ce qui prouve $P(n+2)$ et achève la récurrence.

1.8 Pour tout $n \geqslant 2$, on pose $P(n)$: « n est un produit de nombres premiers ». Procédons par récurrence forte pour montrer que $P(n)$ est vraie pour tout $n \geqslant 2$.

Initialisation. La propriété $P(2)$ est vraie, puisque 2 est premier.

Hérédité. Soit $n \geqslant 3$. Supposons $P(2), \ldots, P(n-1)$ vraies et montrons $P(n)$. Raisonnons par disjonction de cas.

- Si n est premier, alors n est le produit d'un seul nombre premier : lui-même.
- Si n n'est pas premier, il possède donc un diviseur d compris entre 2 et $n-1$. On a alors $n = d \times \dfrac{n}{d}$. Comme d et $\dfrac{n}{d}$ sont des entiers compris entre 2 et $n-1$, l'hypothèse de récurrence assure que ce sont des produits de nombres premiers ; par conséquent, n aussi.

Cela montre $P(n)$ et achève la récurrence.

1.9 Posons $P(k)$: « $\left(1+\dfrac{1}{n}\right)^k \leqslant 1 + \dfrac{k}{n} + \dfrac{k^2}{n^2}$ ». Montrons par récurrence finie que $P(k)$ est vraie pour tout $k \in [\![1, n]\!]$.

Initialisation. L'assertion $P(1)$ est vraie car $1 + \dfrac{1}{n} \leqslant 1 + \dfrac{1}{n} + \dfrac{1}{n^2}$.

Hérédité. Soit $k \in [\![2, n]\!]$. Supposons $P(k-1)$ et montrons $P(k)$. Écrivons :

$$\left(1+\frac{1}{n}\right)^k = \left(1+\frac{1}{n}\right)\left(1+\frac{1}{n}\right)^{k-1}.$$

En utilisant $P(k-1)$, et puisque $1+\dfrac{1}{n} \geqslant 0$, on a :

$$\begin{aligned} \left(1+\frac{1}{n}\right)^k &\leqslant \left(1+\frac{1}{n}\right)\left(1+\frac{k-1}{n}+\frac{(k-1)^2}{n^2}\right) \\ &= 1 + \frac{k}{n} + \frac{k-1+(k-1)^2}{n^2} + \frac{(k-1)^2}{n^3}. \end{aligned}$$

Pour prouver $P(k)$, il s'agit alors de prouver que :

$$\frac{k-1+(k-1)^2}{n^2} + \frac{(k-1)^2}{n^3} \leqslant \frac{k^2}{n^2},$$

ce qui, en multipliant par n^3, revient à :

$$n(k-1) + n(k-1)^2 + (k-1)^2 \leqslant nk^2$$

et, en simplifiant, équivaut à $(k-1)^2 \leqslant kn$. Cette dernière inégalité étant vraie car $0 \leqslant k-1 \leqslant k$ et $0 \leqslant k-1 \leqslant n$, cela prouve $P(k)$ et achève la récurrence.

Chapitre 2 : Ensembles et applications

Ensembles et applications

2

I Ensembles

La théorie des ensembles a vu le jour dans le dernier quart du XIXe siècle. Il n'est pas question dans cette section d'en faire une étude axiomatique abstraite, mais plutôt d'en donner le vocabulaire et les règles d'utilisation.

1 Généralités sur les ensembles

Les notions d'**ensemble** et d'**élément** sont ici considérées comme des notions premières; un ensemble correspond intuitivement à une « collection d'objets », dont les objets sont ce que l'on appelle ses « éléments ».

Notations Lorsque a est un élément et E un ensemble :

- pour signifier que a est un élément de E, on écrit $a \in E$;
- pour signifier que a n'est pas élément de E, on écrit $a \notin E$.

Remarque On peut définir un ensemble de deux grandes façons :

- en **extension**, c'est-à-dire en donnant la liste de ses éléments;
- par **compréhension**, c'est-à-dire en donnant une condition d'appartenance à cet ensemble; on écrit $\{x \in E \ : \ P(x)\}$ l'ensemble des éléments de E tels que la propriété $P(x)$ soit vraie.

Ex. 1. Ci-dessous, l'ensemble est défini, à gauche, en extension, et à droite, par compréhension :

$$\{0,1,2,3\} = \{n \in \mathbb{N} \ : \ n \leqslant 3\}.$$

Ex. 2. L'ensemble A des entiers relatifs compris entre -2 et 2 s'écrit :

- en extension : $A = \{-2,-1,0,1,2\}$;
- par compréhension : $A = \{n \in \mathbb{Z} \ : \ -2 \leqslant n \leqslant 2\}$.

Ex. 3. L'ensemble B des entiers naturels pairs s'écrit :

- en extension : $B = \{2n \mid n \in \mathbb{N}\}$;
- par compréhension : $B = \{n \in \mathbb{N} \ : \ \exists k \in \mathbb{N} \quad n = 2k\}$.

Ex. 4. Si $f : \mathbb{R} \to \mathbb{R}$ est une fonction, alors l'ensemble de ses points d'annulation s'exprime naturellement par compréhension : $\{x \in \mathbb{R} : f(x) = 0\}$.

Remarques

- Dans l'écriture d'un ensemble en extension, on ne tient pas compte de l'ordre à l'intérieur des accolades ; ainsi on a $\{a, b\} = \{b, a\}$.
- La notation $E = \{a_1, \dots, a_p\}$ ne nécessite pas que les éléments $a_1, \dots, a_p$ soient distincts. On appelle **cardinal** de E, et l'on note card E, le nombre d'éléments distincts de E.

Ex. 5. Soit x un réel. L'ensemble $\{1, x, x^2\}$ est de cardinal 1 si $x = 1$, de cardinal 2 si $x = 0$ ou $x = -1$ et de cardinal 3 sinon.

On admet qu'il existe un ensemble, appelé **ensemble vide** et noté $\varnothing$, qui ne contient aucun élément.

Ex. 6. On obtient naturellement l'ensemble vide quand on définit un ensemble par compréhension avec une condition d'appartenance jamais vérifiée. Par exemple $\{x \in \mathbb{R} : x^2 + 1 = 0\} = \varnothing$.

2 Inclusion, égalité d'ensembles

Définition 1

Soit E et F deux ensembles. On dit que F est un **sous-ensemble** ou une **partie** de E si tout élément de F est aussi élément de E.

Notations

- On dit aussi que l'ensemble F est inclus dans E et l'on note $F \subset E$.
- Lorsque $F \subset E$ et $F \neq E$, on dit que l'inclusion est **stricte** et l'on note $F \subsetneq E$.
- Au lieu de $F \subset E$, on écrit parfois $E \supset F$.

Traduction On a $F \subset E \iff \forall x \in F \quad x \in E$.

Ex. 7. Pour tout ensemble E, on a donc $E \subset E$ et $\varnothing \subset E$.

Ex. 8. On a la chaîne d'inclusions strictes suivante : $\mathbb{N} \subsetneq \mathbb{Z} \subsetneq \mathbb{Q} \subsetneq \mathbb{R}$.

Ex. 9. Soit E, F et G des ensembles tels que $E \subset F$ et $F \subset G$. On a évidemment $E \subset G$. En effet, pour $x \in E$, l'inclusion $E \subset F$ donne $x \in F$, puis l'inclusion $F \subset G$ offre $x \in G$.

Remarque Soit E et F deux ensembles.

- La négation de $F \subset E$ s'écrit $F \not\subset E$, et se lit « F n'est pas inclus dans E ». On a donc :
$$F \not\subset E \iff \exists x \in F \quad x \notin E.$$
- Les ensembles E et F sont égaux si tout élément de l'un est élément de l'autre :
$$E = F \iff (E \subset F \quad \text{et} \quad F \subset E).$$

Point méthode (double inclusion) La principale méthode pour montrer que deux ensembles E et F sont égaux est d'établir la double inclusion $E \subset F$ et $F \subset E$.

Ex. 10. Dire que les solutions d'une équation $(\mathcal{E})$ sont les réels x_1 et x_2 signifie que son ensemble solution est $\mathcal{S} = \{x_1, x_2\}$. Le plus souvent, on le prouve par double inclusion, ce qui revient à montrer :

- d'une part que x_1 et x_2 sont effectivement solutions de $(\mathcal{E})$, ce qui offre $\{x_1, x_2\} \subset \mathcal{S}$;
- d'autre part, qu'il n'y a pas d'autre solution à $(\mathcal{E})$ que x_1 et x_2, ce qui offre $\mathcal{S} \subset \{x_1, x_2\}$.

3 Intersection, réunion, différence, complémentaire

Définition 2

Soit E et F deux ensembles.

- La **réunion** de E et F est l'ensemble, noté $E \cup F$, des éléments qui sont dans E ou dans F.
- L'**intersection** de E et F est l'ensemble, noté $E \cap F$, des éléments qui sont à la fois dans E et dans F.

Traduction On a donc :

$$x \in E \cup F \Longleftrightarrow (x \in E \quad \text{ou} \quad x \in F) \qquad \text{et} \qquad x \in E \cap F \Longleftrightarrow (x \in E \quad \text{et} \quad x \in F).$$

Ex. 11. On a $\{x \in \mathbb{R} : x^2 \geqslant 4\} =]-\infty, -2] \cup [2, +\infty[$.

Illustration

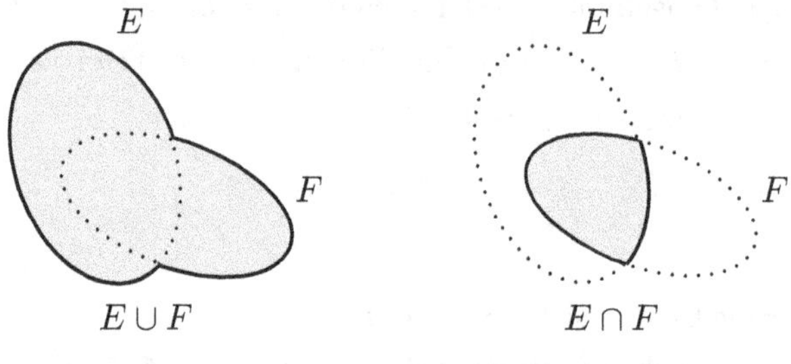

Propriétés élémentaires Étant donné trois ensembles A, B et C, on a :

$$\begin{array}{rcl} A & \subset & A \cup B \\ A \cup A & = & A \\ A \cup \varnothing & = & A \\ A \cup B & = & B \cup A \\ A \cup (B \cup C) & = & (A \cup B) \cup C \\ A \cap (B \cup C) & = & (A \cap B) \cup (A \cap C) \end{array} \qquad \begin{array}{rcl} A \cap B & \subset & A \\ A \cap A & = & A \\ A \cap \varnothing & = & \varnothing \\ A \cap B & = & B \cap A \\ A \cap (B \cap C) & = & (A \cap B) \cap C \\ A \cup (B \cap C) & = & (A \cup B) \cap (A \cup C) \end{array}$$

Exo 2.1

Les démonstrations de ces résultats sont assez simples. Les premières découlent des définitions, les dernières peuvent se prouver (cf. exemple 12), ou bien par double inclusion, ou bien en utilisant les propriétés sur les connecteurs « et » et « ou ».

Ex. 12. Démontrons la relation $A\cap(B\cup C)=(A\cap B)\cup(A\cap C)$ de deux façons différentes.
Par double inclusion.

- Montrons l'inclusion $A\cap(B\cup C)\subset(A\cap B)\cup(A\cap C)$.
  Soit $x\in A\cap(B\cup C)$. Alors $x\in A$ et $x\in B\cup C$. Distinguons deux cas (non exclusifs) :
  * si $x\in B$, alors $x\in A\cap B$ donc $x\in(A\cap B)\cup(A\cap C)$;
  * si $x\in C$, alors $x\in A\cap C$ donc $x\in(A\cap B)\cup(A\cap C)$.

  Dans les deux cas, on a $x\in(A\cap B)\cup(A\cap C)$.
  D'où l'inclusion $A\cap(B\cup C)\subset(A\cap B)\cup(A\cap C)$.
- Montrons l'autre inclusion.
  * On a $A\cap B\subset A$ et $A\cap B\subset B\cup C$, donc $A\cap B\subset A\cap(B\cup C)$.
  * De même, on a $A\cap C\subset A\cap(B\cup C)$.

  D'où l'inclusion $(A\cap B)\cup(A\cap C)\subset A\cap(B\cup C)$.

En utilisant les propriétés des connecteurs logiques. On a :

$$\begin{aligned} x\in A\cap(B\cup C) &\iff x\in A \quad \text{et} \quad (x\in B \quad \text{ou} \quad x\in C)\\ &\iff (x\in A \quad \text{et} \quad x\in B) \quad \text{ou} \quad (x\in A \quad \text{et} \quad x\in C)\\ &\iff x\in(A\cap B)\cup(A\cap C). \end{aligned}$$

D'où l'égalité $A\cap(B\cup C)=(A\cap B)\cup(A\cap C)$.

Remarque Les propriétés $A\cup(B\cup C)=(A\cup B)\cup C$ et $A\cap(B\cap C)=(A\cap B)\cap C$ rendent superflue l'utilisation des parenthèses. La réunion et l'intersection des trois parties A, B et C se notent donc simplement :

$$A\cup B\cup C \qquad \text{et} \qquad A\cap B\cap C.$$

Définition 3 (Différence ensembliste)

Soit E et F deux ensembles. On appelle **différence** de E et F, et l'on note $E\backslash F$, l'ensemble des éléments qui sont dans E mais pas dans F.

Traduction On a donc : $E\setminus F=\{x\in E\ :\ x\notin F\}$.

Définition 4

Soit E un ensemble et A une partie de E. L'ensemble $E\setminus A$ est appelé le **complémentaire** de A dans E.

Notation Lorsque l'ensemble E est fixé et qu'il n'y a pas de confusion possible, alors le complémentaire de A dans E est aussi noté $\overline{A}$ ou A^c.

Remarque Soit A et B deux parties d'un ensemble E. On dispose des égalités évidentes suivantes :

$$\overline{\overline{A}}=A \qquad A\cup\overline{A}=E \qquad A\cap\overline{A}=\varnothing$$

$$A\setminus B=A\cap\overline{B} \qquad \overline{A\cap B}=\overline{A}\cup\overline{B} \qquad \overline{A\cup B}=\overline{A}\cap\overline{B}$$

Exo 2.2 ainsi que des équivalences suivantes :

$$A\subset B\iff\overline{B}\subset\overline{A} \qquad \text{et} \qquad A=B\iff\overline{A}=\overline{B}.$$

Extension de la réunion et l'intersection à une famille de parties

Si $(A_i)_{i\in I}$ est une famille de parties de E (notion qui sera explicitée page 39), alors la réunion et l'intersection des éléments de cette famille sont notées respectivement :

$$\bigcup_{i\in I} A_i = \{x \in E \,:\, \exists i \in I \quad x \in A_i\} \qquad \text{et} \qquad \bigcap_{i\in I} A_i = \{x \in E \,:\, \forall i \in I \quad x \in A_i\}.$$

Les résultats vus pour la réunion et l'intersection de deux ensembles se généralisent :

Exo 2.3

$$\overline{\bigcup_{i\in I} A_i} = \bigcap_{i\in I} \overline{A_i} \qquad \text{et} \qquad \overline{\bigcap_{i\in I} A_i} = \bigcup_{i\in I} \overline{A_i}.$$

Remarque Lorsque $I = \varnothing$, on a $\bigcup\limits_{i\in I} A_i = \varnothing$ et $\bigcap\limits_{i\in I} A_i = E$.

4 Produit cartésien

Cas de deux ensembles

À partir de deux éléments a et b, on peut construire le **couple** (a, b), avec la propriété fondamentale suivante :

$$(a, b) = (a', b') \iff (a = a' \quad \text{et} \quad b = b').$$

Définition 5

Étant donné deux ensembles A et B, on appelle **produit cartésien** de A par B l'ensemble, noté $A \times B$, des couples de la forme (a, b), avec $a \in A$ et $b \in B$.

Traduction On a donc : $A \times B = \big\{(a, b) \;\big|\; a \in A \quad \text{et} \quad b \in B\big\}$.

Notation Le produit cartésien $A \times A$ se note plus simplement A^2.

Attention L'assertion $(x, y) \neq (0, 0)$ n'équivaut pas à $\big((x \neq 0) \quad \text{et} \quad (y \neq 0)\big)$. En effet, si $(x, y) = (1, 0)$, alors la première est vraie mais pas la seconde. On dispose simplement de l'implication suivante :

$$\big((x \neq 0) \quad \text{et} \quad (y \neq 0)\big) \implies (x, y) \neq (0, 0).$$

Ex. 13. Si $E = \{0, 1\}$ et $F = \{0, 1, 2\}$, alors on a :

$$E \times F = \big\{(0,0), (0,1), (0,2), (1,0), (1,1), (1,2)\big\}.$$

Attention Le couple (x, y) s'écrit avec des parenthèses, pas des accolades ! En effet, $\{x, y\}$ désigne l'ensemble formé par les éléments x et y, et en particulier :

- si $x = y$, alors $\{x, y\} = \{x\}$;
- si $x \neq y$, alors $\{x, y\} = \{y, x\}$ mais $(x, y) \neq (y, x)$.

Généralisation à plus de deux ensembles

De même, à partir de trois éléments x, y et z, on peut construire le triplet (x, y, z), caractérisé par la propriété fondamentale :

$$(x, y, z) = (x', y', z') \iff (x = x' \quad \text{et} \quad y = y' \quad \text{et} \quad z = z').$$

Étant donné trois ensembles E, F et G, on peut construire leur produit cartésien, noté $E \times F \times G$, défini par :

$$E \times F \times G = \{(x, y, z) \mid x \in E \quad \text{et} \quad y \in F \quad \text{et} \quad z \in G\}.$$

Plus généralement, si n est un entier naturel non nul,

- à partir de n éléments $x_1, \dots, x_n$, on peut construire $(x_1, \dots, x_n)$ appelé n-uplet ou aussi n-liste, avec la règle d'utilisation :

$$(x_1, \dots, x_n) = (x'_1, \dots, x'_n) \iff \forall k \in [\![1, n]\!] \quad x_k = x'_k,$$

- à partir de n ensembles $E_1, \dots, E_n$, on peut construire leur produit cartésien, noté $E_1 \times \dots \times E_n$, défini par :

$$E_1 \times \dots \times E_n = \{(x_1, \dots, x_n) \mid x_1 \in E_1, \dots, x_n \in E_n\}.$$

Notation Si E est un ensemble, le produit cartésien $\underbrace{E \times \dots \times E}_{p \text{ termes}}$ est noté E^p.

5 Ensemble des parties d'un ensemble

Notation Soit E un ensemble. L'ensemble des parties de E se note $\mathcal{P}(E)$.

Traduction Soit E et F deux ensembles. On a donc : $F \in \mathcal{P}(E) \iff F \subset E$.

Ex. 14. Pour tout ensemble E, on a $E \in \mathcal{P}(E)$ et $\varnothing \in \mathcal{P}(E)$.

Ex. 15. Si $E = \{1, 2\}$ alors on a $\mathcal{P}(E) = \big\{\varnothing, \{1\}, \{2\}, \{1, 2\}\big\}$.

Exo 2.4 Exo 2.5 Exo 2.6

Attention Prendre garde au double niveau d'accolades dans la description précédente : on a décrit $\mathcal{P}(E)$ en donnant l'ensemble de ses éléments. Or tout élément de $\mathcal{P}(E)$ est une partie de E, ce qui fait que l'on a :

$$\{1\} \subset E \quad \text{ou encore} \quad \{1\} \in \mathcal{P}(E),$$

alors que la relation $1 \in \mathcal{P}(E)$ est fausse car 1 n'est pas une partie de E !

6 Recouvrements, recouvrements disjoints, partitions

Définition 6

Soit $(A_i)_{i \in I}$ une famille de parties de E.

On dit que $(A_i)_{i \in I}$ est un **recouvrement** de E si $\bigcup\limits_{i \in I} A_i = E$.

On dit que $(A_i)_{i \in I}$ est un **recouvrement disjoint** de E si $(A_i)_{i \in I}$ est un recouvrement de E constitué d'ensembles deux à deux disjoints, c'est-à-dire vérifiant :

$$\forall (i, j) \in I^2 \quad i \neq j \implies A_i \cap A_j = \varnothing.$$

On dit que $(A_i)_{i \in I}$ est une **partition** de E si c'est un recouvrement disjoint de E constitué d'ensembles non vides.

Ex. 16. Si $E = [\![1,7]\!]$, alors la famille (A,B,C), avec $A = \{1,3\}$, $B = \{2,6,7\}$ et $C = \{4,5\}$, est une partition de E

Ex. 17. L'ensemble des nombres pairs et l'ensemble des nombres impairs forment une partition de l'ensemble des entiers.

Ex. 18. Plus généralement, pour toute partie A de E, la famille $(A,\overline{A})$ est un recouvrement disjoint de E. C'est une partition lorsque $A \neq \varnothing$ et $A \neq E$.

II Applications

Dans toute cette section, E, F, G et H désignent des ensembles.

1 Définitions

De façon intuitive, une **application** f de E dans F associe à tout élément de E un unique élément de F.

- E est appelé l'**ensemble de départ** de f, et F son **ensemble d'arrivée** ;
- pour $x \in E$, l'unique élément $y \in F$ associé à x par f est appelé **image de** x par f et se note $f(x)$; on dit alors que x est *un* **antécédent** de y par f ;
- l'ensemble $\Gamma = \{(x, f(x)) \mid x \in E\}$ est appelé le **graphe** de f ;
- l'ensemble $\{y \in F : \exists x \in E \quad y = f(x)\} = \{f(x) \mid x \in E\}$ est un sous-ensemble de F, appelé l'**image** de f ;
- une application f de E dans F est notée $f: \begin{array}{ccc} E & \longrightarrow & F \\ x & \longmapsto & f(x). \end{array}$

Notation L'ensemble des applications de E dans F se note F^E ou encore $\mathcal{F}(E,F)$.

Terminologie On utilise aussi le mot **fonction** au lieu d'application.

Remarque Étant donné une partie Γ du produit cartésien $E \times F$, il existe une application $f \in F^E$ dont le graphe est Γ si, et seulement si :

$$\forall x \in E \quad \exists!\, y \in F \quad (x,y) \in \Gamma.$$

Ex. 19. Soit E un ensemble.

- L'application $\begin{array}{ccc} E & \longrightarrow & E \\ x & \longmapsto & x \end{array}$ est appelée **identité de** $\boldsymbol{E}$, et notée Id_E.
- Pour $A \in \mathcal{P}(E)$, on peut définir l'application $\begin{array}{ccc} \mathcal{P}(E) & \longrightarrow & \mathcal{P}(E) \\ X & \longmapsto & X \cap A. \end{array}$

Ex. 20. Si $E = F = \mathbb{R}$, alors $E \times F = \mathbb{R}^2$ est usuellement représenté par le plan usuel rapporté à un repère $(O, \vec{\imath}, \vec{\jmath})$.

- Soit $(a,b) \in \mathbb{R}^2$, l'application affine $\begin{array}{ccc} \mathbb{R} & \longrightarrow & \mathbb{R} \\ x & \longmapsto & ax+b \end{array}$ a pour graphe une droite.

  Réciproquement, toute droite D non parallèle à l'axe $(O, \vec{\jmath})$ est le graphe d'une application affine.

- L'application $\begin{array}{rcl} \mathbb{R}_+ & \longrightarrow & \mathbb{R}_+ \\ x & \longmapsto & \sqrt{x} \end{array}$ est correctement définie, et peut se réécrire :

$$\begin{array}{rcl} \mathbb{R}_+ & \longrightarrow & \mathbb{R}_+ \\ x & \longmapsto & t \in \mathbb{R}_+ \text{ tel que } x = t^2. \end{array}$$

  En revanche :
  * écrire $\begin{array}{rcl} \mathbb{R} & \longrightarrow & \mathbb{R}_+ \\ x & \longmapsto & t \in \mathbb{R}_+ \text{ tel que } x = t^2 \end{array}$ ne définit pas une application car, par exemple, l'image de -1 n'est pas définie ;
  * écrire $\begin{array}{rcl} \mathbb{R}_+ & \longrightarrow & \mathbb{R} \\ x & \longmapsto & t \in \mathbb{R} \text{ tel que } x = t^2 \end{array}$ ne définit pas non plus une application ; en effet, l'image, par exemple, de 4, n'est pas correctement définie car il existe deux valeurs de t telles que $t^2 = 4$.

- L'ensemble $\Gamma = \{(t^2, t) \mid t \in \mathbb{R}\}$ ne peut pas être le graphe d'une application car l'image de 1, par exemple, ne serait pas correctement définie.

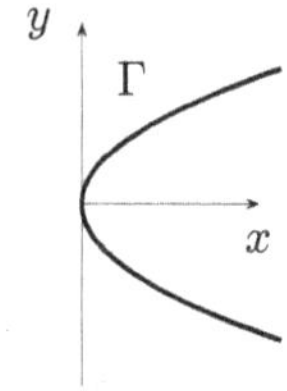

Point méthode (égalité d'applications) Pour montrer l'égalité de deux applications $f : E \to F$ et $g : E' \to F'$, il faut :

(i) prouver l'égalité des ensembles de départ, c'est-à-dire $E = E'$,

(ii) prouver l'égalité des ensembles d'arrivée, c'est-à-dire $F = F'$,

(iii) prouver que $\forall x \in E \quad f(x) = g(x)$.

2 Familles d'éléments d'un ensemble

Définition 7

Si I est un ensemble quelconque, une application de I dans E est appelée **famille d'éléments** de E indexée par I.

Remarques

- Une famille d'éléments de E indexée par I est donc un élément de E^I, mais l'utilisation du terme *famille* sous-entend que l'on utilise la notation indexée $(x_i)_{i \in I}$ au lieu de la notation fonctionnelle $\begin{array}{rcl} I & \longrightarrow & E \\ i & \longmapsto & x(i). \end{array}$
- Une famille d'éléments de E indexée par $\mathbb{N}$ est appelée suite d'éléments de E.
- En particulier, une famille de parties de E est une famille d'éléments de $\mathcal{P}(E)$.
- Une famille est dite finie lorsque l'ensemble I est fini.
  * Lorsque I est de cardinal $p \in \mathbb{N}^*$, on prend le plus souvent $I = [\![1, p]\!]$ et une telle famille est aussi appelée **p-liste** ou **p-uplet**.
  * La famille $(x_i)_{i \in [\![1,p]\!]}$ se note alors couramment $(x_1, \ldots, x_p)$; on a une identification naturelle entre E^I, l'ensemble des p-listes d'éléments de E, et le produit cartésien E^p.

- Soit $(x_i)_{i\in I}$ une famille indexée par un ensemble I, et soit J une partie de I :
  * la famille $(x_i)_{i\in J}$ est appelée **sous-famille** de $(x_i)_{i\in I}$;
  * la famille $(x_i)_{i\in I}$ est appelée **sur-famille** de $(x_i)_{i\in J}$.

Ex. 21. Pour tout $a \in \mathbb{R}$, on peut définir $f_a : \begin{array}{ccc} \mathbb{R} & \longrightarrow & \mathbb{R} \\ x & \longmapsto & |x-a|. \end{array}$

La famille $(f_a)_{a\in\mathbb{R}}$ est une famille de fonctions (d'éléments de $\mathbb{R}^{\mathbb{R}}$) indexée par $\mathbb{R}$.
La famille $(f_a)_{a\in\mathbb{Z}}$ en est une sous-famille.

3 Fonction indicatrice

Définition 8

Soit $A \subset E$. La **fonction indicatrice** de A est la fonction de E dans $\{0,1\}$, notée $\mathbb{1}_A$ et définie par :

$$\mathbb{1}_A(x) = 1 \quad \text{si} \quad x \in A \qquad \text{et} \qquad \mathbb{1}_A(x) = 0 \quad \text{si} \quad x \notin A.$$

Résultats élémentaires Si A et B sont deux parties de E, alors on a :
- pour l'intersection : $\mathbb{1}_{A\cap B} = \mathbb{1}_A \times \mathbb{1}_B$,
- pour la réunion : $\mathbb{1}_{A\cup B} = \mathbb{1}_A + \mathbb{1}_B - \mathbb{1}_A \times \mathbb{1}_B$,
- pour le complémentaire : $\mathbb{1}_{\overline{A}} = 1 - \mathbb{1}_A$.

Remarque Pour toutes parties A et B de E, on a $A = B \iff \mathbb{1}_A = \mathbb{1}_B$.

Exo 2.8

Point méthode Pour montrer l'égalité de deux ensembles, on peut montrer l'égalité de leurs fonctions indicatrices.

4 Restriction et prolongement

Définition 9

Soit f une application de E vers F.

- Si A est une partie de E, la **restriction** de f à A, notée $f_{|A}$, est l'application de A dans F définie par :

$$\forall x \in A \quad f_{|A}(x) = f(x).$$

- On appelle **prolongement** de f toute application g définie sur un ensemble E' contenant E et vérifiant :

$$\forall x \in E \quad g(x) = f(x).$$

Remarques
- Le graphe de $f_{|A}$ est $\{(x, f(x)) \mid x \in A\}$.
- Par définition, f est une restriction de g si, et seulement si, g est un prolongement de f.

5 Images directes et images réciproques

Définition 10

Soit $f \in F^E$ et A une partie de E. On appelle **image directe** de A par f, et l'on note $f(A)$, la partie de F définie par :

$$f(A) = \{f(x) \mid x \in A\}.$$

Remarques Soit $f \in F^E$.

- On peut ainsi parler de $f(x)$, l'image d'un élément x de E par l'application f, qui est un élément de F mais aussi de $f(A)$, l'image d'une partie A de E, qui est une partie de F.
- Si A est une partie de E, alors $f(A) = \varnothing$ si, et seulement si, $A = \varnothing$.
- Pour tout $x \in E$, on a $f(\{x\}) = \{f(x)\}$.
- Si A et B sont deux parties de E telles que $A \subset B$, alors $f(A) \subset f(B)$.
- Une partie A de E est dite **stable par** f si $f(A) \subset A$.

Ex. 22. Si $f : \begin{array}{ccc} \mathbb{R} & \longrightarrow & \mathbb{R} \\ x & \longmapsto & x^2 \end{array}$ alors on a :

$$f\big([-2,2]\big) = \{x^2 \mid x \in [-2,2]\} = [0,4] \qquad \text{et} \qquad f\big([-1,2]\big) = \{x^2 \mid x \in [-1,2]\} = [0,4].$$

Remarque L'exemple précédent prouve que l'on peut avoir :

- deux parties A et B telles que $f(A) = f(B)$ mais $A \neq B$;
- deux parties A et B telles que $f(A) \subset f(B)$ mais $A \not\subset B$.

Ex. 23. Soit A et B deux parties de E et $f \in F^E$. Justifions que :

$$f(A \cup B) = f(A) \cup f(B) \qquad \text{et} \qquad f(A \cap B) \subset f(A) \cap f(B).$$

- Montrons que $f(A \cup B) = f(A) \cup f(B)$. Procédons par double inclusion.
  - ∗ Soit $y \in f(A \cup B)$. Il existe $x \in A \cup B$ tel que $y = f(x)$. Comme $x \in A$ ou $x \in B$, on a $f(x) \in f(A)$ ou $f(x) \in f(B)$, c'est-à-dire $f(x) \in f(A) \cup f(B)$, *i.e.* $y \in f(A) \cup f(B)$.
  - ∗ Réciproquement, comme $A \subset A \cup B$, on a $f(A) \subset f(A \cup B)$.
    De même, $f(B) \subset f(A \cup B)$. Ainsi, on obtient $f(A) \cup f(B) \subset f(A \cup B)$.
- Montrons que $f(A \cap B) \subset f(A) \cap f(B)$. Comme $A \cap B \subset A$, on a $f(A \cap B) \subset f(A)$.
  Par symétrie, on a aussi $f(A \cap B) \subset f(B)$, donc $f(A \cap B) \subset f(A) \cap f(B)$.

Exo 2.9

Attention L'inclusion $f(A \cap B) \subset f(A) \cap f(B)$ peut être stricte. Par exemple, si $f : \mathbb{R} \to \mathbb{R}$ est définie par $f(x) = x^2$, et si l'on prend $A = \mathbb{R}_+^*$ et $B = \mathbb{R}_-^*$, alors $f(A \cap B) = \varnothing$ tandis que $f(A) \cap f(B) = \mathbb{R}_+^*$.

Définition 11

Soit $f \in F^E$ et B une partie de F. On appelle **image réciproque** de B par f, et l'on note $f^{-1}(B)$, la partie de E définie par :

$$f^{-1}(B) = \{x \in E : f(x) \in B\}.$$

Remarques Soit $f \in F^E$.

- Pour toute partie B de F et $x \in E$, on a $x \in f^{-1}(B) \iff f(x) \in B$.
- On a $f^{-1}(\varnothing) = \varnothing$ et $f^{-1}(F) = E$.
- Soit $y \in F$. L'ensemble $f^{-1}(\{y\})$, l'image réciproque du singleton $\{y\}$ par f, est l'ensemble des antécédents de y. Il peut être vide (si y n'a pas d'antécédent par f), ou bien contenir un ou plusieurs éléments.
- Si A et B sont deux parties de F telles que $A \subset B$, alors $f^{-1}(A) \subset f^{-1}(B)$.

Ex. 24. Si $f: \begin{array}{ccc} \mathbb{R} & \longrightarrow & \mathbb{R} \\ x & \longmapsto & x^2 \end{array}$ alors on a, par simple résolution d'équations ou d'inéquations :

$$\begin{aligned} f^{-1}(\{4\}) &= \{-2, 2\} \\ f^{-1}([0,4]) &= \{x \in \mathbb{R} : x^2 \in [0,4]\} = [-2,2] \\ f^{-1}([-2,4]) &= \{x \in \mathbb{R} : x^2 \in [-2,4]\} = [-2,2] \\ f^{-1}([-2,-1]) &= \{x \in \mathbb{R} : x^2 \in [-2,-1]\} = \varnothing. \end{aligned}$$

Remarque Cet exemple prouve que l'on peut avoir :

- deux parties A et B telles que $f^{-1}(A) = f^{-1}(B)$ mais $A \neq B$;
- deux parties A et B telles que $f^{-1}(A) \subset f^{-1}(B)$ mais $A \not\subset B$.

Ex. 25. Soit $f \in F^E$ ainsi que A et B deux parties de F. Justifions que :

$$f^{-1}(A \cup B) = f^{-1}(A) \cup f^{-1}(B) \; ; \quad f^{-1}(A \cap B) = f^{-1}(A) \cap f^{-1}(B) \quad \text{et} \quad f^{-1}(\overline{A}) = \overline{f^{-1}(A)}.$$

Pour $x \in E$, on a les chaînes d'équivalences suivantes, qui justifient les trois égalités ci-dessus :

$$\begin{aligned} x \in f^{-1}(A \cup B) \iff f(x) \in A \cup B &\iff f(x) \in A \quad \text{ou} \quad f(x) \in B \\ &\iff x \in f^{-1}(A) \quad \text{ou} \quad x \in f^{-1}(B) \\ &\iff x \in f^{-1}(A) \cup f^{-1}(B) \end{aligned}$$

$$\begin{aligned} x \in f^{-1}(A \cap B) \iff f(x) \in A \cap B &\iff f(x) \in A \quad \text{et} \quad f(x) \in B \\ &\iff x \in f^{-1}(A) \quad \text{et} \quad x \in f^{-1}(B) \\ &\iff x \in f^{-1}(A) \cap f^{-1}(B) \end{aligned}$$

Exo 2.10

et enfin :

Exo 2.11

$$x \in f^{-1}(\overline{A}) \iff f(x) \notin A \iff x \notin f^{-1}(A) \iff x \in \overline{f^{-1}(A)}.$$

6 Composition d'applications

Définition 12

Exo 2.12

Soit $f \in F^E$ et $g \in G^F$. L'application $\begin{array}{rcl} E & \longrightarrow & G \\ x & \longmapsto & g(f(x)) \end{array}$ est appelée **composée des applications** g et f ; on la note $g \circ f$.

Ex. 26. Pour tout $f \in F^E$, on a $f \circ \mathrm{Id}_E = f$ et $\mathrm{Id}_F \circ f = f$.

Ex. 27. Si $f: \begin{array}{rcl} \mathbb{R} & \longrightarrow & \mathbb{R} \\ x & \longmapsto & x^2 \end{array}$ et $g: \begin{array}{rcl} \mathbb{R} & \longrightarrow & \mathbb{R}. \\ x & \longmapsto & x+1 \end{array}$ alors on a :

$$g \circ f: \begin{array}{rcl} \mathbb{R} & \longrightarrow & \mathbb{R} \\ x & \longmapsto & x^2+1 \end{array} \quad \text{et} \quad f \circ g: \begin{array}{rcl} \mathbb{R} & \longrightarrow & \mathbb{R} \\ x & \longmapsto & (x+1)^2. \end{array}$$

Ainsi, $g \circ f \neq f \circ g$, car par exemple $(g \circ f)(1) = 2 \neq 4 = (f \circ g)(1)$.

Attention En général (cf. exemple précédent), même lorsque les composées $g \circ f$ et $f \circ g$ existent, il n'y a aucune raison que $g \circ f = f \circ g$.

Proposition 1

Soit $f \in F^E$, $g \in G^F$ et $h \in H^G$. Alors $h \circ (g \circ f) = (h \circ g) \circ f$.

Démonstration. Les deux applications $h \circ (g \circ f)$ et $(h \circ g) \circ f$ vont de E dans H. L'égalité entre ces deux applications vient alors du fait que, pour $x \in E$, on a :

$$\big(h \circ (g \circ f)\big)(x) = h\big((g \circ f)(x)\big) = h\Big(g\big(f(x)\big)\Big)$$

$$\big((h \circ g) \circ f\big)(x) = (h \circ g)\big(f(x)\big) = h\Big(g\big(f(x)\big)\Big).$$

Terminologie Dans la pratique, on se réfère à la propriété précédente en parlant de l'**associativité de la composition** des applications.

7 Injectivité, surjectivité, bijectivité

Définition 13

Exo 2.13

Soit $f \in F^E$. On dit que f est **injective**, ou que f est une **injection**, si tout élément de F possède au plus un antécédent par f.

Traductions Une application $f \in F^E$ est donc injective si, et seulement si, pour tout $y \in F$, l'équation $f(x) = y$ possède au plus une solution, ce qui s'écrit :

$$\forall (x_1, x_2) \in E^2 \quad f(x_1) = f(x_2) \Longrightarrow x_1 = x_2.$$

Ex. 28. L'application Id_E est évidemment injective.

Ex. 29. Si D est une partie quelconque de $\mathbb{R}$ et si $f \in \mathbb{R}^D$ est strictement monotone, alors elle est injective. En effet, supposons par exemple f strictement croissante et considérons deux éléments x_1 et x_2 de D tels que $x_1 \neq x_2$. Quitte à les échanger, on peut supposer $x_1 < x_2$; la stricte croissance de f nous donne alors $f(x_1) < f(x_2)$, donc *a fortiori* $f(x_1) \neq f(x_2)$.
La démonstration est similaire dans le cas où f est strictement décroissante.

Remarque D'après les règles de négation, une application $f \in F^E$ n'est pas injective si, et seulement si :

$$\exists (x_1, x_2) \in E^2 \quad f(x_1) = f(x_2) \quad \text{et} \quad x_1 \neq x_2.$$

Pour prouver que f n'est pas injective, il suffit donc d'exhiber deux éléments distincts de E ayant la même image par f.

Ex. 30. La fonction $\sin : \mathbb{R} \to \mathbb{R}$ n'est pas injective car $\sin 0 = \sin 2\pi$.

Définition 14

Exo 2.14

Soit $f \in F^E$. On dit que f est **surjective**, ou que f est une **surjection**, si tout élément de F possède au moins un antécédent par f.

Traductions Une application $f \in F^E$ est donc surjective si, et seulement si, pour tout $y \in F$, l'équation $f(x) = y$ possède au moins une solution, ce qui s'écrit :

$$\forall y \in F \quad \exists x \in E \quad y = f(x).$$

Ex. 31. L'application Id_E est évidemment surjective.

Ex. 32. La fonction $\sin : \mathbb{R} \to [-1, 1]$ est surjective car, pour tout $y \in [-1, 1]$, il existe (au moins) un $x \in \mathbb{R}$ tel que $y = \sin x$.

Remarque D'après les règles de négation, une application $f \in F^E$ n'est pas surjective si, et seulement si :

$$\exists y \in F \quad \forall x \in E \quad y \neq f(x).$$

Pour prouver que f n'est pas surjective, il suffit donc d'exhiber un élément ne possédant pas d'antécédent par f.

Ex. 33. La fonction $\sin : \mathbb{R} \to \mathbb{R}$ n'est pas surjective car 2 n'a pas d'antécédent.

Ex. 34. L'application $t \mapsto t^2$ de $\mathbb{R}$ dans $\mathbb{R}_+$:

Exo 2.15

- est surjective car tout élément de $\mathbb{R}_+$ possède au moins un antécédent,
- n'est pas injective car -1 et 1 ont même image.

Définition 15

Soit $f \in F^E$. On dit que f est **bijective**, ou que f est une **bijection**, si f est injective et surjective.

Traductions Une application $f \in F^E$ est donc bijective si, et seulement si, tout élément de F a un et un seul antécédent par f, c'est-à-dire si, et seulement si, pour tout $y \in F$, l'équation $f(x) = y$ possède exactement une solution, ce qui s'écrit :

$$\forall y \in F \quad \exists ! x \in E \quad y = f(x).$$

Ex. 35. L'application $\begin{array}{ccc} \mathbb{R}_+ & \longrightarrow & \mathbb{R}_+ \\ t & \longmapsto & t^2 \end{array}$ est bijective car tout élément de $\mathbb{R}_+$ possède un unique antécédent (sa racine carrée).

Ex. 36. Aucune des trois applications :

$$\begin{array}{ccc} \mathbb{R} & \longrightarrow & \mathbb{R} \\ x & \longmapsto & \sin x \end{array} \qquad \begin{array}{ccc} [-\frac{\pi}{2}, \frac{\pi}{2}] & \longrightarrow & \mathbb{R} \\ x & \longmapsto & \sin x \end{array} \qquad \begin{array}{ccc} \mathbb{R} & \longrightarrow & [-1,1] \\ x & \longmapsto & \sin x \end{array}$$

n'est bijective, mais l'application $\begin{array}{ccc} [-\frac{\pi}{2}, \frac{\pi}{2}] & \longrightarrow & [-1,1] \\ x & \longmapsto & \sin x \end{array}$ l'est.

Ex. 37. Justifions que l'application $f : \begin{array}{ccc} \mathcal{P}(E) & \longrightarrow & \{0,1\}^E \\ A & \longmapsto & \mathbb{1}_A \end{array}$ est une bijection.

Injectivité. On sait que, pour $(A,B) \in \mathcal{P}(E)^2$, on a :

$$\mathbb{1}_A = \mathbb{1}_B \implies A = B \quad \text{autrement dit} \quad f(A) = f(B) \implies A = B.$$

Donc f est injective.

Surjectivité. Soit $\varphi \in \{0,1\}^E$. En posant $A = \varphi^{-1}(\{1\})$, alors $\mathbb{1}_A = \varphi$, *i.e.* $f(A) = \varphi$. Donc f est surjective.

Notation Une application bijective de E sur E est appelée **permutation** de E ; l'ensemble des permutations de E est noté $S(E)$.

Ex. 38. L'application Id_E est une permutation de E.
Si a et b sont deux éléments de E distincts, l'application qui échange a et b et qui laisse les autres invariants est une permutation.

Proposition 2

Exo 2.16

Soit $f \in F^E$ et $g \in G^F$.

- Si f et g sont injectives, alors $g \circ f$ est injective.
- Si f et g sont surjectives, alors $g \circ f$ est surjective.
- Si f et g sont bijectives, alors $g \circ f$ est bijective.

Démonstration page 48

Abus de langage En pratique, on peut utiliser la composition des applications dans un cadre un peu plus large que celui de la définition 12 de la page 43.
Si f et g sont deux applications définies respectivement sur E et F, alors il est possible de parler de $g \circ f$ dès que l'on a : $\forall x \in E \;\; f(x) \in F$.

Ex. 39. Étant donné $f : \begin{array}{ccc} \mathbb{R} & \longrightarrow & [-1,1] \\ x & \longmapsto & \sin x \end{array}$ et $g : \begin{array}{ccc} [-2,+\infty[& \longrightarrow & \mathbb{R}_+ \\ x & \longmapsto & \sqrt{2+x} \end{array}$ alors on peut très bien considérer $g \circ f : \begin{array}{ccc} \mathbb{R} & \longrightarrow & \mathbb{R} \\ x & \longmapsto & \sqrt{2+\sin x}. \end{array}$

En revanche, dans un tel cas, il faut être très prudent car, comme on peut le voir sur l'exemple précédent, le résultat sur les composées d'applications surjectives ne peut alors plus s'appliquer.

Définition 16

Soit f une application bijective de E dans F. L'application de F dans E qui, à tout $y \in F$, associe l'unique $x \in E$ tel que $y = f(x)$, s'appelle **application réciproque** de f et se note f^{-1}.

Ex. 40. L'application $\begin{array}{ccc} \mathbb{R}_+ & \to & \mathbb{R}_+ \\ t & \mapsto & t^2 \end{array}$ est bijective et son application réciproque est la fonction racine carrée, notée $\sqrt{}$.

216
Ex. 41. L'application $\begin{array}{ccc} [-\frac{\pi}{2}, \frac{\pi}{2}] & \longrightarrow & [-1,1] \\ t & \longmapsto & \sin t \end{array}$ est bijective, et son application réciproque est notée Arcsin.

Point méthode Soit $f \in F^E$. Une façon de prouver la bijectivité de f et d'expliciter f^{-1} est, pour $y \in F$ quelconque, de montrer que l'équation $f(x) = y$ admet une unique solution et d'exprimer cette solution en fonction de y.

Ex. 42. Soit l'application $f: \begin{array}{ccc} [-2, +\infty[& \longrightarrow & \mathbb{R}_+ \\ x & \longmapsto & \sqrt{x+2}. \end{array}$

Pour tout $y \in \mathbb{R}_+$, l'équation $\sqrt{x+2} = y$ possède une unique solution : $x = y^2 - 2$.

Par suite, l'application f est bijective, et $f^{-1}: \begin{array}{ccc} \mathbb{R}_+ & \longrightarrow & [-2, +\infty[\\ y & \longmapsto & y^2 - 2. \end{array}$

Proposition 3

Si f est une application bijective de E dans F, alors on a :

$$f^{-1} \circ f = \mathrm{Id}_E \quad \text{et} \quad f \circ f^{-1} = \mathrm{Id}_F.$$

Démonstration page 48

Attention Si f est une application bijective de E sur F, et si E et F sont distincts, alors $f^{-1} \circ f \neq f \circ f^{-1}$ car $f^{-1} \circ f = \mathrm{Id}_E$ et $f \circ f^{-1} = \mathrm{Id}_F$.

Proposition 4

Soit $f \in F^E$ et $g \in E^F$ vérifiant $f \circ g = \mathrm{Id}_F$ et $g \circ f = \mathrm{Id}_E$.

Les applications f et g sont alors bijectives et réciproques l'une de l'autre.

Démonstration. Par symétrie de l'énoncé en f et g, contentons-nous de montrer que f est bijective et que $g = f^{-1}$. Soit $y \in F$; résolvons l'équation $y = f(x)$ par analyse-synthèse.

- Soit $x \in E$ tel que $f(x) = y$. En composant par g, on obtient $(g \circ f)(x) = g(y)$, soit $x = g(y)$, puisque $g \circ f = \mathrm{Id}_E$.
- Posons donc $x = g(y)$. On a alors $f(x) = (f \circ g)(y) = y$ puisque $f \circ g = \mathrm{Id}_F$.

Ainsi, y admet $g(y)$ pour unique antécédent par f. Cela prouve que f est bijective et que son application réciproque est $y \mapsto g(y)$, c'est-à-dire g. □

Attention On peut très bien avoir l'une des égalités $f \circ g = \mathrm{Id}_F$ ou $g \circ f = \mathrm{Id}_E$ sans que les applications f et g soient bijectives, comme le montre l'exemple suivant.

Ex. 43. Si l'on considère f la fonction exponentielle de $\mathbb{R}$ dans $\mathbb{R}$, alors l'application :

$$g: \begin{array}{ccl} \mathbb{R} & \longrightarrow & \mathbb{R} \\ x & \longmapsto & \begin{cases} \ln x & \text{si } x > 0 \\ 0 & \text{si } x \leqslant 0. \end{cases} \end{array}$$

est telle que $g \circ f = \mathrm{Id}_{\mathbb{R}}$ car : $\forall x \in \mathbb{R} \quad g(f(x)) = g(\exp x) = \ln(\exp x) = x$.
Néanmoins, f n'est pas bijective puisque son image, $\mathbb{R}_+^*$, n'est pas égale à $\mathbb{R}$. Cela n'a rien de contradictoire avec la proposition 4 qui réclame les deux hypothèses $f \circ g = \mathrm{Id}_F$ *et* $g \circ f = \mathrm{Id}_E$.

Point méthode (pour montrer que f est bijective et donner f^{-1}) Soit $f \in F^E$.

- Si l'on exhibe une application $g \in E^F$ telle que $f \circ g = \mathrm{Id}_F$ et $g \circ f = \mathrm{Id}_E$, alors on peut affirmer que f est bijective et que $f^{-1} = g$.
- Souvent, la démonstration de la surjectivité de f mène à expliciter une solution de l'équation $f(x) = y$, de la forme $x = g(y)$. On a alors $f \circ g = \mathrm{Id}_F$ et il reste à montrer que $g \circ f = \mathrm{Id}_E$.

Corollaire 5

1. Si $f \in F^E$ est bijective, alors f^{-1} est bijective et $\left(f^{-1}\right)^{-1} = f$.
2. Si $f \in F^E$ et $g \in G^F$ sont bijectives, alors $g \circ f$ est bijective et :

$$(g \circ f)^{-1} = f^{-1} \circ g^{-1}.$$

Démonstration page 48

Terminologie Soit f une application de E dans E. On dit qu'elle est **involutive**, ou que c'est une **involution**, si elle vérifie $f \circ f = \mathrm{Id}_E$.
Remarque D'après la proposition précédente, une application involutive est bijective, et elle est sa propre réciproque.

Ex. 44. L'application $\begin{array}{ccc} \mathbb{R}^* & \longrightarrow & \mathbb{R}^* \\ x & \longmapsto & \frac{1}{x} \end{array}$ est involutive, donc bijective.

Ex. 45. L'application $\begin{array}{ccc} \mathcal{P}(E) & \longrightarrow & \mathcal{P}(E) \\ A & \longmapsto & \overline{A} \end{array}$ est involutive, donc bijective.

Attention Soit $f \in F^E$ et $B \in \mathcal{P}(F)$. L'utilisation de la notation $f^{-1}(B)$ pour l'image réciproque de B par f ne suppose pas que f soit bijective.

Remarque Soit $f \in F^E$ bijective et $B \in \mathcal{P}(F)$. La notation $f^{-1}(B)$ désigne deux ensembles : l'image directe de B par l'application f^{-1}, mais aussi l'image réciproque de B par f. La propriété suivante prouve qu'il n'y a pas de conflit de notations.

Proposition 6

Soit $f \in F^E$ bijective et $B \in \mathcal{P}(F)$. L'image directe de B par l'application f^{-1} et l'image réciproque de B par f sont égales.

Démonstration page 48

Démonstrations

Proposition 2

- Supposons f et g injectives. Soit $x \in E$ et $x' \in E$ tels que $g\big(f(x)\big) = g\big(f(x')\big)$.
  Comme g est injective, on en déduit que $f(x) = f(x')$. L'injectivité de f donne alors $x = x'$, ce qui prouve l'injectivité de $g \circ f$.
- Supposons f et g surjectives. Soit z un élément de G.
  Comme g est surjective, il existe $y \in F$ tel que $z = g(y)$. Comme f est surjective, il existe $x \in E$ tel que $y = f(x)$. On a alors $z = g(f(x)) = (g \circ f)(x)$, ce qui prouve la surjectivité de $g \circ f$.
- Le troisième point est une conséquence immédiate des deux premiers.

Proposition 3

- Par définition, $f^{-1} \circ f$ est une application de E dans E.
  De plus, pour tout $x \in E$, on a $f^{-1}\big(f(x)\big) = x$ car $f(x)$ possède, par f, un unique antécédent qui est évidemment x. On en déduit $f^{-1} \circ f = \mathrm{Id}_E$.
- De même, $f \circ f^{-1}$ est une application de F dans F.
  De plus, pour tout $y \in F$, on a $f\big(f^{-1}(y)\big) = y$ car $f^{-1}(y)$ est par définition l'antécédent de y par f. D'où $f \circ f^{-1} = \mathrm{Id}_F$.

Corollaire 5

1. Conséquence de la proposition précédente puisque f et f^{-1} vérifient :
$$f^{-1} \circ f = \mathrm{Id}_E \quad \text{et} \quad f \circ f^{-1} = \mathrm{Id}_F\,.$$
2. L'associativité de la composition nous donne :
$$\big(f^{-1} \circ g^{-1}\big) \circ (g \circ f) = f^{-1} \circ (g^{-1} \circ g) \circ f = f^{-1} \circ \mathrm{Id}_F \circ f = f^{-1} \circ f = \mathrm{Id}_E,$$
$$(g \circ f) \circ \big(f^{-1} \circ g^{-1}\big) = g \circ (f \circ f^{-1}) \circ g^{-1} = g \circ \mathrm{Id}_F \circ g^{-1} = g \circ g^{-1} = \mathrm{Id}_G\,.$$
   La proposition 4 de la page 46 nous permet alors de conclure.

Proposition 6 Posons :
$$R = \{x \in E \;:\; f(x) \in B\}, \text{ image réciproque de } B \text{ par } f,$$
$$D = \{f^{-1}(y) \mid y \in B\}, \text{ image directe de } B \text{ par l'application } f^{-1}.$$

Montrons que $R = D$ par double inclusion.

- Soit $x \in R$, *i.e.* tel que $f(x) \in B$.
  On a $x = \mathrm{Id}_E(x) = (f^{-1} \circ f)(x) = f^{-1}\,(f(x)) \in D$. D'où $R \subset D$.
- Soit $x \in D$. Il existe $y \in B$ tel que $x = f^{-1}(y)$ donc :
$$f(x) = f\left(f^{-1}(y)\right) = (f \circ f^{-1})(y) = \mathrm{Id}_F(y) = y \in B,$$
  donc $x \in R$. D'où $D \subset R$.

S'entraîner et approfondir

Ensembles

2.1 Soit E et F deux ensembles.
→34
1. Montrer que $F \subset E \iff E \cap F = F$.
2. Montrer que $F \subset E \iff E \cup F = E$.

2.2 Soit A et B deux parties d'un ensemble E. On pose $A \,\Delta\, B = (A \setminus B) \cup (B \setminus A)$.
→35 Montrer que $A \,\Delta\, B = (A \cup B) \setminus (A \cap B)$.

2.3 Pour tout $h \in \mathbb{R}_+^*$, on pose $J_h = \left]-h, h\right[$. Prouver que :
→36

$$\bigcap_{h \in \mathbb{R}_+^*} J_h = \{0\} \quad \text{et} \quad \bigcup_{h \in \mathbb{R}_+^*} J_h = \mathbb{R}.$$

2.4 Décrire $\mathcal{P}(E)$ lorsque $E = \{1, 2, 3\}$.
→37

2.5 Décrire $\mathcal{P}\big(\mathcal{P}(\{1\})\big)$.
→37

2.6 Soit E et F deux ensembles. Montrer que :
→37

$$E \subset F \iff \mathcal{P}(E) \subset \mathcal{P}(F).$$

2.7 Soit E et F deux ensembles.
1. Montrer que $\mathcal{P}(E \cap F) = \mathcal{P}(E) \cap \mathcal{P}(F)$.
2. Montrer que $\mathcal{P}(E \cup F) \supset \mathcal{P}(E) \cup \mathcal{P}(F)$.
3. Donner un exemple où $\mathcal{P}(E \cup F) \neq \mathcal{P}(E) \cup \mathcal{P}(F)$.
4. Prouver que : $(F \subset E \quad \text{ou} \quad E \subset F) \iff \mathcal{P}(E \cup F) = \mathcal{P}(E) \cup \mathcal{P}(F)$.

Applications

2.8 Soit E un ensemble et (A, B) un couple de parties de E. On pose :
→40

$$A \Delta B = (A \cup B) \setminus (A \cap B).$$

1. Déterminer la fonction indicatrice de $A \Delta B$ en fonction de la somme et du produit de celles de A et B.
2. En déduire que $A \Delta B = B \iff A = \varnothing$.

2.9 Soit A une partie de E et $f \in F^E$.
→41
1. Montrer l'inclusion $f(E) \setminus f(A) \subset f(\overline{A})$.
2. Donner un exemple où l'inclusion précédente est stricte.

2.10 Soit $f \in F^E$.
→42
1. Soit $A \in \mathcal{P}(E)$. Prouver que $A \subset f^{-1}\big(f(A)\big)$.
2. Soit $B \in \mathcal{P}(F)$. Prouver que $f\big(f^{-1}(B)\big) \subset B$ puis que $f\big(f^{-1}(B)\big) = f(E) \cap B$.

2.11 →42 Soit $f \in F^E$ et $(B_i)_{i\in I}$ une famille de parties de F, montrer que :

$$f^{-1}\Big(\bigcup_{i\in I} B_i\Big) = \bigcup_{i\in I} f^{-1}(B_i) \qquad \text{et} \qquad f^{-1}\Big(\bigcap_{i\in I} B_i\Big) = \bigcap_{i\in I} f^{-1}(B_i).$$

2.12 →43 Soit E un ensemble contenant au moins deux éléments. Construire deux applications $f \in E^E$ et $g \in E^E$ telles que $f \circ g \neq g \circ f$.
Indication. *Utiliser deux éléments distincts a et b de E.*

2.13 →43 Soit $A \in \mathcal{P}(E)$ et $f :\ \begin{array}{ccc} \mathcal{P}(E) & \longrightarrow & \mathcal{P}(E) \\ X & \longmapsto & X \cap A. \end{array}$
Montrer que l'application f est injective si, et seulement si, $A = E$.

2.14 →44 Soit $A \in \mathcal{P}(E)$ et $f :\ \begin{array}{ccc} \mathcal{P}(E) & \longrightarrow & \mathcal{P}(E) \\ X & \longmapsto & X \cap A. \end{array}$
Montrer que l'application f est surjective si, et seulement si, $A = E$.

2.15 →44 Soit $f :\ \begin{array}{ccc} \mathbb{R}^2 & \longrightarrow & \mathbb{R}^2 \\ (x,y) & \longmapsto & (x+y, xy). \end{array}$
L'application f est-elle injective ? surjective ?

2.16 →45 Étant donné $f \in \mathcal{F}(E,F)$ et $g \in \mathcal{F}(F,G)$, établir que :

1. si $g \circ f$ est injective alors f est injective,
2. si $g \circ f$ est surjective alors g est surjective.

2.17 Soit E, F et G trois ensembles, ainsi que $f \in \mathcal{F}(E,F)$ et $g \in \mathcal{F}(F,G)$.

1. Montrer que si $g \circ f$ est surjective et g injective, alors f est surjective.
2. Montrer que si $g \circ f$ est injective et f surjective, alors g est injective.

2.18 Peut-on trouver $f : [-1,1] \longrightarrow \mathbb{R}$ telle que $\forall \theta \in \mathbb{R} \quad \cos\theta = f(\sin\theta)$?

⋆ **2.19** Soit $u \in \mathcal{F}(E,F)$.

1. Montrer que u est injective si, et seulement si : $\forall X \subset E \quad u^{-1}\big(u(X)\big) = X$.
2. Dans le même esprit, caractériser la surjectivité de u.

⋆ **2.20** Soit $(A,B) \in \mathcal{P}(E)^2$. On considère l'application $f :\ \begin{array}{ccc} \mathcal{P}(E) & \longrightarrow & \mathcal{P}(A) \times \mathcal{P}(B) \\ X & \longmapsto & (X \cap A, X \cap B). \end{array}$

1. Montrer que f est injective si, et seulement si, $A \cup B = E$.
2. Montrer que f est surjective si, et seulement si, $A \cap B = \varnothing$.
3. Dans le cas où f est bijective, expliciter f^{-1}.

2.21 Soit $u \in \mathcal{F}(E,F)$ et $(A,B) \in \mathcal{P}(F)^2$. Montrer que :

$$u^{-1}(A \mathbin{\triangle} B) = u^{-1}(A) \mathbin{\triangle} u^{-1}(B).$$

Rappel : $A \mathbin{\triangle} B = (A \cap \overline{B}) \cup (\overline{A} \cap B)$ où $\overline{A} = F \setminus A$ et $\overline{B} = F \setminus B$.

⋆ **2.22** Soit $u \in \mathcal{F}(E,F)$. Montrer que u est injective si, et seulement si :

$$\forall (A,B) \in \mathcal{P}(E)^2 \quad u(A \cap B) = u(A) \cap u(B).$$

Solutions des exercices

2.1 1. Si $F \subset E$, alors on a évidemment $E \cap F = F$.
Réciproquement, si $E \cap F = F$, alors, comme $E \cap F \subset E$, on a $F \subset E$.
2. Si $F \subset E$, alors on a évidemment $E \cup F = E$.
Réciproquement, si $E \cup F = E$, alors, comme $F \subset E \cup F$, on a $F \subset E$.

2.2 On peut commencer par se convaincre du résultat sur le dessin ci-dessous dans lequel on a grisé la partie $A \Delta B$.

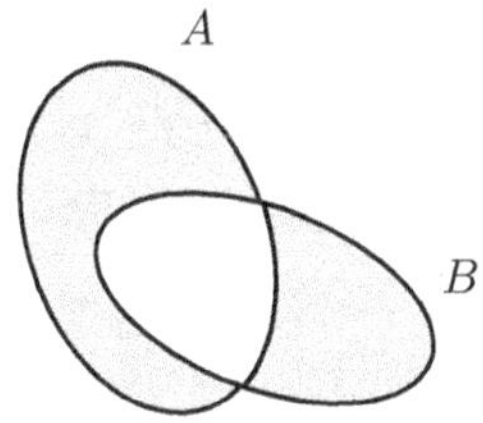

- Montrons que $A \,\Delta\, B \subset (A \cup B) \setminus (A \cap B)$.
Soit $x \in A \,\Delta\, B = (A \setminus B) \cup (B \setminus A)$. Par symétrie des rôles joués par A et B, il suffit de traiter le cas où $x \in (A \setminus B)$. Alors, d'une part, $x \in A$ donc $x \in A \cup B$, et d'autre part, $x \notin B$ donc $x \notin A \cap B$; on en déduit $x \in (A \cup B) \setminus (A \cap B)$.
Cela prouve l'inclusion souhaitée.
- Montrons que $(A \cup B) \setminus (A \cap B) \subset A \,\Delta\, B$.
Soit $x \in (A \cup B) \setminus (A \cap B)$. Alors $x \notin A \cap B$, c'est-à-dire $x \notin A$ ou $x \notin B$. Par symétrie, on peut se contenter de traiter le premier cas$x \notin A$. Comme $x \in A \cup B$, on a alors $x \in B$; cela entraîne $x \in (B \setminus A)$ puis $x \in A \,\Delta\, B$.
Cela prouve l'inclusion annoncée.

Remarque On aurait aussi pu prouver directement l'égalité souhaitée en utilisant les propriétés de la réunion et de l'inclusion. Détaillons-le. Par définition, on a :

$$A \,\Delta\, B = (A \cap \overline{B}) \cup (B \cap \overline{A})$$

puis :

$$\begin{aligned} A \,\Delta\, B &= \big(A \cup (B \cap \overline{A})\big) \cap \big(\overline{B} \cup (B \cap \overline{A})\big) \\ &= (A \cup B) \cap (A \cup \overline{A}) \cap (\overline{B} \cup B) \cap (\overline{B} \cup \overline{A}). \end{aligned}$$

Comme $A \cup \overline{A} = \overline{B} \cup B = E$, on en déduit :

$$A \,\Delta\, B = (A \cup B) \cap (\overline{B} \cup \overline{A}).$$

L'égalité $\overline{B} \cup \overline{A} = \overline{B \cap A}$ donne enfin :

$$A \,\Delta\, B = (A \cup B) \cap \overline{B \cap A} = (A \cup B) \setminus (A \cap B).$$

2.3 • Montrons que $\displaystyle\bigcap_{h \in \mathbb{R}_+^*} J_h = \{0\}$. Raisonnons par disjonction de cas.

* $0 \in \displaystyle\bigcap_{h \in \mathbb{R}_+^*} J_h$ puisqu'il est évident que $\forall h \in \mathbb{R}_+^* \quad 0 \in J_h$.

* Si $x \in \mathbb{R}^*$, alors $x \notin J_{\frac{|x|}{2}}$ et donc $x \notin \displaystyle\bigcap_{h \in \mathbb{R}_+^*} J_h$.

On en déduit que $\displaystyle\bigcap_{h \in \mathbb{R}_+^*} J_h = \{0\}$.

• Montrons $\displaystyle\bigcup_{h \in \mathbb{R}_+^*} J_h = \mathbb{R}$.

* Il est évident que $\displaystyle\bigcup_{h \in \mathbb{R}_+^*} J_h \subset \mathbb{R}$.

* De plus, si $x \in \mathbb{R}$, alors $x \in J_{|x|+1}$ et donc $x \in \displaystyle\bigcup_{h \in \mathbb{R}_+^*} J_h$.

2.4 En classant les parties selon leur nombre d'éléments, on obtient :

$$\mathcal{P}(E) = \big\{\varnothing, \{1\}, \{2\}, \{3\}, \{1,2\}, \{1,3\}, \{2,3\}, \{1,2,3\}\big\}.$$

2.5 On a $\mathcal{P}(\{1\}) = \big\{\varnothing, \{1\}\big\}$ puis $\mathcal{P}\big(\mathcal{P}(\{1\})\big) = \Big\{\varnothing, \{\varnothing\}, \big\{\{1\}\big\}, \big\{\varnothing, \{1\}\big\}\Big\}$.

2.6
- Supposons $E \subset F$ et montrons que $\mathcal{P}(E) \subset \mathcal{P}(F)$.
  Soit $A \in \mathcal{P}(E)$. On a alors $A \subset E$ et $E \subset F$ donc $A \subset F$, d'où l'on déduit $A \in \mathcal{P}(F)$.
  Ainsi, $\mathcal{P}(E) \subset \mathcal{P}(F)$.
- Supposons $\mathcal{P}(E) \subset \mathcal{P}(F)$. Comme $E \in \mathcal{P}(E)$, on a alors $E \in \mathcal{P}(F)$, c'est-à-dire $E \subset F$.

2.7 1. On a, pour tout ensemble A :

$$\begin{aligned} A \in \mathcal{P}(E \cap F) \iff A \subset E \cap F &\iff A \subset E \quad \text{et} \quad A \subset F \\ &\iff A \in \mathcal{P}(E) \cap \mathcal{P}(F). \end{aligned}$$

2. Soit $A \in \mathcal{P}(E) \cup \mathcal{P}(F)$. Montrons que $A \in \mathcal{P}(E \cup F)$ par disjonction de cas :
   - si $A \in \mathcal{P}(E)$, alors $A \subset E$, donc $A \subset E \cup F$;
   - si $A \in \mathcal{P}(F)$, alors $A \subset F$, donc $A \subset E \cup F$.
3. Si l'on prend $E = \mathbb{R}_-$ et $F = \mathbb{R}_+$, alors :

$$[-1,1] \in \mathcal{P}(E \cup F) \qquad \text{mais} \qquad [-1,1] \notin \mathcal{P}(E) \cup \mathcal{P}(F).$$

4. - Supposons $F \subset E$. On a d'une part $E = E \cup F$, donc $\mathcal{P}(E) = \mathcal{P}(E \cup F)$. D'autre part, $\mathcal{P}(F) \subset \mathcal{P}(E)$ donc $\mathcal{P}(E) \cup \mathcal{P}(F) = \mathcal{P}(E) = \mathcal{P}(E \cup F)$.
     De même, si $E \subset F$, alors $\mathcal{P}(E \cup F) = \mathcal{P}(E) \cup \mathcal{P}(F)$.
   - Pour montrer l'autre implication, raisonnons par contraposition. Supposons $F \not\subset E$ et $E \not\subset F$. Il existe alors $e \in E \setminus F$ et $f \in F \setminus E$, et en posant $A = \{e, f\}$, on a :

$$A \in \mathcal{P}(E \cup F) \qquad \text{et} \qquad A \notin \mathcal{P}(E) \cup \mathcal{P}(F),$$

   ce qui montre que $\mathcal{P}(E \cup F) \neq \mathcal{P}(E) \cup \mathcal{P}(F)$.

2.8 1. On a :

$$\begin{aligned} \mathbb{1}_{A \Delta B} = \mathbb{1}_{(A \cup B) \cap (\overline{A \cap B})} = \mathbb{1}_{A \cup B} \mathbb{1}_{\overline{A \cap B}} &= (\mathbb{1}_A + \mathbb{1}_B - \mathbb{1}_A \mathbb{1}_B)(1 - \mathbb{1}_A \mathbb{1}_B) \\ &= \mathbb{1}_A + \mathbb{1}_B - \mathbb{1}_A \mathbb{1}_B - \mathbb{1}_A \mathbb{1}_B - \mathbb{1}_A \mathbb{1}_B + \mathbb{1}_A \mathbb{1}_B. \end{aligned}$$

   Donc $\mathbb{1}_{A \Delta B} = \mathbb{1}_A + \mathbb{1}_B - 2\mathbb{1}_A \mathbb{1}_B$.
2. - Si $A = \varnothing$, on a facilement $A \Delta B = B$.
   - Réciproquement, supposons $A \Delta B = B$. On a alors $\mathbb{1}_{A \Delta B} = \mathbb{1}_B$, donc d'après la question précédente :

$$\mathbb{1}_A + \mathbb{1}_B - 2\mathbb{1}_A \mathbb{1}_B = \mathbb{1}_B \qquad \text{puis} \qquad \mathbb{1}_A \times (1 - 2\mathbb{1}_B) = 0.$$

   Soit $x \in E$. De ce qui précède, on a $\mathbb{1}_A(x) \times (1 - 2\mathbb{1}_B(x)) = 0$.
   Or, on a $2\mathbb{1}_B(x) \in \{0, 2\}$, donc $1 - 2\mathbb{1}_B(x) \neq 0$. On en déduit que $\mathbb{1}_A(x) = 0$. Cela étant vrai pour tout $x \in E$, on peut conclure que $A = \varnothing$.

2.9 1. Soit $y \in f(E)\backslash f(A)$. Comme $y \in f(E)$, il existe $x \in E$ tel que $y = f(x)$.
Comme $y \notin f(A)$, on a $x \notin A$; on en déduit que $x \in \overline{A}$ puis $y \in f(\overline{A})$.

2. Considérons la fonction $f: \begin{array}{ccc} \mathbb{R} & \longrightarrow & \mathbb{R} \\ x & \longmapsto & x^2 \end{array}$ et $A = \mathbb{R}_+$. On a alors $f(A) = \mathbb{R}_+ = f(\mathbb{R})$, donc $f(\mathbb{R}) \setminus f(A) = \varnothing$. Pourtant, on a $\overline{A} = \mathbb{R}_-^*$, donc $f(\overline{A}) = \mathbb{R}_+^* \neq \varnothing$.

2.10 1. Soit $x \in A$. On a $f(x) \in f(A)$, c'est-à-dire $x \in f^{-1}\big(f(A)\big)$. Ainsi, $A \subset f^{-1}\big(f(A)\big)$.

2. • Prouvons que $f\left(f^{-1}(B)\right) \subset B$. Soit $y \in f\left(f^{-1}(B)\right)$. Il existe alors $x \in f^{-1}(B)$ tel que $y = f(x)$. Par définition de $f^{-1}(B)$, on a $f(x) \in B$ donc $y \in B$.
Cela prouve l'inclusion souhaitée.
   • Prouvons que $f\left(f^{-1}(B)\right) = f(E) \cap B$. Procédons par double inclusion.
     * Comme $f^{-1}(B) \subset E$, on a $f\left(f^{-1}(B)\right) \subset f(E)$. Grâce à l'inclusion déjà obtenue, on en déduit l'inclusion $f\left(f^{-1}(B)\right) \subset f(E) \cap B$.
     * Réciproquement, soit $y \in f(E) \cap B$. Il existe alors $x \in E$ tel que $y = f(x)$.
Comme $f(x) = y \in B$, on a $x \in f^{-1}(B)$, donc $y = f(x) \in f\left(f^{-1}(B)\right)$.
On en déduit la seconde inclusion $f\left(f^{-1}(B)\right) \supset f(E) \cap B$.

2.11 Les égalités souhaitées sont justifiées par les chaînes d'équivalences suivantes, valables pour tout $x \in E$:

$$x \in f^{-1}\Big(\bigcup_{i\in I} B_i\Big) \iff f(x) \in \bigcup_{i\in I} B_i \iff \exists i \in I \quad f(x) \in B_i$$
$$\iff \exists i \in I \quad x \in f^{-1}(B_i) \iff x \in \bigcup_{i\in I} f^{-1}(B_i).$$

et

$$x \in f^{-1}\Big(\bigcap_{i\in I} B_i\Big) \iff f(x) \in \bigcap_{i\in I} B_i \iff \forall i \in I \quad f(x) \in B_i$$
$$\iff \forall i \in I \quad x \in f^{-1}(B_i) \iff x \in \bigcap_{i\in I} f^{-1}(B_i).$$

2.12 Considérons les applications f et g de E vers E, définies par :

$$\forall x \in E \quad f(x) = a \qquad \text{et} \qquad \forall x \in E \quad g(x) = b.$$

On a $(g \circ f)(a) = b$ et $(f \circ g)(a) = a$, ce qui prouve $g \circ f \neq f \circ g$.

2.13 • Si $A = E$, alors f est l'identité de $\mathcal{P}(E)$; elle est donc injective.
• Si $A \subsetneq E$, alors on a $f(A) = A = f(E)$, donc f n'est pas injective.

2.14 • Si $A = E$, alors f est l'identité de $\mathcal{P}(E)$; elle est donc surjective.
• Si $A \subsetneq E$, alors, pour tout $X \in \mathcal{P}(E)$, on a $f(X) = X \cap A \subset A \subsetneq E$; ainsi E n'a pas d'antécédent par f, d'où la non surjectivité de f.

2.15 • L'application f n'est pas injective car $f(1,2) = f(2,1)$ alors que $(1,2) \neq (2,1)$.

• L'application f n'est pas surjective car le couple $(0,1)$ n'a pas d'antécédent. En effet, si $(x,y) \in \mathbb{R}^2$ vérifie $(x+y, xy) = (0,1)$, alors on a $y = -x$, donc $xy = -x^2$, puis $x^2 = -1$, ce qui n'est pas possible.

2.16 1. Supposons $g \circ f$ injective et montrons que f est injective.
Soit x et x' deux éléments de E tels que $f(x) = f(x')$. En appliquant g, on en déduit $g\big(f(x)\big) = g\big(f(x')\big)$ et donc $(g \circ f)(x) = (g \circ f)(x')$.
Comme $g \circ f$ est injective, cela entraîne $x = x'$, ce qui prouve que f est injective.

2. Supposons $g \circ f$ surjective et montrons que g est surjective. Soit $z \in G$.
Comme $g \circ f$ est surjective, il existe $x \in E$ tel que $z = (g \circ f)(x)$.
En posant $y = f(x)$, on a alors $z = g(y)$ et $y \in F$, ce qui prouve que g est surjective.

2.17 1. Supposons $g \circ f$ surjective et g injective et prouvons la surjectivité de f.
Soit $y \in F$. Comme $g(y) \in G$, par surjectivité de $g \circ f$, il existe $x \in E$ tel que $g \circ f(x) = g(y)$. On a alors :

$$g(y) = (g \circ f)(x) = g\left(f(x)\right).$$

Comme g est injective, on en déduit que $y = f\,(x)$. Cela prouve que f est surjective.

2. Supposons $g \circ f$ injective et f surjective et prouvons l'injectivité de g.
Soit $(y_1, y_2) \in F^2$ tels que $g(y_1) = g(y_2)$. Comme f est surjective, on peut trouver $x_1 \in E$ et $x_2 \in E$ tels que $y_1 = f\,(x_1)$ et $y_2 = f\,(x_2)$. Comme $g(y_1) = g(y_2)$, on a $(g \circ f)\,(x_1) = (g \circ f)\,(x_2)$, ce qui, par injectivité de $g \circ f$, entraîne $x_1 = x_2$.
Cela prouve que g est injective.

2.18 La réponse est non. Montrons-le par l'absurde. Si une telle fonction f existait, alors :

• en remplaçant θ par 0, on devrait avoir $f(0) = 1$,

• en remplaçant θ par π, on devrait avoir $f(0) = -1$,

ce qui est contradictoire.

2.19 1. • Supposons u injective, et montrons : $\forall X \subset E \quad u^{-1}\big(u(X)\big) = X$. Soit $X \subset E$.

∗ L'inclusion $X \subset u^{-1}\big(u(X)\big)$ est vraie en toute généralité (cf. exercice 2.10 de la page 49).

∗ Montrons l'autre inclusion. Soit $x \in u^{-1}\big(u(X)\big)$. Montrons que $x \in X$.
On a alors $u(x) \in u(X)$, donc il existe $x' \in X$ tel que $u(x) = u(x')$.
Comme u est injective, on en déduit $x = x'$, ce qui prouve $x \in X$.

• Réciproquement, supposons que : $\forall X \subset E \quad u^{-1}\big(u(X)\big) = X$, et montrons que u est injective.
Soit x et y deux éléments de E tels que $u(x) = u(y)$. Montrons que $x = y$.
Posons $X = \{x\}$. L'égalité $u(x) = u(y)$ nous dit que $y \in u^{-1}\big(u(X)\big)$. Or, par hypothèse, on a :

$$u^{-1}\big(u(X)\big) = X = \{x\}.$$

On en déduit $y = x$, ce qui prouve l'injectivité de u.

2. Montrons que u est surjective si, et seulement si : $\forall Y \subset F \quad u\big(u^{-1}(Y)\big) = Y$.
   - Supposons u surjective, et montrons que : $\forall Y \subset F \quad u\big(u^{-1}(Y)\big) = Y$. Soit $Y \subset F$. L'inclusion $u\big(u^{-1}(Y)\big) \subset Y$ étant vraie en toute généralité (cf. exercice 2.10 de la page 49), il s'agit de montrer l'inclusion réciproque.
   Soit $y \in Y$. Montrons que $y \in u\big(u^{-1}(Y)\big)$. Comme u est surjective, on peut trouver $x \in E$ tel que $y = u(x)$.
   On a alors $u(x) \in Y$, autrement dit $x \in u^{-1}(Y)$, ce qui donne bien :
   $$y = u(x) \in u\big(u^{-1}(Y)\big).$$
   - Réciproquement, supposons que : $\forall Y \subset F \quad u\big(u^{-1}(Y)\big) = Y$, et montrons que u est surjective. En appliquant la propriété supposée avec $Y = F$, on a $u\big(u^{-1}(F)\big) = F$. Cela assure que tout élément de F possède au moins un antécédent par u, autrement que u est surjective.

2.20 1. Montrons que f est injective si, et seulement si, $A \cup B = E$.
   - Supposons f injective.
   Comme on a $f(A \cup B) = (A, B) = f(E)$, on en déduit $A \cup B = E$.
   - Réciproquement, supposons $A \cup B = E$ et montrons que f est injective.
   Soit $(X_1, X_2) \in \mathcal{P}(E)^2$ tel que $f(X_1) = f(X_2)$ *i.e.* :
   $$X_1 \cap A = X_2 \cap A \quad \text{et} \quad X_1 \cap B = X_2 \cap B.$$
   On a alors
   $$\begin{aligned} X_1 = X_1 \cap E &= X_1 \cap (A \cup B) \\ &= (X_1 \cap A) \cup (X_1 \cap B) \\ &= (X_2 \cap A) \cup (X_2 \cap B) = X_2, \end{aligned}$$
   ce qui prouve l'injectivité de f.

2. Montrons que f est surjective si, et seulement si, $A \cap B = \varnothing$.
   - Supposons f surjective.
   On peut donc trouver une partie $X \subset E$ telle que :
   $$(\varnothing, A \cap B) = f(X) = (X \cap A, X \cap B).$$
   On en déduit $\varnothing = X \cap A$ ainsi que $A \cap B = X \cap B$ et donc :
   $$\varnothing = (X \cap A) \cap B = (X \cap B) \cap A = (A \cap B) \cap A = A \cap B,$$
   ce qui prouve l'égalité $A \cap B = \varnothing$.
   - Réciproquement, supposons $A \cap B = \varnothing$ et montrons que f est surjective.
   Soit donc $(Y_1, Y_2) \in \mathcal{P}(A) \times \mathcal{P}(B)$. Posons $X = Y_1 \cup Y_2$, alors :
   $$X \cap A = (Y_1 \cup Y_2) \cap A = (Y_1 \cap A) \cup (Y_2 \cap A).$$
     * Comme $Y_1 \subset A$, on a $Y_1 \cap A = Y_1$.
     * Comme $Y_2 \subset B$ et $A \cap B = \varnothing$, on a $Y_2 \cap A = \varnothing$.

   On en déduit $X \cap A = Y_1$. On prouve de même $X \cap B = Y_2$.
   On en déduit $(Y_1, Y_2) = f(X)$, ce qui prouve la surjectivité de f.

3. Il résulte de l'étude précédente que f est bijective si, et seulement si, $A = E \setminus B$ et dans ce cas, f^{-1} est l'application :
$$\begin{array}{ccc} \mathcal{P}(A) \times \mathcal{P}(B) & \longrightarrow & \mathcal{P}(E) \\ (Y_1, Y_2) & \longmapsto & Y_1 \cup Y_2. \end{array}$$

2.21 Comme $A \bigtriangleup B = (A \cap \overline{B}) \cup (\overline{A} \cap B)$, en utilisant les relations entre images réciproques, intersections et réunions (cf. exemple 25 de la page 42), on peut écrire :

$$\begin{aligned} u^{-1}(A \bigtriangleup B) &= u^{-1}\big((A \cap \overline{B}) \cup (\overline{A} \cap B)\big) \\ &= u^{-1}(A \cap \overline{B}) \cup u^{-1}(\overline{A} \cap B) \\ &= \big(u^{-1}(A) \cap u^{-1}(\overline{B})\big) \cup \big(u^{-1}(\overline{A}) \cap u^{-1}(B)\big) \\ &= \big(u^{-1}(A) \cap \overline{u^{-1}(B)}\big) \cup \big(\overline{u^{-1}(A)} \cap u^{-1}(B)\big) \\ &= u^{-1}(A) \bigtriangleup u^{-1}(B). \end{aligned}$$

2.22
- Supposons u injective. Soit $(A, B) \in \mathcal{P}(E)^2$. Montrons que $u(A \cap B) = u(A) \cap u(B)$.
  - L'inclusion $u(A \cap B) \subset u(A) \cap u(B)$ est vraie en toute généralité (cf. exemple 23 de la page 41).
  - Montrons l'autre inclusion. Soit donc $y \in u(A) \cap u(B)$. Montrons que $y \in u(A \cap B)$.
    - ⋆ Comme $y \in u(A)$, on peut trouver $a \in A$ tel que $y = u(a)$.
    - ⋆ Comme $y \in u(B)$, on peut trouver $b \in B$ tel que $y = u(b)$.

    L'injectivité de u entraîne alors $a = b$ et donc $y \in u(A \cap B)$. D'où le résultat.
- Montrons l'implication réciproque par contraposition. Supposons u non injective. Alors on peut trouver deux éléments distincts dans E, a et b, tels que $u(a) = u(b)$. En posant alors $A = \{a\}$ et $B = \{b\}$, on a $A \cap B = \varnothing$, donc $u(A \cap B) = \varnothing$, alors que $u(A) \cap u(B) = \{u(a)\} \neq \varnothing$.

Chapitre 3 : Fonctions numériques de la variable réelle

Fonctions numériques de la variable réelle

3

I Les nombres réels

Nous supposons connus l'ensemble $\mathbb{R}$ des **nombres réels**, ses propriétés calculatoires élémentaires ainsi que la relation de comparaison $\leqslant$ dont il est naturellement muni.
Soit a et x deux réels.

- Quand on montre que $x \leqslant a$, on dit que l'on **majore** x par a.
- De même, quand on montre que $x \geqslant a$, on dit que l'on **minore** x par a.

1 Manipulations d'inégalités

Les résultats de cette partie sont supposés connus.

Somme

Proposition 1

On peut ajouter terme à terme des inégalités de même sens.

Autrement dit, si x, y, z et t sont quatre réels, on a :

$$(x \leqslant y \quad \text{et} \quad z \leqslant t) \implies x + z \leqslant y + t.$$

Conséquence Une somme de termes positifs est positive.

Exo 3.1

Point méthode Pour majorer une somme, il est souvent utile de majorer séparément chaque terme. Il en est de même pour minorer une somme.

Ex. 1. Soit $n \in \mathbb{N}^*$; notons $s_n = 1^4 + \cdots + n^4$.
Puisque tous les termes de la somme sont minorés par 1, on a $s_n \geqslant 1 + \cdots + 1 = n$.
Puisque tous les termes de la somme sont majorés par n^4, on a $s_n \leqslant n^4 + \cdots + n^4 = n\,n^4 = n^5$.

Produit

Proposition 2

- On peut multiplier terme à terme des inégalités de même sens entre des nombres *positifs.*
- On peut multiplier une inégalité par un même nombre *positif.*

Autrement dit :

- si x, y, z et t sont quatre réels, on a :

$$(0 \leqslant x \leqslant y \quad \text{et} \quad 0 \leqslant z \leqslant t) \Longrightarrow x\,z \leqslant y\,t\ ;$$

- si x, y et a sont trois réels, on a :

$$(x \leqslant y \quad \text{et} \quad 0 \leqslant a) \Longrightarrow a\,x \leqslant a\,y.$$

En particulier :

- le produit de deux réels positifs est positif ;
- le produit de deux réels strictement positifs est positif et non nul, donc est strictement positif.

Attention Multiplier une inégalité par un nombre négatif change son sens.
C'est une conséquence de la *règle des signes* résumée dans le tableau :

	$x \geqslant 0$	$x \leqslant 0$
$y \geqslant 0$	$xy \geqslant 0$	$xy \leqslant 0$
$y \leqslant 0$	$xy \leqslant 0$	$xy \geqslant 0$

Point méthode Pour majorer un produit de termes *positifs*, il est souvent utile de majorer séparément chaque terme.

Ex. 2. Soit $x \in [0,1]$. En multipliant terme à terme l'inégalité $0 \leqslant x \leqslant 1$ par elle-même, on obtient $0 \leqslant x^2 \leqslant 1$. Par récurrence, on obtient plus généralement $0 \leqslant x^n \leqslant 1$, pour tout $n \in \mathbb{N}$.

Point méthode Pour multiplier des inégalités, on se ramène à des nombres positifs.

Ex. 3. Voyons ce que l'on peut déduire, en termes de produit, des inégalités $0 \leqslant a \leqslant b$ et $d \leqslant c \leqslant 0$.

- En multipliant $d \leqslant c \leqslant 0$ par -1, on obtient $0 \leqslant -c \leqslant -d$.

  On peut alors multiplier les deux inégalités $0 \leqslant a \leqslant b$ et $0 \leqslant -c \leqslant -d$, ce qui donne $0 \leqslant -a\,c \leqslant -b\,d$ et donc $a\,c \geqslant b\,d$.
- En revanche, on ne peut pas comparer $a\,d$ et $b\,c$: il est facile de trouver un exemple pour lequel $a\,d > b\,c$, et un pour lequel $a\,d < b\,c$.

Quotient

Si x et y sont des réels, alors $0 < x \leqslant y \Longrightarrow 0 < \dfrac{1}{y} \leqslant \dfrac{1}{x}$.

Point méthode Lorsque l'on veut majorer un quotient de termes *positifs*, il est souvent utile de séparément :

- majorer le numérateur ;
- minorer le dénominateur par un réel strictement positif.

Ex. 4. Soit a et b deux réels strictement positifs tels que $a \leqslant b$. Montrons $\dfrac{a^2+b^2}{a+b} \leqslant \dfrac{b^2}{a}$.
Puisque $a \leqslant b$, on obtient $2a \leqslant a+b$. Comme a et b sont positifs, on a également $a^2 \leqslant b^2$, puis $a^2+b^2 \leqslant 2b^2$. On déduit du fait que $2a > 0$ et $a^2+b^2 \geqslant 0$, l'inégalité $\dfrac{a^2+b^2}{a+b} \leqslant \dfrac{2b^2}{2a} = \dfrac{b^2}{a}$.

Obtention d'inégalités

Point méthode Pour établir une inégalité, il est parfois utile de se ramener à l'étude du signe d'une expression et donc de chercher à la factoriser.

Ex. 5. Soit a_1, a_2, b_1 et b_2 des réels tels que $a_1 \leqslant a_2$ et $b_1 \leqslant b_2$.
Montrons $(a_1+a_2)(b_1+b_2) \leqslant 2(a_1b_1+a_2b_2)$. Puisque :

$$(a_1+a_2)(b_1+b_2) = a_1b_1 + a_1b_2 + a_2b_1 + a_2b_2,$$

il s'agit donc d'établir : $a_1b_2 + a_2b_1 \leqslant a_1b_1 + a_2b_2$, *i.e.* $0 \leqslant a_1b_1 + a_2b_2 - a_1b_2 - a_2b_1$. Or :

$$a_1b_1 + a_2b_2 - a_1b_2 - a_2b_1 = a_1(b_1-b_2) + a_2(b_2-b_1) = \underbrace{(a_2-a_1)}_{\geqslant 0}\underbrace{(b_2-b_1)}_{\geqslant 0} \geqslant 0.$$

L'inégalité recherchée est ainsi démontrée.

Lorsque l'on étudie le signe d'une expression, on peut résumer les résultats à l'aide d'un **tableau de signes**. Ce tableau est souvent facile à construire, utilisant la « règle des signes », si l'expression est déjà factorisée.

Ex. 6. Déterminons le signe de $(3-x^2)(x+1)$ selon les valeurs de $x \in \mathbb{R}$.

On peut remarquer que $(3-x^2)(x+1) = (\sqrt{3}+x)(\sqrt{3}-x)(x+1)$. Cette expression est donc le produit de trois termes dont les signes sont simples à étudier.
En notant $e(x) = (\sqrt{3}+x)(\sqrt{3}-x)(x+1)$, on a :

x	$-\infty$		$-\sqrt{3}$		-1		$\sqrt{3}$		$+\infty$
$\sqrt{3}+x$		$-$	0	$+$		$+$		$+$	
$x+1$		$-$		$-$	0	$+$		$+$	
$\sqrt{3}-x$		$+$		$+$		$+$	0	$-$	
$e(x)$		$+$	0	$-$	0	$+$	0	$-$	

Cas d'égalité

Soit a, b et c des réels tels que $a \leqslant b \leqslant c$. Alors, par transitivité $a \leqslant c$.

- Si $c = a$, alors $a \leqslant b$ et $b \leqslant c = a$, donc $a = b$.
- Par contraposition, si l'une des inégalités $a \leqslant b$ ou $b \leqslant c$ est stricte, alors $a < c$.

Cela se généralise sans difficulté.

Point méthode Soit $a_1, \ldots, a_n$ des réels tels que $a_1 \leqslant a_2 \leqslant \cdots \leqslant a_{n-1} \leqslant a_n$.

- Si $a_1 = a_n$, alors $a_1 = \cdots = a_n$;
- si l'une au moins de ces inégalités est stricte, alors $a_1 < a_n$.

Ex. 7. Soit $n \geqslant 1$ et $a_1, \ldots, a_n$ des réels *positifs*. Si l'un d'entre eux est strictement positif, alors $a_1 + \cdots + a_n > 0$. En effet, on a :

$$0 \leqslant a_1 \leqslant a_1 + a_2 \leqslant \cdots \leqslant a_1 + \cdots + a_n,$$

donc si l'un des a_i est strictement positif, alors l'une des inégalités ci-dessus est stricte, donc $0 < a_1 + \cdots + a_n$.

Exo 3.2

Point méthode Si une somme de termes positifs est nulle, alors tous les termes sont nuls.

2 Valeur absolue

Notation

Le plus grand de deux réels a et b est noté $\max(a, b)$ et le plus petit $\min(a, b)$.

Définition 1

On définit la **valeur absolue** d'un réel x par $|x| = \begin{cases} x & \text{si } x \geqslant 0, \\ -x & \text{si } x \leqslant 0. \end{cases}$

Remarques

- Cette définition est cohérente car, si $x \geqslant 0$ et $x \leqslant 0$, alors $x = 0 = -x$.
- Pour tout $x \in \mathbb{R}$, on a $|x| \geqslant 0$. De plus, $|x| = 0$ si, et seulement si, $x = 0$.
- Pour tout x réel, on a $-|x| \leqslant x \leqslant |x|$.
- Pour tout x réel, on a $|x| = \max(-x, x)$.
- Le point précédent donne que pour tout x réel on a $|\pm x| = |x|$.

Ex. 8. Pour tout x réel, on a $|x| = \sqrt{x^2}$. En effet, $\sqrt{x^2}$ est l'unique réel positif dont le carré est x^2. Or, $|x|$ est un réel positif et son carré vaut $(\pm x)^2 = x^2$. Donc $\sqrt{x^2} = |x|$.

Proposition 3

Pour tout $(x,y) \in \mathbb{R}^2$, on a $|xy| = |x|\,|y|$.

Démonstration.

On a $x = \pm|x|$ et $y = \pm|y|$, donc $x\,y = \pm|x|\,|y|$, ce qui donne $|x\,y| = \big||x|\,|y|\big|$.

Comme $|x|\,|y|$ est positif, il est égal à sa valeur absolue, d'où le résultat. □

Définition 2

La **distance entre deux réels** est la valeur absolue de leur différence.

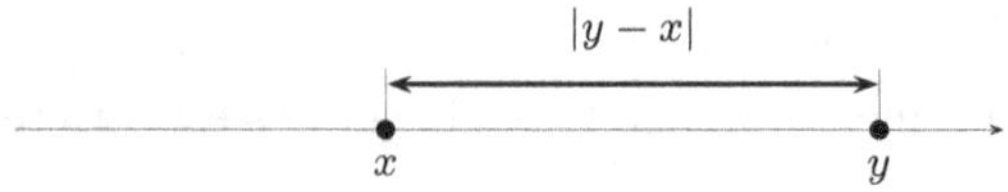

Proposition 4

Soit $h \in \mathbb{R}_+$ et $x \in \mathbb{R}$. On a $|x| \leqslant h$ si, et seulement si, $-h \leqslant x \leqslant h$.

Démonstration page 86

Corollaire 5

Pour tout $a \in \mathbb{R}$, $x \in \mathbb{R}$ et $h \in \mathbb{R}_+$, on a :

$$|x - a| \leqslant h \iff a - h \leqslant x \leqslant a + h.$$

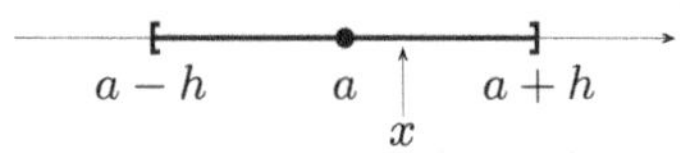

Proposition 6 (Inégalités triangulaires)

Si x et y sont deux réels quelconques, alors on a :

$$|x + y| \leqslant |x| + |y| \qquad \text{et} \qquad \big||x| - |y|\big| \leqslant |x + y|.$$

Démonstration page 86

Principe de démonstration.

- Pour la première, partir de $-|x| \leqslant x \leqslant |x|$ et de $-|y| \leqslant y \leqslant |y|$.
- Pour la seconde, commencer par montrer $|x| \leqslant |x + y| + |y|$ en écrivant $x = (x + y) - y$ et en appliquant le point précédent.

Remarque Puisque $|-y| = |y|$, il vient de la proposition précédente :

$$\big||x| - |y|\big| \leqslant |x \pm y| \leqslant |x| + |y|.$$

3 Majorant, minorant

Définition 3

Soit A une partie de $\mathbb{R}$.

- Un réel M est un **majorant** de A si $\forall x \in A \quad x \leqslant M$.
- Un réel m est un **minorant** de A si $\forall x \in A \quad x \geqslant m$.

Remarques

- Si M est un majorant de A, alors tout réel $M' \geqslant M$ en est également un. Si m est un minorant de A, alors tout réel $m' \leqslant m$ en est également un.
- Le sous-ensemble vide de $\mathbb{R}$ est majoré et minoré par tout réel. Rappelons en effet que toute assertion de la forme « $\forall x \in \varnothing \ldots$ » est vraie.

Définition 4

Soit A une partie de $\mathbb{R}$. On dit que A est :

- **majorée** si A admet un majorant ;
- **minorée** si A admet un minorant ;
- **bornée** si A est majorée et minorée.

Remarque Tout sous-ensemble d'une partie de $\mathbb{R}$ majorée (respectivement minorée, bornée) est majoré (respectivement minoré, borné).

Ex. 9. L'ensemble $\mathbb{R}$ n'est ni majoré ni minoré.
En effet, si M était un majorant de $\mathbb{R}$, on aurait $M+1 \leqslant M$ car $M+1 \in \mathbb{R}$, ce qui est absurde. De même, $\mathbb{R}$ n'est pas minoré.

Ex. 10. Le sous-ensemble $\left\{\frac{1}{n} \mid n \in \mathbb{N}^*\right\}$ de $\mathbb{R}$ est une partie bornée.
En effet, 1 en est un majorant et 0 un minorant.

Ex. 11. Si A et B sont deux parties majorées, alors $A \cup B$ est majorée.
En effet, en notant M_A et M_B un majorant de A et B respectivement, alors $\max\{M_A, M_B\}$ est un majorant de A et B, donc de $A \cup B$.

Proposition 7

Une partie A de $\mathbb{R}$ est bornée si, et seulement si, $\exists R \in \mathbb{R}_+ \quad \forall x \in A \quad |x| \leqslant R$.

Démonstration page 86

Traduction En d'autres termes, une partie A de $\mathbb{R}$ est bornée si, et seulement s'il existe $R \in \mathbb{R}_+$ tel que $A \subset [-R, R]$.

4 Maximum, minimum

Définition 5

Soit A une partie de $\mathbb{R}$.

S'il existe, le **maximum de A** est le plus grand élément de A, c'est-à-dire l'unique élément a de A tel que $\forall x \in A \quad x \leqslant a$. On le note $\max A$.

S'il existe, le **minimum de A** est le plus petit élément de A, c'est-à-dire l'unique élément a de A tel que $\forall x \in A \quad a \leqslant x$. On le note $\min A$.

Il est clair qu'il y a unicité du maximum en cas d'existence. En effet, si b est un autre maximum, on a $b \in A$ et donc $b \leqslant a$ puisque a est le plus grand élément de A. En échangeant les rôles de a et b, on a donc aussi $a \leqslant b$, puis $a = b$. Il en est de même pour le minimum. □

Remarque
S'il existe, le maximum de A est donc l'unique élément de A qui majore A.

Ex. 12. Si $A = [a, b]$, avec $a < b$, alors $\min A = a$ et $\max A = b$.

Ex. 13. La partie $A =]0, 1]$ admet un maximum, qui est 1.
En revanche, A est minorée par 0, mais n'a pas de minimum puisque, pour tout $x \in A$, le réel $\frac{x}{2}$ appartient à A et est strictement inférieur à x.

Attention Une partie minorée n'admet pas nécessairement de minimum, comme le montre l'exemple précédent. De même, une partie majorée n'admet pas nécessairement de maximum.

Ex. 14. Si $(a,b) \in \mathbb{R}^2$, alors $\max(a,b) = \dfrac{a+b+|b-a|}{2}$ et $\min(a,b) = \dfrac{a+b-|b-a|}{2}$.

Ces relations, immédiates par disjonction de cas, sont illustrées par le dessin ci-dessous (dans le cas $a < b$), qui permet de les retrouver facilement.

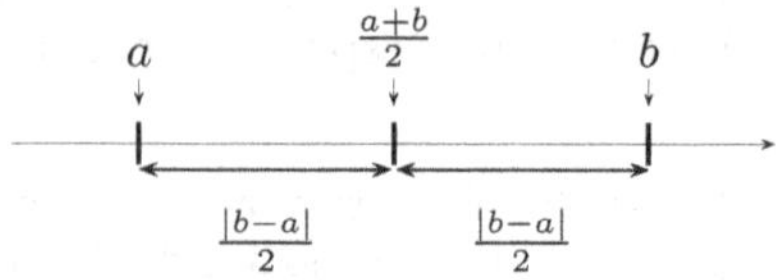

Ex. 15. Soit A et B deux parties de $\mathbb{R}$ admettant chacune un plus grand élément. Il est alors clair que $A \cup B$ admet un plus grand élément et que $\max(A \cup B) = \max(\max A, \max B)$.

Ex. 16. Montrons que toute partie finie non vide de $\mathbb{R}$ admet un maximum, en vérifiant, par récurrence sur $n \in \mathbb{N}^*$, la propriété $\mathcal{H}_n$: « toute partie de $\mathbb{R}$ ayant n éléments admet un maximum ».

- $\mathcal{H}_1$ est vraie car il est clair qu'un singleton admet un maximum, qui est son unique élément.
- Soit $n \in \mathbb{N}^*$. Supposons $\mathcal{H}_n$. Soit $A = \{a_0, \dots, a_n\}$ un ensemble de $n+1$ réels distincts. On peut alors écrire $A = \{a_0\} \cup \underbrace{\{a_1, \dots, a_n\}}_{=B}$.

  L'ensemble B étant une partie de $\mathbb{R}$ ayant n éléments, l'hypothèse de récurrence assure que B admet un maximum. Ainsi, d'après l'exemple précédent, A admet un maximum et :

$$\max A = \max\big(a_0, \max B\big).$$

5 Congruences

Soit $\alpha \in \mathbb{R}_+^*$.

Définition 6

On dit que deux réels x et y sont **congrus modulo** $\boldsymbol{\alpha}$, et l'on écrit $x \equiv y\ [\alpha]$, s'il existe $k \in \mathbb{Z}$ tel que $x - y = k\alpha$. On dit alors aussi que x est congru à y modulo α.

Propriétés immédiates

- Si x est congru à y modulo α, alors y est congru à x modulo α. C'est cette propriété de symétrie qui permet de dire « x et y sont congrus modulo α ».
- Tout réel est congru à lui-même modulo α.
- Si $x \equiv y\ [\alpha]$ et $y \equiv z\ [\alpha]$, alors $x \equiv z\ [\alpha]$.

En trigonométrie, on utilise couramment les congruences modulo 2π ou π.

119 **Ex. 17.** Soit x et y deux réels.
On a $\cos x = \cos y$ et $\sin x = \sin y$ si, et seulement si, $x \equiv y\ [2\pi]$.

Ex. 18. En particulier $\cos x = 0 \iff x \equiv \frac{\pi}{2}\ [\pi]$.

Ex. 19. Soit x et y non congrus à $\frac{\pi}{2}$ modulo π (ce que l'on écrit $x \not\equiv \frac{\pi}{2}\ [\pi]$ et de même pour y). On a $\tan x = \tan y$ si, et seulement si, $x \equiv y\ [\pi]$.

Proposition 8

1. Si $x \equiv y\ [\alpha]$ et $x' \equiv y'\ [\alpha]$, alors $x + x' \equiv y + y'\ [\alpha]$.
2. Soit $\lambda \in \mathbb{R}_+^*$. Si $x \equiv y\ [\alpha]$, alors $\lambda x \equiv \lambda y\ [\lambda \alpha]$.

Démonstration.

1. Si $x - y = k\alpha$ et $x' - y' = k'\alpha$, avec $(k, k') \in \mathbb{Z}^2$, alors $(x + x') - (y + y') = (k + k')\alpha$, avec $k + k' \in \mathbb{Z}$.
2. Immédiat en multipliant l'égalité $x - y = k\alpha$ par λ. □

Proposition 9

Pour tout $x \in \mathbb{R}$, il existe un unique $r \in [0, \alpha[$ tel que $x \equiv r\ [\alpha]$.

Démonstration page 86

Principe de démonstration. Utiliser $k = \lfloor \frac{x}{\alpha} \rfloor$.

Exo 3.3

Ex. 20. Tout nombre réel est donc congru, modulo 2π, à un unique élément de $[0, 2\pi[$.

Ex. 21. Soit $\theta_0 \in \mathbb{R}$. Pour tout $\theta \in \mathbb{R}$, en appliquant le résultat à $\theta - \theta_0$, on montre que θ est congru, modulo 2π, à un unique élément de $[\theta_0, \theta_0 + 2\pi[$.

Remarque On rencontre également des congruences entre des entiers : deux entiers relatifs p et q sont congrus modulo $n \in \mathbb{N}^*$, et l'on écrit $p \equiv q\ [n]$, s'il existe $k \in \mathbb{Z}$ tel que $p - q = kn$.
Il est clair que cette relation n'est que la restriction à $\mathbb{Z}$ de la congruence modulo n définie sur $\mathbb{R}$ et qu'elle hérite donc de ses propriétés.

Ex. 22. D'après la proposition 9, tout entier relatif est congru modulo $n \in \mathbb{N}^*$ à un unique élément de $[\![0, n-1]\!]$.

Ex. 23. Les carrés des entiers sont congrus à 0 ou à 1 modulo 4. En effet, si $p \equiv q\ [4]$, on a $p^2 \equiv q^2\ [4]$ par la proposition 8. Il suffit donc de se limiter aux entiers 0, 1, 2 et 3 et le résultat s'ensuit puisque :

$$0^2 = 0 \equiv 0\ [4], \qquad 1^2 = 1 \equiv 1\ [4], \qquad 2^2 = 4 \equiv 0\ [4] \quad \text{et} \quad 3^2 = 9 \equiv 1\ [4].$$

II Fonctions réelles de la variable réelle

Dans toute cette partie, X désigne une partie non vide de $\mathbb{R}$. Une application $f : X \to \mathbb{R}$ est une **fonction réelle de la variable réelle**, ou encore une **fonction numérique**.
On rappelle que l'on note $\mathcal{F}(X, \mathbb{R})$ ou $\mathbb{R}^X$ l'ensemble des applications de X dans $\mathbb{R}$.

1 Domaine de définition, graphe

Ensembles de départ, d'arrivée, domaine de définition d'une fonction

Comme nous l'avons vu au chapitre 2, lorsque l'on définit une application, on doit préciser l'ensemble de départ et l'ensemble d'arrivée.
Il arrive cependant que l'on cherche à définir une fonction à l'aide d'une expression $f(x)$ qui dépend de la variable réelle x. Il faut alors impérativement donner le **domaine de définition** de f, c'est-à-dire l'ensemble des $x \in \mathbb{R}$ pour lesquels $f(x)$ a une valeur.

Par ailleurs, une fonction $f : X \to Y$, où X et Y sont des parties de $\mathbb{R}$, est encore considérée comme une fonction numérique.

Graphe d'une fonction de la variable réelle

Le **graphe** d'une fonction $f : X \to \mathbb{R}$ est le sous-ensemble de $\mathbb{R}^2$ suivant :

$$\Gamma_f = \{(x, f(x)) \mid x \in X\}.$$

Le plan étant muni d'un repère orthonormé $(O, \vec{\imath}, \vec{\jmath})$, la **courbe représentative** de f est l'ensemble des points du plan de coordonnées $(x, f(x))$ dans ce repère. On parle également de la **courbe d'équation $y = f(x)$**.

2 Fonctions paires, impaires, périodiques

Fonctions paires, impaires

Notation Lorsque A est une partie de $\mathbb{R}$, on note $-A = \{-x \mid x \in A\}$. On dit que A est **symétrique par rapport à 0** si $-A = A$.

Définition 7

Soit $f : X \to \mathbb{R}$ où X est symétrique par rapport à 0.

- La fonction f est **paire** si : $\forall x \in X \quad f(-x) = f(x)$.
- La fonction f est **impaire** si : $\forall x \in X \quad f(-x) = -f(x)$.

Interprétation graphique de la parité / imparité

- Si $f : X \to \mathbb{R}$ est une fonction paire, alors le graphe de f est symétrique par rapport à l'axe des ordonnées. Par conséquent, le graphe de la restriction de f à $X \cap \mathbb{R}_-$ se déduit, par symétrie par rapport à l'axe des ordonnées, du graphe de la restriction de f à $X \cap \mathbb{R}_+$ (en gras sur le dessin ci-contre).

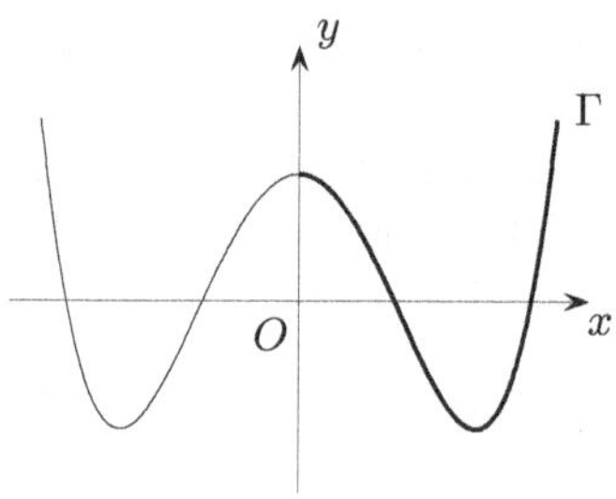

Graphe d'une fonction paire

- Si $f : X \to \mathbb{R}$ est une fonction impaire, alors le graphe de f est symétrique par rapport à l'origine. Par conséquent, le graphe de la restriction de f à $X \cap \mathbb{R}_-$ se déduit, par symétrie par rapport à l'origine, du graphe de la restriction de f à $X \cap \mathbb{R}_+$ (en gras sur le dessin ci-contre).

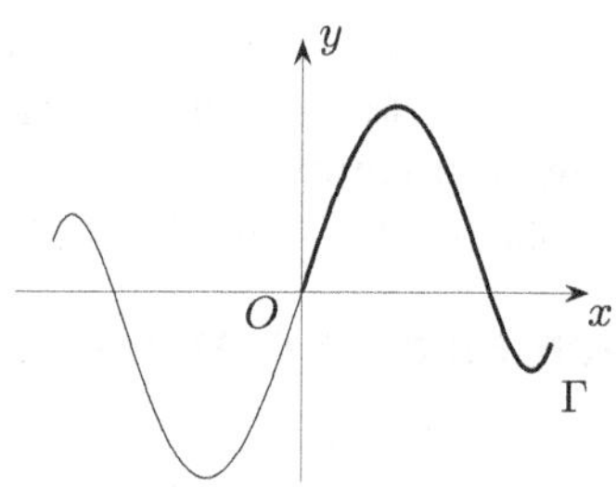

Graphe d'une fonction impaire

Point méthode Si $f : X \to \mathbb{R}$ est paire ou impaire, alors on peut restreindre son étude à $X \cap \mathbb{R}_+$.

Fonction périodique

Définition 8

Soit $f : X \to \mathbb{R}$ une fonction. Un réel $T > 0$ est une **période** de f si :

$$\big(\forall x \in \mathbb{R} \quad x + T \in X \iff x \in X\big) \qquad \text{et} \qquad \big(\forall x \in X \quad f(x+T) = f(x)\big).$$

On dit que f est **périodique** s'il existe $T > 0$ qui soit une période de f.

Terminologie Si $T > 0$ est une période de f, on dit que f est ***T*-périodique**.

Remarques

- Plus simplement, lorsque $X = \mathbb{R}$, la fonction $f : \mathbb{R} \to \mathbb{R}$ est T-périodique si, et seulement si : $\forall x \in \mathbb{R} \quad f(x+T) = f(x)$.
- Si T est une période de f, alors kT est une période de f, pour tout $k \in \mathbb{N}^*$.

Ex. 24. Les fonctions sin et cos sont périodiques, et 2π est l'une de leurs périodes.

Ex. 25. La fonction $\operatorname{cotan} = \frac{\cos}{\sin}$ est définie sur $\mathbb{R} \setminus \pi\mathbb{Z}$ et π-périodique.

Ex. 26. Pour tout $x \in \mathbb{R}$, on note $\{x\} = x - \lfloor x \rfloor$ la **partie fractionnaire** de x. Montrons que la fonction f définie sur $\mathbb{R}$ par $f(x) = \{x\}$ est 1-périodique.

Soit $x \in \mathbb{R}$. On a par définition $\lfloor x \rfloor \leqslant x < \lfloor x \rfloor + 1$, donc :

$$\lfloor x \rfloor + 1 \leqslant x + 1 < \lfloor x \rfloor + 2 ;$$

Comme $\lfloor x \rfloor + 1$ est un entier, l'encadrement précédent assure que $\lfloor x+1 \rfloor = \lfloor x \rfloor + 1$. Par suite :

$$f(x+1) = (x+1) - \lfloor x+1 \rfloor = (x+1) - (\lfloor x \rfloor + 1) = x - \lfloor x \rfloor = f(x),$$

d'où le caractère 1-périodique de f.

Interprétation graphique de la périodicité

Soit $f : X \to \mathbb{R}$ une fonction T-périodique. Son graphe se déduit de celui de sa restriction à $X \cap [0, T]$ par des translations successives de vecteur $T\vec{\imath}$ et des translations successives de vecteur $-T\vec{\imath}$.

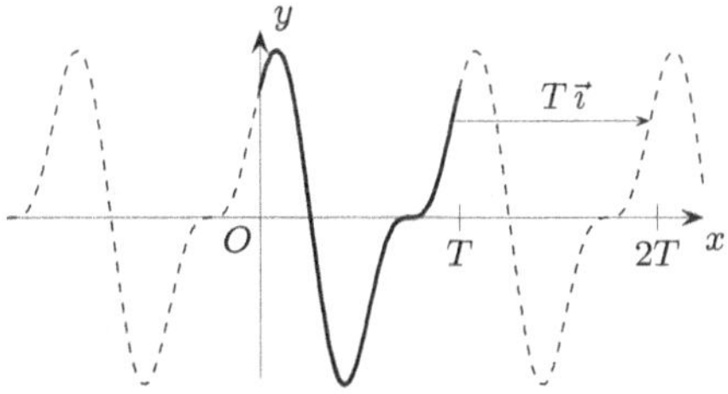

Remarque On peut remplacer $X \cap [0, T]$ par $X \cap [a, a+T]$, avec $a \in \mathbb{R}$.

Point méthode Si $f : X \to \mathbb{R}$ est T-périodique, on peut restreindre son domaine d'étude à $X \cap [a, a+T]$, avec $a \in \mathbb{R}$.
Dans la pratique, on restreint souvent le domaine d'étude à $X \cap [0, T]$ ou $X \cap [-T/2, T/2]$, le second choix étant privilégié si l'on dispose de plus d'une propriété de parité.

3 Opérations sur les fonctions à valeurs réelles

- Pour $(f,g) \in \mathcal{F}(X,\mathbb{R})^2$ et $\lambda \in \mathbb{R}$, les fonctions λf, $f+g$ et fg sont définies par :
$$\forall x \in X \quad (\lambda f)(x) = \lambda f(x), \quad (f+g)(x) = f(x)+g(x) \quad \text{et} \quad (fg)(x) = f(x)g(x).$$
- Pour $(f,g) \in \mathcal{F}(X,\mathbb{R})^2$, on dit que f est **inférieure** à g, ou que f est **plus petite** que g, et l'on écrit $f \leqslant g$, si :
$$\forall x \in X \quad f(x) \leqslant g(x).$$
- On désigne par $|f|$ la fonction définie sur X par : $\forall x \in X \quad |f|(x) = \big|f(x)\big|$.

Exo 3.7

Ex. 27. La somme et le produit de deux fonctions paires sont paires.

Attention Contrairement à la comparaison des réels, il se peut, étant donné deux fonctions f et g de $\mathcal{F}(X,\mathbb{R})$, que ni $f \leqslant g$, ni $g \leqslant f$ ne soient vérifiées.

Ex. 28. La fonction définie sur $\mathbb{R}$ par $f(x) = x$ (l'identité) et $g = -f$ ne sont pas comparables, ce qui se voit sur un dessin. Pour le justifier, on peut remarquer que :
$$f(-1) = -1 < 1 = g(-1) \qquad \text{et} \qquad f(1) = 1 > -1 = g(1).$$

Attention Pour $(f,g) \in \mathcal{F}(X,\mathbb{R})^2$, on n'*utilisera pas* la notation « $f < g$ ». Celle-ci est en effet ambiguë, car peut être interprétée de deux façons très différentes : ou bien $(f \leqslant g \quad \text{et} \quad f \neq g)$, ou bien $\forall x \in X \quad f(x) < g(x)$. Il en est donc de même, en particulier, de la notation $f > 0$.

Définition 9

Soit $n \in \mathbb{N}^*$, ainsi que $f_1, \ldots, f_n$ des fonctions de X dans $\mathbb{R}$ et $(\lambda_1, \ldots, \lambda_n) \in \mathbb{R}^n$.
- La fonction $\lambda_1 f_1 + \cdots + \lambda_n f_n$ est une **combinaison linéaire** des $f_1, \ldots, f_n$.
- Une combinaison linéaire de fonctions $x \mapsto x^k$, avec $k \in \mathbb{N}$, est une **fonction polynomiale**.

Ex. 29. La fonction définie par $f(x) = 1 + x + \cdots + x^8$ est une fonction polynomiale sur $\mathbb{R}$. Sa restriction à $X = \mathbb{R} \setminus \{1\}$ est la fonction $x \mapsto \frac{1-x^9}{1-x}$ qui est donc également polynomiale (malgré les apparences).

Définition 10 (Composition des fonctions)

Soit $f : X \to \mathbb{R}$ et $g : Y \to \mathbb{R}$ telle que $f(X) \subset Y$.

La fonction $\begin{array}{rcl} X & \longrightarrow & \mathbb{R} \\ x & \longmapsto & g\big(f(x)\big) \end{array}$ est appelée **fonction composée** de f et g ou plus simplement **composée** de f et g et se note $g \circ f$.

Attention Prendre garde que pour pouvoir considérer la composée $g \circ f$, il est nécessaire d'avoir $f(X) \subset Y$.

Ex. 30. Considérons $f: \begin{array}{rcl} \mathbb{R} & \longrightarrow & \mathbb{R} \\ x & \longmapsto & 1-x^2 \end{array}$ et $g: \begin{array}{rcl} \mathbb{R}_+ & \longrightarrow & \mathbb{R} \\ t & \longmapsto & \sqrt{t}. \end{array}$

On ne peut pas parler de la fonction $g \circ f$, car $f(\mathbb{R}) =]-\infty, 1]$ n'est pas inclus dans le domaine de définition de g.

Mais puisque $1 - x^2 \geqslant 0$ si, et seulement si, $x \in [-1, 1]$, le domaine de définition de la fonction $x \mapsto g\big(f(x)\big)$ est $[-1, 1]$.

4 Monotonie

Définition 11

Une fonction $f : X \to \mathbb{R}$ est :

- **croissante** si : $\forall (x,y) \in X^2 \quad x \leqslant y \Longrightarrow f(x) \leqslant f(y)$;
- **strictement croissante** si : $\forall (x,y) \in X^2 \quad x < y \Longrightarrow f(x) < f(y)$;
- **décroissante** si : $\forall (x,y) \in X^2 \quad x \leqslant y \Longrightarrow f(x) \geqslant f(y)$;
- **strictement décroissante** si : $\forall (x,y) \in X^2 \quad x < y \Longrightarrow f(x) > f(y)$.

Terminologie La fonction f est dite **monotone** si elle est croissante ou décroissante, et **strictement monotone** si elle est strictement croissante ou strictement décroissante.

Remarque La fonction f est (strictement) décroissante si, et seulement si, $-f$ est (strictement) croissante.

Ex. 31. La fonction $\begin{array}{rcl} X & \longrightarrow & \mathbb{R} \\ x & \longmapsto & x \end{array}$ est strictement croissante.

Ex. 32. Une fonction est constante si, et seulement si, elle est croissante et décroissante.

Ex. 33. La restriction à $\mathbb{R}_+$ de la fonction $x \mapsto x^2$ est strictement croissante sur $\mathbb{R}_+$ et sa restriction à $\mathbb{R}_-$ est strictement décroissante. Par simplification de langage, on dit souvent : « la fonction $x \mapsto x^2$ est strictement croissante sur $\mathbb{R}_+$ et strictement décroissante sur $\mathbb{R}_-$ ».

Ex. 34.

- Les fonctions $\begin{array}{rcl} \mathbb{R}_+^* & \longrightarrow & \mathbb{R} \\ x & \longmapsto & \frac{1}{x} \end{array}$ et $\begin{array}{rcl} \mathbb{R}_-^* & \longrightarrow & \mathbb{R} \\ x & \longmapsto & \frac{1}{x} \end{array}$ sont strictement décroissantes.
- En revanche, $f: \begin{array}{rcl} \mathbb{R}^* & \longrightarrow & \mathbb{R} \\ x & \longmapsto & \frac{1}{x} \end{array}$ n'est pas décroissante, car $f(-1) = -1 < 1 = f(1)$.

Propriétés immédiates Lorsque f et g sont deux fonctions croissantes définies sur X, on vérifie sans difficulté les propriétés ci-dessous.

- La fonction $f+g$ est croissante.
- Si f est strictement croissante, alors $f+g$ est strictement croissante.
- Si f et g sont *positives*, alors la fonction $f\,g$ est croissante.
- Exo 3.8 En particulier, si $\lambda \in \mathbb{R}_+$, alors λf est croissante.

On adapte ces résultats sans difficulté au cas des fonctions décroissantes.

Remarques

- Pour montrer que f n'est pas croissante, il suffit d'exhiber un élément $x \in X$ et un élément $y \in X$ tels que $x \leqslant y$ et $f(x) > f(y)$.
- Pour montrer que f n'est pas monotone, il suffit d'exhiber trois éléments $x \in X$, $y \in X$ et $z \in X$ tels que $x \leqslant y \leqslant z$ et tels que l'on ait :
  - ∗ soit $f(x) > f(y)$ et $f(y) < f(z)$;
  - ∗ soit $f(x) < f(y)$ et $f(y) > f(z)$.

Ex. 35.
La fonction définie sur $[-1,1]$ par $f(x) = 2x^2 - 1$ n'est pas monotone, car on a $-1 \leqslant 0 \leqslant 1$ mais :

$$f(-1) = 1 > -1 = f(0) \quad \text{et} \quad f(0) = -1 < 1 = f(1).$$

Puisque, pour tout $x \in [-1,1]$, on a :

$$f(x) = (\sqrt{2}x - 1)(\sqrt{2}x + 1)$$

et que les fonctions $x \mapsto \sqrt{2}x - 1$ et $x \mapsto \sqrt{2}x + 1$ sont croissantes sur $[-1,1]$, cela montre que l'on ne peut rien dire de la monotonie du produit de fonctions croissantes en général.

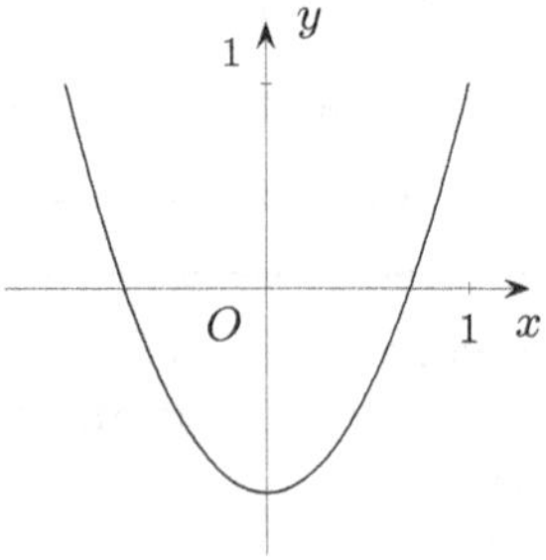

Graphe de f

Proposition 10

Soit $f : X \to \mathbb{R}$ et $g : Y \to \mathbb{R}$ telle que $f(X) \subset Y$.

Si f et g sont monotones, alors $g \circ f$ est monotone. Plus précisément, $g \circ f$ est croissante si f et g sont de même monotonie et décroissante sinon.

De même, $g \circ f$ est strictement monotone lorsque f et g le sont.

Démonstration. En notant $\nearrow$ pour « croissante » et $\searrow$ pour « décroissante », si x et y sont deux éléments de X vérifiant $x \leqslant y$, le tableau suivant récapitule les 4 cas possibles :

	$f \nearrow$	$f \searrow$
	$f(x) \leqslant f(y)$	$f(x) \geqslant f(y)$
$g \nearrow$	$g\big(f(x)\big) \leqslant g\big(f(y)\big)$	$g\big(f(x)\big) \geqslant g\big(f(y)\big)$
$g \searrow$	$g\big(f(x)\big) \geqslant g\big(f(y)\big)$	$g\big(f(x)\big) \leqslant g\big(f(y)\big)$

On fait de même pour la stricte monotonie avec, partout, des inégalités strictes. □

Ex. 36. En composant par la fonction strictement décroissante $\begin{array}{ccc} \mathbb{R}_+^* & \longrightarrow & \mathbb{R} \\ x & \longmapsto & \frac{1}{x} \end{array}$ (cf. exemple 34 de la page 69), on obtient les résultats suivants.

- Si $f : X \to \mathbb{R}$ est une fonction monotone à valeurs dans $\mathbb{R}_+^*$, alors la fonction $1/f$ est également monotone, de monotonie opposée à celle de f.
  On a le même résultat avec les fonctions strictement monotones.
  Ces résultats s'étendent facilement aux fonctions à valeurs dans $\mathbb{R}_-^*$, puisque l'application $\begin{array}{ccc} \mathbb{R}_-^* & \longrightarrow & \mathbb{R} \\ x & \longmapsto & \frac{1}{x} \end{array}$ est également strictement décroissante.
- En revanche, on ne peut rien dire de la monotonie de $1/f$, lorsque f est monotone à valeurs dans $\mathbb{R}^*$ et n'est pas de signe constant.

5 Cas des fonctions strictement monotones

Proposition 11

Une fonction $f : X \to \mathbb{R}$ strictement monotone est injective.

Démonstration page 86

Tableau de variations

Il est fréquent que l'on puisse découper le domaine de définition d'une fonction numérique f de la variable réelle en un nombre fini d'intervalles, de telle sorte que f soit strictement monotone sur chacun des intervalles.
Dans ce cas, on a l'habitude de résumer les résultats dans un **tableau de variations**. Il est également d'usage, mais pas toujours obligatoire, de mettre dans le tableau les limites de f aux extrémités des différents intervalles.

Ex. 37.
Ci-contre le tableau de variations de la fonction :

$$f : \begin{array}{ccc} \mathbb{R} & \longrightarrow & \mathbb{R} \\ x & \longmapsto & x^2 \end{array}$$

où, par convention, les flèches indiquent une fonction continue strictement monotone.

x	$-\infty$		0		$+\infty$
f	$+\infty$	↘	0	↗	$+\infty$

Ex. 38. Donnons le tableau de variations de $f : x \mapsto \left((x-1)^2+3\right)^2$.

La fonction f est évidemment définie sur $\mathbb{R}$. Étudions sa monotonie.

- La fonction $x \mapsto x-1$ est strictement croissante sur $\mathbb{R}$ et la fonction $t \mapsto t^2+3$ est strictement croissante sur $\mathbb{R}_+$, strictement décroissante sur $\mathbb{R}_-$, ce qui se vérifie facilement.
  Par composition, la fonction $x \mapsto (x-1)^2+3$ est donc strictement croissante sur $[1,+\infty[$ et strictement décroissante sur $]-\infty,1]$.
- Puisque $x \mapsto (x-1)^2+3$ est à valeurs positives, on obtient, toujours par composition, que f est strictement croissante sur $[1,+\infty[$ et strictement décroissante sur $]-\infty,1]$.

Cela conduit au tableau de variations suivant.

x	$-\infty$		1		$+\infty$
f	$+\infty$	↘	9	↗	$+\infty$

6 Fonctions majorées, minorées, bornées

Définition 12

Soit f une fonction de X dans $\mathbb{R}$. On dit que f est :

- **majorée** si $\exists M \in \mathbb{R} \quad \forall x \in X \quad f(x) \leqslant M$;
- **minorée** si $\exists m \in \mathbb{R} \quad \forall x \in X \quad f(x) \geqslant m$;
- **bornée** si $\exists R \in \mathbb{R}_+ \quad \forall x \in X \quad |f(x)| \leqslant R$.

Remarques

- La fonction f est majorée si, et seulement si, l'ensemble image $f(X)$ est une partie majorée de $\mathbb{R}$.
- La fonction f est minorée si, et seulement si, $-f$ est majorée.
- La fonction f est bornée si, et seulement si, elle est minorée et majorée.
- Si f est majorée, tout réel M vérifiant $\forall x \in X \quad f(x) \leqslant M$ est appelé un **majorant** de f. De même, si f est minorée, tout réel m vérifiant $\forall x \in X \quad f(x) \geqslant m$ est appelé un **minorant** de f.

Interprétation graphique

- La fonction f est majorée si, et seulement si, son graphe se trouve en dessous d'une droite horizontale.
- Plus précisément, la fonction f est majorée par M si, et seulement si, son graphe se trouve en dessous de la droite d'équation $y = M$.

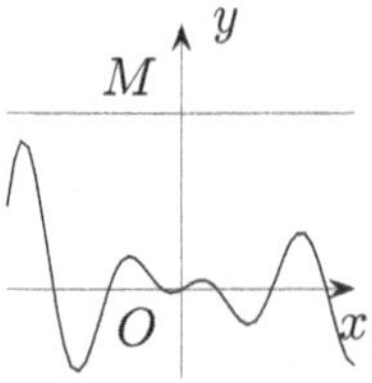

Proposition 12

Soit $f : X \to \mathbb{R}$ et $g : X \to \mathbb{R}$ deux fonctions bornées.

Les fonctions $f + g$ et $f\,g$ sont alors bornées.

Démonstration page 87

Principe de démonstration. Introduire M_f et M_g tels que $|f(x)| \leqslant M_f$ et $|g(x)| \leqslant M_g$ pour tout $x \in X$. Puis, pour $x \in X$, majorer $\big|(f+g)(x)\big|$ et $\big|(fg)(x)\big|$ à l'aide de M_f et M_g.

Remarque En s'inspirant de la démonstration de la proposition précédente, on montre que la somme de deux fonctions majorées est majorée. De même, concernant les fonctions minorées.

Définition 13

Soit f une fonction de X dans $\mathbb{R}$. On dit que f admet :

- un **maximum** en $a \in X$ si $\forall x \in X \quad f(x) \leqslant f(a)$;
- un **minimum** en $a \in X$ si $\forall x \in X \quad f(x) \geqslant f(a)$;
- un **extremum** en $a \in X$ si elle admet un maximum ou un minimum en a.

Remarque La fonction f possède un maximum (respectivement un minimum) si, et seulement si, l'ensemble image $f(X)$ possède un plus grand élément (respectivement un plus petit élément).

Notation Lorsque f admet un maximum, celui-ci est noté $\max\limits_X f$ ou $\max\limits_{x\in X} f(x)$.

De même, le minimum d'une fonction, lorsqu'il existe, est noté $\min\limits_X f$ ou $\min\limits_{x\in X} f(x)$.

Ex. 39. La fonction cos admet :
- un maximum, 1, qui est atteint en tous les multiples de 2π ;
- un minimum, -1, atteint en tous les réels congrus à π modulo 2π.

Attention Une fonction majorée (resp. minorée) n'admet pas nécessairement de maximum (resp. minimum).

Ex. 40.

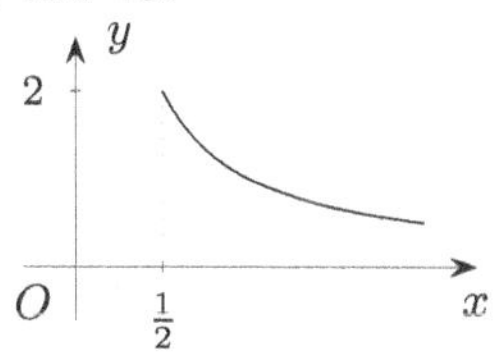

La fonction f définie sur $[\frac{1}{2}, +\infty[$ par $f(x) = \frac{1}{x}$ est minorée par 0. D'autre part, elle est strictement décroissante (cf. exemple 34 de la page 69). Si f admettait un minimum, atteint en a, on aurait alors $f(a) \leqslant f(a+1)$, ce qui est impossible.
Par ailleurs, elle admet un maximum 2 atteint en $1/2$.

III Dérivation – Rappels du secondaire

Dans toute cette partie, I désigne un intervalle de $\mathbb{R}$ d'intérieur non vide (voir page 4), a un point de I, et f est une fonction définie sur I.

1 Nombre dérivé, fonction dérivée

Définition 14

Le **taux d'accroissement** de f en a est la fonction $\tau_{a,f}$ définie sur $I \setminus \{a\}$ par :

$$\forall x \in I \setminus \{a\} \quad \tau_{a,f}(x) = \frac{f(x) - f(a)}{x - a}.$$

La fonction f est **dérivable en a** si son taux d'accroissement en a possède une limite finie en a.

Cette limite s'appelle alors **nombre dérivé** de f en a et se note $f'(a)$.

Ex. 41. Une fonction constante définie sur I est dérivable en tout point de I, de dérivée nulle.

Ex. 42. La fonction $f : x \mapsto x$ est dérivable en tout $a \in \mathbb{R}$ avec $f'(a) = 1$.

Ex. 43. Supposons que I ne contienne pas 0. Pour tout $(x,a) \in I^2$ vérifiant $x \neq a$, on a :

$$\frac{\frac{1}{x} - \frac{1}{a}}{x - a} = -\frac{1}{xa} \underset{x\to a}{\longrightarrow} -\frac{1}{a^2}$$

Il s'ensuit que la fonction $h : x \mapsto \frac{1}{x}$ est dérivable en a et $h'(a) = -\frac{1}{a^2}$.

Ex. 44. La fonction $f: \begin{array}{ccc} \mathbb{R}_+ & \longrightarrow & \mathbb{R} \\ x & \longmapsto & \sqrt{x} \end{array}$

- est dérivable en tout point $a \in \mathbb{R}_+^*$ et $f'(a) = \dfrac{1}{2\sqrt{a}}$; en effet, pour $x > 0$, on a :

$$\frac{f(x) - f(a)}{x - a} = \frac{\sqrt{x} - \sqrt{a}}{(\sqrt{x} - \sqrt{a})(\sqrt{x} + \sqrt{a})} = \frac{1}{\sqrt{x} + \sqrt{a}} \underset{x \to a}{\longrightarrow} \frac{1}{2\sqrt{a}} ;$$

- n'est pas dérivable en 0, car, pour $x > 0$: $\dfrac{\sqrt{x} - \sqrt{0}}{x - 0} = \dfrac{1}{\sqrt{x}} \underset{x \to 0}{\longrightarrow} +\infty.$

Ex. 45. Montrons que, pour tout $n \in \mathbb{N}^*$, la fonction $f_n : x \mapsto x^n$ est dérivable en tout point $a \in \mathbb{R}$ et $f_n'(a) = n\,a^{n-1}$. Fixons $n \in \mathbb{N}^*$ et $a \in \mathbb{R}$. Pour $x \in \mathbb{R} \setminus \{a\}$, on a :

$$\frac{f_n(x) - f_n(a)}{x - a} = \frac{x^n - a^n}{x - a}.$$

105 Or, il sera vu que $x^n - a^n = (x-a)(x^{n-1} + x^{n-2}a + \cdots + xa^{n-2} + a^{n-1})$. On obtient le résultat souhaité, car :

$$\frac{f_n(x) - f_n(a)}{x - a} = x^{n-1} + x^{n-2}a + \cdots + xa^{n-2} + a^{n-1} \underset{x \to a}{\longrightarrow} na^{n-1}.$$

Définition 15

Lorsque la fonction f est dérivable en tout point de I, on dit que f est **dérivable sur I** et la fonction définie sur I par $x \mapsto f'(x)$ est appelée **fonction dérivée** de f ; elle se note f'.

Remarques

- La notation « $'$ » ne s'applique qu'aux fonctions. On peut écrire $f'(x)$, mais surtout pas $f(x)'$.
- La notation $\dfrac{\mathrm{d}}{\mathrm{d}x}(f(x))$ pour le nombre dérivé de f en x peut être utilisée, notamment lorsque l'on a une expression de l'image de x sans que l'on ait donné de nom à la fonction. On peut ainsi par exemple écrire $\dfrac{\mathrm{d}}{\mathrm{d}x}(x^2) = 2x$.

2 Interprétations de la dérivée, premières applications

Tangente à une courbe

Soit f une fonction définie sur I. Pour $x \in I \backslash \{a\}$, la droite joignant les points $A \left| \begin{smallmatrix} a \\ f(a) \end{smallmatrix} \right.$ et $M \left| \begin{smallmatrix} x \\ f(x) \end{smallmatrix} \right.$ a pour pente :

$$\tau_{a,f}(x) = \frac{f(x) - f(a)}{x - a}.$$

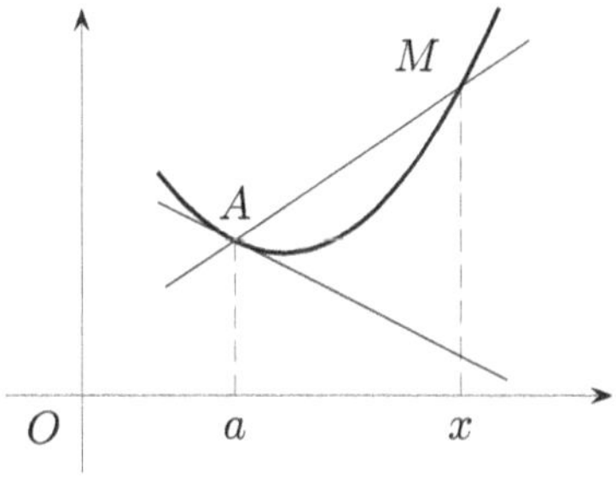

- Si f est dérivable en $a \in I$, cette pente a pour limite $f'(a)$ quand x tend vers a.
- Le vecteur de composantes $\big(1, \tau_{a,f}(x)\big)$ est un vecteur directeur de la corde (AM), et il « tend » vers $\big(1, f'(a)\big)$.

Par définition, la droite passant par A et de pente $f'(a)$ est la **tangente en A** à la courbe d'équation $y = f(x)$. C'est la « position limite » des cordes (AM) lorsque le point M tend vers A. Une équation de cette tangente est alors :

$$y = f'(a)\,(x - a) + f(a).$$

Remarques

- Lorsque la fonction f est dérivable en a, la tangente en A est **horizontale** si, et seulement si, $f'(a) = 0$.
- Si f est continue en a et si son taux d'accroissement en a tend vers $+\infty$ ou vers $-\infty$, alors les cordes possèdent « une position limite verticale » que l'on appelle encore tangente à la courbe en A. On parle alors de tangente **verticale**. Dans ces conditions, une équation de la tangente est $x = a$.

Vitesse instantanée

Lorsque $x(t)$ est l'abscisse à l'instant t d'un point en mouvement rectiligne, pour $t \neq a$, le taux d'accroissement $\tau_{a,f}(t) = \dfrac{x(t) - x(a)}{t - a}$ représente la **vitesse moyenne** entre les instants a et t, et sa limite $x'(a)$, que l'on note aussi $\dot{x}(a)$ en cinématique, représente la **vitesse instantanée** à l'instant a.

Approximation de la fonction

Par définition de $f'(a)$, on a $\dfrac{f(x) - f(a)}{x - a} = f'(a) + \varepsilon(x)$, ou encore :

$$f(x) = f(a) + f'(a)\,(x - a) + (x - a)\,\varepsilon(x)$$

où ε *est une fonction qui tend vers* 0 *en* a.

On utilise souvent cela en disant que $x \mapsto f(a) + f'(a)\,(x - a)$ est la « meilleure approximation affine » de f en a, ou une approximation au premier ordre de f au voisinage de a.

Dérivées partielles

On peut être amené à étudier des fonctions de plusieurs variables, c'est-à-dire définies sur des parties de $\mathbb{R}^n$, avec $n > 1$. C'est notamment le cas en Physique.

Soit par exemple $f : U \to \mathbb{R}$, où $U \subset \mathbb{R}^2$. Pour tout $(a,b) \in U$, on peut s'intéresser aux applications partielles $x \mapsto f(x,b)$ et $y \mapsto f(a,y)$. La dérivée de $x \mapsto f(x,b)$ en a, si elle existe, est la **dérivée partielle** de f par rapport à x en (a,b) et elle est notée $\dfrac{\partial f}{\partial x}(a,b)$. On définit de même $\dfrac{\partial f}{\partial y}(a,b)$.

Ex. 46. Soit $f : \begin{array}{rcl} \mathbb{R}^2 & \longrightarrow & \mathbb{R} \\ (x,y) & \longmapsto & -x^2 + xy^4. \end{array}$

La fonction f a des dérivées partielles en tout point (a,b) avec :

$$\frac{\partial f}{\partial x}(a,b) = -2a + b^4 \qquad \text{et} \qquad \frac{\partial f}{\partial y}(a,b) = 4ab^3.$$

1036 L'étude des fonctions de deux variables sera faite en détail au chapitre 30.

3 Opérations sur les fonctions dérivables

400 Nous rappelons ici des résultats vus dans le secondaire et qui seront démontrés au chapitre 11.

Proposition 13

Soit f et g deux fonctions définies sur I et dérivables en $a \in I$.

- Si $\lambda \in \mathbb{R}$ et $\mu \in \mathbb{R}$, alors $\lambda f + \mu g$ est dérivable en a et l'on a :
$$(\lambda f + \mu g)'(a) = \lambda f'(a) + \mu g'(a).$$
- La fonction $f g$ est dérivable en a et :
$$(f g)'(a) = f'(a)\, g(a) + f(a)\, g'(a).$$

Exo 3.9

Remarque

782 La première propriété ci-dessus est connue sous le nom de **linéarité de la dérivation**.

Ex. 47. Considérons une fonction polynomiale :

$$f : x \mapsto a_0 + a_1 x + \cdots + a_n x^n.$$

Par linéarité de la dérivation et du fait que la dérivée d'une fonction constante sur $\mathbb{R}$ est nulle, il vient des exemples précédents que f est dérivable sur $\mathbb{R}$ et que :

$$\forall x \in \mathbb{R} \quad f'(x) = a_1 + 2a_2 x + \cdots + n a_n x^{n-1}.$$

Proposition 14

Soit f à valeurs dans un intervalle J de $\mathbb{R}$ et soit $g \in \mathbb{R}^J$. Si f est dérivable en a et si g est dérivable en $b = f(a)$, alors $g \circ f$ est dérivable en a et :

$$(g \circ f)'(a) = g'(b)\, f'(a) = g'\big(f(a)\big)\, f'(a).$$

Exo 3.10

Remarque On peut facilement avoir l'intuition du résultat précédent en considérant le cas particulier où l'on aurait $f(x) \neq f(a)$ pour tout $x \in I \setminus \{a\}$, et en observant :

$$\frac{(g \circ f)(x) - (g \circ f)(a)}{x - a} = \underbrace{\frac{g\big(f(x)\big) - g\big(f(a)\big)}{f(x) - f(a)}}_{\underset{x \to a}{\longrightarrow} g'\left(f(a)\right)} \underbrace{\frac{f(x) - f(a)}{x - a}}_{\underset{x \to a}{\longrightarrow} f'(a)}.$$

Ex. 48. Pour $n \in \mathbb{N}^*$, la fonction $f_n : x \mapsto x^n$ étant dérivable sur $\mathbb{R}_+^*$, à valeurs dans $I = \mathbb{R}_+^*$, et $t \mapsto \frac{1}{t}$ étant dérivable sur I, la fonction $f_{-n} : x \mapsto \frac{1}{x^n}$ est dérivable sur $\mathbb{R}_+^*$, avec, pour tout $a \in \mathbb{R}_+^*$:

$$f'_{-n}(a) = \left(-\frac{1}{(a^n)^2}\right) n\, a^{n-1} = -\frac{n}{a^{n+1}} = (-n)\, a^{-n-1}.$$

On obtient le même résultat sur $\mathbb{R}_-^*$.

Ex. 49. La dérivée d'une fonction paire dérivable est une fonction impaire.

En effet, supposons I symétrique par rapport à 0. Soit f une fonction paire dérivable. Alors :

- d'une part, d'après la proposition précédente, la fonction $x \mapsto f(-x)$ est dérivable, de dérivée $x \mapsto -f'(-x)$;
- d'autre part, par parité de f, les fonctions $x \mapsto f(-x)$ et f coïncident.

Il s'ensuit que $-f'(-x) = f'(x)$ pour tout $x \in I$, c'est-à-dire que f' est une fonction impaire.

On montre de même que la dérivée d'une fonction impaire dérivable est une fonction paire.

Ex. 50. La dérivée d'une fonction T-périodique de $\mathbb{R}$ dans $\mathbb{R}$ dérivable est une fonction T-périodique.

En effet, si $f : \mathbb{R} \to \mathbb{R}$ est une fonction T-périodique dérivable, d'après la proposition précédente, la fonction $x \mapsto f(x+T)$ est dérivable, de dérivée $x \mapsto f'(x+T)$. Puisque les fonctions f et $x \mapsto f(x+T)$ sont égales, elles ont même dérivée, donc :

$$\forall x \in \mathbb{R} \quad f'(x) = f'(x+T),$$

ce qui prouve que f' est T-périodique.

Remarque Avant de poser un calcul de dérivée, il faut justifier la dérivabilité de la fonction. Le plus souvent, une justification est obtenue par l'application de l'une ou plusieurs des propositions ci-dessus. Pour faire référence à ces résultats on utilise parfois les locutions « par opérations sur les fonctions dérivables », ou bien « par les théorèmes généraux ».

Proposition 15

Soit $f : I \to \mathbb{R}$ une fonction dérivable en a.

- Pour tout $n \in \mathbb{N}^*$, la fonction f^n est dérivable en a et :
$$(f^n)'(a) = n\, f(a)^{n-1}\, f'(a).$$
- Si f est à valeurs strictement positives (respectivement négatives), alors, pour $n \in \mathbb{Z}^*$, la fonction f^n est dérivable en a et :
$$(f^n)'(a) = n\, f(a)^{n-1}\, f'(a).$$

Démonstration page 87

Principe de démonstration. Utiliser la proposition 14 avec $g : x \mapsto x^n$.

Remarques

- Le cas particulier $n = -1$ donne une formule pour la dérivée d'une fonction inverse :
$$\left(\frac{1}{f}\right)'(a) = -\frac{f'(a)}{f(a)^2}.$$
- En combinant avec le résultat sur le produit, on trouve une formule donnant la dérivée d'un quotient ; si g est dérivable en a et $g(a) \neq 0$, alors :
$$\left(\frac{f}{g}\right)'(a) = \frac{f'(a)\,g(a) - f(a)\,g'(a)}{g(a)^2}. \qquad (\star)$$

Ex. 51. Soit (a,b,c,d) quatre réels, avec $c \neq 0$. La fonction $f : x \mapsto \dfrac{a\,x+b}{c\,x+d}$ est définie sur $\mathbb{R} \setminus \{-d/c\}$. En tant que quotient de fonctions dérivables, elle est dérivable sur chacun des intervalles $I_1 = \left]-\infty, -\frac{d}{c}\right[$ et $I_2 = \left]-\frac{d}{c}, +\infty\right[$ de son domaine et :
$$\forall x \in I_1 \cup I_2 \quad f'(x) = \frac{a(cx+d) - c(ax+b)}{(cx+d)^2} = \frac{ad-bc}{(cx+d)^2}.$$

Point méthode Lorsque l'on veut dériver une fonction qui s'écrit comme le quotient de deux fonctions f et g, on peut :

Exo 3.11

- soit appliquer la formule $(\star)$ de dérivation d'un quotient ;
- soit dériver le produit $f \times (1/g)$.

4 Fonctions de classe $\mathcal{C}^1$

Définition 16

Une fonction $f : I \to \mathbb{R}$ est de **classe $\mathcal{C}^1$** si elle est dérivable sur I et si sa fonction dérivée est continue.

Ex. 52. Les fonctions polynomiales sont de classe $\mathcal{C}^1$ sur $\mathbb{R}$ (cf. exemple 47 de la page 76).

418

Nous verrons que les combinaisons linéaires et les produits de fonctions de classe $\mathcal{C}^1$ sont encore de classe $\mathcal{C}^1$.

5 Dérivées successives

- Il se peut que la dérivée f' d'une fonction dérivable $f : I \to \mathbb{R}$ soit elle-même dérivable sur I. On dit alors que f est **deux fois dérivable**. La fonction $(f')'$ est alors sa **dérivée seconde**, fonction que l'on note $f^{(2)}$ ou f''.
- La dérivée seconde $f^{(2)}$ d'une fonction deux fois dérivable peut éventuellement être dérivable. La fonction f est alors dite **trois fois dérivable** et sa **dérivée troisième** est la fonction $f^{(3)} = \left(f^{(2)}\right)'$. Ainsi de suite.

On esquisse ainsi un procédé, avec lequel on définirait ce que signifie, pour une fonction $f : I \to \mathbb{R}$, d'être n **fois dérivable**, ainsi que la **dérivée n-ième** d'une telle fonction. Par convention, toute fonction $f : I \to \mathbb{R}$ est 0 fois dérivable et $f^{(0)} = f$.

Ex. 53. Posons $f: \begin{array}{rcl} \mathbb{R}^* & \longrightarrow & \mathbb{R} \\ x & \longmapsto & \dfrac{1}{x}\cdot \end{array}$

Utilisant les résultats de l'exemple 48 de la page 77, on obtient, pour $x \in \mathbb{R}^*$:

$$f'(x) = -\frac{1}{x^2} \qquad f^{(2)}(x) = \frac{2}{x^3} \qquad f^{(3)}(x) = -\frac{6}{x^4}\cdot$$

Il est alors naturel d'émettre l'hypothèse que f admet une dérivée à tout ordre et :

$$\forall n \in \mathbb{N} \quad \forall x \in \mathbb{R}^* \quad f^{(n)}(x) = (-1)^n \frac{n!}{x^{n+1}}\cdot$$

Cette assertion se démontre facilement par récurrence.

IV Variations d'une fonction sur un intervalle

Dans cette partie encore, I désigne un intervalle de $\mathbb{R}$ d'intérieur non vide, a un point de I et f est une fonction définie sur I.

1 Fonctions monotones / constantes sur un intervalle

La proposition ci-dessous sera démontrée au chapitre 11 (cf. théorème 18 de la page 409).

Proposition 16

Soit $f : I \to \mathbb{R}$ dérivable.

- La fonction f est croissante si, et seulement si, $f' \geqslant 0$.
- La fonction f est décroissante si, et seulement si, $f' \leqslant 0$.
- La fonction f est constante si, et seulement si, sa dérivée est nulle.

Attention *Quand on veut appliquer le résultat de la proposition précédente, il est indispensable de vérifier que l'on travaille sur un intervalle !*

La fonction $f: \begin{array}{rcl} \mathbb{R}^* & \longrightarrow & \mathbb{R} \\ x & \longmapsto & \frac{1}{x} \end{array}$ est dérivable en tout point de son domaine de définition, sa dérivée est négative et, pourtant, f n'est pas décroissante, comme il a été vu à l'exemple 34 de la page 69.

Corollaire 17

Si f et g sont deux fonctions définies et dérivables sur l'intervalle I et telles que $f' = g'$, alors f et g diffèrent d'une constante.

Démonstration page 87

Principe de démonstration. Appliquer la proposition 16 à $f - g$.

Attention Comme pour la proposition précédente, avant d'appliquer ce résultat, il faut être sûr que l'on travaille bien sur un intervalle !

Par exemple, la fonction $f:\ \mathbb{R}^* \longrightarrow \mathbb{R}$, $x \longmapsto \begin{cases} -1 & \text{si } x<0 \\ 1 & \text{si } x>0 \end{cases}$

est dérivable en tout point de son domaine de définition, et sa dérivée est nulle, mais f n'est pas constante.

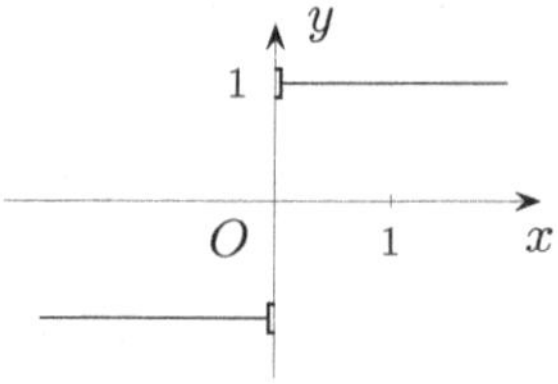

Stricte monotonie

Le résultat ci-dessous donne une condition suffisante pour qu'une fonction réelle soit strictement croissante sur un intervalle. C'est un cas particulier d'une condition nécessaire et suffisante qui sera donnée au chapitre 11 (voir le théorème 21 de la page 410).

Proposition 18

Soit f une fonction dérivable sur l'intervalle I. Si f' est positive et ne s'annule qu'en un nombre fini de points, alors f est strictement croissante.

Remarque En considérant $-f$, il vient que si f est une fonction dérivable dont la dérivée est négative et ne s'annule qu'en un nombre fini de points, alors f est strictement décroissante.

Exo 3.12

Point méthode La plupart du temps, l'étude du signe de la dérivée d'une fonction f permet de déterminer un certain nombre d'intervalles sur lesquels cette dérivée garde un signe constant, en ne s'annulant qu'un nombre fini de fois. La fonction f est alors strictement monotone sur chacun de ces intervalles, ce qui permet d'en dresser le tableau de variations (cf. page 71).

Ex. 54. Étudions les variations de $f : x \mapsto \dfrac{2}{\sqrt{x}} - \dfrac{1}{x}\cdot$

La fonction f est définie sur $]0,+\infty[$. Par les théorèmes généraux, f est dérivable et :

$$\forall x \in \mathbb{R}_+^* \quad f'(x) = -\frac{1}{x\sqrt{x}} + \frac{1}{x^2} = \frac{1-\sqrt{x}}{x^2}.$$

L'étude du signe de f' est immédiate. On en déduit le tableau de variations de f, puis une allure de son graphe :

x	0		1		$+\infty$
$f'(x)$		$+$	0	$-$	
f	$-\infty$	↗	1	↘	0

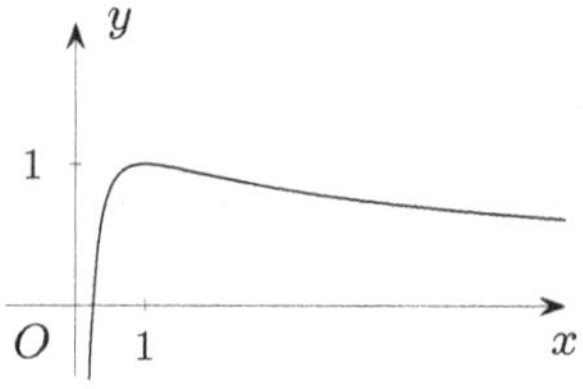

2 Étude de variations

Applications des études de variations

L'étude des variations d'une fonction f permet entre autres :

- de donner l'allure du graphe de f, comme nous venons de le voir ;
- de déterminer les extrema de f ;
- d'étudier le nombre de solutions d'une équation du type $f(x) = \gamma$;
- d'étudier le signe de f et donc de prouver des inégalités.

Exemple de recherche d'extrema

Reprenons l'exemple 54 de la page précédente, à savoir $f :\ \begin{array}{ccc}]0,+\infty[& \longrightarrow & \mathbb{R} \\ x & \longmapsto & \frac{2}{\sqrt{x}} - \frac{1}{x}. \end{array}$

L'examen du tableau de variations montre que f admet un maximum, atteint uniquement en 1. Plus précisément :

- la fonction f est strictement croissante sur $]0,1]$, donc $f(x) \leqslant f(1) = 1$ pour tout x de cet intervalle et il y a égalité si, et seulement si, $x = 1$;
- la fonction f est strictement décroissante sur $[1,+\infty[$, donc $f(x) \leqslant f(1) = 1$ pour tout x de cet intervalle et il y a égalité si, et seulement si, $x = 1$.

On en conclut :

- que f est majorée par 1, puis que 1 est le maximum de f, car la valeur est atteinte par f ;
- le maximum de f est atteint uniquement en 1.

Exemple de discussion d'équation

Considérons encore l'exemple 54 de la page ci-contre. La représentation ci-dessous permet de déterminer le nombre de solutions de l'équation $f(x) = \gamma$, lorsque $\gamma \in \mathbb{R}$ est fixé, puisque toute solution de cette équation est l'abscisse d'un point d'intersection de la courbe d'équation $y = f(x)$ et de la droite d'équation $y = \gamma$.

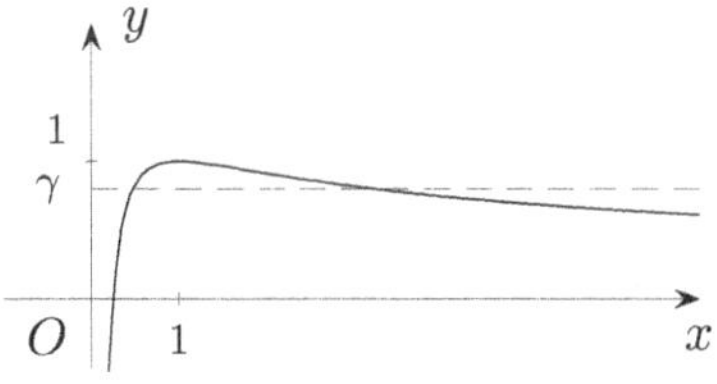

Il est graphiquement « évident » que :

- si $\gamma \leqslant 0$, l'équation donnée possède une unique solution, élément de $]0,1[$;
- si $\gamma \in]0,1[$, l'équation donnée possède exactement deux solutions, l'une étant élément de $]0,1[$ et l'autre de $]1,+\infty[$;
- si $\gamma = 1$, l'équation donnée possède une unique solution, qui vaut 1 ;
- si $\gamma > 1$, l'équation n'a aucune solution.

373 Justifions cela à l'aide du tableau de variations de f et du théorème des valeurs intermédiaires.

- Supposons $\gamma \geqslant 1$. Nous avons vu que f possède un maximum, qui vaut 1 et qui n'est atteint qu'en 1. Il s'ensuit que :
  * l'équation $f(x) = \gamma$ n'a pas de solution si $\gamma > 1$;
  * elle admet le réel 1 comme unique solution si $\gamma = 1$.

- Supposons $\gamma \in]0,1[$.
  * La fonction f est strictement croissante et continue sur l'intervalle $]0,1]$. Comme $f(1) = 1 > \gamma$ et $\lim\limits_{0} f = -\infty$, l'équation $f(x) = \gamma$ possède exactement une solution sur $]0,1]$, qui est dans $]0,1[$.
  * Comme la fonction f et strictement décroissante et continue sur l'intervalle $[1,+\infty[$, et que $f(1) = 1 > \gamma > 0 = \lim\limits_{+\infty} f$, l'équation $f(x) = \gamma$ possède exactement une solution sur $[1,+\infty[$, qui est dans $]1,+\infty[$.

  L'équation $f(x) = \gamma$ a donc exactement deux solutions.
- On traite de même le cas $\gamma \leqslant 0$.

Exemple d'inégalité démontrée à l'aide d'une étude de fonction

Montrons l'inégalité :

$$\forall x \in \left]0, \frac{\pi}{2}\right] \quad x\cos(x) < \sin(x). \tag{$*$}$$

Pour cela, introduisons la fonction $g : \begin{array}{rcl} [0,\pi/2] & \longrightarrow & \mathbb{R} \\ x & \longmapsto & \sin(x) - x\cos(x). \end{array}$

La fonction g est bien définie et dérivable sur l'intervalle $I = [0,\pi/2]$, et :

$$\forall x \in I \quad g'(x) = x\sin(x).$$

La proposition 18 de la page 80 montre que la fonction g est strictement croissante. Par suite :

$$\forall x \in \left]0, \frac{\pi}{2}\right] \quad g(x) > g(0) = 0,$$

assertion qui est équivalente à l'inégalité $(*)$.

x	0		$\pi/2$
$g'(x)$	0	$+$	
g		$\nearrow$	1
	0		

Plan général d'étude d'une fonction

- On commence par identifier le domaine de définition X de la fonction.
- On recherche ensuite si f possède des propriétés de parité ou de périodicité ; si c'est le cas, alors on peut réduire le domaine d'étude.
- On dresse alors le tableau de variations de f sur le domaine d'étude, ce qui se fait le plus souvent en étudiant le signe de la dérivée mais peut aussi parfois se faire directement à l'aide des résultats de la partie II.4.
- On étudie d'éventuelles asymptotes horizontales ou verticales.
  * Lorsque le domaine d'étude est non borné et que f possède une limite finie b en $+\infty$ ou en $-\infty$ alors la droite d'équation $y = b$ est appelée **asymptote** (horizontale) au graphe de f.
  * Lorsqu'en a la fonction f possède une limite infinie alors la droite d'équation $x = a$ est appelée **asymptote** (verticale) au graphe de f.
- On peut alors donner l'allure du graphe en commençant par placer les points correspondant aux valeurs introduites dans le tableau de variations (avec leurs tangentes quand elles existent), et les asymptotes (s'il en existe) ; ensuite préciser le tracé.

Remarque Il existe quelques situations qui permettent de se ramener à une fonction paire ou impaire et donc de réduire le domaine d'étude.

Ex. 55. Étudions la fonction définie par $f(x) = \dfrac{(x+1)^2}{x^2+1}\cdot$

- Il est clair que le domaine de définition de f est $\mathbb{R}$.
- On peut remarquer que, pour tout $x \in \mathbb{R}$, on a $f(x) = 1 + \frac{2x}{x^2+1}$. Ainsi, pour tout $x \in \mathbb{R}$:

$$f(-x) = 1 - \frac{2x}{x^2+1} = 2 - f(x) \qquad \textit{i.e.} \qquad f(-x) - 1 = -\big(f(x) - 1\big).$$

  La fonction $x \mapsto f(x) - 1$ est donc impaire. Il s'ensuit que $A = (0,1)$ est un centre de symétrie du graphe de f, et l'on peut restreindre l'étude de f à $[0, +\infty[$.
- La fonction f est dérivable comme quotient de fonctions dérivables. De plus, appliquant la formule de dérivation d'un quotient, on a :

$$\forall x \in \mathbb{R} \quad f'(x) = \frac{2\,(x^2+1) - (2x)\,(2x)}{(x^2+1)^2} = \frac{2(1-x)(1+x)}{(x^2+1)^2}\cdot$$

  L'étude du signe de la dérivée ne pose pas de problème.
- Par ailleurs, f admet une limite finie en $+\infty$: $\lim\limits_{x \to +\infty} f(x) = 1$.

  Par conséquent le graphe de f admet une asymptote en $+\infty$, qui est la droite d'équation $y = 1$.
- On peut maintenant donner le tableau de variations de f et tracer son graphe en utilisant la symétrie par rapport à A.

x	0		1		$+\infty$
$f'(x)$		$+$	0	$-$	
f	1	$\nearrow$	2	$\searrow$	1

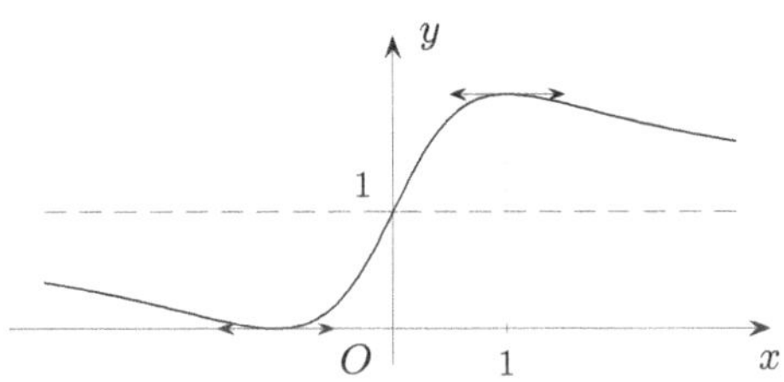

- Le tableau de variations montre que f admet un maximum, qui vaut 2, atteint en 1. Par symétrie, f admet un minimum atteint en -1 qui vaut 0.

3 Fonctions réciproques

Propriétés des bijections réciproques

Proposition 19

Soit Y une partie de $\mathbb{R}$ et $f : X \to Y$ une bijection.

Les graphes de f et de f^{-1} sont symétriques l'un de l'autre par rapport à la première bissectrice.

Démonstration page 87

Proposition 20

Soit $f : X \to Y$ une bijection strictement monotone. Alors la fonction f^{-1} est strictement monotone, de même monotonie que f.

Démonstration page 87

Remarque Si $f : X \to Y$ est une bijection impaire, alors sa bijection réciproque f^{-1} est aussi impaire. En effet, soit $y \in Y$. Puisque $f^{-1}(y) \in X$, alors $-f^{-1}(y) \in X$ et :

$$\begin{aligned} f\big(-f^{-1}(y)\big) &= -f\big(f^{-1}(y)\big) && \text{(imparité de } f\text{)} \\ &= -y && \text{(bjections réciproques)} \\ &= f\big(f^{-1}(-y)\big) && \text{(\textit{idem} et } -y \in \operatorname{Im} f\text{).} \end{aligned}$$

L'injectivité de f permet alors d'en déduire que $f^{-1}(-y) = -f^{-1}(y)$.

Cas d'une fonction dérivable, bijective d'un intervalle sur un autre

Considérons un intervalle J et $f : I \to J$ une bijection, ainsi que $a \in I$ et $b = f(a)$. Supposons que f soit dérivable en a et f^{-1} dérivable en b.

Puisque $f^{-1}\big(f(x)\big) = x$ pour tout $x \in I$, par dérivée d'une composée de fonctions dérivables, on obtient :

$$(f^{-1})'(b)\, f'(a) = 1,$$

ce qui montre que $f'(a) \neq 0$ est une condition nécessaire pour que f^{-1} soit dérivable en b.

405 Cela est précisé dans la proposition suivante, qui sera prouvée au chapitre 11.

Proposition 21

Soit J un intervalle, $f : I \to J$ une bijection dérivable, $b \in J$ et $a = f^{-1}(b)$.

- La fonction f^{-1} est dérivable en b si, et seulement si, $f'(a) \neq 0$.
- Si $f'(a) \neq 0$, on a alors $(f^{-1})'(b) = \dfrac{1}{f'(a)}\cdot$

Comme f est dérivable en a, le graphe de f admet une tangente T en $A = (a, b)$, de pente $f'(a)$.

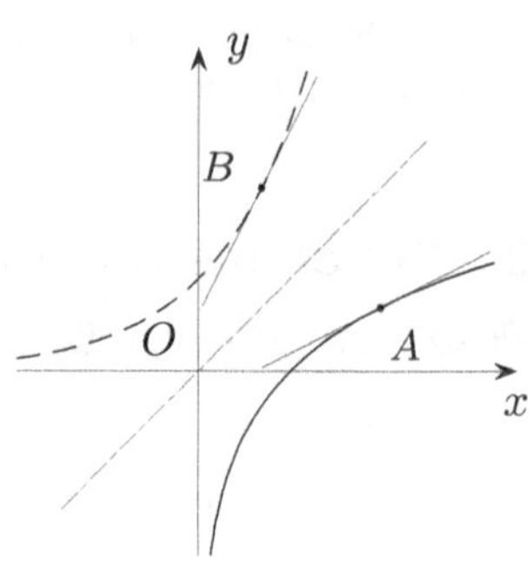

- Si $f'(a) \neq 0$, alors f^{-1} est dérivable en b, donc le graphe de f^{-1} admet une tangente T' en $B = (b, a)$ de pente $1/f'(a)$. En d'autres termes T' est l'image de T par la symétrie orthogonale par rapport à la première bissectrice.
- Dans le cas où $f'(a) = 0$, la droite T est horizontale. On peut alors montrer que la limite du taux d'accroissement de f^{-1} en b est $\pm\infty$. Le graphe de f^{-1} admet une tangente verticale T' en (b, a).

Ces résultats sont cohérents avec le fait que les graphes de f et f^{-1} sont symétriques par rapport à la première bissectrice.

Remarque On rencontre souvent la situation où $f : I \to \mathbb{R}$ est une fonction dérivable et strictement monotone. Alors :

- la fonction f est injective (cf. proposition 11 de la page 71) ;
- 373 d'après le théorème des valeurs intermédiaires, $J = f(I)$ est un intervalle, car f est dérivable, donc continue.

Dans ces conditions, f induit une bijection $\widetilde{f}$ de I sur J à laquelle on peut appliquer la proposition 21 de la page précédente.

Ex. 56. La fonction $f : \begin{array}{ccc} \mathbb{R} & \longrightarrow & \mathbb{R} \\ x & \longmapsto & x^3 \end{array}$ est une bijection strictement croissante de $\mathbb{R}$ sur $\mathbb{R}$.

En effet, f est dérivable sur $\mathbb{R}$ et, pour tout $x \in \mathbb{R}$, on a $f'(x) = 3x^2$. Puisque f' est à valeurs positives et s'annule exactement une seule fois, f est strictement croissante sur l'intervalle $\mathbb{R}$, donc définit une bijection de $\mathbb{R}$ sur $f(\mathbb{R})$. Puisque $\lim\limits_{-\infty} f = -\infty$, $\lim\limits_{+\infty} f = +\infty$ et que $\mathbb{R}$ est un intervalle, le théorème des valeurs intermédiaires donne $f(\mathbb{R}) = \mathbb{R}$.

Pour $y \in \mathbb{R}$, on note $\sqrt[3]{y} = f^{-1}(y)$ et l'on dit que $\sqrt[3]{y}$ est la **racine cubique** de y.

Le graphe de $y \mapsto \sqrt[3]{y}$ se déduit de celui de f par symétrie par rapport à la première bissectrice. Puisque f' ne s'annule qu'en 0 et que $0^3 = 0$, la fonction $y \mapsto \sqrt[3]{y}$ est dérivable sur $\mathbb{R}_+^*$ et sur $\mathbb{R}_-^*$, mais pas en 0. Par ailleurs :

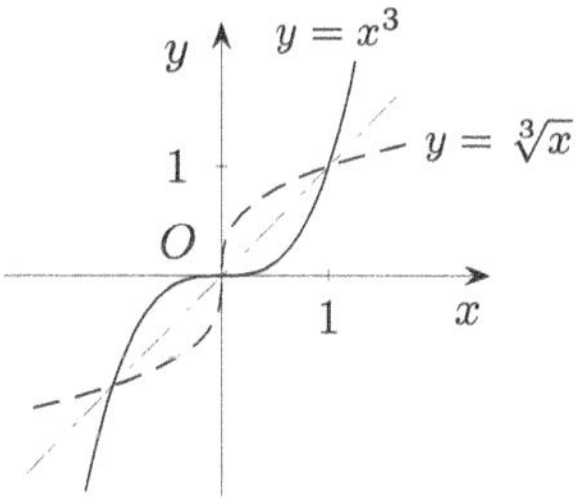

$$\forall y \in \mathbb{R}^* \quad \frac{\mathrm{d}}{\mathrm{d}y}\left(\sqrt[3]{y}\right) = \frac{1}{3\left(\sqrt[3]{y}\right)^2}.$$

Remarque Plus généralement :

- si n est un entier impair supérieur à 3, la fonction $x \mapsto x^n$ définit une bijection continue strictement croissante de $\mathbb{R}$ sur $\mathbb{R}$; son application réciproque se note $\sqrt[n]{\ }$, et elle est continue sur $\mathbb{R}$, dérivable sur $\mathbb{R}^*$;
- si $n \in \mathbb{N}^*$ est pair, la fonction $x \mapsto x^n$ induit une bijection continue strictement croissante de $\mathbb{R}_+$ sur $\mathbb{R}_+$; son application réciproque se note encore $\sqrt[n]{\ }$, et elle est continue sur $\mathbb{R}_+$, dérivable sur $\mathbb{R}_+^*$.

Démonstrations

Proposition 4 Comme $-|x| \leqslant x \leqslant |x|$, si $|x| \leqslant h$, on a *a fortiori* $-h \leqslant -|x| \leqslant x \leqslant |x| \leqslant h$. Réciproquement, supposons $-h \leqslant x \leqslant h$. Si $x \geqslant 0$, alors $|x| = x \leqslant h$. Si $x \leqslant 0$, alors $|x| = -x \leqslant h$. Dans les deux cas, $|x| \leqslant h$.

Proposition 6

Première inégalité. Soit x et y deux réels.

Par définition, on a $-|x| \leqslant x \leqslant |x|$ et $-|y| \leqslant y \leqslant |y|$. Par addition, on en déduit :

$$-(|x| + |y|) \leqslant x + y \leqslant |x| + |y|,$$

ce qui, d'après la proposition 4 de la page 62, entraîne $|x+y| \leqslant |x| + |y|$.

Seconde inégalité. En appliquant la première inégalité avec $(x+y)$ et $-y$, on obtient :

$$|x| = |(x+y) - y)| \leqslant |x+y| + |-y| = |x+y| + |y|$$

et donc $|x| - |y| \leqslant |x+y|$.

Cette propriété étant donc vraie pour tout couple (x,y) de réels, on peut l'appliquer à (y,x), ce qui conduit à $|y| - |x| \leqslant |y+x| = |x+y|$.

Comme $\big||x| - |y|\big| = \max\big(|x| - |y|, |y| - |x|\big)$, cela donne :

$$\big||x| - |y|\big| \leqslant |x+y|.$$

Proposition 7

- Supposons qu'il existe $R \in \mathbb{R}_+$ tel que $\forall x \in A \quad |x| \leqslant R$. Pour tout $x \in A$, d'après la proposition 4 de la page 62, on a $-R \leqslant x \leqslant R$. Ainsi R est un majorant de A et $-R$ un minorant, ce qui prouve que A est une partie bornée de $\mathbb{R}$.
- Réciproquement, supposons A bornée. Soit M un majorant (respectivement m un minorant) de A. Soit $x \in A$. On a :

$$x \leqslant M \leqslant |M| \leqslant \max\big(|m|, |M|\big)$$

$$x \geqslant m \geqslant -|m| \geqslant \min\big(-|m|, -|M|\big) = -\max\big(|m|, |M|\big).$$

Par suite, en posant :

$$R = \max\big(|m|, |M|\big),$$

on a $-R \leqslant x \leqslant R$ pour tout $x \in A$, ou encore $\forall x \in A \quad |x| \leqslant R$.

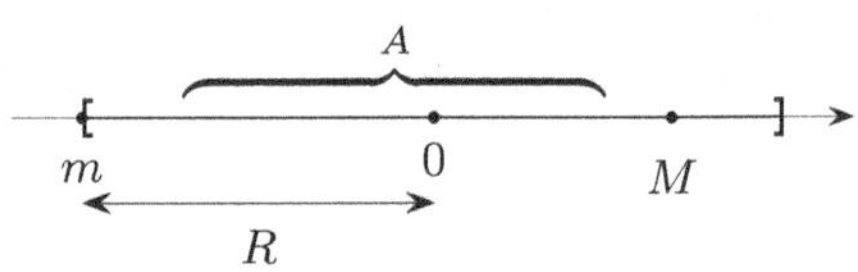

Proposition 9 Soit $x \in \mathbb{R}$.

Unicité. Soit $r \in [0, \alpha[$ tel que $x \equiv r\ [\alpha]$. Prenons $k \in \mathbb{Z}$ tel que $x - r = k\alpha$. Les inégalités $0 \leqslant r < \alpha$ donnent alors $k\alpha \leqslant x < k\alpha + \alpha$, soit $k \leqslant \frac{x}{\alpha} < k+1$. Ainsi, $k = \lfloor \frac{x}{\alpha} \rfloor$ puis $r = x - k\alpha$, ce qui prouve l'unicité de r.

Existence. Prenons donc $k = \lfloor \frac{x}{\alpha} \rfloor$ et posons $r = x - k\alpha$. Alors $r \equiv x\ [\alpha]$. L'encadrement $k \leqslant \frac{x}{\alpha} < k+1$ donne alors $0 \leqslant r < \alpha$, ce qui prouve que r convient.

Proposition 11 Soit $(x,y) \in X^2$ tel que $x \neq y$. Quitte à échanger x et y, on peut supposer $x < y$. Puisque la fonction f est strictement monotone, on a soit $f(x) < f(y)$ (cas croissant), soit $f(x) > f(y)$ (cas décroissant). Dans tous les cas, on a $f(x) \neq f(y)$.

Par définition, cela implique que f est injective.

Proposition 12 Prenons M_f et M_g deux réels tels que :

$$\forall x \in X \quad \left|f(x)\right| \leqslant M_f \qquad \text{et} \qquad \forall x \in X \quad \left|g(x)\right| \leqslant M_g,$$

ce qui est possible car f et g sont bornées.

- Soit $x \in X$. Par l'inégalité triangulaire :

  $$\left|(f+g)(x)\right| = \left|f(x)+g(x)\right| \leqslant \left|f(x)\right| + \left|g(x)\right| \leqslant M_f + M_g.$$

  Il s'ensuit que $M_f + M_g$ majore $|f+g|$, donc que $f+g$ est bornée.
- Soit $x \in X$. On a :

  $$\left|(fg)(x)\right| = \left|f(x)g(x)\right| \leqslant \left|f(x)\right|\left|g(x)\right| \leqslant M_f\, M_g,$$

  car $\left|f(x)\right| \geqslant 0$ et $\left|g(x)\right| \geqslant 0$. Il s'ensuit que $M_f M_g$ majore $|fg|$, donc que fg est bornée.

Proposition 15

- Supposons $n \in \mathbb{N}^*$. D'après l'exemple 45 de la page 74, $g : \begin{array}{rcl} \mathbb{R} & \longrightarrow & \mathbb{R} \\ x & \longmapsto & x^n \end{array}$ est dérivable en tout $b \in \mathbb{R}$ et $g'(b) = n\, b^{n-1}$. Le résultat découle alors directement de la proposition précédente.
- Supposons $n < 0$.

  Si f à valeurs strictement positives, comme la fonction $g : \begin{array}{rcl} \mathbb{R}_+^* & \longrightarrow & \mathbb{R} \\ x & \longmapsto & x^n \end{array}$ est dérivable en tout $b \in \mathbb{R}_+^*$ et $g'(b) = n\, b^{n-1}$ (cf. exemple 48 de la page 77), on conclut alors à l'aide de la proposition 14 de la page 76. Même constat lorsque f est à valeurs strictement négatives.

Corollaire 17

- * Si f est constante sur I, alors $f' = 0$ (cf. exemple 41 de la page 73).
  * Si $f' = 0$, alors $f' \geqslant 0$, donc f est croissante sur l'intervalle I. De même, f est décroissante, donc elle est constante.
- Par linéarité de la dérivation, si $f' = g'$, alors $(f-g)' = 0$, donc la fonction $f - g$ est constante sur l'intervalle I.

Proposition 19
Soit $(x,y) \in \Gamma_f$. Par définition du graphe, on a $x \in X$ et $y = f(x)$. On en déduit que $y \in Y$ et $x = f^{-1}(y)$, ce qui prouve que $(y,x) \in \Gamma_{f^{-1}}$.

Comme f est la fonction réciproque de f^{-1}, on en déduit de même que si $(y,x) \in \Gamma_{f^{-1}}$, alors $(x,y) \in \Gamma_f$.

Ainsi, les graphes de f et f^{-1} sont symétriques par rapport à la première bissectrice.

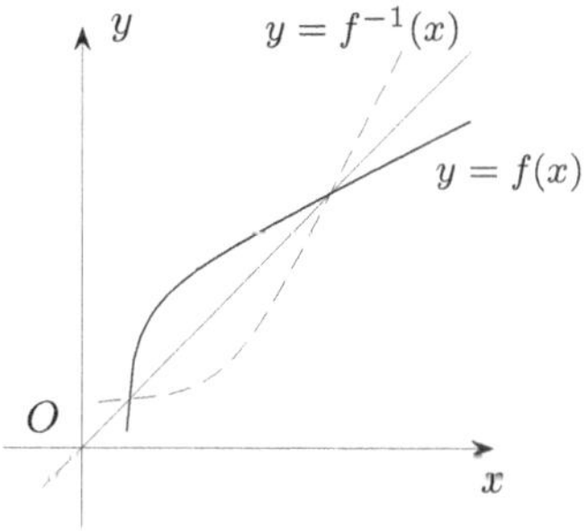

Proposition 20

- Supposons f strictement croissante. Considérons $y = f(x)$ et $y' = f(x')$ des éléments de Y, avec $y < y'$. Si $x \geqslant x'$, on aurait $y = f(x) \geqslant f(x') = y'$, ce qui est impossible. Ainsi $x < x'$, c'est-à-dire $f^{-1}(y) < f^{-1}(y')$. On en déduit que f^{-1} est strictement croissante.
- On raisonne de même lorsque f est strictement décroissante.

S'entraîner et approfondir

Les nombres réels

3.1 Montrer :
→58

$$\forall n \in \mathbb{N}^* \quad \sum_{k=n+1}^{2n} \frac{1}{k} \geqslant \frac{1}{2}.$$

3.2 Soit n un entier naturel non nul et $x_1, \ldots, x_n$ des éléments de $[0,1]$.
→61

1. Pour $x \in [0,1]$, quel est le signe de $x(1-x)$?
2. Montrer que si $x_1 + \cdots + x_n = x_1^2 + \cdots + x_n^2$, alors $x_i \in \{0,1\}$ pour tout $i \in [\![1,n]\!]$.

3.3 Montrer que tout nombre réel est congru, modulo 2π, à un unique élément de $]-\pi, \pi]$.
→65

3.4 Soit n un entier naturel non nul et $x_0, \ldots, x_n$ des éléments de $[0,1[$ tels que $x_0 < \cdots < x_n$.

Montrer qu'il existe $i \in [\![0, n-1]\!]$ tel que $x_{i+1} - x_i < \dfrac{1}{n}$.

3.5 Résoudre l'équation $|x+3| - |x-1| = |2\,x+1|$.

3.6 Pour $x \in [-\pi, \pi]$ donner le signe de $\sin(x)\big(\sin(x)-1\big)\big(2\cos(x)-1\big)$.

Fonctions de la variable réelle

3.7 Soit f et g deux fonctions numériques définies sur $\mathbb{R}$.
→68

1. Que dire de la parité de $f+g$ et fg lorsque f et g sont impaires ?
2. Que dire de la parité de $f+g$ et fg lorsque f est paire et g impaire ?

3.8 Soit f et g deux fonctions définies sur X croissantes et négatives. Que peut-on dire de la monotonie de la fonction fg ?
→70

3.9 Soit $n \in \mathbb{N}^*$. On pose $f_n : \begin{array}{ccc} \mathbb{R} & \longrightarrow & \mathbb{R} \\ x & \longmapsto & x^n. \end{array}$
→76

Montrer par récurrence, en utilisant la proposition 13 de la page 76, que f est dérivable sur $\mathbb{R}$ et, pour $(a,n) \in \mathbb{R} \times \mathbb{N}^*$, que l'on a $f_n'(a) = na^{n-1}$.

3.10 Si x est un réel donné, que penser des relations suivantes ?
→76

(*a*) $\sin'(2x) = \cos(2x)$ (*b*) $\sin'(2x) = 2\,\cos(2x)$

(*c*) $\sin(2x)' = \cos(2x)$ (*d*) $\sin(2x)' = 2\,\cos(2x)$

3.11 Soit $a \in]0, \pi[$. Calculer la dérivée de $f : x \mapsto \dfrac{x - \cos a}{(x^2 - 2\,x\cos a + 1)^5}$,
→78

- à l'aide de la formule donnant la dérivée d'un quotient ;
- en dérivant le produit $(x - \cos a)\big(x^2 - 2x\cos a + 1\big)^{-5}$.

3.12 Dresser le tableau de variations de $f : x \mapsto \dfrac{x^2+x+1}{(x-1)^3}$.
→80

3.13 Montrer que la fonction $f : x \mapsto \ln\left(\dfrac{2e^x+1}{e^x+2}\right)$ est définie et monotone sur $\mathbb{R}$.

3.14 Soit $f \in \mathbb{R}^X$. On pose $f^+ = \dfrac{|f|+f}{2}$ et $f^- = \dfrac{|f|-f}{2}$.

1. Pour tout $x \in X$, simplifier $f^+(x)$ et $f^-(x)$, suivant le signe de $f(x)$.
2. Représenter graphiquement f, $|f|$, f^+ et f^- lorsque $f : \begin{array}{ccc} \mathbb{R} & \longrightarrow & \mathbb{R} \\ x & \longmapsto & x^2-2x. \end{array}$

3.15 Déterminer en fonction du paramètre réel m le nombre de solutions dans l'intervalle $[0,1]$ de l'équation $x^3 - m\,x - 1 = 0$.

Solutions des exercices

3.1 Soit $n \in \mathbb{N}^*$. Pour tout $k \in [\![n+1, 2n]\!]$, on a $\frac{1}{k} \geqslant \frac{1}{2n}$, donc en additionnant ces inégalités, on obtient :

$$\sum_{k=n+1}^{2n} \frac{1}{k} \geqslant \sum_{k=n+1}^{2n} \frac{1}{2n} = n \times \frac{1}{2n} = \frac{1}{2}.$$

3.2 1. Lorsque $x \in [0,1]$, le réel $x(1-x)$ est le produit de deux réels positifs, donc est positif.

2. Supposons que $x_1 + \cdots + x_n = x_1^2 + \cdots + x_n^2$. On a donc :

$$\begin{aligned} 0 &= x_1 + \cdots + x_n - x_1^2 - \cdots - x_n^2 \\ &= \underbrace{x_1(1-x_1)}_{\geqslant 0} + \cdots + \underbrace{x_n(1-x_n)}_{\geqslant 0}. \end{aligned}$$

Puisque qu'une somme de termes positifs est nulle si, et seulement si, chacun des termes est nul, on en déduit, pour tout $i \in [\![1, n]\!]$:

$$x_i(1-x_i) = 0 \qquad \text{c'est-à-dire} \qquad (x_i = 0 \quad \text{ou} \quad x_i = 1).$$

3.3 Soit $\theta \in \mathbb{R}$.

Analyse. Soit $\varphi \in \left]-\pi, \pi\right]$ tel que $\theta \equiv \varphi\ [2\pi]$. Alors $\pi - \theta \equiv \pi - \varphi\ [2\pi]$ et $\pi - \varphi \in [0, 2\pi[$. D'après la proposition 9 de la page 65, on a donc $\varphi = \pi - r$, où r est l'unique élément de $[0, 2\pi[$ congru à $\pi - \theta$ modulo 2π, d'où l'unicité.

Synthèse. Il est alors immédiat que $\varphi = \pi - r$ convient effectivement.

3.4 Raisonnons par l'absurde en supposant : $\forall i \in [\![0, n-1]\!] \quad \dfrac{1}{n} \leqslant x_{i+1} - x_i.$

En sommant ces inégalités, il vient :

$$\underbrace{\frac{1}{n} + \cdots + \frac{1}{n}}_{n \text{ fois}} \leqslant \big(x_1 - x_0\big) + \cdots + \big(x_n - x_{n-1}\big),$$

donc $1 \leqslant x_n - x_0$. C'est impossible car $x_n - x_0 < 1$.

En conclusion, il existe $i \in [\![0, n-1]\!]$ tel que $x_{i+1} - x_i < \frac{1}{n}$.

3.5 Soit f la fonction définie sur $\mathbb{R}$ par : $f(x) = |x+3| - |x-1| - |2x+1|$.

Distinguons les cas suivants :

- si $x \in \left]-\infty, -3\right]$, alors on a :

$$f(x) = -(x+3) + (x-1) + (2x+1) = 2x - 3\ ;$$

ainsi, la seule valeur de x telle que $f(x) = 0$ serait $3/2$, mais cette valeur n'est pas dans l'intervalle $\left]-\infty, -3\right]$;

- si $x \in \left[-3, -\frac{1}{2}\right]$, alors on a :

$$f(x) = (x+3) + (x-1) + (2x+1) = 4x + 3$$

qui s'annule si, et seulement si, $x = -\frac{3}{4}$;

- si $x \in \left[-\frac{1}{2}, 1\right]$, alors on a $f(x) = (x+3) + (x-1) - (2x+1) = 1 > 0$;
- si $x \in [1, +\infty[$, alors on a :

$$f(x) = (x+3) - (x-1) - (2x+1) = -2x+3$$

  qui s'annule si, et seulement si, $x = \frac{3}{2}\cdot$

Les solutions de l'équation donnée sont donc $-\dfrac{3}{4}$ et $\dfrac{3}{2}\cdot$

3.6 Pour $x \in [-\pi, \pi]$, étudions le signe de chacun des facteurs. On a :

- $\sin(x) \geqslant 0$ si, et seulement si, $x \in [0, \pi]$ et $\sin x = 0$ si, et seulement si, $x = -\pi$, $x = 0$ ou $x = \pi$;
- $\sin(x) - 1 \leqslant 0$ et $\sin x - 1 = 0$ si, et seulement si, $x = \frac{\pi}{2}$;
- $2\cos(x) - 1 \geqslant 0$ si, et seulement si, $x \in \left[-\frac{\pi}{3}, \frac{\pi}{3}\right]$, et $2\cos(x) - 1 = 0$ si, et seulement si, $x = \pm\frac{\pi}{3}\cdot$

En notant $e(x) = \sin(x)\big(\sin(x) - 1\big)\big(2\cos(x) - 1\big)$:

x	$-\pi$		$-\frac{\pi}{3}$		0		$\frac{\pi}{3}$		$\frac{\pi}{2}$		π
$\sin(x)$	0	$-$		$-$	0	$+$		$+$		$+$	0
$\sin(x) - 1$		$-$		$-$		$-$		$-$	0	$-$	
$2\cos(x) - 1$		$-$	0	$+$		$+$	0	$-$		$-$	
$e(x)$	0	$-$	0	$+$	0	$-$	0	$+$	0	$+$	0

3.7 1. • Pour tout $x \in \mathbb{R}$, on a :

$$(f+g)(-x) = f(-x) + g(-x) = -f(x) - g(x) = -(f+g)(x).$$

La fonction $f+g$ est donc impaire.

• Pour tout $x \in \mathbb{R}$, on a :

$$(fg)(-x) = f(-x)g(-x) = \big(-f(x)\big)\big(-g(x)\big) = (fg)(x).$$

La fonction fg est donc paire.

2. • Pour tout $x \in \mathbb{R}$, on a :

$$(fg)(-x) = f(-x)g(-x) = f(x)\big(-g(x)\big) = -(fg)(x).$$

La fonction fg est donc impaire.

• On ne peut rien dire en général de la somme. Pour tout $x \in \mathbb{R}$, on a :

$$(f+g)(-x) = f(-x) + g(-x) = f(x) - g(x).$$

* La fonction $f+g$ sera donc paire si, et seulement si, pour tout $x \in \mathbb{R}$:

$$f(x) - g(x) = f(x) + g(x),$$

c'est-à-dire si, et seulement si, g est la fonction nulle.

* De même, $f+g$ sera donc impaire si, et seulement si, $f = 0$.

3.8 Le plus simple est de se ramener à des fonctions positives.

Puisque les fonctions f et g sont croissantes et négatives, les fonctions $-f$ et $-g$ sont décroissantes et positives. Par suite, la fonction $fg = (-f)(-g)$ est décroissante (et positive).

3.9 Pour $n \in \mathbb{N}^*$, posons $\mathcal{H}_n$: « f_n est dérivable en tout $a \in \mathbb{R}$ et $f_n'(a) = n\,a^{n-1}$ ».
Montrons que $\mathcal{H}_n$ est vraie pour tout $n \in \mathbb{N}^*$.

Initialisation. Le cas de la propriété $\mathcal{H}_1$ est déjà traité (cf. exemple 42 de la page 73).

Hérédité. Soit $n \in \mathbb{N}^*$ tel que $\mathcal{H}_n$ et $a \in \mathbb{R}$. Par hypothèse de récurrence $f_n'(a) = na^{n-1}$ et l'on sait que $f_1'(a) = 1$. Comme $f_{n+1} = f_n \times f_1$, on déduit alors de la proposition 13 de la page 76 que f_{n+1} est dérivable en a et que :

$$f_{n+1}'(a) = f_n'(a) f_1(a) + f_n(a) f_1'(a) = n\,a^{n-1}\,a + a^n\,1 = (n+1)\,a^n.$$

Cela démontre le résultat par récurrence.

3.10
- Les relations (c) et (d) n'ont aucun sens car le symbole « $'$ » ne peut s'appliquer qu'à des fonctions alors que $\sin(2x)$ est un réel.
- Entre (a) et (b), c'est la relation (a) qui est correcte car $\sin'(2x)$ représente la valeur en $2x$ de la dérivée de la fonction sin, c'est-à-dire $\cos(2x)$.
- La valeur $2\cos(2x)$ est égale à $f'(x)$ lorsque $f : x \mapsto \sin(2x)$.
  D'ailleurs, au lieu d'introduire f et d'écrire $f'(x) = 2\cos(2x)$, on peut aussi écrire directement $\frac{\mathrm{d}}{\mathrm{d}x}\sin(2x) = 2\cos(2x)$.

3.11 La fonction donnée est définie sur $\mathbb{R}$ puisque :

$$\forall x \in \mathbb{R} \quad x^2 - 2x\cos a + 1 = (x - \cos a)^2 + \sin^2 a \geqslant \sin^2 a > 0 \quad \text{car } a \in]0, \pi[.$$

- En dérivant comme un quotient, on obtient, pour tout $x \in \mathbb{R}$:

$$f'(x) = \frac{\left(x^2 - 2\,x\cos a + 1\right)^5 - 5\,(x - \cos a)\,(2\,x - 2\,\cos a)\left(x^2 - 2\,x\cos a + 1\right)^4}{\left(x^2 - 2\,x\cos a + 1\right)^{10}},$$

  expression qu'il ne faut pas oublier de simplifier par $\left(x^2 - 2\,x\cos a + 1\right)^4$.
- En dérivant comme un produit, on obtient, pour tout $x \in \mathbb{R}$:

$$f'(x) = \left(x^2 - 2\,x\cos a + 1\right)^{-5} - \frac{(5\,x - 5\,\cos a)\,(2\,x - 2\,\cos a)}{\left(x^2 - 2\,x\cos a + 1\right)^6}$$

  qui donne directement :

$$f'(x) = \frac{\left(x^2 - 2\,x\cos a + 1\right) - (5\,x - 5\,\cos a)\,(2\,x - 2\,\cos a)}{\left(x^2 - 2\,x\cos a + 1\right)^6}$$
$$= -\frac{9\,x^2 - 18\,x\cos a - 1 + 10\,(\cos a)^2}{\left(x^2 - 2\,x\cos a + 1\right)^6}.$$

3.12
- Le domaine de définition de f est $D_f =]-\infty, 1[\cup]1, +\infty[$.
- La fonction f est dérivable sur ces deux intervalles comme quotient de fonctions dérivables dont le dénominateur ne s'annule pas et, pour $x \in D_f$, on a :

$$f'(x) = \frac{2x+1}{(x-1)^3} + (x^2 + x + 1)\frac{-3}{(x-1)^4}$$
$$= \frac{(2x+1)(x-1) - 3(x^2 + x + 1)}{(x-1)^4} = \frac{-x^2 - 4x - 4}{(x-1)^4} = -\frac{(x+2)^2}{(x-1)^4}.$$

  Cette dérivée est donc négative en tout point et ne s'annule qu'en -2.

- On en déduit que la fonction f est strictement décroissante sur chacun des intervalles de son domaine de définition, ce qui permet de dresser son tableau de variations :

x	$-\infty$		1		$+\infty$
f	0	$\searrow$	$-\infty$ ‖ $+\infty$	$\searrow$	0

3.13 La fonction $f\ :\ x \mapsto \ln\left(\dfrac{2e^x+1}{e^x+2}\right)$ est définie sur $\mathbb{R}$ car :

$$\forall x \in \mathbb{R} \quad e^x + 2 \neq 0 \quad \text{et} \quad \frac{2\,e^x+1}{e^x+2} > 0.$$

Elle est monotone comme composée de trois fonctions monotones :

- la fonction exp (à valeurs positives),
- la fonction homographique $\begin{array}{ccc} \mathbb{R}_+ & \longrightarrow & \mathbb{R}_+^* \\ t & \longmapsto & \frac{2\,t+1}{t+2} \end{array}$ (cf. exemple 34 de la page 69),
- la fonction ln.

On en déduit que f est monotone en tant que composée de trois fonctions monotones. Comme $f(0) = 0$ et $f(\ln 2) = \ln(5/4) > 0$, la fonction f est croissante.

Remarque Pour la monotonie, on peut évidemment dériver ; dans ce cas, il est alors préférable d'écrire auparavant $f(x) = \ln(2e^x + 1) - \ln(e^x + 2)$.

3.14 1. Si $f(x) \geqslant 0$, alors $|f|(x) = f(x)$ et donc $f^+(x) = f(x)$ et $f^-(x) = 0$.
Si $f(x) \leqslant 0$ alors $|f|(x) = -f(x)$ et donc $f^+(x) = 0$ et $f^-(x) = -f(x)$.

2. Pour $f:\ \begin{array}{ccc} \mathbb{R} & \longrightarrow & \mathbb{R} \\ x & \longmapsto & x^2 - 2\,x \end{array}$, on obtient les graphes suivants :

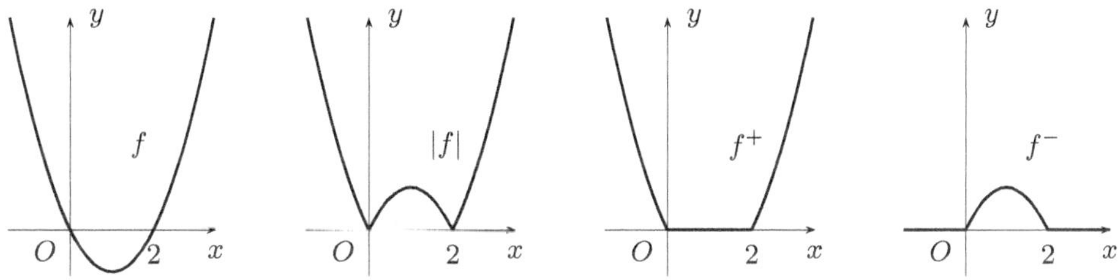

3.15 Comme $x = 0$ n'est pas solution de l'équation donnée, cette équation possède autant de solutions que l'équation :

$$m = \frac{x^3 - 1}{x} = x^2 - \frac{1}{x} \quad \text{d'inconnue } x \in \left]0,1\right].$$

La fonction $f:\ \begin{array}{ccc} \left]0,1\right] & \longrightarrow & \mathbb{R} \\ x & \longmapsto & x^2 - \dfrac{1}{x} \end{array}$ est dérivable et :

$$\forall x \in \left]0,1\right] \quad f'(x) = 2x + \frac{1}{x^2},$$

x	0		1
$f(x)$	$-\infty$	$\nearrow$	0

d'où le tableau de variations ci-dessus duquel on déduit les conclusions suivantes :

- si $m \leqslant 0$ l'équation donnée possède une unique solution dans $\left]0,1\right]$;
- si $m > 0$ l'équation donnée ne possède aucune solution dans $\left]0,1\right]$.

Chapitre 4 : Calculs algébriques et trigonométrie

Calculs algébriques et trigonométrie

4

Nous introduisons dans ce chapitre des outils de calculs algébriques (les symboles $\sum$ et $\prod$, les coefficients binomiaux et la formule du binôme, les systèmes linéaires et la méthode du pivot), ainsi que des notions de trigonométrie.

I Symboles $\sum$ et $\prod$

1 Définitions

Étant donné des nombres réels $a_1, \ldots, a_n$, il arrive fréquemment que l'on ait besoin de considérer leur somme et/ou leur produit. Une première possibilité est d'utiliser des points de suspension :

- $a_1 + \cdots + a_n$ pour désigner la somme des n nombres $a_1, \ldots, a_n$;
- $a_1 \times \cdots \times a_n$ pour désigner le produit des n nombres $a_1, \ldots, a_n$.

Dans les notations ci-dessus, il faut bien comprendre que si n vaut 1, alors la somme et le produit considérés valent simplement a_1 (l'écriture du terme a_2 avant les points de suspension ne sert qu'à bien expliciter la liste utilisée).
Pour pallier cet inconvénient et éviter toute ambiguïté, nous introduisons les notations suivantes :

- $\displaystyle\sum_{k=1}^{n} a_k$ pour désigner la somme de ces n nombres;
- $\displaystyle\prod_{k=1}^{n} a_k$ pour désigner le produit de ces n nombres.

Ex. 1. Pour $x \in \mathbb{R}$ et $n \in \mathbb{N}^*$, on pose $x^n = \underbrace{x \times \cdots \times x}_{n \text{ termes}} = \prod_{k=1}^{n} x$.

Ex. 2. Pour $n \in \mathbb{N}^*$, on appelle **factorielle n**, et l'on note $n!$, le nombre entier :

$$n! = 1 \times 2 \times \cdots \times (n-1) \times n = \prod_{k=1}^{n} k.$$

On a ainsi $1! = 1$, $2! = 2$, $3! = 6$, $4! = 24$, $5! = 120, \ldots$

Plus généralement, si p et q sont deux entiers vérifiant $p \leqslant q$, et si l'on dispose de $q-p+1$ nombres réels numérotés de p à q : $a_p, \ldots, a_q$, on note :

- $a_p + \cdots + a_q$, ou $\sum\limits_{k=p}^{q} a_k$, leur somme ;
- $a_p \times \cdots \times a_q$, ou $\prod\limits_{k=p}^{q} a_k$, leur produit.

Attention Dans une somme ou un produit dont l'indice varie de p à q, le nombre de termes est égal à $q-p+1$.

Notation On utilise indifféremment les notations suivantes :

- d'une part $\sum\limits_{k=p}^{q} a_k$, $\sum\limits_{k \in [\![p,q]\!]} a_k$ ou encore $\sum\limits_{p \leqslant k \leqslant q} a_k$;
- d'autre part $\prod\limits_{k=p}^{q} a_k$, $\prod\limits_{k \in [\![p,q]\!]} a_k$ ou encore $\prod\limits_{p \leqslant k \leqslant q} a_k$.

Cas d'une famille finie quelconque

On étend les notions introduites ci-dessus au cas de n'importe quelle famille $(a_k)_{k \in I}$, où l'ensemble d'indexation I est *fini* et *non vide* :

- $\sum\limits_{k \in I} a_k$ désigne la somme de tous les termes de la famille ;
- $\prod\limits_{k \in I} a_k$ désigne le produit de tous les termes de la famille.

Ex. 3. La somme des termes de la famille $(k^2)_{k \in [\![-2,2]\!]}$ vaut :

$$\sum_{k \in [\![-2,2]\!]} k^2 = 4+1+0+1+4 = 10.$$

On voit dans cet exemple que les termes d'une famille ne sont pas nécessairement deux à deux distincts. Une valeur peut donc être comptée plusieurs fois dans une somme.

Attention La lettre k intervenant dans les notations précédentes désigne une variable muette servant à décrire l'ensemble d'indexation. On peut choisir d'utiliser n'importe quelle autre lettre ! Ainsi on a :

$$\sum_{k \in I} a_k = \sum_{\ell \in I} a_\ell.$$

Remarque Lorsque tous les termes de la famille $(a_k)_{k \in I}$ sont égaux, les calculs de $\sum\limits_{k \in I} a_k$ et $\prod\limits_{k \in I} a_k$ sont immédiats. En effet, en notant alors n le nombre de termes de la famille (*i.e.* le nombre d'éléments de I), et α leur valeur commune, on a :

$$\sum_{k \in I} a_k = \underbrace{\alpha + \cdots + \alpha}_{n \text{ termes}} = n\alpha \qquad \text{et} \qquad \prod_{k \in I} a_k = \underbrace{\alpha \times \cdots \times \alpha}_{n \text{ termes}} = \alpha^n.$$

Somme vide, produit vide

- On étend les notions de somme et produit au cas où l'ensemble d'indexation est vide, en convenant qu'une somme vide vaut 0 et qu'un produit vide vaut 1 :
$$\sum_{k\in\varnothing} a_k = 0 \qquad \text{et} \qquad \prod_{k\in\varnothing} a_k = 1.$$
- Si $p = q+1$, on convient que $\sum\limits_{k=p}^{q} a_k = 0$ et $\prod\limits_{k=p}^{q} a_k = 1$.

Cette convention permet d'étendre naturellement :

Ex. 4. la notation x^n pour $x \in \mathbb{R}$ et $n = 0$: $x^0 = \prod\limits_{k=1}^{0} x = 1$;

Ex. 5. la notation $n!$ pour $n = 0$: $0! = \prod\limits_{k=1}^{0} k = 1$.

Exo 4.1

Premières règles de calcul

Les règles de calcul dans $\mathbb{R}$ nous donnent les propriétés de calcul suivantes.

1. *Séparation* :
$$\sum_{k\in I}(a_k+b_k) = \sum_{k\in I} a_k + \sum_{k\in I} b_k \qquad \text{et} \qquad \prod_{k\in I}(a_k\, b_k) = \left(\prod_{k\in I} a_k\right)\left(\prod_{k\in I} b_k\right).$$

En notant n le nombre d'éléments de I :

Ex. 6. pour tout réel λ, on a $\sum\limits_{k\in I}(a_k+\lambda) = \sum\limits_{k\in I} a_k + \sum\limits_{k\in I} \lambda = \sum\limits_{k\in I} a_k + n\lambda$;

Ex. 7. pour tout entier naturel p, on a $\prod\limits_{k\in I}(\lambda a_k) = \left(\prod\limits_{k\in I}\lambda\right)\left(\prod\limits_{k\in I} a_k\right) = \lambda^n \prod\limits_{k\in I} a_k$.

2. *Diverses opérations* (λ est un nombre réel, p un entier naturel) :
$$\sum_{k\in I}(\lambda\, a_k) = \lambda \sum_{k\in I} a_k \qquad\qquad \prod_{k\in I}(a_k)^p = \left(\prod_{k\in I} a_k\right)^p$$

3. *Relation de Chasles :* si l'on a $p \leqslant r \leqslant q$, alors :
$$\sum_{k=p}^{q} a_k = \sum_{k=p}^{r} a_k + \sum_{k=r+1}^{q} a_k \qquad \text{et} \qquad \prod_{k=p}^{q} a_k = \left(\prod_{k=p}^{r} a_k\right)\left(\prod_{k=r+1}^{q} a_k\right).$$

Attention Quand on utilise la relation de Chasles, il faut bien prendre garde à ne pas compter deux fois le terme a_r !

4. *Additivité par rapport à l'ensemble d'indexation :* si I_1 et I_2 sont deux ensembles finis disjoints, alors :
$$\sum_{k\in I_1\cup I_2} a_k = \sum_{k\in I_1} a_k + \sum_{k\in I_2} a_k \qquad \text{et} \qquad \prod_{k\in I_1\cup I_2} a_k = \prod_{k\in I_1} a_k \times \prod_{k\in I_2} a_k.$$
Cette dernière propriété est une généralisation de la relation de Chasles.

2 Changements d'indice

Dans certaines situations il est intéressant de modifier l'indexation d'une somme ou d'un produit.

Décalage d'indice

Si r est un entier, alors, dans la somme $S = \sum_{k=p}^{q} a_k$, on peut effectuer un décalage d'indice en utilisant le changement d'indice $[j = k + r]$:

$$S = \sum_{j=p+r}^{q+r} a_{j-r}.$$

Ex. 8. Étant donné une somme $S = \sum_{k=p}^{q} a_k$, le changement d'indice $[j = k - p]$ permet de se ramener à une somme indexée à partir de 0 :

$$S = \sum_{j=0}^{q-p} a_{j+p}.$$

Ex. 9. Pour $n \geqslant 2$, on souhaite calculer la somme $S = \sum_{k=1}^{n} \frac{2}{k(k+2)}$.

L'identité $\frac{2}{k(k+2)} = \frac{1}{k} - \frac{1}{k+2}$, valable pour tout $k \in \mathbb{N}^*$, et donc pour tout $k \in [\![1, n]\!]$, nous donne $S = \sum_{k=1}^{n} \frac{1}{k} - \sum_{k=1}^{n} \frac{1}{k+2}$.

Effectuons le changement d'indice $[j = k + 2]$ dans la deuxième somme :

$$\sum_{k=1}^{n} \frac{1}{k+2} = \sum_{j=3}^{n+2} \frac{1}{j} = \sum_{k=3}^{n+2} \frac{1}{k},$$

la dernière égalité étant justifiée par le caractère muet de la variable de sommation. On obtient :

$$\begin{aligned} S &= \sum_{k=1}^{n} \frac{1}{k} - \sum_{k=3}^{n+2} \frac{1}{k} \\ &= \left(1 + \frac{1}{2} + \sum_{k=3}^{n} \frac{1}{k}\right) - \left(\sum_{k=3}^{n} \frac{1}{k} + \frac{1}{n+1} + \frac{1}{n+2}\right) \qquad \text{(car } n \geqslant 2\text{)} \\ &= \frac{3}{2} - \frac{1}{n+1} - \frac{1}{n+2}. \end{aligned}$$

Attention À l'avant-dernière égalité du calcul précédent, on notera la justification « $n \geqslant 2$ ». En effet, pour pouvoir sortir deux termes des sommes $\sum_{k=1}^{n} \frac{1}{k}$ et $\sum_{k=3}^{n+2} \frac{1}{k}$, celles-ci doivent en comporter au moins deux.

Symétrisation

Dans certains calculs, il peut être judicieux d'inverser l'ordre des termes.

Ex. 10. Pour $n \in \mathbb{N}$, considérons une somme de la forme :

$$S = \sum_{k=0}^{n} a_k. \qquad (\star)$$

Pour inverser l'ordre de sommation, effectuons le changement d'indice $[j = n - k]$. Lorsque k décrit l'ensemble $[\![0, n]\!]$, alors j décrit sans redondance le même ensemble $[\![0, n]\!]$. On a donc :

$$S = \sum_{j=0}^{n} a_{n-j}. \qquad (\star\star)$$

Si l'on écrit les sommes avec des points de suspension :

- l'écriture $(\star)$ correspond à $S = a_0 + a_1 + \cdots + a_n$;
- l'écriture $(\star\star)$ correspond à $S = a_n + a_{n-1} + \cdots + a_0$.

Ex. 11. Pour $(p, q) \in \mathbb{N}^2$ tel que $p \leqslant q$, on souhaite inverser l'ordre des termes dans un produit $P = \prod_{k=p}^{q} a_k$.

- En effectuant le changement d'indice $[j = p+q-k]$, alors lorsque k décrit l'ensemble $[\![p, q]\!]$, j décrit le même ensemble $[\![p, q]\!]$. Cela donne l'écriture suivante pour P :

$$P = \prod_{j=p}^{q} a_{p+q-j}.$$

- En effectuant le changement d'indice $[j = q - k]$, alors lorsque k décrit l'ensemble $[\![p, q]\!]$, j décrit l'ensemble $[\![0, q-p]\!]$. Cela donne l'écriture suivante pour P :

$$P = \prod_{j=0}^{q-p} a_{q-j}.$$

Remarque Dans ce qui précède, les indices k et j étant des variables muettes, on peut utiliser la même lettre avant et après le changement d'indice. Ainsi, il est correct d'écrire :

$$\sum_{k=p}^{q} a_k = \sum_{k=p-1}^{q-1} a_{k+1}.$$

Cependant, l'utilisation d'une nouvelle lettre permet de réduire les risques d'erreurs dans la détermination des nouvelles bornes. En particulier, cela permet de faire de tête les raisonnements suivants :

- « quand k vaut p, alors j vaut … et quand k vaut q, alors j vaut … » ;
- « quand k décrit l'ensemble I, alors j décrit l'ensemble … ».

La formule donnant la somme des n premiers entiers est, vis-à-vis de sa démonstration, une bonne illustration du principe de symétrisation.

Proposition 1

Pour $n \in \mathbb{N}$, on a $\displaystyle\sum_{k=1}^{n} k = \frac{n(n+1)}{2}$.

Démonstration. Le résultat est évident pour $n = 0$, puisqu'une somme vide vaut 0. Donnons-nous $n \in \mathbb{N}^*$. Optons pour une démonstration intuitive, en utilisant des points de suspension. Notons S la somme considérée, et sommons une fois dans un sens, et une fois dans l'autre :

$$\begin{array}{ccccccccccc} S & = & 1 & + & 2 & + & \cdots & + & (n-1) & + & n \\ S & = & n & + & (n-1) & + & \cdots & + & 2 & + & 1 \\ \hline 2S & = & (n+1) & + & (n+1) & + & \cdots & + & (n+1) & + & (n+1) \end{array}$$

On a donc $2S = n(n+1)$, c'est-à-dire $S = \dfrac{n(n+1)}{2}$. □

Remarque On peut écrire le raisonnement précédent sans points de suspension en effectuant le changement d'indice $[j = n-k+1]$ dans la somme. Cela donne $S = \sum_{j=1}^{n}(n-j+1)$ puis :

$$\begin{aligned} 2S &= \sum_{k=1}^{n} k + \sum_{j=1}^{n}(n-j+1) \\ &= \sum_{k=1}^{n} k + \sum_{k=1}^{n}(n-k+1) && \text{(on renomme } j \text{ en } k \text{ dans la deuxième somme)} \\ &= \sum_{k=1}^{n}(n+1) \\ &= n\,(n+1) && \text{(somme dont le terme général est constant).} \end{aligned}$$

Plus généralement, on dispose d'une formule donnant la somme des termes d'une suite arithmétique, c'est-à-dire une suite $(u_n)_{n\in\mathbb{N}}$ de la forme :

$$\forall n \in \mathbb{N} \quad u_n = a + nb.$$

Proposition 2 (Somme des termes d'une suite arithmétique)

Soit $(u_k)_{k\in\mathbb{N}}$ une suite arithmétique. Alors, pour $(p,n) \in \mathbb{N}^2$ tel que $p \leqslant n$, on a :

$$\sum_{k=p}^{n} u_k = (n-p+1)\,\frac{u_p+u_n}{2}.$$

Démonstration page 130

Point méthode La somme de termes *consécutifs* d'une suite arithmétique vaut le produit entre :

- d'une part, la moyenne arithmétique du premier et du dernier terme ;
- d'autre part le nombre de termes présents dans la somme.

3 Regroupements de termes

Sélection des termes d'indice pair ou impair

Dans ce qui suit, I désigne un ensemble fini d'entiers.

Étant donné une somme $S = \sum_{k \in I} a_k$, il peut être intéressant de traiter séparément les termes d'indice pair et ceux d'indice impair ; cela consiste à écrire :

$$S = \sum_{k \in I_1} a_k + \sum_{k \in I_2} a_k,$$

où :

- l'ensemble I_1 est l'ensemble des éléments pairs de I : $I_1 = I \cap (2\mathbb{N})$;
- l'ensemble I_2 est l'ensemble des éléments impairs de I : $I_2 = I \cap (2\mathbb{N} + 1)$.

Remarque Bien que cela soit un abus de notation, la décomposition précédente s'écrit le plus souvent ainsi :

$$S = \sum_{\substack{k \in I \\ k \text{ pair}}} a_k + \sum_{\substack{k \in I \\ k \text{ impair}}} a_k.$$

Ex. 12. Considérons une somme $S = \sum_{k=1}^{2n+1} a_k$, avec $n \in \mathbb{N}^*$, dans laquelle on souhaite séparer les termes d'indice pair et ceux d'indice impair. On peut, bien sûr, écrire :

$$S = \sum_{\substack{k \in [\![1,2n+1]\!] \\ k \text{ pair}}} a_k + \sum_{\substack{k \in [\![1,2n+1]\!] \\ k \text{ impair}}} a_k.$$

Pour rendre la formule plus explicite, constatons que, dans l'ensemble $[\![1, 2n+1]\!]$:

- les éléments pairs sont les entiers de la forme $2j$ avec $1 \leqslant 2j \leqslant 2n+1$, autrement dit $\frac{1}{2} \leqslant j \leqslant n + \frac{1}{2}$, c'est-à-dire, puisque j est un entier, $1 \leqslant j \leqslant n$;
- les éléments impairs sont les entiers de la forme $2j+1$ avec $1 \leqslant 2j+1 \leqslant 2n+1$, autrement dit $0 \leqslant j \leqslant n$.

On aboutit à la formule suivante : $S = \sum_{j=1}^{n} a_{2j} + \sum_{j=0}^{n} a_{2j+1}$.

Sommation par paquets

Dans certains calculs, le fait de regrouper les termes par paquets permet de faire apparaître des simplifications.

Ex. 13. Soit $n \in \mathbb{N}^*$. On souhaite calculer $S = \sum_{k=1}^{2n} (-1)^k k$. Remarquons que l'on a :

$$S = -1 + 2 - 3 + 4 - 5 + 6 - \cdots - (2n-1) + 2n.$$

En regroupant les termes deux à deux, il vient :

$$\begin{aligned} S &= (-1+2) + (-3+4) + (-5+6) + \cdots + (-(2n-1) + 2n) \\ &= \underbrace{1 + 1 + 1 + \cdots + 1}_{n \text{ termes}} = n. \end{aligned}$$

Remarque Dans l'exemple précédent, si l'on veut éviter le recours aux points de suspension, alors on peut écrire, en notant $a_k = (-1)^k k$:

$$\sum_{k=1}^{2n} a_k = \sum_{j=1}^{n} \big(a_{2j-1} + a_{2j}\big),$$

puis constater que : $\forall j \in [\![1, n]\!] \quad a_{2j-1} + a_{2j} = -(2j-1) + 2j = 1$, et conclure que $\sum_{k=1}^{2n} a_k = \sum_{j=1}^{n} \big(a_{2j-1} + a_{2j}\big) = \sum_{j=1}^{n} 1 = n$.

Point méthode Le plus souvent, pour mettre en évidence un regroupement de termes pertinent, il est plus facile d'utiliser l'écriture avec des points de suspension. Effectuer une sommation par paquets revient alors à placer judicieusement les parenthèses.

Exo 4.2

4 Sommes télescopiques, produits télescopiques

Dans ce qui suit, on suppose $p \leqslant q$.

- On appelle **somme télescopique** toute somme de la forme $\sum_{k=p}^{q} (a_{k+1} - a_k)$.

  L'intérêt de ce type de somme est que sa simplification est immédiate, car tous les termes, sauf le premier et le dernier, se simplifient. En effet, on a :

$$\begin{aligned}\sum_{k=p}^{q} (a_{k+1} - a_k) &= (a_{q+1} - a_q) + (a_q - a_{q-1}) + \cdots + (a_{p+2} - a_{p+1}) + (a_{p+1} - a_p)\\ &= a_{q+1} + (-a_q + a_q) + \cdots + (-a_{p+1} + a_{p+1}) - a_p\\ &= a_{q+1} - a_p.\end{aligned}$$

  Une autre manière de voir les choses est la suivante :

$$\begin{aligned}\sum_{k=p}^{q} (a_{k+1} - a_k) &= \sum_{k=p}^{q} a_{k+1} - \sum_{k=p}^{q} a_k\\ &= \sum_{j=p+1}^{q+1} a_j - \sum_{k=p}^{q} a_k \qquad ([j = k+1] \text{ dans la première somme})\\ &= a_{q+1} + \underbrace{\sum_{j=p+1}^{q} a_j - \sum_{k=p+1}^{q} a_k}_{=0} - a_p\\ &= a_{q+1} - a_p.\end{aligned}$$

- On appelle **produit télescopique** tout produit de la forme $\prod_{k=p}^{q} \frac{a_{k+1}}{a_k}$, où les a_k sont supposés tous non nuls. La simplification d'un tel produit est immédiate. De façon analogue au calcul précédent, on a :

$$\prod_{k=p}^{q} \frac{a_{k+1}}{a_k} = \frac{a_{p+1}}{a_p} \cdot \frac{a_{p+2}}{a_{p+1}} \cdots \frac{a_q}{a_{q-1}} \cdot \frac{a_{q+1}}{a_q}$$

$$= \frac{1}{a_p} \cdot \frac{a_{p+1}}{a_{p+1}} \cdots \frac{a_q}{a_q} \cdot a_{q+1} = \frac{a_{q+1}}{a_p},$$

ou, d'une autre manière plus formelle :

$$\prod_{k=p}^{q} \frac{a_{k+1}}{a_k} = \frac{\prod\limits_{k=p}^{q} a_{k+1}}{\prod\limits_{k=p}^{q} a_k} = \frac{\prod\limits_{j=p+1}^{q+1} a_j}{\prod\limits_{k=p}^{q} a_k} \qquad ([j = k+1] \text{ dans le produit du haut})$$

$$= \frac{\left(\prod\limits_{j=p+1}^{q} a_j\right) a_{q+1}}{a_p \prod\limits_{k=p+1}^{q} a_k} = \frac{a_{q+1}}{a_p}.$$

Ex. 14. Soit $n \in \mathbb{N}^*$. On souhaite simplifier la somme $S = \sum_{k=1}^{n} \ln\left(1 + \frac{1}{k}\right)$.

Pour $k \in [\![1, n]\!]$, on a $\ln\left(1 + \frac{1}{k}\right) = \ln\left(\frac{k+1}{k}\right) = \ln(k+1) - \ln k$.
On est donc devant une somme télescopique :

$$S = \sum_{k=1}^{n} \big(\ln(k+1) - \ln k\big) = \ln(n+1) - \ln 1 = \ln(n+1).$$

5 Quelques calculs remarquables

Somme des carrés des n premiers entiers

Proposition 3

Pour $n \in \mathbb{N}$, on a $\sum_{k=1}^{n} k^2 = \frac{n(n+1)(2n+1)}{6}$.

Démonstration page 130

Principe de démonstration. Une preuve par récurrence est envisageable, mais nécessite de connaître à l'avance le résultat. Nous optons pour une autre démonstration, qui consiste à calculer de deux manières la somme télescopique $\sum\limits_{k=1}^{n} \left((k+1)^3 - k^3\right)$.

Somme des termes d'une suite géométrique

Soit $a \in \mathbb{R}$ et $(p,n) \in \mathbb{N}^2$ tel que $p \leqslant n$. On a, par télescopage :

$$(1-a)\sum_{k=p}^{n} a^k = \sum_{k=p}^{n}(a^k - a^{k+1}) = a^p - a^{n+1}.$$

Par conséquent, si $a \neq 1$, alors :

$$\sum_{k=p}^{n} a^k = \frac{a^p - a^{n+1}}{1-a} \quad \text{et en particulier} \quad \sum_{k=0}^{n} a^k = \frac{1-a^{n+1}}{1-a}.$$

Proposition 4

Soit $(u_n)_{n\in\mathbb{N}}$ une suite géométrique de raison $a \neq 1$. Alors, pour tout $(p,n) \in \mathbb{N}^2$ tel que $p \leqslant n$, on a :

$$\sum_{k=p}^{n} u_k = \frac{u_p - u_{n+1}}{1-a}.$$

Démonstration page 131

Point méthode Le numérateur de l'expression $\frac{u_p - u_{n+1}}{1-a}$ est la différence entre le premier terme de la somme et le premier terme manquant.

Remarque La formule de la proposition 4 s'écrit aussi $\displaystyle\sum_{k=p}^{n} u_k = u_p \frac{1-a^{n-p+1}}{1-a}$, et l'on peut remarquer que $n-p+1$ est le nombre de termes de la somme.

Factorisation de $a^n - b^n$

Proposition 5

Pour $n \in \mathbb{N}^*$ et $(a,b) \in \mathbb{R}^2$, on a :

$$a^n - b^n = (a-b)(a^{n-1} + a^{n-2}b + \cdots + a\,b^{n-2} + b^{n-1}) = (a-b)\sum_{k=0}^{n-1} a^k\, b^{n-1-k}.$$

Démonstration. On a, en partant du membre de droite de l'égalité souhaitée :

$$(a-b)\sum_{k=0}^{n-1} a^k\, b^{n-1-k} = \sum_{k=0}^{n-1}\left(a^{k+1}\, b^{n-1-k} - a^k b^{n-k}\right) = \sum_{k=0}^{n-1}\left(a^{k+1}\, b^{n-(k+1)} - a^k\, b^{n-k}\right).$$

On reconnaît alors une somme télescopique qui vaut $a^n b^0 - a^0 b^n$, *i.e.* $a^n - b^n$. □

Ex. 15. *Factorisation de $a^{2n+1}+b^{2n+1}$.*
Soit $n \in \mathbb{N}^*$ et $(a,b) \in \mathbb{R}^2$. On a $a^{2n+1}+b^{2n+1} = a^{2n+1}-(-b)^{2n+1}$. Ainsi, en appliquant la formule de factorisation de la proposition 5 de la page précédente, on a :

$$\begin{aligned} a^{2n+1}+b^{2n+1} &= \big(a-(-b)\big)\sum_{k=0}^{2n} a^k\,(-b)^{(2n+1)-1-k} \\ &= (a+b)\sum_{k=0}^{2n}(-1)^{2n-k}\,a^k\,b^{2n-k} \\ &= (a+b)\sum_{k=0}^{2n}(-1)^k\,a^k\,b^{2n-k} \qquad (k \text{ et } 2n-k \text{ ont la même parité}). \end{aligned}$$

6 Sommes doubles

Sommes sur un rectangle de la forme $[\![1,n]\!] \times [\![1,p]\!]$

Commençons par un exemple.

Ex. 16.
On considère $(a_{i,j})_{(i,j)\in[\![1,3]\!]\times[\![1,4]\!]}$ une famille dont les termes sont indiqués dans le tableau ci-contre, et dont on souhaite calculer la somme :

$$S = \sum_{(i,j)\in[\![1,3]\!]\times[\![1,4]\!]} a_{i,j}.$$

i \ j	1	2	3	4	
1	−1	−2	1	4	2
2	0	0	2	1	3
3	−9	6	2	2	1
	−10	4	5	7	(6)

L'addition des réels est commutative, c'est-à-dire que l'ordre dans lequel on additionne les termes n'a pas d'importance. Présentons deux manières naturelles de calculer cette somme S :

- on peut sommer d'abord les termes de chaque ligne du tableau, puis additionner les trois sommes ainsi obtenues :

$$S = \sum_{i=1}^{3}\left(\sum_{j=1}^{4} a_{i,j}\right) = 2+3+1 = 6\ ;$$

- on peut sommer d'abord les termes de chaque colonne du tableau, puis additionner les quatre sommes ainsi obtenues :

$$S = \sum_{j=1}^{4}\left(\sum_{i=1}^{3} a_{i,j}\right) = -10+4+5+7 = 6.$$

Plus généralement, pour toute famille de la forme $(a_{i,j})_{(i,j)\in[\![1,n]\!]\times[\![1,p]\!]}$, on a :

$$\sum_{(i,j)\in[\![1,n]\!]\times[\![1,p]\!]} a_{i,j} = \sum_{i=1}^{n}\left(\sum_{j=1}^{p} a_{i,j}\right) = \sum_{j=1}^{p}\left(\sum_{i=1}^{n} a_{i,j}\right).$$

Ainsi, le calcul d'une somme double sur un rectangle se ramène au calcul de deux sommes simples imbriquées.

Un cas particulièrement favorable est celui où la famille $(a_{i,j})_{(i,j)\in[\![1,n]\!]\times[\![1,p]\!]}$ est telle qu'il existe deux familles $(b_i)_{i\in[\![1,n]\!]}$ et $(c_j)_{j\in[\![1,p]\!]}$ vérifiant :

$$\forall(i,j)\in[\![1,n]\!]\times[\![1,p]\!]\quad a_{i,j}=b_i\,c_j.$$

La somme double se ramène alors à un produit de deux sommes simples, comme l'énonce la proposition suivante :

Proposition 6

Soit $(b_i)_{i\in[\![1,n]\!]}$ et $(c_j)_{j\in[\![1,p]\!]}$ deux familles de réels. On a :

$$\sum_{(i,j)\in[\![1,n]\!]\times[\![1,p]\!]} b_i\,c_j=\left(\sum_{i=1}^{n} b_i\right)\left(\sum_{j=1}^{p} c_j\right).$$

Démonstration page 131

Ex. 17. Pour $n\in\mathbb{N}^*$, on souhaite calculer $S=\displaystyle\sum_{(i,j)\in[\![1,n]\!]^2} i\,2^j$.

Étant dans le cadre de la proposition précédente, on a directement :

$$S=\left(\sum_{i=1}^{n} i\right)\left(\sum_{j=1}^{n} 2^j\right)=\frac{n\,(n+1)}{2}\,(2^{n+1}-2)=n(n+1)(2^n-1).$$

Ex. 18. *(Formule de développement du carré d'une somme)*

Soit $(a_k)_{k\in[\![1,n]\!]}$ une famille de réels. En écrivant $\left(\sum\limits_{k=1}^{n} a_k\right)^2=\left(\sum\limits_{i=1}^{n} a_i\right)\left(\sum\limits_{j=1}^{n} a_j\right)$, la proposition précédente donne :

$$\left(\sum_{k=1}^{n} a_k\right)^2=\sum_{(i,j)\in[\![1,n]\!]^2} a_i a_j.$$

En écrivant alors $[\![1,n]\!]^2$ comme une union disjointe :

$$[\![1,n]\!]^2=\big\{(k,k)\mid k\in[\![1,n]\!]\big\}\cup\big\{(i,j)\in[\![1,n]\!]^2\ :\ i<j\big\}\cup\big\{(i,j)\in[\![1,n]\!]^2\ :\ i>j\big\},$$

on obtient :

$$\left(\sum_{k=1}^{n} a_k\right)^2=\sum_{k=1}^{n} a_k^2+\sum_{1\leqslant i<j\leqslant n} a_i a_j+\sum_{1\leqslant j<i\leqslant n} a_i a_j.$$

En constatant alors que les deux dernières sommes ci-dessus sont égales (du fait que $a_ia_j=a_ja_i$, on passe de l'une à l'autre en échangeant les variables muettes i et j), on obtient :

$$\left(\sum_{k=1}^{n} a_k\right)^2=\sum_{k=1}^{n} a_k^2+2\sum_{1\leqslant i<j\leqslant n} a_i a_j.$$

Généralisation : somme rectangulaire quelconque

Plus généralement, on parle de **somme double rectangulaire** lorsque l'ensemble d'indexation est un produit cartésien : $\sum\limits_{(i,j)\in I\times J} a_{i,j}$.

Ce qui a été énoncé dans le cas $[\![1,n]\!] \times [\![1,p]\!]$ se généralise :

- une somme double rectangulaire se ramène à deux sommes simples imbriquées :

$$\sum_{(i,j)\in I\times J} a_{i,j} = \sum_{i\in I}\left(\sum_{j\in J} a_{i,j}\right) = \sum_{j\in J}\left(\sum_{i\in I} a_{i,j}\right)\ ;$$

- le cas où la famille est de la forme $(b_i\, c_j)_{(i,j)\in I\times J}$ mène à un produit de deux sommes simples :

$$\sum_{(i,j)\in I\times J} b_i\, c_j = \left(\sum_{i\in I} b_i\right)\left(\sum_{j\in J} c_j\right).$$

Exo 4.3

Sommes triangulaires

Commençons par un exemple.

Ex. 19.

On considère une famille $(a_{i,j})_{(i,j)\in A}$ dont l'ensemble d'indexation A est l'ensemble des couples d'entiers (i,j) vérifiant :

$$1 \leqslant j \leqslant i \leqslant 4$$

et dont les valeurs sont données par le tableau ci-contre.

i \ j	1	2	3	4	
1	2				2
2	1	-1			0
3	-2	6	-6		-2
4	2	1	-2	5	6
	3	6	-8	5	(6)

On souhaite calculer la somme des termes de cette famille :

$$S = \sum_{1\leqslant j\leqslant i\leqslant 4} a_{i,j}.$$

Présentons deux manières naturelles de calculer cette somme S :

- on peut sommer d'abord les termes de chaque ligne du tableau, puis additionner les quatre sommes ainsi obtenues :

$$S = \sum_{i=1}^{4}\left(\sum_{j=1}^{i} a_{i,j}\right) = 2+0-2+6 = 6\ ;$$

- on peut sommer d'abord les termes de chaque colonne du tableau, puis additionner les quatre sommes ainsi obtenues :

$$S = \sum_{j=1}^{4}\left(\sum_{i=j}^{4} a_{i,j}\right) = 3+6-8+5 = 6.$$

Notation Une telle somme est appelée **somme triangulaire**, ce qui se comprend bien sur le tableau de l'exemple précédent.

Par rapport au cas où l'ensemble d'indexation est un produit cartésien, une somme triangulaire est plus délicate à manipuler, car, lorsqu'on l'écrit à l'aide de deux symboles $\sum$ imbriqués, l'ensemble décrit par le second indice dépend de la valeur du premier. L'interversion des symboles $\sum$ nécessite donc quelques précautions.

Ex. 20. Soit $n \in \mathbb{N}^*$. On souhaite intervertir les symboles $\sum$ dans la somme suivante :

$$\sum_{i=1}^{n} \sum_{j=1}^{i} a_{i,j}. \qquad (\star)$$

Cette somme s'effectue sur les couples (i,j) vérifiant $1 \leqslant i \leqslant n$ et $1 \leqslant j \leqslant i$. Or on a :

$$\big(1 \leqslant i \leqslant n \quad \text{et} \quad 1 \leqslant j \leqslant i\big) \Longleftrightarrow 1 \leqslant j \leqslant i \leqslant n$$
$$\Longleftrightarrow \big(1 \leqslant j \leqslant n \quad \text{et} \quad j \leqslant i \leqslant n\big).$$

Cela justifie les égalités suivantes :

$$\sum_{i=1}^{n} \sum_{j=1}^{i} a_{i,j} = \sum_{\substack{1 \leqslant i \leqslant n \\ 1 \leqslant j \leqslant i}} a_{i,j} = \sum_{1 \leqslant j \leqslant i \leqslant n} a_{i,j} = \sum_{\substack{1 \leqslant j \leqslant n \\ j \leqslant i \leqslant n}} a_{i,j} = \sum_{j=1}^{n} \sum_{i=j}^{n} a_{i,j}.$$

Point méthode Dans l'exemple précédent, pour intervertir les deux symboles $\sum$, passer par l'étape intermédiaire $\sum\limits_{1 \leqslant j \leqslant i \leqslant n}$ permet de mieux comprendre le domaine sur lequel la somme s'effectue.

Ex. 21. Pour $n \in \mathbb{N}^*$, on souhaite calculer la somme double $S = \sum\limits_{i=1}^{n} \sum\limits_{j=i}^{n} \frac{1}{j}$.

Sous cette forme le calcul est difficile car à i fixé, nous ne connaissons pas d'expression simple pour la somme $\sum\limits_{j=i}^{n} \frac{1}{j}$. Intervertissons les deux symboles $\sum$:

$$S = \sum_{\substack{1 \leqslant i \leqslant n \\ i \leqslant j \leqslant n}} \frac{1}{j} = \sum_{1 \leqslant i \leqslant j \leqslant n} \frac{1}{j} = \sum_{\substack{1 \leqslant j \leqslant n \\ 1 \leqslant i \leqslant j}} \frac{1}{j} = \sum_{j=1}^{n} \sum_{i=1}^{j} \frac{1}{j}.$$

Le calcul est alors immédiat, car pour $j \in [\![1,n]\!]$ fixé, on a $\sum\limits_{i=1}^{j} \frac{1}{j} = 1$. On obtient :

$$S = \sum_{j=1}^{n} 1 = n.$$

Attention Il est important de comprendre que, lorsqu'on écrit une somme triangulaire à l'aide de deux symboles $\sum$ imbriqués, c'est forcément l'ensemble parcouru par le second indice qui peut dépendre du premier, et surtout pas l'inverse car cela n'aurait pas de sens !

II Coefficients binomiaux, formule du binôme

1 Coefficients binomiaux

On rappelle (cf. exemple 2 de la page 96) qu'étant donné un entier naturel n, on définit **factorielle n**, et l'on note $n!$, le nombre entier :

$$n! = \prod_{k=1}^{n} k.$$

On rappelle qu'en particulier $0! = 1$.

Définition 1

Étant donné deux entiers naturels n et p, on appelle **coefficient binomial « p parmi n »**, et l'on note $\binom{n}{p}$, le nombre suivant :

$$\binom{n}{p} = \frac{\overbrace{n(n-1)\cdots(n-p+1)}^{p \text{ termes}}}{p!} = \frac{1}{p!}\prod_{k=0}^{p-1}(n-k).$$

Remarques

- Si $p > n$, alors un des termes du numérateur est nul, et donc $\binom{n}{p} = 0$.
- Pour $p \in [\![0, n]\!]$, on a l'expression suivante du coefficient binomial :

$$\binom{n}{p} = \frac{n!}{p!\,(n-p)!}.$$

- Pour tout $n \in \mathbb{N}$, on a : $\binom{n}{0} = \binom{n}{n} = 1$; $\binom{n}{1} = n$; $\binom{n}{2} = \frac{n(n-1)}{2}$.

Convention On convient que $\binom{n}{p} = 0$ pour tout entier $p < 0$.

Interprétation combinatoire : choix de p éléments parmi n

Pour n et p entiers naturels, le coefficient binomial $\binom{n}{p}$ peut également s'interpréter comme le nombre de parties à p éléments d'un ensemble qui en comporte n. De manière informelle, cela signifie qu'il y a $\binom{n}{p}$ manières de choisir p objets parmi n. La justification de tout cela sera donnée dans le chapitre 26 sur le dénombrement.

Remarque Cela justifie l'emploi de l'expression « p parmi n » pour désigner le coefficient binomial $\binom{n}{p}$.

Comme l'illustrent les deux exemples suivants, à partir de la définition du coefficient binomial, il est possible de faire apparaître des relations entre coefficients binomiaux, parfois utiles dans les calculs.

Soit $(n,p) \in \mathbb{N}^2$ tel que $n \geqslant p \geqslant 1$.

Ex. 22. On a, en utilisant la définition avec des points de suspension :

$$\binom{n}{p} = \frac{n(n-1)\cdots(n-p+1)}{p!} = \frac{n}{p}\,\frac{(n-1)\cdots(n-p+1)}{(p-1)!} = \frac{n}{p}\binom{n-1}{p-1}.$$

Ex. 23. On a, par manipulation des factorielles :

$$\binom{n}{p} = \frac{n!}{p!\,(n-p)!} = \frac{1}{p}\,\frac{n!}{(p-1)!\,(n-p)!}.$$

En écrivant alors $(n-p)! = \frac{(n-p+1)!}{n-p+1}$, on obtient :

$$\binom{n}{p} = \frac{n-p+1}{p}\binom{n}{p-1}.$$

Remarque La première formule ci-dessus peut aussi être obtenue par manipulation des factorielles, et la seconde en utilisant des points de suspension.

2 Propriétés

Proposition 7 (Symétrie du coefficient binomial)

Pour tout $(n,p) \in \mathbb{N} \times \mathbb{Z}$, on a $\displaystyle\binom{n}{p} = \binom{n}{n-p}$.

Démonstration.

- Si $p \in [\![0,n]\!]$, alors changer p en $n-p$ ne change pas la valeur de $\binom{n}{p} = \frac{n!}{p!\,(n-p)!}$;
- si $p < 0$ ou $p > n$, alors $\binom{n}{p}$ et $\binom{n}{n-p}$ sont tous les deux nuls par convention. □

Proposition 8 (Relation de Pascal)

Exo 44

Pour tout $(n,p) \in \mathbb{N}^* \times \mathbb{Z}$, on a $\displaystyle\binom{n}{p} = \binom{n-1}{p} + \binom{n-1}{p-1}$.

Démonstration page 131

Principe de démonstration. Traiter séparément les cas $p \in [\![1,n]\!]$, $p = 0$ et $p \notin [\![0,n]\!]$.

Remarques

- Une démonstration combinatoire de la formule de Pascal sera donnée à la page 911.
- La relation de Pascal permet, *via* une récurrence sur $n \in \mathbb{N}$, de démontrer que, pour tout $(n,p) \in \mathbb{N}^2$, le coefficient binomial $\binom{n}{p}$ est un entier.

Triangle de Pascal

La relation de Pascal offre une méthode pour calculer les premiers coefficients binomiaux, en construisant le **triangle de Pascal**. Dans le triangle ci-contre, où chaque coefficient est la somme des deux coefficients situés au dessus de lui, on peut lire à la ligne numéro n les coefficients :

$$\binom{n}{0}, \binom{n}{1}, \dots, \binom{n}{n-1}, \binom{n}{n}.$$

Les nombres encadrés dans le triangle ci-contre correspondent à la relation :

$$\binom{5}{3} = \binom{4}{2} + \binom{4}{3}.$$

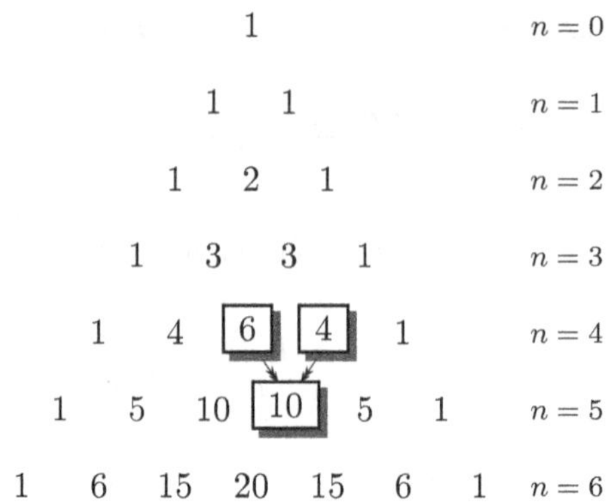

$n \backslash p$	0	1	2	3	4	5	6
0	1	0	0	0	0	0	0
1	1	1	0	0	0	0	0
2	1	2	1	0	0	0	0
3	1	3	3	1	0	0	0
4	1	4	6	4	1	0	0
5	1	5	10	10	5	1	0
6	1	6	15	20	15	6	1

Remarque Une autre présentation possible du triangle de Pascal est celle ci-contre, qui est parfois plus facile à utiliser, surtout pour la lecture en colonne (c'est-à-dire pour accéder à différentes valeurs de $\binom{n}{p}$ pour une valeur fixée de p).

3 Formule du binôme

Proposition 9 (Formule du binôme de Newton)

Exo 4.5 Exo 4.6

Étant donné $(a,b) \in \mathbb{R}^2$ et $n \in \mathbb{N}$, on a :

$$(a+b)^n = \sum_{p=0}^{n} \binom{n}{p} a^p \, b^{n-p}.$$

Démonstration page 131

Principe de démonstration. On procède par récurrence, en utilisant la formule de Pascal.

Remarques

- La formule du binôme est symétrique en a et b (on le voit au choix, à gauche, par commutativité de l'addition, et à droite, par le changement d'indice $[q = n - p]$ dans la somme). Elle s'écrit donc également :

$$(a+b)^n = \sum_{p=0}^{n} \binom{n}{p} a^{n-p} \, b^p.$$

- Pour écrire la formule du binôme, on a besoin de connaître une seule ligne du triangle de Pascal.

Ex. 24. Pour $n \in [\![2,5]\!]$, la formule du binôme donne les développements suivants :

$$(a+b)^2 = a^2 + 2ab + b^2 \ ;$$

$$(a+b)^3 = a^3 + 3a^2b + 3ab^2 + b^3 \ ;$$

$$(a+b)^4 = a^4 + 4a^3b + 6a^2b^2 + 4ab^3 + b^4 \ ;$$

$$(a+b)^5 = a^5 + 5a^4b + 10a^3b^2 + 10a^2b^3 + 5\,ab^4 + b^5.$$

Ex. 25. Soit $n \in \mathbb{N}$. La formule du binôme justifie le calcul suivant :

$$\sum_{k=0}^{n} \binom{n}{k} = \sum_{k=0}^{n} \binom{n}{k} 1^k 1^{n-k} = (1+1)^n = 2^n.$$

Ce résultat s'interprète de manière combinatoire : il y a 2^n parties d'un ensemble à n éléments ; cela sera revu au chapitre de dénombrement (exercice 26.12 de la page 920).

Ex. 26. Pour $x \in \mathbb{R}$ et $n \in \mathbb{N}$, on a :

$$(1+x)^n = \sum_{k=0}^{n} \binom{n}{k} x^k.$$

III Petits systèmes linéaires, méthode du pivot

1 Résolution par la méthode du pivot de Gauss

La **méthode du pivot de Gauss** consiste, pour résoudre un système linéaire, à le transformer, par opérations élémentaires sur les lignes, en un système linéaire plus simple (le terme *ligne* désigne une équation d'un système linéaire ; le nombre de lignes d'un système linéaire est donc son nombre d'équations). Il existe trois types d'opérations élémentaires :

- **Ajout à une ligne d'un multiple d'une autre**
  Étant donné λ un réel et $i \neq j$, on indiquera $L_i \leftarrow L_i + \lambda L_j$ pour signaler que l'on a modifié la ligne i en lui ajoutant la ligne j multipliée par λ.
- **Multiplication d'une ligne par un réel non nul**
  Étant donné un réel *non nul* μ, on indiquera $L_i \leftarrow \mu L_i$ pour signaler que l'on a modifié la ligne i en la multipliant par μ.
- **Échange de deux lignes**
  On indiquera $L_i \leftrightarrow L_j$ pour signaler que l'on a échangé les lignes i et j.

Appliquer une opération élémentaire à un système linéaire transforme celui ci en un système qui lui est équivalent. Cela sera établi rigoureusement dans le chapitre sur le calcul matriciel (cf. proposition 12 de la page 674).

Exo 4.17

Premier exemple : obtention d'une unique solution

On souhaite résoudre le système $(\mathcal{S})$: $\left\{\begin{array}{rcl} 2x_1 + \ x_2 - 2x_3 & = & 1 \\ -2x_1 - 2x_2 + 3x_3 & = & 1 \\ 4x_1 - \ x_2 - 2x_3 & = & 5. \end{array}\right.$

- À la première ligne, le coefficient 2 devant l'inconnue x_1 est *non nul.* On constate alors que les deux opérations élémentaires :

$$L_2 \leftarrow L_2 + L_1 \qquad \text{et} \qquad L_3 \leftarrow L_3 - 2L_1$$

ont pour effet d'éliminer l'inconnue x_1 dans les deux dernières équations :

$$(\mathcal{S}) \Longleftrightarrow \left\{\begin{array}{rcl} 2x_1 + x_2 - 2x_3 & = & 1 \\ -x_2 + \ x_3 & = & 2 \\ -3x_2 + 2x_3 & = & 3. \end{array}\right.$$

Terminologie Dans la manipulation précédente, on dit que le coefficient 2 devant x_1 à la première ligne a été choisi comme **pivot**.

- Dans le nouveau système, le coefficient -1 devant x_2 à la deuxième ligne est non nul. Choisissons le comme pivot. L'opération élémentaire $L_3 \leftarrow L_3 - 3L_2$ donne :

$$(\mathcal{S}) \Longleftrightarrow \left\{\begin{array}{rcl} 2x_1 + x_2 - 2x_3 & = & 1 \\ -x_2 + \ x_3 & = & 2 \\ -x_3 & = & -3. \end{array}\right.$$

- Le système obtenu admet alors une unique solution, obtenue par résolution du bas vers le haut : $(3,1,3)$.

En conclusion, le système $(\mathcal{S})$ possède le triplet $(3,1,3)$ comme unique solution.

Deuxième exemple : obtention d'une infinité de solutions

On souhaite résoudre le système $(\mathcal{S})$: $\left\{\begin{array}{rcl} 2x_1 + \ x_2 - 2x_3 & = & 1 \\ -2x_1 - 2x_2 + 3x_3 & = & 1. \end{array}\right.$

- Choisissons comme pivot le coefficient 2 devant l'inconnue x_1 de la première ligne. L'opération élémentaire $L_2 \leftarrow L_2 + L_1$ donne :

$$(\mathcal{S}) \Longleftrightarrow \left\{\begin{array}{rcl} 2x_1 + x_2 - 2x_3 & = & 1 \\ -x_2 + \ x_3 & = & 2. \end{array}\right. \qquad (\star)$$

- En passant les termes en x_3 à droite des égalités, on obtient un système triangulaire d'inconnues x_1 et x_2 :

$$(\mathcal{S}) \Longleftrightarrow \left\{\begin{array}{rcl} 2x_1 + x_2 & = & 1 + 2x_3 \\ -x_2 & = & 2 - \ x_3. \end{array}\right. \qquad (\star\star)$$

Par conséquent, pour tout $x_3 \in \mathbb{R}$, il existe un unique couple (x_1, x_2) tel que le triplet (x_1, x_2, x_3) soit solution de $(\mathcal{S})$. Plus précisément :

$$(\mathcal{S}) \Longleftrightarrow \left\{\begin{array}{rcl} x_1 & = & \frac{3}{2} + \frac{x_3}{2} \\ x_2 & = & -2 + \ x_3. \end{array}\right.$$

Ainsi, l'ensemble des solutions de $(\mathcal{S})$ est : $\left\{\left(\dfrac{3}{2} + \dfrac{x_3}{2}, -2 + x_3, x_3\right) \mid x_3 \in \mathbb{R}\right\}$.

Terminologie Lorsque le système $(\mathcal{S})$ est écrit sous la forme $(\star\star)$, les inconnues x_1 et x_2 sont appelées **inconnues principales**, et l'inconnue x_3 est appelée **inconnue secondaire**. La résolution du système se fait alors en exprimant les inconnues principales en fonction des inconnues secondaires.

Remarque En général, il n'y a pas une unique manière de choisir les inconnues principales et secondaires. Ainsi, lors la résolution précédente, devant la forme $(\star)$ du système $(\mathcal{S})$, on aurait pu choisir x_2 comme inconnue secondaire, et x_1 et x_3 comme inconnues principales. Cela aurait donné la fin de résolution suivante :

$$(\mathcal{S}) \iff \left\{\begin{array}{rcl} 2x_1 - 2x_3 & = & 1 - x_2 \\ x_3 & = & 2 + x_2 \end{array}\right. \iff \left\{\begin{array}{rcl} x_1 & = & \frac{5}{2} + \frac{x_2}{2} \\ x_3 & = & 2 + \ x_2 \end{array}\right.$$

et mené à l'expression suivante de l'ensemble des solutions de $(\mathcal{S})$:

$$\left\{\left(\frac{5}{2} + \frac{x_2}{2}, x_2, 2 + x_2\right) \mid x_2 \in \mathbb{R}\right\}.$$

Troisième exemple : système incompatible

On souhaite résoudre le système $(\mathcal{S})$: $\left\{\begin{array}{rcl} 2x_1 + \ x_2 - 2x_3 & = & 1 \\ 4x_1 + \ x_2 - 3x_3 & = & 3 \\ -4x_1 - 4x_2 + 6x_3 & = & 1. \end{array}\right.$

- Choisissons comme pivot le coefficient 2 devant l'inconnue x_1 de la première ligne. Les opérations élémentaires :

  $$L_2 \leftarrow L_2 - 2L_1 \qquad \text{et} \qquad L_3 \leftarrow L_3 + 2L_1$$

  donnent :

  $$(\mathcal{S}) \iff \left\{\begin{array}{rcl} 2x_1 + x_2 - 2x_3 & = & 1 \\ -x_2 + \ x_3 & = & 1 \\ -2x_2 + 2x_3 & = & 3. \end{array}\right.$$

- Choisissons alors comme pivot le coefficient -1 devant l'inconnue x_2 de la deuxième ligne. L'opération élémentaire $L_3 \leftarrow L_3 - 2L_2$ donne :

  $$(\mathcal{S}) \iff \left\{\begin{array}{rcl} 2x_1 + x_2 - 2x_3 & = & 1 \\ -x_2 + \ x_3 & = & 1 \\ 0 & = & 1. \end{array}\right.$$

  On constate alors que la troisième équation n'est jamais satisfaite. Il n'y a donc aucune solution : le système $(\mathcal{S})$ est dit **incompatible**.

Terminologie Une équation d'un système linéaire dans laquelle aucune inconnue n'apparaît est appelée **équation de compatibilité**. Deux cas se présentent alors :

- si l'équation de compatibilité est vérifiée, alors on peut la supprimer car le système est équivalent au système formé par les autres équations ;
- si l'équation de compatibilité n'est pas vérifiée, alors le système est incompatible (comme c'est le cas dans l'exemple précédent), *i.e.* son ensemble solution est $\varnothing$.

Exo 4.18

Quatrième exemple : système dépendant de paramètres

Soit $(a,b) \in \mathbb{R}^2$. On s'intéresse au système linéaire suivant :

$$(\mathcal{S}) \ : \ \begin{cases} x + ay &= b \\ ax + \ y &= -b. \end{cases}$$

L'opération élémentaire $L_2 \leftarrow L_2 - aL_1$ nous donne :

$$(\mathcal{S}) \Longleftrightarrow \begin{cases} x + ay &= b \\ (1-a^2)y &= -b(1+a). \end{cases}$$

- Si $a \notin \{-1,1\}$, alors le système obtenu est triangulaire et admet une unique solution : la seconde équation nous fournit y, puis la première nous donne x. L'unique solution obtenue est $\left(-\frac{b}{a-1}, \frac{b}{a-1}\right)$.
- Si $a \in \{-1,1\}$, alors :

$$(\mathcal{S}) \Longleftrightarrow \begin{cases} x + ay &= b \\ 0 &= -b(1+a). \end{cases}$$

On voit alors apparaître en la seconde équation une équation de compatibilité.

* Si $b \neq 0$ et $a \neq -1$, alors $-b(1+a) \neq 0$, et l'équation de compatibilité n'est pas vérifiée ; le système est alors incompatible.
* Si $b = 0$ ou $a = -1$, alors l'équation de compatibilité est vérifiée et :

$$(\mathcal{S}) \Longleftrightarrow x + ay = b \Longleftrightarrow x = b - ay.$$

Le système possède alors une infinité de solutions ; plus précisément l'ensemble des solutions est $\{(b-ay, y) \mid y \in \mathbb{R}\}$.

2 Interprétation géométrique

Cas d'un système à 2 inconnues

Munissons le plan d'un repère. Pour $(a,b) \in \mathbb{R}^2 \setminus \{(0,0)\}$ et $c \in \mathbb{R}$, une équation de la forme $ax + by = c$ est une équation de droite. Ainsi, résoudre un système linéaire à deux inconnues revient à déterminer une intersection de droites.

Cas particulier des systèmes de 2 équations à 2 inconnues

Soit $(\mathcal{S})$ un système linéaire de deux équations à deux inconnues :

$$(\mathcal{S}) \ : \ \begin{cases} ax + by &= e \\ cx + dy &= f \end{cases} \qquad \text{avec} \quad (a,b) \neq (0,0) \quad \text{et} \quad (c,d) \neq (0,0).$$

Notons $\mathcal{D}_1$ et $\mathcal{D}_2$ les droites d'équations respectives $ax + by = e$ et $cx + dy = f$. Deux cas peuvent se présenter :

- si les couples (a,b) et (c,d) ne sont pas proportionnels, alors les droites $\mathcal{D}_1$ et $\mathcal{D}_2$ ne sont pas parallèles, donc sont sécantes ; le système linéaire $(\mathcal{S})$ admet alors une unique solution : les coordonnées du point d'intersection ;
- si les couples (a,b) et (c,d) sont proportionnels, alors les droites $\mathcal{D}_1$ et $\mathcal{D}_2$ sont parallèles : elles sont alors disjointes (auquel cas le système $(\mathcal{S})$ est incompatible) ou confondues (auquel cas le système $(\mathcal{S})$ possède une infinité de solutions).

Cas d'un système à 3 inconnues

Munissons l'espace d'un repère. Pour $(a,b,c) \in \mathrm{IR}^3 \setminus \{(0,0,0)\}$ et $d \in \mathrm{IR}$, une équation de la forme $ax + by + cz = d$ est une équation de plan. Ainsi, résoudre un système linéaire à trois inconnues revient à déterminer une intersection de plans.

Remarques

- Deux plans non parallèles s'intersectent en une droite. En revanche, deux plans parallèles sont soit confondus soit disjoints (*i.e.* d'intersection vide).
- Exo 4.19 — Deux plans d'équations $a_1x + b_1y + c_1z = d_1$ et $a_2x + b_2y + c_2z = d_2$ sont parallèles si, et seulement si, les triplets (a_1, b_1, c_1) et (a_2, b_2, c_2) sont proportionnels.

3 Cas particulier des systèmes de 2 équations à 2 inconnues

Définition 2

Soit $(\mathcal{S})$ un système linéaire de deux équations à deux inconnues :

$$(\mathcal{S}) \ : \ \begin{cases} ax + by &= e \\ cx + dy &= f. \end{cases}$$

On appelle **déterminant du système $(\mathcal{S})$** la quantité $ad - bc$.

Notation Le déterminant du système $\begin{cases} ax + by = e \\ cx + dy = f \end{cases}$ est aussi noté $\begin{vmatrix} a & b \\ c & d \end{vmatrix}$, notation qui sera reprise dans le chapitre sur les déterminants (chapitre 25).

Proposition 10

Le système :

$$(\mathcal{S}) \ : \ \begin{cases} ax + by &= e \\ cx + dy &= f \end{cases}$$

possède une unique solution si, et seulement si, son déterminant est non nul.

Démonstration page 132

Terminologie Un tel système $(\mathcal{S})$ de déterminant non nul est appelé **système de Cramer.**

Ex. 27. On considère le système suivant, dépendant de paramètres réels λ et μ :

$$(\mathcal{S}) \ : \ \begin{cases} \lambda x + 3y &= -3 \\ 2x + \ \ y &= \mu. \end{cases}$$

Le déterminant du système $(\mathcal{S})$ vaut $\begin{vmatrix} \lambda & 3 \\ 2 & 1 \end{vmatrix} = \lambda - 6$. Le système est donc de Cramer si, et seulement si, $\lambda \neq 6$.

- Si $\lambda \neq 6$, alors il admet une unique solution ; après calculs, l'unique solution trouvée est le couple :

$$\left(\frac{-3-3\mu}{\lambda-6}, \frac{\lambda\mu+6}{\lambda-6}\right).$$

- Si $\lambda = 6$, alors le système s'écrit :

$$(\mathcal{S}) : \begin{cases} 6x + 3y &= -3 \\ 2x + \ \ y &= \mu. \end{cases}$$

L'opération $L_2 \leftarrow L_2 - \frac{1}{3}L_1$ donne :

$$(\mathcal{S}) : \begin{cases} 6x + 3y &= -3 \\ 0 &= \mu + 1. \end{cases}$$

* Si $\mu \neq -1$, alors le système est incompatible.
* Si $\mu = -1$, alors $(\mathcal{S}) \iff 6x + 3y = -3 \iff 2x + y = -1 \iff y = -1 - 2x$. Dans ce cas, le système possède une infinité de solutions ; plus précisément, l'ensemble des solutions est $\{(x, -1 - 2x) \mid x \in \mathbb{R}\}$.

IV Trigonométrie

Les fonctions cosinus et sinus (notées cos et sin) ont été introduites et manipulées dans le secondaire, en se fondant sur un point de vue géométrique. L'objectif de cette partie est de présenter rapidement les premières propriétés de ces fonctions, et en particulier les formules trigonométriques. Dans ce chapitre, nous supposons déjà connues les fonctions cos et sin, et admettons la validité du point de vue géométrique. Ainsi, les démonstrations de ce chapitre seront pour la plupart géométriques.

L'étude des fonctions trigonométriques (dérivées, variations, graphes, ...) sera quant à elle l'objet du chapitre 6 (page 211).

1 Cercle trigonométrique, fonctions cos et sin

On se place dans le plan, rapporté à un repère orthonormé direct $(O, \vec{\imath}, \vec{\jmath})$.

Le **cercle trigonométrique** est le cercle centré en l'origine et de rayon 1, autrement dit a pour équation $x^2 + y^2 = 1$. Étant donné $\theta \in \mathbb{R}$, notons M_θ le point du cercle vérifiant :

$$(\vec{\imath}, \overrightarrow{OM_\theta}) = \theta.$$

- Le **cosinus** de θ, noté $\cos(\theta)$, est l'abscisse du point M_θ.
- Le **sinus** de θ, noté $\sin(\theta)$, est l'ordonnée du point M_θ.

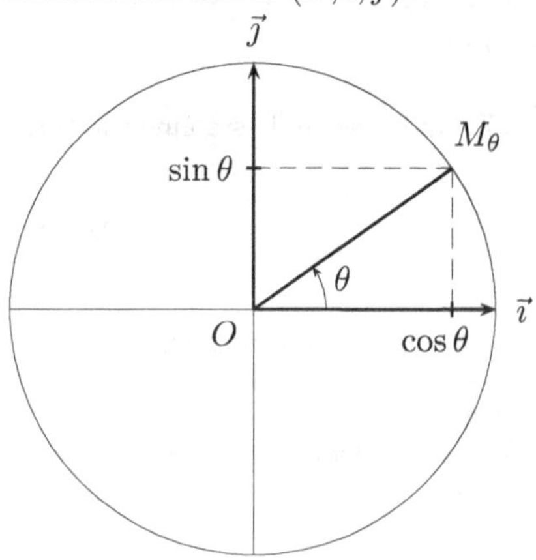

Conséquences

- Pour tout $\theta \in \mathbb{R}$, le point M_θ étant à une distance de 1 de l'origine, on a :
$$\cos^2\theta + \sin^2\theta = 1.$$
- Réciproquement, pour tout couple $(x, y) \in \mathbb{R}^2$ tel que $x^2 + y^2 = 1$, le point de coordonnées (x, y) appartenant au cercle trigonométrique, il existe un réel θ tel que :
$$\begin{cases} x = \cos\theta \\ y = \sin\theta. \end{cases}$$
Ce réel θ est de plus unique si l'on impose qu'il appartienne à $[0, 2\pi[$, ou si l'on impose qu'il appartienne à $]-\pi, \pi]$.
- Pour tout $\theta \in \mathbb{R}$, les points M_θ et $M_{\theta+2\pi}$ étant confondus, on a :
$$\cos(\theta + 2\pi) = \cos\theta \qquad \text{et} \qquad \sin(\theta + 2\pi) = \sin\theta\ ;$$
204 cela traduit le caractère 2π-périodique des fonctions cos et sin.

Remarque En notant Γ le cercle trigonométrique, les deux applications suivantes sont des bijections :
$$\begin{array}{ccc} [0, 2\pi[& \longrightarrow & \Gamma \\ \theta & \longmapsto & M_\theta \end{array} \qquad \text{et} \qquad \begin{array}{ccc}]-\pi, \pi] & \longrightarrow & \Gamma \\ \theta & \longmapsto & M_\theta. \end{array}$$

De ce qui précède, on déduit le résultat suivant :

Proposition 11

Pour tout $(\theta_1, \theta_2) \in \mathbb{R}^2$, on a :
$$\begin{cases} \cos\theta_1 = \cos\theta_2 \\ \sin\theta_1 = \sin\theta_2 \end{cases} \iff \big(\exists k \in \mathbb{Z} \quad \theta_2 = \theta_1 + 2k\pi\big).$$

Reformulation En utilisant des congruences (cf. page 64), l'équivalence énoncée par la proposition 11 s'écrit :
$$\begin{cases} \cos\theta_1 = \cos\theta_2 \\ \sin\theta_1 = \sin\theta_2 \end{cases} \iff \theta_2 \equiv \theta_1\ [2\pi].$$

Proposition 12

Pour tout $x \in \mathbb{R}$, on a $|\sin x| \leqslant |x|$.

Démonstration page 133

Cosinus et sinus de quelques angles usuels

Proposition 13

θ	0	$\frac{\pi}{6}$	$\frac{\pi}{4}$	$\frac{\pi}{3}$	$\frac{\pi}{2}$
$\cos\theta$	1	$\frac{\sqrt{3}}{2}$	$\frac{\sqrt{2}}{2}$	$\frac{1}{2}$	0
$\sin\theta$	0	$\frac{1}{2}$	$\frac{\sqrt{2}}{2}$	$\frac{\sqrt{3}}{2}$	1

Démonstration.

- Les valeurs en 0 et $\frac{\pi}{2}$ sont immédiates, par définition de $\cos$ et $\sin$.

- Pour la valeur en $\frac{\pi}{4}$, on peut remarquer que le segment $[OM_{\frac{\pi}{4}}]$ est l'hypoténuse d'un triangle rectangle isocèle donc les deux côtés adjacents ont pour longueur respectivement $\sin\left(\frac{\pi}{4}\right)$ et $\cos\left(\frac{\pi}{4}\right)$. On a donc $\cos\left(\frac{\pi}{4}\right) = \sin\left(\frac{\pi}{4}\right)$, puis :

$$2\cos^2\left(\frac{\pi}{4}\right) = 1 \quad \textit{i.e.} \quad \cos^2\left(\frac{\pi}{4}\right) = \frac{1}{2},$$

ce qui donne, puisque $\cos\left(\frac{\pi}{4}\right)$ est positif :

$$\cos\left(\frac{\pi}{4}\right) = \frac{\sqrt{2}}{2} = \sin\left(\frac{\pi}{4}\right).$$

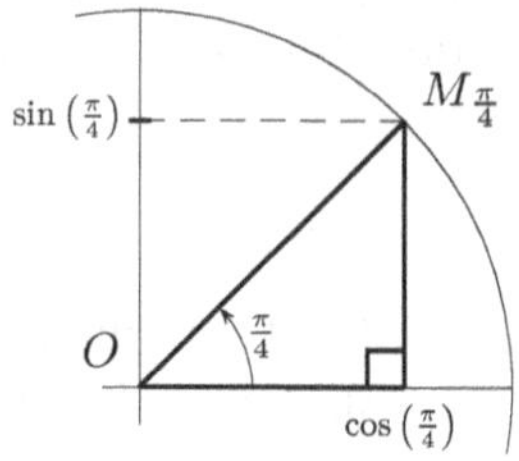

- Pour la valeur en $\frac{\pi}{6}$, on peut remarquer que le triangle $OM_{\frac{\pi}{6}}M_{-\frac{\pi}{6}}$ est un triangle équilatéral. On obtient ainsi $\sin\left(\frac{\pi}{6}\right) = \frac{1}{2}$ puis, comme $\cos\left(\frac{\pi}{6}\right) \geqslant 0$:

$$\cos\left(\frac{\pi}{6}\right) = \sqrt{1 - \sin^2\left(\frac{\pi}{6}\right)} = \sqrt{\frac{3}{4}} = \frac{\sqrt{3}}{2}.$$

- Par un raisonnement analogue en considérant le triangle équilatéral $OM_0M_{\frac{\pi}{3}}$, on obtient enfin :

$$\cos\left(\frac{\pi}{3}\right) = \frac{1}{2} \qquad \text{et} \qquad \sin\left(\frac{\pi}{3}\right) = \frac{\sqrt{3}}{2}. \qquad \square$$

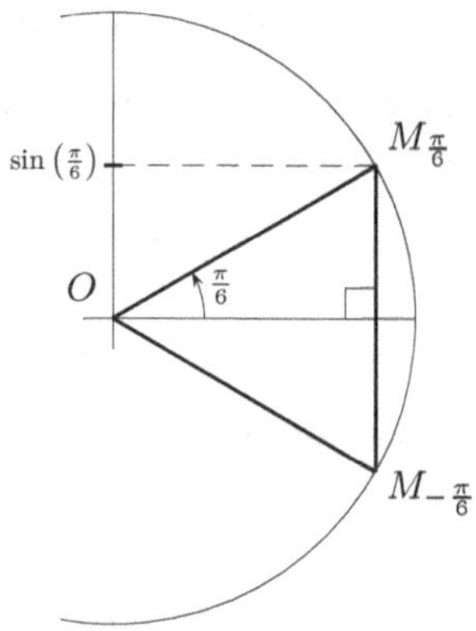

2 Premières formules trigonométriques utilisant $\cos$ et $\sin$

Proposition 14 (Parité de $\cos$ et imparité de $\sin$)

Pour tout $\theta \in \mathbb{R}$, on a :

$$\cos(-\theta) = \cos(\theta) \qquad \text{et} \qquad \sin(-\theta) = -\sin(\theta).$$

Démonstration.

Pour $\theta \in \mathbb{R}$, le point $M_{-\theta}$ s'obtient, à partir du point M_θ, par la symétrie axiale par rapport à l'axe des abscisses. Le point $M_{-\theta}$ a donc même abscisse que M_θ, et une ordonnée opposée :

$$\cos(-\theta) = \cos(\theta)$$

et :

$$\sin(-\theta) = -\sin(\theta). \qquad \square$$

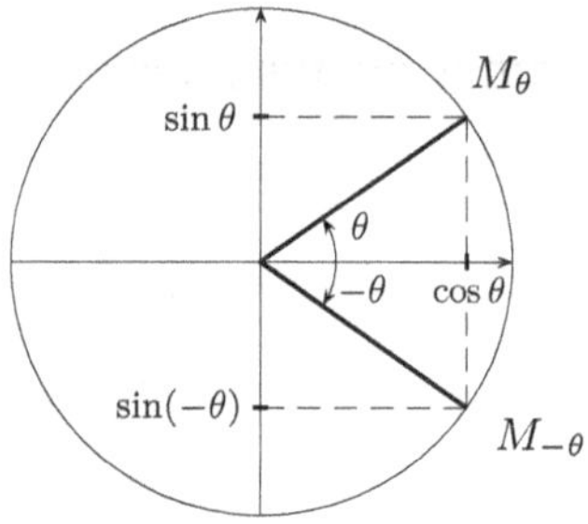

Proposition 15

Pour tout $\theta \in \mathbb{R}$, on a :

$$\cos(\theta+\pi) = -\cos(\theta) \qquad \text{et} \qquad \sin(\theta+\pi) = -\sin(\theta).$$

Démonstration.

Pour $\theta \in \mathbb{R}$, le point $M_{\theta+\pi}$ s'obtient, à partir du point M_θ, par la symétrie centrale par rapport à l'origine. Les coordonnées de $M_{\theta+\pi}$ sont donc les opposées des coordonnées de M_θ, autrement dit :

$$\cos(\theta+\pi) = -\cos(\theta)$$

et :

$$\sin(\theta+\pi) = -\sin(\theta). \qquad \square$$

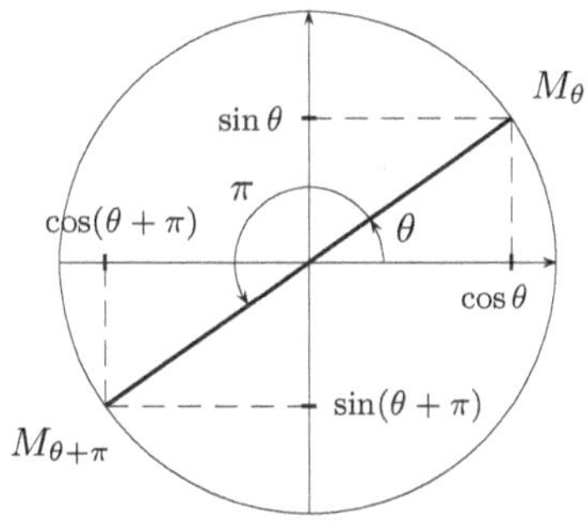

Proposition 16

Pour tout $\theta \in \mathbb{R}$, on a :

$$\cos(\pi-\theta) = -\cos(\theta) \qquad \text{et} \qquad \sin(\pi-\theta) = \sin(\theta).$$

Démonstration.

Pour $\theta \in \mathbb{R}$, le point $M_{\pi-\theta}$ s'obtient, à partir du point M_θ, par la symétrie axiale par rapport à l'axe des ordonnées. Le point $M_{\pi-\theta}$ a donc même ordonnée que M_θ, et une abscisse opposée :

$$\cos(\pi-\theta) = -\cos(\theta)$$

et :

$$\sin(\pi-\theta) = \sin(\theta). \qquad \square$$

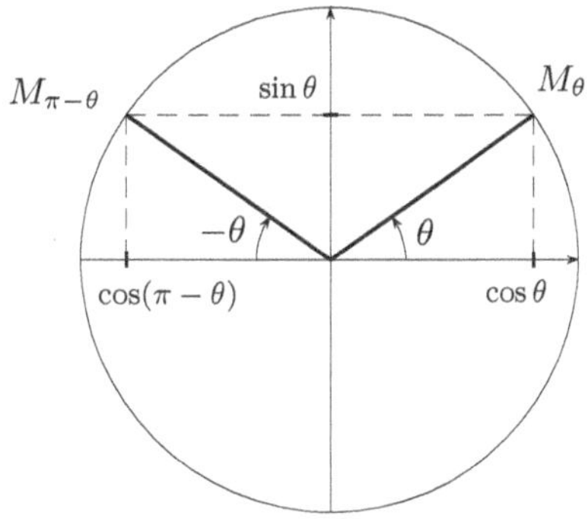

Proposition 17

Pour tout $\theta \in \mathbb{R}$, on a :

$$\cos\left(\frac{\pi}{2} - \theta\right) = \sin(\theta) \qquad \text{et} \qquad \sin\left(\frac{\pi}{2} - \theta\right) = \cos(\theta).$$

Démonstration.

Pour $\theta \in \mathbb{R}$, le point $M_{\frac{\pi}{2}-\theta}$ s'obtient, à partir du point M_θ, par la symétrie axiale par rapport à la première bissectrice, c'est-à-dire la droite d'équation $y = x$. Or, cette symétrie axiale a pour effet d'échanger abscisse et ordonnée. Le point $M_{\frac{\pi}{2}-\theta}$ a donc pour abscisse l'ordonnée de M_θ, et pour ordonnée l'abscisse de M_θ :

$$\cos\left(\frac{\pi}{2} - \theta\right) = \sin(\theta)$$

et :

$$\sin\left(\frac{\pi}{2} - \theta\right) = \cos(\theta). \qquad \square$$

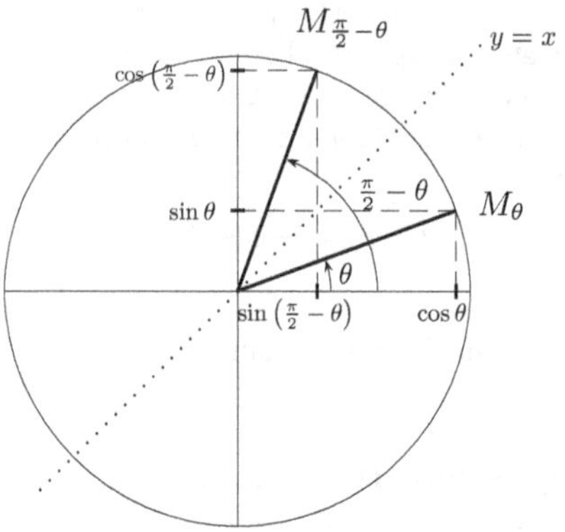

Proposition 18

Pour tout $\theta \in \mathbb{R}$, on a :

$$\cos\left(\theta + \frac{\pi}{2}\right) = -\sin(\theta) \qquad \text{et} \qquad \sin\left(\theta + \frac{\pi}{2}\right) = \cos(\theta).$$

Démonstration.

Soit $\theta \in \mathbb{R}$. Le point $M_{\theta+\frac{\pi}{2}}$ s'obtient, à partir du point M_θ, par la rotation de centre l'origine et d'angle $\frac{\pi}{2}$. Le point $M_{\theta+\frac{\pi}{2}}$ a donc pour abscisse l'opposé de l'ordonnée de M_θ, et pour ordonnée l'abscisse de M_θ :

$$\cos\left(\theta + \frac{\pi}{2}\right) = -\sin(\theta)$$

et :

$$\sin\left(\theta + \frac{\pi}{2}\right) = \cos(\theta). \qquad \square$$

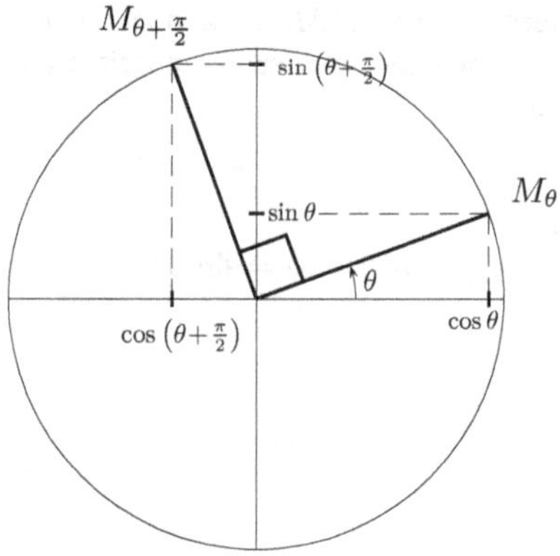

Remarque Les formules de la proposition 18 se déduisent des propositions 15 et 17, par les calculs suivants :

$$\cos\left(\theta + \frac{\pi}{2}\right) = \cos\left(\frac{\pi}{2} - (-\theta)\right) = \sin(-\theta) = -\sin(\theta)$$

et

$$\sin\left(\theta + \frac{\pi}{2}\right) = \sin\left(\frac{\pi}{2} - (-\theta)\right) = \cos(-\theta) = \cos(\theta).$$

3 Formules d'addition

On appelle **formules d'addition** les quatre formules suivantes.

Proposition 19 (Formules d'addition de cos **et** sin**)**

Pour tout $(a, b) \in \mathbb{R}^2$, on a :

$$\begin{aligned}\cos(a+b) &= \cos(a)\cos(b) - \sin(a)\sin(b) \;;\\ \cos(a-b) &= \cos(a)\cos(b) + \sin(a)\sin(b) \;;\\ \sin(a+b) &= \sin(a)\cos(b) + \sin(b)\cos(a) \;;\\ \sin(a-b) &= \sin(a)\cos(b) - \sin(b)\cos(a).\end{aligned}$$

Démonstration page 133

Ex. 28. En remarquant que $\frac{\pi}{12} = \frac{\pi}{4} - \frac{\pi}{6}$, on a :

$$\sin\left(\frac{\pi}{12}\right) = \sin\left(\frac{\pi}{4}\right)\cos\left(\frac{\pi}{6}\right) - \sin\left(\frac{\pi}{6}\right)\cos\left(\frac{\pi}{4}\right) = \frac{\sqrt{2}}{2}\left(\frac{\sqrt{3}}{2} - \frac{1}{2}\right) = \frac{\sqrt{6}-\sqrt{2}}{4}$$

et

$$\cos\left(\frac{\pi}{12}\right) = \cos\left(\frac{\pi}{4}\right)\cos\left(\frac{\pi}{6}\right) + \sin\left(\frac{\pi}{4}\right)\sin\left(\frac{\pi}{6}\right) = \frac{\sqrt{2}}{2}\left(\frac{\sqrt{3}}{2} + \frac{1}{2}\right) = \frac{\sqrt{6}+\sqrt{2}}{4}.$$

Les deux formules suivantes s'appellent **formules de duplication** et sont des conséquences directes des formules d'addition.

Corollaire 20 (Formules de duplication)

Exo 4.22

Pour tout $a \in \mathbb{R}$, on a :

$$\cos(2a) = \cos^2(a) - \sin^2(a) \qquad \text{et} \qquad \sin(2a) = 2\sin(a)\cos(a).$$

Remarque Puisque $\cos^2 a + \sin^2 a = 1$, la formule $\cos(2a) = \cos^2(a) - \sin^2(a)$ s'écrit aussi :

$$\cos(2a) = 2\cos^2(a) - 1 \quad \text{ou encore} \quad \cos^2(a) = \frac{1+\cos(2a)}{2}$$

et également :

$$\cos(2a) = 1 - 2\sin^2(a) \quad \text{ou encore} \quad \sin^2(a) = \frac{1-\cos(2a)}{2}.$$

Formules produit/somme et somme/produit

- Pour $(a, b) \in \mathbb{R}^2$, les formules d'addition permettent d'obtenir les formules suivantes, de transformation de produit en somme :

$$\begin{aligned}\cos(a)\cos(b) &= \frac{\cos(a+b)+\cos(a-b)}{2} \;;\\ \sin(a)\sin(b) &= \frac{\cos(a-b)-\cos(a+b)}{2} \;;\\ \sin(a)\cos(b) &= \frac{\sin(a+b)+\sin(a-b)}{2}.\end{aligned}$$

Point méthode Dans la pratique, ces formules se retrouvent assez naturellement à partir des formules d'addition de sin et cos. Par exemple pour la première formule, constater que le produit $\cos(a)\cos(b)$ apparaît dans les formules d'addition de $\cos(a+b)$ et $\cos(a-b)$ permet de retrouver rapidement :

$$\cos(a)\cos(b) = \frac{\cos(a+b)+\cos(a-b)}{2}.$$

- Pour $(p,q) \in \mathbb{R}^2$, on déduit de ce qui précède les formules suivantes, de transformation de somme en produit :

$$\begin{aligned}
\cos p + \cos q &= 2\cos\left(\frac{p+q}{2}\right)\cos\left(\frac{p-q}{2}\right) ;\\
\cos p - \cos q &= -2\sin\left(\frac{p+q}{2}\right)\sin\left(\frac{p-q}{2}\right) ;\\
\sin p + \sin q &= 2\sin\left(\frac{p+q}{2}\right)\cos\left(\frac{p-q}{2}\right) ;\\
\sin p - \sin q &= 2\cos\left(\frac{p+q}{2}\right)\sin\left(\frac{p-q}{2}\right).
\end{aligned}$$

Point méthode Dans la pratique, ces formules se retrouvent à partir des formules d'addition de sin et cos, en constatant qu'en posant $a = \dfrac{p+q}{2}$ et $b = \dfrac{p-q}{2}$, on a $p = a+b$ et $q = a-b$. Avec ces notations, on a par exemple :

$$\begin{aligned}
\cos p + \cos q &= \cos(a+b) + \cos(a-b)\\
&= \cos(a)\cos(b) - \sin(a)\sin(b) + \cos(a)\cos(b) + \sin(a)\sin(b)\\
&= 2\cos(a)\cos(b).
\end{aligned}$$

163

Remarque Une autre méthode efficace pour retrouver les formules de cette section est l'utilisation de nombres complexes.

4 Fonction tangente

Définition 3

Pour $\theta \in \mathbb{R}$ tel que $\theta \not\equiv \frac{\pi}{2}\ [\pi]$, on pose :

$$\tan(\theta) = \frac{\sin(\theta)}{\cos(\theta)}.$$

Remarque Le domaine de définition de la fonction tan s'écrit, au choix :

$$\mathbb{R} \setminus \left(\frac{\pi}{2} + \pi\mathbb{Z}\right) \quad \text{ou} \quad \bigcup_{k\in\mathbb{Z}} \left]-\frac{\pi}{2} + k\pi, \frac{\pi}{2} + k\pi\right[.$$

Les formules suivantes sont des conséquences des formules analogues sur sin et cos.

Proposition 21 (Imparité et π-périodicité de tan)

Pour $\theta \in \mathbb{R}$ tel que $\theta \not\equiv \frac{\pi}{2}\ [\pi]$, on a :

$$\tan(-\theta) = -\tan(\theta) \qquad \text{et} \qquad \tan(\theta + \pi) = \tan(\theta).$$

Conséquence Pour $\theta \in \mathbb{R}$ tel que $\theta \not\equiv \frac{\pi}{2}\ [\pi]$, on a :

$$\tan(\pi - \theta) = \tan(-\theta) = -\tan(\theta).$$

Tangente des angles usuels

On peut calculer aisément la tangente d'un angle dont on connaît le cosinus et le sinus.

Proposition 22

On a :

$$\tan(0) = 0\ ; \quad \tan\left(\frac{\pi}{6}\right) = \frac{\sqrt{3}}{3}\ ; \quad \tan\left(\frac{\pi}{4}\right) = 1 \quad \text{et} \quad \tan\left(\frac{\pi}{3}\right) = \sqrt{3}.$$

Formules d'addition de tan

Proposition 23

Pour $(a,b) \in \mathbb{R}^2$ tel que $a \not\equiv \frac{\pi}{2}\ [\pi]$, $b \not\equiv \frac{\pi}{2}\ [\pi]$ et $a + b \not\equiv \frac{\pi}{2}\ [\pi]$, on a :

$$\tan(a+b) = \frac{\tan(a) + \tan(b)}{1 - \tan(a)\tan(b)}.$$

Démonstration page 134

Principe de démonstration. On exprime $\tan(a+b)$ à l'aide de $\cos(a+b)$ et $\sin(a+b)$, puis on utilise les formules d'addition de sin et cos.

Remarque Les conditions pour que la formule d'addition de $\tan(a+b)$ soit applicable se retrouvent facilement car elles sont naturelles : il s'agit simplement que les trois termes en tan apparaissant dans la formule, à savoir $\tan(a)$, $\tan(b)$ et $\tan(a+b)$, soient bien définis.

Conséquence Pour $(a,b) \in \mathbb{R}^2$ tel que $a \not\equiv \frac{\pi}{2}\ [\pi]$, $b \not\equiv \frac{\pi}{2}\ [\pi]$ et $a - b \not\equiv \frac{\pi}{2}\ [\pi]$, le résultat précédent s'applique au couple $(a, -b)$:

$$\tan(a-b) = \frac{\tan(a) - \tan(b)}{1 + \tan(a)\tan(b)}.$$

Expression de $\cos$ et $\sin$ à l'aide de $\tan$

Pour $\theta \in \mathbb{R}$ tel que $\theta \not\equiv \pi\,[2\pi]$, les calculs suivants permettent d'exprimer $\cos(\theta)$ et $\sin(\theta)$ à l'aide de $\tan\left(\frac{\theta}{2}\right)$:

$$\begin{aligned}
\cos(\theta) &= \cos^2\left(\frac{\theta}{2}\right) - \sin^2\left(\frac{\theta}{2}\right)\\
&= \frac{\cos^2\left(\frac{\theta}{2}\right) - \sin^2\left(\frac{\theta}{2}\right)}{\cos^2\left(\frac{\theta}{2}\right) + \sin^2\left(\frac{\theta}{2}\right)} && \left(\cos^2\left(\frac{\theta}{2}\right) + \sin^2\left(\frac{\theta}{2}\right) = 1\right)\\
&= \frac{1 - \tan^2\left(\frac{\theta}{2}\right)}{1 + \tan^2\left(\frac{\theta}{2}\right)} && \left(\text{en divisant en haut et en bas par } \cos^2\left(\frac{\theta}{2}\right)\right)
\end{aligned}$$

et

$$\begin{aligned}
\sin(\theta) &= 2\sin\left(\frac{\theta}{2}\right)\cos\left(\frac{\theta}{2}\right)\\
&= \frac{2\sin\left(\frac{\theta}{2}\right)\cos\left(\frac{\theta}{2}\right)}{\cos^2\left(\frac{\theta}{2}\right) + \sin^2\left(\frac{\theta}{2}\right)} && \left(\cos^2\left(\frac{\theta}{2}\right) + \sin^2\left(\frac{\theta}{2}\right) = 1\right)\\
&= \frac{2\tan\left(\frac{\theta}{2}\right)}{1 + \tan^2\left(\frac{\theta}{2}\right)}\cdot && \left(\text{en divisant en haut et en bas par } \cos^2\left(\frac{\theta}{2}\right)\right)
\end{aligned}$$

Remarque En notant $t = \tan\left(\frac{\theta}{2}\right)$, les deux formules précédentes s'écrivent :

$$\cos(\theta) = \frac{1-t^2}{1+t^2} \qquad \text{et} \qquad \sin(\theta) = \frac{2t}{1+t^2}\cdot$$

Interprétation de $\tan\theta$ sur le cercle trigonométrique

Soit $\theta \in \left]-\frac{\pi}{2}, \frac{\pi}{2}\right[$. Le point M_θ ayant pour coordonnées $(\cos\theta, \sin\theta)$ dans le repère $(O, \vec{\imath}, \vec{\jmath})$, la droite passant par les points O et M_θ a pour pente $\frac{\sin\theta}{\cos\theta}$, c'est-à-dire $\tan\theta$. Le point d'intersection P_θ entre cette droite et la droite d'équation $x = 1$ a donc pour coordonnées $(1, \tan\theta)$.

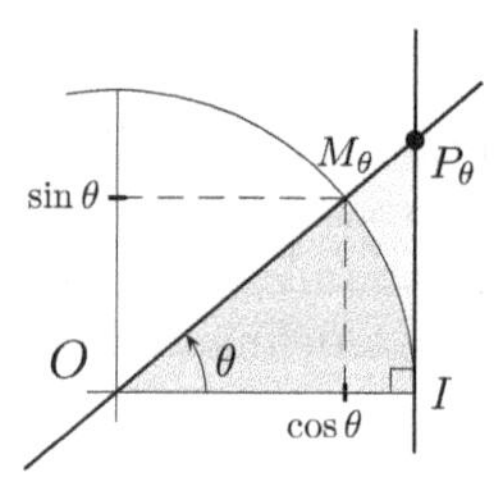

213 **Remarque** Cette interprétation géométrique de $\tan\theta$ pour $\theta \in \left]-\frac{\pi}{2}, \frac{\pi}{2}\right[$ assure que la restriction de la fonction tan à l'intervalle $\left]-\frac{\pi}{2}, \frac{\pi}{2}\right[$ est injective. Cela sera redémontré dans le chapitre sur les fonction usuelles, en utilisant les variations de la fonction tan.

5 Équations et inéquations trigonométriques

Équations trigonométriques

Certaines équations trigonométriques peuvent se résoudre directement à l'aide du cercle trigonométrique. C'est le cas lorsque l'on est capable d'identifier précisément les points M_θ du cercle trigonométrique associés à l'équation considérée.

Ex. 29.

On souhaite résoudre l'équation :

$$(E)\ :\ \cos\theta = \frac{1}{2}$$

d'inconnue $\theta \in \mathbb{R}$. Un réel θ est solution de (E) si, et seulement si, le point M_θ a $\frac{1}{2}$ pour abscisse. Les points M_θ associés sont donc les points d'intersection entre le cercle trigonométrique et la droite d'équation $x = \frac{1}{2}$, ce qui correspond aux deux points $M_{\frac{\pi}{3}}$ et $M_{-\frac{\pi}{3}}$. On sait de plus que :

$$M_{\theta_1} = M_{\theta_2} \iff \theta_1 \equiv \theta_2\,[2\pi].$$

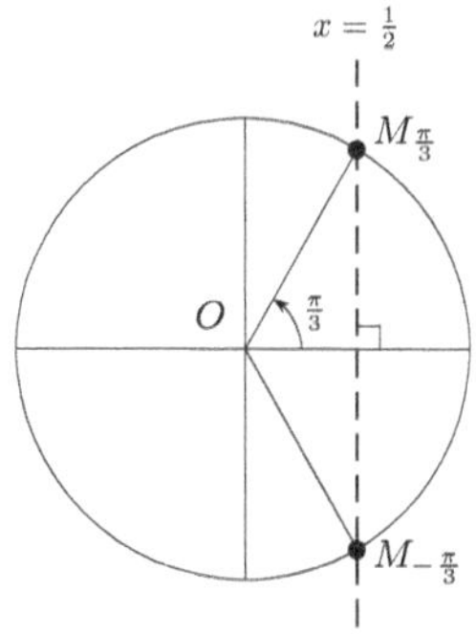

On en déduit que θ est solution de (E) si, et seulement si, $\theta \equiv \frac{\pi}{3}\,[2\pi]$ ou $\theta \equiv -\frac{\pi}{3}\,[2\pi]$. L'ensemble des solutions de (E) est donc :

$$\left\{\frac{\pi}{3} + 2k\pi \mid k \in \mathbb{Z}\right\} \bigcup \left\{-\frac{\pi}{3} + 2k\pi \mid k \in \mathbb{Z}\right\}.$$

Parmi les équations simples menant à un unique point du cercle trigonométrique, on peut citer :

$$\cos\theta = 1 \iff \theta \equiv 0\,[2\pi]\ ; \quad \cos\theta = -1 \iff \theta \equiv \pi\,[2\pi]\ ;$$

$$\sin\theta = 1 \iff \theta \equiv \frac{\pi}{2}\,[2\pi]\ ; \quad \sin\theta = -1 \iff \theta \equiv -\frac{\pi}{2}\,[2\pi].$$

Parmi les équations simples menant à plusieurs points du cercle trigonométrique, on peut citer :

$$\cos\theta = 0 \iff \left(\theta \equiv \frac{\pi}{2}\,[2\pi] \quad \text{ou} \quad \theta \equiv -\frac{\pi}{2}\,[2\pi]\right) \iff \theta \equiv \frac{\pi}{2}\,[\pi]\ ;$$

$$\sin\theta = 0 \iff (\theta \equiv 0\,[2\pi] \quad \text{ou} \quad \theta \equiv \pi\,[2\pi]) \iff \theta \equiv 0\,[\pi].$$

Comme l'illustre l'exemple suivant, certaines équations nécessitent, en plus de considérations sur le cercle trigonométrique, de manipuler les congruences.

Ex. 30. On souhaite résoudre l'équation $(E)\quad:\quad\cos\left(2\theta+\frac{\pi}{4}\right)=\frac{\sqrt{2}}{2}$. À l'aide du cercle trigonométrique, on voit qu'un réel θ est solution de (E) si, et seulement si :

$$2\theta+\frac{\pi}{4}\equiv\frac{\pi}{4}\,[2\pi]\quad\text{ou}\quad 2\theta+\frac{\pi}{4}\equiv-\frac{\pi}{4}\,[2\pi].$$

Or, on a :

$$2\theta+\frac{\pi}{4}\equiv\frac{\pi}{4}\,[2\pi]\iff 2\theta\equiv 0\,[2\pi]\iff\theta\equiv 0\,[\pi]$$

et

$$2\theta+\frac{\pi}{4}\equiv-\frac{\pi}{4}\,[2\pi]\iff 2\theta\equiv-\frac{\pi}{2}\,[2\pi]\iff\theta\equiv-\frac{\pi}{4}\,[\pi].$$

Par conséquent, l'ensemble des solutions de (E) est :

$$\left\{k\pi\mid k\in\mathbb{Z}\right\}\bigcup\left\{-\frac{\pi}{4}+k\pi\mid k\in\mathbb{Z}\right\}.$$

On dispose d'autre part du résultat suivant, utile pour la résolution d'équations trigonométriques :

Proposition 24

Soit $(a,b)\in\mathbb{R}^2$. On a :

$$\cos a=\cos b\iff\left(a\equiv b\,[2\pi]\quad\text{ou}\quad a\equiv -b\,[2\pi]\right)\ ;$$

Exo 4.23

$$\sin a=\sin b\iff\left(a\equiv b\,[2\pi]\quad\text{ou}\quad a\equiv \pi-b\,[2\pi]\right).$$

Exo 4.24

Si de plus $a\not\equiv\frac{\pi}{2}\,[\pi]$ et $b\not\equiv\frac{\pi}{2}\,[\pi]$, alors :

$$\tan a=\tan b\iff a\equiv b\,[\pi].$$

Démonstration page 134

Ex. 31. Résolvons l'équation $(E)\ :\ \cos(3x)=\cos(x)$.
D'après la proposition précédente, un réel x est solution de (E) si, et seulement si, :

$$3x\equiv x\,[2\pi]\quad\text{ou}\quad 3x\equiv -x\,[2\pi].$$

Or, on a :

$$3x\equiv x\,[2\pi]\iff 2x\equiv 0\,[2\pi]\iff x\equiv 0\,[\pi]$$

et

$$3x\equiv -x\,[2\pi]\iff 4x\equiv 0\,[2\pi]\iff x\equiv 0\left[\frac{\pi}{2}\right].$$

Finalement, la deuxième condition englobant la première, on déduit que x est solution de (E) si, et seulement si, $x\equiv 0\left[\frac{\pi}{2}\right]$.

Exo 4.25

Exo 4.26

Exemples d'inéquations trigonométriques

À l'instar des équations, il est possible de résoudre des inéquations trigonométriques à l'aide du cercle trigonométrique.

Ex. 32.

Résolvons l'inéquation :

$$(I)\ :\ \cos(\theta) \leqslant \frac{1}{2},$$

d'inconnue $\theta \in \mathbb{R}$. Un réel θ est solution de (I) si, et seulement si, le point M_θ a une abscisse inférieure ou égale à $\frac{1}{2}$.

Cela correspond, sur le dessin ci-contre, à la partie en gras du cercle trigonométrique. En utilisant de plus le fait que :

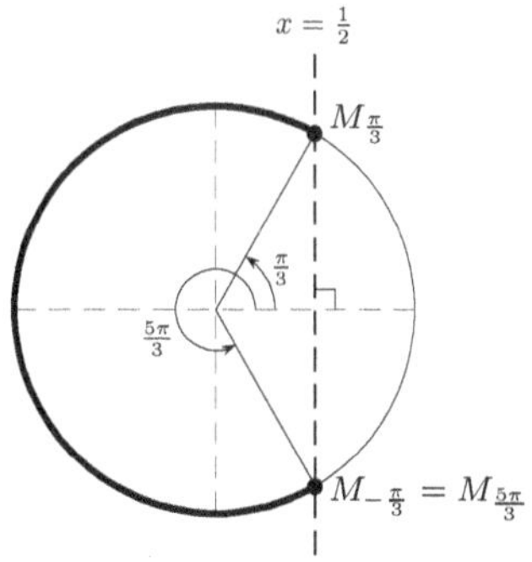

$$M_{\theta_1} = M_{\theta_2} \Longleftrightarrow \theta_1 \equiv \theta_2\,[2\pi],$$

on en déduit que l'ensemble des solutions de l'inéquation (I) est :

$$\bigcup_{k\in\mathbb{Z}} \left[\frac{\pi}{3} + 2k\pi, \frac{5\pi}{3} + 2k\pi\right]$$

Démonstrations

Proposition 2 Dans la somme considérée, que nous notons S, effectuons le changement d'indice $[j = p+n-k]$. Par ce changement d'indice, les bornes p et n sont inchangées :

$$S = \sum_{j=p}^{n} u_{p+n-j} = \sum_{k=p}^{n} u_{p+n-k},$$

la dernière égalité étant vraie par le caractère muet de l'indice de sommation. On a alors :

$$2\,S = \sum_{k=p}^{n} u_k + \sum_{k=p}^{n} u_{p+n-k} = \sum_{k=p}^{n} (u_k + u_{p+n-k}).$$

La suite $(u_k)_{k\in\mathbb{N}}$ étant une suite arithmétique, il existe $(a,b) \in \mathbb{R}^2$ tel que :

$$\forall k \in \mathbb{N} \quad u_k = a + k\,b.$$

Alors, pour tout $k \in [\![p,n]\!]$, on a $u_k + u_{p+n-k} = 2a + (p+n)\,b$. On en déduit :

$$\begin{aligned} 2\,S &= (n-p+1)\,(2a+(p+n)\,b) \\ &= (n-p+1)\,(u_p+u_n), \end{aligned}$$

d'où le résultat.

Proposition 3 La formule est évidemment vraie pour $n = 0$, puisqu'une somme vide est nulle. Donnons-nous $n \in \mathbb{N}^*$.

Pour $k \in [\![1,n]\!]$, on a $(k+1)^3 - k^3 = 3k^2 + 3k + 1$ (le développement de $(k+1)^3$, conséquence de la formule du binôme, sera donné par l'exemple de la page 113). Il en résulte que :

$$\sum_{k=1}^{n} \left((k+1)^3 - k^3\right) = \sum_{k=1}^{n} (3k^2 + 3k + 1).$$

- À gauche, on reconnaît une somme télescopique : $\displaystyle\sum_{k=1}^{n} \left((k+1)^3 - k^3\right) = (n+1)^3 - 1.$
- À droite, on a :

$$\sum_{k=1}^{n} (3k^2+3k+1) = 3\sum_{k=1}^{n} k^2 + 3\sum_{k=1}^{n} k + \sum_{k=1}^{n} 1 = 3\sum_{k=1}^{n} k^2 + 3\frac{n(n+1)}{2} + n.$$

En identifiant les deux membres, on obtient $(n+1)^3 - 1 = 3\displaystyle\sum_{k=1}^{n} k^2 + 3\frac{n(n+1)}{2} + n.$

Isolons $3\displaystyle\sum_{k=1}^{n} k^2$ puis simplifions :

$$\begin{aligned} 3\sum_{k=1}^{n} k^2 = (n+1)^3 - 1 - 3\frac{n(n+1)}{2} - n &= (n+1)^3 - 3\frac{n(n+1)}{2} - (n+1) \\ &= (n+1)\Big((n+1)^2 - \frac{3n}{2} - 1\Big) \\ &= (n+1)\Big(n^2 + \frac{n}{2}\Big) = (n+1)\frac{n(2n+1)}{2}, \end{aligned}$$

ce qui donne la formule souhaitée $\displaystyle\sum_{k=1}^{n} k^2 = \frac{n(n+1)(2n+1)}{6}.$

Proposition 4 Puisque $(u_n)_{n\in\mathbb{N}}$ est une suite géométrique de raison a, on a :

$$\forall n \in \mathbb{N} \quad u_n = u_0\, a^n.$$

Pour $(p,n) \in \mathbb{N}^2$ tel que $p \leqslant n$, on a donc $\sum\limits_{k=p}^{n} u_k = u_0 \sum\limits_{k=p}^{n} a^k$ et donc, puisque $a \neq 1$:

$$\sum_{k=p}^{n} u_k = u_0\, \frac{a^p - a^{n+1}}{1-a} = \frac{u_0\, a^p - u_0\, a^{n+1}}{1-a} = \frac{u_p - u_{n+1}}{1-a}.$$

Proposition 6 Notons S la somme double considérée. On a :

$$S = \sum_{j=1}^{p} \left(\sum_{i=1}^{n} b_i\, c_j \right).$$

Or, à $j \in [\![1,p]\!]$ fixé, c_j ne dépend pas de i, donc :

$$S = \sum_{j=1}^{p} \left(c_j \sum_{i=1}^{n} b_i \right).$$

Puis, la quantité $\sum\limits_{i=1}^{n} b_i$ ne dépendant pas de j, on peut la sortir de la somme en j :

$$S = \left(\sum_{i=1}^{n} b_i \right) \left(\sum_{j=1}^{p} c_j \right).$$

Proposition 8

- Si $p \in [\![1,n]\!]$, alors on a :

$$\binom{n-1}{p} + \binom{n-1}{p-1} = \frac{(n-1)!}{p!\,(n-1-p)!} + \frac{(n-1)!}{(p-1)!\,(n-p)!}.$$

  La mise au même dénominateur donne :

$$\begin{aligned}\binom{n-1}{p} + \binom{n-1}{p-1} &= \frac{(n-p)\,(n-1)! + p\,(n-1)!}{p!\,(n-p)!} \\ &= \frac{n\,(n-1)!}{p!\,(n-p)!} = \binom{n}{p}.\end{aligned}$$

- Si $p = 0$, la relation est vraie car $\binom{n}{p} = \binom{n-1}{p} = 1$, et $\binom{n-1}{p-1} = 0$.
- Si $p \notin [\![0,n]\!]$, la relation est vraie car les trois coefficients binomiaux sont nuls.

Proposition 9 Montrons par récurrence que la formule est vraie pour tout $n \in \mathbb{N}$.

- La formule est vraie au rang 0, car $(a+b)^0 = 1 = \binom{0}{0}\, a^0\, b^0$.
- Soit $n \in \mathbb{N}$. Supposons la formule vraie au rang n, et montrons-la au rang $n+1$.

  On écrit $(a+b)^{n+1} = (a+b)\,(a+b)^n$, ce qui permet d'utiliser l'hypothèse de récurrence. En développant, il vient alors :

$$(a+b)^{n+1} = \sum_{p=0}^{n} \binom{n}{p}\, a^{p+1}\, b^{n-p} + \sum_{p=0}^{n} \binom{n}{p}\, a^p\, b^{n+1-p}.$$

Un changement d'indice $[q = p+1]$ dans la première somme donne :

$$\begin{aligned}(a+b)^{n+1} &= \sum_{q=1}^{n+1} \binom{n}{q-1} a^q b^{n+1-q} + \sum_{p=0}^{n} \binom{n}{p} a^p b^{n+1-p} \\ &= \binom{n}{n} a^{n+1} b^0 + \sum_{p=1}^{n} \left(\binom{n}{p-1} + \binom{n}{p}\right) a^p b^{n+1-p} + \binom{n}{0} a^0 b^{n+1} \\ &= a^{n+1} + \sum_{p=1}^{n} \left(\binom{n}{p-1} + \binom{n}{p}\right) a^p b^{n+1-p} + b^{n+1}.\end{aligned}$$

En appliquant la formule de Pascal, on obtient :

$$(a+b)^{n+1} = a^{n+1} + \sum_{p=1}^{n} \binom{n+1}{p} a^p b^{n+1-p} + b^{n+1}.$$

Puis, comme $\binom{n+1}{0} = \binom{n+1}{n+1} = 1$, on remarque que a^{n+1} et b^{n+1} correspondent respectivement aux termes d'indices $n+1$ et 0 de la somme centrale, ce qui donne la formule souhaitée au rang $n+1$:

$$(a+b)^{n+1} = \sum_{p=0}^{n+1} \binom{n+1}{p} a^p b^{n+1-p}.$$

Proposition 10

- Supposons le déterminant de $(\mathcal{S})$ non nul, *i.e.* $ad - bc \neq 0$, et montrons qu'il possède une unique solution. Procédons par analyse-synthèse.
  - ∗ Supposons que (x, y) soit solution du système. On a alors :
    $$ax + by = e \quad (E_1) \qquad \text{et} \qquad cx + dy = f \quad (E_2).$$
    - ⋆ L'équation $d \times (E_1) - b \times (E_2)$ nous donne alors $(ad - bc)\, x = ed - bf$, c'est-à-dire, comme $ad - bc \neq 0$:
    $$x = \frac{ed - bf}{ad - bc}.$$
    - ⋆ L'équation $c \times (E_1) - a \times (E_2)$ nous donne quant à elle $(bc - ad)\, y = ec - af$, c'est-à-dire, comme $ad - bc \neq 0$:
    $$y = \frac{af - ec}{ad - bc}.$$

    Cela montre l'unicité.
  - ∗ Réciproquement, on vérifie que le couple obtenu ci-dessus satisfait les deux équations du système $(\mathcal{S})$, donc en est solution.

- Supposons maintenant le déterminant de $(\mathcal{S})$ nul, *i.e.* $ad - bc = 0$, et montrons que soit le système est incompatible, soit il possède une infinité de solutions.
  - ∗ Si les coefficients a, b, c, d sont tous nuls, alors il est immédiat de voir que :
    - ⋆ soit $e = f = 0$, et alors tout couple (x, y) est solution de $(\mathcal{S})$;
    - ⋆ soit $(e, f) \neq (0, 0)$, et alors le système est incompatible.

* Supposons les coefficients a, b, c, d non tous nuls. Quitte à échanger les deux équations et/ou les deux inconnues, supposons $a \neq 0$. La transvection $L_2 \leftarrow aL_2 - cL_1$ donne :

$$(\mathcal{S}) \iff \begin{cases} ax + by &= e \\ (ad - bc)y &= af - ce \end{cases}$$

$$\iff \begin{cases} ax + by &= e \\ 0 &= af - ce. \end{cases} \qquad \text{(car } ad - bc = 0\text{)}$$

⋆ Si $af - ce \neq 0$, alors le système est incompatible.

⋆ Si $af - ce = 0$ alors :

$$(\mathcal{S}) \iff ax + by = e \iff x = \frac{e - by}{a}.$$

Il y a alors une infinité de solutions : chaque couple $\left(\frac{e - by}{a}, y\right)$ avec $y \in \mathbb{R}$.

Proposition 12 Soit $x \in \mathbb{R}$. Puisque $-1 \leqslant \sin x \leqslant 1$, on a $|\sin x| \leqslant 1$; l'inégalité $|\sin x| \leqslant |x|$ est donc évidemment vraie si $x \in \mathbb{R} \setminus [-1, 1]$. Puis, par parité des fonctions $x \mapsto |\sin x|$ et $x \mapsto |x|$, on peut supposer $x \in [0, 1]$.

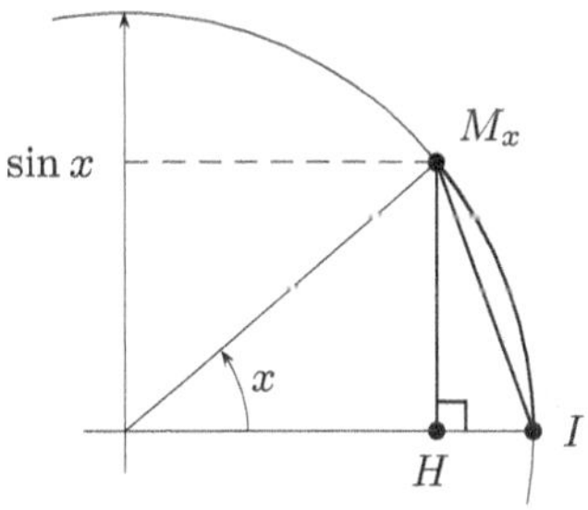

Par définition, $\sin x$ correspond, sur le dessin ci-contre, à la distance HM_x, tandis que x est la longueur de l'arc de cercle reliant le point I au point M_x.

- D'une part, le triangle M_xHI, rectangle en H, nous offre :

$$M_xH \leqslant M_xI \quad \textit{i.e.} \quad \sin x \leqslant M_xI.$$

- D'autre part, la distance M_xI est inférieure à la longueur de l'arc de cercle correspondant, *i.e.* $M_xI \leqslant x$.

On a donc $0 \leqslant \sin x \leqslant x$, donc *a fortiori* $|\sin x| \leqslant |x|$.

Remarque Une démonstration analytique de ce résultat sera donnée à la page 413.

Proposition 19 Soit $(a, b) \in \mathbb{R}^2$.

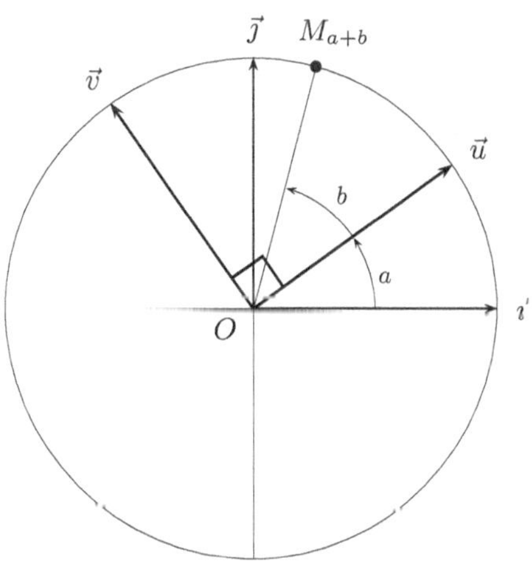

Plaçons-nous dans $(O, \vec{\imath}, \vec{\jmath})$ un repère orthonormé direct, et considérons les vecteurs :

$$\vec{u} = \cos(a)\,\vec{\imath} + \sin(a)\,\vec{\jmath}$$

et

$$\vec{v} = \cos\left(a + \frac{\pi}{2}\right)\vec{\imath} + \sin\left(a + \frac{\pi}{2}\right)\vec{\jmath}$$
$$= -\sin(a)\,\vec{\imath} + \cos(a)\,\vec{\jmath},$$

de telle sorte que le repère $(O, \vec{u}, \vec{v})$ est également un repère orthonormé.
Considérons alors M_{a+b} le point du cercle trigonométrique vérifiant :

$$(\vec{\imath}, \overrightarrow{OM_{a+b}}) = a + b.$$

- D'une part, M_{a+b} a pour coordonnées $\big(\cos(a + b), \sin(a + b)\big)$ dans le repère $(O, \vec{\imath}, \vec{\jmath})$.

- D'autre part, M_{a+b} a pour coordonnées $\big(\cos(b), \sin(b)\big)$ dans le repère $(O, \vec{u}, \vec{v})$, ce qui se traduit vectoriellement :

$$\begin{aligned}\overrightarrow{OM_{a+b}} &= \cos(b)\,\vec{u} + \sin(b)\,\vec{v}\\ &= \cos(b)\,\big(\cos(a)\,\vec{\imath} + \sin(a)\,\vec{\jmath}\big) + \sin(b)\,\big(-\sin(a)\,\vec{\imath} + \cos(a)\,\vec{\jmath}\big)\\ &= \big(\cos(a)\cos(b) - \sin(a)\sin(b)\big)\,\vec{\imath} + \big(\sin(a)\cos(b) + \sin(b)\cos(a)\big)\,\vec{\jmath}.\end{aligned}$$

  On obtient ainsi une autre expression des coordonnées du point M_{a+b} dans le repère $(O, \vec{\imath}, \vec{\jmath})$.

Par unicité des coordonnées d'un point dans un repère, on déduit deux des quatre formules souhaitées :

$$\cos(a+b) = \cos(a)\cos(b) - \sin(a)\sin(b) \quad \text{et} \quad \sin(a+b) = \sin(a)\cos(b) + \sin(b)\cos(a).$$

Les deux autres s'obtiennent alors en appliquant les précédentes au couple $(a, -b)$, et en utilisant les propriétés de parité de $\sin$ et $\cos$.

Proposition 23 On a :

$$\tan(a+b) = \frac{\sin(a+b)}{\cos(a+b)} = \frac{\sin(a)\cos(b) + \sin(b)\cos(a)}{\cos(a)\cos(b) - \sin(a)\sin(b)}.$$

En divisant le numérateur et le dénominateur par $\cos(a)\cos(b)$ ($\cos(a)$ et $\cos(b)$ sont non nuls car $a \not\equiv \frac{\pi}{2}\,[\pi]$ et $b \not\equiv \frac{\pi}{2}\,[\pi]$), on obtient la formule souhaitée :

$$\tan(a+b) = \frac{\tan(a) + \tan(b)}{1 - \tan(a)\tan(b)}.$$

Proposition 24

- Les deux premières équivalences se voient à l'aide du cercle trigonométrique.
- La troisième équivalence provient du caractère π-périodique de $\tan$, ainsi que du caractère injectif de sa restriction à $\left]-\frac{\pi}{2}, \frac{\pi}{2}\right[$ (cf. deuxième remarque de la page 126).
  - En effet, le caractère π-périodique de $\tan$ donne directement l'implication $\Leftarrow$.
  - Pour le sens direct, supposons $\tan a = \tan b$. Soit alors $\tilde{a}$ et $\tilde{b}$ appartenant à $\left]-\frac{\pi}{2}, \frac{\pi}{2}\right[$ et vérifiant $a \equiv \tilde{a}\,[\pi]$ et $b \equiv \tilde{b}\,[\pi]$. Par π-périodicité de $\tan$, on a $\tan(\tilde{a}) = \tan(a)$ et $\tan(\tilde{b}) = \tan(b)$, donc $\tan(\tilde{a}) = \tan(\tilde{b})$. Par injectivité de la restriction de $\tan$ à $\left]-\frac{\pi}{2}, \frac{\pi}{2}\right[$, on a alors $\tilde{a} = \tilde{b}$. Puis, par transitivité de la relation de congruence modulo π, on obtient $a \equiv b\,[\pi]$.

S'entraîner et approfondir

Symboles $\sum$ et $\prod$

4.1 *(Produit des entiers pairs, produit des entiers impairs)*
→98
Soit $n \in \mathbb{N}$.

1. Exprimer, à l'aide de $n!$, le produit A_n des entiers pairs compris entre 1 et $2n$.
2. On note B_n le produit des entiers impairs compris entre 1 et $2n+1$. En multipliant le numérateur et le dénominateur par A_n, montrer que :

$$B_n = \frac{(2n+1)!}{2^n n!}.$$

4.2 1. Déterminer deux nombres a et b vérifiant : $\forall k \in \mathbb{N}^* \quad \dfrac{1}{k(k+1)} = \dfrac{a}{k+1} + \dfrac{b}{k}$.
→103

2. Pour $n \in \mathbb{N}^*$, en déduire une écriture simplifiée de $S = \displaystyle\sum_{k=1}^{n} \frac{1}{k(k+1)}$.

4.3 Étant donné un entier naturel non nul n, on note $S = \displaystyle\sum_{i=1}^{n} i\,2^i$.
→108

Après avoir vérifié que $S = \sum\limits_{i=1}^{n} \sum\limits_{j=1}^{i} 2^i$, et en intervertissant les deux symboles $\sum$, montrer que $S = (n-1)2^{n+1} + 2$.

4.4 En faisant apparaître une somme télescopique, montrer que, pour tout $(n,p) \in \mathbb{N}^2$ tel que $p \leqslant n$, on a :
→111

$$\sum_{k=p}^{n} \binom{k}{p} = \binom{n+1}{p+1}.$$

4.5 En utilisant la formule du binôme, démontrer que :
→112

$$\forall x \in \mathbb{R}_+ \quad \forall n \in \mathbb{N} \quad (1+x)^n \geqslant 1 + nx.$$

4.6 Soit $n \in \mathbb{N}^*$.
→112

1. En reconnaissant une formule du binôme, montrer que :

$$\binom{n}{0} - \binom{n}{1} + \cdots + (-1)^n \binom{n}{n} = 0.$$

2. En déduire la valeur de $\displaystyle\sum_{\substack{k \in [\![0,n]\!] \\ k \text{ pair}}} \binom{n}{k}$ et de $\displaystyle\sum_{\substack{k \in [\![0,n]\!] \\ k \text{ impair}}} \binom{n}{k}$.

4.7 Soit $n \geqslant 2$. Calculer la somme $S = \sum_{k=2}^{n} \ln\left(\frac{k^2-1}{k^2}\right)$.

4.8 Pour n un entier naturel non nul, on considère la somme suivante :

$$S = \sum_{k=0}^{2n} \cos\left(\frac{k\pi}{2n}\right).$$

Grâce à un changement d'indice, montrer que $S = -S$, puis que $S = 0$.

Indication. *Faire un dessin pour comprendre comment les termes se simplifient.*

4.9 Soit n un entier naturel non nul. Calculer la somme :

$$S = \sum_{k=0}^{2n} 2^k \cos\left(\frac{k\,\pi}{2}\right),$$

en séparant les termes de la somme suivant la parité de k.

4.10 *Une autre méthode pour calculer la somme des n premiers entiers.*

Pour $n \in \mathbb{N}$, en calculant $\sum_{k=1}^{n} \left((k+1)^2 - k^2\right) = \sum_{k=1}^{n} (2k+1)$ de deux manières différentes, retrouver la valeur de $\sum_{k=1}^{n} k$.

4.11 *Somme des cubes des n premiers entiers.*

En calculant la somme $S = \sum_{k=1}^{n} \left((k+1)^4 - k^4\right)$ de deux manières, montrer que :

$$\forall n \in \mathbb{N} \quad \sum_{k=1}^{n} k^3 = \left(\frac{n(n+1)}{2}\right)^2.$$

4.12 Pour $n \in \mathbb{N}$, calculer $S_n = \sum_{(i,j)\in[\![0,n]\!]^2} \min(i,j)$, où $\min(i,j) = \begin{cases} j \text{ si } j \leqslant i \\ i \text{ sinon.} \end{cases}$

4.13 (Inégalité de Tchebychev) Soit $n \in \mathbb{N}^*$, ainsi que $(a_i)_{1\leqslant i\leqslant n}$ et $(b_i)_{1\leqslant i\leqslant n}$ deux n-listes de réels croissantes, *i.e.* vérifiant :

$$a_1 \leqslant \cdots \leqslant a_n \qquad \text{et} \qquad b_1 \leqslant \cdots \leqslant b_n.$$

1. Justifier que : $\forall (i,j) \in [\![1,n]\!]^2 \quad (a_i - a_j)(b_i - b_j) \geqslant 0$.
2. En sommant l'inégalité précédente pour $(i,j) \in [\![1,n]\!]^2$, obtenir alors l'inégalité de Tchebychev :

$$\frac{1}{n}\sum_{k=1}^{n} a_k b_k \geqslant \left(\frac{1}{n}\sum_{k=1}^{n} a_k\right)\left(\frac{1}{n}\sum_{k=1}^{n} b_k\right).$$

4.14 Quel est le coefficient de $x^4 y^8$ dans le développement de l'expression $(3x - 7y)^{12}$?

4.15 Pour $n \in \mathbb{N}$, calculer $\displaystyle\sum_{k=0}^{n} k\binom{n}{k}$.

4.16 **(Formule de Vandermonde)** Montrer que, pour tout $(m,n) \in \mathbb{N}^2$, on a :

$$\forall p \in \mathbb{N} \quad \binom{m+n}{p} = \sum_{k=0}^{p} \binom{m}{k}\binom{n}{p-k}.$$

Indication. *On pourra fixer $m \in \mathbb{N}$ et faire une récurrence sur $n \in \mathbb{N}$, en utilisant la relation de Pascal.*

Systèmes linéaires

4.17 Résoudre le système linéaire $(\mathcal{S})$: $\left\{\begin{array}{rcr} 5x + 3y & = & -2 \\ 2x + \ y & = & 3. \end{array}\right.$
→114

4.18 Résoudre le système suivant, dépendant de paramètres réels λ et μ :
→116

$$(\mathcal{S}) : \left\{\begin{array}{rcr} \lambda x + 3y & = & -2 \\ 2x + \ y & = & \mu. \end{array}\right.$$

4.19 On considère le système suivant, dépendant d'un paramètre $\lambda \in \mathbb{R}$:
→117

$$(\mathcal{S}) : \left\{\begin{array}{rcr} x + 2y + 3z & = & 3 \\ 3x + 6y + 9z & = & \lambda. \end{array}\right.$$

Résoudre $(\mathcal{S})$ en discutant suivant la valeur du paramètre λ.

4.20 Résoudre, en discutant suivant les valeurs de $(a,b) \in \mathbb{R}^2$, le système suivant :

$$(\mathcal{S}) : \left\{\begin{array}{l} ax + by + z = 1 \\ x + aby + z = b \\ x + by + az = 1. \end{array}\right.$$

4.21 Résoudre le système linéaire suivant :

$$(\mathcal{S}) : \left\{\begin{array}{rcr} x - 3y + 2z + t & = & -2 \\ 2x + 4y + z + 2t & = & 4 \\ 7x + 9y + 5z + 7t & = & 10 \\ -4x - 18y + z - 4t & = & -16. \end{array}\right.$$

Trigonométrie

4.22 →123 Calculer à l'aide de radicaux $\sin\left(\frac{\pi}{8}\right)$ et $\cos\left(\frac{\pi}{8}\right)$.

4.23 →128 Résoudre l'équation $(E)\ :\ \sin\theta = \sin 2\theta$.

4.24 →128 Résoudre l'équation $(E)\ :\ \sin\theta = \sqrt{3}\cos\theta$.
Indication. *Se ramener à une équation du type* $\tan\theta = \cdots$

4.25 →129 Résoudre dans $\mathbb{R}$ l'inéquation $(I)\ :\sin(\theta) \geqslant \sqrt{3}\cos(\theta)$.
Indication. *On pourra tout passer du même côté puis utiliser une formule d'addition.*

4.26 →129 Résoudre l'inéquation $(I)\ :\ \sin\theta > \sin 2\theta$.

4.27 Résoudre dans $\mathbb{R}$ l'équation $(E)\ :\ \sin(\theta) = \cos(2\theta)$.

4.28 Résoudre l'inéquation $(I)\ :\ \sin^2\theta \leqslant \frac{1}{2}$.

Solutions des exercices

4.1 1. Le produit des entiers pairs compris entre 1 et $2n$ s'écrit $A_n = \prod_{k=1}^{n}(2k)$.

Les règles de calcul du symbole $\prod$ nous donnent alors :

$$A_n = 2^n \prod_{k=1}^{n} k = 2^n\, n!\,.$$

2. On a $B_n = 1\times 3\times\cdots\times(2n-1)\times(2n+1)$. En multipliant le numérateur et le dénominateur par A_n, on voit apparaître :
   - au numérateur, le produit de tous les entiers compris entre 1 et $2n+1$, c'est-à-dire $(2n+1)!$;
   - au dénominateur A_n, c'est-à-dire, d'après la première question, $2^n\, n!$.

   On en déduit :

$$B_n = \frac{(2n+1)!}{2^n\, n!}\cdot$$

4.2 1. Soit $k \in \mathbb{N}^*$. En réduisant au même dénominateur, on a :

$$\frac{a}{k+1} + \frac{b}{k} = \frac{ka + (k+1)b}{k(k+1)} = \frac{k(a+b)+b}{k(k+1)}\cdot$$

On constate alors que le couple $(a,b) = (-1,1)$ convient, c'est-à-dire que l'on a :

$$\forall k \in \mathbb{N}^* \quad \frac{1}{k(k+1)} = \frac{1}{k} - \frac{1}{k+1}\cdot$$

2. Soit $n \in \mathbb{N}^*$. De ce qui précède on a $\displaystyle\sum_{k=1}^{n} \frac{1}{k(k+1)} = \sum_{k=1}^{n}\left(\frac{1}{k} - \frac{1}{k+1}\right)\cdot$

   Puis, par télescopage, on obtient $\displaystyle\sum_{k=1}^{n} \frac{1}{k(k+1)} = 1 - \frac{1}{n+1}\cdot$

4.3 À i fixé, on a $\sum_{j=1}^{i} 2^i = i\,2^i$, ce qui explique que $S = \sum_{i=1}^{n}\sum_{j=1}^{i} 2^i$.

Intervertissons les deux symboles $\sum$:

$$S = \sum_{\substack{1\leqslant i\leqslant n\\ 1\leqslant j\leqslant i}} 2^i = \sum_{1\leqslant j\leqslant i\leqslant n} 2^i = \sum_{\substack{1\leqslant j\leqslant n\\ j\leqslant i\leqslant n}} 2^i = \sum_{j=1}^{n}\sum_{i=j}^{n} 2^i.$$

La somme interne est la somme des termes d'une suite géométrique (cf. page 105), que l'on sait donc calculer : $\sum_{i=j}^{n} 2^i = 2^{n+1} - 2^j$.

On obtient :

$$S = \sum_{j=1}^{n}(2^{n+1} - 2^j) = \sum_{j=1}^{n} 2^{n+1} - \sum_{j=1}^{n} 2^j$$

et donc, de nouveau en reconnaissant une somme géométrique (la seconde somme ci-dessus) :

$$S = n\,2^{n+1} - (2^{n+1} - 2) = (n-1)2^{n+1} + 2.$$

4.4 Pour tout $k \in [\![p,n]\!]$, la formule de Pascal donne :

$$\binom{k+1}{p+1} = \binom{k}{p} + \binom{k}{p+1} \quad i.e. \quad \binom{k}{p} = \binom{k+1}{p+1} - \binom{k}{p+1}.$$

On a alors :

$$\sum_{k=p}^{n} \binom{k}{p} = \sum_{k=p}^{n} \left(\binom{k+1}{p+1} - \binom{k}{p+1} \right).$$

On reconnaît alors une somme télescopique, qui se simplifie en :

$$\sum_{k=p}^{n} \binom{k}{p} = \binom{n+1}{p+1} - \underbrace{\binom{p}{p+1}}_{=0},$$

d'où le résultat.

4.5 Soit $x \in \mathbb{R}_+$ et $n \in \mathbb{N}$.

- Si $n = 0$, le résultat est vrai car les membres de droite et de gauche de l'inégalité valent tous les deux 1.
- Supposons $n \geqslant 1$. D'après la formule du binôme on a :

$$(1+x)^n = \sum_{k=0}^{n} \binom{n}{k} x^k = 1 + n\,x + \underbrace{\sum_{k=2}^{n} \binom{n}{k} x^k}_{\geqslant 0},$$

  d'où le résultat.

Remarque Nous avons traité le cas $n = 0$ séparément afin de rendre licite l'écriture $\sum\limits_{k=0}^{n} \binom{n}{k} x^k = 1 + n\,x + \sum\limits_{k=2}^{n} \binom{n}{k} x^k$ (dans le cas $n \geqslant 1$). Il se trouve que, comme le terme nx est nul si n est nul, cette écriture est valable même dans ce cas.

4.6 1. On reconnaît la formule du binôme appliquée à $(1-1)^n$, et l'on a $(1-1)^n = 0$ puisque $n \geqslant 1$.

2. • De la relation précédente on déduit que :

$$\sum_{\substack{k \in [\![0,n]\!] \\ k \text{ pair}}} \binom{n}{k} = \sum_{\substack{k \in [\![0,n]\!] \\ k \text{ impair}}} \binom{n}{k}.$$

• La formule du binôme donne de plus $(1+1)^n = \sum\limits_{k=0}^{n} \binom{n}{k}$, ce qui s'écrit :

$$\sum_{\substack{k \in [\![0,n]\!] \\ k \text{ pair}}} \binom{n}{k} + \sum_{\substack{k \in [\![0,n]\!] \\ k \text{ impair}}} \binom{n}{k} = 2^n.$$

Il en résulte que :

$$\sum_{\substack{k \in [\![0,n]\!] \\ k \text{ pair}}} \binom{n}{k} = \sum_{\substack{k \in [\![0,n]\!] \\ k \text{ impair}}} \binom{n}{k} = 2^{n-1}.$$

920
Remarque Nous venons d'obtenir que, si E est un ensemble à n éléments, alors il y a dans $\mathcal{P}(E)$ autant de parties de cardinal pair que de parties de cardinal impair.

4.7 Pour $k \in [\![2,n]\!]$, on a :

$$\ln\left(\frac{k^2-1}{k^2}\right) = \ln\left(\frac{(k+1)(k-1)}{k^2}\right) = \big(\ln(k+1) - \ln(k)\big) - \big(\ln(k) - \ln(k-1)\big),$$

donc :

$$S = \sum_{k=2}^{n} \big(\ln(k+1) - \ln(k)\big) - \sum_{k=2}^{n} \big(\ln(k) - \ln(k-1)\big).$$

On reconnaît alors deux sommes télescopiques, ce qui donne :

$$S = \big(\ln(n+1) - \ln(2)\big) - \big(\ln(n) - \ln(1)\big) = \ln\left(\frac{n+1}{2n}\right).$$

4.8 Afin d'alléger l'écriture, notons $a_k = \cos\left(\frac{k\pi}{2n}\right)$.
Un dessin nous donne l'intuition que les termes de la somme se compensent deux à deux : le terme d'indice k est l'opposé du terme d'indice $2n-k$.

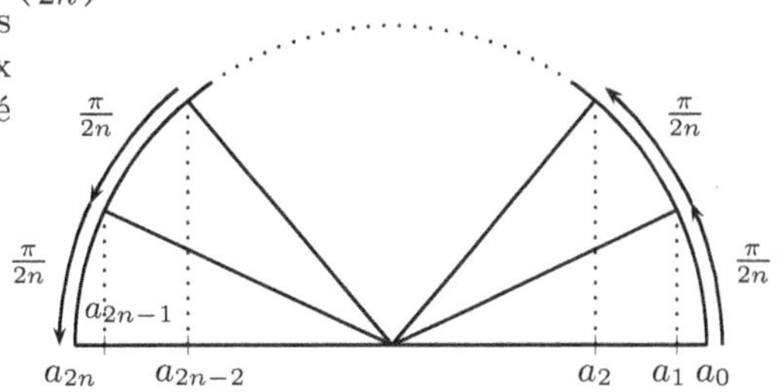

En effet, pour $k \in [\![0,2n]\!]$, on a :

$$\begin{aligned} a_{2n-k} &= \cos\left(\frac{(2n-k)\pi}{2n}\right) \\ &= \cos\left(\pi - \frac{k\pi}{2n}\right) \\ &= -\cos\left(\frac{k\pi}{2n}\right) = -a_k. \end{aligned}$$

Effectuons dans S le changement d'indice $[j = 2n-k]$. Lorsque k décrit $[\![0,2n]\!]$, j décrit le même ensemble. On a donc :

$$S = \sum_{j=0}^{2n} a_{2n-j}.$$

Or, on a vu que, pour tout $j \in [\![0,2n]\!]$, on a $a_{2n-j} = -a_j$. On en déduit que :

$$S = \sum_{j=0}^{2n}(-a_j) = -\sum_{j=0}^{2n} a_j = -S \qquad \text{d'où} \qquad S = 0.$$

4.9 On remarque que tous les termes d'indice impair de la somme sont nuls, car pour k impair on a $\cos\left(\frac{k\,\pi}{2}\right) = 0$. On peut donc réécrire la somme en ne sommant que les termes d'indice pair. Plus précisément, en notant I l'ensemble des entiers pairs appartenant à $[\![0,2n]\!]$, on a :

$$S = \sum_{k\in I} 2^k \cos\left(\frac{k\,\pi}{2}\right).$$

En effectuant le changement d'indice $[k = 2\,j]$, la somme S se réécrit :

$$S = \sum_{j=0}^{n} 2^{2j} \cos\left(\frac{2\,j\,\pi}{2}\right) = \sum_{j=0}^{n} 4^j \cos(j\,\pi).$$

Comme $\cos(j\,\pi) = (-1)^j$, cela permet de terminer le calcul, en reconnaissant la somme des termes d'une suite géométrique (cf. page 105) :

$$S = \sum_{j=0}^{n}(-4)^j = \frac{1-(-4)^{n+1}}{5}.$$

4.10 On a :

- d'une part, $\sum\limits_{k=1}^{n}(2k+1) = 2\sum\limits_{k=1}^{n} k + \sum\limits_{k=1}^{n} 1 = 2\sum\limits_{k=1}^{n} k + n$;
- d'autre part, $\sum\limits_{k=1}^{n}\left((k+1)^2 - k^2\right) = (n+1)^2 - 1$ (somme télescopique).

En identifiant les deux résultats obtenus et en simplifiant, on obtient bien :

$$\sum_{k=1}^{n} k = \frac{n(n+1)}{2}.$$

4.11 Le résultat est évidemment vrai pour $n = 0$. Fixons $n \in \mathbb{N}^*$.

Comme suggéré par l'énoncé, calculons la somme $S = \sum\limits_{k=1}^{n}\left((k+1)^4 - k^4\right)$ de deux manières différentes.

- D'une part, par télescopage, on a $S = (n+1)^4 - 1$.
- D'autre part, la formule du binôme donne :

$$\forall k \in [\![1,n]\!] \quad (k+1)^4 - k^4 = 4k^3 + 6k^2 + 4k + 1$$

et donc :

$$\begin{aligned} S &= 4\sum_{k=1}^{n} k^3 + 6\sum_{k=1}^{n} k^2 + 4\sum_{k=1}^{n} k + \sum_{k=1}^{n} 1 \\ &= 4\sum_{k=1}^{n} k^3 + n(n+1)(2n+1) + 2n(n+1) + n. \end{aligned}$$

En identifiant les deux expressions obtenues pour S et en simplifiant, on obtient bien :

$$\sum_{k=1}^{n} k^3 = \left(\frac{n(n+1)}{2}\right)^2.$$

4.12 Écrivons $S_n = \sum\limits_{i=0}^{n}\sum\limits_{j=0}^{n} \min(i,j)$. Pour $i \in [\![0,n]\!]$ fixé, on a :

$$\sum_{j=0}^{n} \min(i,j) = \sum_{j=0}^{i} j + \sum_{j=i+1}^{n} i = \frac{i\,(i+1)}{2} + (n-i)\,i = -\frac{i^2}{2} + \frac{2n+1}{2}\,i.$$

Puis :

$$S_n = -\frac{1}{2}\sum_{i=0}^{n} i^2 + \frac{2n+1}{2}\sum_{i=0}^{n} i = -\frac{n\,(n+1)\,(2n+1)}{12} + \frac{2n+1}{2} \times \frac{n\,(n+1)}{2}.$$

En simplifiant, il vient $S_n = \dfrac{n(n+1)(2n+1)}{6}$.

4.13 1. Soit $(i,j) \in [\![1,n]\!]^2$. Montrons que $(a_i - a_j)(b_i - b_j) \geqslant 0$.

- Si $i = j$, c'est évident, car alors $(a_i - a_j)(b_i - b_j) = 0$.
- Si $i < j$, alors on a $a_i - a_j \leqslant 0$ et $b_i - b_j \leqslant 0$, donc $(a_i - a_j)(b_i - b_j) \geqslant 0$.
- Si $i > j$, alors on a $a_i - a_j \geqslant 0$ et $b_i - b_j \geqslant 0$, donc $(a_i - a_j)(b_i - b_j) \geqslant 0$.

2. Pour alléger les écritures, notons :

$$A = \sum_{k=1}^{n} a_k \; ; \qquad B = \sum_{k=1}^{n} b_k \qquad \text{et} \qquad C = \sum_{k=1}^{n} a_k b_k.$$

Avec ces notations, nous souhaitons montrer que $\dfrac{C}{n} \geqslant \dfrac{A}{n}\dfrac{B}{n}$, *i.e.* $nC \geqslant AB$. Comme somme de termes positifs, on a, pour tout $j \in [\![1,n]\!]$:

$$\sum_{i=1}^{n} (a_i - a_j)(b_i - b_j) \geqslant 0 \; ;$$

en développant et en séparant les sommes, il vient :

$$\sum_{i=1}^{n} a_i b_i + \sum_{i=1}^{n} a_j b_j - \sum_{i=1}^{n} a_i b_j - \sum_{i=1}^{n} a_j b_i \geqslant 0,$$

ce qui se réécrit ainsi :

$$C + n a_j b_j - b_j A - a_j B \geqslant 0.$$

Sommons pour $j \in [\![1,n]\!]$ l'inégalité obtenue :

$$\sum_{j=1}^{n} \big(C + n a_j b_j - b_j A - a_j B\big) \geqslant 0 \quad \text{puis} \quad 2nC - 2AB \geqslant 0.$$

On en déduit $nC \geqslant AB$, ce qui est le résultat souhaité.

4.14 La formule du binôme donne $(3x - 7y)^{12} = \displaystyle\sum_{k=0}^{12} \binom{12}{k} (3x)^k (-7y)^{12-k}$.

Le terme qui nous intéresse est celui correspondant à $k = 4$ dans le somme ci-dessus. Le coefficient de $x^4 y^8$ est donc $3^4\,(-7)^8\,\binom{12}{4}$, ou encore, en simplifiant : $3^6 \times 5 \times 7^8 \times 11$.

4.15 Notons $S = \displaystyle\sum_{k=0}^{n} k \binom{n}{k}$. Le terme d'indice 0 de la somme étant nul, on a $S = \displaystyle\sum_{k=1}^{n} k \binom{n}{k}$.

- Si $n = 0$, alors $S = 0$.
- Supposons $n \in \mathbb{N}^*$. Pour tout $k \in [\![1,n]\!]$, on a $\dbinom{n}{k} = \dfrac{n}{k}\dbinom{n-1}{k-1}$ (cf. exemple 22 de la page 111). On a ainsi :

$$S = \sum_{k=1}^{n} n \binom{n-1}{k-1} = n \sum_{k=1}^{n} \binom{n-1}{k-1}.$$

Effectuons le changement d'indice $[j = k - 1]$:

$$S = n \sum_{j=0}^{n-1} \binom{n-1}{j} = n 2^{n-1},$$

après avoir reconnu la formule du binôme appliquée à $(1+1)^{n-1}$.

4.16 Fixons $m \in \mathbb{N}$. Notons H_n l'assertion :

$$H_n : \forall p \in \mathbb{N} \quad \binom{m+n}{p} = \sum_{k=0}^{p} \binom{m}{k}\binom{n}{p-k}$$

et montrons par récurrence sur n que H_n est vrai pour tout $n \in \mathbb{N}$.

- **Initialisation.** Montrons H_0. Fixons $p \in \mathbb{N}$, et montrons que :

$$\binom{m}{p} = \sum_{k=0}^{p} \binom{m}{k}\binom{0}{p-k}.$$

Cette formule est vraie car :

$$\sum_{k=0}^{p} \binom{m}{k}\binom{0}{p-k} = \sum_{k=0}^{p-1} \binom{m}{k} \underbrace{\binom{0}{p-k}}_{=0 \text{ car } p-k>0} + \binom{m}{p}\underbrace{\binom{0}{0}}_{=1} = \binom{m}{p}.$$

- **Hérédité.** Soit $n \in \mathbb{N}$. Supposons H_n et montrons H_{n+1}. Fixons $p \in \mathbb{N}$, et montrons que :

$$\binom{m+n+1}{p} = \sum_{k=0}^{p} \binom{m}{k}\binom{n+1}{p-k}.$$

  * Si $p = 0$, la relation devient $1 = 1$, donc est vraie.
  * Supposons $p \in \mathbb{N}^*$. La relation de Pascal donne :

$$\binom{m+n+1}{p} = \binom{m+n}{p} + \binom{m+n}{p-1}.$$

En appliquant deux fois la propriété H_n, on a :

$$\binom{m+n+1}{p} = \sum_{k=0}^{p} \binom{m}{k}\binom{n}{p-k} + \sum_{k=0}^{p-1} \binom{m}{k}\binom{n}{p-1-k}.$$

On peut, sans changer sa valeur, étendre la seconde somme jusqu'à $k \in [\![0,p]\!]$, car le terme d'indice $k = p$ est nul. On obtient alors le résultat souhaité en rassemblant les deux sommes puis en appliquant la relation de Pascal :

$$\binom{m+n+1}{p} = \sum_{k=0}^{p} \binom{m}{k}\left(\binom{n}{p-k} + \binom{n}{p-1-k}\right)$$
$$= \sum_{k=0}^{p} \binom{m}{k}\binom{n+1}{p-k}.$$

4.17 L'opération élémentaire $L_2 \leftarrow 5L_2 - 2L_1$ transforme $(\mathcal{S})$ en un système triangulaire, que l'on résout du bas vers le haut :

$$(\mathcal{S}) \Longleftrightarrow \left\{ \begin{array}{rcl} 5x + 3y & = & -2 \\ -y & = & 19 \end{array} \right. \Longleftrightarrow \left\{ \begin{array}{rcl} x & = & 11 \\ y & = & -19. \end{array} \right.$$

En conclusion, le système $(\mathcal{S})$ possède le couple $(11, -19)$ comme unique solution.

Remarque Lors de la résolution précédente, nous avons préféré réaliser l'opération élémentaire $L_2 \leftarrow 5L_2 - 2L_1$ plutôt que $L_2 \leftarrow L_2 - \frac{2}{5}L_1$, afin de conserver des coefficients entiers. C'est un léger abus de notation car $L_2 \leftarrow 5L_2 - 2L_1$ n'est pas une opération élémentaire mais une succession de deux opérations élémentaires : $L_2 \leftarrow L_2 - \frac{2}{5}L_1$ suivi de $L_2 \leftarrow 5L_2$.

4.18 1. Afin de pouvoir choisir un pivot plus facilement, échangeons les deux lignes du système, puis l'ordre d'apparition des inconnues :

$$(\mathcal{S}) \Longleftrightarrow \begin{cases} 2x + y = \mu \\ \lambda x + 3y = -2 \end{cases} \Longleftrightarrow \begin{cases} y + 2x = \mu \\ 3y + \lambda x = -2. \end{cases}$$

L'opération élémentaire $L_2 \leftarrow L_2 - 3L_1$ donne alors :

$$(\mathcal{S}) \Longleftrightarrow \begin{cases} y + 2x = \mu \\ (\lambda - 6)x = -2 - 3\mu. \end{cases}$$

- Si $\lambda \neq 6$, alors le système $(\mathcal{S})$ est triangulaire et possède une unique solution. On trouve comme unique solution le couple $\left(\dfrac{-2-3\mu}{\lambda-6}, \dfrac{\lambda\mu+4}{\lambda-6}\right)$.
- Si $\lambda = 6$, alors on a :

$$(\mathcal{S}) \Longleftrightarrow \begin{cases} y + 2x = \mu \\ 0 = -2 - 3\mu. \end{cases}$$

Deux cas se présentent :

* si $\mu \neq -\frac{2}{3}$, alors le système est incompatible ;
* si $\mu = -\frac{2}{3}$, alors on a $(\mathcal{S}) \Longleftrightarrow y + 2x = -\frac{2}{3} \Longleftrightarrow y = -\frac{2}{3} - 2x$; il y a alors une infinité de solutions ; plus précisément, l'ensemble des solutions est $\left\{\left(x, -\dfrac{2}{3} - 2x\right) \mid x \in \mathbb{R}\right\}$.

4.19 • **Méthode 1 : interprétation géométrique.** Comme les triplets $(1,2,3)$ et $(3,6,9)$ sont proportionnels, les deux équations du système $(\mathcal{S})$ correspondent géométriquement à deux plans parallèles. Ces deux plans sont alors disjoints (c'est-à-dire d'intersection vide) ou confondus.

Pour savoir dans quel cas on se trouve (disjoints ou confondus), il s'agit de regarder si leurs équations sont proportionnelles ou non. On constate que ces deux équations sont proportionnelles si, et seulement si, $\lambda = 9$.

* Si $\lambda \neq 9$, alors le système est incompatible.
* Si $\lambda = 9$, alors le système $(\mathcal{S})$ se réduit à la seule équation :

$$(\mathcal{S}) \Longleftrightarrow x + 2\,y + 3\,z = 3.$$

L'ensemble solution est alors l'ensemble des coordonnées des points du plan d'équation $x + 2\,y + 3\,z = 3$, que l'on peut paramétrer en exprimant par exemple x en fonction de y et z :

$$\left\{(3 - 2y - 3z,\, y,\, z) \mid (y,z) \in \mathbb{R}^2\right\}.$$

• **Méthode 2 : par la méthode du pivot.**

L'opération élémentaire $L_2 \leftarrow L_2 - 3L_1$ donne : $(\mathcal{S}) \Longleftrightarrow \begin{cases} x + 2\,y + 3\,z = 3 \\ 0 = \lambda - 9. \end{cases}$

On voit apparaître une équation de compatibilité, qui mène à la même conclusion :

* si $\lambda \neq 9$, alors le système est incompatible ;
* si $\lambda = 9$, alors $(\mathcal{S}) \Longleftrightarrow x + 2y + 3z = 3$.

4.20 • Pour un choix de pivot plus facile, commençons par échanger les lignes 1 et 3 :

$$(\mathcal{S}) \iff \begin{cases} x + by + az = 1 \\ x + aby + z = b \\ ax + by + z = 1. \end{cases}$$

• Les opérations $L_2 \leftarrow L_2 - L_1$ et $L_3 \leftarrow L_3 - aL_1$ donnent alors :

$$(\mathcal{S}) \iff \begin{cases} x + by + az = 1 \\ b(a-1)y + (1-a)z = b-1 \\ b(1-a)y + (1-a^2)z = 1-a, \end{cases}$$

puis, l'opération $L_3 \leftarrow L_3 + L_2$ donne :

$$(\mathcal{S}) \iff \begin{cases} x + by + az = 1 \\ b(a-1)y + (1-a)z = b-1 \\ (a+2)(1-a)z = b-a. \end{cases}$$

• Si $b \neq 0$ et $a \notin \{1, -2\}$, alors le système $(\mathcal{S})$ est triangulaire ; il possède une unique solution, que l'on obtient en déterminant successivement z, y puis x :

$$\left(\frac{a-b}{(a+2)(a-1)}, \frac{ab+b-2}{b(a+2)(a-1)}, \frac{a-b}{(a+2)(a-1)}\right).$$

• Si $a = 1$, alors :

$$(\mathcal{S}) \iff \begin{cases} x + by + z = 1 \\ 0 = b-1 \\ 0 = b-1. \end{cases}$$

Le système est compatible si, et seulement si, $b = 1$, auquel cas $(\mathcal{S}) \iff x + y + z = 1$, et alors l'ensemble solution de $(\mathcal{S})$ est : $\{(1 - y - z,\ y,\ z) \mid (y, z) \in \mathbb{R}^2\}$.

• Si $a = -2$, alors :

$$(\mathcal{S}) \iff \begin{cases} x + by - 2z = 1 \\ -3by + 3z = b-1 \\ 0 = b+2. \end{cases}$$

Ce système est compatible si, et seulement si, $b = -2$, auquel cas :

$$(\mathcal{S}) \iff \begin{cases} x - 2y - 2z = 1 \\ 6y + 3z = -3 \end{cases}$$

et l'on obtient comme ensemble solution :

$$\left\{\left(z,\ -\frac{z+1}{2},\ z\right) \mid z \in \mathbb{R}\right\}.$$

• Considérons pour finir le seul cas non encore traité : $b = 0$ et $a \notin \{1, -2\}$. Alors :

$$(\mathcal{S}) \iff \begin{cases} x + az = 1 \\ (1-a)z = -1 \\ (a+2)(1-a)z = -a. \end{cases}$$

L'opération $L_3 \leftarrow L_3 - (a+2)L_2$ donne alors :

$$(\mathcal{S}) \iff \begin{cases} x + az = 1 \\ (1-a)z = -1 \\ 0 = 2, \end{cases}$$

et met en évidence que le système $(\mathcal{S})$ est incompatible.

4.21 Effectuons les opérations $L_2 \leftarrow L_2 - 2L_1$, $L_3 \leftarrow L_3 - 7L_1$ et $L_4 \leftarrow L_4 + 4L_1$:

$$(\mathcal{S}) \Longleftrightarrow \left\{ \begin{array}{rcrcrcrcr} x & - & 3y & + & 2z & + & t & = & -2 \\ & & 10y & - & 3z & & & = & 8 \\ & & 30y & - & 9z & & & = & 24 \\ & - & 30y & + & 9z & & & = & -24. \end{array} \right.$$

Effectuons alors $L_3 \leftarrow L_3 - 3L_2$ et $L_4 \leftarrow L_4 + 3L_2$:

$$(\mathcal{S}) \Longleftrightarrow \left\{ \begin{array}{rcrcrcrcr} x & - & 3y & + & 2z & + & t & = & -2 \\ & & 10y & - & 3z & & & = & 8 \\ & & & & & & 0 & = & 0 \\ & & & & & & 0 & = & 0. \end{array} \right.$$

On voit apparaître deux équations de compatibilités vérifiées, et l'on a :

$$(\mathcal{S}) \Longleftrightarrow \left\{ \begin{array}{rcrcrcrcr} x & - & 3y & + & 2z & + & t & = & -2 \\ & & 10y & - & 3z & & & = & 8. \end{array} \right.$$

Prenons z et t comme inconnues secondaires :

$$(\mathcal{S}) \Longleftrightarrow \left\{ \begin{array}{rcrcrcrcr} x & - & 3y & = & -2 & - & 2z & - & t \\ & & 10y & = & 8 & + & 3z. & & \end{array} \right.$$

Après calcul, on obtient comme ensemble solution :

$$\left\{ \left(\frac{2}{5} - \frac{11z}{10} - t,\ \frac{8+3z}{10},\ z,\ t \right) \mid (z,t) \in \mathbb{R}^2 \right\}.$$

4.22 Rappelons que, comme conséquence des formules de duplication (cf. corollaire 20 de la page 123), on a :

$$\forall a \in \mathbb{R} \quad \cos^2(a) = \frac{1+\cos(2a)}{2} \qquad \text{et} \qquad \sin^2(a) = \frac{1-\cos(2a)}{2}.$$

On obtient dans notre cas :

$$\cos^2\left(\frac{\pi}{8}\right) = \frac{1+\cos\left(\frac{\pi}{4}\right)}{2} \qquad \text{et} \qquad \sin^2\left(\frac{\pi}{8}\right) = \frac{1-\cos\left(\frac{\pi}{4}\right)}{2}.$$

Puisque $\cos\left(\frac{\pi}{4}\right) = \frac{\sqrt{2}}{2}$, cela donne :

$$\cos^2\left(\frac{\pi}{8}\right) = \frac{2+\sqrt{2}}{4} \qquad \text{et} \qquad \sin^2\left(\frac{\pi}{8}\right) = \frac{2-\sqrt{2}}{4}.$$

Enfin, puisque $0 \leqslant \frac{\pi}{8} \leqslant \frac{\pi}{2}$, on a $\cos\left(\frac{\pi}{8}\right) \geqslant 0$ et $\sin\left(\frac{\pi}{8}\right) \geqslant 0$, donc :

$$\cos\left(\frac{\pi}{8}\right) = \frac{\sqrt{2+\sqrt{2}}}{2} \qquad \text{et} \qquad \sin\left(\frac{\pi}{8}\right) = \frac{\sqrt{2-\sqrt{2}}}{2}.$$

4.23 L'équation (E) est définie sur $\mathbb{R}$ et l'on a, d'après la proposition 24 de la page 128 :

$$\begin{aligned}(E) &\Longleftrightarrow \big(\theta \equiv 2\theta\,[2\pi] \quad \text{ou} \quad \theta \equiv \pi - 2\theta\,[2\pi]\big)\\ &\Longleftrightarrow \big(-\theta \equiv 0\,[2\pi] \quad \text{ou} \quad 3\theta \equiv \pi\,[2\pi]\big)\\ &\Longleftrightarrow \left(\theta \equiv 0\,[2\pi] \quad \text{ou} \quad \theta \equiv \frac{\pi}{3}\left[\frac{2\pi}{3}\right]\right).\end{aligned}$$

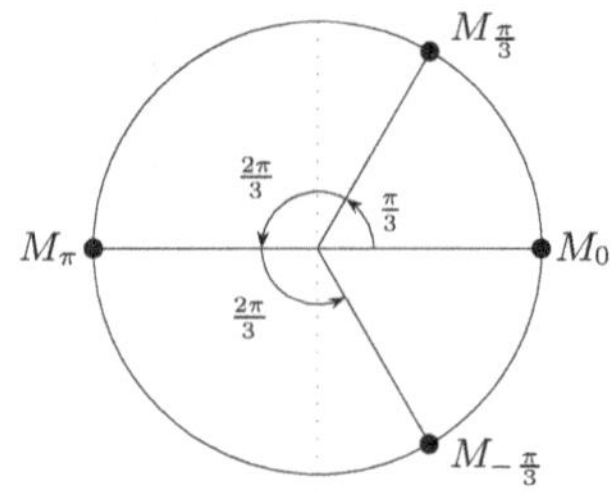

Ainsi, l'ensemble des solutions de (E) est :

$$S = \{2k\pi \mid k \in \mathbb{Z}\} \cup \left\{\frac{\pi}{3} + \frac{2k\pi}{3} \mid k \in \mathbb{Z}\right\}.$$

Remarque Cela correspond géométriquement à 4 points sur le cercle trigonométrique.

4.24 • Si $\theta \equiv \frac{\pi}{2}\,[\pi]$, alors $\sin\theta = \pm 1$ et $\cos\theta = 0$.

Par suite une telle valeur n'est pas solution de (E).

• Supposons $\theta \not\equiv \frac{\pi}{2}\,[\pi]$. Alors on a $\cos\theta \neq 0$ et donc :

$$\big(\theta \text{ solution de } (E)\big) \Longleftrightarrow \big(\tan\theta = \sqrt{3}\big).$$

Puisque $\sqrt{3} = \tan\frac{\pi}{3}$, l'ensemble des solutions de (E) est :

$$S = \left\{\frac{\pi}{3} + k\pi \mid k \in \mathbb{Z}\right\}.$$

4.25 Résolvons (I) par équivalences successives, le point central étant de se ramener à utiliser la formule d'addition de sin :

$$\begin{aligned}(I) \Longleftrightarrow \sin\theta - \sqrt{3}\cos\theta \geqslant 0 &\Longleftrightarrow \frac{1}{2}\sin\theta - \frac{\sqrt{3}}{2}\cos\theta \geqslant 0\\ &\Longleftrightarrow \sin\left(\theta - \frac{\pi}{3}\right) \geqslant 0\\ &\Longleftrightarrow \theta - \frac{\pi}{3} \in \bigcup_{k\in\mathbb{Z}} \big[2k\pi, (2k+1)\pi\big]\\ &\Longleftrightarrow \theta \in \bigcup_{k\in\mathbb{Z}} \left[\frac{\pi}{3} + 2k\pi, \frac{\pi}{3} + (2k+1)\pi\right].\end{aligned}$$

Ainsi, l'ensemble solution de (I) est : $\displaystyle\bigcup_{k\in\mathbb{Z}} \left[\frac{\pi}{3} + 2k\pi, \frac{\pi}{3} + (2k+1)\pi\right]$.

Remarque De manière générale, il est possible de transformer toute expression de la forme $a\cos\theta + b\sin\theta$ avec $(a,b) \in \mathbb{R}^2 \setminus \{(0,0)\}$ en une expression de la forme $r\cos(\theta - \varphi)$ avec $(r,\varphi) \in \mathbb{R}_+^* \times \mathbb{R}$ (cf. proposition 19 de la page 167).

4.26 L'équation (I) est définie sur $\mathbb{R}$ et l'on a :

$$\begin{aligned}(I) &\iff \sin\theta > 2\sin\theta\cos\theta\\ &\iff (1-2\cos\theta)\sin\theta > 0\\ &\iff \big(1-2\cos\theta>0 \quad\text{et}\quad \sin\theta>0\big) \quad\text{ou}\quad \big(1-2\cos\theta<0 \quad\text{et}\quad \sin\theta<0\big)\\ &\iff \left(\cos\theta<\frac{1}{2} \quad\text{et}\quad \sin\theta>0\right) \quad\text{ou}\quad \left(\cos\theta>\frac{1}{2} \quad\text{et}\quad \sin\theta<0\right)\end{aligned}$$

En visualisant ces conditions sur le cercle trigonométrique, nous pouvons conclure que l'ensemble solution de l'inéquation (I) vaut $\mathcal{S}_1 \cup \mathcal{S}_2$ avec :

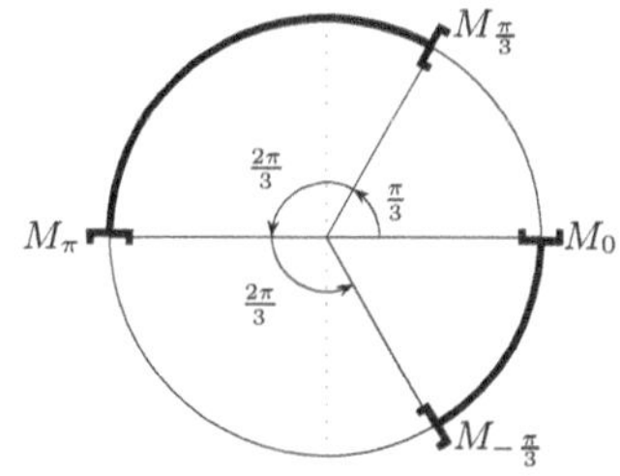

$$\mathcal{S}_1 = \bigcup_{k\in\mathbf{Z}} \left]\frac{\pi}{3}+2k\pi, \pi+2k\pi\right[$$

et

$$\mathcal{S}_2 = \bigcup_{k\in\mathbf{Z}} \left]-\frac{\pi}{3}+2k\pi, 2k\pi\right[.$$

4.27 On a :

$$(E) \iff \sin\theta = 1-2\sin^2\theta \iff 2\sin^2\theta+\sin\theta-1=0$$

L'équation $2x^2+x-1=0$ ayant comme racines réelles -1 et $\frac{1}{2}$, on a :

$$(E) \iff \sin\theta \in \left\{-1, \frac{1}{2}\right\}.$$

Cela correspond à 3 points sur le cercle trigonométrique, et l'on obtient comme ensemble solution de (E) :

$$\left\{-\frac{\pi}{2}+2k\pi \mid k\in\mathbb{Z}\right\} \cup \left\{\frac{\pi}{6}+2k\pi \mid k\in\mathbb{Z}\right\} \cup \left\{\frac{5\pi}{6}+2k\pi \mid k\in\mathbb{Z}\right\}.$$

4.28

On a :

$$(I) \iff \sin\theta \in \left[-\frac{\sqrt{2}}{2}, \frac{\sqrt{2}}{2}\right].$$

Sur le cercle trigonométrique, cet encadrement de $\sin\theta$ correspond à deux arcs de cercles, indiqués en gras sur le dessin ci-contre.

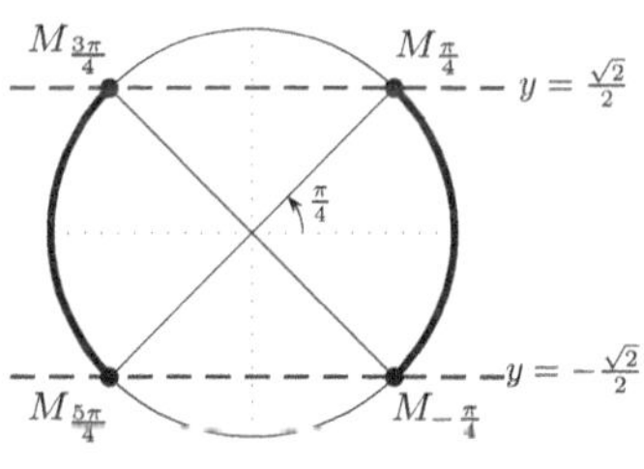

On obtient comme ensemble des solutions de l'inéquation (I) :

$$\bigcup_{k\in\mathbf{Z}} \left[-\frac{\pi}{4}+k\pi, \frac{\pi}{4}+k\pi\right].$$

Chapitre 5 : Nombres complexes

Nombres complexes 5

Un peu d'histoire

Dans son *Ars Magna* (1545), Jérôme Cardan (1501-1576) donne une formule permettant d'exprimer algébriquement la racine réelle de l'équation $x^3 + p\,x + q = 0$ dans le cas où $-\Delta = 4\,p^3 + 27\,q^2 > 0$, racine qui vaut alors :

$$x = \sqrt[3]{-\frac{q}{2} + \sqrt{\frac{-\Delta}{108}}} + \sqrt[3]{-\frac{q}{2} - \sqrt{\frac{-\Delta}{108}}}.$$

Par la suite, Raphaël Bombelli eut l'audace de vouloir appliquer cette formule à l'équation $x^3 = 15\,x + 4$ pour laquelle on a $\Delta = 121 \times 108$ et imagina un nombre que l'on noterait aujourd'hui $\sqrt{-1}$ dont le carré est égal à -1. Il obtint ainsi :

$$x = \sqrt[3]{2 + 11\sqrt{-1}} + \sqrt[3]{2 - 11\sqrt{-1}}.$$

En utilisant avec ce $\sqrt{-1}$ les mêmes règles de calcul que dans $\mathbb{R}$, il trouva :

$$\left(2 + \sqrt{-1}\right)^3 = 2 + 11\sqrt{-1},$$

puis $x = \left(2 + \sqrt{-1}\right) + \left(2 - \sqrt{-1}\right) = 4$, qui est effectivement racine de l'équation donnée.

Leonhard Euler (1707-1783) a introduit la notation i pour représenter un tel nombre dont le carré vaut -1. C'est cette notation que l'on utilise encore de nos jours, puisque les nombres complexes sont maintenant notés $x + i\,y$ avec x et y réels.

I L'ensemble des nombres complexes

1 Définition

La construction de l'ensemble des nombres complexes est hors-programme. On admet donc qu'il existe un ensemble $\mathbb{C}$ contenant $\mathbb{R}$,

- muni d'une addition notée $+$ et d'une multiplication notée $\times$, ou le plus souvent implicitement (c'est-à-dire sans symbole, comme dans $\mathbb{R}$), avec lesquelles on calcule comme dans $\mathbb{R}$,
- possédant un élément noté i dont le carré vaut -1,
- dont tout élément, appelé **nombre complexe** ou **complexe**, s'écrit de manière unique sous la forme $x + i \times y$ ou encore $x + i\,y$, avec x et y réels.

Ainsi :

- pour tout élément z de $\mathbb{C}$, il existe un unique couple $(x, y) \in \mathbb{R}^2$ tel que $z = x + i\,y$; les réels x et y sont alors respectivement appelés **partie réelle** et **partie imaginaire** du complexe z, et l'on note alors :

$$x = \operatorname{Re} z \qquad \text{et} \qquad y = \operatorname{Im} z \ ;$$

- si $z \in \mathbb{C}$, $z' \in \mathbb{C}$ et si l'on pose $x = \operatorname{Re} z$, $y = \operatorname{Im} z$, $x' = \operatorname{Re} z'$, $y' = \operatorname{Im} z'$, alors (en utilisant les mêmes règles de calcul que dans $\mathbb{R}$) on a :

$$z + z' = (x + x') + i\,(y + y')$$
$$z\,z' = (x\,x' - y\,y') + i\,(x\,y' + y\,x') \ ;$$

- un complexe z est réel si, et seulement si, $\operatorname{Im} z = 0$ (autrement dit le réel x s'identifie au nombre complexe $x + 0\,i$) ;
- en particulier, le complexe $0 + 0\,i$ se note simplement 0. Il coïncide avec le 0 de $\mathbb{R}$. Un nombre complexe z est nul s'il est égal à 0, ce qui est encore équivalent à $\operatorname{Re} z = \operatorname{Im} z = 0$;
- les complexes dont la partie réelle est nulle sont appelés **imaginaires purs** ; z est donc imaginaire pur si, et seulement s'il existe $y \in \mathbb{R}$ tel que $z = i\,y$. L'ensemble des imaginaires purs est noté $i\,\mathbb{R}$.

Conséquences de l'unicité de l'écriture

- Deux nombres complexes sont égaux si, et seulement s'ils ont même partie réelle et même partie imaginaire.
- On a, pour tout $(z, z') \in \mathbb{C}^2$:

$$\operatorname{Re}(z + z') = \operatorname{Re} z + \operatorname{Re} z' \quad \text{et} \quad \operatorname{Im}(z + z') = \operatorname{Im} z + \operatorname{Im} z',$$
$$\operatorname{Re}(z\,z') = \operatorname{Re} z \operatorname{Re} z' - \operatorname{Im} z \operatorname{Im} z' \quad \text{et} \quad \operatorname{Im}(z\,z') = \operatorname{Re} z \operatorname{Im} z' + \operatorname{Re} z' \operatorname{Im} z.$$

- Pour tout complexe z, le complexe $-z = -\operatorname{Re} z - i \operatorname{Im} z$ est appelé opposé de z. C'est l'unique nombre complexe z' tel que $z + z' = 0$.
- Tout complexe $z \neq 0$ possède un inverse unique (pour la multiplication) car, si $x = \operatorname{Re} z$ et $y = \operatorname{Im} z$, alors :

$$z' = \frac{x}{x^2 + y^2} - \frac{y}{x^2 + y^2}\,i \quad \text{vérifie} \quad z\,z' = z'\,z = 1.$$

On peut trouver z' en cherchant x' et y' vérifiant le système :

$$x\,x' - y\,y' = 1 \qquad \text{et} \qquad x\,y' + y\,x' = 0,$$

mais la proposition 6 de la page 158 donnera une méthode plus immédiate pour trouver ce résultat.

Cet inverse z' est noté z^{-1} ou $\frac{1}{z}$.

- On en déduit, comme dans $\mathbb{R}$, que si les complexes z et z' vérifient $z\,z' = 0$, alors on a $z = 0$ ou $z' = 0$.

  En effet, si $z \neq 0$, alors en multipliant l'égalité $z\,z' = 0$ par z^{-1}, on obtient $z' = 0$.

Remarques

- Les règles de calcul étant les mêmes dans $\mathbb{C}$ et $\mathbb{R}$, toutes les formules qui n'utilisent que ces règles de calcul et qui sont valables dans $\mathbb{R}$ le sont dans $\mathbb{C}$. C'est vrai en particulier de la formule du binôme :

$$\forall n \in \mathbb{N} \quad \forall (z_1, z_2) \in \mathbb{C}^2 \quad (z_1 + z_2)^n = \sum_{k=0}^{n} \binom{n}{k} z_1^k {z_2}^{n-k},$$

  de la formule donnant la somme de termes consécutifs d'une suite géométrique :

$$\forall (p,n) \in \mathbb{N}^2 \quad \forall z \in \mathbb{C} \setminus \{1\} \quad \sum_{k=p}^{n+p} z^k = \frac{z^{n+p+1} - z^p}{z-1} = \frac{z^p(z^{n+1}-1)}{z-1}$$

  et de la factorisation :

$$\forall n \in \mathbb{N}^* \quad \forall (a,b) \in \mathbb{C}^2 \quad a^n - b^n = (a-b) \sum_{k=0}^{n-1} a^k b^{n-1-k}.$$

  De même, les méthodes de résolution d'un système linéaire (pivot de Gauss par exemple) sont les mêmes et un système linéaire de deux équations à deux inconnues :

$$\begin{cases} a\,x + b\,y &= e \\ c\,x + d\,y &= f \end{cases}$$

  admet une unique solution si, et seulement si, son déterminant $\begin{vmatrix} a & b \\ c & d \end{vmatrix} = ad - bc$ est non nul.

- Contrairement à $\mathbb{R}$, l'ensemble $\mathbb{C}$ ne peut pas être muni d'une relation d'ordre compatible avec les opérations, c'est-à-dire pour laquelle le produit de deux nombres positifs est positif et l'opposé d'un nombre positif est négatif. En effet, si une telle relation d'ordre existait, le carré d'un complexe non nul quelconque serait toujours strictement positif, car, pour tout $z \in \mathbb{C}$, on a $z^2 = (-z)^2$ et l'un des deux nombres z ou $-z$ serait positif. On aurait alors $1 = 1^2 > 0$ et $i^2 = -1 > 0$, ce qui est contradictoire.

  Nous ne pourrons donc pas dire qu'un complexe est positif ou qu'il est inférieur à un autre.

Représentation géométrique

Le plan usuel étant muni d'un repère orthonormé direct $(O, \vec{\imath}, \vec{\jmath})$, tout point M est caractérisé par un unique couple de coordonnées (x, y) vérifiant $\overrightarrow{OM} = x\,\vec{\imath} + y\,\vec{\jmath}$:

- le complexe $z = x + i\,y$ est alors appelé **affixe de M** ;
- le point M est aussi appelé **image de z**.

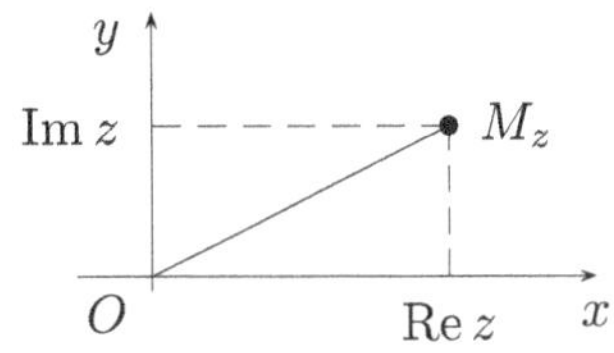

Dans toute la suite de ce chapitre, **l'image de z est notée M_z**.
De même, pour tout vecteur $\vec{u} = x\,\vec{\imath} + y\,\vec{\jmath}$, le complexe $z = x + i\,y$ est aussi appelé **affixe du vecteur $\vec{u}$**.

Proposition 1

Si $\vec{u}_1$ et $\vec{u}_2$ sont deux vecteurs d'affixes $z_1 \in \mathbb{C}$ et $z_2 \in \mathbb{C}$, et λ un réel, alors l'affixe de $\vec{u}_1 + \vec{u}_2$ est $z_1 + z_2$ et celle de $\lambda\,\vec{u}_1$ est $\lambda\,z_1$.
Si A et B sont deux points d'affixes a et b, alors l'affixe de $\overrightarrow{AB}$ est $b - a$.

Démonstration. Cela résulte des règles de calcul sur les complexes et sur les composantes des vecteurs du plan. □

2 Conjugué d'un nombre complexe

Définition 1

Pour tout complexe z, on appelle **conjugué** de z le complexe $\bar{z}$, défini par :

$$\bar{z} = \operatorname{Re} z - i \operatorname{Im} z.$$

Ex. 1. On représente les points M_1, M_{-1}, M_i et M_{-i}. Plus généralement, on remarque que M_z et M_{-z} sont symétriques par rapport à O et que M_z et $M_{\bar{z}}$ sont symétriques par rapport à l'axe des abscisses.

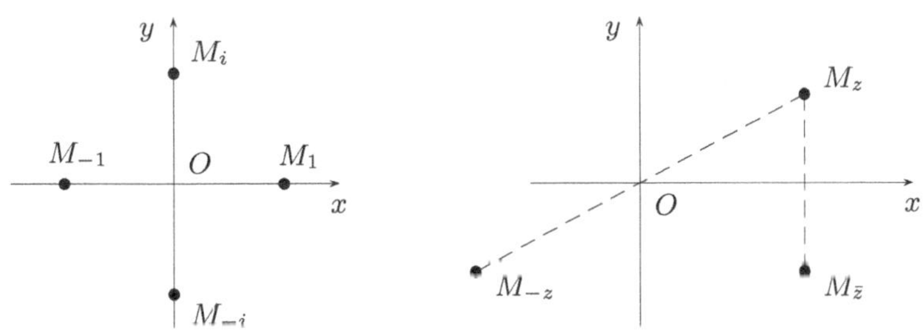

Proposition 2

Pour tout $z \in \mathbb{C}$, on a : $\operatorname{Re} z = \dfrac{z + \bar{z}}{2}$ $\quad \operatorname{Im} z = \dfrac{z - \bar{z}}{2i}$ $\quad$ et $\quad \bar{\bar{z}} = z$.

Démonstration. Il suffit de faire le calcul. □

Corollaire 3

Un complexe z est réel si, et seulement si, $z = \bar{z}$. Un complexe z est imaginaire pur si, et seulement si, $z = -\bar{z}$.

Proposition 4

Pour tous z_1 et z_2 dans $\mathbb{C}$, on a :

$$\overline{z_1 + z_2} = \overline{z_1} + \overline{z_2}, \quad \overline{z_1\, z_2} = \overline{z_1}\,\overline{z_2} \qquad \text{et} \qquad \overline{\left(\frac{z_1}{z_2}\right)} = \frac{\overline{z_1}}{\overline{z_2}} \quad \text{si} \quad z_2 \neq 0.$$

Démonstration page 178

Principe de démonstration.

- Pour la somme et le produit, faire le calcul à l'aide des parties réelles et imaginaires.
- Pour le quotient, poser $u = \frac{z_1}{z_2}$ et utiliser le résultat précédent avec $z_1 = u\, z_2$.

Remarque

Par une récurrence immédiate, on en déduit que, pour tous complexes $z_1, \ldots, z_n$, on a $\overline{z_1 + \cdots + z_n} = \overline{z_1} + \cdots + \overline{z_n}$ et $\overline{z_1 \cdots z_n} = \overline{z_1} \cdots \overline{z_n}$. En particulier, pour tout complexe z et tout $n \in \mathbb{N}$, on a $\overline{z^n} = \bar{z}^n$.

Point méthode Les règles de calcul précédentes permettent de calculer des conjugués souvent bien plus efficacement qu'en utilisant les parties réelle et imaginaire.

Ex. 2. Soit $n \in \mathbb{N}$, $(a_0, \ldots, a_n) \in \mathbb{R}^{n+1}$ et la fonction polynomiale P définie, sur $\mathbb{C}$, par $P : z \mapsto \sum\limits_{k=0}^{n} a_k\, z^k$.

D'après les règles de calcul sur les conjugués, on a, pour tout $z \in \mathbb{C}$:

$$\overline{P(z)} = \sum_{k=0}^{n} \overline{a_k\, z^k} = \sum_{k=0}^{n} \overline{a_k}\, \overline{z^k} = \sum_{k=0}^{n} a_k\, \bar{z}^k = P(\bar{z}).$$

En effet, pour tout $k \in [\![0, n]\!]$, on a $\overline{a_k} = a_k$ car $a_k \in \mathbb{R}$.

3 Module d'un nombre complexe

Soit $z \in \mathbb{C}$. On a alors :

$$z\,\bar{z} = (\operatorname{Re} z + i \operatorname{Im} z)(\operatorname{Re} z - i \operatorname{Im} z) = (\operatorname{Re} z)^2 + (\operatorname{Im} z)^2,$$

Exo 5.1 et donc $z\,\bar{z} \in \mathbb{R}_+$, ce qui permet de valider la définition suivante.

Exo 5.2

Exo 5.3

Définition 2

Pour tout $z \in \mathbb{C}$, le **module** de z est le réel positif noté $|z|$ défini par :

$$|z| = \sqrt{z\,\bar{z}} = \sqrt{(\operatorname{Re} z)^2 + (\operatorname{Im} z)^2}.$$

Compatibilité Lorsque le complexe z est réel, le module de z est égal à sa valeur absolue et ils se notent l'un et l'autre $|z|$.

Point méthode Pour calculer $|z|$ ou l'utiliser, ne pas vouloir systématiquement appliquer la formule $|z| = \sqrt{(\operatorname{Re} z)^2 + (\operatorname{Im} z)^2}$; penser aussi à $|z| = \sqrt{z\,\bar{z}}$.

Ex. 3. Soit $z \in \mathbb{C} \setminus \{-i\}$ et $z' = \frac{z-i}{z+i}$. Cherchons à quelle condition on a $|z'| = 1$. On a :

$$|z'|^2 = z'\bar{z}' = \frac{z-i}{z+i} \cdot \frac{\bar{z}+i}{\bar{z}-i} = \frac{z\bar{z} + i\,z - i\,\bar{z} + 1}{z\bar{z} - iz + i\bar{z} + 1}.$$

On en déduit :

$$|z'| = 1 \iff |z'|^2 = 1 \iff z\bar{z} + i\,z - i\,\bar{z} + 1 = z\bar{z} - i\,z + i\,\bar{z} + 1 \iff z = \bar{z}.$$

On a donc $|z'| = 1$ si, et seulement si, z est réel.

Interprétation géométrique

Si $z_1 \in \mathbb{C}$ et $z_2 \in \mathbb{C}$, alors $|z_1 - z_2|$ est la distance entre les points M_{z_1} et M_{z_2}. En effet, posons $z_1 = x_1 + i\,y_1$ et $z_2 = x_2 + i\,y_2$ avec x_1, y_1, x_2 et y_2 réels. Par définition du module, on a alors :

$$|z_1 - z_2| = \sqrt{(x_1 - x_2)^2 + (y_1 - y_2)^2} = M_{z_1}M_{z_2}.$$

On en déduit que, $\omega \in \mathbb{C}$ et $r \in \mathbb{R}_+^*$ étant donnés, l'ensemble des points M_z tels que $|\omega - z| = r$ (resp. $|\omega - z| \leqslant r$) est le cercle (resp. le disque) de centre M_ω et de rayon r.

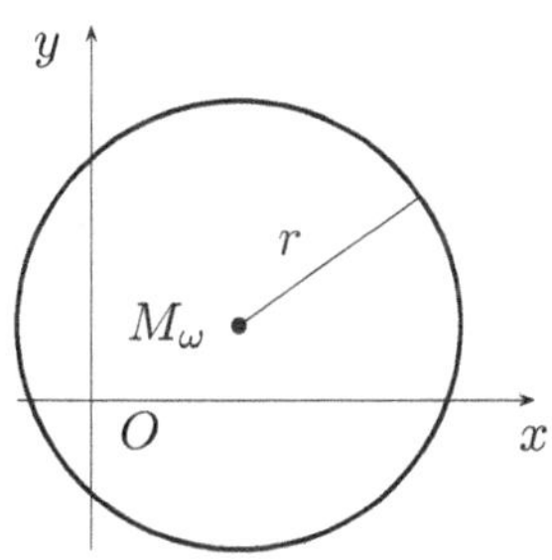

Cercle $\{M_z \,:\, |\omega - z| = r\}$

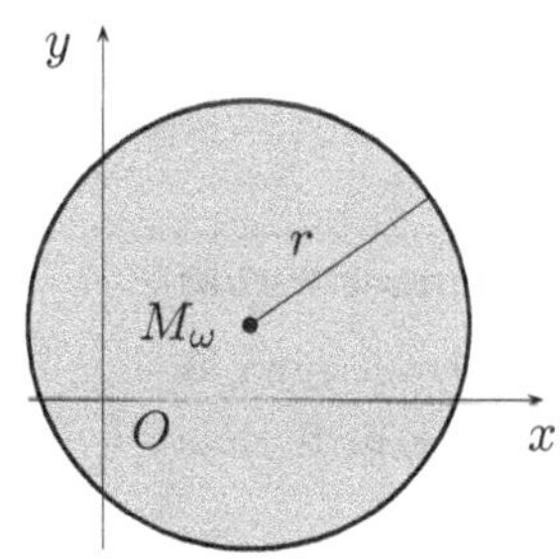

Disque $\{M_z \,:\, |\omega - z| \leqslant r\}$

Ex. 4. Reprenons l'exemple 3 pour en donner une solution géométrique.
Soit $z \in \mathbb{C} \setminus \{-i\}$ et $z' = \frac{z-i}{z+i}$. Cherchons à quelle condition on a $|z'| = 1$.
Notons A, B, M les points d'affixe $i, -i, z$. On a :

$$|z'| = 1 \iff |z - i| = |z + i| \iff MA = MB.$$

Ainsi on a $|z'| = 1$ si, et seulement si, M appartient à la médiatrice de $[AB]$, c'est-à-dire à la droite $(O, \vec{\imath})$. La condition cherchée est donc « z réel ».

Proposition 5

Pour tout complexe z, on a :

- $|z| = |-z| = |\bar{z}|$,
- $z = 0$ si, et seulement si, $|z| = 0$,
- $\left|\operatorname{Re} z\right| \leqslant |z|$ et $\left|\operatorname{Im} z\right| \leqslant |z|$.

Démonstration page 178

Principe de démonstration. Utiliser $|z| = \sqrt{(\operatorname{Re} z)^2 + (\operatorname{Im} z)^2}$.

Cas d'égalité

L'égalité $|\operatorname{Re} z| = |z|$ équivaut à z réel. En effet, on a :

$$|\operatorname{Re} z| = |z| \iff (\operatorname{Re} z)^2 = (\operatorname{Re} z)^2 + (\operatorname{Im} z)^2 \iff \operatorname{Im} z = 0 \iff z \in \mathbb{R}.$$

De plus $\operatorname{Re} z = |z| \iff (|\operatorname{Re} z| = |z|$ et $\operatorname{Re} z \geqslant 0)$, donc $\operatorname{Re} z = |z|$ équivaut à $z \in \mathbb{R}_+$.
On montre de même que $|\operatorname{Im} z| = |z|$ équivaut à z imaginaire pur.

Proposition 6

Pour tout $z \in \mathbb{C}^*$ on a $\dfrac{1}{z} = \dfrac{\bar{z}}{|z|^2}\cdot$ De plus, $|z| = 1$ équivaut à $\dfrac{1}{z} = \bar{z}$.

Démonstration page 178

Remarque On retrouve ainsi l'expression de l'inverse donnée page 153. En effet, si $z = x + i\,y$, avec x et y réels, alors $\dfrac{1}{z} = \dfrac{\bar{z}}{|z|^2} = \dfrac{x - i\,y}{x^2 + y^2}\cdot$

Exo 5.4

Exo 5.5

Proposition 7 (Module d'un produit et d'un quotient)

Pour tout $(z_1, z_2) \in \mathbb{C}^2$, on a :

$$|z_1\, z_2| = |z_1|\,|z_2| \qquad \text{et} \qquad \left|\frac{z_1}{z_2}\right| = \frac{|z_1|}{|z_2|} \quad \text{si } z_2 \neq 0.$$

Démonstration page 178

Principe de démonstration.

- Pour la première relation, utiliser $|z|^2 = z\,\bar{z}$.
- Pour la seconde, partir de $z_1 = \frac{z_1}{z_2}\, z_2$, et utiliser le premier point.

Remarque

Par une récurrence immédiate, on en déduit que, pour tous complexes $z_1, \ldots, z_n$, on a $|z_1 \cdots z_n| = |z_1| \cdots |z_n|$. En particulier, pour $z \in \mathbb{C}$ et $n \in \mathbb{N}$, on a $\left|z^n\right| = |z|^n$.

Proposition 8 (Inégalité triangulaire)

Pour $z_1 \in \mathbb{C}$ et $z_2 \in \mathbb{C}$, on a :

$$|z_1 + z_2| \leqslant |z_1| + |z_2|,$$

avec égalité si, et seulement si, $z_1 = 0$ ou $\exists u \in \mathbb{R}_+ \quad z_2 = u\, z_1$.

Démonstration. Soit z_1 et z_2 deux nombres complexes.

- On a, d'une part :

$$\begin{aligned}|z_1+z_2|^2 &= (z_1+z_2)(\overline{z_1}+\overline{z_2})\\ &= |z_1|^2+|z_2|^2+\overline{z_1}z_2+z_1\overline{z_2}\\ &= |z_1|^2+|z_2|^2+\overline{z_1}z_2+\overline{\overline{z_1}z_2} = |z_1|^2+|z_2|^2+2\,\mathrm{Re}\,(\overline{z_1}z_2)\,,\end{aligned}$$

et, d'autre part :

$$(|z_1|+|z_2|)^2 = |z_1|^2+|z_2|^2+2|z_1|\,|z_2|.$$

L'inégalité $|z_1+z_2| \leqslant |z_1|+|z_2|$ équivaut donc à $\mathrm{Re}\,(\overline{z_1}z_2) \leqslant |z_1|\,|z_2|$, ce qui est vrai car :

$$\mathrm{Re}\,(\overline{z_1}z_2) \leqslant |\mathrm{Re}\,(\overline{z_1}z_2)| \leqslant |\overline{z_1}z_2| = |\overline{z_1}|\,|z_2| = |z_1|\,|z_2|.$$

- On a égalité si, et seulement si, $\mathrm{Re}(\overline{z_1}z_2) = |z_1|\,|z_2|$, c'est-à-dire $\mathrm{Re}(\overline{z_1}z_2) = |\overline{z_1}z_2|$.

On a montré page 158 que cela équivaut à $\overline{z_1}z_2 \in \mathbb{R}_+$. Cela est vérifiée si $z_1 = 0$.

Si $z_1 \neq 0$, alors $\overline{z_1}z_2 = \dfrac{z_2}{z_1}|z_1|^2$. Comme $|z_1|^2 \in \mathbb{R}_+^*$, alors $\overline{z_1}z_2 \in \mathbb{R}_+$ équivaut à $\dfrac{z_2}{z_1} \in \mathbb{R}_+$, c'est-à-dire à l'existence de $u \in \mathbb{R}_+$ tel que $z_2 = u\,z_1$. □

Interprétation géométrique

Soit $z_1 \in \mathbb{C}$ et $z_2 \in \mathbb{C}$.

On pose $N = M_{z_1+z_2}$. On a $\overrightarrow{ON} = \overrightarrow{OM_{z_1}} + \overrightarrow{OM_{z_2}}$ si bien que $OM_{z_1}NM_{z_2}$ est un parallélogramme. Alors z_2 est l'affixe de $\overrightarrow{M_{z_1}N}$, si bien que l'inégalité $|z_1+z_2| \leqslant |z_1|+|z_2|$ correspond à :

$$ON \leqslant OM_{z_1} + M_{z_1}N.$$

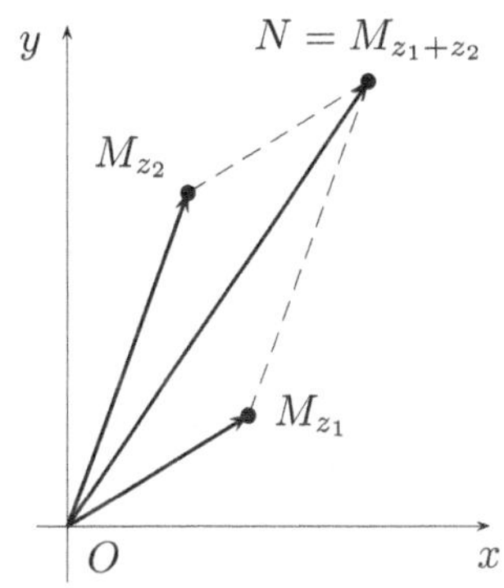

On retrouve l'inégalité triangulaire au sens de la géométrie plane dans le triangle $OM_{z_1}N$.

La condition « $z_1 = 0$ ou $z_2 = u\,z_1$ avec $u \in \mathbb{R}_+$ » de la proposition précédente signifie géométriquement que les vecteurs $\overrightarrow{OM_{z_1}}$ et $\overrightarrow{M_{z_1}N}$ sont colinéaires et de même sens, c'est-à-dire que M_{z_1} appartient au segment $[ON]$.

Remarque Il résulte de l'inégalité triangulaire, par une récurrence immédiate que, pour $n \in \mathbb{N}^*$ et $(z_1,\ldots,z_n) \in \mathbb{C}^n$ on a : $\left|\sum\limits_{k=1}^{n} z_k\right| \leqslant \sum\limits_{k=1}^{n} |z_k|$.

Ex. 5. Étudions le cas d'égalité : $|z_1+z_2+z_3| = |z_1|+|z_2|+|z_3|$, pour trois complexes non nuls z_1, z_2, z_3.

- Supposons cette égalité réalisée. On a, par inégalité triangulaire :

$$|z_1+z_2+z_3| \leqslant |z_1+z_2|+|z_3| \leqslant |z_1|+|z_2|+|z_3|.$$

Comme les termes extrêmes sont égaux, on a en fait deux égalités. On a donc :

$$|z_1+z_2+z_3| = |z_1+z_2|+|z_3| \quad \text{et} \quad |z_1+z_2| = |z_1|+|z_2|.$$

On utilise alors le cas d'égalité dans l'inégalité triangulaire pour deux nombres complexes (cf. proposition 8 de la page 158).

* Par hypothèse, z_1 et z_2 sont non nuls, donc l'égalité $|z_1 + z_2| = |z_1| + |z_2|$ implique l'existence de $u \in \mathbb{R}_+^*$ tel que $z_2 = u\, z_1$.
* On a alors $z_1 + z_2 = (1+u)z_1 \neq 0$, donc l'égalité $|(z_1 + z_2) + z_3| = |z_1 + z_2| + |z_3|$ implique l'existence de $u' \in \mathbb{R}_+^*$ tel que $z_3 = u'(z_1 + z_2) = u'(1+u)z_1$.

  En posant $v = u'(1+u)$, on a $v \in \mathbb{R}_+^*$ et $z_3 = vz_1$.

- Réciproquement, s'il existe u et v dans $\mathbb{R}_+^*$ tels que $z_2 = u\, z_1$ et $z_3 = v\, z_1$, on a :

$$|z_1 + z_2 + z_3| = |(1+u+v)z_1| = (1+u+v)|z_1| = |z_1| + u\,|z_1| + v\,|z_1| = |z_1| + |z_2| + |z_3|,$$

car u et v sont des réels positifs, donc sont égaux à leur module.

Corollaire 9 (Seconde inégalité triangulaire)

Pour $z_1 \in \mathbb{C}$ et $z_2 \in \mathbb{C}$, on a :

$$\big||z_1| - |z_2|\big| \leqslant |z_1 - z_2|.$$

Démonstration page 178

Principe de démonstration. Utiliser la première inégalité et l'écriture $z_1 = (z_1 - z_2) + z_2$.

Corollaire 10

Pour tout $z_1 \in \mathbb{C}$ et tout $z_2 \in \mathbb{C}$, on a :

$$\big||z_1| - |z_2|\big| \leqslant |z_1 \pm z_2| \leqslant |z_1| + |z_2|.$$

4 Nombres complexes de module 1

Notation L'ensemble des nombres complexes de module 1 est noté $\mathbb{U}$.

Les règles de calcul sur les modules des produits et quotients de nombres complexes nous donnent immédiatement les résultats de la proposition suivante.

Proposition 11

- Le produit de deux éléments de $\mathbb{U}$ est élément de $\mathbb{U}$.
- L'inverse de tout élément de $\mathbb{U}$ est élément de $\mathbb{U}$.

Remarque Pour tout $z \in \mathbb{C}$, non nul, $\frac{z}{|z|} \in \mathbb{U}$. En effet, on a, puisque $|z| \in \mathbb{R}_+^*$:

$$\left|\frac{z}{|z|}\right| = \frac{|z|}{\big||z|\big|} = \frac{|z|}{|z|} = 1.$$

Définition 3

Pour tout réel θ, on note $e^{i\theta}$ le nombre complexe défini par $e^{i\theta} = \cos\theta + i\sin\theta$.

Remarque Lorsque $\theta = 0$, alors on a $e^{i\theta} = 1$; ainsi, cette nouvelle définition est compatible avec la valeur que donne en 0 la fonction exponentielle déjà connue sur $\mathbb{R}$.

Les résultats de la page 118 concernant le paramétrage du cercle trigonométrique se traduisent alors par la proposition suivante.

Proposition 12

- Pour tout $\theta \in \mathbb{R}$, on a $|e^{i\theta}| = 1$ et donc $e^{i\theta} \in \mathbb{U}$.
- Réciproquement, pour $z \in \mathbb{U}$, il existe $\theta \in \mathbb{R}$ tel que $z = e^{i\theta}$.
- Si θ et φ sont deux réels, on a $e^{i\theta} = e^{i\varphi}$ si, et seulement si, $\theta \equiv \varphi \ [2\pi]$.

Ex. 6. On a en particulier $e^{i\frac{\pi}{2}} = i$, $e^{-i\frac{\pi}{2}} = -i$ et $e^{i\pi} = -1$.

Remarque La proposition 12 montre que l'application $\theta \mapsto e^{i\theta}$ va de $\mathbb{R}$ dans $\mathbb{U}$, qu'elle est surjective, mais pas injective.

Proposition 13

Pour $\theta \in \mathbb{R}$ et $\varphi \in \mathbb{R}$, on a :

$$e^{i\theta} \times e^{i\varphi} = e^{i(\theta+\varphi)}, \qquad e^{-i\varphi} = \frac{1}{e^{i\varphi}} = \overline{e^{i\varphi}} \qquad \text{et} \qquad \frac{e^{i\theta}}{e^{i\varphi}} = e^{i(\theta-\varphi)}.$$

Démonstration page 178

Principe de démonstration.

- La première relation est une conséquence directe des formules d'addition en trigonométrie.
- Les autres découlent immédiatement de la première.

Remarque Le premier des résultats précédents explique l'utilisation de la notation $e^{i\theta}$ pour le complexe $\cos\theta + i\sin\theta$.

Représentation géométrique Soit $\theta \in \mathbb{R}$.

- D'après ce que l'on a vu en trigonométrie, le point U_θ d'affixe $e^{i\theta}$ est le point du cercle trigonométrique tel que $(\vec{\imath}, \overrightarrow{OU_\theta}) \equiv \theta \ [2\pi]$.
- On en déduit les symétries existant entre les divers points $U_\theta, U_{\pi-\theta}, U_{\pi+\theta}$ et $U_{-\theta}$, comme on le voit, ci-dessous, sur le dessin de gauche.
- Sur le dessin de droite sont représentés les points d'affixes $e^{i\frac{\pi}{2}} = i$, $e^{i\pi} = -1$ et $e^{-i\frac{\pi}{2}} = -i$.

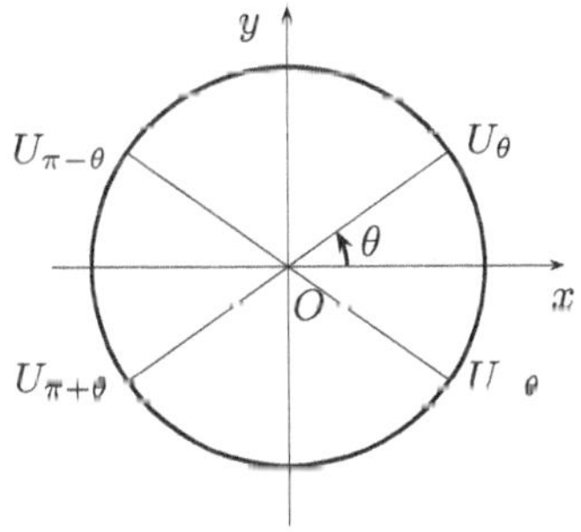

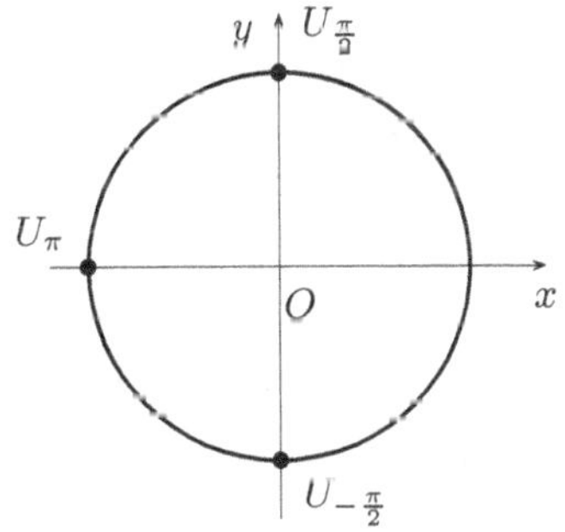

Point méthode Si l'on écrit la formule précédente sous la forme :

$$(\cos\theta + i\sin\theta)(\cos\varphi + i\sin\varphi) = \cos(\theta+\varphi) + i\sin(\theta+\varphi),$$

cela permet, en développant et en identifiant parties réelles et imaginaires, de retrouver, de tête, les formules d'addition.

5 Formules d'Euler

Proposition 14 (Formules d'Euler)

Pour $\theta \in \mathbb{R}$, on a $\quad \cos\theta = \dfrac{e^{i\theta}+e^{-i\theta}}{2} \quad$ et $\quad \sin\theta = \dfrac{e^{i\theta}-e^{-i\theta}}{2i}.$

Démonstration. Ces formules résultent de la proposition 2 de la page 155, car $\overline{e^{i\theta}} = e^{-i\theta}$. □

Application des formules d'Euler à la trigonométrie, linéarisation

Point méthode Soit $\theta \in \mathbb{R}$. En développant avec la formule du binôme $\cos^n\theta = \left(\dfrac{e^{i\theta}+e^{-i\theta}}{2}\right)^n$ ou $\sin^n\theta = \left(\dfrac{e^{i\theta}-e^{-i\theta}}{2i}\right)^n$ et en regroupant ensuite les termes deux à deux, on obtient une expression de $\cos^n\theta$ en fonction des $\cos(k\theta)$ ou des $\sin(k\theta)$ pour $0 \leqslant k \leqslant n$. On dit qu'ainsi on a **linéarisé** $\cos^n\theta$ et $\sin^n\theta$.

Ex. 7. Pour $n = 2$, on trouve les formules bien connues :

$$\cos^2\theta = \frac{1+\cos(2\theta)}{2} \qquad \text{et} \qquad \sin^2\theta = \frac{1-\cos(2\theta)}{2}.$$

Traitons le cas $n = 3$. On a :

$$\begin{aligned}\cos^3\theta = \left(\frac{e^{i\theta}+e^{-i\theta}}{2}\right)^3 &= \frac{1}{8}\left(e^{i3\theta}+3e^{i\theta}+3e^{-i\theta}+e^{-3i\theta}\right)\\ &= \frac{1}{8}\left(\left(e^{3i\theta}+e^{-3i\theta}\right)+3\left(e^{i\theta}+e^{-i\theta}\right)\right) = \frac{1}{4}\big(\cos(3\theta)+3\cos\theta\big),\end{aligned}$$

et de même :

Exo 5.6

$$\begin{aligned}\sin^3\theta = \left(\frac{e^{i\theta}-e^{-i\theta}}{2i}\right)^3 &= -\frac{1}{8i}\left(e^{i3\theta}-3e^{i\theta}+3e^{-i\theta}-e^{-3i\theta}\right)\\ &= -\frac{1}{8i}\left(\left(e^{3i\theta}-e^{-3i\theta}\right)-3\left(e^{i\theta}-e^{-i\theta}\right)\right) = \frac{1}{4}\big(-\sin(3\theta)+3\sin\theta\big).\end{aligned}$$

Plus généralement, étant donné deux entiers naturels m et n, les formules d'Euler permettent de **linéariser** $\boldsymbol{\cos^m\theta\sin^n\theta}$, c'est-à-dire de l'écrire comme combinaison linéaire de termes de la forme $\sin(k\theta)$ et $\cos(k\theta)$ (avec $k \in \mathbb{N}$). Il suffit de remplacer $\cos\theta$ et $\sin\theta$ par $\frac{e^{i\theta}+e^{-i\theta}}{2}$ et $\frac{e^{i\theta}-e^{-i\theta}}{2i}$, de développer et de regrouper les termes. Mais on peut parfois aller plus vite :

Ex. 8. On sait que $\sin\theta\cos\theta = \frac{1}{2}\sin(2\theta)$.
On en déduit que $\sin^2\theta\cos^2\theta = \frac{1}{4}\sin^2(2\theta) = \frac{1}{8}\left(1-\cos(4\theta)\right)$.

Point méthode (Technique de l'angle moitié) En utilisant les formules d'Euler, on peut factoriser une expression de la forme $e^{i\theta_1} \pm e^{i\theta_2}$ en mettant en facteur $e^{i\left(\frac{\theta_1+\theta_2}{2}\right)}$; le deuxième facteur sera alors un réel ou un imaginaire pur.

En considérant des expressions de la forme $\cos p \pm \cos q$ et $\sin p \pm \sin q$ comme les parties réelles ou imaginaires de $e^{ip} \pm e^{iq}$, on retrouve les formules trigonométriques qui en donnent une factorisation.

Ex. 9. Examinons le cas particulier $\theta_1 = 0$. On a, pour tout réel θ :

$$1 + e^{i\theta} = e^{i\frac{\theta}{2}} \left(e^{-i\frac{\theta}{2}} + e^{i\frac{\theta}{2}}\right) = e^{i\frac{\theta}{2}} \left(2\cos\frac{\theta}{2}\right)$$

$$1 - e^{i\theta} = e^{i\frac{\theta}{2}} \left(e^{-i\frac{\theta}{2}} - e^{i\frac{\theta}{2}}\right) = e^{i\frac{\theta}{2}} \left(-2i\sin\frac{\theta}{2}\right) \cdot$$

Ex. 10. Soit $p \in \mathbb{R}$ et $q \in \mathbb{R}$. On a :

$$e^{ip} + e^{iq} = e^{i\frac{p+q}{2}} \left(e^{i\frac{p-q}{2}} + e^{i\frac{q-p}{2}}\right) = e^{i\frac{p+q}{2}}\, 2\cos\frac{p-q}{2}.$$

En séparant la partie réelle et la partie imaginaire des deux membres de l'égalité, on obtient :

$$\cos p + \cos q = 2\cos\left(\frac{p+q}{2}\right)\cos\left(\frac{p-q}{2}\right) \quad \text{et} \quad \sin p + \sin q = 2\sin\left(\frac{p+q}{2}\right)\cos\left(\frac{p-q}{2}\right).$$

En écrivant $e^{ip} - e^{iq} = e^{i\frac{p+q}{2}} \left(e^{i\frac{p-q}{2}} - e^{i\frac{q-p}{2}}\right) = e^{i\frac{p+q}{2}}\, 2i\sin\frac{p-q}{2}$, on trouve de même :

$$\cos p - \cos q = -2\sin\left(\frac{p-q}{2}\right)\sin\left(\frac{p+q}{2}\right) \quad \text{et} \quad \sin p - \sin q = 2\sin\left(\frac{p-q}{2}\right)\cos\left(\frac{p+q}{2}\right).$$

6 Formule de Moivre

Proposition 15 (Formule de Moivre)

Pour $\theta \in \mathbb{R}$ et $n \in \mathbb{Z}$, on a $\left(e^{i\theta}\right)^n = e^{in\theta}$ ou encore, par définition de $e^{i\theta}$:

$$(\cos\theta + i\sin\theta)^n = \cos(n\theta) + i\sin(n\theta).$$

Démonstration. On démontre la relation $\left(e^{i\theta}\right)^n = e^{in\theta}$:

- pour $n \in \mathbb{N}$, par récurrence, en utilisant la proposition 13 de la page 161 ;
- par passage à l'inverse, pour n entier négatif. □

Ex. 11. Calcul de $\left(\frac{1}{2}+i\frac{\sqrt{3}}{2}\right)^{100}$.
En utilisant la formule de Moivre on obtient :

$$\left(\frac{1}{2}+i\frac{\sqrt{3}}{2}\right)^{100}=\left(\exp\frac{i\pi}{3}\right)^{100}=\exp\left(\frac{100i\pi}{3}\right).$$

Comme $\dfrac{100\pi}{3}=\dfrac{(96+4)\pi}{3}\equiv\dfrac{4\pi}{3}\ [2\pi]$, on a donc :

$$\left(\frac{1}{2}+i\frac{\sqrt{3}}{2}\right)^{100}=\exp\left(\frac{4i\pi}{3}\right)=-\exp\left(\frac{i\pi}{3}\right)=-\frac{1}{2}-i\frac{\sqrt{3}}{2}.$$

Remarque Le développement de la puissance 100 avec la formule du binôme de Newton n'est évidemment pas envisageable ici !

Calcul de $\sum\limits_{k=0}^{n}\cos(k\theta)$ et $\sum\limits_{k=0}^{n}\sin(k\theta)$

Pour $n\in\mathbb{N}$ et $\theta\in\mathbb{R}$, on pose $S_n=\sum\limits_{k=0}^{n}\cos(k\theta)$ et $S'_n=\sum\limits_{k=0}^{n}\sin(k\theta)$, puis $\Sigma_n=S_n+iS'_n$. On a alors, d'après la formule de Moivre :

$$\Sigma_n=\sum_{k=0}^{n}e^{ik\theta}=\sum_{k=0}^{n}\left(e^{i\theta}\right)^k.$$

- Si $e^{i\theta}\neq 1$, c'est-à-dire $\theta\not\equiv 0\ [2\pi]$, on obtient, en utilisant la technique de l'angle moitié :

$$\Sigma_n=\frac{e^{i(n+1)\theta}-1}{e^{i\theta}-1}=\frac{e^{i\frac{(n+1)\theta}{2}}\left(e^{i\frac{(n+1)\theta}{2}}-e^{-i\frac{(n+1)\theta}{2}}\right)}{e^{i\frac{\theta}{2}}\left(e^{i\frac{\theta}{2}}-e^{-i\frac{\theta}{2}}\right)}=e^{i\frac{n\theta}{2}}\frac{\sin\frac{(n+1)\theta}{2}}{\sin\frac{\theta}{2}}.$$

  On en déduit :

$$S_n=\operatorname{Re}\Sigma_n=\frac{\cos\frac{n\theta}{2}\sin\frac{(n+1)\theta}{2}}{\sin\frac{\theta}{2}}\quad\text{et}\quad S'_n=\operatorname{Im}\Sigma_n=\frac{\sin\frac{n\theta}{2}\sin\frac{(n+1)\theta}{2}}{\sin\frac{\theta}{2}}.$$

- Si $\theta\equiv 0\ [2\pi]$, on trouve directement $\Sigma_n=n+1$ et donc $S_n=n+1$ et $S'_n=0$.

Application de la formule de Moivre à la trigonométrie

Point méthode Pour $n\in\mathbb{N}^*$, la formule de Moivre, sous la forme :

$$(\cos\theta+i\sin\theta)^n=\cos(n\theta)+i\sin(n\theta),$$

permet d'exprimer $\cos(n\theta)$ et $\sin(n\theta)$ en fonction de $\cos\theta$ et $\sin\theta$.

Ex. 12. Pour $n = 3$, on obtient par la formule du binôme :

$$\cos(3\theta) + i\sin(3\theta) = (\cos\theta + i\sin\theta)^3 = \cos^3\theta + 3i\cos^2\theta\sin\theta - 3\cos\theta\sin^2\theta - i\sin^3\theta$$

et donc en séparant partie réelle et partie imaginaire :

$$\cos(3\theta) = \cos^3\theta - 3\cos\theta\sin^2\theta = 4\cos^3\theta - 3\cos\theta$$

$$\sin(3\theta) = 3\cos^2\theta\sin\theta - \sin^3\theta = 3\sin\theta - 4\sin^3\theta,$$

en utilisant l'égalité $\cos^2\theta + \sin^2\theta = 1$.

7 Forme trigonométrique, argument

Proposition 16

Soit z un complexe non nul.

1. Il existe $r_0 \in \mathbb{R}_+^*$ et $\theta_0 \in \mathbb{R}$ tels que $z = r_0\, e^{i\theta_0}$.
2. Si $r \in \mathbb{R}_+$ et $\theta \in \mathbb{R}$ sont tels que $z = r\, e^{i\theta}$ alors $r = |z|$.
3. Si $\theta \in \mathbb{R}$ vérifie $z = |z|\, e^{i\theta}$, alors $\theta \equiv \theta_0\ [2\pi]$.

Démonstration page 179

Principe de démonstration.

1. Il suffit de s'intéresser à $\frac{z}{|z|}$.
2. Le module de $z = r\, e^{i\theta}$ est facile à calculer.
3. Comme $|z| = r_0 \neq 0$ il s'agit en fait de l'égalité de deux exponentielles.

Définition 4 (Forme trigonométrique d'un complexe non nul)

Soit $z \in \mathbb{C}^*$.

- Tout réel θ tel que $z = |z|\, e^{i\theta}$ est appelé **un argument** de z.
- On appelle **forme trigonométrique** de z toute écriture de la forme :

$$z = r(\cos\theta + i\sin\theta) = r\, e^{i\theta} \qquad \text{avec} \quad \theta \in \mathbb{R} \quad \text{et} \quad r \in \mathbb{R}_+^*.$$

Ex. 13. Soit z un nombre complexe non nul. On note θ un argument de z. Alors :
- z réel équivaut à $\theta \equiv 0\ [\pi]$; plus précisément $z \in \mathbb{R}_+^*$ (respectivement $z \in \mathbb{R}_-^*$) équivaut à $\theta \equiv 0\ [2\pi]$ (respectivement à $\theta \equiv \pi\ [2\pi]$) ;
- z imaginaire pur équivaut à $\theta \equiv \frac{\pi}{2}\ [\pi]$.

Attention
- Le module d'un nombre complexe est défini de façon unique ; tout complexe, même 0, possède un module.
- En revanche, on ne parle d'argument que pour un complexe non nul, et un tel argument n'est défini que modulo 2π.
- Bien que 0 n'ait pas d'argument, on peut quand même écrire $0 = r\, e^{i\theta}$, avec $r = 0$ et θ un réel quelconque.

Remarque D'après ce qui précède, tout complexe z non nul admet un unique argument dans l'intervalle $]-\pi, \pi]$. On l'appelle **argument principal de z.**

Corollaire 17

> Deux nombres complexes non nuls sont égaux si, et seulement s'ils ont même module et des arguments égaux modulo 2π.

Attention Si un complexe z s'écrit $z = a\, e^{i\theta}$ avec $a \in \mathbb{R}$ et $\theta \in \mathbb{R}$, il ne s'agit pas nécessairement de la forme trigonométrique de z. En effet, on a $|z| = |a|$ et donc :

- si $a > 0$, alors $|z| = a$, et un argument de z est θ,
- si $a < 0$, alors $|z| = -a$, et un argument de z est $\theta + \pi$,
- si $a = 0$ alors z est nul (et n'a pas d'argument).

Représentation géométrique

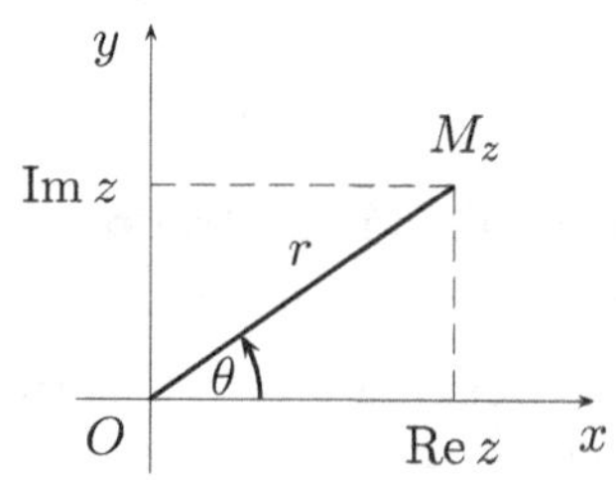

Lorsqu'un nombre complexe z est mis sous forme trigonométrique $z = r\, e^{i\theta}$, alors, comme on le voit sur la figure ci-contre, $r = OM_z$ et θ est une mesure de l'angle $(\vec{\imath}, \overrightarrow{OM_z})$, donc les réels r et θ forment un couple de **coordonnées polaires** de M_z.

Exo 5.7

Calculs usuels Il est aisé de calculer des produits, des quotients et des puissances de nombres complexes non nuls écrits sous forme trigonométrique.

En effet, pour θ_1 et θ_2 dans $\mathbb{R}$, r_1 et r_2 dans $\mathbb{R}_+^*$, si $z_1 = r_1\, e^{i\theta_1}$ et $z_2 = r_2\, e^{i\theta_2}$, alors on a :

- $z_1\, z_2 = r_1\, e^{i\theta_1}\, r_2\, e^{i\theta_2} = r_1 r_2\, e^{i\theta_1}\, e^{i\theta_2} = r_1 r_2\, e^{i(\theta_1+\theta_2)}$;
- de même, $\dfrac{z_1}{z_2} = \dfrac{r_1}{r_2}\, e^{i(\theta_1-\theta_2)}$;
- pour tout $n \in \mathbb{Z}$, $z_1^n = r_1^n\, e^{in\theta_1}$.

On en déduit le corollaire suivant.

Corollaire 18

> Soit $z_1 \in \mathbb{C}^*$ et $z_2 \in \mathbb{C}^*$, d'arguments respectifs θ_1 et θ_2. Alors :
>
> - $-\theta_1$ est un argument de $\bar{z}$ et de $\frac{1}{z}$;
> - $\theta_1 + \theta_2$ est un argument de $z_1\, z_2$;
> - $\theta_1 - \theta_2$ est un argument de $\dfrac{z_1}{z_2}$;
> - si $n \in \mathbb{Z}$, alors $n\,\theta_1$ est un argument de z_1^n.

Exo 5.8

Ex. 14. Soit z_1 et z_2 deux complexes non nuls, d'arguments θ_1 et θ_2 respectivement.

- $\dfrac{z_1}{z_2}$ réel équivaut à $\theta_1 \equiv \theta_2\ [\pi]$. Plus précisément, $\dfrac{z_1}{z_2} \in \mathbb{R}_+^*$ équivaut à $\theta_1 \equiv \theta_2\ [2\pi]$.

  Autrement dit, $\dfrac{z_1}{z_2} \in \mathbb{R}_+^*$ équivaut à dire que z_1 et z_2 ont mêmes arguments.

  On déduit alors de la proposition 8 de la page 158 que $|z_1 + z_2| = |z_1| + |z_2|$ équivaut également à dire que z_1 et z_2 ont mêmes arguments.
- $\dfrac{z_1}{z_2}$ imaginaire pur équivaut à l'égalité $\theta_1 \equiv \theta_2 + \frac{\pi}{2}\ [\pi]$.

Point méthode Si $z = e^{i\theta_1} \pm e^{i\theta_2}$, alors la mise en facteur de $e^{i\left(\frac{\theta_1+\theta_2}{2}\right)}$ permet de mettre facilement en évidence le module et un argument de z.

Ex. 15. Soit $\theta \in [0, 2\pi[$ et $z = 1 + e^{i\theta}$.

On a : $z = 1 + e^{i\theta} = e^{i\frac{\theta}{2}}\left(e^{-i\frac{\theta}{2}} + e^{i\frac{\theta}{2}}\right) = 2\cos\frac{\theta}{2}\, e^{i\frac{\theta}{2}}$.

- Si $\theta \in [0, \pi[$ alors $\cos\frac{\theta}{2} > 0$, donc $|z| = 2\cos\frac{\theta}{2}$ et un argument de z est $\frac{\theta}{2}$.
- Si $\theta \in]\pi, 2\pi[$ alors $\cos\frac{\theta}{2} < 0$, donc $|z| = -2\cos\frac{\theta}{2}$ et un argument de z est $\frac{\theta}{2} + \pi$.
- Si $\theta = \pi$ alors $z = 0$ et il n'a pas d'argument.

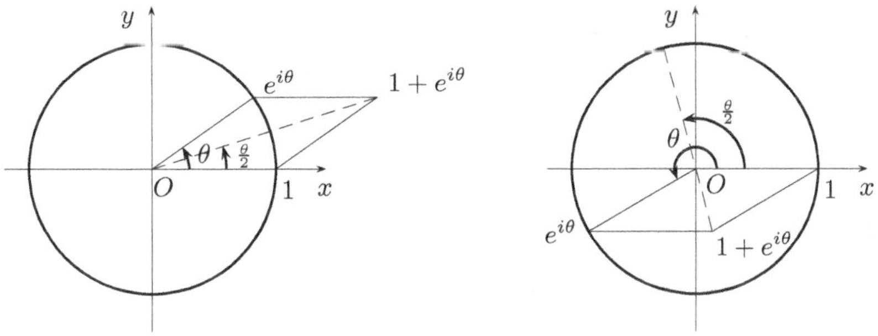

Proposition 19 (Transformation de $a\cos x + b\sin x$)

Soit a et b des réels non tous deux nuls. Il existe un réel θ tel que, pour tout réel x :

$$a\cos x + b\sin x = r\cos(x - \theta),$$

où $r = \sqrt{a^2 + b^2}$.

Démonstration page 179

8 Exponentielle complexe

Dans cette partie, on suppose connues les propriétés de la fonction exponentielle réelle étudiée en classe de première (qui seront redémontrées dans le chapitre 10).

Définition 5

Pour tout $z \in \mathbb{C}$, on définit le nombre complexe e^z par : $e^z = e^{\operatorname{Re} z}\, e^{i \operatorname{Im} z}$.

Remarque La fonction exponentielle $z \mapsto e^z$, notée exp, ainsi définie de $\mathbb{C}$ dans $\mathbb{C}$:

- prolonge la fonction exponentielle définie sur $\mathbb{R}$, puisque, si $z \in \mathbb{R}$, alors on a $\operatorname{Im} z = 0$ et donc $e^{i \operatorname{Im} z} = 1$;
- est compatible avec la notation $e^{i\theta}$ puisque, si $z = i\theta$ avec $\theta \in \mathbb{R}$, alors on a $\operatorname{Re} z = 0$ et donc $e^{\operatorname{Re} z} = 1$.

Proposition 20

Pour tout $z \in \mathbb{C}$, on a $|e^z| = e^{\operatorname{Re} z} \in \mathbb{R}_+^*$ et donc $e^z \in \mathbb{C}^*$. Le nombre réel $\operatorname{Im} z$ est un argument de e^z.

Démonstration. Cela découle de l'écriture $e^z = e^{\operatorname{Re} z} e^{i \operatorname{Im} z}$ et de la proposition 16 de la page 165. □

Proposition 21

- Si z et z' sont deux complexes, alors on a $e^{z+z'} = e^z e^{z'}$.
- Pour tout $z \in \mathbb{C}$, on a $e^z \neq 0$ et $(e^z)^{-1} = e^{-z}$.

Démonstration page 179

Principe de démonstration.

- Faire le calcul en introduisant les parties réelles et imaginaires de z et z'.
- Conséquence immédiate du point précédent.

Remarque Le premier des résultats précédents explique et justifie l'utilisation de la notation e^z pour l'exponentielle d'un nombre complexe z.

Ex. 16. Pour tout $z \in \mathbb{C}$, on a $e^{\overline{z}} = e^{\operatorname{Re} z - i \operatorname{Im} z} = e^{\operatorname{Re} z} e^{-i \operatorname{Im} z} = \overline{e^{\operatorname{Re} z} e^{i \operatorname{Im} z}} = \overline{e^z}$.

II Résolution d'équations algébriques dans $\mathbb{C}$

1 Racine d'une fonction polynomiale

Définition 6

Une **équation algébrique** est une équation, d'inconnue $z \in \mathbb{C}$, de la forme $P(z) = 0$, où P est une fonction polynomiale.

Si P est une fonction polynomiale à coefficients complexes, un complexe a tel que $P(a) = 0$ est appelé une **racine** de P.

Remarque On parle en général de solutions d'une équation, mais une solution d'une équation algébrique sera souvent appelée une racine de l'équation.

Proposition 22

Si P est une fonction polynomiale à coefficients complexes et a une racine de P, alors il existe une fonction polynomiale Q à coefficients complexes telle que :

$$\forall z \in \mathbb{C} \quad P(z) = (z - a)Q(z).$$

Démonstration page 179

Principe de démonstration.

Utiliser la factorisation de $z^k - a^k$ par $z - a$ pour tout $k \in \mathbb{N}^*$.

Remarques

- Il est clair que, réciproquement, si $P(z)$ est factorisable par $z-a$, alors a est une racine de P.
- Si P est de degré n, alors Q est de degré $n-1$.
- 711 Dans le chapitre 20, cette proposition sera redémontrée et prolongée.

Ex. 17. Soit P défini par $P(z) = z^3 - 2z^2 - 5z + 6$, pour tout $z \in \mathbb{C}$.
On remarque que $P(1) = 0$ et on cherche Q tel que $P(z) = (z-1)Q(z)$ pour tout z. Alors Q est de degré 2 et donc il existe $(a,b,c) \in \mathbb{C}^3$ tel que, pour tout $z \in \mathbb{C}$,

$$P(z) = (z-1)Q(z) = (z-1)(az^2+bz+c) = az^3 + (b-a)z^2 + (c-b)z - c.$$

Exo 5.23 En identifiant les coefficients, il suffit d'avoir : $a = 1$, $b - a = -2$, $c - b = -5$ et $-c = 6$, c'est-à-dire $(a,b,c) = (1,-1,-6)$ et $Q(z) = z^2 - z - 6$.

2 Équation du second degré dans $\mathbb{C}$

Racines carrées d'un complexe

Définition 7

On appelle **racine carrée** d'un complexe z tout complexe Z tel que $Z^2 = z$.

Rappel :

- On sait que tout réel strictement positif a possède deux racines carrées qui sont $\sqrt{a}$ et $-\sqrt{a}$; rappelons que $\sqrt{a}$ désigne la racine positive de a.
- Le réel 0 ne possède qu'une seule racine carrée, qui est 0.

Exo 5.24 **Proposition 23**

Tout complexe non nul admet exactement deux racines carrées opposées.

Démonstration page 179

Principe de démonstration. Écrire $z = r\,e^{i\theta}$ et chercher Z sous la forme $Z = \rho\,e^{i\varphi}$.

Ex. 18. Si a est un réel strictement négatif, alors c'est un complexe de module $-a$ et d'argument π ; ses deux racines carrées sont $\pm\sqrt{|a|}\,\exp(i\,\frac{\pi}{2}) = \pm i\,\sqrt{|a|}$.
On peut aussi trouver directement ces deux racines carrées en factorisant :

$$0 = Z^2 - a = Z^2 - i^2|a| = \left(Z - i\,\sqrt{|a|}\right)\left(Z + i\,\sqrt{|a|}\right).$$

Attention On ne sait pas, dans $\mathbb{C}$, privilégier l'une des deux racines d'un complexe z, contrairement à ce qui se passe lorsque $z \in \mathbb{R}_+$ où l'on choisit, parmi les deux racines carrées de z, celle qui est positive, que l'on note alors $\sqrt{z}$. Par suite :

- il est impossible d'utiliser la notation $\sqrt{z}$ pour un complexe z quelconque ;
- il faut donc parler d'*une* (article indéfini) racine carrée de z et non pas de *la* (article défini) racine carrée de z.

Exo 5.25 **Méthode algébrique.** L'utilisation de formes trigonométriques donne facilement les expressions des racines carrées d'un nombre complexe non nul quelconque, mais on a parfois besoin d'exprimer une racine de z sous forme algébrique, *i.e.* sans utilisation de fonctions trigonométriques. On a vu ci-dessus comment faire lorsque $z \in \mathbb{R}$. Supposons donc $z \notin \mathbb{R}$ et prenons $z = x+iy$ avec $x \in \mathbb{R}$ et $y \in \mathbb{R}^*$. Soit $Z = X+iY$ avec $(X,Y) \in \mathbb{R}^2$ tel que $Z^2 = z$.

- On en déduit :
  - par égalité des parties réelles, $X^2 - Y^2 = x$; (i)
  - par égalité des modules, $X^2 + Y^2 = \sqrt{x^2+y^2}$; (ii)
  - par égalité des parties imaginaires, $2XY = y$ (iii)
    (comme $y \neq 0$, cela entraîne $X \neq 0$ et $Y \neq 0$).

  Par somme et différence de (i) et (ii), on obtient X^2 et Y^2, et donc X et Y au signe près, soit quatre possibilités puisque $X \neq 0$ et $Y \neq 0$.
- D'après (iii), le produit XY est du signe de y et il existe donc seulement deux couples (X,Y) vérifiant ces trois conditions, couples que l'on peut alors exprimer en fonction de x et de y.
- Bien que n'utilisant que des conditions nécessaires (implications), le raisonnement précédent donne toutes les racines de z puisqu'il en donne au plus deux et que l'on sait qu'il en existe exactement deux.

Ex. 19. Déterminons sous forme algébrique les racines carrées de $21 - 20i$. D'après la méthode précédente, si $(X+iY)^2 = 21 - 20i$, alors :

$$\begin{cases} X^2 - Y^2 = 21 \\ X^2 + Y^2 = \sqrt{21^2+20^2} = 29 \end{cases} \quad \text{et} \quad 2XY = -20.$$

Par somme et différence des deux équations, on déduit : $X^2 = 25$ et $Y^2 = 4$, et donc $X = \pm 5$ et $Y = \pm 2$. Comme $2XY \leqslant 0$, les racines carrées de $21 - 20i$ sont $5 - 2i$ et $-5 + 2i$.

Résolution de l'équation du second degré

Proposition 24

Soit $a \in \mathbb{C}^*$, $b \in \mathbb{C}$ et $c \in \mathbb{C}$ ainsi que l'équation :

$$a z^2 + b z + c = 0. \qquad (E)$$

On note $\Delta = b^2 - 4ac$ son discriminant.

- Exo 5.26 Si $\Delta \neq 0$, alors en appelant δ *une* racine carrée de Δ, l'équation (E) admet deux racines distinctes : $z_1 = \dfrac{-b+\delta}{2a}$ et $z_2 = \dfrac{-b-\delta}{2a}$.
- Exo 5.27 Si $\Delta = 0$, alors l'équation (E) admet une racine double $z_0 = -\dfrac{b}{2a}$.

Démonstration page 180

Principe de démonstration. Transformer le trinôme en utilisant :

$$a z^2 + b z + c = a\left(z^2 + \frac{b}{a} z + \frac{c}{a}\right) = a\left(\left(z + \frac{b}{2a}\right)^2 - \cdots\right).$$

Remarques

- Soit $a \in \mathbb{C}^*$ et $(b,c) \in \mathbb{C}^2$. Déterminer $(\alpha,\beta) \in \mathbb{C}^2$ tel que :

$$\forall z \in \mathbb{C} \quad a\,z^2 + b\,z + c = a\,(z+\alpha)^2 + \beta$$

s'appelle mettre le trinôme $az^2 + bz + c$ sous **forme canonique**.

- Si l'on remplace Δ par 0 dans les formules donnant les deux racines z_1 et z_2 dans le cas $\Delta \neq 0$, on obtient z_0. C'est pourquoi on dit parfois que l'équation du second degré possède deux racines, distinctes ou confondues.

Ex. 20. Résolvons l'équation $z^2 - (3+4\,i)\,z - 1 + 5\,i = 0$.
Le discriminant de l'équation est :

$$\Delta = (3+4\,i)^2 - 4\,(-1+5\,i) = -3+4\,i.$$

La recherche d'une racine carrée $u + i\,v$ de Δ mène à :

$$u^2 - v^2 = -3, \quad u^2 + v^2 = 5 \quad \text{et} \quad 2\,u\,v = 4.$$

Par addition et soustraction, on en déduit $u^2 = 1$ et $v^2 = 4$, et donc :

$$u = \pm 1 \quad \text{et} \quad v = \pm 2.$$

Le signe de $u\,v$ entraîne que les deux racines carrées de Δ sont $\pm(1+2i)$.
Par suite, les racines de l'équation donnée sont $\dfrac{(3+4\,i) \pm (1+2i)}{2}$, c'est-à-dire :

$$2+3i \quad \text{et} \quad 1+i.$$

Corollaire 25

Soit a, b et c trois réels, a étant non nul, ainsi que l'équation :

$$a\,z^2 + b\,z + c = 0. \qquad (E)$$

On note $\Delta = b^2 - 4\,a\,c$ son discriminant.

- Si $\Delta > 0$, alors (E) a deux racines réelles distinctes :
$$z_1 = \frac{-b+\sqrt{\Delta}}{2a} \quad \text{et} \quad z_2 = \frac{-b-\sqrt{\Delta}}{2a}.$$
- Si $\Delta = 0$, alors (E) a une racine double réelle $z_0 = -\dfrac{b}{2a}$.
- Si $\Delta < 0$, alors (E) a deux racines complexes distinctes conjuguées :
$$z_1 = \frac{-b+i\sqrt{-\Delta}}{2a} \quad \text{et} \quad z_2 = \frac{-b-i\sqrt{-\Delta}}{2a}.$$

Exo 5.28

Démonstration. C'est un cas particulier de la proposition précédente. □

Ex. 21. Étant donné un réel θ, considérons l'équation $z^2 - 2z\cos\theta + 1 = 0$.
Le discriminant est $\Delta = -4\sin^2\theta$.

- Si $\theta \equiv 0\ [\pi]$, alors $\Delta = 0$ et l'équation admet une racine double :

$$z_0 = 1 \quad \text{si} \quad \theta \equiv 0\ [2\pi] \qquad \text{ou} \qquad z_0 = -1 \quad \text{si} \quad \theta \equiv \pi\ [2\pi].$$

- Si $\theta \not\equiv 0\ [\pi]$, alors $\Delta < 0$ et l'équation admet deux racines distinctes :

$$z_1 = \cos\theta + i\sin\theta = e^{i\theta} \qquad \text{et} \qquad z_2 = \cos\theta - i\sin\theta = e^{-i\theta}.$$

Relations entre coefficients et racines

Corollaire 26

Soit a, b et c trois complexes, avec $a \neq 0$. Si z_1 et z_2 sont les racines (éventuellement confondues) de l'équation $a\,z^2 + b\,z + c = 0$, alors on a :

$$z_1 + z_2 = -\frac{b}{a} \qquad \text{et} \qquad z_1 z_2 = \frac{c}{a}.$$

Démonstration. Cela résulte immédiatement des formules donnant les racines. □

Point méthode On utilise ce corollaire sous plusieurs formes.

- Si z_1 et z_2 sont les racines de l'équation $a\,z^2 + b\,z + c = 0$, et si l'on connaît une de ces racines, alors on peut facilement en déduire l'autre.
- Si l'on sait que z_1 et z_2 sont les racines de l'équation $a\,z^2 + b\,z + c = 0$, alors on peut exprimer toute expression symétrique en z_1 et z_2 (c'est-à-dire invariante quand on échange z_1 et z_2), en fonction de $z_1 + z_2$ et $z_1 z_2$, et donc de a, b et c, sans avoir à expliciter z_1 et z_2.

Ex. 22. Si 1 est racine de l'équation du second degré $az^2 + bz + c = 0$, alors la seconde racine est égale au produit des racines, c'est-à-dire à $\frac{c}{a}$.

Ex. 23. Soit z_1 et z_2 les deux racines de l'équation $z^2 - z + 4 = 0$. Calculons $z_1^2 + z_2^2 - z_1 z_2$ sans expliciter z_1 et z_2. On a :

$$z_1^2 + z_2^2 - z_1 z_2 = (z_1 + z_2)^2 - 3z_1 z_2 = 1^2 - 3 \times 4 = -11.$$

Exo 5.29

Exo 5.30

Exo 5.31

Proposition 27

Soit s et p deux nombres complexes. Alors les nombres complexes z_1 et z_2 vérifient le système $\begin{cases} z_1 + z_2 &= s \\ z_1 z_2 &= p \end{cases}$ si, et seulement si, z_1 et z_2 sont les deux racines (éventuellement confondues) de l'équation $z^2 - sz + p = 0$.

Démonstration page 180

Ex. 24. Les racines de l'équation $z^2 - 2z\cos\theta + 1$ sont les deux nombres complexes dont la somme est $2\cos\theta$ et le produit 1. D'après les formules d'Euler, on sait que ce sont $e^{i\theta}$ et $e^{-i\theta}$.

Remarque Si s et p sont réels et si l'on cherche z_1 et z_2 réels, le système précédent n'a de solution que si $s^2 - 4p \geqslant 0$, car l'équation du second degré $z^2 - sz + p = 0$ n'a des solutions réelles que si son discriminant est positif.

3 Racines n-ièmes d'un nombre complexe

Dans toute cette partie, n désigne un entier naturel non nul.

Définition 8

- Si $z \in \mathbb{C}$, on appelle **racine n-ième** de z tout complexe Z tel que $Z^n = z$.
- Les racines n-ièmes de 1 sont encore appelées **racines n-ièmes de l'unité.**

Racines n-ièmes de l'unité

Notation L'ensemble des racines n-ièmes de l'unité est noté $\mathbb{U}_n$.

Proposition 28

Exo 5.32

Il existe exactement n racines n-ièmes de l'unité, qui sont les complexes :

$$e^{\frac{2ik\pi}{n}} = \left(e^{\frac{2i\pi}{n}}\right)^k, \qquad \text{avec } k \in [\![0, n-1]\!].$$

Démonstration. Comme $|z^n| = |z|^n$, les racines de l'équation $z^n = 1$ sont de module 1.

De plus, un complexe $z = e^{i\varphi}$, avec φ réel, vérifie $z^n = 1$ si, et seulement si, l'on a $n\varphi \equiv 0 \ [2\pi]$, ce qui équivaut à :

$$\exists k \in \mathbb{Z} \quad n\varphi = 2k\pi \qquad \text{ou encore à} \qquad \exists k \in \mathbb{Z} \quad \varphi = \frac{2k\pi}{n}.$$

- À tout entier relatif k, associons le complexe $\xi_k = e^{\frac{2ik\pi}{n}}$.
  D'après ce qui précède, l'ensemble des racines n-ièmes de 1 est l'ensemble $\{\xi_k \mid k \in \mathbb{Z}\}$.
  Soit k un entier relatif. On pose $q = \left\lfloor \frac{k}{n} \right\rfloor$ et $r = k - nq$. Par définition, on a $q \leqslant \frac{k}{n} < q+1$ et donc $0 \leqslant r < n$. De $k = r + nq$, on déduit :
  $$\xi_k = e^{i(\frac{2r\pi}{n} + 2q\pi)} = \xi_r.$$
  L'ensemble des racines n-ièmes de 1 est donc l'ensemble $\left\{\xi_r \mid r \in [\![0, n-1]\!]\right\}$.
- Pour terminer, vérifions qu'il y a exactement n racines n-ièmes, c'est-à-dire que les nombres complexes $\xi_0, \xi_1, \ldots, \xi_{n-1}$ sont distincts deux à deux.
  Soit k et ℓ deux entiers de $[\![0, n-1]\!]$ tels que $\xi_k = \xi_\ell$; on a alors $\dfrac{2k\pi}{n} \equiv \dfrac{2\ell\pi}{n} \ [2\pi]$, et il existe donc un entier relatif q tel que $\dfrac{2k\pi}{n} = \dfrac{2\ell\pi}{n} + 2q\pi$, soit encore $k - \ell = nq$.
  Comme k et ℓ sont dans $[\![0, n-1]\!]$, leur différence appartient à $[\![-(n-1), n-1]\!]$ et ne peut être multiple de n que si elle est nulle, c'est-à-dire si k et ℓ sont égaux. □

Proposition 29

Exo 5.33

Exo 5.34

Soit n un entier supérieur ou égal à 2.

- Si ξ est une racine n-ième de l'unité différente de 1, on a :
$$1+\xi+\xi^2+\cdots+\xi^{n-1}=0.$$
- La somme des racines n-ièmes de l'unité est égale à 0.

Démonstration page 180

Ex. 25.

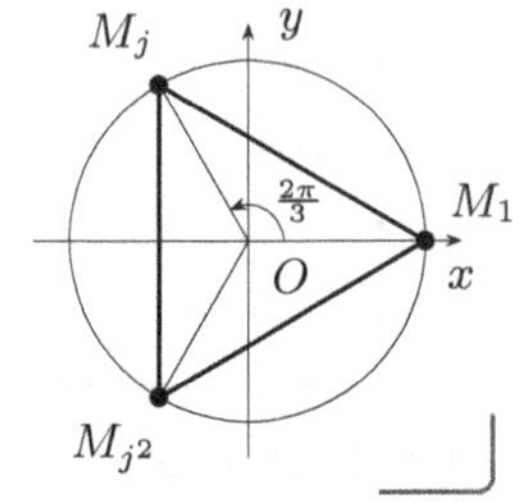

Les racines cubiques de l'unité sont le réel 1 et les deux nombres complexes conjugués $j=\exp\left(\frac{2i\pi}{3}\right)$ et $j^2=\exp\left(\frac{4i\pi}{3}\right)=\bar{j}$. Les images de ces racines, M_1, M_j et M_{j^2}, forment le triangle équilatéral ci-contre. Comme j est une racine cubique de l'unité, différente de 1, on a :
$$1+j+j^2=0.$$

Notation Dans ce contexte, la lettre j représente classiquement le nombre complexe $\exp\left(\frac{2i\pi}{3}\right)$. Ne pas confondre avec la physique, où il représente souvent i.

Racines n-ièmes d'un nombre complexe

Proposition 30

Soit $z\in\mathbb{C}$. Si Z_0 est une racine n-ième de z, alors l'ensemble des racines n-ièmes de z est :
$$\{Z_0\,\xi \mid \xi\in\mathbb{U}_n\}.$$

Démonstration page 180

Exo 5.35

Point méthode Pour trouver toutes les racines n-ièmes de z, il suffit donc d'en exhiber une et de la multiplier par toutes les racines n-ièmes de l'unité.

Corollaire 31

Soit un entier naturel $n\neq 0$ et un complexe $z\neq 0$ de module r et d'argument θ. Le complexe z admet n racines n-ièmes, qui sont les complexes :
$$Z_k=r^{\frac{1}{n}}\,e^{i\left(\frac{\theta}{n}+\frac{2k\pi}{n}\right)}\quad\text{avec}\quad k\in[\![0,n-1]\!].$$

Démonstration. Il suffit d'appliquer la proposition précédente après avoir remarqué que le complexe $Z_0=r^{\frac{1}{n}}e^{i\frac{\theta}{n}}$ est une racine n-ième de z. □

Ex. 26. Images des racines n-ièmes d'un nombre complexe
On garde les notations du corollaire 31. On nomme $(Z_k)_{k\in[\![0,n-1]\!]}$ les racines n-ièmes de $z=re^{i\theta}$, avec $r>0$, et $(A_k)_{k\in[\![0,n-1]\!]}$ leurs images dans le plan.
On pose de plus $Z_n=Z_0$ et $A_n=A_0$.

On a, pour tout $k \in [\![0, n-1]\!]$:

$$OA_k = |Z_k| = r^{\frac{1}{n}},$$

donc les points A_k sont sur un cercle de centre O. D'autre part, pour tout $k \in [\![0, n-1]\!]$, l'angle $(\vec{\imath}, \overrightarrow{OA_k})$ a pour mesure un argument de Z_k, c'est-à-dire $\frac{2k\pi}{n}$. On en déduit, pour tout $k \in [\![0, n-1]\!]$:

$$(\overrightarrow{OA_k}, \overrightarrow{OA_{k+1}}) = \frac{2(k+1)\pi}{n} - \frac{2k\pi}{n} = \frac{2\pi}{n}.$$

Les points $A_0, A_1, \ldots, A_{n-1}$ sont donc les sommets d'un polygone régulier centré en O.

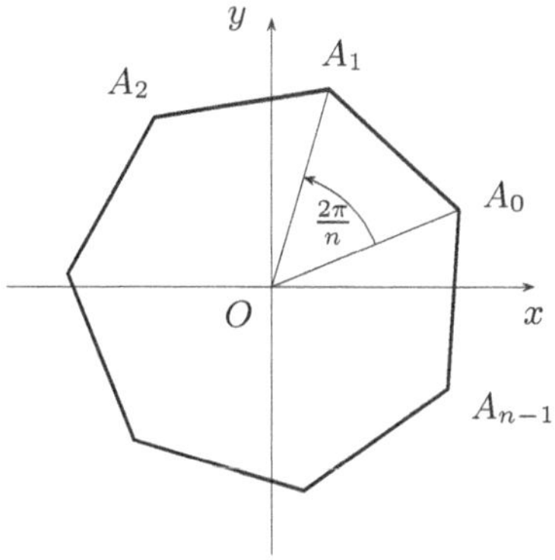

Ex. 27. Déterminons les racines cinquièmes de $1+i$.

Comme $1+i = \sqrt{2}\,e^{\frac{i\pi}{4}}$, l'ensemble de ses racines cinquièmes est :

$$\left\{ 2^{\frac{1}{10}}\, e^{i(\frac{\pi}{20} + \frac{2k\pi}{5})} \,\middle|\, k \in [\![0,4]\!] \right\}.$$

III Applications géométriques des nombres complexes

1 Alignement et orthogonalité

Proposition 32

Soit $\vec{u}_1$ et $\vec{u}_2$ deux vecteurs non nuls d'affixes respectives z_1 et z_2.

Alors le complexe $\frac{z_2}{z_1}$ a pour argument toute mesure de l'angle $(\vec{u}_1, \vec{u}_2)$.

Par suite :

(i) les vecteurs $\vec{u}_1$ et $\vec{u}_2$ sont colinéaires si, et seulement si, $\frac{z_2}{z_1} \in \mathbb{R}$;

(ii) les vecteurs $\vec{u}_1$ et $\vec{u}_2$ sont orthogonaux si, et seulement si, $\frac{z_2}{z_1} \in i\,\mathbb{R}$.

Démonstration page 180

Corollaire 33

Soit A, B et C trois points du plan, distincts et d'affixes respectives a, b et c. Le complexe $\frac{c-a}{b-a}$ a pour argument toute mesure de l'angle $\left(\overrightarrow{AB}, \overrightarrow{AC}\right)$. Par suite :

Exo 5.39

Exo 5.40

- les points A, B et C sont alignés si, et seulement si, $\frac{c-a}{b-a} \in \mathbb{R}$;
- les vecteurs $\overrightarrow{AB}$ et $\overrightarrow{AC}$ sont orthogonaux si, et seulement si, $\frac{c-a}{b-a} \in i\,\mathbb{R}$.

Remarque Les deux équivalences du corollaire 33 de la page précédente restent vérifiées si $C = A$.

Point méthode Pour exprimer $\frac{c-a}{b-a} \in \mathbb{R}$ ou $\frac{c-a}{b-a} \in i\,\mathbb{R}$, penser à utiliser le conjugué de cette quantité (cf. méthode page 156).

Ex. 28. Soit A et B deux points distincts du plan, d'affixes respectives a et b. Le point M d'affixe z appartient au cercle Γ de diamètre $[AB]$ si, et seulement si, les vecteurs $\overrightarrow{MA}$ et $\overrightarrow{MB}$ sont orthogonaux, ce qui équivaut, si $M \neq A$, à $\frac{z-b}{z-a} \in i\mathbb{R}$, ou encore à :

$$\frac{z-b}{z-a} = -\overline{\left(\frac{z-b}{z-a}\right)} = -\frac{\bar{z}-\bar{b}}{\bar{z}-\bar{a}}.$$

2 Transformations remarquables du plan

Si F est une application du plan dans lui-même, on peut lui associer une unique application f de $\mathbb{C}$ dans $\mathbb{C}$ telle que, pour tous points M et M' d'affixes respectives z et z', on ait $M' = F(M)$ si, et seulement si, $z' = f(z)$.
Réciproquement, l'application f caractérise F.
On dit que F est **représentée par f dans le plan complexe**.

Définition 9

Soit $\vec{u}$ un vecteur du plan. La **translation** de vecteur $\vec{u}$ est l'application du plan dans lui-même qui, à tout point M, associe l'unique point M' tel que $\overrightarrow{MM'} = \vec{u}$.

Proposition 34

Soit $\vec{u}$ un vecteur du plan et b son affixe. La translation de vecteur $\vec{u}$ est représentée dans le plan complexe par l'application $\begin{array}{ccc} \mathbb{C} & \longrightarrow & \mathbb{C} \\ z & \longmapsto & z+b. \end{array}$

Démonstration page 181

Remarque Toute application du plan représentée dans le plan complexe par une application de la forme $\begin{array}{ccc} \mathbb{C} & \longrightarrow & \mathbb{C} \\ z & \longmapsto & z+b \end{array}$, où $b \in \mathbb{C}$, est donc une translation (de vecteur $\vec{u}$, image de b).

Définition 10

Soit Ω un point du plan et $\lambda \in \mathbb{R}^*$. L'**homothétie** de centre Ω et de rapport λ est l'application du plan dans lui-même qui, à tout M, associe l'unique point M' tel que $\overrightarrow{\Omega M'} = \lambda \overrightarrow{\Omega M}$.

Proposition 35

L'homothétie de centre Ω (d'affixe ω) et de rapport λ est représentée dans le plan complexe par l'application $\begin{array}{ccc} \mathbb{C} & \longrightarrow & \mathbb{C} \\ z & \longmapsto & \lambda(z-\omega)+\omega. \end{array}$

Démonstration page 181

Remarque En particulier, une homothétie de centre O est représentée par une application de la forme $z \mapsto \lambda z$, avec $\lambda \in \mathbb{R}^*$.

Ex. 29. La symétrie par rapport au point Ω, d'affixe ω, est l'homothétie de centre Ω et de rapport -1. Elle est donc représentée par l'application $z \mapsto -z + 2\omega$.

Définition 11

Soit Ω un point du plan et $\theta \in \mathbb{R}$. La **rotation** de centre Ω et d'angle θ est l'application du plan dans lui-même qui transforme Ω en Ω, et tout point $M \neq \Omega$ en l'unique point M' tel que :

$$\Omega M = \Omega M' \quad \text{et} \quad \left(\overrightarrow{\Omega M}, \overrightarrow{\Omega M'}\right) \equiv \theta\ [2\pi].$$

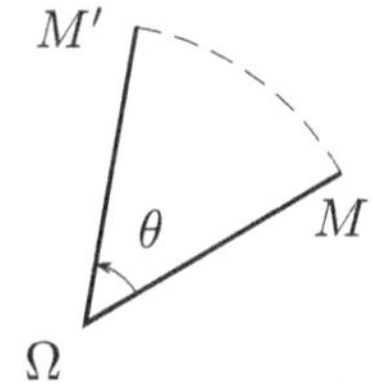

Proposition 36

La rotation r de centre Ω (d'affixe ω) et d'angle θ est représentée dans le plan complexe par l'application
$$\begin{array}{ccc} \mathbb{C} & \longrightarrow & \mathbb{C} \\ z & \longmapsto & e^{i\theta}(z-\omega)+\omega. \end{array}$$

Démonstration page 181

Remarque En particulier, une rotation de centre O est représentée par une application de la forme $z \mapsto az$, avec a complexe de module 1.

Ex. 30. La rotation de centre $1+i$ et d'angle de mesure $\frac{\pi}{2}$ est représentée par l'application $f : \mathbb{C} \to \mathbb{C}$ définie par :

$$f(z) = i(z-1-i)+1+i = iz+2.$$

Proposition 37

Exo 5.41
Exo 5.42

Soit $a \in \mathbb{C}^*$ et F la transformation du plan représentée par $z \mapsto a\,z$.

- Si $a = 1$, alors l'application F est l'identité.
- Si $a \neq 1$, alors en désignant par α un argument de a, l'application F s'écrit alors $F = H \circ R = R \circ H$, avec :
  - R la rotation de centre O et d'angle α,
  - H l'homothétie de centre O et de rapport $|a|$.

Démonstration page 181

Remarque Avec les notations de la proposition précédente :
- si $a \in \mathbb{R}^* \setminus \{1\}$, l'application F est l'homothétie de centre O et de rapport a ;
- si $|a| = 1$ et $a \neq 1$, l'application F est la rotation de centre O et d'angle α.

Interprétation géométrique de la conjugaison

Proposition 38

L'application $z \mapsto z$ représente la symétrie du plan par rapport à la droite $(O, \vec{\imath})$.

Démonstration page 181

Démonstrations

Proposition 4 Soit $z_1 = x_1 + iy_1$ et $z_2 = x_2 + iy_2$ deux complexes, avec x_1, x_2, y_1, y_2 réels.

1. Alors, $\overline{z_1 + z_2} = \overline{x_1 + x_2 + i\,(y_1 + y_2)} = x_1 + x_2 - i\,(y_1 + y_2) = \overline{z_1} + \overline{z_2}$.
2. De même :
$$\begin{aligned}\overline{z_1\,z_2} &= \overline{x_1\,x_2 - y_1\,y_2 + i\,(x_1\,y_2 + x_2\,y_1)}\\ &= x_1\,x_2 - y_1\,y_2 - i\,(x_1\,y_2 + x_2\,y_1) = \overline{z_1}\,\overline{z_2}.\end{aligned}$$
3. Supposons $z_2 \neq 0$ et posons $u = \frac{z_1}{z_2}$.
   Comme $z_1 = u\,z_2$, en utilisant le résultat précédent, on obtient : $\overline{z_1} = \overline{u}\,\overline{z_2}$.
   Il suffit alors de diviser par $\overline{z_2}$ (non nul) pour avoir $\overline{\left(\dfrac{z_1}{z_2}\right)} = \overline{u} = \dfrac{\overline{z_1}}{\overline{z_2}}$.

Proposition 5 En posant $z = x + iy$, avec x et y réels, on a $|z|^2 = x^2 + y^2$. Les deux premiers résultats sont alors évidents, et les deux derniers découlent des inégalités :
$$|\mathrm{Re}\,z| = |x| = \sqrt{x^2} \leqslant \sqrt{x^2 + y^2} = |z|$$
$$|\mathrm{Im}\,z| = |y| = \sqrt{y^2} \leqslant \sqrt{x^2 + y^2} = |z|.$$

Proposition 6 Soit $z \in \mathbb{C}^*$.

On a alors $\bar{z} \neq 0$ et par suite $\dfrac{1}{z} = \dfrac{\bar{z}}{z\,\bar{z}} = \dfrac{\bar{z}}{|z|^2}$.

On a $|z| = 1 \iff |z|^2 = 1 \iff z\,\bar{z} = 1 \iff \dfrac{1}{z} = \bar{z}$.

Proposition 7 Soit $z_1 \in \mathbb{C}$ et $z_2 \in \mathbb{C}$.

- On a immédiatement $|z_1\,z_2|^2 = z_1\,z_2\,\overline{z_1 z_2} = z_1\,z_2\,\overline{z_1}\,\overline{z_2} = z_1\,\overline{z_1} \times z_2\,\overline{z_2} = \big(|z_1|\,|z_2|\big)^2$.
  Comme $|z_1\,z_2|$ et $|z_1|\,|z_2|$ sont des réels positifs, on en déduit $|z_1\,z_2| = |z_1|\,|z_2|$.
- En supposant $z_2 \neq 0$, on a $z_1 = \dfrac{z_1}{z_2}\,z_2$ et donc $|z_1| = \left|\dfrac{z_1}{z_2}\right|\,|z_2|$.
  On en déduit le résultat en divisant par $|z_2|$ (qui est non nul).

Corollaire 9 En écrivant $z_1 = z_1 - z_2 + z_2$, la proposition 8 de la page 158 donne :
$$|z_1| \leqslant |z_1 - z_2| + |z_2| \quad \text{et donc} \quad |z_1| - |z_2| \leqslant |z_1 - z_2|.$$
En échangeant les rôles de z_1 et z_2, on en déduit :
$$|z_2| - |z_1| \leqslant |z_2 - z_1| = |z_1 - z_2|$$
et donc la double inégalité :
$$-\big|z_1 - z_2\big| \leqslant |z_1| - |z_2| \leqslant |z_1 - z_2| \quad \text{ou encore} \quad \big||z_1| - |z_2|\big| \leqslant |z_1 - z_2|.$$

Proposition 13 Soit θ et φ deux réels. On a :
$$\begin{aligned}e^{i\theta}e^{i\varphi} &= (\cos\theta + i\sin\theta)\,(\cos\varphi + i\sin\varphi)\\ &= (\cos\theta\cos\varphi - \sin\theta\sin\varphi) + i(\sin\theta\cos\varphi + \cos\theta\sin\varphi)\\ &= \cos(\theta+\varphi) + i\sin(\theta+\varphi) = e^{i(\theta+\varphi)}.\end{aligned}$$

En particulier $e^{i\varphi}\,e^{-i\varphi} = e^{i\,0} = 1$, ce qui prouve que $e^{-i\varphi} = \dfrac{1}{e^{i\varphi}} = \dfrac{\overline{e^{i\varphi}}}{|e^{i\varphi}|^2} = \overline{e^{i\varphi}}$.

Enfin, la dernière relation est une conséquence immédiate des deux premières.

Proposition 16

1. Comme $z \neq 0$, on a $|z| \neq 0$, donc on peut poser $u = \frac{z}{|z|}$.

   On a alors $|u| = 1$, et la proposition 12 de la page 161 nous dit qu'il existe $\theta_0 \in \mathbb{R}$ tel que $u = e^{i\theta_0}$. Le résultat est alors immédiat en prenant $r_0 = |z|$.

2. Si $z = r\,e^{i\theta}$, alors $|z| = |r|\,|e^{i\theta}| = |r|$ puisque $|e^{i\theta}| = 1$.

   Comme $r \in \mathbb{R}_+$, on a $r = |r| = |z|$.

3. Soit θ tel que $z = |z|\,e^{i\theta} = |z|\,e^{i\theta_0}$.

   Comme $|z| \neq 0$, on a alors $e^{i\theta_0} = e^{i\theta}$ et la proposition 12 de la page 161 nous dit qu'il existe $k \in \mathbb{Z}$ tel que $\theta = \theta_0 + 2k\pi$, ou encore $\theta \equiv \theta_0\ [2\pi]$.

Proposition 19 Par hypothèse, le complexe $a + i\,b$ est non nul. En notant $r = \sqrt{a^2+b^2}$ son module et θ l'un de ses arguments, on peut écrire :

$$a\,\cos x + b\,\sin x = r\,\cos\theta\,\cos x + r\,\sin\theta\,\sin x = r\,\cos(x-\theta).$$

Proposition 21

- Si l'on pose $x = \operatorname{Re} z$, $y = \operatorname{Im} z$, $x' = \operatorname{Re} z'$ et $y' = \operatorname{Im} z'$, alors on a :

$$\begin{aligned} e^{z+z'} &= e^{(x+x')+i\,(y+y')} \\ &= e^{x+x'}\,e^{i\,(y+y')} && \text{définition de l'exponentielle complexe} \\ &= e^{x}\,e^{x'}\,e^{iy}\,e^{iy'} && \text{propriétés de l'exponentielle réelle et de } t \mapsto e^{it} \\ &= \left(e^{x}\,e^{iy}\right)\left(e^{x'}\,e^{iy'}\right) = e^{z}\,e^{z'}. \end{aligned}$$

- En utilisant le résultat précédent avec $z' = -z$, on obtient $e^{z}\,e^{-z} = e^{0} = 1$; on retrouve ainsi $e^{z} \neq 0$ et l'on en déduit $(e^{z})^{-1} = e^{-z}$.

Proposition 22 Soit $n \in \mathbb{N}$ et $(a_0,\ldots,a_n) \in \mathbb{C}^{n+1}$ tels que, pour tout $z \in \mathbb{C}$, $P(z) = \sum\limits_{k=0}^{n} a_k z^k$.

On a alors, pour tout $z \in \mathbb{C}$:

$$P(z) = P(z) - P(a) = \sum_{k=1}^{n} a_k(z^k - a^k).$$

Pour tout $k \in \mathbb{N}^*$, on a $z^k - a^k = (z-a)\sum\limits_{j=0}^{k-1} z^j a^{k-1-j}$. On en déduit :

$$P(z) = (z-a)\sum_{k=1}^{n} a_k \sum_{j=0}^{k-1} z^j a^{k-1-j} = (z-a)\sum_{j=0}^{n-1}\Bigl(\sum_{k=j+1}^{n} a_k a^{k-1-j}\Bigr) z^j,$$

ce qui est le résultat voulu avec $Q(z) = \sum\limits_{j=0}^{n-1}\Bigl(\sum\limits_{k=j+1}^{n} a_k a^{k-1-j}\Bigr) z^j$.

Proposition 23 Soit $z \in \mathbb{C}^*$, de forme trigonométrique $z = r\,e^{i\theta}$. Comme z est non nul, 0 n'est pas une racine carrée de z. Soit donc $Z \in \mathbb{C}^*$, de forme trigonométrique $Z = \rho\,e^{i\varphi}$. Alors Z est une racine carrée de z si, et seulement si, $\rho^2\,e^{2i\varphi} = r\,e^{i\theta}$.

Comme $\rho^2 > 0$ et $r > 0$, l'équation précédente équivaut à $\rho^2 = r$ et $2\varphi \equiv \theta\ [2\pi]$.

Comme $\rho > 0$, cela équivaut aussi à $\rho = \sqrt{r}$ et $\varphi \equiv \frac{\theta}{2}\ [\pi]$.

Par suite, z admet deux racines opposées $\sqrt{r}\,e^{i\frac{\theta}{2}}$ et $\sqrt{r}\,e^{i\left(\frac{\theta}{2}+\pi\right)} = -\sqrt{r}e^{i\frac{\theta}{2}}$.

Proposition 24 Pour tout $z \in \mathbb{C}$, on a :

$$az^2+bz+c=a\left(z^2+\frac{b}{a}z+\frac{c}{a}\right)=a\left(\left(z+\frac{b}{2a}\right)^2-\frac{b^2-4ac}{4a^2}\right)$$
$$=a\left(\left(z+\frac{b}{2a}\right)^2-\frac{\Delta}{4a^2}\right).$$

- Supposons $\Delta \neq 0$; en notant δ une racine carrée de Δ, on a :
$$az^2+bz+c=a\left(\left(z+\frac{b}{2a}\right)^2-\frac{\delta^2}{4a^2}\right)=a\left(z+\frac{b-\delta}{2a}\right)\left(z+\frac{b+\delta}{2a}\right).$$
L'équation (E) admet donc deux racines distinctes : $\dfrac{-b+\delta}{2a}$ et $\dfrac{-b-\delta}{2a}\cdot$
- Supposons $\Delta = 0$; alors $az^2+bz+c = a\left(z+\dfrac{b}{2a}\right)^2$ et (E) admet une racine double $z_0=-\dfrac{b}{2a}\cdot$

Proposition 27

- Si z_1 et z_2 sont les deux racines de l'équation $z^2-sz+p=0$, le corollaire 26 de la page 172 montre que :
$$z_1+z_2=s \qquad \text{et} \qquad z_1\,z_2=p.$$
- Si $z_1+z_2=s$ et $z_1\,z_2=p$, alors, pour tout $z\in\mathbb{C}$:
$$(z-z_1)(z-z_2)=z^2-(z_1+z_2)z+z_1\,z_2=z^2-sz+p,$$
donc l'équation $z^2-sz+p=0$ a pour racines z_1 et z_2.

Proposition 29

- Comme $\xi\neq 1$, on a $1+\xi+\xi^2+\cdots+\xi^{n-1}=\dfrac{1-\xi^n}{1-\xi}$, ce qui vaut 0 car $\xi^n=1$.
- On prend $\xi=e^{\frac{2i\pi}{n}}$. Comme $n\geqslant 2$, on a $\xi\neq 1$. Les racines n-ièmes de l'unité sont alors $1,\xi,\ldots,\xi^{n-1}$ et, d'après le premier point, leur somme S est nulle.

Proposition 30

- Dans le cas où $z=0$, le résultat est évident puisque le nombre complexe 0 possède comme unique racine n-ième lui-même, et que $\{Z_0\,\xi \mid \xi\in\mathbb{U}_n\}=\{0\}$.
- Supposons donc $z\neq 0$. Comme $Z_0^n=z$, l'équation $Z^n=z$ s'écrit aussi $Z^n=Z_0^n$.

  Étant donné que $Z_0\neq 0$, elle est équivalente à $\left(\dfrac{Z}{Z_0}\right)^n=1$.

  Par suite, on a $Z^n=z$ si, et seulement si :
$$\exists\xi\in\mathbb{U}_n \quad \frac{Z}{Z_0}=\xi \qquad \text{ou encore} \qquad \exists\xi\in\mathbb{U}_n \quad Z=\xi\,Z_0.$$

Proposition 32 Écrivons sous forme trigonométrique $z_1=\rho_1\,e^{i\theta_1}$ et $z_2=\rho_2\,e^{i\theta_2}$.

- Le plan étant rapporté à un repère orthonormé direct $(O,\vec{\imath},\vec{\jmath})$, on sait que l'on a alors :
$$\theta_1\equiv(\vec{\imath},\vec{u}_1)\ [2\pi] \qquad \text{et} \qquad \theta_2\equiv(\vec{\imath},\vec{u}_2)\ [2\pi].$$
On en déduit le premier résultat, puisque $(\vec{u}_1,\vec{u}_2)=(\vec{\imath},\vec{u}_2)-(\vec{\imath},\vec{u}_1)\equiv\theta_2-\theta_1\ [2\pi]$ et que le nombre réel $\theta_2-\theta_1$ est un argument de $\frac{z_2}{z_1}\cdot$

- Les résultats (i) et (ii) s'en déduisent immédiatement, puisque :
  - les vecteurs $\vec{u}_1$ et $\vec{u}_2$ sont colinéaires si, et seulement si, $(\vec{u}_1, \vec{u}_2) \equiv 0\ [\pi]$, c'est-à-dire $\theta_2 - \theta_1 \equiv 0\ [\pi]$, ce qui équivaut à $\frac{z_2}{z_1}$ réel ;
  - les vecteurs $\vec{u}_1$ et $\vec{u}_2$ sont orthogonaux si, et seulement si, $(\vec{u}_1, \vec{u}_2) \equiv \frac{\pi}{2}\ [\pi]$, c'est-à-dire $\theta_2 - \theta_1 \equiv \frac{\pi}{2}\ [\pi]$, ce qui équivaut à $\frac{z_2}{z_1}$ imaginaire pur.

Proposition 34 Si les points M et M' ont pour affixes z et z', alors M' est l'image de M par la translation de vecteur $\vec{u}$ si, et seulement si, l'égalité $\overrightarrow{MM'} = \vec{u}$ est vérifiée, ce qui équivaut à l'égalité des affixes $z' - z = b$ et donc à $z' = z + b$.

Proposition 35 Si les points M et M' ont pour affixes z et z', alors M' est l'image de M par l'homothétie de centre Ω et de rapport λ si, et seulement si, l'égalité $\overrightarrow{\Omega M'} = \lambda \overrightarrow{\Omega M}$ est vérifiée, ce qui équivaut à l'égalité des affixes $z' - \omega = \lambda(z - \omega)$ et donc à $z' = \lambda(z - \omega) + \omega$.

Proposition 36 Soit $M \neq \Omega$ d'affixe z et $r(M) = M' \neq \Omega$ d'affixe z'. Par définition de la rotation r, on a :

$$\Omega M = \Omega M' \qquad \text{et} \qquad \left(\overrightarrow{\Omega M}, \overrightarrow{\Omega M'}\right) \equiv \theta\ [2\pi]$$

ce qui se traduit, sur les affixes $z' - \omega$ et $z - \omega$ des vecteurs $\overrightarrow{\Omega M'}$ et $\overrightarrow{\Omega M}$, par :

$$z' - \omega = e^{i\theta}(z - \omega).$$

Cela reste vrai si $z = \omega$, puisque $r(\Omega) = \Omega$.

Proposition 37

- Lorsque $a = 1$, F est représentée par $\mathrm{Id}_{\mathbb{C}}$. C'est l'identité du plan.
- Supposons $a \neq 1$.

  Soit R la rotation de centre O et d'angle α et H l'homothétie de centre O et de rapport $|a|$. Vérifions que $F = H \circ R$.

  Soit M un point d'affixe z. Notons z_1 l'affixe de $R(M)$ et z_2 celle de $H\big(R(M)\big)$. On a, d'après les propositions 36 et 35, les relations :

  $$z_1 = e^{i\alpha}\, z \quad \text{et} \quad z_2 = |a|\ z_1,$$

  ce qui donne :

  $$z_2 = |a|\, e^{i\alpha}\, z = a\, z.$$

  Le complexe z_2 est donc l'affixe du point $F(M)$, ce qui montre l'égalité $F = H \circ R$.

  On montre de même l'égalité $F = R \circ H$.

Proposition 38 Si M et M' sont les deux points d'affixes z et $\bar{z}$, alors le milieu de $[MM']$ appartient à $(O, \vec{\imath})$, car son affixe $\frac{z+\bar{z}}{2}$ est réelle, et $\overrightarrow{MM'}$ est colinéaire à $\vec{\jmath}$. Donc M' est le symétrique de M par rapport à $(O, \vec{\imath})$.

S'entraîner et approfondir

L'ensemble des nombres complexes

5.1 →156 Pour $z \in \mathbb{C}^*$, établir que $z + \dfrac{1}{z} \in \mathbb{R}$ si, et seulement si, $|z| = 1$ ou $z \in \mathbb{R}^*$.

5.2 →156 Déterminer les couples (z, z') de complexes tels que $|z + z'| = |1 + \bar{z}z'|$.

5.3 →156 Soit u et v deux complexes. On pose $z = u + iv$.
Montrer que $|z|^2 = u^2 + v^2$ si, et seulement si, $z = 0$ ou u et v sont réels.

5.4 →158 Soit a, b, c trois complexes de module 1. Montrer que $|ab + bc + ca| = |a + b + c|$.

5.5 →158 Soit deux entiers dont chacun est la somme de deux carrés d'entiers. Montrer que leur produit est aussi la somme de deux carrés d'entiers.

5.6 →162 Exprimer $\cos^5\theta$ et $\sin^5\theta$ en fonction des $\cos(k\theta)$ ou des $\sin(k\theta)$ pour $0 \leqslant k \leqslant 5$.

5.7 →166 Soit z un nombre complexe qui n'appartient pas à $\mathbb{R}_-$. Montrer que si θ est un argument de z, on a $\tan\frac{\theta}{2} = \frac{\operatorname{Im} z}{\operatorname{Re} z + |z|}$.

5.8 →166 Pour quelles valeurs de $n \in \mathbb{N}$ le nombre complexe $(1 + i\sqrt{3})^n$ appartient-il à $\mathbb{R}_-$?

5.9 Soit θ un réel tel que $\theta \not\equiv \frac{\pi}{2}\ [\pi]$. Déterminer le module et un argument des complexes :

$$A(\theta) = \frac{1 - i\tan\theta}{1 + i\tan\theta} \qquad \text{et} \qquad B(\theta) = 1 + i\tan\theta.$$

5.10 Soit α et β deux réels. Mettre sous forme algébrique les nombres complexes :

$$A = \left(\frac{1 + i\sqrt{3}}{1 - i}\right)^{50} \qquad \text{et} \qquad B = \frac{1 + \cos\alpha + i\sin\alpha}{1 + \cos\beta + i\sin\beta}.$$

5.11 Soit $(z_1, z_2) \in \mathbb{C}^2$ tels que $|z_1| = |z_2| = 1$ et $z_1 z_2 \neq -1$. On pose $Z = \dfrac{z_1 + z_2}{1 + z_1 z_2}$.

1. Montrer que Z est réel.
2. On désigne respectivement par θ_1 et θ_2 des arguments de ces complexes.
   Évaluer Z en fonction de θ_1 et de θ_2.

5.12 Soit $z \in \mathbb{C}$, $z' \in \mathbb{C}$ et u une racine carrée du produit $z\,z'$. Montrer que :

$$|z| + |z'| = \left|\frac{z + z'}{2} - u\right| + \left|\frac{z + z'}{2} + u\right|$$

5.13 Soit $z_1, \dots, z_n$ des nombres complexes non nuls. Démontrer que $\left|\sum\limits_{k=1}^{n} z_k\right| = \sum\limits_{k=1}^{n} |z_k|$ si, et seulement si, $z_1, \dots, z_n$ ont mêmes arguments.

Indication. *On pourra raisonner par récurrence pour le sens direct.*

5.14 Soit $n \in \mathbb{N}^*$.

1. Déterminer le module et un argument de $(1+i)^n$.
2. En déduire :

$$S = \sum_{k=0}^{\lfloor n/2 \rfloor} (-1)^k \binom{n}{2k} \qquad \text{et} \qquad S' = \sum_{k=0}^{\lfloor (n-1)/2 \rfloor} (-1)^k \binom{n}{2k+1}.$$

5.15 Pour $n \in \mathbb{N}^*$, calculer, en utilisant les racines cubiques de l'unité, les trois sommes :

$$S_0 = \sum_{0 \leqslant 3k \leqslant n} \binom{n}{3k}, \quad S_1 = \sum_{0 \leqslant 3k+1 \leqslant n} \binom{n}{3k+1}, \quad S_2 = \sum_{0 \leqslant 3k+2 \leqslant n} \binom{n}{3k+2}.$$

5.16 Soit $n \in \mathbb{N}$ et $\theta \in \mathbb{R}$.

1. Montrer que

$$\cos(n\theta) = \sum_{p=0}^{\lfloor \frac{n}{2} \rfloor} (-1)^p \binom{n}{2p} \cos^{n-2p}\theta \, \sin^{2p}\theta \tag{a}$$

$$\sin(n\theta) = \sum_{p=0}^{\lfloor \frac{n-1}{2} \rfloor} (-1)^p \binom{n}{2p+1} \cos^{n-(2p+1)}\theta \, \sin^{2p+1}\theta. \tag{b}$$

2. On suppose $\theta \not\equiv \frac{\pi}{2}\ [\pi]$ et $n\theta \not\equiv \frac{\pi}{2}\ [\pi]$. En déduire une expression de $\tan(n\theta)$ en fonction de $\tan\theta$ et n.

5.17 Pour $n \in \mathbb{N}$ et $x \in \mathbb{R}$, simplifier $A_n = \sum\limits_{k=0}^{n} \cos^2(kx)$ et $B_n = \sum\limits_{k=0}^{n} \dfrac{\cos(kx)}{\cos^k x}$ (pour $x \not\equiv \frac{\pi}{2}\ [\pi]$).

5.18 Soit $f: \begin{array}{ccc} \mathbb{C}^* & \to & \mathbb{C} \\ z & \mapsto & z + \dfrac{1}{z} \end{array}$.

1. L'application f est-elle injective ? surjective ?
2. Déterminer l'image par f de $\mathbb{R}^*$, de $\mathbb{U} = \{z \in \mathbb{C} : |z| = 1\}$.

5.19 Soit $f: \begin{array}{ccc} \mathbb{C} & \longrightarrow & \mathbb{C} \\ z & \longmapsto & z^2 + z + 1. \end{array}$

1. Déterminer $f(\mathbb{C})$, $f(\mathbb{C}^*)$, $f(\mathbb{R})$.
2. Déterminer $f^{-1}(\mathbb{C})$, $f^{-1}(\mathbb{C}^*)$, $f^{-1}(\mathbb{R})$.

★ **5.20** 1. Montrer que l'application $\varphi : z \mapsto \dfrac{z-i}{z+i}$ définit une bijection de $\mathbb{C} \setminus \{-i\}$ sur $\mathbb{C} \setminus \{1\}$. Préciser φ^{-1}.

2. Déterminer $\varphi^{-1}(\mathbb{R})$, $\varphi(\mathbb{R})$ et $\varphi(\mathbb{U} \setminus \{-i\})$.

5.21 1. Résoudre dans $\mathbb{C}$ l'équation $e^z = 1 + i$, d'inconnue $z \in \mathbb{C}$.

2. Résoudre dans $\mathbb{C}$ l'équation $e^z + e^{-z} = 2i$.

5.22 Soit $a \in \mathbb{C}^*$. Résoudre l'équation $e^z = a$ d'inconnue $z \in \mathbb{C}$.

Indication. *Mettre a sous forme trigonométrique et chercher z sous forme algébrique.*

Résolutions d'équations algébriques dans $\mathbb{C}$

5.23 →169 Soit P une fonction polynomiale à coefficients complexes, a et b deux racines de P, distinctes. Montrer qu'il existe une fonction polynomiale Q telle que, pour tout $z \in \mathbb{C}$:

$$P(z) = (z - a)(z - b)Q(z).$$

5.24 →169 Déterminer les racines carrées de $1 - i\sqrt{3}$.

5.25 →170 1. Déterminer sous forme algébrique les racines carrées de $z = 1 + i$.

2. En déduire $\cos \dfrac{\pi}{8}$ et $\sin \dfrac{\pi}{8}$.

5.26 →170 Résoudre dans $\mathbb{C}$ l'équation $6z^2 - (5 - i)z + 2 - \dfrac{5i}{6} = 0$.

5.27 →170 Résoudre dans $\mathbb{C}$ l'équation $z^3 + (1 - i)z^2 - z + 1 - 3i = 0$, après avoir démontré qu'elle possède une solution imaginaire pure.

5.28 →171 Étant donné un réel $\theta \in \left]-\frac{\pi}{2}, \frac{\pi}{2}\right[$, résoudre l'équation $z^4 - 2\sin\theta z^2 + \tan^2\theta = 0$. Combien a-t-elle de solutions distinctes ?

5.29 →172 Résoudre l'équation $z^2 - (1 + a + a^2)z + a + a^3 = 0$, où $a \in \mathbb{C}$.

5.30 →172 Soit p et q dans $\mathbb{C}$, $q \neq 0$. On note z_1 et z_2 les solutions de l'équation $z^2 + pz + q = 0$. Déterminer une équation du second degré dont les solutions sont $\frac{1+z_1}{z_2}$ et $\frac{1+z_2}{z_1}$.

5.31 →172 On pose $z = e^{i\frac{2\pi}{7}}$, $S = z + z^2 + z^4$ et $T = z^3 + z^5 + z^6$.

1. Montrer que $\bar{S} = T$ et $\operatorname{Im} S > 0$.
2. Calculer $S + T$ et ST. En déduire S et T.

5.32 →173 Soit m et n dans $\mathbb{N}^*$. Montrons que $\mathbb{U}_n \subset \mathbb{U}_m$ si, et seulement si, n divise m.

5.33 →174 Soit $n \in \mathbb{N}^*$. Calculer le produit des racines n-ièmes de 1.

5.34 →174 Soit $n \in \mathbb{N}^*$ et $\xi_0, \dots, \xi_{n-1}$ les racines n-ièmes de l'unité.

1. Calculer $S_p = \sum\limits_{k=0}^{n-1} \xi_k^p$, pour $p \in \mathbb{N}^*$.
2. Supposons $n \geqslant 3$. Montrer que $\sum\limits_{\substack{0 \leqslant k, \ell \leqslant n-1 \\ k \neq \ell}} \xi_k \xi_\ell = 0$.

5.35 Pour $n \in \mathbb{N}$, résoudre l'équation $z^{2n+1} + 1 = 0$.
→174

5.36 Résoudre de deux façons différentes l'équation : $(1 + i\,z)^5 = (1 - i\,z)^5$ et en déduire la valeur de $\tan \frac{\pi}{5}\cdot$

5.37 1. Pour $x \in \mathbb{R}$, calculer $\cos(5x)$ en fonction de $\cos x$.

2. En déduire une expression de $\cos \dfrac{\pi}{10}\cdot$

5.38 Soit $n \in \mathbb{N}^*$. Résoudre dans $\mathbb{C}$ les équations suivantes :

1. $(z+1)^n = (z-1)^n$;
2. $(z+1)^n = (1-z)^n$.

Applications géométriques des nombres complexes

5.39 Soit A et B deux points distincts du plan, d'affixes respectives a et b. Démontrer, en utilisant les nombres complexes, que le point M du plan appartient au cercle Γ de diamètre $[AB]$ si, et seulement si, les vecteurs $\overrightarrow{MA}$ et $\overrightarrow{MB}$ sont orthogonaux.
→175

5.40 Soit A, B, C trois points distincts du cercle trigonométrique, d'affixes respectives a, b, c. Montrer que le point H d'affixe $h = a+b+c$ est l'orthocentre du triangle ABC, c'est-à-dire le point de concours des hauteurs.
→175

5.41 Caractériser l'application F dont l'expression complexe est $z \mapsto (-\sqrt{3}+i)z$.
→177

5.42 Soit $(a,b) \in \mathbb{C}^2$, avec $a \notin \{0,1\}$ et F l'application du plan représentée par $z \mapsto a\,z + b$.
→177

1. Montrer que F possède un point fixe unique Ω.
2. En désignant par α un argument de a, montrer que l'application F s'écrit alors $F = H \circ R = R \circ H$, avec :
   - R la rotation de centre Ω et d'angle α,
   - H l'homothétie de centre Ω et de rapport $|a|$.

5.43 Étant donné deux complexes z et z', établir :

$$|z+z'|^2 + |z-z'|^2 = 2\left(|z|^2 + |z'|^2\right).$$

En donner une interprétation géométrique.

5.44 Montrer que les points distincts A, B et C, d'affixes a, b et c, forment un triangle équilatéral si, et seulement si, on a $a^2 + b^2 + c^2 = ab + bc + ca$.

5.45 Déterminer $z \in \mathbb{C}$ pour que les points d'affixes z, z^2, z^3 :

1. soient alignés ;
2. forment un triangle rectangle ;
3. forment un triangle rectangle et isocèle.

Solutions des exercices

5.1 On a $z+\dfrac{1}{z}\in\mathbb{R}$ si, et seulement si :

$$z+\frac{1}{z}=\overline{z+\frac{1}{z}}=\bar z+\frac{1}{\bar z},$$

ce qui équivaut à $(z-\bar z)=\dfrac{z-\bar z}{z\,\bar z}$ et donc à $z=\bar z$ ou $z\,\bar z=1$. D'où le résultat.

5.2 On calcule les carrés des modules :

$$|z+z'|^2=(z+z')(\bar z+\bar{z'})=|z|^2+|z'|^2+z\bar{z'}+z'\bar z$$

$$|1+\bar z z'|^2=(1+\bar z z')(1+z\bar{z'})=1+|z|^2\,|z'|^2+z\bar{z'}+z'\bar z.$$

L'égalité $|z+z'|=|1+\bar z z'|$ équivaut donc à $|z|^2+|z'|^2=1+|z|^2\,|z'|^2$. On remarque que :

$$1+|z|^2|z'|^2-|z|^2-|z'|^2=\left(1-|z|^2\right)\left(1-|z'|^2\right).$$

Ainsi l'égalité $|z+z'|=|1+\bar z z'|$ est réalisée si, et seulement si, $|z|^2=1$ ou $|z'|^2=1$, c'est-à-dire si, et seulement si, $|z|=1$ ou $|z'|=1$.

5.3 On a $|z|^2=(u+iv)\,\overline{(u+iv)}=(u+iv)(\bar u-i\bar v)$ et $u^2+v^2=u^2-(iv)^2=(u+iv)(u-iv)$. L'égalité $|z|^2=u^2+v^2$ équivaut donc à $u+iv=0$, c'est-à-dire $z=0$, ou à $\bar u-i\bar v=u-iv$. Examinons cette dernière égalité. On a :

$$\bar u-i\bar v=u-iv\Leftrightarrow u-\bar u-i(v-\bar v)=0\Leftrightarrow 2i\,\mathrm{Im}\,u+2\,\mathrm{Im}\,v=0.$$

Comme $\mathrm{Im}\,u$ et $\mathrm{Im}\,v$ sont des réels, cette dernière égalité équivaut à $\mathrm{Im}\,u=\mathrm{Im}\,v=0$, c'est-à-dire à u et v réels.

5.4 Comme a,b,c sont de module 1, on a $\bar a=\dfrac{1}{a},\bar b=\dfrac{1}{b},\bar c=\dfrac{1}{c}$ et donc :

$$|ab+bc+ca|=\left|\overline{ab+bc+ca}\right|=|\bar a\bar b+\bar b\bar c+\bar c\bar a|=\left|\frac{1}{ab}+\frac{1}{bc}+\frac{1}{ca}\right|=\left|\frac{a+b+c}{abc}\right|.$$

On en déduit :

$$|ab+bc+ca|=\frac{|a+b+c|}{|a|\,|b|\,|c|}=|a+b+c|.$$

5.5 Soit m et n les deux entiers considérés. Il existe $(a,b,c,d)\in\mathbb{N}^4$ tel que $m=a^2+b^2$ et $n=c^2+d^2$. On a alors :

$$mn=(a^2+b^2)(c^2+d^2)=|a+i\,b|^2\,|c+i\,d|^2=|(a+i\,b)(c+i\,d)|^2$$

donc :

$$mn=|(ac-bd)+i\,(ad+bc)|^2=(ac-bd)^2+(ad+bc)^2.$$

Comme $ac-bd$ et $ad+bc$ sont des entiers, le résultat est démontré.

5.6 On a :

$$\cos^5\theta = \left(\frac{e^{i\theta}+e^{-i\theta}}{2}\right)^5 = \frac{1}{2^5}\left(e^{i5\theta}+5e^{3i\theta}+10e^{i\theta}+10e^{-i\theta}+5e^{-3i\theta}+e^{i5\theta}\right).$$

En regroupant les termes symétriques, on obtient :

$$\begin{aligned}\cos^5\theta &= \frac{1}{32}\left(\left(e^{i5\theta}+e^{-i5\theta}\right)+5\left(e^{3i\theta}+e^{-3i\theta}\right)+10\left(e^{i\theta}+e^{-i\theta}\right)\right)\\ &= \frac{1}{16}\big(\cos(5\theta)+5\cos(3\theta)+10\cos\theta\big).\end{aligned}$$

De même, on a :

$$\begin{aligned}\sin^5\theta = \left(\frac{e^{i\theta}-e^{-i\theta}}{2i}\right)^5 &= \frac{1}{(2i)^5}\left(e^{i5\theta}-5e^{3i\theta}+10e^{i\theta}-10e^{-i\theta}+5e^{-3i\theta}-e^{i5\theta}\right)\\ &= \frac{1}{32i}\left(\left(e^{i5\theta}-e^{-i5\theta}\right)-5\left(e^{3i\theta}-e^{-3i\theta}\right)+10\left(e^{i\theta}-e^{-i\theta}\right)\right)\\ &= \frac{1}{16}\big(\sin(5\theta)-5\sin(3\theta)+10\sin\theta\big).\end{aligned}$$

5.7 Le complexe z n'est pas nul, donc il possède un argument θ.
On remarque que $\operatorname{Re} z+|z|\neq 0$, car sinon $(\operatorname{Re} z)^2=|z|^2=(\operatorname{Re} z)^2+(\operatorname{Im} z)^2$ donc $\operatorname{Im} z=0$ et $z=\operatorname{Re}(z)=-|z|\in \mathbb{R}_-$. Ainsi $\dfrac{\operatorname{Im} z}{\operatorname{Re} z+|z|}$ est défini et l'on a :

$$\frac{\operatorname{Im} z}{\operatorname{Re} z+|z|} = \frac{|z|\sin\theta}{|z|\cos\theta+|z|} = \frac{\sin\theta}{\cos\theta+1} = \frac{2\sin\frac{\theta}{2}\cos\frac{\theta}{2}}{2\cos^2\frac{\theta}{2}} = \tan\frac{\theta}{2}.$$

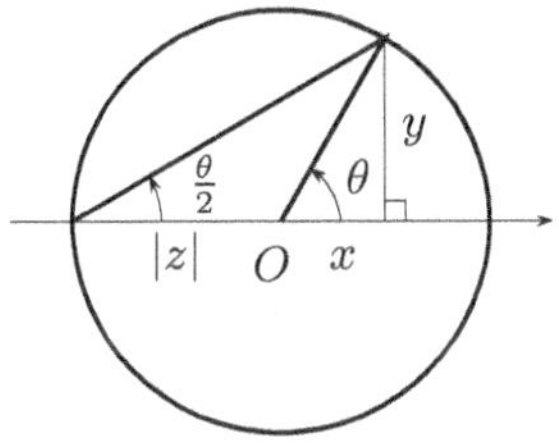

5.8 On a $1+i\sqrt{3}=2\left(\frac{1}{2}+i\,\frac{\sqrt{3}}{2}\right)=2e^{i\,\frac{\pi}{3}}$ et donc, pour $n\in\mathbb{N}$, $(1+i\sqrt{3})^n=2^n e^{i\,\frac{n\pi}{3}}$.

Ce nombre complexe appartient à $\mathbb{R}_-$ si, et seulement si, $e^{i\,\frac{n\pi}{3}}\in\mathbb{R}_-$. Cela équivaut à $\frac{n\pi}{3}\equiv\pi\ [2\pi]$, c'est-à-dire à l'existence de $k\in\mathbb{N}$ tel que $\frac{n\pi}{3}=\pi+2k\pi$ ou encore $n=3+6k$.

5.9 • On a $1+i\tan\theta\neq 0$, donc l'expression $A(\theta)$ est définie et, en multipliant numérateur et dénominateur par $\cos\theta$.

$$A(\theta)=\frac{1-i\tan\theta}{1+i\tan\theta}=\frac{\cos\theta-i\sin\theta}{\cos\theta+i\sin\theta}=\frac{\exp(-i\theta)}{\exp(i\theta)}=\exp(-2i\theta).$$

On en déduit que $|A(\theta)|=1$ et qu'un argument de $A(\theta)$ est -2θ.

• On a :

$$B(\theta)=1+i\tan\theta=\frac{\exp(i\theta)}{\cos\theta}.$$

* Si $\cos\theta>0$, alors $|B(\theta)|=\frac{1}{\cos\theta}$ et $B(\theta)$ a pour argument θ.
* Si $\cos\theta<0$, alors $|B(\theta)|=-\frac{1}{\cos\theta}$ et $B(\theta)$ a pour argument $\theta+\pi$.

5.10 • En mettant sous forme trigonométrique, on a :

$$A=\left(\frac{1+i\sqrt{3}}{1-i}\right)^{50}=\left(\frac{2\,e^{\frac{i\pi}{3}}}{\sqrt{2}\,e^{-\frac{i\pi}{4}}}\right)^{50}=2^{25}\,e^{\frac{175\,i\pi}{6}}=2^{25}\,e^{\frac{-5\,i\pi}{6}}.$$

On en déduit $A=-2^{24}\sqrt{3}-i\,2^{24}$.

• Le complexe $B=\dfrac{1+\cos\alpha+i\sin\alpha}{1+\cos\beta+i\sin\beta}=\dfrac{1+e^{i\,\alpha}}{1+e^{i\,\beta}}$ est défini pour $\beta\neq\pi\ [2\pi]$, et :

$$B=\frac{1+e^{i\,\alpha}}{1+e^{i\,\beta}}=\frac{e^{\frac{i\alpha}{2}}\left(e^{-\frac{i\alpha}{2}}+e^{\frac{i\alpha}{2}}\right)}{e^{\frac{i\beta}{2}}\left(e^{-\frac{i\beta}{2}}+e^{\frac{i\beta}{2}}\right)}=\frac{\cos(\alpha/2)}{\cos(\beta/2)}e^{\frac{i(\alpha-\beta)}{2}},$$

donc $B=\dfrac{\cos(\alpha/2)}{\cos(\beta/2)}\left(\cos\left(\dfrac{\alpha-\beta}{2}\right)+i\sin\left(\dfrac{\alpha-\beta}{2}\right)\right)$.

5.11 • On a :

$$\begin{aligned}\overline{Z}&=\frac{\overline{z_1}+\overline{z_2}}{1+\overline{z_1}\,\overline{z_2}} &&\text{règles de calcul des conjugués}\\ &=\frac{\frac{1}{z_1}+\frac{1}{z_2}}{1+\frac{1}{z_1}\frac{1}{z_2}} &&\text{car } |z_1|=|z_2|=1\\ &=Z &&\text{en réduisant aux mêmes dénominateurs.}\end{aligned}$$

Comme $Z=\overline{Z}$, on en déduit que Z est réel.

• On a $z_1=e^{i\theta_1}$ et $z_2=e^{i\theta_2}$ avec $\theta_1+\theta_2\neq\pi\ [2\pi]$ car $z_1z_2\neq-1$. Donc :

$$Z=\frac{e^{i\theta_1}+e^{i\theta_2}}{1+e^{i(\theta_1+\theta_2)}}=\frac{e^{i\,(\theta_1+\theta_2)/2}}{e^{i\,(\theta_1+\theta_2)/2}}\,\frac{e^{i\,(\theta_1-\theta_2)/2}+e^{i\,(-\theta_1+\theta_2)/2}}{e^{-i\,(\theta_1+\theta_2)/2}+e^{i\,(\theta_1+\theta_2)/2}}=\frac{\cos\left(\frac{\theta_1-\theta_2}{2}\right)}{\cos\left(\frac{\theta_1+\theta_2}{2}\right)}.$$

5.12 Soit v une racine carrée de z et v' une racine carrée de z'. Alors on a $u=\pm v\,v'$ et, dans les deux cas :

$$\left|\frac{z+z'}{2}-u\right|+\left|\frac{z+z'}{2}+u\right|=\left|\frac{v^2+v'^2}{2}-v\,v'\right|+\left|\frac{v^2+v'^2}{2}+v\,v'\right|.$$

Le membre de droite de l'égalité s'écrit :

$$\begin{aligned}\left|\frac{(v-v')^2}{2}\right|+\left|\frac{(v+v')^2}{2}\right|&=\frac{1}{2}\left(|v-v'|^2+|v+v'|^2\right)\\ &=\frac{1}{2}\left(v-v'\right)\left(\bar{v}-\bar{v'}\right)+\frac{1}{2}\left(v+v'\right)\left(\bar{v}+\bar{v'}\right)\\ &=|v|^2+\left|v'\right|^2=|z|+\left|z'\right|.\end{aligned}$$

5.13 • Si $z_1, \ldots, z_n$ ont un même argument θ, on a, pour $1 \leqslant k \leqslant n$, $z_k = |z_k|\, e^{i\theta}$.
On en déduit :

$$\sum_{k=1}^{n} z_k = \Big(\sum_{k=1}^{n} |z_k|\Big) e^{i\theta} \quad \text{puis} \quad \Big|\sum_{k=1}^{n} z_k\Big| = \Big|\sum_{k=1}^{n} |z_k|\Big|\, |e^{i\theta}| = \sum_{k=1}^{n} |z_k|.$$

• Démontrons que $\left|\sum_{k=1}^{n} z_k\right| = \sum_{k=1}^{n} |z_k|$ implique que $z_1, \ldots, z_n$ ont mêmes arguments, par récurrence sur n.

La propriété est évidente pour $n = 1$.

Supposons qu'elle soit vérifiée à un rang $n \geqslant 1$ et considérons $n+1$ complexes non nuls $z_1, \ldots, z_n, z_{n+1}$ tels que $\left|\sum_{k=1}^{n+1} z_k\right| = \sum_{k=1}^{n+1} |z_k|$.

Par inégalité triangulaire, on a :

$$\Big|\sum_{k=1}^{n+1} z_k\Big| = \Big|\sum_{k=1}^{n} z_k + z_{n+1}\Big| \leqslant \Big|\sum_{k=1}^{n} z_k\Big| + |z_{n+1}| \leqslant \sum_{k=1}^{n} |z_k| + |z_{n+1}| = \Big|\sum_{k=1}^{n+1} z_k\Big|,$$

cette dernière égalité résultant de l'hypothèse. Les deux termes extrêmes étant égaux, toutes les inégalités sont des égalités. On a donc :

$$\Big|\sum_{k=1}^{n} z_k + z_{n+1}\Big| = \Big|\sum_{k=1}^{n} z_k\Big| + |z_{n+1}| \qquad \text{et} \qquad \Big|\sum_{k=1}^{n} z_k\Big| = \sum_{k=1}^{n} |z_k|.$$

La deuxième égalité implique, par hypothèse de récurrence, que $z_1, \ldots, z_n$ ont mêmes arguments.

En appelant θ un argument commun, on en déduit que $Z = \sum_{k=1}^{n} z_k = \left(\sum_{k=1}^{n} |z_k|\right) e^{i\theta}$, avec $\sum_{k=1}^{n} |z_k| > 0$. Donc Z a pour argument θ.

La première égalité $|Z + z_{n+1}| = |Z| + |z_{n+1}|$ implique alors, d'après l'exemple 14 de la page 167, que z_{n+1} et Z ont mêmes arguments. Ainsi, θ est aussi un argument de z_{n+1}, ce qui termine la récurrence.

5.14 1. On a $1 + i = \sqrt{2}\, e^{i\frac{\pi}{4}}$ et donc $(1+i)^n = 2^{\frac{n}{2}}\, e^{i\frac{n\pi}{4}}$.

2. On a, d'après la formule du binôme, $(1+i)^n = \sum_{p=0}^{n} \binom{n}{p} i^p$.

Si $p = 2k$, alors $i^p = (-1)^k$; si $p = 2k+1$, alors $i^p = (-1)^k i$. En séparant les termes correspondant à p pair et à p impair, on obtient :

$$(1+i)^n = \sum_{k=0}^{\lfloor n/2 \rfloor} \binom{n}{2k} (-1)^k + \sum_{k=0}^{\lfloor (n-1)/2 \rfloor} \binom{n}{2k+1} (-1)^k i = S + iS'.$$

En effet, par exemple dans le cas $p = 2k$, il faut $2k \leqslant n$, soit $k \leqslant \frac{n}{2}$ et donc $k \leqslant \lfloor \frac{n}{2} \rfloor$.
On en déduit $S = \operatorname{Re}((1+i)^n) = 2^{\frac{n}{2}} \cos \frac{n\pi}{4}$ et $S' = \operatorname{Im}((1+i)^n) = 2^{\frac{n}{2}} \sin \frac{n\pi}{4}$.

5.15 On a :

$$(1+1)^n = \sum_{p=0}^{n} \binom{n}{p}, \quad (1+j)^n = \sum_{p=0}^{n} \binom{n}{p} j^p, \quad (1+j^2)^n = \sum_{p=0}^{n} \binom{n}{p} j^{2p}.$$

La valeur de j^p ne dépend que du reste de p modulo 3, puisque $j^3 = 1$. On en déduit que si 3 divise p, alors $1 + j^p + j^{2p} = 3$ et que, sinon, $1 + j^p + j^{2p} = 1 + j + j^2 = 0$.

- En faisant la somme des trois égalités, on obtient :

$$(1+1)^n + (1+j)^n + (1+j^2)^n = \sum_{p=0}^{n} \binom{n}{p} (1 + j^p + j^{2p}) = 3S_0.$$

Comme $(1+j)^n = \left(\frac{1+i\sqrt{3}}{2}\right)^n = e^{i\,\frac{n\pi}{3}}$ et $(1+j^2)^n = \overline{(1+j)^n}$, on en déduit :

$$S_0 = \frac{1}{3}\left(2^n + 2\cos\frac{n\pi}{3}\right).$$

- Pour déterminer S_1, on calcule $(1+1)^n + j^2(1+j)^n + j(1+j^2)^n$. On obtient :

$$(1+1)^n + j^2(1+j)^n + j(1+j^2)^n = \sum_{p=0}^{n} \binom{n}{p} (1 + j^{p+2} + j^{2(p+2)}) = 3S_1.$$

Comme $j^2(1+j)^n = e^{-i\frac{2\pi}{3}}\, e^{i\,\frac{n\pi}{3}} = e^{i\,\frac{(n-2)\pi}{3}}$ et $j(1+j^2)^n = \overline{j^2(1+j)^n}$, on en déduit :

$$S_1 = \frac{1}{3}\left(2^n + 2\cos\frac{(n-2)\pi}{3}\right).$$

- En calculant $(1+1)^n + j(1+j)^n + j^2(1+j^2)^n$, on obtient de même :

$$S_2 = \frac{1}{3}\Big((1+1)^n + j\,(1+j)^n + j^2\,(1+j^2)^n\Big) = \frac{1}{3}\left(2^n + 2\cos\frac{(n+2)\pi}{3}\right).$$

5.16 1. En utilisant la formule de Moivre et la formule du binôme, on a :

$$\cos(n\theta) + i\sin(n\theta) = (\cos\theta + i\sin\theta)^n = \sum_{k=0}^{n} \binom{n}{k} \cos^{n-k}\theta\,(i\sin\theta)^k.$$

Les termes réels de cette somme correspondent aux valeurs paires de l'indice, de la forme $k = 2p$, avec $p \leqslant \frac{n}{2}$, c'est-à-dire $p \leqslant \lfloor\frac{n}{2}\rfloor$. On a alors $i^k = (-1)^p$.
Les termes imaginaires de la somme correspondent aux valeurs impaires de l'indice k, de la forme $k = 2p+1$ avec $2p+1 \leqslant n$, c'est-à-dire $p \leqslant \lfloor\frac{n-1}{2}\rfloor$. On a alors $i^k = i\,(-1)^p$.
En séparant partie réelle et partie imaginaire, on obtient :

$$\cos(n\theta) = \sum_{p=0}^{\lfloor\frac{n}{2}\rfloor} (-1)^p \binom{n}{2p} \cos^{n-2p}\theta\,\sin^{2p}\theta,$$

$$\sin(n\theta) = \sum_{p=0}^{\lfloor\frac{n-1}{2}\rfloor} (-1)^p \binom{n}{2p+1} \cos^{n-(2p+1)}\theta\,\sin^{2p+1}\theta.$$

Remarque Comme l'expression de $\cos(n\theta)$ ci-dessus ne contient que des puissances paires de $\sin\theta$, on peut aussi obtenir $\cos(n\theta)$ comme un polynôme en $\cos\theta$; il suffit de remplacer $\sin^2\theta$ par $1 - \cos^2\theta$.

2. Par hypothèse, $\tan(n\theta)$ et $\tan\theta$ sont définis. On peut écrire :

$$\tan(n\theta) = \frac{\sin(n\theta)}{\cos(n\theta)} = \frac{\sum\limits_{p=0}^{\lfloor\frac{n-1}{2}\rfloor} (-1)^p \binom{n}{2p+1} \cos^{n-(2p+1)}\theta \sin^{2p+1}\theta}{\sum\limits_{p=0}^{\lfloor\frac{n}{2}\rfloor} (-1)^p \binom{n}{2p} \cos^{n-2p}\theta \sin^{2p}\theta}.$$

En divisant numérateur et dénominateur par $\cos^n\theta$, on obtient :

$$\tan(n\theta) = \frac{\sin(n\theta)}{\cos(n\theta)} = \frac{\sum\limits_{p=0}^{\lfloor\frac{n-1}{2}\rfloor} (-1)^p \binom{n}{2p+1} \tan^{2p+1}\theta}{\sum\limits_{p=0}^{\lfloor\frac{n}{2}\rfloor} (-1)^p \binom{n}{2p} \tan^{2p}\theta}.$$

5.17 1. Soit $x \in \mathbb{R}$. On a :

$$A_n = \sum_{k=0}^{n} \left(\frac{1+\cos(2kx)}{2}\right) = \frac{n+1}{2} + \frac{1}{2}\operatorname{Re}\left(\sum_{k=0}^{n} \left(e^{2ix}\right)^k\right).$$

Par suite :

- si $e^{2ix} \neq 1$, c'est-à-dire $x \not\equiv 0\ [\pi]$, on a :

$$\begin{aligned} A_n &= \frac{n+1}{2} + \frac{1}{2}\operatorname{Re}\left(\frac{1-e^{i2(n+1)x}}{1-e^{i2x}}\right) \\ &= \frac{n+1}{2} + \frac{1}{2}\operatorname{Re}\left(\frac{e^{i(n+1)x}\, 2i \sin\big((n+1)x\big)}{e^{ix}\, 2i \sin x}\right) \\ &= \frac{n+1}{2} + \frac{\cos(n\,x)\sin\big((n+1)x\big)}{2\sin x}\,; \end{aligned}$$

- si $x \equiv 0\ [\pi]$, alors $A_n = n+1$.

2. On a $B_n = \operatorname{Re}\left(\sum\limits_{k=0}^{n} \dfrac{e^{ikx}}{\cos^k x}\right) = \operatorname{Re}\left(\sum\limits_{k=0}^{n} \left(\dfrac{e^{ix}}{\cos x}\right)^k\right)$ et $\frac{e^{ix}}{\cos x} = 1 + \frac{i\sin x}{\cos x}$.

- Si $x \equiv 0\ [\pi]$, alors $B_n = n+1$.
- Sinon, $\frac{e^{ix}}{\cos x} \neq 1$ et on obtient :

$$\begin{aligned} B_n &= \operatorname{Re}\left(\frac{1-\dfrac{e^{i(n+1)x}}{\cos^{n+1}x}}{1-\dfrac{e^{ix}}{\cos x}}\right) = \operatorname{Re}\left(\frac{1}{\cos^n x}\,\frac{\cos^{n+1}x - e^{i(n+1)\,x}}{-i\sin x}\right) \\ &= \frac{1}{\sin x\cos^n x}\operatorname{Re}\left(i\left(\cos^{n+1}x - e^{(n+1)ix}\right)\right) = \frac{\sin\big((n+1)x\big)}{\sin x\cos^n x}. \end{aligned}$$

5.18 1.
- L'application f n'est pas injective car $f(2) = f\left(\frac{1}{2}\right)\cdot$
- L'application f est surjective. En effet, pour tout complexe Z, l'équation du second degré :

$$z^2 - Z\,z + 1 = 0$$

possède au moins une solution z, qui est non nulle (car 0 n'est pas solution), et il est alors immédiat de vérifier que l'on $f(z) = Z$.

2. • Par définition, on a $f(\mathbb{R}^*) = \left\{x + \frac{1}{x} \mid x \in \mathbb{R}^*\right\}$. C'est une partie de $\mathbb{R}$, et une étude de variations montre que :

$$f(\mathbb{R}^*) =]-\infty, -2] \cup [2, +\infty[.$$

• Comme $\mathbb{U} = \left\{e^{it} \mid t \in [0, 2\pi]\right\}$, on a :

$$f(\mathbb{U}) = \left\{e^{it} + e^{-it} \mid t \in [0, 2\pi]\right\} = \left\{2\cos t \mid t \in [0, 2\pi]\right\} = [-2, 2].$$

5.19 1. • Comme f est une application de $\mathbb{C}$ dans $\mathbb{C}$ et que, pour tout $Z \in \mathbb{C}$, l'équation du second degré $f(z) = Z$ possède au moins une racine complexe z, l'application f est surjective. Par suite, $f(\mathbb{C}) = \mathbb{C}$.

• Pour tout $Z \in \mathbb{C}$, l'équation du second degré $z^2 + z + 1 = Z$ possède au moins une racine non nulle puisque la somme de ses racines vaut -1 ; par suite, on a $\mathbb{C} \subset f(\mathbb{C}^*)$. Comme $f(\mathbb{C}^*) \subset \mathbb{C}$ est évident, on en déduit $f(\mathbb{C}^*) = \mathbb{C}$.

• Comme $f(\mathbb{R}) = \left\{x^2 + x + 1 \mid x \in \mathbb{R}\right\} = \left\{(x + \frac{1}{2})^2 + \frac{3}{4} \mid x \in \mathbb{R}\right\}$, on en déduit que $f(\mathbb{R})$ est l'intervalle $[\frac{3}{4}, +\infty[$ de $\mathbb{R}$.

2. • Comme $\mathbb{C}$ est l'ensemble d'arrivée de f, alors $f^{-1}(\mathbb{C})$ en est l'ensemble de départ, et on a donc $f^{-1}(\mathbb{C}) = \mathbb{C}$.

• On a $f^{-1}(\mathbb{C}^*) = \{z \in \mathbb{C} \mid f(z) \neq 0\} = \mathbb{C} \setminus \{j, j^2\}$.

• Pour $z \in \mathbb{C}$, on a :

$$z \in f^{-1}(\mathbb{R}) \iff f(z) = \overline{f(z)} \iff (z - \overline{z})(z + \overline{z} + 1) = 0 \iff (z = \overline{z} \quad \text{ou} \quad z + \overline{z} = -1).$$

Ainsi, l'ensemble $f^{-1}(\mathbb{R})$ est la réunion de $\mathbb{R}$ et de l'ensemble des complexes dont la partie réelle est $-\frac{1}{2}$.

5.20 1. Pour tout $z \in \mathbb{C} \setminus \{-i\}$, $\varphi(z)$ est défini et $\varphi(z) \neq 1$, car $z - i \neq z + i$. Donc φ est une application de $\mathbb{C} \setminus \{-i\}$ dans $\mathbb{C} \setminus \{1\}$. Montrons qu'elle est bijective.

Soit $z' \in \mathbb{C} \setminus \{1\}$. Pour tout $z \in \mathbb{C} \setminus \{-i\}$, on a :

$$\varphi(z) = z' \iff z - i = (z + i)z' \iff z(1 - z') = i(1 + z') \iff z = \frac{i(1 + z')}{1 - z'}.$$

Ce dernier quotient est défini car $z' \neq 1$ et on a $z \neq -i$, car $\dfrac{1 + z'}{-1 + z'} \neq 1$. Ainsi tout $z' \in \mathbb{C} \setminus \{1\}$ a un antécédent unique donc φ est bijective.

De plus, φ^{-1} est définie par :

$$\forall z' \in \mathbb{C} \setminus \{1\},\ \varphi^{-1}(z') = \frac{i(1 + z')}{1 - z'}.$$

2. (a) Déterminons $\varphi^{-1}(\mathbb{R})$.

Il s'agit des éléments $z \in \mathbb{C} \setminus \{-i\}$ tels que $\varphi(z) \in \mathbb{R}$. On a :

$$\begin{aligned}\varphi(z) \in \mathbb{R} \iff \overline{\varphi(z)} = \varphi(z) &\iff \frac{\overline{z} + i}{\overline{z} - i} = \frac{z - i}{z + i} \\ &\iff (\overline{z} + i)(z + i) = (\overline{z} - i)(z - i) \\ &\iff \overline{z} = -z \iff z \in i\mathbb{R}.\end{aligned}$$

On a donc $\varphi^{-1}(\mathbb{R}) = i\mathbb{R} \setminus \{-i\}$.

(b) Déterminons $\varphi(\mathbb{R})$.

Il s'agit des éléments de $\mathbb{C}$ qui sont les images par φ d'un réel, autrement dit des éléments $z' \in \mathbb{C} \setminus \{1\}$ tels que $\varphi^{-1}(z')$ soit réel, puisque φ est bijective.

Comme $\overline{\varphi^{-1}(z')} = \dfrac{-i(1+\bar{z'})}{1-\bar{z'}}$, on a :

$$\begin{aligned}\varphi^{-1}(z') \in \mathbb{R} &\Longleftrightarrow \frac{i(1+z')}{1-z'} = \frac{-i(1+\bar{z'})}{1-\bar{z'}}\\ &\Longleftrightarrow (1+z')(1-\bar{z'}) = -(1+\bar{z'})(1-z')\\ &\Longleftrightarrow |z'|^2 = 1 \Longleftrightarrow |z'| = 1.\end{aligned}$$

Ainsi $\varphi(\mathbb{R})$ est l'ensemble des nombres complexes de module 1, privé de 1, c'est-à-dire $\mathbb{U} \setminus \{1\}$.

(c) Déterminons $\varphi\big(\mathbb{U} \setminus \{-i\}\big)$.

Il s'agit des éléments de $\mathbb{C}$ qui sont les images par φ d'un élément de $\mathbb{U} \setminus \{-i\}$, autrement dit des éléments $z' \in \mathbb{C} \setminus \{1\}$ tels que $\varphi^{-1}(z') \in \mathbb{U} \setminus \{-i\}$. On a :

$$|\varphi^{-1}(z')| = \left|\frac{i(1+z')}{1-z'}\right| = \frac{|1+z'|}{|1-z'|},$$

donc :

$$\begin{aligned}|\varphi^{-1}(z')| = 1 \Longleftrightarrow |1+z'| = |1-z'| &\Longleftrightarrow |1+z'|^2 = |1-z'|^2\\ &\Longleftrightarrow (1+z')(1+\bar{z'}) = (1-z')(1-\bar{z'})\\ &\Longleftrightarrow \bar{z'} = -z' \Longleftrightarrow z' \in i\mathbb{R}.\end{aligned}$$

On a donc $\varphi(\mathbb{U} \setminus \{-i\}) = i\mathbb{R}$.

5.21 1. On écrit $z = x + iy$, avec $(x,y) \in \mathbb{R}^2$. On a alors $e^z = e^x e^{iy}$. Comme $1 + i = \sqrt{2}\, e^{i\frac{\pi}{4}}$, l'égalité $e^z = 1 + i$ équivaut à $e^x = \sqrt{2}$ et $y \equiv \frac{\pi}{4}\ [2\pi]$. L'ensemble des solutions est donc :

$$\left\{\frac{1}{2}\ln 2 + i\left(\frac{\pi}{4} + 2k\pi\right) \;\middle|\; k \in \mathbb{Z}\right\}.$$

2. Comme $e^{-z} = \frac{1}{e^z}$, l'équation $e^z + e^{-z} = 2i$ équivaut à $(e^z)^2 - 2i\,e^z + 1 = 0$. On résout l'équation $Z^2 - 2i\,Z + 1 = 0$. On trouve $\Delta = -8$. Les solutions sont :

$$Z_1 = (1+\sqrt{2})i = (1+\sqrt{2})\,e^{i\frac{\pi}{2}} \qquad \text{et} \qquad Z_2 = (1-\sqrt{2})i = (\sqrt{2}-1)\,e^{-i\frac{\pi}{2}}.$$

L'équation équivaut à $e^z = Z_1$ ou $e^z = Z_2$. On écrit $z = x + iy$, avec $(x,y) \in \mathbb{R}^2$. On a alors $e^z = e^x e^{iy}$. L'égalité $e^z = Z_1$ équivaut à $e^x = 1 + \sqrt{2}$ et $e^{iy} = e^{i\frac{\pi}{2}}$, et donc à $z = \ln(1+\sqrt{2}) + i\left(\frac{\pi}{2} + 2k\pi\right)$ avec $k \in \mathbb{Z}$.

De même, l'équation $e^z = Z_2$ donne $z = \ln(\sqrt{2}-1) + i\left(-\frac{\pi}{2} + 2k\pi\right)$.

L'ensemble des solutions de l'équation $e^z + e^{-z} = 2i$ est donc :

$$\left\{\ln(1+\sqrt{2}) + i\left(\frac{\pi}{2} + 2k\pi\right) \;\middle|\; k \in \mathbb{Z}\right\} \cup \left\{\ln(\sqrt{2}-1) + i\left(-\frac{\pi}{2} + 2k\pi\right) \;\middle|\; k \in \mathbb{Z}\right\}.$$

5.22 Comme a n'est pas nul, on peut le mettre sous forme trigonométrique : $a = re^{i\theta}$, avec $r > 0$ et $\theta \in \mathbb{R}$. Si $z = x + iy$, avec $(x,y) \in \mathbb{R}^2$, alors $e^z = e^x e^{iy}$, où $e^x > 0$. Deux nombres complexes sont égaux si, et seulement s'ils ont même module et mêmes arguments.

Ainsi, l'égalité $e^z = a$ équivaut à $\rho = e^x$, soit $x = \ln \rho$, et $y \equiv \theta\ [2\pi]$, c'est-à-dire à l'existence de $k \in \mathbb{Z}$ tel que $y = \theta + 2k\pi$.

L'ensemble des solutions de l'équation $e^z = a$ est donc $\left\{ \ln \rho + i(\theta + 2k\pi) \mid k \subset \mathbb{Z} \right\}$.

5.23 Comme a est racine de P, il existe une fonction polynomiale R telle que $P(z) = (z-a)R(z)$. On a en particulier $P(b) = (b-a)R(b) = 0$ et donc $R(b) = 0$ car $b \neq a$. En appliquant la proposition 22 de la page 168 à R, on obtient l'existence d'une fonction polynomiale Q telle que $R(z) = (z-b)Q(z)$ et donc $P(z) = (z-a)(z-b)Q(z)$, pour tout $z \in \mathbb{C}$.

5.24 On a : $1 - i\sqrt{3} = 2\left(\frac{1}{2} - i\frac{\sqrt{3}}{2}\right) = 2\exp\left(-i\frac{\pi}{3}\right)$. On en déduit que les racines carrées de $1 - i\sqrt{3}$ sont $\pm\sqrt{2}e^{-i\frac{\pi}{6}}$, c'est-à-dire $\pm\sqrt{2}\left(\frac{\sqrt{3}}{2} - \frac{i}{2}\right)$.

5.25 1. Si $X+iY$ est une racine carrée de $1+i$, on a $X^2 - Y^2 = 1$, $X^2 + Y^2 = \sqrt{2}$ et $2XY = 1$.

Par somme et différence, on en déduit $X^2 = \dfrac{1+\sqrt{2}}{2}$ et $Y^2 = \dfrac{-1+\sqrt{2}}{2}$.

Comme $XY \geqslant 0$, les racines carrées de $1+i$ sont :

$$Z_1 = \sqrt{\frac{1+\sqrt{2}}{2}} + i\sqrt{\frac{-1+\sqrt{2}}{2}} \quad \text{et} \quad Z_2 = -\sqrt{\frac{1+\sqrt{2}}{2}} - i\sqrt{\frac{-1+\sqrt{2}}{2}}.$$

Remarque On a raisonné seulement par conditions nécessaires, mais comme on sait que z possède exactement deux racines carrées, ce sont Z_1 et Z_2.

2. Mais, par ailleurs, $1 + i = \sqrt{2}e^{i\frac{\pi}{4}}$, donc les racines carrées de $1+i$ s'écrivent aussi $\pm 2^{1/4}\, e^{i\frac{\pi}{8}}$.

Puisque $\cos\frac{\pi}{8} > 0$, on a $Z_1 = 2^{1/4}\, e^{i\frac{\pi}{8}}$, et donc :

$$\cos\frac{\pi}{8} = \sqrt{\frac{1+\sqrt{2}}{2\sqrt{2}}} = \frac{\sqrt{2+\sqrt{2}}}{2} \quad \text{et} \quad \sin\frac{\pi}{8} = \frac{\sqrt{2-\sqrt{2}}}{2}.$$

5.26 On calcule le discriminant : $\Delta = -24 + 10i$. On cherche une racine de Δ sous forme algébrique $a + ib$. On doit avoir :

$$a^2 - b^2 = -24, \quad a^2 + b^2 = \sqrt{24^2 + 10^2} = 26 \quad \text{et} \quad 2ab = 10,$$

ce qui donne $a = \pm 1$, $b = \pm 5$ et $ab > 0$. Les solutions de l'équation sont donc :

$$\frac{1}{12}\left(5 - i \pm (1 + 5i)\right) \qquad \text{c'est-à-dire} \qquad \frac{1}{2} + \frac{i}{3} \quad \text{et} \quad \frac{1}{3} - \frac{i}{2}.$$

5.27 • Si $a \in \mathbb{R}$, alors $a\,i$ est solution de l'équation si, et seulement si,

$$-a^3 i - (1-i)\,a^2 - a\,i + 1 - 3i = -a^2 + 1 + i\,(-a^3 + a^2 - a - 3) = 0,$$

ce qui équivaut à : $\begin{cases} -a^2 + 1 &= 0 \\ -a^3 + a^2 - a - 3 &= 0. \end{cases}$ La première équation donne $a = \pm 1$ et seul -1 convient pour la seconde équation. Ainsi $-i$ est solution de l'équation.

• D'après la proposition 22 de la page 168, il existe $(b,c) \in \mathbb{C}^2$ tel que, pour tout $z \in \mathbb{C}$,

$$z^3 + (1-i)\,z^2 - z + 1 - 3i = (z+i)(z^2 + b\,z + c).$$

On a $(z+i)(z^2 + b\,z + c) = z^3 + (b+i)z^2 + (c + i\,b)z + i\,c$. Il suffit donc que b et c vérifient : $b + i = 1 - i$, $c + i\,b = -1$ et $i\,c = 1 - 3i$, c'est-à-dire $b = 1 - 2i$ et $c = -3 - i$.
Ainsi z est solution de l'équation si, et seulement si, $z = -i$ ou $z^2 + (1-2i)z - 3 - i = 0$.
On résout l'équation du second degré. On trouve $\Delta = 9$, donc $z = \frac{-1+2i\pm 3}{2}\cdot$
L'ensemble des solutions de l'équation de degré 3 est $\{-i, -2+i, 1+i\}$.

5.28 On note $\mathcal{E}$ l'équation donnée. On pose $Z = z^2$ et on résout $Z^2 - 2\sin\theta\, Z + \tan^2\theta = 0$. On obtient $\Delta = 4(\sin^2\theta - \tan^2\theta) = -\dfrac{4\sin^4\theta}{\cos^2\theta}\cdot$
Les solutions de l'équation du second degré sont donc :

$$Z_1 = \sin\theta + i\frac{\sin^2\theta}{\cos\theta} = \tan\theta\, e^{i\theta} \qquad \text{et} \qquad Z_2 = \tan\theta\, e^{-i\theta}.$$

• Si $\theta = 0$, alors $Z_1 = Z_2 = 0$ et l'équation $\mathcal{E}$ a une seule solution 0.

• Si $\theta \in]0, \frac{\pi}{2}[$, alors $\tan\theta > 0$; la forme trigonométrique de Z_1 est $\tan\theta\, e^{i\theta}$; celle de Z_2 est $\tan\theta\, e^{-i\theta}$. Les solutions de $\mathcal{E}$ sont les racines carrées de Z_1 et Z_2, c'est-à-dire :

$$\sqrt{\tan\theta}\, e^{i\frac{\theta}{2}},\ -\sqrt{\tan\theta}\, e^{i\frac{\theta}{2}},\ \sqrt{\tan\theta}\, e^{-i\frac{\theta}{2}},\ -\sqrt{\tan\theta}\, e^{-i\frac{\theta}{2}}.$$

Comme Z_1 et Z_2 sont distincts et non nuls, les racines carrées de Z_1 sont distinctes, et distinctes de celles de Z_2 : l'équation $\mathcal{E}$ possède 4 solutions distinctes.

• Si $\theta \in]-\frac{\pi}{2}, 0[$, alors $\tan\theta < 0$; la forme trigonométrique de Z_1 est $(-\tan\theta)\, e^{i(\theta+\pi)}$; celle de Z_2 est $(-\tan\theta)\, e^{-i(\theta+\pi)}$. Les solutions de $\mathcal{E}$ sont :

$$\sqrt{-\tan\theta}\, e^{i\frac{\theta+\pi}{2}},\ -\sqrt{-\tan\theta}\, e^{i\frac{\theta+\pi}{2}},\ \sqrt{-\tan\theta}\, e^{-i\frac{\theta+\pi}{2}},\ -\sqrt{-\tan\theta}\, e^{-i\frac{\theta+\pi}{2}}.$$

Là encore, on a 4 solutions distinctes.

5.29 En utilisant la somme $1 + a + a^2$ et le produit $a + a^3 = a(1 + a^2)$ des racines, on voit que les deux racines de :

$$z^2 - (1 + a + a^2)\,z + a\,(1 + a^2) = 0$$

sont a et $1 + a^2$.

5.30 Les complexes z_1 et z_2 sont non nuls car $q \neq 0$. On pose $Z_1 = \frac{1+z_1}{z_2}$ et $Z_2 = \frac{1+z_2}{z_1}\cdot$ On a :

$$Z_1 + Z_2 = \frac{1+z_1}{z_2} + \frac{1+z_2}{z_1} = \frac{z_1^2 + z_2^2 + z_1 + z_2}{z_1 z_2} = \frac{(z_1+z_2)^2 - 2z_1 z_2 + z_1 + z_2}{z_1 z_2}\cdot$$

Sachant que $z_1 + z_2 = -p$ et $z_1 z_2 = q$, on obtient :

$$Z_1 + Z_2 = \frac{p^2 - 2q - p}{q}\cdot$$

On obtient, de même :

$$Z_1Z_2 = \frac{1+z_1+z_2+z_1z_2}{z_1z_2} = \frac{1-p+q}{q}.$$

D'après la proposition 27 de la page 172, Z_1 et Z_2 sont les solutions de l'équation :

$$Z^2 - \frac{p^2-2q-p}{q}Z + \frac{1-p+q}{q} = 0.$$

5.31 1. On a :

$$\bar{S} = \bar{z}+\bar{z}^2+\bar{z}^4 = e^{-i\frac{2\pi}{7}} + e^{-i\frac{4\pi}{7}} + e^{-i\frac{8\pi}{7}} = e^{i\frac{12\pi}{7}} + e^{i\frac{10\pi}{7}} + e^{i\frac{6\pi}{7}} = z^6+z^5+z^3 = T.$$

D'autre part, on a :

$$\begin{aligned} \operatorname{Im} S &= \sin\frac{2\pi}{7} + \sin\frac{4\pi}{7} + \sin\frac{8\pi}{7} = \sin\frac{2\pi}{7} + \sin\frac{3\pi}{7} - \sin\frac{\pi}{7} \\ &= \left(\sin\frac{2\pi}{7} - \sin\frac{\pi}{7}\right) + \sin\frac{3\pi}{7} > 0, \end{aligned}$$

car la fonction sin est croissante et positive sur $[0, \frac{\pi}{2}]$.

2. On a, puisque $z \neq 1$:

$$S+T = \sum_{k=0}^{6} z^k - 1 = \frac{1-z^7}{1-z} - 1 = -1,$$

car $z^7 = e^{i\,2\pi} = 1$. On a, en utilisant le fait que $z^7 = 1$:

$$\begin{aligned} ST &= z^4+z^6+z^7+z^5+z^7+z^8+z^7+z^9+z^{10} \\ &= z^4+z^6+1+z^5+1+z+1+z^2+z^3 \\ &= S+T+3 = 2. \end{aligned}$$

Ainsi S et T sont les solutions de l'équation $x^2+x+2=0$. Le discriminant est -7 et les racines $\frac{-1\pm i\sqrt{7}}{2}$. Comme $\operatorname{Im} S > 0$, on a :

$$S = \frac{-1+i\sqrt{7}}{2} \qquad \text{et} \qquad T = \frac{-1-i\sqrt{7}}{2}.$$

5.32
- Si $\mathbb{U}_n \subset \mathbb{U}_m$, alors en particulier, $e^{\frac{2i\pi}{n}} \in \mathbb{U}_m$, donc $\left(e^{\frac{2i\pi}{n}}\right)^m = e^{\frac{2mi\pi}{n}} = 1$. On en déduit que $\frac{2m\pi}{n}$ est un multiple de 2π donc que n divise m.
- Si n divise m, alors il existe $p \in \mathbb{N}^*$ tel que $m = np$. Soit $z \in \mathbb{U}_n$. On a $z^n = 1$. On en déduit $z^m = (z^n)^p = 1$, donc $z \in \mathbb{U}_m$. On a donc $\mathbb{U}_n \subset \mathbb{U}_m$.

5.33 Le produit des racines n-ièmes de 1 est égal à :

$$\prod_{k=0}^{n-1} e^{\frac{2ik\pi}{n}} = \exp\left(\frac{2i\pi}{n}\sum_{k=0}^{n-1} k\right) = \exp\left(\frac{2i\pi}{n} \times \frac{n(n-1)}{2}\right) = e^{i(n-1)\pi} = (-1)^{n-1}.$$

5.34 1. Les racines n-ièmes de l'unité sont les complexes $e^{\frac{2ik\pi}{n}}$, pour $0 \leqslant k \leqslant n-1$. On a donc

$$S_p = \sum_{k=0}^{n-1} \left(e^{\frac{2ik\pi}{n}}\right)^p = \sum_{k=0}^{n-1} \left(e^{\frac{2ip\pi}{n}}\right)^k.$$

Le complexe $e^{\frac{2ip\pi}{n}}$ est égal à 1 si, et seulement si, n divise p. On en déduit que :

- si n divise p, alors $S_p = n$;
- si n ne divise pas p, alors $S_p = \frac{1-\left(e^{\frac{2ip\pi}{n}}\right)^n}{1-e^{\frac{2ip\pi}{n}}} = \frac{1-e^{2ip\pi}}{1-e^{\frac{2ip\pi}{n}}} = 0$.

2. Notons :

$$S' = \sum_{\substack{0 \leqslant k, \ell \leqslant n-1 \\ k \neq \ell}} \xi_k \xi_\ell.$$

Remarquons que l'on a $S_1^2 = S_2 + S'$. Puisque $n \geqslant 3$, l'entier n ne divise ni 1 ni 2, donc, d'après la question précédente, on a $S_1 = S_2 = 0$. On en déduit $S' = 0$.

5.35 On remarque que -1 est une solution évidente. Les solutions sont donc les opposées des racines $(2n+1)$-ièmes de l'unité.

5.36 **Méthode 1 :** l'équation équivaut à $\left(\frac{1+iz}{1-iz}\right)^5 = 1$, car $-i$ n'est pas solution. Par suite, z en est solution si, et seulement si, l'on peut trouver $k \in [\![0,4]\!]$ tel que :

$$\frac{1+iz}{1-iz} = e^{\frac{2i\pi k}{5}}.$$

Comme $e^{\frac{2i\pi k}{5}} \neq -1$, cela équivaut à :

$$z = \frac{e^{\frac{2i\pi k}{5}} - 1}{i\left(e^{\frac{2i\pi k}{5}} + 1\right)} = \frac{e^{\frac{i\pi k}{5}}\left(e^{\frac{i\pi k}{5}} - e^{\frac{-i\pi k}{5}}\right)}{ie^{\frac{i\pi k}{5}}\left(e^{\frac{i\pi k}{5}} + e^{\frac{-i\pi k}{5}}\right)} = \tan\frac{k\pi}{5}.$$

Méthode 2 : on développe en utilisant la formule du binôme. Pour tout nombre complexe u, on a $(1+u)^5 = u^5 + 5u^4 + 10u^3 + 10u^2 + 5u + 1$. L'équation équivaut donc à :

$$iz^5 + 5z^4 - 10iz^3 - 10z^2 + 5iz + 1 = -iz^5 + 5z^4 + 10iz^3 - 10z^2 - 5iz + 1,$$

c'est-à-dire à :

$$z\left(z^4 - 10z^2 + 5\right) = 0,$$

qui se résout facilement (si $z \neq 0$, z^2 est solution d'une équation du second degré). On trouve comme solutions :

$$\left\{-\sqrt{5+2\sqrt{5}}, -\sqrt{5-2\sqrt{5}}, 0, \sqrt{5-2\sqrt{5}}, \sqrt{5+2\sqrt{5}}\right\}.$$

Comme $\tan\frac{\pi}{5} \in]0,1[$, on a $\tan\frac{\pi}{5} = \sqrt{5-2\sqrt{5}}$.

5.37 1. En utilisant la formule de Moivre et la formule du binôme, on trouve, pour $x \in \mathbb{R}$:

$$e^{i5x} = \left(e^{ix}\right)^5 = (\cos x + i \sin x)^5 = \sum_{k=0}^{5} \binom{5}{k} \cos^k x (i \sin x)^{5-k}.$$

Les termes réels de cette somme sont ceux pour lesquels $5-k$ est pair, *i.e.* k impair. On a donc :

$$\begin{aligned}\cos(5x) = \operatorname{Re}\left(e^{i5x}\right) &= \cos^5 x - 10\cos^3 x \sin^2 x + 5\cos x \sin^4 x \\ &= \cos^5 x - 10\cos^3 x(1-\cos^2 x) + 5\cos x(1-\cos^2 x)^2 \\ &= 16\cos^5 x - 20\cos^3 x + 5\cos x.\end{aligned}$$

2. Comme $5\frac{\pi}{10} = \frac{\pi}{2}$, le réel $u = \cos\frac{\pi}{10}$ est racine de l'équation :

$$0 = 16u^5 - 20u^3 + 5u = u\left(16u^4 - 20u^2 + 5\right).$$

Si $u \neq 0$, alors $z = u^2$ vérifie $16z^2 - 20z + 5 = 0$, équation dont les solutions sont $\frac{5\pm\sqrt{5}}{8}$. Les valeurs possibles de u sont donc :

$$0, \; \frac{\sqrt{10+2\sqrt{5}}}{4}, \; -\frac{\sqrt{10+2\sqrt{5}}}{4}, \; \frac{\sqrt{10-2\sqrt{5}}}{4}, \; -\frac{\sqrt{10-2\sqrt{5}}}{4}.$$

Comme $\dfrac{\pi}{10} \in \left]0, \dfrac{\pi}{6}\right[$, on a $\cos\dfrac{\pi}{10} \in \left]\dfrac{\sqrt{3}}{2}, 1\right[$ et donc $\cos\dfrac{\pi}{10} = \dfrac{\sqrt{10+2\sqrt{5}}}{4}$.

Remarque Les cinq racines trouvées sont les $\cos\left((2k+1)\frac{\pi}{5}\right)$ pour $k \in [\![0,4]\!]$.

5.38 1. Après avoir vérifié que 1 n'est pas solution, on résout l'équation $\left(\dfrac{z+1}{z-1}\right)^n = 1$.

Comme $\dfrac{z+1}{z-1} \neq 1$, z est solution si, et seulement s'il existe $k \in [\![1, n-1]\!]$ tel que :

$$\frac{z+1}{z-1} = e^{\frac{2ik\pi}{n}},$$

ce qui, puisque $e^{\frac{2ik\pi}{n}} \neq 1$, équivaut à :

$$z = \frac{e^{\frac{2ik\pi}{n}} + 1}{e^{\frac{2ik\pi}{n}} - 1} = \frac{2\cos\frac{k\pi}{n}}{2i\sin\frac{k\pi}{n}} = -i\,\frac{\cos\frac{k\pi}{n}}{\sin\frac{k\pi}{n}},$$

On trouve $n-1$ solutions : $z_k = -i\,\frac{\cos\frac{k\pi}{n}}{\sin\frac{k\pi}{n}}$, avec $k \in [\![1, n-1]\!]$.

Montrons qu'elles sont distinctes. La fonction $f : x \mapsto -\frac{\cos x}{\sin x}$ est définie et dérivable sur $]0,\pi[$. Sa dérivée $f' : x \mapsto \frac{1}{\sin^2 x}$ est strictement positive sur $]0,\pi[$, donc f est strictement croissante sur $]0,\pi[$. Comme $z_k = if\left(\frac{k\pi}{n}\right)$, avec $\frac{k\pi}{n} \in]0,\pi[$, pour $k \in [\![1, n-1]\!]$, les $n-1$ solutions sont donc distinctes.

2. On raisonne comme dans la première question : z est une solution de cette équation si, et seulement s'il existe $k \in [\![0, n-1]\!]$ tel que $\frac{z+1}{1-z} = e^{\frac{2ik\pi}{n}}$. Pour tout k tel que $e^{\frac{2ik\pi}{n}} \neq -1$, on obtient :

$$z = \frac{e^{\frac{2ik\pi}{n}} - 1}{e^{\frac{2ik\pi}{n}} + 1} = i\tan\frac{k\pi}{n}.$$

Comme $0 \leqslant \frac{2k}{n} < 2$, $e^{\frac{2ik\pi}{n}} = -1$ équivaut à $\frac{2k}{n} = 1$, ce qui nécessite que n soit pair. On peut conclure que :

- si n est impair, on a n solutions : $z_k = i\tan\frac{k\pi}{n}$ avec $k \in [\![0, n-1]\!]$;

- si n est pair, on a $n-1$ solutions : $z_k = i\tan\frac{k\pi}{n}$ avec $k \in [\![0, n-1]\!]$ et $k \neq \frac{n}{2}$.

On montre, comme dans la première question, que ces solutions sont distinctes. La fonction tan, dont la dérivée est $x \mapsto \frac{1}{\cos^2 x}$, est strictement croissante sur $]0, \frac{\pi}{2}[$ et sur $]\frac{\pi}{2}, \pi[$. De plus, $\tan(x) > 0$ si $x \in]0, \frac{\pi}{2}[$ et $\tan(x) < 0$ si $x \in]\frac{\pi}{2}, \pi[$, donc les solutions sont distinctes.

5.39 Le cercle Γ est de centre Ω milieu de $[AB]$, d'affixe $\omega = \frac{a+b}{2}$, et de rayon $R = \frac{|b-a|}{2}$. L'équivalence est vérifiée si $M = A$. On a, si M est un point d'affixe $z \neq a$:

$$\begin{aligned}
\overrightarrow{MA} \perp \overrightarrow{MB} \iff \frac{z-b}{z-a} \in i\mathbb{R} &\iff \frac{\bar{z}-\bar{b}}{\bar{z}-\bar{a}} + \frac{z-b}{z-a} = 0 \\
&\iff (\bar{z}-\bar{b})(z-a) + (\bar{z}-\bar{a})(z-b) = 0 \\
&\iff z\bar{z} - z\bar{b} - \bar{z}a + a\bar{b} + z\bar{z} - z\bar{a} - \bar{z}b + \bar{a}b = 0 \\
&\iff 2z\bar{z} - z(\bar{a}+\bar{b}) - \bar{z}(a+b) + (\bar{a}b + a\bar{b}) = 0 \\
&\iff z\bar{z} - z\bar{\omega} - \bar{z}\omega + \frac{1}{2}(\bar{a}b + a\bar{b}) = 0.
\end{aligned}$$

On simplifie :

$$z\bar{z} - z\bar{\omega} - \bar{z}\omega + \frac{1}{2}(\bar{a}b + a\bar{b}) = (z-\omega)(\bar{z}-\bar{\omega}) - \omega\bar{\omega} + \frac{1}{2}(\bar{a}b + a\bar{b}).$$

Mais on a :

$$\omega\bar{\omega} - \frac{1}{2}(\bar{a}b + a\bar{b}) = \frac{1}{4}(a+b)(\bar{a}+\bar{b}) - \frac{1}{2}(\bar{a}b + a\bar{b}) = \frac{1}{4}(b-a)(\bar{b}-\bar{a}) = R^2.$$

Finalement, on conclut que :

$$\overrightarrow{MA} \perp \overrightarrow{MB} \iff M\Omega^2 - R^2 = 0 \iff M\Omega = R \iff M \in \Gamma.$$

5.40 Il s'agit de démontrer que $\overrightarrow{AH} \perp \overrightarrow{BC}$, les deux autres relations d'orthogonalité obtenues par permutations circulaires s'en déduisant par symétrie. On a :

$$\overrightarrow{AH} \perp \overrightarrow{BC} \iff \frac{h-a}{c-b} \in i\,\mathbb{R} \iff \frac{c+b}{c-b} \in i\,\mathbb{R}.$$

On a, puisque b et c appartiennent à $\mathbb{U}$:

$$\overline{\left(\frac{c+b}{c-b}\right)} = \frac{\bar{c}+\bar{b}}{\bar{c}-\bar{b}} = \frac{\frac{1}{c}+\frac{1}{b}}{\frac{1}{c}-\frac{1}{b}} = \frac{b+c}{b-c} = -\frac{c+b}{c-b}.$$

Ainsi $\frac{h-a}{c-b} \in i\,\mathbb{R}$ et donc $\overrightarrow{AH} \perp \overrightarrow{BC}$.

5.41 On a $-\sqrt{3} + i = 2\left(-\frac{\sqrt{3}}{2} + \frac{1}{2}i\right) = 2\,e^{\frac{5i\pi}{6}}$.

L'application F est donc la composée de l'homothétie de centre O et de rapport 2 et de la rotation de centre O et d'angle $\frac{5\pi}{6}$.

5.42 1. Un point M d'affixe z est invariant par F si, et seulement si, z vérifie l'équation $z = az + b$, qui a pour unique solution $\dfrac{b}{1-a}$ car $a \neq 1$.

L'unique point invariant par F est donc le point Ω d'affixe $\omega = \dfrac{b}{1-a}\cdot$

2. Pour tout point M d'affixe z, l'affixe z' du point $F(M)$ vérifie :

$$z' - \omega = az + b - (a\,\omega + b) = a\,(z - \omega).$$

Soit R la rotation de centre Ω et d'angle α et H l'homothétie de centre Ω et de rapport $|a|$. Vérifions que $F = H \circ R$.

Soit M un point d'affixe z. Notons z_1 l'affixe de $R(M)$ et z_2 celle de $H\big(R(M)\big)$. On a, d'après les propositions 36 et 35, les relations :

$$z_1 - \omega = e^{i\alpha}(z - \omega) \quad \text{et} \quad z_2 - \omega = |a|\,(z_1 - \omega),$$

ce qui donne :

$$z_2 - \omega = |a|\,e^{i\alpha}(z - \omega) = a\,(z - \omega).$$

Le complexe z_2 est donc l'affixe z' du point $F(M)$, ce qui montre l'égalité $F = H \circ R$. On montre de même l'égalité $F = R \circ H$.

Remarque Une application F représentée par $z \mapsto a\,z + b$, avec $(a, b) \in \mathbb{C}^* \times \mathbb{C}$ est appelée une similitude directe.

5.43 • En développant le membre de gauche de l'égalité, on obtient :

$$\begin{aligned} |z + z'|^2 + |z - z'|^2 &= \left(z + z'\right)\,\left(\overline{z} + \overline{z'}\right) + \left(z - z'\right)\,\left(\overline{z} - \overline{z'}\right) \\ &= z\overline{z} + z\overline{z'} + z'\overline{z} + z'\overline{z'} + z\overline{z} - z\overline{z'} - z'\overline{z} + z'\overline{z'} \\ &= 2z\overline{z} + 2z'\overline{z'} = 2\left(|z|^2 + |z'|^2\right). \end{aligned}$$

• Les points O, M, N et M' d'affixes 0, z, $z + z'$ et z' respectivement forment un parallélogramme. On a :

$$|z + z'|^2 + |z - z'|^2 = ON^2 + MM'^2$$

$$2\left(|z|^2 + |z'|^2\right) = 2(OM^2 + OM'^2) = OM^2 + OM'^2 + MN^2 + M'N^2,$$

ce qui signifie que, dans ce parallélogramme, la somme des carrés des longueurs des diagonales est égale à la somme des carrés des longueurs des quatre côtés.

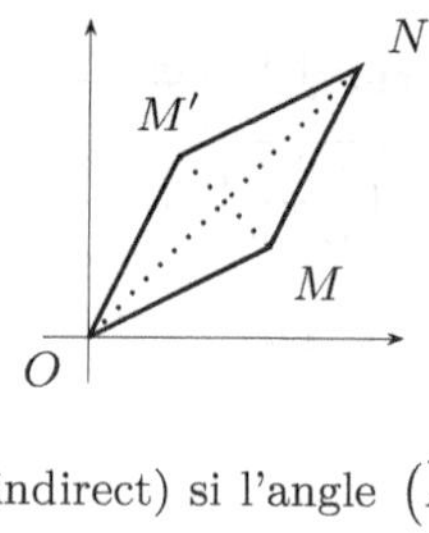

5.44 Le triangle équilatéral ABC est dit direct (resp. indirect) si l'angle $\left(\overrightarrow{AB}, \overrightarrow{AC}\right)$ a pour mesure $\frac{\pi}{3}$ (resp. $-\frac{\pi}{3}$).

Le triangle ABC est équilatéral direct si, et seulement si, C est l'image de B par la rotation de centre A et d'angle $\frac{\pi}{3}$, ce qui s'écrit :

$$(c - a) = e^{i\,\frac{\pi}{3}}\,(b - a) = -j^2\,(b - a)\,,$$

c'est-à-dire, après réduction, $a\,j + b\,j^2 + c = 0$ (car $1 + j + j^2 = 0$).
De même, ABC est équilatéral indirect si, et seulement si,

$$(c - a) = e^{-i\,\frac{\pi}{3}}\,(b - a) = -j\,(b - a)\,,$$

c'est-à-dire $a\,j^2 + b\,j + c = 0$. La condition cherchée s'écrit donc :

$$\left(a\,j + b\,j^2 + c\right)\left(a\,j^2 + b\,j + c\right) = 0.$$

Après simplification, en utilisant $1+j+j^2 = 0$, on obtient : $a^2+b^2+c^2-(b\,c+a\,c+a\,b) = 0$.

5.45 On note M, M', M'' les points d'affixes z, z^2, z^3.

1. Si $z = 1$ ou $z = 0$, les points sont confondus donc alignés ; sinon, ils sont alignés si, et seulement si, $\frac{z^3-z}{z^2-z} = z + 1$ est réel, ce qui équivaut à z réel. Comme 0 et 1 sont réels, on conclut que les trois points sont alignés si, et seulement si, z est réel.
2. On suppose que les points sont distincts, c'est-à-dire que $z \in \mathbb{C} \setminus \{-1, 0, 1\}$.

   Le triangle $MM'M''$ est rectangle en M si, et seulement si, $\frac{z^3-z}{z^2-z} = z+1$ est imaginaire pur.

   De même, $MM'M''$ est rectangle en M' (resp. en M'') si, et seulement si, $\frac{z^3-z^2}{z-z^2} = -z$ (resp. $\frac{z-z^3}{z^2-z^3} = 1 + \frac{1}{z}$) est imaginaire pur.

   Les deux premiers cas équivalent à $\operatorname{Re} z = -1$ ou 0, c'est-à-dire géométriquement au fait que M appartient à la réunion de deux droites d_1 et d_2.

   La dernière condition est $1 + \frac{1}{\bar{z}} = -1 - \frac{1}{z}$, soit $2z\bar{z} = -(z + \bar{z}) = -2\operatorname{Re} z$. En notant $z = x + i\,y$, avec x et y réels, on obtient $x^2 + y^2 = -x$, donc :

$$\left(x + \frac{1}{2}\right)^2 + y^2 = \frac{1}{4}.$$

   On reconnaît l'équation du cercle $\mathcal{C}$ de centre Ω, d'affixe $-\frac{1}{2}$ et de rayon $\frac{1}{2}$ (ce cercle est tangent aux droites d_1 et d_2).

   Finalement, le triangle $MM'M''$ est rectangle si, et seulement si, l'image M de z appartient à $d_1 \cup d_2 \cup \mathcal{C} \setminus \{O, A\}$, où A est le point d'affixe -1.
3. En plus d'être imaginaire pur, il faut que, dans chaque cas, le rapport soit de module 1. Ce qui donne $z + 1 = \pm i$ dans le premier cas, $z = \pm i$ dans le second cas, et $1 + \frac{1}{z} = \pm i$ dans le troisième cas. Finalement, le triangle $MM'M''$ est rectangle et isocèle si, et seulement si, z appartient à :

$$\left\{-1 - i, -1 + i, -i, i, \frac{1}{2}(-1 - i), \frac{1}{2}(-1 + i)\right\}.$$

Chapitre 6 : Fonctions usuelles

Fonctions usuelles 6

Nous donnons ici les définitions et propriétés de base des fonctions dites usuelles.

I Fonctions logarithmes et exponentielles

Préliminaire

Dans ce chapitre, nous utiliserons les résultats suivants, qui ont été rencontrés dans le secondaire et qui seront démontrés ultérieurement. On suppose ci-dessous que I est un intervalle d'intérieur non vide.

- 246 Toute fonction réelle f continue sur I admet une primitive sur I, c'est-à-dire qu'il existe une fonction dérivable $F : I \to \mathbb{R}$ telle que $F' = f$.

  D'après ce qui a été vu au chapitre 3, deux primitives de f diffèrent d'une fonction constante (cf. corollaire 17 de la page 79).

- Comme nous l'avons remarqué au chapitre 3, si $f : I \to \mathbb{R}$ est une fonction dérivable, dont la dérivée a un signe fixe et ne s'annule qu'un nombre fini de fois, alors f définit une bijection de I sur l'intervalle $J = f(I)$ (proposition 18 de la page 80).

- 369 Si f est monotone sur I, alors en chaque extrémité de I, la fonction f admet une limite, finie ou infinie.

1 Fonction logarithme népérien

En classe de Première, la fonction exponentielle a été introduite comme l'unique solution de l'équation différentielle $y' = y$ (mais sans en prouver l'existence) vérifiant $y(0) = 1$. En classe de Terminale, la fonction logarithme a elle été introduite comme fonction réciproque de la précédente, ce qui a permis de montrer que la dérivée de la fonction logarithme est la fonction $x \mapsto \frac{1}{x}$.

Pour l'instant nous ne pouvons pas encore justifier directement l'existence d'une solution de l'équation différentielle $y' = y$; c'est pourquoi, nous allons commencer par introduire la fonction logarithme en tant que primitive de $x \mapsto \frac{1}{x}$, puis en déduire la fonction exponentielle comme fonction réciproque.

Définition 1

La fonction **logarithme népérien**, notée ln, est l'unique primitive sur $\mathbb{R}_+^*$ qui s'annule en 1 de la fonction $x \mapsto \dfrac{1}{x}$, ce qui s'écrit aussi :

$$\forall x \in \mathbb{R}_+^* \quad \ln x = \int_1^x \frac{\mathrm{d}u}{u}.$$

Proposition 1

Exo 6.1

La fonction logarithme vérifie :

$$\forall x \in \mathbb{R}_+^* \quad \forall y \in \mathbb{R}_+^* \quad \ln(x\,y) = \ln x + \ln y.$$

Démonstration page 224

Principe de démonstration.

Fixer $y \in \mathbb{R}_+^*$ et dériver la fonction $u_y : \begin{array}{ccc} \mathbb{R}_+^* & \longrightarrow & \mathbb{R} \\ x & \longmapsto & \ln(x\,y). \end{array}$

Corollaire 2

1. On a : $\forall x \in \mathbb{R}_+^* \quad \forall y \in \mathbb{R}_+^* \quad \ln\left(\dfrac{x}{y}\right) = \ln x - \ln y.$
2. On a : $\forall x \in \mathbb{R}_+^* \quad \forall n \in \mathbb{Z} \quad \ln(x^n) = n \ln x.$

Démonstration. Conséquences immédiates de la proposition précédente et de $x = y\,\dfrac{x}{y}\cdot$ □

Remarque En particulier, on a $\forall x \in \mathbb{R}_+^* \quad \ln\left(\frac{1}{x}\right) = -\ln x.$

Proposition 3

La fonction logarithme népérien est une bijection strictement croissante de $]0,+\infty[$ sur $\mathbb{R}$ vérifiant :

$$\lim_{x \to 0} \ln x = -\infty \qquad \text{et} \qquad \lim_{x \to +\infty} \ln x = +\infty.$$

Démonstration page 224

Puisque la fonction logarithme a une dérivée à valeurs strictement positives sur l'intervalle $]0,+\infty[$, elle est strictement croissante et la proposition précédente permet de donner le tableau de variations complet pour la fonction logarithme.

x	0		1		$+\infty$
$\ln'(x)$			$+$		
$\ln$	$-\infty$	$\nearrow$	0	$\nearrow$	$+\infty$

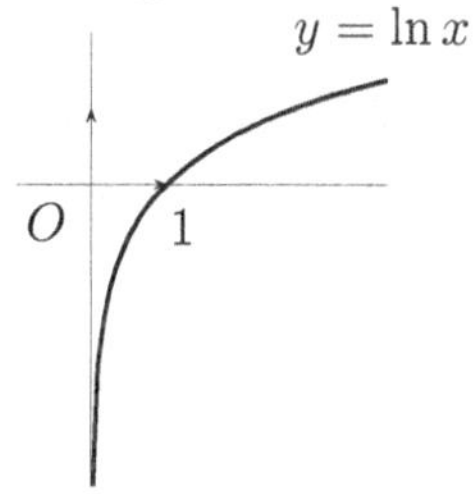

Remarques

- Comme le montre le tableau, x étant un réel strictement positif, on a $\ln x > 0$ si, et seulement si, $x > 1$ et $\ln x < 0$ si, et seulement si, $x < 1$.
- Il existe un unique réel, noté e, tel que $\ln e = 1$. Un outil de calcul permet, par exemple, d'obtenir l'encadrement suivant :

$$2{,}718\,281 \leqslant e \leqslant 2{,}718\,282.$$

Proposition 4

Pour $x \in]-1,+\infty[$, on a $\ln(1+x) \leqslant x$, avec égalité si, et seulement si, $x=0$.

Démonstration page 224

Principe de démonstration. Étudier la fonction $x \mapsto x - \ln(1+x)$.

2 Fonction exponentielle

Définition 2

La fonction **exponentielle**, notée exp, est la fonction réciproque de la fonction logarithme népérien.

Proposition 5

La fonction exponentielle est une bijection strictement croissante de $\mathbb{R}$ sur $\mathbb{R}_+^*$, vérifiant $\exp 0 = 1$ ainsi que :

$$\lim_{x\to-\infty} \exp x = 0 \qquad \text{et} \qquad \lim_{x\to+\infty} \exp x = +\infty.$$

Elle est dérivable sur $\mathbb{R}$ et l'on a $\exp' = \exp$.

Démonstration page 224

Principe de démonstration. Utiliser les propriétés de la fonction logarithme et des fonctions réciproques.

Proposition 6

Pour tout $x \in \mathbb{R}$, $y \in \mathbb{R}$ et $n \in \mathbb{Z}$, on a :

$$\exp(x+y) = \exp x \, \exp y, \quad \exp(x-y) = \frac{\exp x}{\exp y} \quad \text{et} \quad \exp(n\,x) = (\exp x)^n.$$

Démonstration page 225

Principe de démonstration. Utiliser les résultats de la proposition 1 de la page précédente et de son corollaire, en posant $u = \exp x$ et $v = \exp y$.

Proposition 7

Pour $x \in \mathbb{R}$, on a $1 + x \leqslant \exp(x)$ avec égalité si, et seulement si, $x=0$.

Démonstration page 225

Principe de démonstration. Utiliser l'inégalité de la proposition 4.

3 Représentation graphique des fonctions ln et exp

De ce qui précède, on déduit les tableaux de variations des fonctions ln et exp ainsi que leurs représentations graphiques.

x	0	1	e	$+\infty$
ln	$-\infty$ ↗	0 ↗	1 ↗	$+\infty$

x	$-\infty$	0	1	$+\infty$
exp	0 ↗	1 ↗	e ↗	$+\infty$

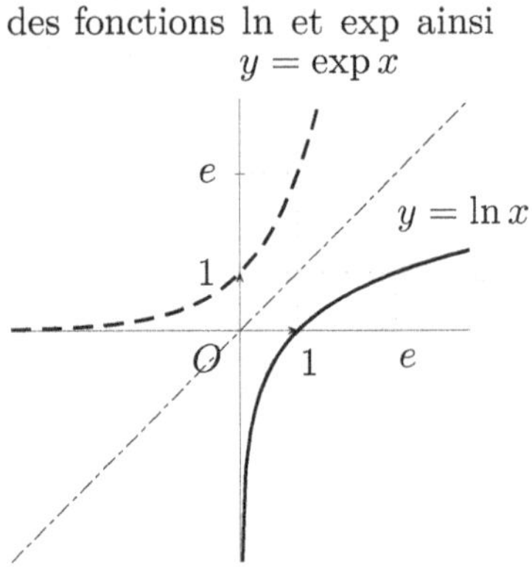

4 Logarithmes de base quelconque

Définition 3

Si a est un réel strictement positif et différent de 1, on appelle **logarithme de base a** la fonction, notée $\log_a$, définie sur $\mathbb{R}_+^*$ par :

$$\log_a x = \frac{\ln x}{\ln a}.$$

Ex. 1. Si $a = e$, on retrouve le logarithme népérien.

Ex. 2. Si $a = 10$, on obtient le **logarithme décimal** que l'on note aussi log et qui, historiquement, a joué un rôle important car il a permis de faire de nombreux calculs avant l'avènement des ordinateurs et des calculatrices. Il est toujours utilisé en physique (décibels) et en chimie (pH).

Ex. 3. Si $a = 2$, on obtient le **logarithme binaire** utile notamment en informatique.

Propriétés Soit $a \in \mathbb{R}_+^* \setminus \{1\}$. Des propriétés de la fonction ln, on déduit :

- $\log_a$ est une bijection de $\mathbb{R}_+^*$ sur $\mathbb{R}$ vérifiant $\log_a 1 = 0$ et $\log_a a = 1$;
  - $*$ si $a > 1$, alors la fonction $\log_a$ est strictement croissante;
  - $*$ si $0 < a < 1$, alors la fonction $\log_a$ est strictement décroissante;
- pour tout $x \in \mathbb{R}_+^*$ et $y \in \mathbb{R}_+^*$, on a :

$$\log_a(x\,y) = \log_a x + \log_a y \quad \text{et} \quad \log_a\left(\frac{x}{y}\right) = \log_a x - \log_a y \;;$$

- pour tout $x \in \mathbb{R}_+^*$ et tout $n \in \mathbb{Z}$, on a :

$$\log_a(x^n) = n \log_a x.$$

II Fonctions puissances

1 Définition

Pour tout $x \in \mathbb{R}_+^*$, par définition de la fonction exp, on a $x = \exp(\ln x)$. D'après les propriétés usuelles de la fonction exponentielle, pour tout $n \in \mathbb{Z}$ on a :

$$x^n = \big(\exp(\ln x)\big)^n = \exp(n \ln x). \qquad (*)$$

Cela conduit naturellement à la définition suivante.

Définition 4

Pour tout réel $x > 0$ et $a \in \mathbb{R}$ on définit le réel **x puissance a**, noté x^a, par :

$$x^a = \exp(a \ln x).$$

Notation Pour $a \in \mathbb{R}$, dans toute la suite de ce chapitre on note :

$$\begin{array}{rccl} \varphi_a : & \mathbb{R}_+^* & \longrightarrow & \mathbb{R}_+^* \\ & x & \longmapsto & x^a = \exp(a \ln x). \end{array}$$

Les fonctions φ_a sont appelées **fonctions puissances**.

Cas particuliers

- La fonction φ_0 est la fonction constante égale à 1.
- La fonction φ_1 est l'identité de $\mathbb{R}_+^*$.
- Par définition de la notation x^n lorsque $n \in \mathbb{N}$, la fonction $f_n : x \mapsto x^n$ est définie sur $\mathbb{R}$. Ainsi d'après la relation $(*)$, la fonction φ_n est la restriction à $\mathbb{R}_+^*$ de f_n. De même, lorsque $n \in \mathbb{Z}_-^*$, la fonction $f_n : x \mapsto x^n$ est définie sur $\mathbb{R}^*$ et φ_n est la restriction à $\mathbb{R}_+^*$ de f_n.
- Lorsque $n \in \mathbb{N}^*$ et $x \in \mathbb{R}_+^*$, on a $\varphi_{\frac{1}{n}}(x) = \sqrt[n]{x}$ (voir page 85).

Proposition 8

Pour a et b réels, $x > 0$ et $y > 0$, on a :

$$x^a\, y^a = (x\, y)^a \qquad x^a\, x^b = x^{a+b} \qquad (x^a)^b = x^{ab}$$

$$1^a = 1 \qquad x^0 = 1 \qquad \ln(x^a) = a\, \ln x.$$

Démonstration page 225

Principe de démonstration. Conséquences des propriétés de la fonction exponentielle.

Remarque Les résultats ci-dessus confortent le bien fondé de la notation puissance prise page 207, puisqu'ils généralisent les règles de calcul que l'on connaît déjà sur les puissances *entières*.

Proposition 9

Pour tout $a \in \mathbb{R}$, la fonction φ_a est dérivable sur $\mathbb{R}_+^*$ et :

$$\forall x \in \mathbb{R}_+^* \quad \varphi_a'(x) = a\, x^{a-1}.$$

Démonstration page 225

Principe de démonstration. Revenir à la définition de φ_a.

Proposition 10

- Lorsque $a > 0$, on a :

$$\lim_{x \to 0} x^a = 0 \qquad \text{et} \qquad \lim_{x \to +\infty} x^a = +\infty\,;$$

- et lorsque $a < 0$, on a :

$$\lim_{x \to 0} x^a = +\infty \qquad \text{et} \qquad \lim_{x \to +\infty} x^a = 0.$$

Démonstration page 225

Principe de démonstration. Utiliser l'écriture $x^a = \exp\big(a \ln x\big)$.

Prolongement à $\mathbb{R}_+$ dans le cas $a > 0$

Comme le montre la proposition précédente, si $a > 0$, on peut prolonger φ_a en une fonction continue en 0 en posant $\varphi_a(0) = 0$.

Comme, pour tout $x \in \mathbb{R}_+^*$, on a $\dfrac{\varphi_a(x)}{x} = \varphi_{a-1}(x)$, on en déduit que :

- si $a > 1$, alors la fonction φ_a est dérivable en 0 et $\varphi_a'(0) = 0$;
- si $0 < a < 1$, alors la fonction φ_a n'est pas dérivable en 0 mais son graphe possède une tangente verticale à l'origine ;
- si $a = 1$, alors φ_a est l'identité, qui est donc dérivable en 0, et $\varphi_a'(0) = 1$.

Représentation graphique des fonctions puissances

En fonction du signe de a, on en déduit immédiatement les variations de φ_a ainsi que sa courbe représentative :

cas $a > 0$

x	0	1	$+\infty$
φ_a	0 $\nearrow$	1 $\nearrow$	$+\infty$

cas $a < 0$

x	0	1	$+\infty$
φ_a	$+\infty$ $\searrow$	1 $\searrow$	0

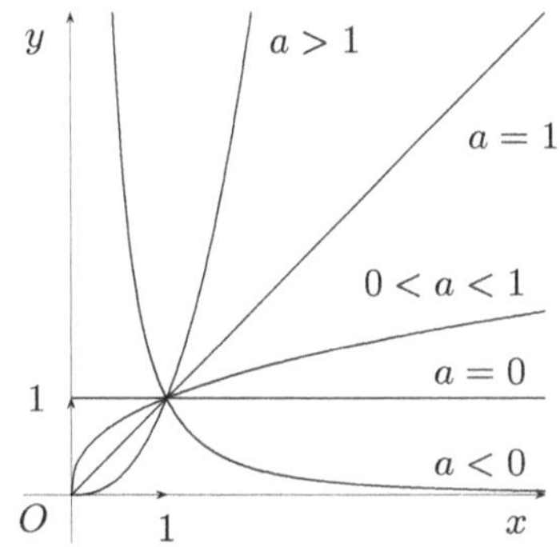

Point méthode Pour se souvenir des différentes formes de courbes ci-dessus, ne pas avoir peur de penser aux cas particuliers connus : le cas $a = 2$ pour $a > 1$, le cas $a = \frac{1}{2}$ pour $0 < a < 1$, et enfin le cas $a = -1$ pour $a < 0$.

Point méthode Soit f définie à l'aide de deux fonctions u et v par $f(x) = u(x)^{v(x)}$.

- Si la fonction v est constante, alors on utilise directement les propriétés des fonctions puissances.
- Exo 6.2 Sinon, il est préférable d'écrire $f(x) = \exp\big(v(x) \ln u(x)\big)$, ce qui nécessite évidemment (et rappelle donc) la condition $u(x) > 0$.

Ex. 4. Étudions la fonction $f : x \mapsto x^{\ln x}$.

- La fonction $\ln$ n'est définie que sur $\mathbb{R}_+^*$ et, pour $x > 0$, l'expression $x^{\ln x}$ a un sens. Le domaine de définition de f est donc $\mathbb{R}_+^*$ et :

$$\forall x \in \mathbb{R}_+^* \quad f(x) = \exp\big(\ln^2 x\big).$$

- Par les théorèmes généraux, les fonctions $\exp$ et $\ln$ étant dérivables, f est dérivable et :

$$\forall x \in \mathbb{R}_+^* \quad f'(x) = 2\,\frac{1}{x}\,\ln(x)\,\exp\big(\ln^2 x\big).$$

Le signe de $f'(x)$ est donc celui de $\ln x$.

- Par opérations sur les limites, sachant que $\lim\limits_{x\to 0} \ln^2(x) = +\infty$ et $\lim\limits_{t\to+\infty} \exp(t) = +\infty$, on obtient $\lim\limits_{x\to 0} f(x) = +\infty$. De même, $\lim\limits_{x\to+\infty} f(x) = +\infty$.

x	0	1	$+\infty$
f	$+\infty$ $\searrow$	1 $\nearrow$	$+\infty$

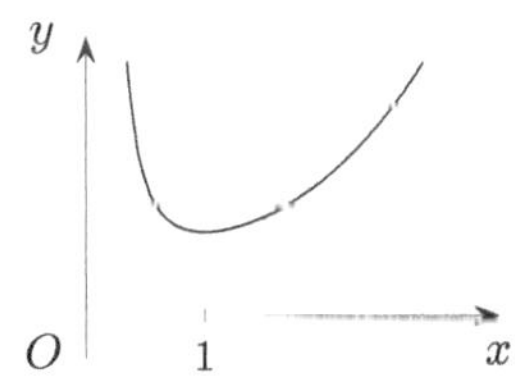

2 Croissances comparées

Proposition 11

Exo 6.3

On a $\lim\limits_{x\to+\infty}\left(\dfrac{\ln x}{x}\right)=0$ et $\lim\limits_{x\to 0}(x\ln x)=0$.

Démonstration page 225

Principe de démonstration.

- Pour $x \geqslant 1$, on peut majorer $\ln x = \displaystyle\int_1^x \frac{\mathrm{d}t}{t}$ par $\displaystyle\int_1^x \frac{\mathrm{d}t}{\sqrt{t}}$ qui s'exprime facilement (sans $\ln$).

  Le théorème d'existence de limite par encadrement donne alors $\lim\limits_{x\to+\infty} \frac{\ln x}{x} = 0$.
- Pour la seconde limite, changer x en $\frac{1}{x}$.

Corollaire 12 (Propriété de croissances comparées)

Si $a \in \mathbb{R}_+^*$ et $b \in \mathbb{R}_+^*$, on a : $\lim\limits_{x\to+\infty}\left(\dfrac{(\ln x)^b}{x^a}\right)=0$ et $\lim\limits_{x\to 0}\left(x^a|\ln x|^b\right)=0$.

Démonstration page 226

Principe de démonstration. Écrire $\dfrac{(\ln x)^b}{x^a}$ sous la forme $k\left(\dfrac{\ln x^\alpha}{x^\alpha}\right)^\beta$.
La seconde limite se déduit de la première.

Attention La valeur absolue est indispensable dans la seconde relation car la fonction logarithme est négative sur l'intervalle $]0,1]$.

Remarque Le corollaire précédent ne traite que les cas $a>0$ et $b>0$. Dans les autres cas :

- si $a<0$ et $b<0$, on s'y ramène facilement par passage à l'inverse,
- sinon, les opérations sur les limites permettent de conclure directement.

Proposition 13

Si a et b sont deux réels strictement positifs, on a :

$$\lim_{x\to+\infty}\left(\frac{\exp(a\,x)}{x^b}\right)=+\infty \qquad \text{et} \qquad \lim_{x\to-\infty}\left(|x|^b\exp(a\,x)\right)=0.$$

Démonstration. Il suffit de remplacer x par $\exp x$ dans le corollaire 12. □

Corollaire 14

En particulier, on a : $\lim\limits_{x\to+\infty}\left(\dfrac{\exp x}{x}\right)=+\infty$ et $\lim\limits_{x\to-\infty}\left(x\exp x\right)=0$.

Point méthode On utilise les résultats précédents pour justifier l'existence de limites dans certains « cas d'indétermination », et quand on y fait appel, on utilise la formulation « par croissances comparées des fonctions ... ».

Ex. 5. Déterminons la limite en $+\infty$ de $f : x \mapsto x^{1/x^2} = \exp\left(\dfrac{1}{x^2}\ln x\right)$.

Par croissances comparées des fonctions puissances et logarithme, on a $\lim\limits_{x\to+\infty} \frac{1}{x^2}\ln x = 0$.

Donc, par composition de limites, on en déduit $\lim\limits_{x\to+\infty} f(x)=1$.

III Fonctions trigonométriques circulaires

Rappels et résultats admis

Au chapitre 4, à partir du cercle trigonométrique, nous avons donné pour $t \in \mathbb{R}$ la définition de $\cos t$ et $\sin t$. Cela permet de parler des fonctions cos et sin, définies sur $\mathbb{R}$.
De la définition des fonctions sinus et cosinus il vient la relation $\cos^2 + \sin^2 = 1$.
Rappelons les valeurs particulières :

$$\cos 0 = 1, \quad \sin 0 = 0, \quad \cos\frac{\pi}{2} = 0, \quad \sin\frac{\pi}{2} = 1.$$

On dispose également des formules d'addition. Pour tout $(t,t') \in \mathbb{R}^2$, on a :

$$\cos(t+t') = \cos(t)\cos(t') - \sin(t)\sin(t')$$

$$\sin(t+t') = \sin(t)\cos(t') + \cos(t)\sin(t').$$

Par ailleurs, il a été établi que la fonction cos est paire et la fonction sin est impaire. Pour aller plus loin dans l'étude des fonctions trigonométriques, nous admettons la proposition suivante, dont le contenu est intuitif, notamment au vu des considérations du chapitre 4.

Proposition 15

- On a $\dfrac{\sin(h)}{h} \underset{h\to 0}{\longrightarrow} 1$;
- $\forall t \in \left]0, \frac{\pi}{2}\right[\quad \cos(t) > 0 \quad \text{et} \quad \sin(t) > 0.$

1 Fonctions sinus et cosinus

Nous sommes maintenant en mesure de démontrer la proposition suivante.

Proposition 16

Les fonctions cos et sin sont dérivables sur $\mathbb{R}$ et :

$$\sin' = \cos \qquad \text{et} \qquad \cos' = -\sin.$$

Démonstration page 226

Principe de démonstration.

Commencer par démontrer que $\sin'(0) = 1$ et $\lim\limits_{h\to 0} \frac{\cos(h)-1}{h} = 0$.

Ensuite utiliser les formules d'addition.

Corollaire 17

Les fonctions sin et cos ont des dérivées à tout ordre et, pour tous $n \in \mathbb{N}$ et $x \in \mathbb{R}$:

$$\sin^{(n)}(x) = \sin\left(x + n\,\frac{\pi}{2}\right) \qquad \text{et} \qquad \cos^{(n)}(x) = \cos\left(x + n\,\frac{\pi}{2}\right).$$

Démonstration.

- Cas $n = 1$. D'après les formules d'addition, pour tout $x \in \mathbb{R}$, on a $\sin\left(x + \frac{\pi}{2}\right) = \cos(x)$ et $\cos\left(x + \frac{\pi}{2}\right) = -\sin(x)$. On conclut à l'aide de la proposition précédente.
- Le cas général se démontre alors aisément par récurrence. □

Étude et représentation graphique des fonctions sin et cos

Étude de la fonction cos

- Elle est définie sur $\mathbb{R}$ et 2π-périodique. On peut restreindre l'étude à $[-\pi, \pi]$.
  La fonction cos est paire : on peut restreindre l'étude à $[0, \pi]$, le graphe de la restriction de cos à $[-\pi, 0]$ se déduisant de celui de la restriction à $[0, \pi]$ par une symétrie d'axe $(O, \vec{\jmath})$.
  De plus, pour tout $t \in \mathbb{R}$, on a $\cos(\pi - t) = -\cos(t)$. On peut ainsi restreindre l'étude à $\left[0, \frac{\pi}{2}\right]$, le graphe de la restriction de cos à $\left[\frac{\pi}{2}, \pi\right]$ se déduisant de celui de la restriction à $\left[0, \frac{\pi}{2}\right]$ par une symétrie de centre $\left(\frac{\pi}{2}, 0\right)$.
- La fonction cos est dérivable et, pour tout $t \in \left[0, \frac{\pi}{2}\right]$, on a $\cos'(t) = -\sin(t)$. Comme sin est à valeurs strictement positives sur $\left]0, \frac{\pi}{2}\right[$, $\sin 0 = 0$ et $\sin\left(\frac{\pi}{2}\right) = 1$, on obtient facilement le tableau de variations et la représentation graphique de la fonction cos.

t	0		$\frac{\pi}{2}$
$\cos'(t)$	0	$-$	
cos	1	↘	0

Étude de la fonction sin

- La parité de la fonction cos et l'égalité $\sin(t) = \cos\left(\frac{\pi}{2} - t\right)$ montrent que :

$$\forall t \in \mathbb{R} \quad \sin(t) = \cos\left(t - \frac{\pi}{2}\right).$$

  Ainsi le graphe de la fonction sin se déduit de celui de la fonction cos par une translation de vecteur $\frac{\pi}{2}\vec{\imath}$.
- On déduit ainsi de l'étude de la fonction cos, le tableau de variations et la représentation graphique de la fonction sin.

t	0		$\frac{\pi}{2}$
$\sin'(t)$		$+$	0
sin	0	↗	1

Graphes de cos et sin

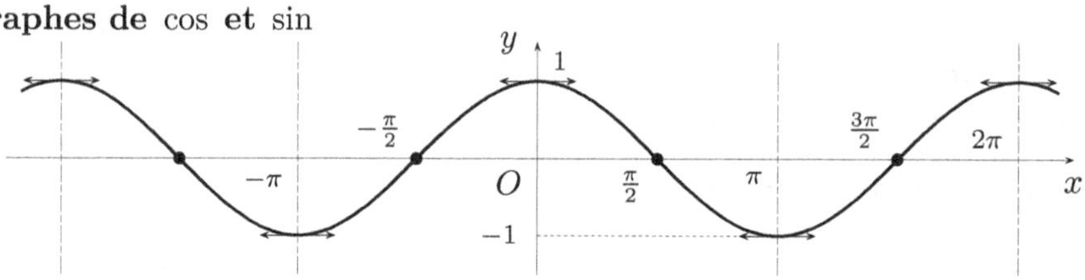

Courbe d'équation $y = \cos x$

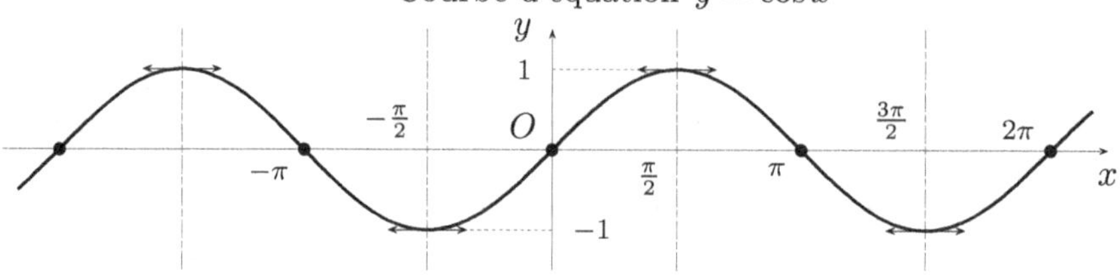

Courbe d'équation $y = \sin x$

2 Fonction tangente

On déduit des propriétés des fonctions sinus et cosinus, les propriété suivantes de la fonction tan, dont certaines ont été établies au chapitre 4.

- La fonction tan est définie sur $\mathbb{R}\setminus\left\{\frac{\pi}{2}+k\pi \mid k\in\mathbb{Z}\right\}$. Elle est de plus π-périodique et impaire. On peut donc restreindre l'étude à $\left[0,\frac{\pi}{2}\right[$.
- En tant que quotient de fonctions dérivables, la fonction tan est dérivable sur chaque intervalle de son domaine de définition.

Proposition 18

Pour tout $t\not\equiv\frac{\pi}{2}\,[\pi]$, on a :

$$\tan'(t)=1+\tan^2(t)=\frac{1}{\cos^2(t)}.$$

Démonstration page 227

Principe de démonstration. Dériver tan soit comme un produit, soit comme un quotient.

- Puisque $\tan'$ est strictement positive sur tout intervalle du domaine, la fonction tan est strictement croissante sur ces intervalles.
- Comme $\cos t \underset{t\to\frac{\pi}{2}^-}{\longrightarrow} 0^+$ et $\sin t \underset{t\to\frac{\pi}{2}^-}{\longrightarrow} 1$, on a $\tan t \underset{t\to\frac{\pi}{2}^-}{\longrightarrow} +\infty$.
- On en déduit le tableau de variations et le graphe de la fonction tan.

t	0		$\frac{\pi}{2}$
$\tan'(t)$	1	$+$	
tan	0	$\nearrow$	$+\infty$

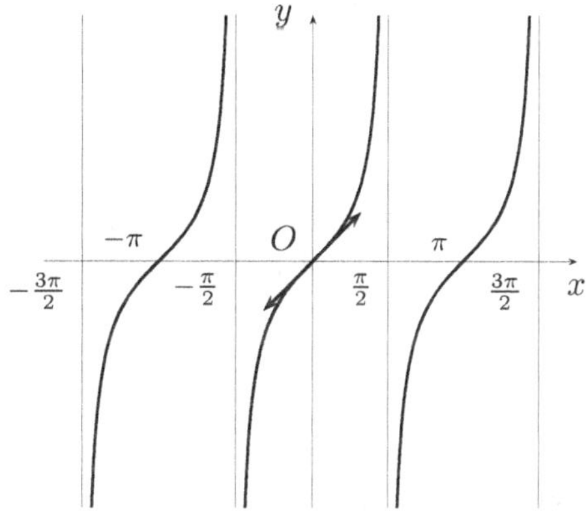

Courbe d'équation $y=\tan x$

3 Fonctions circulaires réciproques

Fonction Arc tangente

Définition 5

La fonction tangente est continue et strictement croissante sur $\left]-\frac{\pi}{2},\frac{\pi}{2}\right[$; elle induit une bijection de l'intervalle $\left]-\frac{\pi}{2},\frac{\pi}{2}\right[$ sur $\mathbb{R}$, dont la réciproque est appelée **Arc tangente** et notée Arctan.

Conséquence La fonction Arc tangente est donc une bijection strictement croissante et continue de $\mathbb{R}$ sur $\left]-\frac{\pi}{2},\frac{\pi}{2}\right[$. Elle est impaire, puisque c'est la réciproque d'une fonction impaire.

Représentation graphique de la fonction Arctan

Arctan étant la fonction réciproque de la restriction de la fonction tan à $\left]-\frac{\pi}{2},\frac{\pi}{2}\right[$, on en déduit son tableau de variations et son graphe qui s'obtient en prenant le symétrique du graphe de $\tan_{|\left]-\frac{\pi}{2},\frac{\pi}{2}\right[}$.

x	$-\infty$	0	$+\infty$
Arctan	$-\frac{\pi}{2}$ ↗	0 ↗	$\frac{\pi}{2}$

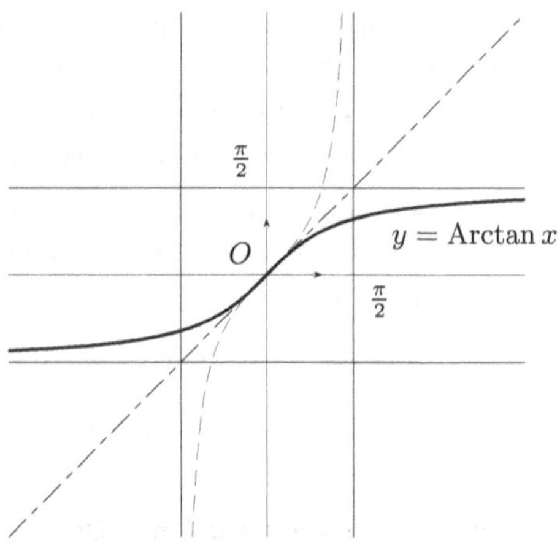

De la définition de la fonction Arc tangente, on déduit le résultat suivant.

Corollaire 19

Pour tout nombre réel x, le réel $\mathrm{Arctan}\, x$ est l'unique élément de $\left]-\frac{\pi}{2},\frac{\pi}{2}\right[$ dont la tangente vaut x.

Valeurs remarquables Les valeurs remarquables de la fonction tangente donnent immédiatement :

$$\mathrm{Arctan}\, 0 = 0, \quad \mathrm{Arctan}\left(\frac{1}{\sqrt{3}}\right) = \frac{\pi}{6}, \quad \mathrm{Arctan}\, 1 = \frac{\pi}{4}, \quad \mathrm{Arctan}\left(\sqrt{3}\right) = \frac{\pi}{3}.$$

Relations fondamentales Il vient de la définition que :

- pour tout $x \in \mathbb{R}$, on a $\tan(\mathrm{Arctan}\, x) = x$ puisque la tangente de « l'unique élément de $\left]-\frac{\pi}{2},\frac{\pi}{2}\right[$ dont la tangente vaut x » est évidemment x ;
- pour tout $\alpha \in \left]-\frac{\pi}{2},\frac{\pi}{2}\right[$, on a $\mathrm{Arctan}(\tan\alpha) = \alpha$ puisque « l'unique élément de $\left]-\frac{\pi}{2},\frac{\pi}{2}\right[$ dont la tangente vaut $\tan\alpha$ » est évidemment α.

Attention Bien remarquer la dissymétrie entre les deux points précédents :

- $\tan(\mathrm{Arctan}\, x)$ est défini pour tout $x \in \mathbb{R}$, et $\tan(\mathrm{Arctan}\, x) = x$;
- $\mathrm{Arctan}(\tan\alpha)$ est défini pour tout réel $\alpha \not\equiv \frac{\pi}{2}\ [\pi]$.
  Mais la relation $\mathrm{Arctan}(\tan\alpha) = \alpha$ n'a été démontrée que pour $\alpha \notin \left]-\frac{\pi}{2},\frac{\pi}{2}\right[$. Lorsque $\alpha \notin \left]-\frac{\pi}{2},\frac{\pi}{2}\right[$, elle ne peut pas être vérifiée, puisque la fonction Arctan est à valeurs dans $\left]-\frac{\pi}{2},\frac{\pi}{2}\right[$.

Exo 6.6

Exo 6.7

Point méthode Soit $(x,y) \in \mathbb{R}^2$.

Pour justifier la relation $y = \mathrm{Arctan}\, x$, il suffit de prouver :

$$y \in \left]-\frac{\pi}{2},\frac{\pi}{2}\right[\qquad \text{et} \qquad x = \tan y.$$

Ex. 6. Donnons une relation entre $\operatorname{Arctan} x$ et $\operatorname{Arctan} \frac{1}{x}$.

Plus précisément, soit $x \in \mathbb{R}_+^*$. Puisque $\operatorname{Arctan} x \in \left]0, \frac{\pi}{2}\right[$, on a :

- d'une part, $\frac{\pi}{2} - \operatorname{Arctan} x \in \left]0, \frac{\pi}{2}\right[$;
- d'autre part, $\tan\left(\frac{\pi}{2} - \operatorname{Arctan} x\right) = \frac{1}{\tan(\operatorname{Arctan} x)} = \frac{1}{x}$, car $\tan\left(\frac{\pi}{2} - t\right) = \frac{1}{\tan t}$, pour tout réel $t \not\equiv 0 \left[\frac{\pi}{2}\right]$.

On en déduit $\operatorname{Arctan}\left(\frac{1}{x}\right) = \frac{\pi}{2} - \operatorname{Arctan} x$.

Par ailleurs, la fonction Arctan étant impaire, la fonction $x \mapsto \operatorname{Arctan} x + \operatorname{Arctan} \frac{1}{x}$ est également impaire. On en déduit :

$$\forall x \in \mathbb{R}^* \quad \operatorname{Arctan} x + \operatorname{Arctan} \frac{1}{x} = \begin{cases} \frac{\pi}{2} & \text{si } x > 0\,; \\ -\frac{\pi}{2} & \text{si } x < 0. \end{cases}$$

Point méthode Cette formule permet de ramener l'étude d'une forme indéterminée impliquant la fonction Arc tangente en l'infini à son étude en 0.

Ex. 7. Montrons que le graphe de la fonction définie par $f(x) = x \operatorname{Arctan} x$ admet une asymptote en $+\infty$.

En effet, pour $x > 0$, on a :

$$f(x) - \frac{\pi}{2}\,x = x\left(\operatorname{Arctan} x - \frac{\pi}{2}\right) = -x \operatorname{Arctan} \frac{1}{x},$$

et en posant $u = \frac{1}{x}$:

$$x \operatorname{Arctan} \frac{1}{x} = \frac{\operatorname{Arctan} u}{u} = \frac{\operatorname{Arctan} u}{\tan(\operatorname{Arctan} u)} \underset{x \to +\infty}{\longrightarrow} \frac{1}{\tan'(0)} = 1,$$

car $\operatorname{Arctan} u$ tend vers 0 lorsque x tend vers $+\infty$. Par suite $f(x) - \frac{\pi}{2}\,x + 1 \underset{x \to +\infty}{\longrightarrow} 0$, ce qui prouve que la droite d'équation $y = \frac{\pi}{2}\,x - 1$ est une asymptote en $+\infty$ à la courbe représentative de f.

Dérivabilité et dérivée de la fonction Arctan

Proposition 20

La fonction Arctan est dérivable sur $\mathbb{R}$ et :

$$\forall x \in \mathbb{R} \quad \operatorname{Arctan}'(x) = \frac{1}{1 + x^2}.$$

Démonstration page 227

Exo 6.8

Principe de démonstration. Utiliser $(f^{-1})'(x) = \dfrac{1}{f'\left(f^{-1}(x)\right)}$.

Fonctions Arc sinus et Arc cosinus

Définition 6

La fonction sinus est continue et elle est strictement croissante sur $[-\frac{\pi}{2}, \frac{\pi}{2}]$; elle induit une bijection de l'intervalle $[-\frac{\pi}{2}, \frac{\pi}{2}]$ sur l'intervalle $[-1, 1]$, dont la réciproque est appelée **Arc sinus** et notée Arcsin.

Conséquence La fonction Arc sinus est donc une bijection strictement croissante et continue de $[-1, 1]$ sur $[-\frac{\pi}{2}, \frac{\pi}{2}]$. Elle est impaire, puisque c'est la réciproque d'une fonction impaire.

De la définition de la fonction Arc sinus, on déduit le résultat suivant.

Corollaire 21

Pour tout nombre réel x de l'intervalle $[-1, 1]$, le réel $\operatorname{Arcsin} x$ est l'unique élément de $[-\frac{\pi}{2}, \frac{\pi}{2}]$ dont le sinus vaut x.

Valeurs remarquables Des valeurs remarquables de la fonction sinus, on déduit :

$$\operatorname{Arcsin} 0 = 0 \qquad \operatorname{Arcsin}\left(\frac{\sqrt{2}}{2}\right) = \frac{\pi}{4} \qquad \operatorname{Arcsin} 1 = \frac{\pi}{2}$$

$$\operatorname{Arcsin}\left(\frac{1}{2}\right) = \frac{\pi}{6} \qquad \operatorname{Arcsin}\left(\frac{\sqrt{3}}{2}\right) = \frac{\pi}{3}$$

Relations fondamentales Il vient de la définition que :

- pour tout $x \in [-1, 1]$, on a $\sin(\operatorname{Arcsin} x) = x$;
- pour tout $\alpha \in [-\frac{\pi}{2}, \frac{\pi}{2}]$, on a $\operatorname{Arcsin}(\sin \alpha) = \alpha$. $(*)$

Attention Bien remarquer la dissymétrie entre les deux points précédents :

- $\sin(\operatorname{Arcsin} x)$ n'est défini que pour $x \in [-1, 1]$;
- $\operatorname{Arcsin}(\sin \alpha)$ est défini pour tout $\alpha \in \mathbb{R}$ mais on n'a prouvé l'égalité $(*)$ que pour $\alpha \in [-\frac{\pi}{2}, \frac{\pi}{2}]$ et clairement elle ne peut pas être vérifiée lorsque $\alpha \notin [-\frac{\pi}{2}, \frac{\pi}{2}]$, car la fonction Arcsin est à valeurs dans $[-\frac{\pi}{2}, \frac{\pi}{2}]$.

Point méthode Soit $(x, y) \in [-1, 1] \times \mathbb{R}$.

Pour justifier la relation $y = \operatorname{Arcsin} x$, il suffit de montrer :

Exo 6.9

$$y \in \left[-\frac{\pi}{2}, \frac{\pi}{2}\right] \qquad \text{et} \qquad x = \sin y.$$

Définition 7

La fonction cosinus est continue et elle est strictement décroissante sur $[0, \pi]$; elle induit une bijection de l'intervalle $[0, \pi]$ sur l'intervalle $[-1, 1]$, dont la réciproque est appelée **Arc cosinus** et notée Arccos.

Conséquence La fonction Arc cosinus est donc une bijection strictement décroissante et continue de $[-1, 1]$ sur $[0, \pi]$.

Valeurs remarquables Des valeurs remarquables de la fonction cosinus, on déduit :

$$\operatorname{Arccos} 0 = \tfrac{\pi}{2} \qquad \operatorname{Arccos}\left(\tfrac{\sqrt{2}}{2}\right) = \tfrac{\pi}{4} \qquad \operatorname{Arccos} 1 = 0$$
$$\operatorname{Arccos}\left(\tfrac{1}{2}\right) = \tfrac{\pi}{3} \qquad \operatorname{Arccos}\left(\tfrac{\sqrt{3}}{2}\right) = \tfrac{\pi}{6}$$

Comme pour la fonction Arc sinus, on a immédiatement le résultat suivant.

Corollaire 22

Pour tout nombre réel x de l'intervalle $[-1,1]$, le réel $\operatorname{Arccos} x$ est l'unique élément de $[0,\pi]$ dont le cosinus vaut x.

Relations fondamentales Comme pour Arc sinus, on prouve que :

- pour tout $x \in [-1,1]$, on a $\cos(\operatorname{Arccos} x) = x$;
- pour tout $\alpha \in [0,\pi]$, on a $\operatorname{Arccos}(\cos\alpha) = \alpha$.

On retrouve la même dissymétrie entre les deux points puisque :

- $\cos(\operatorname{Arccos} x)$ n'est définie que pour $x \in [-1,1]$;
- $\operatorname{Arccos}(\cos\alpha)$ est défini pour tout $\alpha \in \mathbb{R}$ mais l'égalité $\operatorname{Arccos}(\cos\alpha) = \alpha$ est vraie si, et seulement si, $\alpha \in [0,\pi]$.

Point méthode Soit $(x,y) \in [-1,1] \times \mathbb{R}$.
Pour justifier la relation $y = \operatorname{Arccos} x$, il suffit de montrer :

$$y \in [0,\pi] \qquad \text{et} \qquad x = \cos y.$$

Ex. 8. Donnons une relation entre $\operatorname{Arccos} x$ et $\operatorname{Arcsin} x$.
Soit $x \in [-1,1]$. Puisque $\operatorname{Arcsin} x \in \left[-\frac{\pi}{2}, \frac{\pi}{2}\right]$, on a :

- d'une part, $\frac{\pi}{2} - \operatorname{Arcsin} x \in [0,\pi]$;
- d'autre part, $\cos\left(\frac{\pi}{2} - \operatorname{Arcsin} x\right) = \sin(\operatorname{Arcsin} x) = x$.

On en déduit que :

Exo 6.10

$$\forall x \in [-1,1] \quad \operatorname{Arccos} x + \operatorname{Arcsin} x = \frac{\pi}{2}.$$

Exo 6.11

Point méthode
Des quantités telles que $\cos(\operatorname{Arcsin} x)$ ou $\sin(\operatorname{Arccos} x)$ peuvent se simplifier.

Ex. 9. Soit $x \in [-1,1]$. Cherchons à simplifier $\cos(\operatorname{Arcsin} x)$.
La relation $\cos^2 = 1 - \sin^2$ donne :

$$\cos^2(\operatorname{Arcsin} x) = 1 - \sin^2(\operatorname{Arcsin} x) = 1 - x^2$$

Comme $\operatorname{Arcsin}(x) \in \left[-\frac{\pi}{2}, \frac{\pi}{2}\right]$, on a $\cos(\operatorname{Arcsin} x) \geqslant 0$ et donc $\cos(\operatorname{Arcsin} x) = \sqrt{1-x^2}$.

Représentation graphique des fonctions Arcsin et Arccos

On peut maintenant tracer les représentations graphiques de ces fonctions.

- Le graphe Γ_s de Arcsin est le symétrique, par rapport à la première bissectrice, du graphe γ_s de la fonction $\sin_{|[-\frac{\pi}{2},\frac{\pi}{2}]}$. Comme γ_s possède des tangentes horizontales en ses extrémités, le graphe Γ_s possède des tangentes verticales en ses extrémités, ce qui signifie que la fonction Arcsin n'est pas dérivable en ± 1.
- En symétrisant le graphe γ_c de la fonction $\cos_{|[0,\pi]}$, on obtient le graphe Γ_c de Arccos, qui possède des tangentes verticales aux points d'abscisses ± 1.

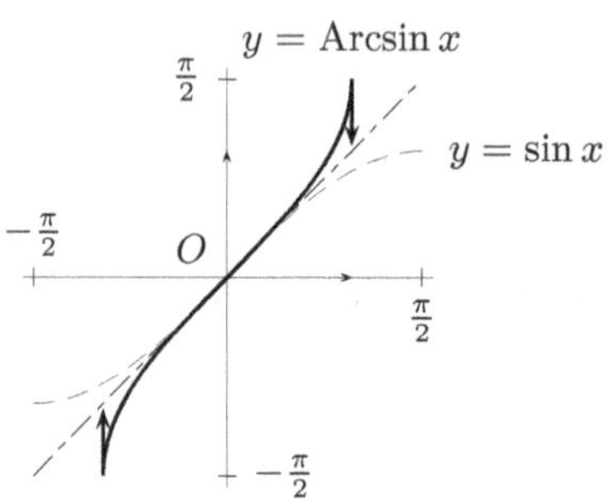

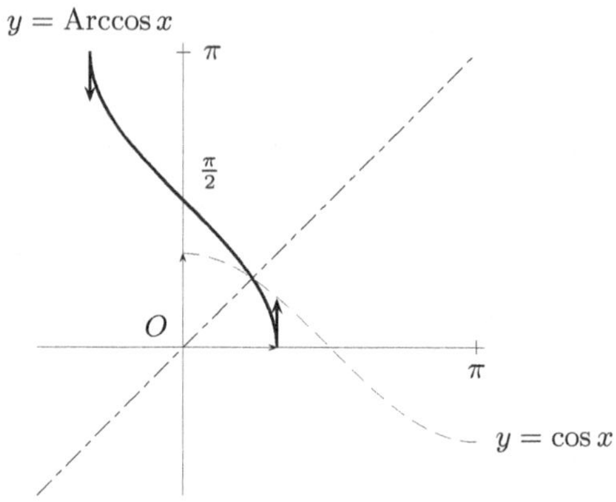

Tableaux de variations (qui se lisent aussi sur les graphes précédents) :

x	-1	0	$+1$
Arcsin	$-\frac{\pi}{2}$ ↗	0 ↗	$\frac{\pi}{2}$

x	-1	0	$+1$
Arccos	π ↘	$\frac{\pi}{2}$ ↘	0

Dérivation des fonctions Arcsin et Arccos

Proposition 23

Les fonctions Arcsin et Arccos sont dérivables sur $]-1,1[$ et :

$$\forall x \in \left]-1,1\right[\quad \mathrm{Arcsin}'(x) = \frac{1}{\sqrt{1-x^2}} \quad \text{et} \quad \mathrm{Arccos}'(x) = \frac{-1}{\sqrt{1-x^2}}\cdot$$

Démonstration page 227

Principe de démonstration. Utiliser le théorème de dérivation d'une fonction réciproque.

Remarque La fonction Arcsin (resp. Arccos) n'est pas dérivable en ± 1, puisque la dérivée de sa fonction réciproque s'annule en $\pm\frac{\pi}{2}$ (resp. en 0 et π).

Cette non-dérivabilité se « voit » immédiatement sur les représentations graphiques, par la présence des tangentes verticales.

IV Fonctions hyperboliques

1 Fonctions sinus et cosinus hyperboliques

Définition 8

Les deux fonctions **sinus hyperbolique**, notée sh, et **cosinus hyperbolique**, notée ch, sont définies sur IR par :

$$\forall x \in \mathbb{R} \quad \operatorname{sh} x = \frac{e^x - e^{-x}}{2} \quad \text{et} \quad \operatorname{ch} x = \frac{e^x + e^{-x}}{2}.$$

Remarque On rencontre aussi parfois les notations sinh et cosh pour ces fonctions.

On en déduit immédiatement les résultats de la proposition suivante.

Proposition 24

La fonction sinus hyperbolique est impaire, la fonction cosinus hyperbolique est paire. Elles sont toutes deux dérivables, avec $\operatorname{sh}' = \operatorname{ch}$ et $\operatorname{ch}' = \operatorname{sh}$.

Représentation graphique des fonctions sh et ch

La fonction cosinus hyperbolique étant strictement positive, on en déduit d'abord les variations de sinus hyperbolique, puis celles de cosinus hyperbolique. Par ailleurs, on déduit simplement les limites en $+\infty$ et $-\infty$ des fonctions ch et sh par opérations sur les limites à partir des limites de la fonction exponentielle.

x	$-\infty$	0	$+\infty$
sh	$-\infty$ ↗	0	↗ $+\infty$
ch	$+\infty$ ↘	1	↗ $+\infty$

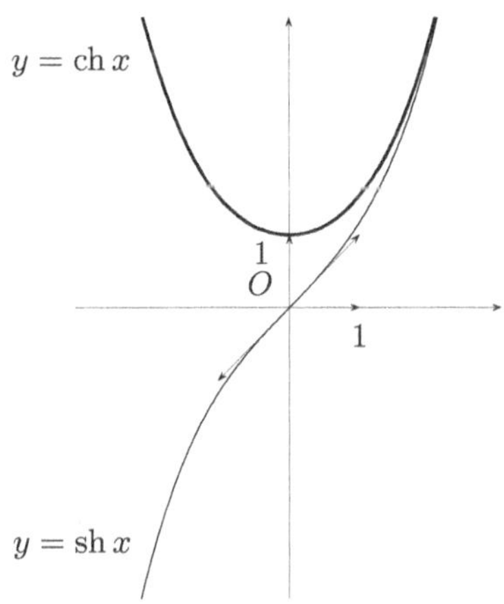

La continuité de ces fonctions ainsi que leurs variations montrent que :

- la fonction sinus hyperbolique est une bijection de IR sur IR ;
- la fonction cosinus hyperbolique induit une bijection de $\mathbb{R}_+$ sur $[1, +\infty[$.

2 Formules de base de la trigonométrie hyperbolique

Proposition 25

Pour tout réel t, on a :

$$\exp t = \operatorname{ch} t + \operatorname{sh} t, \quad \exp(-t) = \operatorname{ch} t - \operatorname{sh} t \quad \text{et} \quad \operatorname{ch}^2 t - \operatorname{sh}^2 t = 1.$$

Démonstration. Les deux premières relations sont évidentes, et la dernière en découle puisque :

$$\operatorname{ch}^2 t - \operatorname{sh}^2 t = (\operatorname{ch} t - \operatorname{sh} t)(\operatorname{ch} t + \operatorname{sh} t) = \exp(-t) \exp t = 1. \qquad \square$$

Application géométrique De même que les fonctions sinus et cosinus permettent de paramétrer un cercle, la relation $\operatorname{ch}^2 t - \operatorname{sh}^2 t = 1$ peut s'interpréter géométriquement en considérant l'hyperbole équilatère H d'équation $x^2 - y^2 = 1$.

Comme la fonction sinus hyperbolique réalise une bijection de $\mathbb{R}$ dans $\mathbb{R}$, pour tout point (x, y) de H d'abscisse positive, il existe un unique réel t tel $y = \operatorname{sh} t$. On a alors $x = \sqrt{y^2+1} = \sqrt{\operatorname{ch}^2(t)} = \operatorname{ch} t$. Donc la fonction :

$$\begin{array}{rcl} \mathbb{R} & \longrightarrow & \mathbb{R}^2 \\ t & \longmapsto & (\operatorname{ch} t, \operatorname{sh} t) \end{array}$$

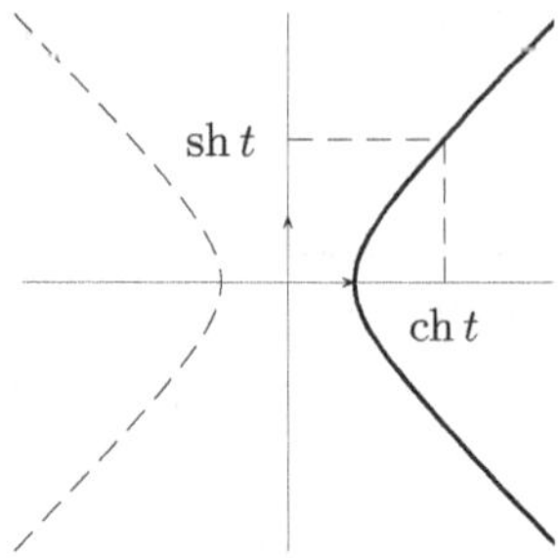

est un paramétrage de la branche *de droite* de l'hyperbole H, l'autre branche étant paramétrée par :

$$\begin{array}{rcl} \mathbb{R} & \longrightarrow & \mathbb{R}^2 \\ t & \longmapsto & (-\operatorname{ch} t, \operatorname{sh} t). \end{array}$$

V Fonctions à valeurs complexes

1 Généralités

Dans toute la suite du chapitre, I est un intervalle d'intérieur non vide de $\mathbb{R}$.
Les fonctions à valeurs complexes seront étudiées en détail dans les chapitres suivants, mais nous allons ici en donner quelques propriétés dont nous aurons besoin pour le calcul de primitives et la résolution des équations différentielles.

Une fonction f définie sur I et à valeurs dans $\mathbb{C}$ est une **fonction complexe de la variable réelle**.

Notation Pour une telle fonction f, on définit alors les fonctions :

- **partie réelle de f**, notée $\operatorname{Re} f$, définie par $\begin{array}{rcl} I & \longrightarrow & \mathbb{C} \\ t & \longmapsto & \operatorname{Re}\big(f(t)\big) \end{array}$;
- **partie imaginaire de f**, notée $\operatorname{Im} f$, définie par $\begin{array}{rcl} I & \longrightarrow & \mathbb{C} \\ t & \longmapsto & \operatorname{Im}\big(f(t)\big) \end{array}$;
- **module de f**, notée $|f|$, définie par $\begin{array}{rcl} I & \longrightarrow & \mathbb{C} \\ t & \longmapsto & \big|f(t)\big| \end{array}$;
- **conjuguée de f**, notée $\bar{f}$, définie par $\begin{array}{rcl} I & \longrightarrow & \mathbb{C} \\ t & \longmapsto & \overline{f(t)}. \end{array}$

Remarque En définissant les opérations sur les fonctions complexes comme pour les fonctions à valeurs réelles, on a :

$$f = \operatorname{Re} f + i \operatorname{Im} f \qquad \text{et} \qquad |f|^2 = (\operatorname{Re} f)^2 + (\operatorname{Im} f)^2 = f\,\bar{f}.$$

Définition 9

Une fonction $f : I \to \mathbb{C}$ est **bornée** si la fonction réelle $|f|$ est bornée.

Proposition 26

Soit $f : I \to \mathbb{C}$. La fonction f est bornée si, et seulement si, les fonctions réelles $\operatorname{Re} f$ et $\operatorname{Im} f$ sont bornées.

Démonstration page 227

Principe de démonstration. Utiliser les inégalités $|\operatorname{Re} z| \leqslant |z|$ et $|\operatorname{Im} z| \leqslant |z|$.

Proposition 27

Soit $f : I \to \mathbb{C}$ et $g : I \to \mathbb{C}$ deux fonctions bornées et $\lambda \in \mathbb{C}$.
Alors les fonctions $f + g$, $f\,g$ et λf sont bornées.

Démonstration page 227

2 Dérivée d'une fonction complexe

Définition 10

Une fonction $f : I \to \mathbb{C}$ est **dérivable** sur I si ses parties réelle et imaginaire sont dérivables sur I.

La **dérivée** de $f = \operatorname{Re} f + i \operatorname{Im} f$ est alors $f' = (\operatorname{Re} f)' + i\,(\operatorname{Im} f)'$.

Ex. 10. Si $f : I \to \mathbb{R}$ est dérivable, alors la fonction $\begin{array}{ccc} I & \longrightarrow & \mathbb{C} \\ t & \longmapsto & f(t) \end{array}$ est dérivable.

Ex. 11. Toute fonction constante est dérivable, et sa dérivée est nulle.

Ex. 12. Si $f : I \to \mathbb{C}$ est dérivable, alors $\bar{f}$ est dérivable et $\left(\overline{f}\right)' = \overline{f'}$.

En effet, par définition de $\bar{f}$, on a $\operatorname{Re} \bar{f} = \operatorname{Re} f$ et $\operatorname{Im} \bar{f} = -\operatorname{Im} f$. Comme f est dérivable, les fonctions $\operatorname{Re} f$ et $\operatorname{Im} f$ sont dérivables, donc les fonctions $\operatorname{Re} \bar{f}$ et $\operatorname{Im} \bar{f}$ le sont. Par suite $\bar{f}$ est dérivable et $\left(\overline{f}\right)' = \overline{f'}$.

Définition 11

Une fonction f, définie sur un intervalle I de $\mathbb{R}$, et à valeurs dans $\mathbb{C}$ est de **classe $\mathcal{C}^1$** si f est dérivable et f' est continue, c'est-à-dire que les fonctions $(\operatorname{Re} f)'$ et $(\operatorname{Im} f)'$ sont continues.

3 Opérations sur les fonctions dérivables

Proposition 28

Soit f et g deux fonctions à valeurs complexes, définies et dérivables sur I ainsi que λ et μ deux complexes. Alors :

1. la fonction $\lambda\,f + \mu\,g$ est dérivable sur I et $(\lambda\,f + \mu\,g)' = \lambda\,f' + \mu\,g'$; cette propriété s'appelle **linéarité de la dérivation** ;
2. la fonction $f\,g$ est dérivable sur I et $(f\,g)' = f'\,g + f\,g'$.

Démonstration page 228

Principe de démonstration. Regarder les parties réelles et imaginaires.

Ex. 13. Soit $f : I \to \mathbb{C}$ dérivable. On prouve aisément, par récurrence sur $n \in \mathbb{N}^*$, que la fonction f^n est dérivable sur I et que $(f^n)' = n\, f'\, f^{n-1}$.

Ex. 14. Considérons $(a_k)_{k\in[\![0,n]\!]} \in \mathbb{C}^{n+1}$. La fonction polynomiale $p : \begin{array}{rcl} \mathbb{R} & \longrightarrow & \mathbb{C} \\ t & \longmapsto & \sum\limits_{k=0}^{n} a_k\, t^k \end{array}$

est dérivable sur $\mathbb{R}$ et : $\forall t \in \mathbb{R} \quad p'(t) = \sum\limits_{k=1}^{n} k\, a_k\, t^{k-1}$.

Proposition 29

Soit f et g deux fonctions dérivables sur I. Si g ne s'annule pas sur I, alors la fonction $\frac{f}{g}$ est définie et dérivable sur I, et l'on a :

$$\left(\frac{f}{g}\right)' = \frac{f'\, g - f\, g'}{g^2}.$$

Démonstration page 228

Principe de démonstration. Écrire f sous la forme $\dfrac{f}{g} = f \times \overline{g} \times \dfrac{1}{g\overline{g}}$ et remarquer que la fonction $g\overline{g}$ est à valeurs réelles.

Ex. 15. Soit f une fonction dérivable sur I, et qui ne s'annule pas sur I. Si $n \in \mathbb{Z}$, alors la fonction f^n est dérivable sur I et sa dérivée est $nf'f^{n-1}$. On a déjà vu cette propriété lorsque $n \in \mathbb{N}$, et on la justifie par passage à l'inverse lorsque $n \in \mathbb{Z}_-^*$.

Ex. 16. Soit $n \in \mathbb{Z}$ et a un complexe *non réel.*

La fonction $f_n : \begin{array}{rcl} \mathbb{R} & \longrightarrow & \mathbb{C} \\ t & \longmapsto & (t-a)^n \end{array}$ est dérivable sur $\mathbb{R}$, et sa dérivée vérifie :

$$\forall t \in \mathbb{R} \quad f_n'(t) = n\,(t-a)^{n-1}.$$

Proposition 30

Soit J un intervalle de $\mathbb{R}$, soit φ une fonction dérivable de I dans J, et f une fonction dérivable de J dans $\mathbb{C}$. Alors $f \circ \varphi$ est dérivable sur I et :

$$(f \circ \varphi)' = (f' \circ \varphi)\, \varphi'.$$

Démonstration page 228

Principe de démonstration. Appliquer la propriété correspondante aux parties réelle et imaginaire de la fonction $f \circ \varphi$.

Attention Dans la proposition précédente, φ est à valeurs réelles !

4 Dérivée de e^f

Proposition 31

Soit f une fonction dérivable de I dans $\mathbb{C}$.

Alors la fonction $e^f : \begin{array}{ccc} I & \longrightarrow & \mathbb{C} \\ t & \longmapsto & e^{f(t)} \end{array}$ est dérivable sur I, et $\left(e^f\right)' = f'\,e^f$.

Démonstration page 228

Principe de démonstration. On ne peut pas ici appliquer la proposition 30 de la page ci-contre puisque la fonction f n'est pas supposée réelle. Nous allons nous intéresser aux parties réelle et imaginaire de e^f.

Ex. 17. Si ρ et θ sont deux fonctions réelles dérivables sur I, alors la fonction f définie sur I par $f(t) = \rho(t)\,e^{i\theta(t)}$ est dérivable et, pour tout $t \in I$, on a :

$$f'(t) = \rho'(t)\,e^{i\theta(t)} + i\,\rho(t)\,\theta'(t)\,e^{i\theta(t)}.$$

Le calcul précédent permet, en physique ou en SI, d'obtenir les composantes du vecteur vitesse en coordonnées polaires.

Corollaire 32

Si $a \in \mathbb{C}$, la fonction $\varphi_a : t \mapsto e^{at}$ est dérivable sur $\mathbb{R}$ et vérifie $\varphi_a' = a\,\varphi_a$.

5 Caractérisation des fonctions constantes

Proposition 33

Soit f une fonction dérivable de l'intervalle I dans $\mathbb{C}$.

La fonction f est constante si, et seulement si : $\forall t \in I \quad f'(t) = 0$.

Démonstration page 228

Principe de démonstration. Appliquer la propriété correspondante aux parties réelle et imaginaire de la fonction f.

Exo 6.17

Exo 6.18

6 Dérivées successives

Comme pour les fonctions à valeurs réelles, on introduit les dérivées successives d'une fonction à valeurs complexes.

- Il se peut que la dérivée f' d'une fonction dérivable $f : I \to \mathbb{C}$ soit elle-même dérivable sur I. On dit alors que f est **deux fois dérivable**. La fonction $(f')'$ est alors sa **dérivée seconde**, fonction que l'on note $f^{(2)}$ ou f''.
- La dérivée seconde $f^{(2)}$ d'une fonction deux fois dérivable peut éventuellement être dérivable. La fonction f est alors dite **trois fois dérivable** et sa **dérivée troisième** est la fonction $f^{(3)} = \left(f^{(2)}\right)'$. Ainsi de suite.

On esquisse ainsi un procédé, avec lequel on définirait ce que signifie, pour une fonction $f : I \to \mathbb{C}$, d'être n **fois dérivable**, ainsi que la **dérivée n-ième** d'une telle fonction. Par convention, toute fonction $f : I \to \mathbb{C}$ est 0 fois dérivable et $f^{(0)} = f$.

Remarque La fonction complexe f admet une dérivée n-ième sur I si, et seulement si, ses parties réelle et imaginaire admettent une dérivée n-ième sur l'intervalle I et alors :

$$\operatorname{Re}\left(f^{(n)}\right) = \left(\operatorname{Re} f\right)^{(n)} \quad \text{et} \quad \operatorname{Im}\left(f^{(n)}\right) = \left(\operatorname{Im} f\right)^{(n)}.$$

Démonstrations

Proposition 1 Soit $y \in \mathbb{R}_+^*$. Alors, la fonction $u_y : \begin{array}{ccc} \mathbb{R}_+^* & \longrightarrow & \mathbb{R} \\ x & \longmapsto & \ln(xy) \end{array}$ est dérivable comme composée de fonction dérivables et l'on a :

$$\forall x \in]0,+\infty[\quad u_y'(x) = \frac{y}{x\,y} = \frac{1}{x}.$$

Les fonctions u_y et $\ln$ ayant même dérivée sur l'intervalle $]0,+\infty[$, leur différence $u_y - \ln$ est constante sur $\mathbb{R}_+^*$. Pour déterminer cette constante, il suffit d'évaluer $u_y - \ln$ en un point. Comme $(u_y - \ln)(1) = \ln y$, on en déduit :

$$\forall x \in]0,+\infty[\quad \ln(x\,y) = \ln x + \ln y.$$

Proposition 3

- La fonction $\ln$ est dérivable et sa dérivée est à valeurs strictement positives sur l'intervalle $I =]0,+\infty[$. Elle définit donc une bijection de I sur $J = f(I)$, qui est un intervalle.
- Comme la fonction $\ln$ est croissante, elle admet une limite finie ou infinie en $+\infty$. Notons ℓ cette limite.

  Pour tout $n \in \mathbb{N}$, on a $\ln(2^n) = n\ln 2$. Comme $2 > 1$, par stricte croissance de la fonction $\ln$ on a $\ln 2 > 0$, ce qui implique $\lim\limits_{n\to+\infty} n\ln 2 = +\infty$. Par ailleurs, la suite géométrique $(2^n)_{n\in\mathbb{N}}$ tend vers $+\infty$ (cf. exemple 24 de la page 307). On en déduit d'une part $\ln(2^n) = n\ln 2 \underset{n\to+\infty}{\longrightarrow} +\infty$, d'autre part $\ln(2^n) \underset{n\to+\infty}{\longrightarrow} \ell$. Par suite $\ell = +\infty$.

  En particulier, J est un intervalle non majoré.
- Comme $\ln\dfrac{1}{x} = -\ln x$, on a (par composition) $\lim\limits_{0} \ln = -\infty$ et J est non minoré.
- Ainsi J est un intervalle ni minoré ni majoré, donc $J = \mathbb{R}$. En conclusion, la fonction logarithme est une bijection strictement croissante de l'intervalle $\mathbb{R}_+^*$ sur l'intervalle $\mathbb{R}$.

Proposition 4 Posons g la fonction définie sur $]-1,+\infty[$ par $g(x) = x - \ln(1+x)$.

- Par les théorèmes généraux la fonction g est bien définie et dérivable. De plus :

$$\forall x \in]-1,+\infty[\quad g'(x) = 1 - \frac{1}{1+x} = \frac{x}{1+x}.$$

- L'étude du signe de g' est immédiate. On en déduit le tableau de variations de g :

x	-1		0		$+\infty$
$g'(x)$		$-$	0	$+$	
g		↘	0	↗	

- Il vient du tableau de variations que g est à valeurs positives et g ne s'annule que pour $x = 0$.

Proposition 5

- La fonction exponentielle est la réciproque de la fonction logarithme népérien qui est une bijection strictement croissante de $\mathbb{R}_+^*$ sur $\mathbb{R}$. Par suite, c'est une bijection strictement croissante de $\mathbb{R}$ sur $\mathbb{R}_+^*$.
- Elle est croissante et, comme son image est $\mathbb{R}_+^*$, on a :

$$\lim_{x\to-\infty} \exp x = 0 \qquad \text{et} \qquad \lim_{x\to+\infty} \exp x = +\infty.$$

- La fonction logarithme népérien est dérivable sur $\mathbb{R}_+^*$, et sa dérivée ne s'annule pas. Sa fonction réciproque, l'exponentielle, est donc dérivable en tout point x de $\mathbb{R}$ avec :
$$\exp' x = \frac{1}{\ln'(\exp x)} = \exp x.$$

Proposition 6 Soit $x \in \mathbb{R}$ et $y \in \mathbb{R}$. Posons $u = \exp x$ et $v = \exp y$. On a alors :
$$\exp(x+y) = \exp(\ln u + \ln v) = \exp\big(\ln(u\,v)\big) = u\,v = \exp x \exp y.$$
On en déduit $\exp(x-y)\exp y = \exp x$; comme $\exp y \neq 0$, on a donc $\exp(x-y) = \dfrac{\exp x}{\exp y}\cdot$

Pour $n \in \mathbb{Z}$, on a aussi : $\exp(n\,x) = \exp\big(n \ln u\big) = \exp\big(\ln(u^n)\big) = u^n = (\exp x)^n$.

Proposition 7

- Puisque la fonction $\exp$ est à valeurs strictement positives, l'inégalité est immédiate (et stricte) lorsque $x \leqslant -1$.
- Lorsque $x > -1$, il vient de $\ln(1+x) \leqslant x$ (cf. proposition 4 de la page 206), par croissance de la fonction exponentielle, $\exp\big(\ln(1+x)\big) \leqslant \exp(x)$, c'est-à-dire $1 + x \leqslant \exp(x)$.

  La stricte croissance de la fonction exp donne que l'égalité a lieu dans l'inégalité précédente si, et seulement si, $\ln(1+x) = x$, *i.e.* $x = 0$.

Proposition 8 Soit $x \in \mathbb{R}_+^*$, $y \in \mathbb{R}_+^*$ et $a \in \mathbb{R}$. On a alors :
$$x^a\, y^a = \exp(a \ln x)\, \exp(a \ln y) = \exp\big(a\,(\ln x + \ln y)\big) = \exp\big(a\, \ln(x\,y)\big) = (x\,y)^a.$$
De même, si b est un réel, on a :
$$x^a\, x^b = \exp(a \ln x)\, \exp(b \ln x) = \exp\big((a+b) \ln x\big) = x^{a+b}.$$
Démonstrations analogues pour les autres relations.

Proposition 9 La fonction $\varphi_a : \begin{array}{ccc} \mathbb{R}_+^* & \longrightarrow & \mathbb{R} \\ x & \longmapsto & \exp(a \ln x) \end{array}$ est dérivable d'après les théorèmes généraux et, pour tout $x \in \mathbb{R}_+^*$, on a $\varphi_a'(x) = \exp(a \ln x)\frac{a}{x} = a\,x^a\,x^{-1} = a\,x^{a-1}$.

Par suite, on a $\varphi_a' = a\,\varphi_{a-1}$.

Proposition 10

- Si $a > 0$, alors $\lim\limits_{x\to 0}(a \ln x) = -\infty$ et $\lim\limits_{x\to+\infty}(a \ln x) = +\infty$. On en déduit alors :
  - $\lim\limits_{x\to 0} \exp(a \ln x) = 0$, ce qui s'écrit aussi $\lim\limits_{x\to 0} \varphi_a(x) = 0$.
  - $\lim\limits_{x\to+\infty} \exp(a \ln x) = +\infty$, ce qui s'écrit aussi $\lim\limits_{x\to+\infty} \varphi_a(x) = +\infty$.
- Si $a < 0$, on démontre de façon analogue :
$$\lim_{x\to 0} \varphi_a(x) = +\infty \quad \text{et} \quad \lim_{x\to+\infty} \varphi_a(x) = 0.$$

Proposition 11

- Commençons par prouver $\lim\limits_{x\to+\infty}\left(\dfrac{\ln x}{x}\right) = 0$.

  Pour $t \geqslant 1$, on a $t \geqslant \sqrt{t}$; pour $x \geqslant 1$, on en déduit :
$$0 \leqslant \ln x = \int_1^x \frac{\mathrm{d}t}{t} \leqslant \int_1^x \frac{\mathrm{d}t}{\sqrt{t}} = 2\sqrt{x} - 2 \leqslant 2\sqrt{x}.$$
  En divisant par $x > 0$ cette double inégalité, on obtient $\lim\limits_{x\to+\infty}\left(\dfrac{\ln x}{x}\right) = 0$ par encadrement.
- Quand $x \to 0$ par valeurs strictement positives, $\frac{1}{x}$ tend vers $+\infty$. D'après le point précédent, $\lim\limits_{x\to 0} \frac{\ln(1/x)}{1/x} = 0$, ce qui donne $\lim\limits_{x\to 0}(-x \ln x) = 0$ puis $\lim\limits_{x\to 0}(x \ln x) = 0$.

Corollaire 12

- Pour a et b strictement positifs quelconques et $x > 1$, on peut écrire :

$$\frac{(\ln x)^b}{x^a} = \left(\frac{\ln x}{x^{a/b}}\right)^b = \left(\frac{b}{a}\right)^b \left(\frac{\ln(x^{a/b})}{x^{a/b}}\right)^b.$$

Comme $\lim\limits_{x\to+\infty} x^{\frac{a}{b}} = +\infty$, on a :

$$\lim_{x\to+\infty} \frac{\ln(x^{a/b})}{x^{a/b}} = \lim_{u\to+\infty} \frac{\ln(u)}{u} = 0$$

et donc $\lim\limits_{x\to+\infty} \frac{(\ln x)^b}{x^a} = 0$.

- En remplaçant x par $1/x$ et en faisant tendre x vers 0, on a donc $\lim\limits_{x\to 0} \left(x^a |\ln x|^b\right) = 0.$

Proposition 16

- Puisque $\sin(0) = 0$, d'après la proposition 15 de la page 211, on a :

$$\frac{\sin(h) - \sin(0)}{h - 0} = \frac{\sin(h)}{h} \underset{h\to 0}{\longrightarrow} 1,$$

ce qui prouve que la fonction sin est dérivable en 0. Puisque sin est dérivable en 0, elle est continue en 0, c'est-à-dire $\sin(h) \underset{h\to 0}{\longrightarrow} 0$.

- Soit $h \in \left]-\frac{\pi}{2}, \frac{\pi}{2}\right[\setminus \{0\}$.
Puisque $\cos^2(h) = 1 - \sin^2(h)$ et $\cos(h) > 0$, on a $\cos(h) = \sqrt{1 - \sin^2(h)}$. On en déduit :

$$\begin{aligned}\frac{\cos(h) - 1}{h} &= \frac{\sqrt{1 - \sin^2(h)} - 1}{h} \\ &= \frac{\left(1 - \sin^2(h)\right) - 1}{h\left(\sqrt{1 - \sin^2(h)} + 1\right)} = \underbrace{-h \left(\frac{\sin(h)}{h}\right)^2 \frac{1}{\sqrt{1 - \sin^2(h)} + 1}}_{\underset{h\to 0}{\longrightarrow} -0\times 1^2 \times \frac{1}{2} = 0}.\end{aligned}$$

- Soit $a \in \mathbb{R}$ et $h \in \mathbb{R}^*$. Les formules d'additions donnent, avec les limites précédentes :

$$\begin{aligned}\frac{\sin(a+h) - \sin(a)}{h} &= \sin(a) \frac{\cos(h) - 1}{h} + \cos(a) \frac{\sin(h)}{h} \\ &\underset{h\to 0}{\longrightarrow} \sin(a)\, 0 + \cos(a)\, 1 = \cos(a).\end{aligned}$$

Il s'ensuit que la fonction sin est dérivable sur $\mathbb{R}$ et $\sin' = \cos$.
De même :

$$\begin{aligned}\frac{\cos(a+h) - \cos(a)}{h} &= \cos(a) \frac{\cos(h) - 1}{h} - \sin(a) \frac{\sin(h)}{h} \\ &\underset{h\to 0}{\longrightarrow} \cos(a)\, 0 - \sin(a)\, 1 = -\sin(a).\end{aligned}$$

Il s'ensuit que cos est dérivable sur $\mathbb{R}$ et $\cos' = -\sin$.

Proposition 18 Soit I un intervalle du domaine de définition de la fonction $\tan$ et $t \in I$.

- En remarquant que $\tan$ et $\sin \times \frac{1}{\cos}$ coïncident sur I, il vient en appliquant la formule donnant la dérivée d'un produit :

$$\tan'(t) = \sin'(t) \times \frac{1}{\cos(t)} + \sin(t) \times \left(-\frac{\cos'(t)}{\cos^2(t)}\right) = 1 + \tan^2(t).$$

- En appliquant la formule donnant la dérivée d'un quotient :

$$\tan'(t) = \frac{\sin'(t)\cos(t) - \sin(t)\cos'(t)}{\cos^2(t)} = \frac{\cos^2(t) + \sin^2(t)}{\cos^2(t)} = \frac{1}{\cos^2(t)}.$$

Proposition 20 La restriction à $]-\frac{\pi}{2}, \frac{\pi}{2}[$ de la fonction $\tan$ est dérivable et :

$$\forall x \in\,]-\tfrac{\pi}{2}, \tfrac{\pi}{2}[\quad \tan'(x) = 1 + \tan^2(x) \neq 0.$$

Sa fonction réciproque Arctan est donc dérivable sur $\mathbb{R}$, et l'on a :

$$\forall y \in \mathbb{R} \quad \operatorname{Arctan}'(y) = \frac{1}{1 + \tan^2(\operatorname{Arctan} y)} = \frac{1}{1 + y^2}.$$

Proposition 23

- La restriction à $[-\frac{\pi}{2}, \frac{\pi}{2}]$ de la fonction $\sin$ est dérivable et :

$$\forall x \in [-\tfrac{\pi}{2}, \tfrac{\pi}{2}] \quad \sin'(x) = \cos(x).$$

  Sa fonction réciproque Arcsin est donc dérivable en toute valeur $y = \sin x$ pour laquelle $\cos x \neq 0$, c'est-à-dire pour tout $y \in\,]-1, 1[$, et l'on a :

$$\operatorname{Arcsin}'(y) = \frac{1}{\cos(\operatorname{Arcsin} y)} = \frac{1}{\sqrt{1 - y^2}}.$$

- Démonstration similaire pour la seconde relation, mais on peut aussi utiliser la relation :

$$\operatorname{Arccos} x = \frac{\pi}{2} - \operatorname{Arcsin} x.$$

Proposition 26

- Supposons f bornée et prenons M un majorant de $|f|$. On a, pour tout $t \in I$:

$$\left|\operatorname{Re} f(t)\right| \leqslant \left|f(t)\right| \leqslant M.$$

  On en déduit que la fonction réelle $\operatorname{Re} f$ est bornée. On montre de même que $\operatorname{Im} f$ est bornée.

- Supposons $\operatorname{Re} f$ et $\operatorname{Im} f$ bornées. Prenons M et M' des majorants de $|\operatorname{Re} f|$ et $|\operatorname{Im} f|$ respectivement. On a, pour tout $t \in I$:

$$\left|f(t)\right|^2 = \left(\operatorname{Re} f(t)\right)^2 + \left(\operatorname{Im} f(t)\right)^2 \leqslant M^2 + M'^2.$$

  On en déduit que la fonction réelle $|f|$ est majorée, donc que f est bornée.

Proposition 27 Soit M et M' des majorants de $|f|$ et $|g|$ respectivement.

- On a, pour tout $t \in I$, par définition des opérations et l'inégalité triangulaire :

$$\left|f + g\right|(t) = \left|f(t) + g(t)\right| \leqslant \left|f(t)\right| + \left|g(t)\right| \leqslant M + M'.$$

  On en déduit que $|f + g|$ est bornée, donc $f + g$ l'est également.

- De même, pour tout $t \in I$:

$$\left|f\,g\right|(t) = \left|f(t)\,g(t)\right| = \left|f(t)\right|\left|g(t)\right| \leqslant M\,M'.$$

- Il s'agit d'un cas particulier du point précédent, en prenant g la fonction constante égale à λ.

Proposition 28

Pour la somme et le produit, notons $f_1 = \operatorname{Re} f$, $f_2 = \operatorname{Im} f$, $g_1 = \operatorname{Re} g$ et $g_2 = \operatorname{Im} g$.

- On a $f+g = (f_1+g_1)+i(f_2+g_2)$ avec f_1+g_1 et f_2+g_2 dérivables, comme sommes de fonctions réelles dérivables, donc $f+g$ est dérivable avec :

$$(f+g)' = (f_1+g_1)' + i(f_2+g_2)' = f_1' + g_1' + i(f_2'+g_2') = f' + g'.$$

- De même, $fg = (f_1g_1 - f_2g_2) + i(f_1g_2 + f_2g_1)$ est dérivable et :

$$\begin{aligned}(fg)' &= (f_1'g_1 + f_1g_1' - f_2'g_2 - f_2g_2') + i(f_1'g_2 + f_1g_2' + f_2'g_1 + f_2g_1')\\ &= \underbrace{(f_1'g_1 - f_2'g_2) + i(f_1'g_2 + f_2'g_1)}_{f'g} + \underbrace{(f_1g_1' - f_2g_2') + i(f_1g_2' + f_2g_1')}_{fg'}.\end{aligned}$$

On en déduit, en utilisant qu'une fonction constante est dérivable de dérivée nulle que $\lambda f + \mu g$ est dérivable et que :

$$(\lambda f + \mu g)' = (\lambda f)' + (\mu g)' = \lambda' f + \lambda f' + \mu' g + \mu g' = \lambda f' + \mu g'.$$

Proposition 29 On peut écrire $\dfrac{f}{g} = f \times \overline{g} \times \dfrac{1}{g\overline{g}}\cdot$

La fonction $g\overline{g}$ est dérivable sur I en tant que produit de deux fonctions dérivables. Comme c'est une fonction réelle qui ne s'annule pas, son inverse est dérivable.

La fonction $h = \dfrac{f}{g} = f \times \overline{g} \times \dfrac{1}{g\overline{g}}$, étant alors produit de trois fonctions dérivables sur I, est donc dérivable sur I. On a alors $f = gh$ et donc $f' = g'h + gh'$, ce qui donne :

$$h' = \frac{f'}{g} - \frac{g'h}{g} = \frac{f'g - g'f}{g^2}.$$

Proposition 30 On a :

$$\operatorname{Re}(f \circ \varphi) = (\operatorname{Re} f) \circ \varphi \quad \text{et} \quad \operatorname{Im}(f \circ \varphi) = (\operatorname{Im} f) \circ \varphi,$$

ce qui prouve le résultat en utilisant les résultats correspondants pour les fonctions réelles.

Proposition 31 Si $g = \operatorname{Re} f$ et $h = \operatorname{Im} f$, alors $\operatorname{Re}(e^f) = e^g \cos h$ et $\operatorname{Im}(e^f) = e^g \sin h$.

En utilisant les propriétés des fonctions dérivables à valeurs réelles, on obtient la dérivabilité de e^f et :

$$\begin{aligned}\left(e^f\right)' &= (g'e^g \cos h - h'e^g \sin h) + i(g'e^g \sin h + h'e^g \cos h)\\ &= e^g\big((g' + ih')(\cos h + i \sin h)\big) = e^g f' e^{ih} = f' e^f.\end{aligned}$$

Proposition 33 La fonction f est constante si, et seulement si, ses parties réelle et imaginaire sont constantes. Comme ces deux fonctions à valeurs réelles sont définies sur un intervalle, elles sont constantes si, et seulement si, leurs dérivées sont nulles, c'est-à-dire si, et seulement si, la dérivée de f est nulle.

S'entraîner et approfondir

Fonctions logarithmes, exponentielles et puissances

6.1 Montrer la dérivabilité et calculer la dérivée de la fonction $f: \begin{array}{rcl}]-1,1[& \longrightarrow & \mathbb{R} \\ x & \longmapsto & \ln\left(\frac{1+x}{1-x}\right). \end{array}$
→205

6.2 Soit I un intervalle de $\mathbb{R}$ ainsi que $u \in \mathbb{R}^I$ et $v \in \mathbb{R}^I$ dérivables, avec $u(x) > 0$ pour tout $x \in I$. Calculer la dérivée de $f: \begin{array}{rcl} I & \longrightarrow & \mathbb{R} \\ x & \longmapsto & u(x)^{v(x)}. \end{array}$
→209

6.3 Soit $f: \begin{array}{rcl} \mathbb{R}_+^* & \longrightarrow & \mathbb{R} \\ x & \longmapsto & x^x. \end{array}$
→210

1. Donner les limites de f en 0 et $+\infty$.
2. Étudier les variations de f.
3. On prolonge f par continuité, en posant $f(0) = 1$. En utilisant $\lim\limits_{u \to 0} \frac{e^u - 1}{u} = 1$, vérifier que le graphe de f possède une tangente verticale au point d'abscisse 0.

6.4
1. Étudier $g: \begin{array}{rcl} \mathbb{R}_+^* & \longrightarrow & \mathbb{R} \\ x & \longmapsto & \frac{\ln x}{x} \end{array}$ et montrer que g admet une limite finie en $+\infty$.
2. Pour tout $n \in \mathbb{N}$, montrer $n \leqslant 2^n$.
3. Retrouver le théorème de croissances comparées : $\lim\limits_{x \to +\infty} \frac{\ln x}{x} = 0$.

6.5 Résoudre le système $\left\{ \begin{array}{l} x^2 - y^2 = 12 \\ \ln x - \ln y = \ln 2. \end{array} \right.$

Fonctions trigonométriques

6.6 Soit $f: x \mapsto \text{Arctan}(\tan x)$.
→214

1. Quel est le domaine de définition de f ?
2. Vérifier que f est périodique. Qu'en déduit-on pour son graphe ?
3. Vérifier que le graphe de f admet O comme centre de symétrie.
4. En déduire le graphe de f.

6.7 Soit x un réel quelconque.
→214

1. En utilisant la relation classique entre $\cos^2$ et $\tan^2$, simplifier $\cos^2(\text{Arctan}\, x)$.
2. En déduire $\cos(\text{Arctan}\, x) = \frac{1}{\sqrt{1+x^2}}$ puis $\sin(\text{Arctan}\, x) = \frac{x}{\sqrt{1+x^2}}$.

6.8 Calculer la dérivée de la fonction $x \mapsto \text{Arctan}\, x + \text{Arctan}\, \frac{1}{x}$ et retrouver la simplification de cette expression
→215

6.9 Soit $f : x \mapsto \operatorname{Arcsin}(\sin x)$.
→216
1. Quel est le domaine de définition de f ?
2. Vérifier que f est périodique. Qu'en déduit-on pour son graphe Γ_f ?
3. Quelle autre propriété permet de réduire l'étude de f à $[0, \pi]$?
4. Vérifier que Γ_f admet la droite d'équation $x = \frac{\pi}{2}$ comme axe de symétrie.
   En déduire le graphe de f.

6.10 1. Quelle symétrie voit-on entre les graphes des fonctions $\sin_{|[-\frac{\pi}{2},\frac{\pi}{2}]}$ et $\cos_{|[0,\pi]}$? Justifier cette propriété.
→217
2. Retrouver la relation entre Arcsin et Arccos vue dans l'exemple 8 de la page 217.

6.11 Pour $x \in [-1, 1]$, simplifier $\sin(\operatorname{Arccos} x)$.
→217

6.12 Établir $\dfrac{\pi}{4} = 5 \operatorname{Arctan} \dfrac{1}{7} + 2 \operatorname{Arctan} \dfrac{3}{79}\cdot$

★ **6.13** Que pensez-vous de la relation $\operatorname{Arctan} x + \operatorname{Arctan} y = \operatorname{Arctan} \dfrac{x+y}{1-xy}$?

6.14 Résoudre les équations :
1. $\operatorname{Arctan}(x-1) + \operatorname{Arctan} x + \operatorname{Arctan}(x+1) = \pi/2$;
2. $\operatorname{Arcsin}\left(\dfrac{2x}{1+x^2}\right) = 2 \operatorname{Arctan} x$.

6.15 Simplifier les fonctions définies par les relations suivantes :
1. $f(x) = \operatorname{Arccos}\left(\dfrac{1-x^2}{1+x^2}\right)$;
2. $f(x) = \operatorname{Arcsin}\left(\dfrac{2x}{1+x^2}\right) + \operatorname{Arccos}\left(\dfrac{1-x^2}{1+x^2}\right)\cdot$

Fonctions hyperboliques

6.16 Simplifier, pour $n \in \mathbb{N}^*$ et $(x, y) \in \mathbb{R}^2$:

$$S_n(x,y) = \sum_{k=0}^{n-1} \operatorname{sh}(x + k\,y) \qquad \text{et} \qquad C_n(x,y) = \sum_{k=0}^{n-1} \operatorname{ch}(x + k\,y).$$

Fonctions à valeurs complexes

6.17 Soit $r \in \mathbb{C}$ et f définie sur $\mathbb{R}$ par $f(t) = e^{r\,t}$. Exprimer les dérivées successives de f.
→223

6.18 Soit $a \in \mathbb{C} \setminus \mathbb{R}$ et $f : \begin{array}{ccc} \mathbb{R} & \longrightarrow & \mathbb{C} \\ t & \longmapsto & \dfrac{1}{t-a}\cdot \end{array}$
→223

Pour $n \in \mathbb{N}$, donner l'expression de sa dérivée n-ième.

Solutions des exercices

6.1 Pour tout $x \in]-1,1[$, on a $1-x>0$ et $1+x>0$ donc :

$$f(x) = \ln\left(\frac{1+x}{1-x}\right) = \ln(1+x) - \ln(1-x),$$

puis f est dérivable et :

$$f'(x) = \frac{1}{1+x} - \frac{-1}{1-x} = \frac{1}{1+x} + \frac{1}{1-x} = \frac{2}{1-x^2}.$$

Remarque Dériver f comme la fonction composée de la fonction $x \mapsto \frac{1+x}{1-x}$ et de la fonction logarithme aurait été bien moins efficace !

6.2 Avant tout, il est indispensable d'écrire :

$$\forall x \in I \quad f(x) = \exp\big(v(x)\,\ln u(x)\big).$$

Par suite, f est dérivable d'après les théorèmes généraux, et la formule de dérivation d'une fonction composée donne alors :

$$\forall x \in I \quad f'(x) = f(x)\left(v'(x)\,\ln u(x) + v(x)\,\frac{u'(x)}{u(x)}\right).$$

6.3 On a pour tout $x \in \mathbb{R}_+^*$, $f(x) = \exp(x \ln x)$.

1. • Par croissances comparées, $\lim\limits_{x\to 0} x\ln x = 0$.
   • Puisque $\lim\limits_{x\to+\infty} \ln x = +\infty$, par opérations sur les limites, $\lim\limits_{x\to+\infty} x\ln x = +\infty$.

   Par composition des limites, on en déduit $\lim\limits_{x\to 0} f(x) = 1$ et $\lim\limits_{x\to+\infty} f(x) = +\infty$.

2. La fonction f est dérivable d'après les théorèmes généraux et, pour tout $x \in \mathbb{R}_+^*$, on a :

   $$f'(x) = f(x)(1+\ln x).$$

   On en déduit le tableau de variations :

x	0		$\frac{1}{e}$		$+\infty$
f	1	$\searrow$	$\left(\frac{1}{e}\right)^{\frac{1}{e}}$	$\nearrow$	$+\infty$

3. Pour connaître la tangente au point d'abscisse 0, étudions, pour $x \in]0,1[$:

   $$\frac{f(x)-f(0)}{x} = \frac{\exp(x\ln x)-1}{x} = \ln x\;\frac{\exp(x\,\ln x) - 1}{x\,\ln x}.$$

   Comme le nombre dérivé de la fonction exponentielle en 0 vaut 1 et que $\lim\limits_{x\to 0} x\ln x$ par croissance comparée, on a :

   $$\lim_{u\to 0}\frac{e^u-1}{u} = 1 \quad \text{et donc} \quad \lim_{x\to 0}\frac{\exp(x\,\ln x)-1}{x\,\ln x} = 1$$

   Par suite, le taux d'accroissement $\frac{f(x)-f(0)}{x}$ tend vers $-\infty$ en 0, et le graphe de f possède donc une tangente verticale en ce point.

6.4 1. Posons g la fonction définie sur $]0,+\infty[$ par $g(x)=\frac{\ln x}{x}\cdot$

Par les théorèmes généraux, g est dérivable sur l'intervalle $]0,+\infty[$ et :

$$\forall x \in \mathbb{R}_+^* \quad g'(x)=\frac{1-\ln x}{x^2}\cdot$$

Puisque $g'(e)=0$ et ln est décroissante, la fonction g est décroissante sur $[e,+\infty[$. D'après le théorème de limite monotone, elle admet donc une limite ℓ en $+\infty$.

2. On vérifie sans difficulté par récurrence que $n \leqslant 2^n$ pour tout entier naturel n. On peut également établir cette inégalité pour $n \geqslant 1$ en utilisant la formule du binôme et en remarquant que $\binom{n}{1}=n$:

$$2^n=(1+1)^n=\sum_{k=0}^{n}\binom{n}{k} \geqslant \binom{n}{1}=n.$$

3. Pour $n \in \mathbb{N}$, on a $1 \leqslant 4^n$, donc :

$$0 \leqslant g(4^n)=\frac{2n\ln 2}{4^n}=\frac{n}{2^n}\,\frac{2\,\ln(2)}{2^n}\cdot$$

D'après la question précédente, on a $\frac{n}{2^n} \leqslant 1$. En multipliant cette inégalité par le réel positif $\frac{2\ln(2)}{2^n}$, cela donne :

$$0 \leqslant g(4^n) \leqslant \frac{2\,\ln(2)}{2^n} \underset{n\to+\infty}{\longrightarrow} 0.$$

Par encadrement, $\lim\limits_{n\to+\infty} g(4^n)=0$ et par le théorème de composition des limites, $\ell=0$.

6.5 L'ensemble de définition de ce système est $\{(x,y)\ :\ x>0 \text{ et } y>0\}$.

- Condition nécessaire : la seconde équation entraîne $x/y=2$.

  En reportant dans la première, on trouve $3y^2=12$ et donc $y=2$ (car $y>0$) ; on en déduit $x=4$.
- Réciproquement, le couple $(4,2)$ est évidemment solution.

6.6 1. Comme la fonction Arctan est définie sur $\mathbb{R}$, le réel $f(x)$ est défini dès que $\tan x$ est défini, c'est-à-dire pour $x \not\equiv \frac{\pi}{2}\,[\pi]$.

2. Comme la fonction tan est périodique de période π, il en est de même de f. Par suite, son graphe est invariant par des translations de vecteur $k\pi\vec{\imath}$ avec $k \in \mathbb{Z}$.
3. Les fonctions tan et Arctan étant impaires, la fonction $f=\text{Arctan}\circ\tan$ est une fonction impaire. Ainsi, O est centre de symétrie de son graphe.
4. Par définition de la fonction Arctan, on a : $\forall x \in \left]-\frac{\pi}{2},\frac{\pi}{2}\right[\quad f(x)=x$;

   il est alors facile de tracer le graphe de f.

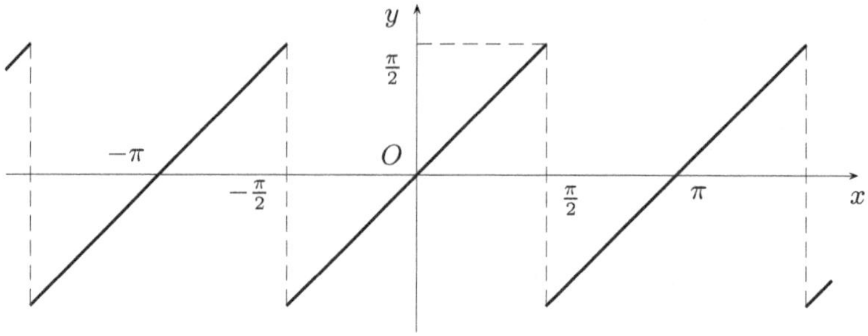

6.7 1. Soit $x \in \mathbb{R}$. En utilisant l'égalité $\dfrac{1}{\cos^2} = 1 + \tan^2$, on obtient :

$$\cos^2(\operatorname{Arctan} x) = \frac{1}{1 + \tan^2(\operatorname{Arctan} x)} = \frac{1}{1 + x^2}\cdot$$

2. Comme $\operatorname{Arctan} x \in \left]-\frac{\pi}{2}, \frac{\pi}{2}\right[$, on sait que son cosinus est positif, ce qui entraîne :

$$\cos(\operatorname{Arctan} x) = \frac{1}{\sqrt{1 + x^2}}\cdot$$

On en déduit :

$$\sin(\operatorname{Arctan} x) = \tan(\operatorname{Arctan} x)\,\cos(\operatorname{Arctan} x) = \frac{x}{\sqrt{1 + x^2}}\cdot$$

6.8 La fonction $\begin{array}{rccl} f: & \mathbb{R}^* & \longrightarrow & \mathbb{R} \\ & x & \longmapsto & \operatorname{Arctan} x + \operatorname{Arctan} \frac{1}{x} \end{array}$ est dérivable d'après les théorèmes généraux et, pour $x \in \mathbb{R}^*$, on a :

$$f'(x) = \frac{1}{1 + x^2} + \frac{1}{1 + \frac{1}{x^2}}\left(-\frac{1}{x^2}\right) = 0.$$

Par suite, cette fonction est constante sur chacun des intervalles $]-\infty, 0[$ et $]0, +\infty[$, ce qui donne :

$$\forall x \in \mathbb{R}_+^* \quad f(x) = f(1) = \frac{\pi}{2} \qquad \text{et} \qquad \forall x \in \mathbb{R}_-^* \quad f(x) = f(-1) = -\frac{\pi}{2}\cdot$$

6.9 1. Étant donné que sin prend ses valeurs dans $[-1, 1]$ et que la fonction Arcsin est définie sur cet intervalle, la fonction f est définie sur $\mathbb{R}$.

2. La fonction sin étant 2π-périodique, il en est de même pour f. Par suite, son graphe Γ_f est invariant par des translations de vecteurs $2k\pi\vec{\imath}$ avec $k \in \mathbb{Z}$, et l'on peut limiter l'étude de f à un intervalle de longueur 2π.

3. Comme f est la composée de deux fonctions impaires, elle est impaire. Ainsi Γ_f est symétrique par rapport à O. On choisit donc, comme intervalle de longueur 2π, l'intervalle $[-\pi, \pi]$, que l'on restreint à $[0, \pi]$.

4. Comme : $\forall x \in [0, \pi] \quad f(x) = f(\pi - x)$, la courbe est symétrique par rapport à la droite d'équation $x = \frac{\pi}{2}$, et l'on peut limiter l'étude à l'intervalle $[0, \frac{\pi}{2}]$. Pour $x \in [0, \frac{\pi}{2}]$, on a $f(x) = x$, et il est alors aisé de tracer la courbe.

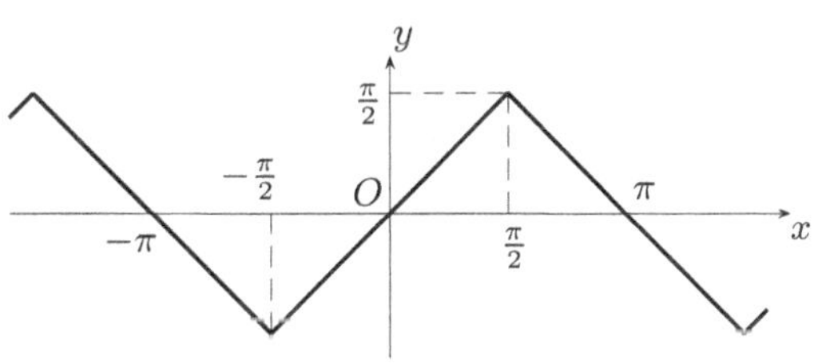

6.10 1. La représentation de ces deux graphes laisse penser qu'ils sont symétriques par rapport à la droite d'équation $x = \frac{\pi}{4}$; cela est justifié par la relation :

$$\forall x \in \left[-\tfrac{\pi}{2}, \tfrac{\pi}{2}\right] \quad \sin x = \cos\left(\tfrac{\pi}{2} - x\right).$$

2. Par suite, les graphes des fonctions réciproques Arcsin et Arccos, symétriques des précédents par rapport à la première bissectrice, sont donc symétriques par rapport à la droite d'équation $y = \frac{\pi}{4}$.

En notant Γ_{Arccos} et Γ_{Arcsin} les graphes des fonctions Arccos et Arcsin, cette symétrie se traduit par :

$$\forall x \in [-1,1] \quad \forall y \in \mathbb{R} \quad (x,y) \in \Gamma_{\text{Arccos}} \iff \left(x, \frac{\pi}{2} - y\right) \in \Gamma_{\text{Arcsin}},$$

c'est-à-dire $\operatorname{Arcsin} x = \frac{\pi}{2} - \operatorname{Arccos} x$, pour tout $x \in [-1,1]$.

6.11 Soit $x \in [-1,1]$. La relation $\sin^2 = 1 - \cos^2$ donne :

$$\sin^2(\operatorname{Arccos} x) = 1 - \cos^2(\operatorname{Arccos} x) = 1 - x^2.$$

Comme $\operatorname{Arccos} x \in [0,\pi]$, on a $\sin(\operatorname{Arccos} x) \geqslant 0$ et donc $\sin(\operatorname{Arccos} x) = \sqrt{1-x^2}$.

6.12 • Commençons par prouver que $\tan\left(5 \operatorname{Arctan} \frac{1}{7} + 2 \operatorname{Arctan} \frac{3}{79}\right) = 1$.

La formule de Moivre permet d'obtenir :

$$\tan 5t = \frac{\sin 5t}{\cos 5t} = \frac{5 \tan t - 10 \tan t^3 + \tan t^5}{1 - 10 \tan t^2 + 5 \tan t^4}.$$

En remplaçant t par $\operatorname{Arctan}(1/7)$, on obtient $\tan(5 \operatorname{Arctan} \frac{1}{7}) = \frac{2879}{3353}$.
On trouve de même $\tan(2 \operatorname{Arctan} \frac{3}{79}) = \frac{237}{3116}$.

En utilisant la formule d'addition donnant $\tan(a+b)$, on en déduit que :

$$\tan\left(5 \operatorname{Arctan} \frac{1}{7} + 2 \operatorname{Arctan} \frac{3}{79}\right) = \frac{\frac{2879}{3353} + \frac{237}{3116}}{1 - \frac{2879}{3353}\frac{237}{3116}} = 1.$$

On a donc $5 \operatorname{Arctan} \dfrac{1}{7} + 2 \operatorname{Arctan} \dfrac{3}{79} \equiv \dfrac{\pi}{4}\ [\pi]$ et il suffit alors de montrer les inégalités $\dfrac{\pi}{4} - \pi < 5 \operatorname{Arctan} \dfrac{1}{7} + 2 \operatorname{Arctan} \dfrac{3}{79} < \dfrac{\pi}{4} + \pi$ pour pouvoir conclure.

• Vérifions donc maintenant $0 \leqslant 5 \operatorname{Arctan} \dfrac{1}{7} + 2 \operatorname{Arctan} \dfrac{3}{79} < \dfrac{5\pi}{4}$.

C'est une conséquence de :

$$0 \leqslant \operatorname{Arctan} \frac{3}{79} \leqslant \operatorname{Arctan} \frac{1}{7} \leqslant \operatorname{Arctan} \frac{1}{\sqrt{3}} = \frac{\pi}{6}$$

et de :

$$0 \leqslant 5 \operatorname{Arctan} \frac{1}{7} + 2 \operatorname{Arctan} \frac{3}{79} \leqslant \frac{7\pi}{6} < \frac{5\pi}{4}.$$

On en déduit alors l'égalité demandée.

6.13 Cette relation ne peut avoir de sens que si $x\,y \neq 1$.

Sous cette condition, on a $\operatorname{Arctan} x + \operatorname{Arctan} y \not\equiv \frac{\pi}{2}\ [\pi]$ et :

$$\tan(\operatorname{Arctan} x + \operatorname{Arctan} y) = \frac{x+y}{1-x\,y}\cdot \qquad (\star)$$

Procédons par disjonction de cas.

- Si $|x| < 1$ et $|y| < 1$, alors :

$$-\frac{\pi}{2} < \operatorname{Arctan} x + \operatorname{Arctan} y < \frac{\pi}{2}\cdot$$

  Cet encadrement et l'égalité $(\star)$ montrent que l'égalité proposée est vraie.

- Si $x = 0$ ou $y = 0$ l'égalité proposée est évidemment vraie.
- Supposons $x \neq 0$ et, par exemple, $x > 0$.
  - Si $y \leqslant 0$, alors les relations :

$$0 < \operatorname{Arctan} x < \frac{\pi}{2} \quad \text{et} \quad -\frac{\pi}{2} < \operatorname{Arctan} y \leqslant 0$$

    entraînent :

$$-\frac{\pi}{2} < \operatorname{Arctan} x + \operatorname{Arctan} y < \frac{\pi}{2}\cdot$$

    L'égalité $(\star)$ permet alors de conclure : l'égalité proposée est vraie.
  - Si $y > 0$, alors on a :

$$0 \leqslant \operatorname{Arctan} x + \operatorname{Arctan} y,$$

    et la relation donnée est vraie si, et seulement si :

$$\operatorname{Arctan} x + \operatorname{Arctan} y < \frac{\pi}{2},$$

    soit encore :

$$\operatorname{Arctan} y < \frac{\pi}{2} - \operatorname{Arctan} x. \qquad (\star\star)$$

    Étant donné que la fonction tan est croissante sur $[0, \frac{\pi}{2}[$, et que :

$$0 \leqslant \operatorname{Arctan} y < \frac{\pi}{2} \quad \text{et} \quad 0 \leqslant \frac{\pi}{2} - \operatorname{Arctan} x < \frac{\pi}{2},$$

    la relation $(\star\star)$ est équivalente à :

$$y < \tan\left(\frac{\pi}{2} - \operatorname{Arctan} x\right) = \frac{1}{\tan(\operatorname{Arctan} x)} = \frac{1}{x}\cdot$$

  Pour $x > 0$, la relation donnée est donc vraie si, et seulement si, $x\,y < 1$.

- Supposons $x < 0$. La relation :

$$\operatorname{Arctan} x + \operatorname{Arctan} y = \operatorname{Arctan} \frac{x+y}{1-x\,y}$$

  est vraie si, et seulement si :

$$\operatorname{Arctan}(-x) + \operatorname{Arctan}(-y) = \operatorname{Arctan} \frac{(-x)+(-y)}{1-(-x)(-y)},$$

  c'est-à-dire si, et seulement si :

$$(-x)(-y) = x\,y < 1.$$

  En conclusion la relation proposée est vraie si, et seulement si, $x\,y < 1$.

Si $x\,y > 1$, on peut prouver que

- si $x > 0$ (et $y > 0$) alors $\operatorname{Arctan} x + \operatorname{Arctan} y = \pi + \operatorname{Arctan} \dfrac{x+y}{1-x\,y}$,
- si $x < 0$ (et $y < 0$) alors $\operatorname{Arctan} x + \operatorname{Arctan} y = -\pi + \operatorname{Arctan} \dfrac{x+y}{1-x\,y}\cdot$

6.14 1. • Prouvons que l'équation possède une unique solution. La fonction :

$$u : x \mapsto \operatorname{Arctan}(x-1) + \operatorname{Arctan} x + \operatorname{Arctan}(x+1)$$

est continue et strictement croissante (somme de trois applications strictement croissantes) et réalise donc une bijection de $\mathbb{R}$ sur $\left]\lim\limits_{-\infty} u, \lim\limits_{+\infty} u\right[= \left]-\frac{3\pi}{2}, \frac{3\pi}{2}\right[$.
L'équation donnée possède donc une unique solution.
On peut même préciser que cette racine est positive car $u(0) = 0$.

• Déterminons cette racine. L'équation donnée s'écrit encore :

$$\operatorname{Arctan}(x-1) + \operatorname{Arctan}(x+1) = \frac{\pi}{2} - \operatorname{Arctan} x.$$

Soit x une solution de cette équation. On a :

$$0 < \frac{\pi}{2} - \operatorname{Arctan} x < \pi$$

et, comme 0 n'est évidemment pas solution, on peut appliquer la fonction tangente à chacun des membres, ce qui donne :

$$\tan\big(\operatorname{Arctan}(x-1) + \operatorname{Arctan}(x+1)\big) = \tan(\pi/2 - \operatorname{Arctan} x) = \frac{1}{x},$$

soit encore $\frac{2x}{2-x^2} = \frac{1}{x}$ et donc $x = \pm\sqrt{\frac{2}{3}}$.
Comme la solution cherchée est positive, on en déduit $x = \sqrt{\frac{2}{3}}$; il est inutile de faire une réciproque puisque l'on a prouvé que l'équation donnée possède une solution.

2. L'ensemble de définition de l'équation est l'ensemble $\mathbb{R}$.

• Comme :

$$\forall x \in \mathbb{R} \quad -\frac{\pi}{2} \leqslant \operatorname{Arcsin}\left(\frac{2x}{1+x^2}\right) \leqslant \frac{\pi}{2},$$

toute solution x de l'équation donnée doit vérifier :

$$-\frac{\pi}{2} \leqslant 2 \operatorname{Arctan} x \leqslant \frac{\pi}{2} \quad \text{et donc} \quad -1 \leqslant x \leqslant 1.$$

• Réciproquement, soit $x \in [-1, 1]$ et $t = \operatorname{Arctan} x$. Alors $t \in \left[-\frac{\pi}{4}, \frac{\pi}{4}\right]$ et :

$$\begin{aligned}\operatorname{Arcsin}\left(\frac{2x}{1+x^2}\right) = \operatorname{Arcsin}\left(\frac{2\tan t}{1+\tan^2 t}\right) &= \operatorname{Arcsin}(\sin 2t)\\ &= 2t \qquad \text{car } 2t \in \left[-\frac{\pi}{2}, \frac{\pi}{2}\right]\\ &= 2 \operatorname{Arctan} x.\end{aligned}$$

L'ensemble solution de l'équation est donc le segment $[-1, 1]$.

6.15 1. • **Méthode de simplification directe**

Étant donné que $1+x^2$ ne s'annule pas sur $\mathbb{R}$ et que $\left|\frac{1-x^2}{1+x^2}\right| \leqslant 1$, cette fonction est définie sur $\mathbb{R}$. Elle est paire ; donc on peut en restreindre l'étude à $\mathbb{R}_+$.

En posant $x = \tan t$ avec $t \in \left]-\frac{\pi}{2}, \frac{\pi}{2}\right[$ ou, ce qui est équivalent, $t = \operatorname{Arctan} x$ on obtient :

$$f(\tan t) = \operatorname{Arccos}(\cos 2t).$$

Pour $x \geqslant 0$ on a alors $t \in \left]0, \frac{\pi}{2}\right[$, et donc $2t \in]0, \pi[$; on en déduit $f(\tan t) = 2t$, ce qui entraîne :

$$f(x) = 2 \operatorname{Arctan} x.$$

Par parité, on en déduit :

$$\forall x \in \mathbb{R} \quad f(x) = 2 \operatorname{Arctan} |x|.$$

• **Méthode utilisant la dérivée**

Étant donné que $1+x^2$ ne s'annule pas sur $\mathbb{R}$ et que $\left|\frac{1-x^2}{1+x^2}\right| \leqslant 1$ cette fonction est définie sur $\mathbb{R}$. Elle est dérivable pour $\left|\frac{1-x^2}{1+x^2}\right| \neq 1$, c'est-à-dire pour $x \neq 0$.

Elle est paire, et on peut donc en restreindre l'étude à $\mathbb{R}_+$.

Pour $x > 0$ on a :

$$f'(x) = \frac{-1}{\sqrt{1-\left(\frac{1-x^2}{1+x^2}\right)^2}} \frac{-4x}{(1+x^2)^2} = \frac{x}{|x|} \frac{2}{1+x^2} = \frac{2}{1+x^2}.$$

Ainsi, la fonction $x \mapsto f(x) - 2 \operatorname{Arctan} x$, est continue sur l'intervalle $\mathbb{R}_+$, et sa dérivée est nulle sur $\mathbb{R}_+^*$; on en déduit qu'elle est constante sur $\mathbb{R}_+$. Comme elle est nulle en 0, on en déduit :

$$\forall x \in \mathbb{R}_+ \quad f(x) = 2 \operatorname{Arctan} x.$$

Par parité, on obtient alors :

$$\forall x \in \mathbb{R} \quad f(x) = 2 \operatorname{Arctan} |x|.$$

2. Comme, pour x réel, on a :

$$-1 \leqslant \frac{2x}{1+x^2} \leqslant 1 \quad \text{et} \quad -1 \leqslant \frac{1-x^2}{1+x^2} \leqslant 1,$$

la fonction est définie sur tout $\mathbb{R}$; de plus elle est dérivable en tout réel x vérifiant :

$$-1 < \frac{2x}{1+x^2} < 1 \quad \text{et} \quad -1 < \frac{1-x^2}{1+x^2} < 1,$$

c'est-à-dire pour $x \in]-\infty, -1[\cup]-1, 0[\cup]0, 1[\cup]1, +\infty[$. Après simplifications, on trouve :

$x < -1$	$-1 < x < 0$	$0 < x < 1$	$1 < x$
$f'(x) = -\frac{4}{x^2+1}$	$f'(x) = 0$	$f'(x) = \frac{4}{x^2+1}$	$f'(x) = 0$

On en déduit les expressions simplifiées de $f(x)$:

- avec la limite en $-\infty$, on trouve $\forall x \in]-\infty, -1] \quad f(x) = -4 \operatorname{Arctan} x - \pi$;
- avec la valeur en 0, on trouve $\forall x \in [-1, 0] \quad f(x) = 0$;
- avec la valeur en 0, on trouve $\forall x \in [0, 1] \quad f(x) = 4 \operatorname{Arctan} x$;
- avec la limite en $+\infty$, on trouve $\forall x \in [1, +\infty[\quad f(x) = \pi$.

6.16 Soit $(x,y) \in \mathbb{R}^2$.

- Si $y=0$, on a directement $S_n = n\,\mathrm{sh}\,x$ et $C_n = n\,\mathrm{ch}\,x$.
- Supposons $y \neq 0$. En posant $E_n(x,y) = \sum\limits_{k=0}^{n-1} \exp(x+ky)$, on a :

$$S_n(x,y) = \frac{E_n(x,y) - E_n(-x,-y)}{2} \qquad \text{et} \qquad C_n(x,y) = \frac{E_n(x,y) + E_n(-x,-y)}{2}\cdot$$

Par sommation des termes d'une suite géométrique de raison $\exp(y) \neq 1$, on a :

$$E_n(x,y) = \frac{\exp(x) - \exp\big(x+ny\big)}{1-\exp(y)} = \frac{\exp\big(x+\frac{ny}{2}\big)\big(\exp(-\frac{ny}{2}) - \exp(\frac{ny}{2})\big)}{\exp(\frac{y}{2})\big(\exp(-\frac{y}{2}) - \exp(\frac{y}{2})\big)}$$
$$= \exp\big(x + \tfrac{(n-1)y}{2}\big)\frac{\mathrm{sh}\left(\frac{ny}{2}\right)}{\mathrm{sh}\left(\frac{y}{2}\right)}\cdot$$

On en déduit que :

$$E_n(-x,-y) = \exp\big(-x - \tfrac{(n-1)y}{2}\big)\frac{\mathrm{sh}\left(-\frac{ny}{2}\right)}{\mathrm{sh}\left(-\frac{y}{2}\right)} = \exp\big(-x - \tfrac{(n-1)y}{2}\big)\frac{\mathrm{sh}\left(\frac{ny}{2}\right)}{\mathrm{sh}\left(\frac{y}{2}\right)}$$

puis, après simplification :

$$S_n(x,y) = \mathrm{sh}\big(x + \tfrac{(n-1)y}{2}\big)\frac{\mathrm{sh}\left(\frac{ny}{2}\right)}{\mathrm{sh}\left(\frac{y}{2}\right)} \qquad \text{et} \qquad C_n(x,y) = \mathrm{ch}\big(x + \tfrac{(n-1)y}{2}\big)\frac{\mathrm{sh}\left(\frac{ny}{2}\right)}{\mathrm{sh}\left(\frac{y}{2}\right)}\cdot$$

6.17 En appliquant le corollaire 32 de la page 223, on démontre par récurrence que :

$$\forall n \in \mathbb{N} \quad \forall t \in I \quad f^{(n)}(t) = r^n\, e^{r\,t}.$$

6.18 Avec l'hypothèse $a \in \mathbb{C} \setminus \mathbb{R}$ la fonction f est bien définie sur tout $\mathbb{R}$ puisque $t \mapsto t-a$ ne s'annule pas sur $\mathbb{R}$. En appliquant la règle de dérivation d'une puissance, on prouve par récurrence sur n que :

$$\forall n \in \mathbb{N} \quad \forall t \in \mathbb{R} \quad f^{(n)}(t) = \frac{(-1)^n n!}{(t-a)^{n+1}}\cdot$$

Chapitre 7 : Primitives
Calcul d'intégrales

Primitives Calcul d'intégrales

7

Dans ce chapitre, I est un intervalle de $\mathbb{R}$ d'intérieur non vide. Les fonctions considérées sont à valeurs dans $\mathbb{K}$, où $\mathbb{K}$ désigne l'ensemble des nombres réels ou celui des nombres complexes.

I Primitives

1 Généralités

Définition 1

Soit f une fonction définie sur I. On appelle **primitive** de f sur I toute fonction dérivable sur I et dont la dérivée est égale à f.

Remarque La définition de la dérivée d'une fonction à valeurs complexes implique que, si F_1 est une primitive de $\operatorname{Re} f$ et F_2 une primitive de $\operatorname{Im} f$, alors $F_1 + iF_2$ est une primitive de f (c'est même une équivalence). Pour trouver une primitive d'une fonction à valeurs complexes, il suffit donc de trouver une primitive de sa partie réelle et une primitive de sa partie imaginaire. Réciproquement, pour trouver une primitive d'une fonction réelle, il suffit de l'écrire comme la partie réelle (ou la partie imaginaire) d'une fonction que l'on sait primitiver.

Ex. 1. Il est immédiat que les fonctions constantes sont toutes des primitives de la fonction nulle. La proposition suivante indique qu'il n'y en a pas d'autre.

Proposition 1

Soit f une fonction définie sur I. Si f possède une primitive F sur I, alors l'ensemble des primitives de f sur I est :

$$\{F + C \mid C \in \mathbb{K}\},$$

c'est-à-dire qu'une fonction G est une primitive de f si, et seulement si :

$$\exists C \in \mathbb{K} \quad \forall x \in I \quad G(x) = F(x) + C.$$

Démonstration page 251

Principe de démonstration. Utiliser le corollaire la proposition 16 de la page 79.

Tableau des primitives usuelles

f	Une primitive de f	Intervalle
$x \mapsto x^n$; $n \in \mathbb{N}$	$x \mapsto \dfrac{x^{n+1}}{n+1}$	$\mathbb{R}$
$x \mapsto \dfrac{1}{x^n}$; $n \in \mathbb{N}^* \setminus \{1\}$	$x \mapsto \dfrac{1}{(-n+1)x^{n-1}}$	$\mathbb{R}_-^*$ ou $\mathbb{R}_+^*$
$x \mapsto \dfrac{1}{x}$	$x \mapsto \ln\lvert x\rvert$	$\mathbb{R}_-^*$ ou $\mathbb{R}_+^*$
$x \mapsto x^\alpha$; $\alpha \in \mathbb{R} \setminus \{-1\}$	$x \mapsto \dfrac{x^{\alpha+1}}{\alpha+1}$	$\mathbb{R}_+^*$
$x \mapsto e^x$	$x \mapsto e^x$	$\mathbb{R}$
$x \mapsto \ln x$	$x \mapsto x\ln x - x$	$\mathbb{R}_+^*$
$x \mapsto \operatorname{ch} x$	$x \mapsto \operatorname{sh} x$	$\mathbb{R}$
$x \mapsto \operatorname{sh} x$	$x \mapsto \operatorname{ch} x$	$\mathbb{R}$
$x \mapsto \cos x$	$x \mapsto \sin x$	$\mathbb{R}$
$x \mapsto \sin x$	$x \mapsto -\cos x$	$\mathbb{R}$
$x \mapsto \tan x$	$x \mapsto -\ln\lvert\cos x\rvert$	$\left]\frac{-\pi}{2}+k\pi, \frac{\pi}{2}+k\pi\right[$; $k \in \mathbb{Z}$
$x \mapsto \dfrac{1}{1+x^2}$	$x \mapsto \operatorname{Arctan} x$	$\mathbb{R}$
$x \mapsto \dfrac{1}{\sqrt{1-x^2}}$	$x \mapsto \operatorname{Arcsin} x$	$]-1,1[$
$x \mapsto \dfrac{-1}{\sqrt{1-x^2}}$	$x \mapsto \operatorname{Arccos} x$	$]-1,1[$
$x \mapsto e^{\lambda x}$; $\lambda \in \mathbb{C}^*$	$x \mapsto \dfrac{e^{\lambda x}}{\lambda}$	$\mathbb{R}$

Remarque
Même si l'ensemble de définition de la fonction $x \mapsto x^\alpha$ dépend de la valeur de α, on peut toujours chercher une primitive de la forme $x \mapsto Cx^{\alpha+1}$.

À l'exception du cas où $\alpha = -1$, on obtiendra comme primitive la fonction $x \mapsto \dfrac{x^{\alpha+1}}{\alpha+1}$. Pour $\alpha = -1$, une primitive est $x \mapsto \ln x$.

Exo 7.1

Point méthode Pour déterminer les primitives d'une fonction sur un intervalle, il suffit donc d'en déterminer une. Toutes les autres s'en déduisent à une constante additive près.

Ex. 2. La fonction $x \mapsto \frac{x^2}{2}$ est une primitive sur $\mathbb{R}$ de la fonction $f : x \mapsto x$ donc les primitives sur $\mathbb{R}$ de f sont les fonctions $x \mapsto \frac{x^2}{2} + C$ avec $C \in \mathbb{K}$.

Attention Pas abus, on s'autorise parfois à parler de primitive pour des fonctions définies sur une partie de $\mathbb{R}$ qui n'est pas un intervalle. Il faut alors bien prendre garde que le résultat de la proposition 1 de la page 240 est faux.
Par exemple la fonction nulle et la fonction :

$$\begin{array}{rcl} \mathbb{R}^* & \longrightarrow & \mathbb{R} \\ x & \longmapsto & \begin{cases} 1 & \text{si } x > 0 \\ -1 & \text{si } x < 0 \end{cases} \end{array}$$

seraient des « primitives » en un tel sens de la fonction nulle définie sur $\mathbb{R}^*$, alors qu'elles ne diffèrent pas d'une constante.

Primitives usuelles

Les résultats obtenus dans le chapitre 3 sur la dérivation permettent d'obtenir les primitives usuelles du tableau de la page précédente. Les résultats de ce tableau sont à connaître mais, en cas de doute, il est facile de les vérifier car ils découlent de ceux connus sur la dérivation.

Ex. 3. Les calculs de dérivation nous donnent également le résultat suivant : si une fonction F est une primitive de la fonction f sur $\mathbb{R}$ et si $a \neq 0$, alors, pour tout réel b, la fonction $\begin{array}{rcl} \mathbb{R} & \longrightarrow & \mathbb{K} \\ x & \longmapsto & f(ax+b) \end{array}$ admet pour primitive la fonction $\begin{array}{rcl} \mathbb{R} & \longrightarrow & \mathbb{K} \\ x & \longmapsto & \frac{1}{a}F(ax+b). \end{array}$

On retrouve ainsi que, pour $\lambda \in \mathbb{C}^*$, une primitive sur $\mathbb{R}$ de $x \mapsto e^{\lambda x}$ est $x \mapsto \frac{1}{\lambda}e^{\lambda x}$.

Ex. 4. Soit $(a,b) \in \mathbb{R}^2$. Déterminons une primitive sur $\mathbb{R}$ de la fonction $f : x \mapsto e^{ax}\cos(bx)$. Le cas $a = b = 0$ étant immédiat, on peut supposer $(a,b) \neq (0,0)$.

- Une première méthode consiste à remarquer que f est la partie réelle de la fonction $x \mapsto e^{(a+ib)x}$. On en déduit qu'une primitive de f est donnée par :

$$x \mapsto \mathrm{Re}\left(\frac{e^{(a+ib)x}}{a+ib}\right) = \mathrm{Re}\left(\frac{(a-ib)e^{(a+ib)x}}{a^2+b^2}\right),$$

c'est-à-dire :

$$x \mapsto \left(\frac{a}{a^2+b^2}\cos(bx) + \frac{b}{a^2+b^2}\sin(bx)\right)e^{ax}.$$

- On aurait aussi pu chercher une primitive de f « du même type » que f, *i.e.* sous la forme :
$$x \mapsto (A\cos(bx) + B\sin(bx))\, e^{ax} \quad \text{avec} \quad (A,B) \in \mathbb{R}^2.$$
Comme la dérivée de cette fonction est donnée par :
$$x \mapsto (-bA\sin(bx) + bB\cos(bx))\, e^{ax} + a\,(A\cos(bx) + B\sin(bx))\, e^{ax},$$
il suffit que le couple (A,B) vérifie le système suivant : $\begin{cases} aA + bB = 1 \\ -bA + aB = 0\,. \end{cases}$

Le déterminant de ce système d'inconnues A et B est $\begin{vmatrix} a & b \\ -b & a \end{vmatrix} = a^2 + b^2 \neq 0$, ce qui montre qu'il existe une unique solution donnée par $(A,B) = \left(\dfrac{a}{a^2+b^2}, \dfrac{b}{a^2+b^2}\right)$. On retrouve qu'une primitive de f est donnée par :
$$x \mapsto \left(\frac{a}{a^2+b^2}\cos(bx) + \frac{b}{a^2+b^2}\sin(bx)\right) e^{ax}.$$

De même, une primitive de $x \mapsto e^{ax}\sin(bx)$ est :
$$x \mapsto \left(-\frac{b}{a^2+b^2}\cos(bx) + \frac{a}{a^2+b^2}\sin(bx)\right) e^{ax}.$$

Le résultat suivant permet d'obtenir les primitives des fonctions que l'on peut décomposer comme combinaison linéaire de fonctions usuelles.

Proposition 2

Soit f (respectivement g) une fonction admettant sur I une primitive F (respectivement G). Alors, pour tout couple $(\lambda,\mu) \in \mathbb{K}^2$, la fonction $\lambda F + \mu G$ est une primitive sur I de la fonction $\lambda f + \mu g$.

Démonstration. Découle de la proposition 13 de la page 76 . □

Ex. 5. Ce résultat permet de trouver les primitives de toute fonction polynomiale.

Plus précisément, la fonction polynomiale $f : x \mapsto \sum_{k=0}^{n} a_k\, x^k$ admet pour primitive sur $\mathbb{R}$ la fonction $F : x \mapsto \sum_{k=0}^{n} \dfrac{a_k}{k+1}\, x^{k+1}$.

Grâce à la proposition 14 de la page 76 sur la dérivée de la composée de deux fonctions, on obtient le résultat suivant :

Proposition 3

Soit u une fonction dérivable sur I à valeurs dans un intervalle J et φ une fonction dérivable sur J. Alors la fonction $x \mapsto u'(x)\,\varphi'\big(u(x)\big)$ admet la fonction $x \mapsto \varphi\big(u(x)\big)$ comme primitive sur I.

Démonstration.
La fonction $x \mapsto \varphi\big(u(x)\big)$ est dérivable sur I et de dérivée $x \mapsto u'(x)\,\varphi'\big(u(x)\big)$. □

Ex. 6. Une primitive de $x \mapsto \dfrac{x}{(1+x^2)^2}$ sur $\mathbb{R}$ est $x \mapsto \dfrac{-1}{2(1+x^2)}$ car on remarque que :

$$\forall x \in \mathbb{R} \quad \frac{x}{(1+x^2)^2} = \frac{1}{2}\frac{2x}{(1+x^2)^2} = \frac{1}{2}\frac{u'(x)}{u(x)^2} = -u'(x)\,\varphi'\big(u(x)\big),$$

Exo 7.2

avec $u : x \mapsto 1+x^2$ et $\varphi : t \mapsto \frac{-1}{2t}$.

En particulier, soit u une fonction dérivable sur I.

Ex. 7. Pour tout $n \in \mathbb{N}$, une primitive de $x \mapsto u'(x)u(x)^n$ sur I est $x \mapsto \dfrac{u(x)^{n+1}}{n+1}$.

Ex. 8. Pour tout $n \in \mathbb{N} \setminus \{1\}$, si la fonction u ne s'annule pas sur I, alors une primitive de $x \mapsto \dfrac{u'(x)}{u(x)^n}$ sur I est $x \mapsto \dfrac{1}{(1-n)u(x)^{n-1}}$.

Ex. 9. Si la fonction u est à valeurs dans $\mathbb{R}^*$, alors une primitive de $x \mapsto \dfrac{u'(x)}{u(x)}$ sur I est $x \mapsto \ln|u(x)|$. Plus précisément, comme u est continue (puisque dérivable) et ne s'annule pas sur l'intervalle I, elle est de signe constant d'après le théorème des valeurs intermédiaires.

- Si u est strictement positive sur I, alors la fonction $x \mapsto \ln\big(u(x)\big)$ est bien définie sur I et de dérivée $x \mapsto \dfrac{u'(x)}{u(x)}$.
- Si u est strictement négative sur I, alors la fonction $x \mapsto \ln\big(-u(x)\big)$ est bien définie sur I et de dérivée $x \mapsto \dfrac{-u'(x)}{-u(x)} = \dfrac{u'(x)}{u(x)}$.

Point méthode Lorsque l'on cherche une primitive de la fonction $x \mapsto \cos^k x$ et plus généralement de tout polynôme en $\cos x$ et $\sin x$, on peut :

- soit linéariser la fonction en utilisant les formules trigonométriques (voir 123) ;
- soit essayer de se ramener à la dérivée d'une composée.

Ex. 10. Déterminons une primitive sur $\mathbb{R}$ de la fonction $x \mapsto \cos^2(x)$.
En linéarisant, on obtient :

$$\forall x \in \mathbb{R} \quad \cos^2(x) = \frac{1}{2}\left(\cos(2x)+1\right).$$

Exo 7.3

Par conséquent, une primitive de $x \mapsto \cos^2(x)$ sur $\mathbb{R}$ est $x \mapsto \dfrac{\sin(2x)}{4} + \dfrac{x}{2}$.

Ex. 11. Déterminons une primitive sur $\mathbb{R}$ de la fonction $f : x \mapsto \cos^3 x$.
Comme on a :

$$\forall x \in \mathbb{R} \quad \cos^3(x) = \cos(x)\,\left(1-\sin^2(x)\right) = \sin'(x)\,\left(1-\sin^2(x)\right),$$

une primitive de $x \mapsto \cos^3(x)$ sur $\mathbb{R}$ est $x \mapsto \sin(x) - \dfrac{\sin^3(x)}{3}$.

Point méthode Pour trouver les primitives de la fonction $f : x \mapsto \cos^{2k+1} x$, on peut écrire la fonction $x \mapsto \cos^{2k} x = \left(1 - \sin^2(x)\right)^k$ comme un polynôme en sin, c'est-à-dire $x \mapsto P(\sin x)$. Une primitive de f est alors donnée par $x \mapsto Q(\sin x)$ où Q est une primitive de P.

De même, une primitive de $g : x \mapsto \sin^{2k+1} x$ sera $x \mapsto -Q(\cos x)$.

Un exemple important

Il faut savoir calculer les primitives de $f : x \mapsto \dfrac{1}{ax^2 + bx + c}$ avec $(a, b, c) \in \mathbb{R}^3$ et a non nul.

Pour cela, on distingue trois cas en fonction du nombre de racines réelles de la fonction polynomiale $P : x \mapsto ax^2 + bx + c$, c'est-à-dire en fonction du signe de son discriminant $\Delta = b^2 - 4ac$.

- Si P a une unique racine réelle r_0 (c'est-à-dire lorsque $\Delta = 0$), alors il existe une constante C telle que $f : x \mapsto \dfrac{C}{(x - r_0)^2}$.

  Une primitive de f sur tout intervalle ne contenant pas r_0 est donc $x \mapsto \dfrac{-C}{x - r_0}$.
- Si P a deux racines réelles distinctes r_1 et r_2 (c'est-à-dire lorsque $\Delta > 0$), alors il existe une constante C telle que $f : x \mapsto \dfrac{C}{(x - r_1)(x - r_2)}$.

  On commence par déterminer des constantes A et B telles que :
$$\forall x \in \mathbb{R} \setminus \{r_1, r_2\} \quad f(x) = \frac{A}{x - r_1} + \frac{B}{x - r_2}.$$
  Une primitive de f sur tout intervalle $I \subset \mathbb{R} \setminus \{r_1, r_2\}$ est alors :
$$x \mapsto A \ln |x - r_1| + B \ln |x - r_2|.$$
- Si P n'a pas de racine réelle (c'est-à-dire lorsque $\Delta < 0$), alors, en mettant P sous forme canonique, il existe une constante C et $(\alpha, \beta) \in \mathbb{R}^2$ tel que $\beta \neq 0$ et $f : x \mapsto \dfrac{C}{(x - \alpha)^2 + \beta^2}$. En écrivant :
$$\forall x \in \mathbb{R} \quad \frac{1}{(x - \alpha)^2 + \beta^2} = \frac{1}{\beta} \frac{\frac{1}{\beta}}{(\frac{x-\alpha}{\beta})^2 + 1},$$
  on en déduit qu'une primitive de f sur $\mathbb{R}$ est donnée par :

Exo 7.4
$$x \mapsto \frac{C}{\beta} \operatorname{Arctan}\left(\frac{x - \alpha}{\beta}\right).$$

Ex. 12. Soit $z = a + ib$ un complexe non réel. Déterminons une primitive de $f : x \mapsto \dfrac{1}{x - z}$.

Pour tout $x \in \mathbb{R}$, on a $f(x) = \dfrac{x - a + ib}{(x - a)^2 + b^2} = \dfrac{x - a}{(x - a)^2 + b^2} + \dfrac{ib}{(x - a)^2 + b^2}$.

Donc une primitive de f est $F : x \mapsto \dfrac{1}{2} \ln\left((x - a)^2 + b^2\right) + i \operatorname{Arctan}\left(\dfrac{x - a}{b}\right)$.

2 Existence de primitives

Le théorème suivant permet :

- d'assurer l'existence de primitives pour une fonction continue sur un intervalle ;
- de calculer une intégrale à l'aide d'une primitive ;
- de ramener la recherche de primitives à un calcul d'intégrale.

Il est admis à ce stade, mais sera démontré dans le chapitre 12, où sera définie rigoureusement l'intégrale d'une fonction continue. Il est connu sous le nom de « théorème fondamental de l'analyse » ou encore « théorème fondamental du calcul différentiel et intégral ».

Afin de l'énoncer dans le cas de fonctions à valeurs complexes, on généralise la notion d'intégrale vue dans le secondaire au cas des fonctions à valeurs complexes de la façon suivante : si f est une fonction continue sur I à valeurs dans $\mathbb{C}$ et si $(a,b) \in I^2$, alors l'intégrale de f entre a et b est définie par :

$$\int_a^b f(t)\,\mathrm{d}t = \int_a^b \big(\operatorname{Re} f(t)\big)\,\mathrm{d}t + i\int_a^b \big(\operatorname{Im} f(t)\big)\,\mathrm{d}t.$$

Théorème 4

Soit f une fonction continue sur I et $a \in I$. Alors la fonction :

$$\begin{array}{rccl} F: & I & \longrightarrow & \mathbb{K} \\ & x & \longmapsto & \displaystyle\int_a^x f(t)\,\mathrm{d}t \end{array}$$

est dérivable sur I et a pour dérivée la fonction f.

Plus précisément, F est l'unique primitive de f sur I s'annulant en a.

Remarque Cela justifie *a posteriori* l'existence du logarithme défini page 204 comme l'unique primitive de $x \mapsto \frac{1}{x}$ sur $\mathbb{R}_+^*$ s'annulant en 1.

On retrouve la proposition suivante qui a été vue en terminale (pour les fonctions à valeurs réelles) et qui permet de calculer l'intégrale d'une fonction f entre a et b, pour peu que l'on connaisse une primitive de f sur un intervalle contenant a et b.

Proposition 5

Soit f une fonction continue sur I et F une primitive de f sur I. Alors :

$$\forall (a,b) \in I^2 \quad \int_a^b f(t)\,\mathrm{d}t = F(b) - F(a).$$

La quantité $F(b) - F(a)$ est notée $[F]_a^b$ ou $\big[F(t)\big]_a^b$.

Démonstration. Soit $(a,b) \in I^2$. D'après le théorème précédent et la proposition 1 de la page 240, il existe une constante $C \in \mathbb{K}$ telle que :

$$\forall x \in I \quad F(x) = C + \int_a^x f(t)\,\mathrm{d}t.$$

En particulier :

$$F(b) - F(a) = C + \int_a^b f(t)\,\mathrm{d}t - C - \int_a^a f(t)\,\mathrm{d}t = \int_a^b f(t)\,\mathrm{d}t. \qquad \square$$

Ex. 13. En sciences physiques, on a souvent besoin de calculer la valeur moyenne d'une fonction périodique. Par exemple, calculons $I = \dfrac{1}{2\pi}\displaystyle\int_0^{2\pi} \cos^2(t)\,\mathrm{d}t$.

Une primitive de $\cos^2$ est $x \mapsto \dfrac{\sin(2x)}{4} + \dfrac{x}{2}$ donc :

$$I = \frac{1}{2\pi}\left[\frac{\sin(2x)}{4} + \frac{x}{2}\right]_0^{2\pi} = \frac{1}{2}.$$

Remarques

- Soit f une fonction continue sur I et $a \in I$. Les primitives de f sur I sont donc les fonctions :
$$x \mapsto \int_a^x f(t)\,\mathrm{d}t + C \quad \text{avec} \quad C \in \mathbb{K}.$$
- Soit f une fonction continue sur I et $(a,b) \in I^2$. Les fonctions $x \mapsto \displaystyle\int_a^x f(t)\,\mathrm{d}t$ et $x \mapsto \displaystyle\int_b^x f(t)\,\mathrm{d}t$ diffèrent donc d'une constante, ce qui explique que l'on note parfois $\displaystyle\int^x f(t)\,\mathrm{d}t$ une primitive générique de f.

Ex. 14. Soit f une fonction continue sur $\mathbb{R}$. Dérivons la fonction $g : x \mapsto \displaystyle\int_{x^2}^{x^3} f(t)\,\mathrm{d}t$.

En notant F une primitive de f (qui existe d'après le théorème 4 de la page ci-contre), on a $g : x \mapsto F(x^3) - F(x^2)$, donc g est dérivable sur $\mathbb{R}$ et :

$$\forall x \in \mathbb{R} \quad g'(x) = 3x^2 f(x^3) - 2x\,f(x^2).$$

Remarque Plus généralement, si l'on considère I et J deux intervalles d'intérieur non vide, $f : I \to \mathbb{K}$ une fonction continue, α et β deux fonctions dérivables définies sur J à valeurs dans I, alors la fonction :

$$g : x \mapsto \int_{\alpha(x)}^{\beta(x)} f(t)\mathrm{d}t$$

est dérivable sur J et :

$$\forall x \in J \quad g'(x) = \beta'(x)f\big(\beta(x)\big) - \alpha'(x)f\big(\alpha(x)\big).$$

En effet, en notant F une primitive de f, on a $g = F \circ \beta - F \circ \alpha$. La conclusion résulte de la dérivation des fonctions composées.

Si f est dérivable sur I, alors f est une primitive de f'. Pour pouvoir utiliser la proposition 5 de la page précédente et donc avoir, pour tout $(a,x) \in I^2$:

$$f(x) - f(a) = \int_a^x f'(t)\,\mathrm{d}t,$$

on a besoin que la dérivée f' soit continue, c'est-à-dire que f soit de classe $\mathcal{C}^1$. La proposition 5 de la page ci-contre se réécrit alors :

Corollaire 6

Soit f une fonction de classe $\mathcal{C}^1$ sur I. Alors :

$$\forall (a,b) \in I^2 \quad f(b) - f(a) = \int_a^b f'(t)\,\mathrm{d}t.$$

Démonstration. Cela découle de la proposition 5 de la page 246 car la fonction f est, sous ces conditions, une primitive sur I de sa dérivée f' qui est continue. □

II Recherche de primitives et calcul d'intégrales

Maintenant que le lien entre primitives et intégrales a été rappelé, nous allons donner deux méthodes permettant de simplifier le calcul d'intégrales et donc la recherche de primitives : l'intégration par parties et le changement de variable. Elles s'appuient sur les résultats énoncés dans le chapitre 3.

1 Intégration par parties

Proposition 7 (Intégration par parties)

Soit u et v deux fonctions de classe $\mathcal{C}^1$ sur I. On a :

$$\forall (a,b) \in I^2 \quad \int_a^b u(t)v'(t)\,\mathrm{d}t = u(b)v(b) - u(a)v(a) - \int_a^b u'(t)v(t)\,\mathrm{d}t.$$

Démonstration page 251

Notation On écrit aussi :

$$\forall (a,b) \in I^2 \quad \int_a^b u(t)v'(t)\,\mathrm{d}t = [u\,v]_a^b - \int_a^b u'(t)v(t)\,\mathrm{d}t.$$

Principe de démonstration. La fonction uv est de classe $\mathcal{C}^1$ et sa dérivée est $uv' + u'v$.

Point méthode La formule d'intégration par parties est en général utilisée pour éliminer une fonction dont la dérivée est plus simple. Par exemple, c'est ainsi que l'on trouve des primitives des fonctions ln, Arcsin, Arctan...

Ex. 15. Le tableau de la page 241 nous donne une primitive sur $\mathbb{R}_+^*$ de la fonction $\ln$. Elle peut s'obtenir grâce à une intégration par parties.

En effet, une primitive de la fonction $x \mapsto \ln x$ sur $\mathbb{R}_+^*$ est : $x \mapsto \displaystyle\int_1^x \ln t\,\mathrm{d}t$.

Soit $x \in \mathbb{R}_+^*$ fixé. Les fonctions : $u : t \mapsto \ln t$ et $v : t \mapsto t$ sont de classe $\mathcal{C}^1$ sur $\mathbb{R}_+^*$.
Une intégration par parties donne :

$$\int_1^x \ln t\,\mathrm{d}t = \int_1^x u(t)v'(t)\,\mathrm{d}t = [u\,v]_1^x - \int_1^x u'(t)v(t)\,\mathrm{d}t$$
$$= [t\,\ln t]_1^x - \int_1^x \mathrm{d}t = x\ln x - x + 1\,.$$

Par suite, une primitive sur $\mathbb{R}_+^*$ de la fonction $\ln$ est donnée par :

$$x \mapsto x\ln x - x + 1.$$

On retiendra qu'une primitive sur $\mathbb{R}_+^*$ de la fonction $\ln$ est : $x \mapsto x\ln x - x$.

Ex. 16. Déterminons une primitive sur IR de la fonction Arctan.

Pour cela, on calcule, pour tout réel x, l'intégrale $\displaystyle\int_0^x \operatorname{Arctan} t \,\mathrm{d}t$.

Soit $x \in \mathbb{R}$. Les fonctions $u : t \mapsto \operatorname{Arctan} t$ et $v : t \mapsto t$ sont de classe $\mathcal{C}^1$ sur IR. Une intégration par parties donne :

$$\begin{aligned}\int_0^x \operatorname{Arctan} t \,\mathrm{d}t = \int_0^x u(t)v'(t)\,\mathrm{d}t &= [u\,v]_0^x - \int_0^x u'(t)v(t)\,\mathrm{d}t \\ &= [t \operatorname{Arctan} t]_0^x - \int_0^x \frac{t}{1+t^2}\,\mathrm{d}t \\ &= x \operatorname{Arctan} x - \frac{1}{2}\ln(1+x^2).\end{aligned}$$

Exo 7.6

Une primitive sur IR de la fonction Arctan est donc : $x \mapsto x \operatorname{Arctan} x - \frac{1}{2}\ln(1+x^2)$.

Point méthode L'utilisation d'intégrations par parties successives permet de calculer une primitive d'une fonction s'écrivant comme le produit d'un polynôme et d'une fonction exponentielle : on dérive le polynôme et l'on primitive la fonction exponentielle jusqu'à ne plus obtenir qu'une fonction exponentielle.

Il en est de même en remplaçant « exponentielle » par « cosinus » ou « sinus« .

Ex. 17. Déterminons une primitive sur IR de la fonction $x \mapsto x^2\,e^x$.

Soit $x \in \mathbb{R}$. Calculons $\displaystyle\int_0^x t^2 e^t \,\mathrm{d}t$. Les fonctions $u : t \mapsto t^2$ et $v : t \mapsto e^t$ sont de classe $\mathcal{C}^1$ sur IR. Une intégration par parties donne :

$$\begin{aligned}\int_0^x t^2 e^t \,\mathrm{d}t = \int_0^x u(t)v'(t)\,\mathrm{d}t &= [u\,v]_0^x - \int_0^x u'(t)v(t)\,\mathrm{d}t \\ &= \left[t^2 e^t\right]_0^x - \int_0^x 2te^t\,\mathrm{d}t = x^2e^x - \int_0^x 2te^t\,\mathrm{d}t.\end{aligned}$$

Les fonctions $u : t \mapsto 2t$ et $v : t \mapsto e^t$ sont de classe $\mathcal{C}^1$ sur IR. Une nouvelle intégration par parties donne :

$$\begin{aligned}\int_0^x t^2 e^t \,\mathrm{d}t &= x^2e^x - \int_0^x u(t)v'(t)\,\mathrm{d}t \\ &= x^2e^x - [u\,v]_0^x + \int_0^x u'(t)v(t)\,\mathrm{d}t \\ &= x^2e^x - \left[2te^t\right]_0^x + \int_0^x 2e^t\,\mathrm{d}t \\ &= x^2e^x - 2xe^x + \left[2e^t\right]_0^x = x^2e^x - 2xe^x + 2e^x - 2.\end{aligned}$$

Une primitive sur IR de la fonction $x \mapsto x^2\,e^x$ est donc $x \mapsto x^2e^x - 2xe^x + 2e^x$.

Remarque On aurait aussi pu directement chercher une primitive de $x \mapsto x^2\,e^x$ sous la forme :

$$x \mapsto \left(ax^2 + bx + c\right)\,e^x.$$

2 Changement de variable

Proposition 8

Soit I et J deux intervalles de $\mathbb{R}$ d'intérieurs non vides, f une fonction continue de I dans $\mathbb{R}$ et φ une fonction de classe $\mathcal{C}^1$ de J dans I. Alors :

$$\forall(\alpha,\beta)\in J^2 \quad \int_\alpha^\beta f(\varphi(u))\,\varphi'(u)\,\mathrm{d}u = \int_{\varphi(\alpha)}^{\varphi(\beta)} f(t)\,\mathrm{d}t\,.$$

Démonstration page 251

Principe de démonstration. Si F est une primitive de f sur I, alors la fonction $F\circ\varphi$ est de classe $\mathcal{C}^1$ sur J et sa dérivée est $\varphi'\times(f\circ\varphi)$.

Attention Il ne faut pas oublier de changer les bornes.

Ex. 18. La fonction $\varphi : u\mapsto \sin u$ étant de classe $\mathcal{C}^1$ sur $[0,\frac{\pi}{2}]$, on a :

$$\int_0^{\pi/2}\sin^2 u\cos u\,\mathrm{d}u = \int_0^{\pi/2}\varphi(u)^2\,\varphi'(u)\,\mathrm{d}u = \int_0^1 t^2\,\mathrm{d}t = \frac{1}{3}\cdot$$

Ex. 19. La fonction $\varphi : u\mapsto u^2$ étant de classe $\mathcal{C}^1$ sur $[-1,2]$, on a :

$$\int_{-1}^2 u\sqrt{4-u^2}\,\mathrm{d}u = \frac{1}{2}\int_{-1}^2\sqrt{4-\varphi(u)}\,\varphi'(u)\,\mathrm{d}u = \frac{1}{2}\int_1^4\sqrt{4-t}\,\mathrm{d}t$$
$$= \left[-\frac{1}{3}(4-t)^{3/2}\right]_1^4 = \sqrt{3}.$$

Ex. 20. Dans les exemples précédents, on aurait, bien sûr, pu se passer de changement de variable et écrire :

- $\displaystyle\int_0^{\pi/2}\sin^2 u\cos u\,\mathrm{d}u = \left[\frac{\sin^3 u}{3}\right]_0^{\pi/2} = \frac{1}{3}\cdot$
- $\displaystyle\int_{-1}^2 u\sqrt{4-u^2}\,\mathrm{d}u = \left[-\frac{1}{3}(4-u^2)^{3/2}\right]_{-1}^2 = \sqrt{3}.$

Autrement dit, dans ce sens, la formule de changement de variable n'est qu'une réécriture des calculs.

Remarque Quand on utilise la formule précédente, on dit que l'on effectue le changement de variable $t=\varphi(u)$. On remplace alors formellement t par $\varphi(u)$ et $\mathrm{d}t$ par $\varphi'(u)\,\mathrm{d}u$, ce qui rend la transformation assez naturelle.

Ex. 21. Déterminons une primitive sur $\mathbb{R}$ de $f : x\mapsto \frac{1}{2+e^x}\cdot$

Soit $x\in\mathbb{R}$, calculons $\displaystyle\int_0^x \frac{1}{2+e^t}\,\mathrm{d}t$ à l'aide du changement de variable $u=e^t$, soit $t=\ln u$.

Comme la fonction $\ln$ est de classe $\mathcal{C}^1$ sur $\mathbb{R}_+^*$, on a :

$$\int_0^x \frac{1}{2+e^t}\,\mathrm{d}t = \int_1^{e^x}\frac{1}{2+u}\frac{1}{u}\,\mathrm{d}u = \int_1^{e^x}\left(\frac{-1/2}{2+u}+\frac{1/2}{u}\right)\mathrm{d}u = \frac{1}{2}\left[\ln\frac{u}{2+u}\right]_1^{e^x}.$$

Exo 7.11

Ainsi, une primitive de f sur $\mathbb{R}$ est $F : x\mapsto \frac{1}{2}\ln\frac{e^x}{2+e^x} = \frac{1}{2}\left(x-\ln(2+e^x)\right)$.

Démonstrations

Proposition 1 Si F est une primitive de f sur I alors, pour toute constante $C \in \mathbb{K}$, la fonction $F + C$ est aussi évidemment une primitive de f sur I.

Si F et G sont deux primitives de f sur I, alors la fonction $F - G$ est de dérivée nulle sur l'intervalle I ; elle est donc constante d'après la proposition la proposition 16 de la page 79.

Proposition 7 Comme u et v sont de classe $\mathcal{C}^1$ sur I, il en est de même de la fonction $u\,v$, et la proposition précédente permet d'écrire :

$$\begin{aligned} u(b)\,v(b) - u(a)\,v(a) &= \int_a^b (u\,v)'(t)\,\mathrm{d}t \\ &= \int_a^b u(t)\,v'(t)\,\mathrm{d}t + \int_a^b u'(t)\,v(t)\,\mathrm{d}t. \end{aligned}$$

Proposition 8 Comme f est continue sur I, elle possède une primitive F. La fonction $F \circ \varphi$ est de classe $\mathcal{C}^1$ sur J et sa dérivée est $\varphi' \times (f \circ \varphi)$. Le corollaire 6 de la page 248 donne donc :

$$\int_\alpha^\beta f\big(\varphi(u)\big)\,\varphi'(u)\,\mathrm{d}u = F\big(\varphi(\beta)\big) - F\big(\varphi(\alpha)\big) = \int_{\varphi(\alpha)}^{\varphi(\beta)} f(t)\,\mathrm{d}t\,.$$

S'entraîner et approfondir

Primitives

7.1 Déterminer une primitive de la fonction $x \mapsto \dfrac{1}{\sqrt{3x+2}}$ sur $\left]-\frac{2}{3}, +\infty\right[$.
→241

7.2 Déterminer une primitive de $x \mapsto \dfrac{\ln x}{x}$ sur $\mathbb{R}_+^*$.
→244

7.3 Déterminer une primitive sur $\mathbb{R}$ de la fonction $x \mapsto \cos(2x)\sin(3x)$.
→244

7.4 1. Déterminer une primitive de $f_1 : x \mapsto \dfrac{1}{x^2 - 3x + 2}$.
→245

2. Déterminer une primitive de $f_2 : x \mapsto \dfrac{1}{x^2 - 4x + 4}$.
3. Déterminer une primitive de $f_3 : x \mapsto \dfrac{1}{x^2 + x + 1}$.

7.5 Déterminer une primitive de $t \mapsto \dfrac{1}{t \ln t}$ sur $]1, +\infty[$.

Intégration par parties

7.6 Déterminer les primitives sur $]-1, 1[$ de la fonction $x \mapsto \operatorname{Arcsin} x$.
→249

⋆ **7.7** 1. Vérifier que $x \mapsto \ln\left(x + \sqrt{x^2+1}\right)$ est une primitive de $x \mapsto \dfrac{1}{\sqrt{1+x^2}}$ sur $\mathbb{R}$.

2. Déterminer une primitive sur $\mathbb{R}$ de $x \mapsto \sqrt{1+x^2}$.

7.8 Pour tout $(p,q) \in \mathbb{N}^2$, on pose $I(p,q) = \displaystyle\int_0^1 x^p (1-x)^q \, \mathrm{d}x$.

1. Soit $(p,q) \in \mathbb{N}^* \times \mathbb{N}$. Trouver une relation entre $I(p,q)$ et $I(p-1, q+1)$.
2. En déduire $I(p,q)$ pour tout $(p,q) \in \mathbb{N}^2$.

⋆ **7.9 Intégrales de Wallis**

Pour tout entier naturel n, on pose $I_n = \displaystyle\int_0^{\pi/2} \sin^n(x) \, \mathrm{d}x$.

1. Calculer I_0 et I_1.
2. Lorsque $n \geqslant 2$, donner une relation entre I_n et I_{n-2}. En déduire la valeur de $I_n I_{n-1}$ pour tout $n \geqslant 1$.
   Indication. *On pourra remarquer que* $\sin^n = \sin \times \sin^{n-1}$.
3. Calculer I_{2p} pour tout entier naturel p. En déduire I_{2p+1}.

7.10 Pour tout entier n, on note $f_n : t \mapsto \dfrac{1}{(1+t^2)^n}$ et F_n la primitive de f_n s'annulant en 0.

1. Déterminer F_0, F_1 et F_2.
2. Soit $n \in \mathbb{N}^*$. Déterminer une relation entre F_n et F_{n+1}.
3. En déduire F_3.

Changement de variable

7.11 →250 1. Déterminer les primitives sur $]0,\pi[$ de la fonction $f : x \mapsto \dfrac{1}{\sin x}$ en utilisant le changement de variable $t = \tan\dfrac{x}{2}\cdot$

2. En déduire les primitives sur $\left]-\dfrac{\pi}{2},\dfrac{\pi}{2}\right[$ de la fonction $g : x \mapsto \dfrac{1}{\cos x}\cdot$

7.12 Calculer $\displaystyle\int_0^1 \frac{x^2}{1+x^6}\,\mathrm{d}x$.

7.13 1. Calculer, pour tout réel $x>0$, l'intégrale $\displaystyle\int_{1/x}^{x} \frac{1}{t(1+t^4)}\,\mathrm{d}t$.

2. Retrouver ce résultat en dérivant $f : x \mapsto \displaystyle\int_{1/x}^{x} \frac{1}{t(1+t^4)}\,\mathrm{d}t$.

7.14 On pose $I = \displaystyle\int_0^{\pi/2} \sin^2 x\,\mathrm{d}x$ et $J = \displaystyle\int_0^{\pi/2} \cos^2 x\,\mathrm{d}x$.

1. Calculer $I+J$.
2. À l'aide d'un changement de variable affine, montrer que $I = J$ et en déduire leur valeur commune.
3. Donner, sans faire de calcul de primitive, la valeur de $K = \displaystyle\int_0^{\pi/2} \cos^2 x\,\sin^2 x\,\mathrm{d}x$.

7.15 Calculer $I = \displaystyle\int_{-\pi/8}^{\pi/8} \mathrm{Arctan}\left(\frac{1+x^4}{1+x^2}\right)\sqrt[3]{\sin x^3}\,\sin\left(\sqrt{1-x^2}\right)\mathrm{d}x$.

7.16 Calculer $I = \displaystyle\int_{-1}^{1} \sqrt{x^2+x^4}\,\mathrm{d}x$.

⋆ **7.17** Calculer $\displaystyle\int_0^{\pi} \frac{1}{1+\sin x}\,\mathrm{d}x$.

Indication. *On utilisera une symétrie pour réduire le domaine d'intégration. On posera ensuite* $t = \tan\left(\frac{x}{2}\right)$.

⋆ **7.18** En posant le changement de variable $x = \cos t$, calculer $\displaystyle\int_0^1 \sqrt{\frac{1-x}{1+x}}\,\mathrm{d}x$.

⋆ **7.19** Déterminer une primitive sur $[-1,1]$ de la fonction $x \mapsto \sqrt{1-x^2}$ à l'aide du changement de variable $t = \sin u$.

⋆⋆ **7.20** 1. En utilisant le changement de variable $t = \tan\left(\frac{x}{2}\right)$, déterminer une primitive sur $]-\pi,\pi[$ de $f : x \mapsto \dfrac{1}{2+\cos x}\cdot$

2. Déterminer une primitive sur $\mathbb{R}$ de f.

Solutions des exercices

7.1 On cherche une primitive sous la forme $x \mapsto C(3x+2)^{-1/2+1} = C\sqrt{3x+2}$ avec $C \in \mathbb{K}$. La dérivée de cette fonction étant la fonction $x \mapsto \frac{3C}{2\sqrt{3x+2}}$, on en déduit qu'une primitive est la fonction $x \mapsto \dfrac{2}{3}\sqrt{3x+2}$.

7.2 On remarque que :

$$\forall x \in \mathbb{R}_+^* \quad \frac{\ln x}{x} = \ln'(x)\ln x.$$

Par conséquent, une primitive de h sur $\mathbb{R}_+^*$ est $x \mapsto \dfrac{1}{2}(\ln x)^2$.

7.3 En linéarisant, on obtient :

$$\forall x \in \mathbb{R} \quad \cos(2x)\sin(3x) = \frac{1}{2}\left(\sin(5x) + \sin x\right).$$

Par conséquent, une primitive de $x \mapsto \cos(2x)\sin(3x)$ sur $\mathbb{R}$ est :

$$x \mapsto -\frac{\cos(5x)}{10} - \frac{\cos x}{2}.$$

7.4 1. On remarque que :

$$\forall x \in \mathbb{R} \setminus \{1,2\} \quad \frac{1}{x^2-3x+2} = \frac{1}{x-2} - \frac{1}{x-1}.$$

Une primitive de f_1 sur $]-\infty,1[$, sur $]1,2[$ ou sur $]2,+\infty[$ est donc :

$$x \mapsto \ln\left|\frac{x-2}{x-1}\right|.$$

2. On remarque que :

$$\forall x \in \mathbb{R} \setminus \{2\} \quad \frac{1}{x^2-4x+4} = \frac{1}{(x-2)^2}.$$

Une primitive de f_2 sur $]-\infty,2[$ ou sur $]2,+\infty[$ est donc $x \mapsto \dfrac{-1}{x-2}$.

3. On remarque que :

$$\forall x \in \mathbb{R} \quad \frac{1}{x^2+x+1} = \frac{1}{\left(x+\frac{1}{2}\right)^2 + \frac{3}{4}} = \frac{4}{3}\,\frac{1}{\left(\frac{2}{\sqrt{3}}\left(x+\frac{1}{2}\right)\right)^2 + 1}.$$

Donc une primitive de f_3 sur $\mathbb{R}$ est :

$$x \mapsto \frac{2}{\sqrt{3}}\operatorname{Arctan}\left(\frac{2x+1}{\sqrt{3}}\right).$$

7.5 La fonction $t \mapsto \dfrac{1}{t\ln t}$ est continue sur l'intervalle $]1,+\infty[$; elle admet donc une primitive. Pour tout $x \in\,]1,+\infty[$, on a :

$$\int_2^x \frac{1}{t\ln t}\,\mathrm{d}t = \int_2^x \frac{\ln' t}{\ln t}\,\mathrm{d}t = \big[\ln|\ln t|\big]_2^x.$$

Ainsi, une primitive sur $]1,+\infty[$ de $t \mapsto \dfrac{1}{t\ln t}$ est $t \mapsto \ln(\ln t)$.

7.6 Soit $x \in]-1,1[$. Calculons $\displaystyle\int_0^x \operatorname{Arcsin} t \,\mathrm{d}t$. Les fonctions $u : t \mapsto \operatorname{Arcsin} t$ et $v : t \mapsto t$ sont de classe $\mathcal{C}^1$ sur $]-1,1[$. Une intégration par parties donne :

$$\begin{aligned}\int_0^x \operatorname{Arcsin} t \,\mathrm{d}t &= \int_0^x u(t)v'(t)\,\mathrm{d}t\\ &= [u\,v]_0^x - \int_0^x u'(t)v(t)\,\mathrm{d}t\\ &= [t \operatorname{Arcsin} t]_0^x - \int_0^x \frac{t}{\sqrt{1-t^2}}\,\mathrm{d}t = x\operatorname{Arcsin} x + \int_0^x \frac{-t}{\sqrt{1-t^2}}\,\mathrm{d}t.\end{aligned}$$

On reconnaît l'intégrale d'une fonction de la forme $t \mapsto \dfrac{u'(t)}{2\sqrt{u(t)}}$ avec $u : t \mapsto 1-t^2$. Par conséquent :

$$\int_0^x \operatorname{Arcsin} t \,\mathrm{d}t = x\operatorname{Arcsin} x + \left[\sqrt{1-t^2}\right]_0^x = x\operatorname{Arcsin} x + \sqrt{1-x^2} - 1.$$

Une primitive sur $]-1,1[$ de la fonction $x \mapsto \operatorname{Arcsin} x$ est donc :

$$x \mapsto x\operatorname{Arcsin} x + \sqrt{1-x^2}.$$

Remarque La technique de calcul utilisée (qui nécessite une fonction de classe $\mathcal{C}^1$) ne nous a permis d'en faire le calcul que sur $]-1,1[$.

D'après le théorème 4 de la page 246, la fonction Arcsin étant continue sur $[-1,1]$, elle admet une primitive sur $[-1,1]$. Si l'on note F la primitive de Arcsin sur $[-1,1]$ valant 1 en 0, on a :

$$\forall x \in]-1,1[\quad F(x) = x\operatorname{Arcsin} x + \sqrt{1-x^2}.$$

Comme F est continue en 1, on a :

$$F(1) = \lim_{x\to 1^-} F(x) = \lim_{x\to 1^-} x\big(\operatorname{Arcsin} x + \sqrt{1-x^2}\big) = \operatorname{Arcsin} 1$$

et, de même, $F(-1) = -\operatorname{Arcsin}(-1)$ donc :

$$\forall x \in [-1,1] \quad F(x) = x\operatorname{Arcsin} x + \sqrt{1-x^2}.$$

On en déduit que $x \mapsto x\operatorname{Arcsin} x + \sqrt{1-x^2}$ est dérivable sur $[-1,1]$ de dérivée Arcsin.

7.7 1. La fonction $F : x \mapsto \ln\big(x + \sqrt{x^2+1}\big)$ est définie sur $\mathbb{R}$. En effet, pour tout x réel, par stricte croissance de la fonction racine carrée :

$$|x| = \sqrt{x^2} < \sqrt{x^2+1},$$

et donc $0 \leqslant x + |x| < x + \sqrt{x^2+1}$. Notons $\varphi : x \mapsto x + \sqrt{x^2+1}$. La fonction φ est de classe $\mathcal{C}^1$ sur $\mathbb{R}$ par les théorèmes généraux donc F aussi. Par ailleurs, pour tout $x \in \mathbb{R}$:

$$\varphi'(x) = 1 + \frac{x}{\sqrt{x^2+1}} = \frac{x+\sqrt{x^2+1}}{\sqrt{x^2+1}}.$$

Par conséquent, la formule de dérivation des fonctions composées donne :

$$\forall x \in \mathbb{R} \quad F'(x) = \frac{\varphi'(x)}{\varphi(x)} = \frac{x+\sqrt{x^2+1}}{\sqrt{x^2+1}}\,\frac{1}{x+\sqrt{x^2+1}} = \frac{1}{\sqrt{x^2+1}}.$$

2. Considérons les fonctions $u : t \mapsto t$ et $v : t \mapsto \sqrt{t^2+1}$. Elles sont évidemment de classe $\mathcal{C}^1$ sur $\mathbb{R}$ et l'on a, pour tout t réel, $u'(t) = 1$ et $v'(t) = \frac{t}{\sqrt{t^2+1}}$.

   Ainsi, une intégration par parties donne, pour tout réel x :
$$\begin{aligned}\int_0^x \sqrt{t^2+1}\,\mathrm{d}t &= \int_0^x u'(t)\,v(t)\,\mathrm{d}t \\ &= \Big[t\sqrt{t^2+1}\Big]_0^x - \int_0^x \frac{t^2}{\sqrt{t^2+1}}\,\mathrm{d}t.\end{aligned}$$

   On a également :
$$\begin{aligned}\int_0^x \frac{t^2}{\sqrt{t^2+1}}\,\mathrm{d}t &= \int_0^x \frac{t^2+1-1}{\sqrt{t^2+1}}\,\mathrm{d}t \\ &= \int_0^x \sqrt{t^2+1}\,\mathrm{d}t - \int_0^x \frac{1}{\sqrt{t^2+1}}\,\mathrm{d}t.\end{aligned}$$

   On en déduit que :
$$2\int_0^x \sqrt{t^2+1}\,\mathrm{d}t = \Big[t\sqrt{t^2+1}\Big]_0^x + \int_0^x \frac{1}{\sqrt{t^2+1}}\,\mathrm{d}t$$
   et donc qu'une primitive sur $\mathbb{R}$ de $x \mapsto \sqrt{x^2+1}$ est donnée par :
$$x \mapsto \frac{1}{2}\left(x\sqrt{x^2+1} + \ln\left(x+\sqrt{x^2+1}\right)\right).$$

7.8 1. Les fonctions $u : x \mapsto x^p$ et $v : x \mapsto -\frac{(1-x)^{q+1}}{q+1}$ sont de classe $\mathcal{C}^1$ sur $\mathbb{R}$ et l'on a, pour tout réel x, $u'(x) = px^{p-1}$ et $v'(x) = (1-x)^q$. Ainsi :
$$I_{p,q} = \int_0^1 u(x)v'(x)\,\mathrm{d}x = \left[-\frac{1}{q+1}\,x^p(1-x)^{q+1}\right]_0^1 + \frac{p}{q+1}\int_0^1 x^{p-1}(1-x)^{q+1}\,\mathrm{d}x.$$

   La quantité $\left[-\frac{1}{q+1}\,x^p(1-x)^{q+1}\right]_0^1$ étant nulle car $p > 0$ et $q+1 > 0$, on en déduit :
$$I_{p,q} = \frac{p}{q+1}\,I_{p-1,q+1}.$$

2. Lorsque $p \in \mathbb{N}$, on a donc, en itérant :
$$I_{p,q} = \frac{p}{q+1}\,\frac{p-1}{q+2}\cdots\frac{1}{q+p}\,I_{0,p+q} = \frac{p!\,q!}{(p+q)!}\,I_{0,p+q}.$$

   Il est par ailleurs clair que $I_{0,p+q} = \frac{1}{p+q+1}$. En conclusion :
$$I_{p,q} = \frac{p!\,q!}{(p+q+1)!}.$$

7.9 1. On a immédiatement :
$$I_0 = \int_0^{\pi/2} \mathrm{d}x = \frac{\pi}{2} \qquad \text{et} \qquad I_1 = \int_0^{\pi/2} \sin x\,\mathrm{d}x = \big[-\cos x\big]_0^{\pi/2} = 1.$$

2. Les fonctions $u : x \mapsto -\cos x$ et $v : x \mapsto \sin^{n-1} x$ sont de classe $\mathcal{C}^1$ sur $[0, \frac{\pi}{2}]$ et, pour tout $x \in \left[0, \frac{\pi}{2}\right]$, on a :

$$u'(x) = \sin(x) \qquad \text{et} \qquad v'(x) = (n-1)\cos(x)\sin^{n-2}(x).$$

Ainsi :

$$\begin{aligned} I_n &= \int_0^{\pi/2} u'(x)v(x)\,\mathrm{d}x \\ &= \Big[-\cos(x)\sin^{n-1}(x)\Big]_0^{\pi/2} + (n-1)\int_0^{\pi/2} \cos^2(x)\sin^{n-2}(x)\,\mathrm{d}x. \end{aligned}$$

Puisque $n \geqslant 2$, on a $-\cos(0)\sin^{n-1}(0) = 0$ et $-\cos(\pi/2)\sin^{n-1}(\pi/2) = 0$.
Par conséquent :

$$\begin{aligned} I_n &= (n-1)\int_0^{\pi/2} \cos^2(x)\sin^{n-2}(x)\,\mathrm{d}x \\ &= (n-1)\int_0^{\pi/2} \big(1-\sin^2(x)\big)\sin^{n-2}(x)\,\mathrm{d}x \\ &= (n-1)\left(I_{n-2} - I_n\right). \end{aligned}$$

Ainsi, $nI_n = (n-1)I_{n-2}$. En multipliant par I_{n-1}, on a :

$$nI_n\,I_{n-1} = (n-1)\,I_{n-1}\,I_{n-2},$$

ce qui prouve que la suite $(nI_nI_{n-1})_{n\in\mathbb{N}^*}$ est constante. On en déduit que :

$$\forall n \in \mathbb{N}^* \quad n\,I_n\,I_{n-1} = \frac{\pi}{2}\cdot$$

3. À partir de la relation $I_n = \frac{n-1}{n} I_{n-2}$, on obtient, pour tout entier naturel p :

$$I_{2p} = \frac{(2p-1)}{(2p)}\,\frac{(2p-3)}{(2p-2)}\cdots\frac{1}{2}\,I_0.$$

Par ailleurs,

$$(2p)(2p-2)\cdots 2 = 2^p\,p(p-1)\cdots 1 = 2^p\,p!\,.$$

Pour le produit des impairs, il est classique de multiplier et diviser par le produit des pairs, pour obtenir :

$$(2p-1)(2p-3)\cdots 1 = \frac{\mathbf{(2p)}\times(2p-1)\times\mathbf{(2p-2)}\times(2p-3)\times\cdots\times\mathbf{2}\times 1}{\mathbf{(2p)}\times\mathbf{(2p-2)}\times\cdots\times\mathbf{2}} = \frac{(2p)!}{2^p\,p!}\cdot$$

En conclusion, pour tout entier naturel p, on a : $I_{2p} = \dfrac{(2p)!}{2^{2p}\,(p!)^2}\,\dfrac{\pi}{2}$, puis :

$$I_{2p+1} = \frac{1}{(2p+1)\,I_{2p}}\,\frac{\pi}{2} = \frac{2^{2p}(p!)^2}{(2p+1)!}\cdot$$

7.10 1. Pour tout réel x, on a $F_0(x) = x$, $F_1(x) = \operatorname{Arctan}(x)$ et :

$$F_2(x) = \int_0^x \frac{1+t^2-t^2}{(1+t^2)^2}\,\mathrm{d}t = \int_0^x \frac{1}{1+t^2}\,\mathrm{d}t + \int_0^x \frac{-2t}{(1+t^2)^2} \times \frac{t}{2}\,\mathrm{d}t$$
$$= \operatorname{Arctan}(x) + \left[\frac{1}{1+t^2} \times \frac{t}{2}\right]_0^x - \int_0^x \frac{1}{1+t^2} \times \frac{1}{2}\,\mathrm{d}t$$
$$= \frac{1}{2}\operatorname{Arctan}(x) + \frac{x}{2(1+x^2)}\cdot$$

2. Pour tout réel x, on a :

$$F_{n+1}(x) = \int_0^x \frac{1+t^2-t^2}{(1+t^2)^{n+1}}\,\mathrm{d}x$$
$$= \int_0^x \frac{1}{(1+t^2)^n}\,\mathrm{d}t + \int_0^x \frac{-2nt}{(1+t^2)^{n+1}} \times \frac{t}{2n}\,\mathrm{d}t$$
$$= F_n(x) + \left[\frac{1}{(1+t^2)^n} \times \frac{t}{2n}\right]_0^x - \int_0^x \frac{1}{(1+t^2)^n} \times \frac{1}{2n}\,\mathrm{d}t$$
$$= \frac{2n-1}{2n}F_n(x) + \frac{x}{2n(1+x^2)^n}\cdot$$

3. En particulier, pour tout réel x, on a :

$$F_3(x) = \frac{x}{4(1+x^2)^2} + \frac{3}{8}\frac{x}{1+x^2} + \frac{3}{8}\operatorname{Arctan}(x).$$

7.11 1. Soit $x \in\,]0,\pi[$. Calculons $\displaystyle\int_{\pi/2}^x \frac{1}{\sin u}\,du$. Pour cela, on fait le changement de variable $t = \tan\dfrac{u}{2}$, soit $u = 2\operatorname{Arctan} t$, et l'on utilise l'égalité :

$$\forall u \in\,]0,\pi[\quad \sin u = \frac{2\tan\frac{u}{2}}{1+\tan^2\frac{u}{2}}\cdot$$

La fonction $\varphi : \begin{array}{ccc}]0,+\infty[& \longrightarrow &]0,\pi[\\ t & \longmapsto & 2\operatorname{Arctan} t \end{array}$ est de classe $\mathcal{C}^1$. On a donc :

$$\int_{\pi/2}^x \frac{1}{\sin u}\,\mathrm{d}u = \int_1^{\tan(x/2)} \frac{1+t^2}{2t}\,\frac{2}{1+t^2}\,\mathrm{d}t = \int_1^{\tan(x/2)} \frac{\mathrm{d}t}{t} = \ln\left(\tan\frac{x}{2}\right)\cdot$$

Ainsi, une primitive de f sur $]0,\pi[$ est $x \mapsto \ln\left(\tan\dfrac{x}{2}\right)\cdot$

On aurait pu avoir ce résultat directement si l'on avait remarqué que :

$$\forall x \in\,]0,\pi[\quad \frac{1}{\sin x} = \frac{1+\tan^2\frac{x}{2}}{2\tan\frac{x}{2}} = \frac{u'(x)}{u(x)} \quad \text{avec} \quad u : \begin{array}{ccc}]0,\pi[& \longrightarrow & \mathbb{R} \\ x & \longmapsto & \tan\frac{x}{2}\cdot \end{array}$$

2. Soit $x \in \left]-\dfrac{\pi}{2},\dfrac{\pi}{2}\right[$. Calculons $\displaystyle\int_0^x \frac{1}{\cos t}\,dt$. Pour cela, on fait le changement de variable $u = t + \pi/2$. On a donc :

$$\int_0^x \frac{1}{\cos t}\,\mathrm{d}t = \int_{\pi/2}^{x+\pi/2} \frac{1}{\sin u}\,\mathrm{d}u = \left[\ln\left(\tan\frac{u}{2}\right)\right]_{\pi/2}^{x+\pi/2} = \ln\left(\tan\left(\frac{x}{2}+\frac{\pi}{4}\right)\right)\cdot$$

Ainsi, une primitive de g sur $\left]-\frac{\pi}{2},\frac{\pi}{2}\right[$ est donnée par :

$$x \mapsto \ln\left(\tan\left(\frac{x}{2}+\frac{\pi}{4}\right)\right).$$

7.12 La fonction $u : x \mapsto x^3$ est de classe $\mathcal{C}^1$ sur $\mathbb{R}$ et, pour tout réel x, on a $u'(x) = 3x^2$. La fonction $t \mapsto \dfrac{1}{1+t^2}$ étant continue, on a :

$$\int_0^1 \frac{x^2}{1+x^6}\,\mathrm{d}x = \int_0^1 \frac{u'(x)}{3\left(1+u^2(x)\right)}\,\mathrm{d}x = \left[\frac{1}{3}\operatorname{Arctan}\left(x^3\right)\right]_0^1 = \frac{\pi}{12}.$$

7.13 1. On peut remarquer que, pour tout $t \in \mathbb{R}^*$:

$$\frac{1}{t(1+t^4)} = \frac{t^3}{t^4(1+t^4)} = t^3\left(\frac{1}{t^4} - \frac{1}{1+t^4}\right).$$

Posons $u : t \mapsto t^4$. Il s'agit d'une fonction de classe $\mathcal{C}^1$ sur $\mathbb{R}_+^*$, à valeurs dans $\mathbb{R}_+^*$ et $u'(t) = 4t^3$ pour tout $t > 0$. La fonction $s \mapsto \dfrac{1}{s} - \dfrac{1}{1+s}$ étant continue sur $\mathbb{R}_+^*$, on a pour tout $x > 0$:

$$\begin{aligned}\int_{1/x}^{x} \frac{\mathrm{d}t}{t(1+t^4)} &= \int_{1/x}^{x} \frac{u'(t)}{4}\left(\frac{1}{u(t)} - \frac{1}{1+u(t)}\right)\mathrm{d}t\\
&= \frac{1}{4}\Big[\ln(t^4) - \ln\left(1+t^4\right)\Big]_{1/x}^{x}\\
&= \frac{1}{4}\left(\ln\left(\frac{x^4}{1+x^4}\right) - \ln\left(\frac{\frac{1}{x^4}}{1+\frac{1}{x^4}}\right)\right)\\
&= \frac{1}{4}\left(\ln\left(\frac{x^4}{1+x^4}\right) - \ln\left(\frac{1}{1+x^4}\right)\right) = \ln x.\end{aligned}$$

2. Notons G une primitive de $g : t \mapsto \dfrac{1}{t(1+t^4)}$ sur l'intervalle $\mathbb{R}_+^*$.

On a pour tout $x > 0$, $f(x) = G(x) - G(1/x)$ donc f est dérivable sur $\mathbb{R}_+^*$ et :

$$\forall x \in \mathbb{R}_+^* \quad f'(x) = \frac{1}{x(1+x^4)} + \frac{1}{x^2}\frac{1}{\frac{1}{x}(1+\frac{1}{x^4})} = \frac{1}{x(1+x^4)} + \frac{x^3}{1+x^4} = \frac{1}{x}.$$

De plus, $f(1) = 0$ donc $\forall x \in \mathbb{R}_+^* \quad f(x) = \ln(x)$.

7.14 1. Par linéarité :

$$I + J = \int_0^{\pi/2}\left(\cos^2 x + \sin^2 x\right)\mathrm{d}x = \int_0^{\pi/2}\mathrm{d}x = \frac{\pi}{2}.$$

2. En posant le changement de variable affine $x = \frac{\pi}{2} - t$, on obtient :

$$\begin{aligned}I = \int_0^{\pi/2} \sin^2 x\,\mathrm{d}x &= \int_{\pi/2}^{0} \sin^2\left(\frac{\pi}{2} - t\right)(-1)\,\mathrm{d}t\\
&= \int_0^{\pi/2} \sin^2\left(\frac{\pi}{2} - t\right)\mathrm{d}t = \int_0^{\pi/2} \cos^2 t\,\mathrm{d}t = J.\end{aligned}$$

Par conséquent, $I = J = \frac{\pi}{4}$.

3. On a $K = \frac{1}{4}\int_0^{\pi/2} \sin^2(2x)\,\mathrm{d}x$. Le changement de variable linéaire $x = t/2$ donne :

$$K = \frac{1}{8}\int_0^{\pi} \sin^2 t\,\mathrm{d}t.$$

Puisque :

$$\int_{\pi/2}^{\pi} \sin^2 t\,\mathrm{d}t = \int_0^{\pi/2} \sin^2(t+\pi/2)\,\mathrm{d}t = \int_0^{\pi/2} \cos^2 t\,\mathrm{d}t,$$

on a :

$$K = \frac{1}{4}\int_0^{\pi/2} \sin^2(t)\,\mathrm{d}t = \frac{\pi}{16}\cdot$$

7.15 Soit $f : x \mapsto \operatorname{Arctan}\left(\frac{1+x^4}{1+x^2}\right)\sqrt[3]{\sin x^3}\,\sin\left(\sqrt{1-x^2}\right)$. Cette fonction est correctement définie et continue sur $[-1,1]$ et donc sur $[-\pi/8, \pi/8]$. Elle est de plus impaire donc :

$$I = \int_{-\pi/8}^{\pi/8} f(x)\mathrm{d}x = \int_{\pi/8}^{-\pi/8} f(-t)(-1)\mathrm{d}t = \int_{\pi/8}^{-\pi/8} f(t)\mathrm{d}t = -\int_{-\pi/8}^{\pi/8} f(t)\mathrm{d}t = -I.$$

Ainsi, $I = 0$.

7.16 La fonction à intégrer est paire et continue sur $[-1,1]$, donc :

$$I = \int_{-1}^{1} |x|\sqrt{1+x^2}\,\mathrm{d}x = 2\int_0^1 x\sqrt{1+x^2}\,\mathrm{d}x.$$

La fonction $u : x \mapsto x^2$ est de classe $\mathcal{C}^1$ et, pour tout x réel, $u'(x) = 2x$. Ainsi :

$$2\int_0^1 x\sqrt{1+x^2}\,\mathrm{d}x = \int_0^1 \big(1+u(x)\big)^{1/2} u'(x)\,\mathrm{d}x = \left[\frac{2}{3}\big(1+u(x)\big)^{3/2}\right]_0^1.$$

On en déduit que $I = \frac{4\sqrt{2}-2}{3}$.

7.17 La fonction $f : x \mapsto \frac{1}{1+\sin x}$ est continue et $f(\pi - x) = f(x)$, pour tout $x \in [0,\pi]$. Il s'ensuit que :

$$\begin{aligned}\int_0^{\pi} f(x)\,\mathrm{d}x &= \int_0^{\pi/2} f(x)\,\mathrm{d}x + \int_{\pi/2}^{\pi} f(x)\,\mathrm{d}x\\ &= \int_0^{\pi/2} f(x)\,\mathrm{d}x + \int_{\pi/2}^{0} f(\pi-t)(-1)\,\mathrm{d}t\\ &= 2\int_0^{\pi/2} \frac{1}{1+\sin x}\,\mathrm{d}x.\end{aligned}$$

La fonction $t \mapsto 2\operatorname{Arctan} t$ est de classe $\mathcal{C}^1$ sur $\mathbb{R}$. En posant $x = 2\operatorname{Arctan} t$, on a $\sin x = \frac{2t}{1+t^2}$ et :

$$\int_0^{\pi/2} \frac{1}{1+\sin x}\,\mathrm{d}x = \int_0^1 \frac{1}{1+\frac{2t}{1+t^2}}\,\frac{2}{1+t^2}\,\mathrm{d}t = \int_0^1 \frac{2}{(1+t)^2}\,\mathrm{d}t = \left[\frac{-2}{1+t}\right]_0^1.$$

Par conséquent, on a $\displaystyle\int_0^{\pi} \frac{1}{1+\sin x}\,\mathrm{d}x = 2$.

7.18 La fonction à intégrer est continue sur $[0,1]$. La fonction cosinus étant de classe $\mathcal{C}^1$ sur $\mathbb{R}$, le changement de variable $x=\cos t$ donne :

$$\int_0^1 \sqrt{\frac{1-x}{1+x}}\,\mathrm{d}x = \int_0^{\pi/2} \sqrt{\frac{1-\cos t}{1+\cos t}}\,\sin t\,\mathrm{d}t.$$

Par ailleurs, pour tout $t\in[0,\pi/2]$, par positivité de la fonction sin, on a :

$$\sqrt{\frac{1-\cos t}{1+\cos t}} = \frac{\sqrt{1-\cos t}}{\sqrt{1-\cos t}} \times \frac{\sqrt{1-\cos t}}{\sqrt{1+\cos t}} = \frac{\sqrt{(1-\cos t)^2}}{\sqrt{1-\cos^2 t}} = \frac{1-\cos t}{\sin t}.$$

Par conséquent :

$$\int_0^1 \sqrt{\frac{1-x}{1+x}}\,\mathrm{d}x = \int_0^{\pi/2} \big(1-\cos t\big)\,\mathrm{d}t = \frac{\pi}{2}-1.$$

On peut aussi écrire :

$$\begin{aligned}\int_0^1 \sqrt{\frac{1-x}{1+x}}\,\mathrm{d}x &= \int_0^1 \frac{1-x}{\sqrt{1-x^2}}\,\mathrm{d}x\\ &= \int_0^1 \left(\frac{1}{\sqrt{1-x^2}} - \frac{x}{\sqrt{1-x^2}}\right)\mathrm{d}x\\ &= \Big[\operatorname{Arcsin}(x)+\sqrt{1-x^2}\Big]_0^1 = \frac{\pi}{2}-1.\end{aligned}$$

7.19 Soit $x\in[-1,1]$, calculons l'intégrale $\displaystyle\int_0^x \sqrt{1-t^2}\,\mathrm{d}t$.

Pour cela, on fait le changement de variable $t=\sin u$.

La fonction $\varphi : \begin{array}{ccc}[-\pi/2,\pi/2] & \longrightarrow & [-1,1]\\ u & \longmapsto & \sin u\end{array}$ est une application de classe $\mathcal{C}^1$. Des antécédents de 0 et x par φ sont 0 et $\operatorname{Arcsin} x$ (en fait, ce sont les seuls, puisque φ est bijective). On a :

$$\int_0^x \sqrt{1-t^2}\,\mathrm{d}t = \int_0^{\operatorname{Arcsin} x} \cos u\,\sqrt{1-\sin^2 u}\,\mathrm{d}u = \int_0^{\operatorname{Arcsin} x} \cos u\,|\cos u|\,\mathrm{d}u.$$

Comme la fonction cos est positive sur $[-\pi/2,\pi/2]$, on est ramené à une intégrale que l'on sait calculer en linéarisant :

$$\begin{aligned}\int_0^x \sqrt{1-t^2}\,\mathrm{d}t = \int_0^{\operatorname{Arcsin} x} \cos^2 u\,\mathrm{d}u &= \frac{1}{2}\int_0^{\operatorname{Arcsin} x} (1+\cos(2u))\,\mathrm{d}u\\ &= \frac{1}{2}\left[u+\frac{1}{2}\sin(2u)\right]_0^{\operatorname{Arcsin} x}\\ &= \frac{1}{2}\operatorname{Arcsin} x + \frac{1}{4}\sin(2\operatorname{Arcsin} x)\\ &= \frac{1}{2}\operatorname{Arcsin} x + \frac{1}{2}\sin(\operatorname{Arcsin} x)\,\cos(\operatorname{Arcsin} x).\end{aligned}$$

Or, $\sin(\operatorname{Arcsin} x)=x$ et $\cos^2(\operatorname{Arcsin} x) = 1-\sin^2(\operatorname{Arcsin} x) = 1-x^2$.
Comme $\operatorname{Arcsin} x\in[-\pi/2,\pi/2]$, on a $\cos(\operatorname{Arcsin} x)\geqslant 0$ donc :

$$\cos(\operatorname{Arcsin} x) = \sqrt{1-x^2}.$$

Par suite :

$$\int_0^x \sqrt{1-t^2}\,\mathrm{d}t = \frac{1}{2}\operatorname{Arcsin} x + \frac{1}{2}x\sqrt{1-x^2}.$$

Ainsi, une primitive sur $[-1,1]$ de $x \mapsto \sqrt{1-x^2}$ est $x \mapsto \dfrac{1}{2}\operatorname{Arcsin} x + \dfrac{1}{2}x\sqrt{1-x^2}$.

Remarque Bien qu'étant la somme de deux fonctions non dérivables en 1 et -1, la fonction $x \mapsto \dfrac{1}{2}\operatorname{Arcsin} x+\dfrac{1}{2}x\sqrt{1-x^2}$ est dérivable sur $[-1,1]$ comme primitive sur cet intervalle de la fonction continue $x \mapsto \sqrt{1-x^2}$.

7.20 1. La fonction f est continue sur $\mathbb{R}$. La fonction $t \mapsto 2\operatorname{Arctan} t$ est de classe $\mathcal{C}^1$ et elle définit une bijection de $\mathbb{R}$ sur $]-\pi,\pi[$. Ainsi, en utilisant le fait que $\cos u = \frac{1-\tan\left(\frac{u}{2}\right)^2}{1+\tan\left(\frac{u}{2}\right)^2}$, on a pour tout $x \in]-\pi,\pi[$:

$$\begin{aligned}\int_0^x \frac{\mathrm{d}u}{2+\cos u} &= \int_0^{\tan\left(\frac{x}{2}\right)} \frac{1}{2+\frac{1-t^2}{1+t^2}}\,\frac{2}{1+t^2}\,\mathrm{d}t\\ &= \int_0^{\tan\left(\frac{x}{2}\right)} \frac{2}{3+t^2}\,\mathrm{d}t\\ &= \frac{2}{\sqrt{3}}\left[\operatorname{Arctan}\left(\frac{t}{\sqrt{3}}\right)\right]_0^{\tan\left(\frac{x}{2}\right)}.\end{aligned}$$

Ainsi, une primitive de f sur $]-\pi,\pi[$ est la restriction à $]-\pi,\pi[$ de la fonction :

$$F : x \mapsto \frac{2}{\sqrt{3}}\operatorname{Arctan}\left(\frac{1}{\sqrt{3}}\tan\left(\frac{x}{2}\right)\right).$$

Il est facile de voir que cette fonction, définie et dérivable sur $\mathbb{R}\setminus\{\pi+2n\pi \mid n\in\mathbb{Z}\}$, est une primitive de f sur chaque intervalle $]2n\pi-\pi, 2n\pi+\pi[$.

2. On va utiliser F pour déterminer une primitive de f sur $\mathbb{R}$ tout entier.

On considère l'unique primitive G de f sur $\mathbb{R}$ s'annulant en 0, dont l'existence est assurée puisque f est continue. Comme F et G ont la même dérivée sur $\mathbb{R}\setminus\{\pi+2n\pi \mid n\in\mathbb{Z}\}$, pour tout entier n, il existe une constante α_n telle que l'on ait $G(x) = F(x)+\alpha_n$ pour tout $x \in \big](2n-1)\pi,(2n+1)\pi\big[$.

Soit $n \in \mathbb{Z}$, la limite à gauche de G en $(2n+1)\pi$ est $\pi/\sqrt{3}+\alpha_n$ tandis que sa limite à droite vaut $-\pi/\sqrt{3}+\alpha_{n+1}$. On a donc $\alpha_{n+1} = \alpha_n + 2\pi/\sqrt{3}$. Comme F et G s'annulent en 0, on a $\alpha_0 = 0$ puis, par récurrence immédiate, pour tout $n\in\mathbb{Z}$, $\alpha_n = \frac{2n}{\sqrt{3}}\pi$.

Ainsi :

$$\forall n\in\mathbb{Z}\quad \forall x\in\big](2n-1)\pi,(2n+1)\pi\big]\quad G(x) = F(x)+\frac{2n}{\sqrt{3}}\pi.$$

Chapitre 8 : Équations différentielles linéaires

Équations différentielles linéaires

8

Dans ce chapitre, I est un intervalle de $\mathbb{R}$ d'intérieur non vide. Les fonctions considérées sont à valeurs dans $\mathbb{K}$, où $\mathbb{K}$ désigne l'ensemble des nombres réels ou celui des nombres complexes.

I Équations différentielles linéaires du premier ordre

Soit a et b deux fonctions continues de I dans $\mathbb{K}$. Quand on cherche les fonctions f dérivables sur I vérifiant :

$$\forall x \in I \quad f'(x) + a(x)\, f(x) = b(x),$$

on dit que l'on résout l'**équation différentielle linéaire du premier ordre** que l'on note :

$$y' + a(x)\, y = b(x). \tag{E}$$

Remarques

- Lorsque a est la fonction nulle, le problème se ramène à la recherche des primitives de b. Nous allons voir comment, dans le cas général, ramener la résolution de l'équation (E) à une recherche de primitives.
- Il arrive que l'on ait à résoudre des équations différentielles de la forme :

$$\alpha(x)y' + \beta(x)y = \gamma(x),$$

  où les fonctions α, β et γ sont continues sur I. Dans ce cas, on se place sur un intervalle I' inclus dans I sur lequel la fonction α ne s'annule pas, et l'on se ramène à une équation du type (E), avec $a = \dfrac{\beta}{\alpha}$ et $b = \dfrac{\gamma}{\alpha}$ continues sur I'.

1 Structure de l'ensemble des solutions

Définition 1

- On appelle **solution** sur I de l'équation différentielle $y' + a(x)\,y = b(x)$ toute fonction f de I dans $\mathbb{K}$, dérivable, telle que :
$$\forall x \in I \quad f'(x) + a(x)\,f(x) = b(x). \qquad (E)$$
- La fonction b est appelée **second membre** de l'équation différentielle.

  Si b est la fonction nulle, l'équation différentielle est dite **homogène**.
- On appelle **équation homogène associée** à (E), l'équation :
$$y' + a(x)\,y = 0. \qquad (E_0)$$

Proposition 1

L'ensemble $\mathcal{S}_0$ des solutions de l'équation homogène (E_0) est stable par combinaison linéaire, c'est-à-dire qu'il vérifie :
$$\forall (f_1, f_2) \in {\mathcal{S}_0}^2 \quad \forall (\lambda_1, \lambda_2) \in \mathbb{K}^2 \quad \lambda_1 f_1 + \lambda_2 f_2 \in \mathcal{S}_0.$$

751 **Remarque** Nous verrons que cette proposition, avec l'appartenance de la fonction nulle à $\mathcal{S}_0$, traduit le fait que $\mathcal{S}_0$ est un sous-espace vectoriel de l'espace vectoriel des fonctions dérivables sur I.

Proposition 2

Si f_1 est une solution particulière de l'équation (E) et si $\mathcal{S}_0$ désigne l'ensemble des solutions de l'équation (E_0), alors l'ensemble des solutions de l'équation (E) est $\mathcal{S} = \{f_1 + g \mid g \in \mathcal{S}_0\}$.

Démonstration.

- Si la fonction f est solution de (E), alors la fonction $f - f_1$ est solution de l'équation homogène (E_0). En effet :
$$\forall x \in I \quad (f - f_1)'(x) + a(x)(f - f_1)(x) = f'(x) + a(x)f(x) - \big(f_1'(x) + a(x)f_1(x)\big) = 0.$$
  L'écriture $f = f_1 + (f - f_1)$ nous assure alors que $f \in \{f_1 + g \mid g \in \mathcal{S}_0\}$.
- Réciproquement, si $f \in \{f_1 + g \mid g \in \mathcal{S}_0\}$, alors il existe $g \in \mathcal{S}_0$ tel que $f = f_1 + g$, et donc :
$$\forall x \in I \quad f'(x) + a(x)f(x) = f_1'(x) + a(x)f_1(x) + \big(g'(x) + a(x)g(x)\big) = b(x).$$
  Ainsi, la fonction f est solution de (E). □

Remarques

- L'ensemble $\{f_1 + g \mid g \in \mathcal{S}_0\}$ est souvent noté $f_1 + \mathcal{S}_0$.
- Comme $f_1 + \mathcal{S}_0 = \mathcal{S}$, l'ensemble $f_1 + \mathcal{S}_0$ ne dépend pas de la solution f_1 choisie.
- D'après la proposition précédente, pour résoudre (E), il nous suffit de :
  - résoudre l'équation homogène (E_0),
  - trouver une solution particulière.

  Nous allons voir comment atteindre ces deux objectifs.

2 Résolution

Première étape : résolution de l'équation homogène

La fonction nulle est, bien sûr, solution de l'équation homogène ; le résultat suivant montre que pour obtenir les solutions de l'équation homogène (E_0), il suffit d'en connaître une solution non nulle. Il utilise la fonction exponentielle qui a été définie au chapitre 6.

Rappelons que a est supposée continue sur l'intervalle I, donc admet une primitive sur cet intervalle.

Proposition 3

Si A est une primitive de a sur I, alors les solutions de l'équation homogène (E_0) sont les fonctions :

$$\begin{array}{rcl} I & \longrightarrow & \mathbb{K} \\ x & \longmapsto & \lambda\, e^{-A(x)} \end{array} \quad \text{avec} \quad \lambda \in \mathbb{K}.$$

Démonstration page 280

Principe de démonstration. Soit f une fonction dérivable sur I. Il s'agit de prouver que f est solution si, et seulement si, la fonction $x \mapsto f(x)\, e^{A(x)}$ est constante.

817 **Remarque** Nous verrons que la proposition précédente traduit le fait que l'ensemble des solutions de l'équation homogène (E_0) est un $\mathbb{K}$–espace vectoriel de dimension 1 (une **droite vectorielle**).

Ex. 1. Si $a \in \mathbb{K}$, alors l'ensemble des solutions de l'équation homogène $y' = ay$ est :

$$\mathcal{S}_0 = \{x \mapsto \lambda e^{ax} \mid \lambda \in \mathbb{K}\}.$$

Ex. 2. Résolvons l'équation homogène $y' + \dfrac{1}{1+x^2} y = 0$ sur $\mathbb{R}$.

Une primitive sur $\mathbb{R}$ de la fonction $x \mapsto \dfrac{1}{1+x^2}$ est $x \mapsto \operatorname{Arctan} x$; donc les solutions sur $\mathbb{R}$ sont les fonctions $x \mapsto \lambda \exp(-\operatorname{Arctan} x)$ avec $\lambda \in \mathbb{K}$.

Proposition 4

Exo 8.1

Si f_0 est une solution non nulle de l'équation (E_0), alors elle ne s'annule pas sur I et l'on a :

$$\mathcal{S}_0 = \{\lambda f_0 \mid \lambda \in \mathbb{K}\}.$$

Démonstration page 280

Point méthode Lorsqu'il y a une solution évidente non nulle de (E_0), on a l'ensemble des solutions de (E_0) sans avoir besoin de primitiver a.

Ex. 3. Résolvons l'équation homogène $y' + \dfrac{1}{x} y = 0$ sur $\mathbb{R}_+^*$.

On remarque que la fonction $x \mapsto \dfrac{1}{x}$ est une solution non nulle donc les solutions de l'équation homogène sur $\mathbb{R}_+^*$ sont les fonctions $x \mapsto \dfrac{\lambda}{x}$ avec $\lambda \in \mathbb{K}$.

Ex. 4. Résolvons l'équation homogène $y' - \dfrac{2}{x}y = 0$ sur $\mathbb{R}_+^*$.

On remarque que la fonction $x \mapsto x^2$ est une solution non nulle donc les solutions de l'équation homogène sur $\mathbb{R}_+^*$ sont les fonctions $x \mapsto \lambda x^2$ avec $\lambda \in \mathbb{K}$.

Deuxième étape : recherche d'une solution particulière

Maintenant que l'on dispose d'une méthode pour résoudre l'équation homogène (E_0), il reste à trouver une solution particulière de l'équation initiale (E).

Point méthode Si le second membre a une certaine forme, on peut chercher une solution particulière de la même forme.

En particulier, lorsque l'on a une équation différentielle à coefficients constants et un second membre qui est le produit d'une fonction polynomiale et d'une fonction exponentielle, c'est-à-dire de la forme $x \mapsto P(x)e^{\lambda x}$, on peut chercher une solution de même type que le second membre, c'est-à-dire de la forme $x \mapsto Q(x)e^{\lambda x}$ avec Q une fonction polynomiale.

Ex. 5. Résolvons l'équation différentielle $y' + y = x^2 e^x$ sur $\mathbb{R}$.

Les solutions de l'équation homogène sont les fonctions $x \mapsto \lambda e^{-x}$ avec $\lambda \in \mathbb{K}$. Cherchons une solution de la forme $f : x \mapsto P(x)e^x$ avec P une fonction polynomiale.

On obtient que f est solution si, et seulement si,

$$\forall x \in \mathbb{R} \quad P'(x) + 2P(x) = x^2.$$

On cherche donc P de degré 2 et l'on trouve $P : x \mapsto x^2/2 - x/2 + 1/4$ par identification des coefficients. Ainsi, les solutions de l'équation sont les fonctions :

$$x \mapsto \left(x^2/2 - x/2 + 1/4\right) e^x + \lambda e^{-x} \qquad \text{avec} \qquad \lambda \in \mathbb{K}.$$

Ex. 6. Résolvons l'équation différentielle $y' + y = \cos x$ sur $\mathbb{R}$.

Les solutions de l'équation homogène sont les fonctions $x \mapsto \lambda e^{-x}$ avec $\lambda \in \mathbb{K}$. Comme :

$$\forall x \in \mathbb{R} \quad \cos x = \operatorname{Re}\left(e^{ix}\right),$$

et que les coefficients de l'équation sont réels, on cherche une solution de l'équation $y' + y = e^{ix}$ sous la forme $x \mapsto Ce^{ix}$ et l'on obtient $C = \dfrac{1}{1+i} = \dfrac{1-i}{2}$. Comme :

$$\forall x \in \mathbb{R} \quad \operatorname{Re}\left(\frac{1-i}{2}e^{ix}\right) = \operatorname{Re}\left(\frac{1-i}{2}(\cos x + i\sin x)\right) = \frac{1}{2}\cos x + \frac{1}{2}\sin x,$$

les solutions de l'équation sont les fonctions :

$$x \mapsto \frac{1}{2}\cos x + \frac{1}{2}\sin x + \lambda e^{-x} \qquad \text{avec} \qquad \lambda \in \mathbb{K}.$$

On aurait pu chercher directement une solution particulière de la forme $A\cos + B\sin$ avec $(A,B) \in \mathbb{R}^2$.

Lorsque le second membre est une combinaison linéaire de seconds membres que l'on sait traiter, on peut utiliser le **principe de superposition**.

Proposition 5 (Principe de superposition)

Soit f_1 une solution de l'équation $y' + a(x)y = b_1(x)$ et f_2 une solution de l'équation $y' + a(x)y = b_2(x)$. Alors, pour tout $(\lambda_1, \lambda_2) \in \mathbb{K}^2$, la fonction $\lambda_1 f_1 + \lambda_2 f_2$ est solution de l'équation $y' + a(x)y = \lambda_1 b_1(x) + \lambda_2 b_2(x)$.

Démonstration page 280

Point méthode Pour pouvoir utiliser le principe de superposition, on découpe le second membre b en somme de termes pour lesquels on peut trouver une solution particulière.

Ex. 7. Résolvons sur $\mathbb{R}_+^*$ l'équation différentielle $xy' + y = 1 + (1+x)e^x$.

Comme $x \mapsto 1/x$ est une solution non nulle évidente de l'équation homogène associée, les solutions de l'équation homogène sont les fonctions $x \mapsto \lambda/x$ avec $\lambda \in \mathbb{K}$.

Il est immédiat que la fonction constante 1 vérifie l'équation différentielle $xy' + y = 1$.

Cherchons donc, par le principe de superposition, une solution de $xy' + y = (1+x)e^x$. La forme du second membre pousse à envisager une solution sous la forme du produit d'une exponentielle par une certaine fonction. On arrive sans trop de mal à deviner $x \mapsto e^x$.

Donc les solutions sur $\mathbb{R}_+^*$ sont les fonctions $x \mapsto 1 + e^x + \lambda/x$, avec $\lambda \in \mathbb{K}$.

Remarques

- L'équation de cet exemple n'est pas directement sous la forme $y' + a(x)y = b(x)$, mais on s'y ramène facilement en divisant par x (c'est pour cela que l'on s'est placé sur un intervalle ne contenant pas 0).
- Évidemment, dans la pratique, on n'aura pas toujours la chance de deviner aussi facilement des solutions.

Point méthode Lorsque l'on ne trouve pas de solution évidente, on peut appliquer la méthode de la variation de la constante décrite ci-dessous.

Méthode de la variation de la constante

Si l'on considère une solution non nulle y_0 de l'équation homogène (E_0), alors les solutions de l'équation homogène (E_0) sont les fonctions $x \mapsto \lambda\, y_0(x)$ avec $\lambda \in \mathbb{K}$. La méthode de la variation de la constante consiste à chercher une solution de la forme $y : x \mapsto \lambda(x)\, y_0(x)$ où λ est une fonction dérivable sur I. Pour tout $x \in I$, on a alors :

$$\begin{aligned}
y'(x) + a(x)\, y(x) &= \lambda'(x)\, y_0(x) + \lambda(x)\, y_0'(x) + a(x)\lambda(x)\, y_0(x) \\
&= \lambda'(x)\, y_0(x) + \lambda(x) \underbrace{\left(y_0'(x) + a(x)\, y_0(x)\right)}_{=0 \text{ car } y_0 \in \mathcal{S}_0} \\
&= \lambda'(x)\, y_0(x).
\end{aligned}$$

D'après la proposition 3 de la page 266, la solution y_0 ne s'annule pas sur I. Ainsi, la fonction y est solution de (E) si, et seulement si, la fonction λ vérifie :

$$\forall x \in I \quad \lambda'(x) = \frac{b(x)}{y_0(x)}\cdot$$

Ainsi, si la fonction λ est une primitive sur I de la fonction b/y_0, alors la fonction $y : x \mapsto \lambda(x)\, y_0(x)$ est solution de (E).
Une telle primitive existe d'après le théorème 4 de la page 246 car la fonction b/y_0 est continue sur l'intervalle I comme quotient de deux fonctions continues dont le dénominateur ne s'annule pas.

Remarque On parle de variation de la constante car la constante qui apparait dans les solutions de l'équation homogène a été remplacée par une fonction dérivable que l'on fait « varier ».

On en déduit le résultat suivant.

Proposition 6

L'équation (E) : $y' + a(x)\, y = b(x)$ possède une (et même une infinité) de solutions.

Démonstration page 280

Ex. 8. Résolvons l'équation différentielle $y' + \dfrac{1}{x} y = \dfrac{x}{x-1}$ sur $]1, +\infty[$.

Les solutions de l'équation homogène sont les fonctions $x \mapsto \dfrac{\lambda}{x}$, $\lambda \in \mathbb{K}$.

Cherchons une solution particulière de la forme $f_1 : x \mapsto \dfrac{\lambda(x)}{x}$, où λ est une fonction dérivable sur $]1, +\infty[$. Après calculs, on trouve que la fonction f_1 est solution si, et seulement si, λ est une primitive sur $]1, +\infty[$ de la fonction $x \mapsto \dfrac{x^2}{x-1} = \dfrac{(x+1)(x-1)+1}{x-1} = x + 1 + \dfrac{1}{x-1}\cdot$

Par conséquent, une solution particulière sur $]1, +\infty[$ est $f_1 : x \mapsto \dfrac{x}{2} + 1 + \dfrac{\ln(x-1)}{x}\cdot$

Ainsi, les solutions de l'équation sur $]1, +\infty[$ sont les fonctions :

$$x \mapsto \frac{x}{2} + 1 + \frac{\ln(x-1)}{x} + \frac{\lambda}{x} \quad \text{avec} \quad \lambda \in \mathbb{K}.$$

Point méthode Pour déterminer l'ensemble des solutions de (E), il faut donc :

- déterminer l'ensemble des solutions de l'équation homogène associée ; pour cela, soit l'on trouve une solution « évidente », soit l'on primitive a ;
- déterminer une solution particulière ; pour cela, on peut :
  - trouver une solution « évidente », en s'inspirant en particulier de la forme du second membre ;
  - utiliser le principe de superposition ;
  - utiliser la méthode de la variation de la constante.

Problème de Cauchy

La méthode de variation de la constante permet d'assurer l'existence de solutions de l'équation (E). Le résultat suivant affirme que la solution est unique si l'on impose une condition initiale. C'est la situation que l'on rencontre en général en sciences physiques et industrielles : une équation différentielle décrit l'évolution d'un système en fonction du temps et, souvent, la condition initiale en précise son état au temps $t = 0$.
Un **problème de Cauchy** est une équation différentielle associée à une condition initiale.

Théorème 7 (Théorème de Cauchy)

Exo 8.2

Pour toute condition initiale $(x_0, y_0) \in I \times \mathbb{K}$, il existe une unique solution f de l'équation (E) : $y' + a(x)\,y = b(x)$, telle que $f(x_0) = y_0$.

Démonstration page 280

Remarques

- Les graphes de deux solutions d'une même équation différentielle linéaire d'ordre 1 sont donc disjoints ou confondus.
- On retrouve que si f est solution d'une équation différentielle linéaire homogène d'ordre 1, alors f s'annule si, et seulement si, elle est identiquement nulle.

Ex. 9. Déterminons l'unique solution sur $]0, \pi[$ de l'équation différentielle $y' + \dfrac{\cos x}{\sin x} y = 1$ s'annulant en $\pi/2$.

Les solutions de l'équation homogène sont les fonctions $x \mapsto \dfrac{\lambda}{\sin x}$, avec $\lambda \in \mathbb{K}$.
Pour trouver une solution particulière, on la cherche sous la forme :

$$f_1 \,:\, x \mapsto \frac{\lambda(x)}{\sin x},$$

où λ est une fonction dérivable sur $]0, \pi[$.
On trouve que la fonction f_1 est solution si, et seulement si, λ est une primitive sur $]0, \pi[$ de la fonction $\sin$.
Par conséquent, les solutions sur $]0, \pi[$ de l'équation sont les fonctions $x \mapsto \dfrac{C - \cos x}{\sin x}$ avec $C \in \mathbb{K}$. L'unique solution sur $]0, \pi[$ s'annulant en $\pi/2$ est donc $x \mapsto -\dfrac{\cos x}{\sin x}\cdot$

Remarque L'utilisation d'un problème de Cauchy permet de démontrer des propriétés des solutions d'une équation différentielle.

Ex. 10. Supposons I symétrique par rapport à 0 et les fonctions a et b continues sur I et impaires. Alors toute solution de l'équation différentielle $(E) : y' + a(x)\,y = b(x)$ est paire.
En effet, soit f une solution de (E). Considérons $g \,:\, x \mapsto f(-x)$. Elle est dérivable sur I et :

$$\forall x \in I \quad g'(x) = -f'(-x) = a(-x)\,f(-x) - b(-x) = -a(x)\,g(x) + b(x),$$

ce qui prouve que g est solution de (E). De plus, $g(0) = f(0)$, donc f et g vérifient le même problème de Cauchy. Cela prouve qu'elles sont égales, donc que f est paire.

3 Illustration en sciences physiques et industrielles

L'équation différentielle linéaire du premier ordre que l'on rencontre le plus fréquemment en sciences physiques et industrielles est l'équation (à coefficients constants) suivante :

$$y' + \frac{1}{\tau} y = \frac{A(t)}{\tau}. \qquad (*)$$

Elle régit l'évolution d'une grandeur y au cours du temps. La constante $\tau > 0$ a la dimension d'un temps et représente le temps caractéristique d'évolution du phénomène qui est modélisé. Le second membre, qui peut être interprété comme l'action de l'extérieur sur le système (aussi appelé **consigne** en sciences physiques et industrielles), est généralement constant ou sinusoïdal. On parle de **régime libre** lorsque $A = 0$ et de **régime forcé** sinon. Cette équation apparaît dans de multiples situations.

Échange thermique

On note T la température (que l'on suppose homogène) d'un système placé au contact d'un dispositif dont la température est constante à T_0 (thermostat). On admet qu'à chaque instant t, la variation de température du système est proportionnelle à la différence $T - T_0$. Ceci conduit à l'équation différentielle :

$$\frac{\mathrm{d}T}{\mathrm{d}t} = K(T - T_0) \qquad \text{avec} \qquad K < 0.$$

Cette équation différentielle est bien sous la forme $(*)$ avec $\tau = -1/K$ et $A = T_0$.

Charge/décharge d'un condensateur à travers une résistance

Dans un circuit RC, la charge q du condensateur évolue selon l'équation suivante :

$$U = \frac{q}{C} + R\frac{\mathrm{d}q}{\mathrm{d}t}.$$

Celle-ci peut se mettre sous la forme $(*)$ avec $\tau = RC$ et $A = CU$. Une équation similaire peut être obtenue si l'on cherche à modéliser l'établissement du courant dans un circuit comportant une bobine, une résistance et un générateur de tension.

Chute libre d'un corps

On s'intéresse à la vitesse v (projetée sur un axe vertical) d'un corps de masse m en chute libre verticale dans un champ de pesanteur d'intensité g. On suppose que le corps est soumis à une force de frottement de l'air qui est proportionnelle à sa vitesse : $\vec{f} = -\alpha\vec{v}$. L'équation qui régit l'évolution de v est alors :

$$m\frac{\mathrm{d}v}{\mathrm{d}t} = -\alpha v - mg.$$

Cette équation se ramène de nouveau à l'équation $(*)$ avec $\tau = m/\alpha$.

Réaction chimique

On considère une réaction chimique transformant un réactif α en un produit β dont la vitesse dépend linéairement de la concentration de α. Alors la concentration du réactif α notée C_α vérifie une équation différentielle de la forme :

$$\frac{dC_\alpha}{dt} = -kC_\alpha.$$

Cas d'un second membre de type « échelon »

Lorsque A est une constante, alors les solutions sur $\mathbb{R}_+$ de l'équation $(*)$ sont les fonctions $t \mapsto A + \lambda e^{-t/\tau}$ avec $\lambda \in \mathbb{R}$.

Pour trouver la solution dans un cas particulier, il suffit donc de déterminer la constante λ à l'aide des conditions initiales du problème.

On remarque que le comportement de la solution est toujours le même.

- La grandeur tend vers la constante A lorsque t tend vers l'infini. Autrement dit, le système tend à rejoindre un état d'équilibre dans lequel la grandeur ne varie plus.
- Cet état est atteint d'autant plus vite que le temps τ caractéristique d'évolution du système est petit.

Cas d'un second membre de type sinusoïdal

Lorsque A est de la forme $t \mapsto A_0 \cos(\omega t)$ avec $(A_0, \omega) \in \mathbb{R} \times \mathbb{R}_+^*$, on détermine une solution particulière en considérant la partie réelle d'une solution particulière de l'équation :

$$y' + \frac{1}{\tau} y = \frac{A_0}{\tau} e^{i\omega t}.$$

Les solutions sur $\mathbb{R}_+$ de l'équation $(*)$ sont alors les fonctions :

$$t \mapsto \frac{A_0}{1+\omega^2\tau^2}\big(\cos(\omega t) + \omega\tau \sin(\omega t)\big) + \lambda e^{-t/\tau} \quad \text{avec} \quad \lambda \in \mathbb{R}.$$

La solution particulière $t \mapsto \dfrac{A_0}{1+\omega^2\tau^2}\big(\cos(\omega t) + \omega\tau \sin(\omega t)\big)$ peut aussi se voir sous la forme d'un cosinus déphasé, c'est-à-dire :

$$t \mapsto \frac{A_0}{\sqrt{1+\omega^2\tau^2}} \cos(\omega t - \varphi) \quad \text{avec} \quad \varphi = \operatorname{Arctan}(\omega\tau).$$

Pour trouver la solution dans un cas particulier, il suffit donc de déterminer la constante λ à l'aide des conditions initiales du problème.

On remarque que le comportement de la solution est toujours le même.

- La grandeur s'approche, lorsque t tend vers l'infini, d'un régime sinusoïdal de même fréquence que le second membre mais avec un déphasage d'autant plus petit que la constante $\omega\tau$ est petite. C'est ce que l'on appelle le **régime permanent**.
- Cet état est atteint d'autant plus vite que le temps caractéristique d'évolution du système, τ, est petit. La période pendant laquelle le régime permanent n'est pas encore « atteint » s'appelle le **régime transitoire**.

II Équations différentielles linéaires du second ordre à coefficients constants

Soit a et b deux éléments de $\mathbb{K}$ et c une fonction continue de I dans $\mathbb{K}$. On considère l'**équation différentielle linéaire du second ordre à coefficients constants** :

$$y'' + a\,y' + b\,y = c(x). \qquad (E)$$

1 Structure de l'ensemble des solutions

Les démonstrations de cette partie sont similaires à celles données dans le cas des équations différentielles linéaires d'ordre 1. Elles sont fondées sur le caractère linéaire de l'équation. Nous laissons donc le lecteur les adapter.

Définition 2

- On appelle **solution** sur I de l'équation différentielle (E) toute fonction f deux fois dérivable de I dans $\mathbb{K}$ telle que :
$$\forall x \in I \quad f''(x) + a\,f'(x) + b\,f(x) = c(x).$$
- La fonction c est appelée **second membre** de l'équation différentielle. Lorsque c est la fonction nulle, l'équation différentielle est dite **homogène**.
- On appelle **équation homogène associée** à (E) (ou **équation sans second membre**), l'équation :
$$y'' + a\,y' + b\,y = 0. \qquad (E_0)$$

Proposition 8

L'ensemble $\mathcal{S}_0$ des solutions de l'équation homogène (E_0) est stable par combinaison linéaire, c'est-à-dire qu'il vérifie :

$$\forall (f_1, f_2) \in {\mathcal{S}_0}^2 \quad \forall (\lambda_1, \lambda_2) \in \mathbb{K}^2 \quad \lambda_1 f_1 + \lambda_2 f_2 \in \mathcal{S}_0.$$

751 **Remarque** Nous verrons que cette proposition, avec l'appartenance de la fonction nulle à $\mathcal{S}_0$, traduit le fait que $\mathcal{S}_0$ est un sous-espace vectoriel de l'espace vectoriel des fonctions deux fois dérivables de I dans $\mathbb{K}$.

Proposition 9

Si f_1 est une solution particulière de l'équation (E) et si $\mathcal{S}_0$ désigne l'ensemble des solutions de l'équation (E_0), alors l'ensemble des solutions de l'équation (E) est $\mathcal{S} = \{f_1 + g \mid g \in \mathcal{S}_0\}$.

Remarque

Comme dans le cas des équations différentielles linéaires du premier ordre, résoudre une équation différentielle linéaire du second ordre revient donc à résoudre l'équation homogène associée et à trouver une solution particulière.

2 Résolution de l'équation homogène

Nous cherchons les solutions sur $\mathbb{R}$. Pour trouver les solutions sur I, il suffira d'en considérer les restrictions.

Proposition 10

Soit $r \in \mathbb{K}$.

La fonction $\varphi_r : \begin{array}{ccc} \mathbb{R} & \longrightarrow & \mathbb{K} \\ x & \longmapsto & e^{rx} \end{array}$ vérifie l'équation homogène $y'' + a\,y' + b\,y = 0$ si, et seulement si, $r^2 + a\,r + b = 0$.

L'équation $r^2 + a\,r + b = 0$ est appelée **équation caractéristique** de (E_0).

Démonstration page 280

Cas où $\mathbb{K} = \mathbb{C}$

Proposition 11

- Si l'équation caractéristique $r^2 + a\,r + b = 0$ a deux racines distinctes r_1 et r_2, alors les solutions de (E_0) sont les fonctions :
$$x \mapsto \lambda_1\, e^{r_1 x} + \lambda_2\, e^{r_2 x} \qquad \text{avec} \qquad (\lambda_1, \lambda_2) \in \mathbb{C}^2.$$
- Si l'équation caractéristique $r^2 + a\,r + b = 0$ a une racine double r_0, alors les solutions de (E_0) sont les fonctions :
$$x \mapsto (\lambda_1 + \lambda_2\, x)e^{r_0 x} \qquad \text{avec} \qquad (\lambda_1, \lambda_2) \in \mathbb{C}^2.$$

Démonstration page 281

Principe de démonstration. Étudier l'équation vérifiée par $z : x \mapsto y(x)e^{-rx}$ où r est une racine de l'équation caractéristique.

Remarque Dans les deux cas, l'ensemble des solutions de l'équation différentielle (E_0) est constitué des combinaisons linéaires de deux solutions non propor-
817 tionnelles.

On verra que cela implique que (E_0) est un $\mathbb{C}$–espace vectoriel de dimension 2. On dit que l'ensemble des solutions de l'équation homogène est un plan vectoriel.

Cas où $\mathbb{K} = \mathbb{R}$

Proposition 12

Supposons a et b réels.

- Si l'équation caractéristique $r^2 + a\,r + b = 0$ a deux racines réelles distinctes r_1 et r_2, alors les solutions réelles de (E_0) sont les fonctions :
$$x \mapsto \lambda_1\, e^{r_1\, x} + \lambda_2\, e^{r_2\, x} \qquad \text{avec} \qquad (\lambda_1, \lambda_2) \in \mathbb{R}^2.$$
- Si l'équation caractéristique $r^2 + a\,r + b = 0$ a une racine double r_0 (nécessairement réelle), alors les solutions réelles de (E_0) sont les fonctions :
$$x \mapsto (\lambda_1 + \lambda_2\, x)\, e^{r_0\, x} \qquad \text{avec} \qquad (\lambda_1, \lambda_2) \in \mathbb{R}^2.$$
- Si l'équation caractéristique $r^2 + a\,r + b = 0$ a deux racines complexes conjuguées non réelles $\alpha \pm i\beta$, alors les solutions réelles de (E_0) sont les fonctions :
$$x \mapsto \lambda_1\, e^{\alpha x} \cos \beta x + \lambda_2\, e^{\alpha x} \sin \beta x \qquad \text{avec} \qquad (\lambda_1, \lambda_2) \in \mathbb{R}^2.$$

Démonstration page 282

Ex. 11. Résolvons les équations différentielles :

1. $y'' + 4y' - 5y = 0$;
2. $y'' - 2y' + y = 0$;
3. $y'' + 2y' + 2y = 0$.

1. L'équation caractéristique $r^2 + 4r - 5 = 0$ admet comme racines 1 et -5 donc les solutions à valeurs dans $\mathbb{K}$ sont les fonctions :

$$x \mapsto \lambda_1 e^x + \lambda_2 e^{-5x} \quad \text{avec} \quad (\lambda_1, \lambda_2) \in \mathbb{K}^2.$$

2. L'équation caractéristique $r^2 - 2r + 1 = 0$ admet 1 comme racine double, donc les solutions à valeurs dans $\mathbb{K}$ sont les fonctions :

$$x \mapsto (\lambda_1 + \lambda_2 x)e^x \quad \text{avec} \quad (\lambda_1, \lambda_2) \in \mathbb{K}^2.$$

3. L'équation caractéristique $r^2 + 2r + 2 = 0$ admet comme racines $-1 + i$ et $-1 - i$, donc les solutions complexes sont les fonctions :

$$x \mapsto \lambda_1 e^{-x+ix} + \lambda_2 e^{-x-ix} \quad \text{avec} \quad (\lambda_1, \lambda_2) \in \mathbb{C}^2$$

et les solutions réelles sont les fonctions :

$$x \mapsto (\lambda_1 \cos x + \lambda_2 \sin x)e^{-x} \quad \text{avec} \quad (\lambda_1, \lambda_2) \in \mathbb{R}^2.$$

On remarque que les solutions complexes sont aussi les fonctions :

$$x \mapsto (\lambda_1 \cos x + \lambda_2 \sin x)e^{-x} \quad \text{avec} \quad (\lambda_1, \lambda_2) \in \mathbb{C}^2.$$

3 Solution particulière

Maintenant que l'on dispose d'une méthode pour résoudre l'équation homogène (E_0), il reste à trouver une solution particulière de l'équation (E).

Point méthode Si le second membre a une certaine forme, on peut chercher une solution particulière de la même forme.

Ex. 12. Soit $\lambda \in \mathbb{K}$. Cherchons une solution sur $\mathbb{R}$ de l'équation différentielle :

$$y'' + a\,y' + b\,y = e^{\lambda x} \qquad (E)$$

de la forme $f : x \mapsto Q(x)e^{\lambda x}$. On a alors :

$$\forall x \in \mathbb{R} \quad f''(x) + a\,f'(x) + b\,f(x) = \big((\lambda^2 + a\lambda + b)\,Q(x) + (2\lambda + a)Q'(x) + Q''(x)\big)\,e^{\lambda x}.$$

Ainsi, on va prendre Q :

- de degré 0 si λ n'est pas racine de $P : x \mapsto x^2 + ax + b$;
- de degré 1 si λ est racine simple de P (c'est-à-dire si $\lambda^2 + a\lambda + b = 0$ et $2\lambda + a \neq 0$) ;
- de degré 2 si λ est racine double de P.

Point méthode Soit $\lambda \in \mathbb{K}$. L'équation différentielle :

$$y'' + a\,y' + b\,y = e^{\lambda x} \tag{E}$$

possède une solution de la forme :

- $x \mapsto Ce^{\lambda x}$ si λ n'est pas racine de l'équation $r^2 + a\,r + b = 0$,
- $x \mapsto Cxe^{\lambda x}$ si λ est racine simple de l'équation $r^2 + a\,r + b = 0$,
- $x \mapsto Cx^2e^{\lambda x}$ si λ est racine double de l'équation $r^2 + a\,r + b = 0$.

Ex. 13. Résolvons les équations différentielles suivantes :

1. $y'' - 4y' + 3y = e^x$;
2. $y'' - 2y' + y = e^x$.

1. Comme 1 et 3 sont racines simples de l'équation caractéristique, les solutions de l'équation homogène associée sont les fonctions $x \mapsto \lambda_1\, e^x + \lambda_2\, e^{3x}$ avec $(\lambda_1, \lambda_2) \in \mathbb{K}^2$.
   Puisque 1 est racine simple de l'équation caractéristique, on cherche une solution sous la forme $f\,:\,x \mapsto Cx\,e^x$ et on trouve que $x \mapsto -\dfrac{x}{2}\,e^x$ est une solution particulière. Les solutions sont donc les fonctions :
   $$x \mapsto \left(-\frac{x}{2} + \lambda_1\right)\, e^x + \lambda_2 e^{3x} \quad \text{avec} \quad (\lambda_1, \lambda_2) \in \mathbb{K}^2.$$
2. Comme 1 est racine double de l'équation caractéristique, les solutions de l'équation homogène associée sont les fonctions $x \mapsto (\lambda_1 + \lambda_2 x)\, e^x$ avec $(\lambda_1, \lambda_2) \in \mathbb{K}^2$. On cherche une solution sous la forme $f\,:\,x \mapsto Cx^2\,e^x$ et on trouve que $x \mapsto \dfrac{x^2}{2}\,e^x$ est une solution particulière. Les solutions sont donc les fonctions :
   $$x \mapsto \left(\frac{1}{2}x^2 + \lambda_1 + \lambda_2 x\right)\, e^x \quad \text{avec} \quad (\lambda_1, \lambda_2) \in \mathbb{K}^2.$$

Plus généralement, si le second membre est le produit d'une fonction polynomiale et d'une fonction exponentielle, on peut chercher une solution particulière de la même forme.

Ex. 14. Résolvons l'équation différentielle $y'' - 4y' + 3y = (2x+1)\,e^{-x}$.
On cherche une solution de la forme $f\,:\,x \mapsto P(x)\,e^{-x}$ avec P polynomiale. On obtient que f est solution si, et seulement si, $\forall x \in \mathbb{R} \quad P''(x) - 6P'(x) + 8P(x) = 2x + 1$. On cherche alors P de degré 1 et l'on trouve que $x \mapsto \left(\dfrac{x}{4} + \dfrac{5}{16}\right)\, e^{-x}$ est solution. Les solutions sont donc les fonctions :

$$x \mapsto \left(\frac{x}{4} + \frac{5}{16}\right)\, e^{-x} + \lambda_1 e^x + \lambda_2 e^{3x} \quad \text{avec} \quad (\lambda_1, \lambda_2) \in \mathbb{K}^2.$$

Remarque
Cette idée ainsi que le principe de superposition permettent de trouver une solution particulière lorsque le second membre est le produit d'une fonction polynomiale et d'une fonction cosinus ou sinus.

Proposition 13 (Principe de superposition)

Soit f_1 une solution de l'équation différentielle $y'' + ay' + by = c_1(x)$ et f_2 une solution de l'équation différentielle $y'' + ay' + by = c_2(x)$. Pour tout $(\lambda_1, \lambda_2) \in \mathbb{K}^2$, la fonction $\lambda_1 f_1 + \lambda_2 f_2$ est solution de l'équation $y'' + ay' + by = \lambda_1 c_1(x) + \lambda_2 c_2(x)$.

Ex. 15. Résolvons sur $\mathbb{R}$ les équations différentielles suivantes :

1. $y'' - 4y' + 3y = \operatorname{sh} x$.
2. $y'' + y = \sin^3 x$.

1. Une solution de $y'' - 4y' + 3y = e^x$ est $x \mapsto -\frac{x}{2} e^x$ et une solution de $y'' - 4y' + 3y = e^{-x}$ est $x \mapsto \frac{1}{8} e^{-x}$ (cf. point méthode de la page ci-contre). En utilisant le principe de superposition, on obtient la solution particulière $x \mapsto -\frac{1}{16} e^{-x} - \frac{x}{4} e^x$. Les solutions sont donc les fonctions :

$$x \mapsto -\frac{1}{16} e^{-x} - \frac{x}{4} e^x + \lambda_1 e^x + \lambda_2 e^{3x} \quad \text{avec} \quad (\lambda_1, \lambda_2) \in \mathbb{K}^2.$$

2. Les solutions de l'équation homogène associée sont les fonctions :

$$x \mapsto \lambda_1 \cos x + \lambda_2 \sin x \quad \text{avec} \quad (\lambda_1, \lambda_2) \in \mathbb{K}^2.$$

On linéarise le second membre (voir l'exemple 7 de la page 162) :

$$\forall x \in \mathbb{R} \quad \sin^3 x = -\frac{1}{4} \sin 3x + \frac{3}{4} \sin x$$

et l'on utilise le principe de superposition. On est ainsi amené à déterminer une solution f_1 de $y'' + y = \sin 3x$ et une solution f_2 de $y'' + y = \sin x$.

Comme la fonction $x \mapsto \sin 3x$ est combinaison linéaire des fonctions $x \mapsto e^{3ix}$ et $x \mapsto e^{-3ix}$, et que $\pm 3i$ n'est pas racine de l'équation caractéristique, on peut chercher f_1 comme combinaison linéaire des fonctions $x \mapsto e^{3ix}$ et $x \mapsto e^{-3ix}$, c'est-à-dire sous la forme $x \mapsto a \cos 3x + b \sin 3x$. On trouve :

$$f_1 : x \mapsto -\frac{\sin 3x}{8}.$$

En revanche, comme i et $-i$ sont racines simples de l'équation caractéristique, on cherche la solution f_2 de la forme :

$$x \mapsto a\, x \cos x + c\, x \sin x,$$

ce qui donne $f_2 : x \mapsto -\frac{1}{2} x \cos x$. Les solutions sont donc les fonctions :

Exo 8.5

$$x \mapsto \frac{\sin 3x}{32} + \left(\lambda_1 - \frac{3x}{8}\right) \cos x + \lambda_2 \sin x \quad \text{avec} \quad (\lambda_1, \lambda_2) \in \mathbb{K}^2.$$

4 Problème de Cauchy

Le résultat suivant affirme que la solution est unique si l'on impose une condition initiale. Concernant une équation du second ordre, une condition initiale consiste à imposer, en un point $x_0 \in I$, les valeurs de la solution ainsi que de sa dérivée (la situation diffère donc du premier ordre où une condition initiale consiste seulement à imposer la valeur de la solution en un point).

Une équation différentielle associée à une condition initiale est encore appelé **problème de Cauchy**.

Théorème 14 (Théorème de Cauchy)

Pour toute condition initiale $(x_0, y_0, y_1) \in I \times \mathbb{K}^2$, il existe une unique solution f de l'équation (E) telle que $f(x_0) = y_0$ et $f'(x_0) = y_1$.

Démonstration (non exigible) page 282

5 Illustration en sciences physiques et industrielles

En sciences physiques et industrielles, on rencontre couramment des équations différentielles linéaires du second ordre à coefficients constants de la forme générale suivante :

$$y'' + 2\lambda y' + \omega_0^2 y = f(t).$$

De manière générale :

- le coefficient d'amortissement $\lambda \geqslant 0$ modélise des phénomènes qui dissipent de l'énergie (frottements en mécanique, effet Joule en électricité) ; il a la dimension de l'inverse d'un temps ;
- la constante $\omega_0 > 0$ est appelée pulsation propre ; sa dimension est aussi l'inverse d'un temps ;
- le second membre f est une fonction qui représente l'action de l'extérieur sur le système (forçage).

Voici une liste non exhaustive de situations où une telle équation intervient.

Petites oscillations d'un pendule libre

Un pendule pesant de longueur ℓ est placé dans un champ de pesanteur d'intensité g. On suppose que l'angle θ qu'il forme avec la verticale reste à chaque instant petit de sorte que l'approximation $\sin\theta \approx \theta$ soit raisonnable. L'équation d'évolution de θ s'écrit :

$$\frac{\mathrm{d}^2\theta}{\mathrm{d}t^2} + \frac{g}{\ell}\theta = 0.$$

Ici, il n'y a pas de frottements ($\lambda = 0$) ni de forçage ($f = 0$).

On obtient le même type d'équation si l'on s'intéresse aux oscillations d'une masse reliée à un ressort.

Charge d'un condensateur avec une résistance et une inductance
Si l'on considère un circuit RLC en série, alors l'équation d'évolution de la charge q du condensateur est :

$$U = \frac{q}{C} + R\frac{\mathrm{d}q}{\mathrm{d}t} + L\frac{\mathrm{d}^2q}{\mathrm{d}t^2}.$$

Dans cet exemple, le coefficient d'amortissement vaut $\lambda = R/2L$ et la pulsation propre vaut $\omega_0 = 1/\sqrt{LC}$.

Solutions de l'équation homogène : régime libre
Le comportement des solutions de l'équation :

$$y'' + 2\lambda y' + \omega_0^2 y = 0$$

dépend du rapport entre les deux constantes de temps du système $1/\lambda$ et $1/\omega_0$, car le discriminant de l'équation caractéristique est $4(\lambda^2 - \omega_0^2)$. On dit que le régime est :

- **pseudo-périodique** si $\lambda < \omega_0$. Dans ce cas, l'équation caractéristique possède deux racines non réelles distinctes et les solutions sont les fonctions :

  $$\begin{array}{rcl} \mathbb{R} & \longrightarrow & \mathbb{R} \\ x & \longmapsto & e^{-\lambda x}\left(A\cos(\sqrt{\omega_0^2 - \lambda^2}\,x) + B\sin(\sqrt{\omega_0^2 - \lambda^2}\,x)\right) \end{array}$$

  avec $(A, B) \in \mathbb{R}^2$.

  On observe donc des oscillations autour de la position d'équilibre $y = 0$. Dans le cas où le terme d'amortissement est présent ($\lambda > 0$), l'amplitude de ces oscillations décroît de sorte que $\lim\limits_{x\to+\infty} y(x) = 0$ d'autant plus vite que λ est grand. La quantité $\omega = \sqrt{\omega_0^2 - \lambda^2}$ est appelée **pseudo-pulsation**.
- **critique** si $\lambda = \omega_0$. Dans ce cas, l'équation caractéristique admet une racine réelle double. L'ensemble des solutions est :

  $$\begin{array}{rcl} \mathbb{R} & \longrightarrow & \mathbb{R} \\ x & \longmapsto & e^{-\lambda x}(A + Bx) \end{array} \qquad \text{avec} \quad (A, B) \in \mathbb{R}^2.$$
- **apériodique** si $\lambda > \omega_0$. Dans ce cas, l'ensemble des solutions est :

  $$\begin{array}{rcl} \mathbb{R} & \longrightarrow & \mathbb{R} \\ x & \longmapsto & e^{-\lambda x}\left(Ae^{-\sqrt{\lambda^2-\omega_0^2}\,x} + Be^{\sqrt{\lambda^2-\omega_0^2}\,x}\right) \end{array} \qquad \text{avec} \quad (A, B) \in \mathbb{R}^2$$

Remarquons que dans tous les cas, on a $\lim\limits_{x\to+\infty} y(x) = 0$.

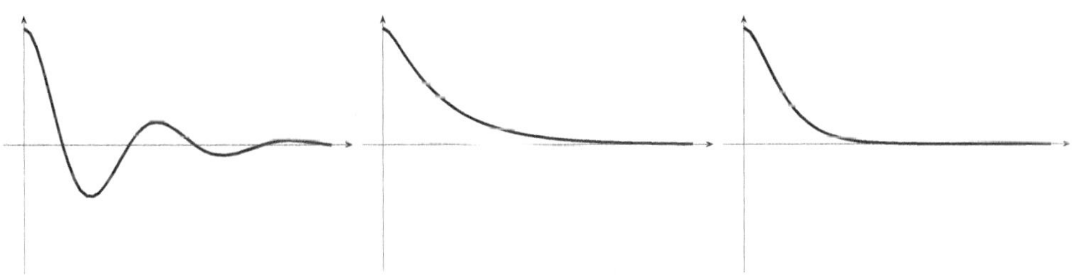

FIGURE 8.1 – Régimes pseudo-périodique, apériodique et critique

Démonstrations

Proposition 3 Soit f une fonction dérivable sur I. On pose $g\ :\ x \mapsto f(x)e^{A(x)}$. La fonction g est dérivable sur I et :

$$\forall x \in I \quad g'(x) = \big(f'(x) + a(x)\, f(x)\big)\, e^{A(x)}.$$

Comme la fonction $x \mapsto e^{A(x)}$ ne s'annule pas, on en déduit que f est solution si, et seulement si, g' est nulle sur I donc si, et seulement si, g est constante sur l'intervalle I.

Proposition 4 Si f_0 est une solution non nulle de l'équation homogène, alors il existe un scalaire non nul $\lambda_0 \in \mathbb{K}$ tel que :

$$\forall t \in I \quad f_0(t) = \lambda_0 e^{-A(t)};$$

par conséquent, la fonction f_0 ne s'annule pas sur I et l'ensemble des fonctions qui lui sont proportionnelles est aussi $\mathcal{S}_0$, c'est-à-dire $\mathcal{S}_0 = \{\lambda f_0 \mid \lambda \in \mathbb{K}\}$.

Proposition 5 Pour tout $x \in I$, on a :

$$f_1'(x) + a(x)f_1(x) = b_1(x) \qquad \text{et} \qquad f_2'(x) + a(x)f_2(x) = b_2(x).$$

Par conséquent, pour tout $x \in I$, on a :

$$(\lambda_1\, f_1 + \lambda_2\, f_2)'(x) + a(x)(\lambda_1\, f_1 + \lambda_2\, f_2)(x) = \lambda_1\, b_1(x) + \lambda_2\, b_2(x),$$

ce qui prouve que $\lambda_1\, f_1 + \lambda_2\, f_2$ est solution de l'équation $y' + a(x)y = \lambda_1\, b_1(x) + \lambda_2\, b_2(x)$.

Proposition 6 D'après ce qui précède, (E) possède au moins une solution f_1. Si l'on note f_0 une solution non nulle de l'équation homogène associée dont l'existence est assurée par la proposition 4 de la page 266, alors, d'après la proposition 2 de la page 265, l'ensemble des solution de (E) est $\{f_1 + \lambda\, f_0 \mid\ \lambda \in \mathbb{K}\}$.

Théorème 7 Soit f_1 une solution particulière de (E) et f_0 une solution non nulle de l'équation homogène associée. Alors les solutions de (E) sont les fonctions de la forme $f_1+\lambda f_0$ avec $\lambda \in \mathbb{K}$.

La condition $f(x_0) = y_0$ est donc équivalente à :

$$\lambda\, f_0(x_0) = y_0 - f_1(x_0).$$

Comme la fonction f_0 ne s'annule pas sur I (d'après la proposition 3 de la page 266), $f_0(x_0) \neq 0$ donc il y a une solution et une seule vérifiant $f(x_0) = y_0$, la fonction :

$$f_1 + \frac{y_0 - f_1(x_0)}{f_0(x_0)}\, f_0.$$

Proposition 10 Cette équivalence provient de la relation :

$$\varphi_r'' + a\,\varphi_r' + b\,\varphi_r = (r^2 + a\,r + b)\,\varphi_r$$

et du fait que la fonction φ_r n'est pas la fonction nulle.

Proposition 11

- L'équation caractéristique possède au moins une racine $r \in \mathbb{C}$.
  Soit f une fonction deux fois dérivable sur I. La fonction z définie sur I par :

$$z: \begin{array}{ccc} I & \longrightarrow & \mathbb{C} \\ x & \longmapsto & e^{-rx} f(x) \end{array}$$

  est deux fois dérivable sur I et vérifie, pour tout $x \in I$:

$$f(x) = z(x)\, e^{rx};$$

$$f'(x) = \big(z'(x) + r\, z(x)\big)\, e^{rx};$$

$$f''(x) = \big(z''(x) + 2\, r\, z'(x) + r^2 z(x)\big)\, e^{rx}.$$

  Pour $x \in I$, on a donc :

$$\begin{aligned} f''(x) + a\, f'(x) + b\, f(x) &= \big(z''(x) + (2\, r + a)\, z'(x) + (r^2 + a\, r + b) z(x)\big)\, e^{rx} \\ &= e^{rx}\big(z''(x) + (2\, r + a)\, z'(x)\big). \qquad (*) \end{aligned}$$

  Par conséquent, la fonction f est solution de (E_0) si, et seulement si, la fonction z' est solution d'une équation différentielle linéaire homogène du premier ordre :

$$y' + (2\, r + a) y = 0. \qquad (E_0')$$

- Nous avons deux cas suivant que le complexe $2r + a$ est nul ou pas, c'est-à-dire suivant que r est racine double ou racine simple de l'équation caractéristique.
  * Si l'équation caractéristique $r^2 + a\, r + b = 0$ a deux racines distinctes r_1 et r_2, alors en prenant $r = r_1$, les solutions de l'équation (E_0') sont les fonctions :

$$\begin{array}{ccc} \mathbb{R} & \longrightarrow & \mathbb{C} \\ x & \longmapsto & \lambda\, e^{-(2r_1 + a)x} \end{array} \quad \text{avec} \quad \lambda \in \mathbb{C}.$$

    Ainsi, la fonction f est solution de (E_0) si, et seulement s'il existe des constantes λ_1 et λ_2 telles que :

$$\forall x \in \mathbb{R} \quad z(x) = \lambda_1 + \lambda_2 e^{-(2r_1 + a)x},$$

    c'est-à-dire si, et seulement s'il existe des constantes λ_1 et λ_2 telles que :

$$\forall x \in \mathbb{R} \quad f(x) = \lambda_1 e^{r_1 x} + \lambda_2 e^{-(r_1 + a)x}.$$

    En remarquant que $r_1 + r_2 = -a$, on obtient le résultat annoncé.
  * Si l'équation caractéristique $r^2 + a\, r + b = 0$ a une racine double r_0, alors, en prenant $r = r_0$, on a $2r + a = 0$ donc les solutions de l'équation (E_0') sont les fonctions :

$$\begin{array}{ccc} \mathbb{R} & \longrightarrow & \mathbb{C} \\ x & \longmapsto & \lambda \end{array} \quad \text{avec} \quad \lambda \in \mathbb{C}.$$

    Ainsi, la fonction f est solution de (E_0) si, et seulement s'il existe des constantes λ_1 et λ_2 telles que :

$$\forall x \in \mathbb{R} \quad z(x) = \lambda_1 + \lambda_2 x,$$

    c'est-à-dire si, et seulement s'il existe des constantes λ_1 et λ_2 telles que :

$$\forall x \in \mathbb{R} \quad f(x) = \lambda_1 e^{r_0 x} + \lambda_2 x e^{r_0 x}.$$

    On obtient donc le résultat annoncé.

Proposition 12

- Les deux premiers cas se traitent comme dans le cas complexe.
- Supposons que l'équation caractéristique $r^2+a\,r+b=0$ ait deux racines conjuguées $\alpha\pm i\beta$ avec $\beta\neq 0$. D'après la proposition 11 de la page 274, les fonctions :

$$\gamma_{\alpha,\beta}\;:\;x\mapsto e^{\alpha x}\cos(\beta x)=\frac{1}{2}\left(e^{(\alpha+i\beta)\,x}+e^{(\alpha-i\beta)\,x}\right)$$

et :

$$\sigma_{a,\beta}\;:\;x\mapsto e^{\alpha x}\sin(\beta x)=\frac{1}{2i}\left(e^{(\alpha+i\beta)\,x}-e^{(\alpha-i\beta)\,x}\right)$$

sont solutions de (E_0), et par conséquent il en est de même de toute fonction de la forme $\lambda_1\gamma_{\alpha,\beta}+\lambda_2\sigma_{a,\beta}$ avec $(\lambda_1,\lambda_2)\in\mathbb{R}^2$, d'après la proposition 8 de la page 273.

Réciproquement, si f est une solution réelle de (E_0), alors, d'après la proposition 11 de la page 274, on peut trouver deux complexes μ_1 et μ_2 tels que :

$$\forall x\in\mathbb{R}\quad f(x)=\mu_1\,e^{(\alpha+i\beta)\,x}+\mu_2\,e^{(\alpha-i\beta)\,x}.$$

Comme f est réelle, elle est égale à sa partie réelle. Pour $x\in\mathbb{R}$, on a donc :

$$\begin{aligned}f(x)=\operatorname{Re}f(x)&=e^{\alpha\,x}\big(\operatorname{Re}\mu_1\cos(\beta x)-\operatorname{Im}\mu_1\sin(\beta x)+\operatorname{Re}\mu_2\cos(\beta x)+\operatorname{Im}\mu_2\sin(\beta x)\big)\\&=(\operatorname{Re}\mu_1+\operatorname{Re}\mu_2)\,e^{\alpha x}\cos(\beta x)+(-\operatorname{Im}\mu_1+\operatorname{Im}\mu_2)\;e^{\alpha x}\sin(\beta x).\end{aligned}$$

Théorème 14 On sait que les solutions de l'équation homogène (E_0) sont combinaisons linéaires de deux solutions non proportionnelles u et v.

- Si l'équation caractéristique a deux racines distinctes r_1 et r_2, on peut choisir :

$$u\;:\;x\mapsto e^{r_1x}\qquad\text{et}\qquad v\;:\;x\mapsto e^{r_2x}.$$

- Si l'équation caractéristique a une racine double r, on peut choisir :

$$u\;:\;x\mapsto e^{rx}\qquad\text{et}\qquad v\;:\;x\mapsto x\,e^{rx}.$$

- Si $\mathbb{K}=\mathbb{R}$ et si l'équation caractéristique a deux racines non réelles $\alpha\pm i\,\beta$, on peut choisir :

$$u\;:\;x\mapsto e^{\alpha x}\cos(\beta\,x)\qquad\text{et}\qquad v\;:\;x\mapsto e^{\alpha x}\sin(\beta\,x).$$

On peut montrer qu'il existe une solution particulière f_1 (voir l'exercice 8.16). La solution générale de (E) s'écrit donc :

$$f\;:\;x\mapsto f_1(x)+\lambda_1\,u(x)+\lambda_2\,v(x)\quad\text{avec}\quad(\lambda_1,\lambda_2)\in\mathbb{K}^2.$$

La fonction f vérifie $f(x_0)=y_0$ et $f'(x_0)=y_1$ si, et seulement si :

$$\begin{cases}\lambda_1\,u\,(x_0)+\lambda_2\,v\,(x_0)=y_0-f_1(x_0)\\\lambda_1\,u'(x_0)+\lambda_2\,v'(x_0)=y_1-f_1'(x_0).\end{cases}$$

Dans tous les cas, on vérifie que le déterminant de ce système (égal à $u(x_0)\,v'(x_0)-u'(x_0)\,v(x_0)$) est non nul et donc que le système possède une unique solution (cf. page 117).

S'entraîner et approfondir

Équations différentielles linéaires du premier ordre

8.1 Résoudre les équations homogènes suivantes :
→266
1. $y' + (\cos x)\, y = 0$ sur $\mathbb{R}$,
2. $(1 + x^2)\, y' + x\, y = 0$ sur $\mathbb{R}$.

8.2 Soit a et b des fonctions continues et T-périodiques sur $\mathbb{R}$. On considère l'équation différentielle (E) : $y' + a(x)y = b(x)$.
→270
1. Montrer que si y est solution de l'équation différentielle (E), alors la fonction :
$$z : \begin{array}{ccc} \mathbb{R} & \longrightarrow & \mathbb{K} \\ x & \longmapsto & y(x+T) \end{array}$$
est aussi solution.
2. Montrer qu'une solution y de l'équation différentielle est T-périodique si, et seulement si, $y(0) = y(T)$.

8.3 Résoudre les équations différentielles suivantes sur des intervalles sur lesquels la fonction en facteur de y' ne s'annule pas :
1. $(x \ln x)\, y' - y = -\dfrac{1}{x}(\ln x + 1)$,
2. $(1 + x)y' + y = 1 + \ln(1 + x)$,
3. $(1 - x)y' + y = \dfrac{x - 1}{x}$,
4. $y' + y = \dfrac{1}{1 + e^x}$,
5. $y' \sin x - y \cos x + 1 = 0$,
6. $2xy' + y = x^n$, où n est un entier naturel.

★ **8.4** Trouver toutes les applications f dérivables de $\mathbb{R}$ dans $\mathbb{C}$ telles que :
$$\forall (x, y) \in \mathbb{R}^2 \quad f(x + y) = f(x)f(y).$$

Équations différentielles linéaires du second ordre

8.5 Résoudre les équations suivantes :
→277
1. $y'' + 3y' + 2y = e^x$,
2. $y'' + 3y' + 2y = e^{-x}$,
3. $y'' + 2y' + y = 2e^{-x}$,
4. $y'' + y' - 2y = 8 \sin 2x$,
5. $y'' - 2y' + 5y = -4e^{-x} \cos x + 7e^{-x} \sin x - 4e^{x} \sin 2x$.

8.6 Le mouvement d'une particule chargée dans un champ magnétique dirigé suivant l'axe Oz est régi par un système différentiel de la forme :
$$\begin{cases} x'' = & \omega\, y' \\ y'' = & -\omega\, x' \\ z'' = & 0 \end{cases}$$
où $\omega \in \mathbb{R}_+^*$ est une constante dépendant de la masse et de la charge de la particule ainsi que du champ magnétique. En utilisant la fonction $u = x' + iy'$, résoudre ce système différentiel.

★★ **8.7** Soit f une fonction de classe $\mathcal{C}^2$ de $\mathbb{R}$ dans $\mathbb{K}$ (c'est-à-dire deux fois dérivable sur $\mathbb{R}$ et dont la dérivée seconde est continue sur $\mathbb{R}$).

1. Montrer qu'il existe une unique application g de classe $\mathcal{C}^2$ sur $\mathbb{R}$ telle que :

$$\forall x \in \mathbb{R} \quad g(x) = \int_0^x (x-t)g(t)\,\mathrm{d}t + f(x). \tag{E}$$

2. Déterminer la fonction g dans le cas où $f = \cos$.

8.8 Résoudre les équations différentielles suivantes :

1. $y'' + y' - 6y = 1 - 8x - 30x^2$,
2. $y'' + y' = 3 + 2x$,
3. $y'' + 4y = 4 + 2x - 8x^2 - 4x^3$.

★ **8.9** Résoudre l'équation différentielle suivante sur tout intervalle ne contenant pas -1 :

$$(1+x)^2y'' + (1+x)y' - 2 = 0. \tag{E}$$

★★ **8.10** On considère l'équation :

$$(1-x^2)y'' - xy' + y = 0. \tag{E}$$

Résoudre cette équation sur $I =]-1,1[$ en considérant la fonction $z : t \mapsto y(\sin t)$.

★ **8.11** Soit (E) l'équation différentielle :

$$xy'' + 2(x+1)y' + (x+2)y = 0.$$

En considérant la fonction $z : x \mapsto x\,y(x)$, résoudre cette équation différentielle sur $\mathbb{R}_+^*$.

★ **8.12** Soit (E) l'équation différentielle :

$$ax^2y'' + bxy' + cy = 0 \quad \text{avec} \quad (a,b,c) \in \mathbb{R}^* \times \mathbb{R}^2.$$

1. Soit y une fonction deux fois dérivable sur $I = \mathbb{R}_+^*$. Montrer que y est solution de (E) sur I si, et seulement si, la fonction $z : t \mapsto y(e^t)$ est solution d'une équation du second ordre à coefficients constants que l'on donnera.
2. Quelle est la forme des solutions de (E) sur $I = \mathbb{R}_+^*$? sur $\mathbb{R}_-^*$?
3. Résoudre sur $\mathbb{R}_+^*$ et sur $\mathbb{R}_-^*$ l'équation :

$$x^2y'' - xy' + y = 0.$$

★ **8.13** Soit $\lambda \in \mathbb{R}$ et f une fonction réelle dérivable sur $\mathbb{R}$ vérifiant :

$$\forall x \in \mathbb{R} \quad f'(x) = f(\lambda - x). \tag{$*$}$$

1. Montrer que la fonction f est deux fois dérivable sur $\mathbb{R}$.
2. Déterminer l'ensemble des fonctions réelles vérifiant $(*)$.

★★ **8.14** Soit f une fonction dérivable sur $\mathbb{R}_+^*$ vérifiant :

$$\forall x > 0 \quad f'(x) = f\left(\frac{1}{x}\right). \tag{$*$}$$

1. Montrer que la fonction f est deux fois dérivable sur $\mathbb{R}_+^*$.
2. Déterminer l'ensemble des fonctions vérifiant $(*)$ *(on pourra utiliser l'exercice 8.12)*.

★★ **8.15** Trouver toutes les applications f de $\mathbb{R}$ dans $\mathbb{C}$ non nulles et deux fois dérivables sur $\mathbb{R}$ telles que :

$$\forall (x,y) \in \mathbb{R}^2 \quad f(x+y) + f(x-y) = 2f(x)f(y). \qquad (*)$$

Parmi ces applications, déterminer celles qui sont à valeurs réelles.

8.16 Soit a et b deux scalaires et c une fonction continue de I dans $\mathbb{K}$. On considère l'équation :

$$y'' + a\,y' + b\,y = c(x) \qquad (E)$$

et r une racine de l'équation caractéristique.

1. Soit f une fonction deux fois dérivable sur I et la fonction z définie sur I par :

$$\begin{array}{rccl} z : & I & \longrightarrow & \mathbb{C} \\ & x & \longmapsto & e^{-rx} f(x). \end{array}$$

   Montrer que la fonction f est solution de l'équation (E) si, et seulement si, la fonction z' est solution d'une équation différentielle linéaire d'ordre 1.

2. En déduire que l'équation (E) admet des solutions.

Solutions des exercices

8.1 1. Une primitive sur $\mathbb{R}$ de la fonction $x \mapsto \cos x$ est $x \mapsto \sin x$; donc les solutions sur $\mathbb{R}$ sont les fonctions $x \mapsto \lambda \exp(-\sin x)$ avec $\lambda \in \mathbb{K}$.

2. Une primitive sur $\mathbb{R}$ de la fonction $x \mapsto \dfrac{x}{1+x^2}$ est :

$$x \mapsto \frac{1}{2}\ln(1+x^2) = \ln\left(\sqrt{1+x^2}\right) ;$$

donc les solutions sur $\mathbb{R}$ de l'équation homogène sont les fonctions :

$$x \mapsto \frac{\lambda}{\sqrt{1+x^2}} \quad \text{avec} \quad \lambda \in \mathbb{K}.$$

8.2 1. Soit y une solution de l'équation différentielle (E).

Alors la fonction $z : x \mapsto y(x+T)$ est dérivable sur $\mathbb{R}$ et, pour tout $x \in \mathbb{R}$:

$$\begin{aligned} z'(x) + a(x)z(x) &= y'(x+T) + a(x)y(x+T) \\ &= y'(x+T) + a(x+T)y(x+T) && \text{car } a \text{ est } T\text{-périodique} \\ &= b(x+T) && \text{car } y \text{ est solution de } (E) \\ &= b(x) && \text{car } b \text{ est } T\text{-périodique.} \end{aligned}$$

La fonction z est donc solution de l'équation différentielle (E).

2. Soit y une solution de l'équation différentielle (E). La fonction y est T-périodique si, et seulement si, les fonctions y et z sont égales. D'après le théorème de Cauchy, les fonctions y et z sont égales si, et seulement si, elles coïncident en un point. Par suite, la fonction y est T-périodique si, et seulement si, $y(0) = z(0)$, c'est-à-dire si, et seulement si, $y(0) = y(T)$.

8.3 1. On se place sur l'intervalle $I =]0,1[$ ou sur $I =]1,+\infty[$. Sur l'intervalle I, l'équation différentielle se réécrit :

$$y' - \frac{1}{x\ln x}y = -\frac{\ln x + 1}{x^2 \ln x}\cdot$$

Comme

$$\forall x \in I \quad \frac{1}{x\ln x} = \frac{\ln'(x)}{\ln(x)},$$

une solution de l'équation homogène est la fonction $x \mapsto \ln x$.

On cherche une solution de la forme $x \mapsto \lambda(x)\ln x$ avec λ une fonction dérivable sur I.

On est alors ramené à trouver une primitive sur I de la fonction $x \mapsto -\dfrac{\ln x + 1}{x^2\ln^2 x}\cdot$

On remarque que :

$$\forall x \in I \quad \frac{\ln x + 1}{x^2 \ln^2 x} = \frac{u'(x)}{u^2(x)}$$

où u est la fonction $x \mapsto x\ln x$.

Par conséquent, une primitive sur I de la fonction $x \mapsto -\dfrac{\ln x + 1}{x^2\ln^2 x}$ est $x \mapsto \dfrac{1}{x\ln x}\cdot$

Les solutions sur I sont donc les fonctions $\begin{array}{ccc} I & \longrightarrow & \mathbb{K} \\ x & \longmapsto & \dfrac{1}{x} + \lambda \ln x \end{array}$ avec $\lambda \in \mathbb{K}$.

On aurait, bien sûr, pu remarquer que la fonction $x \mapsto 1/x$ était une solution particulière.

2. On se place sur l'intervalle $I =]-1, +\infty[$. Sur l'intervalle I, l'équation différentielle se réécrit :
$$y' + \frac{1}{1+x}y = \frac{1+\ln(1+x)}{1+x} = \frac{1}{1+x} + \frac{\ln(1+x)}{1+x}.$$
Une solution de l'équation homogène est la fonction $x \mapsto \dfrac{1}{1+x}$ et la fonction $x \mapsto \ln(1+x)$ est une solution particulière. Les solutions sur I sont donc les fonctions :
$$x \mapsto \ln(1+x) + \frac{\lambda}{1+x} \quad \text{avec} \quad \lambda \in \mathbb{K}.$$

3. On se place sur l'intervalle $I = \mathbb{R}_-^*$, sur $I =]0,1[$ ou sur $I =]1, +\infty[$. Sur l'intervalle I, l'équation différentielle se réécrit :
$$y' + \frac{1}{1-x}y = -\frac{1}{x}.$$
Une solution de l'équation homogène est la fonction $x \mapsto x-1$. On cherche une solution de la forme $x \mapsto \lambda(x)(x-1)$ avec λ une fonction dérivable sur I. On est alors ramené à trouver une primitive sur I de la fonction $x \mapsto \dfrac{1}{x(1-x)}\cdot$

On écrit :
$$\forall x \in I \quad \frac{1}{x(1-x)} = \frac{1}{x} - \frac{1}{x-1}.$$
Par suite, une solution particulière sur I est donnée par :
$$x \mapsto (x-1)\ln\left|\frac{x}{x-1}\right|.$$
Les solutions sur I sont donc les fonctions :
$$x \mapsto \left(\ln\left|\frac{x}{x-1}\right| + \lambda\right)(x-1) \quad \text{avec} \quad \lambda \in \mathbb{K}.$$

4. Une solution de l'équation homogène est la fonction $x \mapsto e^{-x}$. On cherche une solution de la forme $x \mapsto \lambda(x)e^{-x}$ avec λ une fonction dérivable sur I. On est alors ramené à trouver une primitive sur I de la fonction $x \mapsto \dfrac{e^x}{1+e^x}\cdot$

On remarque que :
$$\forall x \in I \quad \frac{e^x}{1+e^x} = \frac{u'(x)}{u(x)}$$
où u est la fonction $x \mapsto 1+e^x$. Par conséquent, une primitive sur I de la fonction $x \mapsto \dfrac{e^x}{1+e^x}$ est donnée par $x \mapsto \ln(1+e^x)$. Les solutions sur $\mathbb{R}$ sont donc les fonctions $x \mapsto e^{-x}\ln(1+e^x) + \lambda e^{-x}$ avec $\lambda \in \mathbb{K}$.

5. On se place sur un intervalle $I_n =]n\pi, (n+1)\pi[$ avec $n \in \mathbb{Z}$. Une solution de l'équation homogène est la fonction $x \mapsto \sin x$. On remarque d'autre part que la fonction cos est une solution particulière de l'équation. Les solutions sur I_n sont donc les fonctions $x \mapsto \cos x + \lambda \sin x$ avec $\lambda \in \mathbb{K}$.

6. On se place sur $I = \mathbb{R}_+^*$ ou $I = \mathbb{R}_-^*$. Une solution de l'équation homogène est donc la fonction $x \mapsto \dfrac{1}{\sqrt{|x|}}$.

   En cherchant une solution particulière sous la forme $x \mapsto \dfrac{\lambda(x)}{\sqrt{|x|}}$ avec λ une fonction dérivable sur I, on obtient la solution $x \mapsto \dfrac{x^n}{2n+1}$. On peut également, au vu du second membre, chercher directement une solution polynomiale. Les solutions sur I sont donc les fonctions :

$$x \mapsto \frac{x^n}{2n+1} + \frac{\lambda}{\sqrt{|x|}} \qquad \text{avec} \qquad \lambda \in \mathbb{K}.$$

8.4 Raisonnons par analyse-synthèse.

Analyse. Soit f une fonction dérivable sur $\mathbb{R}$ vérifiant :

$$\forall (x,y) \in \mathbb{R}^2 \quad f(x+y) = f(x)f(y). \qquad (*)$$

On a alors :

$$f(0) = f(0)^2.$$

Si $f(0) = 0$, alors :

$$\forall x \in \mathbb{R} \quad f(x) = f(x+0) = f(x)f(0) = 0,$$

donc f est la fonction nulle.

Sinon, $f(0) = 1$. En fixant x et en dérivant par rapport à y, on obtient :

$$\forall (x,y) \in \mathbb{R}^2 \quad f'(x+y) = f(x)f'(y).$$

En particulier :

$$\forall x \in \mathbb{R} \quad f'(x) = f(x)f'(0),$$

donc f est solution de $y' = f'(0)y$. En posant $\lambda = f'(0)$, on a alors :

$$\forall x \in \mathbb{R} \quad f(x) = f(0)e^{\lambda x} = e^{\lambda x}.$$

Synthèse. Réciproquement, les fonctions $x \mapsto e^{\lambda x}$ avec $\lambda \in \mathbb{C}$ vérifient $(*)$.

Les solutions sont donc la fonction nulle et les fonctions de la forme $x \mapsto e^{\lambda x}$ avec $\lambda \in \mathbb{C}$.

8.5 1. L'équation caractéristique est $r^2 + 3r + 2 = 0$ qui a deux racines -2 et -1 donc les solutions de l'équation homogène associée sont les fonctions $x \mapsto \lambda_1 e^{-2x} + \lambda_2 e^{-x}$ avec $(\lambda_1, \lambda_2) \in \mathbb{K}^2$. On cherche une solution particulière sous la forme $x \mapsto Ce^x$ et l'on trouve $x \mapsto \dfrac{1}{6}e^x$ donc les solutions sont les fonctions :

$$x \mapsto \frac{1}{6}e^x + \lambda_1 e^{-2x} + \lambda_2 e^{-x} \quad \text{avec} \quad (\lambda_1, \lambda_2) \in \mathbb{K}^2.$$

2. L'équation caractéristique est $r^2 + 3r + 2 = 0$ qui a deux racines -2 et -1 donc les solutions de l'équation homogène associée sont les fonctions $x \mapsto \lambda_1 e^{-2x} + \lambda_2 e^{-x}$ avec $(\lambda_1, \lambda_2) \in \mathbb{K}^2$. On cherche une solution particulière sous la forme $x \mapsto Cxe^{-x}$ et l'on trouve $x \mapsto xe^{-x}$ donc les solutions sont les fonctions :

$$x \mapsto xe^{-x} + \lambda_1 e^{-2x} + \lambda_2 e^{-x} \quad \text{avec} \quad (\lambda_1, \lambda_2) \in \mathbb{K}^2.$$

3. L'équation caractéristique est $r^2 + 2r + 1 = 0$ qui une racine double -1 donc les solutions de l'équation homogène associée sont les fonctions $x \mapsto \lambda_1 e^{-x} + \lambda_2 x e^{-x}$ avec $(\lambda_1, \lambda_2) \in \mathbb{K}^2$. On cherche une solution particulière sous la forme $x \mapsto Cx^2 e^{-x}$ et l'on trouve $x \mapsto x^2 e^{-x}$ donc les solutions sont les fonctions :
$$x \mapsto x^2 e^{-x} + \lambda_1 e^{-x} + \lambda_2 x e^{-x} \quad \text{avec} \quad (\lambda_1, \lambda_2) \in \mathbb{K}^2.$$
4. L'équation caractéristique est $r^2 + r - 2 = 0$ dont les racines sont 1 et -2 donc les solutions de l'équation homogène associée sont les fonctions $x \mapsto \lambda_1 e^{-2x} + \lambda_2 e^{x}$ avec $(\lambda_1, \lambda_2) \in \mathbb{K}^2$. On cherche une solution particulière de l'équation sous la forme $x \mapsto \lambda \sin(2x) + \mu \cos(2x)$ et l'on trouve $x \mapsto -\frac{6}{5}\sin 2x - \frac{2}{5}\cos 2x$ donc les solutions sont les fonctions :
$$x \mapsto \lambda_1 e^{-2x} + \lambda_2 e^{x} - \frac{6}{5}\sin 2x - \frac{2}{5}\cos 2x \quad \text{avec} \quad (\lambda_1, \lambda_2) \in \mathbb{K}^2.$$
5. L'équation caractéristique est $r^2 - 2r + 5 = 0$ dont les solutions sont $1 - 2i$ et $1 + 2i$, par conséquent les solutions de l'équation homogène associée sont les fonctions $x \mapsto (\lambda_1 \cos(2x) + \lambda_2 \sin(2x))\, e^{-x}$ avec $(\lambda_1, \lambda_2) \in \mathbb{K}^2$.
On cherche une solution particulière de l'équation différentielle :
$$y'' - 2y' + 5y = -4e^{-x}\cos x + 7e^{-x}\sin x$$
sous la forme $x \mapsto \alpha e^{-x}\sin x + \beta e^{-x}\cos x$ et on trouve la fonction $f_1 : x \mapsto e^{-x}\sin x$.
On cherche une solution particulière de l'équation différentielle :
$$y'' - 2y' + 5y = -4e^{(1+2i)x}$$
sous la forme $x \mapsto P(x)e^{(1+2i)x}$ et on trouve $x \mapsto -ixe^{(1+2i)x}$. Ainsi, $f_2 : x \mapsto xe^{x}\cos 2x$ est solution de $y'' - 2y' + 5y = -4e^{x}\sin(2x)$ puis les solutions sont les fonctions :
$$x \mapsto f_1(x) + f_2(x) + \lambda_1 e^{x}\cos(2x) + \lambda_2 e^{x}\sin(2x) \quad \text{avec} \quad (\lambda_1, \lambda_2) \in \mathbb{K}^2.$$

8.6 Les solutions de l'équation $z'' = 0$ sont les fonctions affines.
Soit x et y deux fonctions deux fois dérivables sur $\mathbb{R}$. Le couple (x, y) vérifie le système différentiel :
$$\begin{cases} x'' = \omega y' \\ y'' = -\omega x' \end{cases}$$
si, et seulement si, la fonction $u = x' + iy'$ est solution de l'équation $u' = -i\omega u$ dont les solutions sont les fonctions $t \mapsto Ce^{-i\omega t}$ avec $C \in \mathbb{C}$, c'est-à-dire les fonctions :
$$t \mapsto (A + iB)\big(\cos(\omega t) - i\sin(\omega t)\big) \qquad \text{avec} \qquad (A, B) \in \mathbb{R}^2.$$
Par suite, le couple (x, y) est solution si, et seulement s'il existe $(A, B) \in \mathbb{R}^2$ tel que, pour tout réel t, on ait :
$$x'(t) = A\cos(\omega t) + B\sin(\omega t) \qquad \text{et} \qquad y'(t) = B\cos(\omega t) - A\sin(\omega t).$$
Ainsi, le triplet (x, y, z) est solution si, et seulement s'il existe $(A, B, C, D, E, F) \in \mathbb{R}^6$ tel que, pour tout réel t, on ait :
$$\begin{cases} x(t) = \dfrac{A}{\omega}\sin(\omega t) - \dfrac{B}{\omega}\cos(\omega t) + C \\[2ex] y(t) = \dfrac{B}{\omega}\sin(\omega t) + \dfrac{A}{\omega}\cos(\omega t) + D \\[2ex] z(t) = Et + F. \end{cases}$$

8.7 1. Soit g une application de classe $\mathcal{C}^2$ sur $\mathbb{R}$. Posons :

$$\forall x \in \mathbb{R} \quad h(x) = \int_0^x (x-t)g(t)\,\mathrm{d}t + f(x),$$

de sorte que g vérifie (E) si, et seulement si, $h = g$.

En écrivant $h(x) = x\displaystyle\int_0^x g(t)\,\mathrm{d}t - \int_0^x tg(t)\,\mathrm{d}t + f(x)$, pour tout $x \in \mathbb{R}$, la régularité des fonctions f et g montre que h est dérivable et que :

$$\forall x \in \mathbb{R} \quad h'(x) = \int_0^x g(t)\,\mathrm{d}t + xg(x) - xg(x) + f'(x) = \int_0^x g(t)\,\mathrm{d}t + f'(x).$$

En dérivant de nouveau, on obtient :

$$\forall x \in \mathbb{R} \quad h''(x) = g(x) + f''(x).$$

- Si $h = g$, alors g est solution de l'équation différentielle $y'' - y = f''$. Comme, de plus, $h(0) = f(0)$ et $h'(0) = f'(0)$, la fonction g est l'unique solution du problème de Cauchy :

$$y'' - y = f'' \qquad \text{et} \qquad (y(0), y'(0)) = (f(0), f'(0)).$$

- Réciproquement, supposons que g soit la solution de ce problème de Cauchy. Alors $h'' = g + f'' = g''$. Comme de plus $h(0) = f(0) = g(0)$ et $g'(0) = f'(0) = h'(0)$, on en déduit que $h = g$, donc g est solution de l'équation (E).

Conclusion. Il existe une unique fonction g de classe $\mathcal{C}^2$ vérifiant (E), il s'agit de l'unique solution de l'équation différentielle $g'' - g = f''$ vérifiant les conditions initiales $g(0) = f(0)$ et $g'(0) = f'(0)$.

2. Étudions l'équation différentielle $y'' - y = -\cos x$. Les solutions de l'équation homogène associée sont les fonctions :

$$x \mapsto \lambda_1 e^x + \lambda_2 e^{-x} \quad \text{avec} \quad (\lambda_1, \lambda_2) \in \mathbb{K}^2.$$

Une solution particulière est la fonction $x \mapsto \dfrac{1}{2}\cos x$. Par conséquent, les solutions de l'équation différentielle $y'' - y = -\cos x$ sont les fonctions :

$$x \mapsto \lambda_1 e^x + \lambda_2 e^{-x} + \frac{1}{2}\cos x \quad \text{avec} \quad (\lambda_1, \lambda_2) \in \mathbb{K}^2.$$

L'unique solution vérifiant les conditions initiales :

$$g(0) = f(0) = 1 \qquad \text{et} \qquad g'(0) = f'(0) = 0$$

est donc la fonction $g : x \mapsto \dfrac{1}{4}\left(e^x + e^{-x}\right) + \dfrac{1}{2}\cos x = \dfrac{1}{2}(\operatorname{ch} x + \cos x)$.

8.8 1. L'équation caractéristique est $r^2 + r - 6 = 0$ qui a deux racines 2 et -3 donc les solutions de l'équation homogène associée sont les fonctions $x \mapsto \lambda_1 e^{2x} + \lambda_2 e^{-3x}$ avec $(\lambda_1, \lambda_2) \in \mathbb{K}^2$. On cherche une solution particulière polynomiale et on trouve $x \mapsto 2 + 3x + 5x^2$ donc les solutions sont les fonctions :

$$x \mapsto 2 + 3x + 5x^2 + \lambda_1 e^{2x} + \lambda_2 e^{-3x} \quad \text{avec} \quad (\lambda_1, \lambda_2) \in \mathbb{K}^2.$$

2. L'équation caractéristique est $r^2 + r = 0$ qui a deux racines 0 et -1 donc les solutions de l'équation homogène associée sont les fonctions $x \mapsto \lambda_1 + \lambda_2 e^{-x}$ avec $(\lambda_1, \lambda_2) \in \mathbb{K}^2$. On cherche une solution particulière polynomiale et l'on trouve $x \mapsto x + x^2$, donc les solutions sont les fonctions :

$$x \mapsto x + x^2 + \lambda_1 + \lambda_2 e^{-x} \quad \text{avec} \quad (\lambda_1, \lambda_2) \in \mathbb{K}^2.$$

3. L'équation caractéristique est $r^2 + 4 = 0$ qui a deux racines $2i$ et $-2i$ donc les solutions de l'équation homogène associée sont les fonctions $x \mapsto \lambda_1 \cos(2x) + \lambda_2 \sin(2x)$ avec $(\lambda_1, \lambda_2) \in \mathbb{K}^2$.

On cherche une solution particulière sous la forme d'une fonction polynomiale de degré 3. On trouve la fonction $x \mapsto 2 + 2x - 2x^2 - x^3$. Les solutions réelles sont donc les fonctions :

$$x \mapsto 2 + 2x - 2x^2 - x^3 + \lambda_1 \cos(2x) + \lambda_2 \sin(2x) \quad \text{avec} \quad (\lambda_1, \lambda_2) \in \mathbb{K}^2.$$

8.9 On se place sur un intervalle I ne contenant pas -1. Une fonction y deux fois dérivable sur I est solution de l'équation différentielle (E) si, et seulement si, la fonction $z = y'$ est solution sur I de l'équation différentielle :

$$z' + \frac{1}{(1+x)} z = \frac{2}{(1+x)^2}. \qquad (E')$$

Une solution de l'équation homogène associée à (E') est la fonction $x \mapsto \dfrac{1}{1+x}$.

Une solution particulière obtenue par variation de la constante est la fonction $x \mapsto 2\dfrac{\ln|1+x|}{1+x}$.

Les solutions de l'équation (E') sur I sont donc les fonctions :

$$x \mapsto \frac{2\ln|1+x|}{1+x} + \frac{\lambda}{1+x} \quad \text{avec} \quad \lambda \in \mathbb{K}.$$

Par conséquent, les solutions de l'équation (E) sur I sont les primitives des précédentes, c'est-à-dire les fonctions :

$$x \mapsto (\ln|1+x|)^2 + \lambda_1 \ln|1+x| + \lambda_2 \quad \text{avec} \quad (\lambda_1, \lambda_2) \in \mathbb{K}^2.$$

8.10 Comme y est deux fois dérivable sur I, et par définition de z, il est clair que z est deux fois dérivable sur $J = \left]-\frac{\pi}{2}, \frac{\pi}{2}\right[$. La relation :

$$\forall x \in I \quad y(x) = z\,(\operatorname{Arcsin} x)\,.$$

nous donne alors :

$$\forall x \in I \quad y'(x) = \frac{1}{\sqrt{1-x^2}} z'\,(\operatorname{Arcsin} x)$$

et :

$$\forall x \in I \quad y''(x) = \frac{1}{1-x^2} z''\,(\operatorname{Arcsin} x) + \frac{x}{(1-x^2)^{3/2}} z'\,(\operatorname{Arcsin} x)\,.$$

Ainsi, pour tout $x \in I$, on a :

$$\begin{aligned}(1-x^2)y''(x) - xy'(x) + y(x) &= z''\,(\operatorname{Arcsin} x) + \frac{x}{(1-x^2)^{1/2}} z'\,(\operatorname{Arcsin} x)\\ &\quad - \frac{x}{\sqrt{1-x^2}} z'\,(\operatorname{Arcsin} x) + z\,(\operatorname{Arcsin} x)\\ &= z''\,(\operatorname{Arcsin} x) + z\,(\operatorname{Arcsin} x)\,.\end{aligned}$$

Comme la fonction Arcsin établit une bijection de I dans J, la fonction y est solution de l'équation différentielle (E) sur I si, et seulement si, la fonction z est solution sur J de l'équation :

$$z'' + z = 0,$$

c'est-à-dire si, et seulement s'il existe des constantes A et B telles que :

$$\forall t \in J \quad z(t) = A \sin t + B \cos t,$$

c'est-à-dire si, et seulement s'il existe des constantes A et B telles que :

$$\forall x \in I \quad y(x) = A \sin(\operatorname{Arcsin} x) + B \cos(\operatorname{Arcsin} x) = Ax + B\sqrt{1-x^2}.$$

8.11 Soit y une fonction deux fois dérivable sur $I = \mathbb{R}_+^*$.

On définit la fonction z sur I par $z : x \mapsto xy(x)$. On a alors :

$$\forall x \in I \quad y(x) = \frac{z(x)}{x}\cdot$$

La fonction z est deux fois dérivable sur I et l'on a :

$$\forall x \in I \quad y'(x) = \frac{z'(x)}{x} - \frac{z(x)}{x^2} \quad \text{et} \quad y''(x) = \frac{z''(x)}{x} - 2\frac{z'(x)}{x^2} + 2\frac{z(x)}{x^3}\cdot$$

Ainsi, la fonction y est solution de l'équation différentielle (E) sur I si, et seulement si, la fonction z est solution sur I de l'équation :

$$z'' + 2z' + z = 0,$$

donc si, et seulement s'il existe des constantes A et B telles que :

$$\forall x \in I \quad z(x) = Axe^{-x} + Be^{-x},$$

c'est-à-dire si, et seulement s'il existe des constantes A et B telles que :

$$\forall x \in I \quad y(x) = Ae^{-x} + B\frac{e^{-x}}{x}\cdot$$

8.12 1. Soit y une fonction deux fois dérivable sur I. On définit la fonction z, deux fois dérivable sur $\mathbb{R}$, par $z : t \mapsto y(e^t)$. On a alors, pour tout $x \in I$, la relation $y(x) = z(\ln x)$, puis :

$$y'(x) = \frac{1}{x} z'(\ln x) \qquad \text{et} \qquad y''(x) = \frac{1}{x^2} z''(\ln x) - \frac{1}{x^2} z'(\ln x).$$

Ainsi, la fonction y est solution de l'équation différentielle (E) sur I si, et seulement si, la fonction z est solution sur $\mathbb{R}$ de l'équation du second ordre à coefficients constants :

$$az'' + (b-a)z' + cz = 0. \qquad (E')$$

2. On en déduit, suivant les racines de l'équation caractéristique de (E'), la forme des solutions de (E') sur $\mathbb{R}$ et donc de (E) sur $\mathbb{R}_+^*$.

- Si l'équation caractéristique admet deux racines réelles distinctes r_1 et r_2, les solutions de (E) sur I sont les fonctions :

$$x \mapsto \lambda_1 x^{r_1} + \lambda_2 x^{r_2} \quad \text{avec} \quad (\lambda_1, \lambda_2) \in \mathbb{K}^2.$$

- Si l'équation caractéristique admet une racine double r_0, les solutions de (E) sur I sont les fonctions :

$$x \mapsto \lambda_1 x^{r_0} + \lambda_2 x^{r_0} \ln x \quad \text{avec} \quad (\lambda_1, \lambda_2) \in \mathbb{K}^2.$$

- Si l'équation admet deux racines complexes non réelles conjuguées $\alpha + i\beta$ et $\alpha - i\beta$, alors les solutions de (E) sur I sont les fonctions :

$$x \mapsto \lambda_1 x^{\alpha} \cos(\beta \ln x) + \lambda_2 x^{\alpha} \sin(\beta \ln x) \quad \text{avec} \quad (\lambda_1, \lambda_2) \in \mathbb{K}^2.$$

Pour trouver les solutions sur $\mathbb{R}_-^*$ de (E), on remarque que la fonction y est solution de l'équation différentielle (E) sur $\mathbb{R}_-^*$ si, et seulement si, la fonction $z : x \mapsto y(-x)$ est solution sur $\mathbb{R}_+^*$ de l'équation (E).

3. On applique ce qui précède. Les solutions sur $\mathbb{R}_+^*$ sont les fonctions :

$$x \mapsto \lambda_1 x + \lambda_2 x \ln x \quad \text{avec} \quad (\lambda_1, \lambda_2) \in \mathbb{K}^2.$$

Les solutions sur $\mathbb{R}_-^*$ sont les fonctions :

$$x \mapsto \lambda_1 x + \lambda_2 x \ln(-x) \quad \text{avec} \quad (\lambda_1, \lambda_2) \in \mathbb{K}^2.$$

8.13 1. La fonction f étant dérivable sur $\mathbb{R}$, la fonction $x \mapsto f(\lambda - x)$ l'est aussi. La relation $(*)$ implique alors que f est deux fois dérivable sur $\mathbb{R}$. Il est donc équivalent de chercher les fonctions deux fois dérivables sur $\mathbb{R}$ vérifiant $(*)$.

2. Raisonnons par analyse-synthèse :

- Soit f une fonction deux fois dérivable sur $\mathbb{R}$ vérifiant $(*)$. Alors :

$$\forall x \in \mathbb{R} \quad f''(x) = -f'(\lambda - x) = -f(x)$$

donc f est solution de l'équation $y'' + y = 0$. Il existe donc des réels A et φ tels que :

$$\forall x \in \mathbb{R} \quad f(x) = A\cos(x + \varphi).$$

Si $A \neq 0$, alors la condition $(*)$ donne :

$$\forall x \in \mathbb{R} \qquad \sin(x + \varphi) = \cos(\lambda - x + \varphi)$$

soit :

$$\forall x \in \mathbb{R} \quad \cos(x + \varphi + \pi/2) = \cos(\lambda - x + \varphi).$$

Par suite, on a, pour tout $x \in \mathbb{R}$:

$$\begin{cases} x + \varphi + \pi/2 \equiv \lambda - x + \varphi \ [2\pi] \\ \text{ou} \\ x + \varphi + \pi/2 \equiv -(\lambda - x + \varphi) \ [2\pi] \end{cases} \quad \textit{i.e.} \quad \begin{cases} 2x \equiv \lambda - \pi/2 \ [2\pi] \\ \text{ou} \\ 2\varphi \equiv -\lambda - \pi/2 \ [2\pi]. \end{cases}$$

En prenant x tel que $2x \not\equiv \lambda - \pi/2 \ [2\pi]$, on a donc :

$$\varphi \equiv -\frac{\lambda}{2} - \frac{\pi}{4} \ [\pi].$$

Par suite, il existe un entier k tel que :

$$\forall x \in \mathbb{R} \quad f(x) = A\cos\left(x - \frac{\lambda}{2} - \frac{\pi}{4} + k\pi\right).$$

Selon la parité de k, on a donc :

$$\forall x \in \mathbb{R} \quad f(x) = A\cos\left(x - \frac{\lambda}{2} - \frac{\pi}{4}\right) \qquad \text{ou} \qquad \forall x \in \mathbb{R} \quad f(x) = -A\cos\left(x - \frac{\lambda}{2} - \frac{\pi}{4}\right).$$

Dans tous les cas, il existe un réel C telle que :

$$\forall x \in \mathbb{R} \quad f(x) = C\cos\left(x - \frac{\lambda}{2} - \frac{\pi}{4}\right).$$

- Réciproquement, les fonctions $x \mapsto C\cos\left(x - \frac{\lambda}{2} - \frac{\pi}{4}\right)$ avec $C \in \mathbb{R}$ vérifient $(*)$ car :

$$\forall x \in \mathbb{R} \quad \cos\left(\lambda - x - \frac{\lambda}{2} - \frac{\pi}{4}\right) = \cos\left(x - \frac{\lambda}{2} - \frac{\pi}{4} + \frac{\pi}{2}\right) = -\sin\left(x - \frac{\lambda}{2} - \frac{\pi}{4}\right).$$

Les solutions sont donc les fonctions :

$$x \mapsto C\cos\left(x - \frac{\lambda}{2} - \frac{\pi}{4}\right) \quad \text{avec} \quad C \in \mathbb{R}.$$

8.14 1. La fonction f étant dérivable sur $\mathbb{R}_+^*$, la fonction $x \mapsto f(1/x)$ l'est aussi. La relation $(*)$ implique alors que f est deux fois dérivable sur $\mathbb{R}_+^*$. Il est donc équivalent de chercher les fonctions deux fois dérivables sur $\mathbb{R}_+^*$ vérifiant $(*)$.

2. **Analyse.** Soit f une fonction deux fois dérivable sur $\mathbb{R}_+^*$ vérifiant $(*)$. Alors :

$$\forall x \in \mathbb{R}_+^* \quad f''(x) = -\frac{1}{x^2} f(x).$$

En raisonnant comme dans l'exercice 8.12, on se ramène à la résolution de l'équation différentielle à coefficients constants :

$$z'' - z' + z = 0,$$

dont les solutions sont les fonctions :

$$z : \begin{array}{ccc} \mathbb{R} & \longrightarrow & \mathbb{K} \\ t & \longmapsto & e^{t/2}\left(\lambda_1 \cos\left(\frac{\sqrt{3}t}{2}\right) + \lambda_2 \sin\left(\frac{\sqrt{3}t}{2}\right)\right) \end{array} \quad \text{avec} \quad (\lambda_1, \lambda_2) \in \mathbb{K}^2.$$

Ainsi, il existe $(\lambda_1, \lambda_2) \in \mathbb{K}^2$ tel que :

$$\forall x \in \mathbb{R}_+^* \quad f(x) = \sqrt{x}\left(\lambda_1 \cos\left(\frac{\sqrt{3}\ln x}{2}\right) + \lambda_2 \sin\left(\frac{\sqrt{3}\ln x}{2}\right)\right).$$

Synthèse. Soit $(\lambda_1, \lambda_2) \in \mathbb{K}^2$. Posons :

$$f : \begin{array}{ccc} \mathbb{R}_+^* & \longrightarrow & \mathbb{K} \\ x & \longmapsto & \sqrt{x}\left(\lambda_1 \cos\left(\frac{\sqrt{3}\ln x}{2}\right) + \lambda_2 \sin\left(\frac{\sqrt{3}\ln x}{2}\right)\right). \end{array}$$

Alors, pour tout $x \in \mathbb{R}_+^*$:

$$f\left(\frac{1}{x}\right) = \frac{1}{\sqrt{x}}\left(\lambda_1 \cos\left(\frac{\sqrt{3}\ln x}{2}\right) - \lambda_2 \sin\left(\frac{\sqrt{3}\ln x}{2}\right)\right)$$

$$f'(x) = \frac{1}{\sqrt{x}}\left(\frac{\lambda_1 + \sqrt{3}\lambda_2}{2} \cos\left(\frac{\sqrt{3}\ln x}{2}\right) + \frac{\lambda_2 - \sqrt{3}\lambda_1}{2} \sin\left(\frac{\sqrt{3}\ln x}{2}\right)\right).$$

Ainsi, $f(1) = \lambda_1$ et $f'(1) = \dfrac{\lambda_1 + \sqrt{3}\lambda_2}{2}$, ce qui donne une condition nécessaire pour que f soit solution de l'équation $(*)$: $\lambda_1 = \dfrac{\lambda_1 + \sqrt{3}\lambda_2}{2}$, c'est-à-dire $\lambda_1 = \sqrt{3}\lambda_2$.

Réciproquement, si cette condition est vérifiée, alors on a aussi $-\lambda_2 = \dfrac{\lambda_2 - \sqrt{3}\lambda_1}{2}$, ce qui donne immédiatement $f(\frac{1}{x}) = f'(x)$ pour tout $x \in \mathbb{R}_+^*$.

Ainsi, f est solution de l'équation $(*)$ si, et seulement si, λ_1 et λ_2 vérifient la relation $\lambda_1 = \sqrt{3}\,\lambda_2$.

Les solutions de l'équation différentielle (E) sont donc les fonctions :

$$\begin{array}{ccc} \mathbb{R}_+^* & \longrightarrow & \mathbb{K} \\ x & \longmapsto & \lambda\sqrt{x}\left(\sqrt{3}\cos\left(\frac{\sqrt{3}\ln x}{2}\right) + \sin\left(\frac{\sqrt{3}\ln x}{2}\right)\right) \end{array} \quad \text{avec } \lambda \in \mathbb{K},$$

c'est-à-dire les fonctions :

$$\begin{array}{ccc} \mathbb{R}_+^* & \longrightarrow & \mathbb{K} \\ x & \longmapsto & \mu\sqrt{x}\cos\left(\frac{\sqrt{3}\ln x}{2} - \frac{\pi}{6}\right) \end{array} \quad \text{avec } \mu \in \mathbb{K}.$$

8.15 Raisonnons par analyse-synthèse.

- Soit f une fonction non nulle deux fois dérivable sur $\mathbb{R}$ vérifiant $(*)$.

  On a alors : $f(0) = f(0)^2$.

  * Si $f(0) = 0$, alors :

  $$\forall x \in \mathbb{R} \quad 2f(x) = 2f(0)f(x) = 0$$

  donc f est la fonction nulle, ce qui est exclu.

  * Donc, $f(0) = 1$. On en déduit que :

  $$\forall y \in \mathbb{R} \quad f(y) + f(-y) = 2f(y),$$

  c'est-à-dire que la fonction f est paire.

  * En fixant y et en dérivant par rapport à x, on obtient :

  $$\forall (x,y) \in \mathbb{R}^2 \quad f'(x+y) + f'(x-y) = 2f'(x)f(y)$$

  puis en redérivant, on a :

  $$\forall (x,y) \in \mathbb{R}^2 \quad f''(x+y) + f''(x-y) = 2f''(x)f(y). \qquad (1)$$

* En fixant x et en dérivant deux fois par rapport à y, on obtient :

$$\forall (x,y) \in \mathbb{R}^2 \quad f''(x+y) + f''(x-y) = 2f(x)f''(y). \tag{2}$$

Des relations (1) et (2), on obtient :

$$\forall (x,y) \in \mathbb{R}^2 \quad f''(x)f(y) = f(x)f''(y).$$

En particulier, en prenant $y = 0$, comme $f(0) = 1$, on en déduit que :

$$\forall x \in \mathbb{R} \quad f''(x) = f''(0)f(x).$$

* Soit $\omega \in \mathbb{C}$ tel que $\omega^2 = f''(0)$. Alors, comme f' est impaire, f est l'unique solution du problème de Cauchy suivant :

$$\begin{cases} y'' - \omega^2 y = 0 \\ y(0) = 1 \\ y'(0) = 0. \end{cases}$$

Par suite, on a $f : x \mapsto \dfrac{e^{\omega x} + e^{-\omega x}}{2}$.

• Réciproquement, pour tout $\omega \in \mathbb{C}$, la fonction $x \mapsto \dfrac{e^{\omega x} + e^{-\omega x}}{2}$ vérifie $(*)$.

Les solutions sont donc les fonctions :

$$x \mapsto \frac{e^{\omega x} + e^{-\omega x}}{2} \quad \text{avec} \quad \omega \in \mathbb{C}.$$

Soit $(A,B) \in \mathbb{R}^2$. La fonction $f : x \mapsto e^{(A+iB)x} + e^{-(A+iB)x}$ est à valeurs réelles si, et seulement si :

$$\forall x \in \mathbb{R} \quad e^{Ax}\sin(Bx) - e^{-Ax}\sin(Bx) = \sin(Bx)2\,\mathrm{sh}(Ax) = 0.$$

Si B est nul, alors la fonction f est à valeurs réelles ; sinon, en considérant le réel $\frac{\pi}{2B}$, on obtient que la fonction f est à valeurs réelles si, et seulement si, A est nul.
Les solutions réelles sont donc les fonctions :

$$x \mapsto \cos \omega x \quad \text{et} \quad x \mapsto \mathrm{ch}\, \omega x \qquad \text{avec} \qquad \omega \in \mathbb{R}.$$

8.16 1. La fonction z est deux fois dérivable sur I et vérifie, pour tout $x \in I$:

$$f(x) = z(x)\,e^{rx}$$
$$f'(x) = \big(z'(x) + r\,z(x)\big)\,e^{rx}$$
$$f''(x) = \big(z''(x) + 2\,r\,z'(x) + r^2 z(x)\big)\,e^{rx}.$$

Pour $x \in I$, on a donc :

$$f''(x) + a\,f'(x) + b\,f(x) = \Big(z''(x) + (2\,r + a)\,z'(x) + \overbrace{(r^2 + a\,r + b)}^{=0 \text{ par hypothèse}} z(x)\Big)\,e^{rx}$$
$$= e^{rx}\big(z''(x) + (2\,r + a)\,z'(x)\big).$$

Ainsi, la fonction f est solution de (E) si, et seulement si, la fonction z' est solution de l'équation différentielle :

$$y' + (2r + a)\,y = c(x)e^{-rx}. \tag{E'}$$

2. D'après l'étude des équations différentielles linéaires d'ordre 1, l'équation (E') possède une solution g qui est dérivable sur I, donc continue sur I, ce qui assure l'existence d'une primitive G sur I. La fonction $x \mapsto G(x)e^{rx}$ est alors une solution de l'équation (E).

Chapitre 9 : Nombres réels, suites numériques

Nombres réels, suites numériques

9

I L'ensemble des nombres réels

Nous poursuivons ici l'étude des nombres réels entamée au chapitre 3.

1 Propriété de la borne supérieure

Borne supérieure, borne inférieure

Définition 1

Soit A une partie de $\mathbb{R}$.

- La **borne supérieure** de A est, s'il existe, le plus petit des majorants de A. Elle se note $\sup A$.
- La **borne inférieure** de A est, s'il existe, le plus grand des minorants de A. Elle se note $\inf A$.

Ex. 1. L'ensemble $A = \mathbb{R}_+^*$ admet 0 comme borne inférieure.
En effet, 0 est un minorant de A. Pour montrer que c'est le plus grand, raisonnons par l'absurde et supposons qu'il existe un minorant a de A strictement plus grand que 0, c'est-à-dire $a > 0$. On a alors $\frac{a}{2} > 0$ donc $\frac{a}{2} \in A$ et par définition de a, on a alors $a \leqslant \frac{a}{2}$, puis $a \leqslant 0$, d'où la contradiction.

Remarque Si a est un réel tel que :

$$\forall \varepsilon > 0 \quad |a| \leqslant \varepsilon, \qquad (*)$$

alors $a = 0$. La propriété $(*)$ signifie en effet que $|a|$ est un minorant de $\mathbb{R}_+^*$, donc $|a| \leqslant \inf \mathbb{R}_+^* = 0$. Comme $|a| \geqslant 0$, cela donne $|a| = 0$, puis $a = 0$.

Propriétés immédiates Soit A une partie *non vide* de $\mathbb{R}$.

- Si la partie A admet un plus grand élément, alors elle admet une borne supérieure et $\sup A = \max A$. De même, si A admet un plus petit élément, alors $\inf A$ existe et $\inf A = \min A$.
- Si les réels $\inf A$ et $\sup A$ existent, alors $\inf A \leqslant \sup A$.

Attention
Ne pas confondre les notions de plus grand élément et de borne supérieure :

- si une partie possède un plus grand élément, alors, d'après ce qui précède, ce plus grand élément est sa borne supérieure ;
- en revanche, une partie peut admettre une borne supérieure sans avoir de plus grand élément, comme c'est le cas de l'intervalle $[0,1[$.

Il en est de même pour les notions de borne inférieure et de plus petit élément.

Propriétés de la borne supérieure et de la borne inférieure

Nous admettons que l'ensemble $\mathbb{R}$ des nombres réels possède la **propriété de la borne supérieure** et la **propriété de la borne inférieure**, c'est-à-dire :

Théorème 1

Toute partie non vide et majorée de $\mathbb{R}$ possède une borne supérieure.

Théorème 2

Toute partie non vide et minorée de $\mathbb{R}$ possède une borne inférieure.

Ex. 2. L'intervalle $I =]a,b[$ admet b comme borne supérieure, et a comme borne inférieure, lorsque a et b sont réels et $a < b$.

Ex. 3. L'ensemble $X = \{x \in \mathbb{R}_+ \ : \ x^2 \leqslant 2\}$ est une partie de $\mathbb{R}$ non vide et majorée (par exemple par 2). Sa borne supérieure est un réel positif a qui vérifie $a^2 = 2$ (cf. exercice 9.3 de la page 341). Ce réel est noté $\sqrt{2}$.

Ex. 4. Montrons comment on peut déduire le théorème 2 du théorème 1. On se donne A une partie non vide et minorée de $\mathbb{R}$ et l'on note E l'ensemble de ses minorants. Alors :

- l'ensemble E est une partie non vide de $\mathbb{R}$, majorée par n'importe quel élément de A (on rappelle que A est non vide) ;
- le réel $\sup E$ est donc bien défini et plus grand que n'importe quel minorant de A ;
- enfin, si $a \in A$, alors a majore E donc $\sup E \leqslant a$, ce qui justifie que $\sup E$ est un minorant de A.

Le réel $\sup E$ est donc le plus grand des minorants de A.

Proposition 3 (Caractérisation de la borne supérieure)

Soit A une partie de $\mathbb{R}$ et $a \in \mathbb{R}$. Alors on a $a = \sup A$ si, et seulement si :

$$\forall x \in A \quad x \leqslant a \qquad \text{et} \qquad \forall b \in]-\infty, a[\quad \exists x \in A \quad b < x.$$

Démonstration.
Le premier point signifie que a est un majorant de A, le second que c'est le plus petit. □

Dans la proposition précédente, on peut remplacer le second point par :

$$\forall \varepsilon > 0 \quad \exists x \in A \quad a - \varepsilon < x.$$

Remarque Le dessin ci-contre illustre le fait que, quel que soit $\varepsilon > 0$, on peut trouver un élément $x \in A$ compris entre $\sup A - \varepsilon$ et $\sup A$. Attention, il peut aussi exister des réels n'appartenant pas à A et compris entre $\sup A - \varepsilon$ et $\sup A$.

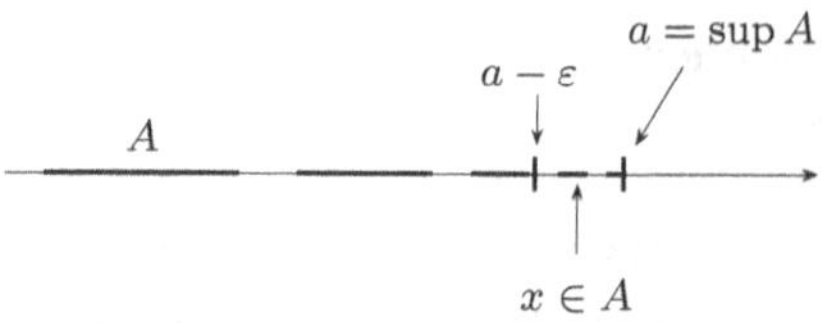

Caractérisation de la borne inférieure

De même, a est la borne inférieure de A si, et seulement si :

$$\forall x \in A \quad a \leqslant x \qquad \text{et} \qquad \forall b \in]a, +\infty[\quad \exists x \in A \quad x < b.$$

Extension de la définition

Lorsque A est une partie non majorée (respectivement non minorée) de $\mathbb{R}$, on convient que $\sup A = +\infty$ (respectivement $\inf A = -\infty$).

On observe alors que toute partie non vide de $\mathbb{R}$ possède une borne supérieure (respectivement inférieure) dans $\mathbb{R} \cup \{+\infty\}$ (respectivement $\mathbb{R} \cup \{-\infty\}$) et que celle-ci est réelle si, et seulement si, la partie est majorée (respectivement minorée).

2 Caractérisation des intervalles de IR

La propriété de la borne supérieure nous permet de démontrer la caractérisation suivante des intervalles de $\mathbb{R}$ (ceux-ci ont été décrits à la page 3).

Proposition 4

Les intervalles de $\mathbb{R}$ sont les parties I de $\mathbb{R}$ vérifiant :

$$\forall x \in I \quad \forall y \in I \quad [x, y] \subset I. \qquad (\star)$$

Démonstration page 332

Principe de démonstration. Il s'agit de justifier que si une partie I de $\mathbb{R}$ vérifie la propriété $(\star)$, alors I est un intervalle, c'est-à-dire qu'en notant a et b les extrémités inférieure et supérieure de I (avec la possibilité que $a = -\infty$ et $b = +\infty$), alors I est de la forme (a, b), les parenthèses représentant un crochet, ouvert ou fermé.

3 Partie entière

Proposition 5

Exo 9.1

Étant donné $x \in \mathbb{R}$, il existe un plus grand entier inférieur ou égal à x. Il est appelé **partie entière de x**.

Démonstration page 332

Remarques

- La partie entière de x est l'unique entier $n \in \mathbb{Z}$ vérifiant $n \leqslant x < n + 1$.
- Si $k \in \mathbb{Z}$ vérifie $x < k$, alors $\lfloor x \rfloor < k$ puis $\lfloor x \rfloor \leqslant k - 1$.

Exo 9.2

Point méthode On dispose d'une autre caractérisation de la partie entière du réel x : c'est l'unique nombre entier n tel que x s'écrive $x = n + y$ avec $y \in [0, 1[$.

Ex. 5. Pour tout $x \in \mathbb{R}$ et $p \in \mathbb{Z}$, on a $\lfloor x + p \rfloor = \lfloor x \rfloor + p$.

En effet, de l'encadrement $\lfloor x \rfloor \leqslant x < \lfloor x \rfloor + 1$, on en déduit $\big(\lfloor x \rfloor + p\big) \leqslant x + p < \big(\lfloor x \rfloor + p\big) + 1$.

Puisque $\lfloor x \rfloor + p$ est un entier, on a par caractérisation de la partie entière :

$$\lfloor x + p \rfloor = \lfloor x \rfloor + p.$$

II Généralités sur les suites réelles

1 Définitions

Une **suite à termes réels**, ou **suite réelle**, est une famille de nombres réels indexée par $\mathbb{N}$, c'est-à-dire une application de $\mathbb{N}$ dans $\mathbb{R}$.

- Traditionnellement, si u est une suite, on utilise plutôt la notation indexée u_n à la place de $u(n)$ pour désigner l'image par u de l'entier n. La suite u est alors notée $(u_n)_{n\in\mathbb{N}}$.
- Le terme u_n est appelé **terme général** de la suite $(u_n)_{n\in\mathbb{N}}$.
- L'ensemble des suites réelles est noté $\mathbb{R}^{\mathbb{N}}$.

Remarque Pour des raisons d'économie d'écriture, il arrive parfois d'utiliser la notation (u_n) pour désigner la suite $(u_n)_{n\in\mathbb{N}}$. Il faut alors bien comprendre l'importance des parenthèses qui indiquent qu'il s'agit d'une suite et non d'un terme général.

Par extension, nous appellerons aussi suite réelle une famille de réels indexée par $\mathbb{N}^*$, voire plus généralement par un intervalle d'entiers du type $[\![n_0, +\infty[\![$.
Une suite u indexée par $[\![n_0, +\infty[\![$ sera notée $(u_n)_{n\geqslant n_0}$.

Opérations sur les suites

Étant donné deux suites réelles u et v ainsi qu'un réel λ, on note $u+v$ (**somme** des suites u et v), λu (**produit** par le réel λ de la suite u) et uv (**produit** des suites u et v), les suites dont les termes généraux valent respectivement :

$$u_n + v_n, \qquad \lambda\, u_n, \qquad u_n\, v_n.$$

Plus généralement, une **combinaison linéaire** de deux suites u et v est une suite de la forme $(\lambda\, u_n + \mu\, v_n)_{n\in\mathbb{N}}$, pour un certain $(\lambda, \mu) \in \mathbb{R}^2$.

Définitions et opérations liées aux inégalités

On dit qu'une suite réelle $(u_n)_{n\in\mathbb{N}}$ est :

- **majorée** si $\exists M \in \mathbb{R} \quad \forall n \in \mathbb{N} \quad u_n \leqslant M$,
- **minorée** si $\exists m \in \mathbb{R} \quad \forall n \in \mathbb{N} \quad u_n \geqslant m$,
- **bornée** si $\exists K \in \mathbb{R}_+ \quad \forall n \in \mathbb{N} \quad |u_n| \leqslant K$.

Remarques

- Une suite $(u_n)_{n\in\mathbb{N}}$ est bornée si, et seulement si, la suite $(|u_n|)_{n\in\mathbb{N}}$ est majorée.
- Une suite $(u_n)_{n\in\mathbb{N}}$ est bornée si, et seulement si, elle est majorée et minorée.
- Dans la définition d'une suite majorée, le « $\exists M \in \mathbb{R}$ » peut être remplacé, au choix, par « $\exists M \in \mathbb{R}_+$ » ou « $\exists M > 0$ », sans changer le sens de la définition.

  En effet, si la propriété « $\forall n \in \mathbb{N} \quad u_n \leqslant M$ » est vraie pour une valeur de M, alors elle est vraie pour toute valeur supérieure de M.

Propriétés immédiates On a les résultats suivants concernant les opérations sur les suites majorées, bornées, etc. :

- si u et v sont des suites majorées, alors la suite $u+v$ est majorée ;
- si u et v sont des suites bornées, alors les suites $u+v$ et uv sont bornées.

2 Monotonie

Une suite réelle $(u_n)_{n\in\mathbb{N}}$ étant une application de $\mathbb{N}$ dans $\mathbb{R}$, sa croissance est définie par la propriété suivante :

$$\forall (p,q)\in\mathbb{N}^2 \quad p\leqslant q \Longrightarrow u_p\leqslant u_q.$$

Voici une caractérisation plus simple de cette notion (ainsi que de la notion de stricte croissance).

Proposition 6

Soit $(u_n)_{n\in\mathbb{N}}$ une suite réelle.

(*i*) La suite u est croissante si, et seulement si : $\forall n\in\mathbb{N} \quad u_n\leqslant u_{n+1}$.

(*ii*) La suite u est strictement croissante si, et seulement si : $\forall n\in\mathbb{N} \quad u_n< u_{n+1}$.

Démonstration page 333

Ex. 6. Soit $f:\mathbb{R}\to\mathbb{R}$ et $(u_n)_{n\in\mathbb{N}}$ la suite définie par $\forall n\in\mathbb{N} \quad u_n=f(n)$. Si f est monotone, alors $(u_n)_{n\in\mathbb{N}}$ l'est également, et a même sens de monotonie que f.

On adapte facilement la proposition précédente aux suites décroissantes.

Remarques Soit $u=(u_n)_{n\in\mathbb{N}}$ une suite réelle.

- Pour étudier la monotonie de u, on pourra étudier le signe de $u_{n+1}-u_n$.
- Lorsque u est à valeurs *strictement positives*, on peut aussi comparer $\dfrac{u_{n+1}}{u_n}$ à 1.

Ex. 7. La suite $(u_n)_{n\geqslant 1}$ définie par $u_n=1/n$ est strictement décroissante.

Ex. 8. Si $a\in\mathbb{R}_+$, la suite définie par $u_n=a^n$ est monotone. Elle est en effet croissante si $a\geqslant 1$ et décroissante si $a\leqslant 1$.

Ex. 9. La suite de terme général $(-1)^n$ n'est pas monotone.

Ex. 10. Pour $\alpha\in\mathbb{R}_+^*$, la suite de terme général $u_n=\frac{\alpha(\alpha+1)\cdots(\alpha+n-1)}{n!}$ est monotone. En effet, pour tout $n\in\mathbb{N}$, on a $u_n>0$ (en particulier $u_0=1$) et $\frac{u_{n+1}}{u_n}=\frac{n+\alpha}{n+1}$.

On en déduit que la suite est strictement décroissante si $\alpha<1$, strictement croissante si $\alpha>1$ et constante (égale à 1) si $\alpha=1$.

Remarques

- L'opposée d'une suite croissante est une suite décroissante.
- Les suites constantes sont les seules suites qui soient croissantes et décroissantes.
- La somme de deux suites croissantes (respectivement le produit de deux suites croissantes positives) est une suite croissante.

3 Suites extraites

Définition 2

Une suite $v = (v_n)_{n\in\mathbb{N}}$ est appelée **suite extraite** ou **sous-suite** d'une suite $u = (u_n)_{n\in\mathbb{N}}$ s'il existe une application $\varphi : \mathbb{N} \to \mathbb{N}$ *strictement croissante* telle que :

$$\forall n \in \mathbb{N} \quad v_n = u_{\varphi(n)}.$$

Ex. 11. La suite $(u_{n+1})_{n\in\mathbb{N}}$ est une suite extraite de la suite $u = (u_n)_{n\in\mathbb{N}}$.

Ex. 12. Les suites $(u_{2n})_{n\in\mathbb{N}}$ et $(u_{2n+1})_{n\in\mathbb{N}}$ sont deux suites extraites de $(u_n)_{n\in\mathbb{N}}$; on les appelle respectivement **sous-suite des termes d'indices pairs** et **sous-suite des termes d'indices impairs**.

Ex. 13. La suite $v = \left(u_{\lfloor\sqrt{n}\rfloor}\right)_{n\in\mathbb{N}}$ n'est pas en général une suite extraite de la suite $(u_n)_{n\in\mathbb{N}}$ car la fonction $n \mapsto \lfloor\sqrt{n}\rfloor$ n'est pas strictement croissante.
En revanche, dans le cas particulier où la suite u est constante, on a $v = u$ et donc la suite v est bien une suite extraite de la suite u.

Remarque L'application φ de la définition précédente étant strictement croissante et à valeurs entières, pour tout $n \in \mathbb{N}$, on a $\varphi(n+1) \geqslant \varphi(n) + 1$. Une récurrence immédiate donne alors :

$$\forall n \in \mathbb{N} \quad \varphi(n) \geqslant n.$$

4 À partir d'un certain rang

Définition 3

Une suite u est **stationnaire** si elle est constante à partir d'un certain rang, *i.e.* :

$$\exists p \in \mathbb{N} \quad \forall n \geqslant p \quad u_{n+1} = u_n.$$

La définition 3 a fait usage de la locution « à partir d'un certain rang » pour définir la notion de suite stationnaire. Cette locution est en fait utilisée dans de nombreuses situations : on dit qu'une suite $(u_n)_{n\in\mathbb{N}}$ vérifie une propriété à partir d'un certain rang s'il existe $n_0 \in \mathbb{N}$ tel que la suite $(u_n)_{n\geqslant n_0}$ vérifie cette propriété.

Exo 9.7

Ex. 14. Dire qu'une suite $(u_n)_{n\in\mathbb{N}}$ est positive à partir d'un certain rang signifie que :

$$\exists n_0 \in \mathbb{N} \quad \forall n \in \mathbb{N} \quad n \geqslant n_0 \Longrightarrow u_n \geqslant 0.$$

Ex. 15. Dire qu'une suite $(u_n)_{n\in\mathbb{N}}$ est croissante à partir d'un certain rang signifie que :

$$\exists n_0 \in \mathbb{N} \quad \forall n \in \mathbb{N} \quad n \geqslant n_0 \Longrightarrow u_n \leqslant u_{n+1}.$$

Ex. 16. Étant donné deux suites $(u_n)_{n\in\mathbb{N}}$ et $(v_n)_{n\in\mathbb{N}}$, on dit que $u_n \leqslant v_n$ à partir d'un certain rang pour signifier que :

$$\exists n_0 \in \mathbb{N} \quad \forall n \in \mathbb{N} \quad n \geqslant n_0 \Longrightarrow u_n \leqslant v_n.$$

III Limite d'une suite réelle

1 Suites convergentes

Définition 4

Étant donné une suite réelle $(u_n)_{n\in\mathbb{N}}$ ainsi que $\ell \in \mathbb{R}$, on dit que la suite $(u_n)_{n\in\mathbb{N}}$ **tend vers ℓ**, ou encore **converge vers ℓ**, si :

$$\forall \varepsilon > 0 \quad \exists n_0 \in \mathbb{N} \quad \forall n \in \mathbb{N} \quad n \geqslant n_0 \implies |u_n - \ell| \leqslant \varepsilon.$$

Remarque On dit aussi que la suite $(u_n)_{n\in\mathbb{N}}$ **admet ℓ comme limite**.

Notation On écrit $u_n \underset{n\to+\infty}{\longrightarrow} \ell$ pour dire que la suite $(u_n)_{n\in\mathbb{N}}$ tend vers ℓ. Lorsqu'il n'y a pas d'ambiguïté sur le fait que c'est la variable n qui tend vers $+\infty$, on se permet d'utiliser la notation plus légère $u_n \to \ell$.

Remarque Il est important de bien comprendre la définition 4, et en particulier la phrase formelle définissant la convergence d'une suite $(u_n)_{n\in\mathbb{N}}$ vers un réel ℓ. Décortiquons-la en partant de la fin.

- L'assertion $(|u_n - \ell| \leqslant \varepsilon)$ signifie : « u_n est à une distance de ℓ inférieure ou égale à ε », ou encore $\ell - \varepsilon \leqslant u_n \leqslant \ell + \varepsilon$.

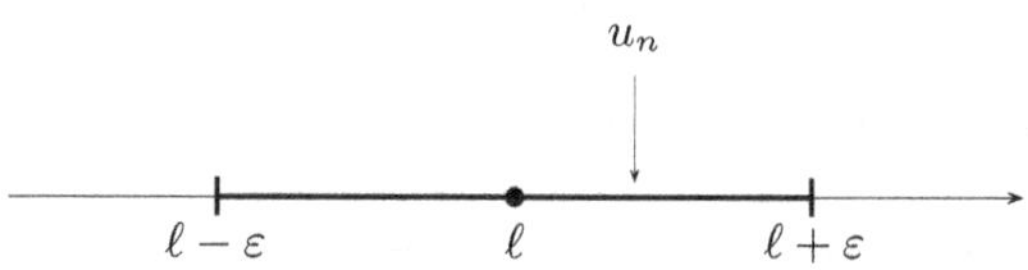

- L'assertion $(\forall n \in \mathbb{N} \quad n \geqslant n_0 \implies |u_n - \ell| \leqslant \varepsilon)$ signifie : « à partir du rang n_0, tous les termes de la suite u sont à une distance de ℓ inférieure à ε ».
- L'assertion $(\exists n_0 \in \mathbb{N} \quad \forall n \in \mathbb{N} \quad n \geqslant n_0 \implies |u_n - \ell| \leqslant \varepsilon)$ signifie : « il existe un rang à partir duquel tous les termes de la suite u sont à une distance de ℓ inférieure à ε », ou encore : « à partir d'un certain rang, tous les termes de la suite u sont à une distance de ℓ inférieure à ε ».
- L'assertion complète $(\forall \varepsilon > 0 \quad \exists n_0 \in \mathbb{N} \quad \forall n \in \mathbb{N} \quad n \geqslant n_0 \implies |u_n - \ell| \leqslant \varepsilon)$ signifie donc : « pour tout réel $\varepsilon > 0$, il existe un rang à partir duquel tous les termes de la suite sont à une distance de ℓ inférieure à ε ».

Ex. 17. Montrons que la suite $u = (1/n)_{n\geqslant 1}$ tend vers 0.
Soit $\varepsilon > 0$. Posons $n_0 = \lfloor \frac{1}{\varepsilon} \rfloor + 1$ et observons que $0 < \frac{1}{\varepsilon} \leqslant n_0$ donc $\frac{1}{n_0} \leqslant \varepsilon$.
Pour $n \geqslant n_0$, on a alors :

$$|u_n| = \frac{1}{n} \leqslant \frac{1}{n_0} \leqslant \varepsilon.$$

Proposition 7 (Unicité de la limite)

Si ℓ_1 et ℓ_2 sont deux réels tels que $u_n \to \ell_1$ et $u_n \to \ell_2$, alors $\ell_1 = \ell_2$.

Démonstration page 333

Principe de démonstration. Raisonner par l'absurde en supposant $\ell_1 \neq \ell_2$.

En prenant $\varepsilon = \frac{|\ell_1 - \ell_2|}{3}$, on constate que u_n ne peut pas être à la fois à une distance de ℓ_1 inférieure à ε et à une distance de ℓ_2 inférieure à ε :

Étant donné une suite convergente $u = (u_n)_{n\in\mathbb{N}}$, la proposition précédente permet de parler de *la* limite de la suite u.

Notation La limite de la suite u est notée $\lim u_n$, ou $\lim\limits_{n\to+\infty} u_n$, ou encore $\lim u$.

Définition 5

On dit qu'une suite réelle est **convergente** si elle admet une limite réelle. Dans le cas contraire, on dit qu'elle est **divergente**.

Remarque Dire qu'une suite $(u_n)_{n\in\mathbb{N}}$ est convergente s'écrit donc :

$$\exists \ell \in \mathbb{R} \quad \forall \varepsilon > 0 \quad \exists n_0 \in \mathbb{N} \quad \forall n \in \mathbb{N} \quad n \geqslant n_0 \Longrightarrow \left|u_n - \ell\right| \leqslant \varepsilon.$$

Ex. 18.

- Toute suite stationnaire est convergente, et sa limite est la valeur constante qu'elle prend à partir d'un certain rang.
- En revanche, la réciproque est fausse. Une suite peut être convergente sans être stationnaire, comme par exemple la suite de terme général $\dfrac{1}{n}$ qui converge (vers 0) mais qui n'est pas stationnaire.

Proposition 8

Soit u une suite réelle et ℓ un réel. S'il existe une suite v convergeant vers 0 telle que $|u_n - \ell| \leqslant v_n$ à partir d'un certain rang, alors u converge vers ℓ.

Démonstration page 333

Point méthode Pour démontrer qu'une suite u converge vers un réel ℓ, on peut montrer que la suite $(u_n - \ell)$ converge vers 0 et donc essayer de majorer le réel positif $|u_n - \ell|$ par le terme général d'une suite qui tend vers 0.

Ex. 19. Montrons que la suite de terme général $u_n = \frac{n!+1}{n!}$ tend vers 1.

Pour $n \in \mathbb{N}$, on a $\left|\frac{n!+1}{n!} - 1\right| = \frac{1}{n!}\cdot$

Pour $n \in \mathbb{N}^*$, on a $0 < n \leqslant n!$ et il s'ensuit que :

$$\forall n \in \mathbb{N}^* \quad \left|\frac{n!+1}{n!} - 1\right| \leqslant \frac{1}{n}\cdot$$

Puisque $\frac{1}{n} \underset{n\to+\infty}{\longrightarrow} 0$, on en déduit que la suite $(u_n)_{n\in\mathbb{N}}$ tend vers 1.

Proposition 9

Si une suite u converge vers ℓ, alors la suite $|u| = \big(|u_n|\big)_{n\in\mathbb{N}}$ converge vers $|\ell|$.

Démonstration. D'après l'inégalité triangulaire, on a $\big||u_n|-|\ell|\big| \leqslant |u_n-\ell|$ pour tout $n \in \mathbb{N}$. On conclut avec la proposition 8 de la page précédente. □

2 Propriétés des suites convergentes

Proposition 10

Toute suite convergente est bornée.

Démonstration page 333

Principe de démonstration.
Utiliser la définition de la convergence avec, par exemple, $\varepsilon = 1$.

Ex. 20. La suite $(n)_{n\in\mathbb{N}}$ est divergente, car elle n'est pas bornée.

Ex. 21. La réciproque de la proposition précédente est fausse : par exemple la suite de terme général $(-1)^n$ est bornée mais divergente (cf. exemple 26 de la page 308).

Proposition 11

Soit u une suite convergeant vers $\ell \in \mathbb{R}$. Si m est un réel vérifiant $m < \ell$, alors la suite u est minorée par m à partir d'un certain rang.

Démonstration page 333

Principe de démonstration.

En prenant n suffisamment grand, on peut rendre les termes de la suite aussi proches de ℓ que l'on veut, et en particulier à une distance inférieure à $\varepsilon = \ell - m$.

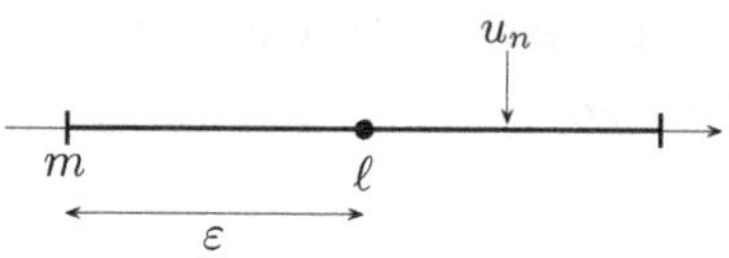

Remarque Par le même raisonnement, si u est une suite convergeant vers $\ell \in \mathbb{R}$ et m est un réel vérifiant $m > \ell$, alors la suite u est majorée par m à partir d'un certain rang.

Ex. 22. Si u est une suite convergeant vers 0, alors $u_n^2 \leqslant |u_n|$ à partir d'un certain rang. En effet, $|u|$ tend vers 0, donc $|u_n| \leqslant 1$ à partir d'un certain rang. Comme pour tout réel x vérifiant $|x| \leqslant 1$, on a $x^2 \leqslant |x|$, la conclusion suit.

Corollaire 12

Si u est une suite convergeant vers une limite $\ell > 0$, alors il existe un réel $m > 0$ tel que la suite u soit minorée par m à partir d'un certain rang.

Démonstration. Il suffit d'appliquer la proposition précédente avec $m = \dfrac{\ell}{2}\cdot$ □

Corollaire 13

Si u est une suite convergeant vers une limite $\ell \neq 0$, alors la suite $|u|$ est minorée, à partir d'un certain rang, par un réel strictement positif.

Démonstration.
Il suffit d'appliquer le résultat précédent à la suite $|u|$ qui converge vers $|\ell| > 0$. □

Remarque Les résultats précédent assurent que si une suite u converge vers une limite non nulle, alors, à partir d'un certain rang, elle ne s'annule plus et est du signe (strict) de sa limite. Cela permet alors, en notant n_0 un tel rang, de considérer la suite $\left(\frac{1}{u_n}\right)_{n \geqslant n_0}$.

3 Suites tendant vers l'infini

Définition 6

On dit qu'une suite réelle $(u_n)_{n\in\mathbb{N}}$

- **tend vers $+\infty$** si : $\forall A \in \mathbb{R} \quad \exists n_0 \in \mathbb{N} \quad \forall n \in \mathbb{N} \quad n \geqslant n_0 \Longrightarrow u_n \geqslant A$;
- **tend vers $-\infty$** si : $\forall A \in \mathbb{R} \quad \exists n_0 \in \mathbb{N} \quad \forall n \in \mathbb{N} \quad n \geqslant n_0 \Longrightarrow u_n \leqslant A$.

De manière moins formelle, une suite $(u_n)_{n\in\mathbb{N}}$ tend vers $+\infty$ si, en prenant n suffisamment grand, on peut rendre u_n aussi grand que l'on veut.

Remarque Il est facile de voir, d'après la définition, que si une suite $(u_n)_{n\in\mathbb{N}}$ tend vers $+\infty$, alors :

- elle ne tend pas vers $-\infty$;
- elle n'est pas bornée, donc elle est divergente.

De même, une suite qui tend vers $-\infty$ ne tend pas vers $+\infty$ et n'est pas convergente. La propriété d'unicité de la limite, déjà énoncée pour des limites réelles, s'étend donc aux limites infinies. D'où la notation suivante :

Notation Les notations déjà vues pour les suites convergentes s'utilisent également dans le cas des limites infinies :

- **cas $+\infty$:** $\lim u_n = +\infty$, ou $u_n \to +\infty$;
- **cas $-\infty$:** $\lim u_n = -\infty$, ou $u_n \to -\infty$.

Ex. 23. La suite de terme général $u_n = n$ tend vers $+\infty$. En effet, pour tout réel A, on pose $n_0 = \max(\lfloor A \rfloor + 1, 0) \in \mathbb{N}$, et l'on a : $\forall n \in \mathbb{N} \quad n \geqslant n_0 \Longrightarrow n \geqslant A$.

Ex. 24. Si $q > 1$, la suite de terme général $u_n = q^n$ tend vers $+\infty$. En effet, d'après la formule du binôme, on a :

$$\forall n \in \mathbb{N}^* \quad q^n = 1 + (q-1)n + \underbrace{\sum_{k=2}^{n} \binom{n}{k} (q-1)^k}_{\geqslant 0} \geqslant (q-1)n.$$

Pour $A > 0$ fixé, on pose $n_0 = \left\lfloor \frac{A}{q-1} \right\rfloor + 1$, qui est bien un entier naturel (non nul) puisque $q - 1 > 0$. Ensuite, pour $n \geqslant n_0$, on a $n \geqslant \frac{A}{q-1}$ puis $(q-1)n \geqslant A$ et enfin $q^n \geqslant A$, ce qui conclut.

Ex. 25. En s'inspirant de la démonstration de la proposition 10 de la page 306, montrons que toute suite qui diverge vers $+\infty$ est minorée.
Soit u une suite qui diverge vers $+\infty$. D'après la définition 6 de la page précédente, on peut trouver un rang $n_0 \in \mathbb{N}$ tel que $\forall n \geqslant n_0 \quad u_n \geqslant 1$. Mais alors, il est clair que la suite u est minorée par le réel $\min\{u_0, \ldots, u_{n_0-1}, 1\}$.

Attention Bien qu'elle ait une limite, une suite qui tend vers $+\infty$ (ou vers $-\infty$) n'est pas convergente. Pour insister sur ce fait, on préfère parfois dire qu'elle **diverge** vers $+\infty$ (ou vers $-\infty$).

Remarques

- Une suite u tend vers $+\infty$ si, et seulement si, la suite $-u$ tend vers $-\infty$.
- Si une suite $(u_n)_{n\in\mathbb{N}}$ tend vers $+\infty$ ou vers $-\infty$, alors la suite $(|u_n|)_{n\in\mathbb{N}}$ tend vers $+\infty$, mais la réciproque de ce résultat est fausse, comme le prouve l'exemple de la suite u de terme général $u_n = (-2)^n$.
- Il est fréquent que l'on demande d'étudier la **nature** d'une suite. Ce qui est alors attendu c'est de déterminer si la suite est convergente ou divergente. Dans le cas où elle est divergente, on précise souvent si elle tend vers $\pm\infty$ ou pas.

4 Limites et suites extraites

Proposition 14

Si u est une suite tendant vers une limite (finie ou infinie), alors toute suite extraite de u tend vers la même limite.

Démonstration page 334

Principe de démonstration.

Distinguer les cas, suivant que $\lim u \in \mathbb{R}$, $\lim u = +\infty$ ou $\lim u = -\infty$.

Penser à utiliser que, si $\varphi : \mathbb{N} \to \mathbb{N}$ est strictement croissante, alors on a $\forall n \in \mathbb{N} \quad \varphi(n) \geqslant n$.

Point méthode Le résultat précédent implique que :

- toute suite extraite d'une suite convergente est convergente ; ainsi, pour montrer qu'une suite est divergente, il suffit d'en exhiber une sous-suite divergente ;
- pour montrer qu'une suite n'a pas de limite (finie ou infinie), il suffit d'en exhiber deux sous-suites tendant vers des limites différentes.

Ex. 26. La suite définie par $u_n = (-1)^n$ n'admet pas de limite, car :

- la sous-suite $(u_{2n})_{n\in\mathbb{N}}$ est constante égale à 1, donc converge vers 1 ;
- la sous-suite $(u_{2n+1})_{n\in\mathbb{N}}$ est constante égale à -1, donc converge vers -1.

Ex. 27. La suite définie par $u_n = \cos(n\pi/4)$ diverge puisque la sous-suite $(u_{4n})_{n\in\mathbb{N}}$ a pour terme général $(-1)^n$ et donc est divergente.

Proposition 15

Si u est une suite telle que les deux sous-suites $(u_{2n})_{n\in\mathbb{N}}$ et $(u_{2n+1})_{n\in\mathbb{N}}$ tendent vers une même limite (finie ou infinie), alors la suite u tend vers cette limite commune.

Démonstration page 334

Principe de démonstration. On se ramène à la définition, en distinguant les cas, suivant que la limite est finie ou infinie.

5 Caractère asymptotique de la notion de limite

Rappelons (cf. page 303) que deux suites u et v sont égales à partir d'un certain rang si :

$$\exists n_0 \in \mathbb{N} \quad \forall n \in \mathbb{N} \quad n \geqslant n_0 \Longrightarrow u_n = v_n.$$

Proposition 16

Soit u et v deux suites égales à partir d'un certain rang. Si l'une des deux tend vers une limite ℓ (finie ou infinie), alors l'autre tend aussi vers ℓ.

Ce résultat, évident d'après les définitions, traduit ce que l'on appelle le *caractère asymptotique* de la notion de limite. Ainsi :

- savoir si une suite converge ou non ne donne aucune information sur les valeurs de ses premiers termes ;
- on peut modifier un nombre fini de termes d'une suite sans changer sa limite éventuelle ; c'est pourquoi, dans la suite de ce chapitre, la plupart des résultats énoncés s'appuieront sur des propriétés vraies *à partir d'un certain rang* ; c'était d'ailleurs déjà le cas de la proposition 8 de la page 305.

IV Opérations sur les limites

Cette section regroupe des résultats permettant de prouver l'existence de la limite d'une suite et/ou de déterminer sa limite *sans avoir besoin de revenir à la définition de la limite.*

1 Produit d'une suite bornée par une suite tendant vers 0

Proposition 17

Le produit d'une suite bornée par une suite tendant vers 0 est une suite qui tend vers 0.

Démonstration page 334

Principe de démonstration. Commencer par exhiber un majorant $M > 0$ de $|v|$, puis pour $\varepsilon > 0$, utiliser la définition 4 de la page 304 avec $\frac{\varepsilon}{M}\cdot$

2 Opérations sur les suites convergentes

Lemme 18

Si deux suites convergent vers 0, alors leur somme converge aussi vers 0.

Démonstration page 335

Principe de démonstration. On majore $|u_n + v_n|$ avec l'inégalité triangulaire, et l'on rend $|u_n|$ et $|v_n|$ inférieurs à $\frac{\varepsilon}{2}\cdot$

Proposition 19

Soit u et v deux suites convergeant respectivement vers des réels ℓ_1 et ℓ_2. Si λ et μ sont deux réels, alors les suites $\lambda u + \mu v$ et $u v$ convergent respectivement vers $\lambda \ell_1 + \mu \ell_2$ et $\ell_1 \ell_2$.

Démonstration page 335

Ex. 28. Si u est une suite convergente, alors $u_{n+1} - u_n \to 0$.
En effet, notant ℓ la limite de u, la suite $(u_{n+1})_{n\in\mathbb{N}}$ est extraite de u, donc convergente, de limite ℓ. Il vient alors : $u_{n+1} - u_n \underset{n\to+\infty}{\longrightarrow} \ell - \ell = 0$.

Attention La proposition précédente traite uniquement le cas de suites convergentes et ne donne aucun résultat sur la limite d'une somme de suites ayant une limite infinie.

Remarques

- Si u et $u+v$ sont des suites convergentes, alors $v = (u+v) - u$ est également convergente.
- On en déduit que si u est une suite convergente et v une suite divergente, alors la suite $u+v$ est divergente.

Point méthode Si u et v sont des suites réelles :

- lorsque deux des trois suites u, v, $u+v$ convergent, alors la troisième converge ;
- lorsque l'une des trois suites u, v et $u+v$ converge et une autre diverge, alors la troisième diverge.

Exo 9.10

3 Cas des limites infinies

Droite numérique achevée

Afin d'unifier certains énoncés, il est pratique de travailler avec des éléments de $\mathbb{R} \cup \{-\infty, +\infty\}$, ensemble que l'on note usuellement $\overline{\mathbb{R}}$.
On prolonge partiellement à $\overline{\mathbb{R}}$ les opérations de $\mathbb{R}$, selon les tables suivantes :

$+$	$-\infty$	$y \in \mathbb{R}$	$+\infty$
$-\infty$	$-\infty$	$-\infty$	
$x \in \mathbb{R}$	$-\infty$	$x+y$	$+\infty$
$+\infty$		$+\infty$	$+\infty$

$\times$	$-\infty$	$y \in \mathbb{R}_-^*$	0	$y \in \mathbb{R}_+^*$	$+\infty$
$-\infty$	$+\infty$	$+\infty$		$-\infty$	$-\infty$
$x \in \mathbb{R}_-^*$	$+\infty$	xy	0	xy	$-\infty$
0		0	0	0	
$x \in \mathbb{R}_+^*$	$-\infty$	xy	0	xy	$+\infty$
$+\infty$	$-\infty$	$-\infty$		$+\infty$	$+\infty$

où les cases vides correspondent à des cas où l'opération n'est pas définie.

Lemme 20

Soit u une suite tendant vers $+\infty$.

1. Si v est une suite minorée, alors la suite $u+v$ tend vers $+\infty$.
2. Si v est une suite minorée à partir d'un certain rang par un nombre strictement positif, alors la suite uv tend vers $+\infty$.

Démonstration page 335

Proposition 21

Soit u et v deux suites réelles admettant des limites ℓ_1 et ℓ_2 dans $\overline{\mathbb{R}}$.

- Si $\ell_1 + \ell_2$ est défini dans $\overline{\mathbb{R}}$, alors on a $\lim(u+v) = \ell_1 + \ell_2$.
- Si $\ell_1 \ell_2$ est défini dans $\overline{\mathbb{R}}$, alors on a $\lim(u\,v) = \ell_1 \ell_2$.

Démonstration page 336

Ex. 29. La suite de terme général $\left(\frac{1}{n} - 1\right) n^2$ tend vers $-\infty$.

En effet $\frac{1}{n} - 1 \underset{n\to+\infty}{\longrightarrow} -1$ et $n^2 \underset{n\to+\infty}{\longrightarrow} +\infty$. On peut donc appliquer la proposition 21.

Ex. 30. La suite de terme général $\left(n + \frac{1}{n}\right)^2 - n^2$ tend vers 2.

La proposition 21 ne peut pas s'appliquer directement. On remarque cependant que :

$$\left(n + \frac{1}{n}\right)^2 - n^2 = 2 + \frac{1}{n^2} \underset{n\to+\infty}{\longrightarrow} 2 + 0 = 2.$$

Attention Les résultats précédents ne disent rien :

- de la somme de deux suites qui tendent respectivement vers $+\infty$ et $-\infty$;
- du produit d'une suite tendant vers $+\infty$ et d'une suite convergeant vers 0.

Exo 9.11 On parle alors de **forme indéterminée**. En fait, dans ces situations, il se peut qu'il y ait une limite, finie ou infinie, mais il se peut aussi qu'il n'y en ait pas.

4 Inverse et quotient

Proposition 22

Soit u une suite convergeant vers une limite $\ell \neq 0$. Alors à partir d'un certain rang n_0 tous les u_n sont non nuls, et la suite $\left(\frac{1}{u_n}\right)_{n\geqslant n_0}$ converge vers $\frac{1}{\ell}$.

Démonstration page 336

Principe de démonstration. Pour la convergence, on écrit $\left|\frac{1}{u_n} - \frac{1}{\ell}\right| = \frac{|u_n - \ell|}{|\ell|\,|u_n|}$, que l'on majore en minorant le dénominateur.

Proposition 23

Soit u une suite divergeant vers $+\infty$. Alors à partir d'un certain rang n_0 tous les u_n sont strictement positifs, et la suite $\left(\frac{1}{u_n}\right)_{n\geqslant n_0}$ converge vers 0.

Démonstration page 336

Ex. 31. Soit $q \in \left]-1,1\right[\setminus\{0\}$. Alors $\frac{1}{|q|} > 1$ donc la suite géométrique $\left(\frac{1}{|q|^n}\right)_{n\in\mathbb{N}}$ diverge vers $+\infty$ (cf. exemple 24 de la page 307). D'après la proposition précédente, la suite $(|q^n|)_{n\in\mathbb{N}}$ converge vers 0 et l'on en déduit que la suite $(q^n)_{n\in\mathbb{N}}$ converge vers 0.
Cette propriété est encore vérifiée pour $q = 0$ car la suite $(q^n)_{n\in\mathbb{N}}$ est nulle à partir du rang 1.

Proposition 24

Soit u une suite convergeant vers 0 dont *tous les termes sont strictement positifs* à partir d'un certain rang n_0. Alors la suite $\left(\frac{1}{u_n}\right)_{n \geqslant n_0}$ tend vers $+\infty$.

Démonstration page 337

Remarque Étant donné une suite u, en appliquant les résultats précédents à la suite $-u$, on obtient :

- si u diverge vers $-\infty$, alors à partir d'un rang n_0 tous les u_n sont strictement négatifs, et la suite $\left(\frac{1}{u_n}\right)_{n \geqslant n_0}$ converge vers 0 ;
- si u converge vers 0 et si tous les termes u_n sont strictement négatifs à partir d'un certain rang n_0, alors la suite $\left(\frac{1}{u_n}\right)_{n \geqslant n_0}$ tend vers $-\infty$.

Attention

- L'inverse d'une suite à termes non nuls convergeant vers 0 peut très bien ne tendre ni vers $+\infty$ ni vers $-\infty$, comme le prouve l'exemple de la suite de terme général $\frac{(-1)^n}{n}$.
- En revanche, si $\lim u_n = 0$ et si $\forall n \in \mathbb{N} \quad u_n \neq 0$, alors $|u|$ est une suite à termes strictement positifs qui converge vers 0, et donc $\lim \frac{1}{|u|} = +\infty$.

Proposition 25

Soit u une suite convergeant vers une limite $\ell \neq 0$. Soit v une suite convergeant vers une limite ℓ'. Alors, à partir d'un certain rang n_0, tous les u_n sont non nuls et la suite $\left(\frac{v_n}{u_n}\right)_{n \geqslant n_0}$ converge vers $\frac{\ell'}{\ell}\cdot$

Démonstration. Pour tout entier n assez grand, on a $\frac{v_n}{u_n} = v_n \times \frac{1}{u_n}\cdot$ On conclut par inverse et produit de suites convergentes. □

Ex. 32. Étudions la convergence de la suite de terme général $u_n = \dfrac{2n^2 - \sin n}{\cos n - 3n^2}\cdot$

Le terme général apparaît comme le quotient de deux quantités qui divergent, donc on ne peut pas conclure directement.

Cependant, pour $n \in \mathbb{N}^*$, on a :

$$u_n = \frac{2 - \frac{\sin n}{n^2}}{\frac{\cos n}{n^2} - 3}\cdot$$

Comme produits d'une suite bornée et d'une suite tendant vers 0, on a :

$$\frac{\sin n}{n^2} = \sin n \times \frac{1}{n^2} \underset{n \to +\infty}{\longrightarrow} 0 \qquad \text{et} \qquad \frac{\cos n}{n^2} = \cos n \times \frac{1}{n^2} \underset{n \to +\infty}{\longrightarrow} 0.$$

On en déduit que $2 - \frac{\sin n}{n^2} \underset{n \to +\infty}{\longrightarrow} 2$ et $\frac{\cos n}{n^2} - 3 \underset{n \to +\infty}{\longrightarrow} -3$, et enfin que $u_n \underset{n \to +\infty}{\longrightarrow} -\frac{2}{3}\cdot$

5 Passage à la limite dans les inégalités larges

Proposition 26

Soit u une suite positive à partir d'un certain rang.

Si u admet une limite $\ell \in \overline{\mathbb{R}}$, alors on a $\ell \geqslant 0$.

Démonstration page 337

Corollaire 27 (Passage à la limite dans une inégalité large)

Soit u et v deux suites *convergentes* telles que $u_n \leqslant v_n$ à partir d'un certain rang. Alors on a $\lim u \leqslant \lim v$.

Démonstration. Il suffit d'appliquer la proposition précédente à la suite $w = v - u$. □

Ex. 33. Si u est convergente et minorée (respectivement majorée) par x, alors $\lim u_n \geqslant x$ (respectivement $\lim u_n \leqslant x$). Il suffit en effet d'appliquer le corollaire 27 à u et à la suite constante égale à x.

Ex. 34. Si u est convergente et à valeurs dans un intervalle I d'extrémités réelles a et b, alors $\lim u_n \in [a, b]$.

Attention

On ne peut pas affiner le résultat précédent en utilisant des inégalités strictes. Par exemple, la suite de terme général $\frac{1}{n}$ est à termes strictement positifs, convergente, mais sa limite n'est pas strictement positive.

Point méthode Si u est une suite convergente dont on souhaite montrer que sa limite est strictement positive, alors on peut chercher un réel $m > 0$ tel que $u_n \geqslant m$ à partir d'un certain rang.

Ex. 35. Si u est une suite croissante convergente dont au moins un terme est strictement positif, alors sa limite est strictement positive.

En effet, si $n_0 \in \mathbb{N}$ est tel que $u_{n_0} > 0$, par croissance on a :

$$\forall n \geqslant n_0 \quad u_n \geqslant u_{n_0}.$$

En passant à la limite (cf. corollaire 27), on obtient alors $\lim u \geqslant u_{n_0} > 0$.

6 Existence de limite par encadrement

Théorème 28 (Théorème d'encadrement)

Soit u et w deux suites convergeant vers une limite commune ℓ. Si v est une suite vérifiant l'encadrement $u_n \leqslant v_n \leqslant w_n$ à partir d'un certain rang, alors v converge et sa limite vaut ℓ.

Démonstration page 337

Principe de démonstration. Écrire $v = u + (v - u)$ et montrer que $v - u$ tend vers 0.

Remarque Il faut bien comprendre la différence de nature qu'il y a entre le théorème 28 et le corollaire 27 de la page précédente :

- lors d'un passage à la limite dans une inégalité (corollaire 27), toutes les suites intervenant sont déjà supposées convergentes;
- dans une convergence par encadrement (théorème 28), la suite que l'on encadre n'est pas supposée convergente, et c'est dans la conclusion du théorème qu'on obtient sa convergence.

Ex. 36. Déterminons la nature de la suite de terme général $u_n = \sum_{k=1}^{n} \frac{n}{\sqrt{n^4+k}}$ et le cas échéant, déterminons sa limite.

Cherchons à encadrer u_n. Puisque u_n s'exprime comme une somme, le plus naturel est d'encadrer à n fixé chaque terme de la somme.

Soit $n \in \mathbb{N}^*$. On a :

$$\forall k \in [\![1,n]\!] \quad \frac{n}{\sqrt{n^4+n}} \leqslant \frac{n}{\sqrt{n^4+k}} \leqslant \frac{n}{\sqrt{n^4+1}} \leqslant \frac{n}{\sqrt{n^4}} = \frac{1}{n}.$$

En sommant ces n encadrements, on obtient :

$$\frac{n^2}{\sqrt{n^4+n}} \leqslant u_n \leqslant 1.$$

Comme :

$$\frac{n^2}{\sqrt{n^4+n}} = \frac{1}{\sqrt{1+\frac{1}{n^3}}} \underset{n\to+\infty}{\longrightarrow} 1,$$

le théorème d'encadrement assure que la suite $(u_n)_{n\in\mathbb{N}^*}$ converge vers 1.

La proposition suivante est la version « limites infinies » du théorème 28 qui s'obtient immédiatement en revenant aux définitions.

Proposition 29

Soit u et v deux suites vérifiant $u_n \leqslant v_n$ à partir d'un certain rang.

1. Si $\lim u = +\infty$, alors $\lim v = +\infty$.
2. Si $\lim v = -\infty$, alors $\lim u = -\infty$.

7 Approximation par des nombres décimaux

Proposition 30

Étant donné $x \in \mathbb{R}$ et $n \in \mathbb{N}$, le nombre décimal $r_n = \frac{\lfloor 10^n x \rfloor}{10^n}$ vérifie :

$$r_n \leqslant x < r_n + \frac{1}{10^n}.$$

Ce nombre décimal r_n est appelé **approximation décimale par défaut** de x à la précision 10^{-n}.

La suite $(r_n)_{n\in\mathbb{N}}$ est une suite de rationnels qui converge vers le réel x.

Démonstration page 337

Remarques

- Avec les notations de la définition précédente, le nombre $r_n + 10^{-n}$ est appelé **approximation décimale par excès** de x à la précision 10^{-n}.
- Si $x \in \mathbb{R}$, la suite $(r_n)_{n\in\mathbb{N}}$ des approximations décimales du réel $x - \sqrt{2}$ converge vers $x - \sqrt{2}$. Par opérations, la suite $(r_n + \sqrt{2})_{n\in\mathbb{N}}$ est une *suite d'irrationnels* qui converge vers le réel x.

Ex. 37. Voici un tableau donnant, pour quelques constantes usuelles, les valeurs décimales approchées à 10^{-3} près par défaut et par excès :

	1	$\sqrt{2}$	$\sqrt{3}$	π	e	$\ln(2)$
par défaut à 10^{-3} près	1,000	1,414	1,732	3,141	2,718	0,693
par excès à 10^{-3} près	1,001	1,415	1,733	3,142	2,719	0,694

V Résultats d'existence de limites

1 Limites des suites monotones

Théorème 31 (Théorème de la limite monotone)

Soit u une suite croissante.

1. Si elle est majorée, alors elle converge vers $\ell = \sup\{u_n \mid n \in \mathbb{N}\}$.
2. Si elle n'est pas majorée, alors elle diverge vers $+\infty$.

Démonstration page 337

Principe de démonstration. Pour le premier point, se ramener à la définition de la convergence, et utiliser la caractérisation de la borne supérieure.

Remarques

- Toute suite croissante admet donc une limite (finie ou égale à $+\infty$).
- Lorsque l'on a majoré une suite croissante, on a non seulement montré sa convergence, mais aussi trouvé un majorant de sa limite, puisque celle-ci est le plus petit de ses majorants.
- Si l'on sait qu'une suite croissante $(u_n)_{n\in\mathbb{N}}$ converge vers ℓ, alors on peut affirmer que $\forall n \in \mathbb{N} \quad u_n \leqslant \ell$.

  C'est une conséquence immédiate du fait que $\ell = \sup\{u_n \mid n \in \mathbb{N}\}$.

En appliquant le théorème de la limite monotone à la suite $-u$, on obtient le résultat suivant concernant les suites décroissantes :

Corollaire 32

Soit u une suite décroissante.

1. Si elle est minorée, elle converge vers $\ell = \inf\{u_n \mid n \in \mathbb{N}\}$.
2. Si elle n'est pas minorée, elle tend vers $-\infty$.

Ex. 38. La suite u de terme général $\prod_{k=1}^{n} \left(1 - \frac{1}{2^k}\right)$ est convergente. En effet :

- pour tout $n \in \mathbb{N}^*$, on a $0 \leqslant u_n$, car il s'agit d'un produit de n termes positifs ;
- pour $n \in \mathbb{N}^*$, on a $u_{n+1} = u_n\left(1 - \frac{1}{2^{n+1}}\right) \leqslant u_n$, car $u_n \geqslant 0$ et $1 - \frac{1}{2^{n+1}} \leqslant 1$.

Ainsi, u est une suite décroissante et minorée, donc convergente par le théorème de la limite monotone.

2 Suites adjacentes

Définition 7

On dit que deux suites sont **adjacentes** si l'une est croissante, l'autre décroissante, et si leur différence tend vers 0.

Théorème 33 (Théorème des suites adjacentes)

Si deux suites sont adjacentes, alors elles convergent vers une limite commune.

Démonstration page 338

Principe de démonstration.
En supposant u croissante et v décroissante, commencer par prouver que $\forall n \in \mathbb{N} \quad u_n \leqslant v_n$.

Remarque D'après la démonstration du théorème précédent, si u et v sont deux suites adjacentes, u étant croissante et v décroissante, alors on a :

$$\forall n \in \mathbb{N} \quad u_n \leqslant v_n.$$

De plus, si ℓ désigne la limite commune des deux suites, on a :

$$\forall n \in \mathbb{N} \quad u_n \leqslant \ell \leqslant v_n,$$

et plus généralement

$$\forall (n,p) \in \mathbb{N}^2 \quad u_n \leqslant \ell \leqslant v_p.$$

Ex. 39. Les deux suites définies sur $\mathbb{N}^*$ par :

$$u_n = \sum_{p=0}^{n} \frac{1}{p!} \qquad \text{et} \qquad v_n = u_n + \frac{1}{n!}$$

sont adjacentes, et donc convergentes. En effet :

- la suite u est évidemment croissante ;
- un calcul simple donne, pour $n \in \mathbb{N}^*$:

$$v_{n+1} - v_n = \frac{1-n}{(n+1)!} \leqslant 0,$$

  donc la suite v est décroissante ;
- pour $n \in \mathbb{N}^*$ on a $v_n - u_n = \dfrac{1}{n!}$, donc la suite $v - u$ tend vers 0.

Il en résulte que les suites u et v sont adjacentes, donc convergentes.

Remarque On verra (cf. proposition 8 de la page 566) que leur limite commune est le nombre $e = \exp(1)$.

VI Suites complexes

1 Généralités

On appelle **suite à termes complexes** ou **suite complexe** toute famille de nombres complexes indexée par $\mathbb{N}$, c'est-à-dire toute application de $\mathbb{N}$ dans $\mathbb{C}$.

Suites associées à une suite complexe

Étant donné une suite complexe $u = (u_n)_{n\in\mathbb{N}}$:

- la **partie réelle** de u, notée $\operatorname{Re} u$, est la suite de terme général $\operatorname{Re} u_n$;
- la **partie imaginaire** de u, notée $\operatorname{Im} u$, est la suite de terme général $\operatorname{Im} u_n$;
- la suite **conjuguée de u**, notée $\overline{u}$, est la suite de terme général $\overline{u_n}$;
- la suite **module de u**, notée $|u|$, est la suite de terme général $|u_n|$.

Opérations sur les suites complexes

De même que pour les suites réelles, si u et v sont deux suites complexes et λ, μ deux nombres complexes, on note $\lambda u + \mu v$ et $u v$ les suites de termes généraux :

$$\lambda u_n + \mu v_n \qquad \text{et} \qquad u_n v_n.$$

Suites bornées

Une suite complexe $u = (u_n)_{n\in\mathbb{N}}$ est **bornée** si la suite réelle $|u| = (|u_n|)_{n\in\mathbb{N}}$ est majorée, c'est à dire si :

$$\exists M \in \mathbb{R} \quad \forall n \in \mathbb{N} \quad |u_n| \leqslant M.$$

Attention On peut parler d'une suite complexe bornée. En revanche, la notion de suite complexe majorée (ou minorée) n'a pas de sens.

Les deux propositions ci-dessous sont des cas particuliers de la proposition 26 et de la proposition 27 du chapitre 6 (cf. page 221).

Proposition 34

Soit u une suite complexe. La suite u est bornée si, et seulement si, les suites réelles $\operatorname{Re} u$ et $\operatorname{Im} u$ sont bornées.

Proposition 35

1. Une combinaison linéaire de suites bornées est une suite bornée.
2. Le produit de deux suites bornées est une suite bornée.

2 Suites convergentes

Définition 8

Étant donné une suite $u = (u_n)_{n\in\mathbb{N}}$ et un nombre complexe λ, on dit que u **converge** vers λ si la suite *réelle* $(|u_n - \lambda|)_{n\in\mathbb{N}}$ converge vers 0.

Traduction Ainsi, la suite complexe u converge vers λ si, et seulement si, :

$$\forall \varepsilon > 0 \quad \exists n_0 \in \mathbb{N} \quad \forall n \in \mathbb{N} \quad n \geqslant n_0 \Longrightarrow |u_n - \lambda| \leqslant \varepsilon.$$

La convergence d'une suite complexe s'écrit donc comme celle d'une suite réelle, en remplaçant les valeurs absolues par des modules.

Proposition 36 (Unicité de la limite)

Si la suite $u = (u_n)_{n\in\mathbb{N}}$ converge vers λ et vers λ', alors $\lambda = \lambda'$.

Démonstration. L'inégalité triangulaire permet, pour tout n, d'écrire :

$$0 \leqslant \left|\lambda - \lambda'\right| \leqslant |\lambda - u_n| + \left|u_n - \lambda'\right|.$$

Par passage à la limite (sur des suites à termes réels), on déduit alors $0 \leqslant |\lambda - \lambda'| \leqslant 0$, et donc $\lambda = \lambda'$. □

Définition 9

Soit $u = (u_n)_{n\in\mathbb{N}}$ une suite complexe.

- Lorsqu'il existe un complexe λ vers lequel la suite u converge, on dit que u est une suite **convergente**. Ce complexe (unique) s'appelle alors la **limite** de u et se note $\lim u$ ou $\lim u_n$.
- Une suite qui n'est pas convergente est dite **divergente**.

Remarque

On ne définit pas, pour les suites complexes, de notion de limite infinie.

Ex. 40. La suite définie par $u_n = \frac{(1+i)^n}{2^n}$ converge vers 0, car $|u_n| = \frac{1}{\sqrt{2}^n}$ et la suite géométrique $\left(\left(\frac{1}{\sqrt{2}}\right)^n\right)_{n\in\mathbb{N}}$ tend vers 0, du fait que $\left|\frac{1}{\sqrt{2}}\right| < 1$.

La proposition suivante permet de ramener l'étude de la convergence d'une suite complexe à l'étude de celle de ses parties réelle et imaginaire.

Proposition 37

Étant donné u une suite et λ un nombre complexe, il est équivalent de dire :

(i) la suite u converge vers λ ;

(ii) les suites $\operatorname{Re} u$ et $\operatorname{Im} u$ convergent respectivement vers $\operatorname{Re}\lambda$ et $\operatorname{Im}\lambda$.

Démonstration page 338

Ex. 41. La suite définie par $u_n = \left(1 + \frac{1}{2^n}\right) + \left(2 + \frac{1}{n}\right) i$ est convergente, car les suites $\operatorname{Re} u$ et $\operatorname{Im} u$ convergent respectivement vers 1 et 2.

Ex. 42. La suite définie par $u_n = 1 + n\,i$ ne converge pas car la suite réelle $\operatorname{Im} u$ diverge.

Proposition 38

Si u est une suite convergeant vers λ, alors la suite $|u|$ converge vers $|\lambda|$.

Démonstration. Immédiat en utilisant l'inégalité triangulaire :

$$0 \leqslant \left|\, |u_n| - |\lambda| \,\right| \leqslant |u_n - \lambda|$$

et le théorème de convergence par encadrement (théorème 28 de la page 313). □

Corollaire 39

Toute suite convergente est bornée.

Démonstration. Soit u une suite convergeant vers λ. D'après la proposition précédente, la suite réelle $(|u_n|)_{n\in\mathbb{N}}$ converge vers $|\lambda|$; elle est donc bornée, ce qui est équivalent à dire que la suite u est bornée. □

Ex. 43. Soit $q \in \mathbb{C}$ tel que $|q| \neq 1$. Étudions la convergence de la suite $(q^n)_{n\in\mathbb{N}}$.

- Si $|q| < 1$, la suite $(q^n)_{n\in\mathbb{N}}$ converge vers 0 car $\lim |q|^n = 0$ (cf. page 311).
- Si $|q| > 1$, la suite géométrique $(q^n)_{n\in\mathbb{N}}$ diverge car elle n'est pas bornée, étant donné que $\lim |q|^n = +\infty$.

Proposition 40

Si u est une suite convergeant vers λ, alors la suite des conjugués $\overline{u}$ converge vers $\overline{\lambda}$.

Démonstration. Évident car $|\overline{u_n} - \overline{\lambda}| = |u_n - \lambda|$. □

3 Suites extraites

La notion de suite extraite est la même que pour les suites réelles : une suite $v = (v_n)_{n\in\mathbb{N}}$ est appelée **suite extraite**, ou *sous-suite*, d'une suite $u = (u_n)_{n\in\mathbb{N}}$ s'il existe une application φ, strictement croissante de $\mathbb{N}$ dans $\mathbb{N}$, vérifiant :

$$\forall n \in \mathbb{N} \quad v_n = u_{\varphi(n)}.$$

Proposition 41

Si v est extraite d'une suite u convergeant vers λ, alors v converge vers λ.

Démonstration page 338

Remarque Comme pour les suites à termes réels, on utilise surtout le résultat précédent pour démontrer qu'une suite à termes complexes n'est pas convergente en exhibant deux sous-suites convergeant vers des limites différentes.

Ex. 44. La suite donnée par $u_n = \exp\left(n\, i\, \dfrac{\pi}{2}\right)$ ne converge pas. Pour le montrer, considérons les suites extraites $(u_{4n})_{n\in\mathbb{N}}$ et $(u_{4n+1})_{n\in\mathbb{N}}$:

- la sous-suite $(u_{4n})_{n\in\mathbb{N}}$ est constante égale à 1 donc converge vers 1 ;
- la sous-suite $(u_{4n+1})_{n\in\mathbb{N}}$ est constante égale à i donc converge vers i.

Puisque les suites extraites $(u_{4n})_{n\in\mathbb{N}}$ et $(u_{4n+1})_{n\in\mathbb{N}}$ n'ont pas la même limite, la suite est divergente.

4 Opérations sur les suites convergentes

Proposition 42

Soit u et v deux suites convergentes de $\mathbb{C}^{\mathbb{N}}$ et k une constante complexe.

1. La suite $u+v$ converge vers $\lim u + \lim v$.
2. La suite uv converge vers $\lim u \times \lim v$.
3. La suite ku converge vers $k \times \lim u$.

Démonstration page 338

Ex. 45. Si $q \neq 1$ est un nombre complexe de module 1, la suite géométrique $u = (q^n)_{n\in\mathbb{N}}$ est divergente.
Raisonnons par l'absurde et supposons que la suite converge vers ℓ.
- Comme pour $n \in \mathbb{N}$, on a $|u_n| = 1$, on trouve $|\ell| = \lim |u_n| = 1$.
- Un passage à la limite dans la relation $u_{n+1} = q\,u_n$ donne $\ell = q\,\ell$, c'est-à-dire $\ell(1-q) = 0$, donc $\ell = 0$, car $q \neq 1$.

D'où la contradiction.

Proposition 43

Soit u une suite convergeant vers une limite $\lambda \neq 0$. Alors à partir d'un certain rang n_0 tous les u_n sont non nuls, et la suite $\left(\dfrac{1}{u_n}\right)_{n\geqslant n_0}$ converge vers $\dfrac{1}{\lambda}$.

Démonstration page 339

Principe de démonstration. Pour le second point, exprimer $\dfrac{1}{u_n}$ à l'aide de $\overline{u_n}$ et $|u_n|^2$.

5 En guise de conclusion

Pour résumer, on peut garder à l'esprit qu'une bonne partie des notions et propriétés valables sur les suites réelles se généralisent aux suites complexes, sauf celles qui font intervenir des inégalités.

Ainsi, à propos d'une suite complexe, on n'utilisera surtout pas :
- la notion de suite monotone ;
- la notion de suite majorée et/ou minorée ;
- la notion de suite divergeant vers $+\infty$ ou $-\infty$;
- le théorème d'encadrement ;
- les suites adjacentes.

VII Étude de suites, suites récurrentes

1 Modes usuels de définition d'une suite

Dans la pratique, on rencontre plusieurs manières de définir des suites.

Suites définies explicitement

On peut définir une suite à l'aide d'une expression dépendant d'une variable entière. C'est le cas de la plupart des exemples que nous avons traités jusqu'à présent.

Ex. 46. Considérons la suite $u = \left(\sqrt{n+1} - \sqrt{n}\right)_{n \in \mathbb{N}}$.

Une transformation d'écriture va nous donner les premières propriétés de u. Utilisant la quantité conjuguée, on a :

$$\forall n \in \mathbb{N} \quad u_n = \frac{1}{\sqrt{n+1} + \sqrt{n}}.$$

La fonction $\sqrt{\ }$ étant croissante et positive, u est décroissante, positive. Puisque $\sqrt{n} \underset{n \to +\infty}{\longrightarrow} +\infty$, par opérations sur les limites, il vient que $u_n \underset{n \to +\infty}{\longrightarrow} 0$.

Suites définies implicitement

De manière informelle, on dit qu'une suite u est définie de manière implicite si, pour tout $n \in \mathbb{N}$, le réel u_n est l'unique solution d'une équation dépendant de n.

Ex. 47.

Montrons pour tout $n \in \mathbb{N}^*$, qu'il existe un unique réel $u_n \in [0,1]$ tel que $u_n^n + u_n - 1 = 0$.

Pour cela, fixons $n \in \mathbb{N}^*$ et introduisons la fonction $f_n : \begin{array}{ccc} [0,1] & \longrightarrow & \mathbb{R} \\ x & \longmapsto & x^n + x - 1. \end{array}$

La fonction f_n est dérivable sur l'intervalle $[0,1]$ et :

$$\forall x \in [0,1] \quad f_n'(x) = nx^{n-1} + 1 > 0.$$

x	0		1
f_n	-1	$\nearrow$	1

Par suite, f_n réalise une bijection de $[0,1]$ sur $[-1,1]$. Comme $0 \in [-1,1]$, cela démontre l'existence et l'unicité d'une solution à l'équation $f_n(x) = 0$.

Remarque On dispose rarement d'une expression explicite pour une suite définie implicitement sous la forme $f_n(u_n) = 0$. L'étude d'une telle suite passera souvent par la comparaison des fonctions f_n et f_{n+1}.

Ex. 48. Poursuivons l'étude de la suite $(u_n)_{n\in\mathbb{N}^*}$.
Soit $n \in \mathbb{N}^*$. Pour $x \in [0,1]$ on a $x^{n+1} \leqslant x^n$, donc :

$$\forall x \in [0,1] \quad f_{n+1}(x) \leqslant f_n(x).$$

En particulier :

$$f_{n+1}(u_n) \leqslant f_n(u_n) = 0.$$

Puisque $f_{n+1}(u_n) \leqslant 0 = f_{n+1}(u_{n+1})$, la stricte croissance de f_{n+1} implique $u_n \leqslant u_{n+1}$. On en conclut que la suite $(u_n)_{n\in\mathbb{N}^*}$ est croissante. Cette suite est par définition à valeurs dans $[0,1]$; elle est en particulier majorée. Il vient alors du théorème de la limite monotone qu'elle est convergente.

Remarque Il arrive parfois, lorsque l'on a montré *a priori* la convergence d'une suite, que l'on puisse *ensuite* calculer explicitement cette limite.

Ex. 49. Dans le cas précédent, le fait d'avoir établi la convergence de la suite u va nous permettre de calculer sa limite. Notons ℓ cette limite.
Puisque $0 \leqslant u_n \leqslant 1$ pour tout $n \in \mathbb{N}^*$, il vient par passage à la limite dans les inégalités larges que $0 \leqslant \ell \leqslant 1$. Comme u est croissante, on a $u_n \leqslant \ell$ et, par croissance sur $\mathbb{R}_+$ de la fonction $x \mapsto x^n$, il vient :

$$\forall n \in \mathbb{N}^* \quad 0 \leqslant u_n^n \leqslant \ell^n,$$

c'est-à-dire, au vu de la définition de la suite u :

$$\forall n \in \mathbb{N}^* \quad 0 \leqslant 1 - u_n \leqslant \ell^n. \qquad (*)$$

Montrons que $\ell = 1$ en raisonnant par l'absurde. Supposons $0 \leqslant \ell < 1$. On a alors $\ell^n \underset{n\to+\infty}{\longrightarrow} 0$. Par encadrement, il vient de la relation $(*)$ que $1 - u_n \underset{n\to+\infty}{\longrightarrow} 0$, donc $\ell = 1$, ce qui est contradictoire. On en conclut que $\ell = 1$, donc $u_n \underset{n\to+\infty}{\longrightarrow} 1$.

Suites définies par récurrence

Souvent on cherche à définir une suite u par récurrence, en explicitant chaque terme en fonction du précédent, ou plus généralement des précédents. Cela n'est pas toujours possible comme le montre le deuxième exemple ci-dessous.

Ex. 50. On peut définir par récurrence la suite $u = (n!)_{n\in\mathbb{N}}$ en posant :

$$\begin{cases} u_0 = 1 \\ \forall n \in \mathbb{N} \quad u_{n+1} = (n+1)\,u_n. \end{cases}$$

Ex. 51. Il n'existe pas de suite u vérifiant :

$$u_0 = \frac{3}{2} \quad \text{et} \quad \forall n \in \mathbb{N} \quad u_{n+1} = \frac{1}{u_n - 1}.$$

En effet, pour une telle suite on aurait $u_0 = \frac{3}{2}$, $u_1 = 2$, $u_2 = 1$ et $u_3 = \frac{1}{0} \cdots$

On admet le théorème suivant qui permet de montrer l'existence d'une telle suite.

Théorème 44 (Définition d'une suite par récurrence)

Soit E un ensemble et une application $f : E \to E$.

Pour tout $a \in E$, il existe une unique suite $u \in E^{\mathbb{N}}$ telle que :

$$\begin{cases} u_0 = a \\ \forall n \in \mathbb{N} \quad u_{n+1} = f(u_n). \end{cases}$$

Une telle suite est dite **définie par récurrence**.

Point méthode Pour définir une suite par récurrence à partir d'une application f, on cherche une partie E du domaine de définition de f qui soit stable par f (*i.e.* qui vérifie $f(E) \subset E$) et qui contienne le premier terme.

Extension

On peut étendre le résultat du théorème 44 à des cas plus généraux.

- Si $(f_n)_{n\in\mathbb{N}}$ est une suite d'applications de E dans E, alors, pour tout $a \in E$, il existe une unique suite u telle que $u_0 = a$ et $u_{n+1} = f_n(u_n)$ pour tout $n \in \mathbb{N}$.
- Si pour tout $n \in \mathbb{N}$, on dispose d'une fonction $f_n : E^{n+1} \to E$, alors, pour tout $a \in E$, il existe une unique suite u telle que $u_0 = a$ et $u_{n+1} = f_n(u_0, \dots, u_n)$ pour tout $n \in \mathbb{N}$.

Ex. 52. Considérons une suite $u = (u_n)_{n\in\mathbb{N}}$ vérifiant $\begin{cases} u_0 \in [1, +\infty[\\ \forall n \in \mathbb{N}^* \quad u_{n+1} = \dfrac{n + u_n}{n+1}. \end{cases}$

La suite u est bien définie et l'on a :

$$\forall n \in \mathbb{N} \quad u_n \in [1, +\infty[$$

car $u_0 \in [1, +\infty[$ et, pour tout $n \in \mathbb{N}^*$, l'application $f_n : x \mapsto \frac{n+x}{n+1}$ est définie sur $[1, +\infty[$ et à valeurs dans $[1, +\infty[$.

Pour $x \in [1, +\infty[$ et $n \in \mathbb{N}^*$, on a :

$$f_n(x) - x = \frac{n+x}{n+1} - x = \frac{n(1-x)}{n+1} \leqslant 0$$

et, en particulier, $\forall n \in \mathbb{N} \quad u_{n+1} - u_n = f_n(u_n) - u_n \leqslant 0$.

Par conséquent, la suite u est décroissante, à valeurs dans $[1, +\infty[$.

Puisque u est une suite décroissante, minorée, elle est convergente par le théorème de la limite monotone. Notons ℓ sa limite. On a :

- d'une part, par extraction, $u_{n+1} \underset{n\to+\infty}{\longrightarrow} \ell$;
- d'autre part, par opérations sur les limites :

$$\frac{n + u_n}{n+1} = \frac{1 + \frac{u_n}{n}}{1 + \frac{1}{n}} \underset{n\to+\infty}{\longrightarrow} 1,$$

car u est convergente donc $\frac{u_n}{n} \underset{n\to+\infty}{\longrightarrow} 0$.

En conclusion, la suite u converge vers 1.

2 Suites récurrentes particulières

Il est rare que l'on puisse expliciter le terme général d'une suite définie par récurrence. Il existe cependant quelques cas particuliers importants.

Suites arithmétiques

Soit $r \in \mathbb{C}$ et $(u_n)_{n\in\mathbb{N}}$ une suite vérifiant : $\forall n \in \mathbb{N} \quad u_{n+1} = u_n + r$.
Une telle suite est dite **suite arithmétique de raison r**.

- On vérifie facilement par récurrence : $\forall n \in \mathbb{N} \quad u_n = u_0 + n\,r$.
- L'expression ci-dessus montre que $(u_n)_{n\in\mathbb{N}}$ converge si, et seulement si, $r = 0$.

Suites géométriques

Soit $q \in \mathbb{C}$ et $(u_n)_{n\in\mathbb{N}}$ une suite vérifiant : $\forall n \in \mathbb{N} \quad u_{n+1} = q\,u_n$.
Une telle suite est dite **suite géométrique de raison q**.

- On vérifie facilement par récurrence : $\forall n \in \mathbb{N} \quad u_n = u_0\,q^n$.
- Les exemples 43 de la page 319 et 45 de la page 320 montrent que la suite converge si, et seulement si :
  * $u_0 = 0$ (et la limite est nulle) ;
  * ou $|q| < 1$ (et la limite est nulle) ou $q = 1$ (et la limite vaut u_0).

Remarque Lorsque $|q| > 1$ et $u_0 \neq 0$, alors $|u_n| \underset{n\to+\infty}{\longrightarrow} +\infty$.

Suites arithmético-géométriques

Soit $(a, b) \in \mathbb{C}^2$ avec $a \neq 1$, ainsi que $(u_n)_{n\in\mathbb{N}}$ une suite vérifiant :

$$\forall n \in \mathbb{N} \quad u_{n+1} = au_n + b. \qquad (*)$$

Une telle suite est dite **suite arithmético-géométrique**.

- Commençons par chercher les suites constantes vérifiant $(*)$. La suite constante égale à ℓ vérifie $(*)$ si, et seulement si, $\ell = a\ell + b$ *i.e.* si, et seulement si, $\ell = \frac{b}{1-a}$.
- Si la suite u vérifie $(*)$ et ℓ est l'unique complexe vérifiant $\ell = a\ell + b$, alors, pour tout $n \in \mathbb{N}$:

$$u_{n+1} - \ell = \big(a\,u_n + b\big) - \big(a\,\ell + b\big) = a\big(u_n - \ell\big).$$

  En d'autres termes, la suite $\big(u_n - \ell\big)_{n\in\mathbb{N}}$ est géométrique de raison a.

- On en déduit alors le terme général :

$$\forall n \in \mathbb{N} \quad u_n = a^n \left(u_0 - \frac{b}{1-a}\right) + \frac{b}{1-a}.$$

- En particulier, la suite converge vers $\ell = \frac{b}{1-a}$ si $|a| < 1$ ou si $u_0 = \ell$.

Point méthode Pour étudier une suite arithmético-géométrique, on commence par chercher l'unique scalaire ℓ vérifiant $\ell = a\,\ell + b$, puis on étudie la suite de terme général $u_n - \ell$, qui est une suite géométrique.

Récurrence linéaire homogène d'ordre 2

Dans la suite de cette section, $\mathbb{K} = \mathbb{R}$ ou $\mathbb{K} = \mathbb{C}$.

Une **suite récurrente linéaire homogène d'ordre 2 à coefficients constants** est une suite, réelle ou complexe, vérifiant une relation de récurrence de la forme :

$$\forall n \in \mathbb{N} \quad u_{n+2} = a\, u_{n+1} + b\, u_n, \tag{$\star$}$$

où a et b sont des constantes (réelles ou complexes), avec $b \neq 0$.

Ex. 53. Soit $r \in \mathbb{K}$ non nul. La suite géométrique $u = (r^n)_{n\in\mathbb{N}}$ vérifie $(\star)$ si, et seulement si, $r^2 - ar - b = 0$. En effet, pour tout $n \in \mathbb{N}$:

$$u_{n+2} - au_{n+1} - bu_n = r^n\big(r^2 - ar - b\big).$$

Ainsi, u vérifie $(\star)$ si, et seulement si, l'on a $r^n\big(r^2 - ar - b\big) = 0$ pour tout $n \in \mathbb{N}$, c'est-à-dire $r^2 - ar - b = 0$, car $r^n \neq 0$ au moins pour $n = 0$ (en fait tout $n \in \mathbb{N}$ puisque $r \neq 0$).

Proposition 45

Soit $(\lambda, \mu) \in \mathbb{K}^2$ et $u = (u_n)_{n\in\mathbb{N}}$ et $v = (v_n)_{n\in\mathbb{N}}$ deux suites vérifiant la relation $(\star)$. La suite de terme général $\lambda u_n + \mu v_n$ vérifie alors la relation $(\star)$.

Démonstration page 339

En d'autres termes, l'ensemble des suites vérifiant $(\star)$ est stable par combinaison linéaire.

Proposition 46

Si u et v sont deux suites vérifiant $(\star)$ telles que $u_0 = v_0$ et $u_1 = v_1$, alors $u = v$.

Démonstration page 339

Principe de démonstration. Par récurrence double.

L'équation suivante est appelée **équation caractéristique** de la relation $(\star)$:

$$x^2 - a\,x - b = 0. \tag{E_c}$$

Remarques

- L'hypothèse $b \neq 0$ assure que 0 n'est pas solution de (E_c).
- L'exemple 53 montre que la suite géométrique de terme général r^n vérifie $(\star)$ si, et seulement si, r est solution de (E_c).

Proposition 47 (Cas complexe)

On distingue deux cas.

- Si l'équation caractéristique possède deux solutions distinctes r_1 et r_2, alors les suites complexes vérifiant la relation $(\star)$ sont les suites de terme général :

$$\lambda_1\, r_1^n + \lambda_2\, r_2^n \quad \text{avec} \quad (\lambda_1, \lambda_2) \in \mathbb{C}^2.$$

- Sinon, l'équation caractéristique possède une solution double r ; les suites complexes vérifiant la relation $(\star)$ sont alors les suites de terme général :

$$\lambda_1\, r^n + \lambda_2\, n\, r^n \quad \text{avec} \quad (\lambda_1, \lambda_2) \in \mathbb{C}^2.$$

Démonstration page 339

Principe de démonstration. Vérifier que les suites proposées conviennent. Ensuite, pour montrer qu'il n'y en a pas d'autres, penser à utiliser le fait qu'une suite vérifiant $(\star)$ est caractérisée par ses deux premiers termes (cf. proposition 46).

Dans le cas où a et b sont des nombres réels, il est légitime de ne pas chercher toutes les suites complexes vérifiant $(\star)$, mais de rechercher seulement les suites réelles. C'est l'objet de la proposition suivante.

Proposition 48 (Cas réel)

On suppose ici que a et b sont réels. On distingue trois cas, suivant le nombre de solutions réelles de l'équation caractéristique.

1. Si l'équation caractéristique possède deux solutions réelles distinctes r_1 et r_2, alors les suites réelles vérifiant la relation $(\star)$ sont les suites de terme général :

$$\lambda_1 r_1^n + \lambda_2 r_2^n \quad \text{avec} \quad (\lambda_1, \lambda_2) \in \mathbb{R}^2.$$

2. Si l'équation caractéristique possède une solution double r, alors les suites réelles vérifiant la relation $(\star)$ sont les suites de terme général :

$$\lambda_1 r^n + \lambda_2\, n\, r^n \quad \text{avec} \quad (\lambda_1, \lambda_2) \in \mathbb{R}^2.$$

3. Si l'équation caractéristique ne possède pas de solution dans $\mathbb{R}$, alors, en notant $r = \rho\, e^{i\theta}$ l'une de ses deux solutions complexes conjuguées, les suites réelles vérifiant la relation $(\star)$ sont les suites de terme général :

$$\rho^n \big(\lambda_1 \cos(n\theta) + \lambda_2 \sin(n\theta)\big) \quad \text{avec} \quad (\lambda_1, \lambda_2) \in \mathbb{R}^2.$$

Démonstration page 340

Principe de démonstration. Dans chacun des cas, les suites réelles vérifiant la relation $(\star)$ sont à chercher parmi les suites complexes vérifiant cette relation (que l'on connaît grâce à la proposition 47).

Ex. 54. Considérons la suite u définie par $u_0 = 0$ et $u_1 = 1$, ainsi que la relation de récurrence :

$$\forall n \in \mathbb{N} \quad u_{n+2} = u_{n+1} + u_n.$$

L'équation caractéristique $r^2 - r - 1 = 0$ a pour solutions (distinctes) :

$$\frac{1+\sqrt{5}}{2} \quad \text{et} \quad \frac{1-\sqrt{5}}{2}.$$

Il existe donc $(\lambda_1, \lambda_2) \in \mathbb{R}^2$ tel que :

$$\forall n \in \mathbb{N} \quad u_n = \lambda_1 \left(\frac{1+\sqrt{5}}{2}\right)^n + \lambda_2 \left(\frac{1-\sqrt{5}}{2}\right)^n.$$

La résolution du système $\begin{cases} u_0 = 0 \\ u_1 = 1 \end{cases}$ nous donne $\lambda_1 = \frac{\sqrt{5}}{5}$ et $\lambda_2 = -\frac{\sqrt{5}}{5}\cdot$ Par suite :

$$\forall n \in \mathbb{N} \quad u_n = \frac{\sqrt{5}}{5} \left(\frac{1+\sqrt{5}}{2}\right)^n - \frac{\sqrt{5}}{5} \left(\frac{1-\sqrt{5}}{2}\right)^n.$$

Cette suite est connue sous le nom de suite de *Fibonacci*.

Ex. 55. Soit $\theta \in]0,\pi[$ et la suite u définie par $u_0 = 0$, $u_1 = 1$ et :

$$\forall n \in \mathbb{N} \quad u_{n+2} = 2\cos\theta u_{n+1} - u_n.$$

L'équation caractéristique $r^2 - 2r\cos\theta + 1 = 0$ a pour discriminant $-4\sin^2\theta < 0$ donc admet deux solutions complexes conjuguées distinctes $e^{i\theta}$ et $e^{-i\theta}$. Il existe donc $(\lambda_1, \lambda_2) \in \mathbb{R}^2$ tel que :

$$\forall n \in \mathbb{N} \quad u_n = \lambda_1 \cos(n\theta) + \lambda_2 \sin(n\theta).$$

La résolution du système $\begin{cases} u_0 = 0 \\ u_1 = 1 \end{cases}$ nous donne $\lambda_1 = 0$ et $\lambda_2 = \dfrac{1}{\sin\theta}\cdot$ Par suite :

$$\forall n \in \mathbb{N} \quad u_n = \frac{\sin(n\theta)}{\sin\theta}.$$

3 Suites récurrentes réelles $u_{n+1} = f(u_n)$

Dans tout ce qui suit, I est un intervalle d'intérieur non vide de $\mathbb{R}$.
Une suite réelle $(u_n)_{n\in\mathbb{N}}$ est dite **récurrente d'ordre 1** (associée à f) si elle vérifie une relation de récurrence de la forme :

$$u_{n+1} = f(u_n),$$

où f est une fonction réelle d'une variable réelle.
Nous avons vu qu'étant donnée $f : I \to \mathbb{R}$ et $a \in I$, il n'existe pas nécessairement de suite $(u_n)_{n\in\mathbb{N}}$ vérifiant $u_0 = a$ et $u_{n+1} = f(u_n)$ pour tout $n \in \mathbb{N}$ (voir page 322). Cela étant, nous disposons de la proposition suivante, qui se déduit immédiatement du théorème 44 de la page 323.

Proposition 49

Soit $f : I \to \mathbb{R}$ une fonction, et $J \subset I$ un intervalle **stable** par f, c'est-à-dire vérifiant :

$$\forall x \in J \quad f(x) \in J.$$

Si $a \in J$, alors il existe une unique suite $(u_n)_{n\in\mathbb{N}}$ vérifiant :

$$u_0 = a \qquad \text{et} \qquad \forall n \in \mathbb{N} \quad u_{n+1} = f(u_n).$$

Point méthode Pour démontrer l'existence et l'unicité d'une suite récurrente d'ordre 1, il convient de trouver un intervalle stable par f contenant le premier terme de la suite.

Ex. 56. Justifions l'existence et l'unicité d'une suite $(u_n)_{n\in\mathbb{N}}$ vérifiant :

$$u_0 = 2 \qquad \text{et} \qquad \forall n \in \mathbb{N} \quad u_{n+1} = \ln(1 + u_n).$$

D'après le point méthode, il suffit de trouver un intervalle contenant 2 et stable par la fonction $f : x \mapsto \ln(1+x)$. On constate que l'ensemble $\mathbb{R}_+$ convient ; en effet :

- on a $2 \in \mathbb{R}_+$;
- pour tout $x \in \mathbb{R}_+$, on a $1 + x \geqslant 1$, puis $\ln(1+x) \geqslant 0$; donc f est à valeurs dans $\mathbb{R}_+$.

Remarques

- Si une suite u vérifie une relation $u_{n+1} = f(u_n)$, alors, pour tout $n \in \mathbb{N}$:

$$u_n = \underbrace{(f \circ \cdots \circ f)}_{n \text{ fois}}(u_0).$$

- Les suites $(u_{2n})_{n\in\mathbb{N}}$ et $(u_{2n+1})_{n\in\mathbb{N}}$ sont encore des suites récurrentes d'ordre 1, mais associées à la fonction $f \circ f$.
- En revanche, une suite extraite quelconque d'une suite récurrente d'ordre 1 n'est pas en général une suite récurrente d'ordre 1.

Cas où la fonction f est croissante

Soit $f : I \to I$ une fonction croissante et u une suite vérifiant :

$$\begin{cases} u_0 \in I \\ \forall n \in \mathbb{N} \quad u_{n+1} = f(u_n). \end{cases}$$

Deux cas se présentent.

- Si $u_1 \geqslant u_0$, alors la croissance de f permet de montrer par récurrence :

$$\forall n \in \mathbb{N} \quad u_{n+1} \geqslant u_n.$$

  La suite u est donc croissante.

- Si $u_1 \leqslant u_0$, un raisonnement analogue montre que la suite u est décroissante.

En particulier, si $u_0 = u_1$, la suite est à la fois croissante et décroissante, donc constante.

Remarque Si f est en plus strictement croissante et si $u_0 \neq u_1$, alors la suite u est strictement monotone.

Ex. 57. Reprenons la suite $(u_n)_{n\in\mathbb{N}}$ définie par $u_0 = 2$ et $u_{n+1} = \ln(1+u_n)$ pour tout $n \in \mathbb{N}$.
Puisque la fonction $f : x \mapsto \ln(1+x)$ est croissante sur $\mathbb{R}_+$, la suite est monotone.
Comme $u_1 = \ln 2 < 2 = u_0$, on peut conclure à la décroissance de la suite u.

Remarque Lorsque la fonction f est décroissante, on peut établir la monotonie des suites extraites $(u_{2n})_{n\in\mathbb{N}}$ et $(u_{2n+1})_{n\in\mathbb{N}}$.

Ex. 58. Soit $f : I \to I$ une fonction décroissante et $a \in I$. On considère la suite $(u_n)_{n\in\mathbb{N}}$ définie par :

$$u_0 = a \qquad \text{et} \qquad \forall n \in \mathbb{N} \quad u_{n+1} = f(u_n).$$

Montrons que les deux sous-suites $(u_{2n})_{n\in\mathbb{N}}$ et $(u_{2n+1})_{n\in\mathbb{N}}$ sont monotones, de sens de monotonie opposés.
Comme il a été remarqué page 328, les suites $(u_{2n})_{n\in\mathbb{N}}$ et $(u_{2n+1})_{n\in\mathbb{N}}$ sont des suites récurrentes d'ordre 1 associées à la fonction $g = f \circ f$.
Puisque $f : I \to I$ est décroissante, la fonction g est croissante. D'après ce qui précède, toute suite récurrente d'ordre 1 associée à g est monotone. Il en découle que les suites $(u_{2n})_{n\in\mathbb{N}}$ et $(u_{2n+1})_{n\in\mathbb{N}}$ sont monotones. On a enfin $\forall n \in \mathbb{N} \quad u_{2n+1} = f(u_{2n})$ donc comme f décroît, les suites sont de sens de monotonie opposés.

Étude du signe de $f(x) - x$

Considérons une suite récurrente u d'ordre 1, associée à une fonction $f : I \to I$. Pour étudier la monotonie éventuelle de u, on peut étudier le signe de $g : x \mapsto f(x) - x$. Si g est positive (respectivement négative) sur une partie $J \subset I$, stable par f et contenant u_0, alors on montre directement que $u_{n+1} \geqslant u_n$ (respectivement $u_{n+1} \leqslant u_n$) pour tout $n \in \mathbb{N}$, *i.e.* la suite u est croissante (respectivement décroissante).

Ex. 59. Considérons une suite u vérifiant $u_0 \in \mathbb{R}$ et : $\forall n \in \mathbb{N} \quad u_{n+1} = u_n \sin^2(u_n)$.

Pour tout $x \in \mathbb{R}$, posons $f(x) = x \sin^2(x)$ et $g(x) = f(x) - x = -x\cos^2(x)$. Distinguons deux cas.

- Cas $u_0 \in \mathbb{R}_+$. Il est clair que $\mathbb{R}_+$ est stable par f. Par ailleurs, $g(x) \leqslant 0$ pour tout $x \in \mathbb{R}_+$. Par suite, u est positive et décroissante donc convergente.
- Cas $u_0 \in \mathbb{R}_-$. Par imparité de f (et de g), $\mathbb{R}_-$ est stable par f et $g(x) \geqslant 0$ pour tout $x \in \mathbb{R}_-$; la suite u est négative et croissante donc convergente.

Construction graphique

Disposant du graphe de la fonction f ainsi que du premier terme u_0 reporté sur l'axe des abscisses, c'est-à-dire le point de coordonnées $(u_0, 0)$, il est possible de construire graphiquement les différents termes de la suite $(u_n)_{n\in\mathbb{N}}$.

Pour construire par exemple le point $(u_1, 0)$, on peut procéder ainsi :

- on construit le point $(u_0, u_1) = \big(u_0, f(u_0)\big)$, comme intersection de la droite d'équation $x = u_0$ avec la courbe de f ;
- on construit le point (u_1, u_1), comme intersection de la droite d'équation $y = u_1$ avec la première bissectrice ;
- le point $(u_1, 0)$ s'obtient alors comme intersection de la droite d'équation $x = u_1$ avec l'axe des abscisses.

En réitérant le processus, on peut construire le point $(u_2, 0)$, etc.

Ex. 60. Si l'on met en œuvre ce qui précède dans le cas de la suite définie par :

$$u_0 = \frac{1}{10} \qquad \text{et} \qquad \forall n \in \mathbb{N} \quad u_{n+1} = \sqrt{u_n},$$

on obtient la construction suivante :

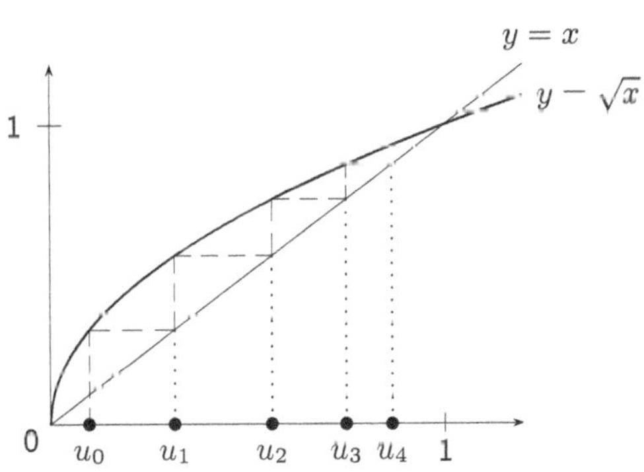

Ex. 61. Voici une construction pour la fonction décroissante $x \mapsto \dfrac{1}{(1+x^2)^3}$.

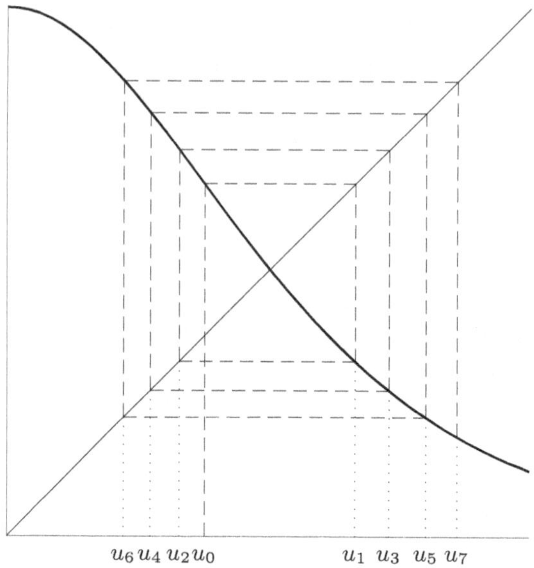

Une telle construction est souvent utile car elle permet de prédire le comportement de la suite (en particulier, ses propriétés de monotonie et de convergence). Évidemment, un dessin n'étant pas une preuve, il reste alors à prouver ce que l'on a observé.

Convergence des suites récurrentes

361 La proposition suivante donne des informations sur la limite *finie* éventuelle d'une suite récurrente d'ordre 1. Il sera démontré au chapitre 10.

Proposition 50

Soit $f : I \to I$ une fonction et u une suite vérifiant $\begin{cases} u_0 \in I \\ \forall n \in \mathbb{N} \quad u_{n+1} = f(u_n). \end{cases}$

Si u est convergente vers $\ell \in I$ et si f est continue en ℓ, alors ℓ est un **point fixe de f**, c'est-à-dire $f(\ell) = \ell$.

Remarque Si l'on a étudié le signe de $g : x \mapsto f(x) - x$, on a déterminé en particulier les points fixes de f.

Ex. 62. Reprenons de nouveau la suite u définie par $u_0 = 2$ et $\forall n \in \mathbb{N} \quad u_{n+1} = \ln(1 + u_n)$ (voir les exemples 56 et 57).
Nous savons que u est décroissante, à valeurs dans $I = \mathbb{R}_+$, donc minorée. Par le théorème de la limite monotone, elle est convergente ; notons ℓ sa limite.
Puisque I est un intervalle fermé, $\ell \in I$ et, comme $f : x \mapsto \ln(1+x)$ définie sur I est continue, la limite ℓ est un point fixe de f.
Il reste à déterminer les points fixes de f. Pour cela étudions $g : x \mapsto f(x) - x$. Par les théorèmes généraux, la fonction g est dérivable sur I et :

$$\forall x \in I \quad g'(x) = -\frac{x}{1+x}.$$

On en déduit le tableau de variations de g :

x	0		$+\infty$
$g'(x)$	0	$-$	
g	0	$\searrow$	

Il vient du tableau que l'unique zéro de g, donc l'unique point fixe de f, est 0.
En conclusion, on a $u_n \underset{n\to+\infty}{\longrightarrow} 0$.

Remarque Si I n'est pas un intervalle fermé, la suite $(u_n)_{n\in\mathbb{N}}$ peut converger sans que sa limite soit dans I.

Ex. 63. Soit $a > 0$ et u la suite vérifiant $u_0 = a$ et : $\forall n \in \mathbb{N} \quad u_{n+1} = u_n + \dfrac{1}{u_n}\cdot$

Posons $I = \mathbb{R}_+^*$ et $f : \begin{array}{ccc} I & \longrightarrow & \mathbb{R} \\ x & \longmapsto & x + 1/x. \end{array}$ La fonction f est bien définie et I est stable par f. Puisque $a \in I$, la suite u est définie, à valeurs dans I.

Pour tout $x \in I$, on a $f(x) - x = \frac{1}{x} > 0$. Il s'ensuit que u est strictement croissante et que f n'a pas de point fixe. D'après le théorème de la limite monotone, u admet une limite ℓ finie ou $+\infty$. Si u converge vers ℓ, par croissance de la suite u, on a l'inégalité $\ell \geqslant u_0 > 0$ qui montre que $\ell \in I$; par continuité de f, on en déduit que ℓ est un point fixe de f : absurde.
En conclusion, u diverge vers $+\infty$.

Démonstrations

Proposition 4 Tout intervalle I vérifie évidemment la propriété :

$$\forall x \in I \quad \forall y \in I \quad [x, y] \subset I. \tag{$\star$}$$

Montrons la réciproque. Donnons-nous une partie I de $\mathbb{R}$ vérifiant la propriété $(\star)$.
Si I est vide, alors c'est, par définition, un intervalle.
Supposons donc I non vide et posons $a = \inf I$ et $b = \sup I$.
Montrons les résultats résumés dans le tableau ci-dessous :

	$b \in I$	$b \in \mathbb{R} \setminus I$	$b = +\infty$
$a \in I$	$I = [a, b]$	$I = [a, b[$	$I = [a, +\infty[$
$a \in \mathbb{R} \setminus I$	$I =]a, b]$	$I =]a, b[$	$I =]a, +\infty[$
$a = -\infty$	$I =]-\infty, b]$	$I =]-\infty, b[$	$I =]-\infty, +\infty[$

- Par définition de a et b, on obtient facilement que, dans chaque cas, l'ensemble I est inclus dans l'intervalle indiqué.
- Pour conclure, il suffit de montrer l'inclusion $]a, b[\subset I$ puisqu'alors on aura :

$$I =]a, b[\ , \quad I =]a, b]\ , \quad I = [a, b[\quad \text{ou} \quad I = [a, b]\,,$$

en fonction de l'appartenance de a et b à I.

Soit $z \in]a, b[$. Montrons que $z \in I$. Le réel z n'est pas un majorant de I, car :

* si $b = +\infty$, alors I n'est tout simplement pas majoré ;
* si $b \in \mathbb{R}$, alors, comme b est la borne supérieure de I (et donc le plus petit de ses majorants), l'inégalité $z < b$ assure que z ne majore pas I.

On peut donc trouver $y \in I$ tel que $z < y$. De même, on montre que z n'est pas un minorant de I, donc on peut trouver $x \in I$ tel que $x < z$.

On a ainsi $z \in [x, y]$. Or, d'après la propriété $(\star)$, comme $x \in I$ et $y \in I$, on a $[x, y] \subset I$. On en déduit que $z \in I$.

Proposition 5 On commence par démontrer le lemme suivant.

Lemme

Toute partie de $\mathbb{Z}$ non vide et majorée (par un réel) admet un plus grand élément.

Démonstration.

Soit A une partie non vide et majorée de $\mathbb{Z}$. Par l'axiome de la borne supérieure, le réel $\sup A$ est bien défini.

Raisonnons par l'absurde et supposons que $\sup A \notin A$. Par caractérisation, il existe $a \in A$ tel que $\sup A - 1 < a < \sup A$ (la deuxième inégalité stricte découle du fait que $a \in A$ et $\sup A \notin A$). Toujours par caractérisation, il existe $b \in A$ tel que $a < b < \sup A$. On a donc les inégalités suivantes :

$$\sup A - 1 < a < b < \sup A$$

qui montrent que $0 < b - a < 1$, ce qui constitue une absurdité car $b - a \in \mathbb{Z}$. □

Remarque On démontre de même que toute partie de $\mathbb{Z}$ non vide et minorée admet un plus petit élément. On en déduit en particulier que $\mathbb{Z}$ n'est pas minorée sinon, en appelant n son plus petit élément, $n - 1$ serait un élément de $\mathbb{Z}$ strictement plus petit que n.

Notons $A = \{k \in \mathbb{Z} \,:\, k \leqslant x\}$.

L'ensemble A est une partie majorée de $\mathbb{Z}$. Si A était vide, alors $\mathbb{Z}$ serait minorée (par x), ce qui n'est pas le cas d'après la remarque, donc A est non vide.

D'après le lemme, la partie A admet un plus grand élément, ce qui conclut.

Proposition 6 Nous traitons le cas croissant. Le cas strictement croissant se démontre en remplaçant les inégalités larges par des inégalités strictes.

Sens direct Supposons u croissante.

Soit $n \in \mathbb{N}$. Puisque u est croissante et $n \leqslant n+1$, on a $u_n \leqslant u_{n+1}$.

Sens réciproque Supposons que $\forall n \in \mathbb{N} \quad u_n \leqslant u_{n+1}$. Soit $p \in \mathbb{N}$. On montre par récurrence immédiate sur $q \geqslant p$ la propriété H_q : « $u_p \leqslant u_q$ ». Cela montre que l'application $n \mapsto u_n$ est croissante sur $\mathbb{N}$.

Proposition 7 Soit $(u_n)_{n\in\mathbb{N}}$ une suite tendant vers ℓ_1 et vers ℓ_2. Montrons que $\ell_1 = \ell_2$.

Raisonnons par l'absurde en supposant que $\ell_1 \neq \ell_2$; posons $\varepsilon = \dfrac{|\ell_1 - \ell_2|}{3} > 0$.

D'après la définition 4 de la page 304, on peut trouver deux rangs n_1 et n_2 tels que :

$$\forall n \geqslant n_1 \quad |u_n - \ell_1| \leqslant \varepsilon \qquad \text{et} \qquad \forall n \geqslant n_2 \quad |u_n - \ell_2| \leqslant \varepsilon.$$

Posons alors $n = \max\{n_1, n_2\}$. D'après ce qui précède, on a :

$$|\ell_1 - \ell_2| = \big|(\ell_1 - u_n) + (u_n - \ell_2)\big| \leqslant |\ell_1 - u_n| + |u_n - \ell_2| \leqslant 2\varepsilon.$$

Avec la définition de ε, il en résulte que :

$$|\ell_1 - \ell_2| \leqslant \frac{2}{3}\,|\ell_1 - \ell_2|,$$

ce qui, comme $|\ell_1 - \ell_2| > 0$, mène à une contradiction.

Proposition 8 Notons $n_1 \in \mathbb{N}$ un rang tel que $\forall n \geqslant n_1 \quad |u_n - \ell| \leqslant v_n$.

Soit $\varepsilon > 0$. Comme la suite v tend vers 0, on peut trouver un rang $n_2 \in \mathbb{N}$ tel que :

$$\forall n \in \mathbb{N} \quad n \geqslant n_2 \Longrightarrow |v_n| \leqslant \varepsilon.$$

Notons alors $n_0 = \max(n_1, n_2)$. Pour $n \in \mathbb{N}$ tel que $n \geqslant n_0$, on a $|u_n - \ell| \leqslant v_n \leqslant \varepsilon$, ce qui montre que $u_n \to \ell$.

Proposition 10 Soit u une suite convergeant vers un réel ℓ. La définition de la convergence, appliquée par exemple avec $\varepsilon = 1$, nous permet de fixer un rang $n_0 \in \mathbb{N}$ tel que :

$$\forall n \in \mathbb{N} \quad n \geqslant n_0 \Longrightarrow \ell - 1 \leqslant u_n \leqslant \ell + 1.$$

On constate alors que la suite u est majorée par le réel $M = \max\{u_0, \ldots, u_{n_0-1}, \ell + 1\}$ et minorée par le réel $m = \min\{u_0, \ldots, u_{n_0-1}, \ell - 1\}$. Ainsi u est bornée.

Proposition 11 Soit $(u_n)_{n\in\mathbb{N}}$ une suite qui converge vers $\ell > m$. Il s'agit de montrer qu'il existe un rang $n_0 \in \mathbb{N}$ tel que $\forall n \in \mathbb{N} \quad n \geqslant n_0 \Longrightarrow u_n \geqslant m$.

Comme $\ell - m > 0$, on peut appliquer la définition de la convergence de u vers ℓ avec $\varepsilon = \ell - m$. On trouve alors un rang $n_0 \in \mathbb{N}$ tel que :

$$\forall n \geqslant n_0 \quad |u_n - \ell| \leqslant \ell - m.$$

Pour $n \geqslant n_0$, on a alors $m - \ell \leqslant u_n - \ell \leqslant \ell - m$, ce qui donne en particulier $u_n \geqslant m$.

Proposition 14 Soit u une suite telle que $\lim u = \ell$ et $v = \left(u_{\varphi(n)}\right)_{n\in\mathbb{N}}$ une sous-suite de u.

- Supposons $\ell \in \mathbb{R}$, et montrons que v converge vers ℓ, ce qui s'écrit :
$$\forall \varepsilon > 0 \quad \exists n_0 \in \mathbb{N} \quad \forall n \geqslant n_0 \quad |v_n - \ell| \leqslant \varepsilon.$$
Soit $\varepsilon > 0$. Comme u converge vers ℓ, on peut trouver un rang $n_0 \in \mathbb{N}$ tel que :
$$\forall n \geqslant n_0 \quad |u_n - \ell| \leqslant \varepsilon.$$
Pour $n \geqslant n_0$, on a $\varphi(n) \geqslant n \geqslant n_0$ (cf. remarque de la page 303), et donc :
$$|v_n - \ell| = |u_{\varphi(n)} - \ell| \leqslant \varepsilon.$$
D'où la convergence de la suite v vers ℓ.
- Supposons $\ell = +\infty$ et montrons que v diverge vers $+\infty$, ce qui s'écrit :
$$\forall A \in \mathbb{R} \quad \exists n_0 \in \mathbb{N} \quad \forall n \in \mathbb{N} \quad n \geqslant n_0 \Longrightarrow v_n \geqslant A.$$
Soit $A \in \mathbb{R}$. Comme u diverge vers $+\infty$, on peut trouver un rang $n_0 \in \mathbb{N}$ tel que :
$$\forall n \geqslant n_0 \quad u_n \geqslant A.$$
Pour $n \geqslant n_0$, on a $\varphi(n) \geqslant n \geqslant n_0$ (cf. remarque de la page 303), et donc :
$$v_n = u_{\varphi(n)} \geqslant A.$$
Cela montre la divergence de la suite v vers $+\infty$.
- Le cas $\ell = -\infty$ se traite en appliquant le résultat précédent à la suite $-u$.

Proposition 15 Supposons que les deux sous-suites $\left(u_{2n}\right)_{n\in\mathbb{N}}$ et $\left(u_{2n+1}\right)_{n\in\mathbb{N}}$ tendent vers une même limite ℓ, et montrons que u tend également vers ℓ.

- Supposons $\ell \in \mathbb{R}$. Soit $\varepsilon > 0$. Par convergence vers ℓ des deux sous-suites considérées, on peut trouver deux rangs n_1 et n_2 tels que :
$$\forall p \geqslant n_1 \quad |u_{2p} - \ell| \leqslant \varepsilon \qquad \text{et} \qquad \forall p \geqslant n_2 \quad |u_{2p+1} - \ell| \leqslant \varepsilon. \qquad (\star)$$
En posant $n_0 = \max(2n_1, 2n_2 + 1)$, alors tout entier $n \geqslant n_0$ est :
  * soit pair de la forme $n = 2p$ avec $p \geqslant n_1$;
  * soit impair de la forme $n = 2p + 1$ avec $p \geqslant n_2$;

  dans chaque cas, d'après $(\star)$, on a $|u_n - \ell| \leqslant \varepsilon$.
  Cela prouve la convergence de u vers ℓ.
- Supposons $\ell = +\infty$. Soit $A \in \mathbb{R}$. Comme $\left(u_{2n}\right)_{n\in\mathbb{N}}$ et $\left(u_{2n+1}\right)_{n\in\mathbb{N}}$ divergent vers $+\infty$, on peut trouver deux rangs n_1 et n_2 tels que :
$$\forall p \geqslant n_1 \quad u_{2p} \geqslant A \qquad \text{et} \qquad \forall p \geqslant n_2 \quad u_{2p+1} \geqslant A.$$
Comme dans le cas précédent, en posant $n_0 = \max(2n_1, 2n_2 + 1)$, on a :
$$\forall n \geqslant n_0 \quad u_n \geqslant A,$$
ce qui prouve la divergence de u vers $+\infty$.
- Le cas $\ell = -\infty$ se traite en appliquant le résultat précédent à la suite $-u$.

Proposition 17 Étant donné une suite u bornée et une suite v tendant vers 0, prouvons que uv tend vers 0. Nous souhaitons donc montrer que :
$$\forall \varepsilon > 0 \quad \exists n_0 \in \mathbb{N} \quad \forall n \geqslant n_0 \quad |u_n v_n| \leqslant \varepsilon.$$
Soit $\varepsilon > 0$. La suite u étant bornée, on peut trouver un réel $M > 0$ tel que :
$$\forall n \in \mathbb{N} \quad |u_n| \leqslant M.$$

Étant donné que la suite v tend vers 0 et que $\frac{\varepsilon}{M}$ est un réel strictement positif, on peut trouver un rang n_0 tel que :

$$\forall n \geqslant n_0 \quad |v_n| \leqslant \frac{\varepsilon}{M}.$$

Pour tout $n \geqslant n_0$, on a alors $|u_n v_n| \leqslant \varepsilon$, ce qui montre que la suite $u\,v$ converge vers 0.

Lemme 18 Soit u et v deux suites qui convergent vers 0. Montrons que $u+v$ converge vers 0, *i.e.* :

$$\forall \varepsilon > 0 \quad \exists n_0 \in \mathbb{N} \quad \forall n \in \mathbb{N} \quad n \geqslant n_0 \Longrightarrow |u_n + v_n| \leqslant \varepsilon.$$

Soit $\varepsilon > 0$. Comme $\frac{\varepsilon}{2} > 0$ et comme les suites u et v tendent vers 0, on peut trouver deux rangs $n_1 \in \mathbb{N}$ et $n_2 \in \mathbb{N}$ tels que :

$$\forall n \in \mathbb{N} \quad n \geqslant n_1 \Longrightarrow |u_n| \leqslant \frac{\varepsilon}{2} \qquad \text{et} \qquad \forall n \in \mathbb{N} \quad n \geqslant n_2 \Longrightarrow |v_n| \leqslant \frac{\varepsilon}{2}.$$

En posant $n_0 = \max(n_1, n_2)$, et en utilisant l'inégalité triangulaire, on a, pour $n \geqslant n_0$:

$$|u_n + v_n| \leqslant |u_n| + |v_n| \leqslant \frac{\varepsilon}{2} + \frac{\varepsilon}{2} = \varepsilon,$$

d'où le résultat.

Proposition 19

- Montrer que la suite $\lambda\,u + \mu\,v$ tend vers $\lambda\,\ell_1 + \mu\,\ell_2$ revient à montrer que la suite de terme général $(\lambda\,u_n + \mu\,v_n) - (\lambda\,\ell_1 + \mu\,\ell_2)$ tend vers 0.
  Pour $n \in \mathbb{N}$, on a :
  $$(\lambda\,u_n + \mu\,v_n) - (\lambda\,\ell_1 + \mu\,\ell_2) = \lambda\,(u_n - \ell_1) + \mu\,(v_n - \ell_2).$$
  Les suites $(u_n - \ell_1)_{n\in\mathbb{N}}$ et $(v_n - \ell_2)_{n\in\mathbb{N}}$ tendent vers 0, donc, d'après la proposition 17 de la page 309 (où λ et μ sont vues comme des suites constantes donc bornées), les suites de termes généraux $\lambda\,(u_n - \ell_1)$ et $\mu\,(v_n - \ell_2)$ tendent aussi vers 0. Le lemme 18 de la page 309 permet alors de conclure.
- Pour $n \in \mathbb{N}$, on peut écrire :
  $$u_n\,v_n - \ell_1\,\ell_2 = u_n(v_n - \ell_2) + \ell_2(u_n - \ell_1). \qquad (\star)$$
  * La suite u est bornée car convergente, et la suite de terme général $v_n - \ell_2$ tend vers 0, donc, d'après la proposition 17 de la page 309, on a $u_n(v_n - \ell_2) \to 0$.
  * De même, on a $\ell_2(u_n - \ell_1) \to 0$.

  Le lemme 18 de la page 309 permet alors d'affirmer que :
  $$u_n(v_n - \ell_2) + \ell_2(u_n - \ell_1) \to 0\ ;$$
  autrement dit, d'après la relation $(\star)$, on a $u_n\,v_n \to \ell_1\,\ell_2$.

Lemme 20

1. Soit $A \in \mathbb{R}$. Comme v est minorée, on peut trouver $m \in \mathbb{R}$ tel que $\forall n \in \mathbb{N} \quad v_n \geqslant m$. La suite u tendant vers $+\infty$, on peut trouver un rang n_0 tel que $\forall n \geqslant n_0 \quad u_n \geqslant A - m$.
   Pour $n \in \mathbb{N}$ tel que $n \geqslant n_0$, on a alors $u_n + v_n \geqslant A$. Cela prouve que $u_n + v_n \to +\infty$.
2. Soit $A \in \mathbb{R}_+$. Comme v est minorée à partir d'un certain rang par un nombre strictement positif, on peut trouver un réel $m > 0$ et un rang $n_1 \in \mathbb{N}$ tels que :
   $$\forall n \geqslant n_1 \quad v_n \geqslant m$$
   La suite u tendant vers $+\infty$, on peut trouver un rang $n_2 \in \mathbb{N}$ tel que :
   $$\forall n \geqslant n_2 \quad u_n \geqslant \frac{A}{m}.$$
   Pour $n \in \mathbb{N}$ tel que $n \geqslant \max(n_1, n_2)$, on a alors :
   $$v_n \geqslant m \geqslant 0 \qquad \text{et} \qquad u_n \geqslant \frac{A}{m} \geqslant 0,$$
   et donc $u_n v_n \geqslant A$. Cela prouve que $u_n v_n \to +\infty$.

Proposition 21

- Si ℓ_1 et ℓ_2 sont réels, les résultats découlent de la proposition 19 de la page 309.
- *Pour la somme.*
  * Si $\ell_1 = +\infty$ et $\ell_2 \neq -\infty$, alors soit v est convergente donc bornée, soit elle tend vers $+\infty$, et alors elle est minorée (cf. exemple 25 de la page 308). Dans les deux cas, on a la somme d'une suite tendant vers $+\infty$ et d'une suite minorée, somme qui tend donc vers $+\infty$, c'est-à-dire vers $\ell_1 + \ell_2$ (d'après le lemme 20 de la page 310).
  * Le cas $\ell_1 = -\infty$ et $\ell_2 \neq +\infty$ s'obtient alors en appliquant ce qui précède aux suites $-u$ et $-v$. On obtient en effet que la suite $-(u+v)$ diverge vers $+\infty$, et donc que $u+v$ diverge vers $-\infty$, c'est-à-dire vers $\ell_1 + \ell_2$.
- *Pour le produit.*
  * Si $\ell_1 = +\infty$, alors, pour $\ell_2 \in \mathbb{R}_+^*$, la suite v est minorée à partir d'un certain rang par un réel strictement positif (d'après le corollaire 12 de la page 306) et, pour $\ell_2 = +\infty$, la définition nous dit que v est minorée à partir d'un certain rang par 1 (par exemple). Dans les deux cas, le lemme 20 de la page 310 permet d'affirmer que $\lim(u\,v) = +\infty$.
  * Les autres cas s'obtiennent de la même manière.

Proposition 22 Soit u une suite convergeant vers une limite $\ell \neq 0$. D'après le corollaire 13 de la page 307, on peut trouver un entier n_0 et un réel $m > 0$ tels que :

$$\forall n \geqslant n_0 \quad |u_n| \geqslant m.$$

La suite $\left(\dfrac{1}{u_n}\right)_{n \geqslant n_0}$ est alors bien définie, et pour $n \geqslant n_0$ on peut écrire :

$$\left|\frac{1}{u_n} - \frac{1}{\ell}\right| = \frac{|u_n - \ell|}{|\ell|\,|u_n|} \leqslant \frac{1}{|\ell| m}\,|u_n - \ell|.$$

Par opération sur les limites finies, la suite $\left(\dfrac{1}{|\ell| m}\,|u_n - \ell|\right)_{n \in \mathbb{N}}$ converge vers 0.

On en déduit (cf. proposition 8 de la page 305) que $\left(\dfrac{1}{u_n}\right)_{n \geqslant n_0}$ converge vers $\dfrac{1}{\ell}\cdot$

Proposition 23

- Comme u diverge vers $+\infty$, on peut trouver $n_0 \in \mathbb{N}$ tel que $\forall n \geqslant n_0 \quad u_n \geqslant 1$. Donc, à partir du rang n_0, tous les termes de la suite sont strictement positifs. La suite $\left(\dfrac{1}{u_n}\right)_{n \geqslant n_0}$ est donc bien définie.
- Soit $\varepsilon > 0$. Comme u diverge vers $+\infty$, on peut trouver $n_1 \geqslant n_0$ tel que :

$$\forall n \geqslant n_1 \quad u_n \geqslant \frac{1}{\varepsilon}\cdot$$

  Pour $n \geqslant n_1$, on a alors $0 \leqslant \dfrac{1}{u_n} \leqslant \varepsilon$, ce qui donne $\left|\dfrac{1}{u_n}\right| \leqslant \varepsilon$. Cela montre que la suite $\left(\dfrac{1}{u_n}\right)_{n \geqslant n_0}$ converge vers 0.

Proposition 24 Montrons que la suite $\frac{1}{u}$ diverge vers $+\infty$, autrement dit :

$$\forall A \in \mathbb{R}_+^* \quad \exists n_1 \in \mathbb{N} \quad \forall n \geqslant n_1 \quad \frac{1}{u_n} \geqslant A.$$

Soit $A > 0$. Comme le réel $\frac{1}{A}$ est strictement positif et que u converge vers 0, on peut trouver un entier $n_2 \in \mathbb{N}$ tel que :

$$\forall n \geqslant n_2 \quad |u_n| \leqslant \frac{1}{A}.$$

Posons $n_1 = \max(n_0, n_2)$. Pour $n \geqslant n_1$ on a alors $0 < u_n \leqslant \frac{1}{A}$, ce qui donne $\frac{1}{u_n} \geqslant A$.

D'où la divergence de $\left(\frac{1}{u_n}\right)_{n \geqslant n_0}$ vers $+\infty$.

Proposition 26 Si $\ell = \lim u$ était strictement négatif, la suite serait strictement négative à partir d'un certain rang (c'est immédiat par définition si $\ell = -\infty$ et cela découle du corollaire 12 de la page 306 si $\ell \in \mathbb{R}$). C'est contradictoire avec l'hypothèse de positivité à partir d'un certain rang.

Théorème 28 D'après les hypothèses on a, à partir d'un certain rang :

$$0 \leqslant v_n - u_n \leqslant w_n - u_n.$$

- Puisque $\lim(w - u) = 0$, la proposition 8 de la page 305 permet d'affirmer que la suite $v - u$ converge vers 0.
- Comme $v = u + (v - u)$, on en déduit, par opérations sur les limites, que v converge et que $\lim v = \lim u$.

Proposition 30 Par définition de la partie entière, on a :

$$\lfloor 10^n x \rfloor \leqslant 10^n x < \lfloor 10^n x \rfloor + 1.$$

Il suffit alors de diviser cet encadrement par le réel strictement positif 10^n :

$$\frac{\lfloor 10^n x \rfloor}{10^n} \leqslant x < \frac{\lfloor 10^n x \rfloor}{10^n} + \frac{1}{10^n}.$$

En renversant l'encadrement précédent, on obtient :

$$\forall n \in \mathbb{N} \quad x - \frac{1}{10^n} \leqslant r_n \leqslant x$$

et le théorème d'encadrement permet de conclure : la suite (r_n) converge vers x.

Théorème 31

1. Supposons la suite u majorée. Alors l'ensemble $\{u_n \mid n \in \mathbb{N}\}$ est non vide et majoré. Il possède donc une borne supérieure ℓ. Montrons que u converge vers ℓ, c'est-à-dire :

   $$\forall \varepsilon > 0 \quad \exists n_0 \in \mathbb{N} \quad \forall n \geqslant n_0 \quad \ell - \varepsilon \leqslant u_n \leqslant \ell + \varepsilon.$$

   Soit $\varepsilon > 0$. D'après la caractérisation de la borne supérieure (cf. proposition 3 de la page 299), on peut trouver $n_0 \in \mathbb{N}$ tel que $\ell - \varepsilon < u_{n_0} \leqslant \ell$. Comme u est croissante et majorée par ℓ, on a alors :

   $$\forall n \geqslant n_0 \quad \ell - \varepsilon \leqslant u_{n_0} \leqslant u_n \leqslant \ell \leqslant \ell + \varepsilon,$$

   ce qui termine la démonstration.
2. Supposons u non majorée et montrons qu'elle tend vers $+\infty$.

   Soit M un réel quelconque. Il ne majore pas la suite u, donc on peut trouver un entier n_0 tel que $M \leqslant u_{n_0}$. Par croissance de la suite u, on a alors :

   $$\forall n \geqslant n_0 \quad M \leqslant u_{n_0} \leqslant u_n,$$

   ce qui prouve que $\lim u = +\infty$.

Théorème 33 Soit u et v des suites adjacentes. Supposons u croissante et v décroissante. Comme u est croissante et v décroissante, la suite $u - v$ est croissante. Comme de plus elle tend vers 0, elle est à valeurs négatives, ce qui donne :

$$\forall n \in \mathbb{N} \quad u_n \leqslant v_n.$$

- On en déduit que la suite u est majorée par v_0 puisque $\forall n \in \mathbb{N} \quad u_n \leqslant v_n \leqslant v_0$.
- Comme u est croissante, le théorème de la limite monotone assure alors qu'elle converge.

Enfin, l'écriture $v = u + (v - u)$ permet de prouver que v converge et nous donne :

$$\lim v = \lim u + \underbrace{\lim(v-u)}_{=0}.$$

D'où le résultat.

Proposition 37

- L'implication $(i) \Rightarrow (ii)$ est une conséquence des inégalités :

  $$0 \leqslant |\operatorname{Re} u_n - \operatorname{Re}\lambda| \leqslant |u_n - \lambda| \quad \text{et} \quad 0 \leqslant |\operatorname{Im} u_n - \operatorname{Im}\lambda| \leqslant |u_n - \lambda|$$

  et du théorème de convergence par encadrement (théorème 28 de la page 313).
- L'implication $(ii) \Rightarrow (i)$ est une conséquence de l'inégalité :

  $$|u_n - \lambda| \leqslant |\operatorname{Re} u_n - \operatorname{Re}\lambda| + |\operatorname{Im} u_n - \operatorname{Im}\lambda|.$$

  En effet, si l'on suppose (ii), alors l'inégalité précédente donne, par théorème d'encadrement, que $|u_n - \lambda| \to 0$, ce qui permet d'affirmer que $u_n \to \lambda$.

Proposition 41 Soit u une suite tendant vers λ et $v = \left(u_{\varphi(n)}\right)_{n\in\mathbb{N}}$ une sous-suite de u.

La suite réelle $|v - \lambda| = \left(\left|u_{\varphi(n)} - \lambda\right|\right)_{n\in\mathbb{N}}$ est une suite extraite de la suite $(|u_n - \lambda|)_{n\in\mathbb{N}}$ qui est à valeurs réelles et converge vers 0 ; elle converge donc vers 0.

Donc la suite $\left(u_{\varphi(n)}\right)_{n\in\mathbb{N}}$ est convergente et sa limite est égale à λ.

Proposition 42 Soit u et v deux suites convergeant respectivement vers λ et μ.

1. Les suites réelles $\operatorname{Re} u$, $\operatorname{Im} u$, $\operatorname{Re} v$ et $\operatorname{Im} v$ convergent respectivement vers :

   $$\operatorname{Re}\lambda, \ \operatorname{Im}\lambda, \ \operatorname{Re}\mu \ \text{et} \ \operatorname{Im}\mu.$$

   Par conséquent, les suites $\operatorname{Re}(u+v)$ et $\operatorname{Im}(u+v)$ convergent respectivement vers :

   $$\operatorname{Re}\lambda + \operatorname{Re}\mu = \operatorname{Re}(\lambda+\mu) \qquad \text{et} \qquad \operatorname{Im}\lambda + \operatorname{Im}\mu = \operatorname{Im}(\lambda+\mu).$$

   Donc la suite $u + v$ converge vers $\operatorname{Re}(\lambda+\mu) + i\operatorname{Im}(\lambda+\mu)$, c'est-à-dire $\lambda + \mu$.
2. Pour tout $n \in \mathbb{N}$, on peut écrire :

   $$\begin{aligned} 0 \leqslant |u_n v_n - \lambda\mu| &= \left|u_n(v_n - \mu) + \mu(u_n - \lambda)\right| \\ &\leqslant |u_n|\,|v_n - \mu| + |\mu|\,|u_n - \lambda|. \end{aligned}$$

   De cet encadrement, on déduit $\lim|u_n v_n - \lambda\mu| = 0$, et donc :

   $$\lim(u_n v_n) = \lambda\mu.$$
3. C'est un cas particulier du point précédent, en voyant k comme la suite constante égale à k.

Proposition 43

- La suite $|u|$ converge vers le réel strictement positif $|\lambda|$. D'après le corollaire 13 de la page 307, on peut trouver un entier n_0 et un réel $m > 0$ tels que :
$$\forall n \geqslant n_0 \quad |u_n| \geqslant m,$$
ce qui montre en particulier que la suite u ne s'annule pas à partir du rang n_0.
- Pour $n \geqslant n_0$, on peut écrire $\dfrac{1}{u_n} = \dfrac{\overline{u_n}}{|u_n|^2}$.
  * Comme u converge vers λ, la suite $\overline{u} = (\overline{u_n})_{n\in\mathbb{N}}$ converge vers $\overline{\lambda}$.
  * De même, la suite réelle de terme général $|u_n|$ converge vers $|\lambda|$ (limite non nulle) et les résultats sur les suites à termes réels permettent de dire que la suite de terme général $\dfrac{1}{|u_n|^2}$ converge vers $\dfrac{1}{|\lambda|^2}$.

  Par produit de suites convergentes, on en déduit que la suite de terme général $\dfrac{1}{u_n} = \dfrac{\overline{u_n}}{|u_n|^2}$ converge vers $\dfrac{\overline{\lambda}}{|\lambda|^2} = \dfrac{1}{\lambda}$.

Proposition 45 C'est une simple vérification.

En notant $w_n = \lambda u_n + \mu v_n$, on a, pour tout $n \in \mathbb{N}$:
$$\begin{aligned} w_{n+2} = \lambda\, u_{n+2} + \mu\, v_{n+2} &= \lambda\big(a\, u_{n+1} + b\, u_n\big) + \mu\big(a\, v_{n+1} + b\, v_n\big) \\ &= a\big(\lambda\, u_{n+1} + \mu\, v_{n+1}\big) + b\big(\lambda\, u_n + \mu\, v_n\big) = a\, w_{n+1} + b\, w_n. \end{aligned}$$

Proposition 46 Soit pour $n \in \mathbb{N}$ la propriété $\mathcal{H}_n$: « $u_n = v_n$ ».

- Initialisation. On a par hypothèse $\mathcal{H}_0$ et $\mathcal{H}_1$.
- Soit $n \geqslant 2$ un entier tel que $\mathcal{H}_{n-1}$ et $\mathcal{H}_{n-2}$ soient vraies. On a alors :
$$\begin{aligned} u_n &= a\, u_{n-1} + b u_{n-2} && \text{(définition)} \\ &= a\, v_{n-1} + b v_{n-2} = v_n && (\mathcal{H}_{n-1} \text{ et } \mathcal{H}_{n-2}, \text{ puis définition}). \end{aligned}$$

Cela démontre $\mathcal{H}_n$ pour tout $n \in \mathbb{N}$ par récurrence double.

Proposition 47 Rappelons la définition d'une récurrence linéaire d'ordre 2 à coefficients constants :
$$\forall n \in \mathbb{N} \quad u_{n+2} = a\, u_{n+1} + b\, u_n, \qquad (\star)$$
et son équation caractéristique :
$$x^2 - a\, x - b = 0. \qquad (E_c)$$

- Cas où (E_c) a deux solutions distinctes r_1 et r_2.
  * Soit $(\lambda_1, \lambda_2) \in \mathbb{C}^2$. D'après l'exemple 53, les suites $v = (r_1^n)_{n\in\mathbb{N}}$ et $w = (r_2^n)_{n\in\mathbb{N}}$ vérifient toutes les deux $(\star)$, donc, d'après la proposition 45, la combinaison linéaire $\lambda_1 v + \lambda_2 w$, c'est-à-dire la suite de terme général $\lambda_1 r_1^n + \lambda_2 r_2^n$ vérifie $(\star)$.
  * Soit u une suite vérifiant $(\star)$. Le point précédent et la proposition 46 donnent que u et $\lambda_1 v + \lambda_2 w$ sont égales si, et seulement si :
$$\begin{cases} u_0 = \lambda_1 + \lambda_2 \\ u_1 = \lambda_1 r_1 + \lambda_2 r_2. \end{cases}$$

    Ce système a une unique solution (λ_1, λ_2) car son déterminant $\begin{vmatrix} 1 & 1 \\ r_1 & r_2 \end{vmatrix} = r_2 - r_1$ est non nul. Cela prouve qu'il existe (un unique) $(\lambda_1, \lambda_2) \in \mathbb{C}^2$ tel que $u_n = \lambda_1 r_1^n + \lambda_2 r_2^n$, pour tout $n \in \mathbb{N}$.

- Cas où (E_c) a une solution double r.
  * Dans ce cas, $x^2 - ax - b = (x-r)^2$ pour tout $x \in \mathbb{C}$, donc $a = 2r$ et $b = -r^2$. Posons alors $v = (r^n)_{n\in\mathbb{N}}$ et $w = (nr^n)_{n\in\mathbb{N}}$. Comme on l'a déjà vu, la suite v vérifie $(\star)$. De plus pour $n \in \mathbb{N}$, on a :

$$\begin{aligned} w_{n+2} - aw_{n+1} - bw_n &= (n+2)r^{n+2} - 2r(n+1)r^{n+1} + r^2 nr^n \\ &= r^{n+2}\big((n+2) - 2(n+1) + n\big) = 0. \end{aligned}$$

  La suite w vérifie également $(\star)$.
  * D'après la proposition 45 de la page 325, pour tout (λ_1, λ_2), la suite $\lambda_1 v + \lambda_2 w$ de terme général $\lambda_1 r^n + \lambda_2 nr^n$ vérifie $(\star)$.
  * Soit une suite u vérifiant $(\star)$ et $(\lambda_1, \lambda_2) \in \mathbb{C}^2$. Les suites u et $\lambda_1 v + \lambda_2 w$ coïncident si, et seulement si :

$$\begin{cases} u_0 = & \lambda_1 \\ u_1 = & r\big(\lambda_1 + \lambda_2\big). \end{cases}$$

  Ce système a une unique solution, car $r \neq 0$, ce qui prouve qu'il existe $(\lambda_1, \lambda_2) \in \mathbb{C}^2$ tel que $u_n = r^n\big(\lambda_1 + \lambda_2 n\big)$, pour tout $n \in \mathbb{N}$.

Cela achève la démonstration.

Remarque L'examen de la démonstration montre que pour toute suite u vérifiant $(\star)$, il existe $(\lambda_1, \lambda_2) \in \mathbb{C}^2$ *unique* tel que $u = \lambda_1 v + \lambda_2 w$, où v et w sont définies plus haut.

Proposition 48

- Les deux premiers cas se traitent comme dans le cas complexe, en remplaçant à chaque fois $\mathbb{C}$ par $\mathbb{R}$ dans les démonstrations.
- Cas 3.
  * Les suites de la forme annoncée conviennent. En effet, pour $n \in \mathbb{N}$, on a :

$$\begin{aligned} \rho^n\big(\lambda_1 \cos(n\theta) + \lambda_2 \sin(n\theta)\big) &= \rho^n\Big(\lambda_1 \frac{e^{in\theta} + e^{-in\theta}}{2} + \lambda_2 \frac{e^{in\theta} - e^{-in\theta}}{2i}\Big) \\ &= \frac{\lambda_1 - i\lambda_2}{2} r^n + \frac{\lambda_1 + i\lambda_2}{2} \overline{r}^n, \end{aligned}$$

  qui d'après la proposition 47 de la page 325 vérifie la relation $(\star)$.
  * Réciproquement montrons, pour tout $(\omega_0, \omega_1) \in \mathbb{R}^2$, qu'il existe une suite de la forme souhaitée dont les deux premiers termes valent respectivement ω_0 et ω_1.
  Pour une suite de la forme $u_n = \rho^n\big(\lambda_1 \cos(n\theta) + \lambda_2 \sin(n\theta)\big)$, on a :

$$u_0 = \lambda_1 \qquad \text{et} \qquad u_1 = \rho\lambda_1 \cos\theta + \rho\lambda_2 \sin\theta.$$

  On a donc :

$$\begin{cases} u_0 = \omega_0 \\ u_1 = \omega_1 \end{cases} \iff \begin{cases} \lambda_1 & & = & \omega_0 \\ (\rho\cos\theta)\,\lambda_1 & + \quad (\rho\sin\theta)\,\lambda_2 & = & \omega_1. \end{cases}$$

  Comme $\rho\sin\theta$ est non nul (car $r = \rho e^{i\theta}$ n'est pas réel), ce dernier système est de Cramer et donc possède une (unique) solution.

S'entraîner et approfondir

Propriété de la borne supérieure

9.1 Montrer que la fonction $x \mapsto \lfloor x \rfloor$ est croissante sur $\mathbb{R}$.
→300

9.2 Étant donné deux réels x et y, exprimer $\lfloor x+y \rfloor$ en fonction de $\lfloor x \rfloor + \lfloor y \rfloor$.
→300

9.3 *(Existence d'au moins un irrationnel)*
Le but de l'exercice est d'utiliser la propriété de la borne supérieure pour montrer qu'il existe un nombre réel dont le carré vaut 2. D'après l'exemple 15 de la page 13, on sait alors qu'un tel nombre est irrationnel.
Soit $X = \left\{x \in \mathbb{R} \;\middle|\; x \geqslant 0 \quad \text{et} \quad x^2 \leqslant 2\right\}$.

1. Montrer que X possède une borne supérieure, notée a dans la suite, et que $a \in [0,2]$.

On pose $Y = \left\{x \in \mathbb{R} \;\middle|\; 0 \leqslant x \leqslant 2 \quad \text{et} \quad x^2 \geqslant 2\right\}$ et g l'application définie par :

$$\forall x \in [0,2] \quad g(x) = x + \frac{2-x^2}{4}.$$

2. (a) Montrer que si $x \in X$ vérifie $x^2 < 2$, alors $g(x) \in X$ et $g(x) > x$.
   (b) Montrer que si $x \in Y$ vérifie $x^2 > 2$, alors $g(x) \in Y$ et $g(x) < x$.
3. Montrer que $a^2 = 2$.

9.4 Soit A et B deux parties non vides et majorées de $\mathbb{R}$.
On définit l'ensemble $A+B$ par :

$$A+B = \{x+y \mid x \in A,\ y \in B\}.$$

Montrer que l'ensemble $A+B$ est majoré et que $\sup(A+B) = \sup A + \sup B$.

9.5 Soit X un ensemble. Pour $f \in \mathbb{R}^X$, on pose (lorsque cela existe) :

$$\sup f = \sup f(X) = \sup\{f(x) \mid x \in X\}.$$

1. Pour $f \in \mathbb{R}^X$ et $g \in \mathbb{R}^X$ telles que $\sup f$ et $\sup g$ existent, établir :
$$\sup(f+g) \leqslant \sup f + \sup g.$$
2. Justifier qu'en général, on n'a pas : $\sup(f+g) = \sup f + \sup g$.

9.6 Montrer que $\forall x \in \mathbb{R} \quad \lfloor x \rfloor + \lfloor x + \frac{1}{2} \rfloor = \lfloor 2x \rfloor$.

Généralités sur les suites

9.7 Montrer que si une suite est bornée à partir d'un certain rang, alors elle est bornée.
→303

9.8 Est-ce que le produit de deux suites réelles minorées est encore une suite minorée ?

9.9 Soit $(u_n)_{n\in\mathbb{N}}$ une suite réelle. Parmi les suites ci-dessous, trouver celles qui sont extraites d'une autre :

$$(u_{3n})_{n\in\mathbb{N}}, \quad (u_{6n})_{n\in\mathbb{N}}, \quad (u_{2n})_{n\in\mathbb{N}}, \quad (u_{3\times 2^n})_{n\in\mathbb{N}}$$
$$(u_{3\times 2^{n+1}})_{n\in\mathbb{N}}, \quad (u_{2^n})_{n\in\mathbb{N}}, \quad (u_{2^{n+1}})_{n\in\mathbb{N}}.$$

Convergence

9.10 1. Trouver deux suites divergentes dont la somme est une suite convergente.
→310 2. Trouver deux suites divergentes dont le produit est une suite convergente.

9.11 Dans chacun des cas suivants, déterminer des suites u et v vérifiant la propriété souhaitée :
→311
1. $\lim u = +\infty$, $\lim v = -\infty$ et $u+v$ converge ;
2. $\lim u = +\infty$, $\lim v = -\infty$ et $u+v$ diverge ;
3. $\lim u = +\infty$, $\lim v = 0$ et $u\,v$ converge ;
4. $\lim u = +\infty$, $\lim v = 0$ et $u\,v$ diverge.

9.12 Étudier les limites des suites définies par :

1. $u_n = \dfrac{\sin(n^2)}{n}$;
2. $u_n = \dfrac{a^n - b^n}{a^n + b^n}$ $(a > 0$ et $b > 0)$;
3. $u_n = \dfrac{n^3 + 5n}{5n^3 + \cos n + \frac{1}{n^2}}$;
4. $u_n = \dfrac{2n + (-1)^n}{5n + (-1)^{n+1}}$.

9.13 Soit $(a_n)_{n\in\mathbb{N}}$ et $(b_n)_{n\in\mathbb{N}}$ deux suites réelles qui convergent respectivement vers ℓ et ℓ'. On considère les suites de termes généraux :

$$u_n = \min(a_n, b_n) \qquad \text{et} \qquad v_n = \max(a_n, b_n).$$

Montrer que ces deux suites convergent respectivement vers :

$$\min(\ell, \ell') \qquad \text{et} \qquad \max(\ell, \ell').$$

9.14 Pour tout $n \in \mathbb{N}^*$, on pose $u_n = \sum\limits_{k=1}^{n} \frac{1}{k^2}$ et $v_n = u_n + \frac{1}{n}$.

Montrer que les suites $(u_n)_{n\in\mathbb{N}^*}$ et $(v_n)_{n\in\mathbb{N}^*}$ sont adjacentes.

9.15 On considère deux suites positives $(u_n)_{n\in\mathbb{N}}$ et $(v_n)_{n\in\mathbb{N}}$ vérifiant :

$$\forall n \in \mathbb{N} \quad u_{n+1} = \sqrt{u_n v_n} \qquad \text{et} \qquad v_{n+1} = \frac{u_n + v_n}{2}.$$

1. Montrer que $\forall n \in \mathbb{N}^* \quad u_n \leqslant v_n$.
2. Montrer que les deux suites u et v convergent vers une limite commune.

9.16 Montrer que la suite de terme général $u_n = \dfrac{5n^2 + \sin n}{3(n+2)^2 \cos \frac{n\pi}{5}}$ est divergente.

9.17 Soit u une suite telle qu'il existe une suite $(\alpha_p)_{p\in\mathbb{N}}$ tendant vers 0 vérifiant :

$$\forall (n,p) \in \mathbb{N}^2 \quad |u_n| \leqslant \alpha_p + \frac{p}{n+1}.$$

1. Par retour à la définition, montrer que $\lim\limits_{n\to+\infty} \alpha_{\lfloor\sqrt{n+1}\rfloor} = 0$.
2. Montrer que la suite $(u_n)_{n\in\mathbb{N}}$ tend vers 0.

⋆ **9.18 Théorème de Cesàro**

Soit $(u_n)_{n\in\mathbb{N}}$ une suite réelle. On définit la suite $(v_n)_{n\in\mathbb{N}^*}$ par :

$$v_n = \frac{u_1 + u_2 + \cdots + u_n}{n}.$$

1. On suppose dans cette question que la suite $(u_n)_{n\in\mathbb{N}}$ converge vers 0. On souhaite montrer que la suite $(v_n)_{n\in\mathbb{N}^*}$ converge aussi vers 0. Soit $\varepsilon > 0$.

   (a) Montrer qu'il existe un rang n_0 tel que, pour tout $n \geqslant n_0$:
   $$\left|\frac{u_{n_0} + u_{n_0+1} + \cdots + u_n}{n}\right| \leqslant \frac{\varepsilon}{2}.$$
   Dans la suite, n_0 désigne un tel rang.

   (b) Montrer qu'il existe un rang n_1 tel que, pour tout $n \geqslant n_1$:
   $$\left|\frac{u_1 + u_2 + \cdots + u_{n_0-1}}{n}\right| \leqslant \frac{\varepsilon}{2}.$$
   Dans la suite, n_1 désigne un tel rang.

   (c) En déduire alors le résultat annoncé.

2. En déduire que, plus généralement, si la suite $(u_n)_{n\in\mathbb{N}}$ est convergente, alors la suite $(v_n)_{n\in\mathbb{N}^*}$ l'est aussi et a même limite que $(u_n)_{n\in\mathbb{N}}$. Montrer que la réciproque est fausse.

Suites récurrentes

9.19 Étudier les suites u vérifiant $u_0 > 0$, $u_1 > 0$ et : $\forall n \in \mathbb{N} \quad u_{n+1} = \left(u_{n+1}^2 u_n\right)^{\frac{1}{3}}$.

9.20 Méthode de Héron

Soit α et a deux réels strictement positifs et $(x_n)_{n\in\mathbb{N}}$ la suite vérifiant :

$$x_0 = a \qquad \text{et} \qquad \forall n \in \mathbb{N} \quad x_{n+1} = \frac{1}{2}\left(x_n + \frac{\alpha}{x_n}\right).$$

1. Étudier la suite $(x_n)_{n\in\mathbb{N}}$.

2. Montrer que, pour tout $n \geqslant 1$, on a $0 \leqslant x_{n+1} - \sqrt{\alpha} \leqslant \dfrac{(x_n - \sqrt{\alpha})^2}{2\sqrt{\alpha}}$.

   En déduire l'encadrement :
   $$\forall n \in \mathbb{N}^* \quad 0 \leqslant x_n - \sqrt{\alpha} \leqslant 2\sqrt{\alpha}\left(\frac{x_1 - \sqrt{\alpha}}{2\sqrt{\alpha}}\right)^{2^{n-1}}.$$

9.21 Étudier la suite u définie par $u_0 = -1/2$ et $\forall n \in \mathbb{N} \quad u_{n+1} = \sqrt{1 + u_n}$.

Suites complexes

9.22 Étant donné $\theta \in \mathbb{R}$, pour tout $n \in \mathbb{N}$, on pose $u_n = \sum_{k=0}^{n} \frac{\cos k\theta}{2^k}$.

Montrer que la suite $(u_n)_{n\in\mathbb{N}}$ est convergente et en déterminer la limite.

9.23 Soit $h: \begin{array}{rcl} \mathbb{C}\setminus\{-2\} & \longrightarrow & \mathbb{C} \\ z & \longmapsto & \dfrac{1}{z+2} \end{array}$ et $D = \{z \in \mathbb{C} : |z| \leqslant 1\}$.

1. Montrer que D est stable par h.
2. On considère une suite $(u_n)_{n\in\mathbb{N}}$ telle que $u_0 \in D$ et : $\forall n \in \mathbb{N} \quad u_{n+1} = h(u_n)$.
   (a) On suppose que la suite u est convergente, de limite ℓ. Montrer que $\ell = \sqrt{2} - 1$.
   (b) On pose $\ell = \sqrt{2} - 1$. Déterminer un réel $0 \leqslant \lambda < 1$ tel que :
   $$\forall n \in \mathbb{N} \quad \big|u_{n+1} - \ell\big| \leqslant \lambda \big|u_n - \ell\big|.$$
   (c) Montrer que la suite $(u_n)_{n\in\mathbb{N}}$ est convergente.

Solutions des exercices

9.1 Soit $(x,y) \in \mathbb{R}^2$ tel que $x \leqslant y$. On a $\lfloor x \rfloor \leqslant x \leqslant y$, donc $\lfloor x \rfloor$ est un nombre entier inférieur à y. Comme, par définition, $\lfloor y \rfloor$ est le plus grand des entiers inférieurs à y, on a $\lfloor x \rfloor \leqslant \lfloor y \rfloor$, ce qui conclut.

9.2 Soit x et y deux réels. On pose $a = x - \lfloor x \rfloor$ et $b = y - \lfloor y \rfloor$.

Par propriété, $(a,b) \in [0,1[^2$ donc $a+b \in [0,2[$.

Par ailleurs :

$$x + y = \lfloor x \rfloor + \lfloor y \rfloor + a + b \qquad \text{et} \qquad \lfloor x \rfloor + \lfloor y \rfloor \in \mathbb{Z}. \qquad (\star)$$

On raisonne ensuite par disjonction de cas.

Cas 1 Supposons $a+b \in [0,1[$. La relation $(\star)$ montre que $\lfloor x+y \rfloor = \lfloor x \rfloor + \lfloor y \rfloor$.

Cas 2 Supposons $a+b \in [1,2[$.

La relation $x+y = \lfloor x \rfloor + \lfloor y \rfloor + 1 + (a+b-1)$ et le fait que $a+b-1 \in [0,1[$ montrent que $\lfloor x+y \rfloor = \lfloor x \rfloor + \lfloor y \rfloor + 1$.

Notons qu'en toute généralité, on a :

$$\lfloor x \rfloor + \lfloor y \rfloor \leqslant \lfloor x+y \rfloor \leqslant \lfloor x \rfloor + \lfloor y \rfloor + 1.$$

9.3 1. L'ensemble X est une partie de $\mathbb{R}$:

- non vide, car elle contient 1 ;
- majorée, par exemple par 2, car, pour $x > 2$, on a $x^2 > 4$, donc $x \notin X$.

Donc X admet une borne supérieure. Puisque 2 majore X, on a par définition de la borne supérieure $a \leqslant 2$.

2. On observe d'abord que la fonction g est strictement croissante, à valeurs dans $[\frac{1}{2}, \frac{3}{2}]$.

(a) Soit $x \in X$ tel que $x^2 < 2$.
- Il est clair qu'alors $g(x) > x$.
- Ensuite, $g(g(x)) > g(x)$ par stricte croissance de la fonction g donc $\frac{2-g(x)^2}{2} > 0$ puis $g(x)^2 < 2$.

(b) On raisonne de même lorsque $x \in Y$ vérifie $x^2 > 2$, les calculs étant similaires.

3. Nous avons vu que $a \in [0,2]$.

Par ailleurs, tout $y \in Y$ est un majorant de X. En effet, si $z > y$, alors $z^2 > y^2 > 2$, car les termes sont positifs, ce qui montre que $z \notin X$.

- Supposons $a^2 < 2$. Dans ces conditions, $a \in X$ et d'après la question 2(a), on a $g(a) \in X$ et $a < g(a)$. Cela contredit le fait que a soit un majorant de X.
- Supposons $a^2 > 2$. Dans ces conditions, $a \in Y$ et d'après la question 2(b), on a $g(a) \in Y$ et $g(a) < a$. Comme $g(a)$ est élément de Y, c'est un majorant de X, contredisant le fait que a soit le plus petit majorant de X.

Puisque $a^2 < 2$ et $a^2 > 2$ ne peuvent pas être réalisée, on en déduit $a^2 = 2$.

9.4 Comme la partie A (resp. B) est non vide et majorée, elle possède une borne supérieure que nous notons α (resp. β).

- Comme A et B sont non vides, il en est de même pour $A+B$.
  De plus, étant donné $z \in A+B$, on peut trouver $x \in A$ et $y \in B$ tels que $z = x+y$, ce qui assure que $z \leqslant \alpha+\beta$. La partie $A+B$ est donc majorée par $\alpha+\beta$.
  La partie $A+B$, étant non vide et majorée par $\alpha+\beta$, possède donc une borne supérieure vérifiant :
  $$\sup(A+B) \leqslant \alpha+\beta.$$
- Montrons que $\alpha+\beta$ est la borne supérieure de $A+B$. Comme on a déjà obtenu que c'est un majorant, il reste à montrer que :
  $$\forall \varepsilon > 0 \quad \exists z \in A+B \quad \alpha+\beta-\varepsilon < z.$$
  Soit $\varepsilon > 0$. Par caractérisation de la borne supérieure,
  * on peut trouver $x \in A$ tel que $\alpha - \frac{\varepsilon}{2} < x$;
  * on peut trouver $y \in B$ tel que $\beta - \frac{\varepsilon}{2} < y$.

  Le réel $z = x+y$ vérifie alors :
  $$\alpha+\beta-\varepsilon < z,$$
  ce qui prouve le résultat.

9.5 On remarque que $\sup f$ est définie si, et seulement si, l'ensemble $f(X) = \{f(x) \mid x \in X\}$ est une partie non vide et majorée de $\mathbb{R}$, ce qui a lieu si, et seulement si, X est non vide et f est majorée.

1. Pour $x \in X$, on a $f(x) \leqslant \sup f$ ainsi que $g(x) \leqslant \sup g$. On en déduit que :
   $$(f+g)(x) = f(x)+g(x) \leqslant \sup f + \sup g.$$
   Il en résulte que $\sup f + \sup g$ est un majorant de $(f+g)(X)$.
   La borne supérieure étant le plus petit des majorants, on a donc :
   $$\sup(f+g) \leqslant \sup f + \sup g.$$
2. Il suffit de trouver deux fonctions pour lesquelles l'égalité n'a pas lieu. Par exemple, si f et g sont définies sur $[0,1]$ par $f(x) = x$ et $g(x) = -x$, alors on a :
   $$\underbrace{\sup(f+g)}_{=0} \neq \underbrace{\sup f}_{=1} + \underbrace{\sup g}_{=0}.$$

9.6 Soit $x \in \mathbb{R}$. Posons $a = x - \lfloor x \rfloor$ et $n = \lfloor x \rfloor$. Alors on a :
$$\lfloor 2x \rfloor = \lfloor 2n+2a \rfloor = 2n + \lfloor 2a \rfloor \quad \text{car} \quad 2n \in \mathbb{Z}$$
$$\left\lfloor x+\frac{1}{2} \right\rfloor = \left\lfloor n+a+\frac{1}{2} \right\rfloor = n + \left\lfloor a+\frac{1}{2} \right\rfloor \quad \text{car} \quad n \in \mathbb{Z}.$$
Donc $\lfloor 2x \rfloor - \left\lfloor x+\frac{1}{2} \right\rfloor - \lfloor x \rfloor = \lfloor 2a \rfloor - \left\lfloor a+\frac{1}{2} \right\rfloor$.

Raisonnons par disjonction de cas.

Cas 1 Supposons $a \in [0, \frac{1}{2}[$.

Alors $2a \in [0,1[$ et $a+\frac{1}{2} \in [0,1[$ donc $\lfloor 2a \rfloor - \lfloor a+\frac{1}{2} \rfloor = 0-0 = 0$.

Cas 2 Supposons $a \in [\frac{1}{2}, 1[$.

Alors $2a \in [1,2[$ et $a+\frac{1}{2} \in [1,2[$ donc $\lfloor 2a \rfloor - \lfloor a+\frac{1}{2} \rfloor = 1-1 = 0$.

Conclusion : pour tout réel x, on a $\lfloor x \rfloor + \lfloor x+\frac{1}{2} \rfloor = \lfloor 2x \rfloor$.

9.7 Soit $(u_n)_{n\in\mathbb{N}}$ une suite bornée à partir d'un certain rang. Il existe alors un rang $n_0 \in \mathbb{N}$ tel que la suite $(u_n)_{n\geqslant n_0}$ soit bornée. Fixons un tel n_0. Il existe donc un réel $M \in \mathbb{R}$ tel que :

$$\forall n \in \mathbb{N} \quad n \geqslant n_0 \implies |u_n| \leqslant M.$$

Posons $K = \max\big(|u_0|, \ldots, |u_{n_0-1}|, M\big)$ et montrons que $|u_n| \leqslant M$ pour tout entier n. Soit n un entier. On a :

- si $n < n_0$, alors $|u_n| \leqslant K$;
- si $n \geqslant n_0$, alors $|u_n| \leqslant M \leqslant K$.

Ainsi, la suite $(u_n)_{n\in\mathbb{N}}$ est bornée.

9.8 Le produit de deux suites réelles minorées n'est pas nécessairement une suite minorée, comme le prouve l'exemple des suites de termes généraux $u_n = n$ et $v_n = -1$.

9.9
- $(u_{6n})_{n\in\mathbb{N}}$ est extraite de $(u_{2n})_{n\in\mathbb{N}}$ et $(u_{3n})_{n\in\mathbb{N}}$.
- $(u_{2^{n+1}})_{n\in\mathbb{N}}$ est extraite de $(u_{2n})_{n\in\mathbb{N}}$ et $(u_{2^n})_{n\in\mathbb{N}}$.
- $(u_{3\times 2^n})_{n\in\mathbb{N}}$ est extraite de $(u_{3n})_{n\in\mathbb{N}}$.
- $(u_{3\times 2^{n+1}})_{n\in\mathbb{N}}$ est extraite de $(u_{2n})_{n\in\mathbb{N}}$, $(u_{3n})_{n\in\mathbb{N}}$, $(u_{6n})_{n\in\mathbb{N}}$ et $(u_{3\times 2^n})_{n\in\mathbb{N}}$.

9.10 Considérerons les suites u et v définies par :

$$u_n = (-1)^n \qquad \text{et} \qquad v_n = -(-1)^n.$$

Ces deux suites sont divergentes.

1. La suite $u + v$ est la suite nulle, donc convergente.
2. La suite uv est la suite constante égale à -1, donc convergente.

9.11 De nombreux choix sont possibles. On peut prendre :

1. $u_n = n$ et $v_n = -n$;
2. $u_n = n$ et $v_n = -n + (-1)^n$;
3. $u_n = n$ et $v_n = \dfrac{1}{n}$ (pour $n \geqslant 1$) ;
4. $u_n = n$ et $v_n = \dfrac{(-1)^n}{n}$ (pour $n \geqslant 1$).

9.12
1. Pour tout entier $n \in \mathbb{N}^*$, on a $u_n = \sin(n^2) \times \dfrac{1}{n}$. La suite considérée tend vers 0, comme produit d'une suite bornée et d'une suite tendant vers 0.
2. Comme $a > 0$ et $b > 0$, l'élément u_n est bien défini pour tout $n \in \mathbb{N}$; on est dans l'un des trois cas suivants :
   - si $a = b$, alors la suite considérée est la suite nulle ;
   - si $b > a$, alors, en écrivant $u_n = \dfrac{(\frac{a}{b})^n - 1}{(\frac{a}{b})^n + 1}$, on obtient $\lim u_n = -1$;
   - si $a > b$, alors, en écrivant $u_n = \dfrac{1 - (\frac{b}{a})^n}{1 + (\frac{b}{a})^n}$, on obtient $\lim u_n = 1$.
3. Pour tout $n \in \mathbb{N}^*$, on a $5n^3 + \cos\frac{1}{n} + \frac{1}{n^2} \neq 0$; cela assure que la suite $(u_n)_{n\in\mathbb{N}^*}$ est bien définie.

   Pour $n \in \mathbb{N}^*$, on a $u_n = \dfrac{1 + \frac{5}{n^2}}{5 + \frac{\cos n}{n^3} + \frac{1}{n^5}}$, d'où $\lim u_n = \dfrac{1}{5}$.
4. Pour tout $n \in \mathbb{N}$, on a $5n + (-1)^{n+1} \neq 0$; cela assure que la suite $(u_n)_{n\in\mathbb{N}}$ est bien définie.

   Pour $n \in \mathbb{N}^*$, on a $u_n = \dfrac{2 + \frac{(-1)^n}{n}}{5 + \frac{(-1)^{n+1}}{n}}$, d'où $\lim u_n = \dfrac{2}{5}$.

9.13 On a, pour tout $n \in \mathbb{N}$:

$$u_n = \frac{a_n + b_n - |a_n - b_n|}{2} \qquad \text{et} \qquad v_n = \frac{a_n + b_n + |a_n - b_n|}{2}.$$

On peut donc conclure, par opérations sur les limites, que les suites u et v tendent respectivement vers $\frac{\ell + \ell' - |\ell - \ell'|}{2}$ et $\frac{\ell + \ell' + |\ell - \ell'|}{2}$, c'est-à-dire vers $\min(\ell, \ell')$ et $\max(\ell, \ell')$ respectivement.

9.14 • Tout d'abord, on a :

$$\forall n \in \mathbb{N}^* \quad u_{n+1} - u_n = \frac{1}{(n+1)^2} > 0,$$

donc la suite u est croissante.

• Ensuite, pour tout $n \in \mathbb{N}^*$, on a :

$$\begin{aligned} v_{n+1} - v_n &= \frac{1}{(n+1)^2} + \frac{1}{n+1} - \frac{1}{n} \\ &= \frac{n + n(n+1) - (n+1)^2}{n(n+1)^2} \\ &= \frac{-1}{n(n+1)^2} < 0, \end{aligned}$$

donc la suite v est décroissante.

• Enfin, $\forall n \in \mathbb{N}^* \quad v_n - u_n = \frac{1}{n}$ donc la suite $v - u$ converge vers 0.

On peut conclure : les suites u et v sont adjacentes donc convergent vers une même limite. On peut de plus démontrer que $\lim\limits_{n \to +\infty} \sum\limits_{k=1}^{n} \frac{1}{k^2} = \frac{\pi^2}{6}$ mais les preuves connues de ce résultat remarquable nécessitent des calculs algébriques plus poussés.

9.15 1. Pour $n \geqslant 1$, on a $2(v_n - u_n) = \left(\sqrt{u_{n-1}} - \sqrt{v_{n-1}}\right)^2 \geqslant 0$, ce qui prouve que $u_n \leqslant v_n$.

2. • Les suites $(u_n)_{n \geqslant 1}$ et $(v_n)_{n \geqslant 1}$ sont respectivement croissante et décroissante. En effet, pour $n \in \mathbb{N}^*$, on a :

$$v_{n+1} - v_n = \frac{u_n + v_n}{2} - v_n = \frac{u_n - v_n}{2} \leqslant 0$$

$$u_{n+1} - u_n = \sqrt{u_n v_n} - \sqrt{u_n}^2 = \sqrt{u_n}\left(\sqrt{v_n} - \sqrt{u_n}\right) \geqslant 0.$$

• Comme la suite $(u_n)_{n \geqslant 1}$ est croissante et majorée (par v_1), elle converge vers un réel ℓ. De même, la suite $(v_n)_{n \geqslant 1}$ étant décroissante et minorée (par u_1), elle converge vers un réel ℓ'.

• En passant à la limite dans la relation $v_{n+1} = \frac{u_n + v_n}{2}$, on a alors $\ell' = \frac{\ell + \ell'}{2}$, ce qui donne finalement $\ell = \ell'$.

9.16 Tout d'abord on vérifie que la suite est bien définie, ce qui est le cas car :

$$\forall n \in \mathbb{N} \quad \cos \frac{n\pi}{5} \neq 0.$$

En effet, pour $x \in \mathbb{R}$, on a :

$$\cos \frac{x\pi}{5} = 0 \iff \frac{x\pi}{5} \equiv \frac{\pi}{2} \; [\pi] \iff x \equiv \frac{5}{2} \; [5],$$

ce qui n'est vérifié par aucun nombre entier.

Une manière efficace d'obtenir la divergence de $(u_n)_{n\in\mathbb{N}}$ est de remarquer que :

- la sous-suite $(u_{10n})_{n\in\mathbb{N}}$ tend vers $\frac{5}{3}$;
- la sous-suite $(u_{10n+5})_{n\in\mathbb{N}}$ tend vers $-\frac{5}{3}\cdot$

9.17 1. Soit $\varepsilon > 0$. Construisons un entier n_0 tel que :

$$\forall n \geqslant n_0 \quad |\alpha_{\lfloor\sqrt{n+1}\rfloor}| \leqslant \varepsilon.$$

Par hypothèse, il existe $p_0 \in \mathbb{N}$ tel que $\forall p \geqslant p_0 \quad |\alpha_p| \leqslant \varepsilon$. Posons $n_0 = p_0^2$ puis $n \geqslant n_0$. Alors, $n+1 \geqslant p_0^2$ puis, par croissance de la fonction racine carrée, $\sqrt{n+1} \geqslant p_0$.
Par définition de la partie entière, $\lfloor\sqrt{n+1}\rfloor \geqslant p_0$ et par construction de p_0, il vient $|\alpha_{\lfloor\sqrt{n+1}\rfloor}| \leqslant \varepsilon$.

2. En prenant $p = \lfloor\sqrt{n+1}\rfloor$, dans la relation de l'énoncé, on obtient :

$$\forall n \in \mathbb{N} \quad |u_n| \leqslant \alpha_{\lfloor\sqrt{n+1}\rfloor} + \frac{\lfloor\sqrt{n+1}\rfloor}{n+1} \leqslant \alpha_{\lfloor\sqrt{n+1}\rfloor} + \frac{1}{\sqrt{n+1}}\cdot \qquad (*)$$

D'une part, $\lim\limits_{n\to+\infty} \alpha_{\lfloor\sqrt{n+1}\rfloor} = 0$ d'après la question précédente.

D'autre part, $\lim\limits_{n\to+\infty} \frac{1}{\sqrt{n+1}} = 0$.

On déduit de la majoration $(*)$ que (u_n) tend vers 0.

9.18 1. (a) Comme la suite u tend vers 0, on peut considérer un rang $n_0 \in \mathbb{N}$ tel que :

$$n \geqslant n_0 \Longrightarrow |u_n| \leqslant \frac{\varepsilon}{2}\cdot$$

On a alors, pour $n \geqslant n_0$:

$$\left|\frac{u_{n_0} + u_{n_0+1} + \cdots + u_n}{n}\right| \leqslant \frac{|u_{n_0}| + |u_{n_0+1}| + \cdots + |u_n|}{n} \leqslant \frac{n-n_0+1}{n} \times \frac{\varepsilon}{2} \leqslant \frac{\varepsilon}{2}\cdot$$

(b) L'existence du rang n_1 vérifiant la condition souhaitée provient simplement de la limite suivante (l'entier n_0 ayant été fixé) :

$$\frac{u_1 + u_2 + \cdots + u_{n_0-1}}{n} \underset{n\to+\infty}{\longrightarrow} 0.$$

(c) Pour $n \geqslant \max(n_0, n_1)$, on a :

$$|v_n| \leqslant \left|\frac{u_1 + u_2 + \cdots + u_{n_0-1}}{n}\right| + \left|\frac{u_{n_0} + u_{n_0+1} + \cdots + u_n}{n}\right| \leqslant \frac{\varepsilon}{2} + \frac{\varepsilon}{2} = \varepsilon.$$

D'après la définition de la convergence d'une suite, cela montre que $v_n \to 0$.

2. - Il suffit d'appliquer le résultat précédent à la suite de terme général $u_n - \ell$ (où ℓ est la limite de la suite). En effet, en écrivant :

$$v_n - \ell = \frac{(u_1-\ell) + (u_2-\ell) + \cdots + (u_n-\ell)}{n},$$

on obtient que $v_n - \ell \to 0$, c'est-à-dire $v_n \to \ell$.

- La réciproque est fausse : si $u_n = (-1)^n$, alors la suite (u_n) est divergente, alors que la suite (v_n) converge vers 0.

9.19 Remarquons qu'une telle suite est à valeurs strictement positives, ce qui se démontre par récurrence.

- Pour $n \in \mathbb{N}$, posons $v_n = \ln u_n$. Il vient de la définition de la suite u :

$$\forall n \in \mathbb{N} \quad v_{n+2} = \frac{2}{3}v_{n+1} + \frac{1}{3}v_n.$$

La suite $(v_n)_{n\in\mathbb{N}}$ est donc une suite récurrente linéaire homogène d'ordre 2 à coefficients constants, d'équation caractéristique $r^2 - \frac{2}{3}r - \frac{1}{3} = 0$, dont les solutions sont 1 et $-\frac{1}{3}$. Il existe donc $(\alpha, \beta) \in \mathbb{R}^2$ tel que :

$$\forall n \in \mathbb{N} \quad v_n = \alpha + \beta\left(-\frac{1}{3}\right)^n.$$

Les réels α et β vérifient :

$$\begin{cases} v_0 &= \alpha + \beta \\ v_1 &= \alpha - \frac{\beta}{3}. \end{cases}$$

On en déduit $\beta = \frac{3}{4}(v_0 - v_1)$ et $\alpha = \frac{1}{4}(v_0 + 3v_1)$.

- Ainsi, pour tout $n \in \mathbb{N}$:

$$v_n = \frac{v_0 + 3v_1}{4} + \frac{3}{4}(v_0 - v_1)\left(-\frac{1}{3}\right)^n \underset{n\to+\infty}{\longrightarrow} \frac{v_0 + 3v_1}{4}.$$

Par continuité de la fonction exponentielle, sachant que $u_n = \exp(v_n)$ pour tout $n \in \mathbb{N}$, on en déduit :

$$u_n \underset{n\to+\infty}{\longrightarrow} \exp\left(\frac{v_0 + 3v_1}{4}\right) = \left(u_0 u_1^3\right)^{\frac{1}{4}}.$$

9.20 1. Posons $f : \begin{array}{ccc} \mathbb{R}_+^* & \longrightarrow & \mathbb{R}_+^* \\ x & \longmapsto & \frac{1}{2}\left(x + \frac{\alpha}{x}\right). \end{array}$

- La fonction f est bien définie et laisse stable $\mathbb{R}_+^*$. Il s'ensuit que la suite $(x_n)_{n\in\mathbb{N}}$ est bien définie. La fonction f est dérivable sur $\mathbb{R}_+^*$ et :

$$\forall x \in \mathbb{R}_+^* \quad f'(x) = \frac{1}{2}\left(1 - \frac{\alpha}{x^2}\right)$$

x	0		$\sqrt{\alpha}$		$+\infty$
$f'(x)$		$-$	0	$+$	
f	$+\infty$	$\searrow$	$\sqrt{\alpha}$	$\nearrow$	$+\infty$

On constate que f est à valeurs dans $I = [\sqrt{\alpha}, +\infty[$ et que cet intervalle est stable par f. Donc $(x_n)_{n\in\mathbb{N}}$ est à valeurs dans I à partir du rang 1.

- Soit $x \geqslant \sqrt{\alpha}$. On a :

$$f(x) - x = \frac{1}{2}\left(x + \frac{\alpha}{x}\right) - x = \frac{\alpha - x^2}{2x} \leqslant 0.$$

- Par conséquent, $(x_n)_{n\in\mathbb{N}}$ est une suite décroissante à partir du rang 1, minorée par $\sqrt{\alpha}$, donc, d'après le théorème de la limite monotone, elle est convergente. Notons ℓ sa limite.
  Par décroissance de la suite $(x_n)_{n\in\mathbb{N}^*}$ et la minoration par $\sqrt{\alpha}$, on a $\ell \geqslant \sqrt{\alpha}$, ce qui implique que ℓ est dans le domaine de définition de f. Par continuité de f, on a donc $f(\ell) = \ell$, ce qui donne $\ell = \sqrt{\alpha}$.

En conclusion, la suite $(x_n)_{n\in\mathbb{N}}$ converge vers $\sqrt{\alpha}$.

2. Nous avons remarqué à la question précédente que $x_n \geqslant \sqrt{\alpha}$ à partir du rang 1. Soit $n \geqslant 1$. On a :

$$x_{n+1} - \sqrt{\alpha} = \frac{1}{2}\left(x_n + \frac{\alpha}{x_n}\right) - \sqrt{\alpha}$$
$$= \frac{x_n^2 - 2x_n\sqrt{\alpha} + \alpha}{2x_n} = \frac{(x_n - \sqrt{\alpha})^2}{2x_n} \leqslant \frac{(x_n - \sqrt{\alpha})^2}{2\sqrt{\alpha}} \qquad (x_n \geqslant \alpha > 0).$$

On en déduit alors par récurrence :

$$\forall n \in \mathbb{N}^* \quad 0 \leqslant x_n - \sqrt{\alpha} \leqslant 2\sqrt{\alpha}\left(\frac{x_1 - \sqrt{\alpha}}{2\sqrt{\alpha}}\right)^{2^{n-1}}.$$

Remarque L'encadrement ci-dessus montre que si x_1 est choisi suffisamment près de $\sqrt{\alpha}$ (plus précisément $\sqrt{\alpha} \leqslant x_1 \leqslant 2\sqrt{\alpha}$), alors la suite $(x_n)_{n\in\mathbb{N}}$ converge très rapidement vers $\sqrt{\alpha}$, puisqu'alors :

$$\forall n \in \mathbb{N}^* \quad 0 \leqslant x_n - \sqrt{\alpha} \leqslant 2\sqrt{\alpha}\left(\frac{1}{2}\right)^{2^{n-1}}.$$

9.21 La suite est bien définie, car l'application :

$$f : x \mapsto \sqrt{1+x}$$

est définie sur $I = [-1, +\infty[$ et l'intervalle I est stable car $f(I) \subset \mathbb{R}_+ \subset I$.

Notons que f est croissante, ce qui implique que u est monotone.

Puisque $u_1 = \sqrt{1/2} \geqslant -1/2 = u_0$, la suite est croissante.

Comme le laisse voir la représentation graphique ci-contre, la suite semble être convergente.

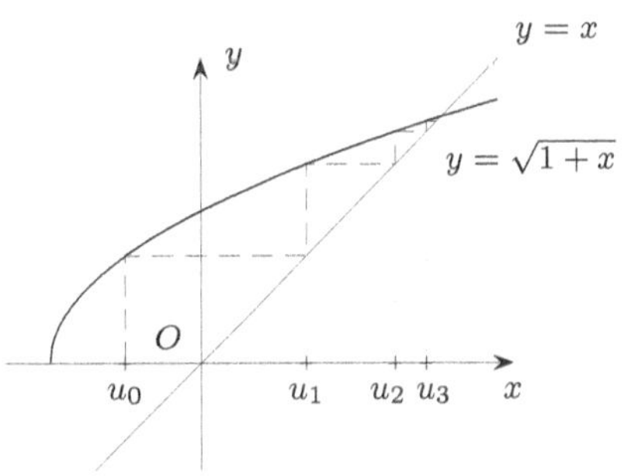

Montrons cela.

- Déterminons les points fixes de f. Puisque f est à valeurs positives, elle n'admet pas de point fixe dans l'intervalle $[-1, 0[$. Pour $x \in \mathbb{R}_+$, on a, du fait que les deux termes sont positifs :
$$f(x) = x \iff 1 + x = x^2.$$
Les solutions sur $\mathbb{R}$ de l'équation $x^2 - x - 1 = 0$ sont $\varphi = \frac{1+\sqrt{5}}{2}$ et $\psi = \frac{1-\sqrt{5}}{2}$. Il existe ainsi une unique solution dans $\mathbb{R}_+$, à savoir φ.
- Là encore comme le suggère le dessin, montrons que l'intervalle $J = [-1, \varphi]$ est stable par f. Cela est une conséquence immédiate du fait que f est croissante, car, pour $x \in J$:
$$-1 \leqslant 0 = f(-1) \leqslant f(x) \leqslant f(\varphi) = \varphi.$$
- La stabilité de l'intervalle J garantit que la suite u est à valeurs dans J donc majorée.
- La suite u est croissante, majorée. Elle est donc convergente et, comme l'intervalle J est fermé, sa limite ℓ est dans J. Enfin, puisque f est continue et $\ell \in J$, nécessairement ℓ est un point fixe de f. Par suite : $u_n \underset{n\to+\infty}{\longrightarrow} \varphi$.

9.22 Comme $\frac{e^{i\theta}}{2} \neq 1$, on a :

$$\forall n \in \mathbb{N} \quad u_n = \mathrm{Re}\left(\sum_{k=0}^{n} \frac{e^{ik\theta}}{2^k}\right) = \mathrm{Re}\left(\frac{1-\frac{e^{i(n+1)\theta}}{2^{n+1}}}{1-\frac{e^{i\theta}}{2}}\right).$$

La suite de terme général $\dfrac{e^{i(n+1)\theta}}{2^{n+1}}$ tend vers 0, comme produit d'une suite bornée par une suite tendant vers 0. On obtient alors :

$$\lim_{n\to+\infty} \frac{1-\frac{e^{i(n+1)\theta}}{2^{n+1}}}{1-\frac{e^{i\theta}}{2}} = \frac{1}{1-\frac{e^{i\theta}}{2}}.$$

On en déduit que u converge et que $\lim u = \mathrm{Re}\left(\dfrac{1}{1-\frac{e^{i\theta}}{2}}\right)$.

En simplifiant, cela donne :

$$\lim u = \frac{4-2\cos\theta}{5-4\cos\theta}.$$

9.23 1. Soit $z \in \mathbb{C}$ tel que $|z| \leqslant 1$. Alors par l'inégalité triangulaire :

$$|z+2| \geqslant \big||2|-|z|\big| \geqslant 2-|z| \geqslant 2-1 = 1.$$

On en conclut que $|h(z)| \leqslant 1$.

2. (a) Supposons que u converge vers ℓ. Comme $|u_n| \leqslant 1$ pour tout $n \in \mathbb{N}$, par passage à la limite dans les inégalités larges, on obtient $|\ell| \leqslant 1$.
Par opérations sur les limites, il vient de :

$$\forall n \in \mathbb{N} \quad u_{n+1} = \frac{1}{u_n+2}$$

que $\ell = \frac{1}{\ell+2}$, c'est-à-dire $\ell^2 + 2\ell - 1 = 0$. Les racines de cette équation du second degré sont :

$$r_0 = \sqrt{2}-1 \quad \text{et} \quad r_1 = -\sqrt{2}-1.$$

Seule r_0 vérifie $|r_i| \leqslant 1$. On conclut que la seule limite possible est r_0.

(b) Soit $n \in \mathbb{N}$. Comme $r_0 = \frac{1}{2+r_0}$, on a :

$$u_{n+1} - r_0 = \frac{1}{2+u_n} - \frac{1}{2+r_0} = \frac{r_0-u_n}{(u_n+2)(r_0+2)} = r_0 u_{n+1}\big(r_0-u_n\big).$$

En passant au module, sachant que $|u_{n+1}| \leqslant 1$ puisque la suite est à valeurs dans D, il vient :

$$|u_{n+1}-r_0| \leqslant |r_0|\,|u_n-r_0|. \qquad (\star)$$

Le réel $\lambda = r_0$ convient donc, car $0 \leqslant r_0 < 1$.

(c) De la relation $(\star)$, on déduit par récurrence :

$$\forall n \in \mathbb{N} \quad |u_n - r_0| \leqslant r_0^n |u_0 - r_0|.$$

Puisque $0 \leqslant r_0 < 1$, on a $r_0^n \underset{n\to+\infty}{\longrightarrow} 0$, donc $u_n \underset{n\to+\infty}{\longrightarrow} r_0$.

Chapitre 10 : Limites et continuité

Limites et continuité 10

Dans ce chapitre, nous allons étendre aux fonctions la notion de limite vue pour les suites. Cette notion a déjà été abordée dans le secondaire et nous l'avons utilisée dans les chapitres 6 et 8. Nous allons ici la formaliser rigoureusement.
Tout au long de ce chapitre, I est un intervalle de $\mathbb{R}$ d'intérieur non vide (cf. page 4) et a est :

- soit un réel intérieur à I ;
- soit l'une des extrémités de I et dans ce cas : a est réel (et il appartient alors ou non à I) ou $a = \pm\infty$.

Sauf dans la partie III, toutes les fonctions considérées sont à valeurs réelles.

I L'aspect ponctuel : limites, continuité

1 Au voisinage

Considérons une propriété $\mathcal{P}$ susceptible d'être vérifiée ou non par une fonction. Par exemple, la propriété $\mathcal{P}$ peut être « f est croissante », ou encore « f est à valeurs strictement positives ».

Définition 1

Soit $f : I \to \mathbb{R}$ une fonction et J un intervalle d'intérieur non vide inclus dans I. On dit que **f vérifie $\mathcal{P}$ sur J** si la restriction $f_{|J}$ vérifie la propriété $\mathcal{P}$.

Définition 2

Soit $f : I \to \mathbb{R}$ une fonction et a vérifiant les hypothèses de la présente page.

- Si $a \in \mathbb{R}$, on dit que f **vérifie la propriété $\mathcal{P}$ au voisinage de a** s'il existe un réel $r > 0$ tel que f vérifie $\mathcal{P}$ sur $I \cap [a-r, a+r]$.
- Si $+\infty$ est l'extrémité supérieure de I, on dit que f **vérifie la propriété $\mathcal{P}$ au voisinage de $+\infty$** s'il existe un réel M tel que f vérifie $\mathcal{P}$ sur $I \cap [M, +\infty[$.
- Si $-\infty$ est l'extrémité inférieure de I, on dit que f **vérifie la propriété $\mathcal{P}$ au voisinage de $-\infty$** s'il existe un réel M tel que f vérifie $\mathcal{P}$ sur $I \cap]-\infty, M]$.

Remarques

- La locution « au voisinage de a » joue pour les fonctions un rôle analogue à celui de la locution « à partir d'un certain rang » pour les suites.
- Soit $f : I \to \mathbb{R}$ une fonction. Si f vérifie la propriété $\mathcal{P}_1$ au voisinage de a et vérifie la propriété $\mathcal{P}_2$ au voisinage de a alors f vérifie « $\mathcal{P}_1$ et $\mathcal{P}_2$ » au voisinage de a.

  Justifions cela pour $a \in \mathbb{R}$. Il existe $r_1 > 0$ tel que f vérifie la propriété $\mathcal{P}_1$ sur $I \cap [a-r_1, a+r_1]$ et il existe de même $r_2 > 0$ tel que f vérifie la propriété $\mathcal{P}_2$ sur $I \cap [a-r_2, a+r_2]$. Par conséquent, f vérifie « $\mathcal{P}_1$ et $\mathcal{P}_2$ » sur $I \cap [a-r, a+r]$, où $r = \min\{r_1, r_2\}$.

  La démonstration est semblable pour $a = +\infty$ et $a = -\infty$.

Ex. 1. Soit f la fonction définie sur $\mathbb{R}$ par $f(t) = t^2$.

- La fonction f est bornée au voisinage de tout point a de $\mathbb{R}$.
- La fonction f est croissante au voisinage de $+\infty$, mais elle ne l'est pas sur $\mathbb{R}$.
- La fonction f n'est pas bornée au voisinage de $+\infty$.

2 Définitions - Premières propriétés

Nous nous intéressons d'abord aux limites finies. Pour une suite $(a_n)_{n\in\mathbb{N}}$ et $\ell \in \mathbb{R}$, nous avons vu au chapitre 9 que $a_n \underset{n\to+\infty}{\longrightarrow} \ell$ signifie : pour tout $\varepsilon > 0$, l'inégalité $|a_n - \ell| \leqslant \varepsilon$ est vérifiée à partir d'un certain rang. Pour définir $f(x) \underset{x\to a}{\longrightarrow} \ell$, on est conduit à remplacer « à partir d'un certain rang » par « au voisinage de ... ».

Limites finies

Définition 3

Soit $f : I \to \mathbb{R}$ une fonction et $\ell \in \mathbb{R}$.

- Supposons I non majoré.

  On dit que **$f(x)$ tend vers ℓ lorsque x tend vers $+\infty$** si :
  $$\forall \varepsilon > 0 \quad \exists M \in \mathbb{R} \quad \forall x \in I \quad \Big(x \geqslant M \Longrightarrow \big|f(x) - \ell\big| \leqslant \varepsilon\Big).$$
- Supposons I non minoré.

  On dit que **$f(x)$ tend vers ℓ lorsque x tend vers $-\infty$** si :
  $$\forall \varepsilon > 0 \quad \exists M \in \mathbb{R} \quad \forall x \in I \quad \Big(x \leqslant M \Longrightarrow \big|f(x) - \ell\big| \leqslant \varepsilon\Big).$$

Définition 4

Soit $f : I \to \mathbb{R}$ une fonction, $\ell \in \mathbb{R}$ et a un réel qui appartient à I ou est une extrémité de I. On dit que **$f(x)$ tend vers ℓ lorsque x tend vers a** si :
$$\forall \varepsilon > 0 \quad \exists \eta > 0 \quad \forall x \in I \quad \Big(|x - a| \leqslant \eta \Longrightarrow \big|f(x) - \ell\big| \leqslant \varepsilon\Big).$$

Remarques

- Dans tous les cas de figure, on peut traduire la propriété « $f(x)$ tend vers ℓ lorsque x tend vers a » par : « pour tout $\varepsilon > 0$, l'inégalité $\mathcal{P}_\varepsilon$: $\left|f - \ell\right| \leqslant \varepsilon$ est vérifiée au voisinage de a ».

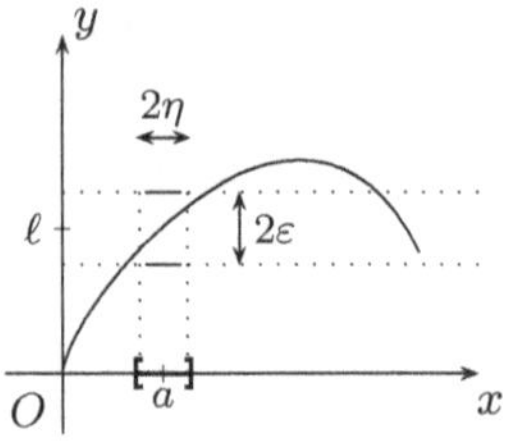

Limite en $a \in \mathbb{R}$

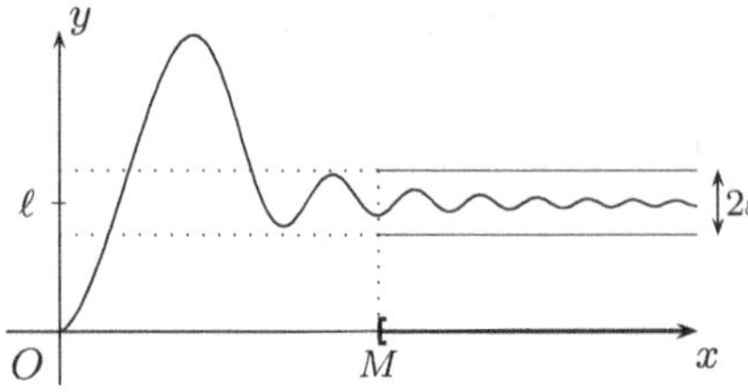

Limite en $+\infty$

- Par extension, il arrive, lorsque a est un point intérieur à I, que l'on cherche la limite d'une fonction définie seulement sur $I \setminus \{a\}$ (voir par exemple la définition de la dérivabilité page 400). Nous étudierons ce cas de figure d'une fonction définie sur un « intervalle épointé » à la page 363.

Notation

La propriété : « $f(x)$ tend vers ℓ lorsque x tend vers a » se note $f(x) \underset{x\to a}{\longrightarrow} \ell$.

Elle se dit aussi « f tend vers ℓ en a » ou « f a pour limite ℓ en a ».
Si un tel réel ℓ existe, on dit que f a une limite finie en a.

Ex. 2. Pour tout $n \in \mathbb{N}^*$, on a $x^n \underset{x\to 0}{\longrightarrow} 0$.

En effet, pour tout $\varepsilon > 0$ et x réel vérifiant $|x| \leqslant \min\{\varepsilon, 1\}$, on a les inégalités :

$$|x^n| = |x|^n \leqslant |x| \leqslant \varepsilon.$$

Ex. 3. Pour tout $n \in \mathbb{N}^*$, on a de même $\dfrac{1}{x^n} \underset{x\to+\infty}{\longrightarrow} 0$.

Remarques Soit $f : I \to \mathbb{R}$ une fonction.

- On a $f(x) \underset{x\to a}{\longrightarrow} 0$ si, et seulement si, $\left|f(x)\right| \underset{x\to a}{\longrightarrow} 0$.
- Soit ℓ un réel. Alors $f(x) \underset{x\to a}{\longrightarrow} \ell$ si, et seulement si, $\left|f(x) - \ell\right| \underset{x\to a}{\longrightarrow} 0$.

  En particulier, si $f(x) \underset{x\to a}{\longrightarrow} \ell$, alors, pour tout réel λ, on a $f(x) + \lambda \underset{x\to a}{\longrightarrow} \ell + \lambda$.

  De même, toujours si $f(x) \underset{x\to a}{\longrightarrow} \ell$, on a $-f(x) \underset{x\to a}{\longrightarrow} -\ell$.

Proposition 1

Soit $f : I \to \mathbb{R}$ une fonction. Si f a une limite finie en a, alors f est bornée au voisinage de a.

Démonstration. Notons $\ell \in \mathbb{R}$ la limite. En prenant $\varepsilon = 1$ dans la définition de la limite, on obtient l'inégalité $|f(x) - \ell| \leqslant 1$ au voisinage de a.

Puisque $|f(x)| \leqslant \left|f(x) - \ell\right| + |\ell|$, l'inégalité $|f(x)| \leqslant 1 + |\ell|$ est vérifiée au voisinage de a, ce qui démontre que f est bornée au voisinage de a. □

Limites infinies

Définition 5

Soit $f : I \to \mathbb{R}$ une fonction et a une extrémité de I.

- Lorsque $a \in \mathbb{R}$, on dit que **$f(x)$ tend vers $+\infty$ lorsque x tend vers a** si :
$$\forall A \in \mathbb{R} \quad \exists \eta > 0 \quad \forall x \in I \quad \big(|x-a| \leqslant \eta \Longrightarrow f(x) \geqslant A\big).$$
- Lorsque $a = +\infty$, on dit que **$f(x)$ tend vers $+\infty$ lorsque x tend vers $+\infty$** si :
$$\forall A \in \mathbb{R} \quad \exists B \in \mathbb{R} \quad \forall x \in I \quad \Big(x \geqslant B \Longrightarrow f(x) \geqslant A\Big).$$
- Lorsque $a = -\infty$, on dit que **$f(x)$ tend vers $+\infty$ lorsque x tend vers $-\infty$** si :
$$\forall A \in \mathbb{R} \quad \exists B \in \mathbb{R} \quad \forall x \in I \quad \big(x \leqslant B \Longrightarrow f(x) \geqslant A\big).$$

Remarques

- On peut traduire « $f(x)$ tend vers $+\infty$ lorsque x tend vers a » par : « pour tout $A \in \mathbb{R}$, l'inégalité $f \geqslant A$ est vérifiée au voisinage de a ».
- Dans la définition de « $f(x)$ tend vers $+\infty$ lorsque x tend vers a », on peut remplacer « $\forall A \in \mathbb{R}$ » par « $\forall A \in \mathbb{R}_+^*$ » car, si l'inégalité $f \geqslant A$ est réalisée au voisinage de a pour un réel $A > 0$, elle l'est *a fortiori* pour tout $A \leqslant 0$.

Définition 6

Soit $f : I \to \mathbb{R}$ une fonction et a une extrémité de I. On dit que **$f(x)$ tend vers $-\infty$ lorsque x tend vers a** si $-f(x) \underset{x \to a}{\longrightarrow} +\infty$.

Remarque La propriété : « $f(x) \underset{x \to a}{\longrightarrow} -\infty$ » se traduit facilement avec des quantificateurs. Il faut distinguer selon que $a \in \mathbb{R}$, $a = +\infty$ ou $a = -\infty$. On obtient :

- lorsque $a \in \mathbb{R}$:
$$\forall A \in \mathbb{R} \quad \exists \eta > 0 \quad \forall x \in I \quad \big(|x-a| \leqslant \eta \Longrightarrow f(x) \leqslant A\big)\ ;$$
- lorsque $a = +\infty$:
$$\forall A \in \mathbb{R} \quad \exists B \in \mathbb{R} \quad \forall x \in I \quad \big(x \geqslant B \Longrightarrow f(x) \leqslant A\big)\ ;$$
- lorsque $a = -\infty$:
$$\forall A \in \mathbb{R} \quad \exists B \in \mathbb{R} \quad \forall x \in I \quad \big(x \leqslant B \Longrightarrow f(x) \leqslant A\big).$$

Notation

La propriété : « $f(x)$ tend vers $+\infty$ lorsque x tend vers a » est notée $f(x) \underset{x \to a}{\longrightarrow} +\infty$.
Elle se dit aussi « f tend vers $+\infty$ en a » ou « f a pour limite $+\infty$ en a ».
De même, pour « $f(x)$ tend vers $-\infty$ lorsque x tend vers a ».

Ex. 4. Pour tout $n \in \mathbb{N}^*$, on a $x^n \underset{x \to +\infty}{\longrightarrow} +\infty$. En effet, pour tout réel A, on a, pour tout x réel vérifiant $x \geqslant \max\{|A|, 1\}$, les inégalités :

$$x^n \geqslant x \geqslant |A| \geqslant A.$$

Remarque Si f a pour limite $+\infty$ (respectivement $-\infty$) en a, alors elle n'est pas majorée (respectivement minorée) au voisinage de a.

Rappel On rappelle que $\overline{\mathbb{R}} = \mathbb{R} \cup \{-\infty, +\infty\}$. Dans la suite du chapitre, on utilisera parfois cette notation afin d'alléger les énoncés.

Unicité de la limite

Théorème 2 (Unicité de la limite)

Soit $f : I \to \mathbb{R}$ une fonction et $(\ell_1, \ell_2) \in \overline{\mathbb{R}}^2$. Si $f(x) \underset{x \to a}{\longrightarrow} \ell_1$ et $f(x) \underset{x \to a}{\longrightarrow} \ell_2$, alors $\ell_1 = \ell_2$. L'élément $\ell_1 = \ell_2$ de $\overline{\mathbb{R}}$ est appelé **la limite de f en a**.

Démonstration page 380

Principe de démonstration. Raisonner par l'absurde. Dans le cas où ℓ_1 et ℓ_2 sont réels, choisir en fonction de ℓ_1 et ℓ_2 un réel ε strictement positif *ad hoc*.

Notation

Lorsque f admet une limite en a, on désigne celle-ci par $\lim\limits_{x \to a} f(x)$ ou $\lim\limits_{a} f$.

Remarque On ne peut utiliser l'écriture $\lim\limits_{a} f$ qu'après avoir justifié l'existence de la limite ou, éventuellement, supposé son existence pour aboutir à une contradiction.

Continuité en a

Considérons le cas particulier où a appartient à I.

Proposition 3

Soit $f : I \to \mathbb{R}$ une fonction et $a \in I$. Si f admet une limite (finie ou infinie) en a, alors $\ell \in \mathbb{R}$ et $\ell = f(a)$. On dit alors que **f est continue en a**.

Dans le cas contraire, on dit que f est **discontinue** en a.

Démonstration page 380

Principe de démonstration. On montre que $\ell \in \mathbb{R}$, puis que : $\forall \varepsilon > 0 \quad \big|f(a) - \ell\big| \leqslant \varepsilon$.

Remarque La continuité n'est donc qu'un cas particulier (très important) de limite.

Ex. 5. Une fonction constante est continue en tout point.

Ex. 6. L'application identité de $\mathbb{R}$ est continue en tout point. Dans la définition, il suffit de prendre $\eta = \varepsilon$.

Ex. 7. La fonction valeur absolue $\begin{array}{ccc} \mathbb{R} & \longrightarrow & \mathbb{R} \\ x & \longmapsto & |x| \end{array}$ est continue en tout point.

En effet, soit $a \in \mathbb{R}$; pour tout $x \in \mathbb{R}$, l'inégalité triangulaire donne $\big||x| - |a|\big| \leqslant |x - a|$, et l'on conclut comme dans l'exemple 6.

Ex. 8. La fonction racine carrée $\begin{array}{ccc} \mathbb{R}_+ & \longrightarrow & \mathbb{R} \\ x & \longmapsto & \sqrt{x} \end{array}$ est continue en 0.

En effet, pour $x \geqslant 0$ et $\varepsilon > 0$, on a $|\sqrt{x} - \sqrt{0}| = \sqrt{x}$ et l'inégalité $\sqrt{x} \leqslant \varepsilon$ équivaut à $x \leqslant \varepsilon^2$. Il suffit donc de prendre $\eta = \varepsilon^2$ dans la définition.

Une méthode importante pour montrer que f tend vers le réel ℓ en a

Proposition 4

Soit $f : I \to \mathbb{R}$ une fonction et ℓ un réel. S'il existe une fonction $g : I \to \mathbb{R}$ telle que :

$$\left|f - \ell\right| \leqslant g \qquad \text{et} \qquad g(x) \underset{x \to a}{\longrightarrow} 0,$$

Exo 10.1

alors $f(x) \underset{x \to a}{\longrightarrow} \ell$.

Démonstration page 380

Ex. 9. Soit $a > 0$. Pour tout $x \geqslant 0$, on a :

$$|\sqrt{x} - \sqrt{a}| = \frac{|x - a|}{\sqrt{x} + \sqrt{a}} \leqslant \frac{|x - a|}{\sqrt{a}}.$$

De $\frac{|x-a|}{\sqrt{a}} \underset{x \to a}{\longrightarrow} 0$, on déduit $\sqrt{x} \underset{x \to a}{\longrightarrow} \sqrt{a}$: la fonction racine est continue en a pour $a > 0$ (l'exemple 8 montre qu'elle est continue en 0).

Caractère local de la limite

Remarque Soit $f : I \to \mathbb{R}$ une fonction, J un intervalle d'intérieur non vide inclus dans I. Si a est un point de J ou une extrémité de J et si $\lim\limits_a f = \ell$, alors $\lim\limits_a f_{|J} = \ell$.

En particulier, si f est continue en $a \in J$, alors $f_{|J}$ est continue en a.
Cela résulte clairement de la définition de la limite.
La proposition suivante est une sorte de réciproque.

Proposition 5 (Caractère « local » de la limite)

Soit $f : I \to \mathbb{R}$ une fonction et a vérifiant les hypothèses de la page 354.

- Si $a \in \mathbb{R}$ et $r \in \mathbb{R}_+^*$, on a alors :

$$\lim_a f = \ell \iff \lim_a f_{|I \cap [a-r, a+r]} = \ell.$$

- Si $a = +\infty$ et $M \in \mathbb{R}$, on a alors :

$$\lim_{+\infty} f = \ell \iff \lim_{+\infty} f_{|I \cap [M, +\infty[} = \ell.$$

- Si $a = -\infty$ et $M \in \mathbb{R}$, on a alors :

$$\lim_{-\infty} f = \ell \iff \lim_{-\infty} f_{|I \cap]-\infty, M]} = \ell.$$

Démonstration page 380

Point méthode
- Pour étudier la limite d'une fonction $f : I \to \mathbb{R}$ en $a \in \mathbb{R}$, on peut se restreindre à un intervalle $I \cap [a-r, a+r]$ avec $r > 0$.
- Pour étudier la limite d'une fonction $f : I \to \mathbb{R}$ en $+\infty$, on peut se restreindre à un intervalle $I \cap [M, +\infty[$ avec $M \in \mathbb{R}$.
- Pour étudier la limite d'une fonction $f : I \to \mathbb{R}$ en $-\infty$, on peut se restreindre à un intervalle $I \cap]-\infty, M]$ avec $M \in \mathbb{R}$.

Corollaire 6 (Caractère « local » de la continuité)

Soit $f : I \to \mathbb{R}$ une fonction, ainsi que $a \in I$ et $r \in \mathbb{R}_+^*$. La fonction f est continue en a si, et seulement si, la restriction $f_{|I\cap[a-r,a+r]}$ est continue en a.

Ex. 10.

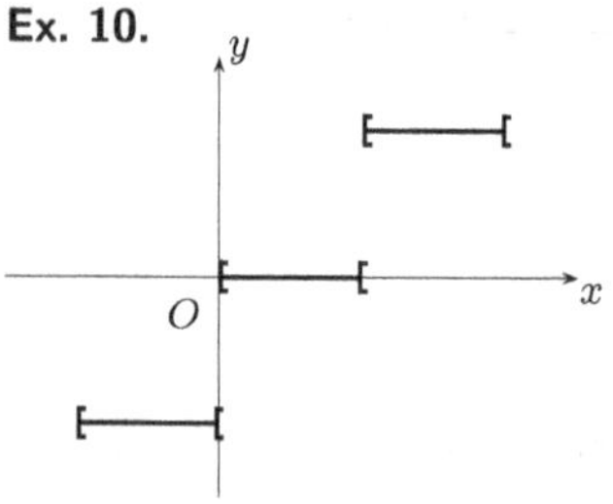

La fonction $f : x \mapsto \lfloor x \rfloor$ est définie sur $\mathbb{R}$ et est continue en tout point de $\mathbb{R} \setminus \mathbb{Z}$. En effet, pour $a \in \mathbb{R} \setminus \mathbb{Z}$, il existe un réel $r > 0$ tel que $[a-r, a+r] \subset \mathbb{R} \setminus \mathbb{Z}$ (il suffit de prendre $0 < r < \min\{a - \lfloor a \rfloor, \lfloor a \rfloor - a + 1\}$). La fonction $f_{|[a-r,a+r]}$ étant constante, elle est continue en a.

L'aspect local de la limite permet d'affiner la proposition 4 de la page précédente.

Exo 10.2

Point méthode Afin d'établir qu'une fonction f admet une limite finie ℓ en a, on peut chercher à exhiber une fonction g tendant vers 0 en a telle qu'au voisinage de a, on ait :

$$\big|f(x) - \ell\big| \leqslant g(x).$$

3 Utilisation des suites

Théorème 7 (Composition des limites : cas des suites)

Soit $f : I \to \mathbb{R}$ une fonction possédant une limite finie ou infinie ℓ en a. Alors, pour toute suite $(x_n)_{n\in\mathbb{N}}$ à valeurs dans I et tendant vers a, on a $f(x_n) \underset{n\to+\infty}{\longrightarrow} \ell$.

Démonstration page 381

Exo 10.3

Point méthode Pour démontrer qu'une fonction n'a pas de limite en un point a, il suffit d'exhiber deux suites $(x_n)_{n\in\mathbb{N}}$ et $(y_n)_{n\in\mathbb{N}}$ tendant toutes les deux vers a et telles que les suites $\big(f(x_n)\big)_{n\in\mathbb{N}}$ et $\big(f(y_n)\big)_{n\in\mathbb{N}}$ aient deux limites différentes.

Ex. 11. La fonction sinus n'a pas de limite en $+\infty$.
En effet $\lim\limits_{n\to+\infty} 2n\pi = +\infty$ et $\lim\limits_{n\to+\infty} \left(2n + \frac{1}{2}\right)\pi = +\infty$, alors que :

$$\lim_{n\to+\infty} \sin(2n\pi) = 0 \qquad \text{et} \qquad \lim_{n\to+\infty} \sin\left(\left(2n + \frac{1}{2}\right)\pi\right) = 1.$$

Application aux suites récurrentes

Théorème 8 (Suite récurrente et point fixe)

Soit $f : I \to I$ une fonction et $(u_n)_{n\in\mathbb{N}}$ une suite vérifiant $u_0 \in I$ et, pour tout entier naturel n, la relation $u_{n+1} = f(u_n)$. Si :

- la suite $(u_n)_{n\in\mathbb{N}}$ est convergente,
- sa limite ℓ appartient à I,
- la fonction f est continue en ℓ,

alors ℓ est un **point fixe** de f, *i.e.* $f(\ell) = \ell$.

Démonstration page 381

Principe de démonstration. Passer à la limite dans la relation $u_{n+1} = f(u_n)$.

Remarques

- En général, on applique le théorème précédent avec une fonction f continue en tout point de I.
- Ce théorème ne donne qu'une condition *nécessaire* pour qu'un réel $\ell \in I$ soit la limite.
- Une suite récurrente peut converger vers ℓ, sans que ℓ soit dans I. Considérons par exemple la suite géométrique $u = (1/2^n)_{n\in\mathbb{N}}$. En posant $I =]0,1]$, elle vérifie $u_0 = 1 \in I$ et $u_{n+1} = f(u_n)$ avec $f : \begin{array}{ccc} I & \longrightarrow & I \\ x & \longmapsto & x/2 \end{array}$; sa limite est nulle et n'appartient pas à I.
- Si I est un intervalle *fermé* et que la suite converge vers ℓ, alors ℓ appartient nécessairement à I.

  Le cas $I = \mathbb{R}$ est évident. Si $I =]-\infty, a]$, $I = [a,b]$ ou $I = [a, +\infty[$, cela s'obtient par passage à la limite dans les inégalités.

4 Limites et continuité à droite, à gauche

Continuité à droite, à gauche

Définition 7

Soit $f : I \to \mathbb{R}$ une fonction et a un point *intérieur* à I.

- La fonction f est **continue à droite** en a si $f_{|I\cap[a,+\infty[}$ est continue en a.
- La fonction f est **continue à gauche** en a si $f_{|I\cap]-\infty,a]}$ est continue en a.

Ex. 12. La fonction $x \mapsto \lfloor x \rfloor$ est continue à droite en tout point de $\mathbb{R}$, mais elle n'est continue à gauche qu'aux points de $\mathbb{R} \setminus \mathbb{Z}$.

Ex. 13. La fonction $x \mapsto \lceil x \rceil$ (cf. page 4) est continue à gauche en tout point de $\mathbb{R}$, mais elle n'est continue à droite qu'aux points de $\mathbb{R} \setminus \mathbb{Z}$.

Proposition 9

Soit $f : I \to \mathbb{R}$ une fonction et a un point *intérieur* à I.
Alors la fonction f est continue en a si, et seulement si, elle est continue à droite et à gauche en a.

Démonstration page 381

Remarques

- Lorsque a est l'extrémité inférieure de I, on peut définir de la même façon la continuité à droite en a, mais cela n'a pas beaucoup d'intérêt car cela revient à la notion de continuité en a.

  De même, pour la continuité à gauche lorsque a est l'extrémité supérieure de I.
- En revanche, on ne peut pas définir la continuité à droite lorsque a est l'extrémité supérieure de I, ni la continuité à gauche lorsque a est l'extrémité inférieure de I, car cela reviendrait à considérer la restriction de f à $\{a\}$.

Point méthode Pour démontrer que $f : I \to \mathbb{R}$ est continue en un point a intérieur à I, on peut établir que f est continue à gauche et à droite en a.
Cette méthode n'est utile que si f est définie par des expressions différentes à droite et à gauche de a.

Ex. 14. Soit $f : \mathbb{R} \to \mathbb{R}$ l'application définie par $f(x) = \sin x$ si $x \geqslant 0$ et $f(x) = \operatorname{sh} x$ sinon.
Montrons que f est continue en 0.
Comme $\sin(0) = 0 = \operatorname{sh}(0)$, la fonction f vérifie :

$$\forall x \in \mathbb{R}_+ \quad f(x) = \sin x \qquad \text{et} \qquad \forall x \in \mathbb{R}_- \quad f(x) = \operatorname{sh} x.$$

Ainsi, la continuité des fonctions sin et sh en 0 donnent la continuité de f respectivement à droite en 0 et à gauche en 0. D'où la continuité de f en 0.

Limite à droite, à gauche

Ex. 15. La fonction $f : x \mapsto \lfloor x \rfloor$ n'est pas continue en 0 puisqu'elle n'est pas continue à gauche en 0. Pourtant, pour $x \in [-1, 0[$, on a $f(x) = -1$, qui tend donc vers -1.
Il semble donc raisonnable de dire que f admet -1 pour limite à gauche en 0 (et 0 pour limite à droite en 0).
Cela motive la définition suivante.

Définition 8

- Soit $f : I \to \mathbb{R}$ une fonction et $a \in I$ un point autre que l'extrémité supérieure de I. La **limite à droite de f en a**, notée $\lim\limits_{\substack{x \to a \\ x > a}} f(x)$ ou $\lim\limits_{x \to a^+} f(x)$, est la limite de $f_{|I \cap]a, +\infty[}$ en a, lorsque cette dernière est définie.
- Soit $f : I \to \mathbb{R}$ une fonction et $a \in I$ un point autre que l'extrémité inférieure de I. La **limite à gauche de f en a**, notée $\lim\limits_{\substack{x \to a \\ x < a}} f(x)$ ou $\lim\limits_{x \to a^-} f(x)$, est la limite de $f_{|I \cap]-\infty, a[}$ en a, lorsque cette dernière est définie.

Exo 10.4

Remarques

- Si f a une limite en un point $a \in I$ autre que l'extrémité supérieure, alors f a une limite à droite en a et les deux limites coïncident. Il en va de même à gauche.
- On trouve parfois la notation $f(a^+)$ pour la limite à droite et $f(a^-)$ pour la limite à gauche.

Ex. 16. En tout $n \in \mathbb{Z}$, la fonction $x \mapsto \lfloor x \rfloor$ admet $n-1$ comme limite à gauche et n comme limite à droite.

Ex. 17. En tout $n \in \mathbb{Z}$, la fonction $x \mapsto \lceil x \rceil$ admet n comme limite à gauche et $n+1$ comme limite à droite.

Continuité à droite et limite à droite

Proposition 10

Exo 10.5

Soit $f : I \to \mathbb{R}$ une fonction et $a \in I$.
Alors f est continue à droite en a si, et seulement si, $\lim\limits_{\substack{x \to a \\ x > a}} f(x) = f(a)$.

Démonstration page 381

Remarque On a un résultat identique concernant la continuité à gauche.

Attention Soit $f : I \to \mathbb{R}$ une fonction et a un point intérieur à I. Noter que :

- si f est continue à droite et à gauche en a, alors f est continue en a ;
- dans les notions de limite à droite et limite à gauche en a, la valeur de $f(a)$ n'intervient pas, alors que si f est continue en a, la limite de f est nécessairement égale à $f(a)$;
- f peut donc avoir une limite à droite et à gauche en a, sans admettre de limite en a (c'est-à-dire sans être continue en a), même si ces deux limites sont égales.

Ex. 18. La fonction f indicatrice du singleton $\{1\}$ définie par :

$$f(1) = 1 \qquad \text{et} \qquad \forall x \in \mathbb{R} \setminus \{1\} \quad f(x) = 0$$

admet 0 pour limite à gauche et à droite en 1, mais n'est pas continue en 1 puisque ces limites ne sont pas égales à $f(1)$.

5 Prolongement par continuité

Limites d'une fonction définie sur un intervalle épointé

Jusqu'à présent, nous n'avons considéré que des fonctions définies sur un intervalle. Cependant, dans de nombreuses circonstances, on est amené à considérer des fonctions définies non pas sur un intervalle, mais sur un intervalle privé d'un point intérieur a. Il est naturel de vouloir étudier l'existence et la valeur de la limite de f en a. Cela conduit aux définitions suivantes.

Définition 9

Soit a un point intérieur à I et $f : I \setminus \{a\} \to \mathbb{R}$.

- On dit que **$f(x)$ tend vers $\ell \in \mathbb{R}$ lorsque x tend vers a** si :
$$\forall \varepsilon > 0 \quad \exists \eta > 0 \quad \forall x \in I \setminus \{a\} \quad \big(|x-a| \leqslant \eta \Longrightarrow \big|f(x) - \ell\big| \leqslant \varepsilon\big).$$
- On dit que **$f(x)$ tend vers $+\infty$ lorsque x tend vers a** si :
$$\forall M \in \mathbb{R} \quad \exists \eta > 0 \quad \forall x \in I \setminus \{a\} \quad \big(|x-a| \leqslant \eta \Longrightarrow f(x) \geqslant M\big).$$
- On dit que **$f(x)$ tend vers $-\infty$ lorsque x tend vers a** si :
$$\forall M \in \mathbb{R} \quad \exists \eta > 0 \quad \forall x \in I \setminus \{a\} \quad \big(|x-a| \leqslant \eta \Longrightarrow f(x) \leqslant M\big).$$

Le lecteur vérifiera que toutes les propriétés des limites vues jusqu'à présent dans ce chapitre s'étendent aux fonctions définies sur un intervalle épointé.

Remarques

- Soit a un point intérieur à I et $f : I \setminus \{a\} \to \mathbb{R}$ une fonction.

  S'il existe $\ell \in \overline{\mathbb{R}}$ tel que $f(x)$ tende vers ℓ lorsque x tend vers a, alors ℓ est unique : on l'appelle **limite de f en a** et l'on note $\ell = \lim\limits_{x \to a} f(x)$.

  La fonction f a une limite en a si, et seulement si, elle a une limite à droite et une limite à gauche en a qui coïncident.
- Si $f : I \to \mathbb{R}$ est une fonction et $a \in I$, la **limite épointée de f en a** est :
$$\lim_{\substack{x \to a \\ x \neq a}} f(x) = \lim_{x \to a} f_{|_{I \setminus \{a\}}}(x).$$

  Par exemple, la fonction f indicatrice sur $\mathbb{R}$ du singleton $\{1\}$ n'a pas de limite en 1, mais $\lim\limits_{\substack{x \to 1 \\ x \neq 1}} f(x) = 0$.

  On remarque que lorsque a est une borne de I, cette notion coïncide avec celle de limite à droite ou de limite à gauche.
- Si $f : I \to \mathbb{R}$ a une limite en $a \in I$, elle a une limite épointée en a qui vaut $f(a)$.

Prolongement

Théorème 11

Soit $a \in I$ et $f : I \setminus \{a\} \to \mathbb{R}$ une fonction.

Il existe une fonction $\widetilde{f} : I \to \mathbb{R}$ continue en a prolongeant f sur I si, et seulement si, f admet une limite finie en a. Dans ce cas, un tel prolongement est unique et $\widetilde{f}(a) = \lim\limits_{a} f$.

Exo 10.6 On l'appelle le **prolongement par continuité de f en a**.

Démonstration page 382

Ex. 19. La fonction $f : \begin{array}{ccc} \mathbb{R}^* & \longrightarrow & \mathbb{R} \\ x & \longmapsto & \dfrac{\sin x}{x} \end{array}$ admet un prolongement par continuité en 0.

En effet, $\frac{\sin x}{x} \underset{x \to 0}{\longrightarrow} \sin'(0) = \cos(0) = 1$.

Le prolongement par continuité de f en 0 est défini sur $\mathbb{R}$ par $\widetilde{f}(x) = \begin{cases} \frac{\sin x}{x} & \text{si} \quad x \neq 0 \\ 1 & \text{si} \quad x = 0. \end{cases}$

6 Opérations sur les limites

Opérations algébriques

Les résultats de calcul algébrique de limites vus pour les suites peuvent être étendus aux fonctions. Nous appuierons les démonstrations sur un lemme (qui est la réciproque du théorème 7 de la page 360) qui permet de se ramener aux résultats correspondants pour les suites.

Lemme 12

Soit $f : I \to \mathbb{R}$ une fonction et $\ell \in \overline{\mathbb{R}}$. Si, pour toute suite $(x_n)_{n\in\mathbb{N}}$ à valeurs dans I de limite a, la suite $\big(f(x_n)\big)_{n\in\mathbb{N}}$ a pour limite ℓ, alors la fonction f a pour limite ℓ en a.

Démonstration (non exigible) page 382

Proposition 13

Soit $f : I \to \mathbb{R}$ et $g : I \to \mathbb{R}$ deux fonctions.
Si $\lim\limits_a f = 0$ et si g est bornée au voisinage de a, alors $\lim\limits_a (fg) = 0$.

Démonstration page 382

Nous renvoyons au paragraphe IV.3 page 310 du chapitre 9 pour l'extension partielle des opérations algébriques à $\overline{\mathbb{R}}$.

Proposition 14 (Calcul algébrique de limites)

Soit $f : I \to \mathbb{R}$ et $g : I \to \mathbb{R}$ deux fonctions ayant respectivement les limites ℓ et ℓ' dans $\overline{\mathbb{R}}$ en a.

1. Si $\ell + \ell'$ est défini dans $\overline{\mathbb{R}}$, alors $f+g$ a une limite en a, égale à $\ell + \ell'$.
2. Soit $\lambda \in \mathbb{R}$. Si $\lambda\ell$ est défini dans $\overline{\mathbb{R}}$, alors λf a une limite en a, égale à $\lambda\ell$.
3. Si $\ell\ell'$ est défini dans $\overline{\mathbb{R}}$, alors fg admet une limite en a, égale à $\ell\ell'$.

Démonstration page 382

Corollaire 15

Soit f et g deux fonctions réelles définies sur I et continues en a, ainsi que $\lambda \in \mathbb{R}$. Alors les fonctions $f+g$, λf et fg sont continues en a.

Ex. 20. Toute fonction polynomiale (réelle) définie sur $\mathbb{R}$ est continue en a pour tout $a \in \mathbb{R}$.

Attention On n'a pas toujours $\lim\limits_a (f+g) = \lim\limits_a f + \lim\limits_a g$.
Pour écrire une telle égalité, on doit avoir établi d'une part l'existence de $\lim\limits_a f$ et $\lim\limits_a g$ et d'autre part que la somme a un sens dans $\overline{\mathbb{R}}$.

Exo 10.7

Ex. 21. Si l'on prend $f : x \mapsto x$ et $g : x \mapsto \sin x - x$, alors $f(x) \underset{x\to+\infty}{\longrightarrow} +\infty$ et $g(x) \underset{x\to+\infty}{\longrightarrow} -\infty$, mais la fonction $f+g = \sin$ n'a pas de limite en $+\infty$.

Théorème 16 (Limite de l'inverse)

Soit $f : I \to \mathbb{R}^*$ une fonction et $\ell \in \mathbb{R}^*$. Si $f(x) \underset{x\to a}{\longrightarrow} \ell$, alors $\dfrac{1}{f(x)} \underset{x\to a}{\longrightarrow} \dfrac{1}{\ell}\cdot$

Démonstration page 383

Remarque Si l'on ne suppose pas f à valeurs dans $\mathbb{R}^*$ mais seulement que $f(x) \underset{x\to a}{\longrightarrow} \ell \neq 0$, alors f ne s'annule pas au voisinage de a (cf. proposition 23 de la page suivante), et le théorème précédent s'applique à une restriction de f.

Corollaire 17

Si $f : I \to \mathbb{R}^*$ est continue en $a \in I$, alors la fonction $\dfrac{1}{f}$ est continue en a.

Corollaire 18

Si $f : I \to \mathbb{R}$ et $g : I \to \mathbb{R}^*$ sont deux fonctions continues en $a \in I$, alors la fonction f/g est continue en a.

Ex. 22. Toute fonction rationnelle (réelle) définie sur un intervalle I est continue en tout $a \in I$.

Proposition 19 (Limite de l'inverse)

Si $f : I \to \mathbb{R}^*$ tend vers $+\infty$ ou vers $-\infty$ en a, alors $\lim\limits_{a} \dfrac{1}{f} = 0$.

Démonstration page 383

Proposition 20 (Limite de l'inverse)

Si $f : I \to \mathbb{R}$ est à valeurs strictement positives (respectivement strictement négatives) et si f tend vers 0 en a, alors $\lim\limits_{a} \dfrac{1}{f} = +\infty$ (respectivement $\lim\limits_{a} \dfrac{1}{f} = -\infty$).

Démonstration page 383

Composition

Théorème 21 (Composition des limites)

Soit I et J deux intervalles de $\mathbb{R}$ d'intérieur non vide et $f : I \to J$. On suppose $\lim\limits_{a} f = b \in \overline{\mathbb{R}}$. Alors b appartient à J ou est une extrémité de J ; de plus, si $g : J \to \mathbb{R}$ est telle que $\lim\limits_{b} g = \ell \in \overline{\mathbb{R}}$, alors $\lim\limits_{a} (g \circ f) = \ell$.

Démonstration page 383

Corollaire 22 (Composition des fonctions continues)

Exo 10.8

Soit I et J deux intervalles non vides de $\mathbb{R}$, $f : I \to \mathbb{R}$ et $g : J \to \mathbb{R}$ deux fonctions telles que $f(I) \subset J$. Si f est continue en $a \in I$ et si g est continue en $b = f(a)$, alors $g \circ f$ est une fonction continue en a.

Ex. 23. Si f est continue en a, alors $|f|$ est continue en a. Si de plus f est à valeurs strictement positives, alors $\ln f$ est continue en a.

7 Propriétés liées à l'ordre

Ici encore, les propriétés liant les limites et la relation d'ordre sur $\mathbb{R}$ vues sur les suites ont leurs analogues pour les fonctions.

Limite et signe

Proposition 23 (Limite et signe)

Soit $f : I \to \mathbb{R}$ une fonction. Si f admet une limite, finie ou infinie, ℓ strictement positive (respectivement strictement négative) en a, alors f est à valeurs strictement positives (respectivement strictement négatives) au voisinage de a.

Démonstration page 383

Principe de démonstration. En raisonnant par l'absurde et en utilisant les suites.

Passage à la limite dans les inégalités larges

Proposition 24 (Passage à la limite dans les inégalités larges)

Soit $f, g : I \to \mathbb{R}$. Si $f \leqslant g$ au voisinage de a et si f et g admettent des limites, finies ou infinies, en a, alors :

$$\lim_a f \leqslant \lim_a g.$$

Démonstration page 383

Principe de démonstration. En utilisant la propriété correspondante sur les suites.

Limite par encadrement

Proposition 25 (Limite par encadrement)

Soit $f, g, h : I \to \mathbb{R}$. Si :

- l'inégalité $f(x) \leqslant g(x) \leqslant h(x)$ est vérifiée au voisinage de a,
- les fonctions f et h ont la même limite finie ℓ en a,

alors g admet une limite en a et $\lim\limits_a g = \ell$.

Démonstration page 383

Principe de démonstration. En utilisant le lemme 12 de la page 365 et la propriété correspondante pour les suites.

Proposition 26 (Limite par minoration)

Soit $f, g : I \to \mathbb{R}$ telles que $f \leqslant g$ au voisinage de a.

Si $\lim\limits_a f = +\infty$, alors $\lim\limits_a g = +\infty$.

Démonstration. En utilisant le lemme 12 de la page 365 et la propriété correspondante pour les suites. □

Proposition 27 (Limite par majoration)

Soit $f, g : I \to \mathbb{R}$ telles que $f \leqslant g$ au voisinage de a.

Si $\lim\limits_a g = -\infty$, alors $\lim\limits_a f = -\infty$.

Démonstration. On considère $-f$ et $-g$ et l'on applique la proposition 26. □

Remarque On notera la différence de nature entre les propositions 25, 26 et 27, qui donnent l'existence d'une limite et la proposition 24 qui suppose que l'on sache déjà que les différentes fonctions ont une limite.

8 Démontrer l'existence ou la non-existence de limites

Nous venons de voir divers énoncés concernant l'existence et le calcul de limites. On peut les regrouper en trois catégories :

- les définitions, l'utilisation de suites ;
- les résultats opératoires (somme, produit, inverse, composée, etc.) ;
- les résultats liés à l'ordre (limite par encadrement, etc.).

Pour un problème donné, plusieurs stratégies peuvent être pertinentes.

Remarques préliminaires

- Les démonstrations fondées sur la définition sont le dernier recours auquel il faut penser ; elles s'utilisent principalement pour des questions de nature théorique.
- L'utilisation de suites est souvent incontournable pour démontrer la non-existence de limite.

Cas d'application des théorèmes

Lorsque la fonction f est donnée explicitement par une formule, on peut commencer par essayer d'utiliser les résultats opératoires.

Ex. 24. Étudions la limite en 0 de $f : x \mapsto \frac{e^x+\sqrt{2+x}}{1+\cos^2 x}$.

On peut rédiger ainsi.

- Comme $\cos x \underset{x\to 0}{\longrightarrow} 1$, on a donc $1+\cos^2 x \underset{x\to 0}{\longrightarrow} 2 \neq 0$.
- De plus $e^x \underset{x\to 0}{\longrightarrow} 1$ et $\sqrt{2+x} \underset{x\to 0}{\longrightarrow} \sqrt{2}$ entraînent $e^x + \sqrt{2+x} \underset{x\to 0}{\longrightarrow} 1+\sqrt{2}$.

Par quotient, on en déduit $\dfrac{e^x+\sqrt{2+x}}{1+\cos^2 x} \underset{x\to 0}{\longrightarrow} \dfrac{1+\sqrt{2}}{2}$.

Cas des « formes indéterminées »

Dans l'exemple précédent, une utilisation correcte des théorèmes généraux a permis facilement de conclure mais il est des cas où l'écriture sous forme de somme, produit, quotient de fonctions ne permet pas de conclure. On est alors face à ce que l'on appelle couramment une « forme indéterminée ».

Ex. 25.

- Si P est une fonction polynomiale, alors l'étude directe de sa limite en $+\infty$ nous donne une somme de termes tendant vers $\pm\infty$, ce qui empêche le plus souvent d'utiliser les théorèmes généraux.
- Si $F : x \mapsto \frac{P(x)}{Q(x)}$ est une fonction rationnelle, alors l'étude directe de sa limite en $+\infty$ nous donne un quotient de termes tendant le plus souvent vers $\pm\infty$, ce qui empêche d'utiliser les théorèmes généraux.

Exo 10.9

Point méthode Lorsque l'on est confronté à une telle situation de « forme indéterminée », on peut chercher à transformer l'expression de $f(x)$, pour obtenir une forme permettant d'utiliser les « théorèmes généraux » (sommes, produits, quotients, composées).

Ex. 26. Soit $P : x \mapsto \sum\limits_{k=0}^{n} a_k\, x^k$ une fonction polynomiale sur $\mathbb{R}$, avec $n \geqslant 1$ et $a_n \neq 0$.
Pour tout réel $x \neq 0$, on a :
$$P(x) = x^n \left(a_n + \sum_{k=0}^{n-1} a_k\, x^{k-n} \right) = x^n\, Q(x).$$
Pour tout $k \in [\![0, n-1]\!]$, on a $x^{k-n} \underset{x \to +\infty}{\longrightarrow} 0$ et donc : $Q(x) \underset{x \to +\infty}{\longrightarrow} a_n$.
On peut alors appliquer la proposition 14 de la page 365 et dire que :
- si $a_n > 0$, alors $\lim\limits_{x \to +\infty} P(x) = +\infty$;
- si $a_n < 0$, alors $\lim\limits_{x \to +\infty} P(x) = -\infty$.

Exo 10.10 On exprime souvent le résultat précédent en disant qu'en $+\infty$, une fonction polynomiale a même limite que son terme de plus haut degré.

Remarque Il reste des cas où l'on n'arrive pas, comme précédemment, à s'en sortir avec une chaîne de calculs. Nous verrons au chapitre 13 d'autres techniques bien plus efficaces et permettant le plus souvent de conclure.

Cas particulier des fonctions puissances

Exo 10.11 **Point méthode** Pour étudier la limite éventuelle en a d'une fonction $\varphi : x \mapsto f(x)^{g(x)}$, où g n'est pas constante, on se ramène systématiquement à l'écriture $\varphi(x) = \exp\big(u(x)\big)$, avec $u(x) = g(x)\ln\big(f(x)\big)$, et l'on commence par étudier la limite éventuelle de u en a.

Utilisation d'une majoration ou d'une minoration

Quand les résultats opératoires ne permettent pas de s'en sortir, ou dans des exercices plus théoriques où la fonction f n'est pas totalement explicitée, on doit alors penser aux méthodes suivantes :
- pour prouver que f tend vers un réel ℓ en a, essayer d'obtenir une majoration $\big|f(x) - \ell\big| \leqslant g(x)$, où g est une fonction qui tend vers 0 en a ;
- pour prouver que f tend vers $+\infty$ en a, essayer d'obtenir une minoration $f(x) \geqslant g(x)$, où g est une fonction qui tend vers $+\infty$ en a ;
- pour prouver que f tend vers $-\infty$ en a, essayer d'obtenir une majoration $f(x) \leqslant g(x)$, où g est une fonction qui tend vers $-\infty$ en a.

Pour pouvoir appliquer les méthode précédentes, il faut évidemment avoir une idée de ce que peut être la limite de f.

9 Limite monotone

Théorème 28 (Théorème de la limite monotone)

Soit f une fonction monotone définie sur $I =]a, b[$, avec $(a, b) \in \overline{\mathbb{R}}^2$ et $a < b$. Alors $\lim\limits_{x \to a} f(x)$ et $\lim\limits_{x \to b} f(x)$ existent dans $\overline{\mathbb{R}}$.

Démonstration (non exigible) page 384

Corollaire 29

Soit f une fonction monotone définie sur un intervalle I et x un point intérieur à I. Alors :

- la fonction f a une limite finie à droite et une limite finie à gauche en x ;
- on a, de plus, $\lim\limits_{t \to x^-} f(t) \leqslant f(x) \leqslant \lim\limits_{t \to x^+} f(t)$ si f est croissante

Exo 10.12

et $\lim\limits_{t \to x^+} f(t) \leqslant f(x) \leqslant \lim\limits_{t \to x^-} f(t)$ si f est décroissante.

Démonstration (non exigible) page 384

Remarque Si f est croissante et $c \in \left]a,b\right[$, alors, pour tout $(x,y) \in I^2$ vérifiant $x < c < y$, on a les inégalités :

$$f(x) \leqslant \lim_{t \to c^-} f(t) \leqslant f(c) \leqslant \lim_{t \to c^+} f(t) \leqslant f(y).$$

Le lecteur adaptera cela au cas des fonctions décroissantes sur un intervalle.

Point méthode Le théorème de la limite monotone est d'une très grande utilité.

D'un point de vue théorique, il fournit l'existence d'une limite, sans qu'on la connaisse *a priori.*

D'un point de vue pratique, à partir du moment où l'on est assuré de l'existence d'une limite, on peut parfois la calculer explicitement, par exemple à l'aide de suites ou de relations vérifiées par f.

Ex. 27. C'est ainsi que l'on a procédé pour démontrer que $\lim\limits_{x \to +\infty} \ln x = +\infty$ au chapitre 6.

II L'aspect global : fonctions continues sur un intervalle

De manière informelle, une propriété sera dite « globale » si elle fait intervenir la totalité du domaine de définition.

1 L'ensemble $\mathcal{C}(I, \mathbb{R})$

Définition 10

Une fonction $f : I \to \mathbb{R}$ est **continue sur I** si elle est continue en tout point de I.

Notation

On désigne par $\mathcal{C}(I, \mathbb{R})$ l'ensemble des fonctions réelles définies et continues sur I.

Remarques

- On note parfois $\mathcal{C}(I)$ ou $\mathcal{C}^0(I, \mathbb{R})$ pour $\mathcal{C}(I, \mathbb{R})$.
- On évitera de parler de « fonction discontinue sur I ». Cette locution est en effet ambiguë. On parlera soit d'une fonction non continue (pour indiquer qu'il existe au moins un point de discontinuité), soit d'une fonction discontinue en tout point.
- On s'autorise parfois la notation $\mathcal{C}(X, \mathbb{R})$ lorsque X n'est pas un intervalle, pour désigner l'ensemble des fonctions continues sur X. Le plus souvent, X sera une réunion d'intervalles d'intérieur non vide. Par exemple :
  - la fonction $x \mapsto 1/x$ est un élément de $\mathcal{C}(\mathbb{R}^*, \mathbb{R})$,
  - la fonction tangente est un élément de $\mathcal{C}\left(\mathbb{R} \setminus \left(\frac{\pi}{2} + \pi\mathbb{Z}\right), \mathbb{R}\right)$.
- Il est clair que si $f \in \mathcal{C}(I, \mathbb{R})$ et si $J \subset I$ est un intervalle d'intérieur non vide, alors $f_{|J} \in \mathcal{C}(J, \mathbb{R})$.

Opérations sur les fonctions continues

Les résultats qui suivent ne sont que des reformulations globales des résultats déjà établis pour la limite et la continuité ponctuelle.

Proposition 30

Soit $(f, g) \in \mathcal{C}(I, \mathbb{R})^2$ et $\lambda \in \mathbb{R}$. Alors :

- les fonctions $f + g$ et λf sont continues sur I ;
- le produit fg est continu sur I.

Démonstration. Il suffit d'appliquer en tout $a \in I$ le corollaire 15 de la page 365. □

751 **Remarque** Comme l'ensemble $\mathcal{C}(I, \mathbb{R})$ contient la fonction constante égale à 0, le premier résultat de cette proposition signifie que c'est un sous-espace vectoriel de $\left(\mathcal{F}(I, \mathbb{R}), +, \cdot\right)$.

Ex. 28. Comme la fonction $\exp$ est continue, les fonctions ch et sh sont continues sur $\mathbb{R}$.

Proposition 31

Soit $f \in \mathcal{C}(I, \mathbb{R})$ une fonction qui ne s'annule pas. Alors la fonction $1/f$ est continue.

Démonstration. C'est une conséquence de la proposition 19 de la page 366. □

Ex. 29. Une fonction rationnelle est continue sur tout intervalle sur lequel elle est définie.

Ex. 30. La fonction $\tan$ est continue sur tout intervalle inclus dans $\mathbb{R} \setminus \left(\frac{\pi}{2} + \pi\mathbb{Z}\right)$.

Ex. 31. La fonction th est continue sur $\mathbb{R}$.

Proposition 32

Soit I et J deux intervalles d'intérieur non vide, $f \in \mathcal{C}(I, \mathbb{R})$ et $g \in \mathcal{C}(J, \mathbb{R})$ telles que $f(I) \subset J$. Alors $g \circ f$ est continue sur I.

Démonstration. C'est une conséquence du corollaire 22 de la page 366. □

Proposition 33

Soit I et J deux intervalles d'intérieur non vide, avec $J \subset I$. Alors, pour tout $f \in \mathcal{C}(I, \mathbb{R})$, la fonction $f_{|J}$ est continue.

Démonstration. Pour tout $a \in J$, la fonction f étant continue en a, sa restriction à J est également continue en a. □

Fonctions de référence

Il est nécessaire dans la pratique de disposer de fonctions dont on sait qu'elles sont continues. On dresse ici la liste des fonctions de référence. Certaines justifications seront données plus loin.

Ex. 32. Les fonctions usuelles suivantes sont continues sur leur ensemble de définition :

- la fonction valeur absolue ;
- les fonctions polynomiales (réelles) ; les fonctions rationnelles (réelles) continues sur tout intervalle sur lequel le dénominateur ne s'annule pas ;
- les fonctions $x \mapsto x^{\alpha}$, $\alpha \in \mathbb{R}_+ \setminus \mathbb{N}$ et $x \mapsto \sqrt[n]{x}$, continues sur $\mathbb{R}_+$;
- la fonction $\ln$ et $\exp$; les fonctions hyperboliques ch, sh et th ;
- les fonctions trigonométriques $\sin$ et $\cos$, ce résultat est admis ; la fonction $\tan$, continue sur $\mathbb{R} \setminus \left\{ \frac{\pi}{2} + k\pi \mid k \in \mathbb{Z} \right\}$ car quotient de fonctions continues ; les fonctions Arcsin, Arccos et Arctan, comme fonctions réciproques de bijections continues définies sur des intervalles.

Point méthode Le plus souvent, pour justifier qu'une fonction est continue, on invoque les propositions 30, 31 et/ou 32. En effet, les fonctions que l'on rencontre dans la pratique sont souvent obtenues en itérant opérations algébriques et compositions à partir des fonctions de référence précédentes, qui sont continues. Pour décrire un tel raisonnement, on utilise parfois la locution « à l'aide des théorèmes généraux ».

Ex. 33. Considérons $f : x \mapsto \dfrac{\sin\big(\ln|x| + 1\big)}{3 + \exp\left(\frac{1}{x^2+1}\right)}$.

Puisque les fonctions valeur absolue, $\sin$, $\exp$, $\ln$ et les fonctions rationnelles sont continues sur leur domaine de définition, f est continue à l'aide des théorèmes généraux sur son domaine de définition (qui est $\mathbb{R}^*$).

2 Théorème des valeurs intermédiaires

Intuitivement, une fonction définie sur un intervalle est continue si son graphe peut être tracé sans lever le stylo. On pourrait déduire de cette propriété que « lorsque l'on passe continûment de part et d'autre d'une droite horizontale, il y a un moment où l'on va se trouver sur cette droite ». C'est ce qu'énonce en substance le théorème des valeurs intermédiaires.

Théorème 34 (Théorème des valeurs intermédiaires)

Soit f une fonction continue sur un intervalle I, à valeurs réelles, et $(a,b) \in I^2$. Alors toutes les valeurs entre $f(a)$ et $f(b)$ sont atteintes par f.

Démonstration page 384

Principe de démonstration.

Pour montrer que f prend la valeur y, on procède par **dichotomie** pour construire deux suites $(\alpha_n)_{n\in\mathbb{N}}$ et $(\beta_n)_{n\in\mathbb{N}}$ adjacentes et vérifiant :

$$\forall n \in \mathbb{N} \quad f(\alpha_n) \leqslant y \leqslant f(\beta_n).$$

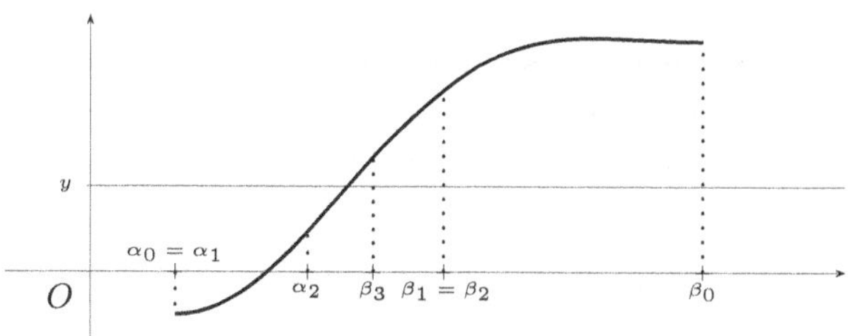

Méthode de dichotomie pour le théorème des valeurs intermédiaires

Exo 10.15

Point méthode Pour démontrer qu'une fonction continue sur un intervalle I prend la valeur y, il suffit donc de montrer qu'il existe $(a,b) \in I^2$ tel que $f(a) \leqslant y$ et $f(b) \geqslant y$.

Ex. 34. Soit $(p,q) \in (\mathbb{R}_+^*)^2$ et $f : [0,1] \to \mathbb{R}$ une fonction continue.
Montrons qu'il existe $c \in [0,1]$ tel que $p\,f(0) + q\,f(1) = (p+q)f(c)$.
On veut démontrer que f prend la valeur $y = \frac{p\,f(0)+q\,f(1)}{p+q}$.
On a $f(0) - y = \frac{q(f(0)-f(1))}{p+q}$ et $f(1) - y = \frac{p(f(1)-f(0))}{p+q}$.
Ces deux réels ont des signes opposés, donc y est entre $f(0)$ et $f(1)$. D'où le résultat.

Corollaire 35 (Cas d'une fonction strictement monotone)

Soit f une fonction continue et strictement monotone sur un intervalle I, à valeurs réelles, et $(a,b) \in I^2$. Alors, pour tout réel y entre $f(a)$ et $f(b)$, il existe un unique réel x entre a et b tel que $f(x) = y$.

Démonstration. L'existence de x résulte du théorème 34 et l'unicité du fait qu'une fonction strictement monotone est injective. □

Exo 10.16

Corollaire 36

L'image d'un intervalle par une fonction réelle continue est un intervalle.

Démonstration page 385

Principe de démonstration. Appliquer le théorème des valeurs intermédiaires pour démontrer que, pour tout couple $(\alpha,\beta) \subset f(I)^2$ tel que $\alpha \leqslant \beta$, on a $[\alpha,\beta] \subset f(I)$.

Remarque En fait, il résulte de la caractérisation des intervalles (cf. proposition 4 de la page 300) que le corollaire 36 de la page précédente est équivalent au théorème 34 de la page précédente.

Ex. 35. Si $f : I \to \mathbb{R}$ est continue et telle que $|f|$ soit constante, alors f est constante.
En effet :

- si $|f| = 0$, alors $f = 0$ donc est constante ;
- sinon, $|f|$ est une constante $a > 0$ et, si f n'était pas constante sur l'intervalle I, elle prendrait seulement les deux valeurs opposées distinctes, $-a$ et a, ce qui est impossible car alors $f(I)$ devrait contenir $[-a, a]$.

Exo 10.17

Attention Les intervalles I et $f(I)$ ne sont pas nécessairement de même nature, c'est-à-dire que l'image d'un intervalle ouvert est certes un intervalle, mais pas nécessairement ouvert ; de même, l'image d'un intervalle fermé n'est pas nécessairement un intervalle fermé, etc.

Le théorème des valeurs intermédiaires est souvent utilisé sous la forme particulière suivante.

Proposition 37

Soit $f \in \mathcal{C}\big(I, \mathbb{R}\big)$ et $(a, b) \in I^2$.
Si $f(a)f(b) \leqslant 0$, alors il existe c entre a et b tel que $f(c) = 0$.

Exo 10.18

Point méthode Le théorème des valeurs intermédiaires peut être utilisé pour établir l'existence d'au moins une solution à une équation du type « $f(x) = 0$ ».

Ex. 36. Soit I un intervalle d'extrémités a et b, $f \in \mathcal{C}\big(I, \mathbb{R}\big)$, ℓ et ℓ' dans $\overline{\mathbb{R}}$, tels que $\ell < 0$ et $\ell' > 0$. On suppose $f(x) \underset{x \to a}{\longrightarrow} \ell$ et $f(x) \underset{x \to b}{\longrightarrow} \ell'$. Alors, il existe $c \in I$ tel que $f(c) = 0$.
En effet, on a $\lim\limits_{a} f < 0$, donc la fonction f est strictement négative au voisinage de a. Il existe donc $x \in I$ tel que $f(x) < 0$. De même, en considérant $\lim\limits_{b} f$, on montre qu'il existe $y \in I$ tel que $f(y) > 0$. Le théorème des valeurs intermédiaires permet de conclure.

Point méthode Devant une équation du type « $f(x) = g(x)$ », on a souvent intérêt à poser $h = f - g$.

Ex. 37. Soit $(a, b) \in \mathbb{R}^2$, avec $a < b$ et $f : [a, b] \to [a, b]$ continue. Montrons qu'il existe $c \in [a, b]$ tel que $f(c) = c$.

Pour cela, considérons $h : x \mapsto f(x) - x$, définie sur $[a, b]$. D'après les théorèmes généraux, elle est continue sur $[a, b]$. De plus $h(a) = f(a) - a \geqslant 0$ et $h(b) = f(b) - b \leqslant 0$ car $f\left([a, b]\right) \subset [a, b]$. Le théorème des valeurs intermédiaires assure alors l'existence de $c \in [a, b]$ tel que $h(c) = 0$, c'est-à-dire $f(c) = c$.

Ex. 38. Montrons que l'équation $\exp(-x) = x^2$ a au moins une solution réelle. Cela revient à prouver que la fonction $h : x \mapsto \exp(-x) - x^2$, définie sur $\mathbb{R}$, s'annule au moins une fois. D'après les théorèmes généraux, h est continue sur l'intervalle $\mathbb{R}$. On a $h(0) = 1 > 0$ et $h(1) = e^{-1} - 1 < 0$. D'après le théorème des valeurs intermédiaires, h s'annule sur $]0, 1[$.

Corollaire 38

Exo 10.19

Soit $f \in \mathcal{C}(I, \mathbb{R})$. Si f ne s'annule pas sur l'intervalle I, alors f a un signe (strict) constant.

Démonstration. Ce n'est que la contraposée de la proposition 37 de la page ci-contre. □

Attention Les résultats du théorème 34 et des corollaires 36, 37 et 38 peuvent être mis en défaut si f est définie sur autre chose qu'un intervalle.

Ex. 39. Soit f la fonction définie sur $X = [-1, 0[\cup]0, 1]$ par $f(x) = \frac{1}{x}$.
La fonction f est continue en tout point de X. On a $f(X) =]-\infty, -1] \cup [1, +\infty[$. Ainsi f prend des valeurs positives et négatives sur X, mais ne s'annule pas.

3 Fonctions continues sur un segment

Nous admettrons le théorème suivant.

Théorème 39 (Théorème des bornes atteintes)

Exo 10.20

Soit $f : [a, b] \to \mathbb{R}$ une fonction continue, avec $a < b$. Alors f est bornée et atteint ses bornes.

Traduction Le résultat du théorème signifie que f possède un minimum et un maximum sur $[a, b]$.

Corollaire 40 (Image d'un segment par une fonction continue)

L'image d'un segment par une fonction continue est un segment.

Démonstration page 385

Ex. 40. Soit f une fonction continue sur un segment et à valeurs strictement positives.
Étant continue sur un segment, f atteint un minimum en un point c qui vaut $f(c) > 0$. Il s'ensuit que f est minorée par la constante strictement positive $f(c)$.

Attention Ce résultat ne subsiste pas si f est définie sur un intervalle quelconque.

Ex. 41. La fonction $f : x \mapsto \frac{1}{x}$, continue sur $\mathbb{R}_+^*$ est à valeurs strictement positives. Soit $m > 0$. Puisque $f(x) \underset{x \to +\infty}{\longrightarrow} 0$, l'inégalité $f(x) \leqslant \frac{m}{2}$ est vérifiée au voisinage de $+\infty$: il existe donc $x > 0$ tel que $f(x) < m$. Donc f n'est minorée par aucune constante strictement positive.

Point méthode

- Une manière simple de montrer qu'une fonction réelle est bornée, sans étudier ses variations, est de vérifier qu'elle est définie sur un segment et y est continue.
- Une manière simple de montrer que la borne supérieure d'une fonction est atteinte est de vérifier que la fonction est définie sur un segment et y est continue.

Ex. 42. Si $f : \mathbb{R} \to \mathbb{R}$ est une fonction continue ayant une limite finie en $-\infty$ et en $+\infty$, alors f est bornée sur $\mathbb{R}$.
En effet, la fonction f possède une limite finie en $-\infty$ et en $+\infty$, donc elle est bornée au voisinage de $-\infty$ et de $+\infty$. Il existe donc $M_1 \geqslant 0$ et $A < 0$ tels que $|f(x)| \leqslant M_1$, pour tout $x \leqslant A$; de même, il existe $M_2 \geqslant 0$ et $B > 0$ tels que $|f(x)| \leqslant M_2$, pour $x \geqslant B$.
Enfin, f est continue sur $[A, B]$ donc est bornée sur $[A, B]$ par une constante M_3. On a donc :

$$\forall x \in \mathbb{R} \quad |f(x)| \leqslant \max\{M_1, M_2, M_3\}.$$

4 Théorème de la bijection

Théorème 41 (Théorème de la bijection)

Soit $f : I \to \mathbb{R}$ une fonction continue strictement monotone. Alors :

1. la fonction f définit une bijection de I sur l'intervalle $J = f(I)$;
2. f^{-1} est continue et strictement monotone, de même monotonie que f.

Exo 10.21

Démonstration (non exigible) page 385

Remarque Si f est continue et strictement monotone sur I, il résulte de la démonstration du théorème de la limite monotone (cf. page 384) que les extrémités de $f(I)$ sont les limites de f aux extrémités de I.

Attention Pour le théorème de la bijection, l'hypothèse que f soit définie sur un intervalle est cruciale, comme le montre l'exemple suivant.

Ex. 43. Soit f la fonction définie sur $X =]0,1[\cup [2,3[$ par $f(x) = \begin{cases} x & \text{si } x \in]0,1[\\ x-1 & \text{si } x \in [2,3[. \end{cases}$

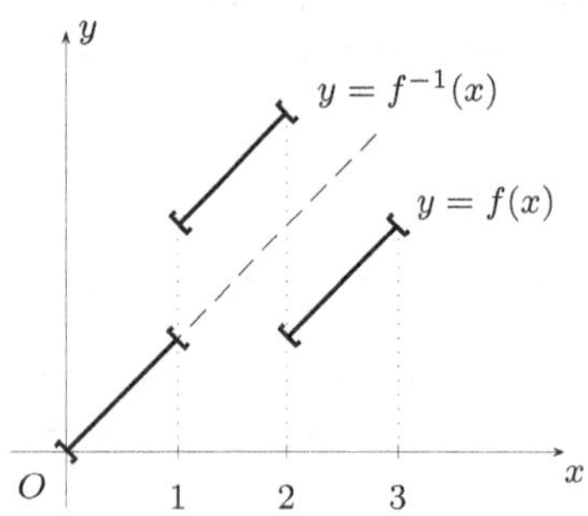

D'après le caractère local de la continuité, f est continue en tout point de X. En distinguant les cas $x < y < 1$, $2 \leqslant x < y$ et $x < 2 \leqslant y$, on vérifie facilement que si $(x, y) \in X^2$, avec $x < y$, alors $f(x) < f(y)$. La fonction f est donc strictement croissante. Il est clair que $f(X) =]0,2[$. Ainsi, f une bijection continue strictement croissante de X sur $]0,2[$.
L'application réciproque f^{-1} est définie sur $]0,2[$. Mais $f^{-1}\big(]0,2[\big) =]0,1[\cup [2,3[$ n'est pas un intervalle. Donc f^{-1} n'est pas continue.

Applications aux fonctions usuelles

- Nous avons vu au chapitre 6 que la fonction ln définit une bijection continue et strictement croissante de $\mathbb{R}_+^*$ dans $\mathbb{R}$. D'après le théorème de la bijection, la fonction exponentielle, qui est sa bijection réciproque, est continue sur $\mathbb{R}$.
- On en déduit que les fonctions $x \mapsto x^\alpha = \exp(\alpha \ln x)$, avec $\alpha \in \mathbb{R}$, sont continues sur $\mathbb{R}_+^*$ et que les fonctions ch, sh et th sont continues sur $\mathbb{R}$.
- La restriction de la fonction tan à $\left]-\frac{\pi}{2}, \frac{\pi}{2}\right[$ définit une bijection continue strictement croissante de $\left]-\frac{\pi}{2}, \frac{\pi}{2}\right[$ sur $\mathbb{R}$. Par conséquent, la fonction Arctan est continue et strictement croissante sur $\mathbb{R}$.
  On justifie de même que les fonctions Arcsin et Arccos sont continues sur $[-1, 1]$.
- Soit $n \in \mathbb{N}^*$ un entier impair. La fonction $f_n : x \mapsto x^n$ définie sur $\mathbb{R}$ est continue, strictement croissante. De plus $\lim\limits_{-\infty} f_n = -\infty$ et $\lim\limits_{+\infty} f_n = +\infty$. Elle définit donc une bijection de $\mathbb{R}$ sur $\mathbb{R}$. Son application réciproque, notée $\sqrt[n]{\ }$ est définie sur $\mathbb{R}$, continue et strictement croissante.
- Soit $n \in \mathbb{N}^*$ un entier pair. La fonction $f_n : x \mapsto x^n$ définie sur $\mathbb{R}_+$ est continue, strictement croissante. De plus $f(0) = 0$ et $\lim\limits_{+\infty} f_n = +\infty$. Elle définit donc une bijection de $\mathbb{R}_+$ sur $\mathbb{R}_+$. Son application réciproque, notée $\sqrt[n]{\ }$ est définie sur $\mathbb{R}_+$, continue et strictement croissante.

III Extension aux fonctions à valeurs complexes

On peut facilement étendre la notion de limite finie aux fonctions à valeurs complexes de la variable réelle. En revanche, puisque l'on ne dispose pas de relation d'ordre « pertinente » sur $\mathbb{C}$ qui prolongerait celle sur $\mathbb{R}$, on ne peut pas donner un sens à « une limite $+\infty$ » pour les fonctions à valeurs complexes.

1 Limites, continuité

Définition 11

Soit $f : I \to \mathbb{C}$ une fonction, $a \in \overline{\mathbb{R}}$ qui appartient à I ou est une extrémité de I, et $\ell \in \mathbb{C}$. On dit que $\boldsymbol{f(x)}$ **tend vers** $\boldsymbol{\ell}$ **lorsque** $\boldsymbol{x}$ **tend vers** $\boldsymbol{a}$ si la fonction réelle $x \mapsto \left|f(x) - \ell\right|$ a pour limite 0 en a.

Traduction Ainsi, $f(x)$ tend vers ℓ lorsque x tend vers a si, pour tout $\varepsilon > 0$, l'inégalité $\left|f - \ell\right| \leqslant \varepsilon$ est vérifiée au voisinage de a. La définition de la limite d'une fonction complexe s'écrit donc comme celle d'une fonction réelle, en remplaçant simplement la valeur absolue par le module.

Proposition 42 (Unicité de la limite)

Soit $f : I \to \mathbb{C}$ une fonction et $(\ell, \ell') \in \mathbb{C}^2$. Si $|f(x) - \ell| \underset{x \to a}{\longrightarrow} 0$ et $|f(x) - \ell'| \underset{x \to a}{\longrightarrow} 0$, alors $\ell = \ell'$. Le nombre complexe ℓ est alors appelé la **limite de** $\boldsymbol{f}$ **en** $\boldsymbol{a}$.

Démonstration page 386

Ex. 44. Si $f(x) \underset{x \to a}{\longrightarrow} \ell$, alors $|f(x)| \underset{x \to a}{\longrightarrow} |\ell|$. En effet, $\big||f(x)| - |\ell|\big| \leqslant |f(x) - \ell| \underset{x \to a}{\longrightarrow} 0$.

Proposition 43

Soit $f : I \to \mathbb{C}$ une fonction et $a \in I$. Si f admet une limite $\ell \in \mathbb{C}$ en a, alors $\ell = f(a)$. On dit alors que **f est continue en a**.

Démonstration. La démonstration est la même que dans le cas réel, en remplaçant la valeur absolue par le module. □

Définition 12

Soit $f : I \to \mathbb{C}$ une fonction. On dit que f est **continue** si elle est continue en tout point a de I.

Notation On note $\mathcal{C}(I, \mathbb{C})$ l'ensemble des fonctions continues de I dans $\mathbb{C}$.

2 Propriétés

Les propriétés sur les limites finies d'une somme et d'un produit (cf. page 365) sont encore valables pour les fonctions à valeurs complexes. Le lemme 12 de la page 365 reste vrai pour les fonctions numériques à valeurs dans $\mathbb{C}$. Il suffit donc de remplacer les valeurs absolues par des modules dans les démonstrations.

Proposition 44

Soit $f : I \to \mathbb{C}$ une fonction.
Si f a pour limite ℓ en a, alors $\overline{f}$ a pour limite $\overline{\ell}$ en a.

Démonstration. Il suffit d'appliquer la définition et d'utiliser le fait que, pour tout $x \in I$, on a $\left|\overline{f}(x) - \overline{\ell}\right| = \left|\overline{f(x) - \ell}\right| = |f(x) - \ell|$. □

Théorème 45

Soit $f : I \to \mathbb{C}$ une fonction. Les assertions suivantes sont équivalentes :

(i) la fonction f a une limite en a ;

(ii) les fonctions $\mathrm{Re}(f)$ et $\mathrm{Im}(f)$ admettent des limites finies en a.

Dans ce cas, on a :

$$\lim_a f = \lim_a \mathrm{Re}(f) + i \lim_a \mathrm{Im}(f).$$

Démonstration page 386

Corollaire 46

Soit $f : I \to \mathbb{C}^*$ une fonction.
Si f a une limite non nulle ℓ en a, alors $1/f$ a pour limite $1/\ell$ en a.

Démonstration page 386

Principe de démonstration. Préciser les parties réelles et imaginaires de $1/f$.

Corollaire 47

Soit $f : I \to \mathbb{C}$ une fonction. Les assertions suivantes sont équivalentes :

(i) f est continue ;

(ii) les fonctions $\mathrm{Re}(f)$ et $\mathrm{Im}(f)$ sont continues.

Ex. 45. Lorsque f est une fonction continue, les fonctions $\overline{f}$ et $|f|$ sont continues.

Ex. 46. Les fonctions polynomiales complexes de la variable réelle sont continues sur $\mathbb{R}$.

Ex. 47. Toute fonction rationnelle de la variable réelle à coefficients complexes est continue sur $\mathbb{R} \setminus \mathcal{P}$, où $\mathcal{P}$ est l'ensemble des racines réelles de son dénominateur. Par exemple la fonction $t \mapsto \dfrac{1}{t-i}$ est continue sur $\mathbb{R}$.

Ex. 48. La fonction $t \mapsto e^{it}$ est continue sur $\mathbb{R}$.

Proposition 48 (Composition des limites)

Soit I et J deux intervalles de $\mathbb{R}$ et $f : I \to J$. On suppose $\lim\limits_a f = b \in \overline{\mathbb{R}}$. Alors b appartient à J ou est une extrémité de J ; de plus, si $g : J \to \mathbb{C}$ est telle que $\lim\limits_b g = \ell \in \mathbb{C}$, alors $\lim\limits_a (g \circ f) = \ell$.

Démonstration. Comme dans le cas de deux fonctions à valeurs réelles, elle se fait en utilisant le lemme 12 de la page 365. □

Exo 10.22

Attention Bien noter la dissymétrie entre f et g. La fonction f est impérativement à valeurs réelles, alors que g est à valeurs complexes.

Point méthode

- L'écriture $f = \operatorname{Re} f + i \operatorname{Im} f$ permet, avec le théorème 45 de la page précédente, d'établir facilement des propriétés sur les limites et la continuité de fonctions de la variable réelle à valeurs complexes.

Exo 10.23

- Il ne faut cependant pas perdre de vue que les propriétés algébriques, de compositions, etc. peuvent être utilisées et qu'elles sont souvent souples et efficaces.

3 Adaptation des théorèmes de continuité

- Le théorème des valeurs intermédiaires, de même que ses corollaires, n'a naturellement plus de sens dans le cas des fonctions complexes.
- La notion de bornes atteintes n'a pas de sens non plus pour des fonctions complexes. Le théorème 39 de la page 375 s'adapte néanmoins :

Corollaire 49

Toute fonction complexe continue sur un segment est bornée.

Démonstration page 386

Démonstrations

Théorème 2 Raisonnons par l'absurde et supposons donc $\ell_1 \neq \ell_2$.

La démonstration est fondée sur le fait que si f vérifie la propriété $\mathcal{P}_1$ au voisinage de a et vérifie la propriété $\mathcal{P}_2$ au voisinage de a, alors elle vérifie « $\mathcal{P}_1$ et $\mathcal{P}_2$ » au voisinage de a et donc en particulier sur un intervalle non vide (cf. remarque page 355). Distinguons trois cas.

- Supposons ℓ_1 et ℓ_2 réels. Dans ces conditions, $|\ell_2 - \ell_1| > 0$. Par définition, les inégalités $\left|f(x) - \ell_1\right| \leqslant \frac{|\ell_2-\ell_1|}{3}$ et $\left|f(x) - \ell_2\right| \leqslant \frac{|\ell_2-\ell_1|}{3}$ sont toutes deux vérifiées au voisinage de a, donc sur un intervalle non vide J. Pour tout $x \in J$, on a :

$$|\ell_2 - \ell_1| = \left|(\ell_2 - f(x)) + (f(x) - \ell_1)\right| \leqslant \left|f(x) - \ell_2\right| + \left|f(x) - \ell_1\right| \leqslant \frac{2}{3}\,|\ell_2 - \ell_1|.$$

  On obtient l'inégalité $|\ell_2 - \ell_1| \leqslant \frac{2}{3}\,|\ell_2 - \ell_1|$, ce qui impossible.
- Supposons l'une des valeurs finie, l'autre infinie, par exemple $\ell_1 \in \mathbb{R}$ et $\ell_2 = \pm\infty$. Comme f a pour limite finie ℓ_1 en a, il résulte de la proposition 1 de la page 356 que f est bornée au voisinage de a. Mais alors, il est impossible qu'elle tende vers ℓ_2, car sinon, d'après la remarque de la page 358, elle ne serait pas bornée au voisinage de a.
- Supposons ℓ_1 et ℓ_2 toutes deux infinies, par exemple $\ell_1 = -\infty$ et $\ell_2 = +\infty$. Les inégalités $f(x) \leqslant -1$ et $f(x) \geqslant 1$ sont toutes deux vérifiées au voisinage de a. C'est impossible.

On a donc $\ell_1 = \ell_2$.

Proposition 3

- Supposons $\ell = +\infty$. En prenant $A = f(a) + 1$ dans la définition de la limite, on montre que l'inégalité $f(x) \geqslant f(a) + 1$ est vérifiée au voisinage de a. Comme f est définie en a, on a en particulier $f(a) \geqslant f(a) + 1$: c'est impossible.

  Le cas $\ell = -\infty$ se traite de la même manière.
- On a donc $\ell \in \mathbb{R}$. Pour tout $\varepsilon > 0$, l'inégalité $|f - \ell| \leqslant \varepsilon$ est vérifiée au voisinage de a. Comme f est définie en a, on a en particulier $\left|f(a) - \ell\right| \leqslant \varepsilon$.

  Si $f(a) \neq \ell$, on a, en choisissant $\varepsilon = \frac{|f(a)-\ell|}{2} > 0$, l'inégalité $\left|f(a) - \ell\right| \leqslant \frac{|f(a)-\ell|}{2}$, ce qui est absurde. Ainsi, $f(a) = \ell$.

Proposition 4 Il faut distinguer selon que $a = -\infty$, $a = +\infty$ ou a est réel. Nous ne traiterons que le cas $a = +\infty$, les autres démonstrations étant similaires.

Soit $\varepsilon > 0$. Puisque $g(x) \underset{x\to+\infty}{\longrightarrow} 0$, il existe un réel M tel que, pour tout $x \in I$, on ait :

$$x \geqslant M \Longrightarrow g(x) \leqslant \varepsilon.$$

A fortiori, pour tout $x \in I$ vérifiant $x \geqslant M$, on a $\left|f(x) - \ell\right| \leqslant g(x) \leqslant \varepsilon$.

La conclusion en découle.

Proposition 5

- Il s'agit de démontrer que si $\lim\limits_{a} f_{|I\cap[a-,a+r]} = \ell$, alors f a une limite en a et $\lim\limits_{a} f = \ell$, puisque nous avons remarqué que l'autre implication est évidente.
  * Supposons ℓ réel. Pour tout $\varepsilon > 0$, il existe $\eta > 0$ tel que :

$$\forall x \in I \cap [a - r, a + r] \quad (|x - a| \leqslant \eta \Rightarrow |f(x) - \ell| \leqslant \varepsilon).$$

    Posons $\eta' = \min\{\eta, r\} > 0$. On a alors :

$$\forall x \in I \quad (|x - a| \leqslant \eta' \Rightarrow |f(x) - \ell| \leqslant \varepsilon).$$

    On a donc $\lim\limits_{a} f = \ell$.
  * La démonstration est semblable pour $\ell = +\infty$ ou $\ell = -\infty$. Il suffit de remplacer l'inégalité $|f(x) - \ell| \leqslant \varepsilon$, par $f(x) \geqslant A$ ou $f(x) \leqslant A$, où A est un réel quelconque.
- Les cas $a = +\infty$ et $a = -\infty$ se traitent de manière similaire.

Théorème 7 Il y a *a priori* neuf cas à traiter, suivant que a et ℓ sont réels ou égaux à $\pm\infty$, mais les démonstrations dans chacun des cas sont très similaires. Nous ne traiterons qu'un cas. Supposons $f(x) \underset{x\to a}{\longrightarrow} \ell$, avec a et ℓ finis. Soit ε un réel strictement positif.

L'hypothèse $f(x) \underset{x\to a}{\longrightarrow} \ell$ se traduit par l'existence d'un $\eta > 0$ tel que, pour tout $x \in I$ vérifiant $|x-a| \leqslant \eta$, nous ayons $\left|f(x)-\ell\right| \leqslant \varepsilon$. Fixons un tel η.

L'hypothèse sur la suite $(x_n)_{n\in\mathbb{N}}$ donne l'existence d'un entier naturel n_0 tel que, pour tout entier $n \geqslant n_0$, nous ayons $|x_n - a| \leqslant \eta$. Par conséquent, pour tout entier $n \geqslant n_0$, nous avons $\left|f(x_n)-\ell\right| \leqslant \varepsilon$. Ainsi, par définition $f(x_n) \underset{n\to+\infty}{\longrightarrow} \ell$.

Théorème 8 Supposons que la suite $(u_n)_{n\in\mathbb{N}}$ converge vers $\ell \in I$. Alors, par extraction, $\lim\limits_{n\to+\infty} u_{n+1} = \ell$, mais on a également, par continuité de f en ℓ :

$$u_{n+1} = f(u_n) \underset{n\to+\infty}{\longrightarrow} f(\ell).$$

Par conséquent, par unicité de la limite, $\ell = f(\ell)$.

Proposition 9

- Si f est continue en a, alors il est évident qu'elle est continue à droite et à gauche en a.
- Supposons que f soit continue à droite et à gauche en a.

  Soit $\varepsilon > 0$. Puisque f est continue à droite, il existe $\eta_d > 0$ tel que :

  $$\forall x \in I \cap [a,+\infty[\quad \Big(|x-a| \leqslant \eta_d \Rightarrow \big|f(x)-f(a)\big| \leqslant \varepsilon\Big).$$

  Il existe de même $\eta_g > 0$ tel que :

  $$\forall x \in I \cap]-\infty, a] \quad \Big(|x-a| \leqslant \eta_g \Rightarrow \big|f(x)-f(a)\big| \leqslant \varepsilon\Big).$$

  Par conséquent, en posant $\eta = \min\{\eta_g, \eta_d\}$, on a $\eta > 0$ et :

  $$\forall x \in I \quad \Big(|x-a| \leqslant \eta \Rightarrow \big|f(x)-f(a)\big| \leqslant \varepsilon\Big).$$

  La conclusion est alors immédiate.

Proposition 10

- Si f est continue à droite en a, alors la restriction de f à $I \cap [a,+\infty[$ a pour limite $f(a)$ en a et *a fortiori* également sa restriction à $I \cap]a,+\infty[$, c'est-à-dire $\lim\limits_{\substack{x\to a\\ x>a}} f(x) = f(a)$.
- Supposons $\lim\limits_{\substack{x\to a\\ x>a}} f(x) = f(a)$. Soit $\varepsilon > 0$. Par définition de la limite à droite, il existe $\eta > 0$ tel que :

  $$\forall x \in I \cap]a,+\infty[\quad \Big(|x-a| \leqslant \eta \Longrightarrow \big|f(x)-f(a)\big| \leqslant \varepsilon\Big).$$

  Puisque $f(a) - f(a) = 0$, on a :

  $$\forall x \in I \cap [a,+\infty[\quad \Big(|x-a| \leqslant \eta \Longrightarrow \big|f(x)-f(a)\big| \leqslant \varepsilon\Big),$$

  ce qui est la définition de la continuité à droite.

Théorème 11

- Si un tel prolongement $\widetilde{f}$ existe, on a $\widetilde{f}(x) \underset{x\to a}{\longrightarrow} \widetilde{f}(a)$, par continuité de $\widetilde{f}$, et *a fortiori* :
$$\widetilde{f}_{|I\setminus\{a\}}(x) \underset{x\to a}{\longrightarrow} \widetilde{f}(a).$$
Par ailleurs, pour tout $x \in I\setminus\{a\}$, on a $\widetilde{f}_{|I\setminus\{a\}}(x) = f(x)$. Ainsi :
$$f(x) \underset{x\to a}{\longrightarrow} \widetilde{f}(a).$$
Donc f a une limite finie en a.

- Supposons que f possède une limite finie en a, que nous notons ℓ. Soit $\widetilde{f}$ le prolongement de f à I définie par $\widetilde{f}(a)=\ell$. Soit $\varepsilon>0$. Par définition, il existe $\eta>0$ tel que, pour tout $x \in I\setminus\{a\}$ vérifiant $|x-a|\leqslant\eta$, on ait $\bigl|f(x)-\ell\bigr|\leqslant\varepsilon$. Fixons un tel η. Par conséquent, $\bigl|\widetilde{f}(x)-\ell\bigr|\leqslant\varepsilon$ pour tout $x\in I\setminus\{a\}$ vérifiant $|x-a|\leqslant\eta$. Puisque $\widetilde{f}(a)=\ell$, il vient que :
$$\forall x\in I \quad \Bigl(|x-a|\leqslant\eta \Longrightarrow \bigl|\widetilde{f}(x)-\widetilde{f}(a)\bigr|\leqslant\varepsilon\Bigr).$$
Donc $\widetilde{f}$ est continue en a.

Lemme 12 Il faut *a priori* traiter neuf cas. Les démonstrations dans chacun des cas sont relativement semblables. Nous traitons le cas où $a=+\infty$ et ℓ est fini. Supposons que l'assertion (ii) soit vraie et que ℓ ne soit pas la limite de f en $+\infty$. Cela signifie qu'il existe un réel $\varepsilon>0$ tel que :
$$\forall M\in\mathbb{R}\quad \exists x\in I\cap[M,+\infty[\quad \bigl|f(x)-\ell\bigr|>\varepsilon.$$
On peut donc, pour $n\in\mathbb{N}$, choisir un réel $x_n\in I$ tel que $x_n\geqslant n$ et $\bigl|f(x_n)-\ell\bigr|>\varepsilon$. Il est clair que $\lim\limits_{n\to+\infty} x_n=+\infty$, et donc, d'après l'hypothèse (ii), on a $\lim\limits_{n\to+\infty} f(x_n)=\ell$. Mais cela est contradictoire avec l'inégalité $\bigl|f(x_n)-\ell\bigr|>\varepsilon$ vraie pour tout $n\in\mathbb{N}$ (on devrait avoir $|f(x_n)-\ell|\leqslant\varepsilon$ à partir d'un certain rang).

Proposition 13 On utilise le lemme 12 de la page 365 et la proposition 17 de la page 309. Plus précisément, soit $(x_n)_{n\in\mathbb{N}}$ une suite à valeurs dans I, de limite a. Puisque g est bornée au voisinage de a, la suite $\bigl(g(x_n)\bigr)_{n\in\mathbb{N}}$ est bornée. Par composition des limites, la suite $\bigl(f(x_n)\bigr)_{n\in\mathbb{N}}$ converge vers 0. Ainsi :
$$(f\,g)(x_n)=f(x_n)g(x_n) \underset{n\to+\infty}{\longrightarrow} 0.$$
Comme c'est vrai pour toute suite $(x_n)_{n\in\mathbb{N}}$ de limite a, le lemme 12 de la page 365 permet de conclure.

Proposition 14 Soit $(x_n)_{n\in\mathbb{N}}$ une suite à valeurs dans I telle que $x_n \underset{n\to+\infty}{\longrightarrow} a$.

Par composition des limites, $f(x_n) \underset{n\to+\infty}{\longrightarrow} \ell$ et $g(x_n) \underset{n\to+\infty}{\longrightarrow} \ell'$.

D'après les opérations sur les limites des suites, si $\ell+\ell'$ est définie dans $\overline{\mathbb{R}}$, alors :
$$f(x_n)+g(x_n) \underset{n\to+\infty}{\longrightarrow} \ell+\ell'.$$
Comme c'est vrai pour toute suite $(x_n)_{n\in\mathbb{N}}$ de limite a, le lemme 12 de la page 365 permet de conclure que $f(x)+g(x) \underset{x\to a}{\longrightarrow} \ell+\ell'$.

Les cas du produit λf et du produit $f\,g$ se traitent de la même manière.

Théorème 16 Soit $(x_n)_{n\in\mathbb{N}}$ une suite à valeurs dans I telle que $x_n \underset{n\to+\infty}{\longrightarrow} a$. Par composition des limites, $f(x_n) \underset{n\to+\infty}{\longrightarrow} \ell$. Puisque f est à valeurs dans $\mathbb{R}^*$, la suite $\left(\frac{1}{f(x_n)}\right)_{n\in\mathbb{N}}$ est définie. D'après les opérations sur les limites des suites, sachant que $\ell \neq 0$, on a $\frac{1}{f(x_n)} \underset{n\to+\infty}{\longrightarrow} \frac{1}{\ell}$. Comme c'est vrai pour toute suite $(x_n)_{n\in\mathbb{N}}$ de limite a, le lemme 12 de la page 365 permet alors de conclure.

Proposition 19 Soit $(x_n)_{n\in\mathbb{N}}$ une suite à valeurs dans I telle que $x_n \underset{n\to+\infty}{\longrightarrow} a$. Par composition des limites, $f(x_n) \underset{n\to+\infty}{\longrightarrow} \pm\infty$. Puisque f est à valeurs dans $\mathbb{R}^*$, la suite $\left(\frac{1}{f(x_n)}\right)_{n\in\mathbb{N}}$ est définie. D'après les opérations sur les limites des suites, on a $\frac{1}{f(x_n)} \underset{n\to+\infty}{\longrightarrow} 0$. Comme c'est vrai pour toute suite $(x_n)_{n\in\mathbb{N}}$ de limite a, le lemme 12 de la page 365 permet de conclure.

Proposition 20 Soit $(x_n)_{n\in\mathbb{N}}$ une suite à valeurs dans I telle que $x_n \underset{n\to+\infty}{\longrightarrow} a$. Par composition des limites, $f(x_n) \underset{n\to+\infty}{\longrightarrow} 0$. Si f est à valeurs dans $\mathbb{R}_+^*$, la suite $(f(x_n))_{n\in\mathbb{N}}$ est à valeurs strictement positives. D'après les opérations sur les limites des suites, on a $\frac{1}{f(x_n)} \underset{n\to+\infty}{\longrightarrow} +\infty$. Comme c'est vrai pour toute suite $(x_n)_{n\in\mathbb{N}}$ de limite a, le lemme 12 de la page 365 permet de conclure.
Le deuxième cas s'en déduit en utilisant $-f$.

Théorème 21 Soit $(x_n)_{n\in\mathbb{N}}$ une suite à valeurs dans I, de limite a. Par composition des limites dans le cas des suites, on a $\lim\limits_{n\to+\infty} f(x_n) = b$, du fait que $\lim\limits_a f = b$. Le même théorème assure, en vertu de l'hypothèse $\lim\limits_b g = \ell$, que $\lim\limits_{n\to+\infty} g\big(f(x_n)\big) = \ell$. Comme c'est vrai pour toute suite $(x_n)_{n\in\mathbb{N}}$ de limite a, le lemme 12 de la page 365 permet alors de conclure.

Proposition 23 Nous ne traiterons que le cas où ℓ est strictement positive, le cas $\ell < 0$ s'y ramenant par passage à l'opposé.

- **Cas a fini.** Supposons que f ne soit pas strictement positive au voisinage de a. En particulier, pour tout entier $n \in \mathbb{N}^*$, il existe un réel $x_n \in I \cap \left[a - \frac{1}{n}, a + \frac{1}{n}\right]$ tel que $f(x_n) \leqslant 0$. Par encadrement, la suite $(x_n)_{n\in\mathbb{N}}$ converge vers a, donc $f(x_n) \underset{n\to+\infty}{\longrightarrow} \ell$. Par passage à la limite dans les inégalités pour les suites (cf. corollaire 27 de la page 313), on a $\ell \leqslant 0$, ce qui est faux.
- **Cas $a = +\infty$.** On raisonne de même en introduisant une suite $(x_n)_{n\in\mathbb{N}}$ telle que, pour tout entier n, on ait $x_n \in I \cap [n, +\infty[$. Le cas $a = -\infty$ est similaire.

Proposition 24 Notons ℓ et ℓ' les limites respectives de f et g en a. Soit $(x_n)_{n\in\mathbb{N}}$ une suite de I convergeant vers a. Les suites $\big(f(x_n)\big)_{n\in\mathbb{N}}$ et $\big(g(x_n)\big)_{n\in\mathbb{N}}$ convergent, par composition, vers ℓ et ℓ' respectivement. On a $f(x_n) \leqslant g(x_n)$ pour n assez grand. Par passage à la limite dans les inégalités pour les suites (cf. corollaire 27 de la page 313), on en déduit $\ell \leqslant \ell'$.

Proposition 25 Soit $(x_n)_{n\in\mathbb{N}}$ une suite à valeurs dans I, de limite a. Les suites $\big(f(x_n)\big)_{n\in\mathbb{N}}$ et $\big(h(x_n)\big)_{n\in\mathbb{N}}$ convergent, par composition, vers ℓ. On a $f(x_n) \leqslant g(x_n) \leqslant h(x_n)$, pour n assez grand. On sait qu'alors la suite $\big(g(x_n)\big)_{n\in\mathbb{N}}$ converge aussi vers ℓ et le lemme 12 de la page 365 permet de conclure.

Théorème 28 On peut supposer sans perte de généralité que f est croissante. Nous faisons la démonstration concernant la limite en b, celle de la limite en a étant similaire. Notons $J = f\big(I\big)$.

Cas J majoré. Posons $L = \sup J$. Soit ε un réel strictement positif. Par définition de la borne supérieure, il existe $\beta \in I$ tel que $L - \varepsilon \leqslant f(\beta)$ (sinon, $L - \varepsilon$ serait un majorant de f). D'après la croissance de f et la définition de la borne supérieure, pour tout $x \in I$, avec $\beta \leqslant x < b$, on a :

$$L - \varepsilon \leqslant f(\beta) \leqslant f(x) \leqslant L.$$

Par définition de la limite, $\lim\limits_{x \to b} f(x) = L$.

Cas J non majoré. Soit M un réel. Il existe $\beta \in I$ tel que $f(\beta) \geqslant M$. Ainsi, pour tout $x \in I$ tel que $\beta \leqslant x < b$, on a :

$$M \leqslant f(\beta) \leqslant f(x).$$

Toujours par définition, $\lim\limits_{x \to b} f(x) = +\infty$.

Corollaire 29 Supposons f croissante. Comme x est intérieur à I, il existe $c \in I$ tel que $c > x$. Alors $]x, c[\subset I$ et, pour tout $t \in]x, c[$:

$$f(x) \leqslant f(t) = f_{|]x,c[}(t).$$

La fonction $f_{|]x,c[}$ qui est croissante et minorée par $f(x)$ sur l'intervalle ouvert $]x, c[$ possède, d'après le théorème 28 de la page 369, une limite finie en x. Donc f a une limite finie à droite en x. Par passage à la limite dans l'inégalité, cette limite est supérieure ou égale à $f(x)$.

On obtient de même le résultat pour la limite à gauche en considérant la restriction de f à $]d, x[$, où $d \in I$ et $d < x$.

Si f est décroissante, toutes les inégalités changent de sens.

Théorème 34 Soit y entre $f(a)$ et $f(b)$. On veut montrer qu'il existe c entre a et b tel que $f(c) = y$. On peut supposer, sans perte de généralité, $a \leqslant b$. On a $f(a) \leqslant y \leqslant f(b)$ ou $f(b) \leqslant y \leqslant f(a)$. Quitte à considérer $-f$ et montrer qu'elle prend la valeur $-y$, on peut supposer $f(a) \leqslant y \leqslant f(b)$.

On construit deux suites adjacentes $(\alpha_n)_{n\in\mathbb{N}}$ et $(\beta_n)_{n\in\mathbb{N}}$ d'éléments de I. On procède par récurrence. On pose $(\alpha_0, \beta_0) = (a, b)$. Par hypothèse on a $f(\alpha_0) \leqslant y$ et $f(\beta_0) \geqslant y$. Ensuite, pour tout entier naturel n, en notant $c_n = \frac{\alpha_n + \beta_n}{2}$, on pose :

$$(\alpha_{n+1}, \beta_{n+1}) = \begin{cases} (c_n, \beta_n) & \text{si } f(c_n) \leqslant y \\ (\alpha_n, c_n) & \text{sinon.} \end{cases}$$

Les suites sont bien définies et à valeurs dans I, car pour $(x, y) \in I^2$, le milieu $\frac{x+y}{2}$ de x et y est encore un élément de I. On vérifie alors, par une récurrence immédiate que, pour tout entier n on a :

$$f(\alpha_n) \leqslant y \quad \text{et} \quad f(\beta_n) \geqslant y. \ (*)$$

De plus, toujours pour tout entier n :

$$\beta_{n+1} - \alpha_{n+1} = \begin{cases} \beta_n - c_n & = \frac{\beta_n - \alpha_n}{2} & \text{si } f(c_n) \leqslant y, \\ c_n - \alpha_n & = \frac{\beta_n - \alpha_n}{2} & \text{sinon.} \end{cases}$$

Par conséquent, $\beta_n - \alpha_n = \frac{1}{2^n}(\beta_0 - \alpha_0)$ et donc $\lim\limits_{n \to +\infty} (\beta_n - \alpha_n) = 0$.

Comme $\beta_0 - \alpha_0 = b - a \geqslant 0$, on a également $\beta_n - \alpha_n \geqslant 0$ pour tout $n \in \mathbb{N}$.

De la définition des suites $(\alpha_n)_{n\in\mathbb{N}}$ et $(\beta_n)_{n\in\mathbb{N}}$, on déduit alors :

$$\alpha_{n+1}-\alpha_n=\begin{cases}\frac{\beta_n-\alpha_n}{2}\geqslant 0 & \text{si } f(c_n)\leqslant y,\\ 0 & \text{sinon ;}\end{cases}$$

ce qui montre que $(\alpha_n)_{n\in\mathbb{N}}$ est croissante. On montre de même que $(\beta_n)_{n\in\mathbb{N}}$ est décroissante. Il s'ensuit que les suites $(\alpha_n)_{n\in\mathbb{N}}$ et $(\beta_n)_{n\in\mathbb{N}}$ sont adjacentes. On note c leur limite commune. Alors $c\in[a,b]$, car pour tout $n\in\mathbb{N}$, $a\leqslant\alpha_n\leqslant\beta_n\leqslant b$. La fonction f étant continue en c, on obtient, en passant à la limite dans les inégalités $(*)$:

$$f(c)\leqslant y \quad\text{et}\quad f(c)\geqslant y$$

et donc $f(c)=y$.

Corollaire 36 Soit $(\alpha,\beta)\in f(I)^2$, avec $\alpha\leqslant\beta$. Par définition, il existe $(a,b)\in I^2$ tel que $f(a)=\alpha$ et $f(b)=\beta$. D'après le théorème des valeurs intermédiaires, on a $[\alpha,\beta]\subset f(I)$. On conclut, à l'aide de la caractérisation des intervalles (cf. proposition 4 de la page 300), que $f(I)$ est un intervalle.

Corollaire 40 Soit $f:[a,b]\to\mathbb{R}$ une fonction continue, avec $a<b$. D'après le théorème 39 de la page 375, elle possède un minimum m et un maximum M. D'après le théorème des valeurs intermédiaires, $f([a,b])$ est un intervalle, clairement inclus dans $[m,M]$. Comme m et M appartiennent à $f([a,b])$, on a $f([a,b])=[m,M]$.

Théorème 41

1. L'application f étant strictement monotone, est injective, donc induit une bijection de I sur $J=f(I)$. De plus, J est un intervalle d'après le théorème des valeurs intermédiaires.
2. L'application f^{-1} est strictement monotone, de même monotonie que f. En effet si, par exemple f est strictement croissante, alors, pour tout $(x,y)\in J^2$, $f^{-1}(x)\geqslant f^{-1}(y)$ implique $x\geqslant y$, par croissance de f, et donc, par contraposition, $x<y$ implique $f^{-1}(x)<f^{-1}(y)$.

   De plus, on a $f^{-1}(J)=I$ et I est un intervalle. La continuité de f^{-1} résulte alors du lemme suivant, réciproque partielle du théorème des valeurs intermédiaires.

Lemme

Soit $g:I\to\mathbb{R}$ une fonction monotone. Si $g(I)$ est un intervalle, alors g est continue sur I.

Démonstration.
On démontre que si g n'est pas continue, alors $g(I)$ n'est pas un intervalle. On peut, quitte à passer à l'opposé, supposer que g est croissante.
Supposons donc que g ne soit pas continue en $x\in I$ et notons $g(x^-)$ et $g(x^+)$ les limites à gauche et à droite de g en x. On a alors $g(x^-)\neq g(x)$ ou $g(x^+)\neq g(x)$.
Pour fixer les idées, supposons $g(x^+)\neq g(x)$, c'est-à-dire ici $g(x^+)>g(x)$. Alors, aucune valeur de $]g(x),g(x^+)[$ n'appartient à $g(I)$.

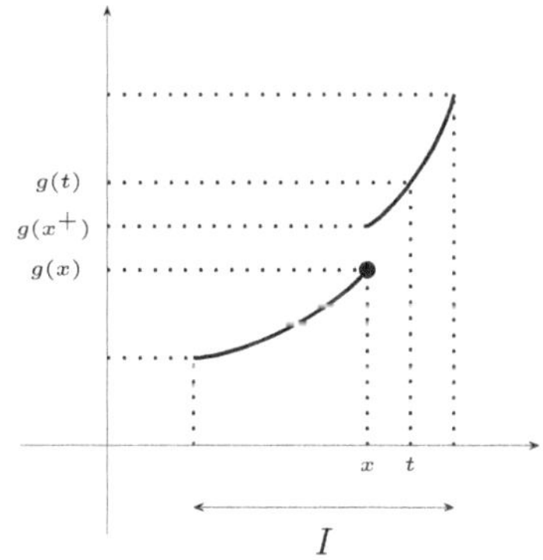

En effet, pour tout $t\in I$, si $t\leqslant x$, alors $g(t)\leqslant g(x)$ et si $t>x$, alors $g(t)\geqslant g(x^+)$. Considérons un réel $t>x$, ce qui est possible car g possède une limite à droite en x, donc x n'est pas le plus grand élément de I. Alors, $g(x)$ et $g(t)$ sont dans l'image, mais $[g(x),g(t)]\not\subset g(I)$. Ainsi $g(I)$ n'est pas un intervalle. □

Proposition 42 On a, pour tout $x \in I$:

$$0 \leqslant |\ell - \ell'| = \big|\big(\ell - f(x)\big) + \big(f(x) - \ell'\big)\big| \leqslant |f(x) - \ell| + |f(x) - \ell'|.$$

Par passage à la limite dans les inégalités, du fait que $|f(x) - \ell| \underset{x \to a}{\longrightarrow} 0$ et $|f(x) - \ell'| \underset{x \to a}{\longrightarrow} 0$, on en déduit $|\ell - \ell'| \leqslant 0$, et donc $\ell = \ell'$.

Théorème 45

- Si $\lim\limits_a f = \ell$, alors $\lim\limits_a \overline{f} = \overline{\ell}$. D'après les propriétés des limites d'une somme et d'un produit, on a $\lim\limits_a \operatorname{Re}(f) = \lim\limits_a \frac{f + \overline{f}}{2} = \frac{\ell + \overline{\ell}}{2}$ et $\lim\limits_a \operatorname{Im}(f) = \lim\limits_a \frac{f - \overline{f}}{2i} = \frac{\ell - \overline{\ell}}{2i}$.
- De même, si $\operatorname{Re}(f)$ et $\operatorname{Im}(f)$ ont une limite en a, alors :

$$\lim_a f = \lim_a \big(\operatorname{Re}(f) + i \operatorname{Im}(f)\big) = \lim_a \operatorname{Re}(f) + i \lim_a \operatorname{Re}(f).$$

Corollaire 46 On a $\frac{1}{f} = \frac{\operatorname{Re} f}{|f|^2} - i \frac{\operatorname{Im} f}{|f|^2}$. La limite de $|f|^2$ en a est $|\ell|^2 \neq 0$. De par les théorèmes généraux sur les fonctions réelles, les fonctions réelles $\operatorname{Re}\left(\frac{1}{f}\right)$ et $\operatorname{Im}\left(\frac{1}{f}\right)$ ont des limites finies en a. On obtient :

$$\frac{1}{f(x)} \underset{x \to a}{\longrightarrow} \frac{\operatorname{Re} \ell}{|\ell|^2} - i \frac{\operatorname{Im} \ell}{|\ell|^2} = \frac{1}{\ell}.$$

Corollaire 49 Soit $f : [a, b] \to \mathbb{C}$ continue. La fonction $|f|$ est une fonction à valeurs réelles, continue sur le segment $[a, b]$. Elle est donc majorée, ce qui montre que f est bornée.

S'entraîner et approfondir

Limites et continuité ponctuelle

10.1 Montrer que $\lim_{x\to 0} \sqrt{x}\left\lfloor \dfrac{1}{\sqrt{x}} \right\rfloor = 1$.
→359

10.2 Montrer que $\left(\sqrt{x^2+1}-x\right) \underset{x\to+\infty}{\longrightarrow} 0$.
→360

10.3 Montrer que la fonction $\mathbb{1}_{\mathbb{Q}}$ indicatrice de $\mathbb{Q}$, définie sur $\mathbb{R}$, n'admet de limite en aucun point.
→360

Indication. *On pourra utiliser l'existence, pour tout réel x, d'une suite de rationnels et d'une suite d'irrationnels convergeant vers x (cf. page 314).*

10.4 Soit $f : \begin{array}{ccc} \mathbb{R} & \longrightarrow & \mathbb{R} \\ x & \longmapsto & x - \lfloor x \rfloor \end{array}$ et n un entier relatif.
→362

Déterminer, si elles existent, les limites $\lim\limits_{\substack{x\to n\\ x>n}} f(x)$ et $\lim\limits_{\substack{x\to n\\ x<n}} f(x)$.

10.5 La fonction f définie sur $\mathbb{R}$ par $f(x) = \begin{cases} \exp\left(-\frac{1}{x}\right) & \text{si } x>0 \\ 0 & \text{sinon} \end{cases}$ est-elle continue en 0 ?
→363

10.6 Démontrer que la fonction f définie sur $\mathbb{R}^*$ par $f(x) = \exp\left(-\dfrac{1}{x^2}\right)$ admet un prolongement par continuité en 0.
→364

10.7 Soit $f, g : I \to \mathbb{R}$.
→365

1. Démontrer que si deux des trois termes $\lim\limits_a (f+g)$, $\lim\limits_a f$ et $\lim\limits_a g$ sont définis et sont réels, alors le troisième est défini et l'on a $\lim\limits_a (f+g) = \lim\limits_a f + \lim\limits_a g$.
2. Démontrer que si deux des trois termes $\lim\limits_a (f+g)$, $\lim\limits_a f$ et $\lim\limits_a g$ sont définis et au moins un de ces deux termes est réel, alors le troisième est défini et l'on a $\lim\limits_a (f+g) = \lim\limits_a f + \lim\limits_a g$.

10.8 Soit $f : I \to \mathbb{R}$ et $g : I \to \mathbb{R}$ deux fonctions continues en $a \in I$.
→366

Démontrer que les fonctions $\sup\{f,g\}$ et $\inf\{f,g\}$ sont continues en a.

On rappelle que les fonctions $\sup\{f,g\}$ et $\inf\{f,g\}$ sont définies sur I par :

$$\sup\{f,g\} : x \mapsto \max\{f(x), g(x)\} \quad \text{et} \quad \inf\{f,g\} : x \mapsto \min\{f(x), g(x)\}.$$

10.9 Déterminer la limite de $x \mapsto \sqrt{x^2+2x} - x$ en $+\infty$.
→368

10.10 Déterminer les limites de $x \mapsto \dfrac{-x^3+x^2+5}{5x^3-x^2+2}$ et $x \mapsto \dfrac{3x^2+x-1}{x^3-2x+1}$ en $+\infty$.
→369

10.11 Calculer $\lim\limits_{x\to 0} (1+x)^{1/x}$.
→369

10.12 Soit $f : \mathbb{R}_+^* \to \mathbb{R}$ croissante, telle que $g : x \mapsto \dfrac{f(x)}{x}$ soit décroissante. Démontrer que f est continue en tout point.
→370

10.13 Déterminer les limites de :

1. $x \mapsto x\left(\sqrt{\frac{x-1}{x+1}} - 1\right)$ en $+\infty$;
2. $x \mapsto \dfrac{e^{3x} + 2x + 7}{e^x + e^{-x}}$ en $+\infty$.

10.14 Déterminer les fonctions périodiques ayant une limite en $+\infty$.

Continuité globale

10.15 Soit $(a_1, \ldots, a_n) \in [0,1]^n$. Démontrer qu'il existe $a \in [0,1]$ tel que $\frac{1}{n}\sum\limits_{k=1}^{n} |a_k - a| = \frac{1}{2}$.
→373

10.16 Soit $f : I \to \mathbb{R}$ une fonction continue telle que $f(I) \subset \mathbb{Z}$. Démontrer que f est constante.
→373

10.17 1. Donner un exemple de fonction $f : \ ]-1,1[\to \mathbb{R}$ telle que $f\big(]-1,1[\big) = [-1,1]$.
→374

2. Donner un exemple de fonction continue $f : \ [0,+\infty[\to \mathbb{R}$, telle que $f\big([0,+\infty[\big) = [0,1[$.

10.18 Montrer que toute fonction polynomiale réelle f de degré impair admet au moins un zéro sur $\mathbb{R}$.
→374

10.19 Soit $f : \mathbb{R} \to \mathbb{R}$ une fonction continue telle qu'il existe $a \in \mathbb{R}$ vérifiant $(f \circ f)(a) = a$. Montrer qu'il existe $c \in \mathbb{R}$ tel que $f(c) = c$.
→375

10.20 Montrer qu'une fonction continue sur $\mathbb{R}$ et périodique est bornée et atteint ses bornes.
→375

10.21 Démontrer que la fonction $f : \mathbb{R} \to \mathbb{R}$ définie par $f(x) = x^3 + x + 1$, est une bijection de $\mathbb{R}$ sur $\mathbb{R}$.
→376

10.22 Soit $f : I \to \mathbb{C}$ une fonction à valeurs complexes. Démontrer que si f admet une limite en a, alors $\exp \circ f$ admet une limite en a.
→379

10.23 Déterminer, pour α réel et n entier naturel, $\lim\limits_{x \to +\infty} \left(\dfrac{e^{i\alpha}x - 1}{e^{-i\alpha}x - 1}\right)^n$.
→379

10.24 Soit f une fonction réelle définie sur $\mathbb{R}$, continue en 0 et telle que :

$$\forall x \in \mathbb{R} \quad f(2x) = f(x).$$

Démontrer que f est constante.

10.25 Soit $f : \mathbb{R} \to \mathbb{R}$ une fonction continue, vérifiant :

$$\forall (x,y) \in \mathbb{R}^2 \quad f(x+y) = f(x) + f(y).$$

On pose $\alpha = f(1)$

1. Calculer $f(x)$ en fonction de x et α, successivement pour $x \in \mathbb{N}$, $x \in \mathbb{Z}$ et $x \in \mathbb{Q}$.
2. Déterminer f.

10.26 1. Justifier qu'il existe une unique fonction 1-périodique $f : \mathbb{R} \to \mathbb{R}$ telle que :

$$\forall x \in \left[-\frac{1}{2}, \frac{1}{2}\right[\quad f(x) = |x|.$$

2. Démontrer que f est continue.

10.27 On dit qu'une fonction $f : I \to \mathbb{R}$ est **lipschitzienne** s'il existe un réel $K > 0$ tel que :

$$\forall (x,y) \in I^2 \quad \big|f(x) - f(y)\big| \leqslant K\,|x-y|.$$

1. Montrer que la fonction valeur absolue $x \mapsto |x|$ définie sur $\mathbb{R}$ est lipschitzienne.
2. Montrer que toute fonction lipschitzienne sur un intervalle I est continue sur I.
3. Montrer que la restriction de la fonction $f : \begin{array}{ccc} \mathbb{R} & \longrightarrow & \mathbb{R} \\ x & \longmapsto & x^2 \end{array}$ à $[0,1]$ est lipschitzienne, mais que f n'est pas lipschitzienne.
4. Montrer que la fonction $f : x \mapsto \sqrt{x}$ définie sur $\mathbb{R}_+$ n'est pas lipschitzienne.

★ **10.28** Soit $f : [0,1] \longrightarrow \mathbb{R}$, continue, telle que $f(0) = f(1)$. Soit $n \in \mathbb{N}^*$.

Montrer qu'il existe $\alpha \in \left[0, 1 - \frac{1}{n}\right]$ tel que $f\left(\alpha + \frac{1}{n}\right) = f(\alpha)$.

★ **10.29** Montrer qu'il n'existe pas d'application f continue de $\mathbb{R}$ dans $\mathbb{R}$ telle que tout réel ait exactement deux antécédents par f.

★ **10.30** Soit f et g deux applications continues de $[0,1]$ dans $[0,1]$ telles que $f \circ g = g \circ f$.

1. Soit $E = \{x \in [0,1] \; : \; f(x) = x\}$. Montrer que E n'est pas vide, qu'il possède un minimum a et un maximum b.
2. Montrer que, pour tout $x \in E$, $g(x) \in E$. En déduire qu'il existe $c \in [0,1]$ tel que $f(c) = g(c)$.

10.31 Soit $f : \mathbb{R} \to \mathbb{R}$ une fonction continue telle que $\lim\limits_{-\infty} f = \lim\limits_{+\infty} f = +\infty$. Démontrer que f est minorée et que sa borne inférieure est atteinte.

★ **10.32** Déterminer les fonctions continues $f : [0,1] \to [0,1]$ vérifiant $f \circ f = f$. On commencera par déterminer $f_{|f([0,1])}$.

10.33 Soit $f \in \mathcal{C}(I, \mathbb{R})$. On suppose que f est injective. On veut démontrer qu'elle est strictement monotone.

On fixe $(a,b) \in I^2$, avec $a < b$. Comme f est injective, on a $f(a) \neq f(b)$. Quitte à considérer la fonction $-f$ qui est également injective, on peut supposer que $f(a) < f(b)$.

Soit $(x,y) \in I^2$ tel que $x < y$. On considère la fonction :

$$\begin{array}{rccl} g: & [0,1] & \longrightarrow & \mathbb{R} \\ & t & \longmapsto & f\big((1-t)b+ty\big) - f\big((1-t)a+tx\big). \end{array}$$

1. Montrer que g est bien définie et continue.
2. En raisonnant par l'absurde, montrer que g ne s'annule pas.
3. En déduire que $f(x) < f(y)$. Conclure.

10.34 Pour tout $\lambda \in \mathbb{R}_+$, on pose $P_\lambda(x) = x^3 + \lambda x - 1$.

1. Montrer que, pour tout $\lambda \in \mathbb{R}_+$, la fonction P_λ a une unique racine réelle, notée $u(\lambda)$.
2. Montrer que l'application $u: \begin{array}{ccc} [0,+\infty[& \longrightarrow & \mathbb{R} \\ \lambda & \longmapsto & u(\lambda) \end{array}$ est monotone et continue.
3. Calculer sa limite en $+\infty$.

Solutions des exercices

10.1 On veut montrer que la limite en 0 de la fonction f définie sur l'intervalle $\mathbb{R}_+^*$ par $f(x) = \sqrt{x}\left\lfloor \dfrac{1}{\sqrt{x}} \right\rfloor$ est 1. Pour $x > 0$, on essaie de majorer $\left|f(x) - 1\right|$. Par définition de la partie entière d'un réel, on a :

$$\left|\frac{1}{\sqrt{x}} - \left\lfloor \frac{1}{\sqrt{x}} \right\rfloor\right| \leqslant 1.$$

En multipliant par $\sqrt{x}$, on obtient :

$$|1 - f(x)| \leqslant \sqrt{x}.$$

La proposition 4 permet alors de conclure, puisqu'on a montré que $\sqrt{x} \underset{x\to 0}{\longrightarrow} 0$ (exemple 8 de la page 359).

10.2 On a pour tout réel $x > 0$:

$$\sqrt{x^2+1} - x = \frac{\left(\sqrt{1+x^2} - x\right)\left(\sqrt{1+x^2}+x\right)}{x + \sqrt{1+x^2}} = \frac{1}{x+\sqrt{1+x^2}} > 0.$$

Ainsi, toujours pour tout $x > 0$:

$$\left|\sqrt{x^2+1} - x\right| = \frac{1}{x+\sqrt{1+x^2}} \leqslant \frac{1}{x},$$

et l'on conclut à l'aide du fait que $\dfrac{1}{x} \underset{x\to+\infty}{\longrightarrow} 0$.

10.3 Soit x un réel. On sait qu'il existe deux suites $(x_n)_{n\in\mathbb{N}}$ et $(y_n)_{n\in\mathbb{N}}$ convergeant vers x, la première à valeurs dans $\mathbb{Q}$, la seconde à valeurs dans $\mathbb{R}\setminus\mathbb{Q}$ (cf. page 314).
Puisque $\mathbb{1}_{\mathbb{Q}}(x_n) = 1$ pour tout $n \in \mathbb{N}$, on a $\lim\limits_{n\to+\infty} \mathbb{1}_{\mathbb{Q}}(x_n) = 1$. On obtient, de même, $\lim\limits_{n\to+\infty} \mathbb{1}_{\mathbb{Q}}(y_n) = 0$. Donc $\mathbb{1}_{\mathbb{Q}}$ n'a pas de limite en x.
On montre de même que $\mathbb{1}_{\mathbb{Q}}$ n'a pas de limite en $+\infty$ et $-\infty$, en considérant des suites ayant pour limites $\pm\infty$ à valeurs dans $\mathbb{Q}$ ou $\mathbb{R}\setminus\mathbb{Q}$ (par exemple, les suites de termes généraux n et $n+\sqrt{2}$).

10.4 Puisque $f_{|]n-1,n[}$ est la fonction $x \mapsto x - n + 1$ et $f_{|]n,n+1[}$ la fonction $x \mapsto x - n$, on a :

$$\lim_{\substack{x\to n\\ x<n}} f(x) = 1 \qquad \text{et} \qquad \lim_{\substack{x\to n\\ x>n}} f(x) = 0.$$

10.5 La fonction est évidemment continue à gauche en 0, car $f_{|]-\infty,0]}$ est nulle. De plus, on a $\lim\limits_{x\to 0^+} f(x) = 0$, par composition des limites (cf. théorème 21 de la page 366), et $f(0) = 0$; ainsi f est continue à droite en 0, et donc continue en 0.

10.6 On a $\lim\limits_{x\to 0}\left(-\frac{1}{x^2}\right) = -\infty$ et donc $\lim\limits_{x\to 0}\exp\left(-\frac{1}{x^2}\right) = 0$ par le théorème de composition des limites. Donc f admet un prolongement par continuité en 0. Si l'on note $\widetilde{f}$ ce prolongement, on a $\widetilde{f}(x) = \begin{cases} \exp\left(-\dfrac{1}{x^2}\right) & \text{si } x \neq 0 \\ 0 & \text{si } x = 0. \end{cases}$

10.7 1. C'est immédiat si $\lim\limits_a f$ et $\lim\limits_a g$ existent et sont réelles. Si $\lim\limits_a f$ et $\lim\limits_a (f+g)$ existent et sont réelles, alors, du fait que $g = (f+g) - f$, la limite de g est définie en a. De même, si $\lim\limits_a g$ et $\lim\limits_a (f+g)$ existent et sont réelles.

2. C'est encore immédiat si $\lim\limits_a f$ et $\lim\limits_a g$ existent et l'une de ces limites est réelle. Là encore, si $\lim\limits_a f$ et $\lim\limits_a (f+g)$ existent et que et l'une de ces limites est réelle, on peut remarquer que l'égalité $g = (f+g) - f$ permet de conclure.

10.8 Rappelons que, pour tout $(x,y) \in \mathbb{R}^2$, on a :

$$\max\{x,y\} = \frac{x+y+|x-y|}{2} \quad \text{et} \quad \min\{x,y\} = \frac{x+y-|x-y|}{2}.$$

On en déduit que :

$$\sup\{f,g\} = \frac{f+g+|f-g|}{2} \quad \text{et} \quad \inf\{f,g\} = \frac{f+g-|f-g|}{2}.$$

Les fonctions $f+g$ et $|f-g|$ sont continues en a (la seconde comme composée de fonctions continues) donc il en est de même de $\sup\{f,g\}$ et $\inf\{f,g\}$.

10.9 Puisque x tend vers $+\infty$, on peut supposer que $x > 0$. On multiplie et divise par la quantité conjuguée :

$$\sqrt{x^2+2x} - x = \frac{2x}{\sqrt{x^2+2x}+x} = \frac{2}{\sqrt{1+\frac{2}{x}}+1},$$

d'où $\lim\limits_{x\to+\infty} \left(\sqrt{x^2+2x} - x\right) = 1.$

10.10 • Le quotient $\frac{-x^3+x^2+5}{5x^3-x^2+2}$ est défini pour x assez grand, car le dénominateur tend vers $+\infty$ quand x tend vers $+\infty$ et l'on a, en mettant en facteur x^3 :

$$\frac{-x^3+x^2+5}{5x^3-x^2+2} = \frac{-1+\frac{1}{x}+\frac{5}{x^3}}{5-\frac{1}{x}+\frac{2}{x^3}}$$

d'où $\lim\limits_{x\to+\infty} \dfrac{-x^3+x^2+5}{5x^3-x^2+2} = -\dfrac{1}{5}\cdot$

• En procédant de même, on obtient :

$$\frac{3x^2+x-1}{x^3-2x+1} = \frac{1}{x}\cdot\frac{3+\frac{1}{x}+\frac{1}{x^2}}{1-\frac{2}{x^2}+\frac{1}{x^3}},$$

d'où $\lim\limits_{x\to+\infty} \dfrac{3x^2+x-1}{x^3-2x+1} = 0.$

10.11 La fonction $x \mapsto \ln(1+x)$ est définie sur $]-1,+\infty[$ contenant 0. De la dérivabilité de la fonction $\ln$ en 1, il vient que :

$$\lim_{x\to 0} \frac{\ln(1+x)}{x} = \ln'(1) = 1.$$

Il s'ensuit, par continuité de la fonction exponentielle :

$$(1+x)^{1/x} = \exp\left(\frac{1}{x}\ln(1+x)\right) \underset{x\to 0}{\longrightarrow} e^1 = e.$$

10.12 Pour $x \in \mathbb{R}_+^*$, on note $f(x^+)$ et $f(x^-)$ les limites à droite et à gauche de f en x et de même pour g. Ces limites existent, d'après le théorème de la limite monotone. Comme f est croissante, on a, pour tout $x \in \mathbb{R}_+^*$:

$$f(x^-) \leqslant f(x) \leqslant f(x^+).$$

Puisque g est décroissante, on a :

$$g(x^+) \leqslant g(x) \leqslant g(x^-), \quad \text{c'est-à-dire} \quad \frac{f(x^+)}{x} \leqslant \frac{f(x)}{x} \leqslant \frac{f(x^-)}{x}.$$

Comme $x > 0$, on en déduit $f(x^+) \leqslant f(x) \leqslant f(x^-)$. On obtient $f(x^-) = f(x^+) = f(x)$ donc f est continue en x, cela pour tout $x > 0$.

10.13 1. Pour $x > 1$, on a $x\left(\sqrt{\frac{x-1}{x+1}} - 1\right) = x\left(\sqrt{\frac{1-\frac{1}{x}}{1+\frac{1}{x}}} - 1\right)$. La parenthèse tend vers 0 : on a une « forme indéterminée ». On multiplie par l'expression conjuguée :

$$f(x) = \frac{x\left(\frac{1-\frac{1}{x}}{1+\frac{1}{x}} - 1\right)}{\sqrt{\frac{1-\frac{1}{x}}{1+\frac{1}{x}}} + 1} = \frac{\frac{-2}{1+\frac{1}{x}}}{\sqrt{\frac{1-\frac{1}{x}}{1+\frac{1}{x}}} + 1}.$$

En appliquant les théorèmes généraux, on trouve : $x\left(\sqrt{\frac{x-1}{x+1}} - 1\right) \underset{x\to+\infty}{\longrightarrow} -1$.

2. Pour $x > 0$, on a : $\dfrac{e^{3x} + 2x + 7}{e^x + e^{-x}} \geqslant \dfrac{e^{3x}}{e^x + e^{-x}} = \dfrac{e^{2x}}{1 + e^{-2x}}$,

d'où $\displaystyle\lim_{x\to+\infty} \frac{e^{3x} + 2x + 7}{e^x + e^{-x}} = +\infty$.

10.14 Soit $f : \mathbb{R} \to \mathbb{R}$ une fonction T-périodique ayant une limite ℓ en $+\infty$. Pour tout $x \in \mathbb{R}$, la suite$(x + nT)_{n\in\mathbb{N}}$ tend vers $+\infty$ donc $\displaystyle\lim_{n\to+\infty} f(x + nT) = \ell$.

Par ailleurs, la suite $\big(f(x + nT)\big)_{n\in\mathbb{N}}$ est constante, égale à $f(x)$, et par conséquent on a $\displaystyle\lim_{n\to+\infty} f(x+nT) = f(x)$. Par unicité de la limite, on a $f(x) = \ell$ (et donc $\ell \in \mathbb{R}$). Comme ceci est vrai pour tout x, la fonction f est constante.

Réciproquement, si f est constante, égale à c, alors elle est T-périodique, pour tout $T > 0$, et a pour limite c en $+\infty$.

10.15 Soit f la fonction définie sur $[0,1]$ par $f(x) = \frac{1}{n}\displaystyle\sum_{k=1}^{n} |a_k - x|$. Cette fonction est continue. D'autre part, on a :

$$f(0) = \frac{1}{n}\sum_{k=1}^{n} a_k \quad \text{et} \quad f(1) = \frac{1}{n}\sum_{k=1}^{n}(1 - a_k) = 1 - \frac{1}{n}\sum_{k=1}^{n} a_k.$$

On a donc $f(0) + f(1) = 1$. On en déduit que si $f(0) \leqslant \frac{1}{2}$ (respectivement $f(0) \geqslant \frac{1}{2}$), alors $f(1) \geqslant \frac{1}{2}$ (respectivement $f(1) \leqslant \frac{1}{2}$). Dans tous les cas, $\frac{1}{2}$ est entre $f(0)$ et $f(1)$ donc, d'après le théorème des valeurs intermédiaires, il existe $a \in [0,1]$ tel que $f(a) = \frac{1}{2}$.

10.16 Si f n'est pas constante, $f(I)$ est un intervalle contenant au moins deux points. Un tel intervalle contient au moins un élément de $\mathbb{R} \setminus \mathbb{Z}$, ce qui contredit le fait que $f(I) \subset \mathbb{Z}$.

10.17 1. La fonction $f : x \mapsto \sin(\pi x)$ convient.

2. La fonction $f : x \mapsto \frac{x}{x+1}$ convient.

10.18 Soit $f : x \mapsto \sum\limits_{k=0}^{2n-1} a_k x^k$, où $(a_0, \ldots, a_{2n-1}) \in \mathbb{R}^{2n}$ et $a_{2n-1} \neq 0$. Quitte à considérer $-f$, on peut supposer $a_{2n-1} > 0$. On a pour tout $x \neq 0$:

$$\frac{f(x)}{x^{2n-1}} = a_{2n-1} + \sum_{k=0}^{2n-2} \frac{a_k}{x^{2n-1-k}},$$

et par conséquent :

$$\frac{f(x)}{x^{2n-1}} \underset{x \to \pm\infty}{\longrightarrow} a_{2n-1}.$$

Il s'ensuit, en multipliant par x^{2n-1}, que $\lim\limits_{+\infty} f = +\infty$ et $\lim\limits_{-\infty} f = -\infty$. Ainsi f prend des valeurs positives et des valeurs négatives. D'après le théorème des valeurs intermédiaires, elle s'annule.

10.19 On raisonne par l'absurde : on suppose que, pour tout $x \in \mathbb{R}$, $f(x) \neq x$.

La fonction $h : x \mapsto f(x) - x$ ne s'annule pas sur $\mathbb{R}$. Comme elle est continue, elle garde un signe constant.

- Si h est strictement positive, on a, pour tout $x \in \mathbb{R}$, $f(x) > x$ et donc :

  $$(f \circ f)(a) = f(f(a)) > f(a) > a,$$

  ce qui contredit l'hypothèse.
- Si h est strictement négative, on obtient de même $(f \circ f)(a) < a$ et encore une contradiction.

10.20 Soit $T > 0$ une période de f. Comme f est continue sur $[0, T]$, il existe $(m, M) \in \mathbb{R}^2$ tel que $f([0, T]) = [m, M]$. On a $f(\mathbb{R}) = f([0, T]) = [m, M]$, car f est T-périodique. Donc f est bornée. Comme les bornes m et M sont atteintes par f sur $[0, T]$, f atteint ses bornes.

10.21 La fonction f est polynomiale, donc continue sur l'intervalle $\mathbb{R}$. Pour $x \neq 0$, on a $f(x) = x^3\left(1 + \frac{1}{x^2} + \frac{1}{x^3}\right)$. De $\lim\limits_{x \to \pm\infty} 1 + \frac{1}{x^2} + \frac{1}{x^3} = 1$, on déduit $\lim\limits_{-\infty} f = -\infty$ et $\lim\limits_{+\infty} f = +\infty$. On a donc d'après le théorème des valeurs intermédiaires, $f(\mathbb{R}) = \mathbb{R}$.

La fonction f est la somme d'une constante et des fonctions $x \mapsto x$ et $x \mapsto x^3$, toutes les deux strictement croissantes. Elle est donc strictement croissante. D'après le théorème de la bijection, f est une bijection de $\mathbb{R}$ sur $\mathbb{R}$.

10.22 On ne peut en aucun cas invoquer directement la composition des limites, car nous ne disposons de la notion de limite que pour les suites et pour les fonctions définies sur une partie non vide de $\mathbb{R}$, et non pour les fonctions définies sur une partie de $\mathbb{C}$.
En revanche, on peut écrire, pour tout $t \in I$:

$$(\exp\circ f)(t) = e^{\mathrm{Re}(f(t))}\cos\big(\mathrm{Im}(f(t))\big) + i\, e^{\mathrm{Re}(f(t))}\sin\big(\mathrm{Im}(f(t))\big).$$

L'existence de la limite est alors une conséquence des théorèmes généraux.

10.23 Pour tout $x > 1$, on a :

$$\frac{e^{i\alpha}x-1}{e^{-i\alpha}x-1} = \frac{e^{i\alpha}-1/x}{e^{-i\alpha}-1/x},$$

Par ailleurs $e^{i\alpha}-1/x \underset{x\to+\infty}{\longrightarrow} e^{i\alpha}$ et $e^{-i\alpha}-1/x \underset{x\to+\infty}{\longrightarrow} e^{-i\alpha}$. Ainsi :

$$\frac{e^{i\alpha}x-1}{e^{-i\alpha}x-1} \underset{x\to+\infty}{\longrightarrow} e^{2i\alpha} \qquad \text{et} \qquad \left(\frac{e^{i\alpha}x-1}{e^{-i\alpha}x-1}\right)^n \underset{x\to+\infty}{\longrightarrow} e^{2in\alpha}.$$

10.24 Pour montrer que f est constante, montrons que, pour tout $x \in \mathbb{R}$, on a $f(x) = f(0)$.
Soit $x \in \mathbb{R}$. On a $f(y) = f\left(\frac{y}{2}\right)$ pour tout $y \in \mathbb{R}$. Par récurrence, on démontre que :

$$\forall n \in \mathbb{N} \quad f(x) = f\left(\frac{x}{2^n}\right).$$

Puisque $\frac{x}{2^n} \underset{n\to+\infty}{\longrightarrow} 0$, par composition des limites et unicité de la limite, il vient que :

$$f(x) = \lim_{n\to+\infty} f\left(\frac{x}{2^n}\right) = f(0).$$

10.25
1. En considérant $x = y = 0$, on obtient $f(0) = 2f(0)$, c'est-à-dire $f(0) = 0$. Pour tout x réel, on vérifie, par récurrence sur $\mathbb{N}$, que $f(nx) = nf(x)$. En particulier $f(n) = \alpha n$, lorsque $n \in \mathbb{N}$.
   Puisque $f(n) + f(-n) = f(0) = 0$, on obtient que $f(n) = \alpha\, n$, pour tout $n \in \mathbb{Z}$.
   Pour tout $(p,q) \in \mathbb{Z}\times\mathbb{N}^*$, on a :
   $$f\left(q\,\frac{p}{q}\right) = qf\left(\frac{p}{q}\right) \qquad \text{et} \qquad f\left(q\,\frac{p}{q}\right) = f(p) = \alpha\, p,$$
   et donc $f\left(\frac{p}{q}\right) = \alpha\frac{p}{q}\cdot$ Ceci montre que $f(x) = \alpha x$, pour tout $x \in \mathbb{Q}$.
2. Soit $x \in \mathbb{R}$. Il existe une suite $(x_n)_{n\in\mathbb{N}}$ de rationnels convergeant vers x. D'après ce qui précède :
   $$f(x_n) = \alpha x_n \underset{n\to+\infty}{\longrightarrow} \alpha x,$$
   mais par continuité de f en x :
   $$f(x_n) \underset{n\to+\infty}{\longrightarrow} f(x).$$
   Par unicité de la limite, on a donc $f(x) = \alpha x$.
   Il est par ailleurs facile de vérifier que, pour tout réel α, $f : x \mapsto \alpha x$ est une fonction continue vérifiant, pour tout $(x,y) \in \mathbb{R}^2$, la relation $f(x+y) = f(x) + f(y)$

10.26 1. **Unicité.** Il suffit de remarquer que, pour tout $x \in \mathbb{R}$, on a $x - \lfloor x + \frac{1}{2} \rfloor \in [-\frac{1}{2}, \frac{1}{2}[$.

Par périodicité, pour tout $x \in \mathbb{R}$, on a donc $f(x) = \left| x - \lfloor x + \frac{1}{2} \rfloor \right|$.

Existence. Il suffit de poser :

$$\forall x \in \mathbb{R} \quad f(x) = \left| x - \left\lfloor x + \frac{1}{2} \right\rfloor \right|.$$

La périodicité est facile à établir en remarquant que $\lfloor a + 1 \rfloor = \lfloor a \rfloor + 1$, pour tout réel a. D'autre part, pour tout $x \in [-\frac{1}{2}, \frac{1}{2}[$, on a $\lfloor x + \frac{1}{2} \rfloor = 0$ donc $f(x) = |x|$.

2. La fonction partie entière est continue en a si $a \notin \mathbb{Z}$, et seulement continue à droite en a si $a \in \mathbb{Z}$, donc par composition f est continue en a si $a + \frac{1}{2} \notin \mathbb{Z}$ et continue à droite en a si $a + \frac{1}{2} \notin \mathbb{Z}$. Il suffit donc de vérifier la continuité de f à gauche en un tel point et, comme f est 1-périodique, de la vérifier en $-\frac{1}{2}$. On a $f\left(-\frac{1}{2}\right) = \frac{1}{2}$ et pour $x \in]-\frac{3}{2}, -\frac{1}{2}[$, $f(x) = |x + 1|$ et donc $\lim\limits_{x \to (-\frac{1}{2})^-} f(x) = \frac{1}{2} = f\left(-\frac{1}{2}\right)$.

10.27 1. Par inégalité triangulaire, on a, pour tout $(x, y) \in \mathbb{R}^2$, $\big||x| - |y|\big| \leqslant |x - y|$, donc la fonction $x \mapsto |x|$ est lipschitzienne, avec $K = 1$.

2. Soit f une fonction lipschitzienne sur I et $a \in I$. Il existe $K > 0$ tel que, pour tout $x \in I$:

$$\big|f(x) - f(a)\big| \leqslant K\,|x - a|.$$

On a $\lim\limits_{x \to a} K|x - a| = 0$, ce qui implique $\lim\limits_{x \to a} f(x) = f(a)$ et la continuité de f en a.

3. • Pour tout $(x, y) \in [0, 1]^2$, on a $\big|f(x) - f(y)\big| = |x + y|\,|x - y| \leqslant 2\,|x - y|$, donc $f_{|[0,1]}$ est lipschitzienne (avec $K = 2$).

• Pour tout $x \in \mathbb{R}_+^*$, on a $\left|\dfrac{f(x) - f(0)}{x - 0}\right| = 2x. \qquad (*)$

Si f était lipschitzienne, l'ensemble $\left\{ \frac{|f(y) - f(x)|}{|y - x|} \mid (x, y) \in \mathbb{R}^2,\ x \neq y \right\}$ serait borné, ce qui n'est pas possible au vu de la relation $(*)$.

4. Raisonnons par l'absurde. Supposons que $f : x \mapsto \sqrt{x}$ soit lipschitzienne. En prenant $y = 0$ dans la définition, on voit qu'il existe un réel $K > 0$ tel que, pour tout $x > 0$:

$$\sqrt{x} = \left|\sqrt{x} - \sqrt{0}\right| \leqslant K\,x,$$

et donc $x \geqslant \frac{1}{K^2}$ pour tout $x > 0$.

Cette dernière inégalité ne peut pas être vérifiée pour tout $x > 0$: il y a des réels strictement positifs strictement inférieurs à $\frac{1}{K^2}$, par exemple $\frac{1}{2K^2}$.

10.28 Si $n = 1$, $\alpha = 0$ convient. On suppose désormais $n \geqslant 2$.

Considérons la fonction $g : x \mapsto f\left(x + \frac{1}{n}\right) - f(x)$. Elle est définie et continue sur l'intervalle $[0, 1 - \frac{1}{n}]$. On a :

$$\sum_{k=0}^{n-1} g\left(\frac{k}{n}\right) = \sum_{k=0}^{n-1} \left(f\left(\frac{k+1}{n}\right) - f\left(\frac{k}{n}\right) \right) = f(1) - f(0) = 0,$$

car la somme est télescopique. Les termes $g\left(\frac{k}{n}\right)$, pour $0 \leqslant k \leqslant n - 1$, ne peuvent pas être tous strictement négatifs ou tous strictement positifs, sinon la somme ne serait pas nulle. Il existe donc k et ℓ dans $[\![0, n-1]\!]$ tels que $g\left(\frac{k}{n}\right) \geqslant 0$ et $g\left(\frac{\ell}{n}\right) \leqslant 0$. La fonction g, continue sur l'intervalle $[0, 1-\frac{1}{n}]$, qui prend des valeurs positives et négatives, s'annule d'après le théorème des valeurs intermédiaires.

Il existe donc $\alpha \in \left[0, 1-\dfrac{1}{n}\right]$ tel que $g(\alpha) = 0$, c'est-à-dire tel que $f\left(\alpha + \dfrac{1}{n}\right) = f(\alpha)$.

10.29 Supposons qu'une telle application existe. Notons $a < b$ les deux antécédents de 0. Sur $]a, b[$, la fonction f ne s'annule pas, donc elle garde un signe constant, puisqu'elle est continue. Quitte à considérer $-f$, on peut supposer que f est strictement positive sur $]a, b[$.

On note $M = \max\limits_{[a,b]} f = f(c)$, avec $c \in]a, b[$. Si $y \in]0, M[$, il existe, d'après le théorème des valeurs intermédiaires $x_1 \in]a, c[$ et $x_2 \in]c, b[$ tels que $f(x_1) = f(x_2) = y$. Sur $]-\infty, a]$ et $[b, +\infty[$, f ne peut pas prendre la valeur y (car sinon cette valeur serait prise au moins trois fois) et, comme $f(a) = f(b) = 0 < y$, elle ne peut pas prendre de valeur supérieure à y (sinon par le théorème des valeurs intermédiaires elle prendrait la valeur y sur $]-\infty, a]$ ou $[b, +\infty[$).

On en déduit qu'un réel $z > M$ n'a pas d'antécédent par f, ce qui est contradictoire.

10.30 1. Puisque la fonction continue $h : x \mapsto f(x) - x$ change de signe (cf. exemple 37 de la page 374), elle s'annule sur $[0, 1]$. L'ensemble E n'est donc pas vide. Étant borné, il possède une borne inférieure a et une borne supérieure b.

Montrons que a appartient à E. Raisonnons par l'absurde, en supposant que $f(a) \neq a$. On a alors $|h(a)| = |f(a) - a| > 0$, c'est-à-dire $\lim\limits_{x \to a} |h(x)| > 0$. On en déduit qu'il existe $\varepsilon > 0$ tel que, pour tout $x \in [a-\varepsilon, a+\varepsilon] \cap [0, 1]$, on ait $|h(x)| = |f(x) - x| > 0$ et donc $x \notin A$. Il n'y a donc pas d'élément de A dans l'intervalle $[a, a+\varepsilon[$, ce qui contredit le fait que $a = \inf A$. On a donc $f(a) = a$, donc $a \in E$ et $a = \min E$. On démontre de même que $b = \max E$.

2. Soit $x \in E$. On a $f(x) = x$ et donc $f(g(x)) = g(f(x)) = g(x)$, donc $g(x) \in E$. En particulier, $g(a)$ et $g(b)$ appartiennent à E.

Soit φ définie sur $[0, 1]$ par $\varphi(x) = f(x) - g(x)$. La fonction φ est continue.

On a :

$$\varphi(a) = f(a) - g(a) = a - g(a) \leqslant 0,$$

car $g(a) \in E$ et $a = \min E$. De même :

$$\varphi(b) = f(b) - g(b) = b - g(b) \geqslant 0,$$

car $g(b) \in E$ et $b = \max E$.

D'après le théorème des valeurs intermédiaires, la fonction φ s'annule.

10.31 L'hypothèse sur les limites de f donne l'existence d'un réel $a > 0$ tel que, pour tout x vérifiant $|x| \geqslant a$, on ait $f(x) \geqslant f(0)$.

La restriction de f au segment $[-a, a]$ est continue. Elle a donc un minimum m atteint en un point $x_0 \in [-a, a]$ et l'on a $m \leqslant f(0)$. Pour tout $x \notin [-a, a]$, on a $f(x) \geqslant f(0) \geqslant m$. Par conséquent, pour tout $x \in \mathbb{R}$, $f(x) \geqslant m$ et f admet un minimum, atteint en x_0.

10.32 Soit f une solution. Alors $f\big([0,1]\big)$ est un segment $[a,b] \subset [0,1]$. Puisque $f \circ f = f$, on a, pour tout $y \in [a,b]$:

$$f(y) = (f \circ f)(x) = f(x) = y,$$

où x est un antécédent de y. Ainsi $f_{|[a,b]}$ est l'identité de $[a,b]$. De plus, si $a > 0$, alors $f_{|[0,a]}$ est une application continue de $[0,a]$ dans $[a,b]$ prenant en a la valeur a. De même, si $b < 1$, alors $f_{|[b,1]}$ est une application continue de $[b,1]$ dans $[a,b]$ prenant en b la valeur b.

Réciproquement, soit $[a,b] \subset [0,1]$. On se donne $f_1 : [0,a] \to [a,b]$ une fonction quelconque telle que $f_1(a) = a$ et, si $0 < a$, continue et $f_2 : [b,1] \to [a,b]$ une fonction quelconque telle que $f_2(b) = b$ et, si $b < 1$, continue. Il est alors aisé de vérifier que la fonction définie sur $[0,1]$ par :

$$f(x) = \begin{cases} f_1(x) & \text{si } 0 \leqslant x < a\,; \\ x & \text{si } a \leqslant x \leqslant b\,; \\ f_2(x) & \text{si } b < x \leqslant 1, \end{cases}$$

est continue et qu'elle est une solution du problème.

10.33
1. On a pour tout $t \in [0,1]$, $\min\{b,y\} \leqslant (1-t)b + ty \leqslant \max\{b,y\}$. Comme b et y sont dans I, on en déduit $(1-t)b + ty \in I$. On montre de même que $(1-t)a + tx \in I$. Ainsi, la fonction g est bien définie sur $[0,1]$. De plus, elle est continue, d'après les théorèmes généraux.
2. Supposons qu'il existe $t \in [0,1]$ tel que $g(t) = 0$. Comme f est injective, on en déduit $(1-t)b + ty = (1-t)a + tx$, c'est-à-dire $(1-t)(b-a) = t(x-y)$. Par hypothèse, on a $(1-t)(b-a) \geqslant 0$ et $t(x-y) \leqslant 0$. L'égalité n'est donc possible que si $(1-t)(b-a) = 0$ et $t(x-y) = 0$. Mais cela nécessite $t = 1$ et $t = 0$. C'est impossible. Par conséquent, g ne s'annule pas sur $[0,1]$.
3. D'après le théorème des valeurs intermédiaires, g étant continue, elle garde un signe strict constant. Puisque $g(0) = f(b) - f(a) > 0$, on a aussi $g(1) = f(y) - f(x) > 0$, donc $f(x) < f(y)$: comme cela est vrai pour tout $(x,y) \in I^2$ tel que $x < y$, la fonction f est strictement croissante.

10.34
1. La fonction P_λ est une fonction polynomiale de degré impair donc elle s'annule sur $\mathbb{R}$. Pour tout $\lambda \geqslant 0$, la fonction P_λ est continue sur $\mathbb{R}$ et strictement croissante sur $\mathbb{R}$, car somme des fonctions $x \to \lambda x - 1$, croissante, et $x \to x^3$ strictement croissante. Donc elle s'annule une seule fois, en $u(\lambda)$.
2. On note que $u(\lambda) > 0$, car $P_\lambda(0) = -1 < 0$ et $u(\lambda) \leqslant 1$, car $P_\lambda(1) = \lambda \geqslant 0$.

   L'égalité $P_\lambda(u(\lambda)) = 0$ équivaut à :

   $$\frac{1}{u(\lambda)} - u(\lambda)^2 = \lambda.$$

   Considérons la fonction $f :]0,1] \to \mathbb{R}_+$, définie par $f(x) = \frac{1}{x} - x^2$.

   La fonction f est continue et strictement décroissante, donc elle réalise une bijection de $]0,1]$ sur $[f(1), \lim\limits_0 f[= [0,+\infty[$. Pour tout $\lambda \in \mathbb{R}_+$, $u(\lambda) \in]0,1]$ et $f(u(\lambda)) = \lambda$.

   Ainsi $u(\lambda) = f^{-1}(\lambda)$. La fonction u, c'est-à-dire f^{-1}, est continue et strictement décroissante comme fonction réciproque d'une fonction continue strictement décroissante.
3. La fonction $u = f^{-1}$ réalise une bijection décroissante de $\mathbb{R}_+$ sur $]0,1]$.

   On a donc $\lim\limits_{\lambda \to +\infty} u(\lambda) = 0$.

Chapitre 11 : Dérivation

Dérivation 11

Dans tout le chapitre, I désigne un intervalle de $\mathbb{R}$ d'intérieur non vide et a est un élément de I.

I Dérivée

1 Définitions, interprétations

Nombre dérivé

Définition 1

Soit $f : I \to \mathbb{R}$ une fonction. On dit que f est **dérivable en a** si son taux d'accroissement en a :

$$\tau_{a,f} : \begin{array}{rcl} I \setminus \{a\} & \longrightarrow & \mathbb{R} \\ x & \longmapsto & \dfrac{f(x)-f(a)}{x-a} \end{array}$$

admet une limite finie en a. Cette limite, lorsqu'elle existe, est le **nombre dérivé de f en a**. Il est noté $f'(a)$ ou $D(f)(a)$.

Ex. 1. Une fonction constante f sur I est dérivable en tout point a de I, avec $f'(a) = 0$.

Ex. 2. Lorsque $n \in \mathbb{N}$, la fonction :

$$f : \begin{array}{rcl} \mathbb{R} & \longrightarrow & \mathbb{R} \\ x & \longmapsto & x^n \end{array}$$

est dérivable en tout point de $\mathbb{R}$.

- Si $n = 0$, d'après le point précédent, $f'(a) = 0$.
- Si $n \geqslant 1$, on a $f'(a) = na^{n-1}$. Cela a été démontré au chapitre 3, page 74.

Ex. 3. Lorsque $n \in \mathbb{Z}_-^*$ et $I = \mathbb{R}_+^*$ ou $I = \mathbb{R}_-^*$, la fonction :

$$f : \begin{array}{ccc} I & \longrightarrow & \mathbb{R} \\ x & \longmapsto & x^n \end{array}$$

est dérivable en tout point de I et $f'(a) = na^{n-1}$.
Cela a également été démontré au chapitre 3 page 77.

Ex. 4. La fonction $f : x \mapsto \sqrt{x}$ n'est pas dérivable en 0, car $\dfrac{f(x)-f(0)}{x-0} = \dfrac{1}{\sqrt{x}} \underset{x\to 0}{\longrightarrow} +\infty$.

Remarques

- On trouve parfois, notamment en physique, la notation $\frac{\mathrm{d}f}{\mathrm{d}x}(a)$ pour le nombre dérivé de f en a.
- Un simple changement d'écriture montre, en s'appuyant sur la composition des limites, que f est dérivable en a si, et seulement si, la fonction $h \mapsto \frac{f(a+h)-f(a)}{h}$ a une limite finie en 0 et l'on a alors :
$$f'(a) = \lim_{h\to 0} \frac{f(a+h)-f(a)}{h}.$$
- Soit J un intervalle d'intérieur non vide inclus dans I, avec $a \in J$. Si f est dérivable en a, alors $f_{|J}$ est dérivable en a et l'on a $(f_{|J})'(a) = f'(a)$.
- La notion de dérivabilité, étant définie à l'aide d'une limite, est une notion locale. Plus précisément, s'il existe $r > 0$ tel que $f_{|I\cap[a-r,a+r]}$ soit dérivable en a, alors f est dérivable en a et $f'(a) = \left(f_{|I\cap[a-r,a+r]}\right)'(a)$.

Interprétation graphique

Rappelons que (cf. page 75) :

- lorsque la fonction f est dérivable en a, sa courbe admet au point d'abscisse a une tangente qui a pour équation :
$$y = f(a) + f'(a)(x-a);$$
- lorsque le taux d'accroissement $\dfrac{f(x)-f(a)}{x-a}$ admet une limite *infinie* en a et que la fonction f est continue en a, alors la courbe admet une tangente *verticale* en a.

Une autre formulation de la dérivabilité

Proposition 1

Soit $f : I \to \mathbb{R}$ une fonction. La fonction f est dérivable en a si, et seulement s'il existe un réel ℓ et une fonction $\alpha : I \to \mathbb{R}$ tels que :

$$\forall x \in I \quad f(x) = f(a) + \ell(x-a) + (x-a)\alpha(x) \quad \text{et} \quad \lim_{x\to a} \alpha(x) = 0.$$

Dans ces conditions, $f'(a) = \ell$.

Démonstration page 425

Remarque En notant $I_a = \{x - a \mid x \in I\}$, on peut réécrire le résultat de cette dernière proposition sous la forme suivante : la fonction f est dérivable en a si, et seulement s'il existe un réel ℓ et une fonction $\beta : I_a \to \mathbb{R}$ tels que :

$$\forall h \in I_a \quad f(a+h) = f(a) + \ell\, h + h\beta(h) \quad \text{et} \quad \lim_{h\to 0} \beta(h) = 0.$$

Dérivabilité et continuité

Proposition 2 (Continuité et dérivation)

Soit $f : I \to \mathbb{R}$ une fonction. Si f est dérivable en a, alors f est continue en a.

Démonstration. Avec les notations de la proposition précédente, on a $\lim\limits_{x \to a} (x-a)\alpha(x) = 0$ et $\lim\limits_{x \to a} \ell(x-a) = 0$. La conclusion en découle. □

Attention La réciproque de la proposition précédente est fausse. Par exemple, la fonction $f : x \mapsto \sqrt{x}$ est continue en 0 et nous avons vu qu'elle n'est pas dérivable en 0 (cf. exemple 4 de la page précédente).

Fonction dérivée

Définition 2

Soit $f : I \to \mathbb{R}$ une fonction. On dit que f est **dérivable** si elle est dérivable en tout point x de I. On note alors f' ou $D(f)$ l'application qui à $x \in I$ associe le nombre dérivé de f en x. On l'appelle l'**application dérivée** de f, ou plus simplement la **dérivée de f**.

Notation On note $\mathcal{D}(I, \mathbb{R})$ l'ensemble des fonctions réelles dérivables sur I.

Remarques

- On trouve parfois la notation $\frac{\mathrm{d}f}{\mathrm{d}x}$ pour désigner la fonction dérivée.
- Comme pour les fonctions continues (cf. remarque de la page 371), on s'autorise parfois à parler de fonctions dérivables même dans le cas où elles sont définies sur une réunion d'intervalles d'intérieur non vide. Par exemple :
  * la fonction $x \mapsto 1/x$ est un élément de $\mathcal{D}(\mathbb{R}^*, \mathbb{R})$,
  * la fonction tangente est un élément de $\mathcal{D}\left(\mathbb{R} \setminus \left(\frac{\pi}{2} + \pi\mathbb{Z}\right), \mathbb{R}\right)$.
- La notation prime (*i.e.* $'$) ne s'applique *qu'aux fonctions*. Écrire $(x^2+1)' = 2x$ est donc un abus à proscrire. En revanche, on pourra parfois, notamment en physique, écrire des égalités du type $\dfrac{\mathrm{d}}{\mathrm{d}x}\big(x^2+1\big) = 2x$.

2 Calcul de dérivées

Théorème 3 (Opérations algébriques)

Soit f et g deux fonctions définies sur I et dérivables en a.

- Soit λ et μ deux réels. La fonction $\lambda f + \mu g$ est dérivable en a et :
$$(\lambda f + \mu g)'(a) = \lambda f'(a) + \mu g'(a). \qquad \text{(linéarité)}$$
- Le produit fg est dérivable en a et :
$$(fg)'(a) = f'(a)g(a) + f(a)g'(a).$$

Démonstration page 425

Principe de démonstration. Pour le produit, utiliser l'astuce classique de calcul suivante :
$$\frac{(fg)(x) - (fg)(a)}{x-a} = \frac{\big(f(x) - f(a)\big)g(x) + f(a)\big(g(x) - g(a)\big)}{x-a}.$$

En appliquant ce théorème en tout point de I, on obtient le corollaire suivant.

Corollaire 4

Soit $(f,g) \in \mathcal{D}(I,\mathbb{R})^2$ et $(\lambda,\mu) \in \mathbb{R}^2$.

Alors $\lambda f + \mu g$ et fg sont dérivables sur I et l'on a :

$$(\lambda f + \mu g)' = \lambda f' + \mu g' \qquad \text{et} \qquad (fg)' = f'g + fg'.$$

751 **Remarque** L'ensemble $\mathcal{D}(I,\mathbb{R})$ contenant la fonction nulle, la première égalité du corollaire traduit le fait que $\mathcal{D}(I,\mathbb{R})$ est un sous-espace vectoriel de $\big(\mathcal{F}(I,\mathbb{R}),+,\cdot\big)$; de plus, $f \mapsto f'$ est une application linéaire de $\mathcal{D}(I,\mathbb{R})$ dans $\mathcal{F}(I,\mathbb{R})$.

Corollaire 5

Les fonctions polynomiales réelles sont dérivables sur $\mathbb{R}$.

La dérivée d'une fonction polynomiale est elle-même une fonction polynomiale.

Théorème 6 (Composition)

Soit I et J deux intervalles d'intérieur non vide, ainsi que $f : I \to \mathbb{R}$ et $g : J \to \mathbb{R}$ deux fonctions, avec $f(I) \subset J$. Si la fonction f est dérivable en a, et si la fonction g est dérivable en $b = f(a)$, alors $g \circ f$ est dérivable en a et :

$$(g \circ f)'(a) = g'(b)f'(a) = g'\big(f(a)\big)f'(a).$$

Démonstration page 425

Principe de démonstration. Écrire $g(y) - g(b) = g'(b)(y-b) + (y-b)\alpha(y)$ en $y = f(x)$. Diviser par $x-a$ et considérer la limite lorsque x tend vers a.

Corollaire 7

Soit $f \in \mathcal{D}(I,\mathbb{R})$ et $g \in \mathcal{D}(J,\mathbb{R})$, où I et J sont des intervalles d'intérieur non vide, avec $f(I) \subset J$. Alors $g \circ f$ est dérivable et :

Exo 11.1

$$(g \circ f)' = \big(g' \circ f\big) \times f'.$$

Ex. 5. Une fonction f, impaire et dérivable, possède une dérivée paire. En effet, considérons la fonction $g : x \mapsto f(-x)$, dérivable par composition et de dérivée $g' : x \mapsto -f'(-x)$. Par imparité de f, on a l'égalité de fonctions $f = -g$. En dérivant, on obtient $f' = -g'$, c'est-à-dire $f'(x) = f'(-x)$ pour tout x. Ainsi f' est paire.

Ex. 6. Soit $\alpha \in \left]0,+\infty\right[$ et f la fonction définie sur $\left]0,+\infty\right[$ par $f(x) = x^\alpha = \exp(\alpha \ln x)$. Cette fonction est dérivable sur $\left]0,+\infty\right[$ car $x \mapsto \ln x$ est dérivable sur $\left]0,+\infty\right[$ et la fonction exponentielle est dérivable sur $\mathbb{R}$; de plus, pour tout $x > 0$, on a :

$$f'(x) = \alpha \frac{1}{x} \exp(\alpha \ln x) = \alpha \frac{1}{x} x^\alpha = \alpha x^{\alpha - 1}.$$

Ex. 7. Soit $f : I \to \left]0,+\infty\right[$ une fonction dérivable à valeurs strictement positives. Alors la fonction f^α, définie par $f^\alpha = \exp(\alpha \ln f)$, est dérivable sur I et l'on a $(f^\alpha)' = \alpha f^{\alpha-1} \times f'$.

Corollaire 8

Soit $f : I \to \mathbb{R}$ une fonction dérivable en a.

- Pour $n \in \mathbb{N}^*$, la fonction f^n est dérivable en a et $(f^n)'(a) = n\, f'(a)\, f^{n-1}(a)$.
- Pour $n \in \mathbb{Z}_-^*$, si $f(a) \neq 0$, alors la fonction f^n est dérivable en a et :
$$(f^n)'(a) = n\, f'(a)\, f^{n-1}(a).$$
- En particulier : $\left(\dfrac{1}{f}\right)'(a) = -\dfrac{f'(a)}{f^2(a)}$.

Démonstration page 426

Principe de démonstration.
Utiliser le théorème précédent et la dérivation des fonctions puissances entières (cf. page 400).

Remarque Lorsque $n = 0$, l'égalité $(f^n)'(a) = n\, f'(a)\, f^{n-1}(a)$ est encore vérifiée dans le cas où $f(a) \neq 0$, mais elle n'a pas de sens si $f(a) = 0$.

Corollaire 9

Soit $f \in \mathcal{D}(I, \mathbb{R})$.

- Pour $n \in \mathbb{N}^*$, la fonction f^n est dérivable et $(f^n)' = n\, f'\, f^{n-1}$.
- Pour $n \in \mathbb{Z}_-^*$, si f ne s'annule pas sur I, alors la fonction f^n est dérivable et :
$$(f^n)' = n\, f'\, f^{n-1}.$$

Corollaire 10

Soit $f \in \mathcal{D}\big(I, \mathbb{R}\big)$ ne s'annulant pas. Alors $1/f$ est dérivable et :
$$\left(\frac{1}{f}\right)' = -\frac{f'}{f^2}.$$

Remarque Si $f : I \to \mathbb{R}$ et $g : I \to \mathbb{R}$ sont deux fonctions dérivables et si g ne s'annule pas, alors la fonction f/g est dérivable, en tant que produit de deux fonctions dérivables et :
$$\left(\frac{f}{g}\right)' = f' \times \frac{1}{g} + f \times \left(-\frac{g'}{g^2}\right) = \frac{f'g - fg'}{g^2}.$$

Ex. 8. La fonction tan est dérivable sur tout intervalle non trivial inclus dans $\mathbb{R} \setminus (\frac{\pi}{2} + \pi\mathbb{Z})$. En dérivant le quotient $\dfrac{\sin}{\cos}$, puis le produit $\sin \times \dfrac{1}{\cos}$, on obtient :
$$\tan' = \frac{\sin' \times \cos - \sin \times \cos'}{\cos^2} \quad \text{et} \quad \tan' = \cos \times \frac{1}{\cos} + \sin \times \frac{\sin}{\cos^2},$$
ou, en d'autres termes : $\tan' = \dfrac{1}{\cos^2} = 1 + \tan^2$.

Corollaire 11

Toute fonction rationnelle $f : I \to \mathbb{R}$ est dérivable.

La dérivée d'une fonction rationnelle est elle-même une fonction rationnelle.

Fonctions réciproques

Théorème 12

Soit $f : I \to J$ une bijection continue strictement monotone sur I, dérivable en a. Alors, en posant $b = f(a)$, la fonction f^{-1} est dérivable en b si, et seulement si, $f'(a) \neq 0$, et dans ce cas :

$$\left(f^{-1}\right)'(b) = \frac{1}{f'(a)} = \frac{1}{f'\left(f^{-1}(b)\right)}.$$

Démonstration page 426

Principe de démonstration.

Remarquer que $\dfrac{f^{-1}(y) - f^{-1}(b)}{y - b}$ est l'inverse de $\dfrac{f\big(f^{-1}(y)\big) - f\big(f^{-1}(b)\big)}{f^{-1}(y) - f^{-1}(b)}$.

Corollaire 13

Soit $f : I \to J$ une bijection dérivable strictement monotone. Alors, f^{-1} est dérivable si, et seulement si, f' ne s'annule pas et dans ce cas :

Exo 11.2

$$\left(f^{-1}\right)' = \frac{1}{f' \circ f^{-1}}.$$

Le théorème de dérivation des fonctions réciproques permet d'établir des résultats concernant la dérivation des fonctions usuelles. Ils ont déjà été évoqués au chapitre 6.

Ex. 9. Puisque la dérivée sur $\mathbb{R}_+^*$ de la fonction logarithme $f : x \mapsto \ln(x)$ est $f' : x \mapsto \frac{1}{x}$, qui est à valeurs strictement positives, la fonction $f^{-1} = \exp$ est dérivable sur $\mathbb{R}$ et on a :

$$\left(f^{-1}\right)' = \frac{1}{f' \circ f^{-1}} = \frac{1}{\frac{1}{f^{-1}}} = f^{-1},$$

ce qui s'écrit $\exp' = \exp$.

Ex. 10. Puisque la dérivée sur $\left]-\frac{\pi}{2}, \frac{\pi}{2}\right[$ de la fonction $\tan$ est la fonction $t \mapsto 1 + \tan^2 t$, qui est à valeurs strictement positives, la fonction Arctan est dérivable sur $\mathbb{R}$ et $\operatorname{Arctan}' : x \mapsto \frac{1}{x^2+1}$.

Ex. 11. Puisque, pour tout $t \in \left]-\frac{\pi}{2}, \frac{\pi}{2}\right[$, on a $\sin'(t) = \cos(t) > 0$, la fonction Arcsin est dérivable sur $]-1, 1[$ et sur cet intervalle :

$$\operatorname{Arcsin}'(x) = \frac{1}{\cos\left(\operatorname{Arcsin} x\right)}.$$

On peut simplifier le dénominateur pour $x \in]-1, 1[$. En effet, on a $y = \operatorname{Arcsin}(x) \in \left]-\frac{\pi}{2}, \frac{\pi}{2}\right[$. Donc $\cos y \geqslant 0$ et ainsi $\cos y = \sqrt{1 - \sin^2 y}$, ce qui implique :

$$\forall x \in]-1, 1[\quad \operatorname{Arcsin}'(x) = \frac{1}{\sqrt{1 - x^2}}.$$

Notons que $\sin \frac{\pi}{2} = 1$ et que $\sin'\left(\frac{\pi}{2}\right) = \cos\left(\frac{\pi}{2}\right) = 0$. Par conséquent, Arcsin n'est pas dérivable en 1. Il en est de même, par exemple par imparité, pour -1.

3 Dérivées à droite et à gauche

Définition 3

Soit $f : I \to \mathbb{R}$ une fonction.

- Si a n'est pas l'extrémité supérieure de I, on dit que f est **dérivable à droite en a** si la restriction $f_{|I\cap[a,+\infty[}$ est dérivable en a. Par définition, **le nombre dérivé à droite de f en a** est $\left(f_{|I\cap[a,+\infty[}\right)'(a)$. Il est noté $f'_d(a)$.
- On définit de même **la dérivabilité à gauche** et **le nombre dérivé à gauche**, en un point a qui n'est pas l'extrémité inférieure de I. Il est noté $f'_g(a)$.

Remarques

- Si a est l'extrémité supérieure de I, la fonction f est dérivable en a si, et seulement si, elle est dérivable à gauche en a.
  En revanche, l'intersection $I\cap[a,+\infty[$ étant réduite au singleton $\{a\}$, la question de la dérivabilité à droite de f en a ne se pose pas.
- Si f est dérivable à droite en a, alors f est continue à droite en a. Pour le démontrer, il suffit d'appliquer la proposition 2 de la page 402 à $f_{|I\cap[a,+\infty[}$.

Pour qu'une fonction f soit dérivable en un point a intérieur à I, il est nécessaire qu'elle soit dérivable à droite et à gauche en a. Voici une condition suffisante.

Proposition 14

Soit $f : I \to \mathbb{R}$ une fonction et a un point de l'intérieur de I. La fonction f est dérivable en a si, et seulement si, elle est dérivable à gauche et à droite en a, avec $f'_g(a) = f'_d(a)$, et alors $f'(a) = f'_g(a) = f'_d(a)$.

Démonstration page 426

Attention Contrairement à ce qui se passe pour la continuité, la dérivabilité à gauche et à droite n'est pas suffisante pour garantir la dérivabilité.

Ex. 12. La fonction $f : x \mapsto |x|$ est dérivable à gauche et à droite en 0, mais n'est pas dérivable en 0. En effet, la restriction de f à $]-\infty,0]$ est $x \mapsto -x$, dérivable en 0, de dérivée -1, donc $f'_g(0) = -1$. De même, $f'_d(0) = 1$. Ainsi, f n'est pas dérivable en 0.

II Théorèmes de Rolle et des accroissements finis

1 Extrema

Nous avons vu au chapitre 3 ce que signifie pour une fonction réelle d'admettre un maximum, un minimum et un extremum. Complétons ces notions.

Définition 4

- On dit que $f : I \to \mathbb{R}$ admet un **maximum local en a**, s'il existe un réel $\eta > 0$ tel que la fonction $f_{|I\cap[a-\eta,a+\eta]}$ admette un maximum en a, *i.e.* :

$$\forall x \in I \cap [a-\eta, a+\eta] \quad f(x) \leqslant f(a).$$

- On définit de même la notion de **minimum local**.
- On dit que f admet un **extremum local en a**, si f admet en a un maximum ou un minimum local.

Remarques

- On trouve également la locution « maximum relatif » à la place de « maximum local ».
- Évidemment, la fonction f admet un maximum local en a si, et seulement si, $-f$ admet un minimum local en a.
- On utilise parfois la locution « maximum global » à la place de maximum. De même, pour « minimum global » et « extremum global ».
- Un extremum global est évidemment un extremum local.

Théorème 15

Soit $f : I \to \mathbb{R}$ une fonction. Si :

- a est un point intérieur à I,
- la fonction f est dérivable en a,
- la fonction f admet un extremum local en a,

alors $f'(a) = 0$.

Démonstration page 426

Principe de démonstration.

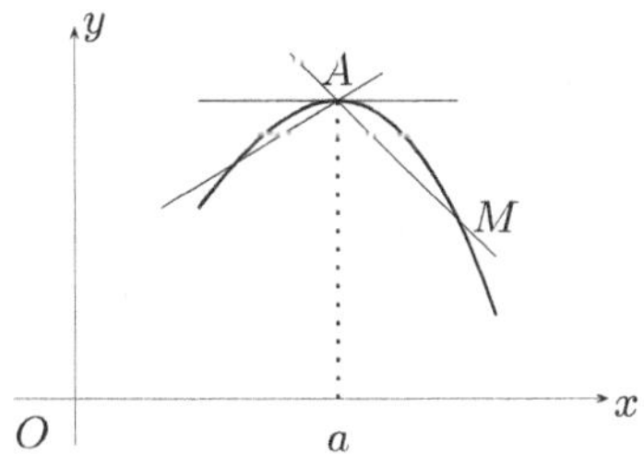

Remarquer que si f a un *maximum* local en a, alors les pentes des cordes (AM) sont positives si M est à gauche de A et négatives si M est à droite de A. Faire ensuite tendre x vers a par valeurs inférieures, pour obtenir $f'(a) \geqslant 0$.

Attention

- Bien noter que le théorème précédent ne s'applique pas aux extrémités de I. Par exemple, la fonction $f : [0,1] \to \mathbb{R}$ définie par $f(x) = x$ est dérivable et sa dérivée vaut $f' : x \mapsto 1$. La fonction f admet un minimum en 0 et un maximum en 1. Pourtant, $f'(0)$ et $f'(1)$ ne sont pas nuls.
- Le théorème précédent fournit une condition nécessaire d'existence d'un extremum local en un point intérieur, mais celle-ci n'est pas suffisante. On peut en effet avoir $f'(a) = 0$ sans que f admette un extremum local en a. C'est le cas, par exemple, de la fonction $f : x \mapsto x^3$ définie sur $\mathbb{R}$. Sa dérivée s'annule en 0, mais f n'atteint ni un maximum local, ni un minimum local en 0.

Définition 5

Soit $f : I \to \mathbb{R}$ une fonction. Un **point critique** est un point de I en lequel f est dérivable avec une dérivée nulle.

Remarque Le théorème 15 peut se reformuler comme suit : pour qu'une fonction dérivable $f : I \to \mathbb{R}$ admette un extremum local en un point intérieur $a \in I$, il est nécessaire que a soit un point critique.

2 Théorème de Rolle et égalité des accroissements finis

Théorème 16 (de Rolle)

Exo 11.8

Soit a et b deux réels, avec $a < b$, et $f : [a,b] \to \mathbb{R}$ une fonction continue sur $[a,b]$, dérivable sur $]a,b[$, telle que $f(a) = f(b)$. Alors il existe $c \in]a,b[$ tel que $f'(c) = 0$.

Démonstration. Puisque f est continue sur le segment $[a,b]$, elle admet, d'après le théorème des bornes atteintes, un maximum et un minimum sur $[a,b]$.

- S'ils sont tous les deux atteints en a ou b, la fonction f est constante car $f(a) = f(b)$. Dans ce cas, on a donc $f' = 0$ et la conclusion s'ensuit en prenant par exemple $c = \dfrac{a+b}{2}$.
- Sinon le maximum ou le minimum est atteint en un point de $]a,b[$. Le théorème 15 de la page précédente permet alors de conclure. □

Interprétation géométrique

Considérons le graphe d'une fonction réelle continue sur un segment $[a,b]$, dérivable sur l'intérieur. Si le graphe comporte deux points distincts de même ordonnée, alors il existe au moins une tangente au graphe qui soit parallèle à l'axe des abscisses.

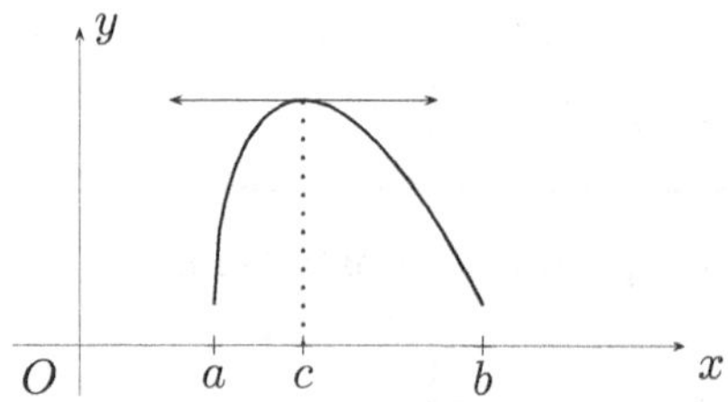

Interprétation cinématique

Considérons un marcheur qui se promène le long d'une route rectiligne et qui revient à son point de départ. En supposant que la position du marcheur soit une fonction dérivable du temps, hypothèse physiquement raisonnable, le théorème de Rolle affirme qu'il existe au moins un moment où la vitesse instantanée du marcheur est nulle.

Attention Bien noter que le théorème de Rolle fournit l'existence d'un c tel que $f'(c) = 0$, mais en aucun cas l'unicité.

Par exemple, sur $[0,\pi]$, la fonction $x \mapsto \sin(x) + \frac{\sin(3x)}{3}$ vérifie $f(0) = f(\pi)$ et sa fonction dérivée s'annule trois fois, en $\frac{\pi}{4}$, $\frac{\pi}{2}$ et $\frac{3\pi}{4}$.

Théorème 17 (Théorème des accroissements finis)

Soit a et b deux réels, avec $a < b$, et $f : [a,b] \to \mathbb{R}$ une fonction continue sur $[a,b]$, dérivable sur $]a,b[$. Il existe alors $c \in]a,b[$ tel que :

$$\frac{f(b) - f(a)}{b - a} = f'(c).$$

Démonstration page 427

Principe de démonstration.

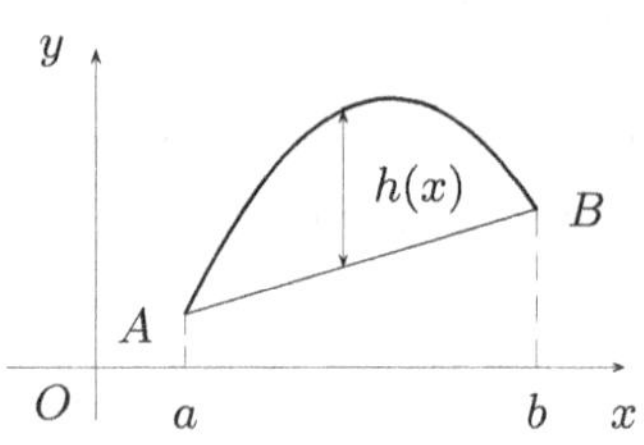

La corde $[AB]$ n'étant pas « verticale », elle correspond au graphe d'une fonction affine. Appliquer le théorème de Rolle à la fonction h définie sur $[a,b]$, par $h(x) = f(x) - g(x)$, où $g(x)$ est l'ordonnée du point d'abscisse x situé sur la corde $[AB]$, avec $A\,\Big|\,\begin{smallmatrix} a \\ f(a) \end{smallmatrix}$ et $B\,\Big|\,\begin{smallmatrix} b \\ f(b) \end{smallmatrix}$.

Interprétation géométrique

Le théorème des accroissements finis signifie qu'il existe (au moins) une tangente au graphe d'une fonction continue sur le segment $[a, b]$, dérivable sur $]a, b[$ qui soit parallèle à la corde $[AB]$, où $A \left| \begin{smallmatrix} a \\ f(a) \end{smallmatrix} \right.$ et $B \left| \begin{smallmatrix} b \\ f(b) \end{smallmatrix} \right.$.

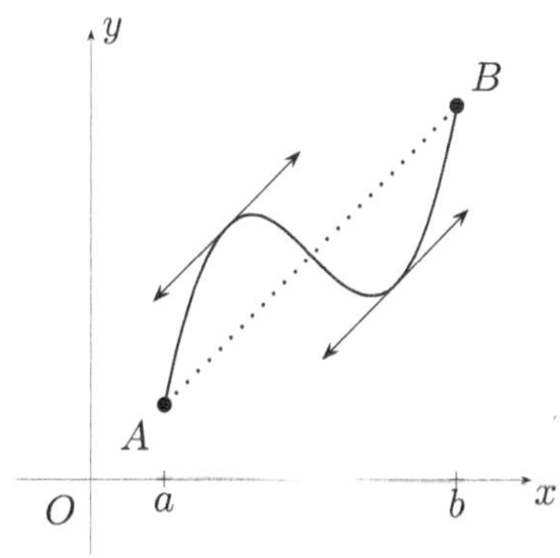

Interprétation cinématique

Considérons une randonneuse qui marche cinq kilomètres en une heure le long d'un sentier rectiligne. En supposant que sa position est une fonction dérivable du temps, il existe un moment où sa vitesse instantanée est de 5 km/h.

3 Dérivée et fonctions monotones

Fonctions dérivables monotones sur un intervalle

Théorème 18 (Fonctions dérivables croissantes)

Exo 11.9

Soit $f : I \to \mathbb{R}$ une fonction continue sur I et dérivable sur l'intérieur de I. Alors f est croissante si, et seulement si, pour tout point x intérieur à I, on a $f'(x) \geqslant 0$.

Démonstration page 427

Principe de démonstration. Appliquer le théorème des accroissements finis à f entre x et y, avec $x < y$.

Remarque Le théorème précédent présente des hypothèses très générales. Dans la pratique, on utilisera souvent le théorème sous la forme plus simplifiée suivante :

> Soit $f : I \to \mathbb{R}$ une fonction dérivable. Alors f est croissante si, et seulement si, f' est positive.

Il ne faudrait pas croire que cette version simplifiée suffise à traiter tous les exemples. Penser par exemple à la fonction racine carrée seulement dérivable sur $]0, +\infty[$ et pourtant croissante sur $[0, +\infty[$.

Attention

- Une fonction continue peut très bien être croissante sans être (partout) dérivable. Un exemple est suggéré par la figure ci-contre.
- Le résultat du théorème précédent est faux si l'on ne se place pas sur un *intervalle*. Par exemple, considérons la fonction f définie sur $\mathbb{R}^*$ par $f(x) = -1/x$. Pour tout $x \in \mathbb{R}^*$, on a $f'(x) = 1/x^2 > 0$ et pourtant f n'est pas croissante, puisque $f(-1) > f(1)$.

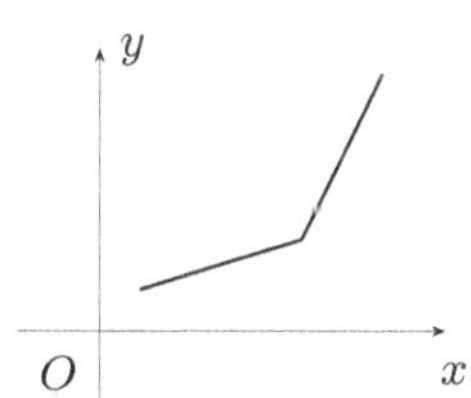

Ex. 13. Étudions la fonction $f : x \mapsto \sqrt{x} - \ln(1+x)$.

La fonction f est définie et continue sur $\mathbb{R}_+$.
Elle est dérivable sur $\mathbb{R}_+^*$ et l'on a :

$$f' : x \mapsto \frac{1}{2\sqrt{x}} - \frac{1}{1+x} = \frac{\left(1-\sqrt{x}\right)^2}{2(1+x)\sqrt{x}}.$$

x	0		1		$+\infty$
$f'(x)$	$\|\|$	$+$	0	$+$	
f	0	$\nearrow$			$+\infty$

L'étude du signe de f' est facile ; on en déduit le tableau de variations de f.

Corollaire 19

Soit $f : I \to \mathbb{R}$ une fonction continue sur I et dérivable sur l'intérieur de I.

Alors f est décroissante si, et seulement si, f' est négative.

Corollaire 20 (Fonctions constantes sur un intervalle)

Soit $f : I \to \mathbb{R}$ une fonction continue sur I et dérivable sur l'intérieur de I avec une dérivée nulle. Alors f est constante.

Démonstration.
Supposons $f' = 0$. En particulier $f' \geqslant 0$, donc le théorème 18 de la page précédente implique que f est croissante. De la même façon, f est décroissante. Ainsi f est constante. □

Attention Insistons sur le fait que dans le corollaire précédent, il est crucial que le domaine de définition soit un intervalle. Par exemple, la fonction f définie sur $\mathbb{R}^*$ par :

$$f(x) = \begin{cases} -1 & \text{si } x < 0 \\ 1 & \text{si } x > 0 \end{cases}$$

est dérivable, de dérivée nulle, sans être constante.

Fonctions dérivables strictement monotones sur un intervalle

On dispose d'une caractérisation des fonctions dérivables strictement croissantes.

Théorème 21

Soit $f : I \to \mathbb{R}$ une fonction continue sur I et dérivable sur l'intérieur de I. Alors f est strictement croissante si, et seulement si :

- la fonction f' est positive sur l'intérieur de I,
- il n'existe aucun couple $(a,b) \in I^2$, vérifiant $a < b$, tel que la restriction $(f')_{|]a,b[}$ soit la fonction nulle.

Démonstration page 427

Principe de démonstration. Remarquer qu'une fonction croissante est non strictement croissante si, et seulement s'il existe $(a,b) \in I^2$ tel que $a < b$ et $f(a) = f(b)$ et que dans ce cas, $f_{|[a,b]}$ est constante.

Remarque On obtient le même théorème pour caractériser les fonctions strictement décroissantes puisque f est strictement décroissante si, et seulement si, $-f$ est strictement croissante.

Exo 11.10

Point méthode Dans la pratique, pour démontrer qu'une fonction dérivable est strictement monotone sur un intervalle, on pensera à regarder si sa dérivée est de signe strict et ne s'annule qu'en un nombre *fini* de points.

Ex. 14. Considérons f définie sur $\mathbb{R}$ par $f(x) = \dfrac{x^3}{x^2+1}$. En tant que quotient de fonctions polynomiales dont le dénominateur ne s'annule pas, f est dérivable et sa dérivée est donnée par :

$$f' : x \mapsto \frac{x^2\left(3+x^2\right)}{(1+x^2)^2}.$$

Par conséquent, f' est positive et ne s'annule qu'en un seul point. Donc f est strictement croissante sur $\mathbb{R}$.

4 Variations et extrema

Le plan d'étude d'une fonction a été donné au chapitre 3.

Exo 11.11

Point méthode Pour déterminer les extrema d'une fonction définie et dérivable sur I, on peut faire une étude des variations que l'on résume par un tableau de variations.

Ex. 15.
Considérons la fonction f définie sur $\mathbb{R}$ par $f : x \mapsto 2x^3 + 3x^2 - 12x + 5$.
La fonction f est polynomiale, donc dérivable.
Pour $x \in \mathbb{R}$, on a $f'(x) = 6x^2 + 6x - 12 = 6(x-1)(x+2)$.
On a alors le tableau de variations suivant :

x	$-\infty$		-2		1		$+\infty$
$f'(x)$		$+$	0	$-$	0	$+$	
f	$-\infty$	↗	25	↘	-2	↗	$+\infty$

La fonction f n'a pas d'extremum global, mais elle a un maximum local en -2 (qui vaut 25) et un minimum local en 1 (qui vaut -2).

5 Inégalité des accroissements finis

Théorème 22 (Inégalité des accroissements finis)

Soit $f : I \to \mathbb{R}$ une fonction continue sur I, dérivable sur l'intérieur de I. On suppose qu'il existe $M \in \mathbb{R}_+$ tel que, pour tout x de l'intérieur de I, on ait $\left|f'(x)\right| \leqslant M$. Alors :

$$\forall (x,y) \in I^2 \quad \left|f(y) - f(x)\right| \leqslant M\,|y-x|\,.$$

Démonstration page 427

Terminologie Une fonction $f : I \to \mathbb{R}$ pour laquelle il existe $M \in \mathbb{R}$ tel que :

$$\forall (x,y) \in I^2 \quad \left|f(y) - f(x)\right| \leqslant M\,|y-x|$$

est dite **lipschitzienne**.

Interprétation géométrique
Soit f une fonction continue sur un intervalle I, dérivable sur l'intérieur de I. Si la fonction $|f'|$ est majorée par une constante M, alors, pour tout $c \in I$, le graphe de f est contenu dans la partie hachurée délimitée par les deux droites d'équation :

$y = f(c)+M(x-c)$ et $y = f(c)+M(c-x)$.

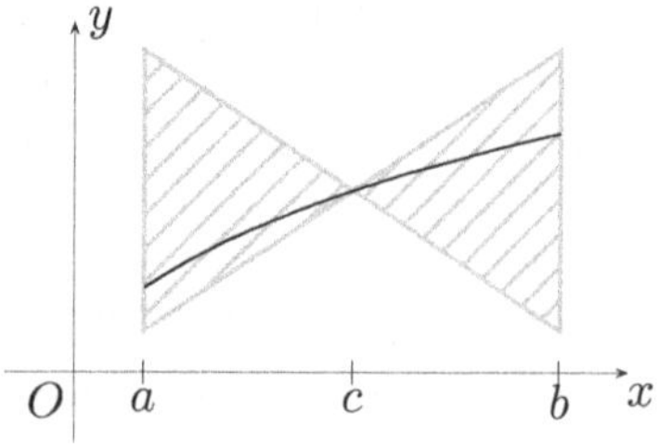

Interprétation cinématique
C'est le principe des radars tronçons : supposons, par exemple, deux radars installés au bord d'une autoroute rectiligne. Ses deux caméras sont distantes de 2,6 km et la vitesse est limitée à 130 km/h. Tout automobiliste qui passerait entre les deux caméras en strictement moins d'une minute et 12 secondes commettrait une infraction au code de la route.

Remarque L'inégalité des accroissements finis formulée avec des valeurs absolues peut encore s'écrire :

$$-M\,|y-x| \leqslant f(y)-f(x) \leqslant M\,|y-x|.$$

On peut obtenir un encadrement plus précis si la majoration sur f' est donnée par une double inégalité plutôt qu'avec une seule inégalité et une valeur absolue.
Plus précisément, s'il existe $(m, M) \in \mathbb{R}^2$ tel que, pour tout t intérieur à I, on ait :

$$m \leqslant f'(t) \leqslant M,$$

alors on a l'encadrement valable pour tout $(x,y) \in I^2$ tel que $x < y$:

$$m(y-x) \leqslant f(y)-f(x) \leqslant M(y-x).$$

En effet, d'après le théorème des accroissements finis, il existe $c \in \left]x,y\right[$ tel que :

$$f(y)-f(x) = f'(c)(y-x).$$

Puisque $m \leqslant f'(c) \leqslant M$ et $y-x>0$, on a :

$$m(y-x) \leqslant f'(c)(y-x) \leqslant M(y-x),$$

d'où la double inégalité annoncée.

Application aux inégalités

Point méthode Il est fréquent en analyse réelle d'avoir à établir des inégalités. Parmi les techniques usuelles auxquelles on doit spontanément penser, citons :

- l'étude des variations de fonctions,
- le théorème ou l'inégalité des accroissements finis.

Exo 11.12

Remarque Nous verrons d'autres techniques, notamment au chapitre 12.

Ex. 16. Pour tout $x \in \left]-1,+\infty\right[$, on a $\ln(1+x) \leqslant x$.

Par opérations, la fonction $f : x \mapsto \ln(1+x) - x$ est définie et dérivable sur $\left]-1,+\infty\right[$, et l'on a :

$$\forall x \in \left]-1,+\infty\right[\quad f'(x) = \frac{1}{x+1} - 1 = -\frac{x}{x+1}.$$

On a alors le tableau de variations suivant :

x	-1		0		$+\infty$
$f'(x)$		$+$	0	$-$	
f	$-\infty$	$\nearrow$	0	$\searrow$	$-\infty$

On en déduit que f est négative, d'où l'inégalité annoncée.

Remarque Pour $x \in \mathbb{R}_+$, on peut facilement démontrer l'inégalité $\ln(1+x) \leqslant x$ à l'aide de l'inégalité des accroissements finis. En effet, en posant $f : x \mapsto \ln(1+x)$, on a pour tout $x \in \mathbb{R}_+$:

$$0 \leqslant f'(x) = \frac{1}{1+x} \leqslant 1,$$

la conclusion en découle.

Ex. 17. La fonction sinus est dérivable sur $\mathbb{R}$ et sa dérivée (la fonction cosinus) est majorée en valeur absolue par 1. D'après l'inégalité des accroissements finis appliquée à 0 et x, on en déduit :

$$\forall x \in \mathbb{R} \quad \left|\sin(x)\right| \leqslant |x|.$$

6 Application aux suites $u_{n+1} = f(u_n)$

On s'intéresse dans cette section aux suites $(u_n)_{n\in\mathbb{N}}$ vérifiant $u_0 \in I$ et, pour tout entier naturel n, la relation $u_{n+1} = f(u_n)$, où $f : I \to I$ est une fonction. On notera bien l'hypothèse de stabilité, à savoir $f(I) \subset I$.

Nous avons déjà rencontré de telles suites au chapitre 9 et nous avons vu au chapitre 10 que si une telle suite converge vers un réel $\ell \in I$, dans le cas où f est continue, alors ℓ est un point fixe de f (cf. théorème 8 de la page 361). La difficulté est alors de démontrer que la suite converge effectivement. La proposition suivante permet de conclure dans certains cas.

Proposition 23

Soit $f : I \to I$ une fonction dérivable. On suppose qu'il existe $c \in I$ tel que $f(c) = c$ et qu'il existe $k \in [0,1[$ tel que $|f'(x)| \leqslant k$ pour tout $x \in I$.

Exo 11.13 Toute suite u vérifiant $u_0 \in I$ et $u_{n+1} = f(u_n)$ pour tout $n \in \mathbb{N}$ converge vers c.

Démonstration page 427

Principe de démonstration. Établir l'inégalité $|u_{n+1} - c| \leqslant k\,|u_n - c|$. En déduire une majoration de $|u_n - c|$ en fonction de n.

Ex. 18. Étudions la convergence de la suite définie par $u_0 \in [0,1]$ et $u_{n+1} = 1 - u_n^2/4$ pour tout $n \in \mathbb{N}$. Considérons la fonction $f : x \mapsto 1 - x^2/4$ définie sur $[0,1]$. Cet intervalle est stable par f et contient $2\sqrt{2} - 2$, point fixe de f. La fonction f est dérivable et sa dérivée est majorée en valeur absolue par $1/2$. D'après la proposition précédente, la suite $(u_n)_{n\in\mathbb{N}}$ converge vers $2\sqrt{2} - 2$.

7 Théorème de la limite de la dérivée

Théorème 24

Soit $f : I \to \mathbb{R}$ une fonction continue sur I et dérivable sur $I \setminus \{a\}$.

- S'il existe $\ell \in \mathbb{R}$ tel que $\lim\limits_{\substack{x \to a \\ x \neq a}} f'(x) = \ell$, alors f est dérivable en a et $f'(a) = \ell$.

  De plus, la fonction f' est continue en a.
- Si $\lim\limits_{\substack{x \to a \\ x \neq a}} f'(x) = \pm\infty$, alors $\lim\limits_{x \to a} \frac{f(x)-f(a)}{x-a} = \pm\infty$.

Démonstration page 428

Principe de démonstration. Écrire $\dfrac{f(x)-f(a)}{x-a}$ sous la forme $f'(c_x)$.

Remarque

Avec les notations ci-dessus, si $\lim\limits_{\substack{x \to a \\ x \neq a}} f'(x) = +\infty$, alors f n'est pas dérivable en a. Le graphe de la fonction possède une tangente verticale au point d'abscisse a.

Point méthode Pour déterminer si une fonction $f : I \to \mathbb{R}$, *a priori* continue sur I et dérivable sur $I \setminus \{a\}$, est effectivement dérivable en a, on peut :

- soit étudier le taux d'accroissement en a ;
- soit utiliser le théorème de la limite de la dérivée, sans oublier de prouver la continuité de f en a. Cette méthode n'a d'intérêt que si la dérivée est plus simple à étudier que le taux d'accroissement.

Exo 11.14

Ex. 19. La fonction $f : \begin{array}{rcl} [-1,1] & \longrightarrow & \mathbb{R} \\ x & \longmapsto & \operatorname{Arcsin}\left(1-x^4\right) \end{array}$ est dérivable en 0.

En effet, sur $[-1,1] \setminus \{0\}$, f est dérivable par composition de fonctions, et l'on a :

$$\forall x \neq 0 \quad f'(x) = \frac{-4\,x^3}{\sqrt{2\,x^4 - x^8}} = \frac{-4\,x}{\sqrt{2-x^4}}.$$

Pour la dérivabilité en 0, le théorème 24 s'applique puisque f est continue sur $[-1,1]$, dérivable sur $[-1,1] \setminus \{0\}$ et $\frac{-4x}{\sqrt{2-x^4}} \underset{x \to 0}{\longrightarrow} 0$. Ainsi, la fonction f est dérivable en 0 et $f'(0) = 0$.

Ex. 20. Montrons que la fonction $f : x \mapsto (1-x^2)\operatorname{Arcsin} x$, définie sur $[-1,1]$ est dérivable en 1. Ici, il est plus simple de revenir à la définition en étudiant la limite du taux d'accroissement plutôt que d'utiliser le théorème de la limite de la dérivée.

Pour tout $x \in [-1,1[$, on a :

$$\frac{f(x)-f(1)}{x-1} = -(1+x)\operatorname{Arcsin} x,$$

et donc :

$$\frac{f(x)-f(1)}{x-1} \underset{x \to 1}{\longrightarrow} -\pi.$$

Ainsi, f est dérivable en 1 et $f'(1) = -\pi$.

III Fonctions de classe $\mathcal{C}^k$

1 Fonctions de classe $\mathcal{C}^1$

Définition 6

Soit $f : I \to \mathbb{R}$ une fonction. On dit que f est de **classe $\mathcal{C}^1$** sur I si elle est dérivable sur I et si sa dérivée f' est continue.

Notation

On note $\mathcal{C}^1(I, \mathbb{R})$ l'ensemble des fonctions de classe $\mathcal{C}^1$ sur I à valeurs réelles.

Ex. 21. Soit $\alpha \in]0, +\infty[$. La fonction f définie sur $\mathbb{R}_+$ par :

$$f(x) = \begin{cases} x^\alpha & \text{si } x > 0\,; \\ 0 & \text{si } x = 0. \end{cases}$$

est continue. Sa restriction à $\mathbb{R}_+^*$ est dérivable (cf. exemple 6 de la page 403), donc cette restriction est de classe $\mathcal{C}^1$, par continuité de sa dérivée $x \mapsto \alpha x^{\alpha-1}$.

Qu'en est-il sur $\mathbb{R}_+$? Montrons que f est de classe $\mathcal{C}^1$ sur $\mathbb{R}_+$ si, et seulement si, $\alpha \geqslant 1$.

Si f est de classe $\mathcal{C}^1$ sur $\mathbb{R}_+$, alors sa dérivée admet une limite finie en 0^+ donc $\alpha - 1 \geqslant 0$.

Réciproquement, si $\alpha \geqslant 1$, la dérivée admet une limite finie en 0^+ (qui vaut 0 si $\alpha > 1$ et 1 si $\alpha = 1$). D'après le théorème 24 de la page ci-contre, on en déduit que f est dérivable en 0 et que f' est continue en 0.

Remarques

- Une fonction de classe $\mathcal{C}^1$ est encore dite « continûment dérivable ».
- La restriction d'une fonction de classe $\mathcal{C}^1$ à un sous-intervalle d'intérieur non vide est encore de classe $\mathcal{C}^1$.
- Toute fonction de classe $\mathcal{C}^1$ est bien sûr dérivable. La réciproque est fausse. Dans l'exercice 11.24, on donne l'exemple d'une fonction définie sur $\mathbb{R}$ qui est dérivable sans être de classe $\mathcal{C}^1$.
- Le premier point du théorème de la limite de la dérivée (cf. page 414) peut s'énoncer avec le vocabulaire précédent :

  Soit $f : I \to \mathbb{R}$ une fonction continue sur I et de classe $\mathcal{C}^1$ sur $I \setminus \{a\}$. S'il existe $\ell \in \mathbb{R}$ tel que $\lim\limits_{\substack{x \to a \\ x \neq a}} f'(x) = \ell$, alors f est de classe $\mathcal{C}^1$ sur I tout entier et $f'(a) = \ell$.

Théorème 25 (Fonctions de classe $\mathcal{C}^1$ sur un segment)

Soit a et b deux réels, avec $a < b$, et $f \in \mathcal{C}^1([a,b], \mathbb{R})$.

Alors la dérivée f' est bornée et, en notant $M = \max\limits_{t \in [a,b]} |f'(t)|$, on a :

$$\forall (x,y) \in [a,b]^2 \quad |f(y) - f(x)| \leqslant M\,|y - x|\,.$$

Démonstration. La fonction $|f'|$ est une fonction continue sur un segment. D'après le théorème des bornes atteintes, la fonction $|f'|$ admet donc un maximum. Enfin, l'inégalité annoncée résulte de l'inégalité des accroissements finis. □

2 Fonctions de classe $\mathcal{C}^n$

- Il se peut que la dérivée $f' = f^{(1)}$ d'une fonction dérivable $f : I \to \mathbb{R}$ soit elle-même dérivable sur I. On dit alors que f est **deux fois dérivable**. La fonction $(f')'$ est alors sa **dérivée seconde**, fonction que l'on note $f^{(2)}$ ou f''.

- La dérivée seconde $f^{(2)}$ d'une fonction deux fois dérivable peut éventuellement être dérivable. La fonction f est alors dite **trois fois dérivable** et sa **dérivée troisième** est la fonction $f^{(3)} = \left(f^{(2)}\right)'$.

On esquisse ainsi un procédé, avec lequel on définirait ce que signifie, pour une fonction $f : I \to \mathbb{R}$, d'être **n fois dérivable** et permettant de définir la **dérivée n-ième** d'une telle fonction. Par convention, toute fonction $f : I \to \mathbb{R}$ est 0 fois dérivable et $f^{(0)} = f$.
Définissons maintenant la notion de fonction de classe $\mathcal{C}^n$.

Définition 7

Soit $f : I \to \mathbb{R}$ une fonction.

- Pour tout $n \in \mathbb{N}$, on dit que f est de **classe $\mathcal{C}^n$** lorsqu'elle est n fois dérivable et que la fonction $f^{(n)}$ est continue.
- On dit que f est de **classe $\mathcal{C}^\infty$** lorsqu'elle est de classe $\mathcal{C}^n$ pour tout entier naturel n.

Notations

- Pour $n \in \mathbb{N}$, on désigne par $\mathcal{C}^n(I, \mathbb{R})$ l'ensemble des fonctions de classe $\mathcal{C}^n$ sur I à valeurs réelles.

- En particulier $\mathcal{C}^0(I, \mathbb{R})$ est l'ensemble des fonctions continues sur I.

- On désigne par $\mathcal{C}^\infty(I, \mathbb{R})$ l'ensemble des fonctions de classe $\mathcal{C}^\infty$ sur I.

- Soit $f : I \to \mathbb{R}$ une fonction n fois dérivable. La dérivée n-ième de f est notée $f^{(n)}$ ou $D^n(f)$. On trouve parfois la notation $\frac{\mathrm{d}^n f}{\mathrm{d}x^n}$ pour désigner la dérivée n-ième de f.

Remarques

- Comme pour les fonctions continues (cf. page 371), on s'autorise parfois à parler de fonctions de classe $\mathcal{C}^n$ même dans le cas où elles sont définies sur une réunion d'intervalles d'intérieur non vide.

- On sait que si une fonction est dérivable, elle est continue. Ainsi, pour tout entier naturel n, si f a une dérivée $(n+1)$-ième, alors elle est de classe $\mathcal{C}^n$.

- Pour démontrer qu'une fonction $f : I \to \mathbb{R}$ est de classe $\mathcal{C}^\infty$, il suffit de vérifier que, pour tout $n \in \mathbb{N}$, la fonction $f^{(n)}$ est définie. Il n'est pas nécessaire de vérifier la continuité de celle-ci, d'après la remarque précédente.

- On dispose ainsi de la chaîne (infinie) d'inclusions :

$$\mathcal{C}^0(I, \mathbb{R}) \supset \mathcal{C}^1(I, \mathbb{R}) \supset \cdots \supset \mathcal{C}^\infty(I, \mathbb{R}).$$

Point méthode Pour montrer qu'une fonction est de classe $\mathcal{C}^\infty$, on pourra procéder par récurrence en montrant qu'elle est de classe $\mathcal{C}^n$ pour tout $n \in \mathbb{N}$.

Dans l'hérédité, pour montrer qu'une certaine fonction f est de classe $\mathcal{C}^{n+1}$, on pourra essayer de montrer que :

- f est dérivable
- f' est de classe $\mathcal{C}^n$

ou bien

- f est n fois dérivable
- $f^{(n)}$ est de classe $\mathcal{C}^1$

Ex. 22. Toute fonction polynomiale $f : I \to \mathbb{R}$ est de classe $\mathcal{C}^\infty$.

Pour cela, posons $\mathcal{H}_n$: « toute fonction polynomiale $f : I \to \mathbb{R}$ est de classe $\mathcal{C}^n$ » et démontrons par récurrence que $\mathcal{H}_n$ est vraie pour tout entier naturel n.

- On sait que les fonctions polynomiales sont continues, ce qui assure $\mathcal{H}_0$.
- Soit $n \in \mathbb{N}$ tel que $\mathcal{H}_n$ soit vraie. Soit $f : I \to \mathbb{R}$ une fonction polynomiale. On sait que f est dérivable et que f' est une fonction polynomiale. D'après l'hypothèse de récurrence appliquée à f', on en déduit que f' est de classe $\mathcal{C}^n$. Par conséquent, f est de classe $\mathcal{C}^{n+1}$.

En particulier, les fonctions $f_p : x \mapsto x^p$, avec $p \in \mathbb{N}$, sont de classe $\mathcal{C}^\infty$ sur $\mathbb{R}$. Une fois $p \in \mathbb{N}$ fixé, par récurrence sur $n \in \mathbb{N}$, on vérifie que :

$$\forall x \in \mathbb{R} \quad f_p^{(n)}(x) = \begin{cases} p(p-1)\cdots(p-n+1)x^{p-n} & \text{si } n \leqslant p\,; \\ 0 & \text{si } n > p. \end{cases}$$

Ex. 23. Les fonctions rationnelles sont de classe $\mathcal{C}^\infty$. En effet, la dérivée d'une fonction rationnelle est une fonction rationnelle ; on peut alors fournir le même type de démonstration que pour les fonctions polynomiales pour montrer qu'une fonction rationnelle est de classe $\mathcal{C}^n$ pour tout $n \in \mathbb{N}$.

En particulier, la fonction $f : x \mapsto 1/x$ est de classe $\mathcal{C}^\infty$ sur $I = \mathbb{R}_+^*$ ou $I = \mathbb{R}_-^*$. Par récurrence, on établit facilement :

$$\forall x \in I \quad f^{(n)}(x) = (-1)^n \frac{n!}{x^{n+1}}\cdot$$

Ex. 24. La fonction logarithme est de classe $\mathcal{C}^\infty$. En effet, elle est dérivable et sa dérivée est la fonction inverse qui est de classe $\mathcal{C}^\infty$ d'après le point précédent.

Ex. 25. La fonction exponentielle est de classe $\mathcal{C}^\infty$. En effet, elle est dérivable et $\exp' = \exp$. On montre alors par récurrence qu'elle est de classe $\mathcal{C}^n$ pour tout $n \in \mathbb{N}$ et que $\exp^{(n)} = \exp$.

Ex. 26. Les fonctions $\sin$ et $\cos$ sont de classe $\mathcal{C}^\infty$. Nous savons que les fonctions $\sin$ et $\cos$ sont dérivables et que l'on a $\sin' = \cos$ et $\cos' = -\sin$.

Ces égalités permettent facilement de démontrer par récurrence sur n la propriété $\mathcal{H}_n$: « les fonctions $\sin$ et $\cos$ sont de classe $\mathcal{C}^n$ ».

De plus, on démontre, toujours par récurrence, que, pour tout entier n :

$$\sin^{(n)} : x \mapsto \sin\left(x + n\frac{\pi}{2}\right) \qquad \text{et} \qquad \cos^{(n)} : x \mapsto \cos\left(x + n\frac{\pi}{2}\right)\cdot$$

3 Opérations sur les fonctions de classe $\mathcal{C}^n$

Linéarité

Théorème 26

Soit $n \in \mathbb{N} \cup \{\infty\}$, ainsi que $(f, g) \in \mathcal{C}^n(I, \mathbb{R})^2$ et $(\lambda, \mu) \in \mathbb{R}^2$.

Alors la fonction $\lambda f + \mu g$ est de classe $\mathcal{C}^n$ et, lorsque $n \in \mathbb{N}$, on a :

$$(\lambda f + \mu g)^{(n)} = \lambda f^{(n)} + \mu g^{(n)}.$$

Démonstration page 428

Remarque Comme la fonction nulle est évidemment de classe $\mathcal{C}^\infty$, ce résultat tra-
751 duit le fait que les ensembles $\mathcal{C}^n(I, \mathbb{R})$ et $\mathcal{C}^\infty(I, \mathbb{R})$ sont des sous-espaces vectoriels de $\left(\mathcal{F}(I, \mathbb{R}), +, \cdot\right)$.

Produit

Théorème 27 (Formule de Leibniz)

Soit $n \in \mathbb{N} \cup \{\infty\}$ et $(f, g) \in \mathcal{C}^n(I, \mathbb{R})^2$. Alors la fonction fg est de classe $\mathcal{C}^n$ et, lorsque $n \in \mathbb{N}$, on a :

$$(fg)^{(n)} = \sum_{k=0}^{n} \binom{n}{k} f^{(k)} g^{(n-k)}.$$

Démonstration page 428

Principe de démonstration.
Par récurrence à l'aide de la formule $(uv)' = u'v + uv'$ et de la relation de Pascal.

Ex. 27. Soit $\varphi : \mathbb{R} \to \mathbb{R}$ définie par $\varphi(x) = x^2 e^x$.
Posons $f : x \mapsto x^2$ et $g : x \mapsto e^x$, qui sont des fonctions de classe $\mathcal{C}^\infty$ sur $\mathbb{R}$. En tant que produit de f et g, la fonction φ est de classe $\mathcal{C}^\infty$.
Pour tout $k \in \mathbb{N}$, on a $g^{(k)} = g$. De plus $f' : x \mapsto 2x$, $f'' : x \mapsto 2$ et $f^{(k)} = 0$ pour $k \geqslant 3$.
La formule de Leibniz donne donc, pour tout entier $n \geqslant 2$:

$$\varphi^{(n)} = fg^{(n)} + nf'g^{(n-1)} + \frac{n(n-1)}{2} f''g^{(n-2)},$$

soit :

$$\forall x \in \mathbb{R} \quad \varphi^{(n)}(x) = \left(x^2 + 2nx + n(n-1)\right) e^x.$$

On vérifie que cette expression est encore valable lorsque $n \in \{0, 1\}$.

Composition

Théorème 28

Soit I et J deux intervalles d'intérieur non vide et $n \in \mathbb{N} \cup \{\infty\}$. Si $f \in \mathcal{C}^n(I, \mathbb{R})$ et $g \in \mathcal{C}^n(J, \mathbb{R})$ sont telles que $f(I) \subset J$, alors $g \circ f \in \mathcal{C}^n(I, \mathbb{R})$.

Démonstration (non exigible) page 429

Remarque Contrairement à la somme et au produit, on ne dispose pas de formule « simple » pour calculer la dérivée n-ième d'une composée.

Inverse et quotient

Corollaire 29

Soit $n \in \mathbb{N} \cup \{\infty\}$ et $f : I \to \mathbb{R}$ une fonction de classe $\mathcal{C}^n$ qui ne s'annule pas. Alors $1/f$ est de classe $\mathcal{C}^n$.

Démonstration page 430

Principe de démonstration. À l'aide du théorème précédent et de la fonction $g : x \mapsto 1/x$.

Corollaire 30

Soit $n \in \mathbb{N} \cup \{\infty\}$ et $(f, g) \in \mathcal{C}^n(I, \mathbb{R})^2$ avec g ne s'annulant pas sur I.

Alors f/g est de classe $\mathcal{C}^n$.

Ex. 28. La fonction tangente se présentant comme le quotient de la fonction sinus par la fonction cosinus est de classe $\mathcal{C}^\infty$ sur tout intervalle non trivial où elle est définie.

Point méthode

Soit $n \in \mathbb{N} \cup \{\infty\}$. Pour montrer qu'une fonction est de classe $\mathcal{C}^n$, on pourra d'abord penser à utiliser les « théorèmes généraux ».

Exo 11.23 Si ceux-ci ne s'appliquent pas directement, on pourra essayer de montrer que f est de classe $\mathcal{C}^k$ pour tout $k \in \mathbb{N}$ tel que $k \leqslant n$, par récurrence sur k (finie, si $n \in \mathbb{N}$) cf. exercice 11.25.

Ex. 29. Puisque la fonction exponentielle est de classe $\mathcal{C}^\infty$, par les théorèmes généraux, on en déduit que les fonctions ch et sh sont de classe $\mathcal{C}^\infty$.

Ex. 30. Soit $\alpha \in \mathbb{R}$. La fonction $x \mapsto x^\alpha$ définie sur $\mathbb{R}_+^*$ est de classe $\mathcal{C}^\infty$. En effet, par définition, $x^\alpha = \exp(\alpha \ln x)$, et les fonctions exp et ln sont de classe $\mathcal{C}^\infty$.

Bijections de classe $\mathcal{C}^n$

Théorème 31 (Bijection de classe $\mathcal{C}^n$)

Soit $n \in \mathbb{N}^* \cup \{\infty\}$, ainsi que I et J deux intervalles d'intérieur non vide et $f : I \to J$ une bijection strictement monotone de classe $\mathcal{C}^n$.
Si la dérivée *première* de f ne s'annule pas, alors la bijection réciproque f^{-1} est de classe $\mathcal{C}^n$.

Démonstration (non exigible) page 430

Remarques

- On notera, toujours lorsque $n \geqslant 1$, que la condition pour que f^{-1} soit de classe $\mathcal{C}^n$ ne porte que sur la dérivée première, à savoir que la fonction f' ne s'annule pas.
- Comme pour la composition, on ne dispose pas de formule « simple » pour calculer la dérivée n-ième d'une bijection réciproque.

Ex. 31. La fonction $x \mapsto \sqrt[3]{x}$ est continue sur IR (cf. page 377), et de classe $\mathcal{C}^\infty$ sur $\mathbb{R}^*$. En effet, cette fonction est la bijection réciproque de la fonction cube qui est de classe $\mathcal{C}^\infty$ et dont la dérivée première ne s'annule pas sur $\mathbb{R}^*$.

Ex. 32. La fonction Arctan est de classe $\mathcal{C}^\infty$ sur IR. En effet, Arctan est la bijection réciproque de la fonction tangente restreinte à $]-\pi/2, \pi/2[$; cette dernière fonction est de classe $\mathcal{C}^\infty$ et sa dérivée ne s'annule pas.

Ce résultat aurait pu être obtenu en remarquant que Arctan est dérivable et que sa dérivée $\mathrm{Arctan}' : x \mapsto \frac{1}{1+x^2}$ est de classe $\mathcal{C}^\infty$ en tant que fonction rationnelle.

Ex. 33. Les fonctions Arcsin et Arccos restreintes à $]-1,1[$ sont de classe $\mathcal{C}^\infty$. Là encore, ce résultat aurait pu être obtenu en remarquant que $\mathrm{Arcsin}' : x \mapsto \frac{1}{\sqrt{1-x^2}}$.

Remarque On peut retenir que les fonctions usuelles sont toutes de classe $\mathcal{C}^\infty$ sur le domaine de définition de leur dérivée, à l'exception des fonctions $x \mapsto x^\alpha$, où $\alpha \in \mathbb{R}_+ \setminus \mathbb{N}$ (cf. exercice 11.25).

Un exemple de fonction de classe $\mathcal{C}^\infty$

Ex. 34. Considérons la fonction suivante :

$$f : \begin{array}{ccl} \mathbb{R}_+ & \longrightarrow & \mathbb{R} \\ x & \longmapsto & \begin{cases} \exp\left(\dfrac{-1}{x}\right) & \text{si } x > 0 \\ 0 & \text{si } x = 0. \end{cases} \end{array}$$

Montrons que f est de classe $\mathcal{C}^\infty$ en montrant, pour tout $n \in \mathbb{N}$, la propriété $\mathcal{H}_n$ suivante : « f est n fois dérivable et il existe $P_n \in \mathbb{R}[X]$ tel que :

$$f^{(n)}(x) = P_n\left(\frac{1}{x}\right)\exp\left(\frac{-1}{x}\right) \quad \text{si } x > 0 \qquad \text{et} \qquad f^{(n)}(0) = 0 \text{ ».}$$

Avant de commencer la récurrence, remarquons que, pour tout polynôme Q, on a, par croissances comparées, $\lim\limits_{t \to +\infty} Q(t)\exp(-t) = 0$, de sorte que :

$$\lim_{x \to 0^+} Q\left(\frac{1}{x}\right)\exp\left(-\frac{1}{x}\right) = 0.$$

- La propriété $\mathcal{H}_0$ est vraie : prendre $P_0 = 1$.
- Soit $n \in \mathbb{N}$ tel que la propriété $\mathcal{H}_n$ soit vérifiée. Ainsi, la fonction f est n fois dérivable et il existe $P_n \in \mathbb{R}[X]$ tel que $f^{(n)}(x) = P_n\left(\frac{1}{x}\right)\exp\left(\frac{-1}{x}\right)$ si $x > 0$ et $f^{(n)}(0) = 0$. Montrons que la fonction $\varphi = f^{(n)}$ est dérivable sur $\mathbb{R}_+$ et que sa dérivée est du type annoncé.

  Tout d'abord, il est clair que φ est dérivable sur $\mathbb{R}_+^*$ et que :

  $$\forall x > 0 \quad \varphi'(x) = \left(\frac{-1}{x^2}P_n'\left(\frac{1}{x}\right) + \frac{1}{x^2}P_n\left(\frac{1}{x}\right)\right)\exp\left(\frac{-1}{x}\right) = P_{n+1}\left(\frac{1}{x}\right)\exp\left(\frac{-1}{x}\right)$$

  en posant $P_{n+1} = -X^2P_n' + X^2P_n$. De plus, on a :

  $$\forall x > 0 \quad \frac{\varphi(x) - \varphi(0)}{x - 0} = \frac{1}{x}P_n\left(\frac{1}{x}\right)\exp\left(\frac{-1}{x}\right).$$

Cette quantité tend vers 0 quand x tend vers 0 (d'après la remarque initiale avec le polynôme $Q = XP_n$). Ainsi φ est dérivable en 0 et l'on a $\varphi'(0) = 0$. On a bien montré que f est $n+1$ fois dérivable, que sa dérivée $(n+1)$-ième est de la forme attendue sur $\mathbb{R}_+^*$ et que $f^{(n+1)}(0) = 0$, c'est-à-dire $\mathcal{H}_{n+1}$.

IV Extension aux fonctions à valeurs complexes

L'extension des concepts de fonctions dérivables en un point, de fonctions dérivables sur un intervalle et de fonctions de classe $\mathcal{C}^n$, aux fonctions de la variable réelle à valeurs complexes ne posent aucune difficulté. Les résultats opératoires restent les mêmes. Il faut cependant ne pas perdre de vue que les propriétés liées à la relation d'ordre n'ont plus de sens dans ce contexte.

Définition 8

- Soit $f : I \to \mathbb{C}$ une fonction. Elle est dite **dérivable** en a si $\lim_{x \to a} \frac{f(x)-f(a)}{x-a}$ est définie dans $\mathbb{C}$. Cette limite, lorsqu'elle existe, est le **nombre dérivé** de f en a. Il est encore noté $f'(a)$ ou $D(f)(a)$.
- Lorsque f est dérivable en tout point de I, on dit qu'elle est **dérivable sur I**. L'application $x \mapsto f'(x)$ est appelée **application dérivée** et elle est notée f' ou $D(f)$.
- La fonction est de **classe $\mathcal{C}^1$** (ou continûment dérivable) si f est dérivable et f' continue.

Remarques

- L'ensemble des fonctions dérivables sur I est noté $\mathcal{D}(I, \mathbb{C})$.
- L'ensemble des fonctions de classe $\mathcal{C}^1$ est noté $\mathcal{C}^1(I, \mathbb{C})$.
- Comme à la section III, on définit pour tout $n \in \mathbb{N} \cup \{\infty\}$ les ensembles $\mathcal{C}^n(I, \mathbb{C})$ et, pour $n \in \mathbb{N}$, les fonctions $f^{(n)}$.
- La restriction d'une fonction dérivable (de classe $\mathcal{C}^n$) sur I à un sous-intervalle J est encore dérivable (de classe $\mathcal{C}^n$). Les notions de dérivées n-ièmes restent des notions locales.
- On définit également comme à la page 406 la notion de dérivée à droite et de dérivée à gauche. Le théorème 14 de la page 406 s'étend sans difficulté au cas des fonctions à valeurs complexes.
- Bien noter qu'il s'agit de fonctions à *valeurs* complexes, mais qu'elles restent des fonctions de la *variable* réelle.

1 Ce qui ne change pas : l'aspect opératoire

Voici deux propositions dont les démonstrations sont analogues au cas réel.

Proposition 32 (Linéarité)

Soit $f, g : I \to \mathbb{C}$ deux fonctions complexes et $(\lambda, \mu) \in \mathbb{C}^2$.

- Si les fonctions f et g sont dérivables en a, alors $\lambda f + \mu g$ est dérivable en a et :
$$(\lambda f + \mu g)'(a) = \lambda f'(a) + \mu g'(a).$$
- Plus généralement, si les fonctions f et g sont de classe $\mathcal{C}^n$, où $n \in \mathbb{N} \cup \{\infty\}$, alors $\lambda f + \mu g$ est de classe $\mathcal{C}^n$ et l'on a, lorsque $n \in \mathbb{N}$:
$$(\lambda f + \mu g)^{(n)} = \lambda f^{(n)} + \mu g^{(n)}.$$

Proposition 33 (Produit)

Soit f et g deux fonctions complexes définies sur I.

- Si f et g sont dérivables en $a \in I$, alors fg est dérivable en a et :
$$(fg)'(a) = f'(a)g(a) + f(a)g'(a).$$
- Si f et g sont de classe $\mathcal{C}^n$, avec $n \in \mathbb{N} \cup \{\infty\}$, alors fg est de classe $\mathcal{C}^n$. De plus, si $n \in \mathbb{N}$:
$$(fg)^{(n)} = \sum_{k=0}^{n} \binom{n}{k} f^{(k)} g^{(n-k)}.$$

Proposition 34 (Dérivation et conjugaison)

Soit $f : I \to \mathbb{C}$ une fonction.

- La fonction f est dérivable en a, si, et seulement si, la fonction $\overline{f}$ est dérivable en a, et l'on a $\overline{f}\,'(a) = \overline{f'}(a)$.
- Plus généralement, la fonction f est de classe $\mathcal{C}^n$, où $n \in \mathbb{N} \cup \{\infty\}$, si, et seulement si, la fonction $\overline{f}$ est de classe $\mathcal{C}^n$ et l'on a alors, lorsque $n \in \mathbb{N}$:
$$\overline{f}^{\,(n)} = \overline{f^{(n)}}.$$

Démonstration.

- C'est une conséquence immédiate de la proposition 44 de la page 378.
- Par récurrence sur $n \in \mathbb{N}$. □

Proposition 35

Soit f une fonction complexe définie sur I.

1. La fonction f est dérivable en a, si, et seulement si, les fonctions $\operatorname{Re} f$ et $\operatorname{Im} f$ sont dérivables en a et l'on a :
$$f'(a) = (\operatorname{Re} f)'(a) + i\,(\operatorname{Im} f)'(a).$$
2. Plus généralement, f est de classe $\mathcal{C}^n$, avec $n \in \mathbb{N} \cup \{\infty\}$ si, et seulement si, les fonctions $\operatorname{Re} f$ et $\operatorname{Im} f$ sont de classe $\mathcal{C}^n$ et l'on a alors, lorsque $n \in \mathbb{N}$:
$$f^{(n)} = (\operatorname{Re} f)^{(n)} + i\,(\operatorname{Im} f)^{(n)}.$$

Exo 11.3

Démonstration page 430

Proposition 36 (Puissances)

Soit f une fonction complexe définie sur I, dérivable en a.

- Soit $p \in \mathbb{N}^*$. Alors f^p est dérivable en a et :
$$(f^p)'(a) = p\, f'(a)\, f^{p-1}(a).$$
- Soit $p \in \mathbb{Z}_-^*$. Si f ne s'annule pas, alors f^p est dérivable en a et :
$$(f^p)'(a) = p\, f'(a)\, f^{p-1}(a).$$

Démonstration page 430

Principe de démonstration.

- Dans le cas où $p \in \mathbb{N}^*$, raisonner par récurrence à l'aide de la proposition 33.
- Montrer la dérivabilité de $1/f$ en passant par les parties réelles et imaginaires. Conclure en remarquant que $f^p \times \frac{1}{f^p} = 1$.

Corollaire 37

Soit f une fonction complexe de classe $\mathcal{C}^n$ sur I, avec $n \in \mathbb{N} \cup \{\infty\}$.

- Si $p \in \mathbb{N}$, alors f^p est de classe $\mathcal{C}^n$.
- Si $p \in \mathbb{Z}_-^*$ et si f ne s'annule pas, alors f^p est de classe $\mathcal{C}^n$.

Proposition 38 (Composition)

Soit I et J deux intervalles d'intérieur non vide, $\varphi : I \to \mathbb{R}$ et $f : J \to \mathbb{C}$ deux fonctions telles que $\varphi(I) \subset J$.

- Si φ est dérivable en a et f dérivable en $b = \varphi(a)$, alors $f \circ \varphi$ est dérivable en a, et $(f \circ \varphi)'(a) = f'\big(\varphi(a)\big)\varphi'(a)$.
- Si φ et f sont de classe $\mathcal{C}^n$, avec $n \in \mathbb{N} \cup \{\infty\}$, alors $f \circ \varphi$ est de classe $\mathcal{C}^n$.

Démonstration. Appliquer le théorème 6 de la page 403 et le théorème 28 de la page 418 à $\operatorname{Re}(f \circ \varphi) = (\operatorname{Re} f) \circ \varphi$ et $\operatorname{Im}(f \circ \varphi) = (\operatorname{Im} f) \circ \varphi$. □

Attention

- Bien noter qu'ici f et φ ne jouent pas des rôles symétriques : la fonction φ est à valeurs *réelles*, alors que f est à valeurs *complexes*.
- Si $\varphi : \mathbb{R} \to \mathbb{C}$ est dérivable à valeurs complexes, alors la fonction $g : t \mapsto \exp(\varphi(t))$ est dérivable et $g' : t \mapsto \varphi'(t) \exp\big(\varphi(t)\big)$. Contrairement aux apparences, cette relation n'est pas une conséquence de la proposition précédente (puisque la fonction exp considérée est une fonction de *la variable complexe*) ; elle se démontre en écrivant $g(t) = \exp\big(x(t)\big) \times \Big(\cos\big(y(t)\big) + i \sin\big(y(t)\big)\Big)$ où $x = \operatorname{Re}(\varphi)$ et $y = \operatorname{Im}(\varphi)$ (cf. proposition 31 de la page 223).

2 Ce qui change : les accroissements finis

Commençons par remarquer que les énoncés des théorèmes de Rolle et des accroissements finis ont un sens pour les fonctions à valeurs complexes, mais qu'ils sont faux. D'ailleurs, la démonstration du théorème de Rolle s'appuie sur la notion d'extremum, ce qui ne permet pas de l'adapter dans le cas complexe. Bien entendu, cette explication ne prouve pas que le théorème est faux. En revanche, voici un contre-exemple.

Ex. 35. Soit $f : [0,2\pi] \to \mathbb{C}$ la fonction définie par $f(x) = e^{ix}$. Pour cette fonction, il n'existe pas de réel $c \in]0,2\pi[$ tel que $f(2\pi) - f(0) = 2\pi\, f'(c)$.
En effet, $f(2\pi) - f(0) = 0$, alors que, pour tout $x \in [0,2\pi]$, on a $f'(x) = ie^{ix} \neq 0$.

Attention Considérons une fonction $f : [a,b] \to \mathbb{C}$ que l'on écrit $f = g + i\,h$ avec $g = \operatorname{Re} f$ et $h = \operatorname{Im} f$, et que l'on suppose continue sur $[a,b]$ et dérivable sur $]a,b[$. On peut bien sûr appliquer l'égalité des accroissements finis aux fonctions réelles g et h. On obtient alors des éléments c et d de $]a,b[$ tels que $g(b) - g(a) = (b-a)\, g'(c)$ et $h(b) - h(a) = (b-a)\, h'(d)$. Mais il n'y a évidemment aucune raison pour que c et d soient égaux. Sinon, l'égalité des accroissements finis serait vraie pour les fonctions à valeurs complexes !

Cela étant, certaines propriétés issues du théorème des accroissements finis sont encore valables pour les fonctions à valeurs complexes. C'est le cas de la caractérisation des fonctions constantes sur un intervalle.

Proposition 39

Une fonction dérivable $f : I \to \mathbb{C}$ est constante si, et seulement si, $f' = 0$.

Démonstration page 430

Principe de démonstration. Raisonner sur les parties réelle et imaginaire.

Attention Bien noter que, comme pour les fonctions à valeurs réelles, ce dernier résultat n'est valable que si le domaine de définition I est un intervalle.

L'*inégalité* des accroissements finis est également préservée.

Théorème 40

Soit $f : I \to \mathbb{C}$ une fonction de classe $\mathcal{C}^1$. S'il existe un réel M tel que $|f'| \leqslant M$, alors :

$$\forall (x,y) \in I^2 \quad \big|f(x) - f(y)\big| \leqslant M\,|x-y|.$$

Démonstration. Elle sera donnée dans le chapitre d'intégration (cf. page 456). □

Remarque Noter la différence entre l'énoncé de l'inégalité des accroissements finis dans le cas réel (cf. page 411) et celui dans le cas complexe. Dans le cas réel, on suppose simplement f dérivable sur l'intérieur de I et non de classe $\mathcal{C}^1$ sur I. Le résultat analogue au cas réel est donné à l'exercice 11.22 de la page 433.

Interprétation cinématique

Un avion de ligne s'envole de l'aéroport. La vitesse maximale pour ce modèle est de 950 km/h et son autonomie est de 5 heures. On perd toute trace de l'avion au bout de 4 heures après son envol. En supposant en première approximation que les déplacements de l'avion sont plans, les recherches pour l'appareil devront se concentrer dans un disque de rayon 950 km centré en la dernière position connue.

Démonstrations

Proposition 1

- Supposons qu'il existe $\ell \in \mathbb{R}$ et $\alpha : I \to \mathbb{R}$ tels que $\alpha(x) \underset{x\to a}{\longrightarrow} 0$ et, pour tout $x \in I$:
$$f(x) = f(a) + \ell(x-a) + (x-a)\alpha(x).$$
Alors, pour tout $x \in I \setminus \{a\}$, on a $\alpha(x) = \frac{f(x)-f(a)}{x-a} - \ell$ et donc :
$$\frac{f(x)-f(a)}{x-a} - \ell \underset{x\to a}{\longrightarrow} 0,$$
ce qui prouve que f est dérivable en a et $f'(a) = \ell$.
- Supposons f dérivable en a. Posons $\alpha : I \to \mathbb{R}$ l'application définie par :
$$\alpha(x) = \begin{cases} \frac{f(x)-f(a)-(x-a)f'(a)}{x-a} & \text{si } x \neq a\,; \\ 0 & \text{sinon.} \end{cases}$$
Soit $\varepsilon > 0$. Par définition du nombre dérivé, il existe un réel $\eta > 0$ tel que :
$$\forall x \in I \setminus \{a\} \quad \big(|x-a| \leqslant \eta\big) \Longrightarrow \big|\alpha(x)\big| \leqslant \varepsilon,$$
et donc, puisque $\alpha(x) = 0$ si $x = a$, on a :
$$\forall x \in I \quad |x-a| \leqslant \eta \Longrightarrow \big|\alpha(x)\big| \leqslant \varepsilon,$$
ce qui prouve que $\lim\limits_{x\to a} \alpha(x) = 0$.

Théorème 3

1. Pour tout $x \in I \setminus \{a\}$, on a :
$$\frac{(\lambda f + \mu g)(x) - (\lambda f + \mu g)(a)}{x-a} = \lambda \frac{f(x)-f(a)}{x-a} + \mu \frac{g(x)-g(a)}{x-a}.$$
On conclut facilement par linéarité de la limite.
2. Pour tout $x \in I \setminus \{a\}$, on a :
$$\begin{aligned}\frac{(fg)(x)-(fg)(a)}{x-a} &= \frac{\big(f(x)-f(a)\big)g(x) + f(a)\big(g(x)-g(a)\big)}{x-a} \\ &= \frac{f(x)-f(a)}{x-a}\, g(x) + f(a)\,\frac{g(x)-g(a)}{x-a}.\end{aligned}$$
Par continuité de g en a, par définition du nombre dérivé en un point et par les théorèmes généraux sur les limites, le terme de droite dans l'égalité précédente tend vers $f'(a)g(a) + f(a)g'(a)$ lorsque x tend vers a.

Théorème 6 Puisque g est dérivable en b, il existe une fonction α définie sur J de limite nulle en b et telle que, pour tout $y \in J$, on ait :
$$g(y) - g(b) = g'(b)(y-b) + (y-b)\alpha(y).$$
En particulier, pour tout $x \in I$, avec $x \neq a$, on a :
$$\frac{g\big(f(x)\big) - g\big(f(a)\big)}{x-a} = g'(b)\frac{f(x)-f(a)}{x-a} + \frac{f(x)-f(a)}{x-a}\alpha\big(f(x)\big). \qquad (*)$$
Puisque f est continue en a, on a $f(x) \underset{x\to a}{\longrightarrow} f(a)$. Par composition des limites, on obtient $\alpha\big(f(x)\big) \underset{x\to a}{\longrightarrow} 0$. D'après les théorèmes généraux le terme de droite dans l'égalité $(*)$ admet $g'(b)f'(a)$ pour limite (finie) lorsque x tend vers a, et la conclusion s'ensuit.

Corollaire 8

- Pour tout entier naturel n non nul, d'après les exemples traités à la page 400, la fonction $\varphi_n : x \mapsto x^n$ est dérivable sur $\mathbb{R}$ et $\varphi_n' : x \mapsto n\,x^{n-1}$. Par conséquent, $f^n = \varphi_n \circ f$ est dérivable en a et $(f^n)'(a) = n\,f'(a)\,f^{n-1}(a)$.
- Pour tout $n \in \mathbb{Z}_-^*$, toujours d'après les mêmes exemples, la fonction $\varphi_n : x \mapsto x^n$ est dérivable sur $\mathbb{R}_+^*$ et sur $\mathbb{R}_-^*$.
  Par ailleurs, si $f(a) > 0$ (respectivement $f(a) < 0$), il existe, par continuité de f en a, un réel $\eta > 0$ tel que, pour tout $x \in I \cap [a-\eta, a+\eta]$, on ait $f(x) > 0$ (respectivement $f(x) < 0$). Il suffit alors d'appliquer le théorème 6 de la page 403.

Théorème 12 Commençons par remarquer que J est un intervalle, du fait que f est continue sur un intervalle.

- Supposons f^{-1} dérivable en b. La formule donnant la dérivée d'une composée, appliquée à $f^{-1} \circ f$ donne $\left(f^{-1}\right)'(b) f'(a) = 1$, ce qui impose $f'(a) \neq 0$.
- Supposons $f'(a) \neq 0$. Soit $y \in J \setminus \{b\}$. Puisque f^{-1} est une bijection de J sur I et que $y \neq b$, on a $f^{-1}(y) \neq f^{-1}(b)$. Ainsi :

$$\frac{f^{-1}(y) - f^{-1}(b)}{y - b} = \frac{1}{\dfrac{f\big(f^{-1}(y)\big) - f(a)}{f^{-1}(y) - a}}.$$

  La fonction réelle f est continue, strictement monotone sur un intervalle d'intérieur non vide, donc la fonction f^{-1} est continue sur J. Par composition des limites, à l'aide de la dérivabilité de f en a, on a :

$$\frac{f\big(f^{-1}(y)\big) - f(a)}{f^{-1}(y) - a} \underset{y \to b}{\longrightarrow} f'(a),$$

  et puisque $f'(a) \neq 0$:

$$\frac{f^{-1}(y) - f^{-1}(b)}{y - b} \underset{y \to b}{\longrightarrow} \frac{1}{f'(a)}.$$

Proposition 14

- Si f est dérivable en a, alors, par restriction, $f_{|I \cap [a,+\infty[}$ est dérivable en a (cf. remarque de la page 401), et $f'(a) = \left(f_{|I \cap [a,+\infty[}\right)'(a) = f_d'(a)$. On démontre de même que $f'(a) = f_g'(a)$.
- Supposons $f_g'(a)$ et $f_d'(a)$ définies et égales.
  Alors la fonction g définie sur $I \setminus \{a\}$ par $g(x) = \frac{f(x)-f(a)}{x-a}$ a une limite à droite et à gauche en a, et ces limites sont égales. Il s'ensuit que $\lim\limits_{\substack{x \to a \\ x \neq a}} g(x)$ existe (cf. proposition 9 de la page 362) et que f est dérivable en a.

Théorème 15 Nous démontrons le résultat dans le cas d'un maximum local.

Le point a est intérieur à I et f admet un maximum local en a, donc il existe $\eta > 0$ tel que $[a-\eta, a+\eta] \subset I$ et $\forall x \in [a-\eta, a+\eta] \quad f(x) \leqslant f(a)$.

- Pour tout $a < x \leqslant a + \eta$, on a $\frac{f(x)-f(a)}{x-a} \leqslant 0$ et donc, par passage à la limite dans les inégalités, on a $f'(a) \leqslant 0$.
- On démontre de même $f'(a) \geqslant 0$ en considérant les x vérifiant $a - \eta \leqslant x < a$.

On a donc montré que $f'(a) = 0$.

Théorème 17 La fonction $g : t \mapsto f(t) - \left(f(a) + \frac{f(b)-f(a)}{b-a}(t-a)\right)$ est continue sur $[a,b]$, dérivable sur $]a,b[$. On a $g(a) = g(b) = 0$ et, pour tout $t \in]a,b[$, on a par ailleurs :

$$g'(t) = f'(t) - \frac{f(b)-f(a)}{b-a}.$$

On conclut directement à l'aide du théorème de Rolle.

Théorème 18

- Supposons f croissante. Soit x un point intérieur à I. Alors, pour tout $y \in I$ différent de x, on a $\frac{f(y)-f(x)}{y-x} \geqslant 0$ (il suffit de distinguer les cas $x < y$ et $x > y$ pour le démontrer). En faisant tendre y vers x on obtient, par passage à la limite dans les inégalités, que $f'(x) \geqslant 0$.
- Supposons que f' soit positive sur l'intérieur de I. Soit $(x,y) \in I^2$, avec $x < y$. La fonction f est continue sur $[x,y]$ et dérivable sur $]x,y[$ (car $]x,y[$ est inclus dans l'intérieur de I). Il existe donc, d'après le théorème des accroissements finis, un réel $c \in]x,y[$ tel que :

  $$f(y) - f(x) = (y-x)f'(c).$$

  Comme $(y-x)f'(c) \geqslant 0$, on a $f(x) \leqslant f(y)$. Ainsi f est croissante.

Théorème 21

- Montrons le sens direct et supposons f strictement croissante. En particulier, f est croissante au sens large, donc f' est positive d'après le théorème 18. Montrons l'autre point en raisonnant par l'absurde et en supposant qu'il existe deux points $a < b$ dans I tels que la fonction $(f')_{|]a,b[}$ soit nulle. Alors $f_{|]a,b[}$ est constante. On peut donc trouver deux points $x < y$ dans $]a,b[$ donc dans I tels que $f(x) = f(y)$, ce qui contredit la stricte croissance de f.
- Montrons le sens indirect et supposons les deux points de la proposition.

  Comme f' est positive, le théorème 18 affirme que f est croissante. Reste à montrer qu'elle est *strictement* croissante. Si elle ne l'était pas, alors il existerait deux points $a < b$ de I tels que $f(a) = f(b)$. Par croissance de f, la restriction de f à l'intervalle non trivial $]a,b[$ serait constante et on aurait $(f')_{|]a,b[} = 0$, contredisant le deuxième point de l'hypothèse.

Théorème 22 L'inégalité est immédiate si $x = y$.

Il reste donc à l'établir pour $x \neq y$. On peut se contenter de traiter le cas $x < y$ (l'autre cas est similaire). La fonction f est continue sur $[x,y]$ et dérivable sur $]x,y[$. D'après l'égalité des accroissements finis, il existe $c \in]x,y[$ tel que $f(y) - f(x) = f'(c)\,(y-x)$. En particulier, c n'est pas une extrémité de I, donc $\left|f'(c)\right| \leqslant M$ et ainsi :

$$\left|f(y) - f(x)\right| = \left|f'(c)\right|\,|y-x| \leqslant M\,|y-x|.$$

Proposition 23 D'après l'inégalité des accroissements finis appliquée à $x = u_n$ et $y = c$, on a, pour tout entier naturel n :

$$|u_{n+1} - c| = \left|f(u_n) - f(c)\right| \leqslant k\,|u_n - c|.$$

Par une récurrence facile, on obtient pour tout $n \in \mathbb{N}$:

$$|u_n - c| \leqslant k^n\,|u_0 - c|.$$

Puisque $0 \leqslant k < 1$, on a $k^n \underset{n\to+\infty}{\longrightarrow} 0$, et donc $|u_n - c| \underset{n\to+\infty}{\longrightarrow} 0$.

Ainsi, la suite u converge vers c.

Théorème 24 Supposons l'existence de $\ell = \lim\limits_{\substack{x \to a \\ x \neq a}} f'(x)$ dans $\overline{\mathbb{R}}$. Pour tout $x \in I \setminus \{a\}$, en appliquant le théorème des accroissements finis à f entre a et x, il existe $c_x \in I$, strictement compris entre a et x, tel que :

$$\frac{f(x) - f(a)}{x - a} = f'(c_x).$$

Puisque, pour tout $x \in I \setminus \{a\}$, on a $|c_x - a| \leqslant |x - a|$, on peut conclure que $\lim\limits_{x \to a} c_x = a$. Par composition des limites :

$$\frac{f(x) - f(a)}{x - a} = f'(c_x) \underset{x \to a}{\longrightarrow} \ell.$$

Cela prouve les deux résultats.

Théorème 26 Soit $f : I \to \mathbb{R}$ et $g : I \to \mathbb{R}$ deux fonctions, ainsi que $(\lambda, \mu) \in \mathbb{R}^2$. Démontrons, par récurrence sur l'entier n, la propriété $\mathcal{H}_n$:

« Si f et g sont de classe $\mathcal{C}^n$, alors $\lambda f + \mu g$ est de classe $\mathcal{C}^n$ et $(\lambda f + \mu g)^{(n)} = \lambda f^{(n)} + \mu g^{(n)}$ ».

C'est immédiat si $n = 0$. Soit $n \in \mathbb{N}$ tel que $\mathcal{H}_n$ est vraie.

Considérons f et g de classe $\mathcal{C}^{n+1}$. En particulier, elles sont de classe $\mathcal{C}^n$. L'hypothèse de récurrence $\mathcal{H}_n$ implique que $\lambda f + \mu g$ est de classe $\mathcal{C}^n$ et :

$$(\lambda f + \mu g)^{(n)} = \lambda f^{(n)} + \mu g^{(n)}.$$

Comme f et g sont de classe $\mathcal{C}^{n+1}$, les fonctions $f^{(n)}$ et $g^{(n)}$ sont de classe $\mathcal{C}^1$.

Par linéarité de la dérivation, la fonction $(\lambda f + \mu g)^{(n)}$ est dérivable et sa dérivée vaut :

$$\left((\lambda f + \mu g)^{(n)}\right)' = \lambda f^{(n+1)} + \mu g^{(n+1)}$$

et est continue (toujours car f et g sont de classe $\mathcal{C}^{n+1}$). Ainsi $\lambda f + \mu g$ est de classe $\mathcal{C}^{n+1}$.

Si f et g sont de classe $\mathcal{C}^\infty$, alors elles sont de classe $\mathcal{C}^n$ pour tout $n \in \mathbb{N}$. D'après ce qui précède, $\lambda f + \mu g$ est de classe $\mathcal{C}^n$ pour tout $n \in \mathbb{N}$, donc de classe $\mathcal{C}^\infty$.

Théorème 27 Soit $f : I \to \mathbb{R}$ et $g : I \to \mathbb{R}$ deux fonctions.
Démontrons, par récurrence sur l'entier n, la propriété $\mathcal{H}_n$:

« Si f et g sont de classe $\mathcal{C}^n$, alors fg est de classe $\mathcal{C}^n$ et $(fg)^{(n)} = \sum\limits_{k=0}^{n} \binom{n}{k} f^{(k)} g^{(n-k)}$. »

C'est immédiat si $n = 0$. Soit $n \in \mathbb{N}$ tel que $\mathcal{H}_n$ est vraie. Supposons f et g de classe $\mathcal{C}^{n+1}$. En particulier, elles sont de classe $\mathcal{C}^n$. D'après l'hypothèse de récurrence $\mathcal{H}_n$, la fonction fg est de classe $\mathcal{C}^n$ et :

$$(fg)^{(n)} = \sum_{k=0}^{n} \binom{n}{k} f^{(k)} g^{(n-k)}.$$

Pour tout $k \in [\![0, n]\!]$, on a $f^{(k)}$ de classe $\mathcal{C}^{n+1-k}$, donc de classe $\mathcal{C}^1$, donc dérivable. De même, $g^{(n-k)}$ est de classe $\mathcal{C}^1$, donc dérivable.

Sachant qu'un produit de fonctions dérivables est dérivable et par linéarité de la dérivation (cf. corollaire 4 de la page 403), la fonction $(fg)^{(n)}$ est dérivable et l'on a :

$$\begin{aligned}
(fg)^{(n+1)} &= \left(\sum_{k=0}^{n}\binom{n}{k}f^{(k)}g^{(n-k)}\right)' \\
&= \sum_{k=0}^{n}\binom{n}{k}\left(f^{(k)}g^{(n-k)}\right)' \\
&= \sum_{k=0}^{n}\binom{n}{k}\left(f^{(k+1)}g^{(n-k)} + f^{(k)}g^{(n+1-k)}\right).
\end{aligned}$$

En séparant et en réindexant la première somme, on obtient :

$$\begin{aligned}
(fg)^{(n+1)} &= \sum_{k=0}^{n}\binom{n}{k}f^{(k+1)}g^{(n-k)} + \sum_{k=0}^{n}\binom{n}{k}f^{(k)}g^{(n+1-k)} \\
&= \sum_{k=1}^{n+1}\binom{n}{k-1}f^{(k)}g^{(n+1-k)} + \sum_{k=0}^{n}\binom{n}{k}f^{(k)}g^{(n+1-k)}.
\end{aligned}$$

En regroupant de nouveau et en utilisant la relation de Pascal, on a enfin :

$$\begin{aligned}
(fg)^{(n+1)} &= f^{(0)}g^{(n+1)} + \sum_{k=1}^{n}\left(\binom{n}{k-1}+\binom{n}{k}\right)f^{(k)}g^{(n+1-k)} + f^{(n+1)}g^{(0)} \\
&= \sum_{k=0}^{n+1}\binom{n+1}{k}f^{(k)}g^{(n+1-k)}.
\end{aligned}$$

Cette fonction $(fg)^{(n+1)}$ est clairement continue, puisqu'elle s'exprime comme somme de produits de fonctions continues.

On a donc montré que fg est de classe $\mathcal{C}^{n+1}$.

Théorème 28 Démontrons, par récurrence sur l'entier n, la propriété $\mathcal{H}_n$:

« pour tout $f \in \mathcal{C}^n(I, \mathbb{R})$ et $g \in \mathcal{C}^n(J, \mathbb{R})$ tel que $f(I) \subset J$, on a $g \circ f \in \mathcal{C}^n(I, \mathbb{R})$ ».

Initialisation. La propriété $\mathcal{H}_0$ est une traduction du fait que la composée de deux fonctions continues est continue.

Hérédité. Soit $n \in \mathbb{N}$ tel que la propriété $\mathcal{H}_n$ soit vraie.

Soit $f \in \mathcal{C}^{n+1}(I, \mathbb{R})$ et $g \in \mathcal{C}^{n+1}(J, \mathbb{R})$ telles que $f(I) \subset J$. Les fonctions f et g sont dérivables, du fait que $n+1 \geqslant 1$. De plus $(g \circ f)' = (g' \circ f) \times f'$ et :

- d'après l'hypothèse de récurrence, $g' \circ f$ est de classe $\mathcal{C}^n$, car g' est de classe $\mathcal{C}^n$, ainsi que f (qui est de classe $\mathcal{C}^{n+1}$ et donc de classe $\mathcal{C}^n$),
- la fonction f' est de classe $\mathcal{C}^n$.

Ainsi la fonction $(g \circ f)'$ est un produit de fonctions de classe $\mathcal{C}^n$ et est donc elle-même de classe $\mathcal{C}^n$.

On a donc montré que $g \circ f$ est de classe $\mathcal{C}^{n+1}$.

Corollaire 29 D'après le théorème des valeurs intermédiaires, f étant en particulier continue, elle est à valeurs soit dans $]0,+\infty[$, soit dans $]-\infty,0[$.
Si f est à valeurs dans $]0,+\infty[$, la fonction $1/f$ est la composée de la fonction f et de la fonction $x \mapsto 1/x$, qui est de classe $\mathcal{C}^n$ sur $]0,+\infty[$.
Même justification lorsque f est à valeurs dans $]-\infty,0[$.

Théorème 31 Démontrons, par récurrence sur $n \in \mathbb{N}^*$, la propriété $\mathcal{H}_n$: « pour toute bijection strictement monotone de classe $\mathcal{C}^n$ de I sur J telle que f' ne s'annule pas, la bijection réciproque f^{-1} est de classe $\mathcal{C}^n$ ».

- Pour $n=1$, c'est une conséquence du théorème donnant la dérivée d'une bijection réciproque (cf. corollaire 13 de la page 405).
- Soit $n \geqslant 1$ tel que $\mathcal{H}_n$ soit vraie. Soit f une bijection strictement monotone de classe $\mathcal{C}^{n+1}$ tel que f' ne s'annule pas. Alors f^{-1} est dérivable et $(f^{-1})' = \frac{1}{f' \circ f^{-1}}$.

  Comme f est de classe $\mathcal{C}^{n+1}$, sa dérivée f' est de classe $\mathcal{C}^n$. D'après $\mathcal{H}_n$, la fonction f^{-1} est de classe $\mathcal{C}^n$. Par composition, $f' \circ f^{-1}$ est de classe $\mathcal{C}^n$. Par passage à l'inverse (licite, car f' ne s'annule pas), on en déduit que $(f^{-1})'$ est de classe $\mathcal{C}^n$. On a donc montré que f^{-1} est de classe $\mathcal{C}^{n+1}$.

Proposition 35

1. Si f est dérivable en a, alors $\overline{f}$ est dérivable en a (cf. proposition 34 de la page 422) et par linéarité $\operatorname{Re} f = \frac{f+\overline{f}}{2}$ et $\operatorname{Im} f = \frac{f-\overline{f}}{2i}$ sont dérivables en a. Réciproquement, si $\operatorname{Re} f$ et $\operatorname{Im} f$ sont dérivables en a, alors $f = \operatorname{Re} f + i \operatorname{Im} f$ est dérivable en a en vertu de la proposition 32 de la page 422.
2. C'est une récurrence immédiate.

Proposition 36

- Lorsque $p \in \mathbb{N}^*$, la dérivabilité en a de f^p est une conséquence de la proposition 33 de la page 422. La formule s'obtient par récurrence sur p.
- Notons $x = \operatorname{Re} f$ et $y = \operatorname{Im} f$ les fonctions définies sur I à valeurs réelles.
  On a $\frac{1}{f} = \frac{x}{x^2+y^2} - i\,\frac{y}{x^2+y^2}\cdot$ La fonction $\frac{1}{f}$ est donc dérivable en a. Par récurrence sur $q \in \mathbb{N}^*$, on prouve avec la proposition 33 de la page 422 que $\frac{1}{f^q} = (\frac{1}{f})^q$ est dérivable en a.
- Soit $p \in \mathbb{Z}_-^*$. La formule donnée dans l'énoncé s'obtient en dérivant la fonction $f^p \times \frac{1}{f^p}$ constante égale à 1. La fonction $\frac{1}{f^p}$ est dérivable en a d'après le premier point et la fonction f^p est dérivable en a d'après ce qui précède. Par produit de fonctions dérivables en a, on obtient :

  $$(f^p)'(a) \times \left(\frac{1}{f^p}\right)(a) + f^p(a) \times \left(\frac{1}{f^p}\right)'(a) = 0,$$

  c'est-à-dire, par définition de la fonction puissance et avec la formule de la dérivée du premier point appliquée à $-p \in \mathbb{N}^*$:

  $$(f^p)'(a) \times \frac{1}{f(a)^p} + f^p(a) \times \Big(-pf'(a)f^{-p-1}(a)\Big) = 0.$$

  Finalement, on obtient $(f^p)'(a) = p\,f'(a)\,f^{p-1}(a)$.

Proposition 39 On a $f' = 0$ si, et seulement si, $(\operatorname{Re} f)' = 0$ et $(\operatorname{Im} f)' = 0$. Par la caractérisation des fonctions réelles constantes sur un intervalle (voir le corollaire 20 de la page 410), on a $f' = 0$ si, et seulement si, les fonctions $\operatorname{Re} f$ et $\operatorname{Im} f$ sont constantes, *i.e.* si, et seulement si, la fonction f est constante.

S'entraîner et approfondir

Généralités

11.1 →403
1. Que dire de la parité de la dérivée d'une fonction paire dérivable sur $\mathbb{R}$?
2. La dérivée d'une fonction périodique dérivable sur $\mathbb{R}$ est-elle périodique ?

11.2 →405
1. En utilisant les résultats du chapitre 6, démontrer que la fonction sh définit une bijection dérivable de $\mathbb{R}$ sur $\mathbb{R}$. On note f sa bijection réciproque.
2. Démontrer que f est dérivable. Donner une expression de $f'(x)$ analogue à celle de $\text{Arcsin}'(x)$.

11.3 Soit $f : I \to \mathbb{C}$ une fonction dérivable. →422
1. Montrer que $|f|^2$ est dérivable et calculer sa dérivée.
2. Donner un exemple montrant qu'en général, la fonction $|f|$ n'est pas dérivable.
3. Montrer que si $f(a) \neq 0$, alors la fonction $|f|$ est dérivable en a.

11.4 Soit f une fonction définie sur $\mathbb{R}$.
1. Démontrer que si f est dérivable en 0, alors $\lim\limits_{x \to 0} \frac{f(x)-f(-x)}{2x} = f'(0)$.
2. Si la limite précédente est finie, est-ce que f est dérivable en 0 ?

★★ **11.5** Soit f une fonction réelle définie sur $\mathbb{R}$, continue en 0 et telle que $\lim\limits_{x \to 0} \frac{f(3x)-f(x)}{x}$ existe et soit finie égale à $\ell \in \mathbb{R}$. Démontrer que f est dérivable en 0 et déterminer $f'(0)$ en fonction de ℓ.

★ **11.6** Soit $f : I \to I$ une fonction dérivable et $(u_n)_{n\in\mathbb{N}}$ une suite vérifiant $u_{n+1} = f(u_n)$, avec $u_0 \in I$. On suppose de plus que $(u_n)_{n\in\mathbb{N}}$ converge vers c et que $|f'(c)| > 1$.
1. On suppose que, pour tout entier naturel n, on a $u_n \neq c$. Donner $\lim\limits_{n \to +\infty} \frac{u_{n+1}-c}{u_n-c}$.

   Aboutir à une contradiction.
2. Montrer que la suite $(u_n)_{n\in\mathbb{N}}$ est stationnaire, égale à c à partir d'un certain rang.
3. Démontrer que la suite définie par $u_0 = \frac{1}{3}$ et $u_{n+1} = 4u_n(1-u_n)$ diverge.

11.7 Soit $f : I \to \mathbb{C}$ une fonction dérivable ne s'annulant pas. On appelle **dérivée logarithmique** de f, la fonction $\dfrac{f'}{f}$.
1. Soit $f, g : I \to \mathbb{C}$ deux fonctions dérivables ne s'annulant pas. Déterminer la dérivée logarithmique de $f^p g^q$ où $(p,q) \in \mathbb{Z}^2$.
2. Lorsque f et g sont à valeurs réelles strictement positives, déterminer la dérivée logarithmique de $f^\alpha g^\beta$ où $(\alpha, \beta) \in \mathbb{R}^2$.
3. Soit $\varphi : [0,1] \to \mathbb{R}$ définie par $\varphi(x) = (1-x)^{\frac{3}{4}} x^{\frac{2}{3}}$.

   À l'aide de la dérivée logarithmique, étudier les variations de φ.

Théorème de Rolle et des accroissements finis

11.8 Soit $f : I \to \mathbb{R}$ une fonction dérivable et $n \geqslant 2$ un entier. On suppose que f s'annule au moins n fois. Démontrer que l'équation $f'(x) = 0$ admet au moins $n-1$ solutions réelles distinctes.
→408

11.9 Étudier la monotonie de la fonction définie sur $\mathbb{R}$ par $g(x) = \sqrt[3]{x^3 - x^2 + x + 1}$ (voir la définition de la racine cubique page 85).
→409

11.10 Démontrer que la fonction $f : x \mapsto x - \sin x$ est strictement croissante sur $\mathbb{R}$.
→411

11.11 Déterminer les extrema locaux et globaux de la fonction $h : \begin{array}{ccc} \left]-\frac{\pi}{2}, \frac{\pi}{2}\right[& \longrightarrow & \mathbb{R} \\ x & \longmapsto & x^2 \tan x. \end{array}$
→411

11.12 Montrer que :
→412

$$\lim_{n \to +\infty} \left(\sin(\sqrt{n+1}) - \sin(\sqrt{n})\right) = 0.$$

11.13 Soit $\alpha \in [0, +\infty[$. Montrer la convergence de la suite $(u_n)_{n \in \mathbb{N}}$ définie par $u_0 = \alpha$ et $u_{n+1} = \sqrt{1 + u_n}$, pour tout entier n.
→413

11.14 Montrer que la fonction $f : \begin{array}{ccc} [-1,1] & \longrightarrow & \mathbb{R} \\ x & \longmapsto & \operatorname{Arcsin}\left(1 - x^2\right) \end{array}$ n'est pas dérivable en 0.
→414

★ **11.15** Soit f une fonction dérivable sur un intervalle I d'intérieur non vide.

1. Soit $a < b$ deux éléments de I tels que $f'(a) < 0$ et $f'(b) > 0$.
   Démontrer qu'il existe $c \in [a, b]$ tel que $f'(c) = 0$.
2. Démontrer que $f'(I)$ est un intervalle (*Théorème de Darboux*).

11.16 Soit $(a, b) \in \mathbb{R}^2$ tel que $a < b$. Soit f une fonction dérivable sur le segment $[a, b]$ telle que $f(a) = f(b)$ et $f'(a) = 0$. Démontrer qu'il existe $c \in]a, b[$ tel que :

$$f'(c) = \frac{f(c) - f(a)}{c - a}.$$

11.17 Soit $(a, b) \in \mathbb{R}^2$ tel que $a < b$. Soit f et g deux fonctions continues sur le segment $[a, b]$, dérivables sur $]a, b[$. Démontrer qu'il existe $c \in]a, b[$ tel que :

$$\big(f(b) - f(a)\big) g'(c) = \big(g(b) - g(a)\big) f'(c).$$

11.18 Soit $f : \mathbb{R}_+ \to \mathbb{R}$ une fonction continue, dérivable sur $\mathbb{R}_+^*$, telle que :

$$f(0) = \lim_{x \to +\infty} f(x)$$

On souhaite montrer qu'il existe $c \in]0, +\infty[$ tel que $f'(c) = 0$.

1. Dans cette question, on suppose f de classe $\mathcal{C}^1$ sur $\mathbb{R}_+$. Répondre au problème posé.
2. On revient aux hypothèses générales. Répondre au problème posé.
   Indication*. On pourra montrer que f est non injective.*

⋆ **11.19** Soit f une fonction de classe $\mathcal{C}^n$ définie sur I, qui s'annule en $a_1 < \cdots < a_n$, avec $n \geqslant 1$. Démontrer que, pour tout $x \in I$, il existe $\xi \in I$ tel que :

$$f(x) = \frac{(x-a_1)\cdots(x-a_n)}{n!} f^{(n)}(\xi).$$

Indication. *Pour $x \in I \setminus \{a_1, \ldots, a_n\}$, introduire $\varphi_x : t \mapsto f(t) - A(t-a_1)\cdots(t-a_n)$, avec $A \in \mathbb{R}$ tel que $\varphi_x(x) = 0$.*

11.20 Soit f et g deux fonctions réelles, continues sur I, dérivables sur l'intérieur de I.

On suppose $|f'| \leqslant g'$. Montrer que, pour tout $(a,b) \in I^2$ tel que $a \leqslant b$, on a :

$$\big|f(b) - f(a)\big| \leqslant g(b) - g(a).$$

⋆ **11.21** Soit q une fonction dérivable sur $\mathbb{R}$ telle que :

$$\exists A \in \mathbb{R}_+ \quad \forall x \geqslant A \quad \Big(q(x) > 0 \quad \text{et} \quad q'(x) > 0\Big).$$

Montrer que toute fonction y deux fois dérivable vérifiant :

$$\forall x \in \mathbb{R} \quad y''(x) + q(x)y(x) = 0$$

est bornée au voisinage de $+\infty$.

Indication. *On pourra considérer la fonction définie sur $[A + \infty[$ par :*

$$z : x \mapsto y^2(x) + \frac{y'^2(x)}{q(x)}.$$

⋆ **11.22 Inégalité des accroissements finis généralisée**

Soit $(a,b) \in \mathbb{R}^2$ tel que $a < b$. Soit $f : [a,b] \to \mathbb{C}$ une fonction continue sur $[a,b]$ et dérivable sur $]a,b[$. On suppose qu'il existe un réel M tel que, pour tout $x \in]a,b[$, on ait $\big|f'(x)\big| \leqslant M$.

1. On suppose ici que $f(a)$ et $f(b)$ sont réels. Montrer que $\big|f(b) - f(a)\big| \leqslant M(b-a)$.
2. On ne suppose plus $f(a)$ et $f(b)$ réels.
   En considérant une application g définie sur $[a,b]$ par $g(x) = u\big(f(x) - f(a)\big)$, avec $u \in \mathbb{C}$ bien choisi, démontrer que $\big|f(b) - f(a)\big| \leqslant M(b-a)$.

Fonctions de classe $\mathcal{C}^n$

11.23 Soit $\varphi : \mathbb{R} \to \mathbb{R}$ une fonction de classe $\mathcal{C}^\infty$ et $f : I \to \mathbb{R}$ une fonction dérivable vérifiant,
→419 pour tout $x \in I$, la relation $f'(x) = \varphi\big(f(x)\big)$.
Démontrer que f est de classe $\mathcal{C}^\infty$.

11.24 On considère la fonction f définie sur $\mathbb{R}^*$ par $f(x) = x^2 \sin \frac{1}{x}$.

1. Démontrer que f admet un prolongement par continuité en 0.
   On note encore f ce prolongement.
2. Démontrer que f est dérivable en 0.
3. Calculer, pour tout $x \in \mathbb{R}^*$, le nombre dérivé $f'(x)$.
   Que dire de l'inclusion $\mathcal{C}^1(I, \mathbb{R}) \subset \mathcal{D}(I, \mathbb{R})$?

11.25 Soit $\alpha \in \mathbb{R}_+ \setminus \mathbb{N}$. Préciser la classe maximale de la fonction f_α définie sur $\mathbb{R}_+$ par :

$$f_\alpha(x) = \begin{cases} x^\alpha & \text{si } x > 0\,; \\ 0 & \text{si } x = 0. \end{cases}$$

11.26 Soit f l'application définie sur $\mathbb{R}$ par $f(x) = \dfrac{1}{1+x^2}\cdot$

Démontrer que, pour tout entier naturel n, il existe une unique fonction polynomiale P_n telle que, pour tout réel x, on ait $f^{(n)}(x) = \dfrac{P_n(x)}{(1+x^2)^{n+1}}\cdot$

⋆ **11.27** Soit f l'application définie sur $\mathbb{R}$ par $f(x) = x^2 - 1$.
Pour tout entier naturel n, on pose P_n la fonction polynomiale définie sur $\mathbb{R}$ par

$$P_n(x) = \frac{1}{2^n n!} D^n(f^n)$$

où l'on rappelle que D^n désigne l'opérateur de dérivée n-ième.

1. Démontrer que P_n a la parité de n.
2. Calculer $P_n(1)$. En déduire $P_n(-1)$.
3. Démontrer que P_n s'annule n fois sur $]-1,1[$.

⋆ **11.28** Soit f l'application définie sur $[0,1[$ par $f(x) = \dfrac{1}{\sqrt{1-x^2}}\cdot$

Démontrer, pour tout entier naturel n et pour tout $x \in [0,1[$, que $f^{(n)}(x) \geqslant 0$.
Indication. *On pourra chercher une relation entre f' et f, puis une seconde relation donnant $f^{(n+1)}$ en fonction des $f^{(k)}$ avec $k \leqslant n$.*

Solutions des exercices

11.1 1. Soit f une fonction dérivable paire. On a $f(x) = f(-x)$, pour tout $x \in \mathbb{R}$. Par composition, la fonction $g : x \mapsto f(-x)$ est dérivable et $g'(x) = -f'(-x)$ pour tout $x \in \mathbb{R}$. Par conséquent, pour tout $x \in \mathbb{R}$, on a $f'(x) = -f'(-x)$. Donc f' est une fonction impaire.

2. Si f est une fonction T-périodique définie sur $\mathbb{R}$, on a $f(x+T) = f(x)$ pour tout $x \in \mathbb{R}$. Puisque la dérivée de la fonction $x \mapsto f(x+T)$ est la fonction $x \mapsto f'(x+T)$, on a, pour tout x réel, $f'(x) = f'(x+T)$. Ainsi f' est également T-périodique.

11.2 1. La fonction sh est évidemment continue et dérivable sur $\mathbb{R}$. Le tableau de variations a été donné à la page 219. Il en découle que la fonction sh est une bijection dérivable, strictement croissante de $\mathbb{R}$ sur $\mathbb{R}$.

2. Puisque $\mathrm{sh}' = \mathrm{ch}$ ne s'annule pas, f est dérivable sur $\mathbb{R}$. Par ailleurs, on a $\mathrm{ch}^2 - \mathrm{sh}^2 = 1$ et donc, comme ch est à valeurs positives :

$$\mathrm{ch}\big(f(x)\big) = \sqrt{1 + \mathrm{sh}^2\big(f(x)\big)} = \sqrt{1 + x^2},$$

pour tout x réel. Par conséquent, d'après le théorème 12 de la page 405, on a pour tout x réel :

$$f'(x) = \frac{1}{(\mathrm{ch} \circ f)(x)} = \frac{1}{\sqrt{1 + x^2}} \cdot$$

11.3 1. Puisque $|f|^2 = f\,\overline{f}$, la fonction $|f|^2$ est dérivable comme produit de fonctions dérivables, et l'on a $D(|f|^2) = f'\overline{f} + f\,\overline{f'} = 2\,\mathrm{Re}\big(f'\,\overline{f}\big)$.

On peut également écrire $D(|f|^2) = 2\big((\mathrm{Re}\,f)\,(\mathrm{Re}\,f)' + (\mathrm{Im}\,f)\,(\mathrm{Im}\,f)'\big)$.

2. La fonction $f : x \mapsto x$ montre qu'en général $|f|$ n'est pas dérivable.

3. Puisque $|f|^2$ est dérivable en a et prend une valeur strictement positive en a, et puisque la fonction $\sqrt{\ }$ est dérivable sur $\mathbb{R}_+^*$, on a, par composition, que $|f| = \sqrt{|f|^2}$ est dérivable en a.

11.4 1. Comme f est dérivable, il existe une fonction α définie sur $\mathbb{R}$ et de limite nulle en 0 telle que, pour tout $x \in \mathbb{R}$, on ait $f(x) = f(0) + xf'(0) + x\,\alpha(x)$. Par conséquent :

$$\frac{f(x) - f(-x)}{2x} = f'(0) + \frac{\alpha(x) - \alpha(-x)}{2} \underset{x \to 0}{\longrightarrow} f'(0).$$

2. La réponse est non. Considérons par exemple la fonction $f : x \mapsto |x|$ qui est définie sur $\mathbb{R}$. D'après l'exemple 12 de la page 406, on sait qu'elle n'est pas dérivable en 0. En revanche, pour tout $x \in \mathbb{R}^*$, on a $\frac{f(x) - f(-x)}{2x} = 0$ et *a fortiori* :

$$\frac{f(x) - f(-x)}{2x} \underset{x \to 0}{\longrightarrow} 0.$$

11.5 Essayons de conjecturer la valeur de $f'(0)$ en considérant la fonction affine $f : x \mapsto ax$. Pour cette fonction, on a $\ell = 2a$ et $f'(0) = a$. On peut donc espérer montrer que $\lim\limits_{x \to 0} \frac{f(x)-f(0)}{x} = \frac{\ell}{2}$ en toute généralité. En posant $g : x \mapsto f(x) - \frac{\ell}{2}x$, cela revient à montrer que $\lim\limits_{x \to 0} \frac{g(x)-g(0)}{x} = 0$.

Soit $\varepsilon > 0$. Il existe $\eta > 0$ tel que, pour tout $x \in \mathbb{R}$ vérifiant $0 < |x| \leqslant \eta$, on ait :

$$\left|\frac{g(3x) - g(x)}{x}\right| \leqslant \varepsilon. \qquad (*)$$

Fixons un tel x. Puisque, pour tout $k \in \mathbb{N}$, on a $|x/3^{k+1}| \leqslant \eta$, l'inégalité $(*)$ donne :

$$\left|\frac{g(x/3^k) - g(x/3^{k+1})}{x}\right| \leqslant \frac{\varepsilon}{3^{k+1}}.$$

Par somme et inégalité triangulaire, on a donc, pour tout $n \in \mathbb{N}$:

$$\left|\frac{g(x) - g(x/3^{n+1})}{x}\right| \leqslant \sum_{k=0}^{n} \left|\frac{g(x/3^k) - g(x/3^{k+1})}{x}\right| \leqslant \varepsilon \sum_{k=0}^{n} \frac{1}{3^{k+1}}.$$

On a d'une part, $\lim\limits_{n \to +\infty} g(x/3^{n+1}) = g(0)$ par continuité de g en 0, et d'autre part $\lim\limits_{n \to +\infty} \sum\limits_{k=0}^{n} \frac{1}{3^{k+1}} = \frac{1}{2}\cdot$ En faisant tendre n vers $+\infty$ dans l'inégalité, on obtient ainsi :

$$\left|\frac{g(x) - g(0)}{x}\right| \leqslant \frac{\varepsilon}{2}.$$

On a donc montré que $\dfrac{g(x) - g(0)}{x} \underset{x \to 0}{\longrightarrow} 0$.

11.6 1. Tout d'abord, remarquons que c est un point fixe de f (passer à la limite dans l'égalité $u_{n+1} = f(u_n)$ en utilisant la continuité de f en c). On a ensuite :

$$\left|\frac{u_{n+1} - c}{u_n - c}\right| = \left|\frac{f(u_n) - f(c)}{u_n - c}\right| \underset{n \to +\infty}{\longrightarrow} |f'(c)| > 1.$$

Il existe donc un rang à partir duquel $\left|\frac{u_{n+1}-c}{u_n-c}\right| \geqslant 1$.

La suite $\big(|u_n - c|\big)_{n \in \mathbb{N}}$ est croissante à partir d'un rang n_0. Pour $n \geqslant n_0$, on a $|u_n - c| \geqslant |u_{n_0} - c|$. En passant à la limite dans cette dernière inégalité, on obtient $0 \geqslant |u_{n_0} - c|$, d'où $u_{n_0} = c$, ce qui contredit l'hypothèse.

2. D'après la question précédente, il existe un indice n_0 tel que $u_{n_0} = c$. Puisque c est un point fixe, la suite $(u_n)_{n \in \mathbb{N}}$ est constante à partir du rang n_0.

3. Les points fixes de $f : x \mapsto 4x(1-x)$ sont 0 et $3/4$. Puisque $f'(0) = 4$ et $f'(3/4) = -2$, la suite ne sera convergente que si elle est stationnaire.

   On vérifie par récurrence que $u_k = \frac{a_k}{3^{2^k}}$, où a_k est un entier non divisible par 3. Par conséquent, $u_k \notin \{0, \frac{3}{4}\}$ pour tout entier k, et la suite $(u_k)_{k \in \mathbb{N}}$ diverge.

11.7 1. Par opérations, on a :

$$\frac{(f^p g^q)'}{f^p g^q} = \frac{pf'f^{p-1}g^q + f^p qg'g^{q-1}}{f^p g^q} = p\,\frac{f'}{f} + q\,\frac{g'}{g}\cdot$$

2. Les calculs sont les mêmes qu'à la question précédente en vertu de l'exemple 7 de la page 403, et l'on trouve :

$$\frac{(f^\alpha g^\beta)'}{f^\alpha g^\beta} = \alpha\,\frac{f'}{f} + \beta\,\frac{g'}{g}\cdot$$

3. Commençons par remarquer que cette fonction φ est continue sur $[0,1]$ (rappelons que la fonction $x \mapsto x^\gamma$ se prolonge par continuité en 0 lorsque $\gamma > 0$).

La fonction φ est dérivable sur $]0,1[$ et la dérivée logarithmique vaut :

$$\frac{\varphi'(x)}{\varphi(x)} = \frac{-3/4}{1-x} + \frac{2/3}{x} = \frac{-\frac{17}{12}x + \frac{2}{3}}{x(1-x)}\cdot$$

La fonction φ étant positive, l'étude du signe de φ' découle de l'égalité précédente, et l'on a :

x	0		$\frac{8}{17}$		1
$\varphi'(x)$		$+$	0	$-$	
φ	0	$\nearrow$	$\varphi(\frac{8}{17})$	$\searrow$	0

Remarque On ne sait rien, ni de la dérivabilité de φ en 0 et en 1, ni de ses dérivées éventuelles en ces points, mais cela n'a pas d'importance pour les variations tant qu'elle est continue.

11.8 Soit $\alpha_1, \ldots, \alpha_n$ des points distincts de I sur lesquels f s'annule. On peut sans perte de généralité les ordonner et supposer $\alpha_1 < \cdots < \alpha_n$. Appliquons le théorème de Rolle à f entre α_k et α_{k+1}, pour tout $k \in [\![1, n-1]\!]$. Cela garantit l'existence d'un $\beta_k \in]\alpha_k, \alpha_{k+1}[$ tel que $f'(\beta_k) = 0$.

Puisque $\alpha_1 < \beta_1 < \alpha_2 < \cdots < \beta_{n-1} < \alpha_n$, les β_k sont deux à deux distincts, et ainsi f' s'annule bien au moins $n-1$ fois.

11.9 Puisque la fonction $t \mapsto \sqrt[3]{t}$ est strictement croissante sur $\mathbb{R}$, il suffit d'étudier la monotonie de la fonction dérivable $g : x \mapsto x^3 - x^2 + x + 1$. Les théorèmes généraux donnent que g' est la fonction $x \mapsto 3x^2 - 2x + 1$. Le discriminant de cette fonction polynomiale du second degré vaut $-8 < 0$. Ainsi g' a un signe fixe. Puisque $g'(0) = 1 > 0$, la fonction g' est à valeurs strictement positives et donc g est strictement croissante. Il en est de même de f.

11.10 La fonction f est définie sur $\mathbb{R}$; elle est dérivable en tant que différence de fonctions dérivables. Sa dérivée est donnée par $f'(x) = 1 - \cos x$. Ainsi $f' \geqslant 0$ et $f'(x) = 0$ si, et seulement si, $x \in 2\pi\mathbb{Z}$.

Montrons que f est strictement croissante sur $\mathbb{R}$ en revenant à la définition. Fixons $a < b$. L'ensemble $[a,b] \cap 2\pi\mathbb{Z}$ est fini ; on peut appliquer le point méthode de la page 411. On en déduit que f est strictement croissante sur $[a,b]$. D'où $f(a) < f(b)$.

11.11 D'après les théorèmes généraux, la fonction h est dérivable sur $\left]-\frac{\pi}{2}, \frac{\pi}{2}\right[$, et l'on a :

$$h' : x \mapsto 2x \tan x + x^2 \left(1 + \tan^2(x)\right).$$

Étudions le signe de h' sur $\left]-\frac{\pi}{2}, \frac{\pi}{2}\right[$. La fonction h' est clairement positive sur cet intervalle, et on a l'équivalence $h'(x) = 0$ si, et seulement si, $x = 0$. Ainsi, h est strictement croissante sur $\left]-\frac{\pi}{2}, \frac{\pi}{2}\right[$ et l'on a le tableau de variations :

x	$-\pi/2$		0		$\pi/2$
$h'(x)$		$+$	0	$+$	
h	$-\infty$	$\nearrow$			$+\infty$

La fonction h n'a donc pas d'extrema globaux ou locaux.

11.12 La fonction sin est dérivable sur $\mathbb{R}$ et sa dérivée cos est majorée en valeur absolue par 1. L'inégalité des accroissements finis appliquée à $\sqrt{n}$ et $\sqrt{n+1}$ fournit :

$$\forall n \in \mathbb{N} \quad \left|\sin(\sqrt{n+1}) - \sin(\sqrt{n})\right| \leqslant \left|\sqrt{n+1} - \sqrt{n}\right| = \left|\frac{(n+1)-n}{\sqrt{n+1}+\sqrt{n}}\right| = \frac{1}{\sqrt{n+1}+\sqrt{n}}.$$

Le membre de droite tend vers 0 lorsque n tend vers $+\infty$, d'où le résultat.

11.13 La fonction $f : x \mapsto \sqrt{1+x}$ laisse $I = [0, +\infty[$ stable et on a $u_0 \in I$. Montrons la convergence de la suite $(u_n)_{n\geqslant 0}$ à l'aide de la proposition 23. La fonction f possède $c = \frac{1+\sqrt{5}}{2} \in I$ comme point fixe. De plus, f est dérivable sur I, et l'on a :

$$\forall x \in I \quad 0 \leqslant f'(x) = \frac{1}{2\sqrt{1+x}} \leqslant \frac{1}{2}.$$

On en déduit que la suite $(u_n)_{n\in\mathbb{N}}$ converge vers $\frac{1+\sqrt{5}}{2}$.

11.14 La fonction f est continue sur $[-1, 1]$. Par opérations, f est dérivable sur $[-1, 1] \setminus \{0\}$ et :

$$\forall x \neq 0 \quad f'(x) = \frac{-2x}{\sqrt{2x^2 - x^4}} = \frac{-2x}{|x|\sqrt{2-x^2}}.$$

Comme $\frac{-2x}{|x|\sqrt{2-x^2}} \underset{x\to 0^+}{\longrightarrow} -\sqrt{2}$, le théorème 24 de la page 414 appliquée à la restriction de f à $]0, 1[$ montre que la fonction f est dérivable à droite en 0 et $f'_d(0) = -\sqrt{2}$. De même, la fonction f est dérivable à gauche en 0 et $f'_g(0) = \sqrt{2}$. Puisque $f'_g(0) \neq f'_d(0)$, la fonction f n'est pas dérivable en 0.

11.15 1. Considérons la fonction f restreinte à $[a, b]$. Cette fonction est continue sur un segment donc est bornée et atteint son minimum en un point c. Puisque $\lim\limits_{x\to a} \frac{f(x)-f(a)}{x-a} = f'(a) < 0$, on a $\frac{f(x)-f(a)}{x-a} < 0$ au voisinage de a ; donc il existe $x_0 \in [a, b]$ tel que $f(x_0) - f(a) < 0$ donc $c \neq a$. On prouve de la même façon que $c \neq b$. Ainsi, la fonction $f_{|_{[a,b]}}$ est dérivable et atteint un extremum local (global ici) en c qui est un point *intérieur* à $[a, b]$. D'après le théorème 15 de la page 407, on en déduit que $f'(c) = 0$.

2. Soit $a < b$ dans I tels que $f'(a) \neq f'(b)$.
   Sans perte de généralité, on peut supposer $f'(a) < f'(b)$. Pour montrer que $f'(I)$ est un intervalle, il suffit de montrer que tout réel $k \in \left]f'(a), f'(b)\right[$ est atteint par f'.
   Considérons g la fonction définie par $g(x) = f(x) - kx$. Cette fonction vérifie toutes les hypothèses de la première question. Il existe alors $c \in [a,b]$ tel que $g'(c) = 0$, soit tel que $f'(c) = k$, ce qui montre que $k \in f'(I)$.

11.16 La fonction $\varphi : [a,b] \to \mathbb{R}$ définie par :

$$\begin{cases} \varphi(x) = \dfrac{f(x) - f(a)}{x - a} \text{ si } x \neq a \\ \varphi(a) = 0 \end{cases}$$

est continue sur $[a,b]$, dérivable sur $]a,b[$ et vérifie $\varphi(a) = \varphi(b) = 0$.
Il existe donc $c \in]a,b[$ tel que $\varphi'(c) = 0$.
Or la dérivée de φ sur $]a,b[$ est donnée par :

$$\varphi' : x \mapsto f'(x)\frac{1}{x-a} + \big(f(x) - f(a)\big)\frac{-1}{(x-a)^2}.$$

L'égalité $\varphi'(c) = 0$ fournit donc $f'(c) = \frac{f(c)-f(a)}{c-a}$.

11.17 Introduisons la fonction φ définie sur $[a,b]$ par :

$$\varphi(x) = \big(g(b) - g(a)\big)\big(f(x) - f(a)\big) - \big(f(b) - f(a)\big)\big(g(x) - g(a)\big).$$

D'après les théorèmes généraux, la fonction φ est continue sur $[a,b]$ et dérivable sur $]a,b[$.
On a aussi $\varphi(a) = \varphi(b) = 0$ et, pour tout $x \in]a,b[$, on a :

$$\varphi'(x) = \big(g(b) - g(a)\big)\, f'(x) - \big(f(b) - f(a)\big)\, g'(x).$$

Le théorème de Rolle appliqué à la fonction φ permet de conclure.

11.18 1. Raisonnons par l'absurde en supposant que la dérivée f' ne s'annule pas sur $\mathbb{R}_+^*$. Comme cette fonction est continue par hypothèse, elle garde un signe constant (en vertu du théorème des valeurs intermédiaires). Ainsi, la fonction f est strictement monotone. Cela contredit le fait que $f(0) = \lim\limits_{x\to+\infty} f(x)$.

2. • S'il existe $a > 0$ tel que $f(a) = f(0)$, le résultat est une conséquence directe du théorème de Rolle.
   • Supposons que $\forall x > 0 \quad f(x) \neq f(0)$. Alors, par une conséquence du théorème des valeurs intermédiaires, on a :

   $$\forall x > 0 \quad f(x) > f(0) \qquad \text{ou} \qquad \forall x > 0 \quad f(x) < f(0).$$

   Quitte à remplacer f par $(-f)$ on suppose sans perte de généralité que :

   $$\forall x > 0 \quad f(x) > f(0).$$

   * On a $\lim\limits_{x\to+\infty} f(x) = f(0)$ et $f(0) < f(1)$ donc il existe $b > 1$ tel que :

   $$\forall x \geqslant b \quad f(b) < f(1),$$

   et en particulier, $f(b) \in]f(0), f(1)[$.
   * Par conséquence du théorème des valeurs intermédiaires, il existe $a \in]0,1[$ tel que $f(a) = f(b)$.
   * Les inégalités $a < 1 < b$ montrent que $a < b$, ce qui permet d'appliquer le théorème de Rolle et d'en déduire qu'il existe $c \in]a,b[$ tel que $f'(c) = 0$

11.19 Fixons $x \in I$.

Si x est égal à l'un des a_i, la relation est évidente, en prenant par exemple $\xi = a_1$.

Sinon, posons :

$$A = \frac{f(x)}{(x-a_1)\cdots(x-a_n)}$$

et considérons la fonction φ_x définie par :

$$\forall t \in I \quad \varphi_x(t) = f(t) - A(t-a_1)\cdots(t-a_n).$$

Cette fonction est n fois dérivable et s'annule $n+1$ fois (elle s'annule en les a_i et en x). Par récurrence sur $k \in [\![0,n]\!]$, on montre, en appliquant plusieurs fois le théorème de Rolle, que $\varphi_x^{(k)}$ s'annule $n-k+1$ fois sur I. En particulier, $\varphi_x^{(n)}$ a au moins un zéro ξ dans I. Or, $\varphi_x^{(n)}(t) = f^{(n)}(t) - n!A$, d'où $A = \dfrac{f^{(n)}(\xi)}{n!}$.

En reprenant la définition de A, on obtient le résultat.

11.20 Montrons que :

$$-\big(g(b)-g(a)\big) \leqslant f(b)-f(a) \leqslant g(b)-g(a).$$

Commençons par prouver l'inégalité de droite.

Considérons la fonction $\varphi : x \mapsto \big(g(x)-f(x)\big)$. Elle est continue sur I, dérivable sur l'intérieur de I. De plus, $\varphi'(x) = g'(x) - f'(x) \geqslant 0$ pour tout x de l'intérieur de I. Il s'ensuit que φ est croissante. Ainsi $\varphi(a) \leqslant \varphi(b)$. Cette inégalité se réécrit :

$$0 \leqslant g(b) - f(b) - g(a) + f(a),$$

d'où l'inégalité de droite.

En appliquant ce qui précède à $-f$ (qui vérifie les mêmes hypothèses que f), on obtient :

$$0 \leqslant g(b) + f(b) - g(a) - f(a),$$

d'où l'inégalité de gauche.

11.21 Si y est une solution de l'équation alors la fonction z est dérivable sur $[A,+\infty[$ et :

$$\begin{aligned}\forall x \geqslant A \quad z'(x) &= 2y'(x)y(x) - y'^2(x)\frac{q'(x)}{q^2(x)} + 2y'(x)y''(x)\frac{1}{q(x)}\\ &= -y'^2(x)\frac{q'(x)}{q^2(x)} \leqslant 0.\end{aligned}$$

Par suite, la fonction z est une fonction positive et décroissante sur $[A,+\infty[$ donc :

$$\forall x \geqslant A \quad 0 \leqslant z(x) \leqslant z(A).$$

Or pour tout $x \geqslant A$, on a $y^2(x) \leqslant z(x)$. On en déduit donc :

$$\forall x \geqslant A \quad |y(x)| \leqslant \sqrt{z(x)} \leqslant \sqrt{z(A)},$$

ce qui prouve que y est bornée au voisinage de $+\infty$.

11.22 1. Puisque f est dérivable sur $]a,b[$, il en est de même de $\operatorname{Re} f$. De plus, pour tout $x \in]a,b[$, on a :
$$\left|(\operatorname{Re} f)'(x)\right| \leqslant \left|(\operatorname{Re} f)'(x) + i(\operatorname{Im} f)'(x)\right| = \left|f'(x)\right| \leqslant M.$$
L'inégalité des accroissements finis appliquée à la fonction réelle $\operatorname{Re} f$ nous donne :
$$\left|(\operatorname{Re} f)(b) - (\operatorname{Re} f)(a)\right| \leqslant M(b-a).$$
Or $f(a)$ et $f(b)$ sont réels par hypothèse, d'où l'inégalité annoncée.

2. L'inégalité demandée est immédiate si $f(b) = f(a)$.

Dans le cas contraire, soit α un argument de $f(b) - f(a)$; posons g l'application définie sur $[a,b]$ par $g(x) = e^{-i\alpha}\big(f(x) - f(a)\big)$. La fonction g est continue sur $[a,b]$ et dérivable sur $]a,b[$. Pour tout $x \in]a,b[$, on a $g'(x) = e^{-i\alpha} f'(x)$ et donc $\left|g'(x)\right| \leqslant M$. De plus $g(a) = 0$ et $g(b) = \left|f(b) - f(a)\right|$. L'inégalité s'obtient alors en appliquant le résultat de la première question à la fonction g.

11.23 Montrons par récurrence sur $n \in \mathbb{N}$, la propriété $\mathcal{H}_n$: « f est de classe $\mathcal{C}^n$ ».

La fonction f est évidemment de classe $\mathcal{C}^0$ (car dérivable donc continue).

Soit $n \in \mathbb{N}$ tel que $\mathcal{H}_n$ soit vraie. Montrons que f est de classe $\mathcal{C}^{n+1}$.

La fonction f est dérivable et l'on a $f' = \varphi \circ f$.

D'après $\mathcal{H}_n$, la fonction f est de classe $\mathcal{C}^n$. De plus, φ est de classe $\mathcal{C}^\infty$ d'après l'énoncé, donc est de classe $\mathcal{C}^n$. Par composition, f' est donc de classe $\mathcal{C}^n$.

Ainsi, f est de classe $\mathcal{C}^{n+1}$.

11.24 1. Pour tout $x \in \mathbb{R}^*$, on a l'inégalité :
$$\left|f(x)\right| \leqslant x^2.$$
Ainsi, puisque $\lim\limits_{x\to 0} x^2 = 0$, on a par encadrement $\lim\limits_{x\to 0} f(x) = 0$. La fonction f admet donc un prolongement par continuité en 0 et ce prolongement, encore noté f, vérifie $f(0) = 0$.

2. Pour tout $x \in \mathbb{R}^*$, on a l'inégalité :
$$\left|\frac{f(x) - f(0)}{x}\right| = \left|x \sin \frac{1}{x}\right| \leqslant |x|.$$
On en déduit que $\lim\limits_{x\to 0} \frac{f(x)-f(0)}{x} = 0$ et donc que f est dérivable en 0, avec $f'(0) = 0$.

3. Par les théorèmes généraux, f est dérivable sur $\mathbb{R}^*$. De plus pour tout $x \in \mathbb{R}^*$, on a $f'(x) = 2x \sin \frac{1}{x} - \cos \frac{1}{x}$. Montrons que la limite de f' en 0 n'existe pas. Considérons les suites $a = \left(\frac{1}{2k\pi}\right)_{k\in\mathbb{N}^*}$ et $b = \left(\frac{1}{2k\pi + \frac{\pi}{2}}\right)_{k\in\mathbb{N}^*}$ qui convergent toutes les deux vers 0.

On a :
$$f'(a_k) = -1 \underset{k\to+\infty}{\longrightarrow} -1 \qquad \text{et} \qquad f'(b_k) = 2b_k \underset{k\to+\infty}{\longrightarrow} 0.$$
Ainsi la limite de f' en 0 n'existe pas et la fonction f' n'est donc pas continue en 0.

Dans cet exercice, on a montré que l'inclusion $\mathcal{C}^1(I,\mathbb{R}) \subset \mathcal{D}(I,\mathbb{R})$ est stricte.

11.25 D'après les théorèmes généraux, f_α est de classe $\mathcal{C}^\infty$ sur $\mathbb{R}_+^*$.

Pour tout $n \in \mathbb{N}$, la fonction $f_\alpha^{(n)}$ est définie sur $\mathbb{R}_+^*$ par :

$$f_\alpha^{(n)}(x) = \alpha(\alpha-1)\cdots(\alpha-n+1)x^{\alpha-n}.$$

Ainsi, $f_\alpha^{(n)}$ a une limite finie en 0 si, et seulement si, $\alpha - n \geqslant 0$. On en déduit que si f_α est de classe $\mathcal{C}^n$ sur $\mathbb{R}_+$, alors $n \leqslant \lfloor \alpha \rfloor$. Réciproquement, on vérifie que la fonction f_α est de classe $\mathcal{C}^k$ sur $\mathbb{R}_+$ pour tout $k \in [\![0, \lfloor \alpha \rfloor]\!]$ et que :

$$\forall x \in \mathbb{R}_+ \quad f_\alpha^{(k)}(x) = \alpha(\alpha-1)\cdots(\alpha-k+1)f_{\alpha-k}(x).$$

On procède par récurrence finie.

Pour $k=0$, il est facile de vérifier que f_α est continue.

Soit $k \in [\![0, \lfloor \alpha \rfloor - 1]\!]$. On suppose que f_α est de classe $\mathcal{C}^k$ sur $\mathbb{R}_+$ et :

$$\forall x \in \mathbb{R}_+ \quad f_\alpha^{(k)}(x) = \alpha(\alpha-1)\cdots(\alpha-k+1)f_{\alpha-k}(x).$$

Comme $k \leqslant \lfloor \alpha \rfloor - 1$, on a $k \leqslant \alpha - 1$, donc $\alpha - k \geqslant 1$ et on peut appliquer ce que l'on a vu dans l'exemple 21 de la page 415 : si $\beta \geqslant 1$, la fonction f_β est de classe $\mathcal{C}^1$ sur $\mathbb{R}_+$ et $f_\beta' = \beta f_{\beta-1}$.

On en déduit que $f_\alpha^{(k)}$ et de classe $\mathcal{C}^1$ sur $\mathbb{R}_+$ et :

$$\left(f_\alpha^{(k)}\right)' = \alpha(\alpha-1)\cdots(\alpha-k+1)(\alpha-k)f_{\alpha-k-1}.$$

Ainsi $f_\alpha^{(k+1)}$ est donnée par la formule attendue.

11.26 D'après les théorèmes généraux, la fonction f est de classe $\mathcal{C}^\infty$.

L'unicité est immédiate, car, pour tout x réel, $P_n(x) = (1+x^2)^{n+1}f^{(n)}(x)$.

Montrons par récurrence que, pour tout entier n, il existe une fonction polynomiale P_n telle que $f^{(n)} : x \mapsto \frac{P_n(x)}{(1+x^2)^{n+1}}$.

La fonction constante $P_0 = 1$ convient lorsque $n = 0$.

Supposons le résultat vrai pour un entier $n \in \mathbb{N}$. Alors, pour tout $x \in \mathbb{R}$, on a :

$$f^{(n+1)}(x) = \frac{P_n'(x)(1+x^2) - 2(n+1)xP_n(x)}{(1+x^2)^{n+2}}.$$

En prenant la fonction $P_{n+1} : x \mapsto P_n'(x)(1+x^2) - 2(n+1)xP_n(x)$ qui est polynomiale d'après l'hypothèse de récurrence et les opérations sur les fonctions polynomiales, on obtient que $f^{(n+1)}(x) = \dfrac{P_{n+1}(x)}{(1+x^2)^{n+2}}$.

11.27
1. La fonction polynomiale $x \mapsto f(x)^n = (x^2-1)^n$ est paire. Sa dérivée première $D^1(f^n)$ est donc impaire. Plus généralement, pour tout $k \in \mathbb{N}$, la fonction $D^k(f^n)$ est paire si k est pair et impaire si k est impair.
   D'où le résultat annoncé.
2. On peut écrire $f^n = g\,h$, où les fonctions g et h sont définies sur $\mathbb{R}$ par $g : x \mapsto (x-1)^n$ et $h : x \mapsto (x+1)^n$. La formule de Leibniz donne :

$$P_n = \frac{1}{2^n\,n!}\sum_{i=0}^{n}\binom{n}{i}g^{(i)}h^{(n-i)}.$$

Pour tout $i \in [\![0,n]\!]$ et $x \in \mathbb{R}$, on a $g^{(i)}(x) = n(n-1)\cdots(n-i+1)(x-1)^{n-i}$. En particulier, pour tout $i \in [\![0,n-1]\!]$, on a $g^{(i)}(1) = 0$, et donc :

$$P_n(1) = \frac{1}{2^n\, n!}\binom{n}{n} g^{(n)}(1) h^{(0)}(1) = 1.$$

En utilisant les propriétés de parité de P_n, on obtient :

$$P_n(-1) = (-1)^n.$$

3. En appliquant comme plus haut la formule de Leibniz à l'ordre $k < n$, il vient que -1 et 1 sont des zéros de $D^k(f^n)$.
   Montrons par récurrence finie que si $0 \leqslant k \leqslant n$, alors $D^k(f^n)$ admet au moins k zéros distincts dans $]-1,1[$. C'est immédiat pour $k = 0$. Si le résultat est vrai pour un $k < n$, il existe des zéros $x_1, \ldots, x_k$ de $D^k(f^n)$ tels que $-1 < x_1 < \cdots < x_k < 1$. En posant $x_0 = -1$ et $x_{k+1} = 1$, qui sont également des zéros de $D^k(f^n)$, on peut appliquer le théorème de Rolle à $D^k(f^n)$ sur les intervalles $[x_i, x_{i+1}]$. Pour tout $i \in [\![0,k]\!]$, il existe un zéro $y_i \in]x_i, x_{i+1}[$ de $D^{k+1}(f^n)$, et donc $D^{k+1}(f^n)$ s'annule au moins $k+1$ fois dans $]-1,1[$.
   Pour la valeur $k = n$, on obtient que $P_n = D^n(f^n)$ s'annule n fois sur $]-1,1[$.

11.28 La fonction f est de classe $\mathcal{C}^\infty$. Pour tout $x \in [0,1[$, on a $f'(x) = \frac{x}{(1-x^2)^{3/2}}$, c'est-à-dire $(1-x^2)f'(x) = xf(x)$. D'après la formule de Leibniz, pour tout $n \geqslant 2$, on a en dérivant n fois la dernière relation :

$$(1-x^2)f^{(n+1)}(x) - 2nxf^{(n)}(x) - n(n-1)f^{(n-1)}(x) = xf^{(n)}(x) + nf^{(n-1)}(x),$$

c'est-à-dire, la formule étant encore valable pour $n = 1$:

$$(1-x^2)f^{(n+1)}(x) = (2n+1)xf^{(n)}(x) + n^2 f^{(n-1)}(x).$$

Pour tout $x \in [0,1[$, on a $f(x) \geqslant 0$ et $f'(x) = \frac{x}{(1-x^2)^{3/2}} \geqslant 0$.

À l'aide de la relation précédente, il est alors facile de démontrer, par une récurrence double sur n, que l'on a $f^{(n)}(x) \geqslant 0$ pour tout $x \in [0,1[$.

Chapitre 12 : Intégration

Intégration 12

Dans tout le chapitre, les fonctions considérées seront définies sur un intervalle non trivial de $\mathbb{R}$, et même sur un segment dans les deux premières sections.

I Intégrale des fonctions en escalier

Dans cette partie, on fixe $(a,b) \in \mathbb{R}^2$ tel que $a < b$.

1 Fonctions en escalier

Subdivision

Définition 1

- Une **subdivision** du segment $[a,b]$ est une suite finie $\sigma = (u_k)_{k\in[\![0,n]\!]}$ telle que $a = u_0 < \cdots < u_n = b$.
- Le **support** de la subdivision σ, noté $\mathrm{supp}(\sigma)$, est l'ensemble des valeurs prises par la suite, à savoir $\mathrm{supp}(\sigma) = \{u_k \mid k \in [\![0,n]\!]\}$.
- On appelle **pas** de la subdivision σ, noté $\delta(\sigma)$, l'écart maximal entre deux points consécutifs de la subdivision :

$$\delta(\sigma) = \max_{0\leqslant k<n} (u_{k+1} - u_k).$$

Ex. 1. La suite finie $\left(a + k\,\frac{b-a}{n}\right)_{k\in[\![0,n]\!]}$, avec $n \in \mathbb{N}^*$, est une subdivision de $[a,b]$. Elle est dite **régulière** (la différence entre deux termes consécutifs est constante) et son pas est $\frac{b-a}{n}$.

Remarque Il est clair que, pour toute partie finie A du segment $[a,b]$ contenant a et b, il existe une unique subdivision dont A est le support. Il suffit pour cela d'ordonner les éléments de A. Cette subdivision est la **subdivision associée** à A.

Définition 2

Soit σ et σ' deux subdivisions de $[a,b]$. On dit que σ' est **plus fine** que σ si $\text{supp}(\sigma) \subset \text{supp}(\sigma')$.

Proposition 1

Soit σ et σ' deux subdivisions de $[a,b]$. Il existe une subdivision σ'' de $[a,b]$ plus fine que σ et que σ'.

Démonstration. La subdivision associée à la partie $\text{supp}(\sigma) \cup \text{supp}(\sigma')$ convient. □

Fonctions en escalier

Définition 3

Une fonction $f : [a,b] \to \mathbb{R}$ est **en escalier** s'il existe une subdivision $\sigma = (u_0, \ldots, u_n)$ de $[a,b]$ telle que, pour tout $i \in [\![0, n-1]\!]$, la fonction $f_{|]u_i, u_{i+1}[}$ soit constante.

On dit alors de la subdivision σ qu'elle est **adaptée** à f.

Notation

On note $\mathcal{E}([a,b], \mathbb{R})$ l'ensemble des fonctions en escalier sur $[a,b]$ à valeurs dans $\mathbb{R}$.

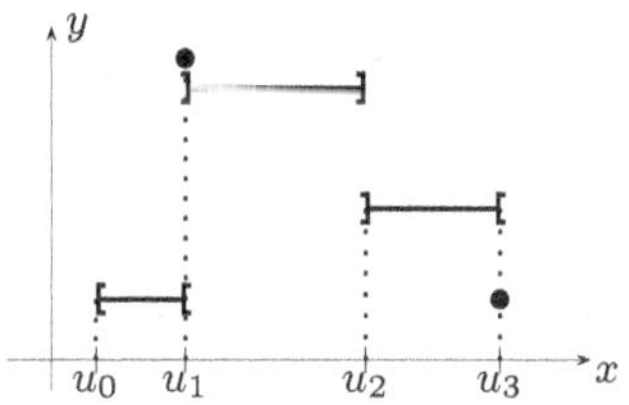

Graphe d'une fonction réelle en escalier

Ex. 2. Une fonction constante est une fonction en escalier.

Ex. 3. Si f est une fonction en escalier, alors $|f|$ est également en escalier.

Ex. 4. La fonction partie entière restreinte à $[a,b]$ est en escalier. La subdivision associée à la partie :

$$(\mathbb{Z} \cap [a,b]) \cup \{a,b\}$$

lui est adaptée.

Remarques

- Une fonction en escalier prend un nombre fini de valeurs et est donc bornée.
- Si $f \in \mathcal{E}([a,b], \mathbb{R})$ et si $[c,d] \subset [a,b]$, alors $f_{|[c,d]}$ est encore une fonction en escalier.

Proposition 2

Soit $f \in \mathcal{E}([a,b], \mathbb{R})$ et σ une subdivision adaptée. Toute subdivision de $[a,b]$ plus fine que σ est adaptée à f.

Démonstration page 459

Principe de démonstration. Commencer par le cas où σ et σ' diffèrent d'un point.

Corollaire 3

Soit $(f,g) \in \mathcal{E}([a,b],\mathbb{R})^2$. Il existe une subdivision adaptée à f et à g.

Démonstration. Si σ et σ' sont des subdivisions de $[a,b]$ adaptées respectivement à f et à g, toute subdivision à la fois plus fine que σ et σ' est adaptée à f et g. □

Proposition 4

Soit $(f,g) \in \mathcal{E}([a,b],\mathbb{R})^2$ et $(\lambda,\mu) \in \mathbb{R}^2$. Alors $\lambda f + \mu g$ est une fonction en escalier.

Démonstration page 459

751 **Remarque** Les résultats de cette proposition, avec le fait que la fonction nulle est évidemment en escalier, traduisent que l'ensemble $\mathcal{E}([a,b],\mathbb{R})$ est un sous-espace vectoriel de $\left(\mathcal{F}([a,b],\mathbb{R}),+,\cdot\right)$.

2 Intégrale des fonctions en escalier

Définition de l'intégrale

Soit $f \in \mathcal{E}([a,b],\mathbb{R})$ et $\sigma = (u_0,\dots,u_n)$ une subdivision adaptée. Pour tout $i \in [\![0,n-1]\!]$, on note f_i la valeur prise par f sur $]u_i,u_{i+1}[$, et l'on pose :

$$S_\sigma(f) = \sum_{i=0}^{n-1} (u_{i+1}-u_i)\, f_i.$$

Lemme 5

Soit $f \in \mathcal{E}([a,b],\mathbb{R})$ ainsi que σ et σ' deux subdivisions adaptées.

Alors $S_\sigma(f) = S_{\sigma'}(f)$.

Cette somme est appelée **intégrale de f**. On la note $\displaystyle\int_{[a,b]} f$.

Démonstration page 459

Principe de démonstration. Il est suggéré par la figure ci dessous : on commence par le cas où l'une des subdivisions est obtenue en ajoutant un point à l'autre.

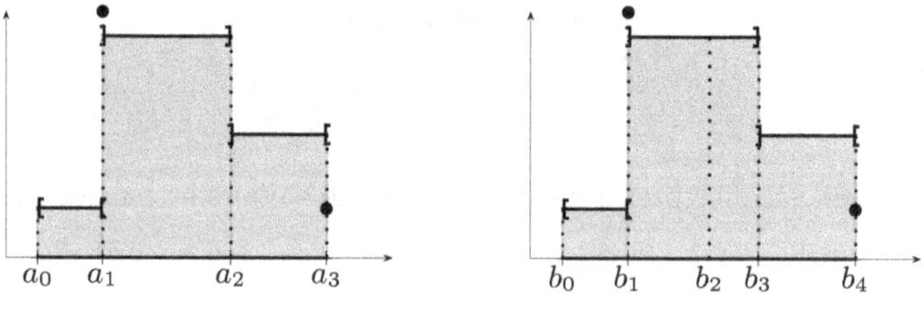

Ainsi, pour $f \in \mathcal{E}([a,b],\mathbb{R})$, on a $\displaystyle\int_{[a,b]} f = \sum_{i=0}^{n-1}(u_{i+1}-u_i)\,f(\xi_i)$, où $(u_0,\dots,u_n)$ est n'importe quelle subdivision adaptée à f et ξ_i un point quelconque de l'intervalle $]u_i,u_{i+1}[$, pour tout $i \in [\![0,n-1]\!]$.

Ex. 5. Si f est la fonction constante égale à α, alors $\displaystyle\int_{[a,b]} f = \alpha\,(b-a)$.

Ex. 6. Si f est une fonction nulle sauf en un nombre fini de points, on peut noter A cet ensemble fini, et la subdivision associée à $(A \cap [a,b]) \cup \{a,b\}$ est adaptée à f. Notons-la $(u_0, \dots, u_n)$. On a alors :

$$\int_{[a,b]} f = \sum_{i=0}^{n-1} (u_{i+1} - u_i) \times 0 = 0.$$

Ex. 7. Soit $n \in \mathbb{N}^*$ et f la restriction à $[0,n]$ de la fonction partie entière. Alors f est une fonction en escalier, $(0,1,\dots,n)$ est une subdivision adaptée et $\displaystyle\int_{[0,n]} f = \sum_{k=0}^{n-1} k = \frac{n(n-1)}{2}\cdot$

Remarque Si $f \in \mathcal{E}\big([a,b], \mathbb{R}\big)$ et σ est une subdivision adaptée, les valeurs prises par f aux points du support de σ n'interviennent pas dans le calcul de $\displaystyle\int_{[a,b]} f$.

Propriétés de l'intégrale

Proposition 6

Soit $f \in \mathcal{E}\big([a,b], \mathbb{R}\big)$. Alors $\displaystyle\left|\int_{[a,b]} f\right| \leqslant \int_{[a,b]} |f|$.

Démonstration page 459

Principe de démonstration.

L'inégalité triangulaire pour une somme de réels donne $\big|S_\sigma(f)\big| \leqslant S_\sigma\big(|f|\big)$.

Théorème 7 (Linéarité de l'intégrale)

Soit $(f,g) \in \mathcal{E}\big([a,b], \mathbb{R}\big)^2$ et $(\lambda, \mu) \in \mathbb{R}^2$.

Alors $\displaystyle\int_{[a,b]} (\lambda f + \mu g) = \lambda \int_{[a,b]} f + \mu \int_{[a,b]} g$.

Démonstration page 459

782 **Principe de démonstration.** Introduire une subdivision adaptée à f et à g.

Remarque Ce théorème traduit le fait que l'application $f \mapsto \displaystyle\int_{[a,b]} f$ est une forme linéaire sur $\mathcal{E}\big([a,b], \mathbb{R}\big)$.

Proposition 8 (Relation de Chasles)

Soit $f \in \mathcal{E}\big([a,b], \mathbb{R}\big)$ et $c \in \,]a,b[$.

Alors les fonctions $f_{|[a,c]}$ et $f_{|[c,b]}$ sont en escalier et $\displaystyle\int_{[a,b]} f = \int_{[a,c]} f + \int_{[c,b]} f$.

Démonstration page 460

Remarque Pour alléger les écritures, on a noté $\displaystyle\int_{[a,c]} f$ à la place de $\displaystyle\int_{[a,c]} f_{|[a,c]}$.

Proposition 9 (Positivité et croissance de l'intégrale)

Soit $(f,g) \in \mathcal{E}([a,b],\mathbb{R})^2$.

- Si $f \geqslant 0$, alors $\int_{[a,b]} f \geqslant 0$. (positivité de l'intégrale)
- Si $f \leqslant g$, alors $\int_{[a,b]} f \leqslant \int_{[a,b]} g$. (croissance de l'intégrale)

Démonstration.

- Soit σ une subdivision adaptée à f. Si $f \geqslant 0$, l'inégalité $S_\sigma(f) \geqslant 0$ est immédiate.
- Puisque $g - f \geqslant 0$, par linéarité et positivité de l'intégrale, $\int_{[a,b]} g - \int_{[a,b]} f = \int_{[a,b]} (g-f)$ est positif ou nul. □

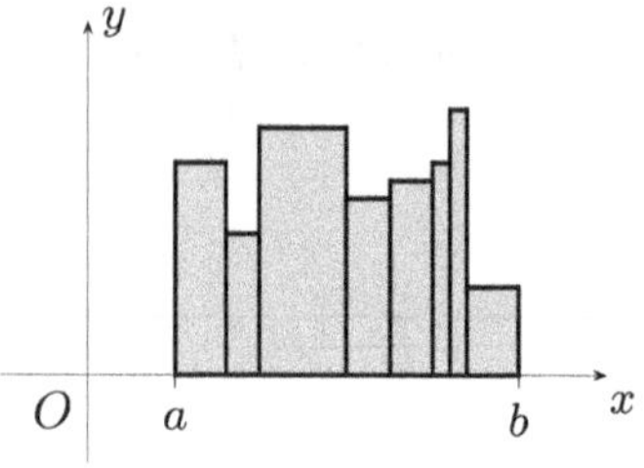

Interprétation géométrique

Pour une fonction en escalier f réelle positive, l'intégrale $\int_{[a,b]} f$ représente la somme des aires des rectangles délimités par sa courbe représentative. C'est donc l'aire de la portion du plan contenue entre l'axe Ox et la courbe représentative de f.

Lorsque f n'est plus supposée positive, il en est de même, mais les portions situées en dessous de l'axe Ox sont comptées négativement. On parle de l'**aire algébrique**.

Dans la suite de ce chapitre, nous allons définir l'intégrale sur un segment $[a,b]$ d'une fonction f *continue*, intégrale qui, pour une fonction réelle positive, mesure l'aire de la portion du plan contenue entre l'axe Ox et la courbe représentative de f.
De même que précédemment, pour une fonction réelle non nécessairement positive, il s'agira de l'aire algébrique, les portions situées en dessous de l'axe Ox étant comptées négativement.

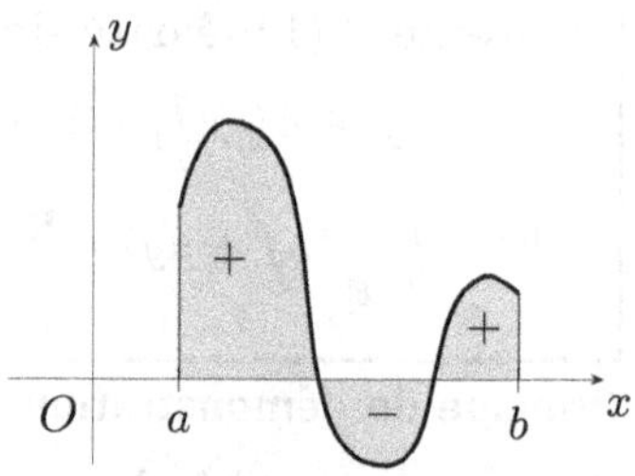

II Intégrale des fonctions continues

1 Intégrale des fonctions continues

Dans ce paragraphe, on fixe $(a,b) \in \mathbb{R}^2$ tel que $a < b$.

Théorème 10

Soit $f \in \mathcal{C}([a,b], \mathbb{R})$.

Il existe une suite $(\varphi_n)_{n\in\mathbb{N}} \in \mathcal{E}([a,b], \mathbb{R})^{\mathbb{N}}$ telle que :

$$\sup_{x\in[a,b]} \left|f(x) - \varphi_n(x)\right| \underset{n\to+\infty}{\longrightarrow} 0. \qquad (*)$$

De plus :

- pour toute suite $(\varphi_n)_{n\in\mathbb{N}} \in \mathcal{E}([a,b], \mathbb{R})^{\mathbb{N}}$ vérifiant $(*)$, la suite $\left(\int_{[a,b]} \varphi_n\right)_{n\in\mathbb{N}}$ converge ;
- la limite de cette suite d'intégrales ne dépend pas du choix de $(\varphi_n)_{n\in\mathbb{N}}$.

On appelle **intégrale de f** cette limite et on la note $\int_{[a,b]} f$.

Démonstration (non exigible) page 460

Définition 4

Soit $f \in \mathcal{C}([a,b], \mathbb{R})$. La **valeur moyenne** de f est le nombre $\frac{1}{b-a}\int_{[a,b]} f$.

Remarque La valeur moyenne est la constante α qui vérifie $\int_{[a,b]} f = \int_{[a,b]} \alpha$.

Définition 5

Soit I un intervalle de $\mathbb{R}$ d'intérieur non vide. Soit $f \in \mathcal{C}(I, \mathbb{R})$.

Lorsque $(a,b) \in I^2$, on définit ainsi $\int_a^b f(t)\,\mathrm{d}t$ (aussi noté $\int_a^b f$) :

$$\int_a^b f(t)\,\mathrm{d}t = \begin{cases} \int_{[a,b]} f & \text{si } a < b \\ -\int_{[b,a]} f & \text{si } b < a \\ 0 & \text{si } a = b. \end{cases}$$

Notation Dans cette dernière écriture, la lettre t a le statut de variable muette : ainsi, $\int_a^b f(t)\,\mathrm{d}t$ et $\int_a^b f(u)\,\mathrm{d}u$ désignent le même nombre.

2 Propriétés de l'intégrale

Dans ce paragraphe, I désigne un intervalle de $\mathbb{R}$ d'intérieur non vide et $(a,b) \in I^2$ est fixé.

Par passage à la limite, on retrouve pour l'intégrale des fonctions continues des propriétés similaires à celles de l'intégrale des fonctions en escalier.

Théorème 11 (Linéarité de l'intégrale)

Soit $(f,g) \in \mathcal{C}(I,\mathbb{R})^2$ et $(\lambda,\mu) \in \mathbb{R}^2$. Alors :

$$\int_a^b (\lambda f + \mu g) = \lambda \int_a^b f + \mu \int_a^b g.$$

Démonstration page 461

Principe de démonstration. Par passage à la limite à partir de fonctions en escalier.

782 **Remarque** Ce théorème traduit le fait que l'application $f \mapsto \displaystyle\int_a^b f$ est une forme linéaire sur $\mathcal{C}(I,\mathbb{R})$.

Proposition 12 (Inégalité triangulaire)

Soit $f \in \mathcal{C}(I,\mathbb{R})$. On suppose que $a \leqslant b$. Alors :

$$\left|\int_a^b f\right| \leqslant \int_a^b |f|.$$

Démonstration page 461

Principe de démonstration.
Par passage à la limite à partir de l'inégalité similaire pour les fonctions en escalier.

Remarque Dans le cas général, la définition de $\displaystyle\int_a^b f$ conduit par disjonction de cas à l'inégalité suivante : $\displaystyle\left|\int_a^b f\right| \leqslant \int_{\min(a,b)}^{\max(a,b)} |f|$.

Proposition 13 (Relation de Chasles)

Soit $f \in \mathcal{C}(I,\mathbb{R})$ et $(a,b,c) \in I^3$. Alors :

$$\int_a^b f = \int_a^c f + \int_c^b f.$$

Démonstration page 462

Principe de démonstration. Le cas particulier où $a < c < b$ est une conséquence de la relation de Chasles pour les intégrales des fonctions en escalier. Le cas général se démontre par disjonction de cas en utilisant, entre autres, le cas particulier.

3 Intégrale et inégalités

Dans ce paragraphe, a et b sont deux réels tels que $a < b$.

Proposition 14 (Positivité et croissance de l'intégrale)

Soit $(f,g) \in \mathcal{C}\big([a,b],\mathbb{R}\big)^2$.

- Si $f \geqslant 0$, alors $\displaystyle\int_a^b f \geqslant 0$; (positivité de l'intégrale)
- si $f \leqslant g$, alors $\displaystyle\int_a^b f \leqslant \int_a^b g$. (croissance de l'intégrale)

Exo 12.1

Démonstration page 462

Principe de démonstration. Pour le premier point, utiliser l'inégalité triangulaire, en remarquant que si f est à valeurs positives, alors $f = |f|$. Pour le second point, observer que $g - f \geqslant 0$.

Remarque Soit I un intervalle non trivial de $\mathbb{R}$, $(a,b) \in I^2$ et $f \in \mathcal{C}(I,\mathbb{R})$. Soit M un majorant de $|f|$ sur I. Par l'inégalité triangulaire et croissance de l'intégrale des fonctions réelles, on a l'inégalité suivante :

$$\left|\int_a^b f\right| \leqslant M|b \quad a|.$$

Théorème 15

Soit $f : [a,b] \to \mathbb{R}$ une fonction continue et positive.

Si $\displaystyle\int_a^b f = 0$, alors f est nulle.

Exo 12.2

Démonstration page 462

Principe de démonstration.

Raisonner par contraposée en supposant que f n'est pas la fonction nulle et en minorant f par une fonction en escalier très simple, d'intégrale strictement positive.

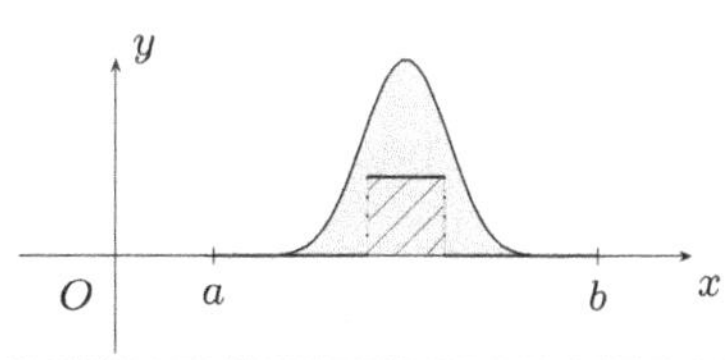

Point méthode Soit $f : [a,b] \to \mathbb{R}$ une fonction continue et positive.

Par contraposition, si f est non nulle, alors $\displaystyle\int_a^b f > 0$.

Remarque Il est important de retenir que ce résultat ne s'applique qu'aux fonctions continues. Par exemple la fonction indicatrice de $\{0\}$ sur $[-1,1]$ est une fonction positive et d'intégrale nulle alors qu'elle n'est pas la fonction nulle.

4 Sommes de Riemann

Dans ce paragraphe, on fixe $(a,b) \in \mathbb{R}^2$ tel que $a < b$.

Définition 6

Soit $f \in \mathcal{C}([a,b],\mathbb{R})$. Pour tout entier $n \in \mathbb{N}^*$, on appelle **somme de Riemann d'ordre n associée à f** la somme :

$$\frac{b-a}{n}\sum_{k=0}^{n-1} f\left(a + k\,\frac{b-a}{n}\right).$$

Remarque Avec les notations ci-dessus, $\frac{b-a}{n}\sum\limits_{k=0}^{n-1} f\left(a+k\,\frac{b-a}{n}\right)$ est l'intégrale d'une fonction en escalier g définie sur $[a,b]$ vérifiant :

$$\forall k \in [\![0,n-1]\!] \quad g_{|]u_k,u_{k+1}[} = f(u_k),$$

où l'on a posé $u_k = a + k\,\frac{b-a}{n}$, de sorte que $(u_k)_{0\leqslant k\leqslant n}$ est la subdivision régulière de pas $\frac{b-a}{n}$ du segment $[a,b]$.

Théorème 16 (Convergence des sommes de Riemann)

Exo 12.3

Soit $f \in \mathcal{C}([a,b],\mathbb{R})$. Alors :

$$\frac{b-a}{n}\sum_{k=0}^{n-1} f\left(a+k\,\frac{b-a}{n}\right) \underset{n\to+\infty}{\longrightarrow} \int_a^b f.$$

Démonstration page 463

Ex. 8. Puisque la fonction $x \mapsto \frac{1}{1+x}$ est continue sur $[0,1]$, on a :

$$\sum_{k=0}^{n-1}\frac{1}{n+k} = \frac{1}{n}\sum_{k=0}^{n-1}\frac{1}{1+\frac{k}{n}} \underset{n\to+\infty}{\longrightarrow} \int_0^1 \frac{\mathrm{d}x}{1+x} = \ln 2.$$

Remarque Soit $f \in \mathcal{C}([a,b],\mathbb{R})$. Alors : $S'_n = \dfrac{b-a}{n}\sum\limits_{k=1}^{n} f\left(a+k\,\dfrac{b-a}{n}\right) \underset{n\to+\infty}{\longrightarrow} \displaystyle\int_a^b f.$

En effet, en posant $S_n = \frac{b-a}{n}\sum\limits_{k=0}^{n-1} f\left(a+k\,\frac{b-a}{n}\right)$, on a :

$$S_n - S'_n = \frac{b-a}{n}\left(\sum_{k=0}^{n-1} f\left(a+k\frac{b-a}{n}\right) - \sum_{k=1}^{n} f\left(a+k\frac{b-a}{n}\right)\right) = \frac{b-a}{n}\left(f(a)-f(b)\right).$$

La méthode des rectangles à gauche (respectivement à droite) consiste à approcher l'intégrale par la somme de Riemann S_n (respectivement S'_n) pour un certain n. L'erreur de la méthode des rectangles est la valeur absolue de la différence entre l'intégrale et l'approximation. Elle est de l'ordre de $1/n$ dans le cas où la fonction est de classe $\mathcal{C}^1$ (voir la démonstration du théorème 16).

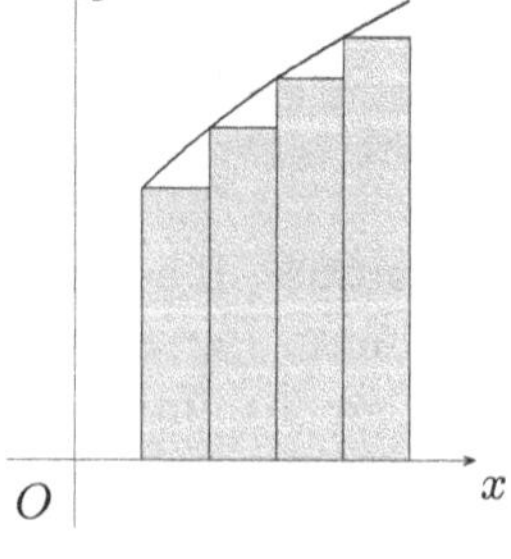

5 Intégrale d'une fonction à valeurs complexes

Dans ce paragraphe, I désigne un intervalle d'intérieur non vide et a, b sont deux points de I.

Définition 7

Soit $f \in \mathcal{C}(I, \mathbb{C})$. On définit : $\displaystyle\int_a^b f = \int_a^b \mathrm{Re}(f) + i \int_a^b \mathrm{Im}(f)$.

Proposition 17 (Linéarité de l'intégrale)

Soit $(f, g) \in \mathcal{C}(I, \mathbb{C})^2$ et $(\lambda, \mu) \in \mathbb{C}^2$. Alors :

$$\int_a^b (\lambda f + \mu g) = \lambda \int_a^b f + \mu \int_a^b g.$$

Démonstration page 463

Proposition 18 (Relation de Chasles)

Soit $f \in \mathcal{C}(I, \mathbb{C})$ et $(a, b, c) \in I^3$. Alors :

$$\int_a^b f = \int_a^c f + \int_c^b f.$$

Démonstration.
C'est une conséquence directe de la définition et de la proposition 13 de la page 452. □

Proposition 19 (Inégalité triangulaire)

Soit $f \in \mathcal{C}(I, \mathbb{C})$. On suppose que $a \leqslant b$. Alors :

$$\left| \int_a^b f \right| \leqslant \int_a^b |f|.$$

Démonstration page 464

Remarque On peut aussi étendre aux fonctions à valeurs complexes le théorème sur les sommes de Riemann vu dans le cas réel. En revanche, les propriétés de croissance de l'intégrale pour les fonctions continues à valeurs réelles ne s'étendent pas aux fonctions à valeurs complexes car elles n'ont pas de sens.

III Intégration et dérivation

Dans cette partie, I désigne un intervalle non trivial et $\mathbb{K} = \mathbb{R}$ ou $\mathbb{K} = \mathbb{C}$.

1 Existence d'une primitive

Nous énonçons et démontrons ci-dessous le théorème 4 de la page 246 (dit « théorème fondamental de l'analyse »).

Théorème 20

Soit $a \in I$ et $f \in \mathcal{C}(I, \mathbb{K})$. Alors l'application $x \mapsto \int_a^x f(t)\,dt$ est une primitive de f.

C'est l'unique primitive de f s'annulant en a.

Démonstration page 464

Corollaire 21

Exo 12.4

Soit $f \in \mathcal{C}(I, \mathbb{K})$ et F une primitive de f. Alors, pour tout $(a,b) \in I^2$:

$$\int_a^b f(t)\,\mathrm{d}t = F(b) - F(a).$$

Démonstration.

La fonction $x \mapsto \int_a^x f(t)\,\mathrm{d}t - F(x) + F(a)$ est dérivable, de dérivée nulle et nulle en a.

Donc c'est la fonction identiquement nulle et en particulier, $\int_a^b f(t)\,\mathrm{d}t = F(b) - F(a)$. □

Corollaire 22

Soit $f \in \mathcal{C}^1(I, \mathbb{K})$. Alors, pour tout $(a,b) \in I^2$:

$$f(b) - f(a) = \int_a^b f'(t)\,\mathrm{d}t.$$

Corollaire 23 (Inégalité des accroissements finis)

Soit $f \in \mathcal{C}^1(I, \mathbb{C})$. On suppose qu'il existe un réel M tel que $|f'| \leqslant M$. Alors :

$$\forall (x,y) \in I^2 \quad \big|f(x) - f(y)\big| \leqslant M\,|x-y|\,.$$

Démonstration. Soit $(x,y) \in I^2$. Quitte à échanger x et y, on peut supposer $x \leqslant y$.

On a alors :

$$\big|f(y) - f(x)\big| = \left|\int_x^y f'(t)\,\mathrm{d}t\right| \leqslant \int_x^y \big|f'(t)\big|\,\mathrm{d}t \leqslant \int_x^y M\,\mathrm{d}t = M\,|y-x|. \qquad \square$$

Remarque Dans le cas des fonctions réelles, cette inégalité a déjà été démontrée à la page 411 en utilisant *l'égalité* des accroissements finis et en supposant seulement f dérivable.

2 Intégration par parties

Rappelons la proposition 7 de la page 248 qui est une conséquence du corollaire 21.

Proposition 24

Soit $(u,v) \in \mathcal{C}^1(I, \mathbb{K})^2$. Alors, pour tout $(a,b) \in I^2$:

$$\int_a^b u(t)\,v'(t)\,\mathrm{d}t = \Big[u(t)\,v(t)\Big]_a^b - \int_a^b u'(t)\,v(t)\,\mathrm{d}t.$$

On pourra reprendre les exemples et exercices de la page 248.

3 Changement de variable

Rappelons la proposition 8 de la page 250 qui est une conséquence du corollaire 21.

Théorème 25 (Formule de changement de variable)

Soit I et J deux intervalles d'intérieur non vide, $f : I \to \mathbb{K}$ une fonction continue et $u : J \to I$ une fonction de classe $\mathcal{C}^1$. Alors, pour tout $(a,b) \in J^2$, on a :

$$\int_{u(a)}^{u(b)} f(x)\,\mathrm{d}x = \int_a^b f\big(u(t)\big)\,u'(t)\,\mathrm{d}t.$$

On pourra reprendre les exemples et exercices de la page 250.

4 Utilisation d'une symétrie ou d'une translation

Proposition 26 (Parité, imparité)

Soit a un réel strictement positif et $f \in \mathcal{C}\big([-a,a], \mathbb{K}\big)$.

- Si la fonction f est paire, alors :

$$\int_{-a}^{a} f(x)\,\mathrm{d}x = 2\int_0^a f(x)\,\mathrm{d}x = 2\int_{-a}^{0} f(x)\,\mathrm{d}x.$$

- Si la fonction f est impaire, alors :

$$\int_{-a}^{a} f(x)\,\mathrm{d}x = 0.$$

Démonstration page 465

Principe de démonstration. Poser le changement de variable $x = -t$.

Proposition 27 (Périodicité)

Soit un réel $T > 0$ et $f \in \mathcal{C}(\mathbb{R}, \mathbb{K})$ une fonction continue et T-périodique. Pour tout $a \in \mathbb{R}$, on a :

$$\int_a^{a+T} f(x)\,\mathrm{d}x = \int_0^T f(x)\,\mathrm{d}x.$$

Démonstration page 465

Principe de démonstration. Dériver la fonction $y \mapsto \displaystyle\int_y^{y+T} f(x)\,\mathrm{d}x$.

5 Inégalité de Taylor-Lagrange

Dans cette section, n désigne un entier naturel, I un intervalle d'intérieur non vide et $\mathbb{K} = \mathbb{R}$ ou $\mathbb{K} = \mathbb{C}$.

Définition 8

Soit $a \in I$ et $f \in \mathcal{C}^n(I, \mathbb{K})$. La **fonction polynomiale de Taylor d'ordre n en a associée à f** est la fonction définie sur $\mathbb{R}$ par :

$$x \mapsto \sum_{k=0}^{n} \frac{f^{(k)}(a)}{k!} (x-a)^k.$$

702

Remarque On parle de « polynôme de Taylor d'ordre n en a » quand on considère le polynôme $\sum\limits_{k=0}^{n} \frac{f^{(k)}(a)}{k!}(X-a)^k$.

Lemme 28 (Formule de Taylor à l'ordre n avec reste intégral)

Soit $(a,b) \in I^2$ et $f \in \mathcal{C}^{n+1}(I, \mathbb{K})$. Alors :

$$f(b) = \sum_{k=0}^{n} \frac{f^{(k)}(a)}{k!} (b-a)^k + R_n$$

où :

$$R_n = \int_a^b \frac{(b-t)^n}{n!} f^{(n+1)}(t) \, \mathrm{d}t.$$

Démonstration (non exigible) page 465

Principe de démonstration.
Par récurrence, en effectuant une intégration par parties sur le reste R_n.

Théorème 29 (Inégalité de Taylor-Lagrange à l'ordre n)

Exo 12.5

Soit $(a,b) \in I^2$ et $f \in \mathcal{C}^{n+1}(I, \mathbb{K})$. Si M est un majorant de la fonction $\left|f^{(n+1)}\right|$ sur le segment $[\min(a,b), \max(a,b)]$, on a :

$$\left| f(b) - \sum_{k=0}^{n} \frac{f^{(k)}(a)}{k!} (b-a)^k \right| \leqslant \frac{|b-a|^{n+1}}{(n+1)!} M.$$

Démonstration page 466

Principe de démonstration. Majorer le module du reste de la formule du lemme 28.

Démonstrations

Proposition 2 Soit $\sigma = (u_0, \ldots, u_n)$ une subdivision de $[a, b]$ adaptée à f.

Considérons une subdivision σ' de $[a, b]$ telle que $\operatorname{supp}(\sigma')$ contienne un point c de plus que $\operatorname{supp}(\sigma)$. Il existe $k \in [\![0, n-1]\!]$ tel que $c \in]u_k, u_{k+1}[$ et l'on a :

$$\sigma' = (u_0, \ldots, u_k, c, u_{k+1}, \ldots u_n) = (v_0, \ldots, v_{n+1}).$$

En distinguant selon que $i \in [\![0, k-1]\!]$, $i = k$ ou $k+1$, $i \in [\![k+2, n]\!]$, on vérifie que la fonction $f_{|]v_i, v_{i+1}[}$ est constante et donc que σ' est adaptée à f.

On démontre alors le résultat par récurrence sur $\operatorname{card}\big(\operatorname{supp}(\sigma')\big) - \operatorname{card}\big(\operatorname{supp}(\sigma)\big)$.

Proposition 4 Soit $\sigma = (u_0, \ldots, u_n)$ une subdivision de $[a, b]$ adaptée à f et g (il en existe au moins une d'après le corollaire 3 de la page 448). Alors, pour tout $i \in [\![0, n-1]\!]$, $(\lambda f + \mu g)_{|]u_i, u_{i+1}[}$ est constante. Donc σ est adaptée à $\lambda f + \mu g$.

Lemme 5 Notons $\sigma = (u_0, \ldots, u_n)$, et f_i la valeur prise par f sur l'intervalle $]u_i, u_{i+1}[$.

- Considérons d'abord le cas où σ' est obtenue, à partir de σ, par ajout d'un nouveau point c. Ainsi, σ' est de la forme :

$$\sigma' = (u_0, \ldots, u_k, c, u_{k+1}, \ldots, u_n).$$

Par définition, on a alors :

$$S_{\sigma'}(f) = \sum_{i=0}^{k-1} (u_{i+1} - u_i) f_i + (c - u_k) f_k + (u_{k+1} - c) f_k + \sum_{i=k+1}^{n-1} (u_{i+1} - u_i) f_i.$$

En réunissant les deux termes centraux, il vient $S_{\sigma'}(f) = S_\sigma(f)$.

- Ensuite, lorsque σ' est une subdivision plus fine que σ, on démontre le résultat par récurrence sur le nombre de points du support de σ' qui ne sont pas dans le support de σ.
- Enfin, en notant σ'' la subdivision associée à $\operatorname{supp}(\sigma) \cup \operatorname{supp}(\sigma')$, on a, du fait que σ'' est plus fine que σ et σ' :

$$S_\sigma(f) = S_{\sigma''}(f) \qquad \text{et} \qquad S_{\sigma'}(f) = S_{\sigma''}(f).$$

Ainsi, $S_\sigma(f) = S_{\sigma'}(f)$.

Proposition 6 La fonction $|f|$ est en escalier et toute subdivision de $[a, b]$ adaptée à f est adaptée à $|f|$. En considérant une subdivision $\sigma = (u_0, \ldots, u_n)$ adaptée à f et, pour tout $i \in [\![0, n-1]\!]$, un point ξ_i de $]u_i, u_{i+1}[$, l'inégalité triangulaire pour une somme donne :

$$\left|\int_{[a,b]} f\right| = \left|\sum_{i=0}^{n-1} (u_{i+1} - u_i)\, f(\xi_i)\right| \leqslant \sum_{i=0}^{n-1} (u_{i+1} - u_i)\, \big|f(\xi_i)\big| = \int_{[a,b]} |f|.$$

Théorème 7 Soit $\sigma = (u_0, \ldots, u_n)$ une subdivision de $[a, b]$ adaptée à f et g (donc aussi à $\lambda f + \mu g$) et, pour tout $i \in [\![0, n-1]\!]$, un point ξ_i de $]u_i, u_{i+1}[$. Alors :

$$\begin{aligned}
\int_{[a,b]} (\lambda f + \mu g) &= \sum_{i=0}^{n-1} (u_{i+1} - u_i)\, \big(\lambda f(\xi_i) + \mu g(\xi_i)\big) \\
&= \lambda \sum_{i=0}^{n-1} (u_{i+1} - u_i)\, f(\xi_i) + \mu \sum_{i=0}^{n-1} (u_{i+1} - u_i)\, g(\xi_i) = \lambda \int_{[a,b]} f + \mu \int_{[a,b]} g.
\end{aligned}$$

Proposition 8 Soit $\sigma = (u_0, \dots, u_n)$ une subdivision adaptée à f et, pour tout $i \in [\![0, n-1]\!]$, un point ξ_i de $]u_i, u_{i+1}[$. Quitte à rajouter c au support de σ, on peut supposer que c fait partie de la subdivision. Posons $k \in [\![1, n-1]\!]$ tel que $c = u_k$. Alors $(u_0, \dots, u_k)$ et $(u_k, \dots, u_n)$ sont des subdivisions de $[a, c]$ et $[c, b]$ adaptées aux restrictions $f_{|[a,c]}$ et $f_{|[c,b]}$. On a ensuite :

$$\begin{aligned}\int_{[a,b]} f &= \sum_{i=0}^{n-1} (u_{i+1} - u_i)\, f(\xi_i) \\ &= \sum_{i=0}^{k-1} (u_{i+1} - u_i)\, f(\xi_i) + \sum_{i=k}^{n-1} (u_{i+1} - u_i)\, f(\xi_i) = \int_{[a,c]} f + \int_{[c,b]} f.\end{aligned}$$

Théorème 10

La preuve repose sur le lemme suivant dont la démonstration est hors-programme.

Lemme

Soit ε un réel strictement positif.
Il existe alors une fonction en escalier φ telle que $|f - \varphi| \leqslant \varepsilon$, *i.e.* :

$$\forall x \in [a, b] \quad \big|f(x) - \varphi(x)\big| \leqslant \varepsilon.$$

Remarque Le fait marquant du lemme précédent est que l'inégalité $\big|f(x) - \varphi(x)\big| \leqslant \varepsilon$ est vérifiée *pour tout* $x \in [a, b]$.

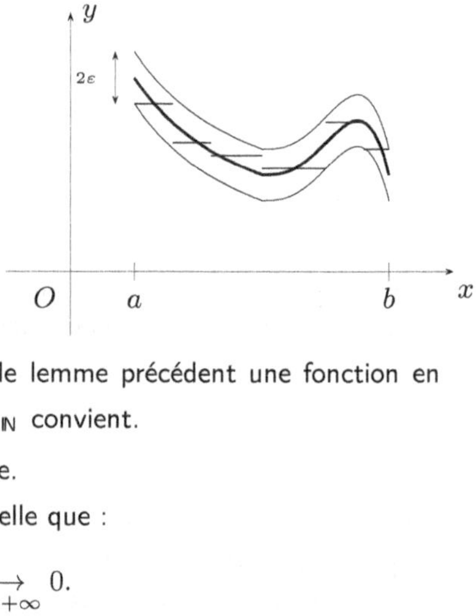

- Pour $n \in \mathbb{N}$, en prenant $\varepsilon = \frac{1}{n+1}$, il existe d'après le lemme précédent une fonction en escalier φ_n telle que $|f - \varphi_n| \leqslant \frac{1}{n+1}$. La suite $(\varphi_n)_{n\in\mathbb{N}}$ convient.
- La démonstration de ce point précis est hors-programme.
- Soit $(\psi_n)_{n\in\mathbb{N}}$ une autre suite de fonctions en escalier telle que :

$$\sup_{x\in[a,b]} \big|f(x) - \psi_n(x)\big| \underset{n\to+\infty}{\longrightarrow} 0.$$

Notons $\beta_n = \sup\limits_{x\in[a,b]} \big|f(x) - \psi_n(x)\big|$, pour $n \in \mathbb{N}$.

En remarquant que, pour tout $x \in [a, b]$, on a pour tout entier n :

$$\big|\varphi_n(x) - \psi_n(x)\big| \leqslant \big|\varphi_n(x) - f(x)\big| + \big|f(x) - \psi_n(x)\big| \leqslant \alpha_n + \beta_n,$$

on obtient :

$$\left|\int_{[a,b]} \varphi_n - \int_{[a,b]} \psi_n\right| \leqslant \int_{[a,b]} |\varphi_n - \psi_n| \leqslant (b-a)\,(\alpha_n + \beta_n),$$

et donc $\displaystyle\int_{[a,b]} \varphi_n - \int_{[a,b]} \psi_n \underset{n\to+\infty}{\longrightarrow} 0$. Ainsi $\left(\displaystyle\int_{[a,b]} \varphi_n\right)_{n\in\mathbb{N}}$ et $\left(\displaystyle\int_{[a,b]} \psi_n\right)_{n\in\mathbb{N}}$ ont même limite.

Théorème 11 On traite le cas où $a < b$, les autres cas se traitant de façon similaire.

On introduit deux suites de fonctions en escalier sur $[a,b]$ notées $(\varphi_n)_{n\in\mathbb{N}}$ et $(\psi_n)_{n\in\mathbb{N}}$ telles que :

$$s_n = \sup_{[a,b]} |f - \varphi_n| \underset{n\to+\infty}{\longrightarrow} 0 \quad \text{et} \quad s'_n = \sup_{[a,b]} |g - \psi_n| \underset{n\to+\infty}{\longrightarrow} 0.$$

Toutes les fonctions $\lambda\varphi_n + \mu\psi_n$ sont en escalier (cf. proposition 4 de la page 448). De plus, pour tout $x \in [a,b]$ et $n \in \mathbb{N}$:

$$\left|(\lambda\varphi_n + \mu\psi_n)(x) - (\lambda f + \mu g)(x)\right| \leqslant |\lambda|\,\left|\varphi_n(x) - f(x)\right| + |\mu|\left|\psi_n(x) - g(x)\right| \leqslant |\lambda| s_n + |\mu| s'_n,$$

et par conséquent :

$$0 \leqslant \sup_{x\in[a,b]} \left|(\lambda f + \mu g - \lambda\varphi_n - \mu\psi_n)(x)\right| \leqslant |\lambda| s_n + |\mu| s'_n \underset{n\to+\infty}{\longrightarrow} 0.$$

La suite de fonctions en escalier $(\lambda\varphi_n + \mu\psi_n)_{n\in\mathbb{N}}$ vérifie les hypothèses du théorème 10 de la page 451 pour $\lambda f + \mu g$ donc :

$$\begin{aligned}
\int_a^b (\lambda f + \mu g) &= \lim_{n\to+\infty} \int_{[a,b]} (\lambda\varphi_n + \mu\psi_n) \\
&= \lim_{n\to+\infty} \left(\lambda \int_{[a,b]} \varphi_n + \mu \int_{[a,b]} \psi_n\right) && \text{linéarité de l'intégrale sur } \mathcal{E}\big([a,b],\mathbb{R}\big) \\
&= \lambda \lim_{n\to+\infty} \int_{[a,b]} \varphi_n + \mu \lim_{n\to+\infty} \int_{[a,b]} \psi_n && \text{linéarité de la limite} \\
&= \lambda \int_a^b f + \mu \int_a^b g.
\end{aligned}$$

Proposition 12 Le cas $a = b$ étant évident, on peut supposer $a < b$.

On introduit une suite de fonctions en escalier sur $[a,b]$ notée $(\varphi_n)_{n\in\mathbb{N}}$ telle que :

$$s_n = \sup_{[a,b]} |f - \varphi_n| \underset{n\to+\infty}{\longrightarrow} 0.$$

Pour tout $x \in [a,b]$ et $n \in \mathbb{N}$, l'inégalité triangulaire donne :

$$\Big|\left|\varphi_n(x)\right| - \left|f(x)\right|\Big| \leqslant \left|\varphi_n(x) - f(x)\right| \leqslant s_n.$$

Par conséquent $\big(|\varphi_n|\big)_{n\in\mathbb{N}}$ est une suite de fonctions en escalier telle que :

$$\lim_{n\to+\infty} \sup_{x\in[a,b]} \Big|\left|\varphi_n(x)\right| - \left|f(x)\right|\Big| = 0.$$

En particulier $\displaystyle\lim_{n\to+\infty} \int_{[a,b]} |\varphi_n| = \int_a^b |f|$. Le résultat s'obtient alors en passant à la limite dans l'inégalité $\displaystyle\left|\int_{[a,b]} \varphi_n\right| \leqslant \int_{[a,b]} |\varphi_n|$, inégalité valable pour toute fonction en escalier (cf. proposition 6 de la page 449).

Proposition 13

- Supposons que $a < c < b$.

  Soit $(\varphi_n)_{n\in\mathbb{N}}$ une suite de fonctions en escalier sur $[a,b]$ telle que :

$$s_n = \sup_{[a,b]} |f - \varphi_n| \underset{n\to+\infty}{\longrightarrow} 0.$$

  On a évidemment, pour tout entier naturel n :

$$\left| f_{|[a,c]} - \varphi_{n|[a,c]} \right| \leqslant s_n \qquad \text{et} \qquad \left| f_{|[c,b]} - \varphi_{n|[c,b]} \right| \leqslant s_n,$$

  donc $\displaystyle\int_{[a,c]} \varphi_n \underset{n\to+\infty}{\longrightarrow} \int_{[a,c]} f$, $\displaystyle\int_{[c,b]} \varphi_n \underset{n\to+\infty}{\longrightarrow} \int_{[c,b]} f$ et $\displaystyle\int_{[a,b]} \varphi_n \underset{n\to+\infty}{\longrightarrow} \int_{[a,b]} f$.

  Par conséquent, la relation de Chasles pour les intégrales des fonctions en escalier permet d'établir :

$$\int_{[a,b]} \varphi_n = \int_{[a,c]} \varphi_n + \int_{[c,b]} \varphi_n \underset{n\to+\infty}{\longrightarrow} \int_{[a,c]} f + \int_{[c,b]} f$$

  et donc :

$$\int_{[a,b]} f = \int_{[a,c]} f + \int_{[c,b]} f.$$

- Le cas où a, b, c ne sont pas distincts est évident.

  Supposons donc a, b, c distincts. Suivant la façon dont ils sont ordonnés, il y a six cas à traiter.

  Traitons en détail le cas $c < b < a$ (les autres cas se traitent de façon similaire).

  Puisque $c < b < a$, on peut écrire d'après le point précédent que :

$$\int_c^a f = \int_c^b f + \int_b^a f.$$

  Par définition, on obtient $\displaystyle -\int_a^c f = \int_c^b f - \int_a^b f$ puis $\displaystyle\int_a^b f = \int_a^c f + \int_c^b f$.

Proposition 14

- Soit $f \in \mathcal{C}\big([a,b],\mathbb{R}\big)$, à valeurs positives. On a $f = |f|$. Par ailleurs, d'après l'inégalité triangulaire, $0 \leqslant \left|\displaystyle\int_a^b f\right| \leqslant \displaystyle\int_a^b |f|$, et par conséquent :

$$\int_a^b f = \int_a^b |f| \geqslant \left|\int_a^b f\right| \geqslant 0.$$

- Comme cela a déjà été fait pour les fonctions en escalier, le second point est une conséquence de la positivité et de la linéarité.

Théorème 15 La fonction f étant non nulle et à valeurs positives, il existe $x \in [a,b]$ tel que $f(x) > 0$. Par continuité de f en x, il existe $\eta > 0$ tel que $f(t) \geqslant \frac{f(x)}{2}$ pour tout $t \in [a,b] \cap [x-\eta, x+\eta]$.

Notons J ce dernier intervalle et $\lambda > 0$ sa longueur.

D'après la relation de Chasles et par positivité de l'intégrale, $\displaystyle\int_a^b f \geqslant \int_J f$.

Par croissance de l'intégrale, $\displaystyle\int_J f \geqslant \int_J \frac{f(x)}{2} = \lambda\frac{f(x)}{2} > 0$, ce qui conclut.

Théorème 16 La démonstration du cas général est hors-programme. Traitons le cas où la fonction f est de classe $\mathcal{C}^1$. On commence par constater que $|f'|$ est une fonction continue sur le segment $[a,b]$. D'après le théorème des bornes atteintes, il existe $M>0$ tel que :

$$\forall x \in [a,b] \quad |f'(x)| \leqslant M.$$

D'après l'inégalité des accroissements finis, on a :

$$\forall (x,y) \in [a,b]^2 \quad |f(x)-f(y)| \leqslant M|x-y|.$$

Soit $n \in \mathbb{N}^*$. Posons $u_k = a + k\,\frac{b-a}{n}$ pour tout $k \in [\![0,n]\!]$.

Soit $k \in [\![0,n-1]\!]$ et $x \in [u_k, u_{k+1}]$. Alors :

$$|f(x)-f(u_k)| \leqslant \lambda|x-u_k| \leqslant M\frac{b-a}{n}.$$

Par inégalité triangulaire et croissance de l'intégrale des fonctions réelles :

$$\left|\int_{u_k}^{u_{k+1}} \big(f(x)-f(u_k)\big)\,\mathrm{d}x\right| \leqslant \int_{u_k}^{u_{k+1}} \big|f(x)-f(u_k)\big|\,\mathrm{d}x \leqslant M\frac{(b-a)^2}{n^2}.$$

Par somme d'inégalités, inégalité triangulaire généralisée et relation de Chasles, on obtient :

$$\left|\int_a^b f(t)\,\mathrm{d}t - \frac{b-a}{n}\sum_{k=0}^{n-1} f(u_k)\right| = \left|\sum_{k=0}^{n-1}\int_{u_k}^{u_{k+1}} \big(f(t)-f(u_k)\big)\,\mathrm{d}t\right| \leqslant M\frac{(b-a)^2}{n}.$$

Proposition 17

- Tout d'abord, traitons séparément le cas de la somme et celui de la multiplication par un scalaire.
  * Par linéarité de la partie réelle et imaginaire et par linéarité de l'intégrale des fonctions à valeurs réelles, on a :

$$\begin{aligned}\int_a^b (f+g) &= \int_a^b \mathrm{Re}(f+g) + i\int_a^b \mathrm{Im}(f+g)\\ &= \int_a^b \mathrm{Re}(f) + \int_a^b \mathrm{Re}(g) + i\int_a^b \mathrm{Im}(f) + i\int_a^b \mathrm{Im}(g) = \int_a^b f + \int_a^b g.\end{aligned}$$

  * Notons x et y les parties réelle et imaginaire de λ. On a alors, par définition de l'intégrale de fonctions complexes, et en utilisant la linéarité de l'intégrale des fonctions réelles :

$$\begin{aligned}\int_a^b (\lambda f) &= \int_a^b \mathrm{Re}(\lambda f) + i\int_a^b \mathrm{Im}(\lambda f)\\ &= \int_a^b \big(x\,\mathrm{Re}(f) - y\,\mathrm{Im}(f)\big) + i\int_a^b \big(x\,\mathrm{Im}(f) + y\,\mathrm{Re}(f)\big)\\ &= x\int_a^b \mathrm{Re}(f) - y\int_a^b \mathrm{Im}(f) + ix\int_a^b \mathrm{Im}(f) + iy\int_a^b \mathrm{Re}(f)\\ &= (x+iy)\int_a^b \mathrm{Re}(f) + i(x+iy)\int_a^b \mathrm{Im}(f)\\ &= (x+iy)\left(\int_a^b \mathrm{Re}(f) + i\int_a^b \mathrm{Im}(f)\right) = \lambda\int_a^b f.\end{aligned}$$

- Revenons au cas général. Par le résultat obtenu sur la somme, on a :
$$\int_a^b (\lambda f + \mu g) = \int_a^b (\lambda f) + \int_a^b (\mu g).$$
Par le résultat obtenu sur la multiplication par un scalaire, on a :
$$\int_a^b (\lambda f) = \lambda \int_a^b f \qquad \text{et} \qquad \int_a^b (\mu g) = \mu \int_a^b g,$$
ce qui conclut.

Proposition 19 Le cas $a = b$ étant évident, on peut supposer $a < b$.

- Il existe $\theta \in \mathbb{R}$ tel que $\displaystyle\int_a^b f = \left|\int_a^b f\right| e^{i\theta}$.

  Par linéarité de l'intégrale, $\displaystyle\left|\int_a^b f\right| = \int_a^b e^{-i\theta} f$.
- Par passage à la partie réelle dans cette égalité et définition de l'intégrale d'une fonction à valeurs complexes, on obtient :
$$\left|\int_a^b f\right| = \int_a^b \operatorname{Re}(e^{-i\theta} f).$$
- Enfin, on a $\operatorname{Re}(e^{-i\theta} f) \leqslant |e^{-i\theta} f| = |f|$ donc par croissance de l'intégrale il vient :
$$\left|\int_a^b f\right| \leqslant \int_a^b |f|.$$

Théorème 20

- Notons F l'application définie sur I par $F(x) = \displaystyle\int_a^x f(t)\,\mathrm{d}t$. Montrons que F est dérivable et que $F' = f$.

  Soit $x \in I$. Montrons que $\displaystyle\lim_{h\to 0} \frac{F(x+h) - F(x)}{h} = f(x)$. Soit $\varepsilon > 0$.

  Par continuité de f en x, il existe $\eta > 0$ tel que, pour tout $t \in [x-\eta, x+\eta] \cap I$, on ait $\bigl|f(t) - f(x)\bigr| \leqslant \varepsilon$. Soit donc h réel tel que $0 < |h| \leqslant \eta$ et $x + h \in I$. D'après la relation de Chasles et la linéarité de l'intégrale :
$$\begin{aligned} F(x+h) - F(x) - hf(x) &= \int_x^{x+h} f(t)\,\mathrm{d}t - hf(x) \\ &= \int_x^{x+h} f(t)\,\mathrm{d}t - \int_x^{x+h} f(x)\,\mathrm{d}t \\ &= \int_x^{x+h} \bigl(f(t) - f(x)\bigr)\,\mathrm{d}t. \end{aligned}$$
  Si $h > 0$, on a :
$$\bigl|F(x+h) - F(x) - hf(x)\bigr| = \left|\int_x^{x+h} \bigl(f(t) - f(x)\bigr)\,\mathrm{d}t\right| \leqslant \int_x^{x+h} \bigl|f(t) - f(x)\bigr|\,\mathrm{d}t$$
  et, comme $\bigl|f(t) - f(x)\bigr| \leqslant \varepsilon$ pour tout t compris entre x et $x + h$, on en déduit :
$$\bigl|F(x+h) - F(x) - hf(x)\bigr| \leqslant \varepsilon\,|h|.$$

On obtient la même inégalité si $h < 0$ et ainsi :

$$\left|\frac{F(x+h)-F(x)}{h} - f(x)\right| \leqslant \varepsilon.$$

Donc $\lim\limits_{h\to 0} \dfrac{F(x+h)-F(x)}{h} = f(x)$.

- Il est clair que la fonction $x \mapsto \displaystyle\int_a^x f(t)\,\mathrm{d}t$ s'annule en a. Par ailleurs, la différence de deux primitives d'une fonction sur un intervalle est constante, ce qui permet d'obtenir l'unicité.

Proposition 26

- Soit f une fonction continue sur un segment $[-\beta, -\alpha]$. En posant le changement de variable affine $x = -t$, on obtient :

$$\int_{-\beta}^{-\alpha} f(x)\,\mathrm{d}x = \int_{\alpha}^{\beta} f(-t)\,\mathrm{d}t. \qquad (*)$$

- Si f est une fonction paire et continue, alors $\displaystyle\int_{-a}^{0} f(x)\,\mathrm{d}x = \int_0^a f(t)\,\mathrm{d}t$ et l'on conclut avec la relation de Chasles.

  Si f est une fonction impaire et continue, alors $\displaystyle\int_{-a}^{0} f(x)\,\mathrm{d}x = -\int_0^a f(t)\,\mathrm{d}t$ et l'on conclut avec la relation de Chasles.

Proposition 27 La fonction f continue sur l'intervalle $\mathbb{R}$ admet une primitive F. La fonction $y \mapsto \displaystyle\int_y^{y+T} f(x)\,\mathrm{d}x = F(y+T) - F(y)$ est dérivable et, pour tout $y \in \mathbb{R}$, sa dérivée en y vaut $f(y+T) - f(y) = 0$. Il s'ensuit qu'elle est constante.

Lemme 28 Démontrons par récurrence la propriété $\mathcal{H}_n$: « pour tout $f \in \mathcal{C}^{n+1}(I, \mathbb{K})$, on a :

$$f(b) = \sum_{k=0}^{n} \frac{f^{(k)}(a)}{k!}(b-a)^k + \int_a^b \frac{(b-t)^n}{n!} f^{(n+1)}(t)\,\mathrm{d}t \text{ ».}$$

- Pour $n = 0$, il s'agit de démontrer que, pour $f \in \mathcal{C}^1(I, \mathbb{K})$, on a :

$$f(b) = f(a) + \int_a^b f'(t)\,\mathrm{d}t.$$

  Cette assertion n'est autre que le résultat du corollaire 22 de la page 456.

- Supposons le résultat vrai au rang n. Soit $f \in \mathcal{C}^{n+2}(I, \mathbb{K})$. Alors, en particulier, f est de classe $\mathcal{C}^{n+1}$ et, d'après H_n, on a :

$$f(b) = \sum_{k=0}^{n} \frac{f^{(k)}(a)}{k!}(b-a)^k + R_n \quad \text{avec} \quad R_n = \int_a^b \frac{(b-t)^n}{n!} f^{(n+1)}(t)\,\mathrm{d}t. \qquad (\star)$$

  Intégrons R_n par parties : les fonctions $u : t \mapsto f^{(n+1)}(t)$ et $v : t \mapsto -\frac{(b-t)^{n+1}}{(n+1)!}$ sont de classe $\mathcal{C}^1$ sur I, avec $u'(t) = f^{(n+2)}(t)$ et $v'(t) = \frac{(b-t)^n}{n!}$.

Par conséquent :

$$R_n = \left[-\frac{(b-t)^{n+1}}{(n+1)!}\, f^{(n+1)}(t) \right]_a^b - \int_a^b \frac{-(b-t)^{n+1}}{(n+1)!} f^{(n+2)}(t)\,\mathrm{d}t$$
$$= \frac{(b-a)^{n+1}}{(n+1)!}\, f^{(n+1)}(a) + R_{n+1}.$$

La conclusion est alors immédiate, en reportant dans $(\star)$.

Théorème 29 Pour tout $t \in [\min(a,b), \max(a,b)]$, $\left| f^{(n+1)}(t)(b-t)^n \right| \leqslant M\,|b-t|^n$.

Ainsi, lorsque $b \geqslant a$, on a :

$$\left| \int_a^b (b-t)^n\, f^{(n+1)}(t)\,\mathrm{d}t \right| \leqslant \int_a^b \left| (b-t)^n\, f^{(n+1)}(t) \right| \mathrm{d}t$$
$$\leqslant \int_a^b M\,(b-t)^n\,\mathrm{d}t = \frac{(b-a)^{n+1}}{n+1}\,M.$$

Il suffit d'appliquer cette inégalité au reste R_n de la formule de Taylor avec reste intégral. Le cas où $b \leqslant a$ se traite de manière similaire.

S'entraîner et approfondir

12.1 Soit $f \in \mathcal{C}([0,1],\mathbb{R})$ telle que $f([0,1]) \subset [a,b]$ et $\int_{[0,1]} f = 0$.
→453

En remarquant que $(f-a)(b-f)$ est une fonction positive, montrer que $\int_{[0,1]} f^2 \leqslant -ab$.

12.2 Soit $f \in \mathcal{C}([0,1],\mathbb{R})$.
→453

1. On suppose que $\int_0^1 f(t)\,\mathrm{d}t = 0$. Démontrer que f s'annule au moins une fois.
2. On suppose de plus que $\int_0^1 tf(t)\,\mathrm{d}t = 0$. Démontrer que f s'annule au moins deux fois.

Indication. *On pourra raisonner par l'absurde et considérer l'intégrale* $\int_0^1 (t-t_0)f(t)\,\mathrm{d}t$ *pour un réel* $t_0 \in [0,1]$ *bien choisi.*

12.3 Déterminer un équivalent simple de $\sum_{k=0}^{n-1} \sin\frac{k\pi}{n}$ quand $n \to +\infty$.
→454

12.4 Soit f une fonction dérivable, strictement croissante, bijective de $\mathbb{R}$ sur $\mathbb{R}$, telle que $f(0)=0$. On définit la fonction g sur $\mathbb{R}$ par :
→456

$$\forall x \in \mathbb{R} \quad g(x) = \int_0^x f(t)\,\mathrm{d}t + \int_0^{f(x)} f^{-1}(t)\,\mathrm{d}t - xf(x).$$

Montrer que g est dérivable et en déduire que :

$$\forall x \in \mathbb{R} \quad \int_0^x f(t)\,\mathrm{d}t + \int_0^{f(x)} f^{-1}(t)\,\mathrm{d}t = xf(x).$$

Donner une interprétation géométrique du résultat.

12.5 On note f l'application définie sur $]-1,+\infty[$ par $f(x) = \ln(1+x)$.
→458

1. Expliciter $f^{(n)}(x)$, pour tout réel $x \in\,]-1,+\infty[$ et pour tout entier $n \in \mathbb{N}^*$.
2. Donner $\max_{t\in[0,1]} \left|f^{(n)}(t)\right|$, pour tout entier $n \in \mathbb{N}^*$.
3. Démontrer, à l'aide d'une formule de Taylor, que, pour tout $x \in [0,1]$:

$$\ln(1+x) = \lim_{n\to+\infty} \sum_{k=1}^{n} \frac{(-1)^{k+1}}{k} x^k.$$

12.6 Formule de la moyenne.

Soit $(a,b) \in \mathbb{R}^2$ tel que $a < b$. Soit $(f,g) \in \mathcal{C}([a,b],\mathbb{R})^2$, la fonction g étant positive.

Montrer qu'il existe c dans $[a,b]$ tel que :

$$\int_{[a,b]} fg = f(c) \int_{[a,b]} g.$$

★ **12.7** 1. Soit $f \in \mathcal{C}\big([a,b],\mathbb{R}\big)$. Montrer que $\left|\int_{[a,b]} f\right| = \int_{[a,b]} |f|$ si, et seulement si, f garde un signe fixe.

2. Soit $f \in \mathcal{C}\big([a,b],\mathbb{C}\big)$.

Donner une condition nécessaire et suffisante pour que $\left|\int_{[a,b]} f\right| = \int_{[a,b]} |f|$.

Indication. *On commencera par se ramener au cas où* $\int_{[a,b]} f = \left|\int_{[a,b]} f\right|$.

★★ **12.8** Soit $(a,b) \in \mathbb{R}^2$ tel que $a < b$ et $f \in \mathcal{C}\big([a,b],\mathbb{R}_+\big)$. Démontrer que :

$$\lim_{n\to+\infty} \left(\int_a^b f^n\right)^{1/n} = \sup_{x\in[a,b]} f(x).$$

★ **12.9** Soit $f \in \mathcal{C}([0,1],\mathbb{R})$ telle que $f(1) = 0$.

1. Démontrer que, pour tout $\alpha \in [0,1[$, $\lim\limits_{n\to+\infty} n \int_0^\alpha t^n f(t)\,\mathrm{d}t = 0$.

2. Déterminer $\lim\limits_{n\to+\infty} n \int_0^1 t^n f(t)\,\mathrm{d}t$.

12.10 Trouver un équivalent simple de la suite (u_n) définie par :

$$u_n = \big((n+1)(n+2)\cdots(2n)\big)^{\frac{1}{n}}.$$

12.11 Soit $(a,b) \in \mathbb{R}^2$ tel que $a < b$. Soit $f \in \mathcal{C}^1\big([a,b],\mathbb{C}\big)$.

Montrer que $\lim\limits_{\lambda\to+\infty} \int_a^b f(t)\,e^{i\lambda t}\,\mathrm{d}t = 0$.

Indication. *On pourra effectuer une intégration par parties.*

★★ **12.12** Soit f une fonction positive ou nulle de classe $\mathcal{C}^2$ sur $\mathbb{R}$.
On suppose que f'' est bornée et l'on note :

$$M = \sup_{x\in\mathbb{R}} \big|f''(x)\big|.$$

Montrer que :

$$\forall x \in \mathbb{R} \quad \big|f'(x)\big| \leqslant \sqrt{2Mf(x)}.$$

Solutions des exercices

12.1 Posons $g : x \mapsto (f(x)-a)(b-f(x))$. Avec les hypothèses de l'énoncé, g est une fonction continue et positive. Par positivité et linéarité de l'intégrale, on obtient :

$$0 \leqslant \int_{[0,1]} g = \int_{[0,1]} \left(bf + af - ab - f^2\right) = (a+b)\int_{[0,1]} f - ab - \int_{[0,1]} f^2 = -ab - \int_{[0,1]} f^2.$$

Cela donne l'inégalité demandée.

12.2 1. On raisonne par l'absurde. Si f ne s'annule pas, elle garde d'après le théorème des valeurs intermédiaires un signe constant strict, que l'on peut supposer positif (quitte à considérer $-f$). D'après le théorème 15 de la page 453, on aurait alors $\displaystyle\int_0^1 f > 0$.

2. Supposons que f ne s'annule qu'une seule fois, en un point c. Les restrictions $f_{|[0,c]}$ et $f_{|[c,1]}$ ont des signes fixes. Si f était de signe constant, on aurait $\displaystyle\int_0^1 f > 0$ ou $\displaystyle\int_0^1 f < 0$. Donc ces deux restrictions ne sont pas de même signe et la fonction $h : t \mapsto (t-c)f(t)$ est continue, de signe constant. Par linéarité, on a :

$$\int_0^1 h = \int_0^1 tf(t)\,\mathrm{d}t - c\int_0^1 f(t)\,\mathrm{d}t = 0,$$

donc $h = 0$ (d'après le théorème 15 de la page 453) puis f est nulle sur $[0,1]\setminus\{c\}$, ce qui est contraire à l'hypothèse émise.

12.3 Pour $n \in \mathbb{N}^*$, on pose $S_n = \frac{\pi}{n}\sum\limits_{k=0}^{n-1} \sin\frac{k\pi}{n}$ la somme de Riemann à l'ordre n associée à f, où $f : \begin{array}{ccc} [0,\pi] & \longrightarrow & \mathbb{R} \\ x & \longmapsto & \sin x \end{array}$ est une fonction continue. Par conséquent, la suite (S_n) converge vers $\displaystyle\int_0^\pi f = 2$. On peut conclure : $\displaystyle\sum_{k=0}^{n-1} \sin\frac{k\pi}{n} \sim \frac{2n}{\pi}$.

12.4 La fonction f est une bijection continue (car dérivable) strictement croissante sur l'intervalle $\mathbb{R}$. Ainsi f^{-1} est continue ; soit H la primitive sur $\mathbb{R}$ de f^{-1} s'annulant en 0. La fonction $g : x \mapsto \int_0^x f(t)\,\mathrm{d}t + H\big(f(x)\big) - xf(x)$ est donc dérivable et à l'aide des formules de dérivation, pour tout $x \in \mathbb{R}$:

$$\begin{aligned} g'(x) &= f(x) + H'\big(f(x)\big)\, f'(x) - f(x) - xf'(x) \\ &= f(x) + x\, f'(x) - f(x) - xf'(x) = 0. \end{aligned}$$

Enfin, $g(0) = 0$ car $f(0) = 0$, donc $g = 0$. Ainsi, pour tout $x \in \mathbb{R}$:

$$\int_0^x f(t)\,\mathrm{d}t + \int_0^{f(x)} f^{-1}(t)\,\mathrm{d}t = xf(x).$$

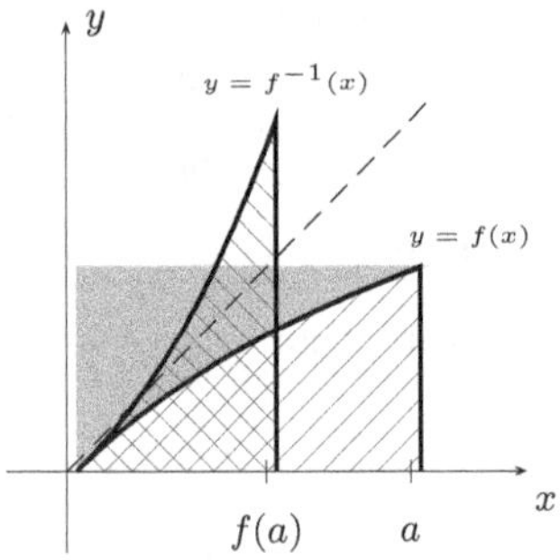

Pour tout $a \in \mathbb{R}$, le terme $\int_0^a f(t)\,\mathrm{d}t$ correspond à l'aire algébrique du domaine délimité par l'axe Ox, la courbe $y = f(x)$ et la droite d'équation $x = a$.

Le terme $\int_0^{f(a)} f^{-1}(t)\,\mathrm{d}t$ correspond à l'aire du domaine hachuré délimité par l'axe Ox, la courbe d'équation $y = f^{-1}(x)$ et la droite d'équation $x = f(a)$. Par symétrie, cette aire est égale à l'aire du domaine grisé délimité par l'axe Oy, la courbe $y = f(x)$ et la droite d'équation $y = f(a)$.

L'union des deux domaines est un rectangle de côtés a et $f(a)$. La somme de ces deux aires vaut bien $a\,f(a)$.

12.5 1. La fonction $f : x \mapsto \ln(1+x)$ est de classe $\mathcal{C}^\infty$ sur l'intervalle $]-1, +\infty[$. On vérifie par récurrence que, pour tout x du domaine de définition et pour tout $n \in \mathbb{N}^*$, on a $f^{(n)}(x) = \frac{(-1)^{n+1}(n-1)!}{(1+x)^n}$.

2. Pour tout $t \in [0,1]$, on a $0 \leqslant \frac{1}{1+t} \leqslant 1$. Par conséquent, par croissance des fonctions puissances positives sur $\mathbb{R}_+$, on a :

$$\left|f^{(n)}(t)\right| = \frac{(n-1)!}{(1+t)^n} \leqslant (n-1)!.$$

Puisque $\left|f^{(n)}(0)\right| = (n-1)!$, on a $\max\limits_{t\in[0,1]} \left|f^{(n)}(t)\right| = (n-1)!$.

3. Soit $x \in [0,1]$ et $n \in \mathbb{N}^*$. L'inégalité de Taylor-Lagrange à l'ordre n appliquée à f entre 0 et x donne :

$$\left|\ln(1+x) - \sum_{k=1}^{n} \frac{(-1)^{k+1}}{k}\, x^k\right| \leqslant \frac{|x^{n+1}|}{(n+1)!}\, n! \leqslant \frac{x^{n+1}}{n+1} \leqslant \frac{1}{n+1}.$$

La conclusion en découle.

12.6 La fonction f étant continue à valeurs réelles, l'image du segment $[a,b]$ par f est un segment $[m,M]$. Puisque g est à valeurs positives on a $mg(x) \leqslant f(x)g(x) \leqslant Mg(x)$ pour tout $x \in [a,b]$. Par croissance de l'intégrale :

$$m\int_{[a,b]} g \leqslant \int_{[a,b]} fg \leqslant M\int_{[a,b]} g.$$

Ainsi, si $\int_{[a,b]} g = 0$, alors $\int_{[a,b]} fg = 0$ et la relation $\int_{[a,b]} fg = f(c)\int_{[a,b]} g$ est vérifiée pour tout $c \in [a,b]$. Sinon :

$$\frac{\int_{[a,b]} fg}{\int_{[a,b]} g} \in [m,M] \quad \text{car} \quad \int_a^b g > 0$$

et donc, il existe $c \in [a,b]$ tel que $f(c) = \dfrac{\int_{[a,b]} fg}{\int_{[a,b]} g}$.

12.7 1. L'égalité est immédiate si f a un signe fixe, car alors soit $f = |f|$, soit $f = -|f|$.

Supposons $\left|\int_{[a,b]} f\right| = \int_{[a,b]} |f|$. On a alors $\int_{[a,b]} f = \int_{[a,b]} |f|$ ou $\int_{[a,b]} f = -\int_{[a,b]} |f|$.

- Dans le premier cas, on a $\int_{[a,b]} \big(|f| - f\big) = \int_{[a,b]} |f| - \int_{[a,b]} f = 0$, et, comme la fonction $|f| - f$ est de plus continue et positive, elle est nulle. On en déduit que $f = |f|$, autrement dit, que f est positive.
- Le deuxième cas se déduit du premier en considérant $-f$. On en déduit que $-f = |f|$, donc que f est négative.

2. Montrons que l'égalité a lieu si, et seulement s'il existe $\varphi \in \mathbb{R}$ tel que $f = e^{i\varphi}|f|$.

- Supposons dans un premier temps que $\int_{[a,b]} f = \int_{[a,b]} |f|$.

  Posons $A = \int_{[a,b]} \operatorname{Re} f$ et $B = \int_{[a,b]} \operatorname{Im} f$. Alors $A + iB = \int_{[a,b]} |f|$, ce qui impose que $B = 0$ et $\int_{[a,b]} \big(|f| - \operatorname{Re}(f)\big) = 0$. Puisque $|f| - \operatorname{Re} f$ est une fonction continue à valeurs positives, on a $|f| = \operatorname{Re} f$, et donc que f est une fonction réelle à valeurs positives, *i.e.* $f = |f|$.
- Dans le cas général, il existe $\varphi \in \mathbb{R}$ tel que $\int_{[a,b]} f = \left|\int_{[a,b]} f\right| e^{i\varphi}$ et on pose $g = e^{-i\varphi} f$. Alors g est continue et $\int_{[a,b]} g = \left|\int_{[a,b]} f\right| \in \mathbb{R}_+$ donc $\int_{[a,b]} g = \left|\int_{[a,b]} g\right|$. Le point précédent montre que g est une fonction à valeurs positives. On en déduit que $g = |f|$ et la conclusion est vérifiée.
- Le sens réciproque découle de la linéarité et de la positivité de l'intégrale.

12.8 Si f est la fonction nulle, le résultat est immédiat.
Supposons f non nulle. Notons $M = \sup_{x\in[a,b]} f(x)$ et, pour tout $n \in \mathbb{N}^*$, $u_n = \left(\int_a^b f^n\right)^{\frac{1}{n}}$.
On va montrer que $\lim_{n\to+\infty} u_n = M$ par retour à la définition. Soit donc $\varepsilon > 0$. Dans le premier point, on montre qu'il existe $n_0 \in \mathbb{N}^*$ tel que $\forall n \geqslant n_0 \quad u_n \leqslant M + \varepsilon$. Dans le second point, on montre qu'il existe $n_1 \in \mathbb{N}^*$ tel que $\forall n \geqslant n_1 \quad M - \varepsilon \leqslant u_n$.

- Soit $n \in \mathbb{N}^*$. On a $\forall x \in [a,b] \quad 0 \leqslant f(x) \leqslant M$ donc par croissance des fonctions puissances positives sur $\mathbb{R}_+$ et croissance de l'intégrale, $u_n \leqslant M(b-a)^{\frac{1}{n}}$. La suite majorante converge vers M donc il existe $n_0 \in \mathbb{N}^*$ tel que $\forall n \geqslant n_0 \quad u_n \leqslant M + \varepsilon$.
- La fonction f étant continue sur $[a,b]$, le réel M est atteint en un point c de $[a,b]$. La fonction f est positive et non nulle donc $M > 0$. Posons $\varepsilon' = \min\left(M, \frac{\varepsilon}{2}\right)$. Puisque $\varepsilon' > 0$, il existe un segment I, non réduit à un point, contenant c et inclus dans $[a,b]$ tel que :
$$\forall x \in I \quad f(x) \geqslant M - \varepsilon' \geqslant 0.$$
Notons $\eta > 0$ la longueur du segment I. Soit $n \in \mathbb{N}^*$. D'après la relation de Chasles et par positivité et croissance de l'intégrale, on a :
$$\int_a^b f^n \geqslant \int_I f^n \geqslant \eta(M-\varepsilon')^n.$$
Ainsi :
$$\forall n \in \mathbb{N}^* \quad \left(\int_{[a,b]} f^n\right)^{\frac{1}{n}} \geqslant (M-\varepsilon')\eta^{\frac{1}{n}}.$$
Or $\lim_{n\to+\infty} (M-\varepsilon')\eta^{\frac{1}{n}} = M - \varepsilon' > M - \varepsilon$, donc il existe $n_1 \in \mathbb{N}^*$ tel que :
$$\forall n \geqslant n_1 \quad (M-\varepsilon')\eta^{\frac{1}{n}} > M - \varepsilon.$$
On a alors $\forall n \geqslant n_1 \quad u_n \geqslant M - \varepsilon$.

12.9 1. Notons M un majorant de $|f|$ sur $[0,1]$; un tel majorant existe, puisque f est définie et continue sur un segment. Alors, pour tout $\alpha \in [0,1[$:
$$0 \leqslant \left|n\int_0^\alpha x^n f(x)\,\mathrm{d}x\right| \leqslant \int_0^\alpha n x^n M\,\mathrm{d}x = \frac{n}{n+1} M\,\alpha^{n+1} \leqslant M\,\alpha^{n+1}.$$
Puisque $\alpha \in [0,1[$, on a $\lim_{n\to+\infty} \alpha^{n+1} = 0$ et donc par encadrement :
$$\lim_{n\to+\infty} n\int_0^\alpha x^n f(x)\,\mathrm{d}x = 0.$$

2. Soit $\varepsilon > 0$. Puisque f est continue en 1 et que $f(1) = 0$, il existe $\alpha \in [0,1[$ tel que, pour tout $t \in [\alpha,1]$, on ait $|f(t)| \leqslant \frac{\varepsilon}{2}$. Par conséquent :
$$0 \leqslant \left|n\int_\alpha^1 x^n f(x)\,\mathrm{d}x\right| \leqslant \int_\alpha^1 n x^n \frac{\varepsilon}{2}\,\mathrm{d}x \leqslant \int_0^1 n x^n \frac{\varepsilon}{2}\,\mathrm{d}x = \frac{n}{n+1}\,\frac{\varepsilon}{2} \leqslant \frac{\varepsilon}{2}.$$
Par ailleurs, α étant fixé, il existe d'après la première question un entier n_0 tel que, pour tout $n \geqslant n_0$, on ait $\left|n\int_0^\alpha x^n f(x)\,\mathrm{d}x\right| \leqslant \frac{\varepsilon}{2}$. Ainsi, pour tout $n \geqslant n_0$:
$$\left|n\int_0^1 x^n f(x)\,\mathrm{d}x\right| \leqslant \left|n\int_0^\alpha x^n f(x)\,\mathrm{d}x\right| + \left|n\int_\alpha^1 x^n f(x)\,\mathrm{d}x\right| \leqslant \varepsilon.$$
En conclusion : $\lim_{n\to+\infty} n\int_0^1 x^n f(x)\,\mathrm{d}x = 0$.

12.10 Pour $n \in \mathbb{N}^*$, on a :

$$u_n = \left(\prod_{k=1}^{n}(n+k)\right)^{\frac{1}{n}} = \left(\prod_{k=1}^{n}\left(n\left(1+\frac{k}{n}\right)\right)\right)^{\frac{1}{n}} = n\left(\prod_{k=1}^{n}\left(1+\frac{k}{n}\right)\right)^{\frac{1}{n}}.$$

Considérons :

$$\ln u_n = \ln n + \frac{1}{n}\sum_{k=1}^{n}\ln\left(1+\frac{k}{n}\right).$$

Or $\displaystyle\frac{1}{n}\sum_{k=1}^{n}\ln\left(1+\frac{k}{n}\right)$ est une somme de Riemann qui converge vers $\displaystyle\int_0^1 \ln(1+x)\,\mathrm{d}x$. Un calcul par intégration par parties donne $\displaystyle\int_0^1 \ln(1+x)\,\mathrm{d}x = 2\ln(2)-1$. On a donc :

$$\ln u_n = \ln n + 2\ln 2 - 1 + v_n$$

où (v_n) est une suite qui tend vers 0 puis $u_n = \dfrac{4}{e}ne^{v_n}$ où (e^{v_n}) est une suite qui tend vers 1.

On conclut que $u_n \sim \dfrac{4}{e}n.$

12.11 Soit $\lambda > 0$. La fonction $u : t \mapsto \dfrac{e^{i\lambda t}}{i\lambda}$ est de classe $\mathcal{C}^1$, avec $u' : t \mapsto e^{i\lambda t}$. Ainsi, une intégration par parties donne :

$$\int_a^b f(t)\,e^{i\lambda t}\,\mathrm{d}t = \left[f(t)\,\frac{e^{i\lambda t}}{i\lambda}\right]_a^b - \frac{1}{i\lambda}\int_a^b f'(t)\,e^{i\lambda t}\,\mathrm{d}t.$$

L'inégalité triangulaire (pour les sommes et pour les intégrales) donne :

$$\begin{aligned}\left|\int_a^b f(t)\,e^{i\lambda t}\,\mathrm{d}t\right| &\leqslant \frac{|f(a)|+|f(b)|}{\lambda} + \frac{1}{\lambda}\left|\int_a^b f'(t)\,e^{i\lambda t}\,\mathrm{d}t\right|\\ &\leqslant \frac{|f(a)|+|f(b)|}{\lambda} + \frac{1}{\lambda}\int_a^b |f'(t)|\,\mathrm{d}t \underset{\lambda\to+\infty}{\longrightarrow} 0.\end{aligned}$$

12.12 Soit $x \in \mathbb{R}$. Appliquons l'inégalité de Taylor-Lagrange à f :

$$\forall h \in \mathbb{R} \quad \left|f(x+h) - f(x) - hf'(x)\right| \leqslant \frac{h^2}{2}M,$$

d'où :

$$\forall h \in \mathbb{R} \quad 0 \leqslant f(x+h) \leqslant f(x) + hf'(x) + \frac{h^2}{2}M.$$

Le trinôme en h :

$$h^2M + 2hf'(x) + 2f(x)$$

est toujours positif, donc son discriminant est négatif :

$$4f'(x)^2 - 8f(x)M \leqslant 0$$

d'où puisque f et M sont positifs :

$$\left|f'(x)\right| \leqslant \sqrt{2Mf(x)}$$

Chapitre 13 : Analyse asymptotique Relations de comparaison

Analyse asymptotique : Relations de comparaison

13

Ce chapitre permet de revenir sur les notions de limite en permettant, en particulier, de comparer les vitesses de convergence ou de divergence pour des limites de suites ou de fonctions.

Ex. 1. Les deux fonctions $f : \begin{array}{ccc} \mathbb{R}_+^* & \longrightarrow & \mathbb{R} \\ x & \longmapsto & \frac{1}{x} \end{array}$ et $g : \begin{array}{ccc} \mathbb{R} & \longrightarrow & \mathbb{R} \\ x & \longmapsto & e^{-x} \end{array}$ tendent toutes les deux vers 0 en $+\infty$, mais la relation $\lim\limits_{x\to+\infty} x\,e^{-x} = 0$ (voir page 210) indique que g tend vers 0 « plus vite » que f. On dira que g est négligeable devant f au voisinage de $+\infty$ et l'on écrira $g(x) \underset{x\to+\infty}{=} \mathrm{o}\big(f(x)\big)$.

Ex. 2. La limite $\lim\limits_{x\to 0} \frac{\sin x}{x} = 1$ indique que la fonction sinus se comporte « de la même façon » que $x \mapsto x$. On dira qu'elles sont équivalentes au voisinage de 0 et l'on écrira $\sin x \underset{x\to 0}{\sim} x$.

Les relations de comparaison que nous allons étudier dans ce chapitre vont donc permettre de comparer le comportement local de fonctions au voisinage d'un point $a \in \overline{\mathbb{R}}$. Par conséquent, le cadre sera le même que dans le chapitre 10 :

- ou bien $\mathcal{D}$ est un intervalle de $\mathbb{R}$ d'intérieur non vide et a est un réel intérieur à $\mathcal{D}$, ou l'une des extrémités de $\mathcal{D}$ (finie ou non) ;
- ou bien $\mathcal{D}$ désigne un tel intervalle privé d'un de ses points intérieurs a.

Lorsqu'une fonction f est définie sur $\mathcal{D}$ et que a est un tel point, nous dirons aussi que f est **définie au voisinage de a**. Elle peut donc être définie ou non au point a. Toutes les fonctions considérées dans ce chapitre seront définies sur $\mathcal{D}$ et à valeurs dans $\mathbb{K} = \mathbb{R}$ ou $\mathbb{K} = \mathbb{C}$.

I Fonctions dominées, fonctions négligeables

1 Définitions, exemples

Définition 1

Soit f et φ deux fonctions définies sur $\mathcal{D}$.

1. On dit que f est **dominée** par φ au voisinage de a s'il existe une fonction u définie sur $\mathcal{D}$, bornée au voisinage de a, telle que $f = \varphi \times u$ au voisinage de a.

   On note alors $f \underset{a}{=} \mathrm{O}(\varphi)$ ou $f(x) \underset{x\to a}{=} \mathrm{O}\big(\varphi(x)\big)$.

2. On dit que f est **négligeable** devant φ au voisinage de a s'il existe une fonction ε définie sur $\mathcal{D}$, tendant vers 0 en a, telle que $f = \varphi \times \varepsilon$ au voisinage de a.

   On note alors $f \underset{a}{=} \mathrm{o}(\varphi)$ ou $f(x) \underset{x\to a}{=} \mathrm{o}\big(\varphi(x)\big)$.

Exo 13.1

Terminologie

- Les symboles O et o se lisent respectivement « grand O » et « petit o ». Ainsi, on dit, par exemple, « f est un grand O de φ au voisinage de a » ou « $f(x)$ est un petit o de $\varphi(x)$ lorsque x tend vers a ».
- On dit aussi « f est dominée par φ en a » ou « f est négligeable devant φ en a ».
- S'il n'y a pas d'ambiguïté sur le point a, on peut écrire :

$$f(x) = \mathrm{O}(\varphi(x)) \quad \text{et} \quad f(x) = \mathrm{o}(\varphi(x))$$

ou encore :

$$f = \mathrm{O}(\varphi) \qquad \text{et} \qquad f = \mathrm{o}(\varphi).$$

Remarques

- Il est clair que si $f \underset{a}{=} \mathrm{o}(\varphi)$, alors $f \underset{a}{=} \mathrm{O}(\varphi)$ puisqu'une fonction tendant vers 0 en a est bornée au voisinage de a.
- Si $a \in \mathcal{D}$, si φ s'annule en a et si $f \underset{a}{=} \mathrm{O}(\varphi)$, alors f s'annule également en a.

  A fortiori, on a la même conclusion lorsque $f \underset{a}{=} \mathrm{o}(\varphi)$.

Ex. 3. On a $x^3 \sin\left(\dfrac{1}{x}\right) \underset{x\to 0}{=} \mathrm{O}(x^3)$. En effet :

$$\forall x \in \mathbb{R}^* \quad x^3 \sin\left(\frac{1}{x}\right) = \underbrace{\sin\left(\frac{1}{x}\right)}_{u(x)} \times x^3$$

et la fonction $u : x \mapsto \sin\left(\frac{1}{x}\right)$ est bornée.

Remarque Dans cet exemple, les deux fonctions comparées : $x \mapsto x^2 \sin\left(\dfrac{1}{x}\right)$ et $x \mapsto x^2$, sont *a priori* définies sur des domaines différents : $\mathbb{R}^*$ pour la première et $\mathbb{R}$ pour la seconde. Le fait d'écrire la relation $x^2 \sin\left(\dfrac{1}{x}\right) \underset{x\to 0}{=} \mathrm{O}(x^2)$ signifie alors implicitement que l'on considère la restriction de la fonction $x \mapsto x^2$ à $\mathbb{R}^*$.

Ex. 4. Montrons que $x^2 \underset{x\to 0}{=} o(\sin x)$. Pour tout $x \in]-\pi, 0[\cup]0, \pi[$, on peut écrire :

$$x^2 = \varepsilon(x) \sin x \qquad \text{avec} \qquad \varepsilon(x) = \frac{x^2}{\sin x} = x \times \frac{x}{\sin x} \underset{x\to 0}{\longrightarrow} 0 \times 1 = 0.$$

Remarque En toute rigueur, il faudrait définir la fonction ε sur tout le domaine de définition des deux fonctions, c'est-à-dire IR. Pour cela, il suffit de prendre ε nulle en dehors de $]-\pi, 0[\cup]0, \pi[$.

- Cela ne change évidemment pas le fait que ε tend vers 0 en 0.
- La relation $x^2 = \varepsilon(x) \sin x$ est toujours vérifiée au voisinage de 0, en particulier en 0 par nullité de $x \mapsto x^2$ en ce point.

Dans la pratique, nous nous contenterons de la première rédaction, en sous-entendant cette extension de définition de la fonction ε.

Les résultats suivants découlent de la définition 1 de la page précédente :

Proposition 1

1. Une fonction f est bornée au voisinage de a si, et seulement si, elle est dominée par la fonction constante 1, c'est-à-dire si, et seulement si, $f = O(1)$.
2. Une fonction f tend vers 0 en a si, et seulement si, elle est négligeable devant la fonction constante 1, c'est-à-dire si, et seulement si, $f = o(1)$.

Attention Les écritures $f = o(\varphi)$ et $f = O(\varphi)$ ne sont que des notations, et ne sont pas à manipuler comme des égalités algébriques. Ainsi on peut avoir $f_1 = o(\varphi)$ et $f_2 = o(\varphi)$ sans pour autant que les fonctions f_1 et f_2 soient égales !
En cas de doute lors de l'utilisation de ces notations, ne pas hésiter à revenir à la définition ou à la caractérisation à l'aide du quotient qui sera donnée dans la proposition 3 de la page 480.

Soit $(\alpha, \beta) \in$ IR^2 avec $\alpha < \beta$. Comparons les fonctions puissances $x \mapsto x^\alpha$ et $x \mapsto x^\beta$ au voisinage de 0 et au voisinage de $+\infty$.

Ex. 5. Montrons qu'au voisinage de 0, on a $x^\beta = o(x^\alpha)$.

Commençons par préciser le domaine $\mathcal{D}$ sur lequel ces fonctions sont définies et qui permet de les comparer au voisinage de 0. On distingue trois cas :

- si α et β sont deux entiers naturels, on peut prendre $\mathcal{D} = [-1, 1]$;
- si α et β sont deux entiers strictement négatifs, alors les fonctions considérées ne sont pas définies en 0, et l'on peut prendre $\mathcal{D} = [-1, 1] \setminus \{0\}$;
- si α et β sont deux nombres réels quelconques, alors on considère $\mathcal{D} =]0, 1]$.

Pour l'ensemble $\mathcal{D}$ en vigueur, on a :

$$\forall x \in \mathcal{D} \quad x^\beta = x^{\beta-\alpha} x^\alpha.$$

Puisque $\beta - \alpha$ est strictement positif, on a donc $\lim\limits_{x\to 0} x^{\beta-\alpha} = 0$, et, par suite, on a $x^\beta = o(x^\alpha)$ au voisinage de 0.

Ex. 6. Au voisinage de $+\infty$, on a $x^\alpha = \mathrm{o}(x^\beta)$.
Ici, on peut prendre $\mathcal{D} =]0, +\infty[$, domaine sur lequel les deux fonctions sont bien définies et qui permet de les étudier au voisinage de $+\infty$. Pour tout $x \in \mathcal{D}$, on a l'égalité $x^\alpha = x^{\alpha-\beta}x^\beta$. Puisque $x^{\alpha-\beta}$ tend vers 0 lorsque x tend vers $+\infty$ d'après l'hypothèse $\alpha < \beta$, on a la relation $x^\alpha = o(x^\beta)$ au voisinage de $+\infty$.

Remarque Il est clair, d'après la définition, que si $\lambda \in \mathbb{K}$ est non nul, on a $f = \mathrm{O}(\lambda\,\varphi)$ si, et seulement si, $f = \mathrm{O}(\varphi)$. Il en est de même pour les o. On évitera donc d'écrire $\mathrm{O}(3x)$ ou $\mathrm{o}(x^2/2)$ pour privilégier les notations $\mathrm{O}(x)$ ou $\mathrm{o}(x^2)$.

2 Propriétés

Règles de calcul Les résultats suivants sont des traductions de propriétés connues sur les fonctions bornées et les fonctions tendant vers 0. Toutes les relations de comparaison ci-dessous sont données au voisinage d'un point a fixé.

Compatibilité :

$$f = \mathrm{o}(\varphi) \implies f = \mathrm{O}(\varphi)$$

Produit :

$$f_1 = \mathrm{O}(\varphi_1) \text{ et } f_2 = \mathrm{O}(\varphi_2) \implies f_1 f_2 = \mathrm{O}(\varphi_1\varphi_2)$$
$$f_1 = \mathrm{o}(\varphi_1) \text{ et } f_2 = \mathrm{O}(\varphi_2) \implies f_1 f_2 = \mathrm{o}(\varphi_1\varphi_2)$$
$$f_1 = \mathrm{o}(\varphi_1) \text{ et } f_2 = \mathrm{o}(\varphi_2) \implies f_1 f_2 = \mathrm{o}(\varphi_1\varphi_2)$$

Somme :

$$f_1 = \mathrm{O}(\varphi) \text{ et } f_2 = \mathrm{O}(\varphi) \implies f_1 + f_2 = \mathrm{O}(\varphi)$$
$$f_1 = \mathrm{o}(\varphi) \text{ et } f_2 = \mathrm{o}(\varphi) \implies f_1 + f_2 = \mathrm{o}(\varphi)$$

Transitivité :

$$f = \mathrm{O}(\varphi_1) \text{ et } \varphi_1 = \mathrm{O}(\varphi_2) \implies f = \mathrm{O}(\varphi_2)$$
$$f = \mathrm{o}(\varphi_1) \text{ et } \varphi_1 = \mathrm{O}(\varphi_2) \implies f = \mathrm{o}(\varphi_2)$$
$$f = \mathrm{O}(\varphi_1) \text{ et } \varphi_1 = \mathrm{o}(\varphi_2) \implies f = \mathrm{o}(\varphi_2)$$
$$f = \mathrm{o}(\varphi_1) \text{ et } \varphi_1 = \mathrm{o}(\varphi_2) \implies f = \mathrm{o}(\varphi_2)$$

On utilisera librement ces propriétés dans la suite.

Proposition 2

Soit f et φ deux fonctions définies sur $\mathcal{D}$.

1. Si $f \underset{a}{=} \mathrm{O}(\varphi)$ et si φ est bornée au voisinage de a, alors f aussi.
2. Si $f \underset{a}{=} \mathrm{O}(\varphi)$ et si la fonction φ tend vers 0 en a, alors f aussi.
3. Si $f \underset{a}{=} \mathrm{o}(\varphi)$ et si φ est bornée au voisinage de a, alors $\lim\limits_{a} f = 0$.

Démonstration page 495

Principe de démonstration.

Utiliser la proposition 1 ainsi que les règles de calcul énoncées précédemment.

Proposition 3

On suppose que φ ne s'annule pas sur $\mathcal{D} \setminus \{a\}$; de plus, si $a \in \mathcal{D}$ et $\varphi(a) = 0$, on suppose $f(a) = 0$. Alors, au voisinage de a, on a les équivalences suivantes :

1. f est dominée par φ si, et seulement si, $\dfrac{f}{\varphi}$ est bornée au voisinage de a ;

2. f est négligeable devant φ si, et seulement si, $\dfrac{f}{\varphi}$ tend vers 0 en a.

Démonstration page 495

Principe de démonstration.

Là où φ ne s'annule pas, utiliser l'équivalence $f(x) = u(x) \times \varphi(x) \Longleftrightarrow \dfrac{f(x)}{\varphi(x)} = u(x)$.

Remarques

- Ce résultat, très important en pratique, permet souvent de ramener l'étude des relations de comparaison à celle de limites de quotients.
- Dans la pratique, les hypothèses :

  « φ ne s'annule pas sur $\mathcal{D} \setminus \{a\}$ » et « $(a \in \mathcal{D} \quad \text{et} \quad \varphi(a) = 0) \Longrightarrow f(a) = 0$ »

  sont assez évidentes et ne demanderont donc pas de justification explicite car :
  * les fonctions usuellement considérées ne s'annulent pas sur $\mathcal{D} \setminus \{a\}$;
  * il est clair que si $\varphi(a) = 0$ et $f(a) \neq 0$, alors f n'est pas dominée par φ et donc encore moins négligeable devant φ.

Reformulation des résultats de croissances comparées

Proposition 4

Pour tous réels α, β et γ strictement positifs, on a :

$$(\ln x)^\alpha \underset{x\to+\infty}{=} o\left(x^\beta\right) \qquad x^\beta \underset{x\to+\infty}{=} o\left(e^{\gamma x}\right)$$

$$\left|\ln x\right|^\alpha \underset{x\to 0}{=} o\left(x^{-\beta}\right) \qquad e^{\gamma x} \underset{x\to-\infty}{=} o\left(|x|^{-\beta}\right).$$

Démonstration. Ce ne sont que des traductions des résultats de la page 210 concernant les croissances comparées :

$$\lim_{x\to+\infty} \frac{(\ln x)^\alpha}{x^\beta} = 0 \qquad \lim_{x\to+\infty} \frac{x^\beta}{e^{\gamma x}} = 0$$

$$\lim_{x\to 0} x^\beta \left|\ln x\right|^\alpha = 0 \qquad \lim_{x\to-\infty} |x|^\beta e^{\gamma x} = 0. \qquad \square$$

Remarque Ces résultats concernent la comparaison de fonctions tendant toutes les deux vers $+\infty$ (3 premiers cas) ou toutes les deux vers 0 (dernier cas). Si α, β et γ ne sont plus supposés strictement positifs, certaines de ces limites peuvent subsister de façon évidente, sans que l'on ait besoin de parler de croissances comparées.
Par exemple, si $\alpha < 0 < \beta$, on a toujours $(\ln x)^\alpha \underset{x\to+\infty}{=} o\left(x^\beta\right)$ puisqu'une fonction qui tend vers 0 est évidemment négligeable devant une fonction qui tend vers $+\infty$.

II Fonctions équivalentes

1 Définitions

Définition 2

Soit f et g deux fonctions définies sur $\mathcal{D}$.

On dit que f est **équivalente** à g au voisinage de a si $f - g = \mathrm{o}(g)$ au voisinage de a. On note alors $f \underset{a}{\sim} g$ ou $f(x) \underset{x \to a}{\sim} g(x)$.

Notation Comme pour les notations o et O, s'il n'y a pas d'ambiguïté sur le point au voisinage duquel on se place, alors on note simplement $f \sim g$ ou $f(x) \sim g(x)$.

Ex. 7. On a $x + 1 \underset{x \to +\infty}{\sim} x$ puisque $1 \underset{x \to +\infty}{=} \mathrm{o}(x)$.

Proposition 5

La fonction f est équivalente à g au voisinage de a si, et seulement s'il existe une fonction u définie sur $\mathcal{D}$, tendant vers 1 en a, telle que $f = g \times u$ au voisinage de a.

Démonstration.

- Si $f \sim g$, alors $f - g = \mathrm{o}(g)$ et donc il existe ε tendant vers 0 telle que $f - g = g\varepsilon$ au voisinage de a. La fonction $u = 1 + \varepsilon$ convient alors.
- Réciproquement, s'il existe une telle fonction u, il suffit de prendre $\varepsilon = u - 1$ pour avoir $f - g = g\varepsilon$ au voisinage de a, avec $\lim\limits_{a} \varepsilon = 0$. □

Corollaire 6

Soit f et g deux fonctions définies sur $\mathcal{D}$. Si $f \underset{a}{\sim} g$, alors $f \underset{a}{=} \mathrm{O}(g)$.

Démonstration. En effet, une fonction qui tend vers 1 en a est bornée au voisinage de a. □

Proposition 7

Soit f, g et h trois fonctions définies sur $\mathcal{D}$.

Symétrie : si $f \underset{a}{\sim} g$, alors $g \underset{a}{\sim} f$.

Transitivité : si $f \underset{a}{\sim} g$ et $g \underset{a}{\sim} h$, alors $f \underset{a}{\sim} h$.

Démonstration page 496

Terminologie Ce résultat permet d'utiliser la formulation symétrique suivante : « f et g sont équivalentes au voisinage de a ».
On dit aussi : « f et g sont équivalentes en a ».

Remarque Au vu de la symétrie, le corollaire 6 dit que si deux fonctions sont équivalentes, chacune d'entre elle est dominée par l'autre.

Attention La réciproque du résultat de cette remarque est évidemment fausse puisque, par exemple, $2x \underset{x\to 0}{=} \mathrm{O}(3x)$ et $3x \underset{x\to 0}{=} \mathrm{O}(2x)$ sans que l'on ait $2x \underset{x\to 0}{\sim} 3x$.

Proposition 8

Supposons que g ne s'annule pas sur $\mathcal{D} \setminus \{a\}$ et que, si $a \in \mathcal{D}$ et $g(a) = 0$, alors $f(a) = 0$. Alors la fonction f est équivalente à g au voisinage de a si, et seulement si, $\lim\limits_{a} \dfrac{f}{g} = 1$.

Démonstration page 496

Principe de démonstration. Conséquence de la proposition 3 de la page 480.

Point méthode Au même titre que la proposition 3, ce résultat est très utile dans la pratique : pour montrer que deux fonctions sont équivalentes, on se ramène souvent à étudier la limite de leur quotient.

Ex. 8. Pour obtenir l'équivalent $\sin x \underset{x\to 0}{\sim} x$, il suffit de constater que $\lim\limits_{x\to 0} \dfrac{\sin x}{x} = 1$, ce qui est évident car il s'agit du taux d'accroissement de la fonction sin en 0.

Ex. 9. Soit f et g deux fonctions à valeurs strictement positives sur $\mathcal{D} \setminus \{a\}$ et équivalentes en a. Montrons que $\sqrt{f} \underset{a}{\sim} \sqrt{g}$. La fonction $\dfrac{f}{g}$ tend vers 1 en a, et par composition avec la fonction racine carrée continue en 1, on a $\lim\limits_{a} \sqrt{\dfrac{f}{g}} = 1$. Ainsi, le rapport $\dfrac{\sqrt{f}}{\sqrt{g}}$ tend vers 1 en a. Les fonctions $\sqrt{f}$ et $\sqrt{g}$ sont donc équivalentes en a.

Ex. 10. Soit f une fonction polynomiale non nulle définie par $f(x) = \sum\limits_{k=p}^{n} a_k\, x^k$ où p et n sont deux entiers naturels vérifiant $p \leqslant n$, avec $a_p \neq 0$ et $a_n \neq 0$. On a alors :

$$f(x) \underset{x\to 0}{\sim} a_p\, x^p \qquad \text{et} \qquad f(x) \underset{x\to+\infty}{\sim} a_n\, x^n.$$

- Pour $x \in \mathbb{R}^*$, on a $\dfrac{f(x)}{a_p\, x^p} = 1 + \sum\limits_{k=p+1}^{n} \dfrac{a_k}{a_p}\, x^{k-p} \underset{x\to 0}{\longrightarrow} 1$, donc $f(x) \underset{x\to 0}{\sim} a_p\, x^p$.
- Pour $x \in \mathbb{R}_+^*$, on a $\dfrac{f(x)}{a_n\, x^n} = \sum\limits_{k=p}^{n-1} \dfrac{a_k}{a_n}\, \dfrac{1}{x^{n-k}} + 1 \underset{x\to+\infty}{\longrightarrow} 1$, donc $f(x) \underset{x\to+\infty}{\sim} a_n\, x^n$.

On a de même $f(x) \underset{x\to-\infty}{\sim} a_n\, x^n$.

Point méthode On retiendra qu'une fonction polynomiale non nulle est :

- au voisinage de 0, équivalente à son terme non nul de plus bas degré ;
- au voisinage de $\pm\infty$, équivalente à son terme non nul de plus haut degré.

Exo 13.2

Proposition 9

Soit f une fonction définie sur $\mathcal{D}$ et $\ell \in \mathbb{K}$ *non nul.*

Alors f admet ℓ pour limite en a si, et seulement si, $f \underset{a}{\sim} \ell$.

Démonstration. Puisque $\ell \neq 0$, on a $\lim\limits_{x \to a} f(x) = \ell$ si, et seulement si, $\dfrac{f(x)}{\ell} \underset{x \to a}{\longrightarrow} 1$. □

Attention Ce résultat est faux si $\ell = 0$. En effet, si $f \underset{a}{\sim} 0$, alors f est nulle au voisinage de a puisqu'il existe une fonction ε telle que $f - 0 = \varepsilon \times 0$ au voisinage de a. Il est donc fort peu probable qu'un calcul d'équivalents correct mène à la relation $f \underset{a}{\sim} 0$.

Proposition 10

Si f et g sont deux fonctions telles que $g \underset{a}{=} o(f)$, alors $f + g \underset{a}{\sim} f$.

Démonstration. C'est une conséquence immédiate de la définition. □

Ex. 11. Pour trouver un équivalent « simple » en $+\infty$ de $x^2 + x + \ln x + \dfrac{1}{x}$, il suffit de remarquer que $x + \ln x + \dfrac{1}{x} = o(x^2)$ au voisinage de $+\infty$. On a donc $x^2 + x + \ln x + \dfrac{1}{x} \underset{x \to +\infty}{\sim} x^2$.

Point méthode

- Lorsque l'on écrit un équivalent pour une fonction, on cherchera toujours à écrire « l'équivalent le plus simple possible ».
- La proposition 10 combinée avec la transitivité de la relation $\underset{a}{\sim}$ justifie l'habitude suivante : si, au voisinage de a, une fonction f vérifie $f \sim g + h$, et si de plus $h = o(g)$, alors on a, plus simplement, $f \sim g$.

Ex. 12. Si une fonction f vérifie, au voisinage de 0 :

$$f(x) \sim 1 + x + x^2,$$

alors on simplifiera systématiquement en $f(x) \sim 1$, équivalent plus simple et qui donne exactement la même information que l'équivalent précédent.

Ex. 13. En physique, il arrive que l'on écrive $e^x \approx 1 + x$ pour préciser le comportement de la fonction exponentielle près de 0. Cette notation n'a rien à voir avec les équivalents : comme dans l'exemple précédent, l'équivalent $e^x \sim 1 + x$ est juste, mais n'apporte pas plus de renseignement que $e^x \sim 1$ ou même $e^x \sim 1 - 3x^2$.

On verra comment, avec les développements limités, écrire une forme mathématique offrant la même précision que les physiciens : $e^x = 1 + x + o(x)$ (voir le chapitre 14).

Proposition 11 (Obtention d'un équivalent par encadrement)

Soit f, g et h trois fonctions *réelles* définies sur $\mathcal{D}$ telles que $f \leqslant g \leqslant h$ au voisinage de a. Si f et h sont équivalentes à une même fonction φ en a, alors $g \underset{a}{\sim} \varphi$.

Démonstration page 496

Principe de démonstration.

Utiliser l'inégalité $\left|g(x)-f(x)\right| \leqslant \left|h(x)-f(x)\right|$ pour démontrer que $g \sim f \sim \varphi$.

Ex. 14. Déterminons un équivalent en $+\infty$ de la fonction $f : x \mapsto \operatorname{Arctan}(x+1) - \operatorname{Arctan}(x)$.
Soit $x \geqslant 0$. L'égalité des accroissements finis fournit un réel $c_x \in]x, x+1[$ tel que :

$$f(x) = (x+1-x)\ \operatorname{Arctan}'(c_x) = \frac{1}{1+c_x^2}\cdot$$

On a donc $\dfrac{1}{1+(x+1)^2} \leqslant f(x) \leqslant \dfrac{1}{1+x^2}$ et, comme les termes encadrant $f(x)$ sont tous les deux équivalents à $\dfrac{1}{x^2}$, on en déduit $f(x) \underset{+\infty}{\sim} \dfrac{1}{x^2}\cdot$

2 Équivalents classiques

La proposition suivante permet d'obtenir de nombreux équivalents.

Proposition 12

Soit f une fonction définie sur $\mathcal{D}$. Supposons que f soit dérivable en un point a de $\mathcal{D}$ et que $f'(a) \neq 0$. Alors, au voisinage de a :

$$f(x) - f(a) \sim f'(a)(x-a).$$

Démonstration. Comme $f'(a) \neq 0$, la quantité $f'(a)(x-a)$ ne s'annule pas sur $\mathcal{D} \setminus \{a\}$. Donc, d'après la proposition 8 de la page 482, la limite suivante montre l'équivalent souhaité :

$$\lim_{x \to a} \frac{f(x)-f(a)}{f'(a)(x-a)} = 1. \qquad \square$$

Ex. 15. On a $\operatorname{sh} x \sim x$ au voisinage de 0, car sh est dérivable en 0 et $\operatorname{sh}'(0) = \operatorname{ch} 0 = 1$.

Ex. 16. On a $\ln(1+x) \sim x$ au voisinage de 0 et $\ln u \sim u-1$ au voisinage de 1.

- Le premier équivalent vient du fait que la fonction $f : x \mapsto \ln(1+x)$ est dérivable en 0 et vérifie $f'(0) = 1$.
- Le second vient du fait que la fonction ln est dérivable en 1 et vérifie $\ln'(1) = 1$.

Equivalents classiques au voisinage de 0

Les équivalents (au voisinage de 0) suivants sont obtenus grâce à la proposition 12. Ils sont à connaître.

$$e^x - 1 \sim x \qquad \ln(1+x) \sim x \qquad \operatorname{sh} x \sim x \qquad \operatorname{th} x \sim x$$

$$\operatorname{Arcsin} x \sim x \qquad \operatorname{Arctan} x \sim x \qquad \sin x \sim x \qquad \tan x \sim x$$

$$(1+x)^\alpha - 1 \sim \alpha x \qquad (\text{avec } \alpha \in \mathbb{R}^*)$$

Remarque Le dernier équivalent ci-dessus est également vrai si α est nul. Il n'est alors pas obtenu par la proposition 12, mais simplement par le fait que la fonction $x \mapsto (1+x)^\alpha - 1$ est alors la fonction nulle sur $\mathbb{R}_+^*$.

Ex. 17. On a $\sqrt{1+x}-1 \sim \frac{x}{2}$ au voisinage de 0.

Attention La proposition 12 de la page précédente ne s'applique pas dans le cas où $f'(a)=0$. Plus précisément, lorsque $f'(a)=0$, on a :

$$f(x)-f(a) \underset{x\to a}{=} o(x-a).$$

Ainsi, par exemple, on a $\cos(x)-1 = o(x)$ et $\operatorname{ch} x-1 = o(x)$ au voisinage de 0. Nous obtiendrons plus loin (cf. exemple 19 de la page suivante) les équivalents classiques suivants :

$$\cos x - 1 \underset{x\to 0}{\sim} -\frac{x^2}{2} \qquad \text{et} \qquad \operatorname{ch} x - 1 \underset{x\to 0}{\sim} \frac{x^2}{2}.$$

3 Propriétés conservées par la relation d'équivalence

Proposition 13

Soit f et g deux fonctions équivalentes en a. Si g possède une limite finie ou infinie en a alors f a une limite en a et $\lim\limits_{a} f = \lim\limits_{a} g$.

Démonstration. Conséquence immédiate de l'égalité $f = g\times u$ avec $\lim\limits_{a} u = 1$. □

Attention La réciproque du résultat précédent est fausse.
Même s'il est évident, d'après la proposition 9 de la page 483, que si f et g ont la même limite ℓ *finie non nulle*, alors elles sont équivalentes, le résultat est faux pour des limites nulles ou infinies.
Par exemple, les deux fonctions $x\mapsto x$ et $x\mapsto x^2$ tendent toutes les deux vers 0 en 0 mais ne sont pas équivalentes. Il en est de même en $+\infty$ où elles tendent toutes les deux vers $+\infty$.

Proposition 14

Soit f et g deux fonctions équivalentes en a.

1. Si g est (strictement) positive au voisinage de a, alors f l'est aussi.
2. Si g ne s'annule pas au voisinage de a, alors f non plus.

Démonstration. Comme $f \underset{a}{\sim} g$, on peut écrire $f = g\times u$ au voisinage de a, où u est une fonction tendant vers 1 en a. La fonction u est alors à valeurs strictement positives au voisinage de a, ce qui permet d'obtenir facilement les propriétés annoncées. □

Ex. 18. Soit $f : x\mapsto x^5+x^3-2x^2$. On a :

$$f(x) \underset{x\to 0}{\sim} g(x) = -2x^2 \qquad \text{et} \qquad \forall x\in \mathbb{R}^* \quad -2x^2<0.$$

Donc, en appliquant le premier point de la proposition précédente aux fonctions f et g, on peut affirmer qu'il existe $\eta>0$ tel que : $\forall x\in[-\eta,\eta] \quad f(x)\leqslant 0$. Par conservation du signe strict, on peut même choisir $\eta>0$ tel que : $\forall x\in[-\eta,0[\,\cup\,]0,\eta] \quad f(x)<0$.

III Opérations sur les relations de comparaison

1 Opérations sur les équivalents

Produit et quotient

Proposition 15

Soit f_1, f_2, g_1 et g_2 quatre fonctions définies sur $\mathcal{D}$. Les équivalents suivants sont donnés au voisinage d'un même point a.

1. Si $f_1 \sim g_1$ et $f_2 \sim g_2$, alors $f_1 f_2 \sim g_1 g_2$.
2. Si $f_1 \sim g_1$ et $f_2 \sim g_2$, et si aucune de ces fonctions ne s'annule sur $\mathcal{D} \setminus \{a\}$, alors $\dfrac{f_1}{f_2} \sim \dfrac{g_1}{g_2}$.

Exo 13.3

Démonstration page 496

Principe de démonstration. Écrire $f_1 = g_1 u_1$ et $f_2 = g_2 u_2$ avec $\lim\limits_a u_1 = \lim\limits_a u_2 = 1$.

Ex. 19. *Équivalents de* $\cos t - 1$ *et* $\operatorname{ch} t - 1$ *au voisinage de* 0.

Pour tout $t \in]-\pi, \pi[$, on a $\cos t - 1 = \dfrac{\cos^2 t - 1}{\cos t + 1} = -\dfrac{\sin^2 t}{\cos t + 1}$.
On a $\sin t \underset{t\to 0}{\sim} t$, donc par produit, $\sin^2 t \underset{t\to 0}{\sim} t^2$. De plus, $\cos t + 1 \underset{t\to 0}{\longrightarrow} 2$, donc $\cos t + 1 \underset{t\to 0}{\sim} 2$.
Par quotient, on obtient l'équivalent classique suivant au voisinage de 0 :

$$\cos t - 1 \sim -\frac{t^2}{2}.$$

De même, pour $t \in \mathbb{R}$, les relations $\operatorname{ch} t - 1 = \dfrac{\operatorname{ch}^2 t - 1}{\operatorname{ch} t + 1} = \dfrac{\operatorname{sh}^2 t}{\operatorname{ch} t + 1}$ permettent facilement de montrer que

$$\operatorname{ch} t - 1 \underset{t\to 0}{\sim} \frac{t^2}{2}.$$

Ex. 20. La fonction rationnelle $f : x \mapsto \dfrac{2x + 3x^2 + 4x^4}{5x^2 + 6x^3}$ est équivalente à $x \mapsto \dfrac{2x}{5x^2} = \dfrac{2}{5x}$ au voisinage de 0 et à $x \mapsto \dfrac{4x^4}{6x^3} = \dfrac{2x}{3}$ au voisinage de $+\infty$.

Ex. 21. Plus généralement, toute fonction rationnelle non nulle est équivalente en 0 au quotient de ses termes de plus bas degré et en $\pm\infty$ au quotient de ses termes de plus haut degré.

Point méthode Pour déterminer la limite d'une expression sous forme de produit/quotient, on peut en chercher un équivalent par équivalent de chacun de ses facteurs.

Ex. 22. Au voisinage de 1, on a :

$$\frac{x^2 - 1}{\ln x} = \frac{(x+1)(x-1)}{\ln x} \sim \frac{2(x-1)}{x-1} = 2 \underset{x\to 1}{\longrightarrow} 2.$$

Élévation à une puissance

De manière générale, il est possible de « passer un équivalent à la puissance », ce qui s'exprime par le résultat suivant :

Proposition 16

Soit f et g deux fonctions définies sur $\mathcal{D}$, équivalentes au voisinage de a.

Soit α un réel. Si les fonctions f^α et g^α sont bien définies sur $\mathcal{D}$, alors elles sont équivalentes au voisinage de a.

Démonstration. Supposons que les fonctions f^α et g^α soient bien définies. Comme f et g sont équivalentes au voisinage de a, il existe une fonction u tendant vers 1 en a vérifiant $f = g \times u$ au voisinage de a. On a alors $f^\alpha = (g \times u)^\alpha$, c'est-à-dire :

$$f^\alpha = g^\alpha \times u^\alpha.$$

Cette dernière relation montre le résultat souhaité, car comme $u \underset{a}{\longrightarrow} 1$, on a $u^\alpha \underset{a}{\longrightarrow} 1$. □

Remarque La condition « les fonctions f^α et g^α sont bien définies sur $\mathcal{D}$ » s'exprime différemment suivant la valeur de l'exposant α.
De manière générale, en écrivant :

$$f(x)^\alpha = \exp\big(\alpha \ln f(x)\big) \qquad \text{et} \qquad g(x)^\alpha = \exp\big(\alpha \ln g(x)\big),$$

on constate que les fonctions f et g considérées doivent être à valeurs dans $\mathbb{R}_+^*$. Cependant, certaines valeurs de α permettent de considérer la fonction puissance $x \mapsto x^\alpha$ sur un domaine plus grand que $\mathbb{R}_+^*$. Cela mène aux cas suivants :

- si $\alpha \in \mathbb{R}_+$, alors il suffit que les fonctions f et g soient à valeurs dans $\mathbb{R}_+$;
- si $\alpha \in \mathbb{Z}_-^*$, alors il suffit que les fonctions f et g ne s'annulent pas ;
- si $\alpha \in \mathbb{N}$, alors il n'y a aucune condition sur les valeurs prises par f et g.

Ex. 23. Soit f et g deux fonctions définies sur $\mathcal{D}$ telles que $f \underset{a}{\sim} g$.

Alors, au voisinage de a :

1. sans autre condition sur f et g, on a $f^4 \sim g^4$;
2. si f et g sont à valeurs positives, on a $\sqrt{f} \sim \sqrt{g}$;
3. si f et g sont à valeurs strictement positives, on a $f^\pi \sim g^\pi$.

Mise en garde : pas de composition !

Attention On vient de voir que si φ est une fonction de la forme $x \mapsto x^\alpha$, alors il est possible de « composer » une relation d'équivalence par φ. Cela tient au fait que si le quotient $\dfrac{f(x)}{g(x)}$ tend vers 1, alors il en est de même pour le quotient $\dfrac{f(x)^\alpha}{g(x)^\alpha}$.
Cela est faux en général si φ n'est pas une fonction puissance : en effet, ce n'est pas parce que le quotient $\dfrac{f(x)}{g(x)}$ tend vers 1 que l'on peut dire quoi que ce soit du quotient $\dfrac{\varphi(f(x))}{\varphi(g(x))}$.
On ne peut donc pas, en général, composer un équivalent par une fonction.

Ex. 24. Étant donné deux fonctions f et g définies sur $\mathcal{D}$ et à valeurs réelles, on a :

$$e^{f(x)} \underset{x \to a}{\sim} e^{g(x)} \iff f(x) - g(x) \underset{x \to a}{\longrightarrow} 0.$$

En effet, pour $x \in \mathcal{D}$, on a :

$$\frac{e^{f(x)}}{e^{g(x)}} = e^{f(x)-g(x)}.$$

Le rapport $\dfrac{e^{f(x)}}{e^{g(x)}}$ tend donc vers 1 si, et seulement si, $f(x) - g(x)$ tend vers 0.

Ex. 25. On peut très bien avoir $f(x) \underset{x \to a}{\sim} g(x)$ sans avoir $\exp\big(f(x)\big) \underset{x \to a}{\sim} \exp\big(g(x)\big)$.

C'est par exemple le cas en $+\infty$ des fonctions $f : x \mapsto x^2$ et $g : x \mapsto x^2 + x$ définies sur $\mathbb{R}$.

Remarque Disposant d'un équivalent $f \underset{a}{\sim} g$ et d'une fonction φ, il se peut que l'équivalent $\varphi\big(f(x)\big) \underset{x \to a}{\sim} \varphi\big(g(x)\big)$ soit vrai. Il est alors nécessaire d'établir rigoureusement cet équivalent, par exemple en revenant à la définition. C'est ce qui est fait dans l'exemple suivant.

Ex. 26. Montrons qu'au voisinage de 0, on a $\ln(\sin x) \sim \ln x$.
Ne pouvant pas composer l'équivalent $\sin x \underset{x \to 0}{\sim} x$ par la fonction $\ln$, il faut procéder autrement.

La présence des deux logarithmes nous pousse à revenir à la définition et donc à étudier la différence :

$$\ln(\sin x) - \ln x = \ln\left(\frac{\sin x}{x}\right). \qquad (\star)$$

Or, d'une part, $\ln\left(\dfrac{\sin x}{x}\right) \underset{x \to 0}{\longrightarrow} 0$ puisque $\sin x \sim x$ et d'autre part $\ln x \underset{x \to 0}{\longrightarrow} -\infty$, ce qui assure que $\ln\left(\dfrac{\sin x}{x}\right) = o\big(\ln x\big)$. La relation $(\star)$ donne alors l'équivalent $\ln(\sin x) \underset{x \to 0}{\sim} \ln x$.

Exo 13.4

Point méthode Comme on l'a fait dans l'exemple précédent, pour trouver un équivalent du logarithme d'une fonction f, on peut lui retrancher le logarithme d'un équivalent de f.

2 Substitution

Substitution dans un équivalent

Le résultat suivant permet d'obtenir de nombreux équivalents à partir d'équivalents déjà connus.

Exo 13.5

Exo 13.6

Proposition 17 (Substitution dans un équivalent)

Soit $f : \mathcal{D} \to \mathbb{K}$ et $g : \mathcal{D} \to \mathbb{K}$ équivalentes au voisinage d'un point α.
Si φ est une fonction définie au voisinage d'un point a, à valeurs dans $\mathcal{D}$, et telle que $\lim\limits_{t \to a} \varphi(t) = \alpha$, alors on a $f\big(\varphi(t)\big) \sim g\big(\varphi(t)\big)$ au voisinage de a.

Démonstration page 496

Principe de démonstration. C'est une composition de limites.

Ex. 27. Comme $2t \underset{t\to 0}{\longrightarrow} 0$, l'équivalent $\sin u \underset{u\to 0}{\sim} u$ donne $\sin(2t) \underset{t\to 0}{\sim} 2t$.

Ex. 28. Comme $\cos t \underset{t\to 0}{\longrightarrow} 1$, l'équivalent $\ln u \underset{u\to 1}{\sim} u-1$ donne $\ln(\cos t) \underset{t\to 0}{\sim} \cos t - 1$. Étant donné que $\cos t - 1 \underset{t\to 0}{\sim} -\frac{t^2}{2}$, on obtient, par transitivité, $\ln(\cos t) \underset{t\to 0}{\sim} -\frac{t^2}{2}$.

Ex. 29. Comme $\frac{1}{x^2} \underset{x\to+\infty}{\longrightarrow} 0$, l'équivalent $e^u - 1 \underset{u\to 0}{\sim} u$ donne $\exp\left(\frac{1}{x^2}\right) - 1 \underset{x\to+\infty}{\sim} \frac{1}{x^2}$.

Ex. 30. Trouvons la limite, lorsque x tend vers $+\infty$, de $f(x) = \left(1+\frac{1}{x}\right)^x$.

Pour $x > 0$, en écrivant $f(x) = \exp\left(x\ln\left(1+\frac{1}{x}\right)\right)$, on est ramené, par continuité de l'exponentielle, à trouver la limite de $x\ln\left(1+\frac{1}{x}\right)$. Or, puisque $\lim\limits_{x\to+\infty} \frac{1}{x} = 0$ et que $\ln(1+h) \underset{h\to 0}{\sim} h$, on a, par substitution, $x\,\ln\left(1+\frac{1}{x}\right) \underset{x\to+\infty}{\sim} x \times \frac{1}{x} = 1$.

On en déduit donc $\lim\limits_{x\to+\infty} x\ln\left(1+\frac{1}{x}\right) = 1$, puis $\lim\limits_{+\infty} f = e$.

Substitution dans des relations de domination et de négligeabilité

Les résultats de substitution donnés pour la relation d'équivalence (proposition 17 de la page ci-contre) s'adaptent sans difficulté aux symboles o et O :

Proposition 18

Soit $f : \mathcal{D} \to \mathbb{K}$ et $g : \mathcal{D} \to \mathbb{K}$ deux fonctions définies au voisinage d'un point α. Soit φ une fonction définie au voisinage d'un point a, à valeurs dans $\mathcal{D}$, telle que $\lim\limits_{t\to a} \varphi(t) = \alpha$.

- Si $f(x) \underset{x\to\alpha}{=} \mathrm{O}\big(g(x)\big)$, alors on a $f\big(\varphi(t)\big) \underset{t\to a}{=} \mathrm{O}\Big(g\big(\varphi(t)\big)\Big)$.
- Si $f(x) \underset{x\to\alpha}{=} \mathrm{o}\big(g(x)\big)$, alors on a $f\big(\varphi(t)\big) \underset{t\to a}{=} \mathrm{o}\Big(g\big(\varphi(t)\big)\Big)$.

3 Équivalents et addition

Il n'y a pas de résultat général pour une somme ou une différence d'équivalents : si, au voisinage d'un point a, deux fonctions f_1 et f_2 sont équivalentes à g_1 et g_2 respectivement, rien ne dit que la fonction $f_1 + f_2$ est équivalente à $g_1 + g_2$.
Cela se comprend aisément en pensant à la caractérisation à l'aide du quotient : on peut très bien avoir $\dfrac{f_1}{g_1} \to 1$ et $\dfrac{f_2}{g_2} \to 1$ sans pour autant avoir $\dfrac{f_1+f_2}{g_1+g_2} \to 1$.

Ex. 31. En prenant $f_1(x) = x$, $f_2(x) = -x$, $g_1(x) = x$ et $g_2(x) = -x + x^2$, on a :

$$\frac{f_1}{g_1} \underset{0}{\longrightarrow} 1 \quad \text{et} \quad \frac{f_2}{g_2} \underset{0}{\longrightarrow} 1 \qquad \text{mais} \qquad \frac{f_1+f_2}{g_1+g_2} \underset{0}{\longrightarrow} 0.$$

Donc $f_1 \underset{0}{\sim} g_1$ et $f_2 \underset{0}{\sim} g_2$, mais $f_1 + f_2$ et $g_1 + g_2$ ne sont pas équivalentes (la première est même négligeable devant la deuxième).

Ex. 32. Puisque $\lim\limits_{x\to 0} \cos x = 1$, on a $\cos x \underset{0}{\sim} 1$. En tentant d'ajouter -1 aux deux termes de cet équivalent, on trouve $\cos x - 1 \sim 0$, ce qui est manifestement faux (rappelons qu'une fonction équivalente à la fonction nulle est identiquement nulle au voisinage du point considéré).

Les trois exemples suivants illustrent, dans l'ordre, les trois situations classiques fréquemment rencontrées lors de la recherche d'un équivalent d'une somme de deux fonctions :

- *première situation* : l'une des deux fonctions est négligeable devant l'autre ; ce cas a déjà été traité par la proposition 10 de la page 483 ;
- *deuxième situation* : les deux fonctions « apportent chacune une contribution dans l'équivalent final, sans se compenser » ; ce cas se traite en revenant à la définition ;
- *troisième situation* : les deux fonctions « se compensent » ; sans information supplémentaire, il n'est alors pas possible de conclure.

Dans les trois situations, on commence donc par chercher un équivalent des deux fonctions (ou plus éventuellement) pour essayer de deviner le résultat et trouver la stratégie pour le prouver.

Ex. 33. Cherchons un équivalent en 0 de la fonction $f : x \mapsto \sin(x) + \operatorname{sh}(x^2)$.
L'équivalent $\operatorname{sh} u \underset{u \to 0}{\sim} u$ donne, par substitution : $\operatorname{sh}(x^2) \underset{x \to 0}{\sim} x^2$. On a donc :

$$f(x) = \underbrace{\sin(x)}_{\sim x} + \underbrace{\operatorname{sh}(x^2)}_{\sim x^2} \sim x \qquad \text{car } x^2 = \mathrm{o}(x).$$

Ex. 34. Cherchons un équivalent en 0 de la fonction $f : x \mapsto \sin(5x) - \operatorname{sh}(2x)$.
En 0, les quantités $\sin(5x)$ et $\operatorname{sh}(2x)$ sont respectivement équivalentes à $5x$ et $2x$. Cela peut laisser pressentir que f est équivalente en 0 à $5x - 2x$, c'est-à-dire $3x$. Cette intuition est correcte. En effet, on a pour tout $x \neq 0$:

$$\frac{f(x)}{x} = \frac{\sin(5x)}{x} - \frac{\operatorname{sh}(2x)}{x} \underset{x \to 0}{\longrightarrow} 5 - 2 = 3 \neq 0,$$

ce qui donne $\frac{f(x)}{x} \sim 3$, soit $f(x) \sim 3x$.

Ex. 35. Intéressons-nous à un équivalent en 0 de la fonction $f : x \mapsto \sin(2x) - \operatorname{sh}(2x)$.
On sait que :

$$\sin(2x) \sim 2x \qquad \text{et} \qquad \operatorname{sh}(2x) \sim 2x.$$

Dans ce cas, il ne faut surtout pas penser qu'un équivalent de f s'obtient en soustrayant ces deux équivalents : cela nous mènerait à dire que f est équivalente en 0 à la fonction nulle, ce qui est complètement faux.
En fait, dans cette situation, on peut simplement conclure que $f(x) = \mathrm{o}(x)$ au voisinage de 0, puisque :

$$\frac{f(x)}{x} = \frac{\sin(2x)}{x} - \frac{\operatorname{sh}(2x)}{x} \underset{x \to 0}{\longrightarrow} 2 - 2 = 0.$$

Dans un tel cas, si l'on souhaite obtenir un équivalent de f, il faudra utiliser un outil plus puissant, comme la formule de Taylor-Young ou plus généralement un développement limité (ce qui sera fait dans le chapitre suivant, voir l'exemple 28 de la page 530).

Convention d'écriture importante

Lorsque $f(x) \sim g(x)$, on a, par définition, $f(x) - g(x) = \mathrm{o}\big(g(x)\big)$.
La fonction $h = f - g$ est donc négligeable devant g et l'on a $f = g + h$.
On pourra alors écrire :

$$f(x) = g(x) + \mathrm{o}\big(g(x)\big).$$

Il faut bien comprendre ce que cela signifie :

- jusqu'à présent, le symbole « o » était utilisé seul, à droite d'un symbole « = », pour signifier qu'une fonction était négligeable devant une autre ;
- dans la relation $f(x) = g(x) + o\big(g(x)\big)$, le « $o\big(g(x)\big)$ » veut dire « une certaine quantité » dont on sait qu'elle est négligeable devant $g(x)$. L'existence de cette quantité est une évidence (c'est la différence de...) ; ce qui est important c'est son caractère négligeable ;
- il s'agit donc d'un raccourci très utile pour dire : « il existe une fonction ε, négligeable devant g, telle que $\forall x \in \mathcal{D} \quad f(x) = g(x) + \varepsilon(x)$ ».

Point méthode Dans un calcul d'équivalent, il peut être utile de remplacer la relation $f(x) \sim g(x)$ par l'égalité $f(x) = g(x) + o\big(g(x)\big)$.

Exo 13.7 On pourra ainsi, par exemple, additionner de telles égalités, ce qui peut permettre de trouver un équivalent de la somme.

Ex. 36. Reprenons l'exemple 34 de la page précédente.
Les équivalents $\sin(5x) \sim 5x$ et $\text{sh}(2x) \sim 2x$ (en 0) peuvent se réécrire :

$$\sin(5x) = 5x + o(x) \qquad \text{et} \qquad \text{sh}(2x) = 2x + o(x),$$

ce qui donne $\sin(5x) - \text{sh}(2x) = \big(5x + o(x)\big) - \big(2x + o(x)\big) = 3x + o(x) \sim 3x$.

IV Relations de comparaison sur les suites

Nous allons maintenant généraliser au cas des suites les relations de comparaison étudiées sur les fonctions. Celles-ci sont destinées à faciliter l'étude du comportement asymptotique d'une suite.
Cela revient en fait, à s'intéresser au comportement au voisinage de $+\infty$ d'une fonction définie sur $\mathcal{D} = \mathbb{N}$. Comme cet ensemble n'est pas un intervalle, on ne peut pas utiliser directement les résultats déjà obtenus, mais la généralisation ne pose pas de problème particulier. Nous ne donnerons donc pas systématiquement les démonstrations, laissant au lecteur le soin d'adapter celles faites au début du chapitre.
Dans toute cette section, les suites seront à valeurs dans $\mathbb{K} = \mathbb{R}$ ou $\mathbb{K} = \mathbb{C}$.

1 Définitions, caractérisations

Définition 3

Étant donné deux suites u et v, on dit que :

- u est **dominée** par v s'il existe une suite w bornée telle que $u_n = v_n\, w_n$ à partir d'un certain rang ; on note alors $u_n = O(v_n)$ ou $u = O(v)$;
- u est **négligeable** devant v s'il existe une suite ε tendant vers 0 telle que $u_n = v_n\, \varepsilon_n$ à partir d'un certain rang ; on note alors $u_n = o(v_n)$ ou $u = o(v)$;
- u est **équivalente** à v si $u_n - v_n = o(v_n)$; on note alors $u_n \sim v_n$ ou $u \sim v$.

Remarque Deux suites u et v sont donc équivalentes si, et seulement s'il existe une suite w tendant vers 1 et telle que $u_n = v_n\, w_n$ à partir d'un certain rang.

Les caractérisations suivantes donnent les moyens pratiques pour démontrer de telles relations.

Proposition 19

Étant donné deux suites u et v, la suite v ne s'annulant pas à partir d'un certain rang :

- $u_n = \mathrm{O}(v_n)$ si, et seulement si, $\left(\frac{u_n}{v_n}\right)$ est bornée ;
- $u_n = \mathrm{o}(v_n)$ si, et seulement si, $\lim \frac{u_n}{v_n} = 0$;
- $u_n \sim v_n$ si, et seulement si, $\lim \frac{u_n}{v_n} = 1$.

Ex. 37. Comme $\dfrac{n}{n+1} \to 1$, on a $n+1 \sim n$.

Ex. 38. Deux suites ayant la même limite finie non nulle sont équivalentes.

Ex. 39. Soit $a \in \mathbb{R}$; posons $u_n = \dfrac{a^n}{n!}$.

On a $\forall n \in \mathbb{N} \quad u_{n+1} = \frac{a}{n+1} u_n$. Comme $\frac{a}{n+1}$ tend vers 0 lorsque n tend vers $+\infty$, il existe un rang n_0 tel que $|u_{n+1}| \leqslant \frac{1}{2}|u_n|$ pour tout $n \geqslant n_0$.

On en déduit $|u_n| \leqslant \frac{|u_{n_0}|}{2^{n-n_0}}$ pour tout $n \geqslant n_0$ et donc que $\lim u_n = 0$.

Cela peut se réécrire $a^n = \mathrm{o}(n!)$.

2 Propriétés

Résultats fondamentaux

Proposition 20

Soit u, v et w trois suites.

Symétrie : si $u \sim v$, alors $v \sim u$.

Transitivité : si $u \sim v$ et $v \sim w$, alors $u \sim w$.

Les règles de calcul de la page 479 s'adaptent aisément au cas des suites.

Proposition 21

Soit v une suite admettant une limite (finie ou infinie). Si u est une suite équivalente à v, alors u tend vers la même limite que v.

Proposition 22

Soit u et v deux suites.

Si $u \sim v$, alors, à partir d'un certain rang, u_n et v_n sont de même signe (strict).

La proposition 11 de la page 484 permettant d'obtenir un équivalent par encadrement se généralise sans problème au cas des suites.

Proposition 23

Exo 13.9

Soit $(u_n)_{n\in\mathbb{N}}$, $(v_n)_{n\in\mathbb{N}}$ et $(w_n)_{n\in\mathbb{N}}$ trois suites réelles telles que $u_n \leqslant v_n \leqslant w_n$ à partir d'un certain rang. Si $(u_n)_{n\in\mathbb{N}}$ et $(w_n)_{n\in\mathbb{N}}$ sont équivalentes à une même suite $(z_n)_{n\in\mathbb{N}}$, alors $v_n \sim z_n$.

Ex. 40. Dans l'exercice 7.9 de la page 252, on a étudié l'intégrale $I_n = \int_0^{\pi/2} \sin^n x \, dx$. En particulier, on a établi :

$$\forall n \in \mathbb{N}^* \quad I_n \, I_{n-1} = \frac{\pi}{2n}. \qquad (**)$$

Soit $n \in \mathbb{N}$. Pour tout $x \in [0, \pi/2]$, en multipliant l'inégalité $\sin x \leqslant 1$ par $\sin^n(x)$ qui est positif, on obtient $\sin^{n+1} x \leqslant \sin^n x$ et, par croissance de l'intégrale, cela donne $I_{n+1} \leqslant I_n$. Ainsi, la suite $(I_n)_{n \in \mathbb{N}}$ est décroissante, à valeurs positives, et l'on a donc, pour tout $n \in \mathbb{N}^*$:

$$I_{n+1} \, I_n \leqslant I_n^2 \leqslant I_n \, I_{n-1}.$$

Par conséquent, d'après la relation $(**)$:

$$\frac{\pi}{2\,(n+1)} \leqslant I_n^2 \leqslant \frac{\pi}{2\,n}.$$

Comme les deux termes de l'encadrement obtenu sont équivalents à $\frac{\pi}{2n}$, on en déduit que I_n^2 est aussi équivalent à $\frac{\pi}{2n}$ puis, par positivité de I_n :

$$I_n \sim \sqrt{\frac{\pi}{2\,n}}.$$

Opérations sur les suites équivalentes

Comme pour les fonctions, les équivalents sont compatibles avec le produit et le quotient.

Proposition 24

Soit u, v, u' et v' des suites.

1. Si $u \sim v$ et $u' \sim v'$, alors on a $u \times u' \sim v \times v'$.
2. Si $u \sim v$ et $u' \sim v'$, et si u' et v' ne s'annulent pas à partir d'un certain rang, alors $\dfrac{u}{u'} \sim \dfrac{v}{v'}$.

Ex. 41. On a $\binom{n}{6} = \dfrac{n(n-1)(n-2)(n-3)(n-4)(n-5)}{6!} \sim \dfrac{n^6}{720}$ car, pour tout entier naturel fixé j, on a $n - j \sim n$.

Attention Lorsque l'on effectue un produit d'équivalents, le nombre de facteurs considérés doit être fixe (il ne doit donc pas dépendre de n). Ainsi, la limite classique $\left(1+\dfrac{1}{n}\right)^n \to e$ (obtenue par substitution à partir de l'exemple 30 de la page 489) nous dit que $\left(1+\dfrac{1}{n}\right)^n \sim e$, alors qu'une mise à la puissance peu scrupuleuse de l'équivalent $1 + \dfrac{1}{n} \sim 1$ aboutirait à un résultat faux.

3 Substitution

Nous reprenons $\mathcal{D}$ et a vérifiant les hypothèses de la page 476.

Proposition 25

Exo 13.10

Exo 13.11

Exo 13.12

Soit f et g deux fonctions définies sur $\mathcal{D}$ et (u_n) une suite à valeurs dans $\mathcal{D}$ telle que $\lim u_n = a$.

- Si $f \underset{a}{=} \mathrm{O}(g)$, alors $f(u_n) \underset{n\to+\infty}{=} \mathrm{O}\big(g(u_n)\big)$.
- Si $f \underset{a}{=} \mathrm{o}(g)$, alors $f(u_n) \underset{n\to+\infty}{=} \mathrm{o}\big(g(u_n)\big)$.
- Si $f \underset{a}{\sim} g$, alors $f(u_n) \underset{n\to+\infty}{\sim} g(u_n)$.

Démonstration page 496

On peut ainsi comparer facilement des suites en utilisant les propriétés correspondantes sur les fonctions.

Ex. 42. Puisque $\cos(1/n)$ tend vers 1 lorsque n tend vers l'infini, on peut remplacer u par $\cos(1/n)$ dans l'équivalent $\ln u \underset{u\to1}{\sim} u-1$, ce qui donne $\ln\cos(1/n) \sim \cos(1/n)-1$.

De même, dans l'équivalent $\cos x - 1 \underset{x\to0}{\sim} -x^2/2$, on peut remplacer x par $1/n$, ce qui donne finalement :

$$\ln\cos(1/n) \sim \cos(1/n)-1 \sim -\frac{1}{2n^2}.$$

Démonstrations

Proposition 2

1. Le fait que φ soit bornée au voisinage de a s'écrit $\varphi \underset{a}{=} \mathrm{O}(1)$.
   Si de plus on a $f \underset{a}{=} \mathrm{O}(\varphi)$, alors, par transitivité, on a $f \underset{a}{=} \mathrm{O}(1)$, ce qui signifie que f est bornée au voisinage de a.
2. Le fait que φ tende vers 0 en a s'écrit $\varphi \underset{a}{=} \mathrm{o}(1)$. Si de plus on a $f \underset{a}{=} \mathrm{O}(\varphi)$, alors on peut affirmer que $f \underset{a}{=} \mathrm{o}(1)$, c'est-à-dire que f tend vers 0 en a.
3. De même, si $f \underset{a}{=} \mathrm{o}(\varphi)$ et $\varphi \underset{a}{=} \mathrm{O}(1)$, alors on a $f \underset{a}{=} \mathrm{o}(1)$.

Proposition 3 La fonction f/φ est définie sur $\mathcal{D}\setminus\{a\}$ ou $\mathcal{D}$ suivant que φ est nulle ou non en a.

1. Si f est dominée par φ, alors on peut trouver une fonction u bornée au voisinage de a telle que $f = \varphi u$ au voisinage de a. La fonction f/φ coïncide alors au voisinage de a avec la fonction u ; elle est donc également bornée au voisinage de a.

   Réciproquement, supposons f/φ bornée au voisinage de a et posons :
   $$u(x) = \frac{f(x)}{\varphi(x)} \quad \text{si} \quad x \in \mathcal{D}\setminus\{a\}.$$
   Si $a \in \mathcal{D}$, il faut définir $u(a)$:
   - si $\varphi(a) \neq 0$, on pose $u(a) = \dfrac{f(a)}{\varphi(a)}$;
   - dans le cas où $\varphi(a) = 0$, on a supposé $f(a) = 0$. On peut prendre alors n'importe quelle valeur pour $u(a)$, par exemple $u(a) = 1$.

   On a ainsi :
   $$\forall x \in \mathcal{D} \quad f(x) = \varphi(x)\, u(x)$$
   avec u bornée au voisinage de a, ce qui prouve que f est dominée par φ.
2. Si f est négligeable devant φ, alors on peut trouver une fonction ε tendant vers 0 telle que $f = \varphi\varepsilon$ au voisinage de a. La fonction f/φ coïncide alors au voisinage de a avec la fonction ε, donc tend vers 0 en a.

   Réciproquement, si $\lim\limits_{a} \dfrac{f}{\varphi} = 0$, on peut poser :
   $$\varepsilon(x) = \frac{f(x)}{\varphi(x)} \quad \text{si} \quad x \in \mathcal{D}\setminus\{a\}.$$
   Si $a \in \mathcal{D}$, on pose $\varepsilon(a) = 0$.
   - Si $\varphi(a) \neq 0$, la fonction f/φ est définie en a et tend vers 0 en a. Donc elle est continue en a, ce qui donne $f(a) = 0 = \varepsilon(a)\,\varphi(a)$.
   - Dans le cas où $\varphi(a) = 0$, on a supposé que $f(a) = 0$ et l'on a donc également $f(a) = \varepsilon(a)\,\varphi(a)$

   On a alors :
   $$\forall x \in \mathcal{D} \quad f(x) = \varphi(x)\,\varepsilon(x) \qquad \text{avec} \qquad \lim_{a} \varepsilon = 0,$$
   ce qui prouve que f est négligeable devant φ.

Proposition 7 Les relations d'équivalence écrites ci-dessous le sont au voisinage de a.

Symétrie. Supposons $f \sim g$.

Alors, il existe une fonction u tendant vers 1 en a telle que $f = g\,u$ au voisinage de a. Soit v la fonction définie sur $\mathcal{D}$ par :

$$v(x) = \frac{1}{u(x)} \quad \text{si } u(x) \neq 0 \qquad \text{et} \qquad v(x) = 1 \quad \text{sinon.}$$

Comme u tend vers 1 en a, au voisinage de a elle ne s'annule pas et l'on a $g = f\,v$ avec v qui tend vers 1 en a, d'où $g \sim f$.

Transitivité. Supposons $f \sim g$ et $g \sim h$.

Alors $f - g = \mathrm{o}(g)$ et $g - h = \mathrm{o}(h)$. Or, le corollaire 6 de la page 481 donne $g = \mathrm{O}(h)$, d'où $f - g = \mathrm{o}(h)$ puis $f - h = (f - g) + (g - h) = \mathrm{o}(h)$.

Proposition 8 Posons $h = f - g$. Par hypothèse, si $g(a) = 0$, alors $f(a) = 0$ et donc $h(a) = 0$. La proposition 3 de la page 480 nous dit alors que $h = \mathrm{o}(g)$ si, et seulement si, $\frac{h}{g} = \frac{f}{g} - 1$ tend vers 0, c'est-à-dire si, et seulement si, $\frac{f}{g}$ tend vers 1.

Proposition 11 Au voisinage de a, on a :

$$\big|g(x) - f(x)\big| \leqslant \big|h(x) - f(x)\big| \qquad \text{donc} \qquad g(x) - f(x) = \mathrm{O}\big(h(x) - f(x)\big).$$

Ainsi, si $f(x) \sim \varphi(x) \sim h(x)$, on a $f(x) \sim h(x)$ par transitivité, *i.e.* $h(x) - f(x) = \mathrm{o}\big(f(x)\big)$. On en déduit $g(x) - f(x) = \mathrm{o}\big(f(x)\big)$, soit $g(x) \sim f(x) \sim \varphi(x)$.

Proposition 15

1. Si, au voisinage de a, on a :

$$f_1 = g_1\,u_1 \quad \text{et} \quad f_2 = g_2\,u_2 \qquad \text{avec} \qquad \lim_a u_1 = \lim_a u_2 = 1$$

alors, au voisinage de a, on a :

$$f_1\,f_2 = (g_1\,g_2)\,(u_1\,u_2) \qquad \text{avec} \qquad \lim_a u_1\,u_2 = 1,$$

ce qui prouve que $f_1\,f_2$ et $g_1\,g_2$ sont équivalentes.

2. On a :

$$\frac{f_1}{f_2} \div \frac{g_1}{g_2} = \frac{f_1}{g_1} \times \frac{g_2}{f_2}.$$

Or :

$$\lim_a \frac{f_1}{g_1} = \lim_a \frac{f_2}{g_2} = 1.$$

Ainsi, $\lim_a \frac{f_1}{f_2} \div \frac{g_1}{g_2} = 1$, ce qui conclut.

Proposition 17 Comme $f \sim g$ au voisinage de α, on peut trouver une fonction u définie sur $\mathcal{D}$ tendant vers 1 en α et telle que $f = g \times u$ au voisinage de α. Notons $\widetilde{\mathcal{D}}$ l'ensemble de définition de φ. Les trois fonctions $f \circ \varphi$, $g \circ \varphi$ et $u \circ \varphi$ sont alors définies sur $\widetilde{\mathcal{D}}$ et vérifient $f \circ \varphi = (g \circ \varphi) \times (u \circ \varphi)$ au voisinage de a. Comme $\varphi \underset{a}{\longrightarrow} \alpha$ et $u \underset{\alpha}{\longrightarrow} 1$, on a, par composition de limites, $u \circ \varphi \underset{a}{\longrightarrow} 1$, ce qui prouve l'équivalent souhaité.

Proposition 25 Soit h une fonction définie sur $\mathcal{D}$ telle que $f = gh$ au voisinage de a.

- Si h est bornée au voisinage de a, alors $\big(h(u_n)\big)$ est bornée puisque $u_n \to a$.
- Si h tend vers 0 en a, alors $\big(h(u_n)\big)$ tend vers 0 par composition des limites.
- Si h tend vers 1 en a, alors $\big(h(u_n)\big)$ tend vers 1 par composition des limites.

S'entraîner et approfondir

Cas des fonctions

13.1 Montrer que $x^2 \sin\left(\frac{1}{x}\right) \underset{x\to 0}{=} \mathrm{o}(x)$.
→477

13.2 Donner un équivalent, lorsque x tend vers $+\infty$, de $\sqrt{x^3 - 2x^2 + x + 3}$.
→482

13.3 Donner un équivalent simple de $\dfrac{(e^x - 1)^2}{(1+x)^5 - 1}$ au voisinage de 0.
→486

13.4 Soit f et g deux fonctions à valeurs strictement positives, tendant vers $+\infty$ en a, et telles que $f \underset{a}{\sim} g$. Montrer qu'alors $\ln(f) \underset{a}{\sim} \ln(g)$.
→488

13.5 En exprimant $\cos t - 1$ en fonction de $\sin\left(\frac{t}{2}\right)$, retrouver l'équivalent classique de $\cos t - 1$ au voisinage de 0.
→488

13.6 En partant de l'équivalent $1 - \cos x \underset{x\to 0}{\sim} \frac{x^2}{2}$, trouver un équivalent en 0^+ de $\operatorname{Arccos}(1-h)$.
→488

13.7 Donner un équivalent en 0 de $\operatorname{ch} x - \cos x$.
→491

13.8 Déterminer, à l'aide d'équivalents, les limites suivantes :

1. $\displaystyle\lim_{x\to 0} x\,(3+x)\frac{\sqrt{x+3}}{\sqrt{x}\,\sin\left(\sqrt{x}\right)}$;
2. $\displaystyle\lim_{x\to 0} \frac{(1-e^x)(1-\cos x)}{3x^3 + 2x^4}$;
3. $\displaystyle\lim_{x\to 0} (1+\sin x)^{\frac{1}{x}}$.

Cas des suites

13.9 1. Montrer que :
→492

$$\forall k \in \mathbb{N}^* \quad \frac{1}{2\sqrt{k+1}} \leqslant \sqrt{k+1} - \sqrt{k} \leqslant \frac{1}{2\sqrt{k}}.$$

2. En déduire un équivalent simple de $u_n = \displaystyle\sum_{k=1}^{n} \frac{1}{\sqrt{k}}$.

13.10 Trouver un équivalent simple de la suite définie par $u_n = \sqrt{n+2} - \sqrt{n+1}$.
→494

13.11 Trouver un équivalent simple de la suite définie par $v_n = e^{1/n} - e^{1/(n+1)}$.
→494

13.12 Trouver un équivalent simple de la suite définie par $w_n = \sqrt{1 + \dfrac{1}{\ln(n+1)}} - 1$.
→494

13.13 La proposition suivante est-elle vraie ?

Soit u et v deux suites ne s'annulant pas à partir d'un certain rang et équivalentes ; si v est monotone à partir d'un certain rang, alors u est monotone à partir d'un certain rang.

13.14 Comparer, à l'aide du symbole o, les quatre suites définies par :

$$u_n = n^{(\ln n)^2}, \quad v_n = (n^2)^{\ln n}, \quad w_n = (\ln n)^{n \ln n} \quad \text{et} \quad z_n = (n \ln n)^n.$$

13.15 Donner des équivalents simples lorsque n tend vers $+\infty$ pour :

1. $\left(\ln\left(1+e^{-n^2}\right)\right)^{\frac{1}{n}}$
2. $\left(\dfrac{e^n}{1+e^{-n}}\right)^n$.

★ **13.16** Montrer que $\displaystyle\sum_{k=0}^{n} k! \sim n!$

13.17 Trouver un équivalent de la suite (u_n) définie par :

$$\forall n \in \mathbb{N}^* \quad u_n = \prod_{k=n^2+1}^{n^2+n} \frac{2k-1}{k}.$$

Solutions des exercices

13.1 La fonction sin étant bornée, on a $x \sin\left(\frac{1}{x}\right) \underset{x\to 0}{\longrightarrow} 0$ et donc la relation :

$$\forall x \in \mathbb{R}^* \quad x^2 \sin\left(\frac{1}{x}\right) = x \times x \sin\left(\frac{1}{x}\right)$$

prouve que $x^2 \sin\left(\frac{1}{x}\right) \underset{x\to 0}{=} o(x)$.

13.2 Lorsque x tend vers $+\infty$ la quantité $x^3 - 2x^2 + x + 3$ est équivalente à x^3 et ces deux expressions sont strictement positives au voisinage de $+\infty$. Donc, en utilisant l'exemple 9 de la page 482 :

$$\sqrt{x^3 - 2x^2 + x + 3} \sim \sqrt{x^3} = x^{3/2}.$$

13.3 Comme $e^x - 1 \underset{x\to 0}{\sim} x$, on a $(e^x - 1)^2 \underset{x\to 0}{\sim} x^2$; de plus, $(1+x)^5 - 1 \underset{x\to 0}{\sim} 5x$.
Donc, au voisinage de 0, on a :

$$\frac{(e^x - 1)^2}{(1+x)^5 - 1} \sim \frac{x^2}{5x} \sim \frac{x}{5}.$$

13.4 On a $\ln(f) - \ln(g) = \ln\left(\frac{f}{g}\right)$. Or f et g sont équivalentes en a, donc $\ln\left(\frac{f}{g}\right)$ tend vers 0. Par ailleurs, $\ln(g)$ tend vers $+\infty$ par composition avec ln. On en déduit la relation $\ln(f) - \ln(g) = o\big(\ln(g)\big)$. Ainsi, $\ln f \underset{a}{\sim} \ln g$.

13.5 Pour $t \in \mathbb{R}$, on a :

$$\cos(t) - 1 = \cos\left(2 \times \frac{t}{2}\right) - 1 = -2\sin^2\left(\frac{t}{2}\right).$$

Comme $\sin u \underset{u\to 0}{\sim} u$, on a, par substitution, $\sin\left(\frac{t}{2}\right) \underset{t\to 0}{\sim} \frac{t}{2}$, puis, par produit :

$$\cos(t) - 1 = -2\sin^2\left(\frac{t}{2}\right) \underset{t\to 0}{\sim} -2 \times \left(\frac{t}{2}\right)^2 = -\frac{t^2}{2}.$$

13.6 La continuité de la fonction Arccos donne $\text{Arccos}(1-h) \underset{h\to 0}{\longrightarrow} \text{Arccos}(1) = 0$. On a donc :

$$1 - \cos\big(\text{Arccos}(1-h)\big) \sim \frac{\text{Arccos}(1-h)^2}{2} \qquad \text{soit} \qquad \text{Arccos}(1-h)^2 \sim 2h.$$

La positivité de Arccos donne alors, par passage à la racine, $\text{Arccos}(1-h) \sim \sqrt{2h}$.

13.7 Les équivalents $\operatorname{ch} x - 1 \sim \frac{x^2}{2}$ et $\cos x - 1 \sim -\frac{x^2}{2}$ peuvent s'écrire :

$$\operatorname{ch} x = 1 + \frac{x^2}{2} + o(x^2) \qquad \text{et} \qquad \cos x = 1 - \frac{x^2}{2} + o(x^2),$$

ce qui donne $\operatorname{ch} x - \cos x = x^2 + o(x^2) \sim x^2$.

13.8 1. Au voisinage de 0, on a les équivalents $3+x \sim 3$ et $\sqrt{x+3} \sim \sqrt{3}$. Par ailleurs, de l'équivalent classique $\sin u \underset{u\to 0}{\sim} u$, on déduit par substitution que $\sin\sqrt{x} \sim \sqrt{x}$. Ainsi :

$$x(3+x)\frac{\sqrt{x+3}}{\sqrt{x}\sin\sqrt{x}} \sim x \times 3 \times \frac{\sqrt{3}}{\sqrt{x}\sqrt{x}} = 3\sqrt{3}.$$

La quantité étudiée a donc une limite quand x tend vers 0, et cette limite vaut $3\sqrt{3}$.

2. Par opérations sur les équivalents, on obtient :

$$\frac{(1-e^x)(1-\cos x)}{3x^3+2x^4} \sim \frac{(-x)\times(x^2/2)}{3x^3} = -\frac{x^3}{6x^3} = -\frac{1}{6}\cdot$$

La quantité étudiée a donc une limite quand x tend vers 0, et cette limite vaut $-\frac{1}{6}\cdot$

3. Pour $x \in \left]-\frac{\pi}{2},0\right[\cup\left]0,\frac{\pi}{2}\right[$, on a $\ln\left((1+\sin x)^{\frac{1}{x}}\right) = \frac{1}{x}\ln(1+\sin x)$.

On a $\ln(1+u) \underset{u\to 0}{\sim} u$ et $\lim\limits_{x\to 0}\sin x = 0$, donc, par substitution, $\ln(1+\sin x) \sim \sin x$.

Ainsi $\frac{1}{x}\ln(1+\sin x) \sim \frac{\sin x}{x} \sim 1$. Il en résulte que $\lim\limits_{x\to 0}\ln\left((1+\sin x)^{\frac{1}{x}}\right) = 1$.

La quantité étudiée a donc une limite quand x tend vers 0, et cette limite vaut e.

13.9 1. Soit $k \in \mathbb{N}^*$. On a :

$$\sqrt{k+1}-\sqrt{k} = \frac{\left(\sqrt{k+1}-\sqrt{k}\right)\left(\sqrt{k+1}+\sqrt{k}\right)}{\sqrt{k+1}+\sqrt{k}} = \frac{1}{\sqrt{k+1}+\sqrt{k}}\cdot$$

L'encadrement souhaité s'obtient alors en composant par $x \mapsto \frac{1}{x}$ l'encadrement :

$$0 < 2\sqrt{k} \leqslant \sqrt{k+1}+\sqrt{k} \leqslant 2\sqrt{k+1}.$$

2. Soit $n \in \mathbb{N}^*$. D'après la question précédente, on a :

$$\forall k \in [\![2,n]\!] \quad \sqrt{k+1}-\sqrt{k} \leqslant \frac{1}{2\sqrt{k}} \leqslant \sqrt{k}-\sqrt{k-1}.$$

En additionnant ces $n-1$ encadrements, il vient par télescopage :

$$\sqrt{n+1}-\sqrt{2} \leqslant \sum_{k=2}^{n}\frac{1}{2\sqrt{k}} \leqslant \sqrt{n}-1$$

$$\text{puis} \quad \underbrace{2\sqrt{n+1}-2\sqrt{2}+1}_{\sim 2\sqrt{n}} \leqslant \sum_{k=1}^{n}\frac{1}{\sqrt{k}} \leqslant \underbrace{2\sqrt{n}-1}_{\sim 2\sqrt{n}}.$$

Le théorème d'encadrement permet alors d'affirmer que $u_n \sim 2\sqrt{n}$.

13.10 Pour $n \in \mathbb{N}$, on a, en multipliant en haut et en bas par la quantité conjuguée :

$$u_n = \frac{(n+2)-(n+1)}{\sqrt{n+2}+\sqrt{n+1}} = \frac{1}{\sqrt{n+2}+\sqrt{n+1}}\cdot$$

On a alors (pour $n \in \mathbb{N}^*$) :

$$u_n = \frac{1}{2\sqrt{n}} \times \frac{2}{\sqrt{1+\frac{2}{n}}+\sqrt{1+\frac{1}{n}}}\cdot$$

Comme $\dfrac{2}{\sqrt{1+\frac{2}{n}}+\sqrt{1+\frac{1}{n}}} \to 1$, on en déduit que $u_n \sim \dfrac{1}{2\sqrt{n}}\cdot$

13.11 Pour $n \in \mathbb{N}^*$, on a :

$$v_n = e^{\frac{1}{n+1}}\left(e^{\frac{1}{n}-\frac{1}{n+1}} - 1\right) = e^{\frac{1}{n+1}}\left(e^{\frac{1}{n(n+1)}} - 1\right).$$

Puisque $\frac{1}{n(n+1)} \to 0$, on a :

$$e^{\frac{1}{n(n+1)}} - 1 \sim \frac{1}{n(n+1)} \sim \frac{1}{n^2}\cdot$$

Comme de plus on a $e^{\frac{1}{n+1}} \to 1$ et donc $e^{\frac{1}{n+1}} \sim 1$, on obtient :

$$v_n \sim \frac{1}{n^2}\cdot$$

13.12 Lorsque x tend vers 0, on a $\sqrt{1+x} - 1 = (1+x)^{1/2} - 1 \sim \frac{x}{2}\cdot$

Comme $\frac{1}{\ln(n+1)} \underset{n\to+\infty}{\longrightarrow} 0$, on en déduit, par substitution :

$$w_n \sim \frac{1}{2\ln(n+1)} \sim \frac{1}{2\ln n},$$

le dernier équivalent provenant du fait que $\ln(n+1) - \ln(n) = \ln(\frac{n+1}{n})$ tend vers 0 lorsque n tend vers $+\infty$, donc est négligeable devant $\ln(n)$ qui tend vers $+\infty$, ce qui donne $\ln(n+1) \sim \ln(n)$.

13.13 La proposition est fausse. Par exemple, on a $n+(-1)^n \sim n$, mais la suite de terme général n est croissante tandis que la suite de terme général $n+(-1)^n$ n'est pas monotone à partir d'un certain rang.

13.14 Montrons que l'on a :

$$v_n = o(u_n), \quad u_n = o(z_n) \quad \text{et} \quad z_n = o(w_n).$$

Commençons par transformer les expressions de u_n, v_n, w_n et z_n en utilisant l'exponentielle. Pour $n \in \mathbb{N}^*$, on a :

$$u_n = \exp\left((\ln n)^3\right), \quad v_n = \exp\left(2(\ln n)^2\right),$$

$$w_n = \exp\left(n(\ln n)\ln(\ln n)\right) \quad \text{et} \quad z_n = \exp\left(n\ln(n\ln n)\right) = \exp\left(n\ln n + n\ln(\ln n)\right).$$

- Pour $n \in \mathbb{N}^*$, on a :

$$\frac{v_n}{u_n} = \exp\left(2(\ln n)^2 - (\ln n)^3\right) = \exp\Big(\underbrace{(\ln n)^2(2-\ln n)}_{\to-\infty}\Big).$$

  Par composition de limites, on a donc $\frac{v_n}{u_n} \to 0$, c'est-à-dire $v_n = o(u_n)$.

- Pour $n \in \mathbb{N}^*$, on a :

$$\frac{u_n}{z_n} = \exp\left((\ln n)^3 - n(\ln(n\ln n))\right) = \exp\left(n\left(\frac{(\ln n)^3}{n} - \ln(n\ln n)\right)\right). \qquad (\star)$$

  Par croissances comparées, on a $\frac{(\ln n)^3}{n} \to 0$. On obtient alors que :

$$n\left(\frac{(\ln n)^3}{n} - \ln(n\ln n)\right) \to -\infty.$$

  Donc, d'après $(\star)$ et par composition de limites, on a $\frac{u_n}{z_n} \to 0$, ce qui prouve que $u_n = o(z_n)$.

- Pour $n \in \mathbb{N}^*$, on a :

$$\begin{aligned}\frac{z_n}{w_n} &= \exp\big(n\ln n + n\ln(\ln n) - n(\ln n)\ln(\ln n)\big)\\ &= \exp\Bigg(\underbrace{n(\ln n)\ln(\ln n)}_{\to+\infty}\underbrace{\Big(\frac{1}{\ln(\ln n)}+\frac{1}{\ln n}-1\Big)}_{\to-1}\Bigg).\end{aligned}$$

On obtient finalement $\dfrac{z_n}{w_n} \to 0$, c'est-à-dire $z_n = \mathrm{o}(w_n)$.

13.15 1. Pour $n \geqslant 1$, on a $\Big(\ln\big(1+e^{-n^2}\big)\Big)^{\frac{1}{n}} = \exp\Big(\dfrac{1}{n}\ln\Big(\ln\big(1+e^{-n^2}\big)\Big)\Big)$.

Comme $\ln(1+u) \underset{0}{\sim} u$ et que $e^{-n^2} \to 0$, on a, par subtitution :

$$\ln\big(1+e^{-n^2}\big) \sim e^{-n^2},$$

ce qui s'écrit aussi $\ln(1+e^{-n^2}) = e^{-n^2}\big(1+\mathrm{o}(1)\big)$. On a ainsi :

$$\begin{aligned}\ln\Big(\ln\big(1+e^{-n^2}\big)\Big) &= \ln\Big(e^{-n^2}\big(1+\mathrm{o}(1)\big)\Big)\\ &= \ln(e^{-n^2}) + \underbrace{\ln\big(1+\mathrm{o}(1)\big)}_{\to 0} = -n^2+\mathrm{o}(1).\end{aligned}$$

Ainsi :

$$\frac{1}{n}\ln\Big(\ln(1+e^{-n^2})\Big) = -n + \mathrm{o}\Big(\frac{1}{n}\Big)$$

et, en passant à l'exponentielle :

$$\exp\Big(\frac{1}{n}\ln\Big(\ln(1+e^{-n^2})\Big)\Big) = e^{-n}\times\underbrace{e^{\mathrm{o}(\frac{1}{n})}}_{\to 1} \sim e^{-n}.$$

Conclusion. On a donc $\Big(\ln\big(1+e^{-n^2}\big)\Big)^{\frac{1}{n}} \sim e^{-n}$.

2. On a :

$$\Big(\frac{e^n}{1+e^{-n}}\Big)^n = e^{n^2}\times e^{-n\ln(1+e^{-n})}.$$

On a $\ln(1+u) \underset{u\to 0}{\sim} u$ et $e^{-n}\to 0$, donc, par substitution, on a $\ln\big(1+e^{-n}\big) \sim e^{-n}$, puis $n\ln\big(1+e^{-n}\big) \sim ne^{-n}$. Par croissances comparées, cette dernière expression tend vers 0. On en déduit que :

$$e^{-n\ln(1+e^{-n})} \to 1.$$

Conclusion. On a donc $\Big(\dfrac{e^n}{1+e^{-n}}\Big)^n \sim e^{n^2}$.

13.16 Pour $n \in \mathbb{N}$, posons $u_n = \sum_{k=0}^{n} k!$.

Soit $n \geqslant 2$. On a :

$$n! \leqslant u_n = \sum_{k=0}^{n-2} k! + (n-1)! + n!$$

En majorant chacun des termes de la somme par le plus grand, on a :

$$\sum_{k=0}^{n-2} k! \leqslant (n-1) \times (n-2)! = (n-1)!,$$

ce qui donne l'encadrement :

$$n! \leqslant u_n \leqslant 2(n-1)! + n! \sim n!,$$

puisqu'il est clair que $(n-1)! = o(n!)$, et l'on conclut par encadrement : $u_n \sim n!$.

13.17 Soit $n \in \mathbb{N}^*$. Pour tout $k \in [\![n^2+1, n^2+n]\!]$, on a $\frac{2k-1}{k} = 2\left(1 - \frac{1}{2k}\right)$, donc :

$$2\left(1 - \frac{1}{2n^2}\right) \leqslant \frac{2k-1}{k} \leqslant 2\left(1 - \frac{1}{2(n^2+n)}\right),$$

d'où, par produit d'inégalités entre des termes positifs :

$$2^n\left(1 - \frac{1}{2n^2}\right)^n \leqslant u_n \leqslant 2^n\left(1 - \frac{1}{2n^2+2n}\right)^n. \qquad (*)$$

Or, $\left(1 - \frac{1}{2n^2}\right)^n = \exp(\alpha_n)$, avec $\alpha_n = n \ln\left(1 - \frac{1}{2n^2}\right) \sim n \times \left(-\frac{1}{2n^2}\right) \underset{n\to+\infty}{\longrightarrow} 0$. Le minorant de $(*)$ est donc équivalent à 2^n.

De la même façon, un équivalent du majorant est également 2^n.

Par encadrement, on en déduit donc $u_n \sim 2^n$.

Chapitre 14 : Analyse asymptotique Développements limités

Analyse asymptotique : Développements limités 14

Dans tout ce chapitre, x_0 est un réel et n un entier naturel.
Les fonctions considérées sont à valeurs dans $\mathbb{K}$, avec $\mathbb{K} = \mathbb{R}$ ou $\mathbb{K} = \mathbb{C}$. Si f désigne une telle fonction, nous notons $\mathcal{D}_f$ l'ensemble de définition de f et nous supposons :

- ou bien que $\mathcal{D}_f$ est un intervalle de $\mathbb{R}$ d'intérieur non vide et x_0 intérieur à $\mathcal{D}_f$, ou l'une des extrémités de $\mathcal{D}_f$;
- ou bien $\mathcal{D}_f$ désigne un tel intervalle privé de x_0.

I Généralités

1 Développement limité au voisinage d'un point

Définition 1

On dit que f admet un **développement limité à l'ordre n en x_0**, s'il existe un $(n+1)$-uplet $(a_0, \dots, a_n) \in \mathbb{K}^{n+1}$ et une fonction ε définie sur $\mathcal{D}_f$ tels que :

$$\forall x \in \mathcal{D}_f \quad f(x) = \sum_{k=0}^{n} a_k\,(x - x_0)^k + (x - x_0)^n \varepsilon(x) \quad \text{avec} \quad \lim_{x \to x_0} \varepsilon(x) = 0. \qquad (\star)$$

Remarques

- La relation $(\star)$ peut aussi s'écrire :

$$f(x) - \sum_{k=0}^{n} a_k\,(x - x_0)^k \underset{x \to x_0}{=} \mathrm{o}\big((x - x_0)^n\big).$$

Nous conviendrons d'écrire cette relation sous la forme :

$$f(x) = \sum_{k=0}^{n} a_k\,(x - x_0)^k \; + \underset{x \to x_0}{\mathrm{o}} \big((x - x_0)^n\big),$$

ou plus simplement, s'il n'y a pas d'ambiguïté sur le point x_0 :

$$f(x) = \sum_{k=0}^{n} a_k\,(x - x_0)^k + \mathrm{o}\big((x - x_0)^n\big). \qquad (\star\star)$$

Le résultat suivant est immédiat par substitution dans un o et permet, dans la pratique, de ne manipuler que des développements limités au voisinage de 0.

Proposition 1

La fonction f admet le développement limité à l'ordre n en x_0 :

$$f(x) = \sum_{k=0}^{n} a_k \, (x - x_0)^k + \underset{x \to x_0}{\mathrm{o}} \left((x - x_0)^n\right)$$

si, et seulement si, la fonction $h \mapsto f(x_0 + h)$ admet le développement limité à l'ordre n en 0 :

$$f(x_0 + h) = \sum_{k=0}^{n} a_k \, h^k + \underset{h \to 0}{\mathrm{o}} \, (h^n).$$

Désormais, nous allons donc nous intéresser uniquement à des développements limités en 0. La généralisation des résultats à un point x_0 quelconque sera une conséquence immédiate de cette proposition.

2 Développements limités en 0

Ex. 1. La fonction $f : \begin{array}{ccl}]-1, +\infty[& \longrightarrow & \mathbb{R} \\ x & \longmapsto & 1 - x^2 + 2x^3 + x^3 \ln(1 + x) \end{array}$

admet un développement limité à l'ordre 3 en 0.

En effet, comme $\ln(1 + x) \underset{x \to 0}{\longrightarrow} 0$, on a $x^3 \ln(1 + x) = \mathrm{o}(x^3)$, ce qui permet d'écrire :

$$f(x) = 1 - x^2 + 2x^3 + \mathrm{o}(x^3).$$

Ex. 2. La fonction $f : \begin{array}{ccl} \mathbb{R} \setminus \{1\} & \longrightarrow & \mathbb{R} \\ x & \longmapsto & \dfrac{1}{1 - x} \end{array}$ admet un développement limité à tout ordre en 0. En effet, pour $n \in \mathbb{N}$, on sait que :

$$\forall x \in \mathbb{R} \setminus \{1\} \quad \sum_{k=0}^{n} x^k = \frac{1 - x^{n+1}}{1 - x},$$

ce qui s'écrit aussi :

$$\forall x \in \mathbb{R} \setminus \{1\} \quad \frac{1}{1 - x} = \sum_{k=0}^{n} x^k + \frac{x^{n+1}}{1 - x}. \qquad (\star)$$

Comme $\dfrac{x^{n+1}}{1 - x} = x^n \times \underbrace{\dfrac{x}{1 - x}}_{\underset{x \to 0}{\longrightarrow} 0} = \mathrm{o}(x^n)$, il vient de $(\star)$ que la fonction f admet un développement limité à l'ordre n :

$$f(x) = \sum_{k=0}^{n} x^k + \mathrm{o}(x^n).$$

En substituant $-x$ à x dans ce développement limité, on obtient :

$$\frac{1}{1 + x} = \sum_{k=0}^{n} (-1)^k \, x^k + \mathrm{o}(x^n).$$

En effet, si une fonction f vérifie $f(x) = \mathrm{o}(x^n)$, on a $f(-x) = \mathrm{o}\big((-x)^n\big) = \mathrm{o}(x^n)$.

Ex. 3. La fonction $x \mapsto e^{-1/x^2}$, définie sur $\mathbb{R}^*$, possède un développement limité en 0 à tout ordre $n \in \mathbb{N}$ (avec tous les coefficients $a_0, \ldots, a_n$ nuls). En effet, pour $x \in \mathbb{R}^*$, on a :

$$\left|\frac{1}{x^n} e^{-1/x^2}\right| = \left(\frac{1}{x^2}\right)^{n/2} \exp\left(-\frac{1}{x^2}\right).$$

Par croissances comparées, on a $t^{n/2} e^{-t} \underset{t \to +\infty}{\longrightarrow} 0$, donc, par substitution, $\lim\limits_{x \to 0} \frac{1}{x^n} e^{-1/x^2} = 0$, ce qui peut s'écrire $e^{-1/x^2} \underset{x \to 0}{=} \mathrm{o}(x^n)$.

Remarque Dans un développement limité à l'ordre n en 0, on peut substituer x^2 à x pour obtenir un développement limité à l'ordre $2n$. On a ainsi, par exemple :

$$\frac{1}{1+x^2} = \sum_{k=0}^{n} (-1)^k x^{2k} + \mathrm{o}(x^{2n}).$$

Il en est de même pour de la substitution par x^p, pour tout $p \in \mathbb{N}^*$.
Nous étudierons des cas de substitutions moins immédiates à la page 526.

Proposition 2 (Unicité du développement limité)

Soit f une fonction définie au voisinage de 0. S'il existe $(a_0, \ldots, a_n)$ et $(b_0, \ldots, b_n)$ dans $\mathbb{K}^{n+1}$ vérifiant, au voisinage de 0 :

$$f(x) = \sum_{k=0}^{n} a_k x^k + \mathrm{o}(x^n) \qquad \text{et} \qquad f(x) = \sum_{k=0}^{n} b_k x^k + \mathrm{o}(x^n),$$

alors on a $(a_0, \ldots, a_n) = (b_0, \ldots, b_n)$.

Démonstration page 537

Principe de démonstration. Si l'on suppose les deux listes distinctes, on considère le plus petit entier p tel que $a_p \neq b_p$ pour aboutir à une contradiction.

Définition 2

Si f possède un développement limité à l'ordre n en 0 de la forme :

$$f(x) = \sum_{k=0}^{n} a_k x^k + \mathrm{o}(x^n),$$

alors la fonction polynomiale $x \mapsto \sum\limits_{k=0}^{n} a_k x^k$ s'appelle **partie régulière du développement limité** de f à l'ordre n en 0.

Remarques

- La proposition 1 de la page précédente permet immédiatement de voir que si une fonction f admet un développement limité à l'ordre n en x_0 :

$$f(x) = \sum_{k=0}^{n} a_k (x - x_0)^k + \mathrm{o}\big((x - x_0)^n\big)$$

  alors il y a unicité de tels coefficients a_k.

  La fonction polynomiale $P : x \mapsto \sum\limits_{k=0}^{n} a_k (x - x_0)^k$ est appelée **partie régulière du développement limité** de f à l'ordre n en x_0.

- Par abus de langage, on dit également parfois que P est le développement limité de f à l'ordre n en x_0.

Ex. 4. Si une fonction f réelle admet, au voisinage de 0, un développement limité, en tant que fonction complexe, s'écrivant $f(x) = \sum_{k=0}^{n} a_k\, x^k + \mathrm{o}(x^n)$, alors les coefficients a_k sont réels et donc f admet un développement limité à l'ordre n en tant que fonction réelle.

En effet, partons de la relation $f(x) = \sum_{k=0}^{n} a_k\, x^k + x^n\, \varepsilon(x)$, avec $\lim_0 \varepsilon = 0$.

Comme $\left|\overline{\varepsilon(x)}\right| = \left|\varepsilon(x)\right| \underset{x\to 0}{\longrightarrow} 0$, on a $x^n\, \overline{\varepsilon(x)} = \mathrm{o}(x^n)$, donc (on rappelle que la variable x est réelle) :

$$f(x) = \overline{f(x)} = \sum_{k=0}^{n} \overline{a_k}\, x^k + x^n\, \overline{\varepsilon(x)} = \sum_{k=0}^{n} \overline{a_k}\, x^k + \mathrm{o}(x^n).$$

L'unicité du développement limité permet alors de conclure que $\overline{a_k} = a_k$, pour tout $k \in [\![0, n]\!]$.

Corollaire 3

Soit f une fonction admettant un développement limité à l'ordre n en 0 dont la partie régulière est $P : x \mapsto \sum_{k=0}^{n} a_k\, x^k$.

- Si f est paire, alors $P(x)$ n'est formée que de puissances paires de x.
- Si f est impaire, alors $P(x)$ n'est formée que de puissances impaires de x.

Démonstration page 537

Principe de démonstration. Écrire les développements limités des fonctions f et $x \mapsto f(-x)$, puis invoquer l'unicité du développement limité.

Proposition 4 (Troncature d'un développement limité)

Si f est une fonction admettant un développement limité à l'ordre n en 0, de partie régulière $x \mapsto \sum_{k=0}^{n} a_k x^k$, alors f admet un développement limité en 0 à tout ordre $p \leqslant n$, dont la partie régulière est $x \mapsto \sum_{k=0}^{p} a_k x^k$.

Démonstration. C'est immédiat, car si f admet un développement limité à l'ordre n en 0 dont la partie régulière est $x \mapsto \sum_{k=0}^{n} a_k x^k$, alors, pour tout $p \leqslant n$, on a :

$$f(x) = \sum_{k=0}^{n} a_k x^k + \mathrm{o}(x^n) = \sum_{k=0}^{p} a_k x^k + \underbrace{x^{p+1} \sum_{k=p+1}^{n} a_k x^{k-p-1} + \mathrm{o}(x^n)}_{=\mathrm{o}(x^p)}. \qquad \square$$

Notation Avec les notations de la proposition 4, on dit que la partie régulière du développement limité de f à l'ordre p s'obtient en **tronquant à l'ordre p** celle du développement de f à l'ordre n. On parle également de **troncature à l'ordre p**.

3 Terme prépondérant et signe

Proposition 5

Soit f possédant un développement limité à l'ordre n en 0 de la forme :

$$f(x) = \sum_{k=0}^{n} a_k x^k + \mathrm{o}(x^n),$$

dont la partie régulière n'est pas nulle.

En notant $p = \min\{i \in [\![0,n]\!] \; : \; a_i \neq 0\}$, on a $f(x) \underset{x\to 0}{\sim} a_p x^p$.

En particulier, si f est *réelle*, $f(x)$ a le signe (strict) de $a_p x^p$ au voisinage de 0.

Démonstration page 538

Terminologie Dans cette situation, le terme $a_p x^p$ est appelé le **terme prépondérant** du développement limité.

Remarque Même si f admet un développement limité à tout ordre, il se peut qu'aucun de ces développements n'ait de terme prépondérant. C'est le cas de la fonction $x \mapsto \exp(-1/x^2)$ de l'exemple 3 de la page 508.

Ex. 5. Soit f une fonction réelle définie au voisinage de 0.

Si, au voisinage de 0, on a $f(x) = x - x^2 + 2x^3 + \mathrm{o}(x^3)$, la fonction f est du signe de $x \mapsto x$ au voisinage de 0 et $f(x) - x$ est du signe de $-x^2$ toujours au voisinage de 0.

x		0	
$f(x)$	$-$	0	$+$
$f(x)-x$	$-$	0	$-$

4 Continuité, dérivabilité

Développement limité à l'ordre 0

Proposition 6

Une fonction f admet un développement limité à l'ordre 0 en 0 si, et seulement si, elle admet une limite finie en 0 ; en notant alors $\ell = \lim\limits_{0} f$, on a :

$$f(x) = \ell + \mathrm{o}(1).$$

Démonstration page 538

Principe de démonstration. Poser $\varepsilon(x) = f(x) - \ell$.

Développement limité à l'ordre 1

Proposition 7

Soit f une fonction définie en 0. Alors, f est dérivable en 0 si, et seulement si, f admet un développement limité à l'ordre 1 en 0.

Ce développement limité est alors $f(x) = f(0) + f'(0)x + \mathrm{o}(x)$.

Démonstration page 538

Par substitution, on obtient le même résultat en un point x_0 quelconque.

Point méthode Lorsque l'on a pu obtenir, pour une fonction f définie en $x_0 \in \mathbb{R}$, un développement limité de la forme :

$$f(x) = a_0 + a_1(x - x_0) + o(x - x_0),$$

alors on peut affirmer :

- d'une part, que f est dérivable en x_0 ;
- d'autre part, que $f(x_0) = a_0$ et $f'(x_0) = a_1$.

Remarque Si la fonction f possédant un tel développement limité n'est pas définie en x_0, on peut la prolonger par continuité en posant $f(x_0) = a_0$. La fonction ainsi prolongé est alors dérivable en x_0, avec une dérivée en x_0 qui vaut a_1.

Ex. 6. L'équivalent $\operatorname{ch} x - 1 \underset{0}{\sim} \dfrac{x^2}{2}$ (cf. page 486) permet d'obtenir, pour $x \neq 0$:

$$\frac{\operatorname{ch} x - 1}{x} = \frac{x}{2} + o(x).$$

Donc la fonction $x \mapsto \dfrac{\operatorname{ch} x - 1}{x}$ se prolonge sur $\mathbb{R}$ en une fonction f dérivable en 0 telle que $f(0) = 0$ et $f'(0) = 1/2$.

Attention Les propositions 6 et 7 de la page précédente ne se généralisent pas à des ordres plus grands. Ainsi, une fonction définie en 0 peut admettre un développement limité à l'ordre 2 en 0 sans pour autant être deux fois dérivable en 0.

Ex. 7. Soit f la fonction définie sur $\mathbb{R}$ par :

$$f(x) = x + x^3 \sin\left(\frac{1}{x^2}\right) \text{ si } x \in \mathbb{R}^* \qquad \text{et} \qquad f(0) = 0.$$

- Comme la fonction $\sin$ est bornée, il est clair que l'on a :

$$x + x^3 \sin\left(\frac{1}{x^2}\right) = x + x^2 \underbrace{\left(x \sin\left(\frac{1}{x^2}\right)\right)}_{\underset{x \to 0}{\longrightarrow} 0} = x + o(x^2).$$

  Comme de plus $f(0) = 0$, on en déduit que f possède le développement limité à l'ordre 2 en 0 suivant :

$$f(x) = x + o(x^2).$$

- Le développement limité à l'ordre 2 de f en 0 obtenu précédemment :
  * nous assure de l'existence d'un développement à l'ordre 1 pour f, et donc de la dérivabilité de f en 0 ;
  * nous donne $f'(0) = 1$ (coefficient devant le terme de degré 1).

  D'autre part, d'après les théorèmes généraux, f est dérivable sur $\mathbb{R}^*$ et :

$$\forall x \in \mathbb{R}^* \quad f'(x) = 1 + 3x^2 \sin\left(\frac{1}{x^2}\right) - 2\cos\left(\frac{1}{x^2}\right).$$

- Comme la fonction sin est bornée, on a facilement $1+3x^2\sin\left(\dfrac{1}{x^2}\right)\underset{x\to 0}{\longrightarrow}1$, tandis que la fonction $x\mapsto\cos\left(\dfrac{1}{x^2}\right)$ n'admet pas de limite en 0. Ainsi la restriction de f' à $\mathbb{R}^*$ n'a pas de limite en 0, et donc f' non plus. Comme f' n'est pas continue, la fonction f n'est pas deux fois dérivable en 0.

5 Formule de Taylor-Young

Obtention de développements limités par primitivation

Proposition 8

Soit I un intervalle d'intérieur non vide contenant 0 et f une fonction continue sur I possédant un développement limité à l'ordre n en 0, de partie régulière $x\mapsto\sum\limits_{k=0}^{n}a_k\,x^k$. Si F est une primitive de f sur I, alors F admet un développement limité à l'ordre $n+1$ en 0 dont la partie régulière est :

$$x\mapsto F(0)+\sum_{k=0}^{n}\frac{a_k}{k+1}\,x^{k+1}.$$

Démonstration page 538

Principe de démonstration. Commencer par traiter le cas où $f(x)=\mathrm{o}(x^n)$ et où F est la primitive de f qui s'annule en 0.

Remarque Le résultat précédent s'énonce également ainsi : si f est une fonction de classe $\mathcal{C}^1$ sur I, et si sa dérivée f' admet un développement limité à l'ordre n en 0 de partie régulière $x\mapsto\sum\limits_{k=0}^{n}a_kx^k$, alors f admet un développement limité à l'ordre $n+1$ en 0, de partie régulière $x\mapsto f(0)+\sum\limits_{k=0}^{n}\dfrac{a_k}{k+1}x^{k+1}$.

Ex. 8. Développement limité de la fonction tan à l'ordre 3 en 0

On connaît un équivalent de la fonction tan en 0 : $\tan x\sim x$.

Il en résulte que $\tan^2 x\sim x^2$, c'est-à-dire $\tan^2 x=x^2+\mathrm{o}(x^2)$.

La relation $\tan' x=1+\tan^2 x$ nous donne alors le développement limité à l'ordre 2 en 0 de la dérivée de la fonction tan :

$$\tan' x=1+x^2+\mathrm{o}(x^2).$$

Il en résulte, par primitivation, que la fonction tan admet le développement limité suivant à l'ordre 3 en 0 :

$$\tan x=\tan(0)+x+\frac{x^3}{3}+\mathrm{o}(x^3),$$

c'est-à-dire, comme $\tan(0)=0$:

$$\tan x=x+\frac{x^3}{3}+\mathrm{o}(x^3).$$

Ex. 9. Développement limité en 0 de la fonction $x \mapsto \ln(1+x)$

Pour $n \geqslant 1$, en primitivant le développement limité à l'ordre $n-1$ en 0 de $x \mapsto \dfrac{1}{1+x}$:

$$\frac{1}{1+x} = 1 - x + x^2 + \cdots + (-1)^{n-1}x^{n-1} + \mathrm{o}(x^{n-1}),$$

on obtient rapidement celui de la fonction $x \mapsto \ln(1+x)$ à l'ordre n :

$$\ln(1+x) = \ln(1) + x - \frac{x^2}{2} + \frac{x^3}{3} + \cdots + (-1)^{n-1}\frac{x^n}{n} + \mathrm{o}(x^n),$$

ce qui, comme $\ln(1) = 0$, donne :

$$\begin{aligned}\ln(1+x) &= x - \frac{x^2}{2} + \frac{x^3}{3} + \cdots + (-1)^{n-1}\frac{x^n}{n} + \mathrm{o}(x^n)\\ &= \sum_{k=1}^{n}(-1)^{k-1}\frac{x^k}{k} + \mathrm{o}(x^n).\end{aligned}$$

Ex. 10. Développement limité en 0 de la fonction Arctan

Soit $n \in \mathbb{N}$. En partant du développement limité :

$$\frac{1}{1+u} = 1 - u + u^2 - \cdots + (-1)^n u^n + \mathrm{o}(u^n),$$

et en substituant x^2 à u, on obtient :

$$\operatorname{Arctan}'(x) = \frac{1}{1+x^2} = 1 - x^2 + x^4 - \cdots + (-1)^n x^{2n} + \mathrm{o}(x^{2n}).$$

On obtient donc le développement limité de Arctan à l'ordre $2n+1$ en 0 en primitivant le développement limité précédent :

$$\operatorname{Arctan}(x) = \operatorname{Arctan}(0) + x - \frac{x^3}{3} + \frac{x^5}{5} - \cdots + (-1)^n\frac{x^{2n+1}}{2n+1} + \mathrm{o}(x^{2n+1}).$$

Comme $\operatorname{Arctan}(0) = 0$, on obtient :

$$\operatorname{Arctan}(x) = x - \frac{x^3}{3} + \frac{x^5}{5} - \cdots + (-1)^n\frac{x^{2n+1}}{2n+1} + \mathrm{o}(x^{2n+1}).$$

Attention Pour une fonction f dérivable, l'existence d'un développement limité à l'ordre n pour f n'implique pas l'existence d'un développement limité à l'ordre $n-1$ pour f'.

Ex. 11. La fonction f de l'exemple 7 de la page 511 admet un développement limité à l'ordre 2 au voisinage de 0 : $f(x) = x + \mathrm{o}(x^2)$. Mais comme f' n'a pas de limite en 0, elle n'admet de développement limité à aucun ordre en 0.

Remarque Dans cet exemple, $\varphi(x) = f(x) - x$ est négligeable devant x^2, mais $\varphi'(x)$ n'est pas négligeable devant $2x$, et ne tend même pas vers 0. En physique, cela traduit le fait qu'un signal de faible amplitude peut présenter néanmoins des variations rapides.

Proposition 9 (Formule de Taylor-Young à l'ordre n en 0)

Soit $n \in \mathbb{N}$. Si f est de classe $\mathcal{C}^n$ sur un intervalle I contenant 0 et d'intérieur non vide, alors elle admet un développement limité à l'ordre n en 0 qui s'écrit :

$$f(x) = \sum_{k=0}^{n} \frac{f^{(k)}(0)}{k!} x^k + o(x^n).$$

Démonstration page 539

Principe de démonstration. Procéder par récurrence sur n.

Ex. 12. Pour tout $n \in \mathbb{N}$, la fonction exp est de classe $\mathcal{C}^n$ sur $\mathbb{R}$. On peut donc appliquer la formule de Taylor-Young à l'ordre n en 0. Le calcul de la valeur des dérivées successives en 0 donne :

$$\forall k \in [\![0, n]\!] \quad \exp^{(k)}(0) = 1.$$

Donc, la formule de Taylor-Young nous donne :

$$e^x = \sum_{k=0}^{n} \frac{x^k}{k!} + o(x^n),$$

ou encore :

$$e^x = 1 + x + \frac{x^2}{2!} + \frac{x^3}{3!} + \cdots + \frac{x^n}{n!} + o(x^n).$$

Théorème 10 (Formule de Taylor-Young à l'ordre n en x_0)

Si f est de classe $\mathcal{C}^n$ sur un intervalle I contenant x_0 et d'intérieur non vide, alors elle admet un développement limité à l'ordre n en x_0 qui s'écrit :

$$f(x) = \sum_{k=0}^{n} \frac{f^{(k)}(x_0)}{k!} (x - x_0)^k + o\big((x - x_0)^n\big).$$

Démonstration. On applique la formule de Taylor-Young en 0 à $h \mapsto f(x_0 + h)$. □

Remarques

- La formule de Taylor-Young a d'abord un intérêt théorique, car elle garantit l'existence d'un développement limité.
- Elle n'est utile pour expliciter le développement limité sur un exemple concret que si les dérivées successives sont faciles à calculer, ce qui est rare.

6 Développements limités usuels

Cette partie est destinée à établir des développements limités en 0, à un ordre n quelconque, de fonctions usuelles.

Tout d'abord, on a déjà obtenu le développement limité à l'ordre n en 0 des fonctions $x \mapsto \dfrac{1}{1-x}$ et $x \mapsto \dfrac{1}{1+x}$ (cf. exemple 2 de la page 507) :

$$\frac{1}{1-x} = \sum_{k=0}^{n} x^k + o(x^n) = 1 + x + \cdots + x^n + o(x^n)$$

$$\frac{1}{1+x} = \sum_{k=0}^{n} (-1)^k x^k + o(x^n) = 1 - x + x^2 + \cdots + (-1)^n x^n + o(x^n)$$

(on peut déduire l'un de l'autre en remplaçant x par $-x$).

Obtention de développements limités par la formule de Taylor-Young

Les fonctions élémentaires suivantes étant de classe $\mathcal{C}^\infty$ au voisinage de 0, la formule de Taylor-Young nous assure qu'elles possèdent chacune un développement limité à tout ordre en 0, que l'on peut obtenir en déterminant les valeurs en 0 de leurs dérivées successives, comme pour la fonction exponentielle (exemple 12 de la page ci-contre).

- Les fonctions exponentielles et hyperboliques :

$$e^x = \sum_{k=0}^{n} \frac{x^k}{k!} + \mathrm{o}(x^n) = 1 + x + \frac{x^2}{2!} + \cdots + \frac{x^n}{n!} + \mathrm{o}(x^n)$$

$$\operatorname{ch} x = \sum_{k=0}^{n} \frac{x^{2k}}{(2k)!} + \mathrm{o}(x^{2n+1}) = 1 + \frac{x^2}{2!} + \frac{x^4}{4!} + \cdots + \frac{x^{2n}}{(2n)!} + \mathrm{o}(x^{2n+1})$$

$$\operatorname{sh} x = \sum_{k=0}^{n} \frac{x^{2k+1}}{(2k+1)!} + \mathrm{o}(x^{2n+2}) = x + \frac{x^3}{3!} + \frac{x^5}{5!} + \cdots + \frac{x^{2n+1}}{(2n+1)!} + \mathrm{o}(x^{2n+2})$$

- Les fonctions trigonométriques :

$$\cos x = \sum_{k=0}^{n} \frac{(-1)^k x^{2k}}{(2k)!} + \mathrm{o}(x^{2n+1}) = 1 - \frac{x^2}{2!} + \cdots + (-1)^n \frac{x^{2n}}{(2n)!} + \mathrm{o}(x^{2n+1})$$

$$\sin x = \sum_{k=0}^{n} \frac{(-1)^k x^{2k+1}}{(2k+1)!} + \mathrm{o}(x^{2n+2}) = x - \frac{x^3}{3!} + \cdots + (-1)^n \frac{x^{2n+1}}{(2n+1)!} + \mathrm{o}(x^{2n+2})$$

- Pour α réel quelconque, la fonction $x \mapsto (1+x)^\alpha$:

Exo 14.1

$$(1+x)^\alpha = 1 + \alpha x + \frac{\alpha(\alpha-1)}{2!}x^2 + \frac{\alpha(\alpha-1)(\alpha-2)}{3!}x^3 + \cdots + \frac{\alpha(\alpha-1)(\alpha-2)\cdots(\alpha-(n-1))}{n!}x^n + \mathrm{o}(x^n)$$

Ex. 13. Appliquons la formule précédente avec $\alpha = \frac{1}{2}$, afin d'obtenir le développement limité à l'ordre 3 en 0 de la fonction $x \mapsto \sqrt{1+x}$:

$$\begin{aligned}\sqrt{1+x} &= (1+x)^{1/2}\\ &= 1 + \frac{1}{2}x + \frac{1}{2!}\left(\frac{1}{2}\right)\left(\frac{1}{2}-1\right)x^2 + \frac{1}{3!}\left(\frac{1}{2}\right)\left(\frac{1}{2}-1\right)\left(\frac{1}{2}-2\right)x^3 + \mathrm{o}(x^3),\end{aligned}$$

ce qui donne $\sqrt{1+x} = 1 + \frac{1}{2}x - \frac{1}{8}x^2 + \frac{1}{16}x^3 + \mathrm{o}(x^3)$.

Approfondissement : coefficient binomial généralisé

Dans le cas où $\alpha \in \mathbb{N}$, les coefficients de la partie régulière du développement limité de la fonction $x \mapsto (1+x)^\alpha$ ne sont rien d'autre que les coefficients binomiaux $\binom{\alpha}{k}$, ce qui est cohérent avec la formule du binôme.

Il arrive que l'on étende ainsi la notation $\binom{\alpha}{k}$ pour un réel α quelconque :

$$\binom{\alpha}{k} = \frac{\alpha(\alpha-1)\cdots(\alpha-k+1)}{k!}.$$

Avec cette notation, le développement limité de $x \mapsto (1+x)^\alpha$ s'écrit :

$$\boxed{(1+x)^\alpha = \sum_{k=0}^{n} \binom{\alpha}{k} x^k + \mathrm{o}(x^n)}$$

ce qui lui donne une forme particulièrement sympathique et facile à retenir.

7 Exemples de développement limité en un réel x_0

Exo 14.2

Exo 14.3

Point méthode Lorsque l'on cherche le développement limité d'une fonction en un point x_0, on se ramène de manière quasi systématique à effectuer un développement limité en 0, en considérant la fonction $h \mapsto f(x_0+h)$.

Ex. 14. Donnons un développement limité à l'ordre 3 en 1 de la fonction $f : x \mapsto \frac{1}{x}$.

Tout d'abord, il est clair que f est définie sur $\mathbb{R}^*$ et donc définie au voisinage de 1. Le développement limité à l'ordre 3 en 0 de la fonction $h \mapsto f(1+h)$ s'écrit :

$$f(1+h) = \frac{1}{1+h} = 1 - h + h^2 - h^3 + \mathrm{o}(h^3).$$

On en déduit le développement limité à l'ordre 3 en 1 de f :

$$f(x) = 1 - (x-1) + (x-1)^2 - (x-1)^3 + \mathrm{o}\big((x-1)^3\big).$$

II Opérations sur les développements limités

L'utilisation de la formule de Taylor-Young n'est pas en général la meilleure méthode pour calculer effectivement le développement limité d'une fonction f, car elle suppose l'existence des dérivées successives de f et nécessite leur calcul (souvent pénible). Quant à la méthode de primitivation, elle est efficace lorsqu'elle peut s'appliquer, mais cela concerne des cas bien particuliers.

On préfère le plus souvent utiliser les résultats que l'on va établir dans cette partie, qui permettent d'obtenir des développements limités par somme, produit, quotient ou encore composition d'autres développements limités.

1 Somme de développements limités

Exo 14.4

Exo 14.5

Proposition 11

Si f et g sont deux fonctions définies sur un même ensemble $\mathcal{D}$ et admettent chacune un développement limité à l'ordre n en 0, alors il en est de même pour la fonction $f+g$.

Démonstration. C'est immédiat, car si les développements limités de f et g s'écrivent :

$$f(x)=P(x)+\mathrm{o}(x^n) \qquad \text{et} \qquad g(x)=Q(x)+\mathrm{o}(x^n),$$

alors on a :

$$f(x)+g(x)=\big(P(x)+\mathrm{o}(x^n)\big)+\big(Q(x)+\mathrm{o}(x^n)\big)=\underbrace{P(x)+Q(x)}_{\text{de degré au plus } n}+\underbrace{\mathrm{o}(x^n)+\mathrm{o}(x^n)}_{=\mathrm{o}(x^n)}. \qquad \square$$

Remarques

- On constate dans la démonstration précédente que la partie régulière du développement limité de $f+g$ s'obtient simplement en additionnant les parties régulières des développements limités de f et g.
- Soit $(\lambda,\mu)\in\mathbb{K}^2$. Si f et g sont deux fonctions admettant des développements limités à l'ordre n en 0, alors il est clair qu'il en est de même pour les fonctions $x\mapsto\lambda f(x)$ et $x\mapsto\mu g(x)$, et donc également, d'après la proposition précédente, pour la combinaison linéaire $x\mapsto\lambda f(x)+\mu g(x)$.

Ex. 15. Les développements limités à l'ordre 4 en 0 des fonctions $\sin$ et $\cos$ s'écrivent :

$$\sin x = x-\frac{x^3}{6}+\mathrm{o}(x^4) \qquad \text{et} \qquad \cos x = 1-\frac{x^2}{2}+\frac{x^4}{24}+\mathrm{o}(x^4).$$

Le développement limité de leur somme à l'ordre 4 en 0 est donc :

$$\sin x+\cos x = 1+x-\frac{x^2}{2}-\frac{x^3}{6}+\frac{x^4}{24}+\mathrm{o}(x^4).$$

Ex. 16. Retrouvons, à partir du développement limité à l'ordre $2n$ en 0 de la fonction $\exp$, les développements limités à l'ordre $2n$ en 0 des fonctions ch et sh.
On a :

$$e^x = 1+x+\frac{x^2}{2}+\frac{x^3}{6}+\cdots+\frac{x^{2n-1}}{(2n-1)!}+\frac{x^{2n}}{(2n)!}+\mathrm{o}(x^{2n})$$

$$e^{-x} = 1-x+\frac{x^2}{2}-\frac{x^3}{6}+\cdots-\frac{x^{2n-1}}{(2n-1)!}+\frac{x^{2n}}{(2n)!}+\mathrm{o}(x^{2n}).$$

On retrouve alors :

$$\mathrm{ch}(x)=\frac{e^x+e^{-x}}{2}=1+\frac{x^2}{2}+\cdots+\frac{x^{2n}}{(2n)!}+\mathrm{o}(x^{2n})$$

$$\mathrm{sh}(x)=\frac{e^x-e^{-x}}{2}=x+\frac{x^3}{6}+\cdots+\frac{x^{2n-1}}{(2n-1)!}+\mathrm{o}(x^{2n}).$$

2 Produit de développements limités

Proposition 12

Si f et g sont deux fonctions de $\mathcal{D}$ dans $\mathbb{K}$ admettant chacune un développement limité à l'ordre n en 0, alors il en est de même pour la fonction $f \times g$.

Démonstration. Supposons que f et g possèdent des développements limités qui s'écrivent :

$$f(x) = P(x) + x^n\,\varepsilon(x) \qquad \text{et} \qquad g(x) = Q(x) + x^n\,\eta(x),$$

les deux fonctions ε et η tendant vers 0 en 0.

En développant le produit $f(x)g(x)$, il vient :

$$f(x)g(x) = P(x)Q(x) + x^n\,\big(P(x)\eta(x) + Q(x)\,\varepsilon(x) + x^n\,\varepsilon(x)\,\eta(x)\big).$$

Comme les fonctions polynomiales P et Q sont continues donc bornées au voisinage de 0, on a $\lim\limits_{x\to 0} P(x)\eta(x) = \lim\limits_{x\to 0} Q(x)\varepsilon(x) = 0$ et donc finalement :

$$f(x)g(x) = P(x)Q(x) + \mathrm{o}(x^n).$$

Soit R la fonction polynomiale obtenue en tronquant à l'ordre n le produit PQ. Alors, R est une fonction polynomiale, de degré au plus n, qui vérifie $P(x)Q(x) = R(x) + \mathrm{o}(x^n)$. Il en résulte que :

$$f(x)g(x) = R(x) + \mathrm{o}(x^n),$$

ce qui est le développement limité à l'ordre n en 0 de la fonction $f \times g$. □

Remarques

- La démonstration précédente nous indique que la partie régulière du développement limité de $f \times g$ s'obtient en tronquant à l'ordre n le produit des parties régulières des développements limités de f et g.

  Autrement dit, et en reprenant les notations de la démonstration, $R(x)$ est obtenue, à partir de l'expression polynomiale $P(x)Q(x)$, en ne conservant que les termes de degré au plus n.

- Dans la pratique, pour obtenir le développement limité d'un produit, on pourra procéder de la façon suivante, sans avoir à introduire les fonctions ε et η.

  Supposons que f et g possèdent des développements limités qui s'écrivent :

  $$f(x) = P(x) + \mathrm{o}(x^n) \qquad \text{et} \qquad g(x) = Q(x) + \mathrm{o}(x^n).$$

  Il vient :

  $$f(x)g(x) = P(x)Q(x) + \underbrace{P(x)\mathrm{o}(x^n) + Q(x)\mathrm{o}(x^n) + \mathrm{o}(x^{2n})}_{=\mathrm{o}(x^n)}.$$

Ex. 17. Déterminons le développement limité à l'ordre 3 en 0 de la fonction :

$$f : x \mapsto \frac{e^x}{1-x}.$$

La fonction f apparaît comme le produit des fonctions $x \mapsto \dfrac{1}{1-x}$ et $x \mapsto e^x$, qui admettent les développements limités à l'ordre 3 en 0 suivants :

$$\frac{1}{1-x} = 1 + x + x^2 + x^3 + \mathrm{o}(x^3) \qquad \text{et} \qquad e^x = 1 + x + \frac{x^2}{2} + \frac{x^3}{6} + \mathrm{o}(x^3).$$

Il en résulte que :

$$f(x) = \left(1 + x + x^2 + x^3 + \mathrm{o}(x^3)\right)\left(1 + x + \frac{x^2}{2} + \frac{x^3}{6} + \mathrm{o}(x^3)\right),$$

ce qui donne, en développant et en simplifiant :

$$\begin{aligned} f(x) &= 1 + (x + x) + \left(\frac{x^2}{2} + x^2 + x^2\right) + \left(\frac{x^3}{6} + \frac{x^3}{2} + x^3 + x^3\right) + \mathrm{o}(x^3) \\ &= 1 + 2x + \frac{5}{2}x^2 + \frac{8}{3}x^3 + \mathrm{o}(x^3). \end{aligned}$$

Exo 14.6

Point méthode Comme on l'a fait dans l'exemple précédent, lorsque l'on effectue un produit de développements limités, on calcule un par un les différents termes par ordre croissant des exposants et l'on s'arrête lorsque l'on a obtenu l'ordre voulu.

Par récurrence, on déduit de la proposition 12 le résultat suivant.

Corollaire 13

Soit $p \in \mathbb{N}$. Si f est une fonction admettant un développement limité à l'ordre n en 0, alors il en est de même pour la fonction $x \mapsto f(x)^p$.

Démonstration. C'est une récurrence immédiate, car le résultat est évidemment vrai si $p = 0$, et si on le suppose vrai pour un certain $p \in \mathbb{N}$, alors en écrivant $f(x)^{p+1} = f(x)f(x)^p$, il suffit d'appliquer la proposition 12 de la page précédente aux fonctions f et f^p. □

Optimisation des ordres de précision

D'après la proposition 12 de la page ci-contre, lorsque l'on cherche le développement limité à l'ordre n d'une fonction de la forme $f \times g$, il peut sembler nécessaire d'effectuer les développements limités de f et g à l'ordre n.

En réalité, il arrive qu'il ne soit pas nécessaire de « pousser » les développements limités de f et g à l'ordre n, mais que l'on puisse se contenter d'un ordre plus petit. Commençons par un exemple.

Ex. 18. Développement limité à l'ordre 2 en 0 de la fonction $x \mapsto e^x \ln(1+x)$.

- **Méthode non optimale.** Si l'on écrit les développements limités à l'ordre 2 des fonctions $x \mapsto e^x$ et $x \mapsto \ln(1+x)$:

$$e^x = 1 + x + \frac{x^2}{2} + \mathrm{o}(x^2) \qquad \text{et} \qquad \ln(1+x) = x - \frac{x^2}{2} + \mathrm{o}(x^2),$$

alors en effectuant le produit, puis en développant et simplifiant, on obtient le résultat :

$$e^x \ln(1+x) = \left(1 + x + \frac{x^2}{2} + \mathrm{o}(x^2)\right)\left(x - \frac{x^2}{2} + \mathrm{o}(x^2)\right) = x + \frac{x^2}{2} + \mathrm{o}(x^2).$$

Cependant, dans le calcul précédent, on constate que, compte tenu du fait que l'on souhaite obtenir un développement à l'ordre 2, on a écrit un terme inutile. Il s'agit du terme $\frac{x^2}{2}$ apparaissant dans le premier facteur :

$$\left(1+x+\boxed{\frac{x^2}{2}}+o(x^2)\right)\left(x-\frac{x^2}{2}+o(x^2)\right).$$

En effet, lors du développement de l'expression, ce terme donne naissance aux trois nouveaux termes $\frac{x^3}{2}$, $-\frac{x^4}{4}$ et $\frac{x^2}{2}o(x^2)$, qui sont tous négligeables devant x^2.

- **Optimisation du calcul.** En fait, ici, on peut se contenter d'écrire le développement limité à l'ordre 1 de la fonction $x \mapsto e^x$ pour mener à bien le calcul. En effet, lorsque l'on écrit :

$$e^x \ln(1+x) = \big(1+x+o(x)\big)\left(x-\frac{x^2}{2}+o(x^2)\right),$$

les deux termes qui limitent la précision du calcul sont :

* le $o(x)$ du premier facteur, qui va être multiplié, « au minimum », par x, et donc qui va donner un terme en $o(x^2)$;
* le $o(x^2)$ du deuxième facteur (qui va être multiplié, « au minimum », par 1).

On obtient donc bien la précision en $o(x^2)$ souhaitée :

$$e^x \ln(1+x) = x + \left(-\frac{x^2}{2}+x^2\right) + o(x^2) = x + \frac{x^2}{2} + o(x^2).$$

Remarque Il faut bien comprendre que, dans l'exemple précédent, c'est l'absence de terme constant dans le développement limité de $x \mapsto \ln(1+x)$ qui permet de se contenter d'un ordre 1 pour le développement limité de l'autre facteur $x \mapsto e^x$.
En effet, en développant le produit, chaque terme du développement limité de $x \mapsto e^x$, et donc en particulier le terme $o(x)$, est multiplié par des termes polynomiaux dont l'exposant vaut au moins 1, ce qui entraîne ce « gain » d'un degré de précision.

Point méthode Dans un produit de développements limités, la factorisation par le terme prépondérant de chacun des facteurs (s'ils existent) permet de prévoir facilement l'ordre auquel les écrire pour obtenir le résultat souhaité.

Ex. 19. Développement limité de tan à l'ordre 5 en 0.

Nous allons utiliser la relation $\tan' = 1+\tan^2$ pour trouver le développement limité à l'ordre 5 de la fonction tan. Par primitivation, il suffit donc de connaître le développement limité à l'ordre 4 de sa dérivée, donc de $\tan^2$.
Factorisons par son terme prépondérant le développement limité de tan :

$$\tan x = x\big(1+\cdots+o(\cdots)\big) \qquad \text{et donc} \qquad (\tan x)^2 = x^2\,\big(1+\cdots+o(\cdots)\big)\,\big(1+\cdots+o(\cdots)\big).$$

Nous constatons qu'il suffit d'écrire les deux parenthèses avec un reste en $o(x^2)$ pour avoir un résultat en $x^2\,o(x^2) = o(x^4)$.

Il convient donc de partir du développement à l'ordre 3 de la fonction tan :

$$\tan x = x + \frac{x^3}{3} + \mathrm{o}(x^3) = x\Big(1 + \frac{x^2}{3} + \mathrm{o}(x^2)\Big).$$

Il en résulte que :

$$\tan^2 x = x^2\Big(1 + \frac{x^2}{3} + \mathrm{o}(x^2)\Big)^2 = x^2\Big(1 + \frac{2x^2}{3} + \mathrm{o}(x^2)\Big) = x^2 + \frac{2x^4}{3} + \mathrm{o}(x^4)$$

et l'on obtient :

$$\tan' x = 1 + \tan^2 x = 1 + x^2 + \frac{2x^4}{3} + \mathrm{o}(x^4).$$

Par primitivation, et comme $\tan 0 = 0$, on obtient le développement limité de la fonction tan à l'ordre 5 en 0 :

$$\tan x = x + \frac{x^3}{3} + \frac{2x^5}{15} + \mathrm{o}(x^5).$$

Remarque La fonction tan étant impaire, on obtient, sans effort supplémentaire, son développement à l'ordre 6 en 0 (qui existe par la formule de Taylor-Young puisque la fonction est de classe $\mathcal{C}^\infty$), le terme en x^6 étant nul.

Exo 14.7

Point méthode Dans un produit de développements limités, le terme prépondérant de chacun des facteurs (s'il existe) permet de prévoir facilement l'ordre auquel écrire l'autre facteur pour obtenir le résultat souhaité.

Ex. 20. Déterminons le développement limité à l'ordre 6 en 0 de la fonction :

$$f : x \mapsto \Big(\ln(1+x) - x + \frac{x^2}{2}\Big)\big(\cos x - 1\big).$$

Prévision des ordres

Le premier terme non nul dans le développement limité en 0 de $\ln(1+x) - x + \frac{x^2}{2}$ est $\frac{x^3}{3}$, dont l'exposant vaut 3.

De même, le premier terme non nul dans le développement limité en 0 de la fonction $x \mapsto \cos x - 1$ est $-\frac{x^2}{2}$, dont l'exposant vaut 2.

Écrivons donc :

$$f(x) = \left(\frac{x^3}{3} + \cdots + \mathrm{o}(x^p)\right)\left(-\frac{x^2}{2} + \cdots + \mathrm{o}(x^q)\right) = \cdots + \mathrm{o}(x^{q+3}) + \mathrm{o}(x^{p+2}).$$

Donc, pour obtenir le développement de f à l'ordre 6, il suffit d'avoir $p+2 = q+3 = 6$, c'est-à-dire de faire les développements limités :

- de la fonction $x \mapsto \ln(1+x) - x + \frac{x^2}{2}$ à l'ordre $p = 6-2 = 4$,
- de la fonction $x \mapsto \cos x - 1$ à l'ordre $q = 6-3 = 3$.

Calcul effectif. On a :

$$\ln(1+x) - x + \frac{x^2}{2} = \frac{x^3}{3} - \frac{x^4}{4} + o(x^4) \qquad \text{et} \qquad \cos x - 1 = -\frac{x^2}{2} + o(x^3),$$

ce qui s'écrit, après factorisation :

$$\ln(1+x) - x + \frac{x^2}{2} = x^3\Big(\frac{1}{3} - \frac{x}{4} + o(x)\Big) \qquad \text{et} \qquad \cos x - 1 = x^2\Big(-\frac{1}{2} + o(x)\Big)$$

On a donc :

$$f(x) = x^5\Big(\frac{1}{3} - \frac{x}{4} + o(x)\Big)\Big(-\frac{1}{2} + o(x)\Big) = x^5\Big(-\frac{1}{6} + \frac{x}{8} + o(x)\Big) = -\frac{x^5}{6} + \frac{x^6}{8} + o(x^6).$$

3 Quotient de développements limités

Développement limité de $\dfrac{1}{1-u}$

Proposition 14

Soit u une fonction telle que $\lim\limits_0 u = 0$. Si u admet un développement limité à l'ordre n en 0, alors la fonction $x \mapsto \dfrac{1}{1-u(x)}$ admet un développement limité à l'ordre n en 0, dont la partie régulière est la même que celle du développement limité à l'ordre n en 0 de la fonction $x \mapsto \sum\limits_{k=0}^{n} u(x)^k$.

Démonstration page 540

Point méthode La proposition 14 nous dit que pour déterminer le développement limité de $\dfrac{1}{1-u}$, où u est une fonction qui tend vers 0, il suffit de déterminer celui de la fonction $\sum\limits_{k=0}^{n} u^k$, qui s'obtient, par sommes et produits de développements limités, à partir du développement limité à l'ordre n en 0 de la fonction u.

Exo 14.8

Ex. 21. Déterminons le développement limité à l'ordre 3 en 0 de $f : x \mapsto \dfrac{1}{1-\ln(1+x)}$.

La fonction $x \mapsto \ln(1+x)$ tend vers 0 en 0, et possède un développement limité à l'ordre 3 en 0. Donc, d'après la proposition 14, la fonction f possède un développement limité à l'ordre 3 en 0, qui a même partie régulière que celui de la fonction :

$$x \mapsto 1 + \ln(1+x) + \ln(1+x)^2 + \ln(1+x)^3.$$

On a :

$$\ln(1+x) = x - \frac{x^2}{2} + \frac{x^3}{3} + o(x^3) = x\left(1 - \frac{x}{2} + \frac{x^2}{3} + o(x^2)\right),$$

puis :

$$\ln(1+x)^2 = x^2\big(1 - x + o(x)\big) = x^2 - x^3 + o(x^3) \qquad \text{et} \qquad \ln(1+x)^3 = x^3 + o(x^3).$$

Il en résulte que :

$$\begin{aligned} f(x) &= 1 + x + \left(-\frac{x^2}{2} + x^2\right) + \left(\frac{x^3}{3} - x^3 + x^3\right) + o(x^3) \\ &= 1 + x + \frac{x^2}{2} + \frac{x^3}{3} + o(x^3). \end{aligned}$$

Développement limité d'un quotient

Proposition 15

Soit f et g deux fonctions de $\mathcal{D}$ dans $\mathbb{K}$ admettant chacune un développement limité à l'ordre n en 0. Si g a une limite non nulle en 0, alors la fonction $\frac{f}{g}$ admet un développement limité à l'ordre n en 0.

Démonstration. La fonction g admettant une limite non nulle en 0, elle ne s'annule pas au voisinage de 0, ce qui assure que la fonction $\frac{f}{g}$ est bien définie au voisinage de 0.

Posons $\ell = \lim\limits_{0} g$. Au voisinage de 0, on peut écrire :

$$\frac{f(x)}{g(x)} = \frac{f(x)}{\ell} \times \frac{1}{1 - \left(1 - \frac{g(x)}{\ell}\right)}. \qquad (\star)$$

Notons u la fonction $x \mapsto 1 - \frac{g(x)}{\ell}$. Alors, u admet un développement limité à l'ordre n en 0 et $\lim\limits_{0} u = 0$. La proposition 14 de la page précédente donne alors que la fonction $\frac{1}{1-u}$ admet un développement limité à l'ordre n en 0.

Par suite, d'après la relation $(\star)$, la fonction $\frac{f}{g}$ admet un développement limité à l'ordre n en 0, comme produit de fonctions admettant chacune un développement limité à l'ordre n en 0. □

Point méthode Conformément à la démonstration précédente, pour déterminer un développement limité d'un quotient f/g, où g a une limite finie non nulle ℓ, on met en facteur ℓ au dénominateur de façon à l'écrire $g(x) = \ell\,(1 - u(x))$, où u tend vers 0.

Ex. 22. Déterminons le développement limité à l'ordre 3 en 0 de $x \mapsto \frac{1}{1+e^x}$.

On voit facilement que le dénominateur $1 + e^x$ tend vers 2 quand x tend vers 0. Écrivons :

$$\frac{1}{1+e^x} = \frac{1}{2} \times \frac{1}{\frac{1+e^x}{2}} = \frac{1}{2} \times \frac{1}{1 - \left(1 - \frac{1+e^x}{2}\right)} = \frac{1}{2} \times \frac{1}{1 - \left(\frac{1-e^x}{2}\right)}.$$

En notant u la fonction $x \mapsto \frac{1-e^x}{2}$, on a donc $\frac{1}{1+e^x} = \frac{1}{2} \times \frac{1}{1-u(x)}$.

Étant donné que $\lim\limits_{0} u = 0$ et que la fonction u admet un développement limité à l'ordre 3 en 0, la proposition 14 de la page 522 nous assure que la fonction $\dfrac{1}{1-u}$ admet un développement limité à l'ordre 3, de même partie régulière que celui de la fonction $1+u+u^2+u^3$. De plus, on a $u(x) = -\dfrac{x}{2} - \dfrac{x^2}{4} - \dfrac{x^3}{12} + \mathrm{o}(x^3)$, puis, après calculs :

$$u(x)^2 = \frac{x^2}{4} + \frac{x^3}{4} + \mathrm{o}(x^3) \qquad \text{et} \qquad u(x)^3 = -\frac{x^3}{8} + \mathrm{o}(x^3).$$

Il en résulte que :

$$\begin{aligned}\frac{1}{1-u(x)} &= 1 - \frac{x}{2} + \Big(-\frac{x^2}{4} + \frac{x^2}{4}\Big) + \Big(-\frac{x^3}{12} + \frac{x^3}{4} - \frac{x^3}{8}\Big) + \mathrm{o}(x^3)\\ &= 1 - \frac{x}{2} + \frac{x^3}{24} + \mathrm{o}(x^3),\end{aligned}$$

ce qui donne :

$$\frac{1}{1+e^x} = \frac{1}{2} - \frac{x}{4} + \frac{x^3}{48} + \mathrm{o}(x^3).$$

Ex. 23. Calculons le développement limité à l'ordre 5 de la fonction $\dfrac{\mathrm{sh}}{\mathrm{ch}} = \mathrm{sh} \times \dfrac{1}{\mathrm{ch}}\cdot$
Comme le premier terme non nul dans le développement limité en 0 de sh est de degré 1, on peut se contenter d'effectuer un développement de $\dfrac{1}{\mathrm{ch}}$ à l'ordre 4 $(= 5-1)$.

On a $\dfrac{1}{\mathrm{ch}(x)} = \dfrac{1}{1-\big(1-\mathrm{ch}(x)\big)}$, et donc :

$$\frac{1}{\mathrm{ch}(x)} = \frac{1}{1-u(x)} \qquad \text{avec} \qquad u : x \mapsto 1 - \mathrm{ch}\, x.$$

Comme $\lim\limits_{0} u = 0$ et que u possède un développement limité à l'ordre 4 en 0, la proposition 14 de la page 522 assure que la fonction $\dfrac{1}{1-u}$ possède un développement limité à l'ordre 4 en 0, de même partie régulière que celui de la fonction $1+u+u^2+u^3+u^4$.

Mais ici, il est inutile d'utiliser le développement limité à l'ordre 4 de $\dfrac{1}{1-u}$, puisque :

$$u(x) = -\frac{x^2}{2} - \frac{x^4}{24} + \mathrm{o}(x^4) = \mathrm{O}(x^2) \qquad \text{et donc} \qquad \mathrm{o}\big(u(x)^2\big) = \mathrm{o}(x^4).$$

Il suffit donc de s'arrêter à l'ordre 2.

Comme $u(x)^2 = \dfrac{x^4}{4} + \mathrm{o}(x^4)$, on obtient :

$$\frac{1}{1-u(x)} = 1 + u(x) + u(x)^2 + \mathrm{o}\big(u(x)^2\big) = 1 - \frac{x^2}{2} + \Big(-\frac{1}{24} + \frac{1}{4}\Big)x^4 + \mathrm{o}(x^4).$$

En utilisant le développement limité à l'ordre 5 en 0 de sh, on en déduit :

$$\begin{aligned}\mathrm{sh}(x) \times \frac{1}{\mathrm{ch}(x)} &= \left(x + \frac{x^3}{6} + \frac{x^5}{120} + \mathrm{o}(x^5)\right)\left(1 - \frac{x^2}{2} + \frac{5x^4}{24} + \mathrm{o}(x^4)\right) \\ &= x + \left(-\frac{x^3}{2} + \frac{x^3}{6}\right) + \left(\frac{5x^5}{24} - \frac{x^5}{12} + \frac{x^5}{120}\right) + \mathrm{o}(x^5) \\ &= x - \frac{x^3}{3} + \frac{2x^5}{15} + \mathrm{o}(x^5).\end{aligned}$$

Cas où le dénominateur tend vers 0

La proposition 15 de la page 523 ne s'applique pas à un quotient de la forme $\dfrac{f}{g}$ si la fonction g tend vers 0. Dans une telle situation, il est encore possible que la fonction $\dfrac{f}{g}$ possède un développement limité, mais ce n'est pas certain.

Exo 14.9

Point méthode Pour déterminer le développement limité d'un quotient (s'il existe), on factorise les développements limités des numérateur et dénominateur par leur terme prépondérant pour se ramener à la situation de la proposition 15 de la page 523.

Ex. 24. Considérons la fonction $f : x \mapsto \dfrac{e^x - 1 - x}{\ln(1+x)}$.

On cherche, s'il existe, le développement limité de f à l'ordre 3 en 0.

Partons des développements limités des fonctions $x \mapsto e^x - 1 - x$ et $x \mapsto \ln(1+x)$ aux ordres 4 et 3 respectivement (ce choix des ordres sera expliqué dans la remarque située après cet exemple). On a :

$$e^x - 1 - x = \frac{x^2}{2} + \frac{x^3}{6} + \frac{x^4}{24} + \mathrm{o}(x^4) \quad \text{et} \quad \ln(1+x) = x - \frac{x^2}{2} + \frac{x^3}{3} + \mathrm{o}(x^3),$$

ou, en factorisant par le terme prépondérant :

$$e^x - 1 - x = x^2\left(\frac{1}{2} + \frac{x}{6} + \frac{x^2}{24} + \mathrm{o}(x^2)\right) \quad \text{et} \quad \ln(1+x) = x\left(1 - \frac{x}{2} + \frac{x^2}{3} + \mathrm{o}(x^2)\right).$$

Cela donne l'égalité suivante :

$$f(x) = x \times \left(\frac{1}{2} + \frac{x}{6} + \frac{x^2}{24} + \mathrm{o}(x^2)\right) \times \frac{1}{1 - \left(\frac{x}{2} - \frac{x^2}{3} + \mathrm{o}(x^2)\right)}.$$

Après calculs, on obtient :

$$\frac{1}{1 - \left(\frac{x}{2} - \frac{x^2}{3} + \mathrm{o}(x^2)\right)} = 1 + \frac{x}{2} - \frac{x^2}{12} + \mathrm{o}(x^2)$$

puis, en calculant le produit :

$$\begin{aligned} f(x) &= x\left(\frac{1}{2}+\frac{x}{6}+\frac{x^2}{24}+o(x^2)\right)\left(1+\frac{x}{2}-\frac{x^2}{12}+o(x^2)\right) \\ &= x\left(\frac{1}{2}+\left(\frac{x}{4}+\frac{x}{6}\right)+\left(-\frac{x^2}{24}+\frac{x^2}{12}+\frac{x^2}{24}\right)+o(x^2)\right) \\ &= x\left(\frac{1}{2}+\frac{5x}{12}+\frac{x^2}{12}+o(x^2)\right)=\frac{x}{2}+\frac{5x^2}{12}+\frac{x^3}{12}+o(x^3), \end{aligned}$$

ce qui est le développement limité de f à l'ordre 3 en 0.

Remarque Dans cet exemple, pour savoir quels ordres choisir pour les développements limités des fonctions $x \mapsto e^x - 1 - x$ et $x \mapsto \ln(1+x)$, il faut essayer d'anticiper le calcul. La factorisation par les termes prépondérants donne :

$$f(x) = \frac{e^x-1-x}{\ln(1+x)} = \frac{x^2\left(\frac{1}{2}+\frac{x}{6}+\frac{x^2}{24}+\cdots\right)}{x\left(1-\frac{x}{2}+\frac{x^2}{3}+\cdots\right)} = x \times \underbrace{\left[\frac{\left(\frac{1}{2}+\frac{x}{6}+\frac{x^2}{24}+\cdots\right)}{1-\left(\frac{x}{2}-\frac{x^2}{3}+\cdots\right)}\right]}_{g(x)}.$$

Pour obtenir le développement à l'ordre 3 de f souhaité, il faut donc effectuer un développement limité à l'ordre 2 de la quantité $g(x)$ entre crochets. Cela nécessite un développement limité à l'ordre 2 du numérateur et du dénominateur de $g(x)$. Or, ceux-ci proviennent respectivement :

- de la factorisation par x^2 du développement limité de $x \mapsto e^x - 1 - x$;
- de la factorisation par x du développement limité de $x \mapsto \ln(1+x)$.

Cela explique les choix d'un ordre 4 pour le développement limité de $x \mapsto e^x - 1 - x$ et d'un ordre 3 pour le développement limité de $x \mapsto \ln(1+x)$.

Remarque Une mauvaise anticipation du calcul, et donc un choix un peu farfelu des ordres auxquels effectuer les développements limités, peut mener à deux situations.

- **Première situation.** Les ordres n'ont pas été choisis assez grands, et ne permettent pas d'obtenir la précision finale souhaitée. Dans ce cas, il faut recommencer en les choisissant mieux.
- **Deuxième situation.** Les ordres ont été choisis trop grands. Dans ce cas, on voit apparaître, lors du calcul, des termes inutiles qui disparaissent. Cette situation ne présente donc pas de gravité, si ce n'est qu'il est toujours dommage de faire des calculs plus compliqués que nécessaire !

4 Développements limités de fonctions composées

Conformément au programme, illustrons l'obtention de développements limités de fonctions composées à l'aide d'exemples.

Ex. 25. Effectuons le développement limité à l'ordre 4 en 0 de $x \mapsto \ln(1+\sin x)$.
Tout d'abord, le développement limité à l'ordre 4 en 1 de la fonction $\ln$ nous donne :

$$\forall u \in \left]-1,+\infty\right[\quad \ln(1+u) = u - \frac{u^2}{2}+\frac{u^3}{3}-\frac{u^4}{4}+u^4\varepsilon(u),$$

où ε est une fonction définie sur $]-1,+\infty[$ et qui tend vers 0 en 0.

Pour $x \in \left]-\frac{\pi}{2},\frac{\pi}{2}\right[$, on a $\sin x \in \left]-1,+\infty\right[$, et on peut donc substituer $\sin x$ à u dans le développement limité précédent :

$$\ln(1+\sin x) = \sin x - \frac{\sin^2 x}{2}+\frac{\sin^3 x}{3}-\frac{\sin^4 x}{4}+(\sin^4 x)\,\varepsilon(\sin x). \qquad (*)$$

On sait que $\sin x = x - \frac{x^3}{6} + o(x^4)$, ce qui donne :

$$\sin^2 x = x^2 - \frac{x^4}{3} + o(x^4), \qquad \sin^3 x = x^3 + o(x^4) \quad \text{et} \quad \sin^4 x = x^4 + o(x^4).$$

Puisque $\sin x \sim x$, on a $(\sin^4 x)\,\varepsilon(\sin x) \sim x^4 \underbrace{\varepsilon(\sin x)}_{\to 0} = o(x^4)$, et donc :

$$\begin{aligned}\ln(1+\sin x) = \Big(x - \frac{x^3}{6} + o(x^4)\Big) - \frac{1}{2}\Big(x^2 - \frac{x^4}{3} + o(x^4)\Big) + \frac{1}{3}\Big(x^3 + o(x^4)\Big)\\ - \frac{1}{4}\Big(x^4 + o(x^4)\Big) + o(x^4),\end{aligned}$$

ce qui, en simplifiant, donne le développement cherché :

$$\ln(1+\sin x) = x - \frac{x^2}{2} + \frac{x^3}{6} - \frac{x^4}{12} + o(x^4).$$

Simplification de rédaction

Pour rendre plus efficace la rédaction précédente, on peut utiliser les o de la façon suivante. Partant du développement limité :

$$\ln(1+u) = u - \frac{u^2}{2} + \frac{u^3}{3} - \frac{u^4}{4} + o(u^4),$$

on écrit la relation $(*)$ sous la forme :

$$\ln(1+\sin x) = \sin x - \frac{\sin^2 x}{2} + \frac{\sin^3 x}{3} - \frac{\sin^4 x}{4} + o(\sin^4 x).$$

Comme $\sin x \sim x = O(x)$, on a $o(\sin^4 x) = o(x^4)$, ce qui donne :

$$\ln(1+\sin x) = \sin x - \frac{\sin^2 x}{2} + \frac{\sin^3 x}{3} - \frac{\sin^4 x}{4} + o(x^4) = \cdots$$

Présentons maintenant l'exemple d'une situation plus délicate, montrant ainsi qu'il y a des précautions à prendre lorsque l'on cherche le développement limité d'une fonction composée.

Ex. 26. Effectuons le développement limité à l'ordre 3 en 0 de $x \mapsto \ln(1+e^x)$.

- **Ce qui ne marche pas.** Pour $x \in \mathbb{R}$, on a $e^x \in]-1,+\infty[$, donc il est licite de substituer e^x à u dans le développement limité à l'ordre 3 en 0 de la fonction $u \mapsto \ln(1+u)$:

$$\ln(1+u) = u - \frac{u^2}{2} + \frac{u^3}{3} + u^3\varepsilon(u),$$

où ε est une fonction définie sur $]-1,+\infty[$ et qui tend vers 0 en 0.

Cela donne :

$$\ln(1+e^x) = e^x - \frac{(e^x)^2}{2} + \frac{(e^x)^3}{3} + (e^x)^3\,\varepsilon(e^x).$$

Cependant, cela ne nous avance à rien. En effet, la seule information que l'on ait sur la fonction ε étant $\lim_0 \varepsilon = 0$, et comme $e^x \underset{x\to 0}{\longrightarrow} 1$, on ne peut rien dire de la quantité $\varepsilon(e^x)$ lorsque x tend vers 0. La formule est donc inexploitable.

- **Ce qui marche.** Afin de pouvoir tirer parti d'un développement limité de $\ln(1+u)$, il est nécessaire de substituer à u une quantité qui tend vers 0. Ici, il s'agit de transformer l'expression $\ln(1+e^x)$ de façon à voir apparaître une quantité de la forme $\ln\big(1+h(x)\big)$ avec $h(x) \underset{x\to 0}{\longrightarrow} 0$. Pour cela, écrivons :
$$\ln(1+e^x) = \ln\left(2\Big(\frac{1}{2}+\frac{e^x}{2}\Big)\right) = \ln 2 + \ln\Big(1+\frac{e^x-1}{2}\Big).$$
On a donc, en notant h la fonction $x \mapsto \dfrac{e^x-1}{2}$:
$$\ln(1+e^x) = \ln 2 + \ln\big(1+h(x)\big).$$
On a $h(x) \sim \frac{x}{2} = \mathrm{O}(x)$, donc $\mathrm{o}\big(h(x)^3\big) = \mathrm{o}(x^3)$. On peut donc partir du développement limité de $\ln(1+u)$ à l'ordre 3, ce qui donne :
$$\begin{aligned}\ln\big(1+h(x)\big) &= h(x) - \frac{1}{2}h(x)^2 + \frac{1}{3}h(x)^3 + \mathrm{o}\big(h(x)^3\big)\\ &= h(x) - \frac{1}{2}h(x)^2 + \frac{1}{3}h(x)^3 + \mathrm{o}(x^3). \qquad (\star)\end{aligned}$$
De plus, des calculs classiques donnent :
$$h(x) = \frac{x}{2}+\frac{x^2}{4}+\frac{x^3}{12}+\mathrm{o}(x^3) \qquad h(x)^2 = \frac{x^2}{4}+\frac{x^3}{4}+\mathrm{o}(x^3) \quad \text{et} \quad h(x)^3 = \frac{x^3}{8}+\mathrm{o}(x^3).$$
La relation $(\star)$ devient alors :
$$\ln\big(1+h(x)\big) = \Big(\frac{x}{2}+\frac{x^2}{4}+\frac{x^3}{12}\Big) - \frac{1}{2}\Big(\frac{x^2}{4}+\frac{x^3}{4}\Big) + \frac{1}{3}\Big(\frac{x^3}{8}\Big) + \mathrm{o}(x^3).$$
Le développement limité cherché est finalement $\ln(1+e^x) = \ln 2 + \dfrac{x}{2} + \dfrac{x^2}{8} + \mathrm{o}(x^3)$.

Point méthode Lorsque l'on cherche le développement limité en un point a d'une fonction composée de la forme $g \circ f$, les développements limités dont on a *a priori* besoin sont :

- celui de f en a ;
- celui de g en b, où b est la limite de f en a.

Si l'on connaît ces deux développements limités, alors le développement limité de $g \circ f$ en a s'obtient en substituant $f(x)$ à la variable utilisée dans l'écriture du développement limité de g.

Remarque

Dans la pratique, si le développement limité de g s'écrit sous la forme :
$$g(u) = a_0 + a_1(u-b) + \cdots + a_n(u-b)^n + (u-b)^n \underbrace{\varepsilon\big((u-b)^n\big)}_{\underset{u\to b}{\longrightarrow} 0},$$
alors, en substituant $f(x)$ à u, on obtient :
$$g\big(f(x)\big) = a_0 + a_1\big(f(x)-b\big) + \cdots + a_n\big(f(x)-b\big)^n + \big(f(x)-b\big)^n \underbrace{\varepsilon\big(f(x)-b\big)}_{\underset{x\to a}{\longrightarrow} 0}.$$
Le calcul peut alors se poursuivre en utilisant le développement limité de f en a.

Des situations classiques sont les recherches de développements limités pour des fonctions de la forme $x \mapsto \ln\big(f(x)\big)$ et $x \mapsto e^{f(x)}$, comme le détaillent les points méthodes ci-dessous.

Point méthode Pour une fonction de la forme $x \mapsto \ln\big(f(x)\big)$, et dans le cas où la fonction f possède une limite finie ℓ strictement positive, on peut écrire :

$$\ln\big(f(x)\big) = \ln\left(\ell\Big(\frac{f(x)}{\ell}\Big)\right) = \ln \ell + \ln\left(1 + \Big(\frac{f(x)}{\ell} - 1\Big)\right),$$

pour se ramener à utiliser le développement limité en 1 de la fonction ln.

Ex. 27. Déterminons le développement limité à l'ordre 4 en 0 de la fonction $x \mapsto \ln\Big(\dfrac{\sin x}{x}\Big)$.

Tout d'abord, remarquons que la fonction $x \mapsto \ln\Big(\dfrac{\sin x}{x}\Big)$ est définie sur $]-\pi, 0[\, \cup\,]0, \pi[$.

Comme la fonction $x \mapsto \dfrac{\sin x}{x}$ tend vers 1 en 0, il est naturel d'écrire :

$$\ln\Big(\frac{\sin x}{x}\Big) = \ln\left(1 + \Big(\frac{\sin x}{x} - 1\Big)\right).$$

En notant h la fonction $x \mapsto \dfrac{\sin x}{x} - 1$, on a donc $\ln\Big(\dfrac{\sin x}{x}\Big) = \ln\big(1 + h(x)\big)$.

Par le développement limité de sin en 0, on a $\sin x - x = O(x^3)$, donc $h(x) = O(x^2)$ et $o\big(h(x)^2\big) = o(x^4)$.

Nous pouvons donc utiliser un développement limité à l'ordre 2 en 0 de $u \mapsto \ln(1+u)$:

$$\ln(1+u) = u - \frac{u^2}{2} + o(u^2).$$

Comme $h(x) \underset{x\to 0}{\longrightarrow} 0$, on a $h(x) \in]-1, +\infty[$ pour x suffisamment proche de 0, et il est alors licite de substituer $h(x)$ à u dans le développement limité précédent, ce qui donne :

$$\ln\Big(\frac{\sin x}{x}\Big) = h(x) - \frac{1}{2}h(x)^2 + o\big(h(x)^2\big).$$

Puis, des calculs classiques donnent :

$$h(x) = -\frac{x^2}{6} + \frac{x^4}{120} + o(x^4) \qquad \text{et} \qquad h(x)^2 = \frac{x^4}{36} + o(x^4) = O(x^4).$$

On obtient finalement le développement limité suivant :

$$\ln\Big(\frac{\sin x}{x}\Big) = -\frac{x^2}{6} - \frac{x^4}{180} + o(x^4).$$

Point méthode Pour une fonction de la forme $x \mapsto e^{f(x)}$, et dans le cas où la fonction f possède une limite finie ℓ, on peut écrire :

$$e^{f(x)} = e^{\ell + f(x) - \ell} = e^{\ell} e^{f(x) - \ell},$$

Exo 14.10 pour se ramener à utiliser le développement limité en 0 de la fonction exp.

Attention Pour une fonction de la forme $x \mapsto \big(u(x)\big)^{v(x)}$, il ne faut surtout pas essayer d'utiliser le développement limité usuel de $t \mapsto (1+t)^\alpha$, qui nécessite que α soit constant (*i.e.* ne dépende pas de la variable), mais écrire :

$$\big(u(x)\big)^{v(x)} = e^{v(x)\ln\left(u(x)\right)},$$

pour se ramener à une fonction de la forme $x \mapsto e^{f(x)}$.

III Applications des développements limités

1 Recherche de limites et d'équivalents

Les développements limités peuvent être utilisés pour obtenir des équivalents. Plus précisément, la proposition 5 de la page 510 entraîne que si une fonction f admet en x_0 un développement limité d'ordre n de partie régulière :

$$\sum_{k=p}^{n} a_k (x-x_0)^k \quad \text{avec} \quad a_p \neq 0,$$

alors, au voisinage de x_0, on a l'équivalent $f(x) \sim a_p(x-x_0)^p$.

Ex. 28. Reprenons l'exemple 3 de la page 490 : on souhaite déterminer un équivalent au voisinage de 0 de la fonction f définie sur $\mathbb{R}$ par :

$$f(x) = \sin(2x) - \operatorname{sh}(2x).$$

Pour obtenir un équivalent de f, effectuons le développement limité de f à un ordre suffisant pour que la partie régulière soit non nulle. Ici, l'ordre 3 suffit puisque les développements limités des fonctions $\sin$ et sh diffèrent à partir de l'ordre 3 :

$$\sin(2x) = 2x - \frac{4}{3}x^3 + \mathrm{o}(x^3) \qquad \text{et} \qquad \operatorname{sh}(2x) = 2x + \frac{4}{3}x^3 + \mathrm{o}(x^3),$$

ce qui donne :

$$f(x) = -\frac{8}{3}x^3 + \mathrm{o}(x^3),$$

et fournit l'équivalent suivant pour f au voisinage de 0 : $f(x) \sim -\dfrac{8}{3}x^3$.

Exo 14.15

Point méthode Pour obtenir un équivalent d'un quotient de deux fonctions, le plus efficace est souvent de déterminer un équivalent du numérateur et un équivalent du dénominateur, puis de conclure par quotient d'équivalents.

Ex. 29. Déterminons un équivalent au voisinage de 0 de $\dfrac{\sin(2x)-\operatorname{sh}(2x)}{(2x-\sin x-\tan x)^2}\cdot$
On a déjà trouvé un équivalent du numérateur :

$$\sin(2x)-\operatorname{sh}(2x) \sim -\frac{8}{3}x^3.$$

Cherchons un équivalent du dénominateur. Pour cela, commençons par calculer un développement limité en 0 à l'ordre 3 de $x \mapsto 2x-\sin x-\tan x$:

$$\begin{aligned}2x-\sin x-\tan x &= 2x-\left(x-\frac{1}{6}x^3+\mathrm{o}(x^3)\right)-\left(x+\frac{1}{3}x^3+\mathrm{o}(x^3)\right)\\ &= -\frac{1}{6}x^3+\mathrm{o}(x^3) \sim -\frac{1}{6}x^3.\end{aligned}$$

On en déduit, par produit et quotient d'équivalents :

$$\frac{\sin(2x)-\operatorname{sh}(2x)}{(2x-\sin x-\tan x)^2} \sim \frac{-\frac{8}{3}x^3}{\left(-\frac{1}{6}x^3\right)^2} \sim -\frac{96}{x^3}.$$

Les techniques précédentes de recherche d'équivalents permettent aussi de déterminer des limites.

Ex. 30. Étudions la limite en 0 de la fonction :

$$x \mapsto \frac{3\sin x - x\,\cos x - 2x}{\sin^5 x}.$$

On a déjà $\sin^5 x \sim x^5$. Pour le numérateur, rappelons les développements limités :

$$\sin x = x-\frac{x^3}{6}+\frac{x^5}{120}+\mathrm{o}(x^5) \qquad \text{et} \qquad \cos x = 1-\frac{x^2}{2}+\frac{x^4}{24}+\mathrm{o}(x^4).$$

On en déduit que $3\sin x - x\,\cos x - 2x \sim -\dfrac{1}{60}x^5$, puis :

$$\frac{3\sin x - x\,\cos x - 2x}{\sin^5 x} \sim -\frac{\frac{1}{60}x^5}{x^5} \sim -\frac{1}{60}.$$

La fonction étudiée possède donc une limite en 0, qui vaut $-\dfrac{1}{60}\cdot$

Ex. 31. Déterminons un équivalent de la suite de terme général :

$$u_n = \exp\left(\frac{1}{n}\right) - \frac{n\,(n+1)}{1+n^2}.$$

Pour $n \in \mathbb{N}^*$, on a :

$$u_n = \exp\left(\frac{1}{n}\right) - \frac{\left(1+\frac{1}{n}\right)}{1+\frac{1}{n^2}} = f\left(\frac{1}{n}\right) \qquad \text{avec} \qquad f : x \mapsto e^x - \frac{1+x}{1+x^2}.$$

Après calculs, on obtient le développement limité à l'ordre 2 suivant pour f en 0 :

$$f(x) = \frac{3}{2}x^2 + \mathrm{o}(x^2).$$

On en déduit $f(x) \underset{x\to 0}{\sim} \dfrac{3}{2}x^2$, puis $u_n \sim \dfrac{3}{2n^2}\cdot$

2 Étude d'extrema

Proposition 16

Soit f une fonction définie sur un intervalle I et à valeurs réelles. On suppose que f admet, en un point x_0 intérieur à I, un extremum, local ou global, et un développement limité à l'ordre 1 : $f(x) = \alpha + \beta\,(x - x_0) + \mathrm{o}(x - x_0)$.

Alors $\beta = 0$.

Démonstration. L'existence d'un tel développement limité à l'ordre 1 entraîne la dérivabilité de f en x_0, avec $f'(x_0) = \beta$. Puisque x_0 est intérieur à I, si f admet un extremum en x_0, on a $f'(x_0) = 0$, c'est-à-dire $\beta = 0$. □

Remarque On sait déjà que cette condition de nullité de la dérivée n'est pas suffisante pour avoir un extremum. Un développement limité à un ordre supérieur peut permettre de montrer que l'on a effectivement affaire à un extremum local.

Proposition 17

Soit f une fonction à valeurs réelles définie sur un intervalle I et $x_0 \in I$. Si f admet un développement limité à l'ordre 2 en x_0 de la forme :

$$f(x) = f(x_0) + \gamma\,(x - x_0)^2 + \mathrm{o}\big((x - x_0)^2\big) \qquad \text{avec} \qquad \gamma \neq 0,$$

Alors :

- si $\gamma > 0$, la fonction f possède un minimum local en x_0 ;
- si $\gamma < 0$, la fonction f possède un maximum local en x_0.

Démonstration. Puisque $\gamma \neq 0$, on a $f(x) - f(x_0) = \gamma\,(x - x_0)^2 + \mathrm{o}\big((x - x_0)^2\big) \sim \gamma\,(x - x_0)^2$ donc $f(x) - f(x_0)$ est, au voisinage de x_0, du signe de $\gamma\,(x - x_0)^2$. □

Corollaire 18

Soit $f \in \mathcal{C}^2(I, \mathbb{R})$ et $x_0 \in I$. Si $f'(x_0) = 0$ et $f''(x_0) \neq 0$, alors f possède :

- un minimum local en x_0 si $f''(x_0) > 0$;
- un maximum local en x_0 si $f''(x_0) < 0$.

Démonstration. La formule de Taylor-Young donne :

$$f(x) = f(x_0) + \frac{f''(x_0)}{2}\,(x - x_0)^2 + \mathrm{o}\big((x - x_0)^2\big)$$

et la proposition précédente s'applique. □

3 Étude de l'allure d'une courbe au voisinage d'un point

Un développement limité peut permettre de déterminer l'allure de la courbe représentative d'une fonction dérivable au voisinage d'un point.

- L'existence d'une tangente non verticale au point d'abscisse x_0 du graphe d'une fonction f est équivalente à la dérivabilité de f en x_0, c'est-à-dire à l'existence d'un développement limité de f à l'ordre 1 en x_0.

- Dans ce cas, l'étude du signe de :

$$f(x) - f(x_0) - (x - x_0)\, f'(x_0)$$

permet de préciser la position de la courbe représentative de la fonction f par rapport à la tangente. D'après la proposition 14 de la page 485, on sait qu'il suffit d'obtenir un équivalent de cette quantité pour en connaître le signe au voisinage du point x_0.

Point méthode Si, en x_0, on dispose d'un développement limité à un ordre $p \geqslant 2$:

$$f(x) = a_0 + a_1\,(x - x_0) + a_p\,(x - x_0)^p + \mathrm{o}\big((x - x_0)^p\big) \quad \text{avec} \quad a_p \neq 0,$$

alors le graphe de f admet la droite d'équation $y = a_0 + a_1\,(x - x_0)$ pour tangente. De plus, au voisinage de x_0, la position de la courbe par rapport à cette tangente est donnée par le signe de $a_p(x - x_0)^p$.

Exo 14.16

Ex. 32.

En 0, la fonction $f : x \mapsto \frac{e^x}{1-x}$ a pour développement limité à l'ordre 2 (cf. exemple 17 de la page 518) :

$$f(x) = 1 + 2x + \frac{5}{2}x^2 + \mathrm{o}(x^2).$$

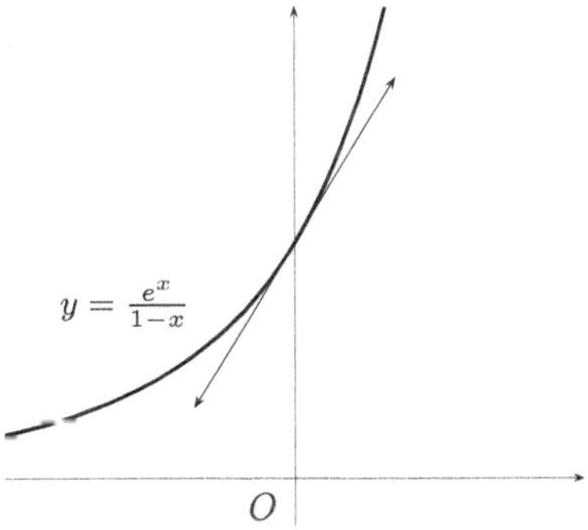

Son graphe est donc tangent à la droite d'équation $y = 1 + 2x$ et, au voisinage de 0, la courbe est au dessus de sa tangente car :

$$f(x) - (1 + 2x) = \frac{5}{2}x^2 + \mathrm{o}(x^2) \sim \frac{5}{2}x^2.$$

4 Recherche d'asymptotes

Ex. 33. Étudions, au voisinage de $+\infty$, la fonction f définie sur $]1,+\infty[$ par $f(x)=\sqrt{\dfrac{x^3}{x-1}}$.

- Comme $\dfrac{x^3}{x-1}\sim x^2$, on a $f(x)\sim\sqrt{x^2}\sim x$ (on a $x=\sqrt{x^2}$ puisque $x>1>0$).
  Cela donne en particulier $\lim\limits_{+\infty} f=+\infty$.
- Précisons le comportement de $\dfrac{f(x)}{x}$ à l'aide d'un développement limité. Pour $x>1$, on a (toujours en utilisant $x=\sqrt{x^2}$) :

$$\frac{f(x)}{x}=\frac{1}{x}\sqrt{\frac{x^3}{x-1}}=\sqrt{\frac{x}{x-1}}=\frac{1}{\sqrt{1-\frac{1}{x}}}\cdot$$

  Le développement limité suivant à l'ordre 2 en 0 :

$$\frac{1}{\sqrt{1-u}}=(1-u)^{-1/2}=1+\frac{1}{2}u+\frac{3}{8}u^2+\mathrm{o}(u^2)$$

  nous donne, au voisinage de $+\infty$:

$$\frac{f(x)}{x}=1+\frac{1}{2x}+\frac{3}{8x^2}+\mathrm{o}\left(\frac{1}{x^2}\right)$$

  ou encore :

$$f(x)=\underbrace{x+\frac{1}{2}}_{(1)}+\underbrace{\frac{3}{8x}+\mathrm{o}\left(\frac{1}{x}\right)}_{(2)}\cdot$$

Dans la dernière relation, le terme (1) est affine, et le terme (2) tend vers 0 en $+\infty$.

Plus précisément, on dispose de l'équivalent suivant au voisinage de $+\infty$:

$$f(x)-\left(x+\frac{1}{2}\right)\sim\frac{3}{8x}$$

qui met en évidence qu'au voisinage de $+\infty$:

- la courbe représentative de f se rapproche de la droite Δ d'équation $y=x+\dfrac{1}{2}$; cette droite est donc une asymptote à la courbe ;
- la courbe représentative de f est située (pour x assez grand) au-dessus de la droite Δ, car $\dfrac{3}{8x}$ est positif.

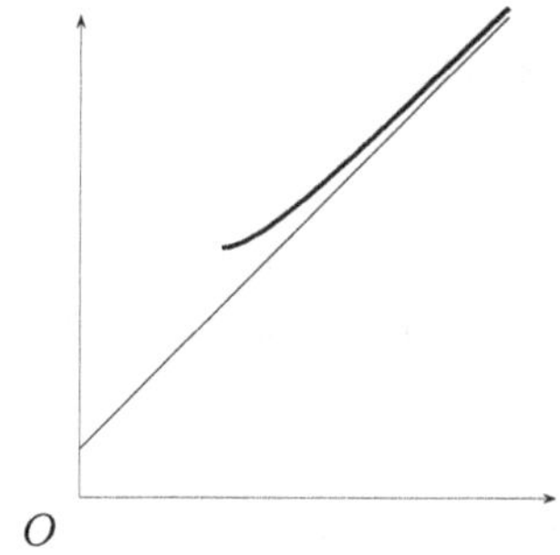

Remarques

- La droite Δ est appelée **asymptote oblique en $+\infty$** au graphe de la fonction f.
- La relation suivante :

$$f(x)=x+\frac{1}{2}+\frac{3}{8x}+\mathrm{o}\left(\frac{1}{x}\right)$$

  est appelée **développement asymptotique** de f au voisinage de l'infini à la précision $\dfrac{1}{x}\cdot$

5 Exemples de développements asymptotiques

Ex. 34. En remplaçant x par $1/n$ dans le développement limité $\operatorname{Arctan} x = x - \frac{x^3}{3} + \frac{x^5}{5} + \mathrm{o}(x^5)$, on obtient :

$$\operatorname{Arctan}\left(\frac{1}{n}\right) = \frac{1}{n} - \frac{1}{3n^3} + \frac{1}{5n^5} + \mathrm{o}\left(\frac{1}{n^5}\right).$$

Un tel développement est appelé *développement asymptotique*. Comme pour les développements limités, il précise un comportement local, ici de $u_n = \operatorname{Arctan}\left(\frac{1}{n}\right)$ lorsque n tend vers $+\infty$, par « approximations successives » :

- le premier terme donne un équivalent $u_n \sim \frac{1}{n}$;
- le deuxième terme, qui est négligeable devant le premier, précise la différence entre u_n et son équivalent : $u_n - \frac{1}{n} \sim -\frac{1}{3n^3}$;
- de même, le terme suivant précise encore les choses : $u_n - \frac{1}{n} + \frac{1}{3n^3} \sim \frac{1}{5n^5}$.

Ex. 35. De même, l'exemple 33 de la page précédente donne un développement asymptotique de la fonction f au voisinage de $+\infty$:

$$f(x) = x + \frac{1}{2} + \frac{3}{8x} + \mathrm{o}\left(\frac{1}{x}\right).$$

Dans ces deux exemples, le développement ne fait intervenir que des puissances positives ou négatives de la variable (n ou x suivant les cas). De même, un développement limité au voisinage d'un réel x_0 peut être vu comme un développement suivant les puissance entières *positives* de $x - x_0$.

Exo 14.17

Parfois, il arrive que l'on obtienne un développement asymptotique faisant intervenir une gamme de fonctions plus large que les fonctions puissances entières $x \mapsto x^k$ utilisées lors de développements limités.

Ex. 36. En remplaçant u par $\sqrt{x}$ dans le développement limité $\ln(1+u) = u - \frac{u^2}{2} + \frac{u^3}{3} + \mathrm{o}(u^3)$, on obtient, au voisinage de 0^+ :

$$\ln\left(1+\sqrt{x}\right) = \sqrt{x} - \frac{x}{2} + \frac{x^{3/2}}{3} + \mathrm{o}\left(x^{3/2}\right).$$

C'est ce que l'on appelle un développement asymptotique de $\ln\left(1+\sqrt{x}\right)$ à la précision $x^{3/2}$.

Exo 14.18

Mais il se peut aussi qu'il n'y ait pas que des fonctions puissances.

Ex. 37. Donnons un développement asymptotique en 0 de la fonction $f : x \mapsto (e\,x)^x$.
La fonction f est définie sur $\mathbb{R}_+^*$, donc au voisinage de 0. Pour $x > 0$, on a :

$$f(x) = e^x\, x^x = e^x\, e^{x \ln x}.$$

Écrivons le développement limité de la fonction exp à l'ordre 2 en 0 :

$$e^u = 1 + u + \frac{1}{2}u^2 + \mathrm{o}(u^2).$$

En remplaçant u par $x \ln x$ qui tend vers 0 lorsque x tend vers 0, on obtient, au voisinage de 0^+ :

$$e^{x \ln x} = 1 + x \ln x + \frac{1}{2} x^2 \ln^2 x + \mathrm{o}\big(x^2 \ln^2 x\big).$$

On a ainsi, au voisinage de 0^+ :

$$f(x) = \left(1 + x + \frac{x^2}{2} + \mathrm{o}\big(x^2\big)\right) \left(1 + x \ln x + \frac{1}{2} x^2 \ln^2 x + \mathrm{o}\big(x^2 \ln^2 x\big)\right).$$

En développant le produit, on constate que, parmi les termes en « o » qui apparaissent :

$\mathrm{o}(x^2)$	$\mathrm{o}(x^3 \ln x)$	$\mathrm{o}(x^4 \ln^2 x)$	qui proviennent du $\mathrm{o}(x^2)$ du premier facteur
$\mathrm{o}(x^2 \ln^2 x)$	$\mathrm{o}(x^3 \ln^2 x)$	$\mathrm{o}(x^4 \ln^2 x)$	qui proviennent du $\mathrm{o}(x^2 \ln^2 x)$ du deuxième facteur

c'est le terme $\mathrm{o}\big(x^2 \ln^2 x\big)$ qui « limite » la précision du calcul (tous les autres termes en « o », étant négligeables devant lui, n'ont donc pas à être écrits dans le calcul).
Après avoir développé, en écrivant les termes dans l'ordre de précision croissante, on obtient le développement suivant pour f :

$$f(x) = 1 + x \ln x + x + \frac{1}{2} x^2 \ln^2 x + \mathrm{o}\big(x^2 \ln^2 x\big). \qquad (\star)$$

C'est un développement asymptotique à la précision $x^2 \ln^2 x$.

Remarque Du développement asymptotique précédent obtenu pour f, on obtient les informations suivantes, qu'il est par ailleurs possible de retrouver directement à partir de l'expression de f :

- la fonction f tend vers 1 en 0 et peut donc être prolongée par continuité ;
- en appelant encore f le prolongement ainsi obtenu, on a :

$$\frac{f(x) - f(0)}{x} = \ln x + \mathrm{o}(\ln x) \sim \ln x \underset{x \to 0}{\longrightarrow} -\infty,$$

ce qui se traduit par l'existence d'une tangente verticale à la courbe en 0.

Démonstrations

Proposition 2 Raisonnons par l'absurde en supposant que $(a_0, \dots, a_n)$ et $(b_0, \dots, b_n)$ sont deux listes distinctes vérifiant :

$$\sum_{k=0}^{n} a_k\, x^k + \mathrm{o}(x^n) = \sum_{k=0}^{n} b_k\, x^k + \mathrm{o}(x^n).$$

On a alors :

$$\sum_{k=0}^{n} (a_k - b_k)\, x^k = \mathrm{o}(x^n). \qquad (\star)$$

Les deux listes étant distinctes, on peut poser $p = \min\{k \in [\![0,n]\!] \;:\; a_k \neq b_k\}$.

La relation $(\star)$ devient alors $\displaystyle\sum_{k=p}^{n} (a_k - b_k)\, x^k = \mathrm{o}(x^n)$.

En divisant par x^p (pour $x \neq 0$), on obtient :

$$\underbrace{a_p - b_p}_{\substack{\text{constante non nulle,}\\ \text{par définition de } p}} = \underbrace{\sum_{k=p+1}^{n} (b_k - a_k)\, x^{k-p} + \mathrm{o}(x^{n-p})}_{\underset{x\to 0}{\longrightarrow} 0},$$

ce qui aboutit à une contradiction.

Corollaire 3 Écrivons le développement limité à l'ordre n en 0 de f :

$$\forall x \in \mathcal{D}_f \quad f(x) = \sum_{k=0}^{n} a_k\, x^k + x^n \varepsilon(x) \quad \text{avec} \quad \lim_{0} \varepsilon = 0. \qquad (1)$$

La fonction f étant paire ou impaire, son ensemble de définition $\mathcal{D}_f$ est symétrique par rapport à 0. Pour $x \in \mathcal{D}_f$, on a donc $-x \in \mathcal{D}_f$, ce qui permet de substituer $-x$ à x dans la relation précédente. En notant $\widetilde{\varepsilon}$ la fonction $x \mapsto (-1)^n \varepsilon(-x)$, on a :

$$\forall x \in \mathcal{D}_f \quad f(-x) = \sum_{k=0}^{n} (-1)^k\, a_k\, x^k + x^n \widetilde{\varepsilon}(x) \quad \text{et} \quad \lim_{0} \widetilde{\varepsilon} = 0, \qquad (2)$$

qui est donc le développement limité à l'ordre n en 0 de la fonction $x \mapsto f(-x)$.

- Si f est paire, alors les fonctions f et $x \mapsto f(-x)$ sont égales. Les relations (1) et (2) permettent alors, par unicité du développement limité, d'affirmer que :

  $$\forall k \in [\![0,n]\!] \quad a_k = (-1)^k a_k,$$

  ce qui signifie que tous les coefficients d'indice impair sont nuls.

- De même, si f est impaire, alors les fonctions f et $x \mapsto -f(-x)$ sont égales. Cela entraîne que :

  $$\forall k \in [\![0,n]\!] \quad a_k = (-1)^{k+1} a_k,$$

  c'est-à-dire que tous les coefficients d'indice pair sont nuls.

Proposition 5 On a au voisinage de 0, par troncature :

$$f(x)=a_px^p+\sum_{k=p+1}^{n}a_kx^k=a_px^p+\mathrm{o}(x^p)=a_px^p+\mathrm{o}(a_px^p),$$

la dernière égalité venant du fait que $a_p\neq 0$.

On a ainsi $f(x)\sim a_px^p$. Si f est réelle, les coefficients de son développement limité sont réels, et la proposition 14 de la page 485 nous dit que $f(x)$ et a_px^p ont même signe (strict) au voisinage de 0.

Proposition 6

- Soit f une fonction admettant une limite finie ℓ en 0. Alors, en considérant la fonction $\varepsilon : x\mapsto f(x)-\ell$, on a :

$$\forall x\in\mathcal{D}_f\quad f(x)=\ell+\varepsilon(x)\qquad\text{et}\qquad\lim_{x\to 0}\varepsilon(x)=0,$$

ce qui prouve que f admet un développement limité à l'ordre 0 en 0.

- Réciproquement, si une fonction f possède un développement limité à l'ordre 0 en 0, de la forme $f(x)=a_0+\mathrm{o}(1)$, alors il est clair que f possède a_0 comme limite en 0.

Proposition 7

- Supposons que f possède un développement limité à l'ordre 1 en 0, que l'on écrit :

$$f(x)=a_0+a_1x+\mathrm{o}(x).$$

Comme f est définie en 0, il en résulte que f est continue en 0 et que $f(0)=a_0$. L'utilisation du développement limité à l'ordre 1 en 0 de f donne de plus :

$$\frac{f(x)-f(0)}{x}=\frac{a_0+a_1x+\mathrm{o}(x)-a_0}{x}=a_1+\mathrm{o}(1)\underset{x\to 0}{\longrightarrow}a_1,$$

ce qui prouve que f est dérivable en 0 et $f'(0)=a_1$.

- Réciproquement, si f est dérivable en 0, alors on a :

$$\frac{f(x)-f(0)}{x}=f'(0)+\mathrm{o}(1).$$

En multipliant par x, cela donne $f(x)=f(0)+f'(0)x+\mathrm{o}(x)$, ce qui est le développement limité à l'ordre 1 en 0 de f.

Proposition 8

Cas particulier. Supposons que F soit la primitive de f qui s'annule en 0, et que le développement limité de f soit de partie régulière nulle, *i.e.* :

$$F(0)=0\qquad\text{et}\qquad f(x)=\mathrm{o}(x^n).$$

Montrons qu'on a alors $F(x)=\mathrm{o}(x^{n+1})$, ce qui montrera que F possède un développement limité à l'ordre $n+1$ en 0 dont la partie régulière est nulle.

Par hypothèse, il existe une fonction u tendant vers 0 telle que $\forall x\in I\quad f(x)=x^n\,u(x)$. Par continuité de f, on a :

$$\forall x\in I\quad F(x)=F(0)+\int_0^x f(t)\,\mathrm{d}t=\int_0^x t^n\,u(t)\,\mathrm{d}t.$$

Soit $x\in I$. En effectuant le changement de variable $[t=xs]$ dans cette intégrale, on obtient :

$$F(x)=\int_0^1 x^n\,s^n\,u(sx)\,x\,\mathrm{d}s=x^{n+1}\underbrace{\int_0^1 s^n\,u(sx)\,\mathrm{d}s}_{J(x)}.$$

Il ne reste donc plus qu'à montrer que $J(x)$ tend vers 0 lorsque x tend vers 0 pour prouver le résultat.

Soit $\varepsilon > 0$. Puisque $\lim_0 u = 0$, il existe un réel $\eta > 0$ tel que $\forall x \in [-\eta, \eta] \quad |u(x)| \leqslant \varepsilon$.

Soit $x \in [-\eta, \eta]$. Pour tout $s \in [0,1]$, on a alors $|sx| \leqslant \eta$ donc $|u(sx)| \leqslant \varepsilon$, ce qui donne :

$$|J(x)| \leqslant \int_0^1 |s^n u(sx)| \, \mathrm{d}s \leqslant \int_0^1 \varepsilon \, \mathrm{d}s = \varepsilon$$

et permet de conclure.

Cas général. Comme le développement de f à l'ordre n en 0 s'écrit :

$$f(x) = \sum_{k=0}^{n} a_k \, x^k + \mathrm{o}(x^n),$$

alors en notant g la fonction $x \mapsto f(x) - \sum_{k=0}^{n} a_k \, x^k$, on a $g(x) = \mathrm{o}(x^n)$.

Soit F une primitive de f. On vérifie facilement que la fonction :

$$x \mapsto F(x) - F(0) - \sum_{k=0}^{n} \frac{a_k}{k+1} x^{k+1}$$

est la primitive de g qui s'annule en 0.

D'après la première partie de la démonstration, on a donc :

$$F(x) - F(0) - \sum_{k=0}^{n} \frac{a_k}{k+1} x^{k+1} = \mathrm{o}(x^{n+1}),$$

ce qui donne :

$$F(x) = F(0) + \sum_{k=0}^{n} \frac{a_k}{k+1} x^{k+1} + \mathrm{o}(x^{n+1}),$$

et prouve le résultat attendu.

Proposition 9 Montrons, par récurrence sur $n \in \mathbb{N}$:

$$\forall f \in \mathcal{C}^n(I, \mathbb{K}) \quad f(x) = \sum_{k=0}^{n} \frac{f^{(k)}(0)}{k!} \, x^k + \mathrm{o}(x^n). \qquad (H_n)$$

Preuve de H_0. Soit $f \in \mathcal{C}^0(I, \mathbb{K})$. La continuité de f en 0 s'exprime ainsi :

$$f(x) = f(0) + \mathrm{o}(1) \ ;$$

c'est la formule de Taylor-Young à l'ordre 0.

Hérédité. Supposons H_n vraie à un rang $n \in \mathbb{N}$ et prouvons H_{n+1}.

Soit $f \in \mathcal{C}^{n+1}(I, \mathbb{K})$. On a alors $f' \in \mathcal{C}^n(I, \mathbb{K})$ et donc, d'après H_n, la fonction f' possède un développement limité à l'ordre n en 0 qui s'écrit :

$$f'(x) = \sum_{k=0}^{n} \frac{(f')^{(k)}(0)}{k!} \, x^k + \mathrm{o}(x^n) = \sum_{k=0}^{n} \frac{f^{(k+1)}(0)}{k!} \, x^k + \mathrm{o}(x^n).$$

En utilisant la proposition 8 de la page 512, on en déduit que f possède un développement limité à l'ordre $n+1$ en 0, obtenu par primitivation :

$$f(x) = f(0) + \sum_{k=0}^{n} \frac{f^{(k+1)}(0)}{k!} \frac{x^{k+1}}{k+1} + \mathrm{o}(x^{n+1}) = \sum_{k=0}^{n+1} \frac{f^{(k)}(0)}{k!} x^k + \mathrm{o}(x^{n+1}),$$

ce qui est la formule de Taylor-Young à l'ordre $n+1$, c'est-à-dire H_{n+1}.

Cela termine la démonstration par récurrence.

Proposition 14 Comme u tend vers 0 en 0, la fonction $1-u$ ne s'annule pas au voisinage de 0, ce qui assure que la fonction $\dfrac{1}{1-u}$ est définie au voisinage de 0.

Supposons que u possède un développement limité à l'ordre n en 0, et montrons qu'il en est de même pour la fonction $\dfrac{1}{1-u}\cdot$

Le développement limité à l'ordre n en 0 de la fonction $h \mapsto \dfrac{1}{1-h}$ s'écrit :

$$\forall h \in \mathbb{R} \setminus \{1\} \quad \frac{1}{1-h} = \sum_{k=0}^{n} h^k + h^n \varepsilon(h),$$

où ε est une fonction définie sur $\mathbb{R} \setminus \{1\}$ admettant 0 comme limite en 0.

Le fait que $\lim\limits_{0} u = 0$ assure que, pour x suffisamment petit, on a $u(x) \neq 1$, ce qui permet de substituer $u(x)$ à h dans le développement limité précédent :

$$\frac{1}{1-u(x)} = \sum_{k=0}^{n} u(x)^k + u(x)^n \varepsilon\big(u(x)\big). \qquad (\star)$$

- D'après le corollaire 13 de la page 519, chacune des fonctions u^k admet un développement limité à l'ordre n. Il en est donc de même pour la fonction $\sum\limits_{k=0}^{n} u^k$.
- Montrons pour finir que $u(x)^n \varepsilon\big(u(x)\big) = \mathrm{o}(x^n)$. Cela entraînera, grâce à la relation $(\star)$, que la fonction $\dfrac{1}{1-u}$ possède un développement limité à l'ordre n en 0, qui a même partie régulière que celui de la fonction $\sum\limits_{k=0}^{n} u^k$.
  * Si $n=0$, le résultat est évident puisque $u(x)^n \varepsilon\big(u(x)\big) = \varepsilon\big(u(x)\big) \underset{x\to 0}{\longrightarrow} 0$, ce qui donne $u(x)^n \varepsilon\big(u(x)\big) = \mathrm{o}(1)$.
  * Sinon, écrivons le développement limité à l'ordre 1 en 0 de u :

$$u(x) = a_0 + a_1 x + \mathrm{o}(x).$$

  Comme $\lim\limits_{0} u = 0$, on a $a_0 = 0$, ce qui entraîne que $u(x) = x\big(a_1 + \mathrm{o}(1)\big) = \mathrm{O}(x)$. Il en résulte que $u(x)^n = \mathrm{O}(x^n)$, puis que :

$$\underbrace{u(x)^n}_{=\mathrm{O}(x^n)} \underbrace{\varepsilon\big(u(x)\big)}_{\underset{x\to 0}{\longrightarrow} 0} = \mathrm{O}(x^n)\mathrm{o}(1) = \mathrm{o}(x^n).$$

S'entraîner et approfondir

Développements limités

14.1 Déterminer le développement limité à l'ordre 3 en 0 de la fonction $x \mapsto \dfrac{1}{\sqrt{1+x}}\cdot$
→515

14.2 Donner un développement limité à l'ordre 2 de la fonction cos en $\dfrac{\pi}{3}\cdot$
→516

14.3 Étant donné $x_0 \in \mathbb{R}$, donner un développement limité à l'ordre 3 en x_0 de la fonction exp.
→516

14.4 Donner le développement limité à l'ordre 3 en 0 de la fonction $x \mapsto e^x + \ln(1+x)$.
→517

14.5 Donner le développement limité à l'ordre 3 en 0 de la fonction $x \mapsto \dfrac{1}{1-x} - e^x$.
→517

14.6 Donner le développement limité à l'ordre 2 en 0 de la fonction $x \mapsto e^x(1+x)^{1/3}$.
→519

14.7 Déterminer le développement limité à l'ordre 7 en 0 de la fonction :
→521

$$f : x \mapsto (1-\cos x)(e^x - 1)(x - \sin x).$$

14.8 Déterminer le développement limité à l'ordre 4 en 0 de la fonction $f : x \mapsto \dfrac{1}{\cos x}\cdot$
→522

14.9 On considère la fonction $f : x \mapsto \dfrac{\sqrt{1+x}-1}{x^3 - 1 + \cos x}\cdot$
→525

1. Montrer que f n'a pas de développement limité en 0.
2. Montrer que la fonction $x \mapsto xf(x)$ admet un développement limité à l'ordre 2 en 0, et le déterminer.

14.10 Déterminer le développement limité à l'ordre 2 en 0 de la fonction $x \mapsto e^{\sqrt{1+x}}$.
→529

14.11 Déterminer le développement limité à l'ordre 3 en 0 de la fonction $x \mapsto \ln(1+\cos x)$.

14.12 Pour tout entier naturel n, on définit :

$$I_n = \int_0^1 \frac{\mathrm{d}t}{1+t^n}\cdot$$

1. Montrer que la suite $(I_n)_{n\in\mathbb{N}}$ tend vers 1 et, plus précisément, que :

$$I_n - 1 = \mathrm{O}\left(\frac{1}{n}\right).$$

2. En utilisant une intégration par parties, montrer que :

$$I_n = 1 - \frac{\ln 2}{n} + \mathrm{o}\left(\frac{1}{n}\right).$$

14.13 1. Donner le développement limité de $f : x \mapsto \sqrt{x}$ à l'ordre 3 au point 2.

2. La fonction f admet-elle un développement limité d'ordre $n \geqslant 1$ en 0 ?

14.14 Calculer les développements limités suivants :

1. $x \mapsto \sqrt{1-x} + \sqrt{1+x}$ à l'ordre 4 en 0,
2. $x \mapsto \ln(1+x)^2$ à l'ordre 4 en 0,
3. $x \mapsto \dfrac{x^2+1}{x^2+2x+2}$ à l'ordre 3 en 0,
4. $x \mapsto \ln\left(\dfrac{1}{\cos x}\right)$ à l'ordre 4 en 0,
5. $x \mapsto \dfrac{1}{(x+1)(x-2)}$ à l'ordre 3 en 0.

Applications

14.15 Déterminer $\lim\limits_{x \to 0} \left(\dfrac{1}{x} - \dfrac{1}{\ln(1+x)}\right)$.
→530

14.16 Au voisinage de 0, étudier la position de la courbe représentative de la fonction $f : x \mapsto \dfrac{1}{1+e^x}$ par rapport à sa tangente.
→533

14.17 Soit f la fonction $x \mapsto \sqrt{\dfrac{\ln^2(1+x)}{\sin^3 x}}$.
→535

1. La fonction f possède-t-elle un développement limité en 0 ?
2. Donner un développement asymptotique de f à la précision $x\sqrt{x}$.

14.18 Soit $f : \begin{array}{ccc} \mathbb{R}_+^* & \longrightarrow & \mathbb{R} \\ x & \longmapsto & x^{1+\frac{1}{x}}. \end{array}$
→535

1. Montrer que $f(x) \underset{+\infty}{\sim} x$.
2. Déterminer un développement asymptotique à trois termes de f.
3. Le graphe de la fonction f admet-il une asymptote oblique en $+\infty$?

14.19 1. Trouver la limite lorsque x tend vers 0 de $\left(\dfrac{x}{\sin x}\right)^{\frac{\sin x}{x - \sin x}}$.

2. Trouver la limite lorsque x tend vers 0 de $\left(1 + 3\tan^2 x\right)^{\frac{1}{x \sin x}}$.

14.20 Montrer que la fonction $f : x \mapsto \dfrac{1}{\sin x} - \dfrac{1}{x}$ se prolonge en une fonction de classe $\mathcal{C}^1$ sur $]-\pi, \pi[$.

14.21 Déterminer les limites suivantes :

1. $\lim\limits_{x\to 0} \dfrac{a^x - b^x}{x}$ avec $(a,b) \in (\mathbb{R}_+^*)^2$,

2. $\lim\limits_{x\to 0} \left(\dfrac{a^x + b^x}{2}\right)^{\frac{1}{x}}$ avec $(a,b) \in (\mathbb{R}_+^*)^2$,

3. $\lim\limits_{x\to 0} \dfrac{(1+x)^{\frac{1}{x}} - e}{x}$.

14.22 Déterminer le développement limité de la fonction Arctan à l'ordre 4 en 1.
En déduire l'allure de sa courbe représentative au voisinage du point d'abscisse 1.

14.23 Pour $n \in \mathbb{N}^*$, on considère la fonction f_n définie sur $\left[0, \dfrac{\pi}{2}\right]$ par :

$$f_n : x \mapsto n \cos^n x \sin x.$$

1. Montrer que, pour tout $n \in \mathbb{N}^*$, la fonction f_n possède un maximum, atteint en un unique point x_n. On note $y_n = f_n(x_n)$.
2. Trouver un équivalent pour chacune des suites $(x_n)_{n\in\mathbb{N}^*}$ et $(y_n)_{n\in\mathbb{N}^*}$.

14.24 Soit f l'application définie sur $[\sqrt{2}, +\infty[$ par :

$$f(x) = \left((x^2 - 2)(x+3)\right)^{1/3}.$$

1. Montrer qu'il existe trois réels a, b et c tels que :

$$f(x) = ax + b + \frac{c}{x} + \underset{x\to+\infty}{\mathrm{o}}\left(\frac{1}{x}\right).$$

2. Interpréter graphiquement ce qui précède.

14.25 Soit f la fonction définie par :

$$f(x) = \int_x^{x^2} \frac{\mathrm{d}t}{\sqrt{1+t^2}}.$$

1. Donner un développement limité de f en 0 à l'ordre 4.
2. Donner l'allure de la courbe représentative de f en 0.

Solutions des exercices

14.1 Puisque $\dfrac{1}{\sqrt{1+x}} = (1+x)^{-\frac{1}{2}}$, il suffit d'appliquer la formule du développement limité de $x \mapsto (1+x)^{\alpha}$ avec $\alpha = -\dfrac{1}{2}$. On obtient :

$$\frac{1}{\sqrt{1+x}} = (1+x)^{-1/2} = 1 - \frac{1}{2}x + \frac{1}{2!}\Big(-\frac{1}{2}\Big)\Big(-\frac{1}{2}-1\Big)x^2 + \frac{1}{3!}\Big(-\frac{1}{2}\Big)\Big(-\frac{1}{2}-1\Big)\Big(-\frac{1}{2}-2\Big)x^3 + \mathrm{o}(x^3),$$

ce qui donne :

$$\frac{1}{\sqrt{1+x}} = 1 - \frac{1}{2}x + \frac{3}{8}x^2 - \frac{5}{16}x^3 + \mathrm{o}(x^3).$$

14.2 La fonction cos est de classe $\mathcal{C}^{\infty}$ et donc de classe $\mathcal{C}^2$ sur $\mathbb{R}$. On peut donc lui appliquer la formule de Taylor-Young à l'ordre 2 en $\frac{\pi}{3}$.
La formule de Taylor-Young est efficace ici, car les dérivées de la fonction cos sont immédiates à calculer (on a $\cos' = -\sin$ et $\cos'' = -\cos$). On obtient :

$$\cos\Big(\frac{\pi}{3}\Big) = \frac{1}{2}, \qquad \cos'\Big(\frac{\pi}{3}\Big) = -\frac{\sqrt{3}}{2} \qquad \text{et} \qquad \cos''\Big(\frac{\pi}{3}\Big) = -\frac{1}{2}.$$

Le développement limité à l'ordre 2 en $\dfrac{\pi}{3}$ de la fonction cos s'écrit donc :

$$\cos(x) = \frac{1}{2} - \frac{\sqrt{3}}{2}\Big(x - \frac{\pi}{3}\Big) - \frac{1}{4}\Big(x - \frac{\pi}{3}\Big)^2 + \mathrm{o}\bigg(\Big(x - \frac{\pi}{3}\Big)^2\bigg).$$

14.3 La fonction exponentielle est de classe $\mathcal{C}^{\infty}$ et donc de classe $\mathcal{C}^3$ sur $\mathbb{R}$. On peut donc lui appliquer la formule de Taylor-Young à l'ordre 3 en x_0.
Comme ses dérivées successives en x_0 valent toutes e^{x_0}, on obtient :

$$e^x = e^{x_0} + e^{x_0}(x - x_0) + \frac{e^{x_0}}{2}(x-x_0)^2 + \frac{e^{x_0}}{6}(x-x_0)^3 + \mathrm{o}\big((x-x_0)^3\big).$$

On peut aussi écrire $e^{x_0+h} = e^{x_0}\,e^h$ et utiliser le développement limité de la fonction exponentielle en 0. On obtient :

$$e^{x_0+h} = e^{x_0}\Big(1 + h + \frac{h^2}{2} + \frac{h^3}{6} + \mathrm{o}(h^3)\Big),$$

ce qui redonne le résultat obtenu avec la formule de Taylor-Young (tant mieux !) .

14.4 Écrivons les développements limités à l'ordre 3 en 0 des fonctions $x \mapsto e^x$ et $x \mapsto \ln(1+x)$:

$$e^x = 1 + x + \frac{x^2}{2} + \frac{x^3}{6} + \mathrm{o}(x^3) \qquad \text{et} \qquad \ln(1+x) = x - \frac{x^2}{2} + \frac{x^3}{3} + \mathrm{o}(x^3).$$

Le développement limité cherché est donc :

$$\begin{aligned} e^x + \ln(1+x) &= (1+0) + (1+1)x + \Big(\frac{1}{2} - \frac{1}{2}\Big)x^2 + \Big(\frac{1}{6} + \frac{1}{3}\Big)x^3 + \mathrm{o}(x^3) \\ &= 1 + 2x + \frac{x^3}{2} + \mathrm{o}(x^3). \end{aligned}$$

14.5 Les développements limités à l'ordre 3 en 0 des fonctions $x \mapsto \dfrac{1}{1-x}$ et $x \mapsto e^x$ s'écrivent :

$$\frac{1}{1-x} = 1 + x + x^2 + x^3 + o(x^3) \qquad \text{et} \qquad e^x = 1 + x + \frac{x^2}{2} + \frac{x^3}{6} + o(x^3).$$

Cela donne le développement limité de $x \mapsto \dfrac{1}{1-x} - e^x$ suivant :

$$\begin{aligned}\frac{1}{1-x} - e^x &= (1-1) + (1-1)x + \Big(1 - \frac{1}{2}\Big)x^2 + \Big(1 - \frac{1}{6}\Big)x^3 + o(x^3)\\ &= \frac{1}{2}\,x^2 + \frac{5}{6}\,x^3 + o(x^3).\end{aligned}$$

14.6 Écrivons les développements limités à l'ordre 2 en 0 des fonctions $x \mapsto e^x$ et $x \mapsto (1+x)^{1/3}$:

$$e^x = 1 + x + \frac{x^2}{2} + o(x^2) \qquad \text{et} \qquad (1+x)^{1/3} = 1 + \frac{x}{3} - \frac{x^2}{9} + o(x^2).$$

Il en résulte que :

$$e^x(1+x)^{1/3} = \Big(1 + x + \frac{x^2}{2} + o(x^2)\Big)\Big(1 + \frac{x}{3} - \frac{x^2}{9} + o(x^2)\Big),$$

ce qui donne, en développant et en simplifiant :

$$\begin{aligned}e^x(1+x)^{1/3} &= 1 + \Big(\frac{1}{3} + 1\Big)x + \Big(-\frac{1}{9} + \frac{1}{3} + \frac{1}{2}\Big)x^2 + o(x^2)\\ &= 1 + \frac{4}{3}x + \frac{13}{18}x^2 + o(x^2).\end{aligned}$$

14.7 **Prévision des ordres.** Les premiers termes non nuls dans les développements limités en 0 des fonctions $x \mapsto 1 - \cos x$, $x \mapsto e^x - 1$ et $x \mapsto x - \sin x$ sont respectivement $\dfrac{x^2}{2}$, x et $\dfrac{x^3}{6}$, dont les exposants valent respectivement 2, 1 et 3.

On anticipe que, pour obtenir le développement limité de f à l'ordre 7 souhaité, il suffit de faire des développements limités :

- à l'ordre 3 $(= 7 - 1 - 3)$ de $x \mapsto 1 - \cos x$;
- à l'ordre 2 $(= 7 - 2 - 3)$ de $x \mapsto e^x - 1$;
- à l'ordre 4 $(= 7 - 1 - 2)$ de $x \mapsto x - \sin x$.

Calcul effectif. Écrivons et factorisons les développements limités annoncés :

$$1 - \cos x = x^2\Big(\frac{1}{2} + o(x)\Big)\ ; \quad e^x - 1 = x\Big(1 + \frac{x}{2} + o(x)\Big)\ ; \quad x - \sin x = x^3\Big(\frac{1}{6} + o(x)\Big).$$

On obtient :

$$\begin{aligned}f(x) &= x^6\Big(\frac{1}{2} + o(x)\Big)\Big(1 + \frac{x}{2} + o(x)\Big)\Big(\frac{1}{6} + o(x)\Big)\\ &= x^6\Big(\frac{1}{12} + \frac{x}{24} + o(x)\Big) = \frac{x^6}{12} + \frac{x^7}{24} + o(x^7).\end{aligned}$$

14.8 Comme $\lim\limits_0 \cos = 1$, la fonction f est définie au voisinage de 0.

En notant u la fonction $1 - \cos$, on a :

$$f(x) = \frac{1}{1 - 1 + \cos x} = \frac{1}{1 - u(x)}\cdot$$

Comme $\lim\limits_0 u = 0$ et que la fonction u admet un développement limité à l'ordre 4 en 0, la proposition 14 de la page 522 nous dit que la fonction f admet un développement limité à l'ordre 4 en 0, qui a même partie régulière que celui de la fonction $1 + u + u^2 + u^3 + u^4$.

On sait que $u(x) = \dfrac{x^2}{2} - \dfrac{x^4}{24} + \mathrm{o}(x^4)$, puis des calculs classiques donnent :

$$u(x)^2 = \frac{x^4}{4} + \mathrm{o}(x^4), \qquad u(x)^3 = \mathrm{o}(x^4) \quad \text{et} \quad u(x)^4 = \mathrm{o}(x^4).$$

Il en résulte que :

$$f(x) = 1 + \frac{x^2}{2} + \left(-\frac{x^4}{24} + \frac{x^4}{4}\right) + \mathrm{o}(x^4) = 1 + \frac{x^2}{2} + \frac{5x^4}{24} + \mathrm{o}(x^4).$$

14.9 1. Les premiers termes non nuls dans les développements limités en 0 des fonctions :

$$x \mapsto \sqrt{1+x} - 1 \qquad \text{et} \qquad x \mapsto x^3 - 1 + \cos x$$

sont respectivement $\dfrac{x}{2}$ et $-\dfrac{x^2}{2}\cdot$

La fonction f ne possède donc pas de développement limité en 0. Pour le justifier, on peut écrire l'équivalent suivant de f en 0 :

$$f(x) \underset{x \to 0}{\sim} \frac{x/2}{-x^2/2}, \quad \text{c'est-à-dire} \quad f(x) \underset{x \to 0}{\sim} -\frac{1}{x}\ ;$$

de cet équivalent, on déduit que la fonction f ne possède pas de limite finie en 0, ce qui prouve qu'elle ne possède pas de développement limité.

2. Partons des développements limités suivants (s'inspirer de la remarque de la page 526 pour le choix des ordres) :

$$\sqrt{1+x} - 1 = \frac{x}{2} - \frac{x^2}{8} + \frac{x^3}{16} + \mathrm{o}(x^3) = x\Big(\frac{1}{2} - \frac{x}{8} + \frac{x^2}{16} + \mathrm{o}(x^2)\Big)$$

$$x^3 - 1 + \cos x = -\frac{x^2}{2} + x^3 + \frac{x^4}{24} + \mathrm{o}(x^4) = x^2\Big(-\frac{1}{2} + x + \frac{x^2}{24} + \mathrm{o}(x^2)\Big).$$

On obtient :

$$xf(x) = x \times \frac{x\left(\frac{1}{2} - \frac{x}{8} + \frac{x^2}{16} + \mathrm{o}(x^2)\right)}{x^2\left(-\frac{1}{2} + x + \frac{x^2}{24} + \mathrm{o}(x^2)\right)} = \frac{\frac{1}{2} - \frac{x}{8} + \frac{x^2}{16} + \mathrm{o}(x^2)}{-\frac{1}{2} + x + \frac{x^2}{24} + \mathrm{o}(x^2)},$$

ou encore :

$$xf(x) = -\Big(1 - \frac{x}{4} + \frac{x^2}{8} + \mathrm{o}(x^2)\Big) \times \frac{1}{1 - \underbrace{\Big(2x + \frac{x^2}{12} + \mathrm{o}(x^2)\Big)}_{u(x)}}\cdot$$

La fonction u tend vers 0 et possède un développement limité à l'ordre 2 en 0, donc, d'après la proposition 14 de la page 522, la fonction $\dfrac{1}{1-u}$ possède un développement limité à l'ordre 2 en 0, qui a même partie régulière que celui de la fonction $x \mapsto 1 + u(x) + u(x)^2$. Comme on a :

$$u(x) = 2x + \frac{x^2}{12} + \mathrm{o}(x^2) \qquad \text{et} \qquad u(x)^2 = 4x^2 + \mathrm{o}(x^2),$$

on obtient :

$$\frac{1}{1 - \left(2x + \frac{x^2}{12} + \mathrm{o}(x^2)\right)} = 1 + 2x + \left(\frac{x^2}{12} + 4x^2\right) + \mathrm{o}(x^2) = 1 + 2x + \frac{49x^2}{12} + \mathrm{o}(x^2).$$

On peut alors terminer le calcul du développement à l'ordre 2 de $x \mapsto xf(x)$:

$$\begin{aligned} xf(x) &= -\left(1 - \frac{x}{4} + \frac{x^2}{8} + \mathrm{o}(x^2)\right)\left(1 + 2x + \frac{49x^2}{12} + \mathrm{o}(x^2)\right) \\ &= -\left(1 + \left(2x - \frac{x}{4}\right) + \left(\frac{49x^2}{12} - \frac{x^2}{2} + \frac{x^2}{8}\right) + \mathrm{o}(x^2)\right) \\ &= -1 - \frac{7x}{4} - \frac{89x^2}{24} + \mathrm{o}(x^2). \end{aligned}$$

14.10 Rappelons le développement limité à l'ordre 2 en 0 de exp :

$$e^u = 1 + u + \frac{u^2}{2} + \mathrm{o}(u^2).$$

Pour $x \in [-1, +\infty[$, on a, en notant h la fonction $x \mapsto \sqrt{1+x} - 1$:

$$e^{\sqrt{1+x}} = e^{1+(\sqrt{1+x}-1)} = e \times e^{\sqrt{1+x}-1} = e \times e^{h(x)}.$$

Pour $x \in [-1, +\infty[$, la substitution de $h(x)$ à u dans le développement limité de exp donne :

$$e^{h(x)} = 1 + h(x) + \frac{h(x)^2}{2} + \mathrm{o}\big(h(x)^2\big).$$

De plus, on a :

$$h(x) = \frac{x}{2} - \frac{x^2}{8} + \mathrm{o}(x^2) \qquad h(x)^2 = \frac{x^2}{4} + \mathrm{o}(x^2) \qquad \text{et} \qquad \mathrm{o}\big(h(x)^2\big) = \mathrm{o}(x^2).$$

On en déduit, après simplification, le développement limité cherché :

$$e^{\sqrt{x+1}} = e \times e^{h(x)} = e \times \left(1 + \frac{x}{2} + \mathrm{o}(x^2)\right) = e + \frac{ex}{2} + \mathrm{o}(x^2).$$

14.11 Commençons par remarquer que la fonction considérée est paire. Il suffit donc d'établir son développement limité à l'ordre 2 pour le déduire à l'ordre 3 (elle est de classe $\mathcal{C}^\infty$ sur $]-\pi, \pi[$, donc le développement limité à l'ordre 3 existe).

Un tel développement limité est donc de la forme $\ln(1 + \cos x) = a + bx^2 + \mathrm{o}(x^2)$. Le coefficient a vaut immédiatement $\ln 2$. Pour trouver b, il suffit donc de connaître un équivalent de $\ln(1 + \cos x) - \ln 2 = \ln\left(\frac{1+\cos x}{2}\right)$.

Or, $\frac{1+\cos x}{2} \underset{x \to 0}{\longrightarrow} 1$, donc l'équivalent classique $\ln u \underset{u \to 1}{\sim} u - 1$, donne :

$$\ln\left(\frac{1+\cos x}{2}\right) \sim \frac{1+\cos x}{2} - 1 = \frac{\cos x - 1}{2} \sim -\frac{x^2}{4}.$$

On obtient finalement :

$$\ln(1 + \cos x) = \ln 2 - \frac{x^2}{4} + \mathrm{o}(x^2) \quad \text{puis, par parité,} \quad \ln(1 + \cos x) = \ln 2 - \frac{x^2}{4} + \mathrm{o}(x^3).$$

14.12 1. On constate que :

$$1 - I_n = \int_0^1 \left(1 - \frac{1}{1+t^n}\right) \mathrm{d}t = \int_0^1 \frac{t^n}{1+t^n} \mathrm{d}t. \qquad (\star)$$

On a donc :

$$0 \leqslant 1 - I_n = \int_0^1 \frac{t^n}{1+t^n} \mathrm{d}t \leqslant \int_0^1 t^n \mathrm{d}t = \frac{1}{n+1}.$$

Il en résulte, par encadrement, que $I_n \to 1$, puis, comme $\left|I_n - 1\right| \leqslant \dfrac{1}{n+1} \leqslant \dfrac{1}{n}$, on a bien $I_n - 1 = \mathrm{O}\left(\dfrac{1}{n}\right)$.

2. Soit $n \in \mathbb{N}^*$. De la relation $(\star)$ précédente, on obtient :

$$I_n - 1 = -\int_0^1 \frac{t^n}{1+t^n} \mathrm{d}t.$$

Intégrons par parties (les fonctions $t \mapsto t$ et $t \mapsto \frac{1}{n} \ln(1+t^n)$ sont de classe $\mathcal{C}^1$) :

$$\begin{aligned} \int_0^1 t \times \frac{t^{n-1}}{1+t^n} \mathrm{d}t &= \left[\frac{t}{n} \ln(1+t^n)\right]_0^1 - \int_0^1 \frac{1}{n} \ln(1+t^n) \mathrm{d}t \\ &= \frac{\ln 2}{n} - \frac{1}{n} \int_0^1 \ln(1+t^n) \mathrm{d}t. \end{aligned}$$

Il en résulte que :

$$I_n - 1 = -\frac{\ln 2}{n} + \frac{1}{n} \int_0^1 \ln(1+t^n) \mathrm{d}t. \qquad (\star\star)$$

On dispose de l'inégalité suivante (proposition 4 de la page 206) :

$$\forall u \in \left]-1, +\infty\right[\quad \ln(1+u) \leqslant u,$$

qui donne en particulier :

$$\forall t \in [0,1] \quad 0 \leqslant \ln(1+t^n) \leqslant t^n.$$

Par croissance de l'intégrale, on obtient :

$$0 \leqslant \int_0^1 \ln(1+t^n) \mathrm{d}t \leqslant \int_0^1 t^n \mathrm{d}t = \frac{1}{n+1}.$$

Il en résulte que $\displaystyle\int_0^1 \ln(1+t^n) \mathrm{d}t \to 0$. La relation $(\star\star)$ donne alors :

$$I_n - 1 = -\frac{\ln 2}{n} + \mathrm{o}\left(\frac{1}{n}\right),$$

ce qui donne bien le développement asymptotique souhaité :

$$I_n = 1 - \frac{\ln 2}{n} + \mathrm{o}\left(\frac{1}{n}\right).$$

14.13 1. Faire un développement limité en 2 pour la fonction $x \mapsto \sqrt{x}$ revient à faire un développement limité en 0 pour la fonction $h \mapsto \sqrt{2+h}$. On a :

$$\sqrt{2+h} = \sqrt{2}\sqrt{1+\frac{h}{2}}.$$

Or, au voisinage de 0, on a le développement limité :

$$\sqrt{1+u} = 1 + \frac{1}{2}u - \frac{1}{8}u^2 + \frac{1}{16}u^3 + \mathrm{o}(u^3).$$

En remplaçant u par $\frac{h}{2}$, on trouve, après simplification :

$$\sqrt{2+h} = \sqrt{2} + \frac{\sqrt{2}}{4}h - \frac{\sqrt{2}}{32}h^2 + \frac{\sqrt{2}}{128}h^3 + \mathrm{o}(h^3).$$

Le développement limité de $x \mapsto \sqrt{x}$ à l'ordre 3 en 2 est donc :

$$\sqrt{x} = \sqrt{2} + \frac{\sqrt{2}}{4}(x-2) - \frac{\sqrt{2}}{32}(x-2)^2 + \frac{\sqrt{2}}{128}(x-2)^3 + \mathrm{o}\big((x-2)^3\big).$$

2. La fonction racine carrée n'est pas dérivable en 0. Elle n'admet donc pas de développement limité en 0 à l'ordre 1, ni *a fortiori* à aucun ordre supérieur.

14.14 1. On a les développements limités :

$$\sqrt{1+x} = 1 + \frac{1}{2}x - \frac{1}{8}x^2 + \frac{1}{16}x^3 - \frac{5}{128}x^4 + \mathrm{o}(x^4)$$
$$\sqrt{1-x} = 1 - \frac{1}{2}x - \frac{1}{8}x^2 - \frac{1}{16}x^3 - \frac{5}{128}x^4 + \mathrm{o}(x^4)$$

d'où :

$$\sqrt{1-x} + \sqrt{1+x} = 2 - \frac{1}{4}x^2 - \frac{5}{64}x^4 + \mathrm{o}(x^4).$$

2. Un développement limité de $\ln(1+x)$ est, après factorisation par le terme prépondérant, de la forme :

$$\ln(1+x) = x\big(1 + \cdots + \mathrm{o}(x^r)\big),$$

ce qui mène à :

$$\ln(1+x)^2 = x^2\big(1 + \cdots + \mathrm{o}(x^r)\big)^2 = x^2\big(1 + \cdots + \mathrm{o}(x^r)\big).$$

Pour obtenir le développement limité à l'ordre 4, on choisit donc $r = 4 - 2 = 2$.

On a : $\ln(1+x) = x - \dfrac{x^2}{2} + \dfrac{x^3}{3} + \mathrm{o}(x^3) = x\left(1 - \dfrac{x}{2} + \dfrac{x^2}{3} + \mathrm{o}(x^2)\right)$,

puis : $\ln(1+x)^2 = x^2\left(1 - \frac{x}{2} + \frac{x^2}{3} + \mathrm{o}(x^2)\right)^2 = x^2 - x^3 + \frac{11}{12}x^4 + \mathrm{o}(x^4)$.

3. Le numérateur x^2+1 est une fonction polynomiale de degré 2, qui est donc son propre développement limité à l'ordre 3 au voisinage de 0.

Obtenons un développement limité de $\dfrac{1}{x^2+2x+2}$ en écrivant :

$$\frac{1}{x^2+2x+2} = \frac{1}{2} \times \frac{1}{1+u(x)} \quad \text{avec} \quad u(x) = x + \frac{x^2}{2}.$$

Comme $u(x) = \mathrm{O}(x)$, pour obtenir un développement limité à l'ordre 3 de $\frac{1}{1+u(x)}$, il suffit d'écrire le développement limité de $\frac{1}{1+u}$ à l'ordre 3 :

$$\frac{1}{1+u} = 1 - u + u^2 - u^3 + \mathrm{o}(u^3).$$

Ainsi, en substituant $u(x)$ à u dans le développement précédent :

$$\begin{aligned}\frac{1}{1+u(x)} &= 1 - u(x) + u(x)^2 - u(x)^3 + \mathrm{o}\big(u(x)^3\big)\\ &= 1 - \left(x + \frac{x^2}{2}\right) + \big(x^2 + x^3 + \mathrm{o}(x^3)\big) - \big(x^3 + \mathrm{o}(x^3)\big) + \mathrm{o}(x^3),\end{aligned}$$

ce qui donne :

$$\frac{1}{1+u(x)} = 1 - x + \frac{x^2}{2} + \mathrm{o}(x^3),$$

puis :

$$\frac{1}{x^2+2x+2} = \frac{1}{2} - \frac{x}{2} + \frac{x^2}{4} + \mathrm{o}(x^3).$$

En multipliant par $1+x^2$ et en simplifiant, on obtient :

$$\frac{x^2+1}{x^2+2x+2} = \frac{1}{2} - \frac{x}{2} + \frac{3x^2}{4} - \frac{x^3}{2} + \mathrm{o}(x^3).$$

4. Comme $\dfrac{1}{\cos x} \underset{x\to 0}{\longrightarrow} 1$, la fonction considérée est bien définie au voisinage de 0. Il est donc possible de l'étudier au voisinage de 0. On a :

$$\ln\left(\frac{1}{\cos x}\right) = -\ln\big(\cos(x)\big) = -\ln\big(1+u(x)\big), \quad \text{avec} \quad u(x) = \cos(x) - 1.$$

Comme $u(x) = \mathrm{O}(x^2)$, pour obtenir un développement limité de $\ln\big(1+u(x)\big)$ à l'ordre 4, il suffit de partir du développement limité de $u \mapsto \ln(1+u)$ à l'ordre 2 :

$$\ln(1+u) = u - \frac{u^2}{2} + \mathrm{o}(u^2).$$

En substituant $u(x)$ à u dans ce développement limité, on obtient :

$$\ln\big(1+u(x)\big) = u(x) - \frac{u(x)^2}{2} + \mathrm{o}(x^4).$$

On a :

$$u(x) = \cos(x) - 1 = -\frac{x^2}{2} + \frac{x^4}{24} + \mathrm{o}(x^4) \qquad \text{et} \qquad u(x)^2 = \left(\frac{x^2}{2} + \mathrm{o}(x^2)\right)^2 = \frac{x^4}{4} + \mathrm{o}(x^4),$$

ce qui donne :

$$\ln\big(1+u(x)\big) = -\frac{x^2}{2} - \frac{x^4}{12} + \mathrm{o}(x^4),$$

et donc finalement :

$$\ln\left(\frac{1}{\cos x}\right) = \frac{x^2}{2} + \frac{x^4}{12} + \mathrm{o}(x^4).$$

5. Pour x assez proche de 0, on a $x \neq -1$ et $x \neq 2$. La fonction considérée est donc bien définie au voisinage de 0. On pourrait écrire :

$$\frac{1}{(x+1)(x-2)} = \frac{1}{x^2-x-2} = -\frac{1}{2} \times \frac{1}{1+u(x)} \quad \text{avec} \quad u(x) = \frac{x}{2} - \frac{x^2}{2},$$

et utiliser un développement limité de $u \mapsto \dfrac{1}{1+u}$, mais il est plus simple de remarquer :

$$\frac{1}{(x+1)(x-2)} = \frac{-1/3}{x+1} + \frac{1/3}{x-2} = -\frac{1}{3}\left(\frac{1}{1+x} + \frac{1}{2-x}\right).$$

On écrit alors :

$$\frac{1}{1+x} = 1 - x + x^2 - x^3 + o(x^3)$$

$$\frac{1}{2-x} = \frac{1}{2} \times \frac{1}{1-\frac{x}{2}} = \frac{1}{2} + \frac{x}{4} + \frac{x^2}{8} + \frac{x^3}{16} + o(x^3)$$

$$\frac{1}{1+x} + \frac{1}{2-x} = \frac{3}{2} - \frac{3x}{4} + \frac{9x^2}{8} - \frac{15x^3}{16} + o(x^3)$$

pour, finalement, obtenir :

$$\frac{1}{(x+1)(x-2)} = -\frac{1}{2} + \frac{x}{4} - \frac{3}{8}x^2 + \frac{5}{16}x^3 + o(x^3).$$

14.15 Transformons d'abord l'expression de manière à obtenir un quotient :

$$\frac{1}{x} - \frac{1}{\ln(1+x)} = \frac{\ln(1+x) - x}{x\ln(1+x)}.$$

- D'une part, on a $x\ln(1+x) \sim x^2$.
- D'autre part, un développement limité à l'ordre 2 donne pour le numérateur :

$$\ln(1+x) - x = -\frac{1}{2}x^2 + o(x^2) \sim -\frac{1}{2}x^2.$$

Par quotient d'équivalents, on a donc :

$$\frac{\ln(1+x) - x}{x\ln(1+x)} \sim \frac{-\frac{1}{2}x^2}{x^2} = -\frac{1}{2},$$

et donc :

$$\lim_{x\to 0}\left(\frac{1}{x} - \frac{1}{\ln(1+x)}\right) = -\frac{1}{2}.$$

14.16 On a déjà vu (cf. exemple 22 de la page 523) que la fonction $f : x \mapsto \frac{1}{1+e^x}$ admet le développement limité suivant à l'ordre 3 en 0 :

$$f(x) = \frac{1}{2} - \frac{1}{4}x + \frac{1}{48}x^3 + o(x^3).$$

Au point d'abscisse 0, le graphe est donc tangent à la droite d'équation :

$$y = \frac{1}{2} - \frac{1}{4}x$$

et, au voisinage de 0, la quantité :

$$f(x) - \left(\frac{1}{2} - \frac{1}{4}x\right) \sim \frac{1}{48}x^3$$

est positive à droite et négative à gauche. Le graphe traverse donc la tangente : il s'agit d'un point d'inflexion.

14.17 Remarquons déjà que la fonction f est définie sur l'ensemble :

$$\{x \in \mathbb{R} \,:\, 1+x>0 \quad \text{et} \quad \sin x > 0\}$$

et est donc définie au voisinage de 0 (elle est par exemple bien définie sur l'intervalle $]0,\pi[$), ce qui permet d'en faire l'étude en 0.

1. On a $\ln(1+x) \underset{x\to 0}{\sim} x$ et $\sin x \underset{x\to 0}{\sim} x$, donc :

$$\frac{\ln^2(1+x)}{\sin^3 x} \underset{x\to 0}{\sim} \frac{1}{x}\cdot$$

Il en résulte que $f(x) \underset{x\to 0}{\sim} \dfrac{1}{\sqrt{x}}$, et donc que $f \underset{0}{\longrightarrow} +\infty$. La fonction f, ne possédant pas de limite finie en 0, n'admet donc pas de développement limité en 0.

2. On a :

$$\ln(1+x) = x - \frac{x^2}{2} + \frac{x^3}{3} + o(x^3) \qquad \text{et} \qquad \sin x = x - \frac{x^3}{6} + o(x^3),$$

donc :

$$\ln^2(1+x) = x^2 - x^3 + \frac{11}{12}x^4 + o(x^4) \qquad \text{et} \qquad \sin^3 x = x^3 - \frac{x^5}{2} + o(x^5).$$

On a donc, en faisant le quotient :

$$\begin{aligned}\frac{\ln^2(1+x)}{\sin^3 x} &= \frac{1}{x} \times \frac{1 - x + \frac{11}{12}x^2 + o(x^2)}{1 - \frac{x^2}{2} + o(x^2)}\\ &= \frac{1}{x} \times \left(1 - x + \frac{11}{12}x^2 + o(x^2)\right) \times \left(1 + \frac{x^2}{2} + o(x^2)\right)\\ &= \frac{1}{x} \times \left(1 - x + \frac{17}{12}x^2 + o(x^2)\right).\end{aligned}$$

On obtient :

$$f(x) = \frac{1}{\sqrt{x}} \times \sqrt{1 - x + \frac{17}{12}x^2 + o(x^2)}.$$

Après calculs, on obtient :

$$\sqrt{1 - x + \frac{17}{12}x^2 + o(x^2)} = 1 - \frac{x}{2} + \frac{7}{12}x^2 + o(x^2),$$

puis finalement :

$$f(x) = \frac{1}{\sqrt{x}} - \frac{\sqrt{x}}{2} + \frac{7}{12}x\sqrt{x} + o\big(x\sqrt{x}\big).$$

14.18 1. Pour tout $x > 0$, on a $f(x) = e^{(1+\frac{1}{x})\ln(x)} = xe^{\frac{\ln x}{x}}$.

Comme $\displaystyle\lim_{x\to+\infty} \frac{\ln x}{x} = 0$, on a $\displaystyle\lim_{x\to+\infty} e^{\frac{\ln x}{x}} = 1$, et donc $f(x) \sim x$.

2. Pour $x > 0$, on a :

$$f(x) = x \times x^{\frac{1}{x}} = x \times \exp\big(u(x)\big) \quad \text{avec} \quad u(x) = \frac{\ln x}{x}\cdot$$

Écrivons le développement limité à l'ordre 2 en 0 de la fonction exp :

$$e^u = 1 + u + \frac{1}{2}u^2 + \mathrm{o}(u^2),$$

et substituons $\frac{\ln x}{x}$ à u :

$$\exp\big(u(x)\big) = 1 + \frac{\ln x}{x} + \frac{\ln^2 x}{2x^2} + \mathrm{o}\left(\frac{\ln^2 x}{x^2}\right).$$

En multipliant par x, on obtient le développement suivant pour f :

$$f(x) = x + \ln x + \frac{\ln^2 x}{2x} + \mathrm{o}\left(\frac{\ln^2 x}{x}\right).$$

C'est un développement asymptotique à trois termes ; il est à la précision $\frac{\ln^2 x}{x}\cdot$

3. Le graphe de f n'admet donc pas d'asymptote oblique, car il n'existe aucun réel m tel que $f(x) - m\,x$ admette une limite finie en $+\infty$. En effet :
   - si $m \neq 1$, alors $f(x) - mx \sim (1-m)x \underset{x\to+\infty}{\longrightarrow} \pm\infty$;
   - si $m = 1$, alors $f(x) - mx \sim \ln x \underset{x\to+\infty}{\longrightarrow} +\infty$.

14.19 1. On a :

$$\left(\frac{x}{\sin x}\right)^{\frac{\sin x}{x-\sin x}} = \exp\left(\frac{\sin x}{x - \sin x}\ln\left(\frac{x}{\sin x}\right)\right). \qquad (\star)$$

Or, puisque $\lim\limits_{x\to 0}\frac{x}{\sin x} = 1$, on a :

$$\ln\left(\frac{x}{\sin x}\right) \sim \frac{x}{\sin x} - 1$$

d'où :

$$\frac{\sin x}{x-\sin x}\ln\left(\frac{x}{\sin x}\right) \sim \frac{\sin x}{x - \sin x} \times \frac{x - \sin x}{\sin x} = 1.$$

On a donc $\frac{\sin x}{x-\sin x}\ln\left(\frac{x}{\sin x}\right) \underset{x\to 0}{\longrightarrow} 1$, et donc, d'après la relation $(\star)$, la limite cherchée vaut e.

2. On a :

$$\left(1 + 3\tan^2 x\right)^{\frac{1}{x\sin x}} = \exp\left(\frac{1}{x\sin x} \times \ln(1 + 3\tan^2 x)\right).$$

On a $\ln(1+u) \underset{u\to 0}{\sim} u$ et $\lim\limits_{x\to 0} 3\tan^2 x = 0$, donc, par substitution, on a :

$$\ln(1 + 3\tan^2 x) \sim 3\tan^2 x \sim 3x^2.$$

Comme $\sin x \sim x$, on peut conclure par produit et quotient d'équivalents :

$$\frac{1}{x\sin x}\ln(1 + 3\tan^2 x) \sim \frac{1}{x \times x} \times 3x^2 \sim 3.$$

La limite cherchée vaut donc e^3.

14.20 La fonction f est évidemment de classe $\mathcal{C}^1$ sur $]-\pi,0[$ et sur $]0,\pi[$.

- On peut écrire, pour $x \in]-\pi,\pi[\setminus \{0\}$:
$$f(x) = \frac{1}{\sin x} - \frac{1}{x} = \frac{x - \sin x}{x \sin x}.$$
Le développement limité $\sin x = x - \frac{x^3}{6} + o(x^3)$ donne donc $f(x) \sim \frac{x^3/6}{x^2} = \frac{x}{6}$, ce qui fournit le développement limité $f(x) = 0 + \frac{x}{6} + o(x)$ qui montre que l'on peut prolonger f par continuité en 0 en posant $f(0) = 0$ et que ce prolongement est dérivable en 0 avec $f'(0) = \frac{1}{6}$.
- Calculons $f'(x)$ pour $x \in]-\pi,\pi[\setminus \{0\}$:
$$f'(x) = \frac{-\cos x}{\sin^2 x} + \frac{1}{x^2} = \frac{\sin^2 x - x^2 \cos x}{x^2 \sin^2 x}.$$
Par élévation au carré du développement de $\sin x$, on obtient $\sin^2 x = x^2 - \frac{x^4}{3} + o(x^4)$ et avec $\cos x = 1 - \frac{x^2}{2} + o(x^2)$, cela donne :
$$f'(x) = \frac{\frac{x^4}{6} + o(x^4)}{x^2 \sin^2 x} \sim \frac{\frac{x^4}{6}}{x^4} = \frac{1}{6}.$$
On a donc $\lim\limits_{\substack{x\to 0\\ x\neq 0}} f'(x) = \frac{1}{6} = f'(0)$, ce qui donne la continuité de f' en 0.

Remarque On aurait aussi pu utiliser le théorème de la limite de la dérivée en établissant uniquement la continuité de f (après prolongement) et la dernière limite.

14.21 1. Le développement limité de la fonction exp à l'ordre 1 en 0 :
$$e^u = 1 + u + o(u)$$
nous donne facilement :
$$a^x = e^{x \ln a} = 1 + x\ln(a) + o(x) \qquad \text{et} \qquad b^x = e^{x\ln b} = 1 + x\ln(b) + o(x).$$
Il en résulte que :
$$a^x - b^x = (\ln a - \ln b)x + o(x),$$
ou encore :
$$\frac{a^x - b^x}{x} = \ln a - \ln b + o(1).$$
Conclusion. La limite recherchée existe et vaut $\ln a - \ln b$.

2. On a :
$$\left(\frac{a^x + b^x}{2}\right)^{\frac{1}{x}} = \exp\left(\frac{1}{x}\ln\left(\frac{a^x + b^x}{2}\right)\right).$$
Par le même principe qu'à la question précédente, on obtient :
$$\frac{a^x + b^x}{2} = \frac{1}{2} \times \big(2 + x(\ln a + \ln b) + o(x)\big) = 1 + x \ln\sqrt{ab} + o(x).$$
puis :
$$\ln\left(\frac{a^x + b^x}{2}\right) = \ln\big(1 + x\ln\sqrt{ab} + o(x)\big) = x \ln\sqrt{ab} + o(x).$$
On obtient finalement :
$$\frac{1}{x}\ln\left(\frac{a^x + b^x}{2}\right) = \ln\sqrt{ab} + o(1) \underset{x\to 0}{\longrightarrow} \ln\sqrt{ab}.$$
Conclusion. Par composition de limites, la limite cherchée existe et vaut $\sqrt{ab}$.

3. Pour tout $x \in]-1,0[\cup]0,+\infty[$, on a :

$$\begin{aligned}(1+x)^{\frac{1}{x}} - e &= \exp\left(\frac{\ln(1+x)}{x}\right) - e\\ &= e\left(\exp\left(\frac{\ln(1+x)}{x} - 1\right) - 1\right).\end{aligned}$$

Comme $\dfrac{\ln(1+x)}{x} - 1 \underset{x\to 0}{\longrightarrow} 0$, on a, au voisinage de 0 :

$$\exp\left(\frac{\ln(1+x)}{x} - 1\right) - 1 \sim \frac{\ln(1+x)}{x} - 1.$$

Comme $\ln(1+x) = x - \dfrac{x^2}{2} + o(x^2)$, on a $\dfrac{\ln(1+x)}{x} - 1 = -\dfrac{x}{2} + o(x) \sim -\dfrac{x}{2}\cdot$
Par transitivité puis produit et quotient d'équivalents, on en déduit que :

$$(1+x)^{\frac{1}{x}} - e \sim -e\frac{x}{2} \quad \text{puis} \quad \frac{(1+x)^{\frac{1}{x}} - e}{x} \sim -\frac{e}{2}\cdot$$

Conclusion. La limite recherchée existe et vaut $-\dfrac{e}{2}\cdot$

14.22 Commençons par effectuer un développement limité de la fonction $h \mapsto \operatorname{Arctan}(1+h)$ à l'ordre 4 en 0. Pour $h \in \mathbb{R}$, on a :

$$\operatorname{Arctan}'(1+h) = \frac{1}{1+(1+h)^2} = \frac{1}{2+2h+h^2} = \frac{1}{2}\cdot\frac{1}{1+h+\frac{h^2}{2}}\cdot$$

En notant u la fonction $h \mapsto -h - \frac{h^2}{2}$, la fonction $h \mapsto \dfrac{1}{1+h+\frac{h^2}{2}}$ possède un développement limité à l'ordre 3 en 0, de même partie régulière que $1+u+u^2+u^3$. Après calculs et simplification, on obtient :

$$\frac{1}{1+h+\frac{h^2}{2}} = 1 - h + \frac{h^2}{2} + o(h^3),$$

et donc :

$$\operatorname{Arctan}'(1+h) = \frac{1}{2} - \frac{h}{2} + \frac{h^2}{4} + o(h^3).$$

Par primitivation, et comme $\operatorname{Arctan}(1) = \dfrac{\pi}{4}$, il vient :

$$\operatorname{Arctan}(1+h) = \frac{\pi}{4} + \frac{h}{2} - \frac{h^2}{4} + \frac{h^3}{12} + o(h^4),$$

ce qui donne le développement limité à l'ordre 4 en 1 de la fonction Arctan :

$$\operatorname{Arctan} x = \frac{\pi}{4} + \frac{x-1}{2} - \frac{(x-1)^2}{4} + \frac{(x-1)^3}{12} + o\big((x-1)^4\big).$$

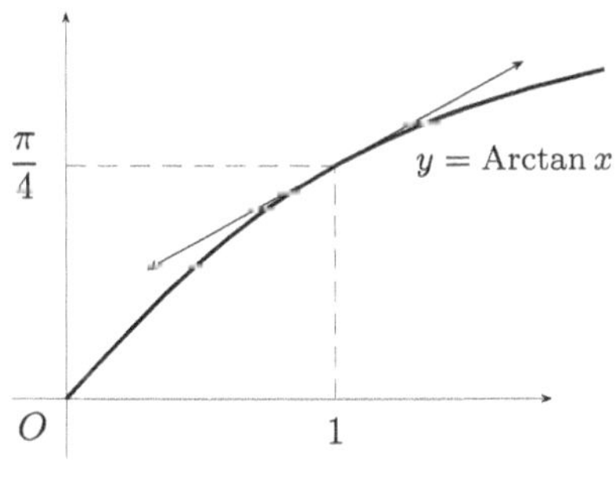

Son graphe est donc tangent à la droite d'équation $y = \dfrac{\pi}{4} + \dfrac{1}{2}(x-1)$ et, au voisinage de 1, la courbe est en dessous de sa tangente car :

$$\operatorname{Arctan} x - \left(\frac{\pi}{4} + \frac{1}{2}(x-1)\right) \sim -\frac{1}{4}(x-1)^2.$$

14.23 1. La fonction f_n est de classe $\mathcal{C}^\infty$. Pour tout $x \in \left[0, \frac{\pi}{2}\right[$, on a :

$$f_n'(x) = n(1 - n\tan^2 x)\cos^{n+1} x.$$

Il est alors facile d'établir le tableau de variations de f_n :

x	0		x_n		$\frac{\pi}{2}$
$f_n'(x)$		$+$	0	$-$	
f_n	0	$\nearrow$	y_n	$\searrow$	0

La fonction f_n atteint son maximum en l'unique point $x_n \in [0, \pi/2]$ vérifiant la relation $\tan x_n = \dfrac{1}{\sqrt{n}}$, c'est-à-dire $x_n = \operatorname{Arctan} \frac{1}{\sqrt{n}}\cdot$

2. • Puisque $x_n = \operatorname{Arctan} \frac{1}{\sqrt{n}}$, et que $\operatorname{Arctan} x \underset{x\to 0}{\sim} x$, on a $x_n \sim \frac{1}{\sqrt{n}}\cdot$

• Pour donner un équivalent de y_n, partons de :

$$y_n = n\cos^n x_n \,\sin x_n.$$

* D'une part, $n \sin x_n \sim n x_n \sim \dfrac{n}{\sqrt{n}} \sim \sqrt{n}$.

* D'autre part, donnons la limite de $\cos^n(x_n)$. On a :

$$\cos^n(x_n) = e^{n\ln(\cos x_n)}.$$

Comme $x_n \to 0$, on a $\cos x_n \to 1$, et donc :

$$\ln(\cos x_n) \sim (\cos x_n - 1) \sim -\frac{x_n^2}{2} \sim -\frac{1}{2n}\cdot$$

Ainsi on a $n\ln(\cos x_n) \to -\dfrac{1}{2}$, et donc $\cos^n x_n \to \dfrac{1}{\sqrt{e}}\cdot$

On obtient finalement $y_n \sim \sqrt{\dfrac{n}{e}}\cdot$

14.24 1. On a, pour tout $x \geqslant \sqrt{2}$:

$$\frac{f(x)}{x} = \left(\left(1 - \frac{2}{x^2}\right)\left(1 + \frac{3}{x}\right)\right)^{1/3} = \big(1 + u(x)\big)^{1/3} \quad \text{avec} \quad u(x) = \frac{3}{x} - \frac{2}{x^2} - \frac{6}{x^3}\cdot$$

Pour avoir un développement asymptotique de $f(x)$ se terminant par $\mathrm{o}(1/x)$, il suffit d'avoir celui de $\big(1 + u(x)\big)^{1/3}$ avec $\mathrm{o}(1/x^2)$. Comme $u(x) = \mathrm{O}(1/x)$, le développement limité de $(1+u)^{1/3}$ à l'ordre 2 suffit :

$$(1+u)^{1/3} = 1 + \frac{u}{3} - \frac{u^2}{9} + \mathrm{o}(u^2).$$

Compte tenu de :

$$u(x) = \frac{3}{x} - \frac{2}{x^2} + o\left(\frac{1}{x^2}\right) \qquad \text{et} \qquad u(x)^2 = \frac{9}{x^2} + o\left(\frac{1}{x^2}\right),$$

on obtient, en substituant $u(x)$ à u dans ce développement :

$$\sqrt[3]{1+u(x)} = 1 + \frac{1}{x} - \frac{5}{3x^2} + o\left(\frac{1}{x^2}\right).$$

Il en résulte que :

$$f(x) = x + 1 - \frac{5}{3x} + o\left(\frac{1}{x}\right).$$

2. Le résultat obtenu précédemment signifie graphiquement qu'au voisinage de $+\infty$,
   - la droite d'équation $y = x + 1$ est asymptote oblique au graphe de la fonction f,
   - la courbe représentative de f est située en-dessous de cette droite, car $-\dfrac{5}{3x} < 0$.

14.25 1. Commençons par montrer que la fonction f est de classe $\mathcal{C}^1$. En notant G une primitive sur $\mathbb{R}$ de la fonction continue $t \mapsto \dfrac{1}{\sqrt{1+t^2}}$, on a :

$$\forall x \in \mathbb{R} \quad f(x) = G(x^2) - G(x).$$

La fonction G est de classe $\mathcal{C}^1$ sur $\mathbb{R}$, donc par composition et somme de fonctions dérivables sur $\mathbb{R}$, la fonction f l'est aussi. On a :

$$\forall x \in \mathbb{R} \quad f'(x) = 2xG'(x^2) - G'(x) = \frac{2x}{\sqrt{1+x^4}} - \frac{1}{\sqrt{1+x^2}}.$$

Pour obtenir un développement limité à l'ordre 4 de f, donnons un développement limité à l'ordre 3 de sa dérivée. Partons du développement limité :

$$\frac{1}{\sqrt{1+u}} = (1+u)^{-1/2} = 1 - \frac{1}{2}u + \frac{3}{8}u^2 + o(u^2),$$

ce qui mène à :

$$\frac{1}{\sqrt{1+x^2}} = 1 - \frac{1}{2}x^2 + \underbrace{\frac{3}{8}x^4 + o(x^4)}_{=o(x^3)} = 1 - \frac{x^2}{2} + o(x^3),$$

$$\frac{1}{\sqrt{1+x^4}} = 1 + o(x^2).$$

On a donc :

$$\frac{2x}{\sqrt{1+x^4}} - \frac{1}{\sqrt{1+x^2}} = -1 + 2x + \frac{1}{2}x^2 + o(x^3).$$

En primitivant ce développement limité, on trouve (puisque $f(0) = 0$) :

$$f(x) = -x + x^2 + \frac{1}{6}x^3 + o(x^4).$$

2. Le développement limité à l'ordre 2 en 0 de f :

$$f(x) = -x + x^2 + o(x^2),$$

nous indique que la courbe représentative de f admet une tangente d'équation $y = -x$ en 0, et que la courbe est située localement au-dessus de sa tangente.

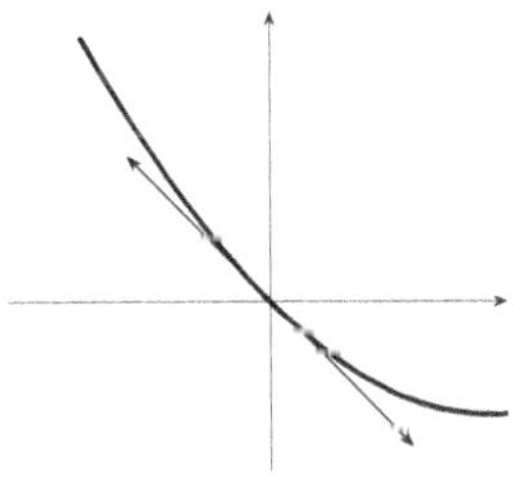

Chapitre 15 : Séries numériques

Séries numériques

15

Dans ce chapitre, nous considérons des suites à valeurs dans $\mathbb{K}$, où $\mathbb{K} = \mathbb{R}$ ou $\mathbb{K} = \mathbb{C}$.

I Séries numériques

1 Définitions

Définition 1

Soit $u \in \mathbb{K}^{\mathbb{N}}$.

1. On appelle **série de terme général** u_n, la suite $(S_n)_{n\in\mathbb{N}}$ de terme général $S_n = \sum\limits_{p=0}^{n} u_p$. On la note $\sum\limits_{n\geqslant 0} u_n$ ou plus simplement $\sum u_n$.

   On dit donc que la **série $\sum u_n$ converge** si la suite $(S_n)_{n\in\mathbb{N}}$ admet une limite finie dans $\mathbb{K}$.

   Dans le cas contraire, on dit que la **série diverge**.
2. Si la série $\sum u_n$ converge, la limite de la suite $(S_n)_{n\in\mathbb{N}}$ est appelée **somme de la série** et notée $\sum\limits_{n=0}^{+\infty} u_n$.
3. Pour $n \in \mathbb{N}$, S_n est appelée **somme partielle d'ordre n**.

Remarque

À partir des sommes partielles S_n d'une série $\sum u_n$, on retrouve son terme général :

$$u_0 = S_0 \qquad \text{et} \qquad u_n = S_n - S_{n-1} \quad \text{si } n \geqslant 1.$$

Ex. 1. Soit $(u_n)_{n\in\mathbb{N}}$ une suite constante.
Voyons à quelle condition la série de terme général u_n est-elle convergente.
Notons a la valeur constante de la suite. Soit $n \in \mathbb{N}$. On a alors :

$$S_n = \sum_{p=0}^{n} u_p = (n+1)a.$$

Donc $\sum u_n$ converge si, et seulement si, $a = 0$.

Terminologie Il est fréquent que l'on demande d'étudier la **nature** d'une série. Ce qui est alors attendu c'est de déterminer si la série est convergente ou divergente.

Extension

- Lorsque la suite u est définie seulement à partir d'un certain rang n_0, la série de terme général u_n est notée $\sum\limits_{n\geqslant n_0} u_n$; l'étude de la série de terme général u_n est alors l'étude de la suite $(S_n)_{n\geqslant n_0}$ des sommes partielles définie par :

$$\forall n \geqslant n_0 \quad S_n = \sum_{p=n_0}^{n} u_p.$$

Lorsqu'il y a convergence de cette série, sa somme est notée $\sum\limits_{n=n_0}^{+\infty} u_n$.

- Soit $(u_n)_{n\in\mathbb{N}} \in \mathbb{K}^{\mathbb{N}}$ et $n_0 \in \mathbb{N}$. Les séries $\sum\limits_{n\geqslant 0} u_n$ et $\sum\limits_{n\geqslant n_0} u_n$ ont des sommes partielles qui diffèrent de la constante $C = \sum\limits_{k=0}^{n_0-1} u_k$, donc elles sont de même nature et, lorsqu'elles convergent, leurs sommes diffèrent de C.

  C'est ce que l'on appelle le *caractère asymptotique* de la notion de convergence des séries.

Attention Ne pas confondre les notations :

- $\sum u_n$ est la série de terme général u_n (qu'elle soit convergente ou non) ;
- $\sum\limits_{n=0}^{+\infty} u_n$ est, en cas de convergence, la somme de la série $\sum u_n$.

On ne peut donc écrire $\sum\limits_{n=0}^{+\infty} u_n$ qu'après avoir prouvé la convergence de la série.

Remarque Une série n'est pas autre chose qu'une suite. On peut donc lui appliquer tous les résultats concernant les suites, qu'elles soient réelles ou complexes.
Mais une série est donnée par son terme général et non par ses sommes partielles. Le propos de ce chapitre est de développer des « outils » spécifiques à l'étude d'une série, en s'intéressant non pas à la suite de ses sommes partielles mais à son terme général.

Proposition 1 (Condition nécessaire de convergence)

Si la série $\sum u_n$ converge, alors la suite $(u_n)_{n\in\mathbb{N}}$ tend vers 0.

Démonstration. Supposons la série $\sum u_n$ convergente. En notant S_n la somme partielle d'ordre n, on a $u_n = S_n - S_{n-1}$ pour tout $n \in \mathbb{N}^*$. La suite $(u_n)_{n\geqslant 1}$ est la différence de deux suites ayant la même limite finie. Donc $\lim u_n = 0$. □

Attention La convergence vers 0 du terme général est une condition nécessaire mais non suffisante de convergence ; pour s'en convaincre, il suffit de considérer, par exemple, la série harmonique étudiée ci-dessous.

Ex. 2. La série $\sum_{n\geqslant 1} \frac{1}{n}$, appelée **série harmonique**, diverge.

En effet, si la série était convergente, la suite de ses sommes partielles $(S_n)_{n\geqslant 1}$ serait convergente et l'on devrait avoir $\lim_{n\to+\infty} \big(S_{2n} - S_n\big) = 0$. Or on a, pour tout $n \in \mathbb{N}^*$:

$$S_{2n} - S_n = \sum_{k=1}^{2n} \frac{1}{k} - \sum_{k=1}^{n} \frac{1}{k} = \sum_{k=n+1}^{2n} \frac{1}{k} \geqslant \sum_{k=n+1}^{2n} \frac{1}{2n} = \frac{1}{2}.$$

Cela donnerait, par passage à la limite, $0 \geqslant \frac{1}{2}$ et donc une contradiction.

Point méthode Lorsque son terme général ne tend pas vers 0, la série est nécessairement divergente.

Exo 15.1

On dit alors qu'elle est **grossièrement divergente.**

Ex. 3. Pour montrer que la série de terme général $(-1)^n$ est divergente, on peut certes calculer ses sommes partielles :

$$S_{2p+1} = \sum_{k=0}^{2p+1} (-1)^k = 0 \qquad \text{et} \qquad S_{2p} = \sum_{k=0}^{2p} (-1)^k = 1$$

pour en déduire la divergence de (S_n), mais il est beaucoup plus rapide de remarquer que la suite $\big((-1)^n\big)_{n\in\mathbb{N}}$ ne converge pas vers 0, et donc la divergence grossière de la série associée.

Proposition 2

Soit $q \in \mathbb{C}$. La série de terme général q^n, appelée **série géométrique** de raison q, converge si, et seulement si, $|q| < 1$, et l'on a alors $\displaystyle\sum_{n=0}^{+\infty} q^n = \frac{1}{1-q}$.

Démonstration.

- Si $|q| \geqslant 1$, alors $\forall n \in \mathbb{N} \quad |q^n| \geqslant 1$, donc le terme général ne tend pas vers 0 et la série diverge grossièrement.
- Si $|q| < 1$, alors, en particulier, $q \neq 1$ et $\forall n \in \mathbb{N} \quad S_n = \dfrac{1-q^{n+1}}{1-q}$.

  Or $\lim_{n\to+\infty} q^{n+1} = 0$ puisque $|q| < 1$, donc $(S_n)_{n\in\mathbb{N}}$ est convergente de limite $\dfrac{1}{1-q}$. □

Ex. 4. Séries alternées
Soit $(u_n)_{n\in\mathbb{N}}$ une suite réelle positive décroissante et convergeant vers 0. Montrons que la série $\sum(-1)^n u_n$ est convergente en montrant que les sous-suites (S_{2n}) et (S_{2n+1}) de la suite (S_n) de ses sommes partielles sont adjacentes.
Soit $n \in \mathbb{N}$. Les relations :

$$S_{2n+2} = S_{2n} - u_{2n+1} + u_{2n+2} \qquad \text{et} \qquad S_{2n+3} = S_{2n+1} + u_{2n+2} - u_{2n+3}$$

ainsi que la décroissance de la suite $(u_n)_{n\in\mathbb{N}}$ entraînent :

$$S_{2n+2} \leqslant S_{2n} \qquad \text{et} \qquad S_{2n+1} \leqslant S_{2n+3}.$$

La suite $(S_{2n+1})_{n\in\mathbb{N}}$ est donc croissante et $(S_{2n})_{n\in\mathbb{N}}$ est décroissante. Par ailleurs, on a :

$$\forall n \in \mathbb{N} \quad S_{2n} - S_{2n+1} = u_{2n+1},$$

donc, $\lim\limits_{n\to+\infty} (S_{2n+1} - S_{2n}) = 0$.
Les suites $(S_{2n+1})_{n\in\mathbb{N}}$ et $(S_{2n})_{n\in\mathbb{N}}$ sont ainsi adjacentes, donc convergent vers un même réel S. Cela prouve la convergence de la suite $(S_n)_{n\in\mathbb{N}}$ et donc de la série $\sum u_n$.

Ex. 5. On obtient ainsi la convergence, pour tout réel $\alpha > 0$, de la série $\sum\limits_{n\geqslant 1} \frac{(-1)^n}{n^\alpha}$.

Définition 2

Soit $\sum u_n$ une série convergente. Pour tout $n \in \mathbb{N}$, le scalaire :

$$R_n = \sum_{p=n+1}^{+\infty} u_p$$

est appelé **reste d'ordre n** de la série $\sum u_n$.

Remarque La définition ci-dessus est justifiée par le fait que si la série $\sum u_n$ converge, alors, pour tout $n \in \mathbb{N}$, la série $\sum\limits_{p\geqslant n+1} u_p$ converge. □

Ex. 6. Soit $q \in \mathbb{C}$ tel que $|q| < 1$.
En reprenant les résultats sur la somme des termes d'une suite géométrique, on obtient, puisque $q \neq 1$:

$$\forall n \in \mathbb{N} \quad R_n = \frac{q^{n+1}}{1-q}.$$

Attention

- On ne parle de reste que pour une série *convergente*.
- On notera bien que le reste d'ordre n est la somme $\sum\limits_{p=n+1}^{+\infty} u_p$, et non $\sum\limits_{p=n}^{+\infty} u_p$, afin de disposer, pour toute série convergente, de la relation :

$$\forall n \in \mathbb{N} \quad S = S_n + R_n \quad \text{avec} \quad S = \sum_{p=0}^{+\infty} u_p.$$

Proposition 3

La suite des restes d'une série convergente tend vers 0.

Démonstration. Il suffit de voir que, pour tout $n \in \mathbb{N}$, $R_n = S - S_n$ et que $\lim S_n = S$. □

On revient ici sur la notion de sommes télescopiques introduite dans le chapitre 4 à la page 103 pour étudier la convergence de telles sommes partielles.

Définition 3

Une **série télescopique** est une série dont le terme général est écrit sous la forme $u_n = v_{n+1} - v_n$ où $(v_n)_{n\in\mathbb{N}} \in \mathbb{K}^{\mathbb{N}}$.

On a vu que la convergence d'une série n'est rien d'autre que la convergence d'une suite. Réciproquement, dans certains cas, on ramène l'étude de la convergence d'une suite à l'étude de la convergence d'une série télescopique en utilisant la proposition suivante.

Proposition 4 (Lien suite-série)

Une suite $(v_n)_{n\in\mathbb{N}} \in \mathbb{K}^{\mathbb{N}}$ converge si, et seulement si, sa série télescopique associée $\sum(v_{n+1} - v_n)$ est convergente, et l'on a alors :

$$\sum_{n=0}^{+\infty}(v_{n+1} - v_n) = \left(\lim_{n\to+\infty} v_n\right) - v_0.$$

Démonstration.

Les sommes partielles de la série télescopique de terme général $u_n = v_{n+1} - v_n$ vérifiant :

$$\forall n \in \mathbb{N} \quad \sum_{k=0}^{n} u_k = v_{n+1} - v_0,$$

on obtient immédiatement le résultat annoncé. □

Ex. 7. La série $\sum\limits_{n\geqslant 1} \left(\sqrt{n} - \sqrt{n-1}\right)$ diverge puisque la suite $\left(\sqrt{n}\right)$ diverge.

Ex. 8. La série $\sum\limits_{n\geqslant 1} \left(\frac{1}{\sqrt{n+1}} - \frac{1}{\sqrt{n}}\right)$ converge, et sa somme vaut :

$$\sum_{n=1}^{+\infty}\left(\frac{1}{\sqrt{n+1}} - \frac{1}{\sqrt{n}}\right) = \lim_{n\to+\infty} \frac{1}{\sqrt{n}} - 1 = -1.$$

Ex. 9. En remarquant que $\frac{1}{n(n+1)} = \frac{1}{n} - \frac{1}{n+1}$, on obtient que la série $\sum\limits_{n\geqslant 1} \frac{1}{n(n+1)}$ est convergente, de somme 1.

Ex. 10. La série de terme général $u_n = \ln\left(1 + \frac{1}{n}\right)$ est divergente puisque, pour tout $n \in \mathbb{N}^*$, on a $u_n = \ln(n+1) - \ln n$ et que la suite $(\ln n)_{n\in\mathbb{N}^*}$ tend vers $+\infty$.

2 Propriétés immédiates

Les résultats qui suivent ne sont qu'une reformulation, dans le langage des séries, des résultats correspondants sur les suites.

Proposition 5

Soit $\sum u_n$ et $\sum v_n$ des séries convergentes ainsi que λ et μ des scalaires. Alors la série $\sum(\lambda u_n + \mu v_n)$ converge et :

$$\sum_{n=0}^{+\infty}(\lambda u_n + \mu v_n) = \lambda \sum_{n=0}^{+\infty} u_n + \mu \sum_{n=0}^{+\infty} v_n.$$

Remarque Avec la convergence de la série nulle, c'est la traduction des propriétés
751 algébriques suivantes :

- l'ensemble des séries convergentes est un sous-espace vectoriel de $\mathbb{K}^{\mathbb{N}}$;
- 782 l'application qui à une série convergente associe sa somme est linéaire.

Ex. 11. Soit $\sum u_n$ et $\sum v_n$ des séries numériques telles que $\sum u_n$ converge et $\sum v_n$ diverge. Alors la série $\sum(u_n + v_n)$ diverge.

En effet, si la série $\sum(u_n+v_n)$ était convergente, de l'égalité $v_n = (u_n+v_n) - u_n$, valable pour tout $n \in \mathbb{N}$, on déduirait la convergence de la série de terme général v_n en tant que différence de séries convergentes ; d'où la contradiction.

De l'exemple précédent, on déduit immédiatement :

Corollaire 6

On ne change pas la nature d'une série en ajoutant à son terme général le terme général d'une série convergente.

Attention La série $\sum(u_n+v_n)$ peut très bien être convergente lorsque $\sum u_n$ et $\sum v_n$ sont divergentes. Par exemple, $\sum\left(\frac{1}{n} - \frac{1}{n+1}\right)$ est convergente alors que les séries harmoniques $\sum \frac{1}{n}$ et $\sum \frac{1}{n+1}$ sont divergentes.

Avant d'écrire $\sum\limits_{n=0}^{+\infty}(u_n + v_n) = \sum\limits_{n=0}^{+\infty} u_n + \sum\limits_{n=0}^{+\infty} v_n$, il faut s'assurer de l'existence de ces trois sommes (ou au moins de deux d'entre elles, la troisième s'en déduisant).

Proposition 7 (Cas des séries à termes complexes)

Soit $\sum u_n$ une série à termes complexes. La série $\sum u_n$ converge si, et seulement si, les séries $\sum \mathrm{Re}(u_n)$ et $\sum \mathrm{Im}(u_n)$ convergent et l'on a alors :

$$\sum_{n=0}^{+\infty} u_n = \sum_{n=0}^{+\infty} \mathrm{Re}(u_n) + i \sum_{n=0}^{+\infty} \mathrm{Im}(u_n).$$

Démonstration. Ce résultat découle immédiatement du lien entre la convergence d'une suite complexe et celle des suites de ses parties réelle et imaginaire. □

Remarque Dans le cas où $\sum u_n$ converge, on a donc :

$$\sum_{n=0}^{+\infty} \operatorname{Re}(u_n) = \operatorname{Re}\left(\sum_{n=0}^{+\infty} u_n\right) \qquad \text{et} \qquad \sum_{n=0}^{+\infty} \operatorname{Im}(u_n) = \operatorname{Im}\left(\sum_{n=0}^{+\infty} u_n\right).$$

Ex. 12. Soit $\theta \in]0, \pi[$. Justifions l'existence et calculons :

$$\sum_{n=0}^{+\infty} \cos(n\theta) \cos^n(\theta) \qquad \text{et} \qquad \sum_{n=0}^{+\infty} \sin(n\theta) \cos^n(\theta).$$

Posons pour cela $u_n = e^{in\theta} \cos^n(\theta)$. La série $\sum u_n$ est géométrique de raison $r = e^{i\theta} \cos(\theta)$, avec donc $|r| = |\cos\theta| < 1$ puisque $\theta \in]0, \pi[$. Elle est donc convergente et sa somme est :

$$S = \frac{1}{1 - e^{i\theta} \cos(\theta)} = \frac{e^{-i\theta}}{e^{-i\theta} - \cos(\theta)} = \frac{\cos(\theta) - i\sin(\theta)}{-i\sin(\theta)} = i\,\frac{\cos\theta}{\sin\theta} + 1.$$

On en déduit la convergence des deux séries et leurs sommes :

$$\sum_{n=0}^{+\infty} \cos(n\theta) \cos^n(\theta) = 1 \qquad \text{et} \qquad \sum_{n=0}^{+\infty} \sin(n\theta) \cos^n(\theta) = \frac{\cos(\theta)}{\sin(\theta)}.$$

3 Exemple de la série exponentielle

Soit $z \in \mathbb{C}$. On s'intéresse à la série $\sum \frac{z^n}{n!}$, appelée **série exponentielle**.

Remarque Le terme général $u_n = \frac{z^n}{n!}$ de cette série tend vers 0.
En effet, si l'on prend $n_0 \in \mathbb{N}^*$ supérieur à $2|z|$, on a, pour tout $n \geqslant n_0$:

$$|u_n| = \frac{|z|}{n}\,|u_{n-1}| \leqslant \frac{1}{2}\,|u_{n-1}|,$$

ce qui permet de montrer :

$$\forall n \geqslant n_0 \quad |u_n| \leqslant \frac{|u_{n_0}|}{2^{n-n_0}} \qquad \text{et donc} \qquad \lim_{n\to+\infty} u_n = 0.$$

Proposition 8

Pour tout $z \in \mathbb{C}$, la série $\sum \frac{z^n}{n!}$ converge et l'on a :

$$\sum_{n=0}^{+\infty} \frac{z^n}{n!} = e^z.$$

Démonstration page 575

Principe de démonstration. On applique l'inégalité de Taylor-Lagrange à la fonction $f : t \mapsto e^{tz}$, qui est de classe $\mathcal{C}^\infty$ sur $[0, 1]$, pour obtenir une majoration :

$$\left| e^z - \sum_{k=0}^{n} \frac{z^k}{k!} \right| \leqslant M\,\frac{|z|^{n+1}}{(n+1)!},$$

où M est indépendant de n, et l'on conclut en remarquant que $\lim_{n\to+\infty} \frac{|z|^{n+1}}{(n+1)!} = 0$ d'après la remarque précédente.

Ex. 13. Pour tout $\theta \in \mathbb{R}$, on a :

$$\cos\theta = \sum_{n=0}^{+\infty} \frac{(-1)^n \, \theta^{2n}}{(2n)!} \qquad \text{et} \qquad \sin\theta = \sum_{n=0}^{+\infty} \frac{(-1)^n \, \theta^{2n+1}}{(2n+1)!}.$$

En effet, soit $\theta \in \mathbb{R}$. On part de l'égalité $e^{i\theta} = \sum\limits_{n=0}^{+\infty} \frac{(i\theta)^n}{n!}$ qui, en prenant la partie réelle, donne $\cos\theta = \sum\limits_{n=0}^{+\infty} u_n$ où :

$$u_n = \frac{(-1)^p \theta^{2p}}{(2p)!} \quad \text{si } n = 2p \text{ est pair} \qquad \text{et} \qquad u_n = 0 \quad \text{si } n \text{ est impair.}$$

Pour tout $p \in \mathbb{N}$, on a donc :

$$\sum_{n=0}^{2p} u_n = \sum_{k=0}^{p} \frac{(-1)^k \theta^{2k}}{(2k)!}.$$

On en déduit, par passage à la limite :

$$\cos\theta = \sum_{k=0}^{+\infty} \frac{(-1)^k \theta^{2k}}{(2k)!}.$$

La même méthode, en utilisant cette fois-ci les parties imaginaires, donne l'autre égalité.

II Séries à termes réels positifs

Dans cette section, il est question de séries dont les termes généraux sont des *réels positifs*. En pratique, grâce au caractère asymptotique de la notion de limite, on peut souvent se contenter de la positivité à partir d'un certain rang.

1 Généralités

La suite (S_n) des sommes partielles d'une série $\sum u_n$ à terme général réel positif est croissante. En effet, pour tout $n \in \mathbb{N}$, on a $S_{n+1} - S_n = u_{n+1} \geqslant 0$.
Le théorème de la limite monotone donne alors la proposition suivante.

Proposition 9

La suite des sommes partielles d'une série de terme général positif converge ou tend vers $+\infty$. Une série à terme général positif converge si, et seulement si, ses sommes partielles sont majorées.

Remarque Pour montrer qu'une série à termes réels positifs converge, il suffit donc de montrer que la suite de ses sommes partielles est majorée. Mais, sauf dans de rares cas, on utilisera plutôt les théorèmes de comparaison ci-dessous qui permettent de travailler sur le terme général de la série et non sur ses sommes partielles.

2 Théorèmes de comparaison

Proposition 10 (Théorème de comparaison des séries à termes positifs)

Exo 15.2

Exo 15.3

Soit $\sum u_n$ et $\sum v_n$ des séries vérifiant :

$$\forall n \in \mathbb{N} \quad 0 \leqslant u_n \leqslant v_n.$$

- Si $\sum v_n$ converge, alors $\sum u_n$ converge, et l'on a $\sum_{n=0}^{+\infty} u_n \leqslant \sum_{n=0}^{+\infty} v_n$.
- Si $\sum u_n$ diverge, alors $\sum v_n$ diverge.

Démonstration page 575

Principe de démonstration.

Comparer les sommes partielles des séries de termes généraux u_n et v_n.

Ex. 14. Pour tout entier naturel n, on a l'encadrement :

$$0 \leqslant \frac{1}{1+2^n} \leqslant \frac{1}{2^n}.$$

Comme la série géométrique $\sum \frac{1}{2^n}$ est convergente, $\sum \frac{1}{1+2^n}$ l'est aussi.

Ex. 15. La divergence de la série harmonique $\sum_{n \geqslant 1} \frac{1}{n}$ entraîne la divergence de $\sum_{n \geqslant 1} \frac{1}{n^\alpha}$, pour tout $\alpha \leqslant 1$.

Remarque Il va de soi que le résultat subsiste si l'encadrement $0 \leqslant u_n \leqslant v_n$ n'est valable qu'à partir d'un certain rang n_0 ; mais, en cas de convergence, on dispose seulement de l'inégalité :

$$\sum_{n=n_0}^{+\infty} u_n \leqslant \sum_{n=n_0}^{+\infty} v_n.$$

Corollaire 11

Soit $\sum u_n$ et $\sum v_n$ des séries à termes généraux réels positifs.

Si $u_n \sim v_n$, alors $\sum u_n$ et $\sum v_n$ sont de même nature.

Démonstration. Si $u_n \sim v_n$, il existe un rang n_0 à partir duquel $0 \leqslant \frac{u_n}{2} \leqslant v_n \leqslant 2u_n$. □

Ex. 16. La convergence de la série de terme général $u_n = \dfrac{1}{n(n+1)}$ (cf. exemple 9 de la page 564) entraîne la convergence de la série de terme général $v_n = \dfrac{1}{n^2}$ puisque ces séries sont à termes positifs et vérifient $u_n \sim v_n$.

Remarque Dans le cas de l'utilisation du critère d'équivalence, il est inutile de vérifier le caractère positif des termes généraux des *deux* séries ; vérifier la positivité de l'un des deux suffit puisque, par équivalence, l'autre est alors positif à partir d'un certain rang.

Attention L'hypothèse de positivité est indispensable : deux séries de termes généraux équivalents peuvent ne pas être de même nature.

Ex. 17. Pour $n \in \mathbb{N}^*$, posons $u_n = \dfrac{(-1)^n}{\sqrt{n}}$ et $v_n = u_n + \dfrac{1}{n}\cdot$

La série $\sum\limits_{n\geqslant 1} u_n$ est convergente (voir l'exemple 5 de la page 563). Donc, comme somme d'une série convergente et de la série harmonique divergente, la série $\sum v_n$ diverge. Pourtant, on a $v_n \sim u_n$ puisque $\frac{1}{n} = o\left(\frac{1}{\sqrt{n}}\right)\cdot$

3 Comparaison série-intégrale

Soit f continue et monotone sur $[0,+\infty[$. Nous allons encadrer l'intégrale de f sur $[0,n]$ par les sommes :

$$\sum_{k=0}^{n-1} f(k) \qquad \text{et} \qquad \sum_{k=1}^{n} f(k),$$

qui sont des sommes partielles (au premier terme près pour la seconde) de $\sum f(n)$. Inversement, on peut obtenir des renseignements sur les sommes partielles de cette série en utilisant cette intégrale. Cela est d'autant plus intéressant qu'il est souvent plus facile d'évaluer l'intégrale $\displaystyle\int_0^n f(t)\,\mathrm{d}t$ que la somme partielle $\sum\limits_{k=0}^{n} f(k)$.

Cas des fonctions décroissantes

Lemme 12

Soit $f\,:\,[0,+\infty[\,\to \mathbb{R}_+$ continue et décroissante. On a :

$$\forall n \geqslant 0 \quad \int_n^{n+1} f(t)\,\mathrm{d}t \leqslant f(n) \qquad \text{et} \qquad \forall n \geqslant 1 \quad \int_{n-1}^{n} f(t)\,\mathrm{d}t \geqslant f(n).$$

Démonstration page 575

Principe de démonstration. L'aire de chacun des deux rectangles hachurés vaut $f(n)$.

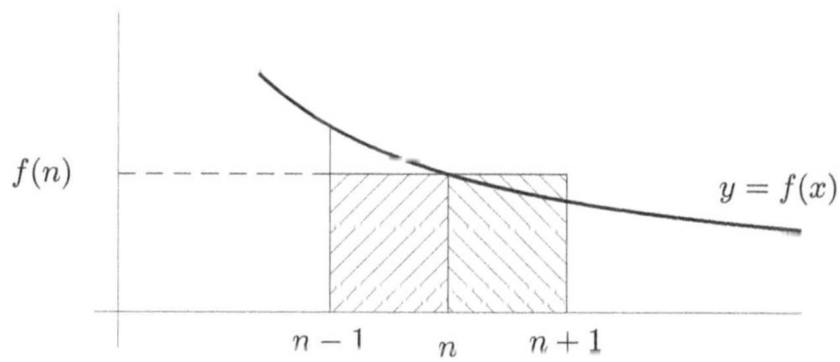

Remarques

- 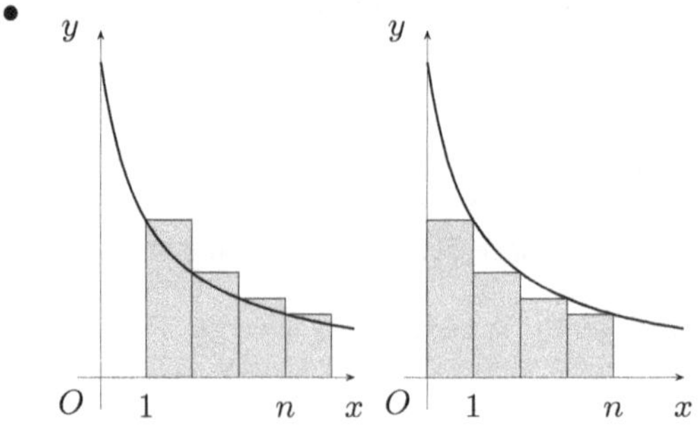

En additionnant, pour $k \in [\![1,n]\!]$, les inégalités :
$$\int_k^{k+1} f(t)\,\mathrm{d}t \leqslant f(k) \leqslant \int_{k-1}^{k} f(t)\,\mathrm{d}t,$$
on obtient les relations :
$$\int_1^{n+1} f(t)\,\mathrm{d}t \leqslant \sum_{k=1}^{n} f(k) \leqslant \int_0^{n} f(t)\,\mathrm{d}t,$$
que l'on visualise sur les schémas ci-dessus.

- Plus généralement, si p et q sont deux entiers naturels tels que $p \leqslant q$, on a :
$$\int_p^q f(t)\,\mathrm{d}t + f(q) \leqslant \sum_{k=p}^{q} f(k) \leqslant f(p) + \int_p^q f(t)\,\mathrm{d}t. \qquad (*)$$

Point méthode Ces inégalités permettent :
- de montrer une convergence de série par majoration des sommes partielles,
- de montrer une divergence de série par minoration des sommes partielles,
- de trouver, par encadrement, des équivalents de sommes partielles ou de restes.

Ex. 18. Soit $\alpha \in \,]0,1]$. Déterminons un équivalent des sommes partielles de la série de Riemann $\sum \frac{1}{n^\alpha}$.
La fonction $f : t \mapsto \frac{1}{t^\alpha}$ est continue positive et décroissante sur $[1,+\infty[$. On a donc, en utilisant la relation $(*)$ ci-dessus, l'encadrement suivant :
$$\int_1^n f(t)\,\mathrm{d}t \leqslant \int_1^n f(t)\,\mathrm{d}t + f(n) \leqslant \sum_{k=1}^{n} f(k) \leqslant f(1) + \int_1^n f(t)\,\mathrm{d}t.$$

- Si $\alpha = 1$, on a alors : $\ln n \leqslant \sum_{k=1}^{n} \frac{1}{k} \leqslant 1 + \ln n \sim \ln n$ donc $\sum_{k=1}^{n} \frac{1}{k} \sim \ln n$.
- Si $\alpha < 1$, on a :
$$\frac{n^{1-\alpha}}{1-\alpha} \sim \frac{1}{1-\alpha}\left(n^{1-\alpha}-1\right) \leqslant \sum_{k=1}^{n} \frac{1}{k^\alpha} \leqslant 1 + \frac{1}{1-\alpha}\left(n^{1-\alpha}-1\right) \sim \frac{n^{1-\alpha}}{1-\alpha}$$
et l'on obtient $\sum_{k=1}^{n} \frac{1}{k^\alpha} \sim \frac{n^{1-\alpha}}{1-\alpha}$ par encadrement.

Proposition 13 (Séries de Riemann)

Exo 15.4

Soit $\alpha \in \mathbb{R}$. La série $\sum_{n\geqslant 1} \frac{1}{n^\alpha}$ converge si, et seulement si, $\alpha > 1$.

Démonstration page 575

Cas des fonctions croissantes

Lorsque la fonction f est croissante positive, on obtient le même type de majorations/minorations des sommes partielles : il suffit d'inverser les signes des inégalités :

$$\int_1^{n+1} f(t)\,\mathrm{d}t \geqslant \sum_{k=1}^{n} f(k) \geqslant \int_0^n f(t)\,\mathrm{d}t,$$

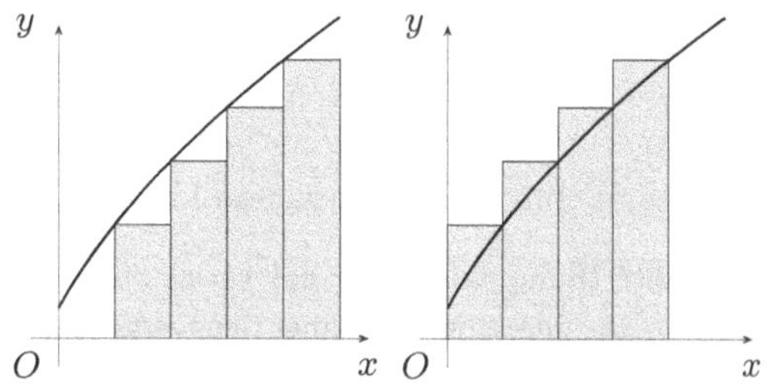

et plus généralement, si p et q sont deux entiers naturels tels que $p \leqslant q$, on a :

$$\int_p^q f(t)\,\mathrm{d}t + f(q) \geqslant \sum_{k=p}^{q} f(k) \geqslant f(p) + \int_p^q f(t)\,\mathrm{d}t.$$

III Séries absolument convergentes (option PSI)

⋆ ***La fin de ce chapitre concerne uniquement les étudiants ayant choisi de suivre l'option PSI en deuxième année.*** ⋆

1 Convergence absolue

Définition 4

On dit que la série $\sum u_n$ est **absolument convergente**, ou **converge absolument**, si la série à termes réels positifs $\sum |u_n|$ est convergente.

On dit alors également que la suite $(u_n)_{n\in\mathbb{N}}$ est **sommable**.

Convention La convergence absolue de la série $\sum u_n$ peut s'écrire $\sum\limits_{n=0}^{+\infty} |u_n| < +\infty$.

Théorème 14

Toute série absolument convergente est convergente.

Démonstration page 576

Principe de démonstration. Soit $(u_n)_{n\in\mathbb{N}} \in \mathbb{K}^{\mathbb{N}}$ telle que la série $\sum |u_n|$ converge.

- Si $(u_n)_{n\in\mathbb{N}} \in \mathbb{R}^{\mathbb{N}}$, on montre, en posant $a_n = \frac{|u_n|+u_n}{2}$ et $b_n = \frac{|u_n|-u_n}{2}$ pour tout $n \in \mathbb{N}$, que $\sum a_n$ et $\sum b_n$ sont convergentes et l'on en déduit la convergence de $\sum u_n$.
- Si $(u_n)_{n\in\mathbb{N}} \in \mathbb{C}^{\mathbb{N}}$, on montre que $\sum \mathrm{Re}(u_n)$ et $\sum \mathrm{Im}(u_n)$ sont absolument convergentes.

Ex. 19. La série $\sum\limits_{n\geqslant 1} \dfrac{e^{in}}{n^2}$ est convergente. En effet, $\forall n \geqslant 1 \quad \left|\dfrac{e^{in}}{n^2}\right| = \dfrac{1}{n^2}$ et la convergence de la série de Riemann $\sum \dfrac{1}{n^2}$ (cf. proposition 13 de la page précédente) assure que la série de terme général $\dfrac{e^{in}}{n^2}$ est absolument convergente, donc convergente.

Attention La réciproque est fausse : la série $\sum_{n\geqslant 1} \frac{(-1)^n}{n}$ converge (cf. exemple 5 de la page 563) alors qu'elle ne converge pas absolument (divergence de la série harmonique).
Une série convergente mais non absolument convergente est dite **semi-convergente.**

Inégalité triangulaire pour des séries absolument convergentes
Soit $\sum u_n$ une série absolument convergente. On a :

$$\left|\sum_{n=0}^{+\infty} u_n\right| \leqslant \sum_{n=0}^{+\infty} |u_n|.$$

En effet, pour tout $p \in \mathbb{N}$, l'inégalité triangulaire sur les sommes finies nous permet d'écrire :

$$\left|\sum_{n=0}^{p} u_n\right| \leqslant \sum_{n=0}^{p} |u_n|.$$

Étant absolument convergente, la série $\sum_{n\geqslant 0} u_n$ est aussi convergente. Un passage à la limite lorsque p tend vers $+\infty$ dans l'inégalité précédente donne alors la relation annoncée.

2 Théorèmes de comparaison

Proposition 15

Soit $\sum u_n$ et $\sum v_n$ deux séries numériques.

1. Si $u_n = \mathrm{O}(v_n)$ alors la convergence **absolue** de $\sum v_n$ entraîne celle de $\sum u_n$.
2. Si $u_n = \mathrm{o}(v_n)$ alors la convergence **absolue** de $\sum v_n$ entraîne celle de $\sum u_n$.

Démonstration. Si $u_n = \mathrm{O}(v_n)$, il existe un rang N et un réel $A \in \mathbb{R}_+$ tels que, pour tout entier $n \geqslant N$, on ait $0 \leqslant |u_n| \leqslant A\,|v_n|$. Cela permet d'appliquer la proposition 10 de la page 568.

Le deuxième résultat est une conséquence du premier, car $u_n = \mathrm{o}(v_n) \implies u_n = \mathrm{O}(v_n)$. □

Point méthode Soit $\sum v_n$ une série convergente à terme général *positif* et $(u_n)_{n\in\mathbb{N}}$ une suite d'éléments de $\mathbb{K}$. Si $u_n = \mathrm{O}(v_n)$, alors la série $\sum u_n$ est absolument convergente.

En particulier, en utilisant les séries géométriques (proposition 2 de la page 562) ou les séries de Riemann (proposition 13 de la page 570), on en déduit la convergence absolue (*a fortiori* la convergence) de $\sum u_n$ dans chacun des cas ci-dessous :

- il existe $q \in [0,1[$ tel que $u_n = \mathrm{O}(q^n)$;
- il existe $\alpha > 1$ tel que $u_n = \mathrm{O}(\frac{1}{n^\alpha})$.

Ex. 20. Étudions la convergence de la série $\sum\limits_{n\geqslant 1} u_n$, où $\forall n \in \mathbb{N}^* \quad u_n = \frac{\ln n}{n^2}$.

On a, par croissances comparées, $n^{3/2}u_n = \frac{\ln n}{\sqrt{n}} \underset{n\to+\infty}{\longrightarrow} 0$, donc $u_n = \mathrm{o}(\frac{1}{n^{3/2}})$ et la convergence absolue de la série $\sum \frac{1}{n^{3/2}}$ (puisque $3/2 > 1$) assure celle de $\sum u_n$.

Ex. 21. Montrons que la série de terme général $u_n = \frac{(-2)^n}{\sqrt{n!}}$ converge absolument. En effet, on a pour tout $n \in \mathbb{N}$:

$$2^n|u_n| = \frac{4^n}{\sqrt{n!}} = \sqrt{\frac{16^n}{n!}}$$

et donc $2^n u_n \underset{n\to+\infty}{\longrightarrow} 0$ puisque, la série exponentielle $\sum \frac{16^n}{n!}$ étant convergente, son terme général tend vers 0. On a donc $u_n = \mathrm{o}(2^{-n})$, ce qui prouve le résultat par comparaison avec la série géométrique absolument convergente $\sum 2^{-n}$.

Remarque Dans l'exemple 12 de la page 566, la convergence des séries pouvait s'obtenir en montrant leur convergence absolue. Cependant, cela ne nous donne pas la valeur de leurs sommes.

Voyons maintenant sur un exemple, comment, lors d'une étude asymptotique du terme général d'une série, utiliser des O plutôt que des o pour exprimer le reste d'un développement limité et ainsi gagner en efficacité.

Ex. 22. Étudions la série de terme général $u_n = n\ln\left(1+\dfrac{1}{n}\right) - \cos\dfrac{1}{\sqrt{n}}$.

En utilisant des développements limités en 0 de $\cos x$ et $\ln(1+x)$, on obtient :

$$u_n = n\left(\frac{1}{n} - \frac{1}{2n^2} + \mathrm{o}\left(\frac{1}{n^2}\right)\right) - \left(1 - \frac{1}{2(\sqrt{n})^2} + \mathrm{o}\left(\frac{1}{n}\right)\right) = \mathrm{o}\left(\frac{1}{n}\right).$$

On ne peut malheureusement rien conclure de cette relation quant à la convergence de la série $\sum u_n$. Il faut donc être plus précis.

On pourrait pousser un cran plus loin les développements limités utilisés, pour obtenir :

$$\begin{aligned} u_n &= n\left(\frac{1}{n} - \frac{1}{2n^2} + \frac{1}{3n^3} + \mathrm{o}\left(\frac{1}{n^3}\right)\right) - \left(1 - \frac{1}{2(\sqrt{n})^2} + \frac{1}{24(\sqrt{n})^4} + \mathrm{o}\left(\frac{1}{n^2}\right)\right) \\ &= \frac{7}{24n^2} + \mathrm{o}\left(\frac{1}{n^2}\right), \end{aligned}$$

ce qui donne $u_n \sim \frac{7}{24n^2}$ et permet de montrer la convergence absolue de la série $\sum u_n$ par comparaison à une série de Riemann.

Néanmoins, on peut obtenir la même conclusion sans calculer les deux termes complémentaires des développements limités de départ. Il suffit d'arriver à $u_n = \mathrm{O}(\frac{1}{n^2})$ de la façon suivante : les termes $\frac{1}{3n^3} + \mathrm{o}\left(\frac{1}{n^3}\right)$ et $\frac{1}{24(\sqrt{n})^4} + \mathrm{o}\left(\frac{1}{n^2}\right)$ peuvent être remplacés respectivement par $\mathrm{O}(\frac{1}{n^3})$ et $\mathrm{O}\left(\frac{1}{n^2}\right)$. Cela donne :

$$u_n = n\left(\frac{1}{n} - \frac{1}{2n^2} + \mathrm{O}\left(\frac{1}{n^3}\right)\right) - \left(1 - \frac{1}{2(\sqrt{n})^2} + \mathrm{O}\left(\frac{1}{n^2}\right)\right) = \mathrm{O}\left(\frac{1}{n^2}\right).$$

On en déduit, par comparaison à une série de Riemann convergente, que la série $\sum u_n$ est absolument convergente.

Point méthode Si une fonction f admet un développement limité à l'ordre $n+1$ en 0, on peut remplacer son développement limité à l'ordre n :

Exo 15.17

$$f(x)=\sum_{k=0}^{n} a_k\, x^k+\mathrm{o}(x^n) \qquad \text{par} \qquad f(x)=\sum_{k=0}^{n} a_k\, x^k+\mathrm{O}(x^{n+1}).$$

Attention Un $\mathrm{o}(x^n)$ n'est pas nécessairement un $\mathrm{O}(x^{n+1})$. L'hypothèse d'existence un développement limité à un ordre supérieur est essentielle.

Ex. 23. Retour sur la série exponentielle La remarque de la page 566 montre, pour tout $z\in\mathbb{C}$, la relation $\frac{z^n}{n!}=\mathrm{O}(2^{-n})$ et donc la convergence absolue de $\sum\frac{z^n}{n!}$ par comparaison avec une série géométrique. Naturellement, cela ne donne pas sa somme (cf. proposition 8 de la page 566).

Ex. 24. Soit $\alpha<1$ et $\beta\in\mathbb{R}$. Considérons la série $\sum\limits_{n\geqslant 2} u_n$ où $u_n=\dfrac{1}{n^{\alpha}\,(\ln n)^{\beta}}\cdot$

Par croissances comparées (directement lorsque $\beta\leqslant 0$), on a $\lim\limits_{n\to+\infty} n^{1-\alpha}\,(\ln n)^{-\beta}=+\infty$. On en déduit la relation de comparaison $\frac{1}{n}=\mathrm{o}(u_n)$.

La divergence de la série harmonique $\sum 1/n$ entraîne donc la non convergence *absolue* de la série $\sum u_n$. Pour en déduire sa divergence, il suffit alors de remarquer que u_n est positif.

Remarque Comme on le voit dans l'exemple précédent, les théorèmes de comparaison ne permettent pas directement de montrer une divergence de série : on ne peut qu'obtenir une non convergence absolue. Pour pouvoir conclure à la divergence, on a alors besoin d'un argument de positivité.

Corollaire 16

Soit $\sum u_n$ et $\sum v_n$ deux séries telles que $u_n\sim v_n$.

La convergence *absolue* de l'une entraîne la convergence (absolue) de l'autre.

Démonstration. On a les deux dominations $u_n=\mathrm{O}(v_n)$ et $v_n=\mathrm{O}(u_n)$. □

Ex. 25. La série de terme général $u_n=\ln\left(1-\frac{(-1)^n}{n^2}\right)$ est (absolument) convergente puisque $u_n\sim v_n=-\frac{(-1)^n}{n^2}$ et que la série de Riemann $\sum|v_n|$ est convergente.

Attention L'hypothèse du corollaire 16 est bien la convergence *absolue*.
Rappelons que si $u_n\sim v_n$, les séries $\sum u_n$ et $\sum v_n$ peuvent ne pas être de même nature (voir l'exemple 17 de la page 569).

Démonstrations

Proposition 8 Soit $z \in \mathbb{C}$. La fonction $f : t \mapsto e^{tz}$ est de classe $\mathcal{C}^\infty$ sur $[0,1]$ et l'on a :

$$\forall n \in \mathbb{N} \quad \forall t \in [0,1] \quad f^{(n)}(t) = z^n\, e^{tz} = z^n\, f(t).$$

Soit $n \in \mathbb{N}$. On en déduit, d'après l'inégalité de Taylor-Lagrange :

$$\left| e^z - \sum_{k=0}^{n} \frac{z^k}{k!} \right| = \left| f(1) - \sum_{k=0}^{n} \frac{f^{(k)}(0)}{k!} \right| \leqslant M_{n+1} \frac{1}{(n+1)!},$$

où M_{n+1} est un majorant de $\left|f^{(n+1)}\right|$ sur $[0,1]$. Or, la fonction f est continue sur le segment $[0,1]$ donc y est bornée par un certain réel M. On peut donc prendre $M_{n+1} = |z|^{n+1} M$, ce qui donne :

$$\left| e^z - \sum_{k=0}^{n} \frac{z^k}{k!} \right| \leqslant M \frac{|z|^{n+1}}{(n+1)!}.$$

On conclut en remarquant que $\frac{|z|^{n+1}}{(n+1)!} \underset{n\to+\infty}{\longrightarrow} 0$ d'après la remarque de la page 566.

Proposition 10 Ces résultats sont une conséquence des inégalités :

$$\forall n \in \mathbb{N} \quad \sum_{p=0}^{n} u_p \leqslant \sum_{p=0}^{n} v_p. \tag{$*$}$$

Supposons que $\sum v_n$ converge. La suite de ses sommes partielles est majorée et il en est alors de même de celle de la série $\sum u_n$. Donc $\sum u_n$ est convergente. Un passage à la limite dans la relation $(*)$ donne alors l'inégalité voulue.

Le deuxième point se déduit du premier par contraposition.

Lemme 12 Soit $n \in \mathbb{N}$. Par décroissance de la fonction f, on a :

$$\forall t \in [n, n+1] \quad f(n+1) \leqslant f(t) \leqslant f(n).$$

En intégrant ces inégalités sur $[n, n+1]$, on obtient par croissance de l'intégrale :

$$f(n+1) \leqslant \int_n^{n+1} f(t)\,\mathrm{d}t \leqslant f(n).$$

En remplaçant n par $n-1$ dans l'inégalité de gauche, cela donne les relations annoncées.

Proposition 13 Lorsque $\alpha \leqslant 0$, la série diverge grossièrement. Sinon, la fonction $t \mapsto t^{-\alpha}$ est continue positive et décroissante sur $[1, +\infty[$.

- Supposons $\alpha \leqslant 1$. La minoration :

$$\sum_{k=1}^{n} \frac{1}{k^\alpha} \geqslant \int_1^{n+1} \frac{\mathrm{d}t}{t^\alpha} \geqslant \int_1^{n} \frac{\mathrm{d}t}{t^\alpha} = \begin{cases} \ln n & \text{si } \alpha = 1 \\ \frac{1}{1-\alpha}\left(n^{1-\alpha} - 1\right) & \text{si } \alpha < 1 \end{cases}$$

  montre la divergence de la série puisque le minorant tend vers $+\infty$ lorsque n tend vers $+\infty$.
- Supposons $\alpha > 1$. La majoration :

$$\sum_{k=1}^{n} \frac{1}{k^\alpha} \leqslant 1 + \int_1^{n} \frac{\mathrm{d}t}{t^\alpha} = 1 + \frac{1}{\alpha - 1}\left(1 - n^{1-\alpha}\right) \leqslant 1 + \frac{1}{\alpha - 1}$$

  montre la convergence de la série, puisqu'elle est à termes positifs et que la suite de ses sommes partielles est majorée. □

Théorème 14 Soit $(u_n)_{n\in\mathbb{N}} \in \mathbb{K}^{\mathbb{N}}$ telle que la série $\sum |u_n|$ converge.

Cas des séries réelles. On suppose ici : $\forall n \in \mathbb{N} \quad u_n \in \mathbb{R}$.

Pour tout $n \in \mathbb{N}$, les réels $a_n = \frac{|u_n|+u_n}{2}$ et $b_n = \frac{|u_n|-u_n}{2}$ sont positifs et vérifient $u_n = a_n - b_n$ et $|u_n| = a_n + b_n$: en particulier, $0 \leqslant a_n \leqslant |u_n|$ et $0 \leqslant b_n \leqslant |u_n|$.

La convergence de la série de terme général $|u_n|$ entraîne donc la convergence des séries à termes positifs $\sum a_n$ et $\sum b_n$.

Par suite, $\sum(a_n - b_n)$ est une série convergente, en tant que différence de séries convergentes. Donc $\sum u_n$ est convergente.

Cas des séries complexes. Des inégalités :

$$\forall n \in \mathbb{N} \quad \big|\mathrm{Re}(u_n)\big| \leqslant |u_n| \quad \text{et} \quad \big|\mathrm{Im}(u_n)\big| \leqslant |u_n|,$$

on déduit que les séries à termes généraux positifs $|\mathrm{Re}(u_n)|$ et $|\mathrm{Im}(u_n)|$ sont convergentes ; les séries $\sum \mathrm{Re}(u_n)$ et $\sum \mathrm{Im}(u_n)$ sont ainsi absolument convergentes et, d'après le point précédent, convergentes. Donc, la série de terme général u_n est convergente.

S'entraîner et approfondir

Séries à termes positifs

15.1 Étudier la convergence de la série de terme général $\sqrt{\dfrac{n+1}{n}}$.
→562

15.2 Soit $\sum u_n$ une série à termes positifs convergente.
→568
Montrer que la série $\sum u_n^2$ est convergente.

15.3 Soit $\sum u_n$ et $\sum v_n$ des séries à termes généraux positifs. Montrer que la série de terme
→568
général $\max(u_n, v_n)$ converge si, et seulement si, les séries $\sum u_n$ et $\sum v_n$ sont convergentes.

15.4 À l'aide d'une comparaison avec une intégrale, montrer la divergence de la série $\sum\limits_{n\geqslant 2} \frac{1}{n\ln n}$ et
→570
donner un équivalent de ses sommes partielles.

15.5 Montrer la convergence et calculer la somme de la série $\sum\limits_{n\geqslant 1} \frac{2}{n(n+2)}$.

15.6 Soit $(u_n)_{n\in\mathbb{N}^*}$ une suite vérifiant :

$$\forall n \in \mathbb{N}^* \quad u_{n+1} = u_n + \frac{e^{-u_n}}{n}.$$

Montrer que $(u_n)_{n\in\mathbb{N}^*}$ tend vers $+\infty$.

15.7 Soit $\sum u_n$ et $\sum v_n$ des séries convergentes à termes positifs.

Montrer que la série de terme général $\sqrt{u_n v_n}$ est convergente.

Indication. *Étant donné deux réels positifs x et y, on pourra comparer leur moyenne arithmétique $\frac{x+y}{2}$ et leur moyenne géométrique $\sqrt{xy}$.*

15.8 Soit la série de terme général $u_n = e^{-n^\alpha}$ avec $\alpha \in \mathbb{R}$.

1. Montrer que, pour tout $\alpha \leqslant 0$, la série $\sum u_n$ est divergente.
2. On suppose $\alpha > 0$. Montrer que $u_n = o\left(\dfrac{1}{n^2}\right)$ et en déduire la nature de $\sum u_n$.

★ **15.9** Étudier la convergence de la série $\sum\left(n^{\frac{1}{n}} - (n+1)^{\frac{1}{n}}\right)$.

15.10 Étudier la convergence des séries suivantes et calculer leur somme :

1. $\sum\limits_{n\geqslant 1} \ln\left(\dfrac{(n+1)(n+2)}{n(n+3)}\right)$;
2. $\sum\limits_{n\geqslant 0} \left(3+(-1)^n\right)^{\;n}$.

★ **15.11** Pour $k \in \mathbb{N}^*$, on pose $u_k = -\frac{2}{k}$ si k est multiple de 3 et $u_k = \frac{1}{k}$ sinon.

1. Déterminer $\lim\limits_{n\to+\infty} \sum\limits_{k=1}^{3n} u_k$.

2. En déduire que $\sum u_k$ converge et déterminer $\sum\limits_{k=1}^{+\infty} u_k$.

15.12 Soit $n \in \mathbb{N}^*$ et $\alpha \in]1,+\infty[$. Donner un équivalent de $u_n = \displaystyle\sum_{k=n+1}^{+\infty} \frac{1}{k^\alpha}$, et en déduire la nature de la série $\sum u_n$.

15.13 Montrer que la série $\displaystyle\sum_{n\geqslant 1} \frac{\ln n}{n}$ diverge et donner un équivalent simple de $\displaystyle\sum_{k=1}^{n} \frac{\ln k}{k}$.

15.14 En étudiant les séries $\sum\left(\frac{1}{n^\beta} - \frac{1}{(n+1)^\beta}\right)$, pour $\beta \in \mathbb{R}^*$, et $\sum\big(\ln(n+1) - \ln(n)\big)$, retrouver la nature des séries de Riemann.

★ **15.15** Soit $x \in \left]0, \frac{\pi}{2}\right[$. On pose $u_n = \ln\left(\cos\frac{x}{2^n}\right)$, pour $n \in \mathbb{N}^*$.

1. Montrer que $\sum u_n$ converge.

2. Calculer $\sum\limits_{n=1}^{+\infty} u_n$.

   Indication. *On pourra utiliser la formule* $\sin 2a = 2\sin a\cos a$.

15.16 Soit $(u_n)_{n\in\mathbb{N}}$, $(v_n)_{n\in\mathbb{N}}$ et $(w_n)_{n\in\mathbb{N}}$ des suites réelles telles que :

$$\forall n \in \mathbb{N} \quad u_n \leqslant v_n \leqslant w_n.$$

On suppose que $\sum u_n$ et $\sum w_n$ convergent. Montrer que $\sum v_n$ converge.

Convergence absolue (option PSI)

★ ***Les exercices suivants concernent uniquement les étudiants ayant choisi de suivre l'option PSI en deuxième année.*** ★

15.17 Étudier la série de terme général $u_n = n^{3/2}\left(\tan\frac{1}{n} - \operatorname{sh}\frac{1}{n}\right)$.
→574

15.18 Constante d'Euler

Montrer que la suite $(u_n)_{n\geqslant 1}$ définie par $u_n = \left(\displaystyle\sum_{k=1}^{n}\frac{1}{k}\right) - \ln n$ est convergente.

15.19 Soit $(a,b) \in \mathbb{R}^2$. Étudier la convergence de la série de terme général :

$$u_n = \sqrt{n} + a\sqrt{n+1} + b\sqrt{n+2}.$$

Lorsque la série converge, calculer sa somme.

★ **15.20** Étudier la nature de la série de terme général $u_n = \left(\cos\frac{1}{n}\right)^{n^3}$.

Solutions des exercices

15.1 La série diverge grossièrement puisque son terme général a pour limite 1.

15.2 La série $\sum u_n$ étant convergente, son terme général tend vers 0.
Il existe donc un rang N tel que :
$$\forall n \geqslant N \quad 0 \leqslant u_n \leqslant 1,$$
et l'on a alors :
$$\forall n \geqslant N \quad 0 \leqslant u_n^2 \leqslant u_n.$$
Le théorème de comparaison des séries à termes positifs permet alors de conclure.

15.3
- Pour tout $n \in \mathbb{N}$, on a $0 \leqslant \max(u_n, v_n) \leqslant u_n + v_n$ par positivité de u_n et v_n. Si les séries $\sum u_n$ et $\sum v_n$ sont convergentes, alors la série de terme général $u_n + v_n$ est convergente comme somme de deux séries convergentes et l'on en déduit que la série de terme général $\max(u_n, v_n)$ est convergente.
- Si la série $\sum \max(u_n, v_n)$ converge, alors les inégalités $0 \leqslant u_n \leqslant \max(u_n, v_n)$ et $0 \leqslant v_n \leqslant \max(u_n, v_n)$ entraînent la convergence des séries $\sum u_n$ et $\sum v_n$.

15.4 La fonction $f : x \mapsto \frac{1}{x \ln x}$ est continue positive et décroissante sur $[2, +\infty[$.
On obtient donc l'encadrement, pour tout $n \geqslant 2$:
$$\int_2^n f(t)\,\mathrm{d}t \leqslant \int_2^{n+1} f(t)\,\mathrm{d}t \leqslant \sum_{k=2}^{n} f(k) \leqslant f(2) + \int_2^n f(t)\,\mathrm{d}t. \qquad (*)$$
Or, une primitive de f sur $[2, +\infty[$ est $x \mapsto \ln(\ln x)$, qui tend vers $+\infty$ en $+\infty$. On en déduit, par minoration, la divergence de la série $\sum\limits_{n \geqslant 2} f(n)$. Comme :
$$\int_2^n f(t)\,\mathrm{d}t = \ln(\ln n) - \ln(\ln 2) \sim \ln(\ln n) \qquad \text{et} \qquad f(2) = \mathrm{o}\big(\ln(\ln n)\big),$$
les majorant et minorant de $(*)$ sont équivalents à $\ln(\ln n)$ et donc :
$$\sum_{k=2}^{n} \frac{1}{k \ln k} \sim \ln(\ln n).$$

15.5 La série converge puisque son terme général positif est équivalent à $1/n^2$ qui est le terme général d'une série de Riemann convergente $(2 > 1)$.
Pour tout $n \in \mathbb{N}^*$, on a $\dfrac{2}{n(n+2)} = \dfrac{1}{n} - \dfrac{1}{n+2}$, donc les sommes partielles de cette série s'écrivent, pour $n \geqslant 2$:
$$\sum_{k=1}^{n} \frac{2}{k(k+2)} = \sum_{k=1}^{n} \frac{1}{k} - \sum_{k=1}^{n} \frac{1}{k+2} = 1 + \frac{1}{2} - \frac{1}{n+1} - \frac{1}{n+2}.$$
On a donc $\sum\limits_{n=1}^{+\infty} \dfrac{2}{n(n+2)} = \dfrac{3}{2}$.

15.6 La suite $(u_n)_{n\in\mathbb{N}^*}$ est croissante puisque $u_{n+1}-u_n=\frac{e^{-u_n}}{n}\geqslant 0$ pour tout $n\in\mathbb{N}^*$. Par conséquent elle converge ou tend vers $+\infty$.

Supposons, par l'absurde, qu'elle ne tende pas vers $+\infty$, c'est-à-dire qu'elle converge vers un certain réel ℓ. Alors, par continuité de l'exponentielle, $\lim\limits_{n\to+\infty} e^{-u_n}=e^{-\ell}>0$ et donc $u_{n+1}-u_n\sim\frac{e^{-\ell}}{n}\cdot$

Par divergence de la série à terme général positif $\frac{e^{-\ell}}{n}$, on en déduit la divergence de la série télescopique $\sum(u_{n+1}-u_n)$, c'est-à-dire la divergence de la suite (u_n).

Cette contradiction montre que la suite (u_n) tend vers $+\infty$.

15.7 Soit $n\in\mathbb{N}$. On a $\left(\sqrt{u_n}-\sqrt{v_n}\right)^2=u_n+v_n-2\sqrt{u_nv_n}\geqslant 0$. On en déduit que :

$$\forall n\in\mathbb{N}\quad \sqrt{u_nv_n}\leqslant\frac{u_n+v_n}{2}\cdot$$

Cette majoration assure la convergence de la série de terme général positif $\sqrt{u_nv_n}$.

15.8
1. La série de terme général $u_n=e^{-n^\alpha}$ diverge pour $\alpha\leqslant 0$ puisque son terme général ne tend pas vers 0.
2. Soit $\alpha>0$. Par croissances comparées :

$$n^2\,u_n=(n^\alpha)^{2/\alpha}\,e^{-n^\alpha}\underset{n\to+\infty}{\longrightarrow}0,$$

ce qui signifie que $u_n=\mathrm{o}\left(\dfrac{1}{n^2}\right)\cdot$

On a ainsi $0\leqslant u_n\leqslant\frac{1}{n^2}$ à partir d'un certain rang, ce qui prouve la convergence de la série $\sum u_n$ puisque $2>1$.

15.9 On peut écrire $u_n=n^{\frac1n}-(n+1)^{\frac1n}=n^{\frac1n}\left[1-\left(1+\dfrac1n\right)^{\frac1n}\right]$.

D'une part, on a $n^{\frac1n}=\exp\left(\frac1n\ln n\right)\underset{n\to+\infty}{\longrightarrow}1$, donc :

$$u_n\sim 1-\left(1+\frac1n\right)^{\frac1n}=1-\exp\left(\frac1n\ln\left(1+\frac1n\right)\right).$$

Comme $\ln\left(1+\dfrac1n\right)\sim\dfrac1n$, on a $\dfrac1n\ln\left(1+\dfrac1n\right)\sim\dfrac{1}{n^2}\underset{n\to+\infty}{\longrightarrow}0$ et donc :

$$\exp\left(\frac1n\ln\left(1+\frac1n\right)\right)-1\sim\frac1n\ln\left(1+\frac1n\right)\sim\frac{1}{n^2}\cdot$$

On en déduit que $u_n\sim-\dfrac{1}{n^2}$, d'où la convergence de la série puisque $-\frac{1}{n^2}$ est le terme général négatif d'une série convergente.

15.10 1. De la relation $\ln\left(\dfrac{(n+1)(n+2)}{n(n+3)}\right) = \ln(n+2)+\ln(n+1)-\ln n-\ln(n+3)$, on obtient, par télescopage :

$$\sum_{n=1}^{N} \ln\left(\frac{(n+1)(n+2)}{n(n+3)}\right) = \sum_{n=1}^{N}\big(\ln(n+1)-\ln(n)\big) - \sum_{n=1}^{N}\big(\ln(n+3)-\ln(n+2)\big)$$

$$= \ln(N+1) - \ln(1) - \ln(N+3) + \ln 3 = \ln 3 - \ln\left(\frac{N+3}{N+1}\right).$$

On en déduit que la série est convergente et que $\displaystyle\sum_{n=1}^{+\infty} \ln\left(\frac{n^2+3n+2}{n^2+3n}\right) = \ln 3.$

2. La relation :

$$\forall n \in \mathbb{N} \quad 0 \leqslant \left(\frac{1}{3+(-1)^n}\right)^n \leqslant \frac{1}{2^n}$$

prouve que $\displaystyle\sum_{n\geqslant 0}(3+(-1)^n)^{(-n)}$ est convergente.

Soit $N \in \mathbb{N}$. On a :

$$\sum_{n=0}^{2N}(3+(-1)^n)^{(-n)} = \sum_{j=0}^{N} 4^{(-2j)} + \sum_{j=0}^{N-1} 2^{(-2j-1)}$$

$$= \sum_{j=0}^{N}\left(\frac{1}{16}\right)^j + \frac{1}{2}\sum_{j=0}^{N-1}\left(\frac{1}{4}\right)^j.$$

Par passage à la limite :

$$\sum_{n=0}^{+\infty}(3+(-1)^n)^{(-n)} = \frac{1}{1-\frac{1}{16}} + \frac{1}{2}\,\frac{1}{1-\frac{1}{4}} = \frac{26}{15}.$$

15.11 Notons, pour $n \in \mathbb{N}$, $S_n = \displaystyle\sum_{k=1}^{n} u_k$.

1. On a, pour tout $n \in \mathbb{N}^*$:

$$S_{3n} = \sum_{j=0}^{n-1}\left(\frac{1}{3j+1} + \frac{1}{3j+2} - \frac{2}{3j+3}\right)$$

$$= \sum_{j=0}^{n-1}\left(\frac{1}{3j+1} + \frac{1}{3j+2} + \frac{1}{3j+3}\right) - \sum_{j=0}^{n-1}\frac{3}{3j+3}$$

$$= \sum_{k=1}^{3n}\frac{1}{k} - \sum_{k=1}^{n}\frac{1}{k} = \sum_{k=n+1}^{3n}\frac{1}{k} = \frac{1}{n}\sum_{k=1}^{2n}\frac{1}{1+\frac{k}{n}}.$$

On reconnaît une somme de Riemann de la fonction $t \mapsto \dfrac{1}{1+t}$, continue sur $[0,2]$. Donc :

$$\lim_{n\to+\infty}\sum_{k=1}^{3n} u_k = \int_0^2 \frac{\mathrm{d}t}{1+t} = \ln 3.$$

Remarque On aurait aussi pu conclure par une comparaison série-intégrale.

2. Comme $\lim\limits_{p\to+\infty} u_p = 0$, et que l'on a $S_{3n+1} = S_{3n} + u_{3n+1}$ et $S_{3n+2} = S_{3n+1} + u_{3n+2}$, les suites (S_{3n+1}) et (S_{3n+2}) ont aussi pour limite $\ln 3$.
   On peut alors facilement montrer (en adaptant la démonstration de la proposition 15 de la page 308) que la suite $(S_n)_{n\geqslant 1}$ converge vers $\ln 3$ et donc que :
$$\sum_{k=1}^{+\infty} u_k = \ln 3.$$

15.12 • Comme $\alpha > 1$, la série de terme général $\dfrac{1}{n^\alpha}$ est convergente ; cela justifie l'existence de u_n pour $n \in \mathbb{N}^*$.

• La fonction $f : t \mapsto \dfrac{1}{t^\alpha}$ étant continue, positive et décroissante sur $[1, +\infty[$, une comparaison série-intégrale (cf. page 569) donne :
$$\int_{n+1}^{N+1} f(t)\mathrm{d}t \leqslant \sum_{p=n+1}^{N} f(p) \leqslant \int_n^N f(t)\mathrm{d}t. \qquad (*)$$
Or, $$\int_{n+1}^{N+1} f(t)\mathrm{d}t = -\frac{1}{\alpha-1}\left[\frac{1}{t^{\alpha-1}}\right]_{n+1}^{N+1} \underset{N\to+\infty}{\longrightarrow} \frac{1}{\alpha-1}\,\frac{1}{(n+1)^{\alpha-1}}$$
$$\int_n^N f(t)\mathrm{d}t = -\frac{1}{\alpha-1}\left[\frac{1}{t^{\alpha-1}}\right]_{n}^{N} \underset{N\to+\infty}{\longrightarrow} \frac{1}{\alpha-1}\,\frac{1}{n^{\alpha-1}}.$$
Par passage à la limite dans $(*)$, on obtient :
$$\frac{1}{\alpha-1}\,\frac{1}{(n+1)^{\alpha-1}} \leqslant u_n \leqslant \frac{1}{\alpha-1}\,\frac{1}{n^{\alpha-1}}.$$
Cela donne $u_n \sim \frac{1}{\alpha-1}\,\frac{1}{n^{\alpha-1}}$.

• Par positivité de son terme général, on en déduit que $\sum\limits_{n\geqslant 1} u_n$ est de même nature que $\sum\limits_{n\geqslant 1} \frac{1}{n^{\alpha-1}}$, soit que $\sum\limits_{n\geqslant 1} u_n$ converge si, et seulement si, $\alpha - 1 > 1$, c'est-à-dire si, et seulement si, $\alpha > 2$.

15.13 On a $\frac{1}{n} \leqslant \frac{\ln n}{n}$, pour tout $n \geqslant 3$. La divergence de la série harmonique $\sum \frac{1}{n}$ assure donc, par comparaison sur les séries à termes positifs, la divergence de $\sum \frac{\ln n}{n}$.

La fonction $f : t \mapsto \dfrac{\ln t}{t}$ est continue, positive et décroissante sur $]e, +\infty[$. Une comparaison série-intégrale (cf. page 569) donne :
$$\int_3^n \frac{\ln t}{t}\mathrm{d}t \leqslant \int_3^{n+1} \frac{\ln t}{t}\mathrm{d}t \leqslant \sum_{k=3}^{n} \frac{\ln k}{k} \leqslant \frac{\ln(3)}{3} + \int_3^n \frac{\ln t}{t}\mathrm{d}t.$$
Comme $\displaystyle\int_3^n \frac{\ln t}{t}\mathrm{d}t = \frac{1}{2}\left[(\ln t)^2\right]_3^n = \frac{1}{2}\left[(\ln n)^2 - (\ln 3)^2\right]_3^n \sim \frac{1}{2}\big(\ln n\big)^2$, on en déduit finalement que $\displaystyle\sum_{k=1}^{n} \frac{\ln k}{k} \sim \frac{1}{2}\big(\ln n\big)^2$.

15.14 • Soit $\beta \neq 0$. On a :

$$\frac{1}{n^\beta} - \frac{1}{(n+1)^\beta} = \frac{1}{n^\beta} \underbrace{\left(1 - \left(1 + \frac{1}{n}\right)^{-\beta}\right)}_{\sim -(-\beta)\frac{1}{n}} \sim \frac{\beta}{n^{\beta+1}}.$$

Comme la suite de terme général $v_n = \frac{\beta}{n^{\beta+1}}$ est de signe constant, on en déduit que la convergence de la série $\sum v_n$ est équivalente à la convergence de la série télescopique $\sum \left(\frac{1}{n^\beta} - \frac{1}{(n+1)^\beta}\right)$, c'est-à-dire de la *suite* $\left(\frac{1}{n^\beta}\right)$. Or, cette dernière converge si $\beta > 0$ et diverge si $\beta < 0$.

• De la même façon, l'équivalent :

$$\ln(n+1) - \ln n = \ln\left(1 + \frac{1}{n}\right) \sim \frac{1}{n} \geqslant 0$$

montre la divergence de la série $\sum \frac{1}{n^{\beta+1}}$ lorsque $\beta = 0$.

En conclusion, on en déduit que la série $\displaystyle\sum \frac{1}{n^{\beta+1}}$ converge si, et seulement si, $\beta > 0$.

Donc, pour $\alpha \in \mathbb{R}$, la série $\displaystyle\sum \frac{1}{n^\alpha}$ converge si, et seulement si, $\alpha > 1$.

15.15 Remarquons tout d'abord que $\forall n \in \mathbb{N} \quad \dfrac{x}{2^n} \in \left]0, \dfrac{\pi}{2}\right[$, ce qui assure que $\cos\left(\dfrac{x}{2^n}\right) > 0$ et donc que u_n est bien défini.

1. Comme $\displaystyle\lim_{n \to +\infty} \cos \frac{x}{2^n} = 1$, on a, par l'équivalent usuel $1 - \cos t \underset{t \to 0}{\sim} \frac{t^2}{2}$:

$$u_n \sim \cos \frac{x}{2^n} - 1 \sim -\frac{1}{2}\frac{x^2}{4^n},$$

ce qui assure la convergence de la série $\sum u_n$ à terme général négatif par comparaison à une série géométrique convergente.

2. Pour tout $k \in \mathbb{N}^*$, de la relation $2 \sin \dfrac{x}{2^k} \cos \dfrac{x}{2^k} = \sin \dfrac{x}{2^{k-1}}$, on tire :

$$\ln\left(\cos \frac{x}{2^k}\right) = \ln\left(\sin \frac{x}{2^{k-1}}\right) - \ln\left(\sin \frac{x}{2^k}\right) - \ln 2.$$

En sommant pour k allant de 1 à $n \in \mathbb{N}^*$, cela donne, par télescopage :

$$\sum_{k=1}^{n} u_k = \sum_{k=1}^{n} \left(\ln\left(\sin \frac{x}{2^{k-1}}\right) - \ln\left(\sin \frac{x}{2^k}\right)\right) - n \ln 2 = \ln(\sin x) - \ln\left(\sin \frac{x}{2^n}\right) - n \ln 2$$

$$= \ln(\sin x) - \ln\left(2^n \sin \frac{x}{2^n}\right).$$

Or $2^n \sin \dfrac{x}{2^n} \sim 2^n \dfrac{x}{2^n} = x \underset{n \to +\infty}{\longrightarrow} x$. On obtient donc, par continuité de la fonction $\ln$:

$$\sum_{k=1}^{+\infty} \ln\left(\cos \frac{x}{2^k}\right) = \ln(\sin x) - \ln(x) = \ln\left(\frac{\sin x}{x}\right).$$

15.16 On obtient : $\forall n \in \mathbb{N} \quad 0 \leqslant v_n - u_n \leqslant w_n - u_n$.

La série de terme général $w_n - u_n$ est une série convergente comme différence de deux séries convergentes. La série de terme général positif $v_n - u_n$ l'est donc aussi.

Comme $v_n = (v_n - u_n) + u_n$, on en déduit que v_n est le terme général d'une série convergente.

15.17 Les fonctions tan et sh étant de classe $\mathcal{C}^\infty$ au voisinage de 0, elles admettent un développement limité en 0 à l'ordre 3 que l'on peut écrire, par imparité, $\tan x = x + \mathrm{O}(x^3)$ et $\operatorname{sh} x = x + \mathrm{O}(x^3)$. Cela donne :

$$u_n = n^{3/2} \times \mathrm{O}\left(\frac{1}{n^3}\right) = \mathrm{O}\left(\frac{1}{n^{3/2}}\right),$$

et donc la convergence absolue de la série $\sum u_n$ par comparaison à une série de Riemann convergente.

15.18 Soit $n \geqslant 2$. Posons $v_n = u_n - u_{n-1}$.

Grâce au lien suite-série (cf. proposition 4 de la page 564), pour montrer que la suite $(u_n)_{n\geqslant 1}$ est convergente, il suffit de montrer que la série $\sum v_n$ converge. On a, pour tout $n \in \mathbb{N}^*$:

$$v_n = \frac{1}{n} - \ln(n) + \ln(n-1) = \frac{1}{n} + \ln\left(1 - \frac{1}{n}\right).$$

Un développement limité à l'ordre 2 de la fonction logarithme donne $\ln(1-x) = -x + \mathrm{O}(x^2)$ donc $v_n = \mathrm{O}(\frac{1}{n^2})$. Ainsi $\sum v_n$ est (absolument) convergente, ce qui prouve que la suite $(u_n)_{n\geqslant 1}$ converge.

En notant γ sa limite (appelée **constante d'Euler**), on a ainsi obtenu le développement asymptotique :

$$\sum_{k=1}^{n} \frac{1}{k} = \ln n + \gamma + \mathrm{o}(1).$$

Remarque Comme on le voit dans cet exemple, il est parfois plus facile d'étudier $u_n - u_{n-1}$ que $u_{n+1} - u_n$ pour montrer la convergence de la suite (u_n).

15.19 On a $u_n = \sqrt{n}\left(1 + a\sqrt{1 + \dfrac{1}{n}} + b\sqrt{1 + \dfrac{2}{n}}\right)$.

- En utilisant le développement limité $(1+t)^{1/2} = 1 + \frac{t}{2} + \mathrm{O}(t^2)$ au voisinage de 0, on obtient un développement asymptotique de u_n :

$$u_n = \sqrt{n}\left((1+a+b) + \left(\frac{a}{2} + b\right)\frac{1}{n} + \mathrm{O}\left(\frac{1}{n^2}\right)\right) = (1+a+b)\sqrt{n} + \left(\frac{a}{2} + b\right)\frac{1}{\sqrt{n}} + \mathrm{O}\left(\frac{1}{n\sqrt{n}}\right).$$

  * Si $1 + a + b \neq 0$, alors $u_n \sim (1 + a + b)\sqrt{n}$ et $\sum u_n$ est grossièrement divergente.
  * Si $1 + a + b = 0$ et $\dfrac{a}{2} + b \neq 0$, alors $u_n \sim \left(\dfrac{a}{2} + b\right)\dfrac{1}{\sqrt{n}}$ et $\sum u_n$ diverge d'après le théorème de comparaison des séries à termes positifs, puisque l'équivalent obtenu est le terme général de signe constant d'une série divergente.
  * Si $1+a+b = 0$ et $\dfrac{a}{2} + b = 0$, alors $u_n = \mathrm{O}\left(\dfrac{1}{n\sqrt{n}}\right)$ et $\sum u_n$ converge (absolument).

  Or $\left(1 + a + b = 0 \text{ et } \dfrac{a}{2} + b = 0\right) \iff (a = -2 \text{ et } b = 1)$.

On en conclut que $\sum u_n$ converge si, et seulement si, $(a,b) = (-2,1)$.

- On suppose $(a,b) = (-2,1)$. Dans ce cas, on a, pour tout $n \in \mathbb{N}^*$:

$$\sum_{k=0}^{n} u_k = \sum_{k=0}^{n} \sqrt{k} - 2\sum_{k=1}^{n+1} \sqrt{k} + \sum_{k=2}^{n+2} \sqrt{k}$$
$$= \sqrt{n+2} - \sqrt{n+1} - 1 = \frac{1}{\sqrt{n+2}+\sqrt{n+1}} - 1 \underset{n\to+\infty}{\longrightarrow} -1.$$

On en déduit que $\sum\limits_{n=0}^{+\infty} u_n = -1$.

15.20 On a $u_n = \exp(v_n)$ avec $v_n = n^3 \ln\left(\cos \frac{1}{n}\right) \sim n^3 \left(\cos \frac{1}{n} - 1\right) \sim -\dfrac{n}{2}\cdot$

On ne peut, bien entendu, pas en déduire directement l'équivalent $u_n \sim e^{-n/2}$, mais cela donne l'idée que la suite (u_n) tend vers 0 « de la même façon » que la suite géométrique $(e^{-n/2})$. Une comparaison avec une série de Riemann convergente comme $\sum \frac{1}{n^2}$ devrait donc permettre de conclure à la convergence de $\sum u_n$.

Étudions donc la suite de terme général $n^2 u_n = \exp(v_n + 2\ln n)$. L'équivalent $v_n \sim -n/2$ permet de voir, par croissances comparées, que $\ln n = o(v_n)$, et donc que :

$$v_n + 2\ln n \sim v_n \underset{n\to+\infty}{\longrightarrow} -\infty.$$

Ainsi, $n^2 u_n \underset{n\to+\infty}{\longrightarrow} 0$, donc $u_n = o(\frac{1}{n^2})$, ce qui prouve la convergence absolue de $\sum u_n$.

Chapitre 16 : Géométrie élémentaire du plan

Géométrie élémentaire du plan

16

Ce chapitre a pour but de présenter de façon élémentaire la géométrie du plan en partant des notions vues dans le secondaire[1].
Nous supposons donc acquises les notions de points, de vecteurs, d'angle et donc d'orthogonalité, ainsi que de norme et donc de distance.
Rappelons les liens vus au lycée entre vecteurs et points.

- Plusieurs couples de points peuvent représenter un même vecteur $\vec{u}$. Plus précisément, on a $\vec{u} = \overrightarrow{AB} = \overrightarrow{CD}$ si, et seulement si, le quadrilatère $ABDC$ est un parallélogramme, c'est-à-dire si, et seulement si, ses diagonales ont le même milieu.
- Étant donné un point A et un vecteur $\vec{u}$, il existe un unique point B tel que $\overrightarrow{AB} = \vec{u}$. On le note $B = A + \vec{u}$.

  Si $\vec{u}$ est représenté par le couple de points (C, D), alors le point B est l'unique point tel que le quadrilatère $ABDC$ soit un parallélogramme.

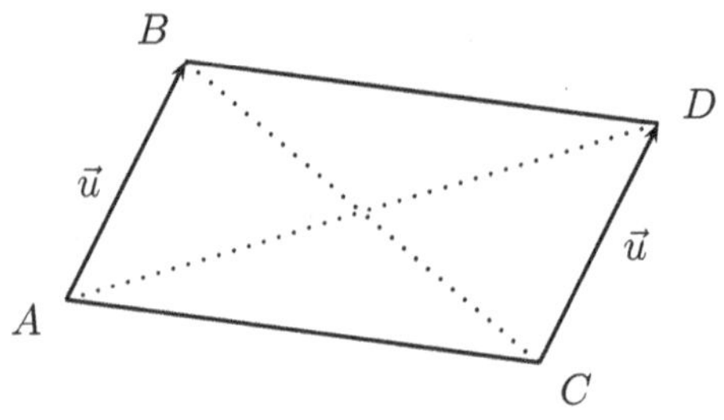

Lorsque $\vec{u}$ est un vecteur, $\|\vec{u}\|$ désigne sa norme. Lorsque A et B sont deux points du plan, $AB = \|\overrightarrow{AB}\|$ est la distance entre A et B.

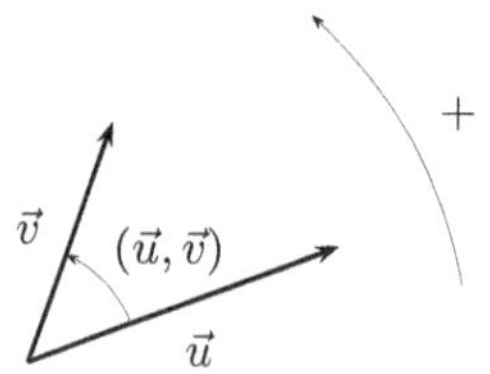

Un vecteur est dit **unitaire**, ou **normé**, s'il est de norme 1.
Lorsque $\vec{u}$ et $\vec{v}$ sont deux vecteurs *non nuls*, l'angle (orienté) entre les vecteurs $\vec{u}$ et $\vec{v}$ est noté $(\vec{u}, \vec{v})$.
Le fait que l'angle soit orienté dit en particulier que $(\vec{v}, \vec{u}) = -(\vec{u}, \vec{v})$ et que l'on dispose de la **relation de Chasles** : pour tous vecteurs non nuls $\vec{u}$, $\vec{v}$ et $\vec{w}$, on a $(\vec{u}, \vec{w}) = (\vec{u}, \vec{v}) + (\vec{v}, \vec{w})$.

1. En utilisant les propriétés des espaces vectoriels exposées plus loin dans ce livre et les notions d'espace vectoriel euclidien qui seront abordées en deuxième année, tout cela pourrait être rigoureusement établi et démontré.

I Modes de repérage

1 Coordonnées cartésiennes

On rappelle que deux vecteurs $\vec{u}$ et $\vec{v}$ sont colinéaires si, et seulement s'il existe $\lambda \in \mathbb{R}$ tel que :

$$\vec{u} = \lambda \vec{v} \quad \text{ou} \quad \vec{v} = \lambda \vec{u}.$$

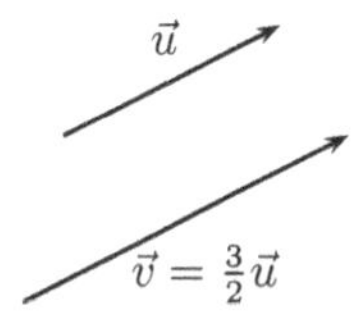

Remarque

Si $\vec{u}$ et $\vec{v}$ sont non nuls et si $\vec{v} = \lambda \vec{u}$, alors $\lambda \neq 0$ et $\vec{u} = \frac{1}{\lambda}\vec{v}$.

Attention Pour traduire que deux vecteurs $\vec{u}$ et $\vec{v}$ sont colinéaires, on ne peut pas, *a priori*, simplement écrire $\vec{v} = \lambda \vec{u}$, avec $\lambda \in \mathbb{R}$. En effet, si $\vec{u}$ est nul et que $\vec{v}$ ne l'est pas, alors $\vec{u}$ et $\vec{v}$ sont colinéaires puisque $\vec{u} = 0 \cdot \vec{v}$, mais il est clair que l'on ne peut pas trouver de réel λ tel que $\vec{v} = \lambda \vec{u}$.

Nous admettons que si deux vecteurs $\vec{u}$ et $\vec{v}$ sont non colinéaires, alors ils forment une **base** du plan, c'est-à-dire que tout vecteur $\vec{w}$ s'écrit de manière unique sous la forme $\vec{w} = x\vec{u} + y\vec{v}$, où x et y sont des réels.

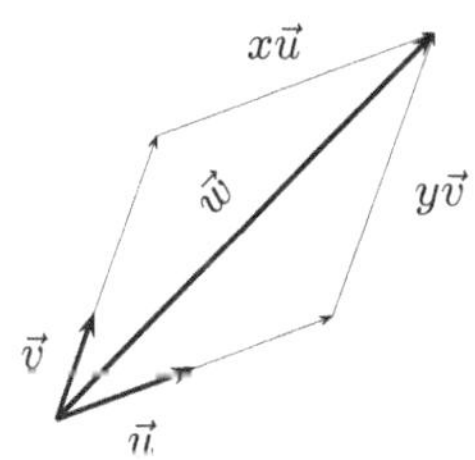

On dit que $(x, y) \in \mathbb{R}^2$ est le couple de **coordonnées** de $\vec{w}$ dans la base $(\vec{u}, \vec{v})$. On dit aussi que x et y sont les coordonnées du vecteur $\vec{w}$ dans la base $(\vec{u}, \vec{v})$. On dit que la base $(\vec{u}, \vec{v})$ est **orthonormée** si les vecteurs $\vec{u}$ et $\vec{v}$ sont orthogonaux et de norme 1.

Ainsi, si $\vec{w}$ et $\vec{w}'$ sont deux vecteurs de coordonnées respectives (x, y) et (x', y') dans la base $(\vec{u}, \vec{v})$, alors, pour tout $(\alpha, \beta) \in \mathbb{R}^2$, le vecteur $\alpha\vec{w} + \beta\vec{w}'$ a pour coordonnées $(\alpha x + \beta x', \alpha y + \beta y')$.

La notion de *base* sera reprise dans le chapitre 23 d'algèbre linéaire.

Un **repère** du plan est un triplet $(O, \vec{u}, \vec{v})$ où O est un point du plan appelé **origine** et $(\vec{u}, \vec{v})$ une base du plan. Le repère est **orthonormé** si $(\vec{u}, \vec{v})$ est une base orthonormée.

Définition 1

On appelle **coordonnées cartésiennes** d'un point M dans le repère $\mathcal{R} = (O, \vec{u}, \vec{v})$ le couple de réels (x, y) tel que $\overrightarrow{OM} = x\vec{u} + y\vec{v}$.

On note alors $M\Big|_y^x$ ou $M(x, y)$.

Remarques

- Si A et B sont deux points de coordonnées respectives (x_A, y_A) et (x_B, y_B) dans le repère $\mathcal{R} = (O, \vec{u}, \vec{v})$, alors le vecteur $\overrightarrow{AB}$ a pour coordonnées $(x_B - x_A, y_B - y_A)$ dans la base $(\vec{u}, \vec{v})$.
- Les coordonnées d'un point dépendent de l'origine. Plus précisément, si le point O' a pour coordonnées $(x_{O'}, y_{O'})$ dans le repère $\mathcal{R} = (O, \vec{u}, \vec{v})$, alors un point M de coordonnées (x, y) dans le repère $\mathcal{R}$ a pour coordonnées $(x - x_{O'}, y - y_{O'})$ dans le repère $\mathcal{R}' = (O', \vec{u}, \vec{v})$.

2 Coordonnées polaires

Dans cette partie, on munit le plan d'un repère orthonormé direct $\mathcal{R} = (O, \vec{\imath}, \vec{\jmath})$ (le caractère direct correspond au fait que l'on passe du vecteur $\vec{\imath}$ au vecteur $\vec{\jmath}$ « en tournant de $\frac{\pi}{2}$ » dans le sens contraire des aiguilles d'une montre, appelé aussi **sens positif**).

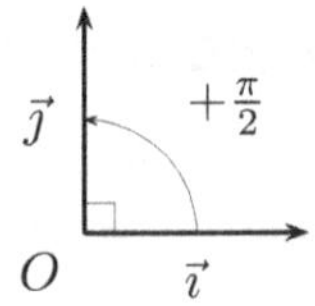

Lorsque qu'un vecteur $\vec{u}$ a pour coordonnées (x, y) dans la base orthonormée $(\vec{\imath}, \vec{\jmath})$, la longueur $\|\vec{u}\|$ vérifie :

$$\|\vec{u}\| = \sqrt{x^2 + y^2}.$$

La distance entre deux points A et B de coordonnées respectives (x_A, y_A) et (x_B, y_B) dans un repère orthonormé vérifie :

$$AB = \|\overrightarrow{AB}\| = \sqrt{(x_B - x_A)^2 + (y_B - y_A)^2}.$$

Définition 2

La **norme euclidienne** de $(x, y) \in \mathbb{R}^2$ est définie par :

$$\|(x, y)\| = \sqrt{x^2 + y^2}.$$

Remarque La norme euclidienne du couple (x, y) est aussi le module du complexe $x + iy$.

Définition 3

On appelle **coordonnées polaires** d'un point $M \neq O$ dans le repère orthonormé direct $(O, \vec{\imath}, \vec{\jmath})$ tout couple de réels (r, θ) tel que :

$$r = OM \quad \text{et} \quad (\vec{\imath}, \overrightarrow{OM}) \equiv \theta \ [2\pi].$$

Remarques Soit M un point distinct de O.

- Pour $\theta \in \mathbb{R}$, on pose $\vec{u_\theta} = \cos\theta\, \vec{\imath} + \sin\theta\, \vec{\jmath}$.

  Le point M a pour coordonnées polaires (r, θ) si, et seulement si :

  $$r > 0 \quad \text{et} \quad \overrightarrow{OM} = r\vec{u}_\theta.$$

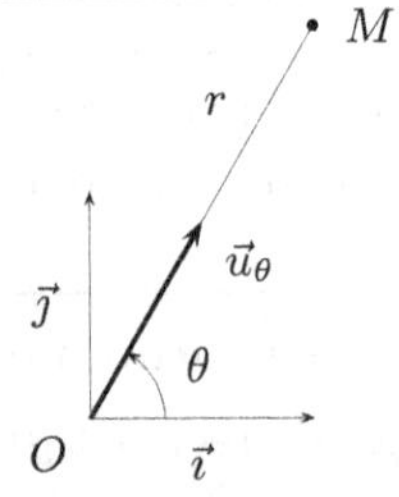

- Si M a pour affixe z, alors le point M a pour coordonnées polaires (r, θ) si, et seulement si, $r = |z|$ et θ est un argument de z.
- Il n'y a pas unicité des coordonnées polaires : si un point M a pour coordonnées polaires (r, θ), alors les coordonnées polaires de M sont les couples (r', θ') tels que $r = r'$ et $\theta \equiv \theta'$ $[2\pi]$.

Point méthode Si M a pour coordonnées cartésiennes (x, y) et pour coordonnées polaires (r, θ) alors :

Exo 16.1

$$r = \sqrt{x^2 + y^2}, \quad \cos\theta = \frac{x}{\sqrt{x^2 + y^2}} \quad \text{et} \quad \sin\theta = \frac{y}{\sqrt{x^2 + y^2}}.$$

Ex. 1. Le point $A(1,2)$ a pour coordonnées polaires $(\sqrt{5}, \theta)$ où $\cos\theta = \frac{1}{\sqrt{5}}$ et $\sin\theta = \frac{2}{\sqrt{5}}$. Comme $\cos\theta$ et $\sin\theta$ sont positifs, on peut choisir θ dans l'intervalle $[0, \frac{\pi}{2}]$ et, d'après les définitions des fonctions circulaires réciproques, on a :

$$\theta = \operatorname{Arccos}\frac{1}{\sqrt{5}} \qquad \text{ou encore} \qquad \theta = \operatorname{Arcsin}\frac{2}{\sqrt{5}}.$$

Ex. 2. Le point $B(1,-2)$ a pour coordonnées polaires $(\sqrt{5}, \theta)$ où $\cos\theta = \frac{1}{\sqrt{5}}$ et $\sin\theta = -\frac{2}{\sqrt{5}}$. Comme $\cos\theta$ est positif et $\sin\theta$ est négatif, on peut choisir θ dans l'intervalle $[-\frac{\pi}{2}, 0]$. D'après la définition de la fonction Arcsin, on a $\theta = \operatorname{Arcsin}\frac{-2}{\sqrt{5}} = -\operatorname{Arcsin}\frac{2}{\sqrt{5}}$.

II Produit scalaire

1 Définition

Définition 4

Si $\vec{u}$ et $\vec{v}$ sont deux vecteurs non nuls, on appelle **produit scalaire** entre $\vec{u}$ et $\vec{v}$ le réel :

$$\vec{u} \cdot \vec{v} = \|\vec{u}\| \|\vec{v}\| \cos(\vec{u}, \vec{v}).$$

Si l'un des deux vecteurs est nul, alors on pose $\vec{u} \cdot \vec{v} = 0$.

Remarques Les propriétés de la fonction cos donnent facilement les résultats suivants (le cas où l'un des vecteurs est nul étant immédiat).

- On a $\vec{u} \cdot \vec{u} = \|\vec{u}\|^2$.
- On a l'inégalité suivante dite **inégalité de Cauchy-Schwarz** :

$$|\vec{u} \cdot \vec{v}| \leqslant \|\vec{u}\| \|\vec{v}\|.$$

  Étant donné que $|\cos\theta| = 1$ si, et seulement si, $\theta \equiv 0\ [\pi]$, on a égalité dans l'inégalité précédente si, et seulement si, les vecteurs $\vec{u}$ et $\vec{v}$ sont colinéaires.

  Étant donné que $\cos\theta = 1$ si, et seulement si, $\theta \equiv 0\ [2\pi]$, on a $\vec{u} \cdot \vec{v} = \|\vec{u}\| \|\vec{v}\|$ si, et seulement si, les vecteurs $\vec{u}$ et $\vec{v}$ sont positivement colinéaires, c'est-à-dire si, et seulement si :

$$\exists \lambda \in \mathbb{R}_+ \quad \vec{u} = \lambda \vec{v} \quad \text{ou} \quad \vec{v} = \lambda \vec{u}.$$

Point méthode

Deux vecteurs sont orthogonaux si, et seulement si, leur produit scalaire est nul.

Ex. 3. Soit ABC un triangle équilatéral de côté $a > 0$. Alors on a :

$$\overrightarrow{AB} \cdot \overrightarrow{AC} = a^2 \cos(\overrightarrow{AB}, \overrightarrow{AC}) = a^2 \cos\left(\pm\frac{\pi}{3}\right) = \frac{a^2}{2}.$$

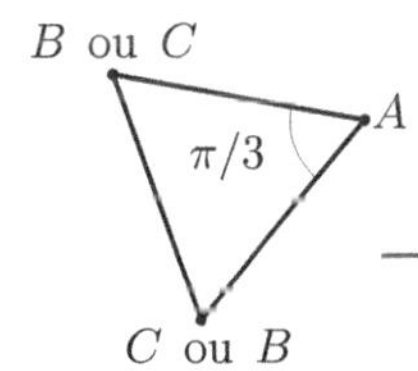

2 Propriétés

Proposition 1 (Symétrie)

Soit $\vec{u}$ et $\vec{v}$ deux vecteurs. Alors on a :

$$\vec{u} \cdot \vec{v} = \vec{v} \cdot \vec{u}.$$

Démonstration. Conséquence immédiate de la propriété de parité de la fonction $\cos$. □

Proposition 2 (Bilinéarité)

Soit $\vec{u}$, $\vec{v}$, $\vec{w}$ trois vecteurs et $(\lambda, \mu) \in \mathbb{R}^2$. Alors on a :

- $\vec{u} \cdot (\lambda\vec{v} + \mu\vec{w}) = \lambda\,(\vec{u} \cdot \vec{v}) + \mu\,(\vec{u} \cdot \vec{w})$;
- $(\lambda\vec{u} + \mu\vec{v}) \cdot \vec{w} = \lambda\,(\vec{u} \cdot \vec{w}) + \mu\,(\vec{v} \cdot \vec{w})$.

Exo 16.2

Démonstration (non exigible) page 604

Proposition 3

Soit $(\vec{\imath}, \vec{\jmath})$ une *base orthonormée* du plan. Si $\vec{u}$ et $\vec{v}$ sont deux vecteurs de coordonnées respectives (x, y) et (x', y') dans la base $(\vec{\imath}, \vec{\jmath})$, alors :

$$\vec{u} \cdot \vec{v} = xx' + yy'.$$

Démonstration. Par bilinéarité et symétrie, on a :

$$\begin{aligned} \vec{u} \cdot \vec{v} &= (x\vec{\imath} + y\vec{\jmath}) \cdot (x'\vec{\imath} + y'\vec{\jmath}) \\ &= xx'\|\vec{\imath}\|^2 + (xy' + yx')\vec{\imath} \cdot \vec{\jmath} + yy'\|\vec{\jmath}\|^2. \end{aligned}$$

La base $(\vec{\imath}, \vec{\jmath})$ étant orthonormée, on a $\|\vec{\imath}\|^2 = \|\vec{\jmath}\|^2 = 1$ et $\vec{\imath} \cdot \vec{\jmath} = 0$, ce qui donne le résultat annoncé : $\vec{u} \cdot \vec{v} = xx' + yy'$. □

Proposition 4

Pour tous vecteurs $\vec{u}$ et $\vec{v}$, on a :

- $\|\vec{u} + \vec{v}\|^2 = \|\vec{u}\|^2 + \|\vec{v}\|^2 + 2\,\vec{u} \cdot \vec{v}$,
- $\vec{u} \cdot \vec{v} = \dfrac{1}{2}\left(\|\vec{u} + \vec{v}\|^2 - \|\vec{u}\|^2 - \|\vec{v}\|^2\right)$ **(formule de polarisation)**.

Démonstration. Par bilinéarité puis symétrie du produit scalaire, on a :

$$\begin{aligned} \|\vec{u} + \vec{v}\|^2 &= (\vec{u} + \vec{v}) \cdot (\vec{u} + \vec{v}) \\ &= \vec{u} \cdot \vec{u} + \vec{u} \cdot \vec{v} + \vec{v} \cdot \vec{u} + \vec{v} \cdot \vec{v} && \text{(bilinéarité)} \\ &= \|\vec{u}\|^2 + \|\vec{v}\|^2 + 2\,\vec{u} \cdot \vec{v} && \text{(symétrie).} \end{aligned}$$

La formule de polarisation s'en déduit immédiatement. □

Ex. 4. On a également les relations suivantes :

- $\|\vec{u} - \vec{v}\|^2 = \|\vec{u}\|^2 + \|\vec{v}\|^2 - 2\,\vec{u} \cdot \vec{v}$;
- $\|\vec{u} + \vec{v}\|^2 - \|\vec{u} - \vec{v}\|^2 = 4\,\vec{u} \cdot \vec{v}$;
- $\|\vec{u} + \vec{v}\|^2 + \|\vec{u} - \vec{v}\|^2 = 2\|\vec{u}\|^2 + 2\|\vec{v}\|^2$.

Exo 16.3 La dernière égalité est connue sous le nom d'**identité du parallélogramme** et traduit le fait que, dans un parallélogramme, la somme des carrés des longueurs des deux diagonales est égale à la somme des carrés des longueurs des quatre côtés.

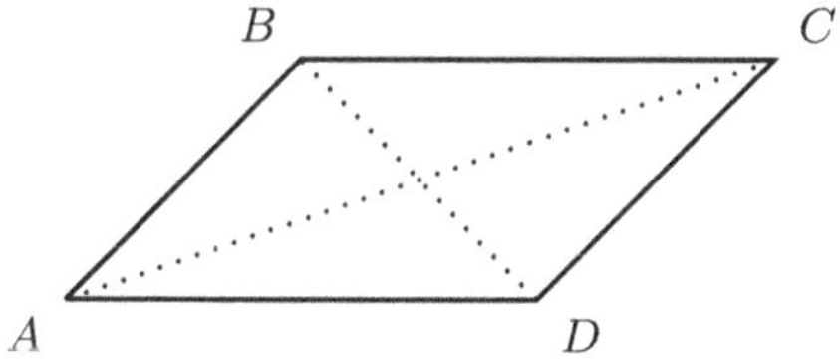

$$AC^2 + BD^2 = AB^2 + BC^2 + CD^2 + DA^2 = 2\left(AB^2 + BC^2\right).$$

Proposition 5 (Théorème de Pythagore)

Exo 16.4 Soit $\vec{u}$ et $\vec{v}$ deux vecteurs. On a $\|\vec{u}+\vec{v}\|^2 = \|\vec{u}\|^2 + \|\vec{v}\|^2$ si, et seulement si, les vecteurs $\vec{u}$ et $\vec{v}$ sont orthogonaux.

Démonstration. Découle de la proposition 4 de la page précédente. □

Remarque

Si ABC est un triangle, en appliquant cela aux vecteurs $\overrightarrow{BA}$ et $\overrightarrow{AC}$, on retrouve le résultat bien connu suivant : ABC est un triangle rectangle en A si, et seulement si, $BC^2 = AB^2 + AC^2$.

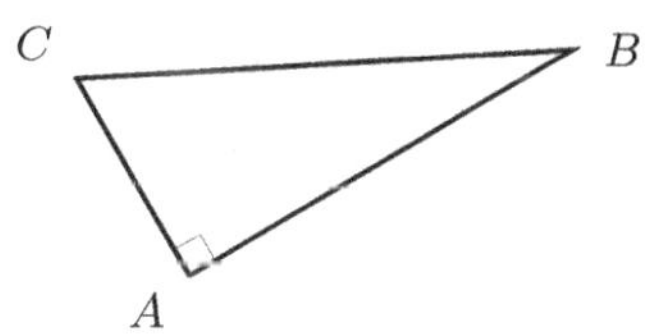

III Produit mixte

1 Définition

Définition 5

Si $\vec{u}$ et $\vec{v}$ sont deux vecteurs non nuls, on appelle **produit mixte** de $\vec{u}$ et $\vec{v}$ le réel :

$$[\vec{u}, \vec{v}] = \|\vec{u}\|\|\vec{v}\| \sin(\vec{u}, \vec{v}).$$

Si l'un des vecteurs est nul, on pose $[\vec{u}, \vec{v}] = 0$.

Point méthode

Deux vecteurs sont colinéaires si, et seulement si, leur produit mixte est nul.

Le cas où l'un des deux vecteurs est nul est immédiat et le cas où les deux vecteurs sont non nuls découle du fait que $\sin\theta = 0$ si, et seulement si, $\theta \equiv 0\ [\pi]$.

Ex. 5. Soit $(\vec{\imath}, \vec{\jmath})$ une base orthonormée directe du plan. Alors on a :

$$[\vec{\imath}, \vec{\jmath}] = -[\vec{\jmath}, \vec{\imath}] = 1.$$

En effet, les vecteurs $\vec{\imath}$ et $\vec{\jmath}$ sont unitaires et l'on a :

Exo 16.5
$$(\vec{\imath}, \vec{\jmath}) \equiv \frac{\pi}{2}\ [2\pi] \quad \text{et} \quad (\vec{\jmath}, \vec{\imath}) \equiv -\frac{\pi}{2}\ [2\pi].$$

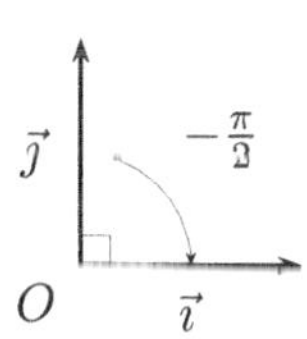

Interprétation géométrique

Soit $\vec{u}, \vec{v}$ deux vecteurs non colinéaires et $ABCD$ un parallélogramme tel que $\overrightarrow{AB} = \vec{u}$ et $\overrightarrow{AD} = \vec{v}$. Notons également θ l'angle orienté $(\vec{u}, \vec{v})$ et S l'aire du parallélogramme $ABCD$.
On appelle **aire orientée** du parallélogramme $ABCD$ le réel S si $\sin\theta > 0$ et $-S$ si $\sin\theta < 0$.

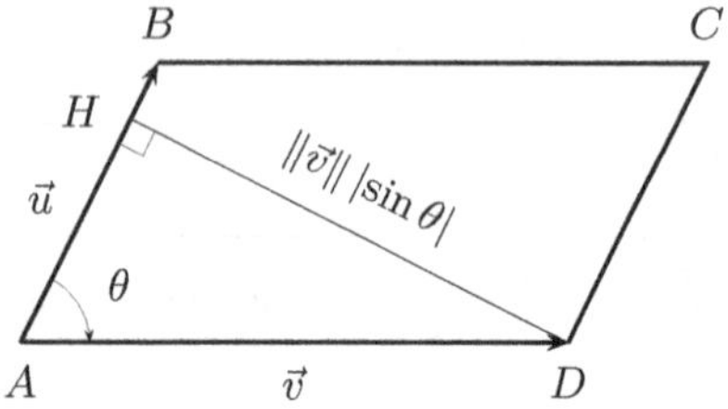

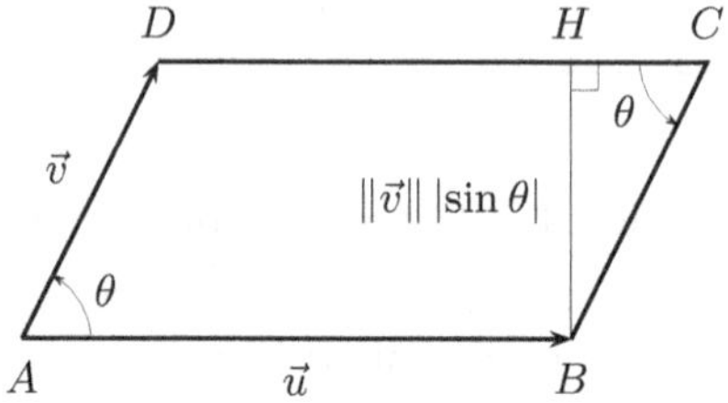

On a alors, en notant $\mathcal{A}$ l'aire orientée du parallélogramme $ABCD$:

$$\mathcal{A} = [\vec{u}, \vec{v}] \qquad \text{et} \qquad S = \big|[\vec{u}, \vec{v}]\big|.$$

2 Propriétés

Proposition 6 (Antisymétrie)

Soit $\vec{u}$ et $\vec{v}$ deux vecteurs. On a :

$$[\vec{u}, \vec{v}] = -[\vec{v}, \vec{u}].$$

Démonstration. C'est évident si l'un des deux vecteurs est nul.

Sinon, en notant θ l'angle orienté $(\vec{u}, \vec{v})$, on a $(\vec{v}, \vec{u}) \equiv -\theta\ [2\pi]$ et l'imparité de la fonction sin permet de conclure. □

Proposition 7 (Bilinéarité)

Soit $\vec{u}$, $\vec{v}$ et $\vec{w}$ trois vecteurs ainsi que $(\lambda, \mu) \in \mathrm{IR}^2$. On a :

- $[\vec{u}, \lambda\vec{v} + \mu\vec{w}] = \lambda\,[\vec{u}, \vec{v}] + \mu\,[\vec{u}, \vec{w}]$;
- $[\lambda\vec{u} + \mu\vec{v}, \vec{w}] = \lambda\,[\vec{u}, \vec{w}] + \mu\,[\vec{v}, \vec{w}]$.

Démonstration (non exigible) page 604

Proposition 8

Soit $\vec{u}$ et $\vec{v}$ deux vecteurs de coordonnées respectives (x, y) et (x', y') dans une *base orthonormée directe* $(\vec{\imath}, \vec{\jmath})$. On a alors :

$$[\vec{u}, \vec{v}] = xy' - x'y.$$

Démonstration. On exploite la bilinéarité puis l'antisymétrie du produit mixte :

$$\begin{aligned}[\vec{u}, \vec{v}] &= [x\vec{\imath} + y\vec{\jmath}, x'\vec{\imath} + y'\vec{\jmath}] \\ &= xx'[\vec{\imath}, \vec{\imath}] + xy'[\vec{\imath}, \vec{\jmath}] + yx'[\vec{\jmath}, \vec{\imath}] + yy'[\vec{\jmath}, \vec{\jmath}].\end{aligned}$$

On a $[\vec{\imath}, \vec{\imath}] = [\vec{\jmath}, \vec{\jmath}] = 0$ et, puisque la base $(\vec{\imath}, \vec{\jmath})$ est orthonormée directe, $[\vec{\imath}, \vec{\jmath}] = -[\vec{\jmath}, \vec{\imath}] = 1$ (cf. exemple 5 de la page précédente). Cela donne le résultat annoncé : $[\vec{u}, \vec{v}] = xy' - x'y$. □

Lien avec les nombres complexes

On munit le plan d'un repère orthonormé direct $(O,\vec{\imath},\vec{\jmath})$.
Soit $\vec{u}$ et $\vec{v}$ deux vecteurs d'affixes respectives z et z' que l'on écrit sous forme algébrique :

$$z = x + iy \qquad \text{et} \qquad z' = x' + iy'.$$

Le produit $\bar{z}z'$ se développe ainsi :

$$\bar{z}z' = (x - iy)(x' + iy') = (xx' + yy') + i(xy' - yx').$$

L'expression du produit scalaire et du produit mixte dans la base orthonormée directe $(\vec{\imath},\vec{\jmath})$ donne :

$$\vec{u}\cdot\vec{v} = \mathrm{Re}(\bar{z}z') \qquad \text{et} \qquad [\vec{u},\vec{v}] = \mathrm{Im}(\bar{z}z').$$

Ex. 6. Soit ABC un triangle dont les sommets sont d'affixes a, b et c. On note D l'unique point du plan tel que $ABDC$ soit un parallélogramme. Alors l'aire $\mathcal{A}$ du triangle ABC est la moitié de l'aire du parallélogramme $ABCD$, soit :

$$\mathcal{A} = \frac{1}{2}\left|\left[\overrightarrow{AB},\overrightarrow{AC}\right]\right| = \frac{1}{2}\left|\mathrm{Im}\left((\bar{b}-\bar{a})(c-a)\right)\right|.$$

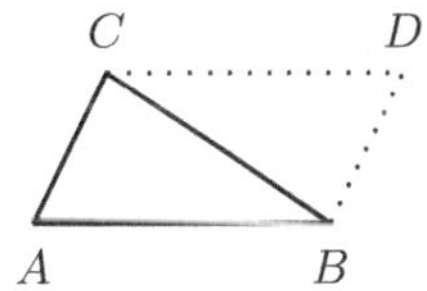

IV Droites

Dans cette section, le plan est muni d'un repère orthonormé direct $(O,\vec{\imath},\vec{\jmath})$.

1 Modes de définition d'une droite

Définition 6

On dit que $\mathcal{D}$ est une **droite** s'il existe un point A et un vecteur non nul $\vec{u}$ tels que :

$$\mathcal{D} = \{A + \lambda\vec{u} \mid \lambda \in \mathbb{R}\}.$$

On note $\mathcal{D} = A + \mathrm{Vect}\,\vec{u}$ et l'on dit que $\mathcal{D}$ est la droite passant par le point A **dirigée** par le vecteur $\vec{u}$, appelé **vecteur directeur** de la droite $\mathcal{D}$.

On appelle **vecteur normal** à la droite $\mathcal{D}$ tout vecteur *non nul* orthogonal à un vecteur directeur.

Soit A un point du plan et $\vec{n}$ un vecteur non nul. On note $\vec{u}$ un vecteur non nul orthogonal à $\vec{n}$. Alors l'ensemble des points M du plan tel que $\overrightarrow{AM}$ et $\vec{n}$ sont orthogonaux est aussi l'ensemble des points tels que $\overrightarrow{AM}$ et $\vec{u}$ sont colinéaires, c'est-à-dire la droite $\mathcal{D} = A + \mathrm{Vect}\,\vec{u}$.
On dit que $\mathcal{D}$ est la droite passant par A et de vecteur normal $\vec{n}$.

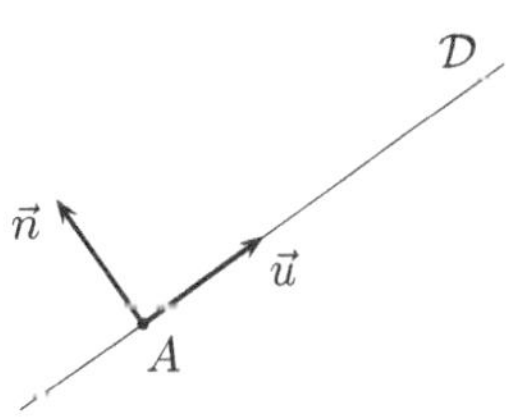

Équations cartésiennes de droites

Proposition 9

Soit $(a,b) \in \mathbb{R}^2 \setminus \{(0,0)\}$ et $c \in \mathbb{R}$. L'ensemble $\mathcal{D}$ d'équation cartésienne :

$$\mathcal{D} : ax + by + c = 0$$

est une droite de vecteur directeur $\vec{u}(-b,a)$ et de vecteur normal $\vec{n}(a,b)$.

Démonstration page 605

Remarques

- Dire que $ax+by+c=0$ est une équation cartésienne de $\mathcal{D}$ signifie qu'un point $M\big|_y^x$ appartient à $\mathcal{D}$ si, et seulement si, $ax+by+c=0$.
- Si α et β sont deux réels, l'ensemble d'équation cartésienne $y = \alpha x + \beta$ est une droite (de **pente** α). Seules les droites non verticales (c'est-à-dire non dirigées par $\vec{\jmath}$) admettent une équation de cette forme.

Définition par point et vecteur directeur

Soit $A\big|_{y_A}^{x_A}$ un point, $\vec{u}\big|_b^a$ un vecteur non nul et $\mathcal{D} = A + \mathrm{Vect}(\vec{u})$.

- Un point $M\big|_y^x$ appartient à $\mathcal{D}$ si, et seulement s'il existe $\lambda \in \mathbb{R}$ tel que :

$$\begin{cases} x = x_A + \lambda a \\ y = y_A + \lambda b. \end{cases}$$

  Le système

$$\begin{cases} x = x_A + \lambda a \\ y = y_A + \lambda b \end{cases} \quad \text{avec} \quad \lambda \in \mathbb{R}$$

  est appelé **paramétrage** de la droite $\mathcal{D}$.

- On peut déterminer une équation cartésienne de la droite $\mathcal{D}$ en utilisant la caractérisation de la colinéarité par le produit mixte.

  Un point $M(x,y)$ du plan appartient à la droite $\mathcal{D}$ si, et seulement si, les vecteurs $\vec{u}$ et $\overrightarrow{AM}$ sont colinéaires, c'est-à-dire si, et seulement si :

$$[\vec{u}, \overrightarrow{AM}] = 0 \qquad \text{soit} \qquad a(y - y_A) - b(x - x_A) = 0.$$

Remarque La droite $A + \mathrm{Vect}\,\vec{u}$ sépare le plan en deux demi-plans (ouverts) :

$$\{M : [\vec{u}, \overrightarrow{AM}] > 0\} \qquad \text{et} \qquad \{M : [\vec{u}, \overrightarrow{AM}] < 0\}.$$

Le premier est l'ensemble des points M tels que $(\vec{u}, \overrightarrow{AM})$ soit une base directe,

Le second est l'ensemble des points M tels que $(\vec{u}, \overrightarrow{AM})$ soit une base indirecte.

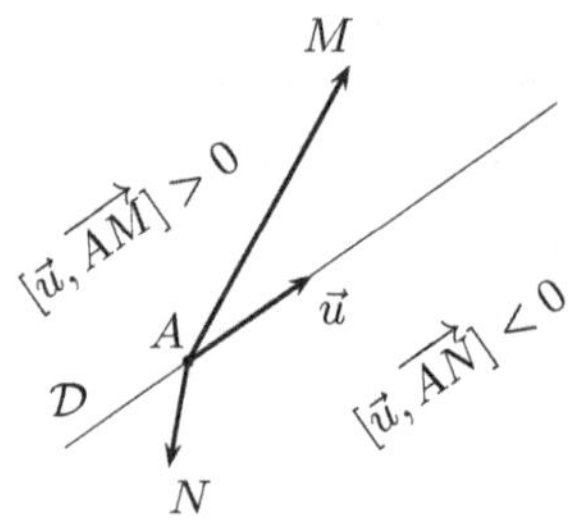

Définition par deux points distincts

Soit $A\Big|^{x_A}_{y_A}$ et $B\Big|^{x_B}_{y_B}$ deux points distincts et $\mathcal{D}$ la droite (AB).

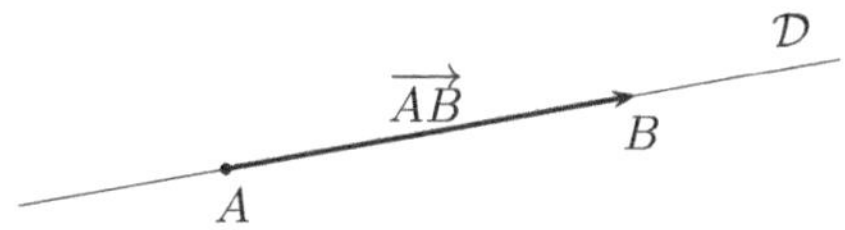

- La droite $\mathcal{D}$ passe par A et admet $\overrightarrow{AB}$ comme vecteur directeur, donc $\mathcal{D} = A + \operatorname{Vect}\overrightarrow{AB}$ et l'on dispose du paramétrage suivant de la droite $\mathcal{D}$:

$$\begin{cases} x = x_A + \lambda(x_B - x_A) \\ y = y_A + \lambda(y_B - y_A) \end{cases} \qquad \text{avec} \quad \lambda \in \mathbb{R}.$$

- Un point $M\Big|^{x}_{y}$ appartient à la droite (AB) si, et seulement si, les vecteurs $\overrightarrow{AM}$ et $\overrightarrow{AB}$ sont colinéaires, c'est-à-dire si, et seulement si :

$$[\overrightarrow{AM}, \overrightarrow{AB}] = 0 \qquad \text{soit} \qquad (x - x_A)(y_B - y_A) - (y - y_A)(x_B - x_A) = 0.$$

Ex. 7. Soit a et b deux réels non nuls.
La droite passant par $A\Big|^{a}_{0}$ et $B\Big|^{0}_{b}$ a pour équation $\dfrac{x}{a} + \dfrac{y}{b} = 1$.
En effet cette équation est l'équation d'une droite puisque $(\frac{1}{a}, \frac{1}{b}) \neq (0,0)$ et cette droite contient évidement A et B.

Définition par point et vecteur normal

Soit $A\Big|^{x_A}_{y_A}$ un point du plan et $\vec{n}\Big|^{a}_{b}$ un vecteur non nul.
Notons $\mathcal{D}$ la droite passant par A et de vecteur normal $\vec{n}$.

- Le vecteur $\vec{u}\Big|^{-b}_{a}$ est un vecteur non nul orthogonal à $\vec{n}$ puisque $\vec{u}\cdot\vec{n} = 0$, et donc est un vecteur directeur de la droite $\mathcal{D}$. On a donc $\mathcal{D} = A + \operatorname{Vect}\vec{u}$ et l'on dispose du paramétrage suivant :

$$\begin{cases} x = x_A - \lambda b \\ y = y_A + \lambda a \end{cases} \qquad \text{avec} \quad \lambda \in \mathbb{R}.$$

- Un point $M\Big|^{x}_{y}$ appartient à la droite $\mathcal{D}$ si, et seulement si, les vecteurs $\overrightarrow{AM}$ et $\vec{n}$ sont orthogonaux, c'est-à-dire si, et seulement si :

Exo 16.6

$$\overrightarrow{AM}\cdot\vec{n} = 0 \qquad \text{soit} \qquad a(x - x_A) + b(y - y_A) = 0.$$

Ex. 8. Soit A et B deux points distincts. La droite passant par le milieu du segment $[AB]$ et orthogonale à $\overrightarrow{AB}$ est la **médiatrice** du segment $[AB]$. C'est l'ensemble des points M à égale distance de A et B.

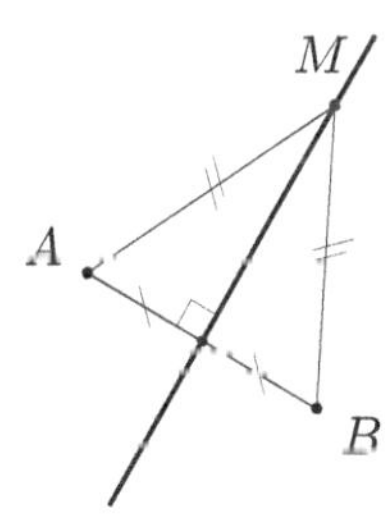

2 Lignes de niveaux

Soit $A(x_A, y_A)$ un point du plan et $\vec{u}(a,b)$ un vecteur non nul.

Proposition 10

Pour tout $\lambda \in \mathbb{R}$, l'ensemble $\mathcal{D}_\lambda$ des points M du plan vérifiant :

$$\vec{u} \cdot \overrightarrow{AM} = \lambda$$

est une droite dont $\vec{u}$ est un vecteur normal.

Démonstration. Un point $M(x,y)$ appartient à l'ensemble $\mathcal{D}_\lambda$ si, et seulement si :

$$\vec{u} \cdot \overrightarrow{AM} = \lambda \qquad \text{soit} \qquad a(x - x_A) + b(y - y_A) = \lambda.$$

Exo 16.7 Cette équation est de la forme $ax+by+(\cdots) = 0$ donc, d'après la proposition 9 de la page 596, $\mathcal{D}_\lambda$ est une droite de vecteur normal $\vec{u}$. □

Remarques

- Ayant un vecteur normal en commun, les droites $\mathcal{D}_\lambda$ sont parallèles entre elles.
- Si $\lambda_0 \in \mathbb{R}$ est fixé, l'ensemble des points M vérifiant $\vec{u} \cdot \overrightarrow{AM} \geqslant \lambda_0$ est le demi-plan délimité par la droite $\mathcal{D}_{\lambda_0}$ et :
  * contenant le point A si $\lambda_0 < 0$,
  * ne contenant pas le point A si $\lambda_0 > 0$,
  * contenant le point $A + \vec{u}$ si $\lambda_0 = 0$.

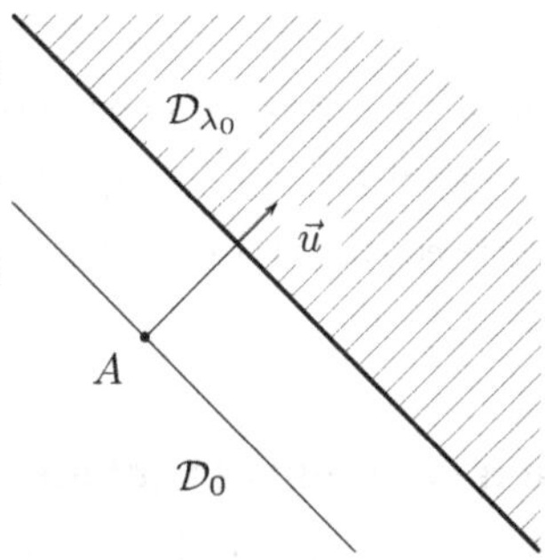

Proposition 11

Pour tout $\lambda \in \mathbb{R}$, l'ensemble $\mathcal{D}'_\lambda$ des points M du plan vérifiant :

$$[\vec{u}, \overrightarrow{AM}] = \lambda$$

est une droite dont $\vec{u}$ est un vecteur directeur.

Démonstration. Un point $M(x,y)$ appartient à l'ensemble $\mathcal{D}'_\lambda$ si, et seulement si :

$$[\vec{u}, \overrightarrow{AM}] = \lambda \qquad \text{soit} \qquad -b(x - x_A) + a(y - y_A) = \lambda.$$

Cette équation est de la forme $-bx+ay+(\cdots) = 0$ donc, d'après la proposition 9 de la page 596, $\mathcal{D}_\lambda$ est une droite de vecteur normal $\vec{n}\left|\begin{smallmatrix}-b\\ a\end{smallmatrix}\right.$, donc de vecteur directeur $\vec{u}\left|\begin{smallmatrix}a\\ b\end{smallmatrix}\right.$. □

Remarque

Ayant un vecteur directeur en commun, les droites $\mathcal{D}'_\lambda$ sont parallèles entre elles.

3 Projection d'un point sur une droite

Soit $\mathcal{D}$ une droite et A un point de l'espace. La droite passant par A et perpendiculaire à la droite $\mathcal{D}$ intersecte celle-ci en un point H appelé **projeté orthogonal** du point A sur la droite $\mathcal{D}$.

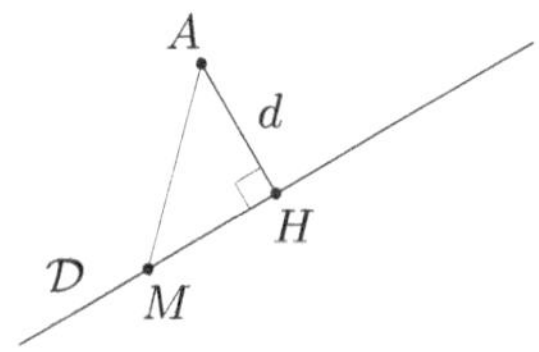

Pour tout point M de $\mathcal{D}$, les vecteurs $\overrightarrow{AH}$ et $\overrightarrow{HM}$ sont orthogonaux. Donc $AM^2 = AH^2 + HM^2$ d'après le théorème de Pythagore, ce qui donne $AM^2 \geqslant AH^2$ avec égalité si, et seulement si, $M = H$. Le point H est donc le point de $\mathcal{D}$ le plus proche de A. La distance AH s'appelle **distance de A à $\mathcal{D}$** et est notée $d(A, \mathcal{D})$.

Exo 16.8 En utilisant les différents modes de définition d'une droite $\mathcal{D}$, on peut expliciter les coordonnées du projeté orthogonal d'un point sur $\mathcal{D}$ et donc calculer sa distance à la droite $\mathcal{D}$.

Ex. 9. Soit $\mathcal{D}$ la droite d'équation cartésienne $2x + y = 3$ et $A(2,3)$.

Le vecteur $\vec{u}(2,1)$ est normal à la droite $\mathcal{D}$ donc est un vecteur directeur de la perpendiculaire à $\mathcal{D}$ passant par A. En notant $H(x_H, y_H)$ le projeté orthogonal de A sur $\mathcal{D}$, il existe $\lambda \in \mathbb{R}$ tel que :

$$x_H = 2 + 2\lambda \quad \text{et} \quad y_H = 3 + \lambda.$$

Le point H appartient à la droite $\mathcal{D}$ donc :

$$2(2 + 2\lambda) + (3 + \lambda) = 3 \quad \text{d'où} \quad \lambda = -\frac{4}{5},$$

ce qui donne $x_H = \frac{2}{5}$ et $y_H = \frac{11}{5}$.

Ex. 10. Calculons la distance du point A à la droite $\mathcal{D}$, c'est-à-dire la longueur AH.

En reprenant le paramétrage précédent, le vecteur $\overrightarrow{AH}$ a pour coordonnées $(2\lambda, \lambda)$ puis :

$$AH = \sqrt{(2\lambda)^2 + \lambda^2} = |\lambda|\sqrt{2^2 + 1^2} = \frac{4\sqrt{5}}{5}.$$

La proposition qui suit permet de calculer directement la distance d'un point à une droite lorsque l'on dispose d'une équation cartésienne.

Proposition 12

Soit $(a,b) \in \mathbb{R}^2 \setminus \{(0,0)\}$ et $c \in \mathbb{R}$. Considérons la droite $\mathcal{D}$ d'équation cartésienne $ax + by + c = 0$.

Si $A(x_A, y_A)$ est un point du plan, alors la distance de A à $\mathcal{D}$ est donnée par :

$$d(A, \mathcal{D}) = \frac{|ax_A + by_A + c|}{\sqrt{a^2 + b^2}}.$$

Démonstration page 605

Remarque Soit $\mathcal{D} = A + \operatorname{Vect}(\vec{u})$ une droite, M un point du plan et H son projeté orthogonal sur $\mathcal{D}$.
En calculant de deux façons l'aire du parallélogramme $(A, A+\vec{u}, M+\vec{u}, M)$, on obtient l'égalité :

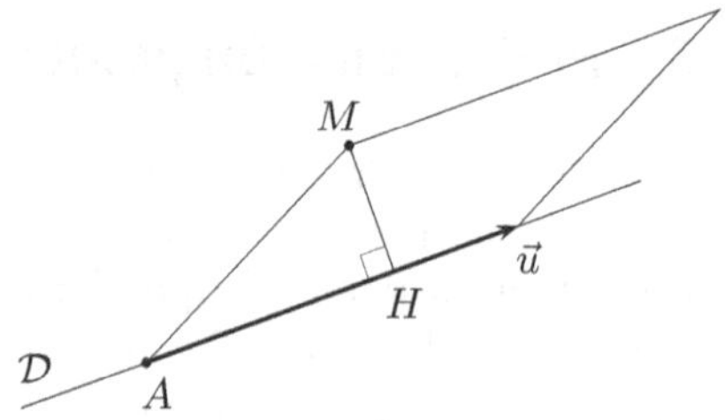

$$\left|[\vec{u}, \overrightarrow{AM}]\right| = \|\vec{u}\|\, MH,$$

donc la distance de M à $\mathcal{D}$ est donnée par : $d(A, \mathcal{D}) = \dfrac{\left|[\vec{u}, \overrightarrow{AM}]\right|}{\|\vec{u}\|}$.

Si $\vec{n}\big|_b^a$ est un vecteur normal à $\mathcal{D}$, le vecteur $\vec{u}\big|_{-a}^{\,b}$ est un vecteur directeur de $\mathcal{D}$ de même norme. En notant $\overrightarrow{AM}\big|_y^x$, on a :

$$[\vec{u}, \overrightarrow{AM}] = by + ax = \vec{n} \cdot \overrightarrow{AM}.$$

Exo 16.9 Cela donne donc aussi : $d(A, \mathcal{D}) = \dfrac{|\vec{n} \cdot \overrightarrow{AM}|}{\|\vec{n}\|}$.

V Cercles

Dans cette section, le plan est muni d'un repère orthonormé $(O, \vec{\imath}, \vec{\jmath})$.

1 Généralités

Définition 7

Soit Ω un point et $R > 0$. On appelle **cercle** de centre Ω et de rayon $R > 0$ l'ensemble des points M tels que $\Omega M = R$.

Notation On note $\mathcal{C}(\Omega, R)$ le cercle de centre Ω et de rayon R.

On appelle **diamètre** du cercle $\mathcal{C}(\Omega, R)$ tout segment d'extrémités deux points du cercle symétriques par rapport à Ω, c'est-à-dire tout segment $[AB]$ pour lequel il existe un vecteur $\vec{u}$ unitaire tel que $A = \Omega - R\vec{u}$ et $B = \Omega + R\vec{u}$.

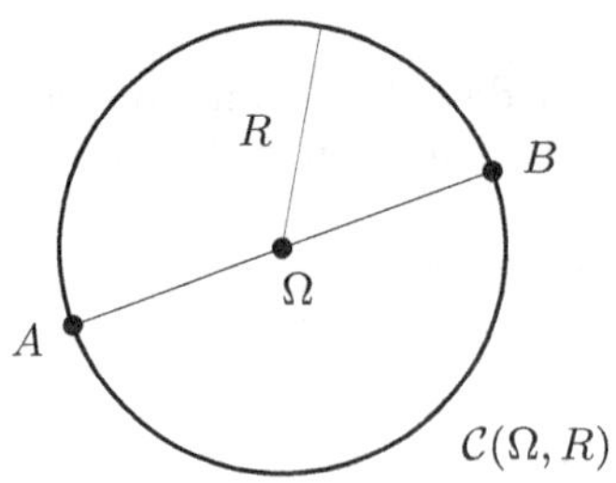

Ex. 11. Par trois points non alignés A, B, C passe un et un seul cercle, appelé **cercle circonscrit au triangle** ABC.

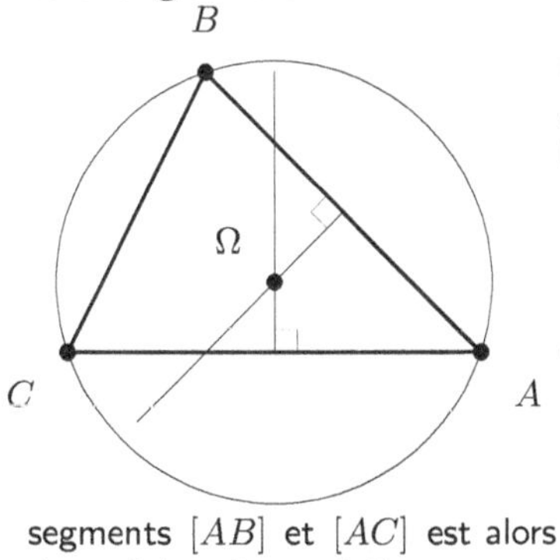

En effet, il suffit de montrer l'existence et l'unicité d'un point Ω à égale distance de A, B et C, le cercle recherché étant alors le cercle de centre Ω et de rayon $R = \Omega A = \Omega B = \Omega C$.
Un tel point Ω doit donc être sur la médiatrice du segment $[AB]$, et également sur la médiatrice du segment $[AC]$. Puisque les droites (AB) et (AC) sont non parallèles, ces médiatrices sont non parallèles donc se coupent en un unique point. Cela prouve l'unicité du centre Ω, puis du rayon $R = \Omega A$ d'un tel cercle.
Réciproquement, le point Ω intersection des médiatrices des segments $[AB]$ et $[AC]$ est alors à égale distance de A et B et à égale distance de A et C, donc $\Omega A = \Omega B = \Omega C$, ce qui permet de conclure.

Proposition 13

Le cercle $\mathcal{C}$ de centre $\Omega(a, b)$ et de rayon $R > 0$ a pour équation cartésienne :

$$(x-a)^2 + (y-b)^2 = R^2.$$

Démonstration. Pour tout point $M(x, y)$, on a :

$$M \in \mathcal{C} \iff \Omega M = R \iff \Omega M^2 = R^2 \iff (x-a)^2 + (y-b)^2 = R^2. \qquad \square$$

Remarques

- L'équation $(x-a)^2 + (y-b)^2 = R^2$ peut se réécrire $x^2 + y^2 - 2ax - 2by + c = 0$ avec $c = a^2 + b^2 - R^2$.
- Réciproquement, une équation de la forme $x^2 + y^2 - 2ax - 2by + c = 0$, qui s'écrit encore $(x-a)^2 + (y-b)^2 = a^2 + b^2 - c$, admet des solutions si, et seulement si, $a^2 + b^2 - c \geqslant 0$.

  L'ensemble des points vérifiant l'équation est alors :

  * réduit au point de coordonnées (a, b) si $c = a^2 + b^2$,
  * le cercle de centre $\Omega(a, b)$ et de rayon $\sqrt{a^2 + b^2 - c}$ si $c < a^2 + b^2$.

Exo 16.10

Paramétrage

Soit $R > 0$ et $\Omega(a, b)$ un point du plan. Un point $M(x, y)$ appartient au cercle de centre Ω et de rayon R si, et seulement si, $\Omega M^2 = R^2$, c'est-à-dire si, et seulement si :

$$\left(\frac{x-a}{R}\right)^2 + \left(\frac{y-b}{R}\right)^2 = 1$$

ce qui équivaut à l'existence d'un réel $\theta \in [0, 2\pi[$ tel que :

$$x = a + R\cos\theta \quad \text{et} \quad y = b + R\sin\theta.$$

On dit que

$$\begin{cases} x = a + R\cos\theta \\ y = b + R\sin\theta \end{cases} \qquad \text{avec} \qquad \theta \in [0, 2\pi[$$

est un **paramétrage** du cercle $\mathcal{C}(\Omega, R)$.

Proposition 14

Soit A et B deux points distincts.

Il existe un unique cercle $\mathcal{C}$ de diamètre $[AB]$; il s'agit de l'ensemble des points M tels que $\overrightarrow{MA} \cdot \overrightarrow{MB} = 0$.

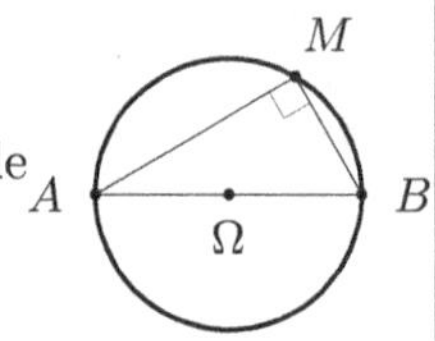

Démonstration page 605

2 Exemples de problèmes d'intersection

Droites et cercles

Proposition 15

Soit $\mathcal{C}$ le cercle de centre Ω et de rayon $R > 0$, et $\mathcal{D}$ une droite.

1. Si $d(\Omega, \mathcal{D}) > R$, alors $\mathcal{D} \cap \mathcal{C} = \varnothing$.
2. Si $d(\Omega, \mathcal{D}) < R$, alors $\mathcal{D}$ et $\mathcal{C}$ ont deux points d'intersection distincts.
3. Si $d(\Omega, \mathcal{D}) = R$, alors $\mathcal{D} \cap \mathcal{C}$ est réduit à un point, projeté orthogonal de Ω sur $\mathcal{D}$.

Démonstration page 605

Terminologie Lorsque $\mathcal{D} \cap \mathcal{C}$ est réduit à un point, on dit que la droite $\mathcal{D}$ est **tangente** à $\mathcal{C}$ en ce point.

Les figures ci-dessous illustrent chacune des trois situations.

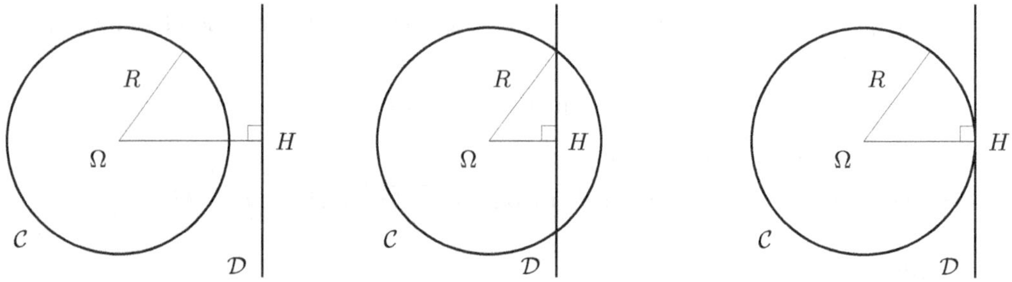

Ex. 12. Soit $\mathcal{C}$ un cercle de centre $\Omega = (a, b)$ et de rayon R.
Déterminons une équation de la tangente à $\mathcal{C}$ en un point $M_0(x_0, y_0)$ de $\mathcal{C}$.
La tangente en M_0 est dirigée par tout vecteur non nul orthogonal à $\overrightarrow{\Omega M_0}$. Ainsi, un point $M(x, y)$ appartient à la tangente à $\mathcal{C}$ en M_0 si, et seulement si :

$$\overrightarrow{M_0M} \cdot \overrightarrow{\Omega M_0} = 0 \qquad \text{soit} \qquad (x - x_0)(x_0 - a) + (y - y_0)(y_0 - b) = 0.$$

Intersection de cercles

Si deux cercles sont **concentriques**, c'est-à-dire s'ils ont le même centre, alors ils sont confondus ou disjoints, suivant que leurs rayons sont égaux ou pas.

Étant donné deux cercles $\mathcal{C}_1$ et $\mathcal{C}_2$ non concentriques d'équations respectives :

$$x^2+y^2-2a_1x-2b_1y+c_1=0 \quad \text{et} \quad x^2+y^2-2a_2x-2b_2y+c_2=0,$$

le problème d'intersection de $\mathcal{C}_1$ et $\mathcal{C}_2$ mène au système :

$$\begin{cases} x^2+y^2-2a_1x-2b_1y+c_1=0 \\ 2(a_2-a_1)x+2(b_2-b_1)\,y+c_1-c_2=0. \end{cases}$$

Les deux cercles n'étant pas concentriques, on a $(a_2-a_1,b_2-b_1)\neq(0,0)$. La seconde équation est donc l'équation d'une droite $\mathcal{D}$ et l'on a :

$$\mathcal{C}_1\cap\mathcal{C}_2=\mathcal{C}_1\cap\mathcal{D}=\mathcal{C}_2\cap\mathcal{D}.$$

D'après la proposition 15 de la page précédente, les cercles $\mathcal{C}_1$ et $\mathcal{C}_2$ ont donc 0, 1 ou 2 points d'intersection, suivant que cette droite rencontre ou non chacun des deux cercles.

- Dans le cas où $\mathcal{C}_1$ et $\mathcal{C}_2$ ont deux points d'intersection A et B, on a $\mathcal{D}=(AB)$.
- Lorsque $\mathcal{C}_1$ et $\mathcal{C}_2$ ont un unique point d'intersection, alors $\mathcal{D}$ est tangente à $\mathcal{C}_1$ et $\mathcal{C}_2$.
  On dit alors que les deux cercles sont **tangents**.

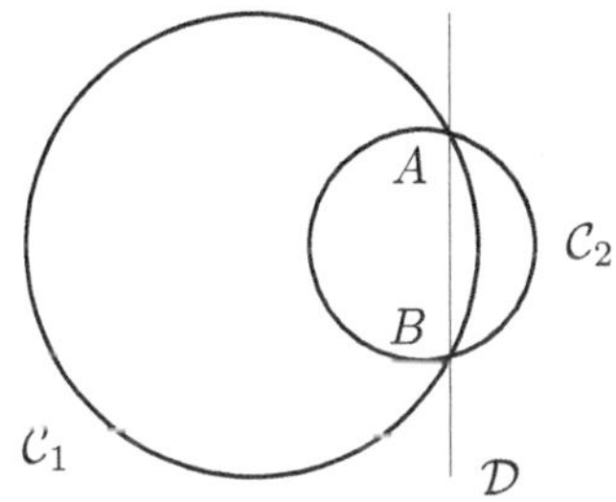

Ex. 13. Soit $\mathcal{C}_1$ et $\mathcal{C}_2$ deux cercles d'équations respectives :

$$x^2+y^2=1 \quad \text{et} \quad (x-1)^2+y^2=1.$$

Un point $M(x,y)$ appartient à $\mathcal{C}_1\cap\mathcal{C}_2$ si, et seulement si, $\begin{cases} x^2+y^2=1 \\ x^2-2x+1+y^2=1 \end{cases}$, ce qui équivaut au système suivant :

$$\begin{cases} x^2+y^2=1 \\ -2x+1=0 \end{cases}$$

qui se résout en $x=\frac{1}{2}$ et $y=\pm\frac{\sqrt{3}}{2}$.

En conclusion : $\mathcal{C}_1\cap\mathcal{C}_2=\{M_1,M_2\}$ où $M_1\left(\frac{1}{2},\frac{\sqrt{3}}{2}\right)$ et $M_2\left(\frac{1}{2},-\frac{\sqrt{3}}{2}\right)$.

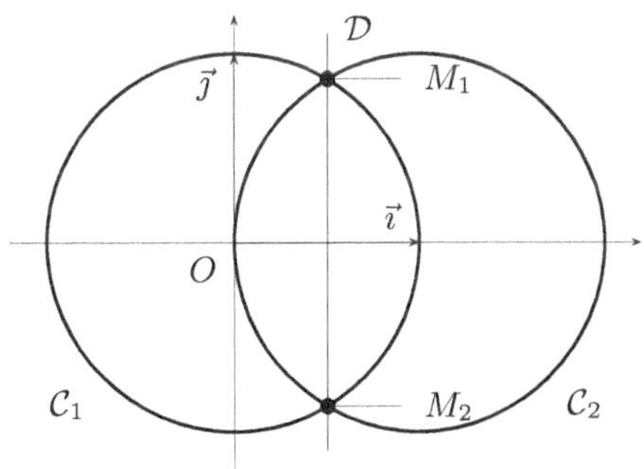

Démonstrations

Proposition 2 On commence par établir le lemme qui suit.

Lemme

> Soit $\vec{u}$ un vecteur du plan et $(\vec{\imath},\vec{\jmath})$ une base orthonormée directe du plan telle que $\vec{u}=\|\vec{u}\|\vec{\imath}$.
>
> Alors, pour tout vecteur $\vec{v}$ de coordonnées (x,y) dans la base $(\vec{\imath},\vec{\jmath})$, on a : $\vec{u}\cdot\vec{v}=\|\vec{u}\|x$.

Démonstration du lemme.
C'est immédiat si $\vec{u}=0$ ou $\vec{v}=0$.

Supposons donc $\vec{u}\neq 0$ et $\vec{v}\neq 0$ et notons θ l'angle $(\vec{u},\vec{v})$.

Alors, en posant $\vec{u}_\theta=\cos\theta\,\vec{\imath}+\sin\theta\,\vec{\jmath}$, on a $\vec{v}=\|\vec{v}\|\vec{u}_\theta$ donc $x=\|\vec{v}\|\cos\theta$.

La définition du produit scalaire permet ainsi de prouver l'égalité $\vec{u}\cdot\vec{v}=\|\vec{u}\|x$. □

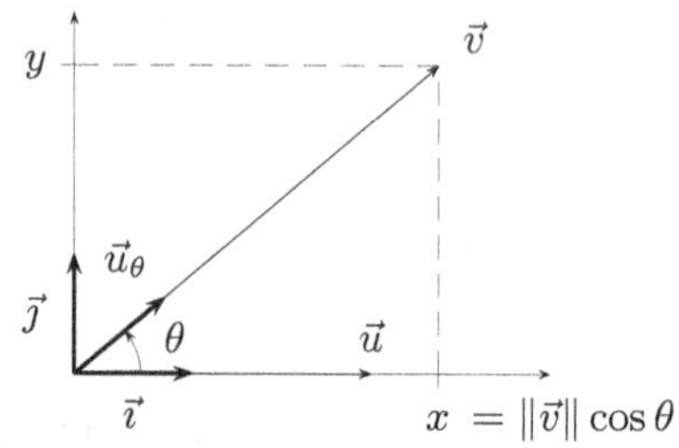

- Soit maintenant $\vec{u},\vec{v}$ et $\vec{w}$ trois vecteurs ainsi que λ et μ deux réels. Notons (x,y) et (x',y') les coordonnées respectives de $\vec{v}$ et $\vec{w}$ dans la base $(\vec{\imath},\vec{\jmath})$ du lemme. Alors le vecteur $\lambda\vec{v}+\mu\vec{w}$ a pour coordonnées $(\lambda x+\mu x',\lambda y+\mu y')$ dans la base $(\vec{\imath},\vec{\jmath})$ et d'après le lemme, on a :

$$\begin{aligned}\vec{u}\cdot(\lambda\vec{v}+\mu\vec{w})&=\|\vec{u}\|(\lambda x+\mu x')\\&=\lambda\|\vec{u}\|x+\mu\|\vec{u}\|x'=\lambda(\vec{u}\cdot\vec{v})+\mu(\vec{u}\cdot\vec{w}).\end{aligned}$$

- Le second point de cette proposition est une conséquence directe de la propriété de symétrie et du premier point.

Proposition 7 On commence par établir le lemme qui suit.

Lemme

> Soit $\vec{u}$ un vecteur du plan et $(\vec{\imath},\vec{\jmath})$ une base orthonormée directe du plan telle que $\vec{u}=\|\vec{u}\|\vec{\imath}$.
>
> Alors, pour tout vecteur $\vec{v}$ de coordonnée (x,y) dans la base $(\vec{\imath},\vec{\jmath})$, on a : $[\vec{u},\vec{v}]=\|\vec{u}\|y$.

Démonstration du lemme.
C'est immédiat si $\vec{u}=0$ ou $\vec{v}=0$. Supposons donc $\vec{u}\neq 0$ et $\vec{v}\neq 0$ et notons θ l'angle orienté $(\vec{u},\vec{v})$.

Alors, en posant $\vec{u}_\theta=\cos\theta\,\vec{\imath}+\sin\theta\,\vec{\jmath}$, on a $\vec{v}=\|\vec{v}\|\vec{u}_\theta$ donc $y=\|\vec{v}\|\sin\theta$.

La définition du produit mixte permet ainsi de prouver l'égalité $[\vec{u},\vec{v}]=\|\vec{u}\|y$. □

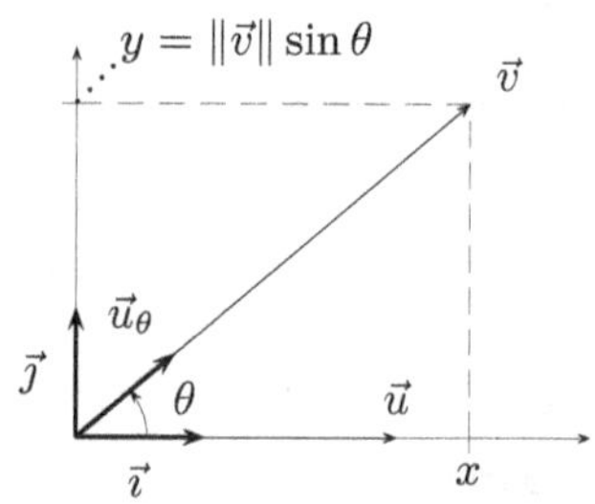

- Soit maintenant $\vec{u},\vec{v}$ et $\vec{w}$ trois vecteurs ainsi que λ et μ deux réels. Notons (x,y) et (x',y') les coordonnées respectives de $\vec{v}$ et $\vec{w}$ dans la base $(\vec{\imath},\vec{\jmath})$ du lemme. Alors le vecteur $\lambda\vec{v}+\mu\vec{w}$ a pour coordonnées $(\lambda x+\mu x',\lambda y+\mu y')$ dans la base $(\vec{\imath},\vec{\jmath})$ et d'après le lemme, on a :

$$\begin{aligned}[\vec{u},\lambda\vec{v}+\mu\vec{w}]&=\|\vec{u}\|(\lambda y+\mu y')\\&=\lambda\|\vec{u}\|y+\mu\|\vec{u}\|y'=\lambda[\vec{u},\vec{v}]+\mu[\vec{u},\vec{w}].\end{aligned}$$

- Le second point de cette proposition est une conséquence directe de la propriété d'antisymétrie et du premier point.

Proposition 9

- Commençons par montrer que $\mathcal{D}$ n'est pas l'ensemble vide.

  Puisque les réels a et b ne sont pas tous les deux nuls, il existe $(\alpha, \beta) \in \mathbb{R}^2$ tel que $a\alpha + b\beta + c = 0$. En effet, si $a \neq 0$, on peut poser $\beta = 0$ et $\alpha = -\frac{c}{a}$, tandis que si $b \neq 0$, on peut prendre $\alpha = 0$ et $\beta = -\frac{c}{b}$.

  Le point A de coordonnées (α, β) appartient à l'ensemble $\mathcal{D}$.
- Montrons que $\mathcal{D} = A + \operatorname{Vect}\vec{u}$.
  * Soit maintenant $M(x,y)$ un point du plan vérifiant $ax+by+c=0$. Le calcul du produit mixte suivant :
  $$[\vec{u}, \overrightarrow{AM}] = -b(y-\beta) - a(x-\alpha) = (a\alpha + b\beta) - (ax+by) = -c+c = 0$$
  montre que les vecteurs $\overrightarrow{AM}$ et $\vec{u}$ sont colinéaires, donc que M appartient à la droite $A + \operatorname{Vect}\vec{u}$.
  * Réciproquement, si $M(x,y)$ est un point de la droite $A + \operatorname{Vect}(\vec{u})$, alors il existe $\lambda \in \mathbb{R}$ tel que $M = A + \lambda\vec{u}$, ce qui donne $x = \alpha - \lambda b$ et $y = \beta + \lambda a$. On a donc :
  $$ax+by+c = a(\alpha - \lambda b) + b(\beta + \lambda a) + c = a\alpha + b\beta + c = 0.$$

  En conclusion, $\mathcal{D}$ est une droite de vecteur directeur $\vec{u}(-b,a)$ et de vecteur normal $\vec{n}(a,b)$ (puisque $\vec{u}\cdot\vec{n} = 0$).

Proposition 12 Le vecteur $\vec{n}(a,b)$ est un vecteur normal à la droite $\mathcal{D}$ donc il existe $\lambda \in \mathbb{R}$ tel que H ait pour coordonnées $(x_A + \lambda a, y_A + \lambda b)$. Le point H appartient à la droite $\mathcal{D}$ donc :
$$a(x_A + \lambda a) + b(y_A + \lambda b) + c = 0 \quad \text{puis} \quad \lambda = \frac{-c - ax_A - by_A}{a^2+b^2}.$$
Ainsi, $AH = |\lambda|\sqrt{a^2+b^2} = \dfrac{|ax_A + by_A + c|}{\sqrt{a^2+b^2}}$.

Proposition 14 L'unique cercle $\mathcal{C}$ de diamètre $[AB]$ est celui de rayon $\dfrac{AB}{2}$ et dont le centre est le milieu Ω du segment $[AB]$. De plus, pour tout point M, on a :
$$\overrightarrow{MA}\cdot\overrightarrow{MB} = \left(\overrightarrow{M\Omega} + \overrightarrow{\Omega A}\right)\cdot\left(\overrightarrow{M\Omega} + \overrightarrow{\Omega B}\right) = M\Omega^2 + \overrightarrow{M\Omega}\cdot\left(\overrightarrow{\Omega A} + \overrightarrow{\Omega B}\right) + \overrightarrow{\Omega A}\cdot\overrightarrow{\Omega B}.$$
Comme Ω est le milieu du segment $[AB]$, on a $\overrightarrow{\Omega A} + \overrightarrow{\Omega B} = \vec{0}$ et $\overrightarrow{\Omega A}\cdot\overrightarrow{\Omega B} = -R^2$.

Donc, pour tout point M, on a :
$$\overrightarrow{MA}\cdot\overrightarrow{MB} = M\Omega^2 - R^2.$$
Par suite, $M \in \mathcal{C} \Longleftrightarrow \Omega M = R \Longleftrightarrow \overrightarrow{MA}\cdot\overrightarrow{MB} = 0$.

Proposition 15 Rechercher les points d'intersection de $\mathcal{D}$ et $\mathcal{C}$ revient à déterminer les points de $\mathcal{D}$ dont la distance à Ω vaut R.

1. Si $d(\Omega, \mathcal{D}) > R$, alors il n'y a évidemment aucun point d'intersection.
2. 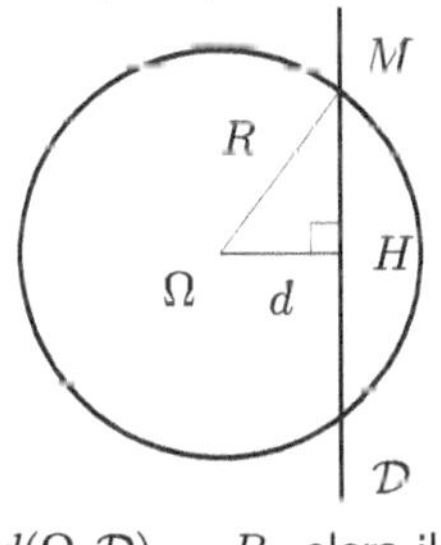

   Si $d = d(\Omega, \mathcal{D}) < R$, alors, en appelant H le projeté orthogonal de Ω sur $\mathcal{D}$, le théorème de Pythagore implique que, pour tout $M \in \mathcal{D}$, on a :
   $$\Omega M^2 = \Omega H^2 + HM^2.$$
   Les points d'intersection de $\mathcal{D}$ et $\mathcal{C}$ sont donc les points $M \in \mathcal{D}$ tels que $HM^2 = R^2 - d^2$, c'est-à-dire les deux points $H \pm \sqrt{R^2 - d^2}\,\vec{u}$, où $\vec{u}$ est un vecteur directeur unitaire de $\mathcal{D}$.
3. Si $d(\Omega, \mathcal{D}) = R$, alors il n'y a qu'un seul point M de $\mathcal{D}$ tel que $d(\Omega, M) = R$; il s'agit du projeté orthogonal de Ω sur $\mathcal{D}$. La droite $\mathcal{D}$ est alors orthogonale à (ΩM).

S'entraîner et approfondir

Dans tous les exercices, le plan est muni d'un repère orthonormé direct $(O,\vec{\imath},\vec{\jmath})$.

16.1 Trouver les coordonnées polaires des points :
→590

$$A\left(1,-\sqrt{3}\right), \qquad B(4,3) \quad \text{et} \quad C=(-6,8).$$

La réponse pourra faire intervenir les fonctions circulaires réciproques.

16.2 Orthocentre d'un triangle
→592
Soit ABC un triangle.

1. Soit M un point du plan. Montrer que :

$$\overrightarrow{AM}\cdot\overrightarrow{BC}+\overrightarrow{BM}\cdot\overrightarrow{CA}+\overrightarrow{CM}\cdot\overrightarrow{AB}=0.$$

Indication. *On pourra exploiter la relation de Chasles pour écrire* $\overrightarrow{BC}=\overrightarrow{BM}-\overrightarrow{CM}$, *etc.*

2. On note H le point d'intersection de la hauteur issue de A et de la hauteur issue de B. Montrer que H appartient à la hauteur issue de C.

16.3 Théorème de la médiane
→593
Soit ABC un triangle et I le milieu du segment $[BC]$.
Montrer que :

$$AB^2+AC^2=2AI^2+\frac{BC^2}{2}\cdot$$

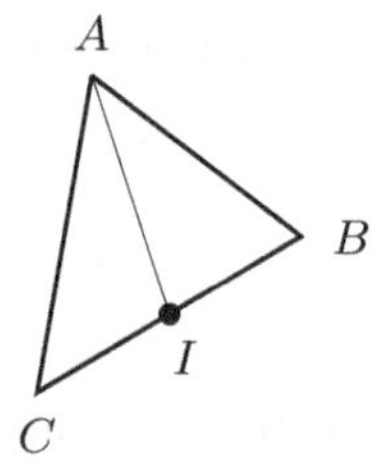

16.4 Formule d'Al-Kashi
→593
Soit ABC un triangle. Prouver la relation suivante :

$$BC^2=AB^2+AC^2-2\,AB\times AC\,\cos\left(\overrightarrow{AB},\overrightarrow{AC}\right).$$

Remarque Ce résultat, qui généralise le théorème de Pythagore, permet de connaître les angles d'un triangle connaissant les longueurs de ses côtés, ou encore de connaître la longueur d'un côté connaissant la longueur des deux autres côtés ainsi que la mesure de l'angle opposé.

16.5
→593

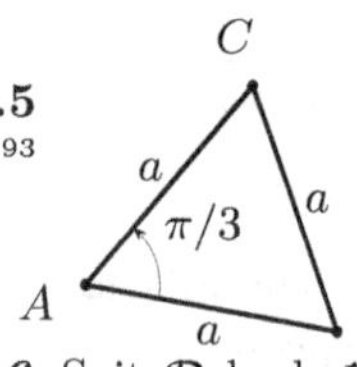

Soit ABC un triangle équilatéral direct de côté a.
Calculer les produits mixtes $[\overrightarrow{AB},\overrightarrow{AC}]$ et $[\overrightarrow{AB},\overrightarrow{BC}]$.

16.6 Soit $\mathcal{D}$ la droite paramétrée par :
→597

$$\begin{cases} x=3+4\lambda \\ y=2-\lambda \end{cases} \quad \text{avec} \quad \lambda\in\mathbb{R}.$$

Expliciter un vecteur directeur, un vecteur normal et une équation cartésienne de la droite $\mathcal{D}$.

16.7 Soit A et B deux points distincts du plan. Déterminer le lieu géométrique des points M
→598
vérifiant $(\overrightarrow{AM}+\overrightarrow{BM})\cdot\overrightarrow{AB}=AB^2$.

16.8 Soit $A\Big|_3^2$, $\vec{u}\Big|_{-1}^{1}$ et $\mathcal{D} = A + \operatorname{Vect}\vec{u}$.
→599
Déterminer les coordonnées du projeté orthogonal du point $M\Big|_b^a$ sur la droite $\mathcal{D}$.

16.9 Déterminer l'ensemble des points équidistants des deux droites :
→600

$$\mathcal{D}_1 : 3x + 4y - 7 = 0 \qquad \text{et} \qquad \mathcal{D}_2 : 5x - 12y + 7 = 0.$$

16.10 Trouver le centre et le rayon du cercle d'équation cartésienne :
→601

$$x^2 + y^2 - 2x + 4y = 4.$$

16.11 Soit a et b deux réels tels que $(a,b) \neq (0,0)$. Montrer que les trois droites d'équations :

$$ax + by + c = 0, \qquad ax + by = \sqrt{3}(bx - ay) \qquad \text{et} \qquad ax + by = -\sqrt{3}(bx - ay).$$

délimitent un triangle équilatéral éventuellement réduit à un point.

16.12 Soit $\mathcal{D}$ une droite et F un point n'appartenant pas à $\mathcal{D}$. Déterminer une équation, dans un repère orthonormé bien choisi, de l'ensemble $\mathcal{P}$ des points M tels que $d(M,\mathcal{D}) = MF$. Quelle est la nature de $\mathcal{P}$?

16.13 On considère une droite $\mathcal{D}$ d'équation $ax + by + c = 0$. Soit M un point de coordonnées (x_M, y_M) et H le projeté orthogonal de M sur $\mathcal{D}$. On appelle symétrique de M par rapport à $\mathcal{D}$ le point S tel que $\overrightarrow{HM} = \overrightarrow{SH}$.

1. Exprimer les coordonnées de H en fonction de a, b, c, x_M et y_M.
2. En déduire les coordonnées de S.

16.14 Soit A et B deux points distincts du plan et $\lambda \in \mathbb{R}$.

Déterminer l'ensemble $\mathcal{E}_\lambda$ des points M tels que $\overrightarrow{MA} \cdot \overrightarrow{MB} = \lambda$.

★ **16.15 Théorème de Feuerbach**

1. Soit M un point du plan et $\mathcal{C}$ un cercle de centre O et de rayon R.
   On appelle *puissance de M par rapport à $\mathcal{C}$*, le réel : $P_{\mathcal{C}}(M) = OM^2 - R^2$.
   (a) Interpréter géométriquement le signe de $P_{\mathcal{C}}(M)$.
   (b) Soit $\mathcal{D}$ une droite passant par M et tangente à $\mathcal{C}$ en A.
   Montrer que $P_{\mathcal{C}}(M) = AM^2$. Énoncer et prouver une réciproque.
   (c) Soit $\mathcal{D}$ une droite passant par M et coupant $\mathcal{C}$ en A et B.
   Montrer que $\overrightarrow{MA} \cdot \overrightarrow{MB} = MH^2 - HA^2$, où H est le milieu du segment $[AB]$.
   En déduire que :
   $$P_{\mathcal{C}}(M) = \overrightarrow{MA} \cdot \overrightarrow{MB}.$$
   On pourra séparer les cas $H = O$ et $H \neq O$.
2. Soit A, B, C et D quatre points tels que les droites (AB) et (CD) soient non parallèles. On note M leur unique point d'intersection.
   Montrer que les points A, B, C et D sont cocycliques (c'est-à-dire appartiennent à un même cercle) si, et seulement si :
   $$\overrightarrow{MA} \cdot \overrightarrow{MB} = \overrightarrow{MC} \cdot \overrightarrow{MD}.$$

16.16 Soit A et B deux points distincts et $\lambda \in \mathbb{R}_+^* \setminus \{1\}$.

On cherche à déterminer l'ensemble $\mathcal{E}_\lambda$ des points M tels que $\dfrac{MA}{MB} = \lambda$.

1. Soit G et M deux points du plan. Montrer que :

$$M \in \mathcal{E}_\lambda \iff (1-\lambda^2)MG^2 = \lambda^2 GB^2 - GA^2 + 2\overrightarrow{MG} \cdot (\lambda^2 \overrightarrow{GB} - \overrightarrow{GA}).$$

2. Montrer qu'il existe un point G tel que $\lambda^2 \overrightarrow{GB} - \overrightarrow{GA} = \vec{0}$ et en déduire $\mathcal{E}_\lambda$.

16.17 Soit $\mathcal{C}$ un cercle de centre $\Omega(a,b)$ et de rayon R.

1. Soit θ un réel. Déterminer l'équation de la tangente au cercle $\mathcal{C}$ au point M_θ de coordonnées $(a + R\cos\theta, b + R\sin\theta)$.
2. Déterminer l'ensemble des points par lesquels passent deux tangentes à $\mathcal{C}$ orthogonales.
3. Retrouver le résultat géométriquement.

Solutions des exercices

16.1 *On utilise le point méthode de la page 590.*

Les coordonnées polaires du point A sont $(2, -\pi/3)$.

Les coordonnées polaires du point B sont $(5, \theta)$ avec :

$$\cos\theta = \frac{4}{5} \qquad \text{et} \qquad \sin\theta = \frac{3}{5}\cdot$$

Comme $\cos\theta$ et $\sin\theta$ sont positifs, on peut prendre $\theta \in [0, \pi/2]$. Il est alors donné par l'une des formules suivantes :

$$\theta = \text{Arccos}\left(\frac{4}{5}\right) = \text{Arcsin}\left(\frac{3}{5}\right) = \text{Arctan}\left(\frac{3}{4}\right)\cdot$$

Les coordonnées polaires du point C sont $(10, \theta)$ avec :

$$\cos\theta = -\frac{3}{5} \qquad \text{et} \qquad \sin\theta = \frac{4}{5}\cdot$$

Comme $\cos\theta$ est négatif et $\sin\theta$ est positif, on peut prendre $\theta \in [\pi/2, \pi]$. Il est alors donné par l'une des formules suivantes :

$$\theta = \text{Arccos}\left(-\frac{3}{5}\right) = \pi - \text{Arcsin}\left(\frac{4}{5}\right) = \pi + \text{Arctan}\left(-\frac{4}{3}\right) = \pi - \text{Arctan}\left(\frac{4}{3}\right)\cdot$$

16.2 1. On calcule en utilisant la relation de Chasles :

$$\begin{aligned}
&\overrightarrow{AM}\cdot\overrightarrow{BC} + \overrightarrow{BM}\cdot\overrightarrow{CA} + \overrightarrow{CM}\cdot\overrightarrow{AB} \\
&\qquad = \overrightarrow{AM}\cdot(\overrightarrow{BM} - \overrightarrow{CM}) + \overrightarrow{BM}\cdot(\overrightarrow{CM} - \overrightarrow{AM}) + \overrightarrow{CM}\cdot(\overrightarrow{AM} - \overrightarrow{BM}) \\
&\qquad = 0 \qquad \text{(bilinéarité et symétrie).}
\end{aligned}$$

2. On applique la formule de la question précédente au point H, en notant que les vecteurs $\overrightarrow{AH}$ et $\overrightarrow{BC}$ ainsi que les vecteurs $\overrightarrow{BH}$ et $\overrightarrow{AC}$ sont orthogonaux.

   On obtient alors $\overrightarrow{CH}\cdot\overrightarrow{AB} = 0$, ce qui justifie que le point H appartient à la hauteur issue de C.

   Remarque On justifie ainsi que les trois hauteurs d'un triangle sont concourantes en un point que l'on appelle **orthocentre** du triangle ABC.

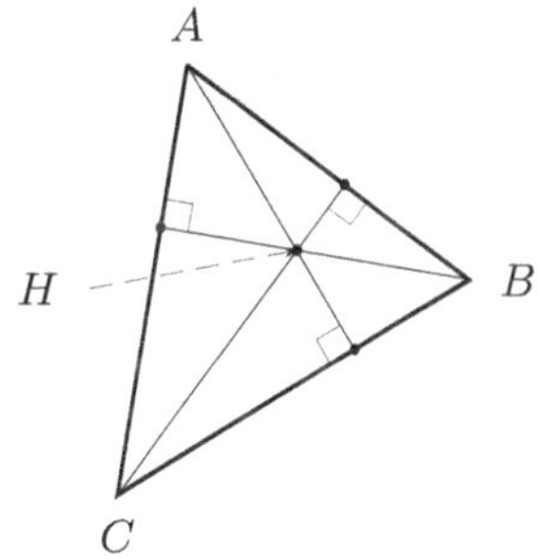

16.3 On a : $AB^2 + AC^2 = \|\overrightarrow{AB}\|^2 + \|\overrightarrow{AC}\|^2$

$$\begin{aligned}
&= \|\overrightarrow{AI} + \overrightarrow{IB}\|^2 + \|\overrightarrow{AI} + \overrightarrow{IC}\|^2 \\
&= 2AI^2 + IB^2 + IC^2 + 2\overrightarrow{AI}\cdot\overrightarrow{IB} + 2\overrightarrow{AI}\cdot\overrightarrow{IC} \\
&= 2AI^2 + IB^2 + IC^2 + 2\overrightarrow{AI}\cdot\underbrace{(\overrightarrow{IB} + \overrightarrow{IC})}_{=\vec{0}}.
\end{aligned}$$

Cela permet de conclure car $IB = IC = \dfrac{BC}{2}\cdot$

16.4 Il suffit d'écrire :

$$BC^2 = \|\overrightarrow{BC}\|^2 = \|\overrightarrow{AB} - \overrightarrow{AC}\|^2 = \|\overrightarrow{AB}\|^2 + \|\overrightarrow{AC}\|^2 - 2\overrightarrow{AB} \cdot \overrightarrow{AC}$$

et d'utiliser le fait que, par définition, on a $\overrightarrow{AB} \cdot \overrightarrow{AC} = AB \times AC \cos\big(\overrightarrow{AB}, \overrightarrow{AC}\big)$.

16.5 Les angles orientés suivants sont connus :

$$(\overrightarrow{AB}, \overrightarrow{AC}) \equiv \frac{\pi}{3}\ [2\pi] \quad \text{et} \quad (\overrightarrow{AB}, \overrightarrow{BC}) \equiv \frac{2\pi}{3}\ [2\pi].$$

On en déduit les produits mixtes :

$$[\overrightarrow{AB}, \overrightarrow{AC}] = [\overrightarrow{AB}, \overrightarrow{BC}] = a^2\frac{\sqrt{3}}{2}.$$

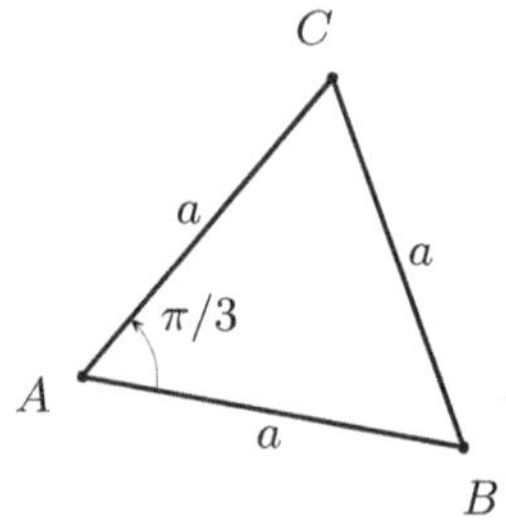

16.6 • Le vecteur $\vec{u}\big|_{-1}^{\ 4}$ est un vecteur directeur de la droite $\mathcal{D}$.

Le vecteur $\vec{n}\big|_{4}^{1}$, non nul et orthogonal au vecteur $\vec{u}$, est un vecteur normal de la droite $\mathcal{D}$.

• Pour expliciter une équation cartésienne de la droite $\mathcal{D}$, on remarque que le point $A\big|_{2}^{3}$ appartient à $\mathcal{D}$. Un point $M\big|_{y}^{x}$ du plan appartient à la droite $\mathcal{D}$ si, et seulement si, les vecteurs $\vec{n}$ et $\overrightarrow{AM}$ sont orthogonaux, c'est-à-dire si, et seulement si :

$$(x-3) + 4(y-2) = 0 \qquad \text{soit} \qquad x + 4y - 11 = 0.$$

16.7 Notons $\mathcal{E}$ l'ensemble cherché. Soit M un point du plan. D'après la relation de Chasles, on a $\overrightarrow{AM} + \overrightarrow{BM} = 2\overrightarrow{AM} - \overrightarrow{AB}$. On obtient ainsi les équivalences suivantes :

$$\begin{aligned}(\overrightarrow{AM} + \overrightarrow{BM}) \cdot \overrightarrow{AB} = AB^2 &\iff (2\overrightarrow{AM} - \overrightarrow{AB}) \cdot \overrightarrow{AB} = AB^2\\ &\iff 2\overrightarrow{AM} \cdot \overrightarrow{AB} - AB^2 = AB^2\\ &\iff \overrightarrow{AM} \cdot \overrightarrow{AB} = AB^2.\end{aligned}$$

D'après la proposition 10 de la page 598, l'ensemble $\mathcal{E}$ est une droite de vecteur normal $\overrightarrow{AB}$. De plus, on a immédiatement $B \in \mathcal{E}$. En conclusion, $\mathcal{E}$ est la droite perpendiculaire à (AB) passant par B.

16.8 Notons $H\big|_{y}^{x}$ le projeté orthogonal du point M sur la droite $\mathcal{D}$. Par définition de la droite $\mathcal{D}$, il existe $\lambda \in \mathbb{R}$ tel que $x = 2 + \lambda$ et $y = 3 - \lambda$. Les vecteurs $\overrightarrow{MH}\big|_{3-\lambda-b}^{2+\lambda-a}$ et $\vec{u}\big|_{-1}^{\ 1}$ sont orthogonaux, donc $\overrightarrow{MH} \cdot \vec{u} = 0$, puis :

$$(2 + \lambda - a) - (3 - \lambda - b) = 0 \quad \text{donc} \quad \lambda = \frac{a - b + 1}{2}.$$

On en déduit $x = \frac{5+a-b}{2}$ et $y = \frac{5-a+b}{2}$.

16.9 Notons $\mathcal{E}$ l'ensemble cherché. D'après la proposition 12 de la page 599, le point $M(x,y)$ appartient à $\mathcal{E}$ si, et seulement si :

$$\frac{|3x+4y-7|}{\sqrt{3^2+4^2}} = \frac{|5x-12y+7|}{\sqrt{5^2+12^2}}.$$

Cette équation est équivalente à :

$$\frac{3x+4y-7}{5} = \pm\frac{5x-12y+7}{13}$$

ce qui donne, après calculs :

$$M \in \mathcal{E} \iff x+8y-9=0 \quad \text{ou} \quad 8x-y-7=0.$$

L'ensemble $\mathcal{E}$ est donc la réunion de deux droites perpendiculaires (qui sont les bissectrices des droites $\mathcal{D}_1$ et $\mathcal{D}_2$).

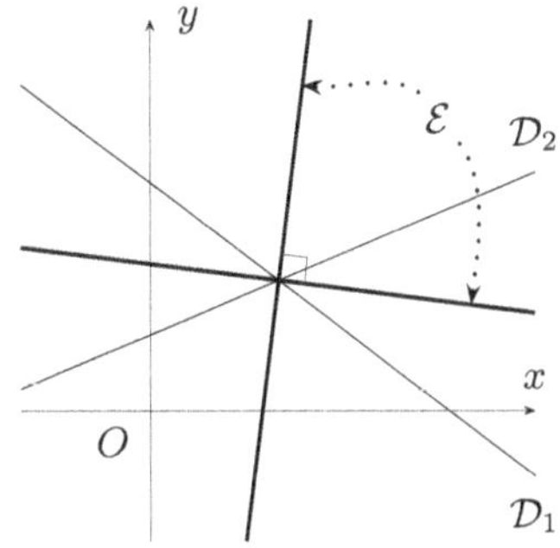

16.10 L'équation cartésienne considérée se réécrit $(x-1)^2+(y+2)^2=9$. On reconnait alors une équation cartésienne du cercle de centre $\Omega(1,-2)$ et de rayon 3.

16.11 Montrons que les droites considérées sont dirigées par des vecteurs formant des angles égaux à $\pm\frac{\pi}{3}$ modulo π, ce qui permettra de conclure.

Les trois droites ont pour équations respectives :

$$ax+by+c=0, \quad (a-b\sqrt{3})x+(b+a\sqrt{3})y=0 \quad \text{et} \quad (a+b\sqrt{3})x+(b-\sqrt{3}a)y=0.$$

Des vecteurs directeurs de ces droites sont donc :

$$\vec{u}\begin{vmatrix} -b \\ a \end{vmatrix} \qquad \vec{v}\begin{vmatrix} -b-a\sqrt{3} \\ a-b\sqrt{3} \end{vmatrix} \qquad \vec{w}\begin{vmatrix} -b+a\sqrt{3} \\ a+b\sqrt{3}. \end{vmatrix}$$

Calculons le cosinus de l'angle $(\vec{u},\vec{v})$:

$$\cos(\vec{u},\vec{v}) = \frac{\vec{u}\cdot\vec{v}}{\|\vec{u}\|\|\vec{v}\|} = \frac{a^2+b^2}{2(a^2+b^2)} = \frac{1}{2}.$$

On en déduit que $(\vec{u},\vec{v}) \equiv \pm\frac{\pi}{3}\ [2\pi]$.

Après calculs, on obtient de même :

$$\cos(\vec{u},\vec{w}) = \frac{1}{2} \qquad \text{et} \qquad \cos(-\vec{v},\vec{w}) = \frac{1}{2}$$

donc $(\vec{u},\vec{w}) = \pm\frac{\pi}{3}\ [2\pi]$ et $(-\vec{v},\vec{w}) = \pm\frac{\pi}{3}\ [2\pi]$, ce qui donne le résultat puisque, par la relation de Chasles, $(-\vec{v},\vec{w}) \equiv (\vec{v},\vec{w})\ [\pi]$.

Par conséquent, ces trois droites délimitent un triangle équilatéral.

16.12 Considérons un repère orthonormé $(F,\vec{\imath},\vec{\jmath})$ tel que $\vec{\imath}$ dirige $\mathcal{D}$.

La droite $\mathcal{D}$ a donc une équation de la forme $y=-p$, pour un certain réel p non nul puisque $F \notin \mathcal{D}$.

Le projeté orthogonal sur $\mathcal{D}$ d'un point $M(x,y)$ est le point $H(x,-p)$, donc $d(M,\mathcal{D}) = MH = |y+p|$ tandis que $MF = \sqrt{x^2+y^2}$. Une équation de $\mathcal{P}$ est donc :

$$(y+p)^2 = x^2+y^2 \qquad \text{soit} \qquad y = \frac{1}{2p}x^2 - \frac{p}{2}.$$

On reconnaît ainsi une équation de parabole.

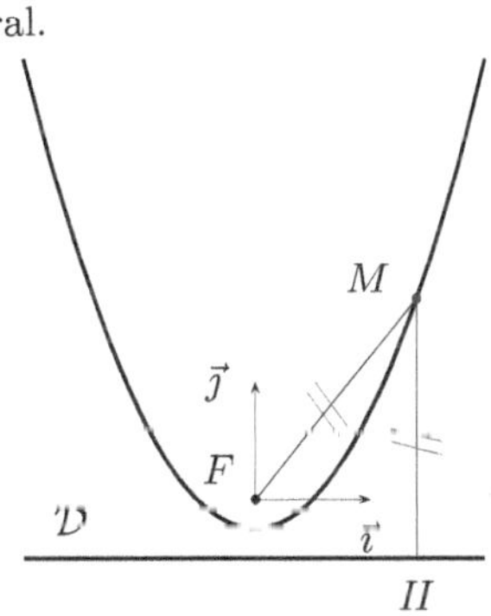

16.13 1. Le vecteur $\vec{u}(a,b)$ est un vecteur normal à la droite $\mathcal{D}$ et, par définition, H est l'intersection de la droite $\mathcal{D}$ et de la droite $\mathcal{D}' = M + \operatorname{Vect}\vec{u}$.

Un point de $\mathcal{D}'$ de coordonnées $(x_M + ta, y_M + tb)$ appartient à $\mathcal{D}$ si, et seulement si, $a(x_M + ta) + b(y_M + tb) + c = 0$, c'est-à-dire si, et seulement si :

$$t = -\frac{ax_M + by_M + c}{a^2 + b^2}.$$

Par suite, H a pour coordonnées :

$$\left(x_M - a\frac{ax_M + by_M + c}{a^2 + b^2}, y_M - b\frac{ax_M + by_M + c}{a^2 + b^2}\right).$$

2. Comme $\overrightarrow{HM} = \overrightarrow{SH}$, le point S a pour coordonnées :

$$\left(x_M - 2a\frac{ax_M + by_M + c}{a^2 + b^2}, y_M - 2b\frac{ax_M + by_M + c}{a^2 + b^2}\right).$$

16.14 On note O le milieu du segment $[AB]$. Soit M un point du plan. On a alors :

$$\begin{aligned}\overrightarrow{MA} \cdot \overrightarrow{MB} &= (\overrightarrow{MO} + \overrightarrow{OA}) \cdot (\overrightarrow{MO} + \overrightarrow{OB})\\ &= OM^2 + \overrightarrow{MO} \cdot \left(\overrightarrow{OA} + \overrightarrow{OB}\right) + \overrightarrow{OA} \cdot \overrightarrow{OB}.\end{aligned}$$

Comme $\overrightarrow{OB} = -\overrightarrow{OA} = \frac{1}{2}\overrightarrow{AB}$, on a :

$$\overrightarrow{OA} + \overrightarrow{OB} = \vec{0} \quad \text{et} \quad \overrightarrow{OA} \cdot \overrightarrow{OB} = -\frac{AB^2}{4}.$$

Ainsi, on a :

$$M \in \mathcal{E}_\lambda \iff OM^2 = \lambda + \frac{AB^2}{4}.$$

En conclusion, l'ensemble $\mathcal{E}_\lambda$ est :

- vide si $\lambda < -\frac{AB^2}{4}$;
- $\{O\}$ si $\lambda = -\frac{AB^2}{4}$;
- le cercle centré en O et de rayon $r = \sqrt{\lambda + \frac{AB^2}{4}}$ sinon.

Remarque Pour $\lambda = 0$, on retrouve le cercle de diamètre $[AB]$.

16.15 1. (a) Le réel $P_{\mathcal{C}}(M)$ est :
- nul si M appartient à $\mathcal{C}$;
- strictement négatif si M est à l'intérieur de $\mathcal{C}$;
- strictement positif si M est à l'extérieur de $\mathcal{C}$.

(b) Le triangle OAM est rectangle en A. D'après le théorème de Pythagore, on a donc :

$$OM^2 = AM^2 + OA^2 = AM^2 + R^2,$$

ce qui donne $P_{\mathcal{C}}(M) = AM^2$.

Réciproquement, soit A un point du cercle $\mathcal{C}$ tel que $P_{\mathcal{C}}(M) = AM^2$. Alors on a :

$$OM^2 - R^2 = OM^2 - OA^2 = AM^2$$

donc les droites (OA) et (AM) sont orthogonales, ce qui implique que la droite (AM) est tangente au cercle.

Par conséquent, si A est un point du cercle $\mathcal{C}$, alors une droite passant par M est tangente à $\mathcal{C}$ en A si, et seulement si, $P_{\mathcal{C}}(M) = AM^2$.

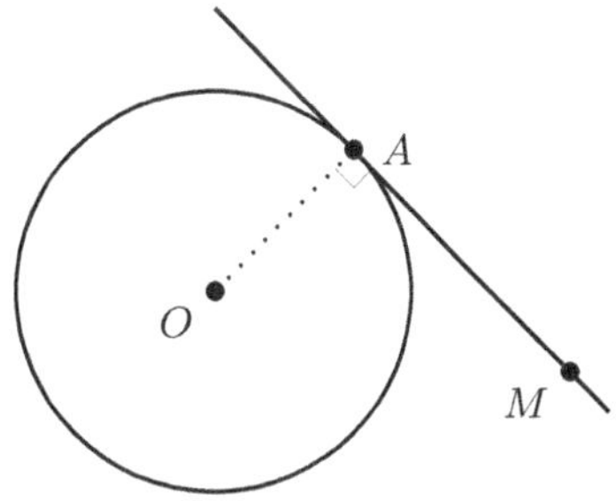

(c) En utilisant la relation de Chasles, on a :

$$\begin{aligned}\overrightarrow{MA} \cdot \overrightarrow{MB} &= (\overrightarrow{MH} + \overrightarrow{HA}) \cdot (\overrightarrow{MH} + \overrightarrow{HB}) \\ &= (\overrightarrow{MH} + \overrightarrow{HA}) \cdot (\overrightarrow{MH} - \overrightarrow{HA}) = MH^2 - HA^2.\end{aligned}$$

- Si $H = O$ (c'est-à-dire si la droite (AB) passe par O) alors on a :

$$\overrightarrow{MA} \cdot \overrightarrow{MB} = OM^2 - OA^2 = OM^2 - R^2 = P_{\mathcal{C}}(M).$$

- 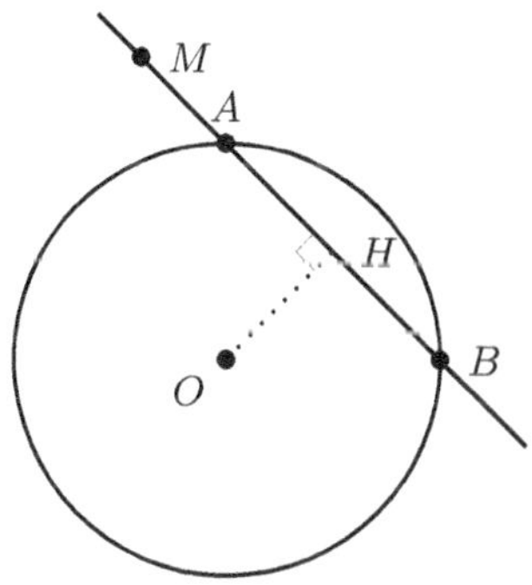

Si H et O sont deux points distincts alors, comme $OA = OB = R$, la droite (OH) est la médiatrice du segment $[AB]$. Par conséquent, le triangle OHM est rectangle en H donc :

$$MH^2 = OM^2 - OH^2,$$

ce qui implique que

$$\overrightarrow{MA} \cdot \overrightarrow{MB} = OM^2 - OH^2 - HA^2.$$

Pour obtenir le résultat souhaité, il reste à justifier que $OH^2 + HA^2 = R^2$, ce qui évident car le triangle (OHA) est rectangle en H.

2. Si les points A, B, C et D sont sur un même cercle $\mathcal{C}$, alors, d'après la question précédente, on a :

$$\overrightarrow{MA} \cdot \overrightarrow{MB} = P_{\mathcal{C}}(M) = \overrightarrow{MC} \cdot \overrightarrow{MD}.$$

Réciproquement, supposons que $\overrightarrow{MA} \cdot \overrightarrow{MB} = \overrightarrow{MC} \cdot \overrightarrow{MD}$.

Comme les points A, B, C et D sont non alignés, on peut, quitte à les permuter, supposer les points A, B et C non alignés.

On peut alors considérer le cercle $\mathcal{C}$ circonscrit au triangle ABC.

Soit D' le second point d'intersection (éventuellement confondu avec C si la droite (CD) est tangente à $\mathcal{C}$) de la droite (CD) et de $\mathcal{C}$.

D'après la question précédente, on a $P_{\mathcal{C}}(M) = \overrightarrow{MC} \cdot \overrightarrow{MD'}$.

L'hypothèse implique donc l'égalité $\overrightarrow{MC} \cdot \overrightarrow{MD} = \overrightarrow{MC} \cdot \overrightarrow{MD'}$ puis $\overrightarrow{MC} \cdot \overrightarrow{DD'} = 0$.

Les vecteurs $\overrightarrow{MC}$ et $\overrightarrow{DD'}$ sont colinéaires, puisque les quatre points appartiennent à la droite (CD), donc :

$$\overrightarrow{MC} \cdot \overrightarrow{DD'} = \pm \|\overrightarrow{MC}\| \|\overrightarrow{DD'}\|.$$

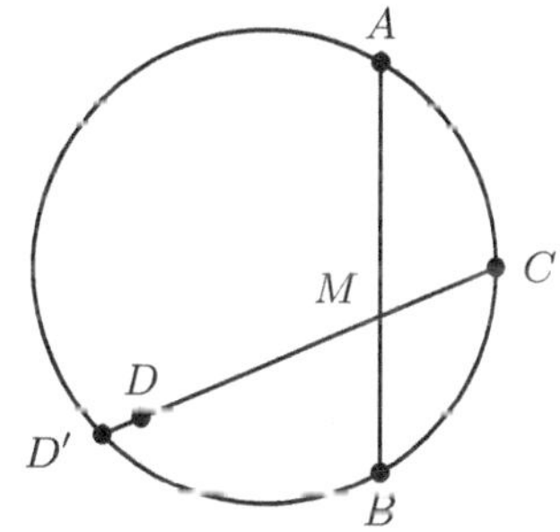

Comme les trois points A, B et C ne sont pas alignés, le vecteur $\overrightarrow{MC}$ est non nul. On en déduit que $D = D'$, donc que D appartient à $\mathcal{C}$, cercle circonscrit au triangle ABC, ce qui donne que les points A, B, C, D sont cocycliques.

16.16 1. Pour $M \neq B$, on a les équivalences suivantes :

$$\begin{aligned} M \in \mathcal{E}_\lambda &\iff MA^2 = \lambda^2 MB^2 \\ &\iff MG^2 + GA^2 + 2\overrightarrow{MG}\cdot\overrightarrow{GA} = \lambda^2\big(MG^2 + GB^2 + 2\overrightarrow{MG}\cdot\overrightarrow{GB}\big) \\ &\iff (1-\lambda^2)MG^2 = \lambda^2 GB^2 - GA^2 + 2\overrightarrow{MG}\cdot(\lambda^2\overrightarrow{GB} - \overrightarrow{GA}). \end{aligned}$$

2. Comme $\lambda^2 \neq 1$, on peut définir un point G par :

$$G = A + \frac{\lambda^2}{\lambda^2 - 1}\overrightarrow{AB}.$$

Il vérifie :

$$\lambda^2\overrightarrow{GB} - \overrightarrow{GA} = (\lambda^2 - 1)\overrightarrow{GA} + \lambda^2\overrightarrow{AB} = -\lambda^2\overrightarrow{AB} + \lambda^2\overrightarrow{AB} = \vec{0}.$$

Ainsi, on a $GA^2 = \lambda^4 GB^2$ puis :

$$\begin{aligned} M \in \mathcal{E}_\lambda &\iff (1-\lambda^2)MG^2 = \lambda^2 GB^2 - \lambda^4 GB^2 \\ &\iff (1-\lambda^2)MG^2 = \lambda^2(1-\lambda^2)GB^2 \\ &\iff MG^2 = \lambda^2\, GB^2, \iff MG = \lambda\, GB, \end{aligned}$$

les deux dernières équivalences étant vraies car $\lambda > 0$ et $\lambda \neq 1$.
Si les points G et B étaient confondus, alors on aurait :

$$\overrightarrow{BA} = \overrightarrow{GA} = \lambda^2\overrightarrow{GB} = \vec{0},$$

ce qui est exclu car les points A et B sont distincts.
Par conséquent, $\mathcal{E}_\lambda$ est le cercle de centre G et de rayon λGB (le point B n'appartient pas à ce cercle).

16.17 1. Le vecteur $\vec{u}_\theta(\cos\theta, \sin\theta)$ étant un vecteur normal à la tangente $\mathcal{T}_\theta$ à $\mathcal{C}$ au point M_θ, un point M de coordonnées (x, y) appartient à $\mathcal{T}_\theta$ si, et seulement si, $\overrightarrow{M_\theta M}\cdot\vec{u}_\theta = 0$, c'est-à-dire si, et seulement si :

$$(x - a - R\cos\theta)\cos\theta + (y - b - R\sin\theta)\sin\theta = 0.$$

Ainsi, la droite $\mathcal{T}_\theta$ a pour équation :

$$(x-a)\cos\theta + (y-b)\sin\theta = R.$$

2. Un point $M(x, y)$ appartient à l'ensemble cherché, noté $\mathcal{S}$ dans la suite, si, et seulement s'il existe $\theta \in \mathbb{R}$ tel que $M \in \mathcal{T}_\theta \cap \mathcal{T}_{\theta+\pi/2}$.
Par suite, le point M appartient à $\mathcal{S}$ si, et seulement si :

$$\exists \theta \in \mathbb{R} \quad \begin{cases} (x-a)\cos\theta + (y-b)\sin\theta = R \\ -(x-a)\sin\theta + (y-b)\cos\theta = R. \end{cases}$$

Le système précédent d'inconnue $(x-a, y-b)$ est un système de Cramer de déterminant 1.
Par conséquent, après calcul, le point M appartient à $\mathcal{S}$ si, et seulement si :

$$\exists \theta \in \mathbb{R} \quad \begin{cases} x - a = R(\cos\theta - \sin\theta) = \sqrt{2}R\cos(\theta + \pi/4) \\ y - b = R(\cos\theta + \sin\theta) = \sqrt{2}R\sin(\theta + \pi/4). \end{cases}$$

Étant donné que $\theta + \frac{\pi}{4}$ décrit $\mathbb{R}$ quand θ décrit $\mathbb{R}$, l'ensemble cherché est le cercle de centre Ω et de rayon $\sqrt{2}R$.

3. Soit M un point par lequel passe deux tangentes à $\mathcal{C}$ orthogonales.

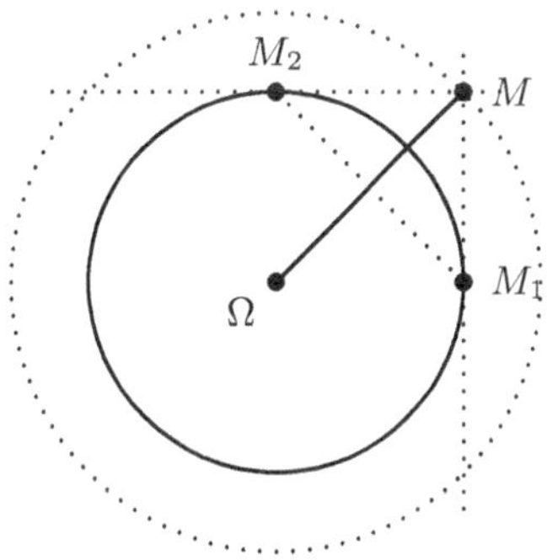

Si l'on note M_1 et M_2 les points de tangence, alors le quadrilatère $\Omega M_1 M M_2$ est un carré de côté R donc M appartient au cercle de centre Ω et de rayon $\sqrt{2}R$.

Réciproquement, soit M un point du cercle de centre Ω et de rayon $\sqrt{2}R$.

Comme $\frac{\sqrt{2}R}{2} < R$, la médiatrice du segment $[\Omega M]$ coupe le cercle $\mathcal{C}$ en deux points, que l'on note M_1 et M_2. On a alors $MM_1 = \Omega M_1 = R$ et par suite :

$$\Omega M^2 = 2R^2 = \Omega M_1^2 + M_1 M^2,$$

donc $\overrightarrow{\Omega M_1}$ et $\overrightarrow{M_1 M}$ sont orthogonaux, d'après le théorème de Pythagore. La droite (MM_1) est ainsi tangente à $\mathcal{C}$ en M_1.

De même, M appartient à la tangente à $\mathcal{C}$ en M_2.

Chapitre 17 : Géométrie élémentaire de l'espace

Géométrie élémentaire de l'espace

17

Ce chapitre a pour but de présenter de façon élémentaire la géométrie de l'espace en partant des notions vues dans le secondaire [1].
Nous supposons donc acquises les notions de points, de vecteurs, de norme et donc de distance, comme cela a été le cas dans le chapitre précédent de géométrie plane.
Comme dans le plan, deux vecteurs $\vec{u}$ et $\vec{v}$ sont colinéaires si, et seulement s'il existe $\lambda \in \mathbb{R}$ tel que :

$$\vec{u} = \lambda \vec{v} \quad \text{ou} \quad \vec{v} = \lambda \vec{u}.$$

Si $\vec{u}$ est non nul, on note $\operatorname{Vect} \vec{u}$ la droite constituée de l'ensemble des vecteurs colinéaires à $\vec{u}$.
La différence essentielle avec ce qui se passe dans le plan concerne la notion d'angle : ici, *les angles ne sont pas orientés* et donc, si $\vec{u}$ et $\vec{v}$ sont deux vecteurs non nuls, on a $(\vec{u}, \vec{v}) = (\vec{v}, \vec{u})$. Un tel angle peut être représenté par un élément de $[0, \pi]$. *On ne peut pas ajouter les angles* et il n'y a donc *pas de relation de Chasles.*
Deux vecteurs non nuls $\vec{u}$ et $\vec{v}$ sont

- *orthogonaux* si, et seulement si, $(\vec{u}, \vec{v}) = \pi/2$,
- *colinéaires* si, et seulement si, $(\vec{u}, \vec{v}) = 0$ ou $(\vec{u}, \vec{v}) = \pi$.

Si l'on considère le plan usuel comme une partie de l'espace, deux vecteurs non nuls $\vec{u}$ et $\vec{v}$ de ce plan faisant un angle $\theta \in [-\pi, \pi]$ dans ce plan vérifient alors la relation $(\vec{u}, \vec{v}) = |\theta|$ dans l'espace.

I Modes de repérage

1 Coordonnées cartésiennes

On rappelle que trois vecteurs $(\vec{\imath}, \vec{\jmath}, \vec{k})$ sont **coplanaires** si l'on peut exprimer l'un des trois comme combinaison linéaire des deux autres, c'est-à-dire lorsque :

$$\exists (\lambda, \mu) \in \mathbb{R}^2 \quad \vec{\imath} = \lambda \vec{\jmath} + \mu \vec{k} \quad \text{ou} \quad \vec{\jmath} = \lambda \vec{\imath} + \mu \vec{k} \quad \text{ou} \quad \vec{k} = \lambda \vec{\imath} + \mu \vec{\jmath}.$$

1. En utilisant les propriétés des espaces vectoriels vues plus loin dans ce livre et les notions d'espace vectoriel euclidien qui seront abordées en deuxième année, tout cela pourrait être rigoureusement établi et démontré.

Nous admettons que lorsque trois vecteurs de l'espace $\vec{\imath}, \vec{\jmath}$ et $\vec{k}$ ne sont pas coplanaires, alors ils forment une **base** de l'espace, c'est-à-dire que tout vecteur $\vec{u}$ s'écrit de manière unique sous la forme $\vec{u} = x\vec{\imath} + y\vec{\jmath} + z\vec{k}$, où x, y et z sont des réels.
On dit que $(x, y, z) \in \mathbb{R}^3$ est le triplet de **coordonnées** de $\vec{u}$ dans la base $(\vec{\imath}, \vec{\jmath}, \vec{k})$.
On dit aussi que x, y et z sont les coordonnées du vecteur $\vec{u}$ dans la base $(\vec{\imath}, \vec{\jmath}, \vec{k})$.
On dit que la base $(\vec{\imath}, \vec{\jmath}, \vec{k})$ est **orthonormée** si ses vecteurs sont orthogonaux et de norme 1.
Un **repère** de l'espace est un quadruplet $(O, \vec{\imath}, \vec{\jmath}, \vec{k})$ où O est un point de l'espace appelé **origine** et $(\vec{\imath}, \vec{\jmath}, \vec{k})$ une base de l'espace. Le repère est **orthonormé** si $(\vec{\imath}, \vec{\jmath}, \vec{k})$ est une base orthonormée.

Définition 1

On appelle **coordonnées cartésiennes** d'un point M de l'espace dans le repère $\mathcal{R} = (O, \vec{\imath}, \vec{\jmath}, \vec{k})$ le triplet de réels (x, y, z) tel que $\overrightarrow{OM} = x\vec{\imath} + y\vec{\jmath} + z\vec{k}$.

On note alors $M \left| \begin{matrix} x \\ y \\ z \end{matrix} \right.$ ou $M(x, y, z)$.

Remarques

- Si les points A et B ont pour coordonnées respectives (x_A, y_A, z_A) et (x_B, y_B, z_B) dans le repère $\mathcal{R} = (O, \vec{\imath}, \vec{\jmath}, \vec{k})$, alors les coordonnées du vecteur $\overrightarrow{AB}$ dans la base $(\vec{\imath}, \vec{\jmath}, \vec{k})$ sont $(x_B - x_A, y_B - y_A, z_B - z_A)$.
- Contrairement aux coordonnées d'un vecteur, les coordonnées d'un point dans un repère dépendent de son origine. Plus précisément, si le point O' a pour coordonnées $(x_{O'}, y_{O'}, z_{O'})$ dans le repère $\mathcal{R}$, alors un point M de coordonnées (x, y, z) dans le repère $\mathcal{R}$ a pour coordonnées $(x - x_{O'}, y - y_{O'}, z - z_{O'})$ dans le repère $\mathcal{R}' = (O', \vec{\imath}, \vec{\jmath}, \vec{k})$.

2 Coordonnées cylindriques

Dans cette partie, on munit l'espace d'un repère orthonormé direct $\mathcal{R} = (O, \vec{\imath}, \vec{\jmath}, \vec{k})$. Le caractère direct signifie que l'on obtient le vecteur $\vec{k}$ à partir des vecteurs $\vec{\imath}$ et $\vec{\jmath}$ en utilisant la « règle des trois doigts de la main droite ».
Lorsqu'un vecteur $\vec{u}$ a pour coordonnées (x, y, z) dans la base $(\vec{\imath}, \vec{\jmath}, \vec{k})$, la longueur $\|\vec{u}\|$ vérifie :

$$\|\vec{u}\| = \sqrt{x^2 + y^2 + z^2}.$$

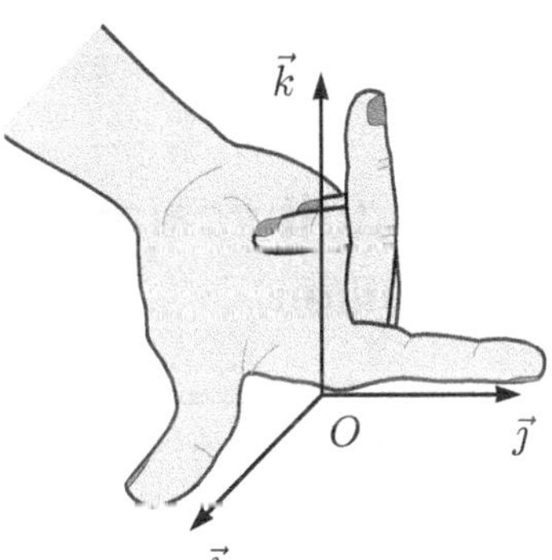

La distance entre deux points A et B de coordonnées respectives (x_A, y_A, z_A) et (x_B, y_B, z_B) dans le repère $\mathcal{R}$ vérifie :

$$AB = \|\overrightarrow{AB}\| = \sqrt{(x_B - x_A)^2 + (y_B - y_A)^2 + (z_B - z_A)^2}.$$

Définition 2

La **norme euclidienne** de $(x,y,z) \in \mathbb{R}^3$ est définie par :

$$\|(x,y,z)\| = \sqrt{x^2+y^2+z^2}.$$

Définition 3

On appelle **coordonnées cylindriques** d'un point M dans le repère orthonormé direct $\mathcal{R}$ tout triplet de réels (r,θ,z) tel que :

$$r \geqslant 0 \quad \text{et} \quad \overrightarrow{OM} = r\,(\cos\theta\,\vec{\imath} + \sin\theta\,\vec{\jmath}) + z\vec{k}.$$

Remarques Soit M un point de coordonnées cartésiennes (x,y,z).

- Si M n'appartient pas à l'axe (Oz), alors l'angle θ est unique modulo 2π : c'est l'angle orienté $(\vec{\imath}, \overrightarrow{OH})$ dans le plan (Oxy) muni du repère orthonormé direct $(O,\vec{\imath},\vec{\jmath})$, où H désigne le projeté orthogonal de M sur ce plan.

  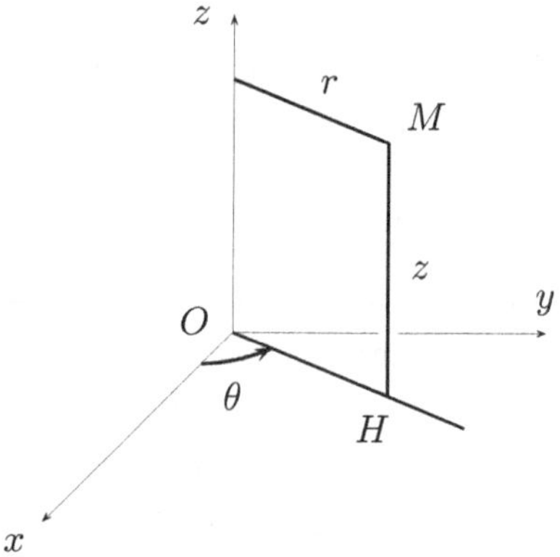

  Dans ce cas, le point M a pour coordonnées cylindriques (r,θ,z), où :

  $$r = \sqrt{x^2+y^2}$$

  $$\cos\theta = \frac{x}{\sqrt{x^2+y^2}} \quad \text{et} \quad \sin\theta = \frac{y}{\sqrt{x^2+y^2}}.$$

  Remarquons alors que M a pour coordonnées cylindriques (r,θ,z) si, et seulement si, H a pour coordonnées polaires (r,θ) dans le plan (Oxy) muni du repère orthonormé direct $(O,\vec{\imath},\vec{\jmath})$.

- Si M appartient à l'axe (Oz), alors M admet pour coordonnées cylindriques tout triplet de la forme $(0,\theta,z)$ avec $\theta \in \mathbb{R}$.

Ex. 1. Déterminons un triplet (r,θ,z) de coordonnées cylindriques du point $A(1,1,2)$.
Tout d'abord, $z=2$. Ensuite, $r=\sqrt{1^2+1^2}=\sqrt{2}$. Enfin, on a :

$$\cos\theta = \frac{1}{\sqrt{2}} \quad \text{et} \quad \sin\theta = \frac{1}{\sqrt{2}} \qquad \text{donc} \qquad \theta \equiv \frac{\pi}{4}\ [2\pi].$$

II Produit scalaire

1 Définition

Définition 4

Si $\vec{u}$ et $\vec{v}$ sont deux vecteurs non nuls, on appelle **produit scalaire** entre $\vec{u}$ et $\vec{v}$ le réel :

$$\vec{u}\cdot\vec{v} = \|\vec{u}\|\,\|\vec{v}\|\cos(\vec{u},\vec{v}).$$

Si l'un des deux vecteurs est nul, alors on pose $\vec{u}\cdot\vec{v}=0$.

Remarques

- On a $\vec{u} \cdot \vec{u} = \|\vec{u}\|^2$.
- On a directement l'inégalité suivante, dite **inégalité de Cauchy-Schwarz** :

$$|\vec{u} \cdot \vec{v}| \leqslant \|\vec{u}\| \|\vec{v}\|.$$

  * Étant donné que $|\cos\theta| = 1$ si, et seulement si, $\theta \equiv 0\ [\pi]$, on a égalité dans l'inégalité précédente si, et seulement si, les vecteurs $\vec{u}$ et $\vec{v}$ sont colinéaires.
  * Étant donné que $\cos\theta = 1$ si, et seulement si, $\theta \equiv 0\ [2\pi]$, on a $\vec{u} \cdot \vec{v} = \|\vec{u}\| \|\vec{v}\|$ si, et seulement si, les vecteurs $\vec{u}$ et $\vec{v}$ sont positivement colinéaires, c'est-à-dire si, et seulement si :

$$\exists \lambda \in \mathbb{R}_+ \quad \vec{u} = \lambda \vec{v} \quad \text{ou} \quad \vec{v} = \lambda \vec{u}.$$

Point méthode

Deux vecteurs sont orthogonaux si, et seulement si, leur produit scalaire est nul.

2 Propriétés

Proposition 1 (Symétrie)

Soit $\vec{u}$ et $\vec{v}$ deux vecteurs. Alors on a :

$$\vec{u} \cdot \vec{v} = \vec{v} \cdot \vec{u}.$$

Démonstration. Conséquence immédiate de l'égalité d'angles $(\vec{u}, \vec{v}) = (\vec{v}, \vec{u})$. □

Proposition 2 (Bilinéarité)

Soit $\vec{u}$, $\vec{v}$, $\vec{w}$ trois vecteurs et $(\lambda, \mu) \in \mathbb{R}^2$. Alors on a :

- $\vec{u} \cdot (\lambda \vec{v} + \mu \vec{w}) = \lambda (\vec{u} \cdot \vec{v}) + \mu (\vec{u} \cdot \vec{w})$;
- $(\lambda \vec{u} + \mu \vec{v}) \cdot \vec{w} = \lambda (\vec{u} \cdot \vec{w}) + \mu (\vec{v} \cdot \vec{w})$.

Démonstration (non exigible) page 636

Proposition 3

Soit $(\vec{\imath}, \vec{\jmath}, \vec{k})$ une *base orthonormée* de l'espace. Soit $\vec{u}$ et $\vec{v}$ deux vecteurs de coordonnées respectives (x, y, z) et (x', y', z') dans la base $(\vec{\imath}, \vec{\jmath}, \vec{k})$. On a alors :

$$\vec{u} \cdot \vec{v} = xx' + yy' + zz'.$$

Démonstration. La base $(\vec{\imath}, \vec{\jmath}, \vec{k})$ est une base orthonormée de l'espace donc :

$$\|\vec{\imath}\|^2 = \|\vec{\jmath}\|^2 = \|\vec{k}\|^2 = 1 \qquad \text{et} \qquad \vec{\imath} \cdot \vec{\jmath} = \vec{\imath} \cdot \vec{k} = \vec{\jmath} \cdot \vec{k} = 0.$$

Par bilinéarité puis symétrie, on a alors :

$$\begin{aligned} \vec{u} \cdot \vec{v} &= (x\vec{\imath} + y\vec{\jmath} + z\vec{k}) \cdot (x'\vec{\imath} + y'\vec{\jmath} + z'\vec{k}) \\ &= xx' + yy' + zz'. \end{aligned}$$

Proposition 4

Pour tous vecteurs $\vec{u}$ et $\vec{v}$, on a :

- $\|\vec{u}+\vec{v}\|^2 = \|\vec{u}\|^2 + \|\vec{v}\|^2 + 2\,\vec{u}\cdot\vec{v}$;
- $\vec{u}\cdot\vec{v} = \dfrac{1}{2}\left(\|\vec{u}+\vec{v}\|^2 - \|\vec{u}\|^2 - \|\vec{v}\|^2\right)$ (**formule de polarisation**).

Démonstration. Par bilinéarité puis symétrie du produit scalaire, on a :

$$\begin{aligned}\|\vec{u}+\vec{v}\|^2 &= (\vec{u}+\vec{v})\cdot(\vec{u}+\vec{v})\\ &= \vec{u}\cdot\vec{u}+\vec{u}\cdot\vec{v}+\vec{v}\cdot\vec{u}+\vec{v}\cdot\vec{v} && \text{(bilinéarité)}\\ &= \|\vec{u}\|^2+\|\vec{v}\|^2+2\,\vec{u}\cdot\vec{v} && \text{(symétrie).}\end{aligned}$$

La formule de polarisation s'en déduit immédiatement. □

Ex. 2. On a également les relations suivantes :

- $\|\vec{u}-\vec{v}\|^2 = \|\vec{u}\|^2 + \|\vec{v}\|^2 - 2\,\vec{u}\cdot\vec{v}$;
- $\|\vec{u}+\vec{v}\|^2 - \|\vec{u}-\vec{v}\|^2 = 4\,\vec{u}\cdot\vec{v}$;
- $\|\vec{u}+\vec{v}\|^2 + \|\vec{u}-\vec{v}\|^2 = 2\|\vec{u}\|^2 + 2\|\vec{v}\|^2$.

Exo 17.1

III Produit vectoriel dans l'espace orienté

Soit $\vec{u}$ et $\vec{v}$ deux vecteurs de l'espace. On note $\mathrm{Vect}(\vec{u},\vec{v})$ l'ensemble des vecteurs de la forme $\lambda\vec{u}+\mu\vec{v}$ où λ et μ sont deux réels. Lorsque les vecteurs $\vec{u}$ et $\vec{v}$ ne sont pas colinéaires, $\mathrm{Vect}(\vec{u},\vec{v})$ est appelé **plan vectoriel.**

Terminologie Un vecteur de la forme $\lambda\vec{u}+\mu\vec{v}$ est appelé une **combinaison linéaire** de $\vec{u}$ et $\vec{v}$.

Résultats admis

- Si $\vec{u}$ et $\vec{v}$ sont deux vecteurs non colinéaires, il existe un vecteur $\vec{n}$ non nul tel que l'ensemble des vecteurs orthogonaux à $\vec{u}$ et $\vec{v}$ soit la droite $\mathrm{Vect}(\vec{n})$.
- Avec les mêmes notations, l'ensemble des vecteurs orthogonaux à $\vec{n}$ est alors le plan $\mathrm{Vect}(\vec{u},\vec{v})$.

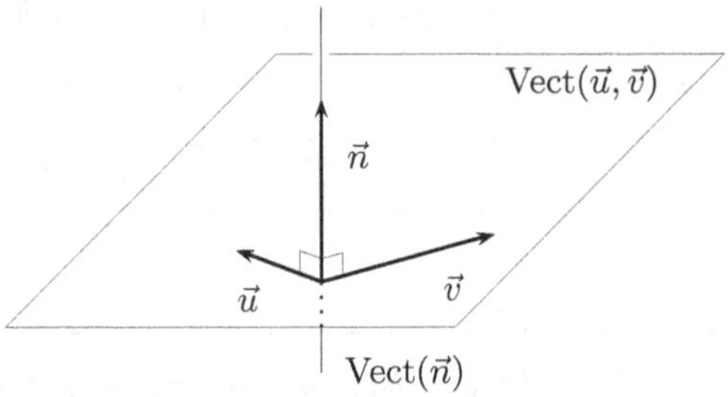

1 Définition

Définition 5

Soit $\vec{u}$ et $\vec{v}$ deux vecteurs de l'espace.

- Si $\vec{u}$ et $\vec{v}$ ne sont pas colinéaires, on définit le **produit vectoriel** de $\vec{u}$ et $\vec{v}$, noté $\vec{u}\wedge\vec{v}$, comme l'unique vecteur $\vec{n}$ orthogonal au plan vectoriel $\mathrm{Vect}(\vec{u},\vec{v})$, de norme $\|\vec{u}\|\,\|\vec{v}\|\,|\sin(\vec{u},\vec{v})|$, et tel que $(\vec{u},\vec{v},\vec{n})$ soit une base directe.
- Si les vecteurs $\vec{u}$ et $\vec{v}$ sont colinéaires, on pose $\vec{u}\wedge\vec{v}=\vec{0}$.

Point méthode

- Deux vecteurs sont colinéaires si, et seulement si, leur produit vectoriel est nul.
- Trois points A, B et C sont alignés si, et seulement si, $\overrightarrow{AB} \wedge \overrightarrow{AC} = \vec{0}$.

Remarques

- Si deux vecteurs unitaires $\vec{\imath}$ et $\vec{\jmath}$ sont orthogonaux, alors la famille $(\vec{\imath}, \vec{\jmath}, \vec{\imath} \wedge \vec{\jmath})$ est une base orthonormée directe de l'espace.

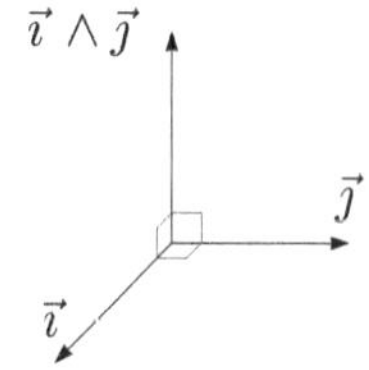

- L'aire d'un parallélogramme $(ABDC)$ étant $AB \times AC \times |\sin \theta|$, où θ est l'angle entre $\overrightarrow{AB}$ et $\overrightarrow{AC}$, on en déduit qu'elle est égale à la norme de $\overrightarrow{AB} \wedge \overrightarrow{AC}$.
- On obtient ainsi l'aire du triangle (ABC) :

$$\mathcal{A}_{ABC} = \frac{1}{2} \|\overrightarrow{AB} \wedge \overrightarrow{AC}\|.$$

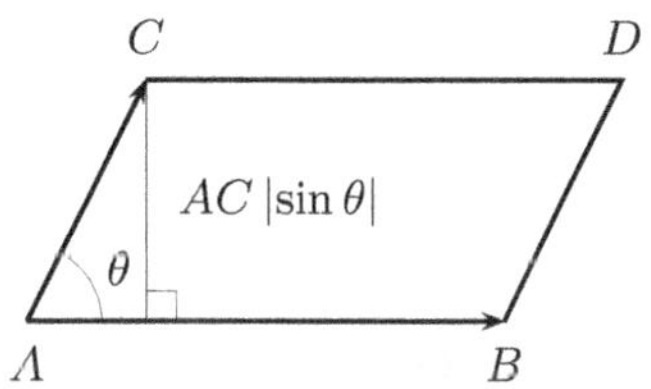

Ex. 3. Soit $(\vec{\imath}, \vec{\jmath}, \vec{k})$ une base orthonormée directe de l'espace. Alors on a :

$$\vec{\imath} \wedge \vec{\jmath} = \vec{k}, \qquad \vec{\jmath} \wedge \vec{k} = \vec{\imath} \qquad \text{et} \qquad \vec{k} \wedge \vec{\imath} = \vec{\jmath}.$$

Ex. 4. La propriété $\forall \theta \in \mathbb{R} \quad \cos^2 \theta + \sin^2 \theta = 1$ implique que, pour tous vecteurs $\vec{u}$ et $\vec{v}$:

$$\|\vec{u} \wedge \vec{v}\|^2 + (\vec{u} \cdot \vec{v})^2 = \|\vec{u}\|^2 \|\vec{v}\|^2.$$

2 Propriétés

Proposition 5 (Antisymétrie)

Soit $\vec{u}$ et $\vec{v}$ deux vecteurs. On a :

$$\vec{u} \wedge \vec{v} = -\vec{v} \wedge \vec{u}.$$

Démonstration. Le résultat est immédiat si $\vec{u}$ et $\vec{v}$ sont colinéaires.

S'ils ne sont pas colinéaires, alors $\vec{u} \wedge \vec{v}$ et $\vec{v} \wedge \vec{u}$ ont même direction, même norme et sont de sens contraire. Donc $\vec{u} \wedge \vec{v} = -\vec{v} \wedge \vec{u}$. □

Proposition 6 (Bilinéarité)

Soit $\vec{u}$, $\vec{v}$ et $\vec{w}$ trois vecteurs ainsi que $(\lambda, \mu) \in \mathbb{R}^2$. On a :

- $\vec{u} \wedge (\lambda \vec{v} + \mu \vec{w}) = \lambda (\vec{u} \wedge \vec{v}) + \mu (\vec{u} \wedge \vec{w})$;
- $(\lambda \vec{v} + \mu \vec{w}) \wedge \vec{u} = \lambda (\vec{v} \wedge \vec{u}) + \mu (\vec{w} \wedge \vec{u})$.

Démonstration (non exigible) page 636

En vue de la proposition suivante, rappelons la notation de la page 117 :

$$\begin{vmatrix} a & c \\ b & d \end{vmatrix} = ad - bc.$$

Proposition 7

Soit $\vec{u}\begin{vmatrix} u_1 \\ u_2 \\ u_3 \end{vmatrix}$ et $\vec{v}\begin{vmatrix} v_1 \\ v_2 \\ v_3 \end{vmatrix}$ deux vecteurs dont les coordonnées sont données dans une *base orthonormée directe* $(\vec{\imath}, \vec{\jmath}, \vec{k})$.

Les coordonnées du vecteur $\vec{u} \wedge \vec{v}$ dans la base $(\vec{\imath}, \vec{\jmath}, \vec{k})$ sont alors :

$$\left(\begin{vmatrix} u_2 & v_2 \\ u_3 & v_3 \end{vmatrix}, -\begin{vmatrix} u_1 & v_1 \\ u_3 & v_3 \end{vmatrix}, \begin{vmatrix} u_1 & v_1 \\ u_2 & v_2 \end{vmatrix} \right).$$

Démonstration page 637

Remarque On peut également écrire ces coordonnées de façon « plus symétrique » :

Exo 17.2

$$\left(\begin{vmatrix} u_2 & v_2 \\ u_3 & v_3 \end{vmatrix}, \begin{vmatrix} u_3 & v_3 \\ u_1 & v_1 \end{vmatrix}, \begin{vmatrix} u_1 & v_1 \\ u_2 & v_2 \end{vmatrix} \right).$$

IV Produit mixte

1 Définition

Définition 6

Le **produit mixte** de trois vecteurs $\vec{u}$, $\vec{v}$ et $\vec{w}$ de l'espace est le réel :

$$[\vec{u}, \vec{v}, \vec{w}\,] = (\vec{u} \wedge \vec{v}) \cdot \vec{w}.$$

Ex. 5. Soit $\vec{u}$ et $\vec{v}$ deux vecteurs. Alors :

$$[\vec{u}, \vec{u}, \vec{v}\,] = [\vec{u}, \vec{v}, \vec{u}\,] = [\vec{v}, \vec{u}, \vec{u}\,] = 0.$$

En effet, $\vec{u} \wedge \vec{u} = \vec{0}$ et le vecteur $\vec{u}$ est orthogonal aux vecteurs $\vec{u} \wedge \vec{v}$ et $\vec{v} \wedge \vec{u}$.

Ex. 6. Si $(\vec{\imath}, \vec{\jmath}, \vec{k})$ est une base orthonormée directe de l'espace, alors :

$$[\vec{\imath}, \vec{\jmath}, \vec{k}\,] = (\vec{\imath} \wedge \vec{\jmath}) \cdot \vec{k} = \vec{k} \cdot \vec{k} = \|\vec{k}\|^2 = 1.$$

Interprétation en terme de volume

Le volume d'un parallélépipède construit sur les vecteurs $\overrightarrow{AB}$, $\overrightarrow{AC}$ et $\overrightarrow{AD}$ est $\left|[\overrightarrow{AB}, \overrightarrow{AC}, \overrightarrow{AD}]\right|$.

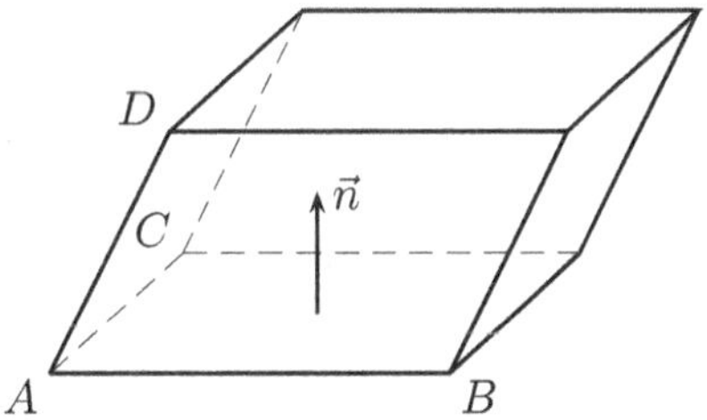

En effet, le volume du parallélépipède est le produit de l'aire $\mathcal{A}$ du parallélogramme de base construit sur les vecteurs $\overrightarrow{AB}$ et $\overrightarrow{AC}$ et de la hauteur qui est égale à $\left|\vec{n} \cdot \overrightarrow{AD}\right|$ où $\vec{n}$ est un vecteur unitaire normal au plan contenant A, B et C.

Comme $\overrightarrow{AB} \wedge \overrightarrow{AC} = \pm \mathcal{A}\,\vec{n}$, le volume du parallélépipède est donné par :

$$\mathcal{V} = \mathcal{A}\left|\vec{n} \cdot \overrightarrow{AD}\right| = \left|(\overrightarrow{AB} \wedge \overrightarrow{AC}) \cdot \overrightarrow{AD}\right| = \left|[\overrightarrow{AB}, \overrightarrow{AC}, \overrightarrow{AD}]\right|.$$

2 Propriétés

Proposition 8 (Trilinéarité)

Soit $\vec{u}, \vec{v}, \vec{w}, \vec{x}$ et $\vec{y}$ des vecteurs ainsi que $(\lambda, \mu) \in \mathbb{R}^2$. Alors on a :

- $[\lambda\vec{x} + \mu\vec{y}, \vec{v}, \vec{w}\,] = \lambda[\vec{x}, \vec{v}, \vec{w}\,] + \mu[\vec{y}, \vec{v}, \vec{w}\,]$;
- $[\vec{u}, \lambda\vec{x} + \mu\vec{y}, \vec{w}\,] = \lambda[\vec{u}, \vec{x}, \vec{w}\,] + \mu[\vec{u}, \vec{y}, \vec{w}\,]$;
- $[\vec{u}, \vec{v}, \lambda\vec{x} + \mu\vec{y}] = \lambda[\vec{u}, \vec{v}, \vec{x}\,] + \mu[\vec{u}, \vec{v}, \vec{y}\,]$.

Démonstration.

- On a
$$\begin{aligned}[\lambda\vec{x} + \mu\vec{y}, \vec{v}, \vec{w}\,] &= \big((\lambda\vec{x} + \mu\vec{y}) \wedge \vec{v}\big) \cdot \vec{w} \\ &= (\lambda\vec{x} \wedge \vec{v} + \mu\vec{y} \wedge \vec{v}) \cdot \vec{w} && \text{(bilinéarité du produit vectoriel)} \\ &= \lambda(\vec{x} \wedge \vec{v}) \cdot \vec{w} + \mu(\vec{y} \wedge \vec{v}) \cdot \vec{w} && \text{(bilinéarité du produit scalaire)} \\ &= \lambda[\vec{x}, \vec{v}, \vec{w}\,] + \mu[\vec{y}, \vec{v}, \vec{w}\,].\end{aligned}$$
- Les deux points restants se démontrent de la même façon. □

Proposition 9

Si, dans une *base orthonormée directe*, les vecteurs $\vec{u}$, $\vec{v}$ et $\vec{w}$ ont pour coordonnées respectivement (u_1, u_2, u_3), (v_1, v_2, v_3) et (w_1, w_2, w_3), alors :

$$[\vec{u}, \vec{v}, \vec{w}\,] = u_1v_2w_3 + u_2v_3w_1 + u_3v_1w_2 - u_3v_2w_1 - u_1v_3w_2 - u_2v_1w_3.$$

Démonstration. Découle de l'expression du produit scalaire et du produit vectoriel dans une base orthonormée directe qui donnent :

$$(\vec{u} \wedge \vec{v}) \cdot \vec{w} = (u_2\,v_3 - u_3\,v_2)\,w_1 + (u_3\,v_1 - u_1\,v_3)\,w_2 + (u_1\,v_2 - u_2\,v_1)\,w_3. \qquad \square$$

Notation Cette expression du produit mixte est notée $\begin{vmatrix} u_1 & v_1 & w_1 \\ u_2 & v_2 & w_2 \\ u_3 & v_3 & w_3 \end{vmatrix}$

Remarque

Cette formule peut se retrouver à l'aide de la *règle de Sarrus* : on recopie, sous sa troisième ligne, les deux premières lignes du tableau formé des coordonnées des trois vecteurs, puis l'on effectue les produits en diagonale, chacun étant compté positivement ou négativement, selon le schéma ci-contre.

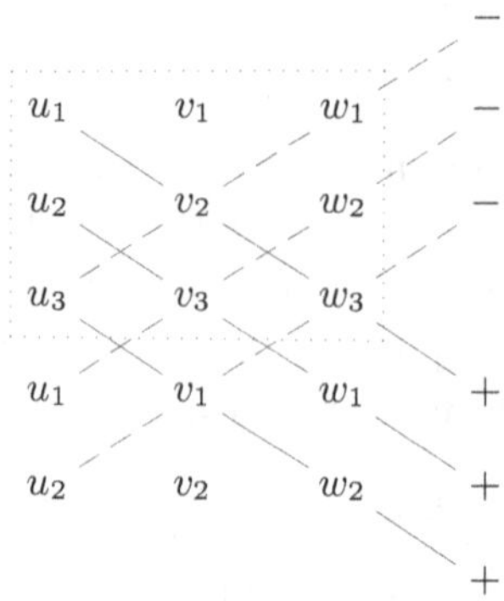

Exo 17.3

La propriété suivante montre qu'échanger deux vecteurs dans un produit mixte le change en son opposé.

Proposition 10 (Antisymétrie)

Soit $\vec{u}, \vec{v}$ et $\vec{w}$ trois vecteurs. Alors on a :

$$[\vec{v}, \vec{u}, \vec{w}\,] = -[\vec{u}, \vec{v}, \vec{w}\,] \qquad [\vec{w}, \vec{v}, \vec{u}\,] = -[\vec{u}, \vec{v}, \vec{w}\,] \qquad \text{et} \qquad [\vec{u}, \vec{w}, \vec{v}\,] = -[\vec{u}, \vec{v}, \vec{w}\,].$$

Démonstration. En reprenant la formule de la proposition 9 de la page précédente, on a :

$$[\vec{v}, \vec{u}, \vec{w}\,] = v_1u_2w_3 + v_2u_3w_1 + v_3u_1w_2 - v_3u_2w_1 - v_1u_3w_2 - v_2u_1w_3 = -[\vec{u}, \vec{v}, \vec{w}\,]$$

et l'on procède de même pour obtenir les deux autres relations. □

Ex. 7. Étant donné trois vecteurs $\vec{u}$, $\vec{v}$ et $\vec{w}$, on a :

$$[\vec{u}, \vec{v}, \vec{w}\,] = [\vec{v}, \vec{w}, \vec{u}\,] = [\vec{w}, \vec{u}, \vec{v}\,].$$

En effet, en appliquant deux fois la propriété d'antisymétrie, on a :

$$[\vec{v}, \vec{w}, \vec{u}\,] = -[\vec{u}, \vec{w}, \vec{v}\,] = [\vec{u}, \vec{v}, \vec{w}\,].$$

Proposition 11

Exo 17.4

Trois vecteurs $\vec{u}$, $\vec{v}$ et $\vec{w}$ sont coplanaires si, et seulement si, le produit mixte $[\vec{u}, \vec{v}, \vec{w}\,]$ est nul.

Démonstration page 637

Ex. 8. Quatre points A, B, C et D appartiennent à un même plan si, et seulement si, les trois vecteurs $\overrightarrow{AB}, \overrightarrow{AC}$ et $\overrightarrow{AD}$ sont coplanaires, c'est-à-dire si, et seulement si, $[\overrightarrow{AB}, \overrightarrow{AC}, \overrightarrow{AD}] = 0$.

V Plans et droites

Dans cette section, l'espace est muni d'un repère orthonormé direct $(O,\vec{\imath},\vec{\jmath},\vec{k})$.

1 Modes de définition d'un plan

Définition 7

On dit que $\mathcal{P}$ est un **plan** s'il existe un point A ainsi que deux vecteurs *non colinéaires* $\vec{u}$ et $\vec{v}$ tels que :

$$\mathcal{P} = \left\{A + \lambda\vec{u} + \mu\vec{v} \mid (\lambda,\mu) \in \mathbb{R}^2\right\}.$$

On note $\mathcal{P} = A + \mathrm{Vect}(\vec{u},\vec{v})$ et l'on dit que $\mathcal{P}$ est le plan passant par le point A et **dirigé** par $\mathrm{Vect}(\vec{u},\vec{v})$, ou encore de **vecteurs directeurs** $\vec{u}$ et $\vec{v}$.

On appelle **vecteur normal** au plan $\mathcal{P}$ tout vecteur *non nul* orthogonal aux vecteurs $\vec{u}$ et $\vec{v}$.

Point méthode
Un vecteur normal au plan $A + \mathrm{Vect}(\vec{u},\vec{v})$ est simplement donné par $\vec{u} \wedge \vec{v}$.

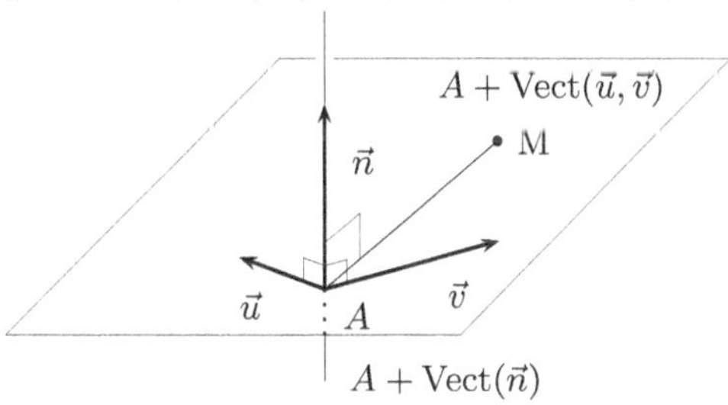

Soit A un point de l'espace et $\vec{n}$ un vecteur non nul. Notons $\vec{u}$ et $\vec{v}$ deux vecteurs non colinéaires orthogonaux à $\vec{n}$. Alors, l'ensemble des points M de l'espace tels que $\overrightarrow{AM}$ et $\vec{n}$ sont orthogonaux est aussi l'ensemble des points tels que $\vec{u},\vec{v}$ et $\overrightarrow{AM}$ sont coplanaires (cf. deuxième résultat admis page 622), c'est-à-dire le plan $\mathcal{P} = A + \mathrm{Vect}(\vec{u},\vec{v})$. On dit que $\mathcal{P}$ est le plan passant par A de vecteur normal $\vec{n}$.

Équations cartésiennes de plans

Proposition 12

Soit $(a,b,c) \in \mathbb{R}^3 \setminus \{(0,0,0)\}$ et $d \in \mathbb{R}$. L'ensemble $\mathcal{P}$ d'équation cartésienne :

$$\mathcal{P} : ax + by + cz + d = 0$$

est un plan de vecteur normal $\vec{n}(a,b,c)$.

Démonstration page 638

Définition par point et vecteurs directeurs

Soit $A\begin{vmatrix} x_A \\ y_A \\ z_A \end{vmatrix}$ un point, ainsi que $\vec{u}\begin{vmatrix} a \\ b \\ c \end{vmatrix}$ et $\vec{v}\begin{vmatrix} a' \\ b' \\ c' \end{vmatrix}$ deux vecteurs non colinéaires. Considérons le plan $\mathcal{P} = A + \mathrm{Vect}(\vec{u},\vec{v})$.

- Un point $M\begin{vmatrix} x \\ y \\ z \end{vmatrix}$ de l'espace appartient à $\mathcal{P}$ si, et seulement s'il existe $(\lambda,\mu) \in \mathbb{R}^2$

tel que :

$$\begin{cases} x = x_A + \lambda a + \mu a' \\ y = y_A + \lambda b + \mu b' \\ z = z_A + \lambda c + \mu c'. \end{cases}$$

Le système :

$$\begin{cases} x = x_A + \lambda a + \mu a' \\ y = y_A + \lambda b + \mu b' \\ z = z_A + \lambda c + \mu c' \end{cases} \quad \text{avec} \quad (\lambda, \mu) \in \mathbb{R}^2$$

est appelé **paramétrage** du plan $\mathcal{P}$.

- On peut déterminer une équation cartésienne de $\mathcal{P}$ en utilisant le produit mixte. Un point de l'espace $M(x, y, z)$ appartient au plan $\mathcal{P}$ si, et seulement si, les vecteurs $\vec{u}, \vec{v}$ et $\overrightarrow{AM}$ sont coplanaires, c'est-à-dire si, et seulement si :

$$[\vec{u}, \vec{v}, \overrightarrow{AM}] = 0.$$

Ex. 9. Soit $\vec{u}\begin{vmatrix} 1 \\ 3 \\ -1 \end{vmatrix}$, $\vec{v}\begin{vmatrix} 1 \\ 0 \\ 1 \end{vmatrix}$, $A\begin{vmatrix} -1 \\ 1 \\ 1 \end{vmatrix}$ et $\mathcal{P} = A + \text{Vect}(\vec{u}, \vec{v})$.

Si $M\begin{vmatrix} x \\ y \\ z \end{vmatrix}$ est un point de l'espace, on a les équivalences suivantes :

$$\begin{aligned} M \in \mathcal{P} &\iff \left[\vec{u}, \vec{v}, \overrightarrow{AM}\right] = 0 \\ &\iff \begin{vmatrix} 1 & 1 & x+1 \\ 3 & 0 & y-1 \\ -1 & 1 & z-1 \end{vmatrix} = 0 \iff 3x - 2y - 3z + 8 = 0. \end{aligned}$$

Définition par trois points non alignés

Soit $A\begin{vmatrix} x_A \\ y_A \\ z_A \end{vmatrix}$, $B\begin{vmatrix} x_B \\ y_B \\ z_B \end{vmatrix}$ et $C\begin{vmatrix} x_C \\ y_C \\ z_C \end{vmatrix}$ trois points *non alignés* et $\mathcal{P}$ le plan (ABC). Le plan $\mathcal{P}$ passe par A et les vecteurs $\overrightarrow{AB}$ et $\overrightarrow{AC}$ sont *non colinéaires*, donc $\mathcal{P} = A + \text{Vect}(\overrightarrow{AB}, \overrightarrow{AC})$.

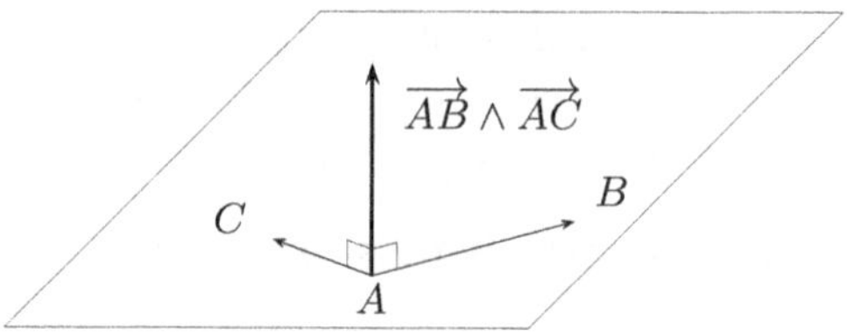

- On dispose du paramétrage suivant du plan $\mathcal{P}$:

$$\begin{cases} x = x_A + \lambda(x_B - x_A) + \mu(x_C - x_A) \\ y = y_A + \lambda(y_B - y_A) + \mu(y_C - y_A) \\ z = z_A + \lambda(z_B - z_A) + \mu(z_C - z_A) \end{cases} \quad \text{avec} \quad (\lambda, \mu) \in \mathbb{R}^2.$$

- Le vecteur $\overrightarrow{AB} \wedge \overrightarrow{AC}$ est un vecteur normal au plan $\mathcal{P}$.
- Un point M appartient au plan $\mathcal{P}$ si, et seulement si, les vecteurs $\overrightarrow{AB}, \overrightarrow{AC}$ et $\overrightarrow{AM}$ sont coplanaires, c'est-à-dire si, et seulement si :

$$[\overrightarrow{AB}, \overrightarrow{AC}, \overrightarrow{AM}] = 0.$$

Exo 17.5

En calculant le produit mixte $[\overrightarrow{AB}, \overrightarrow{AC}, \overrightarrow{AM}]$, on trouve une équation cartésienne du plan (ABC).

Définition par point et vecteur normal

Soit $A\left|\begin{matrix}x_A\\y_A\\z_A\end{matrix}\right.$ un point de l'espace et $\vec{n}\left|\begin{matrix}a\\b\\c\end{matrix}\right.$ un vecteur non nul. Notons $\mathcal{P}$ le plan passant par A et de vecteur normal $\vec{n}$. Un point $M\left|\begin{matrix}x\\y\\z\end{matrix}\right.$ appartient au plan $\mathcal{P}$ si, et seulement si, les vecteurs $\overrightarrow{AM}$ et $\vec{n}$ sont orthogonaux, c'est-à-dire si, et seulement si :

Exo 17.6

$$\overrightarrow{AM}\cdot\vec{n}=0 \qquad \text{soit} \qquad a(x-x_A)+b(y-y_A)+c(z-z_A)=0.$$

2 Modes de définition d'une droite

Définition 8

On dit que $\mathcal{D}$ est une **droite** s'il existe un point A et un vecteur non nul $\vec{u}$ tels que :

$$\mathcal{D}=\{A+\lambda\vec{u}\mid\lambda\in\mathbb{R}\}.$$

On note $\mathcal{D}=A+\operatorname{Vect}\vec{u}$ et l'on dit que $\mathcal{D}$ est la droite passant par le point A **dirigée** par le vecteur $\vec{u}$, appelé **vecteur directeur** de la droite $\mathcal{D}$.

Définition par point et vecteur directeur

Soit $A\left|\begin{matrix}x_A\\y_A\\z_A\end{matrix}\right.$ un point et $\vec{u}\left|\begin{matrix}a\\b\\c\end{matrix}\right.$ un vecteur non nul.

Considérons la droite $\mathcal{D}=A+\operatorname{Vect}(\vec{u})$. Un point $M\left|\begin{matrix}x\\y\\z\end{matrix}\right.$ de l'espace appartient à la droite $\mathcal{D}$ si, et seulement s'il existe $\lambda\in\mathbb{R}$ tel que :

$$\begin{cases}x=x_A+\lambda a\\y=y_A+\lambda b\\z=z_A+\lambda c.\end{cases}$$

Le système :

$$\begin{cases}x=x_A+\lambda a\\y=y_A+\lambda b\\z=z_A+\lambda c\end{cases}\qquad\text{avec}\quad\lambda\in\mathbb{R}$$

est appelé **paramétrage** de la droite $\mathcal{D}$.

Définition par deux points distincts

Soit $A\left|\begin{matrix}x_A\\y_A\\z_A\end{matrix}\right.$ et $B\left|\begin{matrix}x_B\\y_B\\z_B\end{matrix}\right.$ deux points distincts et $\mathcal{D}$ la droite (AB).

La droite $\mathcal{D}$ passe par A et le vecteur $\overrightarrow{AB}$ en est un vecteur directeur.

Donc $\mathcal{D}=A+\operatorname{Vect}\overrightarrow{AB}$ et l'on dispose du paramétrage suivant de la droite $\mathcal{D}$:

Exo 17.7

$$\begin{cases}x=x_A+\lambda(x_B-x_A)\\y=y_A+\lambda(y_B-y_A)\\z=z_A+\lambda(z_B-z_A)\end{cases}\qquad\text{avec}\quad\lambda\in\mathbb{R}.$$

Définition par intersection de deux plans non parallèles

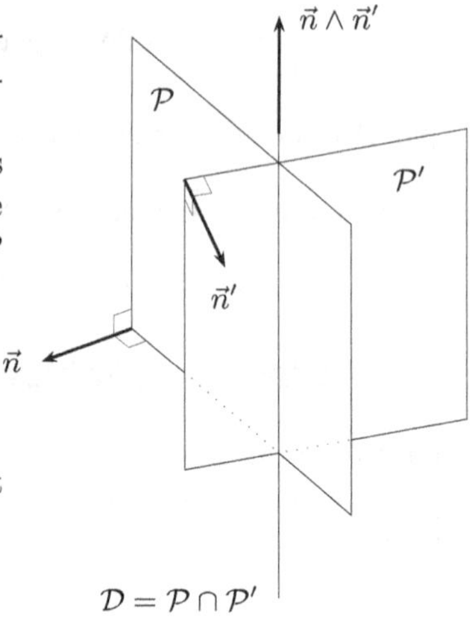

Soit $\vec{n}(a,b,c)$ et $\vec{n}'(a',b',c')$ deux vecteurs *non colinéaires*, ainsi que $\mathcal{P}$ et $\mathcal{P}'$ deux plans de vecteurs normaux respectifs $\vec{n}$ et $\vec{n}'$.
Alors on admet que les plans $\mathcal{P}$ et $\mathcal{P}'$ sont ne sont pas parallèles et que leur intersection $\mathcal{D} = \mathcal{P} \cap \mathcal{P}'$ est une droite de vecteur directeur $\vec{n} \wedge \vec{n}'$. Si de plus les plans $\mathcal{P}$ et $\mathcal{P}'$ admettent comme équations cartésiennes :

$$\begin{cases} \mathcal{P} : a\,x + b\,y + c\,z + d = 0 \\ \mathcal{P}' : a'x + b'y + c'z + d' = 0 \end{cases}$$

alors un point $M \begin{vmatrix} x \\ y \\ z \end{vmatrix}$ appartient à la droite $\mathcal{D}$ si, et seulement si :

Exo 17.8

$$\begin{cases} a\,x + b\,y + c\,z + d = 0 \\ a'x + b'y + c'z + d' = 0. \end{cases}$$

Le système précédent s'appelle **système d'équations cartésiennes** de $\mathcal{D}$.
L'exemple suivant montre comment obtenir un système d'équations cartésiennes d'une droite définie par un paramétrage.

Ex. 10. Soit $\mathcal{D}$ la droite définie par le paramétrage

$$\begin{cases} x = 1 + 2\lambda \\ y = 1 + \lambda \\ z = 2 - \lambda \end{cases} \quad \text{avec} \quad \lambda \in \mathbb{R}.$$

On note $A \begin{vmatrix} 1 \\ 1 \\ 2 \end{vmatrix}$ et $\vec{u} \begin{vmatrix} 2 \\ 1 \\ -1 \end{vmatrix}$. On a $\mathcal{D} = A + \operatorname{Vect} \vec{u}$, donc un point $M \begin{vmatrix} x \\ y \\ z \end{vmatrix}$ appartient à la droite $\mathcal{D}$ si, et seulement si, les vecteurs $\vec{u}$ et $\overrightarrow{AM}$ sont colinéaires, c'est-à-dire si, et seulement si :

$$\vec{u} \wedge \overrightarrow{AM} = 0 \quad \text{soit} \quad \begin{cases} (y-1) + (z-2) = 0 & (L_1) \\ -(x-1) - 2(z-2) = 0 & (L_2) \\ -(x-1) + 2(y-1) = 0 & (L_3). \end{cases}$$

Comme $L_3 = 2L_1 + L_2$, le système suivant :

$$\begin{cases} (y-1) + (z-2) = 0 \\ -(x-1) - 2(z-2) = 0 \end{cases} \quad \text{soit} \quad \begin{cases} y + z - 3 = 0 \\ -x - 2z + 5 = 0 \end{cases}$$

est un système d'équations cartésiennes de la droite $\mathcal{D}$, les deux équations cartésiennes obtenues étant les équations de deux plans d'intersection $\mathcal{D}$.

3 Projection d'un point sur une droite ou sur un plan

Projeté orthogonal sur une droite

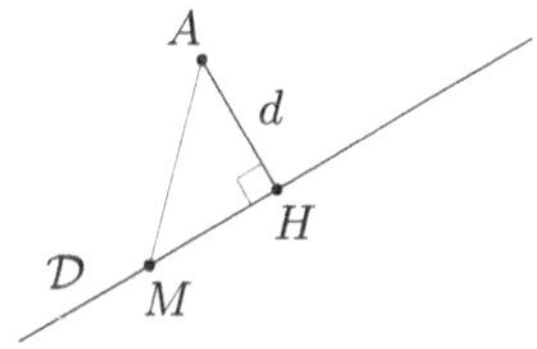

Soit $\mathcal{D}$ une droite et A un point de l'espace. Dans un plan contenant A et $\mathcal{D}$, la droite passant par A et perpendiculaire à $\mathcal{D}$ intersecte celle-ci en un point H appelé **projeté orthogonal** du point A sur la droite $\mathcal{D}$.

Pour tout point M de $\mathcal{D}$, les vecteurs $\overrightarrow{AH}$ et $\overrightarrow{HM}$ sont orthogonaux. Donc, par le théorème de Pythagore, $AM^2 = AH^2 + HM^2$, ce qui donne $AM^2 \geqslant AH^2$ avec égalité si, et seulement si, $M = H$. Le point H est donc le point de $\mathcal{D}$ le plus proche de A. La distance AH s'appelle **distance de A à $\mathcal{D}$** et est notée $d(A,\mathcal{D})$.

En utilisant les différents modes de définition d'une droite $\mathcal{D}$, on peut expliciter les coordonnées du projeté orthogonal d'un point sur $\mathcal{D}$ et donc calculer sa distance à la droite $\mathcal{D}$.

Soit $\mathcal{D}$ la droite paramétrée par $\begin{cases} x = 2+\lambda \\ y = 1-\lambda \\ z = 1+\lambda \end{cases}$ avec $\lambda \in \mathbb{R}$.

Ex. 11. Déterminons le projeté orthogonal du point $M \left| \begin{smallmatrix} 3 \\ 2 \\ 2 \end{smallmatrix} \right.$ sur la droite $\mathcal{D}$.

Notons $H \left| \begin{smallmatrix} x_H \\ y_H \\ z_H \end{smallmatrix} \right.$ ce projeté orthogonal. Soit $\lambda \in \mathbb{R}$ tel que :

$$x_H = 2+\lambda, \quad y_H = 1-\lambda \quad \text{et} \quad z_H = 1+\lambda.$$

Le vecteur $\vec{u} \left| \begin{smallmatrix} 1 \\ -1 \\ 1 \end{smallmatrix} \right.$ est un vecteur directeur de la droite $\mathcal{D}$ donc $\vec{u} \cdot \overrightarrow{MH} = 0$ puis :

$$(-1+\lambda) - (-1-\lambda) + (-1+\lambda) = 0 \qquad \text{donc} \qquad \lambda = \frac{1}{3}.$$

On en déduit que H a pour coordonnées $\begin{pmatrix} 7/3 \\ 2/3 \\ 4/3 \end{pmatrix}$.

Ex. 12. Calculons maintenant la distance entre le point M et la droite $\mathcal{D}$, c'est-à-dire la longueur MH. En reprenant ce qui précède, on a $\overrightarrow{MH}\left(-\frac{2}{3}, -\frac{4}{3}, -\frac{2}{3}\right)$ puis $MH = \frac{2\sqrt{6}}{3}$.

On peut calculer directement la distance d'un point à une droite sans passer par la détermination du projeté orthogonal, comme le montre la proposition qui suit.

Proposition 13

Soit $\mathcal{D} = A + \text{Vect}(\vec{u})$ une droite et M un point de l'espace. La distance de M à $\mathcal{D}$ est donnée par :

$$d(M, \mathcal{D}) = \frac{\|\vec{u} \wedge \overrightarrow{AM}\|}{\|\vec{u}\|}.$$

Démonstration. Notons H le projeté orthogonal du point M sur la droite $\mathcal{D}$.

En calculant de deux façons l'aire du parallélogramme $(A, A+\vec{u}, M+\vec{u}, M)$, on obtient l'égalité :

$$\|\vec{u} \wedge \overrightarrow{AM}\| = \|\vec{u}\|\, MH$$

(cf. remarque de la page 623). On en déduit que la distance de M à $\mathcal{D}$ est donnée par :

$$d(M, \mathcal{D}) = \frac{\|\vec{u} \wedge \overrightarrow{AM}\|}{\|\vec{u}\|}. \qquad \square$$

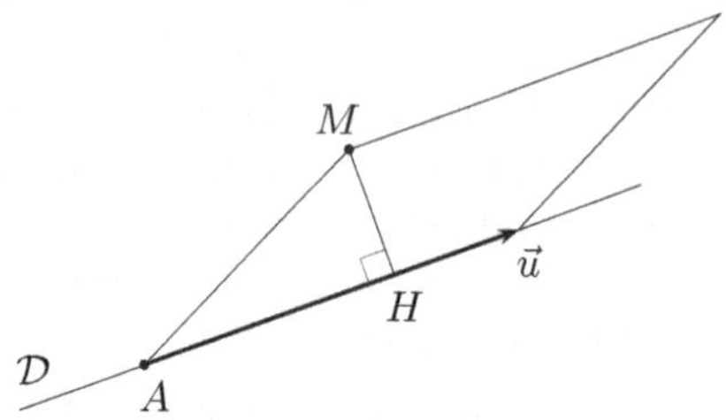

Projeté orthogonal sur un plan

Soit $\mathcal{P}$ un plan et A un point de l'espace. La droite passant par A et perpendiculaire au plan $\mathcal{P}$ intersecte celui-ci en un point H appelé **projeté orthogonal** du point A sur le plan $\mathcal{P}$.

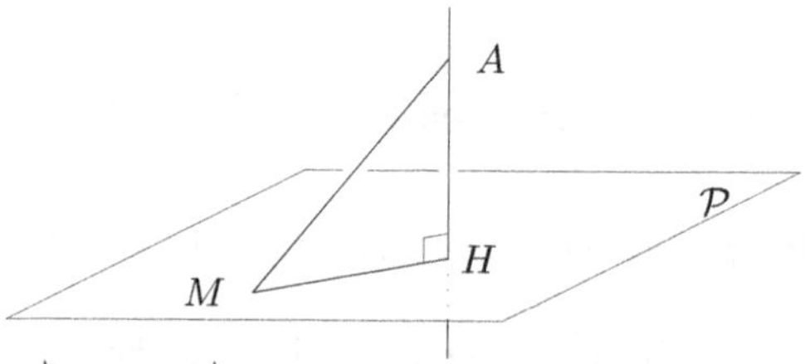

Pour tout point M de $\mathcal{P}$, les vecteurs $\overrightarrow{AH}$ et $\overrightarrow{HM}$ sont orthogonaux. Donc, par le théorème de Pythagore, $AM^2 = AH^2 + HM^2$, ce qui donne $AM^2 \geqslant AH^2$ avec égalité si, et seulement si, $M = H$. Le point H est donc le point de $\mathcal{P}$ le plus proche de A. La distance AH s'appelle **distance de A à $\mathcal{P}$** et est notée $d(A, \mathcal{P})$.

En utilisant les différents modes de définition d'un plan, on peut expliciter les coordonnées du projeté orthogonal d'un point sur $\mathcal{P}$ et donc calculer sa distance au plan $\mathcal{P}$.

Soit $\mathcal{P}$ le plan d'équation cartésienne $2x + y = 3$ et $A \begin{vmatrix} 2 \\ 3 \\ 1 \end{vmatrix}$.

Ex. 13. Déterminons le projeté orthogonal de A sur $\mathcal{P}$.

Le vecteur $\vec{u} \begin{vmatrix} 2 \\ 1 \\ 0 \end{vmatrix}$ est normal au plan $\mathcal{P}$, donc est un vecteur directeur de la perpendiculaire à $\mathcal{P}$ passant par A. En notant $H \begin{vmatrix} x_H \\ y_H \\ z_H \end{vmatrix}$ le projeté orthogonal de A sur $\mathcal{P}$, il existe $\lambda \in \mathbb{R}$ tel que :

$$x_H = 2 + 2\lambda, \quad y_H = 3 + \lambda \quad \text{et} \quad z_H = 1.$$

Le point H appartient au plan $\mathcal{P}$ donc :

$$2(2 + 2\lambda) + (3 + \lambda) = 3 \quad \text{d'où} \quad \lambda = -\frac{4}{5},$$

ce qui donne $x_H = \frac{2}{5}$, $y_H = \frac{11}{5}$ et $z_H = 1$.

Ex. 14. Calculons maintenant la distance entre du point A au plan $\mathcal{P}$, c'est-à-dire la longueur AH. En reprenant le paramétrage précédent, le vecteur $\overrightarrow{AH}$ a pour coordonnées $(2\lambda, \lambda, 0)$ puis :

$$AH = |\lambda|\sqrt{2^2 + 1^2 + 0^2} = \frac{4\sqrt{5}}{5}.$$

La proposition qui suit permet de calculer directement la distance d'un point à un plan dont on dispose d'une équation cartésienne.

Proposition 14

Soit $(a, b, c) \in \mathbb{R}^3 \setminus \{(0, 0, 0)\}$ et $d \in \mathbb{R}$. Considérons $\mathcal{P}$ le plan d'équation cartésienne $ax + by + cz + d = 0$. Si $A \left| \begin{matrix} x_A \\ y_A \\ z_A \end{matrix} \right.$ est un point de l'espace, alors la distance de A à $\mathcal{P}$ est donnée par :

$$d(A, \mathcal{P}) = \frac{|ax_A + by_A + cz_A + d|}{\sqrt{a^2 + b^2 + c^2}}.$$

Exo 17.9

Démonstration page 638

Remarque Soit $\mathcal{P} = A + \mathrm{Vect}(\vec{u}, \vec{v})$ un plan et M un point de l'espace.

En calculant de deux façons le volume du parallélépipède construit sur les points A, $A + \vec{u}$, $A + \vec{v}$ et M, on obtient l'égalité :

$$\left|[\vec{u}, \vec{v}, \overrightarrow{AM}]\right| = \underbrace{\|\vec{u} \wedge \vec{v}\|}_{\text{base}} \times \underbrace{MH}_{\text{hauteur}},$$

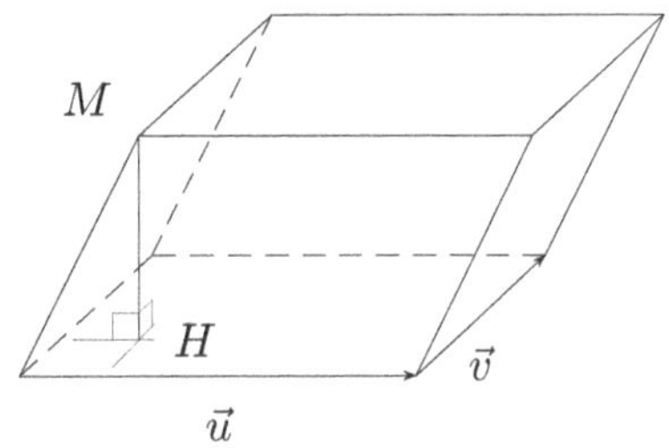

donc la distance de M à $\mathcal{P}$ est donnée par :

$$d(A, \mathcal{P}) = \frac{\left|[\vec{u}, \vec{v}, \overrightarrow{AM}]\right|}{\|\vec{u} \wedge \vec{v}\|}.$$

Ex. 15. Donnons une expression de la distance d'un point M au plan $\mathcal{P}$ passant par un point A et normal à un vecteur $\vec{n}$ non nul. En notant H le projeté orthogonal de M sur $\mathcal{P}$, on a :

$$\vec{n} \cdot \overrightarrow{AM} = \vec{n} \cdot \overrightarrow{AH} + \vec{n} \cdot \overrightarrow{HM}.$$

Or, $\vec{n} \cdot \overrightarrow{AH} = 0$ puisque $\vec{n}$ est orthogonal à $\mathcal{P}$ qui contient A et H. D'autre part, puisque $\vec{n}$ et $\overrightarrow{HM}$ sont colinéaires, on a $\left|\vec{n} \cdot \overrightarrow{HM}\right| = \|\vec{n}\| \times HM$. Donc $d(A, \mathcal{P}) = HM = \dfrac{\left|\vec{n} \cdot \overrightarrow{AM}\right|}{\|\vec{n}\|}$.

VI Sphères

1 Généralités

Définition 9

On appelle **sphère** de centre A et de rayon $R > 0$ l'ensemble des points M tels que $AM = R$.

Équations cartésiennes dans un repère orthonormé

- La sphère de rayon R dont le centre a pour coordonnées (a, b, c) admet pour équation :

$$(x-a)^2 + (y-b)^2 + (z-c)^2 = R^2$$

ou encore :

$$x^2 + y^2 + z^2 - 2ax - 2by - 2cz + d = 0 \qquad \text{avec} \qquad d = a^2 + b^2 + c^2 - R^2.$$

- Réciproquement, une équation de la forme :

$$x^2 + y^2 + z^2 - 2ax - 2by - 2cz + d = 0,$$

qui s'écrit aussi :

$$(x-a)^2 + (y-b)^2 + (z-c)^2 + d - a^2 - b^2 - c^2 = 0,$$

admet des solutions si, et seulement si, $a^2 + b^2 + c^2 - d \geqslant 0$.

L'ensemble des points vérifiant l'équation est alors :

* réduit au point de coordonnées (a, b, c) si $d = a^2 + b^2 + c^2$,
* la sphère de centre $\Omega(a, b, c)$ et de rayon $\sqrt{a^2 + b^2 + c^2 - d}$ si $d < a^2 + b^2 + c^2$.

Ex. 16. L'équation cartésienne $x^2 + y^2 + z^2 + 2x - 4y + 6z = 0$ se réécrit :

$$(x+1)^2 - 1 + (y-2)^2 - 4 + (z+3)^2 - 9 = 0 \qquad \text{soit} \qquad (x+1)^2 + (y-2)^2 + (z+3)^2 = 14.$$

Il s'agit donc d'une équation cartésienne de la sphère de centre $\Omega \left| \begin{smallmatrix} -1 \\ 2 \\ -3 \end{smallmatrix} \right.$ et de rayon $\sqrt{14}$.

2 Problèmes d'intersection

Intersection d'une sphère et d'un plan

Soit $\mathcal{P}$ un plan et $\mathcal{S}$ une sphère de centre Ω et de rayon R.

Notons H le projeté orthogonal de Ω sur $\mathcal{P}$. Si M est un point de $\mathcal{P}$, le théorème de Pythagore permet d'écrire :

$$\Omega M^2 = \Omega H^2 + HM^2 = d^2(\Omega, \mathcal{P}) + HM^2.$$

Donc M appartient à la sphère $\mathcal{S}$ si, et seulement si :

$$HM^2 = R^2 - d^2(\Omega, \mathcal{P}).$$

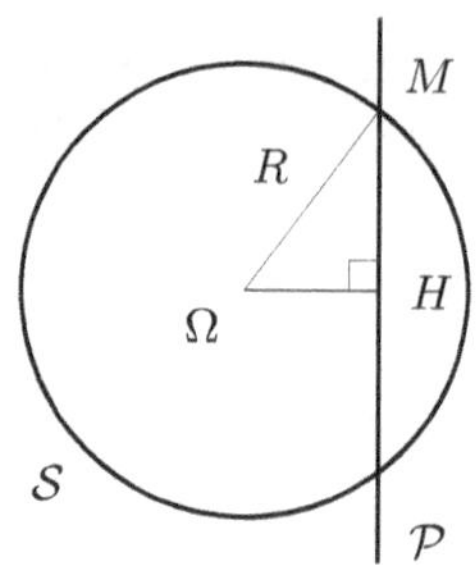

Ainsi,

- si $d(\Omega, \mathcal{P}) > R$, alors $\mathcal{P} \cap \mathcal{S} = \varnothing$,

- si $d(\Omega, \mathcal{P}) = R$, alors $\mathcal{P} \cap \mathcal{S} = \{H\}$,
- si $d(\Omega, \mathcal{P}) < R$, alors $\mathcal{P} \cap \mathcal{S}$ est le cercle inclus dans le plan $\mathcal{P}$ de centre H et de rayon $\sqrt{R^2 - d^2(\Omega, \mathcal{P})}$.

Exo 17.10 **Remarque** Dans le cas où l'intersection du plan $\mathcal{P}$ et de la sphère est réduite à un point, on dit que le plan $\mathcal{P}$ est **tangent** à la sphère $\mathcal{S}$.

Intersection de deux sphères

Soit $\mathcal{S}_1$ et $\mathcal{S}_2$ deux sphères de centres respectifs Ω_1 et Ω_2 et de rayons respectifs r_1 et r_2.

- Si les deux sphères sont **concentriques**, c'est-à-dire si $\Omega_1 = \Omega_2$, alors :
  * soit $r_1 = r_2$, et dans ce cas elles sont confondues,
  * soit elles sont d'intersection vide.
- Supposons désormais $\Omega_1 \neq \Omega_2$ et montrons que l'intersection de $\mathcal{S}_1$ et $\mathcal{S}_2$ est :
  * un point si $\Omega_1\Omega_2 = r_1 + r_2$ ou $\Omega_1\Omega_2 = |r_1 - r_2|$,
  * un cercle si $|r_1 - r_2| < \Omega_1\Omega_2 < r_1 + r_2$,
  * vide sinon.

  On se place dans un repère orthonormé adapté centré sur Ω_1 tel que Ω_2 ait pour coordonnées $(d, 0, 0)$ avec $d = \Omega_1\Omega_2 > 0$. On est donc ramené à déterminer les solutions du système :

$$\begin{cases} x^2 + y^2 + z^2 = r_1^2 \\ (x-d)^2 + y^2 + z^2 = r_2^2 \end{cases}$$

  qui est équivalent à :

$$\begin{cases} x^2 + y^2 + z^2 = r_1^2 \\ 2dx = d^2 + r_1^2 - r_2^2, \end{cases}$$

  ce qui correspond à l'intersection de $\mathcal{S}_1$ et d'un plan $\mathcal{P}$. On est alors ramené au problème précédent, ce qui permet d'obtenir que l'intersection de $\mathcal{S}_1$ et $\mathcal{S}_2$ est un cercle, un point ou l'ensemble vide.

Démonstrations

Proposition 2 On commence par établir le lemme qui suit.

Lemme

Soit $\vec{u}$ un vecteur de l'espace et $(\vec{\imath}, \vec{\jmath}, \vec{k})$ une base orthonormée directe de l'espace telle que $\vec{u} = \|\vec{u}\|\vec{k}$.

Alors, pour tout vecteur $\vec{v}$ de coordonnée (x, y, z) dans la base $(\vec{\imath}, \vec{\jmath}, \vec{k})$, on a :

$$\vec{u} \cdot \vec{v} = \|\vec{u}\| z.$$

Démonstration du lemme. C'est immédiat si $\vec{u} = 0$ ou $\vec{v} = 0$. Supposons dans la suite $\vec{u} \neq 0$ et $\vec{v} \neq 0$. En notant alors θ l'angle $(\vec{u}, \vec{v})$, le vecteur $\vec{v}$ se décompose sous la forme :

$$\vec{v} = \|\vec{v}\| \cos\theta\, \vec{k} + \|\vec{v}\| \sin\theta\, \vec{w}$$

où $\vec{w}$ est un vecteur unitaire du plan (Oxy). On en déduit que $z = \|\vec{v}\| \cos\theta$.

On a finalement $\vec{u} \cdot \vec{v} = \|\vec{u}\| \|\vec{v}\| \cos\theta = \|\vec{u}\| z$. □

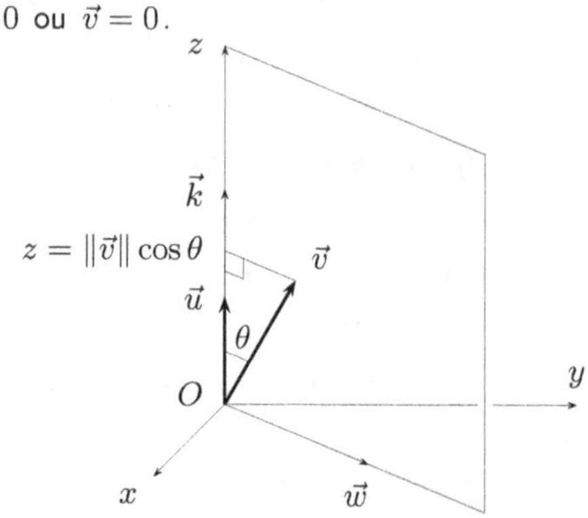

- Soit maintenant $\vec{u}, \vec{v}$ et $\vec{w}$ trois vecteurs ainsi que λ et μ deux réels. Notons (x, y, z) et (x', y', z') les coordonnées respectives de $\vec{v}$ et $\vec{w}$ dans la base $(\vec{\imath}, \vec{\jmath}, \vec{k})$ du lemme précédent. Alors le vecteur $\lambda\vec{v} + \mu\vec{w}$ a pour coordonnées $(\lambda x + \mu x', \lambda y + \mu y', \lambda z + \mu z')$ dans la base $(\vec{\imath}, \vec{\jmath}, \vec{k})$ et l'on a, d'après le lemme :

$$\begin{aligned} \vec{u} \cdot (\lambda\vec{v} + \mu\vec{w}) &= \|\vec{u}\|(\lambda z + \mu z') \\ &= \lambda\|\vec{u}\| z + \mu\|\vec{u}\| z' = \lambda\vec{u} \cdot \vec{v} + \mu\vec{u} \cdot \vec{w}. \end{aligned}$$

- Le second point de cette proposition se déduit du premier grâce à la propriété de symétrie du produit scalaire.

Proposition 6 On commence par établir le lemme qui suit.

Lemme

Soit $\vec{u}$ un vecteur de l'espace et $(\vec{\imath}, \vec{\jmath}, \vec{k})$ une base orthonormée directe de l'espace telle que $\vec{u} = \|\vec{u}\|\vec{k}$.

Alors, pour tout vecteur $\vec{v}$ de coordonnées (x, y, z) dans la base $(\vec{\imath}, \vec{\jmath}, \vec{k})$, on a :

$$\vec{u} \wedge \vec{v} = \|\vec{u}\|(-y\vec{\imath} + x\vec{\jmath}).$$

Démonstration du lemme. Tout d'abord, le résultat est vrai si les vecteurs $\vec{u}$ et $\vec{v}$ sont colinéaires ; en effet, dans ce cas, on a $\vec{u} \wedge \vec{v} = \vec{0} = \|\vec{u}\|(-y\vec{\imath} + x\vec{\jmath})$ car :

- si $\vec{u} = \vec{0}$, alors $\|\vec{u}\| = 0$;
- si $\vec{u} \neq \vec{0}$, alors la colinéarité de $\vec{u}$ et $\vec{v}$ donne $x = y = 0$.

Supposons dans la suite $\vec{u}$ et $\vec{v}$ non colinéaires. En notant θ l'angle $(\vec{u},\vec{v})$, le vecteur $\vec{v}$ se décompose sous la forme :

$$\vec{v} = \|\vec{v}\| \cos\theta\, \vec{k} + \vec{w}$$

où $\vec{w} = x\vec{\imath} + y\vec{\jmath}$ est un vecteur du plan (Oxy) de norme $\|\vec{v}\| \sin\theta$.

Posons $\vec{n} = \|\vec{u}\|(-y\vec{\imath} + x\vec{\jmath})$ et montrons que $\vec{u} \wedge \vec{v} = \vec{n}$. Le vecteur $\vec{n}$ est orthogonal aux vecteurs $\vec{u}$ et $\vec{v}$ et vérifie :

$$\|\vec{n}\| = \|\vec{u}\| \sqrt{x^2+y^2} = \|\vec{u}\| \big\| \|\vec{v}\| \sin\theta\, \vec{w} \big\| = \|\vec{u}\| \|\vec{v}\| |\sin\theta|.$$

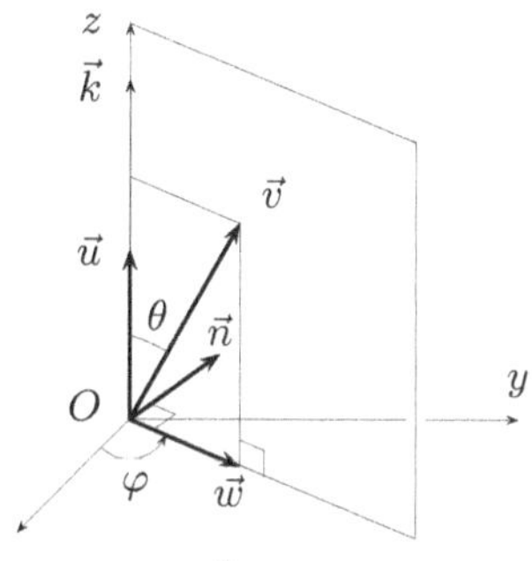

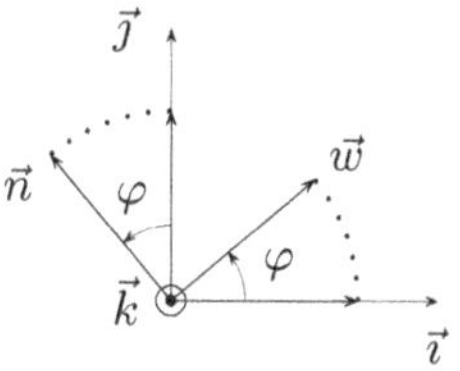

De plus, la base $(\vec{u},\vec{v},\vec{n})$ est directe puisque $\vec{u}$ et $\vec{k}$ sont colinéaires de même sens, que $(\vec{\imath},\vec{\jmath},\vec{k})$ est directe et que les vecteurs $\vec{w}$ et $\vec{n}$ se déduisent respectivement de $\|v\|\sin\theta\,\vec{\imath}$ et de $\|v\|\sin\theta\,\vec{\jmath}$ par une même rotation dans le plan (Oxy).

Par définition, on a donc $\vec{u} \wedge \vec{v} = \vec{n}$, ce qui conclut. □

- Soit maintenant $\vec{u}, \vec{v}$ et $\vec{w}$ trois vecteurs ainsi que λ et μ deux réels. Notons (x,y,z) et (x',y',z') les coordonnées de $\vec{v}$ et $\vec{w}$ dans la base $(\vec{\imath},\vec{\jmath},\vec{k})$ du lemme. Alors le vecteur $\lambda\vec{v}+\mu\vec{w}$ a pour coordonnées $(\lambda x+\mu x', \lambda y+\mu y', \lambda z+\mu z')$ dans la base $(\vec{\imath},\vec{\jmath},\vec{k})$ et d'après le lemme, on a :

$$\begin{aligned}\vec{u} \wedge (\lambda\vec{v}+\mu\vec{w}) &= \|\vec{u}\| \big((\lambda x+\mu x')\vec{\jmath} - (\lambda y+\mu y')\vec{\imath}\big)\\ &= \lambda(\|\vec{u}\|(x\vec{\jmath} - y\vec{\imath}) + \mu\|\vec{u}\|(x'\vec{\jmath} - y'\vec{\imath}) = \lambda\vec{u}\wedge\vec{v} + \mu\vec{u}\wedge\vec{w}.\end{aligned}$$

- Le second point de cette proposition est une conséquence directe de la propriété d'antisymétrie et du premier point.

Proposition 7 On reprend les résultats de l'exemple 3 de la page 623. La bilinéarité et l'antisymétrie du produit vectoriel donnent alors :

$$\begin{aligned}\vec{u}\wedge\vec{v} &= (u_1\vec{\imath}+u_2\vec{\jmath}+u_3\vec{k}) \wedge (v_1\vec{\imath}+v_2\vec{\jmath}+v_3\vec{k})\\ &= (u_1v_2-u_2v_1)\vec{\imath}\wedge\vec{\jmath} + (u_2v_3-u_3v_2)\vec{\jmath}\wedge\vec{k} + (u_3v_1-u_1v_3)\vec{k}\wedge\vec{\imath}\\ &= (u_1v_2-u_2v_1)\vec{k} + (u_2v_3-u_3v_2)\vec{\imath} + (u_3v_1-u_1v_3)\vec{\jmath}.\end{aligned}$$

Proposition 11

- Supposons les vecteurs $\vec{u}$, $\vec{v}$ et $\vec{w}$ coplanaires. Sans perte de généralité, on peut supposer que $\vec{w} \in \mathrm{Vect}(\vec{u},\vec{v})$, c'est-à-dire qu'il existe $(\lambda,\mu) \in \mathbb{R}^2$ tel que $\vec{w} = \lambda\vec{u}+\mu\vec{v}$. Par trilinéarité puis en utilisant l'exemple 5 de la page 624, on a :

$$[\vec{u},\vec{v},\vec{w}] = [\vec{u},\vec{v},\lambda\vec{u}+\mu\vec{v}] = \lambda[\vec{u},\vec{v},\vec{u}] + \mu[\vec{u},\vec{v},\vec{v}] = 0.$$

- Réciproquement, supposons le produit mixte $[\vec{u},\vec{v},\vec{w}]$ nul. Cela signifie que $(\vec{u}\wedge\vec{v})\cdot\vec{w} = 0$, autrement dit les vecteurs $\vec{u}\wedge\vec{v}$ et $\vec{w}$ sont orthogonaux.
  * Si les vecteurs $\vec{u}$ et $\vec{v}$ sont colinéaires, alors les vecteurs $\vec{u}$, $\vec{v}$ et $\vec{w}$ sont coplanaires.
  * Sinon, l'orthogonalité des vecteurs $\vec{w}$ et $\vec{u}\wedge\vec{v}$ impliquent que $\vec{w} \in \mathrm{Vect}(\vec{u},\vec{v})$ (cf. deuxième résultat admis page 622).

  Dans les deux cas, les vecteurs $\vec{u}$, $\vec{v}$ et $\vec{w}$ sont coplanaires.

Proposition 12

- Commençons par montrer que $\mathcal{P}$ n'est pas l'ensemble vide.

  Puisque les réels a, b et c ne sont pas tous nuls, on a $a^2+b^2+c^2>0$ et l'on peut poser :

$$\alpha=-\frac{ad}{a^2+b^2+c^2},\quad \beta=-\frac{bd}{a^2+b^2+c^2}\quad \text{et}\quad \gamma=-\frac{cd}{a^2+b^2+c^2}.$$

  On a alors :

$$a\alpha+b\beta+c\gamma+d=-\frac{d}{a^2+b^2+c^2}(a^2+b^2+c^2)+d=0.$$

  Le point $A(\alpha,\beta,\gamma)$ appartient donc à l'ensemble $\mathcal{P}$.

- Soit $M\left|\begin{smallmatrix}x\\y\\z\end{smallmatrix}\right.$ un point de l'espace. Le calcul du produit scalaire suivant :

$$\vec{n}\cdot\overrightarrow{AM}=a(x-\alpha)+b(y-\beta)+c(z-\gamma)=ax+by+cz+d$$

  montre que M appartient à l'ensemble $\mathcal{P}$ si, et seulement si, $\vec{n}\cdot\overrightarrow{AM}=0$. Cela montre que $\mathcal{P}$ est le plan passant par A de vecteur normal $\vec{n}$.

Proposition 14 Le vecteur $\vec{n}\left|\begin{smallmatrix}a\\b\\c\end{smallmatrix}\right.$ est normal au plan $\mathcal{P}$, donc il existe $\lambda\in\mathbb{R}$ tel que H ait pour coordonnées $(x_A+\lambda a, y_A+\lambda b, z_A+\lambda c)$. De plus, le point H appartient au plan $\mathcal{P}$, donc :

$$a(x_A+\lambda a)+b(y_A+\lambda b)+c(z+\lambda c)+d=0\quad\text{puis}\quad \lambda=\frac{-d-ax_A-by_A-cz_A}{a^2+b^2+c^2}.$$

Ainsi, $AH=|\lambda|\sqrt{a^2+b^2+c^2}=\dfrac{|ax_A+by_A+cz_A+d|}{\sqrt{a^2+b^2+c^2}}$.

S'entraîner et approfondir

Dans tous les exercices, on fixe un repère orthonormé direct. Lorsque l'énoncé utilise des coordonnées, il s'agit des coordonnées dans ce repère orthonormé direct.

17.1 Soit $ABCD$ un tétraèdre régulier d'arête $a > 0$. Montrer que les vecteurs $\overrightarrow{BC}$ et $\overrightarrow{AD}$ sont orthogonaux.
→622

17.2 Soit A, B, C, D et M cinq points de l'espace. Montrer que :
→624

$$\overrightarrow{MA} \wedge \overrightarrow{MB} + \overrightarrow{MB} \wedge \overrightarrow{MC} + \overrightarrow{MC} \wedge \overrightarrow{MA} = \overrightarrow{AB} \wedge \overrightarrow{AC}.$$

17.3 Soit $\vec{u}, \vec{v}$ et $\vec{w}$ trois vecteurs. Montrer que :
→626

$$[\vec{u} \wedge \vec{v}, \vec{u} \wedge \vec{w}, \vec{v} \wedge \vec{w}] = [\vec{u}, \vec{v}, \vec{w}]^2.$$

Indication. *Pour faciliter les calculs, on pourra considérer une base orthonormée directe* $(\vec{\imath}, \vec{\jmath}, \vec{k})$ *de l'espace telle que* $\vec{u} \in \mathrm{Vect}(\vec{\imath})$ *et* $\vec{v} \in \mathrm{Vect}(\vec{\imath}, \vec{\jmath})$.

17.4 Soit $(a, b) \in \mathbb{R}^2$. Considérons quatre points $A\left|\begin{smallmatrix}1\\1\\1\end{smallmatrix}\right.$, $B\left|\begin{smallmatrix}1\\-1\\0\end{smallmatrix}\right.$, $C\left|\begin{smallmatrix}a\\0\\1\end{smallmatrix}\right.$ et $D\left|\begin{smallmatrix}1\\2\\b\end{smallmatrix}\right.$. Trouver une condition nécessaire et suffisante pour que les points A, B, C et D soient coplanaires.
→626

17.5 On considère les points $A\left|\begin{smallmatrix}1\\1\\1\end{smallmatrix}\right.$, $B\left|\begin{smallmatrix}1\\-1\\2\end{smallmatrix}\right.$ et $C\left|\begin{smallmatrix}0\\1\\-1\end{smallmatrix}\right.$.
→628
Montrer que les points A, B et C ne sont pas alignés, et déterminer une équation cartésienne du plan $\mathcal{P}$ passant par ces trois points.

17.6 Soit $\mathcal{P}$ le plan paramétré par :
→629

$$\begin{cases} x = 3 + 4\lambda + \mu \\ y = 2 - \lambda + \mu \\ z = 1 + \lambda + \mu \end{cases} \quad \text{avec} \quad (\lambda, \mu) \in \mathbb{R}^2.$$

Expliciter un vecteur normal et une équation cartésienne du plan $\mathcal{P}$.

17.7 Soit $A\left|\begin{smallmatrix}1\\2\\3\end{smallmatrix}\right.$, $B\left|\begin{smallmatrix}1\\3\\5\end{smallmatrix}\right.$ et $\mathcal{P}$ le plan d'équation $x + y + z = 0$.
→629
Déterminer un paramétrage de la droite (AB) puis son intersection avec le plan $\mathcal{P}$.

17.8 Soit $\mathcal{P}$ et $\mathcal{P}'$ les plans d'équations :
→630

$$\mathcal{P} : x + y + z + 1 = 0 \qquad \text{et} \qquad \mathcal{P}' : 2x - y - 1 = 0$$

Justifier que $\mathcal{P} \cap \mathcal{P}'$ est une droite et en déterminer un paramétrage.

17.9 Soit a, b et c trois réels non nuls ainsi que $A\left|\begin{smallmatrix}a\\0\\0\end{smallmatrix}\right.$, $B\left|\begin{smallmatrix}0\\b\\0\end{smallmatrix}\right.$ et $C\left|\begin{smallmatrix}0\\0\\c\end{smallmatrix}\right.$.
→633

1. Déterminer une équation cartésienne du plan (ABC).
2. Calculer la distance de O au plan (ABC).

17.10 →635 Soit $\mathcal{S}$ la sphère de centre $\Omega\left|\begin{smallmatrix}1\\1\\1\end{smallmatrix}\right.$ et de rayon 2. Soit $\mathcal{P}$ le plan d'équation cartésienne $x-y-z+2=0$. Montrer que l'intersection $\mathcal{P}\cap\mathcal{S}$ est un cercle, dont on précisera les éléments caractéristiques.

17.11 Soit $(OABC)$ un tétraèdre rectangle en O, c'est-à-dire tel que les vecteurs $\overrightarrow{OA}$, $\overrightarrow{OB}$ et $\overrightarrow{OC}$ soient orthogonaux deux à deux.

Montrer que le carré de l'aire du triangle (ABC) est égal à la somme des carrés des aires des trois autres triangles (OAB), (OBC) et (OCA)

Indication. *On pourra utiliser l'expression de l'aire d'un triangle vue page 623.*

Remarque Ce résultat a été obtenu par Descartes en 1619.

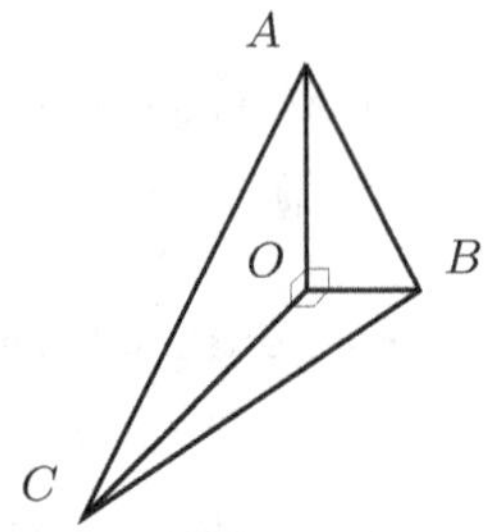

17.12 Soit A, B et C trois points distincts. Déterminer le lieu des points M vérifiant :

$$\overrightarrow{MA}\wedge\overrightarrow{MB}+\overrightarrow{MB}\wedge\overrightarrow{MC}=2\overrightarrow{MC}\wedge\overrightarrow{MA}.$$

17.13 Soit $\vec{u}$ et $\vec{v}$ deux vecteurs non nuls.

1. Montrer que l'équation $\vec{u}\wedge\vec{x}=\vec{v}$ admet au moins une solution si, et seulement si, les vecteurs $\vec{u}$ et $\vec{v}$ sont orthogonaux.
2. On suppose que $\vec{u}$ et $\vec{v}$ sont orthogonaux. Résoudre l'équation $\vec{u}\wedge\vec{x}=\vec{v}$.

★ **17.14** Soit $\theta\in\left]0,\frac{\pi}{2}\right[$ et $a\in\mathbb{R}_+^*$. Soit $\mathcal{D}=A+\operatorname{Vect}\vec{u}$ et $\mathcal{D}'=B+\operatorname{Vect}\vec{v}$ avec :

$$A\left|\begin{matrix}0\\0\\-a\end{matrix}\right.,\quad \vec{u}\left|\begin{matrix}\cos\theta\\\sin\theta\\0\end{matrix}\right.,\quad B\left|\begin{matrix}0\\0\\a\end{matrix}\right.\quad\text{et}\quad\vec{v}\left|\begin{matrix}\cos\theta\\-\sin\theta\\0\end{matrix}\right..$$

On note $\mathcal{E}$ l'ensemble des points M équidistants des droites $\mathcal{D}$ et $\mathcal{D}'$, c'est-à-dire vérifiant $d(M,\mathcal{D})=d(M,\mathcal{D}')$.

1. Déterminer une équation cartésienne de l'ensemble $\mathcal{E}$.
2. Montrer que l'ensemble $\mathcal{E}$ est une réunion de droites.

   Indication. *On pourra considérer l'intersection de $\mathcal{E}$ avec des plans d'équations $x=m$.*

Remarque L'ensemble $\mathcal{E}$ est appelé **paraboloïde hyperbolique** et la deuxième question montre que $\mathcal{E}$ est une **surface réglée**.

17.15 Soit $\mathcal{D}_1$ et $\mathcal{D}_2$ les deux droites définies par les équations cartésiennes :

$$\mathcal{D}_1:\left\{\begin{aligned}x-y+z+1&=0\\2x+y-z&=0\end{aligned}\right.\qquad\text{et}\qquad\mathcal{D}_2:\left\{\begin{aligned}x+2y+z&=0\\2x-2y-2z-1&=0.\end{aligned}\right.$$

1. Déterminer des paramétrages de $\mathcal{D}_1$ et $\mathcal{D}_2$. Dans la suite, on note A et B deux points particuliers des droites $\mathcal{D}_1$ et $\mathcal{D}_2$ ainsi que $\vec{u}$ et $\vec{v}$ des vecteurs directeurs de $\mathcal{D}_1$ et $\mathcal{D}_2$.
2. Trouver une équation cartésienne des plans :

$$\mathcal{P}_1=A+\operatorname{Vect}(\vec{u},\vec{u}\wedge\vec{v})\qquad\text{et}\qquad\mathcal{P}_2=B+\operatorname{Vect}(\vec{v},\vec{u}\wedge\vec{v}).$$

3. Montrer que $\mathcal{P}_1\cap\mathcal{P}_2$ est une droite qui intersecte perpendiculairement les droites $\mathcal{D}_1$ et $\mathcal{D}_2$.

17.16 Soit $(a_1, b_1, c_1, d_1, a_2, b_2, c_2, d_2) \in \mathbb{R}^8$. Supposons les triplets (a_1, b_1, c_1) et (a_2, b_2, c_2) non proportionnels. Considérons $\mathcal{D}$ la droite d'équations :

$$\begin{cases} a_1x + b_1y + c_1z + d_1 = 0 \\ a_2x + b_2y + c_2z + d_2 = 0. \end{cases}$$

1. Soit $(\lambda_1, \lambda_2) \in \mathbb{R}^2 \setminus \{(0,0)\}$. Montrer que l'ensemble d'équation :

$$(\lambda_1 a_1 + \lambda_2 a_2)x + (\lambda_1 b_1 + \lambda_2 b_2)y + (\lambda_1 c_1 + \lambda_2 c_2)z + (\lambda_1 d_1 + \lambda_2 d_2) = 0$$

   est un plan contenant la droite $\mathcal{D}$.
2. Montrer que, réciproquement, tout plan contenant $\mathcal{D}$ admet une équation de ce type.
3. Déterminer une équation du plan $\mathcal{P}$ contenant la droite $\mathcal{D}$ d'équations :

$$\begin{cases} x + 2y + \ \ z + 1 = 0 \\ x + \ \ y + 3z + 2 = 0 \end{cases}$$

   et passant par le point $A(1,1,1)$.

17.17 Formule du double produit vectoriel

Soit $\vec{u}$, $\vec{v}$ et $\vec{w}$ trois vecteurs. Montrer que :

$$\vec{u} \wedge (\vec{v} \wedge \vec{w}) = (\vec{u} \cdot \vec{w})\, \vec{v} - (\vec{u} \cdot \vec{v})\, \vec{w}.$$

Indication. *On pourra travailler dans une base adaptée.*

17.18 Soit $\mathcal{D}$ la droite paramétrée par :

$$\begin{cases} x = 1 + \lambda \\ y = 2 + \lambda \\ z = \quad\ \ \lambda \end{cases} \quad \text{avec} \quad \lambda \in \mathbb{R}.$$

Soit $\mathcal{S}$ la sphère d'équation $x^2 + y^2 + z^2 + 2x - 4z = 0$.

1. Calculer la distance $d(\Omega, \mathcal{D})$ où Ω désigne le centre de la sphère $\mathcal{S}$.
2. Étudier l'intersection $\mathcal{D} \cap \mathcal{S}$.

Solutions des exercices

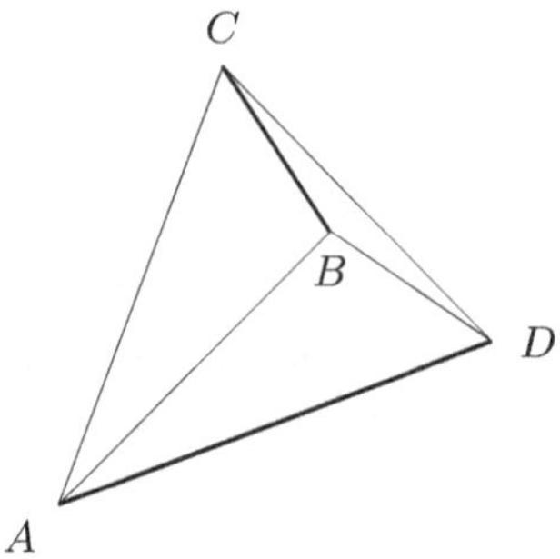

17.1 Le fait que $ABCD$ soit un tétraèdre régulier se traduit par le fait que les triangles ABC, ABD, ACD et BCD sont des triangles équilatéraux. En particulier, on a :

$$\overrightarrow{BC} \cdot \overrightarrow{BA} = \overrightarrow{BC} \cdot \overrightarrow{BD} = a^2 \cos\frac{\pi}{3} = \frac{a^2}{2}.$$

On en déduit, par la relation de Chasles puis bilinéarité du produit scalaire :

$$\begin{aligned}\overrightarrow{BC} \cdot \overrightarrow{AD} &= \overrightarrow{BC} \cdot \left(\overrightarrow{BD} - \overrightarrow{BA}\right) \\ &= \overrightarrow{BC} \cdot \overrightarrow{BD} - \overrightarrow{BC} \cdot \overrightarrow{BA} = \frac{a^2}{2} - \frac{a^2}{2} = 0.\end{aligned}$$

On en déduit que les vecteurs $\overrightarrow{BC}$ et $\overrightarrow{AD}$ sont orthogonaux.

17.2 Par la relation de Chasles, par bilinéarité du produit vectoriel, puis en utilisant le fait qu'un produit vectoriel $\vec{u} \wedge \vec{v}$ est nul dès que les deux vecteurs sont colinéaires (et donc en particulier tout produit vectoriel de la forme $\vec{u} \wedge \vec{u}$ est nul), on a :

$$\overrightarrow{MA} \wedge \overrightarrow{MB} = \overrightarrow{MA} \wedge (\overrightarrow{MA} + \overrightarrow{AB}) = \overrightarrow{MA} \wedge \overrightarrow{AB}\ ;$$

$$\overrightarrow{MB} \wedge \overrightarrow{MC} = (\overrightarrow{MA} + \overrightarrow{AB}) \wedge (\overrightarrow{MA} + \overrightarrow{AC}) = \overrightarrow{MA} \wedge \overrightarrow{AC} + \overrightarrow{AB} \wedge \overrightarrow{MA} + \overrightarrow{AB} \wedge \overrightarrow{AC}\ ;$$

$$\overrightarrow{MC} \wedge \overrightarrow{MA} = (\overrightarrow{MA} + \overrightarrow{AC}) \wedge \overrightarrow{MA} = \overrightarrow{AC} \wedge \overrightarrow{MA}.$$

En utilisant l'antisymétrie du produit vectoriel, on obtient finalement :

$$\overrightarrow{MA} \wedge \overrightarrow{MB} + \overrightarrow{MB} \wedge \overrightarrow{MC} + \overrightarrow{MC} \wedge \overrightarrow{MA} = \overrightarrow{AB} \wedge \overrightarrow{AC}.$$

17.3

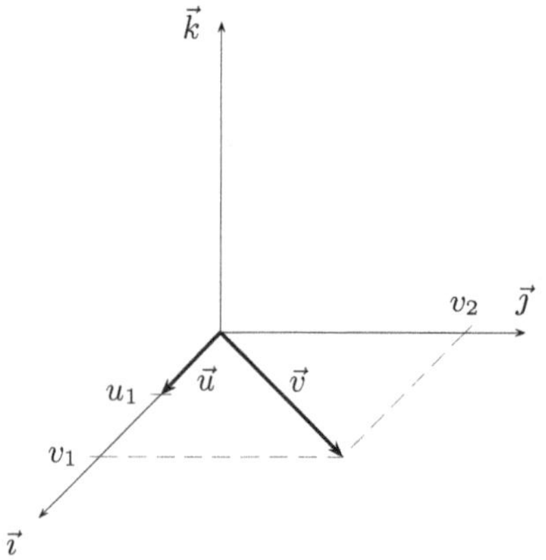

Posons $(\vec{\imath}, \vec{\jmath}, \vec{k})$ une base orthonormée directe telle que $\vec{u} \in \mathrm{Vect}(\vec{\imath})$ et $\vec{v} \in \mathrm{Vect}(\vec{\imath}, \vec{\jmath})$.

Notons $\begin{pmatrix} u_1 \\ 0 \\ 0 \end{pmatrix}$, $\begin{pmatrix} v_1 \\ v_2 \\ 0 \end{pmatrix}$ et $\begin{pmatrix} w_1 \\ w_2 \\ w_3 \end{pmatrix}$ les coordonnées des vecteurs $\vec{u}, \vec{v}$ et $\vec{w}$ dans la base $(\vec{\imath}, \vec{\jmath}, \vec{k})$.

On a alors :

$$\begin{aligned}[\vec{u} \wedge \vec{v}, \vec{u} \wedge \vec{w}, \vec{v} \wedge \vec{w}\,] &= \begin{vmatrix} 0 & 0 & v_2 w_3 \\ 0 & -u_1 w_3 & -v_1 w_3 \\ u_1 v_2 & u_1 w_2 & v_1 w_2 - v_2 w_1 \end{vmatrix} \\ &= (u_1 v_2 w_3)^2.\end{aligned}$$

Par ailleurs, on a $[\vec{u}, \vec{v}, \vec{w}\,] = \begin{vmatrix} u_1 & v_1 & w_1 \\ 0 & v_2 & w_2 \\ 0 & 0 & w_3 \end{vmatrix} = u_1 v_2 w_3$.

On en déduit que $[\vec{u} \wedge \vec{v}, \vec{u} \wedge \vec{w}, \vec{v} \wedge \vec{w}\,] = [\vec{u}, \vec{v}, \vec{w}\,]^2$.

17.4 Les vecteurs $\overrightarrow{AB}$, $\overrightarrow{AC}$ et $\overrightarrow{AD}$ ont pour coordonnées respectives $\begin{pmatrix} 0 \\ -2 \\ -1 \end{pmatrix}$, $\begin{pmatrix} a-1 \\ -1 \\ 0 \end{pmatrix}$ et $\begin{pmatrix} 0 \\ 1 \\ b-1 \end{pmatrix}$. Ces trois vecteurs sont coplanaires si, et seulement si, le produit mixte $[\overrightarrow{AB}, \overrightarrow{AC}, \overrightarrow{AD}]$ est nul. Or on a :

$$\begin{aligned}
[\overrightarrow{AB}, \overrightarrow{AC}, \overrightarrow{AD}] = 0 &\iff \begin{vmatrix} 0 & a-1 & 0 \\ -2 & -1 & 1 \\ -1 & 0 & b-1 \end{vmatrix} = 0 \\
&\iff -(a-1) + 2(a-1)(b-1) = 0 \\
&\iff (a-1)(2b-3) = 0 \\
&\iff a = 1 \quad \text{ou} \quad b = \frac{3}{2}\cdot
\end{aligned}$$

17.5 On a $\overrightarrow{AB}\begin{vmatrix} 0 \\ -2 \\ 1 \end{vmatrix.$ et $\overrightarrow{AC}\begin{vmatrix} -1 \\ 0 \\ -2 \end{vmatrix.$, et il est clair que les vecteurs $\overrightarrow{AB}$ et $\overrightarrow{AC}$ sont non colinéaires, donc que les points A, B et C sont non alignés.

Étant donné $M\begin{vmatrix} x \\ y \\ z \end{vmatrix.$ un point de l'espace, on a alors :

$$\begin{aligned}
M \in \mathcal{P} &\iff \overrightarrow{AM} \in \operatorname{Vect}\big(\overrightarrow{AB}, \overrightarrow{AC}\big) \\
&\iff \big[\overrightarrow{AB}, \overrightarrow{AC}, \overrightarrow{AM}\big] = 0 \\
&\iff \begin{vmatrix} 0 & -1 & x-1 \\ -2 & 0 & y-1 \\ 1 & -2 & z-1 \end{vmatrix} = 0 \iff 4x - y - 2z - 1 = 0.
\end{aligned}$$

17.6

- Les vecteurs $\vec{u}\begin{vmatrix} 4 \\ -1 \\ 1 \end{vmatrix.$ et $\vec{v}\begin{vmatrix} 1 \\ 1 \\ 1 \end{vmatrix.$ sont deux vecteurs directeurs *non colinéaires* du plan $\mathcal{P}$.

  Le vecteur $\vec{n} = \vec{u} \wedge \vec{v}\begin{vmatrix} -2 \\ -3 \\ 5 \end{vmatrix.$ est donc un vecteur normal au plan $\mathcal{P}$.

- Pour expliciter une équation cartésienne du plan $\mathcal{P}$, on remarque que le point $A\begin{vmatrix} 3 \\ 2 \\ 1 \end{vmatrix.$ appartient à $\mathcal{P}$. Un point $M\begin{vmatrix} x \\ y \\ z \end{vmatrix.$ de l'espace appartient au plan $\mathcal{P}$ si, et seulement si, les vecteurs $\vec{n}$ et $\overrightarrow{AM}$ sont orthogonaux, c'est-à-dire si, et seulement si :

$$-2(x-3) + -3(y-2) + 5(z-1) = 0 \qquad \text{soit} \qquad -2x - 3y + 5z + 7 = 0.$$

17.7 Le vecteur $\overrightarrow{AB}\left|\begin{smallmatrix}0\\1\\2\end{smallmatrix}\right.$ est un vecteur directeur de la droite (AB), donc :

$$\begin{cases} x = 1 \\ y = 2 + \lambda \\ z = 3 + 2\lambda \end{cases} \qquad \text{avec} \quad \lambda \in \mathbb{R}$$

est un paramétrage de la droite (AB).

Soit $\lambda \in \mathbb{R}$. Le point $M_\lambda\left|\begin{smallmatrix}1\\2+\lambda\\3+2\lambda\end{smallmatrix}\right.$ appartient au plan $\mathcal{P}$ si, et seulement si :

$$1 + (2 + \lambda) + (3 + 2\lambda) = 0 \qquad \text{soit} \qquad \lambda = -2.$$

On a donc $(AB) \cap \mathcal{P} = \{M_{-2}\}$ avec $M_{-2}(1, 0, -1)$.

17.8 Les vecteurs $\vec{u}\left|\begin{smallmatrix}1\\1\\1\end{smallmatrix}\right.$ et $\vec{v}\left|\begin{smallmatrix}2\\-1\\0\end{smallmatrix}\right.$ sont des vecteurs normaux aux plans $\mathcal{P}$ et $\mathcal{P}'$ respectivement. Ils ne sont pas colinéaires, donc l'intersection $\mathcal{D} = \mathcal{P} \cap \mathcal{P}'$ est une droite dirigée par le vecteur $\vec{u} \wedge \vec{v}\left|\begin{smallmatrix}1\\2\\-3\end{smallmatrix}\right.$. Pour obtenir un paramétrage de $\mathcal{D}$, il reste à déterminer un point commun à $\mathcal{P}$ et $\mathcal{P}'$. Par résolution du système linéaire :

$$\begin{cases} x + y + z + 1 = 0 \\ 2x - y \qquad - 1 = 0 \end{cases}$$

on obtient que le point $A\left|\begin{smallmatrix}1\\1\\-3\end{smallmatrix}\right.$ appartient aux plans $\mathcal{P}$ et $\mathcal{P}'$.

On en déduit le paramétrage suivant de la droite $\mathcal{D}$:

$$\begin{cases} x = 1 + \lambda \\ y = 1 + 2\lambda \\ z = -3 - 3\lambda \end{cases} \qquad \text{avec} \quad \lambda \in \mathbb{R}.$$

17.9 1. Les vecteurs $\overrightarrow{AB}\left|\begin{smallmatrix}-a\\b\\0\end{smallmatrix}\right.$ et $\overrightarrow{AC}\left|\begin{smallmatrix}-a\\0\\c\end{smallmatrix}\right.$ sont non colinéaires et le vecteur $\vec{u} = \overrightarrow{AB} \wedge \overrightarrow{AC}\left|\begin{smallmatrix}bc\\ac\\ab\end{smallmatrix}\right.$ est un vecteur normal au plan (ABC).

Un point $M\left|\begin{smallmatrix}x\\y\\z\end{smallmatrix}\right.$ appartient au plan (ABC) si, et seulement si, $\vec{u} \cdot \overrightarrow{AM} = 0$, c'est-à-dire si, et seulement si :

$$bc(x - a) + acy + abz = 0 \qquad \text{soit} \qquad bcx + acy + abz - abc = 0.$$

Remarque Cette équation peut également s'écrire $\frac{x}{a} + \frac{y}{b} + \frac{z}{c} = 1$.

2. En utilisant la formule donnant la distance d'un point à un plan donné par une équation cartésienne (cf. proposition 14 de la page 633), on obtient :

$$d\big(O, (ABC)\big) = \frac{|abc|}{\sqrt{a^2 + b^2 + c^2}}.$$

17.10 • Tout d'abord, on calcule la distance du centre $\Omega \left| \begin{smallmatrix} 1 \\ 1 \\ 1 \end{smallmatrix} \right.$ au plan $\mathcal{P} : x - y - z + 2 = 0$:

$$d(\Omega, \mathcal{P}) = \frac{|1-1-1+2|}{\sqrt{1^2+1^2+1^2}} = \frac{1}{\sqrt{3}}.$$

Ayant $\frac{1}{\sqrt{3}} < 2$, on en déduit que $\mathcal{S} \cap \mathcal{P}$ est un cercle inclus dans le plan $\mathcal{P}$.

• Notons $H \left| \begin{smallmatrix} x_H \\ y_H \\ z_H \end{smallmatrix} \right.$ le centre de ce cercle (projeté orthogonal de Ω sur $\mathcal{P}$) et r son rayon.

* En notant M' un point du cercle, le triangle $\Omega H M'$ est rectangle en H et d'après le théorème de Pythagore :

$$r = HM' = \sqrt{\Omega M'^2 - \Omega H^2} = \sqrt{4 - \frac{1}{3}} = \sqrt{\frac{11}{3}}.$$

* Le vecteur $\vec{u} \left| \begin{smallmatrix} 1 \\ -1 \\ -1 \end{smallmatrix} \right.$ est normal au plan $\mathcal{P}$, donc il existe $\lambda \in \mathbb{R}$ tel que :

$$\overrightarrow{\Omega H} = \lambda \vec{u} \qquad \text{c'est-à-dire} \qquad \begin{cases} x_H = 1 + \lambda \\ y_H = 1 - \lambda \\ z_H = 1 - \lambda. \end{cases}$$

Par ailleurs, $H \in \mathcal{P}$ donc ses coordonnées vérifient l'équation cartésienne dont on dispose pour $\mathcal{P}$:

$$(1+\lambda) - (1-\lambda) - (1-\lambda) + 2 = 0 \qquad \text{ce qui donne} \qquad \lambda = -\frac{1}{3}.$$

On en déduit les coordonnées du centre du cercle $\mathcal{P} \cap \mathcal{S}$: $H\left(\frac{2}{3}, \frac{4}{3}, \frac{4}{3}\right)$.

17.11 On a, par bilinéarité puis antisymétrie du produit vectoriel :

$$\begin{aligned} \overrightarrow{AB} \wedge \overrightarrow{AC} &= (\overrightarrow{OB} - \overrightarrow{OA}) \wedge (\overrightarrow{OC} - \overrightarrow{OA}) \\ &= \overrightarrow{OB} \wedge \overrightarrow{OC} - \overrightarrow{OB} \wedge \overrightarrow{OA} - \overrightarrow{OA} \wedge \overrightarrow{OC} + \overrightarrow{OA} \wedge \overrightarrow{OA} \\ &= \overrightarrow{OB} \wedge \overrightarrow{OC} + \overrightarrow{OA} \wedge \overrightarrow{OB} + \overrightarrow{OC} \wedge \overrightarrow{OA}. \end{aligned}$$

Le vecteur $\overrightarrow{OC}$ étant orthogonal aux vecteurs $\overrightarrow{OA}$ et $\overrightarrow{OB}$, il est colinéaire au vecteur $\overrightarrow{OA} \wedge \overrightarrow{OB}$. De même, les vecteurs $\overrightarrow{OB} \wedge \overrightarrow{OC}$ et $\overrightarrow{OC} \wedge \overrightarrow{OA}$ sont respectivement colinéaires aux vecteurs $\overrightarrow{OA}$ et $\overrightarrow{OB}$. Le théorème de Pythagore donne donc :

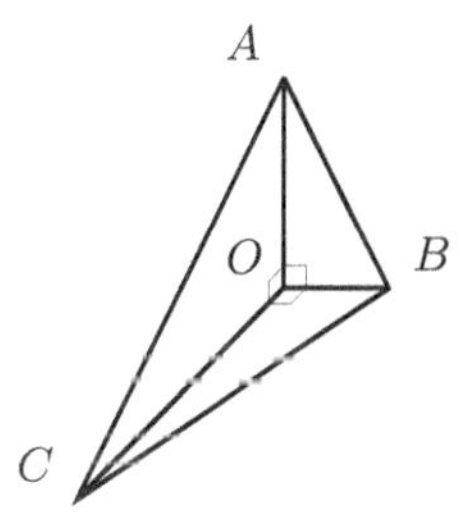

$$\begin{aligned} \|\overrightarrow{AB} \wedge \overrightarrow{AC}\|^2 &= \|\overrightarrow{OA} \wedge \overrightarrow{OB}\|^2 + \|\overrightarrow{OB} \wedge \overrightarrow{OC} + \overrightarrow{OC} \wedge \overrightarrow{OA}\|^2 \\ &= \|\overrightarrow{OA} \wedge \overrightarrow{OB}\|^2 + \|\overrightarrow{OB} \wedge \overrightarrow{OC}\|^2 + \|\overrightarrow{OC} \wedge \overrightarrow{OA}\|^2. \end{aligned}$$

Comme on dispose des aires des triangles (cf. remarque de la page 623) :

$$\mathcal{A}_{(ABC)} = \frac{1}{2}\|\overrightarrow{AB} \wedge \overrightarrow{AC}\| \ ; \qquad \mathcal{A}_{(OAB)} = \frac{1}{2}\|\overrightarrow{OA} \wedge \overrightarrow{OB}\| \ ;$$

$$\mathcal{A}_{(OBC)} = \frac{1}{2}\|\overrightarrow{OB} \wedge \overrightarrow{OC}\| \qquad \text{et} \qquad \mathcal{A}_{(OCA)} = \frac{1}{2}\|\overrightarrow{OC} \wedge \overrightarrow{OA}\|,$$

on en déduit le résultat.

17.12 Soit M un point de l'espace. Par propriétés du produit vectoriel, on a :

$$\overrightarrow{MA} \wedge \overrightarrow{MB} = \overrightarrow{MA} \wedge (\overrightarrow{MA} + \overrightarrow{AB}) = \overrightarrow{MA} \wedge \overrightarrow{AB}$$

$$\begin{aligned}\overrightarrow{MB} \wedge \overrightarrow{MC} &= (\overrightarrow{MA} + \overrightarrow{AB}) \wedge (\overrightarrow{MA} + \overrightarrow{AC}) \\ &= \overrightarrow{MA} \wedge (\overrightarrow{AC} - \overrightarrow{AB}) + \overrightarrow{AB} \wedge \overrightarrow{AC} \\ &= \overrightarrow{MA} \wedge \overrightarrow{BC} + \overrightarrow{AB} \wedge \overrightarrow{AC}\end{aligned}$$

et

$$\overrightarrow{MC} \wedge \overrightarrow{MA} = (\overrightarrow{MA} + \overrightarrow{AC}) \wedge \overrightarrow{MA} = \overrightarrow{MA} \wedge \overrightarrow{CA}.$$

On en déduit que :

$$\begin{aligned}\overrightarrow{MA} \wedge \overrightarrow{MB} + \overrightarrow{MB} \wedge \overrightarrow{MC} - 2\overrightarrow{MC} \wedge \overrightarrow{MA} &= \overrightarrow{MA} \wedge (\overrightarrow{AB} + \overrightarrow{BC} - 2\overrightarrow{CA}) + \overrightarrow{AB} \wedge \overrightarrow{AC} \\ &= 3\overrightarrow{MA} \wedge \overrightarrow{AC} + \overrightarrow{AB} \wedge \overrightarrow{AC} \\ &= (3\overrightarrow{MA} + \overrightarrow{AB}) \wedge \overrightarrow{AC}.\end{aligned}$$

En notant H l'unique point de la droite (AB) tel que $\overrightarrow{AH} = \frac{1}{3}\overrightarrow{AB}$, on a alors :

$$\overrightarrow{MA} \wedge \overrightarrow{MB} + \overrightarrow{MB} \wedge \overrightarrow{MC} - 2\overrightarrow{MC} \wedge \overrightarrow{MA} = 3\overrightarrow{MH} \wedge \overrightarrow{AC}.$$

On a donc :

$$\overrightarrow{MA} \wedge \overrightarrow{MB} + \overrightarrow{MB} \wedge \overrightarrow{MC} - 2\overrightarrow{MC} \wedge \overrightarrow{MA} = \vec{0} \iff \overrightarrow{HM} \wedge \overrightarrow{AC} = \vec{0}$$

Ce qui se traduit par la colinéarité des vecteurs $\overrightarrow{HM}$ et $\overrightarrow{AC}$, c'est-à-dire par l'appartenance de M à la droite $H + \operatorname{Vect} \overrightarrow{AC}$. L'ensemble cherché est donc la droite passant par H dirigée par le vecteur $\overrightarrow{AC}$.

17.13 1. • Supposons qu'il existe un vecteur $\vec{x}$ tel que $\vec{u} \wedge \vec{x} = \vec{v}$.
Alors, le vecteur $\vec{v}$ est orthogonal aux vecteurs $\vec{u}$ et $\vec{x}$, donc en particulier $\vec{u} \cdot \vec{v} = 0$.

• Réciproquement, supposons $\vec{u}$ et $\vec{v}$ orthogonaux.
Posons $\vec{\imath} = \dfrac{\vec{u}}{\|\vec{u}\|}$, $\vec{\jmath} = \dfrac{\vec{v}}{\|\vec{v}\|}$ et $\vec{k} = \vec{\imath} \wedge \vec{\jmath} = \dfrac{\vec{u} \wedge \vec{v}}{\|\vec{u}\|\|\vec{v}\|}$, de sorte que $(\vec{\imath}, \vec{\jmath}, \vec{k})$ est une base orthonormée directe.
La relation $\vec{\imath} \wedge \vec{k} = -\vec{\jmath}$ donne $\vec{u} \wedge \left(-\dfrac{\|\vec{v}\|}{\|\vec{u}\|}\vec{k}\right) = \vec{v}$ donc le vecteur $-\dfrac{\vec{u} \wedge \vec{v}}{\|\vec{u}\|^2}$ est une solution particulière de l'équation $\vec{u} \wedge \vec{x} = \vec{v}$.

2. Posons $\vec{w} = -\dfrac{\vec{u} \wedge \vec{v}}{\|\vec{u}\|^2}$, solution particulière de l'équation $\vec{u} \wedge \vec{x} = \vec{v}$, d'après la première question.
Soit $\vec{x}$ un vecteur quelconque. Le vecteur $\vec{x}$ est solution si, et seulement si, $\vec{u} \wedge \vec{x} = \vec{u} \wedge \vec{w}$, c'est-à-dire si, et seulement si, $\vec{u} \wedge (\vec{x} - \vec{w}) = \vec{0}$, ce qui se traduit par la colinéarité des vecteurs $\vec{u}$ et $\vec{x} - \vec{w}$, ce qui, puisque le vecteur $\vec{u}$ est non nul, se traduit par l'existence d'un réel λ tel que $\vec{x} = \vec{w} + \lambda\vec{u}$.
On en déduit l'ensemble solution :

$$\left\{ -\frac{\vec{u} \wedge \vec{v}}{\|\vec{u}\|^2} + \lambda\vec{u} \mid \lambda \in \mathbb{R} \right\}.$$

17.14 1. Soit $M\left|\begin{smallmatrix} x \\ y \\ z \end{smallmatrix}\right.$. On a $\overrightarrow{AM}\wedge\vec{u}\left|\begin{smallmatrix} -(z+a)\sin\theta \\ (z+a)\cos\theta \\ x\sin\theta-y\cos\theta \end{smallmatrix}\right.$ et $\overrightarrow{BM}\wedge\vec{v}\left|\begin{smallmatrix} (z-a)\sin\theta \\ (z-a)\cos\theta \\ -x\sin\theta-y\cos\theta \end{smallmatrix}\right.$.

D'après la proposition 13 de la page 632, on a :

$$\begin{aligned} d(M,\mathcal{D})^2 &= \frac{\big((z+a)^2\sin^2\theta+(z+a)^2\cos^2\theta+(x\sin\theta-y\cos\theta\big)^2}{\cos^2\theta+\sin^2\theta} \\ &= (z+a)^2+(x\sin\theta-y\cos\theta)^2 \end{aligned}$$

On obtient la distance à $\mathcal{D}'$ en changeant θ en $-\theta$ et a en $-a$:

$$d(M,\mathcal{D}')^2=(z-a)^2+(-x\sin\theta-y\cos\theta)^2.$$

On a donc les équivalences suivantes :

$$\begin{aligned} M\in\mathcal{E} &\iff d(M,\mathcal{D})^2=d(M,\mathcal{D}')^2 \\ &\iff (z+a)^2+(x\sin\theta-y\cos\theta)^2=(z-a)^2+(-x\sin\theta-y\cos\theta)^2 \\ &\iff 2az-2xy\sin\theta\cos\theta=-2az+2xy\sin\theta\cos\theta \\ &\iff 2xy\sin(2\theta)=4az. \end{aligned}$$

Puisque $\theta\in\,]0,\pi[$, on a $2\theta\not\equiv 0\ [\pi]$, ce qui donne :

$$M\in\mathcal{E}\iff xy=\frac{2az}{\sin(2\theta)}.$$

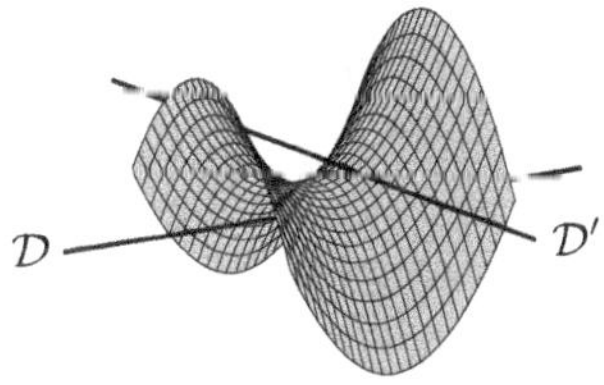

2. Pour $m\in\mathbb{R}$, définissons la droite $\mathcal{D}_m$ par le paramétrage suivant :

$$\begin{cases} x=m \\ y=\lambda \\ z=\frac{\sin(2\theta)m}{2a}\lambda \end{cases}\qquad\text{avec}\quad\lambda\in\mathbb{R}.$$

- On vérifie immédiatement, grâce au résultat de la première question, que :

$$\forall m\in\mathbb{R}\quad\mathcal{D}_m\subset\mathcal{E}.$$

- Par ailleurs, si $M\left|\begin{smallmatrix} u_1 \\ u_2 \\ u_3 \end{smallmatrix}\right.\in\mathcal{E}$, alors, d'après la première question, on a :

$$u_3=\frac{\sin(2\theta)u_1}{2a}u_2\qquad\text{donc}\qquad M\in\mathcal{D}_{u_1}.$$

On en déduit que $\mathcal{E}$ est la réunion des droites $\mathcal{D}_m$ lorsque m décrit $\mathbb{R}$.

On peut faire de même avec les droites $\mathcal{D}'_m$:

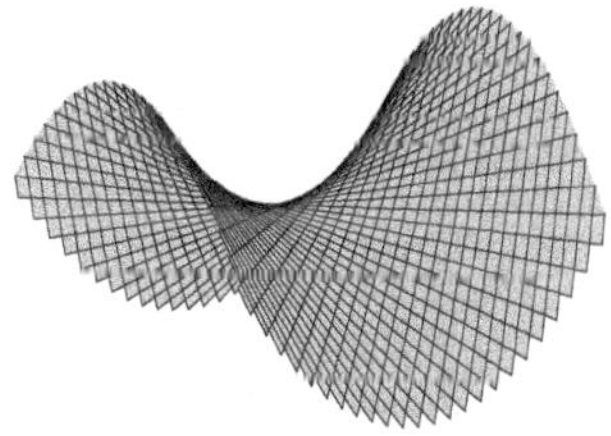

$$\begin{cases} x=\lambda \\ y=m \\ z=\frac{\sin(2\theta)m}{2a}\lambda \end{cases}\qquad\text{avec}\quad\lambda\in\mathbb{R},$$

ce qui montre que $\mathcal{E}$ peut s'écrire de deux façons comme réunions de droites.

17.15 1. • Le produit vectoriel des vecteurs $\vec{u}_1 \begin{vmatrix} 1 \\ -1 \\ 1 \end{vmatrix}$ et $\vec{v}_1 \begin{vmatrix} 2 \\ 1 \\ -1 \end{vmatrix}$ est $\vec{u}_1 \wedge \vec{v}_1 \begin{vmatrix} 0 \\ 3 \\ 3 \end{vmatrix}$, ce qui montre que le vecteur $\vec{u} \begin{vmatrix} 0 \\ 1 \\ 1 \end{vmatrix}$ est un vecteur directeur de la droite $\mathcal{D}_1$.

Par ailleurs, le point $A \begin{vmatrix} -1/3 \\ 2/3 \\ 0 \end{vmatrix}$ vérifie les équations qui définissent $\mathcal{D}_1$.

On en déduit que :

$$\begin{cases} x = -1/3 \\ y = 2/3 + \lambda \\ z = \phantom{-1/3 +{}} \lambda \end{cases} \quad \text{avec} \quad \lambda \in \mathbb{R}$$

est un paramétrage de la droite $\mathcal{D}_1$.

• Le produit vectoriel des vecteurs $\vec{u}_2 \begin{vmatrix} 1 \\ 2 \\ 1 \end{vmatrix}$ et $\vec{v}_2 \begin{vmatrix} 2 \\ -2 \\ -2 \end{vmatrix}$ est $\vec{u}_2 \wedge \vec{v}_2 \begin{vmatrix} -2 \\ 4 \\ -6 \end{vmatrix}$, ce qui montre que le vecteur $\vec{v} \begin{vmatrix} -1 \\ 2 \\ -3 \end{vmatrix}$ est un vecteur directeur de la droite $\mathcal{D}_2$.

Par ailleurs, le point $B \begin{vmatrix} 1/4 \\ 0 \\ -1/4 \end{vmatrix}$ vérifie les équations qui définissent $\mathcal{D}_2$. On en déduit que :

$$\begin{cases} x = 1/4 - \lambda \\ y = \phantom{-1/4 -{}} 2\lambda \\ z = -1/4 - 3\lambda \end{cases} \quad \text{avec} \quad \lambda \in \mathbb{R}$$

est un paramétrage de la droite $\mathcal{D}_1$.

2. Le produit vectoriel des vecteurs $\vec{u}$ et $\vec{v}$ est $\vec{u} \wedge \vec{v} \begin{vmatrix} -5 \\ -1 \\ 1 \end{vmatrix}$. Soit $M \begin{vmatrix} x \\ y \\ z \end{vmatrix}$ un point quelconque.

• Le point M appartient au plan $\mathcal{P}_1$ si, et seulement si :

$$[\vec{u}, \vec{u} \wedge \vec{v}, \overrightarrow{AM}] = 0 \qquad \text{c'est-à-dire} \qquad \begin{vmatrix} 0 & -5 & x + 1/3 \\ 1 & -1 & y - 2/3 \\ 1 & 1 & z \end{vmatrix} = 0.$$

Après calcul et simplification :

$$M \in \mathcal{P}_1 \iff 2x - 5y + 5z + 4 = 0.$$

• De même, on a :

$$M \in \mathcal{P}_2 \iff [\vec{v}, \vec{u} \wedge \vec{v}, \overrightarrow{BM}] = 0 \iff \begin{vmatrix} -1 & -5 & x - 1/4 \\ 2 & -1 & y \\ -3 & 1 & z + 1/4 \end{vmatrix} = 0$$

$$\iff -x + 16y + 11z + 3 = 0.$$

3. • Des équations cartésiennes obtenues, on déduit que les vecteurs $\vec{n}_1 \begin{vmatrix} 2 \\ -5 \\ 5 \end{vmatrix}$ et $\vec{n}_2 \begin{vmatrix} -1 \\ 16 \\ 11 \end{vmatrix}$ sont normaux aux plans $\mathcal{P}_1$ et $\mathcal{P}_2$. Comme $\vec{n}_1$ et $\vec{n}_2$ ne sont pas colinéaires, les plans $\mathcal{P}_1$ et $\mathcal{P}_2$ ne sont pas parallèles et $\mathcal{D} = \mathcal{P}_1 \cap P_2$ est une droite, dirigée par le vecteur $\vec{n}_1 \wedge \vec{n}_2$.

• On a $\vec{n}_1 \wedge \vec{n}_2 \begin{vmatrix} -135 \\ -27 \\ 27 \end{vmatrix}$ qui est colinéaire à $\vec{n} \begin{vmatrix} -5 \\ -1 \\ 1 \end{vmatrix}$ et l'on constate alors que $\vec{n} \cdot \vec{u} = 0$ et $\vec{n} \cdot \vec{v} = 0$. Le vecteur $\vec{n}$ est donc orthogonal aux vecteurs $\vec{u}$ et $\vec{v}$, vecteurs directeurs des droites $\mathcal{D}_1$ et $\mathcal{D}_2$ respectivement.

• Ainsi, les droites $\mathcal{D}$ et $\mathcal{D}_1$ sont deux droites du plan $\mathcal{P}_1$ de vecteurs directeurs orthogonaux. Elles s'intersectent donc perpendiculairement. De même, les droites $\mathcal{D}$ et $\mathcal{D}_2$ s'intersectent perpendiculairement dans le plan $\mathcal{P}_2$.

17.16 1. • Compte tenu de l'équation cartésienne de $\mathcal{P}$ dont on dispose, justifier que c'est un plan revient à prouver que le triplet $(\lambda_1 a_1 + \lambda_2 a_2, \lambda_1 b_1 + \lambda_2 b_2, \lambda_1 c_1 + \lambda_2 c_2)$ n'est pas nul (cf. proposition 12 de la page 627). Si ce triplet était nul, alors :

   * si $\lambda_1 \neq 0$, on aurait $a_1 = -\frac{\lambda_2}{\lambda_1} a_2$, $b_1 = -\frac{\lambda_2}{\lambda_1} b_2$ et $c_1 = -\frac{\lambda_2}{\lambda_1} c_2$;
   * si $\lambda_2 \neq 0$, on aurait $a_2 = -\frac{\lambda_1}{\lambda_2} a_1$, $b_2 = -\frac{\lambda_1}{\lambda_2} b_1$ et $c_2 = -\frac{\lambda_1}{\lambda_2} c_1$;

   ce qui contredirait le fait que les triplets (a_1, b_1, c_1) et (a_2, b_2, c_2) sont non proportionnels.

   • Ce plan contient évidemment la droite $\mathcal{D}$ puisque tout point $M \left| \begin{smallmatrix} x \\ y \\ z \end{smallmatrix} \right.$ de $\mathcal{D}$ vérifie :

$$\lambda_1 \underbrace{(a_1 x + b_1 y + c_1 z + d_1)}_{=0} + \lambda_2 \underbrace{(a_2 x + b_2 y + c_2 z + d_2)}_{=0} = 0.$$

2. • Notons $\mathcal{P}_1$ et $\mathcal{P}_2$ les plans ont pour équations respectives :

$$a_1\, x + b_1\, y + c_1\, z + d_1 = 0 \qquad \text{et} \qquad a_2\, x + b_2\, y + c_2\, z + d_2 = 0,$$

   de telle sorte que $\mathcal{P}_1 \cap \mathcal{P}_2 = \mathcal{D}$. Considérons les deux vecteurs $\vec{w}_1 \left| \begin{smallmatrix} a_1 \\ b_1 \\ c_1 \end{smallmatrix} \right.$ et $\vec{w}_2 \left| \begin{smallmatrix} a_2 \\ b_2 \\ c_2 \end{smallmatrix} \right.$, qui sont respectivement des vecteurs normaux aux plans $\mathcal{P}_1$ et $\mathcal{P}_2$. Alors, le vecteur $\vec{w}_1 \wedge \vec{w}_2$ dirige la droite $\mathcal{D}$.

   • Soit $\mathcal{P}$ un plan contenant $\mathcal{D}$. Soit $\vec{n}$ un vecteur normal à $\mathcal{P}$. Alors $\vec{n}$ est orthogonal au vecteur $\vec{w}_1 \wedge \vec{w}_2$ (puisque celui-ci dirige la droite $\mathcal{D}$ incluse dans $\mathcal{P}$). On en déduit que $\vec{n} \in \operatorname{Vect}(\vec{w}_1, \vec{w}_2)$, ce qui assure l'existence de $(\lambda_1, \lambda_2) \in \mathbb{R}^2$ tel que :

$$\vec{n} = \lambda_1 \vec{w}_1 + \lambda_2 \vec{w}_2.$$

   Comme $\vec{n} \neq \vec{0}$, on a $(\lambda_1, \lambda_2) \neq (0,0)$ et $\mathcal{P}$ a donc une équation cartésienne de la forme :

$$(\lambda_1 a_1 + \lambda_2 a_2)x + (\lambda_1 b_1 + \lambda_2 b_2)y + (\lambda_1 c_1 + \lambda_2 c_2)z + d = 0 \quad \text{avec} \quad d \in \mathbb{R}.$$

   Enfin, la droite $\mathcal{D}$ est contenue dans $\mathcal{P}_1$, $\mathcal{P}_2$ et $\mathcal{P}$. Prenons un point $M(x,y,z)$ de $\mathcal{D}$. En écrivant qu'il est dans $\mathcal{P}$, puis qu'il est dans $\mathcal{P}_1$ et $\mathcal{P}_2$, on obtient :

$$(\lambda_1 a_1 + \lambda_2 a_2)x + (\lambda_1 b_1 + \lambda_2 b_2)y + (\lambda_1 c_1 + \lambda_2 c_2)z + d = 0$$

$$(\lambda_1 a_1 + \lambda_2 a_2)x + (\lambda_1 b_1 + \lambda_2 b_2)y + (\lambda_1 c_1 + \lambda_2 c_2)z + (\lambda_1 d_1 + \lambda_2 d_2) = 0.$$

   Finalement, $d = \lambda_1 d_1 + \lambda_2 d_2$.

3. D'après ce qui précède, les plans contenant la droite $\mathcal{D}$ sont les plans ayant une équation cartésienne de la forme :

$$(\lambda_1 + \lambda_2)x + (2\lambda_1 + \lambda_2)y + (\lambda_1 + 3\lambda_2)z + (\lambda_1 + 2\lambda_2) = 0 \quad \text{avec} \quad (\lambda_1, \lambda_2) \in \mathbb{R}^2 \setminus \{(0,0)\}.$$

   Le point $A \left| \begin{smallmatrix} 1 \\ 1 \\ 1 \end{smallmatrix} \right.$ vérifie une telle équation si, et seulement si, $5\lambda_1 + 7\lambda_2 = 0$.

   On peut par exemple prendre $\lambda_1 = 7$ et $\lambda_2 = -5$. Le plan recherché admet ainsi pour équation :

$$2x + 9y - 8z - 3 = 0.$$

17.17 Posons $(\vec{\imath}, \vec{\jmath}, \vec{k})$ une base orthonormée directe telle que $\vec{u} \in \mathrm{Vect}(\vec{\imath})$ et $\vec{v} \in \mathrm{Vect}(\vec{\imath}, \vec{\jmath})$.

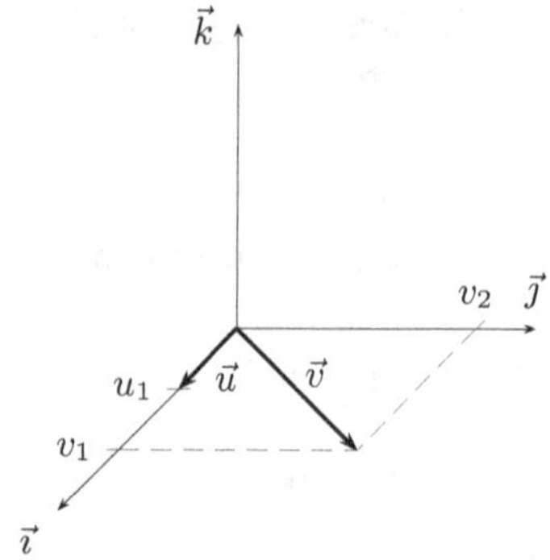

Notons $\begin{pmatrix} u_1 \\ 0 \\ 0 \end{pmatrix}$, $\begin{pmatrix} v_1 \\ v_2 \\ 0 \end{pmatrix}$ et $\begin{pmatrix} w_1 \\ w_2 \\ w_3 \end{pmatrix}$ les coordonnées des vecteurs $\vec{u}$, $\vec{v}$ et $\vec{w}$ dans la base $(\vec{\imath}, \vec{\jmath}, \vec{k})$. On a alors :

$$\vec{v} \wedge \vec{w} \left| \begin{matrix} v_2 w_3 \\ -v_1 w_3 \\ v_1 w_2 - v_2 w_1 \end{matrix} \right. \qquad \text{puis} \qquad \vec{u} \wedge (\vec{v} \wedge \vec{w}) \left| \begin{matrix} 0 \\ -u_1(v_1 w_2 - v_2 w_1) \\ -u_1 v_1 w_3 \end{matrix} \right. .$$

On a aussi $\vec{u} \cdot \vec{v} = u_1 v_1$ et $\vec{u} \cdot \vec{w} = u_1 w_1$ donc :

$$\big((\vec{u} \cdot \vec{w})\vec{v} - (\vec{u} \cdot \vec{v})\vec{w}\big) \left| \begin{matrix} u_1 w_1 v_1 - u_1 v_1 w_1 \\ u_1 w_1 v_2 - u_1 v_1 w_2 \\ -u_1 v_1 w_3 \end{matrix} \right. .$$

On peut conclure :

$$\vec{u} \wedge (\vec{v} \wedge \vec{w}) = (\vec{u} \cdot \vec{w})\, \vec{v} - (\vec{u} \cdot \vec{v})\, \vec{w}.$$

17.18 1. En mettant l'équation de la sphère $\mathcal{S}$ sous la forme :

$$(x+1)^2 + y^2 + (z-2)^2 = 5,$$

on obtient que $\Omega \left| \begin{smallmatrix} -1 \\ 0 \\ 2 \end{smallmatrix} \right.$. Posons $\vec{u} \left| \begin{smallmatrix} 1 \\ 1 \\ 1 \end{smallmatrix} \right.$, qui est un vecteur directeur de la droite $\mathcal{D}$ et $A \left| \begin{smallmatrix} 1 \\ 2 \\ 0 \end{smallmatrix} \right.$, un point de $\mathcal{D}$. On a alors $\overrightarrow{A\Omega} \left| \begin{smallmatrix} -2 \\ -2 \\ 2 \end{smallmatrix} \right.$ puis $\overrightarrow{A\Omega} \wedge \vec{u} \left| \begin{smallmatrix} -4 \\ 4 \\ 0 \end{smallmatrix} \right.$.

D'après la proposition 13 de la page 632 donnant la distance d'un point à une droite, on a :

$$d(\Omega, \mathcal{D}) = \frac{\|\overrightarrow{A\Omega} \wedge \vec{u}\|}{\|\vec{u}\|} = \frac{4\sqrt{2}}{\sqrt{3}}\cdot$$

2. Le rayon de la sphère $\mathcal{S}$ vaut $\sqrt{5}$. Puisque $\frac{4\sqrt{2}}{\sqrt{3}} > \sqrt{5}$, l'intersection $\mathcal{S} \cap \mathcal{D}$ est vide.

Chapitre 18 : Arithmétique dans $\mathbb{N}$

Arithmétique dans IN 18

I Divisibilité dans IN

1 Diviseurs, multiples

Définition 1

Étant donné deux entiers naturels a et b, on dit que b **divise** a, et l'on note $b \mid a$, s'il existe $k \in \mathbb{N}$ tel que $a = kb$.

On dit aussi que b est un **diviseur** de a, ou que a est un **multiple** de b.

Notations

- L'ensemble des diviseurs de $a \in \mathbb{N}$ sera noté $\mathcal{D}(a)$.
- L'ensemble des multiples de $b \in \mathbb{N}$ sera noté $b\mathbb{N} = \{bq \mid q \in \mathbb{N}\}$.

Remarques

- 1 divise tous les entiers, mais n'est divisible que par 1.
- 0 est un multiple de tous les entiers, mais n'est diviseur que de lui-même.
- **Transitivité de la divisibilité.** Étant donné trois entiers a, b et c, on a :

$$(a \mid b \quad \text{et} \quad b \mid c) \implies a \mid c.$$

- Si a est un entier naturel non nul et si b divise a, alors $b \leqslant a$. En effet, il existe un entier naturel k tel que $a = kb$, et puisque $a \neq 0$, on a $k \neq 0$ donc $k \geqslant 1$.

  Les diviseurs d'un entier non nul sont donc en nombre fini (alors que $\mathcal{D}(0) = \mathbb{N}$ est infini).

2 Division euclidienne sur IN

Théorème 1

Soit a un entier naturel et b un entier naturel *non nul*. Il existe un unique couple d'entiers naturels (q,r) tel que :

$$a = bq + r \qquad \text{et} \qquad 0 \leqslant r < b. \qquad (*)$$

- q est appelé **quotient de la division euclidienne** de a par b,
- r est appelé **reste de la division euclidienne** de a par b.

Démonstration page 658

Principe de démonstration. On peut procéder par analyse-synthèse : si le couple (q,r) convient, alors q est le plus grand entier n tel que $bn \leqslant a$ et $r = a - bq$. On vérifie alors qu'un tel couple existe et convient.

Remarque Si q désigne le quotient de la division euclidienne de a par $b \in \mathbb{N}^*$, on a $bq \leqslant a < bq + b$, c'est-à-dire $q \leqslant \frac{a}{b} < q + 1$. Donc $q = \left\lfloor \frac{a}{b} \right\rfloor$ où $\lfloor x \rfloor$ est la partie entière de x.

Proposition 2

Étant donné $a \in \mathbb{N}$ et $b \in \mathbb{N}^*$, on a $b \mid a$ si, et seulement si, le reste de la division euclidienne de a par b est nul.

Démonstration page 658

II PGCD, PPCM

1 Définitions

Soit a et b deux entiers naturels non tous les deux nuls.
L'ensemble des diviseurs communs à a et b est une partie de $\mathbb{N}$, non vide puisqu'elle contient 1, et majorée, par exemple, par $\max(a,b)$ (et même par $\min(a,b)$, si a et b sont tous les deux non nuls). Elle possède donc un plus grand élément, supérieur ou égal à 1.

Définition 2

Soit a et b deux entiers naturels *non tous les deux nuls*.

Le **PGCD** de a et b, noté $a \wedge b$, est le plus grand des diviseurs communs à a et b.

Remarque
Deux entiers non tous les deux nuls ont toujours un PGCD supérieur ou égal à 1.

Ex. 1. L'ensemble des diviseurs de 12 est $\{1,2,3,4,6,12\}$ et celui de 15 est $\{1,3,5,15\}$, donc 1 et 3 sont les seuls diviseurs communs à 12 et 15 et le plus grand d'entre eux est 3 donc $12 \wedge 15 = 3$.

Ex. 2. Si a est un entier naturel non nul, on a $a \wedge 0 = a$ puisque a est le plus grand diviseur de a et qu'il divise également 0.

Ex. 3. Écriture sous forme irréductible d'une fraction
Soit $(a,b) \in \mathbb{N} \times \mathbb{N}^*$, $d = a \wedge b$ et $(a',b') \in \mathbb{N} \times \mathbb{N}^*$ tel que :

$$a = a'd \quad \text{et} \quad b = b'd.$$

L'entier d étant non nul, on a $\frac{a}{b} = \frac{a'}{b'}$. Par ailleurs, $a' \wedge b'$ est un diviseur commun à a' et b' donc $(a' \wedge b')d$ est un diviseur commun à a et b. Par maximalité de d, il vient $a' \wedge b' = 1$.
On dit de $\frac{a'}{b'}$ que c'est une **fraction irréductible**.

Soit a et b deux entiers naturels non nuls.
L'ensemble des multiples strictement positifs communs à a et b est une partie de $\mathbb{N}$, non vide car elle contient ab, ce qui justifie l'existence de son plus petit élément.

Définition 3

Le **PPCM** de deux entiers naturels non nuls a et b, noté $a \vee b$, est le plus petit des multiples *strictement positifs* communs à a et b.

2 Algorithme d'Euclide

Lemme 3

Soit a, b deux entiers naturels, avec $b \neq 0$. On suppose $a = bq + r$, avec q et r des entiers naturels.

Alors $\mathcal{D}(a) \cap \mathcal{D}(b) = \mathcal{D}(b) \cap \mathcal{D}(r)$ et, en particulier, $a \wedge b = b \wedge r$.

Démonstration page 658

L'**algorithme d'Euclide**, donné ci-contre en Python, permet de calculer un PGCD à l'aide du lemme 3 et de la division euclidienne : si b est non nul, le PGCD de a et b est le même que celui de b et du reste r de la division euclidienne de a par b. Il suffit donc de remplacer (a,b) par (b,r) et de recommencer.

```
def pgcd(a,b):
    while b != 0:
        (a,b) = (b,a%b)
    return a
```

Remarques

- La terminaison de l'algorithme est assurée par le fait que la variable entière b est positive à partir de la première itération, diminue strictement à chaque itération et donc finit par s'annuler.
- Le PGCD est alors le dernier reste non nul.

Ex. 4. Calculons $782 \wedge 221$ en utilisant l'algorithme d'Euclide.
On a les divisions euclidiennes successives suivantes :

$$782 = 3 \times 221 + 119, \quad 221 = 119 + 102, \quad 119 = 102 + 17 \quad \text{et} \quad 102 = 6 \times 17 + 0.$$

On en déduit :

$$782 \wedge 221 = 221 \wedge 119 = 119 \wedge 102 = 102 \wedge 17 = 17 \wedge 0 = 17.$$

III Nombres premiers

1 Définition

Définition 4

On appelle **nombre premier** tout entier naturel différent de 1 n'admettant pour diviseurs que 1 et lui-même.

Ex. 5.

Les entiers 2, 3, 5, 7, 11, …, $65\,537$, …, $314\,159$, …, $2\,718\,281$, … sont premiers.

Notation L'ensemble des nombres premiers est noté $\mathcal{P}$.

Point méthode Un entier $n \geqslant 2$ est non premier si, et seulement si :

$$\exists (a,b) \in [\![2, n-1]\!]^2 \quad n = ab.$$

Proposition 4

Tout entier naturel $n \geqslant 2$ est un produit de nombres premiers.

Démonstration page 658

Principe de démonstration. Par récurrence forte, en utilisant le point méthode ci-dessus.

Conséquence Tout entier naturel $n \geqslant 2$ admet un diviseur premier.

Proposition 5

L'ensemble des nombres premiers est infini.

Démonstration page 658

Principe de démonstration. Pour $n \in \mathbb{N}$, considérer un diviseur premier de $n! + 1$.

2 Décomposition en produit de facteurs premiers

Dans la proposition 4, il a été établi que tout entier naturel $n \geqslant 2$ est un produit de nombres premiers :

$$n = q_1 \cdots q_k.$$

Le résultat qui suit, dont la démonstration est hors-programme, donne l'unicité d'une telle décomposition en produit de facteurs premiers, appelée plus simplement **décomposition en facteurs premiers**.

Théorème 6

Soit n un entier naturel supérieur ou égal à 2. Il existe un entier naturel r non nul ainsi que des nombres premiers $p_1 < \cdots < p_r$ et des entiers naturels $\alpha_1, \ldots, \alpha_r$ non nuls tels que :

$$n = p_1^{\alpha_1} \cdots p_r^{\alpha_r}$$

et cette décomposition est unique.

Les nombres premiers $p_1, \ldots, p_r$ sont appelés les **facteurs premiers** de n.

Autres écritures

- Si $\{p_1, \dots, p_r\}$ est un ensemble de nombres premiers contenant tous les facteurs premiers de n, on peut aussi écrire :
$$n = p_1^{\alpha_1} \cdots p_r^{\alpha_r},$$
en prenant $\alpha_i = 0$ si p_i n'est pas un diviseur de n.
- Avec cette convention, 1 peut s'écrire sous cette forme en prenant tous les α_i nuls.
- Étant donné deux entiers naturels a et b non nuls, on peut écrire :
$$a = p_1^{\alpha_1} \cdots p_r^{\alpha_r} \qquad \text{et} \qquad b = p_1^{\beta_1} \cdots p_r^{\beta_r},$$
en utilisant les mêmes nombres premiers. Il suffit pour cela de prendre tous les facteurs premiers du produit ab.

Ex. 6. On a $7007 = 7 \times 7 \times 11 \times 13 = 7^2 \times 11^1 \times 13^1$.

Le théorème suivant caractérise les diviseurs d'un entier naturel non nul dont on connait la décomposition en facteurs premiers.

Proposition 7

Soit $n \in \mathbb{N}^*$ dont la décomposition en facteurs premiers est :
$$n = p_1^{\alpha_1} \cdots p_k^{\alpha_k}.$$
Alors, les diviseurs de n sont les entiers d qui s'écrivent :
$$d = p_1^{\delta_1} \cdots p_k^{\delta_k} \qquad \text{avec} \qquad \forall i \in [\![1, k]\!] \quad 0 \leqslant \delta_i \leqslant \alpha_i.$$

Démonstration page 659

Principe de démonstration. Exploiter la remarque précédente et le théorème d'unicité de la décomposition en facteurs premiers.

908

Remarque

Un diviseur d est donc déterminé par le k-uplet $(\delta_1, \dots, \delta_k)$ appartenant à :
$$E = [\![0, \alpha_1]\!] \times \cdots \times [\![0, \alpha_k]\!]$$
et donc, le nombre de diviseurs de n est $\operatorname{card} E = \prod_{i=1}^{k} (1 + \alpha_i)$.

Proposition 8

Soit deux entiers naturels non nuls :
$$a = p_1^{\alpha_1} \cdots p_k^{\alpha_k} \qquad \text{et} \qquad b = p_1^{\beta_1} \cdots p_k^{\beta_k},$$
où $p_1, \dots, p_k$ sont des nombres premiers distincts. Alors on a :
$$a \wedge b = \prod_{i=1}^{k} p_i^{\min(\alpha_i, \beta_i)} \qquad \text{et} \qquad a \vee b = \prod_{i=1}^{k} p_i^{\max(\alpha_i, \beta_i)}.$$

Démonstration page 659

Point méthode Pour déterminer le PGCD de deux entiers, nous disposons donc de deux méthodes : l'algorithme d'Euclide, et la décomposition en facteurs premiers.

On peut utiliser la deuxième, même si seul l'un des deux nombres a une décomposition simple.

Ex. 7. Calculons le PGCD de $a = 201387$ et $b = 3000$. La décomposition de b en facteurs premiers est immédiate : $3000 = 2^3 \times 3 \times 5^3$. Le PGCD recherché est donc de la forme $2^\alpha \times 3^\beta \times 5^\gamma$, avec $\alpha \leqslant 3$, $\beta \leqslant 1$ et $\gamma \leqslant 3$. Comme ni 2 ni 5 ne divisent a mais que 3 le divise (la somme des chiffres est un multiple de 3), on en déduit $a \wedge b = 3$.

Démonstrations

Théorème 1 Soit $A = \{n \in \mathbb{N} : bn \leqslant a\}$.

Unicité. Soit $(q, r) \in \mathbb{N}^2$ tel que $a = bq + r$ et $0 \leqslant r < b$. Alors $bq \leqslant a$, ce qui prouve que q est dans A, et, pour tout $n \geqslant q + 1$:

$$a < bq + b = b(q+1) \leqslant nb \qquad \text{donc} \qquad n \notin A.$$

Ainsi, q est le plus grand élément de A, ce qui prouve son unicité. Alors $r = a - bq$ est aussi unique.

Existence. L'ensemble A est une partie de IN non vide et majorée. En effet, puisque $b \geqslant 1$ et $a \geqslant 0$, on a $ab \geqslant a$ et ainsi :

- $0 \in A$ car $a \geqslant 0$, donc A est non vide ;
- $(1 + a)b > ab \geqslant a$, donc :

$$\forall n \in \mathbb{N} \quad n \geqslant 1 + a \Longrightarrow bn > a \Longrightarrow n \notin A,$$

ce qui prouve que A est majorée par $1 + a$.

Donc A admet un plus grand élément q qui vérifie alors :

- $bq \leqslant a$ puisque $q \in A$,
- $b(q + 1) > a$ puisque $q + 1 \notin A$.

En posant $r = a - bq$, on a alors $a = bq + r$ et $0 \leqslant r < b(q + 1) - bq = b$.

Proposition 2 Notons q et r le quotient et le reste de la division euclidienne de a par b.

- Si $r = 0$, alors $a = bq$ et donc $b \mid a$.
- Réciproquement, si $b \mid a$, alors on a $a = bk + 0$ avec $k \in \mathbb{N}$ et $0 \leqslant 0 < b$. L'unicité de la division euclidienne nous donne donc $k = q$ et $r = 0$.

On a donc l'équivalence $b \mid a \Longleftrightarrow r = 0$.

Lemme 3 L'entier b est non nul donc $a \wedge b = \max\big(\mathcal{D}(a) \cap \mathcal{D}(b)\big)$ et $b \wedge r = \max\big(\mathcal{D}(b) \cap \mathcal{D}(r)\big)$ existent.

La relation $a = bq + r$ montre que tout diviseur commun à b et r est un diviseur de a (et de b) donc $\mathcal{D}(b) \cap \mathcal{D}(r) \subset \mathcal{D}(a) \cap \mathcal{D}(b)$.

L'inclusion réciproque provient de même de la relation $r = a - bq$.

Proposition 4 Pour tout $n \geqslant 2$, on note $\mathcal{H}_n$ la propriété « n est un produit de nombres premiers ».

Initialisation $\mathcal{H}_2$ est vérifiée car 2 est un nombre premier.

Hérédité Soit $n \geqslant 3$ tel que H_k soit vérifiée pour tout $k \in [\![2, n-1]\!]$.

Si n est un nombre premier, comme pour l'initialisation, il n'y a rien à faire.

Sinon, il existe $(a, b) \in [\![2, n-1]\!]^2$ tel que $n = ab$. Par hypothèse de récurrence forte, a et b sont des produits de nombres premiers donc n l'est aussi.

Proposition 5 Si n est un entier naturel, l'entier $N = n! + 1$ admet un diviseur premier p (éventuellement lui-même). Si $p \leqslant n$, alors p divise N et $n!$ et donc leur différence 1, ce qui est impossible. Donc $p > n$.

On a montré que, pour tout entier n, il existe un nombre premier p strictement supérieur à n, ce qui prouve que l'ensemble des nombres premiers est non majoré, donc infini.

Proposition 7

- Les entiers de la forme :
$$d = p_1^{\delta_1} \cdots p_k^{\delta_k} \qquad \text{avec} \qquad \forall i \in [\![1,k]\!] \quad 0 \leqslant \delta_i \leqslant \alpha_i.$$
sont évidemment des diviseurs de n.
- Soit d un diviseur de n et $c \in \mathbb{N}^*$ tel que $n = dc$.
Les décompositions en facteurs premiers de n, d et c peuvent s'écrire (cf. page 656) :
$$n = p_1^{\alpha_1} \cdots p_j^{\alpha_j}, \quad d = p_1^{\delta_1} \cdots p_j^{\delta_j} \quad \text{et} \quad c = p_1^{\gamma_1} \cdots p_j^{\gamma_j}$$
avec $j \geqslant k$, $p_{k+1}, \ldots, p_j$ des nombres premiers distincts (et aussi distincts de $p_1, \ldots, p_k$) et $\alpha_{k+1}, \ldots, \alpha_j, \delta_1, \ldots, \delta_j, \gamma_1, \ldots, \gamma_j$ des entiers naturels.
De l'égalité $n = dc$ et par unicité de la décomposition en facteurs premiers, on a :
  * pour tout $i \in [\![1,k]\!], \alpha_i = \delta_i + \gamma_i$ et en particulier, $\delta_i \in [\![0, \alpha_i]\!]$;
  * pour tout $i \in [\![k+1, j]\!], \delta_i + \gamma_i = \alpha_i = 0$ puis, par positivité, $\forall i \in [\![k+1, j]\!] \quad \delta_i = \gamma_i = 0$.

  On en déduit que $d = p_1^{\delta_1} \cdots p_k^{\delta_k}$, ce qui conclut.

Proposition 8 Posons $d = \prod\limits_{i=1}^{k} p_i^{\min(\alpha_i, \beta_i)}$ et d' un diviseur positif commun à a et à b.

D'après la proposition 7 de la page 656, il existe :
$$(\delta_1, \ldots, \delta_k) \in [\![0, \min(\alpha_1, \beta_1)]\!] \times \cdots \times [\![0, \min(\alpha_k, \beta_k)]\!]$$
tel que $d' = p_1^{\delta_1} \cdots p_k^{\delta_k}$.

On a alors directement $d' \leqslant d$.

Par ailleurs, d est évidemment un diviseur commun à a et b, ce qui conclut.

On démontre de même que $\mu = \prod\limits_{i=1}^{k} p_i^{\max(\alpha_i, \beta_i)}$ est le PPCM de a et b.

S'entraîner et approfondir

18.1 Trouver le nombre d'entiers naturels qui, dans la division euclidienne par 23, ont un quotient égal au reste.

★ **18.2** Soit $(a,b) \in \mathbb{N}^2$ non tous les deux nuls. Montrer que $\mathcal{D}(a \wedge b) = \mathcal{D}(a) \cap \mathcal{D}(b)$.
Indication. *On pourra effectuer une récurrence forte sur* b.

18.3 Montrer qu'il existe des intervalles de $\mathbb{N}$ de longueur aussi grande que l'on veut qui ne contiennent aucun nombre premier.

★ **18.4** Soit $a \in \mathbb{N}$ et $b \in \mathbb{N}^*$.
Montrer que :

$$\left\lfloor \frac{a}{b} \right\rfloor + \left\lfloor \frac{a+1}{b} \right\rfloor + \cdots + \left\lfloor \frac{a+b-1}{b} \right\rfloor = a.$$

Indication. *On déterminera les entiers* $n \in [\![0, b-1]\!]$ *tels que* $\left\lfloor \frac{a+n}{b} \right\rfloor = \left\lfloor \frac{a}{b} \right\rfloor$ *ainsi que ceux tels que* $\left\lfloor \frac{a+n}{b} \right\rfloor = \left\lfloor \frac{a}{b} \right\rfloor + 1$.

18.5 Soit $n \geqslant 2$ un entier naturel.

1. Montrer que le plus petit diviseur de n supérieur ou égal à 2 est un diviseur premier de n.
2. Montrer que si n n'est pas premier, il admet un diviseur premier inférieur ou égal à $\sqrt{n}$.

18.6 Soit n un entier avec $n \geqslant 2$.

1. On suppose que $2^n - 1$ est premier. Montrer que n est premier.
2. Que constate-t-on si l'on prend $n = 11$?

Les nombres premiers de la forme $2^n - 1$ (avec donc n premier d'après la première question) sont les **nombres de Mersenne**.

★ **18.7** Soit $m \in \mathbb{N}^*$ tel que $2^m + 1$ soit premier.
Montrer que m est de la forme 2^n, avec $n \in \mathbb{N}$.

Solutions des exercices

18.1 Les entiers qui conviennent sont ceux de la forme $n = 23q + q = 24q$ avec $0 \leqslant q < 23$. Il y en a donc 23.

18.2 Pour tout $b \in \mathbb{N}$, on définit la propriété :

H_b : « pour tout entier naturel a (non nul si $b = 0$), on a $\mathcal{D}(a) \cap \mathcal{D}(b) = \mathcal{D}(a \wedge b)$ ».

- Supposons $b = 0$.
  Soit $a \in \mathbb{N}^*$; alors $d = a \wedge b = a$, donc $\mathcal{D}(a) \cap \mathcal{D}(b) = \mathcal{D}(a) = \mathcal{D}(d)$, ce qui prouve H_0.
- Soit $b \in \mathbb{N}^*$; supposons H_r, pour tout $r \in [\![0, b-1]\!]$. Soit $a \in \mathbb{N}$. En considérant le quotient q et le reste r de la division euclidienne de a par b (supposé non nul), on a $a = bq + r$ et $0 \leqslant r < b$.
  L'hypothèse H_r nous dit que $\mathcal{D}(b) \cap \mathcal{D}(r) = \mathcal{D}(b \wedge r)$ et le lemme 3 de la page 654 assure alors que :
  $$\mathcal{D}(a) \cap \mathcal{D}(b) = \mathcal{D}(b) \cap \mathcal{D}(r) = \mathcal{D}(b \wedge r) = \mathcal{D}(a \wedge b).$$
  D'où la propriété H_b.

18.3 Soit $n \geqslant 2$. On considère l'intervalle $[\![n! + 2, n! + n]\!]$. Il est de longueur $n - 1$ et, pour tout i entre 2 et n, l'entier $n! + i$ n'est pas premier car divisible par i.

18.4 Effectuons la division euclidienne de a par b. On a :
$$a = bq + r\ ,\ 0 \leqslant r < b \quad \text{et} \quad \left\lfloor \frac{a}{b} \right\rfloor = q.$$
Soit $n \in [\![0, b-1]\!]$. On a $\frac{a+n}{b} = q + \frac{r+n}{b}$ puis :
$$0 \leqslant \frac{r+n}{b} < \frac{2b}{b} = 2 \qquad \text{donc} \qquad \left\lfloor \frac{a+n}{b} \right\rfloor = q \quad \text{ou} \quad \left\lfloor \frac{a+n}{b} \right\rfloor = q + 1.$$
Par ailleurs, on a les équivalences suivantes :
$$\left\lfloor \frac{a+n}{b} \right\rfloor = q \iff \frac{r+n}{b} \in [0, 1[\iff n \in [\![0, b-r-1]\!].$$
On termine ainsi le calcul :
$$\sum_{n=0}^{b-1} \left\lfloor \frac{a+n}{b} \right\rfloor = (b-r)q + r(q+1) = bq + r = a.$$

18.5 1. Notons d le plus petit diviseur de n supérieur ou égal à 2. Ce minimum existe car l'ensemble des diviseurs de n supérieurs ou égaux à 2 est une partie non vide de $\mathbb{N}$ (elle contient n). Si d n'est pas premier, il s'écrit $d = ab$ avec $(a, b) \in [\![2, d-1]\!]^2$ et par transitivité, a divise n, ce qui contredit la minimalité de d.

2. Si $n \geqslant 2$ n'est pas premier, son plus petit diviseur $p > 1$ est premier d'après la question précédente. Si l'on écrit $n = pq$, on a $q > 1$ puisque n n'est pas premier. Donc $q \geqslant p$ par minimalité de p. On en déduit $n \geqslant p^2$, soit $p \leqslant \sqrt{n}$.

Remarque Pour montrer qu'un entier naturel $n \geqslant 2$ est premier, il suffit donc de vérifier qu'il n'est divisible par aucun entier k vérifiant $2 \leqslant k \leqslant \sqrt{n}$.

18.6 1. Soit d un diviseur positif de n. Alors il existe $p \in \mathbb{N}^*$ tel que $n = dp$ et :

$$2^{pd} - 1 = (2^d)^p - 1^p = (2^d - 1)(1 + 2^d + 2^{2d} + \cdots + 2^{(p-1)d}).$$

L'entier $2^d - 1$ divise $2^n - 1$ d'où $d = 1$ ou $d = n$, ce qui montre que n est premier.

2. On s'aperçoit que $2^{11} - 1 = 2047 = 23 \times 89$ n'est pas un nombre premier.
La réciproque de la question précédente est donc fausse.

18.7 Posons $q \in \mathbb{N}^*$ impair et $a \in \mathbb{N}$ tel que $m = 2^a\, q$ et $d = 2^a$. Alors :

$$2^m + 1 = (2^d)^q - (-1)^q = (2^d + 1)(2^{d(q-1)} - 2^{d(q-2)} + \cdots + 1),$$

donc $2^d + 1$ est un diviseur positif de $2^m + 1$.

Or $d \geqslant 0$ donc $2^d + 1 \geqslant 2$, puis $2^d + 1 = 2^m + 1$ car $2^m + 1$ est un nombre premier.

On en déduit $m = d = 2^a$, ce qui conclut.

Remarque Actuellement, les seuls nombres premiers connus de cette forme sont $3, 5, 17, 257$ et 65537 (nombres premiers de Fermat).

Chapitre 19 : Calcul matriciel et systèmes linéaires

Calcul matriciel et systèmes linéaires

19

Dans tout le chapitre, n et p désignent des éléments de $\mathbb{N}$, et $\mathbb{K}$ désigne $\mathbb{R}$ ou $\mathbb{C}$.

I Matrices

1 Définitions

Définition 1

On appelle **matrice** à n lignes et p colonnes à coefficients dans $\mathbb{K}$, toute famille $A = (a_{i,j})_{(i,j)\in[\![1,n]\!]\times[\![1,p]\!]}$ d'éléments de $\mathbb{K}$ indexée par $[\![1,n]\!] \times [\![1,p]\!]$. Une telle matrice A est dite de **taille** (n,p).

Remarque Une matrice $A = (a_{i,j})_{(i,j)\in[\![1,n]\!]\times[\![1,p]\!]}$, ou encore $A = (a_{i,j})_{\substack{1\leqslant i\leqslant n\\1\leqslant j\leqslant p}}$, peut être visualisée sous la forme d'un tableau à n lignes et p colonnes, le coefficient $a_{i,j}$ étant celui situé à la ligne i et à la colonne j, et appelé **coefficient d'indice (i,j)** :

$$A = \begin{pmatrix} a_{1,1} & a_{1,2} & \dots & a_{1,j} & \dots & a_{1,p} \\ a_{2,1} & a_{2,2} & \dots & a_{2,j} & \dots & a_{2,p} \\ \vdots & \vdots & & \vdots & & \vdots \\ a_{i,1} & a_{i,2} & \dots & a_{i,j} & \dots & a_{i,p} \\ \vdots & \vdots & & \vdots & & \vdots \\ a_{n,1} & a_{n,2} & \dots & a_{n,j} & \dots & a_{n,p} \end{pmatrix}.$$

Le coefficient d'indice (i,j) d'une matrice A pourra être noté $[A]_{i,j}$.

Notations, terminologie

- On note $\mathcal{M}_{n,p}(\mathbb{K})$ l'ensemble des matrices de taille (n,p) à coefficients dans $\mathbb{K}$.
- On appelle **matrice ligne** toute matrice à une seule ligne, *i.e.* tout élément de $\mathcal{M}_{1,p}(\mathbb{K})$, et **matrice colonne** toute matrice à une seule colonne, *i.e.* tout élément de $\mathcal{M}_{n,1}(\mathbb{K})$.
- On appelle **matrice carrée** toute matrice ayant autant de lignes que de colonnes ; on note $\mathcal{M}_n(\mathbb{K})$ l'ensemble des matrices carrées de taille n à coefficients dans $\mathbb{K}$.

Remarque Si $n = 0$ ou $p = 0$, alors une matrice de taille (n, p) ne contient aucun coefficient, elle est vide. Dans la suite du chapitre, on prendra n et p non nuls.

Définition 2

Soit $A \in \mathcal{M}_{n,p}(\mathbb{K})$. Pour $(i,j) \in [\![1,n]\!] \times [\![1,p]\!]$:

- on appelle ***i*-ème ligne** de A l'élément $\begin{pmatrix} a_{i,1} & \cdots & a_{i,p} \end{pmatrix}$ de $\mathcal{M}_{1,p}(\mathbb{K})$;
- on appelle ***j*-ème colonne** de A l'élément $\begin{pmatrix} a_{1,j} \\ \vdots \\ a_{n,j} \end{pmatrix}$ de $\mathcal{M}_{n,1}(\mathbb{K})$.

Ex. 1. La matrice $A = \begin{pmatrix} 0 & 1 & -1 & 4 \\ 2 & 2 & 6 & 8 \\ 3 & 6 & 11 & 12 \end{pmatrix}$ appartient à $\mathcal{M}_{3,4}(\mathbb{R})$. Sa première ligne et sa troisième colonne sont respectivement $\begin{pmatrix} 0 & 1 & -1 & 4 \end{pmatrix} \in \mathcal{M}_{1,4}(\mathbb{R})$ et $\begin{pmatrix} -1 \\ 6 \\ 11 \end{pmatrix} \in \mathcal{M}_{3,1}(\mathbb{R})$.

Définition 3

Pour $A \in \mathcal{M}_{n,p}(\mathbb{K})$, on appelle **matrice extraite** de A, ou **sous-matrice** de A, toute matrice obtenue en supprimant certaines lignes et certaines colonnes de A.

Ex. 2. La matrice $\begin{pmatrix} 1 & 3 \\ 4 & 6 \\ 10 & 12 \end{pmatrix}$ est la matrice extraite de $\begin{pmatrix} \boxed{1} & 2 & \boxed{3} \\ \boxed{4} & 5 & \boxed{6} \\ 7 & 8 & 9 \\ \boxed{10} & 11 & \boxed{12} \end{pmatrix}$ obtenue en supprimant la ligne 3 et la colonne 2.

Remarque Par abus de notation, une sous-matrice de A est parfois vue comme une sous-famille de A, de la forme $(a_{i,j})_{(i,j)\in I\times J}$, avec $I \subset [\![1,n]\!]$ et $J \subset [\![1,p]\!]$ non vides. Ainsi, l'exemple précédent a considéré la sous-matrice $(a_{i,j})_{(i,j)\in\{1,2,4\}\times\{1,3\}}$.

2 Addition, multiplication par un scalaire

Définition 4

Soit $A = (a_{i,j})_{(i,j)\in[\![1,n]\!]\times[\![1,p]\!]}$ et $B = (b_{i,j})_{(i,j)\in[\![1,n]\!]\times[\![1,p]\!]}$ deux matrices de $\mathcal{M}_{n,p}(\mathbb{K})$, et $\lambda \in \mathbb{K}$. On note $A+B$ et λA les matrices de taille (n,p) dont les coefficients d'indice (i,j) valent respectivement $a_{i,j} + b_{i,j}$ et $\lambda\, a_{i,j}$.

Remarque On vérifie facilement que l'addition des matrices est :

- *associative*, ce qui signifie que l'on a $(A+B)+C = A+(B+C)$, pour tout $(A,B,C) \in \mathcal{M}_{n,p}(\mathbb{K})^3$; on note alors simplement $A+B+C$.
- *commutative*, ce qui signifie que, pour $(A,B) \in \mathcal{M}_{n,p}(\mathbb{K})^2$, on a $A+B = B+A$.

Ex. 3. Dans $\mathcal{M}_{n,p}(\mathbb{K})$, la matrice dont tous les coefficients sont nuls, appelée **matrice nulle** et notée 0 dans la suite (ou $0_{\mathcal{M}_{n,p}(\mathbb{K})}$ si l'on souhaite préciser sa taille), vérifie :

$$\forall A \in \mathcal{M}_{n,p}(\mathbb{K}) \quad A + 0 = 0 + A = A.$$

Ex. 4. La matrice $(-1)A$, notée $-A$, est celle dont le coefficient d'indice (i,j) vaut $-a_{i,j}$.

751 **Remarque** Étant donné $A_1, \ldots, A_\ell$ dans $\mathcal{M}_{n,p}(\mathbb{K})$ et $\lambda_1, \ldots, \lambda_\ell$ des scalaires, on pourra considérer la matrice $A = \sum\limits_{k=1}^{\ell} \lambda_k A_k$; on dit que A est **combinaison linéaire** des matrices $A_1, \ldots, A_\ell$.

Matrices élémentaires

Pour alléger les écritures, on utilise dans la suite le **symbole de Kronecker** $\delta_{i,j} = \begin{cases} 1 & \text{si } i = j \\ 0 & \text{sinon.} \end{cases}$

Définition 5

On se place dans $\mathcal{M}_{n,p}(\mathbb{K})$.
Pour $(i,j) \in [\![1,n]\!] \times [\![1,p]\!]$, on note $E_{i,j}$ la matrice dont le coefficient d'indice (k,ℓ) vaut $\delta_{i,k}\delta_{j,\ell}$, autrement dit la matrice dont tous les coefficients sont nuls sauf celui d'indice (i,j), qui vaut 1. Une telle matrice est appelée **matrice élémentaire**.

$$E_{i,j} = \begin{pmatrix} & (0) & & 0 & & (0) & \\ & & & \vdots & & & \\ & & & 0 & & & \\ 0 & \cdots & \cdots\ 0 & 1 & 0 & \cdots & 0 \\ & & & 0 & & & \\ & (0) & & \vdots & & (0) & \\ & & & 0 & & & \end{pmatrix} \leftarrow \text{ligne } i$$

$\uparrow$ colonne j

Ex. 5. Dans $\mathcal{M}_2(\mathbb{K})$, il y a quatre matrices élémentaires :

$$E_{1,1} = \begin{pmatrix} 1 & 0 \\ 0 & 0 \end{pmatrix} ; \; E_{2,1} = \begin{pmatrix} 0 & 0 \\ 1 & 0 \end{pmatrix} ; \; E_{1,2} = \begin{pmatrix} 0 & 1 \\ 0 & 0 \end{pmatrix} \quad \text{et} \quad E_{2,2} = \begin{pmatrix} 0 & 0 \\ 0 & 1 \end{pmatrix}.$$

Ex. 6. Dans $\mathcal{M}_{3,1}(\mathbb{K})$, il y a trois matrices élémentaires :

$$E_{1,1} = \begin{pmatrix} 1 \\ 0 \\ 0 \end{pmatrix} ; \quad E_{2,1} = \begin{pmatrix} 0 \\ 1 \\ 0 \end{pmatrix} \quad \text{et} \quad E_{3,1} = \begin{pmatrix} 0 \\ 0 \\ 1 \end{pmatrix}.$$

Ex. 7. Dans $\mathcal{M}_{1,3}(\mathbb{K})$, il y a trois matrices élémentaires :

$$E_{1,1} = \begin{pmatrix} 1 & 0 & 0 \end{pmatrix} ; \quad E_{1,2} = \begin{pmatrix} 0 & 1 & 0 \end{pmatrix} \quad \text{et} \quad E_{1,3} = \begin{pmatrix} 0 & 0 & 1 \end{pmatrix}.$$

Ex. 8. Dans $\mathcal{M}_n(\mathbb{K})$, on a $\sum\limits_{k=1}^{n} E_{k,k} = \begin{pmatrix} 1 & & (0) \\ & \ddots & \\ (0) & & 1 \end{pmatrix}$; c'est la matrice carrée de taille n dont les coefficients diagonaux valent 1, et les autres 0. On l'appelle **matrice identité de taille n** et on la note I_n.

Remarque La notation $E_{i,j}$ nécessite qu'il n'y ait pas d'ambiguïté quant à la taille des matrices considérées. En cas de risque de confusion, on notera $E_{i,j}^{(n,p)}$ la matrice élémentaire d'indice (i,j) dans $\mathcal{M}_{n,p}(\mathbb{K})$.

Le résultat suivant est immédiat.

Proposition 1

Toute matrice $A = (a_{i,j})_{(i,j)\in[\![1,n]\!]\times[\![1,p]\!]}$ s'écrit comme combinaison linéaire des matrices élémentaires. Plus explicitement :

$$A = \sum_{\substack{1\leqslant i\leqslant n\\ 1\leqslant j\leqslant p}} a_{i,j} E_{i,j}.$$

3 Produit matriciel

Définition 6 (Produit matriciel)

Étant donné $A = (a_{i,j})_{\substack{1\leqslant i\leqslant n\\ 1\leqslant j\leqslant p}} \in \mathcal{M}_{n,p}(\mathbb{K})$ et $B = (b_{i,j})_{\substack{1\leqslant i\leqslant p\\ 1\leqslant j\leqslant q}} \in \mathcal{M}_{p,q}(\mathbb{K})$, on appelle **produit** AB l'élément de $\mathcal{M}_{n,q}(\mathbb{K})$ dont le coefficient d'indice (i,j) vaut :

$$[AB]_{i,j} = \sum_{k=1}^{p} a_{i,k}\, b_{k,j}.$$

Dans le calcul du coefficient d'indice (i,j) de la matrice AB interviennent les coefficients de la i-ème ligne de A et ceux de la j-ème colonne de B, ce que l'on peut visualiser de la façon suivante :

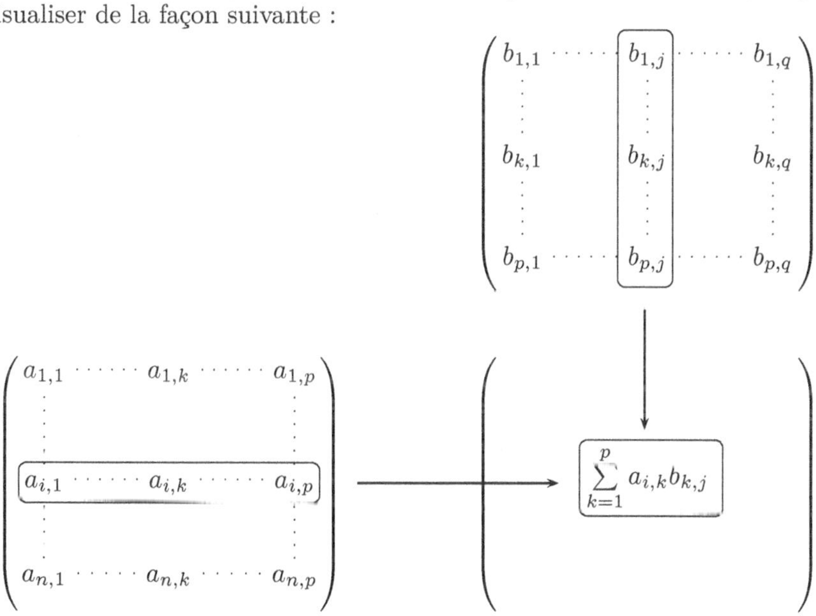

Ex. 9. Si $A = \begin{pmatrix} 1 & 2 & 3 \end{pmatrix} \in \mathcal{M}_{1,3}(\mathbb{R})$ et $B = \begin{pmatrix} 1 \\ 2 \\ 3 \end{pmatrix} \in \mathcal{M}_{3,1}(\mathbb{R})$, alors :

$$AB = \begin{pmatrix} 14 \end{pmatrix} \in \mathcal{M}_1(\mathbb{R}) \qquad \text{et} \qquad BA = \begin{pmatrix} 1 & 2 & 3 \\ 2 & 4 & 6 \\ 3 & 6 & 9 \end{pmatrix} \in \mathcal{M}_3(\mathbb{R}).$$

Ex. 10. Si $A = \begin{pmatrix} \alpha_1 & 0 & 0 \\ 0 & \alpha_2 & 0 \\ 0 & 0 & \alpha_3 \end{pmatrix}$ et $B = \begin{pmatrix} \beta_1 & 0 & 0 \\ 0 & \beta_2 & 0 \\ 0 & 0 & \beta_3 \end{pmatrix}$, alors :

$$AB = \begin{pmatrix} \alpha_1\beta_1 & 0 & 0 \\ 0 & \alpha_2\beta_2 & 0 \\ 0 & 0 & \alpha_3\beta_3 \end{pmatrix}.$$

Ex. 11. Pour $A \in \mathcal{M}_{n,p}(\mathbb{K})$, on a $AI_p = A$ et $I_nA = A$.

Attention Pour pouvoir faire le produit AB il faut que le nombre de colonnes de la matrice A soit égal au nombre de lignes de la matrice B.

Ex. 12. On a :

$$\begin{pmatrix} 2 & -1 & 3 \\ -2 & 2 & -1 \end{pmatrix} \begin{pmatrix} -1 & 2 & 1 \\ 4 & -2 & 3 \\ -2 & 1 & -1 \end{pmatrix} = \begin{pmatrix} -12 & 9 & -4 \\ 12 & -9 & 5 \end{pmatrix}$$

alors que le produit :

$$\begin{pmatrix} -1 & 2 & 1 \\ 4 & -2 & 3 \\ -2 & 1 & -1 \end{pmatrix} \begin{pmatrix} 2 & -1 & 3 \\ -2 & 2 & -1 \end{pmatrix}$$

n'a pas de sens puisque le nombre de colonnes de la matrice de gauche est différent du nombre de lignes de la matrice de droite.

Attention

- Un produit de deux matrices peut être nul sans qu'aucune des deux ne le soit. Ainsi, si l'on a $AB = 0$ avec $A \neq 0$, on ne peut pas en déduire que $B = 0$. Par exemple, les matrices $A = \begin{pmatrix} 1 & -1 \\ -2 & 2 \end{pmatrix} \in \mathcal{M}_2(\mathbb{R})$ et $B = \begin{pmatrix} 1 \\ 1 \end{pmatrix} \in \mathcal{M}_{2,1}(\mathbb{R})$ sont toutes les deux non nulles, mais vérifient $AB = 0$.
- En conservant les matrices A et B ci-dessus, et si $C = \begin{pmatrix} 0 \\ 0 \end{pmatrix} \in \mathcal{M}_{2,1}(\mathbb{R})$, on a évidemment $AC = 0$, donc $AB = AC$, et pourtant $B \neq C$. Une relation de la forme $AB = AC$ ne peut donc *a priori* pas être « simplifiée » par A.

Proposition 2 (Bilinéarité du produit matriciel)

Soit A, B et C trois matrices, et $(\lambda, \mu) \in \mathbb{K}^2$. Sous réserve d'existence des produits matriciels considérés, on a :

$$(\lambda A + \mu B)\, C = \lambda AC + \mu BC \qquad \text{et} \qquad A\,(\lambda B + \mu C) = \lambda AB + \mu AC.$$

Démonstration page 688

Principe de démonstration. Écrire le coefficient d'indice (i, j).

Remarque On traduit la propriété précédente en disant que le produit matriciel :

$$\begin{array}{rcl} \mathcal{M}_{n,p}(\mathbb{K}) \times \mathcal{M}_{p,q}(\mathbb{K}) & \longrightarrow & \mathcal{M}_{n,q}(\mathbb{K}) \\ (A, B) & \longmapsto & AB \end{array}$$

est une application bilinéaire, d'où le nom de la proposition.

Proposition 3 (Associativité du produit matriciel)

Pour $(A, B, C) \in \mathcal{M}_{n,p}(\mathbb{K}) \times \mathcal{M}_{p,q}(\mathbb{K}) \times \mathcal{M}_{q,r}(\mathbb{K})$, on a :

$$(AB)\, C = A\,(BC).$$

Démonstration page 688

Principe de démonstration. Écrire les coefficients d'indice (i, j).

Produit matriciel et matrices élémentaires

Proposition 4 (Produit matriciel de deux matrices élémentaires)

Lorsque les tailles des matrices rendent licite le produit matriciel, on a :

$$E_{i,j}\, E_{k,\ell} = \delta_{j,k}\, E_{i,\ell} \qquad \text{c'est-à-dire} \qquad E_{i,j}\, E_{k,\ell} = \begin{cases} E_{i,\ell} & \text{si } j = k \\ 0 & \text{sinon.} \end{cases}$$

Démonstration page 688

Principe de démonstration. Écrire le coefficient d'indice (a, b).

Proposition 5 (Produit d'une matrice par une matrice élémentaire)

Soit A une matrice et $E_{i,j}$ une matrice élémentaire. Dans chaque cas, si les tailles des matrices rendent licite le produit matriciel effectué, alors :

- la matrice $E_{i,j}A$ est celle dont toutes les lignes sont nulles, à l'exception de la i-ème, qui est égale à la j-ème ligne de A ;
- la matrice $AE_{i,j}$ est celle dont toutes les colonnes sont nulles, à l'exception de la j-ème, qui est égale à la i-ème colonne de A.

Démonstration page 689

Ex. 13. Montrons que si $A \in \mathcal{M}_{n,p}(\mathbb{K})$ et $B \in \mathcal{M}_{n,p}(\mathbb{K})$ vérifient :

$$\forall X \in \mathcal{M}_{p,1}(\mathbb{K}) \quad AX = BX, \tag{$\star$}$$

alors on a $A = B$. Pour $j \in [\![1,p]\!]$, notons E_j la matrice élémentaire $E_{j,1}^{(p,1)}$, c'est-à-dire la matrice colonne de taille p dont tous les coefficients sont nuls, sauf le j-ème coefficient, qui vaut 1. Alors, les matrices AE_j et BE_j ne sont rien d'autre que les j-ème colonnes de A et B. En appliquant l'hypothèse $(\star)$ avec $X = E_j$, on obtient que la j-ème colonne de A est égale à la j-ème colonne de B. Cela étant vrai pour tout $j \in [\![1,p]\!]$, on a $A = B$.

Remarque En particulier, si $A \in \mathcal{M}_{n,p}(\mathbb{K})$ vérifie :

$$\forall X \in \mathcal{M}_{p,1}(\mathbb{K}) \quad AX = 0,$$

alors on a $A = 0$.

Expression des colonnes/lignes d'un produit matriciel

Proposition 6

Soit $(A,B) \in \mathcal{M}_{n,p}(\mathbb{K}) \times \mathcal{M}_{p,q}(\mathbb{K})$.

- Si l'on note $C_1, \dots, C_q$ les colonnes de la matrice B, alors AB est la matrice dont les colonnes sont $AC_1, \dots, AC_q$.
- Si l'on note $L_1, \dots, L_n$ les lignes de la matrice A, alors AB est la matrice dont les lignes sont $L_1B, \dots, L_nB$.

Démonstration page 689

4 Transposition

Définition 7

Soit $A = (a_{i,j})_{(i,j)\in[\![1,n]\!]\times[\![1,p]\!]} \in \mathcal{M}_{n,p}(\mathbb{K})$. On appelle **transposée de A**, et l'on note A^T, la matrice de $\mathcal{M}_{p,n}(\mathbb{K})$ dont le coefficient d'indice (i,j) vaut $a_{j,i}$.

Ex. 14. La transposée de la matrice $A = \begin{pmatrix} 1 & 2 \\ 3 & 4 \\ 5 & 6 \end{pmatrix}$ est $A^T = \begin{pmatrix} 1 & 3 & 5 \\ 2 & 4 & 6 \end{pmatrix}$.

Ex. 15. La transposée de la matrice élémentaire $E_{i,j}$ de taille (n,p) est la matrice élémentaire $E_{j,i}$ de taille (p,n).

Remarque Pour tout $A \in \mathcal{M}_{n,p}(\mathbb{K})$, on a $(A^T)^T = A$.

Proposition 7 (Linéarité de la transposition)

Pour $(A,B) \in \mathcal{M}_{n,p}(\mathbb{K})^2$ et $(\lambda,\mu) \in \mathbb{K}^2$, on a :

$$(\lambda A + \mu B)^T = \lambda A^T + \mu B^T.$$

Démonstration. Pour $(i,j) \in [\![1,p]\!] \times [\![1,n]\!]$, le coefficient (i,j) de $(\lambda A + \mu B)^T$ vaut :

$$\left[(\lambda A + \mu B)^T\right]_{i,j} = \left[\lambda A + \mu B\right]_{j,i} = \lambda[A]_{j,i} + \mu[B]_{j,i} = \lambda[A^T]_{i,j} + \mu[B^T]_{i,j}. \qquad \square$$

Remarque On appelle **transposition** des matrices de taille (n,p) l'application :

$$\begin{array}{ccc} \mathcal{M}_{n,p}(\mathbb{K}) & \longrightarrow & \mathcal{M}_{p,n}(\mathbb{K}) \\ A & \longmapsto & A^T. \end{array}$$

782 Le résultat précédent indique que cette application est linéaire.

Proposition 8 (Transposition et produit matriciel)

Pour $(A,B) \in \mathcal{M}_{n,p}(\mathbb{K}) \times \mathcal{M}_{p,q}(\mathbb{K})$, on a :

$$(AB)^T = B^T A^T.$$

Démonstration. On a $AB \in \mathcal{M}_{n,q}(\mathbb{K})$, donc $(AB)^T \in \mathcal{M}_{q,n}(\mathbb{K})$. On constate qu'on a aussi $B^T A^T \in \mathcal{M}_{q,n}(\mathbb{K})$. De plus, pour $(i,j) \in [\![1,q]\!] \times [\![1,n]\!]$, le coefficient d'indice (i,j) de la matrice $(AB)^T$ vaut :

$$\begin{aligned} \left[(AB)^T\right]_{i,j} = \left[AB\right]_{j,i} = \sum_{k=1}^{p} [A]_{j,k}\,[B]_{k,i} &= \sum_{k=1}^{p} [A^T]_{k,j}\,[B^T]_{i,k} \\ &= \sum_{k=1}^{p} [B^T]_{i,k}\,[A^T]_{k,j} = \left[B^T A^T\right]_{i,j}. \end{aligned}$$

□

5 Opérations élémentaires

Nous avons déjà rencontré la notion d'opération élémentaire, dans le chapitre 4, pour des systèmes linéaires. Nous allons ici la définir sur les matrices, en conservant les mêmes notations.

Dans cette section, A désigne un élément de $\mathcal{M}_{n,p}(\mathbb{K})$, dont nous noterons respectivement L_i et C_j sa i-ème ligne et sa j-ème colonne.

Définition 8 (Opérations élémentaires sur les lignes d'une matrice)

On appelle **opération élémentaire sur les lignes** de A l'une des trois opérations suivantes :

- $L_i \leftarrow L_i + \lambda L_j$, avec $i \neq j$ et $\lambda \in \mathbb{K}$, appelée **transvection** ;
- $L_i \leftarrow \mu L_i$, avec $\mu \in \mathbb{K}^*$, appelée **dilatation** ;
- $L_i \leftrightarrow L_j$, avec $i \neq j$, appelée **échange** (ou **permutation**).

Sur le même principe, on définit trois types d'opérations élémentaires sur les colonnes d'une matrice :

Définition 9 (Opérations élémentaires sur les colonnes d'une matrice)

On appelle **opération élémentaire sur les colonnes** de A l'une des trois opérations suivantes :

- **transvection** : $C_i \leftarrow C_i + \lambda C_j$, avec $i \neq j$ et $\lambda \in \mathbb{K}$;
- **dilatation** : $C_i \leftarrow \mu C_i$, avec $\mu \in \mathbb{K}^*$;
- **échange** (ou **permutation**) : $C_i \leftrightarrow C_j$, avec $i \neq j$

Traduction en termes de produit matriciel

Définition 10 (Matrices d'opérations élémentaires)

- On appelle **matrice de transvection** toute matrice de la forme :

$$T_{i,j,\lambda} = I_n + \lambda E_{i,j} \qquad \text{avec} \qquad i \neq j \quad \text{et} \quad \lambda \in \mathbb{K}.$$

- On appelle **matrice de dilatation** toute matrice de la forme :

$$D_{i,\mu} = I_n + (\mu - 1)E_{i,i} \qquad \text{avec} \qquad \mu \in \mathbb{K}^*.$$

- On appelle **matrice de permutation** toute matrice de la forme :

$$P_{i,j} = I_n - E_{i,i} - E_{j,j} + E_{i,j} + E_{j,i} \qquad \text{avec} \qquad i \neq j.$$

Voici visuellement la forme des trois types de matrices d'opérations élémentaires :

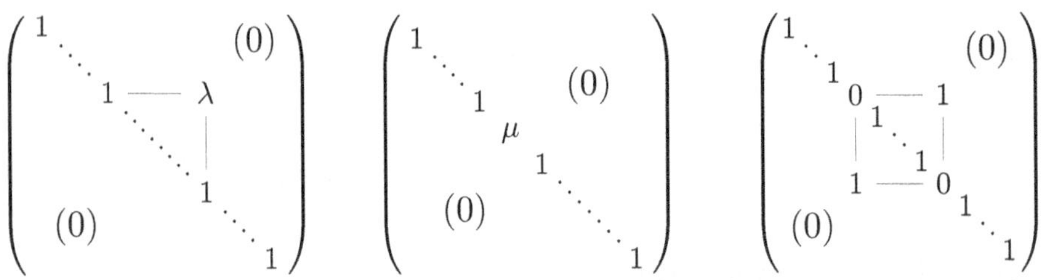

(matrice de transvection) (matrice de dilatation) (matrice de permutation)

Proposition 9

Effectuer une opération élémentaire sur les *lignes* de A revient à multiplier A *à gauche* par la matrice d'opération élémentaire correspondante :

- $T_{i,j,\lambda}A$ est obtenue à partir de A par la transvection $L_i \leftarrow L_i + \lambda\, L_j$;
- $D_{i,\mu}A$ est obtenue à partir de A par la dilatation $L_i \leftarrow \mu\, L_i$;
- $P_{i,j}A$ est obtenue à partir de A par l'échange $L_i \leftrightarrow L_j$.

Démonstration page 689

Principe de démonstration. Dans chaque cas, utiliser la définition des matrices d'opérations élémentaires, et comparer aux lignes de A les lignes de la matrice obtenue après produit matriciel.

Proposition 10

Effectuer une opération élémentaire sur les *colonnes* de A revient à multiplier A *à droite* par la matrice d'opération élémentaire correspondante :

- $A\,T_{i,j,\lambda}$ est obtenue à partir de A par la transvection $C_j \leftarrow C_j + \lambda\, C_i$;
- $A\,D_{i,\mu}$ est obtenue à partir de A par la dilatation $C_i \leftarrow \mu\, C_i$;
- $A\,P_{i,j}$ est obtenue à partir de A par l'échange $C_i \leftrightarrow C_j$.

Démonstration. Analogue à la précédente, en raisonnant cette fois sur les colonnes. On peut aussi déduire ce résultat par transposition à l'aide de la proposition 9 . □

II Systèmes linéaires

1 Définitions

On appelle **système linéaire** de n équations à p inconnues $x_1, \dots, x_p$ tout système du type :

$$(\mathcal{S}) \; : \; \begin{cases} a_{1,1}\, x_1 + a_{1,2}\, x_2 + \cdots + a_{1,j}\, x_j + \cdots + a_{1,p}\, x_p = b_1 \\ \qquad \vdots \\ a_{i,1}\, x_1 + a_{i,2}\, x_2 + \cdots + a_{i,j}\, x_j + \cdots + a_{i,p}\, x_p = b_i \\ \qquad \vdots \\ a_{n,1}\, x_1 + a_{n,2}\, x_2 + \cdots + a_{n,j}\, x_j + \cdots + a_{n,p}\, x_p = b_n \end{cases}$$

avec $(a_{i,j})_{\substack{1\leqslant i\leqslant n \\ 1\leqslant j\leqslant p}}$ une famille d'éléments de $\mathbb{K}$ et $(b_1, \dots, b_n) \in \mathbb{K}^n$.

- Les $a_{i,j}$ sont appelés **coefficients** du système.
- La n–liste $(b_1, \dots, b_n)$ est appelée **second membre** du système.
- On appelle **solution du système** toute p–liste $(x_1, \dots, x_p) \in \mathbb{K}^p$ vérifiant les n équations de $(\mathcal{S})$.
- Le système $(\mathcal{S})$ est dit **compatible** s'il admet au moins une solution.
- Lorsque $b_1 = \cdots = b_n = 0$ on dit que le système est **homogène**, ou que le système est **sans second membre**. Tout système homogène est compatible puisqu'il admet au moins la solution nulle, *i.e.* la p–liste $(0, 0, \dots, 0)$.
- Le système $(\mathcal{S}_0)$ obtenu en remplaçant tous les b_i par 0 est appelé **système homogène associé** à $(\mathcal{S})$.

Le système $(\mathcal{S})$ s'écrit aussi :

$$\forall i \in [\![1, n]\!] \quad \sum_{j=1}^{p} a_{i,j}\, x_j = b_i.$$

2 Écriture matricielle d'un système linéaire

- Reprenons le système $(\mathcal{S})$ précédemment introduit. Alors, en notant :

  $$A = (a_{i,j})_{\substack{1\leqslant i\leqslant n, \\ 1\leqslant j\leqslant p}} \quad X = \begin{pmatrix} x_1 \\ \vdots \\ x_p \end{pmatrix} \quad \text{et} \quad B = \begin{pmatrix} b_1 \\ \vdots \\ b_n \end{pmatrix},$$

  la p–liste $(x_1, \dots, x_p)$ est solution de $(\mathcal{S})$ si, et seulement si, $AX = B$.
- L'équation matricielle $AX = B$ s'appelle **écriture matricielle** du système $(\mathcal{S})$.
- La matrice A s'appelle la **matrice du système**.
- Avec ces notations, le système homogène associé a pour écriture matricielle $AX = 0$.

- En notant $C_1,\dots,C_p$ les colonnes de A, on a $AX=\sum_{j=1}^{p} x_j\,C_j$. Ainsi :
  - ∗ la p–liste $(x_1,\dots,x_p)$ est solution de $(\mathcal{S})$ si, et seulement si, $\sum_{j=1}^{p} x_j\,C_j = B$;
  - ∗ le système $(\mathcal{S})$ est compatible si, et seulement si, B s'écrit comme combinaison linéaire des colonnes de A.

3 Structure de l'ensemble des solutions

Proposition 11

Considérons un système linéaire :

$$(\mathcal{S})\ :\ AX=B.$$

En notant S et S_0 les ensembles des solutions des systèmes $(\mathcal{S})$ et $(\mathcal{S}_0)$ respectivement, alors, si X_1 est une solution de $(\mathcal{S})$, on a :

$$S=\left\{X_1+H \mid H\in S_0\right\} \quad \text{que l'on note aussi} \quad S=X_1+S_0.$$

Démonstration. Il s'agit de prouver que si $X_1\in\mathcal{M}_{n,1}(\mathbb{K})$ est une solution *particulière* de $(\mathcal{S})$, alors, pour tout $X\in\mathcal{M}_{n,1}(\mathbb{K})$, X est solution de $(\mathcal{S})$ si, et seulement si, $X-X_1$ est solution du système homogène $(\mathcal{S}_0)$ associé à $(\mathcal{S})$. Pour $X\in\mathcal{M}_{n,1}(\mathbb{K})$, on a :

$$\begin{aligned} X \text{ solution de } (\mathcal{S}) &\Longleftrightarrow AX=B\\ &\Longleftrightarrow AX=AX_1\\ &\Longleftrightarrow A(X-X_1)=0 \Longleftrightarrow X-X_1 \text{ solution de } (\mathcal{S}_0). \end{aligned}$$

□

4 Algorithme du pivot de Gauss

La méthode du **pivot de Gauss** a déjà été introduite et mise en œuvre sur des exemples de petits systèmes linéaires dans le chapitre 4 (page 113 et suivantes). Sans donner d'exemples concrets supplémentaires, nous présentons ici la méthode en toute généralité, pour des systèmes de taille (n,p). Le principe est, par opérations élémentaires sur les lignes, de transformer le système $(\mathcal{S})$ en un système plus simple à résoudre.

Commençons par énoncer le résultat qui valide la démarche d'effectuer des opérations élémentaires sur les lignes pour résoudre un système linéaire :

Proposition 12

Toute opération élémentaire sur les lignes d'un système linéaire le transforme en un système linéaire qui lui est équivalent.

Démonstration page 690

Présentation de la méthode du pivot de Gauss

Considérons un système linéaire à n équations et p inconnues :

$$(\mathcal{S}) \ : \ \begin{cases} a_{1,1}\,x_1 + a_{1,2}\,x_2 + \cdots + a_{1,j}\,x_j + \cdots + a_{1,p}\,x_p = b_1 \\ \qquad\qquad\qquad\qquad \vdots \\ a_{i,1}\,x_1 + a_{i,2}\,x_2 + \cdots + a_{i,j}\,x_j + \cdots + a_{i,p}\,x_p = b_i \\ \qquad\qquad\qquad\qquad \vdots \\ a_{n,1}\,x_1 + a_{n,2}\,x_2 + \cdots + a_{n,j}\,x_j + \cdots + a_{n,p}\,x_p = b_n. \end{cases}$$

- Si tous les coefficients devant x_1 sont nuls, alors l'inconnue x_1 n'intervient pas dans l'écriture du système.

  On résout alors le système $(\widetilde{\mathcal{S}})$, qui a la même écriture que $(\mathcal{S})$, mais que l'on voit comme un système à seulement $p-1$ inconnues qui sont $x_2, \ldots, x_p$.

  Les solutions de $(\mathcal{S})$ sont alors les p-listes :

  $$(x_1, x_2, \ldots, x_p) \qquad \text{avec} \qquad x_1 \in \mathbb{K} \quad \text{et} \quad (x_2, \ldots, x_p) \text{ solution de } (\widetilde{\mathcal{S}}).$$

- Si au moins l'un des coefficients devant x_1 est non nul, alors choisissons-en un, que l'on appelle **pivot**.

  * En notant i_0 l'indice de la ligne où se trouve le pivot choisi et en réalisant l'échange de lignes $L_{i_0} \leftrightarrow L_1$, on obtient un système équivalent à $(\mathcal{S})$ où le pivot choisi est le coefficient devant x_1 à la première ligne :

  $$\begin{cases} \boxed{\tilde{a}_{1,1}}\,x_1 + \tilde{a}_{1,2}x_2 + \cdots\cdots\cdots\cdots + \tilde{a}_{1,p}\,x_p = \tilde{b}_1 \\ \tilde{a}_{2,1}\;x_1 + \cdots\cdots\cdots\cdots\cdots\cdots + \tilde{a}_{2,p}\,x_p = \tilde{b}_2 \\ \quad\vdots \qquad\qquad\qquad\qquad\qquad\qquad \vdots \qquad\quad \vdots \\ \tilde{a}_{n,1}\;x_1 + \cdots\cdots\cdots\cdots\cdots\cdots + \tilde{a}_{n,p}\,x_p = \tilde{b}_n. \end{cases}$$

  * On utilise alors la première ligne pour éliminer l'inconnue x_1 dans les autres. Plus précisément, en réalisant les transvections suivantes (peu importe l'ordre) :

  $$\forall i \in [\![2, n]\!] \quad L_i \leftarrow L_i - \frac{\tilde{a}_{i,1}}{\tilde{a}_{1,1}} L_1,$$

  on obtient un système équivalent à $(\mathcal{S})$ de la forme ci-dessous :

  $$\begin{cases} \hat{a}_{1,1}\,x_1 + \hat{a}_{1,2}\,x_2 + \cdots\cdots\cdots\cdots + \hat{a}_{1,p}\,x_p = \hat{b}_1 \\ \qquad\qquad\; \hat{a}_{2,2}\,x_2 + \cdots\cdots\cdots\cdots + \hat{a}_{2,p}\,x_p = \hat{b}_2 \\ \qquad\qquad\quad \vdots \qquad\qquad\qquad\qquad\quad \vdots \qquad\quad \vdots \\ \qquad\qquad\; \hat{a}_{n,2}\,x_2 + \cdots\cdots\cdots\cdots + \hat{a}_{n,p}\,x_p = \hat{b}_n. \end{cases}$$

  * Dans le système obtenu, on voit apparaître :
    * une équation linéaire :

    $$(\mathcal{E}) \ : \ \hat{a}_{1,1}\,x_1 + \cdots\cdots\cdots\cdots + \hat{a}_{1,p}\,x_p = \hat{b}_1 \ ;$$

⋆ un système à $p-1$ inconnues formé par les $n-1$ dernières lignes :

$$(\hat{\mathcal{S}}) : \begin{cases} \hat{a}_{2,2}\,x_2 & + & \cdots & \cdots & + & \hat{a}_{2,p}\,x_p & = & \hat{b}_2 \\ \vdots & & & & & \vdots & & \vdots \\ \hat{a}_{n,2}\,x_2 & + & \cdots & \cdots & + & \hat{a}_{n,p}\,x_p & = & \hat{b}_n. \end{cases}$$

La résolution du système $(\hat{\mathcal{S}})$ mène alors à la résolution du système $(\mathcal{S})$. En effet, une p-liste $(x_1,\ldots,x_p)$ est solution de $(\mathcal{S})$ si, et seulement si, on a à la fois les deux propriétés suivantes :

⋆ $(x_2,\ldots,x_p)$ est solution de $(\hat{\mathcal{S}})$;
⋆ $(x_1,\ldots,x_p)$ est solution de $(\mathcal{E})$.

Plus précisément, comme $\hat{a}_{1,1}$ est non nul, à chaque solution $(x_2,\ldots,x_p)$ de $(\hat{\mathcal{S}})$ correspond une unique solution de $(\mathcal{S})$ qui est la p-liste suivante :

$$\Big(\frac{1}{\hat{a}_{1,1}}(\hat{b}_1 - \hat{a}_{1,2}\,x_2 - \cdots - \hat{a}_{1,p}\,x_p),\ x_2,\ldots,\ x_p\Big). \qquad (*)$$

L'ensemble des solutions de $(\mathcal{S})$ est donc l'ensemble des p-listes de la forme $(*)$, avec $(x_2,\ldots,x_p)$ solution de $(\hat{\mathcal{S}})$.

∗ Il s'agit désormais de résoudre le système $(\hat{\mathcal{S}})$: pour ce faire, on peut itérer le processus précédent.

Remarque Dans certains cas, il peut se révéler plus efficace de ne pas suivre scrupuleusement la méthode du pivot de Gauss lors de la résolution d'un système linéaire, en raisonnant éventuellement par analyse-synthèse. C'est le cas dans l'exercice 19.1 de la page 694.

Exo 19.1

III Ensemble des matrices carrées

1 Généralités

Définition 11

Dans $\mathcal{M}_n(\mathbb{K})$, on appelle **matrice identité**, et l'on note I_n, la matrice :

$$I_n = \begin{pmatrix} 1 & & (0) \\ & \ddots & \\ (0) & & 1 \end{pmatrix}.$$

Remarques

- On a donc $I_n = (\delta_{i,j})_{1 \leqslant i,j \leqslant n}$, ou encore $I_n = \sum_{k=1}^{n} E_{k,k}^{(n,n)}$.
- On a : $\forall M \in \mathcal{M}_n(\mathbb{K}) \quad M\,I_n = I_n\,M = M$. On dit que la matrice I_n est élément neutre de $\mathcal{M}_n(\mathbb{K})$ pour le produit matriciel.
- L'application $\begin{array}{ccc} \mathcal{M}_1(\mathbb{K}) & \longrightarrow & \mathbb{K} \\ (\,a\,) & \longmapsto & a \end{array}$ est une bijection. Dans la pratique, on identifie $\mathcal{M}_1(\mathbb{K})$ à $\mathbb{K}$.
- Pour $n \geqslant 2$, le produit matriciel est non commutatif sur $\mathcal{M}_n(\mathbb{K})$. Par exemple, on a $E_{1,2}E_{2,2} = E_{1,2}$ alors que $E_{2,2}E_{1,2} = 0$.

Puissances d'une matrice Pour $A \in \mathcal{M}_n(\mathbb{K})$ et $k \in \mathbb{N}$, la **puissance k-ième** de A, notée A^k, est la matrice :

Exo 19.2

$$A^k = \underbrace{A \times \cdots \times A}_{k \text{ fois}} \qquad \text{avec par convention } A^0 = I_n.$$

On a naturellement les propriétés calculatoires suivantes :

$$\forall (p,q) \in \mathbb{N}^2 \quad A^p A^q = A^{p+q} \quad \text{et} \quad (A^p)^q = A^{pq}.$$

Proposition 13 (Formule du binôme)

Pour $(A,B) \in \mathcal{M}_n(\mathbb{K})^2$ tel que $AB = BA$, on a, pour tout $p \in \mathbb{N}$:

Exo 19.3

$$(A+B)^p = \sum_{k=0}^{p} \binom{p}{k} A^k B^{p-k}.$$

Démonstration. Analogue à celle faite dans le cas réel (cf. proposition 9 de la page 112). □

Terminologie Lorsque $AB = BA$, on dit que A et B commutent.

Proposition 14 (Factorisation de $A^p - B^p$)

Pour $(A,B) \in \mathcal{M}_n(\mathbb{K})^2$ tel que $AB = BA$, on a, pour tout $p \in \mathbb{N}$:

$$A^p - B^p = (A-B) \sum_{k=0}^{p-1} A^k B^{p-1-k}.$$

Démonstration. Analogue à celle faite dans le cas réel (cf. proposition 5 de la page 105). □

Exo 19.4

Attention Pour $n \geqslant 2$, le produit matriciel étant non commutatif sur $\mathcal{M}_n(\mathbb{K})$, il est indispensable, avant d'appliquer les formules des propositions 13 et 14, de vérifier que A et B commutent.

Définition 12

Une matrice A est dite **nilpotente** s'il existe $k \in \mathbb{N}^*$ tel que $A^k = 0$.

Ex. 16. La matrice $A=\begin{pmatrix} 1 & 1 \\ -1 & -1 \end{pmatrix}$ est nilpotente, car $A^2=0$.

Ex. 17. La matrice $A=\begin{pmatrix} 0 & 1 & 0 \\ 0 & 0 & 1 \\ 0 & 0 & 0 \end{pmatrix}$ est nilpotente, car $A^2=\begin{pmatrix} 0 & 0 & 1 \\ 0 & 0 & 0 \\ 0 & 0 & 0 \end{pmatrix}$ puis $A^3=0$.

Ex. 18. Parmi les matrices élémentaires de $\mathcal{M}_n(\mathbb{K})$, celles qui ne sont pas nilpotentes sont celles de la forme $E_{i,i}$ avec $i \in [\![1,n]\!]$. En effet :

- si $i \neq j$, alors $E_{i,j}^2=0$, donc $E_{i,j}$ est nilpotente ;
- pour tout $i \in [\![1,n]\!]$, on a $E_{i,i}^2=E_{i,i}$, et une récurrence élémentaire donne :

$$\forall k \in \mathbb{N}^* \quad E_{i,i}^k = E_{i,i} \neq 0.$$

Remarque Si $A \in \mathcal{M}_n(\mathbb{K})$ est nilpotente, alors l'ensemble $\{k \in \mathbb{N}^* \ : \ A^k=0\}$ est une partie non vide de $\mathbb{N}$, donc possède un plus petit élément k_0. Cet entier k_0 est appelé **l'indice de nilpotence** de A. Il vérifie :

$$\forall k \in [\![0,k_0-1]\!] \quad A^k \neq 0 \qquad \text{et} \qquad \forall k \geqslant k_0 \quad A^k = \underbrace{A^{k_0}}_{=0} A^{k-k_0} = 0.$$

2 Formes particulières de matrices carrées

Définition 13

Une matrice $A=(a_{i,j})_{1\leqslant i,j\leqslant n} \in \mathcal{M}_n(\mathbb{K})$ est dite :

- **diagonale** si : $\forall (i,j) \in [\![1,n]\!]^2 \quad i \neq j \Longrightarrow a_{i,j}=0$;
- **scalaire** s'il existe $\lambda \in \mathbb{K}$ tel que $A=\lambda I_n$.

On note $\mathcal{D}_n(\mathbb{K})$ l'ensemble des matrice diagonales.

Notation La matrice diagonale $\begin{pmatrix} \lambda_1 & & (0) \\ & \ddots & \\ (0) & & \lambda_n \end{pmatrix}$ est notée $\mathrm{Diag}(\lambda_1,\dots,\lambda_n)$.

Remarques

- En particulier, une matrice scalaire est diagonale.
- Les matrices scalaires commutent avec toutes les autres : en effet, pour $\lambda \in \mathbb{K}$ et $A \in \mathcal{M}_n(\mathbb{K})$, on a $(\lambda I_n)M = \lambda M = M(\lambda I_n)$.
- Plus généralement, pour $\lambda \in \mathbb{K}$ et $A \in \mathcal{M}_{n,p}(\mathbb{K})$, on vérifie facilement qu'on a :

$$(\lambda I_n)A = \lambda A \qquad \text{et} \qquad A(\lambda I_p) = \lambda A.$$

Ex. 19. Soit $(C, L) \in \mathcal{M}_{n,1}(\mathbb{K}) \times \mathcal{M}_{1,n}(\mathbb{K})$; posons $A = CL$.
Montrons qu'il existe un scalaire λ tel que $A^2 = \lambda A$.
Par propriété du produit matriciel, on peut écrire :

$$A^2 = (CL)^2 = (CL)(CL) = C(LC)L.$$

Or, la matrice CL appartient à $\mathcal{M}_1(\mathbb{K})$; c'est en particulier une matrice scalaire, de la forme λI_1. On a alors, en utilisant la dernière pastille de la remarque précédente :

$$A^2 = \lambda(CL) = \lambda A.$$

Point méthode Pour $A \in \mathcal{M}_{n,p}(\mathbb{K})$, on sait exprimer rapidement le produit de A par une matrice diagonale. En effet, si $C_1, \ldots, C_p$ désignent les colonnes de A, et $L_1, \ldots, L_n$ ses lignes, alors :

- les colonnes de la matrice $A\,\mathrm{Diag}(\lambda_1, \ldots, \lambda_p)$ sont $\lambda_1 C_1, \ldots, \lambda_p C_p$;
- les lignes de la matrice $\mathrm{Diag}(\lambda_1, \ldots, \lambda_n)\,A$ sont $\lambda_1 L_1, \ldots, \lambda_n L_n$.

Exo 19.5

Ex. 20. On retrouve ainsi l'effet de la multiplication d'une matrice par une matrice de dilatation.

Proposition 15

Deux matrices diagonales commutent. Plus précisément, si $A = \mathrm{Diag}(\lambda_1, \ldots, \lambda_n)$ et $B = \mathrm{Diag}(\mu_1, \ldots, \mu_n)$, alors on a $AB = BA = \mathrm{Diag}(\lambda_1\mu_1, \ldots, \lambda_n\mu_n)$.

Démonstration. C'est immédiat, en écrivant le produit matriciel. □

Définition 14

Soit $A = (a_{i,j})_{1 \leqslant i,j \leqslant n} \in \mathcal{M}_n(\mathbb{K})$. La matrice A est dite :

- **triangulaire supérieure** si : $\forall (i,j) \in [\![1,n]\!]^2 \quad i > j \Longrightarrow a_{i,j} = 0$;
- **triangulaire inférieure** si : $\forall (i,j) \in [\![1,n]\!]^2 \quad i < j \Longrightarrow a_{i,j} = 0$.

Notation Dans $\mathcal{M}_n(\mathbb{K})$, on note $\mathcal{T}_n^+(\mathbb{K})$ l'ensemble des matrices triangulaires supérieures, et $\mathcal{T}_n^-(\mathbb{K})$ l'ensemble des matrices triangulaires inférieures.

Remarques

- Une matrice carrée est dite triangulaire si elle est triangulaire supérieure ou triangulaire inférieure.
- Une matrice est triangulaire inférieure si, et seulement si, sa transposée est triangulaire supérieure, et réciproquement.
- On a $\mathcal{T}_n^+(\mathbb{K}) \cap \mathcal{T}_n^-(\mathbb{K}) = \mathcal{D}_n(\mathbb{K})$.
- On voit facilement que les ensembles $\mathcal{T}_n^+(\mathbb{K})$ et $\mathcal{T}_n^-(\mathbb{K})$ contiennent la matrice nulle et sont stables par combinaison linéaire : il sera dit au chapitre 21 que ce sont des sous-espaces vectoriels de $\mathcal{M}_n(\mathbb{K})$.

Proposition 16

Les ensembles $\mathcal{T}_n^+(\mathbb{K})$ et $\mathcal{T}_n^-(\mathbb{K})$ sont stables par produit.

Démonstration page 690

Remarque Si A et B sont deux matrices triangulaires supérieures (ou deux matrices triangulaires inférieures), alors, en calculant le produit matriciel, on voit que la diagonale du produit AB est le produit terme à terme des deux diagonales :

$$\forall i \in [\![1,n]\!] \quad [AB]_{i,i} = [A]_{i,i}[B]_{i,i}.$$

Définition 15

Une matrice $A = (a_{i,j})_{1\leqslant i,j\leqslant n} \in \mathcal{M}_n(\mathbb{K})$ est dite :

- **symétrique** si $A^T = A$, c'est-à-dire : $\forall (i,j) \in [\![1,n]\!]^2 \quad a_{i,j} = a_{j,i}$;
- **antisymétrique** si $A^T = -A$, c'est-à-dire : $\forall (i,j) \in [\![1,n]\!]^2 \quad a_{i,j} = -a_{j,i}$.

On note $\mathcal{S}_n(\mathbb{K})$ l'ensemble des matrices symétriques, et $\mathcal{A}_n(\mathbb{K})$ l'ensemble des matrices antisymétriques.

Remarques

- Les coefficients diagonaux d'une matrice antisymétrique sont nuls.
- On a $\mathcal{S}_n(\mathbb{K}) \cap \mathcal{A}_n(\mathbb{K}) = \{0\}$.

Ex. 21. Montrons que toute matrice $M \in \mathcal{M}_n(\mathbb{K})$ s'écrit de manière unique comme somme d'une matrice symétrique et d'une matrice antisymétrique. Soit $M \in \mathcal{M}_n(\mathbb{K})$. Procédons par analyse-synthèse.

- Supposons que M s'écrive $M = S + A$ avec $(S,A) \in \mathcal{S}_n(\mathbb{K}) \times \mathcal{A}_n(\mathbb{K})$. En transposant, on a $M^T = S^T + A^T = S - A$, ce qui donne :

$$S = \frac{M + M^T}{2} \qquad \text{et} \qquad A = \frac{M - M^T}{2}.$$

  Cela assure l'unicité.
- Réciproquement, il est immédiat de vérifier que le couple de matrices (S,A) défini précédemment convient : S est symétrique, A est antisymétrique, et leur somme vaut M.

3 Éléments inversibles de $\mathcal{M}_n(\mathbb{K})$

Définition 16

Une matrice $A \in \mathcal{M}_n(\mathbb{K})$ est dite **inversible** s'il existe $B \in \mathcal{M}_n(\mathbb{K})$ vérifiant :

$$AB = BA = I_n.$$

Exo 19.6

Proposition 17

Exo 19.7

Une matrice B vérifiant la double égalité de la définition précédente est unique. On l'appelle **inverse** de A, et on la note A^{-1}.

Démonstration. Supposons que B et C vérifient $AB = BA = I_n$ et $AC = CA = I_n$. Alors, par associativité du produit matriciel, on a :

$$B = BI_n = B(AC) = (BA)C = I_nC = C.$$ □

Ex. 22. Les deux matrices $A = \begin{pmatrix} 2 & 0 \\ 0 & 1 \end{pmatrix}$ et $B = \begin{pmatrix} 1 & 1 \\ 0 & 1 \end{pmatrix}$ sont inversibles, et :

$$A^{-1} = \begin{pmatrix} \frac{1}{2} & 0 \\ 0 & 1 \end{pmatrix} \quad \text{et} \quad B^{-1} = \begin{pmatrix} 1 & -1 \\ 0 & 1 \end{pmatrix}.$$

Ex. 23. Une matrice diagonale $D = \mathrm{Diag}(\alpha_1, \dots, \alpha_n)$ est inversible si, et seulement si, ses coefficients diagonaux α_k sont tous non nuls. En effet :

- si les α_k sont tous non nuls, alors la matrice $\Delta = \mathrm{Diag}\left(\frac{1}{\alpha_1}, \dots, \frac{1}{\alpha_n}\right)$ vérifie :

$$D\,\Delta = \Delta\, D = I_n\ ;$$

- s'il existe $i \in [\![1, n]\!]$ tel que $\alpha_i = 0$, alors, pour toute matrice $M \in \mathcal{M}_n(\mathbb{K})$, la i-ème ligne de la matrice DM est nulle, donc $DM \neq I_n$.

Ex. 24. En particulier, la matrice I_n est inversible et $I_n^{-1} = I_n$.

Notations On appelle **groupe linéaire**, et l'on note $\mathcal{GL}_n(\mathbb{K})$, l'ensemble des éléments inversibles de $\mathcal{M}_n(\mathbb{K})$.

Exo 19.8

Remarque Dans certains calculs, on peut « simplifier » par une matrice inversible en multipliant, à gauche ou à droite, par sa matrice inverse. Ainsi, si A est une matrice inversible, alors :

- en multipliant à gauche par A^{-1}, une relation de la forme $AB = AC$ donne $B = C$;
- en multipliant à droite par A^{-1}, une relation de la forme $BA = CA$ donne $B = C$.

Proposition 18

Si $A \in \mathcal{M}_n(\mathbb{K})$ est inversible, alors A^{-1} est inversible et $(A^{-1})^{-1} = A$.

Démonstration. Immédiat car par définition, si A est inversible, on a :

$$AA^{-1} = A^{-1}A = I_n.$$

□

Proposition 19

Si A et B sont deux matrices inversibles de $\mathcal{M}_n(\mathbb{K})$, alors AB est inversible et :

$$(AB)^{-1} = B^{-1}A^{-1}.$$

Démonstration page 691

Conséquence Pour $A \in \mathcal{GL}_n(\mathbb{K})$ et $k \in \mathbb{N}$, A^k est inversible et $(A^k)^{-1} = (A^{-1})^k$. La matrice $(A^{-1})^k$ est notée A^{-k}. Les propriétés calculatoires vues à la page 677 s'étendent alors pour tout couple d'entiers relatifs :

$$\forall (p,q) \in \mathbb{Z}^2 \quad A^p A^q = A^{p+q} \quad \text{et} \quad (A^p)^q = A^{pq}.$$

Proposition 20

Si $A \in \mathcal{GL}_n(\mathbb{K})$, alors $A^T \in \mathcal{GL}_n(\mathbb{K})$ et l'on a $\left(A^T\right)^{-1} = \left(A^{-1}\right)^T$.

Démonstration. Les relations suivantes prouvent que A^T est inversible, d'inverse $\left(A^{-1}\right)^T$:

$$\left(A^{-1}\right)^T A^T = \left(AA^{-1}\right)^T = {I_n}^T = I_n \quad \text{et} \quad A^T\left(A^{-1}\right)^T = \left(A^{-1}A\right)^T = {I_n}^T = I_n.$$

□

Opérations élémentaires et inversibilité

Proposition 21

Toute matrice d'opération élémentaire est inversible.

Démonstration. Pour chacun des trois types de matrices d'opérations élémentaires, on sait expliciter la matrice inverse (la vérification est immédiate en calculant le produit matriciel) :

- *transvection :* la matrice de transvection $T_{i,j,\lambda}$ a pour matrice inverse $T_{i,j,-\lambda}$;
- *dilatation :* la matrice de dilatation $D_{i,\mu}$ a pour matrice inverse $D_{i,\frac{1}{\mu}}$;
- *permutation :* la matrice de permutation $P_{i,j}$ est sa propre matrice inverse.

Remarque Une manière intuitive d'obtenir ces résultats est de comprendre comment inverser une opération élémentaire. Si l'on raisonne par exemple sur les colonnes :

- une transvection $C_j \leftarrow C_j + \lambda C_i$ a pour opération inverse la transvection $C_j \leftarrow C_j - \lambda C_i$;
- une dilatation $C_i \leftarrow \mu C_i$ a pour opération inverse la dilatation $C_i \leftarrow \frac{1}{\mu} C_i$;
- un échange $C_i \leftrightarrow C_j$ est une opération involutive, *i.e.* est son propre inverse.

□

Corollaire 22

Les opérations élémentaires préservent l'inversibilité.

Démonstration. Effectuer une opération élémentaire revient à multiplier, par la gauche ou par la droite, par une matrice d'opération élémentaire (cf. proposition 9 de la page 672 et proposition 10). On en déduit le résultat, car toute matrice d'opération élémentaire est inversible, et qu'un produit de matrices inversibles est inversible.

□

Calcul de l'inverse d'une matrice par résolution du système $AX = Y$

Proposition 23

Étant donné $A \in \mathcal{M}_n(\mathbb{K})$, les deux assertions suivantes sont équivalentes :

(*i*) $A \in \mathcal{GL}_n(\mathbb{K})$;

(*ii*) pour tout $Y \in \mathcal{M}_{n,1}(\mathbb{K})$, le système linéaire $AX = Y$ possède une unique solution.

L'unique solution du système linéaire $AX = Y$ est alors $A^{-1}Y$.

Démonstration page 691

Terminologie Un système linéaire carré de la forme $AX = Y$ est dit **de Cramer** si la matrice A est inversible.

Remarque En conséquence de la proposition précédente, si une matrice $A \in \mathcal{M}_n(\mathbb{K})$ est inversible, alors le système homogène $AX = 0$ possède comme unique solution la solution nulle.

Point méthode Pour prouver qu'une matrice carrée A n'est pas inversible, on peut chercher à montrer que le système homogène associé $AX = 0$ possède une solution non nulle, ce qui revient à obtenir 0 comme combinaison linéaire non nulle des colonnes de A.

Ex. 25. Montrons que la matrice $A = \begin{pmatrix} 1 & 1 & 1 \\ 1 & 0 & 1 \\ 1 & 1 & 1 \end{pmatrix}$ n'est pas inversible. Pour cela, constatons que les première et troisième colonnes de A sont égales. Donc, en notant $C = \begin{pmatrix} 1 \\ 0 \\ -1 \end{pmatrix}$, on a $AC = 0$. Comme $C \neq 0$, cela prouve la non-inversibilité de A.

De ce qui précède, on déduit une méthode pour prouver l'inversibilité d'une matrice $A \in \mathcal{M}_n(\mathbb{K})$ et calculer A^{-1} :

Point méthode Soit $A \in \mathcal{M}_n(\mathbb{K})$. Supposons que, pour tout $Y \in \mathcal{M}_{n,1}(\mathbb{K})$, le système $AX = Y$ possède une unique solution. Alors :

- on en déduit que A est inversible, d'après la proposition 23;
- si l'on réussit à exprimer la solution sous la forme $X = MY$ avec $M \in \mathcal{M}_n(\mathbb{K})$, alors, ayant également $X = A^{-1}Y$, et en vertu de l'exemple 13 de la page 670, on a $A^{-1} = M$.

Ex. 26. Montrons que la matrice $A = \begin{pmatrix} 1 & 1 & 1 \\ 1 & 2 & 3 \\ 1 & 3 & 6 \end{pmatrix}$ est inversible et calculons son inverse.

Pour cela, fixons $Y \in \mathcal{M}_{3,1}(\mathbb{K})$ et résolvons le système $(\mathcal{S})\ :\ AX = Y$.

En notant $X = \begin{pmatrix} x_1 \\ x_2 \\ x_3 \end{pmatrix}$ et $Y = \begin{pmatrix} y_1 \\ y_2 \\ y_3 \end{pmatrix}$, on a :

$$(\mathcal{S}) \iff \left\{ \begin{array}{rcl} x_1 + x_2 + x_3 & = & y_1 \\ x_1 + 2x_2 + 3x_3 & = & y_2 \\ x_1 + 3x_2 + 6x_3 & = & y_3 \end{array} \right.$$

$$\iff \left\{ \begin{array}{rcll} x_1 + x_2 + x_3 & = & y_1 & \\ x_2 + 2x_3 & = & -y_1 + y_2 & L_2 \leftarrow L_2 - L_1 \\ 2x_2 + 5x_3 & = & -y_1 + y_3 & L_3 \leftarrow L_3 - L_1 \end{array} \right.$$

$$\iff \left\{ \begin{array}{rcll} x_1 + x_2 + x_3 & = & y_1 & \\ x_2 + 2x_3 & = & -y_1 + y_2 & \\ x_3 & = & y_1 - 2y_2 + y_3. & L_3 \leftarrow L_3 - 2L_2 \end{array} \right.$$

Le système obtenu est triangulaire et possède une unique solution. Cela prouve déjà que A est inversible. De plus, l'unique solution de $(\mathcal{S})$, obtenue par résolution du bas vers le haut, est $X = \begin{pmatrix} 3y_1 - 3y_2 + y_3 \\ -3y_1 + 5y_2 - 2y_3 \\ y_1 - 2y_2 + y_3 \end{pmatrix}$. L'unique solution du système $(\mathcal{S})$ s'écrivant $X = MY$ avec $M = \begin{pmatrix} 3 & -3 & 1 \\ -3 & 5 & -2 \\ 1 & -2 & 1 \end{pmatrix}$, on en déduit que $A^{-1} = M$.

Calcul de l'inverse d'une matrice par opérations élémentaires

Lemme 24

Soit $A = (a_{i,j})_{1 \leqslant i,j \leqslant n} \in \mathcal{M}_n(\mathbb{K})$ vérifiant :

$$\forall i \in [\![2, n]\!] \quad a_{i,1} = 0.$$

Si A est inversible, alors on a nécessairement $a_{1,1} \neq 0$, et la sous-matrice $\tilde{A} = (a_{i,j})_{2 \leqslant i,j \leqslant n}$ est inversible.

$$A = \left(\begin{array}{c|c} a_{1,1} & (\star) \\ \hline 0 & \\ \vdots & \widetilde{A} \\ 0 & \end{array}\right)$$

Démonstration page 691

Proposition 25

Soit $A \in \mathcal{GL}_n(\mathbb{K})$. On peut transformer A en I_n par une suite d'opérations élémentaires sur les lignes.

Démonstration page 692

Principe de démonstration. On procède en trois étapes : on transforme d'abord A en une matrice triangulaire supérieure, puis on rend tous les coefficients diagonaux égaux à 1, et enfin on obtient I_n.

Remarque Soit $A \in \mathcal{GL}_n(\mathbb{K})$. Notons en respectant l'ordre $E_1, \ldots, E_p$ les matrices d'opérations élémentaires *sur les lignes* permettant de transformer A en I_n. Alors :

$$E_p \cdots E_1 A = I_n.$$

En multipliant à droite par A^{-1}, on en déduit :

$$A^{-1} = E_p \cdots E_1 \quad \text{ou encore} \quad A^{-1} = E_p \cdots E_1 I_n.$$

Exo 19.9

Point méthode (Calcul de l'inverse d'une matrice par opérations élémentaires)
Étant donné $A \in \mathcal{GL}_n(\mathbb{K})$, on obtient donc A^{-1} en effectuant, sur la matrice I_n, les mêmes opérations élémentaires *sur les lignes* que celles qui ont permis de transformer A en I_n.

Ex. 27. Considérons la matrice $A = \begin{pmatrix} 1 & 1 & 1 \\ 1 & 2 & 3 \\ 1 & 3 & 7 \end{pmatrix}$. Montrons que A est inversible et calculons son inverse. Pour cela, transformons A en I_3 à l'aide d'opérations élémentaires sur les lignes, et appliquons en parallèle ces opérations élémentaires sur la matrice I_3.

$$\left(A \mid I_3 \right) = \left(\begin{array}{ccc|ccc} 1 & 1 & 1 & 1 & 0 & 0 \\ 1 & 2 & 3 & 0 & 1 & 0 \\ 1 & 3 & 7 & 0 & 0 & 1 \end{array}\right)$$

$$\left(\begin{array}{ccc|ccc} 1 & 1 & 1 & 1 & 0 & 0 \\ 0 & 1 & 2 & -1 & 1 & 0 \\ 0 & 2 & 6 & -1 & 0 & 1 \end{array}\right) \begin{array}{l} \\ L_2 \leftarrow L_2 - L_1 \\ L_3 \leftarrow L_3 - L_1 \end{array}$$

$$\left(\begin{array}{ccc|ccc} 1 & 1 & 1 & 1 & 0 & 0 \\ 0 & 1 & 2 & -1 & 1 & 0 \\ 0 & 0 & 2 & 1 & -2 & 1 \end{array}\right) \begin{array}{l} \\ \\ L_3 \leftarrow L_3 - 2L_2 \end{array}$$

$$\left(\begin{array}{ccc|ccc} 1 & 1 & 1 & 1 & 0 & 0 \\ 0 & 1 & 2 & -1 & 1 & 0 \\ 0 & 0 & 1 & \frac{1}{2} & -1 & \frac{1}{2} \end{array}\right) \begin{array}{l} \\ \\ L_3 \leftarrow \frac{1}{2}L_3 \end{array}$$

$$\left(\begin{array}{ccc|ccc} 1 & 1 & 0 & \frac{1}{2} & 1 & -\frac{1}{2} \\ 0 & 1 & 0 & -2 & 3 & -1 \\ 0 & 0 & 1 & \frac{1}{2} & -1 & \frac{1}{2} \end{array}\right) \begin{array}{l} L_1 \leftarrow L_1 - L_3 \\ L_2 \leftarrow L_2 - 2L_3 \\ \\ \end{array}$$

$$\left(\begin{array}{ccc|ccc} 1 & 0 & 0 & \frac{5}{2} & -2 & \frac{1}{2} \\ 0 & 1 & 0 & -2 & 3 & -1 \\ 0 & 0 & 1 & \frac{1}{2} & -1 & \frac{1}{2} \end{array}\right) \begin{array}{l} L_1 \leftarrow L_1 - L_2 \\ \\ \\ \end{array}$$

Conclusion : la matrice A est inversible et $A^{-1} = \dfrac{1}{2}\begin{pmatrix} 5 & -4 & 1 \\ -4 & 6 & -2 \\ 1 & -2 & 1 \end{pmatrix}$.

Attention En général, deux opérations élémentaires ne commutent pas : l'ordre dans lequel on les applique importe. Par conséquent, on ne s'autorisera à effectuer plusieurs opérations élémentaires lors d'une seule étape uniquement après avoir vérifié que celles-ci commutent (comme c'est le cas pour les transvections $L_2 \leftarrow L_2 - L_1$ et $L_3 \leftarrow L_3 - L_1$ lors de la deuxième étape de l'exemple précédent).

Remarques

- Cette méthode de calcul de l'inverse d'une matrice par opérations élémentaires présente l'avantage d'être un peu plus concise que la méthode précédemment exposée utilisant la résolution d'un système linéaire ; concrètement, elle évite d'avoir à écrire les inconnues. En revanche, dans certaines situations, et en particulier lorsque les matrices considérées ont beaucoup de coefficients nuls, la méthode « résolution du système linéaire $AX = Y$ » peut se révéler plus efficace.
- Comme illustré par l'exemple qui suit, dans certaines situations, pour transformer A en I_n à l'aide d'opérations élémentaires sur les lignes, on peut trouver plus efficace que d'appliquer scrupuleusement la méthode du pivot.

Ex. 28. Considérons la matrice $A = \begin{pmatrix} 0 & 1 & 1 \\ 1 & 0 & 1 \\ 1 & 1 & 0 \end{pmatrix}$. Montrons que A est inversible et calculons son inverse. Pour cela, transformons A en I_3 à l'aide d'opérations élémentaires sur les lignes, et appliquons en parallèle ces opérations élémentaires sur la matrice I_3. Au début du processus, on constate qu'en ajoutant à la dernière ligne les deux autres, puis en divisant par 2, on obtient une ligne remplie de 1, ce qui facile la suite du processus.

$$\left(A \mid I_3 \right) = \left(\begin{array}{ccc|ccc} 0 & 1 & 1 & 1 & 0 & 0 \\ 1 & 0 & 1 & 0 & 1 & 0 \\ 1 & 1 & 0 & 0 & 0 & 1 \end{array}\right)$$

$$\left(\begin{array}{ccc|ccc} 0 & 1 & 1 & 1 & 0 & 0 \\ 1 & 0 & 1 & 0 & 1 & 0 \\ 1 & 1 & 1 & \frac{1}{2} & \frac{1}{2} & \frac{1}{2} \end{array}\right) \quad L_3 \leftarrow \tfrac{1}{2}(L_1 + L_2 + L_3)$$

$$\left(\begin{array}{ccc|ccc} -1 & 0 & 0 & \frac{1}{2} & -\frac{1}{2} & -\frac{1}{2} \\ 0 & -1 & 0 & -\frac{1}{2} & \frac{1}{2} & -\frac{1}{2} \\ 1 & 1 & 1 & \frac{1}{2} & \frac{1}{2} & \frac{1}{2} \end{array}\right) \quad \begin{array}{l} L_1 \leftarrow L_1 - L_3 \\ L_2 \leftarrow L_2 - L_3 \end{array}$$

$$\left(\begin{array}{ccc|ccc} -1 & 0 & 0 & \frac{1}{2} & -\frac{1}{2} & -\frac{1}{2} \\ 0 & -1 & 0 & -\frac{1}{2} & \frac{1}{2} & -\frac{1}{2} \\ 0 & 0 & 1 & \frac{1}{2} & \frac{1}{2} & -\frac{1}{2} \end{array}\right) \quad L_3 \leftarrow L_3 + L_1 + L_2$$

$$\left(\begin{array}{ccc|ccc} 1 & 0 & 0 & -\frac{1}{2} & \frac{1}{2} & \frac{1}{2} \\ 0 & 1 & 0 & \frac{1}{2} & -\frac{1}{2} & \frac{1}{2} \\ 0 & 0 & 1 & \frac{1}{2} & \frac{1}{2} & -\frac{1}{2} \end{array}\right) \quad \begin{array}{l} L_1 \leftarrow -L_1 \\ L_2 \leftarrow -L_2 \end{array}$$

Conclusion : la matrice A est inversible et $A^{-1} = \dfrac{1}{2}\begin{pmatrix} -1 & 1 & 1 \\ 1 & -1 & 1 \\ 1 & 1 & -1 \end{pmatrix}$.

Remarque

Pour inverser cette matrice, une méthode plus efficace sera proposée dans l'exercice 19.12.

4 Inversibilité et matrices triangulaires

Proposition 26

Une matrice triangulaire est inversible si, et seulement si, ses coefficients diagonaux sont tous non nuls.

Démonstration page 693

Proposition 27

Soit A une matrice triangulaire supérieure (respectivement inférieure) et inversible. Alors A^{-1} est aussi triangulaire supérieure (respectivement inférieure).

Démonstration page 693

Principe de démonstration. Lorsqu'on applique la méthode du pivot de Gauss sur une matrice triangulaire, la forme triangulaire est conservée.

Point méthode Le caractère inversible ou non d'une matrice triangulaire est immédiat à voir (il suffit de regarder les coefficients diagonaux), et les opérations élémentaires préservent l'inversibilité. Par conséquent, lorsque l'on s'intéresse au caractère inversible ou non d'une matrice, on peut chercher à la transformer, par opérations élémentaires sur les lignes et/ou colonnes, en une matrice triangulaire.

Ex. 29. Cherchons pour quelles valeurs de $(a,b) \in \mathbb{R}^2$ la matrice $A = \begin{pmatrix} 1 & 2 & 3 \\ 1 & 3 & a \\ 1 & 4 & b \end{pmatrix}$ est inversible. Les deux transvections (qui commutent) $L_2 \leftarrow L_2 - L_1$ et $L_3 \leftarrow L_3 - L_1$ transforment A en la matrice $A_1 = \begin{pmatrix} 1 & 2 & 3 \\ 0 & 1 & a-3 \\ 0 & 2 & b-3 \end{pmatrix}$. Puis, la transvection $L_3 \leftarrow L_3 - 2L_2$ transforme A_1 en la matrice $A_2 = \begin{pmatrix} 1 & 2 & 3 \\ 0 & 1 & a-3 \\ 0 & 0 & 3-2a+b \end{pmatrix}$. La matrice A_2, triangulaire supérieure, est inversible si, et seulement si, $2a - b \neq 3$. Cela répond à la question, puisque A est inversible si, et seulement si, A_2 l'est (car on passe de A à A_2 par opérations élémentaires).

Démonstrations

Proposition 2 Les deux formules se démontrent de manière analogue. Montrons la première. Prenons $(A,B) \in \mathcal{M}_{n,p}(\mathbb{K})^2$ et $C \in \mathcal{M}_{p,q}(\mathbb{K})$. Notons $a_{i,j}$, $b_{i,j}$ et $c_{i,j}$ les coefficients d'indice (i,j) de A, B et C respectivement. Pour $(i,j) \in [\![1,n]\!] \times [\![1,q]\!]$, on a :

$$\begin{aligned}\left[(\lambda A+\mu B)\,C\right]_{i,j} &= \sum_{k=1}^{p} [\,\lambda A+\mu B\,]_{i,k}\, c_{k,j}\\ &= \sum_{k=1}^{p} \big(\lambda a_{i,k}+\mu b_{i,k}\big) c_{k,j}\\ &= \lambda \sum_{k=1}^{p} a_{i,k}c_{k,j} + \mu \sum_{k=1}^{p} b_{i,k}c_{k,j} = \left[\lambda AC+\mu BC\right]_{i,j}.\end{aligned}$$

Proposition 3 Puisque A est de taille (n,p) et B de taille (p,q), la matrice AB est de taille (n,q). Le produit matriciel $(AB)\,C$ est donc licite, et la matrice obtenue est de taille (n,r). Notons $a_{i,j}$, $b_{i,j}$ et $c_{i,j}$ les coefficients d'indice (i,j) de A, B et C respectivement.

Pour $(i,j) \in [\![1,n]\!] \times [\![1,r]\!]$, le coefficient d'indice (i,j) de $(AB)\,C$ vaut :

$$\left[\,(AB)\,C\,\right]_{i,j} = \sum_{k=1}^{q} [\,AB\,]_{i,k}\, c_{k,j} = \sum_{k=1}^{q} \sum_{\ell=1}^{p} a_{i,\ell}\, b_{\ell,k}\, c_{k,j}.$$

De même, on vérifie qu'on peut bien effectuer le produit matriciel $A\,(BC)$, qu'il s'agit également d'une matrice de taille (n,r), dont le coefficient d'indice (i,j) vaut :

$$\left[\,A\,(BC)\,\right]_{i,j} = \sum_{\ell=1}^{p} a_{i,\ell}\,[\,BC\,]_{\ell,j} = \sum_{\ell=1}^{q} \sum_{k=1}^{q} a_{i,\ell}\, b_{\ell,k}\, c_{k,j}.$$

D'où la conclusion, car les symboles $\sum$ d'une somme rectangulaire finie peuvent être intervertis.

Proposition 4 Prenons $E_{i,j} \in \mathcal{M}_{n,p}(\mathbb{K})$ et $E_{k,\ell} \in \mathcal{M}_{p,q}(\mathbb{K})$. Ainsi on a $E_{i,j}E_{k,\ell} \in \mathcal{M}_{n,q}(\mathbb{K})$. Pour $(a,b) \in [\![1,n]\!] \times [\![1,q]\!]$, calculons le coefficient d'indice (a,b) de $E_{i,j}E_{k,\ell}$:

$$\left[E_{i,j}E_{k,\ell}\right]_{a,b} = \sum_{c=1}^{p} [\,E_{i,j}\,]_{a,c} [\,E_{k,\ell}\,]_{c,b}.$$

Par définition des matrices élémentaires, les termes de la somme précédente valent 0 ou 1, les termes valant 1 étant ceux pour lesquels $(a,c)=(i,j)$ et $(c,b)=(k,\ell)$. Par conséquent :

- si $j \neq k$, alors tous les termes de la somme sont nuls, donc $\left[E_{i,j}E_{k,\ell}\right]_{a,b} = 0$; dans ce cas, $E_{i,j}E_{k,\ell}$ est donc la matrice nulle ;
- si $j = k$, alors :

$$\left[E_{i,j}E_{k,\ell}\right]_{a,b} = \begin{cases} 1 & \text{si } (a,b)=(i,\ell)\\ 0 & \text{sinon ;}\end{cases}$$

  dans ce cas, on a donc $E_{i,j}E_{k,\ell} = E_{i,\ell}$.

Proposition 5

- Soit $A = (a_{k,\ell})_{(k,\ell)\in[\![1,n]\!]\times[\![1,p]\!]} \in \mathcal{M}_{n,p}(\mathbb{K})$ et $E_{i,j} \in \mathcal{M}_{q,n}(\mathbb{K})$. On a :
$$A = \sum_{\substack{1\leqslant k\leqslant n\\1\leqslant \ell\leqslant p}} a_{k,\ell}E_{k,\ell} \quad \text{donc} \quad E_{i,j}A = \sum_{\substack{1\leqslant k\leqslant n\\1\leqslant \ell\leqslant p}} a_{k,\ell}E_{i,j}E_{k,\ell}.$$
En utilisant le résultat de la proposition 4 de la page 669, on a :
$$E_{i,j}A = \sum_{\substack{1\leqslant k\leqslant n\\1\leqslant \ell\leqslant p}} a_{k,\ell}\,\delta_{k,j}E_{i,\ell} = \sum_{1\leqslant \ell\leqslant p} a_{j,\ell}E_{i,\ell},$$
ce qui justifie la forme annoncée pour la matrice $E_{i,j}A$.
- Soit $A = (a_{k,\ell})_{(k,\ell)\in[\![1,n]\!]\times[\![1,p]\!]} \in \mathcal{M}_{n,p}(\mathbb{K})$ et $E_{i,j} \in \mathcal{M}_{p,q}(\mathbb{K})$. On a :
$$A = \sum_{\substack{1\leqslant k\leqslant n\\1\leqslant \ell\leqslant p}} a_{k,\ell}E_{k,\ell} \quad \text{donc} \quad AE_{i,j} = \sum_{\substack{1\leqslant k\leqslant n\\1\leqslant \ell\leqslant p}} a_{k,\ell}E_{k,\ell}E_{i,j}.$$
En utilisant la proposition 4 de la page 669, on a :
$$AE_{i,j} = \sum_{\substack{1\leqslant k\leqslant n\\1\leqslant \ell\leqslant p}} a_{k,\ell}\,\delta_{\ell,i}E_{k,j} = \sum_{1\leqslant k\leqslant n} a_{k,i}E_{k,j},$$
ce qui justifie le résultat annoncé.

Proposition 6 Notons $a_{i,j}$ et $b_{i,j}$ les coefficients d'indice (i,j) de A et B respectivement.

- Soit $j \in [\![1,q]\!]$. Montrons que la j-ème colonne de AB vaut AC_j, en montrant l'égalité de leurs coefficients. Pour $i \in [\![1,n]\!]$:
  * le i-ème coefficient de la j-ème colonne de AB est le coefficient d'indice (i,j) de AB :
$$[AB]_{i,j} = \sum_{k=1}^{p} a_{i,k}b_{k,j}\ ;$$
  * le i-ème coefficient de la matrice colonne AC_j vaut :
$$[AC_j]_{i,1} = \sum_{k=1}^{p} a_{i,k}[C_j]_{k,1} = \sum_{k=1}^{p} a_{i,k}b_{k,j}.$$

  D'où le résultat.
- Le second point de la proposition s'obtient de la même manière : on montre, en regardant les coefficients, que la i-ème ligne de la matrice AB est L_iB.

Proposition 9 Notons $L_1,\dots,L_n$ les lignes de la matrice $A \in \mathcal{M}_{n,p}(\mathbb{K})$.

- Soit $(i,j) \in [\![1,n]\!]^2$ tel que $i \neq j$, et $\lambda \in \mathbb{K}$. On a :
$$T_{i,j,\lambda}A = (I_n + \lambda E_{i,j})A = A + \lambda E_{i,j}A$$
Or, $E_{i,j}A$ est la matrice dont les lignes sont nulles, exceptée la i-ème qui vaut L_j. Par conséquent, les lignes de la matrice $T_{i,j,\lambda}A$ sont celles de A, exceptée la i-ème qui vaut $L_i+\lambda L_j$. Ainsi, la matrice $T_{i,j,\lambda}A$ est bien obtenue à partir de A par la transvection $L_i \leftarrow L_i + \lambda L_j$.
- Soit $(i,\mu) \in [\![1,n]\!] \times \mathbb{K}^*$. On a :
$$D_{i,\mu}A = (I_n + (\mu-1)E_{i,i})A = A + (\mu-1)E_{i,i}A.$$
Or, les lignes de $E_{i,i}A$ sont nulles, exceptée la i-ème qui vaut L_i. Par conséquent, les lignes de $D_{i,\mu}A$ sont celles de A, exceptée la i-ème qui vaut $\big(1+(\mu-1)\big)L_i$, i.e. μL_i. Ainsi, la matrice $D_{i,\mu}A$ est bien obtenue à partir de A par la dilatation $L_i \leftarrow \mu\, L_i$.

- Soit $(i,j) \in [\![1,n]\!]^2$ tel que $i \neq j$. On a :

$$\begin{aligned} P_{i,j}A &= (I_n - E_{i,i} - E_{j,j} + E_{i,j} + E_{j,i})A \\ &= A - E_{i,i}A - E_{j,j}A + E_{i,j}A + E_{j,i}A. \end{aligned}$$

  * Pour $k \in [\![1,n]\!] \setminus \{i,j\}$, les k-ièmes lignes des matrices $E_{i,i}A$, $E_{j,j}A$, $E_{i,j}A$ et $E_{j,i}A$ sont nulles ; par conséquent, la k-ième ligne de $P_{i,j}\,A$ vaut L_k ;
  * les i-èmes lignes des matrices $E_{j,j}A$ et $E_{j,i}A$ sont nulles, tandis que les i-èmes lignes de $E_{i,i}A$ et $E_{i,j}A$ et valent respectivement L_i et L_j ; par conséquent, la i-ème ligne de $P_{i,j}\,A$ vaut $L_i - L_i + L_j$, *i.e.* L_j ;
  * par un raisonnement analogue, la j-ème ligne de $P_{i,j}\,A$ vaut $L_j - L_j + L_i$, *i.e.* L_i.

  Ainsi, la matrice $P_{i,j}A$ est bien obtenue à partir de A par l'échange $L_i \leftrightarrow L_j$.

Proposition 12 Soit $(\mathcal{S})$ un système linéaire et $(\widetilde{\mathcal{S}})$ un système obtenu à partir de $(\mathcal{S})$ par une opération élémentaire sur les lignes. Montrons que $(\mathcal{S})$ et $(\widetilde{\mathcal{S}})$ ont les mêmes solutions.

- C'est évident si l'opération réalisée est un échange de deux lignes.
- Supposons que l'opération réalisée soit une transvection : $L_i \leftarrow L_i + \lambda L_j$ ($\lambda \in \mathbb{K}$ et $i \neq j$).
  * Montrons que toute solution $(x_1, \ldots, x_p)$ de $(\mathcal{S})$ est aussi solution de $(\widetilde{\mathcal{S}})$. Toutes les équations de $(\widetilde{\mathcal{S}})$ sauf éventuellement la i-ème sont vérifiées (car ce sont les mêmes que celles de $(\mathcal{S})$). Quant à la i-ème équation de $(\widetilde{\mathcal{S}})$, elle est également vérifiée car :

$$\underbrace{a_{i,1}x_1 + \cdots + a_{i,p}x_p}_{=b_i} + \lambda\,\underbrace{(a_{j,1}x_1 + \cdots + a_{j,p}x_p)}_{=b_j} = b_i + \lambda\, b_j.$$

  * Réciproquement, le point précédent nous donne que toute solution de $(\widetilde{\mathcal{S}})$ est également solution de $(\mathcal{S})$, car on passe de $(\widetilde{\mathcal{S}})$ à $(\mathcal{S})$ en appliquant la transvection $L_i \leftarrow L_i - \lambda L_j$.
- Le cas où l'opération est une dilatation : $L_i \leftarrow \mu L_i$ (avec $\mu \neq 0$) se traite de la même manière que le cas précédent (l'opération permettant de passer de $(\widetilde{\mathcal{S}})$ à $(\mathcal{S})$ étant alors la dilatation $L_i \leftarrow \dfrac{1}{\mu} L_i$).

Proposition 16

- Soit $(A,B) \in \mathcal{T}_n^+(\mathbb{K})^2$. En notant $a_{i,j}$ et $b_{i,j}$ les coefficients des matrices A et B, on a, pour $1 \leqslant k < i \leqslant n$:

$$[AB]_{i,k} = \sum_{j=1}^{n} a_{i,j}\, b_{j,k}. \qquad (*)$$

  Soit $j \in [\![1,n]\!]$:
  * si $j > k$, alors $b_{j,k} = 0$ car B est triangulaire supérieure ;
  * si $j \leqslant k$, alors $j < i$ (puisque $k < i$) et donc $a_{i,j} = 0$ car A est triangulaire supérieure.

  Donc tous les termes intervenant dans la somme de la relation $(*)$ sont nuls, et l'on en déduit que $[AB]_{i,k}$ est nul. Par suite, AB est une matrice triangulaire supérieure.

  On peut de plus remarquer que, pour tout $i \in [\![1,n]\!]$: $[AB]_{i,i} = a_{i,i}\, b_{i,i}$.
- Si $(A,B) \in \mathcal{T}_n^-(\mathbb{K})^2$, alors la relation $AB = \left((AB)^T\right)^T = \left(B^T A^T\right)^T$ donne, d'après le point précédent, que AB est la transposée d'une matrice triangulaire supérieure, donc est triangulaire inférieure.

Proposition 19 Soit A et B deux matrices inversibles de $\mathcal{M}_n(\mathbb{K})$. On a :

$$(AB)(B^{-1}A^{-1}) = A(BB^{-1})A^{-1} = AI_nA^{-1} = AA^{-1} = I_n$$

et

$$(B^{-1}A^{-1})(AB) = B^{-1}(A^{-1}A)B = B^{-1}I_nB = B^{-1}B = I_n,$$

donc la matrice AB est inversible et $(AB)^{-1} = B^{-1}A^{-1}$.

Proposition 23

- $(i) \Rightarrow (ii)$. Supposons $A \in \mathcal{GL}_n(\mathbb{K})$. Soit $(X,Y) \in \mathcal{M}_{n,1}(\mathbb{K})^2$.
  - Supposons $AX = Y$. En multipliant à gauche par A^{-1}, on a déjà $A^{-1}(AX) = A^{-1}Y$. D'autre part, par associativité, $A^{-1}(AX) = (A^{-1}A)X = (I_n)X = X$. On en déduit que $X = A^{-1}Y$. D'où l'unicité.
  - Réciproquement, si $X = A^{-1}Y$, alors, en multipliant à gauche par A, on a $AX = Y$. D'où l'existence.
- $(ii) \Rightarrow (i)$. Supposons que, pour tout $Y \in \mathcal{M}_{n,1}(\mathbb{K})$, le système linéaire $AX = Y$ possède une unique solution.
  - Pour $i \in [\![1,n]\!]$, notons E_i la i-ème colonne de la matrice I_n. Par hypothèse, pour tout $i \in [\![1,n]\!]$, il existe $X_i \in \mathcal{M}_{n,1}(\mathbb{K})$ telle que $AX_i = E_i$. Alors, en notant B la matrice carrée de taille n dont les colonnes sont $X_1,\dots,X_n$, on constate (cf. proposition 6 de la page 670) que $AB = I_n$.
  - Prouvons alors que $BA = I_n$, ce qui offrira l'inversibilité de A (et donnera $A^{-1} = B$).
    - En multipliant à droite par A dans la relation $AB = I_n$, il vient $(AB)A = I_nA$, ce qui s'écrit aussi (à gauche, par associativité, et à droite, car $I_nA = A = AI_n$) :

      $$A(BA) = AI_n \quad \text{ou encore} \quad A(BA - I_n) = 0_{\mathcal{M}_n(\mathbb{K})}.$$

      Chaque colonne de la matrice $BA - I_n$ est alors solution du système linéaire :

      $$AX = 0_{\mathcal{M}_{n,1}(\mathbb{K})}.$$

      La colonne nulle étant également solution de ce système linéaire homogène, on en déduit, par unicité de la solution (ce qui est vrai par hypothèse), que les colonnes de $BA - I_n$ sont toutes nulles. On a donc $BA = I_n$.

Lemme 24

- Supposons $a_{1,1}$ nul. Alors, pour tout $B \in \mathcal{M}_n(\mathbb{K})$, la première colonne de la matrice BA est nulle. Cela contredit en particulier la relation $A^{-1}A = I_n$. Donc $a_{1,1}$ est non nul.
- Montrons maintenant l'inversibilité de $\tilde{A}$, en utilisant la proposition 23 de la page 683.

  Soit $\tilde{Y} = \begin{pmatrix} y_2 \\ \vdots \\ y_n \end{pmatrix} \in \mathcal{M}_{n-1,1}(\mathbb{K})$. Montrons que le système linéaire $(\tilde{\mathcal{S}})$: $\tilde{A}X = \tilde{Y}$ possède une unique solution $X \in \mathcal{M}_{n-1,1}(\mathbb{K})$. Pour cela, considérons le système linéaire :

  $$(\mathcal{S}) \ : \ AX = Z \qquad \text{avec} \qquad Z = \begin{pmatrix} 0 \\ y_2 \\ \vdots \\ y_n \end{pmatrix} \in \mathcal{M}_{n,1}(\mathbb{K}).$$

  Ce système linéaire $(\mathcal{S})$ s'écrit :

  $$(\mathcal{S}) \ : \ \left\{ \begin{array}{rcrcccrcl} a_{1,1}\,x_1 & + & a_{1,2}\,x_2 & + & \cdots & + & a_{1,n}\,x_n & = & 0 \\ & & a_{2,2}\,x_2 & + & \cdots & + & a_{2,n}\,x_n & = & y_2 \\ & & \vdots & & & & \vdots & & \vdots \\ & & a_{n,2}\,x_2 & + & \cdots & + & a_{n,n}\,x_n & = & y_n. \end{array} \right.$$

- Le coefficient $a_{1,1}$ étant non nul, la première équation du système $(\mathcal{S})$ est équivalente à $x_1 = -\dfrac{1}{a_{1,1}} \displaystyle\sum_{j=2}^{n} a_{1,j} x_j$.
- Ensuite, les $n-1$ dernières lignes du système $(\mathcal{S})$ constituent un système linéaire, carré de taille $n-1$, dont la matrice associée est $\tilde{A}$ et de second membre $\tilde{Y}$.

Finalement, les solutions de $(\mathcal{S})$ sont de la forme :

$$X = \begin{pmatrix} x_1 \\ \vdots \\ x_n \end{pmatrix} \qquad \text{avec} \qquad \begin{pmatrix} x_2 \\ \vdots \\ x_n \end{pmatrix} \text{ solution de } (\tilde{\mathcal{S}}) \quad \text{et} \quad x_1 = -\frac{1}{a_{1,1}} \sum_{j=2}^{n} a_{1,j} x_j.$$

Or, la matrice A étant inversible, la proposition 23 de la page 683 assure que le système linéaire $(\mathcal{S})$ admet une unique solution. Par conséquent, le système linéaire $(\tilde{\mathcal{S}})$ admet également une unique solution. Cela permet de conclure à l'inversibilité de la matrice $\tilde{A}$.

Proposition 25 Détaillons l'algorithme du pivot de Gauss permettant, *via* des opérations élémentaires sur les lignes, de transformer A en I_n. Par abus de notation, à chaque instant de l'algorithme, la matrice considérée sera toujours notée A, et ses coefficients $a_{i,j}$.

- **Étape 1 : on transforme A en une matrice triangulaire.** Ce procédé se fait par récurrence sur la taille de la matrice.
  - Si la matrice est de taille 1, il n'y a rien à faire.
  - Sinon, on remarque que, pour que la relation $A^{-1}A = I_n$ puisse avoir lieu, il est nécessaire que la première colonne de A soit non nulle.
    - Choisissons un coefficient non nul $a_{i,1}$, avec $i \in [\![1,n]\!]$, que l'on appelle **pivot**, et plaçons-le en position $(1,1)$, *via* l'échange de lignes $L_1 \leftrightarrow L_i$.
    - Annulons ensuite tous les coefficients situés sous le pivot, *via* les transvections :

$$L_j \leftarrow L_j - \frac{a_{j,1}}{a_{1,1}} L_1 \quad \text{pour} \quad j \in [\![2,n]\!].$$

    - La matrice ainsi obtenue vérifie les hypothèses du lemme 24 de la page 684 ; la sous-matrice $(a_{i,j})_{2 \leqslant i,j \leqslant n}$ est donc inversible. On poursuit alors l'algorithme sur cette sous-matrice (on peut remarquer que chaque opération élémentaire sur les lignes de cette sous-matrice correspond à une opération élémentaire sur les lignes $L_2, \ldots, L_n$ de A, ne modifiant pas sa première colonne puisque tous les coefficients $a_{i,1}$ sont nuls pour $i \in [\![2,n]\!]$).
- **Étape 2 : on fait apparaître une diagonale de 1.** Pour cela, on effectue les dilatations :

$$L_i \leftarrow \frac{1}{a_{i,i}} L_i \quad \text{pour} \quad i \in [\![1,n]\!].$$

- **Étape 3 : on obtient finalement I_n en annulant tous les coefficients non diagonaux.** Pour j allant de n à 2, on effectue les transvections :

$$L_i \leftarrow L_i - a_{i,j} L_j \quad \text{pour} \quad i \in [\![1, j-1]\!].$$

Lors de ce processus, chacune des transvections $L_i \leftarrow L_i - a_{i,j} L_j$ annule le coefficient d'indice (i,j) de la matrice, sans en modifier aucun autre.

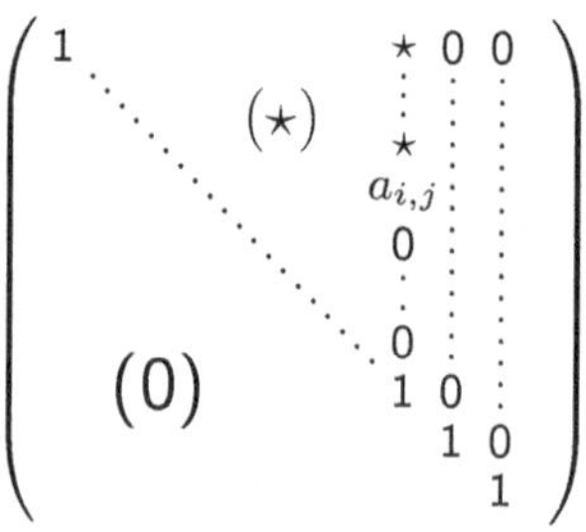

Proposition 26 La transposition conservant l'inversibilité, on peut, quitte à transposer, montrer le résultat pour une matrice triangulaire supérieure.

- Soit $A \in \mathcal{T}_n^+(\mathbb{K})$. Si les coefficients diagonaux de A sont tous non nuls, alors il est immédiat que, pour tout $Y \in \mathcal{M}_{n,1}(\mathbb{K})$, le système $AX = Y$ possède une unique solution, donc la matrice A est inversible.
- Montrons l'autre sens par récurrence sur n.
  * Le cas $n = 1$ est évident.
  * Soit $n \geqslant 2$. Supposons le résultat vrai au rang $n-1$ et montrons-le au rang n. Soit $A = (a_{i,j})_{1 \leqslant i,j \leqslant n} \in \mathcal{T}_n^+(\mathbb{K}) \cap \mathcal{GL}_n(\mathbb{K})$. La matrice A vérifiant les hypothèses du lemme 24 de la page 684, on obtient, d'une part, $a_{1,1} \neq 0$, et d'autre part, l'inversibilité de la sous-matrice $\tilde{A} = (a_{i,j})_{2 \leqslant i,j \leqslant n}$. Puisque $\tilde{A}$ est aussi triangulaire supérieure, l'hypothèse de récurrence s'applique : les coefficients diagonaux de $\tilde{A}$ sont tous non nuls. Cela termine la preuve, car les coefficients diagonaux de $\tilde{A}$ sont les $a_{i,i}$, pour $i \in [\![2, n]\!]$.

Proposition 27 La relation $(A^T)^{-1} = \left(A^{-1}\right)^T$ nous permet, quitte à transposer, de montrer le résultat uniquement pour des matrices triangulaires supérieures. Soit donc $A \in \mathcal{T}_n^+(\mathbb{K}) \cap \mathcal{GL}_n(\mathbb{K})$. Appliquons la méthode d'inversion d'une matrice par opérations élémentaires présentée à la page 684 ; on obtient A^{-1} en effectuant, sur la matrice I_n, les mêmes opérations élémentaires que celles permettant transformer A en I_n. Puisque A est triangulaire supérieure, seules les deux dernières étapes de l'algorithme sont à réaliser :

- rendre les coefficients diagonaux égaux à 1 ; pour cela, on réalise des dilatations ;
- annuler tous les coefficients situés strictement au dessus de la diagonale ; pour cela, on réalise des transvections de la forme $L_i \leftarrow L_i + \lambda L_j$ avec $i < j$.

Or, toute opération élémentaire de la forme ci-dessus préserve le caractère triangulaire supérieur d'une matrice. La matrice I_n étant triangulaire supérieure, la matrice A^{-1} l'est aussi.

S'entraîner et approfondir

19.1 →676 Pour $(y_1, y_2, y_3, y_4) \in \mathbb{K}^4$, résoudre le système $(\mathcal{S})$: $\left\{\begin{array}{rcl} 2x_1 + x_2 + x_3 + x_4 & = & y_1 \\ x_1 + 2x_2 + x_3 + x_4 & = & y_2 \\ x_1 + x_2 + 2x_3 + x_4 & = & y_3 \\ x_1 + x_2 + x_3 + 2x_4 & = & y_4. \end{array}\right.$

Indication. *On pourra s'intéresser à la somme des quatre équations du système* $(\mathcal{S})$.

19.2 →677 Soit $U \in \mathcal{M}_n(\mathbb{K})$ la matrice dont tous les coefficients sont égaux à 1. En calculer toutes les puissances positives.

19.3 →677 Soit $M = \begin{pmatrix} 1 & 1 & 0 \\ 0 & 1 & 1 \\ 0 & 0 & 1 \end{pmatrix}$. En utilisant la formule du binôme, calculer M^n pour $n \geqslant 2$.

19.4 →677 Dans $\mathcal{M}_2(\mathbb{R})$, on pose $A = \begin{pmatrix} 1 & 0 \\ 0 & 0 \end{pmatrix}$ et $B = \begin{pmatrix} 0 & 1 \\ 1 & 0 \end{pmatrix}$.

Calculer AB, BA, $A^2 - B^2$ et $(A+B)(A-B)$.

19.5 →679 Soit $n \in \mathbb{N}^*$. On appelle **centre de $\mathcal{M}_n(\mathbb{K})$** l'ensemble des matrices qui commutent avec toutes les autres. Montrer que le centre de $\mathcal{M}_n(\mathbb{K})$ est l'ensemble des matrices scalaires.
Indication. *Utiliser les matrices élémentaires.*

19.6 →681 Soit $A = \begin{pmatrix} 0 & 1 & 1 \\ 1 & 0 & 1 \\ 1 & 1 & 0 \end{pmatrix}$. Calculer $A^2 - A$. En déduire que $A \in \mathcal{GL}_3(\mathbb{R})$ et donner A^{-1}.

19.7 →681 On souhaite prouver que la matrice $A = \begin{pmatrix} 1 & -1 & 0 & 0 \\ 0 & 1 & -1 & 0 \\ 0 & 0 & 1 & -1 \\ 0 & 0 & 0 & 1 \end{pmatrix}$ est inversible et calculer son inverse.

1. On note $J = I_4 - A$. Calculer J^2, J^3 et J^4.
2. En écrivant $I_4 = I_4^4 - J^4$, montrer que A est inversible et expliciter son inverse.

19.8 →681 Soit $(A, B, C) \in \mathcal{M}_n(\mathbb{K})^3$. Montrer que si $ABC = 0$, et si deux des trois matrices sont inversibles, alors la troisième est nulle.

19.9 →685 Montrer que la matrice $A = \begin{pmatrix} 1 & 1 & 1 \\ 1 & j & j^2 \\ 1 & j^2 & j \end{pmatrix}$ est inversible et calculer son inverse.

Indication. *On rappelle que* $j = e^{\frac{2i\pi}{3}}$ *et que* $1 + j + j^2 = 0$.

19.10 Montrer que la matrice $A = \begin{pmatrix} 1 & 1 & 1 & 1 \\ 1 & 2 & 3 & 4 \\ 1 & 3 & 6 & 10 \\ 1 & 4 & 10 & 20 \end{pmatrix}$ est inversible, et calculer son inverse.

Indication. *Pour* $Y \in \mathcal{M}_{4,1}(\mathbb{R})$, *on pourra résoudre le système linéaire* $AX = Y$.

19.11 1. Déterminer toutes les puissances positives de $A = \begin{pmatrix} 1 & 1 \\ -1 & 0 \end{pmatrix}$.

2. On considère deux suites réelles définies par la donnée de u_0 et v_0 et par les relations :

$$\forall n \in \mathbb{N} \quad u_{n+1} = u_n + v_n \quad \text{et} \quad v_{n+1} = -u_n.$$

Déterminer une expression de u_n et v_n en fonction de n.

Indication. *On pourra s'intéresser à* $\begin{pmatrix} u_n \\ v_n \end{pmatrix}$.

19.12 Soit $n \geqslant 2$.

1. Soit $J \in \mathcal{M}_n(\mathbb{R})$ la matrice dont tous les coefficients valent 1. Posons $A = J - I_n$.
   (a) Trouver une relation entre A^2, A et I_n.
   (b) En déduire que A est inversible, et exprimer A^{-1} en fonction de A.
2. Soit $M = (m_{i,j})_{1 \leqslant i,j \leqslant n}$ la matrice définie par $m_{i,j} = \begin{cases} j & \text{si } i \neq j \\ 0 & \text{si } i = j. \end{cases}$

   En exprimant M à l'aide de A et de $D = \text{Diag}(1, 2, \ldots, n)$, justifier que M est inversible et déterminer M^{-1}.

Solutions des exercices

19.1 Raisonnons par analyse-synthèse.

- *Analyse.* Soit $(x_1, x_2, x_3, x_4) \in \mathbb{K}^4$ une solution de $(\mathcal{S})$. La somme des quatre équations donne :
$$x_1 + x_2 + x_3 + x_4 = \frac{1}{5}(y_1 + y_2 + y_3 + y_4).$$
En retranchant cette nouvelle relation à chacune des équations de $(\mathcal{S})$, on obtient :
$$\left\{\begin{array}{lcl} x_1 & = & \frac{1}{5}(4\,y_1 - y_2 - y_3 - y_4) \\ x_2 & = & \frac{1}{5}(-y_1 + 4\,y_2 - y_3 - y_4) \\ x_3 & = & \frac{1}{5}(-y_1 - y_2 + 4\,y_3 - y_4) \\ x_4 & = & \frac{1}{5}(-y_1 - y_2 - y_3 + 4\,y_4). \end{array}\right.$$
Synthèse. Réciproquement, on vérifie facilement que la liste (x_1, x_2, x_3, x_4) obtenue dans l'analyse est bien solution de $(\mathcal{S})$.

Conclusion : le système linéaire $(\mathcal{S})$ possède une unique solution : la liste (x_1, x_2, x_3, x_4) obtenue précédemment lors de l'analyse.

851 **Remarque** En notant $A \in \mathcal{M}_4(\mathbb{R})$ la matrice du système $(\mathcal{S})$, la partie « analyse » du raisonnement a montré que, quel que soit le second membre Y, le système $AX = Y$ admet au plus une solution ; c'est en particulier le cas pour le système homogène $AX = 0$, qui a donc la solution nulle comme unique solution. Il sera vu plus tard (cf. proposition 14 de la page 851) qu'alors la matrice A est inversible, et que, pour tout Y, le système $AX = Y$ admet exactement une solution. Cela permet d'éviter la partie « synthèse » du raisonnement précédent.

19.2
- La formule donnant le terme général d'un produit de matrice montre immédiatement que chaque coefficient de U^2 vaut n, ce qui s'écrit $U^2 = n\,U$.
- À l'aide de cette dernière formule et des règles de calcul dans $\mathcal{M}_n(\mathbb{K})$, on déduit, par une récurrence élémentaire :
$$U^0 = I_n \qquad \text{et} \qquad \forall p \in \mathbb{N}^* \quad U^p = n^{p-1}U.$$

19.3 On a $M = I_3 + J$ avec $J = \begin{pmatrix} 0 & 1 & 0 \\ 0 & 0 & 1 \\ 0 & 0 & 0 \end{pmatrix}$. Puisque la matrice I_3 commute avec toute matrice, elle commute en particulier avec M. La formule du binôme donne :
$$\forall n \in \mathbb{N} \quad M^n = \sum_{k=0}^{n} \binom{n}{k} J^k.$$
Or, on a $J^2 = \begin{pmatrix} 0 & 0 & 1 \\ 0 & 0 & 0 \\ 0 & 0 & 0 \end{pmatrix}$, puis $\forall k \geqslant 3 \quad J^k = 0$. Donc, pour $n \geqslant 2$ on a :
$$M^n = \sum_{k=0}^{2} \binom{n}{k} J^k = I_3 + n\,J + \frac{n(n-1)}{2}\,J^2 \quad \text{i.e.} \quad M^n = \begin{pmatrix} 1 & n & \frac{n(n-1)}{2} \\ 0 & 1 & n \\ 0 & 0 & 1 \end{pmatrix}.$$

Remarque La formule obtenue est également vraie pour $n = 0$ et $n = 1$.

19.4 Par calcul, on a $AB = \begin{pmatrix} 0 & 1 \\ 0 & 0 \end{pmatrix}$ et $BA = \begin{pmatrix} 0 & 0 \\ 1 & 0 \end{pmatrix}$ ainsi que :

$$A^2 - B^2 = \begin{pmatrix} 0 & 0 \\ 0 & -1 \end{pmatrix} \quad \text{et} \quad (A+B)\,(A-B) = \begin{pmatrix} 0 & -1 \\ 1 & -1 \end{pmatrix}.$$

Remarque On peut ici constater que $A^2 - B^2 \neq (A+B)\,(A-B)$, ce qui n'a rien d'étonnant vu que A et B ne commutent pas.

19.5 • Un sens est évident : si A est une matrice scalaire, alors on a $A = \lambda I_n$ avec $\lambda \in \mathbb{K}$. Ainsi, pour toute matrice $B \in \mathcal{M}_n(\mathbb{K})$, on a :

$$AB = \lambda I_n B = \lambda B \quad \text{et} \quad BA = B(\lambda I_n) = \lambda B I_n = \lambda B \quad \text{donc} \quad AB = BA.$$

• Réciproquement, soit $A \in \mathcal{M}_n(\mathbb{K})$ commutant avec tous les éléments de $\mathcal{M}_n(\mathbb{K})$.

* Pour $i \in [\![1,n]\!]$, on a $AE_{i,i} = E_{i,i}A$. En regardant les lignes d'indices i des deux matrices $E_{i,i}A$ et $AE_{i,i}$, qui sont respectivement :

$$\begin{pmatrix} a_{i,1} & \cdots & a_{i,i} & \cdots & a_{i,n} \end{pmatrix} \quad \text{et} \quad \begin{pmatrix} 0 & \cdots & 0 & a_{i,i} & 0 & \cdots & 0 \end{pmatrix},$$

on obtient :

$$\forall j \in [\![1,n]\!] \quad j \neq i \Longrightarrow a_{i,j} = 0.$$

Les coefficients non diagonaux de la i-ème ligne de A sont donc nuls. Cela étant vrai pour tout $i \in [\![1,n]\!]$, on en déduit que A est diagonale.

* Alors, pour $(i,j) \in [\![1,n]\!]^2$, les coefficients des matrices $AE_{i,j}$ et $E_{i,j}A$ valent respectivement $a_{i,i}$ et $a_{j,j}$. Comme $AE_{i,j} = E_{i,j}A$, on a donc nécessairement $a_{i,i} = a_{j,j}$.

Conclusion : A est une matrice scalaire.

19.6 On a $A^2 = \begin{pmatrix} 2 & 1 & 1 \\ 1 & 2 & 1 \\ 1 & 1 & 2 \end{pmatrix}$, donc $A^2 - A = 2I_3$. On a donc :

$$A\left(\frac{A - I_3}{2}\right) = \left(\frac{A - I_3}{2}\right)A = I_3.$$

Par suite, la matrice A est inversible, et $A^{-1} = \dfrac{A - I_3}{2} = \dfrac{1}{2}\begin{pmatrix} -1 & 1 & 1 \\ 1 & -1 & 1 \\ 1 & 1 & -1 \end{pmatrix}$.

19.7 1. On a $J = I_4 - A = \begin{pmatrix} 0 & 1 & 0 & 0 \\ 0 & 0 & 1 & 0 \\ 0 & 0 & 0 & 1 \\ 0 & 0 & 0 & 0 \end{pmatrix}$. Par produit matriciel, on a :

$$J^2 = \begin{pmatrix} 0 & 0 & 1 & 0 \\ 0 & 0 & 0 & 1 \\ 0 & 0 & 0 & 0 \\ 0 & 0 & 0 & 0 \end{pmatrix} \quad ; \quad J^3 = \begin{pmatrix} 0 & 0 & 0 & 1 \\ 0 & 0 & 0 & 0 \\ 0 & 0 & 0 & 0 \\ 0 & 0 & 0 & 0 \end{pmatrix} \quad \text{puis} \quad J^4 = 0.$$

2. Étant donné que $J^4 = 0$ et que I_4 commute avec J, on a, d'après la proposition 14 de la page 677 :

$$I_4 = I_4^4 - J^4 = (I_4 - J)(I_4 + J + J^2 + J^3) = (I_4 + J + J^2 + J^3)(I_4 - J).$$

Ainsi la matrice $A = I_4 - J$ est inversible, et :

$$A^{-1} = I_4 + J + J^2 + J^3 = \begin{pmatrix} 1 & 1 & 1 & 1 \\ 0 & 1 & 1 & 1 \\ 0 & 0 & 1 & 1 \\ 0 & 0 & 0 & 1 \end{pmatrix}.$$

19.8 • Si A et B sont inversibles, alors en multipliant la relation $ABC = 0$ à gauche par $B^{-1}A^{-1}$, on obtient $C = 0$.

• Si B et C sont inversibles, alors en multipliant la relation $ABC = 0$ à droite par $C^{-1}B^{-1}$, on obtient $A = 0$.

• Si A et C sont inversibles, alors en multipliant la relation $ABC = 0$ à gauche par A^{-1} et à droite par C^{-1}, on a $B = 0$.

19.9 Soit $Y = \begin{pmatrix} y_1 \\ y_2 \\ y_3 \end{pmatrix} \in \mathcal{M}_{3,1}(\mathbb{R})$. Montrons que le système linéaire $(\mathcal{S})$: $AX = Y$ admet une unique solution et explicitons-la.

• *Analyse.* Supposons $X = \begin{pmatrix} x_1 \\ x_2 \\ x_3 \end{pmatrix} \in \mathcal{M}_{3,1}(\mathbb{R})$ soit solution de $(\mathcal{S})$. Alors on a :

$$\begin{cases} x_1 + x_2 + x_3 = y_1 \\ x_1 + jx_2 + j^2x_3 = y_2 \\ x_1 + j^2x_2 + jx_3 = y_3. \end{cases}$$

En utilisant la relation $1 + j + j^2 = 0$:

∗ la somme $L_1 + L_2 + L_3$ donne $3x_1 = y_1 + y_2 + y_3$;

∗ la relation $L_1 + j^2L_2 + jL_3$ donne $3x_2 = y_1 + j^2y_2 + jy_3$;

∗ la relation $L_1 + jL_2 + j^2L_3$ donne $3x_3 = y_1 + jy_2 + j^2y_3$.

Par suite, on a $X = \frac{1}{3}\begin{pmatrix} y_1 + y_2 + y_3 \\ y_1 + j^2y_2 + jy_3 \\ y_1 + jy_2 + j^2y_3 \end{pmatrix}$.

• *Synthèse.* Réciproquement, on vérifie que la matrice colonne X ci-dessus est bien solution du système $(\mathcal{S})$.

Conclusion : le système linéaire $(\mathcal{S})$: $AX = Y$ admettant une unique solution (et cela quel que soit $Y \in \mathcal{M}_{3,1}(\mathbb{R})$, on en déduit que A est inversible. L'expression de la solution X nous fournit de plus :

$$A^{-1} = \frac{1}{3}\begin{pmatrix} 1 & 1 & 1 \\ 1 & j^2 & j \\ 1 & j & j^2 \end{pmatrix}.$$

19.10 Soit $Y = \begin{pmatrix} y_1 \\ y_2 \\ y_3 \\ y_4 \end{pmatrix} \in \mathcal{M}_{4,1}(\mathbb{R})$. Considérons le système linéaire $(\mathcal{S})$: $AX = Y$. Si l'on note $X = \begin{pmatrix} x_1 \\ x_2 \\ x_3 \\ x_4 \end{pmatrix}$, le système $(\mathcal{S})$ s'écrit $\begin{cases} x_1 + x_2 + x_3 + x_4 = y_1 \\ x_1 + 2x_2 + 3z + 4x_4 = y_2 \\ x_1 + 3x_2 + 6x_3 + 10x_4 = y_3 \\ x_1 + 4x_2 + 10x_3 + 20x_4 = y_4. \end{cases}$

Les opérations $L_2 \leftarrow L_2 - L_1$, $L_3 \leftarrow L_3 - L_1$ et $L_4 \leftarrow L_4 - L_1$ donnent :

$$(\mathcal{S}) \Longleftrightarrow \left\{ \begin{array}{rl} x_1 + x_2 + x_3 + x_4 &= y_1 \\ x_2 + 2x_3 + 3x_4 &= y_2 - y_1 \\ 2x_2 + 5x_3 + 9x_4 &= y_3 - y_1 \\ 3x_2 + 9x_3 + 19x_4 &= y_4 - y_1. \end{array} \right.$$

Les opérations $L_3 \leftarrow L_3 - 2\,L_2$ et $L_4 \leftarrow L_4 - 3\,L_2$ donnent alors :

$$(\mathcal{S}) \Longleftrightarrow \left\{ \begin{array}{rl} x_1 + x_2 + x_3 + x_4 &= y_1 \\ x_2 + 2x_3 + 3x_4 &= y_2 - y_1 \\ x_3 + 3x_4 &= y_3 + y_1 - 2y_2 \\ 3x_3 + 10x_4 &= y_4 + 2y_1 - 3y_2. \end{array} \right.$$

Enfin, $L_4 \leftarrow L_4 - 3\,L_3$ donne :

$$(\mathcal{S}) \Longleftrightarrow \left\{ \begin{array}{rl} x_1 + x_2 + x_3 + x_4 &= y_1 \\ x_2 + 2x_3 + 3x_4 &= y_2 - y_1 \\ x_3 + 3x_4 &= y_3 + y_1 - 2y_2 \\ x_4 &= -y_1 + 3y_2 - 3y_3 + y_4. \end{array} \right.$$

En résolvant alors de proche en proche, on obtient après simplification :

$$(\mathcal{S}) \Longleftrightarrow \left\{ \begin{array}{rl} x_1 &= 4y_1 - 6y_2 + 4y_3 - y_4 \\ x_2 &= -6y_1 + 14y_2 - 11y_3 + 3y_4 \\ x_3 &= 4y_1 - 11y_2 + 10y_3 - 3y_4 \\ x_4 &= -y_1 + 3y_2 - 3y_3 + y_4. \end{array} \right.$$

Le système $(\mathcal{S})$ possédant une unique solution, et cela pour tout $Y \in \mathcal{M}_{4,1}(\mathbb{R})$, on en déduit que A est inversible. L'expression de la solution nous offre de plus :

$$A^{-1} = \begin{pmatrix} 4 & -6 & 4 & -1 \\ -6 & 14 & -11 & 3 \\ 4 & -11 & 10 & -3 \\ -1 & 3 & -3 & 1 \end{pmatrix}.$$

19.11 1. On obtient par calcul $A^3 = -I_3$, et donc $\forall p \in \mathbb{N} \quad A^{3p} = (-1)^p I_3$.

On en déduit directement :

$$\forall p \in \mathbb{N} \quad A^{3p+1} = (-1)^p A \quad \text{et} \quad A^{3p+2} = (-1)^p A^2 = (-1)^p \begin{pmatrix} 0 & 1 \\ -1 & -1 \end{pmatrix}.$$

2. La relation vérifiée par les suites u et v s'écrivant aussi :

$$\forall n \in \mathbb{N} \quad \begin{pmatrix} u_{n+1} \\ v_{n+1} \end{pmatrix} = \begin{pmatrix} u_n + v_n \\ u_n \end{pmatrix} = A \begin{pmatrix} u_n \\ v_n \end{pmatrix},$$

une récurrence élémentaire montre que : $\forall n \in \mathbb{N} \quad \begin{pmatrix} u_n \\ v_n \end{pmatrix} = A^n \begin{pmatrix} u_0 \\ v_0 \end{pmatrix}$.

Pour tout $p \in \mathbb{N}$, on en déduit alors :

$$\left\{ \begin{array}{l} u_{3p} = (-1)^p\, u_0 \\ v_{3p} = (-1)^p\, v_0 \end{array} \right. \qquad \left\{ \begin{array}{l} u_{3p+1} = (-1)^p\, (u_0 + v_0) \\ v_{3p+1} = (-1)^{p+1}\, u_0 \end{array} \right. \qquad \left\{ \begin{array}{l} u_{3p+2} = (-1)^p\, v_0 \\ v_{3p+2} = (-1)^{p+1}\, (u_0 + v_0). \end{array} \right.$$

19.12 1. (a) Par calcul matriciel, on a $J^2 = nJ$. Ainsi, puisque I_n et J commutent :

$$A^2 = (J - I_n)^2 = J^2 - 2J + I_n = (n-2)J + I_n$$
$$= (n-2)A + (n-1)I_n.$$

(b) La relation précédente donne :

$$A^2 - (n-2)A = (n-1)I_n \quad \text{puis} \quad AB = BA = I_n$$

avec $B = \dfrac{1}{n-1}\big(A - (n-2)I_n\big)$. Par suite, la matrice A est inversible et :

$$A^{-1} = \frac{1}{n-1}\big(A - (n-2)I_n\big).$$

2. On a simplement $M = AD$. Ainsi, M est inversible, comme produit de deux matrices inversibles (A l'est d'après la première question, et D l'est car diagonale avec des coefficients diagonaux tous non nuls). On a de plus :

$$M^{-1} = D^{-1}A^{-1} = \frac{1}{n-1}\operatorname{Diag}\left(1, \frac{1}{2}, \ldots, \frac{1}{n}\right)\big(A - (n-2)I_n\big).$$

Chapitre 20 : Polynômes

Polynômes 20

Dans tout ce chapitre, $\mathbb{K}$ désigne $\mathbb{R}$ ou $\mathbb{C}$.

I Ensemble des polynômes à une indéterminée

1 Qu'est-ce qu'un polynôme ?

Un *polynôme* (en l'indéterminée X) est une expression comme $1+3X$, $1-2X+X^2$ ou $1+X+X^2+\cdots+X^{1000}$, c'est-à-dire une expression obtenue en formant une *combinaison linéaire* (cf. page 751) de puissances $X^0=1$, $X^1=X$, X^2, X^3, etc. de l'indéterminée X.

À ce titre, on peut l'écrire comme une somme $\sum\limits_{k=0}^{+\infty} a_k X^k$, où $(a_k)_{k\in\mathbb{N}}$ est une suite d'éléments de $\mathbb{K}$ nulle à partir d'un certain rang.

La notion de polynôme est une abstraction de celle de fonction polynomiale. On verra d'ailleurs que les différentes opérations définies sur les polynômes (somme, produit, évaluation, composition, dérivation) seront des calques des opérations du même nom définies sur les fonctions. De fait, tout polynôme définira une fonction polynomiale qui – sous certaines conditions – le déterminera entièrement.

On donne ainsi plus de souplesse à la notion de fonction polynomiale. En voyant par exemple le polynôme X^2-X comme l'instruction calculatoire « élever l'objet au carré, puis faire la différence de ce résultat et de l'objet initial », on peut l'appliquer à des nombres, des fonctions, des matrices carrées, etc. Ainsi, ce polynôme pourra aussi bien s'incarner dans la fonction numérique $x\mapsto x^2-x$ (de $\mathbb{K}$ dans $\mathbb{K}$) que dans la fonction matricielle $A\mapsto A^2-A$ (de $\mathcal{M}_n(\mathbb{K})$ dans $\mathcal{M}_n(\mathbb{K})$) ou dans l'opérateur $f\mapsto f^2-f$ (de $\mathcal{C}(I,\mathbb{K})$ dans $\mathcal{C}(I,\mathbb{K})$, par exemple).

2 Construction de l'ensemble des polynômes

La construction de l'ensemble des polynômes, détaillée ici, est hors programme.
Pour construire formellement l'ensemble des polynômes, on va « encoder » un polynôme comme $4 + 2X + X^2$ en ne retenant de lui que la suite (nulle à partir d'un certain rang) de ses coefficients $(4, 2, 1, 0, 0, \ldots)$.

Définition 1

On appelle **polynôme à une indéterminée** à coefficients dans $\mathbb{K}$ toute suite d'éléments de $\mathbb{K}$ nulle à partir d'un certain rang.

Les éléments de la suite sont appelés les **coefficients** du polynôme.

Remarque Par construction, deux polynômes seront donc égaux si, et seulement s'ils ont les mêmes coefficients.

Notation On désigne par 0 le **polynôme nul**, c'est-à-dire le polynôme associé à la suite nulle $(0)_{k\in\mathbb{N}}$, et par 1 le polynôme associé à la suite $(1, 0, 0, \ldots)$.

Proposition 1 (Somme, produit, multiplication par un scalaire)

Soit $A = (a_k)_{k\in\mathbb{N}}$, $B = (b_k)_{k\in\mathbb{N}}$ deux polynômes et λ un élément de $\mathbb{K}$.

Les suites $S = (s_k)_{k\in\mathbb{N}}$, $P = (p_k)_{k\in\mathbb{N}}$ et $Q = (q_k)_{k\in\mathbb{N}}$ définies par :

$$s_k = a_k + b_k \; ; \qquad p_k = \sum_{i=0}^{k} a_i b_{k-i} \qquad \text{et} \qquad q_k = \lambda a_k$$

sont des polynômes, notés respectivement $A + B$, $A \times B$ (ou AB) et λA.

Démonstration page 728

Principe de démonstration. Montrer que S, P et Q sont des polynômes revient à montrer que les suites $(s_k)_{k\in\mathbb{N}}$, $(p_k)_{k\in\mathbb{N}}$ et $(q_k)_{k\in\mathbb{N}}$ sont nulles à partir d'un certain rang.

Propriétés de calcul

Les quatre propositions suivantes s'obtiennent à partir de la définition de la somme, du produit et de la multiplication par un scalaire.

Proposition 2 (Commutativité de l'addition et du produit)

Étant donné deux polynômes A et B, on a $A + B = B + A$ et $AB = BA$

Proposition 3 (Associativité de l'addition et du produit)

Étant donné trois polynômes A, B et C, on a :

$$(A + B) + C = A + (B + C) \qquad \text{et} \qquad (AB)C = A(BC).$$

Notation Pour la somme et le produit des trois polynômes A, B et C, on notera donc simplement $A + B + C$ et ABC (et de même pour quatre ou plus).

Proposition 4 (Distributivité)

Étant donné trois polynômes A, B et C, on a :

$$(A+B)C = AC+BC \quad \text{et} \quad A(B+C) = AB+AC.$$

Proposition 5

Pour tout polynôme A, on a $A+0=A$ et $1\times A = A$.

Terminologie On dit que le polynôme nul est *élément neutre* pour l'addition, et que le polynôme constant 1 est *élément neutre* pour la multiplication.

Puissances d'un polynôme Si A est un polynôme et k un entier naturel, on pose $A^k = \underbrace{A\times\cdots\times A}_{k \text{ termes}}$, avec la convention $A^0 = 1$.

Proposition 6 (Formule du binôme)

Étant donné A et B deux polynômes et $n\in\mathbb{N}$, on a :

$$(A+B)^n = \sum_{k=0}^{n}\binom{n}{k}A^kB^{n-k}.$$

Démonstration. Les propriétés de calcul vérifiées par les polynômes permettent une démonstration similaire à celle faite dans le cas réel (cf. proposition 9 de la page 112). □

Notation définitive des polynômes

En posant $X=(0,1,0,0,\ldots)$, on vérifie par récurrence que :

$$\forall k\in\mathbb{N} \quad X^k = (\underset{\substack{\uparrow\\0}}{0},\underset{\substack{\uparrow\\1}}{0},0,\ldots,0,\underset{\substack{\uparrow\\k}}{1},0,\ldots).$$

(rappelons que, par convention, on a $X^0=(1,0,0,\ldots)=1$). Ainsi, si $A=(a_k)_{k\in\mathbb{N}}$ est un polynôme, et si $n\in\mathbb{N}$ est tel que $\forall k>n \quad a_k=0$, alors on peut écrire :

$$A=\sum_{k=0}^{n}a_kX^k.$$

Terminologie

- X s'appelle **l'indéterminée.**
- Un polynôme de la forme λX^k avec $\lambda\in\mathbb{K}^*$ est appelé **monôme**.

En pratique, on oubliera que les polynômes ont été définis comme des suites nulles à partir d'un certain rang, et l'on utilisera exclusivement cette notation.

Remarque Si A est un polynôme s'écrivant $A=\sum\limits_{k=0}^{n}a_kX^k$, il nous arrivera d'écrire $A=\sum\limits_{k=0}^{+\infty}a_kX^k$. Malgré son apparence, cette dernière somme est finie, car il n'y a qu'un nombre fini de coefficients a_k non nuls. Cette écriture se révèle pratique lorsque l'on ne veut pas particulariser un rang à partir duquel les coefficients sont nuls.

Ex. 1. Étant donné deux polynômes A et B, écrire $A = \sum_{k=0}^{+\infty} a_k X^k$ et $B = \sum_{k=0}^{+\infty} b_k X^k$ peut se révéler pratique pour écrire leur somme et leur produit :

$$A + B = \sum_{k=0}^{+\infty} (a_k + b_k) X^k \quad \text{et} \quad AB = \sum_{k=0}^{+\infty} c_k X^k \quad \text{avec} \quad c_k = \sum_{j=0}^{k} a_j b_{k-j} = \sum_{\substack{0 \leqslant i,j \leqslant k \\ i+j=k}} a_i b_j.$$

Notation On note $\mathbb{K}[X]$ l'ensemble des polynômes à coefficients dans $\mathbb{K}$.

Définition 2

On appelle **polynôme constant** tout polynôme de la forme λX^0, avec $\lambda \in \mathbb{K}$, c'est-à-dire tout polynôme dont les coefficients sont nuls à partir du rang 1.

Inclusion de $\mathbb{K}$ dans $\mathbb{K}[X]$

Dans l'ensemble des polynômes constants, l'addition et la multiplication des polynômes ont « le même effet » que l'addition et la multiplication dans $\mathbb{K}$. On identifie alors l'élément λ de $\mathbb{K}$ avec le polynôme constant λX^0, ce qui permet d'écrire :

$$\sum_{k=0}^{n} a_k X^k = a_0 + a_1 X + \cdots + a_n X^n.$$

On peut alors vérifier que multiplier un polynôme P par un élément λ de $\mathbb{K}$ revient à multiplier ce polynôme par le polynôme constant λ : on a $(\lambda X^0)P = \lambda P$.

Inclusion de $\mathbb{R}[X]$ dans $\mathbb{C}[X]$

Comme $\mathbb{R} \subset \mathbb{C}$, un polynôme à coefficients dans $\mathbb{R}$ peut aussi être vu comme un polynôme à coefficients dans $\mathbb{C}$. On a donc $\mathbb{R}[X] \subset \mathbb{C}[X]$.

3 Degré d'un polynôme

Soit $A = \sum_{k=0}^{+\infty} a_k X^k$ un polynôme non nul. L'ensemble $\{k \in \mathbb{N} \ : \ a_k \neq 0\}$ est une partie non vide de $\mathbb{N}$, majorée puisque la suite $(a_k)_{k \in \mathbb{N}}$ est nulle à partir d'un certain rang ; cet ensemble admet donc un plus grand élément.

Définition 3

Soit $A = \sum_{k=0}^{+\infty} a_k X^k$ un polynôme non nul de $\mathbb{K}[X]$. On définit le **degré** de A, noté $\deg A$, par :

$$\deg A = \max\{k \in \mathbb{N} \ : \ a_k \neq 0\}.$$

Par convention, le degré du polynôme nul est $-\infty$.

Remarques

- Si $A \in \mathbb{K}[X]$ et $A \neq 0$, alors $\deg A \in \mathbb{N}$.
- Les polynômes de degré nul sont exactement les polynômes constants non nuls.
- Soit $n \in \mathbb{N}$. Un polynôme peut s'écrire $\sum\limits_{k=0}^{n} a_k X^k$ si, et seulement s'il est de degré inférieur ou égal à n ; il est alors de degré n si, et seulement si, $a_n \neq 0$.

Définition 4

Soit $A = \sum\limits_{k=0}^{+\infty} a_k X^k$ un polynôme non nul de $\mathbb{K}[X]$. Notons $n = \deg A$.

Le coefficient (non nul) a_n s'appelle le **coefficient dominant** de A.

Définition 5

Un polynôme non nul est dit **unitaire** si son coefficient dominant vaut 1.

Remarque Le polynôme nul est le seul polynôme qui n'a pas de coefficient dominant. En particulier, il n'est pas unitaire.

Proposition 7

Soit A et B deux polynômes de $\mathbb{K}[X]$. On a :

- $\deg(A+B) \leqslant \max(\deg A, \deg B)$;

  de plus, si $\deg A \neq \deg B$, alors $\deg(A+B) = \max(\deg A, \deg B)$;
- $\deg(AB) = \deg A + \deg B$.

Démonstration page 728

Principe de démonstration. Distinguer d'abord le cas où A ou B est nul.

- Pour la somme, on pose $n = \max(\deg A, \deg B) \in \mathbb{N}$ et l'on montre que les coefficients de $A+B$ sont nuls à partir du rang n ; on étudie ensuite le coefficient $a_n + b_n$ en X^n.
- Pour le produit, si l'on pose $n = \deg A$ et $m = \deg B$, on a déjà montré que les coefficients de AB sont nuls à partir du rang $n+m+1$. Il reste à déterminer le coefficient en X^{n+m} et prouver qu'il est non nul.

Remarque La formule $\deg AB = \deg A + \deg B$ donne, par récurrence, que, pour tous polynômes $A_1, \ldots, A_p$, on a $\deg \prod\limits_{k=1}^{p} A_k = \sum\limits_{k=1}^{p} \deg A_k$. En particulier, si $\alpha_1, \ldots, \alpha_p$ sont des scalaires, le polynôme $\prod\limits_{k=1}^{p} (X - \alpha_k)$ est de degré p, comme produit de p polynômes de degré 1.

Attention Quand deux polynômes A et B sont de même degré, le degré de leur somme peut être strictement inférieur à leur degré commun, comme le montrent $A = 3X^3 + 3X - 2$ et $B = -3X^3 + X^2$, ou encore l'exemple extrême de A et $-A$.
Cela se produit exactement quand A et B ont des coefficients dominants opposés.

Notation Soit $n \in \mathbb{N}$. On note $\mathbb{K}_n[X]$ l'ensemble des polynômes de degré inférieur ou égal à n. On a en particulier $0 \in \mathbb{K}_n[X]$, puisque $-\infty \leqslant n$.

Remarque $\mathbb{K}_0[X]$ est l'ensemble des polynômes constants.

Proposition 8

Soit A et B deux polynômes de $\mathbb{K}_n[X]$. On a alors :

$$\forall (\lambda, \mu) \in \mathbb{K}^2 \quad \lambda A + \mu B \in \mathbb{K}_n[X].$$

Démonstration. Cela résulte immédiatement des propriétés sur les degrés. □

Remarques

751

- Comme il contient en outre le polynôme nul, l'ensemble $\mathbb{K}_n[X]$ est un **sous-espace vectoriel** de l'espace vectoriel $\mathbb{K}[X]$.
- Si $A \in \mathbb{K}[X]$ est de degré n et $\lambda \in \mathbb{K}$, on a $\deg(\lambda A) \leqslant n$.

  Plus précisément, on a $\deg(\lambda A) = n$ si $\lambda \neq 0$, et $\deg(\lambda A) = -\infty$ si $\lambda = 0$.

Point méthode Pour montrer qu'un polynôme P est de degré n, il peut être utile de procéder en deux temps :

- d'abord, montrer que $\deg P \leqslant n$, c'est-à-dire que $P \in \mathbb{K}_n[X]$;
- ensuite, montrer que le coefficient en X^n de P est non nul.

Exo 20.1

Proposition 9

Le produit de deux polynômes non nuls est non nul. Autrement dit :

$$\forall (A, B) \in \mathbb{K}[X]^2 \quad AB = 0 \Rightarrow (A = 0 \text{ ou } B = 0).$$

Démonstration. La formule $\deg(AB) = \deg A + \deg B$ entraîne immédiatement :

$$(A \neq 0 \quad \text{et} \quad B \neq 0) \Rightarrow AB \neq 0.$$

La deuxième formulation se déduit par contraposition de la première. □

Remarque Cette propriété est connue sous le nom d'**intégrité** de $\mathbb{K}[X]$.

Corollaire 10

$$\forall (A, B, C) \in \mathbb{K}[X]^3 \quad \big(AC = BC \quad \text{et} \quad C \neq 0\big) \Rightarrow A = B.$$

Démonstration.
Il suffit d'écrire $AC = BC$ sous la forme $(A - B)C = 0$ et d'appliquer la proposition 9. □

4 Évaluation en un point

Définition 6

Soit $A = \sum\limits_{k=0}^{+\infty} a_k X^k \in \mathbb{K}[X]$ et $\alpha \in \mathbb{K}$.

On appelle **évaluation** de A en α le scalaire $A(\alpha) = \sum\limits_{k=0}^{+\infty} a_k \alpha^k$.

Remarques

- Malgré les apparences, la somme définissant $A(\alpha)$ est finie : pour tout entier naturel n supérieur ou égal à $\deg A$, on a $A(\alpha) = \sum\limits_{k=0}^{n} a_k \alpha^k$.
- Soit $n \in \mathbb{N}$. L'évaluation en $\alpha \in \mathbb{K}$ d'un polynôme $A = \sum\limits_{k=0}^{n} a_k X^k$ de degré au plus n peut s'effectuer à l'aide de n multiplications et n additions (ou soustractions) dans $\mathbb{K}$, grâce à la **méthode de Horner** :

$$A(\alpha) = \Big(\Big(\cdots\big((a_n \times \alpha + a_{n-1}) \times \alpha + a_{n-2}\big) \times \alpha + \cdots\Big) \times \alpha + a_1\Big) \times \alpha + a_0.$$

Ex. 2. Si $A = 3X^3 - 4X^2 - 7X + 2$ et $\alpha = 3$, on calcule :

$$A(\alpha) = \big((3 \times 3 - 4) \times 3 - 7\big) \times 3 + 2 = 26$$

en 3 additions et 3 multiplications, au lieu des 3 additions et 5 multiplications demandées par la méthode la plus naïve (deux multiplications pour calculer les puissances α^2 et α^3, puis trois multiplications par les coefficients).

Proposition 11

Soit A et B deux polynômes de $\mathbb{K}[X]$ ainsi que $(\alpha, \lambda, \mu) \in \mathbb{K}^3$. On a :

$$(\lambda A + \mu B)(\alpha) = \lambda A(\alpha) + \mu B(\alpha) \qquad \text{et} \qquad (AB)(\alpha) = A(\alpha)B(\alpha).$$

Démonstration page 728

Principe de démonstration. C'est une vérification directe à partir de la définition des opérations sur les polynômes.

782

Remarque Le premier point de la proposition indique que, pour tout $\alpha \in \mathbb{K}$ l'application $\begin{array}{ccc} \mathbb{K}[X] & \longrightarrow & \mathbb{K} \\ A & \longmapsto & A(\alpha) \end{array}$ est linéaire.

5 Composition

Définition 7

Exo 20.2

Soit $A = \sum_{k=0}^{+\infty} a_k X^k$ et P deux polynômes de $\mathbb{K}[X]$. On pose :

$$A \circ P = \sum_{k=0}^{+\infty} a_k P^k \in \mathbb{K}[X].$$

Notation Le polynôme $A \circ P$ se note également $A(P)$.

Remarques

- La somme définissant $A \circ P$ est en fait finie. On a, en utilisant le fait que $P^0 = 1$:

$$\forall n \in \mathbb{N} \quad n \geqslant \deg A \implies A \circ P = \sum_{k=0}^{n} a_k P^k = a_0 + a_1 P + \cdots + a_n P^n.$$

- Dans le cas particulier où $P = X$, le polynôme $A(P) = A(X)$ est donc égal à A, c'est pourquoi on utilise aussi bien A que $A(X)$ pour désigner ce dernier polynôme.
- Comme dans la proposition 11 de la page ci-contre et avec une démonstration similaire, on a, pour $(A, B, P) \in \mathbb{K}[X]^3$ et $(\lambda, \mu) \in \mathbb{K}^2$:

$$(\lambda A + \mu B)(P) = \lambda A(P) + \mu B(P) \quad \text{et} \quad (AB)(P) = A(P)\,B(P).$$

II Divisibilité et division euclidienne

1 Multiples, diviseurs

Définition 8

Soit A et B deux polynômes de $\mathbb{K}[X]$. On dit que B **divise** A ou que A est **multiple** de B, et l'on note $B \mid A$, s'il existe $C \in \mathbb{K}[X]$ tel que $A = BC$.

On dit aussi que B est **un diviseur** de A ou que A est **un multiple** de B.

Ex. 3. Le polynôme $B = (X-1)(X-2)$ divise $A = (X-1)^2(X-2)(X^2+X+1)$.
En effet, $A = BC$, où $C = (X-1)(X^2+X+1)$.

Remarques

- Si $B \mid A$ et si A est non nul, alors $\deg B \leqslant \deg A$.

  En effet, il existe alors un polynôme C non nul tel que $A = BC$, et donc :

$$\deg A = \deg B + \deg C \geqslant \deg B.$$

- Étant donné trois polynômes A, B et D, on a :

$$\forall (P,Q) \in \mathbb{K}[X]^2 \quad (D \mid A \quad \text{et} \quad D \mid B) \Rightarrow D \mid PA + QB.$$

- **Transitivité de la divisibilité.** Étant donné trois polynômes A, B et C, on a :

$$(A \mid B \quad \text{et} \quad B \mid C) \implies A \mid C.$$

2 Division euclidienne dans $\mathbb{K}[X]$

Théorème 12 (Division euclidienne)

Soit A et B deux polynômes de $\mathbb{K}[X]$, avec $B \neq 0$. Il existe un unique couple (Q, R) de polynômes de $\mathbb{K}[X]$ vérifiant :

$$A = BQ + R \qquad \text{et} \qquad \deg R < \deg B.$$

On appelle Q le **quotient** et R le **reste** de la division euclidienne de A par B.

Démonstration page 729

Principe de démonstration.

- Pour l'unicité, on suppose que (Q_1, R_1) et (Q_2, R_2) sont deux couples vérifiant les conditions demandées, et l'on étudie $\deg(R_2 - R_1)$.
- L'existence se démontre par récurrence en « suivant » l'algorithme présenté ci-après.

Proposition 13

Soit A et B deux polynômes de $\mathbb{K}[X]$ avec $B \neq 0$. Le polynôme B divise A si, et seulement si, le reste de la division de A par B est nul.

Démonstration page 729

Algorithme de la division euclidienne

On peut effectuer une division euclidienne en la « posant », comme pour une division d'entiers. Comme dans le cas des entiers, l'idée est de trouver les termes du quotient un à un (c'est-à-dire, monôme par monôme), en partant des termes les plus importants (c'est-à-dire de plus haut degré).

Pour commencer, on choisit le monôme cX^i de telle sorte que cX^iB et A aient le même degré et le même coefficient dominant. On se ramène ainsi à la division euclidienne de $A - cX^iB$ (qui est de degré strictement inférieur à celui de A) par B, et ainsi de suite jusqu'à aboutir à un polynôme de degré strictement inférieur à celui de B.

Par exemple, dans le calcul suivant, le monôme $2X^3$ du quotient a été choisi pour que le produit $2X^3(X^2+2) = 2X^5 + 4X^3$ ait précisément le même degré et le même coefficient dominant que $2X^5 - 3X^4 + 3X^3 + 5X + 1$; on recommence alors le procédé avec la différence de ces deux polynômes, qui est maintenant de degré 4, etc.

Exo 20.3

$$\begin{array}{rrrrrrr|l}
2X^5 & -3X^4 & +3X^3 & & +5X & +1 & & X^2+2 \\
-(2X^5 & & +4X^3) & & & & & 2X^3-3X^2-X+6 \\
\hline
 & -3X^4 & -X^3 & & +5X & +1 & & \\
 & -(-3X^4 & & -6X^2) & & & & \\
\hline
 & & -X^3 & +6X^2 & +5X & +1 & & \\
 & & -(-X^3 & & -2X) & & & \\
\hline
 & & & 6X^2 & +7X & +1 & & \\
 & & & -(6X^2 & & +12) & & \\
\hline
 & & & & 7X & -11 & &
\end{array}$$

On a alors :

$$2X^5 - 3X^4 + 3X^3 + 5X + 1 = (X^2+2)\underbrace{(2X^3 - 3X^2 - X + 6)}_{\text{quotient}} + \underbrace{(7X - 11)}_{\text{reste}}.$$

III Fonctions polynomiales et racines

1 Fonction polynomiale

Définition 9

Soit A un polynôme de $\mathbb{K}[X]$. La fonction $\widetilde{A} : \begin{array}{ccc} \mathbb{K} & \longrightarrow & \mathbb{K} \\ x & \longmapsto & A(x) \end{array}$ est appelée **fonction polynomiale** associée au polynôme A.

Ex. 4. La fonction définie sur $\mathbb{K}$ par $x \mapsto x^4 + 5x + 10$ est la fonction polynomiale associée au polynôme $X^4 + 5X + 10$.

Définition 10

Soit $\mathcal{I}$ une partie de $\mathbb{K}$ et $f \in \mathbb{K}^{\mathcal{I}}$. La fonction f est dite **polynomiale** s'il existe un polynôme $P \in \mathbb{K}[X]$ tel que $\forall x \in \mathcal{I} \quad f(x) = P(x)$.

Ex. 5. La fonction f définie sur $\mathbb{R}\setminus\{1\}$ par $f(x) = \dfrac{x^2-1}{x-1}$ est polynomiale. En effet, en posant $P = X + 1$, on a $\forall x \in \mathbb{R} \setminus \{1\} \quad f(x) = P(x)$.

2 Racines

Définition 11

Soit $A \in \mathbb{K}[X]$. Un élément α de $\mathbb{K}$ est dit **racine** de A si $A(\alpha) = 0$.

Proposition 14

Soit $A \in \mathbb{K}[X]$. Un élément α de $\mathbb{K}$ est racine de A si, et seulement si, $(X - \alpha)$ divise A.

Démonstration. On sait (cf. proposition 13 de la page précédente) que $X - \alpha$ divise A si, et seulement si, le reste de la division euclidienne de A par $X - \alpha$ est nul. Cette division euclidienne s'écrit :

$$A = (X - \alpha)Q + R \quad \text{avec} \quad \deg R < \deg(X - \alpha) = 1.$$

Le polynôme R est donc constant, et, en évaluant en α, on obtient $R(\alpha) = A(\alpha)$. Ainsi, le reste R est le polynôme constant $A(\alpha)$. Ce reste est donc le polynôme nul si, et seulement si, α est racine de A. D'où le résultat. □

Remarque Ce résultat avait déjà été obtenu dans le chapitre sur les nombres complexes (cf. proposition 22 de la page 168).

Proposition 15

Exo 20.7

Soit $A \in \mathbb{K}[X]$ et $p \in \mathbb{N}^*$. Si $\alpha_1, \ldots, \alpha_p$ sont p racines distinctes de A, alors A est divisible par $\prod_{i=1}^{p}(X - \alpha_i)$.

Démonstration page 730

Principe de démonstration. Par récurrence sur p.

Corollaire 16

Soit $n \in \mathbb{N}$. Un polynôme de degré n admet au plus n racines distinctes.

Démonstration. Si $A \in \mathbb{K}[X]$ non nul admet p racines distinctes $\alpha_1, \ldots, \alpha_p$, la proposition 15 de la page précédente montre qu'il est divisible par le produit $\prod_{i=1}^{p} (X - \alpha_i)$, d'où $p \leqslant \deg A$. □

Corollaire 17

- Pour $n \in \mathbb{N}$, un polynôme de $\mathbb{K}_n[X]$ admettant au moins $n+1$ racines est nul.
- Un polynôme de $\mathbb{K}[X]$ admettant une infinité de racines est nul.

Point méthode On applique souvent ce corollaire à la différence $A - B$ pour montrer que deux polynômes A et B sont égaux :

Exo 20.8

- soit, si l'on sait que A et B appartiennent à $\mathbb{K}_n[X]$, en montrant que A et B coïncident en $n+1$ points ;

Exo 20.9

- soit en montrant que A et B coïncident en une infinité de points.

Ex. 6. Soit $n \in \mathbb{N}$. On peut montrer (cf. exercice 5.16 de la page 183), qu'il existe un polynôme $A \in \mathbb{R}[X]$ tel que :

$$\forall x \in \mathbb{R} \quad A(\cos x) = \cos(nx).$$

Montrons son unicité. S'il existe deux tels polynômes A et B, on a alors :

$$\forall x \in \mathbb{R} \quad A(\cos x) = B(\cos x)$$

donc, comme la fonction cosinus a pour image $[-1, 1]$:

$$\forall u \in [-1, 1] \quad A(u) = B(u).$$

Ainsi, les polynômes A et B coïncident sur une infinité de points, donc $A = B$.

Corollaire 18 (Détermination d'un polynôme par sa fonction polynomiale)

Si A et B sont deux polynômes de $\mathbb{K}[X]$ dont les fonctions polynomiales associées coïncident sur une partie *infinie* de $\mathbb{K}$, alors $A = B$.

Conséquence Un polynôme de $\mathbb{K}[X]$ est entièrement déterminé par la donnée de la fonction polynomiale associée.

3 Ordre de multiplicité d'une racine

Soit $A \in \mathbb{K}[X]$ un polynôme non nul et $\alpha \in \mathbb{K}$ une racine de A.

L'ensemble $\{k \in \mathbb{N}^* : (X - \alpha)^k \mid A\}$ est une partie de $\mathbb{N}$ non vide (elle contient 1) et majorée par $\deg A$ d'après la remarque de la page 709. Cet ensemble admet donc un plus grand élément, ce qui justifie les définitions suivantes.

Définition 12

Soit $A \in \mathbb{K}[X]$ un polynôme non nul et $\alpha \in \mathbb{K}$ une racine de A. **L'ordre de multiplicité** de α est le plus grand entier p tel que $(X-\alpha)^p$ divise A.
On dit alors que α est **racine d'ordre p** de A.

Remarques Soit $A \in \mathbb{K}[X]$ non nul.

- Un scalaire α est racine d'ordre p de A si, et seulement si, $(X-\alpha)^p$ divise A et $(X-\alpha)^{p+1}$ ne divise pas A.
- Par extension, si α n'est pas racine de A, on dit qu'un scalaire α est racine d'ordre 0 de A.
- L'ordre de multiplicité d'une racine de A est inférieur ou égal à $\deg A$.

Terminologie On dit qu'une racine est **simple** (respectivement **double**, **triple**, etc.) si son ordre de multiplicité est 1 (respectivement 2, 3, etc.). Elle est dite **multiple** si elle est d'ordre au moins 2.

Proposition 19

Soit $A \in \mathbb{K}[X]$ un polynôme non nul, $\alpha \in \mathbb{K}$ et $p \in \mathbb{N}^*$.

- α est racine d'ordre au moins p de A si, et seulement s'il existe $B \in \mathbb{K}[X]$ tel que $A = (X-\alpha)^p B$.
- α est racine d'ordre p de A si, et seulement s'il existe $B \in \mathbb{K}[X]$ tel que $A = (X-\alpha)^p B$ et $B(\alpha) \neq 0$.

Démonstration page 730

Principe de démonstration. Le premier point est une reformulation de la définition. Pour le deuxième, le fait crucial est qu'un polynôme $(X-\alpha)^p B$ est divisible par $(X-\alpha)^{p+1}$ si, et seulement si, $B(\alpha) = 0$.

Ex. 7. Un élément $\alpha \in \mathbb{K}$ est racine simple (racine d'ordre 1) de A si, et seulement si :

$$\exists B \in \mathbb{K}[X] \quad A = (X-\alpha)B \quad \text{et} \quad B(\alpha) \neq 0.$$

Cas du polynôme nul Soit $\alpha \in \mathbb{K}$. Pour tout $p \in \mathbb{N}$, le polynôme $(X-\alpha)^p$ divise le polynôme nul. Le scalaire α ne possède donc pas d'ordre de multiplicité en tant que racine du polynôme nul. En revanche, nous pouvons dire, pour tout $p \in \mathbb{N}$, que α est racine d'ordre au moins p du polynôme nul.

Proposition 20

Soit $A \in \mathbb{K}[X]$ un polynôme. Si $\alpha_1, \ldots, \alpha_p$ sont des racines *distinctes* de A d'ordres de multiplicité respectivement au moins $r_1, \ldots, r_p$, alors A est divisible par $\prod_{i=1}^{p} (X-\alpha_i)^{r_i}$.

Démonstration page 731

Principe de démonstration. Par récurrence sur p.

Lorsque l'on dénombre les racines d'un polynôme non nul, on peut :

- soit compter le nombre de racines distinctes ;
- soit compter chaque racine avec son ordre de multiplicité ; dans ce cas, une racine d'ordre r compte comme r racines.

Ex. 8. Le polynôme $(X-1)(X-2)^2(X-3)^3$ possède :

* 3 racines distinctes : $1, 2, 3$;
* 6 racines comptées avec leur ordre de multiplicité : $1, 2, 2, 3, 3, 3$.

De même que pour les racines distinctes, on a les deux résultats suivants, qui se démontrent de manière analogue.

Corollaire 21

Soit $n \in \mathbb{N}$. Un polynôme de degré n possède au plus n racines comptées avec leur ordre de multiplicité.

Point méthode Un polynôme de $\mathbb{K}_n[X]$ admettant au moins $n+1$ racines comptées avec leur ordre de multiplicité est le polynôme nul.

Ex. 9. Soit $A \in \mathbb{K}_4[X]$ tel que les polynômes $(X-2)^3$ et $(X-1)^2$ divisent A. On en déduit que 2 est racine d'ordre au moins 3 de A, et que 1 est racine d'ordre au moins 2 de A. La somme des ordres de multiplicité des racines de A vaut donc au moins 5. Comme $\deg A \leqslant 4$, on en déduit que A est nul.

4 Polynômes scindés

Définition 13

Un polynôme A de $\mathbb{K}[X]$ est dit **scindé** sur $\mathbb{K}$ s'il existe un entier naturel n, un élément $\lambda \in \mathbb{K}$ non nul et des éléments $\alpha_1, \ldots, \alpha_n$ de $\mathbb{K}$ tels que :

$$A = \lambda \prod_{i=1}^{n} (X - \alpha_i).$$

Reformulation Un polynôme scindé est donc soit un polynôme constant non nul, soit un polynôme s'écrivant sous forme de produit de polynômes de degré 1.

Remarque Soit A un polynôme scindé, de coefficient dominant λ.

- Dans l'écriture de A sous la forme $A = \lambda \prod\limits_{i=1}^{n} (X - \alpha_i)$, les scalaires $\alpha_1, \ldots, \alpha_n$ sont les racines de A, comptées avec multiplicité.
- Plutôt que de considérer les racines de A comptées avec multiplicité, on préfère parfois considérer ses racines distinctes. Si $\beta_1, \ldots, \beta_p$ sont les racines distinctes de A, et $r_1, \ldots, r_p$ les ordres de multiplicité associés, alors on a :

$$A = \lambda \prod_{k=1}^{p} (X - \beta_k)^{r_k}.$$

Proposition 22

Un polynôme non nul est scindé si, et seulement si, la somme des ordres de multiplicité de ses racines est égale à son degré.

Démonstration page 731

Exo 20.10

Corollaire 23

Si un polynôme *non nul* de $\mathbb{K}_n[X]$ admet n racines distinctes, alors il est scindé.

Ex. 10. Pour $n \in \mathbb{N}^*$, les racines complexes du polynôme $X^n - 1$ sont les racines n-ièmes de l'unité, qui sont au nombre de n. Comme $X^n - 1$ est de degré n et unitaire, on en déduit :

$$X^n - 1 = \prod_{k=0}^{n-1} \left(X - e^{\frac{2ik\pi}{n}} \right).$$

Somme et produit des racines d'un polynôme scindé

Proposition 24

Soit A un polynôme scindé de degré n, que l'on écrit sous forme développée et sous forme factorisée :

$$A = \sum_{k=0}^{n} a_k X^k = a_n \prod_{i=1}^{n} (X - \alpha_i),$$

où $\alpha_1, \dots, \alpha_n$ sont les racines de A comptées avec multiplicité. Alors :

Exo 20.11

$$\sum_{i=1}^{n} \alpha_i = -\frac{a_{n-1}}{a_n} \quad \text{et} \quad \prod_{i=1}^{n} \alpha_i = (-1)^n \frac{a_0}{a_n}.$$

Démonstration. On développe l'expression $a_n \prod_{i=1}^{n} (X - \alpha_i)$, puis on identifie les coefficients de A devant X^{n-1} et devant X^0. □

Ex. 11. Pour $n = 2$, avec les notations précédentes, si :

$$A = a_2\, X^2 + a_1\, X + a_0 = a_2 (X - \alpha_1)(X - \alpha_2),$$

alors on a :

$$\alpha_1 + \alpha_2 = -\frac{a_1}{a_2} \quad \text{et} \quad \alpha_1 \alpha_2 = \frac{a_0}{a_2}.$$

On retrouve en particulier que le polynôme unitaire ayant α_1 et α_2 comme racines (non nécessairement distinctes) est $X^2 - sX + p$, avec $s = \alpha_1 + \alpha_2$ et $p = \alpha_1 \alpha_2$.

Ex. 12. *Produit et somme des racines n-ièmes de l'unité*
Soit $n \geqslant 2$. Le polynôme $X^n - 1$ étant unitaire, de degré n, et ayant comme racines les n racines n-ièmes de l'unité, on a la factorisation :

$$X^n - 1 = \prod_{\omega \in \mathbb{U}_n} (X - \omega).$$

Les expressions de la somme et du produit des racines en fonction des coefficients donnent alors :

$$\prod_{\omega \in \mathbb{U}_n} \omega = (-1)^{n-1} \qquad \text{et} \qquad \sum_{\omega \in \mathbb{U}_n} \omega = 0.$$

IV Dérivation

1 Polynôme dérivé

Définition 14

Soit $A = \sum\limits_{k=0}^{+\infty} a_k X^k \in \mathbb{K}[X]$. On définit le **polynôme dérivé** de A, noté A', par :

$$A' = \sum_{k=1}^{+\infty} k\, a_k X^{k-1}$$

Remarque Si $A \in \mathbb{R}[X]$, la fonction polynomiale associée à A' est la dérivée de la fonction polynomiale associée à A.

Proposition 25

Soit A un polynôme de $\mathbb{K}[X]$. Alors :

- si $\deg A \geqslant 1$, alors $\deg(A') = \deg(A) - 1$;
- si $\deg A \leqslant 0$, alors $A' = 0$.

Démonstration page 731

Conséquence

Un polynôme est constant si, et seulement si, son polynôme dérivé est nul.

Corollaire 26

Pour tout polynôme A de $\mathbb{K}[X]$, on a $\deg(A') \leqslant \deg A - 1$.

Proposition 27 (Linéarité de la dérivation)

Soit A et B deux polynômes de $\mathbb{K}[X]$, λ et μ des éléments de $\mathbb{K}$. Alors, on a :

$$(\lambda A + \mu B)' = \lambda A' + \mu B'.$$

Démonstration page 731

Remarques

782

- La dérivation des polynômes définit donc une application linéaire.
- Une récurrence immédiate permet d'obtenir que si $A_1, \ldots, A_n$ sont des polynômes, et $\lambda_1, \ldots, \lambda_n$ des scalaires, alors :

$$\left(\sum_{k=1}^{n} \lambda_k A_k\right)' = \sum_{k=1}^{n} \lambda_k A_k'.$$

Proposition 28

Étant donné deux polynômes A et B de $\mathbb{K}[X]$, on a :

$$(AB)' = A'B + AB'.$$

Démonstration page 732

Principe de démonstration. On vérifie d'abord la formule dans le cas $A = X^p$ et $B = X^q$, puis on utilise la linéarité de la dérivation pour conclure.

2 Dérivées successives, formule de Taylor

Définition 15

Étant donné un polynôme A de $\mathbb{K}[X]$, on définit par récurrence les **dérivées successives** de A par :

$$A^{(0)} = A \qquad \text{et} \qquad \forall r \in \mathbb{N} \quad A^{(r+1)} = \left(A^{(r)}\right)'.$$

Pour $r \in \mathbb{N}$, le polynôme $A^{(r)}$ est appelé **polynôme dérivé d'ordre r** de A.

Proposition 29

Soit A et B deux polynômes de $\mathbb{K}[X]$, λ et μ des éléments de $\mathbb{K}$. Alors :

$$\forall r \in \mathbb{N} \quad (\lambda A + \mu B)^{(r)} = \lambda A^{(r)} + \mu B^{(r)}.$$

Démonstration. Par récurrence sur r en utilisant la proposition 27 de la page ci-contre. □

Remarque Pour tout $(n, r) \in \mathbb{N}^2$, on obtient, par récurrence, le résultat suivant :

$$(X^n)^{(r)} = \begin{cases} n\,(n-1)\cdots(n-r+1)X^{n-r} = \frac{n!}{(n-r)!}X^{n-r} & \text{si } r \in [\![0, n]\!] \\ 0 & \text{si } r > n. \end{cases}$$

Proposition 30

Soit A un polynôme de $\mathbb{K}[X]$ et $r \in \mathbb{N}$. On a :

- si $\deg A \geqslant r$, alors $\deg\left(A^{(r)}\right) = \deg(A) - r$;
- si $\deg A < r$, alors $A^{(r)} = 0$.

Démonstration page 732

Principe de démonstration. C'est un calcul direct à partir de la remarque précédente.

Conséquence On a $A^{(r)} = 0$ si, et seulement si, $\deg A < r$.

Corollaire 31

Soit A un polynôme de $\mathbb{K}[X]$ et $r \in \mathbb{N}$. Alors $\deg(A^{(r)}) \leqslant \deg A - r$.

Proposition 32 (Formule de Leibniz)

Si A et B sont deux polynômes de $\mathbb{K}[X]$, alors on a, pour tout $r \in \mathbb{N}$:

$$(AB)^{(r)} = \sum_{k=0}^{r} \binom{r}{k} A^{(k)} B^{(r-k)}.$$

Démonstration. Par récurrence sur r, à partir de $(PQ)' = P'Q + PQ'$ et de la relation de Pascal, comme dans la démonstration de la formule de Leibniz pour les fonctions de classe C^n. □

Proposition 33 (Formule de Taylor)

Soit A un polynôme de $\mathbb{K}[X]$ et α un élément de $\mathbb{K}$. On a :

Exo 20.16

$$A = \sum_{k=0}^{+\infty} \frac{A^{(k)}(\alpha)}{k!}(X-\alpha)^k.$$

Démonstration page 733

Principe de démonstration. On vérifie d'abord la formule pour $A = X^p$.

Remarques

- Malgré les apparences, la somme $\sum\limits_{k=0}^{+\infty} \frac{A^{(k)}(\alpha)}{k!}(X-\alpha)^k$ est finie car le polynôme $A^{(k)}$ est nul dès que $k > \deg A$.
- On peut également écrire la formule sous la forme $A(\alpha + X) = \sum\limits_{k=0}^{+\infty} \frac{A^{(k)}(\alpha)}{k!} X^k$.

3 Caractérisation de l'ordre d'une racine

Proposition 34

Soit $r \in \mathbb{N}^*$ et $A \in \mathbb{K}[X]$ un polynôme non constant. Si $\alpha \in \mathbb{K}$ est racine d'ordre r de A, alors α est racine d'ordre $r-1$ du polynôme dérivé A'.

Démonstration page 733

Principe de démonstration. Dériver la relation $A = (X-\alpha)^r B$.

Proposition 35

Soit A un polynôme de $\mathbb{K}[X]$. Pour $\alpha \in \mathbb{K}$ et $r \in \mathbb{N}^*$, il est équivalent de dire :

(*i*) α est racine d'ordre au moins r de A ;

(*ii*) $A(\alpha) = A'(\alpha) = \cdots = A^{(r-1)}(\alpha) = 0$.

Démonstration page 733

Principe de démonstration.

(*i*) $\Rightarrow$ (*ii*) On applique la proposition 34.

(*ii*) $\Rightarrow$ (*i*) On utilise la formule de Taylor.

Corollaire 36

Soit A un polynôme de $\mathbb{K}[X]$. Pour $\alpha \in \mathbb{K}$ et $r \in \mathbb{N}^*$, il est équivalent de dire :

(*i*) α est racine d'ordre r de A ;

(*ii*) $A(\alpha) = A'(\alpha) = \cdots = A^{(r-1)}(\alpha) = 0$ et $A^{(r)}(\alpha) \neq 0$.

Démonstration. On utilise la proposition 35, en sachant que α est racine de A d'ordre r signifie que α est racine d'ordre au moins r, mais pas d'ordre au moins $r+1$. □

Remarque

En particulier, α est racine simple de A si, et seulement si, $A(\alpha) = 0$ et $A'(\alpha) \neq 0$.

Point méthode Soit $A \in \mathbb{K}[X]$ un polynôme non nul de et $\alpha \in \mathbb{K}$ une racine de A. Pour déterminer l'ordre de cette racine :

Exo 20.17
- si A est écrit sous forme factorisée, on cherche la plus grande puissance de $(X-\alpha)$ qui divise le polynôme A ;

Exo 20.18
- si A est écrit sous forme développée, il est plus naturel de s'intéresser aux évaluations en α des polynômes dérivés successifs de A.

Étant donné un polynôme $A \in \mathbb{R}[X]$, on peut s'intéresser à ses racines dans $\mathbb{C}$. Celles-ci possèdent une propriété de symétrie fondamentale.

Proposition 37

Soit $A \in \mathbb{R}[X]$, $\alpha \in \mathbb{C}$ et $r \in \mathbb{N}$. Alors α est racine de A d'ordre r si, et seulement si, $\overline{\alpha}$ est racine de A d'ordre r.

Démonstration page 734

Principe de démonstration. On utilise la proposition précédente, en remarquant qu'un nombre complexe α est racine d'un certain polynôme réel si, et seulement si, $\overline{\alpha}$ l'est.

V Factorisation dans $\mathbb{C}[X]$ et $\mathbb{R}[X]$

1 Polynômes irréductibles

Définition 16

Un polynôme $P \in \mathbb{K}[X]$ est dit **irréductible** s'il est non constant et si :

$$\forall (A,B) \in \mathbb{K}[X]^2 \quad P = AB \implies (\deg A = 0 \quad \text{ou} \quad \deg B = 0).$$

Remarque On remarquera l'analogie de cette notion avec celle concernant les nombres premiers dans $\mathbb{N}$: un entier p est premier si $p \geqslant 2$ et si :

$$\forall (a,b) \in \mathbb{N}^2 \quad p = ab \Rightarrow (a = 1 \text{ ou } b = 1).$$

Reformulations Un polynôme non constant P est :

- non irréductible si, et seulement s'il peut s'écrire comme produit de deux polynômes non constants ;
- irréductible si, et seulement s'il ne possède aucun diviseur non constant Q tel que $\deg Q < \deg P$.

Ex. 13. Tout polynôme de degré 1 est irréductible.
En effet, si A est un polynôme de degré 1, considérons des polynômes B et C tels que $A = BC$. On a alors $\deg B + \deg C = \deg A = 1$. Comme $\deg B$ et $\deg C$ sont des entiers positifs, on en déduit $\deg B = 0$ ou $\deg C = 0$, autrement dit au moins l'un des deux polynômes B et C est constant. Cela prouve que A est irréductible.

Remarque À l'exception des polynômes de degré 1, irréductibles d'après l'exemple précédent, les polynômes irréductibles ne peuvent pas avoir de racines.
En effet, si $\deg P \geqslant 2$ et si P possède une racine α, alors on peut trouver $Q \in \mathbb{K}[X]$ tel que $P = (X-\alpha)Q$ et $\deg Q = \deg P - 1 \geqslant 1$, ce qui montre que P n'est pas irréductible.

Ex. 14. Le polynôme $P = X^2 + 1$ n'est pas irréductible dans $\mathbb{C}[X]$ puisqu'il est divisible par $X - i$. En revanche, le fait que P ne possède pas de racine réelle entraîne que P est irréductible dans $\mathbb{R}[X]$. En effet, si P s'écrivait comme produit de deux polynômes réels non constants, ceux-ci seraient de degré 1, et l'on aboutirait à l'existence d'au moins une racine réelle pour P.

Ex. 15. Le polynôme $(X^2+1)^2$ n'est irréductible ni dans $\mathbb{R}[X]$, ni dans $\mathbb{C}[X]$, puisque divisible par X^2+1.

Théorème 38

Dans $\mathbb{K}[X]$, tout polynôme non constant est le produit de polynômes irréductibles.

Démonstration page 734

Principe de démonstration. Par récurrence sur le degré.

Remarque Quitte à mettre en facteur le coefficient dominant du polynôme considéré, les polynômes irréductibles intervenant dans le produit peuvent être pris unitaires.

2 Théorème de d'Alembert-Gauss

Nous admettons le théorème fondamental suivant.

Théorème 39 (Théorème de d'Alembert-Gauss)

Tout polynôme non constant de $\mathbb{C}[X]$ possède au moins une racine dans $\mathbb{C}$.

Remarque Ce résultat est évidemment faux dans $\mathbb{R}[X]$, puisque, par exemple, le polynôme $X^2 + 1$ est sans racine sur $\mathbb{R}$.
Cependant, tout polynôme à coefficients réels est aussi un polynôme à coefficients complexes et, par suite, admet au moins une racine dans $\mathbb{C}$ s'il est non constant.

Proposition 40

Les polynômes irréductibles de $\mathbb{C}[X]$ sont les polynômes de degré 1.

Démonstration. Les polynômes de degré 1 sont irréductibles (cf. exemple 13).

Réciproquement, un polynôme irréductible P est non constant par définition et possède donc une racine $\alpha \in \mathbb{C}$ d'après le théorème de d'Alembert-Gauss. On peut donc trouver un polynôme $Q \in \mathbb{C}[X]$ tel que $P = (X - \alpha)Q$. Par irréductibilité de P, on doit avoir $\deg Q = 0$, et donc $\deg P = 1$. □

Corollaire 41

Tout polynôme non nul de $\mathbb{C}[X]$ est scindé.

Démonstration. C'est une conséquence du fait que tout polynôme s'écrit comme produit d'irréductibles (cf. théorème 38) et du fait que les irréductibles de $\mathbb{C}[X]$ sont de degré 1. □

Proposition 42

Les polynômes irréductibles de $\mathbb{R}[X]$ sont :

- les polynômes de degré 1 ;
- les polynômes de degré 2 dont le discriminant est strictement négatif.

Démonstration page 734

Principe de démonstration. Pour montrer qu'un polynôme de degré au moins 3 n'est pas irréductible, on invoquera le théorème de d'Alembert-Gauss qui assure l'existence d'au moins une racine complexe.

3 Factorisation dans $\mathbb{C}[X]$ et dans $\mathbb{R}[X]$

Sachant désormais ce que sont les polynômes irréductibles de $\mathbb{C}[X]$ et ceux de $\mathbb{R}[X]$, nous pouvons donner une forme plus explicite, dans chacun des deux cas, de la factorisation d'un polynôme comme produit d'irréductibles (dont l'existence est fournie par le théorème 38 de la page précédente).

Factorisation dans $\mathbb{C}[X]$

Soit $A \in \mathbb{C}[X]$ un polynôme non nul. En notant λ le coefficient dominant de A, $\alpha_1, \ldots, \alpha_p$ ses racines complexes distinctes, et $r_1, \ldots, r_p$ leurs ordres de multiplicité respectifs, alors on a :

$$A = \lambda \prod_{k=1}^{p} (X - \alpha_k)^{r_k}.$$

Factorisation dans $\mathbb{R}[X]$

Soit $A \in \mathbb{R}[X]$ un polynôme non nul. En notant λ le coefficient dominant de A, $\alpha_1, \ldots, \alpha_p$ ses racines réelles distinctes, et $r_1, \ldots r_p$ leurs ordres de multiplicité respectifs, alors A s'écrit :

$$A = \lambda \prod_{j=1}^{p} (X - \alpha_j)^{r_j} \prod_{k=1}^{q} (X^2 + \beta_k X + \gamma_k)^{s_k}$$

avec $q \in \mathbb{N}$ et, pour tout $k \in [\![1, q]\!]$, s_k un entier naturel non nul et $X^2 + \beta_k X + \gamma_k$ un polynôme irréductible de degré 2 (*i.e.* tel que $\beta_k^2 - 4\gamma_k < 0$).

Exo 20.22

Exo 20.23

Point méthode Pour factoriser un polynôme dans $\mathbb{R}[X]$, on peut commencer par le factoriser dans $\mathbb{C}[X]$, puis regrouper par couples de conjuguées ses racines complexes non réelles (on sait que, dans un polynômes réel, deux racines complexes conjuguées ont le même ordre de multiplicité) pour faire apparaître les facteurs irréductibles de degré 2.

Ex. 16. Factorisons X^4+1 dans $\mathbb{R}[X]$. Commençons par le factoriser dans $\mathbb{C}[X]$, en utilisant les racines quatrièmes de -1 :

$$X^4+1=\left(X-e^{i\pi/4}\right)\left(X-e^{-i\pi/4}\right)\left(X-e^{3i\pi/4}\right)\left(X-e^{-3i\pi/4}\right).$$

On en déduit la factorisation de X^4+1 dans $\mathbb{R}[X]$ en développant $(X-e^{i\pi/4})(X-e^{-i\pi/4})$ et $(X-e^{3i\pi/4})(X-e^{-3i\pi/4})$:

$$\begin{aligned}X^4+1&=\left(X^2-2\cos\left(\frac{\pi}{4}\right)X+1\right)\left(X^2-2\cos\left(\frac{3\pi}{4}\right)X+1\right)\\&=(X^2-\sqrt{2}X+1)(X^2+\sqrt{2}X+1).\end{aligned}$$

VI Fonctions rationnelles : décomposition en éléments simples

Définition 17

Soit A une partie infinie de $\mathbb{K}$. Une fonction $f:A\to\mathbb{K}$ est dite **fonction rationnelle** s'il existe deux polynômes $(P,Q)\in\mathbb{K}[X]^2$ vérifiant :

$$\forall x\in A\quad Q(x)\neq 0\quad\text{et}\quad f(x)=\frac{P(x)}{Q(x)}.$$

Remarque Dans la définition précédente, la partie A étant non vide, le polynôme Q est nécessairement non nul.

Ex. 17. La fonction $f:\begin{array}{ccc}\mathbb{R}\setminus\{-2,1\} & \longrightarrow & \mathbb{R}\\ x & \longmapsto & \frac{x^3+x^2-1}{(x-1)(x+2)}\end{array}$ est une fonction rationnelle.

Ex. 18. La fonction $f:\begin{array}{ccc}\mathbb{C}\setminus\{i\} & \longrightarrow & \mathbb{C}\\ z & \longmapsto & \frac{1}{z-i}\end{array}$ est une fonction rationnelle.

Ex. 19. Toute fonction polynomiale est en particulier une fonction rationnelle.

Ex. 20. Tout couple $(P,Q)\in\mathbb{K}[X]^2$ avec $Q\neq 0$ permet de définir naturellement une fonction rationnelle sur $\mathbb{K}\setminus\{x\in\mathbb{K}\,:\,Q(x)=0\}$ par $f(x)=\frac{P(x)}{Q(x)}$.

Partie entière

Proposition 43

Soit $(P,Q)\in\mathbb{K}[X]^2$ avec $Q\neq 0$. Il existe un unique couple $(E,R)\in\mathbb{K}[X]^2$, avec $\deg R<\deg Q$, tel que, pour tout $x\in\mathbb{K}$ vérifiant $Q(x)\neq 0$, on ait :

$$\frac{P(x)}{Q(x)}=E(x)+\frac{R(x)}{Q(x)}.$$

Démonstration page 734

Principe de démonstration. Mettre en évidence que le couple (E,R) recherché n'est rien d'autre que le couple (quotient,reste) dans la division euclidienne de P par Q.

Terminologie Avec les notations précédentes, le polynôme E s'appelle la **partie entière** de la fonction rationnelle $x \mapsto \frac{P(x)}{Q(x)}$.

Point méthode Comme on peut le voir dans la démonstration, la partie entière d'une fonction rationnelle $x \mapsto \frac{P(x)}{Q(x)}$ est le quotient dans la division euclidienne de P par Q.

Ex. 21. Considérons la fonction rationnelle $f : x \mapsto \frac{x^5}{x^2+x+1}$ définie sur $\mathbb{R}$. La fonction f est de la forme $x \mapsto \frac{P(x)}{Q(x)}$ avec $P = X^5$ et $Q = X^2 + X + 1$.
La division euclidienne de P par Q s'écrit :

$$P = (X^3 - X^2 + 1)Q - (X + 1).$$

Ainsi, la partie entière de f est $X^3 - X^2 + 1$, et l'on a :

$$\forall x \in \mathbb{R} \quad f(x) = x^3 - x^2 + 1 - \frac{x+1}{x^2+x+1}.$$

Remarque En considérant $x \mapsto \frac{P(x)}{Q(x)}$ une fonction rationnelle et en notant E sa partie entière :

- si $\deg P < \deg Q$, alors $E = 0$;
- si $\deg P \geqslant \deg Q$, alors $\deg E = \deg P - \deg Q$.

Décomposition en éléments simples

Proposition 44 (Cas où Q est scindé à racines simples)

Soit $(P, Q) \in \mathbb{K}[X]^2$ avec Q non nul. Supposons le polynôme Q scindé à racines simples. Alors, en notant E la partie entière de $x \mapsto \frac{P(x)}{Q(x)}$ et $\alpha_1, \ldots, \alpha_p$ les racines de Q, on a, pour tout $x \in \mathbb{K} \setminus \{\alpha_1, \ldots, \alpha_p\}$:

$$\frac{P(x)}{Q(x)} = E(x) + \sum_{k=1}^{p} \frac{\lambda_k}{x - \alpha_k} \quad \text{avec} \quad \forall k \in [\![1, p]\!] \quad \lambda_k = \frac{P(\alpha_k)}{Q'(\alpha_k)}.$$

Démonstration (non exigible) page 735

Terminologie

- La forme donnée par la proposition précédente s'appelle **décomposition en éléments simples** de la fonction rationnelle f.
- Si Q est un polynôme scindé à racines simples, toute fonction rationnelle de la forme $x \mapsto \frac{P(x)}{Q(x)}$ est dite **à pôles simples**.

Remarque Reprenons les notations de la proposition précédente, en notant μ le coefficient dominant de Q. Fixons $k \in [\![1, p]\!]$. On peut écrire $Q = (X - \alpha_k)Q_k$, pour un certain polynôme Q_k. On a alors $Q' = Q_k + (X - \alpha_k)Q'_k$ et donc $Q'(\alpha_k) = Q_k(\alpha_k)$.

On obtient ainsi, pour le coefficient λ_k, une autre expression : $\boxed{\lambda_k = \frac{P(\alpha_k)}{Q_k(\alpha_k)}}$.

Point méthode En reprenant les notations précédentes :

Exo 20.25

- la formule $\lambda_k = \dfrac{P(\alpha_k)}{Q_k(\alpha_k)}$ est utilisée lorsque le dénominateur est factorisé ;

Exo 20.26

- en revanche, on utilise $\lambda_k = \dfrac{P(\alpha_k)}{Q'(\alpha_k)}$ lorsque le dénominateur apparaît sous forme développée, donc facile à dériver.

Ex. 22. Considérons la fonction rationnelle :

$$f : x \mapsto \frac{x^3-2x+7}{x^2+x-2} = \frac{P(x)}{Q(x)} \quad \text{avec} \quad P = X^3-2X+7 \quad \text{et} \quad Q = X^2+X-2.$$

- La partie entière de f, quotient dans la division euclidienne de P par Q, vaut $X-1$.
- On a $Q=(X-1)(X+2)$, donc Q est scindé à racines simples.

Ainsi, la proposition 44 de la page précédente assure qu'il existe $(a,b) \in \mathbb{R}^2$ tel que :

$$\forall x \in \mathbb{R} \setminus \{-2,1\} \quad f(x) = x-1+\frac{a}{x-1}+\frac{b}{x+2}.$$

Pour trouver a et b, utilisons la première formule du point méthode précédent :

$$a = \frac{1^3-2\times 1+7}{1+2} = 2 \qquad \text{et} \qquad b = \frac{(-2)^3-2\times(-2)+7}{-2-1} = -1.$$

La décomposition en éléments simples de f est donc :

$$\forall x \in \mathbb{R} \setminus \{-2,1\} \quad f(x) = x-1+\frac{2}{x-1}-\frac{1}{x+2}.$$

Ex. 23. Considérons la fonction rationnelle $f : z \mapsto \dfrac{1}{z^3-1}$, définie sur $\mathbb{C} \setminus \{1,j,\bar{j}\}$.

On a $f(z) = \frac{P(z)}{Q(z)}$ avec $P=1$ et $Q=X^3-1$.

- Puisque $\deg P = 0$ et $\deg Q = 3$, on a $\deg P < \deg Q$ et la partie entière de f est nulle.
- Le polynôme Q admet 3 racines distinctes : 1, j et $\bar{j}$, donc Q est scindé à racines simples.

La proposition 44 de la page précédente assure l'existence de $(a,b,c) \in \mathbb{C}^3$ tel que :

$$\forall z \in \mathbb{C} \setminus \{1,j,\bar{j}\} \quad f(z) = \frac{a}{z-1}+\frac{b}{z-j}+\frac{c}{z-\bar{j}}.$$

Puisque $Q = X^3-1$, on a $Q' = 3X^2$, ce qui donne :

$$a = \frac{P(1)}{Q'(1)} = \frac{1}{3}\ ; \quad b = \frac{P(j)}{Q'(j)} = \frac{1}{3j^2} = \frac{j}{3} \quad \text{et} \quad c = \frac{P(\bar{j})}{Q'(\bar{j})} = \frac{1}{3\bar{j}} = \bar{b}.$$

On obtient la décomposition en éléments simples suivante :

$$\forall z \in \mathbb{C} \setminus \{1,j,\bar{j}\} \quad \frac{1}{z^3-1} = \frac{1}{3}\left(\frac{1}{z-1}+\frac{j}{z-j}+\frac{\bar{j}}{z-\bar{j}}\right).$$

Ex. 24. Soit $Q = \prod_{k=1}^{p} (X - \alpha_k)$ où $\alpha_1, \ldots, \alpha_p$ sont des scalaires distincts ($p \geqslant 1$). Alors on a :

$$\forall x \in \mathbb{K} \setminus \{\alpha_1, \ldots, \alpha_p\} \quad \frac{Q'(x)}{Q(x)} = \sum_{k=1}^{p} \frac{1}{x - \alpha_k}.$$

En effet, la proposition 44 de la page 723 s'applique et donne :

$$\forall x \in \mathbb{K} \setminus \{\alpha_1, \ldots, \alpha_p\} \quad \frac{Q'(x)}{Q(x)} = 0 + \sum_{k=1}^{p} \frac{\lambda_k}{x - \alpha_k} \quad \text{avec} \quad \forall k \in [\![1, p]\!] \quad \lambda_k = \frac{Q'(\alpha_k)}{Q'(\alpha_k)} = 1.$$

Remarque La décomposition en éléments simples d'une fonction rationnelle de la forme $x \mapsto \frac{Q'(x)}{Q(x)}$ sera obtenue, dans l'exercice 20.28 de la page 738, dans le cas général où Q est scindé.

Application au calcul de primitives et de dérivées n-ièmes

Reprenons la fonction rationnelle $f : x \mapsto \frac{x^3-2x+7}{x^2+x-2}$, définie sur $\mathbb{R} \setminus \{-2, 1\}$, dont on a obtenu précédemment la décomposition en éléments simples (cf. exemple 22) :

$$\forall x \in \mathbb{R} \setminus \{-2, 1\} \quad f(x) = x - 1 + \frac{2}{x-1} - \frac{1}{x+2}.$$

Ex. 25. Déterminons une primitive de f sur l'intervalle $]-2, 1[$.
Des primitives sur $]-2, 1[$ des fonctions $x \mapsto \frac{1}{x-1}$ et $x \mapsto \frac{1}{x+2}$ sont respectivement $x \mapsto \ln|x-1|$ et $x \mapsto \ln|x+2|$. On en déduit une primitive de f sur $]-2, 1[$:

$$F : x \mapsto \frac{x^2}{2} - x + 2\ln|x-1| - \ln|x+2|,$$

ou encore, puisque l'on travaille sur l'intervalle $]-2, 1[$:

$$F : x \mapsto \frac{x^2}{2} - x + 2\ln(1-x) - \ln(x+2).$$

Ex. 26. Déterminons, pour $n \geqslant 2$, l'expression de la dérivée n-ième de f.
Les dérivées n-ièmes des fonctions $x \mapsto \frac{1}{x-1}$ et $x \mapsto \frac{1}{x+2}$ sont respectivement :

$$x \mapsto \frac{(-1)^n n!}{(x-1)^{n+1}} \qquad \text{et} \qquad x \mapsto \frac{(-1)^n n!}{(x+2)^{n+1}}.$$

La fonction polynomlale $x \mapsto x - 1$ ayant toutes ses dérivées nulles à partir de l'ordre 2, on obtient l'expression suivante pour la dérivée n-ième de f pour $n \geqslant 2$:

Exo 20.27

$$f^{(n)}(x) = (-1)^n n! \left(\frac{2}{(x-1)^{n+1}} - \frac{1}{(x+2)^{n+1}} \right).$$

Approfondissement : d'autres types de décompositions en éléments simples

Toutes les fonctions rationnelles ne rentrent pas dans le cadre de la proposition 44 de la page 723 puisque celle-ci ne s'applique qu'à celles de la forme $x \mapsto \frac{P(x)}{Q(x)}$ avec Q *scindé à racines simples.*

Le cas général est hors programme (il fait néanmoins l'objet des résultats énoncés dans le dernier paragraphe de ce chapitre). Illustrons sur deux exemples quelques techniques qui, en admettant la forme de la décomposition en éléments simples recherchée, permettent d'en déterminer les coefficients.

Ex. 27. Considérons la fonction rationnelle $f : x \mapsto \frac{x+1}{x^3-1} = \frac{x+1}{(x-1)(x^2+x+1)}$, définie sur $\mathbb{R}\setminus\{1\}$. Admettons qu'il existe trois réels a, b et c tels que :

$$\forall x \in \mathbb{R} \setminus \{1\} \quad f(x) = \frac{a}{x-1} + \frac{bx+c}{x^2+x+1}. \qquad (\star)$$

- En multipliant la relation $(\star)$ par $x-1$, on obtient, pour tout $x \in \mathbb{R} \setminus \{1\}$:

$$(x-1)f(x) = a + (x-1)\frac{bx+c}{x^2+x+1} \qquad \textit{i.e.} \qquad \frac{x+1}{x^2+x+1} = a + (x-1)\frac{bx+c}{x^2+x+1}.$$

  En passant à la limite quand $x \to 1$, il vient $a = \frac{2}{3}$.

- En multipliant $(\star)$ par x, on obtient, pour tout $x \in \mathbb{R} \setminus \{1\}$:

$$\frac{x(x+1)}{x^3-1} = \frac{ax}{x-1} + \frac{(bx+c)x}{x^2+x+1}.$$

  En passant à la limite quand $x \to +\infty$, on obtient $0 = a+b$, donc $b = -\frac{2}{3}$.

- Pour déterminer le dernier coefficient c, évaluons $(\star)$ en $x = 0$:

$$-1 = -a + c \qquad \textit{i.e.} \qquad c = a - 1 = -\frac{1}{3}.$$

On obtient :

$$f(x) = \frac{1}{3}\left(\frac{2}{x-1} - \frac{2x+1}{x^2+x+1}\right).$$

Ex. 28. Considérons la fonction rationnelle $f : x \mapsto \frac{x^2+2}{x(x-1)^3}$ définie sur $\mathbb{R} \setminus \{0,1\}$. Admettons qu'il existe quatre réels a, b, c et d tels que :

$$\forall x \in \mathbb{R} \setminus \{0,1\} \quad f(x) = \frac{a}{x} + \frac{b}{x-1} + \frac{c}{(x-1)^2} + \frac{d}{(x-1)^3}. \qquad (\star)$$

- Les coefficients a et d se déterminent comme le coefficient a de l'exemple précédent :
  - en multipliant par x puis en passant à la limite quand $x \to 0$, on obtient $a = -2$;
  - en multipliant par $(x-1)^3$ puis en passant à la limite quand $x \to 1$, on obtient $d = 3$.
- En multipliant par x puis en passant à la limite quand $x \to +\infty$, on obtient $0 = a + b$, donc $b = 2$.
- Pour déterminer le dernier coefficient c, évaluons $(\star)$ en -1 :

$$\frac{3}{8} = -a - \frac{b}{2} + \frac{c}{4} - \frac{d}{8} \qquad \text{ce qui donne} \qquad c = -1.$$

On a donc obtenu :

$$\forall x \in \mathbb{R} \setminus \{0,1\} \quad f(x) = \frac{-2}{x} + \frac{2}{x-1} - \frac{1}{(x-1)^2} + \frac{3}{(x-1)^3}.$$

Hors programme : les théorèmes de décomposition en éléments simples dans le cas général

Pour finir, donnons deux théorèmes indiquant la forme de la décomposition en éléments simples dans le cas général. Ces théorèmes étant hors programme, l'élève pourra faire l'impasse dessus. Néanmoins, il sera intéressant de comprendre qu'ils sont cohérents avec les décompositions en éléments simples obtenues dans les exemples 27 et 28 de la page précédente.

Proposition 45 (Cas où Q est scindé)

Soit $(P,Q) \in \mathbb{K}[X]^2$ avec $Q \neq 0$. Supposons que le polynôme Q soit scindé. Alors, en notant E la partie entière de $x \mapsto \frac{P(x)}{Q(x)}$, $\alpha_1, \ldots, \alpha_p$ les racines de Q, et $r_1, \ldots, r_p$ les multiplicités associées, il existe des scalaires $\lambda_{k,\ell}$ tels que :

$$\forall x \in \mathbb{K} \setminus \{\alpha_1, \ldots, \alpha_p\} \quad \frac{P(x)}{Q(x)} = E(x) + \sum_{k=1}^{p} \sum_{\ell=1}^{r_k} \frac{\lambda_{k,\ell}}{(x-\alpha_k)^\ell}.$$

Proposition 46 (Cas général d'une fonction rationnelle réelle)

Soit $(P,Q) \in \mathbb{R}[X]^2$ avec $Q \neq 0$. Supposons que le polynôme Q ait l'écriture suivante comme produit de polynômes irréductibles dans $\mathbb{R}[X]$:

$$Q = \prod_{k=1}^{p} (X - \alpha_k)^{r_k} \prod_{k=1}^{q} R_k^{s_k},$$

où $\alpha_1, \ldots, \alpha_p$ sont les racines distinctes de Q, et $R_1, \ldots, R_p$ des polynômes irréductibles de degré 2, unitaires et distincts.

Alors, en notant E la partie entière de $x \mapsto \frac{P(x)}{Q(x)}$, il existe des réels $\lambda_{k,\ell}$, $a_{k,\ell}$ et $b_{k,\ell}$ tels que, pour tout $x \in \mathbb{R} \setminus \{\alpha_1, \ldots, \alpha_p\}$:

$$\frac{P(x)}{Q(x)} = E(x) + \sum_{k=1}^{p} \sum_{\ell=1}^{r_k} \frac{\lambda_{k,\ell}}{(x-\alpha_k)^\ell} + \sum_{k=1}^{q} \sum_{\ell=1}^{s_k} \frac{a_{k,\ell} x + b_{k,\ell}}{R_k(x)^\ell}.$$

Démonstrations

Proposition 1 Les suites $A=(a_k)_{k\in\mathbb{N}}$ et $B=(b_k)_{k\in\mathbb{N}}$ étant nulles à partir d'un certain rang, on peut trouver $(n,m)\in\mathbb{N}^2$ tel que :

$$\forall k>n \quad a_k=0 \qquad \text{et} \qquad \forall k>m \quad b_k=0.$$

- S est un polynôme, car on a : $\forall k>\max(n,m) \quad s_k=a_k+b_k=0$.
- On prouve que P est un polynôme en montrant : $\forall k>n+m \quad p_k=0$.
  Soit en effet $k>n+m$. Pour tout $i\in[\![0,k]\!]$, puisque $i+(k-i)=k>n+m$, on a $i>n$ ou $k-i>m$; l'un au moins des scalaires a_i et b_{k-i} est donc nul, donc le produit a_ib_{k-i} est nul. Tous les termes de la somme $\sum\limits_{i=0}^{k}a_ib_{k-i}$ étant nuls, on en déduit $p_k=0$.
- Q est un polynôme, car on a : $\forall k>n \quad q_k=\lambda a_k=0$.

Proposition 7

- Si $A=B=0$, alors $A+B=0$ et le résultat est évident car :
  $$\deg(A+B)=-\infty=\max(\deg A,\deg B).$$
  Sinon, posons $n=\max(\deg A,\deg B)\in\mathbb{N}$; on peut alors écrire :
  $$A=\sum_{k=0}^{n}a_kX^k \qquad \text{et} \qquad B=\sum_{k=0}^{n}b_kX^k.$$
  Cela donne $A+B=\sum\limits_{k=0}^{n}(a_k+b_k)X^k$ et prouve que $\deg(A+B)\leqslant n$.
  De plus, le coefficient en X^n de $A+B$ est a_n+b_n.
  Si $\deg A\neq\deg B$, alors l'un des scalaires a_n et b_n est nul mais pas l'autre, donc leur somme a_n+b_n est non nulle; dans ce cas, $A+B$ est de degré $n=\max(\deg A,\deg B)$.
- Si $A=0$ ou $B=0$, alors $AB=0$ et :
  $$\deg(AB)=\deg(0)=-\infty=\deg A+\deg B,$$
  car, avec l'extension des opérations arithmétiques sur $\overline{\mathbb{R}}$ (cf. page 310), on a :
  $$\forall n\in\mathbb{N}\cup\{-\infty\} \quad n+(-\infty)=-\infty+n=-\infty.$$
  Sinon, posons $n=\deg A$ et $m=\deg B$ et écrivons $A=\sum\limits_{k=0}^{n}a_kX^k$ et $B=\sum\limits_{k=0}^{m}b_kX^k$.
  * Les calculs faits dans la démonstration de la proposition 1 prouvent que les coefficients de AB de rang strictement supérieur à $n+m$ sont nuls, ce qui donne déjà $\deg(AB)\leqslant n+m$.
  * Le coefficient de AB en X^{n+m} vaut $\sum\limits_{\substack{(i,j)\in[\![0,n]\!]\times[\![0,m]\!]\\ i+j=n+m}}a_ib_j$, donc est égal à a_nb_m car le seul couple $(i,j)\in[\![0,n]\!]\times[\![0,m]\!]$ tel que $i+j=n+m$ est (n,m). Il est donc non nul en tant que produit de deux éléments non nuls de $\mathbb{K}$. Ainsi, $\deg(AB)=n+m$.

Proposition 11 La première propriété est immédiate, *via* les règles de calcul dans $\mathbb{K}[X]$ et dans $\mathbb{K}$.

Pour le produit, si $A=\sum\limits_{k=0}^{n}a_kX^k$ et $B=\sum\limits_{\ell=0}^{m}b_\ell X^\ell$, alors :

$$AB=\sum_{k=0}^{n}\sum_{\ell=0}^{m}a_kb_\ell X^{k+\ell}$$

et, d'après les règles de calcul dans $\mathbb{K}$:

$$(AB)(\alpha) = \sum_{k=0}^{n}\sum_{\ell=0}^{m} a_k b_\ell \alpha^{k+\ell}$$

$$= \sum_{k=0}^{n}\sum_{\ell=0}^{m} a_k \alpha^k b_\ell \alpha^\ell = \left(\sum_{k=0}^{n} a_k \alpha^k\right)\left(\sum_{\ell=0}^{m} b_\ell \alpha^\ell\right) = A(\alpha)B(\alpha).$$

Théorème 12

Unicité. Soit $(Q_1, R_1) \in \mathbb{K}[X]^2$ et $(Q_2, R_2) \in \mathbb{K}[X]^2$ tels que :

- $A = BQ_1 + R_1$ avec $\deg R_1 < \deg B$,
- $A = BQ_2 + R_2$ avec $\deg R_2 < \deg B$.

On a alors :

$$(Q_1 - Q_2)B = R_2 - R_1.$$

Les hypothèses sur R_1 et R_2 entraînent $\deg(R_2 - R_1) < \deg B$. Par ailleurs, on a :

$$\deg(R_2 - R_1) = \deg\big((Q_1 - Q_2)B\big) = \deg(Q_1 - Q_2) + \deg B.$$

En retranchant $\deg B$ (qui est un entier car $B \neq 0$), on obtient $\deg(Q_1 - Q_2) < 0$, donc $Q_1 - Q_2 = 0$, d'où l'on tire $Q_1 = Q_2$, puis $R_1 = R_2$.

Existence. Notons $m = \deg B$. On peut donc écrire $B = \sum\limits_{k=0}^{m} b_k X^k$, avec $b_m \neq 0$.

Si $m = 0$, le polynôme B est constant non nul, donc il suffit de poser $Q = b_m^{-1}A$ et $R = 0$. Dans la suite, on suppose donc $m \in \mathbb{N}^*$ et l'on démontre par récurrence sur $n \in \mathbb{N}^*$ la propriété H_n : « Pour tout polynôme A de $\mathbb{K}_{n-1}[X]$, il existe un couple $(Q, R) \in \mathbb{K}[X]^2$ tel que $A = BQ + R$ et $\deg R < m$. »

- La propriété H_n est vraie pour tout entier $n \leqslant m$, car si $\deg A < m$, il suffit de prendre $R = A$ et $Q = 0$.
- Supposons H_n pour un certain $n \geqslant m$, et démontrons H_{n+1}.

  Soit $A \in \mathbb{K}_n[X]$. On peut écrire $A = \sum\limits_{k=0}^{n} a_k X^k$ et alors le polynôme :

  $$A_1 = A - a_n b_m^{-1} X^{n-m} B \qquad (a)$$

  appartient à $\mathbb{K}_{n-1}[X]$. On peut donc lui appliquer l'hypothèse de récurrence : il existe un couple (Q_1, R) tel que :

  $$A_1 = BQ_1 + R \quad \text{avec} \quad \deg R < m. \qquad (b)$$

  En posant :

  $$Q = Q_1 + a_n b_m^{-1} X^{n-m}$$

  et en utilisant (a) et (b), on obtient :

  $$A = BQ + R.$$

Proposition 13 Soit A et B deux polynômes de $\mathbb{K}[X]$ avec $B \neq 0$.

- Si le reste de la division euclidienne de A par B est nul, il existe $Q \in \mathbb{K}[X]$ tel que $A = BQ$ donc B divise A.
- Réciproquement, si B divise A, il existe un polynôme Q tel que $A = BQ$ et l'unicité de la division euclidienne prouve que Q et 0 sont respectivement les quotient et reste de la division euclidienne de A par B, puisque $\deg 0 = -\infty < \deg B \in \mathbb{N}$.

Proposition 15 Démontrons par récurrence sur $p \in \mathbb{N}^*$ qu'un polynôme admettant p racines distinctes, notées $\alpha_1, \ldots, \alpha_p$, est divisible par $\prod_{i=1}^{p}(X - \alpha_i)$.

- C'est vrai pour $p = 1$ d'après la proposition 14 de la page 711.
- Supposons le résultat vrai pour $p \in \mathbb{N}^*$ et démontrons-le pour $p + 1$. Soit A un polynôme admettant $p + 1$ racines distinctes ; notons-les $\alpha_0, \alpha_1, \ldots, \alpha_p$.

  D'après l'hypothèse de récurrence, il existe un polynôme $B_1 \in \mathbb{K}[X]$ tel que :

$$A = B_1 \prod_{i=1}^{p}(X - \alpha_i).$$

  Comme α_0 est racine de A, on a $B_1(\alpha_0) \prod_{i=1}^{p}(\alpha_0 - \alpha_i) = 0$, ce qui prouve $B_1(\alpha_0) = 0$ puisque $\prod_{i=1}^{p}(\alpha_0 - \alpha_i)$ est un élément non nul de $\mathbb{K}$.

  Par suite, B_1 est divisible par $(X - \alpha_0)$: en écrivant $B_1 = (X - \alpha_0)\, B_2$ avec $B_2 \in \mathbb{K}[X]$, on obtient alors :

$$A = B_2 \prod_{i=0}^{p}(X - \alpha_i),$$

  ce qui termine la récurrence.

Proposition 19

- Le premier point est immédiat à partir de la définition.
- Avant de montrer le second point, fixons $B \in \mathbb{K}[X]$ et montrons que α est racine d'ordre au moins $p + 1$ du polynôme $(X - \alpha)^p B$ si, et seulement si, $B(\alpha) = 0$.
  * Supposons que α soit racine d'ordre au moins $p+1$ de $(X-\alpha)^p B$. On peut alors trouver un polynôme $B_1 \in \mathbb{K}[X]$ tel que $(X - \alpha)^p B = (X - \alpha)^{p+1} B_1$. Le polynôme $(X - \alpha)^p$ n'étant pas nul, en utilisant l'intégrité de $\mathbb{K}[X]$ (corollaire 10 de la page 707), on en déduit que $(X - \alpha) B_1 = B$ et donc $B(\alpha) = 0$.
  * Réciproquement, si $B(\alpha) = 0$, on peut trouver $B_1 \in \mathbb{K}[X]$ tel que $B = (X - \alpha) B_1$, et alors $(X-\alpha)^p B = (X-\alpha)^{p+1} B_1$, ce qui montre que α est racine d'ordre au moins $p+1$ de $(X - \alpha)^p B$.
- Montrons alors le second point. Supposons que α soit racine d'ordre p de A. D'après le premier point, on peut trouver $B \in \mathbb{K}[X]$ tel que $A = (X - \alpha)^p B$, et ce qui précède donne alors $B(\alpha) \neq 0$.

  Réciproquement, s'il existe $B \in \mathbb{K}[X]$ tel que $A = (X - \alpha)^p\, B$ et $B(\alpha) \neq 0$, la racine α est d'ordre au moins p, mais pas d'ordre au moins $p + 1$, donc elle est d'ordre p.

Proposition 20 La propriété est vraie si A est le polynôme nul, car alors A est divisible par tout polynôme. Supposons $A \neq 0$. Procédons par récurrence sur p.

- Si $p = 1$, la propriété est vraie par définition de l'ordre d'une racine.
- Supposons la propriété vraie au rang $p \in \mathbb{N}^*$ et considérons $\alpha_0, \alpha_1, \dots, \alpha_p$ des racines distinctes de A, d'ordre de multiplicité respectivement au moins égaux à $r_0, r_1, \dots, r_p$.

  D'après l'hypothèse de récurrence, il existe un polynôme $B_1 \in \mathbb{K}[X]$ tel que :

  $$A = B_1 \prod_{i=1}^{p} (X - \alpha_i)^{r_i}.$$

  Comme $A \neq 0$, on a $B_1 \neq 0$. Notons r l'ordre de multiplicité (éventuellement nul) de α_0 en tant de racine de B_1 ; il existe alors $B \in \mathbb{K}[X]$ vérifiant :

  $$B_1 = (X - \alpha_0)^r B \qquad \text{et} \qquad B(\alpha_0) \neq 0.$$

  En posant $B_2 = B \displaystyle\prod_{i=1}^{p} (X - \alpha_i)^{r_i}$, on a :

  $$A = (X - \alpha_0)^r B_2 \qquad \text{avec} \qquad B_2(\alpha_0) \neq 0 \quad \text{car les } \alpha_i \text{ sont distincts.}$$

  Donc α_0 est racine de A d'ordre r. Cela prouve $r \geqslant r_0$. Par suite, le polynôme $\prod_{i=0}^{p} (X - \alpha_i)^{r_i}$ divise $(X - \alpha_0)^r \displaystyle\prod_{i=1}^{p} (X - \alpha_i)^{r_i}$ et donc aussi A. On a ainsi montré la propriété au rang $p+1$, ce qui achève la récurrence.

Proposition 22 Soit $A \in \mathbb{K}[X]$ non nul. Notons $n = \deg A$, λ le coefficient dominant de A, ainsi que $\alpha_1, \dots, \alpha_p$ ses racines distinctes et $r_1, \dots, r_p$ les ordres de multiplicité respectifs.

- Si A est scindé, alors on a $A = \lambda \prod_{k=1}^{p} (X - \alpha_k)^{r_k}$, et donc immédiatement $\sum_{k=1}^{p} r_k = n$.
- Réciproquement, supposons que $\sum_{k=1}^{p} r_k = n$. D'après la proposition 20 de la page 713, A est divisible par $\prod_{k=1}^{p} (X - \alpha_k)^{r_k}$. Il existe donc $Q \in \mathbb{K}[X]$ tel que $A = \left(\prod_{k=1}^{p} (X - \alpha_k)^{r_k} \right) Q$.

  Puisque $\sum_{i=1}^{p} r_i = n$, le degré du polynôme $\prod_{k=1}^{p} (X - \alpha_k)^{r_k}$ vaut n, et donc $\deg Q = 0$.

  Par suite, Q est constant non nul, et A est scindé. □

Proposition 25

- Supposons $\deg A = n$, avec $n \geqslant 1$. On écrit alors $A = \sum_{k=0}^{n} a_k X^k$ avec $a_n \neq 0$.

  Comme $A' = \sum_{k=1}^{n} k a_k X^{k-1}$ avec $n a_n \neq 0$, on en déduit que $A \neq 0$ et $\deg A' = n - 1$.
- Si A est un polynôme constant, alors il est immédiat par définition que $A' = 0$.

Proposition 27 On note $A = \sum_{k=0}^{+\infty} a_k X^k$ et $B = \sum_{k=0}^{+\infty} b_k X^k$. On a alors :

- $\lambda A + \mu B = \sum_{k=0}^{+\infty} (\lambda a_k + \mu b_k) X^k$ donc $(\lambda A + \mu B)' = \sum_{k=1}^{+\infty} k(\lambda a_k + \mu b_k) X^{k-1}$;
- $A' = \sum_{k=1}^{+\infty} k a_k X^{k-1}$ et $B' = \sum_{k=1}^{+\infty} k b_k X^{k-1}$, d'où $\lambda A' + \mu B' = \sum_{k=1}^{+\infty} k(\lambda a_k + \mu b_k) X^{k-1}$.

Proposition 28

- Soit $(p,q) \in \mathbb{N}^2$. Vérifions la formule dans le cas $A = X^p$ et $B = X^q$.
  - ∗ Si $p = 0$, on a $(AB)' = B'$ et $A'B + AB' = 0\,B + 1\,B' = B'$, donc la formule est correcte. Il en va de même si $q = 0$.
  - ∗ Supposons $(p,q) \in (\mathbb{N}^*)^2$. On a alors $AB = (X^{p+q})' = (p+q)X^{p+q-1}$ et :
  $$A'B + AB' = pX^{p-1}X^q + X^p qX^{q-1} = (p+q)X^{p+q-1}.$$
- Notons $A = \sum_{k=0}^{n} a_k X^k$ et $B = \sum_{\ell=0}^{m} b_\ell X^\ell$, avec $(n,m) \in \mathbb{N}^2$.

  On a, par linéarité de la dérivation (proposition 27 de la page 716) :
  $$(AB)' = \left(\sum_{k=0}^{n}\sum_{\ell=0}^{m} a_k b_\ell X^k X^\ell\right)' = \sum_{k=0}^{n}\sum_{\ell=0}^{m} a_k b_\ell \left(X^k X^\ell\right)'.$$
  En appliquant le premier point de la démonstration, il vient :
  $$\begin{aligned}(AB)' &= \sum_{k=0}^{n}\sum_{\ell=0}^{m} a_k b_\ell \left((X^k)'X^\ell + X^k \left(X^\ell\right)'\right)\\ &= \left(\sum_{k=0}^{n} a_k (X^k)'\right)\left(\sum_{\ell=0}^{m} b_\ell X^\ell\right) + \left(\sum_{k=0}^{n} a_k X^k\right)\left(\sum_{\ell=0}^{m} b_\ell (X^\ell)'\right)\\ &= \left(\sum_{k=0}^{n} a_k X^k\right)'\left(\sum_{\ell=0}^{m} b_\ell X^\ell\right) + \left(\sum_{k=0}^{n} a_k X^k\right)\left(\sum_{\ell=0}^{m} b_\ell X^\ell\right)' = A'B + AB'.\end{aligned}$$

Proposition 30

- Supposons $A = \sum_{k=0}^{n} a_k X^k$ avec $\deg A = n \geqslant r$. On a donc $a_n \neq 0$.

  La proposition 29 de la page 717 et le calcul de $(X^k)^{(r)}$ montrent qu'alors :
  $$A^{(r)} = \sum_{k=r}^{n} k(k-1)\cdots(k-r+1)a_k X^{k-r},$$
  avec $n(n-1)\cdots(n-r+1)a_n \neq 0$, d'où l'on déduit $A^{(r)} \neq 0$ et $\deg A^{(r)} = n - r$.
- Si $\deg A < r$, tous les X^k apparaissant dans la somme définissant A ont un polynôme dérivé d'ordre r nul donc, d'après la proposition 29 de la page 717, $A^{(r)} = 0$.

Proposition 33

- Soit $p \in \mathbb{N}$. Montrons la formule de Taylor pour X^p.

  On a, notamment grâce à la formule du binôme :

$$\sum_{k=0}^{+\infty} \frac{(X^p)^{(k)}(\alpha)}{k!}(X-\alpha)^k = \sum_{k=0}^{p} \frac{p(p-1)\cdots(p-k+1)\,\alpha^{p-k}}{k!}(X-\alpha)^k$$

$$= \sum_{k=0}^{p} \binom{p}{k}(X-\alpha)^k\,\alpha^{p-k} = ((X-\alpha)+\alpha)^p = X^p.$$

- Soit maintenant $A \in \mathbb{K}[X]$, que l'on écrit $A = \sum\limits_{p=0}^{n} a_p X^p$, avec $n \in \mathbb{N}$. On a alors :

$$\sum_{k=0}^{+\infty} \frac{A^{(k)}(\alpha)}{k!}(X-\alpha)^k = \sum_{k=0}^{+\infty}\sum_{p=0}^{n} a_p \frac{(X^p)^{(k)}(\alpha)}{k!}(X-\alpha)^k$$

$$= \sum_{p=0}^{n} a_p \sum_{k=0}^{+\infty} \frac{(X^p)^{(k)}(\alpha)}{k!}(X-\alpha)^k = \sum_{p=0}^{n} a_p X^p = A,$$

en utilisant le premier point, et en n'oubliant pas que la somme portant sur k est, malgré les apparences, une somme finie.

Proposition 34 Soit α une racine d'ordre r du polynôme non constant A. On peut écrire :

$$A = (X-\alpha)^r B \qquad \text{avec} \qquad B(\alpha) \neq 0.$$

Alors, en dérivant la relation précédente, on obtient :

$$A' = (X-\alpha)^{r-1}\big(rB + (X-\alpha)B'\big) = (X-\alpha)^{r-1}B_1,$$

avec $B_1(\alpha) = rB(\alpha) \neq 0$ puisque $r \geqslant 1$ et $B(\alpha) \neq 0$. Cela prouve le résultat.

Proposition 35

$(i) \Rightarrow (ii)$ Soit α une racine d'ordre au moins r de A. À l'aide de la proposition 34 de la page 718 et par une récurrence finie, on obtient que, pour tout $k \in [\![0, r]\!]$, le scalaire α est racine d'ordre au moins $r-k$ de $A^{(k)}$.

Donc α est racine des polynômes $A, A', \ldots, A^{(r-1)}$.

$(ii) \Rightarrow (i)$ Supposons (ii). La formule de Taylor permet d'écrire :

$$A = \sum_{k=0}^{+\infty} \frac{A^{(k)}(\alpha)}{k!}(X-\alpha)^k.$$

Puisque $\forall k \in [\![0, r-1]\!] \quad A^{(k)}(\alpha) = 0$, on a :

$$A = \sum_{k=r}^{+\infty} \frac{A^{(k)}(\alpha)}{k!}(X-\alpha)^k = (X-\alpha)^r \sum_{k=r}^{+\infty} \frac{A^{(k)}(\alpha)}{k!}(X-\alpha)^{k-r}.$$

Par suite, A est divisible par $(X-\alpha)^r$, donc α est racine d'ordre au moins r de A.

Proposition 37 Pour tout polynôme $B \in \mathbb{R}[X]$, on a, d'après les propriétés de la conjugaison des nombres complexes, que $\overline{B(\alpha)} = B(\overline{\alpha})$. En particulier, α est racine de B si, et seulement si, son conjugué $\overline{\alpha}$ l'est. En appliquant cette propriété aux différents polynômes dérivés de A, on a :

$$\begin{aligned} \alpha \text{ racine d'ordre } r \text{ de } A &\iff \left(A(\alpha) = A'(\alpha) = \cdots = A^{(r-1)}(\alpha) = 0 \quad \text{et} \quad A^{(r)}(\alpha) \neq 0\right) \\ &\iff \left(A(\overline{\alpha}) = A'(\overline{\alpha}) = \cdots = A^{(r-1)}(\overline{\alpha}) = 0 \quad \text{et} \quad A^{(r)}(\overline{\alpha}) \neq 0\right) \\ &\iff \overline{\alpha} \text{ racine d'ordre } r \text{ de } A. \end{aligned}$$

Théorème 38 Montrons par récurrence sur $n \geqslant 1$ la propriété H_n : « tout polynôme de degré n est le produit de polynômes irréductibles. »

Initialisation. La propriété H_1 est vraie car tout polynôme de degré 1 est irréductible.

Hérédité. Soit $n \geqslant 2$. Supposons $H_0, \ldots, H_{n-1}$ et montrons H_n. Soit A un polynôme de degré n. Montrons que A est le produit de polynômes irréductibles.

- Si A est irréductible, alors A est le produit d'un seul polynôme irréductible : lui-même.
- Sinon, on peut trouver deux polynômes non constants B et C tels que $A = BC$. Les polynômes B et C étant alors de degré au plus $n-1$, l'hypothèse de récurrence assure que B et C sont produits de polynômes irréductibles, donc A aussi.

Proposition 42

- D'après l'exemple 13 de la page 719, tout polynôme de degré 1 est irréductible.
- Les polynômes de degré 2 ayant un discriminant strictement négatif sont irréductibles car, n'admettant pas de racines réelles, ils ne possèdent aucun diviseur de degré 1. En revanche, un polynôme de discriminant positif ou nul possède au moins une racine $\lambda \in \mathbb{R}$, donc n'est pas irréductible car est divisible par $X - \lambda$.
- Il reste à prouver que si $P \in \mathbb{R}[X]$ est de degré au moins 3, il n'est pas irréductible. Soit P un tel polynôme. D'après le théorème de d'Alembert-Gauss, P admet au moins une racine complexe λ.
  * Si $\lambda \in \mathbb{R}$, alors P est divisible par $X - \lambda$.
  * Si $\lambda \in \mathbb{C} \backslash \mathbb{R}$, alors comme P est à coefficients réels, $\overline{\lambda}$ est aussi racine de P. Mais alors P est divisible par le polynôme $(X-\lambda)(X-\overline{\lambda}) = X^2 - 2\,\mathrm{Re}(\lambda)X + |\lambda|^2$, puisque $\overline{\lambda} \neq \lambda$ vu que λ n'est pas réel.

  Donc P n'est pas irréductible, puisqu'il admet un diviseur de degré 2 (et $1 \leqslant 2 < \deg P$).

Proposition 43 Notons $A = \{x \in \mathbb{K} \ : \ Q(x) \neq 0\}$. Si $(E,R) \in \mathbb{K}[X]^2$ est un couple de polynômes vérifiant la condition souhaitée, alors on a $\deg R < \deg Q$ et :

$$\forall x \in A \quad \frac{P(x)}{Q(x)} = E(x) + \frac{R(x)}{Q(x)}.$$

En multipliant par $Q(x)$, on a :

$$\forall x \in A \quad P(x) = E(x)Q(x) + R(x).$$

L'ensemble A étant infini (car, Q étant non nul, il possède un nombre fini de racines), on en déduit l'égalité de polynômes suivante :

$$P = EQ + R.$$

Comme $\deg R < \deg Q$, il vient que (E,R) n'est rien d'autre que le couple « (quotient,reste) » de la division euclidienne de P par Q. Cela offre l'unicité, mais également l'existence puisqu'il est immédiat que ce couple convient.

Proposition 44 *Cette démonstration utilise les résultats de l'exercice 20.24 de la page 737 sur les polynômes de Lagrange.*

Effectuons la division euclidienne de P par Q : $P = EQ + R$ avec $\deg R < \deg Q$. En notant $A = \mathbb{K} \setminus \{\alpha_1, \ldots, \alpha_p\}$, on a alors :

$$\forall x \in A \quad \frac{P(x)}{Q(x)} = E(x) + \frac{R(x)}{Q(x)}.$$

Notons $L_1, \ldots, L_p$ les polynômes de Lagrange associés à la famille $(\alpha_1, \ldots, \alpha_p)$.

Puisque $\deg R < \deg Q$, on a $R \in \mathbb{K}_{p-1}[X]$ et donc (cf. exercice 20.24) :

$$R = \sum_{k=1}^{p} R(\alpha_k) L_k.$$

On peut écrire :

$$\forall x \in A \quad \frac{P(x)}{Q(x)} = E(x) + \sum_{k=1}^{p} R(\alpha_k) \frac{L_k(x)}{Q(x)}. \tag{$\star$}$$

Or, pour tout $k \in [\![1, p]\!]$, on a, en notant μ le coefficient dominant de Q :

$$L_k = \prod_{\substack{1 \leqslant j \leqslant p \\ j \neq k}} \left(\frac{X - \alpha_j}{\alpha_k - \alpha_j} \right) \qquad \text{et} \qquad Q = \mu \prod_{j=1}^{p} (X - \alpha_j),$$

donc pour tout $x \in A$:

$$\frac{L_k(x)}{Q(x)} = \frac{\gamma_k}{\mu(x - \alpha_k)} \quad \text{avec} \quad \gamma_k = \prod_{\substack{1 \leqslant j \leqslant p \\ j \neq k}} \left(\frac{1}{\alpha_k - \alpha_j} \right).$$

La relation $(\star)$ donne alors :

$$\forall x \in A \quad \frac{P(x)}{Q(x)} = E(x) + \sum_{k=1}^{p} \frac{\lambda_k}{x - \alpha_k} \quad \text{avec} \quad \lambda_k = \frac{R(\alpha_k)\gamma_k}{\mu}.$$

Cela montre l'existence de la décomposition annoncée. Il reste à voir que, pour tout $k \in [\![1, p]\!]$, on a $\lambda_k = \frac{P(\alpha_k)}{Q'(\alpha_k)}$. Pour cela, il suffit de montrer que, pour tout $k \in [\![1, p]\!]$:

$$R(\alpha_k) = P(\alpha_k) \qquad \text{et} \qquad \gamma_k = \frac{\mu}{Q'(\alpha_k)}.$$

- Tout d'abord, le fait que $R(\alpha_k) = P(\alpha_k)$ vient de la division euclidienne $P = EQ + R$, et du fait que α_k est racine de Q.
- D'autre part, on a :

$$Q = \mu \prod_{j=1}^{p} (X - \alpha_j) \qquad \text{donc} \qquad Q' = \mu \sum_{i=1}^{p} \prod_{\substack{1 \leqslant j \leqslant p \\ j \neq i}} (X - \alpha_j).$$

En évaluant en α_k, il vient alors $Q'(\alpha_k) = \mu \prod\limits_{\substack{1 \leqslant j \leqslant p \\ j \neq k}} (\alpha_k - \alpha_j)$, c'est-à-dire $Q'(\alpha_k) = \frac{\mu}{\gamma_k}$.

D'où le résultat.

S'entraîner et approfondir

Opérations, degré, divisibilité

20.1 Soit $n \in \mathbb{N}^*$. Déterminer le degré et le coefficient dominant de :
→707

$$P = (X-2)^n - (X+5)^n.$$

20.2 Soit $(A, P) \in \mathbb{K}[X]^2$, avec P non constant. Montrer que $\deg(A \circ P) = \deg(A)\deg(P)$.
→709

20.3 Soit $A = 2X^5 - 4X^4 + 6X^3 + 3X^2 - 5X + 8$ et $B = X^2 - 2X + 3$.
→710
Effectuer la division euclidienne de A par B et en déduire la valeur de $A\left(1 + i\sqrt{2}\right)$.

20.4 On dit qu'un polynôme A est **pair** si $A(-X) = A(X)$ et **impair** si $A(-X) = -A(X)$. Comment caractériser la parité (respectivement l'imparité) d'un polynôme à l'aide de ses coefficients ?

20.5 Soit $P \in \mathbb{K}[X]$. Déterminer, en fonction de $\deg P$, le degré du polynôme :

$$P(X+1) - P(X).$$

⋆ **20.6** Soit $P \in \mathbb{K}[X]$. Montrer que $P\big(P(X)\big) - X$ est divisible par $P(X) - X$.

Racines

20.7 Soit $n \in \mathbb{N}^*$. Montrer que le polynôme $(X-2)^{2n} + (X-1)^n - 1$ est divisible par $X^2 - 3X + 2$.
→711

20.8 Montrer que la fonction sin n'est pas une fonction polynomiale.
→712

20.9 Soit $\mathcal{I}$ une partie infinie de $\mathbb{K}$.
→712

1. Montrer que si f et g sont deux fonctions polynomiales de $\mathcal{I}$ dans $\mathbb{K}$ telles que $fg = 0$, alors $f = 0$ ou $g = 0$.
2. Ce résultat reste-t-il vrai pour des fonctions non polynomiales ?

20.10 Soit $n \in \mathbb{N}^*$. Décomposer $X^n + 1$ dans $\mathbb{C}[X]$ en un produit de polynômes du premier degré.
→715

20.11 Quelles sont les relations liant les coefficients et les racines d'un polynôme scindé de degré 3 ?
→715

20.12 En utilisant un résultat sur les fonctions d'une variable réelle, montrer qu'un polynôme de degré 3 de $\mathbb{R}[X]$ possède au moins une racine réelle.

20.13 Montrer qu'il n'existe pas de polynôme $P \in \mathbb{C}[X]$ tel que :

$$\forall z \in \mathbb{C} \quad P(z) = \overline{z}.$$

20.14 Soit $T \in \mathbb{R}^*$. Déterminer tous les polynômes de $\mathbb{R}[X]$ dont la fonction polynomiale associée est T-périodique.

★ **20.15** Trouver les racines complexes du polynôme $X^4 + 12X - 5$ sachant que deux de ces racines ont une somme égale à 2.

Dérivation

20.16 Déterminer tous les polynômes P tels que :
→718

$$P(1) = 1 \quad , \quad P'(1) = 3 \quad , \quad P''(1) = 8 \quad \text{et} \quad P^{(n)}(1) = 0 \text{ si } n > 2.$$

20.17 Soit $n \in \mathbb{N}^*$. Montrer que $P = nX^{n+2} - (n+2)X^{n+1} + (n+2)X - n$ est divisible par $(X-1)^3$.
→719

20.18 Soit $n \geqslant 2$. Trouver le reste de la division euclidienne de $X^n + nX^{n-1} + X^2 + 1$ par $(X+1)^2$.
→719
Indication. *Exploiter le fait que* -1 *est racine double de* $(X+1)^2$.

20.19 Montrer que le polynôme $P = X^4 - 9X^3 + 30X^2 - 44X + 24$ admet 2 pour racine. Donner son ordre de multiplicité. Déterminer les autres racines de P et leurs ordres de multiplicité.

20.20 Soit A et B deux polynômes de $\mathbb{K}[X]$. Montrer $(A \circ B)' = (A' \circ B)B'$.

Indication. *Commencer par montrer que, pour tout* $p \in \mathbb{N}^*$, *on a* $(B^p)' = pB'B^{p-1}$.

★ **20.21** Soit P un polynôme non constant de $\mathbb{R}[X]$ scindé sur $\mathbb{R}$. En utilisant notamment le théorème de Rolle, montrer que le polynôme P' est également scindé sur $\mathbb{R}$.

Factorisation

20.22 Factoriser $X^8 - 1$ dans $\mathbb{R}[X]$.
→721

20.23 Factoriser $X^5 + 1$ dans $\mathbb{R}[X]$.
→721

20.24 **Polynômes interpolateurs de Lagrange**

Soit $n \in \mathbb{N}^*$ et $x_1, \dots, x_n$ des éléments de $\mathbb{K}$ distincts.

1. Pour $k \in [\![1, n]\!]$, justifier l'existence et l'unicité d'un polynôme $L_k \in \mathbb{K}_{n-1}[X]$ vérifiant :

$$L_k(x_k) = 1 \qquad \text{et} \qquad \forall j \in [\![1, n]\!] \setminus \{k\} \quad L_k(x_j) = 0.$$

Indication. *La connaissance de ses racines et de son degré permet d'obtenir* L_k *sous forme factorisée.*

Terminologie Les polynômes $L_1, \dots, L_n$ sont appelés **polynômes de Lagrange** associés à la famille $(x_1, \dots, x_n)$.

2. Montrer que, pour tout $P \in \mathbb{K}_{n-1}[X]$, on a :

$$P = \sum_{k=1}^{n} P(x_k) L_k.$$

Fonctions rationnelles

20.25 Décomposer en éléments simples la fonction rationnelle $f : z \mapsto \dfrac{10z^3}{(z^2+1)(z^2-4)}$ définie sur $A = \mathbb{C} \setminus \{i, -i, 2, -2\}$.
→724

20.26 On pose $\omega = e^{\frac{2i\pi}{5}}$. Décomposer en éléments simples la fonction rationnelle $f : z \mapsto \dfrac{z^5}{z^5 - 1}$
→724
définie sur $\mathbb{C} \setminus \{1, \omega, \omega^2, \omega^3, \omega^4\}$.

20.27 Déterminer la dérivée n-ième de la fonction Arctan.
→725

20.28 Soit $P \in \mathbb{K}[X]$ un polynôme scindé dont les racines distinctes sont $\alpha_1, \ldots, \alpha_p$. Montrer que si $r_1, \ldots, r_p$ sont les multiplicités respectives de $\alpha_1, \ldots, \alpha_p$ en tant que racines de P, alors :

$$\forall x \in \mathbb{K} \setminus \{\alpha_1, \ldots, \alpha_p\} \quad \frac{P'(x)}{P(x)} = \sum_{k=1}^{p} \frac{r_k}{x - \alpha_k}.$$

Indication*. Ne pas chercher à appliquer un théorème de décomposition en éléments simples, mais simplement exprimer P' à partir de la forme factorisée de P.*

20.29 Calculer les sommes suivantes, après avoir justifié leur existence :

1. $\displaystyle\sum_{k=1}^{+\infty} \frac{3}{k(k+3)}$;
2. $\displaystyle\sum_{k=2}^{+\infty} \frac{2}{k^3 - k}$.

Solutions des exercices

20.1 Le polynôme P est la différence de deux polynômes de $\mathbb{K}_n[X]$, donc $P \in \mathbb{K}_n[X]$.

Le coefficient en X^n de chacun de ces deux polynômes vaut 1, donc le coefficient en X^n de P est nul et P est de degré au plus $n-1$.

Le coefficient en X^{n-1} de P est $-2n-5n = -7n$ d'après la formule du binôme. Ce coefficient étant non nul, on obtient $\deg P = n-1$.

20.2 Montrons le résultat par récurrence forte sur le degré de A.

- Le résultat est immédiat si $\deg(A) < 0$, puisqu'alors $\deg(A \circ P) = -\infty$.
- Soit $n \in \mathbb{N}$. Supposons $\deg(B \circ P) = \deg(B)\deg(P)$ pour tout B de degré strictement inférieur à n. Si A est de degré n, on peut écrire $A = \alpha X^n + B$, avec :

$$\alpha \neq 0 \quad \text{et} \quad \deg B < n.$$

On a alors $A \circ P = \alpha P^n + B \circ P$ avec :

$$\deg(\alpha P^n) = n\deg(P) \quad \text{et} \quad \deg(B \circ P) = \deg(B)\deg(P) < n\deg(P)$$

(on a supposé P non constant, donc $\deg(P) > 0$). Ainsi, $\deg(A \circ P) = \deg(A)\deg(P)$.

20.3 Après calcul, on obtient $A = (2X^3 + 3)\,B + (X-1)$.

On vérifie que $B(1 + i\sqrt{2}) = 0$, et l'on en déduit que $A(1+i\sqrt{2}) = 1 + i\sqrt{2} - 1 = i\sqrt{2}$.

20.4 Si $A = \sum\limits_{n=0}^{+\infty} a_n X^n$, on a $A(-X) = \sum\limits_{n=0}^{+\infty} (-1)^n a_n X^n$.

Donc, par unicité de l'écriture d'un polynôme, on obtient :

- $A(-X) = A(X) \iff \forall n \in \mathbb{N} \quad (-1)^n a_n = a_n \iff \forall k \in \mathbb{N} \quad a_{2k+1} = 0$;
- $A(-X) = -A(X) \iff \forall n \in \mathbb{N} \quad (-1)^n a_n = -a_n \iff \forall k \in \mathbb{N} \quad a_{2k} = 0$.

20.5 Notons n le degré de P où $P = \sum\limits_{k=0}^{+\infty} a_k X^k$.

- Si $n \leqslant 0$, alors P est un polynôme constant et $P(X+1) - P(X)$ est nul, donc de degré $-\infty$.
- Sinon, $a_n \neq 0$ et alors :

$$\deg\big(P(X+1) - P(X)\big) \leqslant \max\big(\deg(P(X+1)), \deg(P(X))\big) = \deg P.$$

Or, le coefficient en X^n du polynôme $P(X+1) - P(X)$ est nul et le coefficient en X^{n-1} est $na_n + a_{n-1} - a_{n-1} = na_n \neq 0$. Cela prouve que $P(X+1) - P(X)$ est exactement de degré $n-1$.

20.6 D'après l'égalité $P\big(P(X)\big) - X = P\big(P(X)\big) - P(X) + P(X) - X$, il suffit de montrer que $P(X) - X$ divise $P\big(P(X)\big) - P(X)$.

Notons $P = \sum_{k=0}^{n} a_k X^k$. On a alors :

$$P\big(P(X)\big) - P(X) = \sum_{k=0}^{n} a_k \big(P(X)^k - X^k\big) = \sum_{k=1}^{n} a_k \big(P(X)^k - X^k\big).$$

Or, pour tout $k \in [\![1,n]\!]$, on a $P(X)^k - X^k = (P(X) - X) \sum_{j=0}^{k-1} X^j P(X)^{k-1-j}$, ce qui montre que ce polynôme est multiple de $P(X) - X$.

Ainsi, $P\big(P(X)\big) - X$ est divisible par $P(X) - X$.

20.7 On remarque que $X^2 - 3X + 2 = (X-1)(X-2)$. Ainsi, pour prouver que P est divisible par $X^2 - 3X + 2$, il suffit (cf. proposition 15 de la page 711) de prouver que 1 et 2 sont racines de P. On vérifie par le calcul que $P(1) = P(2) = 0$.

20.8 La fonction sin n'est pas nulle, puisque $\sin \frac{\pi}{2} = 1 \neq 0$, et néanmoins elle admet une infinité de points d'annulation : les réels de la forme $k\pi$ pour tout $k \in \mathbb{Z}$. Ce ne peut donc pas être une fonction polynomiale.

20.9 1. Soit f et g deux fonctions polynomiales de $\mathcal{I}$ dans $\mathbb{K}$, associées à des polynômes P et Q. Supposons $fg = 0$. Pour tout $x \in \mathcal{I}$, on a $f(x)g(x) = 0$, donc $f(x) = 0$ ou $g(x) = 0$. Autrement dit :

$$\mathcal{I} = \big\{x \in \mathcal{I} \,:\, f(x) = 0\big\} \cup \big\{x \in \mathcal{I} \,:\, g(x) = 0\big\}.$$

Les deux ensembles intervenant dans l'union ne peuvent pas être tous les deux finis, sans quoi $\mathcal{I}$ le serait également. L'un des deux au moins est donc infini. Quitte à intervertir f et g, on peut supposer que $\big\{x \in \mathcal{I} \,:\, f(x) = 0\big\}$ est infini.

Cela entraîne que le polynôme P possède une infinité de racines : il est donc nul, et l'on a alors $f = 0$.

2. Non. On peut par exemple prendre un élément $x_0 \in \mathcal{I}$ et poser :

$$f : \begin{array}{rcl} \mathcal{I} & \longrightarrow & \mathbb{R} \\ x & \longmapsto & \begin{cases} 1 & \text{si } x = x_0 \\ 0 & \text{sinon} \end{cases} \end{array} \qquad \text{et} \qquad g = 1 - f.$$

20.10 Notons $P = X^n + 1$ et, pour tout $k \in [\![0, n-1]\!]$, $\alpha_k = e^{\frac{(2k+1)i\pi}{n}}$.

- Chaque complexe α_k est une racine n-ième de -1, et donc une racine de P :

$$(\alpha_k)^n = e^{(2k+1)i\pi} = -1.$$

- Comme $0 < \frac{\pi}{n} < \frac{3\pi}{n} < \cdots < \frac{(2n-1)\pi}{n} < 2\pi$, les n complexes $\alpha_0, \ldots, \alpha_{n-1}$ sont distincts. Comme $\deg P = n$, on en déduit que P est scindé. Comme de plus P est unitaire, on obtient :

$$X^n + 1 = \prod_{k=0}^{n-1} (X - \alpha_k).$$

20.11 Soit $A = a_3X^3 + a_2X^2 + a_1X + a_0$ un polynôme scindé de degré 3 (donc $a_3 \neq 0$).
Comme le coefficient dominant de A est a_3, on peut trouver $(\alpha_1, \alpha_2, \alpha_3) \in \mathbb{K}^3$ tel que :
$$A = a_3(X - \alpha_1)(X - \alpha_2)(X - \alpha_3).$$
En développant la seconde forme, puis en identifiant les coefficients, on obtient :
$$\alpha_1 + \alpha_2 + \alpha_3 = -\frac{a_2}{a_3}; \qquad \alpha_1\alpha_2 + \alpha_1\alpha_3 + \alpha_2\alpha_3 = \frac{a_1}{a_3} \qquad \text{et} \qquad \alpha_1\alpha_2\alpha_3 = -\frac{a_0}{a_3}.$$

20.12 Notons f la fonction polynomiale associée à un polynôme de degré 3 à coefficients réels. Cette fonction vérifie, suivant le signe du coefficient dominant :

- soit $\lim\limits_{-\infty} f = -\infty$ et $\lim\limits_{+\infty} f = +\infty$;
- soit $\lim\limits_{-\infty} f = +\infty$ et $\lim\limits_{+\infty} f = -\infty$.

Comme f est continue sur $\mathbb{R}$, elle s'annule. Par suite, le polynôme possède au moins une racine réelle.

20.13 Si P vérifie la condition, alors : $\forall x \in \mathbb{R} \quad P(x) - x = 0$. Donc $P = X$ puisque le polynôme $P - X$ admet une infinité de racines. Or le polynôme X n'est pas solution du problème.

20.14 **Analyse.** Soit $P \in \mathbb{R}[X]$ tel que :
$$\forall x \in \mathbb{R} \quad P(x + T) = P(x).$$
On a alors :
$$\forall n \in \mathbb{Z} \quad P(nT) = P(0).$$
Le polynôme $P - P(0)$ a ainsi une infinité de racines donc est nul. On en déduit que P est constant.

Synthèse. Comme tout polynôme constant est solution, l'ensemble des polynômes cherché est l'ensemble des polynômes constants.

20.15 Comme le coefficient en X^3 est nul, la somme des quatre racines vaut 0 ; si la somme de deux racines vaut 2, la somme des deux autres vaut -2 et le polynôme s'écrit sous la forme :
$$X^4 + 12X - 5 = (X^2 - 2X + a)(X^2 + 2X + b).$$
Par identification, on trouve $a = 5$ et $b = -1$. Il reste ensuite deux équations du second degré à résoudre.

On trouve finalement quatre racines distinctes : $1 + 2i$, $1 - 2i$, $-1 + \sqrt{2}$ et $-1 - \sqrt{2}$.

20.16 Par application de la formule de Taylor en 1, un tel polynôme vérifie :
$$P = \sum_{k=0}^{+\infty} \frac{P^{(k)}(1)}{k!}(X - 1)^k = 1 + 3(X - 1) + \frac{8}{2}(X - 1)^2 = 4X^2 - 5X + 2.$$
Réciproquement, on vérifie que ce polynôme convient.

20.17 On a :

* $P(1) = n - (n+2) + (n+2) - n = 0$.
* $P' = n(n+2)X^{n+1} - (n+2)(n+1)X^n + (n+2)$, d'où :

$$P'(1) = n(n+2) - (n+2)(n+1) + (n+2) = (n+2)(n - (n+1) + 1) = 0.$$

* De la même manière, le calcul de $P'' = n(n+2)(n+1)X^n - (n+2)(n+1)nX^{n-1}$ donne que $P''(1) = n(n+2)(n+1) - (n+2)(n+1)n = 0$.

On en déduit que 1 est racine d'ordre au moins 3 de P, donc que $(X-1)^3$ divise P.

20.18 Le reste de la division euclidienne de $P = X^n + nX^{n-1} + X^2 + 1$ par $(X+1)^2$ est de degré inférieur ou égal à 1, donc on peut trouver $Q \in \mathbb{K}[X]$ et $(a,b) \in \mathbb{K}^2$ tels que $P = (X+1)^2\,Q + aX + b$.

- En évaluant en -1, on a $P(-1) = -a + b$, c'est-à-dire $(-1)^n + n(-1)^{n-1} + 2 = -a + b$.
- En dérivant, on obtient $P' = 2\,(X+1)\,Q + (X+1)^2\,Q' + a$. En évaluant en -1, on obtient alors $P'(-1) = a$, c'est-à-dire $n(-1)^{n-1} + n(n-1)(-1)^{n-2} - 2 = a$.

Après résolution, on obtient :

$$a = (-1)^n n(n-2) - 2 \quad \text{et} \quad b = (-1)^n (n^2 - 3n + 1).$$

Remarque La formule de Taylor (en -1) permet de montrer que le reste de la division euclidienne d'un polynôme A par $(X+1)^2$ est $A(-1) + A'(-1)\,(X+1)$, ce qui fournit une autre façon de faire l'exercice.

20.19 On vérifie que $P(2) = 0$. Après avoir calculé P', P'' et $P^{(3)}$, on vérifie que :

$$P'(2) = P''(2) = 0 \quad \text{et} \quad P^{(3)}(2) \neq 0.$$

Donc 2 est racine de P d'ordre de multiplicité 3.

Par suite, P se factorise sous la forme $P = (X-2)^3(aX+b)$ avec $(a,b) \in \mathbb{R}^2$. En identifiant les coefficients dominants et constants des deux écritures, on obtient $a = 1$ et $(-2)^3 b = 24$, d'où $a = 1$ et $b = -3$.

De l'écriture $P = (X-2)^3(X-3)$ on déduit que les racines de P sont 2, d'ordre de multiplicité 3, ainsi que 3, d'ordre de multiplicité 1.

20.20 Soit $B \in \mathbb{K}[X]$.

- Montrons, par récurrence sur $p \in \mathbb{N}^*$, que $(B^p)' = pB'B^{p-1}$.

  L'initialisation étant claire, supposons la propriété montrée pour $p \in \mathbb{N}^*$. On a alors :

$$(B^{p+1})' = (BB^p)' = B'B^p + B(B^p)' = B'\,B^p + B(pB'B^{p-1}) = (p+1)B'B^p,$$

  ce qui conclut. Cela montre précisément la formule de l'énoncé dans le cas $A = X^p$ (dans le cas $p = 0$, elle est également valable, et le polynôme dérivé est nul).

- Dans le cas général, on écrit $A = \sum\limits_{p=0}^{n} a_p X^p$, et alors :

$$(A \circ B)' = \left(\sum_{p=0}^{n} a_p B^p\right)' = \sum_{p=0}^{n} a_p (B^p)' = \sum_{p=0}^{n} a_p\, pB'B^{p-1} = (A' \circ B)B'.$$

20.21 Notons $a_0 < a_1 < \cdots < a_p$ les racines réelles distinctes de P, rangées par ordre croissant, et $r_0, r_1, \ldots, r_p$ leurs ordres de multiplicité. On a alors $\deg P = \sum\limits_{k=0}^{p} r_k$ puisque P est scindé sur $\mathbb{R}$.

En appliquant le théorème de Rolle sur chacun des intervalles $[a_{k-1}, a_k]$, pour $k \in [\![1, p]\!]$, on peut trouver des racines $b_1, \ldots, b_p$ de P' vérifiant :

$$a_0 < b_1 < a_1 < b_2 < \cdots < a_{p-1} < b_p < a_p.$$

En particulier, $b_1, \ldots, b_p$ constituent p racines distinctes de P'.

D'autre part, chaque racine multiple a_k de P est également racine de P' avec pour ordre de multiplicité $r_k - 1$ (cf. proposition 34 de la page 718). En remarquant que $r_k - 1 = 0$ si a_k est racine simple de P, on a ainsi exhibé N racines réelles de P', comptées avec ordre de multiplicité, où :

$$N = p + \sum_{k=0}^{p} (r_k - 1) = p + \sum_{k=0}^{p} r_k - (p+1) = \deg P - 1 = \deg P'.$$

Cela montre que P' est scindé sur $\mathbb{R}$.

20.22 On a : $X^8 - 1 = (X^4 - 1)(X^4 + 1)$

$$= (X^2 - 1)(X^2 + 1)(X^2 + \sqrt{2}X + 1)(X^2 - \sqrt{2}X + 1)$$
$$= (X - 1)(X + 1)(X^2 + 1)(X^2 + \sqrt{2}X + 1)(X^2 - \sqrt{2}X + 1),$$

en utilisant notamment la factorisation de $X^4 + 1$ effectuée dans l'exemple 16 de la page 722.

20.23 Pour factoriser $X^5 + 1$, on commence par le factoriser dans $\mathbb{C}[X]$:

$$X^5 + 1 = \left(X - e^{\frac{i\pi}{5}}\right)\left(X - e^{\frac{3i\pi}{5}}\right)\left(X + 1\right)\left(X - e^{\frac{7i\pi}{5}}\right)\left(X - e^{\frac{9i\pi}{5}}\right),$$

puis l'on regroupe les termes conjugués deux à deux :

$$X^5 + 1 = (X + 1)\Big(\left(X - e^{\frac{i\pi}{5}}\right)\left(X - e^{\frac{9i\pi}{5}}\right)\Big)\Big(\left(X - e^{\frac{3i\pi}{5}}\right)\left(X - e^{\frac{7i\pi}{5}}\right)\Big)$$
$$= (X + 1)\Big(X^2 - 2\cos\left(\tfrac{\pi}{5}\right) X + 1\Big)\Big(X^2 - 2\cos\left(\tfrac{3\pi}{5}\right) X + 1\Big).$$

20.24 1. Fixons $k \in [\![1, n]\!]$. Procédons par analyse-synthèse.

Analyse. Soit $P \in \mathbb{K}_{n-1}[X]$ vérifiant les conditions souhaitées. Le polynôme P admet alors comme racines les x_j pour $j \in [\![1, n]\!] \setminus \{k\}$. Ces scalaires étant distincts, le polynôme P est divisible par $\prod\limits_{\substack{1 \leqslant j \leqslant n \\ j \neq k}} (X - x_j)$. Ce dernier polynôme étant de degré $n-1$, et comme $P \in \mathbb{K}_{n-1}[X]$, on en déduit qu'il existe $\lambda \in \mathbb{K}$ tel que $P = \lambda \prod\limits_{\substack{1 \leqslant j \leqslant n \\ j \neq k}} (X - x_j)$.

La condition $P(x_k) = 1$ impose alors :

$$\lambda = \prod_{\substack{1 \leqslant j \leqslant n \\ j \neq k}} \frac{1}{x_k - x_j} \qquad \text{ce qui donne} \qquad P = \prod_{\substack{1 \leqslant j \leqslant n \\ j \neq k}} \frac{X - x_j}{x_k - x_j}.$$

Cela assure déjà l'unicité d'un tel polynôme.

Synthèse. Il reste à montrer que le polynôme $L_k = \prod_{\substack{1\leqslant j\leqslant n \\ j\neq k}} \dfrac{X - x_j}{x_k - x_j}$ vérifie les conditions souhaitées, ce qui est immédiat.

2. Soit $P \in \mathbb{K}_{n-1}[X]$. Notons $Q = \sum_{k=1}^{n} P(x_k)L_k$ et prouvons que $Q = P$. Comme P et Q sont de degré au plus $n-1$, il suffit de prouver que P et Q coïncident en n points distincts. Pour cela, remarquons que, pour $j \in [\![1,n]\!]$, on a :

$$Q(x_j) = \sum_{k=1}^{n} P(x_k)L_k(x_j) = P(x_j),$$

où l'on a exploité le fait que $L_k(x_j) = \begin{cases} 1 & \text{si } k = j \\ 0 & \text{sinon.}\end{cases}$

20.25 On a $f(z) = \frac{P(z)}{Q(z)}$ avec $\deg P = 3$ et $\deg Q = 4$. Puisque $\deg P < \deg Q$, donc la partie entière de f est nulle.

D'autre part, $Q = (X+i)(X-i)(X+2)(X-2)$, donc Q est scindé à racines simples. La proposition 44 de la page 723 s'applique donc et l'on trouve, après calcul des coefficients :

$$\forall z \in A \quad f(z) = \frac{1}{z-i} + \frac{1}{z+i} + \frac{4}{z-2} + \frac{4}{z+2}\cdot$$

20.26 Notons $A = \mathbb{C} \setminus \{1, \omega, \omega^2, \omega^3, \omega^4\}$ l'ensemble de définition de f.

- La division euclidienne du polynôme X^5 par le polynôme X^5-1 s'écrit $X^5 = (X^5-1)+1$, donc la partie entière de la fonction rationnelle f est 1.
- Le polynôme $Q = X^5 - 1$ étant scindé à racines simples, donc la proposition 44 de la page 723 s'applique et donne, pour tout $x \in A$:

$$f(x) = 1 + \sum_{k=0}^{5} \frac{\lambda_k}{x - \omega^k} \quad \text{avec} \quad \forall k \in [\![0,4]\!] \quad \lambda_k = \frac{(\omega^k)^5}{Q'(\omega^k)}\cdot$$

Pour $k \in [\![0,4]\!]$, on a $\lambda_k = \frac{\omega^{5k}}{5\omega^{4k}} = \frac{\omega^k}{5}$, et donc finalement :

$$\forall x \in A \quad f(x) = 1 + \frac{1}{5}\sum_{k=0}^{4} \frac{\omega^k}{x - \omega^k}\cdot$$

20.27 La fonction Arctan est dérivable sur $\mathbb{R}$ et :

$$\forall x \in \mathbb{R} \quad \operatorname{Arctan}'(x) = \frac{1}{x^2+1}\cdot$$

La décomposition en éléments simples de la fonction rationnelle $f : x \mapsto \frac{1}{x^2+1}$ s'écrit :

$$\forall x \in \mathbb{R} \quad f(x) = \frac{i}{2}\left(\frac{1}{x+i} - \frac{1}{x-i}\right)\cdot$$

Les dérivées n-ièmes des fonctions $x \mapsto \frac{1}{x+i}$ et $x \mapsto \frac{1}{x-i}$ sont respectivement :

$$x \mapsto \frac{(-1)^n n!}{(x+i)^{n+1}} \qquad \text{et} \qquad x \mapsto \frac{(-1)^n n!}{(x-i)^{n+1}}\cdot$$

On en déduit l'expression de la dérivée n-ième de Arctan pour $n \geqslant 1$:

$$\forall x \in \mathbb{R} \quad \operatorname{Arctan}^{(n)}(x) = f^{(n-1)}(x) = \frac{(-1)^{n-1}(n-1)!\,i}{2}\left(\frac{1}{(x+i)^n} - \frac{1}{(x-i)^n}\right)\cdot$$

20.28 En notant λ le coefficient dominant de P, on dispose de l'expression factorisée suivante :

$$P = \lambda \prod_{k=1}^{p} (X - \alpha_k)^{r_k}.$$

En utilisant la règle de dérivée d'un produit, on obtient :

$$P' = \lambda \sum_{k=1}^{n} \left(r_k (X-\alpha_k)^{r_k - 1} \prod_{\ell \neq k} (X - \alpha_\ell)^{r_\ell} \right).$$

Pour tout $x \in \mathbb{K} \setminus \{\alpha_1, \ldots, \alpha_p\}$, on obtient alors : $\dfrac{P'(x)}{P(x)} = \displaystyle\sum_{k=1}^{n} \frac{r_k}{x - \alpha_k}\cdot$

20.29 1. Puisque $u_n = \dfrac{3}{n(n+3)} \sim \dfrac{3}{n^2}$ et que la série à termes positifs $\displaystyle\sum_{n\geqslant 1} \frac{3}{n^2}$ converge (série de Riemann, avec $2 > 1$), on en déduit que $\sum u_n$ converge.

Pour calculer sa somme, on utilise la décomposition en éléments simples :

$$\forall x \in \mathbb{R} \setminus \{-3, 0\} \quad \frac{3}{x(x+3)} = \frac{1}{x} - \frac{1}{x+3}\cdot$$

Pour tout $n \geqslant 4$, on a :

$$\begin{aligned}
\sum_{k=1}^{n} \frac{3}{k(k+3)} &= \sum_{k=1}^{n} \frac{1}{k} - \sum_{k=1}^{n} \frac{1}{k+3} \\
&= \sum_{k=1}^{n} \frac{1}{k} - \sum_{j=4}^{n+3} \frac{1}{j} \qquad ([j = k+3] \text{ dans la seconde somme}) \\
&= \frac{11}{6} - \frac{1}{n+1} - \frac{1}{n+2} - \frac{1}{n+3}.
\end{aligned}$$

En passant à la limite lorsque n tend vers $+\infty$, on obtient : $\displaystyle\sum_{k=1}^{+\infty} \frac{3}{k(k+3)} = \frac{11}{6}\cdot$

2. Puisque $v_n = \dfrac{2}{n^3 - n} \sim \dfrac{2}{n^3}$ et que la série à termes positifs $\displaystyle\sum_{n\geqslant 1} \frac{2}{n^3}$ converge (série de Riemann, avec $3 > 1$), on en déduit que $\sum v_n$ converge.

Pour calculer la somme de cette série, on utilise la décomposition en éléments simples :

$$\forall x \in \mathbb{R} \setminus \{-1, 0, 1\} \quad \frac{2}{x(x-1)(x+1)} = -\frac{2}{x} + \frac{1}{x-1} + \frac{1}{x+1}\cdot$$

On trouve, pour $n \geqslant 2$:

$$\begin{aligned}
\sum_{k=2}^{n} \frac{2}{k^3 - k} = \sum_{k=2}^{n} \left(\frac{1}{k-1} - \frac{2}{k} + \frac{1}{k+1} \right) &= \left(\sum_{k=2}^{n} \left(\frac{1}{k-1} - \frac{1}{k} \right) \right) - \left(\sum_{k=2}^{n} \left(\frac{1}{k} - \frac{1}{k+1} \right) \right) \\
&= \left(1 - \frac{1}{n} \right) - \left(\frac{1}{2} - \frac{1}{n+1} \right) = \frac{1}{2} - \frac{1}{n(n+1)}\cdot
\end{aligned}$$

Donc, en passant à la limite quand n tend vers $+\infty$, on obtient : $\displaystyle\sum_{k=2}^{+\infty} \frac{2}{k^3 - k} = \frac{1}{2}\cdot$

Chapitre 21 : Espaces vectoriels

Espaces vectoriels 21

Dans tout ce chapitre, $\mathbb{K}$ désigne $\mathbb{R}$ ou $\mathbb{C}$.

I Espaces vectoriels

1 Définition et premières propriétés

Définition 1

Soit E un ensemble muni d'une **loi de composition interne**, notée « + », et d'une **loi de composition externe**, notée « · », c'est-à-dire de deux applications :

$$\begin{array}{ccc} E \times E & \longrightarrow & E \\ (x,y) & \longmapsto & x+y \end{array} \quad \text{et} \quad \begin{array}{ccc} \mathbb{K} \times E & \longrightarrow & E \\ (\lambda, x) & \longmapsto & \lambda \cdot x. \end{array}$$

On dit que $(E,+,\cdot)$ est un **$\mathbb{K}$-espace vectoriel**, si :

- la loi de composition interne possède les propriétés suivantes :
  * **associativité** : $\forall (x,y,z) \in E^3 \quad (x+y)+z = x+(y+z)$;
  * **commutativité** : $\forall (x,y) \in E^2 \quad x+y = y+x$;
  * il existe un élément de E, noté 0_E et appelé **élément neutre**, vérifiant :
  $$\forall x \in E \quad x + 0_E = 0_E + x = x \ ;$$
  * pour $x \in E$, il existe $x' \in E$ vérifiant : $x + x' = x' + x = 0_E$;
- la loi de composition externe vérifie les quatre propriétés suivantes : pour tout $(x,y) \in E^2$, et pour tout $(\lambda,\mu) \in \mathbb{K}^2$, on a :

(1) $1 \cdot x = x$ (3) $(\lambda+\mu)\cdot x = \lambda \cdot x + \mu \cdot x$

(2) $\lambda \cdot (\mu \cdot x) = (\lambda\mu)\cdot x$ (4) $\lambda \cdot (x+y) = \lambda \cdot x + \lambda \cdot y$.

Terminologie On appelle alors **vecteurs** les éléments de E et **scalaires** les éléments de $\mathbb{K}$. La loi de composition interne est appelée **addition** et la loi de composition externe **multiplication par un scalaire**.

Remarques

- L'addition étant associative, on pourra écrire $x+y+z$ sans parenthèses.
- Par définition, un espace vectoriel E n'est pas vide : il contient toujours l'élément neutre 0_E pour l'addition, que l'on appelle le **vecteur nul**.
- Il y a unicité du vecteur nul. En effet, si $0_E \in E$ et $\tilde{0}_E \in E$ vérifient :
$$\forall x \in E \quad x+0_E = 0_E + x = x \quad \text{et} \quad x+\tilde{0}_E = \tilde{0}_E + x = x,$$
alors on a $0_E = 0_E + \tilde{0}_E = \tilde{0}_E$.
- Étant donné $x \in E$, si $x' \in E$ et $x'' \in E$ vérifient :
$$x + x' = x' + x = 0_E \quad \text{et} \quad x + x'' = x'' + x = 0_E,$$
alors, par associativité de l'addition, on a :
$$x' = x' + 0_E = x' + (x + x'') = (x' + x) + x'' = 0_E + x'' = x''.$$
Ainsi, un tel vecteur x' est unique ; il est appelé **l'opposé de x** et est noté $-x$.
Pour $(x,y) \in E^2$, le vecteur $x + (-y)$ est noté $x - y$.
- Si $(E,+,\cdot)$ est un $\mathbb{C}$-espace vectoriel, alors la restriction de la loi externe à $\mathbb{R} \times E$ confère à E une structure de $\mathbb{R}$-espace vectoriel. En effet, les propriétés portant sur la loi externe étant vérifiées pour $(\lambda,\mu) \in \mathbb{C}^2$, elles le sont *a fortiori* pour $(\lambda,\mu) \in \mathbb{R}^2$.

Dans toute la suite de ce chapitre, on considère un $\mathbb{K}$*-espace vectoriel* $(E,+,\cdot)$.

Proposition 1

Pour $\lambda \in \mathbb{K}$ et $x \in E$, on a :

(*i*) $0 \cdot x = 0_E$ et $\lambda \cdot 0_E = 0_E$;

(*ii*) $\lambda \cdot (-x) = -(\lambda \cdot x) = (-\lambda) \cdot x$.

Démonstration page 766

Principe de démonstration.

- Pour (*i*), partir de $(0+0)\cdot x = 0 \cdot x$ et de $\lambda \cdot (0_E + 0_E) = \lambda \cdot 0_E$.
- Pour (*ii*), calculer $\lambda \cdot (-x) + \lambda \cdot x$ et $\lambda \cdot x + (-\lambda) \cdot x$.

Proposition 2

Pour $\lambda \in \mathbb{K}$ et $x \in E$, on a :
$$\lambda \cdot x = 0_E \iff (\lambda = 0 \text{ ou } x = 0_E).$$

Démonstration. Le sens réciproque est assuré par le point (*i*) de la proposition précédente. Montrons le sens direct. Supposons $\lambda \cdot x = 0_E$ et $\lambda \neq 0$. Le caractère non nul de λ permet d'écrire :
$$x = 1 \cdot x = (\lambda^{-1}\lambda) \cdot x = \lambda^{-1} \cdot (\lambda \cdot x) = \lambda^{-1} \cdot 0_E = 0_E. \qquad \square$$

Notations

- Pour $\lambda \in \mathbb{K}$ et $x \in E$, on écrit souvent plus simplement λx au lieu de $\lambda \cdot x$.
- S'il n'y a pas d'ambiguïté, le vecteur nul de E est simplement noté 0 plutôt que 0_E.

Nous adopterons ces notations simplifiées dans la suite.

2 Espaces vectoriels fondamentaux

Les exemples de cette section ne sont pas uniquement illustratifs ; ils font partie intégrante du cours et l'on pourra y faire référence.

Proposition 3

Pour $n \in \mathbb{N}^*$, l'ensemble $\mathbb{K}^n$ muni des lois définies par :

$$(x_1,\dots,x_n)+(y_1,\dots,y_n)=(x_1+y_1,\dots,x_n+y_n)$$
$$\lambda\cdot(x_1,\dots,x_n)=(\lambda\,x_1,\dots,\lambda\,x_n)$$

est un $\mathbb{K}$-espace vectoriel.

Démonstration page 766

Principe de démonstration. On montre que les huit axiomes de la définition sont vérifiés.

Ex. 1. En particulier, l'ensemble $\mathbb{K}$ muni de son addition et de sa multiplication, vue comme une loi externe, est un $\mathbb{K}$-espace vectoriel. Ainsi, $\mathbb{R}$ est un $\mathbb{R}$-espace vectoriel, et $\mathbb{C}$ est un $\mathbb{C}$-espace vectoriel.

Ex. 2. L'ensemble $\mathbb{C}$ est aussi un $\mathbb{R}$-espace vectoriel si on le munit de son addition et de la loi externe :

$$\begin{array}{ccc}\mathbb{R}\times\mathbb{C} & \longrightarrow & \mathbb{C}\\ (\lambda,x) & \longmapsto & \lambda x.\end{array}$$

Proposition 4

Étant donné un $\mathbb{K}$-espace vectoriel E et un ensemble Ω, l'ensemble E^Ω des applications de Ω dans E est un $\mathbb{K}$-espace vectoriel pour les lois $+$ et $\cdot$ définies par :

$$\begin{array}{cccc}f+g: & \Omega & \longrightarrow & E\\ & t & \longmapsto & f(t)+g(t)\end{array} \quad \text{et} \quad \begin{array}{cccc}\lambda\cdot f: & \Omega & \longrightarrow & E\\ & t & \longmapsto & \lambda\cdot f(t).\end{array}$$

Démonstration page 766

Corollaire 5

- L'ensemble $\mathbb{K}^{\mathbb{N}}$ des suites à valeurs dans $\mathbb{K}$, muni de l'addition et de la multiplication par un scalaire (cf. chapitre 9), est un $\mathbb{K}$-espace vectoriel.
- L'ensemble $\mathcal{M}_{n,p}(\mathbb{K})$ des matrices de taille (n,p), muni de l'addition et de la multiplication par un scalaire (cf. chapitre 19), est un $\mathbb{K}$-espace vectoriel.

Démonstration. Le premier point est une conséquence immédiate de la proposition précédente en prenant $E=\mathbb{K}$ et $\Omega=\mathbb{N}$.
Le second également, en remarquant que $\mathcal{M}_{n,p}(\mathbb{K})=\mathbb{K}^{[\![1,n]\!]\times[\![1,p]\!]}$. □

Enfin, les propriétés des opérations définies sur les polynômes (cf. chapitre 20) permettent de montrer la proposition suivante.

Proposition 6

L'ensemble $\mathbb{K}[X]$ des polynômes à coefficients dans $\mathbb{K}$, muni de la somme et de la multiplication par un scalaire, est un $\mathbb{K}$-espace vectoriel.

3 Combinaison linéaire

Définition 2

Soit $n \in \mathbb{N}$ et $(x_1, \ldots, x_n)$ une famille finie de vecteurs de E. On dit qu'un vecteur $x \in E$ est une **combinaison linéaire** de la famille $(x_1, \ldots, x_n)$ s'il existe $(\lambda_1, \ldots, \lambda_n) \in \mathbb{K}^n$ tel que :

Exo 21.1

$$x = \sum_{k=1}^{n} \lambda_k x_k.$$

Terminologie On dit aussi que x est combinaison linéaire des vecteurs $x_1, \ldots, x_n$.

Convention Si $n = 0$ alors la famille est vide ; toute combinaison linéaire de la famille vide est égale au vecteur nul.

Remarque Plutôt que d'avoir ses vecteurs numérotés de 1 à n, une famille finie peut plus généralement apparaître sous la forme $(x_i)_{i \in I}$ avec I un ensemble fini. Une combinaison linéaire de ses vecteurs s'écrit alors sous la forme $\sum\limits_{i \in I} \lambda_i x_i$.

Ex. 3. Dans le $\mathbb{R}$-espace vectoriel $\mathbb{R}^3$, le vecteur $x = (2, -3, -4)$ est une combinaison linéaire des vecteurs $x_1 = (1, 0, 1)$ et $x_2 = (0, 1, 2)$. En effet, on a $x = 2x_1 - 3x_2$.

Ex. 4. Dans $\mathbb{K}[X]$, tout polynôme de degré au plus n est une combinaison linéaire de la famille $(1, X, X^2, \ldots, X^n)$.

Ex. 5. Dans $\mathbb{R}^{\mathbb{R}}$, les fonctions ch et sh sont des combinaisons linéaires des fonctions $x \mapsto e^x$ et $x \mapsto e^{-x}$.

II Sous-espaces vectoriels

1 Définition et exemples

Exo 21.2

Définition 3

Exo 21.3

Exo 21.4

On dit qu'une partie F de E est un **sous-espace vectoriel** de E si :

- $0_E \in F$;
- F est stable par addition : $\forall (x, y) \in F^2 \quad x + y \in F$;
- F est stable par multiplication par un scalaire : $\forall \lambda \in \mathbb{K} \quad \forall x \in F \quad \lambda x \in F$.

Remarques

- Les deux conditions de stabilité peuvent se réécrire en une seule, qui leur est équivalente :
$$\forall \lambda \in \mathbb{K} \quad \forall (x, y) \in F^2 \quad \lambda x + y \in F,$$
ou encore : $\forall (\lambda, \mu) \in \mathbb{K}^2 \quad \forall (x, y) \in F^2 \quad \lambda x + \mu y \in F$.
- Une récurrence immédiate montre qu'un sous-espace vectoriel est stable par combinaison linéaire.

- Les parties E et $\{0_E\}$ sont des sous-espaces vectoriels de E appelés **sous-espaces vectoriels triviaux** de E.
- On obtient une définition équivalente en remplaçant l'axiome « $0_E \in F$ » par l'axiome « $F \neq \varnothing$ », mais le moyen le plus simple de montrer que F est non vide reste de vérifier qu'il contient le vecteur nul.

Attention Pour montrer que F est un sous-espace vectoriel de E, il ne faut pas oublier de vérifier $F \subset E$.

Ex. 6. Étant donné $(a,b) \in \mathbb{K}^2$, l'ensemble $F_{a,b} = \{(x,y) \in \mathbb{K}^2 \ : \ ax+by=0\}$ est un sous-espace vectoriel de $\mathbb{K}^2$. En effet, $F_{a,b}$ est une partie de $\mathbb{K}^2$ et :

- le vecteur nul $(0,0)$ appartient à $F_{a,b}$;
- étant donné $\big((x_1,y_1),(x_2,y_2)\big) \in F_{a,b}^2$ et λ un scalaire, le vecteur $\lambda(x_1,y_1)+(x_2,y_2)$ s'écrit $(\lambda x_1+x_2, \lambda y_1+y_2)$ et l'on a :

$$a(\lambda x_1+x_2)+b(\lambda y_1+y_2) = \lambda\underbrace{(ax_1+by_1)}_{=0}+\underbrace{(ax_2+by_2)}_{=0} = 0$$

  donc $\lambda(x_1,y_1)+(x_2,y_2)$ appartient à $F_{a,b}$.

Ex. 7. L'ensemble des fonctions paires est un sous-espace vectoriel de $\mathbb{R}^{\mathbb{R}}$.

Ex. 8. L'ensemble des fonctions nulles en 1 est un sous-espace vectoriel de $\mathbb{K}^{\mathbb{R}}$.

Ex. 9. Soit $a \in \mathcal{C}(\mathbb{R},\mathbb{K})$. On a montré au chapitre 8 que l'ensemble des fonctions solutions de l'équation différentielle homogène $y'+a(x)y=0$ est un sous-espace vectoriel de $\mathbb{K}^{\mathbb{R}}$.

Ex. 10. L'ensemble $\mathbb{R}$ des nombres réels et l'ensemble $i\mathbb{R}$ des imaginaires purs sont deux sous-espaces vectoriels du $\mathbb{R}$-espace vectoriel $\mathbb{C}$.

Ex. 11. En revanche, $\mathbb{R}$ n'est pas un sous-espace vectoriel du $\mathbb{C}$-espace vectoriel $\mathbb{C}$ puisque l'on a $1 \in \mathbb{R}$ mais $i = i1 \notin \mathbb{R}$.

Proposition 7

Soit F un sous-espace vectoriel de E. Par définition, les lois de E induisent sur F une loi de composition interne et une loi externe :

$$\begin{array}{ccc} F^2 & \longrightarrow & F \\ (x,y) & \longmapsto & x+y \end{array} \qquad \text{et} \qquad \begin{array}{ccc} \mathbb{K}\times F & \longrightarrow & F \\ (\lambda,x) & \longmapsto & \lambda x. \end{array}$$

Muni de ces lois induites, le sous-espace vectoriel F est un $\mathbb{K}$-espace vectoriel.

Démonstration.

- L'addition étant commutative et associative sur E, c'est le cas de l'addition induite sur F.
- Par définition, le vecteur nul de E appartient à F donc F possède un élément neutre pour $+$.
- Pour tout $x \in F$, on a $-x = (-1)\cdot x$ donc par stabilité de F par la loi externe, on a $-x \in F$, ce qui montre que tout élément de F possède un opposé dans F.
- Enfin, les quatre propriétés concernant la loi externe, qui sont vraies pour les éléments de E le sont *a fortiori* pour les éléments de F. □

Les exemples de sous-espaces vectoriels suivants fournissent de nouveaux $\mathbb{K}$-espaces vectoriels de référence.

Ex. 12. Si I est un intervalle de $\mathbb{R}$ d'intérieur non vide et si $n \in \mathbb{N} \cup \{\infty\}$, alors les théorèmes d'analyse montrent que $\mathcal{C}^n(I, \mathbb{K})$ est un sous-espace vectoriel de $\mathbb{K}^I$.

Ex. 13. Étant donné deux réels a et b tels que $a < b$, l'ensemble $\mathcal{E}([a,b], \mathbb{K})$ des fonctions en escalier sur $[a,b]$ est un sous-espace vectoriel de $\mathbb{K}^{[a,b]}$.

Ex. 14. L'ensemble $\mathbb{K}_n[X]$ est un sous-espace vectoriel de $\mathbb{K}[X]$.

Ex. 15. Les ensembles $\mathcal{S}_n(\mathbb{K})$ (respectivement $\mathcal{A}_n(\mathbb{K})$, $\mathcal{T}_n^+(\mathbb{K})$ et $\mathcal{T}_n^-(\mathbb{K})$) des matrices carrées symétriques (respectivement antisymétriques, triangulaires supérieures, triangulaires inférieures) de taille n sont des sous-espaces vectoriels de $\mathcal{M}_n(\mathbb{K})$.

Exo 21.5

Point méthode Dans la très grande majorité des cas, pour montrer qu'un ensemble est muni d'une structure d'espace vectoriel, on montre que c'est un sous-espace vectoriel de l'un des espaces vectoriels fondamentaux décrits dans la section I.2 de la page 750.

2 Opérations sur les sous-espaces vectoriels

Intersection de sous-espaces vectoriels

Proposition 8

Si F_1 et F_2 sont deux sous-espaces vectoriels de E, alors $F_1 \cap F_2$ est un sous-espace vectoriel de E.

Démonstration.

- Comme $0 \in F_1$ et $0 \in F_2$, on a $0 \in F_1 \cap F_2$.
- Soit x et y appartenant à $F_1 \cap F_2$ et λ un scalaire. Les vecteurs x et y appartiennent à F_1 et F_1 est un sous-espace vectoriel de E, donc $\lambda x + y$ appartient à F_1. De même, $\lambda x + y$ appartient à F_2. Ainsi $\lambda x + y$ appartient à $F_1 \cap F_2$.

Par suite, l'intersection $F_1 \cap F_2$ est un sous-espace vectoriel de E. □

Plus généralement, l'intersection d'une famille quelconque (finie ou non) de sous-espaces vectoriels de E est un sous-espace vectoriel de E.

Proposition 9

Si $(F_i)_{i \in I}$ est une famille de sous-espaces vectoriels de E, alors $\bigcap_{i \in I} F_i$ est un sous-espace vectoriel de E.

Démonstration page 767

Remarque Si I est l'ensemble vide, alors on a $\bigcap_{i \in I} F_i = \bigcap_{i \in \varnothing} F_i = E$.

Attention La réunion de deux sous-espaces vectoriels n'est pas un sous-espace vectoriel en général !

Ex. 16. Dans le $\mathbb{R}$-espace vectoriel $\mathbb{C}$, les ensembles $\mathbb{R}$ et $i\mathbb{R}$ sont des sous-espaces vectoriels, mais leur réunion ne l'est pas. En effet, $1 \in \mathbb{R}$ et $i \in i\mathbb{R}$ mais $1+i \notin \mathbb{R} \cup i\mathbb{R}$, donc $\mathbb{R} \cup i\mathbb{R}$ n'est pas stable par somme.

Exo 21.6

Remarque Plus généralement, il sera prouvé dans l'exercice 21.6 de la page 770 que si F et G sont deux sous-espaces vectoriels de E, alors $F \cup G$ est un sous-espace vectoriel de E si, et seulement si, $F \subset G$ ou $G \subset F$.

Attention Le complémentaire d'un sous-espace vectoriel n'est jamais un sous-espace vectoriel car il ne contient pas le vecteur nul.

Somme de deux sous-espaces vectoriels

Définition 4

Étant donné F_1 et F_2 deux sous-espaces vectoriels de E, on appelle **somme** de F_1 et F_2, et l'on note $F_1 + F_2$, l'ensemble des vecteurs de E qui s'écrivent comme la somme d'un élément de F_1 et d'un élément de F_2 :

$$F_1 + F_2 = \{x_1 + x_2 \mid (x_1, x_2) \in F_1 \times F_2\}.$$

Proposition 10

La somme de deux sous-espaces vectoriels de E est un sous-espace vectoriel de E contenant F_1 et F_2. De plus, si G est un sous-espace vectoriel de E contenant F_1 et F_2 alors G contient $F_1 + F_2$.

Démonstration page 767

Reformulation De manière informelle, on dit que $F_1 + F_2$ est, au sens de l'inclusion, le plus petit sous-espace vectoriel contenant F_1 et F_2.

Ex. 17. Dans $\mathbb{R}^3$, considérons les deux sous-espaces vectoriels :

$$F_1 = \left\{(x,y,z) \in \mathbb{R}^3 \ :\ x+y+z=0\right\} \quad \text{et} \quad F_2 = \left\{(x,y,z) \in \mathbb{R}^3 \ :\ x=y=z\right\}$$

et montrons que $F_1 + F_2 = \mathbb{R}^3$.

Comme, par définition, on a $F_1 + F_2 \subset \mathbb{R}^3$, démontrons $\mathbb{R}^3 \subset F_1 + F_2$.

Pour cela, raisonnons par analyse-synthèse. Soit $u = (x,y,z) \in \mathbb{R}^3$.

Analyse Soit $u_1 = (x_1, y_1, z_1) \in F_1$ et $u_2 = (x_2, y_2, z_2) \in F_2$. Supposons $u = u_1 + u_2$. On a alors :

$$\begin{aligned} x+y+z &= (x_1+x_2) + (y_1+y_2) + (z_1+z_2) \\ &= (x_1+y_1+z_1) + (x_2+y_2+z_2) = 0 + 3x_2. \end{aligned}$$

Ainsi, en posant $s = \dfrac{1}{3}(x+y+z)$, on a $u_2 = (s,s,s)$ et $u_1 = u - u_2 = (x-s, y-s, z-s)$.

Synthèse On vérifie immédiatement qu'en posant $s = \frac{1}{3}(x+y+z)$, puis $u_1 = (x-s, y-s, z-s)$ et $u_2 = (s,s,s)$ on a bien $u_1 \in F_1$, $u_2 \in F_2$ et $u = u_1 + u_2$.

Par suite, on a $F_1 + F_2 = \mathbb{R}^3$.

Remarques

- Par commutativité de l'addition dans un $\mathbb{K}$-espace vectoriel, on a :

$$F_1 + F_2 = F_2 + F_1.$$

- Étant donné un sous-espace vectoriel F d'un espace vectoriel E, on vérifie aisément que l'on a $F + \{0\} = F$, $F + E = E$ et $F + F = F$.

Somme directe de deux sous-espaces vectoriels

Définition 5

On dit que les sous-espaces vectoriels F_1 et F_2 sont **en somme directe** si, pour tout $x \in F_1 + F_2$, la décomposition $x = x_1 + x_2$, avec $x_1 \in F_1$ et $x_2 \in F_2$, est unique.

Reformulation Les sous-espaces vectoriels F_1 et F_2 sont en somme directe si l'application $\begin{array}{ccc} F_1 \times F_2 & \longrightarrow & F_1 + F_2 \\ (x_1, x_2) & \longmapsto & x_1 + x_2 \end{array}$ est injective.

Notation Lorsque F_1 et F_2 sont en somme directe, leur somme se note $F_1 \oplus F_2$.

Proposition 11

Soit F_1 et F_2 deux sous-espaces vectoriels de E. Les assertions suivantes sont équivalentes :

(i) les sous-espaces vectoriels F_1 et F_2 sont en somme directe ;

(ii) $\forall (x_1, x_2) \in F_1 \times F_2 \quad x_1 + x_2 = 0 \Longrightarrow (x_1, x_2) = (0,0)$;

(iii) $F_1 \cap F_2 = \{0\}$.

Démonstration page 767

Principe de démonstration. Montrer la « chaîne d'implications » $(i) \Rightarrow (ii) \Rightarrow (iii) \Rightarrow (i)$.

Point méthode Pour démontrer que F_1 et F_2 sont en somme directe, on prouve souvent la propriété $F_1 \cap F_2 = \{0\}$. Mais, étant donné que $F_1 \cap F_2$, comme tout sous-espace vectoriel, contient 0, il suffit de montrer $F_1 \cap F_2 \subset \{0\}$, *i.e.* :

$$\forall x \in E \quad x \in F_1 \cap F_2 \Longrightarrow x = 0.$$

Ex. 18. Reprenons les deux sous-espaces vectoriels de $\mathbb{R}^3$ de l'exemple 17 :

$$F_1 = \{(x,y,z) \in \mathbb{R}^3 \ : \ x+y+z=0\} \quad \text{et} \quad F_2 = \{(x,y,z) \in \mathbb{R}^3 \ : \ x=y=z\}$$

et montrons que F_1 et F_2 sont en somme directe.

Soit $u \in F_1 \cap F_2$. Comme $u \in F_2$, il existe $x \in \mathbb{R}$ tel que $u = (x,x,x)$. Comme $u \in F_1$, on a alors $3x = 0$ et donc $x = 0$; par suite, on a $u = 0$, ce qui prouve que la somme $F_1 + F_2$ est directe.

Remarque La partie « analyse » du raisonnement de l'exemple 17 permet aussi de montrer que la somme est directe puisqu'elle prouve l'unicité de la décomposition d'un vecteur comme somme d'un élément de F_1 et d'un élément de F_2.

Ex. 19. Dans $\mathbb{K}^{\mathbb{R}}$, le sous-espace vectoriel des fonctions constantes et le sous-espace vectoriel des fonctions nulles en 1 sont en somme directe puisqu'une fonction constante et nulle en 1 est nécessairement la fonction nulle.

Ex. 20. Dans $\mathcal{M}_n(\mathbb{K})$, les sous-espaces vectoriels $\mathcal{S}_n(\mathbb{K})$ et $\mathcal{A}_n(\mathbb{K})$ sont en somme directe. En effet, si $M \in \mathcal{S}_n(\mathbb{K}) \cap \mathcal{A}_n(\mathbb{K})$, alors on a $M^T = -M$ et $M^T = M$ donc $M = -M$ et $M = 0$.

Sous-espaces vectoriels supplémentaires

Dans ce qui suit, F_1 et F_2 désignent deux sous-espaces vectoriels de E.

Définition 6

On dit que F_1 et F_2 sont deux **sous-espaces vectoriels supplémentaires de E** si $E = F_1 \oplus F_2$.

Proposition 12

La propriété $E = F_1 \oplus F_2$ se traduit par l'un des énoncés équivalents suivants :

(i) pour tout $x \in E$, il existe un unique $(x_1, x_2) \in F_1 \times F_2$ tel que $x = x_1 + x_2$;

(ii) la somme $F_1 + F_2$ est directe et est égale à E ;

(iii) on a $E = F_1 + F_2$ et $F_1 \cap F_2 = \{0\}$.

Démonstration. L'équivalence de (i) et (ii) est évidente avec les définitions. L'équivalence de (iii) avec les autres est une conséquence de la proposition 11 de la page précédente. □

Ex. 21. Dans $\mathbb{R}^3$, les sous-espaces vectoriels :

$$F_1 = \{(x,y,z) \in \mathbb{R}^3 \ : \ x+y+z=0\} \quad \text{et} \quad F_2 = \{(x,y,z) \in \mathbb{R}^3 \ : \ x=y=z\}$$

sont supplémentaires. En effet, on a montré que $\mathbb{R}^3 = F_1 + F_2$ (exemple 17 de la page 754) et $F_1 \cap F_2 = \{0\}$ (exemple 18).

Ex. 22. Dans $E = \mathbb{R}^{\mathbb{R}}$, l'ensemble des fonctions paires et l'ensemble des fonctions impaires sont deux sous-espaces vectoriels, et ils sont supplémentaires puisque toute fonction $f \in E$ se décompose de manière unique en la somme d'une fonction paire et d'une fonction impaire (cf. exercice 1.3 de la page 26).

Ex. 23. Dans $E = \mathcal{M}_n(\mathbb{K})$, le sous-espace vectoriel des matrices symétriques $\mathcal{S}_n(\mathbb{K})$ et celui des matrices antisymétriques $\mathcal{A}_n(\mathbb{K})$ sont deux sous-espaces vectoriels supplémentaires puisque toute matrice s'écrit de manière unique comme la somme d'une matrice symétrique et d'une matrice antisymétrique (cf. exemple 21 de la page 680).

Ex. 24. Soit $P \in \mathbb{K}[X] \setminus \{0\}$. Dans $E = \mathbb{K}[X]$, les sous-espaces vectoriels :

$$F_1 = \{PQ \mid Q \in \mathbb{K}[X]\} \qquad \text{et} \qquad F_2 = \{R \in \mathbb{K}[X] \ : \ \deg(R) < \deg(P)\}$$

sont deux sous-espaces vectoriels supplémentaires de $\mathbb{K}[X]$. En effet, le théorème de la division euclidienne dans $\mathbb{K}[X]$ affirme que tout élément de E s'écrit de manière unique comme la somme d'un élément de F_1 et d'un élément de F_2.

Terminologie Lorsque F et G sont deux sous-espaces vectoriels supplémentaires de E, on dit que G est un supplémentaire de F dans E.

Attention En général, il n'y a pas unicité d'un supplémentaire. Ainsi, on ne parlera jamais « du » supplémentaire de F mais uniquement « d'un » supplémentaire de F.

Ex. 25. Dans $\mathbb{K}^2$, considérons le sous-espace vectoriel $F = \{(x,y) \in \mathbb{K}^2 \ : \ y = 0\}$ et les sous-espaces vectoriels :

$$G_1 = \{(x,y) \in \mathbb{K}^2 \ : \ x = 0\} \qquad \text{et} \qquad G_2 = \{(x,y) \in \mathbb{K}^2 \ : \ x = y\}.$$

- D'une part, les sous-espaces vectoriels F et G_1 sont évidemment supplémentaires dans $\mathbb{K}^2$ puisque tout élément $(x,y) \in \mathbb{K}^2$ s'écrit de manière unique sous la forme $(x,0) + (0,y)$ avec $(x,0) \in F$ et $(0,y) \in G_1$.
- D'autre part :
  * tout élément $(x,y) \in \mathbb{K}^2$ s'écrit $(x-y,0) + (y,y)$ avec $(x-y,0) \in F$ et $(y,y) \in G_2$ donc $F + G_2 = \mathbb{K}^2$;
  * si $(x,y) \in F \cap G_2$ alors on a $x = y = 0$ donc F et G_2 sont en somme directe.

Par conséquent, G_1 et G_2 sont tous deux des sous-espaces vectoriels supplémentaires de F.

Attention Ne pas confondre cette notion de supplémentaire avec celle de complémentaire : comme il a été signalé, le complémentaire d'un sous-espace vectoriel de E n'est jamais un sous-espace vectoriel de E puisqu'il ne contient pas 0.

Point méthode Pour démontrer $E = F_1 \oplus F_2$, on peut raisonner par analyse-synthèse pour montrer que tout vecteur de E s'écrit de manière unique comme la somme d'un élément de F_1 et d'un élément de F_2.
La phase d'analyse fournit l'unicité d'une telle écriture (ce qui prouve que la somme est directe) et celle de synthèse son existence (ce qui montre $F_1 + F_2 = E$).

Remarque
Nous verrons dans le chapitre 23 une autre méthode utilisant la notion de dimension.

3 Sous-espaces engendrés par une famille finie

Proposition 13

Soit $n \in \mathbb{N}$ et $(x_1, \ldots, x_n) \in E^n$. L'ensemble des vecteurs de E qui sont combinaisons linéaires de la famille $(x_1, \ldots, x_n)$ est un sous-espace vectoriel de E, appelé **sous-espace vectoriel engendré par la famille** $(\boldsymbol{x_1, \ldots, x_n})$. On le note $\mathrm{Vect}(x_1, \ldots, x_n)$.

Démonstration page 768

Principe de démonstration. On vérifie que le vecteur nul est combinaison linéaire de $(x_1, \ldots, x_n)$ et que l'ensemble des combinaisons linéaires de $(x_1, \ldots, x_n)$ est stable par addition et multiplication par un scalaire.

Remarques

- Si $n \geqslant 1$, on a :

$$\mathrm{Vect}(x_1, \ldots, x_n) = \left\{ \sum_{i=1}^{n} \lambda_i x_i \mid (\lambda_1, \ldots, \lambda_n) \in \mathbb{K}^n \right\}.$$

- Il est immédiat que, pour tout $i \in [\![1, n]\!]$, on a $x_i \in \mathrm{Vect}(x_1, \ldots, x_n)$.
- Le sous-espace vectoriel engendré par la famille vide est le sous-espace vectoriel trivial $\{0\}$. En effet, toute combinaison linéaire de la famille vide est égale au vecteur nul.
- De façon plus générale, étant donné un ensemble fini I et $(x_i)_{i\in I}$ une famille finie de vecteurs de E, on définit le sous-espace vectoriel engendré par la famille $(x_i)_{i\in I}$ et l'on note $\mathrm{Vect}(x_i)_{i\in I}$ l'ensemble des combinaisons linéaires de la famille $(x_i)_{i\in I}$.

Ex. 26. Dans le $\mathbb{R}$-espace vectoriel $\mathbb{C}$:

- le sous-espace vectoriel engendré par (1) est $\mathbb{R}$,
- le sous-espace vectoriel engendré par (i) est l'ensemble $i\mathbb{R}$ des imaginaires purs,
- le sous-espace vectoriel engendré par $(1, i)$ est égal à $\mathbb{C}$.

Ex. 27. Le sous-espace vectoriel de $\mathbb{K}[X]$ engendré par $(1, X, \ldots, X^n)$ est $\mathbb{K}_n[X]$, puisque :

$$\mathbb{K}_n[X] = \left\{\lambda_0 + \lambda_1 X + \cdots + \lambda_n X^n \mid (\lambda_0, \lambda_1, \ldots, \lambda_n) \in \mathbb{K}^{n+1}\right\}.$$

Ex. 28. Si a est un vecteur d'un espace vectoriel E, alors le sous-espace vectoriel engendré par la famille (a) est $\mathrm{Vect}(a) = \{\lambda a \mid \lambda \in \mathbb{K}\}$. Dans le cas où $a = 0$, on a $\mathrm{Vect}(a) = \mathrm{Vect}(0) = \{0\}$.

Définition 7 (Droite vectorielle)

Si a est un vecteur non nul de E, alors le sous-espace vectoriel $\mathrm{Vect}(a)$ est appelé **droite vectorielle engendrée** par a.

Notation On note aussi $\mathbb{K}a$ la droite vectorielle engendrée par a.

Point méthode Pour montrer qu'une partie de E en est un sous-espace vectoriel, il peut être efficace de mettre en évidence que c'est le sous-espace vectoriel engendré par une certaine famille.

Ex. 29. Dans $\mathbb{R}^3$, considérons $F = \{(x-2y, 2x+y, 3x-2y) \mid (x,y) \in \mathbb{R}^2\}$.
Comme on peut écrire :

$$F = \{x\,(1,2,3) + y\,(-2,1,-2) \mid (x,y) \in \mathbb{R}^2\},$$

il est immédiat que $F = \mathrm{Vect}(u,v)$ où $u = (1,2,3)$ et $v = (-2,1,-2)$. En particulier, F est un sous-espace vectoriel de $\mathbb{R}^3$.

Proposition 14

Soit $n \in \mathbb{N}$ et $(x_1, \dots, x_n)$ une famille de vecteurs de E. Tout sous-espace vectoriel contenant les vecteurs $x_1, \dots, x_n$ contient $\mathrm{Vect}(x_1, \dots, x_n)$.

Démonstration. Un sous-espace vectoriel étant stable par combinaison linéaire, tout sous-espace vectoriel F contenant $x_1, \dots, x_n$ contient toute combinaison linéaire de $(x_1, \dots, x_n)$ et ainsi $\mathrm{Vect}(x_1, \dots, x_n) \subset F$. □

Reformulation De manière informelle, on dit que $\mathrm{Vect}(x_1, \dots, x_n)$ est, au sens de l'inclusion, le plus petit sous-espace vectoriel contenant $x_1, \dots, x_n$.

III Familles finies de vecteurs

Conformément au programme, toutes les familles considérées sont *finies.*

1 Familles génératrices

Définition 8

Soit $(x_1, \dots, x_n)$ une famille finie de vecteurs de E. On dit que $(x_1, \dots, x_n)$ est une **famille génératrice de E** si $E = \mathrm{Vect}(x_1, \dots, x_n)$.

Terminologie Lorsqu'une famille est génératrice de E, on dit aussi qu'elle **engendre** l'espace vectoriel E.

Remarques

- Soit $n \in \mathbb{N}^*$. D'après le paragraphe précédent, une famille $(x_1, \dots, x_n)$ de vecteurs de E est une famille génératrice de E si, et seulement si :

$$\forall x \in E \quad \exists (\lambda_1, \dots, \lambda_n) \in \mathbb{K}^n \quad x = \sum_{i=1}^{n} \lambda_i\, x_i.$$

- Le caractère générateur d'une famille finie de vecteurs ne dépend pas de l'ordre dans lequel sont donnés les vecteurs de cette famille.

Ex. 30. Soit $n \in \mathbb{N}^*$. Dans l'espace vectoriel $\mathbb{K}^n$, la famille $(e_i)_{1 \leqslant i \leqslant n}$ définie par :

$$e_1 = (1, 0, 0, \ldots, 0), \quad e_2 = (0, 1, 0, \ldots, 0), \quad \ldots \quad , \quad e_n = (0, 0, \ldots, 0, 1)$$

est une famille génératrice de $\mathbb{K}^n$ puisque, pour tout vecteur $x = (x_1, \ldots, x_n) \in \mathbb{K}^n$, on a $x = \sum_{i=1}^{n} x_i e_i$.

Ex. 31. La famille $(1, i)$ est une famille génératrice de $\mathbb{C}$ en tant que $\mathbb{R}$-espace vectoriel.

Ex. 32. Si $n \in \mathbb{N}$, alors $(1, X, \ldots, X^n)$ est une famille génératrice de $\mathbb{K}_n[X]$ puisque, pour tout polynôme P de degré au plus n, il existe $(a_0, a_1, \ldots, a_n) \in \mathbb{K}^{n+1}$ tel que :

$$P = \sum_{k=0}^{n} a_k X^k.$$

Ex. 33. La famille $(E_{i,j})_{\substack{1 \leqslant i \leqslant n \\ 1 \leqslant j \leqslant p}}$ est une famille génératrice de $\mathcal{M}_{n,p}(\mathbb{K})$ puisque toute matrice $A = (a_{i,j})_{\substack{1 \leqslant i \leqslant n \\ 1 \leqslant j \leqslant p}} \in \mathcal{M}_{n,p}(\mathbb{K})$ s'écrit $A = \sum_{\substack{1 \leqslant i \leqslant n \\ 1 \leqslant j \leqslant p}} a_{i,j} E_{i,j}$.

Attention Si F est un sous-espace vectoriel de E, et si l'on souhaite prouver qu'une famille finie $\mathcal{G}$ est génératrice de F, on n'oubliera pas, en plus de montrer que tout vecteur de F est combinaison linéaire de la famille $\mathcal{G}$, de vérifier que tout élément de $\mathcal{G}$ appartient à F.

Ex. 34. L'ensemble $F = \{(x, y) \in \mathbb{K}^2 \ : \ x = y\}$ est un $\mathbb{K}$-espace vectoriel en tant que sous-espace vectoriel de $\mathbb{K}^2$. Si l'on pose $e_1 = (1, 0)$ et $e_2 = (0, 1)$, il est clair que tout vecteur de F est combinaison linéaire de la famille (e_1, e_2) car tout vecteur de $\mathbb{K}^2$ l'est. Néanmoins, (e_1, e_2) n'est pas une famille génératrice de F car $e_1 \notin F$ (et $e_2 \notin F$).

Propriétés des familles génératrices

Proposition 15

Soit $\mathcal{G}$ et $\mathcal{G}'$ deux familles finies de vecteurs de E. Si $\mathcal{G}$ est génératrice de E et si $\mathcal{G}$ est une sous-famille de $\mathcal{G}'$, alors $\mathcal{G}'$ engendre aussi E.

Démonstration. Étant donné que $\operatorname{Vect} \mathcal{G}'$ est un sous-espace vectoriel de E qui contient les vecteurs de $\mathcal{G}'$ donc ceux de $\mathcal{G}$, on déduit de la proposition 14 de la page précédente que $\operatorname{Vect} \mathcal{G} \subset \operatorname{Vect} \mathcal{G}'$. Or, par hypothèse $\operatorname{Vect} \mathcal{G} = E$ et l'on a $\operatorname{Vect} \mathcal{G}' \subset E$ donc $\operatorname{Vect} \mathcal{G}' = E$. □

Ex. 35. Dans le $\mathbb{R}$-espace vectoriel $\mathbb{C}$, la famille $(1, i, 1+i)$ est génératrice de $\mathbb{C}$ puisque la sous-famille $(1, i)$ est déjà génératrice.

Ex. 36. Comme la famille $(1, X, X^2)$ est une famille génératrice de l'espace vectoriel $\mathbb{K}_2[X]$, la sur-famille $(1, X, X^2, X^2 - 3X + 1)$ est aussi une famille génératrice de $\mathbb{K}_2[X]$.

Proposition 16

Soit $\mathcal{G}$ une famille génératrice de E et $\mathcal{F}$ une famille finie de vecteurs de E. Alors, la famille $\mathcal{F}$ est génératrice de E si, et seulement si, tout vecteur de $\mathcal{G}$ est combinaison linéaire de $\mathcal{F}$.

Démonstration page 768

Principe de démonstration. Dans le sens non trivial, utiliser que tout sous-espace vectoriel contenant les vecteurs de $\mathcal{G}$ contient $\mathrm{Vect}(\mathcal{G})$.

Ex. 37. Dans $\mathbb{R}^3$, posons $e_1 = (1,0,0)$, $e_2 = (0,1,0)$, $e_3 = (0,0,1)$ puis :

$$u_1 = e_2 + e_3, \qquad u_2 = e_1 + e_3 \qquad \text{et} \qquad u_3 = e_1 + e_2.$$

Montrons que la famille $\mathcal{F} = (u_1, u_2, u_3)$ est génératrice de $\mathbb{R}^3$. La famille $\mathcal{G} = (e_1, e_2, e_3)$ étant génératrice de $\mathbb{R}^3$, il suffit de montrer que chacun des vecteurs de $\mathcal{G}$ est combinaison linéaire de $\mathcal{F}$. C'est bien le cas, puisque l'on a :

$$e_1 = \frac{1}{2}(u_2 + u_3 - u_1), \qquad e_2 = \frac{1}{2}(u_1 + u_3 - u_2) \qquad \text{et} \qquad e_3 = \frac{1}{2}(u_1 + u_2 - u_3).$$

Ex. 38. Si $j = e^{2i\pi/3}$, alors $\mathcal{F} = (1, j)$ engendre le $\mathbb{R}$-espace vectoriel $\mathbb{C}$, puisque les éléments de la famille génératrice $(1, i)$ sont combinaisons linéaires des vecteurs de $\mathcal{F}$ (c'est évident pour 1 et l'on a $i = \frac{2}{\sqrt{3}} \cdot j + \frac{1}{\sqrt{3}} \cdot 1$).

2 Familles libres

Par définition, si $\mathcal{G}$ est une famille finie de vecteurs de E, tout vecteur de $\mathrm{Vect}(\mathcal{G})$ s'écrit comme une combinaison linéaire des éléments de $\mathcal{G}$. Dans cette partie nous allons étudier dans quelle mesure la famille des coefficients intervenant dans une telle décomposition est unique.

Définition 9

Exo 21.7 — Exo 21.8 — Exo 21.9

Soit $n \in \mathbb{N}$ et $(x_1, \dots, x_n)$ une famille de vecteurs de E.

- On dit que la famille $(x_1, \dots, x_n)$ est **libre** si :

$$\forall (\lambda_1, \dots, \lambda_n) \in \mathbb{K}^n \quad \sum_{i=1}^{n} \lambda_i x_i = 0 \Longrightarrow \big(\forall i \in [\![1, n]\!] \quad \lambda_i = 0\big).$$

- Dans le cas contraire, on dit que la famille $(x_1, \dots, x_n)$ est **liée**.

Terminologie Si la famille $(x_1, \dots, x_n)$ est libre, on dit que les vecteurs $x_1, \dots, x_n$ sont **linéairement indépendants.** Si $(x_1, \dots, x_n)$ est liée, on dit qu'ils sont **linéairement dépendants.**

Remarques

- La famille $(x_1, \ldots, x_n)$ est liée si, et seulement s'il existe une famille $(\lambda_1, \ldots, \lambda_n)$ de scalaires *non tous nuls* vérifiant $\sum_{i=1}^{n} \lambda_i x_i = 0$.
- Dans le cas où $n = 0$, la condition de liberté est vérifiée : la famille vide est libre.
- Si $(x_1, \ldots, x_n)$ est une famille libre (respectivement liée) de E, alors il en est de même pour tout n-uplet obtenu en permutant les vecteurs.

Ex. 39. Dans $\mathbb{K}^3$, montrons que les vecteurs $e_1 = (1,0,0)$, $e_2 = (0,1,0)$ et $e_3 = (0,0,1)$ forment une famille libre. Soit $(\lambda_1, \lambda_2, \lambda_3) \in \mathbb{K}^3$ tel que $\lambda_1 e_1 + \lambda_2 e_2 + \lambda_3 e_3 = 0$. On a alors $(\lambda_1, \lambda_2, \lambda_3) = (0,0,0)$ donc $\lambda_1 = \lambda_2 = \lambda_3 = 0$.

Ex. 40. Plus généralement, dans $\mathbb{K}^n$, où n est un entier naturel non nul, les vecteurs :

$$e_1 = (1,0,0,\ldots,0)\,,\ e_2 = (0,1,0,\ldots,0)\,,\ \ldots\,,\ e_n = (0,0,\ldots,0,1)$$

forment une famille libre.

Ex. 41. Dans le $\mathbb{R}$-espace vectoriel $\mathbb{C}$, la famille $(1, i)$ est libre, puisque, pour tout $(a,b) \in \mathbb{R}^2$, on a $a + ib = 0 \Longrightarrow a = b = 0$.

Ex. 42. En revanche, dans le $\mathbb{C}$-espace vectoriel $\mathbb{C}$, la famille $(1, i)$ est liée, puisque l'on a la relation $i \cdot 1 + (-1) \cdot i = 0$.

Ex. 43. Dans le $\mathbb{R}$-espace vectoriel $\mathbb{C}$, la famille $(1, j)$ est libre. En effet, si $(a,b) \in \mathbb{R}^2$ vérifie $a + bj = 0$, alors l'égalité des parties imaginaires donne $b \operatorname{Im} j = 0$ et donc $b = 0$; il est alors immédiat que $a = 0$.

Ex. 44. Dans $\mathbb{K}^3$, les vecteurs $x_1 = (-1,1,0)$, $x_2 = (0,-1,1)$ et $x_3 = (1,0,-1)$ sont linéairement dépendants puisque l'on a $x_1 + x_2 + x_3 = 0$.

Ex. 45. Pour tout $n \in \mathbb{N}$, la famille $(1, X, \ldots, X^n)$ est une famille libre de $\mathbb{K}_n[X]$ puisque si $\lambda_0, \ldots, \lambda_n$ sont des scalaires vérifiant $\sum_{p=0}^{n} \lambda_p X^p = 0$, alors ils sont tous nuls.

Ex. 46. La famille $(E_{i,j})_{\substack{1 \leqslant i \leqslant n \\ 1 \leqslant j \leqslant p}}$ est une famille libre de $\mathcal{M}_{n,p}(\mathbb{K})$, puisque, étant donné une famille de scalaires $(\lambda_{i,j})_{\substack{1 \leqslant i \leqslant n \\ 1 \leqslant j \leqslant p}}$, l'égalité $\sum_{\substack{1 \leqslant i \leqslant n \\ 1 \leqslant j \leqslant p}} \lambda_{i,j} E_{i,j} = 0$ implique immédiatement :

$$\forall (i,j) \in [\![1,n]\!] \times [\![1,p]\!] \quad \lambda_{i,j} = 0.$$

Remarque Toute famille $(x_1, \ldots, x_n)$ contenant le vecteur nul est liée : en effet, si $x_j = 0$, alors, en posant $\lambda_j = 1$ et $\lambda_i = 0$ pour $i \neq j$, on a $\sum_{i=1}^{n} \lambda_i x_i = 0$.

Cas particulier des familles à un vecteur

Une famille (x) à un vecteur est libre si, et seulement si, $x \neq 0$. En effet :

- si $x = 0$, alors $1 \cdot x = 0$ et, comme $1 \neq 0$, la famille (x) est liée ;
- si $x \neq 0$, alors, pour $\lambda \in \mathbb{K}$, on a $\lambda x = 0 \Longrightarrow \lambda = 0$ (cf. page 749), et (x) est donc une famille libre.

Cas particulier des familles à deux vecteurs

Définition 10

Deux vecteurs $x \in E$ et $y \in E$ sont dits **proportionnels**, ou **colinéaires**, si :

$$\exists \lambda \in \mathbb{K} \quad x = \lambda y \quad \text{ou} \quad y = \lambda x.$$

Attention Pour traduire que deux vecteurs x et y sont colinéaires, on ne peut pas, *a priori*, simplement écrire $x = \lambda y$, avec $\lambda \in \mathbb{K}$. En effet, si y est nul et que x ne l'est pas, alors x et y sont colinéaires puisque $y = 0 \cdot x$, mais il est clair que l'on ne peut pas trouver de scalaire λ tel que $x = \lambda y$.

Remarque En revanche, si y est non nul, la colinéarité de x et y peut effectivement se traduire par l'existence de $\lambda \in \mathbb{K}$ tel que $x = \lambda y$. En effet, si l'on a $y = \mu x$ avec $\mu \in \mathbb{K}$, alors la non-nullité de y implique que μ est non nul, ce qui permet d'écrire $x = \frac{1}{\mu} y$.

Proposition 17

Une famille de deux vecteurs (x, y) est liée si, et seulement si, les vecteurs x et y sont colinéaires.

Démonstration page 768

Ex. 47. Dans $\mathbb{R}^3$, on considère $u = (1, -1, 3)$, $v = (2, -2, 6)$ et $w = (1, 1, 1)$.

- Il est évident que l'on a $v = 2u$. La famille (u, v) est donc liée.
- En revanche, les vecteurs u et w ne sont pas colinéaires donc la famille (u, w) est libre.

Attention Pour une famille de plus de trois vecteurs, le fait que les vecteurs soient deux à deux non colinéaires n'implique pas que la famille soit libre.

Ex. 48. Les vecteurs $u = (1, 0)$, $v = (0, 1)$ et $w = (1, 1)$ de $\mathbb{R}^2$ sont deux à deux non colinéaires mais la famille (u, v, w) est liée puisque $u + v - w = 0$.

Propriétés des familles libres

Proposition 18

Exo 21.10

- Toute sous-famille d'une famille libre est libre.
- Toute sur-famille finie d'une famille liée est liée.

Démonstration page 768

Principe de démonstration.

- Montrer que si $(x_1, \ldots, x_n)$ est libre et $p \leqslant n$, alors $(x_1, \ldots, x_p)$ est libre.
- Le second point découle du premier.

Remarques

- On retrouve qu'une famille est liée dès qu'elle contient le vecteur nul, puisque la famille réduite au vecteur nul est liée.
- Une famille contenant deux vecteurs colinéaires (en particulier, deux vecteurs égaux) est liée puisque deux vecteurs colinéaires forment une famille liée.

Proposition 19

Soit $n \in \mathbb{N}$, $(x_1, \dots, x_n)$ une famille libre d'éléments de E et x un vecteur de E. Alors la famille $(x_1, \dots, x_n, x)$ est liée si, et seulement si, $x \in \text{Vect}(x_1, \dots, x_n)$, c'est-à-dire si, et seulement si, x est combinaison linéaire de $x_1, \dots, x_n$.

Démonstration page 769

Principe de démonstration. Si $\alpha x + \sum_{i=1}^{n} \lambda_i x_i = 0$ avec α non nul, alors $x = -\frac{1}{\alpha} \sum_{i=1}^{n} \lambda_i x_i$.

Corollaire 20

Une famille finie de polynômes non nuls (à coefficients dans $\mathbb{K}$) de degrés deux à deux distincts est libre.

Terminologie Une telle famille est dite **échelonnée en degré**.

Démonstration. Quitte à modifier l'ordre des vecteurs, on peut supposer qu'une telle famille s'écrit $(P_0, P_1, \dots, P_n)$ avec :

$$0 \leqslant \deg P_0 < \deg P_1 < \cdots < \deg P_n.$$

On montre alors par récurrence que, pour tout $k \in [\![0, n]\!]$, la famille $(P_0, \dots, P_k)$ est libre.

- Comme $P_0 \neq 0$, la famille (P_0) est libre.
- Soit $k \in [\![1, n]\!]$ tel que $(P_0, \dots, P_{k-1})$ soit libre. Une considération élémentaire de degré prouve que $P_k \notin \text{Vect}(P_0, \dots, P_{k-1})$. On déduit alors de la proposition précédente que la famille $(P_0, P_1, \dots, P_k)$ est libre, ce qui achève la récurrence. □

Théorème 21 (Unicité de la décomposition)

Soit $n \in \mathbb{N}^*$ et $(x_1, \dots, x_n)$ une famille libre d'éléments de E.
Pour tout $(\lambda_i)_{i \in [\![1,n]\!]} \in \mathbb{K}^n$ et tout $(\mu_i)_{i \in [\![1,n]\!]} \in \mathbb{K}^n$, on a :

$$\left(\sum_{i=1}^{n} \lambda_i x_i = \sum_{i=1}^{n} \mu_i x_i \right) \Longrightarrow (\forall i \in [\![1, n]\!] \quad \lambda_i = \mu_i).$$

Démonstration. Si $\left(\sum_{i=1}^{n} \lambda_i x_i = \sum_{i=1}^{n} \mu_i x_i \right)$ alors $\sum_{i=1}^{n} (\lambda_i - \mu_i) x_i = 0$, ce qui, par liberté de la famille $(x_1, \dots, x_n)$, implique $\forall i \in [\![1, n]\!] \quad \lambda_i = \mu_i$. □

3 Bases

Définition

Soit $\mathcal{B} = (e_1, \dots, e_n)$ une famille finie de vecteurs de E. Nous avons vu que :

- tout vecteur du sous-espace vectoriel $\text{Vect}(\mathcal{B})$ s'écrit sous la forme d'une combinaison linéaire des e_i ;
- si la famille $\mathcal{B}$ est libre, alors cette décomposition est unique.

Nous allons relier ces deux propriétés grâce à la notion de base.

Définition 11

Une **base** de E est une famille libre et génératrice de E.

Remarque La famille vide est une base de $\{0\}$, puisqu'elle est libre et que le sous-espace vectoriel qu'elle engendre est $\{0\}$.

Décomposition dans une base

Théorème 22 (Décomposition d'un vecteur dans une base)

Exo 21.11

Soit $n \in \mathbb{N}^*$ et $(e_1, \ldots, e_n)$ une base de E. Alors, pour tout $x \in E$, il existe un unique n-uplet $(\lambda_1, \ldots, \lambda_n) \in \mathbb{K}^n$ tel que $x = \sum_{i=1}^{n} \lambda_i e_i$.

Démonstration. L'existence de la décomposition provient de ce que la famille $(e_1, \ldots, e_n)$ engendre E. L'unicité est conséquence du fait que cette famille est libre. □

Définition 12

Avec les notations précédentes :

- la famille $(\lambda_i)_{1 \leqslant i \leqslant n}$ est appelée famille des **coordonnées** (ou **composantes**) de x dans la base $(e_1, \ldots, e_n)$;
- pour tout $i \in [\![1, n]\!]$, le scalaire λ_i est appelé la i-ème coordonnée (ou composante) de x dans la base $(e_1, \ldots, e_n)$.

Exo 21.12

Terminologie Lorsque, pour $x \in E$, on écrit l'égalité $x = \sum_{i=1}^{n} \lambda_i e_i$, on dit aussi que l'on **décompose** le vecteur x dans la base $(e_1, \ldots, e_n)$.

Ex. 49. La famille $\mathcal{B} = (e_1, \ldots, e_n)$ définie par :

$$e_1 = (1, 0, 0, \ldots, 0),\ e_2 = (0, 1, 0, \ldots, 0),\ \ldots,\ e_n = (0, 0, \ldots, 0, 1)$$

est une base de $\mathbb{K}^n$ appelée **base canonique** de $\mathbb{K}^n$. L'égalité :

$$(x_1, \ldots, x_n) = \sum_{i=1}^{n} x_i\, e_i$$

montre que les coordonnées du vecteur $x = (x_1, \ldots, x_n)$ dans cette base canonique $\mathcal{B}$ sont les coefficients du n-uplet $(x_1, \ldots, x_n)$.

Ex. 50. La famille $(1, X, \ldots, X^n)$ est une base de $\mathbb{K}_n[X]$ appelée **base canonique** de $\mathbb{K}_n[X]$. Ici aussi, les coordonnées dans cette base d'un polynôme de $\mathbb{K}_n[X]$ sont les coefficients de ce polynôme.

Ex. 51. La famille des matrices élémentaires $(E_{i,j})_{\substack{1 \leqslant i \leqslant n \\ 1 \leqslant j \leqslant p}}$ est une base de $\mathcal{M}_{n,p}(\mathbb{K})$, appelée **base canonique** de $\mathcal{M}_{n,p}(\mathbb{K})$.

Ex. 52. La famille $(1, i)$ est une base du $\mathbb{R}$-espace vectoriel $\mathbb{C}$, puisqu'elle est libre et qu'elle est génératrice de $\mathbb{C}$ comme on l'a vu précédemment. Les coordonnées d'un nombre complexe dans la base $(1, i)$ sont ses parties réelle et imaginaire.

Démonstrations

Proposition 1 Soit $x \in E$ et $\lambda \in \mathbb{K}$.

(i) Comme $0 = 0 + 0$, l'une des propriétés de la loi externe donne :

$$0 \cdot x = (0+0) \cdot x = 0 \cdot x + 0 \cdot x\ .$$

En ajoutant aux deux membres l'opposé de $0 \cdot x$, on obtient $0_E = 0 \cdot x$.

On montre de même $\lambda \cdot 0_E = 0_E$ en partant de $\lambda \cdot 0_E = \lambda \cdot (0_E + 0_E)$.

(ii) Pour $x \in E$ et $\lambda \in \mathbb{K}$, on a :

$$\lambda \cdot x + (-\lambda) \cdot x = (\lambda - \lambda) \cdot x = 0 \cdot x = 0_E,$$

donc $(-\lambda) \cdot x$ est l'opposé de $\lambda \cdot x$ et ainsi $(-\lambda) \cdot x = -(\lambda \cdot x)$.
On montre de même l'autre relation en remarquant :

$$\lambda \cdot (-x) + \lambda \cdot x = \lambda \cdot (-x + x) = \lambda \cdot 0_E = 0_E.$$

Proposition 3

- * La loi $+$ ainsi définie est commutative et associative car l'addition dans $\mathbb{K}$ l'est.
  * De plus, pour tout $(x_1, \ldots, x_n) \in \mathbb{K}^n$, on a :

  $$(x_1, \ldots, x_n) + (0, \ldots, 0) = (0, \ldots, 0) + (x_1, \ldots, x_n) = (x_1, \ldots, x_n)$$

  donc $(0, \ldots, 0)$ est élément neutre pour $+$ et l'on a :

  $$(x_1, \ldots, x_n) + (-x_1, \ldots, -x_n) = (-x_1, \ldots, -x_n) + (x_1, \ldots, x_n) = (0, \ldots, 0)$$

  donc $(x_1, \ldots, x_n)$ possède un opposé pour $+$.

- Enfin, pour $\big((x_1, \ldots, x_n), (y_1, \ldots, y_n)\big) \in (\mathbb{K}^n)^2$ et $(\lambda, \mu) \in \mathbb{K}^2$, on a :
  * $1 \cdot (x_1, \ldots, x_n) = (1 \times x_1, \ldots, 1 \times x_n) = (x_1, \ldots, x_n)$;
  * $\lambda \cdot \big(\mu \cdot (x_1, \ldots, x_n)\big) = \lambda \cdot (\mu x_1, \ldots, \mu x_n) = (\lambda\mu x_1, \ldots, \lambda\mu x_n) = (\lambda\mu) \cdot (x_1, \ldots, x_n)$;
  * $$\begin{aligned}(\lambda + \mu) \cdot (x_1, \ldots, x_n) &= \big((\lambda+\mu)x_1, \ldots, (\lambda+\mu)x_n\big) \\ &= \big(\lambda x_1, \ldots, \lambda x_n\big) + \big(\mu x_1, \ldots, \mu x_n\big) \\ &= \lambda \cdot (x_1, \ldots, x_n) + \mu \cdot (x_1, \ldots, x_n)\ ;\end{aligned}$$
  * $$\begin{aligned}\lambda \cdot \big((x_1, \ldots, x_n) + (y_1, \ldots, y_n)\big) &= \lambda \cdot (x_1 + y_1, \ldots, x_n + y_n) \\ &= \big(\lambda x_1 + \lambda y_1, \ldots, \lambda x_n + \lambda y_n\big) \\ &= \lambda \cdot (x_1, \ldots, x_n) + \lambda \cdot (y_1, \ldots, y_n)\ ;\end{aligned}$$

  ce qui prouve que la loi externe ainsi définie vérifie les quatre conditions requises.

Proposition 4

- Vérifions les propriétés portant sur la loi interne.
  * La loi $+$ ainsi définie est commutative et associative car l'addition dans E l'est.
  * De plus, la fonction nulle $\begin{array}{rcl}\Omega & \longrightarrow & E \\ t & \longmapsto & 0_E\end{array}$ est élément neutre pour la loi $+$.
  * Enfin, toute fonction $f \in E^\Omega$ a pour opposée la fonction $-f\ :\ \begin{array}{rcl}\Omega & \longrightarrow & E \\ t & \longmapsto & -f(t).\end{array}$

- Montrons les quatre propriétés portant sur la loi externe.

  Soit f et g deux éléments de E^Ω et $(\lambda, \mu) \in \mathbb{K}^2$.
  * On a $1 \cdot f = f$ car, pour tout $t \in \Omega$:

  $$\big(1 \cdot f\big)(t) = 1 \cdot f(t) = f(t).$$

* On a $\lambda\cdot(\mu\cdot f)=(\lambda\mu)\cdot f$ car, pour tout $t\in\Omega$:

$$\lambda\cdot(\mu\cdot f)(t)=\lambda\cdot\big(\mu\cdot f(t)\big)=(\lambda\mu)\cdot f(t)=\big((\lambda\mu)\cdot f\big)(t).$$

* De plus, on a $(\lambda+\mu)\cdot f=\lambda\cdot f+\mu\cdot f$ car, pour tout $t\in\Omega$:

$$\big((\lambda+\mu)\cdot f\big)(t)=(\lambda+\mu)\cdot f(t)=\lambda\cdot f(t)+\mu\cdot f(t)=(\lambda\cdot f+\mu\cdot f)(t).$$

* Enfin, on a $\lambda\cdot(f+g)=\lambda\cdot f+\lambda\cdot g$ car, pour tout $t\in\Omega$:

$$\big(\lambda\cdot(f+g)\big)(t)=\lambda\cdot\big((f+g)(t)\big)=\lambda\cdot\big(f(t)+g(t)\big)=\lambda\cdot f(t)+\lambda\cdot g(t)=\big(\lambda\cdot f+\lambda\cdot g\big)(t).$$

Proposition 9 Posons $F=\bigcap\limits_{i\in I}F_i$.

- Chaque sous-espace vectoriel F_i contient 0, donc leur intersection F aussi.
- Soit $(x,y)\in F^2$ et $\lambda\in\mathbb{K}$. Pour tout $i\in I$, on a $x\in F_i$ et $y\in F_i$ donc, comme F_i est un sous-espace vectoriel, $\lambda x+y\in F_i$. Par suite, $\lambda x+y$ appartient à F.

Ainsi, F est un sous-espace vectoriel.

Proposition 10

- Par définition, on a $F_1+F_2\subset E$. De plus :
  * le vecteur nul de E appartient à F_1 et à F_2 et l'on a $0=0+0$ donc $0\in F_1+F_2$;
  * soit $(x,y)\in(F_1+F_2)^2$ et λ un scalaire. Par définition, il existe $(x_1,x_2)\in F_1\times F_2$ et $(y_1,y_2)\in F_1\times F_2$ tels que $x=x_1+x_2$ et $y=y_1+y_2$. On peut donc écrire :

$$\lambda x+y=\lambda(x_1+x_2)+(y_1+y_2)=(\lambda x_1+y_1)+(\lambda x_2+y_2).$$

  Or x_1 et y_1 appartiennent à F_1 qui est un sous-espace vectoriel donc λx_1+y_1 appartient à F_1. De même, λx_2+y_2 appartient à F_2. Ainsi, $\lambda x+y$ appartient à F_1+F_2.

  Par suite, F_1+F_2 est un sous-espace vectoriel de E.
- De plus, on a $F_1\subset F_1+F_2$.
  En effet, si $x\in F_1$ alors on peut écrire $x=\underbrace{x}_{\in F_1}+\underbrace{0}_{\in F_2}$ donc $x\in F_1+F_2$.

  On montre de même $F_2\subset F_1+F_2$.
- Enfin, étant donné un sous-espace vectoriel G contenant F_1 et F_2, montrons $F_1+F_2\subset G$. Soit $x\in F_1+F_2$; il existe $(x_1,x_2)\in F_1\times F_2$ tel que $x=x_1+x_2$. Par hypothèse, on a $x_1\in G$ et $x_2\in G$ donc $x_1+x_2\in G$, c'est-à-dire $x\in G$ et l'inclusion est démontrée.

Proposition 11

- Montrons $(i)\Rightarrow(ii)$. Supposons donc que F_1 et F_2 sont en somme directe.
  Soit $(x_1,x_2)\in F_1\times F_2$ tel que $x_1+x_2=0$. On a alors :

$$\underbrace{x_1}_{\in F_1}+\underbrace{x_2}_{\in F_2}=0=\underbrace{0}_{\in F_1}+\underbrace{0}_{\in F_2}.$$

  L'unicité de la décomposition de 0 comme somme d'un élément de F_1 et d'un élément de F_2 implique $(x_1,x_2)=(0,0)$.
- Montrons $(ii)\Rightarrow(iii)$. Supposons : $\forall(x_1,x_2)\in F_1\times F_2\quad x_1+x_2=0\Rightarrow(x_1,x_2)=(0,0)$.
  Soit $x\in F_1\cap F_2$. On a alors $-x\in F_1\cap F_2$ et l'on peut écrire :

$$\underbrace{x}_{\in F_1}+\underbrace{(-x)}_{\in F_2}=0,$$

  ce qui implique $x=0$ et ainsi $F_1\cap F_2\subset\{0\}$. L'inclusion réciproque étant immédiate, on a donc l'égalité $F_1\cap F_2=\{0\}$.

- Montrons $(iii) \Rightarrow (i)$. Supposons $F_1 \cap F_2 = \{0\}$.
  Soit $x \in F_1 + F_2$ ayant deux décompositions :
  $$x = x_1 + x_2 \quad \text{et} \quad x = y_1 + y_2 \quad \text{avec} \quad (x_1, y_1) \in F_1^2 \quad \text{et} \quad (x_2, y_2) \in F_2^2.$$
  Comme F_1 et F_2 sont des sous-espaces vectoriels de E, on a :
  $$x_1 - y_1 \in F_1 \quad \text{et} \quad y_2 - x_2 \in F_2.$$
  Par suite, $x_1 - y_1 = y_2 - x_2 \in F_1 \cap F_2$ donc $x_1 - y_1 = y_2 - x_2 = 0$; on en déduit $x_1 = y_1$ et $y_2 = x_2$, ce qui prouve l'unicité de la décomposition.

Proposition 13

- Par définition, on a $\mathrm{Vect}(x_1, \ldots, x_n) \subset E$.
- Le vecteur nul est combinaison linéaire de $x_1, \ldots, x_n$ (il suffit de prendre tous les scalaires nuls).
- Étant donné $(x, y) \in \big(\mathrm{Vect}(x_1, \ldots, x_n)\big)^2$ et $\lambda \in \mathbb{K}$, on peut trouver $(\lambda_1, \ldots, \lambda_n) \in \mathbb{K}^n$ et $(\mu_1, \ldots, \mu_n) \in \mathbb{K}^n$ tels que $x = \sum\limits_{k=1}^{n} \lambda_k x_k$ et $y = \sum\limits_{k=1}^{n} \mu_k x_k$ et ainsi :
  $$\lambda x + y = \lambda \sum_{k=1}^{n} \lambda_k x_k + \sum_{k=1}^{n} \mu_k x_k = \sum_{k=1}^{n} (\lambda \lambda_k + \mu_k) x_k$$
  donc $\lambda x + y$ appartient à $\mathrm{Vect}(x_1, \ldots, x_n)$.

Proposition 16

- Supposons la famille $\mathcal{F}$ génératrice de E. Tout vecteur de E est alors combinaison linéaire de $\mathcal{F}$, et *a fortiori* tout vecteur de $\mathcal{G}$.
- Réciproquement, supposons que tout vecteur de $\mathcal{G}$ est combinaison linéaire de $\mathcal{F}$. Ainsi tout vecteur de $\mathcal{G}$ appartient au sous-espace vectoriel $\mathrm{Vect}(\mathcal{F})$ donc $\mathrm{Vect}(\mathcal{G}) \subset \mathrm{Vect}(\mathcal{F})$ d'après la proposition 14 de la page 759. Comme on a $\mathrm{Vect}(\mathcal{G}) = E$, on en déduit $E \subset \mathrm{Vect}(\mathcal{F})$ et ainsi $E = \mathrm{Vect}(\mathcal{F})$.

Proposition 17 Supposons d'abord les vecteurs x et y colinéaires.

- Si $y = 0$ alors la famille (x, y) est liée.
- Sinon, d'après la remarque précédente, il existe $\lambda \in \mathbb{K}$ tel que $x = \lambda y$ et l'on a $1x - \lambda y = 0$ donc la famille (x, y) est liée.

Réciproquement, si la famille (x, y) est liée, alors il existe deux scalaires α et β, non tous deux nuls, tels que $\alpha x + \beta y = 0$. Les vecteurs x et y sont colinéaires, car :

- si $\alpha \neq 0$, alors on a $x = (-\beta/\alpha)\, y$;
- sinon, on a $\beta \neq 0$ et alors $y = (-\alpha/\beta)\, x$.

Proposition 18

- L'énoncé est trivial dans le cas de la famille vide.
  Soit $n \in \mathbb{N}^*$ et $(x_1, \ldots, x_n)$ une famille libre d'éléments de E. On se donne alors une sous-famille de $(x_1, \ldots, x_n)$. S'il s'agit de la famille vide alors elle est libre. Sinon, puisque la liberté d'un n-uplet ne dépend pas de l'ordre de ses éléments, on peut supposer que la sous-famille qui nous intéresse est $(x_1, \ldots, x_p)$ avec $p \in [\![1, n]\!]$.
  Soit $(\lambda_1, \ldots, \lambda_p) \in \mathbb{K}^p$ une famille telle que $\sum\limits_{i=1}^{p} \lambda_i x_i = 0$.
  Pour tout $i \in [\![p+1, n]\!]$, posons $\lambda_i = 0$. On obtient alors $\sum\limits_{i=1}^{n} \lambda_i x_i = 0$.
  Puisque $(x_1, \ldots, x_n)$ est libre, on en déduit que, pour tout $i \in [\![1, n]\!]$, et en particulier pour tout $i \in [\![1, p]\!]$, on a $\lambda_i = 0$. Par suite, $(x_1, \ldots, x_p)$ est libre.
- Le second point est la contraposée du premier.

Proposition 19

- Supposons que x soit combinaison linéaire des vecteurs $x_1, \ldots, x_n$. Il existe alors des scalaires $\lambda_1, \ldots, \lambda_n$ tels que $x = \sum_{i=1}^{n} \lambda_i x_i$. On a alors $1\,x + \sum_{i=1}^{n}(-\lambda_i)x_i = 0$; par suite, la famille $(x_1, \ldots, x_n, x)$ est liée.
- Supposons la famille $(x_1, \ldots, x_n, x)$ liée.
  Alors il existe des scalaires $\alpha, \lambda_1, \ldots, \lambda_n$ non tous nuls tels que :

$$\alpha\, x + \sum_{i=1}^{n} \lambda_i x_i = 0.$$

  * Si $\alpha = 0$, alors on a $\sum_{i=1}^{n} \lambda_i x_i = 0$ avec les λ_i non tous nuls, ce qui est impossible puisque la famille $(x_1, \ldots, x_n)$ est libre.
  * Par suite, α est non nul et l'on peut alors écrire :

$$x = -\sum_{i=1}^{n} \frac{\lambda_i}{\alpha} x_i,$$

  ce qui prouve $x \in \mathrm{Vect}(x_1, \ldots, x_n)$.

S'entraîner et approfondir

21.1 Soit $a \in \mathbb{R}$. Montrer que la fonction $f_a : x \mapsto \cos(x+a)$ est combinaison linéaire des fonctions sin et cos.
→751

21.2 1. Montrer que l'ensemble $F = \{(x_1,x_2,x_3) \in \mathbb{R}^3 \;:\; x_1+x_2+x_3 = 0\}$ est un sous-espace vectoriel de $\mathbb{R}^3$.
→751

2. En est-il de même pour $G = \{(x_1,x_2,x_3) \in \mathbb{R}^3 \;:\; x_1+x_2+x_3 = 1\}$?

21.3 Soit $(a,b) \in \mathbb{K}^2$. On note $E_{a,b}$ l'ensemble des suites $u \in \mathbb{K}^{\mathbb{N}}$ vérifiant :
→751

$$\forall n \in \mathbb{N} \quad u_{n+2} = au_{n+1} + bu_n.$$

Montrer que $E_{a,b}$ est un sous-espace vectoriel de $\mathbb{K}^{\mathbb{N}}$.

21.4 L'ensemble $D = \{z \in \mathbb{C} \;:\; |z| \leqslant 1\}$ est-il un sous-espace vectoriel de $\mathbb{C}$?
→751

21.5 Soit A un élément de $\mathbb{K}[X]$. Montrer que l'ensemble $F_A = \{AP \mid P \in \mathbb{K}[X]\}$ muni des lois usuelles est un $\mathbb{K}$-espace vectoriel.
→753

21.6 Soit E un $\mathbb{K}$-espace vectoriel ainsi que F et G deux sous-espaces vectoriels de E. Montrer que $F \cup G$ est un sous-espace vectoriel si, et seulement si, $F \subset G$ ou $G \subset F$.
→754

21.7 Soit $x_1 = (1,1,1)$, $x_2 = (-1,1,-1)$ et $x_3 = (1,-1,-1)$.
→761
Montrer que (x_1,x_2,x_3) est une famille libre de $\mathbb{R}^3$.

21.8 Soit $\omega \in \mathbb{C}$. Montrer que $(1,\omega)$ est libre dans le $\mathbb{R}$-espace vectoriel $\mathbb{C}$ si, et seulement si, $\operatorname{Im}\omega \neq 0$.
→761

21.9 Montrer que $(\cos,\sin)$ est une famille libre de $\mathbb{R}^{\mathbb{R}}$.
→761

21.10 La famille $(1,\sin,\cos,\sin^2,\cos^2)$ est-elle libre dans $\mathbb{R}^{\mathbb{R}}$?
→763

21.11 Montrer que $(1, X+1, X^2+X+1)$ est une base de $\mathbb{K}_2[X]$.
→765

21.12 Dans le $\mathbb{K}$-espace vectoriel $\mathbb{K}_n[X]$ des polynômes de degré au plus n, on considère la famille :
→765

$$\left(1, (X-a), \frac{(X-a)^2}{2}, \frac{(X-a)^3}{3!}, \dots, \frac{(X-a)^n}{n!}\right).$$

1. Montrer que cette famille est libre.
2. Montrer que cette famille est une base de $\mathbb{K}_n[X]$; si P est un polynôme de degré au plus n, donner ses coordonnées dans cette base.
   Indication. *Utiliser la formule de Taylor polynomiale.*

21.13 Soit $(E,+,\cdot)$ un $\mathbb{C}$-espace vectoriel non réduit à $\{0\}$. On définit une autre loi externe sur E, notée $\star$, par :

$$\forall \lambda \in \mathbb{C} \quad \forall x \in E \quad \lambda \star x = \operatorname{Re}(\lambda) \cdot x.$$

Montrer que $(E,+,\star)$ n'est pas un $\mathbb{C}$-espace vectoriel.

21.14 On note E le $\mathbb{R}$-espace vectoriel $\mathbb{R}^{\mathbb{R}}$ muni des lois usuelles. Les ensembles suivants sont-ils des sous-espaces vectoriels de E ?

1. L'ensemble des fonctions dérivables sur $\mathbb{R}$.
2. L'ensemble des fonctions croissantes sur $\mathbb{R}$.
3. L'ensemble des fonctions monotones sur $\mathbb{R}$.
4. L'ensemble des fonctions prenant une valeur non nulle en 0.

★ **21.15** Dans l'espace vectoriel $\mathbb{K}^3$, on considère l'ensemble :

$$F = \{(x, y, z) \in \mathbb{K}^3 \ : \ x^2 + y^2 + 2z^2 - 2xy - 2yz + 2xz = 0\}.$$

Est-ce un sous-espace vectoriel :

1. si $\mathbb{K} = \mathbb{R}$?
2. si $\mathbb{K} = \mathbb{C}$?

Indication. *Écrire l'expression $x^2 + y^2 + 2z^2 - 2xy - 2yz + 2xz$ comme une somme de deux carrés.*

21.16 1. Soit (x_1, x_2, x_3) une famille libre d'un $\mathbb{K}$-espace vectoriel E.
Montrer que la famille $(x_2 + x_3, x_3 + x_1, x_1 + x_2)$ est libre.
2. Soit (x_1, x_2, x_3, x_4) une famille libre d'un $\mathbb{K}$-espace vectoriel E.
La famille $(x_1 + x_2, x_2 + x_3, x_3 + x_4, x_4 + x_1)$ est-elle libre ?

21.17 Soit F, G et H trois sous-espaces vectoriels d'un $\mathbb{K}$-espace vectoriel E.
Montrer que $(F \cap G) + (F \cap H) \subset F \cap (G + H)$.
Peut-on faire mieux que cette inclusion et prouver une égalité ?

21.18 Soit F l'ensemble des vecteurs (x, y, z) de $\mathbb{R}^3$ vérifiant le système :

$$\begin{cases} x + y + z = 0 \\ 2x - y + z = 0. \end{cases}$$

Montrer que F est une droite vectorielle.

★ **21.19** Pour tout $a \in \mathbb{R}$ on pose $f_a : \begin{array}{ccc} \mathbb{R} & \longrightarrow & \mathbb{R} \\ x & \longmapsto & |x - a|. \end{array}$

Soit $n \in \mathbb{N}^*$ et $a_1, \ldots, a_n$ des réels distincts.
Montrer que la famille $(f_{a_1}, \ldots, f_{a_n})$ est une famille libre de $\mathbb{R}^{\mathbb{R}}$.

Indication. *On pourra s'intéresser à la dérivabilité d'une combinaison linéaire de cette famille.*

★ **21.20** Pour tout réel a on pose $\varphi_a : \begin{array}{ccc} \mathbb{R} & \longrightarrow & \mathbb{R} \\ x & \longmapsto & e^{ax}. \end{array}$

1. Montrer que, pour tout $n \in \mathbb{N}$, la famille $(\varphi_k)_{k \in [\![0,n]\!]}$ est libre.
Indication. *Introduire un polynôme possédant une infinité de racines*
2. Soit $n \in \mathbb{N}^*$ ainsi que n réels $a_1, \ldots, a_n$ distincts.
Montrer que la famille $(\varphi_{a_k})_{k \in [\![1,n]\!]}$ est libre.
Indication. *Utiliser une limite en $+\infty$.*

21.21 Soit a et b deux complexes distincts. Montrer que l'ensemble des polynômes de degré inférieur ou égal à 4, et dont a et b sont des racines, est un sous-espace vectoriel de l'espace vectoriel $\mathbb{C}_4[X]$ et en donner une base.

⋆ **21.22** Pour tout $n \in \mathbb{N}$, on pose $u_n : x \mapsto \cos^n x$ et $v_n : x \mapsto \cos nx$. On note, pour $N \in \mathbb{N}$:

$$A_N = \text{Vect}(u_0, \ldots, u_N) \qquad \text{et} \qquad B_N = \text{Vect}(v_0, \ldots, v_N).$$

Montrer que les sous-espaces vectoriels A_N et B_N sont égaux.

⋆ **21.23** Pour tout $n \in \mathbb{N}^*$ on définit $f_n : \begin{array}{ccc} \mathbb{R} & \longrightarrow & \mathbb{R} \\ x & \longmapsto & \sin(nx). \end{array}$

Montrer que, pour tout $n \in \mathbb{N}^*$, la famille $(f_1, \ldots, f_n)$ est une famille libre de $\mathbb{R}^{\mathbb{R}}$.
Indication*. Dériver deux fois.*

Solutions des exercices

21.1 L'identité :
$$\forall x \in \mathbb{R} \quad f_a(x) = \cos(x+a) = \cos a \cos x - \sin a \sin x$$
qui s'écrit aussi $f_a = (\cos a)\cos - (\sin a)\sin$, montre que la fonction f_a est combinaison linéaire des fonctions sin et cos.

21.2 1. L'ensemble F est une partie de $\mathbb{R}^3$.

- Le vecteur nul $(0,0,0)$ appartient à F.
- Soit $\lambda \in \mathbb{R}$ et $x = (x_1, x_2, x_3)$ et $y = (y_1, y_2, y_3)$ deux éléments de F. On a alors :
$$\lambda x + y = (\lambda x_1 + y_1, \lambda x_2 + y_2, \lambda x_3 + y_3).$$
Comme :
$$\sum_{i=1}^{3}(\lambda x_i + y_i) = \lambda \sum_{i=1}^{3} x_i + \sum_{i=1}^{3} y_i = \lambda\, 0 + 0 = 0,$$
on en déduit $\lambda x + y \in F$.

Par suite F est un sous-espace vectoriel de $\mathbb{R}^3$.

2. L'ensemble G n'est pas un sous-espace vectoriel de $\mathbb{R}^3$ puisqu'il ne contient pas le vecteur nul de $\mathbb{R}^3$.

21.3 L'ensemble $E_{a,b}$ est inclus dans $\mathbb{K}^{\mathbb{N}}$.

- La suite nulle appartient à $E_{a,b}$.
- Soit $(u,v) \in E_{a,b}^2$ et $\lambda \in \mathbb{K}$. Alors, on a, pour tout $n \in \mathbb{N}$:
$$\begin{aligned}(\lambda u + v)_{n+2} = \lambda u_{n+2} + v_{n+2} &= \lambda(a u_{n+1} + b u_n) + (a v_{n+1} + b v_n)\\ &= a(\lambda u_{n+1} + v_{n+1}) + b(\lambda u_n + v_n),\end{aligned}$$
donc $\lambda u + v \in E_{a,b}$.

Ainsi $E_{a,b}$ est un sous-espace vectoriel de $\mathbb{K}^{\mathbb{N}}$.

21.4 La partie D (c'est un disque) n'est pas stable par multiplication par un scalaire : par exemple, 1 appartient à D mais $2 = 2.1$ n'appartient pas à D.

Par suite, D n'est pas un sous-espace vectoriel du $\mathbb{C}$-espace vectoriel $\mathbb{C}$ (ni un sous-espace vectoriel du $\mathbb{R}$-espace vectoriel $\mathbb{C}$).

21.5 Montrons que F_A est un sous-espace vectoriel de $\mathbb{K}[X]$.

- L'ensemble F_A est inclus dans $\mathbb{K}[X]$.
- Le polynôme nul appartient à F_A, puisque $0 = A \times 0$.
- Soit $\lambda \in \mathbb{K}$ et $(P_1, P_2) \in F_A^2$. Il existe donc $(Q_1, Q_2) \in \mathbb{K}[X]^2$ tel que $P_1 = AQ_1$ et $P_2 = AQ_2$, et alors :
$$\lambda P_1 + P_2 = \lambda(AQ_1) + (AQ_2) = A(\lambda Q_1 + Q_2).$$
Comme $\lambda Q_1 + Q_2 \in \mathbb{K}[X]$, on en déduit que $\lambda P_1 + P_2$ appartient à F_A.

Ainsi F_A est bien un sous-espace vectoriel de $\mathbb{K}[X]$, et donc un $\mathbb{K}$-espace vectoriel.

21.6 • Si $F \subset G$ alors $F \cup G = G$, donc $F \cup G$ est un sous-espace vectoriel.
De même, si $G \subset F$ alors $F \cup G = F$, donc $F \cup G$ est un sous-espace vectoriel.

• Supposons maintenant que $F \not\subset G$ et $G \not\subset F$, et montrons que $F \cup G$ n'est pas un sous-espace vectoriel.

  * Comme $F \not\subset G$, il existe $x \in F \setminus G$.
  * De même, il existe $y \in G \setminus F$.

Si le vecteur $x + y$ appartenait à G alors en écrivant $x = (x + y) - y$, on aurait $x \in G$, ce qui est faux. Donc $x + y \notin G$.
De manière symétrique on a $x + y \notin F$. Ainsi $x + y \notin F \cup G$. Cela prouve que $F \cup G$ n'est pas stable par somme, donc n'est pas un sous-espace vectoriel de E.

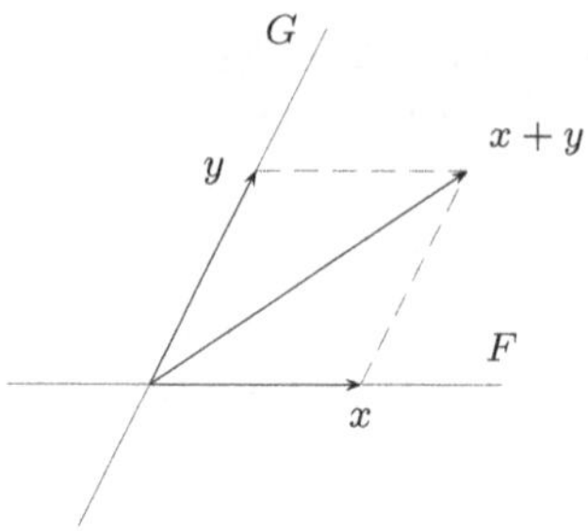

21.7 Soit $(\lambda_1, \lambda_2, \lambda_3) \in \mathbb{R}^3$ tel que $\lambda_1 x_1 + \lambda_2 x_2 + \lambda_3 x_3 = 0$. On a alors :

$$(\lambda_1 - \lambda_2 + \lambda_3 \, , \, \lambda_1 + \lambda_2 - \lambda_3 \, , \, \lambda_1 - \lambda_2 - \lambda_3) = (0, 0, 0).$$

On en déduit :

$$\begin{cases} \lambda_1 - \lambda_2 + \lambda_3 = 0 \\ \lambda_1 + \lambda_2 - \lambda_3 = 0 \\ \lambda_1 - \lambda_2 - \lambda_3 = 0. \end{cases}$$

En sommant les deux premières lignes, on obtient $\lambda_1 = 0$. La somme des deux dernières lignes donne alors $\lambda_3 = 0$, et l'on en déduit $\lambda_2 = 0$; la famille est donc libre.

21.8 • Supposons $\operatorname{Im} \omega \neq 0$ et montrons que $(1, \omega)$ est libre.
Soit $(a, b) \in \mathbb{R}^2$ tel que $a + b\omega = 0$. On a alors $0 = \operatorname{Im}(a + b\omega) = b \operatorname{Im} \omega$ donc $b = 0$ car $\operatorname{Im} \omega \neq 0$. On en déduit alors $a = 0$, et la famille est donc libre.

• Supposons $\operatorname{Im} \omega = 0$ et donc $\omega \in \mathbb{R}$. Alors, la combinaison linéaire non triviale (à coefficients réels) $\omega \cdot 1 - 1 \cdot \omega = 0$ montre que la famille est liée.

Par suite, on a démontré l'équivalence demandée.

21.9 Soit a et b deux réels tels que $a \cos + b \sin = 0$. On a alors :

$$\forall x \in \mathbb{R} \quad a \cos x + b \sin x = 0.$$

• En évaluant cette égalité en 0, on en déduit $a = 0$.
• En évaluant cette égalité en $\frac{\pi}{2}$, on en déduit $b = 0$.

Ainsi, on a $(a, b) = (0, 0)$ et la famille $(\cos, \sin)$ est donc libre.

21.10 Étant donné que :

$$\forall x \in \mathbb{R} \quad \cos^2 x + \sin^2 x = 1,$$

on a $(-1) \cdot 1 + 1 \cdot \cos^2 + 1 \cdot \sin^2 = 0$, ce qui entraîne que la famille $(1, \sin^2, \cos^2)$ est liée. On en déduit que la famille donnée est liée puisque c'en est une sur-famille.

21.11 Montrons tout d'abord que cette famille est génératrice de $\mathbb{K}_2[X]$.

- Chaque vecteur de cette famille appartient bien à $\mathbb{K}_2[X]$.
- Les égalités $X = (X+1)-1$ et $X^2 = (X^2+X+1)-(X+1)$ montrent que tout vecteur de la famille $(1, X, X^2)$ est combinaison linéaire des vecteurs de la famille $(1, X+1, X^2+X+1)$.
- Comme $(1, X, X^2)$ engendre $\mathbb{K}_2[X]$, il en est de même de $(1, X+1, X^2+X+1)$.

De plus, la famille $(1, X+1, X^2+X+1)$ est échelonnée en degré donc libre.
Par suite $(1, X+1, X^2+X+1)$ est une base de $\mathbb{K}_2[X]$.

21.12 1. La famille $\left(1, (X-a), \dfrac{(X-a)^2}{2}, \dfrac{(X-a)^3}{3!}, \ldots, \dfrac{(X-a)^n}{n!}\right)$ est libre car elle est échelonnée en degré.

2. La formule de Taylor appliquée au polynôme P donne :

$$P(X) = \sum_{k=0}^{+\infty} \frac{P^{(k)}(a)}{k!}(X-a)^k = \sum_{k=0}^{n} P^{(k)}(a)\frac{(X-a)^k}{k!}.$$

Or, la famille $\left(1, (X-a), \dfrac{(X-a)^2}{2}, \dfrac{(X-a)^3}{3!}, \ldots, \dfrac{(X-a)^n}{n!}\right)$ est une famille d'éléments de $\mathbb{K}_n[X]$. La formule précédente montre que tout polynôme de $\mathbb{K}_n[X]$ est combinaison linéaire de cette famille ; ainsi cette famille est génératrice de $\mathbb{K}_n[X]$. Comme elle est de plus libre, c'est une base de cet espace vectoriel.

Par conséquent, la famille des coordonnées de P dans cette base est :

$$\left(P(a), P'(a), P''(a), \ldots, P^{(n)}(a)\right).$$

21.13 Puique E n'est pas réduit à $\{0\}$, il existe un vecteur x non nul de E, que l'on fixe.
On a alors $i \star x = \mathrm{Re}(i) \cdot x = 0$, donc $i \star (i \star x) = 0$. Par ailleurs, on a $(i^2) \star x = -x$.
Ainsi, $i \star (i \star x) \neq (i^2) \star x$. Donc l'ensemble $(E, +, \star)$ n'est donc pas un $\mathbb{C}$-espace vectoriel.

21.14 1. La fonction nulle est dérivable, et toute combinaison linéaire de fonctions dérivables est aussi dérivable. Ainsi l'ensemble des fonctions dérivables sur $\mathbb{R}$ est un sous-espace vectoriel de E.

2. L'ensemble des fonctions croissantes sur $\mathbb{R}$ n'est pas un sous-espace vectoriel de E. En effet, la fonction $x \mapsto x$ est croissante mais son opposé $x \mapsto -x$ n'est pas croissante.

3. L'ensemble des fonctions monotones sur $\mathbb{R}$ n'est pas un sous-espace vectoriel de E. En effet, les fonctions $x \mapsto x$ et $x \mapsto x^3$ sont monotones sur $\mathbb{R}$ mais leur différence $f : x \mapsto x - x^3$ vérifie $f(0) = 0$, $f(1/2) = 3/8$ et $f(1) = 0$ donc n'est pas monotone sur $\mathbb{R}$.

4. L'ensemble des fonctions prenant une valeur non nulle en 0 n'est pas un sous-espace vectoriel de E, puisqu'il ne contient pas la fonction nulle.

21.15 1. Supposons $\mathbb{K} = \mathbb{R}$. On écrit :
$$x^2 + y^2 + 2z^2 - 2xy - 2yz + 2xz = (x - y + z)^2 + z^2.$$
On a donc, si $\mathbb{K} = \mathbb{R}$:
$$(x - y + z)^2 + z^2 = 0 \iff \begin{cases} x - y + z = 0 \\ z = 0 \end{cases}$$
$$\iff \begin{cases} x - y = 0 \\ z = 0 \end{cases}$$
L'ensemble F est donc l'ensemble des vecteurs $(x, x, 0)$, avec $x \in \mathbb{R}$. Autrement dit, on a $F = \mathrm{Vect}\{(1, 1, 0)\}$. Il s'agit donc un sous-espace vectoriel de $\mathbb{R}^3$.

2. Si $\mathbb{K} = \mathbb{C}$, alors on a :
$$(x - y + z)^2 + z^2 = 0 \iff \begin{cases} x - y + z = iz \\ \text{ou} \\ x - y + z = -iz. \end{cases}$$
Ce n'est donc pas un sous-espace vectoriel, car il contient les deux vecteurs $(1, i, i)$ et $(1, -i, -i)$ mais pas leur somme $(2, 0, 0)$.

21.16 1. Soit $(\lambda_1, \lambda_2, \lambda_3) \in \mathbb{K}^3$ tel que :
$$\lambda_1(x_2 + x_3) + \lambda_2(x_3 + x_1) + \lambda_3(x_1 + x_2) = 0,$$
ce qui s'écrit encore :
$$(\lambda_2 + \lambda_3)x_1 + (\lambda_1 + \lambda_3)x_2 + (\lambda_1 + \lambda_2)x_3 = 0.$$
Comme (x_1, x_2, x_3) est libre on en déduit :
$$\lambda_2 + \lambda_3 = 0, \quad \lambda_1 + \lambda_3 = 0 \quad \text{et} \quad \lambda_1 + \lambda_2 = 0.$$
Par somme de ces trois égalités, on obtient :
$$\lambda_1 + \lambda_2 + \lambda_3 = 0.$$
Par différence avec chacune des premières égalités, on en déduit :
$$\lambda_1 = \lambda_2 = \lambda_3 = 0.$$
Par suite, $(x_2 + x_3, x_3 + x_1, x_1 + x_2)$ est une famille libre.

2. Si l'on pose $(y_1, y_2, y_3, y_4) = (x_1 + x_2, x_2 + x_3, x_3 + x_4, x_4 + x_1)$, alors on a :
$$y_1 + y_3 = y_2 + y_4 \quad \text{ou encore} \quad y_1 - y_2 + y_3 - y_4 = 0$$
donc la famille donnée n'est pas libre.

21.17 Puisque G et H sont inclus dans $G + H$, on a :
$$F \cap G \subset F \cap (G + H) \qquad \text{et} \qquad F \cap H \subset F \cap (G + H).$$
Ainsi, $F \cap (G + H)$ est un sous-espace vectoriel contenant $F \cap G$ et $F \cap H$. On en déduit que (cf. proposition 10 de la page 754) :
$$(F \cap G) + (F \cap H) \subset F \cap (G + H).$$
Pour montrer que l'on ne peut pas faire mieux (égalité) donnons un contre-exemple. Il suffit de considérer dans $\mathbb{R}^2$ les sous-espaces vectoriels :
$$F = \mathrm{Vect}\big((1, 1)\big), \quad G = \mathrm{Vect}\big((1, 0)\big) \quad \text{et} \quad H = \mathrm{Vect}\big((0, 1)\big).$$
On a $G + H = \mathrm{Vect}\big((0, 1), (1, 0)\big) = \mathbb{R}^2$ et donc $F \cap (G + H) = F$.

En revanche, on a $F \cap G = F \cap H = \{0\}$ et donc $(F \cap G) + (F \cap H) = \{0\}$.

21.18 Soit $(x,y,z) \in \mathbb{R}^3$. On a :

$$\begin{cases} x+y+z=0 \\ 2x-y+z=0 \end{cases} \iff \left(x=-\frac{2}{3}z \quad \text{et} \quad y=-\frac{1}{3}z\right) \iff (x,y,z)=\frac{z}{3}(-2,-1,3).$$

Par conséquent, on a $F = \text{Vect}\big((-2,-1,3)\big)$, ce qui prouve que F est un sous-espace vectoriel de E ; comme le vecteur $(-2,-1,3)$ est non nul, F est la droite vectorielle engendrée par le vecteur $(-2,-1,3)$.

21.19 Soit $(\lambda_j)_{j\in[\![1,n]\!]} \in \mathbb{R}^n$ tel que $\sum\limits_{j=1}^{n} \lambda_j f_{a_j} = 0$.

Soit $k \in [\![1,n]\!]$. Supposons $\lambda_k \neq 0$.

- Alors en divisant la relation précédente par λ_k, on en déduit que f_{a_k} est combinaison linéaire des $n-1$ autres fonctions.
- Or, pour tout $j \in [\![1,n]\!] \setminus \{k\}$, la fonction f_{a_j} est dérivable en a_k. Donc par combinaison linéaire, f_{a_k} est aussi dérivable en a_k, ce qui est faux.

Par suite, on a $\lambda_k = 0$ et, comme k est quelconque, cela prouve que la famille $(f_{a_k})_{k\in[\![1,n]\!]}$ est libre.

21.20 1. Soit $(\lambda_0,\dots,\lambda_n) \in \mathbb{R}^{n+1}$ tel que $\sum\limits_{k=0}^{n} \lambda_k \varphi_k = 0$. On a :

$$\forall x \in \mathbb{R} \quad \sum_{k=0}^{n} \lambda_k\, e^{kx} = 0 \qquad i.e. \qquad \sum_{k=0}^{n} \lambda_k \left(e^x\right)^k = 0. \qquad (*)$$

Posons alors $P(X) = \sum\limits_{k=0}^{n} \lambda_k X^k$. La relation $(*)$ s'écrit alors $\forall x \in \mathbb{R} \quad P(e^x) = 0$.

Comme l'image de la fonction exp est $\mathbb{R}_+^*$, on en déduit $\forall y \in \mathbb{R}_+^* \quad P(y) = 0$.

Ainsi P a une infinité de racines, et donc $P = 0$. Par suite, ses coefficients sont tous nuls, ce qui prouve que la famille $(\varphi_k)_{k\in[\![0,n]\!]}$ est libre.

2. Comme la liberté d'une famille ne dépend pas de l'ordre des vecteurs, on peut supposer que les réels $a_1,\dots,a_n$ sont rangés par ordre strictement croissant : $a_1 < \dots < a_n$. Montrons, par l'absurde, que la famille $(\varphi_{a_k})_{k\in[\![1,n]\!]}$ est libre. Supposons donc qu'il existe une famille $(\lambda_1,\dots,\lambda_n) \in \mathbb{R}^n$, non tous nuls, tels que :

$$\sum_{k=1}^{n} \lambda_k \varphi_{a_k} = 0$$

et posons $p = \max\big\{k \in [\![1,n]\!] \ : \ \lambda_k \neq 0\big\}$. La relation précédente devient alors :

$$\sum_{k=1}^{p} \lambda_k \varphi_{a_k} = 0 \quad \text{et ainsi} \quad \sum_{k=1}^{p-1} \lambda_k \varphi_{a_k} = \quad \lambda_p \varphi_{a_p}.$$

En multipliant par la fonction φ_{-a_p}, on obtient :

$$\sum_{k-1}^{p-1} \lambda_k \varphi_{(a_k-a_p)} = -\lambda_p.$$

Pour tout $k \in [\![1,p-1]\!]$, on a $a_k - a_p < 0$, et donc le membre de gauche tend vers 0 en $+\infty$. Ainsi, en passant à la limite, on obtient $\lambda_p = 0$, ce qui est impossible. Par suite, la famille $(\varphi_{a_k})_{k\in[\![1,n]\!]}$ est libre.

21.21 Soit F l'ensemble des polynômes $P \in \mathbb{C}_4[X]$ tels que $P(a) = P(b) = 0$. Les complexes a et b étant distincts, F est l'ensemble des polynômes de $\mathbb{C}_4[X]$ divisibles par $(X-a)(X-b)$. Comme le degré d'un tel polynôme est au plus 4, on a :

$$F = \left\{(X-a)(X-b)(\alpha + \beta X + \gamma X^2) \mid (\alpha, \beta, \gamma) \in \mathbb{C}^3\right\}.$$

donc :

$$F = \left\{\alpha(X-a)(X-b) + \beta(X-a)(X-b)X + \gamma(X-a)(X-b)X^2 \mid (\alpha, \beta, \gamma) \in \mathbb{C}^3\right\}$$

ou encore :

$$F = \operatorname{Vect}\Big((X-a)(X-b), (X-a)(X-b)X, (X-a)(X-b)X^2\Big).$$

Par conséquent :

- l'ensemble F est un sous-espace vectoriel de $\mathbb{C}_4[X]$;
- comme la famille $\big((X-a)(X-b), (X-a)(X-b)X, (X-a)(X-b)X^2\big)$ est libre, car échelonnée en degré, c'est une base de F.

21.22 Montrons l'égalité des sous-espaces vectoriels A_N et B_N par double inclusion.

- Soit $n \in [\![0, N]\!]$; montrons $u_n \in B_N$.

  Soit $x \in \mathbb{R}$. En utilisant les formules d'Euler et du binôme, on a :

  $$u_n(x) = \left(\frac{e^{ix} + e^{-ix}}{2}\right)^n = \frac{1}{2^n}\sum_{k=0}^{n}\binom{n}{k}e^{ikx}e^{-i(n-k)x} = \frac{1}{2^n}\sum_{k=0}^{n}\binom{n}{k}e^{i(2k-n)x}.$$

  Or la fonction u_n est à valeurs réelles donc on a :

  $$u_n(x) = \operatorname{Re}\big(u_n(x)\big) = \frac{1}{2^n}\sum_{k=0}^{n}\binom{n}{k}\operatorname{Re}\left(e^{i(2k-n)x}\right) = \frac{1}{2^n}\sum_{k=0}^{n}\binom{n}{k}\cos\big((2k-n)x\big).$$

  Finalement, la fonction cos étant paire, on a :

  $$u_n(x) = \frac{1}{2^n}\sum_{k=0}^{n}\binom{n}{k}\cos\big(|2k-n|x\big).$$

  Or, pour $k \in [\![0, n]\!]$, on a $|2k-n| \in [\![0, n]\!]$, ce qui prouve que u_n est une combinaison linéaire de $(v_0, \ldots, v_n)$.

  Ainsi, pour tout $n \in [\![0, N]\!]$, on a $u_n \in B_n$ donc $u_n \in B_N$, ce qui prouve $A_N \subset B_N$.

- Soit $n \in [\![0, N]\!]$; montrons $v_n \in A_N$.

  En utilisant les formules de Moivre et du binôme, on a :

  $$\begin{aligned} v_n &= \operatorname{Re}\Big((\cos + i\sin)^n\Big) \\ &= \operatorname{Re}\left(\sum_{k=0}^{n}\binom{n}{k} i^k \sin^k \cos^{n-k}\right) \\ &= \sum_{\substack{k \in [\![0,n]\!] \\ k \text{pair}}}\binom{n}{k}(-1)^{\frac{k}{2}}\sin^k\cos^{n-k}. \end{aligned}$$

En effectuant le changement d'indice $[k = 2p]$, on obtient :

$$\begin{aligned}
v_n &= \sum_{p=0}^{\lfloor \frac{n}{2} \rfloor} \binom{n}{2p} (-1)^p \sin^{2p} \cos^{n-2p} \\
&= \sum_{p=0}^{\lfloor \frac{n}{2} \rfloor} \binom{n}{2p} (-1)^p (1-\cos^2)^p \cos^{n-2p} \\
&= \sum_{p=0}^{\lfloor \frac{n}{2} \rfloor} \binom{n}{2p} (-1)^p \cos^{n-2p} \sum_{k=0}^{p} \binom{p}{k} (-1)^{p-k} \cos^{2(p-k)} \\
&= \sum_{p=0}^{\lfloor \frac{n}{2} \rfloor} \sum_{k=0}^{p} \binom{p}{k} \binom{n}{2p} (-1)^k \cos^{n-2k},
\end{aligned}$$

ce qui montre que v_n est une combinaison linéaire de $(u_0, \ldots, u_n)$.
Ainsi, pour tout $n \in [\![0, N]\!]$, on a $v_n \in A_n$ donc $v_n \in A_N$, ce qui prouve $B_N \subset A_N$.

21.23 Prouvons-le par récurrence.

- Le résultat est vrai si $n = 1$, puisque la fonction sin est non nulle.
- Soit $n \geqslant 2$; supposons $(f_1, \ldots, f_{n-1})$ libre et montrons que $(f_1, \ldots, f_n)$ est libre. Considérons n réels $\lambda_1, \ldots, \lambda_n$ tels que :

$$\sum_{k=1}^{n} \lambda_k f_k = 0. \qquad (i)$$

En dérivant deux fois cette égalité de fonctions, on obtient :

$$-\sum_{k=1}^{n} \lambda_k k^2 f_k = 0. \qquad (ii)$$

En multipliant (i) par n^2 et en l'additionnant à (ii), on obtient :

$$\sum_{k=1}^{n-1} (n^2 - k^2)\, \lambda_k\, f_k = 0.$$

Or, par hypothèse la famille $(f_1, \ldots, f_{n-1})$ est libre donc :

$$\forall k \in [\![1, n-1]\!] \quad (n^2 - k^2)\lambda_k = 0.$$

Comme $n^2 - k^2 \neq 0$ pour $k \in [\![1, n-1]\!]$, on en déduit :

$$\forall k \in [\![1, n-1]\!] \quad \lambda_k = 0.$$

En reportant dans la relation (i), on a alors $\lambda_n f_n = 0$, ce qui conduit à $\lambda_n = 0$ puisque f_n n'est pas la fonction nulle. Ainsi $(f_1, \ldots, f_n)$ est libre, ce qui termine la démonstration par récurrence.

Chapitre 22 : Applications linéaires

Applications linéaires

22

On étudie dans ce chapitre les applications entre espaces vectoriels qui respectent la structure d'espace vectoriel, c'est-à-dire qui sont « compatibles » avec les lois interne et externe.
Dans tout le chapitre, $\mathbb{K}$ désigne $\mathbb{R}$ ou $\mathbb{C}$, et E, F et G sont des $\mathbb{K}$-espaces vectoriels.

I Définition et propriétés

1 Définition et caractérisation

Définition 1

Une application $u : E \longrightarrow F$ est une **application linéaire** si :

$$\begin{cases} \forall (x,y) \in E^2 \quad u(x+y) = u(x) + u(y) \\ \forall \lambda \in \mathbb{K} \quad \forall x \in E \quad u(\lambda x) = \lambda u(x). \end{cases}$$

Une telle application u est aussi appelée **morphisme d'espaces vectoriels**, et l'on parle :

- d'**endomorphisme** si $E = F$,
- d'**isomorphisme** si u est bijective,
- d'**automorphisme** si u est un endomorphisme bijectif.

Notation On note :

- $\mathcal{L}(E,F)$ l'ensemble des applications linéaires de E dans F ;
- $\mathcal{L}(E)$ l'ensemble des endomorphismes de E (on a donc $\mathcal{L}(E) = \mathcal{L}(E,E)$).

Proposition 1

Si u est une application linéaire de E dans F, alors $u(0_E) = 0_F$.

Démonstration. Par définition, si u est une application linéaire de E dans F, on a :

$$u(0_E) = u(0_E + 0_E) = u(0_E) + u(0_E) = 2u(0_E) \qquad \text{donc} \qquad u(0_E) = 0_F. \qquad \square$$

Remarque La plupart du temps, on note de la même façon les vecteurs nuls 0_E et 0_F, et le résultat précédent s'écrit alors simplement $u(0) = 0$.

Proposition 2

Une application $u : E \longrightarrow F$ est une application linéaire si, et seulement si :

$$\forall (x,y) \in E^2 \quad \forall \lambda \in \mathbb{K} \quad u(\lambda x + y) = \lambda u(x) + u(y).$$

Démonstration. Le sens direct est immédiat. Prouvons le sens réciproque. Supposons :

$$\forall (x,y) \in E^2 \quad \forall \lambda \in \mathbb{K} \quad u(\lambda x + y) = \lambda u(x) + u(y).$$

- En prenant le scalaire $\lambda = 1$, on obtient $\forall (x,y) \in E^2 \quad u(x+y) = u(x) + u(y)$.
- De plus, pour $x \in E$ et $\lambda \in \mathbb{K}$, on a :

$$u(\lambda x) = u\big((\lambda - 1)x + x\big) = (\lambda - 1)u(x) + u(x) = \lambda u(x).$$

Ainsi, u est linéaire. $\square$

Remarque On utilise également la caractérisation suivante, plus symétrique :

Exo 22.1

$$\forall (x,y) \in E^2 \quad \forall (\lambda,\mu) \in \mathbb{K}^2 \quad u(\lambda x + \mu y) = \lambda u(x) + \mu u(y).$$

Exo 22.2

Exo 22.3

Point méthode Dans la très grande majorité des cas, pour montrer qu'une application est linéaire, on utilisera la caractérisation de la proposition 2 ou celle de la remarque ci-dessus.

Remarques

- Si $u \in \mathcal{L}(E,F)$, alors une récurrence immédiate montre que, pour tout $n \in \mathbb{N}^*$, pour tout $(x_1, \ldots, x_n) \in E^n$ et pour tout $(\lambda_1, \ldots, \lambda_n) \in \mathbb{K}^n$, on a :

$$u\left(\sum_{i=1}^{n} \lambda_i x_i\right) = \sum_{i=1}^{n} \lambda_i u(x_i).$$

  Autrement dit, l'image d'une combinaison linéaire par une application linéaire est la combinaison linéaire des images.

- La restriction d'une application linéaire à un sous-espace vectoriel est une application linéaire.

Ex. 1. L'application nulle de E dans F est une application linéaire.

Ex. 2. L'application identité Id_E est un endomorphisme qui, de plus, est bijectif : Id_E est donc un automorphisme de E.

Ex. 3. Déterminons les applications linéaires de $\mathbb{K}$ dans $\mathbb{K}$. Si $u \in \mathcal{L}(\mathbb{K})$ alors :

$$\forall x \in \mathbb{K} \quad u(x) = u(x\,1) = x\,u(1).$$

Par conséquent, si l'on pose $\lambda = u(1)$, on a : $\forall x \in E \quad u(x) = \lambda x$. Réciproquement, on vérifie aisément que, pour tout $\lambda \in \mathbb{K}$, l'application $\begin{array}{ccc} \mathbb{K} & \longrightarrow & \mathbb{K} \\ x & \longmapsto & \lambda x \end{array}$ est linéaire.

Ex. 4. L'application $s : \begin{array}{ccc} \mathbb{K}^2 & \longrightarrow & \mathbb{K}^2 \\ (x,y) & \longmapsto & (y,x) \end{array}$ est linéaire.

En effet, étant donné $\lambda \in \mathbb{K}$ et $\big((x_1,y_1),(x_2,y_2)\big) \in \left(\mathbb{K}^2\right)^2$, on a :

$$\begin{aligned} s\big(\lambda(x_1,y_1)+(x_2,y_2)\big) = s\big(\lambda x_1 + x_2, \lambda y_1 + y_2\big) &= (\lambda y_1 + y_2, \lambda x_1 + x_2) \\ &= \lambda(y_1,x_1) + (y_2,x_2) = \lambda s(x_1,y_1) + s(x_2,y_2). \end{aligned}$$

Ex. 5. Pour $A \in \mathcal{M}_{n,p}(\mathbb{K})$, les propriétés du produit matriciel (cf. page 669) assurent que :

$$\begin{array}{ccc} \mathcal{M}_{p,1}(\mathbb{K}) & \longrightarrow & \mathcal{M}_{n,1}(\mathbb{K}) \\ X & \longmapsto & AX \end{array}$$

est une application linéaire.

Bon nombre de propriétés établies dans les chapitres précédents peuvent se traduire en termes de linéarité.

Ex. 6. La dérivation $f \mapsto f'$ permet de définir :

- une application linéaire de $\mathcal{C}^1(\mathbb{R},\mathbb{K})$ dans $\mathcal{C}^0(\mathbb{R},\mathbb{K})$,
- un endomorphisme de $\mathcal{C}^\infty(\mathbb{R},\mathbb{K})$.

Ex. 7. L'intégration sur un segment $[a,b]$: $\begin{array}{ccc} \mathcal{C}([a,b],\mathbb{K}) & \longrightarrow & \mathbb{K} \\ f & \longmapsto & \displaystyle\int_a^b f(t)\,\mathrm{d}t \end{array}$ est linéaire.

Ex. 8. La dérivation polynomiale $\begin{array}{ccc} \mathbb{K}[X] & \longrightarrow & \mathbb{K}[X] \\ P & \longmapsto & P' \end{array}$ est un endomorphisme de $\mathbb{K}[X]$.

Ex. 9. *Linéarité de l'évaluation en un point.*

- Pour $a \in \mathbb{K}$, l'application $\begin{array}{ccc} \mathbb{K}[X] & \longrightarrow & \mathbb{K} \\ P & \longmapsto & P(a) \end{array}$ est linéaire.
- Soit Ω un ensemble non vide et E un $\mathbb{K}$-espace vectoriel.
  Pour $a \in \Omega$, l'application : $\begin{array}{ccc} E^\Omega & \longrightarrow & E \\ f & \longmapsto & f(a) \end{array}$ est linéaire.

Ex. 10. La transposition $\begin{array}{ccc} \mathcal{M}_{n,p}(\mathbb{K}) & \longrightarrow & \mathcal{M}_{p,n}(\mathbb{K}) \\ M & \longmapsto & M^T \end{array}$ est linéaire.

Ex. 11. Par théorème d'opérations sur les suites, l'ensemble F des suites convergentes est un sous-espace vectoriel de $\mathbb{K}^{\mathbb{N}}$ et l'application $\begin{array}{ccc} F & \longrightarrow & \mathbb{K} \\ u & \longmapsto & \lim u \end{array}$ est linéaire.

934 **Ex. 12.** On verra au chapitre 27 que l'espérance est une application linéaire définie sur l'espace vectoriel des variables aléatoires réelles définies sur un univers fini non vide, à valeurs dans $\mathbb{R}$.

2 Opérations sur les applications linéaires

Proposition 3

L'ensemble $\mathcal{L}(E,F)$ muni des lois usuelles est un $\mathbb{K}$-espace vectoriel.

Démonstration page 800

Principe de démonstration. On montre que c'est un sous-espace vectoriel de F^E.

On en déduit immédiatement le corollaire suivant.

Corollaire 4

Toute combinaison linéaire d'applications linéaires est linéaire.

Proposition 5

Si $u \in \mathcal{L}(E,F)$ et $v \in \mathcal{L}(F,G)$, alors $v \circ u \in \mathcal{L}(E,G)$.

Démonstration page 800

Proposition 6 (Bilinéarité de la composition)

Étant donné $u \in \mathcal{L}(E,F)$ et $v \in \mathcal{L}(F,G)$, les applications :

$$\begin{array}{ccc} \mathcal{L}(F,G) & \longrightarrow & \mathcal{L}(E,G) \\ w & \longmapsto & w \circ u \end{array} \qquad \text{et} \qquad \begin{array}{ccc} \mathcal{L}(E,F) & \longrightarrow & \mathcal{L}(E,G) \\ w & \longmapsto & v \circ w \end{array}$$

sont linéaires.

Démonstration. La linéarité de la première est immédiate, celle de la seconde découle de la linéarité de v :

- pour $(w_1,w_2) \in \mathcal{L}(F,G)^2$ et $\lambda \in \mathbb{K}$, on a, par définition de l'application $\lambda w_1 + w_2$:
$$(\lambda w_1 + w_2) \circ u = \lambda w_1 \circ u + w_2 \circ u\ ;$$
- pour $(w_1,w_2) \in \mathcal{L}(E,F)^2$ et $\lambda \in \mathbb{K}$, on a, pour tout $x \in E$:
$$\begin{aligned} \big(v \circ (\lambda w_1 + w_2)\big)(x) &= v\big(\lambda w_1(x) + w_2(x)\big) \\ &= \lambda v\big(w_1(x)\big) + v\big(w_2(x)\big) && \text{(linéarité de } v\text{)} \\ &= (\lambda v \circ w_1 + v \circ w_2)(x), \end{aligned}$$
ce qui montre que :
$$v \circ (\lambda w_1 + w_2) = \lambda v \circ w_1 + v \circ w_2.$$

□

Terminologie L'application $\begin{array}{rcl} \mathcal{L}(F,G)\times\mathcal{L}(E,F) & \longrightarrow & \mathcal{L}(E,G) \\ (v,u) & \longmapsto & v\circ u \end{array}$ est **bilinéaire.**

Proposition 7 (Inverse d'un isomorphisme)

Si u est un isomorphisme de E dans F, alors sa bijection réciproque u^{-1} est linéaire.

Démonstration page 800

Terminologie Lorsqu'il existe un isomorphisme de E dans F, on dit que les espaces vectoriels E et F sont **isomorphes.** Le caractère symétrique de cette terminologie est justifié par la proposition précédente.

3 Noyau et image d'une application linéaire

Proposition 8

Soit $u\in\mathcal{L}(E,F)$.

- Si E' est un sous-espace vectoriel de E, alors $u(E')$ est un sous-espace vectoriel de F.
- Si F' est un sous-espace vectoriel de F, alors $u^{-1}(F')$ est un sous-espace vectoriel de E.

Démonstration page 800

Principe de démonstration. Utiliser la caractérisation d'un sous-espace vectoriel.

Définition 2

Soit $u\in\mathcal{L}(E,F)$. On appelle :

- **noyau** de u, et l'on note $\operatorname{Ker} u$, le sous-espace vectoriel de E défini par :
$$\operatorname{Ker} u = u^{-1}(\{0\}) = \big\{x\in E\ :\ u(x)=0\big\}\ ;$$
- **image** de u, et l'on note $\operatorname{Im} u$, le sous-espace vectoriel de F défini par :
$$\operatorname{Im} u = u(E) = \{u(x)\mid x\in E\}.$$

Remarque D'après la proposition 8, le noyau et l'image de u sont bien des sous-espaces vectoriels en tant qu'image réciproque du sous-espace vectoriel $\{0\}$ et image directe du sous-espace vectoriel E par l'application linéaire u.

Ex. 13. Considérons l'application linéaire u : $\begin{array}{rcl} \mathbb{R}^3 & \longrightarrow & \mathbb{R}^2 \\ (x,y,z) & \longmapsto & (x-y+z,z). \end{array}$

- Déterminons le noyau de u. Soit $(x,y,z)\in\mathbb{R}^3$. On a :
$$u\big((x,y,z)\big)=0 \iff \big(x-y+z=0 \quad\text{et}\quad z=0\big) \iff \big(x=y \text{ et } z=0\big).$$
Par conséquent :
$$\operatorname{Ker} u = \big\{(x,y,z)\in\mathbb{R}^3\ :\ x=y \quad\text{et}\quad z=0\big\} = \big\{(x,x,0)\in\mathbb{R}^3 \mid x\in\mathbb{R}\big\} = \operatorname{Vect}\big((1,1,0)\big).$$
- Déterminons l'image de u. Pour $(a,b)\in\mathbb{R}^2$, on a $u(a,b,b)=(a,b)$, donc tout vecteur de $\mathbb{R}^2$ appartient à l'image de u et ainsi $\operatorname{Im} u=\mathbb{R}^2$.

Ex. 14. Considérons l'endomorphisme $\varphi : \begin{array}{ccc} \mathbb{K}[X] & \longrightarrow & \mathbb{K}[X] \\ P & \longmapsto & XP. \end{array}$

- Déterminons le noyau de φ.
  Si $P \in \mathbb{K}[X]$ vérifie $\varphi(P) = 0$ alors, par intégrité de $\mathbb{K}[X]$, on a $P = 0$ puisque X n'est pas le polynôme nul. Ainsi $\operatorname{Ker}\varphi \subset \{0\}$. Or $\operatorname{Ker}\varphi$, qui est un sous-espace vectoriel, contient 0. Donc $\operatorname{Ker}\varphi = \{0\}$.
- Déterminons l'image de φ. Soit $Q \in \mathbb{K}[X]$.
  Alors $Q \in \operatorname{Im}\varphi$ si, et seulement s'il existe $P \in \mathbb{K}[X]$ tel que $Q = XP$, c'est-à-dire X divise Q, ou encore : 0 est racine de Q. On a donc $\operatorname{Im}\varphi = \big\{Q \in \mathbb{K}[X] \ : \ Q(0) = 0\big\}$.

Point méthode Pour montrer qu'une partie est un sous-espace vectoriel, il peut être efficace de montrer que c'est le noyau ou l'image d'une application linéaire.

Ex. 15. L'ensemble $\{(x,y,z) \in \mathbb{K}^3 \ : \ x+2y+3z = 0 \text{ et } x+y = 0\}$ est un sous-espace vectoriel de $\mathbb{K}^3$ puisque c'est le noyau de l'application linéaire $\begin{array}{ccc} \mathbb{K}^3 & \longrightarrow & \mathbb{K}^2 \\ (x,y,z) & \longmapsto & (x+2y+3z, x+y). \end{array}$

Remarques Soit $u \in \mathcal{L}(E,F)$ et $v \in \mathcal{L}(F,G)$.

- On dispose des deux inclusions suivantes :
  $$\operatorname{Ker}(u) \subset \operatorname{Ker}(v \circ u) \qquad \text{et} \qquad \operatorname{Im}(v \circ u) \subset \operatorname{Im} v.$$
  En effet :
  * si $x \in \operatorname{Ker} u$, on a $u(x) = 0$ donc $v\big(u(x)\big) = 0$, par linéarité de v, c'est-à-dire $x \in \operatorname{Ker}(v \circ u)$;
  * si $y \in \operatorname{Im}(v \circ u)$, il existe $x \in E$ tel que $y = (v \circ u)(x) = v\big(u(x)\big)$, donc $y \in \operatorname{Im} v$.
- L'application $v \circ u$ est nulle si, et seulement si, $\operatorname{Im} u \subset \operatorname{Ker} v$. En effet :
  $$\begin{aligned} v \circ u = 0 &\iff \forall x \in E \quad v\big(u(x)\big) = 0 \\ &\iff \forall x \in E \quad u(x) \in \operatorname{Ker} v \\ &\iff \operatorname{Im}(u) \subset \operatorname{Ker} v. \end{aligned}$$

Remarque Une application $u \in \mathcal{L}(E,F)$ est surjective si, et seulement si, $\operatorname{Im} u = F$.

Théorème 9

Une application $u \in \mathcal{L}(E,F)$ est injective si, et seulement si, $\operatorname{Ker} u = \{0\}$.

Démonstration.

- Supposons u injective et considérons $x \in \operatorname{Ker} u$; on a alors $u(x) = 0 = u(0)$.
  Comme u est injective, il s'ensuit $x = 0$; par suite $\operatorname{Ker} u \subset \{0\}$.
  Or $\operatorname{Ker} u$, qui est un sous-espace vectoriel, contient 0. Donc $\operatorname{Ker} u = \{0\}$.
- Supposons $\operatorname{Ker} u = \{0\}$. Soit $(x,y) \in E^2$ vérifiant $u(x) = u(y)$. On a alors, par linéarité :
  $$u(x-y) = u(x) - u(y) = 0,$$
  donc $x - y \in \operatorname{Ker} u$. Comme $\operatorname{Ker} u = \{0\}$, on en déduit $x - y = 0$ et ainsi $x = y$, ce qui prouve que u est injective. □

Ex. 16. La dérivation $D: \begin{array}{ccc} \mathcal{C}^1(\mathbb{R},\mathbb{R}) & \longrightarrow & \mathcal{C}^0(\mathbb{R},\mathbb{R}) \\ f & \longmapsto & f' \end{array}$ est une application linéaire non injective puisque son noyau, l'ensemble des applications constantes, n'est pas réduit à $\{0\}$.

Point méthode Pour démontrer qu'une application linéaire est injective, on utilisera systématiquement cette dernière caractérisation à l'aide du noyau. Puisque $\{0\} \subset \operatorname{Ker} u$, il suffira de montrer l'inclusion $\operatorname{Ker} u \subset \{0\}$, c'est-à-dire :

$$\forall x \in E \quad u(x) = 0 \Longrightarrow x = 0.$$

Ex. 17. Soit $(a,b,c) \in \mathbb{C}^3$ tel que $a \neq 0$. On pose $\varphi: \begin{array}{ccc} \mathcal{C}^2(\mathbb{R},\mathbb{C}) & \longrightarrow & \mathcal{C}^0(\mathbb{R},\mathbb{C}) \\ f & \longmapsto & af'' + bf' + cf. \end{array}$

L'application φ est linéaire en tant que combinaison linéaire des applications linéaires $f \mapsto f$, $f \mapsto f'$ et $f \mapsto f''$. D'après les résultats du chapitre 8, l'équation différentielle linéaire à coefficients constants $ay'' + by' + cy = 0$ admet (au moins) une solution non nulle. Ainsi le noyau de φ n'est pas réduit au vecteur nul et φ n'est pas injective.

Ex. 18. Soit $n \in \mathbb{N}^*$ et $x_1, \ldots, x_n$ des éléments deux à deux distincts de $\mathbb{K}$. On pose :

$$\varphi: \begin{array}{ccc} \mathbb{K}[X] & \longrightarrow & \mathbb{K}^n \\ P & \longmapsto & \big(P(x_1), \ldots, P(x_n)\big) \end{array}$$

et l'on note φ_n sa restriction à $\mathbb{K}_{n-1}[X]$. Étant donné $a \in \mathbb{K}$, l'application $P \mapsto P(a)$ est linéaire ; par conséquent, les applications φ et φ_n sont linéaires. Déterminons leurs noyaux.

- Soit $P \in \mathbb{K}_{n-1}[X]$ un élément de $\operatorname{Ker} \varphi_n$. Chacun des x_i est alors racine de P ; ces nombres étant deux à deux distincts, le polynôme P possède (au moins) n racines. Or $\deg P \leqslant n-1$ donc $P = 0$ et ainsi $\operatorname{Ker} \varphi_n = \{0\}$. Donc φ_n est injective.
- Un polynôme P appartient au noyau de φ si, et seulement s'il admet chaque x_i pour racine. Comme ce sont des scalaires distincts deux à deux, cela revient à dire que P est divisible par $A = \prod_{i=1}^{n} (X - x_i)$. Ainsi $\operatorname{Ker} \varphi = \big\{AQ \mid Q \in \mathbb{K}[X]\big\}$.

II Endomorphismes

1 L'ensemble des endomorphismes

Rappelons que l'on note $\mathcal{L}(E)$ l'ensemble des endomorphismes de E. Cet ensemble est stable par combinaison linéaire et par composition :

Proposition 10

- Toute combinaison linéaire d'endomorphismes de E est un endomorphisme E.
- La composée de deux endomorphismes de E est un endomorphisme de E.

Démonstration. C'est une conséquence immédiate du corollaire 4 de la page 785 et de la proposition 5 de la page 785. □

Remarques

- L'application Id_E est un endomorphisme de E et l'on a :

$$\forall u \in \mathcal{L}(E) \quad u \circ \mathrm{Id}_E = \mathrm{Id}_E \circ u = u.$$

On dit que l'endomorphisme Id_E est élément neutre de $\mathcal{L}(E)$ pour la composition.

- La composée de deux endomorphismes u et v de E est un endomorphisme mais $u \circ v \neq v \circ u$ en général comme le montre l'exemple suivant.

Ex. 19. Soit r et s les deux applications de $\mathbb{R}^2$ dans $\mathbb{R}^2$ définies par :

$$\forall (x,y) \in \mathbb{R}^2 \quad s\big((x,y)\big) = (y,x) \qquad \text{et} \qquad r\big((x,y)\big) = (-y,x).$$

On a montré dans l'exemple 4 de la page 784 que s appartient à $\mathcal{L}(\mathbb{R}^2)$. On montre de même que r appartient à $\mathcal{L}(\mathbb{R}^2)$.
De plus, pour tout $(x,y) \in \mathbb{R}^2$, on a :

$$(r \circ s)\big((x,y)\big) = r\left(s\big((x,y)\big)\right) = r\big((y,x)\big) = (-x,y),$$
$$(s \circ r)\big((x,y)\big) = s\left(r\big((x,y)\big)\right) = s\big((-y,x)\big) = (x,-y).$$

On a donc $(r \circ s)\big((1,1)\big) \neq (s \circ r)\big((1,1)\big)$ et ainsi $r \circ s \neq s \circ r$.

Terminologie On dit que deux endomorphismes u et v **commutent** si $u \circ v = v \circ u$.

Itérés d'un endomorphisme Pour $u \in \mathcal{L}(E)$ et $k \in \mathbb{N}$, l'**itéré k-ième** de u pour la composition, noté u^k, est l'endomorphisme :

$$u^k = \underbrace{u \circ \cdots \circ u}_{k \text{ fois}} \qquad \text{avec la convention } u^0 = \mathrm{Id}_E.$$

On a naturellement les propriétés calculatoires suivantes :

$$\forall (p,q) \in \mathbb{N}^2 \quad u^{p+q} = u^p \circ u^q \quad \text{et} \quad (u^p)^q = u^{pq}.$$

De façon analogue aux puissances de matrices, on dispose de deux formules pour des endomorphismes qui commutent.

Proposition 11 (Formule du binôme)

Soit $(u,v) \in \mathcal{L}(E)^2$. Si $u \circ v = v \circ u$ alors, pour tout $n \in \mathbb{N}$, on a :

$$(u+v)^n = \sum_{k=0}^{n} \binom{n}{k} u^k \circ v^{n-k}.$$

Démonstration. Analogue à celle faite dans le cas des nombres réels (cf. page 112). □

Proposition 12 (Factorisation de $u^n - v^n$)

Soit $(u,v) \in \mathcal{L}(E)^2$. Si $u \circ v = v \circ u$ alors, pour tout $n \in \mathbb{N}^*$, on a :

$$u^n - v^n = (u-v) \circ \sum_{k=0}^{n-1} u^k \circ v^{n-1-k}.$$

Démonstration. Analogue à celle faite dans le cas des nombres réels (cf. page 105). □

Attention La composition étant non commutative, il est indispensable, avant d'appliquer les formules des propositions 11 et 12, de vérifier que u et v commutent.

2 Groupe linéaire

Définition 3

On appelle **groupe linéaire** de E, et l'on note $\mathcal{GL}(E)$, l'ensemble des automorphismes de E, c'est-à-dire l'ensemble des endomorphismes bijectifs de E.

Ex. 20. On a $\mathrm{Id}_E \in \mathcal{GL}(E)$.

Proposition 13

Si $u \in \mathcal{GL}(E)$, alors $u^{-1} \in \mathcal{GL}(E)$.

Démonstration. C'est une conséquence immédiate de la proposition 7 de la page 786. □

Proposition 14

Si $(u,v) \in \mathcal{GL}(E)^2$ alors $u \circ v \in \mathcal{GL}(E)$ et $(u \circ v)^{-1} = v^{-1} \circ u^{-1}$.

Démonstration. Immédiat car la composée de deux endomorphismes est un endomorphisme et la composée de deux bijections est une bijection. □

Une récurrence immédiate permet alors d'obtenir le résultat suivant.

Proposition 15

Si $u \in \mathcal{GL}(E)$ alors, pour tout $k \in \mathbb{N}$, on a $u^k \in \mathcal{GL}(E)$ et $(u^k)^{-1} = (u^{-1})^k$.

Notation Pour $u \in \mathcal{GL}(E)$ et $k \in \mathbb{N}$, l'automorphisme $(u^k)^{-1}$ est noté u^{-k}.
Les propriétés calculatoires vues à la page 789 s'étendent alors pour tout couple d'entiers relatifs :

$$\forall (p,q) \in \mathbb{Z}^2 \quad u^{p+q} = u^p \circ u^q \quad \text{et} \quad (u^p)^q = u^{pq}.$$

3 Endomorphismes remarquables

Homothéties

Définition 4

Soit $\lambda \in \mathbb{K}$. L'endomorphisme $\lambda \, \mathrm{Id}_E$ est appelée **homothétie de rapport λ.**

Remarques

- Une homothétie commute avec tout endomorphisme.
- Si $\lambda \neq 0$ alors l'homothétie de rapport λ est un automorphisme dont la réciproque est l'homothétie de rapport $\frac{1}{\lambda}$.

Projecteurs ou projections

Définition 5

Soit F_1 et F_2 deux sous-espaces vectoriels supplémentaires de E. L'application :

$$\begin{array}{rcl} E = F_1 \oplus F_2 & \longrightarrow & E \\ x = x_1 + x_2 & \longmapsto & x_1 \end{array}$$

est appelée **projection** (ou **projecteur**) **sur F_1 parallèlement à F_2**.

Remarque Une telle application est bien définie car tout vecteur x s'écrit de manière unique :

$$x = x_1 + x_2 \quad \text{avec} \quad (x_1, x_2) \in F_1 \times F_2.$$

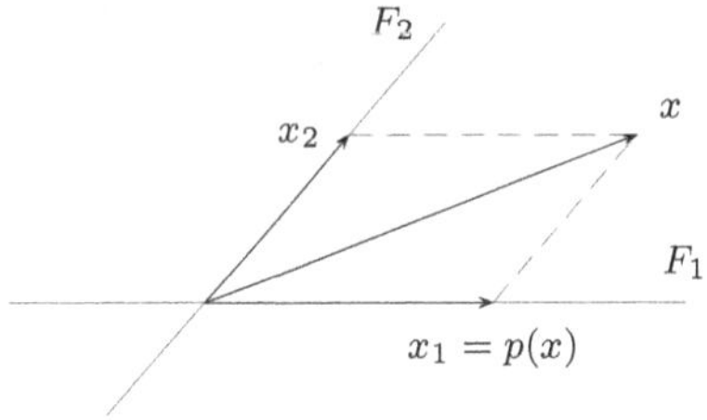

Ex. 21. Dans $\mathbb{R}^3$, les sous-espaces vectoriels :

$$F_1 = \text{Vect}\big((1,0,0)\big) \quad \text{et} \quad F_2 = \text{Vect}\big((0,1,0),(0,0,1)\big)$$

sont supplémentaires et tout vecteur $(x,y,z) \in \mathbb{R}^3$ s'écrit de manière unique :

$$(x,y,z) = \underbrace{(x,0,0)}_{\in F_1} + \underbrace{(0,y,z)}_{\in F_2}.$$

Ainsi, la projection sur F_1 parallèlement à F_2 est l'application $\begin{array}{rcl} \mathbb{R}^3 & \longrightarrow & \mathbb{R}^3 \\ (x,y,z) & \longmapsto & (x,0,0). \end{array}$

Ex. 22. Dans le $\mathbb{R}$-espace vectoriel $\mathbb{C}$, les applications :

$$\begin{array}{rcl} \mathbb{C} & \longrightarrow & \mathbb{C} \\ z & \longmapsto & \operatorname{Re} z \end{array} \quad \text{et} \quad \begin{array}{rcl} \mathbb{C} & \longrightarrow & \mathbb{C} \\ z & \longmapsto & i \operatorname{Im} z \end{array}$$

sont respectivement la projection sur le sous-espace $\mathbb{R}$ parallèlement au sous-espace $i\mathbb{R}$ et la projection sur le sous-espace $i\mathbb{R}$ parallèlement au sous-espace $\mathbb{R}$

Ex. 23. Dans $E = \mathbb{R}^{\mathbb{R}}$, l'ensemble $\mathcal{P}$ des fonctions paires et l'ensemble $\mathcal{I}$ des fonctions impaires sont deux sous-espaces vectoriels supplémentaires (cf. exercice 1.3 de la page 26). Alors :

- la projection p sur $\mathcal{P}$ parallèlement à $\mathcal{I}$,
- la projection q sur $\mathcal{I}$ parallèlement à $\mathcal{P}$,

sont respectivement données par :

$$p : \begin{array}{rcl} E & \longrightarrow & E \\ f & \longmapsto & \left(x \mapsto \frac{f(x)+f(-x)}{2}\right) \end{array} \quad \text{et} \quad q : \begin{array}{rcl} E & \longrightarrow & E \\ f & \longmapsto & \left(x \mapsto \frac{f(x)-f(-x)}{2}\right). \end{array}$$

Remarques

- La projection sur E parallèlement à $\{0\}$ est Id_E.
- La projection sur $\{0\}$ parallèlement à E est l'endomorphisme nul.

Proposition 16

Soit F_1 et F_2 deux sous-espaces vectoriels supplémentaires dans E et p le projecteur sur F_1 parallèlement à F_2. Alors :

- p est linéaire (autrement dit, p est un endomorphisme de E) ;
- $F_1 = \operatorname{Im} p = \operatorname{Ker}(p - \operatorname{Id}_E) = \{x \in E \ : \ p(x) = x\}$;
- $F_2 = \operatorname{Ker} p$.

Démonstration page 801

Remarque Si p est le projecteur sur F_1 parallèlement à F_2, alors $q = \operatorname{Id}_E - p$ est le projecteur sur F_2 parallèlement à F_1. Les deux projecteurs p et q sont dits **associés** et l'on a :

$$F_1 = \operatorname{Im} p = \operatorname{Ker} q \qquad \text{et} \qquad F_2 = \operatorname{Ker} p = \operatorname{Im} q.$$

Ex. 24. Dans le $\mathbb{R}$-espace vectoriel $\mathbb{C}$, les deux projecteurs suivants sont associés :

$$\begin{array}{ccc} \mathbb{C} & \longrightarrow & \mathbb{C} \\ z & \longmapsto & \operatorname{Re} z \end{array} \qquad \text{et} \qquad \begin{array}{ccc} \mathbb{C} & \longrightarrow & \mathbb{C} \\ z & \longmapsto & i \operatorname{Im} z. \end{array}$$

Définition 6

Une application $p : E \to E$ est appelée **projection** ou **projecteur** s'il existe F_1 et F_2 deux sous-espaces vectoriels supplémentaires dans E tels que p soit la projection sur F_1 parallèlement à F_2.

Proposition 17 (Caractérisation des projecteurs)

Soit $p : E \to E$ une application. Alors les assertions suivantes sont équivalentes :

(i) p est un projecteur ;

(ii) p est linéaire et $p \circ p = p$.

Démonstration page 801

Principe de démonstration. Pour l'implication $(ii) \Rightarrow (i)$, il s'agit essentiellement de prouver que si p est linéaire et vérifie $p \circ p = p$ alors $E = \operatorname{Im} p \oplus \operatorname{Ker} p$.

Remarque Si $p \in \mathcal{L}(E)$ vérifie $p \circ p = p$, alors on a $E = \operatorname{Im} p \oplus \operatorname{Ker} p$ et p est le projecteur sur $\operatorname{Im} p$ parallèlement à $\operatorname{Ker} p$. De plus, la décomposition de tout vecteur $x \in E$ selon cette somme directe est :

$$x = \underbrace{p(x)}_{\in \operatorname{Im} p} + \underbrace{\big(x - p(x)\big)}_{\in \operatorname{Ker} p}.$$

Symétries

Définition 7

Soit F_1 et F_2 deux sous-espaces vectoriels supplémentaires de E. L'application :

$$\begin{array}{rcl} E = F_1 \oplus F_2 & \longrightarrow & E \\ x = x_1 + x_2 & \longmapsto & x_1 - x_2 \end{array}$$

est appelée **symétrie par rapport à F_1 parallèlement à F_2**.

Remarques

- Comme pour les projecteurs, une telle application est bien définie car tout vecteur x s'écrit de manière unique $x = x_1 + x_2$ avec $(x_1, x_2) \in F_1 \times F_2$.
- Si p est la projection sur F_1 parallèlement à F_2 alors on a, pour $x \in E$:

  $$x_1 - x_2 = 2x_1 - (x_1 + x_2) = 2p(x) - x.$$

  Ainsi, une application $s : E \to E$ est la symétrie par rapport à F_1 parallèlement à F_2 si, et seulement si, $s = 2p - \mathrm{Id}_E$, ce qui s'écrit aussi $p = \frac{1}{2}(s + \mathrm{Id}_E)$.

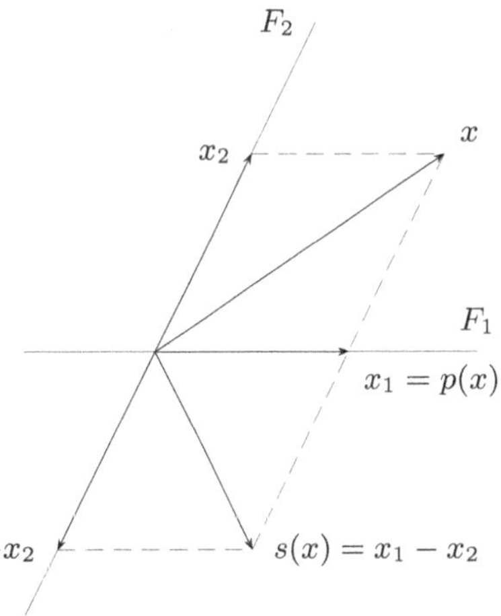

Reprenons les exemples de sous-espaces vectoriels supplémentaires de la page 791 pour donner quelques exemples de symétries.

Ex. 25. Dans $\mathbb{R}^3$, la symétrie par rapport au sous-espace vectoriel $F_1 = \mathrm{Vect}\big((1,0,0)\big)$ parallèlement à $F_2 = \mathrm{Vect}\big((0,1,0),(0,0,1)\big)$ est l'application $\begin{array}{rcl} \mathbb{R}^3 & \longrightarrow & \mathbb{R}^3 \\ (x,y,z) & \longmapsto & (x,-y,-z). \end{array}$

Ex. 26. Dans le $\mathbb{R}$-espace vectoriel $\mathbb{C}$, la conjugaison est la symétrie par rapport à $\mathbb{R}$ parallèlement à $i\mathbb{R}$.

Ex. 27. Dans $E = \mathbb{R}^{\mathbb{R}}$, la symétrie s par rapport à $\mathcal{P}$, le sous-espace vectoriel des fonctions paires, parallèlement à $\mathcal{I}$, le sous-espace vectoriel des fonctions impaires, est donnée par :

$$\begin{array}{rrcl} s : & E & \longrightarrow & E \\ & f & \longmapsto & \big(x \mapsto f(-x)\big). \end{array}$$

Proposition 18

Soit F_1 et F_2 deux sous-espaces vectoriels supplémentaires dans E et s la symétrie par rapport à F_1 parallèlement à F_2. Alors :

- s est linéaire ;
- $F_1 = \mathrm{Ker}(s - \mathrm{Id}_E) = \{x \in E \ : \ s(x) = x\}$;
- $F_2 = \mathrm{Ker}(s + \mathrm{Id}_E) = \{x \in E \ : \ s(x) = -x\}$.

Démonstration page 802

Principe de démonstration.
Utiliser la relation $s = 2p - \mathrm{Id}_E$ entre s et le projecteur p sur F_1 parallèlement à F_2.

Définition 8

Une application $s : E \to E$ est appelée **symétrie** s'il existe F_1 et F_2 deux sous-espaces vectoriels supplémentaires dans E tels que s soit la symétrie par rapport à F_1 parallèlement à F_2.

Proposition 19 (Caractérisation des symétries)

Soit $s : E \to E$ une application. Alors les assertions suivantes sont équivalentes :

(*i*) s est une symétrie ;

(*ii*) s est linéaire et $s \circ s = \mathrm{Id}_E$.

Démonstration page 802

Principe de démonstration.
Se déduit de la caractérisation des projecteurs, en utilisant le lien entre projecteur et symétrie.

Ex. 28. L'endomorphisme $s : \begin{array}{ccc} \mathbb{K}^2 & \longrightarrow & \mathbb{K}^2 \\ (x,y) & \longmapsto & (y,x) \end{array}$ vérifie $s \circ s = \mathrm{Id}_{\mathbb{K}^2}$ donc s est une symétrie de $\mathbb{K}^2$.

Remarque Si $s \in \mathcal{L}(E)$ vérifie $s \circ s = \mathrm{Id}_E$, alors :

$$E = \mathrm{Ker}(s - \mathrm{Id}_E) \oplus \mathrm{Ker}(s + \mathrm{Id}_E)$$

et s est la symétrie par rapport à $\mathrm{Ker}(s - \mathrm{Id}_E)$ parallèlement à $\mathrm{Ker}(s + \mathrm{Id}_E)$.

Point méthode Pour montrer que deux sous-espaces vectoriels sont supplémentaires, il peut être efficace de montrer que ce sont les noyau et image d'un projecteur ou bien les noyaux de $s - \mathrm{Id}$ et $s + \mathrm{Id}$ où s est une symétrie.

Ex. 29. La transposition $\tau : \begin{array}{ccc} \mathcal{M}_n(\mathbb{K}) & \longrightarrow & \mathcal{M}_n(\mathbb{K}) \\ M & \longmapsto & M^T \end{array}$ est linéaire et vérifie $\tau \circ \tau = \mathrm{Id}_{\mathcal{M}_n(\mathbb{K})}$ donc τ est une symétrie de $\mathcal{M}_n(\mathbb{K})$. De plus, on a :

- $\mathrm{Ker}\left(\tau - \mathrm{Id}_{\mathcal{M}_n(\mathbb{K})}\right) = \{M \in \mathcal{M}_n(\mathbb{K}) \,:\, M^T = M\} = \mathcal{S}_n(\mathbb{K})$;
- $\mathrm{Ker}\left(\tau + \mathrm{Id}_{\mathcal{M}_n(\mathbb{K})}\right) = \{M \in \mathcal{M}_n(\mathbb{K}) \,:\, M^T = -M\} = \mathcal{A}_n(\mathbb{K})$.

On retrouve ainsi que $\mathcal{S}_n(\mathbb{K})$ et $\mathcal{A}_n(\mathbb{K})$ sont supplémentaires dans $\mathcal{M}_n(\mathbb{K})$.

Corollaire 20

Une symétrie s est un automorphisme et $s^{-1} = s$.

Démonstration. Immédiat puisqu'une symétrie est linéaire et l'on a $s \circ s = \mathrm{Id}_E$. □

III Applications linéaires et familles de vecteurs

On considère dans cette partie un ensemble fini I.

1 Image d'une famille de vecteurs

Proposition 21

Soit $(e_i)_{i\in I}$ une famille de vecteurs de E et $u \in \mathcal{L}(E,F)$. Alors l'image par u de $\operatorname{Vect}\big((e_i)_{i\in I}\big)$ est le sous-espace vectoriel de F engendré par $\big(u(e_i)\big)_{i\in I}$.

Démonstration. Soit E' le sous-espace vectoriel engendré par la famille $(e_i)_{i\in I}$. C'est l'ensemble des combinaisons linéaires de la famille $(e_i)_{i\in I}$. Ainsi, par linéarité de u, $u(E')$ est l'ensemble des combinaisons linéaires de la famille $\big(u(e_i)\big)_{i\in I}$, c'est-à-dire le sous-espace vectoriel engendré par la famille $\big(u(e_i)\big)_{i\in I}$. □

Terminologie

La famille $\big(u(e_i)\big)_{i\in I}$ est appelée **image par u de la famille** $(e_i)_{i\in I}$.

2 Liens avec l'injectivité et la surjectivité

Corollaire 22

Soit $u \in \mathcal{L}(E,F)$. Alors l'image par u de toute famille génératrice de E est génératrice de l'image de u.

Démonstration. Il s'agit d'une conséquence immédiate de la proposition précédente puisque si $E = \operatorname{Vect}\big((e_i)_{i\in I}\big)$ alors $\operatorname{Im} u = u(E) = u\big(\operatorname{Vect}\big((e_i)_{i\in I}\big)\big) = \operatorname{Vect}\big((u(e_i))_{i\in I}\big)$. □

On en déduit le corollaire suivant.

Corollaire 23

Soit $u \in \mathcal{L}(E,F)$.

- Si l'image d'une famille génératrice de E est génératrice de F, alors u est surjective.
- Si u est surjective, alors l'image de toute famille génératrice de E est génératrice de F.

Démonstration. Immédiat puisque la surjectivité de u se traduit par $\operatorname{Im} u = F$. □

Proposition 24

Soit $u \in \mathcal{L}(E,F)$. Si u est injective alors l'image par u de toute famille libre est libre.

Démonstration page 802

Corollaire 25

Soit $(e_i)_{i\in I}$ une base de E et $u \in \mathcal{L}(E,F)$. Alors :

(i) u est injective si, et seulement si, la famille $\big(u(e_i)\big)_{i\in I}$ est libre ;

(ii) u est surjective si, et seulement si, la famille $\big(u(e_i)\big)_{i\in I}$ est génératrice de F ;

Exo 22.4

(iii) u est bijective si, et seulement si, la famille $\big(u(e_i)\big)_{i\in I}$ est une base de F.

Démonstration page 802

IV Caractérisation d'une application linéaire

Dans cette partie, I désigne toujours un ensemble fini.

1 À l'aide d'une base

Théorème 26

Étant donné une base $\mathcal{B} = (e_i)_{i\in I}$ de E et une famille finie $(f_i)_{i\in I}$ de vecteurs de F, il existe une unique application linéaire u de E dans F telle que :

$$\forall i \in I \quad u(e_i) = f_i.$$

Démonstration page 803

Principe de démonstration. Travailler par analyse-synthèse.

Remarque On fait souvent référence au résultat précédent en disant qu'une application linéaire est caractérisée par l'image d'une base.

Point méthode

- Pour définir une application linéaire partant d'un espace vectoriel E possédant une base, il suffit de donner les images des vecteurs de cette base.
- Pour prouver que $u \in \mathcal{L}(E,F)$ et $v \in \mathcal{L}(E,F)$ sont égales, il suffit de montrer qu'elles coïncident sur une base $\mathcal{B} = (e_i)_{i\in I}$ de E.

Exo 22.5

En particulier, on a $u = 0$ si, et seulement si, $\forall i \in I \quad u(e_i) = 0$.

Ex. 30. Soit $n \in \mathbb{N}$ et $a \in \mathbb{K}$. Démontrons à nouveau la formule de Taylor polynomiale :

$$\forall P \in \mathbb{K}_n[X] \quad P(a+X) = \sum_{k=0}^{n} \frac{P^{(k)}(a)}{k!}\, X^k \qquad (*)$$

en utilisant les applications :

$$u : \begin{array}{ccc} \mathbb{K}_n[X] & \longrightarrow & \mathbb{K}_n[X] \\ P & \longmapsto & P(a+X) \end{array} \qquad \text{et} \qquad v : \begin{array}{ccc} \mathbb{K}_n[X] & \longrightarrow & \mathbb{K}_n[X] \\ P & \longmapsto & \displaystyle\sum_{k=0}^{n} \frac{P^{(k)}(a)}{k!} X^k. \end{array}$$

- L'application u est clairement linéaire.
- L'application v est linéaire par linéarité de la dérivation.

La formule du binôme permet de vérifier que, pour tout $p \in [\![0,n]\!]$:

$$u(X^p) = (a+X)^p = \sum_{k=0}^{p} \binom{p}{k} a^{p-k} X^k = \sum_{k=0}^{p} \frac{p(p-1)\cdots(p-k+1)}{k!} a^{p-k} X^k$$
$$= \sum_{k=0}^{n} \frac{(X^p)^{(k)}(a)}{k!} X^k = v(X^p).$$

Ainsi u et v coïncident sur la base canonique $(X^p)_{p\in[\![0,n]\!]}$ de $\mathbb{K}_n[X]$ donc sont égales, ce qui prouve $(*)$.

2 À l'aide de sous-espaces vectoriels supplémentaires

De même que l'on peut définir une application linéaire par l'image d'une base de l'espace de départ, il est possible de la définir par ses restrictions à deux sous-espaces vectoriels supplémentaires.

Théorème 27

Soit E_1 et E_2 deux sous-espaces vectoriels supplémentaires de E. Alors, pour tout $v \in \mathcal{L}(E_1,F)$ et tout $w \in \mathcal{L}(E_2,F)$, il existe une unique application linéaire $u \in \mathcal{L}(E,F)$ telle que :

$$u_{|E_1} = v \qquad \text{et} \qquad u_{|E_2} = w.$$

Démonstration page 803

Principe de démonstration. Raisonner par analyse-synthèse à partir de la décomposition d'un vecteur $x = x_1 + x_2$ avec $(x_1,x_2) \in E_1 \times E_2$.

Point méthode

- Pour définir une application linéaire sur E, il suffit de la définir sur deux sous-espaces vectoriels supplémentaires de E.
- Deux applications linéaires, définies sur E, sont égales dès qu'elles coïncident sur deux sous-espaces vectoriels supplémentaires de E.

Exo 22.6

Ex. 31. La proposition précédente permet de donner une caractérisation des projecteurs et symétries (qui aurait pu en être la définition). En effet, étant donné F_1 et F_2 deux sous-espaces vectoriels supplémentaires de E, le projecteur sur F_1 parallèlement à F_2 est l'unique endomorphisme p de E tel que :

$$\forall x \in F_1 \quad p(x) = x \qquad \text{et} \qquad \forall x \in F_2 \quad p(x) = 0,$$

et la symétrie par rapport à F_1 parallèlement à F_2 est l'unique endomorphisme s de E tel que :

$$\forall x \in F_1 \quad s(x) = x \qquad \text{et} \qquad \forall x \in F_2 \quad s(x) = -x.$$

V Équations linéaires

Proposition 28

Soit $u \in \mathcal{L}(E,F)$ et $b \in F$. Si l'ensemble $\mathcal{F}_b$ des solutions de l'**équation linéaire** $u(x) = b$ est non vide, alors on a :

$$\mathcal{F}_b = x_0 + \operatorname{Ker} u = \{x_0 + x_K \mid x_K \in \operatorname{Ker} u\}$$

où x_0 désigne une solution (quelconque) de cette équation.

Démonstration. Supposons l'ensemble $\mathcal{F}_b$ non vide ; soit alors x_0 une solution de l'équation $u(x) = b$. Pour $x \in E$, on a, par linéarité de u :

$$x \in \mathcal{F}_b \iff u(x) = b \iff u(x) = u(x_0) \iff u(x - x_0) = 0 \iff x - x_0 \in \operatorname{Ker} u.$$

On a donc $\mathcal{F}_b = x_0 + \operatorname{Ker} u$. □

On a déjà rencontré le résultat précédent dans divers contextes ; énoncé sous la forme : « pour obtenir toutes les solutions de l'équation linéaire $u(x) = b$, il suffit d'en connaître une (alors appelée *solution particulière*) et de lui ajouter toutes les solutions (ou encore la *solution générale*) de l'**équation homogène associée,** $u(x) = 0$ ».

Ex. 32. Soit deux fonctions a et b continues sur un intervalle d'intérieur non vide I de $\mathbb{R}$, ainsi que l'équation différentielle linéaire du premier ordre :

$$y' + a(x)y = b(x). \qquad (*)$$

On sait, d'après le chapitre 8, que l'équation $(*)$ possède (au moins) une solution f_0, et que f_0 est de classe $\mathcal{C}^1$ puisque $f_0' = b - af_0$ est continue, par continuité de a et b.

En utilisant l'application linéaire :

$$u : \begin{array}{ccc} \mathcal{C}^1(I,\mathbb{R}) & \longrightarrow & \mathcal{C}^0(I,\mathbb{R}) \\ f & \longmapsto & \big(x \mapsto f'(x) + a(x)f(x)\big), \end{array}$$

le théorème précédent nous dit que l'ensemble des fonctions solutions de $(\star)$ est :

$$f_0 + \operatorname{Ker} u = \{f_0 + f \mid f \in \operatorname{Ker} u\}.$$

Remarquons que le sous-espace vectoriel $\operatorname{Ker} u$ est l'ensemble des solutions de l'équation homogène associée, qui ici, est une droite vectorielle.

Ex. 33. On dispose d'un résultat analogue pour les solutions d'une équation différentielle linéaire du second ordre à coefficients constants ; le sous-espace vectoriel des solutions de l'équation homogène est, cette fois, engendré par deux fonctions.

Ex. 34. Soit un système linéaire tel que ceux rencontrés au chapitre 19 :

$$(\mathcal{S}) : \begin{cases} a_{1,1}\,x_1 + \cdots + a_{1,j}\,x_j + \cdots + a_{1,p}\,x_p = b_1 \\ \vdots \\ a_{i,1}\,x_1 + \cdots + a_{i,j}\,x_j + \cdots + a_{i,p}\,x_p = b_i \\ \vdots \\ a_{n,1}\,x_1 + \cdots + a_{n,j}\,x_j + \cdots + a_{n,p}\,x_p = b_n \end{cases}$$

avec $n \in \mathbb{N}^*$, $p \in \mathbb{N}^*$, $(a_{i,j})_{\substack{1\leqslant i\leqslant n\\ 1\leqslant j\leqslant p}} \in \mathcal{M}_{n,p}(\mathbb{K})$ et $(b_1,\ldots,b_n) \in \mathbb{K}^n$.

En utilisant l'application linéaire :

$$\begin{array}{rccc} \varphi_A : & \mathbb{K}^p & \longrightarrow & \mathbb{K}^n \\ & X & \longmapsto & AX \end{array}$$

le théorème précédent nous dit que, si le système est compatible, l'ensemble de ses solutions est :

$$X_0 + \operatorname{Ker}\varphi_A = \{X_0 + X \mid X \in \operatorname{Ker}\varphi_A\}$$

où X_0 est une solution particulière ; le sous-espace vectoriel $\operatorname{Ker}\varphi_A$ est l'ensemble des solutions du système homogène associé.

Ex. 35. Soit $(a,b) \in \mathbb{K}^2$. Considérons l'application :

$$\begin{array}{rccc} \Delta : & \mathbb{K}^{\mathbb{N}} & \longrightarrow & \mathbb{K}^{\mathbb{N}} \\ & (u_n)_{n\in\mathbb{N}} & \longmapsto & \big(u_{n+1} - au_n\big)_{n\in\mathbb{N}}. \end{array}$$

On vérifie aisément que Δ est linéaire et que son noyau est constitué des suites géométriques de raison a, c'est-à-dire $\operatorname{Ker}\Delta = \operatorname{Vect}\big((a^n)_{n\in\mathbb{N}}\big)$.

L'ensemble des suites solutions de l'équation linéaire $\Delta\big((u_n)_{n\in\mathbb{N}}\big) = (b)_{n\in\mathbb{N}}$ est l'ensemble des suites arithmético-géométriques vérifiant :

$$\forall n \in \mathbb{N} \quad u_{n+1} = au_n + b. \qquad (\star)$$

Si $a \neq 1$, la suite constante $\left(\frac{b}{1-a}\right)_{n\in\mathbb{N}}$ vérifie $(\star)$ donc le théorème précédent affirme que l'ensemble des suites vérifiant $(\star)$ est :

$$\begin{aligned}\left(\frac{b}{1-a}\right)_{n\in\mathbb{N}} + \operatorname{Ker}\Delta &= \left(\frac{b}{1-a}\right)_{n\in\mathbb{N}} + \operatorname{Vect}\big((a^n)_{n\in\mathbb{N}}\big) \\ &= \left\{\left(\frac{b}{1-a} + \lambda a^n\right)_{n\in\mathbb{N}} \mid \lambda \in \mathbb{K}\right\}.\end{aligned}$$

Démonstrations

Proposition 3 Montrons que $\mathcal{L}(E,F)$ est un sous-espace vectoriel de F^E.

- On a bien évidemment $\mathcal{L}(E,F) \subset F^E$.
- L'application nulle est linéaire ;
- Soit $(u,v) \in \mathcal{L}(E,F)^2$ et $\lambda \in \mathbb{K}$. Montrons que $\lambda u + v$ est linéaire.
  Pour $(x,y) \in E^2$ et $\alpha \in \mathbb{K}$, on a :
  $$\begin{aligned}(\lambda u + v)(\alpha x + y) &= \lambda u(\alpha x + y) + v(\alpha x + y) &(1)\\ &= \lambda\big(\alpha u(x) + u(y)\big) + \big(\alpha v(x) + v(y)\big) &(2)\\ &= \alpha(\lambda u + v)(x) + (\lambda u + v)(y). &(3)\end{aligned}$$
  Les égalités (1) et (3) proviennent de la définition de $\lambda u + v$; quant à l'égalité (2), elle provient de la linéarité de u et de v.

Ainsi, $\mathcal{L}(E,F)$ est un sous-espace vectoriel du $\mathbb{K}$-espace vectoriel F^E.

Proposition 5 Pour $(x,y) \in E^2$ et $\alpha \in \mathbb{K}$, on a :

$$\begin{aligned}(v \circ u)(\alpha x + y) &= v\big(u(\alpha x + y)\big)\\ &= v\big(\alpha u(x) + u(y)\big) && \text{(par linéarité de } u\text{)}\\ &= \alpha v\big(u(x)\big) + v\big(u(y)\big) && \text{(par linéarité de } v\text{)}\\ &= \alpha (v \circ u)(x) + (v \circ u)(y),\end{aligned}$$

ce qui prouve que $v \circ u$ est linéaire.

Proposition 7 Soit u un isomorphisme de E dans F. Montrons que u^{-1} est linéaire.
Soit $\lambda \in \mathbb{K}$ et $(y_1, y_2) \in F^2$. Posons $x_1 = u^{-1}(y_1)$ et $x_2 = u^{-1}(y_2)$. Alors :

$$\begin{aligned}u^{-1}(\lambda y_1 + y_2) &= u^{-1}\big(\lambda u(x_1) + u(x_2)\big)\\ &= u^{-1}\big(u(\lambda x_1 + x_2)\big) && \text{(par linéarité de } u\text{)}\\ &= (u^{-1} \circ u)(\lambda x_1 + x_2)\\ &= \lambda x_1 + x_2 && (\text{car } u^{-1} \circ u = \mathrm{Id}_E)\\ &= \lambda u^{-1}(y_1) + u^{-1}(y_2),\end{aligned}$$

ce qui prouve que u^{-1} est linéaire.

Proposition 8

- Soit E' un sous-espace vectoriel de E ; par définition, on a $u(E') = \{u(x) \mid x \in E'\}$.
  * On a bien $u(E') \subset F$.
  * Puisque $0 \in E'$, on a $0 = u(0) \in u(E')$.
  * Soit $\lambda \in \mathbb{K}$ et $(y_1, y_2) \in u(E')^2$.
    Il existe donc $(x_1, x_2) \in E'^2$ tel que $y_1 = u(x_1)$ et $y_2 = u(x_2)$ et alors :
    $$\lambda y_1 + y_2 = \lambda u(x_1) + u(x_2) = u(\lambda x_1 + x_2).$$
    Comme E' est un sous-espace vectoriel de E, on a $\lambda x_1 + x_2 \in E'$ donc $\lambda y_1 + y_2 \in u(E')$.

  Par suite, $u(E')$ est un sous-espace vectoriel de F.

- Soit F' un sous-espace vectoriel de F ; par définition, on a $u^{-1}(F') = \{x \in E \,:\, u(x) \in F'\}$.
  * On a bien $u^{-1}(F') \subset E$.
  * Comme u est linéaire, on a $u(0) = 0 \in F'$ donc $0 \in u^{-1}(F')$.
  * Soit $(x_1, x_2) \in u^{-1}(F')^2$ et $\lambda \in \mathbb{K}$. On a alors $u(\lambda x_1 + x_2) = \lambda u(x_1) + u(x_2)$.
    Étant donné que $\big(u(x_1), u(x_2)\big) \in F'^2$ et que F' est un sous-espace vectoriel, on en déduit que $u(\lambda x_1 + x_2) \in F'$, c'est-à-dire $\lambda x_1 + x_2 \in u^{-1}(F')$.

  Par suite, $u^{-1}(F')$ est un sous-espace vectoriel de E.

Proposition 16

- Soit $(x, y) \in E^2$ et $\lambda \in \mathbb{K}$.
  Écrivons $x = x_1 + x_2$ et $y = y_1 + y_2$ avec $\big((x_1, x_2), (y_1, y_2)\big) \in (F_1 \times F_2)^2$.
  On a alors $\lambda x + y = \underbrace{\lambda x_1 + y_1}_{\in F_1} + \underbrace{\lambda x_2 + y_2}_{\in F_2}$ donc :
  $$p(\lambda x + y) = \lambda x_1 + y_1 = \lambda p(x) + p(y)$$
  et ainsi p est linéaire.
- Soit $x \in F_1$. Alors la décomposition $x = x + 0$ avec $(x, 0) \in F_1 \times F_2$ montre que $x = p(x)$; on en déduit $F_1 \subset \{x \in E \,:\, p(x) = x\}$.
  L'inclusion $\{x \in E \,:\, p(x) = x\} \subset \operatorname{Im} p$ étant évidente, on a $F_1 \subset \operatorname{Im} p$.
  Or, par définition, on a $\operatorname{Im} p \subset F_1$, donc :
  $$F_1 = \operatorname{Im} p = \{x \in E \,:\, p(x) = x\}.$$
  Remarquons enfin que, pour $x \in E$, on a :
  $$x \in \operatorname{Ker}(p - \operatorname{Id}_E) \iff (p - \operatorname{Id}_E)(x) = 0 \iff p(x) - x = 0 \iff p(x) = x$$
  donc $\operatorname{Ker}(p - \operatorname{Id}_E) = \{x \in E \,:\, p(x) = x\}$.
- Soit $x \in F_2$; on a $x = 0 + x$ avec $(0, x) \in F_1 \times F_2$ donc $p(x) = 0$ et ainsi $x \in \operatorname{Ker} p$.
  Réciproquement, soit $x \in \operatorname{Ker} p$. Écrivons $x = x_1 + x_2$ avec $(x_1, x_2) \in F_1 \times F_2$.
  On a $p(x) = 0$; or $p(x) = x_1$, donc $x_1 = 0$ et ainsi $x = x_2$, ce qui montre $x \in F_2$.
  Par suite, on a prouvé $F_2 = \operatorname{Ker} p$.

Proposition 17

- Supposons que p soit un projecteur. On a prouvé dans la proposition 16 de la page 792 que p était linéaire. De plus, pour $x \in E$, on a $p(x) \in \operatorname{Im} p = \{y \in E \,:\, p(y) = y\}$ donc $p\big(p(x)\big) = p(x)$ et ainsi $p \circ p = p$.
- Supposons que p soit linéaire et vérifie $p \circ p = p$.
  * Les ensembles $\operatorname{Im} p$ et $\operatorname{Ker} p$ sont des sous-espaces vectoriels de E.
  * Soit $y \in \operatorname{Ker} p \cap \operatorname{Im} p$. Comme $y \in \operatorname{Im} p$, il existe $x \in E$ tel que $y = p(x)$. De plus, comme $p \circ p = p$ et $y \subset \operatorname{Ker} p$, on a :
    $$y = p(x) = (p \circ p)(x) = p(y) = 0$$
    donc $\operatorname{Ker} p \cap \operatorname{Im} p = \{0\}$.
  * Soit $x \in E$. On a alors :
    $$x = p(x) + \big(x - p(x)\big). \qquad (*)$$
    Or $p(x) \in \operatorname{Im} p$ et l'on a $p\big(x - p(x)\big) = p(x) - (p \circ p)(x) = 0$ donc $x - p(x) \in \operatorname{Ker} p$.
    Ainsi, on a $x \in \operatorname{Im} p + \operatorname{Ker} p$ donc $E = \operatorname{Im} p + \operatorname{Ker} p$.

  On en déduit que $E = \operatorname{Im} p \oplus \operatorname{Ker} p$, et la relation $(*)$ montre alors que l'application $x \mapsto p(x)$ est la projection sur $\operatorname{Im} p$ parallèlement à $\operatorname{Ker} p$. Donc p est un projecteur.

Proposition 18 Notons p le projecteur sur F_1 parallèlement à F_2. D'après la remarque de la page 793, on a $s = 2p - \mathrm{Id}_E$. Par conséquent :

- s est linéaire en tant que combinaison linéaire d'applications linéaires ;
- on a $p = \frac{1}{2}(s + \mathrm{Id}_E)$, et ainsi, en utilisant la proposition 16 de la page 792 :
$$F_1 = \mathrm{Ker}(p - \mathrm{Id}_E) = \mathrm{Ker}\left(\frac{1}{2}(s - \mathrm{Id}_E)\right) = \mathrm{Ker}(s - \mathrm{Id}_E)\,;$$
- de même :
$$F_2 = \mathrm{Ker}\, p = \mathrm{Ker}\left(\frac{1}{2}(s + \mathrm{Id}_E)\right) = \mathrm{Ker}\,(s + \mathrm{Id}_E)\,.$$

Proposition 19

- Supposons que s soit une symétrie. On a déjà prouvé que s était linéaire (cf. proposition 18 de la page 793). Montrons que l'on a $s \circ s = \mathrm{Id}_E$. Pour cela, considérons l'application $p = \frac{1}{2}(s+\mathrm{Id}_E)$. D'après la remarque de la page 793, p est un projecteur, donc $p\circ p = p$ et ainsi :
$$s \circ s = (2p - \mathrm{Id}_E) \circ (2p - \mathrm{Id}_E) = 4(p \circ p) - 4p + \mathrm{Id}_E = \mathrm{Id}_E\,.$$
- Réciproquement, supposons que s soit linéaire et vérifie $s\circ s = \mathrm{Id}_E$. Posons $p = \frac{1}{2}(s+\mathrm{Id}_E)$. Alors p est une application linéaire en tant que combinaison linéaire d'applications linéaires. De plus, on a :
$$p \circ p = \frac{1}{2}(s + \mathrm{Id}_E) \circ \frac{1}{2}(s + \mathrm{Id}_E) = \frac{1}{4}(s \circ s + 2s + \mathrm{Id}_E) = \frac{1}{2}(s + \mathrm{Id}_E) = p$$
donc p est un projecteur. Or $s = 2p - \mathrm{Id}_E$ donc, toujours d'après la remarque de la page 793, on peut affirmer que s est une symétrie.

Proposition 24 Supposons u injective. Soit $(e_i)_{i\in I}$ une famille libre ; montrons que $\big(u(e_i)\big)_{i\in I}$ est libre. Soit $(\lambda_i)_{i\in I} \in \mathbb{K}^I$ tel que $\sum\limits_{i\in I} \lambda_i\, u(e_i) = 0$. Puisque u est linéaire, on a :
$$u\Big(\sum_{i\in I} \lambda_i\, e_i\Big) = 0 \quad \text{donc} \quad \sum_{i\in I} \lambda_i\, e_i \in \mathrm{Ker}\, u.$$
L'application u étant injective, on a $\mathrm{Ker}\, u = \{0\}$, ce qui entraîne $\sum\limits_{i\in I} \lambda_i\, e_i = 0$. La famille $(e_i)_{i\in I}$ étant libre, on en déduit que la famille $(\lambda_i)_{i\in I}$ est nulle, ce qui prouve que la famille $\big(u(e_i)\big)_{i\in I}$ est libre.

Corollaire 25

(i)
- Une base étant une famille libre, la proposition 24 de la page 795 assure le sens direct.
- Réciproquement, supposons que la famille $\big(u(e_i)\big)_{i\in I}$ soit libre et montrons que u est injective. Soit $x \in \mathrm{Ker}\, u$. La famille $(e_i)_{i\in I}$ étant une base, il existe $(\lambda_i)_{i\in I} \in \mathbb{K}^I$ telle que $x = \sum\limits_{i\in I} \lambda_i e_i$. On a alors :
$$0 = u(x) = \sum_{i\in I} \lambda_i\, u(e_i).$$
Comme la famille $\big(u(e_i)\big)_{i\in I}$ est libre, on en déduit que la famille $(\lambda_i)_{i\in I}$ est nulle, et ainsi $x = 0$. Par suite, l'application linéaire u est injective.

(ii) Une base étant une famille génératrice, le corollaire 22 de la page 795 assure que la famille $\big(u(e_i)\big)_{i\in I}$ est génératrice de $\mathrm{Im}\, u$ et l'équivalence est alors immédiate.

(iii) Ce dernier point est une conséquence immédiate des deux premiers.

Théorème 26 Procédons par analyse-synthèse.

Analyse - Unicité Soit u une telle application linéaire.

Considérons $x \in E$ dont la décomposition dans la base $\mathcal{B}$ est $x = \sum_{i \in I} \lambda_i\, e_i$.

La linéarité de u nous donne $u(x) = \sum_{i \in I} \lambda_i\, u(e_i) = \sum_{i \in I} \lambda_i f_i$.

On en déduit l'unicité d'une telle application linéaire u.

Synthèse - Existence Soit $x \in E$. En utilisant sa décomposition (unique) dans la base $\mathcal{B}$ que nous notons $x = \sum_{i \in I} \lambda_i\, e_i$, posons $u(x) = \sum_{i \in I} \lambda_i f_i$.

On définit ainsi une application u de E dans F.

- Montrons qu'elle est linéaire. Soit donc $(x, y) \in E^2$ et $\alpha \in \mathbb{K}$.
  En décomposant x et y dans la base $\mathcal{B}$ sous la forme $x = \sum_{i \in I} \lambda_i e_i$ et $y = \sum_{i \in I} \mu_i e_i$, on a la décomposition $\alpha x + y = \sum_{i \in I} (\alpha \lambda_i + \mu_i) e_i$ et ainsi :
  $$\begin{aligned} u(\alpha x + y) &= \sum_{i \in I} (\alpha \lambda_i + \mu_i) f_i \\ &= \alpha \Big(\sum_{i \in I} \lambda_i f_i \Big) + \Big(\sum_{i \in I} \mu_i f_i \Big) = \alpha u(x) + u(y), \end{aligned}$$
  ce qui prouve la linéarité de u.
- De plus, pour tout $i \in I$, on a $u(e_i) = f_i$ puisque les coordonnées de e_i dans la base $\mathcal{B}$ sont toutes nulles, hormis celle d'indice i, qui vaut 1.

On en déduit l'existence d'une telle application linéaire u.

Théorème 27

Analyse - Unicité Soit u une application linéaire telle que :
$$u_{|E_1} = v \quad \text{et} \quad u_{|E_2} = w.$$
Pour tout $x \in E$, il existe $x_1 \in E_1$ et $x_2 \in E_2$ tels que $x = x_1 + x_2$ et alors :
$$u(x) = u(x_1 + x_2) = u(x_1) + u(x_2) = v(x_1) + w(x_2).$$
Cela prouve l'unicité d'une telle application linéaire u.

Synthèse - Existence Pour tout $x \in E$, désignons par (x_1, x_2) l'unique couple de $E_1 \times E_2$ tel que $x = x_1 + x_2$; on peut alors poser :
$$u(x) = v(x_1) + w(x_2),$$
ce qui définit une application u de E dans F.

- Montrons que u est linéaire. Soit $(x, y) \in E^2$ et $\lambda \in \mathbb{K}$. Prenons $(x_1, x_2) \in E_1 \times E_2$ ainsi que $(y_1, y_2) \in E_1 \times E_2$ tels que $x = x_1 + x_2$ et $y = y_1 + y_2$. On a alors :
  $$\lambda x + y = (\lambda x_1 + y_1) + (\lambda x_2 + y_2),$$
  et, comme $\lambda x_1 + y_1 \in E_1$ et $\lambda x_2 + y_2 \in E_2$, on a :
  $$\begin{aligned} u(\lambda x + y) &= v(\lambda x_1 + y_1) + w(\lambda x_2 + y_2) \\ &= \big(\lambda v(x_1) + v(y_1)\big) + \big(\lambda w(x_2) + w(y_2)\big) \\ &= \lambda\big(v(x_1) + w(x_2)\big) + \big(v(y_1) + w(y_2)\big) = \lambda u(x) + u(y). \end{aligned}$$
- Pour $x \in E_1$, la décomposition $x = x + 0$, avec $0 \in E_2$, montre que $u(x) = v(x)$. Par suite, on a $u_{|E_1} = v$. On montre de même $u_{|E_2} = w$.

Ainsi, l'application u répond bien au problème, ce qui prouve l'existence.

S'entraîner et approfondir

22.1 →783

1. Soit $(a,b) \in \mathbb{K}^2$. Montrer que $u : \begin{array}{ccc} \mathbb{K}^2 & \longrightarrow & \mathbb{K} \\ (x,y) & \longmapsto & ax+by \end{array}$ est une application linéaire.
2. Montrer que toute application linéaire de $\mathbb{K}^2$ à valeurs dans $\mathbb{K}$ est de cette forme.
   Indication. *Utiliser la décomposition* $(x,y) = x(1,0) + y(0,1)$.

22.2 →783 Montrer que les endomorphismes de $\mathbb{K}^2$ sont les applications :

$$\begin{array}{ccc} \mathbb{K}^2 & \longrightarrow & \mathbb{K}^2 \\ (x,y) & \longmapsto & (ax+by, cx+dy) \end{array} \qquad \text{avec} \qquad (a,b,c,d) \in \mathbb{K}^4.$$

22.3 →783 Soit $f : E \to F$ et $g : F \to G$ deux applications telles que f est linéaire et surjective et $g \circ f$ est linéaire. Montrer que g est linéaire.

22.4 →796 Soit $(x_1, \ldots, x_n)$ une famille d'éléments de E ainsi que :

$$u : \begin{array}{ccc} \mathbb{K}^n & \longrightarrow & E \\ (\lambda_i)_{1 \leqslant i \leqslant n} & \longmapsto & \displaystyle\sum_{i=1}^{n} \lambda_i x_i. \end{array}$$

1. Montrer que l'application u est linéaire.
2. Montrer que u est injective si, et seulement si, la famille $(x_1, \ldots, x_n)$ est libre.
3. Montrer que u est surjective si, et seulement si, $(x_1, \ldots, x_n)$ engendre E.
4. En déduire que u est bijective si, et seulement si, $(x_1, \ldots, x_n)$ est une base de E.

22.5 →796 Soit (e_1, e_2, e_3) la base canonique de l'espace vectoriel $\mathbb{K}^3$. Considérons l'unique endomorphisme u de $\mathbb{K}^3$ tel que $u(e_1) = e_3$, $u(e_2) = -e_2$ et $u(e_3) = e_1$.
Montrer que u est une symétrie et déterminer les espaces F_1 et F_2 tels que u soit la symétrie par rapport à F_1 parallèlement à F_2.

22.6 →797 Dans le $\mathbb{K}$-espace vectoriel $E = \mathbb{K}^3$, on considère les sous-espaces vectoriels :

$$F_1 = \operatorname{Vect}\big((1,0,0),(0,1,0)\big) \qquad \text{et} \qquad F_2 = \operatorname{Vect}\big((1,1,1)\big).$$

1. Montrer que F_1 et F_2 sont deux sous-espaces vectoriels supplémentaires de E.
2. Vérifier qu'il existe un endomorphisme u de E tel que :

$$\forall (a,b) \in \mathbb{K}^2 \quad u\big((a,b,0)\big) = (-b,a,0) \quad \text{et} \quad \forall c \in \mathbb{K} \quad u\big((c,c,c)\big) = -(c,c,c).$$

3. Prouver que $u^4 = \mathrm{Id}_E$.

22.7 Soit $B \in \mathbb{K}[X] \setminus \{0\}$. Montrer que les applications :

$$\varphi : \begin{array}{ccc} \mathbb{K}[X] & \longrightarrow & \mathbb{K}[X] \\ A & \longmapsto & Q_A \end{array} \quad \text{et} \quad \psi : \begin{array}{ccc} \mathbb{K}[X] & \longrightarrow & \mathbb{K}[X] \\ A & \longmapsto & R_A \end{array}$$

où Q_A et R_A désignent respectivement le quotient et le reste de la division euclidienne de A par B, sont linéaires.

22.8 Soit E un $\mathbb{K}$-espace vectoriel et f et g deux endomorphismes de E.
Montrer que, si $f \circ g = g \circ f$, alors $\operatorname{Ker} f$ et $\operatorname{Im} f$ sont stables par g, c'est-à-dire $g(\operatorname{Ker} f) \subset \operatorname{Ker} f$ et $g(\operatorname{Im} f) \subset \operatorname{Im} f$.

22.9 Soit E un $\mathbb{K}$-espace vectoriel et f un endomorphisme de E.

1. Quelle relation existe-t-il entre $\operatorname{Ker} f$ et $\operatorname{Ker} f^2$? Entre $\operatorname{Im} f$ et $\operatorname{Im} f^2$?
2. Montrer l'équivalence : $\operatorname{Ker} f^2 = \operatorname{Ker} f \Longleftrightarrow \operatorname{Im} f \cap \operatorname{Ker} f = \{0\}$.
3. Montrer l'équivalence : $\operatorname{Im} f^2 = \operatorname{Im} f \Longleftrightarrow E = \operatorname{Ker} f + \operatorname{Im} f$.
4. En déduire : $\Big(\operatorname{Ker} f = \operatorname{Ker} f^2 \text{ et } \operatorname{Im} f^2 = \operatorname{Im} f\Big) \Longleftrightarrow E = \operatorname{Ker} f \oplus \operatorname{Im} f$.

22.10 Soit f un endomorphisme d'un $\mathbb{K}$-espace vectoriel E tel que $f^2 - 3f + 2\operatorname{Id}_E = 0$.

1. Montrer que f est un automorphisme et exprimer f^{-1} en fonction de f et Id_E.
2. Montrer que $\operatorname{Ker}(f - \operatorname{Id}_E)$ et $\operatorname{Ker}(f - 2\operatorname{Id}_E)$ sont supplémentaires dans E.

22.11 Soit f et g deux endomorphismes d'un $\mathbb{K}$-espace vectoriel E tels que $f \circ g = \operatorname{Id}_E$.

1. Montrer que l'on a $\operatorname{Ker} f = \operatorname{Ker}(g \circ f)$ et $\operatorname{Im} g = \operatorname{Im}(g \circ f)$.
2. Calculer $(g \circ f)^2$ et en déduire que $\operatorname{Ker} f$ et $\operatorname{Im} g$ sont supplémentaires dans E.

22.12 Sur le $\mathbb{R}$-espace vectoriel $E = \mathcal{C}(\mathbb{R}, \mathbb{R})$, on définit l'application φ qui, à toute fonction $f \in E$, associe la fonction :

$$\varphi(f) : \begin{array}{ccc} \mathbb{R} & \longrightarrow & \mathbb{R} \\ x & \longmapsto & \displaystyle\int_0^x t f(t)\mathrm{d}t. \end{array}$$

Montrer que φ est un endomorphisme de E. Est-il surjectif, injectif ?

★ **22.13** Soit f un endomorphisme d'un $\mathbb{K}$-espace vectoriel E tel que, pour tout vecteur $x \in E$, les vecteurs x et $f(x)$ soient colinéaires. Montrer que f est une homothétie.

22.14 Soit E un $\mathbb{K}$-espace vectoriel ainsi que f et g deux applications linéaires de E dans $\mathbb{K}$, telles que :

$$\forall x \in E \quad f(x)g(x) = 0.$$

Montrer que $f = 0$ ou $g = 0$.

22.15 Soit E un $\mathbb{K}$-espace vectoriel et p un projecteur de E.
On note $\mathcal{C}(p)$ le *commutant* de p, c'est-à-dire l'ensemble des endomorphismes de E qui commutent avec p :

$$\mathcal{C}(p) = \{f \in \mathcal{L}(E) \; : \; p \circ f = f \circ p\}.$$

1. Montrer que $\mathcal{C}(p)$ est un sous-espace vectoriel de $\mathcal{L}(E)$.
2. Pour $f \in \mathcal{L}(E)$, montrer que $f \in \mathcal{C}(p)$ si, et seulement si, les sous-espaces vectoriels $\operatorname{Im} p$ et $\operatorname{Ker} p$ sont stables par f.

22.16 Soit p et q deux endomorphismes d'un $\mathbb{K}$-espace vectoriel E.
Montrer que les assertions suivantes sont équivalentes :

(*i*) p et q sont deux projecteurs ayant même noyau ;

(*ii*) $p \circ q = p$ et $q \circ p = q$.

Solutions des exercices

22.1 1. Soit $(x,y) \in \mathbb{K}^2$, $(x',y') \in \mathbb{K}^2$ et $\lambda \in \mathbb{K}$. On a alors :

$$\begin{aligned} u\big(\lambda(x,y)+(x',y')\big) &= u\big((\lambda x+x',\lambda y+y')\big) \\ &= a(\lambda x+x')+b(\lambda y+y') \\ &= \lambda(ax+by)+(ax'+by') \\ &= \lambda u\big((x,y)\big)+u\big((x',y')\big) \end{aligned}$$

donc u est linéaire.

2. Soit v une linéaire sur $\mathbb{K}^2$. Posons $a = v\big((1,0)\big)$ et $b = v\big((0,1)\big)$. Alors, pour tout $(x,y) \in \mathbb{K}^2$, on a, par linéarité de v :

$$v\big((x,y)\big) = v\big(x(1,0)+y(0,1)\big) = xv\big((1,0)\big)+yv\big((0,1)\big) = ax+by,$$

ce qui prouve que v est de la forme souhaitée.

22.2 • Soit $(a,b,c,d) \in \mathbb{K}^4$. Considérons l'application $u : \begin{array}{ccc} \mathbb{K}^2 & \longrightarrow & \mathbb{K}^2 \\ (x,y) & \longmapsto & (ax+by,cx+dy). \end{array}$

Pour $(x,y) \in \mathbb{K}^2$, $(x',y') \in \mathbb{K}^2$ et $\lambda \in \mathbb{K}$, on a :

$$\begin{aligned} u\big(\lambda(x,y)+(x',y')\big) &= u\big((\lambda x+x',\lambda y+y')\big) \\ &= \big(a(\lambda x+x')+b(\lambda y+y'),c(\lambda x+x')+d(\lambda y+y')\big) \\ &= \big(\lambda(ax+by)+(ax'+by'),\lambda(cx+dy)+(cx'+dy')\big) \\ &= \lambda(ax+by,cx+dy)+(ax'+by',cx'+dy') \\ &= \lambda u\big((x,y)\big)+u\big((x',y')\big). \end{aligned}$$

L'application u est donc linéaire de $\mathbb{K}^2$ dans $\mathbb{K}^2$: c'est un endomorphisme de $\mathbb{K}^2$.

• Réciproquement, soit $u \in \mathcal{L}(\mathbb{K}^2)$. Alors, pour tout vecteur $(x,y) \in \mathbb{K}^2$, on a :

$$u\big((x,y)\big) = u\big(x(1,0)+y(0,1)\big) = xu\big((1,0)\big)+yu\big((0,1)\big).$$

Ainsi, en posant $(a,c) = u\big((1,0)\big)$ et $(b,d) = u\big((0,1)\big)$, on a alors :

$$\forall (x,y) \in \mathbb{K}^2 \quad u\big((x,y)\big) = x(a,c)+y(b,d) = (ax+by,cx+dy),$$

ce qui prouve que u est bien de la forme souhaitée.

22.3 Soit $(y_1,y_2) \in F^2$ et $\lambda \in \mathbb{K}$. Puisque f est surjective, il existe un couple $(x_1,x_2) \in E^2$ tel que $y_1 = f(x_1)$ et $y_2 = f(x_2)$; fixons un tel couple. On a alors :

$$\begin{aligned} g(\lambda y_1+y_2) &= g\big(\lambda f(x_1)+f(x_2)\big) \\ &= g\big(f(\lambda x_1+x_2)\big) && \text{par linéarité de } f \\ &= (g\circ f)(\lambda x_1+x_2) \\ &= \lambda(g\circ f)(x_1)+(g\circ f)(x_2) && \text{par linéarité de } g\circ f \\ &= \lambda g(y_1)+g(y_2), \end{aligned}$$

ce qui prouve que g est linéaire.

22.4 1. Montrons que l'application u est linéaire.

Pour $(\lambda_1,\dots,\lambda_n)\in\mathbb{K}^n$, $(\mu_1,\dots,\mu_n)\in\mathbb{K}^n$ et $\alpha\in\mathbb{K}$, on a :

$$\begin{aligned}u\big(\alpha(\lambda_1,\dots,\lambda_n)+(\mu_1,\dots,\mu_n)\big)&=\sum_{i=1}^n(\alpha\lambda_i+\mu_i)x_i\\&=\alpha\sum_{i=1}^n\lambda_ix_i+\sum_{i=1}^n\mu_ix_i\\&=\alpha u(\lambda_1,\dots,\lambda_n)+u(\mu_1,\dots,\mu_n).\end{aligned}$$

L'application u est donc linéaire.

2. La famille $(x_1,\dots,x_n)$ est libre si, et seulement si :

$$\forall(\lambda_1,\dots,\lambda_n)\in\mathbb{K}^n\quad\sum_{i=1}^n\lambda_i\,x_i=0\Longrightarrow(\lambda_1,\dots,\lambda_n)=0.$$

La relation précédente traduit aussi que $\operatorname{Ker} u$ est inclus dans $\{0\}$, c'est-à-dire que l'application linéaire u est injective. D'où le résultat.

3. Par définition de u, on a :

$$\operatorname{Im} u=\Big\{\sum_{i=1}^n\lambda_i\,x_i\;\Big|\;(\lambda_1,\dots,\lambda_n)\in\mathbb{K}^n\Big\}=\operatorname{Vect}(x_1,\dots,x_n).$$

Par conséquent, l'application linéaire u est surjective si, et seulement si, $\operatorname{Im} u=E$, c'est-à-dire si, et seulement si, la famille $(x_1,\dots,x_n)$ est génératrice de E.

4. Conséquence immédiate des deux questions précédentes.

22.5 On a $u^2(e_1)=u(e_3)=e_1$, $u^2(e_2)=u(-e_2)=e_2$ et $u^2(e_3)=u(e_1)=e_3$. Ainsi u^2, qui est linéaire coïncide avec l'identité de $\mathbb{K}^3$ sur la base (e_1,e_2,e_3) donc $u^2=\operatorname{Id}_{\mathbb{K}^3}$; on en déduit que u est une symétrie.

Posons $F_1=\operatorname{Ker}(u-\operatorname{Id}_{\mathbb{K}^3})$ et $F_2=\operatorname{Ker}(u+\operatorname{Id}_{\mathbb{K}^3})$. D'après le cours, u est la symétrie par rapport à F_1 parallèlement à F_2. Déterminons ces deux noyaux.

Pour $(x_1,x_2,x_3)\in\mathbb{K}^3$, on a :

$$\begin{aligned}u\big((x_1,x_2,x_3)\big)&=u\left(x_1e_1+x_2e_2+x_3e_3\right)\\&=x_1u(e_1)+x_2u(e_2)+x_3u(e_3)\\&=x_1e_3+x_2(-e_2)+x_3e_1\\&=(x_3,-x_2,x_1).\end{aligned}$$

On a ainsi :

$$(x_1,x_2,x_3)\in F_1\iff(x_1,x_2,x_3)=(x_3,-x_2,x_1)\iff\big(x_1=x_3\text{ et }x_2=0\big)$$

et :

$$(x_1,x_2,x_3)\in F_2\iff(x_1,x_2,x_3)=-(x_3,-x_2,x_1)\iff x_1=-x_3$$

donc $F_1=\operatorname{Vect}\big((1,0,1)\big)$ et $F_2=\operatorname{Vect}\big((1,0,-1),(0,1,0)\big)$

22.6 1. • Par définition, F_1 et F_2 sont des sous-espaces vectoriels de E.

• On a $F_1 \cap F_2 = \{0\}$. En effet, si $x \in F_1 \cap F_2$, alors il existe $(a,b,c) \in \mathbb{K}^3$ tel que $x = (a,b,0) = (c,c,c)$ et l'on a donc $c = 0$ et, par suite, $x = 0$.

• Enfin, pour $(a,b,c) \in E$, l'égalité :

$$(a,b,c) = \underbrace{(a-c, b-c, 0)}_{\in F_1} + \underbrace{(c,c,c)}_{\in F_2}$$

montre que $E = F_1 + F_2$.

Par suite, on a $E = F_1 \oplus F_2$.

2. Étant donné que F_1 et F_2 sont deux sous-espaces supplémentaires de E et que :

$$v : \begin{array}{ccc} F_1 & \longrightarrow & E \\ (a,b,0) & \longmapsto & (-b,a,0) \end{array} \quad \text{et} \quad w : \begin{array}{ccc} F_2 & \longrightarrow & E \\ (c,c,c) & \longmapsto & -(c,c,c) \end{array}$$

sont deux applications linéaires (ce que l'on vérifie aisément), il existe un unique endomorphisme $u \in \mathcal{L}(E)$ dont les restrictions à F_1 et F_2 sont respectivement v et w.

3. Comme pour tout $(a,b) \in \mathbb{K}^2$, on a :

$$u^2\big((a,b,0)\big) = u\big((-b,a,0)\big) = (-a,-b,0),$$

on en déduit :

$$\forall x \in F_1 \quad u^2(x) = -x \quad \text{donc} \quad \forall x \in F_1 \quad u^4(x) = x.$$

On a d'autre part :

$$\forall x \in F_2 \quad u^2(x) = x \quad \text{donc} \quad \forall x \in F_2 \quad u^4(x) = x.$$

Ainsi, l'application linéaire u^4 coïncide avec l'identité sur deux sous-espaces vectoriels supplémentaires de E ; par suite on a $u^4 = \mathrm{Id}_E$.

22.7 Soit $(A_1, A_2) \in \mathbb{K}[X]^2$ et $\lambda \in \mathbb{K}$. Notons Q_1 et R_1 (respectivement Q_2 et R_2) les quotient et reste de la division euclidienne de A_1 (respectivement A_2) par B. On a alors :

$$A_1 = BQ_1 + R_1 \quad \text{et} \quad \deg(R_1) < \deg(B)$$

$$A_2 = BQ_2 + R_2 \quad \text{et} \quad \deg(R_2) < \deg(B).$$

On en déduit :

$$\lambda A_1 + A_2 = B(\lambda Q_1 + Q_2) + (\lambda R_1 + R_2),$$

et, par propriété sur les degrés, on a $\deg(\lambda R_1 + R_2) \leqslant \max\big(\deg(R_1), \deg(R_2)\big) < \deg(B)$.

Par unicité du quotient et du reste de la division euclidienne de deux polynômes, les polynômes $\lambda Q_1 + Q_2$ et $\lambda R_1 + R_2$ sont donc respectivement le quotient et le reste de la division euclidienne de $\lambda A_1 + A_2$ par B, c'est-à-dire :

$$\varphi(\lambda A_1 + A_2) = \lambda Q_1 + Q_2 = \lambda\varphi(A_1) + \varphi(A_2)$$

$$\text{et} \quad \psi(\lambda A_1 + A_2) = \lambda R_1 + R_2 = \lambda\psi(A_1) + \psi(A_2),$$

ce qui prouve la linéarité de φ et ψ.

22.8 Supposons que $f \circ g = g \circ f$.

• Soit $x \in \operatorname{Ker} f$. On a alors, par linéarité de g :

$$f\big(g(x)\big) = g\big(f(x)\big) = g(0) = 0.$$

Par conséquent, $g(x) \in \operatorname{Ker} f$, ce qui montre que $\operatorname{Ker} f$ est stable par g.

- Soit $y \in \operatorname{Im} f$. Fixons $x \in E$ tel que $y = f(x)$. On a alors :

$$g(y) = (g \circ f)(x) = (f \circ g)(x) = f\big(g(x)\big),$$

donc $g(y) \in \operatorname{Im} f$, ce qui prouve que $\operatorname{Im} f$ est stable par g.

22.9 1. • On a toujours $\operatorname{Ker} f \subset \operatorname{Ker} f^2$. En effet, si $x \in \operatorname{Ker} f$, alors $f(x) = 0$, donc, par linéarité de f, on a $f\big(f(x)\big) = 0$ et ainsi $x \in \operatorname{Ker} f^2$.

• On a toujours $\operatorname{Im} f^2 \subset \operatorname{Im} f$. En effet, si $y \in \operatorname{Im} f^2$, alors il existe $x \in E$ tel que $y = f^2(x) = f\big(f(x)\big)$, donc $y \in \operatorname{Im} f$.

2. • Supposons $\operatorname{Ker} f^2 = \operatorname{Ker} f$ et montrons $\operatorname{Im} f \cap \operatorname{Ker} f = \{0\}$.
Soit $y \in \operatorname{Im} f \cap \operatorname{Ker} f$. Puisque $y \in \operatorname{Im} f$, il existe $x \in E$ tel que $y = f(x)$. Ainsi, puisque $y \in \operatorname{Ker} f$, on a :

$$0 = f(y) = f^2(x).$$

Donc $x \in \operatorname{Ker} f^2$. Or, par hypothèse, $\operatorname{Ker} f^2 = \operatorname{Ker} f$, donc $x \in \operatorname{Ker} f$. Finalement :

$$y = f(x) = 0.$$

Par conséquent, on a $\operatorname{Im} f \cap \operatorname{Ker} f \subset \{0\}$ et l'inclusion réciproque étant immédiate, on en déduit $\operatorname{Im} f \cap \operatorname{Ker} f = \{0\}$.

• Supposons $\operatorname{Im} f \cap \operatorname{Ker} f = \{0\}$ et montrons $\operatorname{Ker} f^2 = \operatorname{Ker} f$.
Étant donné qu'on a toujours $\operatorname{Ker} f \subset \operatorname{Ker} f^2$, il suffit de montrer $\operatorname{Ker} f^2 \subset \operatorname{Ker} f$.
Soit $x \in \operatorname{Ker} f^2$. Alors, puisque $f\big(f(x)\big) = 0$, on a $f(x) \in \operatorname{Ker} f$. De plus, on a par définition $f(x) \in \operatorname{Im} f$. On a donc :

$$f(x) \in \operatorname{Im} f \cap \operatorname{Ker} f,$$

d'où $f(x) = 0$. Ainsi $x \in \operatorname{Ker} f$, ce qui achève la démonstration.

3. • Supposons $\operatorname{Im} f^2 = \operatorname{Im} f$ et montrons $E = \operatorname{Ker} f + \operatorname{Im} f$.
Soit $x \in E$. Par définition, on a $f(x) \in \operatorname{Im} f$; or, par hypothèse, on a $\operatorname{Im} f^2 = \operatorname{Im} f$ donc $f(x) \in \operatorname{Im} f^2$. Par conséquent, il existe $a \in E$ tel que $f(x) = f^2(a)$. Par linéarité de f, on a alors $f\big(x - f(a)\big) = 0$, c'est-à-dire $x - f(a) \in \operatorname{Ker} f$. On peut alors écrire :

$$x = \underbrace{\big(x - f(a)\big)}_{\in \operatorname{Ker} f} + \underbrace{f(a)}_{\in \operatorname{Im} f},$$

ce qui prouve $E \subset \operatorname{Ker} f + \operatorname{Im} f$. L'inclusion réciproque étant immédiate, on a donc $E = \operatorname{Ker} f + \operatorname{Im} f$.

• Supposons $E = \operatorname{Ker} f + \operatorname{Im} f$ et montrons $\operatorname{Im} f^2 = \operatorname{Im} f$.
Puisque l'on a toujours $\operatorname{Im} f^2 \subset \operatorname{Im} f$, il suffit de prouver $\operatorname{Im} f \subset \operatorname{Im} f^2$.
Soit $y \in \operatorname{Im} f$. Il existe $x \in E$ tel que $y = f(x)$. Or on a $E = \operatorname{Ker} f + \operatorname{Im} f$, donc il existe $(x_K, x_I) \in \operatorname{Ker} f \times \operatorname{Im} f$ tel que $x = x_K + x_I$. Comme $x_I \in \operatorname{Im} f$, on peut trouver $a \in E$ tel que $x_I = f(a)$. On a alors, par linéarité de f :

$$y = f(x) = f(x_K + x_I) = f(x_K) + f(x_I) = 0 + f\big(f(a)\big) = f^2(a),$$

ce qui prouve que $y \in \operatorname{Im} f^2$ et achève la démonstration.

4. Cette dernière équivalence est une conséquence immédiate des deux précédentes, puisque :

$$E = \operatorname{Ker} f \oplus \operatorname{Im} f \iff \big(E = \operatorname{Ker} f + \operatorname{Im} f \quad \text{et} \quad \operatorname{Ker} f \cap \operatorname{Im} f = \{0\}\big).$$

22.10 1. Remarquons que l'on a $f^2 - 3f = -2\,\mathrm{Id}_E$ et ainsi :

$$f \circ \Big(-\frac{1}{2}(f - 3\,\mathrm{Id}_E)\Big) = \mathrm{Id}_E \qquad \text{et} \qquad \Big(-\frac{1}{2}(f - 3\,\mathrm{Id}_E)\Big) \circ f = \mathrm{Id}_E,$$

ce qui prouve que f est bijectif, donc est un automorphisme de E, et que l'on a :

$$f^{-1} = -\frac{1}{2}(f - 3\,\mathrm{Id}_E).$$

2. Procédons par analyse-synthèse pour montrer que $\mathrm{Ker}(f - \mathrm{Id}_E)$ et $\mathrm{Ker}(f - 2\,\mathrm{Id}_E)$ sont supplémentaires dans E. Soit $x \in E$.

Analyse Soit $(x_1, x_2) \in \mathrm{Ker}(f - \mathrm{Id}_E) \times \mathrm{Ker}(f - 2\,\mathrm{Id}_E)$ tel que $x = x_1 + x_2$.
On a alors $f(x_1) = x_1$ et $f(x_2) = 2x_2$ et par linéarité de f :

$$f(x) = f(x_1 + x_2) = f(x_1) + f(x_2) = x_1 + 2x_2.$$

On en déduit $x_1 = 2x - f(x)$ et $x_2 = f(x) - x$, ce qui prouve qu'une telle écriture est unique et que les sous-espaces vectoriels $\mathrm{Ker}(f - \mathrm{Id}_E)$ et $\mathrm{Ker}(f - 2\,\mathrm{Id}_E)$ sont en somme directe.

Synthèse Posons $x_1 = 2x - f(x)$ et $x_2 = f(x) - x$.

- Par linéarité de f et en utilisant la relation $f^2 = 3f - 2\,\mathrm{Id}_E$, on a :

$$f(x_1) = f\big(2x - f(x)\big) = 2f(x) - f^2(x) = 2f(x) - \big(3f(x) - 2x\big) = 2x - f(x) = x_1,$$

donc $x_1 \in \mathrm{Ker}(f - \mathrm{Id}_E)$.

- De même, on a :

$$f(x_2) = f\big(f(x) - x\big) = f^2(x) - f(x) = \big(3f(x) - 2x\big) - f(x) = 2\big(f(x) - x\big) = 2x_2,$$

donc $x_2 \in \mathrm{Ker}(f - 2\,\mathrm{Id}_E)$.

- Enfin, on vérifie aisément que l'on a $x_1 + x_2 = x$.

Ainsi, tout vecteur de E s'écrit comme la somme d'un vecteur de $\mathrm{Ker}(f - \mathrm{Id}_E)$ et d'un vecteur de $\mathrm{Ker}(f - 2\,\mathrm{Id}_E)$, c'est-à-dire $E \subset \mathrm{Ker}(f - \mathrm{Id}_E) + \mathrm{Ker}(f - 2\,\mathrm{Id}_E)$. L'inclusion réciproque étant immédiate, on a donc $E = \mathrm{Ker}(f - \mathrm{Id}_E) + \mathrm{Ker}(f - 2\,\mathrm{Id}_E)$.

Finalement, on a montré $E = \mathrm{Ker}(f - \mathrm{Id}_E) \oplus \mathrm{Ker}(f - 2\,\mathrm{Id}_E)$.

22.11 1. • L'inclusion $\mathrm{Ker}\, f \subset \mathrm{Ker}(g \circ f)$ est immédiate. Montrons l'inclusion réciproque.
Soit $x \in \mathrm{Ker}(g \circ f)$. On a alors $(g \circ f)(x) = 0$ et ainsi :

$$f\big((g \circ f)(x)\big) = f(0) = 0.$$

Or, par hypothèse $f \circ g = \mathrm{Id}_E$ donc $f \circ g \circ f = f$, ce qui montre $f(x) = 0$, c'est-à-dire $x \in \mathrm{Ker}\, f$. D'où l'inclusion $\mathrm{Ker}(g \circ f) \subset \mathrm{Ker}\, f$.

• L'inclusion $\mathrm{Im}(g \circ f) \subset \mathrm{Im}\, g$ est immédiate. Montrons l'inclusion réciproque.
Soit $x \in \mathrm{Im}\, g$. Il existe alors $a \in E$ tel que $x = g(a)$ et l'on a $f(x) = f\big(g(a)\big) = a$. On en déduit :

$$x = g(a) = (g \circ f)(x),$$

ce qui prouve que $x \in \mathrm{Im}(g \circ f)$ et ainsi $\mathrm{Im}\, g \subset \mathrm{Im}(g \circ f)$.

2. Calculons :

$$(g \circ f)^2 = (g \circ f) \circ (g \circ f) = g \circ (f \circ g) \circ f = g \circ \mathrm{Id}_E \circ f = g \circ f.$$

De plus, $g \circ f$ est linéaire, donc $g \circ f$ est un projecteur. On en déduit que :

$$E = \mathrm{Ker}(g \circ f) \oplus \mathrm{Im}(g \circ f),$$

donc, d'après la question précédente, $E = \mathrm{Ker}\, f \oplus \mathrm{Im}\, g$.

22.12 • Pour toute fonction continue f, la fonction $\varphi(f)$ est dérivable (c'est l'unique primitive de $t \mapsto tf(t)$ qui s'annule en 0), donc en particulier continue. Ainsi, φ est bien une application de E vers E. C'est aussi une application linéaire : la linéarité de φ résulte de la linéarité de l'intégrale.

• Remarquons que, pour toute fonction continue f, on a $\varphi(f)(0) = 0$. Or il existe des fonctions continues qui ne sont pas nulles en 0 (comme par exemple la fonction constante égale à 1) donc φ n'est pas surjective.

• Soit $f \in \operatorname{Ker}\varphi$. Alors, pour tout $x \in \mathbb{R}$, on a $\varphi(f)(x) = \displaystyle\int_0^x tf(t)\,\mathrm{d}t = 0$. En dérivant, on trouve :

$$\forall x \in \mathbb{R} \quad xf(x) = 0.$$

Cela entraîne que $f(x) = 0$ pour tout x non nul. Par continuité de f en 0, on a alors $f(0) = 0$. Ainsi f est la fonction nulle. Donc $\operatorname{Ker}\varphi = \{0\}$ et φ est injective.

22.13 Si $E = \{0\}$, le résultat est évident. Supposons donc $E \neq \{0\}$.

Fixons un vecteur non nul x_0 de E. Par hypothèse, x_0 et $f(x_0)$ sont colinéaires et, comme $x_0 \neq 0$, on peut trouver $\lambda_0 \in \mathbb{K}$ tel que $f(x_0) = \lambda_0 x_0$.

Montrons que, pour tout $x \in E$, on a $f(x) = \lambda_0 x$. Soit donc x un vecteur de E.

• Si la famille (x, x_0) est liée, alors, comme $x_0 \neq 0$, il existe $\mu \in \mathbb{K}$ tel que $x = \mu x_0$ et :

$$f(x) = \mu f(x_0) = \mu\,\lambda_0 x_0 = \lambda_0 x.$$

• Sinon, la famille (x_0, x) est libre et l'on a $x \neq 0$ ainsi que $x + x_0 \neq 0$.

Étant donné que $x \neq 0$ et que x et $f(x)$ sont supposés colinéaires, il existe donc $\lambda \in \mathbb{K}$ tel que $f(x) = \lambda x$.

Il existe de même $\mu \in \mathbb{K}$ tel que $f(x_0 + x) = \mu(x_0 + x)$. On a alors :

$$f(x_0 + x) = f(x_0) + f(x) = \lambda_0 x_0 + \lambda x,$$

ainsi que :

$$f(x_0 + x) = \mu\,(x_0 + x) = \mu\,x_0 + \mu\,x,$$

ce qui entraîne :

$$\lambda_0\,x_0 + \lambda\,x = \mu\,x_0 + \mu\,x.$$

Comme la famille (x_0, x) est libre, on en déduit $\lambda_0 = \mu$ et $\lambda = \mu$ donc $\lambda = \lambda_0$ et ainsi $f(x) = \lambda_0\,x$.

Finalement, f est l'homothétie de rapport λ_0.

22.14 Raisonnons par l'absurde en supposant les applications linéaires f et g non nulles.

Soit $(x, y) \in E^2$ tel que $f(x) \neq 0$ et $g(y) \neq 0$. Puisque $f(x)g(x) = f(y)g(y) = 0$, on a $f(y) = 0$ et $g(x) = 0$.

Or, par linéarité de f, on a $f(x + y) = f(x) + f(y)$ donc $f(x + y) = f(x) \neq 0$. De même, $g(x + y) \neq 0$. Ainsi $f(x + y)g(x + y) \neq 0$, ce qui contredit l'hypothèse.

Ainsi f est nulle ou g est nulle.

22.15 1. Par bilinéarité de la composition dans $\mathcal{L}(E)$, l'application :

$$\begin{array}{ccc} \mathcal{L}(E) & \longrightarrow & \mathcal{L}(E) \\ f & \longmapsto & p \circ f - f \circ p \end{array}$$

est linéaire et $\mathcal{C}(p)$ est son noyau donc est un sous-espace vectoriel de $\mathcal{L}(E)$.

2. Soit $f \in \mathcal{L}(E)$.

- Si $f \in \mathcal{C}(p)$ alors f et p commutent et on a montré dans l'exercice 22.8 de la page 805 que les sous-espaces vectoriels $\operatorname{Im} p$ et $\operatorname{Ker} p$ sont stables par f.
- Réciproquement, supposons $\operatorname{Im} p$ et $\operatorname{Ker} p$ stables par f.
  L'endomorphisme p est un projecteur donc $E = \operatorname{Ker} p \oplus \operatorname{Im} p$. Montrons que $p \circ f$ et $f \circ p$ coïncident sur $\operatorname{Ker} p$ et $\operatorname{Im} p$.
  * Soit $x \in \operatorname{Ker} p$. On a alors $f(x) \in \operatorname{Ker} p$ et ainsi :

  $$p\big(f(x)\big) = 0 = f(0) = f\big(p(x)\big).$$

  * Soit $x \in \operatorname{Im} p$. Puisque x et $f(x)$ appartiennent à $\operatorname{Im} p = \{t \in E \ : \ p(t) = t\}$, on a :

  $$p(x) = x \quad \text{et} \quad p\big(f(x)\big) = f(x).$$

  On en déduit

  $$f\big(p(x)\big) = f(x) = p\big(f(x)\big).$$

  Ainsi, les applications linéaires $f \circ p$ et $p \circ f$ coïncident sur deux sous-espaces vectoriels supplémentaires de E, donc sont égales, ce qui prouve que $f \in \mathcal{C}(p)$.

22.16

- Supposons que p et q soient deux projecteurs ayant même noyau. Soit $x \in E$. Comme q est un projecteur, on a $E = \operatorname{Ker} q \oplus \operatorname{Im} q$, donc il existe $(x_K, x_I) \in \operatorname{Ker} q \times \operatorname{Im} q$ tel que $x = x_K + x_I$. On a alors $q(x_K) = 0$ et $q(x_I) = x_I$ donc :

  $$(p \circ q)(x) = (p \circ q)(x_K + x_I) = p\big(q(x_K)\big) + p\big(q(x_I)\big) = p(0) + p(x_I) = p(x_I).$$

  De plus, comme $\operatorname{Ker} q = \operatorname{Ker} p$, on a aussi $p(x_K) = 0$ et ainsi :

  $$p(x) = p(x_I + x_K) = p(x_I) + 0 = p(x_I).$$

  On en déduit que $(p \circ q)(x) = p(x)$ et ainsi $p \circ q = p$.
  Par symétrie, le résultat précédent appliqué à q et p donne $q \circ p = q$.
- Réciproquement, supposons que $p \circ q = p$ et $q \circ p = q$.
  * Tout d'abord, p est un projecteur puisque :

  $$p \circ p = (p \circ q) \circ p = p \circ (q \circ p) = p \circ q = p.$$

  Par symétrie, q est aussi un projecteur.
  * Il est clair que $\operatorname{Ker} q \subset \operatorname{Ker}(p \circ q)$ et $\operatorname{Ker} p \subset \operatorname{Ker}(q \circ p)$. Donc les égalités $p \circ q = p$ et $q \circ p = q$ montrent que $\operatorname{Ker} p$ et $\operatorname{Ker} q$ sont inclus l'un dans l'autre, donc égaux. Ainsi, p et q sont deux projecteurs ayant même noyau.

Chapitre 23 : Dimension finie

Dimension finie 23

Dans tout le chapitre, $\mathbb{K}$ désigne $\mathbb{R}$ ou $\mathbb{C}$, n et p des entiers naturels, et E désigne un $\mathbb{K}$-espace vectoriel.

Terminologie Étant donné une famille finie $(a_i)_{i\in I}$, le nombre d'éléments de I est appelé le **cardinal** de la famille, ou encore sa **longueur** ou sa **taille**.

I Dimension d'un espace vectoriel

1 Espace vectoriel de dimension finie

Définition 1

Le $\mathbb{K}$-espace vectoriel E est dit de **dimension finie** s'il admet une famille génératrice (finie) [1]. Dans le cas contraire, on dit que E est de **dimension infinie**.

Remarque Une base étant en particulier une famille génératrice, si E possède une base, alors il est de dimension finie.

Ex. 1. Les $\mathbb{K}$-espaces vectoriels de référence suivants possèdent une base, donc sont de dimension finie : $\mathbb{K}^n$, $\mathbb{K}_n[X]$, $\mathcal{M}_{n,p}(\mathbb{K})$.

Ex. 2. Le $\mathbb{R}$-espace vectoriel $\mathbb{C}$ est de dimension finie, puisqu'une base en est $(1, i)$.

Ex. 3. Le $\mathbb{K}$-espace vectoriel réduit au vecteur nul est de dimension finie, car admet comme famille génératrice la famille vide.

Ex. 4. Pour tout $(e_1, \ldots, e_p) \in E^p$, l'espace vectoriel $\mathrm{Vect}(e_1, \ldots, e_p)$ est de dimension finie.

Ex. 5. Le $\mathbb{K}$-espace vectoriel $\mathbb{K}[X]$ est de dimension infinie. En effet, pour toute famille $(P_1, \ldots, P_n)$ de polynômes, en notant $d = \max\{0, \deg P_1, \ldots, \deg P_n\}$, on a :

$$X^{d+1} \notin \mathrm{Vect}(P_1, \ldots, P_n),$$

donc la famille $(P_1, \ldots, P_n)$ n'est pas génératrice de $\mathbb{K}[X]$.

1. Contrairement au programme de MPSI, le programme de PTSI n'envisage le caractère libre / générateur que pour des familles finies. Dans la suite de ce chapitre, le caractère fini des familles considérées ne sera plus précisé.

Proposition 1

Soit $\mathcal{G}$ une famille génératrice de E. Toute sous-famille libre de $\mathcal{G}$ peut, à l'aide d'éléments de $\mathcal{G}$, être complétée en une base de E.

Démonstration page 827

Principe de démonstration. Si $\mathcal{F}$ est une sous-famille libre de $\mathcal{G}$, considérer une sous-famille libre de $\mathcal{G}$ contenant $\mathcal{F}$ et de cardinal maximal, et montrer qu'elle est génératrice de E.

Théorème 2 (Théorème de la base incomplète)

Supposons E de dimension finie. Toute famille libre de E peut être complétée en une base de E.

Démonstration. Soit $\mathcal{F}$ une famille libre. Puisque E est de dimension finie, on dispose d'une famille génératrice $\mathcal{G}$. Notons $\mathcal{G}'$ la famille obtenue en adjoignant les éléments de $\mathcal{F}$ à ceux de $\mathcal{G}$. Alors $\mathcal{G}'$ est une sur-famille de $\mathcal{G}$, donc est génératrice de E, et contient $\mathcal{F}$. D'après la proposition précédente, la famille $\mathcal{F}$ peut être complétée en une base de E (à l'aide d'éléments de $\mathcal{G}'$). □

Théorème 3 (Théorème de la base extraite)

De toute famille génératrice de E on peut extraire une base de E.

Démonstration. Soit $\mathcal{G}$ une famille génératrice de E. En utilisant la proposition 1, on peut compléter la famille vide (qui est une sous-famille libre de $\mathcal{G}$) en une base de E à l'aide d'éléments de $\mathcal{G}$; on obtient ainsi une base de E constituée d'éléments de $\mathcal{G}$. □

Corollaire 4

Si E est de dimension finie, alors E admet une base.

Démonstration. Par définition, tout $\mathbb{K}$-espace vectoriel de dimension finie possède une famille génératrice ; le théorème de la base extraite nous assure alors qu'on peut en extraire une base. □

2 Définition de la dimension

Lemme 5

Soit $n \in \mathbb{N}$. Dans un $\mathbb{K}$-espace vectoriel engendré par n vecteurs, toute famille de cardinal $n+1$ est liée.

Démonstration page 827

Principe de démonstration. Par récurrence sur n.

Exo 23.1

Point méthode Pour prouver que E est de dimension infinie, il suffit de prouver que, pour tout $p \in \mathbb{N}^*$, il existe dans E une famille libre de cardinal p.

Ex. 6. On retrouve ainsi que $\mathbb{K}[X]$ est de dimension infinie. En effet, pour tout $p \in \mathbb{N}^*$, la famille $(1, X, \ldots, X^{p-1})$ est libre.

Avant d'énoncer le résultat suivant, rappelons que, par le théorème de la base incomplète, tout espace vectoriel de dimension finie possède au moins une base.

Exo 23.2

Théorème 6

Exo 23.3

Si E est de dimension finie, alors toutes les bases de E ont même cardinal. Ce cardinal commun est appelé **dimension** de E.

Démonstration. Supposons E de dimension finie. Prouvons que toutes les bases de E ont même cardinal. Soit $\mathcal{B}_1$ et $\mathcal{B}_2$ deux bases de E. Puisque $\mathcal{B}_2$ est génératrice de E, tout élément de $\mathcal{B}_1$ en est combinaison linéaire. Comme $\mathcal{B}_1$ est libre, le lemme 5 assure que $\operatorname{card} \mathcal{B}_1 \leqslant \operatorname{card} \mathcal{B}_2$. Vu les rôles symétriques joués par ces deux bases, on a l'inégalité inverse et donc l'égalité. □

Notation La dimension du $\mathbb{K}$-espace vectoriel E se note $\dim_{\mathbb{K}} E$, ou plus simplement $\dim E$ s'il n'y a pas d'ambiguïté sur ce qu'est $\mathbb{K}$.

Ex. 7. Le $\mathbb{K}$-espace vectoriel $\mathbb{K}$ est de dimension 1. Il admet pour base la famille (1), et plus généralement toute famille formée d'un unique élément non nul.

Ex. 8. Le $\mathbb{R}$-espace vectoriel $\mathbb{C}$ est de dimension 2 ; il admet pour base $(1, i)$.
Mais, $\mathbb{C}$ est aussi un $\mathbb{C}$-espace vectoriel de dimension 1 d'après l'exemple qui précède.

Ex. 9. Le $\mathbb{K}$-espace vectoriel $\mathbb{K}^n$ est de dimension n, puisqu'il admet pour base sa base canonique, constituée de n vecteurs.

Ex. 10. Le $\mathbb{K}$-espace vectoriel $\mathbb{K}_n[X]$ est de dimension $n+1$, puisqu'il admet pour base sa base canonique $(X^k)_{0 \leqslant k \leqslant n}$, de cardinal $n+1$.

Ex. 11. Le $\mathbb{K}$-espace vectoriel $\mathcal{M}_{n,p}(\mathbb{K})$ est de dimension np, puisqu'il admet pour base sa base canonique $\left(E_{i,j}\right)_{(i,j) \in [\![1,n]\!] \times [\![1,p]\!]}$, de cardinal np. En particulier, on a $\dim \mathcal{M}_n(\mathbb{K}) = n^2$.

Ex. 12. Dans $\mathcal{M}_n(\mathbb{K})$, les sous-espaces vectoriels $\mathcal{S}_n(\mathbb{K})$ et $\mathcal{A}_n(\mathbb{K})$ admettent respectivement pour bases les familles $\left(E_{i,j} + E_{j,i}\right)_{\substack{1 \leqslant i \leqslant n \\ i \leqslant j \leqslant n}}$ et $\left(E_{i,j} - E_{j,i}\right)_{\substack{1 \leqslant i \leqslant n \\ i < j \leqslant n}}$. On en déduit que :

$$\dim \mathcal{S}_n(\mathbb{K}) = \frac{n(n+1)}{2} \qquad \text{et} \qquad \dim \mathcal{A}_n(\mathbb{K}) = \frac{n(n-1)}{2}.$$

Remarque On retrouve bien $\dim \mathcal{S}_n(\mathbb{K}) + \dim \mathcal{A}_n(\mathbb{K}) = n^2 = \dim \mathcal{M}_n(\mathbb{K})$, ce qui est cohérent avec le fait que $\mathcal{S}_n(\mathbb{K})$ et $\mathcal{A}_n(\mathbb{K})$ sont supplémentaires (cf. page 757).

Ex. 13. Dans $E = \mathbb{R}^4$, considérons le sous-espace vectoriel :

$$F = \left\{(x_1, x_2, x_3, x_4) \; : \; x_1 + x_2 + x_3 + x_4 = 0\right\}.$$

Un vecteur $x = (x_1, x_2, x_3, x_4) \in \mathbb{R}^4$ appartient à F si, et seulement s'il s'écrit :

$$x = (x_1, x_2, x_3, -x_1 - x_2 - x_3) = x_1 f_1 + x_2 f_2 + x_3 f_3,$$

avec $f_1 = (1,0,0,-1)$, $f_2 = (0,1,0,-1)$ et $f_3 = (0,0,1,-1)$.
Par conséquent, la famille (f_1, f_2, f_3) est génératrice de F. De plus, on peut facilement montrer qu'elle est libre. Ainsi, c'est une base de F, et l'on a $\dim F = 3$.

Terminologie

- Un $\mathbb{K}$-espace vectoriel de dimension 1 est appelé **droite vectorielle.**
- Un $\mathbb{K}$-espace vectoriel de dimension 2 est appelé **plan vectoriel.**

Au sujet de la dimension 0

Rappelons que $\{0\} = \text{Vect}(\varnothing)$, et que $\text{card}\,\varnothing = 0$. Ainsi, l'espace vectoriel $\{0\}$ est de dimension 0. Le seul sous-espace vectoriel de E de dimension 0 est le sous-espace vectoriel réduit à $\{0\}$.

Si E est de dimension finie $p \in \mathbb{N}$, et si $(e_1, \ldots, e_p)$ en est une base, nous convenons, lorsque $p = 0$, que la famille $(e_1, \ldots, e_p)$ désigne la base vide de l'espace vectoriel $\{0\}$.

Cardinal d'une famille génératrice, d'une famille libre

Proposition 7

Supposons E de dimension n. Alors :

- toute famille génératrice a au moins n éléments ;
- toute famille libre a au plus n éléments.

Exo 23.4

Démonstration. On sait que toute base de E est de cardinal n. Par conséquent :

- toute famille génératrice de E est de cardinal au moins n car on peut en extraire une base (cf. théorème de la base extraite, théorème 3 de la page 815) ;
- toute famille libre est de cardinal au plus n car on peut la compléter en une base (cf. théorème de la base incomplète, proposition 1 de la page 815). □

Reformulation Si E est de dimension n et si $(x_1, \ldots, x_p)$ est une famille de p éléments de E, alors :

- si $p < n$, la famille $(x_1, \ldots, x_p)$ n'est pas génératrice de E ;
- si $p > n$, la famille $(x_1, \ldots, x_p)$ est liée.

Ex. 14. La famille $(X + 1, 2X^2 - 1, X^3 + X + 1)$ n'est pas génératrice de $\mathbb{K}_3[X]$ puisqu'elle ne comporte que 3 éléments, alors que $\dim \mathbb{K}_3[X] = 4$.

Ex. 15. Trois vecteurs d'un même plan vectoriel forment une famille liée.

Point méthode Soit $(x_1, \ldots, x_p)$ une famille de p éléments d'un espace vectoriel E de dimension finie.

- Si la famille $(x_1, \ldots, x_p)$ est génératrice de E, alors on a $\dim E \leqslant p$.
- Si la famille $(x_1, \ldots, x_p)$ est libre, alors on a $\dim E \geqslant p$.

3 Caractérisation des bases en dimension finie

Théorème 8

Supposons E de dimension n. Soit $\mathcal{B}$ une famille d'éléments de E. Les assertions suivantes sont équivalentes :

(i) la famille $\mathcal{B}$ est une base de E ;

(ii) la famille $\mathcal{B}$ est libre et possède n éléments ;

Exo 23.5 (iii) la famille $\mathcal{B}$ est génératrice de E et possède n éléments.

Démonstration page 828

Principe de démonstration. Conséquence du théorème de la base incomplète et du théorème de la base extraite.

Ex. 16. Si E est un plan vectoriel, alors toute famille formée de deux vecteurs non colinéaires est une base de E.

Ex. 17. Dans le $\mathbb{K}$-espace vectoriel $\mathbb{K}_n[X]$, considérons une famille $(P_0, \ldots, P_n)$ de $n+1$ polynômes tels que, pour tout $k \in [\![0, n]\!]$, on ait $\deg P_k = k$.

- Cette famille est échelonnée en degré, donc libre (cf. page 764).
- Comme $\dim \mathbb{K}_n[X] = n+1$, on en déduit immédiatement que cette famille de $n+1$ éléments de $\mathbb{K}_n[X]$ en est une base.

Reformulation de certains résultats d'analyse en termes de dimension

Ex. 18. Soit a une fonction numérique continue sur un intervalle non trivial I.
Si l'on désigne par A une primitive de la fonction continue a sur l'intervalle I et si l'on pose $y_0 : x \mapsto \exp\big(A(x)\big)$, alors l'équation différentielle homogène :

$$y' - a(x)y = 0$$

a pour ensemble de solutions $S = \{k\, y_0 \mid k \in \mathbb{R}\} = \mathrm{Vect}(y_0)$ (cf. page 266).
Autrement dit, l'ensemble des solutions de cette équation différentielle est la droite vectorielle engendrée par la fonction non nulle y_0.

Ex. 19. Pour $(a, b, c) \in \mathbb{K}^3$ avec $a \neq 0$, l'équation différentielle homogène :

$$ay'' + by' + cy = 0$$

admet pour ensemble de solutions un plan vectoriel, car engendré par deux fonctions non colinéaires (cf. page 274).

Ex. 20. Pour $(a, b) \in \mathbb{R}^2$, l'ensemble des suites $(u_n)_{n \in \mathbb{N}}$ vérifiant une relation de récurrence d'ordre 2 de la forme :

$$\forall n \in \mathbb{N} \quad u_{n+2} = au_{n+1} + bu_n$$

est un plan vectoriel, car engendré par deux suites non colinéaires (cf. page 325).

4 Sous-espace vectoriel d'un espace de dimension finie

Théorème 9

Si E est de dimension n, alors tout sous-espace vectoriel F de E est de dimension finie $p \leqslant n$. De plus, F est égal à E si, et seulement si, $p = n$.

Démonstration page 828

Principe de démonstration.
Parmi les familles libres de F, en considérer une de cardinal maximal.

Attention Si F est un sous-espace vectoriel de E, alors toute base de F peut être complétée en une base de E. En revanche, il n'est pas toujours possible, d'une base de E, d'extraire une base de F. Par exemple, dans $\mathbb{R}^2$, si l'on note $u = (1,1)$, alors la droite vectorielle $F = \text{Vect}(u)$ ne contient aucun des deux vecteurs de la base canonique.

Point méthode Pour prouver que deux espaces vectoriels de dimension finie sont égaux, il suffit de montrer une inclusion et l'égalité des dimensions.

Ex. 21. Si E est une droite vectorielle, alors E ne possède que deux sous-espaces vectoriels : l'espace nul et lui-même. En effet, si F est un sous-espace vectoriel de E, et comme $\dim E = 1$, on a $\dim F \in \{0,1\}$. Si $\dim F = 0$, alors $F = \{0\}$, et si $\dim F = 1$, alors $F = E$.

Ex. 22. Dans l'espace vectoriel $\mathbb{R}^3$, montrons l'égalité des sous-espaces vectoriels :

$$F = \text{Vect}\big((1,1,-2),(-2,1,1)\big) \quad \text{et} \quad G = \{(x,y,z) \in \mathbb{R}^3 \;:\; x+y+z=0\}.$$

- On voit facilement que les vecteurs $(1,1,-2)$ et $(-2,1,1)$ appartiennent à G ; le sous-espace vectoriel F qu'ils engendrent est donc inclus dans G.
- Comme les vecteurs $(1,1,-2)$ et $(-2,1,1)$ ne sont pas proportionnels, ils forment une base du sous-espace vectoriel F qu'ils engendrent, et donc $\dim F = 2$.
- Comme $F \subset G \subset \mathbb{R}^3$, on a $\dim F \leqslant \dim G \leqslant \dim \mathbb{R}^3$ et donc $2 \leqslant \dim G \leqslant 3$. Ainsi, le nombre entier $\dim G$ vaut 2 ou 3. Si l'on avait $\dim G = 3$, alors on aurait $\dim G = \dim \mathbb{R}^3$ donc $G = \mathbb{R}^3$, ce qui est absurde puisque $(1,1,1) \notin G$. Par suite, on a $\dim F = \dim G = 2$, et donc $F = G$ puisque $F \subset G$.

5 Rang d'une famille finie de vecteurs

Définition 2

Soit $\mathcal{F}$ une famille finie de vecteurs de E. On appelle **rang** de $\mathcal{F}$, et l'on note $\text{rg}\,\mathcal{F}$, la dimension du sous-espace vectoriel de E engendré par $\mathcal{F}$.

Remarques Soit $\mathcal{F}$ une famille de n vecteurs de E.

- Comme la famille $\mathcal{F}$ est génératrice de l'espace vectoriel $\text{Vect}\,\mathcal{F}$, on a :

$$\dim \text{Vect}\,\mathcal{F} \leqslant n \quad \textit{i.e.} \quad \text{rg}\,\mathcal{F} \leqslant n,$$

avec égalité si, et seulement si, la famille $\mathcal{F}$ est libre.

- Supposons E de dimension finie. Comme l'ensemble $\operatorname{Vect}\mathcal{F}$ est un sous-espace vectoriel de E, on a $\dim \operatorname{Vect}\mathcal{F} \leqslant \dim E$, *i.e.* $\operatorname{rg}\mathcal{F} \leqslant \dim E$.
- Si $\mathcal{F}$ possède une sous-famille libre de cardinal r, alors on a $\operatorname{rg}\mathcal{F} \geqslant r$.

Ex. 23. La famille $\mathcal{F} = \big((1,2,3),(3,2,1),(1,1,1)\big)$, d'éléments de $\mathbb{R}^3$, est de rang 2, car :
- les vecteurs $(1,2,3)$ et $(3,2,1)$ n'étant pas colinéaires, on a $\operatorname{rg}\mathcal{F} \geqslant 2$;
- comme $(1,2,3)+(3,2,1) = 4\,(1,1,1)$, on a :

$$\operatorname{Vect}\mathcal{F} = \operatorname{Vect}\big((1,2,3),(3,2,1)\big) \quad \text{et donc} \quad \operatorname{rg}\mathcal{F} \leqslant 2.$$

6 Sommes de sous-espaces vectoriels, base adaptée

Base adaptée à une somme directe

Proposition 10

Supposons E de dimension finie n. Soit $p \in [\![0,n]\!]$.

1. Soit $(e_1,\ldots,e_n)$ une base de E. Alors les sous-espaces vectoriels :
$$F = \operatorname{Vect}(e_1,\ldots,e_p) \qquad \text{et} \qquad G = \operatorname{Vect}(e_{p+1},\ldots,e_n)$$
sont supplémentaires dans E.
2. Soit F et G deux sous-espaces vectoriels supplémentaires de E.

   Si $(f_1,\ldots,f_p)$ est une base de F et $(g_1,\ldots,g_q)$ une base de G, alors la famille $(f_1,\ldots,f_p,g_1,\ldots,g_q)$ est une base de E.

   Une telle base est dite **adaptée** à la décomposition $E = F \oplus G$.

Démonstration page 828

Principe de démonstration.
1. Montrer $E = F + G$ et $F \cap G = \{0\}$ en utilisant que $(e_1,\ldots,e_n)$ est une base.
2. Montrer que $(f_1,\ldots,f_p,g_1,\ldots,g_q)$ est libre et génératrice.

Interprétation

- En « concaténant » des bases de deux sous-espaces vectoriels supplémentaires de E, on obtient une base de E.
- En « fractionnant » en deux une base de E, on obtient des bases de deux sous-espaces vectoriels supplémentaires.

Existence d'un supplémentaire

Proposition 11

Si E est de dimension finie, alors tout sous-espace vectoriel F de E admet au moins un supplémentaire dans E.

Démonstration. Soit E de dimension finie et F un sous-espace vectoriel de E.
- On sait que F est de dimension finie. Posons $p = \dim F$ et considérons $(e_1,\ldots,e_p)$ une base de F. C'est en particulier une famille libre de E.
- Complétons-la en une base $\mathcal{B}$ de E de la forme $\mathcal{B} = (e_1,\ldots,e_p,e_{p+1},\ldots,e_n)$. D'après le premier point de la proposition 10, $G = \operatorname{Vect}(e_{p+1},\ldots,e_n)$ est un supplémentaire de F. $\square$

Terminologie La base $\mathcal{B} = (e_1, \dots, e_p, e_{p+1}, \dots, e_n)$ construite dans la démonstration précédente « débute » par une base de F : elle est dite **adaptée à F**.

Ex. 24. Dans $\mathbb{R}^2$, si l'on note $\mathcal{B} = (e_1, e_2)$ la base canonique, et si $F = \text{Vect}(e_1 + e_2)$, alors $(e_1 + e_2, e_1)$ est une base de $\mathbb{R}^2$ adaptée à F.

Ex. 25. Dans $\mathbb{K}_3[X]$, l'ensemble $F = \{P \in \mathbb{K}_3[X] \;:\; P(1) = 0\}$ est un sous-espace vectoriel car c'est le noyau de l'application linéaire $\begin{array}{ccc} \mathbb{K}_3[X] & \longrightarrow & \mathbb{K} \\ P & \longmapsto & P(1). \end{array}$

- On constate que les polynômes $P_1 = (X-1)$, $P_2 = (X-1)^2$ et $P_3 = (X-1)^3$ appartiennent à F. Puisque la famille (P_1, P_2, P_3) est libre car échelonnée en degré, on obtient $\dim F \geqslant 3$.
- Il est clair que F n'est pas égal à $\mathbb{K}_3[X]$ car par exemple le polynôme 1 n'est pas dans F. Par suite, $\dim F = 3$, et (P_1, P_2, P_3) est une base de F.
- Une base de $\mathbb{K}_3[X]$ adaptée à F est alors $(P_1, P_2, P_3, 1)$.

Dimension d'une somme directe, d'une somme

Proposition 12

Soit F et G deux sous-espaces vectoriels de dimension finie de E. Alors $F + G$ est de dimension finie. De plus, si F et G sont en somme directe, alors on a :

$$\dim(F \oplus G) = \dim F + \dim G.$$

Démonstration. Notons $p = \dim F$ et $q = \dim G$. Considérons $(f_1, \dots, f_p)$ une base de F, et $(g_1, \dots, g_q)$ une base de G.

- Il est clair que la famille finie $(f_1, \dots, f_p, g_1, \dots, g_q)$ est génératrice de $F + G$, ce qui assure que $F + G$ est de dimension finie.
- Supposons F et G en somme directe. Alors F et G sont supplémentaires dans $F \oplus G$, et la famille $(f_1, \dots, f_p, g_1, \dots, g_q)$ est une base de $F \oplus G$ (cf. proposition 10 de la page ci-contre). Par suite, on a $\dim(F \oplus G) = p + q = \dim F + \dim G$. □

Ex. 26. En particulier, si E est de dimension finie, et si F et G sont deux sous-espaces supplémentaires dans E, alors on a :

$$\dim E = \dim F + \dim G.$$

Proposition 13 (Formule de Grassmann)

Exo 23.6

Soit F et G deux sous-espaces vectoriels de E. Si F et G sont de dimension finie, alors $F + G$ est aussi de dimension finie, et l'on a :

$$\dim(F + G) = \dim F + \dim G - \dim(F \cap G).$$

Démonstration page 829

Principe de démonstration. En notant S un supplémentaire de $F \cap G$ dans G, montrer que F et S sont supplémentaires dans $F + G$.

Ex. 27. Dans un $\mathbb{K}$-espace vectoriel E de dimension 3, montrons que l'intersection de deux plans vectoriels distincts H_1 et H_2 est une droite vectorielle. La formule de Grassmann donne :

$$\begin{aligned}\dim(H_1 \cap H_2) &= \dim H_1 + \dim H_2 - \dim(H_1 + H_2)\\ &= 4 - \dim(H_1 + H_2).\end{aligned}$$

Pour obtenir que $\dim(H_1 \cap H_2) = 1$, justifions que $\dim(H_1 + H_2) = 3$.

- Comme H_1 et H_2 ont même dimension, si l'un était inclus dans l'autre, ils seraient égaux. On en déduit que H_2 n'est pas inclus dans H_1 ; l'inclusion de H_1 dans $H_1 + H_2$ est donc stricte, ce qui assure que $\dim(H_1 + H_2) > \dim H_1$ *i.e.* $\dim(H_1 + H_2) \geqslant 3$.
- L'inégalité $\dim(H_1 + H_2) \leqslant 3$ est quant à elle immédiate car $H_1 + H_2$ est un sous-espace vectoriel de E.

Corollaire 14

Soit F et G deux sous-espaces vectoriels de dimension finie de E.
On a alors $\dim(F + G) \leqslant \dim F + \dim G$, avec égalité si, et seulement si, la somme est directe.

Démonstration. Les sous-espaces F et G étant de dimension finie, on a, d'après la formule de Grassmann :

$$\dim(F + G) = \dim F + \dim G - \dim(F \cap G).$$

- L'inégalité souhaitée vient du fait que $\dim(F \cap G) \geqslant 0$.
- Il y a égalité si, et seulement si, $\dim F \cap G = 0$, *i.e.* $F \cap G = \{0\}$. □

Théorème 15

Supposons E de dimension finie. Soit F et G deux sous-espaces vectoriels de E. Alors les propositions suivantes sont équivalentes :

(*i*) F et G sont supplémentaires dans E ;

(*ii*) $F \cap G = \{0\}$ et $\dim E = \dim F + \dim G$;

(*iii*) $F + G = E$ et $\dim E = \dim F + \dim G$.

Démonstration page 829

Principe de démonstration. Utiliser la formule de Grassmann.

Ex. 28. On a $\mathbb{K}^2 = \mathrm{Vect}\big((1,0)\big) \oplus \mathrm{Vect}\big((1,1)\big)$ car :

- ces deux sous-espaces vectoriels de $\mathbb{K}^2$ sont de dimension 1, et donc la somme de leurs dimensions est égale à celle de $\mathbb{K}^2$;
- ils sont en somme directe car les vecteurs $(1,0)$ et $(1,1)$ ne sont pas proportionnels.

II Applications linéaires et dimension finie

1 Dimension finie et isomorphismes

Proposition 16

Soit E et F deux $\mathbb{K}$-espaces vectoriels. Si E est de dimension finie, alors F est isomorphe à E si, et seulement si, F est de dimension finie avec $\dim F = \dim E$.

Démonstration page 830

Principe de démonstration. L'image d'une base par un isomorphisme est une base.

Ex. 29. Soit $(a,b) \in \mathbb{K}^2$. On considère E l'espace vectoriel des suites à valeurs dans $\mathbb{K}$ vérifiant la relation de récurrence linéaire d'ordre 2 :

$$\forall n \in \mathbb{N} \quad u_{n+2} = au_{n+1} + bu_n.$$

Pour justifier que $\dim E = 2$, on peut considérer l'application $\varphi : \begin{array}{ccc} E & \longrightarrow & \mathbb{K}^2 \\ u & \longmapsto & (u_0, u_1). \end{array}$

En effet, φ est linéaire, et elle est bijective car pour tout $(a,b) \in \mathbb{K}^2$, il existe une unique suite $(u_n)_{n\in\mathbb{N}}$ dans E telle que $(u_0,u_1) = (a,b)$. Par suite, φ est un isomorphisme, ce qui entraîne $\dim E = \dim \mathbb{K}^2 = 2$.

Corollaire 17

Tout $\mathbb{K}$-espace vectoriel de dimension n est isomorphe à $\mathbb{K}^n$.

Remarque Si E est un $\mathbb{K}$-espace vectoriel de dimension n et si $\mathcal{B} = (e_1, \dots, e_n)$ est une base de E , alors l'application suivante est un isomorphisme de $\mathbb{K}^n$ vers E :

$$\begin{array}{ccc} \mathbb{K}^n & \longrightarrow & E \\ (x_1, \dots, x_n) & \longmapsto & \sum\limits_{k=1}^{n} x_k e_k, \end{array}$$

dont l'isomorphisme réciproque est l'application qui à un vecteur de E associe la liste de ses coordonnées dans la base $\mathcal{B}$.

2 Rang d'une application linéaire, théorème du rang

Rang d'une application linéaire

Définition 3

Soit E et F deux $\mathbb{K}$-espaces vectoriels et $u \in \mathcal{L}(E,F)$.
On dit que u est de **rang fini** si son image $\operatorname{Im} u$ est de dimension finie.
On appelle alors **rang** de u, et l'on note $\operatorname{rg} u$, la dimension de $\operatorname{Im} u$.

Soit E et F deux $\mathbb{K}$-espaces vectoriels et $u \in \mathcal{L}(E,F)$.

Ex. 30. Si F est de dimension finie, alors u est de rang fini, et l'on a $\operatorname{rg}(u) \leqslant \dim F$, avec égalité si, et seulement si, u est surjective.

Ex. 31. Si E est de dimension finie, alors u est de rang fini, et l'on a $\operatorname{rg}(u) \leqslant \dim E$, avec égalité si, et seulement si, u est injective. En effet, si $(e_1, \dots, e_n)$ est une base de E, alors $\operatorname{Im} u = \operatorname{Vect}\big(u(e_1), \dots, u(e_n)\big)$. On a donc $\operatorname{rg} u \leqslant n$, avec égalité si, et seulement si, la famille $\big(u(e_1), \dots, u(e_n)\big)$ est libre, ce qui, puisque $(e_1, \dots, e_n)$ est une base de E, équivaut à l'injectivité de u.

Composition d'applications linéaires et rang

Proposition 18

Soit E, F et G des $\mathbb{K}$-espaces vectoriels, ainsi que $u \in \mathcal{L}(E,F)$ et $v \in \mathcal{L}(F,G)$.

- Si u est un isomorphisme et si v est de rang fini, alors $v \circ u$ est de rang fini, et $\operatorname{rg}(v \circ u) = \operatorname{rg} v$.
- Si v est un isomorphisme et si u est de rang fini, alors $v \circ u$ est de rang fini, et $\operatorname{rg}(v \circ u) = \operatorname{rg} u$.

Démonstration. On a $\operatorname{Im}(v \circ u) = \{v(u(x)) \mid x \in E\} = \{v(y) \mid y \in \operatorname{Im} u\} = v(\operatorname{Im} u)$.

- Si u est bijective, alors $\operatorname{Im} u = F$ et donc $\operatorname{Im}(v \circ u) = v(F) = \operatorname{Im} v$. D'où $\operatorname{rg}(v \circ u) = \operatorname{rg} v$.
- Si v est bijective, alors v induit un isomorphisme de $\operatorname{Im} u$ sur $v(\operatorname{Im} u)$. Ces deux sous-espaces vectoriels ont donc même dimension, d'où $\operatorname{rg}(v \circ u) = \operatorname{rg} u$. □

Proposition 19

Soit E, F et G trois $\mathbb{K}$-espaces vectoriels ainsi que $u \in \mathcal{L}(E,F)$ et $v \in \mathcal{L}(F,G)$ deux applications linéaires de rang fini. Alors $v \circ u$ est de rang fini et :

$$\operatorname{rg}(v \circ u) \leqslant \min(\operatorname{rg} v, \operatorname{rg} u).$$

Démonstration page 830

Théorème du rang

Proposition 20

Soit E et F deux $\mathbb{K}$-espaces vectoriels, et $u \in \mathcal{L}(E,F)$. Si S est un supplémentaire de $\operatorname{Ker} u$ dans E, alors u induit un isomorphisme de S sur $\operatorname{Im} u$.

Démonstration page 830

Principe de démonstration. Considérer l'application linéaire $v : \begin{array}{ccc} S & \longrightarrow & \operatorname{Im} u \\ x & \longmapsto & u(x). \end{array}$

Exo 23.10

Exo 23.11

Exo 23.12

Théorème 21 (Théorème du rang ou formule du rang)

Soit E et F deux $\mathbb{K}$-espaces vectoriels avec E de dimension finie et $u \in \mathcal{L}(E,F)$. Alors u est de rang fini, et l'on a :

$$\dim E = \operatorname{rg} u + \dim(\operatorname{Ker} u).$$

Démonstration. Comme E est de dimension finie, on peut considérer S un supplémentaire de $\operatorname{Ker} u$ dans E. D'après la proposition précédente, les sous-espaces vectoriels S et $\operatorname{Im} u$ sont isomorphes. Comme S est de dimension finie, $\operatorname{Im} u$ l'est aussi et $\dim(\operatorname{Im} u) = \dim S$. Par suite :

$$\dim E = \dim S + \dim(\operatorname{Ker} u) = \dim(\operatorname{Im} u) + \dim(\operatorname{Ker} u) = \operatorname{rg} u + \dim(\operatorname{Ker} u). \qquad \square$$

Ex. 32. Soit $n \in \mathbb{N}^*$. Considérons l'endomorphisme Δ de $\mathbb{R}_n[X]$ défini par :

$$\forall P \in \mathbb{R}_n[X] \quad \Delta(P) = P(X+1) - P(X).$$

- Il est évident que $\mathbb{R}_0[X] \subset \operatorname{Ker}\Delta$. Montrons l'inclusion réciproque.

  Soit donc $P \in \mathbb{R}[X]$ tel que $\Delta(P) = 0$. Alors on a $P(X+1) = P(X)$ et le polynôme $P(X) - P(0)$ possède une infinité de racines : tous les entiers.

  Par suite, il est nul et P est constant. Ainsi, on a $\operatorname{Ker}\Delta = \mathbb{R}_0[X]$.
- D'après la formule du rang, on a $\dim \operatorname{Im}\Delta = n$. Comme $\operatorname{Im}\Delta$ est évidemment incluse dans $\mathbb{R}_{n-1}[X]$ (car les polynômes $P(X)$ et $P(X+1)$ ont le même coefficient en X^n), on en déduit, par égalité des dimensions, que $\operatorname{Im}\Delta = \mathbb{R}_{n-1}[X]$.

3 Isomorphismes et endomorphismes en dimension finie

Théorème 22

Soit E et F deux $\mathbb{K}$-espaces vectoriels de *même dimension finie*. Étant donné $u \in \mathcal{L}(E,F)$, les trois assertions suivantes sont équivalentes :

(i) u est injective, (ii) u est surjective, (iii) u est bijective.

Démonstration. Il suffit de montrer que (i) et (ii) sont équivalentes. D'après le théorème du rang et par égalité des dimensions de E et de F, on a :

$$\operatorname{rg} u + \dim(\operatorname{Ker} u) = \dim E = \dim F. \qquad (\star)$$

- Si u est injective, alors $\dim(\operatorname{Ker} u) = 0$, et $(\star)$ donne $\operatorname{rg} u = \dim F$, *i.e.* u surjective.
- Si u est surjective, alors $\operatorname{rg}(u) = \dim F$, et $(\star)$ donne $\dim(\operatorname{Ker} u) = 0$, *i.e.* u injective. □

Point méthode

Sous les hypothèses du théorème précédent, on montre le plus souvent l'injectivité pour en déduire la bijectivité (et donc que u est un isomorphisme de E vers F).

Polynômes interpolateurs de Lagrange Montrons que, pour tout $(y_1, \dots, y_n) \in \mathbb{K}^n$, il existe un unique $P \in \mathbb{K}_{n-1}[X]$ tel que :

$$\forall i \in [\![1,n]\!] \quad P(x_i) = y_i.$$

Pour cela, considérons l'application $\varphi : \begin{array}{ccc} \mathbb{K}_{n-1}[X] & \longrightarrow & \mathbb{K}^n \\ P & \longmapsto & \big(P(x_1), \dots, P(x_n)\big). \end{array}$

- L'application φ est clairement linéaire.
- Elle est injective : en effet, si $P \in \operatorname{Ker}\varphi$, alors le polynôme P possède n racines distinctes et, comme $P \in \mathbb{K}_{n-1}[X]$, on en déduit $P = 0$.
- Comme $\dim \mathbb{K}_{n-1}[X] = n = \dim \mathbb{K}^n$, l'application linéaire φ est donc bijective, ce qui prouve le résultat souhaité.

Corollaire 23

Si u est un *endomorphisme* d'un espace vectoriel *de dimension finie*, il est équivalent de dire que u est injectif, que u est surjectif ou que u est bijectif (ou encore que u est un automorphisme de E).

Attention Le résultat précédent n'est valable qu'en dimension finie. Si un $\mathbb{K}$-espace vectoriel E n'est pas de dimension finie :
- un endomorphisme de E peut être injectif sans être surjectif;
- un endomorphisme de E peut être surjectif sans être injectif.

Ex. 33. L'endomorphisme $u : \begin{array}{ccc} \mathbb{K}[X] & \longrightarrow & \mathbb{K}[X] \\ P & \longmapsto & XP \end{array}$ est injectif mais non surjectif. En effet :
- si $P \in \operatorname{Ker} u$ vérifie donc $XP = 0$, alors, par intégrité de $\mathbb{K}[X]$ (cf. page 707), on a $P = 0$; d'où l'injectivité de u ;
- en revanche, u n'est pas surjectif, car tout polynôme de la forme XP possède 0 comme racine, ce qui n'est pas le cas, par exemple, du polynôme constant 1.

Ex. 34. L'endomorphisme $v : \begin{array}{ccc} \mathbb{K}[X] & \longrightarrow & \mathbb{K}[X] \\ P & \longmapsto & P' \end{array}$ est surjectif mais non injectif. En effet :
- l'endomorphisme v est surjectif, puisque tout polynôme $P = \sum\limits_{k=0}^{n} a_k X^k$ a au moins un antécédent par v, par exemple $\sum\limits_{k=0}^{n} \dfrac{a_k}{k+1} X^{k+1}$;
- en revanche, $\operatorname{Ker} v$ contient le polynôme non nul 1, donc v n'est pas injectif.

Corollaire 24

Supposons E de dimension finie. Soit u un endomorphisme de E. Alors les assertions suivantes sont équivalentes :

(*i*) u est inversible (*i.e.* u est un automorphisme de E) ;

(*ii*) u est inversible à gauche (*i.e.* il existe $v \in \mathcal{L}(E)$ tel que $v \circ u = \mathrm{Id}_E$) ;

(*iii*) u est inversible à droite (*i.e.* il existe $v \in \mathcal{L}(E)$ tel que $u \circ v = \mathrm{Id}_E$).

Démonstration page 830

Principe de démonstration. Les relations $v \circ u = \mathrm{Id}_E$ et $u \circ v = \mathrm{Id}_E$ entraînent respectivement l'injectivité et la surjectivité de u.

4 Dimension de $\mathcal{L}(E, F)$

Concernant le résultat suivant, nous nous contentons dans ce chapitre de l'énoncer, sans en faire sa démonstration : celle-ci sera faite lors du chapitre suivant « Représentation matricielle » qui offre un cadre plus agréable (cf. corollaire 3 de la page 845).

Théorème 25

Soit E et F deux $\mathbb{K}$-espaces vectoriels de dimension finie. Alors le $\mathbb{K}$-espace vectoriel $\mathcal{L}(E, F)$ est de dimension finie et l'on a :

$$\dim \mathcal{L}(E, F) = \dim(E) \times \dim(F).$$

Démonstrations

Proposition 1 Notons Ω l'ensemble des sous-familles libres de $\mathcal{G}$ contenant $\mathcal{F}$. Il s'agit de montrer qu'il existe une famille $\mathcal{A} \in \Omega$ telle que $\mathcal{A}$ soit une base de E.

- L'ensemble $\Gamma = \{\operatorname{card} \mathcal{A} \mid \mathcal{A} \in \Omega\}$ est une partie de $\mathbb{N}$, non vide (car $\operatorname{card} \mathcal{F} \in \Gamma$) et majoré (par $\operatorname{card} \mathcal{G}$). Par suite, Γ admet un plus grand élément, que nous notons p.
- Soit $\mathcal{A} \in \Omega$ telle que $\operatorname{card} \mathcal{A} = p$. Montrons que $\mathcal{A}$ est génératrice de E.

  Pour cela, puisque $\mathcal{G}$ est génératrice, il suffit de montrer que tout vecteur $\mathcal{G}$ appartient à $\operatorname{Vect}(\mathcal{A})$. Soit $x \in \mathcal{G}$. En adjoignant le vecteur x à la famille $\mathcal{A}$, on obtient une sous-famille de $\mathcal{G}$ contenant $\mathcal{F}$ et de cardinal $p+1$; par définition de p, cette famille est liée. La famille $\mathcal{A}$ étant libre, on a donc $x \in \operatorname{Vect}(\mathcal{A})$. D'où le caractère générateur de $\mathcal{A}$.
- La famille $\mathcal{A}$ appartenant à Ω, elle est de plus libre, donc est une base de E. D'où le résultat.

Lemme 5 Soit H_n la propriété à démontrer. Procédons par récurrence sur $n \in \mathbb{N}$.

- H_0 est triviale ; en effet, si E est un $\mathbb{K}$-espace vectoriel engendré par la famille vide, alors E est l'espace nul, et donc la seule famille à un élément de E est la famille (0), qui est liée.
- Soit $n \geqslant 1$. Supposons H_{n-1} et montrons H_n.

  Soit $E = \operatorname{Vect}(g_1, \dots, g_n)$ un $\mathbb{K}$-espace vectoriel engendré par n vecteurs. Soit également $\mathcal{F} = (x_0, \dots, x_n)$ une famille de $n+1$ vecteurs de E. Montrons que $\mathcal{F}$ est liée.

  Pour $k \in [\![0, n]\!]$, il existe $\alpha_k \in \mathbb{K}$ et $z_k \in \operatorname{Vect}(g_1, \dots, g_{n-1})$ tels que :

  $$x_k = z_k + \alpha_k\, g_n.$$

  * Si tous les scalaires α_k sont nuls, alors $(x_1, \dots, x_n)$ est une famille de n vecteurs appartenant à $\operatorname{Vect}(g_1, \dots, g_{n-1})$; elle est donc liée d'après H_{n-1}. *A fortiori*, la sur-famille $(x_0, \dots, x_n)$ est liée.
  * Sinon, l'un au moins des α_k est non nul. Quitte à permuter les vecteurs, on peut alors supposer $\alpha_0 \neq 0$. Si, pour tout $k \in [\![1, n]\!]$, on pose $y_k = x_k - \frac{\alpha_k}{\alpha_0} x_0$, on a alors :

    $$y_k = (z_k + \alpha_k\, g_n) - \frac{\alpha_k}{\alpha_0}(z_0 + \alpha_0\, g_n) = z_k - \frac{\alpha_k}{\alpha_0}\, z_0.$$

    Par suite, $(y_1, \dots, y_n)$ est une famille de n vecteurs appartenant à $\operatorname{Vect}(g_1, \dots, g_{n-1})$. D'après H_{n-1}, cette famille est liée ; il existe donc des scalaires $\lambda_1, \dots, \lambda_n$ non tous nuls tels que :

    $$\sum_{k=1}^{n} \lambda_k\, y_k = 0.$$

    En posant alors $\lambda_0 = -\displaystyle\sum_{j=1}^{n} \frac{\alpha_j \lambda_j}{\alpha_0}$, on a $\displaystyle\sum_{k=0}^{n} \lambda_k\, x_k = 0$. Cela prouve le caractère lié de la famille $(x_0, \dots, x_n)$, puisqu'au moins l'un des n derniers scalaires de la famille $(\lambda_0, \dots, \lambda_n)$ est non nul.

  Cela prouve H_n et termine la récurrence.

Théorème 8 Les implications $(i) \Rightarrow (ii)$ et $(i) \Rightarrow (iii)$ sont immédiates.

$(ii) \Rightarrow (i)$ Supposons (ii). Comme $\mathcal{B}$ est une famille libre d'éléments de E, on peut, par le théorème de la base incomplète, la compléter en une base $\mathcal{B}'$ de E. Comme $\dim E = n$, on a $\operatorname{card} \mathcal{B}' = n$. Ainsi, $\mathcal{B}$ et $\mathcal{B}'$ ont même cardinal. Comme l'une est une sous-famille de l'autre, on a donc nécessairement $\mathcal{B} = \mathcal{B}'$; en particulier, $\mathcal{B}$ est une base de E.

$(iii) \Rightarrow (i)$ Supposons (iii). Puisque $\mathcal{B}$ est une famille génératrice de E, on peut, grâce au théorème de la base extraite, en extraire une base $\mathcal{B}'$. Comme $\dim E = n$, on a $\operatorname{card} \mathcal{B}' = n$. Ainsi, $\mathcal{B}$ et $\mathcal{B}'$ ont même cardinal. Comme l'une est une sous-famille de l'autre, on a donc nécessairement $\mathcal{B} = \mathcal{B}'$; en particulier, $\mathcal{B}$ est une base de E.

Théorème 9

- Toute famille libre de F est aussi une famille libre de E, donc admet au plus n éléments. Considérons-en une de cardinal maximal noté $p \leqslant n$; notons-la $(x_1, \dots, x_p)$.
- Pour tout élément x de F, la famille $(x_1, \dots, x_p, x)$ possède $p+1$ éléments ; elle n'est donc pas libre par définition de p. Par liberté de $(x_1, \dots, x_p)$, on a alors $x \in \operatorname{Vect}(x_1, \dots, x_p)$.

  Par suite, la famille libre $(x_1, \dots, x_p)$ est génératrice de F ; il s'agit donc d'une base de F. Cela prouve que F est de dimension finie et que $\dim F = p \leqslant n$.
- Prouvons maintenant que $F = E$ si, et seulement si, $p = n$.
  * Si $E = F$, alors ils ont même dimension, *i.e.* $n = p$.
  * Réciproquement, supposons $n = p$. Une base $(x_1, \dots, x_n)$ de F est alors une famille libre de E possédant n vecteurs. Il s'agit donc d'une base de E, puisque E est de dimension n. Par suite, les espaces vectoriels E et F admettent $(x_1, \dots, x_n)$ comme base commune et sont donc égaux.

Proposition 10

1. Les familles $(e_1, \dots, e_p)$ et $(e_{p+1}, \dots, e_n)$, sous-familles d'une base, sont toutes deux libres et sont donc des bases des sous-espaces vectoriels de E qu'elles engendrent. Montrons que F et G sont supplémentaires dans E.
   - Montrons que $F + G = E$. Soit $x \in E$; montrons que $x \in F + G$. Écrivons x dans la base $(e_1, \dots, e_n)$ sous la forme $x = \sum\limits_{i=1}^{n} \lambda_i e_i$. En posant $y = \sum\limits_{i=1}^{p} \lambda_i e_i$ et $z = \sum\limits_{i=p+1}^{n} \lambda_i e_i$, on a alors $x = y + z$, avec $y \in F$ et $z \in G$. D'où $x \in F + G$.
   - Montrons que $F \cap G = \{0\}$. Soit $x \in F \cap G$. Notons $(\lambda_1, \dots, \lambda_p)$ ses composantes dans la base $(e_1, \dots, e_p)$ de F, et $(\mu_{p+1}, \dots, \mu_n)$ ses composantes dans la base $(e_{p+1}, \dots, e_n)$ de G. On a alors :
   $$x = \sum_{i=1}^{p} \lambda_i e_i, \quad x = \sum_{i=p+1}^{n} \mu_i e_i \quad \text{et donc} \quad \sum_{i=1}^{p} \lambda_i e_i = \sum_{i=p+1}^{n} \mu_i e_i.$$
   En posant $\lambda_i = -\mu_i$ pour tout $i \in [\![p+1, n]\!]$, on a alors $\sum\limits_{i=1}^{n} \lambda_i e_i = 0$.

     Comme la famille $(e_1, \dots, e_n)$ est libre, on en déduit que tous les λ_i sont nuls et donc $x = 0$.

   Ainsi, on a démontré $E = F \oplus G$.
2. Montrons que $\mathcal{B} = (f_1 \dots, f_p, g_1, \dots, g_q)$ est une base de E.
   - *Caractère générateur.* Soit $x \in E$. Comme $E = F \oplus G$, il existe $y \in F$ et $z \in G$ tels que $x = y + z$. Le vecteur y est combinaison linéaire des éléments de $(f_1, \dots, f_p)$, et z de ceux de $(g_1, \dots, g_q)$. Par suite, x est combinaison linéaire des éléments de $\mathcal{B}$, qui est donc une famille génératrice de E.

- *Liberté*. Soit $(\lambda_1, \ldots, \lambda_p) \in \mathbb{K}^p$ et $(\mu_1, \ldots, \mu_q) \in \mathbb{K}^q$ tels que :

$$\sum_{i=1}^{p} \lambda_i f_i + \sum_{i=1}^{q} \mu_i g_i = 0.$$

Posons $y = \sum_{i=1}^{p} \lambda_i f_i$ et $z = \sum_{i=1}^{q} \mu_i g_i$. On a alors $y + z = 0$, avec $y \in F$ et $z \in G$. Puisque F et G sont en somme directe, on a donc $y = 0$ et $z = 0$, c'est-à-dire :

$$\sum_{i=1}^{p} \lambda_i f_i = 0 \quad \text{et} \quad \sum_{i=1}^{q} \mu_i g_i = 0.$$

Chacune des familles $(f_1, \ldots, f_p)$ et $(g_1, \ldots, g_q)$ étant libre, on en déduit que tous les scalaires sont nuls. Ainsi la famille $\mathcal{B}$ est libre.

Par suite, $\mathcal{B}$ est une base de E.

Proposition 13 Soit S un supplémentaire de $F \cap G$ dans G, montrons que F et S sont supplémentaires dans $F + G$.

- Tout d'abord, F et S sont bien des sous-espaces vectoriels de $F + G$.
- Montrons que $F \cap S = \{0\}$. Soit $x \in F \cap S$. Par définition de S, on a $S \subset G$, donc x, en plus d'être dans F et dans S, est aussi dans G. On a ainsi $x \in (F \cap G) \cap S$, donc $x = 0$ puisque $F \cap G$ et S sont en somme directe.
- Montrons que $F + S = F + G$. Soit $x \in F + G$. Écrivons $x = f + g$ avec $(f, g) \in F \times G$. Puisque $(F \cap G) \oplus S = G$, on peut écrire $g = g_1 + g_2$ avec $g_1 \in F \cap G$ et $g_2 \in S$. Alors on a :

$$x = \underbrace{f + g_1}_{\in F} + \underbrace{g_2}_{\in S} \quad \text{d'où} \quad x \in F + S.$$

Cela prouve que F et S sont supplémentaires dans $F + G$. Il en résulte que :

$$\dim(F + G) = \dim F + \dim S.$$

Or, S étant un supplémentaire de $F \cap G$ dans G, on a $\dim G = \dim(F \cap G) + \dim S$. En remplaçant $\dim S$ par $\dim G - \dim(F \cap G)$ dans la relation précédente, on peut conclure :

$$\dim(F + G) = \dim F + \dim G - \dim(F \cap G).$$

Théorème 15

- L'assertion (i) entraîne immédiatement (ii) et (iii) d'après ce que l'on a vu sur les dimensions de deux sous-espaces vectoriels supplémentaires.
- $(ii) \Rightarrow (i)$. Supposons (ii), *i.e.* $F \cap G = \{0\}$ et $\dim E = \dim F + \dim G$; alors on a :
$$\dim(F + G) = \dim F + \dim G - \dim(F \cap G) = \dim E.$$
Comme $F + G$ est un sous-espace de E, on en déduit $F + G = E$ et donc (i).
- $(iii) \Rightarrow (i)$. Supposons (iii), *i.e.* $F + G = E$ et $\dim E = \dim F + \dim G$; alors on a :
$$\dim(F \cap G) = \dim F + \dim G - \dim(F + G) = 0$$
et donc $F \cap G = \{0\}$, ce qui entraîne (i).

Proposition 16

- S'il existe un isomorphisme u de E dans F et si $(e_i)_{1\leqslant i\leqslant n}$ est une base de E, alors, d'après le corollaire 25 de la page 796, la famille $\big(u(e_i)\big)_{1\leqslant i\leqslant n}$ est une base de F, donc F est de dimension finie n.
- Supposons $\dim E = \dim F = n$. Soit $(e_i)_{1\leqslant i\leqslant n}$ une base de E et $(f_i)_{1\leqslant i\leqslant n}$ une base de F. Il existe une (unique) application linéaire u de E dans F telle que :

$$\forall i \in [\![1,n]\!] \quad u(e_i) = f_i.$$

Comme $\big(u(e_i)\big)_{1\leqslant i\leqslant n}$ est une base de F, d'après le corollaire 25 de la page 796, l'application linéaire u est un isomorphisme de E dans F.

Proposition 19 On a :

$$\operatorname{Im}(v\circ u) = v\big(u(E)\big) \subset v(F) = \operatorname{Im} v.$$

- Comme $\operatorname{Im}(v\circ u)\subset \operatorname{Im} v$, l'application $v\circ u$ est de rang fini et $\operatorname{rg}(v\circ u)\leqslant \operatorname{rg} v$.
- Comme $\operatorname{Im}(v\circ u) = v\left(u(E)\right) = v(\operatorname{Im} u)$, on a :

$$\operatorname{rg}(v\circ u) = \dim v(\operatorname{Im} u) \leqslant \dim \operatorname{Im} u = \operatorname{rg} u,$$

l'inégalité précédente provenant du fait que si $(f_1,\dots,f_p)$ est une base de $\operatorname{Im} u$, alors la famille $\big(v(f_1),\dots,v(f_p)\big)$ est une famille génératrice de $v(\operatorname{Im} u)$.

Proposition 20

Comme, pour tout $x\in E$, on a $u(x)\in\operatorname{Im} u$, on peut considérer $v:\begin{array}{ccc} S & \longrightarrow & \operatorname{Im} u\\ x & \longmapsto & u(x).\end{array}$

L'application v est évidemment linéaire puisque u l'est ; montrons qu'elle est bijective.

- *Injectivité.* Le noyau de v est :

$$\operatorname{Ker} v = \big\{x\in S\ :\ u(x)=0\big\} = S\cap \operatorname{Ker} u.$$

Comme S et $\operatorname{Ker} u$ sont en somme directe, on a $S\cap\operatorname{Ker} u = \{0\}$; par suite, v est injective.

- *Surjectivité.* Soit $y\in\operatorname{Im} u$. Alors il existe $x\in E$ tel que $y=u(x)$. Puisque $E = S\oplus\operatorname{Ker} u$, il existe $(s,h)\in S\times\operatorname{Ker} u$ tel que $x = s+h$. On a alors :

$$y = u(x) = u(s) + \underbrace{u(h)}_{=0} = u(s).$$

Puisque $s\in S$, il s'agit d'un antécédent de y par v, ce qui montre la surjectivité de v.

Par suite, v est un isomorphisme de S sur $\operatorname{Im} u$.

Corollaire 24 Les implications $(i)\Longrightarrow(ii)$ et $(i)\Longrightarrow(iii)$ sont immédiates.

$(ii)\Longrightarrow(i)$ Supposons qu'il existe $v\in\mathcal{L}(E)$ tel que $v\circ u = \operatorname{Id}_E$ et montrons que u est inversible. Puisque u est un endomorphisme d'un $\mathbb{K}$-espace vectoriel de dimension finie, prouver son injectivité suffit. Soit $x\in\operatorname{Ker} u$. Alors, par linéarité de v, on a $(v\circ u)(x)=0$ donc $x=0$ puisque $v\circ u=\operatorname{Id}_E$. D'où l'injectivité de u.

$(iii)\Longrightarrow(i)$ Supposons qu'il existe $v\in\mathcal{L}(E)$ tel que $u\circ v = \operatorname{Id}_E$, et montrons que u est inversible. Puisque u est un endomorphisme d'un $\mathbb{K}$-espace vectoriel de dimension finie, prouver sa surjectivité suffit. C'est le cas puisque, pour tout $x\in E$, on a $x=(u\circ v)(x) = u\big(v(x)\big)$.

S'entraîner et approfondir

Dimension finie, rang

23.1 Soit I un intervalle de $\mathbb{R}$ d'intérieur non vide. Montrer que le $\mathbb{K}$-espace vecto-
→815 riel $E = \mathcal{F}(I, \mathbb{K})$ est de dimension infinie.

Indication. *Utiliser des fonctions polynomiales.*

23.2 Dans $\mathbb{R}^4$, considérons le sous-espace vectoriel :
→816

$$F = \big\{(x_1, x_2, x_3, x_4) \in \mathbb{R}^4 \ : \ x_1 + x_2 = x_3 + x_4 = 0\big\}.$$

Montrer qu'il s'agit d'un sous-espace vectoriel de $\mathbb{R}^4$ et donner sa dimension.

23.3 On considère l'ensemble F :
→816

$$F = \big\{f \in \mathcal{F}(\mathbb{R}, \mathbb{R}) \ : \ \exists (A, \varphi) \in \mathbb{R}^2 \quad \forall x \in \mathbb{R} \quad f(x) = A\cos(x + \varphi)\big\}.$$

Montrer qu'il s'agit d'un sous-espace vectoriel de dimension finie de $\mathcal{F}(\mathbb{R}, \mathbb{R})$ et donner sa dimension.

23.4 Soit E un $\mathbb{K}$-espace vectoriel de dimension n, et $(V_1, \ldots, V_n)$ une famille de vecteurs de E.
→817 Montrer que la famille $\mathcal{F} = (V_i - V_j)_{(i,j) \in [\![1,n]\!]^2}$ n'est pas génératrice de E.

Indication. *On pourra noter $U_i = V_i - V_1$, et montrer que chaque vecteur de la famille $\mathcal{F}$ est combinaison linéaire de $U_2, \ldots, U_n$.*

23.5 Pour $a \in \mathbb{K}$, on considère la famille $\mathcal{F} = \big(1, (X-a), (X-a)^2, (X-a)^3, \ldots, (X-a)^n\big)$.
→818

1. Montrer que $\mathcal{F}$ est une base de $\mathbb{K}_n[X]$.
2. En déduire une nouvelle démonstration de la formule de Taylor polynomiale.

23.6 Soit E un $\mathbb{K}$-espace vectoriel de dimension finie. Soit F un sous-espace vectoriel et H
→821 un sous-espace vectoriel de E tel que $\dim F = \dim E - 1$. Montrer que :

$$\dim(F \cap H) \geqslant \dim F - 1.$$

Dans quel cas a-t-on égalité ?

Terminologie Un sous-espace vectoriel E de dimension $\dim E - 1$ est appelé **hyperplan**.

23.7 Soit E un $\mathbb{C}$-espace vectoriel de dimension finie. On munit E d'une structure de $\mathbb{R}$-espace vectoriel par restriction à $\mathbb{R}$ de sa loi externe.

1. Montrer que le $\mathbb{R}$-espace vectoriel ainsi construit est de dimension finie.
2. En désignant par $\dim_{\mathbb{C}} E$ et $\dim_{\mathbb{R}} E$ leurs dimensions respectives, montrer que :

$$\dim_{\mathbb{R}} E = 2 \dim_{\mathbb{C}} E.$$

23.8 Soit $\mathcal{F}_1$ et $\mathcal{F}_2$ deux familles finies d'un $\mathbb{K}$-espace vectoriel E de dimension finie. En notant $\mathcal{F}$ la famille obtenue en concaténant $\mathcal{F}_1$ et $\mathcal{F}_2$, montrer que :

$$\max(\operatorname{rg} \mathcal{F}_1, \operatorname{rg} \mathcal{F}_2) \leqslant \operatorname{rg} \mathcal{F} \leqslant \operatorname{rg} \mathcal{F}_1 + \operatorname{rg} \mathcal{F}_2.$$

⋆ **23.9** 1. Soit F et G deux sous-espaces vectoriels d'un $\mathbb{K}$-espace vectoriel E. On suppose que F et G sont de dimension finie et que $\dim F = \dim G$. Montrer que si F et G sont distincts, alors il existe $x \in E \setminus (F \cup G)$.

2. Soit E un $\mathbb{K}$-espace vectoriel de dimension finie n, et F et G deux sous-espaces vectoriels de E. Montrer que F et G admettent un supplémentaire commun si, et seulement s'ils ont même dimension.

   Indication. *Le sens difficile pourra être fait par récurrence décroissante finie sur la dimension commune de F et G, en utilisant la première question.*

Applications linéaires et dimension finie

23.10 →824 Montrer qu'il n'existe pas d'application linéaire de $\mathbb{R}^5$ vers $\mathbb{R}^3$ dont le noyau est une droite vectorielle.

23.11 →824 Soit f un endomorphisme d'un espace vectoriel E de dimension finie paire $n = 2p$. Montrer :

$$\big(f^2 = 0 \quad \text{et} \quad \operatorname{rg} f = p\big) \iff (\operatorname{Im} f = \operatorname{Ker} f).$$

23.12 →824 Soit E un $\mathbb{K}$-espace vectoriel de dimension finie, et $u \in \mathcal{L}(E)$.
Montrer que $\operatorname{rg}(u^2) = \operatorname{rg}(u)$ si, et seulement si, $\operatorname{Im} u$ et $\operatorname{Ker} u$ sont supplémentaires dans E.

23.13 Soit E et F deux $\mathbb{K}$-espaces vectoriels, E étant de dimension finie. Soit K un sous-espace vectoriel de E, et V un sous-espace vectoriel de dimension finie de F. Montrer qu'il existe une application linéaire $u \in \mathcal{L}(E,F)$ telle que $\operatorname{Ker} u = K$ et $\operatorname{Im} u = V$ si, et seulement si, $\dim K + \dim V = \dim E$.

⋆ **23.14** Soit E un $\mathbb{K}$-espace vectoriel de dimension finie n, et $u \in \mathcal{L}(E)$.

1. Montrer qu'il existe $p \in [\![0,n]\!]$ tel que $\operatorname{Ker} u^{p+1} = \operatorname{Ker} u^p$.

Dans la suite, on considère un tel indice p.

2. Montrer que :

$$\forall k \geqslant p \quad \operatorname{Ker} u^k = \operatorname{Ker} u^p \quad \text{et} \quad \operatorname{Im} u^k = \operatorname{Im} u^p.$$

3. Montrer que $E = \operatorname{Ker} u^p \oplus \operatorname{Im} u^p$.

23.15 Soit E, F et G trois $\mathbb{K}$-espaces vectoriels de dimension finie, ainsi que $u \in \mathcal{L}(E,F)$ et $v \in \mathcal{L}(F,G)$.

1. En appliquant la formule du rang à la restriction de v à $\operatorname{Im} u$, montrer que :

$$\operatorname{rg} u = \operatorname{rg}(v \circ u) + \dim(\operatorname{Im} u \cap \operatorname{Ker} v).$$

2. En déduire que $\operatorname{rg}(v \circ u) \geqslant \operatorname{rg} v + \operatorname{rg} u - \dim F$.
3. Montrer que $\dim\big(\operatorname{Ker}(v \circ u)\big) \leqslant \dim(\operatorname{Ker} v) + \dim(\operatorname{Ker} u)$.

23.16 Soit E un $\mathbb{K}$-espace vectoriel de dimension n, et $f \in \mathcal{L}(E)$. Supposons f nilpotent d'indice n, c'est-à-dire vérifiant $f^{n-1} \neq 0$ et $f^n = 0$.

1. Montrer qu'il existe $a \in E$ tel que la famille $\big(a, f(a), \ldots, f^{n-1}(a)\big)$ soit une base de E.

   Indication. *On pourra considérer un vecteur $a \in E$ tel que $f^{n-1}(a) \neq 0$.*
2. Montrer que l'ensemble des endomorphismes de E qui commutent avec f est $\operatorname{Vect}(\operatorname{Id}_E, f, \ldots, f^{n-1})$.

23.17 Soit E un $\mathbb{K}$-espace vectoriel de dimension finie n ainsi que u et v deux endomorphismes de E vérifiant $u + v = \operatorname{Id}_E$ et $\operatorname{rg}(u) + \operatorname{rg}(v) \leqslant n$.
Montrer que u et v sont des projecteurs vérifiant $u \circ v = v \circ u = 0$.

Solutions des exercices

23.1 Pour prouver que E est de dimension infinie, fixons $n \in \mathbb{N}^*$ et construisons dans E une famille libre de cardinal n. Pour tout $k \in [\![0, n-1]\!]$, posons $p_k : \begin{array}{ccc} I & \longrightarrow & \mathbb{K} \\ x & \longmapsto & x^k. \end{array}$

Montrons que la famille $(p_0, \ldots, p_{n-1})$ est libre.

Soit $(\lambda_0, \ldots, \lambda_{n-1}) \in \mathbb{K}^n$ tel que $\sum\limits_{k=0}^{n-1} \lambda_k p_k = 0$. On a alors :

$$\forall x \in I \quad \sum_{k=0}^{n-1} \lambda_k x^k = 0.$$

Posons $P = \sum\limits_{k=0}^{n-1} \lambda_k X^k$. Comme I est un ensemble infini, le polynôme P admet une infinité de racines, donc c'est le polynôme nul. Par suite, tous ses coefficients sont nuls, d'où la liberté de la famille $(p_k)_{k \in [\![0,n-1]\!]}$.

23.2 Les éléments de F sont les vecteurs de la forme $(x_1, -x_1, -x_4, x_4)$ et donc :

$$F = \operatorname{Vect}(f_1, f_2) \quad \text{avec} \quad f_1 = (1, -1, 0, 0) \quad \text{et} \quad f_2 = (0, 0, -1, 1).$$

Ainsi, F est bien un sous-espace vectoriel de $\mathbb{R}^4$. De plus, la famille (f_1, f_2) est libre, car ses deux vecteurs ne sont pas proportionnels. Ainsi (f_1, f_2) est une base de F, et $\dim F = 2$. Le sous espace vectoriel F est donc un plan vectoriel.

23.3

- Soit $(A, \varphi) \in \mathbb{R}^2$. La fonction $x \mapsto A\cos(x+\varphi)$ est combinaison linéaire des fonctions sin et cos puisque :
  $$\forall x \in \mathbb{R} \quad A\cos(x+\varphi) = (A\cos\varphi)\cos x + (-A\sin\varphi)\sin x.$$
  Ainsi, l'ensemble F est inclus dans $\operatorname{Vect}(\cos, \sin)$.
- Réciproquement, soit $f \in \operatorname{Vect}(\cos, \sin)$.
  Il existe donc deux réels a et b tels que $f = a\cos + b\sin$.
  - Si $a = b = 0$, alors, pour tout $x \in \mathbb{R}$, on a $f(x) = 0\cos(x+0)$, donc $f \in F$.
  - Sinon, alors a ou b est non nul, et alors, pour $x \in \mathbb{R}$, on peut écrire :
    $$f(x) = \sqrt{a^2+b^2}\left(\frac{a}{\sqrt{a^2+b^2}}\cos x + \frac{b}{\sqrt{a^2+b^2}}\sin x\right) = A\cos(x+\theta)$$
    en posant $A = \sqrt{a^2+b^2}$ et $\theta \in \mathbb{R}$ tel que $\left(\cos\theta, \sin\theta\right) = \left(\frac{a}{\sqrt{a^2+b^2}}, \frac{-b}{\sqrt{a^2+b^2}}\right)$.
    On a donc $f \in F$.

  Par conséquent, on a $F = \operatorname{Vect}(\cos, \sin)$.
- Puisque les fonctions sin et cos ne sont pas proportionnelles, elles forment une famille libre. Par suite, la famille $(\cos, \sin)$ est une base de F, qui est donc de dimension finie égale à 2. L'ensemble F est donc un plan vectoriel.

23.4 Pour $i \in [\![1, n]\!]$, notons $U_i = V_i - V_1$. Alors, pour tout $(i, j) \in [\![1, n]\!]^2$, on a :

$$V_i - V_j = (V_i - V_1) - (V_j - V_1) = U_i - U_j.$$

Par suite, on a $\operatorname{Vect}(\mathcal{F}) \subset \operatorname{Vect}(U_1, \ldots, U_n)$. En remarquant que $U_1 = 0$, on a alors :

$$\operatorname{Vect}(\mathcal{F}) \subset \operatorname{Vect}(U_2, \ldots, U_n).$$

Par suite, on a $\operatorname{rg}\mathcal{F} \leqslant n-1$, donc $\mathcal{F}$ n'est pas génératrice de E.

23.5 1. La famille $\mathcal{F}$ est libre car elle est échelonnée en degré. Comme c'est une famille de $n+1$ polynômes de $\mathbb{K}_n[X]$, et comme $\dim \mathbb{K}_n[X] = n+1$, c'est une base de $\mathbb{K}_n[X]$.

2. Soit $P \in \mathbb{K}_n[X]$. D'après la question précédente, il existe $(a_k)_{k\in[\![0,n]\!]}$ telle que :

$$P = \sum_{k=0}^{n} a_k\,(X-a)^k. \qquad (\star)$$

Pour $j \in [\![0,n]\!]$, la dérivée j-ème du polynôme P est alors :

$$P^{(j)} = \sum_{k=j}^{n} a_k \frac{k!}{(k-j)!}(X-a)^{k-j}.$$

En évaluant en a, on a $P^{(j)}(a) = a_j\, j!$ et donc $a_j = \dfrac{P^{(j)}(a)}{j!}$.

La relation $(\star)$ se réécrit donc :

$$P = \sum_{k=0}^{n} \frac{P^{(k)}(a)}{k!}(X-a)^k.$$

23.6 • Si $F \subset H$, alors $F\cap H = F$, et $\dim(F\cap H) = \dim F$. L'inégalité $\dim(F\cap H) \geqslant \dim F - 1$ est alors vraie, et est stricte.

• Supposons $F \not\subset H$. Notons $n = \dim E$. La formule de Grassmann donne :

$$\begin{aligned}\dim(F\cap H) &= \dim F + \dim H - \dim(F+H)\\ &= \dim F + n - 1 - \dim(F+H). \qquad (\star)\end{aligned}$$

  * Puisque $F \not\subset H$, on a $F + H \not\subset H$; l'inclusion $H \subset F+H$ est donc stricte. Puisque $\dim H = n-1$, on en déduit $\dim(F+H) \geqslant n$. Or $F+H$ est un sous-espace vectoriel de E, et $\dim E = n$; on a donc $\dim(F+H) = n$.
  La relation $(\star)$ donne alors $\dim(F\cap H) = \dim F - 1$. On est donc dans le cas d'égalité de l'inégalité étudiée.

• Conclusion : on a $\dim(F\cap H) \geqslant \dim F - 1$, avec égalité si, et seulement si, F n'est pas inclus dans H.

23.7 1. Posons $n = \dim_{\mathbb{C}} E$ et soit $(e_1,\dots,e_n)$ une base du $\mathbb{C}$-espace vectoriel E.
Soit $x \in E$. Il existe donc $(z_1,\dots,z_n) \in \mathbb{C}^n$ tel que :

$$x = \sum_{k=1}^{n} z_k\, e_k.$$

Si, pour tout $k \in [\![1,n]\!]$, on pose $x_k = \operatorname{Re} z_k$ et $y_k = \operatorname{Im} z_k$, alors :

$$x = \sum_{k=1}^{n}(x_k + i\,y_k)\,e_k = \sum_{k=1}^{n} x_k\,e_k + \sum_{k=1}^{n} y_k(i\,e_k).$$

Par suite, $(e_1,\dots,e_n, i\,e_1,\dots,i\,e_n) \in E^{2n}$ est une famille génératrice finie du $\mathbb{R}$-espace vectoriel E qui est donc un $\mathbb{R}$-espace vectoriel de dimension finie.

2. Pour prouver que $\dim_{\mathbb{R}}(E) = 2\dim_{\mathbb{C}}(E) = 2n$, montrons que la famille :
$$(e_1, \dots, e_n, i\,e_1, \dots, i\,e_n)$$
est une base du $\mathbb{R}$-espace vectoriel E. On sait déjà, d'après la question précédente, qu'elle est génératrice. Montrons qu'elle est libre.
Soit $(x_1, \dots, x_n, y_1, \dots, y_n) \in \mathbb{R}^{2n}$ tel que :
$$0 = \sum_{k=1}^{n} x_k\, e_k + \sum_{k=1}^{n} y_k (i\, e_k) = \sum_{k=1}^{n} (x_k + i\, y_k)\, e_k.$$
Comme $(e_1, \dots, e_n)$ est une base du $\mathbb{C}$-espace vectoriel E, on en déduit :
$$\forall k \in [\![1, n]\!] \quad x_k + i\, y_k = 0 \quad \text{et donc} \quad \forall k \in [\![1, n]\!] \quad x_k = y_k = 0,$$
ce qui prouve la liberté.

23.8 Appelons respectivement F_1 et F_2 les sous-espaces vectoriels engendrés par $\mathcal{F}_1$ et $\mathcal{F}_2$. On a ainsi :
$$\operatorname{rg} \mathcal{F}_1 = \dim F_1 \qquad \text{et} \qquad \operatorname{rg} \mathcal{F}_2 = \dim F_2.$$

- Puisque $\mathcal{F}_1$ est une sous-famille de $\mathcal{F}$, il est clair que :
$$\operatorname{Vect} \mathcal{F}_1 \subset \operatorname{Vect} \mathcal{F} \qquad \text{et donc} \qquad \operatorname{rg} \mathcal{F}_1 \leqslant \operatorname{rg} \mathcal{F}.$$
De même, on a $\operatorname{rg} \mathcal{F}_2 \leqslant \operatorname{rg} \mathcal{F}$, d'où l'inégalité $\max(\operatorname{rg} \mathcal{F}_1, \operatorname{rg} \mathcal{F}_2) \leqslant \operatorname{rg} \mathcal{F}$.
- On constate d'autre part que $\operatorname{Vect} \mathcal{F} = F_1 + F_2$, donc :
$$\operatorname{rg} \mathcal{F} = \dim(F_1 + F_2) \leqslant \dim F_1 + \dim F_2 = \operatorname{rg} \mathcal{F}_1 + \operatorname{rg} \mathcal{F}_2,$$
où l'on a utilisé le corollaire 14 de la page 822.

23.9 1. Supposons F et G distincts. Si l'un de ces deux sous-espaces était inclus dans l'autre, alors, comme ils ont même dimension, ils seraient égaux. Par suite, on a $F \not\subset G$ et $G \not\subset F$. On peut donc considérer $f \in F \setminus G$ et $g \in G \setminus F$. Si $f + g$ appartenait à F, alors on aurait $g = (f + g) - f \in F$, ce qui est faux. Donc $f + g \notin F$, et de même $f + g \notin G$. Ainsi, on a $f + g \in E \setminus (F \cup G)$.

2. • Un sens est évident : si F et G admettent un supplémentaire commun H, alors :
$$\dim F = \dim E - \dim H = \dim G.$$
• Montrons l'autre sens par récurrence décroissante finie. L'espace vectoriel E étant fixé de dimension n, et pour F et G deux sous-espaces vectoriels de E, considérons la propriété $P(k)$:
« Si $\dim F = \dim G = k$, alors F et G ont un supplémentaire commun. »
et montrons, par récurrence décroissante finie, que $P(k)$ est vraie pour tout $k \in [\![0, n]\!]$.
Initialisation. La propriété $P(n)$ est trivialement vraie, car si $\dim F = \dim G = n$, alors F et G sont égaux à E, et admettent l'espace nul comme supplémentaire commun.
Hérédité. Soit $k \in [\![1, n]\!]$. Supposons $P(k)$ et montrons $P(k-1)$. Supposons que $\dim F = \dim G = k-1$, et montrons que F et G admettent un supplémentaire commun.
  * Si $F = G$, alors tout supplémentaire de F est aussi un supplémentaire de G (un tel supplémentaire existe car E est de dimension finie).

* Supposons $F \neq G$. D'après la première question, on peut considérer un vecteur $x \in E \setminus (F \cup G)$. La droite vectorielle $\mathrm{Vect}(x)$ est alors en somme directe avec F et avec G. Posons :

$$\widetilde{F} = F \oplus \mathrm{Vect}(x) \qquad \text{et} \qquad \widetilde{G} = G \oplus \mathrm{Vect}(x).$$

Les deux sous-espaces vectoriels $\widetilde{F}$ et $\widetilde{G}$ sont alors de dimension k, donc, d'après l'hypothèse de récurrence, admettent un supplémentaire commun $\widetilde{H}$. En posant :

$$H = \mathrm{Vect}(x) \oplus \widetilde{H},$$

on montre que H est un supplémentaire commun à F et G, ce qui prouve $P(k)$ et achève la récurrence.

23.10 Soit u une application linéaire de $\mathbb{R}^5$ vers $\mathbb{R}^3$. Le théorème du rang donne :

$$\dim(\mathrm{Ker}\, u) + \mathrm{rg}\, u = \dim(\mathbb{R}^5) = 5 \qquad i.e. \qquad \dim(\mathrm{Ker}\, u) = 5 - \dim(\mathrm{Im}\, u).$$

Or, $\mathrm{Im}\, u$ étant un sous-espace vectoriel de $\mathbb{R}^3$, on a $\dim(\mathrm{Im}\, u) \leqslant 3$. Par suite, on a $\dim(\mathrm{Ker}\, u) \geqslant 5 - 3 = 2$. Donc $\mathrm{Ker}\, u$ n'est pas une droite vectorielle.

23.11

- Supposons $f^2 = 0$ et $\mathrm{rg}\, f = p$. Comme $f \circ f = 0$, on a $\mathrm{Im}\, f \subset \mathrm{Ker}\, f$. De plus, d'après la formule du rang, on a :

$$\dim \mathrm{Im}\, f = n - \dim \mathrm{Ker}\, f = 2p - \dim \mathrm{Ker}\, f.$$

Puisque $\dim \mathrm{Im}\, f = p$, on a $\dim \mathrm{Ker}\, f = p$. Ainsi $\dim \mathrm{Im}\, f = \dim \mathrm{Ker}\, f$; on en déduit $\mathrm{Im}\, f = \mathrm{Ker}\, f$ (car on a déjà $\mathrm{Im}\, f \subset \mathrm{Ker}\, f$).

- Supposons $\mathrm{Im}\, f = \mathrm{Ker} f$. On a en particulier $\mathrm{Im}\, f \subset \mathrm{Ker}\, f$ et donc $f^2 = 0$. De plus, d'après la formule du rang, on a $\dim \mathrm{Im}\, f + \dim \mathrm{Ker}\, f = n = 2p$. Puisque $\mathrm{Im}\, f = \mathrm{Ker}\, f$, on a $\dim \mathrm{Im}\, f = \mathrm{rg}\, f = p$.

23.12

- Supposons $\mathrm{Im}\, u$ et $\mathrm{Ker}\, u$ supplémentaires dans E.
  * Prouvons que $\mathrm{Ker}\, u^2 = \mathrm{Ker}\, u$. L'inclusion $\mathrm{Ker}\, u \subset \mathrm{Ker}\, u^2$ étant immédiate par linéarité de u, il s'agit de prouver l'autre. Soit $x \in \mathrm{Ker}\, u^2$. Montrons que $\mathrm{Ker}\, u = 0$. On a $u^2(x) = 0$, c'est-à-dire $u\big(u(x)\big) = 0$, ou encore $u(x) \in \mathrm{Ker}\, u$. Comme $u(x) \in \mathrm{Im}\, u$ et que $\mathrm{Im}\, u$ et $\mathrm{Ker}\, u$ ont été supposés supplémentaires, donc en somme directe, on en déduit $u(x) = 0$, c'est-à-dire $x \in \mathrm{Ker}\, u$.
  * On en déduit $\dim \mathrm{Ker}\, u^2 = \dim \mathrm{Ker}\, u$, puis, par théorème du rang, $\mathrm{rg}\, u^2 = \mathrm{rg}\, u$.
- Réciproquement, supposons $\mathrm{rg}\, u^2 = \mathrm{rg}\, u$. Alors, par le théorème du rang, on obtient :

$$\dim \mathrm{Ker}\, u^2 = \dim \mathrm{Ker}\, u$$

et donc, puisque $\mathrm{Ker}\, u \subset \mathrm{Ker}\, u^2$, on a $\mathrm{Ker}\, u^2 = \mathrm{Ker}\, u$.
  * Montrons que $\mathrm{Ker}\, u \cap \mathrm{Im}\, u = \{0\}$. Prenons $y \in \mathrm{Ker}\, u \cap \mathrm{Im}\, u$ et montrons que $y = 0$. Soit x un antécédent de y par u. Alors on a $u(x) \in \mathrm{Ker}\, u$, donc $u^2(x) = 0$, c'est-à-dire $x \in \mathrm{Ker}\, u^2$, ou encore $x \in \mathrm{Ker}\, u$. On en déduit que $u(x) = 0$, $i.e.$ $y = 0$.
  * Comme le théorème du rang assure que $\dim \mathrm{Ker}\, u + \dim \mathrm{Im}\, u = \dim E$, le fait qu'ils soient en somme directe entraîne que $\mathrm{Ker}\, u$ et $\mathrm{Im}\, u$ sont supplémentaires dans E.

23.13 • Un sens est évident : s'il existe $u \in \mathcal{L}(E,F)$ telle que $\operatorname{Ker} u = K$ et $\operatorname{Im} u = V$, alors, par le théorème du rang, on a $\dim K + \dim V = \dim E$.

• Réciproquement, supposons que $\dim K + \dim V = \dim E$, et construisons $u \in \mathcal{L}(E,F)$ telle que $\operatorname{Ker} u = K$ et $\operatorname{Im} u = V$. Soit S un supplémentaire de K dans E. On a alors $\dim K + \dim S = \dim E$, donc $\dim S = \dim V$. Par suite, les espaces S et V sont isomorphes : soit $\varphi \in \mathcal{L}(S,V)$ un isomorphisme.

Considérons alors l'application linéaire $u \in \mathcal{L}(E,F)$, définie par ses restrictions à chacun des deux sous-espaces vectoriels supplémentaires K et S :

$$\forall x \in K \quad u(x) = 0 \qquad \text{et} \qquad \forall x \in S \quad u(x) = \varphi(x).$$

* Par construction, on a immédiatement $K \subset \operatorname{Ker} u$. On a de plus $V \subset \operatorname{Im} u$ car pour tout $y \in V$, la surjectivité de φ assure l'existence de $x \in S$ tel que $\varphi(x) = y$, et donc $u(x) = y$.
* Disposant déjà d'inclusions entre espaces de dimension finie, un argument de dimension permet d'en déduire les égalités souhaitées. Le théorème du rang donne :

$$\dim \operatorname{Ker} u + \dim \operatorname{Im} u = \dim E = \dim K + \dim V,$$

ce qui donne $\big(\underbrace{\dim \operatorname{Ker} u - \dim K}_{\geqslant 0}\big) + \big(\underbrace{\dim \operatorname{Im} u - \dim V}_{\geqslant 0}\big) = 0.$

On a donc $\dim \operatorname{Ker} u = \dim K$ et $\dim \operatorname{Im} u = \dim V$.

D'où le résultat.

23.14 1. Raisonnons par l'absurde en supposant que : $\forall k \in [\![0,n]\!] \quad \operatorname{Ker} u^{k+1} \neq \operatorname{Ker} u^k$.

Par linéarité de u, on sait que : $\forall k \in \mathbb{N} \quad \operatorname{Ker} u^k \subset \operatorname{Ker} u^{k+1}$. L'hypothèse faite se traduit donc ainsi :

$$\forall k \in [\![0,n]\!] \quad \operatorname{Ker} u^k \subsetneq \operatorname{Ker} u^{k+1},$$

ce qui implique :

$$\forall k \in [\![0,n]\!] \quad \dim \operatorname{Ker} u^k < \dim \operatorname{Ker} u^{k+1},$$

ou encore, puisque les quantités manipulées sont des entiers :

$$\forall k \in [\![0,n]\!] \quad \dim \operatorname{Ker} u^{k+1} - \dim \operatorname{Ker} u^k \geqslant 1.$$

En sommant pour $k \in [\![0,n]\!]$, il vient :

$$\sum_{k=0}^{n} \big(\dim \operatorname{Ker} u^{k+1} - \dim \operatorname{Ker} u^k\big) \geqslant \sum_{k=0}^{n} 1 = n+1.$$

Par télescopage, et comme $\dim \operatorname{Ker} u^0 = \dim \operatorname{Ker} \mathrm{Id}_E = 0$, il vient $\dim \operatorname{Ker} u^{n+1} \geqslant n+1$. On aboutit à une contradiction, puisque $\operatorname{Ker} u^{n+1}$, en tant que sous-espace vectoriel de E, est de dimension au plus n.

2. • À une récurrence près, prouver que $\forall k \geqslant p \quad \operatorname{Ker} u^k = \operatorname{Ker} u^p$ revient à prouver que $\forall k \geqslant p \quad \operatorname{Ker} u^k = \operatorname{Ker} u^{k+1}$. Soit $k \geqslant p$.

   * L'inclusion $\operatorname{Ker} u^k \subset \operatorname{Ker} u^{k+1}$ est immédiate, par linéarité de u.
   * Réciproquement, soit $x \in \operatorname{Ker} u^{k+1}$. En écrivant la relation $u^{k+1}(x) = 0$ sous la forme $u^{p+1}\big(u^{k-p}(x)\big) = 0$, on obtient $u^{k-p}(x) \in \operatorname{Ker} u^{p+1}$.

     Or $\operatorname{Ker} u^{p+1} = \operatorname{Ker} u^p$ par définition de p, donc on a $u^{k-p}(x) \in \operatorname{Ker} u^p$, ce qui offre finalement $x \in \operatorname{Ker} u^k$.

- Pour $k \geqslant p$, on a de plus $\operatorname{Im} u^k = \operatorname{Im} u^p$ car :
  - l'inclusion $\operatorname{Im} u^k \subset \operatorname{Im} u^p$ est évidente ;
  - l'égalité $\operatorname{Ker} u^k = \operatorname{Ker} u^p$ donne $\dim \operatorname{Ker} u^k = \dim \operatorname{Ker} u^p$ et donc, par le théorème du rang, $\dim \operatorname{Im} u^k = \dim \operatorname{Im} u^p$.

3. Par le théorème du rang, on a $\dim \operatorname{Ker} u^p + \dim \operatorname{Im} u^p = n$. Pour prouver que $\operatorname{Ker} u^p$ et $\operatorname{Im} u^p$ sont supplémentaires dans E, il suffit de prouver qu'ils sont en somme directe, ce qui revient à montrer que $\operatorname{Ker} u^p \cap \operatorname{Im} u^p = \{0\}$.

   Soit $x \in \operatorname{Ker} u^p \cap \operatorname{Im} u^p$. Montrons que $x = 0$. Comme $x \in \operatorname{Im} u^p$, il existe $z \in E$ tel que $u^p(z) = x$. Comme $x \in \operatorname{Ker} u^p$, on a alors $z \in \operatorname{Ker} u^{2p}$. Or, d'après la question précédente, on a $\operatorname{Ker} u^{2p} = \operatorname{Ker} u^p$. On en déduit $z \in \operatorname{Ker} u^p$, et donc $x = 0$.

23.15 1. Par linéarité de v, l'application $w : \begin{array}{ccc} \operatorname{Im} u & \longrightarrow & G \\ y & \longmapsto & v(y) \end{array}$ est aussi linéaire.

On a de plus :

- $\operatorname{Im} w = v(\operatorname{Im} u) = \operatorname{Im}(v \circ u)$, donc $\operatorname{rg} w = \operatorname{rg}(v \circ u)$;
- $\operatorname{Ker} w = \{y \in \operatorname{Im} u \ : \ v(y) = 0\} = \operatorname{Im} u \cap \operatorname{Ker} v$.

Le théorème du rang donne :

$$\dim \operatorname{Im} u = \operatorname{rg} w + \dim(\operatorname{Ker} w) \quad \text{et donc} \quad \operatorname{rg} u = \operatorname{rg}(v \circ u) + \dim(\operatorname{Im} u \cap \operatorname{Ker} v).$$

2. Comme $\operatorname{Im} u \cap \operatorname{Ker} v \subset \operatorname{Ker} v$, on a $\dim(\operatorname{Im} u \cap \operatorname{Ker} v) \leqslant \dim(\operatorname{Ker} v)$.

   En utilisant l'égalité de la première question, on en déduit :

$$\operatorname{rg} u \leqslant \operatorname{rg}(v \circ u) + \dim(\operatorname{Ker} v).$$

   D'après la formule du rang, on a $\dim(\operatorname{Ker} v) = \dim F - \operatorname{rg} v$. On en déduit :

$$\operatorname{rg} u \leqslant \operatorname{rg}(v \circ u) + \dim F - \operatorname{rg} v.$$

3. La formule du rang donne :

$$\dim(\operatorname{Ker} u) = \dim E - \operatorname{rg} u \qquad \dim(\operatorname{Ker} v) = \dim F - \operatorname{rg} v$$

$$\text{et} \quad \dim\big(\operatorname{Ker}(v \circ u)\big) = \dim E - \operatorname{rg}(v \circ u).$$

   En reportant dans l'inégalité obtenue à la question précédente, on obtient :

$$\dim\big(\operatorname{Ker}(v \circ u)\big) \leqslant \dim(\operatorname{Ker} v) + \dim(\operatorname{Ker} u).$$

23.16 1. Soit $a \in E$ tel que $f^{n-1}(a) \neq 0$. Montrons que la famille $\big(a, f(a), \ldots, f^{n-1}(a)\big)$ est une base de E. Comme elle est de cardinal n, il suffit de montrer sa liberté.

Considérons $(\lambda_0, \ldots, \lambda_{n-1}) \in \mathbb{K}^n$ tel que :

$$\sum_{i=0}^{n-1} \lambda_i f^i(a) = 0. \qquad (*)$$

Montrons que $\forall i \in [\![0, n-1]\!] \quad \lambda_i = 0$. Raisonnons par l'absurde en supposant que l'ensemble :

$$\big\{i \in [\![0, n-1]\!] \ : \ \lambda_i \neq 0\big\}$$

ne soit pas vide ; notons i_0 son plus petit élément.

La relation $(\star)$ s'écrit alors $\sum\limits_{i=i_0}^{n-1} \lambda_i f^i(a) = 0$, et en lui appliquant f^{n-i_0-1}, on obtient :

$$\lambda_{i_0} f^{n-1}(a) + \sum_{i=i_0+1}^{n-1} \lambda_i f^{i-i_0+n-1}(a) = 0. \qquad (\star\star)$$

Or, pour tout $i \in [\![i_0+1, n-1]\!]$, on a :

$$i - i_0 + n - 1 \geqslant n, \quad \text{donc} \quad f^{i-i_0+n-1} = 0 \quad \text{puis} \quad f^{i-i_0+n-1}(a) = 0.$$

Ainsi, la relation $(\star\star)$ donne $\lambda_{i_0} f^{n-1}(a) = 0$. Comme $f^{n-1}(a) \neq 0$, on en déduit $\lambda_{i_0} = 0$, ce qui contredit la définition de i_0.
Cela montre que les scalaires $\lambda_0, \ldots, \lambda_{n-1}$ sont tous nuls. D'où la liberté de la famille.

2. • Il est clair que tout endomorphisme de la forme $\sum\limits_{k=0}^{n-1} \alpha_k f^k$ commute avec f.

   • Soit $g \in \mathcal{L}(E)$ commutant avec f. Étant donné que $\big(a, f(a), \ldots, f^{n-1}(a)\big)$ est une base de E et que $g(a) \in E$, on peut trouver $(\alpha_k)_{0 \leqslant k \leqslant n-1} \in \mathbb{K}^n$ tel que :

$$g(a) = \sum_{k=0}^{n-1} \alpha_k f^k(a).$$

   Posons alors $h = \sum\limits_{k=0}^{n-1} \alpha_k f^k$. En utilisant le fait que f et g commutent, on a, pour tout $j \in [\![0, n-1]\!]$:

$$g\big(f^j(a)\big) = f^j\big(g(a)\big) = f^j\left(\sum_{k=0}^{n-1} \alpha_k f^k(a)\right) = \sum_{k=0}^{n-1} \alpha_k f^{k+j}(a)$$

   et aussi :

$$h\big(f^j(a)\big) = \sum_{k=0}^{n-1} \alpha_k f^k\big(f^j(a)\big) = \sum_{k=0}^{n-1} \alpha_k f^{k+j}(a).$$

   Par suite, les endomorphismes g et h coïncident sur une base ; ils sont donc égaux. On a donc bien $g \in \mathrm{Vect}(\mathrm{Id}_E, f, \ldots, f^{n-1})$.

23.17 On a évidemment :

$$\mathrm{Im}(u+v) = \{u(x) + v(x) \mid x \in E\} \subset \mathrm{Im}\, u + \mathrm{Im}\, v \subset E.$$

Comme $u + v = \mathrm{Id}_E$, on en déduit $E = \mathrm{Im}(u+v) = \mathrm{Im}\, u + \mathrm{Im}\, v$.
La formule de Grassmann et l'hypothèse $\mathrm{rg}(u) + \mathrm{rg}(v) \leqslant n$ nous donnent alors :

$$\mathrm{Im}\, u \cap \mathrm{Im}\, v = \{0\} \quad \text{et donc} \quad E = \mathrm{Im}\, u \oplus \mathrm{Im}\, v.$$

• Soit $x \in \mathrm{Im}\, u$. On a alors :

$$x + 0 = x = (u+v)(x) = u(x) + v(x).$$

Comme $\mathrm{Im}\, u$ et $\mathrm{Im}\, v$ sont en somme directe, on en déduit $u(x) = x$ et $v(x) = 0$.

• De même, pour tout $x \in \mathrm{Im}\, v$, on prouve $v(x) = x$ et $u(x) = 0$.

Soit p le projecteur sur $\mathrm{Im}\, u$ parallèlement à $\mathrm{Im}\, v$. Comme u et p coïncident sur les sous-espaces $\mathrm{Im}\, u$ et $\mathrm{Im}\, v$, qui sont supplémentaires de E, on a $u = p$.
Par suite, $v = \mathrm{Id}_E - u$ est le projecteur associé, c'est-à-dire le projecteur sur $\mathrm{Im}\, v$ parallèlement à $\mathrm{Im}\, u$. On a en particulier $\mathrm{Ker}\, u = \mathrm{Im}\, v$ et $\mathrm{Ker}\, v = \mathrm{Im}\, u$, et donc $u \circ v = v \circ u = 0$.

Chapitre 24 : Représentation matricielle

Représentation matricielle 24

Dans tout le chapitre, $\mathbb{K}$ désigne $\mathbb{R}$ ou $\mathbb{C}$, et n et p des entiers naturels non nuls. Sauf mention plus précise, les espaces vectoriels considérés sont de dimension finie.

I Matrices et applications linéaires

1 Matrice d'un vecteur, d'une famille de vecteurs

Dans cette partie, et sauf mention plus précise, E désigne un $\mathbb{K}$-espace vectoriel de dimension n.

Définition 1

Soit $\mathcal{B} = (e_1, \ldots, e_n)$ une base de E. Si $x \in E$ s'écrit $x = \sum_{k=1}^{n} x_k e_k$, on appelle **matrice de x dans la base $\mathcal{B}$**, et l'on note $\operatorname{Mat}_{\mathcal{B}}(x)$, la matrice colonne :

$$\operatorname{Mat}_{\mathcal{B}}(x) = \begin{pmatrix} x_1 \\ \vdots \\ x_n \end{pmatrix} \in \mathcal{M}_{n,1}(\mathbb{K}).$$

Exo 24.1

Remarque La matrice $\operatorname{Mat}_{\mathcal{B}}(x)$ est donc la matrice colonne constituée des coordonnées de x dans la base $\mathcal{B}$.

Ex. 1. Plaçons-nous dans $\mathbb{R}^2$. Les vecteurs $u_1 = (1,1)$ et $u_2 = (1,-1)$ étant non colinéaires, la famille $\mathcal{B} = (u_1, u_2)$ est libre. Puisqu'elle est de cardinal 2, c'est une base de $\mathbb{R}^2$. Notons $\mathcal{B}_0 = (e_1, e_2)$ la base canonique de $\mathbb{R}^2$. Le vecteur $x = (5,1)$ s'écrivant $x = 5e_1 + e_2$ et $x = 3u_1 + 2u_2$, on a :

$$\operatorname{Mat}_{\mathcal{B}_0}(x) = \begin{pmatrix} 5 \\ 1 \end{pmatrix} \quad \text{et} \quad \operatorname{Mat}_{\mathcal{B}}(x) = \begin{pmatrix} 3 \\ 2 \end{pmatrix}.$$

Remarque Comme on le voit sur l'exemple précédent, la matrice d'un vecteur dans une base n'est pas intrinsèque à ce vecteur, mais dépend de la base dans laquelle on se place.

Ex. 2. Plaçons-nous dans $\mathbb{K}^n$ muni de sa base canonique $\mathcal{B}_0 = (e_1, \ldots, e_n)$. Soit $x \in \mathbb{K}^n$; notons X la matrice de x dans la base $\mathcal{B}_0$. Si l'on écrit $x = (x_1, \ldots, x_n) \in \mathbb{K}^n$, alors on a $x = \sum_{k=1}^{n} x_k e_k$, et donc on a simplement $X = \begin{pmatrix} x_1 \\ \vdots \\ x_n \end{pmatrix}$.

Convention Dans la pratique, on identifie $\mathcal{M}_{n,1}(\mathbb{K})$ et $\mathbb{K}^n$ (ce qui explique l'écriture en colonne d'un élément de $\mathbb{K}^n$ parfois utilisée). Cette identification sera en particulier utilisée lorsque l'on considérera l'application linéaire canoniquement associée à une matrice (page 847).

Proposition 1

Soit $\mathcal{B}$ une base de E. L'application :

$$\varphi : \begin{array}{ccc} E & \longrightarrow & \mathbb{K}^n \\ x & \longmapsto & \mathrm{Mat}_{\mathcal{B}}(x) \end{array}$$

est un isomorphisme.

Démonstration page 860

Définition 2

Soit $\mathcal{B}$ une base de E et $\mathcal{F} = (f_1, \ldots, f_p)$ une famille de vecteurs de E. On appelle **matrice de $\mathcal{F}$ dans la base $\mathcal{B}$**, et l'on note $\mathrm{Mat}_{\mathcal{B}}(\mathcal{F})$, la matrice de taille (n,p) dont, pour tout $j \in [\![1,p]\!]$, la j-ème colonne vaut $\mathrm{Mat}_{\mathcal{B}}(f_j)$.

2 Matrice d'une application linéaire

Définition 3

Soit E et F deux $\mathbb{K}$-espaces vectoriels, de dimensions respectives p et n. Soit $\mathcal{B}_E = (e_1, \ldots, e_p)$ une base de E, et $\mathcal{B}_F$ une base de F. Étant donné $u \in \mathcal{L}(E,F)$, on appelle **matrice de u dans les bases $\mathcal{B}_E$ et $\mathcal{B}_F$**, et l'on note $\mathrm{Mat}_{\mathcal{B}_E,\mathcal{B}_F}(u)$, la matrice de la famille $\big(u(e_1), \ldots, u(e_p)\big)$ dans la base $\mathcal{B}_F$.

Remarques

Avec les notations de la définition précédente, la matrice $\mathrm{Mat}_{\mathcal{B}_E,\mathcal{B}_F}(u)$:

- appartient à $\mathcal{M}_{n,p}(\mathbb{K})$;
- nous permet de lire, colonne par colonne, les coordonnées, dans la base $\mathcal{B}_F$ de l'espace d'arrivée, des images par u des vecteurs de la base $\mathcal{B}_E$ de l'espace de départ. Si l'on note $(a_{i,j})_{\substack{1\leqslant i\leqslant n \\ 1\leqslant j\leqslant p}}$ cette matrice, alors on a :

$$\forall j \in [\![1,p]\!] \quad u(e_j) = \sum_{i=1}^{n} a_{i,j}\, f_i.$$

Ex. 3. Notons $\mathcal{B}_2$ et $\mathcal{B}_3 = (e_1, e_2, e_3)$ les bases canoniques de $\mathbb{K}^2$ et $\mathbb{K}^3$ respectivement. Considérons l'application $u \in \mathcal{L}(\mathbb{K}^3, \mathbb{K}^2)$ définie par $u : \begin{pmatrix} x_1 \\ x_2 \\ x_3 \end{pmatrix} \mapsto \begin{pmatrix} x_1 + x_2 + x_3 \\ x_1 + 2x_2 + 3x_3 \end{pmatrix}$.

Alors, on a $u(e_1) = \begin{pmatrix} 1 \\ 1 \end{pmatrix}$, $u(e_2) = \begin{pmatrix} 1 \\ 2 \end{pmatrix}$ et $u(e_3) = \begin{pmatrix} 1 \\ 3 \end{pmatrix}$, donc :

$$\mathrm{Mat}_{\mathcal{B}_3,\mathcal{B}_2}(u) = \begin{pmatrix} 1 & 1 & 1 \\ 1 & 2 & 3 \end{pmatrix}.$$

Ex. 4. Soit $a \in \mathbb{K}$. L'application linéaire :

$$u: \begin{array}{ccc} \mathbb{K}_2[X] & \longrightarrow & \mathbb{K}^3 \\ P & \longmapsto & \big(P(a), P'(a), P''(a)\big) \end{array}$$

vérifie $u(1) = (1,0,0)$, $u(X) = (a,1,0)$ et $u(X^2) = (a^2, 2a, 2)$. Par suite, la matrice de u dans les bases canoniques de $\mathbb{K}_2[X]$ et $\mathbb{K}^3$ est $\begin{pmatrix} 1 & a & a^2 \\ 0 & 1 & 2a \\ 0 & 0 & 2 \end{pmatrix}$.

Exo 24.2

Exo 24.3

Définition 4 (Matrice d'un endomorphisme dans une base)

Soit $\mathcal{B}$ une base de E. Étant donné $u \in \mathcal{L}(E)$, on appelle **matrice de u dans la base $\mathcal{B}$**, et l'on note $\mathrm{Mat}_{\mathcal{B}}(u)$, la matrice de u dans les bases $\mathcal{B}$ et $\mathcal{B}$:

$$\mathrm{Mat}_{\mathcal{B}}(u) = \mathrm{Mat}_{\mathcal{B},\mathcal{B}}(u).$$

Remarques

- On a $\mathrm{Mat}_{\mathcal{B}}(u) \in \mathcal{M}_n(\mathbb{K})$ (où $n = \dim E$).
- Si l'on note $\mathcal{B} = (e_1, \dots, e_n)$, alors $\mathrm{Mat}_{\mathcal{B}}(u)$ est la matrice dans la base $\mathcal{B}$ de la famille de vecteurs $\big(u(e_1), \dots, u(e_n)\big)$. Autrement dit, la j-ème colonne de $\mathrm{Mat}_{\mathcal{B}}(u)$ est constituée des coordonnées dans la base $\mathcal{B}$ du vecteur $u(e_j)$.

Terminologie Pour signifier que $A = \mathrm{Mat}_{\mathcal{B}}(u)$, on dit que A **représente** l'endomorphisme u dans la base $\mathcal{B}$. On dit simplement que A **représente** u pour signifier qu'il existe une base $\mathcal{B}$ telle que $A = \mathrm{Mat}_{\mathcal{B}}(u)$.

Ex. 5. Pour toute base $\mathcal{B}$ de E, on a $\mathrm{Mat}_{\mathcal{B}}(\mathrm{Id}_E) = I_n$ (où $n = \dim E$).

Ex. 6. Notons $\mathcal{B}_0 = (e_1, e_2)$ la base canonique de $\mathbb{K}^2$. Soit u l'endomorphisme de $\mathbb{K}^2$ défini par $u : \begin{pmatrix} x_1 \\ x_2 \end{pmatrix} \mapsto \begin{pmatrix} x_1 + x_2 \\ x_1 - x_2 \end{pmatrix}$. On a $u(e_1) = \begin{pmatrix} 1 \\ 1 \end{pmatrix}$ et $u(e_2) = \begin{pmatrix} 1 \\ -1 \end{pmatrix}$, donc :

$$\mathrm{Mat}_{\mathcal{B}_0}(u) = \begin{pmatrix} 1 & 1 \\ 1 & -1 \end{pmatrix}.$$

Ex. 7. Dans $\mathbb{R}^2$ muni de sa base canonique $\mathcal{B}_0 = (e_1, e_2)$, on appelle **rotation d'angle θ** l'endomorphisme r_θ défini par :

$$r_\theta(e_1) = \cos(\theta)e_1 + \sin(\theta)e_2 \qquad \text{et} \qquad r_\theta(e_2) = -\sin(\theta)e_1 + \cos(\theta)e_2.$$

Autrement dit r_θ a pour matrice dans la base $\mathcal{B}_0$:

$$\mathrm{Mat}_{\mathcal{B}_0}(r_\theta) = \begin{pmatrix} \cos\theta & -\sin\theta \\ \sin\theta & \cos\theta \end{pmatrix}.$$

Ex. 8. Notons $\mathcal{B}_0 = (1, X, X^2, X^3)$ la base canonique de $\mathbb{K}_3[X]$. L'endomorphisme D de $\mathbb{K}_3[X]$ défini par $D : P \mapsto P'$ vérifie :

$$D(1) = 0, \qquad D(X) = 1, \qquad D(X^2) = 2X \qquad \text{et} \qquad D(X^3) = 3X^2,$$

donc on a :

$$\mathrm{Mat}_{\mathcal{B}_0}(D) = \begin{pmatrix} 0 & 1 & 0 & 0 \\ 0 & 0 & 2 & 0 \\ 0 & 0 & 0 & 3 \\ 0 & 0 & 0 & 0 \end{pmatrix}.$$

Isomorphisme d'espaces vectoriels de $\mathcal{L}(E,F)$ dans $\mathcal{M}_{n,p}(\mathbb{K})$

Proposition 2

Soit E et F deux $\mathbb{K}$-espaces vectoriels de dimensions respectives p et n, et $\mathcal{B}_E$ et $\mathcal{B}_F$ des bases de E et F respectivement. Alors l'application :

$$\varphi : \begin{array}{ccc} \mathcal{L}(E,F) & \longrightarrow & \mathcal{M}_{n,p}(\mathbb{K}) \\ u & \longmapsto & \mathrm{Mat}_{\mathcal{B}_E,\mathcal{B}_F}(u) \end{array}$$

est un isomorphisme d'espaces vectoriels.

Démonstration page 060

Principe de démonstration. On prouve la linéarité, puis la bijectivité.

Conséquences En reprenant les notations du résultat précédent, alors :

- la surjectivité de φ exprime le fait que, pour toute matrice $A \in \mathcal{M}_{n,p}(\mathbb{K})$, il existe une application linéaire $u \in \mathcal{L}(E,F)$ dont A est la matrice dans les bases $\mathcal{B}_E$ et $\mathcal{B}_F$;
- l'injectivité de φ assure que si $u \in \mathcal{L}(E,F)$ et $v \in \mathcal{L}(E,F)$ ont la même matrice dans les bases $\mathcal{B}_E$ et $\mathcal{B}_F$, alors $u = v$.

Corollaire 3

Si E et F sont deux $\mathbb{K}$-espaces vectoriels de dimension finie, alors l'espace vectoriel $\mathcal{L}(E,F)$ est de dimension finie et l'on a :

$$\dim \mathcal{L}(E,F) = \dim E \times \dim F.$$

Démonstration. En notant $p = \dim E$ et $n = \dim F$, les espaces $\mathcal{L}(E,F)$ et $\mathcal{M}_{n,p}(\mathbb{K})$ étant isomorphes, et l'un étant de dimension finie, l'autre l'est aussi et ils ont même dimension. De plus on sait que $\dim \mathcal{M}_{n,p}(\mathbb{K}) = np = \dim E \times \dim F$. □

Cas des endomorphismes Si $\mathcal{B}$ est une base de E, et en notant $n = \dim E$, on dispose de l'isomorphisme suivant :

$$\varphi : \begin{array}{ccc} \mathcal{L}(E) & \longrightarrow & \mathcal{M}_n(\mathbb{K}) \\ u & \longmapsto & \mathrm{Mat}_{\mathcal{B}}(u) \end{array}$$

et par conséquent $\dim \mathcal{L}(E) = \dim(E)^2$.

Coordonnées de l'image d'un vecteur

Proposition 4

Soit E et F deux $\mathbb{K}$-espaces vectoriels de dimension finie, munis respectivement de bases $\mathcal{B}_E$ et $\mathcal{B}_F$, ainsi que $u \in \mathcal{L}(E,F)$. Soit $(x,y) \in E \times F$. Si l'on note $A = \mathrm{Mat}_{\mathcal{B}_E,\mathcal{B}_F}(u)$, $X = \mathrm{Mat}_{\mathcal{B}_E}(x)$ et $Y = \mathrm{Mat}_{\mathcal{B}_F}(y)$, alors on a :

$$Y = AX \iff y = u(x).$$

Démonstration page 861

Composition, inversibilité

Proposition 5

Soit E, F et G trois $\mathbb{K}$-espaces vectoriels de dimension finie, respectivement munis de bases $\mathcal{B}_E$, $\mathcal{B}_F$ et $\mathcal{B}_G$. Pour $u \in \mathcal{L}(E,F)$ et $v \in \mathcal{L}(F,G)$, on a :

$$\mathrm{Mat}_{\mathcal{B}_E,\mathcal{B}_G}(v \circ u) = \mathrm{Mat}_{\mathcal{B}_F,\mathcal{B}_G}(v)\,\mathrm{Mat}_{\mathcal{B}_E,\mathcal{B}_F}(u).$$

Démonstration page 861

On en déduit le cas particulier où u et v sont des endomorphismes :

Corollaire 6

Soit $\mathcal{B}$ une base de E. Pour tout $(u,v) \in \mathcal{L}(E)^2$, on a :

$$\mathrm{Mat}_{\mathcal{B}}(v \circ u) = \mathrm{Mat}_{\mathcal{B}}(v)\,\mathrm{Mat}_{\mathcal{B}}(u).$$

Proposition 7

Soit E et F deux $\mathbb{K}$-espaces vectoriels de même dimension, munis respectivement de bases $\mathcal{B}_E$ et $\mathcal{B}_F$. Une application linéaire $u \in \mathcal{L}(E,F)$ est bijective si, et seulement si, la matrice $\mathrm{Mat}_{\mathcal{B}_E,\mathcal{B}_F}(u)$ est inversible, et l'on a alors :

$$\big(\mathrm{Mat}_{\mathcal{B}_E,\mathcal{B}_F}(u)\big)^{-1} = \mathrm{Mat}_{\mathcal{B}_F,\mathcal{B}_E}\big(u^{-1}\big).$$

Démonstration page 861

Principe de démonstration.

- Si u est bijective, traduire matriciellement les relations $u \circ u^{-1} = \mathrm{Id}_F$ et $u^{-1} \circ u = \mathrm{Id}_E$.
- Si la matrice $\mathrm{Mat}_{\mathcal{B}_E,\mathcal{B}_F}(u)$ est inversible, considérer $v \in \mathcal{L}(F,E)$ telle que $\mathrm{Mat}_{\mathcal{B}_F,\mathcal{B}_E}(v)$ soit $\big(\mathrm{Mat}_{\mathcal{B}_E,\mathcal{B}_F}(u)\big)^{-1}$.

Corollaire 8

Soit $\mathcal{B}$ une base de E. Un endomorphisme $u \in \mathcal{L}(E)$ est bijectif si, et seulement si, la matrice $\mathrm{Mat}_{\mathcal{B}}(u)$ est inversible, et alors :

Exo 24.4

$$\big(\mathrm{Mat}_{\mathcal{B}}(u)\big)^{-1} = \mathrm{Mat}_{\mathcal{B}}\big(u^{-1}\big).$$

Proposition 9

Notons $n = \dim E$. Soit $\mathcal{B}$ une base de E. Une famille $(x_1, \dots, x_n)$ de n vecteurs de E est une base de E si, et seulement si, la matrice $\mathrm{Mat}_{\mathcal{B}}(x_1, \dots, x_n)$ est inversible.

Démonstration. La matrice $\mathrm{Mat}_{\mathcal{B}}(x_1, \dots, x_n)$ est la matrice dans la base $\mathcal{B}$ de l'endomorphisme $u \in \mathcal{L}(E)$ qui transforme la base $\mathcal{B}$ en $(x_1, \dots, x_n)$. La famille $(x_1, \dots, x_n)$ est donc une base de E si, et seulement si, l'endomorphisme u est bijectif, ce qui, d'après le corollaire 8, équivaut à dire que la matrice $\mathrm{Mat}_{\mathcal{B}}(u)$, autrement dit $\mathrm{Mat}_{\mathcal{B}}(x_1, \dots, x_n)$, est inversible. □

Ex. 9. On se place dans $\mathbb{K}^n$, dont on note $\mathcal{B}_0 = (e_1, \dots, e_n)$ la base canonique. Justifions que la famille $\mathcal{F} = \Big(\sum\limits_{j \neq i} e_j\Big)_{1 \leqslant i \leqslant n}$ est une base de $\mathbb{K}^n$. En notant $J \in \mathcal{M}_n(\mathbb{K})$ la matrice dont tous les coefficients valent 1, la matrice de $\mathcal{F}$ dans la base $\mathcal{B}_0$ est :

$$\mathrm{Mat}_{\mathcal{B}_0}(\mathcal{F}) = J - I_n.$$

On montre alors que cette matrice est inversible (cf. exercice 19.12 de la page 695), ce qui prouve que $\mathcal{F}$ est une base.

II Application linéaire canoniquement associée, rang

1 Définitions

On rappelle l'identification de $\mathcal{M}_{n,1}(\mathbb{K})$ à $\mathbb{K}^n$. Ainsi, on pourra écrire le produit matriciel AX avec $A \in \mathcal{M}_{n,p}(\mathbb{K})$ et $X \in \mathbb{K}^p$.

Définition 5

Soit $A \in \mathcal{M}_{n,p}(\mathbb{K})$. On appelle application linéaire **canoniquement associée** à A l'application linéaire de $\mathbb{K}^p$ dans $\mathbb{K}^n$ dont A est la matrice dans leurs bases canoniques respectives.

Remarques

- Soit $A \in \mathcal{M}_{n,p}(\mathbb{K})$. Si $(E_1, \dots, E_p)$ désigne la base canonique de $\mathbb{K}^p$, alors, pour $j \in [\![1, p]\!]$, le produit matriciel AE_j est la j-ème colonne de A.

  Exo 24.5

  Par conséquent, l'application linéaire canoniquement associée à A n'est rien d'autre que l'application linéaire :

$$\begin{array}{ccc} \mathbb{K}^p & \longrightarrow & \mathbb{K}^n \\ X & \longmapsto & AX. \end{array}$$

- Lorsque la matrice A est carrée ($n = p$), son application linéaire canoniquement associée est un endomorphisme de $\mathbb{K}^n$. On parle alors de l'**endomorphisme canoniquement associé** à A.

Ex. 10. En considérant son endomorphisme canoniquement associé, calculons les puissances positives de la matrice $J = \begin{pmatrix} 0 & 1 & 0 & 0 \\ 0 & 0 & 1 & 0 \\ 0 & 0 & 0 & 1 \\ 0 & 0 & 0 & 0 \end{pmatrix}$.

Représentons de manière informelle la manière dont l'endomorphisme u canoniquement associé à J et ses itérés transforment la base canonique de $\mathbb{R}^4$, notée (e_1, e_2, e_3, e_4) :

$$\begin{array}{ccccccccc} & \overset{u}{} & & \overset{u}{} & & \overset{u}{} & & \overset{u}{} & \\ e_1 & \mapsto & 0 & \mapsto & 0 & \mapsto & 0 & \mapsto & 0 \\ e_2 & \mapsto & e_1 & \mapsto & 0 & \mapsto & 0 & \mapsto & 0 \\ e_3 & \mapsto & e_2 & \mapsto & e_1 & \mapsto & 0 & \mapsto & 0 \\ e_4 & \mapsto & e_3 & \mapsto & e_2 & \mapsto & e_1 & \mapsto & 0. \end{array}$$

Cela se traduit matriciellement par :

$$J^2 = \begin{pmatrix} 0 & 0 & 1 & 0 \\ 0 & 0 & 0 & 1 \\ 0 & 0 & 0 & 0 \\ 0 & 0 & 0 & 0 \end{pmatrix} \qquad J^3 = \begin{pmatrix} 0 & 0 & 0 & 1 \\ 0 & 0 & 0 & 0 \\ 0 & 0 & 0 & 0 \\ 0 & 0 & 0 & 0 \end{pmatrix} \qquad \text{puis} \qquad \forall n \geqslant 4 \quad J^n = 0.$$

Noyau, image et rang d'une matrice

Définition 6

Soit $A \in \mathcal{M}_{n,p}(\mathbb{K})$; notons u l'application linéaire canoniquement associée à A.

- Le **noyau** de A est le noyau de u (c'est donc un sous-espace vectoriel de $\mathbb{K}^p$).
- L'**image** de A est l'image de u (c'est donc un sous-espace vectoriel de $\mathbb{K}^n$).
- Le **rang** de A est le rang de u.

Notations

On note respectivement $\operatorname{Ker} A$, $\operatorname{Im} A$ et $\operatorname{rg} A$ le noyau, l'image et le rang de A.

Remarque Un vecteur $X \in \mathbb{R}^p$ appartient à $\operatorname{Ker} A$ si, et seulement si, $AX = 0$. Les lignes de A fournissent donc un système d'équations de son noyau.

Point méthode Déterminer le noyau de A revient à résoudre le système linéaire homogène $AX = 0$.

Ex. 11. Considérons $A = \begin{pmatrix} 1 & 4 & 3 \\ -1 & 4 & 2 \\ 3 & -4 & -1 \end{pmatrix} \in \mathcal{M}_3(\mathbb{R})$. Pour $X = \begin{pmatrix} x \\ y \\ z \end{pmatrix} \in \mathbb{R}^3$, on a :

$$X \in \operatorname{Ker} A \iff AX = 0 \iff \begin{cases} x + 4y + 3z = 0 \\ -x + 4y + 2z = 0 \\ 3x - 4y - z = 0. \end{cases}$$

La résolution du système linéaire homogène obtenu donne alors $\operatorname{Ker} A = \operatorname{Vect} \begin{pmatrix} 4 \\ 5 \\ -8 \end{pmatrix}$.

Ex. 12. Pour toutes matrices $A \in \mathcal{M}_{n,p}(\mathbb{K})$ et $B \in \mathcal{M}_{p,q}(\mathbb{K})$, on a :

$$\operatorname{rg}(AB) \leqslant \min(\operatorname{rg} A, \operatorname{rg} B).$$

En effet, en notant u et v les applications linéaires canoniquement associées à A et B respectivement, on a $\operatorname{rg} A = \operatorname{rg} u$, $\operatorname{rg} B = \operatorname{rg} v$ et $\operatorname{rg}(AB) = \operatorname{rg}(u \circ v)$. Cela fournit bien la relation $\operatorname{rg}(AB) \leqslant \min(\operatorname{rg} A, \operatorname{rg} B)$ souhaitée, car (cf. proposition 19 de la page 824) :

$$\operatorname{rg}(u \circ v) \leqslant \min(\operatorname{rg} u, \operatorname{rg} v).$$

Proposition 10

Soit $A \in \mathcal{M}_{n,p}(\mathbb{K})$. L'image de A est le sous-espace vectoriel de $\mathbb{K}^n$ engendré par ses colonnes.

Démonstration. Notons u l'endomorphisme canoniquement associé à A. Alors on a, en notant $(e_1, \ldots, e_p)$ la base canonique de $\mathbb{K}^p$:

$$\operatorname{Im} A = \operatorname{Im} u = \operatorname{Vect}\big(u(e_1), \ldots, u(e_p)\big).$$

Cela donne le résultat, car $u(e_1), \ldots, u(e_p)$ ne sont rien d'autre que les colonnes de A. □

Conséquence Le rang de A est le rang de la famille de ses colonnes.

Ex. 13. Retrouvons ici le fait que l'inverse d'une matrice triangulaire inversible est encore triangulaire (cf. proposition 27 de la page 687). Quitte à transposer, donnons-nous $A \in \mathcal{M}_n(\mathbb{K})$ une matrice triangulaire supérieure inversible. Notons $u \in \mathcal{L}(\mathbb{K}^n)$ canoniquement associé à A, $\mathcal{B}_0 = (e_1, \ldots, e_n)$ la base canonique de $\mathbb{K}^n$ et, pour tout $k \in [\![1, n]\!]$, posons :

$$E_k = \operatorname{Vect}(e_1, \ldots, e_k).$$

Le caractère triangulaire supérieur de A s'interprète par la stabilité par u de chaque sous-espace E_k (cf. exercice 24.2 de la page 864). Pour prouver que A^{-1} est encore triangulaire supérieure, prouvons que u^{-1} (qui est canoniquement associé à A^{-1}) laisse stable chaque sous-espace E_k. Fixons $k \in [\![1, n]\!]$. Soit $x \in E_k$. Par stabilité de E_k par u, on a :

$$\forall i \in [\![1, k]\!] \quad u(e_i) \in E_k.$$

Par injectivité de u, la famille $\big(u(e_1), \ldots, u(e_k)\big)$ est libre ; comme son cardinal vaut la dimension de E_k, c'en est une base. Par suite, x peut s'écrire comme combinaison linéaire des vecteurs $u(e_1), \ldots, u(e_k)$:

$$x = \sum_{i=1}^{k} \lambda_i u(e_i).$$

Par linéarité de u, cela donne $x = u\Big(\sum_{i=1}^{k} \lambda_i e_i\Big)$. Cette dernière relation nous explicite l'antécédent de x par u, ou encore son image par u^{-1}, et offre le résultat souhaité :

$$u^{-1}(x) = \sum_{i=1}^{k} \lambda_i e_i \in E_k.$$

Proposition 11

Pour tout $A \in \mathcal{M}_{n,p}(\mathbb{K})$, on a :

$$\dim(\operatorname{Ker} A) + \operatorname{rg}(A) = p.$$

Ex. 14. Donnons le rang de la matrice $A = \begin{pmatrix} 1 & 2 & 5 \\ 1 & 2 & 5 \end{pmatrix}$ ainsi que des bases de $\operatorname{Im} A$ et $\operatorname{Ker} A$.

- L'image de A étant engendrée par ses vecteurs colonnes, tous proportionnels au vecteur non nul $e = \begin{pmatrix} 1 \\ 1 \end{pmatrix}$, on a $\operatorname{rg}(A) = 1$, et la famille (e) est une base de $\operatorname{Im} A$.
- La matrice A ayant 3 colonnes, le théorème du rang donne $\dim \operatorname{Ker} A = 3 - \operatorname{rg} A$, donc $\dim \operatorname{Ker} A = 2$. En notant C_1, C_2 et C_3 les colonnes de A, on constate que :

$$2C_1 - C_2 = 0 \qquad \text{et} \qquad 5C_1 - C_3 = 0.$$

On en déduit que les deux vecteurs $\begin{pmatrix} 2 \\ -1 \\ 0 \end{pmatrix}$ et $\begin{pmatrix} 5 \\ 0 \\ -1 \end{pmatrix}$ appartiennent à $\operatorname{Ker} A$. Ces deux vecteurs étant non colinéaires, ils forment une base de $\operatorname{Ker} A$.

Exo 24.6

Démonstration. Il suffit d'appliquer le théorème du rang à l'application linéaire $u : \mathbb{K}^p \to \mathbb{K}^n$ canoniquement associée à A. □

Proposition 12

Soit E et F deux $\mathbb{K}$-espaces vectoriels de dimension finie, munis respectivement de bases $\mathcal{B}_E$ et $\mathcal{B}_F$. Si $u \in \mathcal{L}(E, F)$, et si $A = \operatorname{Mat}_{\mathcal{B}_E, \mathcal{B}_F}(u)$, alors $\operatorname{rg}(A) = \operatorname{rg}(u)$.

Démonstration page 861

Principe de démonstration. Montrer que $\dim(\operatorname{Ker} A) = \dim(\operatorname{Ker} u)$, puis appliquer le théorème du rang.

2 Condition d'inversibilité d'une matrice

Proposition 13

Une matrice carrée $A \in \mathcal{M}_n(\mathbb{K})$ est inversible si, et seulement si, $\operatorname{rg}(A) = n$.

Démonstration. Si $u \in \mathcal{L}(\mathbb{K}^n)$ désigne l'endomorphisme canoniquement associé à A, on sait que u est bijectif si, et seulement si, $\operatorname{rg}(u) = n$. Cela donne le résultat puisque $\operatorname{rg}(A) = \operatorname{rg}(u)$ par définition, et car A est inversible si, et seulement si, u est bijectif. □

Conséquence Une matrice $A \in \mathcal{M}_n(\mathbb{K})$ est inversible si, et seulement si, la famille de ses colonnes est génératrice de $\mathbb{K}^n$, ce qui équivaut à sa liberté puisqu'il s'agit d'une famille à n éléments d'un espace de dimension n.

Le résultat suivant donne une autre condition nécessaire et suffisante pour qu'une matrice carrée soit inversible, et offre ainsi une méthode utile et efficace pour étudier l'inversibilité d'une matrice, qui vient compléter ce qui a déjà été présenté dans le chapitre « Calcul matriciel et systèmes linéaires » (page 683 et suivantes).

Proposition 14

Une matrice carrée $A \in \mathcal{M}_n(\mathbb{K})$ est inversible si, et seulement si :

$$\forall X \in \mathbb{K}^n \quad AX = 0 \Longrightarrow X = 0.$$

Démonstration. Soit $A \in \mathcal{M}_n(\mathbb{K})$. En notant $u \in \mathcal{L}(\mathbb{K}^n)$ l'endomorphisme canoniquement associé, la propriété :

$$\forall X \in \mathbb{K}^n \quad AX = 0 \Longrightarrow X = 0.$$

traduit l'injectivité de u, et donc sa bijectivité puisqu'il s'agit d'un endomorphisme en dimension finie. Cela donne le résultat, puisque la bijectivité de u équivaut à l'inversibilité de A. □

Reformulation Une matrice $A \in \mathcal{M}_n(\mathbb{K})$ est inversible si, et seulement si, $\operatorname{Ker} A \subset \{0\}$ (ce qui revient à $\operatorname{Ker} A = \{0\}$, puisque l'inclusion $\supset$ est vraie par linéarité).

Remarques Soit $A \in \mathcal{M}_n(\mathbb{K})$.

- L'équation $AX = 0$ est l'écriture matricielle du système linéaire homogène dont la matrice associée est A. Ainsi, la matrice A est inversible si, et seulement si, le système linéaire $AX = 0$ admet comme unique solution la solution nulle.
- En notant $C_1, \ldots, C_n$ les colonnes de A et $X = \begin{pmatrix} x_1 \\ \vdots \\ x_n \end{pmatrix}$, on a $AX = \sum_{k=1}^{n} x_k C_k$.

  Par conséquent, la propriété :

  $$\forall X \in \mathcal{M}_{n,1}(\mathbb{K}) \quad AX = 0 \Longrightarrow X = 0$$

  équivaut à la liberté de la famille des colonnes de A, ce qui rejoint ce qui a déjà été dit en conséquence de la proposition 13.

Point méthode Soit $A \in \mathcal{M}_n(\mathbb{K})$.

- La matrice A est inversible si, et seulement si, ses vecteurs colonnes forment une base de $\mathbb{K}^n$; comme il y en a n, cela équivaut à dire qu'ils forment une famille libre.
- Comme A est inversible si, et seulement si, sa transposée l'est (cf. proposition 20 de la page 682), on en déduit que A est inversible si, et seulement si, ses vecteurs lignes forment une famille libre.

Ex. 15. Prouvons que la matrice $A = \begin{pmatrix} 2 & 1 & 1 \\ 1 & 2 & 1 \\ 1 & 1 & 2 \end{pmatrix}$ est inversible, en montrant que le système linéaire $AX = 0$ admet comme unique solution la solution nulle. Prenons $(x, y, z) \in \mathbb{R}^3$ une solution du système linéaire $(\mathcal{S})$: $\begin{cases} 2x + y + z = 0 \\ x + 2y + z = 0 \\ x + y + 2z = 0 \end{cases}$ et montrons que $(x, y, z) = (0, 0, 0)$.

En faisant la somme des trois équations, puis en divisant par 4, on obtient $x + y + z = 0$. En retranchant alors cette nouvelle équation aux trois équations initiales du système, on obtient immédiatement $x = y = z = 0$.

Ex. 16. Retrouvons ici le critère d'inversibilité d'une matrice triangulaire (cf. proposition 26 de la page 687). Quitte à transposer, donnons-nous $A = \begin{pmatrix} \lambda_1 & & (\star) \\ & \ddots & \\ (0) & & \lambda_n \end{pmatrix} \in \mathcal{T}_n^+(\mathbb{K})$.

- Le système $(\mathcal{S})$: $AX = 0$ est un système triangulaire homogène. Si les λ_i sont tous non nuls, alors on voit, en résolvant $(\mathcal{S})$ du bas vers le haut, qu'il admet comme unique solution la solution nulle. Dans ce cas, A est inversible d'après la proposition 14.
- S'il existe $i_0 \in [\![1,n]\!]$ tel que $\lambda_{i_0} = 0$, alors la famille des i_0 premières colonnes de A est liée, car il s'agit d'une famille de i_0 vecteurs de $\mathbb{K}^n$ appartenant au sous-espace de dimension $i_0 - 1$ engendré par les $i_0 - 1$ premiers vecteurs de la base canonique. Dans ce cas, A n'est pas inversible.

Proposition 15

Si $(A,B) \in \mathcal{M}_n(\mathbb{K})^2$ vérifient $AB = I_n$, alors A et B sont inversibles et inverses l'une de l'autre.

Démonstration page 862

Principe de démonstration. En notant u et v les endomorphismes canoniquement associés à A et B respectivement, commencer par montrer, au choix, que u est surjectif ou que v est injectif.

3 Rang et opérations élémentaires

Proposition 16

Multiplier une matrice à droite par une matrice inversible conserve son image, donc son rang.

Démonstration page 862

Conséquence Effectuer une opération élémentaire sur les colonnes d'une matrice conserve son image, donc son rang, puisque cela revient à la multiplier à droite par la matrice d'opération élémentaire associée.

Proposition 17

Multiplier une matrice à gauche par une matrice inversible conserve son noyau, donc son rang.

Démonstration page 862

Conséquence Effectuer une opération élémentaire sur les lignes d'une matrice conserve son noyau, donc son rang, puisque cela revient à la multiplier à gauche par la matrice d'opération élémentaire associée.

Corollaire 18

Les opérations élémentaires conservent le rang.

Remarque La conservation du rang par multiplication par une matrice inversible (donnée par les deux propositions précédentes) est la traduction matricielle de l'invariance du rang par composition par un isomorphisme (proposition 18 de la page 824).

4 Rang et transposition

La démonstration de la proposition suivante est hors-programme. Elle est néanmoins proposée dans l'exercice 24.16 de la page 866.

Proposition 19

Une matrice et sa transposée ont même rang.

Conséquence Puisque les vecteurs colonnes de A^T sont les transposés des vecteurs lignes de A, l'invariance du rang par transposition nous dit que le rang de A, dont on sait déjà qu'il vaut le rang de la famille de ses colonnes, est aussi égal au rang de la famille de ses lignes.

Remarque Pour récapituler, le rang d'une matrice $A \in \mathcal{M}_{n,p}(\mathbb{K})$ est égal :
- au rang de la famille de ses colonnes;
- au rang de la famille de ses lignes;
- au rang de toute application linéaire représentée par A ;
- au rang de toute famille de vecteurs dont A est la matrice dans une base.

5 Méthodes pratiques de calcul de rang

Rappelons qu'appliquer une opération élémentaire sur les lignes ou les colonnes d'une matrice ne modifie pas son rang (cf. corollaire 18 de la page précédente).

Point méthode Pour calculer le rang d'une matrice, on peut chercher à la transformer, par opérations élémentaires, en une matrice dont le rang est plus simple à déterminer.

Ex. 17. Illustrons le point méthode précédent : déterminons le rang de $A = \begin{pmatrix} 1 & 2 & -1 & 3 \\ 2 & 1 & 0 & 4 \\ 4 & 5 & -2 & 10 \\ 3 & 0 & 1 & 5 \end{pmatrix}$ en la transformant en une matrice dont le rang est plus simple à calculer. Les opérations élémentaires :

$$L_2 \leftarrow L_2 - 2L_1, \quad L_3 \leftarrow L_3 - 4L_1 \quad \text{et} \quad L_4 \leftarrow L_4 - 3L_1$$

transforment A en la matrice suivante (qui a même rang que A) :

$$\begin{pmatrix} 1 & 2 & -1 & 3 \\ 0 & -3 & 2 & -2 \\ 0 & -3 & 2 & -2 \\ 0 & -6 & 4 & -4 \end{pmatrix}.$$

Les opérations élémentaires $L_3 \leftarrow L_3 - L_2$ et $L_4 \leftarrow L_4 - 2L_2$ donnent alors la matrice :

$$\begin{pmatrix} 1 & 2 & -1 & 3 \\ 0 & -3 & 2 & -2 \\ 0 & 0 & 0 & 0 \\ 0 & 0 & 0 & 0 \end{pmatrix}.$$

Cette matrice étant de rang 2 (les deux premières lignes ne sont pas proportionnelles, et les deux dernières sont nulles), on a donc $\operatorname{rg} A = 2$.

Lorsque l'on veut calculer le rang d'une matrice, la proposition suivante peut se révéler utile.

Proposition 20

Soit $A = (a_{i,j})_{\substack{1 \leqslant i \leqslant n \\ 1 \leqslant j \leqslant p}} \in \mathcal{M}_{n,p}(\mathbb{K})$ vérifiant :

$$a_{1,1} \neq 0 \quad \text{et} \quad \forall i \in [\![2,n]\!] \quad a_{i,1} = 0.$$

Alors on a :

$$\operatorname{rg}(A) = 1 + \operatorname{rg}(\widetilde{A})$$

où $\widetilde{A}$ est la sous-matrice $\tilde{A} = (a_{i,j})_{\substack{2 \leqslant i \leqslant n \\ 2 \leqslant j \leqslant p}}$.

$$A = \left(\begin{array}{c|c} a_{1,1} & (\star) \\ \hline 0 & \\ \vdots & \widetilde{A} \\ 0 & \end{array}\right)$$

Démonstration. Notons $(L_1, \ldots, L_n)$ la famille des lignes de A. Le fait que $a_{1,1} \neq 0$ assure que $L_1 \notin \operatorname{Vect}(L_2, \ldots, L_n)$. On a donc :

$$\operatorname{rg}(L_1, \ldots, L_n) = 1 + \dim \operatorname{Vect}(L_2, \ldots, L_n) \quad \text{c'est-à-dire} \quad \operatorname{rg} A = 1 + \operatorname{rg}(L_2, \ldots, L_n).$$

Or, la matrice de taille $(n-1, p)$ dont les lignes sont $L_2, \ldots, L_n$ est la matrice dont la première colonne est nulle, et les autres celles de $\widetilde{A}$. On a donc $\operatorname{rg}(L_2, \ldots, L_n) = \operatorname{rg} \widetilde{A}$, puis :

$$\operatorname{rg} A = 1 + \operatorname{rg} \widetilde{A}.$$

□

Ex. 18. Soit $(a,b,c) \in \mathbb{R}^3$. Déterminons le rang de la matrice $A = \begin{pmatrix} 1 & 2 & 3 & 4 \\ 2 & 3 & 4 & 5 \\ 3 & 4 & 5 & 6 \\ a & b & a & c \end{pmatrix}$.

Les opérations élémentaires :

$$L_2 \leftarrow L_2 - 2L_1, \quad L_3 \leftarrow L_3 - 3L_1 \quad \text{et} \quad L_4 \leftarrow L_4 - a\,L_1,$$

transforment A en la matrice (qui a même rang que A) :

$$\begin{pmatrix} 1 & 2 & 3 & 4 \\ 0 & -1 & -2 & -3 \\ 0 & -2 & -4 & -6 \\ 0 & b-2a & -2a & c-4a \end{pmatrix}.$$

La proposition 20 offre alors $\operatorname{rg} A = 1 + \operatorname{rg} A_1$ avec $A_1 = \begin{pmatrix} -1 & -2 & -3 \\ -2 & -4 & -6 \\ b-2a & -2a & c-4a \end{pmatrix}$.

Les opérations $L_2 \leftarrow L_2 - 2L_1$ et $L_3 \leftarrow L_3 + (b-2a)\,L_1$ transforment alors A_1 en la matrice :

$$\begin{pmatrix} -1 & -2 & -3 \\ 0 & 0 & 0 \\ 0 & 2(a-b) & 2a-3b+c \end{pmatrix}.$$

On en déduit que $\operatorname{rg} A_1 = 1 + \operatorname{rg} A_2$ avec $A_2 = \begin{pmatrix} 0 & 0 \\ 2(a-b) & 2a-3b+c \end{pmatrix}$.

On obtient finalement :

- si $a = b$ et $2a - 3b + c = 0$, *i.e.* si $a = b = c$, alors $\operatorname{rg} A_2 = 0$ puis $\operatorname{rg} A = 2$,
- sinon, on a $\operatorname{rg} A_2 = 1$ donc $\operatorname{rg} A = 3$.

III Changements de bases

1 Matrice de changement de base

Soit E un $\mathbb{K}$-espace vectoriel de dimension n.

Définition 7

Soit $\mathcal{B}$ et $\mathcal{B}'$ deux bases de E. On appelle **matrice de passage** de $\mathcal{B}$ à $\mathcal{B}'$ la matrice de la famille $\mathcal{B}'$ dans la base $\mathcal{B}$.

Notation Dans la suite, la matrice de passage de $\mathcal{B}$ à $\mathcal{B}'$ sera notée $\mathcal{P}_{\mathcal{B}\to\mathcal{B}'}$.

Remarques

- Une matrice de passage est toujours une matrice carrée.
- On a, par définition, $\mathcal{P}_{\mathcal{B}\to\mathcal{B}'} = \mathrm{Mat}_{\mathcal{B}}(\mathcal{B}')$. Ainsi :
  * la matrice de passage de $\mathcal{B}$ à $\mathcal{B}'$ s'obtient en écrivant, colonne par colonne, les coordonnées, dans la base $\mathcal{B}$, des vecteurs de la base $\mathcal{B}'$;
  * on a aussi $\mathcal{P}_{\mathcal{B}\to\mathcal{B}'} = \mathrm{Mat}_{\mathcal{B}}\big(\mathrm{Id}_E(\mathcal{B}')\big) = \mathrm{Mat}_{\mathcal{B}',\mathcal{B}}(\mathrm{Id}_E)$.

Ex. 19. Dans $\mathbb{R}^2$, notons $\mathcal{B}_0 = (e_1, e_2)$ la base canonique et $\mathcal{B} = (u_1, u_2)$ avec $u_1 = \begin{pmatrix} 3 \\ 2 \end{pmatrix}$ et $u_2 = \begin{pmatrix} 1 \\ -1 \end{pmatrix}$. Les vecteurs u_1 et u_2 n'étant pas colinéaires, $\mathcal{B}$ est bien une base de $\mathbb{R}^2$.

- La matrice de passage $\mathcal{P}_{\mathcal{B}_0\to\mathcal{B}}$ s'écrit immédiatement : $\mathcal{P}_{\mathcal{B}_0\to\mathcal{B}} = \begin{pmatrix} 3 & 1 \\ 2 & -1 \end{pmatrix}$.
- Pour déterminer la matrice de passage $\mathcal{P}_{\mathcal{B}\to\mathcal{B}_0}$, décomposons e_1 et e_2 dans la base $\mathcal{B}$:

$$e_1 = \frac{1}{5}(u_1 + 2u_2) \qquad \text{et} \qquad e_2 = \frac{1}{5}(u_1 - 3u_2).$$

Par suite, on a $\mathcal{P}_{\mathcal{B}\to\mathcal{B}_0} = \dfrac{1}{5}\begin{pmatrix} 1 & 1 \\ 2 & -3 \end{pmatrix}$.

Remarque Dans $\mathbb{K}^n$, les vecteurs sont le plus souvent donnés par leur écriture dans la base canonique $\mathcal{B}_0$; comme on le voit sur l'exemple précédent, l'écriture d'une matrice de passage du type $\mathcal{P}_{\mathcal{B}_0\to\mathcal{B}}$ se fait alors sans aucun calcul.
Cette remarque vaut aussi pour $\mathbb{K}_n[X]$ et $\mathcal{M}_{n,p}(\mathbb{K})$.

Cette matrice permet d'écrire les **formules de changement de base**.

Proposition 21

Soit $\mathcal{B}$ et $\mathcal{B}'$ deux bases de E et $x \in E$. Si l'on note $X = \mathrm{Mat}_{\mathcal{B}}(x)$, $X' = \mathrm{Mat}_{\mathcal{B}'}(x)$ et $P = \mathcal{P}_{\mathcal{B}\to\mathcal{B}'}$, alors on a $X = PX'$.

Démonstration page 863

Principe de démonstration. Partir de l'expression de x dans la base $\mathcal{B}'$, puis exprimer chaque vecteur de $\mathcal{B}'$ dans la base $\mathcal{B}$.

Attention En conservant les notations précédentes, on retiendra que la matrice de passage $\mathcal{P}_{\mathcal{B}\to\mathcal{B}'}$:

- donne les coordonnées des vecteurs de $\mathcal{B}'$ dans la base $\mathcal{B}$;
- mais permet d'obtenir les coordonnées dans $\mathcal{B}$ d'un vecteur de E à partir de ses coordonnées dans $\mathcal{B}'$, et non l'inverse.

Proposition 22

Soit $\mathcal{B}$ et $\mathcal{B}'$ deux bases de E. La matrice de passage $\mathcal{P}_{\mathcal{B}\to\mathcal{B}'}$ est inversible et :

$$\left(\mathcal{P}_{\mathcal{B}\to\mathcal{B}'}\right)^{-1} = \mathcal{P}_{\mathcal{B}'\to\mathcal{B}}.$$

Démonstration page 863

Remarques Soit $A \in \mathcal{GL}_n(\mathbb{K})$ et $\mathcal{B}$ est une base de E.

- Il existe une base $\mathcal{B}'$ de E telle que $A = \mathcal{P}_{\mathcal{B}\to\mathcal{B}'}$. En effet, si l'on considère $\mathcal{B}'$ la famille dont la matrice dans la base $\mathcal{B}$ est A (*i.e.* la famille dont le j-ème vecteur a pour coordonnées dans $\mathcal{B}$ la j-ème colonne de A), alors $\mathcal{B}'$ est une base de E car A est inversible, et l'on a $A = \mathcal{P}_{\mathcal{B}\to\mathcal{B}'}$.
- Il existe une base $\mathcal{B}'$ de E telle que $A = \mathcal{P}_{\mathcal{B}'\to\mathcal{B}}$. En effet, selon le premier point, on peut considérer $\mathcal{B}'$ une base de E telle que $A^{-1} = \mathcal{P}_{\mathcal{B}\to\mathcal{B}'}$. D'après la proposition 22, on a alors $A = \mathcal{P}_{\mathcal{B}'\to\mathcal{B}}$.

2 Changement de bases et applications linéaires

Cas général

Proposition 23

Soit E et F deux $\mathbb{K}$-espaces vectoriels de dimension finie ainsi que $u \in \mathcal{L}(E,F)$. Soit $\mathcal{B}_E$ et $\mathcal{B}'_E$ deux bases de E, ainsi que $\mathcal{B}_F$ et $\mathcal{B}'_F$ deux bases de F.

Si l'on note :

$$A = \mathrm{Mat}_{\mathcal{B}_E,\mathcal{B}_F}(u), \quad A' = \mathrm{Mat}_{\mathcal{B}'_E,\mathcal{B}'_F}(u), \quad P = \mathcal{P}_{\mathcal{B}_E\to\mathcal{B}'_E} \quad \text{et} \quad Q = \mathcal{P}_{\mathcal{B}_F\to\mathcal{B}'_F},$$

alors on a :

$$A' = Q^{-1}AP.$$

Démonstration. Soit $x \in E$. Notons :

$$X = \mathrm{Mat}_{\mathcal{B}_E}(x), \quad X' = \mathrm{Mat}_{\mathcal{B}'_E}(x), \quad Y = \mathrm{Mat}_{\mathcal{B}_F}\big(u(x)\big) \quad \text{et} \quad Y' = \mathrm{Mat}_{\mathcal{B}'_F}\big(u(x)\big).$$

- Par définition de la matrice A, on a $Y = AX$. D'autre part, par définition des matrices P et Q, on a :

$$X = PX' \qquad \text{et} \qquad Y = QY'.$$

  La relation $Y = AX$ s'écrit donc $QY' = APX'$, ou encore $Y' = Q^{-1}APX'$.

- D'autre part, par définition de la matrice A', on a $Y' = A'X'$. On obtient donc :

$$A'X' = Q^{-1}APX'.$$

  Le vecteur x ayant été pris quelconque dans E, cette relation est vraie pour toute matrice $X' \in \mathcal{M}_{p,1}(\mathbb{K})$ (en notant $p = \dim E$). On en déduit l'égalité des applications linéaires canoniquement associées aux matrices A' et $Q^{-1}AP$, donc des matrices elles-mêmes :

$$A' = Q^{-1}AP.$$

□

Cas des endomorphismes

Le résultat suivant est un cas particulier de la proposition 23.

Corollaire 24

Soit E un $\mathbb{K}$-espace vectoriel de dimension finie et $u \in \mathcal{L}(E)$. Soit $\mathcal{B}$ et $\mathcal{B}'$ deux bases de E. Si l'on note :

$$A = \mathrm{Mat}_{\mathcal{B}}(u), \quad A' = \mathrm{Mat}_{\mathcal{B}'}(u) \qquad \text{et} \qquad P = \mathcal{P}_{\mathcal{B}\to\mathcal{B}'},$$

alors on a :

$$A' = P^{-1}AP.$$

3 Matrices semblables

Définition 8

Exo 24.17

Soit $(A,B) \in \mathcal{M}_n(\mathbb{K})^2$. On dit que A et B sont **semblables** s'il existe une matrice $P \in \mathcal{GL}_n(\mathbb{K})$ telle que $B = P^{-1}AP$.

Remarques

- Soit $A \in \mathcal{M}_n(\mathbb{K})$. Si $P \in \mathcal{GL}_n(\mathbb{K})$ et $B \in \mathcal{M}_n(\mathbb{K})$ vérifient $A = PBP^{-1}$, alors l'associativité du produit matriciel donne, pour tout $k \in \mathbb{N}^*$:

$$A^k = (PBP^{-1})^k = \underbrace{(PBP^{-1})\cdots(PBP^{-1})}_{k \text{ facteurs}}$$
$$= PB\underbrace{(P^{-1}P)}_{=I_n}B\cdots B\underbrace{(P^{-1}P)}_{=I_n}BP^{-1} = PB^kP^{-1}.$$

  Si B^k est aisée à calculer (par exemple si elle est diagonale), cela offre un moyen efficace de calculer A^k.

- Une récurrence permet d'établir rigoureusement : $\forall k \in \mathbb{N} \quad A^k = PB^kP^{-1}$.

Interprétation en termes de matrices d'endomorphismes

Remarque Si u est un endomorphisme de E de dimension finie, et si A et B représentent toutes deux l'endomorphisme u, alors A et B sont semblables.
En effet, si $\mathcal{B}$ et $\mathcal{B}'$ sont deux bases de E telles que $A = \mathrm{Mat}_{\mathcal{B}}(u)$ et $B = \mathrm{Mat}_{\mathcal{B}'}(u)$, alors on a $B = P^{-1}AP$ avec $P = \mathcal{P}_{\mathcal{B}\to\mathcal{B}'}$.

Le résultat suivant donne en quelque sorte la réciproque de la remarque précédente.

Proposition 25

Exo 24.18

Soit $A \in \mathcal{M}_n(\mathbb{K})$ et $u \in \mathcal{L}(E)$. Supposons que $\mathcal{B}$ soit une base de E telle que $A = \mathrm{Mat}_{\mathcal{B}}(u)$. Si $B \in \mathcal{M}_n(\mathbb{K})$ est une matrice semblable à A, alors il existe une base $\mathcal{B}'$ de E telle que $B = \mathrm{Mat}_{\mathcal{B}'}(u)$.

Démonstration. Les matrices A et B étant semblables, on peut considérer $P \in \mathcal{GL}_n(\mathbb{K})$ telle que $B = P^{-1}AP$. Soit alors $\mathcal{B}'$ la base de E tel que $\mathcal{P}_{\mathcal{B}\to\mathcal{B}'} = P$ (cf. remarque de la page 856). D'après la formule de changement de base pour les endomorphismes (cf. corollaire 24 de la page précédente), on a :

$$\mathrm{Mat}_{\mathcal{B}'}(u) = P^{-1}AP \qquad \text{et donc} \qquad B = \mathrm{Mat}_{\mathcal{B}'}(u).$$ □

Remarque C'est essentiellement comme cela qu'il faut comprendre le fait que deux matrices sont semblables : elles représentent le même endomorphisme dans deux bases différentes.

Ex. 20. Retrouvons, à l'aide des endomorphismes, le fait que si $A \in \mathcal{M}_n(\mathbb{K})$ et $B \in \mathcal{M}_n(\mathbb{K})$ vérifient $A = PBP^{-1}$ avec $P \in \mathcal{GL}_n(\mathbb{K})$, alors on a : $\forall k \in \mathbb{N} \quad A^k = PB^kP^{-1}$ (ce qui a été obtenu de manière calculatoire dans une remarque de la page précédente). Notons $u \in \mathcal{L}(\mathbb{K}^n)$ l'endomorphisme canoniquement associé à A. Si $\mathcal{B}$ est la base de $\mathbb{K}^n$ telle que $P = \mathcal{P}_{\mathcal{B}_0\to\mathcal{B}}$ ($\mathcal{B}_0$ désignant la base canonique), alors on a $B = \mathrm{Mat}_{\mathcal{B}}(u)$.

Pour $k \in \mathbb{N}$, on a alors $A^k = \mathrm{Mat}_{\mathcal{B}_0}(u^k)$ et $B^k = \mathrm{Mat}_{\mathcal{B}}(u^k)$. Par suite, la formule de changement de base pour les endomorphismes donne $A^k = PB^kP^{-1}$.

Ex. 21. Soit $A \in \mathcal{M}_n(\mathbb{K})$ vérifiant $A^2 = A$. En notant $p \in \mathcal{L}(\mathbb{K}^n)$ l'endomorphisme canoniquement associé à A, on a $p^2 = p$, autrement dit p est un projecteur. Par suite, les deux sous-espaces vectoriels $\mathrm{Ker}(p - \mathrm{Id}_{\mathbb{K}^n})$ et $\mathrm{Ker}(p)$ sont supplémentaires dans E.

En notant $r = \mathrm{rg}(A) = \mathrm{rg}(p)$, si $\mathcal{B} = (e_1, \dots, e_r, e_{r+1}, \dots, e_n)$ est une base de $\mathbb{K}^n$ adaptée à la décomposition $\mathbb{K}^n = \mathrm{Ker}(p - \mathrm{Id}_{\mathbb{K}^n}) \oplus \mathrm{Ker}(p)$, on a alors :

$$\mathrm{Mat}_{\mathcal{B}}(p) = D \qquad \text{où} \qquad D = \mathrm{Diag}(\underbrace{1, \dots, 1}_{r \text{ termes}}, 0, \dots, 0).$$

Ainsi, les matrices A et D sont semblables.

Ex. 22. Sur le même principe, si $A \in \mathcal{M}_n(\mathbb{K})$ vérifie $A^2 = I_n$, alors l'endomorphisme s canoniquement associé à A vérifie $s^2 = \mathrm{Id}_{\mathbb{K}^n}$, donc est une symétrie. Par suite, on a :

$$\mathbb{K}^n = \mathrm{Ker}(s - \mathrm{Id}_{\mathbb{K}^n}) \oplus \mathrm{Ker}(s + \mathrm{Id}_{\mathbb{K}^n}).$$

Si $\mathcal{B}$ est une base adaptée à cette décomposition, alors on a :

$$\mathrm{Mat}_{\mathcal{B}}(s) = D \quad \text{où} \quad D = \mathrm{Diag}(\underbrace{1, \dots, 1}_{p \text{ termes}}, -1, \dots, -1) \quad \text{avec} \quad p = \dim \mathrm{Ker}(s - \mathrm{Id}_{\mathbb{K}^n}).$$

Ainsi, les deux matrices A et D sont semblables.

IV Lien avec les systèmes linéaires

Soit $(\mathcal{S})$ un système linéaire d'écriture matricielle :

$$(\mathcal{S}) \ : \ AX = B \qquad \text{avec} \qquad A \in \mathcal{M}_{n,p}(\mathbb{K}) \quad \text{et} \quad B \in \mathbb{K}^n.$$

- On appelle **rang** de $(\mathcal{S})$ le rang de sa matrice associée A ; on le note $\operatorname{rg} \mathcal{S}$.
- Le système homogène $(\mathcal{S}_0)$: $AX = 0$ a pour ensemble solution $S_0 = \operatorname{Ker}(A)$; c'est donc un sous-espace vectoriel de $\mathbb{K}^p$, de dimension $p - \operatorname{rg} A$, *i.e.* $p - \operatorname{rg} \mathcal{S}$.
- L'ensemble $\{AX \mid X \in \mathbb{K}^p\}$ n'est rien d'autre que $\operatorname{Im}(A)$; ainsi, le système $(\mathcal{S})$ est compatible si, et seulement si, $B \in \operatorname{Im} A$.
- Si X_1 est une solution de $(\mathcal{S})$, alors l'ensemble S des solutions de $(\mathcal{S})$ est :

$$S = \{X_1 + X_0 \quad \text{avec} \quad X_0 \in S_0\} = X_1 + S_0 \ ;$$

- Dans le cas où $n = p$, la matrice A est carrée; si elle est inversible, alors le système $(\mathcal{S})$ possède une unique solution, donnée par $A^{-1}B$; dans ce cas, on dit que le système linéaire $(\mathcal{S})$ est un **système de Cramer**.

Ex. 23. Soit $A = \begin{pmatrix} 1 & 2 & 3 \\ 3 & 2 & 5 \\ -1 & 2 & 1 \end{pmatrix} \in \mathcal{M}_3(\mathbb{R})$. Les deux premières colonnes étant non proportionnelles, mais la troisième étant somme des deux premières, on a $\operatorname{rg} A = 2$. Déterminons une équation de $\operatorname{Im} A$. Pour $Y \in \mathbb{R}^3$, on a $Y \in \operatorname{Im} A$ si, et seulement si, le système $(\mathcal{S}) \ : \ AX = Y$ est compatible. En notant $X = \begin{pmatrix} x_1 \\ x_2 \\ x_3 \end{pmatrix}$ et $Y = \begin{pmatrix} y_1 \\ y_2 \\ y_3 \end{pmatrix}$, on a :

$$(\mathcal{S}) \Longleftrightarrow \begin{cases} x_1 + 2x_2 + 3x_3 &= y_1 \\ 3x_1 + 2x_2 + 5x_3 &= y_2 \\ -x_1 + 2x_2 + x_3 &= y_3. \end{cases}$$

Les opérations élémentaires $L_2 \leftarrow L_2 - 3L_1$ et $L_3 \leftarrow L_3 + L_1$ dans un premier temps, puis $L_3 \leftarrow L_3 + L_2$ dans un second temps, donnent :

$$(\mathcal{S}) \Longleftrightarrow \begin{cases} x_1 + 2x_2 + 3x_3 &= y_1 \\ -4x_2 - 4x_3 &= -3y_1 + y_2 \\ 4x_2 + 4x_3 &= y_1 + y_3 \end{cases} \Longleftrightarrow \begin{cases} x_1 + 2x_2 + 3x_3 &= y_1 \\ -4x_2 - 4x_3 &= -3y_1 + y_2 \\ 0 &= -2y_1 + y_2 + y_3. \end{cases}$$

Le système est compatible si, et seulement si, $-2y_1 + y_2 + y_3 = 0$. Autrement dit, pour tout $Y = \begin{pmatrix} y_1 \\ y_2 \\ y_3 \end{pmatrix} \in \mathbb{R}^3$, on a $Y \in \operatorname{Im} A \iff -2y_1 + y_2 + y_3 = 0.$

Une équation de $\operatorname{Im} A$ est donc $-2y_1 + y_2 + y_3 = 0$.

Démonstrations

Proposition 1 Notons $\mathcal{B} = (e_1, \dots, e_n)$.

- *Linéarité.* Soit $(x, y, \lambda) \in E^2 \times \mathbb{K}$. Écrivons $x = \sum_{k=1}^{n} x_k e_k$ et $y = \sum_{k=1}^{n} y_k e_k$. On a alors :

$$\lambda x + y = \lambda \sum_{k=1}^{n} x_k e_k + \sum_{k=1}^{n} y_k e_k = \sum_{k=1}^{n} (\lambda x_k + y_k) e_k.$$

On en déduit que :

$$\mathrm{Mat}_{\mathcal{B}}(\lambda x + y) = \begin{pmatrix} \lambda x_1 + y_1 \\ \vdots \\ \lambda x_n + y_n \end{pmatrix} = \lambda \begin{pmatrix} x_1 \\ \vdots \\ x_n \end{pmatrix} + \begin{pmatrix} y_1 \\ \vdots \\ y_n \end{pmatrix} = \lambda \mathrm{Mat}_{\mathcal{B}}(x) + \mathrm{Mat}_{\mathcal{B}}(y),$$

autrement dit $\varphi(\lambda x + y) = \lambda \varphi(x) + \varphi(y)$, d'où la linéarité de φ.

- *Bijectivité.* Comme $\mathcal{B}$ est une base, l'application $(x_1, \dots, x_n) \mapsto \sum_{k=1}^{n} x_k e_k$ est une bijection de $\mathbb{K}^n$ sur E. L'application φ, qui est sa réciproque, est donc également bijective.

Proposition 2 Notons $\mathcal{B}_E = (e_1, \dots, e_p)$ et $\mathcal{B}_F = (f_1, \dots, f_n)$.

Linéarité. Étant donné $(u, v) \in \mathcal{L}(E, F)^2$ ainsi que $\lambda \in \mathbb{K}$, posons :

$$A = \mathrm{Mat}_{\mathcal{B}_E, \mathcal{B}_F}(u) = (a_{i,j})_{(i,j) \in [\![1,n]\!] \times [\![1,p]\!]}$$

$$B = \mathrm{Mat}_{\mathcal{B}_E, \mathcal{B}_F}(v) = (b_{i,j})_{(i,j) \in [\![1,n]\!] \times [\![1,p]\!]}$$

$$C = \mathrm{Mat}_{\mathcal{B}_E, \mathcal{B}_F}(\lambda u + v) = (c_{i,j})_{(i,j) \in [\![1,n]\!] \times [\![1,p]\!]}.$$

Il s'agit de montrer que $\lambda A + B = C$. Soit $j \in [\![1, p]\!]$. On a d'une part :

$$(\lambda u + v)(e_j) = \sum_{i=1}^{n} c_{i,j} f_i,$$

et d'autre part :

$$(\lambda u + v)(e_j) = \lambda u(e_j) + v(e_j) = \lambda \sum_{i=1}^{n} a_{i,j} f_i + \sum_{i=1}^{n} b_{i,j} f_i$$

$$= \sum_{i=1}^{n} (\lambda a_{i,j} + b_{i,j}) f_i.$$

Par unicité de la décomposition dans une base, on en déduit :

$$\forall (i,j) \in [\![1, n]\!] \times [\![1, p]\!] \quad c_{i,j} = \lambda a_{i,j} + b_{i,j}.$$

Il en résulte que $\lambda A + B = C$, ce qui prouve que φ est une application linéaire.

Bijectivité. Soit $A = (a_{i,j})_{(i,j) \in [\![1,n]\!] \times [\![1,p]\!]} \in \mathcal{M}_{n,p}(\mathbb{K})$. Une application linéaire étant entièrement déterminée par son comportement sur une base, il existe une unique application linéaire $u \in \mathcal{L}(E, F)$ vérifiant :

$$\forall j \in [\![1, p]\!] \quad u(e_j) = \sum_{i=1}^{n} a_{i,j} f_i,$$

autrement dit, il existe un unique antécédent u de A par φ. D'où la bijectivité de φ.

Proposition 4 Notons $p = \dim E$, $n = \dim F$, $\mathcal{B}_E = (e_1, \dots, e_p)$ et $\mathcal{B}_F = (f_1, \dots, f_n)$. Notons également $A = (a_{i,j})_{(i,j)\in[\![1,n]\!]\times[\![1,p]\!]}$, $X = (x_i)_{1\leqslant i\leqslant p}$ et $Y = (y_i)_{1\leqslant i\leqslant n}$. On a :

$$u(x) = u\left(\sum_{j=1}^{p} x_j\, e_j\right) = \sum_{j=1}^{p} x_j\, u(e_j) = \sum_{j=1}^{p} x_j \left(\sum_{i=1}^{n} a_{i,j}\, f_i\right)$$

$$= \sum_{j=1}^{p}\sum_{i=1}^{n} x_j\, a_{i,j}\, f_i = \sum_{i=1}^{n}\left(\sum_{j=1}^{p} x_j\, a_{i,j}\right) f_i.$$

Il apparaît alors que $\mathrm{Mat}_{\mathcal{B}_F}\big(u(x)\big) = AX$, et donc :

$$Y = AX \iff \mathrm{Mat}_{\mathcal{B}_F}(y) = \mathrm{Mat}_{\mathcal{B}_F}\big(u(x)\big) \iff y = u(x).$$

Proposition 5 Notons $\mathcal{B}_E = (e_1, \dots, e_p)$, $\mathcal{B}_F = (f_1, \dots, f_n)$ et $\mathcal{B}_G = (g_1, \dots, g_q)$. Posons :

$$A = \mathrm{Mat}_{\mathcal{B}_E,\mathcal{B}_F}(u)\ ; \quad B = \mathrm{Mat}_{\mathcal{B}_F,\mathcal{B}_G}(v) \quad \text{et} \quad C = \mathrm{Mat}_{\mathcal{B}_E,\mathcal{B}_G}(v\circ u).$$

Notons $a_{i,j}$, $b_{i,j}$ et $c_{i,j}$ les coefficients d'indice (i,j) des matrices A, B et C respectivement. Soit $k \in [\![1,p]\!]$. On a, par définition des matrices A et B, et par linéarité de v :

$$(v\circ u)(e_k) = v\big(u(e_k)\big) = v\left(\sum_{j=1}^{n} a_{j,k}\, f_j\right) = \sum_{j=1}^{n} a_{j,k}\, v\,(f_j)$$

$$= \sum_{j=1}^{n} a_{j,k}\left(\sum_{i=1}^{q} b_{i,j}\, g_i\right)$$

$$= \sum_{j=1}^{n}\sum_{i=1}^{q} a_{j,k}\, b_{i,j}\, g_i = \sum_{i=1}^{q}\left(\sum_{j=1}^{n} b_{i,j}\, a_{j,k}\right) g_i.$$

Ainsi, le coefficient d'indice (i,k) de la matrice C vaut $\sum_{j=1}^{n} b_{i,j}\, a_{j,k}$. Par définition du produit matriciel, cela prouve que $C = BA$.

Proposition 7 Notons $n = \dim E = \dim F$.

- Si u est bijective, alors on a les deux relations suivantes :

$$\mathrm{Mat}_{\mathcal{B}_E,\mathcal{B}_F}(u)\,\mathrm{Mat}_{\mathcal{B}_F,\mathcal{B}_E}(u^{-1}) = \mathrm{Mat}_{\mathcal{B}_F,\mathcal{B}_F}(u\circ u^{-1}) = \mathrm{Mat}_{\mathcal{B}_F,\mathcal{B}_F}(\mathrm{Id}_F) = I_n$$

$$\mathrm{Mat}_{\mathcal{B}_F,\mathcal{B}_E}(u^{-1})\,\mathrm{Mat}_{\mathcal{B}_E,\mathcal{B}_F}(u) = \mathrm{Mat}_{\mathcal{B}_E,\mathcal{B}_E}(u^{-1}\circ u) = \mathrm{Mat}_{\mathcal{B}_E,\mathcal{B}_E}(\mathrm{Id}_E) = I_n$$

  ce qui prouve que $\mathrm{Mat}_{\mathcal{B}_E,\mathcal{B}_F}(u)$ est inversible et que sa matrice inverse est $\mathrm{Mat}_{\mathcal{B}_F,\mathcal{B}_E}\big(u^{-1}\big)$.

- Réciproquement, supposons $\mathrm{Mat}_{\mathcal{B}_E,\mathcal{B}_F}(u)$ inversible. Considérons $v \in \mathcal{L}(F,E)$ dont la matrice dans les bases $\mathcal{B}_F$ et $\mathcal{B}_E$ est $\big(\mathrm{Mat}_{\mathcal{B}_E,\mathcal{B}_F}(u)\big)^{-1}$. Alors les deux calculs :

$$\mathrm{Mat}_{\mathcal{B}_F,\mathcal{B}_F}(u\circ v) = \mathrm{Mat}_{\mathcal{B}_E,\mathcal{B}_F}(u)\,\mathrm{Mat}_{\mathcal{B}_F,\mathcal{B}_E}(v) = I_n = \mathrm{Mat}_{\mathcal{B}_F,\mathcal{B}_F}(\mathrm{Id}_F)$$

$$\mathrm{Mat}_{\mathcal{B}_E,\mathcal{B}_E}(v\circ u) = \mathrm{Mat}_{\mathcal{B}_F,\mathcal{B}_E}(v)\,\mathrm{Mat}_{\mathcal{B}_E,\mathcal{B}_F}(u) = I_n = \mathrm{Mat}_{\mathcal{B}_E,\mathcal{B}_E}(\mathrm{Id}_E)$$

  offrent respectivement $u\circ v = \mathrm{Id}_F$ et $v\circ u = \mathrm{Id}_E$. Conclusion : u est bijective et $u^{-1} = v$.

Proposition 12 Pour $x \in E$, on a, en notant $X = \mathrm{Mat}_{\mathcal{B}_E}(x)$:

$$x \in \mathrm{Ker}\, u \iff u(x) = 0 \iff AX = 0 \iff X \in \mathrm{Ker}\, A.$$

Notons $p = \dim E$. En considérant l'isomorphisme :

$$\begin{array}{rccl} \varphi : & E & \longrightarrow & \mathbb{K}^p \\ & x & \longmapsto & \mathrm{Mat}_{\mathcal{B}_E}(x), \end{array}$$

on a donc $\varphi(\operatorname{Ker} u) = \operatorname{Ker} A$. On en déduit $\dim(\operatorname{Ker} A) = \dim(\operatorname{Ker} u)$, puis, par théorème du rang, $\operatorname{rg} A = \operatorname{rg} u$.

Remarque Montrons qu'on peut se passer de l'utilisation du théorème du rang ici. Notons $p = \dim E$, $n = \dim F$, $\mathcal{B}_E = (e_1, \dots, e_p)$, ainsi que $C_1, \dots, C_p$ les colonnes de la matrice A. Introduisons l'isomorphisme $\begin{array}{rccl} \psi : & F & \longrightarrow & \mathbb{K}^n \\ & x & \longmapsto & \mathrm{Mat}_{\mathcal{B}_F}(x). \end{array}$

Alors on a :

$$\forall j \in [\![1, p]\!] \quad \Psi\big(u(e_j)\big) = C_j.$$

Étant un isomorphisme, Ψ est en particulier injectif, ce qui offre :

$$\dim \operatorname{Vect}\big(u(e_1), \dots, u(e_j)\big) = \dim \operatorname{Vect}(C_1, \dots, C_p),$$

c'est-à-dire $\dim \operatorname{Im} u = \dim \operatorname{Im} A$, ou encore $\operatorname{rg} u = \operatorname{rg} A$.

Proposition 15 Soit $A \in \mathcal{M}_n(\mathbb{K})$ et $B \in \mathcal{M}_n(\mathbb{K})$ vérifiant $AB = I_n$.

Désignons par u et v les endomorphismes de $\mathbb{K}^n$ canoniquement associés à A et B respectivement. Alors l'hypothèse $AB = I_n$ entraîne $u \circ v = \mathrm{Id}_{\mathbb{K}^n}$. L'endomorphisme u est donc surjectif et, comme c'est un endomorphisme d'un espace vectoriel de dimension finie, on en déduit qu'il est bijectif. Par suite, A est inversible. En multipliant alors la relation $AB = I_n$ par A^{-1} à gauche, on obtient $B = A^{-1}$. On en déduit donc que B est inversible et, en passant à l'inverse dans la relation précédente, on a $B^{-1} = A$.

Proposition 16 Soit $(A, B) \in \mathcal{M}_{n,p}(\mathbb{K}) \times \mathcal{GL}_p(\mathbb{K})$. Montrons que $\operatorname{Im}(AB) = \operatorname{Im}(A)$. Notons $u \in \mathcal{L}(\mathbb{K}^p, \mathbb{K}^n)$ et $v \in \mathcal{L}(\mathbb{K}^p)$ les applications linéaires canoniquement associées à A et B respectivement. Alors la matrice AB est la matrice de $u \circ v$ dans les bases canoniques de $\mathbb{K}^p$ et $\mathbb{K}^n$; on a donc $\operatorname{Im}(AB) = \operatorname{Im}(u \circ v)$. De plus, B est inversible, donc v est un automorphisme ; en particulier, la surjectivité de v donne $\operatorname{Im} v = \mathbb{K}^p$, d'où :

$$\begin{aligned} \operatorname{Im}(AB) &= \operatorname{Im}(u \circ v) = u(\operatorname{Im} v) \\ &= u(\mathbb{K}^p) = \operatorname{Im} u = \operatorname{Im} A. \end{aligned}$$

Proposition 17 Soit $(A, B) \in \mathcal{M}_{n,p}(\mathbb{K}) \times \mathcal{GL}_n(\mathbb{K})$.

- Montrons que $\operatorname{Ker}(BA) = \operatorname{Ker}(A)$. Notons $u \in \mathcal{L}(\mathbb{K}^p, \mathbb{K}^n)$ et $v \in \mathcal{L}(\mathbb{K}^n)$ les applications linéaires canoniquement associées à A et B respectivement. Alors BA est la matrice de $v \circ u$ dans les bases canoniques de $\mathbb{K}^p$ et $\mathbb{K}^n$; on a donc :

  $$\operatorname{Ker}(BA) = \operatorname{Ker}(v \circ u).$$

  Comme B est inversible, v est un automorphisme, donc en particulier injectif. Pour $x \in \mathbb{K}^p$, on a alors, en utilisant le fait que $\operatorname{Ker} v = \{0\}$:

  $$(v \circ u)(x) = 0 \iff u(x) \in \operatorname{Ker} v \iff u(x) = 0.$$

  Cela prouve que $\operatorname{Ker}(v \circ u) = \operatorname{Ker}(u)$, *i.e.* $\operatorname{Ker}(BA) = \operatorname{Ker}(A)$.

- Le fait que BA et A aient même rang provient alors du théorème du rang puisque, ces deux matrices ayant p colonnes, on a :

  $$\operatorname{rg} A = p - \dim \operatorname{Ker}(A) \qquad \text{et} \qquad \operatorname{rg}(BA) = p - \dim \operatorname{Ker}(BA).$$

Proposition 21 Notons $X = \begin{pmatrix} x_1 \\ \vdots \\ x_n \end{pmatrix}$, $X' = \begin{pmatrix} x'_1 \\ \vdots \\ x'_n \end{pmatrix}$ et $P = (p_{i,j})_{1 \leqslant i,j \leqslant n}$. On a :

$$x = \sum_{j=1}^{n} x'_j \, e'_j = \sum_{j=1}^{n} x'_j \left(\sum_{i=1}^{n} p_{i,j} \, e_i \right) = \sum_{i=1}^{n} \left(\sum_{j=1}^{n} p_{i,j} \, x'_j \right) e_i,$$

ce qui, par unicité de la décomposition dans la base $\mathcal{B}$, donne :

$$\forall i \in [\![1,n]\!] \quad x_i = \sum_{j=1}^{n} p_{i,j} \, x'_j \qquad \textit{i.e.} \qquad X = PX'.$$

Proposition 22 On a $\mathcal{P}_{\mathcal{B} \to \mathcal{B}'} = \mathrm{Mat}_{\mathcal{B}',\mathcal{B}}(\mathrm{Id}_E)$ et $\mathcal{P}_{\mathcal{B}' \to \mathcal{B}} = \mathrm{Mat}_{\mathcal{B},\mathcal{B}'}(\mathrm{Id}_E)$. Ainsi on a (cf. proposition 5 de la page 846) :

$$\begin{aligned} \mathcal{P}_{\mathcal{B}' \to \mathcal{B}} \mathcal{P}_{\mathcal{B} \to \mathcal{B}'} &= \mathrm{Mat}_{\mathcal{B},\mathcal{B}'}(\mathrm{Id}_E) \mathrm{Mat}_{\mathcal{B}',\mathcal{B}}(\mathrm{Id}_E) \\ &= \mathrm{Mat}_{\mathcal{B}',\mathcal{B}'}(\mathrm{Id}_E \circ \mathrm{Id}_E) = \mathrm{Mat}_{\mathcal{B}'}(\mathrm{Id}_E) = I_n. \end{aligned}$$

D'où le résultat, d'après la proposition 15 de la page 852.

S'entraîner et approfondir

24.1 *Cet exercice utilise les polynômes de Lagrange, introduits par l'exercice 20.24 de la page 737.*
→842
Soit $n \in \mathbb{N}$, ainsi que $n+1$ scalaires distincts $a_0, \ldots, a_n$. On considère $\mathcal{B} = (L_0, \ldots, L_n)$ la base de $\mathbb{K}_n[X]$ des polynômes de Lagrange associés à la famille $(a_0, \ldots, a_n)$. Pour $P \in \mathbb{K}_n[X]$, donner la matrice de P dans la base $\mathcal{B}$.

24.2 Soit E un $\mathbb{K}$-espace vectoriel de dimension n, muni d'une base $\mathcal{B} = (e_1, \ldots, e_n)$. Posons,
→844
pour $k \in [\![1, n]\!]$, $E_k = \operatorname{Vect}(e_1, \ldots, e_k)$. Notons $A = \operatorname{Mat}_{\mathcal{B}}(u)$. Montrer que A est triangulaire supérieure si, et seulement si, pour tout $k \in [\![1, n]\!]$, le sous-espace E_k est stable par u.

24.3 Plaçons-nous dans $\mathbb{C}$ vu comme un $\mathbb{R}$-espace vectoriel de dimension 2, muni de la base $(1, i)$.
→844
Pour $(a, b) \in \mathbb{R}^2$, la similitude directe $u : \begin{array}{ccc} \mathbb{C} & \longrightarrow & \mathbb{C} \\ z & \longmapsto & (a+ib)z \end{array}$ est un endomorphisme de $\mathbb{C}$.

24.4 Soit $n \in \mathbb{N}^*$. On considère $A = (a_{i,j})_{1 \leqslant i,j \leqslant n} \in \mathcal{M}_n(\mathbb{R})$ définie par $a_{i,j} = \dbinom{j-1}{i-1}$.
→846

1. Considérons l'endomorphisme u de $\mathbb{R}_{n-1}[X]$ défini par $u : P(X) \mapsto P(X+1)$. Montrer que u est un automorphisme et expliciter u^{-1}.
2. Que représente A vis-à-vis de u ? En déduire l'inversibilité de A et expliciter A^{-1}.
3. Démontrer la **formule d'inversion de Pascal** : si $(x_n)_{0 \leqslant k \leqslant n-1}$ et $(y_k)_{0 \leqslant k \leqslant n-1}$ sont deux familles de scalaires telles que :
$$\forall k \in [\![0, n-1]\!] \quad y_k = \sum_{i=0}^{k} \binom{k}{i} x_i,$$
alors on a :
$$\forall k \in [\![0, n-1]\!] \quad x_k = \sum_{i=0}^{k} (-1)^{k-i} \binom{k}{i} y_i.$$
Indication. *En notant* $X = \begin{pmatrix} x_0 & \cdots & x_{n-1} \end{pmatrix}$ *et* $Y = \begin{pmatrix} y_0 & \cdots & y_{n-1} \end{pmatrix}$, *trouver une relation faisant intervenir* X, Y *et* A.

24.5 Si $y = (y_1, y_2)$ est l'image de $x = (x_1, x_2, x_3)$ par l'application linéaire canoniquement
→847
associée à $A = \begin{pmatrix} 1 & 3 & 2 \\ 1 & 2 & 4 \end{pmatrix}$, exprimer les y_i en fonction des x_j.

24.6 Donner le rang de la matrice $A = \begin{pmatrix} 1 & 2 & 3 & 5 \\ 2 & 3 & 5 & 8 \\ 3 & 4 & 7 & 11 \end{pmatrix}$ ainsi que des bases de $\operatorname{Im} A$ et $\operatorname{Ker} A$.
→850

24.7 Dans le plan $\mathbb{K}^2$, on prend $u_1 = \begin{pmatrix} 1 \\ 1 \end{pmatrix}$, $u_2 = \begin{pmatrix} 1 \\ -1 \end{pmatrix}$ et l'on pose $E_1 = \operatorname{Vect}(u_1)$ ainsi que $E_2 = \operatorname{Vect}(u_2)$. On considère de plus :

- p la projection sur E_1 parallèlement à E_2,
- s la symétrie par rapport à E_1 parallèlement à E_2.

1. Déterminer les matrices P et S, respectivement de p et de s, dans la base canonique de $\mathbb{K}^2$.
2. Évaluer toutes les puissances de P et S.

⋆ **24.8** Soit E un espace vectoriel de dimension finie $n \geqslant 2$.

1. Soit $u \in \mathcal{L}(E)$ et M sa matrice dans une base $\mathcal{B} = (e_1, \ldots, e_n)$.

   Par quelles opérations élémentaires sur M obtient-on :

   (a) la matrice de u dans la base $\mathcal{B}_1 = (-e_1, e_2, \ldots, e_n)$?

   (b) la matrice de u dans la base $\mathcal{B}_2 = (e_2, e_1, e_3, e_4, \ldots, e_n)$?

2. Quels sont les endomorphismes de l'espace vectoriel E dont les matrices sont indépendantes de la base choisie ?

24.9 Soit u l'endomorphisme de $\mathbb{R}^3$ dont la matrice dans la base canonique est :

$$A = \begin{pmatrix} 0 & -1 & 1 \\ 1 & 0 & -1 \\ -1 & 1 & 0 \end{pmatrix}.$$

1. Montrer que $\mathbb{R}^3 = \operatorname{Ker} u \oplus \operatorname{Im} u$.
2. L'endomorphisme u est-il un projecteur ?

24.10 Soit E un $\mathbb{K}$-espace vectoriel de dimension 3. Soit $u \in \mathcal{L}(E)$ tel que $u^3 = 0$ et $u^2 \neq 0$.

Montrer qu'il existe une base de E dans laquelle la matrice de u est $\begin{pmatrix} 0 & 0 & 0 \\ 1 & 0 & 0 \\ 0 & 1 & 0 \end{pmatrix}$

24.11 Soit $A = \begin{pmatrix} 1 & 1 & 1 \\ 1 & 1 & 1 \\ 1 & 1 & 1 \end{pmatrix}$. Déterminer les dimensions des deux sous-espaces vectoriels :

$$\mathcal{E}_1 = \{M \in \mathcal{M}_3(\mathbb{K}) \,:\, AM = 0\} \qquad \text{et} \qquad \mathcal{E}_2 = \{AM \mid M \in \mathcal{M}_3(\mathbb{K})\}$$

⋆ **24.12** On travaille dans l'espace vectoriel $\mathbb{K}_3[X]$, dont on note $\mathcal{B}_0$ la base canonique.

1. Montrer que la famille :

   $$\mathcal{B} = \big((X-1)^3, (X-1)^2(X+1), (X-1)(X+1)^2, (X+1)^3\big)$$

   est une base de E.
2. Déterminer la matrice de passage M de $\mathcal{B}_0$ à $\mathcal{B}$.
3. Calculer M^2, et en déduire la matrice de passage de $\mathcal{B}$ à $\mathcal{B}_0$.

⋆ **24.13** Soit $A \in \mathcal{M}_n(\mathbb{K})$ telle que : $\forall i \in [\![1, n]\!] \quad \sum\limits_{\substack{1 \leqslant j \leqslant n \\ j \neq i}} |a_{i,j}| < |a_{i,i}|.$

Montrer que A est inversible.

Rang

24.14 Étant donné un paramètre complexe m, déterminer le rang de :

$$M = \begin{pmatrix} 1 & 1 & 0 & 1 \\ 3 & m & -1 & 3 \\ m & 3 & -2 & 0 \\ -1 & 0 & 2 & 3 \end{pmatrix}.$$

24.15 Soit $n \geqslant 2$. Déterminer le rang de la matrice $A = (i+j-1)_{1 \leqslant i,j \leqslant n}$.

24.16 **Invariance du rang par transposition** (cf. proposition 19 de la page 853)

Soit $(n,p) \in (\mathbb{N}^*)^2$ et $A \in \mathcal{M}_{n,p}(\mathbb{K})$.

Pour $r \in [\![0, \min(n,p)]\!]$, on note $J_r^{(n,p)}$ la matrice de $\mathcal{M}_{n,p}(\mathbb{K})$ dont les r premières colonnes sont les r premiers vecteurs de la base canonique de $\mathbb{K}^n$ et les $p-r$ dernières sont nulles.

$$J_r^{(n,p)} = \left(\begin{array}{cccc|ccc} 1 & 0 & \cdots & & & \cdots & 0 \\ 0 & \ddots & \ddots & & & & \vdots \\ \vdots & \ddots & \ddots & 1 & 0 & \cdots & 0 \\ \vdots & & & 0 & 0 & \cdots & 0 \\ \vdots & & & \vdots & \vdots & & \vdots \\ 0 & \cdots & \cdots & 0 & 0 & \cdots & 0 \end{array}\right) \begin{array}{l} \left.\begin{array}{c} \\ \\ \\ \end{array}\right] r \\ \left.\begin{array}{c} \\ \\ \\ \end{array}\right] n-r \end{array}$$

$$\underbrace{\hphantom{1\ 0\ \cdots\ 0}}_{r} \quad \underbrace{\hphantom{0\ \cdots\ 0}}_{p-r}$$

1. Quel est le rang de la matrice $J_r^{(n,p)}$?
2. Soit E et F deux $\mathbb{K}$-espace vectoriel de dimensions respectives p et n.

   Étant donné $u \in \mathcal{L}(E,F)$ de rang r, montrer qu'il existe deux bases $\mathcal{B}$ et $\mathcal{C}$, de E et F respectivement, telles que $\operatorname{Mat}_{\mathcal{B},\mathcal{C}}(u) = J_r^{(n,p)}$.
3. En déduire que si $A \in \mathcal{M}_{n,p}(\mathbb{K})$ est de rang r, alors il existe $(P,Q) \in \mathcal{GL}_n(\mathbb{K}) \times \mathcal{GL}_p(\mathbb{K})$ tel que $A = PJ_r^{(n,p)}Q$.
4. Conclure que, pour tout $A \in \mathcal{M}_{n,p}(\mathbb{K})$, les matrices A et A^T ont même rang.

Matrices semblables

24.17 Soit $n \in \mathbb{N}^*$ ainsi que $(A,B) \in \mathcal{M}_n(\mathbb{K})^2$. On pose $\Omega = \{M \in \mathcal{M}_n(\mathbb{K}) : MA = BM\}$.
→857

1. Montrer que Ω est un sous-espace vectoriel de $\mathcal{M}_n(\mathbb{K})$.
2. À quelle condition Ω contient-il une matrice inversible ?

24.18 Soit $A = \begin{pmatrix} 1 & 2 & 2 \\ 0 & 1 & 0 \\ 0 & -2 & -1 \end{pmatrix}$.
→858

1. Calculer A^2.
2. En déduire que A est semblable à la matrice $D = \begin{pmatrix} 1 & 0 & 0 \\ 0 & 1 & 0 \\ 0 & 0 & -1 \end{pmatrix}$.
3. Expliciter $P \in \mathcal{GL}_3(\mathbb{R})$ telle que $P^{-1}AP = D$.

Solutions des exercices

24.1 Soit $P \in \mathbb{K}_n[X]$. Écrivons P dans la base $\mathcal{B} = (L_0, \ldots, L_n)$: $P = \sum_{k=0}^{n} \lambda_k L_k$.

Soit $i \in [\![0, n]\!]$. Pour $k \in [\![1, n]\!]$, par définition du polynôme L_k, on a $L_k(a_i) = \delta_{i,k}$. Ainsi :

$$P(a_i) = \sum_{k=0}^{n} \lambda_k L_k(a_i) = \sum_{k=0}^{n} \lambda_k \delta_{i,k} = \lambda_i.$$

On en conclut que $\operatorname{Mat}_{\mathcal{B}}(P) = \begin{pmatrix} P(a_0) \\ \vdots \\ P(a_n) \end{pmatrix}$.

24.2 • Supposons A triangulaire supérieure. Fixons $k \in [\![1, n]\!]$ et montrons que E_k est stable par u. Comme $E_k = \operatorname{Vect}(e_1, \ldots, e_k)$, et par linéarité de u, il s'agit de prouver que :

$$\forall i \in [\![1, k]\!] \quad u(e_i) \in E_k.$$

Soit $i \in [\![1, k]\!]$. La matrice A étant triangulaire supérieure, on a en particulier :

$$\forall s \in [\![i+1, n]\!] \quad a_{s,i} = 0.$$

Cela signifie que $u(e_i) \in \operatorname{Vect}(e_1, \ldots, e_i)$ et offre le résultat car :

$$\operatorname{Vect}(e_1, \ldots, e_i) \subset \operatorname{Vect}(e_1, \ldots, e_k) = E_k.$$

• Réciproquement, supposons les sous-espaces E_k stables par u. Soit $k \in [\![1, n]\!]$. Puisque $e_k \in E_k$, la stabilité de E_k par u donne $u(e_k) \in \operatorname{Vect}(e_1, \ldots, e_k)$, et donc :

$$\forall s \in [\![k+1, n]\!] \quad a_{s,k} = 0.$$

D'où le caractère triangulaire supérieur de A.

24.3 Puisque :

$$u(1) = a + bi \qquad \text{et} \qquad u(i) = -b + ai,$$

la matrice de u dans la base $(1, i)$ est $\operatorname{Mat}_{(1,i)}(u) = \begin{pmatrix} a & -b \\ b & a \end{pmatrix}$.

24.4 **Remarque** Par définition du coefficient binomial, on a $a_{i,j} = 0$ si $i > j$. Ainsi, la matrice A est triangulaire supérieure.

1. L'application u est facilement un endomorphisme de $\mathbb{R}_{n-1}[X]$. Comme :

$$v : \begin{array}{ccc} \mathbb{R}_{n-1}[X] & \longrightarrow & \mathbb{R}_{n-1}[X] \\ P(X) & \longmapsto & P(X-1) \end{array}$$

vérifie $u \circ v = v \circ u = \operatorname{Id}_{\mathbb{R}_{n-1}[X]}$, on peut affirmer que u est bijectif et que $u^{-1} = v$.

Remarque Comme il s'agit d'endomorphismes en dimension finie, une seule des deux relations $u \circ v = \operatorname{Id}_{\mathbb{R}_{n-1}[X]}$ et $v \circ u = \operatorname{Id}_{\mathbb{R}_{n-1}[X]}$ suffit pour conclure à la bijectivité de u.

2. En utilisant la formule du binôme, on constate que A est la matrice de l'endomorphisme u dans la base canonique de $\mathbb{R}_{n-1}[X]$. Comme $u \in \mathcal{GL}(\mathbb{R}_{n-1}[X])$ et $u^{-1} = v$, on en déduit que A est inversible et a pour inverse la matrice de v dans la base canonique de $\mathbb{R}_{n-1}[X]$. Toujours en utilisant la formule du binôme, on obtient que A^{-1} est la matrice dont le terme d'indice (i,j) vaut $(-1)^{j-i}\dbinom{j-1}{i-1}$.

3. Supposons que $(x_k)_{0\leqslant k\leqslant n-1}$ et $(y_k)_{0\leqslant k\leqslant n-1}$ vérifient : $\forall k \in [\![0,n-1]\!] \quad y_k = \sum\limits_{i=0}^{k} \binom{k}{i} x_i$.
En considérant les matrices lignes $X = \begin{pmatrix} x_0 & \cdots & x_{n-1} \end{pmatrix}$ et $Y = \begin{pmatrix} y_0 & \cdots & y_{n-1} \end{pmatrix}$, on constate que l'on a $Y = XA$. En multipliant cette relation à droite par A^{-1}, on obtient alors $X = YA^{-1}$. Étant donné ce qu'est la matrice A^{-1}, on obtient, pour tout $k \in [\![0,n-1]\!]$:
$$x_k = \sum_{i=0}^{k} (-1)^{k-i}\binom{k}{i} y_i,$$
ce qui est la relation souhaitée.

24.5 L'application linéaire canoniquement associée à la matrice $A = \begin{pmatrix} 1 & 3 & 2 \\ 1 & 2 & 4 \end{pmatrix}$ est l'application $\varphi \in \mathcal{L}(\mathbb{R}^3, \mathbb{R}^2)$ qui à $x = (x_1, x_2, x_3)$, associe $y = (y_1, y_2)$ défini par :
$$\begin{pmatrix} y_1 \\ y_2 \end{pmatrix} = \begin{pmatrix} 1 & 3 & 2 \\ 1 & 2 & 4 \end{pmatrix}\begin{pmatrix} x_1 \\ x_2 \\ x_3 \end{pmatrix},$$
ce qui s'écrit aussi :
$$\begin{cases} y_1 &= x_1 + 3x_2 + 2x_3 \\ y_2 &= x_1 + 2x_2 + 4x_3. \end{cases}$$

24.6 • Notons C_1, C_2, C_3, C_4 les colonnes de A. On constate que C_1 et C_2 forment une famille libre, puis que :
$$C_3 = C_1 + C_2 \qquad \text{et} \qquad C_4 = C_2 + C_3 = C_1 + 2C_2.$$
On en déduit que $\operatorname{rg} A = 2$ et l'on peut prendre (C_1, C_2) comme base de $\operatorname{Im} A$.

• La matrice A ayant 4 colonnes, le théorème du rang donne $\dim \operatorname{Ker} A = 4 - \operatorname{rg} A$, donc $\dim \operatorname{Ker} A = 2$. On déduit des relations linéaires entre les colonnes obtenues ci-dessus que les vecteurs $\begin{pmatrix} 1 \\ 1 \\ -1 \\ 0 \end{pmatrix}$ et $\begin{pmatrix} 1 \\ 2 \\ 0 \\ -1 \end{pmatrix}$ appartiennent à $\operatorname{Ker} A$. Ces deux vecteurs étant non colinéaires, ils forment une base de $\operatorname{Ker} A$.

24.7 1. • **Matrice de p dans à la base canonique.** Notons $\mathcal{B}_0 = (e_1, e_2)$ la base canonique de $\mathbb{K}^2$. On constate que :

$$e_1 = \frac{1}{2}(u_1 + u_2) \qquad \text{et} \qquad e_2 = \frac{1}{2}(u_1 - u_2).$$

Par définition de p, on a alors $p(e_1) = p(e_2) = \dfrac{1}{2}u_1 = \dfrac{1}{2}(e_1 + e_2)$. La matrice recherchée est donc $P = \dfrac{1}{2}\begin{pmatrix} 1 & 1 \\ 1 & 1 \end{pmatrix}$.

• **Matrice de s dans la base canonique.** On sait que $s = 2p - \mathrm{Id}_{\mathbb{R}^2}$; comme l'application $u \mapsto \mathrm{Mat}_{\mathcal{B}_0}(u)$ est linéaire, on obtient :

$$S = 2P - I_2 = \begin{pmatrix} 1 & 1 \\ 1 & 1 \end{pmatrix} - \begin{pmatrix} 1 & 0 \\ 0 & 1 \end{pmatrix} = \begin{pmatrix} 0 & 1 \\ 1 & 0 \end{pmatrix}.$$

2. • L'endomorphisme p étant un projecteur, on a $p^0 = \mathrm{Id}_{\mathbb{R}^2}$ et : $\forall n \in \mathbb{N}^* \quad p^n = p$.
En utilisant l'isomorphisme $u \mapsto \mathrm{Mat}_{\mathcal{B}_0}(u)$ on en déduit :

$$P^0 = I_2 \quad \text{et, pour } n \geqslant 1, \quad P^n = P.$$

Remarque Il est *exclu de parler des puissances négatives* de P car, p n'étant pas bijectif, la matrice P, qui le représente, n'est pas inversible.

• En ce qui concerne s, on a : $\forall n \in \mathbb{Z} \quad s^{2n} = \mathrm{Id}_{\mathbb{R}^2}$ et $s^{2n+1} = s$.
Pour les matrices correspondantes, on en déduit :

$$S^{2n} = I_2 \quad \text{et} \quad S^{2n+1} = S.$$

Dans ce cas n peut prendre des valeurs négatives car s est bijective et S est donc inversible.

24.8 1. (a) La matrice de u dans la base $\mathcal{B}' = (e'_1, e'_2, \ldots, e'_n) = (-e_1, e_2, \ldots, e_n)$ est la matrice des vecteurs $(-u(e_1), u(e_2), \ldots, u(e_n))$ dans la base $(-e_1, e_2, \ldots, e_n)$.
En exprimant $\big(u(e'_1), u(e'_2), \ldots, u(e'_n)\big)$ en fonction de $(e'_1, e'_2, \ldots, e'_n)$ on voit qu'elle elle est obtenue, à partir de M, en multipliant la première colonne par -1 et en multipliant la première ligne par -1 (l'ordre n'ayant pas d'importance car ces deux opérations élémentaires commutent).

(b) De même, la matrice de u dans la base $\mathcal{B}_2 = (e_2, e_1, e_3, e_4, \ldots, e_n)$ est obtenue, à partir de M, en permutant les deux premières colonnes et en permutant les deux premières lignes (l'ordre n'ayant pas d'importance car ces deux opérations élémentaires commutent).

2. • Soit u un endomorphisme répondant au problème ainsi que M sa matrice dans la base $\mathcal{B} = (e_1, \ldots, e_n)$. Reprenons les notations $\mathcal{B}_1$ et $\mathcal{B}_2$ de la question précédente.

* Comme sa matrice dans la base $\mathcal{B}_1$ doit être égale à M, tous les coefficients non diagonaux de la première ligne et de la première colonne doivent être nuls.
En utilisant la base obtenue en multipliant par -1 le i-ème vecteur de la base initiale on trouve un résultat similaire pour toute ligne et toute colonne.
Par suite la matrice M est diagonale.
* Comme la matrice de u dans la base $\mathcal{B}_2$ doit aussi être égale à M, on en déduit que $m_{1,1} = m_{2,2}$.
* Sur le même principe, en utilisant la base obtenue en permutant les vecteurs e_1 et e_i, on obtient $m_{1,1} = m_{i,i}$.

Par suite, la matrice M est scalaire *i.e.* u est une homothétie.

• Réciproquement, il est évident que toute homothétie répond au problème.

24.9 1. • Prouvons que $\operatorname{Ker} u \cap \operatorname{Im} u = \{0\}$. Soit $y = \begin{pmatrix} y_1 \\ y_2 \\ y_3 \end{pmatrix} \in \operatorname{Ker} u \cap \operatorname{Im} u$.

Comme $y \in \operatorname{Im} u$, il existe $x = \begin{pmatrix} x_1 \\ x_2 \\ x_3 \end{pmatrix}$ tel que $y = u(x)$, et l'on a :

$$y_1 = -x_2 + x_3\,, \quad y_2 = x_1 - x_3 \quad y_3 = -x_1 + x_2$$

et donc $y_1 + y_2 + y_3 = 0$. (a)

Comme $y \in \operatorname{Ker} u$, on a $-y_2 + y_3 = y_1 - y_3 = -y_1 + y_2 = 0$ et donc :

$$y_1 = y_2 = y_3. \qquad (b)$$

Des relations (a) et (b), on déduit $y = 0$, ce qui donne $\operatorname{Ker} u \cap \operatorname{Im} u = \{0\}$.

• Étant donné que $\operatorname{Ker} u \cap \operatorname{Im} u = \{0\}$ et que $\dim \operatorname{Ker} u + \dim \operatorname{Im} u = \dim \mathbb{R}^3$ (par le théorème du rang), on en déduit que $\mathbb{R}^3 = \operatorname{Ker} u \oplus \operatorname{Im} u$.

2. Comme $A^2 = \begin{pmatrix} -2 & * & * \\ * & * & * \\ * & * & * \end{pmatrix} \neq A$, on voit que A n'est pas la matrice d'un projecteur.

24.10 L'hypothèse $u^2 \neq 0$ nous dit qu'il existe $a \in E$ tel que $u^2(a) \neq 0$.

• Montrons que la famille $\big(a, u(a), u^2(a)\big)$ est libre. Soit $(\alpha, \beta, \gamma) \in \mathbb{K}^3$ tel que :

$$\alpha\, a + \beta\, u(a) + \gamma\, u^2(a) = 0.$$

* En appliquant u^2 à cette relation, on obtient $\alpha\, u^2(a) = 0$ et, comme $u^2(a) \neq 0$, on en déduit $\alpha = 0$.
* En appliquant alors u à la relation initiale, on obtient $\beta\, u^2(a) = 0$ et, toujours comme $u^2(a) \neq 0$, on en déduit $\beta = 0$.
* On obtient alors $\gamma\, u^2(a) = 0$, qui entraîne $\gamma = 0$.

Ainsi la famille $\big(a, u(a), u^2(a)\big)$ est libre.

• Comme c'est une famille de 3 vecteurs dans un espace vectoriel de dimension 3, on en déduit que c'est une base de E ; la matrice de u dans cette base répond évidemment au problème.

24.11 • L'application $\varphi : \begin{array}{ccc} \mathcal{M}_3(\mathbb{K}) & \longrightarrow & \mathcal{M}_3(\mathbb{K}) \\ M & \longmapsto & AM \end{array}$ est évidemment linéaire, et l'on a :

$$\operatorname{Ker} \varphi = \mathcal{E}_1 \qquad \text{et} \qquad \operatorname{Im} \varphi = \mathcal{E}_2.$$

Comme $\dim \mathcal{M}_3(\mathbb{K}) = 9$, on a, par le théorème du rang : $\dim \mathcal{E}_1 + \dim \mathcal{E}_2 = 9$.

• En considérant les images par φ des éléments de la base canonique de $\mathcal{M}_3(\mathbb{K})$, on voit que, pour tout $j \in [\![1,3]\!]$:

$$\varphi(E_{1,j}) = \varphi(E_{2,j}) = \varphi(E_{3,j}).$$

Par suite, on a $\operatorname{Im} \varphi = \operatorname{Vect}\big(\varphi(E_{1,1}), \varphi(E_{1,2}), \varphi(E_{1,3})\big)$, avec :

$$\varphi(E_{1,1}) = \begin{pmatrix} 1 & 0 & 0 \\ 1 & 0 & 0 \\ 1 & 0 & 0 \end{pmatrix}, \quad \varphi(E_{1,2}) = \begin{pmatrix} 0 & 1 & 0 \\ 0 & 1 & 0 \\ 0 & 1 & 0 \end{pmatrix} \quad \text{et} \quad \varphi(E_{1,3}) = \begin{pmatrix} 0 & 0 & 1 \\ 0 & 0 & 1 \\ 0 & 0 & 1 \end{pmatrix}.$$

On voit facilement que la famille $\big(\varphi(E_{1,1}), \varphi(E_{1,2}), \varphi(E_{1,3})\big)$ est libre ; c'est donc une base de $\operatorname{Im} \varphi$. On obtient donc :

$$\dim \mathcal{E}_2 = \dim \operatorname{Im} \varphi = 3 \qquad \text{puis} \qquad \dim \mathcal{E}_1 = \dim \operatorname{Ker} \varphi = 6.$$

24.12 1. Étant donné que $\dim \mathbb{K}_3[X] = 4$ et que cette famille contient 4 vecteurs de $\mathbb{K}_3[X]$, il suffit de prouver qu'elle est libre. Soit $(a,b,c,d) \in \mathbb{K}^4$ tel que :

$$a(X-1)^3 + b(X-1)^2(X+1) + c(X-1)(X+1)^2 + d\,(X+1)^3 = 0.$$

- En évaluant en 1 puis en -1, on trouve successivement $d = 0$ puis $a = 0$.
- On a alors :

$$b(X-1)^2(X+1) + c(X-1)(X+1)^2 = 0,$$

c'est-à-dire :

$$(X-1)(X+1)\big(b(X-1) + c(X+1)\big) = 0.$$

Comme $(X-1)(X+1)$ n'est pas le polynôme nul, et par intégrité de $\mathbb{K}[X]$, on en déduit $b(X-1) + c(X+1) = 0$, et en évaluant en 1 et en -1, on trouve $b = c = 0$.

D'où la liberté.

2. La matrice de passage de la base canonique à $\mathcal{B}$ s'obtient en écrivant en colonne les coordonnées des éléments de $\mathcal{B}$ dans la base canonique de $\mathbb{K}_3[X]$, ce qui donne :

$$M = \begin{pmatrix} -1 & 1 & -1 & 1 \\ 3 & -1 & -1 & 3 \\ -3 & -1 & 1 & 3 \\ 1 & 1 & 1 & 1 \end{pmatrix}.$$

3. On constate que $M^2 = 8I_4$, d'où l'on déduit $M^{-1} = \dfrac{1}{8}M$. On a alors :

$$\mathcal{P}_{\mathcal{B}\to\mathcal{B}_0} = \left(\mathcal{P}_{\mathcal{B}_0\to\mathcal{B}}\right)^{-1} = M^{-1} = \frac{1}{8}M.$$

24.13 Pour prouver que A est inversible, montrons que, pour $X \in \mathbb{K}^n$, on a $AX = 0 \Longrightarrow X = 0$.

Soit $X = \begin{pmatrix} x_1 \\ \vdots \\ x_n \end{pmatrix} \in \mathbb{K}^n$ tel que $AX = 0$. Montrons que $X = 0$.

Par l'absurde, supposons $X \neq 0$. Soit $i_0 \in [\![1,n]\!]$ tel que :

$$|x_{i_0}| = \max\left\{|x_i| \;\middle|\; i \in [\![1,n]\!]\right\}.$$

En regardant le i_0-ème coefficient de la matrice colonne AX, la relation $AX = 0$ offre :

$$\sum_{j=1}^{n} a_{i_0,j}x_j = 0 \qquad \text{ce qui se réécrit} \qquad a_{i_0,i_0}x_{i_0} = -\sum_{\substack{1\leqslant j\leqslant n\\ j\neq i_0}} a_{i_0,j}x_j.$$

En passant au module, et par inégalité triangulaire, il vient :

$$\left|a_{i_0,i_0}x_{i_0}\right| \leqslant \sum_{\substack{1\leqslant j\leqslant n\\ j\neq i_0}} \left|a_{i_0,j}x_j\right|.$$

Par définition de i_0, on a : $\forall j \in [\![1,n]\!] \quad |x_j| \leqslant |x_{i_0}|$, donc $|a_{i_0,i_0}|\,|x_{i_0}| \leqslant \displaystyle\sum_{\substack{1\leqslant j\leqslant n\\ j\neq i_0}} |a_{i_0,j}|\,|x_{i_0}|$.

Comme $X \neq 0$, on a $|x_{i_0}| > 0$, ce qui permet de simplifier l'inégalité précédente, et donne :

$$\left|a_{i_0,i_0}\right| \leqslant \sum_{\substack{1\leqslant j\leqslant n\\ j\neq i_0}} \left|a_{i_0,j}\right|.$$

Cela contredit l'hypothèse initiale.

24.14 En réalisant, dans l'ordre, les opérations suivantes :

$$L_2 \leftarrow L_2 - 3\,L_1, \qquad L_3 \leftarrow L_3 - m\,L_1, \qquad L_4 \leftarrow L_4 + L_1$$

puis

$$L_2 \leftrightarrow L_4, \qquad L_3 \leftarrow L_3 + (m-3)\,L_2, \qquad L_4 \leftarrow L_4 - (m-3)\,L_2,$$

on transforme M en la matrice suivante, qui a même rang que M :

$$\begin{pmatrix} 1 & 1 & 0 & 1 \\ 0 & 1 & 2 & 4 \\ 0 & 0 & 2m-8 & 3m-12 \\ 0 & 0 & 5-2m & 12-4m \end{pmatrix}.$$

À ce niveau, on pourrait discuter selon que $m = 4$ ou non pour continuer strictement la méthode du pivot, mais préférons faire $L_3 \leftarrow L_3 + L_4$ pour éliminer le m du pivot. En continuant avec $L_4 \leftarrow L_4 + \frac{(5-2m)}{3}\,L_3$, on obtient la matrice suivante, qui a même rang que M :

$$T = \begin{pmatrix} 1 & 1 & 0 & 1 \\ 0 & 1 & 2 & 4 \\ 0 & 0 & -3 & -m \\ 0 & 0 & 0 & k \end{pmatrix} \qquad \text{avec} \quad k = \frac{1}{3}\left(2\,m^2 - 17\,m + 36\right) = \frac{1}{3}(m-4)\,(2\,m-9).$$

- si $m = 4$ ou $m = 9/2$, alors $k = 0$ et $\operatorname{rg} M = \operatorname{rg} T = 3$ (les trois premières lignes de T forment une famille libre, et sa quatrième ligne est nulle) ;
- dans les autres cas, on a $\operatorname{rg} M = \operatorname{rg} T = 4$ (la matrice T est alors inversible, car triangulaire avec des coefficients diagonaux tous non nuls).

24.15 En explicitant cette matrice :

$$A = \begin{pmatrix} 1 & 2 & 3 & \dots & n-1 & n \\ 2 & 3 & 4 & \dots & n & n+1 \\ 3 & 4 & 5 & \dots & n+1 & n+2 \\ \vdots & \vdots & \vdots & & \vdots & \vdots \\ n & n+1 & n+2 & \dots & 2n-2 & 2n-1 \end{pmatrix}$$

on constate que ses vecteurs colonnes $C_1, \dots, C_n$ sont tous combinaisons linéaires de C_1 et de la colonne $U = \begin{pmatrix} 1 \\ \vdots \\ 1 \end{pmatrix}$. Concrètement, on a :

$$\forall j \in [\![1,n]\!] \quad C_j = C_1 + (j-1)U.$$

Par suite, le rang de la famille des vecteurs colonnes est au plus 2. Comme de plus les colonnes C_1 et C_2 ne sont pas proportionnelles, le rang de A vaut au moins 2.

Conclusion : on a $\operatorname{rg}(A) = 2$.

24.16 1. Il est immédiat que la matrice $J_r^{(n,p)}$ est de rang r, car ses r première colonnes forment une famille libre et les $p-r$ suivantes sont nulles.

2. Le théorème du rang donne $\dim \operatorname{Ker} u = \dim E - \operatorname{rg} u$, *i.e.* $\dim \operatorname{Ker} u = p - r$. Soit $(e_{r+1}, \ldots, e_p)$ une base de $\operatorname{Ker} u$. Complétons cette famille libre en une base de E :

$$\mathcal{B} = (e_1, \ldots, e_r, e_{r+1}, \ldots, e_p).$$

Pour tout $i \in [\![1, r]\!]$, posons $f_i = u(e_i)$. Le sous-espace $H = \operatorname{Vect}(e_{r+1}, \ldots, e_p)$ étant un supplémentaire de $\operatorname{Ker} u$ dans E, la restriction de u à H est injective, donc la famille $(f_1, \ldots, f_r)$ est libre ; on peut donc la compléter en une base de F :

$$\mathcal{C} = (f_1, \ldots, f_r, f_{r+1}, \ldots, f_n).$$

Par construction, on a alors $\operatorname{Mat}_{\mathcal{B},\mathcal{C}}(u) = J_r$. D'où le résultat.

3. Soit $A \in \mathcal{M}_{n,p}(\mathbb{K})$ et $u \in \mathcal{L}(\mathbb{K}^p, \mathbb{K}^n)$ son application linéaire canoniquement associée. Supposons $\operatorname{rg} A = r$. On a alors $\operatorname{rg} u = r$. D'après la question précédente, il existe deux bases $\mathcal{B}$ et $\mathcal{C}$, de $\mathbb{K}^p$ et $\mathbb{K}^n$ respectivement, telles que $\operatorname{Mat}_{\mathcal{B},\mathcal{C}}(u) = J_r$. La formule de changement de bases pour les applications linéaires donne alors le résultat annoncé : en effet, en notant U la matrice de passage de la base canonique de $\mathbb{K}^p$ à $\mathcal{B}$, et V la matrice de passage de la base canonique de $\mathbb{K}^n$ à $\mathcal{C}$, on a $J_r = V^{-1}AU$, autrement dit $A = PJ_rQ$ avec $P = V$ et $Q = U^{-1}$.

4. En notant r le rang de A, la question précédente assure l'existence d'un couple de matrices $(P, Q) \in \mathcal{GL}_n(\mathbb{K}) \times \mathcal{GL}_p(\mathbb{K})$ tel que $A = PJ_r^{(n,p)}Q$. On a alors :

$$A^T = Q^T {J_r^{(n,p)}}^T P^T \quad \text{c'est-à-dire} \quad A^T = Q^T J_r^{(p,n)} P^T.$$

La multiplication par une matrice inversible laissant inchangé le rang, on en déduit :

$$\operatorname{rg} A^T = \operatorname{rg} J_r^{(p,n)} = r = \operatorname{rg} A.$$

24.17 1. On constate que l'application $\varphi : \begin{array}{ccc} \mathcal{M}_n(\mathbb{K}) & \longrightarrow & \mathcal{M}_n(\mathbb{K}) \\ M & \longmapsto & MA - BM \end{array}$ est linéaire et, pour tout $M \in \mathcal{M}_n(\mathbb{K})$, on a :

$$M \in \Omega \iff MA - BM = 0 \iff \varphi(M) = 0.$$

Autrement dit, $\Omega = \operatorname{Ker} \varphi$; en particulier, Ω est un sous-espace vectoriel de $\mathcal{M}_n(\mathbb{K})$.

2.
- Si Ω contient une matrice inversible P, alors en multipliant à gauche par P^{-1} la relation $PA = BP$, on obtient $A = P^{-1}BP$. Les matrices A et B sont donc semblables.
- Réciproquement, si A et B sont semblables, alors il existe une matrice $P \in \mathcal{GL}_n(\mathbb{K})$ telle que $A = P^{-1}BP$, ce qui offre $PA = BP$, *i.e.* $P \in \Omega$.

En conclusion, Ω contient une matrice inversible si, et seulement si, A et B sont semblables.

24.18 1. On obtient, par calcul, $A^2 = I_3$.

2. Soit $u \in \mathcal{L}(\mathbb{R}^3)$ l'endomorphisme canoniquement associé à A.

- Puisque $A^2 = I_3$, on a $u^2 = \mathrm{Id}_{\mathbb{R}^3}$, autrement dit u est une symétrie. Ainsi, on a :
$$\mathrm{Ker}(u - \mathrm{Id}_{\mathbb{R}^3}) \oplus \mathrm{Ker}(u + \mathrm{Id}_{\mathbb{R}^3}) = \mathbb{R}^3.$$
- On a $\mathrm{rg}(u - \mathrm{Id}_{\mathbb{R}^3}) = \mathrm{rg}(A - I_3)$. Or, on a $A - I_3 = \begin{pmatrix} 0 & 2 & 2 \\ 0 & 0 & 0 \\ 0 & -2 & -2 \end{pmatrix}$. Il apparaît que $\mathrm{rg}(A - I_3) = 1$, donc $\mathrm{rg}(u - \mathrm{Id}_{\mathbb{R}^3}) = 1$. Le théorème du rang donne alors $\dim \mathrm{Ker}(u - \mathrm{Id}_{\mathbb{R}^3}) = 2$.
- Les deux sous-espaces vectoriels $\mathrm{Ker}(u - \mathrm{Id}_{\mathbb{R}^3})$ et $\mathrm{Ker}(u + \mathrm{Id}_{\mathbb{R}^3})$ étant supplémentaires dans $\mathbb{R}^3$, on en déduit que $\dim \mathrm{Ker}(u + \mathrm{Id}_{\mathbb{R}^3}) = 1$. Si $\mathcal{B}$ est une base adaptée à la somme directe $\mathrm{Ker}(u - \mathrm{Id}_{\mathbb{R}^3}) \oplus \mathrm{Ker}(u + \mathrm{Id}_{\mathbb{R}^3})$, on a alors :
$$\mathrm{Mat}_{\mathcal{B}}(u) = \begin{pmatrix} 1 & 0 & 0 \\ 0 & 1 & 0 \\ 0 & 0 & -1 \end{pmatrix} = D.$$
- Conclusion : A et D sont semblables, puisque représentent toutes les deux l'endomorphisme u.

3. Reprenons les notations précédentes. Notons $\mathcal{B}_0$ la base canonique de $\mathbb{R}^3$. Si $\mathcal{B}$ est une base de $\mathbb{R}^3$ adaptée à la somme directe $\mathrm{Ker}(u - \mathrm{Id}_{\mathbb{R}^3}) \oplus \mathrm{Ker}(u + \mathrm{Id}_{\mathbb{R}^3})$, alors la formule de changement de base pour les endomorphismes donne $P^{-1}AP = D$ avec P la matrice de passage de $\mathcal{B}_0$ vers $\mathcal{B}$. Déterminons une telle base $\mathcal{B}$.

- On a $A - I_3 = \begin{pmatrix} 0 & 2 & 2 \\ 0 & 0 & 0 \\ 0 & -2 & -2 \end{pmatrix}$ et l'on voit facilement que les vecteurs $v_1 = \begin{pmatrix} 1 \\ 0 \\ 0 \end{pmatrix}$ et $v_2 = \begin{pmatrix} 0 \\ 1 \\ -1 \end{pmatrix}$ forment une base de $\mathrm{Ker}(A - I_3)$, donc de $\mathrm{Ker}(u - \mathrm{Id}_{\mathbb{R}^3})$.
- On a $A + I_3 = \begin{pmatrix} 2 & 2 & 2 \\ 0 & 2 & 0 \\ 0 & -2 & 0 \end{pmatrix}$ et l'on voit que le vecteur $v_3 = \begin{pmatrix} 1 \\ 0 \\ -1 \end{pmatrix}$ forme une base de la droite vectorielle $\mathrm{Ker}(A + I_3)$, donc de $\mathrm{Ker}(u + \mathrm{Id}_{\mathbb{R}^3})))$.
- La famille $\mathcal{B} = (v_1, v_2, v_3)$ est alors une base de $\mathbb{R}^3$ adaptée à décomposition :
$$\mathbb{R}^3 = \mathrm{Ker}(u - \mathrm{Id}_{\mathbb{R}^3}) \oplus \mathrm{Ker}(u + \mathrm{Id}_{\mathbb{R}^3}).$$

Conclusion : on a $P^{-1}AP = D$ avec $P = \mathcal{P}_{\mathcal{B}_0 \to \mathcal{B}} = \begin{pmatrix} 1 & 0 & 1 \\ 0 & 1 & 0 \\ 0 & -1 & -1 \end{pmatrix}$.

Chapitre 25 : Déterminant (option PSI)

Déterminant (option PSI) 25

⋆ ***Ce chapitre concerne uniquement les étudiants ayant choisi de suivre l'option PSI en deuxième année.*** ⋆

Dans ce chapitre, $\mathbb{K} = \mathbb{R}$ ou $\mathbb{K} = \mathbb{C}$ et n est un entier naturel non nul.

I Déterminant d'une matrice carrée de taille n

1 Cas général

Notation

Soit $A \in \mathcal{M}_n(\mathbb{K})$. Si $(C_1, \ldots, C_n)$ est la famille des colonnes de A, alors la matrice A pourra être notée $[C_1, \ldots, C_n]$.

Définition 1

Une application $f : \mathcal{M}_n(\mathbb{K}) \to \mathbb{K}$ est dite **linéaire par rapport à chacune des colonnes de sa variable** si, pour toute matrice $A = [C_1, \ldots, C_n] \in \mathcal{M}_n(\mathbb{K})$ et pour tout $j \in [\![1, n]\!]$, l'application suivante est linéaire :

$$\begin{array}{ccc} \mathbb{K}^n & \longrightarrow & \mathbb{K} \\ C & \longmapsto & f\big([C_1, \ldots, \underset{\substack{\uparrow \\ j\text{-ème place}}}{C}, \ldots, C_n]\big). \end{array}$$

Terminologie

Avec les notations ci-dessus, la linéarité de l'application :

$$C \mapsto f\big([C_1, \ldots, \underset{\substack{\uparrow \\ j\text{-ème place}}}{C}, \ldots, C_n]\big)$$

est appelée **linéarité par rapport à la j-ème colonne**.

Soit f une application de $\mathcal{M}_3(\mathbb{K})$ dans $\mathbb{K}$ linéaire par rapport aux colonnes.

Ex. 1. Si $A = \begin{pmatrix} 1 & 2 & 3 \\ 4 & 5 & 6 \\ 7 & 8 & 9 \end{pmatrix}$ et $B = \begin{pmatrix} 1 & 4 & 3 \\ 4 & 10 & 6 \\ 7 & 16 & 9 \end{pmatrix}$, alors $f(B) = 2f(A)$ par linéarité de f par rapport à la deuxième colonne.

Ex. 2. Si $B = \begin{pmatrix} 1 & 2 & 3 \\ 2 & 3 & 4 \\ 3 & 4 & 5 \end{pmatrix}$ et $C = \begin{pmatrix} 1 & 2 & 5 \\ 2 & 3 & 4 \\ 3 & 4 & 3 \end{pmatrix}$, alors, en posant $A = \begin{pmatrix} 1 & 2 & 8 \\ 2 & 3 & 8 \\ 3 & 4 & 8 \end{pmatrix}$, on a $f(A) = f(B) + f(C)$ par linéarité de f par rapport à la troisième colonne.

Définition 2

Une application $f : \mathcal{M}_n(\mathbb{K}) \to \mathbb{K}$ est dite **antisymétrique par rapport aux colonnes de sa variable** si, pour toute matrice $A \in \mathcal{M}_n(\mathbb{K})$, on a $f(B) = -f(A)$ où B est une matrice obtenue à partir de A en échangeant deux colonnes.

On admet le théorème suivant.

Théorème 1

Soit n un entier naturel supérieur ou égal à 2. Il existe une unique application, notée det et appelée **déterminant**, définie sur $\mathcal{M}_n(\mathbb{K})$ à valeurs dans $\mathbb{K}$, vérifiant les propriétés suivantes :

- det est linéaire par rapport à chacune des colonnes de sa variable ;
- det est antisymétrique par rapport aux colonnes de sa variable ;
- $\det(I_n) = 1$.

Exo 25.1

Notation Si $A = (a_{i,j})_{1 \leqslant i,j \leqslant n}$, le déterminant de A se note :

$$\det A = \begin{vmatrix} a_{1,1} & \cdots & a_{1,j} & \cdots & a_{1,n} \\ \vdots & & \vdots & & \vdots \\ a_{i,1} & \cdots & a_{i,j} & \cdots & a_{i,n} \\ \vdots & & \vdots & & \vdots \\ a_{n,1} & \cdots & a_{n,j} & \cdots & a_{n,n} \end{vmatrix}.$$

Ex. 3. Soit $(\lambda_1, \lambda_2, \lambda_3) \in \mathbb{K}^3$. En utilisant la linéarité successivement par rapport à chacune des colonnes, on a :

$$\begin{vmatrix} \lambda_1 & 0 & 0 \\ 0 & \lambda_2 & 0 \\ 0 & 0 & \lambda_3 \end{vmatrix} = \lambda_1 \begin{vmatrix} 1 & 0 & 0 \\ 0 & \lambda_2 & 0 \\ 0 & 0 & \lambda_3 \end{vmatrix} = \lambda_1\lambda_2 \begin{vmatrix} 1 & 0 & 0 \\ 0 & 1 & 0 \\ 0 & 0 & \lambda_3 \end{vmatrix} = \lambda_1\lambda_2\lambda_3 \det I_3 = \lambda_1\lambda_2\lambda_3.$$

Ex. 4. Plus généralement, pour toute matrice diagonale $A = \begin{pmatrix} \lambda_1 & 0 & \dots & 0 \\ 0 & \lambda_2 & \ddots & \vdots \\ \vdots & \ddots & \ddots & 0 \\ 0 & \dots & 0 & \lambda_n \end{pmatrix}$, on a $\det A = \prod_{k=1}^{n} \lambda_k$. En particulier, pour tout $\lambda \in \mathbb{K}$, on a $\det(\lambda I_n) = \lambda^n$ et :

$$\forall (\lambda) \in \mathcal{M}_1(\mathbb{K}) \quad \det(\lambda) = \lambda.$$

Propriétés immédiates Soit $A \in \mathcal{M}_n(\mathbb{K})$.

- Si l'une des colonnes de A est nulle, alors $\det A = 0$. C'est une conséquence directe de la linéarité par rapport aux colonnes (l'image du vecteur nul vaut 0).
- Si deux colonnes de A sont égales, alors $\det A = 0$. En effet, échanger ces deux colonnes ne modifie pas la matrice ; par cette opération élémentaire, le déterminant est à la fois inchangé et transformé en son opposé par la propriété d'antisymétrie ; donc $\det A = 0$.
- Si B est la matrice obtenue à partir de A en ajoutant à une colonne un multiple d'une autre colonne, alors $\det B = \det A$.

  En effet, si B est obtenue par l'opération élémentaire $C_j \leftarrow C_j + \lambda C_k$, avec $k \neq j$, par linéarité de det par rapport à la j-ème colonne, $\det B = \det A + \lambda \det M$ où M est la matrice obtenue à partir de A en remplaçant la j-ème colonne par la k-ième ; comme deux colonnes de M sont égales, $\det M = 0$.

  Plus généralement, si l'on ajoute à une colonne de A une combinaison linéaire des autres colonnes, le déterminant est inchangé.
- Si une colonne de A est combinaison linéaire des autres colonnes, alors $\det A = 0$. En effet, en retranchant à cette colonne une « bonne » combinaison des autres colonnes, on fait apparaitre une colonne nulle et l'on ne change pas le déterminant.

Ex. 5. Sans les calculer explicitement, justifions que les déterminants suivants sont nuls :

$$\begin{vmatrix} 2 & 1 & 2 \\ 1 & 3 & 1 \\ 0 & 0 & 0 \end{vmatrix}, \quad \begin{vmatrix} 1 & 2 & 3 \\ 1 & 2 & 4 \\ 1 & 2 & 5 \end{vmatrix} \quad \text{et} \quad \begin{vmatrix} 1 & 2 & 3 \\ 2 & 3 & 4 \\ 3 & 4 & 5 \end{vmatrix}.$$

Le premier déterminant est nul, puisque les colonnes 1 et 3 sont identiques.
Le second aussi, puisque la matrice a deux colonnes proportionnelles.
Enfin, le troisième est nul car la deuxième colonne est la demi-somme des deux autres.

Ex. 6. Supposons que M soit une matrice de transvection : fixons $(i,j) \in [\![1,n]\!]^2$ distincts et $\lambda \in \mathbb{K}$ tel que $M = T_{i,j,\lambda}$.

Alors, par linéarité par rapport à la j-ème colonne, $\det M = \det I_n + \det M'$ où M' est une matrice dont la i-ème colonne et la j-ème colonne sont proportionnelles. Ainsi, $\det M = 1$.

2 Cas des matrices de taille 2 et 3

Proposition 2

Soit $A = \begin{pmatrix} a & c \\ b & d \end{pmatrix} \in \mathcal{M}_2(\mathbb{K})$. Alors $\det A = ad - bc$.

Démonstration page 887

Principe de démonstration. Vérifier que la fonction $\begin{pmatrix} a & c \\ b & d \end{pmatrix} \mapsto ad - bc$ satisfait les hypothèses du théorème 1 de la page précédente.

Ex. 7. Pour $A = \begin{pmatrix} 1 & 2 \\ 3 & 4 \end{pmatrix}$, $\det(A) = 1 \times 4 - 2 \times 3 = -2$.

Proposition 3

Soit $A \in \mathcal{M}_3(\mathbb{K})$. Alors :

$$\det A = a_{1,1}\,a_{2,2}\,a_{3,3} + a_{2,1}\,a_{3,2}\,a_{1,3} + a_{3,1}\,a_{1,2}\,a_{2,3} - a_{3,1}\,a_{2,2}\,a_{1,3} - a_{1,1}\,a_{3,2}\,a_{2,3} - a_{2,1}\,a_{1,2}\,a_{3,3}.$$

Démonstration page 887

Principe de démonstration. Vérifier que la fonction :

$$A \mapsto a_{1,1}\,a_{2,2}\,a_{3,3} + a_{2,1}\,a_{3,2}\,a_{1,3} + a_{3,1}\,a_{1,2}\,a_{2,3} - a_{3,1}\,a_{2,2}\,a_{1,3} - a_{1,1}\,a_{3,2}\,a_{2,3} - a_{2,1}\,a_{1,2}\,a_{3,3}$$

satisfait les hypothèses du théorème 1 de la page 877.

Exo 25.2

Cette formule peut se retrouver à l'aide de la **règle** dite **de Sarrus** ; on recopie les deux premières lignes de la matrice sous la troisième et l'on effectue les produits en diagonale, chacun étant affecté du signe + ou − selon le schéma ci-contre.

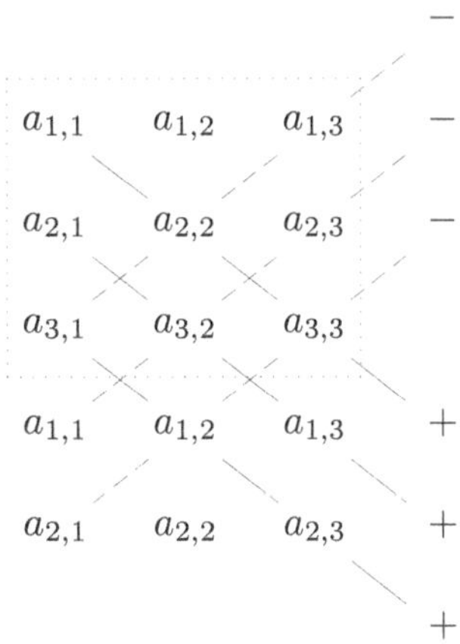

Attention

Cette méthode n'est pas généralisable à des matrices de taille différente de 3.

Ex. 8. En utilisant la formule de la proposition 3, on obtient :

$$\begin{vmatrix} a_{1,1} & a_{1,2} & a_{1,3} \\ 0 & a_{2,2} & a_{2,3} \\ 0 & 0 & a_{3,3} \end{vmatrix} = a_{1,1}a_{2,2}a_{3,3} \quad \text{et} \quad \begin{vmatrix} a_{1,1} & 0 & 0 \\ a_{2,1} & a_{2,2} & 0 \\ a_{3,1} & a_{3,2} & a_{3,3} \end{vmatrix} = a_{1,1}a_{2,2}a_{3,3}.$$

Interprétation géométrique dans le cas réel

Munissons le plan d'une base orthonormée directe $(\vec{\imath}, \vec{\jmath})$ et considérons deux vecteurs $\vec{u}(x, y)$ et $\vec{v}(x', y')$. Alors, d'après la propriété de calcul du produit mixte dans une base orthonormée directe (cf. page 594) , on a :

$$[\vec{u}, \vec{v}] = \begin{vmatrix} x & x' \\ y & y' \end{vmatrix}.$$

On rappelle que $[\vec{u}, \vec{v}]$ s'interprète géométriquement comme l'aire orientée du parallélogramme construit sur les vecteurs $\vec{u}$ et $\vec{v}$.

Munissons l'espace d'une base orthonormée directe $(\vec{\imath}, \vec{\jmath}, \vec{k})$ et considérons trois vecteurs $\vec{u}(x, y, z)$, $\vec{v}(x', y', z')$ et $\vec{w}(x'', y'', z'')$. Alors, d'après la propriété de calcul du produit mixte dans une base orthonormée directe (cf. page 625) , on a :

$$[\vec{u}, \vec{v}, \vec{w}] = \begin{vmatrix} x & x' & x'' \\ y & y' & y'' \\ z & z' & z'' \end{vmatrix}.$$

On rappelle que $\left|[\vec{u}, \vec{v}, \vec{w}]\right|$ s'interprète géométriquement comme le volume du parallélépipède construit sur les vecteurs $\vec{u}$, $\vec{v}$ et $\vec{w}$.

3 Propriétés du déterminant

Déterminant et produit

Proposition 4

Soit A une matrice de $\mathcal{M}_n(\mathbb{K})$ et λ un scalaire. Alors $\det(\lambda A) = \lambda^n \det(A)$.

Démonstration. En utilisant la linéarité du déterminant par rapport à chacune des colonnes, on peut factoriser λ dans chaque colonne de la matrice λA. □

Proposition 5

Soit A et B des matrices de $\mathcal{M}_n(\mathbb{K})$. On a alors $\det(AB) = \det A \det B$.

Démonstration (non exigible) page 887

Remarque

Soit A et B deux matrices *carrées* de taille n. Alors on a :

$$\det(AB) = \det A \det B = \det B \det A = \det(BA).$$

Ex. 9. Soit $A \in \mathcal{M}_n(\mathbb{K})$. Alors, par récurrence immédiate, on a :

$$\forall p \in \mathbb{N} \quad \det A^p = (\det A)^p.$$

Proposition 6

Exo 25.3

Une matrice $A \in \mathcal{M}_n(\mathbb{K})$ est inversible si, et seulement si, $\det A \neq 0$ et alors :

$$\det\left(A^{-1}\right) = (\det A)^{-1}.$$

Démonstration.

- Supposons A inversible. Alors, $AA^{-1} = I_n$ puis, par passage au déterminant, $\det A \det A^{-1} = \det I_n = 1$. Ainsi, $\det A \neq 0$ et $\det A^{-1} = \frac{1}{\det A}$.
- Supposons A non inversible. Alors il existe une colonne de la matrice A qui est combinaison linéaire des autres colonnes. Par propriété du déterminant, on obtient $\det A = 0$. □

Ex. 10. Soit $A \in \mathcal{GL}_n(\mathbb{K})$. Alors, en utilisant l'exemple précédent avec la matrice A^{-1}, on a :

$$\forall p \in \mathbb{Z} \quad \det A^p = (\det A)^p.$$

Ex. 11. Soit $(\lambda_1, \ldots, \lambda_n) \in \mathbb{K}^n$. Par linéarité du déterminant selon la dernière colonne et non inversibilité d'une matrice dont la dernière ligne est nulle, on a :

$$\begin{vmatrix} 1 & & (0) & \lambda_1 \\ 0 & \ddots & & \vdots \\ \vdots & \ddots & 1 & \lambda_{n-1} \\ 0 & \cdots & 0 & \lambda_n \end{vmatrix} = \begin{vmatrix} 1 & & (0) & \lambda_1 \\ 0 & \ddots & & \vdots \\ \vdots & \ddots & 1 & \lambda_{n-1} \\ 0 & \cdots & 0 & 0 \end{vmatrix} + \begin{vmatrix} 1 & 0 & \cdots & 0 \\ 0 & \ddots & \ddots & \vdots \\ \vdots & \ddots & 1 & 0 \\ 0 & \cdots & 0 & \lambda_n \end{vmatrix}$$

$$= 0 + \lambda_n \det I_n = \lambda_n.$$

La proposition qui suit montre que deux matrices semblables ont même déterminant.

Proposition 7

Soit $A \in \mathcal{M}_n(\mathbb{K})$ et $P \in \mathcal{GL}_n(\mathbb{K})$. Alors on a :

$$\det(P^{-1}AP) = \det A.$$

Démonstration. On calcule :

$$\det(P^{-1}AP) = \det P^{-1} \det A \det P = \det A.$$

□

Remarque

On peut aussi obtenir ce résultat en utilisant la remarque de la page 880 :

$$\det\left(P^{-1}(AP)\right) = \det\left((AP)P^{-1}\right) = \det A.$$

Déterminant et transposition

Le résultat suivant induit que $A \mapsto \det(A)$ est aussi une application linéaire et antisymétrique par rapport aux *lignes* de sa variable.

Proposition 8

Étant donné une matrice $A \in \mathcal{M}_n(\mathbb{K})$, on a $\det A = \det\left(A^T\right)$.

Démonstration (non exigible) page 888

Ex. 12. Soit $A \in \mathcal{A}_n(\mathbb{K})$ une matrice antisymétrique *de taille impaire*. Alors :

$$\det(A) = \det(A^T) = \det(-A) = (-1)^n \det(A) = -\det(A), \qquad (n \text{ est impair})$$

donc $\det(A) = 0$.

Grâce à la proposition 8, tout ce qui a été dit jusqu'à présent à propos des colonnes de la matrice peut se dire aussi pour les lignes. On peut donc énoncer les règles suivantes.

- Si une matrice a deux colonnes (ou deux lignes) identiques, son déterminant est nul.
- Si l'on échange deux colonnes (ou deux lignes) d'une matrice, on change son déterminant en son opposé.
- Si l'une des colonnes (respectivement lignes) d'une matrice est combinaison linéaire des *autres* colonnes (respectivement des *autres* lignes), alors son déterminant est nul.
- Si une matrice a une colonne (ou une ligne) nulle, son déterminant est nul.
- Le déterminant d'une matrice est inchangé si l'on ajoute à une colonne (respectivement à une ligne) une combinaison linéaire des *autres* colonnes (respectivement des *autres* lignes).
- Si l'on multiplie une colonne (ou une ligne) d'une matrice par un scalaire λ, son déterminant est multiplié par λ.

Point méthode Ces règles de transformation d'un déterminant permettent :

- soit de prouver qu'il est nul ;
- soit d'introduire dans une colonne (respectivement une ligne) un maximum de 0 afin d'utiliser avec profit les résultats qui vont suivre, à savoir développer par rapport à une colonne ou une ligne.

4 Développement suivant une colonne ou une ligne

On suppose dans cette partie $n \geqslant 2$.

Proposition 9

Soit A une matrice carrée de la forme :

$$A = \left(\begin{array}{ccc|c} & & & * \\ & A' & & \vdots \\ & & & * \\ \hline 0 & \cdots & 0 & a_{n,n} \end{array}\right).$$

Alors $\det A = a_{n,n} \det A'$.

Démonstration (non exigible) page 889

Corollaire 10

Soit A une matrice carrée de la forme :

$$A = \left(\begin{array}{ccc|c} & & & 0 \\ & A' & & \vdots \\ & & & 0 \\ \hline * & \cdots & * & a_{n,n} \end{array}\right).$$

Alors $\det A = a_{n,n} \det A'$.

Démonstration. C'est une conséquence directe du résultat précédent et de la conservation du déterminant par transposition. □

Corollaire 11

Soit $A = (a_{i,j})_{1 \leqslant i,j \leqslant n}$ une matrice triangulaire de $\mathcal{M}_n(\mathbb{K})$. Alors on a :

$$\det A = \prod_{i=1}^{n} a_{i,i}.$$

Démonstration.

- Comme le déterminant d'une matrice est égal au déterminant de sa transposée, il suffit de démontrer le résultat pour les matrices triangulaires supérieures.
- Si A est triangulaire supérieure, la proposition 9 nous donne :

$$\det A = a_{n,n} \det A',$$

où A' est la sous-matrice de A obtenue en supprimant la dernière ligne et la dernière colonne. Le résultat est alors immédiat par récurrence. □

Ex. 13. Soit a, b et c trois scalaires. Cherchons une expression factorisée du déterminant :

$$\Delta = \begin{vmatrix} 1 & a & a^2 \\ 1 & b & b^2 \\ 1 & c & c^2 \end{vmatrix}.$$

On a successivement :

$$\begin{aligned}
\Delta &= \begin{vmatrix} 1 & a & a^2 \\ 0 & b-a & b^2-a^2 \\ 0 & c-a & c^2-a^2 \end{vmatrix} && \begin{matrix} L_2 \leftarrow L_2 - L_1 \\ L_3 \leftarrow L_3 - L_1 \end{matrix} \\
&= (b-a)(c-a)\begin{vmatrix} 1 & a & a^2 \\ 0 & 1 & b+a \\ 0 & 1 & c+a \end{vmatrix} && \text{(mise en facteur dans } L_2 \text{ et } L_3\text{)} \\
&= (b-a)(c-a)\begin{vmatrix} 1 & a & a^2 \\ 0 & 1 & b+a \\ 0 & 0 & c-b \end{vmatrix} && L_3 \leftarrow L_3 - L_2 \\
&= (b-a)(c-a)(c-b). && \text{(déterminant d'une matrice triangulaire)}
\end{aligned}$$

Pour simplifier l'énoncé des propositions qui suivent, on adopte la notation suivante.

Notation Soit $A \in \mathcal{M}_n(\mathbb{K})$ et $(i,j) \in [\![1,n]\!]^2$. On note $\Delta_{i,j}$, le déterminant de la matrice extraite de A obtenue en supprimant la i-ème ligne et la j-ème colonne de A.

Théorème 12 (Développement suivant une colonne)

Soit $A = (a_{i,j})_{1\leqslant i,j\leqslant n} \in \mathcal{M}_n(\mathbb{K})$. On a :

$$\forall j \in [\![1,n]\!] \quad \det A = \sum_{i=1}^{n} a_{i,j}(-1)^{i+j}\Delta_{i,j}.$$

Démonstration (non exigible) page 889

En appliquant ce résultat à la transposée, on obtient le théorème suivant.

Théorème 13 (Développement suivant une ligne)

Soit $A = (a_{i,j})_{1\leqslant i,j\leqslant n} \in \mathcal{M}_n(\mathbb{K})$. On a :

$$\forall i \in [\![1,n]\!] \quad \det A = \sum_{j=1}^{n} a_{i,j}(-1)^{i+j}\Delta_{i,j}.$$

Terminologie Pour $(i,j) \in [\![1,n]\!]^2$, le déterminant $\Delta_{i,j}$ et le scalaire $(-1)^{i+j}\Delta_{i,j}$ sont appelés respectivement **mineur** et **cofacteur** d'indice (i,j).

Exo 25.4
Exo 25.5

Point méthode Dans la pratique, pour calculer un déterminant, on pourra combiner l'utilisation des opérations élémentaires pour faire apparaitre des coefficients nuls et la formule de développement suivant une colonne ou une ligne (qui contient beaucoup de coefficients nuls par exemple).

Ex. 14. Soit $a \in \mathbb{K}$. En développant suivant la troisième colonne, on a :

$$\begin{vmatrix} 1 & a & 2 \\ a & 2 & 0 \\ a & 1 & 3 \end{vmatrix} = 2\begin{vmatrix} a & 2 \\ a & 1 \end{vmatrix} + 3\begin{vmatrix} 1 & a \\ a & 2 \end{vmatrix}$$

$$= 2(a - 2a) + 3(2 - a^2) = 6 - 2a - 3a^2.$$

Calcul du déterminant d'ordre 2 et 3

Les formules de développement suivant une colonne permettent de retrouver l'expression du déterminant d'une matrice de taille 2 ou 3.

- En développant suivant la première colonne, on obtient $\begin{vmatrix} a & c \\ b & d \end{vmatrix} = ad - bc$.
- En développant suivant la troisième colonne puis en utilisant l'expression d'un déterminant d'ordre 2, on obtient :

$$\begin{vmatrix} a_{1,1} & a_{1,2} & a_{1,3} \\ a_{2,1} & a_{2,2} & a_{2,3} \\ a_{3,1} & a_{3,2} & a_{3,3} \end{vmatrix} = a_{3,3}\begin{vmatrix} a_{1,1} & a_{1,2} \\ a_{2,1} & a_{2,2} \end{vmatrix} - a_{2,3}\begin{vmatrix} a_{1,1} & a_{1,2} \\ a_{3,1} & a_{3,2} \end{vmatrix} + a_{1,3}\begin{vmatrix} a_{2,1} & a_{2,2} \\ a_{3,1} & a_{3,2} \end{vmatrix}$$

$$\begin{aligned} = \quad & a_{3,3}(a_{1,1}a_{2,2} - a_{2,1}a_{1,2}) - a_{2,3}(a_{1,1}a_{3,2} - a_{3,1}a_{1,2}) \\ & + a_{1,3}(a_{2,1}a_{3,2} - a_{3,1}a_{2,2}) \\ = \quad & a_{1,1}\,a_{2,2}\,a_{3,3} + a_{3,1}\,a_{1,2}\,a_{2,3} + a_{2,1}\,a_{3,2}\,a_{1,3} \\ & - a_{2,1}\,a_{1,2}\,a_{3,3} - a_{1,1}\,a_{3,2}\,a_{2,3} - a_{3,1}\,a_{2,2}\,a_{1,3}. \end{aligned}$$

II Déterminant et algèbre linéaire

1 Déterminant d'une famille de vecteurs

Soit E un espace vectoriel de dimension n muni d'une base $\mathcal{B}$.

Définition 3

Soit $(u_1, \ldots, u_n) \in E^n$. On appelle **déterminant de la famille** $(u_1, \ldots, u_n)$ dans la base $\mathcal{B}$, noté $\det_{\mathcal{B}}(u_1, \ldots, u_n)$, le déterminant de la matrice $\operatorname{Mat}_{\mathcal{B}}(u_1, \ldots, u_n)$.

Ex. 15. Comme $\operatorname{Mat}_{\mathcal{B}}(\mathcal{B}) = I_n$, on a $\det_{\mathcal{B}}(\mathcal{B}) = 1$.

Ex. 16. Si l'on note $\mathcal{B}$ la base canonique de $\mathbb{K}^n$ et $C_1, \ldots, C_n$ les colonnes d'une matrice A, on a évidemment $\det A = \det_{\mathcal{B}}(C_1, \ldots, C_n)$.

En reprenant les propriétés du déterminant d'une matrice, on obtient la proposition suivante.

Proposition 14

Soit $(u_1, \ldots, u_n) \in E^n$. Le scalaire $\det_{\mathcal{B}}(u_1, \ldots, u_n)$ est inchangé si l'on ajoute à l'un des vecteurs une combinaison linéaire des autres.

Proposition 15

Une famille de n vecteurs de E est une base de E si, et seulement si, son déterminant dans la base $\mathcal{B}$ est non nul.

Démonstration page 890

2 Déterminant d'un endomorphisme

Soit E un espace vectoriel de dimension n.

Proposition 16

Soit f un endomorphisme de E. Le déterminant de la matrice de f dans une base de E ne dépend pas de la base choisie.

Démonstration page 890

Principe de démonstration. C'est une conséquence directe de la proposition 7 de la page 881 et de la formule de changement de base pour les endomorphismes (cf. corollaire 24 de la page 857).

Cela justifie la définition suivante.

Définition 4

Soit f un endomorphisme de E. On appelle **déterminant de l'endomorphisme f** le déterminant de la matrice de f dans n'importe quelle base de E. Le déterminant de f se note $\det f$ et, pour toute base $\mathcal{B}$ de E, on a :

Exo 25.6

$$\det f = \det \operatorname{Mat}_{\mathcal{B}}(f).$$

Remarque Compte-tenu de la définition de la matrice d'un endomorphisme f dans une base $\mathcal{B} = (e_1, \ldots, e_n)$, on a aussi :

$$\det f = \det_{\mathcal{B}} \big(f(e_1), \ldots, f(e_n)\big).$$

Ex. 17. Comme l'endomorphisme Id_E a pour matrice I_n dans n'importe quelle base de E, on obtient que $\det \mathrm{Id}_E = 1$.

Ex. 18. Si $h \in \mathcal{L}(E)$ est une homothétie de rapport λ, en notant $\mathcal{B}$ une base de E, on a $\operatorname{Mat}_{\mathcal{B}}(h) = \lambda I_n$ donc :

$$\det h = \det(\lambda I_n) = \lambda^n.$$

Ex. 19. Soit $\mathcal{B} = (e_1, \ldots, e_n)$ une base de E. L'endomorphisme de E défini par :

$$\forall i \in [\![1, n-1]\!] \quad f(e_i) = e_{i+1} \quad \text{et} \quad f(e_n) = e_1$$

a pour matrice dans la base $\mathcal{B}$:

$$A = \begin{pmatrix} 0 & 0 & 0 & \cdots & 0 & 1 \\ 1 & 0 & 0 & \cdots & 0 & 0 \\ 0 & 1 & 0 & \ddots & \vdots & \vdots \\ \vdots & \ddots & \ddots & \ddots & 0 & \vdots \\ \vdots & & \ddots & \ddots & 0 & 0 \\ 0 & \cdots & \cdots & 0 & 1 & 0 \end{pmatrix}.$$

En échangeant la colonne $\begin{pmatrix}1\\0\\\vdots\\0\end{pmatrix}$ avec la colonne précédente, on obtient :

$$\det(A) = -\det\begin{pmatrix}0 & 0 & 0 & \cdots & 0 & 1 & 0\\ 1 & 0 & 0 & \cdots & 0 & 0 & 0\\ 0 & 1 & 0 & \ddots & \vdots & \vdots & \vdots\\ \vdots & \ddots & \ddots & \ddots & 0 & 0 & \vdots\\ \vdots & \ddots & \ddots & \ddots & 0 & 0 & \vdots\\ \vdots & & \ddots & \ddots & 1 & 0 & 0\\ 0 & \cdots & \cdots & 0 & 0 & 0 & 1\end{pmatrix}.$$

On réitère ce procédé de proche en proche en échangeant successivement cette même colonne avec sa précédente jusqu'à obtenir :

$$\det A = (-1)^{n-1}\det I_n = (-1)^{n-1}.$$

On en déduit que $\det f = (-1)^{n-1}$.

Proposition 17

Soit $(f,g) \in \mathcal{L}(E)^2$ et $\lambda \in \mathbb{K}$. Alors :

$$\det(f\circ g) = \det f \det g \qquad \text{et} \qquad \det(\lambda f) = \lambda^n \det f.$$

Démonstration page 890

Principe de démonstration. Il suffit de considérer les matrices associées à ces endomorphismes dans une base $\mathcal{B}$ de E.

Ex. 20. Si $(f,g) \in \mathcal{L}(E)^2$, alors $\det(f\circ g) = \det(g\circ f)$, même si en général, $f\circ g \neq g\circ f$.

Ex. 21. On suppose que E est un $\mathbb{R}$-espace vectoriel de dimension finie n et qu'il existe $f \in \mathcal{L}(E)$ tel que $f^2 = -\mathrm{Id}_E$.

Alors, par passage au déterminant, $\det(f)^2 = \det(f^2) = \det(-\mathrm{Id}_E) = (-1)^n$ donc $n = \dim E$ est un entier pair puisque $\det(f)^2$ est un réel positif.

Proposition 18

Un endomorphisme f de E est un automorphisme si, et seulement si, son déterminant est non nul et l'on a alors :

$$\det(f^{-1}) = (\det f)^{-1}.$$

Démonstration page 890

Principe de démonstration. Un endomorphisme f de E est bijectif si, et seulement si, sa matrice dans n'importe quelle base de E est inversible.

Démonstrations

Proposition 2 Posons $f : \begin{pmatrix} a & c \\ b & d \end{pmatrix} \mapsto ad - bc$.

- Soit $A = \begin{pmatrix} a & c \\ b & d \end{pmatrix}$ et $A' = \begin{pmatrix} a' & c \\ b' & d \end{pmatrix}$. Soit $(\lambda, \mu) \in \mathbb{K}^2$. Alors on a :

$$\begin{aligned} f(\lambda A + \mu A') &= (\lambda a + \mu a')d - (\lambda b + \mu b')c \\ &= \lambda(ad - bc) + \mu(a'd - b'c) = \lambda f(A) + \mu f(A'). \end{aligned}$$

  Cela montre que l'application f est linéaire par rapport à la première colonne de sa variable. On montre de même la linéarité par rapport à la seconde colonne.

- Soit $A = \begin{pmatrix} a & c \\ b & d \end{pmatrix}$ et $A' = \begin{pmatrix} c & a \\ d & b \end{pmatrix}$. Alors on a :

$$f(A') = cb - da = -(ad - bc) = -f(A),$$

  ce qui montre que l'application f est antisymétrique par rapport aux colonnes de sa variable.

- Enfin, on a $f(I_2) = 1 \times 1 - 0 \times 0 = 1$.

D'après le théorème 1 de la page 877, pour tout $A \in \mathcal{M}_2(\mathbb{K})$, on a $f(A) = \det A$.

Proposition 3 Posons $f : A \mapsto \begin{array}{l} a_{1,1}\,a_{2,2}\,a_{3,3} + a_{2,1}\,a_{3,2}\,a_{1,3} + a_{3,1}\,a_{1,2}\,a_{2,3} \\ - a_{3,1}\,a_{2,2}\,a_{1,3} - a_{1,1}\,a_{3,2}\,a_{2,3} - a_{2,1}\,a_{1,2}\,a_{3,3}. \end{array}$

- Soit $A \in \mathcal{M}_3(\mathbb{K})$ et $A' \in \mathcal{M}_3(\mathbb{K})$ obtenue en remplaçant la première colonne de A par la colonne $\begin{pmatrix} a'_{1,1} \\ a'_{2,1} \\ a'_{3,1} \end{pmatrix}$. Soit $(\lambda, \mu) \in \mathbb{K}^2$. Alors on a :

$$\begin{aligned} & f(\lambda A + \mu A') \\ &= \begin{array}{l} (\lambda a_{1,1} + \mu a'_{1,1})\,a_{2,2}\,a_{3,3} + (\lambda a_{2,1} + \mu a'_{2,1})\,a_{3,2}\,a_{1,3} + (\lambda a_{3,1} + \mu a'_{3,1})\,a_{1,2}\,a_{2,3} \\ - (\lambda a_{3,1} + \mu a'_{3,1})\,a_{2,2}\,a_{1,3} - (\lambda a_{1,1} + \mu a'_{1,1})\,a_{3,2}\,a_{2,3} - (\lambda a_{2,1} + \mu a'_{2,1})\,a_{1,2}\,a_{3,3}. \end{array} \\ &= \lambda f(A) + \mu f(A'). \end{aligned}$$

  Cela montre que l'application f est linéaire par rapport à la première colonne de sa variable. On montre de même la linéarité par rapport aux deux autres colonnes.

- Soit $A \in \mathcal{M}_3(\mathbb{K})$ et $A' \in \mathcal{M}_3(\mathbb{K})$ obtenue en échangeant les deux premières colonnes de la matrice A. Alors on a :

$$\begin{aligned} f(A') &= \begin{array}{l} a_{1,2}\,a_{2,1}\,a_{3,3} + a_{2,2}\,a_{3,1}\,a_{1,3} + a_{3,2}\,a_{1,1}\,a_{2,3} \\ - a_{3,2}\,a_{2,1}\,a_{1,3} - a_{1,2}\,a_{3,1}\,a_{2,3} - a_{2,2}\,a_{1,1}\,a_{3,3} \end{array} \\ &= -f(A), \end{aligned}$$

  ce qui montre que l'application f est antisymétrique par rapport aux deux premières colonnes de sa variable. On démontre de même que f est antisymétrique par rapport aux colonnes de sa variable.

- Enfin, on a directement $f(I_3) = 1$.

D'après le théorème 1 de la page 877, pour tout $A \in \mathcal{M}_3(\mathbb{K})$, on a $f(A) = \det A$.

Proposition 5 On commence par établir le lemme qui suit.

Lemme

Soit $\varphi : \mathcal{M}_n(\mathbb{K}) \to \mathbb{K}$ linéaire et antisymétrique par rapport aux colonnes. Alors :

$$\forall M \in \mathcal{M}_n(\mathbb{K}) \quad \varphi(M) = \varphi(I_n) \det M.$$

Démonstration.

- Si $\varphi(I_n) \neq 0$, on applique le théorème 1 de la page 877 à la fonction $M \mapsto \frac{1}{\varphi(I_n)}\varphi(M)$.
- Supposons $\varphi(I_n) = 0$ et fixons $M \in \mathcal{M}_n(\mathbb{K})$ pour montrer que $\varphi(M) = 0$.
  * Si la matrice M n'est pas inversible, il existe une colonne qui est combinaison linéaire des autres colonnes et par propriété, $\varphi(M) = 0$.
  * Si la matrice M est inversible, il existe une suite d'opérations élémentaires sur les colonnes permettant d'obtenir la matrice I_n à partir de la matrice M. Les transvections ne changent pas l'image par φ, les échanges remplacent l'image par φ par son opposé et les dilatations multiplient l'image par φ par un scalaire *non nul*. Ainsi, il existe un scalaire non nul λ tel que $\lambda\varphi(M) = \varphi(I_n) = 0$, ce qui conclut. □

Revenons à la démonstration de la propriété.

- Vérifions que l'application $\varphi : M \mapsto \det(AM)$ est linéaire et antisymétrique par rapport aux colonnes de sa variable.

  On notera $[C_1, \ldots, C_n]$ la matrice de $\mathcal{M}_n(\mathbb{K})$ dont les colonnes sont $C_1, \ldots, C_n$ et l'on a $A[C_1, \ldots, C_n] = [AC_1, \ldots, AC_n]$ (cf. proposition 6 de la page 670)
  * Soit $M = [C_1, C_2 \ldots, C_n]$ et $N = [C_1', C_2 \ldots, C_n]$ dans $\mathcal{M}_n(\mathbb{K})$ ainsi que $(\lambda, \mu) \in \mathbb{K}^2$. Par linéarité du déterminant par rapport à la première colonne de sa variable, on a :
  $$\begin{aligned}\lambda \det(AM) + \mu \det(AN) &= \lambda \det[AC_1, AC_2, \ldots, AC_n] + \mu \det[AC_1', AC_2, \ldots, AC_n] \\ &= \det[\lambda AC_1 + \mu AC_1', AC_2, \ldots, AC_n] \\ &= \det A(\lambda M + \mu N).\end{aligned}$$
  On démontre de même que l'application φ est linéaire par rapport aux autres colonnes.
  * Soit maintenant $M = [C_1, C_2, \ldots, C_n]$ et $N = [C_2, C_1, \ldots, C_n]$ dans $\mathcal{M}_n(\mathbb{K})$. Par antisymétrie du déterminant, on a :
  $$\begin{aligned}\det(AN) &= \det[AC_2, AC_1, \ldots, AC_n] \\ &= -\det[AC_1, AC_2, \ldots, AC_n] = -\det(AM).\end{aligned}$$
  On démontre de même que l'application φ est antisymétrique par rapport aux colonnes.
- D'après le lemme, pour tout $M \in \mathcal{M}_n(\mathbb{K})$, $\varphi(M) = \varphi(I_n) \det M$ et en particulier :
  $$\det AB = \det A \det B.$$

Proposition 8

- Si A n'est pas inversible, alors A^T n'est pas inversible et $\det A^T = 0 = \det A$.
- Supposons A inversible. D'après la proposition 25 de la page 684, il existe $E_1, \ldots, E_N$ des matrices d'opérations élémentaires telles que :
  $$A = E_1 \cdots E_N.$$
  On a alors $A^T = E_N^T \cdots E_1^T$ puis, par propriété multiplicative :
  $$\det A = \det E_1 \cdots \det E_N \qquad \text{et} \qquad \det A^T = \det E_N^T \cdots \det E_1^T.$$
  Pour conclure, il ne reste plus qu'à montrer le résultat sur les matrices d'opérations élémen-

taires. Fixons donc E une telle matrice :

* si E est une matrice de dilatation ou d'échange, alors $E^T = E$ donc $\det E^T = \det E$;
* si E est une matrice de transvection, alors E^T est aussi une matrice de transvection et d'après l'exemple 6 de la page 878, $\det E = 1 = \det E^T$.

Proposition 9

- Considérons l'application $\varphi : B \mapsto \det \left(\begin{array}{c|c} B & * \\ \hline 0 & 1 \end{array}\right)$ définie sur $\mathcal{M}_{n-1}(\mathbb{K})$.

  L'application φ est évidemment linéaire et antisymétrique par rapport aux colonnes.

  Par ailleurs, $\varphi(I_{n-1}) = 1$ d'après l'exemple 11 de la page 880.

  D'après le théorème 1 de la page 877, pour tout $B \in \mathcal{M}_{n-1}(\mathbb{K})$, on a $\varphi(B) = \det B$.
- Par linéarité du déterminant par rapport à la dernière ligne puis par application du point précédent, on a :

$$\det \left(\begin{array}{c|c} A' & * \\ \hline 0 & a_{n,n} \end{array}\right) = a_{n,n} \det \left(\begin{array}{c|c} A' & * \\ \hline 0 & 1 \end{array}\right) = a_{n,n}\varphi(A') = a_{n,n} \det A'.$$

Théorème 12 Dans cette preuve, on notera $[C_1, \ldots, C_n]$ la matrice dont les colonnes sont $C_1, \ldots, C_n$.

Notons $\mathcal{B} = (e_i)_{1 \leqslant i \leqslant n}$ la base canonique de $\mathbb{K}^n$ et $C_1, \ldots, C_n$ les colonnes de A. Fixons $j \in [\![1, n]\!]$.

Puisque $C_j = \sum\limits_{i=1}^{n} a_{i,j}\, e_i$, la linéarité du déterminant par rapport à la j-ème colonne donne :

$$\begin{aligned} \det A &= \det \left[C_1, \ldots, C_{j-1}, \sum_{i=1}^{n} a_{i,j}\, e_i, C_{j+1}, \ldots, C_n\right] \\ &= \sum_{i=1}^{n} a_{i,j} \underbrace{\det \left[C_1, \ldots, C_{j-1}, e_i, C_{j+1}, \ldots, C_n\right]}_{=D_{i,j}}. \end{aligned}$$

Pour conclure, prouvons que : $\forall i \in [\![1, n]\!] \quad D_{i,j} = (-1)^{i+j}\Delta_{i,j}$. Fixons $i \in [\![1, n]\!]$.

En effectuant les échanges suivants entre colonnes successives :

$$C_k \leftrightarrow C_{k+1} \quad \text{pour } k \text{ allant de } j \text{ à } n-1,$$

on obtient :

$$D_{i,j} = (-1)^{n-j} \det \left[C_1, \ldots, C_{j-1}, C_{j+1}, \ldots, C_n, e_i\right].$$

En effectuant alors les échanges suivants entre lignes successives :

$$L_k \leftrightarrow L_{k+1} \quad \text{pour } k \text{ allant de } i \text{ à } n-1,$$

on obtient $D_{i,j} = (-1)^{n-j}(-1)^{n-i} \det B = (-1)^{i+j} \det B$, avec $B \in \mathcal{M}_n(\mathbb{K})$ de la forme :

$$B = \left(\begin{array}{ccc|c} & & & 0 \\ & A' & & \vdots \\ & & & 0 \\ \hline * & \cdots & * & 1 \end{array}\right),$$

où A' est la sous-matrice de A obtenue en supprimant sa i-ème ligne et sa j-ème colonne.

On a alors, d'après le corollaire 10 de la page 882 :

$$\det B = \det A' = \Delta_{i,j} \qquad \text{puis} \qquad D_{i,j} = (-1)^{i+j}\Delta_{i,j}.$$

D'où le résultat.

Proposition 15 Soit $\mathcal{F}$ une famille de n vecteurs de E. La famille $\mathcal{F}$ est une base de E si, et seulement si, la matrice $\mathrm{Mat}_{\mathcal{B}}(\mathcal{F})$ est inversible, c'est-à-dire si, et seulement si, $\det \mathrm{Mat}_{\mathcal{B}}(\mathcal{F}) \neq 0$, ce qui conclut.

Proposition 16 Soit $\mathcal{B}$ et $\mathcal{B}'$ deux bases de E. On note P la matrice de passage de la base $\mathcal{B}$ à la base $\mathcal{B}'$. Soit f un endomorphisme de E. On note respectivement A et B les matrices de f dans les bases $\mathcal{B}$ et $\mathcal{B}'$. Ces matrices sont liées par la relation :

$$B = P^{-1}AP.$$

D'après la proposition 7 de la page 881, elles ont alors le même déterminant. Le déterminant de la matrice de f dans une base de E ne dépend donc pas du choix de cette base.

Proposition 17 Soit $\mathcal{B}$ une base de E. On note $A = \mathrm{Mat}_{\mathcal{B}}(f)$ et $B = \mathrm{Mat}_{\mathcal{B}}(g)$.

- La matrice de $f \circ g$ dans la base $\mathcal{B}$ est AB. On en déduit que :

$$\begin{aligned}
\det(f \circ g) &= \det(AB) \\
&= \det A \det B && \text{(proposition 5 de la page 880)} \\
&= \det f \det g.
\end{aligned}$$

- La matrice de λf dans la base $\mathcal{B}$ est λA. On en déduit que :

$$\begin{aligned}
\det(\lambda f) &= \det(\lambda A) \\
&= \lambda^n \det A && \text{(linéarité par rapport aux colonnes)} \\
&= \lambda^n \det f.
\end{aligned}$$

Proposition 18 Soit $\mathcal{B}$ une base de E et $A = \mathrm{Mat}_{\mathcal{B}}(f)$. On a alors :

$$\det f = \det A,$$

donc, d'après la proposition 6 de la page 880, on a les équivalences suivantes :

$$\det f \neq 0 \Leftrightarrow \det A \neq 0 \Leftrightarrow A \in \mathcal{GL}_n(\mathbb{K}) \Leftrightarrow f \in \mathcal{GL}(E).$$

D'après la proposition 17 de la page 886, si f est un automorphisme, on a :

$$\det f \det f^{-1} = \det \mathrm{Id}_E = 1 \quad \text{donc} \quad \det f^{-1} = (\det f)^{-1}.$$

S'entraîner et approfondir

25.1 Calculer les déterminants suivants :
→877

$$\Delta_1 = \begin{vmatrix} 0 & 0 & 1 \\ 0 & 1 & 0 \\ 1 & 0 & 0 \end{vmatrix} \quad \text{et} \quad \Delta_2 = \begin{vmatrix} 0 & 0 & 0 & 0 & 1 \\ 0 & 0 & 0 & 1 & 0 \\ 0 & 0 & 1 & 0 & 0 \\ 0 & 1 & 0 & 0 & 0 \\ 1 & 0 & 0 & 0 & 0 \end{vmatrix}.$$

25.2 Calculer le déterminant suivant où $j = \exp\left(2i\frac{\pi}{3}\right)$:
→879

$$\delta = \begin{vmatrix} 1 & j & j^2 \\ j & j^2 & 1 \\ j^2 & 1 & j \end{vmatrix}.$$

25.3 Pour quelles valeurs de $m \in \mathbb{C}$ le système suivant admet-il une unique solution dans $\mathbb{C}^3$:
→880

$$\left\{ \begin{array}{rcl} mx - \quad y + \quad z & = & m \\ x + my - \quad z & = & 2m \\ -x + \quad y + mz & = & 1. \end{array} \right.$$

25.4 Soit $(a,b,c) \in \mathbb{R}^3$. Exprimer sous forme factorisée les déterminants suivants :
→883

$$A = \begin{vmatrix} 2a & 2a & a-b-c \\ 2b & b-c-a & 2b \\ c-a-b & 2c & 2c \end{vmatrix} \quad ; \quad B = \begin{vmatrix} a & c & c & b \\ c & a & b & c \\ c & b & a & c \\ b & c & c & a \end{vmatrix} \quad ;$$

$$C = \begin{vmatrix} a+b & b+c & c+a \\ a^2+b^2 & b^2+c^2 & c^2+a^2 \\ a^3+b^3 & b^3+c^3 & c^3+a^3 \end{vmatrix} \quad ; \quad D = \begin{vmatrix} 0 & 1 & 1 & 1 \\ 1 & 0 & a^2 & b^2 \\ 1 & a^2 & 0 & c^2 \\ 1 & b^2 & c^2 & 0 \end{vmatrix}.$$

25.5 Soit $A = \begin{pmatrix} 0 & 0 & a \\ 1 & 0 & b \\ 0 & 1 & c \end{pmatrix} \in \mathcal{M}_3(\mathbb{K})$ et $x \in \mathbb{K}$. Exprimer $\det(xI_3 - A)$ sous la forme d'une expression polynomiale développée suivant les puissances de x.
→883

25.6 1. Soit E un $\mathbb{K}$-espace vectoriel de dimension n.
→885

Soit F et G deux sous-espaces supplémentaires de E et s la symétrie par rapport à F parallèlement à G. Montrer que $\det s = (-1)^{\dim G}$.

2. On note u l'endomorphisme transposition défini sur $\mathcal{M}_n(\mathbb{K})$. Calculer $\det(u)$.

25.7 Soit $A = \begin{pmatrix} 2 & -1 & 1 \\ 2 & -1 & 1 \\ 1 & -1 & 1 \end{pmatrix} \in \mathcal{M}_3(\mathbb{K})$ et $x \in \mathbb{K}$.

Factoriser l'expression polynomiale $\det(xI_3 - A)$.

25.8 Soit n et p deux entiers naturels non nuls avec $n > p$.
Calculer $\det(AB)$ pour $A \in \mathcal{M}_{n,p}(\mathbb{K})$ et $B \in \mathcal{M}_{p,n}(\mathbb{K})$.

25.9 Soit $(a,b) \in \mathbb{K}^2$ et $n \in \mathbb{N}^*$. Calculer le déterminant suivant (de taille $2n$) :

$$D_n = \underbrace{\begin{vmatrix} a & & & (0) & & & b \\ & \ddots & & & & \iddots & \\ & & & a \quad b & & & \\ (0) & & & b \quad a & & & (0) \\ & & \iddots & & \ddots & & \\ b & & & (0) & & & a \end{vmatrix}}_{2n \text{ colonnes}}$$

25.10 Soit $a \in \mathbb{C}$. Calculer le déterminant suivant (de taille n) :

$$D_n = \begin{vmatrix} a & 1 & 0 & \dots & 0 \\ 1 & a & 1 & \ddots & \vdots \\ 0 & 1 & a & \ddots & 0 \\ \vdots & \ddots & \ddots & a & 1 \\ 0 & \dots & 0 & 1 & a \end{vmatrix}$$

en fonction des racines éventuellement confondues du trinôme $X^2 - aX + 1$.
Indication. *On trouvera une relation de récurrence vérifiée par D_n.*

25.11 Soit $n \in \mathbb{N}^*$. Calculer le déterminant suivant (de taille n) : $D_n = \begin{vmatrix} 0 & 1 & \dots & 1 \\ 1 & \ddots & \ddots & \vdots \\ \vdots & \ddots & \ddots & 1 \\ 1 & \dots & 1 & 0 \end{vmatrix}$.

25.12 Étant donné $(s_1, \dots, s_n) \in \mathbb{K}^n$, calculer le déterminant suivant : $D = \begin{vmatrix} s_1 & \dots & \dots & s_1 \\ \vdots & s_2 & \dots & s_2 \\ \vdots & \vdots & \ddots & \vdots \\ s_1 & s_2 & \dots & s_n \end{vmatrix}$.

25.13 Soit n un entier naturel supérieur ou égal à 2. Soit $(a,b,c) \in \mathbb{R}^3$.
On note $D(a,b,c)$ le déterminant de taille n suivant :

$$D(a,b,c) = \begin{vmatrix} a & c & \cdots & c \\ b & \ddots & \ddots & \vdots \\ \vdots & \ddots & \ddots & c \\ b & \cdots & b & a \end{vmatrix}.$$

1. On considère la fonction $f : \begin{array}{rcl} \mathbb{R} & \longrightarrow & \mathbb{R} \\ x & \longmapsto & D(a+x, b+x, c+x). \end{array}$

   Montrer que f est une fonction polynomiale de degré inférieur ou égal à 1.
2. En déduire la valeur de $D(a,b,c)$ pour $b \neq c$.

⋆ **25.14** Soit $n \geqslant 2$ et $(x_1,\dots,x_n) \in (\mathbb{K}^*)^n$. Calculer le déterminant de la matrice A définie par :

$$a_{i,j} = 1 \quad \text{si } i \neq j \qquad \text{et} \qquad a_{i,i} = 1 + x_i.$$

⋆ **25.15** Étant donné des scalaires $x_0,\dots,x_n$, on note $V(x_0,\dots,x_n)$ le déterminant d'ordre $n+1$ défini par :

$$V(x_0,\dots,x_n) = \begin{vmatrix} 1 & 1 & \cdots & 1 \\ x_0 & x_1 & \cdots & x_n \\ x_0^2 & x_1^2 & \cdots & x_n^2 \\ \vdots & \vdots & & \vdots \\ x_0^n & x_1^n & \cdots & x_n^n \end{vmatrix}.$$

Prouver que :

$$V(x_0,\dots,x_n) = \prod_{0 \leqslant j < i \leqslant n} (x_i - x_j).$$

Indication. *On pourra procéder par récurrence sur* n, *en remarquant que l'application* $x \mapsto V(x_0,\dots,x_{n-1},x)$ *est une fonction polynomiale en* x, *de degré inférieur ou égal à* n *et dont le coefficient de degré* n *est* $V(x_0,\dots,x_{n-1})$.

Ce type de déterminant est appelé **déterminant de Vandermonde.**

25.16 Soit E un espace vectoriel de dimension n. Soit $f \in \mathcal{L}(E)$ et $\mathcal{B}$ une base de E. Montrer que :

$$\forall (x_1,\dots,x_n) \in E^n \quad \det_{\mathcal{B}}(f(x_1),\dots,f(x_n)) = \det f \det_{\mathcal{B}}(x_1,\dots,x_n).$$

Solutions des exercices

25.1 Pour le calcul de Δ_1, on échange la première et la dernière colonne ; on obtient :

$$\Delta_1 = (-1)^1 \det I_3 = -1.$$

En échangeant la première et la dernière colonne, ainsi que la deuxième et l'avant-dernière, on trouve :

$$\Delta_2 = (-1)^2 \det I_5 = 1.$$

25.2 • **Première méthode** En appliquant la règle de Sarrus, on obtient :

$$\begin{aligned}\Delta = \begin{vmatrix} 1 & j & j^2 \\ j & j^2 & 1 \\ j^2 & 1 & j \end{vmatrix} &= 1 \times j^2 \times j + j \times 1 \times j^2 + j^2 \times j \times 1 \\ &\quad - j \times j \times j - 1 \times 1 \times 1 - j^2 \times j^2 \times j^2 \\ &= 2j^3 - 1 - j^6.\end{aligned}$$

Comme $j^3 = 1$, on en déduit que $\Delta = 0$.

• **Deuxième Méthode**

$$\Delta = \begin{vmatrix} 1 & j & j^2 \\ j & j^2 & 1 \\ j^2 & 1 & j \end{vmatrix} \underset{C_1 \leftarrow C_1 + C_2 + C_3}{=} \begin{vmatrix} 1+j+j^2 & j & j^2 \\ 1+j+j^2 & j^2 & 1 \\ 1+j+j^2 & 1 & j \end{vmatrix}.$$

Or, $1 + j + j^2 = 0$. On en déduit que :

$$\Delta = \begin{vmatrix} 0 & j & j^2 \\ 0 & j^2 & 1 \\ 0 & 1 & j \end{vmatrix} = 0.$$

25.3 On a vu à la proposition 23 de la page 683 qu'un tel système admet une unique solution si, et seulement si, la matrice associée est inversible, c'est-à-dire si, et seulement si, son déterminant est non nul. Cela donne ici :

$$\Delta_m = \begin{vmatrix} m & -1 & 1 \\ 1 & m & -1 \\ -1 & 1 & m \end{vmatrix} \neq 0.$$

Comme $\Delta_m = m(m^2 + 3)$, on en déduit que ce système aura une unique solution si, et seulement si, $m \in \mathbb{C} \setminus \{0, i\sqrt{3}, -i\sqrt{3}\}$.

25.4 • L'opération $L_3 \leftarrow L_3 + L_1 + L_2$ puis la factorisation par $a + b + c$ dans L_3 donnent :

$$A = (a+b+c) \begin{vmatrix} 2a & 2a & a-b-c \\ 2b & b-c-a & 2b \\ 1 & 1 & 1 \end{vmatrix}.$$

Les opérations $L_1 \leftarrow L_1 - 2aL_3$ et $L_2 \leftarrow L_2 - 2bL_3$ donnent :

$$\begin{aligned}A &= (a+b+c) \begin{vmatrix} 0 & 0 & -a-b-c \\ 0 & -a-b-c & 0 \\ 1 & 1 & 1 \end{vmatrix} \\ &= -(a+b+c)^3 \qquad \text{(développement par rapport à } C_1\text{)}.\end{aligned}$$

- Les opérations $C_2 \leftarrow C_2 - C_3$, $C_1 \leftarrow C_1 - C_4$ puis la factorisation par $(a-b)$ dans C_1 et C_2 donnent :

$$B = (a-b)^2 \begin{vmatrix} 1 & 0 & c & b \\ 0 & 1 & b & c \\ 0 & -1 & a & c \\ -1 & 0 & c & a \end{vmatrix}$$

$$= (a-b)^2 \begin{vmatrix} 1 & 0 & c & b \\ 0 & 1 & b & c \\ 0 & 0 & a+b & 2c \\ 0 & 0 & 2c & a+b \end{vmatrix} \qquad \begin{array}{l} L_3 \leftarrow L_3 + L_2 \\ L_4 \leftarrow L_4 + L_1 \end{array}$$

En développant deux fois successivement par rapport à la première colonne, on obtient :

$$B = (a-b)^2 \begin{vmatrix} a+b & 2c \\ 2c & a+b \end{vmatrix} = (a-b)^2(a+b+2c)(a+b-2c).$$

- L'opération $C_1 \leftarrow C_1 - C_2 + C_3$ donne :

$$C = 2 \begin{vmatrix} a & b+c & c+a \\ a^2 & b^2+c^2 & c^2+a^2 \\ a^3 & b^3+c^3 & c^3+a^3 \end{vmatrix} \qquad \begin{array}{l} C_1 \leftarrow C_1 - C_2 + C_3 \\ \text{mise en facteur dans } C_1 \end{array}$$

$$= 2 \begin{vmatrix} a & b+c & c \\ a^2 & b^2+c^2 & c^2 \\ a^3 & b^3+c^3 & c^3 \end{vmatrix} \qquad C_3 \leftarrow C_3 - C_1$$

$$= 2 \begin{vmatrix} a & b & c \\ a^2 & b^2 & c^2 \\ a^3 & b^3 & c^3 \end{vmatrix} \qquad C_2 \leftarrow C_2 - C_3$$

$$= 2abc \begin{vmatrix} 1 & 1 & 1 \\ a & b & c \\ a^2 & b^2 & c^2 \end{vmatrix} \qquad \text{factorisations par } a, b, c \text{ dans } C_1, C_2, C_3$$

$$= 2abc(b-a)(c-b)(c-a) \qquad \text{(exemple 13 de la page 883).}$$

- Les opérations $L_3 \leftarrow L_3 - L_4$ et $L_2 \leftarrow L_2 - L_4$ donnent :

$$D = \begin{vmatrix} 0 & 1 & 1 & 1 \\ 0 & -b^2 & a^2-c^2 & b^2 \\ 0 & a^2-b^2 & -c^2 & c^2 \\ 1 & b^2 & c^2 & 0 \end{vmatrix}$$

$$= - \begin{vmatrix} 1 & 1 & 1 \\ -b^2 & a^2-c^2 & b^2 \\ a^2-b^2 & -c^2 & c^2 \end{vmatrix} \qquad \text{développement par rapport à } C_1$$

$$= - \begin{vmatrix} 0 & 0 & 1 \\ -2b^2 & a^2-c^2-b^2 & b^2 \\ a^2-b^2-c^2 & -2c^2 & c^2 \end{vmatrix} \qquad \begin{array}{l} C_1 \leftarrow C_1 - C_3 \\ C_2 \leftarrow C_2 - C_3 \end{array}$$

$$= -\left(4b^2c^2 - (a^2-b^2-c^2)^2\right) \qquad \text{développement par rapport à } L_1$$

$$= (a^2-b^2-c^2+2bc)(a^2-b^2-c^2-2bc)$$

$$= (a^2-(b-c)^2)(a^2-(b+c)^2)$$

$$= (a-b+c)(a+b-c)(a-b-c)(a+b+c).$$

25.5 On développe par rapport à la colonne C_3 :

$$\det(xI_3 - A) = \begin{vmatrix} x & 0 & -a \\ -1 & x & -b \\ 0 & -1 & x-c \end{vmatrix}$$

$$= (x-c)\begin{vmatrix} x & 0 \\ -1 & x \end{vmatrix} - (-b)\begin{vmatrix} x & 0 \\ 0 & -1 \end{vmatrix} + (-a)\begin{vmatrix} -1 & x \\ 0 & -1 \end{vmatrix}$$

$$= x^3 - cx^2 - bx - a.$$

25.6 1. Notons $p = \dim(F)$. Soit $(e_1, \ldots, e_p)$ une base de F et $(e_{p+1}, e_{p+2}, \ldots, e_n)$ une base de G. La famille $\mathcal{B} = (e_1, \ldots, e_n)$ est une base de E et l'on a alors :

$$\det s = \det_{\mathcal{B}}\big(s(e_1), \ldots, s(e_n)\big)$$

$$= \det_{\mathcal{B}}(e_1, \ldots, e_p, -e_{p+1}, \ldots, -e_n) = (-1)^{n-p} = (-1)^{\dim G}.$$

2. L'endomorphisme u est la symétrie de $\mathcal{M}_n(\mathbb{K})$ par rapport à $\mathcal{S}_n(\mathbb{K})$, parallèlement à $\mathcal{A}_n(\mathbb{K})$.

Comme $\dim \mathcal{A}_n(\mathbb{K}) = \dfrac{n(n-1)}{2}$, la question précédente donne $\det(u) = (-1)^{\frac{n(n-1)}{2}}$.

25.7 Soit $x \in \mathbb{K}$. L'opération $C_3 \leftarrow C_3 + C_2$ et la factorisation par x dans la troisième colonne donnent $\det(xI_3 - A) = xD$ avec :

$$D = \begin{vmatrix} x-2 & 1 & 0 \\ -2 & x+1 & 1 \\ -1 & 1 & 1 \end{vmatrix}$$

$$= \begin{vmatrix} x-2 & 1 \\ -2 & x+1 \end{vmatrix} - \begin{vmatrix} x-2 & 1 \\ -1 & 1 \end{vmatrix} \qquad \text{développement par rapport à } C_3$$

$$= (x-2)(x+1) + 2 - \big((x-2)+1\big)$$

$$= x^2 - 2x + 1 = (x-1)^2.$$

Ainsi, $\forall x \in \mathbb{K} \quad \det(xI_3 - A) = x(x-1)^2$.

25.8 Tout d'abord, $\mathrm{rg}(AB) \leqslant \mathrm{rg}(A)$ (par inclusion des images). Ensuite, $\mathrm{rg}(A) \leqslant p < n$ (puisque la matrice A comporte p colonnes).

On en déduit que $\mathrm{rg}(AB) < n$, que AB n'est pas de rang maximal et donc non inversible.

En conclusion, on a $\det(AB) = 0$.

25.9 Développons suivant la première colonne pour $n \geqslant 2$:

$$D_n = aD' + (-1)^{2n+1} bD'' = aD' - bD''$$

avec :

$$D' = \underbrace{\begin{vmatrix} a & & & & & & b & 0 \\ & \ddots & & (0) & & \cdot^{\cdot^{\cdot}} & & \vdots \\ & & a & b & & & & \vdots \\ (0) & & b & a & & (0) & & \vdots \\ & \cdot^{\cdot^{\cdot}} & & & & \ddots & & \vdots \\ b & & & (0) & & & a & 0 \\ 0 & \cdots & & \cdots & & \cdots & 0 & a \end{vmatrix}}_{2n-1 \text{ colonnes}} \quad \text{et} \quad D'' = \underbrace{\begin{vmatrix} 0 & \cdots & & \cdots & & \cdots & 0 & b \\ a & & & & & & b & 0 \\ & \ddots & & (0) & & \cdot^{\cdot^{\cdot}} & & \vdots \\ & & a & b & & & & \vdots \\ (0) & & b & a & & (0) & & \vdots \\ & \cdot^{\cdot^{\cdot}} & & & & \ddots & & \vdots \\ b & & & (0) & & & a & 0 \end{vmatrix}}_{2n-1 \text{ colonnes}}$$

En développant D' suivant la dernière colonne, on obtient $D' = aD_{n-1}$.

En développant D'' suivant la dernière colonne, on obtient :

$$D'' = (-1)^{2n-1+1} bD_{n-1} = bD_{n-1}.$$

Ainsi, $D_n = (a^2 - b^2)D_{n-1}$, puis :

$$D_n = (a^2 - b^2)^{n-1} D_1 = (a^2 - b^2)^{n-1} \begin{vmatrix} a & b \\ b & a \end{vmatrix} = (a^2 - b^2)^n.$$

25.10 En développant par rapport à la première ligne, pour $n \geqslant 3$, on obtient :

$$D_n = aD_{n-1} - \begin{vmatrix} 1 & 1 & 0 & \cdots & 0 \\ 0 & a & 1 & \ddots & \vdots \\ 0 & 1 & a & \ddots & 0 \\ \vdots & \ddots & \ddots & \ddots & 1 \\ 0 & \cdots & 0 & 1 & a \end{vmatrix}.$$

En développant le second déterminant par rapport à la première colonne, on a :

$$D_n = aD_{n-1} - D_{n-2}. \qquad (\star)$$

De plus :

$$D_1 = a \quad \text{et} \quad D_2 = a^2 - 1.$$

On peut poser $D_0 = 1$ et alors la relation $(\star)$ est vérifiée pour tout $n \geqslant 2$.

L'équation caractéristique $r^2 - ar + 1 = 0$ a pour discriminant $\Delta = a^2 - 4$. En notant r et s les racines, éventuellement confondues, du polynôme $X^2 - aX + 1$, on trouve :

- si $r \neq s$ (c'est-à-dire $a^2 \neq 4$), alors $D_n = \dfrac{r^{n+1} - s^{n+1}}{r - s}$,
- si $r = s$, alors $D_n = (1+n)r^n$.

25.11 En ajoutant à la première colonne les autres colonnes et en factorisant, on obtient :

$$\begin{vmatrix} 0 & 1 & \dots & 1 \\ 1 & \ddots & & \vdots \\ \vdots & \ddots & \ddots & 1 \\ 1 & \dots & 1 & 0 \end{vmatrix} = (n-1)\begin{vmatrix} 1 & 1 & \dots & 1 \\ 1 & 0 & & \vdots \\ \vdots & \ddots & \ddots & 1 \\ 1 & \dots & 1 & 0 \end{vmatrix}.$$

Puis, en retranchant la première colonne aux autres, on a :

$$D_n = (n-1)\begin{vmatrix} 1 & 0 & \dots & \dots & 0 \\ 1 & -1 & \ddots & & \vdots \\ \vdots & 0 & \ddots & \ddots & \vdots \\ \vdots & \vdots & \ddots & \ddots & 0 \\ 1 & 0 & \dots & 0 & -1 \end{vmatrix} = (n-1)(-1)^{n-1}$$

puisque le déterminant d'une matrice triangulaire est le produit des termes diagonaux.

25.12 On effectue successivement les opérations :

$$L_n \leftarrow L_n - L_{n-1}, L_{n-1} \leftarrow L_{n-1} - L_{n-2}, \dots, L_2 \leftarrow L_2 - L_1.$$

On obtient le déterminant triangulaire suivant :

$$D = \begin{vmatrix} s_1 & & & \\ & s_2 - s_1 & & (\star) \\ & & \ddots & \\ (0) & & & s_n - s_{n-1} \end{vmatrix} = s_1 \prod_{k=2}^{n} (s_k - s_{k-1}).$$

25.13 1. Soit $x \in \mathbb{R}$. Retranchons la première colonne à chacune des autres colonnes :

$$f(x) = \begin{vmatrix} a+x & c-a & \cdots & \cdots & c-a \\ b+x & a-b & \ddots & & \vdots \\ \vdots & 0 & \ddots & \ddots & \vdots \\ \vdots & \vdots & \ddots & \ddots & c-a \\ b+x & 0 & \cdots & 0 & a-b \end{vmatrix}.$$

En utilisant la linéarité par rapport à la première colonne, on obtient :

$$f(x) = \begin{vmatrix} a & c-a & \cdots & \cdots & c-a \\ b & a-b & \ddots & & \vdots \\ \vdots & 0 & \ddots & \ddots & \vdots \\ \vdots & \vdots & \ddots & \ddots & c-a \\ b & 0 & \cdots & 0 & a-b \end{vmatrix} + \begin{vmatrix} x & c-a & \cdots & \cdots & c-a \\ x & a-b & \ddots & & \vdots \\ \vdots & 0 & \ddots & \ddots & \vdots \\ \vdots & \vdots & \ddots & \ddots & c-a \\ x & 0 & \cdots & 0 & a-b \end{vmatrix}.$$

Le premier déterminant ne dépend pas de x, notons-le α. Le deuxième peut se réécrire, en utilisant la linéarité par rapport à la première colonne, sous la forme :

$$x\begin{vmatrix} 1 & c-a & \cdots & \cdots & c-a \\ 1 & a-b & \ddots & & \vdots \\ \vdots & 0 & \ddots & \ddots & \vdots \\ \vdots & \vdots & \ddots & \ddots & c-a \\ 1 & 0 & \cdots & 0 & a-b \end{vmatrix}.$$

Il est donc de la forme βx où β est un réel indépendant de x.

On en déduit que $f(x) = D(a+x, b+x, c+x) = \alpha + x\beta$ où $(\alpha, \beta) \in \mathbb{R}^2$.

Donc, f est bien une fonction polynomiale de degré au plus 1.

2. Ainsi, $D(a,b,c) = f(0) = \alpha$ que l'on va donc chercher à expliciter. Remarquons que :

$$f(-c) = \begin{vmatrix} a-c & 0 & \cdots & 0 \\ b-c & \ddots & \ddots & \vdots \\ \vdots & \ddots & \ddots & 0 \\ b-c & \cdots & b-c & a-c \end{vmatrix}.$$

Ce déterminant étant celui d'une matrice triangulaire, il est égal au produit des termes de la diagonale :

$$f(-c) = (a-c)^n \qquad \text{et de même} \qquad f(-b) = (a-b)^n.$$

Il ne reste plus qu'à résoudre le système suivant : $\begin{cases} \alpha - \beta c = (a-c)^n \\ \alpha - \beta b = (a-b)^n. \end{cases}$

On obtient, après résolution, comme $b \neq c$:

$$\alpha = \frac{b(a-c)^n - c(a-b)^n}{b-c} \qquad \text{et} \qquad \beta = \frac{(a-c)^n - (a-b)^n}{b-c}.$$

Cela nous donne finalement :

$$D(a,b,c) = \alpha = \frac{b(a-c)^n - c(a-b)^n}{b-c}.$$

25.14 On note $C = \begin{pmatrix} 1 \\ \vdots \\ 1 \end{pmatrix} \in \mathbb{K}^n$ et $\mathcal{B} = (E_1, \ldots, E_n)$ la base canonique de $\mathcal{M}_{n,1}(\mathbb{K})$.

On a $\det(A) = \det_{\mathcal{B}}(C + x_1E_1, \ldots, C + x_nE_n)$, donc, par linéarité par rapport aux colonnes de la variable, le déterminant de A est la somme des déterminants $\det_{\mathcal{B}}(C_1, \ldots, C_n)$, où chaque C_i est égal à C ou à x_iE_i.

Par propriété, ces déterminants sont nuls dès que deux des C_i sont égaux à C. On a donc :

$$\begin{aligned}\det(A) &= \det_{\mathcal{B}}(x_1E_1, \ldots, x_nE_n) + \sum_{k=1}^{n} \det_{\mathcal{B}}(x_1E_1, \ldots, x_{k-1}E_{k-1}, C, x_{k+1}E_{k+1}, \ldots, x_nE_n) \\ &= x_1 \cdots x_n \det(I_n) + \sum_{k=1}^{n} \left(\prod_{i \in [\![1,n]\!] \setminus \{k\}} x_i \right) \det_{\mathcal{B}}(E_1, \ldots, E_{k-1}, C, E_{k+1}, \ldots, E_n).\end{aligned}$$

En remarquant que C est la somme des E_i, on obtient, pour tout $k \in [\![1,n]\!]$:

$$\det_{\mathcal{B}}(E_1, \ldots, E_{k-1}, C, E_{k+1}, \ldots, E_n) = \det_{\mathcal{B}}(E_1, \ldots, E_{k-1}, E_k, E_{k+1}, \ldots, E_n) = 1.$$

Donc :

$$\det A = x_1 \cdots x_n + \sum_{k=1}^{n} \left(\prod_{i \in [\![1,n]\!] \setminus \{k\}} x_i \right) = x_1 \cdots x_n \left(1 + \sum_{k=1}^{n} \frac{1}{x_k} \right).$$

25.15 Démontrons par récurrence sur n la propriété H_n :

$$\text{« } \forall (x_0, \ldots, x_n) \in \mathbb{K}^{n+1} \quad V(x_0, \ldots, x_n) = \prod_{0 \leqslant j < i \leqslant n} (x_i - x_j). \text{ »}$$

- La propriété H_1 est vraie car, si x_0 et x_1 sont des scalaires, on a :

$$V(x_0, x_1) = \begin{vmatrix} 1 & 1 \\ x_0 & x_1 \end{vmatrix} = x_1 - x_0.$$

- Soit $n \geqslant 2$ tel que H_{n-1} soit vraie. Soit $(x_0, \ldots, x_n) \in \mathbb{K}^{n+1}$.
  * Si les scalaires $x_0, \ldots, x_n$ ne sont pas distincts deux à deux, le déterminant $V(x_0, \ldots, x_n)$ a deux colonnes identiques et donc il est nul. Dans ce cas la formule $V(x_0, \ldots, x_n) = \prod\limits_{0 \leqslant j < i \leqslant n} (x_i - x_j)$ est vérifiée.
  * Si les scalaires $x_0, \ldots, x_n$ sont distincts deux à deux, le développement par rapport à la dernière colonne du déterminant $V(x_0, \ldots, x_{n-1}, x)$ montre que ce dernier est une fonction f polynomiale en x, de degré inférieur ou égal à n et dont le coefficient de degré n est $V(x_0, \ldots, x_{n-1})$. Dans la suite, on notera également f le polynôme associé.

    D'après H_{n-1}, on a :

$$V(x_0, \ldots, x_{n-1}) = \prod_{0 \leqslant j < i \leqslant n-1} (x_i - x_j) \ ;$$

    ce coefficient est donc non nul, puisque les scalaires $x_0, \ldots, x_{n-1}$ sont distincts, et par suite, f est un polynôme de degré n.

De plus, f admet comme racines $x_0, \dots, x_{n-1}$ car, pour tout $i \in [\![0, n-1]\!]$, la quantité $f(x_i)$ est un déterminant ayant deux colonnes identiques. Le polynôme f est un polynôme de degré n dont le coefficient dominant est $V(x_0, \dots, x_{n-1})$ et il admet pour racines les scalaires distincts $x_0, \dots, x_{n-1}$. On a alors l'égalité :

$$\forall x \in \mathbb{K} \quad V(x_0, \dots, x_{n-1}, x) = V(x_0, \dots, x_{n-1}) \prod_{j=0}^{n-1} (x - x_j)$$

ce qui implique :

$$V(x_0, \dots, x_n) = \prod_{0 \leqslant j < i \leqslant n-1} (x_i - x_j) \times \prod_{j=0}^{n-1} (x_n - x_j) = \prod_{0 \leqslant j < i \leqslant n} (x_i - x_j).$$

On a ainsi établi la propriété H_n.

Cela termine la démonstration par récurrence.

25.16 Soit $A = \mathrm{Mat}_{\mathcal{B}}(f)$. Pour tout $i \in [\![1, n]\!]$, notons $C_i = \mathrm{Mat}_{\mathcal{B}}(x_i)$. Notons également M la matrice dont les colonnes sont $C_1, \dots, C_n$. Pour tout $i \in [\![1, n]\!]$, on a $AC_i = \mathrm{Mat}_{\mathcal{B}}(f(x_i))$. D'après la proposition 6 de la page 670, la matrice AM a pour colonnes $AC_1, \dots, AC_n$ et donc $AM = \mathrm{Mat}_{\mathcal{B}}(f(x_1), \dots, f(x_n))$. Par propriété multiplicative du déterminant, on a :

$$\begin{aligned} \det_{\mathcal{B}} \big(f(x_1), \dots, f(x_n)\big) &= \det \mathrm{Mat}_{\mathcal{B}}\big(f(x_1), \dots, f(x_n)\big) \\ &= \det(AM) = \det A \det M = \det f \det_{\mathcal{B}}(x_1, \dots, x_n). \end{aligned}$$

Chapitre 26 : Dénombrement

Dénombrement 26

I Ensembles finis

Nous allons, dans cette première partie, étudier les principales propriétés des ensembles finis. Elles sont assez intuitives.

1 Définition du cardinal

Terminologie Étant donné deux ensembles E et F, on dit que E est **en bijection avec** F s'il existe une bijection de E sur F.

Définition 1

Un ensemble E est dit **fini** s'il existe $n \in \mathbb{N}$ tel que E soit en bijection avec $[\![1, n]\!]$. Un ensemble est dit **infini** s'il n'est pas fini.

Proposition 1

Si E est un ensemble fini, alors il existe un unique entier $n \in \mathbb{N}$ tel que E soit en bijection avec $[\![1, n]\!]$. Cet entier n est appelé **cardinal de E** ou **nombre d'éléments de E**.

Démonstration (non exigible) page 915

Notation On note $\operatorname{card}(E)$ ou $|E|$ le cardinal de l'ensemble fini E.

Remarques

- L'ensemble vide est le seul ensemble de cardinal 0.
- Soit E un ensemble fini, de cardinal $n \geqslant 1$. Une bijection $i \longmapsto a_i$ de $[\![1, n]\!]$ sur E permet de numéroter les éléments de E et d'écrire $E = \{a_1, a_2, \ldots, a_n\}$.

Ex. 1. Pour tout $n \in \mathbb{N}^*$, l'ensemble $[\![1, n]\!]$ est fini de cardinal n car $\mathrm{Id}_{[\![1,n]\!]}$ est une bijection de $[\![1, n]\!]$ sur $[\![1, n]\!]$.

Ex. 2. Soit $(m, n) \in \mathbb{Z}^2$ tel que $m \leqslant n$. Le cardinal de $[\![m, n]\!]$ est $n - m + 1$, car l'application $k \mapsto k + m - 1$ réalise une bijection de $[\![1, n - m + 1]\!]$ sur $[\![m, n]\!]$.

Proposition 2

Si E est un ensemble fini de cardinal n et si F un ensemble qui est en bijection avec E, alors F est aussi fini de cardinal n.

Démonstration. Par définition du cardinal, il existe une bijection f de $[\![1,n]\!]$ sur E. D'autre part, par hypothèse, il existe une bijection φ de E sur F. La composée $\varphi \circ f$ est alors une bijection de $[\![1,n]\!]$ sur F. □

Remarque Il en résulte que si E est un ensemble infini et si l'on dispose d'une bijection de E sur F, alors l'ensemble F est également infini.
En effet, si F était fini, il en serait de même de E.

2 Sous-ensembles d'un ensemble fini

Proposition 3

Si E est un ensemble fini de cardinal $n \geqslant 1$ et a un élément de E, alors $E \setminus \{a\}$ est fini de cardinal $n-1$.

Démonstration page 915

Principe de démonstration. Si l'on dispose d'une bijection de $[\![1,n]\!]$ sur E, on en déduit une bijection de $[\![1,n-1]\!]$ sur $E \setminus \{a\}$.

Proposition 4

Si E est un ensemble fini et F un sous-ensemble de E, alors F est fini et $\operatorname{card}(F) \leqslant \operatorname{card}(E)$. De plus, on a $\operatorname{card}(F) = \operatorname{card}(E)$ si, et seulement si, $F = E$.

Démonstration page 916

Principe de démonstration. Raisonner par récurrence sur le cardinal de E et utiliser la proposition 3.

Exo 26.1

Exo 26.2

Ex. 3. (Un exemple d'ensemble infini)
Montrons que l'ensemble $\mathbb{N}$ est infini. Supposons que $\mathbb{N}$ soit fini et notons n son cardinal. L'ensemble $[\![1,n+1]\!]$ est fini, de cardinal $n+1$, et inclus dans $\mathbb{N}$, donc d'après la proposition 4, on a $n+1 \leqslant n$. C'est absurde et $\mathbb{N}$ est donc infini.

Point méthode Pour démontrer l'égalité entre deux ensembles finis, il suffit de montrer une inclusion et l'égalité des cardinaux.

Corollaire 5

Si F est inclus dans E et si F est infini, alors E est infini.

3 Réunion d'ensembles finis

Proposition 6

Si A et B sont deux ensembles finis et disjoints, alors $A \cup B$ est fini et l'on a :

$$\operatorname{card}(A \cup B) = \operatorname{card}(A) + \operatorname{card}(B).$$

Démonstration page 916

Principe de démonstration. On dispose d'une bijection f de $[\![1,m]\!]$ sur A et d'une bijection g de $[\![1,n]\!]$ sur B. Il s'agit, à partir de f et de g, de construire une bijection de $[\![1,m+n]\!]$ sur $A \cup B$.

Corollaire 7

Si A est un sous-ensemble d'un ensemble fini E et $\overline{A}$ le complémentaire de A dans E, on a :

$$\operatorname{card}(\overline{A}) = \operatorname{card}(E) - \operatorname{card}(A).$$

Corollaire 8

Si $A_1, \ldots, A_n$ sont des ensembles finis, deux à deux disjoints, alors $A_1 \cup \cdots \cup A_n$ est fini et l'on a :

$$\operatorname{card}(A_1 \cup \cdots \cup A_n) = \sum_{i=1}^{n} \operatorname{card}(A_i).$$

Démonstration. Récurrence immédiate en utilisant la proposition 6. □

Exo 26.3

Exo 26.4

Proposition 9

Si A et B sont des ensembles finis, alors $A \cup B$ est fini et l'on a :

$$\operatorname{card}(A \cup B) = \operatorname{card}(A) + \operatorname{card}(B) - \operatorname{card}(A \cap B).$$

Démonstration page 916

4 Applications entre ensembles finis

Lemme 10

Soit E et F deux ensembles, avec E fini. Si f est une injection de E dans F, alors l'ensemble $f(E)$ est fini et $\operatorname{card}(f(E)) = \operatorname{card}(E)$.

Démonstration. Puisque f est injective, elle induit une bijection de E sur $f(E)$. D'après la proposition 2 de la page précédente, l'ensemble $f(E)$ est fini et $\operatorname{card}(f(E)) = \operatorname{card}(E)$. □

Proposition 11

Soit E et F deux ensembles, avec E fini. Si f est une application de E dans F, alors l'ensemble $f(E)$ est fini et $\operatorname{card}(f(E)) \leqslant \operatorname{card}(E)$.

De plus, on a $\operatorname{card}(f(E)) = \operatorname{card}(E)$ si, et seulement si, f est injective.

Démonstration page 916

Principe de démonstration. Démontrer la propriété par récurrence sur le cardinal de E.

Remarques De la proposition se déduisent les résultats suivants.

- S'il existe une application surjective f d'un ensemble fini E dans un ensemble fini F, on a alors $\operatorname{card}(F) \leqslant \operatorname{card}(E)$. En effet, dans ce cas, $f(E) = F$.
- S'il existe une application injective f d'un ensemble fini E dans un ensemble fini F, on a alors $\operatorname{card}(E) \leqslant \operatorname{card}(F)$. En effet, dans ce cas :
  $$\operatorname{card}(E) = \operatorname{card}(f(E)) \leqslant \operatorname{card}(F) \quad \text{puisque } f(E) \subset F.$$
  A contrario, si f est une application d'un ensemble fini E dans un ensemble fini F, avec $\operatorname{card}(E) > \operatorname{card}(F)$, alors f n'est pas injective.

Exo 26.5

Point méthode (principe des tiroirs) Si l'on place n objets dans m tiroirs, avec $n > m$, alors il y a un tiroir qui contient au moins deux objets.

Ex. 4. Soit $n \in \mathbb{N}^*$. Parmi $n+1$ réels de l'intervalle $[0,1]$, il y en a au moins deux dont la distance est inférieure ou égale à $\frac{1}{n}\cdot$

En effet, on peut diviser le segment $[0,1]$ en n « tiroirs », les intervalles disjoints :

$$\left[0, \frac{1}{n}\right[, \left[\frac{1}{n}, \frac{2}{n}\right[, \dots, \left[\frac{n-1}{n}, 1\right],$$

de longueur $\frac{1}{n}$, dont la réunion est $[0,1]$. Chacun des $n+1$ réels appartient à l'un de ces n intervalles, donc nécessairement l'un des intervalles contient au moins deux des $n+1$ réels, dont la distance est ainsi inférieure ou égale à $\frac{1}{n}\cdot$

Ex. 5. Dans une pièce, des personnes (au moins deux) sont en train de se serrer la main (pour se saluer). Alors, à chaque instant, il y a deux personnes qui ont serré la main à un nombre identique de personnes.

En effet, si à un instant donné $k \geqslant 2$ personnes ont déjà serré des mains, le nombre de mains serrées par l'une quelconque de ces k personnes est un entier entre 1 et $k-1$. Donc nécessairement deux de ces personnes ont serré le même nombre de mains, car l'application qui à chacune de ces personnes associe le nombre de mains qu'elle a serrés ne peut pas être injective.

Théorème 12

Soit E et F deux ensembles finis de même cardinal, ainsi que f une application de E dans F. Il y équivalence entre :

(i) f est injective ; (ii) f est surjective ; (iii) f est bijective.

Démonstration page 917

Principe de démonstration. C'est une conséquence des propositions 4 de la page 905 et 11 de la page précédente.

Remarque Le résultat s'applique en particulier si $F = E$, c'est-à-dire si E est un ensemble fini et f une application de E dans E.

II Dénombrement

Dénombrer, c'est compter le nombre d'éléments d'un ensemble, c'est-à-dire déterminer son cardinal. Dans les démonstrations, il sera souvent fait usage de la proposition 2 de la page 905. De manière générale, pour dénombrer un ensemble, on montre souvent qu'il a même nombre d'éléments qu'un autre ensemble plus simple dont on connaît le cardinal, même si la bijection n'est pas exhibée formellement.

1 Produit cartésien

On rappelle que les éléments d'un produit cartésien de p ensembles sont appelés des p-listes ou p-uplets.

Proposition 13

Soit E et F deux ensembles finis. Alors $E \times F$ est fini et :

$$\operatorname{card}(E \times F) = \operatorname{card}(E) \times \operatorname{card}(F).$$

Démonstration page 917

Proposition 14

Soit $p \in \mathbb{N}^*$ et $E_1, \ldots, E_p$ des ensembles finis. Alors $E_1 \times \cdots \times E_p$ est fini et :

$$\operatorname{card}(E_1 \times \cdots \times E_p) = \prod_{k=1}^{p} \operatorname{card}(E_k).$$

Démonstration. On démontre la propriété par récurrence sur p. Pour passer du rang p au rang $p+1$, on remarque que l'application :

$$(x_1, \ldots, x_p, x_{p+1}) \mapsto ((x_1, \ldots, x_p), x_{p+1})$$

réalise une bijection de $E_1 \times \cdots \times E_p \times E_{p+1}$ sur $(E_1 \times \cdots \times E_p) \times E_{p+1}$, ce qui permet d'écrire :

$$\operatorname{card}(E_1 \times \cdots \times E_p \times E_{p+1}) = \operatorname{card}(E_1 \times \cdots \times E_p) \times \operatorname{card}(E_{p+1})$$

et de conclure grâce à l'hypothèse de récurrence. □

Corollaire 15

Si E est un ensemble fini, alors $\operatorname{card}(E^p) = (\operatorname{card}(E))^p$.

Exo 26.6

Démonstration. On applique la proposition 14, au cas $E_1 = \cdots = E_p = E$. □

2 Applications

Exo 26.7

Exo 26.8

Proposition 16

Soit E et F deux ensembles finis non vides. Alors l'ensemble F^E des applications de E dans F est un ensemble fini et :

$$\operatorname{card}(F^E) = (\operatorname{card}(F))^{\operatorname{card}(E)}.$$

Démonstration page 917

Principe de démonstration. On pose $p = \operatorname{card}(E)$ et l'on note $E = \{a_1, \ldots, a_p\}$. Il suffit de se convaincre que l'application qui, à $f \in F^E$, associe le p-uplet $\big(f(a_1), \ldots, f(a_p)\big) \in F^p$ est bijective.

Remarque C'est le résultat de la proposition 16 qui explique la notation F^E utilisée pour désigner l'ensemble des applications de E dans F.

Parties d'un ensemble

Proposition 17

Si E est un ensemble de cardinal n, l'ensemble $\mathcal{P}(E)$ des parties de E a pour cardinal 2^n.

Démonstration. Il a été démontré dans le chapitre 3 (remarque de la page 40) que l'application suivante :

$$\begin{array}{rccc} u: & \mathcal{P}(E) & \longrightarrow & \{0,1\}^E \\ & A & \longmapsto & \mathbb{1}_A \end{array}$$

est une bijection. On a donc $\operatorname{card}(\mathcal{P}(E)) = \operatorname{card}\left(\{0,1\}^E\right) = 2^n$. □

Remarque On peut retrouver ce résultat par le raisonnement suivant : déterminer une partie A de E, c'est déterminer pour chaque élément de E s'il appartient ou non à A. Il y a 2 possibilités pour chaque élément de E donc, en tout, 2^n choix.

3 Arrangements

Définition 2

Soit $p \in \mathbb{N}^*$. On appelle **p-arrangement** d'un ensemble E, toute p-liste d'éléments distincts de E .

Remarque Si $\operatorname{card}(E) < p$, on ne peut pas trouver p éléments distincts dans E. Il n'y a donc pas de p-arrangement d'éléments de E.

Théorème 18

Si $p \in \mathbb{N}^*$, alors le nombre de p-arrangements d'un ensemble de cardinal n est :

$$n(n-1)\cdots(n-p+1).$$

Si $1 \leqslant p \leqslant n$, il est donc égal à $\dfrac{n!}{(n-p)!}$.

Démonstration page 918

Remarques

- Si $n < p$, alors $n(n-1)\cdots(n-p+1) = 0$, car $n-n$ est l'un des p facteurs du produit, ce qui est bien le résultat attendu.
- Le nombre de p-arrangements d'un ensemble de cardinal n est parfois noté A_n^p.

Ex. 6. Le nombre de mots de p lettres distinctes que l'on peut former avec un alphabet de n lettres est $\frac{n!}{(n-p)!}$.

Ex. 7. Une course de chevaux comporte 20 partants. Le nombre de résultats possibles de tiercés dans l'ordre est $20 \cdot 19 \cdot 18 = 6840$.

Proposition 19

Le nombre d'injections d'un ensemble E de cardinal p dans un ensemble F de cardinal n est $n(n-1)\cdots(n-p+1)$.

Démonstration page 918

Principe de démonstration. On note $E = \{a_1, \ldots, a_p\}$. Considérer l'application qui, à $f \in F^E$, associe le p-uplet $\big(f(a_1), \ldots, f(a_p)\big) \in F^p$.

Corollaire 20

Si $\operatorname{card}(E) = \operatorname{card}(F) = n$, le nombre de bijections de E sur F est $n!$.

Démonstration. Si E et F ont même cardinal n, les bijections de E sur F sont exactement les injections de E dans F (d'après le théorème 12 de la page 907). Il y en a donc $\frac{n!}{0!} = n!$. □

On rappelle qu'une permutation d'un ensemble E est une bijection de E sur lui-même.

Exo 26.9

Corollaire 21

Le nombre de permutations d'un ensemble de cardinal n est $n!$.

4 Combinaisons

Dans le chapitre 4, ont été définis les coefficients binomiaux $\binom{n}{p}$. On rappelle que, pour tous entiers naturels n et p :

$$\binom{n}{p} = \frac{n(n-1)\cdots(n-p+1)}{p!}.$$

On remarque que le numérateur est le nombre de p-arrangements d'un ensemble de cardinal n.

Définition 3

Soit $p \in \mathbb{N}$. Un sous-ensemble de cardinal p d'un ensemble E est appelé une **p-combinaison** d'éléments de E.

Exo 26.10

Exo 26.11

Théorème 22

Soit n et p des entiers naturels. Le nombre de sous-ensembles de cardinal p (ou p-combinaisons) d'un ensemble E de cardinal n est $\binom{n}{p}$.

Démonstration page 918

Principe de démonstration. Soit E un ensemble de cardinal n. Si $p \geqslant 1$, on considère l'application qui à un p-arrangement $(a_1, \ldots, a_p)$ de E associe le sous-ensemble $\{a_1, \ldots, a_p\}$ de E. On examine le nombre d'antécédents de chaque sous-ensemble $\{a_1, \ldots, a_p\}$.

Remarques

1. Si n et p sont des entiers tels que $0 \leqslant p \leqslant n$, le nombre de sous-ensembles de cardinal p d'un ensemble de cardinal n est donc $\dfrac{n!}{p!(n-p)!}$.
2. Si $n < p$, il n'y a pas de sous-ensemble de cardinal p dans un ensemble de cardinal n. On retrouve le fait que $\binom{n}{p} = 0$ dans ce cas.

Propriétés des coefficients $\binom{n}{p}$

Les propriétés des coefficients binomiaux ont été démontrées par des calculs, dans le chapitre 4. Nous proposons de les redémontrer en faisant appel à des méthodes combinatoires, c'est-à-dire à des dénombrements.

Proposition 23

Si n et p sont des entiers tels que $0 \leqslant p \leqslant n$, on a :

$$\binom{n}{p} = \binom{n}{n-p}.$$

Démonstration. L'application s qui, à un sous-ensemble A de $[\![1,n]\!]$, associe son complémentaire est bijective, car involutive (c'est-à-dire vérifie $s \circ s = \mathrm{Id}_{\mathcal{P}([\![1,n]\!])}$). Il y a donc autant de façons de choisir un sous-ensemble de cardinal p, soit $\binom{n}{p}$, que de façons de choisir son complémentaire, *i.e.* un sous-ensemble de cardinal $(n-p)$, soit $\binom{n}{n-p}$. D'où l'égalité. □

Proposition 24 (Formule de Pascal)

Si n et p sont des entiers tels que $1 \leqslant p \leqslant n$, on a :

$$\binom{n}{p} = \binom{n-1}{p-1} + \binom{n-1}{p}.$$

Démonstration. On fixe un élément a de $[\![1,n]\!]$. Parmi les parties de $[\![1,n]\!]$ de cardinal p, on distingue :

- celles qui contiennent a ; il y a en a $\binom{n-1}{p-1}$ car, en plus de a, cela revient à choisir $p-1$ éléments de $[\![1,n]\!] \setminus \{a\}$;
- celles qui ne contiennent pas a ; il y a en a $\binom{n-1}{p}$, car cela revient à choisir p éléments de $[\![1,n]\!] \setminus \{a\}$.

Comme ces ensembles de parties sont disjoints et que le nombre total de parties de E de cardinal p est $\binom{n}{p}$, on obtient la formule voulue.

On note que la formule reste vérifiée pour $p > n$. □

Ex. 8. Formule du binôme La formule du binôme a été démontrée page 112 par récurrence. Nous en proposons une autre démonstration fondée sur des arguments combinatoires.

Soit a et b deux nombres complexes, n un entier naturel.

1. On développe $(a+b)^n = (a+b) \times (a+b) \times \cdots \times (a+b)$.

   Chaque terme du produit s'obtient en prenant un facteur dans chaque parenthèse, a ou b. S'il y a k facteurs a, il y a $n-k$ facteurs b. Donc chaque terme est de la forme $a^k b^{n-k}$, où $0 \leqslant k \leqslant n$.

2. Pour un k fixé, il y autant de termes de la forme $a^k b^{n-k}$ qu'il y a de façons de choisir les k parenthèses où l'on prend les facteurs a, c'est-à-dire $\binom{n}{k}$.

Comme k peut varier de 0 à n, ce qui précède montre que $(a+b)^n = \displaystyle\sum_{k=0}^{n} \binom{n}{k} a^k b^{n-k}$.

Exo 26.12

Applications de la formule du binôme

Ex. 9. En prenant $a = b = 1$ dans la formule du binôme, on obtient $\displaystyle\sum_{k=0}^{n} \binom{n}{k} = 2^n$. Cela donne une nouvelle démonstration du fait que, si $\text{card}(E) = n$, alors $\text{card}\,\mathcal{P}(E) = 2^n$. En effet si l'on note, pour $0 \leqslant k \leqslant n$, $\mathcal{P}_k(E)$ l'ensemble des parties de E de cardinal k, alors $\mathcal{P}(E)$ est la réunion disjointe de $\mathcal{P}_0(E), \mathcal{P}_1(E), \ldots, \mathcal{P}_n(E)$, donc :

$$\text{card}\,\mathcal{P}(E) = \sum_{k=0}^{n} \text{card}\,\mathcal{P}_k(E) = \sum_{k=0}^{n} \binom{n}{k} = 2^n.$$

Remarque Pour $1 \leqslant p \leqslant n$, on a $p\binom{n}{p} = n\binom{n-1}{p-1}$.

Ex. 10. Soit n un entier naturel. Calculons $\sum\limits_{k=0}^{n} k\binom{n}{k}$, par deux méthodes.

Exo 26.13

1. En utilisant la remarque qui précède, on obtient :

$$\sum_{k=0}^{n} k\binom{n}{k} = \sum_{k=1}^{n} k\binom{n}{k} = \sum_{k=1}^{n} n\binom{n-1}{k-1} = n\sum_{j=0}^{n-1}\binom{n-1}{j} = n2^{n-1}.$$

2. On peut également partir de la formule du binôme et dériver. On a :

$$\forall x \in \mathbb{R}_+^* \quad (x+1)^n = \sum_{k=0}^{n}\binom{n}{k}x^k$$

et donc, en dérivant :

$$\forall x \in \mathbb{R}_+^* \quad n(x+1)^{n-1} = \sum_{k=1}^{n} k\binom{n}{k}x^{k-1},$$

ce qui donne, en évaluant en 1, $\sum\limits_{k=1}^{n} k\binom{n}{k} = n2^{n-1}$.

5 Techniques classiques de dénombrement

Choix successifs

Point méthode Soit $p \in \mathbb{N}^*$. On cherche à dénombrer un ensemble de p-listes $(x_1,\dots,x_p)$. On suppose que :

- x_1 peut prendre n_1 valeurs ;
- pour chaque valeur de x_1, l'élément x_2 peut prendre n_2 valeurs, ... ;
- pour chaque valeur de $(x_1,\dots,x_{p-1})$, l'élément x_p peut prendre n_p valeurs.

Exo 26.14

Exo 26.15

Alors, le nombre total de valeurs que peut prendre le p-uplet $(x_1,\dots,x_p)$ est $n_1 \times \cdots \times n_p$.

Ex. 11. Soit k, p et n des entiers tels que $0 \leqslant k \leqslant p \leqslant n$. On souhaite dénombrer l'ensemble des couples (A,B) de parties d'un ensemble E de cardinal n telles que

$$\text{card}\, A = k, \quad \text{card}\, B = p \quad \text{et} \quad A \subset B.$$

Pour cela, on peut :

- soit choisir B, et il y a $\binom{n}{p}$ choix possibles, puis choisir A ; alors, B étant fixé, A est simplement une partie de B de cardinal k ; il y en a $\binom{p}{k}$, ce qui donne au total $\binom{n}{p}\binom{p}{k}$ couples (A,B) ;
- soit choisir A, et il y a $\binom{n}{k}$ choix possibles, puis choisir B ; alors, A étant fixé, B s'obtient en rajoutant $p-k$ éléments à A qui doivent être choisis dans $E \setminus A$; ce dernier ensemble étant de cardinal $n-k$, il y a $\binom{n-k}{p-k}$ choix, ce qui donne au total $\binom{n}{k}\binom{n-k}{p-k}$ couples (A,B).

On en déduit donc : $\binom{n}{p}\binom{p}{k} = \binom{n}{k}\binom{n-k}{p-k}$.

Remarque On voit qu'une égalité entre deux expressions entières peut résulter du dénombrement d'un ensemble par deux méthodes distinctes.

Partition

Exo 26.16

Exo 26.17

Point méthode Si l'on dispose d'une partition $(A_1, \dots, A_n)$ d'un ensemble fini E, alors on a $\operatorname{card}(E) = \sum\limits_{i=1}^{n} \operatorname{card} A_i$.

Remarque Ce principe a été utilisé dans la démonstration de la proposition 13 de la page 907.

Ex. 12. Soit E un ensemble fini de cardinal n. Dénombrons le nombre de couples (A, B) de parties de E tels que $A \subset B$.

- **Première méthode.** On note $\mathcal{C}$ l'ensemble de ces couples (A, B) et, pour $k \in [\![0, n]\!]$, on note $\mathcal{C}_k$ l'ensemble des élément de $\mathcal{C}$ pour lesquels $\operatorname{card} B = k$. On a alors $\operatorname{card} \mathcal{C}_k = \binom{n}{k} 2^k$. En effet, il faut choisir une partie quelconque B de E de cardinal k, puis une partie A quelconque de B. Comme $\mathcal{C}_0, \mathcal{C}_1, \dots, \mathcal{C}_n$ est une partition de $\mathcal{C}$, on obtient :

$$\operatorname{card} \mathcal{C} = \sum_{k=0}^{n} \operatorname{card} \mathcal{C}_k = \sum_{k=0}^{n} \binom{n}{k} 2^k = (2+1)^n = 3^n,$$

d'après la formule du binôme.

- **Deuxième méthode.** Le résultat trouvé incite à penser qu'on peut l'obtenir en montrant que $\mathcal{C}$ est en bijection avec un ensemble de cardinal 3^n. On construit une application Φ de $\mathcal{C}$ dans $\{0,1,2\}^E$. Si $(A, B) \in \mathcal{C}$, on définit l'application $\Phi(A, B) \in \{0,1,2\}^E$ par :

$$\forall x \in E \quad \Phi(A, B)(x) = \begin{cases} 0 & \text{si } x \in A \\ 1 & \text{si } x \in B \setminus A \\ 2 & \text{si } x \notin B. \end{cases}$$

Montrons que Φ est bijective. Pour cela, considérons une application f de E dans $\{0,1,2\}$ et cherchons $(A, B) \in \mathcal{C}$ tel que $\Phi(A, B) = f$.
Cela est réalisé si, et seulement si :

$$A = f^{-1}(\{0\}) \quad \text{et} \quad B = f^{-1}(\{0,1\}).$$

Les sous-ensembles A et B sont déterminés de manière unique et il est clair que, par construction, $A \subset B$, donc $(A, B) \in \mathcal{C}$. Ainsi toute application f a un antécédent unique : Φ est bijective.
On retrouve $\operatorname{card} \mathcal{C} = \operatorname{card}\left(\{0,1,2\}^E\right) = 3^n$.

Compter plusieurs fois la même chose

Point méthode Souvent, pour dénombrer, plusieurs méthodes sont possibles. La méthode adoptée peut mener directement à un dénombrement exact. Mais parfois elle conduit à compter tous les objets considérés plusieurs fois. Si chaque objet est compté exactement k fois pour un certain entier k, il suffit de diviser le nombre trouvé par k. Cela arrive en particulier quand le dénombrement amène à créer un ordre sur des objets qui n'étaient pas *a priori* ordonnés.

Exo 26.18

Remarque

Ce principe a été utilisé dans la démonstration du théorème 22 de la page 910.

Ex. 13. On désire organiser des matchs entre $2n$ équipes de basket, chacune disputant un match. De combien de façons u_n peut-on organiser ces matchs, c'est-à-dire apparier les équipes deux à deux ?

- **Première méthode.** On choisit 2 équipes ($\binom{2n}{2}$ choix) pour former un premier match, puis 2 équipes parmi les $2n-2$ restantes ($\binom{2n-2}{2}$ choix) pour former un deuxième match,..., enfin 2 équipes parmi les 2 restantes pour faire un dernier match. On a ainsi :

$$\binom{2n}{2}\binom{2n-2}{2}\cdots\binom{2}{2} = \frac{(2n)!}{2^n}$$

choix. Mais on a ainsi construit des listes $(M_1, M_2, \ldots, M_n)$ de matchs, alors ce que l'on cherche à compter ce sont les ensembles $\{M_1, M_2, \ldots, M_n\}$ de n matchs, sans ordre. Pour obtenir le nombre cherché, il faut donc diviser par $n!$, nombre de façons de permuter $M_1, M_2, \ldots, M_n$. On obtient :

$$u_n = \frac{(2n)!}{2^n\, n!}.$$

- **Seconde méthode.** On détermine une relation de récurrence. Soit $n \geqslant 2$. Choisissons une équipe e parmi les $2n$. Elle dispute un match, avec l'une des $2n-1$ autres équipes. Une fois cette équipe choisie, il reste $2n-2 = 2(n-1)$ équipes à apparier. On a donc :

$$u_n = (2n-1)u_{n-1}.$$

En effet, en procédant ainsi, on est sûr de ne pas compter certaines listes de matchs deux fois : on compte en premier le nombre de matchs de l'équipe e, qui n'interviendra plus après. En itérant cette formule et sachant que $u_1 = 1$, on obtient :

$$u_n = (2n-1)(2n-3)\cdots 3u_1 = (2n-1)(2n-3)\cdots 3\cdot 1.$$

En multipliant numérateur et dénominateur par le produit des nombres pairs de 2 à $2n$, on retrouve la formule précédente.

Démonstrations

Proposition 1 La démonstration repose sur le lemme suivant.

Lemme

Si n et p sont deux entiers naturels non nuls tels que $[\![1,n]\!]$ et $[\![1,p]\!]$ soient en bijection, alors on a $n=p$.

Démonstration.
Montrons par récurrence la propriété H_n : « si $p\in\mathbb{N}^*$ est tel que $[\![1,n]\!]$ soit en bijection avec $[\![1,p]\!]$, alors $n=p$ ».

- Démontrons H_1. S'il existe une application bijective f de $[\![1,1]\!]=\{1\}$ sur $[\![1,p]\!]$, alors on a $[\![1,p]\!]=\{f(1)\}$, donc $p=f(1)=1$.
- Soit $n\geqslant 1$. On suppose établie la propriété H_n et l'on montre H_{n+1}.
  Soit f une bijection de $[\![1,n+1]\!]$ sur $[\![1,p]\!]$, où $p\in\mathbb{N}^*$. Comme $f(1)\neq f(n+1)$, on a en fait $p\geqslant 2$. On pose $k=f(n+1)$, élément de $[\![1,p]\!]$.
  Alors l'application $g:\begin{array}{ccc}[\![1,n]\!] & \longrightarrow & [\![1,p]\!]\setminus\{k\}\\ x & \longmapsto & f(x)\end{array}$ est bijective.
  Considérons l'application $\varphi:\begin{array}{ccc}[\![1,p]\!]\setminus\{k\} & \longrightarrow & [\![1,p-1]\!]\\ x & \longmapsto & \begin{cases} x & \text{si } x<k\\ x-1 & \text{si } x>k.\end{cases}\end{array}$
  Elle envoie injectivement $[\![1,k-1]\!]$ sur $[\![1,k-1]\!]$ et $[\![k+1,p]\!]$ sur $[\![k,p-1]\!]$. Elle réalise donc une bijection de $[\![1,p]\!]\setminus\{k\}$ sur $[\![1,p-1]\!]$. La composée $\varphi\circ g$ est donc une bijection de $[\![1,n]\!]$ sur $[\![1,p-1]\!]$. Par hypothèse de récurrence, on obtient $n=p-1$ et donc $n+1=p$. □

Démontrons maintenant la proposition.

- Si $E=\varnothing$ et s'il existe une bijection de $[\![1,n]\!]$ sur E, alors $[\![1,n]\!]=\varnothing$, donc nécessairement $n=0$.
- Montrons l'unicité pour un ensemble E non vide. Celui-ci ne peut pas être en bijection avec $[\![1,0]\!]=\varnothing$. Supposons donc qu'il existe deux entiers naturels non nuls n et p tels que E soit en bijection avec $[\![1,n]\!]$ et avec $[\![1,p]\!]$. Alors $[\![1,n]\!]$ est en bijection avec $[\![1,p]\!]$. En effet, si f (resp. g) est une bijection de E sur $[\![1,n]\!]$ (resp. $[\![1,p]\!]$) alors $g\circ f^{-1}$ est une bijection de $[\![1,n]\!]$ sur $[\![1,p]\!]$. D'après le lemme qui précède, $n=p$.

Proposition 3 Soit f une bijection de $[\![1,n]\!]$ sur E et $a\in E$.

- Si $n=1$, on a $E=\{f(1)\}$ et nécessairement $a=f(1)$. Ainsi $E=\{a\}$, donc $E\setminus\{a\}=\varnothing$ et $\operatorname{card}(E\setminus\{a\})=0=1-1$. On suppose désormais $n\geqslant 2$.
- Soit $k\in[\![1,n]\!]$ tel que $f(k)=a$.
  L'application $g:\begin{array}{ccc}[\![1,n]\!]\setminus\{k\} & \longrightarrow & E\setminus\{a\}\\ x & \longmapsto & f(x)\end{array}$ est une bijection de $[\![1,n]\!]\setminus\{k\}$ sur $E\setminus\{a\}$.
  L'application $\varphi:\begin{array}{ccc}[\![1,n-1]\!] & \longrightarrow & [\![1,n]\!]\setminus\{k\}\\ x & \longmapsto & \begin{cases} x & \text{si } x\leqslant k-1\\ x+1 & \text{si } x\geqslant k.\end{cases}\end{array}$ est bijective. En effet elle envoie injectivement $[\![1,k-1]\!]$ sur $[\![1,k-1]\!]$ et $[\![k,n-1]\!]$ sur $[\![k+1,n]\!]$. La composée $g\circ\varphi$ est une bijection de $[\![1,n-1]\!]$ sur $E\setminus\{a\}$. Donc $E\setminus\{a\}$ est fini et $\operatorname{card}(E\setminus\{a\})=n-1$.

Proposition 4 On démontre par récurrence la propriété H_n : « si E est un ensemble fini de cardinal n et F un sous-ensemble de E, alors F est fini et $\operatorname{card}(F) \leqslant n$; de plus $\operatorname{card}(F) = n$ équivaut à $F = E$ ».

- Le cas $n = 0$ est évident, car on a alors $E = F = \varnothing$.
- Soit $n \geqslant 1$. Supposons que H_{n-1} soit vérifiée et montrons H_n. Considérons donc un ensemble E de cardinal n et $F \subset E$.
  - Si $F = E$, alors F est fini et $\operatorname{card}(F) = n$.
  - Si $F \neq E$, il existe un élément a de E qui n'est pas dans F. On a donc $F \subset E \setminus \{a\}$. D'après la proposition 3 de la page 905, $\operatorname{card}(E \setminus \{a\}) = n - 1$. Par hypothèse de récurrence, tout sous-ensemble de $E \setminus \{a\}$ est fini, de cardinal inférieur ou égal à $n-1$. On obtient donc $\operatorname{card}(F) \leqslant n - 1 < n$.

  On a bien démontré que tout sous-ensemble F de E est de cardinal inférieur ou égal à n, avec égalité si, et seulement si, $F = E$.

Proposition 6 On note m le cardinal de A et n celui de B. Soit f une bijection de $[\![1, m]\!]$ sur A et g une bijection de $[\![1, n]\!]$ sur B. On définit une application h de $[\![1, m+n]\!]$ sur $A \cup B$ par :

$$h(x) = \begin{cases} f(x) & \text{si } x \in [\![1, m]\!] \\ g(x-m) & \text{si } x \in [\![m+1, m+n]\!]. \end{cases}$$

Montrons que h est bijective. Pour cela, donnons-nous $y \in A \cup B$ et montrons qu'il possède un antécédent unique par h.

- Si $y \in A$, comme alors y n'appartient pas à B, puisque $A \cap B = \varnothing$, un antécédent de y appartient nécessairement à $[\![1, m]\!]$ et, pour $x \in [\![1, m]\!]$:
$$h(x) = y \iff f(x) = y \iff x = f^{-1}(y).$$
- Si $y \notin A$, alors $y \in B$; un antécédent de y appartient nécessairement à $[\![m+1, m+n]\!]$ et, pour $x \in [\![m+1, m+n]\!]$:
$$h(x) = y \iff g(x-m) = y \iff x = m + g^{-1}(y).$$

Tout élément y de $A \cup B$ possède un antécédent unique, donc h est bijective. On en déduit que $A \cup B$ est fini et que :
$$\operatorname{card}(A \cup B) = m + n = \operatorname{card}(A) + \operatorname{card}(B).$$

Proposition 9 L'ensemble $A \cup B$ est la réunion disjointe des ensembles finis A et $B \setminus A$, donc d'après la proposition 6 de la page 905, $A \cup B$ est fini et l'on a :
$$\operatorname{card}(A \cup B) = \operatorname{card}(A) + \operatorname{card}(B \setminus A).$$
De même, B est la réunion disjointe de $B \setminus A$ et de $A \cap B$, donc :
$$\operatorname{card}(B) = \operatorname{card}(B \setminus A) + \operatorname{card}(A \cap B).$$
En soustrayant les deux égalités précédentes, on obtient :
$$\operatorname{card}(A \cup B) = \operatorname{card}(A) + \operatorname{card}(B) - \operatorname{card}(A \cap B).$$

Proposition 11 On démontre par récurrence sur n la propriété H_n : « pour tout ensemble E de cardinal n et toute application $f : E \to F$, où F est un ensemble quelconque, l'ensemble $f(E)$ est fini et $\operatorname{card}(f(E)) \leqslant \operatorname{card}(E)$; de plus, il y a égalité si, et seulement si, f est injective ».

- Si $n = 0$, alors $E = \varnothing$ et $f(E) = \varnothing$, donc $\operatorname{card}(f(E)) = 0 = \operatorname{card}(E)$ et f est injective.
- Soit $n \geqslant 1$. On suppose que H_{n-1} est vérifiée et on montre H_n. On considère un ensemble E de cardinal n et une application f de E dans F.

* Si f est injective, il résulte du lemme 10 de la page 906 que $f(E)$ est fini et que l'on a $\mathrm{card}\,(f(E)) = \mathrm{card}\,(E)$.
* Si f n'est pas injective, il existe deux éléments x et y de E distincts tels que $f(x) = f(y)$. On a alors $f(E) = f(E \setminus \{y\})$ et $\mathrm{card}\,(E \setminus \{y\}) = n - 1$. Par hypothèse de récurrence, on en déduit que $f(E \setminus \{y\})$ est fini et $\mathrm{card}\,\big(f(E \setminus \{y\})\big) \leqslant n - 1$. Ainsi $f(E)$ est fini et $\mathrm{card}\,(f(E)) \leqslant n - 1 < \mathrm{card}\,(E)$.

On a donc dans tous les cas $\mathrm{card}\,\big(f(E)\big) \leqslant \mathrm{card}\,(E)$, avec égalité si, et seulement si, f est injective. La propriété est vraie au rang n, ce qui termine la démonstration par récurrence.

Théorème 12 Il est clair que $(iii) \Rightarrow (i)$ et $(iii) \Rightarrow (ii)$.

- Montrons $(i) \Rightarrow (iii)$.
  Si f est injective, on a $\mathrm{card}\,\big(f(E)\big) = \mathrm{card}\,(E)$ d'après la proposition 11 de la page 906. Comme E et F ont même cardinal, on en déduit $\mathrm{card}\,(f(E)) = \mathrm{card}\,(F)$; de plus, on a $f(E) \subset F$ donc, d'après la proposition 4 de la page 905, $f(E) = F$. L'application f est donc surjective.
- Montrons $(ii) \Rightarrow (iii)$.
  Si f est surjective, on a $\mathrm{card}\,(f(E)) = \mathrm{card}\,(F)$ et, comme E et F ont même cardinal, on en déduit $\mathrm{card}\,(f(E)) = \mathrm{card}\,(E)$. D'après la proposition 11 de la page 906, cela implique que f est injective.

Proposition 13 Si l'un des deux ensembles est l'ensemble vide, alors $E \times F = \varnothing$, donc est fini et $\mathrm{card}\,(E \times F) = 0 = \mathrm{card}\,(E) \times \mathrm{card}\,(F)$.

On suppose $\mathrm{card}\,(E) = n \geqslant 1$. On note $E = \{a_1, \ldots, a_n\}$. On a alors :

$$E \times F = \{(x,y) \mid x \in E \quad \text{et} \quad y \in F\} = \bigcup_{i=1}^{n} G_i, \quad \text{où} \quad G_i = \{(a_i, y) \mid y \in F\}.$$

Pour tout i, l'application $y \mapsto (a_i, y)$ est une bijection de F sur G_i.

On a donc $\mathrm{card}\,(G_i) = \mathrm{card}\,(F)$. Alors $E \times F$ est fini, car réunion finie d'ensembles finis, et comme la réunion est disjointe, on obtient :

$$\mathrm{card}\,(E \times F) = \sum_{i=1}^{n} \mathrm{card}\ G_i = \sum_{i=1}^{n} \mathrm{card}\,(F) = n\,\mathrm{card}\,(F) = \mathrm{card}\,(E) \times \mathrm{card}\,(F).$$

Proposition 16 On pose $p = \mathrm{card}\,(E)$ et l'on note $E = \{a_1, \ldots, a_p\}$. Montrons que :

$$\begin{array}{rccl} \Phi : & F^E & \longrightarrow & F^p \\ & f & \longmapsto & \big(f(a_1), \ldots, f(a_p)\big) \end{array}$$

est bijective.

Étant donné un p-uplet $(y_1, \ldots, y_p)$ d'éléments de F, l'égalité $\Phi(f) = (y_1, \ldots, y_p)$ équivaut à $f(a_i) = y_i$ pour tout $i \in [\![1, p]\!]$. Cela définit bien une application unique f de E dans F, car cela équivaut à se donner les images par f de tous les éléments de E. Ainsi tout élément de F^p a un antécédent unique par Φ. L'application Φ est bijective. On en déduit que F^E est fini de même cardinal que F^p, c'est-à-dire $(\mathrm{card}\,(F))^p$, *i.e.* $(\mathrm{card}\,(F))^{\mathrm{card}\,(E)}$.

Théorème 18
On note A_n^p le nombre de p-arrangements d'un ensemble E de cardinal n. Pour $p \geqslant 2$, un p-arrangement $(x_1, \ldots, x_p)$ de E est constitué d'un $(p-1)$-arrangement $(x_1, \ldots, x_{p-1})$ et de $x_p \in E \setminus \{x_1, \ldots, x_{p-1}\}$. Si $n \geqslant p-1$, il y a $n-(p-1) = n-p+1$ choix pour x_p, ce qui donne :

$$A_n^p = A_n^{p-1}(n-p+1).$$

Cette égalité reste vérifiée si $n < p-1$, car alors $A_n^p = A_n^{p-1} = 0$. En itérant cette relation, on trouve :

$$A_n^p = A_n^1\,(n-1)(n-2)\cdots(n-p+1) = n(n-1)\cdots(n-p+1),$$

car il est clair que $A_n^1 = n$; en effet, un 1-arrangement de E est une liste (x_1), avec $x_1 \in E$. Si $1 \leqslant p \leqslant n$, en multipliant numérateur et dénominateur par $(n-p)!$, on obtient $A_n^p = \dfrac{n!}{(n-p)!}\cdot$

Proposition 19 On note $E = \{a_1, \ldots, a_p\}$. On considère l'application Φ qui, à $f \in F^E$, associe le p-uplet $\big(f(a_1), \ldots, f(a_p)\big) \in F^p$. Alors, une application f de E dans F est injective si, et seulement si, $\Phi(f)$ est un p-arrangement. En effet, dire que f est injective signifie que les p éléments de E ont des images distinctes, c'est-à-dire que $(f(a_1), \ldots, f(a_p))$ est une p-liste d'éléments distincts de F.

Il a été démontré page 917 que Φ est bijective. Il y a donc autant d'injections de E dans F que de p-arrangements de F, soit $n(n-1)\cdots(n-p+1)$.

Théorème 22 Si $p = 0$, alors le seul sous-ensemble de E de cardinal 0 est $\varnothing$. Le nombre de tels sous-ensembles est donc $1 = \frac{1}{0!}\cdot$

On suppose désormais $p \geqslant 1$. Soit l'application Ψ qui, au p-arrangement $(a_1, \ldots, a_p)$, associe la partie $\{a_1, \ldots, a_p\}$ de cardinal p de E.

L'application Ψ est surjective et tout sous-ensemble $\{a_1, \ldots, a_p\}$ de E de cardinal p a autant d'antécédents par Ψ qu'il y a de façons d'ordonner ses éléments pour construire un arrangement, c'est-à-dire $p!$, nombre de permutations de $\{a_1, \ldots, a_p\}$.

Ainsi, pour toute partie F de E de cardinal p, il y a exactement $p!$ arrangements dont l'image par Ψ est F. Le nombre total d'images, c'est-à-dire de parties de E de cardinal p, s'obtient donc en divisant par $p!$ le nombre d'arrangements.

Il est égal à $\dfrac{n(n-1)\cdots(n-p+1)}{p!}$, c'est-à-dire à $\dbinom{n}{p}$.

S'entraîner et approfondir

26.1 Montrer que les parties finies de $\mathbb{N}$ sont exactement les parties majorées.
→905

26.2 Montrer qu'un ensemble E est infini si, et seulement s'il contient une suite $(u_n)_{n\in\mathbb{N}}$ d'éléments distincts.
→905

26.3 Soit A, B et C des sous-ensembles d'un ensemble fini E. Démontrer :
→906

$$\begin{aligned}\operatorname{card}(A\cup B\cup C) = {} & \operatorname{card} A+\operatorname{card} B+\operatorname{card} C-\operatorname{card}(A\cap B)-\operatorname{card}(A\cap C)\\ & -\operatorname{card}(B\cap C)+\operatorname{card}(A\cap B\cap C).\end{aligned}$$

26.4 Soit $A_1,\ldots,A_n$ des parties d'un ensemble fini E. Démontrer :
→906

$$\operatorname{card}(A_1\cup\cdots\cup A_n)\leqslant\sum_{i=1}^{n}\operatorname{card}(A_i).$$

26.5 Soit $n\in\mathbb{N}^*$.
→906
Soit $a_1,a_2,\ldots,a_n$ des entiers non nécessairement distincts. En considérant les restes modulo n des sommes $s_1=a_1, s_2=a_1+a_2,\ldots,s_n=a_1+a_2+\cdots+a_n$, montrer que l'on peut trouver un sous-ensemble non vide I de $[\![1,n]\!]$ tel que $\sum_{i\in I} a_i$ soit divisible par n.

26.6 Le codage RGB d'une couleur consiste à indiquer, par trois entiers entre 0 et 255, la quantité des trois couleurs primaires (rouge, vert, bleu) dont elle est constituée.
→908
Combien peut-on coder de couleurs différentes en RGB ?

26.7 Quel est le nombre de façons de ranger p objets distincts dans n tiroirs, chaque tiroir pouvant recevoir autant d'objets que l'on veut ?
→908

26.8 Soit $n\in\mathbb{N}^*$.
→908

1. Combien y a-t-il de surjections de $[\![1,n]\!]$ sur $[\![1,2]\!]$?
2. Combien y a-t-il de surjections de $[\![1,n]\!]$ sur $[\![1,3]\!]$?

26.9 Un groupe de $2n$ personnes comprend n hommes et n femmes.
→909

1. Combien y a-t-il de manières de les disposer autour d'une table ronde, en ne tenant compte que de leurs positions relatives ? Deux dispositions sont identiques si chaque invité a le même voisin à sa gauche et le même voisin à sa droite.
2. Même question si l'on veut respecter l'alternance homme-femme.
3. Même question si l'on veut respecter l'alternance homme-femme et que de plus Madame X soit à côté de Monsieur Y.

26.10 On tire 8 cartes dans un jeu de 32 cartes.
→910

1. Combien y a-t-il de tirages possibles ?
2. Combien y a-t-il de tirages contenant deux carrés (un carré est un ensemble de quatre cartes de même hauteur, par exemple quatre as) ?

26.11 Soit n et p des entiers naturels non nuls. Combien y a-t-il de listes d'entiers $(i_1, \ldots, i_p)$ telles que $1 \leqslant i_1 < \cdots < i_p \leqslant n$?
→910

26.12 Soit n un entier naturel non nul. En considérant $(1-1)^n$, montrer que tout ensemble de cardinal n possède autant de parties de cardinal pair que de parties de cardinal impair.
→911

26.13 Calculer $\sum\limits_{k=0}^{n} k(k-1)\binom{n}{k}$ de deux manières. En déduire $\sum\limits_{k=0}^{n} k^2\binom{n}{k}$.
→912

26.14 Une puce se déplace sur un cube. Chaque déplacement la mène d'un sommet à un autre relié par une arête. Elle fait n déplacements en tout. Combien y a-t-il de trajets possibles ?
→912

26.15
→912
1. En utilisant l'alphabet usuel de 26 lettres, combien peut-on former de mots de cinq lettres (ayant un sens ou pas) dans lesquels figurent dans l'ordre une consonne, une voyelle, deux consonnes et enfin une voyelle ?
2. Même question si on impose que les cinq lettres soient distinctes.

26.16 Pour $(n,p) \in \mathbb{N}^* \times \mathbb{N}$, on note $u_{n,p}$ le nombre de n-listes $(x_1, \ldots, x_n)$ d'entiers naturels telles que $x_1 + x_2 + \cdots + x_n = p$.
→913

Montrer que, pour tout $n \geqslant 2$ et $p \in \mathbb{N}$: $u_{n,p} = \sum\limits_{k=0}^{p} u_{n-1,k}$.

26.17 Formule de Vandermonde
→913

1. Soit m, n et p trois entiers naturels. Démontrer que : $\sum\limits_{k=0}^{p} \binom{m}{k}\binom{n}{p-k} = \binom{m+n}{p}$.

   ***Indication**. Considérer un ensemble de cardinal $m+n$, réunion d'un ensemble de cardinal m et d'un ensemble de cardinal n.*

2. En déduire que l'on a, pour tout entier naturel n : $\sum\limits_{k=0}^{n} \binom{n}{k}^2 = \binom{2n}{n}$.

26.18 Anagrammes
→914

Étant donné un mot m, on appelle anagramme de m tout mot formé des mêmes lettres que m (un mot est simplement une liste de lettres).

1. Quel est le nombre d'anagrammes du mot orange ?
2. Quel est le nombre d'anagrammes du mot ananas ?
3. Quel est le nombre d'anagrammes d'un mot contenant n_1 fois la lettre ℓ_1, n_2 fois la lettre ℓ_2, …, n_p fois la lettre ℓ_p ?

26.19 Pour tout $n \in \mathbb{N}^*$, on note a_n le nombre de listes d'entiers naturels non nuls de somme n.

1. Calculer a_n pour $n \leqslant 3$.
2. Conjecturer la formule donnant a_n. La démontrer.

26.20 Combien y a-t-il d'applications strictement croissantes de $[\![1,p]\!]$ dans $[\![1,n]\!]$ (où $1 \leqslant p \leqslant n$) ?

26.21 On se donne n points dans le plan, trois quelconques n'étant pas alignés. On considère toutes les droites joignant deux de ces points. On suppose que les droites obtenues ne sont jamais parallèles et que trois droites ne peuvent être concourantes qu'aux points initiaux.
Calculer le nombre de points d'intersection ainsi obtenus (en plus des n points initiaux).

★ **26.22** Soit E un ensemble fini de cardinal n. Calculer :

1. $\sum_{X \subset E} \operatorname{card}(X)$;
2. $\sum_{X, Y \subset E} \operatorname{card}(X \cap Y)$.

26.23 Soit E un ensemble fini de cardinal n.

1. Combien y a-t-il de couples (X, Y) de parties disjointes de E ?
2. Combien y a-t-il de couples (X, Y) de parties de E telles que $X \cap Y$ soit un singleton ?

26.24 Pour tout ensemble fini E de cardinal $n \geqslant 1$, on note u_n le nombre d'involutions de E, c'est-à-dire le nombre d'applications f de E dans E telles que $f \circ f = \mathrm{Id}_E$.

1. Calculer u_1, u_2 et u_3.
2. Montrer que, pour tout $n \in \mathbb{N}^*$, on a $u_{n+2} = u_{n+1} + (n+1)u_n$.

★ **26.25** Pour $n \in \mathbb{N}^*$, on note π_n le nombre de partitions de $[\![1, n]\!]$. On rappelle qu'une partition d'un ensemble E est un ensemble de parties non vides et deux à deux disjointes, dont la réunion est E. On pose, de plus, $\pi_0 = 1$.

1. Calculer π_1, π_2, π_3.
2. Démontrer que, pour tout $n \in \mathbb{N}$, on a $\pi_{n+1} = \sum_{k=0}^{n} \binom{n}{k} \pi_k$.

★ **26.26** On considère n poteaux numérotés de 1 à n sur lesquels on veut répartir r drapeaux distincts. Chaque poteau peut accueillir un nombre quelconque de drapeaux entre 0 et r. Lorsqu'un poteau accueille plusieurs drapeaux, on tient compte de l'ordre dans lequel les drapeaux sont disposés sur ce poteau.

1. On suppose $r = 2$ et $n = 2$. De combien de façons peut-on disposer les drapeaux sur les poteaux ?
2. Même question dans le cas général. On pourra raisonner par récurrence sur r.

★ **26.27** 1. On considère p boules identiques que l'on désire ranger dans n boîtes numérotées de 1 à n, chaque boîte pouvant recevoir un nombre quelconque de boules (n et p appartiennent à $\mathbb{N}^*$). Montrer qu'il y a $\binom{n+p-1}{p}$ rangements distincts.

On utilisera le codage suivant : à un rangement, on associe la liste de 0 *et de* 1*, commençant et se terminant par* 0*, telle que le nombre de* 1 *entre le* k*-ième et le* $(k+1)$*-ième zéro soit égal au nombre de boules dans la* k*-ième boîte.*

2. (a) Déterminer le nombre de solutions de l'équation $x_1 + x_2 + \cdots + x_n = p$, d'inconnue $(x_1, x_2, \ldots, x_n) \in \mathbb{N}^n$, n et p étant deux entiers naturels non nuls.

(b) En déduire le nombre de solutions de l'équation $x_1 + x_2 + \cdots + x_n = p$, d'inconnue $(x_1, x_2, \ldots, x_n) \in (\mathbb{N}^*)^n$, n et p étant deux entiers naturels non nuls.

26.28 Soit $n \in \mathbb{N}^*$.

1. Combien y a-t-il de surjections de $[\![1, n]\!]$ sur $[\![1, n]\!]$?
2. Combien y a-t-il de surjections de $[\![1, n+1]\!]$ sur $[\![1, n]\!]$?
3. Combien y a-t-il de surjections de $[\![1, n+2]\!]$ sur $[\![1, n]\!]$?

Solutions des exercices

26.1 Soit E une partie de $\mathbb{N}$.

- Supposons que E soit majorée. Il existe donc $n \in \mathbb{N}$ tel que $E \subset [\![0, n]\!]$. Comme $[\![0, n]\!]$ est fini, il en est de même de E, d'après la proposition 4 de la page 905.
- Supposons que E soit finie. Démontrons par récurrence sur $n = \operatorname{card}(E)$ que E est majorée.
  * Si $n = 0$, alors $E = \varnothing$. La partie vide est majorée (par exemple par 0), donc la propriété est vraie pour $n = 0$.
  * Soit $n \in \mathbb{N}$. Supposons que la propriété soit vraie au rang n et considérons une partie E de $\mathbb{N}$ de cardinal $n+1$. Soit $a \in E$. Posons $F = E \setminus \{a\}$.
    Alors F est finie de cardinal n, d'après la proposition 3 de la page 905. Par hypothèse de récurrence, F est majorée. Soit m un majorant de F. Posons $M = \max(a, m)$. Alors M est un majorant de E. Donc E est majorée et la propriété est vraie au rang $n+1$.

La propriété est vraie pour tout $n \in \mathbb{N}$. Une partie E de $\mathbb{N}$ est donc finie si, et seulement si, elle est majorée.

26.2
- Supposons qu'il existe une suite $(u_n)_{n\in\mathbb{N}}$ d'éléments de E distincts. Alors, l'application $n \mapsto u_n$ est injective donc induit une bijection de $\mathbb{N}$ sur son image qui est une partie F de E. Alors F est infinie, car est en bijection avec $\mathbb{N}$ qui est infini. Donc E qui contient une partie infinie est infini.
- Supposons que E soit infini et construisons, par récurrence, une suite $(u_n)_{n\in\mathbb{N}}$ d'éléments de E distincts.
  * L'ensemble E n'est pas vide, car sinon il serait fini. On prend pour u_0 un élément quelconque de E.
  * Soit $n \in \mathbb{N}$. Supposons construits des éléments distincts $u_0, u_1, \ldots, u_n$ de E. L'ensemble $\{u_0, \ldots, u_n\}$ n'est pas égal à E car sinon E serait fini. On prend pour u_{n+1} un élément quelconque de $E \setminus \{u_0, \ldots, u_n\}$.

26.3 On applique plusieurs fois la formule de la proposition 9 de la page 906.
De $A \cup B \cup C = (A \cup B) \cup C$, on déduit :

$$\begin{aligned}
\operatorname{card}(A \cup B \cup C) &= \operatorname{card}(A \cup B) + \operatorname{card}(C) - \operatorname{card}\Big((A \cup B) \cap C\Big) \\
&= \operatorname{card} A + \operatorname{card} B - \operatorname{card}(A \cap B) + \operatorname{card}(C) \\
&\qquad - \operatorname{card}\Big((A \cap C) \cup (B \cap C)\Big) \\
&= \operatorname{card}(A) + \operatorname{card}(B) - \operatorname{card}(A \cap B) + \operatorname{card}(C) \\
&\qquad - \operatorname{card}(A \cap C) - \operatorname{card}(B \cap C) + \operatorname{card}\Big((A \cap C) \cap (B \cap C)\Big) \\
&= \operatorname{card}(A) + \operatorname{card}(B) + \operatorname{card}(C) - \operatorname{card}(A \cap B) - \operatorname{card}(A \cap C) \\
&\qquad - \operatorname{card}(B \cap C) + \operatorname{card}(A \cap B \cap C).
\end{aligned}$$

26.4 On démontre la propriété par récurrence sur n.

Pour $n=1$, il n'y a rien à démontrer et, pour $n=2$:

$$\operatorname{card}(A_1 \cup A_2) = \operatorname{card}(A_1) + \operatorname{card}(A_2) - \operatorname{card}(A_1 \cap A_2) \leqslant \operatorname{card}(A_1) + \operatorname{card}(A_2).$$

Soit $n \geqslant 1$. Si l'on suppose que la propriété est vérifiée au rang n, on obtient, pour des sous-ensembles $A_1, A_2, \ldots, A_{n+1}$ de E, en utilisant le cas $n=2$, puis l'hypothèse de récurrence :

$$\begin{aligned}\operatorname{card}(A_1 \cup \cdots \cup A_n \cup A_{n+1}) &= \operatorname{card}\Big((A_1 \cup \cdots \cup A_n) \cup A_{n+1}\Big)\\ &\leqslant \operatorname{card}(A_1 \cup \cdots \cup A_n) + \operatorname{card}(A_{n+1})\\ &\leqslant \sum_{i=1}^{n} \operatorname{card}(A_i) + \operatorname{card}(A_{n+1}) = \sum_{i=1}^{n+1} \operatorname{card}(A_i).\end{aligned}$$

26.5 Si l'une de ces sommes est divisible par n, c'est fini. Sinon leurs restes modulo n ne peuvent être tous différents (car il y a n sommes et $n-1$ restes possibles ; en effet, 0 est exclu). Il existe deux entiers $p < q$ tels que s_p et s_q aient même reste modulo n. Leur différence $s_q - s_p = a_{p+1} + \cdots + a_q$ est divisible par n.

26.6 L'ensemble des couleurs possibles est en bijection avec $[\![0,255]\!]^3$, ce qui donne $256^3 = 2^{24}$ couleurs.

26.7 Il s'agit de compter le nombre d'applications de l'ensemble des objets dans l'ensemble des tiroirs. Il y en a n^p.

26.8
1. • Si $n=1$, il n'y a pas de surjection de $[\![1,n]\!]$ sur $[\![1,2]\!]$.
   • Pour $n \geqslant 2$, il y a 2^n applications de $[\![1,n]\!]$ sur $[\![1,2]\!]$. Une telle application n'est pas surjective si, et seulement si, tous les éléments de $[\![1,n]\!]$ ont même image. Il y a donc 2 applications non surjectives et $2^n - 2$ surjections.
2. • Si $n \leqslant 2$, il n'y a pas de surjection de $[\![1,n]\!]$ sur $[\![1,3]\!]$.
   • Pour $n \geqslant 3$, il y a 3^n applications de $[\![1,n]\!]$ dans $[\![1,3]\!]$. Une telle application n'est pas surjective si, et seulement si :
     * soit tous les éléments de $[\![1,n]\!]$ ont même image ; il y a trois applications de ce type ;
     * soit il y a deux images différentes. Si par exemple, ces images sont 1 et 2, on obtient les surjections de $[\![1,n]\!]$ sur $[\![1,2]\!]$. Il y en a $2^n - 2$, d'après la première question. On a trois cas identiques et donc en tout $3(2^n - 2)$ applications de ce type.

   Le nombre de surjections de $[\![1,n]\!]$ sur $[\![1,3]\!]$ est $3^n - 3 - 3(2^n - 2) = 3^n - 3 \cdot 2^n + 3$.

Toutes les formules trouvées restent valables dans les cas où il n'y a pas de surjection.

26.9
1. On a $(2n-1)!$ dispositions différentes. En effet, une des personnes étant fixée, il y en a autant que de manières de placer les personnes restantes dans les $2n-1$ autres places.
2. On reprend le même raisonnement. Imaginons qu'on ait choisi la place d'une femme. Cela détermine les places où il faudra mettre les $n-1$ femmes restantes et les n hommes. On obtient $(n-1)!\,n!$ dispositions.
3. Fixons la place de Madame X. Il y a deux places possibles pour Monsieur Y. Ensuite, on place les $n-1$ femmes et les $n-1$ hommes restants. On obtient $2\left((n-1)!\right)^2$ dispositions.

26.10 1. Il y a autant de tirages que de parties à 8 éléments dans l'ensemble des cartes soit $\binom{32}{8}$.

2. Il y a autant de tels tirages que de paires de carrés. Comme il y a 8 carrés possibles, on a $\binom{8}{2}$ tels tirages.

26.11 Il y a autant de telles p-listes que de parties de $[\![1,n]\!]$ de cardinal p, *i.e.* $\displaystyle\binom{n}{p}$. En effet :

- à une telle p-liste, on peut associer la partie $\{i_1,\ldots,i_p\}$ de $[\![1,n]\!]$;
- réciproquement, une partie de $[\![1,n]\!]$ de cardinal p étant choisie, il n'y a qu'une façon de ranger ses p éléments par ordre croissant pour obtenir une p-liste $(i_1,\ldots,i_p)$ telle que $1 \leqslant i_1 < \cdots < i_p \leqslant n$.

26.12 Pour $n \geqslant 1$, on a $(1-1)^n = 0$ et donc $\sum\limits_{k=0}^{n} \binom{n}{k}(-1)^k = 0$.

En séparant les k pairs et les k impairs, on obtient :

$$\sum_{k=0}^{n} \binom{n}{k}(-1)^k = \sum_{j=0}^{\lfloor \frac{n}{2} \rfloor} \binom{n}{2j} - \sum_{j=0}^{\lfloor \frac{n-1}{2} \rfloor} \binom{n}{2j+1} = 0.$$

Mais les sommes $\sum\limits_{j=0}^{\lfloor \frac{n}{2} \rfloor} \binom{n}{2j}$ et $\sum\limits_{j=0}^{\lfloor \frac{n-1}{2} \rfloor} \binom{n}{2j+1}$ sont égales au nombre de parties de cardinal pair et au nombre de parties de cardinal impair d'un ensemble de cardinal n, respectivement. D'où le résultat.

Remarque Comme le nombre total de parties d'un ensemble de cardinal n est 2^n, chacune de ces sommes vaut $\frac{2^n}{2} = 2^{n-1}$.

26.13 • **Première méthode.** Pour $2 \leqslant k \leqslant n$, on a :

$$k(k-1)\binom{n}{k} = n(k-1)\binom{n-1}{k-1} = n(n-1)\binom{n-2}{k-2}.$$

On en déduit :

$$\sum_{k=0}^{n} k(k-1)\binom{n}{k} = \sum_{k=2}^{n} k(k-1)\binom{n}{k} = n(n-1)\sum_{j=0}^{n-2}\binom{n-2}{j} = n(n-1)2^{n-2}.$$

• **Seconde méthode.** On peut partir de la formule du binôme et dériver. On a :

$$\forall x \in \mathbb{R}_+^* \quad (x+1)^n = \sum_{k=0}^{n} \binom{n}{k} x^k$$

et donc, en dérivant deux fois :

$$\forall x \in \mathbb{R}_+^* \quad n(n-1)(x+1)^{n-2} = \sum_{k=2}^{n} k(k-1)\binom{n}{k} x^{k-2},$$

ce qui donne, en évaluant en 1, $\sum\limits_{k=2}^{n} k(k-1)\binom{n}{k} = n(n-1)2^{n-2}$.

On en déduit, en écrivant $k^2 = k(k-1) + k$ et en utilisant l'exemple 10 de la page 912 :

$$\sum_{k=0}^{n} k^2\binom{n}{k} = \sum_{k=0}^{n} k(k-1)\binom{n}{k} + \sum_{k=0}^{n} k\binom{n}{k} = n(n-1)2^{n-2} + n2^{n-1} = n(n+1)2^{n-2}.$$

26.14 Quelle que soit sa position sur le cube, la puce a, après k déplacements, le choix pour le déplacement suivant entre 3 sommets. Il y a donc au total 3^n trajets possibles.

26.15 1. L'alphabet contient 20 consonnes et 6 voyelles. Pour la première lettre x_1, on a le choix entre 20 consonnes. Pour chaque choix de x_1, on peut choisir la seconde lettre x_2 parmi 6 voyelles, etc. Le nombre total de mots de cinq lettres, c'est-à-dire de quintuplets $(x_1, x_2, x_3, x_4, x_5)$ vérifiant les conditions souhaitées est donc $20 \cdot 6 \cdot 20 \cdot 20 \cdot 6$, c'est-à-dire 288000.

2. Pour x_1, on a le choix entre 20 consonnes ; pour x_3 (resp. x_4) on a le choix entre 19 (resp. 18) consonnes. En raisonnant de la même façon pour les voyelles, on trouve que le nombre cherché est $20 \cdot 6 \cdot 19 \cdot 18 \cdot 5 = 205200$.

26.16 Soit $n \geqslant 2$ et $p \in \mathbb{N}$. On note L l'ensemble des n-listes $(x_1, \dots, x_n)$ d'entiers naturels vérifiant $x_1 + \cdots + x_n = p$ et, pour tout $k \in [\![0, p]\!]$, on note L_k l'ensemble des éléments $(x_1, \dots, x_n)$ de L tels que $x_n = k$. Alors L est la réunion disjointe de $L_0, L_1, \dots, L_p$, car si $(x_1, \dots, x_n) \in L$, alors il existe un unique $k \in [\![0, p]\!]$ tel que $x_n = k$. On en déduit :

$$\operatorname{card}(L) = \operatorname{card}(L_0) + \operatorname{card}(L_1) + \cdots + \operatorname{card}(L_p).$$

On a, par définition, $\operatorname{card}(L) = u_{n,p}$. Pour $j \in [\![0, p]\!]$, $(x_1, \dots, x_{n-1}, j) \in L_j$ si, et seulement si, $x_1 + \cdots + x_{n-1} = p - j$. Il y a donc autant d'éléments dans L_j que de $(n-1)$-listes $(x_1, \dots, x_{n-1})$ d'entiers naturels telles que $x_1 + \cdots + x_{n-1} = p - j$.

On a donc $\operatorname{card}(L_j) = u_{n-1,p-j}$. On obtient ainsi :

$$u_{n,p} = \sum_{j=0}^{p} u_{n-1,p-j} = \sum_{k=0}^{p} u_{n-1,k}.$$

26.17 1. Soit E et F deux ensembles disjoints de cardinal m et n, respectivement. Alors, le cardinal de $E \cup F$ est $m+n$. On note $\mathcal{C}$ l'ensemble des parties de $E \cup F$ de cardinal p. On a donc $\operatorname{card}(\mathcal{C}) = \binom{m+n}{p}$.

Une partie de $E \cup F$ de cardinal p se compose de k éléments de E et $p-k$ éléments de F, où $0 \leqslant k \leqslant p$. Pour k fixé, on note $\mathcal{C}_k$ l'ensemble des parties de $E \cup F$ composées de k éléments de E et de $p-k$ éléments de F.

Alors $\mathcal{C}$ est la réunion disjointe de $\mathcal{C}_0, \mathcal{C}_1, \dots, \mathcal{C}_p$, donc :

$$\operatorname{card}(\mathcal{C}_0) + \operatorname{card}(\mathcal{C}_1) + \cdots + \operatorname{card}(\mathcal{C}_p) = \operatorname{card}(\mathcal{C}).$$

Mais, pour tout $k \in [\![0, p]\!]$, on a $\operatorname{card}(\mathcal{C}_k) = \binom{m}{k}\binom{n}{p-k}$, car il faut choisir d'une part k éléments dans un ensemble de cardinal m et d'autre part, $p-k$ éléments dans un ensemble de cardinal n. On a donc :

$$\sum_{k=0}^{p} \binom{m}{k}\binom{n}{p-k} = \binom{m+n}{p}.$$

2. En prenant $m = p = n$ dans l'égalité démontrée à la question 1, on obtient, par symétrie des coefficients binomiaux :

$$\binom{2n}{n} = \sum_{k=0}^{n} \binom{n}{k}\binom{n}{n-k} = \sum_{k=0}^{n} \binom{n}{k}^2.$$

26.18 1. Une anagramme du mot orange résulte de la permutation de ses lettres. Comme elles sont distinctes, ces permutations donnent des mots distincts. Il y a donc $6! = 720$ anagrammes.

2. Il y a trois a et deux n, donc les permutations ne conduisent pas à des mots différents. Voici deux manières de compter.

   - Il y a $6!$ permutations possibles de l'ensemble des lettres. Mais à chaque anagramme correspond $3!\,2!$ permutations, car on peut permuter les trois a et les deux n. On obtient $\dfrac{6!}{3!\,2!} = 60$ anagrammes.
   - Pour construire une anagramme, c'est-à-dire une 6-liste, on place d'abord les trois a. Il y a $\binom{6}{3} = 20$ choix possibles. On place ensuite les n parmi les places restantes. Il y a $\binom{3}{2} = 3$ choix possibles. Le s est la lettre restante. Il y a donc $20 \times 3 = 60$ anagrammes.

3. En appliquant la première des deux méthodes de la question 2, on obtient $\dfrac{n!}{n_1!\,n_2!\cdots n_p!}$, où $n = n_1 + \cdots + n_p$. Si l'on appliquait la deuxième méthode, on trouverait :

$$\binom{n}{n_1}\binom{n-n_1}{n_2}\cdots\binom{n-n_1-\cdots-n_{p-1}}{n_p}.$$

En écrivant les coefficients binomiaux sous forme de factorielles, on voit qu'on peut simplifier $(n-n_1)!$, $(n-n_1-n_2)!$,..., $(n-n_1-\cdots-n_{p-1})!$ pour obtenir le même résultat que par la première méthode.

26.19 1. On trouve $a_1 = 1$, $a_2 = 2$, $a_3 = 4$ (pour $n = 3$, les listes sont : (3), $(1,2)$, $(2,1)$ et $(1,1,1)$).

2. On conjecture que $a_n = 2^{n-1}$. Pour le prouver, il suffit, puisque $a_1 = 1$, de démontrer $a_n = 2a_{n-1}$ pour $n \geqslant 2$.
   Il y a deux sortes de listes dont la somme est n :
   - celles dont le dernier élément est égal à 1 ; il y en a a_{n-1} car se donner une telle liste $(x_1,\ldots,x_k,1)$ revient à se donner $(x_1,\ldots,x_k)$ de somme $n-1$;
   - celles dont le dernier élément est strictement supérieur à 1 ; il y en a a_{n-1} car se donner une telle liste $(x_1,\ldots,x_k)$, avec $x_k \geqslant 2$ revient à se donner $(x_1,\ldots,x_k-1)$ de somme $n-1$.

   Cela montre que $a_n = 2a_{n-1}$ pour $n \geqslant 2$ et donc $a_n = 2^{n-1}$ pour tout $n \geqslant 1$.

26.20 Il y a autant d'applications strictement croissantes de $[\![1,p]\!]$ dans $[\![1,n]\!]$ que de listes $(i_1,\ldots,i_p)$ d'entiers tels que $1 \leqslant i_1 < \cdots < i_p \leqslant n$, soit $\binom{n}{p}$.

26.21 **Première méthode.** Un tel point s'obtient comme intersection des droites (AB) et (CD), où A, B, C et D sont quatre points initiaux distincts. Il y a $\dbinom{n}{4}$ choix de $\{A,B,C,D\}$, puis trois façons de les apparier (si on fixe un des points, on lui adjoint un des trois autres points). On obtient $3\dbinom{n}{4}$ points.

Seconde méthode. On choisit une première droite (AB), il y a $\binom{n}{2}$ choix, puis une seconde droite (CD) ne passant ni par A, ni par B, il y a $\binom{n-2}{2}$ choix. On obtient $\dfrac{\binom{n}{2}\binom{n-2}{2}}{2}$ points (il faut diviser par deux car on introduit un ordre entre les deux droites (AB) et (CD)). On trouve le même résultat que dans le premier cas : $\dfrac{n(n-1)(n-2)(n-3)}{8}$.

26.22 1. Pour tout $p \in [\![0,n]\!]$, il y a $\binom{n}{p}$ parties de E de cardinal p. On en déduit :

$$\sum_{X\subset E} \operatorname{card}(X) = \sum_{p=0}^{n} \binom{n}{p} p = \sum_{p=1}^{n} n\binom{n-1}{p-1} = n\sum_{k=0}^{n-1}\binom{n-1}{k} = n2^{n-1}.$$

2. Notons S la deuxième somme. Quand Y décrit $\mathcal{P}(E)$, son complémentaire $\overline{Y}$ décrit aussi $\mathcal{P}(E)$. On en déduit $S = \sum\limits_{X,Y\subset E} \operatorname{card}(X\cap\overline{Y})$, puis :

$$S = \frac{1}{2}\left(\sum_{X,Y\subset E}\big(\operatorname{card}(X\cap Y) + \operatorname{card}(X\cap\overline{Y})\big)\right) = \frac{1}{2}\sum_{X,Y\subset E}\operatorname{card} X,$$

car X est l'union disjointe de $X\cap Y$ et $X\cap\overline{Y}$. En utilisant la première question, on obtient :

$$S = \frac{1}{2}\sum_{Y\subset E}\sum_{X\subset E}\operatorname{card} X = \frac{1}{2}\sum_{Y\subset E} n2^{n-1} = \frac{1}{2}\operatorname{card}(\mathcal{P}(E))\, n2^{n-1} = n2^{2n-2}.$$

26.23 1. On note $\mathcal{C}$ l'ensemble des couples (X,Y) de parties disjointes de E et, pour $p\in[\![0,n]\!]$, on note $\mathcal{C}_p$ l'ensemble des couples $(X,Y)\in\mathcal{C}$ tels que $\operatorname{card}(X) = p$.

Alors $(\mathcal{C}_0,\ldots,\mathcal{C}_n)$ est une partition de $\mathcal{C}$ et on a donc :

$$\operatorname{card}(\mathcal{C}) = \sum_{p=0}^{n}\operatorname{card}(\mathcal{C}_p).$$

Soit $p\in[\![0,n]\!]$. Pour déterminer un élément (X,Y) de $\mathcal{C}_p$, on choisit d'abord une partie X de E de cardinal p ; il y a $\dbinom{n}{p}$ choix. Alors Y est une partie quelconque de $\overline{X}$, ensemble de cardinal $n-p$; il y a donc 2^{n-p} choix pour Y.

On a donc $\operatorname{card}(\mathcal{C}_p) = \binom{n}{p}2^{n-p}$. On en déduit :

$$\operatorname{card}(\mathcal{C}) = \sum_{p=0}^{n}\binom{n}{p}2^{n-p} = (1+2)^n = 3^n,$$

d'après la formule du binôme.

2. Soit $a\in E$. Dire que (X,Y) est un couple de parties de E telles que $X\cap Y = \{a\}$ signifie que X et Y contiennent a et que $X\setminus\{a\}$ et $Y\setminus\{a\}$ sont des parties disjointes de $E\setminus\{a\}$. D'après la première question, il y a 3^{n-1} couples de parties disjointes de $E\setminus\{a\}$ et donc 3^{n-1} couples de parties de E telles que $X\cap Y=\{a\}$.

Comme a est un élément quelconque de E, il y a en tout $n3^{n-1}$ couples de parties de E telles que $X\cap Y$ soit un singleton.

26.24 1. On trouve $u_1 = 1$, $u_2 = 2$ et $u_3 = 4$.

2. Soit E un ensemble de cardinal $n+2$. Fixons un élément a de E. Si f est une involution de E :

- soit $f(a) = a$ et la restriction de f à $E\setminus\{a\}$ est une involution de $E\setminus\{a\}$; il y a u_{n+1} involutions f de ce type ;
- soit $f(a) = b\neq a$, alors $f(b) = a$ et la restriction de f à $E\setminus\{a,b\}$ est une involution de $E\setminus\{a,b\}$; il y a $n+1$ choix pour b et u_n choix pour la restriction de f à $E\setminus\{a,b\}$ donc $(n+1)u_n$ involutions f de ce type.

Le nombre total d'involutions de E est : $u_{n+2} = u_{n+1} + (n+1)u_n$.

26.25 1. On trouve $\pi_1 = 1$, $\pi_2 = 2$ et $\pi_3 = 5$.

2. On note $\mathcal{P}$ l'ensemble des partitions de $[\![1, n+1]\!]$. Pour tout élément de $\mathcal{P}$, on nomme A la partie contenant $n+1$. Pour $k \in [\![0, n]\!]$, on note $\mathcal{P}_k$ les éléments de $\mathcal{P}$ tels que A contienne k éléments en plus de $n+1$. Alors $\mathcal{P}_0, \ldots, \mathcal{P}_n$ forment une partition de $\mathcal{P}$.
Soit $j \in [\![0, n]\!]$. Pour déterminer un élément de $\mathcal{P}_j$, on choisit A, c'est-à-dire $A \setminus \{n+1\}$; il y a $\binom{n}{j}$ choix possibles. Puis A étant choisie, les $n-j$ éléments de $[\![1, n]\!] \setminus A$ peuvent être partitionnés de π_{n-j} façons. On a donc $\operatorname{card}(\mathcal{P}_j) = \binom{n}{j}\pi_{n-j}$. On en déduit :

$$\pi_{n+1} = \operatorname{card}(\mathcal{P}) = \sum_{j=0}^{n} \operatorname{card}(\mathcal{P}_j) = \sum_{j=0}^{n} \binom{n}{j} \pi_{n-j} = \sum_{k=0}^{n} \binom{n}{k} \pi_k.$$

26.26 1. Soit on met un drapeau par poteau, ce qui peut se faire de 2 façons différentes, soit on met les deux drapeaux sur le même poteau, ce qui peut se faire de $2 \cdot 2$ façons (choix du poteau et de l'ordre des drapeaux). En tout, il y a 6 possibilités.

2. Notons $u_{n,r}$ le nombre cherché. Supposons que $r-1$ drapeaux soient déjà placés et qu'il y ait d_i drapeaux sur le i-ème poteau (où $1 \leqslant i \leqslant n$). Si l'on place le r-ième drapeau sur le i-ème poteau, il y a $d_i + 1$ emplacements possibles. Donc le nombre total de choix pour le r-ième drapeau est $\sum_{i=1}^{n}(d_i + 1) = \sum_{i=1}^{n} d_i + n = r - 1 + n$. On voit que ce nombre est indépendant de la disposition initiale des $r-1$ premiers drapeaux. D'où la relation :

$$u_{n,r} = (n + r - 1)u_{n,r-1}.$$

Il est clair que $u_{n,1} = n$. En appliquant la relation de récurrence, on obtient :

$$\begin{aligned} u_{n,r} &= (n+r-1)(n+r-2)\cdots(n+1)u_{n,1} \\ &= (n+r-1)(n+r-2)\cdots n = \frac{(n+r-1)!}{(n-1)!}. \end{aligned}$$

26.27 1. Il est clair qu'à tout rangement on peut associer une liste de 0 et de 1 et que réciproquement une telle suite détermine le nombre de boules dans chaque boîte. Il suffit donc de compter le nombre de listes. Dans une telle liste, il y a $n+1$ fois 0 (car on commence et on finit par un 0) et p fois 1. On a donc des $(n+p+1)$-listes. Il y a autant de listes possibles que de façons de placer les 1 (par exemple). Comme on commence et finit par un 0, il y a $n+p-1$ emplacements possibles pour les 1. Le nombre de rangements possibles est $\binom{n+p-1}{p}$.

Remarque On peut donner du codage proposé par l'énoncé une description plus informelle : imaginons que les n boîtes sont placées côte à côte ; les n boîtes sont séparées par $n-1$ cloisons. Il s'agit de placer les p boules par rapport à ces $n-1$ cloisons. On a donc au total $p+n-1$ « emplacements » (les cloisons plus les boules) parmi lesquels il faut en choisir p pour placer les boules. D'où le résultat.

2. (a) Le nombre de solutions dans $\mathbb{N}^n$ de l'équation est égal au nombre de rangements précédemment calculé. Il suffit d'appeler x_k le nombre de boules dans le k-ième tiroir.

(b) Pour trouver le nombre de solutions dans $(\mathbb{N}^*)^n$, on écrit l'équation :

$$(x_1 - 1) + (x_2 - 1) + \cdots + (x_n - 1) = p - n,$$

où $(x_1 - 1, \ldots, x_n - 1)$ appartient à $\mathbb{N}^n$. Pour qu'il y ait des solutions, il faut évidemment $p \geqslant n$. Le nombre de solutions s'obtient alors en remplaçant p par $p - n$ dans le résultat de la question précédente. Il y a donc $\binom{p-1}{p-n}$ *i.e.* $\binom{p-1}{n-1}$ solutions, par symétrie des coefficients binomiaux (pour $n > p$, ce coefficient est nul).

26.28 1. D'après le théorème 12 de la page 907, les surjections de $[\![1, n]\!]$ sur $[\![1, n]\!]$ sont les permutations de $[\![1, n]\!]$. Il y a donc $n!$ telles surjections.

2. Une application de $[\![1, n+1]\!]$ dans $[\![1, n]\!]$ est une surjection si, et seulement si, deux éléments ont la même image et les autres des images distinctes (et distinctes de celle des deux premiers éléments). Il y a $\binom{n+1}{2}$ façons de choisir les éléments qui ont même image et n façons de choisir cette image commune. Il reste ensuite $n-1$ éléments dans l'ensemble de départ et l'ensemble d'arrivée qui doivent être mis en bijection, ce qui peut se faire de $(n-1)!$ manières. Le nombre de surjections cherché est donc :

$$\binom{n+1}{2} n(n-1)! = \frac{n(n+1)!}{2}.$$

3. De même, une application de $[\![1, n+2]\!]$ dans $[\![1, n]\!]$ est une surjection si, et seulement si :
   - soit trois éléments ont la même image et les autres des images distinctes ;
   - soit deux paires d'éléments ont même image (et ces images sont distinctes) et les $n-2$ éléments restants ont des images distinctes,

   ce qui nous fournit une partition de l'ensemble de surjections considéré.

   - Dénombrons les surjections du premier type. Il y a $\binom{n+2}{3}$ façons de choisir les éléments qui ont même image, puis n façons de choisir cette image commune. Les $n-1$ éléments restants de chacun des ensembles doivent être mis en bijection. On trouve :

   $$\binom{n+2}{3} n(n-1)! = \frac{(n+2)(n+1)n}{6}\, n! = \frac{n\,(n+2)!}{6}$$

   surjections de ce type.
   - Dénombrons les surjections du second type. On choisit les quatre éléments de $[\![1, n+2]\!]$ qui n'ont pas une image distincte de toutes les autres, puis les deux éléments de $[\![1, n]\!]$ qui sont leurs images. Il faut ensuite attribuer aux quatre éléments choisis leur image parmi les deux images possibles. Pour cela on prend une des images et l'on choisit ses deux antécédents parmi quatre. Enfin, on met en bijection les $n-2$ éléments restants dans chaque ensemble. On obtient :

   $$\begin{aligned}\binom{n+2}{4}\binom{n}{2}\binom{4}{2}(n-2)! &= \frac{(n+2)(n+1)n(n-1)}{24} \cdot \frac{n(n-1)}{2}\, 6\,(n-2)! \\ &= \frac{n(n-1)(n+2)!}{8}\end{aligned}$$

   surjections de ce type.

   Le nombre de surjections cherché est donc :

$$\frac{n(n+2)!}{6} + \frac{n(n-1)(n+2)!}{8} = \frac{n(3n+1)(n+2)!}{24}.$$

Chapitre 27 : Probabilités sur un univers fini Variables aléatoires

Probabilités sur un univers fini Variables aléatoires

27

Le programme de probabilités de première année se limite aux espaces probabilisés finis. Il s'agit de présenter dans ce cadre simple les concepts fondamentaux des probabilités (univers, événements, variables aléatoires, probabilité). On formalise des résultats déjà vus en terminale en s'appuyant en particulier sur le chapitre 26.

I Univers

1 Univers et événements

Définition 1

Un **univers fini** est un ensemble fini non vide, noté en général Ω.

Un élément $\omega \in \Omega$ est appelé une **éventualité** ou une **issue**.

Dans toute la suite, sauf mention plus précise, Ω désigne un univers fini.

Définition 2

Toute partie de Ω est appelée un **événement**.

- L'ensemble Ω est appelé l'**événement certain**.
- L'ensemble vide est appelé l'**événement impossible**.
- Un singleton $\{\omega\}$, où $\omega \in \Omega$, est appelé **événement élémentaire**.

Remarque L'ensemble des événements est donc $\mathcal{P}(\Omega)$.

Terminologie Bien qu'un événement ne soit rien d'autre qu'un ensemble, quelques termes de vocabulaire sont spécifiques aux probabilités. Ainsi :

- le complémentaire d'un événement A, noté $\overline{A}$, est appelé l'**événement contraire** de A ;
- lorsque deux événements A et B sont disjoints, *i.e.* vérifient $A \cap B = \varnothing$, on dit qu'ils sont **incompatibles**.

Ex. 1. Si A est un événement, alors A et son contraire $\overline{A}$ sont incompatibles.

Systèmes complets d'événements

Définition 3

On appelle **système complet d'événements** de Ω toute famille d'événements $(A_i)_{i\in[\![1,n]\!]}$, où $n \in \mathbb{N}^*$, telle que :

- pour tout couple (i,j) d'éléments distincts de $[\![1,n]\!]$, on ait $A_i \cap A_j = \varnothing$;
- $\displaystyle\bigcup_{i=1}^{n} A_i = \Omega$.

Ex. 2. Pour tout événement A, la famille $(A,\overline{A})$ est un système complet d'événements de Ω.

Ex. 3. La famille $(\{\omega\})_{\omega\in\Omega}$, formée des événements élémentaires, est un système complet d'événements de Ω.

Remarque La famille $(\{\omega\})_{\omega\in\Omega}$ joue un grand rôle dans la définition d'une probabilité sur un univers fini (cf. théorème 6 de la page 939).

2 Variable aléatoire

Définition 4

Une **variable aléatoire** sur un univers fini Ω est une application définie sur Ω à valeurs dans un ensemble E.

Remarques

1. Notons qu'une variable aléatoire est une *application* définie sur Ω, et non une variable, et qu'elle n'est *pas aléatoire*.
2. Une variable aléatoire est dite **réelle** si elle est à valeurs dans $\mathbb{R}$, **complexe** si elle est à valeurs dans $\mathbb{C}$.

Définition 5

Si a est un élément d'un ensemble E, alors l'application $X : \begin{array}{ccc}\Omega & \longrightarrow & E \\ \omega & \longmapsto & a\end{array}$ est une variable aléatoire appelée **variable aléatoire constante** ou **certaine**.

Définition 6

Si A est un événement de Ω, alors l'application :

$$X : \begin{array}{ccc}\Omega & \longrightarrow & \mathbb{R} \\ \omega & \longmapsto & \begin{cases}1 & \text{si } \omega \in A \\ 0 & \text{si } \omega \notin A\end{cases}\end{array}$$

est une variable aléatoire réelle appelée **variable indicatrice de A** et notée $\mathbf{1}_A$.

Remarque Une variable aléatoire réelle sur un univers Ω est une application de Ω dans $\mathbb{R}$. L'ensemble des variables aléatoires réelles définies sur Ω est donc $\mathcal{F}(\Omega, \mathbb{R})$, ensemble sur lequel ont été définies une structure d'espace vectoriel et une multiplication interne. Si X et Y sont des variables aléatoires réelles sur Ω et λ un réel, alors $X+Y$, λX et XY sont des variables aléatoires réelles. On peut faire la même remarque pour les variables aléatoires complexes.

Définition 7

Soit X une variable aléatoire sur Ω et f une application définie sur $X(\Omega)$. L'application $f \circ X$ est une variable aléatoire, notée $f(X)$.

Remarque La notation $f(X)$, *a priori* incorrecte pour nommer la composée de X et f, s'accorde avec la terminologie qui nomme variable l'application X.

Événements liés à une variable aléatoire

Notations La théorie des probabilités utilise, pour décrire certains événements liés aux variables aléatoires, des notations spéciales dont il importe de bien comprendre la signification.

Soit X une variable aléatoire définie sur l'univers Ω, à valeurs dans E.

- Soit A une partie de E. L'ensemble $X^{-1}(A) = \{\omega \in \Omega : X(\omega) \in A\}$, image réciproque de A par l'application X, est noté, en probabilités :
$$\{X \in A\} \quad \text{ou} \quad (X \in A).$$
C'est une partie de Ω, c'est-à-dire un événement.
- Plus généralement, si P est une propriété quelconque pouvant être vérifiée ou non par un élément de E, l'ensemble des éléments ω de Ω tels que $X(\omega)$ vérifie la propriété P est noté $\{X \text{ vérifie } P\}$.
- En particulier, pour tout $x \in E$, on note :
$$\{X = x\}$$
l'événement $\{\omega \in \Omega : X(\omega) = x\}$.
On remarque que, pour tout $x \in E$, on a $\{X = x\} = \varnothing$ si $x \notin X(\Omega)$; ainsi $\{X = x\} = \varnothing$ sauf pour un nombre fini de valeurs de x.
- Si X est une variable aléatoire réelle, on écrit, pour tout réel x :
$$\begin{aligned}\{X \leqslant x\} &= \{\omega \in \Omega : X(\omega) \leqslant x\} ;\\ \{X \geqslant x\} &= \{\omega \in \Omega : X(\omega) \geqslant x\} ;\\ \{X < x\} &= \{\omega \in \Omega : X(\omega) < x\} ;\\ \{X > x\} &= \{\omega \in \Omega : X(\omega) > x\}.\end{aligned}$$
On a alors, pour tout réel x :
$$\{X \leqslant x\} = \{X < x\} \cup \{X = x\}.$$

Ex. 4. Si $\mathbb{1}_A$ est la fonction indicatrice de l'événement A, on a, par définition :
$$\{\mathbb{1}_A = 1\} = A \quad \text{et} \quad \{\mathbb{1}_A = 0\} = \overline{A}.$$

Ex. 5. Soit X une variable aléatoire, à valeurs dans E, ainsi que A et B deux parties de E. On a alors :

$$\{X \in A \cup B\} = X^{-1}(A \cup B) = X^{-1}(A) \cup X^{-1}(B) = \{X \in A\} \cup \{X \in B\}$$

$$\{X \in A \cap B\} = X^{-1}(A \cap B) = X^{-1}(A) \cap X^{-1}(B) = \{X \in A\} \cap \{X \in B\}$$

$$\{X \in E \setminus A\} = X^{-1}(E \setminus A) = \Omega \setminus X^{-1}(A) = \overline{\{X \in A\}}.$$

Remarque Si X est une variable aléatoire sur l'univers Ω à valeurs dans E, alors, pour tout $A \subset E$, l'événement $\{X \in A\}$ peut s'écrire comme réunion finie d'événements de la forme $\{X = x\}$. En effet :

$$\{X \in A\} = \big\{X \in A \cap X(\Omega)\big\} = \bigcup_{x \in A \cap X(\Omega)} \{X = x\}.$$

Proposition 1

Si X est une variable aléatoire sur Ω, la famille $\big(\{X = x\}\big)_{x \in X(\Omega)}$ est un système complet d'événements, appelé **système complet d'événements associé à X**.

Démonstration page 948

Ex. 6. Le système complet d'événements associé à la variable $\mathbb{1}_A$ est $(A, \overline{A})$.

3 Quelques exemples d'expériences aléatoires

Les notions introduites jusqu'à présent peuvent servir à modéliser une expérience aléatoire : l'univers représente l'ensemble des résultats possibles de l'expérience. À une propriété du résultat de l'expérience, on associe l'ensemble des résultats pour lesquels elle est vérifiée, c'est-à-dire un événement.

Ex. 7. On lance un dé et on s'intéresse au numéro obtenu. On prend comme univers $\Omega = [\![1, 6]\!]$. Les événements A : « le numéro obtenu est pair », B : « le numéro obtenu est impair » et C : « le numéro obtenu vaut au moins 4 » sont :

$$A = \{2, 4, 6\}\ , \quad B = \{1, 3, 5\} \quad \text{et} \quad C = \{4, 5, 6\}.$$

Les événements A et B sont contraires l'un de l'autre.

Ex. 8. Considérons l'expérience consistant à lancer deux fois une pièce, modélisée par l'univers $\{P, F\}^2$. Notons A l'événement « le premier lancer montre pile » et B l'événement « le deuxième lancer montre pile », c'est à dire $A = \big\{(P, P), (P, F)\big\}$ et $B = \big\{(F, P), (P, P)\big\}$. Alors les événements « un des deux lancers montre pile » et « les deux lancers montrent pile » sont respectivement :

$$A \cup B = \big\{(F, P), (P, F), (P, P)\big\} \quad \text{et} \quad A \cap B = \big\{(P, P)\big\}.$$

Ex. 9. On lance deux dés et on s'intéresse aux deux numéros obtenus. On suppose que ces dés sont discernables (par exemple qu'ils sont de couleurs différentes) ou qu'au moins on peut les distinguer mentalement (de telle sorte qu'il y ait un premier dé et un second). On choisit comme univers $\Omega = [\![1,6]\!]^2$, de telle sorte qu'une issue soit le couple des résultats obtenus.

On introduit les variables aléatoires X_1 et X_2 désignant respectivement les résultats du premier dé et du second dé :

$$X_1 : \begin{array}{ccc} \Omega & \longrightarrow & [\![1,6]\!] \\ (a,b) & \longmapsto & a \end{array} \qquad \text{et} \qquad X_2 : \begin{array}{ccc} \Omega & \longrightarrow & [\![1,6]\!] \\ (a,b) & \longmapsto & b. \end{array}$$

Ces variables aléatoires X_1 et X_2 permettent d'exprimer de manière simple les événements associés à cette expérience aléatoire. Par exemple :

- l'événement A : « le premier dé donne un numéro pair » s'écrit :

$$A = \{X_1 \text{ est pair}\} \quad \text{ou encore} \quad A = \big\{X_1 \in \{2,4,6\}\big\} \ ;$$

- l'événement E : « les deux dés donnent le même résultat » s'écrit :

$$E = \big\{(1,1),(2,2),(3,3),(4,4),(5,5),(6,6)\big\},$$

  mais s'écrit aussi $E = \{X_1 = X_2\}$;
- si l'on note S la variable aléatoire « somme des deux résultats obtenus » :

$$S : \begin{array}{ccc} \Omega & \longrightarrow & [\![2,12]\!] \\ (a,b) & \longmapsto & a+b, \end{array}$$

  alors on a $S = X_1 + X_2$, de telle sorte que l'événement « la somme des deux résultats obtenus vaut au moins 7 » s'écrit $\{X_1 + X_2 \geqslant 7\}$.

Ex. 10. Considérons l'expérience consistant à tirer simultanément 4 cartes d'un jeu de 52 cartes. On peut modéliser cette expérience aléatoire en considérant comme univers l'ensemble des parties à 4 éléments parmi les 52 cartes du jeu.

- Parmi les événements que l'on peut considérer, citons-en deux :

  A : « obtenir au moins un as » ;

  B : « obtenir au moins une carte rouge et une carte noire ».

  Les événements contraires de A et B s'expriment ainsi :

  $\overline{A}$: « aucune des cartes obtenues n'est un as » ;

  $\overline{B}$: « n'obtenir que des cartes rouges ou que des cartes noires ».

- Si X est la variable aléatoire donnant le nombre d'as obtenus, alors on a :

$$A = \{X \geqslant 1\} \qquad \text{et} \qquad \overline{A} = \{X = 0\}.$$

- Si Y est la variable aléatoire donnant le nombre de cartes rouges, alors on a :

$$B = \{1 \leqslant Y \leqslant 3\} \qquad \text{et} \qquad \overline{B} = \{Y = 0\} \cup \{Y = 4\}.$$

Ex. 11. On effectue n lancers d'une pièce, chaque lancer donnant pile ou face. Associons pile à 1 et face à 0, et modélisons cette expérience aléatoire par l'univers $\Omega = \{0,1\}^n$. Pour $k \in [\![1,n]\!]$, notons X_k la variable aléatoire associée au k-ième lancer :

$$X_k : \begin{array}{ccc} \Omega & \longrightarrow & \{0,1\} \\ (x_1,\dots,x_n) & \longmapsto & x_k. \end{array}$$

Ainsi, les événements « le k-ième lancer donne pile » et « le k-ième lancer donne face » sont respectivement $\{X_k = 1\}$ et $\{X_k = 0\}$. Avec ces notations :

- l'événement « on n'a obtenu que des piles » s'écrit $\bigcap\limits_{k=1}^{n} \{X_k = 1\}$;
- le nombre de piles obtenus est la variable aléatoire $\sum\limits_{k=1}^{n} X_k$; ainsi, l'événement « on a obtenu au moins autant de piles que de faces » s'écrit $\left\{\sum\limits_{k=1}^{n} X_k \geqslant \frac{n}{2}\right\}$.

II Espaces probabilisés

1 Probabilité

Définitions

Définition 8

Soit Ω un univers fini. On appelle **probabilité** sur Ω toute application $\mathbb{P}$ de $\mathcal{P}(\Omega)$ dans $[0,1]$ vérifiant :

1. $\mathbb{P}(\Omega) = 1$;
2. $\mathbb{P}(A \cup B) = \mathbb{P}(A) + \mathbb{P}(B)$ pour tous événements A et B incompatibles.

Remarque La seconde propriété est appelée **additivité**.

Définition 9

Un **espace probabilisé fini** est un couple $(\Omega, \mathbb{P})$, où Ω est un univers fini et $\mathbb{P}$ une probabilité sur Ω.

Dans la suite, sauf mention plus précise, $(\Omega, \mathbb{P})$ désigne un espace probabilisé fini.

Remarque Un même univers peut être muni de plusieurs probabilités.

2 Propriétés des probabilités

Théorème 2

Soit A et B deux événements de $(\Omega, \mathbb{P})$. On a :

1. $\mathbb{P}(\varnothing) = 0$;
2. $\mathbb{P}(\overline{A}) = 1 - \mathbb{P}(A)$;
3. si $A \subset B$, alors $\mathbb{P}(A) \leqslant \mathbb{P}(B)$: on dit que $\mathbb{P}$ **est croissante** ; de plus, $\mathbb{P}(B \setminus A) = \mathbb{P}(B) - \mathbb{P}(A)$;
4. $\mathbb{P}(A \cup B) = \mathbb{P}(A) + \mathbb{P}(B) - \mathbb{P}(A \cap B)$.

Démonstration page 948

Proposition 3 (Additivité finie)

Pour toute famille finie $(A_1, \ldots, A_n)$ d'événements deux à deux incompatibles de $(\Omega, \mathbb{P})$, on a :

$$\mathbb{P}\left(A_1 \cup \cdots \cup A_n\right) = \sum_{k=1}^{n} \mathbb{P}(A_k).$$

Démonstration page 948

Principe de démonstration. Récurrence sur n.

Union finie d'événements

Examinons ce qu'il en est de la probabilité de la réunion de trois événements.

Ex. 12. Soit A, B et C trois événements d'un espace probabilisé fini. On obtient en appliquant plusieurs fois la propriété 4 du théorème 2 de la page précédente :

$$\begin{aligned}
\mathbb{P}(A \cup B \cup C) &= \mathbb{P}(A \cup B) + \mathbb{P}(C) - \mathbb{P}\big((A \cup B) \cap C\big) \\
&= \mathbb{P}(A) + \mathbb{P}(B) - \mathbb{P}(A \cap B) + \mathbb{P}(C) - \mathbb{P}\left((A \cap C) \cup (B \cap C)\right) \\
&= \mathbb{P}(A) + \mathbb{P}(B) - \mathbb{P}(A \cap B) + \mathbb{P}(C) \\
&\qquad - \big(\mathbb{P}(A \cap C) + \mathbb{P}(B \cap C) - \mathbb{P}(A \cap B \cap A \cap C)\big) \\
&= \mathbb{P}(A) + \mathbb{P}(B) + \mathbb{P}(C) - \mathbb{P}(A \cap B) - \mathbb{P}(A \cap C) - \mathbb{P}(B \cap C) \\
&\qquad + \mathbb{P}(A \cap B \cap C).
\end{aligned}$$

La formule du crible généralise ce qui précède au cas d'une union de n événements. Cette formule n'est pas au programme. Elle sera démontrée à l'aide des variables aléatoires dans l'exercice 29.13 de la page 1020.
Mais il existe une majoration simple de la probabilité d'une union d'événements.

Proposition 4 (Inégalité de Boole)

Exo 27.1

Pour toute famille finie $(A_1, \ldots, A_n)$ d'événements de $(\Omega, \mathbb{P})$, on a :

$$\mathbb{P}\left(A_1 \cup \cdots \cup A_n\right) \leqslant \sum_{k=1}^{n} \mathbb{P}(A_k).$$

Démonstration page 948

Remarque Cette propriété est aussi appelée sous-additivité.

Propriétés des systèmes complets d'événements

Proposition 5

Si $(A_1, \ldots, A_n)$ est un système complet d'événements de $(\Omega, \mathbb{P})$, alors on a :

$$\sum_{i=1}^{n} \mathbb{P}(A_i) = 1$$

et, plus généralement, pour tout événement B :

$$\mathbb{P}(B) = \sum_{i=1}^{n} \mathbb{P}(B \cap A_i).$$

Démonstration page 949

3 Détermination d'une probabilité par les images des événements élémentaires

Une probabilité $\mathbb{P}$ sur un univers fini Ω est entièrement déterminée par la connaissance des probabilités des événements élémentaires.

Définition 10

Une **distribution de probabilités** sur un ensemble fini E est une famille d'éléments de $\mathbb{R}_+$, indexée par E et de somme 1.

Théorème 6

Soit Ω un univers fini.

1. Si $\mathbb{P}$ est une probabilité sur Ω, alors $\left(\mathbb{P}(\{\omega\})\right)_{\omega\in\Omega}$ est une distribution de probabilités sur Ω.
2. Réciproquement, si $(p_\omega)_{\omega\in\Omega}$ est une distribution de probabilités sur Ω, il existe une unique probabilité $\mathbb{P}$ sur Ω telle que $\mathbb{P}(\{\omega\}) = p_\omega$ pour tout $\omega \in \Omega$. Cette probabilité $\mathbb{P}$ est définie, pour tout événement A, par :

Exo 27.2

$$\mathbb{P}(A) = \sum_{\omega\in A} p_\omega.$$

Démonstration page 949

Théorème 7

Sur tout univers fini Ω, il existe une unique probabilité $\mathbb{P}$ prenant la même valeur sur tous les événements élémentaires.

Exo 27.3

Pour tout élément ω de Ω, on a $\mathbb{P}(\{\omega\}) = \dfrac{1}{\text{card}\,(\Omega)}$.

Exo 27.4

Pour tout événement A, on a $\mathbb{P}(A) = \dfrac{\text{card}\,(A)}{\text{card}\,(\Omega)}$.

Cette probabilité est appelée **probabilité uniforme** sur Ω.

Démonstration page 949

Remarques

- Si notre perception de l'expérience aléatoire nous laisse supposer que tous les événements élémentaires ont la même chance d'être réalisés, on dit qu'il y a **équiprobabilité** et l'on munit l'univers de la probabilité uniforme. Ainsi, quand on parle de lancers d'une pièce *équilibrée*, d'un dé ou de tirages *au hasard* dans une urne contenant des boules ou des jetons, on signifie implicitement que l'on est dans un cas d'équiprobabilité.
- La formule $\mathbb{P}(A) = \dfrac{\text{card}\,(A)}{\text{card}\,\Omega}$ s'énonce parfois : la probabilité de A est le quotient du nombre de cas favorables sur le nombre de cas possibles, favorable signifiant ici réalisant l'événement A.
- Quand l'univers Ω est muni de la probabilité uniforme, le calcul des probabilités se ramène en partie à des *dénombrements*.

Ex. 13. On lance six fois un dé non truqué. On calcule la probabilité d'obtenir les six numéros de 1 à 6.
Comme le dé est non truqué, à chaque lancer, chaque numéro a la même chance de sortir qu'un autre. Nous munirons donc l'univers $\Omega = [\![1, 6]\!]^6$ de la probabilité uniforme.
L'événement A « obtenir les six numéros » est l'ensemble des 6-uplets dont les composantes sont les six numéros dans des ordres différents, donc le cardinal de cet événement est le nombre de permutations d'un ensemble à 6 éléments. On obtient $\mathbb{P}(A) = \dfrac{6!}{6^6} = \dfrac{5}{324}$.

Point méthode Considérons une urne contenant des boules de différentes couleurs, dans laquelle on effectue des tirages. Selon le mode de tirage, les éléments de Ω apparaîtront comme des listes, des combinaisons, des arrangements.

Supposons que l'urne contienne N boules et que nous tirions n boules. Notons B l'ensemble des boules.

Tirages simultanés. Les boules sont tirées en même temps. On choisit pour Ω l'ensemble des n-combinaisons de l'ensemble B. On a alors $\operatorname{card}(\Omega) = \binom{N}{n}$.

Tirages avec remise. Les tirages sont successifs et la boule tirée est replacée dans l'urne avant le tirage suivant. On peut tirer plusieurs fois la même boule. On choisit pour Ω l'ensemble des n-listes de B. On a alors $\operatorname{card}(\Omega) = N^n$.

Exo 27.5

Tirages sans remise. Les tirages sont successifs et la boule tirée n'est pas replacée dans l'urne avant le tirage suivant. On choisit pour Ω l'ensemble des n-arrangements de B. Si $n \leqslant N$, on a alors $\operatorname{card}(\Omega) = \frac{N!}{(N-n)!}$.

Remarque Ces « modèles d'urnes » peuvent également être vus comme des modèles de prélèvements d'échantillons dans une population au cours d'un sondage.

III Loi d'une variable aléatoire

1 Définition - Propriétés

Notations En vue d'alléger les notations, on écrit $\mathbb{P}(X \in A)$ pour désigner la probabilité de l'événement $\{X \in A\}$, au lieu de $\mathbb{P}\big(\{X \in A\}\big)$; de même, on écrit $\mathbb{P}(X = x)$ au lieu de $\mathbb{P}\big(\{X = x\}\big)$.

Théorème 8

Si X est une variable aléatoire sur $(\Omega, \mathbb{P})$, alors l'application :

$$\begin{array}{ccc} \mathcal{P}(X(\Omega)) & \longrightarrow & [0,1] \\ A & \longmapsto & \mathbb{P}(X \in A) \end{array}$$

est une probabilité sur $X(\Omega)$, appelée **loi de X** et notée $\mathbb{P}_X$.

Démonstration page 950

Remarques

1. Considérer la loi de X, c'est s'intéresser uniquement à $X(\Omega)$ et à sa probabilité $\mathbb{P}_X$. On oublie l'univers Ω et X en tant qu'application.
2. Il résulte de la définition de la loi de X que celle-ci dépend de la probabilité choisie sur Ω, alors que la variable aléatoire X peut être définie indépendamment de la probabilité.

Proposition 9

La loi d'une variable aléatoire X sur $(\Omega, \mathbb{P})$ est déterminée de manière unique par la distribution de probabilités $(\mathbb{P}(X = x))_{x \in X(\Omega)}$.

Plus précisément, on a pour tout $A \subset X(\Omega)$:

$$\mathbb{P}_X(A) = \sum_{x \in A} \mathbb{P}(X = x).$$

Démonstration. Compte tenu du théorème 8 de la page ci-contre, il s'agit d'un cas particulier de définition d'une probabilité sur un univers par la probabilité des événements élémentaires (théorème 6 de la page 939). □

Exo 27.14

Point méthode Déterminer la loi de X revient donc à déterminer $X(\Omega)$ et à calculer, pour tout $x \in X(\Omega)$, la valeur de $\mathbb{P}(X = x)$.

Ex. 14. Un dé est lancé deux fois successivement. On note X la variable aléatoire égale à la somme des chiffres apparus. Déterminons la loi de X.

On considère l'univers $\Omega = [\![1, 6]\!]^2$, muni de la probabilité uniforme. On a $X(\Omega) = [\![2, 12]\!]$ et, pour tout $k \in [\![2, 12]\!]$:

$$\{X = k\} = \{(i,j) \in [\![1,6]\!]^2 \ : \ i + j = k\} = \{(i, k-i) \ : \ i \in [\![1,6]\!] \quad \text{et} \quad (k-i) \in [\![1,6]\!]\}.$$

- Si $2 \leqslant k \leqslant 7$, alors i peut varier entre 1 et $k-1$. On obtient $\mathbb{P}(X = k) = \dfrac{k-1}{36}\cdot$
- Si $8 \leqslant k \leqslant 12$, alors i peut varier entre $k-6$ et 6. On obtient $\mathbb{P}(X = k) = \dfrac{13-k}{36}\cdot$

Remarque Parfois, on ne connaît *a priori* qu'un ensemble E tel que $X(\Omega) \subset E$. On calcule $\mathbb{P}(X = x)$ pour tout $x \in E$. Si $x \notin X(\Omega)$, on trouve $\mathbb{P}(X = x) = 0$.

Notation On note $X \sim Y$ la relation $\mathbb{P}_X = \mathbb{P}_Y$, c'est-à-dire X et Y ont même loi. Cela équivaut à :

$$X(\Omega) = Y(\Omega) \quad \text{et} \quad \forall x \in X(\Omega) \quad \mathbb{P}(X = x) = \mathbb{P}(Y = x).$$

Attention Dire que deux variables aléatoires sur le même espace probabilisé ont même loi ne signifie pas qu'elles sont égales. En effet, l'égalité $X = Y$ équivaut à :

$$\forall \omega \in \Omega \quad X(\omega) = Y(\omega) \qquad \text{autrement dit} \qquad \forall x \in X(\Omega) \quad \{X = x\} = \{Y = x\}.$$

Que les événements $\{X = x\}$ et $\{Y = x\}$ aient même probabilité ne signifie pas qu'ils sont égaux.

Ex. 15. Si A est un événement de probabilité $\frac{1}{2}$, alors les variables $\mathbb{1}_A$ et $\mathbb{1}_{\overline{A}}$ ont même loi. En effet, elles sont à valeurs dans $\{0, 1\}$ et :

$$\mathbb{P}(\mathbb{1}_A = 0) = \mathbb{P}(\mathbb{1}_A = 1) = \mathbb{P}(\mathbb{1}_{\overline{A}} = 0) = \mathbb{P}(\mathbb{1}_{\overline{A}} = 1) = \frac{1}{2}\cdot$$

Mais $\mathbb{1}_A$ n'est pas égal à $\mathbb{1}_{\overline{A}}$ car, pour tout $\omega \in \Omega$: $\mathbb{1}_A(\omega) = 1 \iff \mathbb{1}_{\overline{A}}(\omega) = 0$.

Point méthode Parfois, il est plus simple de déterminer d'abord $\mathbb{P}(X \leqslant x)$ (resp. $\mathbb{P}(X \geqslant x)$) plutôt que directement $\mathbb{P}(X = x)$. C'est le cas en particulier dans des problèmes de maximum (resp. minimum). Dans le cas où $X(\Omega) \subset \mathbb{Z}$, on utilisera, pour tout $k \in \mathbb{Z}$, les égalités :

$$\mathbb{P}(X = k) = \mathbb{P}(X \leqslant k) - \mathbb{P}(X \leqslant k - 1),$$

Exo 27.15

$$\mathbb{P}(X = k) = \mathbb{P}(X \geqslant k) - \mathbb{P}(X \geqslant k + 1).$$

Loi de $f(X)$

Proposition 10

Soit X une variable aléatoire sur $(\Omega, \mathbb{P})$ et f une application définie sur $X(\Omega)$. La loi de la variable aléatoire $f(X)$ est donnée par :

Exo 27.16

$$\forall y \in f(X)(\Omega) \quad \mathbb{P}(f(X) = y) = \sum_{x \in f^{-1}(\{y\})} \mathbb{P}(X = x).$$

Démonstration page 950

Ex. 16. On garde les notations de la proposition 10.
Si $X(\Omega) = [\![-n, n]\!]$, alors $X^2(\Omega) = \{k^2,\ k \in [\![0, n]\!]\}$ et la loi de X^2 est donnée par :

$$\mathbb{P}(X^2 = 0) = \mathbb{P}(X = 0) \quad \text{et} \quad \forall k \in [\![1, n]\!] \quad \mathbb{P}(X^2 = k^2) = \mathbb{P}(X = -k) + \mathbb{P}(X = k).$$

Proposition 11

Soit X et Y deux variables aléatoires sur $(\Omega, \mathbb{P})$ telles que $X \sim Y$ et f une application définie sur $X(\Omega)$. Alors $f(X) \sim f(Y)$.

Démonstration page 950

Remarque Le résultat reste vrai si X et Y ont même loi, mais ne sont pas définies sur le même espace probabilisé.

2 Lois usuelles

Si $(p_x)_{x \in E}$ est une distribution sur un ensemble fini E, alors il existe une variable aléatoire X à valeurs dans E telle que, pour tout $x \in E$, on ait $\mathbb{P}(X = x) = p_x$. En effet il suffit de considérer l'univers $\Omega = E$, muni de la probabilité définie par $(p_x)_{x \in E}$, et de prendre $X = \mathrm{Id}_E$. Cela justifie les définitions suivantes.

Loi uniforme

Définition 11

Soit E un ensemble fini non vide. On dit qu'une variable aléatoire X suit **la loi uniforme sur E**, si X est à valeurs dans E et :

Exo 27.17

$$\forall x \in E \quad \mathbb{P}(X = x) = \frac{1}{\operatorname{card}(E)}.$$

Notations On note $X \sim \mathcal{U}(E)$ l'assertion « X suit la loi uniforme sur E ». Dans la pratique, l'ensemble E est souvent de la forme $[\![1,n]\!]$, avec $n \in \mathbb{N}^*$, ou $[\![a,b]\!]$, où a et b sont des entiers tels que $a \leqslant b$.

Ex. 17. On choisit un élément au hasard dans un ensemble fini non vide E. La variable aléatoire égale à l'élément choisi suit la loi uniforme sur E.

Ex. 18. Une urne contient n boules numérotées de 1 à n. On en prend une au hasard et l'on note X le numéro de la boule tirée. Alors X suit une loi uniforme sur $[\![1,n]\!]$.

Ex. 19. Un dé équilibré est lancé. Soit X la variable aléatoire égale au numéro de la face supérieure : elle suit la loi uniforme sur $[\![1,6]\!]$.

Loi de Bernoulli

Définition 12

Soit $p \in [0,1]$. On dit qu'une variable aléatoire X suit la **loi de Bernoulli de paramètre p** si elle est à valeurs dans $\{0,1\}$ et $\mathbb{P}(X=1)=p$.

Notations On note $X \sim \mathcal{B}(p)$ l'assertion « X suit la loi de Bernoulli de paramètre p ». On dit aussi que X est une variable de Bernoulli.

Remarque Une variable aléatoire X est une variable de Bernoulli si, et seulement si, elle est à valeurs dans $\{0,1\}$. Si $p \in]0,1[$, alors l'image de X est $\{0,1\}$.

Ex. 20. Toute épreuve à deux issues peut être représentée par une variable de Bernoulli, en notant 1 et 0 les deux résultats possibles.
Par exemple, si on lance une pièce, la variable aléatoire réelle qui vaut 1 si la pièce tombe sur pile et 0 si la pièce tombe sur face, suit une loi de Bernoulli.

Ex. 21. Pour tout événement A, $\mathbf{1}_A$ est une variable de Bernoulli, de paramètre $\mathbb{P}(\mathbf{1}_A = 1) = \mathbb{P}(A)$.
Réciproquement, toute variable de Bernoulli est la variable indicatrice de l'événement $\{X=1\}$.

Remarque Si X et Y sont deux variables de Bernoulli définies sur le même espace probabilisé, alors leur produit XY est une variable de Bernoulli, car il est clair qu'il est à valeurs dans $\{0,1\}$.
En particulier, X^2 est une variable de Bernoulli ; de plus, on a $X^2 = X$.

Loi binomiale

Définition 13

Exo 27.18

Exo 27.19

Soit $p \in [0,1]$ et $n \in \mathbb{N}^*$. On dit que la variable aléatoire X suit **la loi binomiale de paramètre (n,p)** si X est à valeurs dans $[\![0,n]\!]$ et :

$$\forall k \in [\![0,n]\!] \quad \mathbb{P}(X=k) = \binom{n}{k} p^k (1-p)^{n-k}.$$

Notations On note $X \sim \mathcal{B}(n,p)$ l'assertion « X suit la loi binomiale de paramètre (n,p) ».

Remarques

- La formule du binôme donne l'égalité : $\sum_{k=0}^{n} \mathbb{P}(X = k) = 1$, ce qui montre qu'on définit bien une loi.
- Si $p \in]0,1[$, alors l'image de X est exactement $[\![0,n]\!]$.
- La loi binomiale de paramètre $(1,p)$ n'est rien d'autre que la loi de Bernoulli de paramètre p. Les notations $\mathcal{B}(p)$ et $\mathcal{B}(1,p)$ ont donc la même signification.

On démontrera dans le chapitre 28 que, si on répète une épreuve aléatoire n fois indépendamment, le nombre de succès suit la loi binomiale $\mathcal{B}(n,p)$, où p est la probabilité d'obtenir un succès sur une épreuve. 979

Ex. 22. On lance n fois une pièce équilibrée et l'on considère la variable aléatoire X égale au nombre de piles obtenu. La variable X suit la loi binomiale de paramètre $\left(n, \frac{1}{2}\right)$.

Ex. 23. On fait une suite de n tirages avec remise dans une urne contenant une proportion p de boules blanches. Le nombre X de boules blanches tirées suit la loi binomiale de paramètre (n,p).

IV Couples de variables aléatoires

1 Définitions

Définition 14

Si X et Y sont deux variables aléatoires sur Ω, à valeurs dans E et F respectivement, alors l'application :

$$\begin{array}{ccc} \Omega & \longrightarrow & E \times F \\ \omega & \longmapsto & \big(X(\omega), Y(\omega)\big) \end{array}$$

est appelée **couple de variables aléatoires** sur Ω. On le note (X,Y).

Remarques

- Un couple de variables aléatoires est simplement une application de Ω dans $E \times F$, c'est-à-dire une variable aléatoire à valeurs dans $E \times F$.
- L'image $(X,Y)(\Omega)$ est la partie du produit cartésien $X(\Omega) \times Y(\Omega)$ formée des couples $\big(X(\omega), Y(\omega)\big)$ où ω décrit Ω. En général $(X,Y)(\Omega)$ est inclus strictement dans $X(\Omega) \times Y(\Omega)$.

Ex. 24. On lance deux dés équilibrés. Soit X la variable aléatoire égale au plus petit des nombres apparus lors du lancer et Y la variable aléatoire égale au plus grand des nombres apparus.

Alors (X,Y) est un couple de variables aléatoires réelles. Les variables aléatoires X et Y sont à valeurs dans $[\![1,6]\!]$ et, par définition de X et Y, l'ensemble des valeurs prises par (X,Y) est :

$$\{(i,j) \in [\![1,6]\!]^2 \ : \ i \leqslant j\}.$$

Ex. 25. Une urne contient 2 boules blanches, 3 boules rouges et 4 boules bleues. On extrait simultanément 3 boules de l'urne. On note X le nombre de boules blanches et Y le nombre de boules rouges. Alors (X,Y) est un couple de variables aléatoires réelles. La variable aléatoire X est à valeurs dans $[\![0,2]\!]$ et Y est à valeurs dans $[\![0,3]\!]$. L'ensemble des valeurs prises par (X,Y) est :

$$\{(i,j) \in [\![0,2]\!] \times [\![0,3]\!] \ : \ i+j \leqslant 3\},$$

car on ne tire que 3 boules en tout.

Proposition 12

Soit (X,Y) un couple de variables aléatoires sur Ω. Alors la famille d'événements $\big(\{X=x\} \cap \{Y=y\}\big)_{(x,y)\in X(\Omega)\times Y(\Omega)}$ est un système complet d'événements de Ω appelé **système complet d'événements associé au couple (X,Y)**.

Démonstration page 950

Remarques

- Il découle de cette proposition que si l'univers Ω est muni d'une probabilité $\mathbb{P}$, on a l'égalité :

$$\sum_{(x,y)\in X(\Omega)\times Y(\Omega)} \mathbb{P}\big(\{X=x\} \cap \{Y=y\}\big) = 1.$$

- Pour l'événement $\{X = x\} \cap \{Y = y\}$, on trouve aussi les notations $\{(X,Y) = (x,y)\}$, ainsi que $\mathbb{P}(X=x, Y=y)$ pour sa probabilité.

2 Loi conjointe

Définition 15

Soit X et Y deux variables aléatoires sur $(\Omega, \mathbb{P})$. La **loi conjointe** de X et Y est la loi du couple (X,Y).

Remarque Par définition de la loi d'une variable aléatoire (cf. théorème 8 de la page 940), la loi du couple (X,Y) est l'application :

$$\begin{array}{rcl} \mathcal{P}\big((X,Y)(\Omega)\big) & \longrightarrow & [0,1] \\ A & \longmapsto & \mathbb{P}((X,Y)\in A). \end{array}$$

C'est une probabilité sur $(X,Y)(\Omega)$.

Point méthode Quand on demande la loi conjointe des variables aléatoires X et Y, on attend le calcul de $\mathbb{P}\left(\{X=x\} \cap \{Y=y\}\right)$, pour tout $(x,y) \in X(\Omega)\times Y(\Omega)$.

La loi peut être représentée par un tableau à double entrée, les lignes correspondant aux valeurs de $X(\Omega)$ et les colonnes à celles de $Y(\Omega)$.

Ex. 26. On lance deux dés équilibrés : X est la variable aléatoire égale au plus petit des nombres apparus et Y est la variable aléatoire égale au plus grand des nombres apparus. On munit l'univers $\Omega = [\![1,6]\!]^2$ de la probabilité uniforme. On obtient, pour $(i,j) \in [\![1,6]\!]^2$:

- si $i > j$, $\mathbb{P}(\{X=i\} \cap \{Y=j\}) = \mathbb{P}(\varnothing) = 0$;
- si $i = j$, $\mathbb{P}(\{X=i\} \cap \{Y=j\}) = \mathbb{P}(\{(i,i)\}) = \dfrac{1}{36}$;
- si $i < j$, $\mathbb{P}(\{X=i\} \cap \{Y=j\}) = \mathbb{P}(\{(i,j),(j,i)\}) = \dfrac{2}{36} = \dfrac{1}{18}$.

3 Lois marginales

Définition 16

Pour tout couple (X, Y) de variables aléatoires, la loi de X est appelée **première loi marginale du couple** et celle de Y est appelée **deuxième loi marginale du couple.**

Le théorème suivant exprime le fait que l'on peut déduire les lois marginales de la loi du couple. Pour obtenir une loi marginale, on somme par rapport à l'autre variable.

Théorème 13

Soit (X, Y) un couple de variables aléatoires sur $(\Omega, \mathbb{P})$. On a alors :

$$\forall x \in X(\Omega) \quad \mathbb{P}(X = x) = \sum_{y \in Y(\Omega)} \mathbb{P}\big(\{X = x\} \cap \{Y = y\}\big).$$

Démonstration. Cette égalité résulte de ce que $(\{Y = y\})_{y \in Y(\Omega)}$ est un système complet d'événements (on applique la proposition 5 de la page 938). □

Remarque On obtient de même $\mathbb{P}(Y = y)$ en sommant sur $x \in X(\Omega)$.

Ex. 27. Déterminons les lois marginales du couple dont on a déterminé la loi conjointe dans l'exemple précédent. On obtient que, pour tout $i \in [\![1, 6]\!]$:

$$\mathbb{P}(X = i) = \sum_{j=1}^{6} \mathbb{P}\big(\{X = i\} \cap \{Y = j\}\big) = \frac{1}{36} + \sum_{j=i+1}^{6} \frac{1}{18} = \frac{1 + 2(6 - i)}{36} = \frac{13 - 2i}{36}.$$

De même, pour tout entier j de $[\![1, 6]\!]$, on a :

$$\mathbb{P}(Y = j) = \sum_{i=1}^{6} \mathbb{P}\big(\{X = i\} \cap \{Y = j\}\big) = \sum_{i=1}^{j-1} \frac{1}{18} + \frac{1}{36} = \frac{2(j - 1) + 1}{36} = \frac{2j - 1}{36}.$$

Remarque Si la loi conjointe est représentée sous la forme d'un tableau, pour obtenir les lois de X et Y, il faut sommer sur les lignes ou les colonnes.

Ex. 28. Une urne contient 3 boules blanches et 5 boules noires. On tire successivement deux boules de l'urne, sans remise. On note X (respectivement Y) la variable aléatoire de Bernoulli qui vaut 1 si le premier (respectivement le second) tirage est blanc et 0 sinon.
Déterminons la loi conjointe de (X, Y). On obtient :

$$\mathbb{P}(X = 0, Y = 0) = \frac{5 \cdot 4}{8 \cdot 7} = \frac{5}{14}; \quad \mathbb{P}(X = 0, Y = 1) = \frac{5 \cdot 3}{8 \cdot 7} = \frac{15}{56};$$
$$\mathbb{P}(X = 1, Y = 0) = \frac{3 \cdot 5}{8 \cdot 7} = \frac{15}{56}; \quad \mathbb{P}(X = 1, Y = 1) = \frac{3 \cdot 2}{8 \cdot 7} = \frac{3}{28}.$$

La loi conjointe de (X, Y) est donc donnée dans le tableau suivant, grâce auquel on calcule les lois marginales.

X \ Y	0	1	loi de X
0	$\frac{5}{14}$	$\frac{15}{56}$	$\frac{5}{8}$
1	$\frac{15}{56}$	$\frac{3}{28}$	$\frac{3}{8}$
loi de Y	$\frac{5}{8}$	$\frac{3}{8}$	1

Exo 27.20

Remarque La connaissance des lois marginales ne suffit pas, en général, à reconstituer la loi conjointe d'un couple de variables aléatoires, sauf pour des variables aléatoires indépendantes, ce que nous verrons page 973.

4 Généralisation aux n-uplets de variables aléatoires

Définition 17

Soit $n \in \mathbb{N}^*$. Si $X_1, \ldots, X_n$ sont des variables aléatoires sur Ω, à valeurs dans $E_1, \ldots, E_n$ respectivement, alors l'application :

$$\begin{array}{ccc} \Omega & \longrightarrow & E_1 \times \cdots \times E_n \\ \omega & \longmapsto & \big(X_1(\omega), \ldots, X_n(\omega)\big) \end{array}$$

est appelé **n-uplet de variables aléatoires** sur Ω. On le note $(X_1, \ldots, X_n)$.

Remarque Un n-uplet de variables aléatoires est simplement une application de Ω dans $E_1 \times \cdots \times E_n$, c'est-à-dire une variable aléatoire à valeurs dans $E_1 \times \cdots \times E_n$.

Définition 18

Soit $X_1, \ldots, X_n$ des variables aléatoires sur $(\Omega, \mathbb{P})$.

La **loi conjointe** de $X_1, \ldots, X_n$ est la loi du n-uplet $(X_1, \ldots, X_n)$.

Les **lois marginales** du n-uplet $(X_1, \ldots, X_n)$ sont les lois des variables aléatoires $X_1, \ldots, X_n$.

Remarque Si $X_1, \ldots, X_n$ sont des variables aléatoires sur $(\Omega, \mathbb{P})$, leur loi conjointe est déterminée par la donnée, pour tout $(x_1, \ldots, x_n) \in X_1(\Omega) \times \cdots \times X_n(\Omega)$, de :

$$\mathbb{P}\big(\{X_1 = x_1\} \cap \cdots \cap \{X_n = x_n\}\big).$$

Comme dans le cas des couples de variables aléatoires, les lois marginales des n-uplets s'obtiennent à partir de la loi conjointe. Pour obtenir une loi marginale, il faut sommer par rapport aux autres variables.

Ex. 29. Pour trois variables aléatoires X, Y et Z, on a :

$$\forall x \in X(\Omega) \quad \mathbb{P}(X = x) = \sum_{(y,z) \in Y(\Omega) \times Z(\Omega)} \mathbb{P}(X = x, Y = y, Z = z),$$

et des formules identiques pour Y et Z.

Démonstrations

Proposition 1

- Par définition, $\{X = x\}$ est un événement pour tout $x \in X(\Omega)$.
- Si x et x' sont deux éléments de $X(\Omega)$, distincts, les événements $\{X = x\}$ et $\{X = x'\}$ sont incompatibles. En effet, pour tout $\omega \in \Omega$, la relation $\omega \in \{X = x\}$ équivaut, par définition, à $X(\omega) = x$. Si $\omega \in \{X = x\} \cap \{X = x'\}$, alors $X(\omega) = x = x'$, ce qui est impossible.
- On a enfin :

$$\bigcup_{x \in X(\Omega)} \{X = x\} = \Omega$$

car, pour tout $\omega \in \Omega$, si on note $x = X(\omega)$, alors ω appartient à $\{X = x\}$.

Théorème 2

1. Comme $\varnothing$ est un événement incompatible avec lui-même, on a :

$$\mathbb{P}(\varnothing) = \mathbb{P}(\varnothing \cup \varnothing) = \mathbb{P}(\varnothing) + \mathbb{P}(\varnothing) \text{ et donc } \mathbb{P}(\varnothing) = 0.$$

2. On a par définition, puisque A et $\overline{A}$ sont incompatibles :

$$\mathbb{P}(A) + \mathbb{P}(\overline{A}) = \mathbb{P}\left(A \cup \overline{A}\right) = \mathbb{P}(\Omega) = 1 \text{ et donc } \mathbb{P}(\overline{A}) = 1 - \mathbb{P}(A).$$

3. Si $A \subset B$, alors B est la réunion des événements incompatibles A et $B \setminus A$ et donc :

$$\mathbb{P}(B) = \mathbb{P}(A) + \underbrace{\mathbb{P}(B \setminus A)}_{\geqslant 0} \geqslant \mathbb{P}(A).$$

4. L'événement $A \cup B$ est la réunion des deux événements incompatibles A et $B \setminus A$; d'autre part, B est la réunion des événements incompatibles $A \cap B$ et $B \setminus A$. On a donc :

$$\mathbb{P}(A \cup B) = \mathbb{P}(A) + \mathbb{P}(B \setminus A) \quad \text{et} \quad \mathbb{P}(B) = \mathbb{P}(A \cap B) + \mathbb{P}(B \setminus A).$$

On en déduit que :

$$\mathbb{P}(A \cup B) = \mathbb{P}(A) + \mathbb{P}(B) - \mathbb{P}(A \cap B).$$

Proposition 3 Raisonnons par récurrence sur le nombre n d'événements.

- Pour $n = 1$, il n'y a rien à démontrer.
- On suppose que la propriété est vérifiée pour n événements deux à deux incompatibles et l'on considère une famille $(A_1, \ldots, A_n, A_{n+1})$ d'événements deux à deux incompatibles. Alors les événements $A_1 \cup \ldots \cup A_n$ et A_{n+1} sont incompatibles. On a donc, par additivité :

$$\mathbb{P}(A_1 \cup \cdots \cup A_n \cup A_{n+1}) = \mathbb{P}\big((A_1 \cup \cdots \cup A_n) \cup A_{n+1}\big) = \mathbb{P}(A_1 \cup \cdots \cup A_n) + \mathbb{P}(A_{n+1})$$

puis, en utilisant l'hypothèse de récurrence :

$$\mathbb{P}(A_1 \cup \cdots \cup A_n \cup A_{n+1}) = \mathbb{P}(A_1) + \cdots + \mathbb{P}(A_n) + \mathbb{P}(A_{n+1}).$$

Proposition 4 Pour $n = 2$, on a :

$$\mathbb{P}(A_1 \cup A_2) = \mathbb{P}(A_1) + \mathbb{P}(A_2) - \mathbb{P}(A_1 \cap A_2) \leqslant \mathbb{P}(A_1) + \mathbb{P}(A_2).$$

En utilisant le cas $n = 2$, on obtient, pour tout $n \in \mathbb{N}^*$:

$$\begin{aligned}\mathbb{P}(A_1 \cup \cdots \cup A_n \cup A_{n+1}) &= \mathbb{P}\left((A_1 \cup \cdots \cup A_n) \cup A_{n+1}\right) \\ &\leqslant \mathbb{P}(A_1 \cup \cdots \cup A_n) + \mathbb{P}(A_{n+1}),\end{aligned}$$

ce qui permet de conclure par une récurrence immédiate.

Proposition 5 Soit $(A_1, \ldots, A_n)$ un système complet d'événements de $(\Omega, \mathbb{P})$. Par additivité, comme les événements $A_1, \ldots, A_n$ sont deux à deux incompatibles, on a :

$$\mathbb{P}\left(\bigcup_{i=1}^{n} A_i\right) = \sum_{i=1}^{n} \mathbb{P}(A_i).$$

De l'égalité $\bigcup\limits_{i=1}^{n} A_i = \Omega$ découle alors $\sum\limits_{i=1}^{n} \mathbb{P}(A_i) = 1$.

Comme les événements $A_1, \ldots, A_n$ sont deux à deux incompatibles, il en est de même des événements $B \cap A_1, \ldots, B \cap A_n$. De $\bigcup\limits_{i=1}^{n}(B \cap A_i) = B \cap (\bigcup\limits_{i=1}^{n} A_i) = B \cap \Omega = B$, on déduit, par additivité :

$$\mathbb{P}(B) = \mathbb{P}\left(\bigcup_{i=1}^{n}(B \cap A_i)\right) = \sum_{i=1}^{n} \mathbb{P}(B \cap A_i).$$

Théorème 6

1. Si $\mathbb{P}$ est une probabilité sur Ω, le fait que $\big(\mathbb{P}(\{\omega\})\big)_{\omega \in \Omega}$ soit une distribution de probabilités résulte du caractère complet du système d'événements $(\{\omega\})_{\omega \in \Omega}$.
2. Réciproquement, supposons que $(p_\omega)_{\omega \in \Omega}$ soit une distribution de probabilités. Raisonnons par analyse-synthèse.
   - Supposons que la probabilité $\mathbb{P}$ existe. Tout événement A s'écrivant $A = \bigcup\limits_{\omega \in A} \{\omega\}$, on a par additivité :

     $$\mathbb{P}(A) = \sum_{\omega \in A} \mathbb{P}\left(\{\omega\}\right) = \sum_{\omega \in A} p_\omega.$$

   - Montrons que l'application $\mathbb{P}$ ainsi définie est une probabilité.
     * Pour tout événement A, on a $0 \leqslant \mathbb{P}(A) = \sum\limits_{\omega \in A} p_\omega \leqslant \sum\limits_{\omega \in \Omega} p_\omega = 1$, car les p_ω sont positifs. De plus, $\mathbb{P}(\Omega) = 1$.
     * Si A et B sont deux événements incompatibles, on a :

       $$\mathbb{P}(A \cup B) = \sum_{\omega \in A \cup B} p_\omega = \sum_{\omega \in A} p_\omega + \sum_{\omega \in B} p_\omega = \mathbb{P}(A) + \mathbb{P}(B).$$

     Donc $\mathbb{P}$ est une probabilité et, par définition de $\mathbb{P}$, on a $\mathbb{P}\left(\{\omega\}\right) = p_\omega$, pour tout $\omega \in \Omega$.

Théorème 7 On pose $n = \operatorname{card} \Omega$.

- Si $\mathbb{P}$ prend la même valeur sur tous les événements élémentaires alors, pour tout $\omega \in \Omega$:

  $$\mathbb{P}(\Omega) = \sum_{\omega' \in \Omega} \mathbb{P}(\{\omega'\}) = n\,\mathbb{P}(\{\omega\}) = 1 \text{ et donc } \mathbb{P}(\{\omega\}) = \frac{1}{n}.$$

- D'après le théorème 6 de la page 939, il existe une unique probabilité $\mathbb{P}$ sur Ω telle que $\mathbb{P}\left(\{\omega\}\right) = \dfrac{1}{n}$ pour tout $\omega \in \Omega$. On a alors, pour tout événement A :

  $$\mathbb{P}(A) = \sum_{\omega \in A} \mathbb{P}\left(\{\omega\}\right) = \sum_{\omega \in A} \frac{1}{n} = \frac{\operatorname{card} A}{n} = \frac{\operatorname{card}(A)}{\operatorname{card}(\Omega)}.$$

Théorème 8

- L'application $\mathbb{P}_X$ est définie sur $\mathcal{P}\big(X(\Omega)\big)$ et à valeurs dans $[0,1]$.
- On a, par définition, $\{X \in X(\Omega)\} = \Omega$ donc $\mathbb{P}_X\left(X(\Omega)\right) = 1$.
- Si A et B sont deux parties disjointes de $X(\Omega)$, alors :
$$\{X \in A\} \cap \{X \in B\} = \varnothing \quad \text{et} \quad \{X \in A\} \cup \{X \in B\} = \{X \in A \cup B\}.$$
Les événements $\{X \in A\}$ et $\{X \in B\}$ étant incompatibles, on a, par additivité :
$$\mathbb{P}_X(A \cup B) = \mathbb{P}\left(X \in A \cup B\right) = \mathbb{P}\left(X \in A\right) + \mathbb{P}\left(X \in B\right) = \mathbb{P}_X(A) + \mathbb{P}_X(B).$$

Proposition 10 L'image de la variable aléatoire $f(X)$ est $f(X)(\Omega) = f(X(\Omega))$.

Pour tout $y \in f(X)(\Omega)$, on a :
$$\begin{aligned}\{f(X) = y\} &= \{\omega \in \Omega \,:\, f\left(X(\omega)\right) = y\} = \{\omega \in \Omega \,:\, X(\omega) \in f^{-1}(\{y\})\} \\ &= \big\{X \in f^{-1}(\{y\})\big\} = \bigcup_{x \in f^{-1}(\{y\})} \{X = x\}.\end{aligned}$$

On en déduit, par additivité :
$$\mathbb{P}(f(X) = y) = \sum_{x \in f^{-1}(\{y\})} \mathbb{P}(X = x).$$

Proposition 11 L'ensemble des valeurs prises par $f(X)$ et $f(Y)$ est $f\big(X(\Omega)\big)$, et d'après la proposition 10 de la page 942, on a, pour tout $y \in f\big(X(\Omega)\big)$:
$$\mathbb{P}(f(X) = y) = \sum_{x \in f^{-1}(\{y\})} \mathbb{P}(X = x) = \sum_{x \in f^{-1}(\{y\})} \mathbb{P}(Y = x) = \mathbb{P}(f(Y) = y).$$

Proposition 12

- Pour tout $(x,y) \in X(\Omega) \times Y(\Omega)$, $\{X = x\} \cap \{Y = y\}$ est un événement.
- Si (x,y) et (x',y') sont des éléments distincts de $X(\Omega) \times Y(\Omega)$, on a soit $x \neq x'$ et $\{X = x\} \cap \{X = x'\} = \varnothing$, soit $y \neq y'$ et $\{Y = y\} \cap \{Y = y'\} = \varnothing$. On en déduit :
$$\big(\{X = x\} \cap \{Y = y\}\big) \cap \big(\{X = x'\} \cap \{Y = y'\}\big) = \varnothing.$$
- On a enfin $\displaystyle\bigcup_{(x,y) \in X(\Omega) \times Y(\Omega)} \{X = x\} \cap \{Y = y\} = \Omega$ car, pour tout $\omega \in \Omega$, si l'on note $x = X(\omega)$ et $y = Y(\omega)$, alors ω appartient à $\{X = x\} \cap \{Y = y\}$.

S'entraîner et approfondir

Espaces probabilisés

27.1 →938 Montrer que, pour toute famille finie $(A_1,\dots,A_n)$ d'événements de l'espace probabilisé $(\Omega,\mathbb{P})$, on a :

$$\mathbb{P}\big(A_1\cup\cdots\cup A_n\big)\geqslant\sum_{k=1}^{n}\mathbb{P}(A_k)-\sum_{1\leqslant i<j\leqslant n}\mathbb{P}(A_i\cap A_j).$$

27.2 →939 On lance un dé à six faces, truqué. On suppose que la probabilité d'obtenir $k\in[\![1,6]\!]$ est proportionnelle à k. Déterminer la probabilité d'obtenir un nombre pair.

27.3 →939 D'un jeu de 52 cartes, 5 cartes sont distribuées à un joueur.

1. Quelle est la probabilité que ce joueur ait en main exactement trois cartes de carreau ?
2. Quelle est la probabilité que ce joueur ait en main au moins une paire, c'est-à-dire deux cartes de même valeur ?

27.4 →939 Soit $n\in\mathbb{N}^*$. On choisit au hasard une permutation dans S_n. Déterminer la probabilité que 1 soit un point fixe.

27.5 →940 On considère une urne contenant 5 boules blanches, 4 boules noires et 3 boules bleues.

1. On tire simultanément trois boules dans l'urne. Quelle est la probabilité d'obtenir trois boules de la même couleur ?
2. Même question si on tire successivement trois boules dans l'urne, en remettant la boule dans l'urne après chaque tirage.
3. Même question si on tire trois boules successivement dans l'urne sans remettre la boule tirée après chaque tirage.

27.6 Soit A et B deux événements d'un espace probabilisé $(\Omega,\mathbb{P})$.

1. On pose $\alpha=\mathbb{P}(A\cap B)$, $\beta=\mathbb{P}(A\cap\overline{B})$, $\gamma=\mathbb{P}(\overline{A}\cap B)$ et $\delta=\mathbb{P}(\overline{A}\cap\overline{B})$. Montrer que :
$$\mathbb{P}(A\cap B)-\mathbb{P}(A)\,\mathbb{P}(B)=\alpha\delta-\beta\gamma.$$
2. En déduire que $\big|\mathbb{P}(A\cap B)-\mathbb{P}(A)\,\mathbb{P}(B)\big|\leqslant\dfrac{1}{4}\cdot$

27.7 Un tiroir contient 12 paires de chaussettes toutes différentes. On prend 4 chaussettes. Quelle est la probabilité d'obtenir :

1. deux paires complètes ?
2. au moins une paire ?
3. une paire et une seule ?

27.8 Soit $n\geqslant 2$ et $r\leqslant n-2$. On considère n personnes dont A et B.

1. Elles s'alignent au hasard dans une file. Quelle est la probabilité qu'il y ait exactement r personnes entre A et B ?
2. Même question si elles se placent sur un cercle.

27.9 En considérant qu'une année fait 365 jours, quelle est la probabilité que r personnes aient leur anniversaire à des dates deux à deux distinctes ?

27.10 Une urne contient N boules de k couleurs $c_1, \dots, c_k$. Pour tout $i \in [\![1, k]\!]$, il y a N_i boules de couleur c_i, avec donc $N_1 + \dots + N_k = N$.

On tire n boules et l'on cherche la probabilité p d'obtenir, pour tout $i \in [\![1, k]\!]$, exactement n_i boules de couleur c_i, où $n_1 + \dots + n_k = n$.

Déterminer p dans le cas d'un tirage simultané et dans le cas de tirages successifs avec remise.

27.11 Soit $n \in \mathbb{N}^*$. On lance $2n$ fois une pièce de monnaie équilibrée.

1. Quelle est la probabilité d'obtenir n faces sans avoir obtenu n piles auparavant ?
2. Quelle est la probabilité d'obtenir n faces sans avoir obtenu $n+1$ piles auparavant ?

27.12 On considère une urne contenant n jetons numérotés de 1 à n ($n \geqslant 2$). On prélève ces jetons au hasard, un par un et sans remise. On note $(u_1, u_2, \dots, u_n)$ la liste des numéros tirés.

Pour $2 \leqslant i \leqslant n$, on dit qu'il y a record à l'instant i si $u_i > \max(u_1, \dots, u_{i-1})$. On convient qu'il y a systématiquement record à l'instant 1.

1. Calculer, pour $1 \leqslant i \leqslant n$, la probabilité r_i qu'il y ait record à l'instant i.
2. Calculer les probabilités que, durant la totalité des tirages, on assiste exactement à :

   (a) un record ; (b) 2 records ; (c) n records.

★ **27.13 Scrutin**

Soit p et q deux entiers naturels non nuls tels que $p > q$.

1. On considère des *chemins* joignant des points de $\mathbb{N}^2$ et formés de déplacements successifs. Les seuls déplacements autorisés à partir du point (n, m) sont : le passage de (n, m) à $(n+1, m)$ et de (n, m) à $(n, m+1)$. On note Δ la droite d'équation $y = x$.
   (a) Pour $(a, b, m, n) \in \mathbb{N}^4$, combien y a-t-il de chemins allant de (a, b) à $(a+m, b+n)$?
   (b) Montrer, en utilisant une symétrie par rapport à la droite Δ, que le nombre de chemins allant de $(1, 0)$ à (p, q) et qui rencontrent la droite Δ est égal au nombre de chemins allant de $(0, 1)$ à (p, q).
   (c) En déduire que le nombre de chemins allant de $(0, 0)$ à (p, q) et qui ne rencontrent Δ qu'en $(0, 0)$ est $\dbinom{p+q-1}{p-1} - \dbinom{p+q-1}{p}$.
2. Dans un scrutin, il y a p bulletins pour le candidat P et q pour le candidat Q. Calculer la probabilité que le candidat P soit toujours en tête dans le dépouillement.

Loi d'une variable aléatoire — Loi d'un couple

27.14 →941 Soit n et N deux entiers naturels non nuls tels que $n \leqslant N$. Un joueur prélève n boules simultanément dans une urne contenant N boules numérotées de 1 à N. On considère les variables aléatoires réelles X et Y égales respectivement au plus grand et au plus petit numéro des n boules prélevées.

Déterminer les lois de X et de Y.

27.15 →942 Soit $(n, N) \in (\mathbb{N}^*)^2$. Un joueur prélève n boules successivement avec remise dans une urne contenant N boules numérotées de 1 à N ; on considère la variable X (resp. Y) égale au plus grand numéro (resp. plus petit) des n boules tirées.

1. Donner un espace probabilisé $(\Omega, \mathbb{P})$ rendant compte de l'expérience. Déterminer $X(\Omega)$ et $Y(\Omega)$.
2. Déterminer $\mathbb{P}(X \leqslant k)$ pour $k \in [\![1, N]\!]$. En déduire la loi de X.
3. Déterminer $\mathbb{P}(Y \geqslant k)$ pour $k \in [\![1, N]\!]$. En déduire la loi de Y.

27.16 →942 Un joueur lance successivement deux fois un dé équilibré. Soit X la variable aléatoire égale à la différence entre les résultats du premier et du deuxième lancer. Déterminer les lois de X et $|X|$.

27.17 →942 Soit X une variable aléatoire suivant la loi uniforme sur $[\![0, 10]\!]$. Déterminer les lois de $Y = \lfloor \sqrt{X} \rfloor$ et $Z = \cos \frac{X\pi}{2}$.

27.18 →943 Montrer que, si la variable aléatoire X suit la loi binomiale de paramètre (n, p), la variable aléatoire $n - X$ suit la loi binomiale de paramètre $(n, 1-p)$. Interpréter.

27.19 →943 Soit $p \in]0, 1[$ et X une variable aléatoire qui suit la loi $\mathcal{B}(n, p)$. Pour quelles valeurs de k la probabilité $\mathbb{P}(X = k)$ est-elle maximale ?

27.20 →947 Une urne contient trois boules numérotées de 1 à 3. On en tire deux, on note X le premier numéro tiré et Y le second.

Déterminer la loi conjointe et les lois marginales en examinant les deux cas : tirage avec remise et tirage sans remise. Que peut-on en conclure ?

27.21 Dans une pile de n ($n \geqslant 2$) lettres, se trouvent les deux lettres que l'on doit envoyer. On enlève une par une les lettres qui sont sur le dessus. On note X_1 la variable aléatoire donnant le nombre de lettres enlevées jusqu'à trouver une des deux lettres à envoyer sur le dessus de la pile. On met de côté la lettre trouvée et on recommence l'opération jusqu'à trouver la deuxième lettre, et l'on note X_2 la variable aléatoire donnant le nombre supplémentaire de lettres qu'il a fallu retirer de la pile avant que la deuxième lettre ne soit sur le dessus de la pile. Sans information supplémentaire, on peut supposer que toutes les positions possibles pour les deux lettres sont équiprobables.

1. Décrire l'ensemble Ω des résultats possibles pour cette expérience aléatoire et la probabilité $\mathbb{P}$ mise sur Ω.
   Déterminer la loi du couple (X_1, X_2) puis la loi de X_1 et de X_2.
2. On note $Z = X_1 + X_2 + 2$. Que représente la variable aléatoire Z ? Déterminer sa loi.

27.22 Soit n et N des entiers tels que $1 \leqslant n \leqslant N$. Une urne contient N boules numérotées de 1 à N. On en tire n simultanément. Les numéros obtenus sont notés $Y_1 < Y_2 < \cdots < Y_n$. Déterminer la loi du n-uplet $(Y_1, \ldots, Y_n)$, puis les lois marginales.

Solutions des exercices

27.1 On procède par récurrence sur n.
Pour $n = 2$ l'inégalité est une égalité : $\mathbb{P}(A_1 \cap A_2) = \mathbb{P}(A_1) + \mathbb{P}(A_2) - \mathbb{P}(A_1 \cap A_2)$.
Supposons que l'inégalité soit vérifiée au rang n. On a alors, pour $n+1$ événements :

$$\begin{aligned}\mathbb{P}(A_1 \cup \cdots \cup A_{n+1}) &= \mathbb{P}\big((A_1 \cup \cdots \cup A_n) \cup A_{n+1}\big)\\ &= \mathbb{P}(A_1 \cup \cdots \cup A_n) + \mathbb{P}(A_{n+1}) - \mathbb{P}\big((A_1 \cup \cdots \cup A_n) \cap A_{n+1}\big)\\ &= \mathbb{P}(A_1 \cup \cdots \cup A_n) + \mathbb{P}(A_{n+1}) - \mathbb{P}\big((A_1 \cap A_{n+1}) \cup \cdots \cup (A_n \cap A_{n+1})\big).\end{aligned}$$

En appliquant l'hypothèse de récurrence au premier terme et l'inégalité de Boole au troisième, on obtient :

$$\begin{aligned}\mathbb{P}(A_1 \cup \cdots \cup A_{n+1}) &\geqslant \sum_{k=1}^{n} \mathbb{P}(A_k) - \sum_{1 \leqslant i < j \leqslant n} \mathbb{P}(A_i \cap A_j) + \mathbb{P}(A_{n+1}) - \sum_{i=1}^{n} \mathbb{P}(A_i \cap A_{n+1})\\ &= \sum_{k=1}^{n+1} \mathbb{P}(A_k) - \sum_{1 \leqslant i < j \leqslant n+1} \mathbb{P}(A_i \cap A_j).\end{aligned}$$

27.2 On a $\Omega = [\![1,6]\!]$ et il existe une constante $C > 0$ telle que :

$$\forall k \in [\![1,6]\!] \quad p_k = \mathbb{P}(\{k\}) = Ck.$$

De $\displaystyle\sum_{k=1}^{6} p_k = C\sum_{k=1}^{6} k = C\frac{6 \cdot 7}{2} = 21C = 1$, on déduit $C = \dfrac{1}{21}\cdot$
La probabilité de l'événement A « on obtient un numéro pair » est :

$$\mathbb{P}(A) = p_2 + p_4 + p_6 = \frac{2+4+6}{21} = \frac{4}{7}\cdot$$

27.3 On prend comme univers Ω l'ensemble des parties à 5 éléments de l'ensemble des 52 cartes. Comme la distribution se fait au hasard, on munit Ω de la probabilité uniforme. On a $\operatorname{card}(\Omega) = \binom{52}{5}$.

1. Soit A l'événement « le joueur a en main exactement trois cartes de carreau ». Le jeu contient 13 cartes de carreau, le joueur a donc $\binom{13}{3}$ possibilités de recevoir 3 cartes de carreau. Les deux autres cartes sont à choisir parmi les 39 autres cartes du jeu qui ne sont pas des carreaux. On obtient $\operatorname{card}(A) = \binom{13}{3} \cdot \binom{39}{2}$ et, par équiprobabilité :

$$\mathbb{P}(A) = \frac{\binom{13}{3} \cdot \binom{39}{2}}{\binom{52}{5}}\cdot$$

2. Soit B l'événement « le joueur a au moins deux cartes de même valeur ». Il est plus simple de déterminer la probabilité de l'événement contraire $\overline{B}$ « le joueur a cinq cartes de valeurs différentes ». Un jeu comporte 13 valeurs parmi lesquelles le joueur doit recevoir cinq valeurs différentes. Pour chacune de ces valeurs, il faut choisir une des quatre cartes ayant cette valeur. On obtient $\operatorname{card}(\overline{B}) = \binom{13}{5} \cdot 4^5$ et donc :

$$\mathbb{P}(\overline{B}) = \frac{\binom{13}{5} \cdot 4^5}{\binom{52}{5}} = \frac{2112}{4165} \text{ puis } \mathbb{P}(B) = 1 - \mathbb{P}(\overline{B}) = \frac{2053}{4165}\cdot$$

27.4 On munit S_n de la probabilité uniforme. On a $\operatorname{card}(S_n) = n!$. Soit A_1 l'événement « 1 est un point fixe ». Les éléments de A_1 s'identifient aux permutations de $[\![2,n]\!]$. On a donc $\operatorname{card}(A_1) = (n-1)!$ puis $\mathbb{P}(A_1) = \frac{(n-1)!}{n!} = \frac{1}{n}$.

27.5 1. L'univers est l'ensemble des parties à 3 éléments dans l'ensemble des boules. On a donc $\operatorname{card}(\Omega) = \binom{12}{3} = \dfrac{12 \cdot 11 \cdot 10}{6} = 220$. Comme les boules sont tirées au hasard, on considère la probabilité uniforme sur Ω.

Soit A l'événement « on tire trois boules de la même couleur ». L'événement A est la réunion des événements A_1 : « on tire trois boules blanches », A_2 : « on tire trois boules noires » et A_3 : « on tire trois boules bleues ».

On obtient $\operatorname{card}(A_1) = \binom{5}{3} = 10$, $\operatorname{card}(A_2) = \binom{4}{3} = 4$ et $\operatorname{card}(A_3) = \binom{3}{3} = 1$. Comme les événements sont incompatibles, on a donc $\operatorname{card}(A) = 10 + 4 + 1 = 15$ puis $\mathbb{P}(A) = \dfrac{15}{220} = \dfrac{3}{44}$.

2. En notant E l'ensemble des boules, on a donc $\Omega = E^3$ et :

$$\operatorname{card}(\Omega) = (\operatorname{card}(E))^3 = 12^3.$$

On munit Ω de la probabilité uniforme. On garde les notations du premier cas. On a $A_1 = E_b^3$, où E_b est l'ensemble des boules blanches. On en déduit $\operatorname{card}(A_1) = 5^3$. En considérant l'ensemble des boules noires et l'ensemble des boules bleues, on obtient de même $\operatorname{card}(A_2) = 4^3$ et $\operatorname{card}(A_3) = 3^3$ et finalement :

$$\operatorname{card}(A) = 5^3 + 4^3 + 3^3 = 216 \quad \text{puis} \quad \mathbb{P}(A) = \frac{216}{12^3} = \frac{1}{8}.$$

3. Les éléments de Ω sont des triplets d'éléments distincts de E. On a donc :

$$\operatorname{card}(\Omega) = 12 \times 11 \times 10.$$

L'événement A_1 est l'ensemble des triplets d'éléments distincts dans l'ensemble des boules blanches. On obtient $\operatorname{card}(A_1) = 5 \times 4 \times 3 = 60$ et par le même raisonnement $\operatorname{card}(A_2) = 4 \times 3 \times 2 = 24$ et $\operatorname{card}(A_3) = 3 \times 2 \times 1 = 6$. Ainsi, on a :

$$\operatorname{card}(A) = 60 + 24 + 6 = 90 \quad \text{puis} \quad \mathbb{P}(A) = \frac{90}{12 \times 11 \times 10} = \frac{3}{44}.$$

On remarque qu'on a obtenu le même résultat que dans le tirage simultané. Cela s'explique par le fait que dans l'événement A, l'ordre de tirage des boules n'importe pas.

27.6 1. On remarque que $(A \cap B, A \cap \overline{B}, \overline{A} \cap B, \overline{A} \cap \overline{B})$ est un système complet d'événements. On a donc $\alpha + \beta + \gamma + \delta = 1$. Par additivité, on a $\mathbb{P}(A) = \mathbb{P}(A \cap B) + \mathbb{P}(A \cap \overline{B}) = \alpha + \beta$ et, de même, $\mathbb{P}(B) = \alpha + \gamma$ et donc :

$$\mathbb{P}(A \cap B) - \mathbb{P}(A)\,\mathbb{P}(B) = \alpha - (\alpha + \beta)(\alpha + \gamma) = \alpha(1 - \alpha - \beta - \gamma) - \beta\gamma = \alpha\delta - \beta\gamma.$$

2. Supposons $\alpha\delta \geqslant \beta\gamma$. On a alors :

$$|\mathbb{P}(A \cap B) - \mathbb{P}(A)\,\mathbb{P}(B)| = \alpha\delta - \beta\gamma \leqslant \alpha\delta = \alpha(1 - \alpha - \beta - \gamma) \leqslant \alpha(1 - \alpha).$$

Le maximum de la fonction $\alpha \mapsto \alpha(1-\alpha)$ sur $[0,1]$ est obtenu pour $\alpha = \dfrac{1}{2}$ et vaut $\dfrac{1}{4}$, donc $|\mathbb{P}(A \cap B) - \mathbb{P}(A)\,\mathbb{P}(B)| \leqslant \dfrac{1}{4}$.

Le cas $\alpha\delta \leqslant \beta\gamma$ se traite de la même façon.

27.7 On prend comme univers l'ensemble des parties de cardinal 4 dans l'ensemble des chaussettes, qu'on munit de la probabilité uniforme. On a card $\Omega = \binom{24}{4}$.

1. Soit A l'événement « on tire deux paires ». Il s'agit de tirer deux paires parmi 12. On a donc $\operatorname{card}(A) = \binom{12}{2}$ et $\mathbb{P}(A) = \frac{\binom{12}{2}}{\binom{24}{4}} = \frac{1}{161}\cdot$

2. Soit B l'événement « on tire au moins une paire ». On considère l'événement contraire « on ne tire aucune paire ». Il s'agit de tirer 4 chaussettes dans 4 paires différentes. On choisit les 4 paires dans lesquelles sont prises les chaussettes, puis dans chaque paire on a le choix entre 2 chaussettes.
   On obtient $\operatorname{card}(\overline{B}) = \binom{12}{4} \cdot 2^4$ et $\mathbb{P}(\overline{B}) = \frac{120}{161}\cdot$
   On en déduit $\mathbb{P}(B) = 1 - \frac{120}{161} = \frac{41}{161}\cdot$

3. Soit C l'événement « on tire exactement une paire ». On remarque que $(A, \overline{B}, C)$ est un système complet d'événements. On en déduit :
$$\mathbb{P}(C) = 1 - \mathbb{P}(A) - \mathbb{P}(\overline{B}) = \frac{40}{161}\cdot$$

27.8 1. On numérote de 1 à n les places dans la file. On prend pour Ω l'ensemble des positions possibles de (A, B), c'est-à-dire des 2-arrangements de l'ensemble $[\![1, n]\!]$. On a donc $\operatorname{card}(\Omega) = n(n-1)$. On suppose que toutes les répartitions sont équiprobables. L'événement C_r : « il y a r personnes entre A et B » est réalisé si A et B (sans ordre) sont aux places $(k, k+r+1)$, avec $1 \leqslant k \leqslant n-r-1$. On obtient $\operatorname{card}(C_r) = 2(n-r-1)$, puis $\mathbb{P}(C_r) = \frac{2(n-r-1)}{n(n-1)}\cdot$

2. On numérote de 1 à n les places dans le sens direct sur le cercle, la place numéro 1 étant quelconque. On prend le même univers Ω que dans la première question. On a encore $\operatorname{card}(\Omega) = n(n-1)$.

   Il y a n positions possibles pour A. La position de A étant fixée, il y a *a priori* deux positions possibles pour B, selon que l'on compte $r+1$ places sur le cercle dans le sens direct ou indirect, à partir de la place de A.

   Mais on observe que si n est pair et $r = \frac{n}{2} - 1$, alors ces deux positions coïncident (si les places sont régulièrement espacées sur le cercle, A et B doivent être diamétralement opposés). Dans ce cas on a $\operatorname{card}(C_r) = n$ et donc $\mathbb{P}(C_r) = \frac{1}{n-1}\cdot$

   Dans le cas général $(r \neq \frac{n}{2} - 1)$, on obtient $\operatorname{card}(C_r) = 2n$ et donc $\mathbb{P}(C_r) = \frac{2}{n-1}\cdot$

27.9 On fait l'hypothèse que la date de naissance de chaque personne est uniformément répartie sur les 365 jours de l'année et que les « choix » des dates anniversaires des différentes personnes sont indépendants. On numérote ces personnes de 1 à r. Le nombre total de choix pour les r personnes est 365^r. Le nombre de cas favorables est le nombre de r-listes de jours distincts. Elle est nulle si $r > 365$ et vaut $\frac{365!}{(365-r)!}\cdot$ La probabilité est donc nulle si $r > 365$ et, sinon, est égale à $\frac{365!}{(365-r)!\,365^r}\cdot$

27.10 • Dans le cas d'un tirage simultané, on choisit pour Ω l'ensemble des parties de cardinal n de l'ensemble des boules, qu'on munit de la probabilité uniforme. On a card $\Omega = \binom{N}{n}$. La probabilité cherchée est :

$$p = \frac{\binom{N_1}{n_1}\binom{N_2}{n_2}\dots\binom{N_k}{n_k}}{\binom{N}{n}}.$$

• Dans le cas de tirages successifs avec remise, on choisit pour Ω un ensemble de n-listes, qu'on munit de la probabilité uniforme. On a card $\Omega = N^n$. Si on tire dans cet ordre n_1 boules de couleur c_1, n_2 de couleur c_2, ..., n_k de couleur c_k, le nombre de cas favorables est $N_1^{n_1}N_2^{n_2}\dots N_k^{n_k}$. Il faut multiplier par le nombre de répartitions possibles des tirages des différentes couleurs parmi les n tirages. Il faut choisir les tirages de couleur c_1 parmi n, puis les tirages de couleur c_2 parmi $n-n_1$,... On obtient ainsi :

$$\binom{n}{n_1}\binom{n-n_1}{n_2}\dots\binom{n-n_1-\dots-n_{k-1}}{n_k} = \frac{n!}{n_1!n_2!\cdots n_k!},$$

car les termes se simplifient deux à deux. La probabilité cherchée est donc :

$$p = \frac{n!}{n_1!n_2!\cdots n_k!}\,\frac{N_1^{n_1}N_2^{n_2}\cdots N_k^{n_k}}{N^n}.$$

27.11 Un résultat peut être décrit par une $(2n)$-liste d'éléments de $\{P,F\}$.

On a donc card $(\Omega) = 2^{2n}$. La pièce étant équilibrée, on munit Ω de la probabilité uniforme.

1. Sur $2n$ lancers, on obtient au moins n faces ou au moins n piles, ce qui donne du sens à la question posée. On note A l'événement « on obtient n faces avant n piles ».

   L'application $\varphi : \Omega \to \Omega$ qui à $\omega = (x_1,\dots,x_{2n})$ associe $\omega' = (y_1,\dots,y_{2n})$, où $y_i = F$ si $x_i = P$ et $y_i = P$ si $x_i = F$, est une permutation de Ω (elle est involutive) et $\varphi(A) = \overline{A}$, car si dans ω le n-ième face est placé avant le n-ième pile, alors dans ω', c'est le contraire. On a donc card (A) = card $(\overline{A})$ et $\mathbb{P}(A) = \mathbb{P}(\overline{A})$. On en déduit $\mathbb{P}(A) = \frac{1}{2}$.

2. Là aussi, sur $2n$ lancers, on obtient au moins n faces ou au moins $n+1$ piles. On note B l'événement « on obtient le n-ième face avant le $(n+1)$-ième pile ». On remarque que $A \subset B$. On en déduit $\mathbb{P}(B) = \mathbb{P}(A) + \mathbb{P}(B \setminus A)$.

   L'événement $B \setminus A$ est réalisé si l'on a obtenu le n-ième pile avant le n-ième face, mais le n-ième face avant le $(n+1)$-ième pile. Juste avant d'obtenir le n-ième face, on a donc déjà obtenu n piles (et évidemment $n-1$ faces), ce qui signifie que le n-ième face est obtenu exactement au $(2n)$-ième tirage. On peut donc dire que $B \setminus A$ consiste à tirer lors des $2n-1$ premiers tirages, n piles et $n-1$ faces, puis à tirer un face. On a donc card $(B \setminus A) = \binom{2n-1}{n}$. En effet, il s'agit de placer les n piles parmi les $2n-1$ premiers tirages ; pour le dernier tirage, il n'y a pas de choix. On en déduit :

$$\mathbb{P}(B \setminus A) = \frac{\binom{2n-1}{n}}{2^{2n}} \quad \text{puis} \quad \mathbb{P}(B) = \frac{1}{2} + \frac{\binom{2n-1}{n}}{2^{2n}}.$$

27.12 On peut représenter un résultat de l'expérience par un n-uplet $(u_1, u_2, \dots, u_n)$ qui s'identifie à la permutation de $[\![1, n]\!]$ qui à i associe u_i. On a donc $\text{card}\,(\Omega) = n!$. On fait l'hypothèse que tous les tirages sont équiprobables.

1. On note R_i l'événement « il y a un record à l'instant i ». L'événement R_i est réalisé si, et seulement si, $u_i > \max(u_1, \dots, u_{i-1})$. Pour dénombrer R_i, on choisit d'abord l'ensemble $\{u_1, \dots, u_i\}$. On place ensuite à la i-ème place le plus grand élément de cet ensemble, l'ordre des $i-1$ autres éléments étant indifférent ; par ailleurs, l'ordre dans lequel sont tirés les $n-i$ jetons restants est également indifférent. On obtient :

$$\text{card}\ R_i = \binom{n}{i}(i-1)!\,(n-i)!, \quad \text{puis } r_i = \frac{\binom{n}{i}(i-1)!(n-i)!}{n!} = \frac{1}{i}\cdot$$

On voit que le résultat est valable pour $i = 1$ car, au premier tirage, il y toujours record.

2. (a) • S'il y a un seul record, il est obtenu au premier tirage. On peut remarquer que, lorsqu'on tire le jeton numéro n, il y a record. Il doit donc être tiré en premier.
 • Réciproquement, si l'on tire le jeton n en premier, il n'y a qu'un record car, pour $i \geqslant 2$, on a $\max(u_1, \dots, u_{i-1}) = n \geqslant u_i$.

 Il y a donc un seul record si, et seulement si, le jeton n est tiré en premier. La probabilité d'avoir un seul record est $p_1 = \dfrac{(n-1)!}{n!} = \dfrac{1}{n}\cdot$

 (b) S'il y a deux records, l'un est obtenu au rang 1. Déterminons la probabilité q_i d'obtenir deux records, aux rangs 1 et i, où $i \geqslant 2$.
 • Une condition nécessaire est $u_i = n$.
 • Si cette condition est réalisée, il ne peut pas y avoir de record aux rangs $i+1, \dots, n$. Pour qu'il n'y ait pas non plus de record entre les rangs 2 et $i-1$, il faut et il suffit que $u_1 = \max(u_1, u_2, \dots, u_{i-1})$.

 On a donc deux records aux rangs 1 et i si, et seulement si, on a :

$$u_i = n \qquad \text{et} \qquad u_1 = \max(u_1, u_2, \dots, u_{i-1}).$$

 On raisonne comme dans la question 1. On choisit $\{u_1, \dots, u_{i-1}\}$, sous-ensemble de $[\![1, n-1]\!]$; le plus grand élément de cet ensemble est placé en premier, les $i-2$ autres dans un ordre quelconque. Pour u_i, il n'y a pas de choix, puis les $n-i$ éléments restants sont tirés dans un ordre quelconque. On obtient :

$$q_i = \frac{\binom{n-1}{i-1}(i-2)!(n-i)!}{n!} = \frac{1}{n(i-1)}\cdot$$

 La probabilité qu'il y ait exactement deux records est :

$$p_2 = \sum_{i=2}^{n} q_i = \sum_{i=2}^{n} \frac{1}{n(i-1)} = \frac{1}{n}\sum_{k=1}^{n-1}\frac{1}{k}\cdot$$

 (c) Il y a n records si, et seulement si, on a $u_i > \max(u_1, \dots, u_{i-1}) \geqslant u_{i-1}$ pour tout $i \in [\![1, n]\!]$. Ce qui revient à dire que la suite $(u_i)_{1 \leqslant i \leqslant n}$ est strictement croissante et donc que $u_i = i$ pour tout i. Une seule permutation convient, donc la probabilité d'obtenir n records est $p_n = \dfrac{1}{n!}\cdot$

27.13 1. (a) Pour aller de (a,b) à $(a+m,b+n)$, il faut faire en tout m déplacements vers la droite et n vers le haut. Les différents chemins correspondent aux différentes manières d'ordonner ces $m+n$ déplacements. Il y a autant de chemins que de manières de choisir les m déplacements vers la droite parmi les $m+n$ déplacements, c'est-à-dire $\binom{m+n}{m}$.

(b) Soit $\mathcal{C}$ l'ensemble des chemins allant de $(1,0)$ à (p,q) qui rencontrent la droite Δ et $\mathcal{C}'$ l'ensemble des chemins allant de $(0,1)$ à (p,q). Un chemin de $\mathcal{C}$ ou $\mathcal{C}'$ est représenté par une liste de $p+q$ couples de $\mathbb{N}^2$.

- Soit $C \in \mathcal{C}$, qu'on écrit $C = (c_1, \dots, c_N)$ où $c_1 = (1,0)$, $c_N = (p,q)$ et $N = p+q$. On note $c_i = (x_i, y_i)$. Par définition, il existe des indices $i > 0$ tels que $x_i = y_i$. On note k le plus petit tel indice.
- Au chemin C, on associe le chemin $C' = (c'_1, \dots, c'_N)$, obtenu en transformant la partie de C qui joint les points c_1 à c_k par la symétrie par rapport à Δ et en laissant le reste invariant. On a donc :

$$c'_i = (y_i, x_i) \quad \text{si} \quad 0 \leqslant i \leqslant k-1 \quad \text{et} \quad c'_i = c_i \quad \text{si} \quad i \geqslant k.$$

Alors C' appartient à $\mathcal{C}'$.
- Montrons que l'application $f : C \mapsto C'$ est une bijection de $\mathcal{C}$ sur $\mathcal{C}'$. On remarque que c'_k est le premier point où C' rencontre Δ.
Soit $C' = (c'_1, \dots, c'_N)$ un chemin quelconque de $\mathcal{C}'$, où $c'_i = (u_i, v_i)$. Le chemin C' rencontre Δ. En effet, $u_1 - v_1 < 0$, $u_N - v_N > 0$ et $u_i - v_i$ varie de ± 1 à chaque étape, donc il existe i tel que $u_i = v_i$. On appelle k le plus petit tel entier i. Si l'on considère le chemin C obtenu en faisant la symétrie par rapport à Δ de la partie du chemin entre c'_1 et c'_k et en laissant le reste invariant, on démontre comme précédemment que C est dans $\mathcal{C}$. Il est clair que C est l'unique antécédent de C' par f.

(c) Un chemin qui va de $(0,0)$ à (p,q) en ne rencontrant Δ qu'en $(0,0)$ passe nécessairement par $(1,0)$, c'est-à-dire commence par un déplacement vers la droite (car on a montré qu'un chemin de $(0,1)$ à (p,q) rencontre Δ). Il y a en tout $\binom{p+q-1}{p-1}$ chemins de $(1,0)$ à (p,q). Il faut enlever ceux qui rencontrent Δ.
Le nombre de chemins de $(1,0)$ à (p,q) qui rencontrent Δ est égal, d'après la question précédente au nombre de chemins de $(0,1)$ à (p,q), soit $\binom{p+q-1}{p}$. Le nombre de chemins de $(0,0)$ à (p,q) qui ne rencontrent Δ qu'en $(0,0)$ est donc :

$$\binom{p+q-1}{p-1} - \binom{p+q-1}{p}.$$

2. - Après le dépouillement de i bulletins (avec $0 \leqslant i \leqslant p+q$), on note x_i le nombre de voix pour P et y_i le nombre de voix pour Q et on pose $c_i = (x_i, y_i)$. Le résultat d'un dépouillement est donc un chemin de $(0,0)$ à (p,q). Il y a $\binom{p+q}{p}$ dépouillements possibles que l'on suppose équiprobables.
   - Les dépouillements pour lesquels P reste toujours en tête correspondent aux chemins qui restent en-dessous de Δ, c'est-à-dire aux chemins qui ne rencontrent Δ qu'en $(0,0)$. Il y en a $\binom{p+q-1}{p-1} - \binom{p+q-1}{p}$.
   - La probabilité que P reste toujours en tête est donc :

$$\frac{\binom{p+q-1}{p-1} - \binom{p+q-1}{p}}{\binom{p+q}{p}} = \frac{p}{p+q} - \frac{q}{p+q} = \frac{p-q}{p+q}.$$

27.14 On choisit pour Ω l'ensemble des parties de cardinal n de l'ensemble des boules, que l'on munit de la probabilité uniforme. On a $X(\Omega) = [\![n, N]\!]$ et $Y(\Omega) = [\![1, N-n+1]\!]$.

1. L'événement $\{X = k\}$ est « la boule numérotée k est tirée et les $n-1$ autres boules portent des numéros compris entre 1 et $k-1$ ». Pour les boules ne portant pas le numéro k, on a $\binom{k-1}{n-1}$ possibilités. On obtient $\operatorname{card}(\{X=k\}) = \binom{k-1}{n-1}$.

   Comme $\operatorname{card}(\Omega) = \binom{N}{n}$, on en déduit, pour tout $k \in [\![n, N]\!]$:

$$\mathbb{P}(X=k) = \frac{\binom{k-1}{n-1}}{\binom{N}{n}}.$$

2. De même, $\{Y = k\}$ est l'événement « la boule portant le numéro k est tirée et les $n-1$ autres boules portent des numéros compris entre $k+1$ et N ». Comme il y a $N-k$ numéros de $k+1$ à N, on obtient $\operatorname{card}(\{Y=k\}) = \binom{N-k}{n-1}$.

   On en déduit, pour tout $k \in [\![1, N-n+1]\!]$:

$$\mathbb{P}(Y=k) = \frac{\binom{N-k}{n-1}}{\binom{N}{n}}.$$

27.15 1. Un résultat possible est un n-uplet $(k_1, \dots, k_n)$ d'entiers entre 1 et N, où k_i est le numéro de la boule obtenue au i-ème tirage : on choisit donc $\Omega = [\![1, N]\!]^n$, que l'on munit de la probabilité uniforme. Les tirages étant effectués avec remise, X et Y peuvent prendre toutes les valeurs entre 1 et N, donc $X(\Omega) = Y(\Omega) = [\![1, N]\!]$.

2. Pour tout $k \in [\![1, n]\!]$, l'événement $\{X \leqslant k\}$: « les n boules sont tirées parmi les boules numérotées de 1 à k », est égal à $[\![1, k]\!]^n$. On obtient $\mathbb{P}(X \leqslant k) = \dfrac{k^n}{N^n}$. Cela reste vrai pour $k = 0$, car $\{X \leqslant 0\} = \varnothing$.

   On en déduit, pour tout $k \in [\![1, N]\!]$:

$$\mathbb{P}\big(X = k\big) = \mathbb{P}(X \leqslant k) - \mathbb{P}(X \leqslant k-1) = \frac{k^n}{N^n} - \frac{(k-1)^n}{N^n}.$$

3. Pour tout $k \in [\![1, n]\!]$, l'événement $\{Y \geqslant k\}$: « les n boules sont tirées parmi les boules numérotées de k à N », est $[\![k, N]\!]^n$. On obtient $\mathbb{P}(Y \geqslant k) = \dfrac{(N-k+1)^n}{N^n}$. Cela reste vrai pour $k = N+1$, car $\{Y \geqslant N+1\} = \varnothing$.

   On en déduit que, pour tout $k \in [\![1, N]\!]$:

$$\mathbb{P}(Y = k) = \mathbb{P}(Y \geqslant k) - \mathbb{P}(Y \geqslant k+1) = \frac{(N-k+1)^n}{N^n} - \frac{(N-k)^n}{N^n}.$$

Remarque Un calcul direct est difficile, car les événements $\{X = k\}$ et $\{Y = k\}$ ne sont pas simples à décrire. Par exemple, l'événement $\{X = k\}$ est réalisé si au moins un des numéros tirés est k, les autres étant inférieurs ou égaux à k. Il faut le décomposer en une union d'événements incompatibles A_i (pour $1 \leqslant i \leqslant n$) : « on a tiré i fois le numéro k, les $n-i$ autres numéros étant inférieurs ou égaux à $k-1$ ». On retrouve la valeur de $\mathbb{P}(X = k)$ en calculant $\sum_{i=1}^{n} \mathbb{P}(A_i)$.

27.16 On choisit comme univers $\Omega = [\![1,6]\!]^2$, muni de la probabilité uniforme.

- On a $X(\Omega) = [\![-5,5]\!]$ et, pour $k \in [\![-5,5]\!]$:
$$\{X = k\} = \{(i,j) \in [\![1,6]\!]^2 \ : \ i - j = k\}.$$
On peut remarquer que :
$$\begin{aligned}\operatorname{card}\big(\{X=-k\}\big) &= \operatorname{card}\Big(\big\{(i,j) \in [\![1,6]\!]^2 \ : \ i-j=-k\big\}\Big)\\ &= \operatorname{card}\Big(\big\{(j,i) \in [\![1,6]\!]^2 \ : \ j-i=k\big\}\Big)\\ &= \operatorname{card}\big(\{X=k\}\big)\end{aligned}$$
et donc $\mathbb{P}(X=-k) = \mathbb{P}(X=k)$. On suppose désormais $k \geqslant 0$. On a alors :
$$\{X = k\} = \big\{(j+k, j) \mid j \in [\![1,6]\!] \quad \text{et} \quad j+k \in [\![1,6]\!]\big\}.$$
Pour $j \in [\![1,6]\!]$, on a $j \leqslant j+k$. Alors j doit vérifier les inégalités $1 \leqslant j \leqslant j+k \leqslant 6$, c'est-à-dire $1 \leqslant j \leqslant 6-k$. On obtient :
$$\{X = k\} = \big\{(j+k, j) \mid 1 \leqslant j \leqslant 6-k\big\}.$$
On en déduit $\operatorname{card}\big(\{X=k\}\big) = 6-k$ et donc $\mathbb{P}(X=k) = \dfrac{6-k}{36}\cdot$ Par symétrie, on obtient :
$$\forall k \in [\![-5,5]\!] \quad \mathbb{P}(X=k) = \frac{6-|k|}{36}\cdot$$
- On a $|X|(\Omega) = [\![0,5]\!]$ et :
$$\mathbb{P}(|X|=0) = \mathbb{P}(X=0) = \frac{1}{6},$$
$$\forall k \in [\![1,5]\!] \quad \mathbb{P}(|X|=k) = \mathbb{P}(X=-k) + \mathbb{P}(X=k) = \frac{6-k}{18}\cdot$$

27.17 1. La variable aléatoire Y est à valeurs dans $[\![0,3]\!]$ et, pour $k \in [\![0,2]\!]$, on a :
$$\{Y=k\} = \{k \leqslant \sqrt{X} < (k+1)\} = \{k^2 \leqslant X < (k+1)^2\} = \{k^2 \leqslant X \leqslant k^2+2k\}.$$
On en déduit $\mathbb{P}(Y=k) = \frac{2k+1}{11}\cdot$

Et, comme $X \leqslant 10$, on a $\{Y=3\} = \{9 \leqslant X \leqslant 10\}$ et donc $\mathbb{P}(Y=3) = \frac{2}{11}\cdot$

2. La variable aléatoire Z est à valeurs dans $\{-1,0,1\}$ et on a :
   - $\mathbb{P}(Z=-1) = \mathbb{P}(X \equiv 2\,[4]) = \mathbb{P}(X \in \{2,6,10\}) = \frac{3}{11}$;
   - $\mathbb{P}(Z=0) = \mathbb{P}(X \text{ impair}) = \frac{5}{11}$;
   - $\mathbb{P}(Z=1) = \mathbb{P}(X \equiv 0\,[4]) = \mathbb{P}(X \in \{0,4,8\}) = \frac{3}{11}\cdot$

27.18 Si l'on pose $Y = n - X$, alors on a $Y(\Omega) = [\![0,n]\!]$ et, pour tout $k \in [\![0,n]\!]$, on a :
$$\mathbb{P}(Y=k) = \mathbb{P}(X=n-k) = \binom{n}{n-k} p^{n-k}(1-p)^k = \binom{n}{k}(1-p)^k p^{n-k}.$$
La variable aléatoire Y suit la loi binomiale de paramètre $(n, 1-p)$.

Si X représente un nombre de succès parmi n expériences, alors $Y = n - X$ mesure le nombre d'échecs.

27.19 On pose $u_k = \mathbb{P}(X = k) = \binom{n}{k} p^k (1-p)^{n-k}$. Pour $1 \leqslant k \leqslant n$, on a :

$$\frac{u_k}{u_{k-1}} = \frac{\binom{n}{k} p^k (1-p)^{n-k}}{\binom{n}{k-1} p^{k-1} (1-p)^{n-k+1}} = \frac{(n-k+1)p}{k(1-p)}.$$

On a donc :

$$u_k \geqslant u_{k-1} \iff (n-k+1)p \geqslant k(1-p) \iff k \leqslant (n+1)p.$$

- Si $(n+1)p < 1$, cette inégalité n'est jamais vérifiée. La suite (u_k) est décroissante et le maximum est obtenu pour $k = 0$.
- Si $(n+1)p \geqslant n$, cette inégalité est toujours vérifiée. La suite (u_k) est croissante et le maximum est obtenu pour $k = n$.
- Si $1 \leqslant (n+1)p < n$, la suite (u_k) est croissante puis décroissante. Le maximum est obtenu pour $k = \lfloor (n+1)p \rfloor$. On peut préciser que si $(n+1)p \notin \mathbb{N}$, le maximum est obtenu pour cette unique valeur, mais que si $(n+1)p$ est un entier k_0, alors $u_{k_0} = u_{k_0 - 1}$: le maximum est obtenu pour $k = k_0$ et $k = k_0 - 1$.

27.20 1. *Tirage avec remise*

On a $\Omega = [\![1,3]\!]^2$, que l'on munit de la probabilité uniforme. Pour tout $(i,j) \in [\![1,3]\!]^2$:

$$\mathbb{P}(\{X = i\} \cap \{Y = j\}) = \frac{1}{9}\cdot$$

Pour tout $i \in [\![1,3]\!]$, $\mathbb{P}(X = i) = \displaystyle\sum_{j=1}^{3} \mathbb{P}(\{X = i\} \cap \{Y = j\}) = \frac{1}{3}\cdot$

On obtient le même résultat pour Y.

2. *Tirage sans remise*

Les deux boules tirées sont distinctes. On a $\Omega = \{(i,j) \in [\![1,3]\!]^2 \;:\; i \neq j\}$ que l'on munit encore de la probabilité uniforme. Dans ce cas, $\operatorname{card}(\Omega) = 6$. On en déduit, pour tout $(i,j) \in \Omega$:

$$\mathbb{P}\big(\{X = i\} \cap \{Y = j\}\big) = \frac{1}{6}\cdot$$

Pour tout $i \in [\![1,3]\!]$, $\mathbb{P}(X = i) = \sum_{j \neq i} \mathbb{P}(\{X = i\} \cap \{Y = j\}) = \frac{2}{6} = \frac{1}{3}\cdot$

On obtient le même résultat pour Y.

Dans les deux cas, les variables X et Y suivent la loi uniforme sur $[\![1,3]\!]$, mais le couple (X,Y) n'a pas la même loi. Ainsi les lois marginales ne déterminent pas la loi conjointe.

27.21 1. On prend pour Ω l'ensemble des positions possibles des deux lettres parmi les n feuilles, que l'on munit de la probabilité uniforme. On a $\operatorname{card}(\Omega) = \binom{n}{2}$. Au total, on enlève au plus $n-2$ feuilles. L'ensemble des valeurs prises par (X_1, X_2) est donc :

$$E = \{(i,j) \in \mathbb{N}^2 \; : \; i+j \leqslant n-2\}.$$

La valeur de (i,j) détermine la position des deux lettres parmi les n feuilles. On a donc :

$$\forall (i,j) \in E \quad \mathbb{P}\big((X_1, X_2) = (i,j)\big) = \frac{1}{\binom{n}{2}}.$$

Pour tout $i \in [\![0, n-2]\!]$, on a

$$\mathbb{P}(X_1 = i) = \sum_{j=0}^{n-2} \mathbb{P}\big((X_1, X_2) = (i,j)\big) = \sum_{j=0}^{n-2-i} \frac{1}{\binom{n}{2}} = \frac{n-1-i}{\binom{n}{2}}.$$

On trouve le même résultat pour la loi de X_2.

2. La variable aléatoire Z désigne le nombre total de lettres enlevées. Elle est à valeurs dans $[\![2, n]\!]$ et, pour tout $k \in [\![2, n]\!]$:

$$\mathbb{P}(Z = k) = \mathbb{P}(X_1 + X_2 = k-2) = \sum_{i=0}^{k-2} \mathbb{P}\big((X_1, X_2) = (i, k-2-i)\big) = \frac{k-1}{\binom{n}{2}}.$$

27.22 • On fait l'hypothèse que les $\binom{N}{n}$ tirages sont équiprobables.

Les valeurs prises par le n-uplet de variables aléatoires $(Y_1, \ldots, Y_n)$ sont les n-uplets d'entiers $(y_1, \ldots, y_n)$ tels que $1 \leqslant y_1 < \cdots < y_n \leqslant N$. L'ensemble de ces n-uplets est noté E. On a donc :

$$\forall (y_1, \ldots, y_n) \in E \quad \mathbb{P}\big((Y_1, \ldots, Y_n) = (y_1, \ldots, y_n)\big) = \frac{1}{\binom{N}{n}},$$

car c'est la probabilité que les boules tirées portent les numéros $y_1, \ldots, y_n$.

Ainsi $(Y_1, \ldots, Y_n)$ suit la loi uniforme sur E.

• Soit $k \in [\![1, n]\!]$. Déterminons la loi de Y_k.

L'ensemble des valeurs prises par Y_k est $[\![k, N-n+k]\!]$, car :

* la plus petite valeur de Y_k est obtenue pour $(Y_1, \ldots, Y_k) = (1, \ldots, k)$;
* la plus grande de Y_k est obtenue pour $(Y_k, \ldots, Y_n) = (N-n+k, \ldots, N)$.

Pour $y_k \in [\![k, N-n+k]\!]$ fixé, les valeurs $(y_1, \ldots, y_n)$ prises par $(Y_1, \ldots, Y_n)$ doivent vérifier :

$$1 \leqslant y_1 < \cdots < y_{k-1} < y_k < y_{k+1} < \cdots < y_n \leqslant N.$$

On a $\binom{y_k - 1}{k-1}$ choix possibles pour $(y_1, \ldots, y_{k-1})$ et $\binom{N-y_k}{n-k}$ pour $(y_{k+1}, \ldots, y_n)$, donc en tout $\binom{y_k-1}{k-1}\binom{N-y_k}{n-k}$ choix possibles pour $(y_1, \ldots, y_n)$.

Comme le n-uplet $(Y_1, \ldots, Y_n)$ suit la loi uniforme sur E, on en déduit :

$$\mathbb{P}(Y_k = y_k) = \frac{\binom{y_k-1}{k-1}\binom{N-y_k}{n-k}}{\binom{N}{n}}.$$

Chapitre 28 : Conditionnement Indépendance

Conditionnement Indépendance

28

Dans tout le chapitre $(\Omega, \mathbb{P})$ désigne un espace probabilisé fini.

I Probabilités conditionnelles

1 Définition

Définition 1

Si A et B sont des événements de $(\Omega, \mathbb{P})$ et si $\mathbb{P}(A) \neq 0$, on appelle **probabilité conditionnelle de B sachant A** et l'on note $\mathbb{P}_A(B)$ ou $\mathbb{P}(B \mid A)$, le réel :

Exo 28.1

$$\frac{\mathbb{P}(B \cap A)}{\mathbb{P}(A)}.$$

Ex. 1. Supposons que l'univers Ω soit muni de la probabilité uniforme. On a alors :

$$\mathbb{P}_A(B) = \frac{\mathbb{P}(B \cap A)}{\mathbb{P}(A)} = \frac{\frac{\operatorname{card}(A \cap B)}{\operatorname{card}(\Omega)}}{\frac{\operatorname{card}(A)}{\operatorname{card}(\Omega)}} = \frac{\operatorname{card}(A \cap B)}{\operatorname{card}(A)}.$$

Par exemple, la probabilité qu'on ait obtenu un 6 en lançant un dé équilibré sachant qu'on a obtenu un nombre pair est $\frac{1}{3}$, car il y a trois numéros pairs et un seul 6.

Théorème 1

Pour tout événement A de $(\Omega, \mathbb{P})$ vérifiant $\mathbb{P}(A) \neq 0$, l'application :

$$\begin{array}{rccc} \mathbb{P}_A : & \mathcal{P}(\Omega) & \longrightarrow & [0,1] \\ & B & \longmapsto & \mathbb{P}_A(B) \end{array}$$

est une probabilité sur Ω, appelée **probabilité conditionnelle sachant A**.

Démonstration page 980

Remarque Puisque $\mathbb{P}_A$ est une probabilité, elle en possède toutes les propriétés. En particulier, pour tout événement B, on a $\mathbb{P}_A(\overline{B}) = 1 - \mathbb{P}_A(B)$.

Attention La notation $\mathbb{P}(B \mid A)$ peut se révéler dangereuse en donnant à penser qu'il existe un événement conditionnel « $B \mid A$ » dont on calculerait la probabilité. Il n'existe pas d'événements conditionnels, mais seulement des probabilités conditionnelles, c'est-à-dire d'autres probabilités que $\mathbb{P}$ sur le même univers Ω.

2 Formule des probabilités composées

Le plus souvent, on ne calcule pas $\mathbb{P}_A(B)$ à partir de $\mathbb{P}(A\cap B)$ et $\mathbb{P}(A)$. Au contraire, c'est la connaissance de $\mathbb{P}_A(B)$ et $\mathbb{P}(A)$ qui permet le calcul de $\mathbb{P}(A\cap B)$. Le résultat suivant est une conséquence immédiate de la définition.

Proposition 2

Pour tous événements A et B de $(\Omega,\mathbb{P})$, on a :

$$\mathbb{P}(A\cap B)=\mathbb{P}(A)\,\mathbb{P}_A(B)\quad \text{si}\quad \mathbb{P}(A)\neq 0.$$

Remarque Si $\mathbb{P}(A)=0$, on pose, par convention, $\mathbb{P}(A)\,\mathbb{P}_A(B)=0$.
Cette convention permet d'étendre au cas $\mathbb{P}(A)=0$ la formule de la proposition précédente car alors, puisque $A\cap B\subset A$, on a aussi $\mathbb{P}(A\cap B)=0$. Dans la suite, on adoptera toujours cette convention.

Ex. 2. Une urne contient initialement 4 boules blanches et 2 boules noires. On tire une boule. On la remet dans l'urne avec une boule de la même couleur. On procède à un deuxième tirage. On cherche la probabilité d'obtenir deux boules noires.
Pour $i\in\{1,2\}$, on note N_i l'événement « on tire une boule noire au i-ème tirage ». On obtient :

$$\mathbb{P}(N_1\cap N_2)=\mathbb{P}(N_1)\,\mathbb{P}_{N_1}(N_2)=\frac{2}{6}\cdot\frac{3}{7}=\frac{1}{7},$$

car, si on a tiré une boule noire au premier tirage, alors, au moment d'effectuer le second tirage, l'urne contient 4 boules blanches et 3 boules noires.

La formule précédente se généralise à l'intersection de n événements.

Théorème 3 (Formule des probabilités composées)

Soit $n\geqslant 2$ un entier naturel. Pour toute famille $(A_1,\dots,A_n)$ d'événements de $(\Omega,\mathbb{P})$ telle que $\mathbb{P}(A_1\cap\cdots\cap A_{n-1})\neq 0$, on a :

$$\mathbb{P}(A_1\cap\cdots\cap A_{n-1}\cap A_n)=\mathbb{P}(A_1)\,\mathbb{P}(A_2\mid A_1)\dots\mathbb{P}(A_n\mid A_1\cap\cdots\cap A_{n-1}).$$

Démonstration page 980

Principe de démonstration. Le produit de droite est télescopique.

Exo 28.2 **Remarque** Cette formule est utilisée en particulier quand les événements $A_1,\dots,A_n$ suivent un ordre chronologique.

3 Formule des probabilités totales

Théorème 4 (Formule des probabilités totales)

Si $(A_1,\dots,A_n)$ est un système complet d'événements de $(\Omega,\mathbb{P})$, on a, pour tout événement B :

$$\mathbb{P}(B)=\sum_{i=1}^{n}\mathbb{P}(B\cap A_i)=\sum_{i=1}^{n}\mathbb{P}(A_i)\,\mathbb{P}(B\mid A_i).$$

Démonstration. On rappelle la convention adoptée ci-dessus : si A_i est de probabilité nulle, on pose $\mathbb{P}(A_i)\,\mathbb{P}(B\mid A_i)=0$.

La première égalité a été énoncée dans la proposition 5 de la page 938.

En écrivant $\mathbb{P}(B\cap A_i)=\mathbb{P}(A_i)\,\mathbb{P}(B\mid A_i)$, pour tout $i\in[\![1,n]\!]$, on obtient la seconde égalité.
□

Remarque En particulier, si A est un événement, comme $(A, \overline{A})$ est un système complet d'événements, on obtient :

$$\mathbb{P}(B) = \mathbb{P}(A)\ \mathbb{P}(B \mid A) + \mathbb{P}(\overline{A})\ \mathbb{P}(B \mid \overline{A}).$$

Ex. 3. Une compagnie d'assurance estime que ses clients se divisent en deux catégories : les clients enclins aux accidents, un client sur cinq, et ceux qui ont peu d'accidents. Pour la première catégorie, la probabilité d'avoir au moins un accident par an est $0{,}5$; pour la seconde catégorie, cette probabilité est $0{,}1$.

Calculons la probabilité qu'un nouvel assuré soit victime d'un accident pendant l'année qui suit la signature de son contrat.

Notons N l'événement « le nouvel assuré est victime d'un accident dans l'année qui suit la signature de son contrat », et A l'événement « le nouvel assuré est enclin aux accidents ».

L'hypothèse s'écrit $\mathbb{P}(A) = 0{,}2$ et donc $\mathbb{P}(\overline{A}) = 0{,}8$, $\mathbb{P}(N \mid A) = 0{,}5$ et $\mathbb{P}(N \mid \overline{A}) = 0{,}1$. On obtient donc, par la formule des probabilités totales :

$$\mathbb{P}(N) = \mathbb{P}(A)\ \mathbb{P}(N \mid A) + \mathbb{P}(\overline{A})\,\mathbb{P}(N \mid \overline{A}) = 0{,}2 \cdot 0{,}5 + 0{,}8 \cdot 0{,}1 = 0{,}18.$$

Point méthode La formule des probabilités totales peut être utilisée en particulier quand l'expérience se déroule en plusieurs étapes : on conditionne alors souvent par rapport au résultat de la première étape.

Ex. 4. Soit n un entier naturel non nul. Une urne $\mathcal{U}$ contient des jetons numérotés : 1 jeton numéroté 1, 2 jetons numérotés 2, ..., n jetons numérotés n. On dispose de n urnes numérotées de 1 à n ; l'urne i contient i boules blanches et $n-i$ boules noires. On tire un jeton dans $\mathcal{U}$; si le jeton tiré porte le numéro i, on prélève une boule dans l'urne numéro i.

Calculons la probabilité que la boule prélevée soit blanche.

Pour $i \in [\![1, n]\!]$, notons U_i l'événement « l'urne i est choisie » et B l'événement « la boule prélevée est blanche ». La famille $(U_1, \ldots, U_n)$ est un système complet d'événements. On obtient, d'après la formule des probabilités totales, $\mathbb{P}(B) = \sum\limits_{i=1}^{n} \mathbb{P}(U_i)\,\mathbb{P}(B \mid U_i)$. Avec les données de l'énoncé, $\mathbb{P}(U_i) = \dfrac{i}{1+\cdots+n} = \dfrac{2i}{n(n+1)}$ et $\mathbb{P}(B \mid U_i) = \dfrac{i}{n}$, d'où :

$$\mathbb{P}(B) = \sum_{i=1}^{n} \frac{2i^2}{n^2(n+1)} = \frac{2n(n+1)(2n+1)}{6n^2(n+1)} = \frac{2n+1}{3n}.$$

Exo 28.3

Point méthode Pour étudier une suite d'événements $(A_n)_{n\in\mathbb{N}}$ pour laquelle on connaît, pour $n \geqslant 1$, les probabilités $\mathbb{P}(A_n \mid A_{n-1})$ et $\mathbb{P}(A_n \mid \overline{A_{n-1}})$, on utilise la formule des probabilités totales pour déterminer une relation de récurrence entre $\mathbb{P}(A_{n-1})$ et $\mathbb{P}(A_n)$.

4 Formule de Bayes

Exo 28.4

Exo 28.5

Proposition 5

Pour tous événements A et B de $(\Omega, \mathbb{P})$, de probabilité non nulle , on a :

$$\mathbb{P}(A \mid B) = \frac{\mathbb{P}(A)\, \mathbb{P}(B \mid A)}{\mathbb{P}(B)}.$$

Démonstration. Par définition de la probabilité conditionnelle, on a :

$$\mathbb{P}(A)\, \mathbb{P}(B \mid A) = \mathbb{P}(B \cap A) = \mathbb{P}(B)\, \mathbb{P}(A \mid B). \qquad \square$$

Remarques

- Cette formule, appelée également **formule de probabilité des causes**, permet en quelque sorte « de remonter le temps ». En effet, si l'événement B se produit après l'événement A, elle nous permet de déduire, de la probabilité $\mathbb{P}_A(B)$ qui respecte la chronologie, la probabilité $\mathbb{P}_B(A)$ qui, elle, remonte cette chronologie.
- En général, pour exprimer $\mathbb{P}(B)$, on utilise la formule des probabilités totales.

Ex. 5. Une certaine maladie affecte une personne sur dix mille.
On dispose d'un test sanguin qui détecte cette maladie avec une fiabilité de 99% lorsque cette maladie est effectivement présente. Cependant, on obtient un résultat faussement positif pour $0{,}1\%$ des personnes saines testées. Calculons la probabilité qu'une personne soit réellement malade lorsqu'elle a un test positif.
Notons M l'événement « la personne est malade » et T l'événement « le test est positif ». On cherche $\mathbb{P}(M \mid T) = \frac{\mathbb{P}(M)\, \mathbb{P}(T|M)}{\mathbb{P}(T)}$, d'après la formule de Bayes. On calcule $\mathbb{P}(T)$ avec la formule des probabilités totales : $\mathbb{P}(T) = \mathbb{P}(M)\, \mathbb{P}(T \mid M) + \mathbb{P}(\overline{M})\, \mathbb{P}(T \mid \overline{M})$. D'après les données de l'énoncé, on a :

$$\mathbb{P}(M) = 0{,}0001, \quad \mathbb{P}(T \mid M) = 0{,}99 \quad \text{et} \quad \mathbb{P}(T \mid \overline{M}) = 0{,}001.$$

On en déduit :

$$\mathbb{P}(M \mid T) = \frac{0{,}0001 \cdot 0{,}99}{0{,}0001 \cdot 0{,}99 + 0{,}9999 \cdot 0{,}001} \approx 0{,}09.$$

5 Lois conditionnelles

Définition 2

Soit X une variable aléatoire sur $(\Omega, \mathbb{P})$. Pour tout événement A tel que $\mathbb{P}(A) \neq 0$, la **loi conditionnelle de X sachant A** est la loi de X dans l'espace probabilisé $(\Omega, \mathbb{P}_A)$. Elle est donc déterminée par la donnée, pour tout $x \in X(\Omega)$ de :

$$\mathbb{P}_A(X = x) = \mathbb{P}(X = x \mid A).$$

Remarques

- Les lois conditionnelles sont des lois de variables aléatoires ; elles en ont les propriétés.
- Assez fréquemment, l'événement A est de la forme $[Y = y]$, où Y est une autre variable aléatoire sur le même espace probabilisé.

Ex. 6. On lance un dé. Soit X la variable égale au numéro obtenu et A l'événement $\{X \text{ est pair}\}$. Déterminons la loi conditionnelle de X sachant A. Pour $k \in [\![1,6]\!]$, on a :

$$\mathbb{P}(X=k \mid A) = \frac{\mathbb{P}(\{X=k\}\cap A)}{\mathbb{P}(A)} = \frac{\mathbb{P}(\{X=k\}\cap A)}{\frac{1}{2}} = \begin{cases} 0 & \text{si } k \text{ est impair} \\ \dfrac{\mathbb{P}(X=k)}{\frac{1}{2}} = \dfrac{1}{3} & \text{si } k \text{ est pair.} \end{cases}$$

La loi de X sachant A est la loi uniforme sur $\{2,4,6\}$.

Proposition 6

Soit (X,Y) un couple de variables aléatoires sur $(\Omega,\mathbb{P})$. Alors, pour tout $x \in X(\Omega)$:

$$\mathbb{P}(X=x) = \sum_{y\in Y(\Omega)} \mathbb{P}(Y=y)\,\mathbb{P}(X=x \mid Y=y).$$

Démonstration. Cela résulte de la formule des probabilités totales appliquée avec le système complet d'événements $(\{Y=y\})_{y\in Y(\Omega)}$. □

Remarque On a évidemment une formule symétrique pour $\mathbb{P}(Y=y)$.

II Événements indépendants

1 Indépendance entre deux événements

Définition 3

Deux événements A et B de $(\Omega,\mathbb{P})$ sont dits **indépendants** si :

$$\mathbb{P}(A\cap B) = \mathbb{P}(A)\times\mathbb{P}(B).$$

Remarques

- Cette relation ne dépend pas de l'ordre des événements : si A et B sont indépendants, il en est de même de B et A.
- Si A est un événement de probabilité nulle, alors A et tout autre événement B sont indépendants, car $A\cap B \subset A$ donc $\mathbb{P}(A\cap B) = 0 = \mathbb{P}(A)\,\mathbb{P}(B)$.

Proposition 7

Deux événements A et B de l'espace probabilisé $(\Omega,\mathbb{P})$ tels que A ait une probabilité non nulle sont indépendants si, et seulement si, $\mathbb{P}_A(B) = \mathbb{P}(B)$.

Démonstration. Par définition de la probabilité conditionnelle, $\mathbb{P}_A(B) = \dfrac{\mathbb{P}(A\cap B)}{\mathbb{P}(A)}$, donc l'égalité $\mathbb{P}(A\cap B) = \mathbb{P}(A)\,\mathbb{P}(B)$ équivaut à $\mathbb{P}_A(B) = \mathbb{P}(B)$. □

Interprétation Ainsi, si $\mathbb{P}(A)\neq 0$, A et B sont indépendants si la réalisation de A n'influe pas sur celle de B. La notion d'indépendance vise à modéliser cette absence d'influence de la réalisation de l'un des événements sur celle de l'autre.

Ex. 7. On lance deux dés. On considère les événements A « le premier dé donne un numéro pair » et B « le deuxième dé donne 3 ». On choisit $\Omega = [\![1,6]\!]^2$, muni de la probabilité uniforme. On trouve $\operatorname{card} A = 3 \times 6 = 18$, $\operatorname{card} B = 6$ et donc $\mathbb{P}(A) = \frac{18}{36} = \frac{1}{2}$, et $\mathbb{P}(B) = \frac{6}{36} = \frac{1}{6}$. Comme $A \cap B = \{(2,3),(4,3),(6,3)\}$, on obtient :

$$\mathbb{P}(A \cap B) = \frac{3}{36} = \frac{1}{12} = \mathbb{P}(A)\,\mathbb{P}(B).$$

Les événements A et B sont donc indépendants.

Ex. 8. On tire une carte au hasard dans un jeu de 52 cartes. On considère les événements A « la carte est une dame » et B « la carte est un cœur ». L'ensemble Ω des 52 cartes est muni de la probabilité uniforme. On obtient $\mathbb{P}(A) = \frac{4}{52}$, $\mathbb{P}(B) = \frac{13}{52}$ et $\mathbb{P}(A \cap B) = \frac{1}{52}$ (la carte tirée est la dame de cœur). Ainsi $\mathbb{P}(A \cap B) = \mathbb{P}(A)\,\mathbb{P}(B)$: les événements A et B sont indépendants.

Remarques

- On veillera à ne pas confondre l'indépendance de deux événements et le fait qu'ils soient incompatibles. Ces notions s'excluent la plupart du temps. En effet, si A et B sont incompatibles, $A \cap B = \varnothing$, donc $\mathbb{P}(A \cap B) = 0$. Si, de plus, A et B sont de probabilité non nulle, alors $\mathbb{P}(A \cap B) \neq \mathbb{P}(A)\,\mathbb{P}(B)$ et A et B ne sont pas indépendants.
- Contrairement à l'incompatibilité qui est une notion ensembliste, l'indépendance est une notion probabiliste. Elle dépend de la probabilité dont est muni Ω, comme le montre l'exemple suivant.

Ex. 9. Une pièce de monnaie est lancée deux fois et l'on choisit $\Omega = \{P, F\}^2$. On considère les événements A « les deux lancers ne donnent pas le même résultat » et B « le deuxième lancer donne face ».

- Si la pièce est parfaitement équilibrée, on munit l'univers Ω de la probabilité uniforme. On obtient $\mathbb{P}(A) = \frac{1}{2}$, $\mathbb{P}(B) = \frac{1}{2}$ et $A \cap B = \{(P,F)\}$, donc $\mathbb{P}(A \cap B) = \frac{1}{4}$: les événements A et B sont indépendants.
- Si la pièce est pipée et qu'elle tombe sur pile avec une probabilité de $\frac{3}{4}$, on obtient alors :

$$\mathbb{P}(A) = \mathbb{P}\big(\{(P,F)\}\big) + \mathbb{P}\big(\{(F,P)\}\big) = \frac{3}{4} \cdot \frac{1}{4} + \frac{1}{4} \cdot \frac{3}{4} = \frac{3}{8},$$
$$\mathbb{P}(B) = \mathbb{P}\big(\{(F,F)\}\big) + \mathbb{P}\big(\{(P,F)\}\big) = \frac{1}{4} \cdot \frac{1}{4} + \frac{3}{4} \cdot \frac{1}{4} = \frac{1}{4},$$
$$\mathbb{P}(A \cap B) = \mathbb{P}\left(\{(P,F)\}\right) = \frac{3}{4} \cdot \frac{1}{4} = \frac{3}{16} \neq \mathbb{P}(A)\,\mathbb{P}(B).$$

Les événements A et B ne sont pas indépendants.

Exo 28.13

Remarque Mis à part le cas où l'on construit l'espace probabilisé pour qu'ils le soient, il n'est pas toujours facile de prédire si deux événements sont indépendants.

Proposition 8

Si A et B sont deux événements de $(\Omega, \mathbb{P})$ indépendants, alors les événements $\overline{A}$ et B sont indépendants.

Démonstration page 980

Remarque On peut déduire de cette proposition que, si A est un événement de probabilité 1, il est indépendant de tout événement B. En effet $\overline{A}$ est de probabilité nulle donc $\overline{A}$ et B sont indépendants, comme nous l'avons déjà vu. On en déduit que A et B sont indépendants, en appliquant la proposition précédente à $\overline{A}$ et B.

2 Indépendance d'une famille d'événements

Définition 4

Des événements $A_1, \ldots, A_n$ de $(\Omega, \mathbb{P})$ sont dits **mutuellement indépendants** (ou simplement, **indépendants**) si, pour toute partie I de $[\![1, n]\!]$, on a :

$$\mathbb{P}\left(\bigcap_{i \in I} A_i\right) = \prod_{i \in I} \mathbb{P}(A_i).$$

Remarques

- L'indépendance de n événements ne dépend pas de l'ordre de ces événements.

  C'est une notion très forte qui demande de démontrer 2^n égalités (autant que de parties I de $[\![1, n]\!]$). Il est rare qu'on ait à les vérifier directement. Soit l'indépendance des événements fait partie des hypothèses ; elle modélise des expériences aléatoires aux résultats indépendants. Soit elle est la conséquence de l'indépendance, connue, d'autres événements.
- Si les événements $A_1, \ldots, A_n$ sont mutuellement indépendants alors, pour tous indices $1 \leqslant i_1 < \cdots < i_p \leqslant n$, où $p \in [\![1, n]\!]$, les événements $A_{i_1}, \ldots, A_{i_p}$ sont indépendants.
- Si les événements $A_1, \ldots, A_n$ sont mutuellement indépendants, alors ils sont deux à deux indépendants, comme on le voit en prenant pour I un ensemble à deux éléments.

  Mais la réciproque est fausse, comme le montre l'exemple suivant.

Ex. 10. On lance deux dés équilibrés et l'on considère les événements A « le premier dé amène un nombre pair », B « le second dé amène un nombre pair » et C « les deux dés amènent des nombres de même parité ».
On a :

$$\mathbb{P}(A) = \mathbb{P}(B) = \mathbb{P}(C) = \frac{1}{2}, \quad \text{puis} \quad \mathbb{P}(A \cap B) = \mathbb{P}(A \cap C) = \mathbb{P}(B \cap C) = \frac{1}{4}.$$

Les événements A, B et C sont donc indépendants deux à deux. Mais :

$$\mathbb{P}\left(A \cap B \cap C\right) = \mathbb{P}(A \cap B) = \frac{1}{4} \neq \mathbb{P}(A)\,\mathbb{P}(B)\,\mathbb{P}(C),$$

donc A, B et C ne sont pas mutuellement indépendants.

Remarque Il résulte de la proposition 8 de la page précédente que, si les événements $A_1, \ldots, A_n$ sont deux à deux indépendants, les événements $B_1, \ldots, B_n$, où chaque B_i (pour $1 \leqslant i \leqslant n$) est A_i ou $\overline{A_i}$, sont également deux à deux indépendants.
Nous allons voir que cela est vrai également pour l'indépendance mutuelle.

Proposition 9

Si les événements $A_1, \ldots, A_n$ sont mutuellement indépendants, alors les événements $B_1, \ldots, B_n$, où chaque B_i (pour $1 \leqslant i \leqslant n$) est A_i ou $\overline{A_i}$, sont également mutuellement indépendants.

Démonstration page 980

Principe de démonstration. On commence par traiter le cas où $B_i = A_i$ pour tous les i de $[\![1, n]\!]$, sauf un.

III Variables aléatoires indépendantes

1 Indépendance de deux variables aléatoires

Définition 5

Deux variables aléatoires X et Y sur $(\Omega, \mathbb{P})$, à valeurs dans E et F respectivement, sont dites **indépendantes** si, pour toute partie A de E et toute partie B de F, les événements $\{X \in A\}$ et $\{Y \in B\}$ sont indépendants, c'est-à-dire vérifient :

$$\mathbb{P}\big(\{X \in A\} \cap \{Y \in B\}\big) = \mathbb{P}(X \in A)\, \mathbb{P}(Y \in B).$$

Notation La relation « X et Y sont indépendantes » se note $X \perp\!\!\!\perp Y$.

Proposition 10

Exo 28.14

Deux variables aléatoires X et Y sur l'espace probabilisé $(\Omega, \mathbb{P})$ à valeurs dans E et F respectivement sont indépendantes si, et seulement si, pour tout $(x, y) \in E \times F$, les événements $\{X = x\}$ et $\{Y = y\}$ sont indépendants, c'est-à-dire vérifient :

$$\mathbb{P}\big(\{X = x\} \cap \{Y = y\}\big) = \mathbb{P}(X = x)\, \mathbb{P}(Y = y).$$

Démonstration page 981

Principe de démonstration. Une des implications est évidente. Pour la réciproque, on écrit par exemple $\{X \in A\}$, où $A \subset E$, comme réunion d'événements de la forme $\{X = x\}$.

Remarque Dans le cas de variables aléatoires indépendantes, la donnée des lois marginales permet donc de connaître la loi conjointe.

Proposition 11

Soit X et Y deux variables aléatoires sur $(\Omega, \mathbb{P})$. Il y a équivalence entre :

(*i*) $X \perp\!\!\!\perp Y$;

(*ii*) pour tout $y \in Y(\Omega)$ tel que $\mathbb{P}(Y = y) \neq 0$, la loi de X sachant $\{Y = y\}$ est égale à la loi de X.

Démonstration page 981

Remarques

- Soit X et Y deux variables aléatoires indépendantes. Si :
$$\forall x \in X(\Omega) \quad \mathbb{P}(X = x) \neq 0 \qquad \text{et} \qquad \forall y \in Y(\Omega) \quad \mathbb{P}(Y = y) \neq 0,$$
alors, pour tout $(x, y) \in X(\Omega) \times Y(\Omega)$:
$$\mathbb{P}\left((X, Y) = (x, y)\right) = \mathbb{P}(X = x)\, \mathbb{P}(Y = y) \neq 0,$$
et donc *a fortiori* $\{(X, Y) = (x, y)\} \neq \varnothing$. Dans ce cas $(X, Y)(\Omega) = X(\Omega) \times Y(\Omega)$.
- La notion d'indépendance n'est pas une notion ensembliste. Elle dépend de la probabilité choisie.

Comme le montre l'exemple suivant, l'indépendance de deux variables de Bernoulli est simple à vérifier.

Ex. 11. Deux variables aléatoires X et Y, définies sur le même espace probabilisé, suivant des lois de Bernoulli, sont indépendantes si, et seulement si, les événements $\{X = 1\}$ et $\{Y = 1\}$ sont indépendants. Justifions-le.

- Si les variables X et Y sont indépendantes, il résulte de la définition qu'en particulier les événements $\{X = 1\}$ et $\{Y = 1\}$ sont indépendants.
- Supposons réciproquement que les événements $\{X = 1\}$ et $\{Y = 1\}$ soient indépendants. D'après la proposition 8 de la page 972, les événements :
$$\overline{\{X = 1\}} \text{ et } \{Y = 1\}, \quad \{X = 1\} \text{ et } \overline{\{Y = 1\}}, \quad \overline{\{X = 1\}} \text{ et } \overline{\{Y = 1\}}$$
sont indépendants. Mais $\overline{\{X = 1\}} = \{X = 0\}$ ainsi que $\overline{\{Y = 1\}} = \{Y = 0\}$, donc les événements :
$$\{X = 0\} \text{ et } \{Y = 1\}, \quad \{X = 1\} \text{ et } \{Y = 0\}, \quad \{X = 0\} \text{ et } \{Y = 0\}$$
sont indépendants.
Pour tout $(x, y) \in X(\Omega) \times Y(\Omega)$, les événements $\{X = x\}$ et $\{Y = y\}$ sont indépendants, donc les variables X et Y sont indépendantes.

Transfert d'indépendance

Proposition 12

Soit X et Y deux variables aléatoires indépendantes sur $(\Omega, \mathbb{P})$. Alors, pour toutes fonctions f définie sur $X(\Omega)$ et g définie sur $Y(\Omega)$, on a $f(X) \perp\!\!\!\perp g(Y)$.

Démonstration page 982

Ex. 12. Si $X \perp\!\!\!\perp Y$ alors, pour tous entiers naturels m et n, on a $X^m \perp\!\!\!\perp Y^n$.

Point méthode Connaissant la loi de deux variables aléatoires indépendantes X et Y, on peut en déduire la loi de toute variable aléatoire Z fonction de X et Y. Pour tout $z \in Z(\Omega)$, on écrit $\{Z = z\}$ comme réunion d'événements de la forme $\{X = x\} \cap \{Y = y\}$.

Ex. 13. Soit X et Y deux variables aléatoires indépendantes sur $(\Omega, \mathbb{P})$ telles que $X(\Omega)$ et $Y(\Omega)$ soient inclus dans $\mathbb{N}$.
On a aussi $(X+Y)(\Omega) \subset \mathbb{N}$ et, pour tout $k \in (X+Y)(\Omega)$, comme X et Y sont à valeurs dans $\mathbb{N}$, l'événement $\{X+Y=k\}$ est réalisé s'il existe $i \in [\![0,k]\!]$ tel que $X=i$ et $Y=k-i$.
On a donc :

$$\{X+Y=k\} = \bigcup_{0 \leqslant i \leqslant k} \{X=i\} \cap \{Y=k-i\},$$

d'où l'on déduit, par indépendance de X et Y :

Exo 28.15

$$\mathbb{P}(X+Y=k) = \sum_{i=0}^{k} \mathbb{P}(\{X=i\} \cap \{Y=k-i\}) = \sum_{i=0}^{k} \mathbb{P}(X=i)\, \mathbb{P}(Y=k-i).$$

2 Indépendance de n variables aléatoires

Définition 6

Soit $X_1, \ldots, X_n$ des variables aléatoires définies sur $(\Omega, \mathbb{P})$, à valeurs respectivement dans $E_1, \ldots, E_n$. Ces variables aléatoires sont dites **mutuellement indépendantes** si, pour toutes parties $A_1 \subset E_1, \ldots, A_n \subset E_n$, on a :

$$\mathbb{P}\big(\{X_1 \in A_1\} \cap \cdots \cap \{X_n \in A_n\}\big) = \prod_{i=1}^{n} \mathbb{P}(X_i \in A_i).$$

Remarques

- On dit souvent indépendantes au lieu de mutuellement indépendantes.
- L'indépendance d'un n-uplet de variables aléatoires ne dépend pas de l'ordre de ces variables.
- Si les variables $X_1, \ldots, X_n$ sont indépendantes, on n'a pas directement, à partir de cette définition, l'indépendance des événements $\{X_1 \in A_1\}, \ldots, \{X_n \in A_n\}$, puisque l'égalité $\mathbb{P}\left(\bigcap_{i \in I} \{X_i \in A_i\}\right) = \prod_{i \in I} \mathbb{P}(X_i \in A_i)$ est requise uniquement pour $I = [\![1,n]\!]$ et non pour toute partie I de $[\![1,n]\!]$.

  Cette indépendance sera donnée au corollaire 16 de la page suivante.
- Une suite finie $(X_1, \ldots, X_n)$ de variables aléatoires indépendantes sert à modéliser n épreuves aléatoires indépendantes, la variable X_k représentant le résultat de la k-ième épreuve (pour l'existence de telles suites, voir page 978).

Proposition 13

Les variables aléatoires $X_1, \ldots, X_n$ sur $(\Omega, \mathbb{P})$, à valeurs dans $E_1, \ldots, E_n$ respectivement, sont mutuellement indépendantes si, et seulement si, on a, pour tout n-uplet $(x_1, \ldots, x_n) \in E_1 \times \cdots \times E_n$:

$$\mathbb{P}\big(\{X_1 = x_1\} \cap \cdots \cap \{X_n = x_n\}\big) = \prod_{i=1}^{n} \mathbb{P}(X_i = x_i).$$

Démonstration page 982

Principe de démonstration.
Généraliser la démonstration faite pour deux variables (proposition 11 de la page 973).

Proposition 14

Si $(X_1, \ldots, X_n)$ est une famille de variables aléatoires sur $(\Omega, \mathbb{P})$, mutuellement indépendantes, alors toute sous-famille est formée de variables mutuellement indépendantes.

Démonstration page 983

Principe de démonstration. On applique la définition de l'indépendance de $X_1, \ldots, X_n$, en prenant $A_i = X_i(\Omega)$ si X_i n'appartient pas à la sous-famille.

Corollaire 15

Si les variables aléatoires $X_1, \ldots, X_n$ sont mutuellement indépendantes, alors elles sont indépendantes deux à deux.

Remarque La réciproque est fausse.

Ex. 14. Soit X et Y deux variables indépendantes suivant la loi de Bernoulli de paramètre $\frac{1}{2}$ et $Z = |X - Y|$. Étudions l'indépendance deux à deux et l'indépendance mutuelle des variables X, Y et Z.
La variable Z est encore de Bernoulli et :

$$\mathbb{P}(Z = 1) = \mathbb{P}\big(\{X = 1\} \cap \{Y = 0\}\big) + \mathbb{P}\big(\{X = 0\} \cap \{Y = 1\}\big) = \frac{1}{4} + \frac{1}{4} = \frac{1}{2},$$

par indépendance de X et Y. On a d'autre part :

$$\mathbb{P}\big(\{X = 1\} \cap \{Z = 1\}\big) = \mathbb{P}\big(\{X = 1\} \cap \{Y = 0\}\big) = \frac{1}{4} = \mathbb{P}(X = 1)\,\mathbb{P}(Z = 1),$$

ce qui suffit à montrer que les variables de Bernoulli X et Z sont indépendantes (cf. exemple 11 de la page 974). Il en est de même de Y et Z.
Or $\mathbb{P}(\{X = 1\} \cap \{Y = 1\} \cap \{Z = 1\}) = 0 \neq \frac{1}{8}$, donc les variables X, Y et Z ne sont pas mutuellement indépendantes, bien qu'elles soient deux à deux indépendantes.

Corollaire 16

Soit $X_1, \ldots, X_n$ des variables aléatoires mutuellement indépendantes à valeurs respectivement dans $E_1, \ldots, E_n$. Alors, pour toutes parties $A_1 \subset E_1, \ldots, A_n \subset E_n$, les événements $\{X_1 \in A_1\}, \ldots, \{X_n \in A_n\}$ sont indépendants.

Démonstration. Si I est une partie de $[\![1, n]\!]$, alors, d'après la proposition 14, $(X_i)_{i \in I}$ est une famille de variables aléatoires mutuellement indépendantes et par définition :

$$\mathbb{P}\left(\bigcap_{i \in I} \{X_i \in A_i\}\right) = \prod_{i \in I} \mathbb{P}(X_i \in A_i).$$

Cela montre l'indépendance des événements $\{X_1 \in A_1\}, \ldots, \{X_n \in A_n\}$. □

Les propriétés démontrées pour deux variables aléatoires se généralisent à n variables aléatoires.

Proposition 17 (Transfert d'indépendance)

Soit $(X_1, \ldots, X_n)$ un n-uplet de variables aléatoires sur $(\Omega, \mathbb{P})$, mutuellement indépendantes.

Si, pour tout $i \in [\![1, n]\!]$, la fonction f_i est définie sur $X_i(\Omega)$, les variables aléatoires $f_1(X_1), \ldots, f_n(X_n)$ sont mutuellement indépendantes.

Démonstration page 983

Remarque La proposition précédente peut se généraliser à des variables aléatoires fonctions de plusieurs variables aléatoires X_k (pour $1 \leqslant k \leqslant n$). Examinons le cas de deux fonctions.

Proposition 18 (Lemme des coalitions)

Soit $(X_1, \ldots, X_n)$ un n-uplet de variables aléatoires sur $(\Omega, \mathbb{P})$, mutuellement indépendantes, et $1 \leqslant p < n$.
Si f et g sont des fonctions de p variables et $n - p$ variables respectivement telles que $f(X_1, \ldots, X_p)$ et $g(X_{p+1}, \ldots, X_n)$ soient définies, alors $f(X_1, \ldots, X_p)$ et $g(X_{p+1}, \ldots, X_n)$ sont indépendantes

Démonstration (non exigible) page 983

Ex. 15. Si $X_1, \ldots, X_n$ sont indépendantes et $1 \leqslant p < n$, alors $X_1 + \cdots + X_p$ et $X_{p+1} + \cdots + X_n$ sont indépendantes.

Ce qui précède peut se généraliser à plus de deux « coalitions ». Nous admettrons la proposition suivante.

Proposition 19 (Lemme des coalitions)

Soit $(X_1, \ldots, X_n)$ un n-uplet de variables aléatoires sur $(\Omega, \mathbb{P})$, mutuellement indépendantes, ainsi que $I_1, \ldots, I_k$ (avec $k \in \mathbb{N}^*$) des sous-ensembles non vides et disjoints de $[\![1, n]\!]$.
Pour tout j entre 1 et k, on considère une variable aléatoire Y_j qui est une fonction des variables X_i pour $i \in I_j$. Alors les variables $Y_1, \ldots, Y_k$ sont mutuellement indépendantes.

Ex. 16. Si X, Y, Z et T sont des variables indépendantes, les variables XY et ZT sont indépendantes, les variables $X, Y + Z$ et T^2 sont indépendantes

Remarque Si $X_1, \dots, X_n$ d'une part et $Y_1, \dots, Y_n$ d'autre part sont des variables aléatoires indépendantes sur un même espace probabilisé, telles que $X_i \sim Y_i$ pour tout $i \in [\![1, n]\!]$, alors $(X_1, \dots, X_n) \sim (Y_1, \dots, Y_n)$. En effet, si, pour $1 \leqslant i \leqslant n$, X_i est à valeurs dans E_i, on a, pour tout $(x_1, \dots, x_n) \in E_1 \times \cdots \times E_n$:

$$\begin{aligned}\mathbb{P}\left((X_1, \dots, X_n) = (x_1, \dots, x_n)\right) &= \prod_{i=1}^{n} \mathbb{P}(X_i = x_i) = \prod_{i=1}^{n} \mathbb{P}(Y_i = x_i) \\ &= \mathbb{P}\left((Y_1, \dots, Y_n) = (x_1, \dots, x_n)\right).\end{aligned}$$

On déduit alors de la proposition 11 de la page 942 que si f est une application définie sur $E_1 \times \cdots \times E_n$, alors $f(X_1, \dots, X_n)$ et $f(Y_1, \dots, Y_n)$ ont même loi.
En particulier si $X_1, \dots, X_n, Y_1, \dots, Y_n$ sont à valeurs dans $\mathbb{C}$, on a :

$$X_1 + \cdots + X_n \sim Y_1 + \cdots + Y_n.$$

Variables aléatoires indépendantes de lois prescrites

Les paragraphes qui suivent visent à montrer que l'on sait construire un espace probabilisé susceptible de porter une suite finie de variables aléatoires indépendantes dont les lois sont données. La connaissance de cette construction n'est pas un objectif du programme.

- *Cas de deux variables*

  Considérons deux lois $\mathcal{L}_1$ et $\mathcal{L}_2$, sur les ensembles finis E_1 et E_2, et déterminées par les distributions de probabilité $\left(p_x^{(1)}\right)_{x \in E_1}$ et $\left(p_x^{(2)}\right)_{x \in E_2}$, respectivement. Montrons que l'on peut construire un espace probabilisé et deux variables aléatoires X_1 et X_2 sur cet espace, indépendantes, de lois $\mathcal{L}_1$ et $\mathcal{L}_2$ respectivement. On a :

$$\sum_{(x,y) \in E_1 \times E_2} p_x^{(1)} p_y^{(2)} = \left(\sum_{x \in E_1} p_x^{(1)}\right) \left(\sum_{y \in E_2} p_y^{(2)}\right) = 1 \times 1 = 1.$$

  On peut donc, d'après le théorème 6 de la page 939, munir l'univers $\Omega = E_1 \times E_2$ de la probabilité $\mathbb{P}$ définie par :

$$\forall (x, y) \in E_1 \times E_2 \quad \mathbb{P}\left(\{(x, y)\}\right) = p_x^{(1)}\, p_y^{(2)}.$$

  On considère les variables aléatoires sur Ω :

$$X_1 : \begin{array}{ccc} \Omega & \longrightarrow & E_1 \\ (x, y) & \longmapsto & x \end{array} \qquad \text{et} \qquad X_2 : \begin{array}{ccc} \Omega & \longrightarrow & E_2 \\ (x, y) & \longmapsto & y. \end{array}$$

  La variable X_1 est à valeurs dans E_1 et, pour tout $x \in E_1$, on a :

$$\{X_1 = x\} = \{(x, y) \mid y \in E_2\},$$

  donc :

$$\mathbb{P}(X_1 = x) = \sum_{y \in E_2} \mathbb{P}\left(\{(x, y)\}\right) = \sum_{y \in E_2} p_x^{(1)} p_y^{(2)} = p_x^{(1)} \sum_{y \in E_2} p_y^{(2)} = p_x^{(1)}.$$

  La loi de X_1 est donc $\mathcal{L}_1$. On montre de même que celle de X_2 est $\mathcal{L}_2$. Enfin, on a, pour tout $(x, y) \in E_1 \times E_2$:

$$\mathbb{P}(X_1 = x, X_2 = y) = \mathbb{P}\left(\{(x, y)\}\right) = p_x^{(1)}\, p_y^{(2)} = \mathbb{P}(X_1 = x)\, \mathbb{P}(X_2 = y),$$

  donc les variables aléatoires X_1 et X_2 sont indépendantes.

- *Généralisation à n variables*

  Pour $n \in \mathbb{N}^*$, cette construction se généralise à n lois $\mathcal{L}_1, \dots, \mathcal{L}_n$. Avec les mêmes notations, on prend $\Omega = E_1 \times \cdots \times E_n$, muni de la probabilité $\mathbb{P}$ définie par :

  $$\forall (x_1, \dots, x_n) \in E_1 \times \cdots \times E_n \quad \mathbb{P}\big(\{(x_1, \dots, x_n)\}\big) = p^{(1)}_{x_1} \cdots p^{(n)}_{x_n}.$$

  Pour $k \in [\![1, n]\!]$, notons X_k la projection de Ω sur E_k. Alors X_k a pour loi $\mathcal{L}_k$ et les variables $X_1, \dots, X_n$ sont indépendantes.

  En particulier, pour toute loi $\mathcal{L}$ et $n \in \mathbb{N}^*$, il existe des variables aléatoires indépendantes $X_1, \dots, X_n$ de même loi $\mathcal{L}$. Il existe par exemple des variables de Bernoulli $X_1, \dots, X_n$, indépendantes, de même paramètre p, ce qui modélise une suite finie d'épreuves indépendantes à deux issues notées 1 et 0 (épreuves de Bernoulli).

3 Somme de variables indépendantes de même loi de Bernoulli

Théorème 20

Exo 28.16

Soit $n \in \mathbb{N}^*$. Si $X_1, \dots, X_n$ sont des variables aléatoires mutuellement indépendantes, suivant toutes la loi de Bernoulli de paramètre p, alors la variable aléatoire $X_1 + \cdots + X_n$ suit la loi binomiale de paramètre (n, p).

Démonstration page 984

Remarque Comme nous l'avons vu page 978, sous les hypothèses du théorème précédent, $X_1, \dots, X_n$ modélisent n épreuves indépendantes à deux issues (1 et 0), la probabilité d'obtenir 1 étant p.
La somme $X_1 + \cdots + X_n$, c'est-à-dire le nombre de 1, suit donc la loi $\mathcal{B}(n, p)$.
Ainsi, le nombre de piles dans une suite de n lancers indépendants d'une pièce équilibrée suit donc la loi $\mathcal{B}(n, 1/2)$. De même, le nombre de boules rouges obtenues dans une suite de n tirages avec remise dans une urne contenant une proportion p de boules rouges suit la loi $\mathcal{B}(n, p)$.

Corollaire 21 (Stabilité de la loi binomiale pour la somme)

Soit $k \in \mathbb{N}^*$. Si $X_1, \dots, X_k$ sont des variables aléatoires mutuellement indépendantes telles que, pour tout $i \in [\![1, k]\!]$, X_i suive la loi binomiale de paramètre (n_i, p), alors $X_1 + \cdots + X_k$ suit la loi binomiale de paramètre $(n_1 + \cdots + n_k, p)$.

Démonstration page 984

Principe de démonstration. On pose $n = n_1 + \cdots + n_k$ et on considère n variables de Bernoulli indépendantes de paramètre p.

Démonstrations

Théorème 1 Montrons que $\mathbb{P}_A$ est une probabilité sur Ω.

- L'application $\mathbb{P}_A$ est bien définie car $\mathbb{P}(A) \neq 0$. Pour tout événement B, on a $B \cap A \subset A$, donc $\mathbb{P}(B \cap A) \leqslant \mathbb{P}(A)$ et par suite $0 \leqslant \mathbb{P}_A(B) \leqslant 1$.
- On a $\mathbb{P}_A(\Omega) = \dfrac{\mathbb{P}(\Omega \cap A)}{\mathbb{P}(A)} = \dfrac{\mathbb{P}(A)}{\mathbb{P}(A)} = 1$.
- Soit B et B' deux événements incompatibles. Les événements $B \cap A$ et $B' \cap A$ sont également incompatibles et donc, par additivité de $\mathbb{P}$:

$$\mathbb{P}\left((B \cup B') \cap A\right) = \mathbb{P}\big((B \cap A) \cup (B' \cap A)\big) = \mathbb{P}(B \cap A) + \mathbb{P}(B' \cap A).$$

On en déduit :

$$\mathbb{P}_A(B \cup B') = \frac{\mathbb{P}\left((B \cup B') \cap A\right)}{\mathbb{P}(A)} = \frac{\mathbb{P}(B \cap A)}{\mathbb{P}(A)} + \frac{\mathbb{P}(B' \cap A)}{\mathbb{P}(A)} = \mathbb{P}_A(B) + \mathbb{P}_A(B').$$

Théorème 3 Pour tout entier $k \in [\![1, n-1]\!]$, on a $A_1 \cap \cdots \cap A_{n-1} \subset A_1 \cap \cdots \cap A_k$, d'où

$$\mathbb{P}(A_1 \cap \cdots \cap A_k) \geqslant \mathbb{P}(A_1 \cap \cdots \cap A_{n-1}) > 0.$$

Toutes les probabilités conditionnelles sont donc définies. Il suffit alors d'écrire :

$$\begin{aligned}
\mathbb{P}(A_1)\,\mathbb{P}(A_2 \mid A_1) \cdots \mathbb{P}(A_n \mid A_1 \cap \cdots \cap A_{n-1}) &= \mathbb{P}(A_1) \prod_{k=2}^{n} \mathbb{P}\left(A_k \mid A_1 \cap \cdots \cap A_{k-1}\right) \\
&= \mathbb{P}(A_1) \prod_{k=2}^{n} \frac{\mathbb{P}\big(A_1 \cap \cdots \cap A_{k-1} \cap A_k\big)}{\mathbb{P}\big(A_1 \cap \cdots \cap A_{k-1}\big)} \\
&= \mathbb{P}\big(A_1 \cap \cdots \cap A_{n-1} \cap A_n\big),
\end{aligned}$$

car tous les termes se simplifient deux à deux à part le dernier.

Proposition 8 Si A et B sont indépendants, alors on a $\mathbb{P}(A \cap B) = \mathbb{P}(A)\,\mathbb{P}(B)$.
De l'égalité $\mathbb{P}(\overline{A} \cap B) = \mathbb{P}(B) - \mathbb{P}(A \cap B)$, on déduit alors :

$$\mathbb{P}(\overline{A} \cap B) = \mathbb{P}(B) - \mathbb{P}(A)\,\mathbb{P}(B) = \big(1 - \mathbb{P}(A)\big)\,\mathbb{P}(B) = \mathbb{P}(\overline{A})\,\mathbb{P}(B),$$

ce qui montre que $\overline{A}$ et B sont indépendants.

Proposition 9

- On étudie d'abord le cas où il existe $k \in [\![1, n]\!]$ tel que $B_k = \overline{A_k}$ et $B_i = A_i$ si $i \neq k$.
  Soit I une partie de $[\![1, n]\!]$.
  * Si $k \notin I$, alors $\mathbb{P}\Big(\bigcap\limits_{i \in I} B_i\Big) = \mathbb{P}\Big(\bigcap\limits_{i \in I} A_i\Big) = \prod\limits_{i \in I} \mathbb{P}(A_i) = \prod\limits_{i \in I} \mathbb{P}(B_i)$.
  * Si $k \in I$, on note que :

$$\Big(\bigcap_{i \in I} A_i\Big) \cup \Big(\bigcap_{i \in I} B_i\Big) = \Big(\bigcap_{i \in I \setminus \{k\}} A_i\Big) \cap (A_k \cup B_k) = \bigcap_{i \in I \setminus \{k\}} A_i,$$

  et, comme cette union est disjointe :

$$\mathbb{P}\Big(\bigcap_{i \in I} B_i\Big) = \mathbb{P}\Big(\bigcap_{i \in I \setminus \{k\}} A_i\Big) - \mathbb{P}\Big(\bigcap_{i \in I} A_i\Big).$$

Par la mutuelle indépendance des événements $A_1, \ldots, A_n$, on obtient :

$$\mathbb{P}\Big(\bigcap_{i\in I} B_i\Big) = \prod_{i\in I\setminus\{k\}} \mathbb{P}(A_i) - \prod_{i\in I} \mathbb{P}(A_i)$$

$$= \big(1 - \mathbb{P}(A_k)\big) \prod_{i\in I\setminus\{k\}} \mathbb{P}(A_i) = \mathbb{P}(\overline{A_k}) \prod_{i\in I\setminus\{k\}} \mathbb{P}(A_i) = \prod_{i\in I} \mathbb{P}(B_i).$$

Ainsi les événements $B_1, \ldots, B_n$ sont mutuellement indépendants.

- Pour le cas général, on utilise le résultat précédent et on raisonne par récurrence finie sur le nombre d'indices $k \in [\![1, n]\!]$ tels que $B_k = \overline{A_k}$.

Proposition 10

- Si X et Y sont indépendantes, on obtient, en prenant $A = \{x\}$ et $B = \{y\}$ dans la définition de l'indépendance : $\mathbb{P}(\{X = x\} \cap \{Y = y\}) = \mathbb{P}(X = x)\ \mathbb{P}(Y = y)$.
- Démontrons la réciproque. Soit $A \subset E$ et $B \subset F$. Les ensembles $X(\Omega)$ et $Y(\Omega)$ sont finis donc il en est de même de leurs sous-ensembles $A' = A \cap X(\Omega)$ et $B' = B \cap Y(\Omega)$. On a :

$$\{X \in A\} = \{X \in A'\} = \bigcup_{x\in A'} \{X = x\} \qquad \text{et} \qquad \{Y \in B\} = \{Y \in B'\} = \bigcup_{y\in B'} \{Y = y\}.$$

On en déduit : $\{X \in A\} \cap \{Y \in B\} = \bigcup\limits_{x\in A'} \bigcup\limits_{y\in B'} \{X = x\} \cap \{Y = y\}$.

Par incompatibilité des événements, puis utilisation de l'hypothèse, on a alors :

$$\mathbb{P}\big(\{X \in A\} \cap \{Y \in B\}\big) = \sum_{x\in A'} \sum_{y\in B'} \mathbb{P}\big(\{X = x\} \cap \{Y = y\}\big)$$

$$= \sum_{x\in A'} \sum_{y\in B'} \mathbb{P}\big(X = x\big)\ \mathbb{P}\big(Y = y\big)$$

$$= \left(\sum_{x\in A'} \mathbb{P}\big(X = x\big)\right) \left(\sum_{y\in B'} \mathbb{P}\big(Y = y\big)\right).$$

Comme $\mathbb{P}(X \in A) = \sum\limits_{x\in A'} \mathbb{P}\big(X = x\big)$ et $\mathbb{P}(Y \in B) = \sum\limits_{y\in B'} \mathbb{P}\big(Y = y\big)$, on a donc :

$$\mathbb{P}\big(\{X \in A\} \cap \{Y \in B\}\big) = \mathbb{P}(X \in A)\ \mathbb{P}(Y \in B).$$

Les variables X et Y sont donc indépendantes.

Proposition 11 Montrons l'équivalence entre (i) et (ii).

- Supposons que (i) soit vérifié. Soit $y \in Y(\Omega)$ tel que $\mathbb{P}\big(Y = y\big) \neq 0$. On a, pour tout $x \in X(\Omega)$, par indépendance de X et Y :

$$\mathbb{P}\big(X = x \mid Y = y\big) = \frac{\mathbb{P}(\{X = x\} \cap \{Y = y\})}{\mathbb{P}(Y = y)} = \frac{\mathbb{P}(X = x)\,\mathbb{P}(Y = y)}{\mathbb{P}(Y = y)} = \mathbb{P}(X = x).$$

La loi de X sachant $\{Y = y\}$ est égale à la loi de X, donc (ii) est vérifié.

- Supposons que (ii) soit vérifié. Soit $y \in Y(\Omega)$.
  - * Si $\mathbb{P}(Y = y) = 0$, alors $\{Y = y\}$ est indépendant de $\{X = x\}$ pour tout $x \in X(\Omega)$.
  - * Sinon on a, pour tout $x \in X(\Omega)$:

$$\mathbb{P}\left(\{X = x\} \cap \{Y = y\}\right) = \mathbb{P}\big(X = x \mid Y = y\big)\,\mathbb{P}\left(Y = y\right) = \mathbb{P}\left(X = x\right)\mathbb{P}\left(Y = y\right).$$

Les variables aléatoires X et Y sont indépendantes, d'après la proposition 10 de la page 973.

Proposition 12 Si f et g sont à valeurs dans E et F respectivement, alors, pour toute partie A de E et toute partie B de F, on a, en utilisant l'indépendance de X et de Y :

$$\begin{aligned}\mathbb{P}\big(\{f(X) \in A\} \cap \{g(Y) \in B\}\big) &= \mathbb{P}\big(\{X \in f^{-1}(A)\} \cap \{Y \in g^{-1}(B)\}\big)\\ &= \mathbb{P}\big(X \in f^{-1}(A)\big)\ \mathbb{P}\big(Y \in g^{-1}(B)\big)\\ &= \mathbb{P}\big(f(X) \in A\big)\ \mathbb{P}\big(g(Y) \in B\big).\end{aligned}$$

Ainsi $f(X)$ et $g(Y)$ sont indépendantes.

Proposition 13

- Supposons $X_1, \ldots, X_n$ mutuellement indépendantes. Soit $(x_1, \ldots, x_n) \in E_1 \times \cdots \times E_n$. En appliquant la définition de l'indépendance avec, pour tout $i \in [\![1, n]\!]$, $A_i = \{x_i\}$, on obtient :

$$\mathbb{P}\left(\{X_1 = x_1\} \cap \cdots \cap \{X_n = x_n\}\right) = \prod_{i=1}^{n} \mathbb{P}(X_i = x_i).$$

- Réciproquement, supposons que l'on ait :

$$\forall (x_1, \ldots, x_n) \in E_1 \times \cdots \times E_n \quad \mathbb{P}\left(\{X_1 = x_1\} \cap \cdots \cap \{X_n = x_n\}\right) = \prod_{i=1}^{n} \mathbb{P}(X_i = x_i).$$

Pour tout $i \in [\![1, n]\!]$, on considère $A_i \subset E_i$; on pose $A_i' = A_i \cap X_i(\Omega)$ et on écrit :

$$\{X_i \in A_i\} = \{X_i \in A_i'\} = \bigcup_{x_i \in A_i'} \{X_i = x_i\}.$$

En posant $A_1' \times \cdots \times A_n' = B$, on obtient :

$$\bigcap_{1 \leqslant i \leqslant n} \{X_i \in A_i\} = \bigcup_{(x_1, \ldots, x_n) \in B} \left(\bigcap_{1 \leqslant i \leqslant n} \{X_i = x_i\}\right).$$

On a une réunion finie d'événements incompatibles. On en déduit :

$$\begin{aligned}\mathbb{P}\left(\bigcap_{1 \leqslant i \leqslant n} \{X_i \in A_i\}\right) &= \sum_{(x_1, \ldots, x_n) \in B} \mathbb{P}\left(\bigcap_{1 \leqslant i \leqslant n} \{X_i = x_i\}\right)\\ &= \sum_{(x_1, \ldots, x_n) \in B} \left(\prod_{1 \leqslant i \leqslant n} \mathbb{P}(X_i = x_i)\right)\\ &= \prod_{1 \leqslant i \leqslant n} \left(\sum_{x_i \in A_i'} \mathbb{P}(X_i = x_i)\right) = \prod_{1 \leqslant i \leqslant n} \mathbb{P}(X_i \in A_i).\end{aligned}$$

Les variables aléatoires $X_1, \ldots, X_n$ sont donc mutuellement indépendantes.

Proposition 14 On suppose que, pour tout $i \in [\![1, n]\!]$, X_i est à valeurs dans E_i. Soit I une partie de $[\![1, n]\!]$ et, pour tout $i \in I$, une partie A_i de E_i.

Si, pour $i \notin I$, on pose $A_i = X_i(\Omega)$, de telle sorte que $\{X_i \in A_i\} = \Omega$, on a alors :

$$\mathbb{P}\left(\bigcap_{i\in I}\{X_i \in A_i\}\right) = \mathbb{P}\left(\bigcap_{i=1}^{n}\{X_i \in A_i\}\right).$$

Par indépendance mutuelle de $X_1, \ldots, X_n$, on obtient :

$$\mathbb{P}\left(\bigcap_{i\in I}\{X_i \in A_i\}\right) = \prod_{i=1}^{n}\mathbb{P}\left(X_i \in A_i\right) = \prod_{i\in I}\mathbb{P}\left(X_i \in A_i\right),$$

car $\mathbb{P}\left(X_i \in A_i\right) = 1$ si $i \notin I$.

Ainsi $(X_i)_{i\in I}$ est une famille de variables aléatoires mutuellement indépendantes.

Proposition 17 Soit $A_1, \ldots, A_n$ des parties respectivement de $f(X_1)(\Omega), \ldots, f(X_n)(\Omega)$. On a :

$$\mathbb{P}\big(\{f_1(X_1) \in A_1\} \cap \cdots \cap \{f_n(X_n) \in A_n\}\big) = \mathbb{P}\Big(\big\{X_1 \in f_1^{-1}(A_1)\big\} \cap \cdots \cap \big\{X_n \in f_n^{-1}(A_n)\big\}\Big)$$

et, par indépendance des variables $X_1, \ldots, X_n$, on obtient :

$$\mathbb{P}\big(\{f_1(X_1) \in A_1\} \cap \cdots \cap \{f_n(X_n) \in A_n\}\big) = \prod_{i=1}^{n}\mathbb{P}\big(X_i \in f_i^{-1}(A_i)\big) = \prod_{i=1}^{n}\mathbb{P}\big(f_i(X_i) \in A_i\big).$$

Les variables aléatoires $f_1(X_1), \ldots, f_n(X_n)$ sont donc mutuellement indépendantes.

Proposition 18

- Les variables aléatoires $(X_1, \ldots, X_p)$ et $(X_{p+1}, \ldots, X_n)$ sont indépendantes. En effet, on a, pour tout $(x_1, \ldots, x_n) \in X_1(\Omega) \times \cdots \times X_n(\Omega)$:

$$\begin{aligned}
&\mathbb{P}\Big(\big\{(X_1, \ldots, X_p) = (x_1, \ldots, x_p)\big\} \cap \big\{(X_{p+1}, \ldots, X_n) = (x_{p+1}, \ldots, x_n)\big\}\Big)\\
&= \mathbb{P}\big(X_1 = x_1, \ldots, X_n = x_n\big)\\
&= \prod_{k=1}^{n}\mathbb{P}\big(X_k = x_k\big)\\
&= \prod_{k=1}^{p}\mathbb{P}(X_k = x_k)\prod_{k=p+1}^{n}\mathbb{P}(X_k = x_k)\\
&= \mathbb{P}\big((X_1, \ldots, X_p) = (x_1, \ldots, x_p)\big)\,\mathbb{P}\big((X_{p+1}, \ldots, X_n) = (x_{p+1}, \ldots, x_n)\big),
\end{aligned}$$

  car $X_1, \ldots, X_p$ d'une part, $X_{p+1}, \ldots, X_n$ d'autre part, sont indépendantes.

- On en déduit que $f(X_1, \ldots, X_p)$ et $g(X_{p+1}, \ldots, X_n)$ sont indépendantes, d'après la proposition 12 de la page 974.

Théorème 20 La variable aléatoire $X = X_1 + \cdots + X_n$ est à valeurs dans $[\![0,n]\!]$ et, pour $k \in [\![0,n]\!]$, l'événement $\{X = k\}$ est réalisé si exactement k variables aléatoires parmi $X_1, \ldots, X_n$ prennent la valeur 1. On a donc :

$$\{X = k\} = \bigcup_{\substack{I \subset [\![1,n]\!] \\ \operatorname{card}(I) = k}} \Big(\bigcap_{i \in I} \{X_i = 1\} \cap \bigcap_{i \notin I} \{X_i = 0\} \Big).$$

Par indépendance des variables X_i, on a, pour $I \subset [\![1,n]\!]$, de cardinal k :

$$\mathbb{P}\left(\bigcap_{i \in I} \{X_i = 1\} \cap \bigcap_{i \notin I} \{X_i = 0\} \right) = \prod_{i \in I} \mathbb{P}(X_i = 1) \prod_{i \notin I} \mathbb{P}(X_i = 0) = p^k (1-p)^{n-k}.$$

Comme $\{X = k\}$ est la réunion de $\binom{n}{k}$ événements incompatibles (autant que de choix de I de cardinal k inclus dans $[\![1,n]\!]$), tous de probabilité $p^k(1-p)^{n-k}$, on obtient :

$$\mathbb{P}(X = k) = \binom{n}{k} p^k (1-p)^{n-k}.$$

Corollaire 21 Soit $n = n_1 + \cdots + n_k$. Considérons n variables aléatoires $Y_1, \ldots, Y_n$ sur un même espace probabilisé, indépendantes, suivant toutes la loi de Bernoulli de paramètre p. Posons ensuite $Z = \sum_{i=1}^{n} Y_i$, puis :

$$Z_1 = \sum_{i=1}^{n_1} Y_i, \quad Z_2 = \sum_{i=n_1+1}^{n_2} Y_i, \quad \ldots, \quad Z_k = \sum_{i=n_1+\cdots+n_{k-1}+1}^{n} Y_i$$

(on regroupe les n_1 premières variables Y_i, puis les n_2 suivantes, ..., puis les n_k dernières). On a alors $Z = Z_1 + \cdots + Z_k$.

On peut déduire du théorème 20 de la page 979 que Z suit la loi $\mathcal{B}(n,p)$, mais aussi, puisque des variables extraites d'une famille de variables indépendantes sont indépendantes, que, pour $j \in [\![1,k]\!]$, la variable aléatoire Z_j, somme de n_j variables de Bernoulli indépendantes de paramètre p, suit la loi $\mathcal{B}(n_j, p)$.

Les variables $X_1, \ldots, X_k$ d'une part et $Z_1, \ldots, Z_k$ d'autre part (d'après le lemme des coalitions) sont indépendantes. De plus, pour tout $j \in [\![1,k]\!]$, on a $X_j \sim Z_j$.

On en déduit (cf. remarque de la page 978) que :

$$X_1 + \cdots + X_k \sim Z_1 + \cdots + Z_k.$$

Autrement dit, $X_1 + \cdots + X_k$ a même loi que Z, c'est-à-dire suit la loi $\mathcal{B}(n,p)$.

S'entraîner et approfondir

Conditionnement

28.1 On considère une famille de deux enfants. On suppose que chaque enfant a une chance sur deux d'être une fille.
→966
Quelle est la probabilité que les deux enfants soient des filles sachant que l'aîné est une fille ? Quelle est la probabilité que les deux enfants soient des filles sachant qu'il y a au moins une fille ?

28.2 Une urne contient n boules dont $r \geqslant 3$ rouges, indiscernables au toucher. On tire trois boules successivement et sans remise de cette urne.
→967
Quelle est la probabilité que les trois boules tirées soient rouges ?

28.3 Le fonctionnement d'un appareil au cours du temps obéit aux règles suivantes :
→968

- s'il fonctionne à la date $n-1$ ($n \in \mathbb{N}^*$), il a la probabilité a de fonctionner à la date n ;
- s'il est en panne à la date $n-1$ ($n \in \mathbb{N}^*$), il a la probabilité b d'être en panne à la date n,

où (a, b) est un couple de réels de $]0,1[$.
On suppose que l'appareil est en état de marche à la date 0. Pour $n \in \mathbb{N}$, on note M_n l'événement « l'appareil est en état de marche à la date n » et p_n la probabilité de M_n.

1. Déterminer une relation de récurrence vérifiée par $(p_n)_{n\in\mathbb{N}}$.
2. Calculer p_n, pour tout $n \in \mathbb{N}$, ainsi que la limite de la suite $(p_n)_{n\in\mathbb{N}}$.

28.4 Un laboratoire fabrique un alcootest et les essais montrent que :
→969

- 1% des personnes contrôlées sont en état d'ébriété ;
- si une personne en état d'ébriété se fait tester, le test est positif 95 fois sur 100 ;
- si une personne qui n'est pas en état d'ébriété se fait tester, le test est négatif 98 fois sur 100.

1. On teste une personne et le résultat est positif. Quelle est la probabilité que cette personne soit en état d'ébriété ?
2. On teste une personne et le résultat est négatif. Quelle est la probabilité que cette personne soit en fait en état d'ébriété ?
3. Déterminer la probabilité que le résultat donné par l'appareil soit faux.

28.5 Lors d'une interrogation, un étudiant se trouve face à une question dont m réponses possibles sont proposées et une seule est correcte. Soit l'étudiant connaît la réponse à la question, soit il choisit au hasard une réponse parmi les m proposées. La probabilité que cet étudiant connaisse la réponse à la question est $p \in]0,1[$.
→969
Sachant que l'étudiant a répondu correctement à la question posée, quelle est la probabilité qu'il ait répondu en connaissant la bonne réponse ?

28.6 Un bit est un symbole informatique élémentaire valant soit 0, soit 1. Un canal de transmission transmet des bits selon le modèle suivant : il transmet fidèlement un bit avec probabilité p et de façon erronée avec probabilité $(1-p)$ où $0 < p < 1$. Un bit traverse n canaux de ce type successivement, et l'on suppose que chaque canal fonctionne indépendamment des autres. On note x_0 le bit initial. Pour $n \in \mathbb{N}$, on note x_n le bit après la traversée de n canaux et p_n la probabilité que $x_n = x_0$.

1. Déterminer une relation entre p_{n-1} et p_n, pour $n \geqslant 1$.
2. En déduire l'expression de p_n en fonction de n et p.
3. Déterminer la limite de la suite $(p_n)_{n\in\mathbb{N}}$.

28.7 Urne de Pólya
Une urne contient initialement $r \geqslant 1$ boules rouges et $b \geqslant 1$ boules blanches. On effectue des tirages successifs d'une boule, en remettant après chaque tirage la boule tirée dans l'urne avec en plus $c \geqslant 1$ boules de la même couleur. Pour tout $n \geqslant 1$, on note R_n l'événement « la n-ième boule tirée est rouge ».

1. On note $p_n(r,b)$ la probabilité d'obtenir une boule rouge au n-ième tirage, quand l'urne contient initialement r boules rouges et b boules blanches. Montrer que :
$$\forall n \geqslant 2 \quad p_n(r,b) = \frac{r}{r+b}\,p_{n-1}(r+c,b) + \frac{b}{r+b}\,p_{n-1}(r,b+c).$$
2. En déduire que, pour tout $n \in \mathbb{N}^*$, on a $\mathbb{P}(R_n) = \dfrac{r}{r+b}\cdot$

28.8 Soit n un entier naturel non nul, p et p' des réels appartenant à $]0,1[$. On considère deux variables aléatoires X et Y à valeurs dans $[\![0,n]\!]$. On suppose que X suit la loi $\mathcal{B}(n,p)$ et que, pour tout $k \in [\![0,n]\!]$, la loi de Y conditionnelle à $\{X = k\}$ est $\mathcal{B}(k,p')$.

1. Déterminer la loi du couple (X,Y).
2. Déterminer la loi de Y.

28.9 Soit n dans $\mathbb{N}^*$, Z et X deux variables aléatoires à valeurs dans $[\![0,n]\!]$. On suppose que, pour tout entier $k \in [\![0,n]\!]$ la loi de X conditionnelle à $\{Z = k\}$ est la loi uniforme sur $[\![0,k]\!]$.

1. Déterminer la loi du couple (Z,X), puis la loi de X.
2. Comparer les lois de X et de $Z - X$.

28.10 Soit N et n des entiers naturels, avec $n \geqslant 2$. On considère une urne contenant $N+1$ boules numérotées de 0 à N. On y effectue n tirages avec remise. On définit la suite de variables aléatoires $(X_k)_{k\in[\![1,n]\!]}$ de la manière suivante :

- X_1 est la variable aléatoire certaine égale à 1 ;
- pour $p \geqslant 2$, la variable aléatoire X_p vaut 1 si le numéro obtenu au p-ième tirage n'a pas déjà été obtenu au cours des tirages précédents et 0 dans le cas contraire.

1. Donner la loi de X_2.
2. Déterminer, pour $1 \leqslant p \leqslant n$, la loi de X_p. On pourra considérer la variable aléatoire Y_p égale au numéro de la boule tirée lors du p-ième tirage.
3. Pour $1 \leqslant i < j \leqslant n$ déterminer la loi de $X_i X_j$.

28.11 Un secrétaire effectue n appels téléphoniques vers n personnes distinctes ($n \geqslant 2$). Pour chaque appel, la probabilité d'obtenir le correspondant demandé est $p \in]0,1[$. On note X la variable aléatoire égale au nombre de correspondants obtenus.

1. Quelle est la loi de X ?
2. Après ses n recherches, le secrétaire appelle une deuxième fois, et dans les mêmes conditions, chacun des $n-k$ correspondants qu'il n'a pas réussi à joindre la première fois. Soit Y le nombre de correspondants obtenus dans la deuxième série d'appels et $Z = X + Y$, le nombre total de correspondants obtenus.
   (a) Déterminer la loi conditionnelle de Y sachant $\{X = k\}$, pour tout $k \in [\![0,n]\!]$. En déduire la loi conjointe de X et Y.
   (b) Montrer que Z suit une loi binomiale que l'on précisera.

28.12 On dispose de deux boîtes A et B, de deux boules noires et de deux boules rouges. Au départ, chaque urne contient deux des quatre boules. À chaque étape, on tire une boule de chacune des boîtes et on les échange.
Soit X_0 le nombre de boules noires placées initialement dans A et X_n le nombre de boules noires dans A après n étapes. On pose, pour tout $n \in \mathbb{N}$:

$$p_n = \mathbb{P}(X_n = 0), \quad q_n = \mathbb{P}(X_n = 1) \quad \text{et} \quad r_n = \mathbb{P}(X_n = 2).$$

1. Déterminer la loi de X_0 si, au départ, les boules sont placées au hasard dans les deux boîtes.

Dans la suite, X_0 est quelconque.

2. Montrer qu'il existe $M \in \mathcal{M}_3(\mathbb{R})$ telle que : $\forall n \in \mathbb{N} \quad \begin{pmatrix} p_{n+1} \\ q_{n+1} \\ r_{n+1} \end{pmatrix} = M \begin{pmatrix} p_n \\ q_n \\ r_n \end{pmatrix}$.
3. Montrer que la matrice M est semblable à $D = \operatorname{Diag}\left(1, 0, -\dfrac{1}{2}\right)$. On note P une matrice inversible telle que $M = PDP^{-1}$.
4. On pose $\begin{pmatrix} a \\ b \\ c \end{pmatrix} = P^{-1} \begin{pmatrix} p_0 \\ q_0 \\ r_0 \end{pmatrix}$. Exprimer p_n, q_n et r_n en fonction de a, b, c et n. En déduire que les suites $(p_n)_{n\in\mathbb{N}}$, $(q_n)_{n\in\mathbb{N}}$ et $(r_n)_{n\in\mathbb{N}}$ convergent. Déterminer leurs limites respectives p, q et r (on pourra remarquer que $p+q+r=1$).
Commenter.

Indépendance

28.13 →971 Une urne contient 20 boules blanches et 20 boules noires. On y effectue n ($n \geqslant 2$) tirages successifs avec remise. On note A l'événement « au cours des tirages, on a obtenu des boules de chacune des couleurs » et B l'événement « au cours des tirages, on a obtenu au plus une boule blanche ». Étudier l'indépendance des événements A et B.

28.14 →973 Soit X et Y deux variables aléatoires sur $(\Omega, \mathbb{P})$. On suppose que X est constante. Étudier l'indépendance de X et Y.

28.15 →975 Soit X et Y deux variables aléatoires indépendantes sur $(\Omega, \mathbb{P})$, suivant la loi uniforme sur $[\![1, n]\!]$. Déterminer la loi de $X+Y$.

28.16 →979 Soit $(X_1, \ldots, X_n)$ un n-uplet de variables aléatoires indépendantes et de même loi à valeurs dans E et x un élément de E. On note N_x la variable aléatoire égale au nombre de variables X_k égales à x, c'est-à-dire définie par :

$$\forall \omega \in \Omega \quad N_x(\omega) = \operatorname{card}\big(\{k \in [\![1, n]\!] \;:\; X_k(\omega) = x\}\big).$$

Déterminer la loi de N_x.

28.17 Soit $(A_1, \ldots, A_n)$ un n-uplet d'événements indépendants et $p \in [\![1, n-1]\!]$.
Montrer que les événements $A_1 \cap \cdots \cap A_p$ et $A_{p+1} \cap \cdots \cap A_n$ sont indépendants.
Montrer qu'il en est de même de $A_1 \cup \cdots \cup A_p$ et $A_{p+1} \cup \cdots \cup A_n$ et de $A_1 \cap \cdots \cap A_p$ et $A_{p+1} \cup \cdots \cup A_n$.

28.18 Soit (X, Y) un couple de variables aléatoires de l'espace probabilisé $(\Omega, \mathbb{P})$. On suppose que $X(\Omega) = \{x_1, \ldots, x_n\}$ et $Y(\Omega) = \{y_1, \ldots, y_p\}$.
Montrer que $X \perp\!\!\!\perp Y$ si, et seulement si, la matrice :

$$A = \Big(\mathbb{P}(\{X = x_i\} \cap \{Y = y_j\})\Big)_{\substack{1 \leqslant i \leqslant n \\ 1 \leqslant j \leqslant p}}$$

donnant la loi conjointe de (X, Y) est de rang 1.

28.19 On lance n fois une pièce, la probabilité d'obtenir pile à chaque lancer étant $p \in]0, 1[$.

1. Quelle est la probabilité d'obtenir le premier pile au n-ième lancer ?
2. Pour $k \in [\![1, n]\!]$, quelle est la probabilité d'obtenir le k-ième pile au n-ième lancer ?

28.20 Soit p et q deux nombres réels tels que $0 < p < q < 1$, $X_1, \ldots, X_n$ des variables aléatoires indépendantes de Bernoulli de paramètre p et $Y_1, \ldots, Y_n$ des variables aléatoires indépendantes de Bernoulli de paramètre q. On pose :

$$d(q, p) = q \ln\left(\frac{q}{p}\right) + (1 - q) \ln\left(\frac{1 - q}{1 - p}\right).$$

1. Montrer que, pour tout $x \in \{0, 1\}$, on a :
$$\frac{\mathbb{P}(X_1 = x)}{\mathbb{P}(Y_1 = x)} = \exp\left(-x \ln\left(\frac{q}{p}\right) - (1 - x) \ln\left(\frac{1 - q}{1 - p}\right)\right).$$
2. Pour tout $x \in \{0, 1\}^n$ tel que $x_1 + \cdots + x_n > qn$, montrer que :
$$\frac{\mathbb{P}(X_1 = x_1, \ldots, X_n = x_n)}{\mathbb{P}(Y_1 = x_1, \ldots, Y_n = x_n)} \leqslant \exp\left(-n d(q, p)\right).$$
3. En déduire que :
$$\mathbb{P}(X_1 + \cdots + X_n > nq) \leqslant \exp\left(-n d(q, p)\right).$$

28.21 Promenade aléatoire dans Z

Soit $N \in \mathbb{N}^*$ et $X_1, \ldots, X_N$ des variables aléatoires indépendantes toutes de même loi définie par $\mathbb{P}(X_1 = -1) = \mathbb{P}(X_1 = 1) = \frac{1}{2}\cdot$ Pour $1 \leqslant n \leqslant N$, on pose $S_n = \sum\limits_{k=1}^{n} X_k$.

1. Soit $n \in [\![1, N]\!]$. Déterminer la loi de S_n. Préciser $\mathbb{P}(S_n = 0)$.
2. Soit $n \in [\![1, N]\!]$. Montrer que $\mathbb{P}(S_1 \neq 0, \ldots, S_n \neq 0) = 2\,\mathbb{P}(S_1 > 0, \ldots, S_n > 0)$.

Solutions des exercices

28.1 Chaque composition de la famille peut se représenter par un couple d'éléments de l'ensemble $\{F, G\}$, le premier élément du couple représentant le sexe de l'aîné, le second le sexe du second enfant. On a donc $\Omega = \{F, G\}^2$ que l'on munit de la probabilité uniforme.
On considère les événements A « l'aîné est une fille », B « les deux enfants sont des filles » et C « il y a au moins une fille ». On remarque que ces événements ont une probabilité non nulle.

- La première probabilité demandée est :

$$\mathbb{P}_A(B) = \frac{\mathbb{P}(A \cap B)}{\mathbb{P}(A)} = \frac{\mathbb{P}(B)}{\mathbb{P}(A)} = \frac{\frac{1}{4}}{\frac{1}{2}} = \frac{1}{2}\cdot$$

- La seconde probabilité demandée est :

$$\mathbb{P}_C(B) = \frac{\mathbb{P}(C \cap B)}{\mathbb{P}(C)} = \frac{\mathbb{P}(B)}{\mathbb{P}(C)} = \frac{\mathbb{P}(B)}{1 - \mathbb{P}(\overline{C})} = \frac{\frac{1}{4}}{1 - \frac{1}{4}} = \frac{1}{3},$$

car $\overline{C}$ est l'événement « les deux enfants sont des garçons ».

28.2 Pour $1 \leqslant i \leqslant 3$, notons R_i l'événement « la i-ème boule tirée est rouge ». La probabilité recherchée est la probabilité de l'événement $R_1 \cap R_2 \cap R_3$. Sous réserve que ces probabilités conditionnelles soient définies, on peut écrire par la formule des probabilités composées :

$$\mathbb{P}(R_1 \cap R_2 \cap R_3) = \mathbb{P}(R_1)\ \mathbb{P}(R_2 \mid R_1)\ \mathbb{P}(R_3 \mid R_1 \cap R_2).$$

Calculons successivement ces probabilités. Comme les boules sont indiscernables au toucher, nous utilisons la probabilité uniforme. On a donc :

$$\mathbb{P}(R_1) = \frac{r}{n}\cdot$$

Si la première boule tirée est rouge, comme les tirages se font sans remise, il reste $n-1$ boules dans l'urne dont $r-1$ rouges. On a donc :

$$\mathbb{P}(R_2 \mid R_1) = \frac{r-1}{n-1} \quad \text{puis} \quad \mathbb{P}(R_2 \cap R_1) = \frac{r(r-1)}{n(n-1)} \neq 0.$$

Nous pouvons donc considérer la probabilité conditionnelle sachant $R_1 \cap R_2$. Si les deux premières boules sont rouges, il reste avant le troisième tirage $n-2$ boules dans l'urne dont $r-2$ rouges, donc :

$$\mathbb{P}(R_3 \mid R_1 \cap R_2) = \frac{r-2}{n-2} \quad \text{puis} \quad \mathbb{P}(R_1 \cap R_2 \cap R_3) = \frac{r(r-1)(r-2)}{n(n-1)(n-2)}\cdot$$

28.3 1. Pour déterminer une relation de récurrence entre p_{n-1} et p_n, on applique la formule des probabilités totales :

$$\mathbb{P}(M_n) = \mathbb{P}(M_n \mid M_{n-1})\ \mathbb{P}(M_{n-1}) + \mathbb{P}(M_n \mid \overline{M_{n-1}})\ \mathbb{P}(\overline{M_{n-1}}).$$

Par hypothèse :

$$\mathbb{P}(M_n \mid M_{n-1}) = a \qquad \text{et} \qquad \mathbb{P}(\overline{M_n} \mid \overline{M_{n-1}}) = b,$$

d'où $\mathbb{P}(M_n \mid \overline{M_{n-1}}) = 1 - b$. On obtient donc :

$$p_n = ap_{n-1} + (1-b)(1-p_{n-1}) = (a+b-1)p_{n-1} + 1 - b.$$

2. La suite $(p_n)_{n\in\mathbb{N}}$ est donc une suite arithmético-géométrique.

   Sa limite éventuelle est $\ell = \dfrac{1-b}{2-a-b}$ $(a+b\neq 2$ car a et b sont des réels de $]0,1[)$.

   La suite $(p_n-\ell)_{n\in\mathbb{N}}$ est une suite géométrique de raison $a+b-1$. Par hypothèse, on a $p_0=1$ et donc, pour tout $n\in\mathbb{N}$, $p_n-\ell=(a+b-1)^n(p_0-\ell)$, c'est-à-dire :

$$p_n = \frac{1-b}{2-a-b} + (a+b-1)^n \frac{1-a}{2-a-b}.$$

   Comme $a+b-1\in\,]-1,1[$, la suite $(p_n)_{n\in\mathbb{N}}$ converge vers $\dfrac{1-b}{2-a-b}$.

28.4 On note T l'événement « l'alcootest donne un résultat positif » et E l'événement « la personne testée est en état d'ébriété ». Les hypothèses se traduisent par :

$$\mathbb{P}(E)=0{,}01,\quad \mathbb{P}(T\mid E)=0{,}95 \quad \text{et} \quad \mathbb{P}(\overline{T}\mid\overline{E})=0{,}98.$$

1. On applique la formule de Bayes et la formule des probabilités totales pour le dénominateur :

$$\mathbb{P}(E\mid T)=\frac{\mathbb{P}(E)\,\mathbb{P}(T\mid E)}{\mathbb{P}(E)\,\mathbb{P}(T\mid E)+\mathbb{P}(\overline{E})\,\mathbb{P}(T\mid\overline{E})}=\frac{0{,}01\times 0{,}95}{0{,}01\times 0{,}95+0{,}99\times 0{,}02}\approx 0{,}324.$$

2. On obtient de même :

$$\mathbb{P}(E\mid\overline{T})=\frac{\mathbb{P}(E)\,\mathbb{P}(\overline{T}\mid E)}{\mathbb{P}(E)\,\mathbb{P}(\overline{T}\mid E)+\mathbb{P}(\overline{E})\,\mathbb{P}(\overline{T}\mid\overline{E})}=\frac{0{,}01\times 0{,}05}{0{,}01\times 0{,}05+0{,}99\times 0{,}98}\approx 5\cdot 10^{-4}.$$

3. L'événement F « le résultat du test est faux » est la réunion des événements incompatibles $T\cap\overline{E}$ et $\overline{T}\cap E$, donc :

$$\begin{aligned}\mathbb{P}(F)=\mathbb{P}(T\cap\overline{E})+\mathbb{P}(\overline{T}\cap E)&=\mathbb{P}(\overline{E})\,\mathbb{P}(T\mid\overline{E})+\mathbb{P}(E)\,\mathbb{P}(\overline{T}\mid E)\\&=0{,}99\times 0{,}02+0{,}01\times 0{,}05\approx 0{,}020.\end{aligned}$$

28.5 Notons C l'événement « l'étudiant connaît la réponse » et V « l'étudiant a répondu correctement à la question ». Nous cherchons ici $\mathbb{P}(C\mid V)$.
D'après la formule de Bayes et la formule des probabilités totales au dénominateur, on a :

$$\mathbb{P}(C\mid V)=\frac{\mathbb{P}(V\mid C)\,\mathbb{P}(C)}{\mathbb{P}(V\mid C)\,\mathbb{P}(C)+\mathbb{P}(V\mid\overline{C})\,\mathbb{P}(\overline{C})}=\frac{1.p}{1.p+\dfrac{1}{m}(1-p)}=\frac{pm}{(m-1)p+1},$$

avec les données de l'énoncé.

28.6 On note A_n l'événement « $x_n=x_0$ ».

1. Pour $n\geqslant 1$, la formule des probabilités totales donne :

$$\begin{aligned}p_n=\mathbb{P}(A_n)&=\mathbb{P}(A_{n-1})\,\mathbb{P}(A_n\mid A_{n-1})+\mathbb{P}(\overline{A_{n-1}})\,\mathbb{P}(A_n\mid\overline{A_{n-1}})\\&=p_{n-1}\,p+(1-p_{n-1})(1-p)=(2p-1)p_{n-1}+1-p.\end{aligned}$$

2. La suite $(p_n)_{n\in\mathbb{N}}$ est arithmético-géométrique.

   Le point fixe de l'application $x\mapsto(2p-1)x+1-p$ est $\dfrac{1}{2}$, donc $\left(p_n-\dfrac{1}{2}\right)_{n\in\mathbb{N}}$ est une suite géométrique de raison $2p-1$, de premier terme $p_0-\dfrac{1}{2}=\dfrac{1}{2}\cdot$ On obtient :

$$\forall n\in\mathbb{N}\quad p_n=\frac{1}{2}+\frac{1}{2}(2p-1)^n.$$

3. On a, par hypothèse, $0<p<1$ donc $-1<2p-1<1$, donc $\lim\limits_{n\to+\infty}p_n=\dfrac{1}{2}\cdot$

28.7 1. Soit r et b dans $\mathbb{N}^*$. On suppose que l'urne contient initialement r boules rouges et b boules blanches. On applique la formule des probabilités totales avec $(R_1, \overline{R_1})$ comme système complet d'événements :

$$\mathbb{P}(R_n) = \mathbb{P}\left(R_1\right)\, \mathbb{P}\left(R_n \mid R_1\right) + \mathbb{P}\left(\overline{R_1}\right)\, \mathbb{P}\left(R_n \mid \overline{R_1}\right).$$

On a $\mathbb{P}(R_1) = \dfrac{r}{r+b}$, $\mathbb{P}\left(\overline{R_1}\right) = \dfrac{b}{r+b}$ et, par définition, $\mathbb{P}(R_n) = p_n(r,b)$.

Déterminons les probabilités conditionnelles.

Si l'événement R_1 est réalisé, l'urne contient après le premier tirage $r+c$ boules rouges et b boules blanches et il s'agit de tirer une boule rouge $n-1$ tirages plus tard. Autrement dit :

$$\mathbb{P}(R_n \mid R_1) = p_{n-1}(r+c, b).$$

On montre de la même façon : $\mathbb{P}(R_n \mid \overline{R_1}) = p_{n-1}(r, b+c)$.

On obtient donc :

$$p_n(r,b) = \frac{r}{r+b} p_{n-1}(r+c,b) + \frac{b}{r+b} p_{n-1}(r,b+c).$$

2. On démontre par récurrence sur $n \in \mathbb{N}^*$, la propriété :

$$H_n : \forall (r,b) \in (\mathbb{N}^*)^2 \quad p_n(r,b) = \frac{r}{r+b}\cdot$$

La propriété H_1 est évidente. Supposons que H_{n-1} (avec $n \geqslant 2$) soit vérifiée. On a alors, pour tout $(r,b) \in (\mathbb{N}^*)^2$, en utilisant l'hypothèse de récurrence :

$$\begin{aligned} p_n(r,b) &= \frac{r}{r+b}\, p_{n-1}(r+c,b) + \frac{b}{r+b}\, p_{n-1}(r,b+c) \\ &= \frac{r}{r+b}\,\frac{r+c}{r+c+b} + \frac{b}{r+b}\,\frac{r}{r+b+c} = \frac{r(r+c)+br}{(r+b)(r+b+c)} = \frac{r}{r+b}\cdot \end{aligned}$$

La propriété H_n est vérifiée, ce qui termine la récurrence.

On a, en particulier, pour tout $n \in \mathbb{N}^*$, $\mathbb{P}(R_n) = p_n(r,b) = \dfrac{r}{r+b}\cdot$

28.8 1. Par définition, on a, pour $(j,k) \in [\![0,n]\!]^2$:

$$\begin{aligned} \mathbb{P}(X=k, Y=j) &= \mathbb{P}(Y=j \mid X=k)\, \mathbb{P}(X=k) \\ &= \begin{cases} 0 & \text{si } j > k \\ \binom{k}{j} p'^j (1-p')^{k-j} \binom{n}{k} p^k (1-p)^{n-k} & \text{si } j \leqslant k. \end{cases} \end{aligned}$$

On simplifie. Pour $0 \leqslant j \leqslant k$:

$$\mathbb{P}(X=k, Y=j) = \binom{n}{k}\binom{k}{j} (pp')^j \big((1-p')p\big)^{k-j} (1-p)^{n-k}.$$

2. On obtient, pour $j \in [\![0,n]\!]$:

$$\mathbb{P}(Y=j) = \sum_{k=0}^{n} \mathbb{P}(X=k, Y=j) = \sum_{k=j}^{n} \binom{n}{k}\binom{k}{j} (pp')^j \big((1-p')p\big)^{k-j} (1-p)^{n-k}.$$

Un calcul classique donne $\dbinom{n}{k}\dbinom{k}{j} = \dbinom{n}{j}\dbinom{n-j}{k-j}$ si $j \leqslant k$ (cf. exercice 11 page 912), et donc :

$$\begin{aligned}\mathbb{P}(Y=j) &= \binom{n}{j}(pp')^j \sum_{k=j}^{n} \binom{n-j}{k-j}\big((1-p')p\big)^{k-j}(1-p)^{n-k}\\ &= \binom{n}{j}(pp')^j \sum_{i=0}^{n-j} \binom{n-j}{i}\big((1-p')p\big)^{i}(1-p)^{n-j-i}\\ &= \binom{n}{j}(pp')^j \big((1-p')p+1-p\big)^{n-j} = \binom{n}{j}(pp')^j(1-pp')^{n-j}.\end{aligned}$$

Ainsi Y suit la loi binomiale $\mathcal{B}(n,pp')$.

28.9 1. On pose, pour tout $k \in [\![0,n]\!]$, $p_k = \mathbb{P}\big(Z=k\big)$. Pour $(i,k) \in [\![0,n]\!]^2$, on a :

$$\mathbb{P}\big((Z,X)=(k,i)\big) = \mathbb{P}(Z=k)\ \mathbb{P}(X=i \mid Z=k) = \begin{cases} \frac{p_k}{k+1} & \text{si } \ i \leqslant k \\ 0 & \text{sinon.}\end{cases}$$

Pour $i \in [\![0,n]\!]$, on a :

$$\mathbb{P}(X=i) = \sum_{k=0}^{n} \mathbb{P}\big((Z,X)=(k,i)\big) = \sum_{k=i}^{n} \frac{p_k}{k+1}.$$

2. Comme $X \leqslant Z$, $Z-X$ est aussi à valeurs dans $[\![0,n]\!]$. Pour $i \in [\![0,n]\!]$, on a :

$$\begin{aligned}\mathbb{P}(Z-X=i) &= \sum_{k=0}^{n} \mathbb{P}(Z-X=i, Z=k) = \sum_{k=0}^{n} \mathbb{P}(Z=k, X=k-i)\\ &= \sum_{k=i}^{n} \frac{p_k}{k+1} = \mathbb{P}(X=i).\end{aligned}$$

Les variables aléatoires X et $Z-X$ ont donc même loi.

28.10 1. La variable aléatoire X_2 suit la loi de Bernoulli de paramètre $\dfrac{N}{N+1}$.

2. La variable Y_p suit la loi uniforme sur $[\![0,N]\!]$. La formule des probabilités totales donne :

$$\mathbb{P}(X_p=1) = \sum_{k=0}^{N} \mathbb{P}(Y_p=k)\ \mathbb{P}(X_p=1 \mid Y_p=k) = \frac{1}{N+1}\sum_{k=0}^{N} \mathbb{P}(X_p=1 \mid Y_p=k).$$

Or si $\{Y_p=k\}$ est réalisé, alors $\{X_p=1\}$ est réalisé si les $(p-1)$ premiers tirages sont tous effectués parmi les N boules différentes de la boule numéro k.

On obtient $\mathbb{P}(X_p=1 \mid Y_p=k) = \left(\dfrac{N}{N+1}\right)^{p-1}$, puis :

$$\mathbb{P}(X_p=1) = \frac{1}{N+1}(N+1)\left(\frac{N}{N+1}\right)^{p-1} = \left(\frac{N}{N+1}\right)^{p-1}.$$

Ainsi X_p est une variable aléatoire de Bernoulli de paramètre $\left(\dfrac{N}{N+1}\right)^{p-1}$.

3. Soit $(i,j) \in [\![1,n]\!]^2$ tel que $i < j$. La variable aléatoire X_iX_j suit une loi de Bernoulli de paramètre $\mathbb{P}(X_iX_j = 1) = \mathbb{P}(X_i = 1, X_j = 1)$.

La famille $(\{Y_i = k, Y_j = \ell\})_{(k,\ell)\in[\![0,N]\!]^2}$ est un système complet d'événements et, pour tout couple (k,ℓ), on a $\mathbb{P}(Y_i = k, Y_j = \ell) = \dfrac{1}{(N+1)^2}$, car les variables $(Y_1,\dots,Y_n)$ sont indépendantes (les tirages sont effectués avec remise). On en déduit :

$$\mathbb{P}(X_i = 1, X_j = 1) = \sum_{k=0}^{N}\sum_{\ell=0}^{N} \mathbb{P}\big(\{X_i = 1, X_j = 1\} \mid \{Y_i = k, Y_j = \ell\}\big)\,\frac{1}{(N+1)^2}.$$

- Si $k = \ell$, on a $\mathbb{P}\big(\{X_i = 1, X_j = 1\} \mid \{Y_i = k, Y_j = \ell\}\big) = 0$.
- Si $k \neq \ell$ et si $\{Y_i = k, Y_j = \ell\}$ est réalisé, alors $\{X_i = 1, X_j = 1\}$ est réalisé si les $i-1$ premiers tirages ne font apparaître ni la boule numéro k, ni la boule numéro ℓ et si la boule numéro ℓ n'apparaît pas lors des $j-i-1$ tirages du rang $i+1$ au rang $j-1$. On a donc :

$$\begin{aligned}\mathbb{P}\big(\{X_i = 1, X_j = 1\} \mid \{Y_i = k, Y_j = \ell\}\big) &= \left(\frac{N-1}{N+1}\right)^{i-1}\cdot\left(\frac{N}{N+1}\right)^{j-i-1}\\ &= \frac{(N-1)^{i-1}N^{j-i-1}}{(N+1)^{j-2}}.\end{aligned}$$

On en déduit :

$$\mathbb{P}(X_i = 1, X_j = 1) = \sum_{k=0}^{N}\sum_{\substack{\ell=0\\ \ell\neq k}}^{N} \frac{(N-1)^{i-1}N^{j-i-1}}{(N+1)^j} = \frac{(N-1)^{i-1}N^{j-i}}{(N+1)^{j-1}},$$

puisque la somme contient $N(N+1)$ termes.

28.11 1. On fait l'hypothèse que les résultats des différents appels sont indépendants, donc X suit la loi binomiale de paramètre (n,p).

2. (a) La variable aléatoire Y est à valeurs dans $[\![0,n]\!]$. La loi conditionnelle de Y sachant $\{X = k\}$ est la loi binomiale de paramètre $(n-k,p)$. En effet, il reste $n-k$ correspondants à joindre dans les mêmes conditions que dans la première série d'appels. On en déduit que, pour tout $(k,\ell) \in [\![0,n]\!]^2$:

$$\begin{aligned}\mathbb{P}(X = k, Y = \ell) &= \mathbb{P}(X = k)\;\mathbb{P}(Y = \ell \mid X = k)\\ &= \begin{cases}\binom{n}{k}p^k(1-p)^{n-k}\binom{n-k}{\ell}p^\ell(1-p)^{n-k-\ell} & \text{si } \ell \leqslant n-k\\ 0 & \text{si } \ell > n-k.\end{cases}\end{aligned}$$

Dans le cas $\ell \leqslant n-k$, on simplifie pour obtenir :

$$\mathbb{P}(X = k, Y = \ell) = \frac{n!}{k!\,\ell!\,(n-k-\ell)!}p^{k+\ell}(1-p)^{2(n-k)-\ell}.$$

(b) La variable Z est à valeurs dans $[\![0,n]\!]$ et, pour tout $i \in [\![0,n]\!]$:

$$\begin{aligned}
\mathbb{P}(Z=i) &= \sum_{k=0}^{i} \mathbb{P}(X=k, Y=i-k) = \sum_{k=0}^{i} \frac{n!}{k!(i-k)!(n-i)!} p^i (1-p)^{2(n-k)-i+k} \\
&= \binom{n}{i} p^i (1-p)^{2(n-i)} \sum_{k=0}^{i} \binom{i}{k} (1-p)^{i-k} \\
&= \binom{n}{i} p^i (1-p)^{2(n-i)} (2-p)^i \quad \text{d'après la formule du binôme} \\
&= \binom{n}{i} \left(p(2-p)\right)^i \left((1-p)^2\right)^{n-i}.
\end{aligned}$$

En remarquant que $1-p(2-p) = (1-p)^2$, on peut conclure que Z suit la loi binomiale de paramètre $(n, p(2-p))$.

28.12 1. On choisit deux boules parmi quatre que l'on place dans la boîte A, les deux autres boules étant placées dans la boîte B. Il y a $\binom{4}{2} = 6$ choix possibles.

On obtient $p_0 = \frac{1}{6}$ (il faut placer les deux boules rouges dans A : il y a un cas favorable) et de même $r_0 = \frac{1}{6}\cdot$ On en déduit $q_0 = 1 - p_0 - r_0 = \frac{2}{3}\cdot$

2. Soit $n \in \mathbb{N}$. On applique la formule des probabilités totales avec le système complet d'événements $(\{X_n = 0\}, \{X_n = 1\}, \{X_n = 2\})$. On obtient :
$p_{n+1} = p_n\, \mathbb{P}(X_{n+1} = 0 \mid X_n = 0) + q_n\, \mathbb{P}(X_{n+1} = 0 \mid X_n = 1) + r_n\, \mathbb{P}(X_{n+1} = 0 \mid X_n = 2)$.
On a :
   - $\mathbb{P}(X_{n+1} = 0 \mid X_n = 0) = \mathbb{P}(X_{n+1} = 0 \mid X_n = 2) = 0$, car si la boîte A contient 0 ou 2 boules noires, elle en contiendra une après échange ;
   - $\mathbb{P}(X_{n+1} = 0 \mid X_n = 1) = \frac{1}{4}$, car si la boîte A contient une boule noire, il faut échanger cette boule noire avec la boule rouge de l'autre boîte.

   Ainsi $p_{n+1} = \frac{1}{4} q_n$. En raisonnant de la même façon, on obtient :

$$q_{n+1} = p_n + \frac{1}{2} q_n + r_n \quad \text{et} \quad r_{n+1} = \frac{1}{4} q_n.$$

   La matrice M cherchée est donc $\begin{pmatrix} 0 & 1/4 & 0 \\ 1 & 1/2 & 1 \\ 0 & 1/4 & 0 \end{pmatrix}$.

3. Soit u l'endomorphisme de $\mathbb{R}^3$ canoniquement associé à M. On cherche une base (e_1, e_2, e_3) de $\mathbb{R}^3$, dans laquelle la matrice de u est D, c'est-à-dire vérifiant :

$$u(e_1) = e_1, \quad u(e_2) = 0 \quad \text{et} \quad u(e_3) = -\frac{1}{2} e_3.$$

   En résolvant $MX = X$, où $X \in \mathcal{M}_{3,1}(\mathbb{R})$, on voit que $e_1 = (1,4,1)$ convient. On trouve de même $e_2 = (1,0,-1)$ et $e_3 = (1,-2,1)$. On montre facilement que (e_1,e_2,e_3) est libre donc est une base de $\mathbb{R}^3$. La matrice de u dans cette base est D.

   On a donc $M = PDP^{-1}$, avec $P = \begin{pmatrix} 1 & 1 & 1 \\ 4 & 0 & -2 \\ 1 & -1 & 1 \end{pmatrix}$.

4. En notant Y_n la matrice colonne $\begin{pmatrix} p_n \\ q_n \\ r_n \end{pmatrix}$, on a $Y_{n+1} = MY_n$.

On en déduit que, pour tout entier naturel n, on a $Y_n = M^n Y_0 = PD^n P^{-1} Y_0$.

On a $P^{-1}Y_0 = \begin{pmatrix} a \\ b \\ c \end{pmatrix}$. On obtient, après calcul :

$$\begin{pmatrix} p_n \\ q_n \\ r_n \end{pmatrix} = Y_n = P \operatorname{Diag}\left(1, 0, (-1/2)^n\right) \begin{pmatrix} a \\ b \\ c \end{pmatrix} = \begin{pmatrix} a + (-1/2)^n c \\ 4a - 2(-1/2)^n c \\ a + (-1/2)^n c \end{pmatrix}.$$

Les suites (p_n), (q_n) et (r_n) convergent respectivement vers a, $4a$ et a.

De plus, $(\{X_n = 0\}, \{X_n = 1\}, \{X_n = 2\})$ est un système complet d'événements, donc on a $p_n + q_n + r_n = 1$, pour tout $n \in \mathbb{N}$. Par passage à la limite, on obtient $a + 4a + a = 1$ et donc $a = \frac{1}{6}\cdot$ On a donc $p = \frac{1}{6}$, $q = \frac{2}{3}$ et $r = \frac{1}{6}\cdot$

On voit que, lorsque n tend vers $+\infty$, la loi de X_n tend vers la loi obtenue quand on place les boules au hasard dans les deux boîtes.

28.13 Le nombre de boules blanches et le nombre de boules noires tirées suivent chacun la loi $\mathcal{B}\left(n, \frac{1}{2}\right)$. On considère l'événement $\overline{A}$ « au cours des tirages, on a obtenu seulement des boules blanches ou seulement des boules noires ». On obtient :

$$\mathbb{P}(A) = 1 - \mathbb{P}(\overline{A}) = 1 - 2\frac{1}{2^n} = 1 - \frac{1}{2^{n-1}}\cdot$$

L'événement B est réalisé si on tire zéro ou une boule blanche. On a donc :

$$\mathbb{P}(B) = \frac{1}{2^n} + \frac{\binom{n}{1}}{2^n} = \frac{n+1}{2^n}\cdot$$

Enfin, $A \cap B$ est l'événement « au cours des tirages, on a obtenu une boule blanche exactement ». On a donc $\mathbb{P}(A \cap B) = \frac{n}{2^n}\cdot$

Les événements A et B sont donc indépendants si, et seulement si, $\frac{n}{2^n} = \left(1 - \frac{1}{2^{n-1}}\right) \cdot \frac{n+1}{2^n}$, c'est-à-dire $2^{n-1} = n + 1$. Cette égalité n'est pas vérifiée pour $n = 2$; elle l'est pour $n = 3$ et, pour $n \geqslant 4$, on obtient, par la formule du binôme :

$$2^{n-1} = (1+1)^{n-1} > 1 + \binom{n-1}{1} + \binom{n-1}{n-1} = n + 1.$$

Les événements A et B sont donc indépendants si, et seulement si, $n = 3$.

28.14 Il existe a tel que $X(\Omega) = \{a\}$. On a alors, pour tout $y \in Y(\Omega)$:

$$\mathbb{P}(\{X = a\} \cap \{Y = y\}) = \mathbb{P}(\Omega \cap \{Y = y\}) = \mathbb{P}(Y = y) = \mathbb{P}(X = a)\, \mathbb{P}(Y = y).$$

Les variables X et Y sont indépendantes.

28.15 On a $(X+Y)(\Omega) = [\![2, 2n]\!]$ et, pour tout $k \in [\![2, 2n]\!]$:

$$\mathbb{P}(X + Y = k) = \sum_{i=1}^{n} \mathbb{P}(X = i)\, \mathbb{P}(Y = k - i) = \frac{1}{n^2} \operatorname{card}\left(\{i \in [\![1, n]\!] \ : \ k - i \in [\![1, n]\!]\}\right),$$

car si $k - i \notin [\![1, n]\!]$, alors $\mathbb{P}(Y = k - i) = 0$. On cherche donc les couples $(i, k-i)$ tels que $1 \leqslant i \leqslant n$ et $1 \leqslant k - i \leqslant n$, c'est-à-dire tel que $k - n \leqslant i \leqslant k - 1$.

- Si $k \leqslant n + 1$, cela équivaut à $1 \leqslant i \leqslant k - 1$ et $\mathbb{P}(X + Y = k) = \dfrac{k-1}{n^2}\cdot$
- Si $k \geqslant n + 2$, cela équivaut à $k - n \leqslant i \leqslant n$ et $\mathbb{P}(X + Y = k) = \dfrac{2n - k + 1}{n^2}\cdot$

28.16 On remarque que $N_x = \sum_{k=1}^{n} \mathbb{1}_{\{X_k = x\}}$.

Les variables $X_1, \dots, X_n$ étant indépendantes, les variables $\mathbb{1}_{\{X_1=x\}}, \dots, \mathbb{1}_{\{X_n=x\}}$ sont également indépendantes, d'après la proposition 17 de la page 977.

Pour tout $k \in [\![1, n]\!]$, $\mathbb{1}_{\{X_k=x\}}$ est une variable de Bernoulli de paramètre $\mathbb{P}(X_k = x)$, ce qui est égal à $p = \mathbb{P}(X_1 = x)$ car les variables aléatoires $X_1, \dots, X_n$ suivent la même loi.
On a donc une somme de variables de Bernoulli indépendantes et de même loi. Ainsi N_x suit la loi binomiale de paramètre (n, p).

28.17 • On a, par définition de l'indépendance de n événements :

$$\begin{aligned}\mathbb{P}\big((A_1 \cap \dots \cap A_p) \cap (A_{p+1} \cap \dots \cap A_n)\big) &= \mathbb{P}\left(\bigcap_{i=1}^{n} A_i\right)\\ &= \prod_{i=1}^{n} \mathbb{P}(A_i)\\ &= \prod_{i=1}^{p} \mathbb{P}(A_i) \prod_{i=p+1}^{n} \mathbb{P}(A_i)\\ &= \mathbb{P}(A_1 \cap \dots \cap A_p)\, \mathbb{P}(A_{p+1} \cap \dots \cap A_n),\end{aligned}$$

donc $(A_1 \cap \dots \cap A_p)$ et $(A_{p+1} \cap \dots \cap A_n)$ sont indépendants.

• D'après la proposition 9 de la page 973, les événements $(\overline{A_1}, \overline{A_2}, \dots, \overline{A_n})$ sont indépendants donc, en utilisant le premier point, $\overline{A_1} \cap \dots \cap \overline{A_p}$ et $\overline{A_{p+1}} \cap \dots \cap \overline{A_n}$ sont indépendants, c'est-à-dire $\overline{A_1 \cup \dots \cup A_p}$ et $\overline{A_{p+1} \cup \dots \cup A_n}$ sont indépendants. Toujours d'après la proposition 9 de la page 973, on en déduit que $A_1 \cup \dots \cup A_p$ et $A_{p+1} \cup \dots \cup A_n$ sont indépendants.

• D'après la proposition 9 de la page 973, les événements $(\overline{A_1}, \dots, \overline{A_p}, A_{p+1}, \dots, A_n)$ sont indépendants donc, d'après le premier point, $\overline{A_1} \cap \dots \cap \overline{A_p} = \overline{A_1 \cup \ldots \cup A_p}$ et $A_{p+1} \cap \dots \cap A_n$ sont indépendants. On en déduit que $A_1 \cup \dots \cup A_p$ et $A_{p+1} \cap \dots \cap A_n$ sont indépendants.

28.18 • Supposons $X \perp\!\!\!\perp Y$.

Alors, pour tout $(i, j) \in [\![1, n]\!] \times [\![1, p]\!]$, on a :

$$\mathbb{P}\big(\{X = x_i\} \cap \{Y = y_j\}\big) = \mathbb{P}(X = x_i)\, \mathbb{P}(Y = y_j)$$

et donc, pour tout $i \in [\![1, n]\!]$, la i-ème ligne de A est :

$$\mathbb{P}(X = x_i) \big(\mathbb{P}(Y = y_1) \quad \dots \quad \mathbb{P}(Y = y_p)\big).$$

Toutes les lignes sont donc proportionnelles à $\big(\mathbb{P}(Y = y_1) \quad \dots \quad \mathbb{P}(Y = y_p)\big)$, ce qui prouve que A est de rang inférieur ou égal à 1. D'autre part, A est non nulle car la somme de ses coefficients est égale à 1. En effet, $\big(\{X = x_i\} \cap \{Y = y_j\}\big)_{\substack{1 \leqslant i \leqslant n \\ 1 \leqslant j \leqslant p}}$ est un système complet d'événements. Donc $\mathrm{rg}(A) = 1$.

- Réciproquement, supposons A de rang 1. Alors les lignes de A sont toutes proportionnelles à une certaine ligne $L = \begin{pmatrix}\ell_1 & \ldots & \ell_p\end{pmatrix}$. Comme la somme des coefficients de A vaut 1, la somme des éléments de L est non nulle. On peut donc, quitte à diviser L par cette somme, supposer que $\sum\limits_{j=1}^{p} \ell_j = 1$. Les lignes de A sont alors $c_1 L, \ldots, c_n L$, avec $(c_1, \ldots, c_n) \in \mathbb{R}^n$.

  Soit $(i,j) \in [\![1,n]\!] \times [\![1,p]\!]$. On a alors $\mathbb{P}\big(\{X = x_i\} \cap \{Y = y_j\}\big) = c_i \ell_j$ et :
$$\mathbb{P}(X = x_i) = \sum_{j=1}^{p} \mathbb{P}\big(\{X = x_i\} \cap \{Y = y_j\}\big) = \sum_{j=1}^{p} c_i \ell_j = c_i.$$
  Par suite, la somme des c_i vaut 1 et, pour tout $j \in [\![1,p]\!]$:
$$\mathbb{P}(Y = y_j) = \sum_{i=1}^{n} \mathbb{P}\big(\{X = x_i\} \cap \{Y = y_j\}\big) = \sum_{i=1}^{n} c_i \ell_j = \ell_j.$$
  On a finalement $\mathbb{P}\big(\{X = x_i\} \cap \{Y = y_j\}\big) = \mathbb{P}(X = x_i)\,\mathbb{P}(Y = y_j)$, ce qui prouve que $X \perp\!\!\!\perp Y$.

28.19 On modélise l'expérience par une suite $(X_i)_{1 \leqslant i \leqslant n}$ de variables de Bernoulli de paramètre p, indépendantes, où X_i est la variable indicatrice de l'événement « pile au i-ème lancer ».

1. L'événement A_1 « le premier pile est obtenu au n-ième lancer » s'écrit :
$$A_1 = \{X_1 = 0\} \cap \cdots \cap \{X_{n-1} = 0\} \cap \{X_n = 1\}.$$
   On a donc, par indépendance des variables X_i :
$$\mathbb{P}(A_1) = \mathbb{P}(X_1 = 0) \cdots \mathbb{P}(X_{n-1} = 0)\,\mathbb{P}(X_n = 1) = (1-p)^{n-1}\,p.$$

2. L'événement A_k « le k-ième pile est obtenu au n-ième lancer » est réalisé si le n-ième lancer est un pile et si dans les $n-1$ premiers lancers on a obtenu $k-1$ piles. On a donc :
$$A_k = \{X_1 + \cdots + X_{n-1} = k-1\} \cap \{X_n = 1\}.$$
   Par le lemme des coalitions, $X_1 + \cdots + X_{n-1}$ et X_n sont indépendantes. On a donc :
$$\begin{aligned}\mathbb{P}(A_k) &= \mathbb{P}(X_1 + \cdots + X_{n-1} = k-1)\,\mathbb{P}(X_n = 1)\\ &= \binom{n-1}{k-1}(1-p)^{n-k}p^{k-1} \times p = \binom{n-1}{k-1}(1-p)^{n-k}p^k,\end{aligned}$$
   car $X_1 + \cdots + X_{n-1}$ suit la loi binomiale de paramètre $(n-1, p)$.

28.20 1. Vérification immédiate pour $x = 0$ et $x = 1$.

2. Les variables $X_1, \ldots, X_n$ d'une part, $Y_1, \ldots, Y_n$ d'autre part, étant indépendantes, on a, d'après la question 1 :

$$\begin{aligned}\frac{\mathbb{P}(X_1 = x_1, \ldots, X_n = x_n)}{\mathbb{P}(Y_1 = x_1, \ldots, Y_n = x_n)} &= \prod_{i=1}^{n} \frac{\mathbb{P}(X_i = x_i)}{\mathbb{P}(Y_i = x_i)} \\ &= \prod_{i=1}^{n} \exp\left(- x_i \ln\left(\frac{q}{p}\right) - (1 - x_i) \ln\left(\frac{1-q}{1-p}\right)\right) \\ &= \exp\left(- \sum_{i=1}^{n} x_i \ln\left(\frac{q}{p}\right) - \left(n - \sum_{i=1}^{n} x_i\right) \ln\left(\frac{1-q}{1-p}\right)\right).\end{aligned}$$

Comme $q > p$, la fonction $x \mapsto -x \ln\left(\dfrac{q}{p}\right) - (n-x)\ln\left(\dfrac{1-q}{1-p}\right)$ est décroissante sur $\mathbb{R}$; de plus, $\sum\limits_{i=1}^{n} x_i > nq$, donc :

$$\frac{\mathbb{P}(X_1 = x_1, \ldots, X_n = x_n)}{\mathbb{P}(Y_1 = x_1, \ldots, Y_n = x_n)} \leqslant \exp\left(-nq \ln\left(\frac{q}{p}\right) - (n - nq)\ln\left(\frac{1-q}{1-p}\right)\right).$$

Ce dernier terme étant égal à $\exp\left(-nd(q,p)\right)$, on a l'inégalité voulue.

3. Notons $K = \big\{(x_1, \ldots, x_n) \in \{0,1\}^n \ : \ x_1 + \cdots + x_n > nq\big\}$. On a alors :

$$\{X_1 + \cdots + X_n > nq\} = \bigcup_{(x_1,\ldots,x_n)\in K} \{X_1 = x_1, \ldots, X_n = x_n\} \quad \text{et}$$

$$\{Y_1 + \cdots + Y_n > nq\} = \bigcup_{(x_1,\ldots,x_n)\in K} \{Y_1 = x_1, \ldots, Y_n = x_n\}.$$

On en déduit, en utilisant l'inégalité de la question précédente :

$$\begin{aligned}\mathbb{P}(X_1 + \cdots + X_n > nq) &= \sum_{(x_1,\ldots,x_n)\in K} \mathbb{P}(X_1 = x_1, \ldots, X_n = x_n) \\ &\leqslant \exp\left(-nd(q,p)\right) \sum_{(x_1,\ldots,x_n)\in K} \mathbb{P}(Y_1 = x_1, \ldots, Y_n = x_n), \\ &= \exp\left(-nd(q,p)\right) \mathbb{P}(Y_1 + \cdots + Y_n > nq).\end{aligned}$$

On a, *a fortiori*, $\mathbb{P}(X_1 + \cdots + X_n > nq) \leqslant \exp\left(-nd(q,p)\right)$.

28.21 1. On remarque que, pour $k \in [\![1, N]\!]$, la variable $Y_k = \frac{1+X_k}{2}$ suit la loi de Bernoulli de paramètre $\frac{1}{2}$. Comme $Y_1, \ldots, Y_n$ sont indépendantes, car fonctions de variables indépendantes, la variable $T_n = \sum\limits_{k=1}^{n} Y_k = \frac{S_n+n}{2}$ suit la loi binomiale de paramètre $\left(n, \frac{1}{2}\right)$.

On a $S_n = 2T_n - n$. L'ensemble des valeurs prises par T_n est $[\![0, n]\!]$, donc l'ensemble des valeurs prises par S_n sont $\{2n - k \mid k \in [\![0, n]\!]\}$, c'est-à-dire l'ensemble des entiers $r \in [\![-n, n]\!]$ de même parité que n.

Pour un tel entier r, on obtient donc :

$$\mathbb{P}(S_n = r) = \mathbb{P}\left(T_n = \frac{n+r}{2}\right) = \binom{n}{\frac{r+n}{2}} \left(\frac{1}{2}\right)^n.$$

Si $r \in [\![-n, n]\!]$ n'a pas même parité que n, alors $\mathbb{P}(S_n = r) = 0$.

On a en particulier $\mathbb{P}(S_n = 0) = \binom{n}{\frac{n}{2}} \left(\frac{1}{2}\right)^n$ si n est pair et $\mathbb{P}(S_n = 0) = 0$ si n est impair.

2. Pour tout k, on a $S_{k+1} = S_k \pm 1$. La suite (S_k) ne peut donc passer d'une valeur strictement positive à une valeur strictement négative sans prendre la valeur 0. On a donc :

$$\mathbb{P}(S_1 \neq 0, \ldots, S_n \neq 0) = \mathbb{P}(S_1 > 0, \ldots, S_n > 0) + \mathbb{P}(S_1 < 0, \ldots, S_n < 0).$$

Nous allons montrer que $\mathbb{P}(S_1 > 0, \ldots, S_n > 0) = \mathbb{P}(S_1 < 0, \ldots, S_n < 0)$. Pour cela, il suffit de montrer que $(S_1, \ldots, S_n)$ et $(-S_1, \ldots, -S_n)$ ont même loi. Notons f l'application de $\mathbb{R}^n$ dans $\mathbb{R}^n$ définie par :

$$\forall (x_1, x_2, \ldots, x_n) \in \mathbb{R}^n \quad f(x_1, x_2, \ldots, x_n) = (x_1, x_1 + x_2, \ldots, x_1 + \cdots + x_n).$$

On a alors $(S_1, \ldots, S_n) = f(X_1, \ldots, X_n)$ et $(-S_1, \ldots, -S_n) = f(-X_1, \ldots, -X_n)$.

On veut montrer que $(S_1, \ldots, S_n) \sim (-S_1, \ldots, -S_n)$. D'après la proposition 11 de la page 942, il suffit de démontrer que $(X_1, \ldots, X_n) \sim (-X_1, \ldots, -X_n)$. Cela résulte de l'indépendance des variables $X_1, \ldots, X_n$ et du fait que leur loi commune est symétrique. En effet, on a, pour tout $(\varepsilon_1, \ldots, \varepsilon_n) \in \{-1, 1\}^n$:

$$\begin{aligned}
\mathbb{P}(X_1 = \varepsilon_1, \ldots, X_n = \varepsilon_n) = \prod_{k=1}^{n} \mathbb{P}(X_k = \varepsilon_k) &= \prod_{k=1}^{n} \mathbb{P}(X_k = -\varepsilon_k) \\
&= \mathbb{P}(X_1 = -\varepsilon_1, \ldots, X_n = -\varepsilon_n) \\
&= \mathbb{P}(-X_1 = \varepsilon_1, \ldots, -X_n = \varepsilon_n).
\end{aligned}$$

On a donc $\mathbb{P}(S_1 \neq 0, \ldots, S_n \neq 0) = 2\, \mathbb{P}(S_1 > 0, \ldots, S_n > 0)$.

Chapitre 29 : Espérance Variance

Espérance Variance 29

Dans tout le chapitre, $(\Omega, \mathbb{P})$ désigne un espace probabilisé fini.

I Espérance d'une variable aléatoire réelle

1 Définition

Définition 1

L'**espérance** d'une variable aléatoire réelle X définie sur $(\Omega, \mathbb{P})$ est le nombre réel :

$$\mathbb{E}(X) = \sum_{x \in X(\Omega)} x\, \mathbb{P}(X = x).$$

Remarques

- L'espérance d'une variable aléatoire ne dépend que de sa loi : deux variables aléatoires de même loi ont même espérance.
- L'espérance est la moyenne des valeurs prises par X, pondérée par les probabilités que X prenne ces valeurs. Certains auteurs parlent d'ailleurs de moyenne au lieu d'espérance.

  On peut aussi dire que c'est la valeur que l'on attend en moyenne quand on réalise l'expérience aléatoire. Si l'expérience consiste par exemple à tirer des boules dans une urne, on pourra se voir demander : quel est le nombre moyen de boules rouges tirées ? La réponse attendue est l'espérance de la variable aléatoire qui représente le nombre de boules rouges tirées.

Ex. 1. On lance deux dés. Soit X la variable aléatoire égale à la somme des chiffres apparus. On a $\mathbb{P}(X = k) = \begin{cases} \frac{k-1}{36} & \text{si } k \in [\![1, 6]\!] \\ \frac{13-k}{36} & \text{si } k \in [\![7, 13]\!] \end{cases}$ (cf. exemple 14 page 941). On en déduit :

$$\mathbb{E}(X) = 2\frac{1}{36} + 3\frac{1}{18} + 4\frac{1}{12} + 5\frac{1}{9} + 6\frac{5}{36} + 7\frac{1}{6} + 8\frac{5}{36} + 9\frac{1}{9} + 10\frac{1}{12} + 11\frac{1}{18} + 12\frac{1}{36} = 7.$$

2 Espérance des lois usuelles

Proposition 1

Pour tout réel a, l'espérance de la variable aléatoire réelle certaine égale à a est a.

Démonstration. On a $X(\Omega) = \{a\}$ et $\mathbb{P}\big(X = a\big) = 1$ et donc $\mathbb{E}(X) = a\,\mathbb{P}\big(X = a\big) = a$. □

Remarque Le résultat subsiste si X est presque sûrement constante, c'est-à-dire s'il existe a tel que $\mathbb{P}(X = a) = 1$. En effet, pour $x \in X(\Omega) \setminus \{a\}$, on a $x\,\mathbb{P}(X = x) = 0$.

Proposition 2

Soit a et b des entiers tels que $a \leqslant b$. Si la variable aléatoire X suit la loi uniforme sur $[\![a, b]\!]$, alors $\mathbb{E}(X) = \frac{a+b}{2}$.

Démonstration page 1014

Remarque En particulier, si X suit la loi uniforme sur $[\![1, n]\!]$, alors $\mathbb{E}(X) = \dfrac{n+1}{2}$.

Proposition 3

Si la variable aléatoire X suit la loi de Bernoulli de paramètre p, alors $\mathbb{E}(X) = p$.

En particulier, pour tout événement A, on a $\mathbb{E}(\mathbb{1}_A) = \mathbb{P}(A)$.

Démonstration page 1014

Ex. 2. Si X et Y sont deux variables de Bernoulli, XY est une variable de Bernoulli donc :

$$\mathbb{E}(XY) = \mathbb{P}(XY = 1) = \mathbb{P}\left(\{X = 1\} \cap \{Y = 1\}\right).$$

Proposition 4

Si la variable aléatoire X suit la loi binomiale de paramètre (n, p), alors $\mathbb{E}(X) = np$.

Démonstration page 1014

Principe de démonstration. Utiliser l'égalité $k\binom{n}{k} = n\binom{n-1}{k-1}$, pour tout $k \in [\![1, n]\!]$.

3 Propriétés de l'espérance

La formule suivante, peu utilisée dans la pratique, permet des démonstrations très simples des propriétés de l'espérance.

Lemme 5

Si X une variable aléatoire réelle sur $(\Omega, \mathbb{P})$, alors :

$$\mathbb{E}(X) = \sum_{\omega \in \Omega} \mathbb{P}(\{\omega\}) X(\omega).$$

Démonstration page 1014

Principe de démonstration. On regroupe les termes de la somme selon la valeur de $X(\omega)$.

Linéarité

Théorème 6 (Linéarité de l'espérance)

Exo 29.1

Exo 29.2

L'application qui, à une variable aléatoire réelle, associe son espérance est linéaire. Autrement dit, si X et Y sont deux variables aléatoires réelles sur $(\Omega, \mathbb{P})$, et λ un réel, on a :

$$\mathbb{E}(X+Y) = \mathbb{E}(X) + \mathbb{E}(Y) \qquad \text{et} \qquad \mathbb{E}(\lambda X) = \lambda\, \mathbb{E}(X).$$

Démonstration page 1014

Remarque En particulier, si X est une variable aléatoire réelle et $(a,b) \in \mathbb{R}^2$:

$$\mathbb{E}(aX+b) = \mathbb{E}(aX) + b = a\, \mathbb{E}(X) + b.$$

Point méthode La linéarité de l'espérance est très utile pour calculer l'espérance d'une variable dont on ne connaît pas la loi ou dont la loi a une expression compliquée, mais qu'on peut décomposer en somme de variables aléatoires dont on sait calculer l'espérance, qui sont le plus souvent des variables indicatrices.

Ex. 3. (Problème des rencontres) Une urne contient n boules numérotées de 1 à n. On les extrait successivement sans remise. On dit qu'il y a rencontre au i-ème tirage si la boule tirée porte le numéro i. Déterminons le nombre moyen de rencontres.

Il s'agit de calculer l'espérance de la variable X égale au nombre de rencontres. Pour tout i, on note X_i la variable qui prend la valeur 1 s'il y a rencontre au i-ème tirage, et 0 sinon. On obtient :

$$\mathbb{E}(X_i) = \mathbb{P}(X_i = 1) = \frac{(n-1)!}{n!} = \frac{1}{n},$$

car il y a $n!$ tirages possibles et $(n-1)!$ tirages pour lesquels la boule i est tirée au i-ème tirage ; en effet, les $n-1$ autres boules sont tirées dans un ordre quelconque.

Il est clair que $X = \sum_{i=1}^{n} X_i$ donc, par linéarité, $\mathbb{E}(X) = \sum_{i=1}^{n} \mathbb{E}(X_i) = n\,\frac{1}{n} = 1.$

Définition 2

Toute variable aléatoire réelle d'espérance nulle est dite **centrée**.

Proposition 7

Pour toute variable aléatoire réelle X, la variable aléatoire $X - \mathbb{E}(X)$ est une variable aléatoire centrée appelée **variable aléatoire centrée associée à X**.

Démonstration. Notons que $\mathbb{E}(X)$ est un réel que l'on considère comme la variable aléatoire constante $\omega \mapsto \mathbb{E}(X)$; celle-ci a pour espérance $\mathbb{E}(X)$. Par linéarité, on a :

$$\mathbb{E}\big(X - \mathbb{E}(X)\big) = \mathbb{E}(X) - \mathbb{E}(X) = 0. \qquad \square$$

Positivité

Proposition 8 (Positivité de l'espérance)

Soit X une variable aléatoire réelle positive ou nulle sur $(\Omega, \mathbb{P})$. Alors on a :

1. $\mathbb{E}(X) \geqslant 0$;
2. de plus, $\mathbb{E}(X) = 0$ si, et seulement si, $\mathbb{P}(X = 0) = 1$; on dit, dans ce cas, que la variable X est **presque sûrement nulle**.

Démonstration page 1014

Remarque Si $\mathbb{E}(X) = 0$, on ne peut pas assurer que $X = 0$, car un événement peut être différent de $\varnothing$ et avoir une probabilité nulle.

Croissance

Proposition 9 (Croissance de l'espérance)

Soit X et Y deux variables aléatoires réelles sur le même espace probabilisé $(\Omega, \mathbb{P})$.

Si $X \leqslant Y$, alors $\mathbb{E}(X) \leqslant \mathbb{E}(Y)$.

Démonstration. Par linéarité de l'espérance $\mathbb{E}(Y - X) = \mathbb{E}(Y) - \mathbb{E}(X)$. La variable aléatoire $Y - X$ est positive donc, d'après la proposition 8, $\mathbb{E}(Y - X) \geqslant 0$, d'où $\mathbb{E}(X) \leqslant \mathbb{E}(Y)$. □

Inégalité triangulaire

Proposition 10 (Inégalité triangulaire)

Si X est une variable aléatoire réelle, alors $|\mathbb{E}(X)| \leqslant \mathbb{E}(|X|)$.

Démonstration. De $-|X| \leqslant X \leqslant |X|$, on tire, par croissance et linéarité de l'espérance :

$$-\mathbb{E}\big(|X|\big) \leqslant \mathbb{E}(X) \leqslant \mathbb{E}\big(|X|\big) \qquad \text{c'est-à-dire} \qquad \big|\mathbb{E}(X)\big| \leqslant \mathbb{E}\big(|X|\big).$$

□

4 Formule de transfert

Théorème 11 (Formule de transfert)

Exo 29.3

Exo 29.4

Si X est une variable aléatoire sur $(\Omega, \mathbb{P})$ et f une application de $X(\Omega)$ dans IR, alors l'espérance de $f(X)$ est donnée par :

$$\mathbb{E}\big(f(X)\big) = \sum_{x \in X(\Omega)} f(x)\, \mathbb{P}\big(X = x\big).$$

Démonstration page 1015

Principe de démonstration.
Utiliser l'expression de la loi de $f(X)$ donnée dans la proposition 10 de la page 942.

Remarques

- L'intérêt de la formule de transfert est qu'elle permet le calcul de l'espérance de $f(X)$ sans qu'il y ait besoin de déterminer sa loi. Il suffit de connaître celle de X.
- La formule s'applique en particulier quand X est un couple ou un n-uplet de variables aléatoires. Le calcul de l'espérance du produit de deux variables aléatoires en donne un premier exemple.

Ex. 4. Soit X et Y deux variables aléatoires réelles sur l'espace probabilisé $(\Omega, \mathbb{P})$. Pour calculer $\mathbb{E}(X\,Y)$, on peut écrire $X\,Y = f(Z)$, où $Z = (X, Y)$ et $f : (x,y) \mapsto xy$.
En appliquant la formule de transfert à $f(Z)$, on obtient :

$$\mathbb{E}(X\,Y) = \mathbb{E}(f(Z)) = \sum_{z \in Z(\Omega)} f(z)\,\mathbb{P}(Z = z) = \sum_{(x,y) \in Z(\Omega)} f(x,y)\,\mathbb{P}\big((X,Y) = (x,y)\big).$$

Comme $\mathbb{P}\big((X,Y) = (x,y)\big) = 0$ si $(x,y) \in \big(X(\Omega) \times Y(\Omega)\big) \setminus Z(\Omega)$, on en déduit :

$$\mathbb{E}(X\,Y) = \sum_{(x,y) \in X(\Omega) \times Y(\Omega)} x\,y\,\mathbb{P}\big(X = x, Y = y\big).$$

5 Espérance d'un produit de variables indépendantes

Théorème 12

Soit X et Y deux variables aléatoires réelles, indépendantes, sur $(\Omega, \mathbb{P})$.

On a alors $\mathbb{E}(X\,Y) = \mathbb{E}(X)\,\mathbb{E}(Y)$.

Démonstration page 1015

Cette propriété se généralise à n variables aléatoires indépendantes.

Proposition 13

Si $X_1, \ldots, X_n$ sont des variables aléatoires réelles mutuellement indépendantes sur $(\Omega, \mathbb{P})$, alors :

$$\mathbb{E}\left(\prod_{k=1}^{n} X_k\right) = \prod_{k=1}^{n} \mathbb{E}(X_k).$$

Démonstration page 1015

II Variance

Dans la suite de ce chapitre, les variables aléatoires considérées sont réelles.

1 Définition

Définition 3

La **variance** d'une variable aléatoire *réelle* X est le réel $\mathbb{V}(X) = \mathbb{E}\left(\big(X - \mathbb{E}(X)\big)^2\right)$.

Remarques

- L'expression $\big(X - \mathbb{E}(X)\big)^2$ est bien une variable aléatoire, car $\mathbb{E}(X)$ désigne ici la variable aléatoire constante égale à $\mathbb{E}(X)$.
- La variance est l'espérance du carré de la distance entre les valeurs de X et l'espérance de X. La variance mesure donc la **dispersion** de X autour de $\mathbb{E}(X)$.
- On aurait pu songer à prendre $\mathbb{E}\big(|X - \mathbb{E}(X)|\big)$ comme paramètre de dispersion, mais la valeur absolue donne des calculs beaucoup moins agréables que le carré.

Ex. 5. La variance d'une variable constante est nulle. En effet, si la variable X est constante égale à a, on a $\mathbb{E}(X) = a$ et $\mathbb{V}(X) = \mathbb{E}\left((X-a)^2\right) = \mathbb{E}(0) = 0$. Les valeurs prises par X ne sont pas du tout dispersées !

Exo 29.5

Exo 29.6

Proposition 14 (Formule de Kœnig-Huygens)

Soit X une variable aléatoire réelle. La variance de X est donnée par la formule :

$$\mathbb{V}(X) = \mathbb{E}(X^2) - \left(\mathbb{E}(X)\right)^2.$$

Démonstration page 1016

Exo 29.7

Point méthode Lorsque l'on calcule une variance par un calcul direct en connaissant la loi, on utilise presque toujours la formule de Kœnig-Huygens et non la définition qui entraîne des calculs compliqués.

Remarque La formule de Kœnig-Huygens peut être aussi utilisée pour calculer $\mathbb{E}(X^2)$ quand on connaît l'espérance et la variance de X.

2 Propriétés de la variance

Proposition 15

- Pour toute variable aléatoire réelle X, on a $\mathbb{V}(X) \geqslant 0$.
- On a $\mathbb{V}(X) = 0$ si, et seulement s'il existe $m \in \mathbb{R}$ tel que $\mathbb{P}(X = m) = 1$, c'est-à-dire si, et seulement si, X est presque sûrement constante.

Démonstration page 1016

Proposition 16

Si (a, b) est un couple de réels et X une variable aléatoire réelle, on a :

$$\mathbb{V}(aX + b) = a^2\,\mathbb{V}(X).$$

Démonstration page 1016

3 Variance des lois usuelles

Exo 29.8

Proposition 17

Si la variable X suit la loi uniforme sur $[\![1, n]\!]$, alors $\mathbb{V}(X) = \dfrac{n^2-1}{12}$.

Démonstration page 1016

Proposition 18

Si la variable aléatoire X suit la loi de Bernoulli de paramètre p, alors sa variance est $\mathbb{V}(X) = p\,(1-p)$.

Démonstration. On obtient, par la formule de Kœnig-Huygens :

$$\mathbb{V}(X) = \mathbb{E}(X^2) - \left(\mathbb{E}(X)\right)^2 = \mathbb{E}(X) - \left(\mathbb{E}(X)\right)^2 = p - p^2 = p(1-p). \qquad \square$$

Remarque La valeur maximale de la variance d'une variable de Bernoulli est obtenue lorsque le paramètre vaut $\frac{1}{2}$ et est égal à $\frac{1}{4}$.

Proposition 19

Si la variable aléatoire X suit la loi binomiale de paramètre (n, p), alors sa variance est $\mathbb{V}(X) = np(1-p)$.

Démonstration page 1017

Principe de démonstration. Commencer par calculer $\mathbb{E}\big(X(X-1)\big)$.

Point méthode Comme on l'a vu dans le calcul de la variance de la loi binomiale, il est parfois préférable, plutôt que de calculer directement $\mathbb{E}(X^2)$, de calculer d'abord $\mathbb{E}\big(X(X+1)\big)$ ou $\mathbb{E}\big(X(X-1)\big)$ et d'en tirer $\mathbb{E}(X^2)$ par linéarité.

4 Écart-type

Définition 4

L'**écart-type** d'une variable aléatoire réelle X est le réel $\sigma(X) = \sqrt{\mathbb{V}(X)}$.

Remarque On prend la racine carrée de la variance pour des raisons d'homogénéité ; ainsi, l'écart-type s'exprime dans les mêmes unités que les valeurs prises par la variable aléatoire.

Définition 5

Une variable aléatoire réelle X telle que $\mathbb{E}(X) = 0$ et $\sigma(X) = 1$ est dite **centrée réduite**.

Proposition 20

Si X est une variable aléatoire réelle dont la variance n'est pas nulle, la variable aléatoire $X^* = \dfrac{X - \mathbb{E}(X)}{\sigma(X)}$ est une variable centrée réduite, appelée **variable aléatoire centrée réduite associée à X**.

Démonstration page 1017

III Covariance — Variance d'une somme

1 Définition, calcul

Définition 6

Soit X et Y deux variables aléatoires réelles sur le même espace probabilisé $(\Omega, \mathbb{P})$. On appelle **covariance** de X et Y, le réel noté $\mathrm{Cov}(X,Y)$ défini par :

$$\mathrm{Cov}(X,Y) = \mathbb{E}\Big(\big(X - \mathbb{E}(X)\big)\big(Y - \mathbb{E}(Y)\big)\Big).$$

Remarques

- Cette définition a un sens car $\big(X - \mathbb{E}(X)\big)\big(Y - \mathbb{E}(Y)\big)$ est une variable aléatoire réelle.
  C'est la variable $f(X,Y)$, où $f : (x,y) \longmapsto \big(x - \mathbb{E}(X)\big)\big(y - \mathbb{E}(Y)\big)$.

- La covariance de X et Y est l'espérance du produit des variables centrées associées à X et Y.

Proposition 21 (Formule de Kœnig-Huygens)

Soit X et Y deux variables aléatoires réelles sur $(\Omega, \mathbb{P})$. La covariance de X et Y est donnée par la formule :

$$\mathrm{Cov}(X, Y) = \mathbb{E}(X\,Y) - \mathbb{E}(X)\,\mathbb{E}(Y).$$

Démonstration page 1017

Ex. 6. Si la variable X est constante, égale à a, on a $\mathrm{Cov}(X, Y) = 0$ puisqu'alors :

$$\mathbb{E}(XY) = \mathbb{E}(aY) = a\,\mathbb{E}(Y) = \mathbb{E}(X)\,\mathbb{E}(Y).$$

Remarque L'exemple 4 de la page 1006 indique comment calculer $\mathbb{E}(X\,Y)$ à partir de la loi conjointe de X et Y.

2 Propriétés de la covariance

Théorème 22

Soit X, X', Y et Y' des variables aléatoires réelles sur $(\Omega, \mathbb{P})$ et λ un réel. On a :

1. $\mathrm{Cov}(X, X) = \mathbb{V}(X) \geqslant 0$;
2. $\mathrm{Cov}(X, Y) = \mathrm{Cov}(Y, X)$;
3. $\mathrm{Cov}(X + X', Y) = \mathrm{Cov}(X, Y) + \mathrm{Cov}(X', Y)$, $\mathrm{Cov}(\lambda X, Y) = \lambda\,\mathrm{Cov}(X, Y)$;
4. $\mathrm{Cov}(X, Y + Y') = \mathrm{Cov}(X, Y) + \mathrm{Cov}(X, Y')$, $\mathrm{Cov}(X, \lambda Y) = \lambda\,\mathrm{Cov}(X, Y)$.

Démonstration page 1017

Remarques

- L'application $(X, Y) \longmapsto \mathrm{Cov}(X, Y)$ est donc bilinéaire, c'est-à-dire linéaire par rapport à chacune des variables X et Y.
- L'utilisation de la bilinéarité peut éviter des calculs de covariance souvent pénibles.

Ex. 7. Si X et Y sont deux variables aléatoires réelles sur $(\Omega, \mathbb{P})$, a et b deux réels, on a :

$$\mathrm{Cov}(X + a, Y + b) = \mathrm{Cov}(X, Y) + \mathrm{Cov}(a, Y) + \mathrm{Cov}(X, b) + \mathrm{Cov}(a, b) = \mathrm{Cov}(X, Y),$$

car la covariance est nulle si l'une des variables aléatoires est constante (cf. exemple 6).

3 Variance d'une somme de variables aléatoires

Théorème 23

Soit X et Y des variables aléatoires réelles sur $(\Omega, \mathbb{P})$. On a :

$$\mathbb{V}(X + Y) = \mathbb{V}(X) + \mathbb{V}(Y) + 2\,\mathrm{Cov}(X, Y).$$

Démonstration page 1018

Remarques

- On en déduit, en utilisant le théorème 22 de la page précédente, que :

$$\forall(a,b)\in\mathbb{R}^2\quad \mathbb{V}(aX+bY)=\mathbb{V}(aX)+\mathbb{V}(bY)+2\,\mathrm{Cov}(aX,bY)$$
$$=a^2\,\mathbb{V}(X)+b^2\,\mathbb{V}(Y)+2ab\,\mathrm{Cov}(X,Y).$$

Exo 29.18

- La formule permet aussi de calculer la covariance de X et Y à partir des variances de X, Y et $X+Y$.

Par récurrence, on généralise le théorème précédent au cas de n variables aléatoires.

Théorème 24

Pour toute famille $(X_1,\dots,X_n)$ de n variables aléatoires réelles sur $(\Omega,\mathbb{P})$, la variance de $X_1+\cdots+X_n$ est donnée par :

$$\mathbb{V}(X_1+\cdots+X_n)=\sum_{k=1}^{n}\mathbb{V}(X_k)+2\sum_{1\leqslant i<j\leqslant n}\mathrm{Cov}(X_i,X_j).$$

Ex. 8. Reprenons le problème des rencontres traité dans l'exemple de la page 1004. On note toujours X le nombre de rencontres. On a calculé $\mathbb{E}(X)$. Déterminons $\mathbb{V}(X)$.
On reprend la décomposition $X=X_1+\cdots+X_n$, où X_i est la variable indicatrice de l'événement « il y a une rencontre au i-ème tirage ».

Chaque X_i est une variable de Bernoulli de paramètre $\frac{1}{n}$ et donc de variance :

$$\frac{1}{n}\left(1-\frac{1}{n}\right)=\frac{n-1}{n^2}.$$

Soit $(i,j)\in[\![1,n]\!]^2$ tel que $i\neq j$. L'événement $\{X_i=1\}\cap\{X_j=1\}$ est réalisé s'il y a rencontre aux i-ème et j-ème tirages. Les résultats des autres tirages sont quelconques. On obtient donc :

$$\mathbb{P}\big(\{X_i=1\}\cap\{X_j=1\}\big)=\frac{(n-2)!}{n!}=\frac{1}{n(n-1)}.$$

Mais X_iX_j est aussi une variable de Bernoulli donc :

$$\mathbb{E}(X_iX_j)=\mathbb{P}\big(X_iX_j=1\big)=\mathbb{P}\big(\{X_i=1\}\cap\{X_j=1\}\big)=\frac{1}{n(n-1)}.$$

On en déduit :

$$\mathrm{Cov}(X_i,X_j)=\mathbb{E}(X_iX_j)-\mathbb{E}(X_i)\,\mathbb{E}(X_j)=\frac{1}{n(n-1)}-\frac{1}{n^2}=\frac{1}{n^2(n-1)}.$$

Appliquons alors le théorème 24, en remarquant que toutes les variances intervenant sont égales, ainsi que toutes les covariances, et qu'il y a $\binom{n}{2}=\frac{n(n-1)}{2}$ termes dans la seconde somme :

$$\mathbb{V}(X)=\sum_{i=1}^{n}\mathbb{V}(X_i)+2\sum_{1\leqslant i<j\leqslant n}\mathrm{Cov}(X_i,X_j)=n\,\mathbb{V}(X_1)+2\frac{n(n-1)}{2}\,\mathrm{Cov}(X_1,X_2)$$

et, après calculs et simplifications, $\mathbb{V}(X)=1$.

4 Variables aléatoires décorrélées

Théorème 25

Soit X et Y deux variables aléatoires réelles sur $(\Omega, \mathbb{P})$, indépendantes. On a alors :

$$\operatorname{Cov}(X,Y) = 0 \qquad \text{et} \qquad \mathbb{V}(X+Y) = \mathbb{V}(X) + \mathbb{V}(Y).$$

Démonstration. Cela découle immédiatement du théorème 12 de la page 1006.
De $\mathbb{E}(XY) = \mathbb{E}(X)\,\mathbb{E}(Y)$, on déduit en effet $\operatorname{Cov}(X,Y) = \mathbb{E}(XY) - \mathbb{E}(X)\,\mathbb{E}(Y) = 0$ puis :

$$\mathbb{V}(X+Y) = \mathbb{V}(X) + \mathbb{V}(Y) + 2\operatorname{Cov}(X,Y) = \mathbb{V}(X) + \mathbb{V}(Y). \qquad \square$$

Remarque On peut calculer la covariance de variables aléatoires s'exprimant en fonctions de variables aléatoires indépendantes, en utilisant la bilinéarité de la covariance.

Ex. 9. Soit trois variables aléatoires mutuellement indépendantes X, Y et Z, suivant la même loi de Bernoulli de paramètre p. Déterminons $\operatorname{Cov}(X+Y, Y+Z)$.
Par bilinéarité de la covariance, on a :

$$\operatorname{Cov}(X+Y, Y+Z) = \operatorname{Cov}(X,Y) + \operatorname{Cov}(X,Z) + \operatorname{Cov}(Y,Y) + \operatorname{Cov}(Y,Z).$$

On a $\operatorname{Cov}(X,Y) = \operatorname{Cov}(X,Z) = \operatorname{Cov}(Y,Z) = 0$ par indépendance deux à deux des variables aléatoires et $\operatorname{Cov}(Y,Y) = \mathbb{V}(Y) = p(1-p)$. On a donc :

Exo 29.19

$$\operatorname{Cov}(X+Y, Y+Z) = p(1-p).$$

Définition 7

Si deux variables aléatoires réelles vérifient $\operatorname{Cov}(X,Y) = 0$, on dit qu'elles sont **décorrélées**.

Proposition 26

Si deux variables aléatoires réelles sur $(\Omega, \mathbb{P})$ sont indépendantes, alors elles sont décorrélées.

Démonstration. Cela résulte de la définition et du théorème 25. $\square$

La réciproque est fausse, comme l'illustre l'exemple suivant.

Ex. 10. Soit X suivant la loi uniforme sur $\{-1, 0, 1\}$ et $Y = \mathbb{1}_{\{X=0\}}$. Alors :

- les variables aléatoires X et Y ne sont pas indépendantes, car :

$$\mathbb{P}\big(\{X=1\} \cap \{Y=1\}\big) = \mathbb{P}\big(\{X=1\} \cap \{X=0\}\big) = 0,$$

  alors que $\mathbb{P}(X=1) = \mathbb{P}(Y=1) = \dfrac{1}{3}$ et donc $\mathbb{P}(X=1)\,\mathbb{P}(Y=1) \neq 0$;
- les variables X et Y sont décorrélées, car $XY = 0$, donc $\mathbb{E}(XY) = 0$, et de plus, $\mathbb{E}(X) = 0$, donc $\operatorname{Cov}(X,Y) = \mathbb{E}(XY) - \mathbb{E}(X)\,\mathbb{E}(Y) = 0$.

Remarque Les variables de Bernoulli constituent une exception agréable. En effet, si X et Y sont deux variables de Bernoulli, on a :

$$\begin{aligned}\operatorname{Cov}(X,Y) &= \mathbb{E}(XY) - \mathbb{E}(X)\,\mathbb{E}(Y) = \mathbb{P}(XY=1) - \mathbb{P}(X=1)\,\mathbb{P}(Y=1)\\ &= \mathbb{P}\big(\{X=1\}\cap\{Y=1\}\big) - \mathbb{P}(X=1)\,\mathbb{P}(Y=1).\end{aligned}$$

Ainsi, si $\operatorname{Cov}(X,Y)=0$, alors on a $\mathbb{P}\big(\{X=1\}\cap\{Y=1\}\big) = \mathbb{P}(X=1)\,\mathbb{P}(Y=1)$ et, d'après l'exemple de la page 974, cela entraîne l'indépendance de X et Y.

Théorème 27

Soit $(X_1,\ldots,X_n)$ une famille de variables aléatoires réelles sur $(\Omega,\mathbb{P})$.
Si $X_1,\ldots,X_n$ sont deux à deux décorrélées, alors on a :

$$\mathbb{V}(X_1+\cdots+X_n) = \sum_{k=1}^{n} \mathbb{V}(X_k).$$

Démonstration page 1018

Remarque Sous les mêmes hypothèses, on a, pour tous réels $a_1,\ldots,a_n$:

$$\mathbb{V}(a_1X_1+\cdots+a_nX_n) = \sum_{k=1}^{n} a_k^2\,\mathbb{V}(X_k).$$

Point méthode Le théorème 27 s'applique en particulier si les variables aléatoires $X_1,\ldots,X_n$ deux à deux indépendantes et *a fortiori* si elles sont mutuellement indépendantes. Cette formule montre donc l'intérêt de décomposer une variable aléatoire en somme de variables aléatoires indépendantes plus simples.

Variance d'une loi binomiale

On sait (par le théorème 20 de la page 979) que, si $X_1,\ldots,X_n$ sont des variables indépendantes suivant la loi de Bernoulli de paramètre p, alors $X = X_1+\cdots+X_n$ suit la loi binomiale de paramètre (n,p). Pour $i\in[\![1,n]\!]$, la variance de X_i est $p(1-p)$. On en déduit que $\mathbb{V}(X) = \sum_{i=1}^{n} \mathbb{V}(X_i) = np(1-p)$. Comme la variance d'une variable aléatoire ne dépend que de sa loi, le résultat est vrai pour toute variable aléatoire qui suit la loi $\mathcal{B}(n,p)$.
On retrouve le résultat de la proposition 19 de la page 1008, établi par des calculs directs pénibles.

IV Inégalités probabilistes

Théorème 28 (Inégalité de Markov)

Toute variable aléatoire réelle positive X sur $(\Omega, \mathbb{P})$ vérifie :

$$\forall a > 0 \quad \mathbb{P}(X \geqslant a) \leqslant \frac{\mathbb{E}(X)}{a}.$$

Démonstration page 1018

Principe de démonstration. Comparer les variables aléatoires $\mathbb{1}_{\{X \geqslant a\}}$ et $\dfrac{X}{a}$.

Théorème 29 (Inégalité de Bienaymé-Tchebychev)

Toute variable aléatoire réelle X sur $(\Omega, \mathbb{P})$ vérifie :

$$\forall \varepsilon > 0 \quad \mathbb{P}\big(|X - \mathbb{E}(X)| \geqslant \varepsilon\big) \leqslant \frac{\mathbb{V}(X)}{\varepsilon^2}.$$

Démonstration page 1018

Principe de démonstration. Utiliser l'inégalité de Markov (théorème 28).

Remarques

- Comme $\big\{|X - \mathbb{E}(X)| \geqslant \varepsilon\big\}$ est l'événement contraire de $\big\{|X - \mathbb{E}(X)| < \varepsilon\big\}$, l'inégalité de Bienaymé-Tchebychev peut encore s'écrire :

$$\forall \varepsilon > 0 \quad \mathbb{P}\big(|X - \mathbb{E}(X)| < \varepsilon\big) \geqslant 1 - \frac{\mathbb{V}(X)}{\varepsilon^2}.$$

- L'inégalité de Bienaymé-Tchebychev est une *inégalité de concentration* : elle fournit une majoration de la probabilité que X s'écarte de son espérance.

Ex. 11. Soit $X_1, \ldots, X_n$ des variables aléatoires réelles indépendantes de même loi, d'espérance m et de variance v. On pose $S_n = \sum\limits_{k=1}^{n} X_k$. On a alors $\mathbb{E}(S_n) = nm$ et $\mathbb{V}(S_n) = nv$. On en déduit $\mathbb{E}\left(\frac{S_n}{n}\right) = \frac{\mathbb{E}(S_n)}{n} = m$ et $\mathbb{V}\left(\frac{S_n}{n}\right) = \frac{\mathbb{V}(S_n)}{n^2} = \frac{v}{n}$. L'inégalité de Bienaymé-Tchebychev donne :

$$\forall \varepsilon > 0 \quad \mathbb{P}\left(\left|\frac{S_n}{n} - m\right| \geqslant \varepsilon\right) \leqslant \frac{v}{n\varepsilon^2}.$$

On en déduit que $\mathbb{P}\left(\left|\frac{S_n}{n} - m\right| \geqslant \varepsilon\right)$ tend vers 0 quand n tend vers $+\infty$: la variable $\frac{S_n}{n}$ tend à se concentrer autour de la valeur m.

Considérons par exemple une suite de n épreuves indépendantes telle que, pour chaque épreuve, la probabilité qu'un certain événement A soit réalisé est p. Pour $1 \leqslant k \leqslant n$, on note X_k la variable indicatrice de l'événement « A est réalisé à la k-ième épreuve ». On obtient des variables aléatoires indépendantes qui suivent la loi $\mathcal{B}(p)$.

Alors, avec les notations précédentes, on a $m = p$ et la variable aléatoire $\frac{S_n}{n}$ est égale à la fréquence avec laquelle l'événement A s'est réalisé parmi les n épreuves. Cette fréquence est proche de p pour les grandes valeurs de n. Ce résultat conforte l'intuition qui voit dans une probabilité une fréquence. Si, par exemple, on lance un dé un grand nombre de fois, 1 apparaîtra à peu près dans $\frac{1}{6}$ des lancers.

Démonstrations

Proposition 2 Si $X \sim \mathcal{U}([\![a,b]\!])$, on obtient, en utilisant la formule donnant la somme des termes consécutifs d'une suite arithmétique :

$$\mathbb{E}(X) = \sum_{k=a}^{b} k\ \mathbb{P}(X=k) = \frac{1}{b-a+1}\sum_{k=a}^{b} k = \frac{1}{b-a+1}\cdot\frac{(b-a+1)(a+b)}{2} = \frac{a+b}{2}.$$

Proposition 3 Si $X \sim \mathcal{B}(p)$, on a $\mathbb{E}(X) = 0\ \mathbb{P}(X=0) + 1\ \mathbb{P}(X=1) = p$.

La variable indicatrice de l'événement A est une variable de Bernoulli de paramètre $\mathbb{P}(A)$, d'où le résultat.

Proposition 4 Si $X \sim \mathcal{B}(n,p)$, on obtient, en utilisant l'égalité $k\binom{n}{k} = n\binom{n-1}{k-1}$, valable pour tout $k \in [\![1,n]\!]$, et la formule du binôme :

$$\begin{aligned}\mathbb{E}(X) = \sum_{k=0}^{n} k\binom{n}{k}p^k(1-p)^{n-k} &= \sum_{k=1}^{n} n\binom{n-1}{k-1}p^k(1-p)^{n-k}\\ &= n\sum_{j=0}^{n-1}\binom{n-1}{j}p^{j+1}(1-p)^{n-1-j}\\ &= np\big(p+1-p\big)^{n-1} = np.\end{aligned}$$

Lemme 5 Soit $x \in X(\Omega)$. On considère tous les termes de la somme vérifiant $X(\omega) = x$, c'est-à-dire $\omega \in \{X = x\}$. En les sommant, on obtient :

$$\sum_{\omega\in\{X=x\}} x\ \mathbb{P}(\{\omega\}) = x \sum_{\omega\in\{X=x\}} \mathbb{P}(\{\omega\}) = x\ \mathbb{P}(X=x),$$

car on a $\{X=x\} = \bigcup_{\omega\in\{X=x\}} \{\omega\}$. Comme les ensembles $\{X=x\}$, pour x variant dans $X(\Omega)$, forment une partition de Ω, on en déduit :

$$\sum_{\omega\in\Omega} \mathbb{P}(\{\omega\})\,X(\omega) = \sum_{x\in X(\Omega)}\ \sum_{\omega\in\{X=x\}} \mathbb{P}(\{\omega\})X(\omega) = \sum_{x\in X(\Omega)} x\ \mathbb{P}(X=x) = \mathbb{E}(X).$$

Théorème 6 En appliquant le lemme 5 de la page 1003, on obtient :

$$\begin{aligned}\mathbb{E}(X+Y) = \sum_{\omega\in\Omega}(X+Y)(\omega)\,\mathbb{P}(\{\omega\}) &= \sum_{\omega\in\Omega}\big(X(\omega)+Y(\omega)\big)\,\mathbb{P}(\{\omega\})\\ &= \sum_{\omega\in\Omega} X(\omega)\,\mathbb{P}(\{\omega\}) + \sum_{\omega\in\Omega} Y(\omega)\,\mathbb{P}(\{\omega\}) = \mathbb{E}(X)+\mathbb{E}(Y),\end{aligned}$$

et de même :

$$\mathbb{E}(\lambda X) = \sum_{\omega\in\Omega}(\lambda X)(\omega)\,\mathbb{P}(\{\omega\}) = \sum_{\omega\in\Omega}\lambda\,X(\omega)\,\mathbb{P}(\{\omega\}) = \lambda\sum_{\omega\in\Omega} X(\omega)\,\mathbb{P}(\{\omega\}) = \lambda\,\mathbb{E}(X).$$

Proposition 8

1. Comme X est une variable aléatoire positive, on a $x \geqslant 0$ pour tout $x \in X(\Omega)$.
   On en déduit :
   $$\mathbb{E}(X) = \sum_{x\in X(\Omega)} x\,\mathbb{P}(X=x) \geqslant 0.$$

2. Supposons de plus $\mathbb{E}(X) = 0$. Comme il s'agit d'une somme de termes positifs, on en déduit que, pour tout $x \in X(\Omega)$, on a $x\,\mathbb{P}(X = x) = 0$ et donc $\mathbb{P}(X = x) = 0$ si $x \neq 0$.
Ainsi $\mathbb{P}(X = 0) = 1 - \sum\limits_{x \in X(\Omega) \setminus \{0\}} \mathbb{P}(X = x) = 1$.
Réciproquement, si $\mathbb{P}(X = 0) = 1$, alors $\mathbb{P}(X = x) = 0$ pour tout $x \in X(\Omega) \setminus \{0\}$ et :
$$\mathbb{E}(X) = \sum_{x \in X(\Omega)} x\,\mathbb{P}(X = x) = 0.$$

Théorème 11 On sait, d'après la proposition la proposition 10 de la page 942, que :
$$\forall y \in f(X)(\Omega) \quad \mathbb{P}(f(X) = y) = \sum_{x \in f^{-1}(\{y\})} \mathbb{P}(X = x).$$

On obtient, par définition de l'espérance :
$$\mathbb{E}\big(f(X)\big) = \sum_{y \in f(X)(\Omega)} y\,\mathbb{P}(f(X) = y) = \sum_{y \in f(X)(\Omega)} \Bigg(y \sum_{x \in f^{-1}(\{y\})} \mathbb{P}(X = x)\Bigg)$$
$$= \sum_{y \in f(X)(\Omega)} \Bigg(\sum_{x \in f^{-1}(\{y\})} f(x)\,\mathbb{P}(X = x)\Bigg).$$

Les ensembles $f^{-1}(\{y\})$, pour $y \in f(X)(\Omega)$, forment une partition de $X(\Omega)$, car chaque élément de $X(\Omega)$ a une image unique y par f. On en déduit :
$$\mathbb{E}\big(f(X)\big) = \sum_{x \in X(\Omega)} f(x)\,\mathbb{P}\big(X = x\big).$$

Théorème 12 Comme on l'a vu dans l'exemple 4 de la page 1006, la formule de transfert donne :
$$\mathbb{E}(XY) = \sum_{(x,y) \in X(\Omega) \times Y(\Omega)} x\,y\,\mathbb{P}\big(X = x, Y = y\big).$$

Comme X et Y sont indépendantes, on a, pour tout $(x,y) \in X(\Omega) \times Y(\Omega)$:
$$\mathbb{P}\big(X = x, Y = y\big) = \mathbb{P}\big(X = x\big)\,\mathbb{P}\big(Y = y\big).$$

On obtient :
$$\mathbb{E}(XY) = \sum_{(x,y) \in X(\Omega) \times Y(\Omega)} xy\,\mathbb{P}\big(X = x\big)\,\mathbb{P}\big(Y = y\big)$$
$$= \Bigg(\sum_{x \in X(\Omega)} x\,\mathbb{P}\big(X = x\big)\Bigg)\Bigg(\sum_{y \in Y(\Omega)} y\,\mathbb{P}\big(Y = y\big)\Bigg) = \mathbb{E}(X)\,\mathbb{E}(Y).$$

Proposition 13 On fait une démonstration par récurrence sur n. La propriété est évidente pour $n = 1$ et a déjà été démontrée pour $n = 2$ dans le théorème 12 de la page 1006.
Supposons que la propriété soit vraie au rang n et considérons $X_1, \ldots, X_n, X_{n+1}$ des variables indépendantes. Alors, les variables $X_1, \ldots, X_n$ sont également indépendantes donc :
$$\mathbb{E}\left(\prod_{k=1}^{n} X_k\right) = \prod_{k=1}^{n} \mathbb{E}(X_k),$$
par hypothèse de récurrence. D'autre part, d'après le lemme des coalitions, X_{n+1} est indépendante de $X_1 X_2 \cdots X_n$; en utilisant la propriété pour deux variables, on trouve :
$$\mathbb{E}\left(\prod_{k=1}^{n+1} X_k\right) = \mathbb{E}\left(\prod_{k=1}^{n} X_k\right)\mathbb{E}(X_{n+1}) = \left(\prod_{k=1}^{n} \mathbb{E}(X_k)\right)\mathbb{E}(X_{n+1}) = \prod_{k=1}^{n+1} \mathbb{E}(X_k).$$

Proposition 14 Comme :

$$\big(X - \mathbb{E}(X)\big)^2 = X^2 - 2\,\mathbb{E}(X)\,X + \big(\mathbb{E}(X)\big)^2,$$

on obtient, par linéarité de l'espérance :

$$\begin{aligned}\mathbb{V}(X) &= \mathbb{E}(X^2) - 2\,\mathbb{E}\big(\mathbb{E}(X)\,X\big) + \mathbb{E}\big((\mathbb{E}(X))^2\big)\\ &= \mathbb{E}(X^2) - 2\big(\mathbb{E}(X)\big)^2 + \big(\mathbb{E}(X)\big)^2 \quad \text{car } \big(\mathbb{E}(X)\big)^2 \text{ est une variable aléatoire constante}\\ &= \mathbb{E}(X^2) - \big(\mathbb{E}(X)\big)^2.\end{aligned}$$

Proposition 15

La variance est positive, car c'est l'espérance de la variable positive $\big(X - \mathbb{E}(X)\big)^2$.

- Si $\mathbb{V}(X) = 0$, alors $\big(X - \mathbb{E}(X)\big)^2$ est une variable aléatoire réelle positive qui admet une espérance nulle. D'après la proposition 8 de la page 1005, on en déduit $\mathbb{P}\left(\big(X - \mathbb{E}(X)\big)^2 = 0\right) = 1$. Comme :

  $$\left\{\big(X - \mathbb{E}(X)\big)^2 = 0\right\} = \{X - \mathbb{E}(X) = 0\} = \{X = \mathbb{E}(X)\},$$

  on obtient $\mathbb{P}(X = \mathbb{E}(X)) = 1$. Donc X est égale à $\mathbb{E}(X)$ presque sûrement.
- Réciproquement, s'il existe $m \in \mathbb{R}$ tel que $\mathbb{P}(X = m) = 1$, alors $\mathbb{E}(X) = m$ et :

  $$\mathbb{P}\big(\big(X - \mathbb{E}(X)\big)^2 = 0\big) = \mathbb{P}\big(X - m = 0\big) = 1,$$

  donc $\mathbb{V}(X) = \mathbb{E}\big(\big(X - \mathbb{E}(X)\big)^2\big) = 0$.

Proposition 16 On sait déjà que $\mathbb{E}(aX + b) = a\,\mathbb{E}(X) + b$. On obtient :

$$(aX + b - \mathbb{E}(aX + b))^2 = a^2\big(X - \mathbb{E}(X)\big)^2.$$

Par linéarité de l'espérance, on en déduit :

$$\mathbb{V}(aX + b) = \mathbb{E}\big(a^2(X - \mathbb{E}(X))^2\big) = a^2\,\mathbb{E}\big((X - \mathbb{E}(X))^2\big) = a^2\,\mathbb{V}(X).$$

Proposition 17 Si $X \sim \mathcal{U}(\llbracket 1, n\rrbracket)$, on a :

$$\mathbb{E}(X^2) = \sum_{k=1}^{n} k^2\,\mathbb{P}\big(X = k\big) = \sum_{k=1}^{n} \frac{k^2}{n} = \frac{(n+1)(2n+1)}{6},$$

puis, par la formule de Kœnig-Huygens :

$$\mathbb{V}(X) = \mathbb{E}(X^2) - \mathbb{E}(X)^2 = \frac{(n+1)(2n+1)}{6} - \frac{(n+1)^2}{4} = \frac{n^2-1}{12}.$$

Proposition 19 Soit X qui suit $\mathcal{B}(n,p)$. Pour calculer $\mathbb{V}(X)$, il est plus simple de calculer d'abord $\mathbb{E}\big(X(X-1)\big)$, plutôt que directement $\mathbb{E}\big(X^2\big)$. On utilise l'égalité, valable pour $k \in [\![2,n]\!]$:

$$k(k-1)\binom{n}{k} = n(n-1)\binom{n-2}{k-2}.$$

D'après la formule de transfert, on a :

$$\begin{aligned}\mathbb{E}\big(X(X-1)\big) = \sum_{k=0}^{n} k(k-1)\binom{n}{k}p^k(1-p)^{n-k} &= \sum_{k=2}^{n} n(n-1)\binom{n-2}{k-2}p^k(1-p)^{n-k}\\ &= n(n-1)p^2\sum_{j=0}^{n-2}\binom{n-2}{j}p^j(1-p)^{n-2-j},\end{aligned}$$

et donc, par la formule du binôme, $\mathbb{E}\big(X(X-1)\big) = n(n-1)p^2$. Comme $X^2 = X(X-1)+X$, on en déduit :

$$\mathbb{E}\big(X^2\big) = \mathbb{E}\big(X(X-1)\big) + \mathbb{E}(X) = n(n-1)p^2 + np,$$

puis, par la formule de Kœnig-Huygens :

$$\mathbb{V}(X) = \mathbb{E}\big(X^2\big) - \mathbb{E}(X)^2 = n(n-1)p^2 + np - n^2p^2 = np(1-p).$$

Proposition 20 On écrit $X^* = \dfrac{1}{\sigma(X)}X - \dfrac{\mathbb{E}(X)}{\sigma(X)}$, fonction affine de X. Par linéarité on a :

$$\mathbb{E}(X^*) = \frac{\mathbb{E}(X)}{\sigma(X)} - \frac{\mathbb{E}(X)}{\sigma(X)} = 0.$$

D'après la proposition 16 de la page 1007, on a :

$$\mathbb{V}(X^*) = \frac{1}{\sigma(X)^2}\,\mathbb{V}(X) = 1.$$

Par suite, X^* est une variable aléatoire centrée réduite.

Proposition 21 On écrit :

$$\big(X-\mathbb{E}(X)\big)\big(Y-\mathbb{E}(Y)\big) = XY - X\,\mathbb{E}(Y) - Y\,\mathbb{E}(X) + \mathbb{E}(X)\,\mathbb{E}(Y)$$

et l'on obtient, par linéarité de l'espérance :

$$\begin{aligned}\operatorname{Cov}(X,Y) &= \mathbb{E}\Big(\big(X-\mathbb{E}(X)\big)\big(Y-\mathbb{E}(Y)\big)\Big)\\ &= \mathbb{E}(XY) - \mathbb{E}(Y)\,\mathbb{E}(X) - \mathbb{E}(X)\,\mathbb{E}(Y) + \mathbb{E}(X)\,\mathbb{E}(Y)\\ &= \mathbb{E}(XY) - \mathbb{E}(Y)\,\mathbb{E}(X).\end{aligned}$$

Théorème 22

1. On a $\operatorname{Cov}(X,X) = \mathbb{V}(X) \geqslant 0$, par définition.
2. La symétrie est évidente.
3. Par linéarité de l'espérance, on obtient :

$$\begin{aligned}\operatorname{Cov}(X+X',Y) &= \mathbb{E}\big((X+X')Y\big) - \mathbb{E}(X+X')\,\mathbb{E}(Y)\\ &= \mathbb{E}(XY) + \mathbb{E}(X'Y) - \big(\mathbb{E}(X)+\mathbb{E}(X')\big)\,\mathbb{E}(Y)\\ &= \mathbb{E}(XY) - \mathbb{E}(X)\,\mathbb{E}(Y) + \mathbb{E}(X'Y) - \mathbb{E}(X')\,\mathbb{E}(Y) = \operatorname{Cov}(X,Y) + \operatorname{Cov}(X',Y),\end{aligned}$$

et de même :

$$\operatorname{Cov}(\lambda X,Y) = \mathbb{E}(\lambda XY) - \mathbb{E}(\lambda X)\,\mathbb{E}(Y) = \lambda\,\mathbb{E}(XY) - \lambda\,\mathbb{E}(X)\,\mathbb{E}(Y) = \lambda\operatorname{Cov}(X,Y).$$

4. C'est une conséquence immédiate des deux points précédents.

Théorème 23 On obtient, par bilinéarité et symétrie :

$$\begin{aligned}\mathbb{V}(X+Y) &= \mathrm{Cov}(X+Y, X+Y) = \mathrm{Cov}(X, X+Y) + \mathrm{Cov}(Y, X+Y)\\ &= \mathrm{Cov}(X,X) + \mathrm{Cov}(X,Y) + \mathrm{Cov}(Y,X) + \mathrm{Cov}(Y,Y)\\ &= \mathbb{V}(X) + \mathbb{V}(Y) + 2\,\mathrm{Cov}(X,Y).\end{aligned}$$

Théorème 27 On sait (cf. théorème 24 de la page 1010) que :

$$\mathbb{V}(X_1+\cdots+X_n) = \sum_{k=1}^{n} \mathbb{V}(X_k) + 2 \sum_{1\leqslant i<j\leqslant n} \mathrm{Cov}(X_i, X_j).$$

Pour $i \neq j$, les variables X_i et X_j sont décorrélées, donc $\mathrm{Cov}(X_i, X_j) = 0$, d'où :

$$\mathbb{V}(X_1+\cdots+X_n) = \sum_{k=1}^{n} \mathbb{V}(X_k).$$

Théorème 28 Montrons que $\mathbb{1}_{\{X\geqslant a\}} \leqslant \dfrac{X}{a}\cdot$ La variable X est définie sur $(\Omega, \mathbb{P})$. Soit $\omega \in \Omega$.

- Si $X(\omega) \geqslant a$, on a $\mathbb{1}_{\{X\geqslant a\}}(\omega) = 1 \leqslant \dfrac{X(\omega)}{a}$, car $X(\omega) \geqslant a$ et $a > 0$.
- Dans le cas contraire, on a $\mathbb{1}_{\{X\geqslant a\}}(\omega) = 0 \leqslant \dfrac{X(\omega)}{a}$, car X est positive et $a > 0$.

Ainsi, $\mathbb{1}_{\{X\geqslant a\}} \leqslant \dfrac{X}{a}$, et par croissance et linéarité de l'espérance :

$$\mathbb{P}(X \geqslant a) = \mathbb{E}(\mathbb{1}_{\{X\geqslant a\}}) \leqslant \mathbb{E}\left(\frac{X}{a}\right) = \frac{\mathbb{E}(X)}{a}.$$

Théorème 29 La variable $\big(X - \mathbb{E}(X)\big)^2$ est positive et possède une espérance égale à $\mathbb{V}(X)$. D'après l'inégalité de Markov, on a pour tout $\varepsilon > 0$:

$$\mathbb{P}\big(\big(X-\mathbb{E}(X)\big)^2 \geqslant \varepsilon^2\big) \leqslant \frac{\mathbb{V}(X)}{\varepsilon^2}.$$

Comme les événements $\big\{|X-\mathbb{E}(X)| \geqslant \varepsilon\big\}$ et $\big\{(X-\mathbb{E}(X))^2 \geqslant \varepsilon^2\big\}$ sont égaux, puisque $\varepsilon > 0$, on en déduit l'inégalité voulue.

S'entraîner et approfondir

Espérance - Variance

29.1 Une urne contient N boules dont b blanches. On en tire simultanément n $(1 \leqslant n \leqslant N)$
→1004 et l'on considère la variable aléatoire X égale au nombre de boules blanches obtenues. Déterminer l'espérance de X.

29.2 Soit n et r deux entiers naturels non nuls. On considère r boules et n tiroirs. On place au
→1004 hasard chacune des r boules dans l'un des n tiroirs. On note V la variable aléatoire égale au nombre de tiroirs restés vides ; on fixe un tiroir et on note T la variable aléatoire égale au nombre de boules placées dans ce tiroir. Déterminer l'espérance des variables T et V.

29.3 Soit $n \in \mathbb{N}^*$ et X une variable aléatoire suivant la loi uniforme sur $[\![1, n]\!]$.
→1005 Déterminer l'espérance de $(X-1)^2$ et de $\exp(X)$.

29.4 Soit X et Y deux variables aléatoires indépendantes, de même loi. Calculer $\mathbb{E}(|X-Y|)$:
→1005
1. lorsque $X \sim \mathcal{B}(p)$;
2. lorsque $X \sim \mathcal{U}([\![1, n]\!])$.

29.5 Soit $\lambda \in \mathbb{R}_+$, $n \in \mathbb{N}^*$ et X une variable aléatoire à valeurs dans $[\![1, n]\!]$ telle que :
→1007
$$\forall k \in [\![1, n]\!] \quad \mathbb{P}(X = k) = \lambda k.$$
Déterminer λ, $\mathbb{E}(X)$ et $\mathbb{V}(X)$. On admettra que $\sum\limits_{k=1}^{n} k^3 = \dfrac{n^2(n+1)^2}{4}$.

29.6 Soit $(a, b) \in \mathbb{R}^2$ tel que $a \leqslant b$ et X une variable aléatoire à valeurs dans $[a, b]$.
→1007 Montrer que $\mathbb{V}(X) \leqslant \frac{(b-a)^2}{4}$.

Indication. *On remarquera que* $(X-a)(X-b) \leqslant 0$.

29.7 Soit $X_1, \ldots, X_n$ des variables indépendantes, toutes d'espérance m et de variance 1.
→1007
Déterminer l'espérance et la variance de $\prod\limits_{k=1}^{n} X_k$.

29.8 Soit a et b des entiers tels que $a \leqslant b$. Déterminer la variance d'une variable aléatoire X qui
→1007 suit la loi uniforme sur $[\![a, b]\!]$, en utilisant la variance de la loi uniforme sur $[\![1, n]\!]$ $(n \in \mathbb{N}^*)$.

29.9 Soit X une variable aléatoire réelle sur un espace probabilisé fini.
Déterminer le minimum de la fonction $\varphi : \begin{array}{ccc} \mathbb{R} & \longrightarrow & \mathbb{R} \\ m & \longmapsto & \mathbb{E}\big((X-m)^2\big). \end{array}$

29.10 Une urne contient n boules blanches et n boules noires. On tire toutes les boules successivement sans remise.
Soit X la variable aléatoire prenant pour valeur le rang de la dernière boule noire tirée. Déterminer la loi de X et son espérance.

Indication. *On pourra montrer que, pour* $(m, n) \in \mathbb{N}^2$, *on a* $\sum\limits_{k=n}^{m+n} \binom{k}{n} = \binom{m+n+1}{n+1}$.

29.11 Une urne contient n boules numérotées de 1 à n, que l'on tire successivement, sans remise. Pour $1 \leqslant i \leqslant n$, on note u_i le numéro de la i-ème boule tirée. On considère la variable aléatoire X qui, à tout tirage, fait correspondre le plus grand entier k tel que $u_1 < u_2 < \cdots < u_k$.
1. Déterminer la loi de la variable aléatoire X.
2. Montrer que $\mathbb{E}(X) = \sum\limits_{k=1}^{n} \mathbb{P}(X \geqslant k)$. Déterminer $\mathbb{E}(X)$.

29.12 Soit $n \geqslant 2$ et $(X_{i,j})_{1 \leqslant i,j \leqslant n}$ une famille de variables aléatoires centrées et mutuellement indépendantes sur le même espace probabilisé fini. On considère la matrice M aléatoire d'ordre n dont les coefficients sont les $X_{i,j}$ et on pose $D = \det(M)$.

Montrer que $\mathbb{E}(D) = 0$.

29.13 Formule du crible

Soit $A_1, A_2, \ldots, A_n$ des événements d'un espace probabilisé $(\Omega, \mathbb{P})$.

1. Montrer que $1 - \mathbb{1}_{A_1 \cup \cdots \cup A_n} = \prod_{i=1}^{n} (1 - \mathbb{1}_{A_i})$.
2. En déduire que $\mathbb{1}_{A_1 \cup \cdots \cup A_n} = \sum_{k=1}^{n} (-1)^{k-1} \sum_{1 \leqslant i_1 < \cdots < i_k \leqslant n} \mathbb{1}_{A_{i_1} \cap \cdots \cap A_{i_k}}$.
3. En déduire la *formule du crible* :

$$\mathbb{P}\left(\bigcup_{i=1}^{n} A_i\right) = \sum_{k=1}^{n} (-1)^{k-1} \sum_{1 \leqslant i_1 < \cdots < i_k \leqslant n} \mathbb{P}(A_{i_1} \cap \cdots \cap A_{i_k}).$$

29.14 Soit X une variable aléatoire réelle sur un espace probabilisé fini $(\Omega, \mathbb{P})$.

Pour tout événement A de probabilité non nulle, on pose :

$$\mathbb{E}(X|A) = \sum_{x \in X(\Omega)} x \, \mathbb{P}(X = x \mid A).$$

Il s'agit de l'espérance de X dans l'espace probabilisé $(\Omega, \mathbb{P}_A)$.

1. Soit $(A_1, \ldots, A_n)$ un système complet d'événements de probabilité non nulle. Démontrer la *formule de l'espérance totale* :

$$\mathbb{E}(X) = \sum_{k=1}^{n} \mathbb{E}(X|A_k) \, \mathbb{P}(A_k).$$

2. Soit n et r dans $\mathbb{N}^*$. On considère n urnes $U_1, U_2, \ldots, U_n$. Dans l'urne j $(1 \leqslant j \leqslant n)$, il y a j boules blanches et $n - j$ boules noires. On effectue r tirages avec remise dans une urne choisie au hasard. On note X la variable aléatoire égale au nombre de boules blanches tirées au bout des r tirages. Calculer $\mathbb{E}(X)$.

29.15 Urne de Pólya

Soit r, b et c trois entiers naturels non nuls. L'urne $\mathcal{U}$ contient initialement r boules rouges et b boules blanches. On pose $N = r + b$. On tire les boules de $\mathcal{U}$ une à une ; à l'issue de chaque tirage, la boule prélevée dans l'urne est remise, avec c boules de la même couleur.

Soit $m \in \mathbb{N}^*$. Pour $1 \leqslant n \leqslant m$, on note X_n le nombre de boules rouges tirées lors des n premiers tirages, Y_n la variable indicatrice de l'événement « le n-ième tirage donne une boule rouge ».

1. Déterminer la loi de Y_1.
2. À l'aide de la formule des probabilités totales, montrer que l'on a, pour tout $n \in [\![1, m-1]\!]$:

$$\mathbb{E}(Y_{n+1}) = \frac{r + c\,\mathbb{E}(X_n)}{N + nc}.$$

3. Exprimer X_n à l'aide des variables $Y_1, \ldots, Y_n$ et en déduire que toutes les variables Y_n ont même loi.
4. Déterminer l'espérance de X_n.

29.16 Fonction génératrice

Si X est une variable aléatoire telle que $X(\Omega) \subset \mathbb{N}$, on pose :

$$\forall t \in \mathbb{R}, \quad g_X(t) = \mathbb{E}(t^X) = \sum_{k \in X(\omega)} t^k \, \mathbb{P}(X = k).$$

La fonction polynomiale g_X est appelée fonction génératrice de X.

1. Montrer que la loi de X est entièrement déterminée par la fonction g_X.
2. Montrer que, si X_1 et X_2 sont des variables indépendantes telles que $X_1(\Omega) \subset \mathbb{N}$ et $X_2(\Omega) \subset \mathbb{N}$, alors :
$$g_{X_1+X_2} = g_{X_1} g_{X_2}.$$
3. Déterminer la fonction génératrice d'une variable suivant une loi binomiale. Retrouver ainsi le fait que si X_1 et X_2 sont des variables indépendantes telles que $X_1 \sim \mathcal{B}(n_1, p)$ et $X_2 \sim \mathcal{B}(n_2, p)$, alors $X_1 + X_2$ suit une loi binomiale.

29.17 Soit $X_1, \ldots, X_n$ des variables aléatoires indépendantes, de même loi, ne prenant que des valeurs strictement positives. Pour $1 \leqslant k \leqslant n$, calculer $\mathbb{E}\left(\dfrac{X_1 + \cdots + X_k}{X_1 + \cdots + X_n}\right)$.

Covariance — Variance d'une somme de variables aléatoires

29.18 →1010 Une urne contient des boules blanches, noires et rouges, la proportion de boules blanches (resp. noires, resp. rouges) étant p_1 (resp. p_2, resp. p_3). On extrait n boules de l'urne, avec remise. On note X (resp. Y, resp. Z) le nombre de boules blanches (resp. noires, resp. rouges) obtenues. Déterminer la covariance de X et Y.

29.19 →1011 On considère une suite de N lancers de pile ou face indépendants, la probabilité d'obtenir pile étant $p \in \,]0,1[$. Pour $n \in [\![1, N]\!]$, on note S_n le nombre de piles obtenus lors des n premiers lancers. Calculer la covariance de (S_m, S_n) pour m et n dans $[\![1, N]\!]$.

29.20 Une urne contient n jetons ($n \geqslant 2$), numérotés de 1 à n. On tire une poignée de jetons (*i.e.* une partie, éventuellement vide, de l'ensemble des jetons). On note N le nombre de jetons tirés, et S la somme des numéros des jetons tirés. Enfin, pour tout $i \in [\![1, n]\!]$, on note X_i la variable de Bernoulli qui vaut 1 si le i-ème jeton est dans la poignée et 0 sinon. On suppose que toutes les poignées sont équiprobables.

1. Déterminer la loi de N, son espérance et sa variance.
2. Déterminer la loi de X_i. Montrer que les variables X_i sont deux à deux indépendantes.
3. Exprimer S en fonction des X_i. Calculer $\mathbb{E}(S)$ et $\mathbb{V}(S)$.

29.21 Soit un entier $n \geqslant 2$. On dispose de n urnes numérotées de 1 à n. Dans l'urne k, il y a k boules numérotées de 1 à k. On choisit une urne au hasard et dans celle-ci, on pioche une boule au hasard. Soit X la variable aléatoire égale au numéro de l'urne et Y la variable aléatoire égale au numéro de la boule tirée. Déterminer la covariance de X et de Y.

29.22 Soit X et Y deux variables de Bernoulli indépendantes et de paramètre $p \in \,]0,1[$. Soit $U = X + Y$ et $V = X - Y$. Déterminer :

1. la loi du couple (U, V) ;
2. la covariance de U et V ;
3. U et V sont-elles indépendantes ? Conclusion ?

29.23 Coloriage

Soit $n \geqslant 3$ un entier et $p \in]0,1[$.

Par définition, une arête est un ensemble de la forme $\{i,j\}$ avec i et j dans $[\![1,n]\!]$ distincts ; un triangle est un ensemble de la forme $\{i,j,k\}$ avec i, j, k dans $[\![1,n]\!]$ deux à deux distincts. On note A l'ensemble des arêtes et T l'ensemble des triangles. On considère des variables aléatoires $(X_a)_{a\in A}$, indépendantes, de même loi de Bernoulli de paramètre p.

Si $X_a = 1$, on colorie l'arête a, et si $X_a = 0$, on ne la colorie pas.

On dit qu'un triangle $t = \{i,j,k\}$ est colorié si ses trois arêtes $\{i,j\}$, $\{j,k\}$ et $\{i,k\}$ sont coloriées. On note N le nombre de triangles coloriés et, pour tout triangle t, on considère la variable aléatoire I_t indicatrice de l'événement « le triangle t est colorié ».

1. Calculer $\mathbb{E}(I_t)$ et $\mathbb{V}(I_t)$ pour tout triangle t. En déduire $\mathbb{E}(N)$.
2. Calculer $\mathbb{V}(N)$.

Inégalités probabilistes

★ **29.24 Inégalité de Bernstein**

Soit S_n une variable aléatoire suivant la loi binomiale de paramètre (n,p) et $x > 0$. On pose $q = 1-p$.

1. Soit $\lambda > 0$.

   (a) Montrer, en utilisant l'inégalité de Markov :
   $$\mathbb{P}\left(S_n - np \geqslant nx\right) \leqslant \frac{\mathbb{E}\left(e^{\lambda(S_n-np)}\right)}{e^{n\lambda x}}.$$

   (b) Montrer que $\mathbb{E}\left(e^{\lambda(S_n-np)}\right) = (pe^{\lambda q} + qe^{-\lambda p})^n$.

   (c) Montrer que : $\forall t \in \mathbb{R} \quad e^t \leqslant e^{t^2} + t$.

   Indication. *On pourra montrer que la fonction* $t \mapsto e^{t^2} + t - e^t$ *admet un minimum en* 0.

   (d) En déduire que :
   $$\mathbb{P}(S_n - np \geqslant nx) \leqslant e^{n(\lambda^2 - \lambda x)}.$$

2. Montrer que :
$$\mathbb{P}(S_n - np \geqslant nx) \leqslant e^{-\frac{nx^2}{4}}.$$

3. Montrer que :
$$\mathbb{P}(S_n - np \leqslant -nx) \leqslant e^{-\frac{nx^2}{4}}.$$

   Indication. *On pourra remarquer que la variable* $n - S_n$ *suit une loi usuelle.*

4. En déduire l'inégalité de Bernstein :
$$\mathbb{P}\left(\left|\frac{S_n}{n} - p\right| \geqslant x\right) \leqslant 2e^{-\frac{nx^2}{4}}.$$

5. Comparer avec l'inégalité de Bienaymé-Tchebychev.

Solutions des exercices

29.1 On choisit comme espace probabilisé l'ensemble des parties à n éléments de l'ensemble des boules, muni de la probabilité uniforme. On numérote (mentalement) les boules blanches et, pour $1 \leqslant i \leqslant b$, on note X_i la variable aléatoire qui vaut 1 si la i-ème boule blanche fait partie des n boules tirées et 0 sinon. Son espérance est :

$$\mathbb{E}(X_i) = \mathbb{P}(X_i = 1) = \frac{\binom{N-1}{n-1}}{\binom{N}{n}} = \frac{n}{N}\cdot$$

En effet, le nombre total de tirages est $\dbinom{N}{n}$ et le nombre de cas favorables est $\dbinom{N-1}{n-1}$, car on tire la i-ème boule blanche accompagnée de $n-1$ autres boules (prises parmi les $N-1$ boules restantes). Il est clair que $X = \sum\limits_{i=1}^{b} X_i$. On en déduit, par linéarité :

$$\mathbb{E}(X) = \sum_{i=1}^{b} \mathbb{E}(X_i) = \frac{nb}{N}\cdot$$

29.2 On numérote les boules de 1 à r et les tiroirs de 1 à n, en attribuant le numéro 1 au tiroir fixé. Les résultats possibles sont les applications de l'ensemble des boules dans l'ensemble des tiroirs. On a donc $\operatorname{card}(\Omega) = n^r$. On munit Ω de la probabilité uniforme. On définit :

- pour $i \in [\![1, n]\!]$, la variable V_i indicatrice de l'événement « le i-ème tiroir est vide » ;
- pour $j \in [\![1, r]\!]$, la variable B_j indicatrice de l'événement « la j-ème boule atterrit dans le tiroir numéro 1 ».

On a alors :

$$V = V_1 + \cdots + V_n \qquad \text{et} \qquad T = B_1 + \cdots + B_r.$$

- Pour $i \in [\![1, n]\!]$, l'événement $\{V_i = 1\}$ est réalisé si les boules atterrissent toutes dans un autre tiroir que le i-ème. On a donc $\operatorname{card}(\{V_i = 1\}) = (n-1)^r$ et :

  $$\mathbb{E}(V_i) = \mathbb{P}(V_i = 1) = \frac{(n-1)^r}{n^r}\cdot$$

  On en déduit, par linéarité :

  $$\mathbb{E}(V) = \mathbb{E}(V_1) + \cdots + \mathbb{E}(V_n) = n\,\mathbb{E}(V_1) = \frac{(n-1)^r}{n^{r-1}}\cdot$$

- Pour $j \in [\![1, r]\!]$, l'événement $\{B_j = 1\}$ est réalisé si la boule j atterrit dans le premier tiroir et les autres boules dans un tiroir quelconque.

  On a donc $\operatorname{card}(\{B_j = 1\}) = n^{r-1}$ (nombre d'applications d'un ensemble de $r-1$ boules dans l'ensemble des n tiroirs) et :

  $$\mathbb{E}(B_j) = \mathbb{P}(B_j = 1) = \frac{n^{r-1}}{n^r} = \frac{1}{n}\cdot$$

  On en déduit, par linéarité : $\mathbb{E}(T) = \mathbb{E}(B_1) + \cdots + \mathbb{E}(B_r) = r\,\mathbb{E}(B_1) = \dfrac{r}{n}\cdot$

29.3 On a, par la formule de transfert :

$$\mathbb{E}\left((X-1)^2\right) = \sum_{k=1}^{n}(k-1)^2\,\mathbb{P}(X=k) = \frac{1}{n}\sum_{j=0}^{n-1} j^2 = \frac{(n-1)(2n-1)}{6}\ ;$$

$$\mathbb{E}(\exp(X)) = \sum_{k=1}^{n} e^k\,\mathbb{P}(X=k) = \frac{1}{n}\sum_{k=1}^{n} e^k = \frac{e(e^n-1)}{n(e-1)}.$$

29.4 1. Si $X \sim \mathcal{B}(p)$, on a, en appliquant la formule de transfert à la variable (X,Y) et à la fonction $f : (x,y) \mapsto |x-y|$:

$$\begin{aligned}\mathbb{E}\left(|X-Y|\right) &= \sum_{(i,j)\in\{0,1\}^2} |i-j|\,\mathbb{P}(X=i, Y=j)\\ &= \sum_{(i,j)\in\{0,1\}^2} |i-j|\,\mathbb{P}(X=i)\,\mathbb{P}(Y=j) = 2p(1-p),\end{aligned}$$

car les seuls termes non nuls correspondent à $(i,j) \in \{(1,0),(0,1)\}$.

2. Si $X \sim \mathcal{U}([\![1,n]\!])$, on a, toujours avec la formule de transfert :

$$\mathbb{E}\left(|X-Y|\right) = \sum_{(i,j)\in[\![1,n]\!]^2} |i-j|\,\mathbb{P}(X=i, Y=j) = \frac{1}{n^2}\sum_{(i,j)\in[\![1,n]\!]^2} |i-j|.$$

On a ensuite :

$$\sum_{(i,j)\in[\![1,n]\!]^2} |i-j| = 2\sum_{\substack{(i,j)\in[\![1,n]\!]^2\\ i<j}} |i-j| = 2\sum_{j=2}^{n}\sum_{i=1}^{j-1}(j-i) = 2\sum_{j=2}^{n}\sum_{k=1}^{j-1} k = \sum_{j=1}^{n} j(j-1).$$

On obtient donc :

$$\mathbb{E}\left(|X-Y|\right) = \frac{1}{n^2}\left(\frac{n(n+1)(2n+1)}{6} - \frac{n(n+1)}{2}\right) = \frac{n^2-1}{3n}.$$

29.5 De $\displaystyle\sum_{k=1}^{n}\mathbb{P}(X=k) = \lambda\sum_{k=1}^{n} k = \lambda\frac{n(n+1)}{2} = 1$, on tire $\lambda = \dfrac{2}{n(n+1)}$.

On obtient :

$$\mathbb{E}(X) = \sum_{k=1}^{n} k\,\mathbb{P}(X=k) = \lambda\sum_{k=1}^{n} k^2 = \lambda\,\frac{n(n+1)(2n+1)}{6} = \frac{2n+1}{3}.$$

On calcule ensuite :

$$\mathbb{E}(X^2) = \sum_{k=1}^{n} k^2\,\mathbb{P}(X=k) = \lambda\sum_{k=1}^{n} k^3 = \lambda\,\frac{n^2(n+1)^2}{4} = \frac{n(n+1)}{2}.$$

On en déduit :

$$\mathbb{V}(X) = \mathbb{E}(X^2) - (\mathbb{E}(X))^2 = \frac{n(n+1)}{2} - \frac{(2n+1)^2}{9} = \frac{n^2+n-2}{18} = \frac{(n-1)(n+2)}{18}.$$

29.6 Comme X est à valeurs dans $[a,b]$, on a $(X-a)(X-b) \leqslant 0$, et donc $X^2 \leqslant (a+b)X - ab$. Par croissance et linéarité de l'espérance, on en déduit $\mathbb{E}(X^2) \leqslant (a+b)\,\mathbb{E}(X) - ab$ et donc, en utilisant la formule de Kœnig-Huygens :

$$\begin{aligned}\mathbb{V}(X) \leqslant (a+b)\,\mathbb{E}(X) - ab - \mathbb{E}(X)^2 &= -\left(\mathbb{E}(X) - \frac{a+b}{2}\right)^2 + \frac{(a+b)^2}{4} - ab \\ &= -\left(\mathbb{E}(X) - \frac{a+b}{2}\right)^2 + \frac{(b-a)^2}{4}.\end{aligned}$$

On a donc $\mathbb{V}(X) \leqslant \frac{(b-a)^2}{4}$.

29.7 Posons $Y = \prod_{k=1}^{n} X_k$.

- Les variables $X_1, \ldots, X_n$ sont indépendantes, donc $\mathbb{E}(Y) = \prod_{k=1}^{n} \mathbb{E}(X_k) = m^n$.
- D'autre part, $Y^2 = \prod_{k=1}^{n} X_k^2$ et les variables $X_1^2, \ldots, X_n^2$ sont indépendantes car fonctions de variables indépendantes, donc $\mathbb{E}(Y^2) = \prod_{k=1}^{n} \mathbb{E}(X_k^2)$. Pour calculer $\mathbb{E}(X_k^2)$, on utilise la formule de Kœnig-Huygens :

$$\mathbb{E}(X_k^2) = \mathbb{V}(X_k) + (\mathbb{E}(X_k))^2 = 1 + m^2.$$

On en déduit $\mathbb{E}(Y^2) = (1+m^2)^n$ et, toujours avec la formule de Kœnig-Huygens :

$$\mathbb{V}(Y) = (1+m^2)^n - m^{2n}.$$

29.8 On pose $Y = X - (a-1)$. Alors Y suit la loi uniforme sur $[\![1, b-a+1]\!]$ et on a, en utilisant la proposition 16 de la page 1007 et la proposition 17 de la page 1007 :

$$\mathbb{V}(X) = \mathbb{V}(Y) = \frac{(b-a+1)^2 - 1}{12} = \frac{(b-a)(b-a+2)}{12}.$$

29.9 Par linéarité de l'espérance, on a, pour tout réel m :

$$\begin{aligned}\varphi(m) = \mathbb{E}((X-m)^2) &= \mathbb{E}(X^2 - 2mX + m^2) \\ &= \mathbb{E}(X^2) - 2m\,\mathbb{E}(X) + m^2 \\ &= (m - \mathbb{E}(X))^2 + \mathbb{E}(X^2) - (\mathbb{E}(X))^2 = (m - \mathbb{E}(X))^2 + \mathbb{V}(X).\end{aligned}$$

Le minimum est donc obtenu pour $m = \mathbb{E}(X)$ et vaut $\mathbb{V}(X)$.

29.10 On choisit pour Ω l'ensemble des répartitions possibles des boules blanches et noires dans les $2n$ tirages, donc $\operatorname{card}(\Omega) = \binom{2n}{n}$. On munit Ω de la probabilité uniforme.
On a $X(\Omega) = [\![n, 2n]\!]$. Pour tout entier k de $[\![n, 2n]\!]$, $\{X = k\}$ est réalisé si, et seulement si, la dernière boule noire est tirée au k-ième rang, ce qui signifie que les $k-1$ premiers tirages ont donné $n-1$ boules noires. Cela donne $\binom{k-1}{n-1}$ répartitions des noires et blanches

pour les k premiers tirages. Les boules restantes étant tirées dans un ordre quelconque, on a donc :

$$\operatorname{card}\big(\{X=k\}\big)=\binom{k-1}{n-1}\qquad\text{et}\qquad \mathbb{P}(X=k)=\frac{\binom{k-1}{n-1}}{\binom{2n}{n}}\cdot$$

En utilisant, pour $k\geqslant n-1$, la relation $k\binom{k-1}{n-1}=n\binom{k}{n}$, il vient :

$$\mathbb{E}(X)=\sum_{k=n}^{2n}k\frac{\binom{k-1}{n-1}}{\binom{2n}{n}}=\frac{n}{\binom{2n}{n}}\sum_{k=n}^{2n}\binom{k}{n}.$$

Montrons la formule donnée dans l'énoncé. Pour $(m,n)\in\mathbb{N}^2$, on obtient, en appliquant la formule de Pascal :

$$\sum_{k=n}^{m+n}\binom{k}{n}=\sum_{k=n}^{m+n}\left(\binom{k+1}{n+1}-\binom{k}{n+1}\right)=\binom{m+n+1}{n+1}-\binom{n}{n+1}=\binom{m+n+1}{n+1},$$

car la somme est télescopique et $\binom{n}{n+1}=0$.

En appliquant cette formule pour $m=n$, on obtient :

$$\mathbb{E}(X)=\frac{n}{\binom{2n}{n}}\binom{2n+1}{n+1}=\frac{n(2n+1)}{n+1}.$$

29.11 1. Une éventualité est une permutation $(u_1,\dots,u_n)$ de $[\![1,n]\!]$ et $\operatorname{card}\Omega=n!$. On munit Ω de la probabilité uniforme. On a $X(\Omega)=[\![1,n]\!]$.

La deuxième question incite à calculer $\mathbb{P}(X\geqslant k)$. L'événement $\{X\geqslant k\}$ est réalisé si, et seulement si, $u_1<u_2<\cdots<u_k$. Le nombre de suites strictement croissantes de k réels que l'on peut obtenir dans $[\![1,n]\!]$ est $\binom{n}{k}$. Les $(n-k)$ éléments restants pouvant être tirés dans un ordre quelconque, on obtient :

$$\operatorname{card}\big(\{X\geqslant k\}\big)=\binom{n}{k}(n-k)!\ \text{ puis }\ \mathbb{P}(X\geqslant k)=\frac{\binom{n}{k}(n-k)!}{n!}=\frac{1}{k!}\cdot$$

On en déduit, pour $k\in[\![1,n]\!]$:

$$\mathbb{P}(X=k)=\mathbb{P}(X\geqslant k)-\mathbb{P}(X\geqslant k+1)=\begin{cases}\dfrac{1}{k!}-\dfrac{1}{(k+1)!} & \text{si } k<n\\[2mm] \dfrac{1}{n!} & \text{si } k=n,\end{cases}$$

car $\mathbb{P}(X\geqslant n+1)=0$.

2. On a :

$$\begin{aligned}\mathbb{E}(X)=\sum_{k=1}^{n}k\,\mathbb{P}(X=k)&=\sum_{k=1}^{n}k\,\mathbb{P}(X\geqslant k)-\sum_{k=1}^{n}k\,\mathbb{P}(X\geqslant k+1)\\&=\sum_{k=1}^{n}k\,\mathbb{P}(X\geqslant k)-\sum_{k=2}^{n+1}(k-1)\,\mathbb{P}(X\geqslant k)=\sum_{k=1}^{n}\mathbb{P}(X\geqslant k),\end{aligned}$$

car $\mathbb{P}(X\geqslant n+1)=0$. On obtient :

$$\mathbb{E}(X)=\sum_{k=1}^{n}\frac{1}{k!}\cdot$$

29.12 Effectuons le développement par rapport à la première colonne :

$$D=\sum_{i=1}^{n}(-1)^{i+1}X_{i,1}\Delta_{i,1},$$

où $\Delta_{i,1}$ est le déterminant de la sous-matrice de M obtenue en supprimant la première colonne et la ligne i. Par linéarité de l'espérance, on a :

$$\mathbb{E}(D)=\sum_{i=1}^{n}(-1)^{i+1}\,\mathbb{E}\left(X_{i,1}\Delta_{i,1}\right).$$

Pour $i\in[\![1,n]\!]$, remarquons que la variable aléatoire $\Delta_{i,1}$ est une fonction des variables aléatoires $(X_{k,j})_{(k,j)\in([\![1,n]\!]\setminus\{i\})\times[\![2,n]\!]}$. Par indépendance de la famille $(X_{k,j})_{(k,j)\in[\![1,n]\!]^2}$, le lemme des coalitions offre l'indépendance des variables aléatoire $X_{i,1}$ et $\Delta_{i,1}$. Ainsi, puisque les variables $X_{i,j}$ sont centrées, on a :

$$\forall i\in[\![1,n]\!]\quad \mathbb{E}\left(X_{i,1}\Delta_{i,1}\right)=\underbrace{\mathbb{E}\left(X_{i,1}\right)}_{=0}\mathbb{E}\left(\Delta_{i,1}\right)=0,$$

d'où $\mathbb{E}(D)=0$.

29.13 1. Pour tout $\omega\in\Omega$, on a :

$$\prod_{i=1}^{n}(1-\mathbb{1}_{A_i}(\omega))=\prod_{i=1}^{n}\mathbb{1}_{\bar{A}_i}(\omega)=\mathbb{1}_{\overline{A_1}\cap\cdots\cap\overline{A_n}}(\omega)=1-\mathbb{1}_{A_1\cup\cdots\cup A_n}(\omega),$$

d'où l'égalité des applications.

2. En développant, on obtient :

$$1-\mathbb{1}_{A_1\cup\cdots\cup A_n}=1+\sum_{\substack{I\subset[\![1,n]\!]\\ I\neq\varnothing}}(-1)^{\operatorname{card} I}\prod_{i\in I}\mathbb{1}_{A_i}=1+\sum_{\substack{I\subset[\![1,n]\!]\\ I\neq\varnothing}}(-1)^{\operatorname{card} I}\mathbb{1}_{\bigcap\limits_{i\in I}A_i}.$$

On regroupe les termes selon le cardinal k de I :

$$\mathbb{1}_{A_1\cup\cdots\cup A_n}=\sum_{\substack{I\subset[\![1,n]\!]\\ I\neq\varnothing}}(-1)^{(\operatorname{card} I-1)}\mathbb{1}_{\bigcap\limits_{i\in I}A_i}=\sum_{k=1}^{n}(-1)^{k-1}\sum_{1\leqslant i_1<\cdots<i_k\leqslant n}\mathbb{1}_{A_{i_1}\cap\cdots\cap A_{i_k}}.$$

3. Par linéarité de l'espérance, on obtient :

$$\begin{aligned}\mathbb{P}\left(\bigcup_{i=1}^{n}A_i\right)=\mathbb{E}\left(\mathbb{1}_{A_1\cup\cdots\cup A_n}\right)&=\sum_{k=1}^{n}(-1)^{k-1}\sum_{1\leqslant i_1<\cdots<i_k\leqslant n}\mathbb{E}\left(\mathbb{1}_{A_{i_1}\cap\ldots\cap A_{i_k}}\right)\\&=\sum_{k=1}^{n}(-1)^{k-1}\sum_{1\leqslant i_1<\cdots<i_k\leqslant n}\mathbb{P}\left(A_{i_1}\cap\cdots\cap A_{i_k}\right).\end{aligned}$$

29.14 1. On obtient en échangeant l'ordre des sommations et en appliquant la formule des probabilités totales :

$$\begin{aligned}\sum_{k=1}^{n}\mathbb{E}(X\mid A_k)\,\mathbb{P}(A_k)&=\sum_{k=1}^{n}\sum_{x\in X(\Omega)}x\,\mathbb{P}(X=x\mid A_k)\,\mathbb{P}(A_k)\\&=\sum_{x\in X(\Omega)}x\sum_{k=1}^{n}\mathbb{P}(X=x\mid A_k)\,\mathbb{P}(A_k)=\sum_{x\in X(\Omega)}x\,\mathbb{P}(X=x)=\mathbb{E}(X).\end{aligned}$$

2. Pour $1 \leqslant j \leqslant n$, on considère l'événement A_j « on tire dans l'urne j ».

   Alors $(A_1, \ldots, A_n)$ est un système complet d'événements. On a $\mathbb{P}(A_j) = \dfrac{1}{n}$, car on choisit l'urne au hasard.

   La variable X est à valeurs dans $[\![0, r]\!]$. Pour $j \in [\![1, n]\!]$, la loi de X sachant A_j est la loi binomiale $\mathcal{B}\left(r, \dfrac{j}{n}\right)$, car on effectue alors r tirages avec remise dans une urne où la proportion de boules blanches est $\dfrac{j}{n}\cdot$ On a donc $\mathbb{E}(X \mid A_j) = \dfrac{rj}{n}$ (espérance de la loi binomiale).

   En appliquant la formule de l'espérance totale (cf. première question), on obtient :

$$\mathbb{E}(X) = \sum_{j=1}^{n} \frac{1}{n}\frac{rj}{n} = \frac{rn(n+1)}{2n^2} = \frac{r(n+1)}{2n}.$$

29.15 1. La probabilité de tirer une boule rouge au premier tirage est $\dfrac{r}{N}$, donc Y_1 suit la loi de Bernoulli de paramètre $\dfrac{r}{N}\cdot$

2. L'ensemble des valeurs prises par X_n est $[\![0, n]\!]$. On prend comme système complet d'événements $\big(\{X_n = k\}\big)_{k \in [\![0,n]\!]}$. La variable aléatoire Y_{n+1} étant une variable de Bernoulli, on a :

$$\mathbb{E}(Y_{n+1}) = \mathbb{P}(Y_{n+1} = 1) = \sum_{k=0}^{n} \mathbb{P}(X_n = k)\ \mathbb{P}(Y_{n+1} = 1 \mid X_n = k).$$

   Si l'événement $\{X_n = k\}$ est réalisé, on a rajouté ck boules rouges dans l'urne et cn boules en tout, avant le $(n+1)$-ième tirage. On a donc $\mathbb{P}(Y_{n+1} = 1 \mid X_n = k) = \dfrac{r + ck}{N + cn}\cdot$

   On obtient :

$$\mathbb{E}(Y_{n+1}) = \sum_{k=0}^{n} \mathbb{P}(X_n = k)\frac{r + ck}{N + cn} = \mathbb{E}\left(\frac{r + cX_n}{N + cn}\right),$$

   d'après le théorème de transfert et donc, par linéarité : $\mathbb{E}(Y_{n+1}) = \dfrac{r + c\,\mathbb{E}(X_n)}{N + cn}\cdot$

3. On a clairement $X_n = Y_1 + \cdots + Y_n$ et donc $\mathbb{E}(X_n) = \sum\limits_{k=1}^{n} \mathbb{E}(Y_k)$.

   Démontrons par récurrence finie forte sur $n \in [\![1, m]\!]$ que $\mathbb{E}(Y_n) = \mathbb{E}(Y_1)$.

   La propriété est évidente pour $n = 1$ et si elle est vraie jusqu'au rang $n < m$, alors :

$$\mathbb{E}(X_n) = n\,\mathbb{E}(Y_1) = \frac{nr}{N} \quad \text{et} \quad \mathbb{E}(Y_{n+1}) = \frac{r + c\,\mathbb{E}(X_n)}{N + cn} = \frac{r + \dfrac{nrc}{N}}{N + cn} = \frac{r}{N} = \mathbb{E}(Y_1).$$

   On a donc, pour tout $n \in [\![1, m]\!]$, $\mathbb{P}(Y_n = 1) = \mathbb{E}(Y_n) = \mathbb{E}(Y_1) = \mathbb{P}(Y_1 = 1)$. Toutes les variables Y_n ont donc même loi.

4. Pour tout $n \in [\![1, m]\!]$, on a $\mathbb{E}(X_n) = n\,\mathbb{E}(Y_1) = \dfrac{nr}{N}\cdot$

29.16 1. La fonction g_X est une fonction polynomiale dont les coefficients sont les $\mathbb{P}(X = k)$. La donnée de g_X détermine donc les $\mathbb{P}(X = k)$, c'est-à-dire la loi de X.

2. Pour tout réel t :

$$g_{X_1+X_2}(t) = \mathbb{E}\left(t^{X_1+X_2}\right) = \mathbb{E}\left(t^{X_1}t^{X_2}\right) = \mathbb{E}\left(t^{X_1}\right)\mathbb{E}\left(t^{X_2}\right) = g_{X_1}(t)g_{X_2}(t),$$

   car les variables t^{X_1} et t^{X_2} sont indépendantes (fonctions de variables indépendantes).

3. Si X suit la loi binomiale de paramètre (n,p), on a, pour tout t, d'après la formule de transfert :
$$g_X(t) = \sum_{k=0}^{n} t^k\,\mathbb{P}(X=k) = \sum_{k=0}^{n} \binom{n}{k}(pt)^k(1-p)^{n-k} = (pt+1-p)^n.$$
Si X_1 et X_2 sont des variables indépendantes suivant les lois binomiales de paramètre (n_1,p) et (n_2,p), on a, pour tout réel t :
$$g_{X_1+X_2}(t) = g_{X_1}(t)g_{X_2}(t) = (pt+1-p)^{n_1}(pt+1-p)^{n_2} = (pt+1-p)^{n_1+n_2}.$$
On reconnaît la fonction génératrice de la loi binomiale de paramètre (n_1+n_2,p). D'après la question 1, la variable X_1+X_2 suit la loi binomiale de paramètre (n_1+n_2,p).

29.17 Comme les variables aléatoires sont à valeurs strictement positives, le quotient est bien défini et c'est une variable aléatoire. Par linéarité de l'espérance, on a :
$$\mathbb{E}\left(\frac{X_1+\cdots+X_k}{X_1+\cdots+X_n}\right) = \sum_{i=1}^{k}\mathbb{E}\left(\frac{X_i}{X_1+\cdots+X_n}\right).$$
Montrons que toutes les espérances qui interviennent dans la somme sont égales. Il suffit pour cela de montrer que les variables $Y_i = \frac{X_i}{X_1+\cdots+X_n}$ ont même loi. Si f est l'application de $(\mathbb{R}_+^*)^n$ dans $\mathbb{R}_+^*$ définie par $f(t_1,\ldots,t_n) = \frac{t_1}{t_1+\cdots+t_n}$, on a :
$$Y_i = \underbrace{f(X_i,X_2,\ldots,X_1,\ldots,X_n)}_{X_1 \text{ à la } i\text{-ème place}} = f(Z_i) \text{ avec } Z_i = (X_i,X_2,\ldots,X_1,\ldots,X_n).$$
Il suffit donc de montrer que toutes les variable Z_i ont même loi. On conclura alors grâce à la proposition 11 de la page 942 que toutes les variables Y_i ont même loi.
Soit E l'ensemble des valeurs prises par X_1 et $i \in [\![1,n]\!]$. On a, pour tout $(x_1,\ldots,x_n) \in E^n$, par indépendance des variables $X_1,\ldots,X_n$:
$$\begin{aligned}\mathbb{P}\big(Z_i=(x_1,\ldots,x_n)\big) &= \mathbb{P}(X_i=x_1)\,\mathbb{P}(X_2=x_2)\ldots\mathbb{P}(X_1=x_i)\cdots\mathbb{P}(X_n=x_n)\\ &= \mathbb{P}(X_1=x_1)\,\mathbb{P}(X_2=x_2)\cdots\mathbb{P}(X_i=x_i)\ldots\mathbb{P}(X_n=x_n)\\ &= \mathbb{P}\big(Z_1=(x_1,\ldots,x_n)\big),\end{aligned}$$
car X_1 et X_i ont même loi. Ainsi, Z_i a même loi que Z_1.
On a donc $\mathbb{E}\left(\frac{X_1+\cdots+X_k}{X_1+\cdots+X_n}\right) = k\,\mathbb{E}(Y_1)$. Mais pour $k=n$, le quotient vaut 1, donc $n\,\mathbb{E}(Y_1)=1$ et, finalement, pour tout $k \in [\![1,n]\!]$:
$$\mathbb{E}\left(\frac{X_1+\cdots+X_k}{X_1+\cdots+X_n}\right) = \frac{k}{n}.$$

29.18 On remarque que $p_1+p_2+p_3=1$ et $X+Y+Z=n$. Les variables X, Y, Z suivent des lois binomiales de paramètres (n,p_1), (n,p_2), (n,p_3) respectivement. On obtient ainsi :
$$\mathbb{V}(X) = np_1(1-p_1),\ \mathbb{V}(Y) = np_2(1-p_2),$$
$$\mathbb{V}(X+Y) = \mathbb{V}(n-Z) = \mathbb{V}(Z) = np_3(1-p_3).$$
On en déduit :
$$\begin{aligned}\mathrm{Cov}(X,Y) &= \frac{1}{2}\big(\mathbb{V}(X+Y)-\mathbb{V}(X)-\mathbb{V}(Y)\big)\\ &= \frac{n}{2}\big(p_3(1-p_3)-p_1(1-p_1)-p_2(1-p_2)\big).\end{aligned}$$
En remplaçant p_3 par $1-p_1-p_2$ et en simplifiant, on obtient $\mathrm{Cov}(X,Y) = -np_1p_2$.

29.19 Pour tout $i \in [\![1, N]\!]$, on considère la variable X_i qui vaut 1 si le i-ème lancer donne pile et 0 sinon. On obtient des variables indépendantes $X_1, \ldots, X_N$.

Pour m et n dans $[\![1, N]\!]$, on a $S_m = \sum_{i=1}^{m} X_i$ et $S_n = \sum_{j=1}^{n} X_j$.

En utilisant la bilinéarité de la covariance, on obtient :

$$\operatorname{Cov}(S_m, S_n) = \sum_{i=1}^{m} \sum_{j=1}^{n} \operatorname{Cov}(X_i, X_j).$$

Si $i \neq j$, la covariance de X_i et X_j est nulle car ces variables sont indépendantes. Les termes non nuls de la somme sont les $\operatorname{Cov}(X_i, X_i)$ avec $i \leqslant m$ et $i \leqslant n$, c'est-à-dire $i \leqslant \min(m, n)$. D'autre part, pour tout $i \in [\![1, N]\!]$, on a $\operatorname{Cov}(X_i, X_i) = \mathbb{V}(X_i) = p(1-p)$. Finalement, on obtient :

$$\operatorname{Cov}(S_m, S_n) = \sum_{i=1}^{\min(m,n)} \mathbb{V}(X_i) = \min(m, n)\, p(1-p).$$

29.20 Un élément de Ω est une partie de l'ensemble des jetons. On a donc $\operatorname{card} \Omega = 2^n$. On munit Ω de la probabilité uniforme.

1. On a $N(\Omega) = [\![0, n]\!]$ et, pour tout $k \in [\![0, n]\!]$, $\mathbb{P}(N = k) = \dfrac{\binom{n}{k}}{2^n}\cdot$

   Ainsi N suit la loi binomiale $\mathcal{B}\left(n, \dfrac{1}{2}\right)$, ce qui donne $\mathbb{E}(N) = \dfrac{n}{2}$ et $\mathbb{V}(N) = \dfrac{n}{4}\cdot$

2. On a $\mathbb{P}(X_i = 1) = \dfrac{2^{n-1}}{2^n} = \dfrac{1}{2}$, car il y a 2^{n-1} poignées contenant le jeton i (en effet, une telle poignée est constituée du jeton i et d'une partie quelconque de l'ensemble des $n-1$ jetons restants). La variable aléatoire X_i suit donc la loi de Bernoulli de paramètre $\dfrac{1}{2}$; on a donc $\mathbb{E}(X_i) = \dfrac{1}{2}$ et $\mathbb{V}(X_i) = \dfrac{1}{4}\cdot$

   Pour $i \neq j$, on a $\mathbb{P}(\{X_i = 1\} \cap \{X_j = 1\}) = \dfrac{2^{n-2}}{2^n} = \dfrac{1}{4}$, car il y a 2^{n-2} poignées contenant les jetons i et j (il s'agit de choisir une partie quelconque de l'ensemble des $n-2$ jetons différents des jetons i et j). On en déduit :

   $$\mathbb{P}(\{X_i = 1\} \cap \{X_j = 1\}) = \frac{2^{n-2}}{2^n} = \mathbb{P}(X_i = 1)\, \mathbb{P}(X_j = 1).$$

   Cela montre l'indépendance de ces deux variables de Bernoulli.

3. On a clairement $S = \sum_{i=1}^{n} iX_i$. On en déduit :

   $$\mathbb{E}(S) = \sum_{i=1}^{n} i\, \mathbb{E}(X_i) = \frac{1}{2} \sum_{i=1}^{n} i = \frac{n(n+1)}{4}\cdot$$

   Comme les variables X_i sont deux à deux indépendantes, les variables iX_i le sont aussi, donc on a :

   $$\mathbb{V}(S) = \sum_{i=1}^{n} i^2\, \mathbb{V}(X_i) = \frac{1}{4} \sum_{i=1}^{n} i^2 = \frac{n(n+1)(2n+1)}{24}\cdot$$

29.21 • La variable X suit une loi uniforme sur $[\![1,n]\!]$ donc $\mathbb{E}(X)=\dfrac{n+1}{2}\cdot$

• La variable Y est à valeurs dans $[\![1,n]\!]$. Pour $k\in[\![1,n]\!]$, la loi de Y sachant $\{X=k\}$ est la loi uniforme sur $[\![1,k]\!]$. Pour $(k,i)\in[\![1,n]\!]^2$, on a donc :

$$\mathbb{P}\big(\{X=k\}\cap\{Y=i\}\big)=\mathbb{P}\big(X=k\big)\,\mathbb{P}\big(Y=i\mid X=k\big)=\begin{cases}0 & \text{si}\quad i>k\\ \dfrac{1}{nk} & \text{si}\quad i\leqslant k.\end{cases}$$

On en déduit que, pour tout $i\in[\![1,n]\!]$:

$$\mathbb{P}\big(Y=i\big)=\sum_{k=1}^{n}\mathbb{P}\big(\{X=k\}\cap\{Y=i\}\big)=\sum_{k=i}^{n}\frac{1}{nk}\cdot$$

On obtient alors :

$$\mathbb{E}(Y)=\sum_{i=1}^{n}i\,\mathbb{P}(Y=i)=\sum_{i=1}^{n}\sum_{k=i}^{n}\frac{i}{nk},$$

et en échangeant les sommations :

$$\mathbb{E}(Y)=\sum_{k=1}^{n}\sum_{i=1}^{k}\frac{i}{nk}=\sum_{k=1}^{n}\left(\frac{1}{nk}\sum_{i=1}^{k}i\right)=\sum_{k=1}^{n}\frac{1}{nk}\cdot\frac{k(k+1)}{2}=\frac{1}{2n}\sum_{k=1}^{n}(k+1)$$

et donc :

$$\mathbb{E}(Y)=\frac{1}{2n}\left(\frac{n(n+1)}{2}+n\right)=\frac{n+3}{4}\cdot$$

• On calcule ensuite l'espérance de XY :

$$\mathbb{E}(XY)=\sum_{k=1}^{n}\sum_{i=1}^{n}ki\,\mathbb{P}\big(\{X=k\}\cap\{Y=i\}\big)=\sum_{k=1}^{n}\left(\sum_{i=1}^{k}ki\frac{1}{nk}\right)=\frac{1}{n}\sum_{k=1}^{n}\left(\sum_{i=1}^{k}i\right)$$

et donc :

$$\mathbb{E}(XY)=\frac{1}{n}\sum_{k=1}^{n}\frac{k(k+1)}{2}=\frac{1}{2n}\left(\frac{n(n+1)(2n+1)}{6}+\frac{n(n+1)}{2}\right)=\frac{(n+1)(n+2)}{6}\cdot$$

• On en déduit :

$$\begin{aligned}\operatorname{Cov}(X,Y)&=\mathbb{E}(XY)-\mathbb{E}(X)\,\mathbb{E}(Y)\\&=\frac{(n+1)(n+2)}{6}-\frac{(n+1)(n+3)}{8}=\frac{(n+1)(n-1)}{24}\cdot\end{aligned}$$

29.22 1. On a $U(\Omega) = \{0, 1, 2\}$, $V(\Omega) = \{-1, 0, 1\}$.

Pour tout $(k, \ell) \in \{0, 1, 2\} \times \{-1, 0, 1\}$, on obtient, par indépendance de X et Y :

$$\begin{aligned}\mathbb{P}(U = k, V = \ell) &= \mathbb{P}\left(X = \frac{k+\ell}{2}, Y = \frac{k-\ell}{2}\right) \\ &= \mathbb{P}\left(X = \frac{k+\ell}{2}\right)\mathbb{P}\left(Y = \frac{k-\ell}{2}\right).\end{aligned}$$

Cette probabilité est nulle si k et ℓ n'ont pas la même parité. On représente la loi conjointe et les lois marginales dans un tableau. Pour simplifier, on pose $q = 1 - p$.

U \ V	-1	0	1	loi de U
0	0	q^2	0	q^2
1	pq	0	pq	$2pq$
2	0	p^2	0	p^2
loi de V	pq	$p^2 + q^2$	pq	

2. On obtient $\mathbb{E}(U) = 2p$, $\mathbb{E}(V) = 0$ et $\mathbb{E}(UV) = -pq + pq = 0$ (tous les autres termes sont nuls). On en déduit $\operatorname{Cov}(U, V) = 0$.

3. Manifestement, les variables U et V ne sont pas indépendantes. On a, par exemple :

$$\mathbb{P}(U = 0)\,\mathbb{P}(V = 1) = pq^3 \neq 0 = \mathbb{P}(U = 0, V = 1).$$

Mais, d'après la question 2, elles sont décorrélées. On retrouve ce qui a été signalé page 1011 : la décorrélation n'est pas une condition suffisante d'indépendance.

29.23 1. On a $\mathbb{E}(I_t) = \mathbb{P}(I_t = 1) = p^3$. En effet, il faut et il suffit que chacune des trois arêtes du triangle t soit coloriée, c'est-à-dire que trois variables de Bernoulli de paramètre p, indépendantes, prennent la valeur 1. On a donc $\mathbb{V}(I_t) = p^3(1 - p^3)$.

On a clairement $N = \sum_{t \in T} I_t$ donc, par linéarité :

$$\mathbb{E}(N) = \sum_{t \in T} \mathbb{E}(I_t) = p^3 \operatorname{card}(T) = \binom{n}{3} p^3.$$

2. On a $\mathbb{V}(N) = \sum_{t \in T} \mathbb{V}(I_t) + \sum_{t \neq t'} \operatorname{Cov}(I_t, I_{t'})$.

- Si t et t' n'ont aucune arête en commun, alors $\mathbb{E}(I_t I_{t'}) = \mathbb{P}(I_t = 1, I_{t'} = 1) = p^6$, car 6 arêtes en tout doivent être coloriées. On a alors $\operatorname{Cov}(I_t, I_{t'}) = p^6 - p^6 = 0$.
- Si t et t' ont une arête en commun, alors $\mathbb{E}(I_t I_{t'}) = \mathbb{P}(I_t = 1, I_{t'} = 1) = p^5$, car 5 arêtes en tout doivent être coloriées. On a alors $\operatorname{Cov}(I_t, I_{t'}) = p^5 - p^6$.

Déterminons le nombre de couples (t, t') tels que t et t' aient une arête commune. Choisissons cette arête commune : il y a $\binom{n}{2}$ choix possibles. On choisit ensuite le dernier sommet de t parmi $n - 2$ et le dernier sommet de t' parmi $n - 3$ (car $t \neq t'$).

Cela donne $\binom{n}{2} \times (n-2)(n-3) = 12\binom{n}{4}$ couples (t, t'). On trouve :

$$\mathbb{V}(N) = \binom{n}{3} p^3(1 - p^3) + 12\binom{n}{4} p^5(1 - p).$$

29.24 1. (a) Comme $\lambda > 0$, et par stricte croissance de la fonction exp, on a :

$$\{S_n - np \geqslant nx\} = \{\lambda(S_n - np) \geqslant n\lambda x\} = \{e^{\lambda(S_n-np)} \geqslant e^{n\lambda x}\}.$$

La variable aléatoire $e^{\lambda(S_n-np)}$ étant positive, l'inégalité de Markov donne :

$$\mathbb{P}\left(S_n - np \geqslant nx\right) = \mathbb{P}\left(e^{\lambda(S_n-np)} \geqslant e^{n\lambda x}\right) \leqslant \frac{\mathbb{E}(e^{\lambda(S_n-np)})}{e^{n\lambda x}}.$$

(b) Considérons $X_1, \ldots, X_n$ des variables aléatoires indépendantes suivant la loi de Bernoulli de paramètre p, et posons $T_n = \sum\limits_{k=1}^{n} X_k$. On sait alors que T_n suit la loi binomiale de paramètre (n,p), donc a même loi que S_n. Les variables aléatoires $T_n - np$ et $S_n - np$ ont ainsi même loi, donc même espérance. On a :

$$\begin{aligned}\mathbb{E}\left(e^{\lambda(S_n-np)}\right) = \mathbb{E}\left(e^{\lambda(T_n-np)}\right) &= \mathbb{E}\left(\exp\left(\lambda\left(\sum_{k=1}^{n} X_k - np\right)\right)\right)\\ &= \mathbb{E}\left(\exp\left(\sum_{k=1}^{n} \lambda(X_k - p)\right)\right) = \mathbb{E}\left(\prod_{k=1}^{n} e^{\lambda(X_k-p)}\right).\end{aligned}$$

Les variables $X_1, \ldots, X_n$ étant indépendantes et de même loi, il en est de même pour les variables $\lambda(X_1 - p), \ldots, \lambda(X_n - p)$, d'où :

$$\mathbb{E}\left(e^{\lambda(S_n-np)}\right) = \prod_{k=1}^{n} \mathbb{E}\left(e^{\lambda(X_k-p)}\right) = \left(\mathbb{E}\left(e^{\lambda(X_1-p)}\right)\right)^n.$$

Cela donne le résultat, car en revenant à la définition de l'espérance, on a :

$$\mathbb{E}\left(e^{\lambda(X_1-p)}\right) = pe^{\lambda q} + qe^{-\lambda p}.$$

(c) En posant $f : t \mapsto e^{t^2} + t - e^t$, il s'agit de démontrer que la fonction f est positive sur $\mathbb{R}$. On a, pour tout $t \in \mathbb{R}$:

$$f'(t) = 2te^{t^2} + 1 - e^t \qquad \text{et} \qquad f''(t) = (4t^2 + 2)e^{t^2} - e^t.$$

- Si $t \notin [0,1]$, on a $f''(t) > 0$ car $t^2 \geqslant t$ et donc $(4t^2 + 2)e^{t^2} \geqslant 2e^t > e^t$.
- Si $t \in [0,1]$, on écrit $f''(t) = e^{t^2}\left(4t^2 + 2 - e^{t-t^2}\right)$. Comme $t - t^2 \leqslant \dfrac{1}{4}$ pour $t \in [0,1]$, on a $e^{t-t^2} \leqslant e^{\frac{1}{4}} \leqslant 2$ et donc $f''(t) \geqslant 0$.

La fonction f'' étant positive, la fonction f' est croissante sur $\mathbb{R}$. Comme $f'(0) = 0$, f' est négative sur $\mathbb{R}_-$ et positive sur $\mathbb{R}_+$. La fonction f admet donc un minimum en 0. Cela donne le résultat, car $f(0) = 0$.

(d) En combinant les résultats des questions 1(a) et 1(b), on a :

$$\mathbb{P}(S_n - np \geqslant nx) \leqslant (pe^{\lambda q} + qe^{-\lambda p})^n e^{-n\lambda x}.$$

Comme $e^{-n\lambda x} \geqslant 0$, il suffit pour obtenir le résultat souhaité de prouver que :

$$pe^{\lambda q} + qe^{-\lambda p} \leqslant e^{\lambda^2}.$$

En appliquant l'inégalité obtenue à la question 1(c) à λq et $-\lambda p$, on a :

$$pe^{\lambda q} \leqslant pe^{\lambda^2 q^2} + pq\lambda \qquad \text{et} \qquad qe^{-\lambda p} \leqslant qe^{\lambda^2 p^2} - pq\lambda,$$

et ainsi :

$$pe^{\lambda q} + qe^{-\lambda p} \leqslant pe^{\lambda^2 q^2} + qe^{\lambda^2 p^2}.$$

En majorant λ^2q^2 et λ^2p^2 par λ^2, on obtient :

$$pe^{\lambda q}+qe^{-\lambda p}\leqslant (p+q)e^{\lambda^2}=e^{\lambda^2},$$

d'où le résultat.

2. L'inégalité obtenue à la question 1(d) est vraie pour tout $\lambda>0$. En choisissant la valeur de λ minimisant le membre de droite de l'inégalité, c'est-à-dire $x/2$, on obtient :

$$\mathbb{P}(S_n-np\geqslant nx)\leqslant e^{-\frac{nx^2}{4}}.$$

3. On a les égalités d'événements suivantes :

$$\{S_n-np\leqslant -nx\}=\{np-S_n\geqslant nx\}=\{n(1-q)-S_n\geqslant nx\}=\{(n-S_n)-nq\geqslant nx\}.$$

La variable aléatoire $n-S_n$ est valeurs dans $[\![0,n]\!]$, et, pour tout $k\in[\![0,n]\!]$, on a :

$$\mathbb{P}(n-S_n=k)=\mathbb{P}(S_n=n-k)=\binom{n}{n-k}p^{n-k}(1-p)^k=\binom{n}{k}q^k(1-q)^{n-k},$$

donc la variable aléatoire $n-S_n$ suit la loi binomiale de paramètre (n,q). Ainsi, on peut appliquer le résultat de la question précédente et obtenir :

$$\mathbb{P}\big((n-S_n)-nq\geqslant nx\big)\leqslant e^{-\frac{nx^2}{4}}\qquad i.e.\qquad \mathbb{P}(S_n-np\leqslant -nx)\leqslant e^{-\frac{nx^2}{4}}.$$

4. On a :

$$\left\{\left|\frac{S_n}{n}-p\right|\geqslant x\right\}=\big\{|S_n-np|\geqslant nx\big\}=\big\{S_n-np\geqslant nx\big\}\cup\big\{S_n-np\leqslant -nx\big\}.$$

Par sous-additivité, on obtient :

$$\mathbb{P}\left(\left|\frac{S_n}{n}-p\right|\geqslant x\right)\leqslant \mathbb{P}(S_n-np\geqslant nx)+\mathbb{P}(S_n-np\leqslant -nx),$$

puis en utilisant les inégalités précédemment obtenues :

$$\mathbb{P}\left(\left|\frac{S_n}{n}-p\right|\geqslant x\right)\leqslant 2e^{-\frac{nx^2}{4}}.$$

5. On a $\mathbb{E}\left(\frac{S_n}{n}\right)=p$ et $\mathbb{V}\left(\frac{S_n}{n}\right)=\frac{p(1-p)}{n}$, donc l'inégalité de Bienaymé-Tchebychev donne :

$$\mathbb{P}\left(\left|\frac{S_n}{n}-p\right|\geqslant x\right)\leqslant \frac{p(1-p)}{nx^2}.$$

Pour de grandes valeurs de n, le majorant proposé par l'inégalité de Bernstein est bien meilleur que celui fourni par l'inégalité de Bienaymé-Tchebychev.

Chapitre 30 : Fonctions de deux variables (option PSI)

Fonctions de deux variables (option PSI)

30

★ *Ce chapitre concerne uniquement les étudiants ayant choisi de suivre l'option PSI en deuxième année.* ★

I Fonctions continues sur un ouvert de $\mathbb{R}^2$

1 Ouverts de $\mathbb{R}^2$

On munit $\mathbb{R}^2$ de la norme euclidienne :

$$\begin{array}{rccc} \|\cdot\| : & \mathbb{R}^2 & \longrightarrow & \mathbb{R} \\ & (x_1, x_2) & \longmapsto & \sqrt{x_1^2 + x_2^2}. \end{array}$$

Définition 1

Soit $p \in \mathbb{R}^2$ et $r > 0$. On appelle **disque ouvert** de **centre** p et de **rayon** r la partie :

$$D(p,r) = \{z \in \mathbb{R}^2 \ : \ \|z - p\| < r\}.$$

Exo 30.1

Exo 30.2

Définition 2

Soit U une partie de $\mathbb{R}^2$. On dit que U est un **ouvert de $\mathbb{R}^2$** si :

$$\forall p \in U \quad \exists r > 0 \quad D(p,r) \subset U.$$

Ex. 1. Montrons que le demi-plan $H = \{(x,y) \in \mathbb{R}^2 \ : \ x > 0\}$ est un ouvert de $\mathbb{R}^2$.

Soit $p = (a,b) \in H$. On a donc $a > 0$.

Montrons $D(p,a) \subset H$, ce qui conclura. Soit $z = (x,y) \in D(p,a)$.

On a $(x-a)^2 \leqslant (x-a)^2 + (y-b)^2 = \|z-p\|^2 < a^2$, d'où l'encadrement $-a < x - a < a$.

Il s'ensuit $x > 0$, donc $z \in H$.

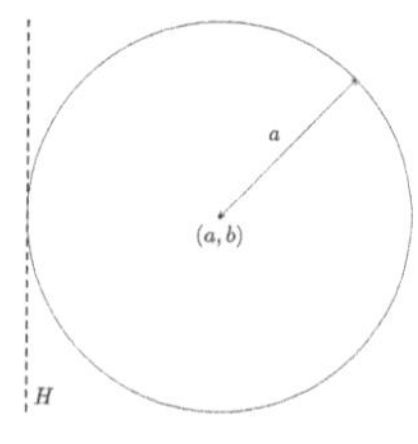

Ex. 2.
Montrons que le disque unité ouvert $D\big((0,0),1\big)$ est un ouvert de $\mathbb{R}^2$.

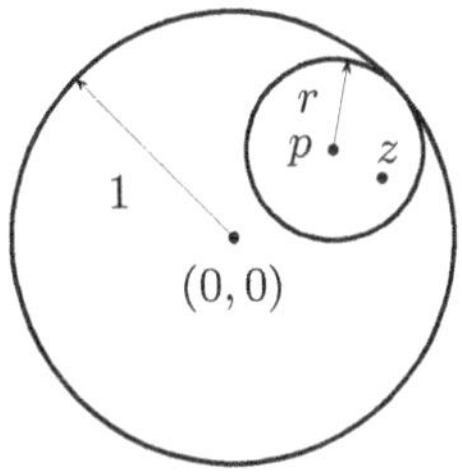

Soit $p \in D\big((0,0),1\big)$. On a donc $\|p\| < 1$.

Posons $r = 1 - \|p\|$. On a bien $r > 0$, et l'on va montrer l'inclusion $D(p,r) \subset D(0,1)$, ce qui conclura. Soit $z \in D(p,r)$.

On a $\|z\| \leqslant \|p\| + \|z - p\|$ d'après l'inégalité triangulaire, d'où $\|z\| < \|p\| + r = 1$, ce qui prouve que $z \in D(0,1)$.

On montrerait de la même façon que tout disque ouvert est un ouvert de $\mathbb{R}^2$.

Ex. 3.

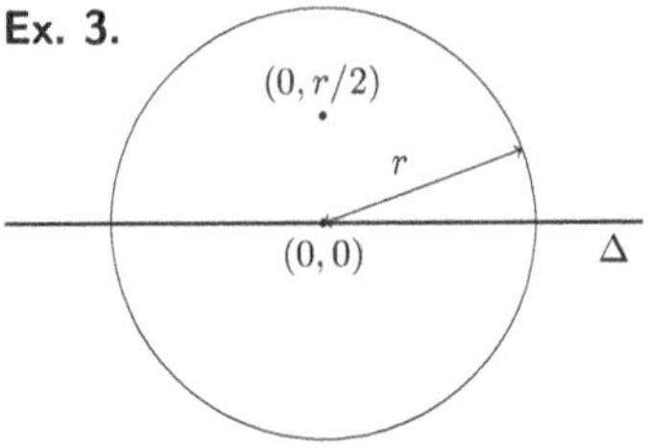

La droite $\Delta = \big\{(x,y) \in \mathbb{R}^2 \ : \ y = 0\big\}$ n'est pas un ouvert de $\mathbb{R}^2$. Soit $r > 0$. Le disque ouvert $D\big((0,0),r\big)$ contient le point $(0, r/2)$, qui n'appartient pas à Δ.

On en déduit qu'aucun disque ouvert de centre $(0,0)$ n'est inclus dans Δ, ce qui montre que Δ n'est pas un ouvert de $\mathbb{R}^2$.

2 Fonctions continues

Dans toute cette section, U désigne un ouvert non vide de $\mathbb{R}^2$.

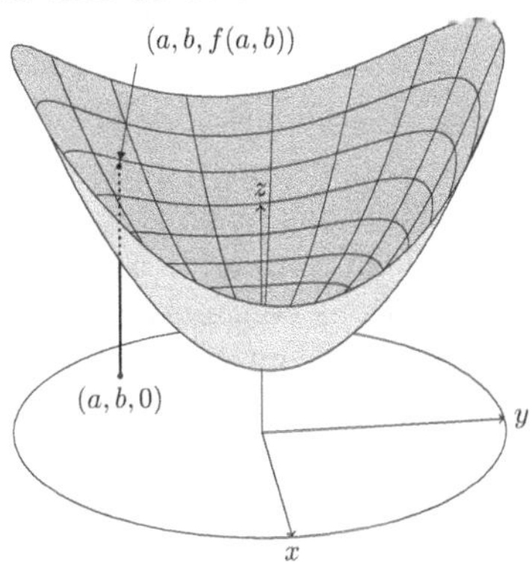

Étant donné une fonction $f : U \to \mathbb{R}$ et un point $p = (a,b) \in U$, on notera indifféremment $f(p)$ ou $f(a,b)$ la valeur de f en ce point.

On peut représenter graphiquement une fonction $f : U \to \mathbb{R}$ par son **graphe** :

$$\Gamma_f = \Big\{\big(x, y, f(x,y)\big) \mid (x,y) \in U\Big\},$$

qui est une partie de $U \times \mathbb{R}$, et donc de $\mathbb{R}^3$.

Définition 3

Soit $f : U \to \mathbb{R}$ une fonction et $p \in U$.

- On dit que la fonction f est **continue en p** si :

$$\forall \varepsilon > 0 \quad \exists \eta > 0 \quad \forall z \in U \quad \Big(\|z - p\| \leqslant \eta \implies \big|f(z) - f(p)\big| \leqslant \varepsilon\Big).$$

- On dit que f est **continue** si elle est continue en tout point de U.

Remarque On traduit cette continuité en écrivant $f(z) \underset{z \to p}{\longrightarrow} f(p)$.

En particulier si $f(p) = 0$ cela s'écrit :

$$\forall \varepsilon > 0 \quad \exists \eta > 0 \quad \forall z \in U \quad \Big(\|z - p\| \leqslant \eta \implies \big|f(z)\big| \leqslant \varepsilon\Big).$$

et l'on note $f(z) \underset{z \to p}{\longrightarrow} 0$.

Ex. 4. Montrons la continuité de $f: \begin{array}{ccc} \mathbb{R}^2 & \longrightarrow & \mathbb{R} \\ (x,y) & \longmapsto & x-2y. \end{array}$

Soit $p=(a,b)\in\mathbb{R}^2$. Soit $\varepsilon>0$. Posons $\eta=\varepsilon/3$. Soit $z=(x,y)\in U$ tel que $\|z-p\|\leqslant\eta$. On a alors $|x-a|=\sqrt{(x-a)^2}\leqslant\sqrt{(x-a)^2+(y-b)^2}=\|z-p\|\leqslant\eta$. De même, $|y-b|\leqslant\eta$. On en déduit, par l'inégalité triangulaire, que :

$$\big|f(z)-f(p)\big|\leqslant|x-a|+2|y-b|\leqslant 3\eta\leqslant\varepsilon,$$

ce qui montre la continuité de f en p. On a donc montré que f était continue sur $\mathbb{R}^2$.

Ex. 5. Soit $\theta\in\mathcal{C}^0(\mathbb{R},\mathbb{R})$; posons $f: \begin{array}{ccc} \mathbb{R}^2 & \longrightarrow & \mathbb{R} \\ (x,y) & \longmapsto & \theta(x). \end{array}$

Montrons que f est continue. Soit $p=(a,b)\in\mathbb{R}^2$ et $\varepsilon>0$.

Par continuité de θ, on peut trouver $\delta>0$ tel que $\forall x\in\mathbb{R}\quad |x-a|\leqslant\delta\Longrightarrow\big|\theta(x)-\theta(a)\big|\leqslant\varepsilon$.

Soit $(x,y)\in D(p,\delta)$. On a alors $(x-a)^2\leqslant(x-a)^2+(y-b)^2\leqslant\delta^2$, d'où $|x-a|\leqslant\delta$, ce qui implique $\big|\theta(x)-\theta(a)\big|\leqslant\varepsilon$ et donc $\big|f(x,y)-f(a,b)\big|\leqslant\varepsilon$, ce qui conclut.

En particulier, cet exemple (et son analogue pour les fonctions dépendant uniquement de y) montre que les fonctions $(x,y)\mapsto x$ et $(x,y)\mapsto y$ sont continues. Quand on disposera de théorèmes généraux pour la continuité, ces exemples suffiront à montrer la continuité de toute fonction qui s'obtient à partir de celles-ci par combinaison linéaire et produit. C'est notamment le cas de la fonction de l'exemple précédent.

Remarque La définition de la continuité pour les fonctions de deux variables étant le calque de celle vue au chapitre 10, on obtient les mêmes théorèmes généraux concernant les opérations avec essentiellement les mêmes démonstrations. On montre notamment que la somme, le produit et, si le dénominateur ne s'annule pas, le quotient de deux fonctions continues définies sur U sont continus.

Nous allons nous contenter d'énoncer les résultats concernant les trois façons de composer une fonction de deux variables et une ou plusieurs fonction(s) d'une variable.

Proposition 1

Soit $f:U\to\mathbb{R}$, I un intervalle contenant $f(U)$ et $\theta:I\to\mathbb{R}$.

Si f est continue en $p\in U$ et que θ est continue en $f(p)$, alors la composée $\theta\circ f$ est continue en p.

Démonstration page 1052

Principe de démonstration. Il suffit de revenir aux définitions.

Proposition 2

Soit $f:U\to\mathbb{R}$, I un intervalle d'intérieur non vide ainsi que γ_1 et γ_2 deux fonctions de I dans $\mathbb{R}$ telles que $\gamma: t\mapsto\big(\gamma_1(t),\gamma_2(t)\big)$ soit à valeurs dans U.

Si γ_1 et γ_2 sont continues en $a\in I$, et que f est continue en $\gamma(a)$, alors la composée $f\circ\gamma: t\mapsto f\big(\gamma_1(t),\gamma_2(t)\big)$ est continue en a.

Démonstration page 1052

Principe de démonstration. Il suffit de revenir aux définitions, après avoir remarqué que les inégalités $|\alpha_1-\alpha_2|\leqslant\eta/2$ et $|\beta_1-\beta_2|\leqslant\eta/2$ entraînent $\big\|(\alpha_1,\beta_1)-(\alpha_2,\beta_2)\big\|\leqslant\eta$.

Proposition 3

Soit $f : U \to \mathbb{R}$, V un ouvert de $\mathbb{R}^2$ et $\varphi, \psi : V \to \mathbb{R}$ deux fonctions telles que la fonction $\Phi : z \mapsto \big(\varphi(z), \psi(z)\big)$ soit à valeurs dans U.

Si φ et ψ sont continues en $p \in V$, et que f est continue en $\big(\varphi(p), \psi(p)\big)$, alors la composée $f \circ \Phi : z \mapsto f\big(\varphi(z), \psi(z)\big)$ est continue en p.

Démonstration page 1052

Principe de démonstration. La démonstration est identique à la précédente.

II Fonctions de classe $\mathcal{C}^1$

Dans toute cette section, U désigne un ouvert non vide de $\mathbb{R}^2$ et f une fonction de U dans $\mathbb{R}$.

1 Dérivées partielles

Étant donné un point $p = (a, b) \in U$, on considère les ensembles :

$$D_1 = \big\{x \in \mathbb{R} : (x, b) \in U\big\} \quad \text{et} \quad D_2 = \big\{y \in \mathbb{R} : (a, y) \in U\big\}$$

et les **applications partielles** :

$$\begin{array}{rccc} \varphi_1 : & D_1 & \longrightarrow & \mathbb{R} \\ & x & \longmapsto & f(x,b) \end{array} \quad \text{et} \quad \begin{array}{rccc} \varphi_2 : & D_2 & \longrightarrow & \mathbb{R} \\ & y & \longmapsto & f(a,y). \end{array}$$

Comme U est ouvert, on peut trouver $r > 0$ tel que $D(p, r) \subset U$. On a alors les inclusions :

$$]a - r, a + r[\, \subset D_1 \quad \text{et} \quad]b - r, b + r[\, \subset D_2.$$

Notons que D_1 et D_2 peuvent ne pas être des intervalles, mais que cela n'a guère d'importance puisque la discussion est ici locale : seul ce qui se passe au voisinage de $a \in D_1$ et $b \in D_2$ nous intéresse.

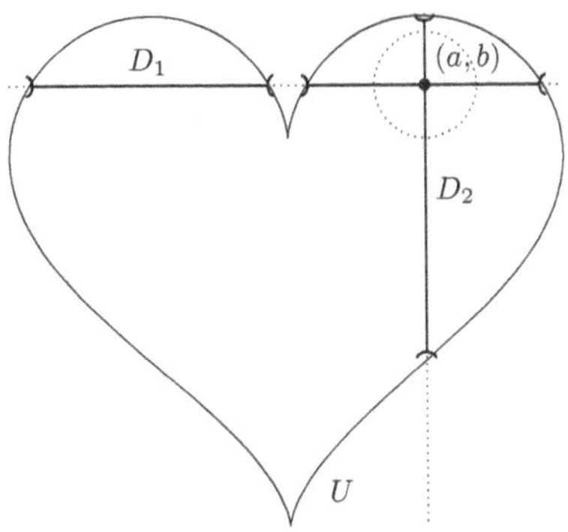

Définition 4

Soit $p = (a, b) \in U$.

- Si l'application partielle φ_1 est dérivable en a, on dit que f admet une **première dérivée partielle** en (a, b) et l'on pose :

$$\partial_1 f(a, b) = \varphi_1'(a).$$

- Si l'application partielle φ_2 est dérivable en b, on dit que f admet une **deuxième dérivée partielle** en (a, b) et l'on pose :

$$\partial_2 f(a, b) = \varphi_2'(b).$$

Exo 30.4

Remarque On utilise en pratique une notation plus parlante.
Pour une fonction $f : (x,y) \mapsto f(x,y)$, on note plutôt :

$$\frac{\partial f}{\partial x}(a,b) = \partial_1 f(a,b) \quad \text{et} \quad \frac{\partial f}{\partial y}(a,b) = \partial_2 f(a,b),$$

en s'adaptant aux noms des variables apparaissant dans la définition de f. Par exemple, les dérivées partielles de la fonction $f : (r,\theta) \mapsto r\,\cos\theta$ sont données par :

$$\forall (s,\omega) \in \mathbb{R}^2 \quad \frac{\partial f}{\partial r}(s,\omega) = \cos\omega \quad \text{et} \quad \frac{\partial f}{\partial \theta}(s,\omega) = -s\,\sin\omega.$$

Cette notation est potentiellement ambiguë, car les variables apparaissant dans la définition de f sont en fait des variables muettes, mais elle ne pose guère de problème à l'usage.

Ex. 6. Soit $(\alpha,\beta,\gamma) \in \mathbb{R}^3$. On considère la fonction (affine) :

$$f : \begin{array}{ccc} \mathbb{R}^2 & \longrightarrow & \mathbb{R}. \\ (x,y) & \longmapsto & \alpha\,x + \beta\,y + \gamma. \end{array}$$

Le graphe de cette fonction est le plan d'équation $z = \alpha\,x + \beta\,y + \gamma$.

Pour tout $b \in \mathbb{R}$, l'application partielle $\varphi_1 : x \mapsto f(x,b) = \alpha\,x + \beta\,b + \gamma$ est (affine donc) dérivable, de dérivée $\varphi_1' : x \mapsto \alpha$.

Le cas de l'autre application partielle étant complètement analogue, f admet des dérivées partielles en tout point de $\mathbb{R}^2$:

$$\forall (a,b) \in \mathbb{R}^2 \quad \frac{\partial f}{\partial x}(a,b) = \alpha \quad \text{et} \quad \frac{\partial f}{\partial y}(a,b) = \beta.$$

Ex. 7. Considérons l'ouvert $H = \{(x,y) \in \mathbb{R}^2 : x > 0\}$ et la fonction $f : \begin{array}{ccc} H & \longrightarrow & \mathbb{R} \\ (x,y) & \longmapsto & x^y. \end{array}$

- Pour tout $b \in \mathbb{R}$, l'application partielle $\varphi_1 : x \mapsto x^b$ est dérivable sur $\mathbb{R}_+^*$, de dérivée $\varphi_1' : x \mapsto b\,x^{b-1}$, donc f admet une première dérivée partielle en tout point de H :

$$\forall (a,b) \in H \quad \frac{\partial f}{\partial x}(a,b) = b\,a^{b-1}.$$

- Pour tout $a > 0$, l'application partielle $\varphi_2 : y \mapsto a^y = \exp\big(y\,\ln(a)\big)$ est dérivable sur $\mathbb{R}$, de dérivée $\varphi_2' : y \mapsto \ln(a)\,\exp\big(y\,\ln(a)\big) = \ln(a)\,a^y$, donc f admet une deuxième dérivée partielle en tout point de H :

$$\forall (a,b) \in H \quad \frac{\partial f}{\partial y}(a,b) = \ln(a)\,a^b.$$

Proposition 4

Soit f et g deux fonctions de U dans $\mathbb{R}$, et $p \in U$.

- Si f et g admettent des dérivées partielles en p, alors $f+g$ également, avec :

$$\frac{\partial(f+g)}{\partial x}(p) = \frac{\partial f}{\partial x}(p) + \frac{\partial g}{\partial x}(p) \quad \text{et} \quad \frac{\partial(f+g)}{\partial y}(p) = \frac{\partial f}{\partial y}(p) + \frac{\partial g}{\partial y}(p).$$

- Si f et g admettent des dérivées partielles en p, alors fg également, avec :

$$\frac{\partial(fg)}{\partial x}(p) = \frac{\partial f}{\partial x}(p)\,g(p) + f(p)\,\frac{\partial g}{\partial x}(p) \quad \text{et} \quad \frac{\partial(fg)}{\partial y}(p) = \frac{\partial f}{\partial y}(p)\,g(p) + f(p)\,\frac{\partial g}{\partial y}(p).$$

Démonstration page 1052

Principe de démonstration. *Via* les applications partielles, on se ramène aux théorèmes généraux pour les fonctions d'une variable.

Attention L'existence des dérivées partielles, même en tout point de U, n'entraîne pas la continuité de f.

Ex. 8. Considérons la fonction :

$$f: \begin{array}{ccl} \mathbb{R}^2 & \longrightarrow & \mathbb{R} \\ (x,y) & \longmapsto & \begin{cases} \dfrac{xy}{x^2+y^2} & \text{si } (x,y) \neq (0,0) \\ 0 & \text{si } (x,y) = (0,0). \end{cases} \end{array}$$

- Soit $b \in \mathbb{R}$.
  * Si $b \neq 0$, l'application partielle $\varphi_1 : x \mapsto f(x,b) = \dfrac{xb}{x^2+b^2}$ est dérivable sur $\mathbb{R}$, et l'on obtient :

$$\forall a \in \mathbb{R} \quad \frac{\partial f}{\partial x}(a,b) = \frac{b(b^2-a^2)}{(a^2+b^2)^2}.$$

  * Si $b = 0$, l'application partielle $\varphi_1 : x \mapsto f(x,0) = 0$ est dérivable, et :

$$\forall a \in \mathbb{R} \quad \frac{\partial f}{\partial x}(a,0) = 0.$$

- Par symétrie, on obtient que f admet une deuxième dérivée partielle et :

$$\forall (a,b) \in \mathbb{R}^2 \quad \frac{\partial f}{\partial y}(a,b) = \begin{cases} \dfrac{a(a^2-b^2)}{(a^2+b^2)^2} & \text{si } a \neq 0 \\ 0 & \text{si } a = 0. \end{cases}$$

- Pourtant, on a, pour tout $t \in \mathbb{R}^*$, $f(t,t) = \dfrac{t^2}{t^2+t^2} = \dfrac{1}{2}$, donc :

$$\forall t \in \mathbb{R} \quad f(t,t) = \begin{cases} 1/2 & \text{si } t \neq 0 \\ 0 & \text{si } t = 0. \end{cases}$$

Cela montre que $t \mapsto f(t,t)$ est discontinue en 0. La contraposée de la proposition 2 de la page 1038 entraîne donc que f est discontinue en $(0,0)$.

2 Fonctions de classe $\mathcal{C}^1$

Si la fonction f admet des dérivés partielles en tout point de U, on peut considérer ses dérivées partielles $\dfrac{\partial f}{\partial x}$ et $\dfrac{\partial f}{\partial y}$ comme des fonctions définies sur U.

Définition 5

La fonction f est dite **de classe $\mathcal{C}^1$** si elle admet des dérivées partielles en tout point de U et que les fonctions $\dfrac{\partial f}{\partial x}$ et $\dfrac{\partial f}{\partial y}$ sont continues.

Notation On note $\mathcal{C}^1(U, \mathbb{R})$ ou, plus simplement, $\mathcal{C}^1(U)$ l'ensemble des fonctions de classe $\mathcal{C}^1$ définies sur U.

Ex. 9. Une fonction constante étant évidemment continue, la fonction affine $(x,y) \mapsto \alpha\, x + \beta\, y + \gamma$ de l'exemple 6 de la page 1040 est de classe $\mathcal{C}^1$.

Ex. 10. Soit $\theta \in \mathcal{C}^1(\mathbb{R}, \mathbb{R})$; posons $f : \begin{array}{ccc} \mathbb{R}^2 & \longrightarrow & \mathbb{R} \\ (x,y) & \longmapsto & \theta(x). \end{array}$

Pour tout $(a,b) \in \mathbb{R}^2$:

- la première application partielle est $x \mapsto f(x,b) = \theta(x)$, c'est-à-dire θ elle-même ;
- la deuxième application partielle est $y \mapsto f(a,y) = \theta(a)$, constante.

On en déduit que f admet des dérivées partielles :

$$\forall (a,b) \in \mathbb{R}^2 \quad \frac{\partial f}{\partial x}(a,b) = \theta'(a) \quad \text{et} \quad \frac{\partial f}{\partial y}(a,b) = 0.$$

Les deux fonctions $\dfrac{\partial f}{\partial x}$ et $\dfrac{\partial f}{\partial y}$ étant continues (la première d'après l'exemple 5 de la page 1038, la seconde de façon évidente), on en déduit que $f \in \mathcal{C}^1(\mathbb{R}^2, \mathbb{R})$.

Ex. 11. Reprenons l'exemple 7 de la page 1040 de la fonction $f\ : (x,y) \mapsto x^y$, définie sur le demi-plan $H = \big\{(x,y) \in \mathbb{R}^2\ :\ x > 0\big\}$, dont on a calculé les dérivées partielles :

$$\frac{\partial f}{\partial x} : \begin{array}{ccc} H & \longrightarrow & \mathbb{R} \\ (a,b) & \longmapsto & b\, a^{b-1} \end{array} \qquad \text{et} \qquad \frac{\partial f}{\partial y} : \begin{array}{ccc} H & \longrightarrow & \mathbb{R} \\ (a,b) & \longmapsto & \ln(a)\, a^b. \end{array}$$

L'exemple 5 de la page 1038 montre que les fonctions $(a,b) \mapsto \ln(a)$ et $(a,b) \mapsto b-1$ sont continues sur H. Il en va alors de même de leur produit $(a,b) \mapsto (b-1)\ln(a)$ puis, d'après la proposition 1 de la page 1038, de $(a,b) \mapsto \exp\big((b-1)\ln(a)\big) = a^{b-1}$. Il en va donc de même de $\dfrac{\partial f}{\partial x}$ par produit, et l'on procède de même pour la deuxième dérivée partielle $\dfrac{\partial f}{\partial y}$.

Ses dérivées partielles étant continues sur H, la fonction f est de classe $\mathcal{C}^1$.

Ex. 12. Considérons de nouveau la fonction f :
$$\begin{array}{rcl} \mathbb{R}^2 & \longrightarrow & \mathbb{R} \\ (x,y) & \longmapsto & \begin{cases} \dfrac{xy}{x^2+y^2} & \text{si } (x,y)\neq(0,0) \\ 0 & \text{si } (x,y)=(0,0), \end{cases} \end{array}$$
dont on a calculé les dérivées partielles :
$$\forall (a,b)\in\mathbb{R}^2 \quad \frac{\partial f}{\partial x}(a,b) = \begin{cases} \dfrac{b(b^2-a^2)}{(a^2+b^2)^2} & \text{si } b\neq 0 \\ 0 & \text{si } b=0 \end{cases} \quad \text{et} \quad \frac{\partial f}{\partial y}(a,b) = \begin{cases} \dfrac{a(a^2-b^2)}{(a^2+b^2)^2} & \text{si } a\neq 0 \\ 0 & \text{si } a=0. \end{cases}$$
Pour tout $t\in\mathbb{R}^*$, on a $\dfrac{\partial f}{\partial x}(0,t)=\dfrac{1}{t}$ donc la dérivée partielle $\dfrac{\partial f}{\partial x}$ n'est pas continue en $(0,0)$, et la fonction f n'est donc pas de classe $\mathcal{C}^1$.

Théorème 5 (Développement limité à l'ordre 1)

Soit $f\in\mathcal{C}^1(U,\mathbb{R})$ et $p=(a,b)\in U$. Il existe alors une fonction $\varepsilon : U\to\mathbb{R}$ telle que $\varepsilon(z)\underset{z\to p}{\longrightarrow}0$ et, pour tout $(x,y)\in U$:
$$f(x,y)=f(a,b)+(x-a)\frac{\partial f}{\partial x}(a,b)+(y-b)\frac{\partial f}{\partial y}(a,b)+\varepsilon(x,y)\,\big\|(x,y)-(a,b)\big\|.$$
Démonstration (non exigible) page 1053

Remarques

- Le théorème précédent affirme que la fonction affine :
$$(x,y)\mapsto f(a,b)+(x-a)\frac{\partial f}{\partial x}(a,b)+(y-b)\frac{\partial f}{\partial y}(a,b)$$
approche au premier ordre la fonction f au voisinage du point (a,b).

  En particulier, le plan d'équation :
$$z=f(a,b)+(x-a)\frac{\partial f}{\partial x}(a,b)+(y-b)\frac{\partial f}{\partial y}(a,b),$$
qui est le graphe de cette fonction affine, est le **plan tangent** du graphe de la fonction f en (a,b), c'est-à-dire de la surface d'équation $z=f(x,y)$.

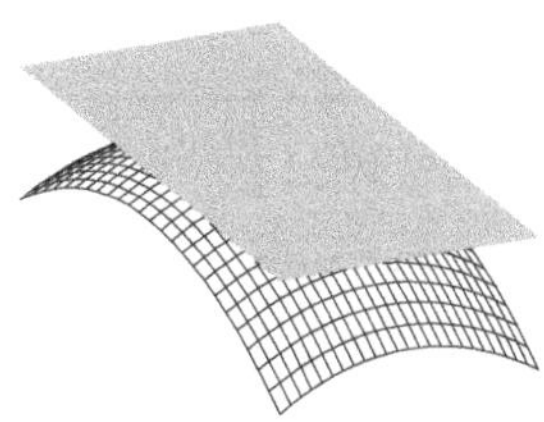

- En notant $U_p=\{z-p \mid z\in U\}$, on peut réécrire l'égalité du théorème sous la forme :
$$\forall (h,k)\in U_p \quad f(a+h,b+k)=f(a,b)+h\frac{\partial f}{\partial x}(a,b)+k\frac{\partial f}{\partial y}(a,b)+\varepsilon(h,k)\,\big\|(h,k)\big\|,$$
où $\varepsilon : U_p\to\mathbb{R}$ est une fonction telle que $\varepsilon(z)\underset{z\to 0}{\longrightarrow}0$.

Notation On peut écrire de manière plus condensée le résultat précédent sous la forme d'un développement limité à l'ordre 1 :
$$f(a+h,b+k)=f(a,b)+h\frac{\partial f}{\partial x}(a,b)+k\frac{\partial f}{\partial y}(a,b)+o\big(\big\|(h,k)\big\|\big).$$

Corollaire 6

Soit $f \in \mathcal{C}^1(U, \mathrm{IR})$. Alors f est continue.

Démonstration. Avec les notations du théorème, on obtient, pour tout $(a,b) \in U$:

$$h\,\frac{\partial f}{\partial x}(a,b) + k\,\frac{\partial f}{\partial y}(a,b) + \varepsilon(h,k)\,\|(h,k)\| \underset{(h,k)\to(0,0)}{\longrightarrow} 0,$$

donc $f(a+h,b+k) \underset{(h,k)\to(0,0)}{\longrightarrow} f(a,b)$, ce qui montre que f est continue en (a,b). □

Proposition 7

Soit $(f,g) \in \mathcal{C}^1(U, \mathrm{IR})^2$.

Alors la somme $f+g$ et le produit fg sont des fonctions de classe $\mathcal{C}^1$.

Démonstration page 1054

Principe de démonstration. On applique la proposition 4 de la page 1041 et l'on vérifie que les dérivées partielles obtenues sont continues.

Remarques

- Dans le cas particulier d'une fonction g constante, on obtient que, pour tout $\lambda \in \mathrm{IR}$, le produit λf est de classe $\mathcal{C}^1$.
- On obtient ainsi que $\mathcal{C}^1(U, \mathrm{IR})$ est un sous-espace vectoriel de $\mathcal{F}(U, \mathrm{IR})$ stable par multiplication.

3 Gradient

Définition 6

Soit $f \in \mathcal{C}^1(U, \mathrm{IR})$. Le **gradient** de f est l'application :

$$\begin{array}{rccl} \nabla f : & U & \longrightarrow & \mathrm{IR}^2 \\ & (a,b) & \longmapsto & \nabla f(a,b) = \left(\dfrac{\partial f}{\partial x}(a,b), \dfrac{\partial f}{\partial y}(a,b)\right). \end{array}$$

Remarque Géométriquement, $\nabla f(a,b) \in \mathrm{IR}^2$ est le vecteur du plan dont les coordonnées sont $\dfrac{\partial f}{\partial x}(a,b)$ et $\dfrac{\partial f}{\partial y}(a,b)$. Le gradient est alors un **champ de vecteurs**, c'est-à-dire une application dont les valeurs sont des vecteurs.

Ex. 13. La fonction affine $f : (x,y) \mapsto \alpha x + \beta y + \gamma$ a un gradient constant :

$$\forall (x,y) \in \mathrm{IR}^2 \quad \nabla f(x,y) = (\alpha, \beta).$$

On peut alors réécrire la fonction sous la forme $f : z \mapsto f(0,0) + (\,\nabla f(0,0) \mid z\,)$.
Le gradient (ou plutôt, son unique valeur) joue donc pour les fonctions affines $\mathrm{IR}^2 \to \mathrm{IR}$ le rôle du coefficient directeur d'une fonction affine $\mathrm{IR} \to \mathrm{IR}$.

Réécriture du développement limité à l'ordre 1 Soit $f \in \mathcal{C}^1(U, \mathrm{IR})$ et $p \in U$.
Il existe alors une fonction $\varepsilon : U \to \mathrm{IR}$ telle que $\varepsilon(z) \underset{z\to p}{\longrightarrow} 0$ et, pour tout $z \in U$:

$$f(z) = f(p) + (\,\nabla f(p) \mid z-p\,) + \varepsilon(z)\,\|z-p\|.$$

III Dérivation des fonctions composées

Dans toute cette section, U désigne un ouvert non vide de $\mathbb{R}^2$ et I désigne un intervalle d'intérieur non vide.

1 Composition avec une fonction d'une variable

Proposition 8

Soit $f \in \mathcal{C}^1(U, \mathbb{R})$, I un intervalle contenant $f(U)$ et $\theta \in \mathcal{C}^1(I, \mathbb{R})$.

Alors $\theta \circ f$ est une fonction de classe $\mathcal{C}^1$, avec, pour tout $p \in U$:

Exo 30.5

$$\frac{\partial(\theta \circ f)}{\partial x}(p) = \theta'\big(f(p)\big)\, \frac{\partial f}{\partial x}(p) \qquad \text{et} \qquad \frac{\partial(\theta \circ f)}{\partial y}(p) = \theta'\big(f(p)\big)\, \frac{\partial f}{\partial y}(p).$$

Démonstration page 1054

Principe de démonstration. *Via* les applications partielles, on se ramène au théorème de dérivation des fonctions composées pour les fonctions d'une variable.

Remarques

- En utilisant pour θ la fonction inverse, on obtient par exemple que l'inverse d'une fonction de classe $\mathcal{C}^1$ qui ne s'annule pas est encore de classe $\mathcal{C}^1$.
- D'après la proposition 7 de la page ci-contre, on en déduit que si f et g sont de classe $\mathcal{C}^1$ et si g ne s'annule pas, alors le quotient f/g est encore de classe $\mathcal{C}^1$.

2 Première règle de la chaîne

Théorème 9

Soit $f \in \mathcal{C}^1(U, \mathbb{R})$ et $(\gamma_1, \gamma_2) \in \mathcal{C}^1(I, \mathbb{R})^2$.

On suppose que la fonction $\gamma : t \mapsto \big(\gamma_1(t), \gamma_2(t)\big)$ est à valeurs dans U.

Alors $f \circ \gamma : t \mapsto f\big(\gamma_1(t), \gamma_2(t)\big)$ est de classe $\mathcal{C}^1$ et l'on a, pour tout $a \in I$:

Exo 30.6

$$(f \circ \gamma)'(a) = \frac{\partial f}{\partial x}\big(\gamma(a)\big)\, \gamma_1'(a) + \frac{\partial f}{\partial y}\big(\gamma(a)\big)\, \gamma_2'(a).$$

Démonstration page 1054

Principe de démonstration. La fonction γ_1 étant dérivable en a, on a le développement limité $\gamma_1(t) = \gamma_1(a) + (t-a)\,\gamma_1'(a) + (t-a)\,\eta_1(t)$ et son analogue pour γ_2. On peut les « composer » avec le développement limité de f obtenu dans le théorème 5 de la page 1043 pour montrer que $f \circ \gamma$ est dérivable et obtenir l'expression de sa dérivée.

Ex. 14. Soit $u \in \mathcal{C}^1(\mathbb{R}, \mathbb{R}_+^*)$ et $v \in \mathcal{C}^1(\mathbb{R}, \mathbb{R})$; considérons $w : t \mapsto u(t)^{v(t)}$.

Il serait possible de montrer que $w : t \mapsto \exp\big(v(t)\, \ln\big(u(t)\big)\big)$ est de classe $\mathcal{C}^1$ et de calculer sa dérivée en revenant aux techniques de calcul sur les fonctions d'une variable. Pour se familiariser avec le théorème, faisons le plutôt à l'aide de la première règle de la chaîne.

On a vu à l'exemple 7 de la page 1040 que la fonction :

$$f : \begin{array}{rcl} H & \longrightarrow & \mathbb{R} \\ (x,y) & \longmapsto & x^y \end{array}$$

est de classe $\mathcal{C}^1$ et que ses dérivées partielles sont données par :

$$\forall (a,b) \in H \quad \frac{\partial f}{\partial x}(a,b) = b\, a^{b-1} \quad \text{et} \quad \frac{\partial f}{\partial y}(a,b) = \ln(a)\, a^b.$$

Or, pour tout $t \in \mathbb{R}$, on a $w(t) = f(u(t), v(t))$.
D'après la première règle de la chaîne, on a $w \in \mathcal{C}^1(\mathbb{R}, \mathbb{R})$ et :

$$\begin{aligned}\forall t \in \mathbb{R} \quad w'(t) &= \frac{\partial f}{\partial x}\big(u(t), v(t)\big)\, u'(t) + \frac{\partial f}{\partial y}\big(u(t), v(t)\big)\, v'(t) \\ &= u'(t)\, v(t)\, u(t)^{v(t)-1} + v'(t)\, \ln\big(u(t)\big)\, u(t)^{v(t)} \\ &= \left(\frac{u'(t)\, v(t)}{u(t)} + v'(t)\, \ln\big(u(t)\big)\right) u(t)^{v(t)}.\end{aligned}$$

Ex. 15. Soit $f \in \mathcal{C}^1(\mathbb{R}^2, \mathbb{R})$ une fonction telle que $\forall (x,y) \in \mathbb{R}^2 \quad f(x,y) = f(y,x)$.
Fixons $a \in \mathbb{R}$. Pour tout $t \in \mathbb{R}$, on a alors $f(a,t) = f(t,a)$. Posons $\gamma_1(t) = a$ et $\gamma_2(t) = t$, on a alors $f(a,t) = f\big(\gamma_1(t), \gamma_2(t)\big)$, ce qui donne :

$$\frac{\mathrm{d}}{\mathrm{d}t}\big(f(a,t)\big) = \underbrace{\gamma_1'(t)}_{=0}\, \frac{\partial f}{\partial x}(a,t) + \underbrace{\gamma_2'(t)}_{=1}\, \frac{\partial f}{\partial y}(a,t) = \frac{\partial f}{\partial y}(a,t).$$

De la même façon : $\dfrac{\mathrm{d}}{\mathrm{d}t}\big(f(t,a)\big) = \dfrac{\partial f}{\partial x}(t,a)$.
On obtient donc :

$$\forall t \in \mathbb{R} \quad \frac{\partial f}{\partial y}(a,t) = \frac{\partial f}{\partial x}(t,a).$$

On a ainsi montré $\forall (x,y) \in \mathbb{R}^2 \quad \dfrac{\partial f}{\partial x}(x,y) = \dfrac{\partial f}{\partial y}(y,x)$, ce qui permet, ayant calculé en tout point l'une des deux dérivées partielles, d'en déduire l'autre.

Remarques

- Avec les mêmes notations que dans le théorème, on peut écrire de façon concise la dérivée de $f \circ \gamma$ à l'aide du gradient de f :

$$\forall a \in I \quad (f \circ \gamma)'(a) = \big(\nabla f\big(\gamma(a)\big) \mid \gamma'(a)\big),$$

  où l'on a noté $\gamma'(a) = \big(\gamma_1'(a), \gamma_2'(a)\big)$.

- On appelle **ligne de niveau** d'une fonction $f : \mathbb{R}^2 \to \mathbb{R}$, une partie de $\mathbb{R}^2$ d'équation $f(x,y) = c$, pour un certain $c \in \mathbb{R}$.

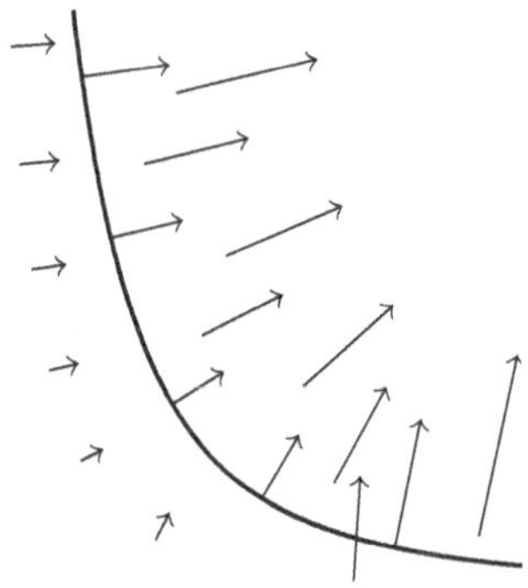

Si la fonction γ paramètre une ligne de niveau, c'est-à-dire si la composée $f \circ \gamma$ est constante, on obtient l'égalité $\big(\nabla f(\gamma(a)) \mid \gamma'(a)\big) = 0$, c'est-à-dire que le gradient $\nabla f(\gamma(a))$ est orthogonal au vecteur dérivé $\gamma'(a)$ qui dirige la tangente au point $\gamma(a)$ de la ligne de niveau.

On dit que le gradient ∇f est **orthogonal aux lignes de niveau**.

Le dessin ci-contre montre le gradient d'une certaine fonction f (ou plutôt, quelques-unes de ses valeurs) et une ligne de niveau : on perçoit qu'une particule se déplaçant le long de la ligne de niveau aurait à tout moment un vecteur vitesse orthogonal au gradient de f au point où elle se trouve.

Ex. 16. La fonction $f : (x,y) \mapsto (x^2+y^2)^2$ possède des dérivées partielles :

$$\forall (a,b) \in \mathbb{R}^2 \quad \frac{\partial f}{\partial x}(a,b) = 4a\,(a^2+b^2) \quad \text{et} \quad \frac{\partial f}{\partial y}(a,b) = 4b\,(a^2+b^2).$$

Ces dérivées partielles étant continues, on obtient que $f \in \mathcal{C}^1(\mathbb{R}^2,\mathbb{R})$. Le gradient de f est donné par :

$$\nabla f : (a,b) \mapsto \big(4a\,(a^2+b^2), 4b\,(a^2+b^2)\big) = 4(a^2+b^2)\,(a,b).$$

On obtient que $\nabla f(a,b)$ est *radial*, c'est-à-dire colinéaire à (a,b). Il est donc bien orthogonal aux lignes de niveau $\big\{(a,b) \in \mathbb{R}^2 \;:\; f(a,b) = c\big\}$, qui sont ici les cercles centrés en 0.

3 Dérivée selon un vecteur

Proposition 10

Soit $f \in \mathcal{C}^1(U,\mathbb{R})$, $p \in U$ et $v = (h,k) \in \mathbb{R}^2$. L'application $\varphi_v : t \mapsto f(p + t\,v)$ est définie au voisinage de 0, dérivable en 0, de dérivée :

$$\varphi_v'(0) = h\,\frac{\partial f}{\partial x}(p) + k\,\frac{\partial f}{\partial y}(p) = (\,\nabla f(p) \mid v\,).$$

On note $D_v f(p) = \varphi_v'(0)$ cette dérivée, et on l'appelle **dérivée de f en p selon le vecteur v**.

Démonstration page 1056

Principe de démonstration. On applique simplement la première règle de la chaîne aux fonctions affines $x : t \mapsto a + t\,h$ et $y : t \mapsto b + t\,k$, où $(a,b) = p$.

Ex. 17. Si $v = (1,0)$, on a $D_v f(p) = \dfrac{\partial f}{\partial x}(p)$. De même, si $w = (0,1)$, on a $D_w f(p) = \dfrac{\partial f}{\partial y}(p)$.

Remarques

- Comme les applications partielles φ_1 et φ_2 utilisées dans la définition des dérivées partielles, l'application φ_v correspond, lorsque $v \neq 0$, à la fonction f « le long de la droite » passant par p et dirigée par v. La notion de dérivée selon un vecteur généralise donc celle de dérivée partielle, en ne faisant plus jouer de rôle particulier aux droites parallèles aux axes de coordonnées.
- Si v est un vecteur unitaire, l'inégalité de Cauchy-Schwarz donne :

$$\big|D_v f(p)\big| = \big|(\,\nabla f(p) \mid v\,)\big| \leqslant \big\|\nabla f(p)\big\|.$$

En outre, la dérivée $D_v f(p)$ est alors maximale (resp. minimale) si $\nabla f(p)$ est positivement (resp. négativement) colinéaire à v : elle vaut dans ce cas $\pm\big\|\nabla f(p)\big\|$.

Le gradient de f en p pointe donc dans la direction dans laquelle f croît le plus vite (qui est aussi, en sens inverse, celle où elle décroît le plus vite). Cela correspond à la direction de plus grande pente sur le graphe Γ_f.

4 Deuxième règle de la chaîne

Théorème 11

Soit $f \in \mathcal{C}^1(U, \mathbb{R})$. Soit V un ouvert non vide de $\mathbb{R}^2$ et $(\varphi, \psi) \in \mathcal{C}^1(V, \mathbb{R})^2$ un couple de fonctions tel que l'application $\Phi : (x,y) \mapsto (\varphi(x,y), \psi(x,y))$ soit à valeurs dans U. Alors l'application composée :

$$\begin{array}{rccl} f \circ \Phi : & V & \longrightarrow & \mathbb{R} \\ & (x,y) & \longmapsto & f\big(\varphi(x,y), \psi(x,y)\big) \end{array}$$

est de classe $\mathcal{C}^1$, et vérifie :

$$\forall p \in V \quad \left\{ \begin{array}{l} \partial_1(f\circ\Phi)(p) = \partial_1 f\big(\Phi(p)\big)\, \partial_1\varphi(p) + \partial_2 f\big(\Phi(p)\big)\, \partial_1\psi(p) \\ \partial_2(f\circ\Phi)(p) = \partial_1 f\big(\Phi(p)\big)\, \partial_2\varphi(p) + \partial_2 f\big(\Phi(p)\big)\, \partial_2\psi(p). \end{array} \right.$$

Exo 30.7

Démonstration page 1056

Principe de démonstration. La première règle de la chaîne permet de montrer que les applications partielles de $f\circ\Phi$ sont de classe $\mathcal{C}^1$ et donne les formules pour les dérivées partielles.

Remarque Si l'on note $f : (x,y) \mapsto f(x,y)$ et $\Phi : (u,v) \mapsto \big(\varphi(u,v), \psi(u,v)\big)$, ces formules deviennent, selon la notation usuelle :

$$\forall p \in V \quad \left\{ \begin{array}{l} \dfrac{\partial(f\circ\Phi)}{\partial u}(p) = \dfrac{\partial f}{\partial x}\big(\Phi(p)\big)\, \dfrac{\partial \varphi}{\partial u}(p) + \dfrac{\partial f}{\partial y}\big(\Phi(p)\big)\, \dfrac{\partial \psi}{\partial u}(p) \\ \dfrac{\partial(f\circ\Phi)}{\partial v}(p) = \dfrac{\partial f}{\partial x}\big(\Phi(p)\big)\, \dfrac{\partial \varphi}{\partial v}(p) + \dfrac{\partial f}{\partial y}\big(\Phi(p)\big)\, \dfrac{\partial \psi}{\partial v}(p). \end{array} \right.$$

Ex. 18. Soit $f \in \mathcal{C}^1(\mathbb{R}^2, \mathbb{R})$. On considère $F : (u,v) \mapsto f(u+uv, u-uv^2)$.

- La fonction $\varphi : (u,v) \mapsto u+uv$ est de classe $\mathcal{C}^1$ et vérifie :

$$\forall (a,b) \in \mathbb{R}^2 \quad \frac{\partial \varphi}{\partial u}(a,b) = 1+b \quad \text{et} \quad \frac{\partial \varphi}{\partial v}(a,b) = a.$$

- La fonction $\psi : (u,v) \mapsto u-uv^2$ est de classe $\mathcal{C}^1$ et vérifie :

$$\forall (a,b) \in \mathbb{R}^2 \quad \frac{\partial \psi}{\partial u}(a,b) = 1-b^2 \quad \text{et} \quad \frac{\partial \psi}{\partial v}(a,b) = -2ab.$$

On en déduit que $F \in \mathcal{C}^1(\mathbb{R}^2, \mathbb{R})$ et que, pour tout $(a,b) \in \mathbb{R}^2$:

$$\frac{\partial F}{\partial u}(a,b) = (1+b)\,\frac{\partial f}{\partial x}(a+ab, a-ab^2) + (1-b^2)\,\frac{\partial f}{\partial y}(a+ab, a-ab^2)$$

$$\frac{\partial F}{\partial v}(a,b) = a\,\frac{\partial f}{\partial x}(a+ab, a-ab^2) - 2ab\,\frac{\partial f}{\partial y}(a+ab, a-ab^2).$$

IV Extrema

Dans toute cette section, U désigne un ouvert non vide de $\mathbb{R}^2$.

Définition 7

Soit X une partie non vide de $\mathbb{R}^2$, $f : X \to \mathbb{R}$ une fonction et $p \in X$.

- On dit que f admet un **maximum** en p si $\forall z \in X \quad f(z) \leqslant f(p)$.
- On dit que f admet un **maximum local** en p si :

$$\exists \eta > 0 \quad \forall z \in X \cap D(p,\eta) \quad f(z) \leqslant f(p).$$

- On définit de même les notions de **minimum** et de **minimum local**.
- On dit que f admet un **extremum** en p si f admet un maximum ou un minimum en p. On définit de même la notion d'**extremum local**.

Remarque Pour insister sur la distinction avec les extrema locaux, les extrema sont parfois appelés **extrema globaux**.

Ex. 19. La fonction $f : \begin{array}{ccc} \mathbb{R}^2 & \longrightarrow & \mathbb{R} \\ (x,y) & \longmapsto & x^2+y^2 \end{array}$ étant clairement positive, et nulle en $(0,0)$, elle admet un minimum en $(0,0)$. En revanche, elle n'est pas majorée, donc n'admet pas de maximum.

Ex. 20. Soit $g : \begin{array}{ccc} \mathbb{R}^2 & \longrightarrow & \mathbb{R} \\ (x,y) & \longmapsto & (x^2+y^2)^2 - (x^2+y^2). \end{array}$

Soit $(x,y) \in \mathbb{R}^2$; notons $r = \|(x,y)\|$. On a alors $g(x,y) = r^4 - r^2 = r^2(r^2-1)$.

En particulier, on voit que, pour tout $(x,y) \in D\big((0,0),1\big)$, on a $g(x,y) \leqslant 0 = g(0,0)$, ce qui montre que g admet en $(0,0)$ un maximum local.

En revanche, comme $r^4 - r^2 \underset{r\to+\infty}{\longrightarrow} +\infty$, la fonction g n'est pas majorée, donc elle n'admet en particulier pas de maximum global.

Ex. 21. Soit $h: \begin{array}{ccc} \mathbb{R}^2 & \longrightarrow & \mathbb{R} \\ (x,y) & \longmapsto & \exp(x). \end{array}$

Cette fonction est minorée (par 0) mais n'admet pas de minimum : si h admettait un minimum en (a,b), on en déduirait que la fonction d'une variable $x \mapsto \exp(x)$ admettrait un minimum en a, ce qui est impossible.

Définition 8

Soit $f \in \mathcal{C}^1(U, \mathbb{R})$ et $p \in U$.

On dit que p est un **point critique** pour f si $\dfrac{\partial f}{\partial x}(p) = \dfrac{\partial f}{\partial y}(p) = 0$.

Remarque Autrement dit, le point p est critique si, et seulement si, $\nabla f(p) = (0,0)$.

Théorème 12

Soit $f \in \mathcal{C}^1(U, \mathbb{R})$ et $p \in U$.

Si f admet un extremum local en p, alors p est un point critique de f.

Démonstration page 1056

Principe de démonstration. *Via* les applications partielles, on se ramène au théorème correspondant pour les fonctions d'une variable.

Remarques

- On voit que, même si le théorème est énoncé dans le cadre d'une fonction globalement de classe $\mathcal{C}^1$, la démonstration n'utilise en fait que l'existence des dérivées partielles en p.
- Le théorème concernant les fonctions d'une variable exigeait que l'extremum local fût atteint en un point de l'intérieur de l'intervalle. Dans le théorème précédent, cette hypothèse est rendue superflue par le fait que U soit un ouvert de $\mathbb{R}^2$: le point p est pour ainsi dire automatiquement dans son intérieur.

Attention Comme dans le cas des fonctions d'une variable, la réciproque du théorème est fausse : une fonction n'admet pas nécessairement d'extremum local en chacun de ses points critiques.

Ex. 22. Considérons la fonction :

$$f: \begin{array}{ccc} \mathbb{R}^2 & \longrightarrow & \mathbb{R} \\ (x,y) & \longmapsto & x^3 + y^3. \end{array}$$

On vérifie directement que f admet des dérivées partielles :

$$\forall (a,b) \in \mathbb{R}^2 \quad \frac{\partial f}{\partial x}(a,b) = 3a^2 \quad \text{et} \quad \frac{\partial f}{\partial y}(a,b) = 3b^2.$$

En particulier, l'origine $(0,0)$ est un point critique. Comme $f(x,0)$ est strictement positif dès que $x \in \mathbb{R}_+^*$, on voit que $(0,0)$ n'est pas un maximum local. De même, $f(x,0)$ est strictement négatif dès que $x \in \mathbb{R}_-^*$, donc $(0,0)$ n'est pas un minimum local.

Point méthode

Pour étudier les extrema (locaux ou globaux) d'une fonction $f \in \mathcal{C}^1(U, \mathbb{R})$,

- on trouve ses points critiques en résolvant les équations $\dfrac{\partial f}{\partial x}(a,b) = \dfrac{\partial f}{\partial y}(a,b) = 0$;
- pour chaque point critique (a,b), on cherche à déterminer (soit au voisinage de (a,b), soit globalement) le signe de $f(x,y) - f(a,b)$.

Exo 30.14

Ex. 23. La fonction $f : (x,y) \mapsto x^2 + y^2$ est de classe $\mathcal{C}^1$ par opérations.
Ses dérivées partielles sont données par :

$$\forall (a,b) \in \mathbb{R}^2 \quad \frac{\partial f}{\partial x}(a,b) = 2a \quad \text{et} \quad \frac{\partial f}{\partial y}(a,b) = 2b.$$

Ainsi, un point $(a,b) \in \mathbb{R}^2$ est critique si, et seulement si, $2a = 2b = 0$: le seul point critique est l'origine $(0,0)$.
Il ne peut donc y avoir aucun extremum local à l'exception de $(0,0)$, dont on a déjà vu qu'il s'agissait d'un minimum (global).

Ex. 24. Soit $h : \begin{array}{ccc} \mathbb{R}^2 & \longrightarrow & \mathbb{R} \\ (x,y) & \longmapsto & x^2 - y^2. \end{array}$

La fonction h est de classe $\mathcal{C}^1$ par opérations, et ses dérivées partielles sont données par :

$$\forall (a,b) \in \mathbb{R}^2 \quad \frac{\partial h}{\partial x}(a,b) = 2a \quad \text{et} \quad \frac{\partial h}{\partial y}(a,b) = -2b,$$

donc l'origine $(0,0)$ est l'unique point critique de la fonction h. Or :

$$\forall x \in \mathbb{R}^* \quad h(x,0) = x^2 > 0 \qquad \text{et} \qquad \forall y \in \mathbb{R}^* \quad h(0,y) = -y^2 < 0.$$

Donc, en ce point critique $(0,0)$, la fonction h ne présente ni maximum local ni minimum local.
Elle ne possède donc aucun extremum local.

Démonstrations

Proposition 1 Supposons f continue en p et θ continue en $f(p)$. Soit $\varepsilon > 0$.

Comme θ est continue en $f(p)$, on peut trouver $\eta > 0$ tel que :

$$\forall t \in I \quad \Big(|t - f(p)| \leqslant \eta \implies \big|\theta(t) - \theta\big(f(p)\big)\big| \leqslant \varepsilon\Big).$$

Comme f est continue en p, on peut trouver $\delta > 0$ tel que :

$$\forall z \in U \quad \Big(\|z - p\| \leqslant \delta \implies \big|f(z) - f(p)\big| \leqslant \eta\Big).$$

Soit maintenant $z \in U$ tel que $\|z - p\| \leqslant \delta$.

On a alors $\big|f(z) - f(p)\big| \leqslant \eta$, d'où $\big|\theta\big(f(z)\big) - \theta\big(f(p)\big)\big| \leqslant \varepsilon$, ce qui conclut.

Proposition 2 Supposons γ_1 et γ_2 continues en a et f continue en $p = \gamma(a)$. Soit $\varepsilon > 0$.

Comme f est continue en p, on peut trouver $\eta > 0$ tel que :

$$\forall z \in U \quad \Big(\|z - p\| \leqslant \eta \implies \big|f(z) - f(p)\big| \leqslant \varepsilon\Big).$$

Comme γ_1 et γ_2 sont continues en a, on peut trouver $\delta > 0$ tel que :

$$\forall t \in I \quad |t - a| \leqslant \delta \implies \begin{cases} \big|\gamma_1(t) - \gamma_1(a)\big| \leqslant \eta/2 \\ \big|\gamma_2(t) - \gamma_2(a)\big| \leqslant \eta/2. \end{cases}$$

Pour tout $t \in I$ tel que $|t - a| \leqslant \delta$, on a alors :

$$\big\|\gamma(t) - p\big\| = \sqrt{(\gamma_1(t) - \gamma_1(a))^2 + (\gamma_2(t) - \gamma_2(a))^2} \leqslant \sqrt{\eta^2/4 + \eta^2/4} \leqslant \eta.$$

Pour un tel t, on a donc $\big|f\big(\gamma(t)\big) - f\big(p\big)\big| \leqslant \varepsilon$, ce qui conclut.

Proposition 3 Supposons φ et ψ continues en p et f continue en $\Phi(p)$. Soit $\varepsilon > 0$.

Comme f est continue en $\Phi(p)$, on trouve $\eta > 0$ tel que :

$$\forall z \in U \quad \Big(\big\|z - \Phi(p)\big\| \leqslant \eta \implies \big|f(z) - f\big(\Phi(p)\big)\big| \leqslant \varepsilon\Big).$$

Exactement comme dans la démonstration précédente, la continuité de φ et ψ nous permet de trouver $\delta > 0$ tel que :

$$\forall w \in V \quad \Big(\|w - p\| \leqslant \delta \implies \big\|\Phi(w) - \Phi(p)\big\| \leqslant \eta\Big).$$

On obtient alors :

$$\forall w \in V \quad \Big(\|w - p\| \leqslant \delta \implies \big\|f\big(\Phi(w)\big) - f\big(\Phi(p)\big)\big\| \leqslant \varepsilon\Big),$$

ce qui conclut.

Proposition 4 Supposons que f et g admettent des dérivées partielles en $p = (a, b)$.

On note $D_1 = \big\{x \in \mathbb{R} : (x, b) \in U\big\}$, et :

$$\begin{array}{rcll} \varphi_1 : D_1 & \longrightarrow & \mathbb{R} \\ x & \longmapsto & f(x,b) \end{array} \quad \text{et} \quad \begin{array}{rcll} \gamma_1 : D_1 & \longrightarrow & \mathbb{R} \\ x & \longmapsto & g(x,b) \end{array}$$

les applications partielles de f et g, respectivement.

La somme $f+g$ et le produit fg définissent des applications partielles :

$$\begin{array}{rcl} \sigma_1 : D_1 & \longrightarrow & \mathbb{R} \\ x & \longmapsto & (f+g)(x,b) = f(x,b) + g(x,b) \end{array}$$

$$\begin{array}{rcl} \pi_1 : D_1 & \longrightarrow & \mathbb{R} \\ x & \longmapsto & (fg)(x,b) = f(x,b)\, g(x,b), \end{array}$$

de sorte que l'on a simplement $\sigma_1 = \varphi_1 + \gamma_1$ et $\pi_1 = \varphi_1\,\gamma_1$.

Puisque f et g admettent des dérivées partielles en p, les applications partielles φ_1 et γ_1 sont dérivables en a. On en déduit qu'il en va de même de leur somme et de leur produit, et l'on obtient :

$$\frac{\partial(f+g)}{\partial x}(a,b) = \sigma_1'(a) = \varphi_1'(a) + \gamma_1'(a) = \frac{\partial f}{\partial x}(a,b) + \frac{\partial g}{\partial x}(a,b)$$

$$\frac{\partial(fg)}{\partial x}(a,b) = \pi_1'(a) = \varphi_1'(a)\,\gamma_1(a) + \varphi_1(a)\,\gamma_1'(a) = \frac{\partial f}{\partial x}(a,b)\, g(a,b) + f(a,b)\,\frac{\partial g}{\partial x}(a,b).$$

On procède de même pour la deuxième dérivée partielle.

Théorème 5 On traite le cas particulier où $p=(0,0)$, $f(0,0)=0$ et $\dfrac{\partial f}{\partial x}(0,0) = \dfrac{\partial f}{\partial y}(0,0) = 0$, puisqu'on peut se ramener à ce cas en considérant la fonction auxiliaire :

$$(h,k) \mapsto f(a+h, b+k) - \left(f(a,b) + h\,\frac{\partial f}{\partial x}(a,b) + k\,\frac{\partial f}{\partial y}(a,b) \right).$$

Comme U est ouvert, on peut trouver $r>0$ tel que $D(0,r) \subset U$.

On définit alors $\varepsilon : U \to \mathbb{R}$ par :

$$\varepsilon(x,y) = \begin{cases} \dfrac{f(x,y)}{\|(x,y)\|} & \text{si } (x,y) \neq (0,0) \\ 0 & \text{si } (x,y) = (0,0). \end{cases}$$

Par construction, on a $\forall (x,y) \in U \quad f(x,y) = \varepsilon(x,y)\, \|(x,y)\|$ et il reste à montrer $\varepsilon(z) \underset{z\to 0}{\longrightarrow} 0$.

Soit $\delta > 0$. Par continuité des dérivées partielles de f, on peut trouver $\eta > 0$ tel que :

$$\forall (s,t) \in U \quad \|(s,t)\| \leqslant \eta \implies \left(\left|\frac{\partial f}{\partial x}(s,t)\right| \leqslant \frac{\delta}{2} \quad \text{et} \quad \left|\frac{\partial f}{\partial x}(s,t)\right| \leqslant \frac{\delta}{2} \right).$$

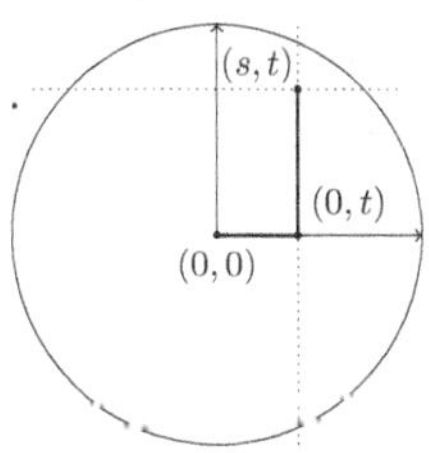

Quitte à réduire η, on peut supposer $\eta < r$.

Soit maintenant $(s,t) \in U$ tel que $\|(s,t)\| \leqslant \eta$.

Les segments joignant (s,t) à $(0,t)$ et $(0,t)$ à $(0,0)$, respectivement, sont entièrement constitués de points (σ,τ) tels que $\|(\sigma,\tau)\| \leqslant \eta$. Ainsi, ils sont inclus dans $D(0,r)$, et donc également dans U.

- La fonction $\varphi_1 : \sigma \mapsto f(\sigma,t)$ est dérivable (sur un intervalle contenant 0 et s) et sa dérivée $\sigma \mapsto \dfrac{\partial f}{\partial x}(\sigma,t)$ est de valeur absolue majorée par $\delta/2$. D'après l'inégalité des accroissements finis, on en déduit que $\left|f(s,t) - f(0,t)\right| \leqslant \dfrac{\delta\,|s|}{2}$.
- Pour les mêmes raisons, on a $\left|f(0,t)\right| = \left|f(0,t) - f(0,0)\right| \leqslant \dfrac{\delta\,|t|}{2}$.

On en déduit que :

$$\left|f(s,t)\right| \leqslant \left|f(s,t)-f(0,t)\right| + \left|f(0,t)\right| \leqslant \frac{\delta}{2}\big(|s|+|t|\big) \leqslant \delta \left\|(s,t)\right\|,$$

en utilisant que $|s| \leqslant \left\|(s,t)\right\|$ et $|t| \leqslant \left\|(s,t)\right\|$. Cela montre $\left|\varepsilon(s,t)\right| \leqslant \delta$, et conclut.

Proposition 7

- On a obtenu à la proposition 4 de la page 1041 que $f+g$ admettait des dérivées partielles :
$$\frac{\partial(f+g)}{\partial x} = \frac{\partial f}{\partial x} + \frac{\partial g}{\partial x} \qquad \text{et} \qquad \frac{\partial(f+g)}{\partial y} = \frac{\partial f}{\partial y} + \frac{\partial g}{\partial y}.$$
La somme de deux fonctions continues étant continue, ces dérivées partielles sont continues, et l'on a bien $f+g \in \mathcal{C}^1(U,\mathbb{R})$.
- De même, le produit fg admet des dérivées partielles :
$$\frac{\partial(fg)}{\partial x} = \frac{\partial f}{\partial x}\, g + f\,\frac{\partial g}{\partial x} \qquad \text{et} \qquad \frac{\partial(fg)}{\partial y} = \frac{\partial f}{\partial y}\, g + f\,\frac{\partial g}{\partial y}.$$
Les dérivées partielles apparaissant dans les termes de droite sont continues par opérations, et les fonctions f et g le sont en vertu du corollaire 6 de la page 1044. Par somme et produit, les dérivées partielles $\dfrac{\partial(fg)}{\partial x}$ et $\dfrac{\partial(fg)}{\partial y}$ sont donc continues, ce qui montre que $fg \in \mathcal{C}^1(U,\mathbb{R})$.

Proposition 8 Soit $p=(a,b)\in U$. La composée $\theta\circ f$ définit une application partielle :

$$\begin{array}{rccl} \kappa_1 : & D_1 & \longrightarrow & \mathbb{R} \\ & x & \longmapsto & (\theta\circ f)(x,b) = \theta\big(f(x,b)\big), \end{array}$$

de telle sorte que $\kappa_1 = \theta\circ\varphi_1$, où $D_1 = \big\{x\in\mathbb{R} \;:\; (x,b)\in U\big\}$ et $\varphi_1 : D_1 \to \mathbb{R}$ est la première application partielle de f en p.

Les hypothèses $f\in\mathcal{C}^1(U,\mathbb{R})$, $f(U)\subset I$ et $\theta\in\mathcal{C}^1(I,\mathbb{R})$ prouvent que φ_1 est dérivable a et θ en $\varphi_1(a)$, ce qui montre que κ_1 est dérivable en a avec :

$$\frac{\partial(\theta\circ f)}{\partial x}(a,b) = \kappa_1'(a) = \theta'\big(\varphi_1(a)\big)\,\varphi_1'(a) = \theta'\big(f(a,b)\big)\,\frac{\partial f}{\partial x}(a,b).$$

On peut réécrire ce résultat comme une égalité de fonctions : $\dfrac{\partial(\theta\circ f)}{\partial x} = (\theta'\circ f)\,\dfrac{\partial f}{\partial x}\cdot$

Comme θ est de classe $\mathcal{C}^1$, la dérivée θ' est continue. La fonction f étant continue d'après le corollaire 6 de la page 1044, on obtient que $\theta'\circ f$ est continue d'après la proposition 1 de la page 1038.

La dérivée partielle $\dfrac{\partial f}{\partial x}$ étant continue par hypothèse, on en déduit, par produit, que $\dfrac{\partial(\theta\circ f)}{\partial x}$ est continue.

On procède alors exactement de même pour la deuxième dérivée partielle, ce qui conclut.

Théorème 9 Soit $a\in I$. Comme γ_1 et γ_2 sont dérivables en a, on peut trouver deux fonctions η_1 et $\eta_2 : I\to\mathbb{R}$ tendant vers 0 en a et telles que :

$$\forall t\in I \quad \begin{cases} \gamma_1(t) = \gamma_1(a) + (t-a)\,\gamma_1'(a) + (t-a)\,\eta_1(t) \\ \gamma_2(t) = \gamma_2(a) + (t-a)\,\gamma_2'(a) + (t-a)\,\eta_2(t). \end{cases}$$

Posons $p=\gamma(a)=\big(\gamma_1(a),\gamma_2(a)\big)$, qui appartient à U. Le théorème 5 de la page 1043 donne une fonction $\varepsilon : U\to\mathbb{R}$ telle que $\varepsilon(z) \underset{z\to p}{\longrightarrow} 0$ et :

$$\forall (x,y)\in U \quad f(x,y) = f(p) + \big(x-\gamma_1(a)\big)\,\frac{\partial f}{\partial x}(p) + \big(y-\gamma_2(a)\big)\,\frac{\partial f}{\partial y}(p) + \varepsilon(x,y)\,\left\|(x,y)-p\right\|.$$

Soit maintenant $t \in I$. On a :

$$\begin{aligned} f\big(\gamma(t)\big) &= f(p) + \big(\gamma_1(t) - \gamma_1(a)\big)\,\frac{\partial f}{\partial x}(p) + \big(\gamma_2(t) - \gamma_2(a)\big)\,\frac{\partial f}{\partial y}(p) + \varepsilon\big(\gamma(t)\big)\,\big\|\gamma(t) - p\big\| \\ &= f(p) + \big[(t-a)\,\gamma_1'(a) + (t-a)\,\eta_1(t)\big]\,\frac{\partial f}{\partial x}(p) \\ &\qquad\qquad + \big[(t-a)\,\gamma_2'(a) + (t-a)\,\eta_2(t)\big]\,\frac{\partial f}{\partial y}(p) + \varepsilon\big(\gamma(t)\big)\big\|\gamma(t) - p\big\| \\ &= f(p) + (t-a)\,\left[\gamma_1'(a)\,\frac{\partial f}{\partial x}(p) + \gamma_2'(a)\,\frac{\partial f}{\partial y}(p)\right] + (t-a)\,\theta(t), \end{aligned}$$

où l'on a défini la fonction :

$$\begin{array}{rccl} \theta : & I & \longrightarrow & \mathbb{R} \\ & t & \longmapsto & \begin{cases} \dfrac{\partial f}{\partial x}(p)\,\eta_1(t) + \dfrac{\partial f}{\partial y}(p)\,\eta_2(t) + \varepsilon(\gamma(t))\,\dfrac{\big\|\gamma(t) - p\big\|}{t-a} & \text{si } t \neq a \\ 0 & \text{si } t = a. \end{cases} \end{array}$$

Montrons que $\varepsilon(\gamma(t))\,\dfrac{\big\|\gamma(t) - p\big\|}{t-a} \underset{t\to a}{\longrightarrow} 0$.

- Pour tout $(h,k) \in \mathbb{R}^2$, on a $\big\|(h,k)\big\| \leqslant \big\|(h,0)\big\| + \big\|(0,k)\big\| \leqslant |h| + |k|$ par l'inégalité triangulaire, donc :

$$\left|\frac{\big\|\gamma(t) - p\big\|}{t-a}\right| \leqslant \left|\frac{\gamma_1(t) - \gamma_1(a)}{t-a}\right| + \left|\frac{\gamma_2(t) - \gamma_2(a)}{t-a}\right|.$$

  Comme le terme de droite converge vers $|\gamma_1'(a)| + |\gamma_2'(a)|$, il est borné au voisinage de a, et il en va alors de même du terme de gauche.
- La proposition 2 de la page 1038 entraîne que $\varepsilon(\gamma(t)) \underset{t\to a}{\longrightarrow} 0$.

Par produit, on a donc $\varepsilon(\gamma(t))\,\dfrac{\big\|\gamma(t) - p\big\|}{t-a} \underset{t\to a}{\longrightarrow} 0$.

Puisque η_1 et η_2 tendent vers 0 en a, on en déduit que $\theta(t) \underset{t\to a}{\longrightarrow} 0$.

Cela montre que $f \circ \gamma : t \mapsto f(\gamma_1(t), \gamma_2(t))$ est dérivable en a, de dérivée :

$$(f\circ\gamma)'(a) = \gamma_1'(a)\,\frac{\partial f}{\partial x}(p) + \gamma_2'(a)\,\frac{\partial f}{\partial y}(p),$$

ce qui équivaut à la formule annoncée.

On a donc montré l'égalité de fonctions :

$$(f\circ\gamma)' = \left(\frac{\partial f}{\partial x}\circ\gamma\right)\,\gamma_1' + \left(\frac{\partial f}{\partial y}\circ\gamma\right)\,\gamma_2'.$$

La continuité des dérivées partielles et la proposition 2 de la page 1038 entraînent que les deux fonctions $\dfrac{\partial f}{\partial x}\circ\gamma$ et $\dfrac{\partial f}{\partial y}\circ\gamma$ sont continues, ce qui entraîne la continuité de $(f\circ\gamma)'$ et montre que $f\circ\gamma \in \mathcal{C}^1(I,\mathbb{R})$.

Proposition 10 Comme U est ouvert, on peut trouver $r > 0$ tel que $D(p,r) \subset U$.

- Si $v \neq 0$, on a, pour tout $t \in \mathbb{R}$ tel que $|t| < \frac{r}{\|v\|}$, l'inégalité $\|t\,v\| < r$.

  D'où $p + t\,v \in D(p,r)$.
- Si $v = 0$, la fonction $t \mapsto p + t\,v$ est constante.

Dans tous les cas, la fonction $t \mapsto p + t\,v$ envoie un intervalle d'intérieur non vide I centré en 0 dans U, ce qui montre que φ_v est définie au voisinage de 0.

Notons $p = (a,b)$. On a alors, pour tout $t \in \mathbb{R}$, $p + tv = (a + t\,h, b + t\,k)$.

On applique alors le théorème 9 de la page 1045 aux fonctions affines $t \mapsto a + t\,h$ et $t \mapsto b + t\,k$, dont les dérivées sont constantes (égales à h et k, respectivement). On obtient ainsi :

$$\varphi_v'(0) = h\,\frac{\partial f}{\partial x}(\varphi_v(0)) + k\,\frac{\partial f}{\partial y}(\varphi_v(0)) = h\,\frac{\partial f}{\partial x}(p) + k\,\frac{\partial f}{\partial y}(p).$$

Théorème 11 Soit $p = (a,b) \in V$ et $D_1 = \{x \in \mathbb{R} \;:\; (x,b) \in V\}$. Les fonctions φ et ψ définissent des applications partielles :

$$\begin{array}{rcl} \gamma_1 : D_1 & \longrightarrow & \mathbb{R} \\ x & \longmapsto & \varphi(x,b) \end{array} \qquad \text{et} \qquad \begin{array}{rcl} \gamma_2 : D_1 & \longrightarrow & \mathbb{R} \\ x & \longmapsto & \psi(x,b) \end{array}$$

telles que l'application $\gamma : x \mapsto \big(\gamma_1(x), \gamma_2(x)\big) = \big(\varphi(x,b), \psi(x,b)\big) = \Phi(x,b)$ soit à valeurs dans U. L'application partielle correspondante de la composée $f \circ \Phi : V \to \mathbb{R}$ est alors :

$$\begin{array}{rcl} \kappa_1 : D_1 & \longrightarrow & \mathbb{R} \\ x & \longmapsto & f\big(\gamma_1(x), \gamma_2(x)\big), \end{array}$$

c'est-à-dire que l'on a $\kappa_1 = f \circ \gamma$.

D'après la première règle de la chaîne, cette fonction est de classe $\mathcal{C}^1$, de dérivée :

$$\begin{aligned} \partial_1(f \circ \Phi)(a,b) = \kappa_1'(a) &= \partial_1 f\big(\gamma(a)\big)\,\gamma_1'(a) + \partial_2 f\big(\gamma(a)\big)\,\gamma_2'(a) \\ &= \partial_1 f\big(\Phi(a,b)\big)\,\partial_1\varphi(a,b) + \partial_2 f\big(\Phi(a,b)\big)\,\partial_1\psi(a,b). \end{aligned}$$

On a donc montré l'égalité de fonctions :

$$\partial_1(f \circ \Phi) = (\partial_1 f \circ \Phi)\;\partial_1\varphi + (\partial_2 f \circ \Phi)\;\partial_1\psi.$$

Les dérivées partielles étant continues, les composées $\partial_1 f \circ \Phi$ et $\partial_2 f \circ \Phi$ sont continues d'après la proposition 3 de la page 1039, et on obtient la continuité de $\partial_1(f \circ \Phi)$.

On procède de même pour la deuxième dérivée partielle, ce qui montre la deuxième formule et la continuité de $\partial_2(f \circ \Phi)$.

Ainsi, la fonction $f \circ \Phi$ est de classe $\mathcal{C}^1$.

Théorème 12 Supposons que f admette un extremum local en $p = (a,b)$.

L'application partielle $\varphi_1 : t \mapsto f(t,b)$ admet alors un extremum local en a. On a vu que le domaine D_1 de φ_1 contient un intervalle $]a - r, a + r[$ centré en a sur lequel la restriction de φ_1 admet donc aussi un extremum local. Le point a étant intérieur à cet intervalle, le théorème 15 de la page 407 nous donne $\varphi_1'(a) = 0$, c'est-à-dire $\dfrac{\partial f}{\partial x}(a,b) = 0$.

En procédant de même avec la deuxième dérivée partielle, on obtient $\dfrac{\partial f}{\partial y}(a,b) = 0$, ce qui montre que $p = (a,b)$ est un point critique de f.

S'entraîner et approfondir

Ouverts de $\mathbb{R}^2$

30.1 Montrer que les ensembles suivants sont des ouverts de $\mathbb{R}^2$.
→1036

1. $\mathbb{R}^2$;
2. $\mathbb{R}^2 \setminus \{(0,0)\}$;
3. $]0,1[^2$;
4. $\{(x,y) \in \mathbb{R}^2 \,:\, y > \cos(x)\}$.

30.2 Soit $p = (a,b) \in \mathbb{R}^2$ et $r > 0$. Montrer que la partie suivante (appelée *disque fermé* de centre p et de rayon r) n'est pas un ouvert de $\mathbb{R}^2$:
→1036

$$A = \{z \in \mathbb{R}^2 \,:\, \|z-p\| \leqslant r\}.$$

30.3 1. Soit I un ensemble quelconque et $(U_i)_{i\in I}$ une famille d'ouverts de $\mathbb{R}^2$. Montrer que leur union $\bigcup_{i\in I} U_i$ est un ouvert de $\mathbb{R}^2$.

2. Soit U et V deux ouverts de $\mathbb{R}^2$. Montrer que $U \cap V$ est un ouvert de $\mathbb{R}^2$.

3. Pour tout $n \in \mathbb{N}^*$, on considère $U_n = \left\{(x,y) \in \mathbb{R}^2 \,:\, |y| < \dfrac{1}{n}\right\}$.

   Montrer que, pour tout $n \in \mathbb{N}^*$, l'ensemble U_n est un ouvert de $\mathbb{R}^2$, mais que leur intersection n'en est pas un.

Dérivées partielles et gradient

30.4 Calculer les dérivées partielles des fonctions suivantes.
→1039

- $f_1 : \begin{array}{rcl} \mathbb{R} \times \mathbb{R}_+^* & \longrightarrow & \mathbb{R} \\ (x,y) & \longmapsto & \dfrac{x}{y} \end{array}$;
- $f_2 : \begin{array}{rcl} \mathbb{R}_+^* \times \mathbb{R}_+^* & \longrightarrow & \mathbb{R} \\ (x,y) & \longmapsto & \dfrac{1}{xy^2} \end{array}$;
- $f_3 : \begin{array}{rcl} \mathbb{R}_+^* \times \mathbb{R}_+^* & \longrightarrow & \mathbb{R} \\ (x,y) & \longmapsto & x\ln(xy) \end{array}$;
- $f_4 : \begin{array}{rcl} \mathbb{R}^2 & \longrightarrow & \mathbb{R} \\ (x,y) & \longmapsto & e^{-x}\sin\big(x^2+y^2\big) \end{array}$.

30.5 Montrer que la norme $N : \begin{array}{rcl} \mathbb{R}^2 & \longrightarrow & \mathbb{R} \\ (x,y) & \longmapsto & \sqrt{x^2+y^2} \end{array}$ n'admet pas de dérivées partielles en $(0,0)$, mais que sa restriction à $\mathbb{R}^2 \setminus \{(0,0)\}$ est de classe $\mathcal{C}^1$. Donner ses dérivées partielles.
→1045

30.6 Soit $f \in \mathcal{C}^1(\mathbb{R}^2, \mathbb{R})$.
→1045
Montrer que la fonction $\theta : t \mapsto f(t^2, t^3)$ est de classe $\mathcal{C}^1$ et calculer sa dérivée.

30.7 Soit $f \in \mathcal{C}^1(\mathbb{R}^2, \mathbb{R})$.
→1048
Montrer que les fonctions suivantes appartiennent à $\mathcal{C}^1(\mathbb{R}, \mathbb{R})$ ou $\mathcal{C}^1(\mathbb{R}^2, \mathbb{R})$ suivant les cas, et calculer leur dérivée ou leurs dérivées partielles en fonction des dérivées partielles de f.

1. $u_1 : (x, y) \mapsto f(y, x)$;
2. $u_2 : x \mapsto f(x, x)$;
3. $u_3 : (x, y) \mapsto f(y, f(x, x))$;
4. $u_4 : x \mapsto f(x, f(x, x))$.

30.8 On considère la fonction :

$$f : \begin{array}{ccc} \mathbb{R}^2 & \longrightarrow & \mathbb{R} \\ (x, y) & \longmapsto & \begin{cases} \dfrac{x^2 y}{x^4 + y^2} & \text{si } (x, y) \neq (0, 0) \\ 0 & \text{si } (x, y) = (0, 0). \end{cases} \end{array}$$

1. Montrer que la fonction f admet en tout point des dérivées selon tout vecteur, c'est-à-dire que, pour tout $(p, v) \in \mathbb{R}^2 \times \mathbb{R}^2$, la fonction $\varphi_v : t \mapsto f(p + t\,v)$ est dérivable en 0.
2. Montrer que la fonction f n'est pas continue en $(0, 0)$.

30.9 1. Soit $f \in \mathcal{C}^1(\mathbb{R}^2, \mathbb{R})$ telle que $\nabla f = 0$. Montrer que f est constante.
2. Donner un exemple d'ouvert U de $\mathbb{R}^2$ et de fonction $f \in \mathcal{C}^1(U, \mathbb{R})$ non constante telle que $\nabla f = 0$.

30.10 Montrer qu'une fonction $f \in \mathcal{C}^1(\mathbb{R}^2, \mathbb{R})$ vérifie $\dfrac{\partial f}{\partial y} = 0$ si, et seulement si, l'on peut trouver $h \in \mathcal{C}^1(\mathbb{R}, \mathbb{R})$ telle que :

$$\forall (x, y) \in \mathbb{R}^2 \quad f(x, y) = h(x).$$

30.11 Soit $f \in \mathcal{C}^1(\mathbb{R}^2, \mathbb{R})$. On définit :

$$g : \begin{array}{ccc} \mathbb{R}^2 & \longrightarrow & \mathbb{R} \\ (r, \theta) & \longmapsto & f\big(r\,\cos(\theta), r\,\sin(\theta)\big). \end{array}$$

1. Calculer les dérivées partielles de g, que l'on notera $\dfrac{\partial g}{\partial r}$ et $\dfrac{\partial g}{\partial \theta}$, en fonction de celles de f.
2. On dit que f est *radiale* si elle est constante sur tout cercle centré en 0. Montrer que cela se produit si, et seulement si :

$$\forall (a, b) \in \mathbb{R}^2 \quad a\frac{\partial f}{\partial y}(a, b) - b\frac{\partial f}{\partial x}(a, b) = 0.$$

30.12 Soit $k \in \mathbb{R}$. Une fonction $f \in \mathcal{C}^1\big(\mathbb{R}^2 \setminus \{(0, 0)\}, \mathbb{R}\big)$ est dite *homogène de poids* k si :

$$\forall (x, y) \in \mathbb{R}^2 \setminus \big\{(0, 0)\big\} \quad \forall t \in \mathbb{R}_+^* \quad f(tx, ty) = t^k f(x, y).$$

Montrer que cela se produit si, et seulement si :

$$\forall (a, b) \in \mathbb{R}^2 \setminus \big\{(0, 0)\big\} \quad a\,\frac{\partial f}{\partial x}(a, b) + b\,\frac{\partial f}{\partial y}(a, b) = k\,f(a, b). \qquad (E)$$

30.13 1. Soit $f \in \mathcal{C}^1(\mathbb{R}^2, \mathbb{R})$. Montrer que f vérifie $\dfrac{\partial f}{\partial x} - 2\dfrac{\partial f}{\partial y} = 0$ si, et seulement s'il existe une fonction $h \in \mathcal{C}^1(\mathbb{R}, \mathbb{R})$ telle que :

$$\forall (x,y) \in \mathbb{R}^2 \quad f(x,y) = h(2x+y).$$

Indication. *On pourra considérer la fonction* $g : (x,y) \mapsto f(x+y, x-2y)$.

2. Trouver toutes les fonctions $f \in \mathcal{C}^1(\mathbb{R}^2, \mathbb{R})$ telles que :

$$\forall (a,b) \in \mathbb{R}^2 \quad \frac{\partial f}{\partial x}(a,b) - 2\frac{\partial f}{\partial y}(a,b) = a.$$

Extrema

30.14 Déterminer les extrema (locaux et globaux) des fonctions appartenant à $\mathcal{C}^1(\mathbb{R}^2, \mathbb{R})$ suivantes :
→1051

1. $f_1 : (x,y) \mapsto \cos(x) + y^2$;
2. $f_2 : (x,y) \mapsto e^{3x}\, y^2 + e^x\, y$;
3. $f_3 : (x,y) \mapsto 3x^2 - 2xy + 3y^2 - 8x + 8y$;
4. $f_4 : (x,y) \mapsto \exp(x \operatorname{Arctan}(y))$.

30.15 On considère la fonction $f : \begin{array}{ccc} \mathbb{R}^2 & \longrightarrow & \mathbb{R} \\ (x,y) & \longmapsto & x\,e^y + y\,e^x. \end{array}$

1. Montrer que $f \in \mathcal{C}^1(\mathbb{R}^2, \mathbb{R})$ et déterminer ses points critiques.
2. En étudiant $x \mapsto f(x,-1)$ et $x \mapsto f(x,x)$, montrer que f n'a pas d'extremum local.

★ **30.16** Soit $f \in \mathcal{C}^1(\mathbb{R}^2, \mathbb{R})$ telle que :

$$\forall (p,q) \in \mathbb{R}^2 \times \mathbb{R}^2 \quad \big(\nabla(p) - \nabla(q) \,\big|\, p - q\big) \geqslant 0.$$

Montrer que tout point critique de f en est un minimum.

★ **30.17** Soit $f : \begin{array}{ccc} \mathbb{R}^2 & \longrightarrow & \mathbb{R} \\ (x,y) & \longmapsto & (y-x^2)(y-2x^2). \end{array}$

1. Montrer que $(0,0)$ est l'unique point critique de f, et que f n'admet pas en ce point de maximum local.
2. Montrer que, pour tout $v \in \mathbb{R}^2$, la fonction $t \mapsto f(tv)$ admet un minimum local en 0.
3. En examinant le comportement de f le long d'une parabole bien choisie, montrer que f n'admet pas d'extremum global en $(0,0)$.

Solutions des exercices

30.1 1. Quel que soit $p \in \mathbb{R}^2$, on a évidemment $D(p,1) \subset \mathbb{R}^2$.

2. Soit $p \in \mathbb{R}^2 \setminus \{(0,0)\}$. Posons $r = \|p\| > 0$.

   On a $(0,0) \notin D(p,r)$, car $\|p - (0,0)\| = r$. Cela montre $D(p,r) \subset \mathbb{R}^2 \setminus \{(0,0)\}$.

3. Soit $p = (a,b) \in]0,1[^2$; posons $r = \min\{a, 1-a, b, 1-b\} > 0$.

   Montrons $D(p,r) \subset]0,1[^2$. Soit $z = (x,y) \in D(p,r)$.

   On a $(x-a)^2 \leqslant (x-a)^2 + (y-b)^2 = \|(x,y)-(a,b)\|^2 < r^2$, donc $|x-a| < r$ par stricte croissance de la fonction racine carré, ce qui donne $a - r < x < a + r$.
   En particulier, les inégalités $r \leqslant a$ et $r \leqslant 1-a$ montrent :

   $$0 \leqslant a - r < x < a + r \leqslant 1,$$

   ce qui donne $x \in]0,1[$. On montre de la même façon $y \in]0,1[$, ce qui donne $z \in]0,1[^2$, et conclut.

4. Notons $U = \{(x,y) \in \mathbb{R}^2 \ : \ y > \cos(x)\}$; soit $p = (a,b) \in U$.

   Notons $\varepsilon = \dfrac{b - \cos(a)}{2} > 0$. Par continuité de la fonction cosinus, on peut trouver $\eta > 0$ tel que :

   $$\forall x \in \mathbb{R} \quad \Big(|x-a| \leqslant \eta \implies \big|\cos(x) - \cos(a)\big| \leqslant \varepsilon\Big).$$

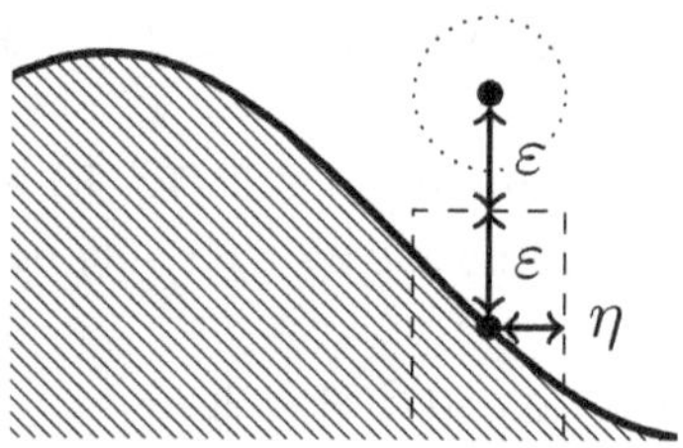

   Soit $r = \min\{\eta, \varepsilon\} > 0$. Montrons $D(p,r) \subset U$.
   Soit $z = (x,y) \in D(p,r)$.
   Comme dans la question précédente, on obtient :

   $$|x-a| < r \leqslant \eta \qquad \text{et} \qquad |y-b| < r \leqslant \varepsilon.$$

En particulier, la première inégalité entraîne que $\big|\cos(x) - \cos(a)\big| \leqslant \varepsilon$, ce qui donne :

$$y - \cos(x) > (b - \varepsilon) - (\cos(a) + \varepsilon) = \big(b - \cos(a)\big) - 2\varepsilon \geqslant 0,$$

et montre $z \in U$.

30.2 Considérons $q = (a+r, b)$.

Comme $\|q - p\| = r$, on a $q \in A$. On va montrer qu'aucun disque ouvert centré en q n'est inclus dans A.
Soit $s > 0$.
Considérons le point $z = (a + r + s/2, b)$.

- Comme $\|z - q\| = s/2 < s$, on a bien $z \in D(q,s)$.
- Comme $\|z - p\| = r + s/2 > r$, on a $z \notin A$.

Cela montre que le disque $D(q,s)$ n'est pas inclus dans A, et conclut.

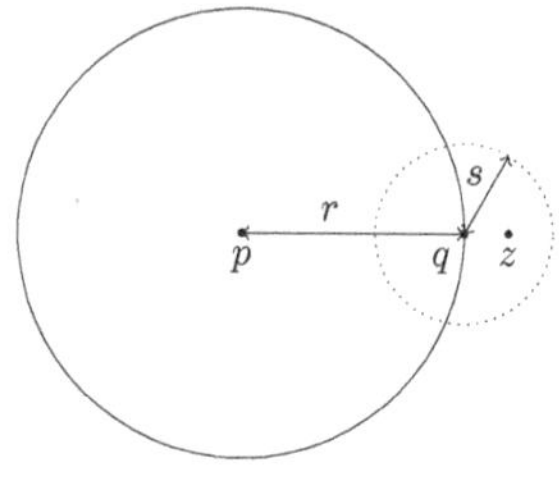

30.3 1. Soit $p \in \bigcup_{i\in I} U_i$. On peut donc trouver $i_0 \in I$ tel que $p \in U_{i_0}$.

Comme U_{i_0} est un ouvert de $\mathbb{R}^2$, on peut trouver $r > 0$ tel que $D(p,r) \subset U_{i_0}$.

A fortiori, on a donc $D(p,r) \subset \bigcup_{i\in I} U_i$, ce qui conclut.

2. Soit $p \in U \cap V$. On a donc $p \in U$ et $p \in V$.

Comme U est ouvert, on peut trouver $r' > 0$ tel que $D(p,r') \subset U$. De même, on peut trouver $r'' > 0$ tel que $D(p,r'') \subset U$.

Posons $r = \min\{r', r''\} > 0$. On a donc les inclusions $D(p,r) \subset D(p,r') \subset U$ et, de même, $D(p,r) \subset D(p,r'') \subset V$, donc $D(p,r) \subset U \cap V$, ce qui conclut.

3. On montre comme dans l'exemple 1 de la page 1036 que, pour tout $a \in \mathbb{R}$ et tout $b \in \mathbb{R}$, les demi-plans :

$$\{(x,y) \in \mathbb{R}^2 \; : \; y > a\} \quad \text{et} \quad \{(x,y) \in \mathbb{R}^2 \; : \; y < b\}$$

sont des ouverts de $\mathbb{R}^2$.

D'après la question précédente, il en va de même de leur intersection :

$$\{(x,y) \in \mathbb{R}^2 \; : \; y > a\} \cap \{(x,y) \in \mathbb{R}^2 \; : \; y < b\} = \{(x,y) \in \mathbb{R}^2 \; : \; a < y < b\}.$$

En appliquant cette propriété à $a = -\dfrac{1}{n}$ et $b = \dfrac{1}{n}$, on obtient que U_n est un ouvert de $\mathbb{R}^2$.

En revanche, $\bigcap_{n\in\mathbb{N}^*} U_n = \{(x,0) \mid x \in \mathbb{R}\}$ n'est pas un ouvert de $\mathbb{R}^2$, comme on l'a montré dans l'exemple 3 de la page 1037.

30.4 On trouve :

$$\forall (a,b) \in \mathbb{R} \times \mathbb{R}_+^* \quad \frac{\partial f_1}{\partial x}(a,b) = \frac{1}{b} \quad \text{et} \quad \frac{\partial f_1}{\partial y}(a,b) = -\frac{a}{b^2} \; ;$$

$$\forall (a,b) \in \mathbb{R}_+^* \times \mathbb{R}_+^* \quad \frac{\partial f_2}{\partial x}(a,b) = -\frac{1}{a^2 b^2} \quad \text{et} \quad \frac{\partial f_2}{\partial y}(a,b) = -\frac{2}{ab^3} \; ;$$

$$\forall (a,b) \in \mathbb{R}_+^* \times \mathbb{R}_+^* \quad \frac{\partial f_3}{\partial x}(a,b) = \ln(ab) + 1 \quad \text{et} \quad \frac{\partial f_3}{\partial y}(a,b) = \frac{a}{b} \; ;$$

$$\forall (a,b) \in \mathbb{R}^2 \quad \begin{cases} \dfrac{\partial f_4}{\partial x}(a,b) = 2a\,e^{-a}\cos\bigl(a^2+b^2\bigr) - e^{-a}\sin\bigl(a^2+b^2\bigr) \\[2mm] \dfrac{\partial f_4}{\partial y}(a,b) = 2b\,e^{-a}\cos\bigl(a^2+b^2\bigr). \end{cases}$$

30.5
- L'application partielle $x \mapsto N(x,0) = |x|$ n'étant pas dérivable en 0, la fonction N n'admet pas de première dérivée partielle en 0. Il en va de même pour la deuxième dérivée partielle.
- L'application $N^2 : (x,y) \mapsto x^2 + y^2$ appartient clairement à $\mathcal{C}^1(\mathbb{R}^2, \mathbb{R})$, par opérations, avec :

$$\forall (a,b) \in \mathbb{R}^2 \quad \frac{\partial (N^2)}{\partial x}(a,b) = 2a \quad \text{et} \quad \frac{\partial (N^2)}{\partial y}(a,b) = 2b.$$

Il s'ensuit que sa restriction à $\mathbb{R}^2 \setminus \{(0,0)\}$ est encore de classe $\mathcal{C}^1$. Elle est par ailleurs à valeurs dans $\mathbb{R}_+^*$.

D'après la proposition 8 de la page 1045, la fonction racine carrée étant de classe $\mathcal{C}^1$ sur $\mathbb{R}_+^*$, on en déduit que la restriction de $N = \sqrt{N^2}$ à $\mathbb{R}^2 \setminus \{(0,0)\}$ est de classe $\mathcal{C}^1$, avec :

$$\forall (a,b) \in \mathbb{R}^2 \setminus \{(0,0)\} \quad \frac{\partial N}{\partial x}(a,b) = \frac{a}{\sqrt{a^2+b^2}} \quad \text{et} \quad \frac{\partial N}{\partial y}(a,b) = \frac{b}{\sqrt{a^2+b^2}}.$$

30.6 La fonction θ est de classe $\mathcal{C}^1$ d'après la première règle de la chaîne.
Pour tout $t \in \mathbb{R}$, on a :

$$\theta'(t) = 2t\,\frac{\partial f}{\partial x}(t^2,t^3) + 3t^2\,\frac{\partial f}{\partial y}(t^2,t^3).$$

30.7 1. On applique la deuxième règle de la chaîne aux fonctions $\varphi : (x,y) \mapsto y$ et $\psi : (x,y) \mapsto x$. Ces fonctions étant de classe $\mathcal{C}^1$, on a $u_1 \in \mathcal{C}^1(\mathbb{R}^2, \mathbb{R})$.
Pour tout $(a,b) \in \mathbb{R}^2$, on a :

$$\frac{\partial \varphi}{\partial x}(a,b) = \frac{\partial \psi}{\partial y}(a,b) = 0 \quad \text{et} \quad \frac{\partial \varphi}{\partial y}(a,b) = \frac{\partial \psi}{\partial x}(a,b) = 1,$$

donc :

$$\begin{aligned}\frac{\partial u_1}{\partial x}(a,b) &= \frac{\partial f}{\partial x}\big(\varphi(a,b),\psi(a,b)\big)\,\frac{\partial \varphi}{\partial x}(a,b) + \frac{\partial f}{\partial y}\big(\varphi(a,b),\psi(a,b)\big)\,\frac{\partial \psi}{\partial x}(a,b)\\ &= \frac{\partial f}{\partial y}(b,a).\end{aligned}$$

De la même façon :

$$\begin{aligned}\frac{\partial u_1}{\partial y}(a,b) &= \frac{\partial f}{\partial x}\big(\varphi(a,b),\psi(a,b)\big)\,\frac{\partial \varphi}{\partial y}(a,b) + \frac{\partial f}{\partial y}\big(\varphi(a,b),\psi(a,b)\big)\,\frac{\partial \psi}{\partial y}(a,b)\\ &= \frac{\partial f}{\partial x}(b,a).\end{aligned}$$

2. On applique la première règle de la chaîne à $g : x \mapsto x$ (qui va jouer le rôle des deux fonctions γ_1 et γ_2 présentes dans l'énoncé du théorème 9 de la page 1045).

$$\begin{aligned}u_2'(a) &= \frac{\partial f}{\partial x}\big(g(a),g(a)\big)\,g'(a) + \frac{\partial f}{\partial y}\big(g(a),g(a)\big)\,g'(a)\\ &= \frac{\partial f}{\partial x}(a,a) + \frac{\partial f}{\partial y}(a,a).\end{aligned}$$

Notons que l'on aurait pu également appliquer la proposition 10 de la page 1047 au point $p = (0,0)$ et au vecteur $v = (1,1)$.

3. D'après l'exemple 10 de la page 1042 et la question précédente, on obtient que la fonction $\psi : (x,y) \mapsto f(x,x) = u_2(x)$ est de classe $\mathcal{C}^1$ et, pour tout $(a,b) \in \mathbb{R}^2$:

$$\frac{\partial \psi}{\partial x}(a,b) = u_2'(a) = \frac{\partial f}{\partial x}(a,a) + \frac{\partial f}{\partial y}(a,a) \quad \text{et} \quad \frac{\partial \psi}{\partial y}(a,b) = 0.$$

La fonction $\varphi : (x,y) \mapsto y$ étant également de classe $\mathcal{C}^1$, on peut appliquer la deuxième règle de la chaîne et obtenir que $u_3 \in \mathcal{C}^1(\mathbb{R}^2, \mathbb{R})$ avec, pour tout $(a,b) \in \mathbb{R}^2$:

$$\begin{aligned}\frac{\partial u_3}{\partial x}(a,b) &= \frac{\partial f}{\partial x}\big(\varphi(a,b), \psi(a,b)\big)\,\frac{\partial \varphi}{\partial x}(a,b) + \frac{\partial f}{\partial y}\big(\varphi(a,b), \psi(a,b)\big)\,\frac{\partial \psi}{\partial x}(a,b)\\ &= \frac{\partial f}{\partial y}\big(b, f(a,a)\big)\left(\frac{\partial f}{\partial x}(a,a) + \frac{\partial f}{\partial y}(a,a)\right)\end{aligned}$$

et
$$\begin{aligned}\frac{\partial u_3}{\partial y}(a,b) &= \frac{\partial f}{\partial x}\big(\varphi(a,b), \psi(a,b)\big)\,\frac{\partial \varphi}{\partial y}(a,b) + \frac{\partial f}{\partial y}\big(\varphi(a,b), \psi(a,b)\big)\,\frac{\partial \psi}{\partial y}(a,b)\\ &= \frac{\partial f}{\partial x}\big(b, f(a,a)\big).\end{aligned}$$

4. On applique la première règle de la chaîne à la fonction u_3 et à $g : x \mapsto x$ (qui joue le rôle des deux fonctions γ_1 et γ_2 présentes dans l'énoncé du théorème 9 de la page 1045). On a donc $u_4 \in \mathcal{C}^1(\mathbb{R}, \mathbb{R})$ et, pour tout $a \in \mathbb{R}$:

$$\begin{aligned}u_4'(a) &= \frac{\partial u_3}{\partial x}\big(g(a), g(a)\big)\,g'(a) + \frac{\partial u_3}{\partial y}\big(g(a), g(a)\big)\,g'(a)\\ &= \frac{\partial f}{\partial y}\big(a, f(a,a)\big)\left(\frac{\partial f}{\partial x}(a,a) + \frac{\partial f}{\partial y}(a,a)\right) + \frac{\partial f}{\partial x}\big(a, f(a,a)\big).\end{aligned}$$

30.8 1. • Notons g la restriction de f à l'ouvert $\mathbb{R}^2 \setminus \{(0,0)\}$ de $\mathbb{R}^2$. En tant que quotient de la fonction $(x,y) \mapsto x^2 y$ par la fonction ne s'annulant pas $(x,y) \mapsto x^4 + y^2$, toutes deux de classe $\mathcal{C}^1$, la fonction g est de classe $\mathcal{C}^1$.
D'après la proposition 10 de la page 1047, la fonction g admet des dérivées en tout point de $\mathbb{R}^2 \setminus \{(0,0)\}$, selon tout vecteur. Or, pour tout $p \in \mathbb{R}^2 \setminus \{(0,0)\}$ et tout vecteur $v \in \mathbb{R}^2$, la fonction $\varphi_v : t \mapsto f(p + t\,v)$ coïncide au voisinage de 0 avec $t \mapsto g(p + t\,v)$, dont on vient de rappeler qu'elle est dérivable en 0. D'après le caractère local de la dérivabilité, on en déduit que φ_v est également dérivable en 0.
• Il reste à montrer que f admet des dérivées en $(0,0)$ selon tout vecteur.
Soit $v = (h,k) \in \mathbb{R}^2$.
  * Si $h = 0$ ou $k = 0$, la fonction $\varphi_v : t \mapsto f(t\,v)$ est identiquement nulle, donc dérivable en 0.
  * Supposons donc $h \neq 0$ et $k \neq 0$. On a alors, pour tout $t \neq 0$:

$$\frac{\varphi_v(t) - \varphi_v(0)}{t} = \frac{h^2\,k}{t^2\,h^4 + k^2} \underset{t\to 0}{\longrightarrow} \frac{h^2}{k},$$

ce qui montre que φ_v est dérivable en 0.

2. On procède comme dans l'exemple 8 de la page 1041. Pour tout $t \in \mathbb{R}$, on a :

$$f(t, t^2) = \begin{cases} 1/2 & \text{si } t \neq 0\\ 0 & \text{si } t = 0.\end{cases}$$

Comme les fonctions $t \mapsto t$ et $t \mapsto t^2$ sont continues, le fait que $t \mapsto f\big(t, t^2\big)$ ne soit pas continue en 0 montre que f n'est pas continue en 0, en utilisant la contraposée de la proposition 2 de la page 1038.

30.9 1. Soit $(a, b) \in \mathbb{R}^2$. On va montrer $f(a, b) = f(0, 0)$, ce qui conclura.

D'après la première règle de la chaîne, la fonction $\varphi : t \mapsto f(ta, tb)$ est de classe $\mathcal{C}^1$, avec :

$$\forall t \in \mathbb{R} \quad \varphi'(t) = \frac{\partial f}{\partial x}(ta, tb)\, a + \frac{\partial f}{\partial y}(ta, tb)\, b = 0,$$

ce qui montre que φ est constante.

En particulier, $\varphi(1) = \varphi(0)$, ce qui montre $f(a, b) = f(0, 0)$.

2. Soit $U = \mathbb{R}^* \times \mathbb{R}$; définissons :

$$\begin{array}{rccl} f : & U & \longrightarrow & \mathbb{R} \\ & (x, y) & \longmapsto & \begin{cases} 0 & \text{si } x < 0 \\ 1 & \text{si } x > 0. \end{cases} \end{array}$$

Il est clair que la fonction f n'est pas constante.

Pourtant, quel que soit $p = (a, b) \in U$, la fonction f est constante sur un disque centré en p, ce qui montre que $\dfrac{\partial f}{\partial x}(p) = \dfrac{\partial f}{\partial y}(p) = 0$, c'est-à-dire $\nabla f(p) = 0$.

30.10 Le sens réciproque de cette équivalence est l'exemple 10 de la page 1042.

Supposons maintenant $\dfrac{\partial f}{\partial y} = 0$ et posons :

$$\begin{array}{rccl} h : & \mathbb{R} & \longrightarrow & \mathbb{R} \\ & x & \longmapsto & f(x, 0). \end{array}$$

Cette fonction est de classe $\mathcal{C}^1$ en vertu de la première règle de la chaîne. Il reste à montrer que :

$$\forall (x, y) \in \mathbb{R}^2 \quad f(x, y) = h(x).$$

Soit $(x, y) \in \mathbb{R}^2$.

D'après la première règle de la chaîne (appliquée à la fonction constante $g : t \mapsto x$ et à la fonction affine $h : t \mapsto t$), la fonction :

$$\begin{array}{rccl} \varphi : & \mathbb{R} & \longrightarrow & \mathbb{R} \\ & t & \longmapsto & f(x, t) \end{array}$$

est de classe $\mathcal{C}^1$ sur un intervalle, et elle vérifie, pour tout $b \in \mathbb{R}$:

$$\varphi'(b) = \frac{\partial f}{\partial x}\big(g(b), h(b)\big) \underbrace{g'(b)}_{=0} + \underbrace{\frac{\partial f}{\partial y}\big(g(b), h(b)\big)}_{=0} h'(b) = 0.$$

On en déduit que φ est constante, donc $\varphi(y) = \varphi(0)$, d'où $f(x, y) = f(x, 0) = h(x)$.

30.11 1. D'après la deuxième règle de la chaîne, on a, pour tout $(s,\omega)\in\mathbb{R}^2$:

$$\frac{\partial g}{\partial r}(s,\omega)=\frac{\partial f}{\partial x}\big(s\cos(\omega),s\sin(\omega)\big)\cos(\omega)+\frac{\partial f}{\partial y}\big(s\cos(\omega),s\sin(\omega)\big)\sin(\omega)$$

$$\frac{\partial g}{\partial \theta}(s,\omega)=\frac{\partial f}{\partial x}\big(s\cos(\omega),s\sin(\omega)\big)\big(-s\sin(\omega)\big)+\frac{\partial f}{\partial y}\big(s\cos(\omega),s\sin(\omega)\big)\big(s\cos(\omega)\big).$$

2. Montrons que f est radiale si, et seulement si, g est constante sur toutes les droites de la forme $\{r\}\times\mathbb{R}$.

- Supposons f radiale ; soit $r\in\mathbb{R}$.
  - Si $r\neq 0$, pour tout $\theta\in\mathbb{R}$, les points $\big(r\cos(0),r\sin(0)\big)$ et $\big(r\cos(\theta),r\sin(\theta)\big)$ sont situés sur le même cercle centré en 0, de rayon $|r|$. On en déduit :

  $$g(r,\theta)=f\big(r\cos(\theta),r\sin(\theta)\big)=f\big(r\cos(0),r\sin(0)\big)=g(r,0).$$

  - Si $r=0$, on a, pour tout $\theta\in\mathbb{R}$:

  $$g(0,\theta)=f(0,0)=g(0,0).$$

  Dans tous les cas, on a montré que g était constante sur la droite $\{r\}\times\mathbb{R}$.
- Supposons que g soit constante sur toutes les droites de la forme $\{r\}\times\mathbb{R}$.
  On en déduit que, pour tout $r>0$, la fonction $\theta\mapsto f\big(r\cos(\theta),r\sin(\theta)\big)$ est constante, c'est-à-dire que f est constante sur tous les cercles centrés en 0, ce qui conclut la preuve de l'équivalence annoncée.

D'après l'exercice 30.10 de la page 1058, on en déduit que f est radiale si, et seulement si, $\dfrac{\partial g}{\partial \theta}$ est la fonction nulle, et la question précédente conclut.

30.12 La fonction f est homogène de poids k si, et seulement si, pour tout $(a,b)\in\mathbb{R}^2\setminus\big\{(0,0)\big\}$, la fonction :

$$\varphi_{a,b}:\begin{array}{ccc}\mathbb{R}_+^* & \longrightarrow & \mathbb{R}\\ t & \longmapsto & t^{-k}f(ta,tb)\end{array}$$

est constante. Par multiplication et d'après la première règle de la chaîne, cette fonction est de classe $\mathcal{C}^1$ sur l'intervalle $\mathbb{R}_+^*$. Sa constance est donc équivalente à l'annulation de sa dérivée.

Soit $(a,b)\in\mathbb{R}^2\setminus\big\{(0,0)\big\}$ et $t\in\mathbb{R}_+^*$. D'après la première règle de la chaîne, on a :

$$\varphi_{a,b}'(t)=-k\,t^{-k-1}f(ta,tb)+t^{-k}\left(a\frac{\partial f}{\partial x}(ta,tb)+b\frac{\partial f}{\partial y}(ta,tb)\right).$$

Donc f est homogène de poids k si, et seulement si :

$$\forall (a,b)\in\mathbb{R}^2\setminus\big\{(0,0)\big\}\quad \forall t\in\mathbb{R}_+^*\quad t\left(a\frac{\partial f}{\partial x}(ta,tb)+b\frac{\partial f}{\partial y}(ta,tb)\right)=k\,f(ta,tb).$$

Cette condition est équivalente à la relation (E) de l'énoncé : dans le sens direct, on applique la condition précédente à $t=1$; dans le sens réciproque, on applique la condition (E) à ta et tb.

30.13 1. Supposons que $\frac{\partial f}{\partial x} - 2\frac{\partial f}{\partial y} = 0$. Posons :

$$g: \begin{array}{ccc} \mathbb{R}^2 & \longrightarrow & \mathbb{R} \\ (x,y) & \longmapsto & f(x+y, x-2y). \end{array}$$

Remarquons déjà que l'on a, pour quatre nombres réels x, y, ξ, η, l'équivalence :

$$\left\{ \begin{array}{l} x + y = \xi \\ x - 2y = \eta \end{array} \right. \iff \left\{ \begin{array}{l} x = \dfrac{2\xi + \eta}{3} \\ y = \dfrac{\xi - \eta}{3}, \end{array} \right.$$

comme on le voit en résolvant le système linéaire. Cela nous permet d'exprimer à son tour f en fonction de g :

$$\forall (x,y) \in \mathbb{R}^2 \quad f(x,y) = g\left(\frac{2x+y}{3}, \frac{x-y}{3}\right).$$

La deuxième règle de la chaîne (appliquée aux fonctions affines $\varphi : (x,y) \mapsto x + y$ et $\psi : (x,y) \mapsto x - 2y$, toutes deux de classe $\mathcal{C}^1$) montre que g est de classe $\mathcal{C}^1$ et donne notamment, pour tout $(a,b) \in \mathbb{R}^2$, la dérivée partielle :

$$\begin{aligned} \frac{\partial g}{\partial y}(a,b) &= \frac{\partial f}{\partial x}\big(\varphi(a,b), \psi(a,b)\big)\, \frac{\partial \varphi}{\partial y}(a,b) + \frac{\partial f}{\partial y}\big(\varphi(a,b), \psi(a,b)\big)\, \frac{\partial \psi}{\partial y}(a,b) \\ &= \frac{\partial f}{\partial x}\big(\varphi(a,b), \psi(a,b)\big) - 2\frac{\partial f}{\partial y}\big(\varphi(a,b), \psi(a,b)\big) = 0. \end{aligned}$$

D'après l'exercice 30.10 de la page 1058, on peut trouver une fonction $h_1 \in \mathcal{C}^1(\mathbb{R}, \mathbb{R})$ telle que, pour tout $(x,y) \in \mathbb{R}^2$, $g(x,y) = h_1(x)$. En posant $h : x \mapsto h_1(x/3)$ (qui reste évidemment de classe $\mathcal{C}^1$), on obtient :

$$\forall (x,y) \in \mathbb{R}^2 \quad f(x,y) = g\left(\frac{2x+y}{3}, \frac{x-y}{3}\right) = h_1\left(\frac{2x+y}{3}\right) = h(2x+y).$$

Réciproquement, si $h \in \mathcal{C}^1(\mathbb{R}, \mathbb{R})$, la proposition 8 de la page 1045 montre que l'application $g : (x,y) \mapsto h(2x+y)$ est de classe $\mathcal{C}^1$ sur $\mathbb{R}^2$ et que :

$$\forall (a,b) \in \mathbb{R}^2 \quad \frac{\partial g}{\partial x}(a,b) - 2\frac{\partial g}{\partial y}(a,b) = h'(2a+b) \times 2 - 2\big(h'(2a+b) \times 1\big) = 0.$$

2. La fonction $g_0 : (x,y) \mapsto \dfrac{x^2}{2}$ est de classe $\mathcal{C}^1$ et vérifie :

$$\forall (a,b) \in \mathbb{R}^2 \quad \frac{\partial g_0}{\partial x}(a,b) = a \quad \text{et} \quad \frac{\partial g_0}{\partial y}(a,b) = 0,$$

donc elle vérifie la condition de l'énoncé.

Ainsi, par linéarité, une fonction $g \in \mathcal{C}^1(\mathbb{R}^2, \mathbb{R})$ vérifie la condition de l'énoncé si, et seulement si, la différence $g - g_0$ vérifie la condition de la question précédente.

On en déduit que les fonctions cherchées sont exactement les fonctions de la forme :

$$(x,y) \mapsto \frac{x^2}{2} + h(2x+y),$$

quand h décrit $\mathcal{C}^1(\mathbb{R}, \mathbb{R})$.

30.14 1. On a

$$\forall (a,b) \in \mathbb{R}^2 \quad \frac{\partial f_1}{\partial x}(a,b) = -\sin(a) \quad \text{et} \quad \frac{\partial f_1}{\partial y}(a,b) = 2b,$$

donc les points critiques de f_1 forment l'ensemble $\{(k\pi, 0) \mid k \in \mathbb{Z}\}$. D'après le théorème 12 de la page 1050, les extrema locaux de f_1 sont à chercher parmi ces points.

- Si $k \in \mathbb{Z}$ est pair, $k\pi$ est un maximum local de la fonction cosinus. Le point $(k\pi, 0)$ n'est alors ni un maximum local (car $f_1(k\pi, \varepsilon) > f_1(k\pi, 0)$ pour tout $\varepsilon > 0$), ni un minimum local (car $f_1(k\pi + \varepsilon, 0) < f_1(k\pi, 0)$ pour tout $\varepsilon \in]0, 2\pi[$).
  Ce point critique n'est donc pas un extremum local.
- Si $k \in \mathbb{Z}$ est impair, on a $f_1(k\pi, 0) = -1$. Or, pour tout $(x,y) \in \mathbb{R}^2$, on a $f_1(x,y) = \cos(x) + y^2 \geqslant -1$, donc ce point critique est un minimum global.

2. On a :

$$\forall (a,b) \in \mathbb{R}^2 \quad \frac{\partial f_2}{\partial x}(a,b) = 3e^{3a}b^2 + e^a b \quad \text{et} \quad \frac{\partial f_2}{\partial y}(a,b) = 2e^{3a}b + e^a.$$

Soit (a,b) un point critique de f_2. On a $\frac{\partial f_2}{\partial x}(a,b) = b\big(3e^{3a}b + e^a\big)$, donc $b = 0$ ou $3e^{3a}b + e^a$. Dans les deux cas, c'est contradictoire avec l'égalité $2e^{3a}b + e^a = 0$ (dans le deuxième cas, par soustraction, on aurait également $b = 0$).

On en déduit que f_2 n'a pas de point critique, et donc pas d'extremum global.

3. On a :

$$\forall (a,b) \in \mathbb{R}^2 \quad \frac{\partial f_3}{\partial x}(a,b) = 6a - 2b - 8 \quad \text{et} \quad \frac{\partial f_3}{\partial y}(a,b) = -2a + 6b + 8.$$

Après résolution du système linéaire, on trouve un seul point critique : $(1,-1)$, en lequel la fonction vaut -8. Pour tout $(h,k) \in \mathbb{R}^2$, on a alors après calcul :

$$f_3(1+h, -1+k) + 8 = 3h^2 - 2hk + 3k^2.$$

On peut mettre cette expression sous forme canonique :

$$f_3(1+h, -1+k) + 8 = 3\left(h - \frac{k}{3}\right)^2 + \frac{8}{3}k^2 \geqslant 0,$$

d'où l'on déduit que :

$$\forall (h,k) \in \mathbb{R}^2 \quad f_3(1+h, -1+k) \geqslant f_3(1,-1)$$

et f_3 admet donc un minimum en son unique point critique $(1,-1)$.

4. On a :

$$\forall (a,b) \in \mathbb{R}^2 \quad \begin{cases} \dfrac{\partial f_4}{\partial x}(a,b) = \operatorname{Arctan}(b) \exp\big(a \operatorname{Arctan}(b)\big) \\[2mm] \dfrac{\partial f_4}{\partial y}(a,b) = \dfrac{a}{1+b^2} \exp\big(a \operatorname{Arctan}(b)\big). \end{cases}$$

On en déduit facilement que le seul point critique de f_4 est l'origine (avec $f_4(0,0) = 1$).

Or, pour tout $(a,b) \in \mathbb{R}^2$, on voit que $f_4(a,b) - 1$ est du même signe que $a \operatorname{Arctan}(b)$, c'est-à-dire du signe de ab. On en déduit que l'origine n'est pas un extremum local.

La fonction f_4 n'a donc pas d'extremum local.

30.15 1. D'après l'exemple 10 de la page 1042, les fonctions $(x,y) \mapsto x$, $(x,y) \mapsto e^x$, etc. sont toutes de classe $\mathcal{C}^1$. D'après la proposition 7 de la page 1044, il en va de même de f.

Pour tout $(a,b) \in \mathbb{R}^2$, on calcule les dérivées partielles :

$$\frac{\partial f}{\partial x}(a,b) = e^b + b\,e^a \quad \text{et} \quad \frac{\partial f}{\partial y}(a,b) = a\,e^b + e^a.$$

Un point critique (a,b) doit donc vérifier $e^b + b\,e^a = a\,e^b + e^a = 0$, d'où l'on déduit :

$$0 = a\,e^b + a\,b\,e^a = a\,b\,e^a - e^a = (a\,b - 1)e^a,$$

d'où l'on tire $b = 1/a$, puis $e^a + a\,e^{1/a} = 0$.

Or, la fonction $h : t \mapsto e^t + t\,e^{1/t}$ s'annule en -1, est manifestement strictement positive sur $\mathbb{R}_+^*$, et sa dérivée :

$$h' : t \mapsto e^t + e^{1/t} - \frac{1}{t}\,e^{1/t}$$

est strictement positive sur $\mathbb{R}_-^*$, ce qui montre que h est strictement croissante sur $\mathbb{R}_-^*$. Ainsi, l'unique point d'annulation de h est en -1.

Comme il est par ailleurs clair que $\dfrac{\partial f}{\partial x}(-1,-1) = \dfrac{\partial f}{\partial y}(-1,-1) = 0$, on obtient que $(-1,-1)$ est le seul point critique de f.

2. Pour $t \in \mathbb{R}$, posons :

$$\varphi(t) = f(t,t) = 2t\,e^t$$

$$\psi(t) = f(t,-1) = t\,e^{-1} - e^t$$

ainsi que $\alpha = f(-1,-1) = \varphi(-1) = \psi(-1)$.

Une étude rapide des fonctions φ et ψ donne les variations ci-contre. Ainsi :

t	$-\infty$	-1	$+\infty$
φ	↘	α	↗
ψ	↗	α	↘

- la fonction φ prend des valeurs strictement supérieures à $\varphi(-1)$ en des points arbitrairement proches de -1, ce qui montre que φ n'admet pas de maximum local en -1. *A fortiori*, f n'admet pas de maximum local en $(-1,-1)$;
- la fonction ψ prend des valeurs strictement inférieures à $\psi(-1)$ en des points arbitrairement proches de -1, ce qui montre que ψ n'admet pas de minimum local en -1. *A fortiori*, f n'admet pas de minimum local en $(-1,-1)$.

L'unique point critique de f n'étant pas un extremum local, on en déduit que f n'a pas d'extremum local, en vertu du théorème 12 de la page 1050.

30.16 Soit p un point critique de f. Soit $q \in \mathbb{R}^2$ et posons $v = q - p$.

D'après la première règle de la chaîne, la fonction :

$$\begin{array}{rccc} \varphi : & \mathbb{R} & \longrightarrow & \mathbb{R} \\ & x & \longmapsto & f(p + t\,v) \end{array}$$

est de classe $\mathcal{C}^1$, avec :

$$\forall t \in \mathbb{R} \quad \varphi'(t) = (\,\nabla f(p + t\,v) \mid v\,).$$

En particulier, pour tout $t > 0$, on a :

$$\begin{aligned}\varphi'(t) &= \frac{1}{t}(\nabla f(p+tv) \mid tv) \\ &= \frac{1}{t}\big(\nabla f(p+tv) - \nabla f(p) \;\big|\; (p+tv) - p\big) \geqslant 0.\end{aligned}$$

On en déduit que la fonction φ est croissante sur $\mathbb{R}_+$, d'où $f(p) = \varphi(0) \leqslant \varphi(1) = f(q)$. Cela étant valable pour tout $q \in \mathbb{R}$, on en déduit que p est un minimum de f.

30.17 1. La fonction f est de classe $\mathcal{C}^1$ par opérations et l'on a, pour tout $(a,b) \in \mathbb{R}^2$:

$$\frac{\partial f}{\partial x}(a,b) = 8a^3 - 6ab \quad \text{et} \quad \frac{\partial f}{\partial y}(a,b) = 2b - 3a^2.$$

- Ces formules montrent déjà clairement que $(0,0)$ est un point critique de f.
- Réciproquement, soit $(a,b) \in \mathbb{R}^2$ un point critique de f. Comme $\dfrac{\partial f}{\partial y}(a,b) = 2b - 3a^2$, on obtient $b = \dfrac{3}{2}a^2$. On a alors :

$$\frac{\partial f}{\partial x}(a,b) = \frac{\partial f}{\partial x}\left(a, \frac{3}{2}a^2\right) = -a^3,$$

  donc $a = 0$, d'où l'on tire $b = 0$. L'origine $(0,0)$ est donc bien le seul point critique de f.
- La fonction $t \mapsto f(0,t) = t^2$ est strictement positive sur $\mathbb{R}_+^*$, donc f n'admet pas de maximum, même local, en $(0,0)$.

2. Soit $v = (h,k) \in \mathbb{R}^2$. On a $f(tv) = (tk - t^2h^2)(tk - 2t^2h^2)$. Remarquons que $f(0) = 0$.
   - Si $k \neq 0$, on a $f(tv) \underset{t\to 0}{\sim} t^2k^2$, donc $t \mapsto f(tv)$ est positive au voisinage de 0.
   - Si $k = 0$, on a $f(tv) = 2t^4h^4 \geqslant 0$.

   Dans tous les cas, on obtient que $t \mapsto f(tv)$ admet en 0 un minimum local.

3. Considérons $\lambda \in]1,2[$ et $\theta : t \mapsto f(t, \lambda t^2)$. Pour tout $t \in \mathbb{R}^*$, on a :

$$f(t,\lambda t^2) = (\lambda t^2 - t^2)(\lambda t^2 - 2t^2) = \underbrace{(\lambda-1)(\lambda-2)}_{<0}\, t^4 < 0,$$

   donc f n'admet pas en $(0,0)$ de minimum local, et donc pas d'extremum local.

La figure ci-contre, dans laquelle l'union des deux paraboles en gras représente le lieu d'annulation de la fonction f :

$$\big\{(x,y) \in \mathbb{R}^2 \;:\; f(x,y) = 0\big\},$$

montre les différents signes de la fonction f, et la parabole en pointillés d'équation $y = \lambda x^2$ utilisée dans la dernière question.

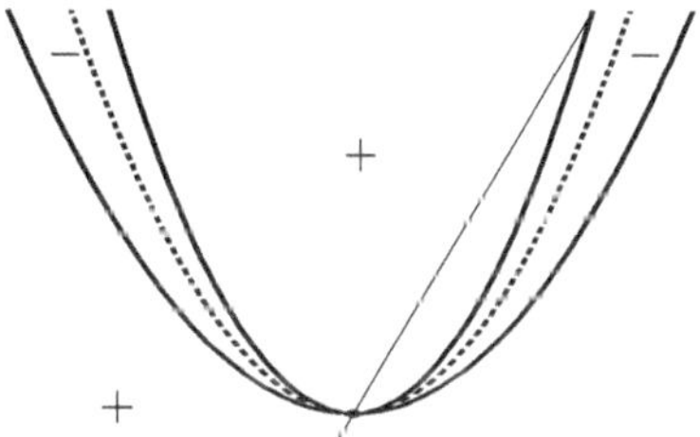

On voit que l'origine n'est pas un minimum local (à cause de la zone Z coincée entre les deux paraboles, dans laquelle la fonction f est négative), mais que sur toute droite passant par l'origine (y compris la droite d'équation $y = 0$), la fonction f est positive au voisinage de $(0,0)$, car ces droites évitent Z au voisinage de l'origine.

Index

B

C

D

F

G

H

I

K

L

T

87956 - (I) - OSB 70 - LUM - NRI
Dépôt légal : juin 2025
Achevé d'impression par Dupliprint
N° d'impression : 2025044254
www.dupliprint.fr
Imprimé en France